装备科技译著出版基金

21世纪定位、导航、授时技术
——综合卫星导航、传感器系统及应用

（上册）

Position, Navigation, and Timing Technologies in the 21st Century:
Integrated Satellite Navigation, Sensor Systems, and Civil Applications, Volume 1

[美] Y.T.杰德·莫顿（Y. T. Jade Morton）
[美] 弗兰克·范·迪格伦（Frank van Diggelen）
[美] 詹姆斯·J.斯皮尔克 Jr.（James J. Spilker Jr.）　主编
[美] 布拉德福德·W.帕金森（Bradford W. Parkinson）
[美] 谢尔曼·洛（Sherman Lo）　副主编
[美] 格雷斯·高（Grace Gao）

任立明　郑　恒　王小宁　等译

国防工业出版社
·北京·

内 容 简 介

本书分为上、下2册，共6部分、64章。书中不仅全面涵盖了卫星定位、导航、授时（PNT）技术和民用应用的最新发展，还讨论了基于其他机会信号和传感器的替代导航技术，并对消费者和商业应用的集成PNT系统进行了全面论述。

上册重点介绍卫星导航系统、技术及其工程和科学应用。从GPS和其他相关PNT发展的视角开始描述，讨论了当前全球和区域导航卫星系统（GNSS和RNSS）、星基和地基增强系统，以及其互操作、信号质量监测、卫星轨道和时间同步等内容；介绍了卫星导航接收机技术的最新进展和在城市环境下解决多径挑战的方法，处理欺骗和干扰以确保PNT完好性等方面的内容。总之，上册是关于卫星导航的工程和科学应用的。

下册重点描述利用替代信号、传感器和集成PNT技术为消费者和商业应用提供的PNT服务。PNT技术包括多样的无线电机会信号、原子钟、光学、激光、磁场、天体、MEMS和惯性传感器以及低轨卫星导航的概念，也包含GNSS-INS组合导航、神经科学导航和动物导航。下册最后介绍了一系列当代PNT应用，如测量和移动测绘、精准农业、可穿戴系统、自动驾驶、列车控制、商用无人飞机系统、航空、卫星定轨和编队飞行以及极地特有环境的应用。另外，本书有以下特点：

- 本书可作为对泛在PNT感兴趣的专业人士和学生的系统性的参考书和手册。
- 本书有些章节重点介绍了GNSS的最新发展和其他导航传感器、技术及其应用。
- 本书内容阐明了各种技术之间的相互关系来确保PNT更受保护、更健壮、更准确。

本书旨在吸引行业专业人士、研究人员和学术界人士参与科学、工程，以及PNT技术的应用。

著作权合同登记　图字：01－2022－4702号

Position, Navigation, and Timing Technologies in the 21st Century: Integrated Satellite Navigation, Sensor Systems, and Civil Applications, Volume 1 (9781119458418 / 1119458412) by Y. T. Jade Morton, et. al.Copyright © 2021 by The Institute of Electrical and Electronics Engineers, Inc. All Rights Reserved. This translation published under license. Authorized translation from the English language edition, published by John Wiley & Sons. No part of this book may be reproduced in any form without the written permission of the original copyrights holder.
Copies of this book sold without a Wiley sticker on the cover are unauthorized and illegal.

本书中文简体中文字版专有翻译出版权由John Wiley & Sons, Inc.公司授予国防工业出版社。未经许可，不得以任何手段和形式复制或抄袭本书内容。

本书封底贴有Wiley防伪标签，无标签者不得销售。

图书在版编目（CIP）数据

21世纪定位、导航、授时技术：综合卫星导航、传感器系统及应用. 上册 /（美）Y. T. 杰德·莫顿等主编；任立明等译. —北京：国防工业出版社，2024.6

书名原文：Position, Navigation, and Timing Technologies in the 21st Century: Integrated Satellite Navigation, Sensor Systems, and Civil Applications, Volume 1

ISBN 978-7-118-13240-3

Ⅰ. ①2… Ⅱ. ①Y… ②任… Ⅲ. ①全球定位系统—卫星导航—研究 Ⅳ. ①P228.4②TN967.1

中国国家版本馆CIP数据核字（2024）第065102号

※

*国防工业出版社*出版发行
（北京市海淀区紫竹院南路23号　邮政编码100048）
北京虎彩文化传播有限公司印刷
新华书店经售

＊

开本 787×1092　1/16　印张 83¾　字数 1990千字
2024年6月第1版第1次印刷　印数 1—1300册　定价 498.00元

（本书如有印装错误，我社负责调换）

国防书店：（010）88540777　　书店传真：（010）88540776
发行业务：（010）88540717　　发行传真：（010）88540762

序

时间与空间是宇宙万物的基本属性。自从人类第一次试图离开自己熟悉的环境，投入到未知世界中，掌握了解时间和位置信息就成为人类不可或缺的重要技术。

从古代的观星定位、日晷、指南针，到如今的机械钟、石英钟、原子钟、惯性导航、无线电导航、卫星导航等，定位、导航、授时（PNT）技术既是一项传统技术，也是代表当代科技发展水平的前沿技术，PNT技术与应用已深入国民经济以及国防安全等各个领域，是国家战略性关键技术。

2020年7月，北斗三号全球卫星导航系统建成并正式开通服务，标志着我国北斗卫星导航系统工程建设"三步走"发展战略圆满完成，迈入服务全球、造福人类的新时代。2022年11月，《新时代的中国北斗》白皮书全面规划了我国2035年北斗卫星导航系统及PNT的发展目标。我们将通过研究、应用和发展多种导航手段，实现各类技术交叉创新、多种手段聚能增效、多源信息融合共享，构建以北斗卫星导航系统为核心的"更加泛在、更加融合、更加智能"的国家综合PNT体系，提供"基准统一、覆盖无缝、弹性智能、安全可信、便捷高效"的综合时空信息服务，推动PNT服务向水下、室内、深空延伸，更好惠及民生福祉、服务人类社会发展进步，推动构建人类命运共同体，建设更加美好的世界。

在此过程中，引进并翻译出版《21世纪定位、导航、授时技术——综合卫星导航、传感器系统及应用》一书，对于我们学习研究多源互补与信息融合的综合PNT技术具有十分重要的参考意义。

《21世纪定位、导航、授时技术——综合卫星导航、传感器系统及应用》一书全面介绍了卫星导航、组合导航、室内导航、低频无线电信号导航、自适应雷达导航和低轨导航等技术的最新发展，总结了PNT技术在大地测量、气候监测、遥感等工程与科学等不同领域中的具体应用，内容丰富。

全书分为上、下2册，共6部分，覆盖了国际上PNT领域的最新技术和发展动态，各部分虽有侧重，但又相互衔接，适合从事PNT技术研究的科研人员及高等院校人员学习，也可作为PNT相关的应用领域科技工作者的技术参考书。

谢军
2024年4月

译者序

卫星导航系统是国家重大战略性时空信息基础设施,可为国家安全、国民经济、社会发展和大众消费等领域提供最基础的时空信息保障。GPS的出现使人们意识到了同时具有各种用途的精确度和全球定位,以及时间管理能力的价值,来自GPS的定时信号可以实现精确、动态的定位和导航。为继续保持GPS在卫星导航领域的领先和主导地位,实现任何时间、任何地点、任何环境都具备PNT能力的目标,美国政府在2004年整合全国的天基、地基、空基等多种导航定位资源,成立国家天基PNT执行委员会,提升了天基PNT系统的管理等级,构建了以GPS为核心的国家天基PNT体系。2018年11月,美国国防部发布了《美国国防部定位、导航、授时(PNT)战略》,着重强调了美国军队应具备面对世界各地敌人日益增加的威胁时保持韧性的能力。

北斗卫星导航系统是我国自主建设运行的全球卫星导航系统,自20世纪90年代启动建设以来,按照北斗一号、北斗二号、北斗三号"三步走"发展战略稳步实施。2020年7月31日,习近平总书记在人民大会堂宣布北斗三号全球卫星导航系统开通,标志着北斗卫星导航系统正式迈入全球服务新时代,我国成为世界上第三个独立拥有全球卫星导航系统的国家。北斗卫星导航系统的建成,进一步提高了我军信息化作战能力,推进了国家信息化建设步伐,促进了卫星导航事业发展,基本满足了现阶段我国军民用户对PNT服务的需求。但与美国GPS等其他卫星导航系统一样,北斗卫星导航系统也有天然的脆弱性,为了降低单纯依赖卫星导航带来的风险,进一步拓展服务的范围,需要统筹发展不同物理机理、不同工作模式的PNT手段。我国已经开始研究以北斗为核心的国家综合PNT体系。

随着全球导航卫星系统及其应用的发展,全球导航卫星系统(GNSS)与其提供的全天时、全天候的高精度PNT服务已经成为重要的空间信息基础设施与使能能力,由卫星导航应用催生的卫星导航应用产业也与互联网、移动通信共同成为21世纪信息技术领域发展的三大支柱产业。目前,卫星导航系统和5G通信、互联网+、大数据、物联网等技术进入蓬勃发展的时期,世界将迎来以互联网+为代表的智能制造、以自动驾驶为特点的车联网、以大数据为代表的智能服务等大批量应用的爆发,这些应用需求会强烈催生PNT体系的快速发展和升级。

本书系统介绍了卫星导航系统和 PNT 技术的最新发展,并提供了它们在工程和科学方面的具体应用,内容翔实,案例丰富,覆盖面广,技术具有很强的前瞻性。全书共两册,分为六部分,共 64 章,扫每章末的二维码即可获得该章的彩图。

上册包含三部分,即第一部分至第三部分。第一部分"卫星导航系统"重点介绍了当前全球和区域导航卫星系统(GNSS 和 RNSS),互操作,信号质量监测、卫星轨道确定和时间同步,星基和地基增强系统;第二部分"卫星导航技术"详细论述了卫星导航接收机技术的最新进展和在城市环境下解决多径挑战的方法,处理欺骗和干扰以确保 PNT 完好性等内容;第三部分"卫星导航的工程与科学应用"详细给出了卫星导航在大地测量、气候监测、遥感等工程与科学中的具体应用。

下册包含三部分,即第四部分至第六部分。第四部分"基于无线电机会信号的 PNT"重点介绍了组合导航、室内导航、专用都市信标导航、地面数字广播信号导航、低频无线电信号导航、自适应雷达导航和低轨导航技术;第五部分"基于非无线电机会信号的 PNT"重点介绍了微电子机械系统、惯性传感器、原子钟、激光、磁场、天体、GNSS-INS 组合导航及神经科学导航和动物世界的导航;第六部分"PNT 在用户和商业中的应用"重点给出了当代 PNT 在不同领域中的应用,如测量和移动测绘、精准农业、可穿戴系统、自动驾驶、列车控制、商用无人飞机系统、航空、卫星定轨、编队飞行和极地导航等。

本书内容丰富,分为 6 部分,共计 64 章,英文原著共 2000 余页,翻译工作参与者众多,具体分工如下:任立明、王晋婧、张锐、龙东腾、龚佩佩、角淑媛、王小宁、姚铮、冉迎春、申林负责前言、目录及第一部分的翻译工作;康成斌、李懿、寇艳红、赵小鲂、贾智尧、常希诺、赵兴隆、马福建、崔小准、王健、张朔、王小宁、庄建楼负责第二部分的翻译工作;郑恒、龚佩佩、刘春雷、张小贞、郭瑶、任晓东、李芳馨、荆文芳、姜震负责第三部分的翻译工作;王晋婧、龚佩佩、张垠、易卿武、杨轩、饶永南、涂锐、杜娟、赵航、沈朋礼、黄璐负责第四部分的翻译工作;陈伟、刘猛、邓福建、王永召、林杰、李晓平、苏树恒、张丞、傅金琳、邵春水负责第五部分的翻译工作;王晋婧、张锐、龙东腾、龚佩佩、白宪阵、赵福隆、王小宁、冉迎春、角淑媛负责第六部分的翻译工作。此外,周嘉、朱冰、张容、汤一昕、徐涵、黄德金、王晋婧、王小宁、龚佩佩、龙东腾、角淑媛、冉迎春、申林、杨静、刘春雷、高树成、张锐、程海龙参加了本书的校对、绘图、制表和公式录入等工作,任立明、王晋婧、张锐、王小宁对全书进行了统稿,最终由任立明、王晋婧定稿。

在本书翻译、出版过程中,得到中国卫星导航系统管理办公室杨长风院士、杨军正高工、蒋德高工,装备发展部宋太亮研究员,中国科学院国家授时中心卢晓春研究员、中国空间技术研究院谢军研究员、张旭研究员,卫星导航系统与装备技术重点实验室蔚保国研究员,清华大学陆明泉教授,中国航天标准化研究所顾长鸿研究员、卿寿松研究员等专家的悉心指导与帮助,在此向他们致以诚挚的谢意。国防工业出版社周敏文等为本书的编辑、出版提供了许多帮助,在此一并表示衷心的感谢!

  中国航天标准化研究所多年来长期支撑中国卫星导航系统管理办公室、工程大总体及工程研制建设单位开展北斗卫星导航系统质量可靠性技术支撑工作,持续关注定位、导航及授时技术的发展前沿,组织了本书的翻译工作。本书的翻译得到了中国卫星导航系统管理办公室、中国航天科技集团有限公司等上级主管部门的指导,同时得到中国科学院国家授时中心、中国空间技术研究院、北京航天情报与信息研究所、中国船舶集团有限公司第七〇七研究所、中国电子科技集团公司第三十八研究所、卫星导航系统与装备技术重点实验室、清华大学、北京航空航天大学、武汉大学等单位专家同仁们的大力支持,在此致以诚挚的谢意。

  本书的出版获得了装备科技译著出版基金的资助,在此表示诚挚的感谢!

  由于本书涉及的专业面宽、信息量大、技术术语多,翻译难度大,如有不妥之处,敬请读者批评指正。

译者

2024 年 2 月

前言

在人类历史上,导航一直是人类赖以生存的基本技能。随着技术进步,定位、导航与授时(PNT)技术的关系密不可分。现如今,PNT 技术在现代社会中扮演着重要的角色。随着全球定位系统(GPS)的应用及越来越多全球导航卫星系统(GNSS)的快速发展,基于卫星的导航技术和其他 PNT 技术也得到了广泛应用,人们在生活中对 PNT 技术的依赖也越来越强。美国国家标准与技术研究所(NIST)发布的《关于 GPS 经济效益的报告》指出,2019 年,GPS 独自贡献了 1.4 万亿美元的经济效益,若 GPS 服务中断,则每天将造成约 10 亿美元损失的负面影响。PNT 技术已成为现代社会运行的重要支柱,为满足社会日益增长的导航需求并不断推进 PNT 技术的持续发展,对 PNT 知识的经验总结以及传授至关重要,本书由此应运而生。

虽然目前出版了许多关于卫星导航技术和相关主题的出版物,也不乏杰出之作,但本书(分上、下两册)以独特的理解全面阐述了 PNT 领域的最新发展动态,每章都由该领域世界知名专家撰写,可为从事卫星 PNT 技术研究以及相关民用应用等领域的研究人员、工程师提供借鉴参考。另外,本书还总结了基于非卫星导航信号和传感器的其他导航技术,并提供了综合 PNT 技术的商业综合应用案例。

本书共两册,每册又分为三个部分,共 64 章。上册主要从 GPS 和其他相关 PNT 发展的视角介绍了卫星导航系统及其相关技术和应用。第一部分共 13 章,介绍了当前全球和区域导航卫星系统(GNSS 和 RNSS)的基本情况和最新进展,导航卫星系统共存互利的设计战略,信号质量监测、卫星定轨和时间同步,以及提供高精度导航改正信息的星基、地基增强系统。第二部分共 13 章,介绍了卫星导航接收机技术[包括接收机结构、信号跟踪、矢量处理、辅助高灵敏度 GNSS、精密单点定位和实时动态定位(RTK)系统、方向位置估计技术]的最新进展,以及 GNSS 天线和阵列信号处理技术等。此外,还涵盖了在多径效应明显的城市环境中,处理欺骗和干扰并确保 PNT 完好性等方面极具挑战的内容。第三部分共 8 章,主要介绍了卫星导航系统工程和科学应用。为了在大地测量学领域展开讨论,首先综述了全球大地测量学和参考框架。随后介绍了 GNSS 的时频分布，以及 GNSS 信号在对流层、电离层和地表监测中提供的泛在的被动感知手段，其中用 3 章篇幅专门讨论恶劣天气、电离层影响和危险事件监测。最后介绍了 GNSS 无线电掩星和反射计的综合处理。

下册主要介绍了使用多源信号和传感器以及集成 PNT 技术为消费者和商业应用提供的 PNT 服务。第 35 章概述了下册的写作动机和章节结构情况，第 36 章介绍了在导航系统建模和传感器综合应用中常用的非线性估计方法。第四部分共 9 章，介绍了涵盖地基、航空、低轨 (LEO) 卫星的多源无线电信号 PNT，这些信号原本用于其他功能，如广播、网络、成像和监视。第五部分共 11 章，涵盖了在被动和主动模式下采用各种非射频信号源的导航应用，包括微电子机械系统、惯性传感器、改进的时钟技术、磁强计、匹配成像、激光雷达、数字摄影测量以及天体源信号，包含了多种组合导航及 GNSS-INS 组合导航、神经导航和动物世界的导航等内容。第六部分共 10 章，介绍了目前 PNT 在测绘、精密农业、可穿戴系统、自动驾驶、列车控制、商用无人飞机系统、航空、卫星定轨、编队飞行和极地特导航等领域的应用。

本书由来自 18 个国家的 131 位作者历时 5 年完成。由于本书涵盖主题和作者写作习惯的多样性，因此各章的写作风格存在差异。本书一部分是对特定学科领域发展高水平的回顾总结，另一部分可作为详细教程，还有一些章节包含 MATLAB 或 Python 示例代码的链接和数据，供希望进行实操的读者进行测试。本书编写目的是吸引行业专业人士、研究人员和学术界人士参与 PNT 技术的科学研究和工程应用。用户可以在 pnt21book.com 网站上浏览章节摘要，下载示例代码、数据、作业案例、高分辨率图片、勘误表，也可由此提供读者反馈信息。

如果没有 GNSS 和 PNT 领域各位同仁的共同努力，就不可能有此著作。感谢该领域的先驱者们能够在百忙之中抽出时间积极为本书撰稿，一些作者还为书中其他章节内容提供了宝贵的意见和建议。我们也征求了该领域研究生及博士后的意见，因为他们也是该领域的主要用户并终将引领未来的发展。我们要感谢以下支持或鼓励本书编写及帮助改进相关内容的人员，他们是 Michael Armatys、PeninaAxelrad、John Betz、Rebecca Bishop、Michael Brassch、Brian Breitsch、Phil Brunner、Russell Carpenter、Charles Carrano、Ian Collett、Anthea-Coster、Mark Crews、Patricia Doherty、Chip Eschenfelder、Hugo Fruehauf、Gaylord Green、Richard Greenspan、Yu Jiao、Kyle Kauffman、Tom Langenstein、Gerard Lachapelle、Richard Langley、RobertLutwak、Jake Mashburn、James J. Miller、Mikel Miller、PratapMisra、Oliver Montenbruck、Sam Pullen、Stuart Riley、Chuck Schue、Logan Scott、Steve Taylor、Peter Teunissen、Jim Torley、A. J. van Dierendonck、Eric Vinande、Jun Wang、Pai Wang、Yang Wang、Phil Ward、DongyangXu、Rong Yang 和 Zhe Yang。Wiley 出版社在该项目的 5 年酝酿期内给予了我们极大的耐心和便利条件，我们的家人也表现出了极大的理解与支持，从而让我们有能力来完成本书的撰写工作。

本书是 James J. Spilker Jr 博士最初发起创作的，在 2019 年 10 月去世之前他一直对本书的编写工作付出了极大的热情支持。作为 GPS 民用信号结构和接收器技术研究的先驱

Spilker 博士是这项工作的灵魂人物。在本书的撰稿过程中,包括 Ronald Beard、Per Enge、Ronald Hatch、David Last 和 James Tsui 在内的几位 GNSS 和 PNT 领域的先驱也相继去世。谨以本书献给所有为 PNT 领域的发展做出贡献的英雄们。

Y. T. Jade Morton
Frank van Diggelen
Bradford W. Parkinson
Sherman Lo
Grace Gao

目录

（上册）

第一部分　卫星导航系统

第1章　早期历史与综合定位授时体系的保障 ································ 3

1.1　简介 ·· 3
1.2　卫星导航前史 ··· 5
1.3　初始GPS开发：全球PNT 3D卫星导航早期开发的关键里程碑 ············· 6
1.4　开创性研究——美国空军和Ivan Getting赞助的卫星导航替代方案 ········· 8
1.5　竞争择优与GPS的获批 ·· 12
1.6　GPS获批 ·· 17
1.7　GPS的三大创新及其来源 ·· 17
1.8　GPS的发展过程和其他主要挑战 ··· 22
1.9　GPS宣布全面运行——1995年7月17日 ··································· 27
1.10　改进的GPS、更新的GNSS和增强 ·· 32
1.11　保障基于GNSS的PNT的前提条件 ··· 38
1.12　确保PNT（保护、强韧、增强）的行动——PTA计划 ·················· 40
1.13　代表性应用及其价值 ··· 44
1.14　总结 ·· 49
参考文献 ··· 49

第2章　卫星导航授时基础 ··· 52

2.1　简介 ·· 52
2.2　卫星导航基础 ··· 54
2.3　空间段：卫星和星座 ··· 59
2.4　卫星导航信号 ··· 62
2.5　地面段 ··· 67

2.6 卫星导航用户设备 …………………………………………… 68
2.7 增强系统 …………………………………………………… 72
2.8 卫星导航误差 ……………………………………………… 74
2.9 总结 ………………………………………………………… 77
参考文献 ………………………………………………………… 77

第3章 全球定位系统(GPS) …………………………………… 79

3.1 GPS 的历史 ………………………………………………… 79
3.2 GPS 管理架构 ……………………………………………… 90
3.3 GPS 大地参照系和时间参照系 …………………………… 91
3.4 GPS 服务 …………………………………………………… 92
3.5 GPS 基线星座配置 ………………………………………… 93
3.6 GPS 地面段配置 …………………………………………… 94
3.7 GPS 信号配置 ……………………………………………… 94
3.8 GPS 电离层模型 …………………………………………… 98
3.9 GPS 其他有效载荷 ………………………………………… 98
3.10 小结 ………………………………………………………… 98
参考文献 ………………………………………………………… 99

第4章 格洛纳斯系统(GLONASS) …………………………… 103

4.1 简介 ………………………………………………………… 103
4.2 GLONASS 参考系和时间基准 …………………………… 111
4.3 GLONASS 服务 …………………………………………… 114
4.4 OC 配置 …………………………………………………… 115
4.5 系统地面站配置 …………………………………………… 118
4.6 信号 ………………………………………………………… 118
4.7 GLONASS 其他应用 ……………………………………… 121
4.8 小结 ………………………………………………………… 121
参考文献 ………………………………………………………… 122

第5章 Galileo 系统 …………………………………………… 125

5.1 Galileo 计划发展史 ………………………………………… 125
5.2 Galileo 系统管理结构:组织、角色、关系 ………………… 130
5.3 Galileo 大地测量和时间参照系统 ………………………… 131
5.4 Galileo 系统服务 …………………………………………… 134
5.5 Galileo 空间段 ……………………………………………… 135
5.6 Galileo 地面段 ……………………………………………… 141
5.7 Galileo 信号计划 …………………………………………… 143
5.8 Galileo 电离层模型 ………………………………………… 159

5.9　Galileo 系统定位性能 · 160
5.10　构建未来：Galileo 系统演进 · 163
参考文献 · 164

第6章　北斗卫星导航系统 · 168

6.1　简介 · 168
6.2　北斗系统的发展 · 169
6.3　坐标系统与时间系统 · 172
6.4　北斗一号——北斗试验系统 · 173
6.5　北斗二号——北斗区域系统 · 177
6.6　北斗三号——北斗全球系统 · 189
6.7　总结与展望 · 197
参考文献 · 198

第7章　印度区域导航卫星系统（IRNSS） · 201

7.1　历史与起源 · 201
7.2　IRNSS 参考系 · 205
7.3　IRNSS 卫星星座 · 205
7.4　地面段 · 207
7.5　IRNSS 信号 · 208
7.6　IRNSS 性能规范 · 212
7.7　电离层模型和表示 · 213
7.8　IRNSS 接收机架构 · 214
7.9　结论 · 217
参考文献 · 217

第8章　准天顶卫星系统 · 219

8.1　QZSS 的发展历史和背景 · 219
8.2　QZSS 管理结构 · 220
8.3　QZSS 大地测量和时间参考系统 · 221
8.4　QZSS 服务 · 222
8.5　QZSS 空间段配置 · 231
8.6　QZSS 地面段配置 · 233
8.7　QZSS 信号配置 · 233
8.8　总结 · 238
参考文献 · 238

第9章　GNSS 的互操作性 · 241

9.1　互操作性介绍 · 241

9.2　互操作性的要素 …………………………………………………………… 242
9.3　GLONASS 向更具互操作性的 CDMA 过渡 ……………………………… 243
9.4　信号中心频率互操作性影响 ……………………………………………… 245
9.5　错失第三公共频率的机会 ………………………………………………… 247
9.6　信号波形和频谱对互操作性的影响 ……………………………………… 247
9.7　时钟、大地测量和差分改正 ……………………………………………… 249
9.8　总结 ………………………………………………………………………… 251
参考文献 …………………………………………………………………………… 252

第 10 章　GNSS 信号质量监测 …………………………………………………… 254

10.1　简介 ……………………………………………………………………… 254
10.2　信号质量监测的重要性 ………………………………………………… 254
10.3　信号质量监测要求 ……………………………………………………… 255
10.4　当前的监测系统 ………………………………………………………… 257
10.5　信号质量监测算法及方法 ……………………………………………… 258
10.6　挑战和发展 ……………………………………………………………… 270
参考文献 …………………………………………………………………………… 270

第 11 章　GNSS 定轨与时间同步 ………………………………………………… 275

11.1　观测模型 ………………………………………………………………… 276
11.2　轨道动力学 ……………………………………………………………… 282
11.3　参数调整 ………………………………………………………………… 286
11.4　系统和产品 ……………………………………………………………… 289
参考文献 …………………………………………………………………………… 296

第 12 章　地基增强系统(GBAS) ………………………………………………… 305

12.1　简介 ……………………………………………………………………… 305
12.2　GBAS 的建设动机 ……………………………………………………… 305
12.3　GBAS 的历史 …………………………………………………………… 306
12.4　GBAS 性能要求 ………………………………………………………… 306
12.5　误差源和故障 …………………………………………………………… 310
12.6　GBAS 完好性监控 ……………………………………………………… 313
12.7　GBAS 完整性分析：GAST C ………………………………………… 320
12.8　GAST D 要求和完好性案例 …………………………………………… 322
12.9　GBAS 的现状和未来 …………………………………………………… 323
参考文献 …………………………………………………………………………… 324

第 13 章　星基增强系统(SBAS) ………………………………………………… 327

13.1　简介 ……………………………………………………………………… 327

13.2　SBAS 服务误差源与威胁　330
13.3　SBAS 完好性监测　335
13.4　SBAS 电文、GEO 定义与处理　340
13.5　SBAS 应用　345
13.6　未来发展（双频、多星座）　351
参考文献　354

第二部分　卫星导航技术

第 14 章　GNSS 接收机基本原理和概述　361
14.1　GNSS 接收机的剖析　363
14.2　信号生成和传输　366
14.3　接收机射频前端　369
14.4　射频前端输出信号　382
14.5　相关处理　385
14.6　通道控制状态机　390
14.7　相关器和跟踪通道时序　390
14.8　结论和未来展望　393
参考文献　394

第 15 章　GNSS 接收机信号跟踪　397
15.1　GNSS 接收机信号跟踪环路目标　397
15.2　GNSS 信号跟踪的概念描述　398
15.3　GNSS 信号码跟踪：DLL　401
15.4　GNSS 信号载波跟踪　412
15.5　先进的载波跟踪　424
15.6　结论　441
参考文献　441

第 16 章　矢量处理　445
16.1　标量和矢量处理的介绍和基础　445
16.2　矢量延迟/FLL　455
16.3　混合矢量-标量处理架构　476
16.4　卫星导航信号的相干矢量处理：VPLL　478
16.5　结论　494
致谢　494
参考文献　494

第 17 章　辅助 GNSS　497
17.1　简介　497

17.2	频率/码搜索空间	499
17.3	频率搜索与辅助误差的关系	502
17.4	码延迟搜索空间与辅助误差的关系	505
17.5	卫星速度和距离率	508
17.6	辅助搜索空间的数值	513
17.7	所有星座的量化辅助 GNSS 搜索空间	517
17.8	辅助 GNSS 的来源和标准	517
17.9	总结	523

致谢 524

参考文献 524

第 18 章　高灵敏度 GNSS 接收机　526

18.1	简介	526
18.2	灵敏度分析	526
18.3	接收机结构	527
18.4	射频前端分析	528
18.5	相关及相干积分	531
18.6	非相干积分	545
18.7	GNSS 信号的比较	553
18.8	未来 GNSS 信号的设计	559

附录:分贝定义 564

术语表 564

参考文献 566

第 19 章　相对定位和实时动态定位　568

19.1	简介	568
19.2	相对定位	568
19.3	模糊度解与实时动态定位	577
19.4	网络实时动态定位	584
19.5	相对定位与实时动态定位的研究进展	589

参考文献 590

第 20 章　GNSS 精密单点定位　594

20.1	简介	594
20.2	PPP 概念	595
20.3	单频 PPP 与双频 PPP	598
20.4	非定位的 PPP 应用	602
20.5	轨道、钟差与服务	603
20.6	PPP 误差改正模型	605

20.7 PPP 模糊度的解算 ………………………………………………………… 608
20.8 多频 PPP ………………………………………………………………… 613
20.9 多系统 PPP ……………………………………………………………… 614
致谢 …………………………………………………………………………… 619
参考文献 ……………………………………………………………………… 619

第 21 章 直接位置估计 …………………………………………………… 628

21.1 简介 ……………………………………………………………………… 628
21.2 传统 GNSS 信号处理与定位 …………………………………………… 629
21.3 DPE ……………………………………………………………………… 633
21.4 实现 ……………………………………………………………………… 640
21.5 DPE 的变种 ……………………………………………………………… 645
21.6 结论 ……………………………………………………………………… 648
致谢 …………………………………………………………………………… 649
参考文献 ……………………………………………………………………… 649

第 22 章 基于多径和非视距导航信号下的定位鲁棒性 ………………… 655

22.1 概述 ……………………………………………………………………… 655
22.2 反射信号、非视距接收和多径干扰的特征 …………………………… 656
22.3 基于接收机的多径消除 ………………………………………………… 663
22.4 载波平滑码 ……………………………………………………………… 672
22.5 实时导航中对非视距和多径的消除技术 ……………………………… 681
22.6 后处理多径消除技术 …………………………………………………… 687
22.7 三维地图辅助 GNSS …………………………………………………… 691
22.8 总结 ……………………………………………………………………… 695
参考文献 ……………………………………………………………………… 695

第 23 章 GNSS 完好性和接收机自主完好性监测 ……………………… 702

23.1 简介 ……………………………………………………………………… 702
23.2 需求定义和权衡 ………………………………………………………… 703
23.3 完好性指标的解释 ……………………………………………………… 707
23.4 完好性保护级的概念及实现 …………………………………………… 714
23.5 边界不确定性误差分布 ………………………………………………… 715
23.6 故障和异常——故障威胁模型的作用 ………………………………… 717
23.7 RAIM 概述 ……………………………………………………………… 718
23.8 高级 RAIM ……………………………………………………………… 725
23.9 总结 ……………………………………………………………………… 730
参考文献 ……………………………………………………………………… 730

XVII

第24章 干扰：起源、影响和抑制 ... 734

- 24.1 简介 ... 734
- 24.2 干扰对 GPS/GNSS 信号的影响 ... 737
- 24.3 干扰效果与距离的函数关系 ... 743
- 24.4 GPS L1 C/A 码结构缺陷 ... 745
- 24.5 干扰抑制 ... 752
- 24.6 欺骗检测 ... 757
- 24.7 鉴权信号 ... 761
- 24.8 位置证明和接收方验证 ... 765
- 24.9 结束语 ... 769
- 参考文献 ... 769

第25章 民用 GNSS 欺骗、检测和恢复 ... 773

- 25.1 简介 ... 773
- 25.2 GNSS 欺骗攻击方法 ... 775
- 25.3 检测欺骗攻击的方法 ... 785
- 25.4 欺骗攻击期间恢复真实 PNT 服务的方法 ... 798
- 25.5 防御测试 ... 800
- 参考文献 ... 801

第26章 GNSS 接收机天线与天线阵列信号处理 ... 806

- 26.1 天线概念和术语 ... 806
- 26.2 天线对 GNSS 信号的效应 ... 809
- 26.3 GNSS 天线示例 ... 816
- 26.4 GNSS 接收机的天线阵列 ... 828
- 26.5 GNSS 接收机的阵列信号处理 ... 830
- 26.6 总结 ... 841
- 参考文献 ... 841

第三部分 卫星导航的工程与科学应用

第27章 全球大地测量和参考框架 ... 849

- 27.1 全球大地测量 ... 849
- 27.2 IGS ... 856
- 27.3 地球参考系 ... 863
- 参考文献 ... 869

第28章 地球物理、自然灾害、气候和环境中的 GNSS 大地测量 ... 873

- 28.1 简介 ... 873

28.2　GPS 大地测量 ……………………………………………………………… 875
28.3　构造 GPS 和地壳形变 ………………………………………………… 890
28.4　减轻自然灾害 ……………………………………………………………… 909
28.5　气候 …………………………………………………………………………… 918
28.6　环境监测 ……………………………………………………………………… 927
28.7　结论 …………………………………………………………………………… 935
致谢 ………………………………………………………………………………………… 935
参考文献 ………………………………………………………………………………… 936

第 29 章　时频信息分发 ……………………………………………………… 967

29.1　简介 …………………………………………………………………………… 967
29.2　精度和可追溯性 …………………………………………………………… 983
29.3　通过分发通道确定时间延迟 ……………………………………… 984
29.4　通过天线和接收机确定的时间延迟 …………………………… 991
29.5　同步策略 ……………………………………………………………………… 992
29.6　示例数据 ……………………………………………………………………… 994
29.7　调整方法 ……………………………………………………………………… 997
29.8　总结 …………………………………………………………………………… 998
参考文献 ………………………………………………………………………………… 998

第 30 章　利用 GNSS 监测中性大气和恶劣天气 ……………… 1000

30.1　从大地测量软件中反演 GNSS 对流层参数 ……………… 1000
30.2　采用 GNSS 技术进行水蒸气监测 ……………………………… 1012
30.3　GNSS 气象学案例研究 ………………………………………………… 1016
30.4　与其他技术协同当前和未来的应用 …………………………… 1025
参考文献 ………………………………………………………………………………… 1026

第 31 章　电离层效应、监测及削弱方法 ………………………… 1035

31.1　简介 …………………………………………………………………………… 1035
31.2　电离层基本特性及其对卫星导航的影响 …………………… 1037
31.3　GNSS 应用的电离层折射效应 …………………………………… 1042
31.4　电离层闪烁 …………………………………………………………………… 1067
31.5　结论 …………………………………………………………………………… 1090
参考文献 ………………………………………………………………………………… 1091

第 32 章　利用 GNSS 探测、监测和预测自然与人为灾害事件 …… 1105

32.1　简介 …………………………………………………………………………… 1105
32.2　用于自然灾害探测的 GPS 电离层观测 ……………………… 1107
32.3　地震和海啸探测 …………………………………………………………… 1108

32.4	火山爆发监测	1110
32.5	雷暴探测	1112
32.6	小行星探测	1113
32.7	自然灾害星基探测技术	1114
32.8	联合地基和星基 GNSS 数据处理算法	1117
32.9	空间天气产生的 TEC 扰动	1120
32.10	海洋热层-电离层耦合建模	1121
32.11	反演算法	1122
32.12	实时自然灾害监测	1123
32.13	人为危害	1124
32.14	电离层前兆	1127
32.15	结论和展望	1128

致谢 1128

参考文献 1129

第 33 章　GNSS 无线电掩星　1136

33.1	简介	1137
33.2	用于大气观测的 GNSS 掩星系统设计	1149
33.3	气候应用的设计考虑	1166
33.4	科学应用	1173

致谢 1178

参考文献 1179

第 34 章　GNSS 反射测量在地球遥感中的应用　1193

34.1	背景介绍	1193
34.2	GNSS-R 观测量的一般特征	1196
34.3	GNSS-R 测量的几何结构	1198
34.4	GNSS-R 基本观测	1206
34.5	反射 GNSS 信号模型	1212
34.6	海风和粗糙度	1227
34.7	海洋测高	1245
34.8	土壤湿度	1264
34.9	冰雪	1281
34.10	其他地表变量	1286
34.11	总结	1290

致谢 1291

参考文献 1291

(下册)

第四部分　基于无线电机会信号的 PNT

第 35 章　下册概述：组合 PNT 技术与应用 ············ 1313
35.1　通用导航框架 ············ 1313
35.2　下册内容摘要 ············ 1315

第 36 章　非线性回归在组合导航系统中的应用 ············ 1318
36.1　简介 ············ 1318
36.2　线性估计基础 ············ 1319
36.3　非线性滤波概念 ············ 1321
36.4　小结 ············ 1342
参考文献 ············ 1342

第 37 章　室内导航技术概述 ············ 1344
37.1　简介 ············ 1344
37.2　技术术语 ············ 1345
37.3　性能指标 ············ 1346
37.4　室内定位信号分类 ············ 1348
37.5　室内定位技术 ············ 1352
37.6　开放研究问题 ············ 1367
参考文献 ············ 1369

第 38 章　手机机会信号导航 ············ 1380
38.1　简介 ············ 1380
38.2　蜂窝系统概述 ············ 1381
38.3　钟差动态建模 ············ 1382
38.4　蜂窝环境中的导航框架 ············ 1383
38.5　蜂窝 CDMA 信号导航 ············ 1387
38.6　蜂窝 LTE 信号导航 ············ 1404
38.7　BTS 扇区钟差失配 ············ 1426
38.8　多信号导航：全球导航卫星系统和蜂窝组合导航 ············ 1431
38.9　蜂窝辅助 INS ············ 1435
参考文献 ············ 1438

第 39 章　专用都市信标系统导航 ············ 1444
39.1　都市信标系统 ············ 1445
39.2　小结 ············ 1461

参考文献 ………………………………………………………………………………… 1462

第 40 章　地面数字广播信号导航 …………………………………………………… 1463

40.1　广播信号的 PNT 机制 ……………………………………………………… 1463
40.2　典型的地面数字广播信号 …………………………………………………… 1466
40.3　广播信号的伪距测量 ………………………………………………………… 1485
40.4　实际问题和解决方案 ………………………………………………………… 1492
参考文献 ………………………………………………………………………………… 1498

第 41 章　低频无线电信号导航 ……………………………………………………… 1504

41.1　简介 …………………………………………………………………………… 1504
41.2　甚低频(VLF)和低频 PNT 的简史 …………………………………………… 1504
41.3　空间定义中的 Loran-C 和 eLoran 信号 …………………………………… 1507
41.4　增强罗兰信号传输 …………………………………………………………… 1511
41.5　低频传播 ……………………………………………………………………… 1515
41.6　噪声和干扰 …………………………………………………………………… 1528
41.7　接收机设计 …………………………………………………………………… 1534
41.8　罗兰性能:过去、现在和未来 ………………………………………………… 1548
41.9　未来低频无线电导航系统的潜力 …………………………………………… 1555
参考文献 ………………………………………………………………………………… 1556

第 42 章　自适应雷达导航 …………………………………………………………… 1563

42.1　雷达定位的历史 ……………………………………………………………… 1563
42.2　现代雷达定位 ………………………………………………………………… 1566
42.3　雷达信号处理 ………………………………………………………………… 1568
42.4　SAR 处理方法 ………………………………………………………………… 1571
42.5　UWB-OFDM 案例研究 ……………………………………………………… 1573
42.6　小结 …………………………………………………………………………… 1590
参考文献 ………………………………………………………………………………… 1591

第 43 章　低轨卫星导航 ……………………………………………………………… 1594

A 部分　概念、现有技术和未来展望 …………………………………………… 1594
43.1　简介 …………………………………………………………………………… 1594
43.2　背景 …………………………………………………………………………… 1598
43.3　当今 LEO 在导航领域中的应用 ……………………………………………… 1604
43.4　未来 LEO 在导航领域中的应用 ……………………………………………… 1607
43.5　小结 …………………………………………………………………………… 1614
参考文献 ………………………………………………………………………………… 1615
B 部分　模型、实现情况和性能表现 …………………………………………… 1619

43.6 简介 ··· 1619
43.7 LEO 卫星伪距、多普勒和载波相位测量模型 ····································· 1621
43.8 LEO 卫星轨道动力学模型 ·· 1623
43.9 导航误差源 ··· 1624
43.10 Orbcomm LEO 卫星星座概述 ·· 1628
43.11 Starlink LEO 卫星星座概述 ·· 1633
43.12 使用 LEO 卫星信号的载波相位差分导航 ······································· 1634
43.13 STAN:低轨卫星信号的同步跟踪和导航 ·· 1636
43.14 精度因子分析 ·· 1639
43.15 仿真结果 ··· 1642
43.16 实验结果 ··· 1646
参考文献 ··· 1653

第五部分 基于非无线电机会信号的 PNT

第 44 章 惯性导航传感器 ·· 1661

44.1 简介 ··· 1661
44.2 惯性导航性能 ·· 1663
44.3 IMU 性能分类 ··· 1666
44.4 加速度计类型 ·· 1667
44.5 陀螺仪 ·· 1673
44.6 小结 ··· 1683
参考文献 ··· 1683

第 45 章 微机电系统(MEMS)惯性传感器 ·· 1686

45.1 简介 ··· 1686
45.2 MEMS 加速度计 ··· 1688
45.3 MEMS 陀螺仪 ··· 1692
45.4 MEMS 惯性测量单元 ··· 1696
45.5 MEMS 惯性传感器在导航中的应用 ·· 1697
参考文献 ··· 1698

第 46 章 GNSS-INS 组合导航 ··· 1700

A 部分   GNSS-INS 组合导航基础 ·· 1700
46.1 惯性导航系统基本原理 ··· 1702
46.2 惯性导航误差传播 ·· 1706
46.3 松组合:解算结果域融合 ··· 1712
46.4 紧组合:观测域融合 ··· 1718
46.5 深组合:信号处理层级融合 ··· 1721

46.6 案例研究 ··· 1725
参考文献 ··· 1736
B部分 用一种隔离的方法进行GNSS-IMU组合导航 ································ 1738
46.7 GNSS-IMU组合导航 ··· 1738
参考文献 ··· 1757

第47章 全球导航卫星系统中的原子钟 ·· 1758

47.1 简介 ·· 1758
47.2 基本概念 ·· 1759
47.3 GNSS卫星钟 ··· 1761
47.4 未来用于空间的先进原子钟 ·· 1772
47.5 爱因斯坦关于近地时钟的相对论的简要总结 ····························· 1774
47.6 GNSS地面原子钟——GNSS主时钟 ······································· 1776
47.7 国家标准实验室 ·· 1776
47.8 GNSS接收机的钟 ·· 1777
47.9 芯片原子钟 ·· 1777
参考文献 ··· 1779

第48章 磁场定位技术 ··· 1785

48.1 简介 ·· 1785
48.2 磁场源 ··· 1785
48.3 磁场测量和仪器 ·· 1789
48.4 磁强计校准方法 ·· 1790
48.5 应用磁场的绝对定位 ·· 1792
参考文献 ··· 1806

第49章 激光导航技术 ··· 1808

49.1 简介 ·· 1808
49.2 激光传感技术与工作原理 ··· 1808
49.3 激光导航方法 ··· 1810
49.4 小结 ·· 1836
参考文献 ··· 1837

第50章 图像辅助导航概念与应用 ·· 1841

50.1 简介 ·· 1841
50.2 成像系统模型 ··· 1841
50.3 兴趣区域选择 ··· 1846
50.4 匹配搜索 ·· 1854
50.5 姿态估计 ·· 1857

50.6 单目视觉导航问题 ······ 1862
50.7 附加信息在图像辅助导航解决方案中的应用 ······ 1863
50.8 非均匀传感器融合 ······ 1866
50.9 小结 ······ 1868
参考文献 ······ 1869

第51章 数字摄影测量 ······ 1871

51.1 简介 ······ 1871
51.2 光学成像 ······ 1875
51.3 基本定义 ······ 1878
51.4 摄影测量基础 ······ 1881
51.5 摄影测量处理流程 ······ 1888
51.6 应用 ······ 1901
51.7 小结 ······ 1906
参考文献 ······ 1906

第52章 利用脉冲星和其他可变天体源导航 ······ 1911

52.1 导航概念和优势 ······ 1912
52.2 可变天体源 ······ 1918
52.3 航天器和行星航天器的应用 ······ 1926
52.4 当前的技术局限性和未来的发展 ······ 1937
致谢 ······ 1940
参考文献 ······ 1941

第53章 导航神经科学 ······ 1948

53.1 简介 ······ 1948
53.2 空间基础 ······ 1948
53.3 特殊空间细胞 ······ 1950
53.4 神经系统与导航 ······ 1953
53.5 未来发展方向 ······ 1960
53.6 小结 ······ 1961
参考文献 ······ 1962

第54章 动物世界的定向与导航 ······ 1973

54.1 动物使用什么信息定向和导航 ······ 1974
54.2 星空罗盘 ······ 1978
54.3 小结 ······ 1985
参考文献 ······ 1985

第六部分　PNT 在用户和商业中的应用

第 55 章　GNSS 在测量和移动测绘中的应用 ... 1999

- 55.1　简介 ... 1999
- 55.2　测量和移动测绘领域的定位需求 ... 2000
- 55.3　GNSS 在土地和海洋测量中的应用 ... 2002
- 55.4　用于移动测绘的 GNSS ... 2010
- 55.5　GNSS 和测绘行业的新兴发展 ... 2013
- 参考文献 ... 2017

第 56 章　精准农业 ... 2022

- 56.1　简介 ... 2022
- 56.2　农业对 GNSS 的要求 ... 2031
- 56.3　小结 ... 2035

第 57 章　可穿戴设备 ... 2036

- 57.1　简介 ... 2036
- 57.2　可穿戴设备的起源 ... 2036
- 57.3　可穿戴设备的时代 ... 2038
- 57.4　可穿戴设备的架构 ... 2042
- 57.5　传感器和测量 ... 2044
- 57.6　电源管理/电池监控 ... 2052
- 57.7　屏幕 ... 2052
- 57.8　视频和音频 ... 2053
- 57.9　无线技术 ... 2054
- 57.10　隐私和安全 ... 2056
- 57.11　展望未来 ... 2056
- 57.12　小结 ... 2058

第 58 章　先进驾驶员辅助系统和自动驾驶中的导航 ... 2059

- 58.1　简介 ... 2059
- 58.2　用于车辆自动化的 GNSS 测量 ... 2067
- 58.3　车辆建模 ... 2073
- 58.4　应用 ... 2077
- 参考文献 ... 2098

第 59 章　列车控制和轨道交通管理系统 ... 2102

- 59.1　GNSS 在现代列车控制系统中的作用 ... 2102

59.2	轨道限制下的 PNT	2113
59.3	GNSS 和里程表融合	2118
59.4	轨迹约束的相对 PVT 估计	2120
59.5	多道识别	2124
59.6	轨道检测器性能	2128
参考文献		2130

第60章　商用无人机系统　2132

60.1	无人机系统背景	2132
60.2	飞行制导和自主	2138
60.3	避障:环境	2141
60.4	避障:其他飞行器	2144
60.5	导航的作用	2153
参考文献		2158

第61章　航空导航　2168

61.1	简介	2168
61.2	航空导航的过去和现在	2168
61.3	21世纪航空导航	2172
61.4	卫星导航导航	2172
61.5	地面无线电导航源	2173
61.6	基于监视的导航	2182
61.7	机会信号	2186
61.8	自发的航空信号	2187
61.9	视觉	2190
61.10	小结	2190
参考文献		2190

第62章　利用GNSS确定轨道　2194

62.1	简介	2194
62.2	定轨问题的表述	2195
62.3	POD求解的第一步:线性化	2197
62.4	定轨方法的类型	2198
62.5	GNSS参考轨道和时钟状态的关键作用	2200
62.6	POD解的验证	2201
62.7	LEO、MEO和HEO	2203
62.8	编队飞行与相对定位	2205
62.9	最新技术要素	2205
62.10	授时	2213

62.11	地球科学定轨	2214
62.12	与其他数据类型的协同作用	2215
62.13	星上定轨	2216
62.14	案例研究：Jason-3 任务	2216

致谢 2220
参考文献 2220

第 63 章　卫星编队飞行与交会 2225

63.1	相对导航简介	2225
63.2	相对轨道确定	2234
63.3	任务结果	2245
63.4	小结	2248

参考文献 2249

第 64 章　极地导航 2255

64.1	简介	2255
64.2	冰上导航	2256
64.3	21 世纪冰上导航	2265
64.4	北极地区的 GNSS 完好性	2271
64.5	小结	2276

参考文献 2277

第一部分
卫星导航系统

第 1 章 早期历史与综合定位授时体系的保障

Bradford W. Parkinson[1], Y. T. Jade Morton[2], Frank van Diggelen[3], James J. Spilker Jr.[1]

[1]斯坦福大学,美国

[2]科罗拉多大学博尔德分校,美国

[3]谷歌公司,美国

1.1 简介

随着卫星导航系统,特别是全球定位系统(GPS)的出现,人们知晓自身所处位置是轻而易举之事。目前,全球导航卫星系统(GNSS)可确定三维位置信息和时间,随着技术迅速发展,其导航能力及鲁棒性越来越强,功能也越发完善。在实际生活中,用户对于位置信息的来源并不关心,只要可靠,采用任何技术都可接受。虽然本书大部分内容是关于卫星导航系统的探讨,但我们将对所有现代的定位、导航和授时(PNT)系统进行全面的讲解。

对于导航,其经典定义是:在乘坐轮船、汽车、飞机出行时,寻找到达指定地点路线的行为、活动、科学、方法或过程[1]。它包括当前位置、路线和出行距离的确定。一个更专业、更现代的导航定义是:确定位置、方向、速度和加速度,并规划、查找和跟踪路线,且在一个指定的三维空间及时间坐标系中予以表示。

对于大多数卫星导航用户来说,确保 PNT 能力是提供有效服务的基础;服务提供商也认识到,将不同来源的基本 PNT 信息相融合,可以获得更强大的定位能力,即可提供更有效的 PNT 保障。美国联邦航空局(FAA)使用 4 个标准来衡量 PNT 能力,即可用性、精确性、完好性和连续性。除航空行业外,这些衡量指标对其他行业及用户都是适用的。例如,在面对蓄意或无意的无线电干扰时,系统融合或单系统升级(如卫星导航+惯性导航),能够更好地保证 PNT 性能。因此,本书的另一个目的是说明这种联动关系为其用户带来的好处。

应用爆炸:对于用户来说,GPS 只是 PNT 保障的技术手段之一;现今已存在很多其他的优秀方法可以获取位置信息,不久的将来还会有更多可用的方法。本书将对目前与即将出现的技术统一进行探讨,着重关注市场上的其他 GNSS 和区域导航卫星系统(RNSS)。就目前而言,GPS 是世界上几乎每个手机用户都熟悉的名字。截至 2015 年,全球已经生产了 20 多亿台接收机,在手机应用的推动下,这些接收机每年增长超过 14 亿台。

除了无处不在的手机,GPS 也已经在社会生活的方方面面得到广泛应用。早期的开发人员也对当今 GPS 数不胜数的各种应用方式感到惊讶。表 1.1 列出了卫星导航的部分应用领域。显然,随着技术的发展,卫星导航和 PNT 的应用范围愈加广泛,且更新时效极快。尽管如此,我们仍会在本书中对 PNT 目前和未来的代表性应用进行描述。

表 1.1 卫星导航的 12 大应用领域

应用领域	应用案例
航空	区域导航、Ⅲ类精密进近、新一代航空运输系统(NexGen)
农业	自动农业:作物喷施、精确耕作、产量评估
汽车	步骤化路线指引、礼宾服务、无人驾驶汽车
紧急救援服务	为 911 报警、救护车、消防部门、警察部门、救援直升机、应急信标、飞机和船舶定位仪提供的紧急救援服务
智能交通	列车控制与管理、无人驾驶交通
军事	救援、精确武器发射、军事小组或个人定位
娱乐	寻宝、无人机飞行、徒步旅行、划船、健身
机器人与机械控制	推土机、平地机、矿车、石油钻探设备中的机器人与机械控制
科学研究	研究地球运行轨迹与形状、大气、天气预报、气候模拟、电离层、空间气象、海啸警报、土壤湿度、海表粗糙度和盐度、风速、雪、冰、树叶覆盖率等
测量与地理信息系统	测绘、环境监测、标记疾病爆发轨迹
授时	通信基站、银行、电网的授时
跟踪	跟踪车队、资产、设备、货物、儿童、阿尔兹海默症患者、野生动物、牲畜、宠物、执法情况、罪犯、假释犯等

GPS 被称为"隐形实用程序",因为多数情况下它的使用通常对用户并不可见。全球范围内,GPS 的可用性已超过 99.9%[2]。这种无处不在的可用性使 GPS 在安全性、成效性和便利性方面具有巨大的优势。例如,目前美国已有 3600 多个使用 GPS 的飞机跑道进近系统通过认证。美国国家天基 PNT 咨询委员会(PNTAB)的一项经济研究指出,每年仅美国国内的 GPS 产业价值的中值就已经超过 650 亿美元[3]。这些丰厚的效益使人们将 GPS 恰当地描述为"人类的系统"。因此,GPS 也让大众意识到了一些历史性问题,比如,它是如何产生的? 未来还可能会开发哪些其他方面的应用? 本节将简单介绍导航的历史、总结典型导航应用方向的发展历程,并在后面的章节中进行详细介绍。

虽然 GPS 一直是卫星导航领域的领军系统,但其他国家也始终致力于部署自己的独立导航系统。其中,由俄罗斯建设的格洛纳斯(GLONASS)系统、由欧盟建设的伽利略(Galileo)系统①和中国的北斗系统(前身为指南针系统)最具代表性。此外,还有一些国家也在部署 RNSS。在本书上册的第一部分,我们回顾了全球和地区卫星导航系统,这些系统可为单个用户同时提供 40 多颗卫星来定位。用户的主要关注点是卫星导航系统之间要具备互换性,或至少具备兼容性。本书还讨论了 GNSS 之间的异同以及兼容互操作的挑战。

对于许多用户来说,仅仅依靠卫星导航是不够的。什么技术可以提高导航的鲁棒性和准确性? 本章将介绍该主题,之后的章节也将对此进行深入的阐述。确保 PNT 可用性的规划一直是美国 PNTAB 的一个重要主题,被称为"PTA"。PTA 代表保护、坚韧和增强,将在本书中做进一步阐述。

---

① 最近英国脱欧可能会改变伽利略公司的管理层。有可能增加一个英国导航卫星星座。

GNSS 增强的一个例子是美国联邦航空局的广域增强系统(WAAS)。该系统为确保航空导航的完好性而开发,并于 2003 年 7 月 10 日启动运行,该系统对所有 GPS 卫星进行实时测量,并向用户发送近实时的完好信息,纠正实时测距误差。GPS 测量精度性能示例:2015 年第 3 季度的 22 个 WAAS 地面站的误差小于 2.2m(95%)[4]。欧洲地球静止导航覆盖服务(EGNOS)和日本多功能运输卫星(MTSAT)天基增强系统(MSAS)的功能与 WAAS 类似,以上这些都是卫星导航增强系统的案例。与此类似的,还有为飞机高完好性、盲降而设计的局部增强技术,包括局部增强系统(LAAS)和地基增强系统(GBAS)。此外,还存在许多地面精度增强网络,如连续运行参考站(CORS)网络,是由 100 多个国家的多个政府机构、自筹资金机构、大学和研究机构共同努力建设而成的[5-7],这些网络及其组合的超级网络在社会生活应用中发挥着重要的作用。这些基本的 GNSS 增强系统也将在本书中进行讨论。

自 GPS 诞生以来,出现了众多创新的 PNT 算法和方法,本书上册主要关注卫星导航技术应用的历史、现状与未来,本书下册侧重于非 GNSS 传感器、综合 PNT 系统及相关应用,基本目的是对卫星导航、民用 PNT 和其他技术提供技术解释,并探索对全球领域都有益处的相关应用,这些章节是由世界级的专家就 PNT 技术的最新发展状况撰写的。

1.2 卫星导航前史

1.2.1 早期导航技术

随着人类在全球各地的迁移活动日趋频繁,导航能力成为生存的先决条件。波利尼西亚人发明了一种技术,利用对恒星和行星的观测,以极高的精度穿越了广阔的太平洋。1976 年,航海家模拟建造了一艘古代波利尼西亚独木舟并进行了复航,这艘名为 Hokulea 的船,从夏威夷出发,依靠对行星的观测顺利到达大溪地岛。这个引人入胜的故事,详细阐述了古代人类利用天体导航的技术[8]。

大约 1000 年前,中国人发明了磁罗盘,特别适用于阴天航行。在多云的日子里,维京人用堇青石或其他双折射晶体通过对日光的偏光分析来确定太阳的方向和高度。

后来,一系列用来观测恒星和其他天体高度(地平线以上的角度)的技术,使得获取位置信息的技术得到了快速发展,最具代表性的是英国海军中将约翰坎佩林于 1757 年发明的六分仪。纬度可以由正午太阳在地平线上的高度或北极星的高度来确定,但经度需要精确的时间,与发布航海年鉴的天文台同步,对同步时间的需求很快促使高精度船载时钟(称为计时器)的发展,该时钟最早由约克郡木匠约翰·哈里森于 1761 年发明,每天误差在 1s 以下,这段历史在达瓦·索贝尔(Dava Sobel)代表作《经度》(《Longitude》)中有所记载[9]。

1.2.2 无线电导航

随着无线电的发现与技术的进步,新的导航技术得到发展。最基本的是无线电测向(RDF)技术,可以使用户确定已知无线电源位置的方位线。实用的 RDF 设备在 20 世纪初就投入使用了。RDF 是 FAA 使用的现代 VHF 全向距离(VOR)等方位线测量法之一,其他

4类无线电导航系统是波束系统、应答器系统[包括测距设备(DME)]、双曲线系统和卫星导航系统。

最著名的双曲线系统可能是罗兰[LORAN(远程导航)]。其中增强罗兰(eLORAN)是电的一种现代化改进型。其基本技术是测量发射脉冲对之间的到达时间差(TOA)。每对桩号相互产生一条双曲线位置线。用户的位置由两条或多条这样的曲线的交点确定。在校准差分模式下,该系统仅能达到二维(2D)呈现,精度约为20m。它的强大射频信号位于完全不同的无线电频谱带中,因此常常作为GPS的一种增强技术。

1.2.3 惯性导航

惯性导航是提供定位信息的另一种方法。在第二次世界大战期间,德国人为V-2火箭部署了一个基本的制导系统,但这一系统并不具备广义通用功能。第一个纯惯性的广义系统是由麻省理工学院的查尔斯·斯塔克·德雷珀博士在20世纪50年代早期发明的[10]。基本理论是在陀螺稳定平台上安装非常精确的加速度传感器(在捆绑模式下,稳定性由软件维持),通过对加速度传感器的输出进行双积分,并对无法感知的重力效应进行校正,从而确定位置。这需要非常精确的初始条件(位置和速度)以及与惯性坐标系的仔细对准。双积分的性质将传感器的小偏差放大成与时间或时间平方成正比的误差增长,因此周期性复位对于大多数应用来说是必需的。

德雷珀惯性导航系统非常成功,并且很快成为美国海军潜艇弹道导弹的基础导航设备。华尔特·怀格理教授写的一部关于惯性导航历史的书中说道:"尽管前面讨论了这些工作,在德雷珀教授的领导下,麻省理工学院仪器实验室成为飞机、船舶、导弹和航天器惯性导航系统和部件开发的先锋。"[11],怀格理教授的这一说法基于H. Hellman此前在《美国航海学会杂志》上发表的一篇文章[12]。当时,先进的惯性导航器仍然需要定期更新位置和速度,以保持所需的精度。从而第一个天基无线电导航系统出现了,它称为Transit,这将在下面进行讨论。

现代微机电系统(MEMS)测量加速度和转动,在包括汽车产业在内的许多产业中普遍应用。目前科研界正在努力提高这些装置的精确度和稳定性。而对于既便宜又精确的芯片级原子钟的并行开发也是一大进步。MEMS器件和这些时钟技术将在本书下册中进行讨论。

1.3 初始GPS开发:全球PNT 3D卫星导航早期开发的关键里程碑

图1.1描述了GPS的发展过程中两个重要阶段(1957—1983年和1989—2020年)的主要事件。本章的重点内容是GPS的早期历史和发展。其他与GNSS和RNSS有关的重大事件以及未来的发展也会有所涉及,但这些主题将在后面的章节中全面讨论。

第一个研发里程碑发生在1957年10月4日,当时全世界都在关注俄罗斯人造卫星Sputnik的成功发射,美国公众对这一事件既忧虑又好奇。1958年,约翰·霍普金斯大学的应用物理实验室(APL)聘请了一支能力极强的工程师和科学家团队,其中William Guier博士和George Weiffenbach博士两位科学家开始研究这颗新的人造卫星的飞行轨道。Sputnik

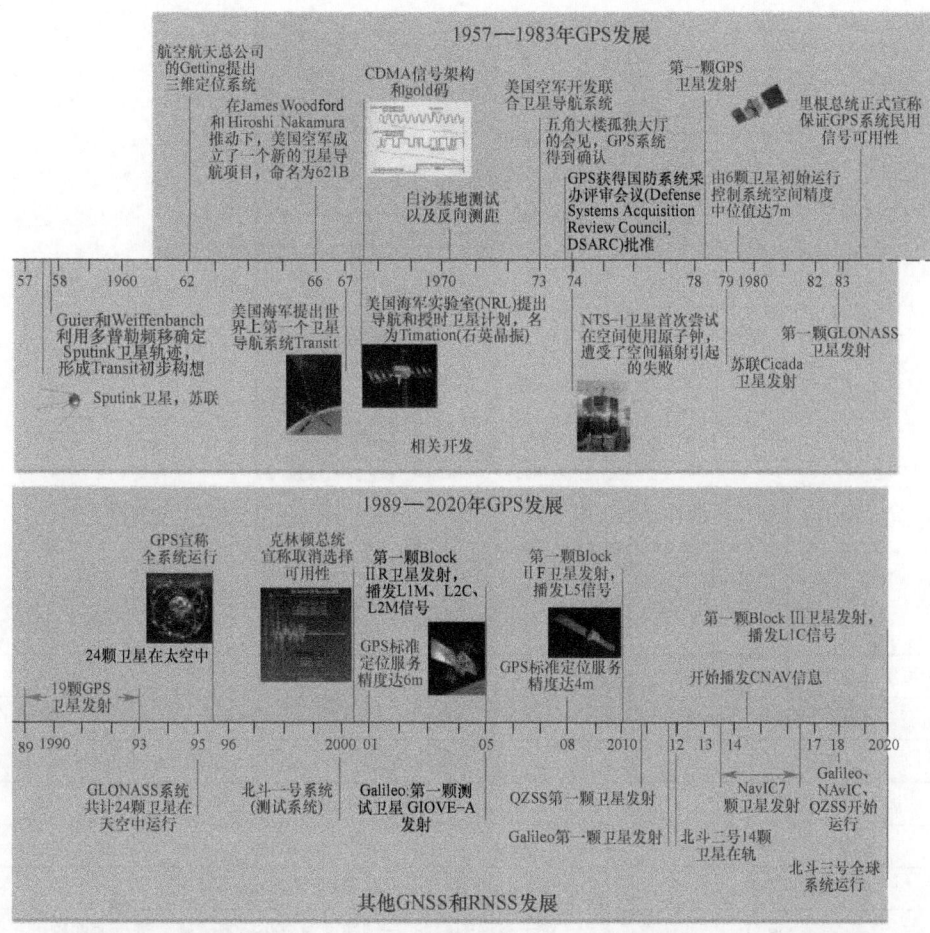

图 1.1　全球定位系统、GNSS、区域导航卫星系统及相关技术的主要发展时间表

卫星广播的是一个连续信号,其相对于地面的速度产生了一个独特的多普勒频移,开展了一些创新性的研究工作后,研究团队发现他们可以仅通过飞行器的一次掠地飞行信息便可确定其轨道位置。

当时,APL 的 Frank McClure 提出了一个非常有创意的建议:为什么不把问题颠倒过来呢？利用一个已知的卫星位置,领航员通过接收并处理 15min 的卫星信号,最终解算确定他们的位置。他的这一见解后来成为海军运输卫星计划(也称为海军导航卫星系统)的基础,这一开创性的卫星系统是在 APL 负责人 Richard Kershner 博士的领导下开发的(图 1.2)。

Transit 的主要目的是为美国当时的现役潜艇弹道导弹部队中使用的惯性导航系统提供位置更新,这些潜艇是冷战期间的主要威慑力量,系统于 1960 年首次测试,到 1964 年投入运行。虽然作为一个二维船用导航卫星系统,其作用和范围有限,但作为世界上第一个可运行的卫星导航系统,它为卫星导航的发展做出了巨大贡献,表 1.2 列出了 Transit 系统的关键信息。

图 1.2　引领了海军运输卫星系统发展的 Richard Kershner 博士(左)和引领了全球定位系统发展的 Bradford Parkinson 博士(右)

表 1.2　Transit 系统特点

首个可实际使用原型的研发时间	1962 年
运行时间	1964—1996 年
轨道	在 5 个标称轨道面上,约 1000km 高度处的圆形极轨
发射频率	150MHz 和 400MHz 以校正电离层延迟
定位所需时间	约 15min
定位间休时间	周期性,约 90min
二维精度	对于移动的船舶,三维精度为 200~500m,需要进行速度校正;对于固定用户,三维精度为 80m

1.4　开创性研究——美国空军和 Ivan Getting 赞助的卫星导航替代方案[13]

到了 1962 年,美国航空航天公司总裁 Ivan Getting 博士觉察到了研发新的卫星导航系统的必要性,虽然他当时还没有具体的实施方案,但他想建设一个更精确的,可以提供三维、24×7 不间断服务的定位系统,他与五角大楼高层之间有往来,并为了他的理想不懈奋斗。

在 20 世纪 60 年代早期,Ivan Getting 博士的不断努力与超前想法是美国空军后期持续研发卫星导航系统替代方案的关键因素。在他的推动下,美国空军成立了一个新的卫星导航项目,命名为 621B。2003 年,他与 Bradford Parkinson 博士共同获得了美国工程院查尔斯·斯塔克·德雷珀奖(Charles Stark Draper Prize of the National Academy of Engineering)(被称为"工程师诺贝尔")时,他的努力得到了认可。

直到 1962 年,由美国空军资助的 Aerospace 公司工程师开始构思新型卫星导航的替代方案。1964—1966 年,由著名的航天工程师 James Woodford 和 Hiroshi Nakamura 主导,美国空军联合 Aerospace 公司形成了一套系统的研究方案。

1966年8月的一份美国国防部秘密简报刊出了Woodford和Nakamura的研究结论。该方案此后也一直被视为美国国防部秘密文件,直到13年后的1979年才向外界解密。图1.3为GPS研究报告首页。本报告是一项非常完整的系统研究,包括以下主题:

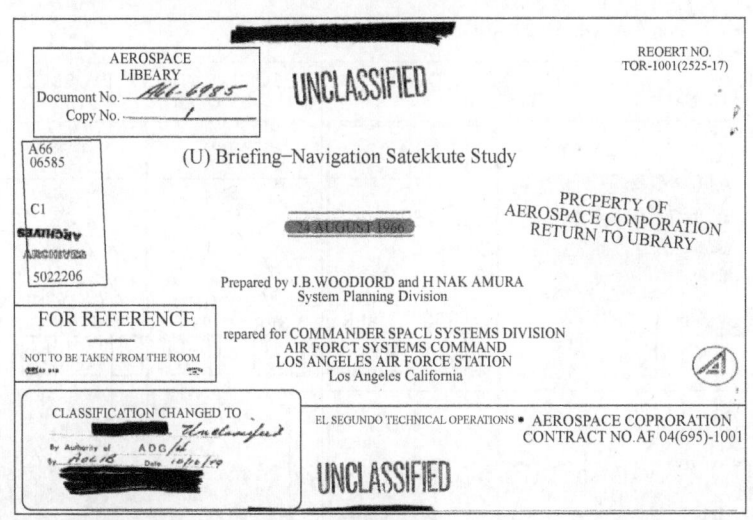

图1.3 GPS开创性研究——美国空军于1964—1966年进行的621B项目的结论汇报首页初期密级为"机密",在GPS星座发射成功后解密(本项目奠定了GPS系统设计的基础概念。)

- 当时美国国防部导航系统的能力和局限性。
- 定位精度提升带来的战略应用与功效。
- 全面分析使用卫星的替代定位系统的配置和技术方案。

由于针对替代系统配置的全面调查对选择GPS最佳系统配置极为重要,我们在图1.4中进行了汇总,共计研究了12种主要的替代方案。值得注意的是,"用户执行的计算"分为两列,读者应将注意力集中在带有红色轮廓的单向被动测距技术专栏上。这些替代方案可以有无限数量的用户,即没有系统约束。在此列中,有两个"用户框",一个带有"A",另一个带有"X","A"代表定位需要用户使用原子钟,"X"代表定位仅需用户使用石英钟,最终GPS使用的方案是第12号,在图中以绿色框标注。这个技术由$3\Delta\rho$(4颗卫星)消除用户使用原子钟的必要性,并可提供三维位置[或可称为四维(包含时间维度)],如图1.5所示。

1.4.1 621B时期美国空军的其他研究

1966—1972年,继续对621B计划进行研究,包括信号调制、用户数据处理技术、轨道配置、轨道预测、接收机精度、错误分析、系统成本和该技术战略效益的综合估计。1968年底,美国空军在洛杉矶空间和导弹系统组织(SAMSO)计划办公室(XR)的导航卫星项目被重新指定为621B。所有从SAMSO到总部的各种提案从此都来自XR的621B。在此期间,美国空军和Aerospace公司完成的90多份导航卫星报告均存入Aerospace公司图书馆。

1.4.2 码分多址(CDMA)或PRN信号结构

在这些研究中,最重要的是为导航信号选择最佳的被动测距技术。截至1967年,最好的方法似乎是一种新的通信调制方式,称为CDMA。这一方法由一众杰出科学家和工程师

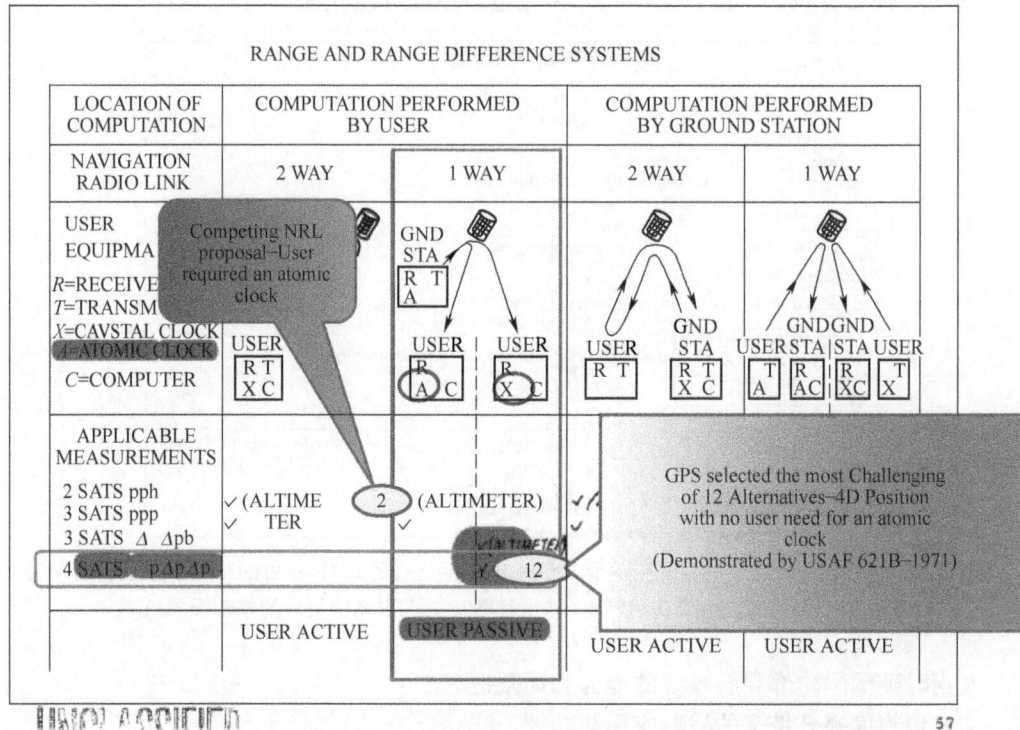

图 1.4　卫星导航系统备选方案的关键摘要(美国空军项目办公室选择了第 12 种方案。与之竞争的美国海军研究实验室(NRL)的提案(第 2 号方案)是二维的,并依赖用户站的原子钟。)

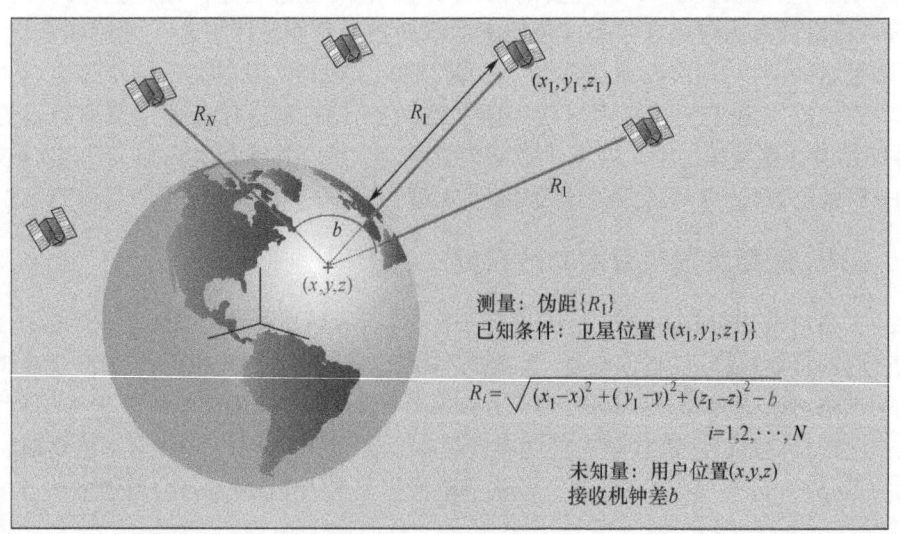

图 1.5　卫星导航原理[14](用户与卫星的测距基于信号的发射和接收时间。它们被一个共同的时间偏移量偏置,被称为伪距。需要四个伪距。资料来源:经 Ganga Jamuna 出版社许可转载。)

开创,包括 James Spilker 博士(图 1.6)和 Fran Natali 博士(两位均来自 Stanford Telecom),Charlie Cahn 博士和 Bert Glaser 博士(来自 Magnavox 公司)。

图 1.6 引领了 GPS 数字信号结构发展的 James Spilker 博士

这个信号有多个名称,除了 CDMA,它有时也被称为"扩频"或"扩频码",因为信号的能量分布在很宽的频谱频率范围内,也可称为伪随机噪声或 PRN,因为编码(重复)序列是+1 和-1 的随机阶跃。

它被称为编码分组,因为每个卫星都有自己的编码信号。每一个都是二进制(数字)序列,选择与其他信号不相关,也与信号本身的时间偏移不相关的序列。这项技术预期的强大优势是,所有卫星将以完全相同的频率进行广播。很明显,这有助于数字信号处理。此外,更重要的一点是,接收机对各种卫星信号产生的任何时间偏移都是相同的,因此可以有效地消除时移带来的影响。然而,CDMA 仍然有许多重要的问题需要解决。其中包括:

(1) 面对时间的不确定性和多普勒频移,信号能简易获得吗?
(2) 有没有一种技术可以加密军事信号,使未经授权的用户无法访问?
(3) 如何快速选择编码并避免错误锁定,同时允许后期添加额外的卫星时不干扰现有的卫星信号?
(4) 接收机的预期复杂性是否会将成本推到不可接受的水平?
(5) 信号是否能抵抗意外或故意干扰?
(6) 这个信号能适应卫星定位、卫星钟差校正和其他参数的通信能力吗?

幸运的是,1967 年,一位有造诣的应用数学家,Magnavox 公司的 Robert Gold 博士发明了一种选择正交码的技术。这种码现在被称为 Gold 码,它们部分地解决了上述 CDMA 存在的第三个问题。但这并不是此项研究的结束。

1.4.3 1970—1972 年白沙导弹靶场试验和确认

为了解决剩下的问题,美国空军 621B 计划开发了 Magnavox 和 Hazeltine 两个 CDMA 导航接收机原型版本,用于在白沙导弹靶场(WSMR)进行测试。在测试中,他们将 4 个发射机布置到反向倒置测距的矩阵地点进行配置,这些发射机从与卫星配置几何学相似的位置广播 CDMA 信号,但它们是从地面广播的,即"倒置"。到 1972 年,621B 计划证明这种配置的导航精度将达到 5m,成功地证明了 CDMA 信号三维导航精度的有效性和准确性。这些测试结果回答了关于 CDMA 信号的大部分剩余问题。

试验证实了调制信号的巨大技术价值,证明所有卫星信号可以在同一频率上进行播发,也证实了在三维导航的情况下,将卫星数目扩大到 4 颗,就不需要用户使用高精度的原子钟。这成为 GPS 的一个极其重要的功能,如果每个用户都需要原子钟级频率基准,那么在当时就不可能生产出廉价的用户设备,今天仍然如此。

所有这些证据都支持 CDMA 应当成为首选的被动测距信号,并且在 1973 年 9 月的会议上,空军的 621B 团队选择系统配置时将 CDMA 作为选项之一,该会议将在下面进行讨论。

1.4.4 区分 621B 演示配置和 621B 首选操作配置

从 1966 年 Woodford 和 Nakamura 对原子钟的研究开始,美国空军和 Aerospace 公司就提倡在卫星上使用原子钟,并建议调制也依赖卫星。在卫星上安装原子钟有两个重大风险:①技术成熟度风险(从未设计和在卫星上使用过抗辐射原子钟);②与获得全面能力开发/示范项目批准有关的政治和预算风险。为了减少这两种风险,空军制订了一项计划。该计划包括 1972 年初的一项关于部署 4 颗卫星"示范系统"的建议,这项建议解决了上述两个风险。该方案通过使用 L 波段转发器来降低时钟的技术成熟度风险。导航信号将在地面产生,并通过卫星中继传送给用户。同时,这将节省大量资金,从而减少政治和预算风险。

在许多圈子里,这项提案被错误地认为是 621B 实际操作提案,因为它来自该办公室。事实上,在 621B 的设计概念中从未考虑或主张在最终系统中使用转发器,因为它们很容易受到来自地面的干扰,一旦干扰信号覆盖发射器,将使所有发射的信号能量偏离转发器的导航信号。恶意干扰影响整个系统,这显然是一种不可接受的风险。

621B 提出的初始卫星星座:为证实 4 颗卫星的被动测距能力,621B 研究了许多轨道结构,包括地球同步轨道、倾斜轨道和低轨道等。该方案提议在美国上空建设由 4 颗同步卫星组成的星座。这种排列允许延长 4 颗卫星的测试周期,无须对全球性使用提供承诺。如果这次试验成功,下一步将再增加 3 个纵向扇区,每个扇区都有自己的星座排列。同样,这种方案主要特点是,它有一些获得资助的希望。五角大楼的空军部门对 621B 计划施加了巨大压力,要求他们拿出最廉价的方式来演示 4 颗卫星方案的可行性。此外,他们希望任何初始构型都可为后期完整的全球系统奠定基础。

考虑由 4 颗卫星组成的系统边界条件和此方案的最小成本,该星座的设计是一个合理的折中方案。有趣的是,日本因需要用卫星增强 GPS 功能,以提高信号在城市地区(高的遮蔽角)的覆盖率,已经部署了一个非常类似的星座,日本的方案是为了改善 GPS 在其纵向地区覆盖范围的限制。这一系统被称为准天顶卫星系统(QZSS),日本 2018 年宣布他们的 4 颗卫星星座现已投入使用[15]。第 8 章将对该系统作出进一步描述。

1.5 竞争择优与 GPS 的获批

1.5.1 美国海军研究实验室(NRL)和 Timation 卫星

1964 年,美国海军在长期工作在 NRL 的 Roger L. Easton Sr. 的指导下,启动了第二个海军导航和授时卫星计划,名为 Timation(时间估算)。这一项目旨在探索卫星的被动测距技术,以及世界各地不同计时中心间的时间转换技术,随后开发了一些实验卫星,其中第一颗被称为 Timation 1。这是一颗重 85lb[1lb(磅)≈0.45g],功率为 6W 的小卫星,于 1967 年 5 月 30 日发射(图 1.7)。

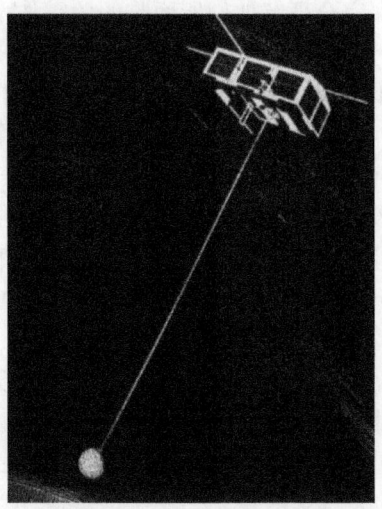

图 1.7 包括一个石英钟的海军 Timation 卫星

Timation 1 的主要特点是它搭载了非常稳定的石英钟,基本的测距技术是将用户所在地的时钟与卫星上的时钟同步,并使用称为 Side Tone(侧音)的被动测距信号结构,到 1968 年,NRL 完成了单颗卫星定位,精度达到 0.3n mile,定位过程大约需要 15min。NRL 工程师在测试过程中遇到了两个问题:①太阳辐射引起卫星时钟频率的变化;②电离层群时延造成测距误差。

1969 年 9 月 30 日,项目组开发了第二颗名为 Timation Ⅱ 的 Timation 卫星,并将其送入 500n mile 的轨道。为了校准电离层群时延,卫星在两个频率上广播信号,其所采用的技术与 Transit 计划所采用的技术相同。它的石英振荡器预计会更稳定一些,比从前稳定约 10%。本次同样在时钟中出现因太阳质子风暴引起的大幅频率偏移,NRL 能够以双频和延长测量时间的方式使针对固定位置的测距精度达到 200ft[1ft(英尺)≈0.3m]。

1.5.2 竞争

到 1972 年,五角大楼的高层人士已经认识到新型卫星导航系统的巨大价值,美国国防部当时使用了数百种不同的定位和导航系统,维护和升级成本很高,很明显,一个单一的替换系统可以大大节省成本。可以理解的是,两个相互竞争的方案(621B 和 NRL)显然混淆了决策者,导致了非常激烈的竞争,影响了决策的形成。

1972 年 11 月,Bradford Parkinson 上校担任 SAMSO 先进弹道再入系统项目(ABRES)的工程总监,领导先期计划小组(XR)的 Parkinson 认为,Parkinson 上校是领导步履维艰的 621B 项目的潜在人选。在 Dunn 的要求下,萨姆索的指挥官 Kenneth Schultz 中将询问 Parkinson 是否愿意被分配到 621B 项目,Parkinson 上校在定位、导航和控制方面有着非常重要的经验,并持有斯坦福大学的宇航博士学位,但 Parkinson 表示除非保证他可被指派为项目主任,否则不愿意接受任务。当时,Schultz 将军说他不能做出这个承诺,但在离开办公室后,将军立即将他重新分配到 621B 项目,实际上,Parkinson 也担任了主任。

从 1972 年 12 月开始,Parkinson 上校接手 621B 项目后,立即召开了一系列早七点教学会议。在这些会议上,重新审查了 621B 项目各个方面的内容,包括备选方案。这个会议过程是让项目办公室的每个人都完全理解他们所面临的关键技术问题。

在此期间,Schultz 将军全力支持该项目。特别是允许 Parkinson 招募空军军官,这些军官的背景和经验符合刚刚起步的项目的需要,他们都拥有美国最好大学的高级工程学位,包括麻省理工学院、密歇根大学和斯坦福大学。此外,几乎每个军官都有开发硬件或测试惯性系统的经验。Parkinson 上校招募的第一个军官是空军少校 Gaylord Green(图 1.8),他曾在 ABRES 为他工作。Green 少校聚焦于卫星和轨道课题的创新对 GPS 的成功产生了极其重要的影响。Parkinson 最终从空军召集了大约 25 名最优秀、最聪明的军官,这些"GPS 英雄"的名字和照片,可在 2010 年 5 月和 6 月的《GPS 世界》(《GPS World》)杂志文章《GPS 起源》中找到。

此外,还有一小部分由 Walter Melton 亲自挑选的航空航天技术支持人员,这批优秀的工程师和科学家在空间导航计划使用的所有技术上都很有经验。尤其擅长于信号调制、卫星位置预测和建造长寿命卫星等方面,这批航空航天"Aerospace 特遣小组"持续得到 Aerospace 公司总裁 Ivan Getting 的大力支持。

在 1973 年初春,新任命的国防研究与工程部(DDRE)主任 Malcolm Currie 博士[他曾就职于休斯飞机(Hughes Aircraft)公司]在大部分周末都会从华盛顿特区飞往洛杉矶(图 1.9)。他的私人目的是与家人团聚,但他需要一个前往洛杉矶的"官方"理由。所以,每周五下午,他都会去洛杉矶的空间导弹系统机构(SAMSO)做报告。几周后,他的领导 Gen. Schultz 发觉已没有其他课题需要报告,便邀请 Currie 博士和他的新项目主管 Col. Parkinson 上校会面。

图 1.8 Gaylord Green 少校(他在改进轨道课题上的科学创新确保了 GPS 的成功。)

图 1.9 Malcolm Currie 博士(他的支持对 GPS 的批准通过至关重要。)

Schultz 将军的邀请促成了一个令人吃惊的会议，因为一个新晋升的上校通常没有机会在不间断的三四个小时内与国防部的三号人物进行会谈。这个非正式的一对一会议是在 Parkinson 项目办公室的一个很小的隔间里私下举行的，拥有物理学博士学位的 Currie 学得非常快，二人的互动积极而深刻，深入讨论了 621B 项目提案的方方面面。那次会议后，Currie 博士成了卫星导航项目的好伙伴和赞助商，他后来在确保国防部对 GPS 的支持方面发挥了关键作用，特别是在空军随后试图取消刚刚起步的 621B 项目期间。

1973 年 4 月 17 日，美国国防部副部长发布了一份备忘录，指定空军为行政部门努力开发联合军种导航系统，在先前空军和海军项目的研究技术成果基础上，还将纳入美国陆军和国防测绘局（DMA）的定位导航要求。导航星（Navstar）联合项目办公室（JPO）仍然位于加利福尼亚州埃尔塞贡多（Segundo）的 SAMSO，这是第一个联合军种开发项目，除了美国空军项目经理，JPO 最初还包括代表陆军、海军、海军陆战队和 DMA 的副项目经理。

1973 年 8 月 17 日，Parkinson 受邀参加国防系统采办评审会议并就 621B 项目作陈述，会议的目的是决定是否继续推进 621B 计划。会议在五角大楼举行，由各军将领参加，Currie 博士主持。会议结束时，理事会投票反对批准 621B 计划，柯里博士立即邀请帕金森进入他的私人办公室，并告诉他，他希望 Parkinson 开发一个新的系统方案，将所有技术方案的最佳功能结合起来，他强调需要一个涉及所有军种的联合方案。

项目重组：五角大楼会议的"孤独大厅"。

在紧接着的 1973 年 9 月的美国劳动节小长假中，Parkinson 立刻在五角大楼召开会议，会议的目的是修改 621B 提案，以满足 Currie 博士的指示，Parkinson 想要在远离项目基地的地方召开会议，以保证大家想象力的充分发挥。

在此之前，分析科学公司（TASC）在当时的美国空军少校 Gaylord Green 的指导下进行了最新的系统研究，对 Jim Woodford 和 H. Nakamura 于 1964—1966 年指导的 621B 项目早期系统研究做了回顾和更新。

那个周末，世界上最大的办公大楼——五角大楼就像一个光线不足、无人居住的隧道，几乎每个人都已外出度假。隧道尽头的灯光，无论是象征性的还是名义上的，都汇聚在顶楼的 D 环上的一个小会议室里，会议室内坐着十几个与会者，除了 3 名航空航天公司的工程师，他们都是来自 Parkinson 洛杉矶办事处的空军军官/工程师，包括 Steve Gilbert 中校（美国空军副手）、Robert Rennard 上尉（副首席系统工程师）和 Gaylord Green 少校（卫星项目经理），他们都是讨论和定义 GPS 的重要贡献者。

在 Parkinson 的团队完成了修改设计之后，他们会见了 NRL 的官员，汇报了结果，并要求 NRL 在他的项目办公室下继续他们的时钟开发。NRL 的官员最终同意了此提议。

1.5.3 GPS 的定义和设计

经过那个周末的激烈讨论后，Parkinson 领导的研究小组从以下 10 个方面定义了 GPS：

（1）美国空军 621B 计划同时对 4 颗卫星进行被动测距的基本概念将是新系统提案的基本原则，以此确保用户设备不需要同步原子钟。

（2）信号结构将采用 621B 计划的 CDMA 调制（也称为伪随机噪声或扩频）。它将包括透明的（非加密）捕获调制（C/A）和精密的军事加密调制（P/Y），全世界的民用用户都可以免费使用 C/A 调制。

（3）在 L 波段设置两个 GPS 广播频率，使用相同的双频技术来校正电离层群的时延，并提供冗余。用 L 波段信号代替 Transit 的 UHF 大大减小了电离层群时延，时延与频率平方成反比。

（4）基于 NRL 在卫星钟方面取得的进展，该项目将致力于在首批投入运行或用于演示的 GPS 卫星（称为导航发展卫星——NDS）上安装抗空间环境原子钟。在"孤独大厅"会议上，Parkinson 得出结论，NRL 技术的风险相对较低，无须使用 621B 计划此前提出的地面中继实验演示方案。后来发现，NRL 的开发并不那么成熟，但美国空军/喷气推进系统的备份时钟（由罗克韦尔公司提供）在第一次发射时作替补使用。

（5）星座最少由 24 颗卫星组成，共 3 个轨道面，每个轨道面 8 颗卫星，卫星的轨道是圆形的，倾斜角 62°，不是地球同步的。NRL 曾提倡类似的 8h 或 12h 的倾斜轨道，由于需要在仪器范围进行额外的测试，8h 或 12h 整的轨道难以令人满意，因为这些轨道会不断地相对于地球移动因而时长随之变动。相反，Green 提出了 11h 58min（恒星同步）的轨道，可提供美国同一个试验区每天约 2h 的试验时间。虽然这些轨道与 NRL 所倡导的轨道相似，但 Green 的修改对测试项目的成功至关重要，这些 11h 58min 轨道（距地面约 20200km）的相应高度有助于减少所需的卫星数量，这也是选定运载火箭在第一代卫星预期重量下所能达到的最大高度。

（6）轨道预测将通过修改 Transit 开发的称为 Celeste 的轨道预测程序来处理。

（7）首批测试星座将包括 4 颗竞争性采购的可运行卫星，其中 1 颗将是更新方案的测试鉴定模型。为尽量降低成本，卫星将在翻新的退役洲际弹道导弹（ICBM）Atlas-Fs 上发射，不过出于重量原因，可携带的太阳能电池板的数量受到限制，因此导致了功率限制，使得用于校准电离层的第二频率信号不能同时进行民用和军用调制传输，须通过开关选择性使用，但民用信号很少打开。

（8）竞争地采购一系列用户设备原型。这些设备将涵盖所有正常的军用原型，还包括一套低成本的民用原型，针对可负担的方面考虑，采用竞争性合同竞标，在竞争中重点关注用户设备与惯性导航装置的集成和抗干扰能力。

（9）主控站/注入站及其备份将位于美国境内，监测站遍布世界各地。

（10）测试将主要在美国陆军的尤玛试验场进行，精度由三边测量激光设备测量。同时使用 3 个激光测距装置，可确保所有测试运输设备的三维（3D）定位误差达到 1m 左右。人们当时期望（后来得到了证明）这种技术甚至可以精确定位飞行马赫速度 Ma 接近 1 的空军或海军战斗机。测试将利用反向距离概念，在每颗新发射的 GPS 卫星进入轨道运行时，卫星将取代前期利用反向倒置测距原理的一个地面距离发射器，这项技术试验从 1978 年的第一颗轨道卫星（以及尤马沙漠地面上的三颗伪卫星）开始。

GPS 从一开始就具有军事和民用用途。与一些不准确的历史记录相反，从一开始，GPS 就被配置为"两用"系统。民用用户可以完全访问 C/A 信号进行定位导航授时。为了实现广泛的民用，详细的码结构作为规范文件进行发布，并在世界范围内免费分发（由此产生的有趣的结果是，第一个锁定 GPS 卫星的民用接收机由英国利兹大学的学生在 1978 年发明）。

1.6 GPS 获批

1973年9月的那个劳动节周末是非常忙碌的三天。在空军参谋部项目要素监测（PEM）中校 Paul Martin 的帮助下,"孤独大厅"会议制定了一份7页的决策协调文件（DCP）和新概念介绍报告。在接下来的两个半月里,随着 Parkinson 上校在五角大楼于所有可能阻挠这一提议的人面前发表演讲并为这一构想辩护,各方展开了一系列活动。这一努力以 Parkinson 第二次向 DSARC 报告而告终。他于1973年12月14日获批可继续此项提案的工作,在五角大楼举行的"孤独大厅"会议上制定的提案不需要进行重大修改。

在整个第一阶段的发展中,Parkinson 决心避免与其他原始竞争对手产生任何冲突来保证可成功建立一个卫星导航系统。他故意规避有关发明主张和技术起源的陈述,他觉得真正的目的是建立这个体系,而不是重新开始先前的斗争,他的沉默也许促成了一篇近期发表的文章中认为空军和 JPO 在技术和系统概念方面没有提供任何支持的观点,他意识到这是一种错误的说法,反而导致那些分析、倡导和论证基本理念以及建立制度的人受到了侧面诋毁,于是决心纠正这一记录。这段历史的佐证者名单几乎包括所有仍然健在的第一阶段中的领导人,请参阅前面提到的合著者,以及2010年5月《GPS 世界》杂志的《GPS 起源》一文。

1.7 GPS 的三大创新及其来源

1.5.3节中所述10点提供了 GPS 设计的概要。有关 GPS 和其他卫星导航系统更完整的技术说明将在后面的章节中提供。然而,在基本设计中有3个关键的创新值得阐述,这些技术经受住了时间的考验——所有非美国卫星导航系统现在都采用了这3项技术。

1.7.1 创新一：CDMA 信号及其频率选择,在白沙测试中实现厘米级精度

基于 CDMA 的被动测距信号技术是 GPS 最重要的创新。有3个理由支持这个大胆的说法：①这种选择允许所有信号在完全相同的频率上广播,消除了多频率技术中可能出现的所有频率间偏差,此偏差广泛存在于其他竞争设计方案中。②CDMA 扩频码使信号处理技术具有处理增益,从而对来自自然源或故意产生的干扰都具有实质性的抵抗力。③CDMA 的特定相位选择实现了码、载波和数据之间的一致性[16],这使得无线电导航测距的精度达到了前所未有的水平。通过重构 L 波段载波,接收机可以实现比毫米精度更精确的测量,这相当于测量到达的无线电信号计时精度约为 0.01ns。这种精度和精确性的一个重要用途是测量三维构造板块运动,精确到毫米级以上,后面的章节将更详细地描述这个应用。

到目前为止,俄罗斯 GLONASS 导航系统没有使用码分多址（CDMA）技术,它在不同的卫星上使用不同的频率,在所有卫星上使用相同的伪随机噪声（PRN）码,这个 PRN 码得以让它获得必要的处理增益。通过差分技术,GLONASS 也可提供接近 GPS 的精度。分频确

实增加了对窄带干扰的防御性,但由于俄罗斯决定在现代化 GLONASS 系统中使用单频 CDMA,有关 CDMA 相对增益是否真正值得的争论已经结束。

虽然选择采用 CDMA 的决定是在"孤独大厅"会议上做出的,但当时大量相关细节还没有制定出来。也许此中最重要的决定是 GPS 信号载波、码和数据都是相位相干的。James Spilker 博士也写了一篇关于数字卫星通信的开创性参考书[17],他进行了一项关键的初步研究,并开发了一种将 GPS 用户接收机锁定到卫星信号的最优方法[18-19]。Charles Cahn 博士、Nat Fran Natali、Burt Glazer、Ed Martin 和 Magnavox 顾问 Robert Gold 博士都做出了重大贡献。

Gold 博士开创的保证信号正交的学术理论假设信号间没有多普勒频移,但事实显然并非如此。这是由于卫星轨道运动和用户自身速度(包括地球自转)的存在。最佳码长的选择(应对这些多普勒频移)需要大量的计算机模拟,而当时的计算机计算能力相当有限。James Spilker 博士发现并解决了这个问题,指出最佳 Gold 码长的选择为 1023(考虑到 1973 年用户数字电子设备的局限性),Spilker 博士编制的表 1.3 给出了做出此选择时关键权衡考虑的总结,最优码长(最低概率)用圆圈圈出。

表 1.3 对三个不同 Gold 码长选择的权衡对比

参　　数	码　　长		
	511	1023	2047
互相关峰值(任何多普勒频移)/dB	−18.6	−21.6	−24.6
互相关峰值(零多普勒频移)/dB	−23.8	−23.6	−29.8
近最差情况互相关(零多普勒)概率	0.5	0.25	0.5

在 L1 和 L2 的两个载波频率上,以正交相位调制的方式搭载两个不同的信号,即 C/A(民用)和 P/Y(军用),L1 上的 C/A 信号可免费用于民用,同时用于捕获军码信号。使用这两个频率允许对电离层群延迟进行直接测量来校正测距信号。由于第一代 GPS 卫星的功率限制,民用 L2 信号几乎不可用,最新一代 GPS 卫星不仅播发民用 L2C 信号,而且在完全受保护的无线电授权频段播发新的 L5 民用信号。

两个信号每 20ms 对伪码进行翻转,将数据信息整合到两个信号中,因此,数据流以 50b/s 的速度传输。所有 GPS 的精确数据都以这条信息通道进行传输,包括卫星轨道位置信息(星历)、系统时间、卫星时钟预测数据、发射机状态信息和用于 P/Y 码捕获的 C/A 信号切换时间。同时,作为信息的一部分,为单频用户建立了电离层传播延迟模型。此外,为了帮助快速获取刚刚从地平线上升的卫星位置,星历表包含了整个星座中所有其他的卫星信息,每个数字都必须根据缩放、偏移量和传输位数的精度来定义。

大约 95% 的 GPS 信息在使用过程中不需要任何改变,仅在少数情况下,由于特殊用户设备有更高的精度要求,才需要更多比特位的信息。这种信号结构已经存在了 45 年,几乎不需要修改(图 1.10),这是对 1975 年设计该结构的工程师和科学家的最大褒奖。

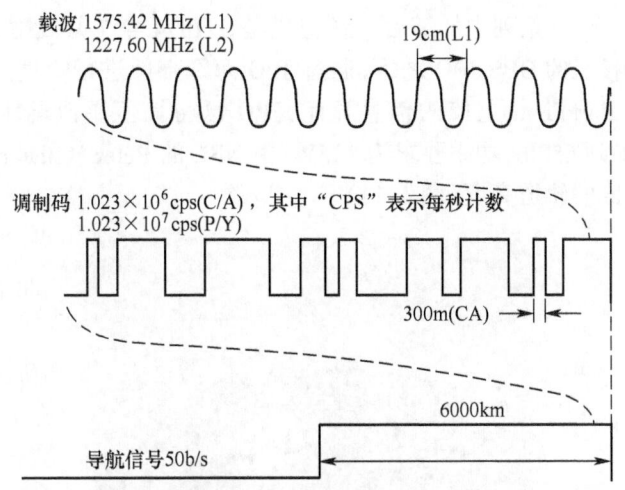

图 1.10　GPS 信号传输时设计为所有相位对齐/一致(相干)[14]
（资料来源：经 Ganga Jamuna 出版社许可转载。）

1.7.2　创新二：4 颗卫星瞬时测量，让廉价的用户接收机能够解决三维位置与时间的测量问题

4 颗卫星概念的起源显然是 1964—1966 年 USAF/621B Woodford 和 Nakamura 博士的研究。利用 4 颗卫星进行四维定位已得到先前试验的测试证实，这些试验是由美国空军 621B 计划在 WSMR 上进行的，并得到了来自 Aerospace 公司的 Joe Clifford、Bill Fees 和 Larry Hagerman 的帮助，这使用户接收机不必使用昂贵的原子钟，实现了低成本。

1.7.3　创新三：抗空间环境、长寿命(天基)原子钟，允许卫星长时间无重大误差的自主运行

1966 年，空军和海军都认识到，为在卫星上产生单向(被动)导航测距信号，需要开发一个精确、稳定的时间基准，要使用 GPS，需要知道卫星位置和精确到纳秒的系统时间。有了稳定的时钟，可以对 12h 或更长的时间和位置信息进行预测，而误差增长很小。这种预测可以上传到每颗卫星上供将来使用，而无须持续上传卫星。

一种确保定时稳定的选择是使用星载原子钟。铯原子钟早在 20 世纪 50 年代中期就已经发明、演示并投入商业销售，远早于太空时代。不幸的是，对于卫星应用来说，它们往往体积过于庞大，耗电量太大，而且不能抵御空间辐射。特别具有挑战性的是，GPS 的轨道将位于 Van Allen 带上方，这是一个极其强烈的辐射区，需要对时钟进行特殊的抗空间环境处理。若不配备防护罩，人类在此区域不到 10s 就会受到致命的辐射剂量。当时计划用于地基实验室使用的铷原子新型时钟已投入开发，它体积小、功耗低，但由于这一发展是为地面民用而产生的，因此并没有考虑发射振动、抗辐照、太空中极端温度变化等的影响。

美国空军 Woodford 和 Nakamura 博士的研究包括了原子钟空间防护技术，但当时未得到空军的重视。后期，NRL 在 1964 年确实成立了一个项目，包括了以上提及的一系列卫星。1967 年 5 月发射的第一颗定时卫星搭载了 1 个石英钟，但温度引起的频率变化是不可接受的。第二颗定时卫星搭载石英钟和温度控制器，运行情况有所改善，但仍远未达到运行的要求。

这最初 Timation 计划系列中的最后一颗卫星是在 1974 年 7 月发射的,到那时,该计划已经被归到位于洛杉矶的 GPS JPO 之下,通过 JPO 海军部门进行管理。William Huston 致项目总监 Bradford Parkilbon 上校的信息显示,JPO 已将该卫星改名为导航技术卫星[1](NTS-1),总重增加到 650lb,功率要求为 125W,由 NRL 的 Peter Wilhelm 开发的这颗卫星,将发射至 7500n mile 的轨道高度(图 1.11)。

图 1.11 NTS-1 搭载了首个未经抗空间处理的铯原子钟(抗空间合格的铯钟直到第五颗 GPS 卫星运行时才成功。资料来源:https://www.nrl.navy.mil/news/releases/first-gps-navstar-satellite-goes-display 经美国海军研究所许可复制使用。)

更名后的 NTS-1 包括两个小体积、轻便的铷振荡器作为时钟。德国一家名为 Efratom 的商业公司独立开发了该模型,当时,它们的耗电量只有 13W,每只重约 4lb,我们将在下面进一步讨论。虽然 NRL 做了一些电气修改,但时钟无法承受 GPS 轨道的辐射,正因为如此,NTS-1 时钟不能作为 GPS 卫星的原型。

在 NRL 进行的测试也表明,改进后的铷钟对温度变化的敏感度不可接受。NRL 的 Al Bartholemew 后来写道,"NTS-1 缺乏姿态稳定系统,导致温度变化很大,最终掩盖了对铷标准性能的任何定量评估"[20]。这显然是因为卫星使用了两轴重力梯度稳定系统,在这些高度上没有很好地发挥作用。

后来,NRL 为 GPS 项目办公室开发了最后一颗卫星(NTS-2),该卫星包括两个改进的铯束振荡器,由马萨诸塞州丹佛市的频率和时间系统公司(FTS)开发。该卫星使用时钟的关键开发者是工程师兼创意企业家 Robert Kern,这个钟最初表现出了巨大的潜力,但在抗辐照和部件寿命方面,它还不是一个可在太空使用的原型。此外,美国空军和 JPO 委托罗克韦尔公司为 NTS-2 卫星开发并提供了一个可运行的导航系统部件,这将使 NRL 卫星能够广播 GPS-CDMA 信号并参与初始 GPS 测试星座。

NTS-2 于 1977 年 6 月 23 日从范登堡空军基地发射升空。不幸的是,NTS-2 中的 NRL 测距发射机出现故障,导致 NRL 卫星无法用于 Yuma 试验场测试。Ron Beard 写道,"在 NTS-2 上搭载的进行铯原子模型标准实验的两个原子钟,其中一个运行一段时间后出现了电源故障";另一个铷钟继续运行了一年多,但未获得轨道上的定量漂移率数据,由于这些失败,这些铷钟测试没有结果[21]。只有前四颗 JPO/罗克韦尔(NDS)卫星可支持 1979 年 6 月 5 日批准的全系统 GPS 开发计划进行试验。

下一步,NRL 制订了一个抗辐照提升计划,然后与 FTS 签约开发了一个加固铷钟。这个新的时钟是由第四颗运行的 GPS 卫星(NDS4,1978 年 12 月 10 日发射)搭载的。不幸的是,时钟在仅仅运行了 12h 之后便出现了电源故障。FTS 很快找到了根本原因并改进了设计,从 NDS-5 开始,搭载的铷原子钟的性能与铯原子钟相比有了相当的提升。

基于 NRL 所取得的进展,JPO 早在 1973 年的"孤独大厅"会议上就已决定在第一批运行的 GPS 卫星中使用原子钟。具有讽刺意味的是,在最初的 NDS 卫星上,由 JPO/Rockwell 独立开发的原子钟是作为备份的。

首批可使用的 GPS 时钟:具备完全功能的 GPS 天基铷原子钟技术源自 Efratom 公司,Efratom 公司是最初与 NRL 合作的一家德国公司,这一突破性的实验设备是由两位杰出的德国工程师恩斯特·杰查特(Ernst Jechart)和格哈德·赫布纳(Gerhard Huebner)设计的。

到 1974 年夏天,JPO 选择 Rockwell 公司建造 GPS 业务卫星,包括单独开发抗空间辐照铷钟,作为 NRL 铯钟的备份,以防 NRL 方案的失败。Rockwell 公司的 Hugo Fruehauf 独立发现并直接联系了 Efratom 公司,他与 Efratom 公司的相互接触完全独立于 NRL。此外,由于 Jechart 不会说英文,其德语相当流利,Fruehauf 和 Efratom 公司的关系也因为他德语流利而再次简化了。

表 1.4 显示了早期时钟发展的摘要,尽管 NRL 的发展困难重重,GPS 用户仍应感谢 NRL 一直坚持开发这项技术。NRL 在发展原子钟方面取得的明显进展,促使 JPO 在"孤独大厅"会议上作出了关键决定,即从一开始就使用原子钟。多年来,NRL 的 Ron Beard 在其中大力支持对该项目来说是无价的,已经有超过 450 台高性能原子钟在太空中飞行,到目前为止最成功的用户便是 GPS。

表 1.4　GPS 卫星导航时钟历史

项目/(服务)	日期	卫星数量/(导航测量)	导航维度	时钟	运行状态
NNSS(Transit)(美国海军-JHU/APL)	1964—1990 年	7 颗(多普勒测量)	二维	1 台石英振荡器	完全使用
"时间估算"Timation Ⅰ & Ⅱ(美国海军-NRL)	1967 年和 1969 年	2 颗(测距脉冲)	二维	1 台石英振荡器	实验
导航技术卫星-1(NTS-1)(美国海军-NRL)	于 1974 年 7 月发射	1 颗(哈泽尔廷 621B 发射),无相关数据记录(音频测距)	二维	2 台由 NRL 改装的太空适用 Efratom 铷钟和 1 台石英振荡器	实验:一台铷钟运行时间超过一年;另一台前期便失效
NTS-2(美国海军-NRL),USAF/JPO 提供导航有效载荷部件	于 1977 年 7 月发射	1 颗,由美国空军 JPO 国际电联工程应用导航部件组开发(音频测距)	二维	2 台空间使用合格的 FTS 铯钟原型与 2 台石英振荡器	虽最初计划为 4 颗导航卫星星座测试的一部分;NTS-2 在导航测试前便失效

续表

项目/(服务)	日期	卫星数量/(导航测量)	导航维度	时钟	运行状态
GPS实用原型,美国空军-JPO于1974授权给罗克韦尔,现名"GPS部门",于1973年12月更名为GPS,在早期的提案中命名为DNSDP①	于1973—1975年研发,罗克韦尔Block-I于1978年2月开始发射	4颗,国际电联工程应用导航部件组	三维	前3颗搭载3台罗克韦尔 Efratom铷钟;第4颗后搭载3台罗克韦尔铷钟和1台二代FTS铯钟②;第4颗上的首个铯钟在12h后失效;第5颗后铯钟正常	计划是罗克韦尔Block-I GPS四颗卫星与一颗NRL NTS-2卫星的初期测试,但在导航测试之前便失效(见上文)

①国防导航卫星发展计划。
②之后,在Block-ⅡA和Block-ⅡA,搭载了2台铷钟和2台铯钟。
资料来源:B.W.Parkinson和S.T.Powers 2010年发表的《The Origins of GPS,Fiqhting to Survlve》第2部分图3,经《GPS World》的许可转载。

1.8 GPS的发展过程和其他主要挑战

GPS第一阶段计划于1973年12月22日正式批准,这意味着真正的工作开始了。到了1974年1月,JPO的GPS项目已全面顺利进行,由于该项目只有大约30名工作人员,工作量巨大。幸运的是,由Aerospace公司大约25名工程师组成的团队也做出了非凡的贡献与帮助,在一系列紧凑的活动中,项目团队制定了征求建议书(RFP),起草了顶层规范,并发布了初始用户接口控制文件(ICD)。许多人都知道,将流程展示图表转换成真正的硬件产品是一个复杂的、有时甚至是痛苦的过程。到1974年6月(项目批准后仅5个月),卫星合同已授权给加利福尼亚州的罗克韦尔(Rockwell)公司。

与此同时,美国空军普遍不支持GPS的发展,年度预算也因此一直处于危险之中。为了获得支持,Parkinson上校不得不花很多时间回到华盛顿,以避免严重的预算削减,与此同时还需指导整个项目并做出关键的技术决策。

当然,还有许多其他的发展挑战,但其中3个挑战(主要是工程方面)尤为突出。它们是:

(1)实现快速准确的卫星轨道预报;
(2)确保并论证卫星寿命能够达到10年;
(3)开发全系列GPS用户设备。

我们将详细讨论每一项挑战,包括在应对挑战方面发挥最大作用的关键人物。

1.8.1 实现快速准确的卫星轨道预测——在160000km的行程中,用户测距误差(URE)在几米以内

由于GPS的体系结构只在美国本土有上注站,对很多用户来说这些卫星可能一次有好几个小时都看不见,因此准确预测它们的轨道和时钟漂移至关重要。为了达到预期的定位

精度,轨道预测必须在16万km(轨道运行一整圈,即再次位于上注站领域上空)的行程后产生小于米级的测距误差。对于早期的GPS,实现这一标准是一项重大挑战。这种预测必须考虑到地球极移、地球引力场、地球潮汐、广义相对论和狭义相对论、卫星的正午转弯机动机制、太阳和地球辐射、参考站的位置及时钟漂移等复杂因素,这些问题的一个例子如图1.12所示,此图是地球极轴漂移的曲线图。地球的极轴以一种不规则但大致呈圆形的方式移动,偶尔会反转相位,这种效应称为钱德勒摆动,周期约400天,振幅超过10m。如果PNT用户希望获得亚米级精度,考虑并解决这一因素很重要。

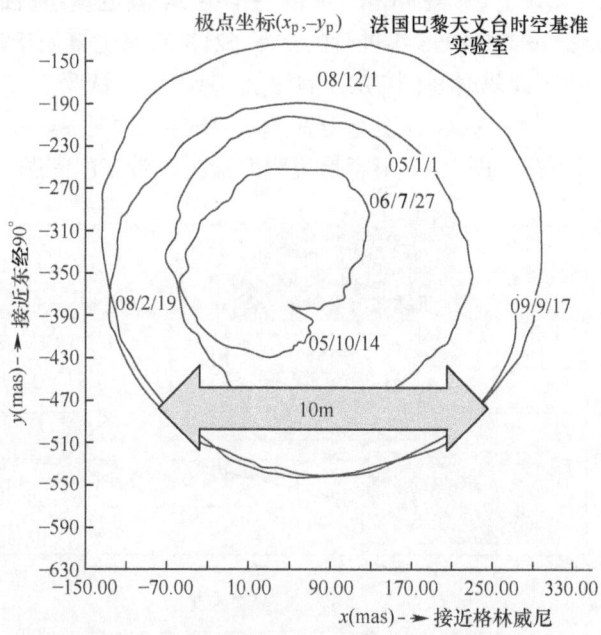

图1.12 地球极轴漂移与GPS校正影响实例

幸运的是,Transit计划开创了精确轨道预测的先河,并考虑了其中大部分影响。他们的项目名为Astro/Celeste,由弗吉尼亚州达尔格伦海军水面武器中心的Robert Hill和Richard Anderle研发。该项目实施期间,参考站的测量数据只能够批量处理,很不幸,这种处理方式无法提供对GPS及时的预测。为此,JPO设计了一个修正方案,包括预测相对于参考站测量的偏导数,这些计算允许一个扩展型(线性化)的卡尔曼滤波算法进行运用并做出近实时的最优预测。

这些技术的实施者包括Aerospace公司的Bill Feess、General Dynamics公司的Walt Melton和IBM公司的Sherman Francisco,这些计算是在原位于范登堡空军基地的主控和上传站进行的。现在主要的控制已经转移到科罗拉多州斯普林斯的施里弗空军基地,最近在范登堡重建了一个备用主控站。

实现快速和准确定轨的另一个重要因素是可操作的GPS控制段,它能对卫星进行精确的伪距跟踪,以进行GPS卫星轨道和时钟测量。General Dynamics公司、IBM公司和Stanford电信公司的团队竞标得到了GPS操作控制段的合同,该控制段可以跟踪GPS卫星并估计卫星时钟偏移和精确轨道,James Spilker博士建议,最好的GPS控制段性能是通过使用精确的接收机从多个监测站跟踪每颗 GPS 卫星来获得的,当卫星出现在一个地平线上而消失在另一个地平线上时,这些接收机可同时跟踪码和载波(都是从卫星发射的),跟踪每颗卫星的载波而不产生载波周跳。他和他的团队以极高的精确度成功地实现了这一目标,这些监测站码/载波跟踪环路接收机中伪距误差的均方根(RMS)仅为 7mm,在 20 世纪 80 年代确实表现出色[22]。

1.8.2 确保和论证卫星寿命能够达到 10 年(降低 GPS 的价格)

问题本质很简单,如果卫星寿命不长,维持一个由 24 颗卫星组成的星座将花费高昂。同样,Woodford 和 Nakamura 在 1966 年进行的空军 621B 研究也聚焦于这个问题:卫星技术最具体的变化是平均故障间隔时间(MTBF)的增加,现在可以认为 3~5 年的 MTBF 是可行的。"令人惊讶的是,最近的一些 GPS 卫星寿命超过 25 年。对于 24 颗卫星星座,年发射率是 24 除以平均的卫星寿命。图 1.13 很容易说明寿命过短带来的问题。

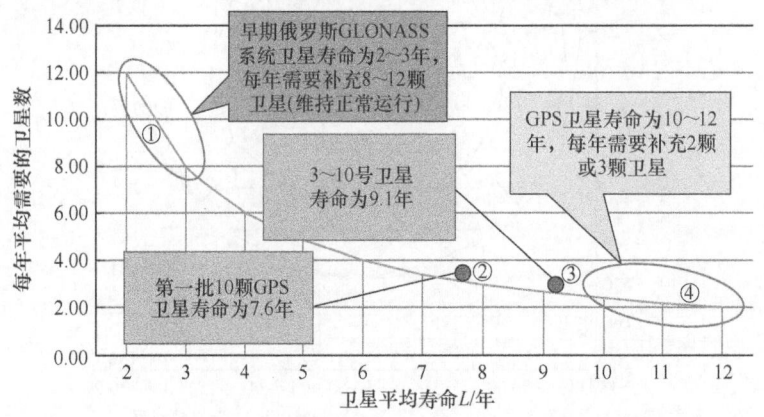

图 1.13　维持 24 个卫星星座(图中显示了短卫星寿命的巨大损失。相比俄国的 24 卫星星座系统,GPS 仅需发射其 1/4 数量的卫星来维持系统。目前的俄罗斯 GLONASS 卫星的寿命约为 10 年。)

图 1.13 中,②和③显示了卫星平均寿命(L)和 24 颗卫星星座每年所需的卫星数之间的折中(图形纵坐标为 24/L);图中④显示了如果美国 GPS 卫星的寿命为 10 年或更长,每年只需要 2 次或 3 次发射。还显示了第一阶段 GPS 的历史经历,即使是前 10 颗 GPS 卫星的平均寿命也达到了 7.6 年。这是罗克韦尔公司的巨大功劳,特别是项目经理 Richard Schwartz 的巨大功劳。GLONASS 的功能与 GPS 类似,它的早期历史显示在图 1.13①中,由于卫星寿命平均为 2~3 年,对 GLONASS 的相应要求是每年发射 8~12 颗卫星。GLONASS 卫星现在的设计寿命为 10 年。以下是长寿命 GNSS 卫星的关键:

- 精心设计冗余(如时钟、功率放大器)。
- 实施严格的零件选择计划,包括零件降额(S 级或同等等级)。
- "边飞边测试",坚持对所有故障进行深入分析。

证明长寿命是 GPS 价格降低的关键,最终使项目赢得了认可和支持。

1.8.3 开发一套可充分利用数字信号(大大降低了数字处理费用)并涵盖基本军事用途及具备民用可行性的整体 GPS 用户设备

三个工程挑战中的最后一个同样困难,需要在不到 4 年的时间里开发 9 种不同类型的 GPS 用户设备。这些设备每套造价 25 万美元或更多,只有 1~5 个接收通道可以进行卫星测距测量。图 1.14 显示了一些早期的 GPS 接收机:1974—1975 年用于 GPS 第一阶段概念验证期的 Magnavox X-set(左);1976 年的第一个罗克韦尔柯林斯 GPS 接收机(左中);1978 年的 GPS 单兵接收机(右中);TI 4100 GPS 导航器是德州仪器公司于 1981 年首次出售的第一款商用 GPS 接收机(右)。截至本书出版前,消费类 GNSS 芯片拥有 100 多个通道,价格约为 1 美元。

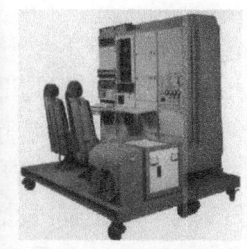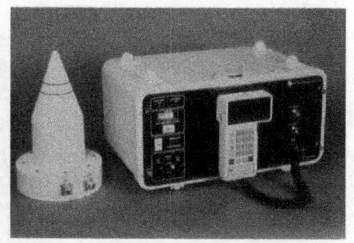

图 1.14 早期的 GPS 接收机[Magnavox X-set(左)于 1974—1975 年制造,用于 GPS 第一阶段概念验证。第一个罗克韦尔柯林斯 GPS 接收机(左中)出现于 1976 年。GPS 单兵包(右中)是 1978 年由士兵携带的。TI 4100 GS 导航器(右)是 1981 年德州仪器公司推出的第一款 GPS 商用接收机。图片来源:左照片维托·卡尔比提供,经航海学会许可复制;左中照片由罗克韦尔柯林斯公司提供,经罗克韦尔柯林斯公司许可复制;右中照片美国空军照片;右照片由菲尔·沃德提供,经菲尔·沃德许可复制。]

第一阶段的用户设备有着广泛的军事用途,另一个主要目标是开发低成本的 GPS 接收机,为了简洁起见,将不一一描述这些开发工作。表 1.5 总结了 1974—1978 年用户设备的发展情况。

表 1.5 1974—1978 年开发的用户设备

用户设备集	说 明	制 造 商
X 独立	四通道,高性能,军用	沃克斯(Magnavox)
X 辅助	四通道,惯性辅助,军用	沃克斯
Y 独立	单通道,顺序,军用	沃克斯
Y 辅助	单通道,顺序,惯性辅助,军用	沃克斯
HDUE 高动态	五通道,高性能,军用	德州仪器
MVUE 便携式车用	单通道便携式/军用地面车辆	德州仪器
GDM-普适性开放模型	五通道,高抗干扰	罗克韦尔国际柯林斯电台
MP 单兵包	单通道便携式/军用地面车辆	沃克斯
Z	单通道低成本民用样机	沃克斯

1.8.4 GPS 概念的起源争议

在过去的 10 年里,许多公开发表的报告都将 GPS 的起源归结于 NRL 和 Roger Easton 的努力。这些说法是可以理解的,因为 NRL 显然不知道美国空军和美国航空航天局(Woodford 和 Nakamura)在 1964—1966 年进行的早期涉密研究。本节将阐明 GPS 的历史渊源。

1970 年 10 月,Roger Easton 申请了一项名为"使用卫星和被动测距技术的导航系统"的专利,该专利于 1974 年 1 月获得(专利号 #3789409)[23]。这显然是 Easton 和 NRL 主张的新卫星导航系统概念,也是 GPS 发明权利要求的基础。

请注意,专利申请发生在 Woodford 和 Nakamura 博士完成美国空军相关涉密研究的 4 年之后。NRL 提案使用了一种称为侧音测距的测距信号技术,要求卫星在不同频率上进行广播。

在 NRL 申请专利时,美国空军和美国航空航天局已经开始研究和建造 CDMA 用户接收机,使用后来被 GPS 采用的更受欢迎的 PRN/CDMA 信号。在其设计中,海军系统显然侧重于二维导航;此外,该专利未使用 GPS 使用的四伪距计算法来消除对精确(原子)用户时钟的需要,相反,它要求用户拥有一个稳定度相当于卫星的时钟。专利中提到"测距站设备需包括接收装置,用于接收所述广播的多频信号;信号产生装置,包括另一个极稳定振荡器,用于产生与所述广播信号相同的多频信号……"在 USAF 621B 研究摘要(图 4)中显示为#2,在 Easton 申请专利的 4 年前就已经描述过,但由于当时保密,Easton 不知道这项工作。

因此,这项专利和 NRL 设计不能在任何意义上被描述为 GPS 的来源。它没有描述消除超稳定用户时钟的 4 颗卫星技术,而且使用了一种不合适的测距技术,该技术在 GPS 设计会议上被 Parkinson 上校拒绝。最后,它是在 Woodford 和 Nakamura 博士(当时保密)的研究结束 4 年后提交的,该研究已经描述了 GPS 技术(包括 Easton 在其专利中使用的技术)。最后,此专利没有实际实验验证的技术记录,而 GPS 概念通过白沙(1969—1972 年)和尤马试验(1978—1980 年,见下文)得到了证实。

1.8.5 GPS 和 Yuma 测试结果的验证[24-25]

到 1979 年春天,已经发射了 6 颗 GPS 卫星,制造了 9 种类型的 GPS 用户设备,从 650 多项单独测试中获得了广泛的测试结果。综合测试结果证实,GPS 系统的精度为 7m 的概率在 50%,精度为 17m 的概率在 90%,系统能力指标如图 1.15 所示。该图描绘了 25 个 GPS 着陆进近的"确定高度"误差,这些结果适用于 3 种不同类型的飞机:大型运输机(C-141)、战斗机型飞机(F4)和直升机(UH-1H)。请注意,这些误差是 GPS 和飞行员误差的综合结果。

虽然没有专为时间传输开发的 GPS 接收机,但也对此功能行了初步测试,以一个同步铯钟从华盛顿特区飞往范登堡空军基地进行评估,测量结果误差约 50ns,这个误差包括铯钟在华盛顿海军天文台和尤马试验场的任何一次漂移,当然,今天的 GPS 时间传输接收机的性能优于 10ns。

有关这些结果的详细信息,请参阅文献[24-25]。总之,1973 年 GPS 原始提案中的几乎所有性能要求都得到了满足。

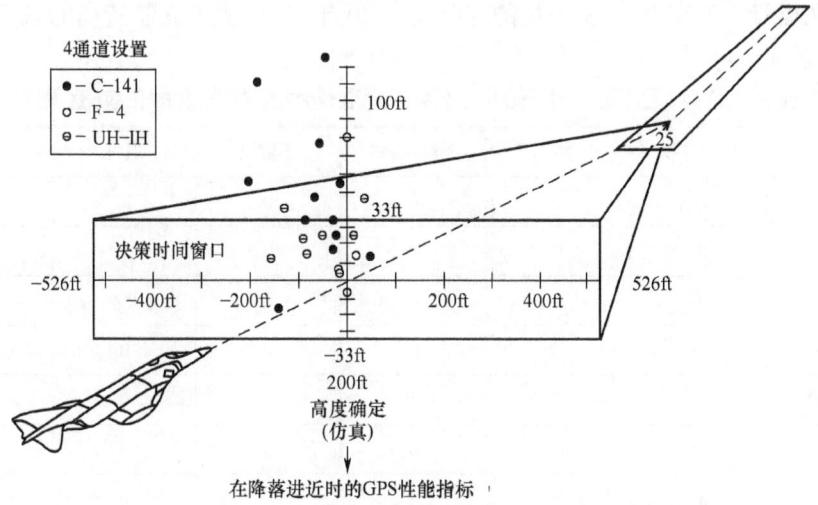

图 1.15 25 个 GPS 着陆进近的"确定高度"误差[1ft(英寸)= 0.0254m]

1.9 GPS 宣布全面运行——1995 年 7 月 17 日

在系统批准建设 21 年零 6 个月后，GPS 系统终于宣布全面投入使用。如果最初卫星制造时的生产线得到了扩建，那么整个系统从批准建设到全面投入使用的时间其实可以缩短一半。不幸的是，美国空军对该系统的需求持矛盾态度，曾多次提出取消该项目的预算，在该运行日期之前发生的事件如下所述。

在 11 颗 Block Ⅰ 卫星发射后，一系列 Block Ⅱ、Block ⅡR、Block ⅡRM 和 Block ⅡF 卫星生产并发射，其特征如图 1.16 所示。1978 年以来发射的 72 颗卫星中，有 40% 以上在本书

传统卫星			现代化卫星	
Block ⅡA	Block ⅡR	Block ⅡR(M)	Block ⅡF	GPSⅢ
0颗运行	12颗仍具有运行能力	7颗仍具有运行能力	11颗仍具有运行能力	3颗在测试中，7颗生产中
·民用粗捕获(C/A)码调制在L1频率上的信号 ·精密P(Y)信号仅适用于军事用户的L1和L2频率 ·7.5年设计寿命 ·在1990—1997年发射 ·最后一颗在2016年停止使用	·L1频率的C/A信号 ·L1和L2频率的P(Y)信号 ·星载时钟监测 ·7.5年设计寿命 ·1997—2004年发射	·所有传统信号 ·第二民用信号(L2C) ·增强抗干扰能力的新型军用M码信号 ·军用信号所需功率阈值灵活 ·7.5年设计寿命 ·2005—2009年发射	·所有Block ⅡR(M)信号 ·L5频率上的第三个民用信号 ·高级原子钟 ·提高精度、信号强度和质量 ·12年设计寿命 ·2010—2016年发射	·所有Block ⅡF信号 ·L1频率上的第四个民用信号(L1C) ·增强信号可靠性、精度和完好性 ·无选择可用性(SA) ·第11颗卫星上均装有激光反射器及搜索和救援组件 ·15年设计寿命 ·2018年第一次发射，2019年第二次发射，预计2023年最后一次发射

图 1.16 GPS 卫星统计及关键参数汇总

撰写时仍在运行。事实上,许多卫星的寿命超过20年,这证明了其制造商的航天器工程技术之精良(表1.6)。

表1.6 发射、运行、测试/储备、不健康、退役和发射失败的卫星数量汇总

Block 分组	发射总数	运行	测试/备份	不健康	退役	发射失败
Block Ⅰ	11	0	0	0	10	1
Block Ⅱ①	9	0	0	0	9	0
Block ⅡA	19	0	8	0	11	0
Block ⅡR	13	12	0	0	0	1
Block ⅡRM	8	7	1	0	0	0
Block ⅡF	12	12	0	0	0	0
Block ⅢA	3	1	2	0	0	0
总计	75	32	11	0	30	2

①其中一个 Block Ⅱ 原型从未发射。

在1989年2月—1993年3月的49个月内发射了19颗GPS卫星。因此,在波斯尼亚战争的早期,该系统已接近可操作状态。这是一个重要的里程碑,因为GPS系统的精确轰炸能力在空军作战中已经得到明确。

GPS于1995年7月17日宣布全面投入使用(FOC):"美国空军宣布,GPS卫星星座已满足全面运行能力的所有要求,FOC状态意味着系统满足各种文件中规定的所有要求。"图1.17显示了GPS的运行配置,其中有6个倾斜轨道平面;每个平面包含4~6颗卫星。

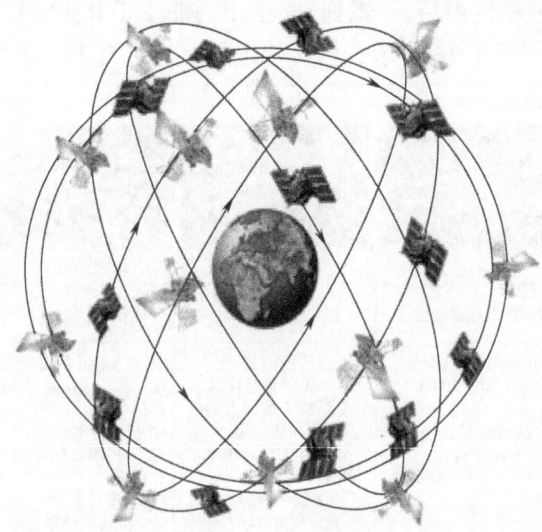

图1.17 当前GPS操作配置显示6个轨道面,每个轨道面上有4~6颗卫星
(资料来源:施里弗空军基地,经施里弗空军基地许可复制。)

GPS精度标准的完整描述见参考文献[26]。表1.7摘自2015年12月的报告,以显示民事能力("标准服务")。

表1.7 民用能力 GPS 精度标准(标准服务)

定位服务可用性标准	条件和约束
≥99%水平服务可用性(平均位置) ≥99%垂直服务可用性(平均位置)	17m 水平(仅 SIS,SIS 表示空间信号)(95%) 37m 垂直(仅 SIS)(95%) 在满足代表用户条件的位置/时间方案的 24h 运行周期内测量
≥90%水平服务可用性,最差位置 ≥90%垂直服务可用性,最差位置	17m 水平(仅 SIS)(95%) 37m 垂直(仅 SIS)(95%) 在满足代表用户条件的位置/时间方案的 24h 运行周期内测量

GPS 服务标准的形成是非常保守的,所有独立的测试数据都表明,相对于标准要求,每个测试方面的结果数据有非常大的余量,完全满足条件,很难将现有的测量数据与要求规范进行精确的比较。GPS 规范全球发布,包含有关数据龄期的某些假设,数据龄期是指某一特定卫星上次上注以来的时间。另外,卫星测距的几何分布可以使精度提高 10 倍以上,然而,FAA 技术中心发布了一份 GPS 季度性能评估报告,该报告由 WAAS 北美监测站测量[27]。一份从 2019 年 1 月开始发表的月报总结见表 1.8。该报告显示,平均水平精度(95%)已优于 3m。

表1.8 2019 年 1 月公布的联邦航空局 GPS 性能民事月报卡[27]

运行性能参数	2018 年	2018 年 12 月	2019 年 1 月
可用性参数			
平均可用卫星数	30.77	30.66	30.97
主轨位中可用卫星的平均数量	23.83 (99.29%)	23.98 (99.90%)	23.98 (99.91%)
可见 6 颗卫星的平均可用性	100%	100%	100%
99.99%水平 DOP			
区域中位数	1.4	1.4	1.4
最差点	8.0	9.4	7.5
99.99%垂直 DOP			
区域中位数	2.4	2.4	2.4
最差点	35.4	39.3	26.8
99.99%位置 DOP(PDOP)			
区域中位数	2.7	2.7	2.7
最差点	36.5	40.4	27.6
100%RAIM 可用性(HAL=185m)			
NPA 服务区(NSA)	63.36%	47.05%	36.53%
全球	65.93%	58.36%	56.45%
精度参数			
RMS 单频用户测距误差			
星座中位数	1.66	1.69	1.65
最差卫星	10.96	10.90	10.92

续表

运行性能参数	2018年	2018年12月	2019年1月
95%水平误差			
区域中位数	1.70	1.68	1.70
最差位置	2.99	2.87	2.69
可用性(<4.5m(3σ))	99.97%	99.99%	100%
95%垂直误差			
区域中位数	3.96	3.94	3.96
最差地点	4.65	4.90	5.14
可用性(<9m(3σ))	100%	99.99%	99.99%

注:资料来源于每季度提供的《广域增强系统性能分析报告》,网址:http://www.nstb.tc.faa.gov。

GPS空间信号测距误差(SISRE)的历史趋势一直在稳步改善,这要归功于美国空军运营商,SISRE定义为考虑卫星定位和定时误差以及电离层校正的精度,虽然它不包括接收机方面的误差,例如多径和对流层误差,但它代表了基础系统能力。与4m标准定位服务(SPS)性能标准(图1.18)相比,最近的测量显示精度至少提高了4倍。

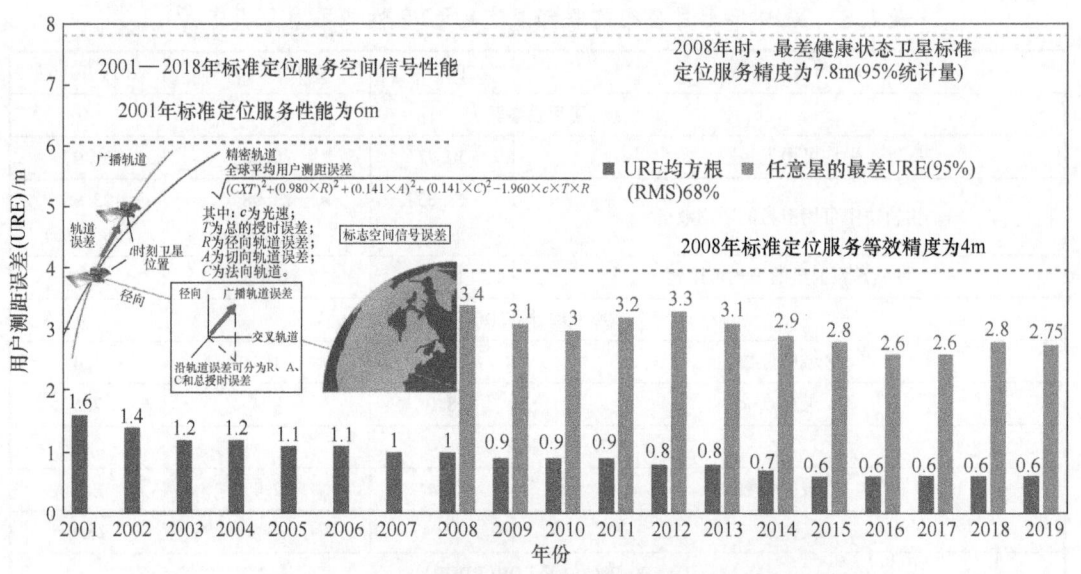

图1.18　2001—2019年标准定位服务(SPS)空间信号测距误差(SISRE)

(误差的稳步下降表明在此期间精度有所提高。)

1.9.1　总统决定——确保GPS为全人类服务

里根总统和克林顿总统的两项决定大大促进了GPS的实用性及其应用发展,以确保GPS为全人类无限制获取高精度的定位服务。

1.9.1.1　里根总统保证GPS免费提供服务,造福人类

1983年9月5日,里根总统就苏联袭击一架韩国客机(KAL 007)一事向全国发表讲话,预示着他此后将做出开放GPS为全世界所有人提供服务和支持的决定,但这件事被许多记

者误解了[28]。事实上,如前所述,自 1978 年以来,该信号一直免费供世界民用,但使用风险自负。然而,里根总统的声明正式保证了民用信号可无限期公共使用,并声明若服务终止将提前 10 年发出警告。从此,GPS 信号从一个有使用风险的信号转换成由美国政府支持和保证的信号。事实上,到 1983 年,GPS 在精密测量和制图中的应用已经形成了一个主要市场。

1.9.1.2 克林顿总统指示停止故意降低民用信号质量

比尔·克林顿总统也发表了一项影响 GPS 民用性能的声明。经过初步测试,人们认识到民用信号实际上与加密的精密军事信号一样准确,相关部门担心这一民用服务可能会在作战时期用来对付美国,因此,美国国防部决定用一种称为选择可用性(SA)的技术来故意降低民用信号的准确度。这是通过干扰卫星的测距精度来实现的,民用"原始"精度从 50m 下降到 100m(50%)。

然而,这种降级方案产生了相反的效果,利用差分 GPS 技术可以很容易地纠正这种干扰。事实上,成熟的差分技术可以使测距精度比最好的军用仪器高出 50%。一些观察员预测,此方案将加速此类差分 GPS 技术系统的部署,事实也确实如此。具有讽刺意味的是,美国政府正处于这样一种境地:美国国防部正在降低 GPS 信号的质量,而美国联邦航空局和美国海岸警卫队则在自由广播差分修正数,以消除这种影响。

美国政府终于意识到了这一政策的缺陷。2000 年 5 月,克林顿总统宣布:"今天,我很高兴地宣布,从今晚午夜开始,美国将停止对公众 GPS 信号的故意降级,我们称这种降级特性为选择可用性(SA),这将意味着,GPS 的民用用户定位精度将提高 10 倍。GPS 是一种两用的、基于卫星的系统,可向全世界的用户提供准确的位置和时间数据,我在 1996 年 3 月的总统决定指令中对 GPS 的目标作了如下规定:鼓励 GPS 被接受并融入世界各地和平的民用、商业和科学应用;鼓励私营部门投资和使用美国的 GPS 技术和服务。我承诺美国将在 2006 年之前停止使用 SA,并从今年开始对 SA 的继续使用进行年度评估。"

2000 年 5 月 2 日,SA 停止使用。图 1.19 显示了在 UTC 4 点时定位精度的突然提高,同样可见的是更平滑的误差特性,这意味着差分校正将在更长的时间内有效。美国国防部宣布,最新一代卫星(GPS Ⅲ)的硬件将不再具有 SA 功能。因此,有理由期待 SA 永远消失。

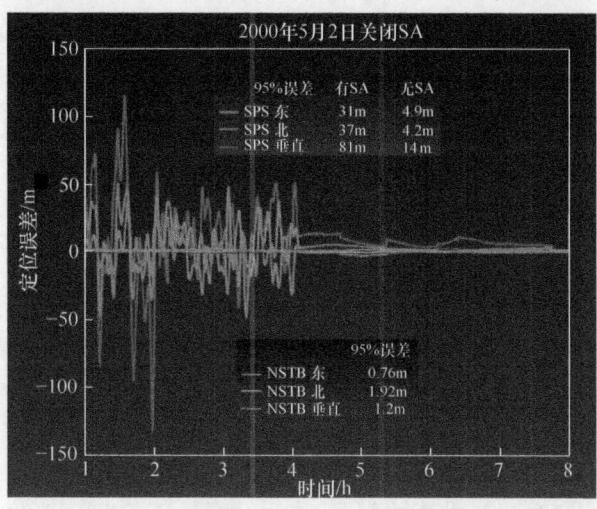

图 1.19 示例位置误差(显示 SA 关闭时 UTC 4 点时的精度突然提高。)

1.10 改进的 GPS、更新的 GNSS 和增强

在接下来的 10~15 年内，GNSS 和 RNSS 系统的改进和扩展将呈爆炸式增长，本节将对此进行描述。

1.10.1 GPS 现代化

虽然目前对 GPS 卫星有非常多的升级和修改，但最重要的改进也许是在信号结构上，后期新增的 GPS 民用信号将允许直接测量电离层、形成冗余，并形成一个国际通用民用信号的基础，GPS 最近推出了ⅡF 和Ⅲ系列卫星，这是最新纳入的民用信号。表 1.9 总结了所有 10 个当前存在和正在规划中的 GPS 信号。

表 1.9 当前存在和计划中的 GPS 信号

中心频率	信号描述	民用(C)或受保护(P)	第一次广播
1575.42MHz	L1 C/A：第一个民用信号	C	1978 年
	L1 P(Y)：原军用	P	1978 年
	L1 M：新军用	P	2005 年
	L1C：新国际 GNSS(Block Ⅲ)	C	2019 年
1227.60MHz	L2 P(Y)：原军用	P	1978 年
	L2M：新军用	P	2005 年
	L2 CM：民用数据通道	C	2005 年
	L2 CL：民用导频通道	C	2005 年
1176.45MHz	L5 I：新的民用生命安全数据通道	C	2010 年
	L5 Q：新的民用生命安全导频通道	C	2010 年

特别值得注意的是 L5(1176.45MHz)，这是一种新的民用生命安全(SOL)信号(详见 GPS 的现代化)，这一频率属于航空导航的国际保护频段，在任何情况下都很少或没有经授权的干扰。第一颗永久提供这种信号的 Block ⅡF 卫星于 2010 年发射，L5 预计将于 20 世纪 20 年代初全面投入使用，第一颗 Block Ⅲ卫星于 2019 年 12 月发射，第四个 GPS 民用信号 L1C 于 2020 年 1 月投入使用。

1.10.2 更新的 GNSS

本节将概述正在运行或正在开发的 4 个 GNSS 和 2 个 RNSS，GPS 已经在上文得到广泛讨论。本书第 3 章~第 8 章将由各自国家的专家详细讨论每个 GNSS。

1.10.2.1 格洛纳斯(GLONASS)

当时的苏联在 4 年后效仿美国卫星导航系统的发展开始投入研究。到了 1979 年，他们有了一个类似于美国前 Transit 系统的配置，称为 Cicada 或 Cricket。第二个系统叫作 GLONASS，类似于美国的 GPS，于 1982 年 10 月首次发射，到 1995 年，宣布了 24 颗卫星的配置。

因为早期不断失败,维持整个星座的运行一直是个问题,但现在看来,它是一个国家高度优先的事项,卫星寿命正在改善。到目前为止,GLONASS 的信号结构一直不同于 GPS,GLONASS 使用频分多址(FDMA)技术,每个卫星都在不同的频率上广播,使用一个 511b 的短小 PRN 码。最近,GLONASS-K 系列卫星采用 CDMA 结构,虽然早期卫星的轨道故障和短寿命降低了 GLONASS 的可用性,但测量界多年来一直在利用这一信号,从而提高了 GNSS 的可用性,特别是对视线受损用户。现在几乎所有的智能手机都支持 GPS 和 GLONASS 以及其他星座的 GNSS 接收机。GLONASS 将在第 4 章中详细讨论。

1.10.2.2 Galileo 系统

Galileo 系统是由欧盟(EU)和欧洲航天局(ESA)共同开发的 GNSS,旨在为欧洲国家提供独立的高精度定位系统。第一颗 Galileo 测试卫星 GIOVE-A 于 2005 年发射,第一颗正式运行的卫星于 2011 年 10 月发射,Galileo 系统于 2016 年上线。截至 2018 年 7 月,计划中的 30 颗现役卫星中有 26 颗在轨。有 22 颗正常运行的卫星,2 颗正在测试中,还有 2 颗标记为不可用。Galileo 系统提供低精度的基本服务,免费向公众开放。它还提供更高精度的校正能力,由于欧洲国家的地理位置,Galileo 计划在高纬度地区提供比其他卫星导航系统更好的定位服务。Galileo 系统还将提供一个新的全球搜救(SAR)服务,系统特性与 GPS 非常相似,各系统的比较见表 1.10。Galileo 系统的细节将在第 5 章中讨论,但其性能预计与 GPS 非常相似。目前计划在 2020 年具备全面的运行能力。

表 1.10 GNSS 和导航卫星系统统计

系统	GPS	GLONASS	Galileo	北斗	NavIC	QZSS
类型	GNSS				RNSS	
供应商	美国	俄罗斯	欧盟	中国	印度	日本
全面运行	1995	2011	2020	2020	2018	2018
码结构	CDMA	FDMA CDMA (GLONASS-K)	CDMA			
轨道高度	20180km	19130km	23222km	21520km 和 35786km	35786km	35786km
周期	11h58min	11h16min	14h5min	12h53min 和 23h56min	23h56min	23h56min
转速/恒星日	2	17/8	17/10	13/7 和 1	1	1
重复周期(恒星日)	1	8	10	7	1	1
卫星数	标称 24 现役 34 (ⅡA、ⅡR、ⅡRM、ⅡF、Ⅲ)	正在使用:24 计划: 3 GLO-M 9 GLO-K 9-10 GLO-K2 4 GLO-V	测试中 2 正在运行 22 规划中:3 MEO	3 GEO 4 IGSO 24 MEO	3GEO 4 IGSO 2 待命 2 计划	4 IGSO 1 GEO 规划中: 2 IGSO 1 GEO
频率	见本书第 2 章					
状态	正常运行	正常运行	正常运行	正常运行	正常运行	正常运行

1.10.2.3 北斗导航系统

第四个 GNSS 由中国研制,称为北斗卫星导航系统(BDS),以下简称为北斗系统。它于 2000 年开始作为测试系统运行,称为北斗一号(BDS-1)。BDS-1 利用无线电测定卫星服务(RDSS),通过与地球静止轨道(GEO)卫星的双向传输提供粗略的二维定位和定时,于 2012 年底退役。第二代系统 BDS-2 于 2012 年全面投入运行,以提供区域服务,BDS-2 拥有 14 颗卫星,包括 5 颗 GEO 卫星、5 颗倾斜地球同步轨道(IGSO)卫星和 4 颗 MEO 卫星,在 BDS-1 功能的基础上增加了通过三边测量实现的无线电导航卫星服务。2014 年,BDS 正式成为全球无线电导航系统的一部分。2015 年,中国开始建设全球覆盖星座的第三代系统 BDS-3,并发射了第一颗 BDS-3 卫星。到 2018 年,BDS-3 已经建立了一个包含 18 颗 MEO 卫星和 1 颗 GEO 卫星的基本星座,为全球用户提供 PNT 服务。北斗系统的目标是通过至少 24 颗 MEO 卫星提供全球服务,同时在 GEO 和 IGSO 中保留至少 6 颗的区域覆盖卫星星座,以便于 2020 年之前在东亚和大洋洲范围内提供更有效的信号覆盖。BDS-3 还提供了许多独特的能力,包括其在 GEO 卫星综合了 SBAS、地面和空间段的综合运行、星间链路精密定轨(POD)、全球 SAR 服务和区域精密单点定位(PPP)服务。BDS-3 信号的设计建立在 GPS 和 Galileo 系统开发概念之上,但是它们之间的差异使得它们既彼此独立又可互相操作。BDS-3 信号的一个独特特性是高度灵活的多载波恒包络复用技术。此技术使得在 L 波段上可存在高效传输传统的 BDS-2 民用信号,以实现向下互操作,并允许新的 BDS-3 民用信号与相应的伽利略和 GPS 信号互操作,关于北斗系统的详细讨论见第 6 章。

1.10.2.4 NavIC 系统和 QZSS 系统

日本和印度都在开发 RNSS,以服务于其相应的区域。QZSS 依靠 4 颗卫星在高度倾斜、略呈椭圆形的地球同步轨道上为亚洲和大洋洲地区提供高精度和高稳定度的定位服务。QZSS 的主要目的是增加日本众多城市峡谷中导航卫星信号的可用性,那里只对高度较高的卫星有可见性。QZSS 卫星使用与 GPS L1 C/A、L1C、L2C 和 L5 信号兼容的信号。此外,QZSS 卫星还在 GLS L1 频率上广播 GPS 增强信息,GPS+QZSS 组合系统通过 QZSS 传输增强信息提供的测距校正数据,提高了定位性能。QZSS 还通过故障监视和系统合格数据来提高系统运行的可靠性,此外,QZSS 还为用户提供其他支持数据,以提高 GPS 卫星捕获能力。QZSS 于 2018 年 11 月全面投入运行。

印度区域导航卫星系统(IRNSS)于 2006 年获得印度政府批准,后来,IRNSS 改名为 NavIC。其主要服务区覆盖印度及其周边地区,并延伸至周边 1500km。NavIC 将提供两种级别的服务:民用的 SPS 和授权用户使用受限服务(RS)。NavIC 卫星发射标准定位信号(SPS)和精密服务(PS)信号,两者都在 L5 和 S 波段上调制,SPS 信号由二进制相移键控(BPSK)信号调制,而 PS 信号使用二进制偏移载波(BOC)调制。NavIC 系统中嵌入了一个消息接口,可以将警告发送到特定区域。NavIC 已经发射了 7 颗卫星,其中包括 3 颗 GEO 卫星和 4 颗 IGSO 卫星,在 2018 年全面投入使用。目前,其中一颗卫星产生故障并计划更换,尚未确定新的运行状态日期。印度计划在未来把整个星座扩大到 11 颗。第 7 章和第 8 章分别介绍了 NavIC 和 QZSS。

1.10.3 现有系统和计划系统的比较

表 1.8 总结了目前在用和计划建设的 GNSS 和 RNSS 的主要特点。图 1.20 显示了与这

些系统相关的频率和信号。有关各种卫星导航系统的构成、频率和信号的详细讨论见第3章~第8章。直到最近,只有一个民用信号(GPS C/A)全球可用,GLONASS 正在努力实现全球可用。可以看出,GNSS 的能力将在未来几年得到极大扩展。

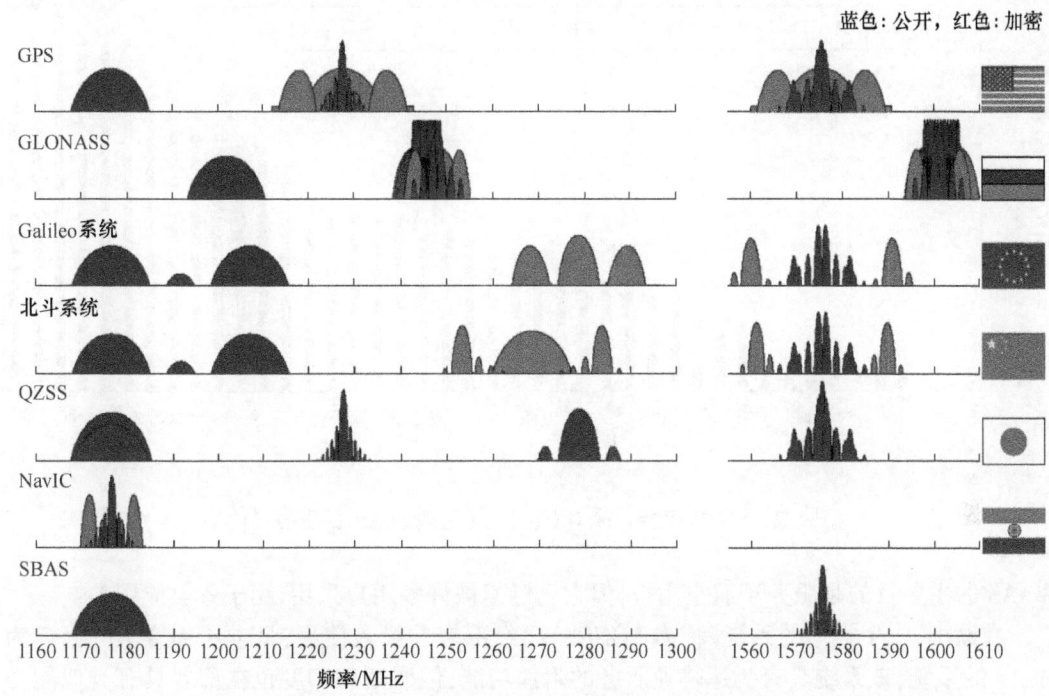

图 1.20　当前和计划的 GNSS 和 RNSS 频率[29](资料来源:经航海学会许可转载。)

请注意,所有星座的轨道周期都是恒星日的整数分数倍:GPS 轨道周期为 1/2 恒星日,GLONASS 为 8/17 恒星日等。这意味着地球上的静止观测者观察到的视界内的卫星将在恒星日整数倍后重复出现。原因是:任何一颗轨道周期为 M/N 恒星日的卫星都将在 M 恒星日内完成 N 个周期;同时,地球将恰好完成 M 次旋转,卫星将出现在与 M 恒星日前的开始位置相同的地方。

由于 GPS 卫星寿命长,星座备份补充次数少,而且自 1995 年以来发射次数大大降低。另外,3 个新的 GNSS 星座持续组网发射,迄今为止,这 4 个 GNSS 已经发射了 200 多颗导航卫星,累计发射的历史如图 1.21 所示。有关新的 GNSS 及其创新的更多细节将在后面的章节中介绍。

1.10.4　完好性 PNT 增强系统:WAAS、EGNOS 和 MSAS

PNT 功能的完好性对于航空用户而言是一个关键问题。如介绍部分所述,FAA 已经部署了一个名为 WAAS 的系统,在整个北美建设了大约 36 个监测站,严格测量视界内的所有卫星,在探测到故障卫星的 6s 内,位于北美大陆上空的地球同步卫星即会向用户发送故障报警信息,由于该信号是在 GPS 频率上广播的,因此用户接收该消息没有明显的额外成本,使用 WAAS 的飞机可以很快清除有问题的卫星信号。此外,WAAS 为每颗卫星提供四维校正(称为广域差分校正),并为不使用双频校正技术的用户提供电离层修正模型,虽然

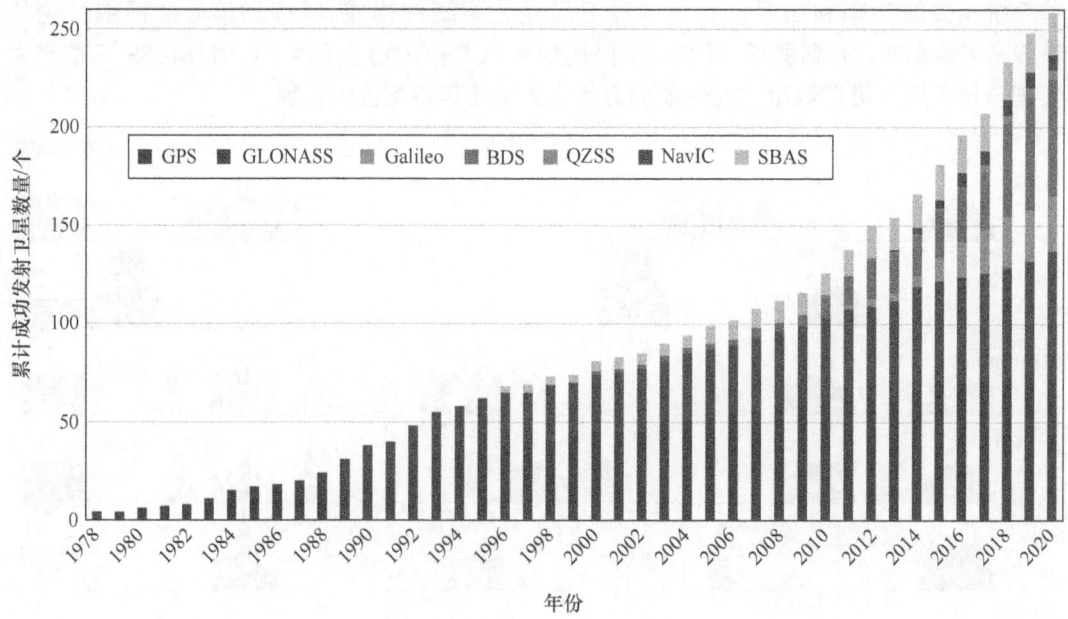

图 1.21 自 1978 年以来 GNSS 卫星(包括 SBAS)的发射累计

WAAS 的主要目的是服务于航空用户,但它已迅速被许多用户采用,用于各类应用。

在欧洲,一个类似的系统(称为 EGNOS)已经部署并投入使用,日本还部署了一个名为 MSAS 的系统,该系统具有为运输业服务的附加功能,俄罗斯和印度也在部署具有类似能力的系统。第 11 章阐述了这些系统的特点。

1.10.5 用于提高精度的地基网络

对于许多民用应用,精度通常是导航系统最关键的特性。GPS 最早的民用应用包括测绘、大地测量和地球动力学。这些应用依赖于对地面点位置的精确测量,进行此类应用还需要了解地球的基本属性,如地球的几何形状、空间方位和引力场。精确的测量和知识被用来研究地球的动力学,如板块构造运动、海底扩张、造山、火山和地震,这些地球物理学学科对测量精度的严格要求,促进了基于载波相位技术的发展,这些技术使 GPS 最终变得像今天一样精确[30-31]。GPS 现在通常用于实现毫米级的定位精度,精度比最初的设计提高了 4 个数量级。此外,差分 GPS、实时动态(RTK)定位和 PPP 等技术都依赖于相关的增强服务,这些服务将 GPS 和通信技术结合起来,支持广泛的用户、工程和科学应用,以满足从区域、国家到全球各个层面的市场需求。

地基精度增强服务的支柱是:由 GNSS 设备制造商、通信服务提供商、产品代理商、政府机构、专业协会、学术机构、标准组织等利益相关方组成的联合体在许多国家建立的众多 CORS 网络,这些网络及其相关的数据分析中心提供 GNSS 数据产品,包括载波相位、码距测量和用于支持精密 PNT 应用的其他监测站信息。例如,由国家大地测量局(NGS)(NOAA 国家海洋局下属的办公室)管理的美国 CORS 网络,由 200 多个政府、学术和私人组织提供的 2000 多个站点组成[7,32]。虽然这些监测站是私人或企业机构独立拥有和运营的,但它们的数据与 NGS 共享,NGS 免费分析和发布数据。世界上存在着许多相似的网络,每个网络都有自己独特的特点,并由不同国家的组织进行管理。它们的范围很广泛,其中包括人口密集的日本的 GNSS 地球观测网络系统(GEONET)[33]、地球科学活动活跃的澳大利亚和南太平洋地区的网络[34]、香港卫星定位参考站网络(SatRef)[35]等。GNSS 服务(IGS)[36]强大的"超级网络"催生了高质量的实时及事后处理的 GNSS 数据产品,如精密卫星轨道、电离层总电子含量(TEC)图、对流层路径延迟、地球自转参数等,供公众开放获取。还有一些私人运营的网络,如 OmniSTAR 网络[37]和约翰迪尔的 StarFire™ 网络,它们通过订阅的方式,为拥有特殊设备的用户提供增强服务。

这些地面网络的激增及其数据中心提供的高质量服务已使得用户逐渐不再需要操作 GPS 基站接收机[6]就可使用单个接收机执行差分定位,大大降低了成本和复杂性。此外,最近建立的 CORS 网络能够提供实时服务来实现 RTK 功能,这些提供精度增强的网络和应用,如 RTK、PPP、全球大地测量学、大地测量学、电离层效应和监测、测量和移动测绘、精密农业等,将分别在第 19 章、第 20 章、第 27 章、第 31 章、第 55 章和第 56 章中介绍。

1.10.6 分频 PNT 增强:增强型罗兰(eLORAN)和 DME

eLORAN 是一个已经过测试的概念,但还没有部署,在介绍部分中有简要描述。它有一个强大的地面信号(几乎不可能受到干扰),强度高达 100kW,且部署地区可不断扩展,其工作信号频率为 100kHz,与 GNSS 完全不同。该系统定位是二维的,在经过校准的局部区域,差分 eLORAN 可能精确到 15m,在授时上优于 100ns,eLORAN 使用 GNSS 进行信号同步。

eLORAN 满足了许多关键应用的需求:10~20m 的港口入口导航精度;航空完好性及导航性能测试要求的 0.3mi[1mi(英里)≈1.61km]精度(RNP 0.3);以及 Stratum 1 所要求的用户时间和频率需求,即 50ns 的时间精度[38]。

eLORAN 是早期 LORAN 的一个重大更新:相比旧系统它具备新的基础设施、固态发射机、最先进的时间和频率设备、不间断电源;还启用了新的操作概念、传输时间、全视信号,具有差分校正的消息通道、增强的完好性;新的用户设备可以用紧凑的 H 场天线对 eLORAN 和 GPS 信号进行数字处理,消除 p-static。

2006 年 8 月,美国交通部(DOT)负责政策的副部长在国防分析研究所(IDA)发起了一项任务,成立了一个独立评估小组(IAT),以审查 eLORAN 的必要性。结论是,"eLORAN 是唯一满足国家需求具有成本效益的后备方案;它完全可以与 GPS 互操作并独立于 GPS……"[39]。PNTAB 还一致建议美国部署 eLORAN,并得到了交通部和国土安全部的支持。不幸的是,随着政府更迭和预算紧缩,美国开始拆除现有的 LORAN C 站点。国会现在似乎正在采取行动,而近期 GLONASS 的中断也推动了 eLORAN 的部署。LORAN 和 eLORAN 将在第 41 章进行讨论。

航空用户需要更高的精度和高程覆盖,目前的计划是选定一部分 DME 子集并将其升级为 GPS 备份。由于几乎所有商用飞机上都安装了 DME,这将是一次史上成本最低的升级。虽然美国联邦航空局还没有明确计划使用非美国的 GNSS,但有可能在确保使用 GNSS 时完好性的技术发展完结后将其投入使用。这些主题将在第 61 章中进一步阐述。

1.10.7 "自给自足"的增强:更廉价和更精准的惯性元件和系统

如前所述,惯性导航的出现早于卫星导航。虽然它在某种程度上已被 GNSS 所取代,但它仍然是一种非常有用的技术,对无界漂移有很好的预防措施,但该系统依赖于精确的初始条件。

微机电系统(MEMS)将惯性测量传感器安装在硅片上,类似设备包括加速计、速率陀螺仪、磁强计和压力传感器(用于高度测量)。它们目前非常便宜,现在广泛用于汽车和智能手机,加速计、陀螺仪和芯片级原子钟正在做大的改进。

从多种因素看,GNSS 和惯性导航结合是非常有用的。例如,惯性导航可以提高 GNSS 接收机的抗干扰能力,使其可以在任何干扰源附近工作。此外,如果不能接收卫星信号,在一定时期内惯性组件可以支持惯性解算。由于 GNSS 能够在干扰发生前对各种惯性分量的漂移参数进行实时标定,因此惯性可更加精确,芯片级原子钟的出现也证明了在发生干扰时惯性导航非常有用。

1.10.8 辅助 GNSS

辅助 GNSS(A-GNSS)是另一种增强形式,不同于前几节所讨论的形式。A-GNSS 是一种通过替代通信链路(如 LTE 或 Wi-Fi)提供卫星数据来缩短定位时间和提高灵敏度的技术。A-GPS 在 E911 命令实施后开始崭露头角。这项规定要求任何拨打 911 紧急电话的手机都必须提供实时位置。

E911 规定了强制定位,但未限制所使用的具体定位技术。在最初的几年里,GPS 处于劣势,而基于蜂窝网络的定位系统当时成为首选技术,在竞争中处于领先地位。不过 A-GPS 改变了这一切,将 GPS 定位时间约缩短为原来的 1/100,灵敏度增加了 1000 倍,从而使 GPS 能够在手机中高效工作。再加上摩尔定律带来的优势,GPS 很快成为 E911 的默认技术,并应用于美国的大多数手机。商业应用接踵而至,如轮换导航等。今天几乎不可能找到一个没有 GNSS 的智能手机,手机占 GNSS 接收机的 90%以上。

美国联邦通信委员会(FCC)于 1996 年发布了无线 E911 命令,并在随后几年内逐步实施。近年来,A-GNSS 出现了几项技术突破。包括:

(1) 大规模并行相关计算:结合辅助数据,如果信号较强,接收机可以立即获得 GNSS 信号;如果信号较弱,接收机可长期驻留于所有可能的假设,随着时间的推移对信号进行积分,可将灵敏度提高 30dB(1000 倍)以上。

(2) 粗略时间导航:允许在解码卫星的时间数据之前进行导航解算,实现数据采集后立即定位。

(3) 长期轨道/扩展星历:在 SA 关闭之后,民用接收机可以精确地观测轨道,并利用这些信息计算未来轨道,这已经成了为移动设备提供未来轨道信息的行业标准。

2004 年通过的一项法案为部署 E911 服务提供了资金。

1.11 保障基于 GNSS 的 PNT 的前提条件

几乎所有现代 PNT 系统都依赖于 GNSS,或将其作为唯一的位置确定手段,或作为初始化位置、同步时间或校准测量装置的技术。为了评估威胁和脆弱性,让我们首先回顾一下基于 GNSS 的 PNT 的前提条件。

第一个基于 GNSS 的 PNT 的前提条件是一个可接收的、精确的、带有完好性的测距信号。

"完好性"是保证系统在标称精度范围内运行,值得作为第一点进行阐述。完好性保证是国际民用航空组织(ICAO)和美国联邦航空局(FAA)特别关注的焦点,在许多情况下,它们要求 PNT 误差在 1000 万次测量中超过规定的限值不能多于一次(误差 $\leq 1\times 10^{-7}$)。完好性水平很难通过实验进行验证,因为这需要太多的样本——我们还没有那么多飞机着陆测量数据,但是,通过努力,可以计算出来。每年 3s 的坏数据等同于规范中 10^{-7} 的要求。这比可用性更容易理解,可用性通常为 99.9×××%。最终目标是使不可用性为零。以下段落总结了确保完好性的主要技术。

(1) 完好性的独立外部监测。目前,美国 GPS 控制段持续监测 GPS 卫星,如果识别出故障(可能需要数分钟甚至数小时),卫星将被设置为"不可用",直到问题得到解决。在飞机着陆和进近时是无法及时发现故障的(要求 6s 内报警)。因此,对于快速的完好性告警,美国依赖于 WAAS,而欧洲则使用 EGNOS 独立监测 GPS L1 C/A 信号的完好性,随着 Galileo 系统的运行,完好性评估还可扩展,将其包括在内。

不幸的是,美国还没有一个 WAAS 监测 Galileo 卫星信号的计划。近期,美国联邦通信委员会才正式批准了可使用这些信号,幸运的是,还有另外一个由 200 多个站点组成的实时跟踪网络,称为全球差分系统(GDGPS)。尽管 GPS 由美国航空航天局管理,但这些单独的站点则是由当地的工程师维护和操作的。他们目前以非常高的精度(厘米)监测 GPS,并有可能监测 Galileo 卫星,这项技术可能是衡量卫星完好性的有力手段,但它尚未正式成为当前 GPS 控制段的一部分。

(2) 接收机自主完好性监测(RAIM)。如果一个 GNSS 接收机有 6 颗或更多的卫星在视野中,用户可以使用 RAIM(接收机自主完整性监测)。RAIM 是一个成熟的概念,它通过检查所有卫星的测距信号找出故障卫星。最近 GLONASS 经历了一次长时间的停机,给某些用户带来了问题。然而,据报道,内置 RAIM 的接收机可成功预防卫星故障导致的定位错误。

1.11.1 信号精确接收的挑战

要完成带有完好性的精确测距,有以下 6 个主要挑战:

(1) 附近的授权信号太强:近期的一个事件让 GPS 用户和开发者都感到意外;FCC 授权人员在 GPS 附近的频段广播一个功率很强的信号,立刻导致了精度降低或 GPS 信号的完全拒收,这种干扰可以称为授权干扰。所有 PNT 供应商必须对此保持高度警惕;我们过去已经见到政府虽初衷是带着好意的,却由于无知产生具有破坏性行动,造成巨大的伤害,而政府却不知道此类意外的后果。

(2) 自然干扰:这种干扰下信号延迟和衰减的原因已被很好地理解,并且是许多研究的主题,此类研究可以追溯到最初 GPS 被定义的时候。随机事件,如太阳耀斑,可能会造成严重的破坏,特别是在高纬度和赤道地区。使用双频实际上可以消除信号延迟的问题。然而,在电离层风暴期间,会导致用户丢失信号。幸运的是,这种情况通常不会同时发生在所有频率和接收机视野范围内的所有卫星上。

(3) 不经意的自然/人为干扰:附近的设备会产生虚假的破坏性发射,对 GPS 接收机来说可能是一个严重的问题,此问题通常可以通过改进接收机来解决。

（4）附带损害：当想要逃避跟踪却无意中造成另一接收机的堵塞时，可能会发生附带损害。

（5）故意干扰或欺骗：这可能是开发者和用户最关心的问题。

（6）卫星信号误差：就 GPS 而言，这些误差极为罕见，但并非未知。用户或设备制造商仍应谨慎结合此类问题进行检测和开发降低误差的技术。卫星信号质量监测是保证 PNT 的关键。

1.11.2 PNT 用户面临的第二大挑战：卫星不可用

有 2 个可能的潜在问题：①卫星星座由于故障或数量不足（可能是由于敌对行动）而出现"恶化"；②用户在山区或城市地区操作，具有较高的局部遮蔽角，没有足够可见视野的用户被称为"天障"。解决天障需要一个更密集的星座或使用多个 GNSS。

1.12 确保 PNT（保护、强韧、增强）的行动——PTA 计划

考虑到上述问题的基本前提，美国政府的 PNTAB 发起了一个名为 PTA 的项目。3 个中心策略如下：

（1）保护系统和信号。

（2）强韧用户接收机和系统。

（3）增强 GNSS，以确保满足用户的 PNT 要求。

注意：焦点是确保 PNT，而不仅仅是确保卫星导航给予的地位。以下各节将分别介绍这3 种策略。

1.12.1 确保 PNT：P-保护系统和信号

这可以分为 7 个项目、3 个预先行动和 4 个应急响应。在发生严重干扰前应采取预先措施，发生干扰后开展应急响应。

（1）预先行动一：保护频谱。图 1.22 显示了 L1 频段的频率计划，并显示了即将进入该频段的 400 个信号中的一些信号源[29]。图中包括了 GPS L1 C/A 和美国 GPS 军事信号[（包括 P(Y)和新的 M 码频谱]。我们可以看到军事信号在靠近边带的地方有较强的功率波瓣。

Galileo 系统的功率曲线是绿色的，它有非常重要的波节靠近或位于边带。对于更大的带宽来说，产生了更尖锐的相关边带，从而产生了更高的测量精度。这为许多 PNT 用户带来了更高的准确性、实用性和功能性。

GPS 频段附近其他无线电频段重新分配带来的威胁：大功率通信信号（有时称为广播带宽）的频带边缘显示为黑色竖线，很明显它重叠了大多数 PNT 信号的边缘，对相邻频段、非导航信号功率增加的测试最终证明，L1 C/A 所受到的干扰水平已超出接受范围。

设想一下，在距离 GPS 接收机 402m 的地方，有一个高功率的地面宽带信号，这将产生 50 亿：1 的功率比，这是美国近 40000 个地面发射机的功率比，仅在相当于一个街区的距离之外，情况会恶化 10 倍。

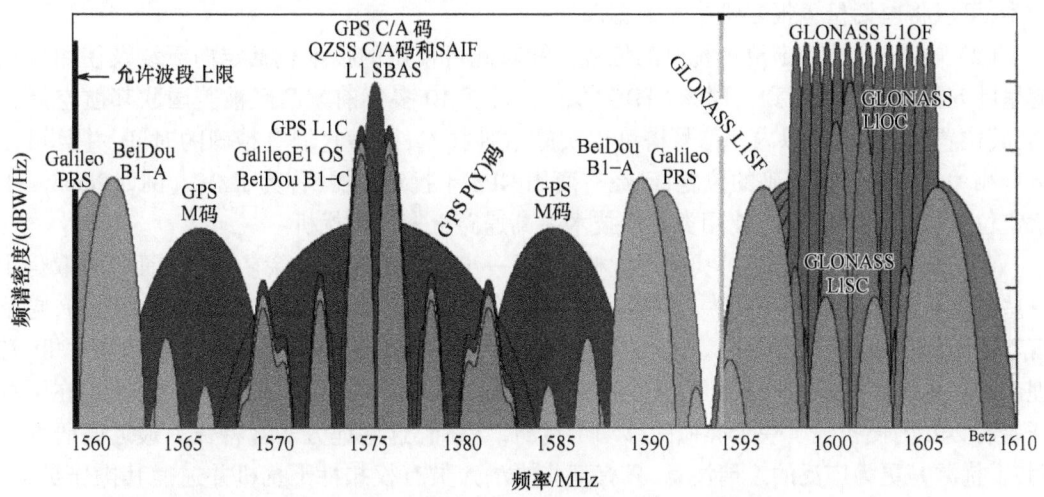

图 1.22　L1 波段的 GNSS 信号频谱[29]（在不久的将来,
这个波段将有更多的信号。保护频谱是当务之急。资料来源:经航海学会许可转载。）

在未来的 10 年里,随着新的信号开始运行,这个波段的拥挤状况将会恶化。已在提议中的相邻宽带信号与较新的 GNSS 信号将更不兼容,因为它们更接近提出的宽带频率。请注意,整个方法仅基于对 L1 C/A 的影响,甚至还没有针对其他更现代的信号进行测试。如果项目授权可以在相邻的波段里广播,还会引起更糟糕的状况。

相邻频带可以继续广播源自空间的非 GNSS 信号,因为功率电平将与 PNT 频谱相当,但当局必须非常警惕,阻止任何大功率地面信号获得授权,否则它们将成为干扰机。

欧洲有一个重要的问题,欧盟委员会电子通信委员会的一个小组建议允许伪卫星在 GNSS L1 波段广播。此类信号通常会增加噪声,并根据距离大小产生直接干扰信号,伪卫星可能非常有用,但它们的广播频率应远离当前任何 GNSS 频段。

（2）预先行动二:对干扰行为立法严惩。第二步是加大法律处罚力度,对恶意的 GPS 干扰进行监禁和罚款处理,从而阻止在互联网上购买低成本的 GPS 干扰机的行为。美国 FCC 网站列出了使用 GPS 干扰机的处罚,包括最高 16000 美元的罚款和监禁的可能。澳大利亚人的观点则更强烈:在某些情况下,该国规定最高可判处 5 年监禁或 85 万美元的罚款。

（3）预先行动三:停止制造和销售干扰机。第三个预先行动是通过停止干扰机的制造和网络销售来防止此类设备的扩散。FCC 网站指出,制造商应遵守法律:停止在美国销售这些设备,并停止销售和运送到美国的各个地区。漏洞在于,这些设备如果在美国境外销售,显然可以在美国制造。这个漏洞似乎与法律的根本目的相矛盾。此外,当局应采取措施,关闭所有此类设备的网络销售渠道。

发生干扰时,响应如下:

（1）响应一:干扰侦查。要停止干扰行为,第一步是要知道干扰何时发生。有多种方法可以做到这一点,市场上已有一些具备此功能的设备或概念原型,如 Chronos CTL3510 GPS 干扰机探测器、Exelis Signal Sentry 干扰机探测器和 NavSys J911 手机干扰检测和报告器,都是成熟的产品。NavSys J911 的理念是,所有配备 GPS 的智能手机都应具有检测干扰的能力,虽然这并不能精确定位干扰机的位置,但会提醒当局注意这个问题,在接下来的两个操作中,可以将电话位置报告给中央数据库。

(2) 响应二:精确定位干扰机的位置。针对此可使用的技术包括定向天线及使用快速傅里叶变换(FFT)计算到达时差(TDOA)。后者在10多年前就已经被美国联邦航空局证实,其位置精确到5m以内。信号塔可以实施这种技术,因为它们有精确的时间,并且可以运行相关运算来获得精确的位置,已经有商用GPS干扰定位器(称为JLOCs,例如NavSys干扰定位器),英国人已经在使用类似的技术在高速路上探测干扰机。

(3) 响应三:消除干扰。找到干扰机后,下一步是从物理上消除它。这方面已经取得了一些进展。在纽瓦克机场,有一个FAA使用的GPS GBAS天线,靠近新泽西收费公路,它是盲着陆系统(LAAS)的一部分。2010年年初,有一个干扰机干扰了FAA的GPS接收机,管理部门花了3个月的时间找到并关闭了此干扰机。值得关注的是,最近在同一地点,在干扰开始后24h内便找到了一个类似的移动干扰机。然而,这些地方非常特殊。最近的研究表明,干扰源是更为广泛的。请注意,只有某些执法人员有权扣押干扰机并逮捕其操作员,才能有效消除干扰。

(4) 响应四:起诉。在逮捕了罪犯之后,就应该使用法律起诉,应根据情况适当地留有余地,在新泽西州的这起案件中,罪犯将面临31875美元的罚款。

1.12.2 有保证的PNT:T-强韧接收机

PTA的第二个策略是设计和制造抗干扰能力显著增强的GNSS接收机。这被称为"加固"。至少有5种众所周知的接收机加固方法,可提升抗干扰能力:

(1) 增加卫星信号频谱(如新的L1C和L5信号)来保证更大的处理增益。
(2) 与惯性导航组件集成,使跟踪滤波器更牢固。
(3) 采用数字波束控制或零方向天线可以将抗干扰力提高1000倍或更多。
(4) 增加卫星功率(如L5)。
(5) 局部天线隐蔽,例如,飞机顶部可针对干扰机进行隐蔽。

这些影响通常是级联的,并且改进是累积的;剩下的问题是使这些技术更经济实惠。今天的民用接收机可以被加固,这样它们可以在距离一个1kW干扰机1mi的地方工作,这些技术将在后面的章节中进行讨论。

用上述技术强韧PNT接收机是一种非常有效的策略,也有人主张增加卫星信号的功率。由于需要额外太阳能电池板,这样的强韧接收机是非常昂贵的,并且需要几十年的时间才能应用到所有的卫星中去。如今许多接收机加固技术的价格非常低廉,而其他技术,如数字波束成形天线,对普通用户来说可能过于昂贵。然而,数字元件的成本正继续下降,此外,美国还有一个潜在的出口限制问题,这些限制具有刺激非美国国家发展和生产的反作用力。

1.12.3 有保证的PNT:A-增强其他系统、传感器或技术

PTA策略的最后一个要素是增强或替代PNT的保障来源。本书下册第五部分第35章~第43章和第六部分第44章~第52章专门介绍了非基于GNSS的PNT传感器和传感器集成技术。

1.12.3.1 扩展:使用"其他"GNSS

PNT用户可以将任何GNSS作为主要定位手段,然而,其他GNSS是增强PNT解决方案

鲁棒性的辅助,这种增强将使信号和频率多样化,从而减轻某些种类的干扰。其他 GNSS 可以使用先进的自主完好性监测(ARAIM)来有效地对抗电子欺骗。由于卫星源的密集化,这种增强也提高了天障用户的可用性,因此,如果满足完好性要求,来自多个星座的卫星可以显著提高可用性。

在这些另外的星座中,有 3 个主要的合作层次:
(1) 兼容:互不干扰。
(2) 互操作:设计为通用时间和大地测量系统。
(3) 互换性:有精确校准的偏差和偏移,使用任何 4 个卫星就足够了。

最主要的问题还是完好性,因为要确保经济价值,可用性需要已知的完好性。有关完好性的更多讨论,请参见 1.11 节。就美国联邦航空局和国际民航组织而言,对于飞机运行,完好性应表达为零分钟的不可用,这似乎有些极端,但公共安全就需要这样做,关于完好性,一些新的 GNSS 显然比其他的进展更快。

1.12.3.2 增强:eLORAN 和 DME

这些不同频率的 PNT 测量源对蓄意或无意干扰具有强大的威慑力,在前面的一节中已经对它们进行了广泛的讨论,这里不再重复。FAA 正在赞助一项关于使用和升级传统 DME 以增强 GNSS 的详细研究,这有助于确保 GPS 中断不会影响航空运行。请注意,融合接收机可以将 GNSS 与 eLORAN 或 DME 无缝地结合起来,这是另一种在 GNSS 不可用时间段内的惯性技术。

1.12.3.3 增强:廉价的惯性元件和系统

在没有 GNSS 测量的情况下,用廉价的惯性元件增强 GNSS 衍生 PNT 的价值已经得到了描述。

地面增强也包括伪卫星,但由于前文讨论过的原因,这类设备必须在正常 GNSS 波段以外的频率上传输。

1.12.4 谁应负责 PTA 的实施?

PTA 的一些要素目前正在实施中,但没有一个实体拥有实施所有这些要素的权力、知识、广度和资源。关于责任的一些建议概述如下。

1.12.4.1 保护 PNT

(1) 与立法者合作,增加对 PNT 干扰的法律处罚。
(2) 与通信和执法部门合作,提高干扰识别的及时性和准确性(众包,每部手机都可安装一个检测器)。
(3) 部署干扰机定位设备。

1.12.4.2 强韧 PNT

(1) 为惯性导航集成制定行业(ICAO/RTCA/RTCM)标准;使用定向天线。
(2) 开发使用包含所有 GNSS 信号的矢量接收机。关于这个问题详见第 16 章。
(3) 继续实施 ARAIM 和保障完好性的惯性系统联动(+WAAS/EGNOS)。
(4) 鼓励用户转向更抗干扰的接收机设计。

1.12.4.3 系统增强及补充

(1) 必须确保所有 GNSS 的完好性——NASA 的 GDGPS 是一种选择。

（2）为无缝 DME 和 GPS/GNSS 制定 RTCA 标准。
（3）实施 eLORAN 并制定无缝使用的 RTCM 标准。
（4）为所有 GNSS(GLONASS、Galileo 系统和北斗系统)制定 GNSS 认证蓝图；研究通用互换的可行性；提倡所有系统的信号都包括 WAAS 和 EGNOS(以及 MSAS 和类似系统等)。

1.13 代表性应用及其价值

本书的下册专门讨论当前和新兴的 PNT 应用。以下是 GPS 和 GNSS 的代表性应用。

1.13.1 飞机盲降

1992 年，在 Bradford Parkinson 教授的指导下，由 Clark Cohen 领导的斯坦福大学学生小组在商用飞机上开发并演示了第一个Ⅲ类(盲着陆)系统。它只使用 GPS 作为位置和姿态的传感器，载波跟踪接收机的精度和完好性依赖于 CDMA 信号，通过激光的独立跟踪验证了该系统的精度达到了 1m 以上，图 1.23 显示了激光跟踪系统 110 次着陆的痕迹。美国联邦航空局(FAA)现在有一个项目，使用类似的技术，开发认证基于 GPS 的Ⅱ/Ⅲ类着陆系统。这个项目是由美国联邦航空局赞助和资助的。

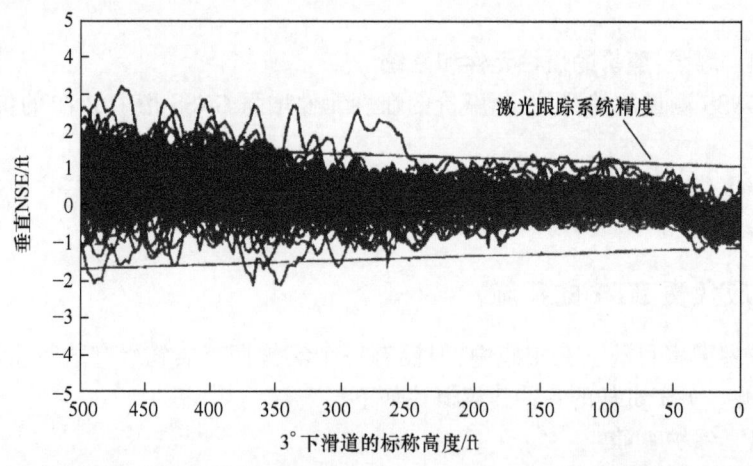

图 1.23 首次单独使用 GPS 进行飞机盲着陆演示(显示了 110 次着陆和激光跟踪系统的痕迹。)

1.13.2 大地测量和测绘

如前所述，GPS 接收机的第一个商业可行市场是土地测绘。大约从 1982 年开始，测量员和科学家就能够在白天定期进行精确测量。当时太空中还只有 8 颗卫星，同时任职于麻省理工学院(MIT)和两家商业公司(Macrometer 公司、得克萨斯仪器公司和首席执行官查尔斯·特里姆布尔领导下的 Trimble Navigation 公司)的查尔斯·萨尔曼三世(Charles Courselman Ⅲ)博士和 JPL 开创了这一领域。他们很快就使得测量精确度优于厘米级，现在已经提高到毫米级。今天，GPS 和 RNSS 是全球测绘业的重要组成部分，支持精确测绘、监测和建模。除了提供最高的精度，基于 GPS 的数据采集也比传统的测绘技术快得多，能够及时决策和有效利用资源造福社会。

一个有趣的应用是追踪板块运动,如图1.24所示。这显示了基于国际地球参考框架(ITRF)2014[40]的全球水平速度场。计算的一个主要输入是IGS站提供的为期11年(1994—2015年)的每日GNSS数据,速度测量精度优于0.2mm/a(a表示"年"),这种精确的测量目前被用来推导最新的板块运动模型。

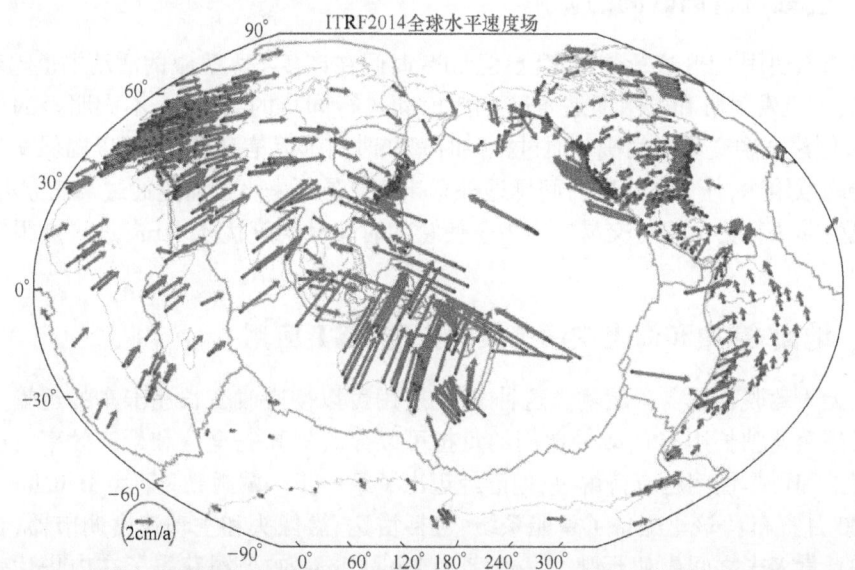

图1.24 GNSS监测全球板块运动(箭头为水平场速度,ITRF2014得出的结果误差小于0.2mm/a[40]。资料来源:经John Wiley & Sons公司许可转载。)

1.13.3 机器人车辆

(1)机械农用拖拉机。利用类似的技术,由迈克·奥康纳和汤姆·贝尔领导的另一组斯坦福学生演示了第一台仅使用GPS的精密机械农用拖拉机。该功能也是通过GPS CDMA信号开发的。这项研究是由约翰迪尔公司赞助的。目前至少有6家公司提供产品,年销售额超过8亿美元(图1.25)。

图1.25 斯坦福大学的研究人员首次展示了机器人拖拉机

(2)自动导向推土机。GPS的精度达到了厘米级,在许多种类车辆的自动控制或机器人控制方面引发了一场革命。推土机铲刀上通常有一对天线,操作员可以直接从数字数据库获取拖拉机运动和铲刀控制的自动命令,产生倾斜和垂直的位置。这类应用有很多现实例子。

1.13.4 金融与精确时间的使用

大多数人使用GPS进行位置定位,但GPS时间在许多不太显眼的活动中也起着关键作用。例如,手机发射塔和电网都是通过GPS时间进行同步的,另一个不太明显的应用是使用GPS来创建金融交易时间戳。通过提供时间和时间延迟信息,银行可以确保交易没有被截获用于恶意用途,任何不当的时间延迟都意味着交易不是直接而是通过第三方进行的,极有可能发生非法行为。银行交易应用力争使它的时间戳精度优于$1\mu m$,这一点很容易通过GPS获得。

1.13.5 地面、空中和海上交通工具的先进PNT应用

(1)无人驾驶长途卡车运输。这种PNT应用可以彻底改变长途卡车的运输。由于驾驶员每天频繁驾驶长达12h,减轻他们的负担可以显著提高安全性和生产效率。虽然还有许多完好性和可靠性问题有待解决,但已经迈出了第一步。戴姆勒-奔驰(Daimler-Benz)于2015年10月宣布:"该车配备了智能系统,包括雷达、摄像头和主动速度调节器,在斯图加特机场和登肯多夫之间成功行驶。"一家名为Freightliner的公司获得了在内华达州运营这些卡车的许可证,这种卡车不是全自动操作的,而是在人工驾驶的监督下行驶的。图1.26为戴姆勒-奔驰自动驾驶长途卡车,在这种情况下,PNT由视觉、雷达和GNSS传感器的组合提供。

图1.26 戴姆勒-奔驰自动驾驶长途卡车(资料来源:戴姆勒-奔驰提供。)

(2)遥控货机。目前已经有数千架民用和军用遥控飞机,虽然很难想象这样的飞机载着人类乘客,但仅仅载着货物的航班已开始有所发展。虽然着陆和起飞对飞机而言是极具挑战性的动作,但在空中巡航时飞机只需要较少的监测。对于遥控货机来说,完好性和可靠性也是至关重要的问题。

(3)机器人货船。虽然目前大多数船舶仍需要船员进行维护和操作,但可靠性和导航能力的提高使人们看到完全无人驾驶的货船所拥有的潜力。有几家公司正在探索这个想法,但远程操作需要先进可靠的通信链路。

1.13.6 科学应用

GPS 和 GNSS 最初是为 PNT 应用而设计的,却在科学发现和环境研究中实现了意想不到的应用。GNSS 接收机部署在世界各地和低地球轨道卫星(LEO)上,研究人员正在使用 GNSS 信号进行如下的相关研究:

(1) 观测电离层和空间天气活动。
(2) 为提高气象和全球气候模型的准确性提供相关信息。
(3) 提供史无前例的冰、雪、土壤湿度、海洋表面条件和地球表面植被覆盖的景观。
(4) 监测地震、火山爆发,并可能为海啸事件提供预警。

1. 电离层与空间天气

在 GPS 开放之初,选择将系统建设为双信号即是为了校正电离层群延迟。如今,全世界的科学家利用这一能力,通过在低轨卫星上建立的许多地面网络和接收机,绘制电离层 TEC 图和监测空间环境。就像地球表面的气象天气会扰乱我们的日常生活一样,电离层也会经历暴风雨般的"太空天气",这会影响所有天基系统和电网的运行。GPS 信号的全球分布特性为高度动态的电离层提供了无与伦比的时空覆盖范围,为研究空间天气现象和进一步了解复杂的日地相互作用提供了强有力的工具。图 1.27 显示了通过全球 GPS 站网络的双频 GPS 信号测量获得的全球 TEC 地图。电离层对 GPS 接收机的影响,以及 GPS 接收机电离层闪烁监测技术的研发,都使得 GPS 信号在研究电离层和空间天气这一应用上不断发展。

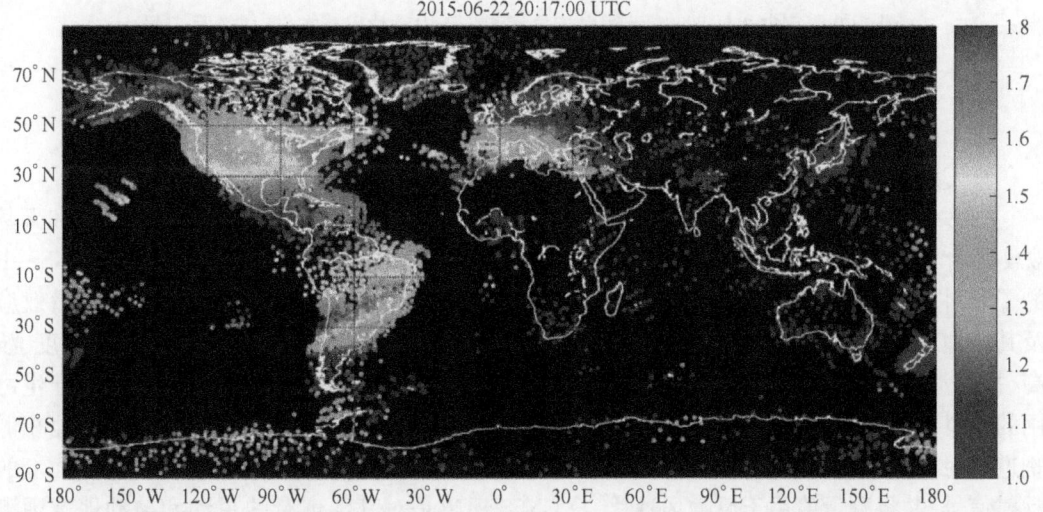

图 1.27 由麻省理工学院草垛天文台管理的双频 GPS 接收机网络生成的全球总电子含量(TEC)地图快照(图中显示了横跨美国东北部和南美洲的陡峭电离层梯度。此类数据通常与其他天基与地基的测量对比结合,用来研究电离层对太阳和地磁事件的响应。资料来源:由 Anthea Coster 博士和 Juha Vierinen 博士提供。)

2. 气象监测、预报,大气模型

GPS 信号中的对流层延迟和频率无关,使用成熟的大气模型可以准确预测近 90% 的延迟误差。对流层误差的主要变量是水汽,水汽是气象天气系统中的一个重要参数。GPS 网络现在能够提供近实时的水汽测量,适用于大气模型,以提高短期预测精度,低轨卫星上的 GPS 无线电掩星(RO)接收机现在通常会产生近实时的测量结果,这些测量结果会被转换成大气参数,例如全球范围内的温度、压力和水汽分布比例尺。气象、电离层及气候星座联合观测系统(COSMIC)/Formosa 卫星任务就是一个成功的例子,它开创了基于 GPS 信号的遥感研究的新纪元。即将到来的"宇宙 2 号"任务承诺每天在地球表面的海洋和陆地上空观测约 6000 个大气剖面[41]。图 1.28 对比了宇宙 2 号卫星与其他 3 个专用卫星遥感卫星系统(KOMPSAT-5,韩国多用途卫星-5)、Metop AB(欧洲气象业务卫星计划)和 PAZ(西班牙"和平")的大气廓线密集位置。

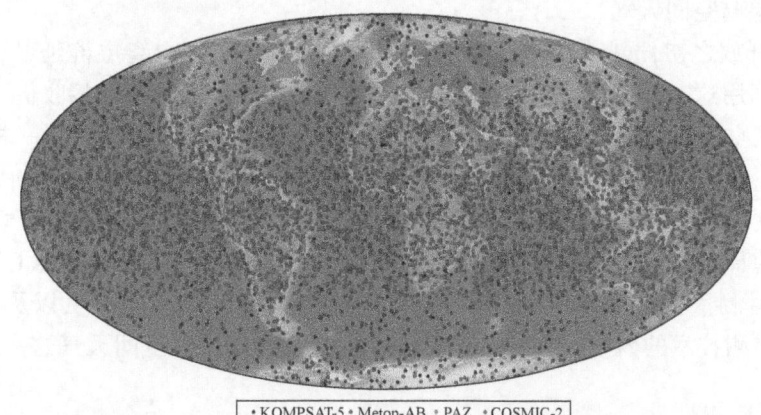

图 1.28 宇宙 2 号 GNSS 无线电掩星探测一天内的位置分布(宇宙 2 号卫星的大气廓线密集位置与其他 3 个专用卫星遥感卫星系统形成鲜明对比。资料来源:由 UCAR 的 William Schreiner 博士和 Jan Weiss 博士提供。)

3. GNSS 反射计

GPS 信号的多径反射被认为是高精度 PNT 应用的主要障碍之一。20 年前,机载和天基观测平台开始利用该"负面因素"进行被动测高。近年来,它已发展成为一个被称为 GNSS-R 的子学科,并成为地球观测应用的一个主要热点。GNSS-R 利用了 GNSS 信号的传播效应及其在地球上的反射和散射以检索表面特性,如冰雪覆盖率、土壤湿度、海洋表面粗糙度、波高、盐度水平和风速。近年来,已成功发射并开展了几次星载的 GNSS-R 任务,并已产生可用的信息。例如,由美国密歇根大学领导的 NASA"旋风"GNSS(CYGNSS)任务成功地在低轨道发射了一个由 8 颗微型卫星组成的星座。这些卫星装备有 GPS 接收机,接收海面上的反射信号,并将测量值用于反演风速[42]。GNSS 遥感是对其他现有的主动和被动地球观测系统的补充。大量的 GNSS 卫星和信号提供了所需的连续性测量,并有可能为地球观测中的业务应用提供基础。

4. 自然灾害事件监测与预警

全球各监测站的 GPS 接收机可用于提高地震和海啸警报的速度和准确性。虽然大地震和海啸事件很少发生,但这些难以预测的事件会对人类生活造成灾难性影响。一方面,用于探测地震震动和发布海啸警报的地震仪器可能需要 20 多分钟才能获得有关海啸确切强度和范围的信息。地震测量并不能非常准确地预测震级非常大的地震,这会直接导致毁灭性的后果。例如,2011 年日本东京地震的海啸警报不准确,低估了 7.9 级的震级,比实际震级弱 30 倍。另外,全球数百个地球物理监测站收集的实时 GPS 数据有可能在 2~3min 内以更高的精度来确定海啸强度,特别是当地面移动幅度巨大时准确率很高。此外,固体地球和海浪产生的扰动会在电离层等离子体中产生扰动,从而产生 TEC 值,远程 GPS 站可以检测到这些数据,从而提前 20min~1h 以上发出预警。

1.14 总结

该章节聚焦于 GNSS 并主要对 GPS 进行了整体和早期历史的简介,PNT 仍会快速发展。如今,人们对于对自己位置的实时了解已感到理所当然,而 GNSS 在完好性、精度和可用性方面的改进也将不断带来更具创造性的应用。同时,开发人员和供应商必须积极主动地保护 PNT,这对于接收信号功率如此之低的 GNSS 来说尤为重要。PTA 为这种保护提供了一种策略。

在这本书中,我们想描述 PNT 科学和工程的最新发展,激发读者的想象力,为人类开发更多的 PNT 应用。

参考文献

[1] Merriam-Webster Online dictionary: http://www.merriam-webster.com/.

[2] WAAS T & E Team, William J. Hughes Technical Center, "Global Positioning System (GPS) Standard Positioning Service (SPS) Performance Analysis Report," Report #93 submitted to FAA GPS Product Team, April 30, 2016. Can be found at: http://www.nstb.tc.faa.gov/reports/PAN93_0416.pdf.

[3] Leveson, I., "The Economic Value of GPS: Preliminary. Assessment," Presentation to the National Space-Based Positioning, Navigation, and Timing Advisory Board Meeting, June 2015. Can be found at: http://www.gps.gov/governance/advisory/meetings/2015-06/leveson.pdf.

[4] Global Positioning System, Standard Positioning Service Performance Analysis Report, Report Number 88, Reporting Period 1 October-31 December 2014, William J Hughes Technical Center, *WAAS T&E team*, Atlantic City International Airport, New Jersey, January 31, 2015.

[5] Lachapelle, G., Heroux, P., and Ryan, S., "Servicing the GPS/GNSS user," Chapter 14 in *Manual of Geospatial Science and Technology* (ed. J. D. Bossler), 2nd Ed., CRCPress, 2010.

[6] Rizos, C., "GPS, GNSS, and the future," Chapter 15 in *Manual of Geospatial Science and Technology* (ed. J. D. Bossler), 2nd Ed., CRC Press, 2010.

[7] Snay, R. and Soler, T., "Continuously Operating Reference Station (CORS): history, applications, and future enhancements," *J. Surveying Eng.*, 134(4), 95-104, 2008.

[8] Low, S., "Nainoa Thompson's path to knowledge: how Hokulea's navigator finds his way," in *Vaka Moana: Voyages of the Ancestors* (ed. K. R. Howe). Honolulu: University of Hawaii Press, 2007.

[9] Sobel, D., Longitude: The True Story of a Lone Genius Who Solved the Greatest Scientific Problem of His Time. New York: Penguin. 1995.

[10] Wrigley, W., "History of inertial navigation," *Navigation, J. Inst. Nav.*, 24(1), 1-6, Spring 1977a.

[11] Wrigley, W., "The history of inertial navigation," J. Nav., 30(1), 61-68, doi: 10.1017/

S0373463300043642, January 1977b.

[12] Hellman, H., "The development of inertial navigation," *Navigation, J. Inst. Nav.*, 9(2), 81–94, Summer 1962.

[13] Parkinson, B. W., Powers, S. T., with Green, G., Fruehauf, H., Strom, B., Gilbert, S., Melton, W., Huston, W., Spilker, J., Natali, F., and Strada, J., "The Stealth Utility: Tracing the Origins of GPS-The Original System Study, the Key Innovation, and Five Major Original Challenges," *GPS World Magazine*, May and June 2010.

[14] Misra, P. and Enge, P., *Global Positioning System, Signals, Measurements, and Performances*, revised 2nd Ed., Ganga Jamuna, 2011.

[15] Presentation on QZSS to PNT Advisory Board by QZS System Services, October 2015. Can be found at: http://www.gps.gov/governance/advisory/meetings/2015-10/murai.pdf.

[16] Spilker, J. J. Jr., "GPS signal structure and theoretical performance," in *Global Positioning System: Theory and Applications* (eds. B. Parkinson and J. Spilker), Vol. 1, Chapter 3, 57–117, AIAA, 1996a.

[17] Spilker, J. J. Jr., *Digital Communications by Satellite*, Prentice-Hall, Chapter 18, 1977.

[18] Spilker, J. J. Jr. and Magill, D. T., "The delay-lock discriminator—an optimum tracking device," *Proc. IRE*, 49, 1403–1416, 1961.

[19] Spilker, J. J. Jr., "Fundamentals of signal tracking theory," in *Global Positioning System: Theory and Applications* (eds. B. Parkinson and J. Spilker), Vol. 1, Chapter 7, AIAA, 1996b.

[20] Bartholomew, C. A., "Satellite frequency standards," in *Global Positioning System*, Vol. 1, p. 25, the Institute of navigation, Washington DC, 1980.

[21] Beard, R. L. et al., "Test and evaluation methods at the NRL clock test facility," *Proc. IEEE 43rd Annual Symposium on Frequency Control*, p. 276, 1989.

[22] Francisco, S., "GPS operational control segment," in *Global Positioning System: Theory and Applications* (eds. B. Parkinson and J. Spilker), Vol. 1, Chapter 10, AIAA, 1996.

[23] Easton, R. L., "Navigation system using satellites and passive ranging techniques," US patent 3,789,409, January 29, 1974.

[24] Henderson, D. W. and Strada, J. A., "NAVSTAR field test results," *Navigation, J. Inst. Nav.*, Vol. 26, No. 1, 12–24, Spring 1979.

[25] Parkinson, B. W. and Gilbert, S. W., "NAVSTAR: Global positioning system—ten years later," *Proc. IEEE*, Vol. 71, No. 10, 1177–1186, Oct. 1983.

[26] Global Positioning System Standard Positioning Service Performance Standard, 4th edition, September 2008. Can be found at: http://www.gps.gov/technical/ps/2008-SPS-performance-standard.pdf.

[27] Wide-Area Augmentation System Performance Analysis Report, available quarterly at: http://www.nstb.tc.faa.gov.

[28] President Reagan's address to the nation on the Soviet attack on a Korea Airliner (KA 007): https://www.youtube.com/watch?v=9VA4W1wDMAk.

[29] Betz, J. W., "Signal Structures for Satellite-Based Navigation: past, present, and future," *Proc. ION PacificPNT Meeting*, pp. 131–137, Honolulu, HI, 2013.

[30] Blewitt, G., "Advances in Global Positioning System technology for geodynamics investigations: 1978–1992," in *Contributions of Space Geodesy to Geodynamics: Technology* (eds. D. E. Smith and D. L. Turcotte), AGU Geodynamics Series, Vol. 25, Washington DC, ISBN 0-87590-526-9, 1993.

[31] Blewitt, G., "GPS and space-based geodetic methods," in *Treatise in Geophysics* (ed. G. Shubert), 2nd Ed., Vol. 3: Geodesy, pp. 307–338, Elsevier, Oxford. doi: 10.1016/B978-0-444-53802-4.00060-9, 2015.

[32] US Continuously Operating Reference Systems (CORS) website: http://www.ngs.noaa.gov/CORS/.

[33] Japan's GNSS Earth Observation Network System (GEONET): http://datahouse1.gsi.go.jp/terras/terras_english.html.
[34] Australia's Global Navigation Satellite System Networks: http://www.ga.gov.au/scientific-topics/positioning-navigation/geodesy/gnss-networks.
[35] Hong Kong Satellite Positioning Reference Station Network (SatRef): http://www.geodetic.gov.hk/smo/gsi/programs/en/GSS/satref/satref.htm.
[36] International GNSS Service (IGS): http://www.igs.org/about.
[37] OmniSTAR: http://www.omnistar.com/.
[38] Narins, M., "The global Loran/eLoran infrastructure evolution: a robust and resilient PNT backup for GNSS," Space-Based PNT Advisory Board meeting presentation, 3 June 2014.
[39] Independent Assessment Team (IAT) Summary of Initial Findings on eLoran, Institute for Defense analysis, 4850 Mark Center Dr., Alexandria, VA, 15 January 2009.
[40] Altamimi, Z., Rebischung, P., Metivier, L., and Collieus, X., "ITRF2014: A new release of the International Terrestrial Reference Frame modeling nonlinear station motions," *J. Geophys. Res. Solid Earth*, 212, doi:10.1002/2016/2016JBO13098, 2016.
[41] COSMIC: http://www.cosmic.ucar.edu/cosmic2/index.html.
[42] Ruf, C.S., Chew, C., Lang, T., Morris, M.G., Nave, K., Ridley, A., Balasubramaniam, R., "A new paradigm in earth environmental monitoring with the CYGNSS small satellite constellation," *Sci. Rep.*, Vol. 8, No. 1, p. 8782, 2018.

本章相关彩图,请扫码查看

第 2 章 卫星导航与授时基础[①]

John W. Betz
MTRE 公司,美国

2.1 简介

基于卫星的导航和授时(satnav)已经成为定位和授时的主要技术,目前已拥有数十亿用户和无穷无尽的应用。随着 GNSS 中加入更多的卫星导航系统,这一趋势将进一步扩展,同时,其他技术也越来越多地用于增强和扩展卫星导航技术,以克服其局限性。

"satnav"这个通用术语包含了广泛的技术和方法。射频(RF)、光学和红外技术可以用于定位——一个简单的例子就是成像卫星对地球表面的建筑物进行地理定位。在用户设备可发射信号的情况下,用于主动定位或授时的技术包括基于卫星无线电定位系统(RDSS)的方法[1],以及其他类似的基于转发器的方法。

用户设备仅接收而不发射信号的无源定位技术包括:

(1) 雷达及其在其他波长上的等效物。其中,外部传感器通过测量已知传播速度从物体表面反射的信号的传播时间和多普勒频移来估计目标物体的位置,并将位置和速度传递给物体。

(2) 多普勒测距(用于第一个卫星导航系统 Transit)[2]。接收机通过测量具有已知轨道的卫星发射的信号随时间的多普勒频移来估计目标位置。

(3) 三角测量。接收机通过测量从已知位置发射的信号的到达角来估计目标位置。

(4) 多点定位,也称为双曲线定位。接收机通过测量从两个已知位置发射的同步信号(已知其速度)到达的时间差,来估计目标位置。

(5) 三边测量。在已知传播速度的条件下,接收机通过测量从多个已知位置发射的信号的传播时间来估计目标位置。

无源射频三边测量[②]已成为卫星导航的主流技术,也是本章的重点。

如文献[3]所述,使用无源射频三边测量的卫星导航具有目前已知的任何其他定位和授时技术无法比拟的特性:

(1) 可用性。

[①] 已获准公开发布,发行数不限,备案编号为 17-0108。此处作者与 MITRE 公司的隶属关系仅用于识别,并不表示或暗示 MITRE 公司同意或支持作者表达的立场、意见或观点。

[②] 更严格地说,这里描述的卫星导航系统使用偏置被动三边测量,因为所有的距离测量都有共同的偏差。

——全天候操作:卫星导航系统使用1~2GHz波段的L波段信号,用于计算对于大部分天气的影响不敏感的位置、速度和时间(PVT),严重的暴雨和偶尔发生的空间天气事件除外。

——昼夜均可用:卫星导航使用射频信号,可在任何明暗条件下工作。

——全球服务:使用中地球轨道(MEO)的全球卫星星座允许卫星导航系统在任何有足够视野的地方工作,例如在地球表面,甚至在空中和太空。

——一致性:即使在无特征的地球表面上也能保持一致的性能。

(2) 绝对精确。

——绝对测量:对位置和时间进行测量,或者可以转换为惯性坐标系、绝对地心坐标系和地固坐标系,以及通用坐标时间(与其他地点或时间纪元无关)。

——三维定位:精度顺序为:米(无须增强)→厘米(含实时增强)→毫米(含非实时增强)。

——计时精度:精确到数十纳秒,无须增强。

——一致性:随时间和地点的变化而保持一致性。

(3) 易用性

——廉价的用户设备:接收机的成本从简单消费者设备的几十美元,到专业设备的几千美元,再到经认证的航空设备的几万美元不等。

——易用性:用户设备体积小、质量轻、功耗适中。

——用户培训:无须或者只需极少的用户培训,不需要使用传统导航方法所涉及的专业知识。

——快速更新:时间、位置和速度的测量实现秒级。

——被动操作:用户设备不需要发送信号,只需要被动接收。

——较简便的本地基础设施:仅需较稀疏的监测站、几个带有向卫星发射信号的天线的地面控制站等地面基础设施。

——无须详细地局部测量:无须对当地重力、地形或磁场进行测量,也无须了解建筑地形。

(4) 隐私:除非接收者传达位置信息,否则只有接收者拥有该信息。

(5) 成熟性。

——是现有的、广泛应用的技术。

——在持续改进。

另外两个特性扩大了基于无源射频三边测量卫星导航系统的使用范围,这是由远见性的政策而不是技术特征带来的:

• 不收取用户费用:几十年来,GPS和GLONASS都在美国和俄罗斯联邦政府预算的资助下,向全世界免费提供民用信号。

• 开放信号接口:几十年来,GPS和GLONASS都提供了其民用信号的完整技术描述文件,以及关于如何使用这些信号的公开文件,任何人都可以为使用这些信号开发接收机。

这些政策已经获得了全世界的认可,并带来了无数的创新。这些创新方式充分利用了卫星导航系统和信号,而这些方式连最初的开发者都从未设想过。而且,更多近期引进和计划的卫星导航系统大多采用了类似的政策。

然而,卫星导航也有其局限性。恶劣的空间天气会导致接收机信号衰减、信号失真和失锁,特别是在赤道和高纬度地区。此外,卫星导航信号不能在地下或水下传播,也不能很好地传播到室内深处的接收机。在城市峡谷和室内,即使接收到信号并对其处理,测量结果也常常受到遮挡和多径的影响,最终产生几十米或几百米的误差。由于卫星导航信号的接收功率非常低,因此接收机容易受到相对低功率的干扰。目前使用的许多接收机暂未使用安全设计,就像第一代计算机一样,许多卫星导航接收机都是在无干扰的隐含假设下指定、设计和测试的。因此,许多接收机假定任何接收到的信号都是有效的,这使得接收机非常容易受到欺骗。有一些方法可以减轻(但不能消除)这些局限,为此相关技术人员正在进行多种努力。

2.2 节介绍了卫星导航的基本知识——测量、PVT 的计算以及卫星导航系统的总体结构。2.3 节~2.6 节分别描述了卫星导航系统的不同部分:空间段、导航信号、地面段和用户段。卫星导航系统的一个日益重要的部分是其各种类型的增强系统,这将在 2.7 节中讨论。卫星导航性能的关键是理解、描述和减少各种误差源,该主题将在 2.8 节中讨论。2.9 节对本章作出了总结。

2.2 卫星导航基础

本节介绍卫星导航的基础知识。2.2.1 节描述了用于标准点定位(SPP)的无源三边测量的数学方法,该方法利用"伪距观测值"来求解接收机位置和卫星导航系统时间与接收机时间之间的时间偏移。2.2.2 节介绍了具有预先测量位置的定时接收机的特殊情况。然后,2.2.3 节继续进行求解接收机速度的数学计算,使用称为德尔塔(delta)伪距、德尔塔测距或伪距速率的观测值进行求解。2.2.4 节通过描述卫星导航系统的总体架构,完成了对卫星导航基础知识的介绍,为后续章节更加详细地论述该架构的组成部分奠定了基础。

2.2.1 标准点定位

被动三边测量的概念如图 2.1 所示。一切都从时间开始,涉及到两种不同的时间标准。卫星导航系统中所有卫星发射的信号均与系统时间同步。每个接收机时间不同,这些接收机时间基于接收机内的时间参考,接收机时间和与系统时间的偏移未知。因此,特定时刻的未知量是接收机位置 $[x_r, y_r, z_r]^T$ 和接收机速度 $[\dot{x}_r, \dot{y}_r, \dot{z}_r]^T$,以及接收机时间和系统时间之间的时间偏移量 Δ_r。这个时间偏移在所有测量中产生一个共同的偏差,这被称为"伪延迟",而非"延迟",因为偏差是普遍发生的。

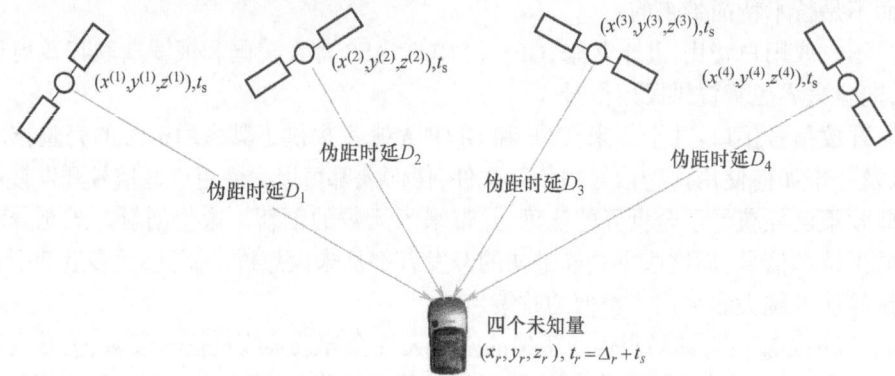

图 2.1 标准点定位几何[3](来源:经 IEEE 许可转载。)

卫星导航中的位置通常在地心地固坐标系（ECEF）中计算，然后根据需要转换为其他坐标系。因此，在图 2.1 中，表示为 ECEF 坐标系中的位置。假设在特定的时刻，接收机已知信号传播速度 c 和 K 个卫星 $K \geq 4$ 的位置 $[x^{(k)}, y^{(k)}, z^{(k)}]^T$，以及每个信号发送到某个特定点的系统时间。然后，接收机观测相同点接收到信号的时间点（以接收机时间为基准），如果第 k 颗卫星发送信号和接收机接收到信号的时间延迟为 T_k，则接收机可以计算有偏的信号传播时间，或者叫伪延迟，$T_k + \Delta_r$，其中包括接收机时间和系统时间之间的未知时间偏移。因此，第 k 颗卫星与接收机之间的几何距离为

$$r^{(k)} = cT_k = [(x^{(k)} - x_r)^2 + (y^{(k)} - y_r)^2 + (z^{(k)} - z_r)^2]^{1/2} \tag{2.1}$$

包含着系统时间和接收机时间之间的时间偏移引起的距离偏差的"伪距"为 $\rho^{(k)} = c(T_k + \Delta_r) = r^{(k)} + c\Delta_r$。

K 个卫星的标准点定位（SPP）方程组的解集为

$$\begin{cases} \rho^{(1)} = [(x^{(1)} - x_r)^2 + (y^{(1)} - y_r)^2 + (z^{(1)} - z_r)^2]^{1/2} + c\Delta_r \\ \rho^{(2)} = [(x^{(2)} - x_r)^2 + (y^{(2)} - y_r)^2 + (z^{(2)} - z_r)^2]^{1/2} + c\Delta_r \\ \quad\quad\quad\quad\quad\quad\quad\quad \vdots \\ \rho^{(K)} = [(x^{(K)} - x_r)^2 + (y^{(K)} - y_r)^2 + (z^{(K)} - z_r)^2]^{1/2} + c\Delta_r \end{cases} \tag{2.2}$$

为求解 4 个未知数 $(x_r, y_r, z_r, \Delta_r)$，方程组（2.2）中至少需要 4 个方程。

实际上，接收机处理过程进行了伪距 $\{\hat{\rho}^{(k)}\}$ 的观测。通常可使用迭代算法来求解式（2.2），基于下面几何矩阵的估计值：

$$H = \begin{bmatrix} (-e^{(1)}) & 1 \\ (-e^{(2)}) & 1 \\ \vdots & \vdots \\ (-e^{(K)}) & 1 \end{bmatrix} \tag{2.3}$$

上式用到了从接收机到第 k 颗卫星的单位方向矢量：

$$e^{(k)} = [(x^{(k)} - x_r)/r^{(k)} \ (y^{(k)} - y_r)/r^{(k)} \ (z^{(k)} - z_r)/r^{(k)}] \tag{2.4}$$

在该算法中，未知数 $(\hat{x}_{r,0}, \hat{y}_{r,0}, \hat{z}_{r,0}, \hat{\Delta}_{r,0})$ 的初始估计值可以选择一组最近的计算值，也可以选择无时间偏移量的地心：$(\hat{x}_{r,0}, \hat{y}_{r,0}, \hat{z}_{r,0}, \hat{\Delta}_{r,0}) = (0,0,0,0)$。在第 l 次迭代中，对于未知量 $(\hat{x}_{r,l}, \hat{y}_{r,l}, \hat{z}_{r,l}, \hat{\Delta}_{r,l})$ 的估计值可用于计算伪距的第 l 个估计值：

$$\hat{\rho}_l^{(k)} = [(x^{(k)} - \hat{x}_{r,l})^2 + (y^{(k)} - \hat{y}_{r,l})^2 + (z^{(k)} - \hat{z}_{r,l})^2]^{1/2} + c\hat{\Delta}_{r,l} \tag{2.5}$$

式（2.5）中的伪距值迭代结果可用于计算接收机到每一颗卫星的单位方向矢量：

$$\hat{e}_l^{(k)} = \left[\frac{x^{(k)} - \hat{x}_{r,l}}{\hat{\rho}_l^{(k)} - c\hat{\Delta}_{r,l}} \ \frac{y^{(k)} - \hat{y}_{r,l}}{\hat{\rho}_l^{(k)} - c\hat{\Delta}_{r,l}} \ \frac{z^{(k)} - \hat{z}_{r,l}}{\hat{\rho}_l^{(k)} - c\hat{\Delta}_{r,l}} \right] \tag{2.6}$$

由此可推导第 l 次循环迭代的几何矩阵的估值

$$\hat{H}_l = \begin{bmatrix} (-\hat{e}_l^{(1)}) & 1 \\ (-\hat{e}_l^{(2)}) & 1 \\ \vdots & \vdots \\ (-\hat{e}_l^{(K)}) & 1 \end{bmatrix} \tag{2.7}$$

将式(2.2)线性化,在初始估值附近进行泰勒展开,得到线性方程组:

$$\begin{bmatrix} \delta\rho_l^{(1)} \\ \delta\rho_l^{(2)} \\ \vdots \\ \delta\rho_l^{(K)} \end{bmatrix} = \hat{\boldsymbol{H}}_l \begin{bmatrix} \delta x_{r,l} \\ \delta y_{r,l} \\ \delta z_{r,l} \\ c\delta\Delta_{r,l} \end{bmatrix} \tag{2.8}$$

这把接收机对于伪距的观测值和第 l 次的伪距估值 $\delta\hat{\rho}_l^{(k)} = \hat{\rho}^{(k)} - \hat{\rho}_l^{(k)}$ 之间的差异,同第 l 次估值的校正值关联了起来。

现在用标准的方法来求解这个线性方程,预乘以几何矩阵的左伪逆估计:$(\hat{\boldsymbol{H}}_l)^\dagger = [(\hat{\boldsymbol{H}}_l)^\mathrm{T}\hat{\boldsymbol{H}}_l]^{-1}(\hat{\boldsymbol{H}}_l)^\mathrm{T}$。结果是普通最小二乘(OLS)估计

$$\hat{\boldsymbol{\beta}}_{l,\mathrm{OLS}} = \begin{bmatrix} \hat{\delta}x_{r,l} \\ \hat{\delta}y_{r,l} \\ \hat{\delta}z_{r,l} \\ c\hat{\delta}\Delta_{r,l} \end{bmatrix} = (\hat{\boldsymbol{H}}_l)^\dagger \begin{bmatrix} \hat{\delta}\rho_l^{(1)} \\ \hat{\delta}\rho_l^{(2)} \\ \vdots \\ \hat{\delta}\rho_l^{(K)} \end{bmatrix} \tag{2.9}$$

并更新接收机位置和钟差的估值

$$\begin{bmatrix} \hat{x}_{r,l+1} \\ \hat{y}_{r,l+1} \\ \hat{z}_{r,l+1} \\ \hat{\Delta}_{r,l+1} \end{bmatrix} = \begin{bmatrix} \hat{x}_{r,l} \\ \hat{y}_{r,l} \\ \hat{z}_{r,l} \\ \hat{\Delta}_{r,l} \end{bmatrix} + \begin{bmatrix} \hat{\delta}x_{r,l} \\ \hat{\delta}y_{r,l} \\ \hat{\delta}z_{r,l} \\ \hat{\delta}\Delta_{r,l} \end{bmatrix} \tag{2.10}$$

随后,l 不断递增迭代,将式(2.10)的左侧替换为式(2.5),再次计算式(2.6)~式(2.10)。

当矢量范数 $\|\hat{\boldsymbol{\beta}}_{l,\mathrm{OLS}}\|$ 很小时,迭代停止。通常,迭代次数不超过5次,如果初始估计的误差在几千米之内,则只需要一次或两次迭代[4]。式(2.10)的左侧即为最终估算值。

如果伪距观测值有一个不同于单位矩阵的可逆协方差矩阵,并且先验 $\boldsymbol{R}_\rho = E\left\{\begin{bmatrix}\hat{\rho}^{(1)} \\ \hat{\rho}^{(2)} \\ \vdots \\ \hat{\rho}^{(K)}\end{bmatrix}[\hat{\rho}^{(1)}\hat{\rho}^{(2)}\cdots\hat{\rho}^{(K)}]\right\} - E\left\{\begin{bmatrix}\hat{\rho}^{(1)} \\ \hat{\rho}^{(2)} \\ \vdots \\ \hat{\rho}^{(K)}\end{bmatrix}\right\}\{[\hat{\rho}^{(1)}\hat{\rho}^{(2)}\cdots\hat{\rho}^{(K)}]\}$ 已知,则在上述算法中,可以采用一种加权最小二乘(WLS)变形去替代式(2.9):

$$\hat{\boldsymbol{\beta}}_{l,\mathrm{WLS}} = \begin{bmatrix} \hat{\delta}x_{r,l} \\ \hat{\delta}y_{r,l} \\ \hat{\delta}z_{r,l} \\ c\hat{\delta}\Delta_{r,l} \end{bmatrix} = [(\hat{\boldsymbol{H}}_l)^\mathrm{T}\boldsymbol{R}_\rho^{-1}\hat{\boldsymbol{H}}_l]^{-1}(\hat{\boldsymbol{H}}_l)^\mathrm{T}\boldsymbol{R}_\rho^{-1}\begin{bmatrix} \hat{\delta}\rho_l^{(1)} \\ \hat{\delta}\rho_l^{(2)} \\ \vdots \\ \hat{\delta}\rho_l^{(K)} \end{bmatrix} \tag{2.11}$$

这些方程的变体可在特殊情况下使用[3]。如果接收机的高度是已知的(高度保持),那么接收机可以使用上述方程的变体,只需要 3 个测量量。类似地,如果接收机时间偏移精确已知或模型已知(时钟保持),则只需要找到三维位置,同样只需要 3 个测量量。

2.2.2 使用预测接收机授时

如果接收机仅用于提供时间,且位置已知,则可将预测量的接收机位置插入式(2.2)中,仅留下 Δ_r 作为未知量。仅需一次测量就可以对时间偏移 Δ_r 求解方程组。

$$\frac{1}{c}\begin{bmatrix}\hat{\rho}^{(1)} - [(x^{(1)} - x_r)^2 + (y^{(1)} - y_r)^2 + (z^{(1)} - z_r)^2]^{1/2} \\ \hat{\rho}^{(2)} - [(x^{(2)} - x_r)^2 + (y^{(2)} - y_r)^2 + (z^{(2)} - z_r)^2]^{1/2} \\ \vdots \\ \hat{\rho}^{(K)} - [(x^{(K)} - x_r)^2 + (y^{(K)} - y_r)^2 + (z^{(K)} - z_r)^2]^{1/2}\end{bmatrix} = \begin{bmatrix}1 \\ 1 \\ \vdots \\ 1\end{bmatrix}\hat{\Delta}_r \quad (2.12)$$

对于时间偏移量 $\hat{\Delta}_r$,只要大于 1,就可使用 OLS 或 WLS[式(2.12)]解算。在使用 OLS 解算时,当 $K = 1$ 时,可通过 $\hat{\Delta}_r = \frac{1}{cK}\sum_{k=1}^{K}[\hat{\rho}^{(k)} - [(x^{(k)} - x_r)^2 + (y^{(k)} - y_r)^2 + (z^{(k)} - z_r)^2]^{1/2}]$ 进行求解。在标准点定位(SPP)中,无论是高度保持、时钟保持还是定时接收机,适当地使用超过最小数量要求的测量量均可提高精度和鲁棒性。

时间偏移量 Δ_r 可用于估计系统时间,使所有使用同一卫星导航系统信号的接收机之间实现同步,调制到卫星导航信号上的数据也可用于根据系统时间计算协调世界时(UTC),使卫星导航接收机得到精确的时钟信息。

2.2.3 接收机速度估计

确定了位置和时间的偏移,就可以使用多普勒(或伪距速率)测量来计算接收机速度。接收机会处理每个接收信号的载波频率。通常,接收机不根据射频信号本身形成该估计,而是根据接收机中对频率变频后的信号 f_Δ 形成该估计。如果对第 k 个卫星载波频率变频的频率估计值是 $\hat{f}^{(k)}$,那么在时间间隔为 T 时的距离变化是 $c(\hat{f}^{(k)} + f_\Delta - f_0)T/(\hat{f}^{(k)} + f_\Delta)$,其中 f_0 是载波频率。一般来说,接收机振荡器与真实频率之间存在偏离,因此估计的到达频率 $\hat{f}_m^{(k)} + f_\Delta$ 会偏离 f_r。卫星时间间隔为 T 的平均视距速度的偏差估计或伪距速度,可以表示为距离的变化除以时间 T,或表示为:$\hat{\dot{\rho}}^{(k)} \triangleq c(\hat{f}^{(k)} + f_\Delta - f_0)(\hat{f}^{(k)} + f_\Delta)$。

如果接收机跟踪载波相位,则可以计算时间间隔 T 内接收到的第 k 个卫星的载波周期数 $N_\theta^{(k)}$(其中 $N_\theta^{(k)}$ 不一定是整数),从而产生对接收频率的替代估计 $N_\theta^{(k)} = (\hat{f}^{(k)} - f_0)T$,此时伪距率为 $\frac{cN_\theta^{(k)}}{T(\hat{f}^{(k)} + f_\Delta)}$,也是由 f_r 造成偏移的。这种情况下,对第 k 颗卫星的视距速度或伪距率的有偏估计为 $\hat{\dot{\rho}}^{(k)} \triangleq c(N_\theta/T + f_\Delta)(\hat{f}^{(k)} + f_\Delta)$。

通过微分方程(2.8),得到了接收机速度与伪距速率的关系式

$$\begin{bmatrix} \hat{\dot{\rho}}^{(1)} - \hat{\dot{\rho}}_l^{(1)} \\ \hat{\dot{\rho}}^{(2)} - \hat{\dot{\rho}}_l^{(2)} \\ \vdots \\ \hat{\dot{\rho}}^{(K)} - \hat{\dot{\rho}}_l^{(K)} \end{bmatrix} = \frac{\partial}{\partial t}(\hat{\boldsymbol{H}}_l) \begin{bmatrix} \delta x_{r,l} \\ \delta y_{r,l} \\ \delta z_{r,l} \\ c\delta\Delta_{r,l} \end{bmatrix} + \hat{\boldsymbol{H}}_l \begin{bmatrix} \delta \dot{x}_{r,l} \\ \delta \dot{y}_{r,l} \\ \delta \dot{z}_{r,l} \\ c\delta f_{r,l} \end{bmatrix} \qquad (2.13)$$

一般情况下,$\frac{\partial}{\partial t}(\hat{\boldsymbol{H}}_l)$ 非常小,右边的第一项可以忽略①。在这种情况下,几何矩阵是已知的,便可解算接收机的位置,式(2.13)变成

$$\begin{bmatrix} \hat{\dot{\rho}}^{(1)} - \hat{\dot{\rho}}_l^{(1)} \\ \hat{\dot{\rho}}^{(2)} - \hat{\dot{\rho}}_l^{(2)} \\ \vdots \\ \hat{\dot{\rho}}^{(K)} - \hat{\dot{\rho}}_l^{(K)} \end{bmatrix} = \hat{\boldsymbol{H}} \begin{bmatrix} \delta \dot{x}_{r,l} \\ \delta \dot{y}_{r,l} \\ \delta \dot{z}_{r,l} \\ c\delta f_{r,l} \end{bmatrix} \qquad (2.14)$$

需求解如式(2.8)一样的线性方程组,将接收机速度与伪距速率和频率偏移联系起来。采用类似于求解式(2.8)的迭代 OLS 或 WLS 算法,可快速收敛得到解。

2.2.4 卫星导航系统架构

图2.2描述了卫星导航系统的体系结构。空间部分包括卫星星座,这些卫星星座向系统的服务区(地球、大气层和外层空间的一部分)广播信号并提供不同级别的定位导航授时服务。这些信号经过合理设计和准确传输,达到符合接收机观测所需的质量和数量,以形成所需的可观测值。用户部分由接收和处理这些广播信号的所有设备组成,其中包括用于估计位置、速度、时间的设备和用于遥感或其他应用的设备。

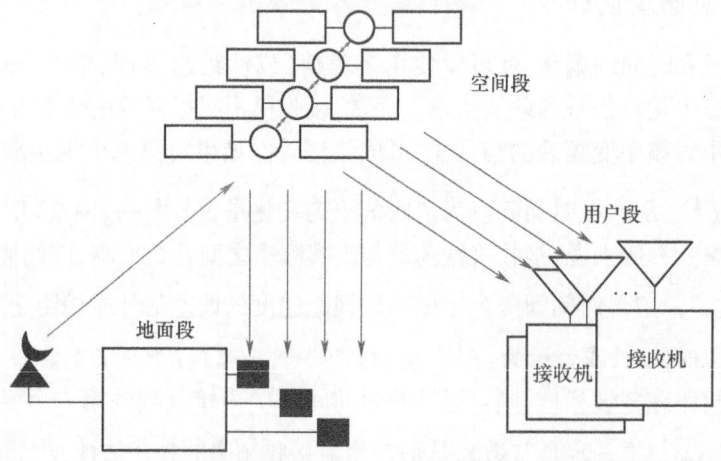

图 2.2 卫星导航系统结构[3](来源:经 IEEE 许可转载。)

---

① 如果接收机速度已知(通常,如果接收机是静止的),式(2.13)可以单独使用多普勒测量求解接收机位置,如文献[5]的第 8 章所示。

地面段监测广播信号的精度、信号质量和完好性,控制卫星总线和有效载荷,将接收机使用的数据调制到广播信号并上行注入卫星。

卫星导航系统运控者控制空间段和地面段及信号,却对用户段几乎没有控制,甚至没有影响。这种情况既有好处,也存在问题。好处是使卫星导航的使用具有多样性和创新性,但坏处是用户设备可能会以存在缺陷的或脆弱的方式使用卫星导航系统出现问题的信号。

这些部分支持2.2.1节、2.2.2节和2.2.3节中所述的功能,但是,除前面几节描述的基础功能外,实际上还涉及许多其他微妙之处。如果没有详细的措施去解决这些微妙的问题,定位误差将达数百米甚至数千米,并存在相应的定时误差。实现米级甚至厘米级定位所需的许多步骤,以及相应的小的定时误差,将在本章的后续章节中概述。

2.3 空间段:卫星和星座

本节讨论的空间段,由精心设计和控制的星座中的多颗卫星组成。2.3.1节介绍了导航卫星的基本知识,2.3.2节中讨论了导航卫星星座,2.3.3节介绍了一组特定的星座特征,这些特征在后面的章节中用于描述特定的卫星导航星座。

2.3.1 导航卫星

图2.3显示了导航卫星有效载荷的结构,以2个载波频率上的5个信号为例,遥测、跟踪和控制(TT&C)链路间歇或连续地向地面段提供有效载荷和总线监测状态参数,并从地面段接收上行数据。有效载荷中的原子频率标准(AFS)向信号发生器提供精确的频率信息,信号发生器在一个或多个不同的载波频率产生卫星导航信号。信号被放大到高功率并组合,然后从发射天线播发。

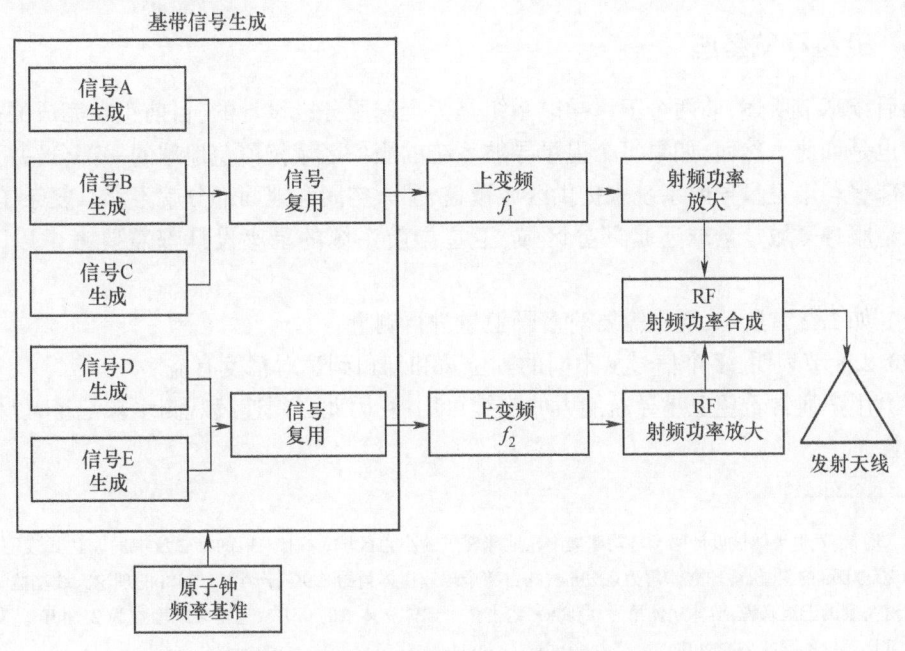

图2.3 卫星导航卫星有效载荷[3](来源:经IEEE许可转载。)

许多卫星导航系统已采用或正准备使用 S 波段或 C 波段进行测控。AFS 技术包括铯、铷和氢原子钟。通常情况下,一颗卫星都会配备几个原子钟,因此,如果其中一个出现故障,就可以用另一个来代替。信号发生器产生卫星导航信号,如 2.4 节所述。通常使用多个信号(通常每个载波频率上有 2 个或多个)和多个载波频率,以满足不同用户组的需要,提高鲁棒性,并帮助接收机减轻信号传播产生的有害影响。

信号基带通常以数字方式形成,之后在相同载波频率上传输的信号以数字方式组合,然后,在每个载波频率上产生的合成信号可以变频为射频,或者可以直接数字合成为射频。功率放大器通常在饱和模式下工作,以获得最高效率,因此复合信号具有恒定的包络谱,通常需使用复杂的信号组合方法[3]。功率放大器的输出功率通常为几十瓦,射频功率合成是通过多路复用器来完成的,多路复用器必须处理高功率的信号,在每个载波周围进行带通滤波以满足带外发射的要求,并将不同载波频率合成信号组合成单个更高功率的射频波形进行传输。发射天线通常是一个指向最低点的天线阵列,螺旋或贴片是最常使用的形式。它们的增益图可以在远离最低点的角度提供更高的增益,从而在接近地球表面时提供与在最低点时大致相同的接收功率,这种增益图称为等增益。

目前还存在其他卫星结构,包括使用转发器的卫星结构,其信号在地面产生,以不同的载波频率广播到卫星,然后在卫星上将频率转换到广播信号所需载波频率。这种转发结构简化了卫星有效载荷,但需要与地面段的连续连接通信。

导航卫星是三轴稳定的,它的净质量(不包括推进剂)通常在 1000~4000kg 左右。卫星电源由太阳能电池板提供,产生数千瓦的电能,供有效载荷使用。进入发射天线的射频功率在几十到几百瓦范围时,发射天线将功率集中在天线服务区域,为 MEO 卫星提供约 20~40(13~16 dBi)①的增益,为地球同步轨道(GEO)卫星提供约 100(20 dBi)的增益。因此,有效各向同性辐射功率(EIRP)(从服务区域看到的射频功率),对于 MEO 卫星通常超过 500W,对于 GEO 卫星通常超过 1000W。

2.3.2　卫星导航星座

如后续章节所述,前两个卫星导航系统是为全球服务区设计的,目前正在完成的另外两个系统也是如此。然而,如果每个卫星导航系统的服务区域仅覆盖地球的一部分,并且已经或正在部署若干卫星导航系统来提供区域覆盖,那么空间和地面部分就不那么复杂了。

无论服务区域是全球还是部分区域,卫星导航系统的星座设计都需要考虑以下几个特性。

(1) 如 2.2 节所示,通常需要对多颗卫星进行测量。

(2) 2.8 节表明,多个信号从不同的方位角和仰角到达对精度有益。

(3) 用户通常希望卫星导航能力的连续可用性,因此必须连续观测多颗卫星,以提高几何多样性。

---

① 通常,发射天线被设计用于将功率集中在地球覆盖的小角区域。文献[3]的第 2 章中的表达式表明,对于一颗高度为 20000km 的卫星,地球立体角为 0.235sr,约占整个球体立体角的 1.9%,产生 17.3dBi 的理论天线增益。对于地球同步轨道高度的卫星来说,地球立体角为 0.092sr,约占整个球体立体角的 0.7%,理论天线增益为 21.4dBi。实际天线的增益通常比理论预测的小约 2dBi。

（4）用户设备可能位于无法接收信号的位置,该位置位于地平线以下,因此需要足够多的更高仰角的卫星。

（5）卫星可能会暂时中断服务,因此星座设计时应考虑一个或多个卫星失效的情况。

这些能力要求星座要拥有许多卫星,但研发、制造、发射和运行这些卫星的成本很高(美国GPS每年花费超过10亿美元),因此,必须设计良好的星座,提供这些优势的同时,还能使卫星数量适中。

与星座中卫星数量密切相关的是卫星高度。由于传播损耗较小,低地球轨道（LEO）卫星可以以较低发射功率提供满足要求的接收功率,但需要数百颗低地球轨道卫星为地球提供服务,并以合理的仰角保证任何位置可观测4颗或4颗以上的卫星。相比之下,在中地球轨道（MEO）或更高高度的卫星就能以更少数量的卫星保证对地球大部分区域可见,使用该轨道高度的卫星,大约需20多颗卫星即可提供全球服务。

有趣的是,需要向地球表面提供满足用户需求的接收功率所需的射频功率,在MEO到GEO的卫星高度范围内基本上保持不变,因为在更高的高度可以减小发射天线波束宽度,从而增加发射增益,抵抗路径损耗。

对于提供全球服务的卫星导航系统,早期GPS研究表明MEO星座是最好的选择,全球所有系统均采用MEO星座也证实了这一点。这些MEO星座中的卫星通常放置在3~6个轨道面上,倾角通常超过55°,以保证为高纬度地区的接收机提供服务。

提供区域服务的卫星导航系统采用地球同步卫星和倾斜地球同步卫星组合的方式,在服务区域提供足够数量具有所需几何构型的卫星。地球同步轨道的倾斜度和偏心度因服务区域的纬度而异。

2.3.3 星座特征

表2.1列出了将在第3章~第8章中使用的星座的一组组合特征,这些特征虽然不能提供足够的细节来精确表示卫星在一段时间内的位置,但为比较星座特征提供了一种有用的方法。在某些情况下,对于给定星座可能存在多个值,或者一组值可能会比特定值更合适。

表2.1 标称星座特性概述

运行卫星总数
轨道高度(km)
轨道半径(km)
轨道偏心率
轨道周期(h/min/s)(恒星日)
地面轨道重复之间的时间(恒星日)
Walker星座描述
轨道面数
每个轨道面卫星数量
右升交点分隔(°)
倾角(°)
ECI坐标系下的卫星速度(km/s)
ECEF坐标系下的最大卫星速度(km/s)

2.4 卫星导航信号

卫星导航系统使接收机能够产生2.3节所述的观测数据。接收机要对每个信号的到达时间和载波频率进行精确测量,同时获取调制到信号上的数据,因此,卫星导航信号必须具有雷达信号(使接收机能够精确测量)以及通信信号(使接收机能够对数据进行无差错解调)的特性。

另有两个方面使得卫星导航信号与大多数通信信号不同:一方面是卫星导航(至少这里考虑的是无源射频三边测量技术)是一种广播系统——卫星向不限数量的接收机发射信号,接收机只需要接收信号,不需要发射信号;另一方面,对于传统的SPP,必须接收4个信号,这需要多址技术。

直接序列扩频(DSSS)用于卫星导航信号,使接收机能够进行精确的到达时间测量;宽频带提高了精度,因为即使使用频域旁瓣中少量的信号功率也可以实现实质性的精度改善[4]。DSSS还能够通过多种类型信号高效而灵活地共享有限的频谱,并提供对某些类型干扰的抵抗能力。

每个卫星导航系统传输几种类型的信号(通常4~8种),其中每种信号类型都有其自己的设计,如下所述。在某些情况下,多个卫星导航系统共享同一信号类型,卫星导航系统中的每颗卫星都发射不同的信号。即使给定类型的所有信号具有相同的设计,每个信号仍包含不同的数据内容,并且这些信号还取决于所使用的多址技术,对于码分多址(CDMA)是使用不同的扩频码,对于频分多址(FDMA)是使用不同的载波频率。

如文献[6]所述,并在文献[3]的第3章中详细说明了可以用12个特征描述卫星导航信号类型。本章对这些特点作了简要描述。

其中一种信号类型的载波频率在L频带内,尽管有些信号在S频带内,还有些在C频带内。根据国际电信联盟的频率分配,L波段的频率范围为1164~1300MHz,以及1559~1610MHz,其中1575.42MHz是使用最广泛的载波频率。各种相关因素促使人们选择L波段或S波段,使用较高或较低的载频都有明显的缺点。

通常,地面接收机接收的民用信号在接收天线为0dBi增益时,功率在-160~-150dBW的范围内,这取决于卫星和接收机之间的几何结构、传播条件和其他损耗因素,包括极化损耗。该功率范围对应于易行的发射功率水平,并确保即使星座信号聚集产生接收功率谱密度(PSD),其峰值与接收机的底噪声相当,仍可有效阻止多址干扰。

以地球表面附近的接收机为例,利用1575.42MHz信号自由空间传播损耗,MEO高度约为185dB,GEO高度约为189dB;MEO卫星EIRP约30dBW(1kW),GEO约34dBW(2.5kW)。如果MEO的发射天线增益为15dBi,来自GEO的增益为19dBi(如2.3.1节所述,在保持地球覆盖的同时,来自GEO的增益可能更高),则进入发射天线的射频功率约为15dBW或约30W。

卫星导航信号的极化近似为圆形,以适应发射天线和接收天线之间所有可能的方向,以及电离层法拉第旋转影响。按照惯例,目前所有系统都使用右旋圆极化。

由于接收机必须处理多个信号,因此必须使用多址技术,几乎所有的卫星导航信号都采用CDMA,每个卫星对应不同的扩频码。唯一的例外是使用FDMA的原始GLONASS信号,现代化的 GLONASS 信号也使用了 CDMA。一些不同的信号类型在不同的频带(FDMA 的一种形式)中传输,还有一些不同信号即使共享相同的载波频率,也采用不同的频谱,以减少多址干扰(MAI)。

信号的扩频、调制和带宽类型也是信号的关键特性,扩频调制由扩频码形状定义,每个二进制相位由扩频码位调制。带宽定义为提供给定接收功率和满足信号质量发射信号的频率范围。原始的 GPS 和 GLONASS 信号都采用二进制相移键控和矩形扩频符号,称为 BPSK-R。码片速率 $f_c = n \times 1.023 \times 10^6$ Hz 的扩频调制表示为 BPSK-R(n)。

许多新的和现代化的信号采用更先进的扩频调制,提供更多的设计参数,考虑频谱形状以减少多址干扰,并使接收机获得更高的测量精度。二进制偏移载波(BOC)扩频调制采用的扩频符号是方波的一部分,提供了两个设计参数:码片速率和方波基频。具有方波基频或子载波频率 $f_s = m \times 1.023 \times 10^6$ Hz 和码片速率 $f_c = n \times 1.023 \times 10^6$ Hz 的 BOC 扩展调制被表示为 BOC(m,n)。其他的扩频调制,例如可替换 BOC(AltBOC)、可复用 BOC(MBOC)和二进制编码符号(BCS),提供了更大的设计灵活性,这些在文献[3]的第 3 章中有详细描述。

扩频调制通常由它们的 PSD 来定义,PSD 是在理想长扩频码的假设下计算的[3]。BPSK-R(n)扩频调制的单位功率 PSD 是

$$\Phi_{\text{BPSK-R}(n)}(f) = \frac{1}{f_c}\text{sinc}^2(\pi f/f_c) \tag{2.15}$$

其中,$\text{sinc}(x) \triangleq \sin(x)/x$。

对于 BOC(m,n)扩频调制,PSD 取决于 BOC 的比率,定义为 $k_{\text{BOC}} \triangleq 2(f_s/f_c) = 2m/n$,并限制其取值为整数值。

当方波的上升沿与码片值变化时间对齐时,产生正弦相位 BOC 扩频调制。在这种情况下,单位功率 PSD 为

$$\Phi_{\text{BOC}_s(m,n)}(f) = \begin{cases} \dfrac{1}{f_c}\text{sinc}^2(\pi f/f_c)\tan^2\left(\dfrac{\pi f}{2f_s}\right) & (k_{\text{BOC}} \text{ 为偶数}) \\ \dfrac{1}{f_c}\dfrac{\cos^2(\pi f/f_c)}{(\pi f/f_c)^2}\tan^2\left(\dfrac{\pi f}{2f_s}\right) & (k_{\text{BOC}} \text{ 为奇数}) \end{cases} \tag{2.16}$$

当码片变化时间在方波的上升沿和下降沿中间时,产生余弦相位 BOC 扩频调制。在这种情况下,单位功率 PSD 为

$$\Phi_{\text{BOC}_c(m,n)}(f) = \begin{cases} \dfrac{4}{f_c}\text{sinc}^2(\pi f/f_c)\left(\dfrac{\sin^2\left(\dfrac{\pi f}{4f_s}\right)}{\cos\left(\dfrac{\pi f}{2f_s}\right)}\right)^2 & (k_{\text{BOC}} \text{ 为偶数}) \\ \dfrac{4}{f_c}\dfrac{\cos^2(\pi f/f_c)}{(\pi f/f_c)^2}\left(\dfrac{\sin^2\left(\dfrac{\pi f}{4f_s}\right)}{\cos\left(\dfrac{\pi f}{2f_s}\right)}\right)^2 & (k_{\text{BOC}} \text{ 为奇数}) \end{cases} \tag{2.17}$$

默认的 BOC 扩频调制是正弦相位,通常下标不用于正弦相位,而仅用于余弦相位。

一些现代信号采用具有可复用 BOC(MBOC)PSD 的扩频调制。可复用 BOC(MBOC)-

PSD 是两个不同 BOC PSD 的叠加,每个 BOC PSD 具有不同的子载波频率和相同的扩频码片速率,MBOC PSD 由下式给出:

$$\Phi_{\text{MBOC}(m_1,m_2,n,\alpha)}(f) = (1-\alpha)\Phi_{\text{BOC}(m_1,n)}(f) + \alpha\Phi_{\text{BOC}(m_2,n)}(f) \quad (0<\alpha<1)$$

(2.18)

也有一些信号使用 AltBOC 扩频调制。有不同的变种,每个变种的 PSD 略有不同。有一种 AltBOC 信号是将 BPSK-R(n)有独立电文信息的信号调制两个子载波的相位上,表示为 AltBOC(m,n),其中子载波频率为 $f_s = m \times 1.023 \times 10^6$ Hz,扩频码片速率为 $f_c = n \times 1.023 \times 10^6$ Hz,产生的恒定包络 AltBOC(m,n)信号的单位功率 PSD。当 k_{BOC} 是奇数时,参见文献[3],有

$$\Phi_{\text{AltBOC}_{ce}(m,n)}(f) = \frac{4f_c}{\pi^2 f^2}\left[\frac{\cos(\pi f/f_c)}{\cos(\pi f/f_s)}\right]^2 \times \{\cos^2[\pi f/(2f_s)] \\ - \cos[\pi f/(2f_s)] - 2\cos[\pi f/(2f_s)]\cos[\pi f/(4f_s)] + 2\}$$

(2.19)

扩频调制的相关函数通过对这些 PSD 进行傅里叶逆变换来计算,或者在某些情况下,对于无限带宽信号,可以使用文献[3]第 3 章中的直接表达式来计算。

图 2.4 和图 2.5 显示了具有代表性的扩频调制 PSD,它们都具有单位功率。不同的扩频调制具有不同的 PSD 形状;BPSK-R 信号在载波频率处有 1 个主峰,而 BOC 大约是在副载波频率(偏移载波频率)处有 2 个主峰,主峰的空对空宽度是扩频码片速率的两倍。

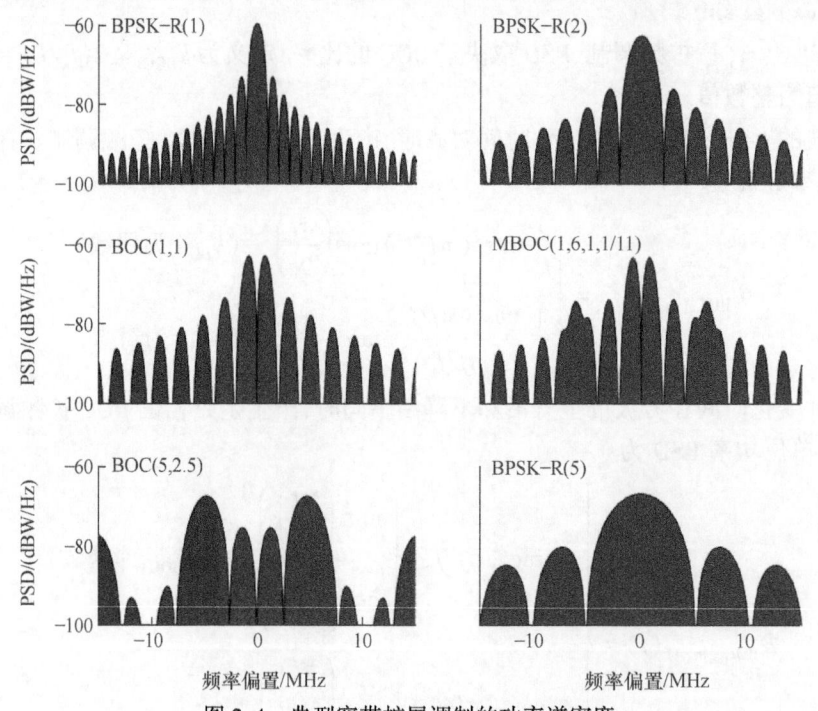

图 2.4 典型窄带扩展调制的功率谱密度

扩频码是特别的二进制值序列。1b 调制每个扩频码的相位,扩展了信号频谱,并使接收机能够在相同类型的信号中将每个信号区分开来。虽然一些信号使用加密生成的非重复扩频码,但公开使用的信号使用重复扩频码。在许多情况下使用线性反馈移位寄存器生成,

为每种信号类型开发了一个扩频码族,设计成几乎达到平衡(每个二进制值约占一半的时间),具有低自相关旁瓣,并且族成员之间低互相关。

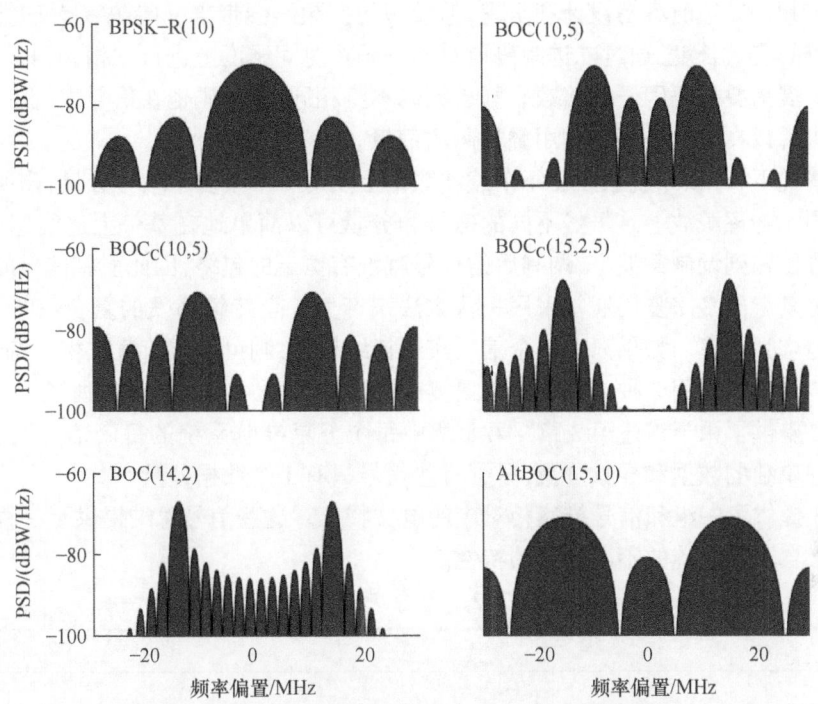

图 2.5　具有代表性的宽带扩展调制的功率谱密度

电文提供传输时间、卫星星历、卫星时间和系统时间偏移间的修正、星座历书、卫星信号状态、坐标转换以及其他校正因子和系统信息,并表示为数字信号。电文通常由帧组成,每个帧包含数百位的信息。帧可以由不同的子帧组成,每个子帧包含不同类型的信息。有些数据信息结构是固化的,用固定的重复序列来描述所有需要的信息,其他信号使用灵活的信息格式。其中不同的消息类型(包含接收机所需的信息)可以由每颗卫星以任意序列传输。

数据电文检测与纠错包含添加到数据消息中的冗余位,这种冗余允许接收机检测存在的错误,即使这些错误无法纠正,也可使用数字通信标准技术纠正一些数据解调错误[7]。前向纠错(FEC)使得接收机能够在解调数据消息时纠正错误,即使不能纠正,也能在接收机接收信息时把错误检测出来。在不同信号中使用不同的 FEC 码,并且在某些情况下编码的符号也可增加对突发错误的保护。循环冗余校验(CRC)是许多数据消息的一部分,它确保了接收机能够以非常高的概率检测到无法纠正的错误,在这种情况下,接收机可在下一次再获得相同消息的内容。数据消息比特率相对较慢,不同的信号类型使用的数据消息比特率介于 25~1000b/s。

数据调制将校验和纠错产生的标志加载到信号上,在多数情况下使用双相键控,但一些更高数据速率的信号类型使用码移键控。许多现代信号通常采用独立的导频项和数据项,每项都是一个具有不同作用的信号,具有相同的载波频率、不同的扩频码,扩频调制可以相同也可以不同。可使用数据信息对数据分量进行调制。导频分量无数据调制,因此在同步之后,由于没有数据调制,接收机可知晓其波形。接收机可以对导频分量进行更有效的处理,增强其测量能力,不同的信号设计以不同的方式将这两项结合起来,它们可在扩频以后以相位正交的方式进行时间复用,或者使用码分复用在同一相位中进行叠加。

虽然扩频码较短时容易设计和实现,但较短的扩频码会带来一些缺点[3]。叠加码扩展了短扩频码的有效长度,通过二进制码值对扩频码在时间维度上进行双相调制,从而将扩频码的周期扩展为叠加码因子的倍数。与扩频码本身相同,叠加码也在信号规范中进行表述,因此接收机可以在信号处理中利用叠加码的信息。

许多情况下,每颗导航卫星在每个载波频率上发射2个或多个信号分量,需要将多个信号复用到同一物理载波上。虽然不同的信号和分量可以简单地在基带上进行组合,但如果将合成信号传输到调制载波上,调制后的信号就没有恒定的包络,因此卫星信号的发射效率会更低。更复杂的多路复用通常采用一些方法来产生一个持续播发的复合信号,使卫星能够更有效地增强功率。如果只有2个信号实现持续播发,则可以调节载波相位特性,产生一个恒定的包络谱。使用2种或各种其他更复杂的复用技术,如文献[3]中所述。

表2.2提供了用于描述第3章~第8章中每个卫星导航系统的每个信号的特征列表。该描述允许单独的数据和导频分量,尽管有些信号只有1个数据分量。

表2.3提供了一组和信号描述相对应的电文特征。这些信号总结提供了一种简便的方法来比较来自不同系统的不同信号的特性。

表2.2 信号特征概述

信号名称
信号摘要
服务
接口规范或接口控制文件
卫星广播信号特性
信号特征
载频(MHz)
传输带宽,双侧(MHz)
数据和导频组合
相关损耗(dB)
所有组件规定的最小接收总功率(dBW)
数据分量
扩频调制
扩频码片速率(Mcps)
扩频码符号周期(μs)
扩频码类型
扩频码周期(ms)
扩展码长度(b)
叠加码比特率(b/s)
叠加码周期(s)
叠加码长度(b)
电文比特率(b/s)
电文符号速率(sps)
数据分量功率(%)

续表

信号名称
导频分量
扩频调制
扩频码片速率(Mcps)
扩展码符号周期(μs)
扩频码类型
扩频码持续时间(ms)
扩展码长度(b)
叠加码比特率(b/s)
叠加码长度(b)
叠加代码周期(s)
导频分量功率分数(%)

注:单位 SPS 表示每秒采样数;单位 CPS 表示每秒码片数。

表2.3 电文特征

信号名称
电文名称
电文结构(固定/灵活)
电文长度(b)
电文周期
前向纠错
错误检测
时钟修正和星历的重复周期
电离层模型的最大广播间隔(min)
UTC 转换的最大广播间隔
与其他卫星导航的时间偏移的最大广播间隔时间
时间跳变(周)
包括闰秒(是/否)
钟差校正和星历有效期间隔(min)
典型电文上行速率(上行/天)

2.5 地面段

  地面段是卫星导航系统的"大脑",使卫星导航形成闭环系统。地面段生成卫星更新的广播信号并发送给卫星,以便卫星向接收机提供准确的信息。地面段提供3个基本功能:监测信号、确定时钟和星历校正以及处理广播信号的内容(如数据信息内容和信息序列)和特性(如功率电平和工作模式)。地面段也可以控制和监测有效载荷和卫星总线,但这些细节在这里不作说明。

  图2.6展示了由监控站、主控站和地面天线组成的典型地面段结构。分布在整个服务区的监测站可接收卫星广播的信号,并检测广播信号的射频特性以及调制在载波信号上的数据信息,以确保信号"健康",即信号符合服务性能要求的范围、包含正确的信息等。这些

监测站位置是精确的,而且是独立测量的,因此监测站位置是先验的。监测站还对信号进行处理,产生观测量。现代全球系统通常有十几个或更多的监测站,如果能够对卫星轨道连续跟踪,则可以获得更好的性能;如果2个或更多的监测站能够以几何多样性监测每颗卫星,则也可以获得更好的性能。在某些情况下,监测站还可以获得其他信息,例如来自地面激光测距或卫星射频转发器的卫星测距信息。

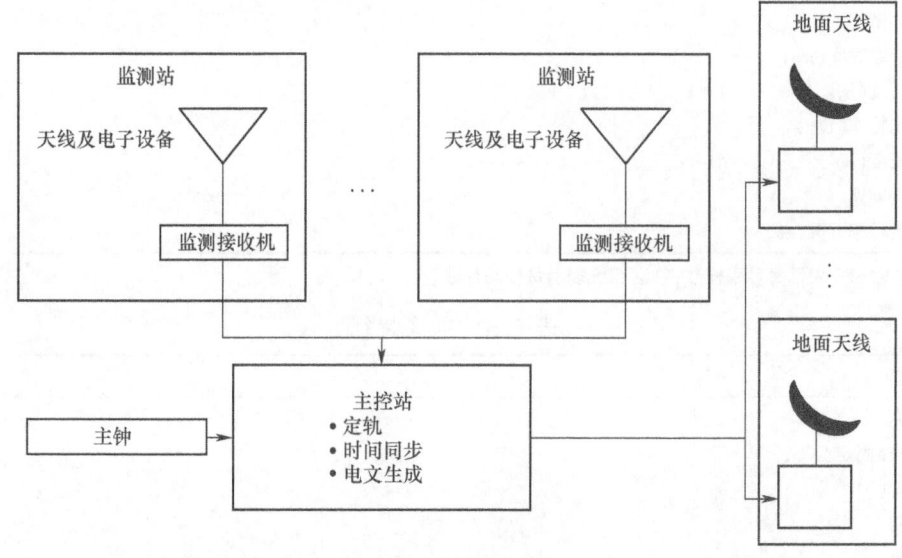

图 2.6　地面段结构

有时间标记的信息通过通信链路从监控站传输到主控站,通常会在其他位置布置一个或多个备用主控站,在作为系统核心的主控站不起作用的情况下使用备用主控站。

主控站将来自不同监测站的观测数据和不同的测距测量值与其已知位置进行比较,基本上是反转SPP方程,以确定每个卫星的时钟和系统时间之间的偏移量,以及每个卫星的实际轨道和星历表信息之间的差异信息。主时钟向主控站提供UTC。更新的钟差校正和星历与更新的系统信息(星历、系统状态、坐标转换和大地测量更新、系统时间和UTC之间的关系等)组合成电文,通过服务区内以一定间隔排布的地面天线上传到卫星有效载荷。这个更新的信息只适用于一定的有效期,有效期可以持续几十分钟到几个小时。在一次上注期间,可以上注多个有效间隔的电文,因此在每个有效间隔期间不需要地面和卫星之间再次联系。

监测站还可以接收描述有效载荷状态以及总线状态的测控信息。有时,如果某个组件要进行切换(有效负载配置备份以延长其寿命)、测试等,或者如果卫星本身正在进行机动以保持姿态,则可能需要停止使用有效载荷。有效载荷、总线和卫星的这种维护通常是提前安排的,用户会收到通知,信号会被禁用或标记为不应在维护期间使用。

2.6　卫星导航用户设备

随着导航和授时技术不断采用更加多样化的信息源,术语导航和授时(NT)用户设备被用来描述提供 PVT 服务的设备,可能会同时提供路线查找服务。使用卫星导航作为 PVT 信息主要来源的 NT 用户设备称为卫星导航用户设备;它可以由其他传感器(如精密时钟或惯性传感器)进行增强或辅助。2.6.1 节描述了卫星导航用户设备的典型架构,2.6.2 节概述了接收机的处理过程,2.6.3 节介绍了接收机性能,2.6.4 节概述了接收机处理的其他内容。

2.6.1 卫星导航用户设备架构

本节所述的卫星导航用户设备具有图 2.7 所示的体系结构;它包括天线和相关的天线电子设备、接收机、增强或辅助接收机的其他传感器以及用户接口或主机系统接口,路径查找是可选的,本节将不再详细介绍。

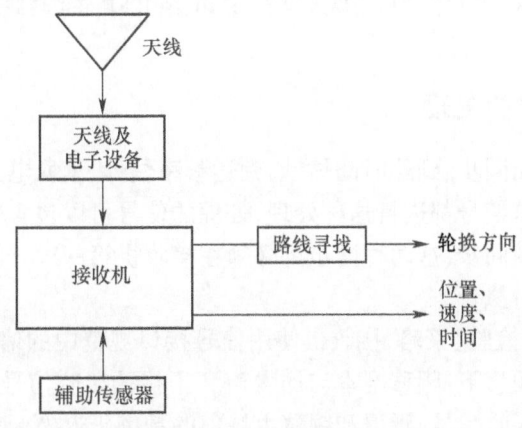

图 2.7 卫星导航用户设备

接收天线必须能够接收来自卫星的信号,实现这一点最简单的方法是使用具有近似半球形增益方向图的天线,即固定接收方向图天线(FRPA)。FRPA 的天线电子元件相对简单,可以防止雷击或其他过电压,通过滤波来抑制强大的带外干扰,并对信号进行放大。FRPA 的一种替代手段是使用一组元件,元件的输出按增益和相位加权,然后求和以降低干扰信号方向上的增益,同时保持期望卫星信号方向上的增益。这被称为受控接收方向图天线(CRPA),其天线电子设备通常是由一组复杂得多的模拟电子器件(如滤波器、放大器、移相器、加法器)与数字电路[模数转换器(ADC)、处理器]相结合而成的。更详细的内容见文献[8-9]。

不同的接收机架构适用于不同的应用,图 2.8 显示了一个通用的处理流程。天线和天线电子设备输出包含卫星导航信号以及噪声和干扰的射频波形。这些射频信号在接收机内经过滤波和放大调节,然后下变频到较低的中频(IF)或基带。虽然改变了载波频率,但保留了波形的其他特征。中频调节包括另外的滤波和放大,之后是模数转换(ADC)。更现代的接收机结构可以在射频整形之后而不是在中频波形上执行 ADC。信号处理涉及从信号中提取所需信息,如下所述。导航处理使用这些信息生成位置、速度和授时结果,振荡器驱动频率合成器,提供整个接收机所使用的频率参考和定时信号。关于 GPS 接收机的经典参考文献包括文献[10-12]中的章节和文献[3]的第三部分。

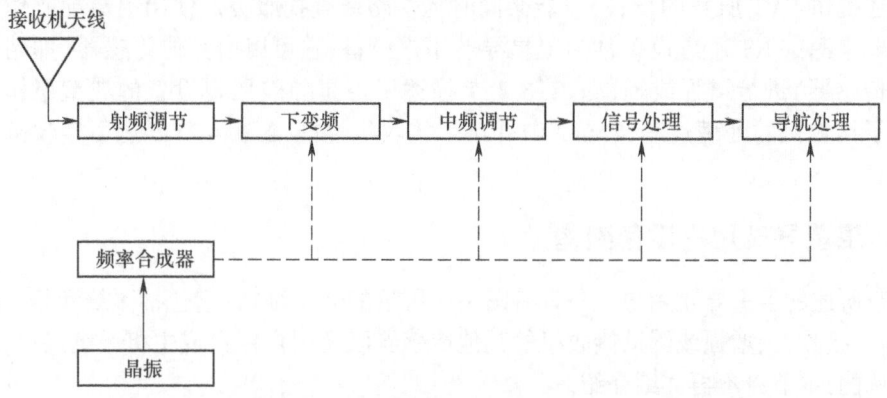

图 2.8 常规接收机处理流程[3]（来源：经 IEEE 许可转载。）

2.6.2 卫星导航接收机处理

常规接收机处理包括同步、到达时间估计、到达频率估计、读取电文和可观测量的形成。对使用的每颗卫星的导航信号都进行这种处理，处理的信号可以包含单个或多个载波。

同步包括初同步和精同步，这两种同步都必须在接收机第一次开始处理时执行，或当一个新的卫星信号被处理时执行。

初同步涉及"估计和检验"策略，接收机使用信号接口规范中的信息生成所期望信号的副本。在不同的延迟和频移下，频移副本与加噪声和干扰的接收信号相互相关。如果有峰值输出则表示是期望的接收信号，延迟和频移由峰值的频率延迟坐标表示。

精同步过程包括电文数据的边沿对齐、扩频码和电文信息帧对齐。具体细节随每个信号及其电文结构的变化而变化。

一旦同步完成，传统的接收机就转换到稳态处理。在稳态处理中，反复估算到达的时间和频率，解调数据信息，并生成观测结果。在传统接收机中，接收机通道针对每个信号都进行同样的处理，其结果可用来更新 PVT 估计。

到达时间的测量过程主要包括"剥离"或去除载波，获得基带扩频调制信号和信号的扩频码。由于接收机和卫星之间存在相对运动，因此到达时间会随时间变化。码跟踪包括扩频调制的复制码、扩频码位和与带噪声干扰的接收信号覆盖码的互相关。互相关采样驱动码跟踪环路提供到达时间的估计，同时抑制由于噪声、干扰和硬件缺陷引起的波动。

通过剥离扩频调制和扩频码（扩频调制和扩频码从信号的接口规范中已知，它们的延迟可从到达时间测量中获得）来进行到达频率测量，载波仍可能是由数据进行二相调制的。有些接收机只测量载波频率，而载波相位测量在现代接收机中更常见。当信号具有导频分量时，覆盖码也可以剥离，从而获得不受数据或覆盖码调制的纯正弦载波。在这个未调制的载波上可以使用更强大的载波跟踪方法。如果是估计载波相位，则可以根据载波相位的变化率来确定载波频率。此外，尽管载波相位在接收天线和发射天线间的整数载波周期值是模糊的，但它提供了信号到达时间的额外测量量。

其他可产生重复的到达时间估计的方法有块处理，其本质上是在较小的延迟和频移范围内重复初同步处理，并在精同步处理中使用所得到的估计延迟和频移序列。

读取电文要使用数字通信的传统技术[7],这些技术根据信号中使用的数据调制、交织、前向纠错和错误检测而变化。从电文中读取的基本信息包括发射时间(卫星时间)、从卫星时间到系统时间的修正、卫星星历以及各种系统和信号的状态数据。

通过文献[3]中详细说明的各个步骤,将测量转换为高精度的可观测值:

(1) 根据电文调整发射时间,以考虑卫星时间和系统时间之间的偏移。

(2) 从发射时间(系统时间)中减去到达时间,以确定未修正的伪延迟。

(3) 通过应用电文中的电离层模型,或通过采用双频测量的无电离层伪距延迟,纠正对流层延迟伪距延迟并减少电离层延迟。

(4) 使用载波测量平滑伪距延迟。

(5) 根据下变频使用的频率调整测量的到达频率。

一旦完成上述信号处理步骤,就使用 2.2 节中概述的方法计算 PVT。然后进行各种调整,包括萨奈克(Sagnac)效应。

2.6.3 接收机性能

接收机中的基本处理功能是生成复制码,再与天线输出的叠加了噪声和干扰的接收信号进行互相关。在初同步中采用了互相关处理,即互模糊函数处理。它根据相关峰值的大小进行检测,并根据峰值的位置得到时延和频移的初始估计。互相关处理也用于码跟踪,可跟踪相关峰值位置的延迟,相关峰的复值用于载波跟踪和数据解调。

相关函数峰的幅值均方根与相关函数方差之间的比值称为相关器的输出信噪比(SNR)。反过来,相关器输出 SNR 与两个基本量的比值直接相关,即有效载波功率和噪声 PSD 之比,表示为 $(C/N_0)_{\text{eff}} = (C)_{\text{eff}}/(N_0)_{\text{eff}}$。

当载波相位被完全去除,或者在相关处理之前被"剥离"时,相关器输出 SNR(见文献[3]第5章)为

$$\rho = 2T(C/N_0)_{\text{eff}} \tag{2.20}$$

式中:$(C/N_0)_{\text{eff}}$ 为有效 C/N_0,接收信号功率与白噪声 PSD 的比值,在理想接收机中产生相同的输出 SNR。

有效 C/N_0 由下式给出:

$$(C/N_0)_{\text{eff}} = \frac{C\eta^2}{\eta N_0 + I\kappa_{ls}} \tag{2.21}$$

式中:C 为接收机输入的接收信号功率,并且在相关处理之前的所有滤波均由限带带宽 $\pm\beta_r/2$ 表示,带宽限制因子为

$$\eta \triangleq \int_{-\beta_r/2}^{\beta_r/2} \overline{\Phi}_s(f)\mathrm{d}f \tag{2.22}$$

$\overline{\Phi}_s(f)$ 是信号的归一化 PSD,$\int_{-\beta_r/2}^{\beta_r/2} \overline{\Phi}_s(f)\mathrm{d}f = 1$

在式(2.21)中,N_0 是使用 Friis 公式[3]计算的热噪声。干扰效应用 $I\kappa_{ls}$ 表示,其中 I 是接收的干扰功率,κ_{ls} 是光谱分离系数(SSC)。

$$k_{ls} \triangleq \int_{-\beta_r/2}^{\beta_r/2} \overline{\Phi_l}(f)\, \overline{\Phi_s}(f)\, \mathrm{d}f \tag{2.23}$$

其单位是 s 或 Hz^{-1}。在式(2.23)中，$\overline{\Phi_l}(f)$ 是干扰的 PSD，归一化为无限带宽上的单位功率。其他损失的影响，包括采样和量化的影响，也可以在 C/N_0 表达式中考虑[3]。

初同步、载波跟踪和电文解调的性能都可以用 $(C/N_0)_{\text{eff}}$ 来表示，它描述了相关函数峰值序列估计的垂直波动。因此，在白噪声中，除了频带限制因子[式(2.22)]，$(C/N_0)_{\text{eff}}$ 不依赖于信号的 PSD。然而，码跟踪性能与相关函数峰值的水平波动有关，并不是由 $(C/N_0)_{\text{eff}}$ 唯一决定的；即使在白噪声中，码跟踪精度也依赖于信号的 PSD。文献[3]的第18章和第19章给出了载波跟踪和码跟踪性能的表达式和数值结果。

2.6.4 接收机处理的其他方面

术语"捕获"用于描述从初同步开始到第一次以指定精度输出 PVT 结果之间的所有步骤。捕获性能通常表示为在给定 $(C/N_0)_{\text{eff}}$ 下的首次输出的时间（第一次稳定的时间）。

如2.6.2节所述，传统的信号处理使用独立的跟踪环路对每个信号进行码和载波跟踪。由于载波频率跟踪可生成接收机和卫星之间的视线多普勒精确测量值，因此载波频率测量值可用于辅助码跟踪环，消除码跟踪的动态性，以便在 $(C/N_0)_{\text{eff}}$ 较低时（由于噪声和干扰影响）或弱信号条件下进行更稳定的处理。

更普遍的情况下，每个信号的单独跟踪环路可以用多个信号联合测量的交叉耦合跟踪环代替。这种处理有时被称为矢量锁定环，当跟踪信号暂时丢失时，它提供了更高的鲁棒性和更快的重新同步。然而，计算复杂度会显著增加。

惯性传感器和卫星导航处理之间耦合紧密[3]，也可用于辅助信号跟踪。通过转换到接收机和卫星之间的视线，来消除载波和码跟踪环的动态，该动态由惯性传感器测量，从而在低 $(C/N_0)_{\text{eff}}$ 条件下实现更具鲁棒性的处理。当交叉耦合跟踪环路和惯性辅助组合为一个联合的过程来跟踪所有信号时，产生的超紧耦合（也称为深度集成）提供了更强大的跟踪性能。

2.7 增强系统

在过去的20年里，增强系统为卫星导航提供了巨大的增益。全世界最广泛使用的增强系统是辅助卫星导航（或称为 A-satnav），如文献[5]和文献[3]的第24章所述，如图2.9所示。利用可从所有播发信号中读取电文的设备，A-satnav 通过与通信系统（通常是商业无线网络）集成的卫星导航接收机的通信链路提供所需信息。接收机尽管需要发射时间，但不需要执行从每个播发信号电文读取信息等相对脆弱和耗时的过程。此外，通信网络还可以向接收机提供频率基准和时间基准，使得接收机能够减少需要其搜索信号的不确定区域。A-satnav 的收敛时间要短得多，同时可在具有挑战性的条件下进行定位，例如在室内，此时独立的卫星导航无法工作。

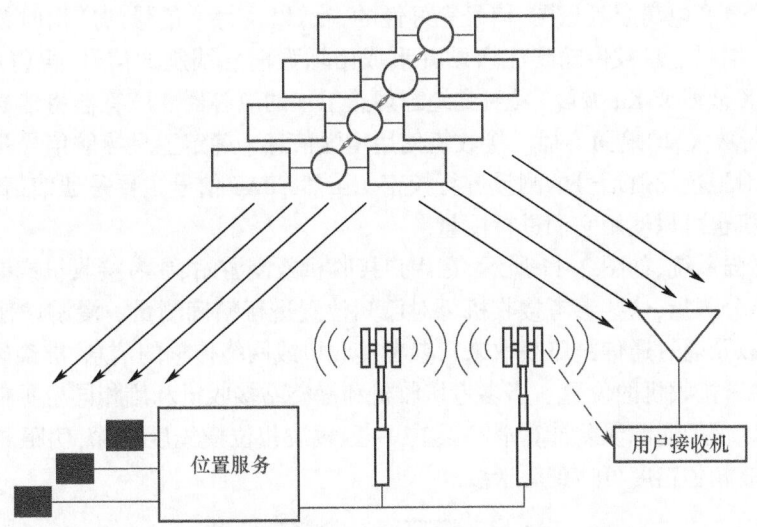

图 2.9 辅助卫星导航[3]（来源：经 IEEE 许可转载。）

第二种类型的增强系统被称为基于卫星的增强系统（SBAS），其开发目的是使使用卫星导航的飞机生命安全性更高。如图 2.10 所示，SBAS 使用分布在服务区域的参考站，其大小可以是一个大陆或更大。这些参考站的接收机的天线位于精确测量的位置，从广播信号中读取电文并测量播发信号的质量，同时执行码跟踪以测量到卫星的伪距。该信息被传输给主控站，主控站利用双频、无电离层测量值计算卫星和已知接收天线位置之间的测量伪距和真实伪距之间的误差，以及电离层延迟[3]。

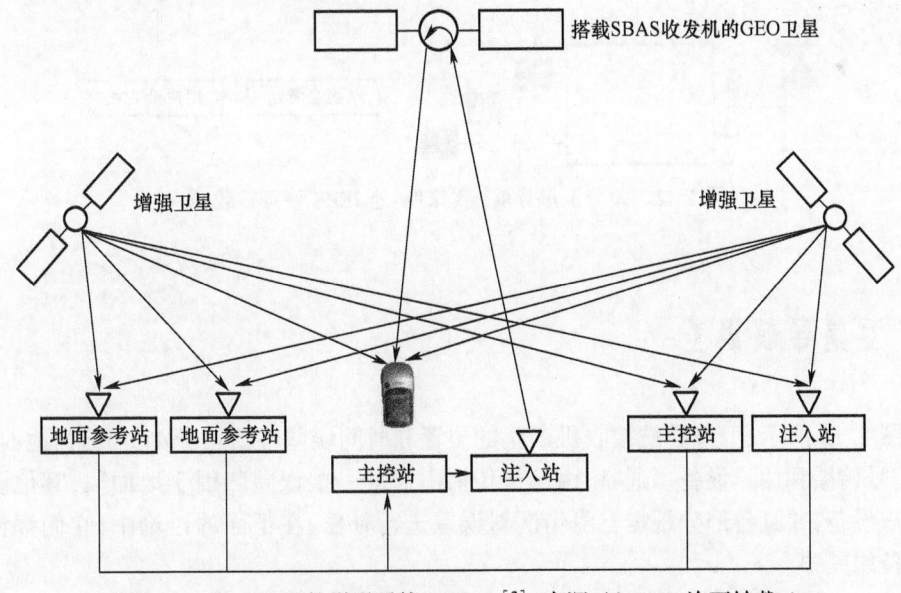

图 2.10 基于卫星的增强系统（SBAS）[3]（来源：经 IEEE 许可转载。）

如果信号的电文、信号质量或伪距误差是不可接受的，主控站就确定该信号丧失了完好性。此外，主控站使用多个测量值从而获得电离层延迟、广播时钟和广播星历校正。主控站包含的增强消息有电离层延迟图、信号完好性的指示以及每个信号的广播时钟纠正数和星历的纠正数。增强消息被传输到注入站并形成由增强消息调制的信号,再将该信号(通常使用 C 波段、K 波段或 Ku 波段)发射到地球静止卫星的应答器。应答器将信号频率转换到 L 波段,并进行放大,向地面广播。接收机使用增强信息来确定卫星导航信号是否具有足够的完好性,并对卫星导航信号的测量进行校正。虽然 SBAS 信号主要是通信信号,但在某些情况下,接收机也可以使用它们进行测量。

第三种增强系统,如图 2.11 所示,在用户接收机或漫游站、参考接收机或参考接收机网络之间进行差分测量,这些参考接收机可对已知位置进行精确测量。漫游站使用伪距或载波相位测量,以及通过通信链路获取来自参考接收机或网络传输的信息,准确确定漫游站接收机相对于参考接收机的位置。当参考接收机和漫游站接收机利用相同卫星信号进行测量时,漫游站可以使用同源误差计算消除误差,一旦载波相位模糊度消除,伪距测量精度可达到分米级,载波相位精度可达到厘米级。

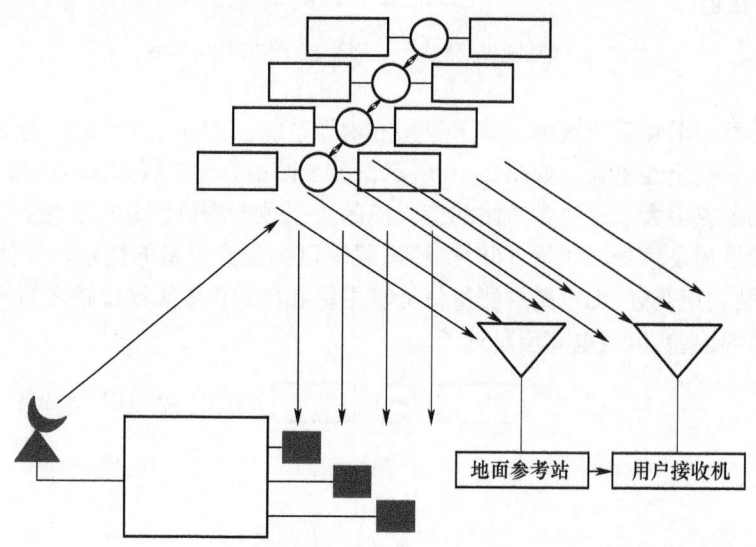

图 2.11　差分卫星导航[3](来源:经 IEEE 许可转载。)

2.8　卫星导航误差

如图 2.12 所示,卫星导航接收机产生的位置和时间误差可归因于 4 个因素:地面段、空间段、信号传播和用户设备。通常,由信号传播引起的一些误差归因于地面段,其他误差归因于用户设备,并且各部分根据自身情况对误差进行补偿;在下面的讨论中,它们都包括在用户设备误差中。

地面和空间段误差通常被认为是信号在空间的测距误差(SISRE),主要由 3 个因素引起:时钟误差、星历误差和卫星群时延。时钟误差和星历误差都反映了电文内容与实际的差异。时钟误差和星历误差是由估计误差、预测误差和曲线拟合误差共同引起的。估计误差反映了地面段时钟和星历测量的差异。预测误差反映了地面段预测未来某个时间的时钟和星历值与实际结果之间的差异。曲线拟合误差反映了一个事实,即预测值不能完全用精度有限的参数模型表示,造成时钟误差的另一个因素是时钟稳定性误差,它是由瞬时时钟特性的波动引起的。群时延误差是由卫星内信号通路引入的时延变化造成的,针对该部分的补偿包含在电文中广播的钟差校正参数中。差分群时延是指卫星广播的不同信号之间的相对时延。

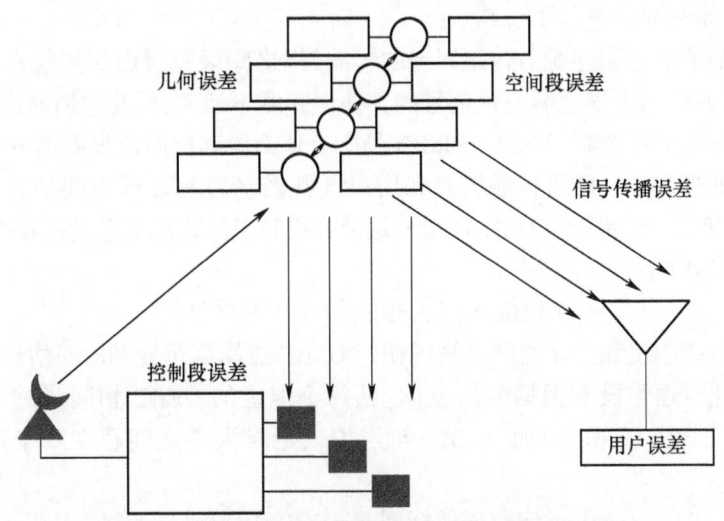

图2.12　卫星导航误差源[3]（来源：经IEEE许可转载。）

在2000年5月之前,民用GPS信号还显示出一个有意引入的地面和空间段误差源:选择可用性(SA)引入误差以限制民用信号的精度。既然SA已经关闭,就不需要再考虑;前段介绍的主要因素是现在地面和空间段误差的主要来源。

传播误差包括电离层①和对流层引入的延迟,以及本书第22章和文献[3]的第24章讨论的多径效应,即产生多个接收信号,其振幅、延迟和载波相位与直接路径信号不同,多径和直接路径信号相加,使接收机载波和相位的测量值失真。当直接路径被建筑物或植被遮蔽或阻挡时,接收机可能只处理多径信号,将其误认为是直接路径信号,并因此对到达时间进行含严重错误的测量。

用户设备还引入了天线和射频电子器件中的群延迟误差,以及由接收机中的噪声和干扰引起的测量误差。

对于单独操作和差分操作,测距误差差别很大,以下讨论适用于单个接收机。对于运行良好的系统,SISRE通常低于1m(RMS)。使用广播电离层模型的单频接收机可以部分消除电离层误差,电离层误差可接近10m(RMS),这取决于电离层条件。产生无电离层测量的双频接收机可将电离层误差驱动到小于1m,这取决于接收机测量中的多径误差和其他误差。多径误差可以是几米甚至几十米,如果阴影阻挡了直接路径并且接收机错误地从多径中提取测量值,误差会更大。

---

① 极端的太空天气会引起严重的电离层扰动,产生的影响(包括信号振幅和载波相位的时变失真)超出本章所讨论的内容。

根据差分系统的类型和漫游站与基站之间的距离，差分系统可以抵消部分或全部空间信号的误差，以及电离层和对流层造成的用户设备误差（UEE）。在此情况下，多径误差通常是主要误差，如果不涉及阴影，使用载波相位测量可以将这种误差降低到厘米级。

误差分析要么涉及对特定情况的精确了解，要么涉及基于若干简化假设的系统工程方法。虽然这些假设很少应用于实践，但由此产生的系统工程误差分析对于评估总体趋势和能力非常有用，本书对此进行了总结。

第一步是描述上述误差源对伪距误差的影响，将这些误差投影到接收机和卫星之间的视线上。通常，假设每个误差源与该信号的其他误差源不相关，因此它们的标准偏差是每个误差源的标准偏差的平方根（RSS）。SISRE 是所有地面段和空间段误差的 RSS 投射到接收机和卫星之间的视线上。所有传播误差和用户设备误差的 RSS 投射到接收机和卫星之间的视线上称为 UEE。SISRE 和 UEE 的 RSS 是接收机和卫星之间的总伪距误差，称为用户等效距离误差（UERE）：

$$\text{UERE} = [(\text{SISRE})^2 + (\text{UEE})^2]^{1/2} \tag{2.24}$$

第二步是将接收机和卫星之间的视线误差 UERE 投影到位置和时间估计误差上。当做出许多经过简化且通常没有根据的假设（包括每个卫星的 UERE 相同，每个卫星的 UERE 与其他卫星的 UERE 不相关）时，UERE 与定位或定时误差之间存在一个理想而简单的关系：

$$\text{定位误差标准差} = \text{DOP} \times \text{UERE} \tag{2.25}$$

虽然 UERE 有长度维度，但精度衰减因子（DOP）是无量纲的。DOP 取决于正在进行的测量，有不同的定位（垂直、水平、三维）和定时表达式。此外，DOP 仅涉及接收机和卫星之间的几何结构，如下式中定义的几何矩阵：

$$\boldsymbol{D} = (\boldsymbol{H}^{\text{T}}\boldsymbol{H})^{-1} = \begin{bmatrix} D_{11} & D_{12} & D_{13} & D_{14} \\ D_{12} & D_{22} & D_{23} & D_{24} \\ D_{13} & D_{23} & D_{33} & D_{34} \\ D_{14} & D_{24} & D_{34} & D_{44} \end{bmatrix} \tag{2.26}$$

当 $\boldsymbol{H}$ 中的单位方向矢量在本地水平坐标系中定义时，可以从 DOP 矩阵得到不同的 DOP 度量。用于估计时间和三维位置的几何 DOP（GDOP）、用于估计三维位置的位置 DOP（PDOP）、用于估计水平面位置的水平 DOP（HDOP）、用于估计高度的垂直 DOP（VDOP）、用于估计时间的时间 DOP（TDOP），分别表示为

$$\begin{aligned} \text{GDOP} &= \sqrt{D_{11} + D_{22} + D_{33} + D_{44}} \\ \text{PDOP} &= \sqrt{D_{11} + D_{22} + D_{33}} \\ \text{HDOP} &= \sqrt{D_{11} + D_{22}} \\ \text{VDOP} &= \sqrt{D_{33}} \\ \text{TDOP} &= \sqrt{D_{44}}/c \end{aligned} \tag{2.27}$$

将前 4 项中的任何一项代入式（2.25）都会产生距离误差，而 TDOP 除以光速会产生以秒为单位的误差。

当式（2.24）中的 UERE 是以米为单位的 RMS 量时，可使用式（2.25）中的 PDOP 提供

三维均方根误差,使用式(2.25)中的 HDOP 描述均方根水平误差(用于地面定位),使用式(2.25)中的 VDOP 描述均方根垂直误差,利用式(2.25)中的 TDOP 描述均方根时间误差。

通常,PDOP 小于 6 的值被认为是可接受的,小于 2 的值被认为是非常好的。PDOP 通常比 HDOP 大 2.1 倍。好的 HDOP 小于 1,VDOP 通常是 HDOP 的 1.9 倍。VDOP 大于 HDOP 的一个直观解释是,具有不同方位角的低仰角卫星为水平定位提供了极好的几何分集,但地面接收机不能使用接收机下方的卫星(因为地球阻挡了卫星的信号),从而限制了垂直定位的分布。

不同的用户使用不同的精度度量值,这些度量值可以近似地与这些 RMS 值相关,也可以彼此相关。这些关系见文献[3,13]的第 6 章。

2.9 总结

使用无源射频三边测量的卫星导航是许多应用的基础 NT 技术,在未来几十年仍将是必不可少的。虽然卫星导航的原理很简单,但是需要复杂的技术来实现出色的性能。

卫星导航的独特功能和优势现在直接或间接地影响到地球上的每个人。本章所概述的主要由 GPS 或为 GPS 发展的原则和技术,现在正在应用和扩展到 GNSS,该系统将由 4 个 GNSS、3 个 RNSS 和越来越多的小型卫星导航系统组成,其覆盖范围将继续扩大到地球的大部分陆地。

如图 1.20 所示,GNSS 发射的一组信号占据了 1~2GHz L 波段频谱的大部分,以及 2583~2500MHz S 波段的一部分[3]。这组丰富的信号将由多达 150 颗卫星播发,预示着卫星导航将迎来一场新的革命。

参考文献

[1] "RDSS LLC," www.rdss.com, accessed 28 August 2016.

[2] Danchik, R. J., "An Overview of Transit Development," *Johns Hopkins APL Technical Digest*, Vol. 19, No. 1, 1998, http://techdigest.jhuapl.edu/td/td1901/danchik.pdf, accessed 7 May 2016.

[3] Betz, J. W., *Engineering Satellite-Based Navigation and Timing: Global Navigation Satellite Systems, Signals, and Receivers*, Wiley-IEEE Press, 2015.

[4] Betz, J. W. and Kolodziejski, K. R., "Generalized Theory of Code Tracking with an Early-Late Discriminator, Part 1: Lower Bound and Coherent Processing," *IEEE Transactions on Aerospace and Electronic Systems*, Vol. 45, No. 4, pp. 1538-1550, October 2009.

[5] van Diggelen, F., *A-GPS: Assisted GPS, GNSS, and SBAS*, Artech House, 2009.

[6] Betz, J. W., "Signal Structures for Satellite-Based Navigation: Past, Present, and Future," *Proceedings of the Institute of Navigation Pacific PNT Conference*, Institute of Navigation, April 2013.

[7] Proakis, J. and Salehi M., *Digital Communications*, 5th Ed., McGraw-Hill, 2007.

[8] Chen, X. et al., *Antennas for Global Navigation Satellite Systems*, Wiley, 2012.

[9] RamaRao, B. et al., *GPS/GNSS Antennas*, Artech House, 2013.

[10] Parkinson, B. W., Spilker, J. J., Jr., Axelrad, P., and Enge, P. (eds.), *Global Positioning System: Theory and Applications*, American Institute of Aeronautics and Astronautics, 1996.

[11] Misra, P. and Enge, P., *Global Positioning System: Signals, Measurements, and Performance*, revised 2nd Ed., Ganga-Jamuna Press, 2006.

[12] Kaplan, E. D. and Hegarty, C. J. (eds.), *Understanding GPS/GNSS: Principles and Applications*, 3rd Ed., Artech House, 2017.

第 3 章　全球定位系统(GPS)[①]

John W. Betz
MITRE 公司,美国

GPS 是世界上应用最广泛的卫星导航系统,其可用性和始终如一的优异性能彻底改变了导航授时,实现了以前无法想象的许多应用。GPS 是一种军民两用系统,为全球数十亿消费者、商业用户以及众多军事用户提供着持续稳定的高精度导航授时服务。相比于独立使用 GPS,对 GPS 的第三方增强则进一步提升了其鲁棒性、完好性和精确性,从而可以实现更为广泛、不可或缺的应用。

文献[1-3]详细描述了 GPS 的组成技术和应用情况,并从介绍 GPS 和相关主题的美国官方网站选取大量官方文献作为补充,涵盖了 GPS 及其服务和信号等信息[4]。

本章以汇总形式介绍了 GPS。3.1 节概述了 GPS 的历史和发展,3.2 节解释了当前的 GPS 管理结构,3.3 节描述了 GPS 采用的大地测量和时间参照系统,3.4 节描述了 GPS 服务内容及其性能标准,3.5 节、3.6 节和 3.7 节分别总结了 GPS 星座、地面段和信号的关键特性,3.8 节概述了 GPS 电离层模型,3.9 节描述了 GPS 及其卫星提供的其他有效载荷和功能,3.10 节是对本章的总结。

3.1　GPS 的历史

GPS 作为世界首屈一指的卫星导航系统,率先探索和实施了其他卫星导航系统后来采用和推广的概念。GPS 的发展和现代化是不断创新和实践的过程。3.1.1 节给出了 GPS 发展的总体时间线,3.1.2 节~3.1.5 节分别描述了 GPS 信号、空间段、地面段和用户设备的演变。

3.1.1　GPS 时间线小结

本书第 1 章以及文献[5-7],介绍了开发原始 GPS 所需的技术以及在空军领导下建立联合 GPS 计划的相关事件。本节则主要总结了其早期历史及较近的历史事件。

GPS 在轨测试始于 1974 年,并持续至 1985 年,其间发射了大量测试卫星,用以验证基本概念并确保 GPS 能达到或超过预期性能。

---

① 已获准公开发布,发行数不限,备案编号为 17-2409。此处作者与 MITRE 公司的隶属关系仅用于识别,并不表示或暗示 MITRE 公司同意或支持作者表达的立场、意见或观点。

1983年，大韩航空007号班机因波音747的导航系统故障，误入了禁飞空域而被苏联击落。此事件发生后不久，里根总统再次向美国承诺将免费提供民用GPS，以改善导航、加强航空安全。20世纪80年代后期，由于资金困难，加上1986年"挑战者"号航天飞机的灾难事件，GPS星座的部署放慢了脚步——原计划使用航天飞机部署GPS卫星，但"挑战者"号爆炸后，决定改用Delta Ⅱ火箭，致使部署计划推迟了2年。

1990年，引入了选择可用性(SA)和反欺骗(AS)功能。SA降低了民用用户信号的精度，而AS则以加密方式保护军用信号。

1991年的"沙漠风暴"行动中，GPS首次在军事行动中发挥了重大作用。地面部队通过GPS在缺乏标志特征的沙漠、沙尘暴和夜间环境中达到了前所未有的机动精度。GPS接收机也应用到了飞机上，以便发动更精准的空袭，加强战斗搜索和救援。但由于军用接收机数量有限，部队购买和使用了大量的民用接收机。因此，SA被暂时关闭以提高这些民用接收机的精度。

"沙漠风暴"的经历让军方更加充分地认识到GPS的优势。GPS开始广泛整合到各种系统、作战任务和战术中，并最终影响了美国的军事力量结构。1993年，随着GPS第24颗运行卫星发射并投入使用，美国国防部(DoD)和交通部(DOT)宣布GPS具备初始运行能力(IOC)。到1995年，GPS在轨运行卫星达到27颗，进而宣布具备全面运行能力(FOC)。

同时，美国海岸警卫队开始开发差分GPS(DGPS)服务，覆盖美国大陆、五大湖、波多黎各、阿拉斯加和夏威夷部分地区以及密西西比河流域部分地区的海岸。海上DGPS使用固定参考站的无线电信标，向接收机广播改正信息。接收机通过这些改正信息来消除测量误差，提高精度。1996年，海上DGPS宣布具备初始运行能力，随后其覆盖范围扩展至全国。

几乎是同一时期，1994年，美国交通部和联邦航空局开始开发广域增强系统(WAAS)。这是覆盖全国的差分校正服务，由地球静止卫星上的应答机转发GPS C/A信号。WAAS的主要目的是为配备卫星导航接收机的飞机提供更高精度和完好性的服务。配备经认证的GPS/WAAS接收机后，飞机无须使用每个机场的基础设施，就可以进行精密进近和着陆。WAAS信号在通用航空中得到了广泛应用，覆盖了美国大陆的大部分地区以及阿拉斯加的部分地区。

WAAS成为了第一个星基增强系统(SBAS)。如第13章所述，其他SBAS也已经在开发部署中。尽管每个系统都是区域性的，但它们的综合服务区域有望覆盖北半球的大部分陆地，并且在南半球的覆盖范围也不断扩大。所有SBAS都符合国际民用航空组织(ICAO)的一系列标准，允许接收机与不同SBAS进行互操作。

具有讽刺意味的是，DGPS和SBAS提供的改正信息消除了SA的作用。因此，一方面，美国国防部在开发SA；另一方面，民用机构却在投资开发对抗SA的技术。2000年5月，在克林顿总统的指示下，美国政府停止了对SA的使用，使得GPS对全球民用和商用用户的响应更为敏捷。

2007年9月，美国政府宣布决定采购无SA的下一代GPS卫星，称为GPS Ⅲ[8]。这一声明发布后，2000年停止使用SA的决策便永久实施了，同时也从源头消除了全球民用GPS用户一直关注的GPS性能不稳定的问题。

原始的GPS仍在部署，其使用不断发展，同时国家研究委员会也在进行开创性、前瞻性的研究。研究报告[9]中建议：取消SA；增加新的民用信号以提供双频民用服务；增加更多的监测站;评估新的军用信号的应用前景。其他团体也提出了类似的建议,以增强 GPS 信号,有力推动了 GPS 现代化。

1996 年,在认识到 GPS 对民用用户和对军用用户同样重要的基础上,美国总统克林顿发布了一项政策指令[10]。该指令重申 GPS 是一种两用系统,还建立了一个管理架构,即由美国国防部和交通部代表共同领导的机构间 GPS 执行委员会(IGEB),将 GPS 作为国家资产进行管理。

所以,GPS 现代化的时间表始于 2000 年关闭 SA,其后续事件将在之后的章节中详述,包括增加新的民用信号、新的军用信号和新的监测站。GPS 卫星、地面段和军用接收机的相关升级和更换也正在进行中。越来越明显的是,GPS 现代化不是 GPS 历史上的一个事件,甚至不是一个阶段,而是一个将无限期持续下去的过程。

20 世纪 90 年代的另一个事件对 21 世纪,以及整个卫星导航领域产生了更加深远的影响。随着移动设备的使用日益广泛,联邦通信委员会要求移动电话在拨打紧急 E911 电话时应能够实现"定位"[11]——向急救人员报告位置信息。虽然这些要求本身与技术无关,但当时普遍认为使用 GPS 是完成这一任务最理想的方式。从而在应用和使用两方面极大促进了 GPS 的发展:

(1) 辅助 GPS(A-GPS)[12]的研发,使普通用户设备使用 GPS 时响应更加敏捷、鲁棒性更强;

(2) 大量投资小型、经济、低功耗 GPS 芯片组,大幅提升了 GPS,以及其他卫星导航系统的使用和利用率。

2000 年以来,GPS 的发展史主要有 2 个重点:实施 GPS 现代化和适应卫星导航的国际化。3.1.2 节~3.1.5 节详细介绍了 GPS 的现代化。此处主要讲述国际化的内容。

GPS 一直致力于为全球用户服务,21 世纪 GPS 与其他卫星导航系统运营商的国际互动不断扩展,并最终居于领导地位。虽然 20 世纪 90 年代 GPS 和 GLONASS 就已共存,但两者之间几乎没有互动。因为 GLONASS 和 GPS 信号使用不同的频率,双方甚至不需要频谱协调。然而,当欧洲在本世纪之交开始发展 Galileo 系统时,美国意识到 2 个情况:

(1) GPS 和 GLONASS 将与其他卫星导航系统联合使用,在国际电信联盟(ITU)分配给无线电导航卫星服务(RNSS)使用的有限频谱中共享信号;

(2) 使用来自多个卫星导航系统的信号更有利于接收机工作。

因此,美国决定积极推动卫星导航系统之间的兼容与互操作性。2002 年起,美国和欧共体通过谈判,达成了 GPS 与 Galileo 系统的合作协议[13]。在此过程中,正式引入了兼容性和互操作性概念。兼容性是指多个信号和系统可以单独或一起使用,且不会造成单个服务或信号不可接受地降级或对其造成其他影响;互操作性是指接收机或应用通过多信号或多系统获得比使用单信号或单系统更好的性能。随后,GPS 开发的射频兼容性评估方法[14]在国际上得以正式使用[15]。最初由 GPS 开发的扩频调制方式及其改进版在信号兼容互操作方面极具参考价值,也可以提供更为优越的性能。经过与其他卫星导航系统专家协商,GPS 最新信号 L1C 广泛采用了与那些系统类似的信号设计以增强互操作性。

GPS 的上述努力为其与其他卫星导航系统之间以及各系统之间的双边协调和技术工作奠定了基础。此外,成立于 2005 年的全球导航卫星系统国际委员会(ICG)[16]为卫星导航系统供应商乃至全球用户提供了一个多边论坛。

国际化进程也持续影响着美国的政策。2004年,布什总统更新了美国的相关政策[17]。标题中的对象从以往的 GPS 变成了 PNT,十分引人注目。这项新政策承认了各外国卫星导航系统以及对兼容性和互操作性的需求,广泛说明了与外国系统的交互和关系。该政策还设立了国家天基定位、导航和授时执行委员会,取代了 IGEB,确定了比 IGEB 领导地位更高级别的联合主席。

奥巴马总统 2010 年的国家空间政策[18]则深入推进了国际化步伐,允许通过外国 PNT 服务来增加和强化 GPS 的使用。2011 年的国家安全太空战略[19]进一步寻求与伙伴国合作,增强美国的能力,分担风险和成本。

3.1.2 GPS 信号演变

GPS 信号的具体信息概述见 3.7 节,本节主要概述其演变过程。GPS 信号演变也同时推动了卫星、地面段和用户设备的演变。GPS 原始信号是 L1(载频为 1575.42MHz)上的粗码/捕获码(C/A)信号和精码(P)信号以及 L2(载频为 1227.60MHz)上的 P 信号。1989 年发射的第一颗 Block Ⅱ 卫星实现了加密(Y)版 P 信号的传输,即 P(Y)信号。

1998 年,IGEB 决定增加两个新的民用信号[20]。分别是 L2 上的 L2 民用信号(L2C)和 L5(载频为 1176.45 MHz)上的 L5 信号。

GPS 卫星最早的设计是在 L2 上传输 P 信号或者 C/A 信号。决定在 L2 上同时传输民用信号和 P(Y)信号,只是为了在 P(Y)信号基础上,传输 L1 C/A 信号的副本。不过,C/A 信号的设计包含了一些无奈的折中。

数据位内扩频码的重复引入了射频干扰问题,并且由于数据信息调制导致的双相转换中断了接收机处理中的长相干积分时间,导致信号的跟踪更加脆弱。虽然在设计时已经认识到了这些局限,但为简化接收机处理仍采用了 C/A 信号设计[21]。C/A 信号的第三个局限性是数据消息的刚性结构使其无法根据需要进行调整。

GPS 项目办公室同意在尽量不影响卫星成本和进度的前提下,采用改进的 C/A 信号作为 L2 民用信号。因此,保留了 BPSK-R(1)扩频调制方式,引入了时分复用的导频和数据分量,使其具有更长的扩频码,还引入了一种灵活的数据信息设计。但因为它不处于受 ITU 保护的航空无线电导航服务(ARNS)频段内,所以航空界不能使用 L2C 信号。

随后,设计出了 L5 信号,该信号主要满足民航需求。文献[22]概述了 L5 信号的发展史,该信号设计采用了类似于 P(Y)信号的扩频调制、相位正交的导频和数据分量,以及适应民航需要的灵活数据信息。

几乎同时,为了克服 P(Y)信号的固有局限性,设计了一种新的军用信号[23],称为 M 信号或军用信号。该信号使用 BOC 扩频调制方式,集中信号功率,远离与民用信号共用的中心频率。

基于政治考虑,之后又提出了第四个民用信号,也是第八个 GPS 信号——L1C。美国和欧共体在 2002—2004 年就 GPS 和 Galileo 系统进行谈判期间,欧洲代表鼓励美国采用 1575.42 MHz 的民用信号,该频率为 GPS 的 L1 信号,也是 Galileo 系统的 E1 信号,因此该民用信号与相应的 Galileo 信号具有共同特征。美国在 2004 年的协议[24]中承诺了这一点,实现了在最常用的频段上使用现代化 GPS 民用信号。协议达成后,欧洲专家提议对普遍采用的 BOC(1,1)扩频调制方式进行修改,但美国专家不赞成。最后,美国提出了一种双方都能接受的扩频调制改进方案,并由双方共同完善和采纳。尽管 GPS 和 Galileo 信号的波形及信号设计等许多方面有所不同,但二者最终形成了一个共同的频谱形状。

GPS 信号的接收功率也在持续发展。21 世纪初,由于 GPS 与其他卫星导航系统共享频谱时干扰增加,C/A 信号和 P(Y) 信号的规定最小接收功率也增加了 1.5dB,这是通过减少链路预算计算中的过量大气损耗而实现的"纸面"功率增加。与 Block Ⅱ 卫星相比,Block ⅡF 卫星的某些信号已经实现了最小接收功率的增加。在未来,GPS Ⅲ 卫星的 L2C、L2P(Y)、L5 和 M 信号的最小接收功率也将增加。

图 3.1 为 GPS 信号的演变过程,及产生相应变化的卫星。图中均为相同功率下的功率谱密度,不反映不同信号的实际接收功率。

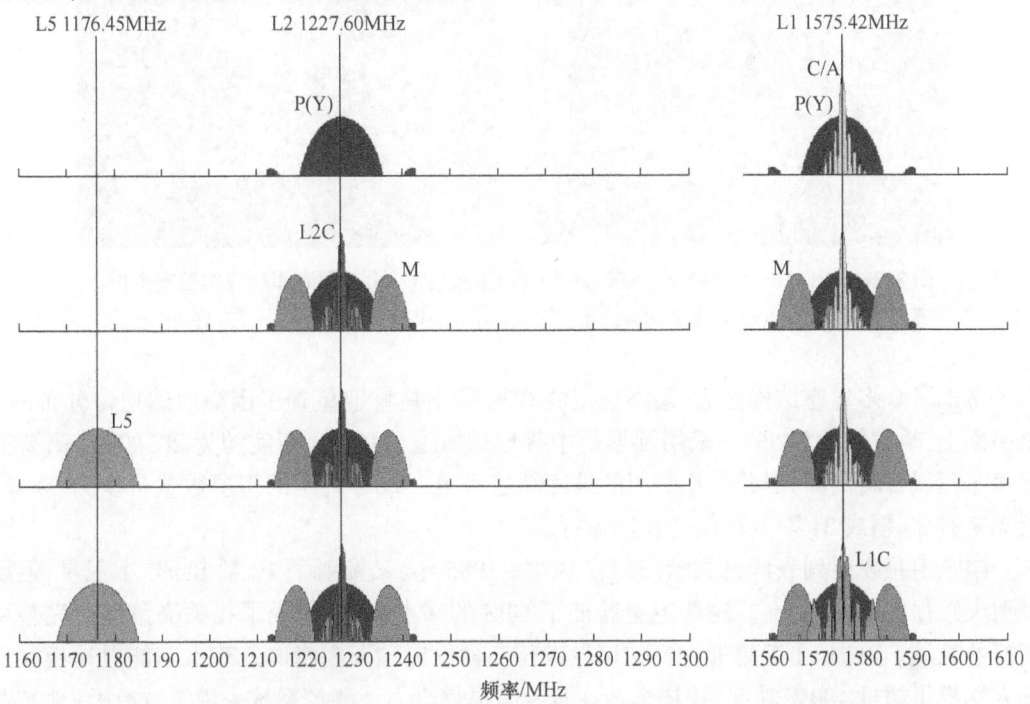

图 3.1　GPS 信号现代化[25]（资料来源:经 John Wiley & Sons 公司许可转载。）

3.1.3　GPS 空间段演变

GPS 项目机构发射了两颗技术试验卫星,并携带了首批原子钟进入太空[26-27]。1974 年发射的第一颗导航技术卫星,命名为 NTS-1,是一颗改进的 TIMATION 卫星。NTS-1 使用两个铷钟(铷蒸气频率标准)产生一组以 335MHz 和 1580MHz 为中心的连续时钟信号。该卫星装有用于精密定轨的激光后向反射器。其轨道高度略低于 14000km,远低于最终的 GPS 轨道高度,相应地,轨道周期也略小于 8h。

1977 年发射的 NTS-2 卫星,如图 3.2 所示,引入了许多导航卫星的基本技术[28]。NTS-2 卫星被称为第一颗 GPS 第 1 阶段卫星,它通过铯钟产生信号,在日食期间用镍氢电池提供电力,并采用动量轮保持三轴重力梯度稳定。与 NTS-1 一样,它也装有激光后向反射器用于精密定轨。除了侧音测距外,它还可以发射直接序列扩频信号。利用该信号进行的实验证实了爱因斯坦的相对论时钟偏移。NTS-1 和 NTS-2 如图 3.2 所示,它们修长的结构用于保持重力稳定。

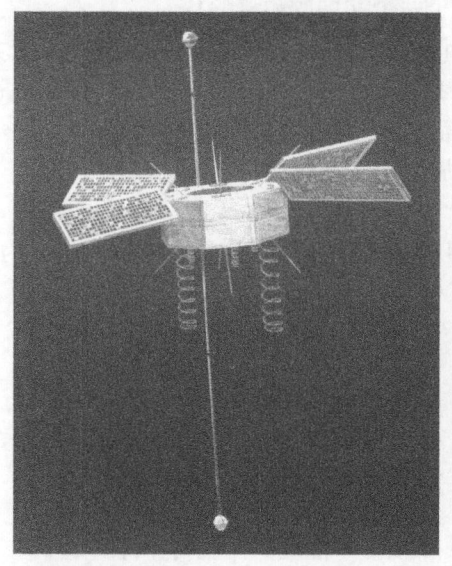
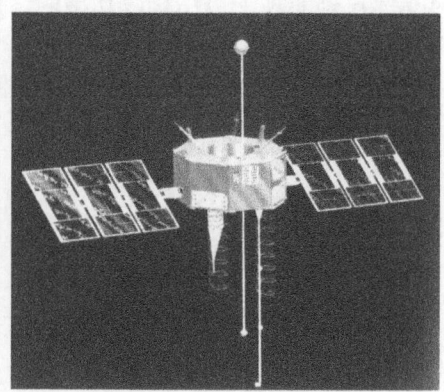

图3.2　NTS-1[29]（左）和NTS-2[30]（右）卫星（图片由美国海军研究实验室提供。
资料来源：经Gunter Dirk Krebs公司（左）和John Wiley & Sons公司（右）许可转载。）

考虑了众多星座结构之后，最终选定的GPS星座是将卫星置于围绕地球均匀分布的6个平面上，轨道倾角为55°。采用圆形的中等地球轨道（MEO），高度约为20200km，需要卫星每个恒星日转两圈，因此每星每天的地面轨迹重复一次。规定的卫星数量最少为24颗，近年来有30颗或31颗卫星保持在轨运行。

GPS卫星发射列表详见文献[31]。1978—1985年，又发射了10颗Block Ⅰ卫星，但因发射失败损失了一颗[32]。这些卫星验证了GPS的基本概念，促成了相关决策部署完整可运行的系统。Block Ⅰ卫星通过反作用轮进行三轴稳定和天底指向。双太阳能电池板在寿命末期提供超过400W功率，镍镉电池在日食时提供电力。测控系统采用S波段天-地链路子系统（SGLS）通信，并实现了航天器间的超高频（UHF）星间链路通信。该卫星和之后的GPS卫星一样，采用联氨推进系统实现位置保持，播发C/A信号和P信号。

1989年，第一批可运行的GPS卫星（称为Block Ⅱ）开始发射。受1986年挑战者号灾难事件影响，原先使用航天飞机部署GPS卫星的计划推迟，后续变为用德尔塔二号（Delta Ⅱ）火箭发射。20个月内发射了9颗Block Ⅱ卫星。设计改进后的Block ⅡA（改进卫星）卫星于1990年首次发射，可在不与控制段接触的情况下自主运行180天（Block Ⅱ卫星只能运行3.5天）。这两种类型的卫星都广播C/A信号和P(Y)信号，太阳能电池板寿命末期可产生700W功率。随着19颗Block ⅡA卫星发射成功，Block Ⅱ和ⅡA卫星多年来一直作为GPS星座的中流砥柱，实际寿命远远超过7.5年的设计寿命。其中2颗Block ⅡA卫星装有激光后向反射器。Block Ⅰ和Block Ⅱ/ⅡA卫星如图3.3所示。

1997年初第一颗Block ⅡR卫星（补充卫星）因发射失败被毁，随后在当年又成功发射了第一颗可运行的Block ⅡR卫星。Block ⅡR卫星在功能上与Block ⅡA卫星类似，不同的是Block ⅡR卫星配备了自动导航功能，至少能在180天内保持全系统精度[34]。Block ⅡR卫星的太阳能电池板在寿命末期可产生1136W的功率。

图 3.3　GPS Block Ⅰ[32](左)和 Block Ⅱ/ⅡA[33](右)卫星(图片来源:左图由 NASA/JPL Caltech 提供,转载经 NASA 的许可,右图经 GPS 许可。)

如 3.1.2 节所述,建造和发射 Block ⅡR 卫星的同时,也在进行 GPS 信号现代化设计。随后决定对 20 颗卫星中最后 8 颗进行改进,在 L1 和 L2 上增加 M 信号,同时增加 L2C 信号。而当时认为在新的载频上添加 L5 信号改动太大。Block ⅡR-M 卫星(现代化补充卫星)从 2005 年开始发射。由于国际电联要求带有 L5 信号的 GPS 频率只能在申请期限内使用,而倒数第二颗 Block ⅡR-M 卫星发射后发现,同样带有 L5 信号的 Block ⅡF 卫星(后续卫星)在该期限内并不能完成发射准备。如果错过了最后期限,相比在其后申请该频率的其他卫星导航系统,GPS 将失去频谱协调优先权。因此,为了及时启用 L5 频率,GPS 在最后一颗 Block ⅡR-M 卫星上增加了一个"测试发射机"。然而由于对此修改的测试和实现不充分,卫星发射后发现在射频信号链中存在反射,导致广播信号的多径失真[35]。虽然它满足了国际电联关于使用 L5 信号的要求,但这颗卫星却从未投入使用。所以,可运行的 Block ⅡR-M 卫星实际只有 7 颗。Block ⅡR 和 Block ⅡR-M 卫星如图 3.4 所示。

图 3.4　GPS Block ⅡR 卫星[33](a)和 Block ⅡR-M 卫星[33](b)(资料来源:经 GPS 许可转载。)

Block ⅡF卫星计划作为第一颗发射L5信号的卫星,它的太阳能电池板在寿命末期可以提供2440W功率。研究人员也曾考虑过对后续Block ⅡF卫星进行改造,发射更高功率的区域M信号(点波束),但与基本卫星在技术、进度和成本方面对比后放弃了这一想法。相比早期卫星7.5年的设计寿命,Block ⅡF卫星的设计寿命延长到了12年。此时,部分ⅡA和ⅡR卫星已经在轨运行20余年。

原本希望通过GPS Block Ⅲ计划发射3个批次共计32颗卫星,并逐批增加更多功能。第一批8颗Block ⅢA卫星为卫星平台基本结构,可以在此基础上实现功能不断升级。与Block Ⅱ卫星不同,它将提供对地覆盖更高功率的M信号,并广播L1C信号;Block ⅢB和ⅢC卫星将提供M信号点波束、现代化星间链路和其他更先进的技术。然而,GPS Block Ⅲ计划一直在技术、进度和成本方面备受困扰,并最终作出了更改。截至2017年,首批10颗GPS Block Ⅲ卫星基本具备相似的能力。空军重新对最后22颗Block Ⅲ卫星的合同进行了竞标,但采购时间以及能额外提供什么能力还没有确定。早期的Block Ⅲ卫星设计寿命为15年,其太阳能电池板于寿命末期可产生4480W功率[36]。Block ⅡF和Block Ⅲ卫星如图3.5所示。Block ⅢF卫星(后续卫星)将在首批10颗Block Ⅲ卫星发射之后引入采购,可以提供区域高功率M信号等更多功能。

图3.5 GPS Block ⅡF[33](左)和早期Block Ⅲ[33]卫星(资料来源:经GPS许可转载。)

表3.1总结了以上卫星的特征,可以看出卫星能力随着质量增加而相应提高。

表3.1 不同批次的GPS卫星汇总

卫星名称	首次发射	总数/颗	净重/kg	播发导航信号的数量
NTS-1	1974年	1	293	2
NTS-2	1977年	1	431	2
Block Ⅰ	1978年	11(1颗发射失败)	450	3
Block Ⅱ	1989年	9	833	3
Block ⅡA	1990年	19	989	3
Block ⅡR	1997年	13(1颗发射失败)	1080	3
Block ⅡR-M	2005年	8(1颗因信号失真未工作)	1080	6
Block ⅡF	2012年	12	1705	7
Block Ⅲ	2018年	10	2268	8

3.1.4 GPS 地面段演变

试验卫星 NTS-1 和 NTS-2 采用的是定制化地面段。全球分布的 6 个跟踪站用于跟踪 NTS-1,4 个跟踪站用于跟踪 NTS-2,可以提供几乎连续的跟踪覆盖。操作控制主要依靠人工进行。

支持 Block Ⅰ 卫星运行的第一代 GPS 地面段称为初始控制段(ICS)。20 世纪 70 年代,ICS 布置于加利福尼亚州范登堡空军基地,由一个控制站、地面天线和监测站组成。其他监测站分别位于阿拉斯加州埃尔门多夫空军基地、关岛安德森空军基地和夏威夷海军通信站[37]。

运行控制系统(OCS)的开发始于 1980 年,1985 年在范登堡空军基地开始运行。1988 年,卫星的指挥和控制转移到位于科罗拉多州科罗拉多斯普林斯的猎鹰空军基地(1998 年更名为 Schriever 空军基地)的第二卫星控制中队(2SCS)[38]。到 20 世纪 90 年代初,系统测试已经完成,验证了地面段和卫星之间的交互,且系统运行开始使用 IBM 大型机架构。在夏威夷、科罗拉多斯普林斯、阿森松岛、迭戈加西亚和夸贾林分别设 5 个监测站,与猎鹰空军基地的主控站(MCS)进行通信。

卫星测控的地面天线大部分与监测站并址,佛罗里达州卡纳维拉尔角也设有该天线。地面天线通过 SGLS 向卫星上传数据,包括导航信息中的卫星星历和钟差改正信息,以及 MCS 的遥测指令。虽然每颗卫星每天可以上传 3 次数据,但通常每天只更新 1 次。

GPS 地面段的现代化始于精度改进计划(L-AⅡ)。将国家地理空间局运营的新监测站纳入 GPS 的地面段,提高了星座的可见性,从而达到了更高的精度;2001 年加入了卡纳维拉尔角监测站;2005 年新增了 6 个监测站,分别位于阿德莱德(澳大利亚)、布宜诺斯艾利斯、埃尔米塔奇(英国)、麦纳麦(巴林)、基多(厄瓜多尔)和华盛顿特区;2006 年又增加了 5 个监测站,分别位于费尔班克斯(美国)、乌山(韩国)、帕皮特(塔希提岛)、比勒陀利亚和惠灵顿(新西兰)。L-AⅡ计划于 2008 年完成,GPS 广播信号的卫星星历和钟差信息的精度提高了 10%~15%,并保证每颗卫星可以随时被至少 3 个监测站监测到。

与此同时,空军实施了架构演进计划(AEP)。AEP 用当时较为现代化的分布式架构 Sun 工作站取代了 MCS 中基于 IBM 大型机的架构。该计划提高了 GPS 运行的灵活性和响应能力,并为 Block ⅡF 卫星的操作铺平了道路。同时,还引入了一个位于加利福尼亚州范登堡空军基地的备用 MCS(AMCS),作为 MCS 的完全备份。AEP 计划的最终版本于 2011 年宣布全面运行。目前的 GPS MCS 可以指挥控制多达 32 颗在轨运行卫星组成的星座。

2007 年,2SOPS 部署了发射、异常分析与处置操作(LADO)系统,以控制运行星座以外的 GPS 卫星,包括正在进行检测的新发卫星、开展异常分析的停用卫星、在轨备份的剩余卫星,以及需要报废处置的卫星。

LADO 系统有三个主要功能:第一个功能是遥测、跟踪和控制;第二个功能是 LADO 系统下卫星轨道机动的规划和执行;第三个功能是用 LADO 为 GPS 有效载荷和子系统模拟不同遥测任务。LADO 系统仅使用空军卫星控制网(AFSCN)远程跟踪站,不用 GPS 的专用地面天线。

自 2007 年以来,LADO 系统已多次升级。2010 年 10 月,第一颗 GPS ⅡF 卫星发射测试之后,美国空军在实际运行中升级了一个新版本,增加了 GPS Block ⅡF 功能。

2010 年,美国空军向雷神公司授予了开发下一代运行控制系统(OCX)的合同。OCX 涉及开发新的软硬件架构、加强网络安全及对现代化信号(M、L1C、L2C 和 L5 信号)的完全控制能力。该系统要执行 GPS Ⅲ 卫星的发射、检测和控制,取代 AEP 对其余 Block Ⅱ 卫星进行操作。它还将监测民用信号,并同时控制超过 32 颗卫星。

2016 年,OCX 项目经过多年推迟和成本超支后,空军宣布 Nunn McCurdy 违约,这表明成本将比原计划增加 25%以上。之后(同年),国防部部长办公室证实有必要继续 OCX 项目,该项目优于其他替代方案。OCX 的各项功能将在 2020 年后分阶段实现交付。

3.1.5 GPS 用户设备演进

第一个用户设备是为支持 GPS 开发、测试和演示而研发的测试设备。一个完整的运行系统需要接收机的参与。"X 组合"是一种先进的开发模式,可以同时接收四个 C/A 信号或 P 信号。另一种"Y 组合"接收机采用更为简单的开发模式,一次只跟踪一个 C/A 信号或 P 信号,依次对 4 个信号进行测量来获得位置。"Z 组合"对"Y 组合"进一步简化,只执行 C/A 信号的顺序处理,为保障其军事作战能力,原型设计为背包形式。3.1.5.1 节介绍了军用用户设备的演变,3.1.5.2 节概述了民用用户设备的发展。

3.1.5.1 军用 GPS 用户设备

20 世纪 80 年代,初代军用接收机开始研发,到 20 世纪 90 年代初已经生产了多种类型的军用接收机[39]。机载和舰载接收机可以并行处理 5 个信道,而地面车辆和单兵携带式接收机则只能一次对 1 个或 2 个信道进行顺序处理。双通道接收机称为轻小型 GPS 接收机(SLGR),只处理 C/A 信号,在"沙漠风暴行动"[39]中得到广泛使用。早期的军用接收机如图 3.6 所示。

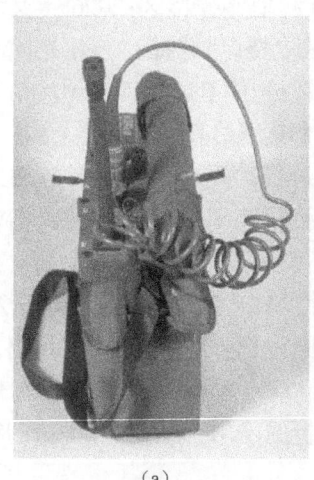

(a) (b)

图 3.6 早期军用接收机

(a) Manpack 全球定位系统(GPS)接收机约于 1980 年生产[40];(b) RCVR-3A 机载 GPS 接收机约于 1988 年生产[40]。

DARPA 赞助开发了微型 GPS 接收机(MGR),以及后来一种质量不足 4kg 的手持式精密轻型 GPS 接收机(PLGR)。得益于快速发展的微电子技术,它们容量大但体积小、功耗低。20世纪90年代还引入了自适应抗干扰天线系统,该天线使用的多元天线阵列,可以在干扰方向上形成空间屏障,称为受控辐射天线(CRPA)。

近年来,军用接收机在保障类似功能的同时,尺寸、重量和功率都有所降低。2004年推出的国防先进探地雷达接收机(DAGR)的重量不到PLGR的一半,而微型机载GPS接收机(MAGR)的重量是RCVR-3A的1/3[41],如图3.7所示。值得一提的是,DAGR中的嵌入式贴片天线取代了PLGR中的螺旋天线。

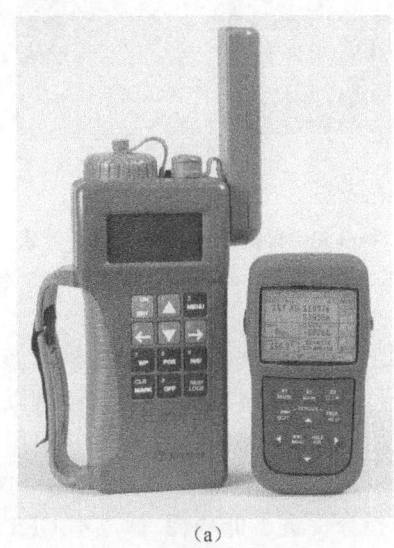

(a)　　　　　　　　　　　　　　(b)

图3.7　后续的军用接收器:PLGR与DAGR[42](a)和MAGR[43](b)(资料来源:(a)经《国防工业日报》许可转载;(b)经GlobalSecurity.org.网站许可转载。)

下一代军用接收机,即军用GPS用户设备(MGUE)于2005年左右开始研制。因其具有接收P(Y)、M和C/A信号的能力而被称为YMC/A接收机。经历过计划推迟和成本超支后,目前计划在2020年之后的合适时间开始全面生产MGUE。

3.1.5.2　民用GPS接收机

民用接收机也迅速赶上了军用接收机的发展进度,甚至成本、尺寸、重量和功耗(CSWaP)更低,并在灵敏度和用户界面等多方面超过军用接收机。第一台商用接收机使用模拟电子技术对C/A信号和P(Y)信号进行双频顺序处理[44]。此外,还开发了一种无码接收机,即测距仪[45],利用GPS信号的循环平稳性[25]产生正弦波形,可以在不使用扩频码的情况下进行相对定位。

德州仪器公司的TI 4100 NAVSTAR导航仪是第一个得到广泛使用的商用GPS接收机。该接收机在1981—1989年销售,其特点是使用了数字电路,可以处理来自4颗卫星L1和L2上的C/A信号和P信号。该公司还提供了具有更高精度差分定位功能的测量型接收机。即使每天只能有几个小时观测到4颗BlockⅠ卫星,这些接收机也可用于测量。测距仪和TI-4100主要用于专业应用,如大地测量等测量。该公司首次提出了目前在精密卫星导航应用中广泛使用的单差和双差测量概念。

1989年,第一台手持式GPS接收机上市,采用顺序处理方式处理来自不同卫星的C/A

信号。20世纪90年代普通用户接收机变得越来越普遍,1999年推出了第一个安装在移动电话中的GPS接收机[46]。部分先进的民用GPS接收机如图3.8所示。

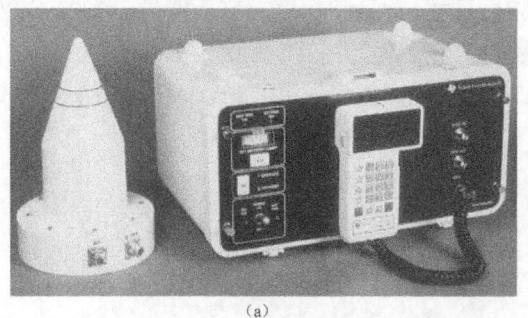

图3.8　TI-4100[40]

(a)麦哲伦NAV 1000——第一款手持接收器[47]由Phil Ward先生提供,经航海学会许可转载;
(b)手持接收器(经允许转载史密森美国历史国家博物馆);贝尼丰——第一款商用的带GPS的手机[46]。

专业民用接收机也在20世纪90年代逐步成熟,拥有更多的接收信道,在双频电离层测量中能对加密的P(Y)信号进行"半无码化"处理,可以使用载波相位差分处理以获得分米级精度,并可以使用GLONASS信号改善几何构型。20世纪90年代,GPS在民用航空中的使用逐渐增多,随着2003年WAAS投入使用,GPS在美国民用航空中也愈加受到欢迎。

如第1章1.1节所述,1994年FCC的E911指令促进了低功耗、低成本GPS芯片的崛起,在辅助GPS技术的推动下,彻底改变了消费类设备中使用的GPS。全球目前有数十亿个GPS接收机正在被使用,新的芯片接收SBAS、GLONASS、Galileo、北斗和QZSS信号的能力也越来越强。

现代民用接收机采用前端集成电路,从天线端输入射频信号,在低中频或基带中输出数字信号,然后在数字集成电路中产生PVT测量值。最新的接收机使用数十个甚至数百个通道处理来自GPS以及其他卫星导航系统的1个、2个或3个不同的载波频率信号。它们的CSWaP低,因此适合嵌入到众多设备中。

3.2　GPS管理架构

如图3.9所示,当前的GPS管理架构体现了GPS的广泛应用和双重用途。由美国国家天基PNT执行委员会(即国家PNT执行委员会)作出有关GPS及其增强系统的决定。由国防部副部长和交通部副部长共同主持的国家PNT执行委员会成员包括图3.9左侧所示部门、机构和组织的高级代表。国家PNT执行委员会由国家天基PNT顾问委员会(NSBPNTAB)支持。NSBPNTAB是一个联邦顾问委员会,由美国政府以外的专家组成,目前有来自美国工业界、学术界和国际组织的25名成员代表。国家协调办公室(NCO)是国家PNT执行委员会的常设工作人员,他们从多个联邦机构收集GPS相关信息,以支持国家执行委员会的运作。NCO开展机构间协调、共同发展和解决问题,并持续开展国家天基PNT五年规划,评估成员机构的执行情况。该办公室组织国家执行委员会及其执行指导小组的会议,跟踪以上机构设立的任务和工作组的执行情况。国家 PNT 工程论坛(NPEF)为 NCO 提供技术支持,由国防部和交通部的代表共同主持。NPEF 为分析和讨论 GPS 及其增强系统相关的系统工程问题和技术发展机遇提供了一个美国政府范围的论坛。

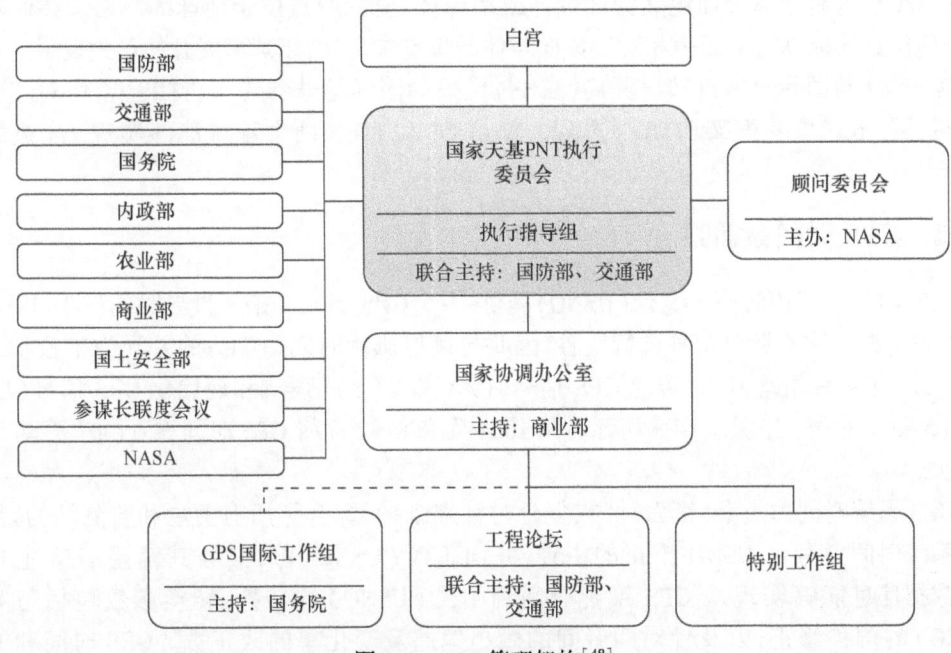

图 3.9 GPS 管理架构[48]

这种管理架构不仅反映了美国国内 GPS 使用的多样性,而且从 3 个相互补充的方面充分体现了 GPS 在国际上获得广泛使用的原因:

(1) 作为国家 PNT 执行委员会的成员,美国国务院积极征求并代表国际观点。

(2) NSBPNTAB 的成员包括参与该顾问委员会审议的国际代表,确保该委员会向国家 PNT 执行委员会提供的建议中包含国际观点。

(3) GPS 国际工作组讨论和推动 GPS 相关的国际活动和政策,并在其中体现不同部门观点。这些部门在 GPS 领域涉及众多国际事务往来,包括 ICG、ITU 相关的多边频谱问题,与其他卫星导航系统在频谱协调和技术工作组等方面的双边互动,以及与北约和其他伙伴国的国际军事互动。

因此,这种管理结构体现了 GPS 在美国政府内乃至国际社会上的利益。

3.3 GPS 大地参照系和时间参照系

GPS 对定位和定时精度的需求推动了精确大地测量和时间参照系统的发展,使得这些专业领域的艰深话题获得广泛应用。3.3.1 节介绍了 GPS 使用的大地参照系,3.3.2 节介绍了时间参照系统。

3.3.1 GPS大地参照系

GPS使用的大地参照系称为世界大地测量系统（WGS）84[49-50]，并根据文献[51]进行更新。WGS 84将地球表面定义为椭球体或扁球体，坐标原点位于地球的质心。在此基础上，任何位置的标称海平面由相对于该椭球体的偏差来定义，以球形展开的形式表示。

WGS 84与国际地球自转服务局（IERS）维护的国际地球参考系（ITRS）密切对应[52]，并通过国际地球参考框架（ITRF）实现。WGS 84和ITRS两个系统能够实现1m级的一致性[53]。

3.3.2 GPS时间参照系

GPS时间由美国海军天文台（USNO）提供[54]。GPS历元开始于世界时间（UT）1980年1月6日午夜。它不针对闰秒进行跳秒，因此与世界协调时间（UTC）的差异为整数秒——截至2017年4月相差18s。传统GPS信号[C/A和P(Y)信号]和现代化GPS信号（L1C、L2C、L5和M信号）分别在GPS历元后每1024周和8192周将GPS时间重置（或"滚动"）为零一次。

GPS系统时间由1个"纸面时"或复合时钟来维持，综合了所有卫星和监测站的频标。GPS系统时间参考由USNO维持的主钟，并向UTC（USNO）溯源，与其偏差不超过1μs。GPS数据信息能够实现从GPS系统时间到UTC（USNO）的转换；转换参数包括与UTC（USNO）的闰秒修正，以及针对两者间的微小偏差及变化率的改正数。GPS时间和UTC（USNO）之间的转换误差称为UTC偏差误差，任意一天，整个GPS星座中该误差通常小于10ns（RMS）。

由于其他卫星导航系统均使用自己的系统时间，GPS计划在现代化GPS信号的数据信息中广播GPS系统时间和选定的其他卫星导航系统时间之间的偏差，从而接收机能够使用来自不同系统的单颗卫星测量值计算混合PVT结果。在GPS和Galileo系统的系统时间偏差（GGTO）方面已经做了大量的工作，详见文献[55]。

3.4 GPS服务

GPS提供2种服务，标准定位服务（SPS）和精密定位服务（PPS）。SPS指民用或公开的GPS服务，而PPS指授权用户（通常为军用）的GPS服务。这2种服务不仅提供定位，还用于时间转换和测速服务。鉴于之前PPS授权接收机能够消除SA的精度降级，通过双频信号进行无电离层组合测距，以及使用带宽更宽的扩频调制信号，它曾被称为"精密服务"，然而，现在这些区别都不存在了，所以这些服务的叫法也过时了。

GPS性能标准（PS）从精度、完好性、连续性和时间精度等方面定义了广播信号的性能，但未规定接收信号的性能；不包括传播段的影响（含电离层延迟模型误差）、用户设备影响和操作误差。这些性能标准包括多种规范。

SPS PS[56]对美国政府向广大SPS用户承诺的性能进行了定义，并为航空接收机的认证提供了依据。当前的SPS仅适用于GPS C/A信号提供的服务。

PPS PS[57]对美国政府向广大 PPS 用户承诺的性能进行了定义。当前的 PPS PS 仅适用于 GPS P(Y)信号提供的服务。一些 PPS 接收机读取并应用的数据来自导航信息的广域 GPS 增强(WAGE)导航信息改正表(NMCT),而其他接收机不读取和应用这些数据。

表 3.2 总结了 SPS PS 和 PPS PS 正常运行期间一些最基本的指标(不包含卫星非定期上传信息的罕见扩展运行)。表中的 PPS PS 的指标适用于双频 P(Y)信号接收机。

表 3.2 正常运行期间 GPS 基本性能指标

特征量	技 术 指 标	SPS 值	PPS 值
可用性	任意 24h 全球平均 PDOP	≤60 (98%)	≤60 (98%)
	任意 24h 最差点 PDOP	≤60 (88%)	≤60 (88%)
精度	任意龄期全球平均 SISRE	12.8m (95%)	12.8m (95%)无 WAGE 4.4m (95%)有 WAGE
完好性	SIS 瞬时 URE 或 UTCOE 超过发布的容许值而未及时告警的概率	10^{-5}	—
报警时间	信号不可用时发出的警报或警告	10s	10s
连续性	规定的星座轨位上的信号在任意 1h 内连续可用的概率	0.9998	0.9998
时间精度	任意龄期 UTC 偏差误差	40ns (95%)	40s (95%)

3.5 GPS 基线星座配置

GPS 基线星座由 6 个轨道平面上的 24 个轨位组成,每个平面上有 4 颗卫星。表 3.3 使用第 2 章表 2.1 中定义的特征参数描述了基线星座。

表 3.3 GPS 基线星座综述

工作卫星总数/颗	24(但是近 15 年来保持在 30 颗或 31 颗)
轨道高度/km	26559.7
轨道半径/km	20188.7
轨道偏心率	0
轨道周期/h/min/s(恒星日)	11/58/2(1/2)
地面轨迹重复时间(恒星日)	1
Walker 星座种类	—
轨道面数量/个	6
每个轨道面卫星数量/个	4~6
升交点赤经/(°)	60
轨道倾角/(°)	55
ECI 坐标系中的卫星速度/(km/s)	3.9
ECEF 坐标系中的最大卫星速度/(km/s)	3.2

3.6 GPS 地面段配置

GPS 地面段包括科罗拉多州施里弗空军基地的主控站和加利福尼亚州范登堡空军基地的备用主控站(AMCS),以及分布全球的 15 个监测站和 11 个指挥控制地面天线。其中 6 个监测站由美国空军运行,另外 9 个由国家地球空间情报局(NGA)运行;4 个指挥和控制地面天线是专门用于 GPS 的地面天线。另外 7 个指挥和控制地面天线属于空军卫星控制网(AFSCN),也用于空军的其他空间系统任务。图 3.10 给出了 GPS 地面段主要组成部分的地理位置。

图 3.10 GPS 地面段主要组成部分的地理位置[58](资料来源:经 GPS 许可转载。)

3.7 GPS 信号配置

GPS 现代化后提供 8 个信号,其中 2 个载波频率上的 4 个信号供授权的军事用户使用,另外 4 个信号在 3 个载波频率上供民用或为开放信号。民用信号接口规范详见文献[59]中的 IS-GPS-200、IS-GPS-705 和 IS-GPS-800。3.7.1 节概述了 GPS 的频谱规划,3.7.2 节总结了 GPS 信号特征和信号到 GPS 服务的映射关系,3.7.3 节介绍了每个信号的数据信息特征,3.7.4 节描述了 GPS 信号中提供的电离层模型。

3.7.1 GPS 频谱规划

图 3.11 显示了 GPS 导航信号占用的 3 个频段,都属于 ITU 分配的 RNSS 频段。文献[25]的第 3 章阐述了选择这些频率、带宽和其他信号特性时的有关考量。表 3.4 给出了频段汇总。

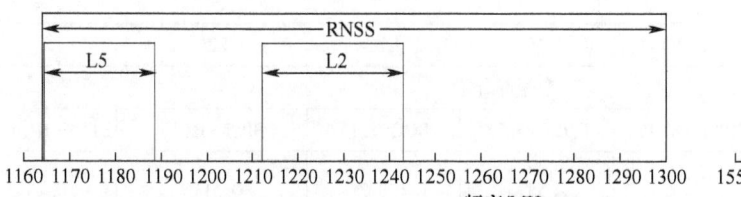 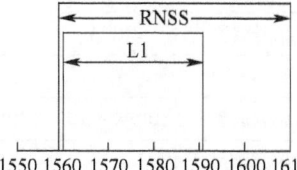

图 3.11 GPS 导航信号的频率计划[25]（资料来源：经约翰威利父子公司许可转载。）

表 3.4 GPS 频段特性

频段名称	中心频率/MHz	双边带宽/MHz	GPS 信号
L1	1575.42	30.69	C/A、L1P(Y)、L1M、L1C
L2	1227.60	30.69	L2P(Y)、L2M、L2C
L5	1176.45	24.0	L5

3.7.2 信号描述

GPS 接口规范，以及包含文献[25,60]在内的众多参考文献都详细描述、广泛讨论了 GPS 信号特征及其处理，这里不再赘述。表 3.5 总结了不同 GPS 信号的特征，与第 2 章表 2.2 中选取的特征项相同。

表 3.5 GPS 信号特征汇总

信号名称	C/A	P(Y)	M	L1C	L2C	L5
信号汇总						
GPS 服务	SPS	PPS	PPS	SPS	SPS	SPS
结构规范或接口控制文件	IS-GPS-200	IS-GPS-200	—	IS-GPS-800	IS-GPS-200	IS-GPS-200
信号播发卫星	所有	所有	ⅡR-M 及后续型号	GPS Ⅲ 及后续型号	ⅡR-M 及后续型号	ⅡF 及后续型号
信号						
载频/MHz	1575.42	1575.42 1227.60	1575.42 1227.60	1575.42	1227.60	1176.45
双边发射带宽/MHz	30.69	30.69	30.69	30.69	30.69	24.0
数据与导频结合	—	—	时分	码分	时分	相分
相关损失/dB	0.3①/0.6†	0.6	—	0.2	0.3①/0.6	0.6
规定的最小接收总功率/dBW	-158.5	-161.5②	—	-157.0	-160.0①/-158.5②	-154.9①/-154.0②

续表

信号名称	C/A	P(Y)	M	L1C	L2C	L5
数据部分							
扩频调制	BPSK-R(1)	BPSK-R(10)	BOC(10,5)	BOC(1,1)	BPSK-R(1)	BPSK-R(10)
扩频码片速率/Mcps	1.023	10.23	2.5575	1.023	0.5115	10.23
扩频码片周期/μs	0.9775	0.09775	0.1955	0.9775	0.9775	0.09775
扩频码类型	Gold	受限	受限	Weil-based	L2CM:短周期 m-序列[3]	L5
扩频码周期/ms	1	—	—	10	20	1
扩频码长度/b	1023	—	—	10230	10230	10230
叠加码位率/(b/s)	无	无	无	100	无	1000
叠加码周期/s	无	无	无	无	无	0.01
叠加码长度/b	无	无	无	无	无	10
数据信息位速率/(b/s)	50	50	0/25/100	50	25	50
数据信息速率/sps	50	50	0/50/200	100	50	100
数据部分功率/%	100	100	50	25	50	50
导频部分							
调制模式	无	无	BOC(10,5)	TMBOC(6,1,4/33)	BPSK-R(1)	BPSK-R(10)
扩频码片速率/Mcps	无	无	2.5575	1.023	0.5115	10.23
扩频码速率/μs	无	无	0.1955	0.9775	0.9775	0.09775
扩频码类型	无	无	受限	Weil-based	L2CL:短周期 m-序列[3]	L5
扩频码周期/ms	无	无	—	10	1500	1
扩频码长度/b	无	无	—	10230	767250	10230
叠加码位率/(b/s)	无	无	无	100	无	1000

续表

信号名称	C/A	P(Y)	M	L1C	L2C	L5
叠加码周期/s	无	无	无	1800	无	20
叠加码长度/b	无	无	无	18	无	0.02
导频部分功率/%	0	0	50	75	50	50

①GPS Ⅲ卫星;②GPS Ⅲ以前的卫星;③最长序列。

3.7.3 GPS 数据报文汇总

表 3.6 总结了每个信号数据信息的特征,与第 2 章表 2.3 中的特征项相同。M 信号中的 MNAV 数据信息特征是非公开的,这里不予描述。

表 3.6 GPS 信号数据信息特征汇总

信号名称	C/A	P(Y)	L1C	L2C	L5
数据信息名称	LNAV	LNAV	CNAV-2	CNAV	L5 CNAV
信息结构(固定/灵活)	固定	固定	灵活	灵活	灵活
信息长度/b	1500	1500	900	300	300
信息周期/s	30	30	18	6	6
前向纠错	无	无	天时采用 BCH①,其他数据采用 1/2-速率 LDPC②	1/2-速率,约束长度 7	1/2-速率,约束长度 7
错误检测	(32,26)纠错码	(32,26)纠错码	24b CRC	24b CRC	24b CRC
星历与钟差改正重复时间/s	30	30	18	48	24
电离层模型最大播发间隔/min	750	750	无规定	288	144
UTC 转换最大播发间隔	750	750	无规定	288	144
与其他卫星导航系统时间偏差的最大播发时间	无	无	无规定	288	144
时间翻转/周	1024	1024	8192	8192	8192
是否含闰秒(是/否)	否	否	否	否	否
星历与钟差改正有效间隔/min	240	240	180	180	180
典型信息上注率/(上注次数/天)	2	2	2	2	2

①BCH:博斯-乔赫里-霍克文黑姆码(Bose, Chaudhuri, and Hocquenghem);
②LDPC:低密度奇偶校验。

3.8 GPS 电离层模型

GPS 的电离层延迟模型见文献[61]。该模型使用了一组全球参数,考虑了每天的电子密度变化,以及每个"穿刺点"的地磁纬度,即广播信号穿过理想的电离层模型球壳时交点在地球表面上的投影位置。Klobuchar 模型采用了 350km 高度的球壳。沿卫星到接收机方向上的总电子计数(TEC)采用倾斜因子计算,该因子随卫星相对于接收机的仰角的变化而变化。在典型情况下,该复杂模型可以消除 50%的电离层误差。GPS 控制段至少每 6 天上传 1 次新的电离层参数。

3.9 GPS 其他有效载荷

从一开始就确定了 GPS 卫星将携带核爆(NUDET)传感器(NDS)作为第二有效载荷,以探测核武器爆炸[62]。第一颗搭载 NDS 有效载荷的 GPS 卫星是 1980 年发射的第六颗 Block Ⅰ 卫星[34]。此后所有 GPS 卫星均携带 NDS 有效载荷,并且 GPS Ⅲ 卫星将承载更新的设计。

在 GPS Ⅲ 卫星 10 之后,GPS 卫星将携带国际搜救(SAR)有效载荷[63-65],这也许从第 11 号卫星开始就可实现。该有效载荷将接收来自用户终端的 UHF 信号,并向地面站传递接近瞬时的中继信号,以便其联系紧急服务机构提供帮助。GPS 上的 SAR 有效载荷将与 Galileo 和 GLONASS 卫星上的相关有效载荷兼容。

未来的 GPS Ⅲ 卫星还将安装一个激光反射器阵列,可以被地面站的低功率激光探测到,从而实现对卫星位置的高精度测量。GPS 地面段利用激光测量结果可以更好地将星历误差与时钟误差分离开,产生精度优于 1cm 的卫星轨道测定结果[63]。

3.10 小结

作为第一个也是目前应用最广泛的被动式三边定位卫星导航系统,GPS 在卫星、信号、地面段和接收机等领域的开发和应用新技术方面已有很长的历史。卫星导航的国际化始于 GPS 的广泛使用,目前全球范围内已有数十亿个正在使用的 GPS 接收机。GPS 可以随时随地提供精确的定位和时间,不仅改变了技术和经济,甚至给社会生活带来了深远影响。

GPS 的现代化使其性能登上了新台阶,并为用户提供了更大的便利。新的卫星、新的信号和经过升级的地面段正在不断部署。

随着其他卫星导航系统投入运行,用户设备将更加广泛地融合使用 GPS 和其他系统的测量信号。因此,各系统的协同使用促进了兼容性和互操作性的发展,全世界的用户都将从中受益。

参考文献

[1] Parkinson, B. W., Spilker, J. J. Jr., Axelrad, P., and Enge, P. (eds.), *Global Positioning System: Theory and Applications*, American Institute of Aeronautics and Astronautics, 1996.

[2] Misra, P. and Enge, P., *Global Positioning System: Signals, Measurements, and Performance*, revised 2nd Ed., GangaJamuna Press, 2006.

[3] Kaplan, E. and Hegarty, C., *Understanding GPS: Principles and Applications*, 2nd Ed., Artech House, 2006.

[4] http://www.gps.gov/technical/, accessed 30 May 2017.

[5] Guier, W. H. and Weiffenbach, G. C., "Genesis of Satellite Navigation," *Johns Hopkins Applied Physics Laboratory Technical Digest*, Vol. 19, No. 1, January 1998.

[6] "Appendix B. GPS History, Chronology, Budgets," in Scott Pace et al., "The Global Positioning System—Assessing National Priorities," RAND Corporation Report, 1995.

[7] McDonald, K. D., "Global positioning system: Origins, early concepts, development, and design success," Chapter in *Success Stories in Satellite Systems*, D. K. Sachdev (ed.), American Institute of Aeronautics and Astronautics, 2009.

[8] White House Press Release, Office of the PressSecretary, September 18, 2007, https://georgewbush-whitehouse.archives.gov/news/releases/2007/09/20070918-2.html, accessed 22 January 2017.

[9] Committee on the Future of the Global PositioningSystem, *The Global Positioning System: A Shared National Asset—Recommendations for Technical Improvements and Enhancements*, National Academy Press, Washington, D.C., 1995.

[10] Office of Science and Technology Policy National Security Council, Fact Sheet U.S. Global Positioning System Policy, March 29, 1996, https://clinton4.nara.gov/WH/EOP/OSTP/html/gps-factsheet.html.

[11] Federal Communications Commission, CC Docket Number 94–102, Report and Orders, adopted June 12, 1996.

[12] van Diggelen, F., *A-GPS: Assisted GPS, GNSS, and SBAS*, Artech House, 2009.

[13] White House Fact Sheet, "U.S.-EU Summit: Agreement on GPS-Galileo Cooperation," June 2004.

[14] Titus, B. M. et al., "Intersystem and Intrasystem Interference Analysis Methodology," *Proceedings of the Institute of Navigation Conference on Global Navigation Satellite Systems* 2003, ION-GNSS-2003, Institute of Navigation, September 2003.

[15] International Telecommunication Union, "A Coordination Methodology for Radionavigation-Satellite Service InterSystem Interference Estimation," Recommendation ITU-R M.1831-1, September 2015.

[16] http://www.unoosa.org/oosa/en/ourwork/icg/icg.html.

[17] White House, "U.S. Space-Based Positioning, Navigation, and Timing Policy Fact Sheet," December 2004, http://www.gps.gov/policy/docs/2004/, accessed 26 February 2017.

[18] "National Space Policy Excerpt," June 2010, http://www.gps.gov/policy/docs/2010/, accessed February 26, 2017.

[19] Department of Defense and Office of the Director of National Intelligence, "National Security Space Strategy Unclassified Summary," January 2011, http://archive.defense.gov/home/features/2011/0111_nsss/docs/NationalSecuritySpaceStrategyUnclassified Summary_Jan2011.pdf, accessed 26 February, 2017.

[20] Brewin, B., "New Satellite Signals Improve Civilian Use," FCW: The Business of Federal Technology, April 5, 1998, https://fcw.com/articles/1998/04/05/new-satellite-signals-improve-civilian-use.aspx?m=1, accessed 19 February 2017.

[21] Betz, J. W., "Signal Structures for Satellite-Based Navigation: Past, Present, and Future," *Proceedings of the Institute of Navigation Pacific PNT Conference*, Institute of Navigation, April 2013.

[22] Hegarty, C. J., "A Brief History of GPS L5," Stanford's 2010 PNT Symposium November, 2010, http://scpnt.stanford.edu/pnt/PNT10/presentation_slides/18-PNT_Symposium_Hegarty.pdf, accessed 9 March 2013.

[23] Anderson, J., Betz, J. W., and Clark, J., "Advanced GPS Signal Development for a Future Information Warfare Environment," Joint Electronic Warfare Conference, Colorado Springs, April 1998.

[24] White House Fact Sheet, "U.S.-EU Summit: Agreement on GPS-Galileo Cooperation," June 2004.

[25] Betz, J. W., *Engineering Satellite-Based Navigation and Timing: Global Navigation Satellite Systems, Signals, and Receivers*, Wiley-IEEE Press, 2015.

[26] U.S. Naval Research Laboratory, "Navigation Technology Satellites," https://www.nrl.navy.mil/ssdd/heritage/nts, accessed 25 February 2017.

[27] T. B. McCaskill, J. A. Buisson, "NTS-1 (TIMATION III) Quartz and Rubidium Oscillator Frequency Stability Results," Proceedings of the 29th Annual Symposium on Frequency Control, pp. 425–430, May 1975.

[28] Easton R. L. et al., "Initial Results of the NAVSTAR GPS NTS-2 Satellite," DTIC ADA058591, May 1978.

[29] Gunter's Space Page, NTS 1 (P73-3), http://space.skyrocket.de/doc_sdat/nts-1.htm, accessed 25 February 2017.

[30] Gunter's Space Page, NTS 2 (P76-4), http://space.skyrocket.de/doc_sdat/nts-2.htm, accessed 25 February 2017.

[31] Wikipedia, "List of GPS Satellites, https://en.wikipedia.org/wiki/List_of_GPS_satellites, accessed 25 February 2017.

[32] NASA JPL Mission and Spacecraft Library, GPS Block 1, http://space.jpl.nasa.gov/msl/QuickLooks/gps1QL.html, accessed 25 February 2017.

[33] http://www.gps.gov/multimedia/images/, accessed 25 February 2017.

[34] Pace, S. et al., "The Global Positioning System: Assessing National Policies," RAND Corporation Monograph report MR614, 1995, http://www.dtic.mil/dtic/tr/fulltext/u2/a305283.pdf, accessed 21 January 2017.

[35] Goldstein, D., Request for Feedback on GPS IIR-20 (SVN-49) Mitigation Options, Slide Presentation dated 5 march 2010, accessed at http://www.insidegnss.com/assets/misc/GPSW_SVN-49_information_Briefing_(Mar_2010)_Final.pdf 12 October 2014.

[36] Lockheed-Martin, GPS III Fact Sheet, http://www.lockheedmartin.com/content/dam/lockheed/data/space/documents/gps/GPS-III-Fact-Sheet-2014.pdf, accessed 25 February 2017.

[37] "NAVSTAR GPS User Equipment Introduction," September 1996, https://www.navcen.uscg.gov/pubs/gps/gpsuser/gpsuser.pdf, accessed 20 May 2017.

[38] 2nd Space Operations Squadron, http://www.schriever.af.mil/About-Us/Fact-Sheets/Display/Article/275806/2nd-space-operations-squadron, accessed 20 May 2017.

[39] "NAVSTAR GPS User Equipment Introduction," September 1996, https://www.navcen.uscg.gov/pubs/gps/gpsuser/gpsuser.pdf, accessed 20 May 2017.

[40] The Institute of Navigation Museum, https://www.ion.org/museum/, accessed 21 May 2017.

[41] GlobalSecurity.org, "MAGR," http://www.globalsecurity.org/space/systems/magr.htm, accessed 21 May 2017.

[42] Defense Industry Daily, "Is This A DAGR I See Before Me?" August 2012, https://www.defenseindustrydaily.com/is-this-a-dagr-i-see-before-me-03603/, accessed 21 May 2017.

[43] GlobalSecurity.org, "MAGR," http://www.globalsecurity.org/space/systems/magr.htm, accessed 21 May 2017.

[44] Langley, R., "Smaller and Smaller: The Evolution of the GPS Receiver," *GPS World Innovation Insights*, April 2000.

[45] Paradis, A. et al, "Centimeter level relative positioning with GPS," *Journal of Surveying Engineering*, 109 (ASCE), 1983.

[46] Sullivan, M., "A Brief History of GPS," *PCWorld Magazine*, August, 2012, http://www.pcworld.com/article/2000276/a-brief-history-of-gps.html, accessed May 21 2017.

[47] Smithsonian National Museum of AmericanHistory, "Magellan 'NAV 1000,'" http://americanhistory.si.edu/collections/search/object/nmah_1405613, accessed 21 May 2017.

[48] http://www.gps.gov/governance/excom/, accessed 30 May 2017.

[49] Chapter VIII, "The World Geodetic System," https://www.ngs.noaa.gov/PUBS_LIB/Geodesy4Layman/TR80003E.HTM#ZZ11, accessed 9 April 2017.

[50] "World Geodetic System 1984 (WGS84)," https://confluence.qps.nl/pages/viewpage.action?pageId=29855173, accessed 9 April 2017.

[51] https://cddis.nasa.gov/926/egm96/egm96.html, accessed 9 April 2017.

[52] "International Earth Rotation and Reference Systems Service," https://www.iers.org/IERS/EN/Home/home_node.html, accessed 9 April 2017.

[53] "World Geodetic System 1984 (WGS84)," https://confluence.qps.nl/pages/viewpage.action?pageId=29855173, accessed 9 April 2017.

[54] "USNO TPS Time Transfer," http://www.usno.navy.mil/USNO/time/gps/usno-gps-time-transfer, accessed 9 April 2017.

[55] Vanschoenbeek, I. et al., "GNSS Time Offset," *Inside GNSS*, September/October 2007, pp. 61–70.

[56] "Global Positioning System Standard Positioning Service Performance Specification," 4th Ed., September 2008, http://www.gps.gov/technical/ps/2008-SPS-performance-standard.pdf, accessed 9 April 2017.

[57] "Global Positioning System Precise Positioning Service Performance Specification," 1st Ed., February 2007, http://www.gps.gov/technical/ps/2007-PPS-performance-standard.pdf, accessed 15 April 2017.

[58] http://www.gps.gov/multimedia/images/GPS-control-segment-map.pdf, accessed 26 February 2017.

[59] http://www.gps.gov/technical/icwg/, accessed 27 May 2017.

[60] Kaplan, E. and Hegarty, C., *Understanding GPS/GNSS: Principles and Applications*, 3rd Ed., Artech House, 2017.

[61] Klobuchar, J., "Ionospheric time-delay algorithms for single-frequency GPS users," *IEEE Transactions on Aerospace and Electronic Systems*, Vol. ASE-23, No. 3, 1987, pp. 325–331.

[62] "GPS to Test Nuclear Detonation Sensor," *Aviation Week & Space Technology*, August 27, 1979, p. 51.

[63] Voce, J., "GPS III Poised for Tomorrow," Slidepresentation, December 2016, http://www.gps.gov/governance/advisory/meetings/2016-12/voce.pdf, accessed 29 May 2017.

[64] Marquis, W. and Shaw, M., "GPS III Bringing New Capabilities to the Global Community," *Inside GNSS Magazine*, September-October 2011, pp. 34 – 48, http://www.insidegnss.com/auto/sepoct11-Marquis.pdf, accessed 29 May 2017.

[65] Pugliese, D., "Canada Finds Its Way To Providing GPS 3 Search and Rescue Repeaters," *Space News*, August 2015, http://spacenews.com/canada-finds-its-way-to-providing-gps-3-search-and-rescue-repeaters/#sthash.wjD6Sr5n.dpuf, accessed 29 May 2017.

本章相关彩图,请扫码查看

第4章 格洛纳斯系统(GLONASS)

Sergey Karutin, Nikolai Testoedov, Andrei Tyulin, Alexei Bolkunov
俄罗斯 PNT 中心,俄罗斯

4.1 简介

4.1.1 发展历史

俄罗斯 GLONASS 的发展已有 50 多年的历史了,它始于 1957 年 10 月 4 日第一颗人造地球卫星的发射。

俄罗斯导航卫星系统的全面发展始于 20 世纪 60 年代中期。1967 年俄罗斯第一颗导航卫星 Kosmos-192 发射升空;1979 年,由 4 颗卫星组成的 Cicada 导航系统投入使用[1]。Cicada 系统中的导航解决方案是基于多普勒射频位移测量的,因此不是瞬时的(存在 5~6s 的时延,精度仅有约 97km)。

自 20 世纪 70 年代以来,人们就开始研究一种更通用的导航方法,这种方法可以为任何运动的物体提供瞬时位置和速度测定服务。该方法是一种独特而又常用的方法,是一种基于无源时间(或无源射频三边测量)测量的方法,主要用于测量导航接收机和一组卫星发射控制时间标签之间的距离。经过大量的理论、实验和开发工作,研究人员提出了第二代导航卫星系统的概念,该系统后来被称为 GLONASS,用于提供全球连续和瞬时的卫星导航。

1976 年 12 月,苏联部长会议签署了一份《关于部署单一国家导航卫星系统》的决议,并于 1978 年 9 月进行了该系统的概念设计研究。1982 年 10 月,随着 Kosmos-1413 卫星的发射,开始了 GLONASS 的飞行试验。

1993 年 GLONASS 以轨道上运行的 12 颗卫星作为试验系统。1995 年,部署了全轨道星座(24 颗卫星),并宣布系统具备全面的运行能力。GLONASS 信号精度高并使用通用标准格式,可为各等级性能要求的所有用户提供连续的全球导航。在该系统中,由 18 颗卫星组成的星座可用性为 95%,由 24 颗卫星组成的星座可用性为 99.7%。

1990 年,随着苏联解体和航天工业经费的减少,导致 GLONASS 的在轨卫星星座(OC)和整体系统性能下降。为了保持和恢复该系统,2000—2001 年,俄罗斯联邦总统和政府批准了专项计划资金用于 GLONASS 项目[3]。

在专项计划资金内,包括以下项目:前瞻性卫星(SV)的研发、地面测试和在轨验证;地面控制综合体的现代化;部署足以向国内和国际用户提供服务的轨道星座;发射 GLONASS 及其增强系统[4-9];用户设备生产;在机场、海港和河港、大城市的城市交通系统、俄罗斯的交通枢纽和高速公路以及处理跨境交通的所有交通设施中引入高精度差分导航能力;在俄罗斯建立一个符合国际标准和经济需要的新的国家大地测量支持系统。

随着专项资金的通过,开始了 GLONASS 现代化的研发。2011 年,该计划第一阶段的主要目标"GLONASS 作战能力"已全面实现:

(1) 在标称轨位部署了 24 颗卫星组成的全轨道星座。

(2) GLONASS 的精度比初始要求高出了一个数量级。

(3) 为 GLONASS 进一步发展(新卫星、新能力、新信号、提高导航精度)的研发奠定了基础。

(4) GLONASS 获得了国际认可,包括几乎每个组成 GLONASS 的导航设备制造商的产品。

如今,GLONASS 对国际合作持开放态度。GLONASS 没有任何限制地向所有民用用户发送导航无线电信号的开放服务[10]。民用信号的使用是免费的,其技术特征可供用户和接收机制造商使用;系统的公开服务信号供所有人自由使用。

负责开发和使用 GLONASS 的组织是 Roscosmos[11],为了确保统一利用独特的空间活动专业知识,作为俄罗斯火箭和航天工业全面改革的一部分,该组织于 2015 年改组为国家空间业务公司。表 4.1 是 GLONASS 发展的主要阶段总结。

表 4.1　GLONASS 主要发展阶段

年份	内容
1976 年	苏联部长会议通过"关于部署单一国家导航卫星系统"决议。
1978 年	GLONASS CDR 由应用力学科学与生产协会或 NPO PM("Nauchno-proizvodstvennoe objedinenie prikladnoi mechaniki"俄语)作为总承包商进行。
1982 年	发射了第一颗 GLONASS 第 11L 号卫星和 2 个质量维度评价模型即 GLONASS-MDE(质量维度相当)。接下来的 6 次发射包括 2 颗运行卫星和每颗质量尺寸相当的卫星。
1986 年	一次发射 3 颗运行卫星。
1989 年	被动式大地测量卫星群 Etalon,用于验证地球重力场参数。同年测量评估了该卫星群对与其一同发射的 2 颗 GLONASS 卫星的轨道所产生的影响。
1993 年	GLONASS 第一阶段部署完成,共有 12 颗运行卫星(IOC)。卫星寿命为 3 年。
1995 年	随着第 27 次搭载 Proton-K 火箭的 3 颗 GLONASS 卫星的发射成功,运行星座部署完成。该星座包括 24 颗运行卫星和 1 颗备用卫星。
2003 年	发射了一颗寿命为 7 年的新一代 GLONASS-M 卫星,开始在轨验证(IOV)。
2011 年	全星座(24 颗卫星)恢复。
2011 年	新一代卫星 GLONASS-K 的发射和在轨验证。
2012—2020 年	根据 2012 年 3 月 3 日第 189 号政府决议批准的联邦计划"GLONASS 维持、发展和 2012—2020 年使用",要进一步发展 GLONASS 并进行现代化[13]。

4.1.2　系统空间段的发展

GLONASS 卫星是 GLONASS 的核心要素[14],具有以下功能:

(1) 产生并广播导航信号,形成一个连续的全球无线电导航场。

(2) 便于包括保障系统(推进、姿态控制、电源、热控制)和卫星平台的机载任务设备、指挥系统和机载控制系统操作。星载设备的组成和技术基线设计取决于卫星类型。

GLONASS 包括 GLONASS、GLONASS-M、GLONASS-K、GLONASS-K2 和 Etalon 等各类

卫星。这些卫星在功能、硬件、性能和寿命方面有所不同。关于空间段发展以及 GLONASS 卫星的一般信息见文献[15-16]。图 4.1 给出了这些卫星的整体外观图。GLONASS 卫星的简要总结将在下面几小节阐述。

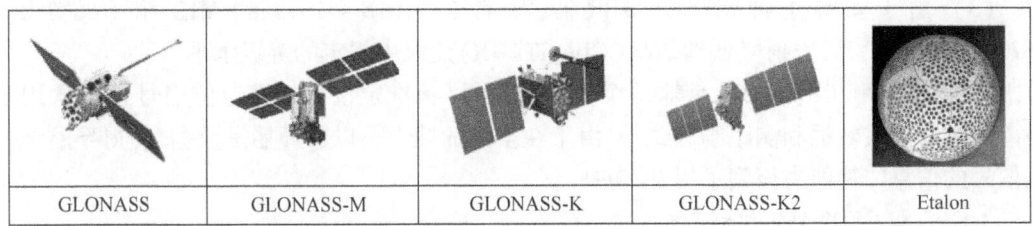

图 4.1　GLONASS、GLONASS-M、GLONASS-K、GLONASS-K2 和 Etalon 卫星的整体外观图

4.1.2.1　GLONASS 卫星

GLONASS 卫星服役时间为 1982—2009 年，GLONASS 卫星特征如表 4.2 所示。当前轨道星座中不包含任何 GLONASS 卫星，最后一颗 GLONASS 卫星于 2009 年从第 4 轨位退役。

表 4.2　GLONASS 卫星特性

参　　数	条件	值
设计寿命/a(年)		3
质量/kg		1415
系统功率/W		1000
定向误差/(°)		±0.5(地球)
		±5(太阳)
太阳能电池板/m²		24
星载时钟稳定性		5×10^{-13}
信号		FDMA；L1OF、L1SF、L2SF
导航信号的有效各向同性辐射功率/dBW	在±15°	27(F1)、19(F2)
	0°	25(F1)、19(F2)
频标热控范围/℃		(15~30)±5
推力/N		5(校正)
		0.1(转向)
校正总脉冲/N		90000
太阳能阵列功率/W		1600
镍氢电池容量/(W/h)		1800
热控范围/℃	星载时钟	(15~30)±5
	热容器中的气体	0~40
功耗/W		1000

4.1.2.2　GLONASS-M 卫星

与 GLONASS 卫星相比，由于星载任务设备已经现代化，GLONASS-M 具有更好的性能和更长的使用寿命。最重要的是，导航无线电信号已得到改善：

（1）左移频段：L1 =（1598.0625~1605.375）±5.11MHz，L2 =（1242.9375~1248.625）±5.11MHz。

（2）L2频段的传输功率增加了2倍。

（3）由于安装了抑制带外滤波器，频带（1610.6~1613.8）MHz和（1660.0~1670.0）MHz的带外发射降低到769 CCIR（ITU-R）建议中规定的等级水平。

（4）在L1和L2频率上，传输两个分量的信号（标准定位和精密定位信号），包含用于距离测量的电文数据和测距码。此外，由于在空闲的帧上可以额外播发数据，使得导航无线电信号的信息传输能力得到了提升，包括：

- GPS和GLONASS时标偏移；
- 帧有效性属性（以4s的分辨率传输）；
- UTC-UT1第二次校正的属性量表（校正前8周）；
- 轨道和时钟数据的采集时间。

通过使用高精度热稳定的铯原子束管，导航信号的相对频率不稳定性降低到1×10^{-13}。通过提高太阳能电池板的定位精度，降低了卫星对未知的主动力水平的影响（太阳定向误差可从±2°降至±1°）。星载控制和指挥设备是基于星载数字计算机提供和该设备的数据链路，实现命令、诊断、交叉连接数据处理，并生成轨道和时钟数据。

GLONASS-M卫星保留了支持系统建设和运营的原则，但设备的组成、设计和规格已更改。这导致与GLONASS卫星相比GLONASS-M卫星的设计布局方案发生了重大变化。卫星组成中不包括磁力计；电磁铁通过星载数字计算机生成的算法启动。根据GLONASS卫星在轨运行结果，由于控制力矩方案从双推进器向单推进器过渡导致推进器的数量减少了一半，用于轨道校正的推进剂体积已减半。在轨道校正机动过程中，要考虑卫星质心变化产生的干扰力。

GLONASS-M卫星发射采用的是一箭三星模式。即从拜科努尔发射场，用带有DM和Briz-M上面级的Proton-M号运载火箭，一次性发射3颗GLONASS-M卫星；或使用单一火箭发射模式，从普列谢茨克发射场采用Fregat上面级运载火箭搭载联盟-2.1b号发射。2003年，GLONASS-M的第一颗卫星与2颗GLONASS卫星一起发射。随后GLONASS-M卫星于2004年（1颗卫星）和2005年（2颗卫星）相继发射，并完成这颗现代化卫星在轨验证（IOV），随后投入试运行。2006年，随着3颗GLONASS-M卫星的发射，国家导航星座建设开始密集启动。

第55颗GLONASS-M卫星以1202.25MHz的频率播发L3OC（CDMA）信号。

2011年，由24颗GLONASS-M卫星组成的全轨道星座部署完成，民用用户首次可以使用L1和L2信号，这两个信号的使用使得用户可以消除电离层的延迟。GLONASS-M卫星的技术特性如表4.3所示。

表4.3 GLONASS-M卫星特性

参　　数	条　件	值
设计寿命/a(年)		7
质量/kg		1415
系统电源/W		1450

续表

参　　数	条　　件	值
定向误差/(°)		±0.5(地);±2(太阳), 有可能降至±1
太阳能电池板/m²		32
导航信号的有效全向辐射功率/dBW	±19°	26(F1)、21(F2)
	±15°	30(F1)、23(F2)
	0°	28(F1)、21(F2)
星载时钟稳定性		1×10^{-13}
导航无线电信号		FDMA:L1OF、L1SF、L2OF、L2SF; CDMA(第55颗):L3OC
频标热控范围/℃		(15~30)±1
推力/N		5(校正);0.1(转向)
校正总脉冲/N		45000
太阳能阵列功率/W		2200
镍氢电池容量/(W/h)		2300
热控范围/℃	星载时钟	(15~30)±1
	热容器中的气体	0~40
功耗/W		1270

目前,GLONASS-M卫星正在验证星间链路。此外,还安装了一个试验性的星间激光导航和通信系统,并在其中一个轨道平面的2颗卫星间进行验证[17]。星间链路将主要用于通过星间的测量交换(由星上的星间测量设备采集)来消除由星上时间偏移引起的伪距误差。由于2颗卫星同时测量的2个伪距具有误差值相等但符号相反的特点(由星载时标偏移决定),因此这些伪距之和可消除误差。星间测量设备也将用于其他目的,例如:

- 达到并保持GLONASS轨道和时钟所需的精度。
- 建立星座内所有卫星之间的相互测量和数据交换,以更新星历和钟差校正。

开发了星间激光导航和通信系统,以提升GLONASS在自主运行模式下的定轨和时钟同步性能。这将为GLONASS在运行过程中性能大幅提升以提高系统竞争力提供先决条件。卫星间激光导航和通信将在下一代GLONASS上运行[18]。

4.1.2.3　GLONASS-K卫星

与GLONASS-M卫星相比,GLONASS-K卫星具有以下显著特征:

- 具有L波段的第三个频率,用于测试新的CDMA导航信号;
- 延长运行寿命(长达10年);
- 减重(达1000kg);
- 无线电频率范围内的星间链路;
- 搜救有效载荷;
- 采取措施以降低规划外因素的影响;

- 非压力装置部分。

GLONASS-K 卫星平台是基于蜂窝状面板制成的盒状、无压装置部分。所有设备都位于蜂窝板的内侧,蜂窝板同时也是散热器。设备的散热以一种被动的方式得以实现——通过蜂窝板将仪器设备产生的热量直接排放到周围空间。为了防止温度降低至过冷,设备使用了绝缘、电加热器和热管。对于原子频率标准,散热器的局部热精度稳定性由受控加热器维持在±0.5℃的范围内。

在标称模式下,卫星对地球(带有天线的卫星的纵轴)和对太阳(太阳能电池板)的连续方向,以及沿速度矢量的周期性方向保持不变。但是在沿速度矢量定向时,对太阳的定向将停止。方向由电磁铁周期性放电的电动反作用轮提供。

GLONASS-K 的姿态控制系统与 GLONASS-M 的姿态控制系统类似,用于产生控制力矩以实现初始定向方案,并输出校正脉冲以将卫星进入并保持既定的位置,或将卫星转运到不同的位置。推进罐安装在靠近未加压装置部分内的卫星质心的位置。给定时隙过程中的高精度校正脉冲允许卫星保持在纬度方面的规定位置,在整个运行期间无须校正。

无论在地影期还是在太阳轨道上,基于氢化镍(NiH_2)电池和砷化镓(GaAs)太阳能电池阵列的电源系统均可持续为星载设备提供 27V 的恒定稳定电压和 1600W 的功率。星载控制和指挥设备是基于星载数字计算机提供给设备的数据链路,实现指挥、诊断、交叉连接数据处理以及生成轨道和时钟数据等功能的。2011 年 2 月 26 日 GLONASS-K 从普列谢茨克发射场首次发射,采用了带有弗雷盖特(Fregat)上面级的联盟-2.1b 运载火箭进行单星发射。GLONASS-K 卫星的技术特性如表 4.4 所示。

表 4.4 GLONASS-K 卫星技术特性

参　数	条　件	值
设计寿命/a(年)		10
质量/kg		935
系统功率/W		1600
定向误差/(°)		±0.5(地球);±1(太阳)
太阳能电池板/m²		17
星载时钟稳定性		至少 $5×10^{-14}$
导航无线电信号		FDMA:L1OF、L1SF、L2OF、L2SF; CDMA:L3OC
导航信号的有效全向辐射功率/dBW	±19°	26(F1)、21(F2,F3)
	±15°	30(F1)、23(F2,F3)
	0°	28(F1)、21(F2,F3)
校正总脉冲/N		45000
太阳能阵列功率/W		2750
镍氢电池容量/(W/h)		2800
频标热控范围/℃	星载时钟	(15~20)±0.5
	热容器中的气体	−20~50
功耗/W		1400

4.1.2.4 GLONASS-K2 卫星

下一个正在开发的卫星系列是 GLONASS-K2。与 GLONASS-K 相比,GLONASS-K2 采用了 4 种新信号进行了现代化改造。GLONASS-K2 的技术特性如表 4.5 所示。

表 4.5 GLONASS-K2 卫星技术基线

参　　数	值
设计寿命/a(年)	10
质量/kg	1645
系统功率/W	4370
方向误差/(°)	±0.25(地球);±1(太阳)
太阳能电池板/m^2	33.84
星载时钟稳定性	$1\times10^{-14} \sim 5\times10^{-15}$
频标热控范围/℃	(15~20)±0.1
导航无线电信号	FDMA:L1OF、L1SF、L2OF、L2SF; CDMA:L1OC、L1SC、L2SC、L3OC

GLONASS-K2 卫星是在 GLONASS 系统现代化的第二阶段建造的,与 GLONASS-K1 卫星相比,具有以下显著特点:

- 为用于 L 波段 CDMA 信号的附加星载任务设备,提供了单独的附加天线;
- 为各种额外的有效载荷提供更多空间。

GLONASS-K2 卫星总线是基于蜂窝板制成的盒状、无压装置部分,在天线系统方面与 GLONASS-K1 所用的有根本不同,所使用的星载设备组装原理与 GLONASS-K1 类似。在下一阶段,计划为 FDMA 和 CDMA 信号设计一单一天线,并相应改变卫星总线,但保持质量和系统功率值不变。

4.1.2.5 Etalon 被动无源卫星

Etalon 卫星旨在验证 GLONASS 轨道的位势模型。它仅实现光学(激光)测距。Etalon 卫星是一个沉重的球形体。它的外表面覆盖着棱镜反射器(用于反射激光束),它们之间有光漫射表面材料,因此可以通过望远镜从太阳的反射光线中观察到它们。卫星的形状减少了非引力性质的未知计算的主动力的影响,因此人们能够相当准确地检查引力场的所有谐波。

1989 年 1 月 10 日(Etalon1)和 1989 年 5 月 31 日(Etalon2)发射的 Etalon 卫星被放置在 GLONASS 轨道(20000km、65°倾角的圆形轨道),与 GLONASS 卫星一起作为组合单元的一部分(每次发射 2 颗 GLONASS 卫星和 1 颗 Etalon 卫星)。由于其设计特点和选定的轨道参数,Etalon 卫星将活跃数百年。如今,它们被国际社会用来执行大地测量学和地球动力学的基本任务。Etalon 卫星的技术参数如表 4.6 所示。

表 4.6 Etalon 卫星技术参数

参　　数	值
有效区域/m	0.010±0.0016

续表

参　数	值
图形的角发散度(0.5级)/(″)	8.6
几何左到最大反射面的距离/mm	558±44
卫星质量/kg	1344.5±0.8
卫星直径/mm	1294
质心偏移球体几何左/mm	1.2
最大视觉大小	+11.5

4.1.2.6　运载火箭

用来发射 GLONASS 卫星的三类运载火箭如图 4.2 所示。

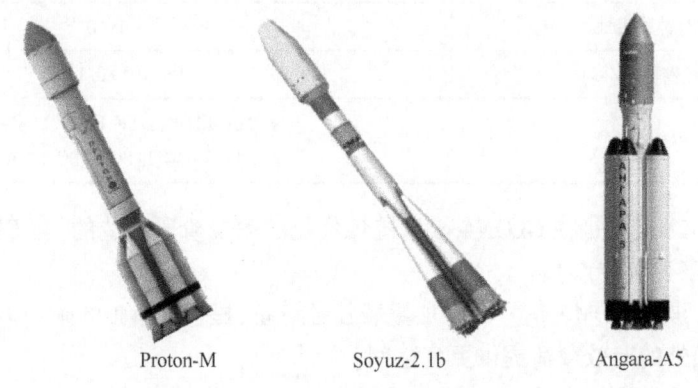

图 4.2　GLONASS 卫星运载火箭的外观图

1. Proton-M 火箭

Proton-M 运载火箭是三级火箭,三级之间是通过串联方案连接。双组分液体推进剂四氧化二氮+UDMH 火箭发动机通过安装在火箭的所有级实现了闭环管理。使用 DM 和 Briz-M 上面级将有效载荷运送到高轨道。

2. Soyuz-2.1b

目前,Soyuz-2.1b 正在进行飞行测试。为了扩大目标轨道的高度和倾角范围,Fregat 上面级由拉沃奇金(Lavochkin)研究与生产。Fregat 上面级目前正在进行飞行测试。"Soyuz-2.1b"号火箭将搭载"Fregat"号上面级,从普列谢茨克发射场发射 1.7t 有效载荷,从拜科努尔发射场向 GLONASS 轨道发射 1.8t 有效载荷。

3. Angara-A5

Angara-A5 是未来的重型运载火箭。它将与上面级 DM-03A、Briz-M 和 KVTK 一起将有效载荷发射到高轨道。Angara-A5 运载火箭于 2014 年首次发射。目前预计 Angara-A5 运载火箭和上面级 DM-03A 组合可发射重达 6.9t 的 GLONASS 有效载荷,和上面级 KVTK 组合可将发射重达 8.3t 的有效载荷进入轨道。表 4.7 给出了 GLONASS 系统卫星现有和未来运载火箭的能力。Angara-A5 是未来的重型运载火箭。

表 4.7 运载火箭现有和未来的能力

型号	上面级火箭	GLONASS 载荷/t (H_{kp} =19100km, i =64.8°)	发射基地	运行周期
Soyuz-2.1b	弗雷加特	1.7/1.8	普列谢茨克/拜科努尔	2011—2030 年
Proton-M	DM-03	5.0~5.6	拜科努尔	2005—2020 年
Angara-A5	DM-03-Ⅱa	6.9	普列谢茨克	2015—2030 年
	KVTK	8.3		

4.1.3 系统地面段的发展

2020 年之前的地面控制段(GCS)发展计划涉及所有基本的能提高其性能的 GCS 要素,包括无源测量和计算站、主时钟、测量站和激光测距站接入网络扩展的现代化。现代化的 GCS 还将包括以下内容:

(1) 星载卫星间测量设备(OIME)地面控制回路,为导航卫星提供轨道和时钟数据插值。

(2) 用于运行轨道和时钟数据的无源测量站网络(PMS),作为地面控制的一部分,以提高精度和完好性。

4.1.4 系统用户设备段的发展

用户设备对 4(3) 颗 GLONASS 卫星的伪距和伪距率进行无源测量,并接收和处理卫星导航信号中包含的导航信息。导航电文描述了卫星在空间和时间上的位置。对 4(3) 颗 GLONASS 卫星的测量和导航电文的综合处理,用户可以确定 3(2) 个位置坐标、3(2) 个速度矢量分量,并参考用户时标协调世界时 UTC(SU) 的国家参考。更详细的用户设备说明不在本章的介绍范围内。

4.2 GLONASS 参考系和时间基准

4.2.1 参考系

2012 年 12 月 28 日,俄罗斯联邦政府第 1463 号条例《国家参考系的相关条例》获得通过,宣布以下参考系为国家参考系:

(1) 用于大地测量和地图制作的 2011 年大地测量参考系(GSK-2011[19])。

(2) 用于轨道飞行和导航任务的大地测量的地心参考系"地球参数 1990"(PZ-90.11[20-21])。

表 4.8 包含国家参考系中使用的基本大地测量常数和地球椭球参数[22]。

表 4.8　国家参考系中使用的基本大地常数和地球椭球参数

参　　数	符号	单位	值
1.大地坐标系 2011(GSK-2011)			
(1)基本大地常数			
地球地心引力常数(考虑大气)	f_M	km³/s²	398600.4415
地球角速度	ω	rad/s	7.292115×10⁻⁵
(2)地球椭球参数(以 geoleft 为基准点)。旋转轴与大地坐标系(GSK-2011)Z 轴重合的地球椭球作为参考椭球			
赤道长半径	a	m	6378136.5
平坦因子	α	—	1/298.2564151
2. 地心参考系"地球参数 1990"(PZ-90.11)			
(1)基本大地常数			
地球地心引力常数(考虑大气的情况)	f_M	km³/s²	398600.4418
地球角速度	ω	rad/s	7.292115×10⁻⁵
(2)地球椭球参数(以 geoleft 为基准点)。以自转轴与地心参照系"地球参数 1990"(PZ-90.11)Z 轴重合的地球椭球为参照椭球			
赤道长半径	a	m	6378136
平坦因子	α	—	1/298.25784

4.2.2 时标

GLONASS 时标描述见文献[23-27]。GLONASS 中央同步器(CS)可以产生一个系统时标。系统时标是基于 UTC 参考时标[国家时标 UTC(SU)]。与 GLONASS 参考时间标度的整数秒差是恒定的 3h:$t_{GLONASS}$ = UTC(SU) + 10800(s)。与参考时间标度的最大差值(以秒为单位,模数为 1s)为 1ms。将 GLONASS 时间转换为 UTC 需要 2 个步骤:先将 GLONASS 卫星时间转换为系统时间,再将系统时间转换为 UTC 时间。这 2 个步骤总结如下。

4.2.2.1 GLONASS 卫星时到系统时

将 GLONASS 卫星时间转换为系统时间标度的校正包括:

(1) 作为 L1、L2 FDMA 信号的一部分,$\tau_n(t_b)$ 和 $\gamma_n(t_b)$ 在预测间隔的 30min 范围内。

(2) 作为 L1、L3 CDMA 信号的一部分,$\tau^j(t_b)$、$\gamma^j(t_b)$ 和 $\beta^j(t_b)$ 的预测间隔范围为 90s 的倍数。

校正类型包括相对校正:

(1) L1、L2 FDMA 信号的线性模型参数。

(2) L1、L3 CDMA 信号的二次模型参数。

当考虑到相对论效应的影响时,进行修正以将卫星时间转换为系统时间尺度。卫星时间基准对系统时间的均方根误差为 5.6ns。发送的导航信息中包括以下校正:

(1) 对于 L1、L2 FDMA 信号:$\tau_n(t_b)$ 表示导航帧的第 4 个字符串,第 59 位~第 80 位;$\gamma_n(t_b)$ 表示导航帧的第 3 个字符串第 69~79 位。

(2) 对于 L1 CDMA 信号:$\tau^j(t_b)$ 表示数字数据(DD)类型 10 的字符串第 116 位~第 147 位;$\gamma^j(t_b)$ 表示数字数据(DD)类型 10 的字符串第 148 位~第 166 位;$\beta^j(t_b)$ 表示数字

数据（DD）类型 10 的字符串第 167 位~第 181 位。

（3）对于 L3 CDMA 信号：$\tau^j(t_b)$ 表示数字数据（DD）类型 10 的字符串第 123 位~第 154 位；$\gamma^j(t_b)$ 表示数字数据（DD）类型 10 的字符串第 155 位~第 173 位；$\beta^j(t_b)$ 表示数字数据（DD）类型 10 的字符串第 174 位~第 188 位。

通过系统时标对卫星时标进行校正的方程式如下：

（1）通过 L1、L2 FDMA 信号：$t_{\text{GLONASS}} = t + \tau_n(t_b) - \gamma_n(t_b)(t - t_b)$

（2）通过 L1、L3 CDMA 信号：

$$t_{\text{GLONASS}} = \mod_{86400}[t^j + \tau^j(t_b) - \gamma^j(t_b)(t^j - t_b) - \beta^j(t_b)(t^j - t_b)^2]$$

上述两式中：t 为卫星时标上的信号广播时间；$\tau_n(t_b)$ 为卫星第 n 时标与 GLONASS 系统时间标度在 t_b 时的差值；$\gamma_n(t_b)$ 为在卫星 n 发射载频与标称值在 t_b 时之间的相对差值；t^j 为卫星时标上的信号发射时间；$\tau^j(t_b)$ 为卫星 j 时标与 GLONASS 系统时标在 t_b 时的差异；$\gamma^j(t_b)$ 为卫星 j 发射载频与 t_b 时标称值之间的相对差；$\beta^j(t_b)$ 为卫星 j 发射载频与 t_b 时标称值之间的相对差分半漂移。

4.2.2.2　GLONASS 系统时到 UTC 时

将 GLONASS 系统时间转换为 UTC（SU）参考时间的校正包括：

（1）作为 L1、L2 FDMA 信号的一部分 $-\tau_c$，表示在 30min 预测区间范围。

（2）作为 L1、L3 CDMA 信号的一部分 $-\tau_c(t_b)$，$\hat{\tau}_c(t_b)$ 表示在 90s 的预测间隔范围

给定校正类型：

（1）对于 L1、L2 FDMA 信号-恒定模型参数。

（2）对于 L1、L3 CDMA 信号-线性模型参数。

对比 UTC（SU）时标，GLONASS 系统时标误差小于 1ms。传输中校正信息为：

（1）对于 L1、L2 FDMA 信号：τ_c 表示导航帧的第 5 个字符串，第 38~69 位。

（2）对于 L1 CDMA 信号：$\tau_c(t_b)$ 表示数字数据（DD）类型 10 字符串，第 182 位~第 221 位；$\hat{\tau}_c(t_b)$ 表示数字数据（DD）类型 10 字符串，第 222 位~第 234 位。

（3）对于 L3 CDMA 信号：$\tau_c(t_b)$ 表示数字数据（DD）类型 10 字符串，第 189 位~第 228 位；$\hat{\tau}_c(t_b)$ 表示数字数据（DD）类型 10 字符串，第 229 位~第 241 位。

从系统时标到参考时标的转换方程：

（1）对于 L1、L2 FDMA 信号：$t_{\text{UTC(SU)}} = t_{\text{GLONASS}} - 03\text{h}00\text{m} + \tau_c$

（2）对于 L1、L3CDMA 信号：

$$t_{\text{UTC(SU)}} = mod_{86400}(t_{\text{GLONASS}} + \tau_c(t_b) + \hat{\tau}_c(t_b) \times (t - t_b)10800\text{s})$$

上述两式中：τ_c 为根据 UTC（SU）对 GLONASS 系统时标校正；$\tau_c(t_b)$ 为根据 UTC（SU）对 GLONASS 系统 t_b 时刻的时标校正；$\hat{\tau}_c(t_b)$ 为根据 UTC（SU）对 GLONASS 系统时标在 t_b 时刻的时标校正率。

4.2.2.3　GLONASS 系统时稳定性和与其他 GNSS 的时标差

系统时间标准所要求的稳定性由 CS 特性决定。参考时标所要求的稳定性由主要时间和频率标准的特性决定。卫星时钟所要求的稳定性为 1×10^{-13}，时间测量为 24h（$\sigma y(\tau)$，$\tau = 24\text{h}$）。

可以传输与 GLONASS 系统时标和其他 GNSS 时标之间的差异有关的校正（GGTO 校正）：

(1) GGTO 校正系统的传输：GPS 校正参数 τ_{GPS} 是作为卫星信号的一部分传输的。

(2) 给定校正类型：校正参数 τ_{GPS} 是 GPS 系统时标对 GLONASS 系统时标差的分数部分，用户根据 GPS 导航信息确定差值的整数部分。

(3) 给定的校正精度(如果这样的数据可用)：优于 30ns(均方根)。

(4) 校正定位(如果这样的数据可用)：优于 30ns(均方根)。

(5) 传输校正电文的位置：对于 L1、L2 FDMA 信号[τ_{GPS} 表示导航帧第 5 串字符的第 10 位~第 31 位]；对于 L1 CDMA 信号[τ_{GPS} 表示数字数据(DD)类型 12 字符串第 197 位~第 226 位]；对于 L3 CDMA 信号[τ_{GPS} 表示数字数据(DD)类型 12 字符串第 195 位~第 224 位]。

(6) 在导航电文中使用传输的校正公式：$T_{GPS} - T_{GL} = \Delta T + \tau_{GPS}$，其中 ΔT 是 GPS 系统时标和 GLONASS 时标差值的整数部分。

GLONASS 中央同步器(CS)位于监控子系统的两个点上。每个中央同步器(CS)包含一组具有日稳定性不超过 2×10^{-15} 的氢频标。一台中央同步器(CS)为主用单元，另一台为备份单元。系统时标是基于中央同步器(CS)时标生成的。备份 CS 参考主 CS 时标是根据 GNSS 信号在"全视图"("all-in-view")模式下的相互比较而生成的。

GLONASS 参考时标 UTC(SU)是由主要时间和频率标准生成的，其中包括主要的铯时间和频率标准，一组氢频标和 UTC 比较通道：TWSTFT 和 GNSS。主 CS 时标与 UTC(SU)参考时标之间的差异是基于 GNSS 信号在"全视图"模式下对它们比较来进行控制的。

数据被传输到 GLONASS 系统控制中心，在那里生成 GLONASS 系统时标，并根据参考时标对系统时标进行校正。每天计算更新并上注一次校正。

根据国际地球自转服务(IERS)的公告 C，对 GLONASS 系统时标的校正与 UTC 校正同时进行。结果 GLONASS 系统时间和 UTC(SU)之间的时间差恒定为 10800s。

4.3 GLONASS 服务

当今 GLONASS 发展的主要方向是提高服务质量和创新服务，而不是改进系统特性。当前的 GLONASS 提供以下导航服务：

(1) 基本授权接入服务(加密 CDMA 测量下的绝对导航模式)；

(2) 基本公开接入服务(开放 CDMA 测量下的绝对导航模式)。

《GLONASS 公开服务性能标准》(仍在批准阶段)[28-29]中定义了双频服务所提供的基本公开接入服务的特征。表 4.9 列出了主要特征。

表 4.9 GLONASS 公开服务性能标准的主要特点[29]

序号	特 性	值
1	星座覆盖率	2000km 以内为 100%
2	单轨覆盖率	锥形直到 2000km 为 100%
3	任何卫星 30d 间隔内 95%的全球平均空间信号用户测距误差(SIS URE)	11.7m
4	任何卫星 24h 间隔内 95%的全球平均空间信号用户测距误差(SIS URE)	7.8m

续表

序号	特性	值
5	每颗卫星在1年间隔内日平均值的全球平均可靠性	99.37%(18m)
6	每颗卫星在1年间隔内每日平均最坏点情况下的可靠性	99.14%(18m)
7	遍历区间上每颗卫星的95%全球平均 SIS URRE	0.014m/s
8	遍历区间上每颗卫星的95%全球平均 SIS URAE	$0.005m/s^2$
9	遍历区间上每颗卫星的95%全球平均 UTCOE	40ns
10	单一独立故障(Psat)导致的重大服务故障,间隔1年	1×10^{-4}(70m)
11	两颗或更多卫星导致的重大服务故障(Pconst),间隔1年	1×10^{-4}(70m)
12	1年间隔内每1h空间信号的平均连续性	0.998
13	OC 上每年一次的平均轨位可用性	0.95
14	间隔1年的星座可用性	0.98
15	全球位置精度衰减因子(PDOP)可用性	0.98
16	最差位置 PDOP 可用性	0.88
17	全球平均95%水平定位误差	5m
18	全球平均95%垂直定位误差	9m
19	最差位置95%水平定位误差	12m
20	最差位置95%垂直定位误差	25m
21	全球平均95%时间转换误差	40ns
22	水平服务可用性,平均位置	99%,12m(95%)
23	垂直服务可用性,平均位置	99%,25m(95%)
24	水平服务可用性,最差位置	90%,12m(95%)
25	垂直服务可用性,最差位置	90%,25m(95%)

目前正在开发实时全球精密单点定位(GPPS)系统,面向民用用户开展精密单点定位(PPP)。所提供服务的精度特征应确保用户定位精度达到0.1m并在处理后达到0.02m。自2004年以来,俄罗斯联邦一直致力于开发组合不同导航方式的国家PNT系统[30]。这将有助于解决仅使用 GNSS 时的潜在问题。

4.4 OC 配置

根据其任务需求,GLONASS 包括一个航天器(导航卫星)子系统,基本上是由24颗卫星组成的 OC。卫星发射无线电导航信号,在地球表面和环地空间形成连续的无线电导航场,供不同群体的用户导航使用。GLONASS 的标称星座如图4.3所示。

选择 GLONASS OC 结构确保任何地方都可以至少有4颗卫星对用户可见,它们的相对位置和信号性能为完成规定标准下的 PNT 测量提供了可能性。

GLONASS 卫星位于高度为 18840~19440km(标称轨道高度为 19100km)的近圆形轨道上。这使 GLONASS 成为一个中等高度(MEO)GNSS。

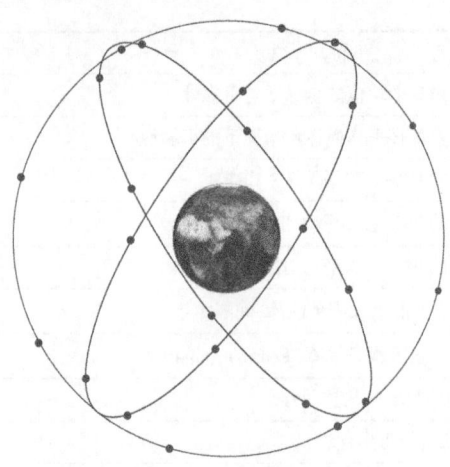

图 4.3 GLONASS 标称星座

为了获取最佳覆盖范围,GLONASS 采用了 Walker24/3/1 星座几何结构[31]。每个轨道平面之间的升交点是 120°。完整的标称星座包括在每个轨道平面上的 8 颗等距卫星(每颗卫星的真近点角偏移 45°)。相邻平面上的卫星都从真近点角偏移 15°。轨道平面按地球自转方向编号,卫星的轨道时间点(称为轨道运行点或轨位)的编号与卫星运行的方向相反。尽管此编号具有一定不确定性,但轨位中的卫星通常标有与其相应位置编号相对应的系统编号。系统编号为 1~8 号的卫星位于第一轨道面,9~16 号的卫星位于第二轨道面,17~24 号的卫星位于第三轨道面。2019 年 7 月 26 日 GLONASS OC 状态如表 4.10[32]所示。图 4.4 显示了 2019 年 7 月 26 日卫星按轨道平面和轨道槽的分布的情况。

表 4.10 截至 2019 年 7 月 26 日的 GLONASS 轨道星座状态

星座中的卫星总数	27 颗
运行	4 颗
调试阶段	—
维修中	—
卫星总承包商检查	—
备用	2 颗
飞行测试阶段	1 颗
卫星 GLONASS-M	24 颗
卫星 GLONASS-K	1 颗

在全 OC 条件下,卫星星下地面轨迹和地面用户无线电覆盖区的重复间隔为 17 次轨道通过的时长(7 天 23h27min28s)。因此,GLONASS 卫星与地球自转没有共振。选择轨道周期是为了使卫星绕地球进行 17 次全轨道运行,历时 8 个分点日(大约 8 天)。此外,每个轨道的起点相对于地球表面移动。每 8 天就有 1 颗卫星经过地球表面的同一点。由于轨道平面的移动,所有卫星实际上都沿着相同的地面轨道相对于地球表面移动。该设计通过使用区域 GCS 提供了对卫星轨道和地球自转参数的精确确定。

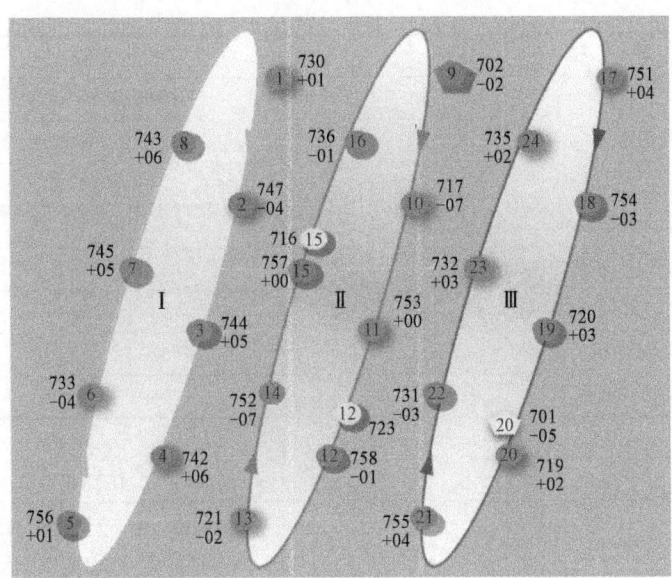

图 4.4　2019 年 7 月 26 日卫星按轨道平面和轨位分布

GLONASS OC 非常稳定,在卫星寿命期内不需要额外的校正。理想轨道位置的卫星漂移在 5 年内最大不超过±5°,平均轨道平面的进动率为 $0.59251×10^{-3}$ rad/s。如果出现任一平面上的卫星数量低于 8 颗的情况,则通过发射新卫星来维持 OC[4]。发射任务剖面图中卫星首先进入 200km 的中间圆形轨道中;然后转移到近地点 200km、远地点 19100km、倾角 64.3°的椭圆轨道;然后转移到高度 19100km 的圆形 MEO。一般而言,卫星运行包括以下几个任务阶段:

(1) 从上一级分离后将卫星送入轨道,持续 5~12 个轨道,此时星载系统检查;

(2) 将卫星发射至系统轨道中,并送到预定的轨道周期和角度位置(持续时间从 1 周到 1 个月,主要取决于卫星在进入点和系统轨道的角度位置);

(3) 标称卫星运行;

(4) 暂时退役(例如"由地面控制命令启动维护或恢复操作期间")。

GLONASS 系统的主要参数如表 4.11 所示。

表 4.11　GLONASS 系统主要参数

参　　数	值
导航卫星数量/颗	24
轨道面/个	3
每个轨道平面上的导航卫星数/颗	8
轨道类型	近圆形($\varepsilon=0±0.01$)
轨道高度/km	19100
轨道倾角/(°)	64.8±0.3
导航卫星轨道周期	11h15min44s±5s
信号划分类型	频率,码

续表

参　　数		值
导航信号载频/MHz	L1	1598.0625~1609.3125
	L2	1242.9375~1251.6875
	L3	1202.25
测距码周期/ms		1
测距码码速率/MHz		0.511
电文速率/(b/s)		50
超帧周期/min		2.5
超帧中的帧数		5
帧串		15
时标		UTC(SU)
坐标系		GSK-2011:用于大地测量和地图制作；PZ-90.11:轨道飞行和导航任务大地测量规定
星历类型		地心坐标及其导数

4.5 系统地面站配置

地面站执行卫星的运行控制、轨道和时钟参数的连续校正、向卫星发送临时程序、控制命令和导航数据等功能。GLONASS 地面站主要包括 GLONASS 系统控制中心(SCC)、中央同步器(CS)、指挥测量站(CMS)、外场测量站(IMS)、无源测量和计算站(PMCS)、激光测距站(LRS)和地面光学激光测距系统(GOLRS)。

GLONASS SCC 负责对所有地面站单元进行规划和协调。CS 形成用于 GLONASS 系统进程同步的 GLONASS 时标,它包括一组氢频标。除了卫星控制和遥测数据接收,指挥测量站还执行一些控制功能。无源测量和计算站收集测量数据并提供导航解算。无源测量和计算站通常与外场测量站搭配使用。激光测距站设计用于使用激光测距设备对无线电测距链路进行定期校正。为此,每颗卫星上都安装了特殊的激光反射器。激光测距站的实施为 GLONASS 卫星提供了精确的轨道确定。

GLONASS 性能评估采取以下措施：星载设备测试、导航解算精度和卫星导航电文的数据评估。地面光学激光测距系统用于对新卫星的发射和进入最后轨道阶段(包括地球静止轨道)的轨道和光学控制,也用于卫星的部署和运行控制。

4.6 信号

4.6.1 当前 GLONASS 信号

现有的 GLONASS 星座包括 GLONASS-M 和 GLONASS-K 卫星,播发 5 个导航信号(它们的频谱特征如图 4.5 所示）：

(1) L1OF 在 L1 中的公开 FDMA 信号；
(2) L2OF 在 L2 中公开 FDMA 信号；
(3) L1SF 在 L1 中的加密 FDMA 信号；
(4) L2SF 在 L2 中的加密 FDMA 信号；
(5) L3OC 在 L3 中的公开 CDMA 信号。

该信号的 ICD 可在文献[33-37]中查阅。

图 4.5 当前 GLONASS 信号的频谱特征

4.6.2 播发信号特征

GLONASS 卫星在 17 个可重新配置的载频上产生 L1OF 和 L2OF 信号，标记为数字 k = $-7,-6,\cdots,0,\cdots,+6$（对于安全信号，可能标记为 $k=+9$）。L1 和 L2 上的标称载频由下式定义：$f_k^{L1}=1602.0+k\times 0.5625(\mathrm{MHz})$ 和 $f_k^{L2}=7/9f_k^{L1}=1246.0+k\times 0.4375(\mathrm{MHz})$。

对导频和数据信号，L3OC 信号采用 BPSK(10) 调制在 1202.25MHz 频率上传输；其伪码以 1023 万码片/s 的速率广播，并采用 QPSK 调制。另外，数据分量由 5b 巴克码（Barker）调制，而导频分量则由 10b 纽曼-霍夫曼码（Neuman-Hoffman）调制。

每 1500b 为 1 帧，传输 15s，包括 5 行 300b(3s) 的文本；每帧包括当前卫星的星历和 3 颗卫星的系统历书的一部分。每 12000b 超帧包含 8 帧；因此获取历书需要 120s(2min)；未来超帧可能会扩展到包括 10 帧或 15000b（传输时间为 150s 或 2.5min），以支持 30 颗卫星的星座。每行中包括系统时间；UTC 协调秒可采用扩展名（表示填充密码），或将上个月的行缩短 1s(100b)；缩短行会被接收机自动丢弃。

FDMA L1SF 和 L2SF 信号由授权用户使用；因此，这里不公开它们的特性。GLONASS 现有信号的主要特征见表 4.12。

表 4.12 GLONASS 现有信号主要特征

信号	描述	接收功率	载频	调制信号	调制模式	带宽	数据率
L1OF	公开,FDMA	-161dBW	1598.0625~ 1605.375MHz	通过模 2 加方式对下列二进制信号调制：伪随机（PR）测距码,导航信息的数字数据（DD）	180°BPSK	约 1MHz	50b/s
L2OF			1242.9375~ 1248.625MHz				
L3OC	公开,CDMA	-158dBW	1202.25MHz			约 20MHz	100b/s

4.6.3 导航电文结构

当前 FDMA 信号导航电文结构如图 4.6 所示。

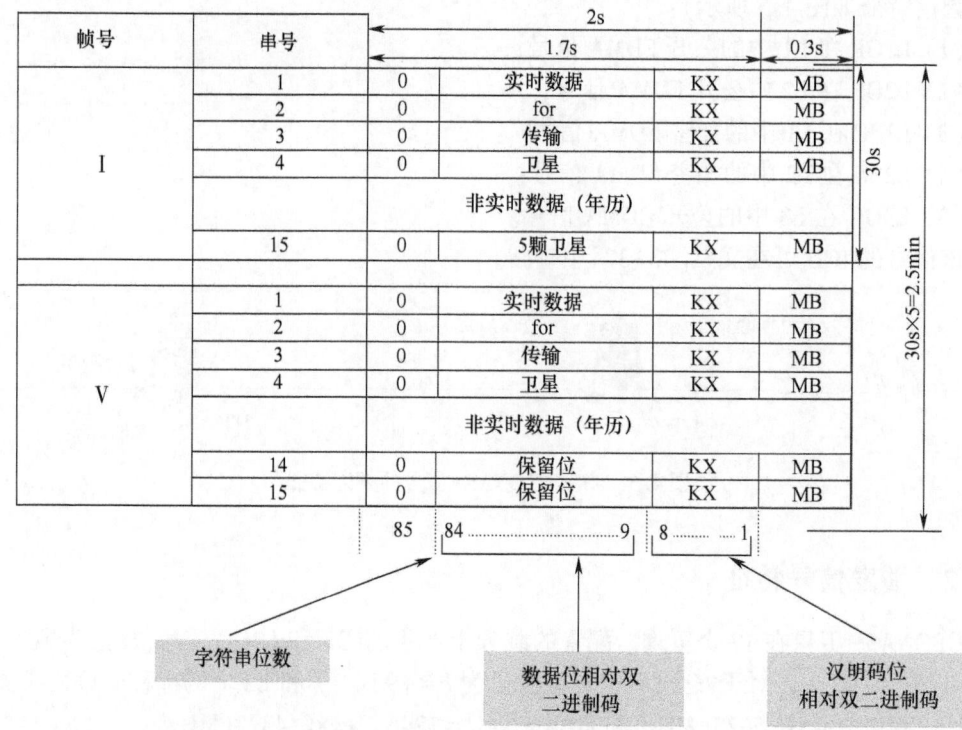

图 4.6 FDMA 信号的导航电文结构

目前,正在开展一项实验,研究在原计划基础上加入 30 颗卫星的可能性。根据实验结果,应该会决定对现有导航电文结构进行现代化改造。

导航电文结构的通用方法也正在审查中。当前的 FDMA 信号导航信息具有非常不灵活的帧结构[38]。考虑到这种结构,导航电文的所有位都是预先确定的,因此修改电文的唯一方法是在备用位上添加数据。而新方法的基础是首先确定与特定类型相对应的行类型(包括数据字段)数量。行的顺序可能会改变,并且可能会添加新的行类型。接收机处理标记有相应标识符的已知类型行,这种新方法可以在引入新类型信息行的同时保证现有接收机的操作完整性。数字数据结构允许使用 64 类型的行。在 GPS L2C 和 L5 信号中实现了类似灵活信息的传输方法。

4.6.4 信号发展

为了满足未来用户的需求,GLONASS 正在开发无线电导航信号,首先包括自主控制机器技术。自 2011 年以来,GLONASS 卫星已经发射了除常规信号外的新 CDMA 信号。OC 升级后,包括 FDMA 和 CDMA 信号在内的导航信号的最佳组合的导航信号即可投入使用[39]。

GNSS 服务现有和预期的民用和授权用户的需求、GNSS 的现代化和一体化趋势、GLONASS 目前播发的一套信号,以及国际电联现有的 GNSS 频率文件,奠定了实施以下新信号的可行性:

(1) L1SC L1 中的公开 CDMA 信号;

(2) L1OC L1 中的公开 CDMA 信号;

(3) L1OCM L1 中的开放 CDMA；

(4) L2SC L2 中的加密 CDMA 信号；

(5) L2OC L2 中的公开 CDMA 信号；

(6) L3OC L3 中公开 CDMA 信号；

(7) L3SC L3 中的 CDMA 加密信号；

(8) L5OCM L5 中的公开 CDMA 信号。

公开 L1OC 和 L2OC 信号使用多路时分复用方式用于导频和数据信号分量，对数据信号分量使用 BPSK(1)，对导频信号分量使用 BOC(1.1)。L1OC、L2OC 和 L3OC 的 ICD 已经发布。L1SC 和 L2SC 宽带信号将使用 BOC(5,2.5) 作为导频和数据分量，并与公开信号正交传输。当使用这种调制模式时，峰值功率向频带的末端移动。因此，该信号不会干扰在载频上传输的窄带公开信号。新 CDMA 信号的主要特性如表 4.13 所示。由于 L1SC、L2SC 和 L3SCCDMA 信号是为授权用户提供的，因此本章不公开它们的特性。

表 4.13 新 GLONASS-CDMA 信号的主要特征

信号	说明	接收功率	载频/MHz	带宽/MHz
L1OC	公开，CDMA	−158dBW	1600.9995	2.046(数据分量)；4.092(导频分量)
L1OCM			1575.42	约 16
L2OC			1248.06	4.092
L3OC			1204	约 26
L5OC			1176.45	约 20
L1SC	加密，CDMA	未披露	1599.972	未披露
L2SC			1248.06	
L3SC			1202.025	

4.7 GLONASS 其他应用

从 GLONASS-K 卫星开始，GLONASS 卫星采用 "COSPAS-SARSAT" 信号中继设备进行国际搜救服务。从 GLONASS K2 开始，规划了一个双向中继系统，具有传输下行信号的能力。

4.8 小结

GLONASS 是一个全面部署和运行的全球导航卫星系统。GLONASS 系统的维护程序及其技术特性的提升可在正常条件下实现，参见文献[40-41]。

参考文献

[1] Dvorkin, V. V., Nosenko, Y. I., Urlichich, Y. M., and Finkel'shtein A. M., "The Russian global navigationsatellite program," Her. Russ. Acad. Sci. 79(1), 7-13 (2009).

[2] Anodina, T. G., "TheGLONASS System Technical Characteristics and Performance, International Civil Aviation Organization," Working Paper FANS/4-WP/75, Montreal, Canada 1988.

[3] Federal Target Program, Global Navigation System, JSC "Russian Space Systems": http://www.spacecorp.ru/directions/GLONASS/politics/.

[4] Storozhev V., "GLONASS orbital constellation maintaining program for the period until 2020," 18th International Conference on System Analysis, Control and Navigation, Evpatoria, June 30-July 7, 2013.

[5] Posterior Precise Orbits and Clocks Determination System (PPOCDS):www.glonass-svoevp.ru/.

[6] SDCM System Interface Control Document. *SDCM System Official web site*. www.sdcm.ru/smglo/ICD_SDCM.pdf.

[7] Karutin, S., SDCM development program status, 25th meeting of Interoperability Working Group, *St. Petersburg, Russia, July* 25, 2013.

[8] Stupak G., "SDCM status and plans," *Proc. 7th Meet. Int. Comm. GNSS (ICG)*, pp. 1-5, Beijing, 2012.

[9] Dvorkin, V. V. and Karutin, S. N., "Construction of a system for precise determination of the position of users of global navigation satellite systems," *Meas. Tech.* 54(5), 517-523, 2011.

[10] Putin, V., "On Use of GLONASS (Global Navigation Satellite System) for the Benefit of Social and Economic Development of the Russian Federation," Presidential Decree No. 638, Kremlin, Moscow 2007.

[11] Roscosmos State Corporation for Space Activities:http://roscosmos.ru.

[12] JSC "Information Satellite Systems":http://www.iss-reshetnev.com.

[13] GLONASS System Maintaining, Development and Usage in 2012-2020, Federal Target Program, Roscosmos: http://www.federalspace.ru/main.php?id=24.

[14] *GLONASS Development and Operation Basics*, 4th Ed., revised and corrected in Radiotehnika (eds. A. Perov and V. Kharisov) Radiotehnika, Moscow, 2010.

[15] Kosenko V., "TheGLONASS System Space Complex in 2020," 17th International Conference on System Analysis, Control and Navigation, Evpatoria, July 1-8, 2012.

[16] Fatkulin, R., Kossenko, V., Storozhev, S., Zvonar, V., Chebotarev, V., "GLONASS Space Segment: Satellite Constellation," GLONASS-M and GLONASS-K Spacecraft, Main Features, ION GNSS 2012, pp. 3912-3930, Nashville, TN 17-21 *Sep* 2012.

[17] Chubykin, A., Dmitriev, S., Shargorodskiy, V., Sumerin, V., "Intersatellite laser navigating link system," *Proc. WPLTN Tech. Workshop One-Way and Two-Way SLR for GNSS Colocated with RF Techniques*, pp. 1-18, St. Petersburg, 2012.

[18] Shargorodsky, V. D., Pasynkov, V. V., Sadovnikov, M. A., Chubykin, A. A., "LaserGLONASS: Era of extended precision," GLONASS Herald 14, 22-26, 2013.

[19] Vdovin, V. and Dorofeeva, A., "Global geocentric coordinate system of the Russian federation," *Proc. 7th Meet. Int. Comm. GNSS (ICG)*, Working Group D, Beijing, 2012.

[20] Parametry Zemli 1990 goda. Version PZ-90.11 (Earth Model PZ-90.11; In Russian). Military Topography Agency of the General Staff of the Armed Forces of the Russian Federation (Moscow 2014) http://struc-

ture. mil. ru/files/pz-90. pdf.

[21] Zueva, A. N. , Novikov, E. V. , Pleshakov, D. I. , and Gusev, I. V. , "System of geodetic parameters parametry zemli 1990 PZ - 90. 11," *Proc. 9th Meet. Int. Comm. GNSS (ICG)*, Working Group D, Prague, 2014.

[22] Global Navigation Satellite System and Global Positioning System: Coordinate Systems, Methods of Transformations for Determinated Points Coordinate; STB GOST Standard 51794-2008 (in Russian), Federalnoje agentstwo po technitscheskomu regulirowaniju i metrologii, Moscow, 2008.

[23] GLONASS time scale description, http://www.unoosa.org/pdf/icg/2014/GLONASSTime.pdf.

[24] Shchipunov, A. , "Generating and Transferring the National Time Scale inGLONASS," ION GNSS 2012, pp. 3950-3962, Nashville, TN, 17-21 Sep 2012.

[25] Domnin, Y. , Gaigerov, B. , Koshelyaevsky, N. , Poushkin, S. , Rusin, F. , Tatarenkov, V. , Yolkin, G. , "Fifty years of atomic time-keeping at VNIIFTRI," Metrologia 42(3), S55-S63, 2005.

[26] Blinov, I. , Domnin, Y. , Donchenko, S. , Koshelyaevsky, N. , Kostromin, V. , "Progress at the State Time and Frequency Standard of Russia EFTF 2012," IEEE, pp. 144-147,Gothenburg 2012.

[27] Druzhin, A. V. and Palchikov, V. , 'Current state and perspectives ofUTC(SU) broadcast by GLONASS," *Proc. 9th Meet. Int. Comm. GNSS (ICG)*, pp. 1-9,Prague, 2014.

[28] Bolkunov, A. , "GLONASS open service performance parameters standard and GNSS open service performance parameters template status," *Proc. 9th Meet. Int. Comm. GNSS (ICG)*, Working Group A, Prague, 2014.

[29] GLONASS System Documents https://www.glonass-iac.ru/GLONASS/documents.php.

[30] Anfimov N. , Revnivykh S. , Pochukaev V. , Kaznovskiy N. , Serdyukov A. , Klimov V. , Davydov V. , Dvorkin V. , Flegontov A. , and Korotonoshko A. , Basics of national PNT system, All-Russian Conference on Fundamental and Applied Positioning and Timing (KVO-2005), *Sankt-Petersburg*, April 11-15, 2005.

[31] Walker, J. G. , "Satellite constellations," J. Br. *Interplanet.* Soc. 37, 559-572, 1984.

[32] Positioning, Navigation and Timing Information and Analysis Centre:GLONASS system status official information: http://www.glonass-center.ru/en/.

[33] GLONASS Interface Control Document (Edition 5. 1). JSC "Russian Space Systems": http://russianspacesystems.ru/wp-content/uploads/2016/08/ICD_GLONASS_eng_v5.1.pdf.

[34] GLONASS Interface Control Document for L1 CDMA signals (Edition 1. 0). JSC "Russian Space Systems": http:// russianspacesystems.ru/wp-content/uploads/2016/08/IKD-L1-s-kod.-razd.-Red-1.0-2016.pdf.

[35] GLONASS Interface Control Document for L2 CDMA signals (Edition 1. 0). JSC "Russian Space Systems": http:// russianspacesystems.ru/wp-content/uploads/2016/08/IKD-L2-s-kod.-razd.-Red-1.0-2016.pdf.

[36] GLONASS Interface Control Document for L3 CDMA signals (Edition 1. 0). JSC "Russian Space Systems": http://russianspacesystems.ru/wp-content/uploads/2016/08/IKD-L3-s-kod.-razd.-Red-1.0-2016.pdf.

[37] GLONASS Interface Control Document—general description of CDMA signal system (Edition 1. 0). JSC "Russian Space Systems": http://russianspacesystems.ru/wp-content/uploads/2016/08/IKD.-Obshh.-opis.-Red.-1.0-2016.pdf.

[38] Povalyaev, A. A. , "GLONASS Navigation Message Format for Flexible Row Structure," ION GNSS 2013, pp. 972-974,Nashville, TN, 16-20 Sep 2013.

[39] GLONASS navigation signals development concept, 2nd edition, refined. Approved by the orders of Armed Forces of Russian Federation General Staff' Head and Russian Federation Federal Space Agency'

Head, 2010.

[40] GLONASS program update, http://www.unoosa.org/pdf/icg/2015/icg10/02.pdf.

[41] Polischuk, G. M., Kozlov, V. I., Ilitchov, V. V., Kozlov, A. G., Bartenev, V. A., Kossenko, V. E., Anphimov, N. A., Revnivykh, S. G., Pisarev, S. B., Tyulyakov, A. E., "The global navigation satellite systemGLONASS: Development and usage in the 21st century," *Proc. 34th PTTI Meeting 2002*, pp. 39-50, Reston, Virginia, 2002.

第 5 章 Galileo 系统

José Ángel Ávila Rodríguez[1], Jörg Hahn[1], Miguel Manteiga Bautista[1], Eric Chatre[2]

[1] 欧洲航天局,荷兰
[2] 欧盟委员会,比利时

5.1 Galileo 计划发展史

GPS 的成功应用以及卫星导航在生活中的广泛应用,促使欧空局(ESA)和欧盟委员会(EC)于 2003 年着手开发、部署 Galileo 系统,这是欧洲对全球卫星导航做出的贡献。

Galileo 系统旨在为全球独立提供高精度、高可用和高连续的卫星定位服务。不仅与 GPS、GLONASS 及北斗系统等其他所有导航系统兼容,而且能实现不同级别的互操作。尤其是 Galileo 系统与 GPS 实现了最高程度的协同,这将造福全球用户。

欧洲卫星导航系统始于"欧洲地球静止导航重叠服务"(EGNOS),EGNOS 自 2005 年运行以来持续提供 GPS 民用增强服务。建设伊始,EGNOS 即被视为欧洲独立自主建设 GNSS 的基石。

Galileo 系统与其他 GNSS 一样,利用无线电信号,通过无源射频三球交会定位原理确定用户位置。这个过程中,时间是基础,因而需要在 Galileo 系统的每颗卫星上都安装高精度时钟。事实上,第一代 Galileo 系统(G1G)除了使用铷钟,还搭载了基于被动脉冲时钟技术的原子钟,也是迄今为止太空中精度最高的原子钟。

Galileo 信号计划与其他 GNSS 正在进行的现代化进程同步。这能使其从更多独立系统获得信号,可以提高精度、增强抵抗共模失效的弹性,从而可提升导航性能和鲁棒性,使用户大受裨益。

5.1.1 系统发展的关键要素:时间线

Galileo 计划于 2003 年底正式启动,旨在建设成为一个欧洲自主的导航系统,该系统既独立于 GPS,又能完全实现 2 个系统的互操作。但其实早在 2000 年前后,欧空局就成立了 Galileo 项目办公室(GPO),开始着手规划建设。

2002 年,在 GSTB 的框架下开始了该系统的概念研究,并获得了 2 项成果:基于 GSTB v1 开发了首个 Galileo 地面段算法的原型和试验验证系统;基于 GSTB v2 梳理了即将开展的第一颗 Galileo 试验卫星任务。

2004 年,GSTB v1 的试验工作持续了一整年,提出了现有 Galileo 系统的导航和授时性能要求。最终这些研究降低了 Galileo 地面任务段(GGMS)操作处理设施开发中的潜在风险。同样重要的是,这些初步的研究结果鼓舞了设计者的信心、巩固了前期的工作、加快了实际系统的部署进度。

2005年12月28日,欧洲的第一颗导航卫星"Galileo在轨试验卫星(GIOVE-A)"发射升空,迈出了Galileo系统历史上重要的一步。2周后,2006年1月12日,Galileo系统播发了第一个信号。2016年3月3日,按照国际电信联盟(ITU)的规定,Galileo系统申请了频率保护。GIOVE-A验证了诸如铷钟和导航信号生成器等关键有效载荷技术,同时通过2种不同的辐射监测设备积累了后续卫星在MEO环境运行的重要经验。

在GIOVE-A卫星投入使用的同时,GIOVE任务核心基础设施也完成了建设,为生成第一条Galileo导航信息所需的所有例行操作提供了必要条件。这些信息包含了用户接收机定位所需的内容,于2007年5月4日第一次播发。在此期间,全球Galileo实验传感站网络在欧洲空间操作中心(ESOC)、德国国家地球科学研究中心(GFZ)和美国海军天文台的合作下建立。该网络收集Galileo系统和GPS观测数据,将其发送至GIOVE处理中心[位于荷兰诺德维克的欧空局欧洲空间研究和技术中心(ESTEC)],并在该处理中心生成导航信息(最初由GIOVE-A播发,后来由GIOVE-B播发)。长期的试验和实践经验为欧洲进一步优化系统设计积累了极为宝贵的财富。

2008年4月27日,GIOVE-A的兄弟卫星GIOVE-B携带当时精度最高的原子钟发射升空。不同于GIOVE-A只能传输E1和E5两个频率,GIOVE-B能够并行使用E1、E5和E6频率,不仅大幅提升了信号传输能力,而且能够实现拓展信号试验。本章5.7节讨论了Galileo频谱和频率计划,其中包括信号和频率的详细信息和定义。

2005年和2008年发射的2颗GIOVE卫星采用了一个具有代表性的地面段来进行概念验证,这2颗卫星如今已不再使用。虽然它们被移到了一个远高于Galileo标称轨道的墓地轨道,但其搭载的辐射监测器仍在工作。

2011年,在轨测试站(IOT)在比利时雷杜的欧空局中心建设完成。该站配备了一个直径20m的L波段天线,用于传输导航信号;一个C波段发射天线,用于测试星载任务接收机;一个UHF天线,用于向卫星发射搜救测试信号。该站已成为Galileo在轨测试站的示范中心,成功管理了前4颗Galileo在轨验证(IOV)卫星以及迄今为止的14颗全业务能力(FOC)卫星,向世界展示了Galileo卫星播发导航和搜救信号的卓越品质。

GIOVE试验卫星发射后,该项目进入了IOV(在轨验证)阶段。这一阶段的主要目标是通过具有4颗Galileo卫星的最简星座(GSAT010×)(仅保持在测试地点进行独立定位授时所需的最少卫星数)和最简地面站网络对系统进行初步验证。这4颗IOV卫星分别于2011年10月21日和2012年10月12日通过"联盟"号火箭一箭双星发射升空,它们不仅完成了IOV阶段的试验任务,并且也成为了Galileo运行星座的一部分。为了区别于Galileo系统的其他业务卫星系列,IOV卫星以GSAT01××命名,其他卫星以GSAT02××命名。

2013年,欧洲卫星导航迎来了一个历史性的里程碑——首次利用4颗Galileo在轨卫星及其地面设施确定了用户地面位置,证实了Galileo系统的建设正按计划稳步推进。此次定位于2013年3月12日上午在荷兰诺德威克ESTEC技术中心的欧空局导航实验室进行,首次确定了用户的经度、纬度和高度,精度约为10~15m。该定位结果由全新的欧洲基础设施得出,该设施由欧洲自主开发的空间段和位于意大利、德国的两个控制中心组成,通过控制中心与欧洲领土上的全球地面站网络相连。IOV阶段于2013年底顺利结束,测试车辆行驶了超过10000km来收集信号,同时也对行人和固定接收机进行了测试。在这个漫长的过程中,收集了数太字节的 IOV 数据,为预测 Galileo 全星座的预期性能提供了参考。自此,Galileo 系统开始持续为用户播发导航信息。

建设 Galileo 系统的漫漫征程从开始就无比艰难,欧洲的工程师们此后每一步都伴随着诸多挑战。其中,Galileo 系统发展史上有个最为重要的事件:2014 年 8 月,前 2 颗 FOC Galileo 卫星发射至异常轨道。这种情况下,为确保卫星被送到更有利的轨道,保证用户仍能接收它们的服务,Galileo 系统的任务控制小组昼夜不停工作,将近地点抬升了超过 3500km,使卫星尽可能绕椭圆轨道运转。终于在 2014 年 11 月 29 日,这些卫星传出了第一个空间导航信号。并且,这些卫星质量可靠,从那时起就一直被科学界用于支持相对论理论实验。最终,在 2016 年 8 月 5 日,这 2 颗卫星也开始广播导航信息。

尽管困难重重,但欧洲在逆境时信息的公开透明以及应对事件的成功结果,最终为 Galileo 系统赢得了全世界的信赖。这 2 颗卫星至今仍在播发高质量信号,预计不久将成为 Galileo 最终星座的一部分。这也证明了欧洲抵御挫折的能力。

2016 年 11 月 17 日,欧洲用阿丽亚娜 5 号将 4 颗 Galileo 卫星送入轨道,实现了又一个世界第一。到目前为止,Galileo 系统已经实施了 7 次"联盟号"一箭双星发射和 1 次"阿丽亚娜-5 号"一箭四星发射,现在共有 18 颗卫星在轨。

2016 年 12 月 15 日,Galileo 计划实现了又一个历史性的里程碑。当天,欧盟委员会在布鲁塞尔举行的官方仪式上宣布 Galileo 系统开始提供初始服务,欧盟委员会(EC)、欧洲全球导航卫星系统局(GSA)和 ESA 高层代表、国家航天机构、航天工业、Galileo 芯片制造商和国际媒体出席了仪式。这不仅意味着始于 2016 年 3 月的初始服务验证活动获得了成功,也是前几年各项繁重工作的结晶。

Galileo 系统增量部署和开发计划如图 5.1 所示。

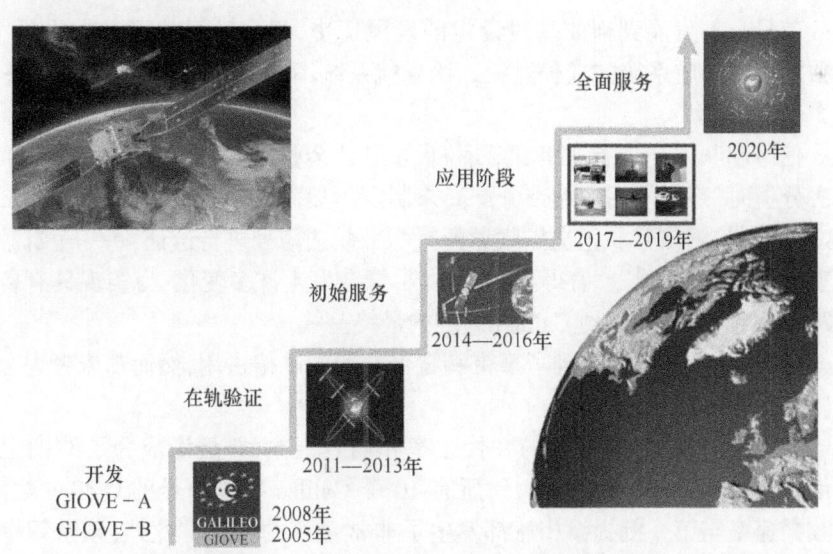

图 5.1　Galileo 系统增量部署和开发计划

(来源:© ESA - P. Carril and J. Huart.,经 P. Carril 和 J. Huart. 许可载荷。)

以上讨论的所有部署都伴随着系统的持续验证和整合。2016 年底,Galileo 系统宣布提供早期服务时,使得这一发展过程达到了顶峰。Galileo 系统由 18 颗运行卫星提供,其中 16

颗处于正常轨道,2颗处于异常轨道。该系统配置的成功验证促进了2016年底系统应用阶段的开展。应用阶段将持续到2020年,届时Galileo系统将正式投入使用,整个系统的部署工作也将全部完成,工程师们可以专注于日常操作以及地面段维护和卫星星座的备份工作。按照计划,应用阶段会超过整个系统的设计寿命,预计可达到20年(图5.2)。

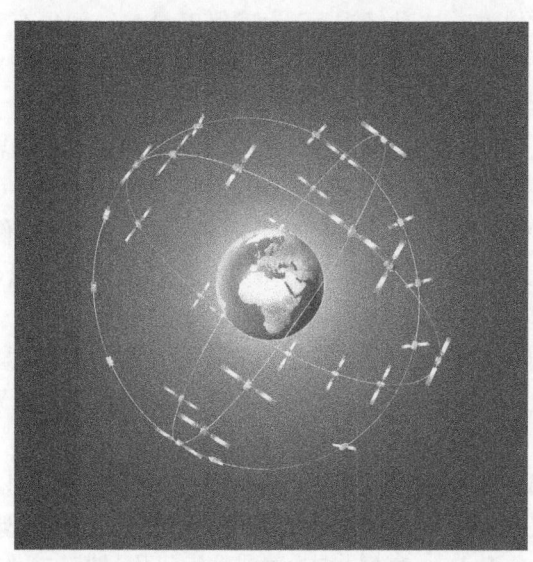

图5.2　Galileo系统全业务能力(FOC)星座(来源:© ESA-P. Carril。经ESA许可复制。)

5.1.2　信号演变

Galileo信号计划发展到当前基线设定的发展历史,很好地反映了其在设计上的演变,以及一个独立欧洲导航系统的成长过程。该导航系统不仅保持了独立性,还具备与GPS的互操作能力。

Galileo信号和频率计划首先考虑采用平方根升余弦(SRRC)[1]。对未来Galileo信号进行第一次分析时,现在使用的频带分配尚未制定。然而,这并不妨碍基于同相二进制相移键控(BPSK)调制扩频信号和正交扩频导频对7个候选信号进行论证,每一个都独立地分配到一个单独的载波频率[1,3]。值得注意的是,尽管会发生许多变化,为实现具有鲁棒性的载波相位跟踪,导频分量将沿用到Galileo系统的最终基线。

此外,提议的信号分别考虑到了窄带和宽带情况的严格占用,然而却未考虑公共监管服务(PRS)(图5.3)。

文献[2]中提出了第一个可靠的替代频率和信号方案,并逐渐成为了欧洲卫星导航系统发展的信号基线。截至2002年9月,所有10个Galileo导航信号的Galileo载波频率、调制方案和数据速率与第一批提案相比都发生了非常重要的变化。此外,频带频率分配已不再是一个未知的问题。按照欧盟运输理事会2002年3月25日至26日会议的指导方针——Galileo计划着手开发与GPS信号调制类似的概念,并确定其应有与GPS的兼容性和互操作性。最终,Galileo计划放弃了采用SRRC的思路。从那一刻起,直到形成最终版本,Galileo信号计划都不会再发生实质性的变化。图5.4总结了2002年基线信号计划中最相关的信号特征。

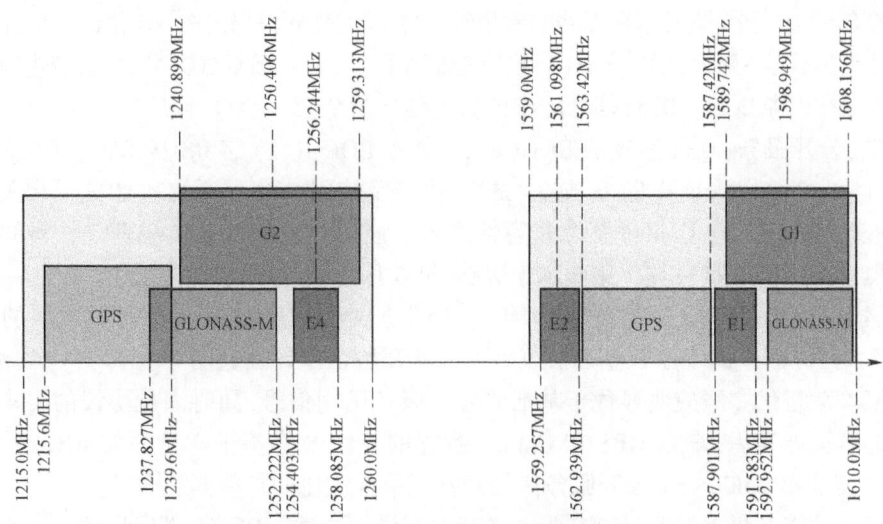

图 5.3 Galileo L 波段第一频率计划[1]

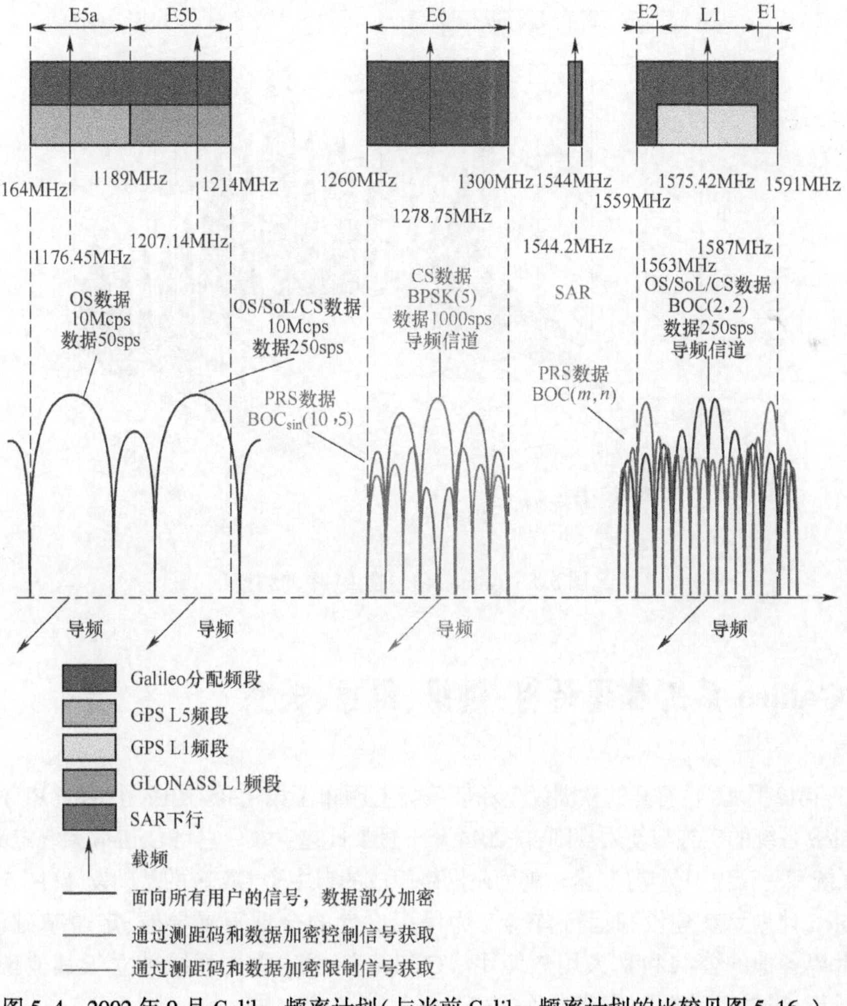

图 5.4 2002 年 9 月 Galileo 频率计划(与当前 Galileo 频率计划的比较见图 5.16。)

2002年的信号计划与今天的基线非常相似,但E1和E6频段仍需进一步修改。尽管如此,信号演化过程并不是一蹴而就的,文献[3]清楚地证明了这一点。截至2004年,主要变化如下:

- E6:PRS将BOC(10,5)信号的相位从正弦变为余弦;
- E1:公开服务(OS)信号从BOC(2,2)变为BOC(1,1),PRS从$BOC_{sin}(14,2)$变为$BOC_{cos}(15,2.5)$,以满足欧盟/美国在"推广、供应及使用Galileo系统和GPS及相关应用的协议"中提出的GPS与Galileo系统兼容性要求。该协议由欧盟委员会副议长洛约拉·德帕拉西奥和美国国务卿科林·鲍威尔于2004年6月26日在爱尔兰签署。

虽然GPS和Galileo系统在2004年达成的协议已经确保了二者间高水平的互操作性[4],但大西洋两岸的专家在签署协议后不久就开始合作寻找通用BOC(1,1)调制的可能替代方案。该替代方案应明显优于基准的公开服务民用信号,同时满足协议的要求。评估了大量的解决方案后,来自GPS和Galileo系统的专家最终基于常见的MBOC的调制,为GPS L1C信号和Galileo E1公开服务信号开发了一种优化的扩频调制[5-6]。

Galileo系统的最终频率计划在第5.7节中有详细描述。E1/L1频段详情见图5.5。

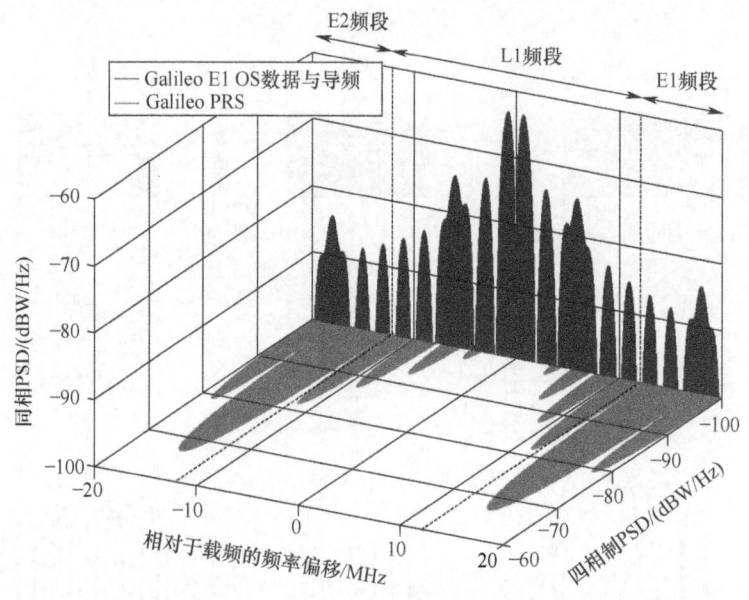

图5.5　Galileo信号在E1中的频谱

5.2　Galileo系统管理结构:组织、角色、关系

2013年12月11日召开的欧洲议会和理事会上颁布了第1285/2013号条例(EU),该条例规定了Galileo系统的实施与使用规则,自2014年1月1日起生效。它将Galileo系统定义为一个民用控制系统和一套由卫星星座、全球地面站网络组成的自主全GNSS的基础设施(图5.6)。

Galileo计划旨在建设和运行首套专为民用设计的全球卫星导航、定位基础设施,供欧洲乃至世界各地的公共和私人用户使用。Galileo计划建立的系统独立于其他现有或潜在的系统运行,以推动欧盟的战略自治。

图 5.6　Galileo 系统三巨头：欧盟委员会(EC)、欧洲 GNSS 局(GSA)和欧洲航天局(ESA)

根据欧盟 GNSS 第 1285/2013 号条例[7]，欧盟委员会对该项目负总体责任，欧空局负责 Galileo 系统的技术开发和部署，GSA 负责 Galileo 系统的运营管理。Galileo 计划的这 3 个主要参与者的职责分工如下：

• 欧盟委员会(EC)：EC 代表了欧盟的一般利益，是(向欧洲议会和理事会)提出立法、管理和执行欧盟政策、执行欧盟法律(与法院联合)和负责国际舞台谈判的主要力量。EC 主管政治层面和高级别任务要求的制定，其职责是管理 GNSS 方案及其资金供应，确保利益相关方之间的协调，建立授权协议，监测风险，并确定实施方案的关键决策阶段。

• 欧洲 GNSS 局(GSA)：GSA 是欧盟的一个机构，负责 Galileo 系统的成功运行、商业化和开发。GSA 的目标是确保 Galileo 系统提供无缝服务、实现平稳运行和高市场渗透率。此外，GSA 还负责系统的安全认证以及 Galileo 安全监控中心(GSMC)的建设和运行、代表欧盟管理应用和研究基金，促进卫星导航应用和服务。

• 欧洲航天局(ESA)：ESA 是 Galileo 计划的设计机构和采购代理，负责技术开发和部署。Galileo 计划的定义阶段、开发和 IOV 阶段由 ESA 执行，并由 ESA 和欧盟委员会共同资助；其 FOC 阶段完全由欧盟资助，并由欧盟委员会管理。EC 和 ESA 签署了一项授权协议，根据该协议，ESA 代表欧盟委员会担任设计和采购代理。

过去几年，ESA 通过欧洲 GNSS 发展方案(EGEP)不断提高欧洲在卫星导航方面的能力。该方案是欧空局的一个可选项目，于 2007 年启动，重点是支持基础设施技术和系统开发活动的研发，涵盖了初始定义阶段 A 和 B。此外，直至 2020 年，ESA 还代表 EC 管理 Galileo 系统，并改进 H2020 计划的预算。

5.3　Galileo 大地测量和时间参照系统

Galileo 卫星提供的最重要数据包括自身轨道数据和时钟修正数据。接收机使用这些数据来估计实际卫星与自身的距离，并利用射频三边测量法等测量技术正确估算其位置。星历和钟差校正以视在相位中心(CoP)为基准，该相位中心在几何上接近导航发射天线的相位中心(指相应的下行链路频率，即"E1、E5"或 E6)。用户根据 Galileo 系统时间(GST)计算公共参照点的位置[5]。此外，轨道和数据修正与国际地球参照框架(ITRF)和协调世界时(UTC)等国际参照标准保持一致，以增强系统间的互操作性。还可以将 Galileo 系统的数据与其他导航系统一起使用，以便最终提高用户的定时和定位精度，以及鲁棒性。

5.3.1 Galileo 大地参考系及其与 ITRF 的关系

Galileo 大地参考框架(GTRF)以 16 个 Galileo 传感器站(GSS)为核心,独立于国际地球参考系统(ITRS)。为了确保与最新的 ITRF 兼容,GRTF 可保证在 $2\text{-}\sigma$ 情况下,参考 GTRF 给定的任意位置和参考最新 ITRF 的同一位置,三维误差不超过 3cm。这一性能对于提供高精度 Galileo 产品和相关服务至关重要,能够满足对长期稳定性和高可靠性的需求。为此,每个 GSS 都配备了冗余链,连续处理 Galileo 信号以识别出最小的时钟误差或卫星漂移。

这实际上也反映出,Galileo 系统使用的大地参考框架不仅包括所有的 GSS,还包括一些选定的站点[例如,传统的国际全球导航卫星系统服务(IGS)跟踪网络、Galileo 实验传感器站(GESS)和 MGEX 跟踪网络],保障了与 ITRF 的对标,以及进一步提高精度。

Galileo 大地测量参考服务提供商(GRSP)负责根据轨道验证设施(OVF)估计的若干参数来构建全球大地参照框架。这些参数包括地面跟踪站坐标、精确的卫星轨道和时钟数据、对流层和电离层延迟参数以及信号偏差参数。这一过程中,同样重要的还有数据/产品交换和归档以及地球自转参数(ERP)估计、预测以及台站坐标(CFSNX)、卫星轨道、时钟和码偏差(CF-ORB)、对流层(CF-TRO)和电离层(CF-ION)的组合程序。

直到 2017 年,Galileo 大地测量服务提供商(GGSP)生成了 OVF 服务产品,并将其提供给 Galileo 基础设施的一个支持设备,即时间和大地测量验证设施(TGVF)。从 2018 年开始,Galileo 服务运营商(GSOp)负责其 GRSP 下所有以前的 OVF 任务。

由于使用了完全独立的软件包(PF1、PF2、PF3)分别处理同一个 GNSS 数据集,最终获得了高度稳健的解算。每周可组合 3 个 PF 提供的解算来获得每周 GTRF 站点位置和每日 ERP 的最小约束解算。进而通过累积每周 GTRF 组合结果,根据站点位置和速度生成精确的 GTRF 长期解算。

5.3.2 Galileo 时间参考系统与 UTC 和其他系统的关系

GST 是整个 Galileo 系统内部生成的参考时间。它是一个在地心参考系中连续的坐标时间标度,完全通过 Galileo 系统中的原子钟来实现,以确保其独立性。根据国际电联 TF.460-6[9]建议,GST 在 50ns (95%模 1s 内转换至 UTC,从而能够与其他 UTC 计时产品互操作。事实上,Galileo 系统的广播导航电文使用 GST 进行时间标记,并在一个 32 位字段中提供 GST,该字段包含 Galileo 周数(WN)和周时(ToW)[6]。GST 的初始纪元定义为 1999 年 8 月 22 日星期日 00:00 UTC,对应 GPS 周数(WN)的最后一次翻转。GST 和 UTC 是在初始纪元时定义的,偏移量最初为 13s,但在过去几年中发生了变化,因为 UTC 引入了新的闰秒,而 Galileo 系统不应用闰秒校正。尽管如此,GPS 时间的偏移量仍然是零整数秒,推动实现了 GPS、Galileo 系统的互操作性。

GST 由 Galileo 精确时间设备(PTF)生成,PTF 是 Galileo 地面任务段的一个组成部分。如今的 PTF 配备了 2 个热冗余备份的有源氢钟和 4 个高性能铯钟。为了保持鲁棒性,Galileo 系统用 2 个 PTF 计数,2 个 Galileo 控制中心(GCC)各有 1 个 PTF。此外,Galileo 时间服务提供商(GTSP)每天提供 GST-UTC 转换参数,将 GST 与 UTC 联系起来,并在之后作为 Galileo 导航消息的一部分进行广播。这些参数由选定的欧洲计时实验室输入数据生成,包括频率转向校正参数以及闰秒公告、GST-UTC 分数偏差和斜率。Galileo 系统用户通过它们从广播导航信号中估计 UTC 的参数。

图 5.7 为 2016 年 9 月 1 日至 2017 年 8 月 31 日期间的测量示例。在此期间,通过空间信号提供的 UTC 和国际度量局(BIPM)快速计算的 UTC(UTCr)准确性保持在 10ns 以内,其中 2016 年 11 月/12 月和 2017 年 1 月的 2 次事件除外。

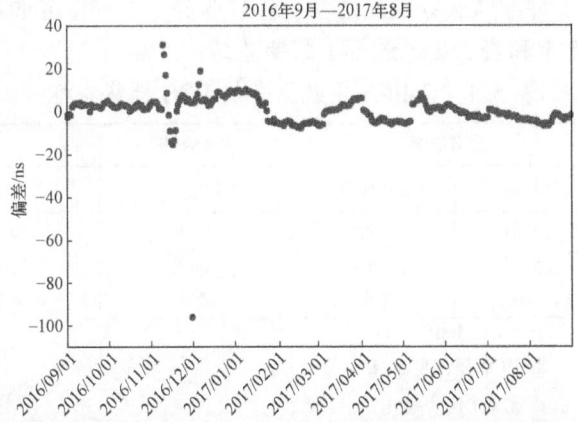

图 5.7 　与快速 UTC 解决方案相比,Galileo 系统发布的 UTC GST 补偿-UTC(SIS)

第一个事件与定时基础设施故障及其产生的恢复活动有关,而第二个事件是由重新校准造成的。这 2 个事件都影响了 GPS 到 Galileo 系统的时间偏移(GGTO)。

由于提供了 GPS-Galileo 时间偏移(GGTO),Galileo 系统与 GPS 系统的互操作性更为深入。只要 2 个星座中至少有 4 颗卫星可见,就可以对任何 GPS/Galileo 接收机进行定位、速度和授时(PVT)。GGTO 由 Galileo 的导航信息[5]提供,便于 Galileo 配置接收机的内部校准。GGTO 表示 Galileo 系统和 GPS 时间尺度之间[9-11]的差异,通过 Galileo PTF 上可用的校准 Galileo-GPS 接收机进行测量。在此必须强调一个事实,尽管与其他时间参考系(如 GPS 时间和 UTC)的互操作性从一开始就是开发 Galileo 系统的驱动因素,但若要避免共模故障,Galileo 系统至少需要一段独立生成的时间。

图 5.8 显示了 2016 年 9 月至 2017 年 8 月期间广播 GGTO 和实际测量的 GGTO 之间的偏差。

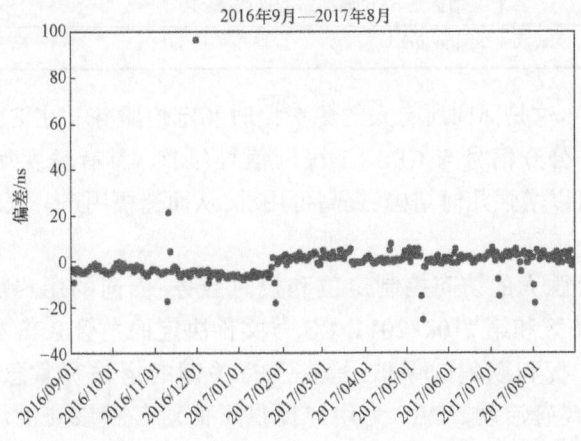

图 5.8 　广播 GGTO 与实测 GGTO 的偏差

5.4 Galileo 系统服务

Galileo 系统提供 3 种导航服务以及搜救(SAR)服务。不同服务的定位和授时性能可在文献[12]中找到,表 5.1 和表 5.2 也进行了简要总结:

表 5.1 Galileo 导航服务的 FOC 性能指标

Galileo 全球服务	公开服务		商业服务	授权服务	
信号	$E1_{B\&C}$	$E5a/E5b$	$E6_{B\&C}$	$E1_A$	$E6_A$
定位精度 (水平 2dRMS 下 95%,垂直 95%)	15mH 35mV (单频)	24mH 50mV (单频)	24mH 50mV (单频)	16mH 38mV (单频)	30mH 45mV (单频)
	4mH 8mV(双频:$E1_{B\&C}$-E5a 或者 $E1_{B\&C}$-E5b)			6.5mH 12mV (双频)	
授时精度最差 UTC/TAI(95%)	30ns(双频)		30ns	30ns(双频)	
服务可用性	99.5%	99.5%	99.5%	99.5%	99.5%
访问控制	免费公开访问		测距码和 导航数据信息 的受控访问	测距码和 导航数据信息 的受控访问	测距码和 导航数据信息 的受控访问

表 5.2 Galileo 搜救服务

容量	每颗卫星中继来自多达 150 个同时活动信标的信号
定位时间	在不到 10min 的时间内检测和定位遇险信号;从信标首次出现到遇险定位的等待时间
定位精度	5km
确认数据速率	6 条/min 100b 信息
服务质量	信标到 SAR 地面站的误码率<10^{-7}
可用性	>99.8%

- 公开服务(OS):这是面向所有人的免费授时和定位服务。在 E1/L1 频带中,由于通用的 MBOC 调制,E1 公开信号与 GPS L1 民用信号(L1C)具有高度互操作性。组合使用 Galileo 和 GPS 星座可以增强几何结构、提高可用性,从而造福用户。授时服务与 UTC 同步,如 5.3 节所示。
- PRS:这是一个强大的访问控制定位和授时服务,面向的用户需通过欧盟成员国、理事会、EC、欧洲经济区和第 1104/2011/EU 号文件决定的主管 PRS 当局正式授权。PRS 为加密信号提供抗干扰和欺骗的保护,旨在支持关键的运输和紧急服务、执法、边境管制、和平任务和其他政府活动。PRS 为用户提供了面对各种威胁的增强保护,确保了高连续可用性。

- 商业服务(CS):此服务解决了高性能或高可靠的关键应用。对增值数据的访问由一种加密机制控制,只向付费用户授予访问权限。包括精密单点定位(PPP)服务以及强大的身份验证功能,与公开服务导航消息身份验证相比,具有更好的鲁棒性。

除上述导航服务外,Galileo 系统还提供了一项支持 COSPAS-SARSAT 系统的额外服务,即搜救服务。

- SAR:Galileo 系统将紧急信标发出的信号传递到地面,SAR 地面段计算出发射的实际位置。这是欧洲对国际卫星搜救遇险警报探测系统 COSPAS-SARSAT 做出的贡献。Galileo 系统增加的额外功能进一步完善了该系统,即通过返回链路向配备 Galileo 系统的接收机发送接收到的遇险信息。

Galileo 卫星在 406~406.1MHz 的 UHF 波段接收 SAR 遇险信号,并在 L6 波段(1544~1545MHz)中继到 MEO 轨道本地用户终端(MEOLUT)。E1 载波频率中的一部分公开服务数据嵌入了遇险警报确认信息和救援小组协调信息,以此方式进行传输。

5.5 Galileo 空间段

本节详细介绍了 Galileo 空间段的两个基本组成:
- 运载火箭和星座;
- 卫星(平台和有效载荷)。

5.5.1 运载火箭和星座

本节首先介绍 Galileo 运载器,然后对计划中的 Galileo 星座进行概述。

5.5.1.1 Galileo 运载器

欧洲目前使用联盟号和阿丽亚娜号运载器将 Galileo 卫星从圭亚那航天中心送入太空。圭亚那航天中心是欧洲的航天港,位于法属圭亚那。首批 14 颗卫星分别于 2011 年 10 月,2012 年 10 月,2014 年 8 月,2015 年 3 月、9 月和 12 月及 2016 年 5 月,搭载联盟号运载器,通过一系列双星发射进入太空。2016 年 11 月的最新一次发射(图 5.9)首次使用了阿丽亚娜 5 号运载器,实现了一箭四星。截至目前,Galileo 系统总共有 18 颗入网卫星。

联盟号运载器是俄罗斯太空计划中的瑰宝,于 1966 年引进,它源于沃斯托克运载器,后者又是基于 1957 年发射人造卫星 1 号的 8K74 或 R-7a 洲际弹道导弹进行改进的运载器。联盟号已经执行了超过 1000 次有人和无人任务,其设计旨在为载人任务提供极高的可靠性。

Galileo 计划使用了专门的联盟号运载器,比联盟 ST-B 更强大,其中包括一个可以再次点火的 Fregat-MT 上面级。该级首次用于发射 GIOVE-A 和 GIOVE-B 试验卫星,并携带了额外 900kg 的推进剂,从法属圭亚那发射,这是 Galileo 卫星的标配。联盟三级火箭及 Fregat 上面级是按照俄罗斯的传统方法水平组装的,然后将有效载荷与运载器从上方竖立起来,再用欧洲标准方式进行装配。结合欧洲和俄罗斯程序的特殊方法,建造了一个新的移动发射塔架来实现这一过程。同时专用的塔架也有助于保护卫星和运载器免受当地潮湿的热带环境影响。

图5.9　2017年11月17日,阿丽亚娜5号首次搭载、发射4颗Galileo卫星(来源:© ESA-S. Corvajao。)

除了联盟号,Galileo还用阿丽亚娜火箭将Galileo卫星送入太空。Galileo使用阿丽亚娜5 ES火箭,一次最多可将4颗Galileo卫星发送到MEO轨道上。阿丽亚娜5 ES发射装置是在最初的阿丽亚娜5通用发射装置基础上改进的,升级后的版本能实现重新点火和长时间滑行,并可按照Galileo计划的要求将4颗Galileo卫星送入其运行轨道。此外,最后的上面级还需要具备重新点火的能力,以便在有效载荷释放后,能够离开其注入轨道而置于墓地轨道,并远离标称Galileo轨道。2016年11月17日第一次进行了一箭四星的发射,2017年底和2018年,阿丽亚娜5号又完成了2次Galileo卫星的发射。

图5.10显示了Galileo系统在2020年实现全面运行的发射计划。

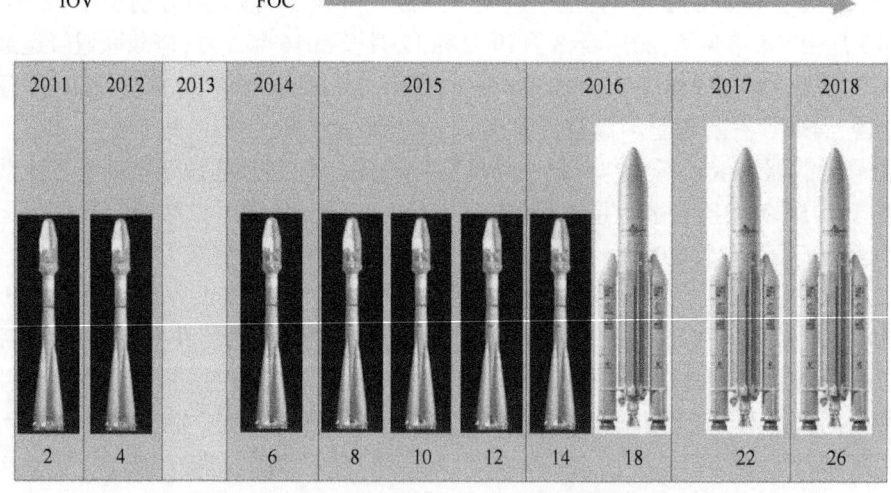

图5.10　面向完全运行能力(FOC),Galileo系统的发射计划

5.5.1.2 Galileo 星座

全部部署完成的 Galileo 系统由 30 颗卫星(24 颗运行卫星+6 颗在轨备用卫星)组成,位于 3 个圆形 MEO 平面上,其标称轨道平均半长轴为 29599.801km,轨道面倾角为 56°。一旦实现入网成功,Galileo 导航信号将在北纬 75°~南纬 75°范围内提供良好的覆盖。

Galileo 星座是一系列详尽研究和努力优化的结果,旨在实现高纬度地区良好的精度和可用性性能[3]。在选择 Galileo 星座几何构型时,考虑的另一个因素是快速部署 Galileo 星座并降低星座维护成本的能力。事实上,最终选择的 3 个轨道面的配置与欧洲的发射能力是匹配的,它可以一次将多颗卫星送入轨道:如前所述,阿丽亚娜 5 号最多可以发射 4 颗 Galileo 卫星,联盟号最多可以发射 2 颗 Galileo 卫星。

表 5.3 总结了最终选定的基本 Galileo 参考星座参数[13-14]。

表 5.3 Galileo 参考星座参数

参　　数	值
星座类型	Walker 24/3/1+6 在轨备份
半长轴	29599.801km
倾角	56°
轨道周期	14h4min42s
地面重复性	10 恒星日/17 轨道日

Galileo 星座轨位如图 5.11 所示。备用卫星的位置仅为示意,因为它们的实际位置在部署时才确定。此外,我们可以从 3 号运载(L3)的发射异常以及它们与星座其他部分的相对位置来识别这对卫星。由于是不同的平面倾角,相对位置是随时间而变化的,所以此图仅供参考。

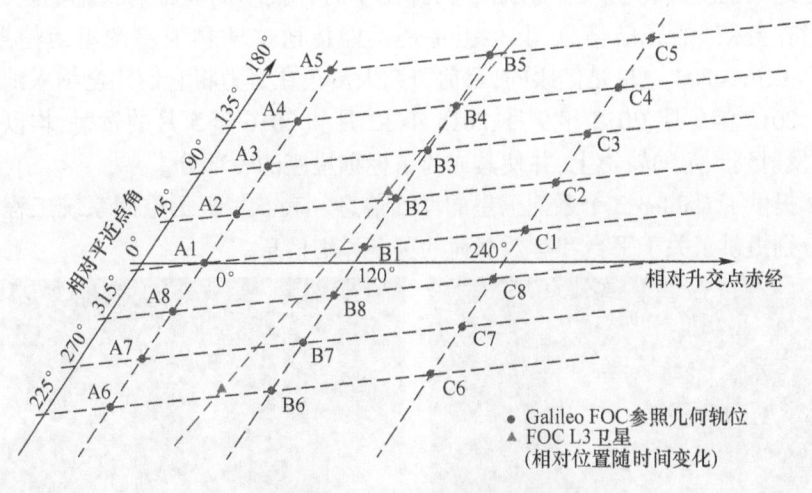

图 5.11 Galileo FOC 星座轨位

Galileo 系统采用 24 颗卫星标称星座,全球用户在任何时候都能看到 6~11 颗 Galileo 卫星,即海拔 5°以上超过 8 颗卫星的平均能见度。该标称星座与 6 颗备份卫星一起形成了覆盖全球的几何构型,其典型的垂直位置精度因子(VDOP)和水平位置精度因子(HDOP)分别约为2.3和1.3[15]。

最后,Galileo计划还十分注重卫星到超过使用寿命后的处理问题。这个问题很重要,无论是出于遵循控制空间碎片的国际协定,还是出于规避碎片的行动会影响到业务卫星的可用性而最终影响提供的服务。因而Galileo卫星的设计是:在卫星到超过使用寿命后将其从Galileo标称轨道上移除,推到比Galileo轨道至少高300km的墓地轨道。该方法同样也适用于卫星进入轨道后剩余的发射级。

5.5.2 Galileo星座

Galileo星座由2类卫星组成:

• 前4颗Galileo卫星由EADS Astrium公司作为主承包商制造,并用2枚联盟火箭发射。这一系列卫星曾用于IOV阶段的系统验证,至今仍在运行。2011年10月21日第一次以一箭双星的发射方式将卫星GSAT0101和GSAT0102放入轨道A平面;之后,10月12日的第二次发射将卫星GSAT0103和GSAT0104放入轨道B平面。但由于发生了永久性的在轨故障,GSAT0104无法在E5/E6中传输,也无法在E1中传播导航消息(仅虚拟数据)。然而,搜救转发器(SART)仍可利用TGVF处理来确定星历。

• Galileo卫星的第二系列由OHB系统公司作为主承包商制造[16]。为了与其他系列卫星进行区别,其编号为GSAT02××序列。这一订单共生产了22颗卫星。2014年8月,该系列进行了首次一箭双星的发射。但由于联盟号发射装置Fregat上面级出现故障,导致3号发射装置出现了"点火异常"。当GSAT0201和GSAT0202到达新的修正目标轨道后,导航有效载荷启动并进行了在轨测试。这一操作验证了新系列卫星的技术和性能,确认了它们的健康状况良好。虽然修正后的轨道是非标称轨道,但卫星的性能完全符合预期。实际上,从那时起这些卫星已经在广播导航信号,并用于时钟技术的验证。遗憾的是,由于新的轨道不完全符合标称的导航信息,其他卫星还不能传送这两颗卫星的星历信息。然而,GSAT0201和GSAT0202卫星是健康的,目前研究人员正在努力将它们完全纳入地面监测网络中。此后,2015年3月、2015年9月、2015年12月和2016年5月的发射,均以一箭双星将卫星成功发射到预定的轨道上,并使其成为了标称星座的一部分。

图5.12提供了Galileo 2个系列卫星的详细信息。表5.4根据空间系统工程中应用的标准分列,分别提供了关于平台和有效载荷的更多详细信息。

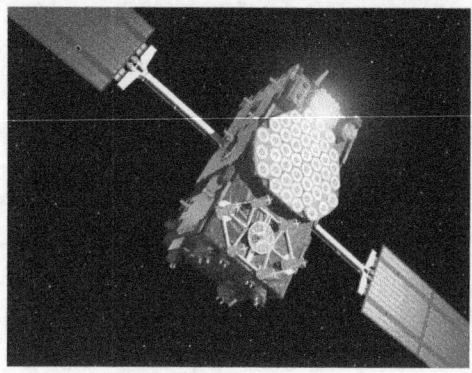

图5.12 Galileo卫星在轨照片(左GSAT010×和右GSAT02××)(来源:©ESA-P. Carril。)

表 5.4　Galileo 卫星主要特征概述[16]

卫星编号	GSAT010×	GSAT02××
S/C 主承包商	EADS Astrium GmbH	OHB System AG
卫星数量	4	22
发射质量/kg	700	733
部署太阳能电池板的尺寸	2.7m×1.6m×14.5m	2.5m×1.1m×14.7m
设计寿命/a(年)	12	12
可用功率/kW	1.420	1.900

5.5.2.1　Galileo 平台

Galileo 平台包括用于星载数据处理和控制、姿态和轨道控制(包括推进、供电和配电、热控制、遥测和激光反射器)的所有子系统。

(1) 姿态和轨道控制系统(AOCS)：Galileo 平台在所有阶段和所有机动中使用三轴姿态控制[17]。根据实际任务需求，可采用以下几种操作模式：

① 发射和早期轨道阶段(LEOP)，以及应急情况和安全模式：这种模式通过专用捕获模式进行地球或太阳捕获。

② 轨道捕获、轨位保持机动和寿命终止(EOL)退役：这种模式预计只需要很少的轨位保持机动[18-19]。

③ 标称运行模式：该模式使用偏航转向将太阳能电池板朝向太阳，具有完全的最低点指向性能，并支持卫星的热控制。这种模式下，基于地球和太阳传感器配置 AOCS 传感器/执行器，从而使卫星持续指向地球。

(2) 推进子系统：Galileo 卫星通常配备 8 个单组元联氨推进器，每个推进器在寿命开始时提供 1N 的标称推力(BOL)。由于 2 个系列的卫星(GSAT010×和 GSAT02××)都是直接进入 MEO 轨道的，因而它们的推进子系统只需提供运行寿命期间轨道修正机动所需的增量速度。

(3) 电源子系统：它基于经典的 50V 规范总线架构，包括：

① 一个电源调节和分配单元(PCDU)，为卫星上的所有装置供电。

② 两个太阳能电池板翼，在太阳曝光期间为卫星供电，并在地影期为电池并联充电。

③ 一种锂离子电池，在太阳活动期间储存太阳能电池板提供的能量，并在地影期进行放电。

(4) 测控子系统：Galileo 卫星在 S 波段使用冗余命令接收和传输遥测，有 ESA 标准测控模式和扩频模式两种工作模式。S 波段应答机在相干模式下工作时，可以进行精确的距离速率(多普勒)测量。S 波段遥测、遥控和控制(TT&C)的半球形-螺旋天线位于卫星反面，为接收和传输提供全方位覆盖。测距操作与遥测传输可同时进行。

(5) 激光反射器(LRR)：Galileo 卫星的猫眼反射器阵列位于导航发射天线附近的最低点面板上，可以测量距离卫星几厘米以内的范围。计划平均每年使用一次 Galileo LRR 的激光测距，通过 S 波段遥测和遥控链路对高度进行测量。

5.5.2.2　Galileo 卫星载荷

Galileo 卫星的载荷包括 1 个全冗余的三波段导航载荷和 1 个 SAR 中继器[20]。在功能上，导航载荷可分为任务上行链路数据处理系统、授时子系统、信号生成和发射子系统：

（1）任务上行链路数据处理系统：通过专用CDMA在C波段上行链路从Galileo地面段上行站接收导航信息和所有相关支持数据。

（2）授时子系统：它基于2种不同的时钟技术[铷原子频率标准（RAFS）和被动氢原子钟（PHM）]生成星载频率基准（图5.13）。每颗Galileo卫星搭载2种原子钟各2台，即共有4个原子钟。时钟监控单元（CMCU）提供了4个时钟和导航信号生成单元（NSGU）之间的接口，保证主时钟和作为冗余热备时钟之间的同步（其他2个时钟作为冷备用）[21-22]。当主时钟处于故障或维修操作时，通过地面段发送的指令，备份钟可无缝接管主钟来提供服务。

图5.13　Galileo被动型氢钟（左）和铷原子频率标准（右）（来源：© Spectratime。）

星载基准频率的稳定性是衡量导航载荷质量的核心性能参数之一。图5.14为2017年9月的艾伦方差（ADEV）测试示例，涵盖了不同Galileo卫星（L3发射卫星除外）的典型RAF和PHM测试结果，这也体现出了PHM技术具有的优越性能。事实上，在测量时，除了E11-GSAT0101和E22-GSAT0204工作钟采用RAF，大多数工作钟都是PHM。

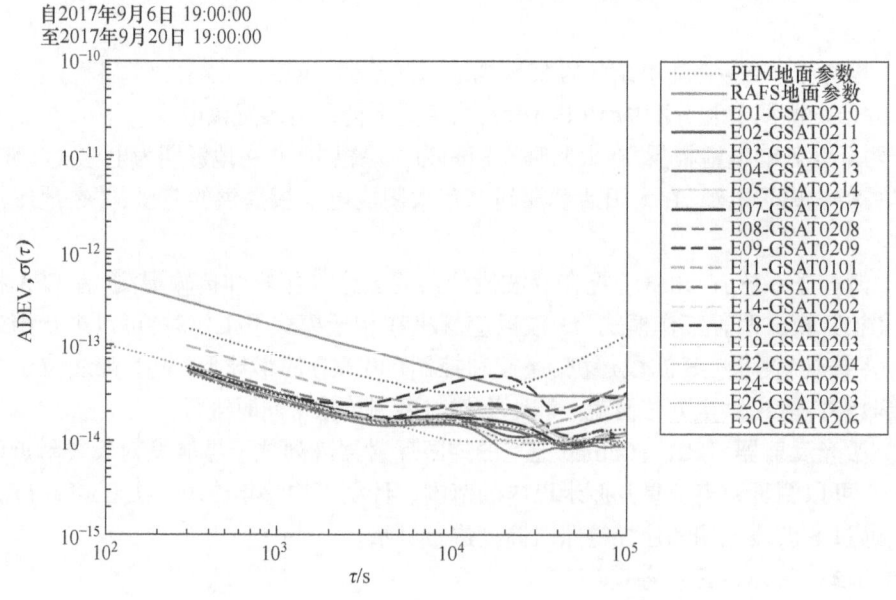

图5.14　Galileo卫星PHM和RAFS频率稳定性

（3）导航载荷：它提供的导航信号与授时子系统产生的公共基准频率相关。作为首个提供超过 50MHz 宽带信号的导航系统，Galileo 卫星通过 3 个 L 波段载波 E1、E6 和 E5 传输信号，即在 E5 波段发射"AltBOC"。所有导航信号都通过双频发射天线进行辐射，该天线使用 E5 和 E6 的共用天线子系统[23-24]。

（4）SAR：作为 COSPAS-SARSAT MEOSAR 系统的一部分，Galileo 卫星增强了遇险定位功能，并可与 GLONASS 和未来 GPS 卫星的其他 MEOSAR 中继器进行互操作[25]。Galileo 卫星的 SAR 转发器能够接收 COSPAS-SARSAT 信标（406.0~406.1MHz 频段）的遇险警报，并以 1544MHz 的频率将其下行至专用地面站，即 MEOLUT。它们基于到达偏差（DOA）实现信标的近实时时间和频率测量[26]。此外，Galileo 系统也提供了"遇险信标"服务，用于确认 COSPAS-SARSAT 系统已收到遇险信息的警报信标，并将此确认嵌入到导航消息中[27]。

COSPAS-SARSAT 理事会于 2016 年 12 月 9 日宣布提供 MEOSAR 服务。该声明意味着 Galileo 系统已经成为这一独特的国际 SAR 基础设施在全球的最大贡献者，平均每年支持超过 2000 次救援行动，并最终拯救了许多人的生命。

5.6 Galileo 地面段

Galileo 地面段由 2 个功能部分组成：

（1）地面控制段（GCS）：执行与卫星星座指挥和控制相关的所有功能，并实现全球覆盖。它由 Galileo 远程站点上的全球 S 波段测控站网络组成。

（2）地面任务段（GMS）：负责与服务相关的任务。它测量和监视 Galileo 导航信号，并以此估计、预测和生成导航信息。导航信息通过上行链路注入卫星，以便后续经 L 波段下行链路信号中继到用户。导航信息的基本内容包括卫星特定轨道和钟差校正，每 10min 由轨道确定和时间同步（ODTS）根据 F/NAV 产品的 E1-E5a 观测值、I/NAV 产品的 E1-E5b 观测值和 PRS 产品的 E1-E6 观测值进行批量估计。为了成功完成这项任务，GMS 需要依靠 2 个全球站点网络：

① L 波段地面服务系统（GSS）：负责收集 Galileo 导航信号的测距测量数据，用于 ODT 和空间信号监测。

② C 波段 ULS：5 个站点负责将任务数据上行注入到卫星（例如星历和时钟预测、SAR 返回链路和商业服务数据）。每个站点最多可操作 4 个上行链路天线，为整个星座提供及时的导航信息更新。

此外，Galileo 地面段是卫星的接口，并提供了大量功能，包括星载软件维护、业务支持、遥测分析以及支持卫星平台和载荷单元的最终排除故障。

Galileo 系统在奥伯法芬霍芬（德国）和富奇诺（意大利）有 2 个 Galileo 控制中心（GCC），它们拥有 GCS 和 GMS 的核心设施。这些设备还通过配备冗余链路的全球数据传播网络与所有地面设施相连，保证服务和业务的连续性。

位于图卢兹（法国航天局）和达姆施塔特（欧洲航天局，简称欧空局）运行中心）的 LEOP 控制中心（LOCC）负责在卫星与运载火箭分离后控制卫星，直至卫星到达指定轨道。

一旦卫星到达其最终轨道位置，测试工作就会启动。在这一阶段，比利时的雷杜（Redu）站将进行所有必要的测试，以验证卫星载荷在发射过程中有无损坏、健康状况是否良好。雷杜站主要使用校准的高增益天线、L 波段导航信号测量系统，以及 C 波段和 SAR UHF 射频链路的测试设备和发射机。

除了上述系统特定任务，地面军事系统还负责为若干参与 Galileo 服务提供的外部实体提供接口。这些服务提供商由 GSA 采购、协调和运营。以下简要介绍。

（1）全球导航卫星系统服务中心（GSC）：该中心与 Galileo 系统 OS 用户和 Galileo 系统 CS 外部数据提供商进行接口。GSC 设施位于西班牙马德里附近。

（2）GSMC：该中心提供 PRS 用户段的系统安全监控和管理，与国家 CPA 进行对接。鉴于 GSMC 作用的关键性，它需要依赖 2 个热冗余设施。

（3）时间服务提供商（TSP）和大地测量参考服务提供商（GRSP）：这些中心对 GST 和 GTRF 进行监测和指导，使之与国际气象标准保持一致。

（4）SAR-Galileo 搜救数据服务提供商（SAR-GDSP）：该中心确定 SAR 信标所发出的遇险警报的位置，并生成 SAR 返回链路信息，之后通过 Galileo 导航进行信号传播。SAR GDSP 的经营场所位于法国图卢兹。

● Galileo 参考中心（GRC）：该中心为 Galileo 服务提供独立的性能监控。GRC 设施位于荷兰诺德维克。

图 5.15 概述了 Galileo 地面部分，并对提供服务所需的诸多设施做出了标记。

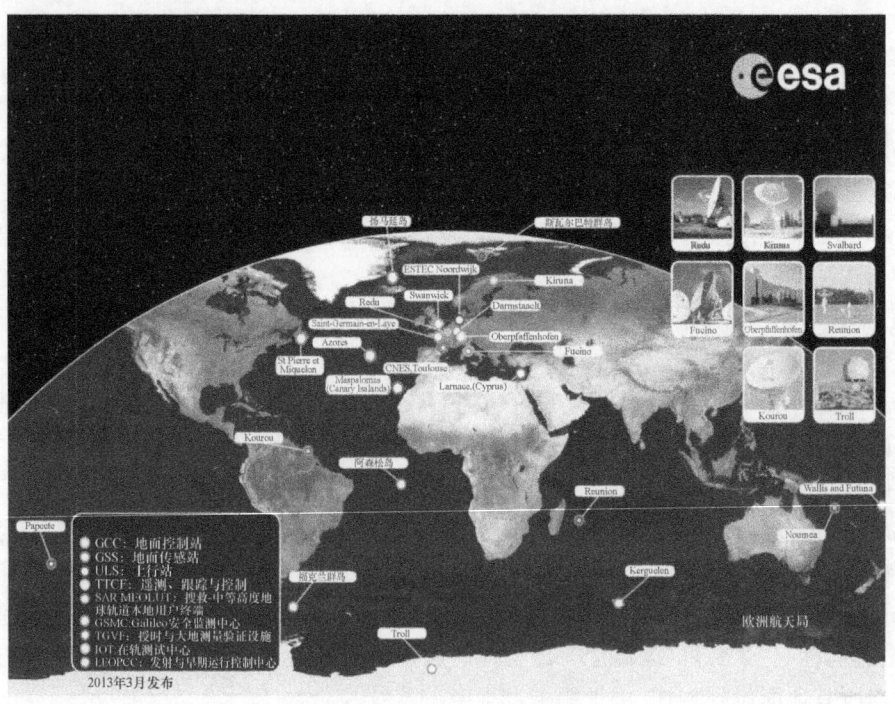

图 5.15　Galileo 地面段概览

5.7 Galileo 信号计划

5.7.1 Galileo 频谱和频率计划

如 5.1 节所述,经过多年技术讨论和优化权衡,最终才确定了今天的 Galileo 传输使用的频率和信号。Galileo 系统的总体信号计划,特别是波形和信息结构,也是欧洲为促进 GPS 和 Galileo 系统联合互操作所作的努力,是美国和欧盟之间关于促进、提供这 2 种系统及其相关应用的约定结果[28]。该约定还为 E1 公开信号的最终修改奠定了基础,并对已成为 1575.42MHz GNSS 公开信号的新标准波形——MBOC 做了介绍。

Galileo 系统和 GPS 之间的互操作性最终目的是在接收机层面上降低使用 2 个星座信号的难度,并从它们的组合几何结构中获益。Galileo 系统和 GPS 共用具有等效调制的频率载波 E5a/L5 和 E1/L1,并且两者都确保了与 UTC 和 ITRF 的可靠联系,事实也确实证明了这一点。但互操作性的概念远不止于此,它还包括信息概念可比较性的定义,如星历、历书、钟差校正、GST-UTC、偏置群延迟、通用接收机算法,甚至软件。

Galileo 卫星在 3 个不同的导航载波频率上传输相干信号,即 E1、E5 和 E6。每个信号都包含几个分量,并且至少有一对导频和数据分量。如图 5.16 所示,E1 频段是 1575.42MHz 的 L 频段载频,在其他书籍中也表示为 E2-L1-E1。它与 GPS 使用的 L1 载波频率相同。E6 位于 L 波段下边界的较高部分,频率为 1278.75MHz。E5 表示 L 波段下边界的较低部分,细分为 E5b 和 E5a。E5 载频为 1191.795MHz,而 E5b 和 E5a 载频分别为 1207.14 MHz 和 1176.45 MHz。E5a 与 GPS 的 L5 频率相同。

所有 Galileo 信号都使用 RHCP 根据 Galileo 空间信号接口控制文件[5],最小接收功率是指在地球表面周围的 5°仰角处 0dBic 圆极化天线输出接收的卫星信号的功率。该定义不考虑大气衰减的因素。上面介绍的 Galileo 信号和各自载波的能量谱密度如图 5.16 所示。

E1 和 E5 中的每个信号至少提供 1 个免费公开访问的导频和数据分量。尤其是 E5,它在 E5 载波频率的±15.345MHz 处有两个导频-数据对(E5b:+15.345 处,E5a:-15.345 处)。E5 的边带有双重用途:一方面,由于带宽限制,它们可为单独跟踪每个边带的用户提供服务;另一方面,更复杂的接收机能够得益于 2 个边带的相干,从而实现卓越的性能,这相当于使用了单个非常大的带宽,即整个 E5 的带宽至少为 51.15 MHz(50×1.023 MHz)。E5 边带的相干产生是通过 AltBOC 多路复用实现的[5],下面将对此进行更详细的描述。

5.7.2 Galileo 信号和服务

5.4 节介绍了 Galileo 服务,并规划了用户活动。在本节中,将进一步详细介绍 Galileo 卫星在每个频段的主要信号特征以及信号和服务之间的映射关系。

- 公开服务:公开服务提供单频和双频两种模式。$E1_{B,C}$、E5a 和 E5b 传输 3 个公开服务信号,每个都可提供单频(SF)公开服务信号。双频(DF)公开服务由 $E1_{B,C}$-E5a 和 $E1_{B,C}$-E5b 的双频信号组合提供。

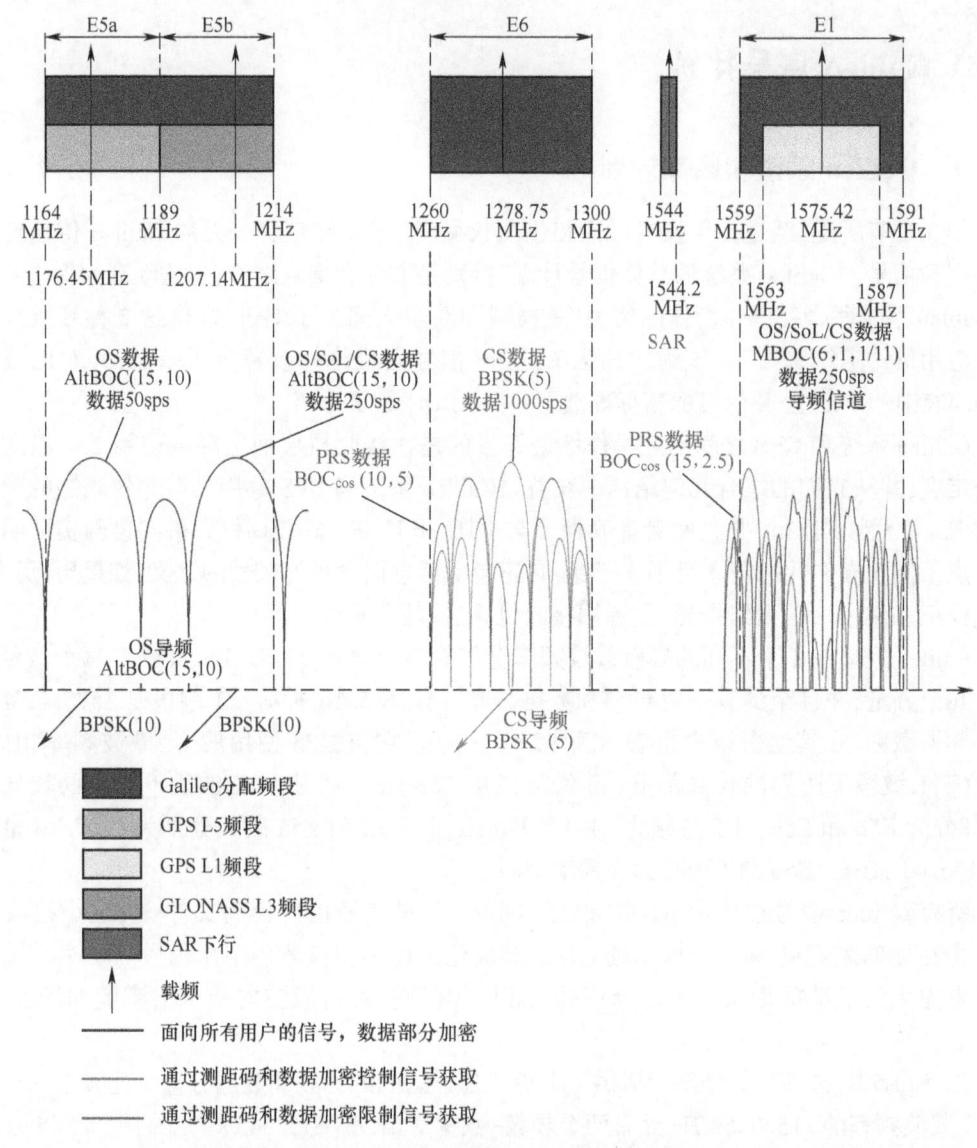

图 5.16 Galileo 频率计划、信号和分量

- 商业服务：商业服务由 $E6_{B,C}$ 信号与 $E1_{B,C}$、E5a 和 E5b 的公开服务信号组合提供。$E6_{B,C}$ 信号包含以高数据速率传输的增值数据，并与公开服务信号组合以提高性能。
- 授权服务：授权服务由 $E1_A$ 和 $E6_A$ 信号提供，这些信号经过专门设计，可抵抗有意和无意干扰。

表 5.5 总结了 Galileo 导航服务和信号之间的映射[3]。

表 5.5 Galileo 导航服务映射到信号

信号	公开服务	商业服务	授权服务
E5a OS	√	√	
E5b IM	√	√	

信号	公开服务	商业服务	授权服务
E5	√	√	
E6$_A$			√
E6$_{B,C}$		√	
E1$_A$			√
E1$_{B,C}$	√	√	

所有 Galileo 信号都基于相同的参考时间。下面几个小节中的信号定义是在不考虑带限滤波器和载荷缺陷的情况下规定的。另外,虽然实际值因应用而异,但本书提供了一些接收机带宽的建议。

5.7.3 Galileo E1 波段

Galileo 系统在 E1 波段提供两种服务:E1 OS 和 E1 PRS。E1 OS 由 2 个信号分量 E1$_B$ 和 E1$_C$ 提供服务,而 PRS 使用第三个信号分量,即 E1$_A$。

E1 OS 调制被称为 CBOC(复合二进制偏移载波),是 MBOC(复用 BOC)的一种特殊实现方式[3]。MBOC(6,1,1/11) 是将宽带信号 BOC(6,1) 与窄带信号 BOC(1,1) 复用的结果,就是将功率的 1/11 平均分配给高频分量。该信号于 2007 年与 GPS 合作完成,它是 Galileo 频率计划中最后一个完全确定的信号。

归一化(单位功率)功率谱密度由下式给出:

$$G_{\mathrm{MBOC}(6,1,1/11)}(f) = \frac{10}{11}G_{\mathrm{BOC}(1,1)}(f) + \frac{1}{11}G_{\mathrm{BOC}(6,1)}(f) \tag{5.1}$$

CBOC 是更一般的复合二进制编码符号(CBCS)[3]调制的特殊情况,且可表示如下:

$$s(t) = A\left\{\frac{c_D(t)}{2}[\cos\theta_1 s_{\mathrm{BOC}(1,1)}(t) + \cos\theta_2 s_{\mathrm{BOC}(6,1)}(t)]\right.$$
$$+ \frac{c_P(t)}{2}[\cos\theta_1 s_{\mathrm{BOC}(1,1)}(t) - \cos\theta_2 s_{\mathrm{BOC}(6,1)}(t)]$$
$$\left. + js_{\mathrm{PRS}}(t)\frac{\sin\theta_1 + \sin\theta_2}{2} + s_{\mathrm{IM}}(t)\right\} \tag{5.2}$$

$$s_{\mathrm{IM}}(t) = -jc_D(t)c_P(t)s_{\mathrm{PRS}}(t)\frac{\sin\theta_1 - \sin\theta_2}{2} \tag{5.3}$$

式中: A 为调制包络的振幅,它是 OS 数据(D)和导频(P)、PRS 和谐波 IM 互调产物之和, $A = \sqrt{2P_T}$,其中 P_T 是复用信号的总功率; θ_1 和 θ_2 分别为 8-PSK 调制点的角距,它取决于施加在 BOC(6,1) 分量上的功率百分比; $S_{\mathrm{BOC}(1,1)}(t)$ 为码速率是 1.023MHz 的 BOC(1,1) 调制; $S_{\mathrm{BOC}(6,1)}(t)$ 为码速率是 6×1.023MHz 的 BOC(6,1) 调制; S_{PRS} 为码速率为 2.5 倍的 PRS 调制; $S_{\mathrm{IM}}(t)$ 为 IM 互调产物信号,加在上述有用信号上,以保证其总和产生恒定的包络; $c_D(t)$ 和 $c_P(t)$ 分别为数据码和导频码。值得注意的是, $c_D(t)$ 解释了数据位的影响。

高频 BOC(6,1) 分量分解成数据分量和导频分量,二者具有相同的功率,即 1:1 的数据与导频功率比。此外,每个数据和导频流都可通过 BOC(1,1) 和 BOC(6,1) 扩频码的线性组合来扩展,其系数为 10/11BOC(1,1) 和 1/11 BOC(6,1)。在 CBOC 的定义中,数据和导频分量是反相位的,这一点也很重要,因为对于数据和导频分量,它们之间只差一个负号。这就产生了 1 个四阶的时域信号,它对于 CBOC 数据和导频分量略有不同,因此对于数据和导频的自相关函数也略有不同。导频 CBOC 信号峰值更窄,因此具有更好的跟踪和多径抑制性能。

如果重新排列式(5.2)中的项,并将组合信号表示为 BOC(1,1) 和 BOC(6,1) 码的伪随机时间交替复用,就会发现 CBOC 的另一个有趣特性,这些码为添加数据和导频测距码产生的非二进制码调制:

$$s(t) = A \left[\frac{c_D(t) + c_P(t)}{2} \cos\theta_1 s_{\text{BOC}(1,1)}(t) \right.$$
$$+ \frac{c_D(t) - c_P(t)}{2} \cos\theta_2 s_{\text{BOC}(6,1)}(t)$$
$$\left. + js_{\text{PRS}}(t) \frac{\sin\theta_1 + \sin\theta_2}{2} + s_{\text{IM}}(t) \right] \tag{5.4}$$

仔细观察上面的表达式,可以发现:

$$\begin{cases} \text{如果 } c_D(t) = +1, c_P(t) = +1, \text{则 } c_D(t) + c_P(t) = 2, c_D(t) - c_P(t) = 0 \\ \text{如果 } c_D(t) = +1, c_P(t) = -1, \text{则 } c_D(t) + c_P(t) = 0, c_D(t) - c_P(t) = 2 \\ \text{如果 } c_D(t) = -1, c_P(t) = +1, \text{则 } c_D(t) + c_P(t) = 0, c_D(t) - c_P(t) = -2 \\ \text{如果 } c_D(t) = -1 \text{ 和 } c_P(t) = -1, \text{则 } c_D(t) + c_P(t) = -2, c_D(t) - c_P(t) = 0 \end{cases} \tag{5.5}$$

因此,无论 $c_D(t)$ 和 $c_P(t)$ 的值是多少,$s_{\text{BOC}(1,1)}(t)$ 和 $s_{\text{BOC}(6,1)}(t)$ 的系数在不同但互补的时隙中总是非零的。这证明了该等式的时间复用性质,因为 BOC(1,1) 子载波在与 BOC(6,1) 子载波的隙不同但互补的时隙处传输。低功率 BOC(6,1) 分量的引入带来了另一个有意思的变化,即相位点的数量从最初仅传输 BOC(1,1) 需要的 6 个增加到了 8 个。出于相同的原因,在 IM 产物信号 $s_{\text{IM}}(t)$ 中消耗的功率显著降低,从而提高了复用的效率。还需要注意的是,除了相对振幅外,正交分量(PRS 信号)不受此新方案的影响。

有关公开 Galileo 调制的详细说明,请参阅《空间接口控制文件中的 Galileo 公开服务信号》[5]。

E1 OS 信号生成的一般原理如图 5.17[3] 所示。

整个发射的 Galileo E1 信号由以下 3 个分量组合而成:

- E1 OS 数据分量 $e_{\text{E1-}B(t)}$ 由 I/NAV 导航数据流 $D_{\text{E1-}B(t)}$ 和测距码 $C_{\text{E1-}B(t)}$ 生成,然后用 BOC(1,1) 和 BOC(6,1) 的子载波 $\text{sc}_{\text{E1-BOC}(1,1)}(t)$ 和 $\text{sc}_{\text{E1-BOC}(6,1)}(t)$ 分别调制。
- E1 OS 导频分量 $e_{\text{E1-}C}(t)$ 由测距码 $C_{\text{E1-}C}(t)$ 和二次码生成,然后用子载波 $\text{sc}_{\text{E1-BOC}(1,1)}(t)$ 和 $\text{sc}_{\text{E1-BOC}(6,1)}(t)$ 进行反相调制。
- E1 PRS 信号也表示为 E1-A,其 PRS 数据流 $D_{\text{PRS}}(t)$、PRS 码序列 $C_{\text{PRS}}(t)$ 和子载波 $\text{sc}_{\text{PRS}}(t)$ 由信号的模二加法(如果我们考虑信号的物理双极性表示,则为乘积)产生。这个子载波包含一个余弦相位的 BOC(15,2.5)。

图 5.5 显示了所有 Galileo E1 信号的功率谱密度。

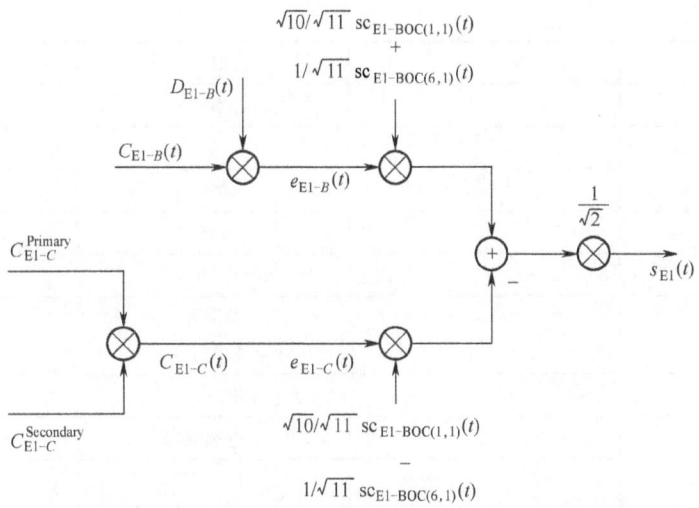

图 5.17　CBOC 调制框图

需要注意的是，Galileo E1 频段是用来对应 GPS 的 L1 频段或北斗 B1 频段的。

E1 OS 码和我们稍后将看到的 E6 CS 码一样，也是存储器随机码。为整个码族设置 0 和 1 需要巨大的工作量，因此必须应用特殊的算法来提高生成随机码[3,32-33]的效率，可以通过这些码实现诸如平衡和弱平衡之类的特性（此时 0 和 1 的概率不能相同，且它们在一个明确定义的范围内）或者实现自相关旁瓣零（ASZ）特性。ASZ 特性通过码片的移动来保证每一个码的自相关值都与零相关。表 5.6 总结了 Galileo E1 信号的技术特性。

表 5.6　Galileo E1 信号的技术特性

频段	E1		
载波频率	1575.42MHz		
调制方式	CDMA		
多路复用	互复用		
分量名称	E1-A	E1-B	E1-C
服务	PRS	OS/SAR	OS
传播调制	BOCc(15,2.5)	CBOC(6,1,1/11)	CBOC(6,1,1/11)
数据/导频	数据+导频时间多路复用	数据	导频
子载波率/MHz	15.345	1.023	1.023
主 PRN 码类型	加密	存储码	存储码
主 PRN 码周期/ms		4	4
主 PRN 码率/Mcps	2.5575	1.023	1.023
主 PRN 码长/码片		4092	4092
二次 PRN 码类型		存储码	存储码
二次 PRN 码率/cps			250
二次 PRN 码长/码片			25
PRN 码周期/ms		4	100

续表

谱间距/Hz		250	10
数据分量功率/%		50	
数据符号周期/ms		4	
数据采样率/sps		250	
数据传输率/(b/s)		125	
交织方式		Block 30 × 8	
纠错		卷积码 $r = 1/2, k = 7$	
检错		CRC-24	
编码		二进制编码	
电文	G/NAV	I/NAV 30s 子帧,每 2s 分为一个页帧 (偶数部分+奇数部分) 每个页帧组成: 10 同步+ 2× [114b+ 6b(末尾补零卷积码)]	
最小落地功率(接收仰角 5°时)/dBW	−157.25	−160.25	−160.25
最大接收功率/dBW	−152.00	−157.00	−157.00

正如 CBOC 的表达式,可以对其性质有许多不同解读,它也体现了利用其内在特性的多种可能跟踪策略。直接用于 CBOC 跟踪的理想情况,需要在接收机上设置 4 个级别的相关器,其幅度值为 $\pm(\sqrt{10/11} + \sqrt{1/11})$ 和 $\pm(\sqrt{10/11} - \sqrt{1/11})$,才能达到最佳状态。但是,有些应用程序不需要实现信号的最优性能,而是牺牲部分性能采用两位表示。对于低成本应用,有限带宽的接收机还可以考虑忽略 0.4dB 损耗(实际值将是所选接收机带宽的函数),使用传统的二进制 BOC(1,1) 解扩。其他技术则表明了结合单独二进制相关器或 BOC(6,1) 和 BOC(1,1) 部分组合的可能性[29-31],验证了高效且简化的 CBOC 跟踪架构的可行性。

$E1_{B,C}$ CBOC 信号的设计允许接收机根据设想的复杂度和性能探索不同的跟踪策略。希望实现带宽最小化的接收机只需处理 CBOC 的 BOC(1,1) 分量。此时,捕获 BOC(1,1) 主瓣所需的最小接收机(双面)带宽约为 4.0MHz。当然,只要有足够的功率落在其中,带宽还可以更窄。建议的带宽大约在 2.0~24.552MHz,最大接收机带宽建议不大于 31MHz。步长为 2.046MHz 时,中间值可以捕捉完整的次级波瓣。

另一类用于 CBOC 处理的接收机旨在利用 BOC(6,1) 分量来获得最佳的跟踪性能和多径鲁棒性。这些接收机至少需要大约 14.3MHz 的带宽才能捕获 BOC(6,1) 主瓣。

5.7.4 Galileo E6 波段

如文献[5]所示,发射的 Galileo E6 信号由以下 3 个分量组成:

• E6 CS 数据分量:该调制信号是 E6 CS 导航数据流 $D_{cs}(t)$ 与 E6 CS 数据分量码序列 $C_{cs}^D(t)$ 的模二加法。最后再以 BPSK(5) 在 5.115MHz 调制。

● E6 CS 导频分量:该调制信号是 E6 CS 导频分量码序列 $C_{cs}^{P}(t)$ 与 5.115MHz 的 BPSK(5) 的模二加法。

● E6 PRS 信号分量:它是 E6 PRS 导航数据流 $D_{PRS}(t)$ 与 5.115MHz 的 PRS 码序列 $C_{PRS}(t)$ 的模二加法。该信号由 10.23MHz 的副载波进行余弦相位进一步调制。

上述如图 5.18 所示。

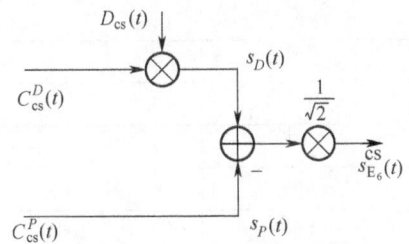

图 5.18 Galileo E6 信号调制框图

不同 E6 信号的频谱如图 5.19 所示。

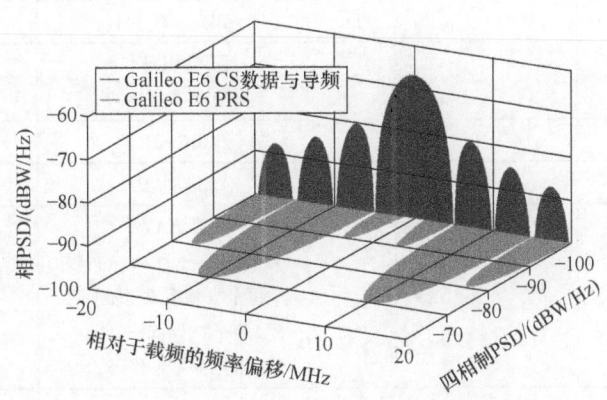

图 5.19 Galileo E6 信号的频谱

E6 CS 码与 E1 OS 都是随机码[32-33]。表 5.7 总结了 E6 的信号特性。

表 5.7 Galileo E6 信号技术特性

频段	E6		
载波频率	1278.750MHz		
调制方式	CDMA		
多路复用	交互复用		
分量名称	E6-A	E6-B	E6-C
服务	PRS	CS	CS
扩频调制	BOCc(10,5)	BPSK(5)	BPSK(5)

续表

数据/导频	数据+导频时间多路复用	数据	导频
子载波速率/MHz	10.230		
主 PRN 码类型	加密	加密	加密
主 PRN 码持周期/ms		1	1
主 PRN 码率/Mcps	2.5575	1.023	1.023
主 PRN 码长			
二次 PRN 码类型			
二次 PRN 码率/cps			1000
二次 PRN 码长/码片			100
PRN 码周期/ms		1	100
谱间距/Hz		1000	10
数据分量功率/%		50	
数据符号周期/ms		1	
数据采样率/sps		1000	
数据传输率/(b/s)		500	
交织方式		Block123 × 8	
纠错		卷积码 $r = 1/2, k = 7$	
检错		CRC-24	
编码		二进制编码	
电文	G/NAV	C/NAV 15s 子帧,分为 15 个页帧 每个页帧组成: 16 同步+ 2×[486b+ 6b (末尾补零卷积码)]	
最小落地功率(接收仰角 5°时)/dBW	-155.25	-158.25	-158.25
最大接收功率/dBW	-152.00	-155.00	-155.00

处理 $E6_{B,C}$ 信号时,接收机(双边)带宽最低要求为 10.2MHz,建议带宽为 10.2 ~ 20.5MHz 最大接收带宽不要大于 41MHz。中间值可以以 10.23MHz 步进捕获完整的次级波瓣。

5.7.5　Galileo E5 波段

Galileo E5 信号的不同分量如下[5]:

• E5a 数据分量:该分量由 E5a 导航数据流 $D_{E5a}(t)$ 和码率为 10.23MHz 的 E5a 数据 PRN 码序列 $C_{E5a}^D(t)$ 进行模二加产生;

• E5a 导频分量:该分量由码率为 10.23MHz 的 E5a 导频 PRN 序列 $C_{E5a}^P(t)$ 产生;

• E5b 数据分量:该分量由 E5b 导航数据流 $D_{E5b}(t)$ 和码率为 10.23MHz 的 E5b 数据

PRN 码序列 $C_{E5b}^{D}(t)$ 进行模二加产生；

- E5b 导频分量：该分量由码率为 10.23MHz 的 E5b 导频 PRN 序列 $C_{E5b}^{P}(t)$ 产生。

E5 的调制方式为 AltBOC。它是 BOC 的宽频改进型，传输频率为 1191.795MHz，码率为 10.23MHz，副载波频率为 15.345MHz。

AltBOC 在概念上类似于大家熟知的 BOC 调制。不同的是，它能实现 2 个频率高主瓣和 2 个频率低主瓣，它们之间频率隔离高（分别考虑 I 和 Q 相位），优势显著。这是通过对每个主瓣使用差分码来完成的。该特性的实现原理与典型 BOC 接收机相同，且波瓣可以相互区分开[34]。AltBOC 调制一般简化表示为 AltBOC(m,n)，理论上相当于 AltBOC(f_s,f_c)。其中，$f_s = 1.023m$，$f_c = 1.023n$。

AltBOC 调制的原理是通过复数副载波将功率从载波转移到更高和更低频率，最终得到的频谱隔离度高且有 2 个频率高的主瓣和 2 个频率低的主瓣（考虑 I 和 Q 相位分开情况）。由此产生的宽带复调制可以在基带中表示为同相产生和单独正交调制的复数上（E5b）和下（E5a）子载波总和。然而，正如文献[3]中讨论的那样，如果不引入其他附加项，则产生的复合信号将不能保证最终的恒定包络。这一问题的技术解决方案可参照文献[35-37]，其中提出了一个新的信号术语，即互调（IM）产物。IM 项不包含任何有用的导航信息，但可以确保 AltBOC 调制使星座图的所有相位点保持在圆内，并且像经典的 8-PSK 调制一样具有 8 个相位状态的非恒定分配，这显然是一个理想的恒包络[38]。最终选定的修正恒包络 AltBOC 是在 2002/2003 年在文献[37]中提出的。应用于 Galileo E5 的是 AltBOC 的特例，遵循 Galileo ICD 符号，因此，前面的表达式可简化为

$$s_{AltBOC}(t) = \frac{1}{\sqrt{8}} \left\{ \begin{array}{l} (C_{E5a}^{D} + jC_{E5a}^{P}) \left[sc_d(t) - jsc_d\left(t - \frac{T_s}{4}\right) \right] \\ + (C_{E5b}^{D} + jC_{E5b}^{P}) \left[sc_d(t) + jsc_d\left(t - \frac{T_s}{4}\right) \right] \\ + (\overline{C_{E5a}^{D}} + j\overline{C_{E5a}^{P}}) \left[sc_p(t) - jsc_p\left(t - \frac{T_s}{4}\right) \right] \\ + (\overline{C_{E5b}^{D}} + j\overline{C_{E5b}^{P}}) \left[sc_p(t) + jsc_p\left(t - \frac{T_s}{4}\right) \right] \end{array} \right\} \begin{array}{l} 信号 \\ \\ IM \end{array}$$

(5.6)

式中：T_s 为 AltBOC 子载波的周期。此外

$$\overline{C_{E5a}^{D}} = C_{E5b}^{P} C_{E5b}^{D} C_{E5a}^{P}, \overline{C_{E5a}^{P}} = C_{E5b}^{D} C_{E5b}^{P} C_{E5a}^{D}$$
$$\overline{C_{E5b}^{D}} = C_{E5a}^{D} C_{E5b}^{P} C_{E5a}^{P}, \overline{C_{E5b}^{P}} = C_{E5b}^{D} C_{E5a}^{D} C_{E5a}^{P}$$

(5.7)

数据和导频子载波可表示为

$$sc_d(t) = \frac{\sqrt{2}}{4} sign\left[cos\left(2\pi f_s t - \frac{\pi}{4}\right) \right] + \frac{1}{2} sign[cos(2\pi f_s t)] + \frac{\sqrt{2}}{4} sign\left[cos\left(2\pi f_s t + \frac{\pi}{4}\right) \right]$$

(5.8)

$$sc_p(t) = -\frac{\sqrt{2}}{4} sign\left[cos\left(2\pi f_s t - \frac{\pi}{4}\right) \right] + \frac{1}{2} sign[cos(2\pi f_s t)] - \frac{\sqrt{2}}{4} sign\left[cos\left(2\pi f_s t + \frac{\pi}{4}\right) \right]$$

(5.9)

可以看到,所有的 IM 项都是标称扩频序列的三重积结果。由于 IM 功率最终会消耗掉,因此还需重点注意 IM 大部分功率位于 E5 载波 $3f_s$ 附近或之外(远高于推荐的 AltBOC 接收机带宽)。另外,IM 项与任意单一信号或组合信号都不相关,且接收机带宽范围内的功率远低于总噪声功率。因此,AltBOC 跟踪时可以忽略 IM 项。

同时,在最初的概念中,复子载波由 1 个余弦矩形信号的实部和 1 个正弦矩形信号的虚部组成,而现在的实部和虚部都是正弦和余弦延迟波和早期矩形波的混合。数据和导频 AltBOC 子载波的时间如图 5.20 所示。可以发现,它们是周期 $T_s = (15.345\mathrm{MHz})^{-1}$ 的离散多电平信号。

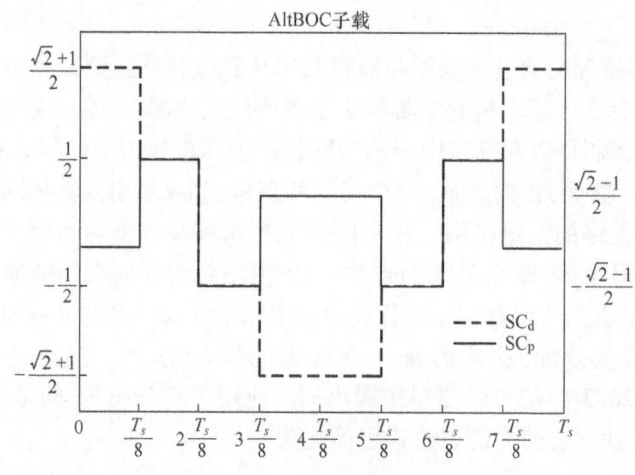

图 5.20 Galileo E5 数据和导频分量

图 5.21 显示了 Galileo E5 信号调制的一般过程。

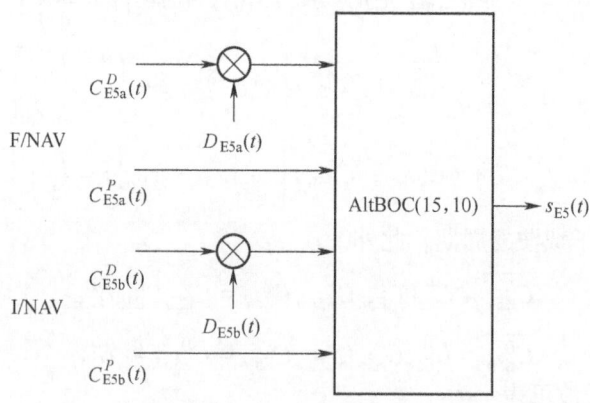

图 5.21 Galileo E5 调制框图

取前面几行,可以看出,恒包络 AltBOC 调制的功率谱密度如下:

$$G_{\mathrm{AltBOC}}^{\Phi_{\mathrm{odd,c}}}(f) = \frac{4f_c}{\pi^2 f^2} \frac{\cos^2\left(\dfrac{\pi f}{f_c}\right)}{\cos^2\left(\dfrac{\pi f}{2f_s}\right)} \left[\cos^2\left(\dfrac{\pi f}{2f_s}\right) - \cos\left(\dfrac{\pi f}{2f_s}\right) - 2\cos\left(\dfrac{\pi f}{2f_s}\right)\cos\left(\dfrac{\pi f}{4f_s}\right) + 2 \right] \quad (5.10)$$

这个表达式实际上对应 AltBOC 的奇变量,其中 $2f_s/f_c$ 对于 Galileo AltBOC(15,10) 恒包络调制是奇变量。形成的 E5 信号调制频谱如图 5.22 所示。

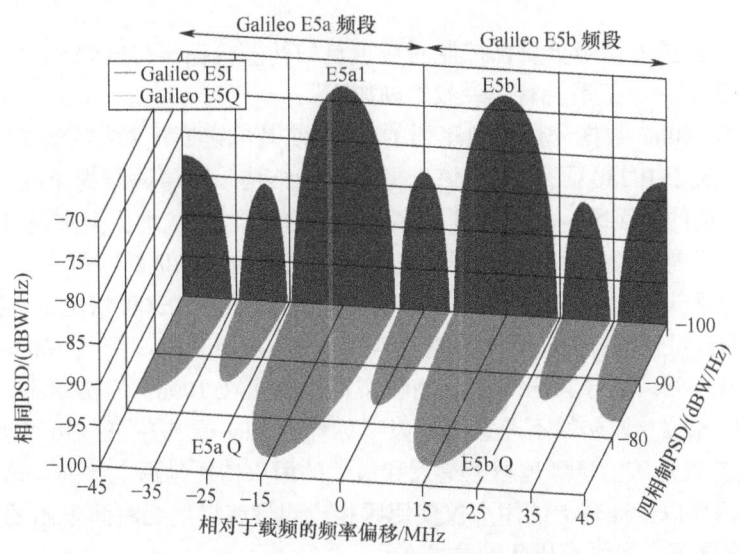

图 5.22　Galileo E5 信号功率谱密度

如图 5.22 所示,AltBOC(15,10) 调制的频谱与两个 QPSK(10) 信号相似,这两个信号分别向左和向右移动了 15MHz。实际上,由于需要很宽的带宽来获取调制的所有主瓣,许多接收机会以大约 20.5MHz 的最小接收机(双边)带宽为中心,将 AltBOC 信号与两个偏移后的 QPSK 副本相关,以分别获取 E5a 和 E5b 的数据和导频信号。当然也可以实现更大的带宽,但是超过约 41MHz 的值(相当于主瓣和两边副瓣)后不会再有显著影响。此外,接收机带宽的中间值应能捕获到完整的主瓣和副瓣。

对于整个 AltBOC 信号的完整处理,建议最小的接收机(双边)带宽为 51.2MHz,中心频点为 1191.795MHz。当带宽超过这个值时,其带宽优势不足以弥补其复杂性和功耗方面的劣势。另外,值得注意的是,在 AltBOC 中生成的 E5a 和 E5b 是完全相干的。

针对宽带 AltBOC 的处理还提出了其他跟踪概念,基本上都需要生成 AltBOC 的副本。其中有一个视作标杆基线的处理方法,即文献[6]提出的可以使用查找表生成副本,并以此体现接收机应用的各个方面。尽管如此,随着 Galileo 系统的使用越来越广泛,未来几年也会提出一些新的概念。

E5 主码可以用移位寄存器生成。实际上,2 个并行寄存器的输出是用模二加来生成主码的。关于各卫星的主码和对应副码的起始值,详情请参见文献[5]。最后,E5 信号的一些技术特性参见表 5.8。

关于 AltBOC 信号,最后一点需要说明的是,虽然 Galileo 卫星分别在 E5a 和 E5b 的导航信息中传输内容,但它并不为整个 AltBOC 信号(由 E5a 和 E5b 组成)提供专用的信息。如果使用了整个 E5 波段,则会影响到 E5 载波钟差校正,因为导航电文中发送的钟差校正值是针对双频 E1、E5a(F/NAV 报文)接收和双频 E1、E5b(I/NAV 报文)接收进行了优化的。可以用 I/NAV 报文和 F/NAV 报文钟差校正的平均值作为一个理想的近似值。此外,如果

E5 信号为唯一接收信号,I/NAV 和 F/NAV 偏置群延迟(BGD)也十分必要。

5.7.6 Galileo 扩频码和序列

每个 Galileo 卫星的信号分量都按照对应卫星的伪随机噪声(PRN)码这一特定序列传播,伪随机噪声码为每个卫星特有。一般规则如下:

• 通过选择 Galileo 数据分量扩频序列的长度,使其准确匹配数据分量的符号。但是,如果得到的长度大于 10230 码片,则应该选择分层码结构。分层码结构是在 1 个主扩频序列上叠加 1 个较慢的次级码。主码长度是多次权衡的结果,但从本质上来说,选择 10230 码长实现了该长度范围内相关特性和合理采集复杂性之间的一个很好的折中。

• Galileo 导频分量的扩频序列也是基于分层码结构的。在这种情况下,主码的长度等于其关联的数据分量长度;同时,可选择次级码的长度,以便获得一个共 100ms 的非重复导频扩频(分层码)序列。该导频码周期应能够实现接收机在 100ms 的初始不确定度内解析相对于 GST 的码相位。该初始不确定度近似于标称 Galileo 星座中任何可见卫星与地面用户之间的延迟,并且是该卫星到地球上最近和最远的用户传播延迟之差的 4 倍以上。因此,选定的 Galileo 码可以让地球上的用户仅使用码相位测量就得到无时间限制的位置解,前提是接收机已在存储器中提供星历和钟差校正。

利用分层码结构机制产生的 PRN 序列调制数据和导频分量的扩频波形,其效果与用伪数据调制相似。此时,次级码扮演了一个先验已知符号调制的角色,经过时钟计时,其持续时间等于它用模二加到主码的周期。图 5.23 说明了其原理。接收机设计者如果打算将相干积分时间延长,使其超过一个主码长度的持续时间,则需注意这一点,以便说明在捕获过程中次级码的行为,并进行适当的假设检验以识别正确的次级码相位。保留的 Galileo 主扩频序列是 2003 年前后 Galileo C0 阶段长期优化的结果[39]。

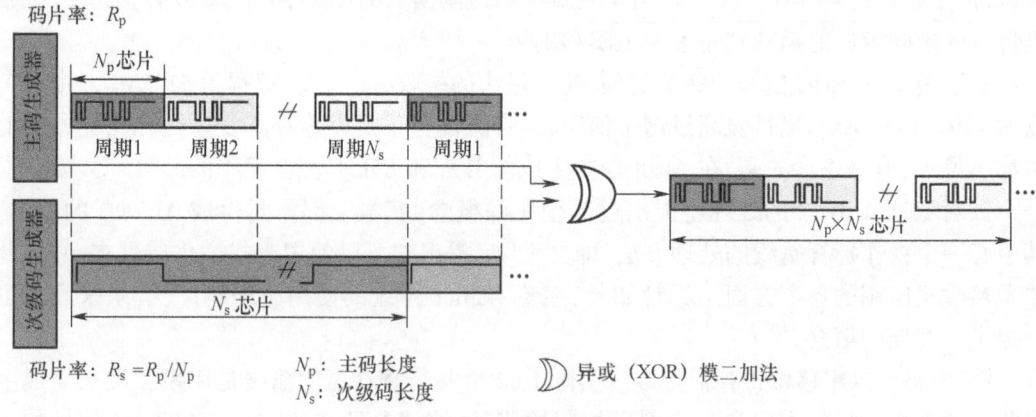

图 5.23 分层代码构造原理

表 5.8 Galileo E5 信号技术特性

频 段	E5	
载波频率	1191.795MHz	
接入技术	CDMA	

续表

多路复用	AltBOC			
分量	E5a-I	E5a-Q	E5b-I	E5b-Q
服务	OS	OS	OS	OS
扩频调制	BPSK(10)	BPSK(10)	BPSK(10)	BPSK(10)
数据/导频 子载波	数据	导频	数据	导频
主码类型	存储器码	存储器码	存储器码	存储器码
主PRN码周期/ms	1	1	1	1
主PRN码率/Mcps	10.23	10.23	10.23	10.23
主PRN码长/码片	10230	10230	10230	10230
二次PRN码类型	存储器码	存储器码	存储器码	存储器码
二次PRN码率/cps	1000	1000	250	1000
二次PRN码长/码片	20	100	4	100
PRN码周期/ms	20	100	4	100
谱间距/Hz	50	10	250	10
数据分量功率/%	50		50	
数据符号周期/ms	20		4	
数据采样率/sps	50		250	
数据传输率/(b/s)	25		125	
交织方式	Block 61×8		Block 30×8	
纠错	卷积码 $r=1/2, k=7$		卷积码 $r=1/2, k=7$	
检错	CRC-24		CRC-24	
编码	二进制		二进制	
电文	F/NAV 50s子帧,每10s 分为一个页帧 每个页帧组成: 12同步+2×[238b+ 6b(末尾补零卷积码)]		I/NAV 30s子帧,每2s分 为一个页帧(偶数+ 奇数部分)。 每个页帧组成: 10同步+2×[114b+6b (末尾补零卷积码)]	
最小落地功率 (接收仰角5°时)/dBW	-158.25	-158.25	-158.25	-158.25
最大接收功率/dBW	-153.00	-153.00	-153.00	-153.00

不同的候选主码族在以下方面进行了分析或权衡、自相关和互相关特性、捕获和跟踪过程中的接收机性能,以及对抗干扰窄带信号的鲁棒性。次级码也进行了同样的优化工作。但在这种情况下,优化的目的是实现低自相关旁瓣。

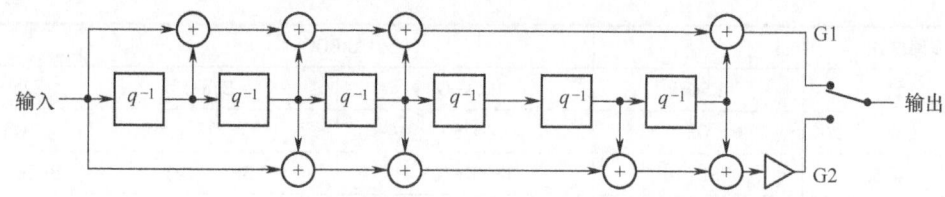

图 5.24　Galileo 卷积编码方案[5]（资料来源：经欧盟许可转载。）

有关 Galileo 主扩频码和次级扩频码的更多详细信息，请参阅 OS SIS ICD[5]。

5.7.7　Galileo 前向纠错编码（FEC）和块交织

为了确保数据信息的可靠传输，Galileo 卫星采用了速率为 1/2、约束长度为 7 的维特比前向纠错编码。编码器多项式与 GPS L5 CNAV 数据电文编码器的多项式相同，但 Galileo 数据分量还新增了对 G2 多项式输出的反转操作，从而保证连续零输入条件下不会产生恒定的符号输出（图 5.24）。编码应用于导航电文的整帧或半帧，所有数据块都会进行独立处理，与之前或之后的数据块没有重叠。下一步，则应用预定义尾部的列表，为每个导航帧的完整信息提供 FEC 保护。

最后，进行块交织处理，块分为 8 行，其列数与页帧大小对应，以符号表示，如文献[5]中所述。此时，FEC 解码器就可以在至少 8 个符号的距离内纠正突发错误。

在不久的将来，Galileo 计划在其导航电文的某些部分额外引入基于 Reed-Solomon（RS）编码的 FEC 功能。该功能有望提高接收时间和灵敏度性能。

5.7.8　Galileo 数据电文

Galileo 系统通过 Galileo 导航信号向用户提供 3 种不同类型的公共导航信息：

● I/NAV 型：此消息类型是原有完好性导航消息的遗留类型，通过短页面长度的导航信息提供低延迟和高数据速率。它在 E1B 和 E5b-I 上携带导航信息，SAR 服务的相关内容仅在 E1B 上携带。

● F/NAV 型：此消息类型提供低数据率的免费导航消息，通过 E5a-I 分量传输。它携带导航信息。

● C/NAV 型：此消息类型提供低延迟和近实时的商业导航信息，在 E6B 分量上传输。

导航消息的内容大致可以分为几种纯导航信息（传输时间钟差校正、星历表等），其中大部分是重复的，也有一些非重复的低延迟消息。所有这些低延迟数据元素，无论其类型如何，均由与 Galileo 地面段直接联系的卫星提供，而且数据内容可能因卫星而异。

上述 3 类消息在 OS SIS ICD[5]、其附件及其所有相关支持文件中有详细说明。因此，本节将侧重于接收机制造商和用户相关的方面，强调 Galileo 系统与其他系统的区别及其特殊性。

5.7.8.1　I/NAV 报文

I/NAV 报文为用户提供导航内容，以支持用户 PVT 确定。除了与当前讨论不太相关的其他详细信息外，I/NAV 字段还包含以下信息：

- 通过周数(WN)和周时(TOW)的 GST；
- 发射卫星的星历和钟差校正；
- 电离层模型参数和单频用户的群时延偏差；
- 数据有效性和信号健康标志；
- 历书和其他数据。

Galileo 系统使用 GPS 传统格式来定义并表示星历、钟差校正、GST-UTC、历书和使用算法，并将 Galileo 系统的内容填充其中。然而，对于电离层校正信息，Galileo 系统则采用了 NeQuick 模型的改良版本。有关性能的详细信息，请参见 5.8 节。

除了导航信息外，I/NAV 报文在 $E1_B$ 中还包括一个返回链路通道，用于支持 SAR 服务[25]。该通道几乎是实时的，并向 Galileo 卫星配备的 SAR 信标提供一个简短反馈，确认遇险信号已正确接收。I/Nav 通道还包含其他低延迟通道。

I/NAV 电文具有一个特征，它能够灵活地修改帧的标称顺序页，还具有用低延迟短消息页面替代标称传输的能力。在极端情况下，短消息帧可能仅传输一次。这种能力是以秒为单位的[5]，并且接收机的设计需要与此相适应。

I/NAV 电文以帧为单位，这是可解析数据的最小单位。一个完整的 I/NAV 帧由 2 个持续时间为 1s 的连续数据块组成，每个数据块表示为"奇数"和"偶数"字。每个字都以 I/NAV 同步头开始，后面为块编码的数据字段。因此，一个完整的 I/NAV 帧需要传输 2s，并且提供 245b 的有效容量(不包括同步和尾部符号)。

5.7.8.2　F/NAV 电文

F/NAV 电文与 I/NAV 电文兼容，并为用户提供上一节中列出的相同导航内容，以支持 PVT 确定。然而，对应每种报文类型的一些参数(如钟差校正)都有特定值，它们可能并不相同。尽管如此，大多数情况下，还是会尽量增加 F/NAV 和 I/NAV 钟差校正的相似度，但很多时候并不能保证。这是 Galileo 系统的多频率特性以及 I/NAV 和 F/NAV 电文针对不同频率进行优化的结果：虽然 I/NAV 电文，特别是其钟差参数，是基于 E1B 和 E5b 形成的频率进行估计的，但 F/NAV 参数是基于 E1B 和 E5a 的接收进行优化的。因此严格地说，F/NAV 和 I/NAV 发送的星历和钟差校正仅对跟踪各自频率的接收机有效。针对单频接收机的情况，还需要应用相应消息类型的偏置群延迟校正来校正钟差和星历参数。图 5.25 说明了这一原理。

与 I/NAV 电文类似，F/NAV 电文流也采用帧结构。每个 F/NAV 帧都包含 1 个预定义的同步符号序列，后面为速率为 1/2 的卷积编码和 CRC 校验的信息块。它持续 10s，并提供 238b 的有效信息(不包括同步和尾部符号)。

5.7.8.3　C/NAV 电文

撰写本书时，C/NAV 应用程序还在开发，尚未发布任何内容。此外，无论是 C/NAV 电文还是 I/NAV 或 F/NAV 电文类型都不支持使用 E6 测量或三载波测量的 PVT。可以设想，这类内容将通过 C/NAV 电文或外部来源和通信渠道提供。

C/NAV 数据流也采用帧的形式，并且每个 C/NAV 帧包括预定义的符号同步序列和速率为 1/2 的卷积编码和 CRC 校验的信息块，与 F/NAV 类似。

5.7.8.4　数据电文规划和上行链路

数据电文规划的目标是在明确规定的时间间隔内传播来自每颗卫星的 PVT 信息，同时,以较长的时间间隔传输与 PVT 确定相关性较低、有效期较长的其他信息内容,如"历书"。图 5.26 说明了 F/NAV 的概念。

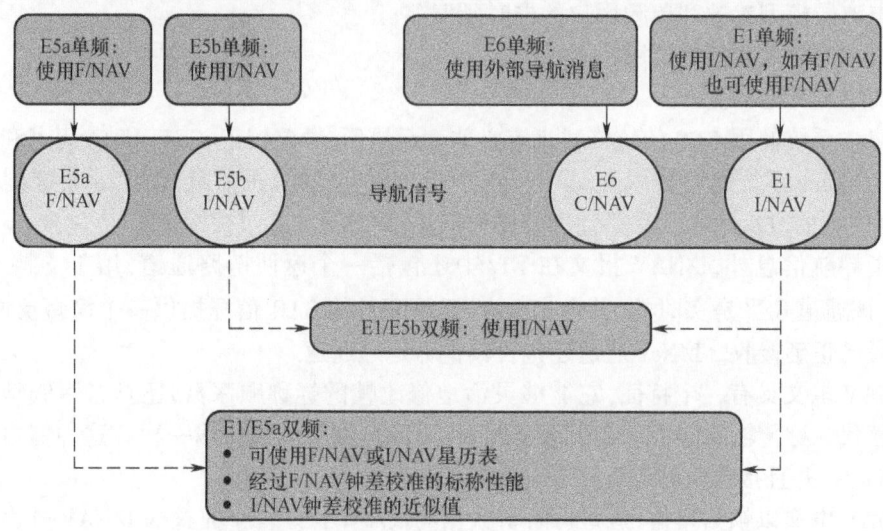

图 5.25　PVT Galileo 电文类型使用规则

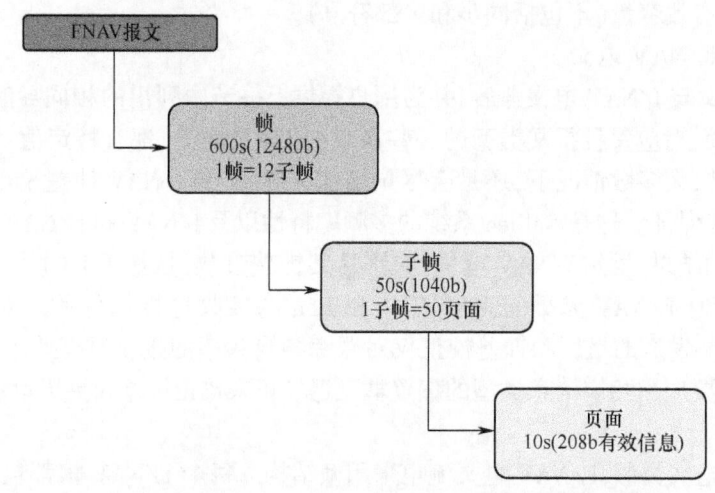

图 5.26　F/NAV 页面传输规划

OS SIS ICD 的当前版本[5]提供了上述电文类型的消息时间点和结构。然而,它们仅供参考,并提出一些警告,以便为将来可能的变化和演变留出空间。尤其需要注意的是,OS SIS ICD 中,任何 Galileo 接收机都必须保持其固有的灵活性。

随着 Galileo 系统的成熟和对其认可度的提高,预计将逐步引入更多的新特性从而改进目标和/或扩频的导航信息,从而利用现有的灵活性和可用的空闲空间,例如引入新的帧类型。这样的更改不会影响原有数据内容的 PVT 质量,但这需要接收机妥善处理其未知的帧类型。类似地,通过利用标识符值域范围中现存的空闲空间,可以在当前定义的范围之外定义新的数据内容。

关于灵活性的另一个例子直接体现在 OS SIS ICD[5] 中,它描述了帧的标称顺序,但也表明不能保证将来仍然保持相同的顺序。这意味着,对于所有的活动卫星,当前的帧序列在将来可能会有所不同,并且接收机设计者将需要通过实际的页面标识符来识别接收到的帧,而不是假定静态的顺序。这种内置灵活性还有另一个深远影响,即 E1B 和 E5b 中 I/NAV 帧之间的相对时间可能有一天会改变。

Galileo 系统在其电文的设计中体现了高度的灵活性,但这种灵活性并不是无限的,这样才能确保将来接收机的向后兼容性。某些特性将保持不变,如调制到符号级或现有帧的定义。同样毋庸置疑的是,即使引入了新的功能,现有的消息内容也将继续提供。可以预见:一方面要为潜在的和完全未知的未来需求预留足够空间;另一方面要为已知的需求优化系统,二者之间的权衡绝非易事,有关讨论也将在 Galileo 系统的后续迭代中持续进行。

到目前为止,我们已经讨论了电文的规划,以及 Galileo 系统设计的特殊性和灵活性。下一步是电文的生成、上行链路和向用户分发。

导航电文信息由轨道测量和同步处理设备(OSPF)连续生成,每 10min 1 次,有效期最长为 100min。为了减少参数化和量化误差,导航报文以 8 批为 1 组生成,每批具有不同的数据版本(IOD)值。最新的可用批次总是由任务 ULS 上传,并在链路建立后存储在卫星上。因此,在卫星与地面段具有连续链路期间,该卫星广播的电文信息也是大约每 10min 更新 1 次,并且用户将接收到最新的导航信息。如果出于任何原因无法与上行链路连接,在恢复下一次链路之前,卫星就会传输之前上传到卫星的一批信息,并一个接一个地广播每一批信息,直到最后一批信息播出为止。此时,如果链路仍未建立,将忽略其龄期,持续传输最后一批信息。但重要的是要进行任务上行链路的规划,比如确保星载信息龄期不超过 100min,这使得系统能够在 RAFS 配置上运行,因此要求更低。尽管如此,如果地面段将 PHM 作为卫星上的主钟,上行链路之间的时间可以在此基础上延长。

通常,在与任务上行链路站连接的过程中,只上传生成的 8 个批次中的前 4 个。不过,TTC 站也可以在需要时上传导航信息,然后在通信期间分发生成的所有 8 个批次,这样卫星就可以在存储的一批信息基础上运行更长时间。

5.8 Galileo 电离层模型

Galileo 单频校正算法[41]是基于三维电离层模型提出来的。与其他薄层模型不同,电离层的群时延是对卫星与接收机之间路径上的电子密度进行积分得到的。使用的背景电子密度模型是 NeQuick G,该模型是对原有 ITU-R NeQuick 电离层电子密度模型的改进[42-43]。它以电离层的经验气象学为基础,利用经验来推导分析剖面,生成电子密度,依据的输入值包括:太阳参数[例如 10.7cm 太阳射电通量(F10.7)、太阳黑子数等]、月份、地理经纬度、高度和时间。Galileo 电离模型(NeQuick G 模型)的改进以有效电离水平 Az 为基础,该参数与太阳相关,由 3 个广播电离层系数 ai0、ai1 和 ai2 计算而来。可在二次多项式中将这 3 个系数作为接收机修正倾角纬度(MODIP)的函数来确定 Az。

NeQuick G 模型的性能是定期评估的[44]。图 5.27 显示了 2013 年 4 月至 2017 年 12 月期间,经 Galileo 系统的 NeQuick G(红色)和 GPS ICA(蓝色)校正后的全球电离层日均方根误差(L1米),且测量所得误差满足对整个运行Galileo星座的预期。

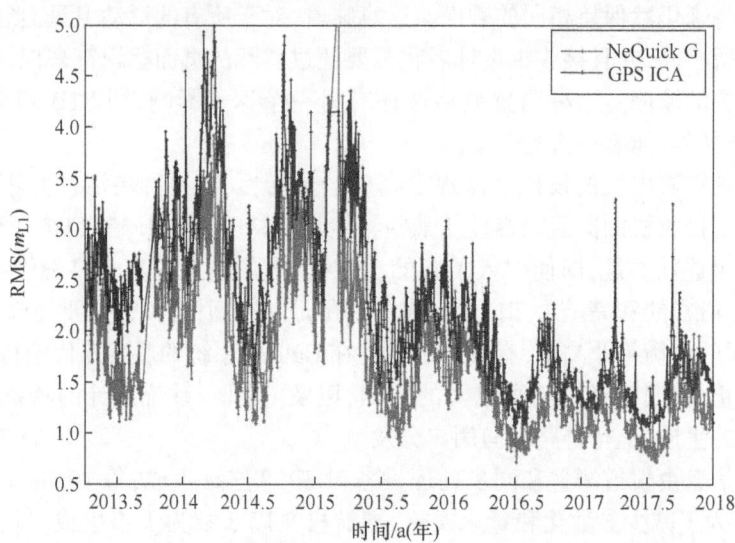

图5.27 采用2013年4月至2017年12月的数据,Galileo NeQuick G(红色)和GPS ICA(蓝色)校正后的全球电离层日均方根误差(单位:m)(来源:© ESA-R. Orus。)

与其他GNSS类似,Galileo钟差校正是为双频用户生成的,而单频用户需要使用Galileo导航电文提供的广播群延迟BGD(f_1,f_2)作为附加校正。BGD(f_1,f_2)定义如下:

$$\mathrm{BGD}(f_1,f_2) = \frac{TR_1 - TR_2}{1 - (f_1/f_2)^2} \tag{5.11}$$

式中:f_1和f_2为所涉及的Galileo信号;"1"和"2"的载波频率;TR_1-TR_2为卫星有效载荷产生的信号时延。仅使用单频接收机时,该公式可轻松将导航信息转换为双频钟差校正信息[5]。例如在IOV期间,BGD精度如预期的一样,约为30cm。需要注意的是,BGD并不区分导频和数据分量。地面段在相关双频组合的导频分量上测量BGD。在频谱和调制方面,数据分量几乎与它们的导频分量相同,并且星载信号生成方法确保了数据分量与导频分量之间的跟踪误差保持在几厘米之内,这比BGD精度低一个数量级。

5.9 Galileo系统定位性能

总的来说,定位性能,尤其是Galileo系统的定位性能,与测距性能密切相关。其受以下3个主要误差源影响。

(1) Galileo系统本身造成的误差:主要是由于星历表中提供的参考系统数据、轨道用户端对定位信息的钟差校正评估的模型不准确,以及时间同步、载波频率之间的广播群延迟(此延迟仅影响单频率用户)引起的。

(2) 环境误差:首先是电离层引起的,其次是对流层引起的。

(3) 由本地干扰、多径和接收机热噪声引起的用户接收机误差。

所有这些误差都是在用户等效测距误差(UERE)预测下需要考虑的,这在第2章2.8

节中也讨论过,它是卫星高度函数最重要的误差源。

表 5.9 列出了 Galileo 系统 UERE RMS 值。这些都是 Galileo 公开服务在正常运行时预测误差的因素。表中数值以在 45°左右中等仰角运行且采用最长运行数据龄期(AOD)的接收卫星为例。AOD 对应 GMS 生成导航信息的时刻与时钟和轨道估计的最大有效预测间隔(100min)之间的差值。因此,AOD 处的测距性能将主要取决于 ODTS 估计与实际钟差和轨道参数的偏差。从测距性能的角度来看,这些参数是导航信息中最关键的内容。

表 5.9 高度相关误差源影响下的典型距离

UERE 预测/m	单频用户	双频用户
空间信号测距误差(SISE)	0.67	0.67
电离层残差	6 (5°)~3 (90°)	0.08 (5°)~0.03 (90°)
对流层残差	1.35 (5°)~0.14 (90°)	1.35 (5°)~0.14 (90°)
热噪声,干扰,多路径	0.35 (5°)~0.23 (90°)	0.46 (5°)~0.13 (90°)
多路径偏置误差	0.59	0.19
卫星 BGD 误差	0.30	0.0
码-载波电离层散度误差	0.30	0.0
总计(误差单位:1σ)	6.26 (5°)~3.10 (90°)	1.59 (5°)~0.72 (90°)

注:这两种典型的误差预测是基于不同的环境和动力学假设,它们对应了表中的不同数值[45]。
本表资料来源:欧洲 GNSS(Galileo 系统)初始服务公开服务定义文件,欧洲委员会,第 1.0 版,2016 年 12 月。

注意,特定用户的实际定位精度是根据其所处环境的总 UERE 值得出的,如考虑到用户接收机的几何结构,可用精度误差(DOP)等指标来表示。

对于 OS 双频(E1/E5)用户,其所需测距精度约为 130cm,这值实际上是用于确定服务精度的预期可用性阈值。图 5.28(a)和 5.28(b)分别描述了仅使用 Galileo 系统的 OS 双频用户在全球可用性为 99.5%的情况下垂直和水平位置域的预期性能,是通过大量模拟得到的结果。

测距误差以信号为单位来描述系统性能。不考虑用户相对于星座的几何结构,并需要定期在不同地点监测 Galileo 卫星的 OS 测距误差。图 5.29 为 2017 年 6 月—8 月期间 Galileo 工作卫星的实际平均(用户位置)测量测距误差。从图中可以看出,测量的预测误差在预期的性能范围内。有关图中卫星号(E××)的说明及其与 GSAT×× 编号的对应关系,请参阅图 5.14。

SISE 是影响测距误差最重要的因素之一,它是指用户的钟差和轨道误差。鉴于星载时钟系统对 SISE 性能的重要影响,需系统地验证星载钟和轨道估计的有效性。每次卫星发射后的在轨测试阶段是进行该测量的最佳时机。在此期间,星上的所有时钟至少要运行一段时间,并进行测试,以便收集所有时钟的性能统计数据。

回顾 Galileo 的部署过程,其测距误差不断改善。在 IOV 阶段,当只有 4 颗卫星可用且地面段仅有一个子传感器站时,达到的 SISE 约为 67%置信度下 1.3m。2014 年,SISE 性能提高到约 67%置信度下 1.0m,而在 2015 年,随着地面段的更新,可以达到 67%置信度下 0.69m 的典型水平。

为了对 Galileo 系统的实际性能进行补充说明,图 5.30 显示了 2017 年 10 月在都灵获得的测量定位精度结果。定位是通过双频 E1b-E5a 接收机实现的。本例中测得的水平精度完全在预期范围内,为95%置信度下小于5m(图5.30中的浅灰色虚线)。此结果考虑了DOP的影响,因此一旦Galileo系统完全运行,实际的标称性能将得到改善。公开季度性能报告可在Galileo服务中心网站上查阅[46]。

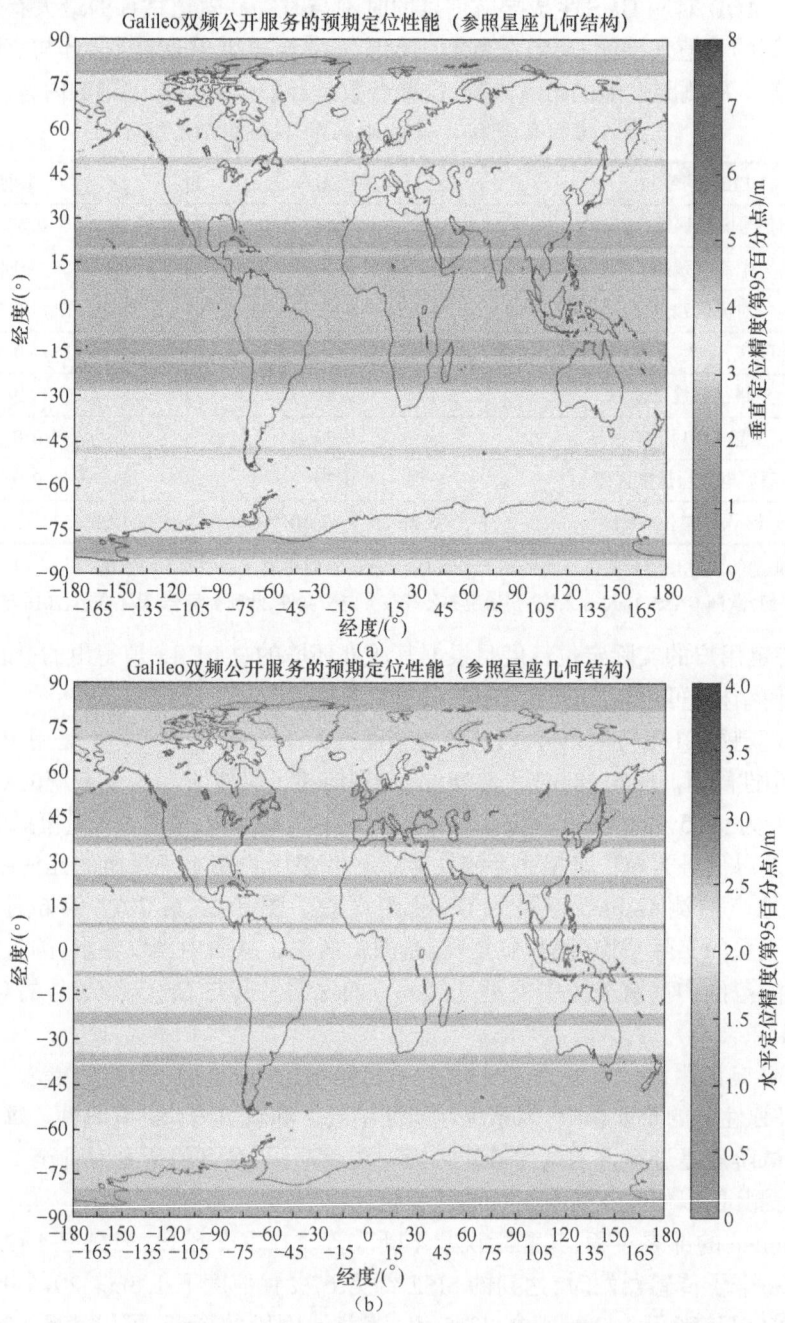

图5.28 仅使用Galileo系统的OS双频用户在可用性为99.5%情况下的垂水平定位误差预期
(a)垂直定位;(b)水平定位。

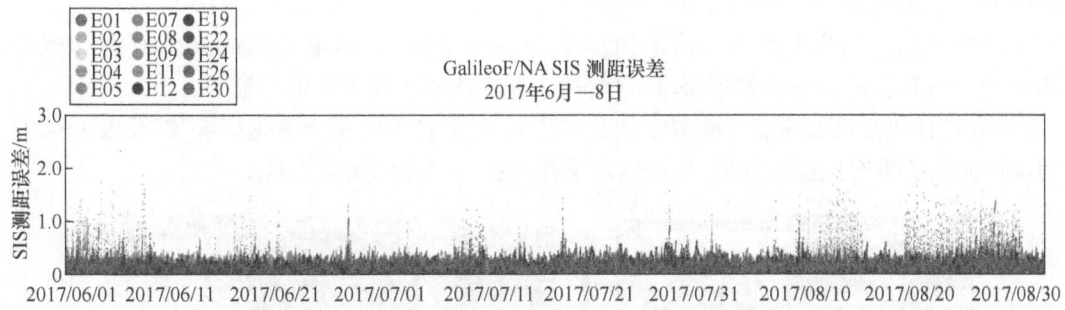

图 5.29　Galileo F/NAV SIS 在平均用户位置的测距误差

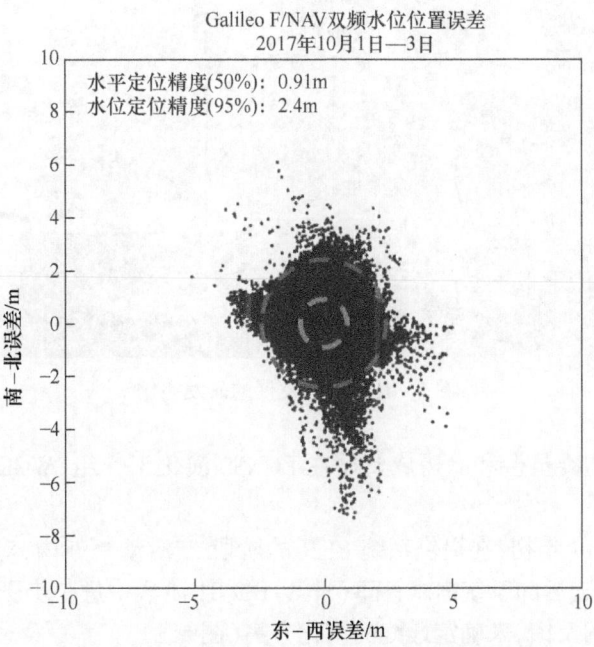

图 5.30　2017 年 10 月都灵终端用户水平位置精度

5.10　构建未来:Galileo 系统演进

当 Galileo 系统第一代接近它的 FOC 时,欧洲已在为其现代化做准备。对 Galileo 系统未来进行规划的首项工作于 2007 年左右启动,由欧空局的 EGEP 负责。在 2013—2017 年,Galileo 系统在其下一代的框架内开展了 A 阶段的活动。

自 2016 年初以来,这些研发和筹备活动已逐步纳入到卫星导航欧盟地平线 2020 研究与创新框架计划中,该计划是根据欧盟和欧空局之间的授权协议制定的。

2014 年,欧盟委员会在任务层面开始了 Galileo 系统演化路线规划,并将其整合到欧洲 GNSS 任务的演化路线图(EGMER)中。本文件论述了 Galileo FOC 之后 GNSS 任务的演变,并讨论了 EGNOS 向 V3 版本的演变过程。

2016 年末，EGMER 演进为高阶发展文档(eHLD)。它确定了 Galileo 计划在 2030—2040 年实现初步的目标和性能要求，并解决了非加密和加密方面的问题。

eHLD 在任务层面覆盖了欧盟委员会和欧洲 GSA 收集的用户演化需求，以及由 ESA 早期执行的系统架构和技术分析，从而确定了几个更加严谨的演化方案。

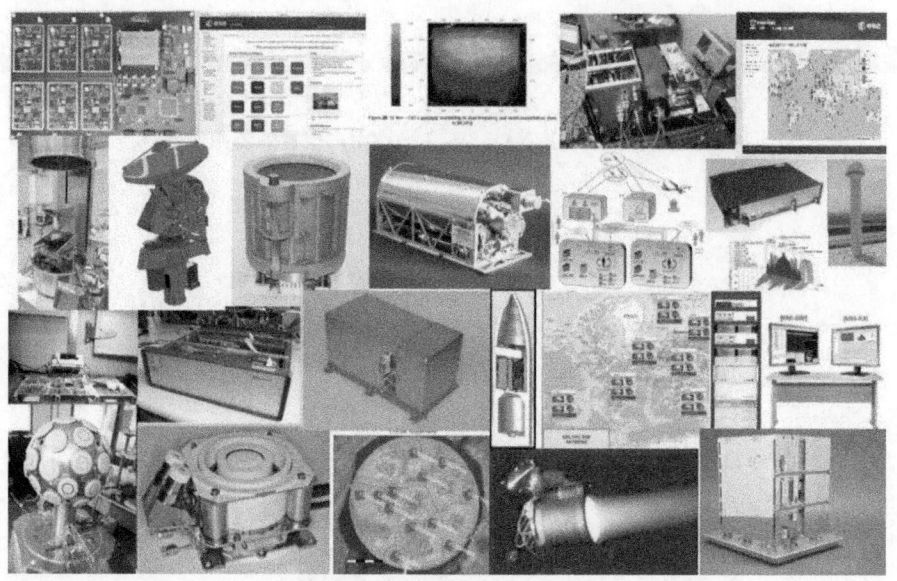

图 5.31　GNSS 发展的研发实例

这些设想是欧盟委员会和欧盟成员国在 EGNSS 演化工作组(WGEE)框架内经过一系列讨论得到的结果。

2016 年底至 2017 年初，在提供系统 PRR 的阶段 A 活动框架内，对 3 种任务演化方案进行了整合，并将在随后的系统需求评审(SRR)B0/B1 阶段中进一步研究。在此之后，将根据任务和系统层面的反馈，来确定最终的演化方案(图 5.31)。

参考文献

[1] De Gaudenzi, R., Hoult, N., Batchelor, A., Burden, G., and Quinlan, M., *Galileo Signal Validation Development*, John Wiley & Sons Ltd., 2000. s

[2] Hein, G. W., Godet, J., Issler, J-L., Martin, J-C., Lucas Rodriguez, R., and Pratt, T., "The Galileo Frequency Structure and Signal Design," *Proc. ION GNSS*, Salt Lake City, Utah, USA, September 2001.

[3] Ávila Rodríguez, J. Á., *On Generalized Signal Waveforms for Satellite Navigation*, Doctoral Thesis, University FAF Munich, 2008, available at https://athene-forschung.unibw.de/doc/86167/86167.pdf.

[4] Betz, J. W., *Engineering Satellite-Based Navigation and Timing: Global Navigation Satellite Systems, Signals, and Receivers*, Wiley-IEEE Press, February 2016.

[5] European Union, European GNSS (Galileo) Open Service Signal In Space Interface Control Document (OS SIS ICD) OS SIS ICD, Issue 1.3, December 2016.

[6] NAVSTAR GPS Space Segment/User Segment L1C Interface IS-GPS-800, 24 September 2013.

[7] Regulation (EU) No 1285/2013 of the European Parliament and of the Council of 11 December 2013 on the implementation and exploitation of European satellite navigation systems and repealing Council Regulation (EC) No 876/2002 and Regulation (EC) No 683/2008 of the European Parliament and of the Council. http://eur-lex. europa. eu/LexUriServ/LexUriServ. do? uri=OJ:L:2013:347:0001:0024:EN:PDF, accessed 15 April 2017.

[8] ITU-R Recommendation TF. 460-6, "Standard-Frequency and Time-Signal Emissions," International Telecommunication Union, Radio-communication Bureau, Geneva, February 2002.

[9] Píriz, R., García, Á. M., Tobías, G., Fernández, V., Tavella, P., Sesia, I., and Hahn, J., "GNSS interoperability: Offset between reference time scales and timing biases," *Metrologia* 45(6), pp. 87–102, 2008.

[10] Defraigne, P., Aerts, W., Cerretto, G., Signorile, G., Cantoni, E., Sesia, I., Tavella, P., Cernigliaro, A., Samperi, A., and Sleewaegen, J. M., "Advances on the use of Galileo Signals in Time Metrology: Calibrated Time Transfer and Estimation of UTC and GGTO Using a Combined Commercial GPS-Galileo Receiver," *Proc. 45th PTTI Systems and Applications Meeting*, Bellevue, Washington 2013, pp. 256–262.

[11] Hahn, J. H. and Powers, E. D., "Implementation of the GPS to Galileo Time Offset (GGTO)," *Proc. IEEE International Frequency Control Symposium and Exposition*, Vancouver, BC, Canada 2005.

[12] Galileo High Level Definition Document (HLD), Version 3.0, September 23rd 2002.

[13] Blonski, D., "Galileo IOV and First Results," *Proc. ENC*, Vienna, Austria, Apr. 2013.

[14] Blonski, D., "Performance Extrapolation to FOC & Outlook to Galileo Early Services," *Proc. ENC 2014*, Rotterdam, the Netherlands, *April* 2014.

[15] Langley, R. B., "Dilution of precision," *GPS World* 10(5), pp. 52–59, 1999.

[16] Pauly, K., "Galileo FOC-Design, Production, Early Operations after 1st Launch, and Project Status," *Proc. IAC*-14-B2.2.1, 65th International Astronautical Congress (IAC 2014), Toronto, Canada, September 2014.

[17] Konrad, A., Fischer, H.-D., Müller, C., Oesterlin, W., "Attitude & Orbit Control System for Galileo IOV," *Proc. 17th IFAC Symp. on Automatic Control in Aerospace*, Toulouse, June 2007.

[18] Zandbergen, R., Dinwiddy, S., Hahn, J., Breeuwer, E., and Blonski, D., "*Galileo Orbit Selection*," *Proc. ION GNSS*, Long Beach, CA Sep. 2004, pp. 616–623.

[19] Navarro-Reyes, D., Notarantonio, A., and Taini, G., "Galileo Constellation: Evaluation of Station Keeping Strategies," *Proc. 21st International Symposium on Space Flight Dynamics*, Toulouse, France 2009.

[20] Burbidge, G. T. A., "Development of the Navigation Payload for the Galileo In-Orbit Validation (IOV) Phase," *Proc. IGNSS Symposium* 2007, Sydney, Australia, *Dec.* 2007, pp. 1–15.

[21] Felbach, D., Heimbuerger, D., Herre, P., and Rastetter, P., "Galileo Payload 10.23 MHz Master Clock Generation with a Clock Monitoring and Control Unit (CMCU)," *Proc. IEEE FCS and 17th EFTF*, Tampa, FL 4-8 May 2003, pp. 583–586.

[22] Felbach, D., Soualle, F., Stopfkuchen L., and Zenzinger, A., "Clock Monitoring and Control Units for Navigation Satellites," *Proc. IEEE FCS*, Newport Beach, CA 1-4 June 2010, pp. 474–479.

[23] Montesano, A., Montesano, C., Caballero, R., Naranjo, M., Monjas, F., Cuesta, L. E., Zorrilla, P., and Martinez, L., "Galileo System Navigation Antenna for Global Positioning," *Proc. 2nd EuCAP* 2007, Edinburgh, November 2007, pp. 1–6.

[24] Valle, P., Netti, A., Zolesi, M., Mizzoni, R., Bandinelli, M., and Guidi, R., "Efficient Dual-Band

Planar Array Suitable to Galileo," *Proc. 1st EUCAP*, Nice, November 2006, pp. 1–7.

[25] Cospas-Sarsat: International Satellite System for Search and Rescue. Technical Papers T-001, T-014, T-016…020, and C/S R. 012. URL http://www.cospassarsat.org/.

[26] Paggi, F., Stojkovic, I., Oskam, D., Breeuwer, E., Gotta, M., and Marinelli, M., "SAR/Galileo IOV Forward Link Test Campaign Results," *Proc. ENC*, Rotterdam, the Netherlands, April 2014.

[27] Paggi, F., Stojkovic, I., Postinghel, A., Ratto, D., Breeuwer, E., and Gotta, M., "SAR/Galileo IOV Return Link Test Campaign Results," *Proc. ENC*, Rotterdam, the Netherlands, April 2014.

[28] Hein, G. W., Avila-Rodriguez, J.-A., Ries, L., Lestarquit, L., Issler, J.-L., Godet, J., and Pratt, A. R., "A Candidate for the Galileo L1 OS Optimized Signal," *Proc. ION ITM*, Long Beach, California, USA, September 2005.

[29] Ries, L., Issler, J.-L., Julien, O., and Macabiau, Ch., "Method of Reception and Receiver For a Radio Navigation Signal Modulated by a CBOC Spread Wave Form," Patents US8094071, EP2030039A1, January 2012.

[30] Julien, O., Macabiau, C., Ries, L., and Issler, J.-L., "1-*Bit* Processing of Composite BOC (CBOC) Signals and Extension to Time-Multiplexed BOC (TMBOC) Signals," *Proc. ION NTM*, San Diego, CA, January 2007, pp. 227–239.

[31] De Latour, A., Artaud, G., Ries, L., Legrand, F., and Sihrener, M., "*New BPSK, BOC and MBOC Tracking Structures*," *Proc. ION ITM*, Anaheim, CA, January 2009, pp. 396–405.

[32] Winkel, J., "Spreading Codes for a Satellite Navigation System," Patent number WO/2006/063613, International Application No.: PCT/EP2004/014488, Publication date: 22 June 2006.

[33] Avila-Rodriguez, J.-A., Hein, G. W., Wallner, S., Issler, J.-L., Ries, L., Lestarquit, L., de Latour, A., Godet, J., Bastide, F., Pratt, A. R., Owen, J. I. R., Falcone, M., and Burger, T., "The MBOC Modulation: The Final Touch to the Galileo Frequency and Signal Plan," *Proc. ION GNSS*, Fort Worth, Texas, USA, September 2006.

[34] Rebeyrol, E., Macabiau, C., Lestarquit, L., Ries, L., Issler, JL., Boucheret, M. L., and Bousquet, M., "BOC Power Spectrum Densities," *Proc. ION NTM* 2005, Long Beach, California, USA, *January* 2005.

[35] Godet, J., "Technical Annex to Galileo SRD Signal Plans," STF annex SRD 2001/2003 Draft 1, July 2003.

[36] Ries, L., Legrand, L., Lestarquit, L., Vigneau, W., and Issler, J.-L.: "Tracking and Multipath Performance Assessments of BOC Signals using a Bit Level Signal Processing Simulator," *Proc. ION GPS*, Portland, OR, USA, 2003, pp. 1996–2010.

[37] Soellner, M. and Erhard, Ph., "Comparison of AWGN Tracking Accuracy for Alternative-BOC, Complex-LOC and Complex-BOC Modulation Options in Galileo E5 Band," *Proc. ENC GNSS*, Graz, Austria, 2003.

[38] Lestarquit, L., Artaud, G., and Issler, J.-L., "AltBOC for Dummies or Everything You Always Wanted to Know About AltBOC," *Proc. ION GNSS 2008*, Savannah, GA, 2008, pp. 961–970.

[39] Soualle, F., Soellner, M., Wallner, S., Avila-Rodriguez, J.-A., Hein, G. W., Barnes, B., Pratt, T., Ries, L., Winkel, J., Lemenager, C., and Erhard, P., "Spreading Code Selection Criteria for the Future GNSS Galileo," *ENC GNSS 2005*, Munich, *July* 2005.

[40] Falcone, M., Binda, S., Breeuwer, E., Hahn, J., Spinelli, E., Gonzalez, F., Lopez Risueno, G., Giordano, P., Swinden, R., Galluzzo, G., and Hedquist, A., "Galileo on Its Own: First Position Fix," *Inside GNSS* 8(2), March/April 2013, pp. 50–71.

[41] European GNSS (Galileo) Open Service-Ionospheric Correction Algorithm for Galileo Single Frequency Us-

ers, European Commission, September 2016.
[42] Hochegger, G., Nava, B., Radicella, S., and Leitinger, R., "A Family of Ionospheric Models for Different Uses," *Proc. Physics and Chemistry of the Earth, Part C: Solar, Terrestrial & Planetary Science* 25(4): 307-310. doi:10.1016/S1464-1917(00)00022-2.
[43] Ionospheric Propagation Data and Prediction Methods Required for the Design of Satellite Services and Systems, Rec. ITU-R P. 531-12, ITU, September 2013.
[44] Prieto-Cerdeira, R., Orus-Perez, R., Breeuwer, E., Lucas-Rodriguez, R., and Falcone, M., "Performance of the Galileo Single-Frequency Ionospheric Correction During In-Orbit Validation," *GPS World* 25(6), 2014, pp. 53-58.
[45] European GNSS (Galileo) Initial Services Open Service—Service Definition Document, European Commission, Issue 1.0, December 2016.
[46] https://www.gsc-europa.eu/.

本章相关彩图,请扫码查看

第 6 章　北斗卫星导航系统

陆鸣泉, 姚铮
清华大学, 中国

6.1　简介

北斗卫星导航系统(BDS,简称北斗系统)是由中国自主建设、独立运行,并与世界其他卫星导航系统实现兼容与互操作的 GNSS[1-3]。"北斗"这个名字来源于广为人知的北斗七星——由大熊星座中的 7 颗明亮恒星组成的星群。自古以来中国就利用北斗七星来辨识方位,它也成为最古老的导航手段之一。现在,北斗卫星导航系统又赋予了这个古老名词以崭新的含义[4-5]。

北斗系统与其他 GNSS 一样,由空间段、地面段和用户段 3 个部分组成。其中,空间段是 1 个由若干地球静止轨道(GEO)卫星、倾斜地球同步轨道(IGSO)卫星和中圆地球轨道(MEO)卫星组成的混合星座;地面段是 1 个由若干个主控站(MSC)、时间同步/注入站和多个监测站组成的分布式地面控制网络;用户段则包括北斗及兼容其他 GNSS 的用户终端。依托于其独特的混合星座结构,北斗系统成为一个集成了多种业务的多功能系统。它不仅能像其他 GNSS 一样为用户提供基本的无线电导航卫星服务(RNSS),即提供位置、速度和时间(PVT)信息,还能提供卫星无线电测定业务(RDSS)、星基增强服务(SBAS)和国际搜救(SAR)服务[6-7]。混合星座和多种服务能力是北斗系统区别于其他 GNSS 的主要特征。

中国的北斗系统建设始于 20 世纪 90 年代。为了克服经费有限、卫星导航技术储备不足、缺乏大规模天基信息系统建设和管理经验等困难,中国制定了北斗系统"三步走"的发展战略[2-3]。

第一步:1994 年启动北斗卫星导航试验系统(即北斗一号系统,BDS Ⅰ)工程建设,于 2000 年建成系统,形成区域有源定位服务能力。

第二步:2004 年启动北斗区域卫星导航系统(即北斗二号系统,BDS Ⅱ)工程建设,于 2012 年建成系统,形成区域无源定位、导航、授时服务能力。

第三步:2009 年起稳步推进北斗全球卫星导航系统(即北斗三号系统,BDS Ⅲ)建设,预期于 2020 年左右建成,形成全球无源定位、导航、授时服务能力。

北斗系统的上述"三步走"发展规划示意图如图 6.1 所示[5,7]。

经过 20 多年的稳步推进,截至 2018 年 4 月①,中国已经完成了上述发展规划的前两

---

① 本章成稿于 2018 年 4 月,当时北斗三号系统仍在建设中,因此本章中的内容对应 2018 年时的北斗系统状态。——译者注

步。作为中国的第一代卫星导航系统,北斗一号系统建成于 2000 年。该系统包括三颗 GEO 卫星,采用有源定位体制,为中国及周边地区提供 RDSS 服务。从那时起,中国开始运行独立自主的导航卫星系统,并发展了自己的卫星导航产业[2, 6-7]。北斗一号系统在连续运行 10 多年后,于 2012 年底停止服务。

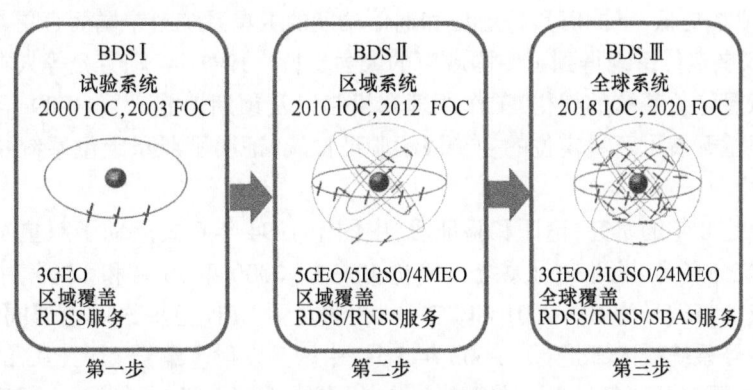

图 6.1　北斗系统的"三步走"发展规划

2012 年年底,中国建成了第二代卫星导航系统——北斗二号,开始为亚太地区提供服务。北斗二号系统的空间段由 14 颗卫星组成,包括 5 颗 GEO 卫星、5 颗 IGSO 卫星和 4 颗 MEO 卫星。北斗二号系统除了提供 RNSS 服务外,还继承了北斗一号系统的 RDSS 服务。系统的建成极大地拓展了中国卫星导航的应用范围,并进一步推动了中国卫星导航产业的发展[2, 6-7]。

2013 年,北斗二号系统部署完成后,中国立即启动了北斗三号系统的建设。2017 年 9 月 5 日,北斗系统发布了《北斗卫星导航系统空间信号接口控制文件公开服务信号 B1C、B2a(测试版)》[8],首批 2 颗北斗三号卫星于同年 11 月 5 日发射。预计北斗三号系统将在 2020 年前后完成组网并为全球提供服务[6-7]。北斗系统的建设实践,走出了一条不同于 GPS、GLONASS 和 Galileo 系统的"先区域、后全球,先有源、后无源"的独特发展模式[3]。

本章对北斗系统进行了全面深入的介绍。6.2 节概述了北斗系统的演进,6.3 节介绍北斗系统所采用的坐标系统和时间系统,6.4 节和 6.5 节分别介绍了北斗一号和北斗二号系统,6.6 节介绍了建设中的北斗三号系统的最新进展,6.7 节给出了一个简要的总结。

6.2　北斗系统的发展

6.2.1　早期的探索

中国对卫星导航系统的研究最早可以追溯到 20 世纪 60 年代末[5, 9]。1969 年 1 月,中国成立了一个名为"691 工程"的探索性项目,计划建设一个类似于美国子午仪(Transit)定位系统的多普勒导航系统,并持续努力了大约 10 年时间[9]。20 世纪 70 年代末,中国开始继续探索提供区域或全球服务的适用方案。科学家们先后提出过基于单颗卫星、2 颗卫星、

3~5 颗卫星的区域性卫星导航系统方案,也曾提出过基于更多颗卫星的 GNSS 设想。但出于种种原因,这些方案和设想都没有能够实现。

1983 年,中国科学院院士陈芳允先生提出了利用 2 颗 GEO 卫星实现区域定位与通信的设想,这就是"双星定位系统"。当时,美国 GPS 的建设已经取得重要进展,但双星系统这种相对简单、成本更低,且同时具备定位和通信功能的卫星系统对中国而言更具吸引力。因此,1986 年,双星定位系统得到了中国政府的大力支持。1987 年,陈芳允等人在一篇论文中详细讨论了双星定位系统的架构、工作原理和机制以及预期性能[10]。1989 年,中国利用 2 颗在轨通信卫星开展了双星定位的初步演示验证试验,证明了双星定位系统技术体制的正确性和可行性[11]。

在经过长达 8 年的研究、论证和验证后,中国于 1994 年正式启动了双星定位系统的建设,并将该系统命名为"北斗一号系统",简称 BD-1。2000 年 10 月和 12 月,中国在西昌卫星发射中心成功将编号为 BD-1 01 和 BD-1 02 的两颗 GEO 卫星送入地球同步轨道,并随即宣布北斗一号系统投入试运行。2003 年 5 月,中国又发射了编号 BD-1 03 的第三颗 GEO 卫星,作为前 2 颗卫星的备份星。在组建星座的同时,中国也成功开发了大量不同类型的北斗一号终端产品。2003 年 12 月,中国宣布北斗试验卫星系统正式开通运行,标志着中国成为继美国和俄罗斯后,世界上第三个拥有独立卫星导航系统的国家。

北斗一号系统采用有源定位体制,用两颗 GEO 卫星实现了二维定位、授时和短报文通信服务(即 RDSS 业务)。该系统用一个 S 频段的出站信号和一个 L 频段的入站信号实现双向有源测距和电文传输[3, 5, 11]。自 2003 年正式提供服务以来,北斗一号系统在中国已成功应用于测绘、电信、水利、海洋渔业、交通运输、森林防火、减灾救灾和公共安全等诸多领域,特别是在 2008 年汶川抗震救灾、北京奥运会中发挥了重要作用[1]。

短报文通信服务是北斗一号系统的一大特色,也是其应用最为成功之处。但是,北斗一号系统也存在着明显的局限性。受技术体制与系统规模限制,该系统的服务覆盖范围和用户容量受限,只能提供低精度的二维定位,而且没有测速功能。此外,北斗一号的用户终端必须包含发射机,与无源定位体制仅需要接收机相比,在体积、重量、功耗和价格方面都处于劣势[1]。

但总的来说,北斗一号系统是一个成功、经济、实用的卫星导航试验系统,它让中国拥有了区域定位、导航、授时(PNT)的能力。即使在 2012 年 12 月北斗一号系统退役后,它的 RDSS 业务仍被新一代北斗二号系统继承了下来。

6.2.2 从有源定位到无源定位

2004 年,在完成了北斗一号系统的建设后,中国启动了北斗发展战略的第二步。该阶段的发展目标是构建一个具有连续、实时、无源三维定位、测速和授时能力的区域卫星导航系统,为中国及亚太地区用户提供 PNT 服务。当时该系统被命名为北斗二号系统,简称 BD-2。

2007 年 4 月,首颗北斗二号 MEO 卫星成功发射,同时还开展了国产星载原子钟、精密定轨与时间同步、信号传输体制等大量技术试验。北斗二号系统首颗 GEO 和 IGSO 卫星分别于 2009 年 4 月和 2010 年 8 月成功发射,验证了 GEO 和 IGSO 卫星运行相关的多项关键技术。到 2011 年 4 月,北斗二号系统已经建成了一个由 3 颗 GEO 卫星和 3 颗 IGSO 卫星组成的基本星座。2011年12月，中国发布了《北斗二号接口控制文档（测试版）》，标志着北斗二号系统开始提供试运行服务。在陆续发射了更多卫星之后，北斗二号系统空间段于2012年完成了5颗GEO卫星、5颗IGSO卫星和4颗MEO卫星的区域系统组网。在空间段部署期间，北斗二号系统还建成了地面控制段，并开发了大量北斗及兼容其他GNSS的用户终端。

与GPS、GLONASS和Galileo系统类似，北斗二号系统使用单向无源三边测量方法来确定用户的位置。该系统在L波段的三个频点B1、B2和B3上播发6个导航信号，以提供连续、实时的RNSS业务[12]。北斗二号系统有14颗在轨运行卫星。亚太地区的用户可以在任何时间、任何地点跟踪到至少4颗卫星。北斗二号系统在其覆盖区域内的定位与授时性能与其他GNSS相当。除了提供RNSS业务，北斗二号系统还通过GEO卫星提供RDSS业务[13]。

2012年12月，中国卫星导航系统管理办公室（CSNO）正式宣布，北斗二号系统开始向中国和亚太大部分地区提供连续、实时的无源PNT服务，并公布了北斗卫星导航系统的官方英文名称"BeiDou Navigation Satellite System"及其缩写"BDS"。同时还发布了《北斗系统空间信号接口控制文件（ICD）1.0正式版》[7]。前面提到的北斗系统"三步走"的发展规划也是当时正式公布的。

2013年12月，在北斗二号系统全面运行一周年举行的新闻发布会上，CSNO宣布，亚太地区的信号监测和评估表明，北斗系统的性能完全符合其设计规范。发布会上还公布了《北斗卫星导航系统空间信号接口控制文件公开服务信号（2.0版）》和《北斗卫星导航系统公开服务性能规范（1.0版）》这两个文件[13]。

值得一提的是，虽然自2012年北斗二号系统开通以后的5年时间里，CSNO只发布了B1I和B2I这两个公开服务信号的接口控制文件，最新的版本号为2.1[12]，但第三个公开服务信号——B3I的详细格式早已成为公开的秘密。不仅中国国内有很多公司，国际上也有一些公司开发了能够接收B1I、B2I、B3I信号的三频北斗接收机。也就是说，实际上北斗系统在GPS和Galileo系统之前就已提供了高性能三频公开服务。2018年1月，CSNO正式公开发布了B3I信号的接口控制文件[14]，标志着北斗二号系统正式成为全球首个提供三频公开服务的导航卫星系统。

6.2.3　从区域覆盖到全球覆盖

北斗系统发展战略的第三步，是在已实现区域覆盖的北斗二号系统基础上逐步扩展成可覆盖全球的北斗三号系统[2-5]。北斗三号系统预计在2020年左右完成由3颗GEO卫星、3颗IGSO卫星和24颗MEO卫星组成的30颗卫星全球组网，为全球用户提供PNT服务。在原有的RDSS业务基础上，系统还将提供星基增强（SBAS）业务和国际搜救（SAR）业务[6]。北斗三号系统最值得期待的一大特点是，它将与GPS和Galileo系统共用L波段的两个频点，并通过采用先进的信号结构，与其他GNSS尤其是GPS和Galileo系统实现兼容和互操作。这意味着北斗三号系统的公开服务将进一步融入国际GNSS大家庭。全球的用户可以通过联合使用北斗三号和其他GNSS的信号获得更好的性能体验[3,6]。

北斗三号系统于2009年启动论证工作，并于2013年开始实施工程建设。2015年3月至2016年2月间，系统先后发射了5颗不同轨道的试验卫星，并在接下来的几年里，以星载原子钟、星间链路和新体制导航信号为重点,开展了各种技术验证任务。这5颗试验卫星的成功发射为北斗三号的全球部署奠定了基础[6]。

截至2018年,北斗系统发展规划的第三步正处于部署阶段。北斗三号系统的接口控制文件测试版于2017年9月发布[7]。该文件首次明确了北斗三号系统的星座配置和部分新导航信号的结构。根据该文件,北斗三号系统在MEO卫星和IGSO卫星上将至少会播发2个新的公开服务信号——B1C和B2a,它们与其他GNSS的信号能够实现兼容与互操作。继接口控制文件测试版发布后,第一批的2颗北斗三号卫星于2017年11月发射。这2颗卫星不仅播发B1C和B2a信号,还配备了稳定度为10^{-14}的高性能铷钟和稳定度为10^{-15}的氢原子钟。通过这些最先进的技术,北斗三号系统的空间信号(SIS)精度将优于0.5m。第一批的2颗北斗三号卫星的成功发射,标志着北斗系统开始从区域覆盖扩展到全球覆盖[6]。

2017年12月,中美签署了《关于GPS和北斗卫星导航系统之间民用信号兼容性和互操作性的联合声明》[15]。同月下旬,北斗三号发布了B1C和B2a这两个信号的正式接口控制文件[16-17]。在第一批的2颗MEO卫星之后,北斗系统又分别在2018年的前三个月里成功将三对MEO卫星送入预定轨道。

截至2018年4月本章成稿之时,北斗三号系统还正在加紧建设中。系统计划在2018年底之前完成18颗MEO卫星的组网并提供初始服务[1, 3, 5]。到2020年,所有30颗计划中的卫星都将加入北斗三号的全球星座,构建起一个与其他GNSS兼容与互操作的多功能GNSS系统。

最后需要说明的是,北斗系统在不同时期和不同来源的文献中使用了多种中英文名称,例如,中文的"北斗二号""北斗二代",还有英文的"BD-2""BDS-2""BDS Ⅱ""COMPASS""BeiDou""Beidou"等,指的都是前述"三步走"发展规划中第二步建设的北斗区域卫星导航系统。为了保证全文的一致性,本章余下部分将统一使用"北斗一号系统"、"北斗二号系统"和"北斗三号系统"分别指代北斗系统的试验系统、区域系统和全球系统。

6.3 坐标系统与时间系统

6.3.1 北斗坐标系

曾经北斗一号系统水平采用1954年北京坐标系,高程采用1985国家高程基准[4]。随着北斗系统的发展,这种"2+1"维的测绘基准体系已不能满足现代卫星导航系统的需要。目前,北斗二号和北斗三号系统采用的大地坐标系称为"北斗坐标系(BDCS)"。在最新发布的B1C、B2a以及B3I信号的接口控制文件中可以看到这个新名词。它和早期版本的接口控制文件中使用的2000中国大地坐标系(CGCS2000)[18]是一致的。

北斗坐标系的定义符合国际地球自转服务组织(IERS)规范,与CGCS2000定义一致,它们具有完全相同的参考椭球参数。北斗坐标系的具体定义如下[14, 16-17]。

(1)原点、轴向及尺度定义。北斗坐标系的原点位于地球质心,其Z轴指向IERS定义的参考极(IRP)方向,X轴为IERS定义的参考子午面(IRM)与通过原点且同Z轴正交的赤道面的交线，Y 轴与 Z、X 轴构成右手直角坐标系，长度单位是国际单位制(SI)米。

（2）参考椭球定义。北斗坐标系的参考椭球的几何中心与地球质心重合，参考椭球的旋转轴与 Z 轴重合。北斗坐标系参考椭球定义的基本参数见表 6.1。

表 6.1 北斗坐标系参考椭球的参数

参 数	定 义
半长轴	$a = 6378137.0 \text{m}$
地心引力常数	$\mu = 3.986004418 \times 10^{14} \text{m}^3/\text{s}^2$
扁率	$f = 1/298.257222101$
地球自转角速度	$\dot{\Omega} = 7.2921150 \times 10^{-5} \text{rad/s}$

6.3.2 北斗系统的时间基准

北斗系统的时间基准称为"北斗时(BDT)"[14, 16-17]。北斗时采用国际单位制(SI)秒为基本单位连续累计，不闰秒，起始历元为 2006 年 1 月 1 日协调世界时（UTC）00h00min00s。北斗系统通过设在中国科学院国家授时中心(NTSC)的标校站作北斗时与 UTC(NTSC)的时间比对，从而将北斗时溯源到 UTC(NTSC)。北斗时与 UTC 的偏差保持在 50ns 以内(模 1s)。北斗时与 UTC 之间的闰秒信息在导航电文中播报。

6.4 北斗一号——北斗试验系统

6.4.1 概述

北斗卫星导航试验系统(即北斗一号系统)，是北斗卫星导航系统最早投入使用的第一代试验系统。与其他 GNSS 不同，它是一种双向有源定位系统，用于提供区域性的 RDSS 服务，包括二维定位、授时和短报文通信。

北斗一号系统由 3 部分组成：空间段包括 3 颗 GEO 卫星(包括 1 颗在轨备份卫星)，控制段包括 1 个主控站和若干标校站，用户段则包括各种类型的用户终端[1, 4-5, 11]。该试验系统于 1994 年正式立项，2000 年发射 2 颗卫星后即能够工作。2003 年又发射了 1 颗备用 GEO 卫星，试验系统完成组建。第 4 颗 GEO 卫星，即最后 1 颗北斗一号卫星于 2007 年发射。北斗一号系统服务范围是东经 70°~140°，北纬 5°~55°，覆盖了中国及周边地区。其水平定位精度为 20m(有校准区域)和 100m(无校准区域)[1]。经过 10 年的连续运行，在卫星的寿命到期后，该试验系统于 2012 年 12 月停止工作。

6.4.2 系统结构与定位原理

6.4.2.1 北斗一号的系统结构

北斗一号系统的空间段由 2 颗工作卫星和 1 颗在轨备份卫星组成。3 颗卫星均为 GEO 卫星，分别定轨于东经 80°、140° 和 110.5°。其中东经 110.5° 那颗卫星为备用星。3 颗卫星距离地面的高度约为 36000km。每颗卫星有 2 个出站转发器和 2 个入站转发器。出站转发器将主控站传输的信号转发到用户终端，入站转发器将用户终端传输的信号转发到主控站。整个系统结构如图 6.2 所示。

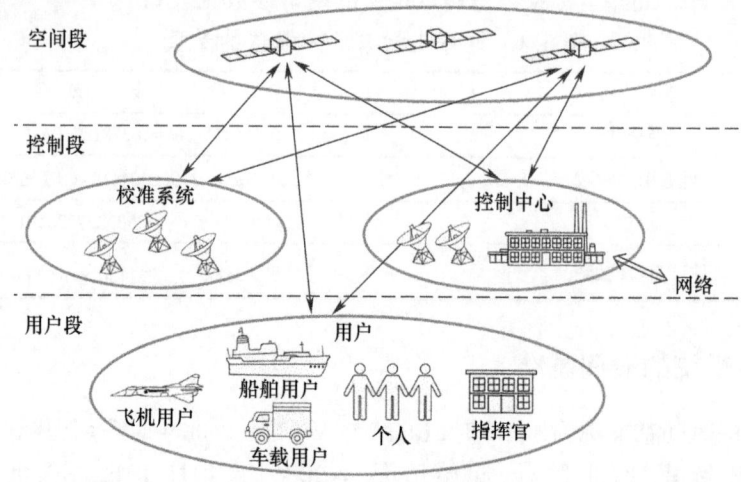

图 6.2 北斗一号系统构成示意图

北斗一号系统的控制段包括北京的 1 个主控站和分布在中国境内的 20 多个校准站。主控站主要负责发射出站信号和接收入站信号、进行卫星定轨和电离层校正、计算用户位置、短报文通信等任务。各类校准站分别担负卫星测轨、差分定位和气压测高等任务。

北斗一号系统的用户段由各类用户终端组成。北斗一号用户终端的主要功能包括：发送入站信号以向主控站发起定位请求或发送短报文给其他用户，接收出站信号以获得从主控站发来的位置信息。用户终端可以分为 2 类：一类是可以为个人、车载、船舶用户提供定位、授时、短信服务的普通型终端；另一类是可以控制和管理最多 100 个普通终端的指挥型终端。虽然 RDSS 业务是免费的，但每个北斗一号用户都需要注册并获得一个唯一的用户号码才能使用 RDSS 服务。因此，RDSS 服务属于授权服务类别。

6.4.2.2 北斗一号系统的定位方法

北斗一号系统通过 2 颗 GEO 卫星上的 2 个不同转发器建立主控站和用户终端之间的一对双向无线电链路。通过测量每条双向无线电链路上的传输时间，可以确定从主控站到 1 颗 GEO 卫星再到用户终端的总距离。因为主控站和 GEO 卫星之间的距离是已知的，所以可以从总距离中提取出该颗 GEO 卫星到用户终端之间的距离。利用 2 颗不同卫星的双向无线电链路，就可以获得从用户终端到两颗卫星的两个距离测量值。这样就实现了双向测距[1,10-11]。

进一步，通过用户终端到 2 颗卫星之间的距离测量以及 2 颗卫星的已知位置，就可以计算出用户终端的二维位置。详细的定位过程如下[4, 19]：以 2 颗 GEO 卫星的已知位置坐标作为 2 个球心，分别以测得的卫星到用户终端的距离为半径，构造 2 个球体；则用户终端位于 2 个球体的交线上；再利用地面控制段提供的高程图，建立以地心为原点，以地心到用户终端的距离为半径的非均匀地心曲面，则可以求得用户终端的准确位置是球弧与非均匀曲面的交点。主控站按照上述过程计算出用户终端的位置，通过出站信号将位置信息发送给用户终端，就完成了一次定位过程[1,10-11]。

6.4.3 出站与入站信号

每个北斗一号用户终端都是一个收发一体机,可以发送出站信号和接收入站信号。出站信号和入站信号是从用户的角度来命名的,其中从卫星发到用户终端的信号称为出站信号,从用户终端发到卫星的信号称为入站信号。根据 ITU 对 RDSS 的频率分配,北斗一号系统的出站和入站信号分别位于 S 频段(2483.5~2500MHz)和 L 频段(1610~1626.5MHz)。

6.4.3.1 出站信号

北斗一号出站信号是带宽为 8.16MHz 的直接序列扩频(DSSS)信号,载波频率 2491.75MHz。信号采用具有连续帧结构的偏移四相相移键控(offset quadrature phase-shift-keying,OQPSK)调制。信号的最小落地功率电平为 -157.0dBW。

出站信号的数学表达式为[19-20]:

$$s_{\text{outbound}}(t) = A[d_1(t-\Delta/2)c_1(t-\Delta/2)\sin\omega_c t + d_2(t)c_2(t)\cos\omega_c t] \quad (6.1)$$

式中:$d_1(t)$ 和 $d_2(t)$ 分别为 I 支路和 Q 支路的信息流;$c_1(t)$ 为 I 支路的扩频码,采用码长为 255 的 Kasami 小集序列,$c_2(t)$ 为 Q 支路的扩频码,采用码长为 $2^{21}-1$ 的 Gold 序列,扩频码的速率均为 4.08 Mcps;I 和 Q 两支路正交,构成 OQPSK,符号速率为 16kb/s。Δ 为半个扩频码片长度。I 支路 $d_1(t)$ 用于传输定位、通信、标校、广播或其他公用信息,而 Q 支路 $d_2(t)$ 用于传输定位与通信信息。图 6.3 给出了出站信号的生成方式示意图。图 6.4 则给出了出站信号的帧结构。每帧由固定长度的 250b 构成,并有自己的编号(称为子帧号),比特速率为 8kb/s,经过卷积编码后的符号速率是 16ksps,因此每帧的传播时间约为 31.25ms,1920 个连续帧构成 1 个超帧,发送 1 个超帧需要 1min[21]。

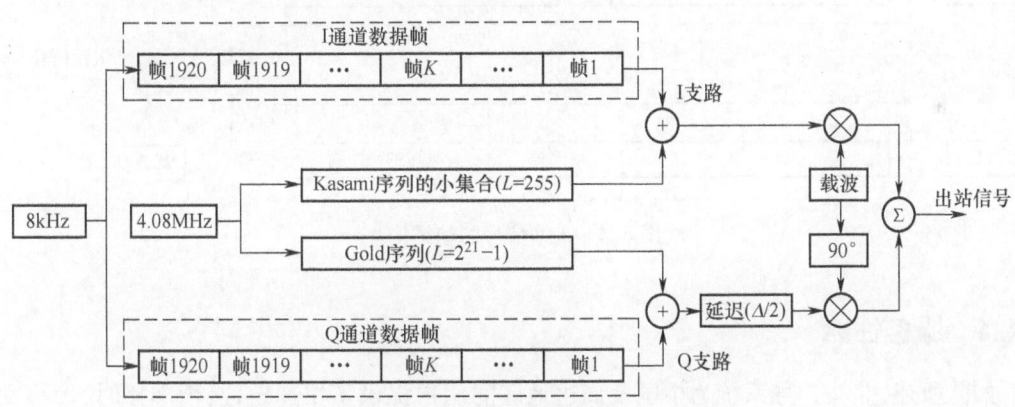

图 6.3 出站信号的生成方式示意图

6.4.3.2 入站信号

入站信号也是直接序列扩频信号,载波频率为 1615.68MHz,带宽为 8.16MHz。发射功率不小于 10W。该信号采用 BPSK 调制,采用可变长突发帧结构。突发帧由同步头段、勤务段、数据段三段组成。每段用不同的伪随机噪声(PRN)码扩频,扩频码速率均为 4.08Mcps。入站信号的符号速率为 8kb/s[20]。

入站信号的数学表达式为

$$s_{\text{inbound}}(t) = Ac(t)d(t)\cos(\omega_c t) \quad (6.2)$$

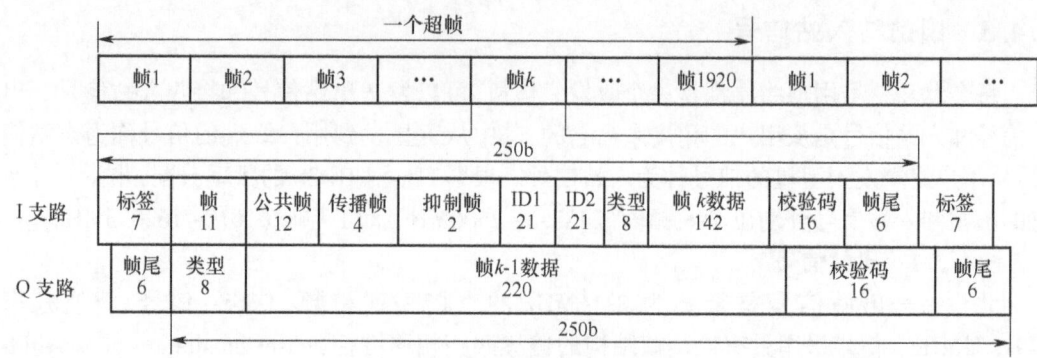

图 6.4 出站信号的帧结构

式中：A 为信号幅度；$c(t)$ 和 $d(t)$ 分别为扩频码和用户数据流。用户信息的同步头段为 12240b 连续的 m 序列截断码，服务段扩频码是周期为 $2^{21}-1$ 的 m 序列，扩频码长度按相应服务段信息长度截短，数据段为寄存器长度为 21 的 Gold 码，扩频码的速率为 4.08Msps。在入站信号中，由于数据段长度可变，因此突发帧长度也可变[20]。入站信号的可变帧结构如图 6.5 所示。

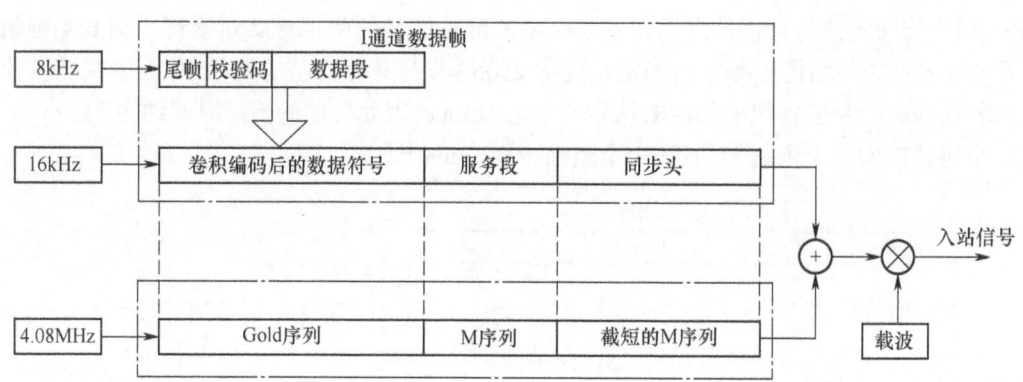

图 6.5 入站信号的帧结构

6.4.4 服务性能

如前所述，北斗一号系统为中国及周边地区的用户提供了快速定位、精准授时、短报文通信等独有的 RDSS 服务。北斗一号的服务范围如图 6.6 所示，由其 GEO 卫星的位置以及校准站的分布决定。北斗一号系统的服务性能规范总结如下[1,4-5]：

(1) 定位精度：20m（有校准区域），100m（无校准区域）；
(2) 授时精度：单向 100ns，双向 20ns；
(3) 报文通信：1680b/次（约 120 个汉字/次）；
(4) 用户容量：54 万次/h（150 次/s）；
(5) 服务区域：中国及周边地区（70°E~145°E，5°N~55°N）；
(6) 动态范围：用户速度小于 1000km/h。

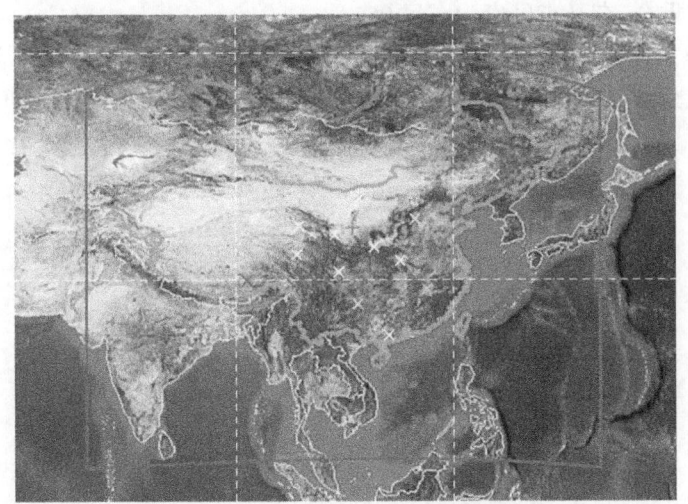

图 6.6 北斗一号系统的服务范围[4]

6.5 北斗二号——北斗区域系统

6.5.1 概述

2004年,中国启动了北斗二号系统的建设。该系统利用单向到达时间(TOA)测距体制为亚太地区用户提供包括连续三维定位、测速、授时在内的 RNSS 业务。北斗二号系统也由三大段组成:由14颗在轨工作卫星构成的空间段,由多个主控站、上注站和监测站构成的控制段,以及由多种类型的北斗二号及兼容其他 GNSS 的接收机构成的用户段。自2007年4月发射第一颗北斗二号 MEO 卫星后的5年里,北斗系统又陆续发射了15颗导航卫星。最终在2012年建成了由14颗工作卫星组成的混合星座。2012年12月,CSNO 宣布北斗二号系统具备全面运行能力(FOC),服务覆盖中国和亚太地区。除 RNSS 业务外,北斗二号还继承了北斗一号系统的 RDSS 服务。截止到2018年本章撰写时,北斗二号系统已连续运行了5年多。

6.5.2 空间段

6.5.2.1 星座

自2007年4月至2012年10月,北斗二号系统先后共发射了16颗导航卫星,其中的14颗工作卫星构成了目前 5 GEO+5 IGSO+4 MEO 的混合星座,如图6.7所示。在该星座中,各卫星的具体分布如下[3, 5, 13-14]:

• 5颗 GEO 卫星的轨道高度均为35786km,分别定点于东经58.75°、80°、110.5°、140°和160°。

• 5颗 IGSO 卫星的轨道高度为35786km,轨道倾角为55°,分布在3个轨道面内,升交点赤经分别相差120°,其中3颗卫星的星下点轨迹重合,交叉点经度为东经118°,其余2颗卫星星下点轨迹重合,交叉点经度为东经95°。

- 4颗MEO卫星轨道高度为21528km,轨道倾角为55°,回归周期为7天13圈,相位从Walker 24/3/1星座中选择,第一轨道面升交点赤经为0°。4颗MEO卫星位于第一轨道面7、8相位,第二轨道面3、4相位。

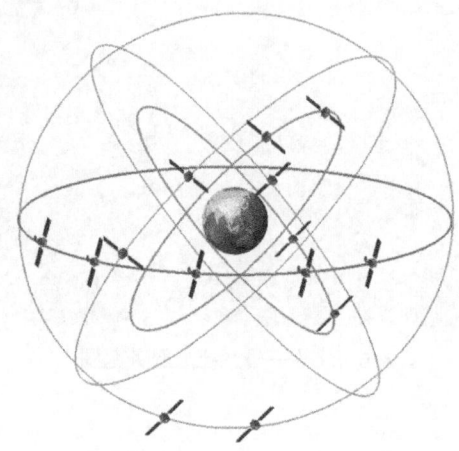

图6.7 北斗二号的5 GEO+5 IGSO+4 MEO混合星座

表6.2列出了2013年初北斗二号系统的星座的轨道参数[22]。IGSO、MEO和GEO卫星在表中分别标记为以字母I、M和G开头。

表6.2 北斗二号星座的轨道参数(2013年1月25日)

编号	卫星	半长轴/km	偏心率	轨道倾角/(°)	近地点幅角/(°)	升交点经度/(°)	真近点角/(°)
1	I01	42166.2	0.0029	54.5	174.9	209.3	220.3
2	I02	42159.3	0.0021	54.7	187.8	329.6	87.0
3	I03	42158.9	0.0023	56.1	187.7	89.6	326.1
4	I04	42167.2	0.0021	54.8	167.1	211.4	201.3
5	I05	42157.1	0.0020	54.9	183.3	329.0	65.5
6	M01	27904.9	0.0026	55.4	182.4	108.1	118.2
7	M02	27907.5	0.0028	55.3	180.0	107.6	167.5
8	M03	27905.9	0.0023	54.9	170.0	227.8	325.7
9	M04	27907.6	0.0015	55.0	190.0	227.4	351.3
10	G01	东经140.0°(轨道高度为35786.0km)					
11	G02	东经80.0°(轨道高度为35786.0km)					
12	G03	东经110.5°(轨道高度为35786.0km)					
13	G04	东经160.0°(轨道高度为35786.0km)					
14	G05	东经58.6°(轨道高度为35786.0km)					

IGSO卫星的回归周期约为1天,MEO卫星的回归周期约为7天,因此整个星座的回归周期大约7天。图6.8展示了北京时间2015年1月25日至2015年1月31日的7天时间里北斗卫星的星下点轨迹。图6.9则给出了1周内北斗二号可见卫星的平均数。可以看

到,在回归周期内的任何时刻,中国及周边地区的用户都至少有95%的概率看到7~9颗北斗二号卫星。

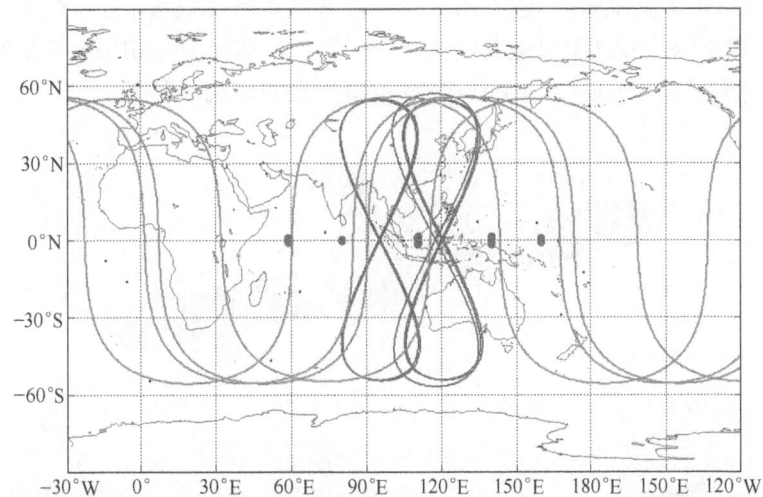

图6.8 北斗二号星座7天内的星下点轨迹(观测时段:2015年1月25日至2015年1月31日)

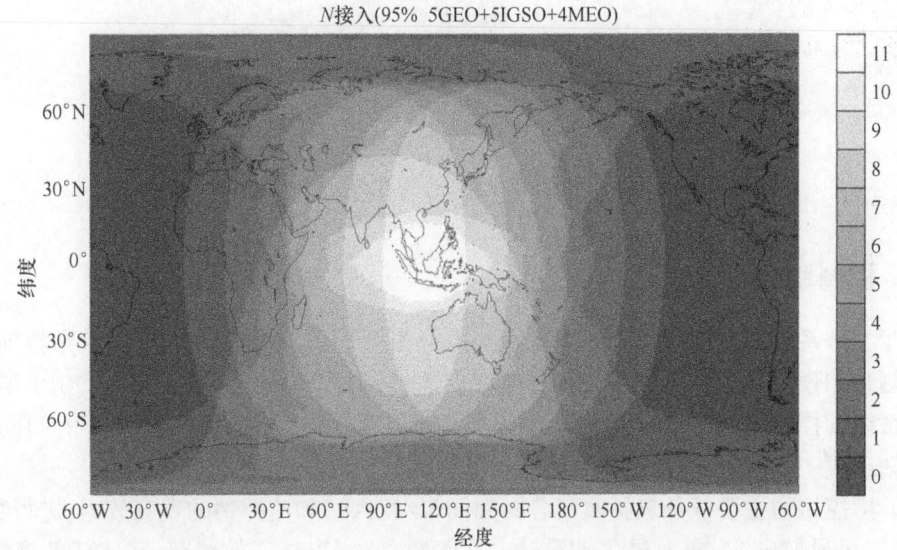

图6.9 回归周期内的可见北斗二号卫星数(观测时段:北京时间2015年1月25日0:00至2015年1月31日24:00,截止高度角:10°)

从上面的介绍可以发现,北斗二号系统与GPS在星座设计上存在较大的区别:北斗二号星座主要由GEO和IGSO卫星组成,而GPS星座则全部由MEO卫星组成。虽然GPS卫星的全球分布比北斗卫星更均匀,但分布不均的北斗二号星座为中国及周边地区提供了更好的覆盖[5,22]。

6.5.2.2 卫星平台
北斗二号卫星全部采用改进的东方红三号(DFH-3A)卫星平台[23]。该平台由结构分系统、供配电分系统、热控分系统、测控分系统(IGSO 卫星、MEO 卫星还设计有数管分系统)、控制分系统、推进分系统等部分组成。北斗二号卫星的有效载荷包括导航分系统和天线分系统,其中 GEO 卫星载荷提供 RDSS、时间与位置数据转发、上行注入与精密测距、RNSS 等业务,IGSO 和 MEO 卫星载荷则提供上行注入与精密测距、RNSS 等业务[1, 5]。

图 6.10 给出了北斗 GEO 和 IGSO/MEO 卫星平台的外观示意图。

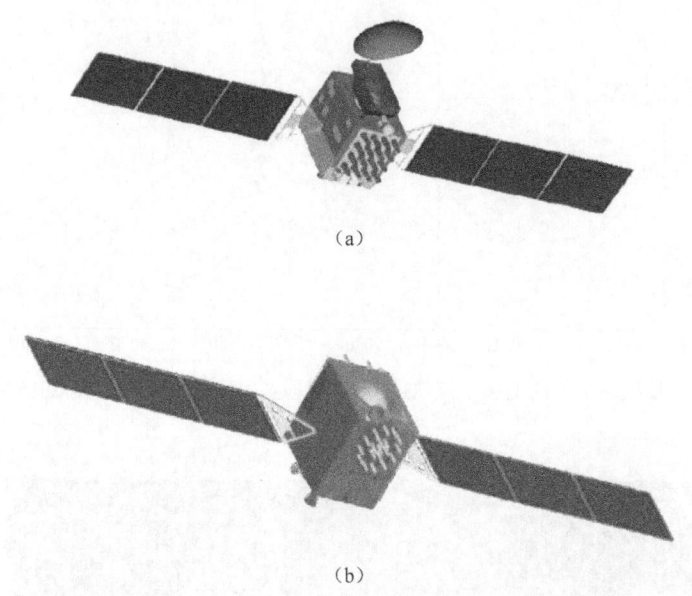

(a)

(b)

图 6.10 北斗二号 GEO 卫星(a)与 IGSO/MEO 卫星(b)[1]

6.5.3 控制段

北斗二号系统的控制段负责整个系统的运行和控制,包括精确定轨和轨道参数预测、卫星钟差测量和预测、电离层监测和预测、完好性监测和处理等功能[25]。截至 2018 年初,北斗二号系统的控制段由 1 个主控站、7 个 A 类监测站和 22 个 B 类监测站、2 个时间同步/上行注入站组成[1, 4, 25]。控制段的主要任务包括[4-5]:

(1) 主控站的主要任务包括收集各时间同步/注入站和监测站的观测数据,进行数据处理,生成卫星导航电文,向卫星注入导航电文参数,监测卫星有效载荷,完成任务规划与调度,实现系统运行控制与管理等。它是整个控制段的核心,位于北京。

(2) 时间同步/注入站主要负责在主控站的统一调度下,完成卫星导航电文参数注入、与主控站的数据交换、时间同步测量等任务;注入站的选址原则是能够在中国国土范围内最大程度实现对卫星的跟踪。目前,2 个时间同步/上行注入站分别位于中国西部的喀什和南部的三亚。

(3) 监测站对导航卫星进行连续跟踪监测,接收导航信号,发送给主控站,为导航电文生成提供观测数据。其中,A 类监测站用于卫星定轨和卫星钟差测量,因此在中国国土最大跨度上进行分布。B 类监测站主要是对卫星系统的整个状态进行完好性的监测,因此尽可能均匀地分布在全国各地。图 6.11 为北斗二号系统控制段的分布图[4]。

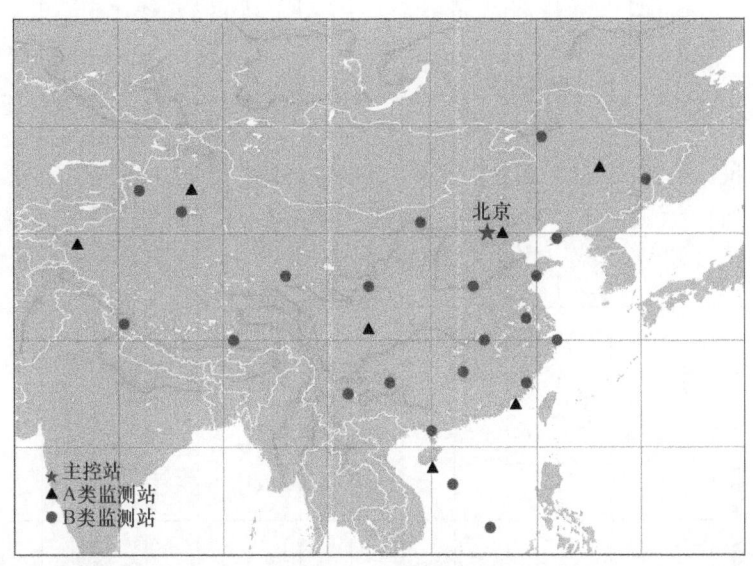

图 6.11　北斗二号系统控制段分布图[4]

目前,北斗二号系统的控制段分布严重受限于中国国土面积的制约,无法实现全球布局[4],地面观测量、星地观测量难以支持全球稳定运行星历精度,对北斗系统的高性能运行控制带来了一定的挑战。

6.5.4　用户段

北斗二号系统的用户段是指所有北斗二号及兼容其他 GNSS 的 RNSS 接收机,以及用于用户位置报告和短报文通信的北斗 RDSS/RNSS 综合终端[5]。北斗二号接收机的主要功能是接收北斗二号导航信号,计算用户的 PVT。北斗/GNSS 兼容型接收机可以同时接收北斗和其他 GNSS 导航信号,利用不同星座的伪距计算用户的 PVT。综合终端是一种融合 RDSS 和 RNSS 业务的专用设备,不仅提供 RDSS 和 RNSS 业务,还提供这 2 种业务融合产生的新业务,如用户位置报告等。

6.5.5　信号特性

北斗二号系统在 L 频段的 B1、B2 和 B3 三个频点播发 6 个导航信号,可以同时提供公开和授权 2 种服务。B1、B2 和 B3 的载波频率分别为 1561.098MHz、1207.140MHz 和 1268.520MHz,这 3 个频点的信号均采用 DSSS 体制的 QPSK 调制。每个频点的信号分为 2 个 BPSK 支路,它们的载波相位相互正交。例如,B1 信号由同相支路 B1I 和正交支路 B1Q 组成,其中 B1I 提供公开服务,B1Q 提供授权服务。

B1、B2 和 B3 信号的主要特征如表 6.3 所示。从表中可以看到,北斗二号系统的 GEO 卫星与 IGSO/MEO 卫星播发的 B1I 和 B2I 信号具有不同的导航电文速率,分别为 500b/s 和 50b/s。本节后面主要围绕公开服务信号 B1I、B2I 和 B3I 进行介绍。

表 6.3 北斗二号系统信号特征

信号名称		B1I	B1Q	B2I	B2Q	B3I	B3Q
服务类型		公开	授权	公开	授权	公开	授权
载波频率		1561.098MHz		1207.140MHz		1268.520MHz	
1dB 带宽		4.092MHz	4.092MHz	4.092MHz	20.460MHz	20.460MHz	20.460MHz
多址方式		CDMA	CDMA	CDMA	CDMA	CDMA	CDMA
调制方式		BPSK	BPSK	BPSK	BPSK	BPSK	BPSK
主伪码	长度	2046	—	2046	—	10230	—
	速率	2.046Mcps	—	2.046 Mcps	—	20.46Mcps	—
	码族	截短型 Gold 码	—	截短型 Gold 码	—	截短型 Gold 码	—
	GEO	500b/s	—	500b/s	—	500b/s	—
	IGSO/MEO	50b/s	—	50b/s	—	50b/s	—
电文速率							
纠错编码		BCH(15,11,1)	—	BCH(15,11,1)	—	BCH(15,11,1)	—
二次编码	Code type	NH	—	NH	—	NH	—
	Code rate	1kb/s	—	1kb/s	—	1kb/s	—
	Length	20b	—	20b	—	20b	—
极化形式		RHCP	—	RHCP	—	RHCP	—
最小落地功率		−163.0dBW	—	−163.0dBW	—	−163.0dBW	—
截止角度		5°	—	5°	—	5°	—

6.5.5.1 信号结构

B1、B2 和 B3 都是 QPSK 信号,由 I、Q 两个支路的测距码和导航电文正交调制在载波上构成。如前所述,B1、B2 和 B3 的标称载频分别为 1561.098MHz、1207.140MHz 和 1268.520MHz,极化方式均为右旋圆极化(RHCP)。系统仅公开了每组信号中 I 支路的细节。当卫星仰角大于 5°,在地球表面附近的接收机 RHCP 天线增益为 0dBi 时,I 支路导航信号到达接收机天线输出端的最小功率电平为 −163dBW[12,14]。

B1、B2 和 B3 信号的一个通用的信号表达式为[12,14]

$$S_i^j(t) = A_{iI} C_{iI}^j(t) D_{iI}^j(t) \cos(2\pi f_i t + \varphi_{iI}^j) + A_{iQ} C_{iQ}^j(t) D_{iQ}^j(t) \sin(2\pi f_i t + \varphi_{iQ}^j) \quad (6.3)$$

式中:下标"i"用于区分 B1、B2 或 B3;上标"j"为卫星编号;A_{iI} 和 A_{iQ}、C_{iI} 和 C_{iQ}、D_{iI} 和 D_{iQ};φ_{iI} 和 φ_{iQ} 分别为信号 i 的 I、Q 分量的信号幅度、测距码、导航电文,以及载波初相;f_i 为相应信号的载波频率。

GEO 和 MEO/IGSO 卫星信号的生成框图如图 6.12 所示。

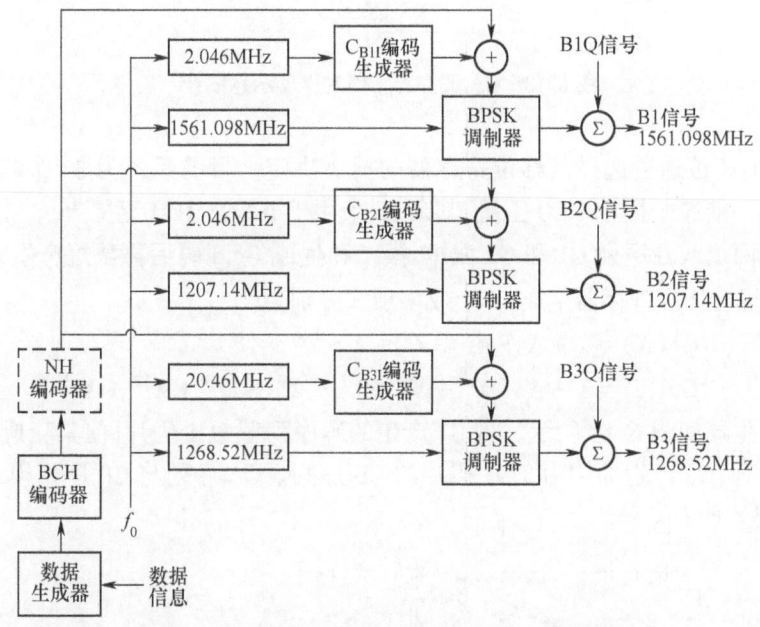

图 6.12 GEO 和 MEO/IGSO 卫星信号的生成框图

6.5.5.2 测距码

同一颗卫星的 B1I 和 B2I 信号采用相同的测距码(记为 C_{B1I} 和 C_{B2I}),码速率为 2.046Mcps,码长为 2046[12]。B3I 信号的测距码(记为 C_{B3I})的码速率为 10.23Mcps,码长为 10230[14]。

C_{B1I} 码和 C_{B2I} 码均由两个线性序列 G1 和 G2 模二和产生平衡 Gold 码后截短 1 码片生成。而 G1 和 G2 序列分别由两个 11 级线性移位寄存器生成,其生成多项式为

$$\begin{cases} G1(X) = 1 + X + X^7 + X^8 + X^9 + X^{10} + X^{11} \\ G2(X) = 1 + X + X^2 + X^3 + X^4 + X^5 + X^8 + X^9 + X^{11} \end{cases} \quad (6.4)$$

G1 和 G2 的初始相位为

$$G1:01010101010 \atop G2:01010101010 \qquad (6.5)$$

C_{B1I} 码和 C_{B2I} 码发生器如图 6.13 所示[12]。

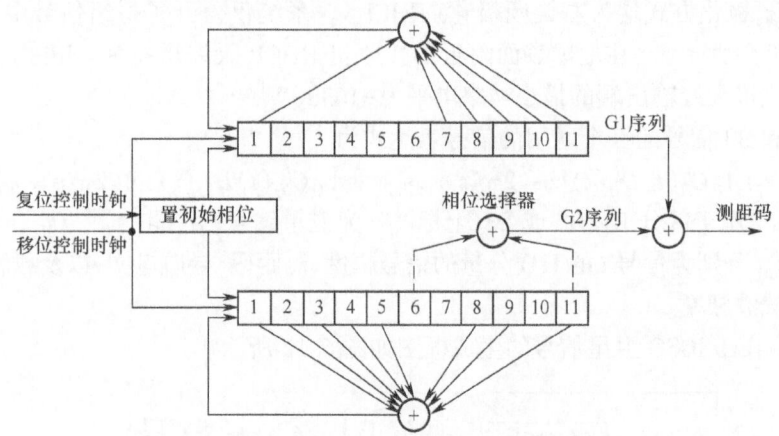

图 6.13 C_{B1I} 码和 C_{B2I} 码发生器示意图[12]

G2 序列的相位通过选择其移位寄存器的抽头决定。目前系统为 37 个测距码分配了 37 个相位,其中前 5 个用于 GEO 卫星,其余 32 个用于 IGSO/MEO 卫星[12]。

C_{B3I} 码由两个线性序列 G1 和 G2 截短、模二和生成 Gold 码后再截短产生,G1 和 G2 序列均由 13 位线性移位寄存器生成,其生成多项式分别为[14]

$$\begin{cases} G1(X) = 1 + X + X^3 + X^4 + X^{13} \\ G2(X) = 1 + X + X^5 + X^6 + X^7 + X^9 + X^{10} + X^{12} + X^{13} \end{cases} \qquad (6.6)$$

C_{B3I} 码发生器如图 6.14 所示。将 G1 产生的码序列截短 1 码片,使其变成周期为 8190 码片的 CA 序列;G2 产生周期为 8191 码片的 CB 序列。CA 序列与 CB 序列模二加,产生周期为 10230 码片的 C_{B3I} 码。

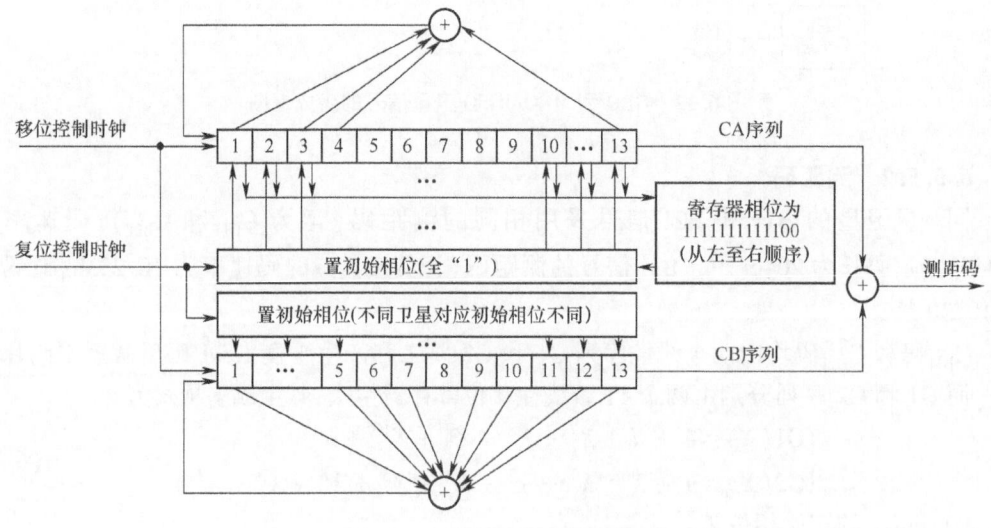

图 6.14 C_{B3I} 码发生器示意图

G1 序列在每个 1ms 长的测距码周期起始时刻或 G1 序列寄存器相位为"1111111111100"时置初始相位,G2 序列在每个 1ms 长的测距码周期起始时刻置初始相位。G1 序列的初始相位为"1111111111111"。G2 序列的初始相位由"1111111111111"经过不同的移位次数形成,不同初始相位对应不同卫星。文献[14]给出了 C_{B3I} 码的 G2 序列相位分配详细规则。

目前系统为 63 个测距码分配了 63 个相位。现阶段的卫星优先使用前 37 个分配相位,与 B1I 和 B2I 的分配规则对应,以确保与现有的接收机后向兼容。其中,前 5 个分配相位用于 GEO 卫星,其余 32 个用于 IGSO/MEO 卫星,这也是与 B1I 和 B2I 的规则一致的。在后面 26 个新定义的分配相位中,规定最后 5 个用于 GEO 卫星,其余 21 个用于 IGSO/MEO 卫星[14]。

6.5.5.3 导航电文

北斗二号系统使用 2 种类型的导航电文。其中 MEO/IGSO 卫星的 B1I、B2I、B3I 信号以 50b/s 的信息速率播发 D1 导航电文,内容包含基本导航信息。GEO 卫星则以 500b/s 的信息速率广播 D2 导航电文,内容包含基本导航信息和增强服务信息。基本导航信息包括帧同步码、子帧计数、周内秒计数、本卫星基本导航信息、页面编号、历书信息、与其他 GNSS(GPS、Galileo 系统和 GLONASS)的时间同步信息等,其中本卫星基本导航信息又进一步分为用户距离精度指数、卫星自主健康标识、电离层延迟模型参数、卫星钟差校正参数及其龄期、星上设备时延差等。增强服务信息包含北斗完好性、差分信息和网格点电离层信息等[12]。

导航电文采取 BCH(15,11,1)码加交织方式进行纠错。BCH 码长度为 15b,信息位长度 11b,纠错能力为 1b,其生成多项式为 $g(X) = X^4 + X + 1$。导航电文数据码按每 11b 顺序分组,对需要交织的电文数据先进行串/并变换,然后进行 BCH(15,11,1)纠错编码,每两组 BCH 码按 1b 顺序进行并/串变换,组成 30b 码长的交织码[12]。

6.5.5.3.1 D1 导航电文

D1 导航电文由超帧、主帧和子帧组成。每个超帧的长度为 36000b,历时 12min。每个超帧由 24 个主帧组成,每个主帧长度为 1500b,历时 30s。每个主帧由 5 个子帧组成,每个子帧长度为 300b,历时 6s。每个子帧由 10 个字组成,每个字长度为 30b,历时 0.6s。每个字又由导航电文数据及校验码两部分组成。每个子帧第 1 个字的前 15b 信息不进行纠错编码,后 11b 信息采用 BCH(15,11,1)方式进行纠错。该字包含 26b 的信息位。每个子帧的后 9 个字均采用 BCH(15,11,1)加交织的方式进行纠错编码,每字包含 22b 的信息位。D1 导航电文帧结构如图 6.15 所示[14]。

D1 导航电文所在的测距码上还调制了一个 Neumann-Hoffman(NH)码。该 NH 码的周期为 1 个导航信息位的宽度,而 NH 码的 1b 宽度则与 1 个测距码周期相同。具体而言,如图 6.16 所示,D1 导航电文中一个信息位宽度为 20ms,测距码周期为 1ms,因此采用 20b 的 NH 码(0,0,0,0,0,1,0,0,1,1,0,1,0,1,0,0,1,1,1,0),码速率为 1kb/s,码宽为 1ms,与测距码和导航信息码同步调制[12]。

D1 导航电文的主帧结构和信息内容如图 6.17 所示。子帧 1 至子帧 3 播发基本导航信息,子帧 4 和子帧 5 的信息内容由 24 个页面分 24 次交替发送,其中子帧 4 的页面 1~24 和子帧 5 的页面 1~10 播发全部卫星历书信息及与其他系统时间同步信息,子帧 5 的页面 11~24 为预留页面[12]。

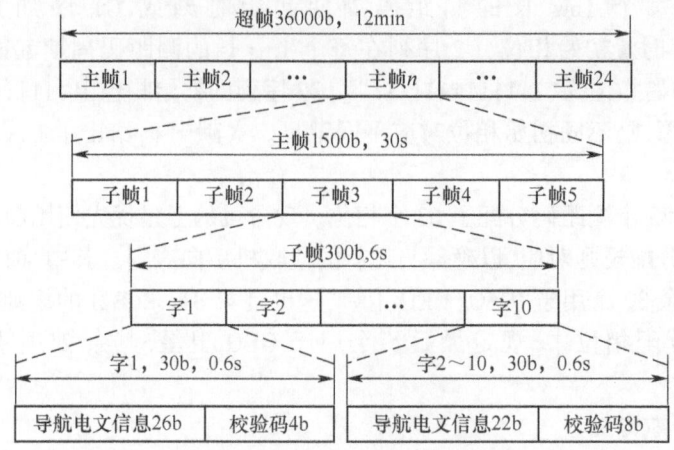

图 6.15　D1 导航电文帧结构

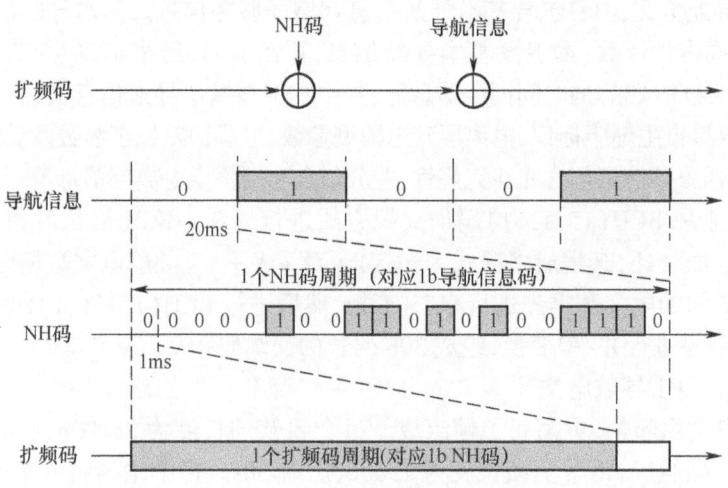

图 6.16　D1 导航电文的二次编码

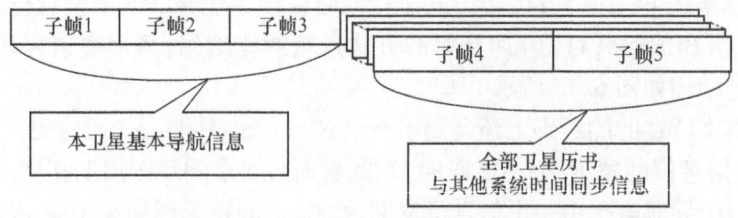

图 6.17　D1 导航电文主帧结构与信息内容

6.5.5.3.2　D2 导航电文

D2 导航电文也由超帧、主帧和子帧组成。每个超帧长度为 180000b，历时 6min。每个超帧由 120 个主帧组成，每个主帧长度为 1500b，历时 3s。每个主帧由 5 个子帧组成，每个子帧长度为 300b，历时 0.6s。每个子帧由 10 个字组成，每个字的长度为 30b，历时 0.06s。

每个字由导航电文数据及校验码两部分组成。每个子帧第 1 个字的前 15b 信息不进行纠错编码,后 11b 信息采用 BCH(15,11,1)方式进行纠错,信息位共有 26b;每个子帧的后 9 个字均采用 BCH(15,11,1)加交织方式进行纠错编码,有 22b 的信息位和 8b 的校验位。详细帧结构如图 6.18 所示[12]。

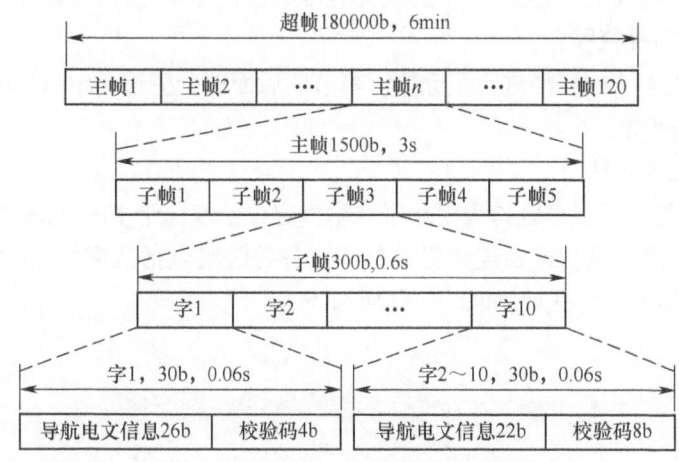

图 6.18 D2 导航电文帧结构

D2 导航电文的主帧结构及信息内容如图 6.19 所示。子帧 1 播发基本导航信息,由 10 个页面分 10 次交替发送,子帧 2~4 的信息由 6 个页面分 6 次交替发送,子帧 5 中信息由 120 个页面分 120 次交替发送。

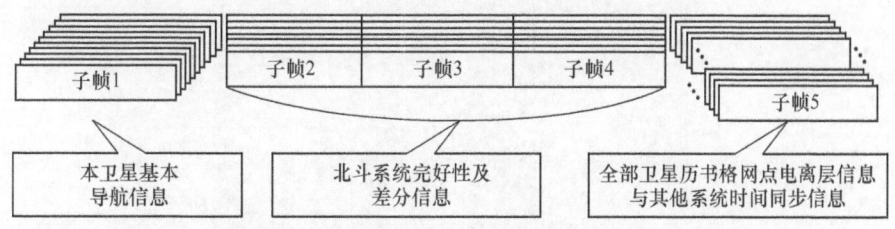

图 6.19 D2 导航电文主帧结构与信息内容

6.5.6 服务类型与性能

6.5.6.1 服务类型

北斗卫星导航系统为亚太地区提供 RDSS 和 RNSS 2 种服务。其中 RNSS 服务又进一步分为公开服务和授权服务。

6.5.6.1.1 RNSS 服务

RNSS 是提供 PVT 信息的基本导航服务。北斗二号系统在 B1、B2 和 B3 3 个频点上播发 6 个信号,为用户提供公共和授权服务。B1、B2 和 B3 信号的同相支路 B1I、B2I 和 B3I 用于公开服务,而正交支路 B1Q、B2Q 和 B3Q 用于授权服务[13]。公开服务对全球用户免费开放,授权服务只对特定用户开放。

6.5.6.1.2 RDSS 服务

RDSS 是一项从北斗一号继承而来并进一步完善的北斗系统的独有业务,通过 GEO 卫星为中国及周边地区用户提供有源定位授时和短报文通信服务。但因为北斗二号的 RNSS 可以提供性能更好的无源定位授时服务,目前 RDSS 业务侧重于短报文通信,以便用户之间进行通信和位置报告。由于 RDSS 用户必须拥有唯一的注册 ID,因此 RDSS 服务可被归为北斗二号系统的一项授权服务。

RDSS 服务在 6.4 节中已经进行了介绍。本节的后面部分侧重介绍 RNSS 服务。

6.5.6.2 服务性能

6.5.6.2.1 服务区域

北斗二号系统的公开服务区指满足水平和垂直定位精度优于 10m(95%置信度)的服务范围,截至 2018 年,北斗系统可以连续提供公开服务的区域包括从南纬 55°到北纬 55°、东经 70°到东经 150°的大部分区域,如图 6.20 所示[13]。

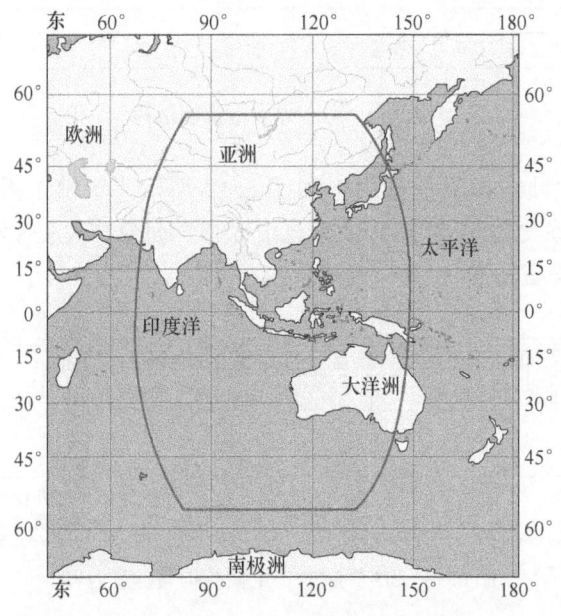

图 6.20 北斗二号系统的服务区域[13]

在中国国内的文献中经常能看到"北斗重点服务区"一词,但对于北斗二号系统,官方并没有明确该重点区域的范围。通常将其理解为北斗二号系统的 RDSS 服务范围,即从北纬 5°到北纬 55°、东经 70°到东经 145°的中国及周边地区。未来北斗也会在这个区域提供 SBAS 服务[7]。

6.5.6.2.2 服务精度指标

北斗二号系统的公开服务 PVT 精度指标如表 6.4 所示[13]。

6.5.6.2.3 PDOP 可用性指标

北斗二号系统服务区内公开服务位置精度因子(PDOP)可用性指标如表 6.5 所示。

表 6.4　北斗二号系统公开服务 PVT 精度指标

服务精度		参考指标 （95%置信度）	约束条件
定位精度	水平	≤10m	服务区任意点 24h 的 PVT 误差的统计值。
	垂直	≤10m	
测速精度		≤0.2m/s	
授时精度(多星解)		≤50ns	

表 6.5　北斗二号系统公开服务 PDOP 可用性指标[5]

服务可用性	参考指标	约束条件
PDOP 可用性	≥0.98	PDOP≤6,服务区任意点,任意 24h。

6.5.6.2.4　定位服务可用性指标

北斗二号系统服务区内公开服务定位服务可用性指标如表 6.6 所示[13]。

表 6.6　北斗二号系统服务区内公开服务定位服务可用性指标

服务可用性	参考指标	约束条件
定位服务可用性	≥0.95	在水平定位精度优于 10m(95%置信度)、垂直定位精度优于 10m(95%置信度)规定用户条件下的定位解算； 服务区任意点,任意 24h。

自 2012 年 12 月以来,北斗二号系统已经提供全面运行服务。2013 年的实际测试结果表明[26],北斗二号系统在中国和亚太地区具有良好的几何覆盖,在高度截止角为 5°的条件下,在从南纬 60°到北纬 60°、东经 65°到东经 150°之间的区域内,北斗可见卫星数在 7 颗以上,PDOP 值一般小于 5,伪距和载波相位测量精度分别约为 33cm 和 2mm,伪距单点定位水平精度优于 6m,高程精度优于 10m,载波相位差分定位在超短基线情况下定位精度优于 1cm,而在短基线情况下优于 3cm[22,26]。

6.6　北斗三号——北斗全球系统

6.6.1　概述

北斗三号系统将通过一个 30 颗卫星的混合星座,向全球用户提供多种类型的服务[6,16-17,27]。在北斗三号的 MEO 和 IGSO 卫星上将播发 2 个新的导航信号——B1C 和 B2a 用于全球公开服务。特别地,这两个新信号将与 GPS 和 Galileo 系统共用 2 个频段,并将采用二进制偏移载波(BOC)调制、导频-数据正交信道等现代化导航信号特征。这意味着北斗三号系统将与 GPS 和 Galileo 系统实现高度的兼容与互操作。事实上,与其他 GNSS 的兼容和互操作是北斗系统发展计划第三步的主要目标。除了继续提供标志性的 RDSS 服务并利用新的导航信号将区域公开服务扩展为全球公开服务外,北斗三号系统还将提供星基增强与国际搜救服务[6]。

在北斗三号卫星上,原北斗二号播发的 B2I 信号将被新的 B2a 信号取代。而所有北斗三号卫星(GEO/IGSO/MEO)还将继续播发 B1I 和 B3I 信号,提供公开服务。B1I 和 B3I 信号的持续播发,不仅保证了北斗二号向北斗三号系统的平稳过渡,也最大程度地保障了接收机制造厂商和用户的利益。因此,北斗三号系统将至少播发 B1C、B2a、B1I 和 B3I 4 个信号用于全球公开服务。

继 2017 年 9 月 B1C 和 B2a 的接口控制文件发布后,第一批 2 颗北斗三号 MEO 卫星于 2017 年 11 月成功发射。截至 2018 年 4 月,已成功发射 8 颗 MEO 卫星。根据撰写本章时的最新部署计划,到 2018 年底将发射 18 颗 MEO 和 1 颗 GEO 卫星,而另外 6 颗 MEO、3 颗 IGSO 和 2 颗 GEO 卫星将在 2019 年至 2020 年发射。预计北斗三号系统将在 2018 年底提供初始服务,并将在 2020 年左右在全球范围内提供全面服务[27]。

6.6.2 星座

北斗三号的星座由 3 颗 GEO、3 颗 IGSO、24 颗 MEO 卫星组成,并视情部署在轨备份卫星[16-17]。3 颗 GEO 卫星分别定点于东经 80°、110.5°和 140°。MEO 卫星均匀分布在高度 21528km 的 3 个轨道平面上,轨道倾角 55°,构成了经典的 Walker 24/3/1 星座。IGSO 卫星也均匀分布在高度 35786km 的 3 个轨道平面上,轨道倾角 55°。24 颗 MEO 卫星均匀分布以保证北斗系统的全球覆盖,GEO 和 IGSO 卫星则主要覆盖中国和亚太地区,实现对该区域的"重点覆盖"。北斗三号的空间星座如图 6.21 所示。

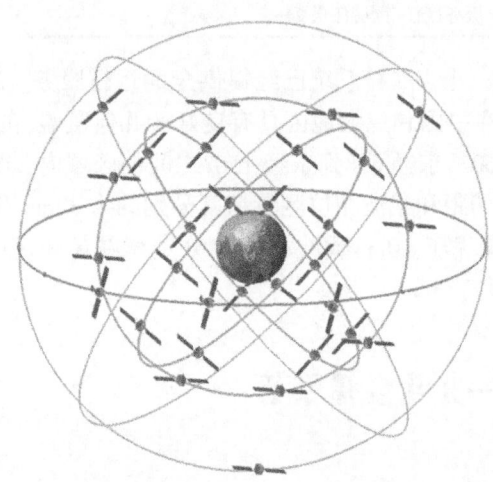

图 6.21 北斗三号系统的星座[5]

对于北斗三号系统而言,"重点覆盖"这个词有双重含义:①在该区域的用户有更多的可见卫星,可以获得更好的服务可用性;②GEO 卫星可以为该区域的用户提供更加多样化的服务,至少包括基本导航、区域短报文通信、星基增强、国际搜救等服务。北斗三号公开服务的覆盖范围如图 6.22 所示。该图显示了一个回归周期的卫星覆盖重数的地理分布情况,图中没有考虑在轨备份卫星。在亚太地区,由于可以看到 GEO 和 IGSO 卫星,同时可观测到的北斗卫星个数为 10~14 颗(95%概率)。其他大部分地区的可见卫星数为 8~10 颗(95%概率),而在一些中纬度地区,同时可见的北斗卫星只有 6~8 颗(95%概率)。

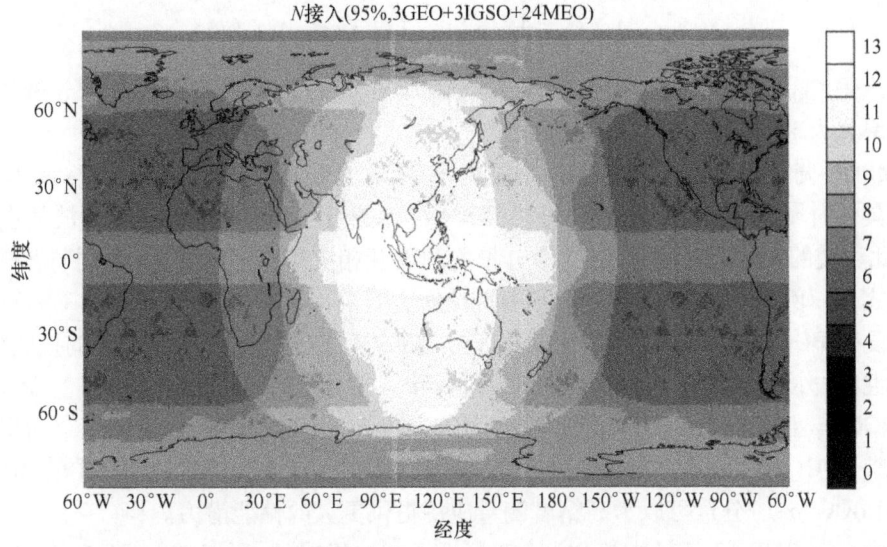

图 6.22 北斗三号系统的覆盖性仿真

6.6.3 信号特性

B1C 和 B2a 这两个新增导航信号将在北斗三号的 MEO 和 IGSO 卫星上播发。B1I 和 B3I 这两个传统信号将在北斗三号的所有卫星上播发。原有的公开服务信号 B2I 将不再保留[6, 14, 16-17]。B1I 和 B3I 信号的特性在 6.5.5 节中已经介绍过了,本节的介绍主要集中在 B1C 和 B2a 信号上。

6.6.3.1 信号结构

6.6.3.1.1 B1C 信号

所有北斗三号和全球 GNSS 用户都可以收到 B1C 信号。类似于现在的 L1 C/A 码信号和未来的 L1C 信号之于 GPS,B1C 信号也将成为北斗三号系统的重要标志。这个信号除了要保证与 GPS L1C 和 Galileo E1 OS 信号的兼容性和互操作性,还要满足从消费电子用户位置服务到专业用户高精度测量的各类需求。因此,要为未来多样化的需求开发一种先进的信号结构[28-29]。

B1C 信号的载波频率为 1575.42MHz,和 GPS L1 C/A 码、L1C 以及 Galileo E1 OS 信号一样。B1C 信号采用了一种新颖的扩频调制方案,称为正交复用二进制偏移载波(QMBOC)调制[16, 30]。

B1C 信号由数据分量和导频分量组成,它的复包络表达式为

$$s_{B1C}(t) = s_{B1C\_data}(t) + j s_{B1C\_pilot}(t) \tag{6.7}$$

其中

$$s_{B1C\_data}(t) = \frac{1}{2} D_{B1C\_data}(t) \cdot C_{B1C\_data}(t) \cdot sc_{B1C\_data}(t) \tag{6.8}$$

为数据分量,是由导航电文数据 $D_{B1C\_data}(t)$ 和测距码 $C_{B1C\_data}(t)$ 调制一个正弦相位的 BOC(1,1)子载波 $sc_{B1C\_data}(t)$ 产生的,而导频分量:

$$s_{\text{B1C\_pilot}}(t) = \frac{\sqrt{3}}{2} C_{\text{B1C\_pilot}}(t) \cdot \text{sc}_{\text{B1C\_pilot}}(t) \tag{6.9}$$

是由测距码 $C_{\text{B1C\_pilot}}(t)$ 调制一个 QMBOC 子载波 $\text{sc}_{\text{B1C\_pilot}}(t)$ 产生的。数据分量与导频分量的功率比为 1∶3。

QMBOC 调制最早是在文献[30]中被提出的,它是复用二进制偏移载波(MBOC)调制的一种具体时域实现方式。这种信号将 BOC(1,1)子载波和 BOC(6,1)子载波放在载波的 2 个彼此正交的相位上,以避免这 2 个分量之间的互相关影响。QMBOC 调制与其他 MBOC 实现方式——例如 GPS L1C 信号所使用的时分复用 BOC(TMBOC)和 Galileo E1 OS 信号所使用的复合 BOC(CBOC)具有相同的功率谱。QMBOC 信号既支持低复杂度的接收模式,也支持高性能的接收模式,与同频段的 GPS 和 Galileo 信号具有良好的兼容性和互操作性。由于 QMBOC 信号里包含了 1 个功率占比较大的窄带 BOC(1,1)信号分量和 1 个功率占比较小的宽带 BOC(6,1)信号分量,处理复杂性受限的接收机可以只接收处理其中的 BOC(1,1)分量,而 BOC(6,1)分量可以为高精度测量应用提供更大的性能潜力。

因为 1 个 QMBOC 子载波是由 2 个双极性子载波组成的,所以整个 B1C 信号实际上包含了 3 个双极性分量[16]:

$$\begin{aligned}
s_{\text{B1C}}(t) = & \underbrace{\frac{1}{2} D_{\text{B1C\_data}}(t) \cdot C_{\text{B1C\_data}}(t) \cdot \sin[\sin(2\pi f_{\text{sc\_B1C\_a}}t)]}_{s_{\text{B1C\_data}}(t)} \\
& + \underbrace{\sqrt{\frac{1}{11}} C_{\text{B1C\_pilot}}(t) \cdot \text{sign}[\sin(2\pi f_{\text{sc\_B1C\_b}}t)]}_{s_{\text{B1C\_pilot\_b}}(t)} \\
& + \underbrace{j\sqrt{\frac{29}{44}} C_{\text{B1C\_pilot}}(t) \cdot \text{sign}[\sin(2\pi f_{\text{sc\_B1C\_a}}t)]}_{s_{\text{B1C\_pilot\_a}}(t)}
\end{aligned} \tag{6.10}$$

式中:$f_{\text{sc\_a}} = 1.023\text{MHz}$,$f_{\text{sc\_b}} = 6.138\text{MHz}$。表 6.7 列出了 B1C 信号的一些主要参数,包括扩频调制方式、分量间相位关系、分量间功率比等。

表 6.7 B1C 信号调制主要参数

信号	载波频率/MHz	分量	扩频调制		电文符号速率/sps	相位关系	功率比
B1C	1575.42	$s_{\text{B1C\_data}}(t)$	BOC(1,1)		100	0	1/4
		$s_{\text{B1C\_pilot\_a}}(t)$	QMBOC (6,1,4/33)	BOC(1,1)	0	90	29/44
		$s_{\text{B1C\_pilot\_b}}(t)$		BOC(6,1)		0	1/11

在北斗三号的 MEO 和 IGSO 卫星上将会同时播发 B1C 和 B1Ⅰ信号。这 2 个信号的标称载波中心频率相隔 14.322MHz。在星上有效载荷实现时使用了多载波恒包络复用技术[31]将这 2 个信号以及同一频段上的授权服务信号组合成 1 个复合信号,并共享 1 个公共发射链路。这种实现方式不仅减少了有效载荷发射机的体积和重量,而且宽带接收机还能够联合处理这 2 个信号。

6.6.3.1.2 B2a 信号

B2 频段公开服务信号在设计中也充分考虑到了与 GPS、Galileo 系统的兼容性和互操作性。为了与 GPS L5 频段和 Galileo E5 频段信号实现互操作,北斗三号在 B2 频段内的 B2a 和 B2b 2 个子频段上各播发 1 组宽带信号[17]。这 2 个子频段的中心频率分别为 1176.45MHz 和 1207.14MHz。

B2a 和 B2b 信号各由 2 个相位正交分量组成,扩频码速率均为 10.23MHz。这 4 个分量在传输前要被复用成 1 个恒包络信号,以降低有效载荷的复杂度[32]。另外,由于北斗三号系统有 3 种不同轨道类型的卫星,不同卫星上的 B2 信号分量可能用于提供不同类型的服务。因此,B2 信号在对各分量进行复用时,希望它们的功率配置能够相对灵活。

非对称恒包络二进制偏移载波(ACE-BOC)调制和复用技术及其低复杂度的实现形式[32]很好地满足了上述设计要求。ACE-BOC 技术将多载波扩频调制与恒包络复用相结合。它可以将不超过 4 个信号分量以任意功率比复用到 1 个谱分裂信号 2 个边带的 2 组正交相位上。而且,对于接收机而言,复用后的信号既可以作为位于 2 个不同频段的 2 组 QPSK 信号分别接收处理,也可以整体作为 1 个宽带信号联合接收处理。

目前的接口控制文件[17]只公开了 B2a 部分的信号结构,所以这部分信号呈现出 QPSK(10) 调制的形式,如表 6.8 所示。B2a 信号的基带复包络可以表示为

$$s_{B2a}(t) = s_{B2a\_data}(t) + js_{B2a\_pilot}(t) \tag{6.11}$$

其中

$$s_{B2a\_data}(t) = \frac{1}{\sqrt{2}} D_{B2a\_data}(t) \cdot C_{B2a\_data}(t) \tag{6.12}$$

和

$$s_{B2a\_pilot}(t) = \frac{1}{\sqrt{2}} C_{B2a\_pilot}(t) \tag{6.13}$$

分别为数据分量和导频分量,$D_{B2a\_data}(t)$、$C_{B2a\_data}(t)$ 和 $C_{B2a\_pilot}(t)$ 分别为数据分量的导航电文数据、数据分量测距码和导频分量测距码。数据分量和导频分量均采用 BPSK(10) 调制方式,二者的功率比为 1∶1。

表 6.8 B2a 信号调制主要参数

信号	载波频率/MHz	分量	扩频调制	电文符号速率/sps	相位关系	功率比
B2a	1176.45	B2a_data	QPSK	200	0	1
		B2a_pilot		0	90	1

6.6.3.2 测距码

B1C 和 B2a 信号的测距码都采用分层码结构,由主码和子码相异或构成。子码的码片宽度与主码的周期相同,子码码片起始时刻与主码第一个码片的起始时刻严格对齐,时序关系如图 6.23 所示[16-17]。

6.6.3.2.1 B1C 测距码

B1C 主码的码速率为 1.023Mcps,由长度为 10243 的 Weil 码通过截断产生。一个码长为 N 的 Weil 码序列可定义为

$$W(k;w) = L(k) \oplus L(k+w) \quad (k = 0,1,\cdots,N-1) \tag{6.14}$$

式中:$L(k)$ 为码长是 N 的 Legendre 序列;w 为两个 Legendre 序列之间的相位差,取值范围

为 1~5121。一个长度为 N 的 Legendre 序列 $L(k)(k=0,1,\cdots,N-1)$ 可根据下式定义产生：

$$L(k) = \begin{cases} 0 & (k=0) \\ 1 & (k \neq 0, \text{且存在整数}\ x, \text{使得}\ k = x^2 \bmod N) \\ 0 & (\text{其他}) \end{cases} \quad (6.15)$$

式中：mod 为取模运算。

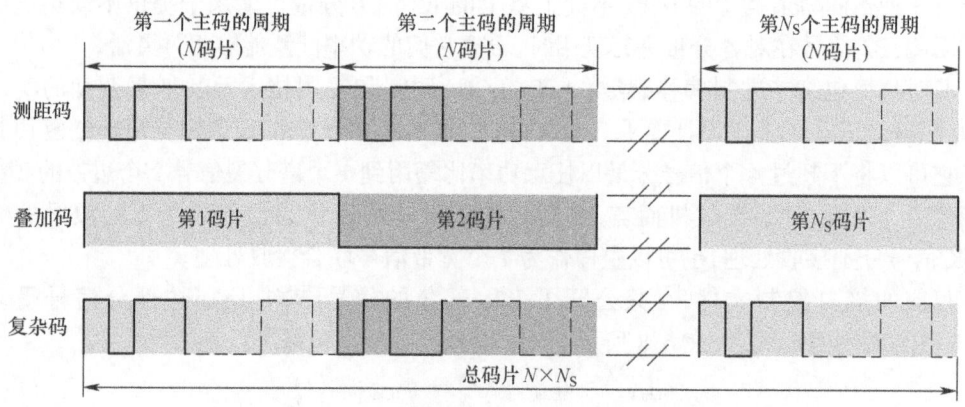

图 6.23 测距码和叠加码之间的关系

B1C 信号的主码就是通过对上述 Weil 码序列进行如下的循环截取得到的：

$$c(k;w;p) = W[(k+p-1) \bmod 10243; w] \quad (k=0,1,\cdots,10229) \quad (6.16)$$

式中：p 为截取点，表示从 Weil 码的第 p 位开始截取，取值范围为 1~10243。

由于每个 B1C 信号都包含数据分量和导频分量，这两个分量使用不同的主码，因此 B1C 信号一共设计了 126 个主码，数据分量和导频分量各用 63 个。

B1C 导频分量的子码码长为 1800，由长度为 3607 的 Weil 码通过截断得到，生成方式与主码相同，w 取值范围是 1~1803。

6.6.3.2.2 B2a 测距码

与 B1C 类似，B2a 信号也设计了 126 个主码，其中 63 个分配给数据分量，其余分配给导频分量。B2a 信号主码的码速率为 10.23Mcps，码长为 10230，由 2 个长度为 10230 的扩展 Gold 码 $g_1(x)$ 和 $g_2(x)$ 通过移位及模二和生成。$g_1(x)$ 和 $g_2(x)$ 分别由 2 个 13 级线性反馈移位寄存器生成，生成多项式如下所示。

B2a 数据分量主码：

$$\begin{cases} g_1(x) = 1 + x + x^5 + x^{11} + x^{13} \\ g_2(x) = 1 + x^3 + x^5 + x^9 + x^{11} + x^{12} + x^{13} \end{cases} \quad (6.17)$$

B2a 导频分量主码：

$$\begin{cases} g_1(x) = 1 + x^3 + x^6 + x^7 + x^{13} \\ g_2(x) = 1 + x + x^5 + x^7 + x^8 + x^{12} + x^{13} \end{cases} \quad (6.18)$$

对应的主码生成器实现方式分别如图 6.24 和图 6.25 所示。

在同一卫星上，B2a 信号 2 个分量的主码生成多项式不同，但采用相同的初始状态。寄存器 1 的初始值均为全 1，而寄存器 2 的初始值因卫星而异，具体见文献[17]。在主码周期

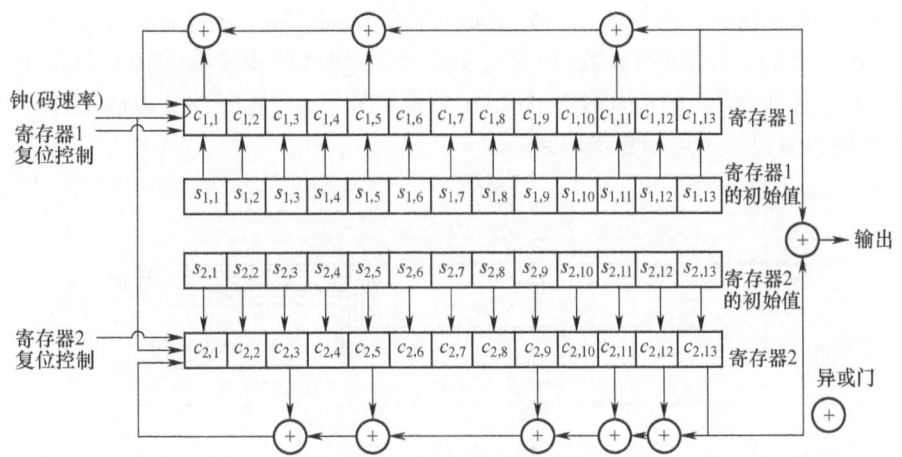

图 6.24 B2a 数据分量的主码生成器

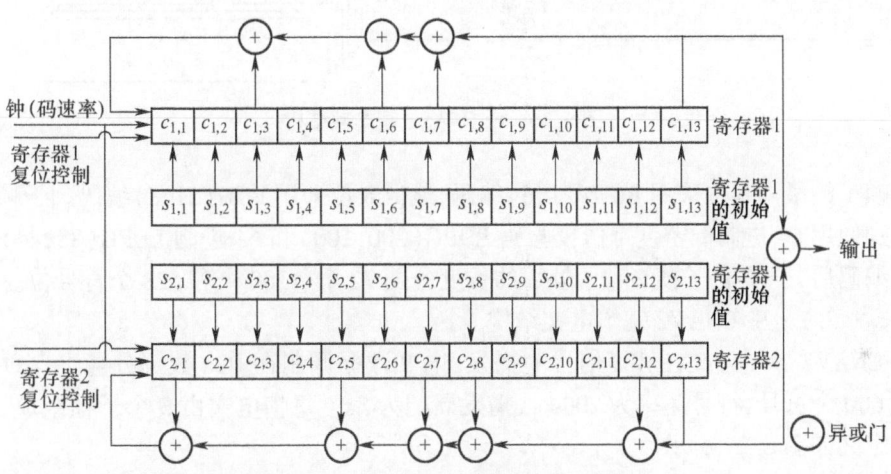

图 6.25 B2a 导频分量的主码生成器

起始时刻,寄存器 1 和寄存器 2 同步复位。主码周期中,第 8190 码片的结束时刻,寄存器 1 复位。重复以上过程,得到长度为 10230 的测距码。

B2a 数据分量的子码对于所有卫星都是相同的,是一个值为"00010"的固定五位码序列。而 B2a 导频分量的子码则因卫星而异,长度为 100,由长度为 1021 的 Weil 码截断得到。

6.6.3.3 导航电文

北斗三号系统 B1C 和 B2a 信号播发的导航电文分别采用 B-CNAV1 和 B-CNAV2 电文格式。

6.6.3.3.1 B-CNAV1 基本电文结构

B-CNAV1 导航电文在 B1C 信号中播发,电文数据调制在 B1C 数据分量上。每帧电文长度为 1800 个符号,符号速率为 100sps,播发周期为 18s。每帧电文由 3 个子帧组成,基本的帧结构定义如图 6.26 所示。

子帧 1 在纠错编码前的长度为 14b,包括 PRN 号和第 2 个小时内秒计数(SOH)。子帧

2 在纠错编码前的长度为 600b,包括系统时间参数、电文数据版本号、星历参数、钟差参数、群延迟修正参数等信息。子帧 3 在纠错编码前的长度为 264b,分为多个页面,包括电离层延迟改正模型参数、地球定向参数(EOP)、BDT-UTC 时间同步参数、BDT-GNSS 时间同步(BGTO)参数、中等精度历书、简约历书、卫星健康状态、卫星完好性状态标识、空间信号精度指数、空间信号监测精度指数等信息。

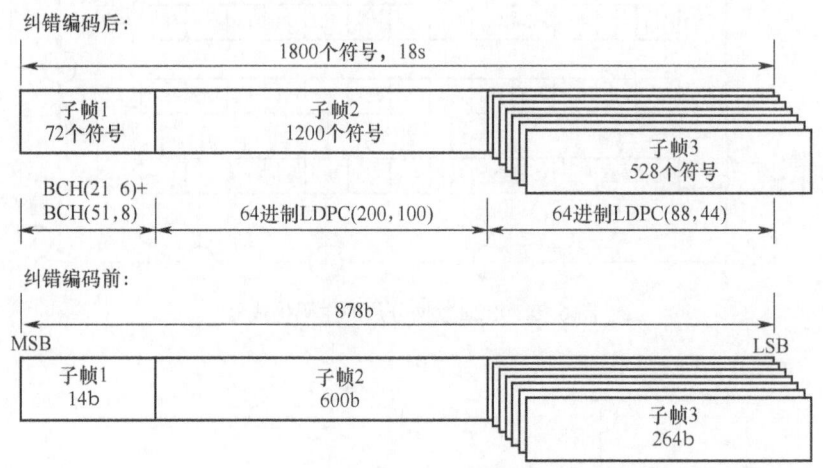

图 6.26　B-CNAV1 基本帧结构

子帧 1 的最高 6 位采用 BCH(21,6)编码,最低 8 位采用 BCH(51,8)编码。子帧 2 和子帧 3 分别使用 64 进制低密度奇偶校验码 LDPC(200,100)和 64 进制 LDPC(88,44)进行编码。在编码后,子帧 1、子帧 2 和子帧 3 的长度分别 72 个、1200 个和 528 个符号位。

6.6.3.3.2　B-CNAV2 基本电文结构

B-CNAV2 导航电文在 B2a 信号中播发,电文数据调制在 B2a 数据分量上。每帧电文长度为 600 个符号,符号速率为 200sps,播发周期为 3s。每帧电文由 3 个子帧组成,基本的帧结构定义如图 6.27 所示。

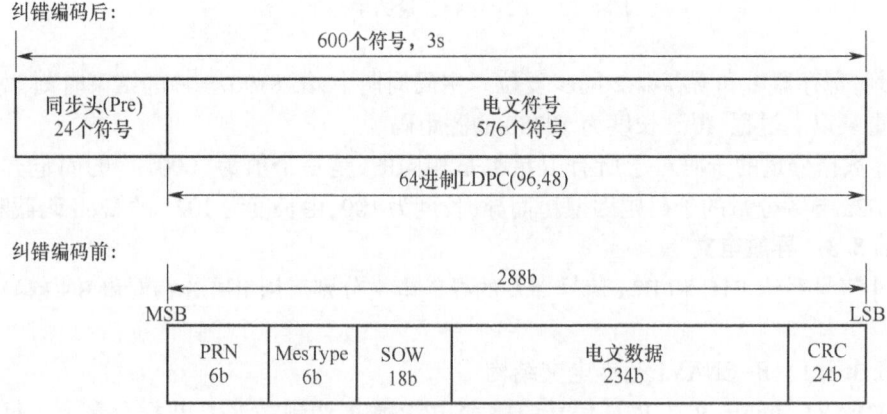

图 6.27　B-CNAV2 基本帧结构

每帧电文的前 24 个符号为帧同步头,其值为 0xE24DE8,即 111000100100110111101000,采

用高位先发。

每帧电文在纠错编码前的长度为288b,包括6b的PRN号、6b的信息类型、18b的周内秒计数、234b的电文数据,以及24b的循环冗余校验位。所有数据均参与循环冗余校验计算。采用64进制LDPC(96,48)编码后,每一帧包含576个符号位。

6.7 总结与展望

北斗系统已经从最初的区域有源定位系统逐渐发展成为一个区域无源定位系统,并正在迅速扩展成一个全球覆盖的多功能卫星导航系统。本章介绍了中国的卫星导航系统在"三步走"发展战略指导下的建设过程和成果。随着第一步和第二步的完成,北斗一号和北斗二号系统已经在中国和亚太地区得到广泛应用。目前,作为北斗发展战略第三步的成果,北斗三号系统有望在2020年左右提供全球化、多功能的服务。

作为世界GNSS大家庭的一员,北斗系统与其他GNSS有很多相似之处。但它同时也具有许多自己的特色。它的独特性不仅体现在星座结构、控制段配置、用户终端等方面,还体现在信号结构、测距和定位方式、各种业务和应用等方面。北斗系统甚至开创了与其他GNSS完全不同的发展模式。这些差异让北斗系统成为了一个独一无二、与众不同的GNSS。

作为本章的结尾,表6.9列出了截至2018年3月的北斗卫星发射记录,目前北斗系统已经成功发射了3种轨道共31颗卫星。随着北斗系统全球星座后续的进一步部署,这张表将会越来越长。

表6.9 北斗卫星发射记录表(截至2018年3月)

卫星	发射时间	运载火箭	轨道类型
第1颗北斗试验卫星	2000年10月31日	CZ-3A	GEO
第2颗北斗试验卫星	2000年12月21日	CZ-3A	GEO
第3颗北斗试验卫星	2003年5月25日	CZ-3A	GEO
第4颗北斗试验卫星	2007年2月3日	CZ-3A	GEO
第1颗北斗导航卫星	2007年4月14日	CZ-3A	MEO
第2颗北斗导航卫星	2009年4月15日	CZ-3C	GEO
第3颗北斗导航卫星	2010年1月17日	CZ-3C	GEO
第4颗北斗导航卫星	2010年6月2日	CZ-3C	GEO
第5颗北斗导航卫星	2010年8月1日	CZ-3A	IGSO
第6颗北斗导航卫星	2010年11月1日	CZ-3C	GEO
第7颗北斗导航卫星	2010年12月18日	CZ-3A	IGSO
第8颗北斗导航卫星	2011年4月10日	CZ-3A	IGSO
第9颗北斗导航卫星	2011年7月27日	CZ-3A	IGSO
第10颗北斗导航卫星	2011年12月2日	CZ-3A	IGSO
第11颗北斗导航卫星	2012年2月25日	CZ-3C	GEO

续表

卫星	发射时间	运载火箭	轨道类型
第12、13颗北斗导航卫星	2012年4月30日	CZ-3B	MEO
第14、15颗北斗导航卫星	2012年9月19日	CZ-3B	MEO
第16颗北斗导航卫星	2012年10月25日	CZ-3C	GEO
第17颗北斗导航卫星	2015年3月30日	CZ-3C	IGSO
第18、19颗北斗导航卫星	2015年7月25日	CZ-3B	MEO
第20颗北斗导航卫星	2015年9月30日	CZ-3B	IGSO
第21颗北斗导航卫星	2016年2月1日	CZ-3C	MEO
第22颗北斗导航卫星	2016年3月30日	CZ-3A	IGSO
第23颗北斗导航卫星	2016年6月12日	CZ-3C	GEO
第24、25颗北斗导航卫星	2017年11月5日	CZ-3B	MEO
第26、27颗北斗导航卫星	2018年1月12日	CZ-3B	MEO
第28、29颗北斗导航卫星	2018年2月11日	CZ-3B	MEO
第30、31颗北斗导航卫星	2018年3月30日	CZ-3B	MEO

最后,图6.28从北斗公开服务信号频谱的角度描绘了从北斗一号到北斗二号,再到北斗三号的演进过程。

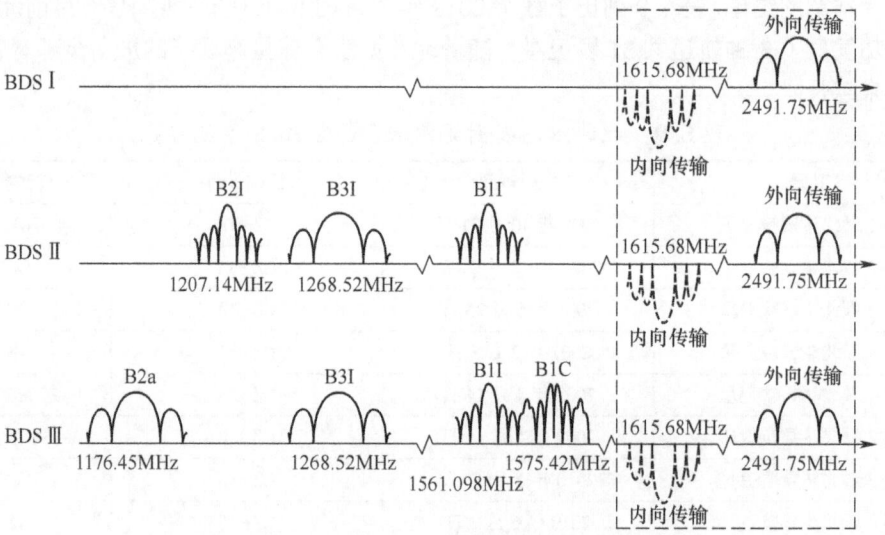

图6.28 北斗系统信号频谱演进图(虚线方框内为RDSS服务相关信号。)

参考文献

[1] Fan, B. Y., Li, Z. H., and Liu, T. X., "Application and development proposition of Beidou Satellite Navigation System in the rescue of Wenchuan earthquake," *Spacecraft Engineering*, vol. 17, no. 4, pp. 6-13, 2008.

[2] The State Council Information Office of the People's Republic of China. China's BeiDou *Navigation Satellite System*, 2016.

[3] "Development Report of BeiDou Navigation Satellite System (v. 2.2)," China Satellite Navigation Office. Available: http://www.beidou.gov.cn. December 2013.

[4] Yang, Y., Tang, J., and Montenbruck, O., "Chinese Navigation Satellite Systems," in *Handbook of Global Navigation Satellite Systems* (eds. P. J. G. Teunissen and O. Montenbruck), Switzerland: Springer International Publishing AG, pp. 273-304, 2017.

[5] Lu, M. and Shen, J., "BeiDou Navigation Satellite System (BDS)," in *Understanding GPS/GNSS: Principles and Applications* (eds. C. Hegarty. and E. D. Kaplan), 3rd Ed., Artech House, pp. 273-312, 2017.

[6] C. S. N. Office, "Update on BeiDou Navigation Satellite System," *presented at the Twelfth Meeting of the International Committee on Global Navigation Satellite Systems*, Kyoto, Japan, December 2-7, 2017.

[7] Ran, C. Q., "Status Update on the BeiDou Navigation Satellite System (BDS)," *presented at the Tenth Meeting of the International Committee on Global Navigation Satellite Systems (ICG)*, Boulder, Colorado, United States, November 2015.

[8] "BeiDou Navigation Satellite System Signal in Space Interface Control Document for Open Service B1C and B2a Signals (Beta version)," China Satellite Navigation Office. Available: http://www.beidou.gov.cn, September 2017.

[9] Yu, H. X. and Cui, J. Y., "Progress on navigation satellite payload in China," *Space Electronic Technologies*, no. 1, pp. 19-24, 2002.

[10] Chen, F. Y. et al., "The development of satellite position determination and communication system," *Chinese Space Science and Technology*, no. 3, pp. 1-8, 1987.

[11] Tan, S., *The Comprehensive RDSS Global Position and Report System*. National Defence Industry Press, 2011.

[12] China Satellite Navigation Office: *BeiDou Navigation Satellite System Signal in Space Interface Control Document* (v. 2.1), 2013.

[13] China Satellite Navigation Office: *Specification for Public Service Performance of Beidou Navigation Satellite System (v. 1.0)*, Available: http://www.beidou.gov.cn, 2013.

[14] "BeiDou Navigation Satellite System Signal In Space Interface Control Document Open Service Signal B3I (Version 1.0)," China Satellite Navigation Office. Available: http://www.beidou.gov.cn, February, 2018.

[15] *Joint Statement on Civil Signal Compatibility and Interoperability Between the Global Positioning System (GPS) and the BeiDou Navigation Satellite System (BDS)*, 2017.

[16] China Satellite Navigation Office: *BeiDou Navigation Satellite System Signal In Space Interface Control Document Open Service Signal B1C (Version 1.0)*, 2017.

[17] China Satellite Navigation Office: *BeiDou Navigation Satellite System Signal In Space Interface Control Document Open Service Signal B2a (Version 1.0)*, 2017.

[18] Yang, Y. X., "Chinese geodetic coordinate system 2000," *Chinese Science Bulletin*, Vol. 54, No. 15, pp. 2714-2721, 2009.

[19] Ren, J. T., "*Capture Algorithm Research of Baseband Signal in Beidou Receiver*," Master's Degree, Hefei University of Technology, 2011.

[20] Jia, D. W., "*Design and Implementation of Baseband Signal Processing of BeiDou System Receiver*," Master's Degree, Xidian University, 2011.

[21] Lv, Y., "*Research and Design of Passive BeiDou System Timing Receiver*," National University of Defense

Technology, 2009.

[22] Hu, Z. G., "*BeiDou Navigation Satellite System Performance Assessment Theory and Experimental Verification*," Ph. D. Dissertation, Wuhan University, 2013.

[23] China Academy of Space Technology, Satellite Platform of DFH-3, available: http://www.cast.cn/Item/Show.asp?m=1&d=2874, 2015.

[24] Fan, B. Y., "Satellite navigation systems and their important roles in aerospace security," *Spacecraft Engineering*, Vol. 3, No. 3, pp. 12-19, 2011.

[25] Yang, Y. X., "Smart city and BDS," presented at the The 8th China Smart City Development Technology Symposium, Beijing, China, October, 2013.

[26] Yang, Y. X., Li, J. L., Wang, A. B. et al., "Preliminary assessment of the navigation and positioning performance of BeiDou regional navigation satellite system," *Science China Earth Sciences*, Vol. 57, No. 1, pp. 144-152, 2014.

[27] Yang, C., Directions 2018: BeiDou builds, diversifies, expands. Available: http://gpsworld.com/directions-2018-beidou-builds-diversifies-expands/, 2017.

[28] Yao, Z. and Lu, M., "*Design and Implementation of New Generation GNSS Signals*," Publishing House of Electronics Industry, 2016.

[29] Yao, Z. and Lu, M., "Optimized modulation for Compass B1-C signal with multiple processing modes," presented at the ION GNSS 2011, Portland. OR, 2011.

[30] Yao, Z., Lu, M., and Feng, Z., "Quadrature multiplexed BOC modulation for interoperable GNSS signals," *Electronics Letters*, Vol. 46, No. 17, pp. 1234-1236, 2010.

[31] Yao, Z., Guo, F., Ma, J., and Lu, M., "Orthogonality-based generalized multicarrier constant envelope multiplexing for DSSS signals," *IEEE Transactions on Aerospace and Electronic Systems*, Vol. 54, No. 4, pp. 1-14, 2017.

[32] Yao, Z., Zhang, J., and Lu, M., "ACE-BOC: Dual-frequency constant envelope multiplexing for satellite navigation," *IEEE Transactions on Aerospace and Electronic Systems*, Vol. 52, No. 1, pp. 466-485, 2016.

本章相关彩图,请扫码查看

第 7 章　印度区域导航卫星系统(IRNSS)

Vyasaraj Rao
雅阁软件系统公司,印度

7.1　历史与起源

在 1999 年卡吉尔战争期间,印度军方只能依靠战区的 GPS 数据进行定位和授时。由于当时 GPS 卫星仍然执行选择可用性(SA)限制民用信号,印度军方无法进行精确定位。出于这一点,以及考虑到 GPS 是一个由外国拥有的 GNSS,存在在关键时刻关闭一些区域的风险,促成了印度对本土区域卫星导航系统的需求。区域导航系统主要基于 GNSS 提供的导航和授时信息,使军用和商业民用都将从中大大受益。

印度空间计划由印度空间研究组织(ISRO)进行概念化、设计、开发和部署。从导航角度看,ISRO 在过去 10 年中建立了卫星增强系统(SBAS)和区域导航系统。其结果是 GPS 辅助地理增强导航(GAGAN)系统,以及印度区域导航卫星系统(IRNSS)。后者于 2006 年 5 月获得印度政府批准,计划在 2016 年前全面运行。最近,IRNSS 更名为印度星座导航(Navigation with Indian Constellation,NAVIC),其卫星分布见图 7.1[1]。

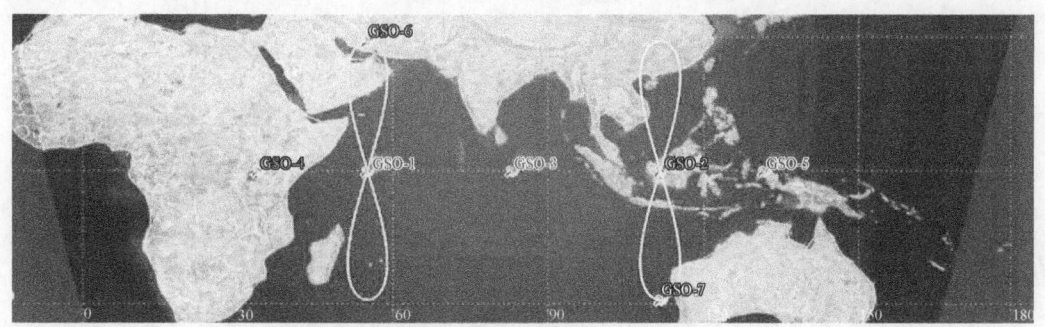

图 7.1　NAVIC 卫星分布[2](资料来源:https://www.isro.gov.in/sites/default/files/article-files/node/4470/banner\u1.jpg。经 ISRO 许可复制。)

NAVIC 是一个自治区域导航系统,计划在印度及其周围 1500km 的范围内提供精确的实时定位和授时服务,本区域称为主要服务区[3]。该系统的主要意义是在主要服务区为双频用户实现 $20m(2\sigma)$ 的定位精度。扩展服务区域位于主服务区与南纬 30°~北纬 50°、东经 30°~130° 的矩形区域,如图 7.2 所示。NAVIC 与其他任何 GNSS 一样,预计将支持以下应用[4]:

- 陆地、空中和海上导航
- 自然灾害管理
- 车辆跟踪和车队管理
- 与手机的功能整合
- 精确定时
- 测绘、大地数据捕获
- 为徒步旅行者和旅游者提供地面导航辅助
- 为驾驶员提供视觉和语音导航

NAVIC 系统架构由 3 个部分组成:空间段、控制段和用户段。与任何其他 GNSS 一样,空间段由导航卫星组成。空间段的维持和维护由控制段执行。来自卫星的信号由接收机采集、跟踪和处理,为用户段提供导航解算[5]。

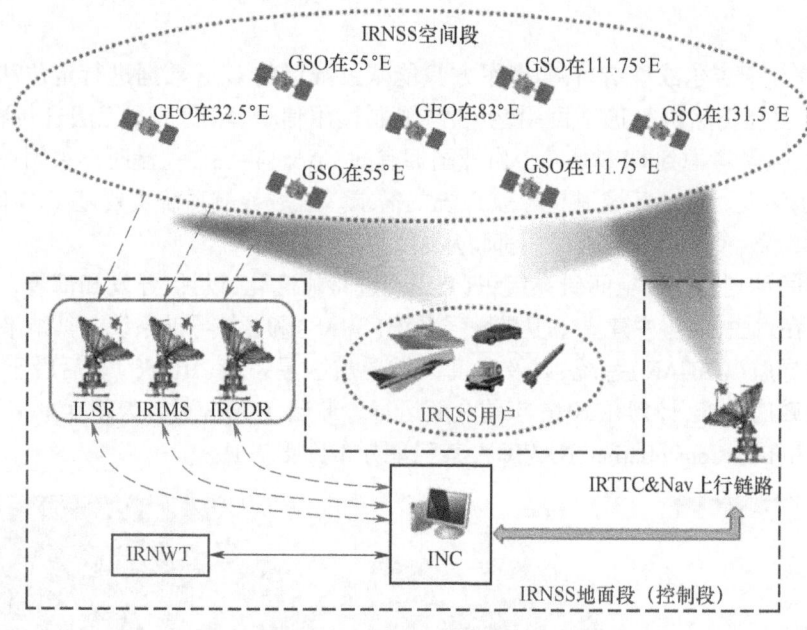

图 7.2　NAVIC 系统架构[6]

7.1.1　空间段

NAVIC 空间段由 7 颗完整配置的卫星组成,其中 3 颗为地球静止轨道卫星,4 颗为地球同步轨道卫星。目前,已经部署了 7 颗卫星,正处于测试的最后阶段。此外,也有提议将 NAVIC 扩展到 11 颗卫星[6-7]星座,以提高主要服务区的可用性和导航精度[8]。

7.1.1.1　发展

第一颗卫星(IRNSS - 1A)于 2013 年 7 月 1 日搭载在印度极地卫星运载火箭(PSLVC22)[9]上,从斯利那加的萨迪什·达万航天中心(SDSC)的首个发射台(FLP)发射。当时使用的是"XL"版的 PSLV,与印度月船一号任务中使用的运载火箭相同。第二颗 IRNSS 卫星于 2014 年 4 月 4 日搭载 PSLV-C24[10]发射升空。

IRNSS-1A 和 IRNSS-1B(图 7.3)部署在地球静止轨道上。同年 10 月 15 日,第三颗卫星(IRNSS-1C)搭载 PSLV-C26 发射,并被送入地球同步轨道[11]。随后,第四颗卫星(IRNSS-1D)于2015年3月28日成功发射[12]。第四颗卫星被送入地球同步轨道。最后三颗卫星(IRNSS 1E、1F 和 1G)于 2016 年发射,完整组成了 7 颗卫星星座[13-15]。NAVIC 卫星发射详情见表 7.1。

图 7.3　发射台上的 IRNSS 1B 卫星[18-19](经印度空间研究组织(ISRO)许可复制。)

表 7.1　NAVIC 卫星发射详情

卫星	运载火箭	发射时间	轨道
IRNSS-1A	PSLV-C22	2013 年 7 月 1 日	地球同步 (东经 55°,倾角 29°)
IRNSS-1B	PSLV-C24	2014 年 4 月 4 日	地球同步 (东经 55°,倾角 29°)
IRNSS-1C	PSLV-C26	2014 年 10 月 15 日	地球静止 (东经 83°)
IRNSS-1D	PSLV-C27	2015 年 3 月 28 日	地球同步 (东经 111.75°,倾角 30.5°)
IRNSS-1E	PSLV-C31	2016 年 1 月 20 日	地球同步 (东经 111.75°,倾角 28.1°)
IRNSS-1F	PSLV-C32	2016 年 3 月 10 日	地球静止 (东经 32.5°)
IRNSS-1G	PSLV-C33	2016 年 4 月 28 日	地球静止 (东经 131.5°)

NAVIC 卫星搭载的组件包括两块由超三结太阳能电池组成的太阳能电池板(可产生约 1660W 功率)及可为卫星提供定位参考的恒星传感器及陀螺仪。另外,特别设计了原子钟、关键元件等的热控制方案。推进系统由一个液体远地点发动机(LAM)和推进器组成[16-17]。

7.1.1.2　NAVIC 有效载荷概述

所有 7 颗 NAVIC 卫星都搭载了导航和测距有效载荷。导航有效载荷播发支持双重用途的信号,即民用标准定位服务(SPS)和军用限制服务(RS)。此外,有效载荷在 L5(1176.42MHz)和 S(2492.028MHz)波段工作。多个高精度铷原子钟是卫星导航有效载荷的一部分。测距有效载荷包括一个 C 波段应答器[上行:6700~6725MHz,右旋圆极化(RHCP);下行:3400~3425MHz,左旋圆极化(LHCP)],便于精确测量到卫星的距离,以及用于激光测距的角立方体反射器。图 7.4 显示了 NAVIC 航天器的放大分解视图[16]。

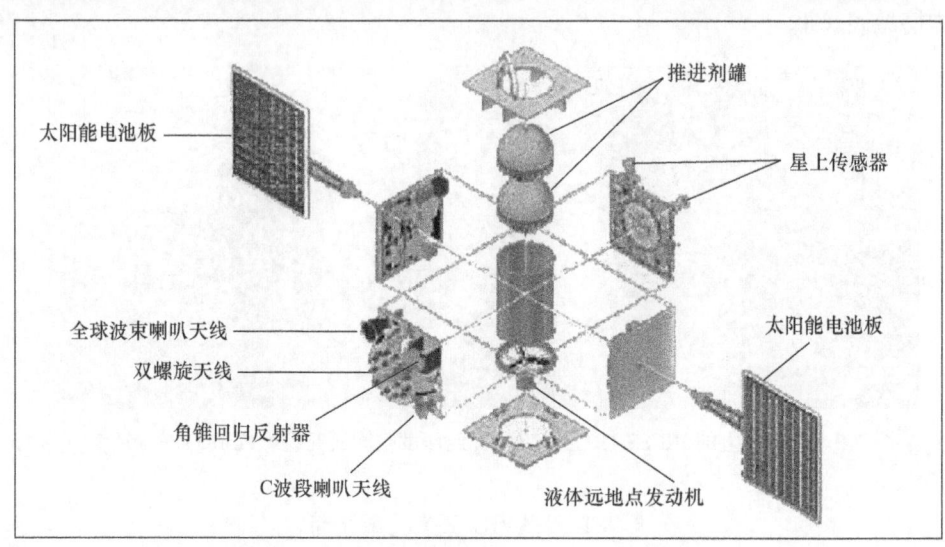

图 7.4　IRNSS 航天器组成[9](经 ISRO 许可转载。)

7.1.2　地面段(控制段)

IRNSS 地面段负责星座的维护和运行。包括导航参数的生成和传输、卫星控制、测距、完好性监测和时间保持。地面段包括以下部分[4]:

- IRNSS 有效测距和完好性监测站(IRIMS)
- ISRO 导航中心(INC)
- IRNSS TTC 测量站(IRTTC)
- IRNSS 航天器控制设施(IRSCF)
- IRNSS 网络定时中心(IRNWT)
- IRNSS CDMA 测距站(IRCDR)
- 激光测距站(ILRS)
- 数据通信网络(IRDCN)

17 个 IRIMS 站点分布在印度全国各地,用于轨道确定和电离层建模[3]。由宽基线和长基线隔开的四个测距站将提供双向 CDMA 测距[20]。

7.1.3　用户段

用户段主要由以下部分组成:
(1) 单频 IRNSS 接收机,能够处理 L5 或 S 波段的 SPS 信号;
(2) 能够同时接收 L5 和 S 波段频率的双频 IRNSS 接收机;
(3) 与 IRNSS 和其他 GNSS 星座兼容的多星座 GNSS 接收机。

由印度班加罗尔软件和系统协同私人股份有限公司开发的多星座 IRNSS(双频)+GPS+SBAS 接收机如图 7.5 所示。

图 7.5　IRNSS 用户接收机

7.2　IRNSS 参考系

7.2.1　IRNSS 大地基准

IRNSS 使用 WGS-84 坐标系进行导航计算。

7.2.2　IRNSS 时间基准

IRNSS 系统时间用周数(WN)和周时计数(TOWC)表示,与其他类似的 GNSS 相似。由于每个导航数据子帧的长度为 12s,因此将 TOWC 乘以 12 得到以 s 为单位的周时(TOW)。IRNSS 系统时间起始历元为 1999 年 8 月 22 日 00:00 UT(8 月 21 日至 22 日午夜)。在起始历元,IRNSS 系统时间比 UTC 提前 13s。随后,应用国际协调世界时(UTC)校正 IRNSS 系统时间与 GPS 系统时间相称。由 TOWC 和 WN 在导航消息中表示的历元是相对于第一子帧符号的第 1 码序列的第 1 码片的前沿进行测量的。由 TOWC 提供的导航消息传输时间与 IRNSS 系统时间同步[6]。

IRNSS 系统时间由 INC 地面站维护。它是由 INC 地面站的铯和氢原子标准组成的时钟系确定的。与 UTC 类似,IRNSS 系统时间也是加权平均时间,但有两个根本的区别:它将实时可用,且提供的时间数据是连续的,没有闰秒。IRNSS 卫星载有铷原子频率标准,由 INC 地面站监测和控制。IRNSS 系统时间与星载时钟的偏差可建模为一个二次函数模型,该模型参数作为 IRNSS 广播导航电文的一部分进行计算和传输[21]。

7.3　IRNSS 卫星星座

任何卫星星座设计的首要问题是服务区中卫星的可用性及其构成的几何构型对导航精度的影响。该几何构型由 PDOP 参数测量。由于 IRNSS 是一个区域导航系统,必须保证主服务区内所有卫星的可见性。因此方案设计主要根据卫星可用性的首要要求和尽可能高的导航精度,选择了由地球静止卫星和地球同步卫星组成的卫星星座。另一个设计考虑是所有卫星对地面站的视线的可观测性。地球静止轨道和地球同步轨道的星座设计使得所有卫星可提供连续的全时视线可观测性,以此确保持续的测距和完好性监测。表7.2列出了星座的标称参数摘要。

表7.2 星座标定特征概述

卫星总数	7(将扩展到11)
轨道高度	35000km
轨道面数	地球静止轨道(GEO),2个地球同步轨道(GSO)平面
每个轨道面的卫星数量	每个GSO轨道面2颗卫星,GEO轨道面3颗卫星
倾角	5°(GEO卫星),29°(GSO卫星)

空间段可根据其作为系统或子系统的贡献进行广泛分类。系统级特征包括可用性、精度、可靠性和完好性。然而,子系统部分主要侧重于卫星独有的特性,如图7.4所示。基于IRNSS的开源文献,在必要的假设条件下对可用性和子系统参数进行了解释。在各种设计参数中,可用性是任何GNSS的首要要求,在区域导航系统中更是如此。任何新的星座的公布,对其信号特征、星座独立可用性、可实现精度的初步评估是研究人员主要的兴趣所在。

可用性被定义为系统可用的时间段,或者是系统在指定区域内提供导航解算的能力。IRNSS是一个区域系统,必须从运行角度高度优化可用性。如图7.6所示,可用性确保了用户对印度次大陆上空所有7颗卫星的可见性[22-23]。

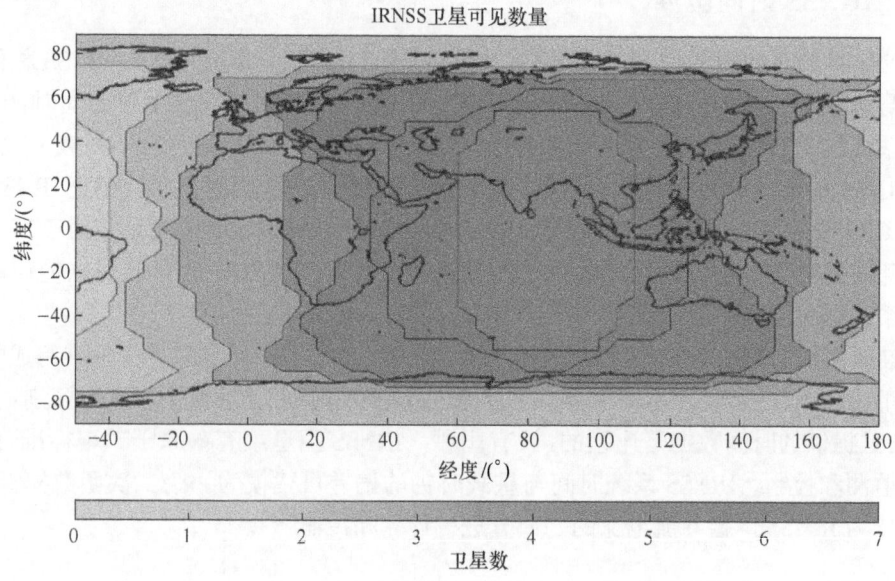

图7.6 印度次大陆上空的IRNSS卫星可用性

就IRNSS而言,假设天空晴朗,地球静止轨道上的卫星始终对印度次大陆的用户可见。地球静止卫星的一个优点是可以用最少的卫星数量实现更大的信号覆盖范围。然而,我们仍需参考评估地球同步轨道卫星的可见性,以整体评估星座总体的可用性。IRNSS星座的统计可用性分析详见[22]。

7.4 地面段

对于任何地面段配置来讲,连续跟踪卫星并实时离散地估计每个信号分量(例如,码、载波和数据)的完好性都是一个重要的功能。这些功能如有任何异常,系统将发出告警。IRIMS 采用高端参考站接收机对卫星进行单向测距来实现这一点。接收来自 IRNSS 卫星的数据,处理必要的信息并传输给 INC。INC 的目标如下[24]:

(1) 计算主要和次要导航参数,包括星历的估计、预测以及 SV 钟差校正;
(2) 初始化星载时间(时钟),并监控其性能;
(3) 监测距离域(根据用户等效距离误差或 UERE)和位置域(通过参考站的用户位置计算)的广播参数;
(4) 估算电离层误差修正和完好性信息。

SV 时钟和星历校正随后被传输到 IRTTC 站,由它们接收并控制 IRNSS 遥测数据。这些站点用于将导航数据上传到 IRNSS 卫星。IRCDR 站有助于 IRNSS 卫星的精确双向测距,并向 INC 传输数据。SCF 的主要功能是管理和维护卫星星座。IRNSS 地面段各单元的详细信息如图 7.7 所示。

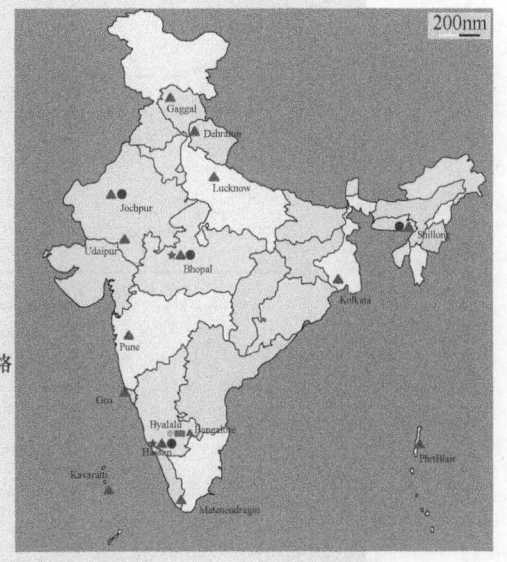

IRNSS地面段的组成部分:

- 位于Byalalu的SRO导航中心是IRNSS地面部分的指挥中心。INC是要生成导航参数。
- ▲ IRNSS距离和完整性监测站(IRIMS)执行IRNSS卫星的连续单向测距,也用于IRNSS星座的完整性确定。
- ● IRNSS CDMA测距站(IRCDR)对IRNSS卫星进行精确的双向测距。
- 位于Byalalu的IRNSS网络定时中心(IRNWT)生成、维护和分发IRNSS网络时间。
- ★ 航天器控制设施(SCF)通过遥测跟踪和指挥网络控制空间段。

IRNSS数据通信网(IRDCN)为IRNSS网络提供所需的数字通信骨干网。

国际激光测距站(ILRS)被定期用于校准由其他技术确定的IRNSS轨道。

图 7.7 IRNSS 地面段分布和每个功能组件的定义[9](经 ISRO 许可转载。)

卫星轨道和时钟参数的估算是在去除大气误差、可能的异常值、周跳和载波相位模糊度后,利用 IRIMS 站的高精度测量数据完成的。其中一个 IRIMS 由 IRNWT 驱动,作为精确轨道和时钟估计的参考时间[17,25]。滤波器每次处理 3 天的测量信息,以确保轨道弧的稳定性。在生成导航参数之前,首先与由双向测距测量确定的轨道进行对比来验证。

7.5 IRNSS 信号

IRNSS 信号由 SPS 信号和 RS 信号组成,分为 L5 和 S 两个频段。L5 频段是从无线电导航卫星系统服务(RNSS)的分配频谱(频率归档后产生的频谱)中选择的。SPS 和 RS 信号的信号配置如下:
- 导航数据流
- 伪随机噪声(PRN)码
- L5 和 S 波段的载波信号

7.5.1 导航电文

IRNSS 导航电文分为 4 个子帧[6]。每个子帧中的导航数据由 292b 组成,这些比特经速率 1/2 卷积编码以获得 584 个符号位。这称为前向纠错(FEC)编码。然后,在附加 16 位同步码(0xEB90)之前,使用块交织器对 FEC 编码的子帧符号进行交织。同步码不编码,允许接收机实现子帧同步。交织的 FEC 编码方案分别如图 7.8 和表 7.3 所示。每个子帧中还包含尾比特,尾比特是一组 6 个 0b 的序列,允许用户接收端完成对每个子帧的 FEC 解码。一个由 24 位循环冗余校验(CRC)组成的奇偶校验为导航数据中的随机错误提供保护,该随机错误主要针对突发错误、未检测到的误码概率 $\leq 2^{-24} = 5.96 \times 10^{-8}$ 和全信道误码概率 ≤ 0.5[6]。

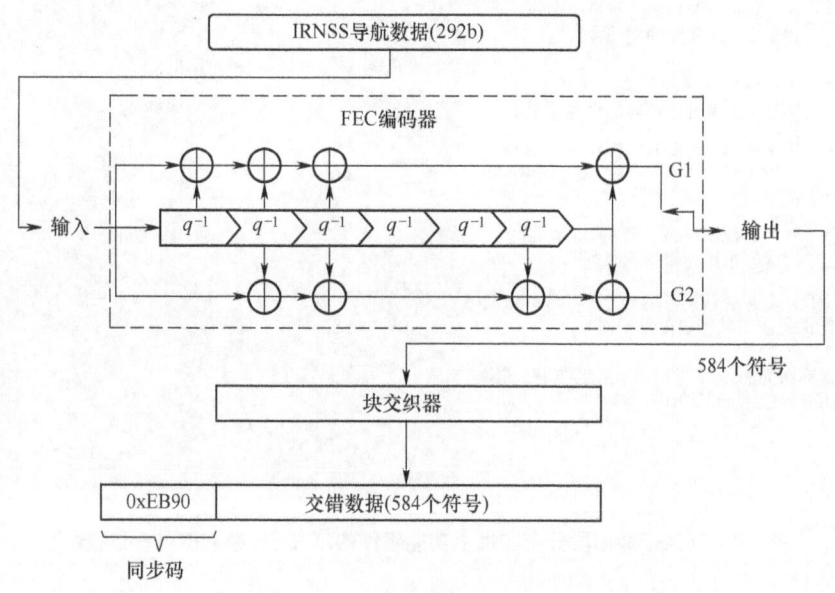

图 7.8 IRNSS 导航数据生成方法[6]

每个子帧中用于 CRC 计算的生成器多项式如下所示:

$$g(X) = \sum_{i=0}^{24} g_i X^i$$

当 i = 0、1、3、4、5、6、7、10、11、14、17、18、23、24 时，g_i = 1，否则为 0；X^i 是需要被计算的 CRC 的位流。

表 7.3　FEC 编码器和块交织器配置

参　数　名　称		值
FEC 编码器	编码率（编码方案）	1/2（卷积）
	约束长度	7
	生成器多项式	G1 = (171)o G2 = (133)o
	编码序列	G1 然后 G2
块交织器	交织器大小	584
	交织器维数 （n 列×m 行）	73 × 8

7.5.1.1　框架结构

IRNSS 主帧长 2400 个符号，由 4 个子帧组成。如前所述，每个子帧有 600 个符号的长度。子帧 1 和子帧 2 传输固定的主要导航参数，子帧 3 和 4 以消息的形式发送次要导航参数。主框架结构如图 7.9 所示。所有子帧传输都包含 TLM、TOWC、alert、AutoNav、子帧 ID、备用位、导航数据、CRC 和尾比特。子帧 3 和子帧 4 还传输报文 ID 和 PRN ID。图 7.9 还显示了 IRNSS 导航数据的子帧结构。首先传输最高有效位/字节[6]。

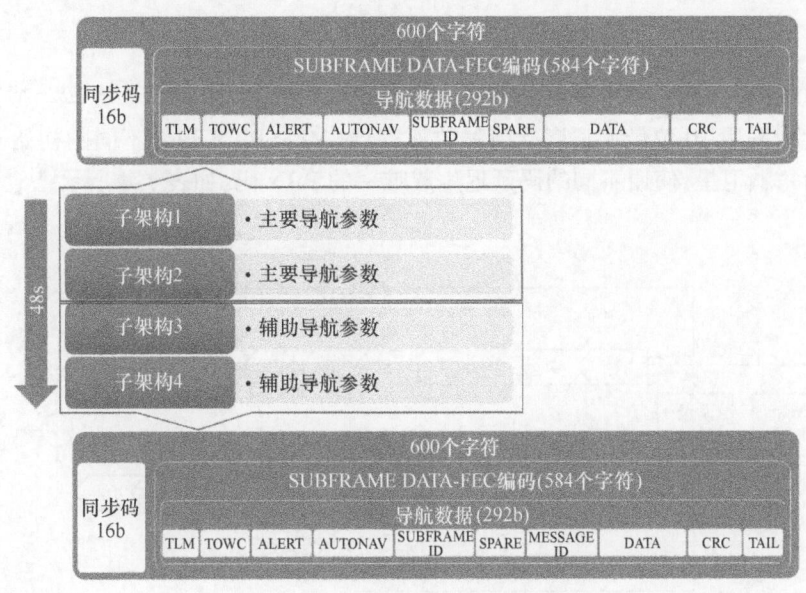

图 7.9　导航数据子帧结构细节

主要导航参数由卫星星历、时钟信息、信号健康状态、群时延和用户测距精度（URA）组成,在前两个子帧中传输,每 48s 重复一次。次要导航参数包括卫星历书、电离层网格参数、电离层延迟修正系数、UTC 和 GNSS 时间偏差、差分修正、地球定向参数和文本报文,在子帧 3 和 4 中传输。子帧 1 和 2 的内容固定,用于发送主要导航参数。

(1) 子帧 1:卫星星历和时钟参数(广播间隔:根据需要调整,但每 48s 重复一次)。

(2) 子帧 2:卫星星历(广播间隔:根据需要调整,但每 48s 重复一次)。

次要导航参数的内容作为具有特定广播间隔的报文类型进行传输。以下是定义为在子帧 3 和 4 中传输的不同报文类型:

(3) 报文类型 0:空消息,在没有其他报文等待广播时广播(广播间隔:根据需要调整)。

(4) 报文类型 5:一个区域 ID 部分的电离层网格参数(广播间隔:5min)。

(5) 报文类型 7:单颗卫星的历书参数(广播间隔:60min)。

(6) 报文类型 9:相对于 UTC 和 GPS 的 IRNSS 时间校正参数(广播间隔:20min)。

(7) 报文类型 11:Klobuchar 模型的地球定向参数和电离层系数(广播间隔:10min)。

(8) 报文类型 14:差分校正参数(广播间隔:根据需要)。

(9) 报文类型 18:文本报文(广播间隔:根据需要)。灾害管理服务可以在这些信息的协助下启动。

(10) 报文类型 26:关于 UTC 和其他 GNSS 的 IRNSS 时间修正参数(广播间隔:20min)。

7.5.2 PRN 码

IRNSS 使用戈尔德码(Gold code)处理线性反馈移位寄存器(LFSR)产生的 SPS 信号。SPS 信号生成所需的 PRN 序列时间周期为 1ms,码片率为 1.023Mcps。G1 和 G2 移位寄存器的两个生成器多项式由下式给出:

$$G1: X^{10}+X^3+X^1;$$
$$G2: X^{10}+X^9+X^8+X^6+X^3+X^2+1$$

图 7.10 显示了 SPS 码生成器的框图。多项式 G1 和 G2 与 GPS C/A 码生成原理相同。G1 和 G2 生成采用 10 位最大长度反馈移位寄存器(MLFSR)实现。不同的初始 G2 寄存器状态分配给每颗卫星,使用不同的码延迟生成唯一的 PRN 码,如表 7.4 所示[8]。

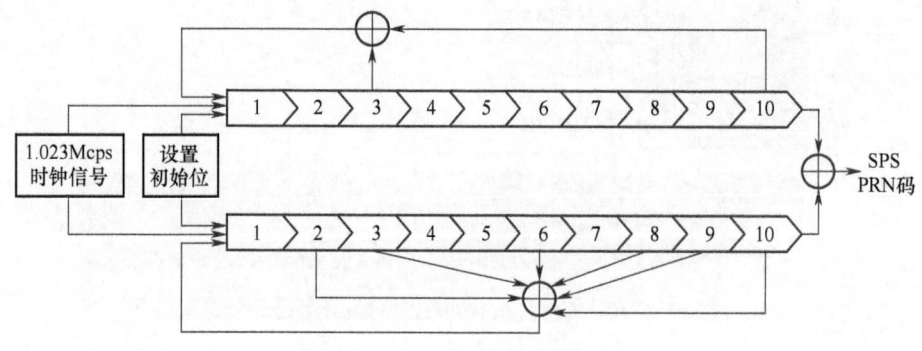

图 7.10 SPS 码生成器原理[6]

表 7.4 SPS 信号的码相位分配

PRN ID	卫星	L5-SPS		S-SPS	
		G2 寄存器的初始状态	八进制中的前 10 位	G2 寄存器的初始状态	八进制中的前 10 位
1	IRNSS-1A 型	1110100111	130	0011101111	1420
2	IRNSS-1B 型	0000100110	1731	0101111101	1202
3	IRNSS-1C 型	1000110100	0713	1000110001	0716
4	IRNSS-1D 型	0101110010	1215	0010101011	1524
5	IRNSS-1E 型	1110110000	0117	1010010001	0556
6	IRNSS-1F 型	0001101011	1624	0100101100	1323
7	IRNSS-1G 型	0000010100	1753	0010001110	1561

7.5.3 复合信号的产生

IRNSS 系统提供两种类型的服务,即 SPS 和 RS。SPS 主要用于民用和商业,所有用户均可使用。2014 年 10 月,ISRO 官方网站 http://irnss.isro.gov.in 发布了 IRNSS 空间信号(SIS)的接口控制文件(ICD)。

SPS 和 RS 信号的载波频率和传输带宽如表 7.5 所示。SPS 信号采用的调制方案是在双频段上的二进制相移键控[BPSK(1)]和 RS 信号的二进制偏移载波[BOC(5,2)]。IRNSS RS 信号由一个数据分量和一个导频分量组成。IRNSS 信号通过增加第 4 个信号,可使用交互式调制技术复用,以保持功率放大器输出端恒定的包络[6]。

表 7.5 IRNSS 服务和各信号组成的描述

服务类型	码片速率/Mcps	频段	载波/MHz	带宽/MHz	调制
SPS	1.023	L5	1176.45	24	BPSK
		S	2492.028	16.5	BPSK
RS	2.046	L5	1176.45	24	BOC(5,2)
		S	2492.028	16.5	BOC(5,2)

SPS 数据信号 $s_{\mathrm{sps}}(t)$ 表示为[6]

$$s_{\mathrm{sps}}(t) = \sum_{i=-\infty}^{\infty} c_{\mathrm{sps}}(|i|_{L_{\mathrm{sps}}}) \cdot d_{\mathrm{sps}}([i]_{\mathrm{CD}_{\mathrm{sps}}}) \cdot \mathrm{rect}_{T_{\mathrm{csps}}}(t - iT_{\mathrm{c\_sps}}) \tag{7.1}$$

RS BOC 导频信号 $s_{\mathrm{rs\_p}}$ 表示为

$$s_{\mathrm{rs\_p}}(t) = \sum_{i=-\infty}^{\infty} c_{\mathrm{rs\_p}}(|i|_{L_{\mathrm{rs\_p}}}) \cdot \mathrm{rect}_{T_{\mathrm{c,rs\_p}}}(t - iT_{\mathrm{c,rs\_p}}) \cdot sc_{\mathrm{rs\_p}}(t,0) \tag{7.2}$$

RS BOC 数据信号 $s_{\mathrm{rs\_d}}$ 表示为

$$s_{\mathrm{rs\_d}}(t) = \sum_{i=-\infty}^{\infty} c_{\mathrm{rs\_d}}(|i|_{L_{\mathrm{rs\_d}}}) \cdot d_{\mathrm{rs\_d}}([i]_{\mathrm{CD}_{\mathrm{rs\_d}}}) \cdot \mathrm{rect}_{T_{\mathrm{c,rs\_d}}}(t - iT_{\mathrm{c\_rs\_d}}) \cdot sc_{\mathrm{rs\_d}}(t,0)$$

$$\tag{7.3}$$

sc_x 为副载波信号,表示为

$$\mathrm{sc}_x(t,\varphi) = \mathrm{sgn}[\sin(2\pi f_{\mathrm{sc},x}t + \varphi)] \tag{7.4}$$

IRNSS RS 服务的数据和导频信道使用正弦 BOC,因此副载波相位 φ 为 0。复合信号 $s(t)$ 及复合信号 $I(t)$ 表示为

$$s(t) = \frac{1}{3}\{\sqrt{2}[s_{\mathrm{sps}}(t) + s_{\mathrm{rs}}(t)] + \mathrm{j}[2 \cdot s_{\mathrm{rs}_d}(t) - I(t)]\} \tag{7.5}$$

式(7.5)中,加入 $I(t)$ 以保持复合信号的恒定包络。图 7.11 显示了 IRNSS 复合信号生成的框图。

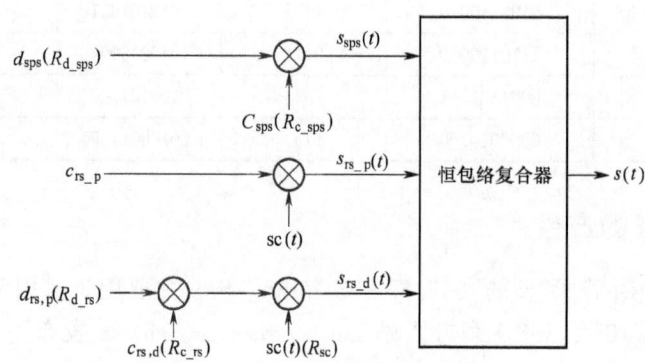

图 7.11　IRNSS 复合信号生成

符号定义如下:

$c_x(i)$	扩频代码的第 i 个码
$d_x(i)$	导航数据的第 i 位
f_{sc}	副载波频率
'i'	以 x 为模
$[i]x$	x 的整数部分
CD_x	每个导航数据的码片数量
L_x	码片中扩频码的长度
rect_x	持续时间为"x"的矩形脉冲函数
T_{c_x}	扩频码片持续时间
$R_{\mathrm{d}\_\mathrm{sps}}$	SPS 数据速率 = 50 个符号/s
$R_{\mathrm{d}\_\mathrm{rs}}$	RS 数据速率 = 50 个符号/s
$R_{\mathrm{c}\_\mathrm{sps}}$	SPS 码片速率 = 1.023Mcps
$R_{\mathrm{c}\_\mathrm{rs}}$	RS 码片速率 = 2.046Mcps
R_{sc}	副载波频率 = 5.115Mcps

7.6　IRNSS 性能规范

下文列出了 IRNSS 的性能参数[6]。

● 信号相位噪声:保证 10Hz 带宽的二阶锁相环能够以 0.1rad(RMS)的精度跟踪非调制载波。

● 相关损耗:相关损耗定义为在特定信号带宽内接收到的传输功率与在相同带宽的理想接收机中收到的信号功率间的差值,该差值与使用线性相位的理想带通滤波器内精确复制的波形关联。对于 IRNSS 信号,该值为 0.6dB。

● 杂散特性:IRNSS 信号的带内杂散值为-50dB。

● 接收信号功率水平:对海拔 5°以上用户可保证 L5 的最小落地功率为-159dBW,S 波段信号为-162.3dBW。

极化特征:与任何其他 GNSS 星座一样,IRNSS 信号也是 RHCP。

信道群延迟定义为发射的射频信号(在发射天线相位中心测量)与星载频源输出信号之间的时间差。有三种不同的延迟参数[6,21]:

(1) 固定/偏置群延迟:这是一个偏置术语,包括在导航数据传输中的钟差校正参数中,因此在用户计算系统时间时计入。

(2) 差分群延迟:每个 IRNSS 导航信号发生器的有效载荷包括一个用于默认操作的主路径和一个用于在主路径发生任何故障时操作的冗余路径。每条路径的硬件是不同的,包括数据发生器、调制器、上变频器、行波管放大器(TWTA)、电缆和集成组件等配置。这是两个导航信号在两条射频路径上的延迟差,由随机加偏置分量组成。平均差值被定义为偏置分量,可以是正也可以是或负。对于给定的导航有效载荷冗余配置,平均差分时延的绝对值不得超过纳秒级(ns),即在 15~30ns 左右[21]。关于平均值的随机变化将在 $3ns(2\sigma)$ 范围内。为了修正群延迟的偏置分量,在导航信息中向用户广播 T_{GD} 参数[16]。

(3) 偏差值和差分值中的群时延不确定性:群时延不确定性显示了运行环境不确定性和其他因素造成的路径时延的可变性。群时延的有效不确定度在 $3ns(2\sigma)$ 范围内。

7.7 电离层模型和表示

电离层对信号传播的影响是单频 IRNSS 用户中最大的误差来源。为了帮助单频用户获得相对更好的精度,IRNSS 采用了基于网格的电离层延迟估计模型,从而提供了与双频接收机水平相当的用户位置精度。如图 7.12 所示,在离地球表面 350km 的印度地区制定了一个 5×5 的网格。

电离层校正参数作为导航数据的一部分(电文消息类型 5),每隔 5min 广播一次。校正参数包括指定电离层网格点(IGP)的垂直延迟估计值,适用于单频用户 使用 L5 的信号。一共定义了 90 个 IGP,不能在单个消息中传输。因此,整个网格被划分为 6 个区域,每一种电文消息类型都会广播特定区域的电离层校正参数。网格参数包括以下内容:

(1) 区域 ID;
(2) 网格电离层垂直延迟(GIVD);
(3) 网格点电离层垂直误差指数(GIVEI):GIVD 的精度为 99.9%;
(4) 区域屏蔽(10 位):得到修正的区域总数;
(5) 电离层数据版本号(IODI):表示被屏蔽区域的变化,范围从 0~7。

除此之外,对于整个 IRNSS 服务区间,单频 L5 用户的电离层误差以一组 8 个系数的形式播报,一天内有效。

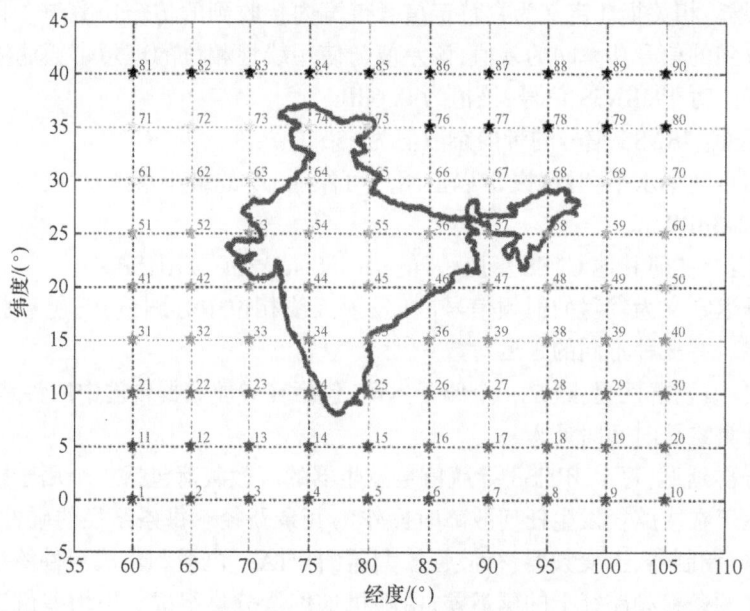

图 7.12 IRNSS 的电离层网格[6]

对于双频接收机来说,系统可利用 L5 和 S 信号之间的载波频率发散度来修正一阶电离层效应导致的群延迟[6]。对于伪距的修正值为 ρ,是 L5 派生伪距(ρ_{L5})、S 派生伪距(ρ_S)、L5(f_{L5})载波频率和 S(f_s)的函数,可表示为

$$\rho = \frac{\rho_{L5} - (f_s^2/f_{L5}^2)\rho_S}{(1 - (f_s^2/f_{L5}^2))} \tag{7.6}$$

7.8 IRNSS 接收机架构

7.8.1 天线

在设计包括 IRNSS 在内的多频率和多星座接收机时,面临的主要挑战之一是接收天线设计。输入的信号为 RHCP,因此天线需要符合 RHCP 的要求并可接收的波束宽度(信号捕获范围)应包含从垂直至高到 5°仰角,与源卫星相匹配。通常,在实践中使用两种天线拓扑结构:无源和有源。无源天线要求处理部分非常接近物理天线。手持式 GNSS 接收机是一个此类天线的典型例子。在实践中,许多应用程序要求接收机单元与天线保持一定的距离。连接天线和接收机的电缆会对信号产生衰减。为了补偿这一点,可在最靠近天线的地方使用一个适当增益的低噪声放大器(LNA)。LNA 的电源通常来自接收机,是一个活动配置。为了保护接收机免受不必要的干扰,大多数天线在 LNA 之后有一个带通滤波器(BPF)。该组件允许预期的信号通过,并阻止所需频段外的干扰成分,以确保后续阶段能线性运行。最后,卫星的空间分布不同,并且用户天线所处的海拔高度也会有不同。通常,天线对靠近可视地平线的卫星有最大的衰减效应,抑制其地面反射多路径冗余,而低高程卫星的多路径冗余又往往很高。

不同于其他通常可保证有 8 颗左右的卫星维持在 25°仰角以上的 GNSS 星座,对于 IRNSS 的遮蔽仰角应一直延伸到 15°。这样可以保证在所需的服务区中,7 颗卫星全部可用,并保证良好的 PDOP。另外,考虑到 L5 和 S 波段之间的距离很大,紧凑型天线的实现是另一个挑战。虽然如此,可以将两根天线合并使用,一根覆盖 L5 至 L1,另一根只覆盖 S 波段。这将需要在程序平台上占用额外的空间,并可能对旧版应用的改造形成挑战。图 7.13 是由蒂亚加拉贾尔电信解决方案有限公司(TTSL)开发的集成的 IRNSS-GPS 宽带天线的一个例子[26]。

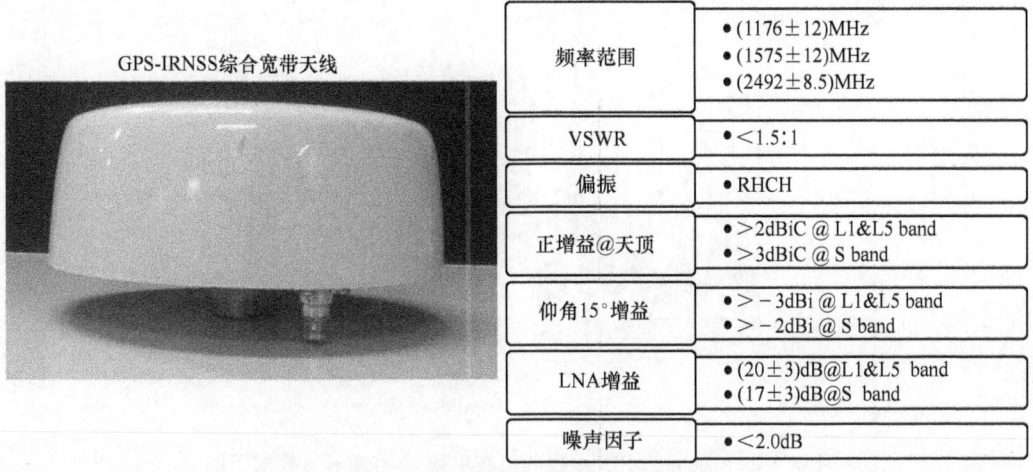

图 7.13 集成的 GPS-IRNSS 宽带天线

7.8.2 接收机

IRNSS 接收机结构类似于普通多频 GNSS 信号接收机,能够获取和跟踪多频 GNSS 信号。由班加罗尔软件和系统协同私人股份有限公司开发的一个典型的 IRNSS/GPS/SBAS 接收机(图 7.5),可配置在各种模式下工作:

(1) 单频 IRNSS:IRNSS-L5 或 S 频段;
(2) 双频 IRNSS:IRNSS-L5 和 S 频段;
(3) 双频混合型:双频 IRNSS 外加 GPS-L1 频段。

7.8.3 IRNSS 系统性能

7.8.3.1 单频 IRNSS-L5 或 IRNSS-S

第一种工作模式是单频 IRNSS 模式,在这种模式下,接收机只使用来自 IRNSS-L5 信号的测量结果。采用基于 IRNSS 网格的模型来补偿电离层误差。图 7.14 分别显示了单频 IRNSS-L5/S 模式下 IRNSS 接收机的三维位置误差图(原始测量值用于位置估计,不作任何平滑处理)。该测试于 2017 年 10 月 26 日在印度班加罗尔软件和系统协同私人股份有限公司总部用静态用户天线进行。

7.8.3.2 双频 IRNSS

第二种工作模式是双频 IRNSS,接收机同时使用 L5 和 S 信号的测量值。利用 2 种信号的频率分集来消除电离层造成的误差,而不依赖前期导航数据提供的网格或电离层系数。

单频 IRNSS 接收机基于网格模型的误差修正方法需要先花费时间来收集电离层数据,然后再进行修正,而双频模式则不同,它的修正是瞬时的。图 7.15 显示了双频 IRNSS 模式下 IRNSS 接收机的三维位置误差图。

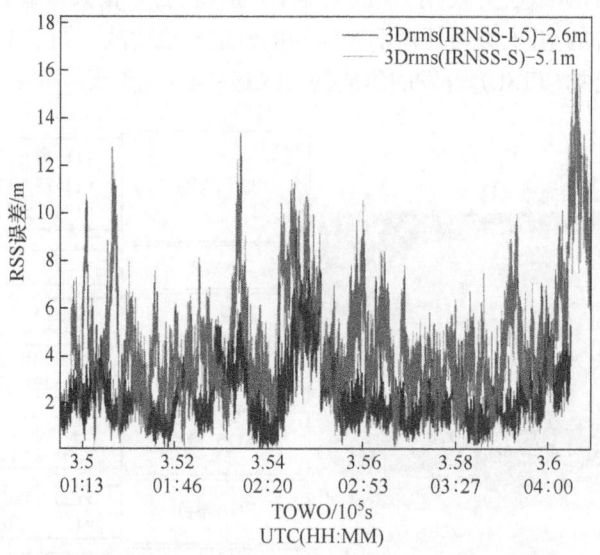

图 7.14　Accord 的 IRNSS 接收机在单频 L5 和单频 S 模式下的
三维位置误差图(采用基于 IRNSS 网格的模型进行电离层误差补偿。)

7.8.3.3　双频混合型

最后一种工作模式是使用双频 IRNSS 与 GPS-L1 和 SBAS 的组合。图 7.15 为双频

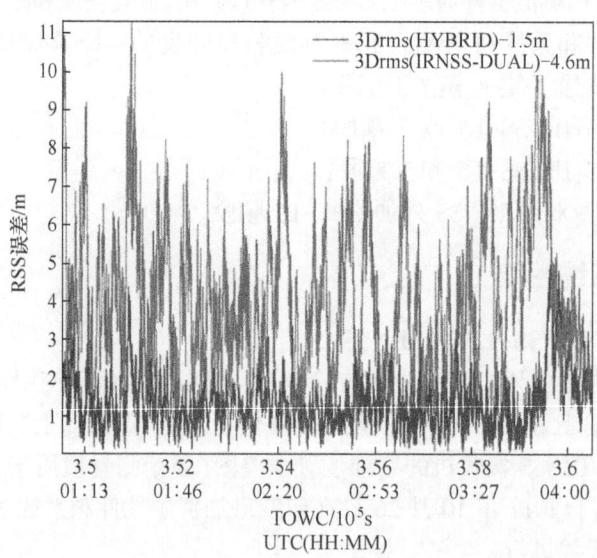

图 7.15　Accord 的 IRNSS 接收机在双频 IRNSS 模式和双频 IRNSS+GPS-L1
模式下的三维位置误差图(采用基于 IRNSS 网格的模型进行电离层误差计算。)

IRNSS 模式下 IRNSS 接收机的三维位置误差图。在增加了 GPS 测量的情况下,性能更好,提高了几何精度。总的来说,即使在独立工作模式下,IRNSS 系统的精度也很好地控制在了 20m(2σ)的理想范围内。

7.9 结论

对印度而言,拥有自己的导航星座 IRNSS 是它的明显优势,特别是在军事动荡的情况下至关重要。该星座是第一个拥有完整的区域定位并能够保证所有卫星在主要服务区内始终可见的星座,它将为接收机算法设计提供若干研究可能性。目前在服务区内,IRNSS 主要用于提供基本服务,IRNSS 接收机可与其他星座接收机集成并用于终端应用。

参考文献

[1] Nair, G. M., "Satellites for Navigation," Press Information Bureau of the Government of India, Bangalore, 2006.

[2] I. S. R. Organization, "Indian Regional Navigation Satellite System Signal In Space ICD For SPS," Bangalore, 2014.

[3] ISRO, "IRNSS-programme Towards-Self-Reliance-Navigation-IRNSS," [Online]. Available: https://web.archive.org/web/20160310163951/http://www.isro.gov.in/irnss-programme/towards-self-reliance-navigation-irnss. [Accessed 5 2017].

[4] ISRO "IRNSS—Indian Regional Navigation Satellite System," 28 April 2016. [Online]. Available: http://www.isac.gov.in/navigation/irnss.jsp. [Accessed November 2016].

[5] Gowrisankar D. and Kibe S. V. "India's Satellite Navigation Programme," 10 December 2008. [Online]. Available: http://www.space.mict.go.th/activity/doc/aprsaf15_17.pdf. [Accessed November 2016].

[6] I. S. R. O. ISRO Satellite Centre "Indian Regional Navigation Satellite System Signal In Space ICD for Standar Positioning Service," Indian Space Research Organization Bangalore India 2017.

[7] The Indian Express, "Navigation Satellite Clocks Ticking, System To Be Expanded: ISRO," 10 6 2017. [Online]. Available: http://indianexpress.com/article/technology/science/navigation-satellite-clocks-ticking-system-to-be-expanded-says-isro-4697621/.

[8] I. S. R. Organization, "Indian Regional Navigation Satellite System (IRNSS): NavIC," 2016. [Online]. Available: http://www.isro.gov.in/irnss-programme. [Accessed 2016].

[9] ISRO "Brochure of PSLV-C22/IRNSS-1A," 2013. [Online]. Available: http://www.isro.gov.in/sites/default/files/pdf/pslv-brochures/PSLVC22.pdf. [Accessed October 2016].

[10] ISRO "Brochure of PSLV-C24/IRNSS-1B," 2014. [Online]. Available: http://www.isro.gov.in/sites/default/files/pslv-c24-brochure.pdf. [Accessed October 2016].

[11] ISRO "Brochure of PSLC-C26/IRNSS-1C," 2014. [Online]. Available: http://www.isro.gov.in/sites/default/files/pdf/pslv-brochures/PSLV-C26%20IRNSS-1C%20Mission.pdf. [Accessed October 2016].

[12] ISRO "Brochure of PSLV-C27/IRNSS-1D," 2015. [Online]. Available: www.isro.gov.in/irnss-programme/pslv-c27-irnss-1d-brochure. [Accessed October 2016].

[13] ISRO "Brochure of PSLV-C31/IRNSS-1E," 2016. [Online]. Available: www.isro.gov.in/irnss-programme/pslv-c31-irnss-1e-brochure. [Accessed October 2016].

[14] ISRO "Brochure of PSLV-C32/IRNSS-1F," 2016. [Online]. Available: http://www.isro.gov.in/sites/default/files/pslv_c32_final.pdf. [Accessed October 2016].

[15] ISRO "Brochure of PSLV-C33/IRNSS-1G," 2016. [Online]. Available: www.isro.gov.in/irnss-programme/pslv-c33-irnss-1g-brochure. [Accessed October 2016].

[16] e. Directory "IRNSS (Indian Regional Navigational Satellite System)," [Online]. Available: https://directory.eoportal.org/web/eoportal/satellite-missions/i/irnss.

[17] Ganeshan, A. S., Ratnakara, S. C., Srinivasan, N., Raja Ram, B., Tirmal, N., and Anbalagan, K., "Successful Proof-of-Concept Demnostration First Position Fix with IRNSS," *Inside GNSS*, pp. 49-52, July/August 2015.

[18] ISRO, "PSLV-C22/IRNSS-1A Gallery," 2014. [Online]. Available: http://www.isro.gov.in/sites/default/files/galleries/PSLV-%20C22%20Gallery/sat3.jpg.

[19] ISRO, "PSLV-C24/IRNSS-1B Gallery," [Online]. Available: http://www.isro.gov.in/sites/default/files/PSLV-C24%20Gallery/pslv-c24-13.jpg.

[20] Ganeshan, A. S., "Overview of GNSS and Indian navigation program," ISRO Satellite Centre, Bangalore, 2012.

[21] Majithiya, P., Khatri, K., and Hota, J., "Indian Regional Navigation Satellite System-Correction Paramers and Timing Group Delays," *Inside GNSS*, pp. 40-46, January/February 2011.

[22] GuruRao, V., Lachapelle, G., and Bellad, S. V, "Analysis of IRNSS over Indian Subcontinent," in *ION ITM* 2011, San Diego, CA, 2011.

[23] GuruRao, V., "Proposed LOS Fast TTFF Signal Design for IRNSS," PhD thesis, University of Calgary, Calgary, 2012.

[24] Saikiran, B. and Vikram, V., "IRNSS architecture and applications," *KIET International Journal of Communications & Electronics*, Vol. 1, No. 3, 2013.

[25] Kumar, H., "IRNSS: India's own Navigation System," 28 March 2015. [Online]. Available: https://www.quora.com/profile/Kumar-Harshit-1/Posts/IRNSS-Indias-own-Navigation-System. [Accessed November 2016].

[26] Thiagarajar Telecom Solutions Limited (TTSL) "IRNSS & GPS Navigational Antenna," Madurai, 2015.

本章相关彩图,请扫码查看

第8章 准天顶卫星系统

Satoshi Kogure[1], Yasuhiko Kawazu[1], Takeyasu Sakai[2]
[1] 日本国家空间政策秘书处,日本
[2] 日本国立海洋、港口和航空技术研究所,日本

准天顶卫星系统(quasi-zenith satellite system,QZSS)是日本政府开发的一个区域性天基 PNT 系统。该系统的主要目的是利用卫星轨道特征,从高仰角提供 PNT 信号传输,从而实现包括恶劣环境下 PNT 能力和性能的统一提升。本章以概要的形式介绍了 QZSS。8.1 节概述了 QZSS 项目的历史和背景,以及为什么日本需要 QZSS;8.2 节介绍了 QZSS 的现行管理结构;8.3 节介绍了 QZSS 采用的大地测量和时间参考系统,及其与国际标准的一致性;8.4 节讨论了 QZSS 提供的服务,包括综合服务,其不仅提供 PNT 和增强服务,还提供包括与本书主要卫星定位重点相关的非 PNT 服务内容的短报文服务;8.5 节、8.6 节和 8.7 节分别总结了 QZSS 星座和空间段、地面段和信号的主要特点;8.8 节对本章内容进行了总结。

8.1 QZSS 的发展历史和背景

在诸多 GPS 卫星尚未完成轨道部署的早期阶段,日本是 GPS 的主要用户国家之一。在科学领域,1987 年成立了日本大学 GPS 研究联合会(JUNCO),并开始利用双频 GPS 大地测量接收机在全国范围内进行地壳变形观测和研究。日本国家连续运行参考站(CORS)和 GPS 地球观测网(GEONET)于 1996 年成立。在民用商业市场中,世界上第一个基于 GPS 的汽车导航产品于 1990 年投放市场。通过科学研究和实践升级,GPS 的卓越优势已经得到了认可,用户可以在全球范围内不受天气影响获取全天候不间断的统一服务和多种应用,但 GPS 也存在诸多缺点,如对用户周围环境的依赖性较强等。

日本有 4 个主要岛屿和数千个小岛,约 70%的领土是山地。然而 1.2 亿日本人中的大多数都居住在狭窄的沿海城市中。这些地理特征给卫星导航带来了一定的挑战。城市地区密集的楼房和狭窄的街道遮挡了来自卫星的直接信号,非视距(NLOS)和多路径信号最终导致用户的 PNT 服务性能下降。

"8"字形卫星轨道是基于倾斜地球同步轨道(IGSO)卫星应用于中纬度地区的概念,由通信研究实验室[CRL,现为国家信息和通信技术研究所(NICT)]提出[1]。在 20 世纪 90 年代末至 21 世纪初,日本的一些行业计划将这一概念用于移动通信系统、GPS 增强服务平台以及区域定位系统研究等方面[2]。国家太空探索局[NASDA,现为日本太空研究

探索局(JAXA)]将地球同步轨道(GSO)和IGSO组合卫星星座应用于其区域卫星导航系统研究。最初,QZSS项目是2003年为整合商业移动通信、广播卫星服务以及由日本政府资助的卫星导航技术研究与开发计划的公私合作项目而启动开发的。在发起公私合作项目之前,先于2002年成立了先进卫星商业公司,以研究其商业计划,并得到了59家公司的资助,其中包括三菱电机公司、日立公司、ITOCHU公司、NEC东芝空间系统、三菱公司和丰田汽车公司。

2006年,在ASBC决定取消公有制合作关系并从该项目中撤出后,该项目被缩减为一颗试验卫星的技术演示工程。JAXA与日本其他研究机构合作,包括NICT、电子导航研究所[ENRI,即现在的国立海洋时间、港口和航空技术研究所(MPAT)]、日本地理空间信息管理局(GSI)、国立先进工业科学技术研究所(AIST)和卫星定位应用中心(SPAC),在测试卫星发射后,担任了整个系统建设和技术验证的集成商。NICT开发了用于双向卫星时间和频率传输(TWSTFT)的机载测试设备[3],以及有源氢钟[4],但由于保障方面的限制,氢钟没有在太空中应用。ENRI[5]和GSI[6]开发了地面测试系统来生成增强信息,并进行了验证。AIST参与了机载晶体振荡器与地面原子钟之间时间同步的概念验证研究。SPAC利用其增强系统平台为日本工业界应用进行了示范[7]。

第一颗QZSS卫星于2010年9月11日发射。经过公开征集将其命名为"Michibiki",意为"导向灯"。JAXA[8]等研究机构利用这颗卫星成功进行了技术验证和应用演示,鉴于此,日本政府于2011年9月30日宣布,将在21世纪10年代末建立由4颗卫星组成的QZSS星座作为国家基础设施,并确定了在2023年左右建立7颗卫星星座的未来目标以保持独立的PNT能力。

2017年6月1日、8月19日、10月10日分别成功发射了第二颗、第三颗、第四颗QZSS卫星,并进行了在轨测试(IOT)。随后,信号传输测试和精确定轨(POD)软件调试也已逐步落实,并于2018年11月1日开始提供服务。

8.2 QZSS 管理结构

内阁办公室在协调和促进日本政府内多个部委之间的合作分工方面发挥着主导作用。空间政策、战略和实施计划的制定需要多个部委的讨论和协调,因此,2016年,内阁府将内阁府太空政策战略总部秘书处和内阁府国家太空政策办公室合并后,成立了内阁府国家太空政策秘书处(NSPS),其主要任务是提供QZSS的部署和运营服务。图8.1描述了QZSS目前的组织管理结构。

由NSPS管理的QZSS现今所有项目及计划中包括7颗卫星星座的扩展方案。日本民航局(JCAB)目前负责MTSAT天基增强系统(MSAS)的运维,同时也参与QZSS的联合项目。在MTSAT-2运营终止后,QZSS将于2020年被用于MSAS平台。QZSS在2018—2033年通过私人主动融资(PFI)提供服务框架,成立QZSS服务公司(QSS)。该公司负责为期15年的地面控制站并提供相关服务,并在2013年与NSPS达成合同协议,成为其运营商和服务提供商。

8.3 QZSS 大地测量和时间参考系统

QZSS 与 GPS 和其他 GNSS 系统的接口互操作性是其重要特征。其大地基准和时间基准分别与国际标准,即国际地面参考框架(ITRF)和世界时(UTC)相一致。8.3.1 节介绍了 QZSS 所使用的大地测量参考系统,8.3.2 节介绍了其时间参考系统。

8.3.1 QZSS 大地基准

QZSS 所使用的坐标系在 IS-QZSS-PNT 中进行了定义[9]。其坐标原点位于地球质心,坐标轴与国际地面参考系统(ITRS)相同。相对于 ITRF08,它的精度保持在厘米级。

8.3.2 QZSS 时间基准

QZSS 参考时间(QZSSRT)是根据 4 个监测站的 4 个地面参考氢钟所产生的总时间来定义的。为了保持与 GPS 的互操作性,QZSS 使用了与美国 GPS 相同的时标、原点和其他所有与时间系统有关的定义标准。因此,与 GPS 时间一样,纪元为 1980 年 1 月 6 日世界时午夜,不作闰秒调整,纪元后每 1024 周发生一次"翻转"。

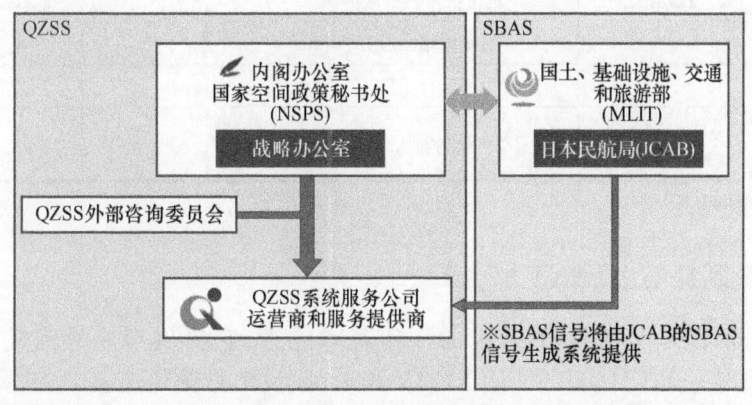

图 8.1 QZSS 管理结构

QZSS 地面控制站对 QZSS 和 GPS 的每个卫星轨道和时钟偏移量进行估计。GPST 通过将 QZSST 值预设为 GPST,得以对 QZSSRT 和 GPS 导航数据卫星时钟偏移量进行估计。每一个 QZSS 卫星时钟偏移量都是根据这个 QZSST 计算出来的,然后作为时钟偏移量和二次项系数在导航电文中广播,如此一来,QZSS 和 GPS 之间的系统时差将被包含在 QZSS 广播的时钟偏移量中。因此,QZSS L2C、L5 和 L1C 的 CNAV 和 CNAV2 电文中的 GNSS 时间偏移设置为"零"值。尽管 CNAV 和 CNAV2 电文中为其他卫星导航系统都保留了几个比特位的时间偏移量,但当前的控制段设备不具备处理其他 GNSS 时间偏移的能力。

QZSS 卫星将从 QZSST 到 UTC(NICT)的转换参数作为 UTC 偏移参数进行传输。UTC 偏移误差保持在 40nm 以内(95%)。

8.4 QZSS 服务

QZSS 主要为用户提供 3 类功能：①GPS 互补功能；②GNSS 增强功能；③信息传输功能。QZSS 共提供 8 种服务，表 8.1 列出了 QZSS 提供的信号和服务。QZSS 服务性能规范（PS-QZSS）定义了与星基 PNT 相关的整个民用公开服务的性能，如精度、可用性、连续性和完好性[10]。后续各节将详细介绍这些服务。

表 8.1 QZSS 信号和服务

信号频段	中心频率 /MHz	服务项目	目前已投入使用的卫星		
			QZS-1	QZS-2、4	QZS-3
L1C/A	1575.42	定位、导航和授时（PNT）	X	X	X
L1C		PNT	X	X	X
L1S		亚米级增强服务（SLAS）	X	X	X
		灾害和危机管理卫星报告（DC-Report）	X	X	X
L1Sb		星基增强系统（SBAS）			X
L2C	1227.60	PNT	X	X	X
L5	1176.45	PNT	X	X	X
L5S	1278.75	定位技术核查服务（PTV）		X	X
L6D		厘米级增强服务（CLAS）	X	X	X
L6E		PTV		X	X
S 频段	RTN：2002.50 FWD：2192.50	QZSS 安全确认服务（Q-ANPI）			X

注："X"表示提供服务。

8.4.1 GPS 互补能力（PNT 服务）

GPS 互补功能是天基 PNT 系统的一项基本能力，它提供带有导航信息的测距信号。为了实现这一功能，QZSS 使用 L1、L2 和 L5 频段信号提供星基 PNT 服务。用户可以跟踪 QZSS 信号，测量 QZSS 卫星与其接收机天线相位中心之间的距离，并与其他 GNSS 卫星，特别是与 GPS 卫星联合的测距信号和导航信息一起解算其位置、速度和时间。为了最大限度地提高 QZSS 与 GPS 的使用性能，使其更容易在用户接收设备上共同使用，QZSS 采用了与 GPS 信号最高级别的互操作性。不仅提供了 GPS 目前 Block ⅡF 的民用导航信号 L1C/A、L2C 和 L5，而且还提供了将作为第四个民用信号从 Block Ⅲ传输的 L1C。

表 8.2 总结了 QZSS PNT 服务在 PS-QZSS 中的一些基本规范。但由于 QZSS 不具备独立提供 PNT 服务的能力，因此其性能规范仅对其有限的性能参数进行了定义。

PNT 服务覆盖范围是指在仰角 10°以上至少有 1 颗 QZSS 卫星可见的区域，用户可通过 IS-QZSS-PNT 中为每个信号定义的最小用户接收功率接收 QZSS 卫星信号

图 8.2 显示了 QZSS 系统所提供 PNT 服务的覆盖范围轮廓线表至少能观察到 1 颗卫星的仰角。

表 8.2　QZSS 的基本性能参数

特征参数	技 术 规 范	SPS 值
星座服务可用性	4 颗 QZSS 卫星中至少 3 颗同时传输健康信号的时间比	≥0.99
各 SV 服务可用性	IGSO 卫星信号正常的时间占比	≥0.95
	GSO 卫星信号正常的时间占比	≥0.80
精度	SIS URE	≤2.6m(95%)
完好性	RF 降级、TOW 故障、SIS URE 或 UTC	≤1×10^{-5}/h（当 ISF 为 0 时）
		≤1×10^{-8}/h（当 ISF 为 1 时）
告警时间	因下列情况导致信号不能使用时，应发出报警或警告	
	RF 错误(切换到非标准代码)	8s
	TOW 错误(切换到非标准代码)	8s
	SIS URE 错误(切换到非标准代码)	5.2s
	UTC 错误(在 NAV 消息中显示警报标志)	30s
连续性	没有提前 48h 通知时，每小时内不失去信号可用性的概率	0.9998
时间精度	关于 UTC(NICT)的 UTC 偏移误差	40ns(95%)

8.4.2　全球导航卫星系统增强服务

如前几节所述，QZSS 的独特之处在于该星座中的任意一颗卫星可以从高仰角在日本和澳大利亚之间的覆盖区域以及卫星地面轨道服务区上空提供服务。与其他星基增强系统（如 SBAS）利用地球同步卫星不同，QZSS 的这一独特属性使得用户即使在城市峡谷中也能接收到纠错数据流。QZSS 从 2018 年开始提供服务时就提供了 2 项运营服务：一个是面向码相位定位用户提供亚米级增强服务（SLAS）[11]；另一个是面向载波相位定位用户提供厘米级增强服务（CLAS）[12]，下面分节介绍这两种增强服务。当 MTSAT-2（多功能运输卫星-2）运行到 2020 年寿命结束后，MSAS 服务将通过 QZS-3 继续提供。通过 QZSS 提供的 SBAS 服务将在 8.4.6 节中介绍。

8.4.2.1　亚米级增强服务(SLAS)

SLAS 提供差分误差校正，即对每颗 GPS 和 QZSS 卫星 L1C/A 信号的伪距测量进行伪距校正(PRC)。PRC 是基于日本国内 13 个参考站而产生的，并通过 QZSS L1S 信号传输，如图 8.2 所示为 SLAS 服务区和 13 个监测站的位置。日本西南部地区地磁纬度较低，更靠近地磁赤道，因此其上空的电离层通常比北部地区更活跃。在这些区域，监测站需要密集分布才能满足用户的 PVT 精度要求。SLAS 提供的用户位置精度在图 8.3 中红线围成的区域内[即图中(1)所示区域]，水平方向优于 1.0m(95%)，垂直方向优于 2.0m(95%)，由于接收机噪声和环境影响(如多径误差等)导致的用户距离误差小于 0.87m(95%)。用户位置精度在黑线围成的区域内[即图中(2)所示区域]，水平方向预计小于 2.0m(95%)，垂直方向预计小于 3.0m(95%)。

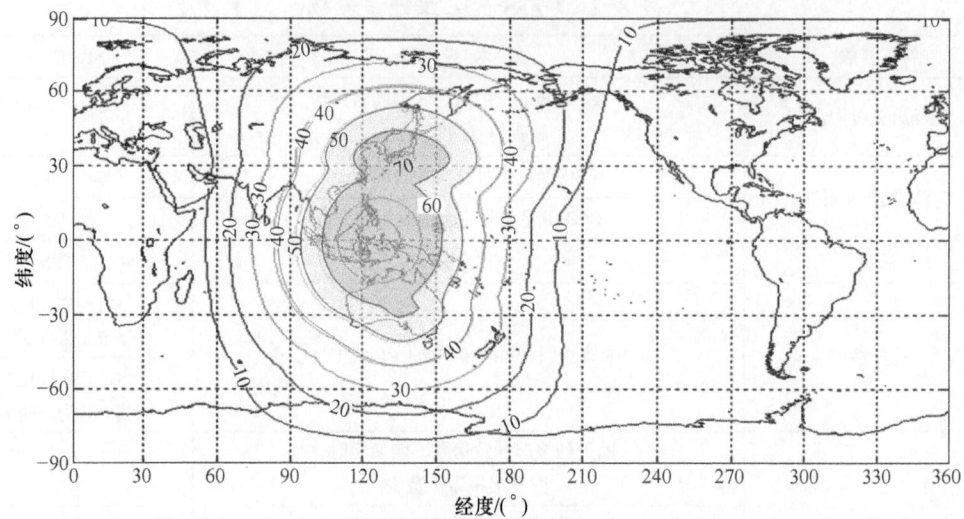

图 8.2 QZSS PNT 服务覆盖范围

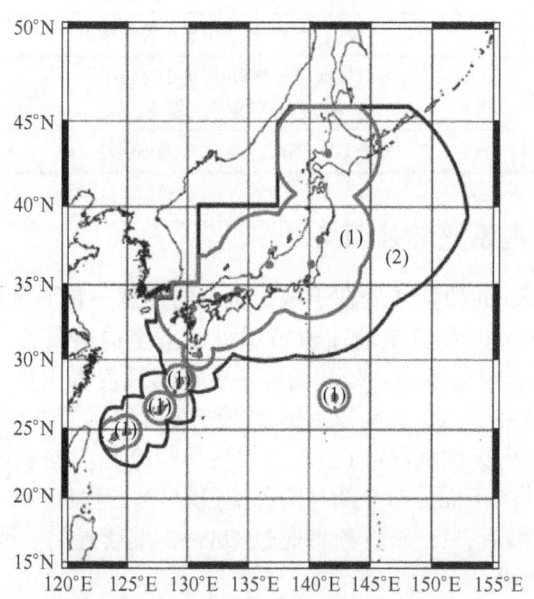

图 8.3 SLAS 服务覆盖范围和参考站的分布

8.4.2.2 厘米级增强服务(CLAS)

CLAS 以状态空间域(SSR)格式为载波相位定位提供误差校正服务,在 RTCM SC104 中被标准化为 RTCM 10403.2 和拟议的简洁版 SSR 格式,用于今后对 RTCM 标准的更新[13-14]。在 SSR 描述的每个误差部分,如卫星轨道、钟差、码和载波相位偏差、电离层延迟和对流层延迟等,都可以转化为观测空间域(OSR)中的测距相关数据,用于计算测距,以获得单点定位结果。与 RTK 处理类似,用户可以通过对接收机上的原始测量值和计算测量值进行双重差分解决载波相位模糊的问题,从而得到厘米级的测量值。

由 GSI 运营的 GEONET 中大约 300 个 CORS 观测站通过 QZSS L6D 实时信号生成 SSR 纠错信息,并由 CLAS 提供完好性信息。当地面控制系统检测到某颗卫星信号异常时,会将检测到的异常卫星的误差修正设置为无效值,并将无效卫星从 MT4073,1 的掩码信息中剔除。此外,用户还可以通过修正信息质量指标来判断对特定卫星的误差修正是否可以直接应用,还是对指标进行加权后再使用。

图 8.4 显示了 CLAS 服务的覆盖区域。电离层和对流层的延迟误差修正遍布日本 12 个区域,并保持每 30s 更新一次。考虑到 L6D 的数据传输速率(2.0Kb/s)和卫星数量的限制,CLAS 提供的误差修正是有限的。在 12 个局部区域中,每个区域都可以提供 GPS、QZSS 和 Galileo 共 17 颗卫星的电离层延迟校正 TEC,而在日本的整个服务范围内,则可以提供轨道、钟差和码/相位偏差修正。在日本境内和周围陆地水域,CLAS 可提供 PS-QZSS 所定义的厘米级精度:静止模式下水平方向为 6cm(95%),垂直方向为 12cm(95%);运动模式下水平方向为 12cm(95%),垂直方向为 24cm(95%)。

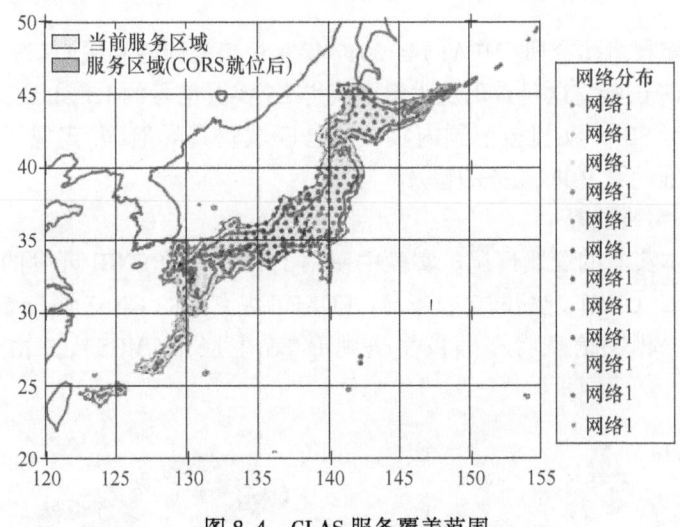

图 8.4　CLAS 服务覆盖范围

8.4.3　报文服务

QZSS 作为国家基础设施,有望为减灾和救灾行动提供支持,特别是在 2011 年日本东部大地震后,日本政府坚定了建设该系统的决心。QZSS 可提供 DC-Report[15]和 Q-ANPI 这两种电文消息的传递服务。下面将对这两种电文消息服务进行简要介绍。

8.4.3.1　灾害和危机管理卫星报告(DC-Report)

DC-Report 提供与地震、海啸、火山爆发、洪水以及危机管理等灾害警报有关的短报文,使用 212b 的 L1S 报文信息每 4s 播发一次。在服务运行之初,根据灾害类型的优先等级,以专用格式使用 43 型信息向日本国内用户转发日本气象厅(JMA)发布的天气警报。DC-Report 与图 8.2 所示的 PNT 服务区域相同。目前正在研究使用 44 型信息为亚太地区提供预警信息,但尚未详细说明。

8.4.3.2　QZSS 安全确认服务(Q-ANPI)

Q-ANPI 提供灾害时避难所的状态、避难所内避难者人数、避难者状况等信息的数据通信服务。灾害发生时,从避难所传送的信息将通过 QZSS 被控制站接收和获取。Q-ANPI 通过地球静止轨道(GEO)上的 QZS-3 卫星提供这些数据通信服务。该服务仅能在日本及周边沿海地区支持 Q-ANPI 的 S 波段的设备上使用。

8.4.4 定位技术验证服务(PVT)

QZSS 有两个测试信号(数据通道)用于未来的服务验证,即 L5S[16] 和 L6E[12,17]。8.4.4.1 节介绍了通过 L5S 信号进行的双频多星座(DFMC)SBAS 实验,8.4.4.2 节则介绍了通过 L6E 信号进行的精密定位(PPP)/PPP-模糊解析(PPP-AR)实验。

8.4.4.1 通过 L5S 进行 DFMC SBAS 实验

DFMC SBAS 是继目前的 L5 SBAS 之后的第二代 SBAS,用 L5 频段进行播发。DFMC SBAS(或称 L5 SBAS)由于采用双频运行,不受电离层影响,因此可以在覆盖区域内任何地方以合理的可用性提供垂直导航服务。国际民用航空组织(ICAO)正在进行 L5 SBAS 的标准化工作。

国家海洋港航技术研究所(MPAT)自 2017 年 8 月起就开始利用 QZSS PTV 服务与 L5S 信号进行 L5 SBAS 试验。这是首例从太空中获得 L5 实况信号的 L5 SBAS 试验。通过该试验可以证明 DFMC SBAS 在覆盖范围内实现了全区域垂直导航,并实现了合理的可用性。此试验结果大大推动了 PBN 业务的普及。

8.4.4.1.1 实验配置

如图 8.5 为本实验的配置情况。实验中使用了 MPAT 的 ENRI 开发的 DFMC SBAS 样机[18],该样机从 GEONET 观测网接收来自 GEONET 观测网的 GNSS 测量数据,并实时生成 L5 SBAS 信息流。相关信息将立即被发送到 QZSS 主控站(MCS),并由 QZSS L5S 信号传输。

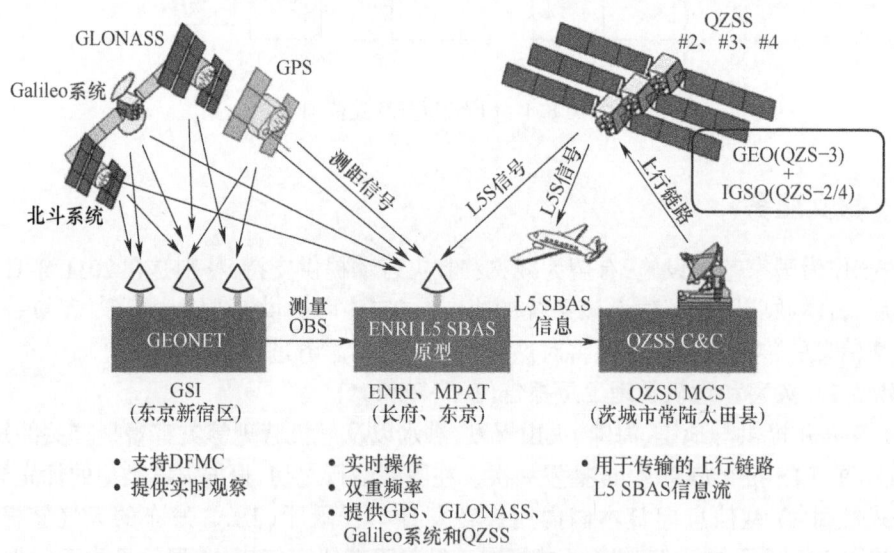

图 8.5 使用 QZSS PTV 服务的实验配置

如图 8.5 所示,测试涉及 13 个地面监测站,其位置与 L1S 参考站相同,这些地面监测站输出频率为 1Hz 的 GNSS 测量数据。DFMC SBAS 原型还能够处理 GPS、GLONASS 和 Galileo

信号。并且,它产生的 L5 SBAS 信息流符合 ICAO 正在讨论的 DFMC SBAS 的标准草案[19-20]。

8.4.4.1.2 DFMC SBAS 原型的静态测试结果

2016 年 12 月 15 日,DFMC SBAS 原型在 GPST 进行了 24h 的静态测试。测试中,在日本境内的 160 个测试站进行了位置和保护等级的计算。但由于 L5 传输的 GPS 卫星数量有限,所以在这次静态测试中使用了 L1 和 L2 信号的 GPS 和 GLONASS。

图 8.6 显示了位于日本中心 Wakayama 站的测试结果。图中显示了双频运行中 SBAS 修正开启和关闭时不同水平位置误差的比较。采用 SBAS 修正后,位置精度明显提高。

图 8.7 显示了测试站的保护等级。由于样机的评估滤波器尚未收敛,因此剔除了每天第一个小时的试验数据。水平虚线表示 95% 的保护等级。结果表明,即使在当地时间 14:00(相当于 5:00 GPST),也没有任何电离层活动的趋势,试验为 LPV 和 LPV200 的进一步推进提供了支持。

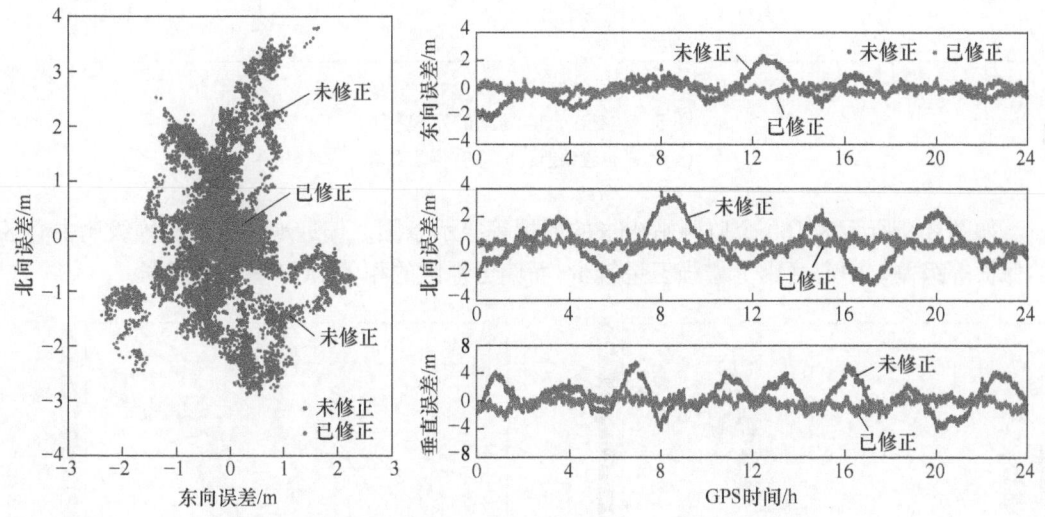

图 8.6 Wakayama 站位置误差的水平误差(左)和 ENU 分量(右)

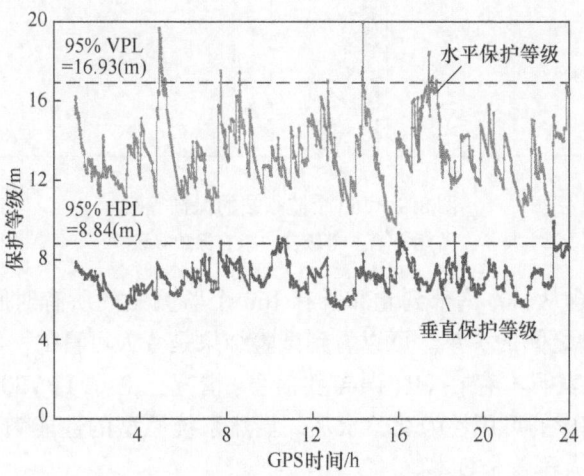

图 8.7 Wakayama 站的防护等级

接下来对分布于日本各地的 160 个测试站进行性能评估。图 8.8 显示了这些测试站的 95%概率下的统计误差。可以看出,当远离中心时,定位误差往往会变大;水平和垂直方向最差的 95%概率下精度分别为 1.2m 和 2.4m。

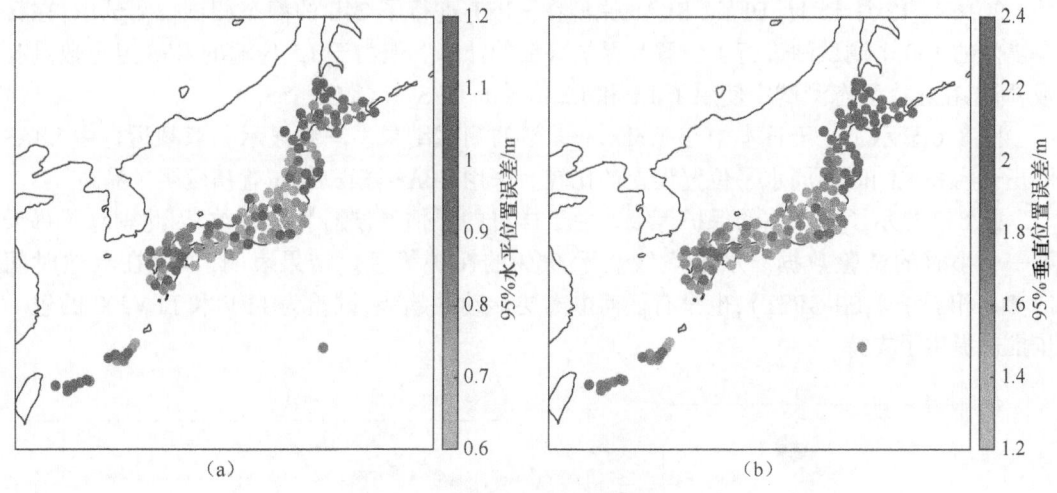

图 8.8　160 个监测站的定位精度
(a)水平位置误差;(b)垂直位置误差。

如图 8.9 所示为 160 个监测站 95%的保护等级示意图。偏远地区的保护等级比中心区的保护等级差。中心区因为增强卫星较少,而偏远地区的相关 DOP 呈指数增长。

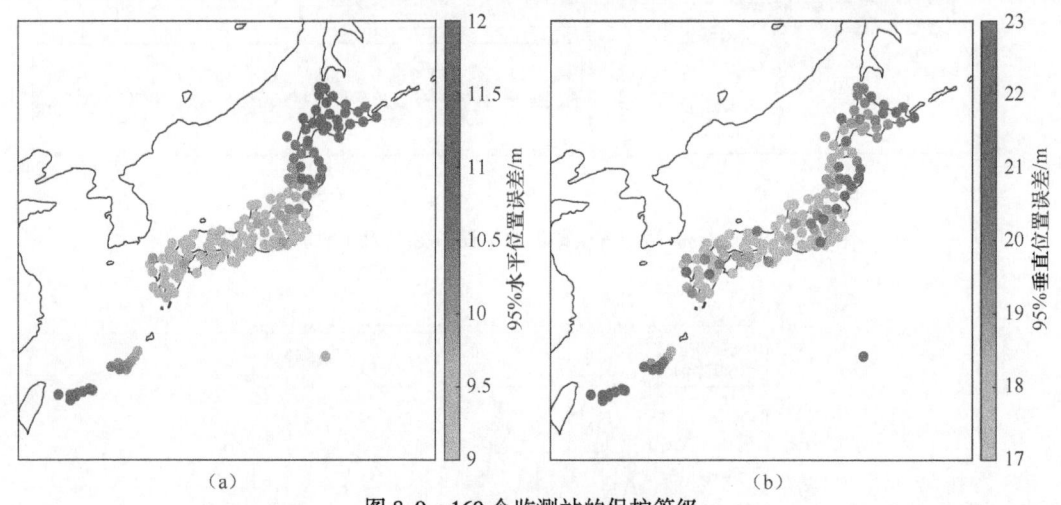

图 8.9　160 个监测站的保护等级
(a)水平保护等级;(b)垂直保护等级。

图 8.10 使用包含从日本南部到北部所有 160 个监测站的所有时间段的三角图来描述保护等级和定位误差之间的关系。可以看到试验结果是令人可喜的。实际误差从未超过相关的保护等级,因此表明不存在 MI(误导性信息)情况。对于 LPV200 飞行模式,HAL 为 40m,VAL 为 35m,相应的可用性为 99.986%。显然系统原型的性能满足 LPV200 飞行模式的要求,有足够的能力覆盖全日本。

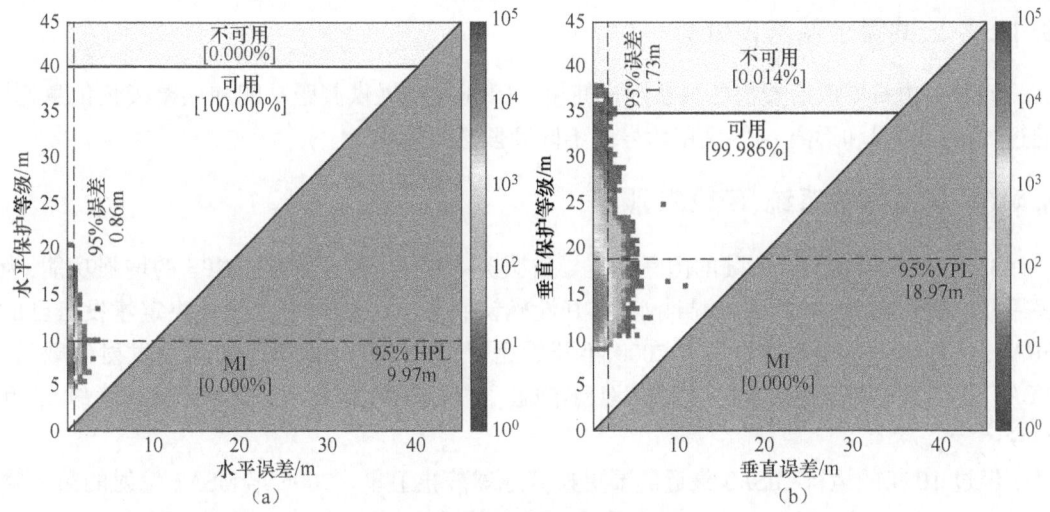

图 8.10 160 个监测的三角图
(a)水平误差;(b)垂直误差。

8.4.4.1.3 QZSS 电视服务试验

第一颗具有 L5S 信号传输能力的卫星 QZS-2 于 2017 年 6 月发射。在 QZS-2 号卫星进行在轨测试的同时,在东京的 ENRI 和 Hitachi-Ota 的 QZSS MCS 之间建立了一条通信线路,并进行了接口测试。然后开发并测试了一些连接 DFMC SBAS 原型和 QZSS TV 服务的接口软件。

最后,在 2017 年 8 月 23 日,随着 QZS-2 发射 L5S 信号,ENRI 开始了 L5 SBAS 的试验。L5S 信号传输的报文信息符合国际民航组织 DFMC SBAS 标准草案。DFMC 原型现在已经升级,可以处理 GPS、GLONASS(仅 L1 和 L2 信号)和 Galileo 卫星(仅 L1 和 L5 信号)的 L1、L2 和 L5 信号。对于 L5S 信号的实时试验,样机通常会在 L5S 信号的基础上增加 GPS 和 Galileo 卫星的 L1 和 L5 信号。

8.4.4.2 通过 L6E 进行 PPP/PPP-AR 试验

基于 L6D 信号的 CLAS 通过日本 GEONET 网络提供服务,如果要将服务范围扩大到日本以外地区,就必须建立站点间距在 50~60km 内的密集 CORS 站群。即使在某些国家或地区满足了这一条件,但由于 L6 信号带宽的限制,CLAS 也无法覆盖整个 QZSS 可见区域。为了增加包括远离 CORS 站的海域等日本以外地区的覆盖范围,可以利用全球校验的观测数据估计卫星轨道钟差码/载波相位偏差的误差修正,并将这些数据作为试验信号通过 L6E 信号传输。如果可以用 L6E 上传输的初始相位偏差来解决模糊问题,用户可以将这些误差修正信息应用于 PPP 以及 PPP-AR 服务,达到亚米级到厘米级的定位精度。由于本地电离层和对流层误差不包含在 L6E 信号中,用户段必须在处理时评估这些误差值,导致载波相位模糊分析或 PPP 浮点解的收敛时间延长至 20~40min。QZSS、GPS 和 GLONASS 在系统运行之初就具备相关误差修正能力,而 Galileo 系统和北斗系统则计划在后续更新中增加其误差修正能力。在试验阶段,JAXA 开发的 Multi-GNSS 轨道和时钟分析高级演示工具(MADOCA)被用来处理此类误差修正。报文格式由创业公司 GPAS(全球定位增强服务)定义,研究如何提供更多的未来实践服务。

8.4.5 公共管控服务(PRS)

该服务由日本政府授权的少数用户使用。PRS 同时提供测距功能和误差校正信息,并通过加密扩频码和远离 GPS 民用信号的不同频段进行传输。

8.4.6 星基增强系统(SBAS)服务

SBAS 泛指覆盖整个大陆的国际标准导航服务[24-26]。它主要通过 GPS 的增强功能,为民用航空提供对 RNP(所需导航性能)完好性确认服务。1993 年日本正式决定建设自己的 SBAS,即 MSAS。MSAS 原计划于 2000 年开始运行,在 1999 年地球静止卫星发射失败后,MSAS 最终在 2007 年开始由 2 颗地球静止卫星提供服务。此后,MSAS 持续运行至今[27-30]。

经过 10 年的运行,MSAS 最近需要更换其地球静止卫星。2005 年 MSAS 发射的第一颗卫星 MTSAT-1R 号,已于 2015 年 12 月终止运行并退役;2006 年发射的另一颗卫星 MTSAT-2 号卫星仍在运行,但将于 2020 年退役。同时还需要对 20 年前建造的地面设施进行更新升级。

最近,作为 QZSS 区域卫星导航方案的一部分,日本政府决定更换提供 MSAS 服务的地球静止卫星,QZSS 的地球静止卫星(QZS-3)有一个用于 SBAS 服务的 L1Sb 附加信号。随着不断增加的 GMS,地面设施将完全被新系统所取代。MSAS 处理器将与位于日立太田的 QZSS MCS 合署办公。用于 MSAS 服务的 QZS-3L1Sb 发射机具有 24MHz 的带宽,并使用星载原子钟,这不同于其他 SBAS 系统所采用的弯管式转发器。

SBAS 报文的内容将由日本民航局(JCAB)的地面站生成,通过日本内阁府(CAO)的 QZSS 系统(包括空间段和地面段)传送给飞机(图 8.11)。SBAS 服务区域在初始阶段仅限于福冈 FIR(日本飞行情报区),不过在亚太地区也可以接收到 SBAS 信号。此外,7 颗卫星的 QZSS 星座使 MSAS 服务水平从 NPA(非精密进近)升级到 APV-I 或 LPV200,将把导航性能提高到 PA(精密进近)相当的水平,不仅对航空用户,而且对各种用户群体都有极大好处。

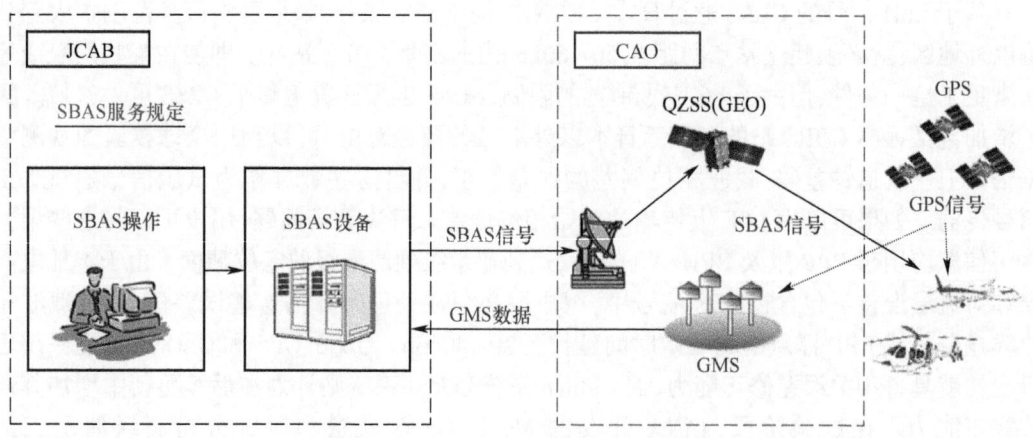

图 8.11 2020 年后的 SBAS 配置

8.5 QZSS 空间段配置

8.5.1 星座

准天顶轨道目前有 4 颗卫星。其中 3 颗卫星在 IGSO 的 3 个不同的轨道平面上运行,处于准天顶轨道(QZO),该轨道的设计和优化是为了最大限度地提高日本和周边地区的可见性。另外 1 颗卫星是位于东经 127° 的 GSO 卫星。IGSO 的平均高度约为 36000km,与赤道倾斜角约 43°,卫星在 IGSO 中围绕地球运行的恒星日周期为 23h56min。此外,为了使卫星停留在北半球的时间更长还设置了一定的偏心率,远地点位于日本北部上空。在 4 颗卫星星座的设计阶段,尚未明确未来 7 颗卫星星座的构成。为了给 7 星星座的 4 颗 IGSO 卫星保留一个未来的方案,升交点赤经(RAAN)的间隔并不是以 120° 平均分配给各颗卫星的。第二颗和第四颗卫星有额外的推进剂,用于潜在的平面机动调整。表 8.3 概述了 QZSS IGSO 卫星的轨道参数。

表 8.3 QZSSIGSO 卫星的轨道特征时

轨道参数	值
半长轴	42,165km(平均值)
偏心率	0.075 ± 0.015
倾角/(°)	43±4
近地点角距/(°)	270 ± 2.5
地轨中心经度/(°)	东经 139 ± 5
RAAN (Ω) *	QZS-1:117、QZS-2:247、QZS-3:347

注:计算于 2025 年 9 月 1 日 00:00:00 纪元时期。

8.5.2 卫星配置

QZS-1 是 QZSS 的第一颗卫星,于 2010 年发射,是 JAXA 和合作机构开发的一颗演示卫星,如 8.1 节所述。QZS-1 的设计寿命为 10 年,在发射、IOT 阶段和技术演示之后,QZS-1 由 JAXA 运营了近 6.5 年。2017 年 2 月 28 日,QZS-1 的运营责任和所有权由 JAXA 移交给日本内阁府。根据内阁办公室制定的现行 IS 文件,对导航机载计算机(NOC)进行了重新编程,并更新了发射信息格式,使其与 CAO 建立的最新 IS 文件保持一致。

另外 3 颗卫星被定义为 Block II 系列,而第一颗卫星为 Block I。它们是根据第一颗卫星的设计建造的,但在设计上作了一些修改,并将设计寿命延长至了 15 年。QZS-1 号卫星没有采用硅电池,而是采用了效率更高的砷化镓太阳能电池,使得太阳能电池板的数量从一边 3 块减少到了一边 2 块。由于电池尺寸、电力和姿控系统的简化设计等,这 3 颗 Block II 卫星的干质量从 QZS-1 的 1800kg,下降到了 QZS-2、4 的 1550kg 和 QZS-3 的 1690kg。QZS-2、4 和 3 之间的差别在于 QZS-3 有额外有效载荷。它有一个 3.2m 的天线和用于 Q-ANPI 服务的 S 波段通信设备,当发生重大自然灾害导致地面通信中断或拥挤时立即使用移动通信。第三颗卫星通信设计的另一个重大变化是采用了贴片阵列天线作为主要发射天线,其他所有 IGSO 卫星使用的均为 19 单元螺旋阵列天线。Block Ⅱ 卫星根据注入轨道的不同,分为 Block Ⅱ-Q(Q 代表 QZO)和 Block Ⅱ-G(G 代表 GSO)。Block Ⅰ 和 Block Ⅱ-Q 之间一个更重要的区别是姿控规则的变化,Block Ⅰ 卫星 QZS-1 有两种姿态控制模式,即偏航转向(YS)模式和轨道正常(ON)模式,以使卫星偏航轴指向地球中心[31-32]。前者适用于卫星轨道平面与太阳矢量之间的夹角(定义为 β 角)大于 20°时。

当 β 角度接近阈值时,可从 YS 模式切换到 ON 模式或反转方向,从而使姿态转换过程中的偏航角降到最小。这种姿态控制模式的改变增大了精确确定轨道的难度,降低了精密定轨的精度。Block Ⅱ-Q 卫星是根据其姿态控制规则设计的,因此除了轨道维持机动外,避免了两种模式的切换。当 β 角接近于零时,采用所谓的"伪偏航转向",偏航速率控制在最大速率 0.055(°)/s,所以正午和午夜的偏航角为 ±90°[33]。表 8.4 总结了每一类的主要特征,其快照如图 8.12 所示。

表 8.4 QZSS 卫星特征

卫星	Block Ⅰ	Block Ⅱ-Q	Block Ⅱ-G
	QZS-1	QZS-2 和 4	QZS-3
发射日期(UTC)	2010 年 9 月 11 日	QZS-2:2017 年 6 月 1 日 QZS-4:2017 年 10 月 9 日	2017 年 8 月 10
轨道	IGSO	IGSO	GSO(E127)
净重/kg	1800	1550	1690
设计寿命/a(年)	10	15	15
跨度/m	25	19	19
功率(寿命末期)/W	5300	6300	6300
主天线类型	螺旋阵列	螺旋阵列	天线阵列
姿态控制模式	在 β < 20° 时, 偏航转向和轨道正常模式	轨道维持机动	轨道正常模式
信号	L1C/A、L1C、L1S、L6、L5	L1C/A、L1C、L1S、L2C、L6、L5、L5S、PRS	L1C/A、L1C、L1S、L2C、L6、L5、L5S、L1Sb、PRS、S 波段

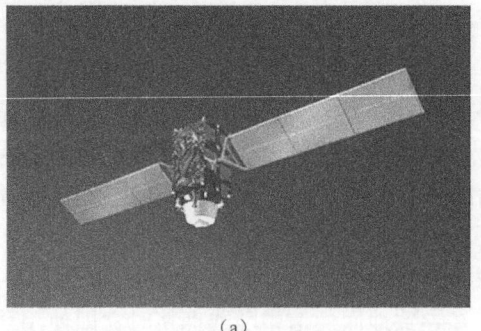

(a)

(b)

(c)

图 8.12 QZSS Block Ⅱ,GZS-1(a) Block Ⅱ-Q、QZS-2 和 4(b)和 Block Ⅱ-G,QZS-3(c)

8.6 QZSS 地面段配置

QZSS 地面部分由 MCS、跟踪站和监测站网络组成。为确保站点的分散性,日立太田的一级 MCS 和神户的二级 MCS 相距 500km 以上,即使发生特大台风或地震等自然灾害,也能持续提供服务。与每颗卫星进行通信的跟踪站在 6 个站点共部署了 7 根天线。与其他 GNSS 不同的是,QZSS 的增强功能需要与卫星进行连续的上行链路连接,这些卫星大多位于日本的西南地区。在那里,天线可以与在近地点的轨道飞越澳大利亚上空的 IGSO 卫星进行跟踪和通信。此外,监测站网络也是影响卫星导航系统性能的主要因素之一。建立一个由 QZSS 和 GPS 网络中的站点及卫星组成的分布广泛、几何形状良好的监测网络,对于获得更好的 POD 性能至关重要。在目前的配置中,设置了 25 个监测站作为监测网络。

8.7 QZSS 信号配置

QZSS 的 4 个公开的 PNT 信号为 4 种不同的增强信号(包括数个实验信号和 1 个授权信号),它们分别位于 L1、L2、L5 和 L6 频段的 4 个载频,用于无线电导航卫星服务(RNSS)的具体载频分配根据国际电联的规定完成,如表 8.5 所示。8.7.1 节提供了信号特性的概要,8.7.2 节概述了数据信息。对于授权用户的信号特征,称为 PRS,不属于公共服务,因此本节不作说明。

表 8.5 QZSS 使用的频段

频段名称	中心频率/MHz	占用带宽/MHz		频段内的 QZSS 信号
		Block Ⅰ	Block Ⅱ	
L1	1575.42	24.0	30.69	L1C/A、L1C、L1S、L1Sb
L2	1227.60	24.0	30.69	L2C
L5	1176.45	24.9	24.9	L5、L5S
L6	1278.75	39.0	42.0	L6D,L6E

8.7.1 信号描述

每个QZSS信号的详细信息都有一组接口规范文件[9,11-12,16]定义。共在6份IS-QZSS文件中描述并定义。6份文件中有4份都提供PNT和增强服务,如表8.6所示。

表8.6 QZSSPNT和增强服务的接口规格文件

服务名称	IS 文件	包含的 QZSS 信号
PNT	IS-QZSS-PNT-003	L1C/A、L1C、L2C、L5
SLAS	IS-QZSS-L1S-004	L1S
CLAS	IS-QZSS-L6-002	L6D、L6E
PTV	IS-QZSS-TV-003	L5S

除L6信号外,QZSS的其他信号都是根据GPS规范和SBAS标准定义改编的,但由于与这些系统设计和操作的不同,做出了相应的修改。特别值得注意的是,用于PNT服务的L1C/A、L1C、L2C和L5信号与GPS信号具有较高的互操作性。采用了类似GPS信号的射频特性,如中心载波频率、扩频码调制方案、PRN码序列和电文结构等。在QZSS上应用了GPS IS文件中定义的193到202的一组PRN码。最初,QZSS的码是按照JAXA发布IS-QZSS时从193开始的顺序分配的。但是,目前的IS-QZSS将QZSS卫星内部的PRN码分配改为两部分。IGSO从193到197开始,GSO从199到201。198和202则保留给非标准代码使用。

自2010年发射QZS-1以来,该卫星一直在播发QZSS L1C信号。然而,Block Ⅰ卫星的QZS-1并没有像GPS计划的那样传输TMBOC。相反,它为信号的导频分量发送BOC(1,1)。这是因为在美国和欧盟进行的L1C优化研究结束之前,硬件设计就已经固定下来了,2006年美国和欧盟同意改变L1C信号结构,以提高与Galileo E1/OS信号的互操作性[34]。QZS-1的L1C/A和L1C之间的相位关系也不同于GPS Block Ⅲ以及QZSS Block Ⅱ。对于QZS-1来说,L1C/A和L1C数据分量与L1C导频分量滞后90°相位,而L1C数据分量和导频分量与L1C/A相位相同,相对于其他QZSS Block Ⅱ卫星滞后90°相位。QZS-3播发的L1Sb信号将在2020年开始向MSAS服务,此信号特性与L1S的信号特性相同。

表8.7提供了不同的QZSS信号特征的概要。

表8.7 QZSS 信号特征概要

信号名称	C/A	L1C	L2C	L5	L1S	L6	L5S
载波频率/MHz	1575.42	1575.42	1227.60	1176.45	1575.42	1278.75	1176.45
传输带宽(双边)/MHz	30.69①/24.0②	30.69①/24.0②	30.69①/24.0②	24.9	30.69①/24.0②	42.0①/39.0②	24.9
数据和导频组合	—	码分	时分	相分	—	时分	相分
相关损耗/dB	0.3①/0.6②	0.2①/0.6②	0.3①/0.6②	0.6	0.6	0.6	0.6

续表

信号名称	C/A	L1C	L2C	L5	L1S	L6	L5S
所有分量指定的最小接收总功率/dBW	-158.5	-157.0	-158.5①/-160.0②	-154.0①/-154.9②	-158.5①/-161.0②	-155.7①/-156.82②	-157.0
数据分量扩频调制	BPSK-R(1)	BOC(1,1)	BPSK-R(1)	BPSK-R(10)	BPSK-R(1)	BPSK-R(5)	BPSK-R(10)
扩频码片速率/Mcps	1.023	1.023	0.5115	10.23	1.023	2.5575	10.23
扩频码符号周期/ms	0.9775	0.9775	0.9775	0.09775	0.9775	0.1955	0.09775
扩频码类型	Gold	Weil-based	L2CM：Short-cycledm-sequencec	L5	Gold	L61b/L62a：Kasami-based	L5
扩频码周期	1	10	20	1	1	4	1
扩频码长/b	1023	10230	10230	10230	1023	10230	10230
叠加码比特率/(b/s)	无	100	无	1000	无	无	无
覆盖码持续时间/s	无	无	无	0.01	无	无	无
叠加码长度/b	无	无	无	10	无	无	无
数据信息比特率/(b/s)	50	50	25	50	250	2000	250
数据信息符号速率/sps	50	100	50	100	500	250	500
功率百分比的数据分量	100	25	50	50	100	50	50
导频分量	无				无	无①	
扩频调制		MBOC(6,1,4/33)①/BOC(1,1)②	BPSK-R(1)	BPSK-R(10)		BPSK-R(5)	BPSK-R(10)
扩频码片速率/Mcps		1.023	0.5115	10.23		2.5575	10.23
扩频码符号周期/ms		0.9775	0.9775	0.09775		0.1955	0.09775
扩频码类型		Weil-based	L2CL：Short-cycledm-sequencec	L5		L61b：Kasamibased	L5
扩频码符号持续时间/ms		10	1500	1		410	1

续表

信号名称	C/A	L1C	L2C	L5	L1S	L6	L5S
扩频码长度/b	10230	767250	10230	1048575	10230		
叠加码比特率/(b/s)		100	无	1000	无		不适用
叠加码长度/b		1800	无	20		无	不适用
叠加码周期/s		18	无	0.02		无	不适用
导频分量功率百分比的	0	75	50	50	0	50	50

注：
L5S 信号是在 Block Ⅱ 卫星之后传输的。Block Ⅱ 后的 L6 信号有两个数据分量 L1D 和 L1E，没有导频分量。
①Block Ⅱ卫星(QZS-2、3、4)；
②Block Ⅰ卫星(QZS-1)；
③最大长度的序列。

8.7.2 数据信息汇总

表 8.7 和表 8.8 总结了各信号的数据电文信息特征。

表 8.8 QZSS 信号数据报文的特征

信号名称	C/A	L1C	L2C	L5	L1S	L6	L5S
数据信息名称	LNAV	CNAV2	CNAV	CNAV	L1S	L6D/L6E	L5S
信息结构（固定/灵活）	固定	灵活	灵活	灵活	灵活	灵活	灵活
信息长度/b	1500	900	300	300	250	2000	250
信息周期/s	30	18	6	6	1	1	1
前向纠错修正	无	日内时间数据：BCH①(51,8)；其他数据：半率 LDPC②	半率，限制长度:7	半率，限制长度:7	半率，限制长度:7	里德-所罗门码(255,223)	半率，限制长度:7
检错	汉明码(32,26)	24b CRC	24b CRC	24b CRC	24b CRC	256b RSC	24b CRC
钟差校正和星历表重复次数	30	18	48	24	无	无	无
电离层模型的最大广播间隔/min	750	未说明	288	144	不适用	不适用	不适用

续表

信号名称	C/A	L1C	L2C	L5	L1S	L6	L5S
UTC 转换的最大广播间隔 /min	750	未说明	288	144	不适用	不适用	不适用
周期重置时间 /周	1024	8192	8192	8192	不适用	不适用	不适用
是否包括闰秒	—	—	—	—	不适用	不适用	不适用
钟差校正和星历表有效期 /min	120	120	120	120	30s	轨道：30s 时钟：5s	不适用
标注信息上传率/(次/日)	24	24	24	24	每秒	每秒	每秒

①Bose、Chaudhuri 和 Hocquenghem；
②低密度奇偶校验。

8.7.3 电离层模型

Klobuchar 模型适用于 QZSS PNT 服务。用于 GPS 的模型对整个地球使用一套单一的参数，而 QZSS 则为日本周围的广大地区传送两套参数，即图 8.13 中的凹角区域。QZSS 控制段至少每 24h 上传一次新的电离层参数。

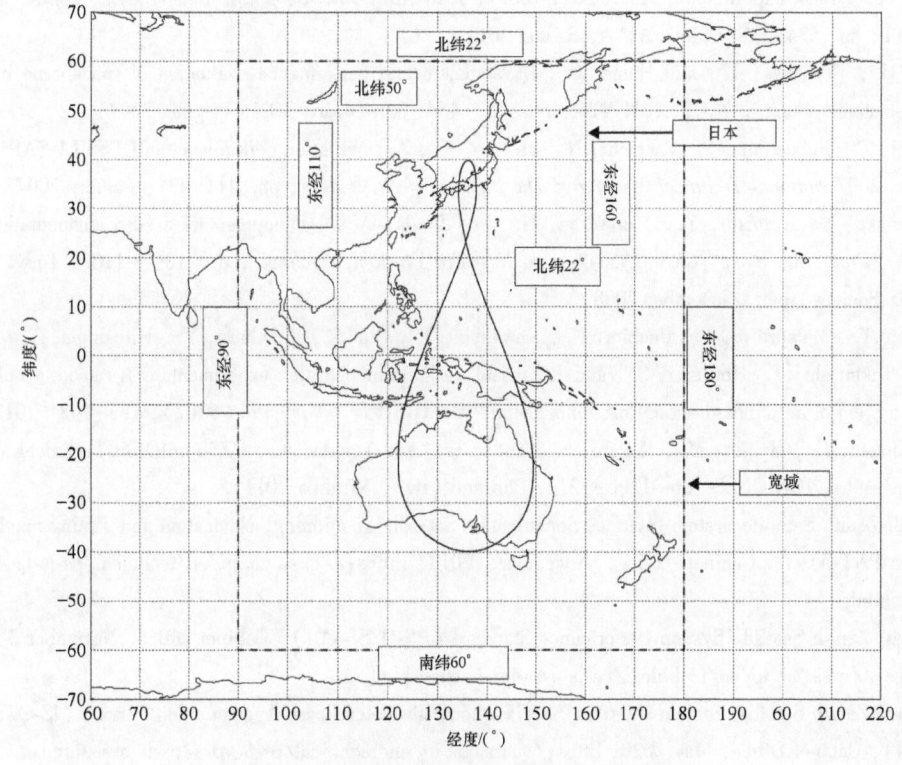

图 8.13 QZSS 电离层模型参数的适用区域

8.8 总结

QZSS 是一个区域卫星导航系统,由日本部署的 4 颗卫星和地面控制部分组成。2010 年发射第一颗卫星 QZS-1,2017 年发射另外 3 颗 Block Ⅱ 卫星,2018 年 11 月 1 日开始提供运行服务。本系统提供 PNT 服务,以提高东亚和环西太平洋地区的 GNSS 可用性。系统还提供 GNSS 增强服务,以及提高日本应对重大灾害的国家信息服务能力。

它是一项新的国家空间资产,在日本的空间政策中被列为高度优先事项。它将在 2023 年左右扩展为 7 颗卫星星座,以实现独立的 PNT 能力,从而增强鲁棒性和弹性,同时保持与其他 GNSS 的互操作性和兼容性。预计 QZSS 的发展将有助于该区域的稳定和可持续增长。

参考文献

[1] Tanaka, M., Kimura, K., Kawase, S., and Miura A. et al., Application Technique of Figure-8 Satellites System, Technical Report SAT 99(45), 55-62 (Institute of Electronics, Information and Communication Engineers) in Japanese, 1999.

[2] Takahashi, H. D., Japanese regional navigation satellite system "The JRANS Concept," *J. Global Position. Syst.* 3(1/2), 259-264, 2004.

[3] Nakamura, M., Hama, S., Takahashi, Y., Amagai, J. et al., Time management system of the QZSS and time comparison experiments, AIAA 2011-8067, *29th AIAA Int. Commun. Satell. Syst. Conf.* (ICSSC-2011), pp. 534-538, Nara (AIAA, Reston 2011).

[4] Ito, H., Morikawa, T., and Hama, S., Development and performance evaluation of spaceborne hydrogen maser atomic clock in NICT, ION NTM, pp. 452-454, San Diego (ION, Virginia 2007).

[5] Sakai, T., Fukushima, S., Takeichi, N., and Ito, K., Augmentation performance of QZSS L1-SAIF signal, *Proc. 2007 National Technical Meeting of The Institute of Navigation*, pp. 411-421, January 2007.

[6] Hatanaka, Y., Kuroishi, Y., Munekane, H., and Wada, A., Development of a GPS augmentation technique, *Proc. Int. Symp. GPS/GNSS-Toward New Era Position. Technol.*, pp. 1097-1103, Tokyo (GPS/GNSS Society Japan, November 2008).

[7] Iwata, T., Matsuzawa, T., Machita, K., Kawauchi, T., Ota, S., Fukuhara, Y., Hiroshima, T., Tokita, K., Takahashi, T., Horiuchi, S., and Takahashi, Y., Demonstration experiments of a remote synchronization system of an onboard crystal oscillator using "MICHIBIKI," *Navigation* 60(2), 133-142 (2013).

[8] Kishimoto, E., Myojin, M., Kogure, S., Noda, H., and Terada, K., QZSS on Orbit Technical Verification Results, ION GNSS, pp. 1206-1211, Portland (ION, Virginia 2011).

[9] Quasi-Zenith Satellite System Interface Specification Satellite Positioning, Navigation and Timing Service (IS-QZSS-PNT-003), Cabinet Office, November, 2017, https://qzss.go.jp/en/technical/ps-is-qzss/ps-is-qzss.html.

[10] Quasi-Zenith Satellite System Performance Standard (PS-QZSS-001), Cabinet Office, November 5, 2018, https://qzss.go.jp/en/technical/ps-is-qzss/ps-is-qzss.html.

[11] Quasi-Zenith Satellite System Interface Specification Sub-meter Level Augmentation Service (IS-QZSS-L1S-004), Cabinet Office, May 2020, https://qzss.go.jp/en/technical/ps-is-qzss/ps-is-qzss.html.

[12] Quasi-Zenith Satellite System Interface Specification Centimeter Level Augmentation Service (IS-QZSS-L6-

002), Cabinet Office, December 27, 2019, https://qzss.go.jp/en/technical/ps-is-qzss/ps-is-qzss.html

[13] Miya, M., Fujita, S., Ota, K., Sato, Y., Takiguchi, J., and Hirokawa, R., Centimeter Level Augmentation Service (CLAS) in Japanese Quasi-Zenith Satellite System, its user interface, detailed design and plan, *Proc. 28th International Technical Meeting of The Satellite Division of the Institute of Navigation (ION GNSS+ 2015)*, pp. 1958-1962, September 2015.

[14] Hirokawa, R., Sato, Y., Fujita, S., and Miya, M., Design of integrity function on Centimeter Level Augmentation Service (CLAS) in Japanese Quasi-Zenith Satellite System, *Proc. 29th International Technical Meeting of The Satellite Division of the Institute of Navigation (ION GNSS+ 2016)*, pp. 3258-3263, Portland, Oregon, September 2016.

[15] Quasi-Zenith Satellite System Interface Specification DC Report Service (IS-QZSS-DCR-007), Cabinet Office, July 12, 2019, https://qzss.go.jp/en/technical/ps-is-qzss/ps-isqzss.html

[16] Quasi-Zenith Satellite System Interface Specification Positioning Technology Verification Service (IS-QZSS-TV-003), Cabinet Office, December 27, 2019, https://qzss.go.jp/en/technical/ps-is-qzss/ps-is-qzss.html.

[17] Quasi-Zenith Satellite System Correction Data on Centimeter Level Augmentation Service for Experiment Data Format Specification, Global Positioning Augmentation Service Corporation, 1st Ed., Nov 2017.

[18] Kitamura, M., Aso, T., Sakai, T., and Hoshinoo, K., Development of prototype dual-frequency multiconstellation SBAS for MSAS, *Proc. 30th Int'l Tech. Meeting of the Satellite Division of the Institute of Navigation*, Portland, OR, Sept. 2017.

[19] SBAS L5 DFMC Interface Control Document (SBAS L5 DFMC ICD), Version 1.3, SBAS IWG, Oct. 2016.

[20] DFMC SBAS SARPs Sub Group (DS2), DFMC SBAS SARPs Part B—Proposed Draft Version 0.5, ICAO NSP, DS2/WP/3, Montreal, June 2017.

[21] Harima, K., Choy, S., and Sato, K., Potential of locally enhanced MADOCA PPP as a positioning infrastructure for the Asia-Pacific, *Proc. ION 2017 Pacific PNT Meeting*, pp. 698-712, Honolulu, Hawaii, May 2017.

[22] Miyoshi, M., Kogure, S., Nakamura, S., Kawate, K., Soga, H., Hirahara, Y., Yasuda, A., and Takasu, T., The orbit and clock estimation result of GPS, GLONASS and QZSS by MADOCA, ISSFD, 2012.

[23] Suzuki, T., Kubo, N., and Takasu, T., Evaluation of precise point positioning using MADOCA-LEX via Quasi Zenith Satellite System, ION ITM, pp. 460-470, San Diego (ION, Virginia 2014).

[24] International Standards and Recommended Practices, Aeronautical Telecommunications, Annex 10 to the Convention on Int'l Civil Aviation, Vol. I, 6th Ed., ICAO, July 2006.

[25] Lawrence, D., Global SBAS status, *Proc. 24th Int'l Tech. Meeting of the Satellite Division of the Institute of Navigation*, pp. 1574-1602, Portland, OR, Sept. 2011.

[26] SBASs: Striving towards seamless satellite navigation, Coordinates, March 2014.

[27] Imamura, J., MSAS Program and Overview, *Proc. 4th GSIC IISC Asia Pacific Rim Meeting*, 2003 Joint Int'l Conference on GPS/GNSS, Tokyo, Nov. 2003.

[28] Manabe, H., MTSAT Satellite-based Augmentation System (MSAS), *Proc. 21st Int'l Tech. Meeting of the Satellite Division of the Institute of Navigation*, pp. 1032-1059, Savannah, GA, Sept. 2008.

[29] Sakai, T. and Tashiro, H., MSAS Status, *Proc. 26th Int'l Tech. Meeting of the Satellite Division of the Institute of Navigation*, pp. 2343-2360, Nashville, TN, Sept. 2013.

[30] Sakai, T., Japanese SBAS Program: Current Status and Dual-Frequency Trial, International Symposium on

GNSS, Taiwan, Dec. 2016.

[31] Ishijima, Y., Inaba, N., Matsumoto, A., Terada, K. et al., Design and development of the first quasi-zenith satellite attitude and orbit control system, IEEE Aerospace Conference, Big Sky, 2009, pp. 1-8, doi: 10.1109/ AERO. 2009.4839537.

[32] Montenbruck, O., Schmid, R., Mercier, F., Steigenberger, P., Noll, C., Fatkulin, R., Kogure, S., and Ganeshan, S., GNSS satellite geometry and attitude models, *Adv. Sp. Res.* 56(6), 1015-1029, 2015.

[33] Cabinet Office, Government of Japan: QZS-2 Satellite Information, SPI-QZS2_C and SPI-QZS4_C, June 28, 2019, https://qzss.go.jp/en/technical/qzssinfo/index.html.

[34] Joint Statement on Galileo and GPS Signal Optimization By the European Commission (EC) and the United States (US), Brussels 24 March 2006.

本章相关彩图,请扫码查看

第9章 GNSS的互操作性

ThomasA. Stansell, Jr.
Stansell 咨询公司,美国

9.1 互操作性介绍

全球导航卫星系统国际委员会(ICG)[1]总部设在奥地利的联合国维也纳国际中心(VIC)。其使命任务中有一条是"鼓励全球导航卫星系统(GNSS)、区域系统和增强系统的供应商之间的协调,以确保更好的兼容性、互操作性和透明度"。

ICG 的工作组 A(WG-A)有研究和定义 GNSS 互操作性的授权,2007 年工作组 A 的一份报告[2]将互操作性定义如下:

- 互操作性是指全球和区域卫星导航和授时的公开服务能够一起使用,以便在用户级提供比单纯依靠一种服务或信号更好的能力。
- 互操作性允许用至少四种不同系统的信号进行导航,同时极大程度降低接收机的额外成本和复杂性。
- 对于许多应用来说,互操作性必须有共同的中心频率,其他信号特性的共同性也是可取的。
- 多个星座播发可互操作的公开信号,将改善几何观测,提高各地终端用户的精度,并提高卫星遮挡环境下的服务可用度。
- 大地测量参考框架的实现和系统时间溯源应最大限度地遵守现有的国际准则。

值得注意的是,WG-A 现在称为 WG-S,即系统、信号和服务工作组[3]。

图 9.1 以常用的漫画展示了互操作性的主要目标。用户在城市峡谷中有一个手持式接收机,该接收机可以"看到"6 个导航信号,但每个 GNSS 只能接收 1 个:美国的 GPS、俄罗斯的 GLONASS、欧洲联盟的 Galileo 系统和中国的北斗系统。GNSS 区域系统是日本的 QZSS 和印度的 NAVIC。

由于接收机是手持式的,实现"极大程度降低接收机的额外成本和复杂性"这一结果是很重要的。

上述互操作性定义下的第三点指出:"多个星座播发可互操作的公开信号,将改善几何观测,提高各地终端用户的精度,并提高卫星遮挡环境中的服务可用度。"此外,互操作性还为使用先进的 RAIM(ARAIM)[4]来保障航空完好性提供重要价值,同时降低了基于卫星的增强系统(SBAS)[5]提供差分改正和完好性信息的成本,这些信息由地球同步卫星传输,并由大型地面跟踪站网络支持,例如,美国广域增强系统(WAAS)和欧洲地球静止导航覆盖服务(EGNOS)。

图 9.1 互操作性说明

互操作性的另一个重要受益者是高精度的 GNSS 应用,如测量、绘图、建筑、基础设施(建筑物、桥梁、水坝等)监测、机器控制和精准农业。这些数以万计的高价值应用带来了数十亿美元的商业投资,并帮助开展火山监测、板块漂移追踪等研究和活动开发。使用 GPS 信号替代品的能力提高了可用性、精度、生产力和完好性。

9.2 互操作性的要素

每个 GNSS 信号都有许多参数,包括中心频率、波形、信号频谱、扩频码片数、扩频码周期、信号分量数及相对功率、叠加调制、数据调制符号率、数据比特率、报文纠错类型、报文结构、接收信号功率、卫星天线增益方向图、时间基准、大地测量和地理参考系等。

理想的互操作性将是每个 GNSS 信号结构都统一成一样的。与其让 GPS、GLONASS、Galileo 系统和北斗系统都由 30 颗卫星组成 4 个轨道高度不同的卫星星座,不如只将其中一个系统扩大到 120 颗具有相同信号和轨道特征的卫星,就能实现更好的互操作性。例如,GPS 卫星的地面轨迹每恒星日(23h56m4.1s)重复一次,而 GLONASS 卫星的地面轨迹每 8 个恒星日重复一次,北斗中轨卫星(MEO)的地面轨迹每 9 个恒星日重复一次,Galileo 地面轨迹每 10 个恒星日重复一次。由于星座存在差异,且覆盖范围不同,因此精度衰减因子(DOP)总是在变化。但当大量卫星可视时,覆盖区和 DOP 将始终维持好的水平。尽管存在星座差异,但拥有不同系统提供商的一个显著优势是,用户设备可以设计为通过任一系统来检测某一系统的问题,在问题解决之前避免使用这些信号。

由于信号和轨道之间存在较大差异,区分"信号级"和"用户级"的互操作性很有价值。如果包含内部和后处理软件的用户设备,可设计成可以接收和处理来自不同轨道高度、不同特性的卫星信号,并能得出准确的结果,这就是"用户级"的互操作性。用户通常不关心信号的来源,只关心结果,图 9.1 就很好地说明了这一点。

信号级互操作性会影响组合不同信号的难度和成本，并在一定程度上影响组合结果的质量。成本差异主要是消费者设备的问题。

Galileo E1 操作系统和 GPS L1C 信号之间的差异是有指导意义的。值得注意的是，许多文件和介绍都强调这些信号被设计成可互操作的信号[6]。表 9.1 是它们的特性比较。

表 9.1 L1C、E1OS 和 B12C 的信号特征

特 性	GPS L1C	Galileo E1 OS	GPS/Galileo 一致性	北斗 B1C
中心频率	1575.42MHz	1575.42MHz	一致	1575.42MHz
扩频码族	Weil-based	存储器	不同	Weil-based
扩频码长	10230 码片	4092 码片	不同	10230 码片
扩频码周期	10ms	4ms	不同	10ms
调制	TMBOC	CBOC	不同	QMBOC
BOC(6,1)通道	导频	导频和数据	不同	导频
BOC(1,1)通道	导频和数据	导频和数据	一致	导频和数据
数据功率百分比	25%	50%	不同	25%
导频功率百分比	75%	50%	不同	75%
数据采样率	100sps	250sps	不同	100sps
数据传输率	50b/s	125b/s	不同	50b/s
纠错	LDPC	卷积	不同	LDPC
导频叠加码	18s	100ms	不同	18s
信息帧长度	18s	720s	不同	18s

除了最重要的中心频率互操作性参数和普遍使用 BOC(1,1) 调制外，很难设计出比 L1C 和 E1OS 更明显不同的两种信号。信号的互操作性显然不是最重要的设计目标。在信号级互操作性方面，如果北斗系统采用 QMBOC[7] 假定的 B1C 信号结构，那么它将与 L1C 几乎完全相同，从而比 Galileo 系统的 E1 OS 信号与 GPS 的信号级互操作性更强。

与需要硬件修改的差异相比，通过软件算法协调信号参数差异更容易实现，成本更低。如果用一根天线接收来自不同系统的信号，采用相同的射频和/或中频(RF/IF)放大器和滤波器，并通过一个共同的模数转换器(A/D)转换为数字形式，那么所有其他差异通常可以通过数字处理芯片中的固件或后续信号处理步骤中的软件来弥补。

9.3 GLONASS 向更具互操作性的 CDMA 过渡

接下来，我们将开始评估中心频率对互操作性的影响，重点是 L1 波段的信号，即从 1559~1610MHz。L1 波段的 GPS、Galileo 系统和预期的北斗系统信号，以及 QZSS 区域 L1 信号，都是以 1575.42MHz 为中心频率。迄今为止，印度的 NAVIC 区域系统还没有播发 L1 信号。然而，GLONASS 的 L1 信号有 14 个不同的中心频率，从 1598.0625~1605.375MHz，间隔 0.5625MHz(一些参考资料表明，在 1605.9375MHz 和 1606.5000MHz 还有 2 个额外的中心频率)。每个"频道"(F)的中心频率为 $(1602+0.5625\times F)$ MHz，14 个中心频率中的最

低频率在 $F=-7$ 时,最高频率是当 $F=6$ 时。每个中心频率都可以在反节点卫星(地球对面)上重复,这就是 14 个频率最多可以用于 28 颗卫星的原因[8]。反节点卫星可以使用相同的频道号。

从一开始,GLONASS 就采用频分多址(FDMA)来区分识别各个卫星信号,同时在所有共同的卫星信号上使用相同的扩频码。GPS 和所有后续的导航卫星系统都在相同的中心频率上进行传输,例如 1575.42MHz 的 L1,在每颗卫星上使用不同的码分多址(CDMA)扩频码来分离和区分信号。

重要的是,GLONASS 也开始实施 CDMA。随着时间的推移,GLONASS 的每颗卫星都将同时发射 FDMA 和 CDMA 信号,新的 CDMA 信号表明要提高与 GPS 和其他 GNSS 系统的互操作性。GLONASS-K 卫星只有一个 CDMA 信号,即 L3OC[指在 L3 频率上使用 CDMA(C)的公开信号(O)]。增强型 GLONASS-K 将在 L1、L2 和 L3 提供 3 个公开的 CDMA 信号。该卫星使用 2 个相控阵天线:一个用于发射 FDMA 信号;另一个用于发射 CDMA 信号。值得注意的是,CDMA 天线位于首选位置,与卫星质心对齐,而 FDMA 天线是偏置的[8]。这种差异预计将在 GLONASS-K 改进型(K2)卫星上改变,它将从一个与质心对齐的天线发射所有导航信号。

GLONASS CDMA 信号将以 1600.995MHz 的 L1、1248.060MHz 的 L2 和 1202.025MHz 的 L3 三个频率进行发射,如图 9.2 所示[9]。

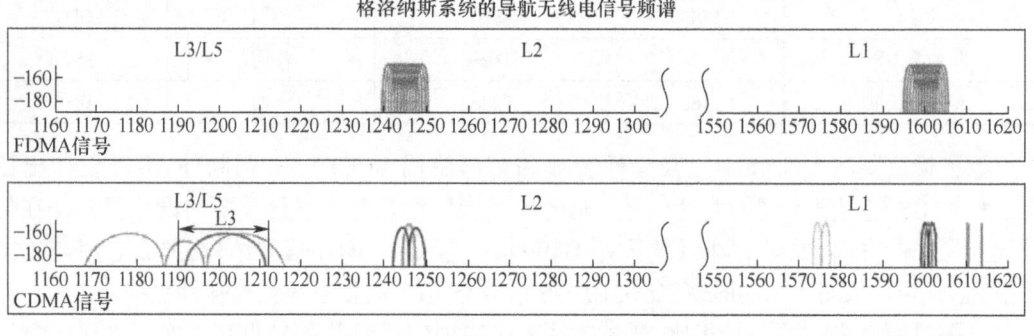

测距信号	载频/MHz	信号	码长/码片	钟频/MHz	调制类型	电文传输速率/(b/s)
L1	1600.995	L1OCd L1OCp	1023 4092	1.023 1.023	BPSK(1) BOC(1,1)	125 导频信号
L2	1248.06	L2 CSI L2OCp	1023 4092	1.023 1.023	BPSK(1) BOC(1,1)	250 导频信号
L3	1202.025	L3OCd L3OCp	10230 10230	10.23 10.23	BPSK(10) BPSK(10)	100 导频信号

图 9.2 GLONASS FDMA 和 CDMA 信号

图 9.2 上图显示了 GLONASS L1 和 L2 的 FDMA 信号。下图显示的是 GLONASS CDMA 信号。在左边,GLONASS L3 信号,叠加在 Galileo E5 信号上,Galileo E5 信号由两部分组成:E5a(叠加到 GPS L5 信号主瓣的下侧)以及 E5b(它的频率高于 E5a 和 L5)。如图 9.2 中的

表所示，L3 载波由 10.23MHz 扩频码调制。

在 GLONASS L2 频段，如第二张图所示，L2 CDMA 信号与 GLONASS FDMA 信号重叠，并由两个 1.023MHz 扩频码调制，一个是二进制相移键控（BPSK）信号，另一个则由 1.023MHz 的方波调制，形成二进制偏移载波 BOC(1,1) 信号。BOC(1,1) 项中的第一个"1"表示 1.023MHz 的方波，第二个"1"表示伪码速率为 1.023MHz。

图 9.2 中的第二张图显示，GLONASS L1 CDMA 信号与 GLONASS L1 FDMA 信号重叠。L1 CDMA 信号的结构与 L2 CDMA 信号相同，即一个 BPSK(1) 分量和一个 BOC(1,1) 分量。在 GLONASS L1 图的左边是 L1C 信号的 GPSBOC(1',1) 分量图，其中心为 1575.42MHz（注意，GLONASS L2 CDMA 图的比例不正确。它的宽度应该与 L1 CDMA 图相同）。

新的 GLONASS CDMA 信号与传统的 FDMA 信号之间存在着显著的差异。这些差异显然是为实现与 GPS、Galileo 系统、北斗系统和 QZSS 的互操作性。GPS 和其他系统的时钟是基于 1.023MHz 公共频率的倍数。GLONASS CDMA 信号和上述这些信号一样，却与 GLONASS FDMA 不同。3 个 GLONASS CDMA 信号的中心频率均为 1.023MHz 的倍数，即 L1 为 1565 乘以 1.023MHz 或 1600.995MHz，L2 为 1220 乘以 1.023MHz 或 1248.060MHz，L3 为 1175 乘以 1.023MHz 或 1202.025MHz。此外，如图 9.2 所示，码时钟频为 1.023MHz 或 10.23MHz，码长为 1023 码片、4092 码片或 10230 码片。

9.4 信号中心频率互操作性影响

将具有共同中心频率的信号组合在一起的好处是，当接收机天线捕获每个信号后，通过 RF/IF 滤波器、放大器和电缆的时间延迟对每个接收信号几乎是相同的。如果这些信号使用有唯一采样时钟的单一 A/D 设备进行数字化，则可以假定数字化信号之间的时差为 0。对于精确的导航和定位，无须校准信号之间的时间延迟。对于定时接收机，根据需要的精度，需要校准天线到信号输出的时间，但不需要校准接收信号之间的时间差（除了考虑系统时钟之间的时间差）。

"零差"假设有少数例外，原因有二：①由于卫星和接收天线的相对运动而产生的信号多普勒频移，通常每个信号有不同的多普勒频率偏移，在 1575.42MHz 时，地基接收机的多普勒偏移范围约为 $-5\sim 5$kHz。图 9.3 通过代表 GPS L1 中心频率的线宽和代表 GLONASS FDMA 中心频率的 14 条线宽说明了这一点。图 9.3 中叠加了 GPS C/A 信号的频谱，第一个零位为 ± 1.023MHz，其目的是表明多普勒频移只是扩频带宽的一小部分。之所以进行比较，是因为即使是窄带接收机也必须处理大部分的 L1 信号带宽。典型的用户接收机带宽为 ± 2MHz 或更高。Excel 绘图的局限性不一定能显示出多普勒频移与 C/A 信号相比其频谱宽度有多小。图 9.4 则更清楚地显示了代表 GPS 中心频率的两条线分别为 1575.42MHz、5kHz 和 1575.42MHz、-5kHz。接收机组件，尤其是滤波器和电缆，其时延随频率的变化而变化。几乎在所有的应用中，由于微小的多普勒频移而产生的时延差异均可以被忽略。在一些应用中，即使是这种微小的影响也必须进行测量和校准，以达到最高的精度。②不能忽略信号间的微小时延变化的第二个原因是天线本身不是时延各向同性的，这是更重要的原因。在不同的方位角和仰角到达的信号会有小的时延差异，收到的载波相位超过 360°转化为卫星方位角相对于接收天线位置的函数。对于高精度应用,这些变化是可测量和绘制的,并在处理信号时进行校正。

对于消费者的应用来说,这种微小变化可以忽略不计,特别是与更大的误差源相比,包括多路径和未经校正的电离层和对流层折射。

如图 9.3 所示,GLONASS FDMA 信号之间的中心频率偏移是巨大的,特别是与多普勒频移相比。GPS L1 与任何一个 GLONASS FDMA 信道之间的频率偏移范围为 22.6425 ~ 29.955MHz。各个 FDMA 信道之间的频率偏移范围为 0.5625~7.3125MHz。即使与 C/A 信号频谱的带宽相比,差异也很大。事实上,GPS 和 FDMA 信道间的频差如此之大,以至于大多数(如果不是所有)接收机对 CDMA 信号采用了与 FDMA 信号不同的 RF/IF 硬件,包括不同的滤波器。这违反了"允许用至少 4 种不同系统的信号进行导航,同时尽量减少接收机的额外成本或复杂性"的主要互操作性目标。

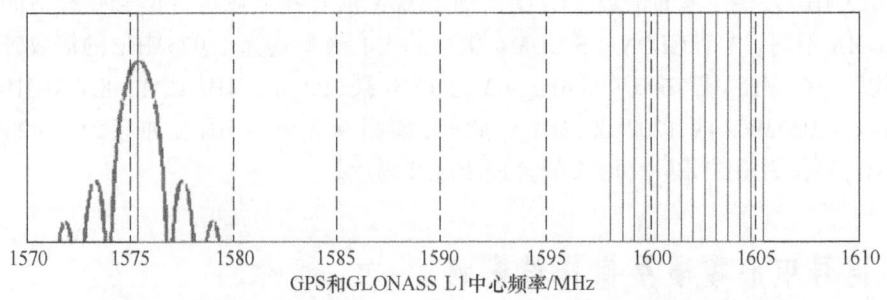

图 9.3　GPS L1 中心频率和 GLONASS 中心频率

[多普勒频移(线宽)为±5kHz。GPS C/A 信号频谱显示在 GPS L1 中心频率处。]

为了实现只使用 FDMA 接收机的精度,滤波器的设计必须将从一个通道到另一个通道在时间上的延迟偏差降到最低。应向处理软件提供这些延迟的预校准,并且需要一个嵌入式的测试信号来校准差异。

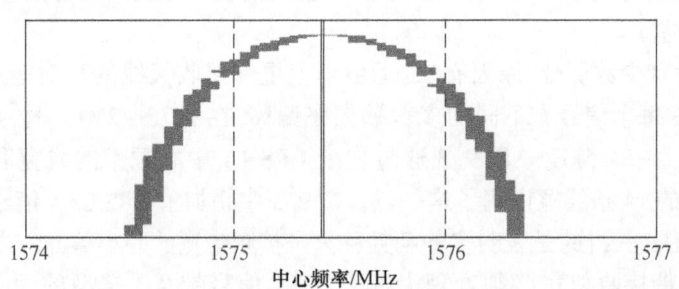

图 9.4　有±5kHz 多普勒频移的 GPS L1 中心频率和 GPS C/A 信号频谱

当 GLONASS FDMA 与 GPS、Galileo 系统、北斗系统和/或 QZSS 一起使用时,可根据独立于 GLONASS 测量的位置解算对单个 FDMA 延迟进行校准。虽然滤波器时间延迟的变化可能会随着时间和温度的变化而改变,但只要校准仍然有效,就可从 FDMA 信号使用中获益。由于将 GLONASS 增加到 GPS 中所获得的额外覆盖范围和精度非常有价值,从消费类设备到高精度的测量和机械控制产品都有这样的装备。一旦从其他供应商那里获得许多可用的 CDMA 信号,就会出现使用 FDMA 信号的额外复杂性是否合理的问题。

这就是为什么新兴的 GLONASS 使用 CDMA 很重要。GPS L1、L2 和 L5 的频率偏移不会被消除。这些偏差分别为 25.575MHz、20.46MHz 和 25.575MHz(作为 1.023MHz 的系数,偏差系数分别为 25、20 和 25)。更进一步,将 1.023MHz 作为所有 GLONASS CDMA 信号的基准,应简化每个接收机处理 GLONASS CDMA 和其他 GNSS 信号的频率合成。

频率偏差大到足以保证在每个波段使用 2 个滤波器:一个用于大多数 GNSS CDMA 信号;另一个用于 GLONASS CDMA 信号。这需要更大的产品尺寸和更高的成本,但可以消除需要逐个校准每个 FDMA 信道时间延迟的烦琐性和次优性。事实上,校准成为定位解算中的一个附加参数。滤波器之间的相对时延将非常稳定,只存在缓慢变化。在许多应用中,该参数可以与非常稳定的系统时间差参数相结合。一旦解算得到,每个或其组合都进行大量滤波,在随后的定位解算中就不会"浪费"哪怕是一个卫星信号。

如图 9.2 所示,1.023MHz 不仅是 GLONASS CDMA 中心频率的基数,也是扩频码时钟的基数。扩频码长也是 1023 码片的倍数。显然,其目的是即使中心频率不相同,也要尽可能地与大多数其他 GNSS 信号进行互操作。

9.5 错失第三公共频率的机会

如本书第 1 章图 1.21 所示[10],现有的或在研的许多信号都是"孤儿",因为它们不由任何其他主要的系统提供。例如,GPS 和 QZSS L2 信号不是由 GLONASS、Galileo 系统或北斗系统提供的。Galileo E5b 和北斗 B2b 信号在 GPS 上不存在。更重要的是,它们不会被 FAA 认证的航空电子设备使用。因此,如果所有主要系统提供的通用信号都能满足支持的应用,那么制造商在未来的接收机中加入孤立信号的动力就会减少。所有主要系统只支持 1575.42MHz(GPS L1)和 1176.45MHz(GPS L5)这 2 个信号频率,预计这 2 个频率将成为未来双频接收机和应用的主要频率。

在 ION GNSS-2006 会议上,Hatch[11]描述了一种三频、无几何结构的载波相位模糊度解算技术,利用来自多颗卫星的 3 个共同频率,广域差分系统可使接收机在整个大陆上提供约 10cm 的导航精度。这可以给生命安全车道保持服务提供基础保证、为精准农业提供更好的服务,或许还可以为消费等级调查反馈提供支持。关于第 1 章中的图 1.21,通用信号的最佳位置是在 Galileo E6 信号上。理想情况下,Galileo 系统、北斗系统和 GPS 应该提供 1278.75MHz 的信号,但却遗憾错失向广域、高精度导航和定位服务迈出重要一步的机会。

9.6 信号波形和频谱对互操作性的影响

与具有相同波形和频谱的信号相比,通常认为具有不同波形和频谱的信号本质上就导致了互操作的欠缺。比如,图 9.5 显示了 GPS BPSK(1) C/A 信号的频谱、GPS L1C[12-15]、Galileo E1 OS、北斗 B1C 和 QZSS L1C 信号的多路二进制偏移载波(MBOC)频谱。因此,关注重点就成了 C/A 信号是否可以与其他信号互操作。

MBOC 信号由两部分组成:一部分是占信号功率 90.9%的 BOC(1,1)波形;另一部分是占信号功率 9.1%的 BOC(6,1)波形。大多数接收机只跟踪 BOC(1,1)分量,有的是为了降低成本和/或带宽,或者有的是在航空领域减少复杂性。因此,我们将跟踪研究 C/A 信号与 MBOC 的 BOC(1,1)分量的偏差。

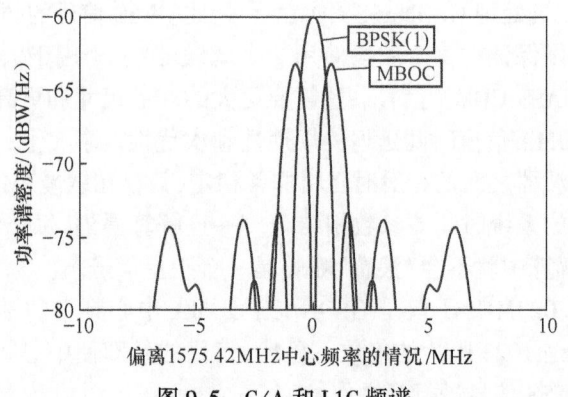

图 9.5　C/A 和 L1C 频谱

跟踪 GNSS 信号扩频码应用最广泛是"早-晚跟踪相关器(E-L)"。这种方法的变种也被广泛用于信号多径衰减的影响分析,如窄相关器、Strobe 相关器、Double-Delta 相关器或多径抑制相关器[16-18]。如文献[16-18]中所述,从早相关器波形中减去晚相关器波形会产生有+1、0 或-1 三个电平的波形。当电平为+1 时,门打开,输入(I 通道)信号样本累加(运行总和也降低,且较旧的样本会被较新的样本取代);当电平为-1 时,门打开,但从运行总和中减去信号样本;当电平为 0 时,门关闭,信号采样被忽略(在没有过渡到跟踪时忽略信号采样可以提高环路信噪比)。此外,如文献[16-18]中所述,码跟踪环路工作在扩频码变迁正负门的中心,门的极性由信号码的跳变方向定义。结果是,当运行和的平均值不是零,而是正或负数时,这会产生码跟踪环将打开门时间对准于输入信号码跳变的误差信号。当运行和的平均值为零时,码跟踪环与码自相关函数的峰值对齐。

跟踪 BPSK(1)或 BOC(1,1)波形的伪跳变过程是相同的,唯一显著区别是,BOC(1,1)波形每单位时间的伪跳变是 BPSK(1)的 3 倍,即 BPSK(1)约为 50 万次/s,BOC(1,1)约为 150 万次/s。这提高了码跟踪环路的信噪比,但不会导致波形精度的降低,在极弱信号条件下除外。

如果接收机射频/中频 RF/IF 带宽足够宽,则代码转换后的瞬态响应将在下一次转换前基本稳定。C/A 扩频码下一次转换前的最小时间间隔约为 1μs(977.5ns);BOC(1,1)是 1.023MHz 扩频码的一半,因为 1.023MHz 的扩频码也由 1.023MHz 的方波调制。因此,BOC(1,1)的最小射频/中频带宽应该是最小 C/A 射频/中频带宽的 2 倍左右。实际上,当前窄带 C/A 接收机的带宽可能足以满足 BOC(1,1),并且为 BOC(1,1)设计的接收机也一定具有足够的带宽来满足 C/A 信号。从接收机带宽的角度来看,使用相同的硬件处理 2 个信号不会产生不利影响,因为它们具有相同的中心频率。

可能影响 BOC(1,1)和 BPSK(1)之间互操作性的一个特征是它们各自的自相关函数,如图 9.6 所示。跟踪 BOC(1,1)时,重要的是避免码环锁定到距离主峰扩频码片±0.5 码片的"伪峰"。已有诸多文献对避免此陷阱进行了研究。如果 2 个信号都是从同一颗卫星发射的,则可以使用没有这种模糊性的 BPSK(1)自相关函数来验证 BOC(1,1)码跟踪器是否正确对齐。

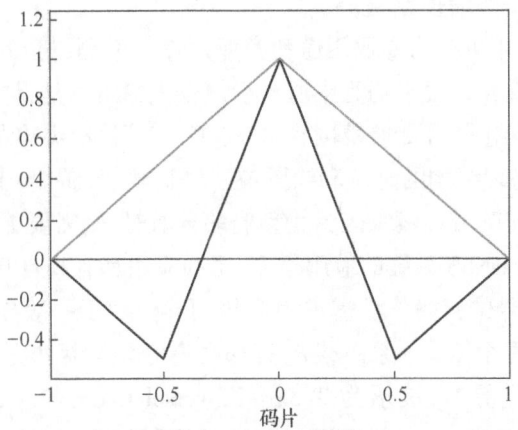

图 9.6　BPSK(1)和 BOC(1,1)信号的自相关函数

2 个自相关函数的相对"锐度"可能意味着其中一个函数比另一个函数的精度更好,这一直是一个长期的设想。当初设计 GPS 时,由于 C/A 的自相关函数比 P 码宽 10 倍,所以认为 P 码的伪距测量精度是 C/A 码的 10 倍。然而众所周知的是,一些精度最高的测量是由 C/A 接收机完成的。这是由多个原因导致的,其中之一是使用窄相关器或多径抑制相关器可以使用与 P 码跟踪相同的 C/A"早-晚间距"(相同的门宽度)。如果使用相同的 RF/IF 带宽对 2 个信号进行滤波,则任一自相关函数顶部的平滑是相同的,这意味着如果码跟踪环路中的信噪比足够乐观,则发现码转换的精度将相同。为了提高信噪比,商业、科学和航空的 C/A 接收机几乎都采用了载波辅助码平滑,即 Hatch 滤波器[19]。这允许将码环带宽减少到 0.01Hz 或更小。在大多数应用中,滤波器设置所需的时间消耗并不重要。

因此,可以得出结论,出于最实际的目的,C/A BPSK(1)和 MBOC BOC(1,1)信号在码跟踪精度方面是完全可以互操作的。

9.7　时钟、大地测量和差分改正

如果你是一名科学家,为了从 GNSS 的测量中攫取最后 1mm 的精度和 1ps 的时间,系统要素间的任何差异都是显著的。例如,发射天线相对于卫星质心的相位中心位置、用于确定每颗卫星轨道和时钟的跟踪站位置、预测卫星轨道的大地测量模型、大陆漂移和极移对轨道确定的影响、卫星钟的短期和长期稳定性、每个卫星钟相对于协调世界时(UTC)标准的漂移,以及国家时标与全球 UTC 的接近程度等。此外,科学家还必须关注信号结构中的微小畸变、电离层和对流层折射效应、接收机天线特性的可变性,包括随方位角和仰角的相位变化、本地的多径环境、天线结构的物理稳定性等。其中的每一项以及更多的内容都是我们持续深入研究的对象。

但上述这些都不是消费者所关心的。大多数 GNSS 接收机都集成在手机中(30 亿或更多),其次是汽车上。其精度受到多径、信号阻塞、天线结构不良、电池功率有限(限制复杂的处理)、物理空间严重受限、充满电子噪声的环境等因素的挑战。几米的误差显然是可以容忍的,并不会限制市场的增长发展。

这些完全不同的应用可分为专业用途和商业用途。勘测、机械控制、结构监测、火山监测、地震监测等方面的高精度要求约为半厘米级。令人惊讶的是,许多农业应用的精度要求在 1~10cm 之间。另一组应用要求精度在 0.5~1m 之间,最突出的例子是地理信息系统(GIS)的数据收集,如物理结构的定位和绘图;在飞机、轮船、游船、卡车等商业导航应用中,精度要求较低;在飞机着陆或在浅水区为大型船舶导航时,则需要更高的精度。

以上各段意在表明 GNSS 系统的应用很多,每种应用都有其自身的精度和其他要求,因此不同的 GNSS 系统信号的互操作性需求因应用而异。对于一般导航而言,几乎已经实现了互操作性,这是因为每个 GNSS 系统供应商都在遵守国际标准的同时努力提高其精度。国际时间标准是协调世界时,法语为 Temps Universel Coordonné,缩写折中选择了 UTC。UTC 是基于国际原子时(TAI),由位于巴黎附近的国际计量局(BIPM)计算。在不久的将来,似乎可以实现约 10ns(以光速计算约 3m)的互操作性。即使如此,也建议获得系统间的测量时间偏移,获取路径包括作为卫星导航信息的一部分或通过其他通信渠道提供的外部测量。最准确的方法是当每个系统有足够多的可见卫星时,接收机计算时间偏移量,将系统时间偏移量作为一个未知参数列入导航解算中。由于系统间的时间偏移变化非常缓慢,所以在解算确定后可以进行大量滤波。

所有 GNSS 系统都在试图复制的另一个标准是国际地球参考系(ITRF)[20]。最新的 GPS 参考框架与最新的 ITRF 之间的差异只有几厘米,其他所有 GNSS 也都在接近这一协议水平。因此,对于精度要求不超过几米的应用来说,现在(或很快)就能将几个 GNSS 系统的信号组合起来,而不必担心时间或大地测量的互操作性。

对于更高精度应用,几十年来的解决方案都是使用差分改正。其基本概念是,在规定地点的一个参考站,或在规定地点的参考站网络,跟踪可用的卫星信号并计算出提供给用户的差分改正数。有的差分系统中的参考站,部署在 15~50km 的有限距离内,还有一些系统的参考站分布在广阔的地区,可以为整个大陆服务。短距离内,改正只针对伪距调整,或者对于测量和机械控制应用,还包括载波相位读数。对于更大的系统,改正将包括调整每个卫星的轨道参数,以及伪距和/或钟差改正。有一些应用允许简单的改正,其他应用可能需要更复杂的改正。广域系统包括美国联邦航空局(FAA)运营的 WAAS 和世界各地类似的 SBAS[5];还有一些商业公司运营的私人系统采用通信卫星来播发改正信息,如 Trimble 有限公司的 OmniSTAR、John Deere 公司的 StarFire 和 TerraStar GNSS 有限公司的 TerraStar;较小的系统使用当地的无线电发射机和接收机发送改正信息。

重要的是,所有差分系统都消除了时间或大地测量偏移这些基本互操作性问题。应用差分改正后,调整每个卫星的时间基准和轨道坐标,使其与差分系统本身定义的公共基准一致。其他互操作性问题将只可能在用户设备中进行,如由于不同信号中心频率产生的不同时间延迟等。差分系统在手机通信网等领域被广泛使用,完全消除了人们对互操作性的大部分顾虑。

9.8 总结

由于 GNSS 的数量越来越多,预计大多数系统将在 2020 年左右达到成熟状态。本章的重点是讨论这些系统是否能够很好地协同工作,即这些系统是否能够实现互操作。本章对 ICG 在处理互操作性方面的工作,包括就互操作性定义的一致性等,进行了回顾。

随后对互操作性要素进行了探讨。由于各系统之间信号参数不同,因此必须区分"信号级"互操作性和"用户级"互操作性,前者的信号参数应几乎相同,后者的差异主要由用户设备中的软件来解决,因此用户是看不到的。

接着研究了 GLONASS 从 FDMA 信号过渡到更具互操作性的 CDMA 信号的影响。研究表明,将 FDMA 信号与 CDMA 信号结合起来,带来了额外的成本和更高的信道校准要求。例如,由于 GLONASS 信号不是以 1575.42MHz 和 1176.45MHz 为中心,因此未来对 GLONASS 的综合使用可能比现在少。然而,尽管 GLONASS CDMA 中心频率与其他大多数 GNSS CDMA 信号不同,但新的 GLONASS CDMA 信号将比原来的 FDMA 信号更具互操作性。

其次重点介绍了通过组合具有不同中心频率的信号而带来的互操作性挑战。

然后发现错失了一次公用第三频率的机会。很遗憾,这个机会将来也不太可能实现。

又探讨了信号波形或其频谱的偏差是否会对互操作性产生不利影响的问题。看来,像 GPS C/A 信号和多个 MBOC 信号这样不同的波形可以组合在一起,而不会损失精度。因此,它们被认为是可以互操作的,但要注意 C/A 信号载波跟踪需要的某些 Costas(平方)跟踪环是否会在 L1 上跟踪的 GPS C/A 和 MBOC 信号间引入小的偏移。

对系统钟差和基本轨道测定的大地测量互操作性进行了回顾。除了科学、勘测和工程应用需要极高的精度外,对于大多数用户应用来说,这些偏差非常小——越来越小——以至于可以忽略。还注意到,用于科学、勘测和工程以及大多数商业和大部分用户应用的差分 GNSS 消除了系统时钟和大地测量的所有偏差以及单个卫星钟差和轨道误差。

在 20 世纪 70 年代初至中期,当 GPS 和 GLONASS 刚开始设计开发时,没有人能够想象这些系统的应用和用户数量会有如此大的增长。它们对安全、自由漫步、交通经济、科学技术和日常生活等许多其他方面的影响也是无法预料的,其结果也是革命性的。

我们正在经历一个新的革命。其影响不会像部署第一个连续、全球、全天候、四维导航的定位系统那样大,但随着欧洲完成 Galileo 系统和中国北斗系统提供全球服务,也许还会在日本的区域性 QZSS 和印度的 NAVIC 的帮助下,显著提高现有能力。所有应用的精度、可用性和完好性,特别是在挑战环境中的应用体验,都将被改变。城市峡谷中的可用性和精度将大大提高,随着 ARAIM[4] 的全面使用,昂贵的 SBAS 的数量也将大大减少。科学、勘测、工程和农业应用的精度、相位模糊的解算速度将得到大幅提高,以及在树荫下或矿井深处等艰险环境中的可用性也将增强。大多数应用的完好性将得到改善,因为可使用更多的卫星进行相互交叉检查,就像传统的 RAIM 或 ARAIM 一样。

互操作性在几乎所有 GNSS 的应用中都很重要。对于用户应用来说,基本上已经实现了互操作性。随着信号提供者不断努力提高精度、匹配国际时间和大地测量标准并加强其系统的完好性,所有应用的性能都将不断提高。差分改正的广泛使用可以消除任何残留的互操作性问题。互操作性正在推动全球卫星导航和定位进入下一个重要阶段。

参考文献

[1] http://www.unoosa.org/oosa/en/ourwork/icg/icg.html.

[2] http://www.unoosa.org/documents/pdf/icg/activities/2007/WG-A-2007.pdf.

[3] http://www.unoosa.org/oosa/en/ourwork/icg/working-groups.html.

[4] Pullen, S. andJoerger, M., Chapter 23 GNSS Integrity and Receiver Autonomous Integrity Monitoring (RAIM), in *Position, Navigation, and Timing Technologies in the 21st Century*, (eds. Y. J. Morton et al.), Wiley-IEEE Press, 2020.

[5] Walter, T., Chapter 13 SBAS, in *Position, Navigation, and Timing Technologies in the 21st Century* (eds. Y. J. Morton et al.), Wiley-IEEE Press, 2020.

[6] http://www.gps.gov/policy/cooperation/europe/2007/MBOC-agreement/.

[7] Lu, M. and Zheng, Y., Chapter 6Beidou Navigation Satellite System, in *Position, Navigation, and Timing Technologies in the 21st Century* (eds. Y. J. Morton et al.), Wiley-IEEE Press, 2020.

[8] Karutin, S., Testoedov, N., Tyulin, A., and Bolkunov, A., Chapter 4 GLONASS, in *Position, Navigation, and Timing Technologies in the 21st Century* (eds. Y. J. Morton et al.), Wiley-IEEE Press, 2020.

[9] Karutin, S., Private communication.

[10] Parkinson, B. W., Morton, Y. J., vanDiggelen, F., and Spilker, J. J., Chapter 1 Introduction, Early History, and Assuring PNT (PTA), in *Position, Navigation, and Timing Technologies in the 21st Century* (eds. Y. J. Morton et al.), Wiley-IEEE Press, 2020.

[11] Hatch, R. R., A new three-frequency, geometry-free, technique for ambiguity resolution, *Proceedings of the 19th International Technical Meeting of the Satellite Division of The Institute of Navigation (ION GNSS 2006)*, pp. 309-316, Fort Worth, TX, September 2006.

[12] Hein, G. W., Avila-Rodriguez, J.-A., Wallner, S., Pratt, A. R., Owen, J., Issler, J.-L., Betz, J. W., Hegarty, C. J., Lenahan, S., Rushanan, J. J., Kraay, A. L., and Stansell, T. A., MBOC: The new optimized spreading modulation recommended for GALILEO L1 OS and GPS L1C, *Proceedings of IEEE/ION PLANS* 2006, pp. 883-892, San Diego, CA, April 2006.

[13] Betz, J., Blanco, M. A., Cahn, C. R., Dafesh, P. A., Hegarty, C. J., Hudnut, K. W., Kasemsri, V., Keegan, R., Kovach, K., Lenahan, L. S., Ma, H. H., Rushanan, J. J., Sklar, D., Stansell, T. A., Wang, C. C., and Yi, S. K., Description of the L1C signal, *Proceedings of the 19th International Technical Meeting of the Satellite Division of The Institute of Navigation (ION GNSS 2006)*, pp. 2080-2091, Fort Worth, TX, September 2006.

[14] Stansell, T., Hudnut, K. W., and Keegan, R. G., GPS L1C: Enhanced performance, receiver design suggestions, and key contributions, *Proceedings of the 23rd International Technical Meeting of The Satellite Division of the Institute of Navigation (ION GNSS 2010)*, pp. 2860-2873, Portland, OR, September 2010.

[15] Stansell, T., Hudnut, K. W., and Keegan, R. G., "Future wave: L1C signal performance and receiver design," *GPS World*, April 1, 2011.

[16] Hatch, R. R., Keegan, R. G., and Stansell, T. A., Leica's code and phase multipath mitigation techniques, *Proceedings of the 1997 National Technical Meeting of The Institute of Navigation*, pp. 217-225,

Santa Monica, CA, January 1997.

[17] Stansell, T. A., Inventor, Leica Geosystems Inc., assignee, Mitigation of multipath effects in global positioning system receivers, U. S. Patent 5,963,582 filed November 21, 1997, and issued October 5, 1999.

[18] Stansell, T. A., Knight, J. E., Keegan, R. G., and Cahn, C. R., Inventors, Leica Geosystems Inc., assignee, Mitigation of multipath effects global positioning system receivers, U. S. Patent 6,160,841 filed November 21, 1977, and issued December 12, 2000.

[19] Hatch, R., The synergism of GPS code and carrier measurements, International Geodetic Symposium on Satellite Doppler Positioning, 3rd, Las Cruces, NM, February 8-12, 1982, Proceedings. Volume 2 A84-18251 06-42), pp. 1213-1231, Las Cruces, NM, New Mexico State University, 1983.

[20] Rizos, C., Altamimi, Z., and Johnson, G., Chapter 27 Global Geodesy and Reference Frames, in *Position, Navigation, and Timing Technologies in the 21st Century* (eds. Y. J. Morton et al.), Wiley-IEEE Press, 2020.

第 10 章 GNSS信号质量监测

Frank van Graas, Sabrina Ugazio
俄亥俄州立大学,美国

10.1 简介

随着 GNSS 的应用越来越广泛,其服务保证和相关的服务监测需求也在不断增长。卫星导航发展早期,重点放在导航方法及其精度。一旦服务达到运营能力,重心就向信号监测转移,以确保承诺的性能水平。

第一版 GPS 标准定位服务性能规范(SPS)在 1993 年发布,同年 GPS 发布了其初始服务能力(IOC)[1]。扩大了最初的五站监测网络、升级了接收机技术后,既增强了卫星信号监测又降低了用户测距误差(URE)[2-3]。其他卫星导航系统,如北斗系统[4]、Galileo 系统[5],都发布了性能标准,除此之外,别的卫星导航系统也将以国际 GNSS 委员会工作组(ICG)起草的系统、信号和服务相关性能标准为运营基础。

信号监测的下一步任务就是编制性能规范,确定 GNSS 需要监测的所有参数。第一版 GPS 民用服务监测性能规范(CMPS)在 2005 年发布[7]。从国际社会的视角来看,该项活动在联合 ICG-IGS(国际 GNSS 服务)国际 GNSS 监测评估试验计划(IGMA)框架下实施[8]。对 GNSS 服务提供者而言,监测标准的发展和改进是一个持续进行的过程。

所有监测要求都包含了信号质量监测(SQM),它主要涵盖了传输载波波形和码性能的监测,其中信号的许多方面都与用户相关,比如接收信号功率,以及潜在失效模式和机理。为实现高完好性和诸如飞行器着陆操作之类的生命安全应用,信号质量监测要求从其批准过程开始就需要提供完整定义,因此已经比较完善。

本章首先阐述信号质量监测的重要性,接着描述信号质量监测要求,并给出当前监测系统的概述,最后总结 6 个参数(信号功率、互相关、周跳、极限加速度、码-载波不一致、信号畸变)的信号质量监测算法及方法。

10.2 信号质量监测的重要性

对卫星播发的 GNSS 信号进行质量监测主要出于以下 3 方面考虑:
(1) 服务保证和用户接受度;
(2) 高精度应用;

(3) 高完好性、生命安全应用。

第一类与服务提供方相关,重点是服务承诺和用户接受服务一致性的验证。导航信号置为公开时,需要向导航用户提供最低性能水平的保证文件,以便其规划该信号的操作使用。但也要注意,许多 GNSS 用户习惯使用一些未提供服务承诺文件的现代化信号特性,并对其十分信任。此时,如果信任破坏,会对用户的接受度产生负面影响。

高精度应用的分类是考虑到需要在本地、区域或全球布设地面参考站来提高导航卫星的时钟和轨道精度。另外,参考站也可用于消除电离层和对流层的传输时延。高精度系统向用户提供改正参数,从而获得远超出 GNSS 定位和授时服务的性能水平。进行信号质量监测能够确保提供用户的精度保持在一定区间内。

第三类涉及的应用超出了 GNSS 提供的完好性水平。这些应用既不在原 GNSS 设计的范围内,考虑到成本和开发时间,也不包含在当前设计中。这些系统有星基增强系统(SBAS)和地基增强系统(GBAS),它们已得到航空应用服务的许可。GBAS 和 SBAS 依靠地面参考站来监测接收的卫星信号。用户接收机监测也属于该类范畴,通过执行接收机中的算法来获得更高的完好性,如接收机自主完好性监测(RAIM)或先进 RAIM(ARAIM)。

三类中的每类都有各自的信号质量监测要求,将在下一节进行介绍和总结。

10.3 信号质量监测要求

鉴于 GNSS 应用的复杂性和多样性,没有任何一个发布的文件能覆盖全部的监测要求。作为起步,我们可考虑 GPS 民用监测性能规范(CMPS)[9],它源自美国多个政府报告,包括:GPS 服务性能标准[10]、接口规范[11-14]、广域增强系统(WAAS)性能标准[15]、GPS Ⅲ 系统规范[16]和跨部门操作要求论坛(IFOR)提出的新操作要求[17]。另外,还包含国际民航组织(ICAO)标准和建议(SARPS)要求[18]。对于其他 GNSS,可通过研究它们的接口规范和性能标准获取相关参数值。

CMPS 中的监测要求可分为 3 类:
(1) 系统性能监测(35 项要求),包括单星/星座覆盖区、卫星轨道参数;
(2) 信号监测(136 项要求),包括民用测距码校验,信号质量监测,半无码跟踪和导航电文;
(3) 非广播电文(4 项要求),包括 GPS 用户通告信息(NANU)和 Yuma 历书信息。

信号质量检测是信号监测的一部分,它主要评估载波波形和码性能,确保它们在设计限值内[19]。表 10.1 总结了 CMPS SQM 要求[9]。通过表 10.1,可看出 SQM 要求主要基于接口规范,但在该表第 7 行和最后 3 行也包含了飞机精密进近的相关要求,这些要求源于 WAAS 和 ICAO SARPS 标准。

表 10.1 CMPS 信号质量监测要求总结[9]

CMPS 段落	需 求 总 结	参考源
3.2.2a,b	接收信号:L1 C/A≥-158.5dBW, L2C≥-160dBW	IS-GPS-200[11]
3.2.2c,e	接收的 GPS ⅡF 信号:L5/I5≥-157.9dBW, L5/Q5≥-157.9dBW	IS-GPS-705[12]

续表

CMPS 段落	需 求 总 结	参考源
3.2.2d,f	接收的 GPS III 信号：L5/I5≥-157dBW, L5/Q5≥-157dBW	IS-GPS-705[12]
3.2.2g	接收的 L1C 信号≥-157dBW	IS-GPS-800[13]
3.2.2h	接收轨道的信号 L1C≥-182.5dBW	IS-GPS-800[13]
3.2.2 i,j,k,l	L1 C/A、L2C、L5 和 L1C 的 C/N_0 显著下降参考	IS-GPS-200[11] IS-GPS-705[12] IS-GPS-800[13]
3.2.2 m,n,o,p	对于 L1 C/A、L2C、L5 和 L1C 在 $100<T<7200$ 的码-载波不一致性<6.1m	IFOR[17]
3.2.2 q	L1 C/A 和 L1 P(Y)码变化<10ns(2σ)时的平均时间差	IS-GPS-200[11]
3.2.2 r,s,t	平均差分群时延：L1 C/A 和 L2C<15ns, L1 P(Y)和 L5<30ns, L1 P(Y)和 L1C<15ns	IS-GPS-200[11] IS-GPS-705[12] IS-GPS-800[13]
3.2.2 u,v	稳定的 90°相移(±100mrad)时，在 C/A 滞后 P(Y)码时 L1 C/A 和 L1 P(Y)的码载波不一致性、在 L2C 滞后 L2 P(Y)时 L2C 和 L2 P(Y)的码载波不一致性	IS-GPS-200[11] WAAS PS[15]
3.2.2 w,x,y,z	方波码片的超前/滞后变化，对于 C/A 码<0.12 码片，对于 L2C<0.02 码片，对于 L5I 和 L5Q<0.02 码片，对于 L1C<0.05 码片，	SARPS[18],CMPS 5.4.4 节
3.2.2 aa	对于每一比特位变迁超出 SARPS 威胁模型 B 所规定的限值时瞬态响应的检测和监测实例	SARPS[18]

注：本表来源于《GPS 民用监测性能规范》，美国交通部 DOT-VNTSC-FAA-09-08,2009 年 4 月 30 日，可以在 https://www.gps.gov/technical/ps/2009-civil-monitoring-performance-specification.pdf 上找到，经 GPS 授权转载。

通过 CMPS 提供的说明和算法，可以更为深入地了解 SQM 要求的不全面性，包括：每颗卫星的绝对发射功率、响应时间、接收的载噪比、码-载波不一致性、信号畸变、载波相位不连续性和比特反转的验证。上述 SQM 参数总结为表 10.2。

表 10.2 中的信号参数和监测要求并不相关，因为监测要求取决于应用。为进一步开发一套 SQM 参数，应考虑两个系统(SBAS 和 GBAS)的信号精度和完好性。详情请参考该卷的第 12 章和第 13 章。本章的重点是 SBAS/GBAS 系统与 SQM 相关的更高级别要求(表 10.3)。对于超极限加速度、码-载波不一致性和信号畸变这些相关的误检概率在伪距误差小于 0.75m 的情况下不大于 1；在伪距误差大于 2.7m 的情况下不大于 10^{-5}；伪距误差|Er|在 0.75~2.7m 时[20]不大于 $10^{-2.56|Er|+1.92}$。对低信号功率和周跳的检测，误检概率并没有指定的要求，而是在设计过程中由设备制造商分配的。互相关误差在飞行器装备设计中可忽略[21]，但在地面参考站中必须考虑，尽管该要求在 SARPS 中并未强调[20]。

表 10.2 CMPS 信号质量监测注意事项

CMPS 章节	SQM 参数	注 意 条 件
5.4.1	绝对功率的验证	定期验证(如每年)
5.4.2	接收载噪比	持续验证(如每 1.5s)
5.4.3	码-载波不一致和码-载波不一致失效	码和载波的不同组合的标称不一致以及失效条件
5.4.4	信号畸变	当前在 SARPS 中仅描述了 GPS L1 C/A 码

续表

CMPS 章节	SQM 参数	注 意 条 件
5.4.5.1	载波相位不连续	在部分周期、半周期或全周期接收机进行观测
5.4.5.2	比特翻转	载波相位不连续导致接收机的半周期误差,从而造成奇偶失效

注:本表来源于《GPS 民用监测性能规范》,美国交通部 DOT-VNTSC-FAA-09-08,2009 年 4 月 30 日,经 GPS 授权转载。

表 10.3 GBAS 和 SBAS 信号质量监测要求

描 述	信号监测要求	参考
低信号功率	GPSL1 C/A 码检测的信号水平低于表 10.1 中的规定	[22]
互相关	互相关造成的误差限制在 0.2m	[23-24]
周跳	必须对卫星信号跟踪质量进行监测,以使未能检测周跳的完好性风险分配在制造商的分配范围内	[21]
过伪距加速度	检测过伪距加速度,如 1.5s 内发生阶跃或快速变化	[20]
码-载波不一致性	1.5s 内检测到码-载波的过度不一致	[20]
信号畸变	检测跟踪伪距 C/A 码的相关峰在 1.5s 内畸变的故障条件	[20]

从表 10.1~表 10.3 可知,对每种应用都能给出一套完整的 SQM 要求。由于这些要求并未提出监测实施手段或特定的监测架构,在下一节回顾当前的监测系统之后,会列举一些监测手段的案例。

10.4 当前的监测系统

第一级别的信号监测由服务提供方执行。对于 GPS,精密定位服务(PPS)信号由 GPS 主控站每天 24h 近乎实时监测[25];但包含 C/A 码的标准定位服务(SPS)并非连续监测,但影响 SPS 的多数误差同样也影响 PPS,如卫星钟差和轨道参数。此外,还包括 SQM 中如绝对功率电平周期性验证[26]的相关方面。表 10.3 列出了高完好性应用要求水平中未进行监测的一些误差。

高精度应用通过区域或全球的参考站网络进行监测,如区域连续运行参考站网络(CORS)、喷气推进实验室(JPL)的全球 GPS 服务,IGS 协调的国际参考站网络。另外,一些商用的改正服务也在全球范围内开展。例如,IGS 通过实时服务(RTS)提供卫星钟差和轨道的改正、地球自转参数、天顶对流层路径延迟估计以及全球电离层图,这些数据与用户接收机数据相结合可实现精密单点定位,从而达到比单一卫星导航系统更高的精度。(详情见本书第 11 章)。

高完好性、生命安全应用使用区域(SBAS)或本地(GBAS)参考接收机来监测所接收卫星信号的各个方面。这些系统重在对信号故障做出快速反应,一般来说,需在误差达到潜在危害级别的几秒内作出响应。

10.5 信号质量监测算法及方法

本节介绍了 10.3 节中 SQM 要求监测参数的算法和方法。此处讨论的监测器并不一定能够检测卫星故障,例如,大多数信号畸变误差在系统正常运行中都会出现,但对于飞行器着陆之类的操作来说,信号畸变可能无法接受。由于大部分用户不会受到这种误差的影响,所以也不会因为信号畸变就停止卫星服务。另一个问题是,如何将某些应用不可接受的故障与环境条件分离,比如本地干扰,它可能会也可能不会对用户造成影响。显然,如果 GBAS 地面站遭受强干扰,就可能无法形成差分改正,当飞行器靠近它时也会遭遇同样的环境。这种情况下,GBAS 地面站就不应再为受影响的卫星形成改正。另外,改正生成过程也将去除此 SBAS 参考站,因为对某参考站的本地干扰不会影响其他位置的用户。

10.5.1 低信号功率

接收信号功率低时,会影响卫星的捕获和跟踪。如果接收的卫星信号功率降低,则码和载波跟踪噪声都会增加。载波相位测量噪声在文献[27]中有介绍。

$$\sigma_\phi = \frac{\lambda}{2\pi} \sqrt{\frac{\mathrm{BW}_\phi}{10^{(0.1C/N_0)}}} \mathrm{~m} \tag{10.1}$$

式中:BW_ϕ 为载波环路带宽(Hz)。码相位测量噪声见文献[28]。

$$\sigma_\rho = \mathrm{chip} \sqrt{\frac{0.5(d)\mathrm{BW}_{\mathrm{SS}}}{10^{(0.1C/N_0)}}} \mathrm{~m} \tag{10.2}$$

式中:$\mathrm{BW}_{\mathrm{SS}}$ 为单边码跟踪环带宽(Hz);chip 为码片宽度(m);d 为相关器码片间距。对于 GPS C/A 码,在载波环路带宽为 16Hz、相关器间距为 0.1 码片、码跟踪环单边带宽为 0.0025Hz,且对应的平滑时间为 100s 时,码和载波相位跟踪噪声如图 10.1 所示。

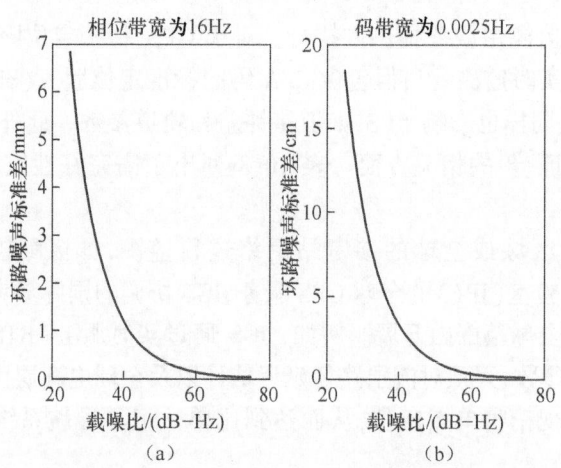

图 10.1 当载波环路带宽为 16Hz、码环单边带宽为 0.0025Hz 时,载波相位跟踪噪声
(a)和码相位跟踪噪声(b)随载噪比(C/N_0)变化的标准差

从图 10.1 可看出,C/N_0 低于 40dB-Hz 时,载波和码跟踪环路噪声都会显著增加;

C/N_0 从 40dB-Hz 下降到 30dB-Hz 时,载波跟踪环路噪声标准差从 1.2mm 增加到 3.8mm,码跟踪环路噪声标准差从 3.3cm 增加到 10.4cm。

信号功率低不会直接造成完好性方面的问题,但会导致信号连续性丧失,进而影响安全。完好性的非直接影响有如下几种机理:

(1) 用于检测干扰、周跳、码-载波不一致、超极限加速度、电离层梯度和信号畸变等的其他监测器需要以最低的 C/N_0 值来满足其在误检和漏检概率方面的要求。

(2) 卫星发射功率低可能由卫星上的其他故障引起,如姿态控制。因此,卫星故障先验失效概率的假定不再有效。

(3) 低 C/N_0 值会导致与其他卫星功率间形成超过 10dB 大的差值,并进一步在码结构上造成互相关问题,从而影响卫星的捕获。

可以对受低信号功率影响的码结构进行独立的互相关监测(见 10.5.2 节)。低信号功率监测的主要目的是保证接收机获得的 C/N_0 高于其最低值。C/N_0 估计器可对地面参考接收机接收的信号功率进行实际预估。由于 C/N_0 对完好性没有直接影响,在估计中可通过平均每颗卫星 C/N_0 测量值来降低噪声。

$$\widehat{C/N_0}(k) = \frac{1}{P}\sum_{p=0}^{P-1} C/N_0(k-p\Delta T) \quad (10.3)$$

式中:ΔT 为更新率;P 为 C/N_0 估计测量次数。例如,应用文献[29]所用的 NB/WB 估计器,C/N_0 估计的标准差并不取决于 C/N_0 的值。对于 1s 的更新率,标准差大约是 1dB。应用式(10.3)进行 50s 平均时,标准差大约为 0.14dB。注意前提是 C/N_0 测量值之间不相关。

C/N_0 的阈值估计和系统设计相关,尤其在干扰情况下,完好性改正计算使用的 C/N_0 不管是降至 32dB-Hz 还是 25dB-Hz。为帮助理解,假设虚警概率(P_{FD})为 10^{-7},误检概率(P_{MD})为 10^{-3},则 C/N_0 最小可检测的降幅由下式给出:

$$(k_{fd}+k_{md})\sigma_{C/N_0} = \sqrt{2}[\text{erf}^{-1}(1-P_{FD})+\text{erf}^{-1}(1-2P_{MD})]\sigma_{C/N_0} \approx 1.2\text{dB} \quad (10.4)$$

式中:erf 和 k_{md} 分别为虚警和误检系数。假如 C/N_0 跟踪阈值为 32dB-Hz,由式(10.3)得到 C/N_0 的平均检测阈值应该设置为 32+1.2=33.2dB-Hz,从而保证平均 C/N_0 不会下降到低于 32dB-Hz。

10.5.2 互相关

测距码之间的互相关误差属于服务提供者不能监测的误差类型,因为它是许多参数的函数,这些参数大多和用户位置及接收机架构相关。由不同卫星功率引起相关函数畸变时就会发生互相关,不管功率是来自同一星座还是不同星座。互相关误差大小是一些参数的函数,这些参数包括 2 颗卫星间相对的接收信号强度,相对的多普勒频移(衰减频率),多普勒频移相对变化率,2 颗卫星的测距码、相对码相位偏移、相对相位对准、相对码相位偏移变化率,2 颗卫星的导航数据位、导航数据位相对延迟、平滑时间常数、接收机相关器类型等[30-32]。

对于静止用户,互相关发生概率很小,但误差却能达到几十米[33],因而在高完好性系统中不能忽略该误差。对于不同的差分系统,参考接收机和用户间的互相关误差并不一致,因为它们几何构型不同。如果用户是运动的,互相关误差对于用户来说会逐渐减小[24]。互相关影响信号的捕获、跟踪和 C/N_0 的估计。

对于 GPS C/A 码,其互相关条件和相关监测可以很好地表征,对于 GLONASS 和其他 GNSS 来说,这些也同样要考虑[34-35]。我们注意到,任何形式的能量泄漏都会造成相关函数畸变,无论它是来自同一频率、不同频率,还是由于互相关序列码不佳。在评估对频谱的影响时,互相关也被称为自干扰。由于信号参数和动态情况的影响比较复杂,务必注意不要过于保守地评估这种影响[36-37]。

以下将对 GPS C/A 码互相关进行总结,然后介绍三种类型的互相关误差监测器。1978 年,文献[30]已表明 2 颗卫星间的多普勒频偏为 4kHz 时,相关旁瓣最差,且其影响是暂时的;卫星间多普勒频偏为 0Hz 时,旁瓣和自相关峰的相互作用可持续更长时间。文献[30]重点讨论了互相关对信号捕获的影响。1992 年,文献[33]中已发现多普勒交叠区(2 颗卫星间的相对多普勒频移接近 0Hz)可能出现几十米的伪距误差,并指出这些误差和多径模型相似。2002 年,文献[31]已给出边界测试结果,载波相位平滑 100s 后互相关误差为米级,对于精密进近应用来说,这些误差可以忽略不计。然而,在[31]中,互相关并未结合以下因素进行考虑:由于信号低功率条件下导致的非标称功率水平,或者由于卫星发射功率分配的最新变化导致功率水平高于预期[38]。

互相关误差经常和多径误差比较,但对于 GPS C/A 码,互相关误差与多径误差存在显著区别:

- 互相关信号可早到也可晚到(多径总是在直接信号之后到达)。
- 如果干扰卫星的相对频率漂移使相对时钟偏移到了互相关时间窗口之外,或导航数据位发生翻转,那么互相关误差不会重复发生。
- 2 颗受干扰卫星的导航数据位并不总是相同的,甚至通常也不是近似同步的。
- 在相同的相对强度情况下(相关函数的互相关斜率可以是自相关函数斜率的 2 倍),互相关误差可能是多径误差的 2 倍大。
- 多径误差只对主相关峰(直接信号和多径信号间的时间偏移小于约 1.5 个码片)有显著影响,而两码间存在多个时间偏移时就发生互相关误差。

后面两点如图 10.2 所示,图中显示了相对码片偏移量在 200~220 个 C/A 码片之间时,PRN15 对于 PRN24 的互相关误差包络。接收机相关器间距 d 为 0.1 码片,PRN24 比 PRN15 强 10dB($\gamma = 10$dB)。将 PRN24 信号分别延迟 200 码片和 220 码片再和 PRN15 相加,再对每个相对延迟的码跟踪误差进行结果评估,就可计算误差。

蓝色误差包络为同相互相关,红色误差包络为反相互相关。PRN15 和 PRN24 之间的载波相位在同相和反相变化时,互相关误差在同相误差包络和反相误差包络之间振荡。与多径误差包络类似,当 PRN15 和 PRN24 码之间的相对路径延迟增加时,误差包络也线性增加,当延迟达到相对于码片开始的相关器宽度为 0.1 码片时,误差包络保持不变。如果误差是由同等强度的多径引起,则误差只会达到 3m 的水平,而不是互相关达到的 6m 水平。总之,62.2% 的相对延迟导致的互相关误差为 0,36.2% 延迟导致误差在 -3~+3 m 之间振荡,1.6% 的延迟导致误差在 -6~+6 m 之间振荡,后者相当于 1023 个码片中的 16 个码片的持续时间。误差包络最大值的计算公式由文献[39]给出。

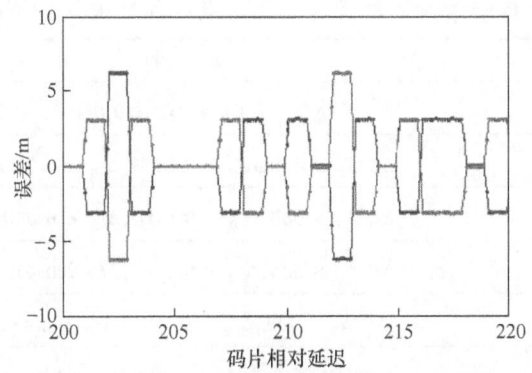

图 10.2　PRN24 比 PRN15 强 10dB 时的互相关误差,图中显示了同相(蓝色)和反相(红色)误差包络

$$e_{\text{envelope}} = \text{chip}(d)10\left(\frac{\gamma - 23.9}{20}\right) \tag{10.5}$$

式中:γ 为互相关卫星间(卫星与受影响的较弱卫星)相对强度的分贝数。这个系数因子为 23.9,正好是 $20\lg(65/1023)$,即互相关最高值与自相关最大值之比,以分贝表示。在多普勒交叠时,误差将如图 10.3 所示进行振荡。

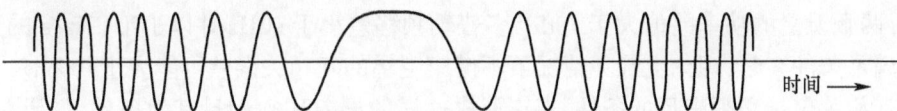

图 10.3　多普勒交叠时的互相关误差形状

根据图 10.3,互相关误差可分为两种类型:慢衰落和快衰落。对于这两种类型,由于 2 颗卫星间 180°相位的变化,导航数据位的不同会调制误差。传输历书数据时,2 颗卫星在最后 2 个子帧的 12s 时间内导航数据相同。注意式(10.5)给出了最坏情况下的误差,此时满足如下条件:①2 颗卫星间的多普勒偏移量必须为 0 或 1kHz 的倍数[24];②为使误差保持至少 30s,多普勒偏移率必须在 0.02Hz/s 内;③相对功率变化必须足够大;④C/A 码片必须对准,使 16 个最坏情况的码片对准其中的一个;⑤2 颗卫星上的导航数据必须完全相同;⑥2 颗卫星的导航数据位必须严格对准。显然,最坏情况的误差不太可能发生,但高完好性系统不可忽略这种误差。需进一步注意,对于强互相关误差,由于误差是码片延迟的函数,且该函数具有不对称性,快衰落的平均误差和多径误差都不为 0[40]。

至少可采用 3 种不同的技术来避免互相关误差。第一种技术已经应用于 GAST-C 精密进近,它使用筛选算法,根据广播的差分数据去除受互相关潜在影响的卫星[23]。筛选算法首先进行互相关误差的边界选择,然后计算 2 颗卫星间 3 个参数的阈值:载噪比变化 $\Delta C/N_0$,多普勒频移变化 Δf_D 和多普勒变化率的变化 $\Delta \dot{f}_D$,基于计算机仿真来完成计算。实际操作中,如果违反筛选条件,监测器可从广播的差分改正中去除该卫星,筛选条件限制 100s 的平滑时间内最坏互相关误差不超过 0.2m,如表 10.4 所示。

表 10.4 100s 的平滑时间的筛选条件下最坏互相关误差不超过 0.2m[39]

序号	条件
1	$\Delta f_D < 0.01\text{Hz}, \Delta \dot{f}_D < 0.01\text{Hz/s}$
2	$\Delta C/N_0 > 4\text{dB}, \Delta f_D < 0.01\text{Hz}, \Delta \dot{f}_D < 0.02\text{Hz/s}$
3	$\Delta C/N_0 > 5\text{dB}, \Delta f_D < 0.01\text{Hz}, \Delta \dot{f}_D < 0.03\text{Hz/s}$
4	$\Delta C/N_0 > 6\text{dB}, \Delta f_D < 0.01\text{Hz}, \Delta \dot{f}_D < 0.05\text{Hz/s}$
5	$\Delta C/N_0 > 7\text{dB}, \Delta f_D < 0.01\text{Hz}, \Delta \dot{f}_D < 0.4\text{Hz/s}$
6	$\Delta C/N_0 > 8\text{dB}, \Delta f_D < 4\text{Hz}, \Delta \dot{f}_D < 0.5\text{Hz/s}$
7	$\Delta C/N_0 > 9\text{dB}, \Delta f_D < 7\text{Hz}, \Delta \dot{f}_D < 1\text{Hz/s}$
8	$\Delta C/N_0 > 10\text{dB}, \Delta f_D < 10\text{Hz}, \Delta \dot{f}_D < 2\text{Hz/s}$
9	$\Delta C/N_0 > 14\text{dB}, \Delta f_D < 20\text{Hz}, \Delta \dot{f}_D < 5\text{Hz/s}$
10	$\Delta C/N_0 > 16\text{dB}, \Delta f_D < 25\text{Hz}$
11	$\Delta C/N_0 > 20\text{dB}$

当满足表 10.4 所列 11 项条件中的任意一项时,会剔除其中最不健康的那颗卫星。例如,测得两颗卫星的功率差值大于 10dB、多普勒频移差小于 10Hz 并以小于 2Hz/s 的速度变化并且满足条件 8 时,理论上最坏情况下不健康卫星的互相关误差可能大于 0.2m。注意最坏情况互相关仅是必须满足的条件,真正形成这样的误差还须满足其他条件:如码对齐、相同的导航电文和导航电文位对准。由此,筛选算法是一种保守但有效的方法。筛选技术的主要缺点是接收机要跟踪所有卫星才能获得 C/N_0 和多普勒测量值。

检测实际互相关误差的两种监测器分别是信号畸变监测器(SDM)和码载波不一致检测器(CCD)[23]两者分别在 10.5.6 节和 10.5.5 节有详细介绍。

10.5.3 周跳

载波相位周跳或载波相位不连续通常会影响那些用载波相位获得精度或监测信息的高精度/高完好性应用。例如,受载波相位异常影响的实时高精度系统有:动态测量,板块构造,基础设施监测、疏浚、建造,以及一些科学和空间应用,如隐身、编队飞行和对接。实时高完好性系统的载波相位异常会造成连续性和改正服务覆盖范围的丧失[41],一旦异常影响一或多个用载波相位信息的监测,还会导致完好性丧失。载波相位异常的复杂性是问题之源,可能由以下某一种原因造成[42]:

• 在轨卫星产生的载波相位不连续。
• 影响接收机跟踪环路的环境条件,如干扰、多径、信号遮蔽、飞机飞越,以及电离层和对流层传播效应等。

为监测在轨卫星的不连续性,需将上述 2 个问题的原因分开讨论,最为有效的方法是在多个位置上进行监测,此时 2 个位置间的环境误差不相关[9]。实际上卫星的不连续并不频繁,GPS L1 频率信号平均每天异常不到 4 次[42]。

载波相位的不连续可以用4种模型来表征:阶跃、脉冲、斜坡和三态,如图10.4所示。

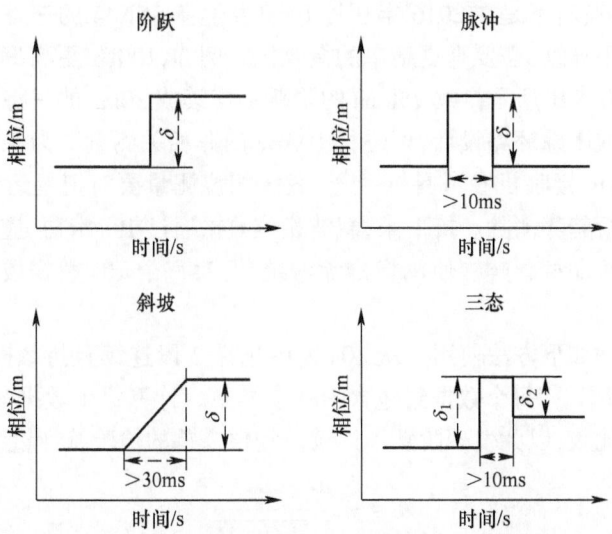

图10.4 卫星载波相位不连续性特征的4种模型

GPS L1频率信号的4种相位不连续模型示例如图10.5所示[42]。

图10.5左上,是2016年9月14日发生在SVN63卫星的阶跃不连续;右上是同样发生

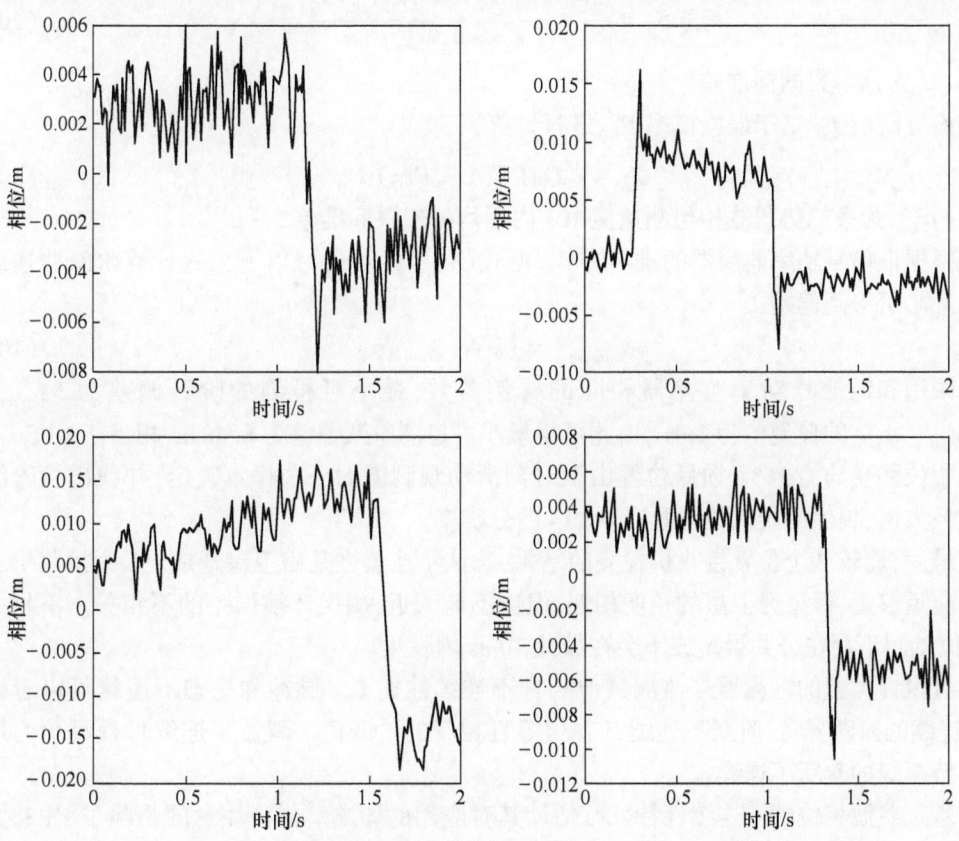

图10.5 GPS L1[42]观测的载波相位不连续性例子(来源:经导航学会许可转载。)

在2016年9月14日SVN45卫星的脉冲不连续;左下是2016年9月8日发生在SVN63卫星的有限斜坡不连续;右下是在2016年9月14日发生在SVN45的三态不连续。

为监测相位的不连续,需要高更新率的接收机。例如,100Hz更新率可用来捕获持续时间短的事件,如图10.5中所示持续750ms的阶跃不连续或30ms的三态不连续。通过软件定义接收机(SDR)或跟踪环路设计,可进行100Hz的非相关测量。为保证高质量的载波相位测量,还需要稳定的接收机参考晶振[42]。载波相位测量要对卫星运动及卫星频率偏移造成的已知动态进行趋势消除。接下来,载波相位数据通过10s滑窗,应用二阶多项式拟合来消除残余的接收机晶振影响。使用标准无偏统计,对每个10s数据段建立标准差为σ_{OB}的极限高斯分布。

阶跃检测器可按如下方法使用。从10s窗中选择2段连续且持续时间为1s的测量数据集,在100Hz更新率下,每个数据集包含100个样本。计算每个数据集的均值,并将均值的差值与阈值进行比较,以此发现阶跃不连续。均值之差的检验统计量参见文献[43]。

$$T = \frac{\mu_2 - \mu_1}{S_p \sqrt{\frac{1}{n_1} + \frac{1}{n_2}}} \tag{10.6}$$

式中:μ为样本集的均值;n为样本集中的样本数(本例$n_1 = n_2 = 100$);S_p为混合样本方差,由下式得出

$$S_p = \frac{(n_1 - 1)\sigma_1^2 + (n_2 - 1)\sigma_2^2}{n_1 + n_2 - 2} \tag{10.7}$$

式中:σ为样本集的标准差。

检测阈值T_D基于误检概率P_{FD}进行计算。

$$T_D = \sqrt{2}\,\text{erf}^{-1}(1 - P_{FD})\sigma_{OB} \tag{10.8}$$

式中:σ_{OB}为去趋势载波相位测量值10s内平均的超限标准差。

根据低信号功率监测器的推导方式,见式(10.4),可通过以下公式计算阶跃非连续模型的最小可检测偏差:

$$\delta_{\text{step,min}} = (k_{fd} + k_{md})\sigma_{OB} \tag{10.9}$$

采用和低信号功率监测器相同的样例参数,最小可检测的阶跃偏差为$\delta_{\text{step,min}} = 8.4\sigma_{OB}$。$\sigma_{OB}$的典型值为1mm,由此可得最小可检测阶跃偏差为8.4mm,相当于GPS L1频率的相位跳变约为16°。阶跃位置由该时刻滑动观测窗的一个样本确定,并找出检验统计量的最大值,提供的阶跃位置具有0.01s的分辨率。

最后,比较2个位置接收机检测的结果,确认不连续性是由卫星造成。2个接收机之间距离应足够近,保证看卫星的角度相似,但也不能太近,确保环境误差的不相关。不相关使2个位置间不存在公共误差或不会在彼此10ms内发生。

可设计类似的检测器来监测其他3种不连续性类型。脉冲和三态不连续可以看作是2个连续的阶跃异常,阶跃不连续有着相等且相反的阶跃值。斜坡不连续可模型化为用斜坡连接两级的阶跃不连续。

基于载波相位的不连续性特征可估计其对应用的影响。值得注意的是除了GPS,大多数GNSS系统目前还没有足够多的载波相位异常数据。

10.5.4 超极限加速度

对于 GBAS 和 SBAS 等增强系统来说,如果加速度级别(包括阶跃变化)造成基于广播测距率线性外推的改正值无效,则信号加速会导致不可接受的测距误差。由于加速误差导致伪距误差以平方形式增长,但其中一部分可由测距变化率改正值抵消,因此改正后的伪距结果误差 $\delta\rho_a$ 是与差分改正龄期或延迟、差分改正更新率相关的函数[44]。

$$\delta\rho_a = 0.5a\tau(\tau + \Delta T) \tag{10.10}$$

式中:a 为卫星测距加速度误差(m/s^2);τ 为改正延迟(s);ΔT 为校正值更新率(s)。根据式(10.10)和最大允许测距误差 $\delta\rho_{max}$,则最大加速度误差 a_{max} 如下

$$a_{max} = \frac{2\delta\rho_{max}}{\tau(\tau + \Delta T)} \tag{10.11}$$

例如:假设 $\delta\rho_{max} = 0.75m$,$\Delta T = 0.5s$,$\tau = 3s$,则最大加速度误差 a_{max} 为 $0.14m/s^2$。

要测量伪距改正的加速度,可以对两个连续的伪距率改正进行差分,如图 10.6 所示。时刻 k 的加速度是基于最近五次伪距改正的估值。

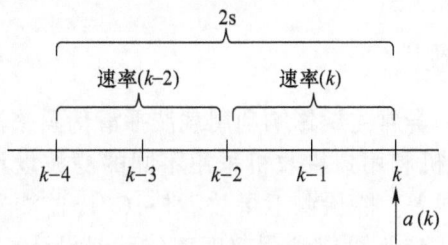

图 10.6 过加速度监测处理

过去 2s 的数据通过计算 2 个差分伪距改正速率得出,然后再差分这 2 个伪距改正速率来估计加速度。

$$\hat{a}_\rho(k) = \frac{\delta\rho(k) - 2\delta\rho(k-2) + \delta\rho(k-4)}{(2\Delta T)^2} \tag{10.12}$$

根据低信号功率监测器的推导方式[见式(10.4)],可通过以下公式计算可检测的最小加速度:

$$a_{min} = (k_{fd} + k_{md})\sigma_a \tag{10.13}$$

式中:σ_a 为加速度噪声的标准差。采用和低信号功率监测器相同的样例参数,可检测的最小加速度 $a_{min} = 8.4\sigma_a$。更进一步地,假设 $a_{max} = 0.14m/s^2$,则加速度噪声标准差必定小于 $1.7cm/s^2$。将载波相位测量用于加速度计算时,如给定 $C/N_0 = 32dB\text{-}Hz$,根据式(10.1),载波相位噪声为 $0.3cm$。如更新率为 $0.5s$,则可根据载波相位测量,利用式(10.14)计算加速度:

$$\hat{a}_\phi(k) = \phi(k) - 2\phi(k-2) + \phi(k-4) \tag{10.14}$$

基于载波相位的加速度标准差估计由下式给出:

$$\sigma_{a,\phi} = \sigma_\phi\sqrt{2^2 + (\sqrt{2})^2} = \sigma_\phi\sqrt{6} \tag{10.15}$$

当 $\sigma_\phi = 0.3cm$ 时,加速度噪声估计为 $0.74cm/s^2$,远低于要求的 $1.7cm/s^2$。当信噪比

为 32dB-Hz 时,平滑化后的伪距噪声标准差为 8.2cm,虽然看起来似乎有点大,但考虑到 100s 平滑时间常数所引起的噪声时间相关性,实际上这一数值仍然是可接受的,这也意味着在几秒钟时间内,平滑后的伪距噪声与载波相位噪声是类似的。

如图 10.7 所示,加速度监测器也会对阶跃误差作出响应。监测器对阶跃输入的响应等于阶跃大小。例如,如果输入阶跃为 0~0.1m,那么监测器输出的加速度为交替的 $\pm 0.1\text{m/s}^2$。如果输入加速度变化 1 倍,输出加速度变化 3 倍,如图 10.7 的下半部分所示。注意监测器响应要在更新速率之内。

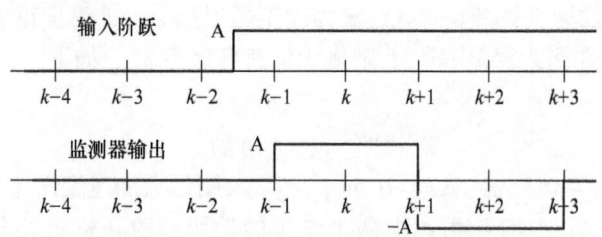

图 10.7 加速监测器对阶跃输入的响应

10.5.5 码-载波不一致性

码-载波不一致(CCD)异常主要影响利用载波平滑伪码来消除伪距噪声和多径误差的差分应用。当参考接收机和用户接收机采用不同的滤波设计或平滑滤波始于不同的时间点,会引入差分距离误差。除检测卫星故障外,CCD 监测器还有助于电离层异常和互相关的检测。根据文献[45],可以利用散度率估计器设计不一致监测器,然后进行散度率检测以防影响完好性。散度率估计器使用二阶滤波器来降低伪距噪声和多径,由下式给出:

$$\begin{cases} d_1(k) = \dfrac{\tau - \Delta T}{\tau} d_1(k-1) + \dfrac{1}{\tau}[z(k) - z(k-1)] \\ d_2(k) = \dfrac{\tau - \Delta T}{\tau} d_2(k-1) + \dfrac{\Delta T}{\tau} d_1(k) \end{cases} \quad (10.16)$$

式中:$z(k) = \rho(k) - \phi(k)$ 为码伪距减去载波相位的测量值;τ 为滤波器的时间常数,通常设置为 30s。时刻 k 的散度率估计由 $d_2(k)$ 给出。散度检测器阈值根据期望的误检概率 P_{FD} 进行设定。

$$T_{\text{ccd}} = \sqrt{2}\,\text{erf}^{-1}(1 - P_{\text{FD}})\sigma_d = k_{\text{fd}}\sigma_d \quad (10.17)$$

式中:σ_d 为散度率估计器检测统计量的上限标准差。检测统计由正态分布的电离层散度决定,由此,σ_d 的实际值大约为 $4\text{mm/s}^{[45]}$。

根据低信号功率监测器偏差[见公式(10.4)],可检测的最小散度率公式如下:

$$d_{\min} = (k_{\text{fd}} + k_{\text{md}})\sigma_d \quad (10.18)$$

使用与低信号功率监测测器相同的示例参数,可检测的最小散度率 $d_{\min} = 8.4\sigma_d = 3.34\text{cm/s}$。如需评估对用户解算的影响,则要将地面监测性能与空载监测应用相结合(见文献[21])。

10.5.6 信号畸变

GNSS 伪距测量依赖相关函数实现,但由于信号生成不完整、带宽限制、传播效应或卫星异常造成的失真,没有一个系统是理想的。信号畸变有正常和非正常两种。正常或自然的信号畸变需要体现信号形状对伪距测量的影响,并得到基于正态统计的检测阈值。有一个早期非正常或异常信号畸变的案例,发生在 20 世纪 90 年代 GPS 宣布提供初始服务之前的 SVN19 卫星上。畸变异常导致某些差分 GPS 用户伪距误差达到了 8m,而该卫星却满足规定的精度[46]。处理非正常畸变的关键是结合非正常畸变威胁模型对测量精确定义。另外,信号畸变监测器还可以防止过度的信号畸变影响高精度/高完好性应用。

自然信号畸变直到 2004 年发射 SVN60 卫星前,大家一直认为正常的 GPS 信号畸变很小,在 5cm 量级,信号畸变并没得到更多的关注[47]。直到正常的畸变开始触发信号畸变监测器,才开始对其进行详细的调查研究,从而发现实际的变形大小和卫星间的相对偏差并不是同等重要的[48]。相对误差直接影响差分位置误差,而公共误差主要影响 GPS 时间的钟偏估计,这对于精准着陆应用来讲并不重要。图 10.8 给出了 2012 年 GPS 星座中大多数卫星 C/A 码相对伪距的自然偏差[49]。自然偏差是在卫星经过时对于有着最低水平多径的高仰角卫星依据一定的参考时间间隔进行计算。由于每颗卫星的多径误差、参考间隔周期不同,导致每颗卫星有不同的相干积分时间(Pdi)。以相关器间隔 0.1 码片作为参考点,相关器间隔在 0.01 码片和 1 码片的相对误差如图 10.8 所示。

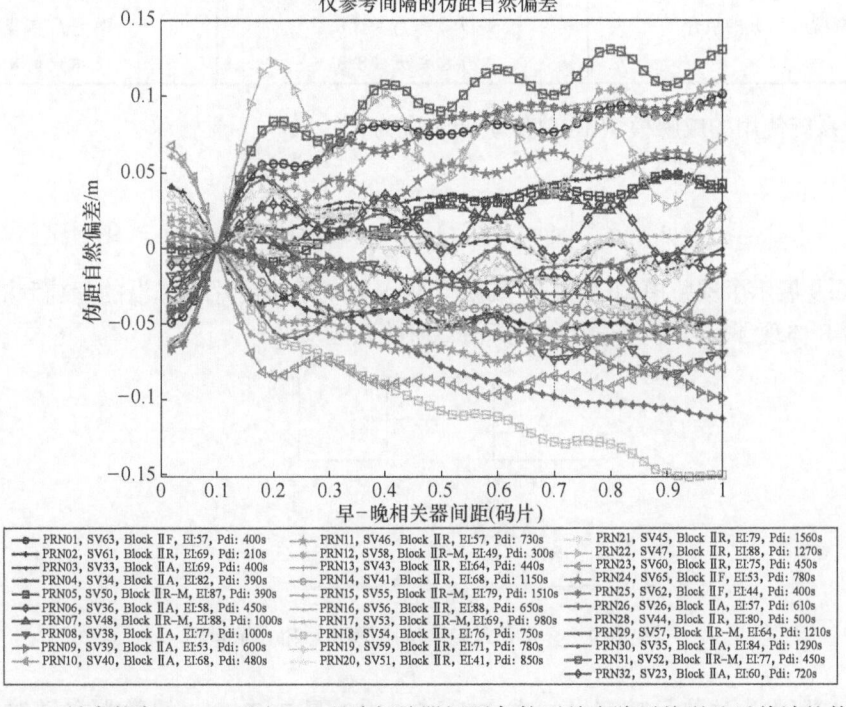

图 10.8 最高仰角 GPS 卫星在 0.1 码片相关器间距条件下并去除平均误差后估计的伪距自然偏差,每次测量的相干积分时间(Pdi)在图例中显示[49](来源:经导航学会许可转载。)

例如,在间隔为0.1~0.2码片的区域,除SVN60卫星外,自然偏差都不超过10cm(SVN60除外,其峰值误差达到了12cm)。相关器间隔为0.2码片的用户和相关器间隔为0.1码片的参考站,卫星间的差分误差乘以几何精度因子,很容易造成垂直位置误差达到0.1~0.3m。

自然畸变在GLONASS[50]和Galileo[51]系统上也有相似的特点。通过比较码片间隔为0.1码片和0.2码片时发现,GLONASS自然畸变在1m量级,Galileo系统自然畸变在1~4cm量级。后者得益于Galileo卫星数字信号生成的架构。

异常信号畸变。根据SVN19卫星发生的异常案例,建立了威胁模型来确定异常信号畸变的影响。威胁模型融入了RTCA公司及ICAO发布的精密进近标准,对监测器的设计和应用条件进行标准化[21,52]。目前在文献[52]中可找到ICAO关于GPS和GLONASS L1 C/A码的威胁模型,具体汇总在表10.5中。

表10.5 国际民航组织对于GPS和GLONASSL1C/A码[52]信号畸变威胁模型

威胁模型	GPS	GLONASS
A:正码片下降沿超前或滞后该码片正确结束时间的大小Δ,单位为码片	$-0.12 \leq \Delta \leq 0.12$	$-0.11 \leq \Delta \leq 0.11$
B:在$\sigma \pm j2\pi f_d$处具有复共轭极点的二阶系统输出,其中σ为阻尼因子,单位为10^6Np/s,f_d为共振频率,单位为10^6周/s	$\Delta = 0$ $4 \leq f_d \leq 17$ $0.8 \leq \sigma \leq 8.8$	$\Delta = 0$ $10 \leq f_d \leq 20$ $2 \leq \sigma \leq 8$
C:威胁模型A和B的组合	$-0.12 \leq \Delta \leq 0.12$ $7.3 \leq f_d \leq 13$ $0.8 \leq \sigma \leq 8.8$	$-0.11 \leq \Delta \leq 0.11$ $10 \leq f_d \leq 20$ $2 \leq \sigma \leq 8$

二阶系统使用的威胁模型B,单位阶跃响应为[52]:

$$e(t) = \begin{cases} 0 & (t \leq 0) \\ 1 - e^{-\sigma t}\left(\cos(2\pi f_d t) + \frac{\sigma}{wd}\sin(2\pi f_d t)\right) & (t \geq 0) \end{cases} \quad (10.19)$$

图10.9展示了威胁模型A和B,威胁模型A体现了正码片下降沿的超前和滞后情形,威胁模型B体现了信号的上升沿和下降沿二阶阶跃响应。

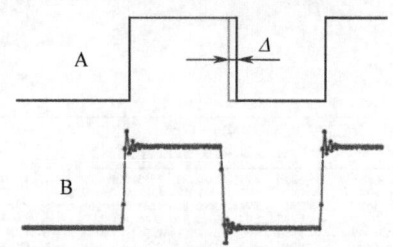

图10.9 异常信号畸变威胁模型A和B示意图

GPS实际发生的信号畸变异常在文献[53]中对最初SVN19的异常有详细分析。文献[54]依据ICAO威胁模型及实际的信号畸变异常评估了WAAS信号畸变监测器性能。结果表明,目前基于国际民航组织威胁模型的WAAS监测器作用充分有效。然而,异常信号畸变威胁模型的公式化是一项复杂的工作,特别是对于使用不同信号结构、数字信号生成技术和新的导航载荷的新星座[55]。文献[55]提出了一种新型的、通用的威胁模型,这将是该领域未来研究的主题。

WAAS 地面参考站和 GBAS 地面站均使用信号畸变监测器(SDM)对 GPS 信号畸变异常[47,56-58]进行检测。该节依据文献[47]总结了 GBAS SDM。GBAS 地面站接收机使用 8 路相关器跟踪一颗卫星,这些相关器相对于相关峰 C/A 码片的偏移为:-0.05、-0.025、0、0.025、0.05、0.075、0.1 和 0.125,如图 10.10 所示。使用一阶滤波器对 8 路相关器的每路测量值进行平滑来降低噪声。

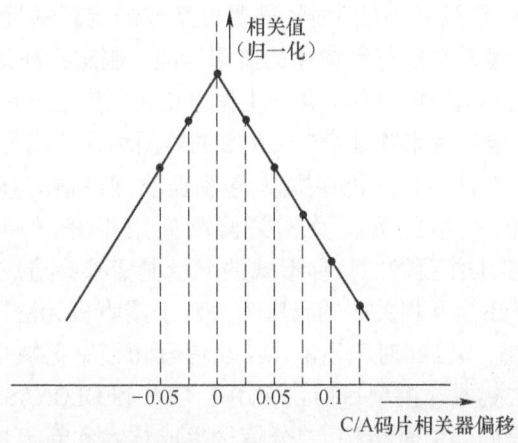

图 10.10　GBAS 地面参考接收机相关点[47](经导航学会许可转载。)

$$\widetilde{M}_{k,m,n}(t) = \frac{\tau - \Delta T}{\tau}\widetilde{M}_{k,m,n}(t - \Delta T) + \frac{\Delta T}{\tau}M_{k,m,n}(t) \tag{10.20}$$

式中:$M_{k,m,n}$ 为参考接收机 $m(m=1,2,\cdots,M)$ 和卫星 $n(n=1,2,\cdots,N)$ 的相关器测量值 $k(k=-2,-1,\cdots,5)$;τ 为滤波器的时间常数,取值 100s;ΔT 为更新率,取值 0.5s。C/A 码 3 个相关函数带宽由第一旁瓣相对于主相关峰的位置决定,文献[58]有相关器测量值平滑后对不同 C/A 码类型补偿的介绍。

接收机硬件单元的射频组件也可造成接收信号的畸变。畸变随着温度和组件的变化而变化。由于这种畸变对所有卫星都是相同的,所以监测器可消除接收机接收的全部卫星所有测量值的平均值。

$$\widetilde{M}_{k,m,n}(t) = \widetilde{M}_{k,m,n}(t) - \frac{1}{N}\sum_{i=1}^{N}\widetilde{M}_{k,m,i}(t) \tag{10.21}$$

通过接收机消除畸变,补偿的相关测量不仅是差分的且是所有 M 个地面接收机的平均。

$$x_{k,n}(t) = \frac{1}{M}\sum_{m=1}^{M}[\hat{M}_{k-2,m,n}(t) - \hat{M}_{k-3,m,n}(t)] \tag{10.22}$$

式中:上角标 k 取值为 1~7,由于差分使得 8 个相关点少一个。每颗卫星都用具有 7 个元素的矢量 $\boldsymbol{x}_n$ 来表征信号畸变,在无故障条件下,矢量 $\boldsymbol{x}_n$ 协方差矩阵为 $\boldsymbol{P}(\lambda)$,其中 λ 是卫星仰角。每颗卫星形成的单一检测统计量 d_n 如下:

$$d_n(t) = [\boldsymbol{P}^{-\frac{1}{2}}(\lambda)\boldsymbol{x}_n(t)]^\text{T}[\boldsymbol{P}^{-\frac{1}{2}}(\lambda)\boldsymbol{x}_n(t)] \tag{10.23}$$

式中：d_n 服从 7 自由度的卡方分布。检测阈值基于期望的虚警概率进行设置，监测器性能通过信号畸变威胁模型以及机载接收机与相关器间隔标准化为 0.1 码片的地面接收机测量架构的不同进行评估。

10.6 挑战和发展

随着 GNSS 星座和用户设备不断发展，需要更新或制定新的性能标准，以及为服务保证、用户接受和支持高精度及高完好性应用的监测标准。制定标准是必要的过程，尽管很费时费力。为鼓励系统间的兼容和互操作，ICG 工作组正在制定信号和服务性能标准指标，并联合 ICG-IGS IGMAS 试验项目来验证全球 GNSS 的监测和评估能力[8]。

GNSS 信号质量监测在许多方面仍存挑战，包括监测和评估的算法设计和执行。其一，尽管对于 GPS C/A 码的互相关情况及相关监测应用很好，但对于 GLONASS 和其他 GNSS[34-35]来说仍有很多工作要做。任何形式的能量泄漏都会造成相关损失，不管它来自相同的频率、不同的频率还是互相关弱的码序列。对于接收机无法跟踪卫星的互相关误差监测仍是热门的研究领域。其二，对于所有 GNSS 信号和频率仍缺少载波相位信息异常的信息。其三，信号畸变监测威胁模型目前仅应用于 GPS 和 GLONASS L1 C/A 码，还需要建立对于不同于 L1 C/A 码的码信号结构、差分信号生成技术和新卫星导航载荷的通用的畸变威胁模型[55]。

参考文献

［1］ Global Positioning System Standard Positioning Service Signal Specification, GPS CivilPerformance Standard, U. S. Department of Defense, November 5, 1993. Can be found at：https://www.gps.gov/technical/ps/1993-SPS-signal-specification.pdf.

［2］ Parkinson, B. W., Stansell, T., Beard, R., and Gromov, K., "A History of satellite navigation," *Navigation, Journal of T the Institute of Navigation*, Vol. 42, No. 1, Spring 1995, pp. 109-164.

［3］ Renfro, B., Munton, D., Mach, R., and Taylor, R., "Aroundthe World for 26 Years—A Brief History of the NGA onitor Station Network," *Proceedings of the 2012 International Technical Meeting of The Institute of Navigation*, Newport Beach, CA, January 2012, pp. 1818-1832.

［4］ BeiDou Navigation Satellite System Open Service Performance Standard (Version 1.0) China Satellite Navigation Office, December 2013.

［5］ European GNSS (Galileo) Initial Service—Open Service—Service Definition Document, issue 1.0, European Union, December 2016 (OS SDD V1.0). Can be found at：https://www.gsc-europa.eu/system/files/galileo_documents/Galileo-OS-SDD.pdf.

［6］ Lavrakas, J. and Bolkunov, A., "An Update from the Performance Standards Team," International Committeeon GNSS (ICG) Meeting 12, 3-7 December 2017, Kyoto, Japan. Can be found at：http://www.unoosa.org/documents/pdf/icg/2017/wgs/wgs-9.pdf.

［7］ GPS Civil Monitoring Performance Specification, FirstEdition, U. S. Department of Transportation, DOT-

VNTSC-OST-05-01, December 1, 2005.

[8] Auerbach, J., "International Cooperation on GNSS: Provider Perspective on the ICG," International GNSS (IGNSS) Conference, 7-9 February 2018, Sydney, Australia. Can be found at: https://www.gps.gov/multimedia/presentations/2018/02/IGNSS-australia/auerbach.pdf.

[9] GPS Civil Monitoring Performance Specification, U.S. Department of Transportation, DOT-VNTSC-FAA-09-08, April 30, 2009. Can be found at: https://www.gps.gov/technical/ps/2009-civil-monitoring-performance-specification.pdf.

[10] Global Positioning System Standard Positioning ServiceSignal Specification, GPS Civil Performance Standard, U.S. Department of Defense, fourth edition, September 2008. Can be found at: https://www.gps.gov/technical/ps/2008-SPS-performance-standard.pdf.

[11] IS-200D, IRN 001, Navistar GPS Space Segment/Navigation User Interfaces, 7 March 2006.

[12] IS-GPS-705, IRN 001, 002, 003, Navistar GPS Space Segment/User Segment L5 Interfaces, 22 September 2005.

[13] IS-GPS-800, Navistar GPS Space Segment/User Segment LC Interfaces, 4 September 2008.

[14] ICD-GPS-240, Navistar GPS Control Segment to User Support Community Interfaces, 1 October 2004.

[15] Wide Area Augmentation Service Performance Standard, First Edition, October 2008.

[16] SS-SYS-800C, GPS III System Specification for the Global Positioning System Wing (GPSW) (FOUO), 14 August 2008.

[17] Salvano, D., "IFOR Proposed New Operational Requirement," Federal Aviation Administration, 26 July 2004.

[18] ICAO SARPs, Annex 10, Attachment D. Information and Material for Guidance in the Application of the GNSS Standards and Recommended Practices (SARPs), 20 November 2008.

[19] Hansen A., Van Dyke, K., Miles, C., and Lavrakas, J., "GPS Civil Signal Monitoring—Advancing Toward Implementation," *Proceedings of the 27th International Technical Meeting of The Satellite Division of the Institute of Navigation (ION GNSS+ 2014)*, Tampa, Florida, September 2014, pp. 3363-3372.

[20] Proposed Amendments to Annex 10: Ground-Based Augmentation System (GBAS) Provisions, Working Paper 3, Third Meeting of the Navigation Systems Panel (NSP), Montreal, 28 November - 9 December 2016.

[21] Minimum Operational Performance Standards for GPS Local Area Augmentation System Airborne Equipment, RTCA DO-253D, Washington, DC, 13 July 2017.

[22] Specification for Non-Federal Navigation Facilities, Category I, Local Area Augmentation System Ground Facility, US DOT, FAA, Washington, DC, 29 September 2009.

[23] Houston, T., Liu, F., and Brenner, M., "Real-Time Detection of Cross-Correlation for a Precision Approach Ground Based Augmentation System," *Proceedings of the 24th International Technical Meeting of The Satellite Division of the Institute of Navigation (ION GNSS 2011)*, Portland, OR, September 2011, pp. 3012-3025.

[24] Zhu, Z. and Van Graas, F., "Implications of C/A Code Cross Correlation on GPS and GBAS," *Proceedings of IEEE/ION PLANS* 2014, Monterey, CA, May 2014, pp. 282-293.

[25] 2017 Federal Radionavigation Plan, Published by Department of Defense, Department of Homeland Security, and Department of Transportation, DOT-VNTSC-OST-R-15-01, 2017.

[26] Edgar, C., Goldstein, D. B., and Bentley, P., "Current Constellation GPS Satellite Ground Received Signal Power Measurements," *Proceedings of the 2002 National Technical Meeting of The Institute of Navigation*, San Diego, CA, January 2002, pp. 948-954.

[27] Spilker, J. Jr. ,*Digital Communications by Satellite*, PrenticeHall, Inc. , 1977.

[28] Gill, W. , "A Comparison of binary delay-lock tracking-loop implementations," *IEEE Transactions*, Vol. AES-2, Issue 4, July 1966, pp. 415-424.

[29] Van Dierendonck, A. J. , *GPS Receivers*, in Global Positioning System: Theory and Applications, Vol. 1 (eds. Bradford W. Parkinson and James J. Spilker, Jr.), Washington, DC: American Institute of Aeronautics and Astronautics, 1996, pp. 329-407.

[30] Spilker, J. Jr. , "GPS signal structure and performance characteristics," *Navigation, Journal of The Institute of Navigation*, Vol. 25, No. 2, Summer 1978, pp. 121-146.

[31] Van Dierendonck, A. J. , Erlandson, R. , McGraw, G. , and Coker, R. , "Determination of C/A Code Self-Interference Using Cross-Correlation Simulations and Receiver Bench Tests," *Proceedings of the 15th International Technical Meeting of the Satellite Division of The Institute of Navigation (ION GPS 2002)*, Portland, OR, September 2002, pp. 630-642.

[32] Zhu, Z. and Van Graas, F. "Effects of Cross Correlation on High Performance C/A Code Tracking," *Proceedings of the 2005 National Technical Meeting of The Institute of Navigation*, San Diego, CA, January 2005, pp. 1053-1061.

[33] Van Nee, R. D. J. , "GPS Multipath and Satellite Interference,"*Proceedings of the 48th Annual Meeting of The Institute of Navigation(1992)*, Dayton, OH, June 1992, pp. 167-178.

[34] Balaei, A. T. and Akos, D. M. , "Cross correlation impacts and observations for GNSS receivers," *Navigation, Journal of the Institute of Navigation*, Vol. 58, No. 4, Winter 2011, pp. 323-333.

[35] Margaria, D. , Savasta, S. , Dovis, F. , and Motella, B. , "Code Cross-Correlation Impact on the Interference Vulnerability of Galileo E1 OS and GPS L1C Signals,"*Proceedings of the 2010 International Technical Meeting of The Institute of Navigation*, San Diego, CA, January 2010, pp. 941-951.

[36] Van Dierendonck, A. J. , Kalyanaraman, S. , Hegarty, C. J. ,and Shallberg, K. , "A More Accurate Evaluation of GPS C/A Code Self-Interference Considering Critical Satellites," *Proceedings of the 2017 International Technical Meeting of The Institute of Navigation*, Monterey, California, January 2017, pp. 671-680.

[37] Hegarty, C. J. , "A Simple Model for C/A-Code Self-Interference,"*Proceedings of the 27th International Technical Meeting of The Satellite Division of the Institute of Navigation (ION GNSS+ 2014)*, Tampa, Florida, September 2014, pp. 3484-3494.

[38] Thoelert, S. , Hauschild, A. , Steigenberger, P. , and Langley, R. B. , "GPS IIR-M L1 Transmit Power Redistribution: Analysis of GNSS Receiver and High-Gain Antenna Data," *Proceedings of the 30th International Technical Meeting of The Satellite Division of the Institute of Navigation (ION GNSS+ 2017)*, Portland, Oregon, September 2017, pp. 1589-1602.

[39] Zhu, Z. and van Graas, F. , "C/A Code Cross Correlation Error with Carrier Smoothing—the Choice of Time Constant: 30 s vs. 100s," *Proceedings of the 2011 International Technical Meeting of The Institute of Navigation*, San Diego, CA, January 2011, pp. 464-472.

[40] Kelly, J. M. , Braasch M. S. , and DiBenedetto M. F. , "Characterization of the effects of high multipath phase rates in GPS," *GPS Solutions*, Vol. 7, No. 1, pp. 5-15, 2003.

[41] Vary, N. , "DR#110: PRN4 Carrier Phase Anomalies Cause WAAS SV Alerts," WAAS Technical Memorandum, Federal Aviation Administration WJHTC, Atlantic City International Airport, NJ, 17 October 2012. WAAS Discrepancy Reports can be found at: http://www.nstb.tc.faa.gov/DisplayDiscrepancyReport.htm

[42] Kashyap, R. , Ugazio, S. , and Van Graas, F. , "Characterization of GPS Satellite Anomalies for SVN 63

(PRN 1) Using a Dish Antenna," *Proceedings of the ION 2017 Pacific PNT Meeting*, Honolulu, Hawaii, May 2017, pp. 167-182.

[43] Shao, J. ,*Mathematical Statistics*, 2nd Ed. , Springer Science and Business Media, LLC, 2003.

[44] Brenner, M. and Liu, F. , "Ranging Source Fault Detection Performance for Category III GBAS," *Proceedings of the 23rd International Technical Meeting of The Satellite Division of the Institute of Navigation (ION GNSS 2010)*, Portland, OR, September 2010, pp. 2618-2632.

[45] Simili, D. V. and Pervan, B. , "Code-Carrier Divergence Monitoring for the GPS Local Area Augmentation System," *Proceedings of IEEE/ION PLANS 2006*, San Diego, CA, April 2006, pp. 483-493.

[46] Edgar, C. , Czopek, F. , and Barker, B. , "A Co-operative Anomaly Resolution on PRN-19," *Proceedings of the 12th International Technical Meeting of the Satellite Division of The Institute of Navigation (ION GPS 1999)*, Nashville, TN, September 1999, pp. 2269-2268.

[47] Brenner, M. , Liu, F. , Class, K. , Reuter, R. , and Enge, P. , "Natural Signal Deformations Observed in New Satellites and their Impact on GBAS," *Proceedings of the 22nd International Technical Meeting of The Satellite Division of the Institute of Navigation (ION GNSS 2009)*, Savannah, GA, September 2009, pp. 1100-1111.

[48] Gunawardena, S. and van Graas, F. , "High Fidelity Chip Shape Analysis of GNSS Signals using a Wideband Software Receiver," *Proceedings of the 25th International Technical Meeting of The Satellite Division of the Institute of Navigation (ION GNSS 2012)*, Nashville, TN, September 2012, pp. 874-883.

[49] Gunawardena, S. and van Graas, F. , "An Empirical Model for Computing GPS SPS Pseudorange Natural Biases Based on High Fidelity Measurements from a Software Receiver," *Proceedings of the 26th International Technical Meeting of The Satellite Division of the Institute of Navigation (ION GNSS+ 2013)*, Nashville, TN, September 2013, pp. 1341-1358.

[50] Wireman, M. , Gunawardena, S. , and Carroll, M. , "High-Fidelity Signal Deformation Analysis of the Live Sky GLONASS Constellation using Chip Shape Processing," *Proceedings of the 2017 International Technical Meeting of The Institute of Navigation*, Monterey, California, January 2017, pp. 521-535.

[51] Gunawardena, S. , Carroll, M. , Raquet, J. , and van Graas, F. , "High-Fidelity Signal Deformation Analysis of Live Sky Galileo E1 Signals using a Chip Shape Software GNSS Receiver," *Proceedings of the 28th International Technical Meeting of The Satellite Division of the Institute of Navigation (ION GNSS+ 2015)*, Tampa, Florida, September 2015, pp. 3325-3334.

[52] Amendment No. 89 to Annex 10 Part 1 Edition No. 6, International Civil Aviation Organization (ICAO), Montreal, CA, 14 July 2014.

[53] Shallberg, K. W. , Ericson, S. D. , Phelts, E. , Walter, T. , Kovach, K. , and Altshuler, E. , "Catalog and Description of GPS and WAAS L1 C/A Signal Deformation Events," *Proceedings of the 2017 International Technical Meeting of The Institute of Navigation*, Monterey, California, January 2017, pp. 508-520.

[54] Phelts, R. E. , Shallberg, K. , Walter, T. , and Enge, P. , "WAAS Signal Deformation Monitor Performance: Beyond the ICAO Threat Model," *Proceedings of the ION 2017 Pacific PNT Meeting*, Honolulu, Hawaii, May 2017, pp. 713-724.

[55] Julien, O. , Selmi, I. , Pagot, J. -B. , Samson, J. , and Fernandez, F. A. , "Extension of EWF Threat Model and Associated SQM," *Proceedings of the 2017 International Technical Meeting of The Institute of Navigation*, Monterey, California, January 2017, pp. 492-507.

[56] Phelts, R. E. , Walter, T. , and Enge, P. , "Toward Real-Time SQM for WAAS: Improved Detection Techniques," *Proceedings of the 16th International Technical Meeting of the Satellite Division of The Institute of Navigation (ION GPS/ GNSS 2003)*, Portland, OR, September 2003, pp. 2739-2749.

[57] Phelts, R. E., Altshuler, E., Walter, T., and Enge, P., "Validating Nominal Bias Error Limits Using 4 years of WAAS Signal Quality Monitoring Data," *Proceedings of the ION 2015 Pacific PNT Meeting*, Honolulu, Hawaii, April 2015, pp. 956–963.

[58] Liu, F., Brenner, M., and Tang, C. Y., "Signal Deformation Monitoring Scheme Implemented in a Prototype Local Area Augmentation System Ground Installation," *Proceedings of the 19th International Technical Meeting of the Satellite Division of The Institute of Navigation (ION GNSS 2006)*, Fort Worth, TX, September 2006, pp. 367–380.

本章相关彩图,请扫码查看

第11章　GNSS定轨与时间同步

Oliver Montenbruck, Peter Steigenberger
德国航空中心,德国

目前所有导航卫星系统都是基于伪距测量来计算用户位置的,这反映出卫星信号发射和用户信号接收之间存在时差,但该时差是基于两个彼此或与全球系统时间尺度不完全同步的时钟。因此,为了计算全球或区域导航卫星系统(GNSS/RNSS)中的用户位置,必须准确地知道卫星位置和卫星钟差。本章讨论如何利用地面或天基观测数据生成精确的轨道和时钟信息。显然,定轨和时间同步(ODTS)是任何 GNSS/RNSS 供应商控制系统的重要组成部分,这一过程中必须持续观测卫星的运动及其时钟变化,并将结果作为导航信息的一部分发送给用户。各种科学机构,如国际 GNSS 服务(IGS)[1],也定期用类似方法确定 GNSS 卫星轨道和时钟偏移的精确值。这些 GNSS 产品为工程测量和大地测量中的精密单点定位(PPP)应用提供了基础。同时,精密定轨(POD)过程中也提供了有关地球自转、地球参考系和地球大气层状态的信息。但由于精密的 GNSS 产品通常有数天或数周延迟,而人们越来越热衷于实时应用,所以各种实时改正服务应运而生,它们能够以近乎实时的方式为用户生成和分发轨道和时钟信息。

确定轨道和时钟都需要合适的跟踪网络来提供理想的全球和连续覆盖(图 11.1)。该跟踪网络可以有多种规模,从 GNSS 控制段中十几个高度安全的传感器站到支持大地测量和高性能实时应用的数百个站点网络不等。理想情况下,这些网络支持同一时刻跟踪多个星座,因而可用于多个 GNSS 应用。为了提高自主权并应对控制段位置的区域限制,各种 GNSS 利用额外的星间链路(ISL)[2-3]来获得单个卫星间的测距测量。最后,卫星激光测距(SLR)[4]测量可用于增强辐射跟踪或验证 POD 性能。

尽管目前用于生成精密轨道和时钟信息的工具和方法种类繁多,但各个系统都建立在本章所介绍的一组基本通用核心概念和模型之上。最初的轨道确定方法[5]是通过一组最小的观测数据来判断未知空间物体的轨道元素,但 GNSS 卫星的轨道确定与此不同,它本质上是一个估计问题。通常可以获得轨道运动的近似信息,因此 ODTS 过程的关键目标是基于新的观测数据来更新轨道(和时钟)的先验知识。这需要正确理解测量过程和观测模型,该模型将测量描述为发射机和接收机位置以及其他相关参数的函数。ODTS 使用的模型必须与之后用户使用的轨道和时钟产品模型一致,并且复杂程度因应用而异。为了实现精密轨道和时钟的确定,测量模型应与 PPP 用户毫米到厘米级的定位使用的测量模型一致[6]。这些模型的概述见 11.1 节。

11.2 节讨论了 GNSS 卫星轨道运动动力学模型。在向导航用户发送广播星历数据时,显然需要这种模型来提前预测卫星的位置,这也是轨道确定过程的一部分。通过它们可以用最小的独立参数集来描述所有观测时段的卫星位置。即使 GNSS 卫星位置也可使用"相反 PPP"在每个历元的基础上恢复,但动态轨道确定方法通常更稳健、准确。因此,纯运动学轨道确定方法的作用仅限于描述在特定阶段具有模糊已知行为的 GNSS 卫星运动特征[7]。

11.3 节介绍了 ODTS 过程的估算方法。可从其观测值和模型值的差异中获得先验模型和状态参数的最佳修正。为此研发了各种不同的技术,这些技术在很大程度上可以分为批处理和顺序估计方法,分别用于离线和实时计算。11.3 节介绍了这些方法在确定轨道和时钟方面的主要应用。

11.4 节概述了用户在后处理过程或实时情况下可使用的典型 ODTS 系统以及各类 GNSS 轨道和时钟产品。本章还讨论了验证这些产品精确性和精度的策略,以促进 GNSS 性能监测、控制产品质量。

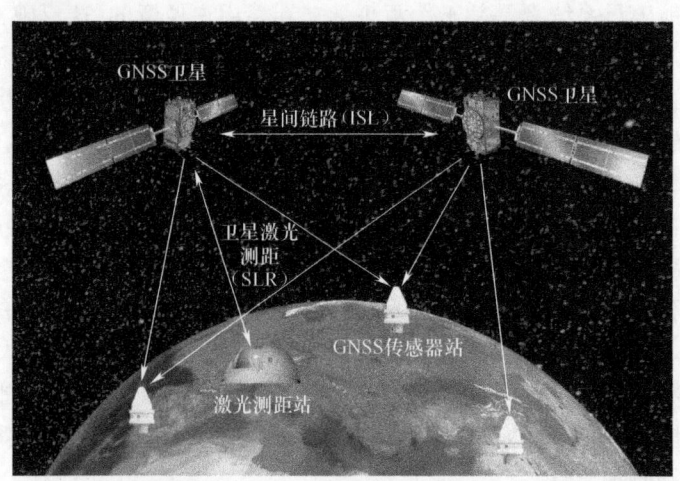

图 11.1 GNSS 的轨道和时钟确定主要是基于 GNSS 的单向测量(图中红色)[该测量是通过连接到稳定原子钟作为主要时间基准的全球站网络实现的。补充观测技术可包括星间链路(蓝色)或地面卫星激光测距(绿色)。本图基于美国航空航天局(地球,SLR 站),欧洲航天局/皮埃尔卡里尔(GNSS 卫星)和作者(GNSS 站)的图像合成。]

11.1 观测模型

11.1.1 伪距和载波相位

GNSS 卫星的 ODTS 过程通常基于地面跟踪站的双频伪距和载波相位观测。尽管现在很多新一代和现代化的 GNSS 支持 3 个甚至 4 个频率,但联合使用 2 个以上频率的处理技术仍然发展缓慢。接收机 R 观测到卫星 S 的基本伪距观测方程为

$$P_R^s = \rho_R^s + c \cdot (\Delta t_R - \Delta t^S + b_{R,P} + b^{S,P}) + \Delta \rho_{\text{ion}} + \delta \rho_{x,P} \tag{11.1}$$

式中:P_R^s 为接收机和卫星之间的几何距离;Δt_R 和 Δt^S 分别为接收机和卫星的时钟修正;$b_{R,P}$ 和 $b^{S,P}$ 分别为接收机和卫星码偏;$\Delta \rho_{\text{ion}}$ 为一阶电离层延迟;c 为真空中的光速。$\delta \rho_{x,P}$

是与站位移、接收机和卫星天线相位中心偏移和变化、对流层和高阶电离层延迟相关的项。下面将讨论相对论效应以及测量误差。

伪距和载波相位观测方程的主要区别是电离层改正符号，以及是否存在整周模糊度项n_R^S和相位缠绕改正项δn_R^S。

$$L_R^S = \rho_R^S + c \cdot (\Delta t_R - \Delta t^S + b_{R,L} + b^{S,L}) - \Delta\rho_{ion} + \lambda \cdot (n_R^S + \delta n_R^S) + \delta\rho_{x,L} \quad (11.2)$$

式中：$b_{R,L}$和$b^{S,L}$分别为接收机与卫星码偏；λ为波长。对于GLONASS，由于采用频分多址（FDMA）发射频率不同，需要考虑额外的频间偏差（IFB）[8-9]。如果同时处理不同GNSS的观测数据，则必须考虑额外的系统间偏差（ISB）[10]。最先进的GNSS接收机提供了大约10cm的伪距测量精度。载波相位测量噪声一般在1~2mm。

不同频率i和j的伪距和/或相位观测值的线性组合可以减少或消除观测方程的某些部分，以下为双频伪距（PC）和载波相位线性组合（LC）的基本形式：

$$PC_{i,j} = \kappa_i \cdot P_i + \kappa_j \cdot P_j, \quad LC_{i,j} = \kappa_i \cdot L_i + \kappa_j \cdot L_j \quad (11.3)$$

最重要的线性组合是"无电离层"线性组合，它消除了电离层路径延迟$\Delta\rho_{ion}$项，这将在本节的后面部分进一步讨论。Melbourne-Wubbena线性组合是另一个重要的组合，它由2个频率上的伪距和载波相位观测值[11-12]组成。它既没有几何结构，也没有电离层，特别适合在很长的基线上解决模糊问题。

通过对比不同站和/或卫星观测数据之间的差异，可消除式（11.1）和式（11.2）中的一些特定项：2个站之间的单点差可以消除卫星的钟差校正和卫星偏差；2颗卫星之间的单点差可以消除接收机的钟差校正和接收机偏差；2个站和2颗卫星之间的双重差异消除了接收机和卫星的时钟偏移和偏差。与其他因素相比，如仅需利用伪距和载波相位观测值来确定精确的卫星轨道（但没有钟差），可以避免估计大量的参数。最后，在没有周跳发生的情况下，后续观测周期之间的3倍差异会抵消模糊数据，因此可以用于周跳检测。

11.1.2 星间链路

除了来自地面网络的伪距和载波相位观测外，用于ODTS的GNSS卫星间的距离还可以通过ISL测量[13]。ISL可以在微波或光学频率范围内工作，主要进行"双、单向"测量，即两个航天器各自测量另一个航天器所发射信号的发射时间。尽管在目前的ISL应用和概念中，这两个测量是顺序进行而不是同时，但它们可被校正至使用粗略的先验轨道和时钟信息来指向同一个历元[3]。

由于GNSS卫星的运行高度远高于大气层，因此相应的延迟与ISL无关。卫星S_1和S_2的简化观测方程如下：

$$I_{S_1}^{S_2} + I_{S_2}^{S_1} = 2 \cdot \rho_{S_1}^{S_2} + c(b_{S_1}^t + b_{S_1}^r) + c(b_{S_2}^t + b_{S_2}^r) + \Delta\rho_{S_1}^{S_2} + \Delta\rho_{S_2}^{S_1} \quad (11.4)$$

式中：b^r和b^t分别为接收和发射偏差；$\Delta\rho$为相位中心偏移和相对论效应的校正项。最新的GLONASS-M光学ISL测量精度约为3cm[14-15]，而北斗使用Ka波段的ISL测量精度为8cm[3]。

ISL经常被认为是GNSS星座自主确定轨道的一种手段[2,16-17]，但它只能确定几个卫星之间相对位置形成的内部几何形状。因此，至少需要一个地面监测站来实现卫星与地面固定参考站的连接。不过，由于ISL也可以用于通信，所以可以大大减少昂贵的地面网络规模。

11.1.3 卫星激光测距

除 GPS 外,所有现代 GNSS 卫星都配备了激光后向反射器阵列,通过这一设计,SLR 能够从国际激光测距服务站(ILRS)[18]等指定的观测站进行观测。SLR 是一种双向测距技术,用于测量短激光脉冲的传播时间[19]。它可验证由微波观测确定的 GNSS 轨道[20],或为组合调整提供额外观测数据[21]。望远镜 T 观测卫星 S 的 SLR 观测方程为

$$\Delta t_T^S = \frac{2}{c}(\rho_T^S + \Delta\rho_{atm} + \Delta\rho_{rel}) + \frac{1}{c}\Delta\rho_{sys} \tag{11.5}$$

式中:Δt_T^S 为测得的反射光传输时间;ρ_T^S 为望远镜与反射时刻卫星之间的几何距离;$\Delta\rho_{atm}$ 为大气延迟;$\Delta\rho_{rel}$ 为相对论修正值;$\Delta\rho_{sys}$ 为激光系统中的信号延迟。在 ILRS 范围内,GNSS 卫星单个 SLR 的测量通常取每 5min 的平均值,这样可以减少数据量、降低独立噪声水平。精度一般为 1mm 至数毫米,而 GNSS 卫星的精度仅为 1cm。

11.1.4 参考系统和框架

参考系及其实现,即参考框架,为 GNSS 观测建模提供了计量基础。卫星轨道通常在惯性参考系中建模,而跟踪站的坐标则参考地球固定的地心参考系。这些坐标系之间的转换将在下一小节中讨论。

国际天球参考系(ICRS)是一个以太阳系质心为原点的惯性系。国际天球参考框架(目前为 ICRF3[22])则通过对河外射电源(类星体)的甚长基线干涉测量(VLBI)[23]观测来实现 ICRS。ICRF 的原点是通过基于所谓的定义源子集实现。在 GNSS 的应用中,通常采用与 ICRF 方向相同但指向不同原点的地心天体参考系(GCRF)。

国际地球参考系(ITRS)以地球为中心,长度单位为米,定位采用 1984 年国际气象局[24]参考子午线。ITRS 最新通过国际地球参考框架 2014 实现(ITRF2014)[25]。GNSS 供应商在其广播星历产品中使用自己的地面参考系和框架。目前使用的版本包括 GPS 的 1984 年世界大地测量系统(WGS84)、GLONASS 的 PZ90.11、Galileo 地球参考框架(GTRF)和北斗坐标系统(BDCS)。所有这些坐标系在分米或更高的水平上与 ITRF 对齐。这对广播星历预测误差的影响可以忽略,并有助于 GNSS 接收机中的混合星座定位,而无须考虑单个系统之间的参考坐标系转换。IGS 内生成精确的多 GNSS 产品时,所有星座的轨道都是在一通用的 IGS 特定参考系中(目前为 IGS14[27]),该参考系源自 ITRF。

11.1.5 地球自转

地球就像一个受外部力矩影响的陀螺仪,绕着不固定的轴旋转,轴的位置随时间缓慢变化。潮汐、地球的形变以及海洋和大气的质量分布使地球在空间方位变化的建模和预测愈加复杂[28]。ICRF 和 ITRF 之间的转换可以通过进动角和章动角、地球自转角(与世界时1,即 UT1 有关)以及地球自转轴相对于地球图形的位置(极坐标)来实现。章动角和进动角主要是由太阳和月亮的潮汐运动引起的。进动的主周期为 25850 年,章动的主周期为 18.6 年。此外,章动还涉及许多较小的事物,其周期可低至几天。国际天文学联合会(IAU2006/2000A)最新的进动-章动模型见文献[24]。天极偏移(CPO)体现了对进动-章动模型的修正,解释了未建模效应,如自由核章动。

地球方位参数(EOP)包括 CPO、ΔUT1 = UT1 - UTC 和极坐标。尽管 GNSS 观测对极移很敏感,但由于与轨道元素相关,它们无法测量 CPO 和 ΔUT1[29]。GNSS 只能观测到 CPO 速率和 ΔUT1(日长,LOD)的变化,而 CPO 和 ΔUT1 本身只能通过 VLBI 测量。国际地球自转和参考系统服务(IERS)提供综合的 EOP 产品以及 EOP 预测,例如 Bulletin A[30]和 C04 系列[31]。由于这些系列仅包括日估计,因此必须根据文献[24]对次日变化进行建模。图 11.2 为根据 GNSS 观测估计的极坐标和 LOD。

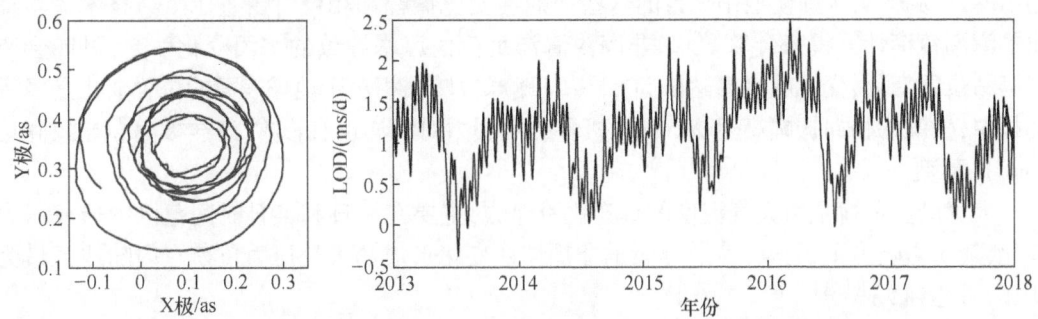

图 11.2 从 GNSS 观测得到的极坐标(左)和日长(右)(虽然极移由钱德勒摆动主导,其周期约为 430 天,但一年、半年、四周和两周的时间长度(LOD)变化都是可见的。)

11.1.6 航天器姿态

天线相位中心相对于航天器质心位置的建模以及 ODTS 过程中相位缠绕效应的建模都需要知道卫星在空间中的正确方位。由于测量到的姿态信息很少用于此目的,一般用标称方位模型来替代。GNSS 卫星的姿态必须满足 2 个基本条件:发射天线必须指向地球中心,最大限度地提高全球用户接收到的信号功率;太阳能电池板必须朝向太阳,最大限度地提高可用电能。为同时满足这些条件,卫星必须绕其指向地球(偏航)的体轴旋转,保持太阳能电池板轴垂直于太阳—航天器—地球平面,并且太阳能电池板必须绕其轴旋转以面向太阳。大多数 GNSS 卫星[32]都采用这种标称偏航控制,它还可用于已知太阳和卫星相对于地球位置时计算航天器的体轴方向。

标称偏航控制的例外情况仅在一年中的特定时期出现,如日食季节,太阳在轨道面上方的高度接近零;近轨道正午和午夜时,太阳和地球在此期间几乎共线,需要在很短的时间内进行大的偏航回转,以保持标称偏航控制姿态。由此产生的偏航率可能超过卫星支持的最大偏航率,因此需要使用不同的偏航控制策略。由于这一时期的姿态控制系统设计和偏航角控制的策略存在很大差异,因此针对各个星座和卫星类型开发了专用的姿态模型(如 GLONASS-M,见文献[33])。在某些情况下,系统供应商也提供了相关模型[34-35],这极大促进了科学界精确确定轨道和时钟工作的开展。

11.1.7 测站位置

在 ODTS 过程中,测站位置要么是固定的,要么是估计出来的。这两种情况下,都需要一个先验的站点坐标来体现板块构造、非线性运动和周期性变化引起的长期运动。测站位置的线性模型由一组专用参考历元的三维笛卡尔坐标和一个速度矢量组成。因为简单的线性模型无法精确模拟地震后的变形,所以需附加对数项和指数项来模拟地震影响下测站的非线性运动[25]。

除这些长期运动外,测站位置还受到各种地球物理过程的影响,包括年周期到次日周期以及非周期性影响。IERS 公约[24]中给出了最先进的校正模型。固体潮汐是由太阳和月球作用于地球表面的第三体加速度引起的,其形变高达40cm。由海洋潮汐引起的水团变化对地球表面造成了各种影响,且有形变,在沿海地区最为显著。这种海潮载荷在高度分量上可达10cm。从不同海潮模型中获得的这些周期性变化振幅和相位可由查尔默斯技术大学提供的海潮负荷计算机来计算[36]。非潮汐海洋负荷由风暴导致的水团变化引起,可能会造成测站位置变化,变化幅度高达1.5cm[37]。地球自转轴相对于地球表面的位置变化是极潮的根源,极潮的径向振幅高达2.5cm。极移的离心力对海洋也有影响,海洋极潮会导致高达2mm的形变。

大气潮汐负荷是由大气温度的日变化引起的,主要在一日和半日时间范围内造成压力变化,最大影响为1.5mm。大气质量的非周期性变化形成的大气压力负荷在内陆地区最为明显,可达到2cm[38]。

ODTS 过程中采用了固体潮、海洋潮汐负荷和极潮的校正模型,从而测站坐标、轨道和时钟产品不受这些效应的非周期影响。由于潮汐引起的永久形变也会从测站坐标中去除,因此这些形变在无潮汐系统中也可使用。上述产品的用户必须在他们自己的分析中采用相同的校正以保持一致性。然而,目前 ODTS 中通常不考虑非潮汐海洋负荷和大气压力负荷,这些影响的特征仍然体现到估计参数中,但其振幅可能会受到抑制[39]。

11.1.8 天线模型

GNSS 卫星的位置通常指航天器的质心(CoM),地面站的位置是一个固定的标记物。GNSS 的观测值与发射和接收天线的实际相位中心相对应。天线相位中心偏移(PCO)表示为 CoM 和发射天线平均的天线相位中心之间的矢量。接收天线使用机械定义良好的天线参考点(ARP),而非 CoM。地面标记和接收机 ARP 间的偏移矢量由天线偏心度体现,通常只包含一个高度分量。球面波前的偏差通过方位角和天顶/天底角相关的天线相位中心变化(PCV)来模拟。PCO 和 PCV 可以通过地面校准获得[40],也可以作为 GNSS 解算中的附加参数进行估算[41]。特定频率的卫星和接收机天线,其 PCO 和 PCV 由 IGS 以天线交换格式(ANTEX)提供,与 ITRF2014 一致的最新模型称为 igs14.atx[27]。此外,伪距观测也必须考虑和方向相关的群时延变化(GDV)。这在北斗二号发射天线上体现得尤为明显[42],在 GPS 发射天线和各种接收天线上也有重要作用[43-44]。

11.1.9 大气延迟

从卫星到接收机传输过程中,GNSS 信号会受到大气的影响,产生延迟。电离层和中性大气性质不同,所以它们的影响在观测模型中进行了区分。电离层的高度范围约为 50~1000km,由包含自由离子和电子的等离子体组成。而中性大气只包括最低区域的对流层(0~10km 高度)及其相邻的平流层,没有带电粒子。

电离层是一种色散介质,在这种介质中,距离延迟与信号频率的平方大致成反比。通过电离层的基于码分和相分的信号测量,会产生大小大致相同但符号相反的变化,总延迟与沿信号路径的电子密度积分成正比[45]。可以利用电离层的色散特性消除电离层的一阶延迟,形成一个"无电离层"的双频观测线性组合。其公式表达如下:

$$LC_{i,j} = \frac{1}{f_i^2 - f_j^2}(f_i^2 L_i - f_j^2 L_j) \tag{11.6}$$

用载波相位测量值 L_i 和 L_j,及其相应的伪距表达。电离层延迟的一阶项在天顶方向达到了30m的量级,高阶离子层项可达2cm。这些影响的校正模型见文献[46]。

对流层延迟[47]不取决于信号频率,且在码分和相分测量中相同。它可以分为干延迟和湿延迟两部分。干延迟主要受气压影响,在海平面的天顶方向上通常为2.3m;湿延迟受湿度影响,在天顶方向上于0~40cm变化。文献[48]给出了一个简单的模型来计算温度、大气压力和水汽压力对对流层延迟的影响。该模型的输入数据可通过气象测量、全球压力和温度(GPT)经验模型[49-51]或数值天气预报(NWP)模型获得。图 11.3 为筑波(日本)GNSS 站的天顶干延迟,数据源自 NWP。湿延迟变化快,很难建模,所以在精确应用中通常需要进行估计。除高达20cm的短期变化外,筑波的 ZWD 估值呈现出明显的季节性变化特征,在干燥的冬季最小,潮湿的夏季最大。

延迟的估值或建模值以天顶方向为基准,但实际观测结果是从不同仰角处获得的。有映射函数可以表征天顶方向延迟与特定天顶距离 z 之间的关系。在此基础上加以细微变化,就可得到干延迟和湿延迟的映射函数 $f_h(z)$ 和 $f_w(z)$。常用的映射函数包括经验全局映射函数(GMF)[52]和基于 NWP 数据的不同版本维也纳映射函数(VMF[51,53])。

基于方位角的对流层延迟,其不对称性可通过对流层梯度的建模或估计来考虑[54]。由干延迟、湿延迟和梯度延迟组成的对流层总延迟如下:

$$\Delta\rho_{trp}(z,A) = f_h(z) \cdot \Delta\rho_h + f_w(z) \cdot \Delta\rho_w + f_g(z) \cdot \Delta\rho_n \cos A + f_g(z) \cdot \Delta\rho_e \sin A \tag{11.7}$$

式中: $f_g(z)$ 为梯度映射函数[55]; $\Delta\rho_n$ 为北/南梯度; $\Delta\rho_e$ 为东/西梯度。图 11.3(c)所示为具有明显年变化特征的一个测站日北/南梯度估值。

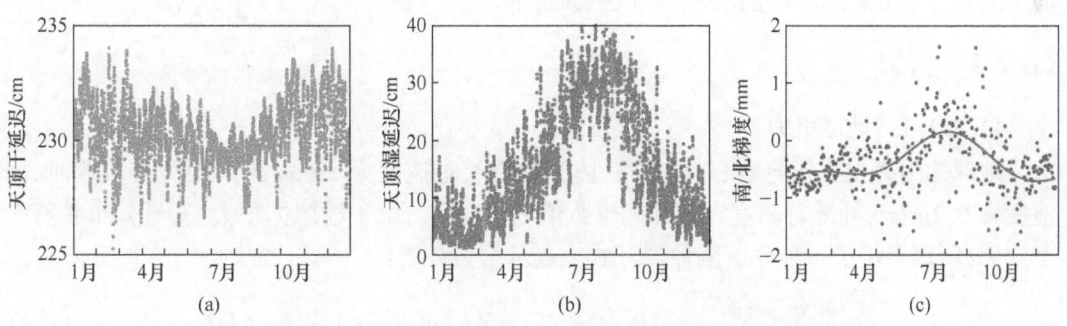

图 11.3 位于日本筑波的 IGS 站 TSKB 的对流层参数
(a)数值天气模式的天顶干延迟;(b)GNSS 观测的天顶湿延迟(ZWD);
(c)GNSS 观测的北/南对流层梯度估值,实线表示年度和半年的拟合。

11.1.10 相位缠绕

GNSS 相位观测基于右旋圆极化电磁波。圆极化作用下,接收天线和发射天线每旋转一整圈,接收信号的载波相位就变化一个波长。静态参考站天线的方向变化源自卫星绕其偏航轴的旋转,从而保持了标称姿态;同时,卫星与接收机的相对运动引起视线变化,也会导致方向变化。普通卫星的相位缠绕效应影响通常在一个波长以内,主要影响卫星的钟差。洲际基线两个观测站之间的不同相位缠绕效应影响则可达数厘米[56]。

11.1.11 相对论信号传输效应

地球重力场影响着 GNSS 信号从卫星到接收机的传播时间。这种广义相对论效应称为夏皮罗效应,会导致传输延迟,产生高达 2cm 的误差。GNSS 卫星上的时钟相对于接收机时钟高度和速度都不同,因此需要通过额外的相对论校正来体现观测时刻的准确钟差。通过将发射频率偏移恒定的偏移量(如 GPS 需要 -4.464710×10^{-10} Hz 的补偿)能够补偿平均部分[57]。GNSS 的轨道不是标准圆形,所以也会出现周期项。相对论信号传输效应取决于卫星的偏心距、半长轴和偏心异常,对 GPS 卫星可造成高达 14m 的影响。

11.2 轨道动力学

绕地球运行的卫星受到地球引力以及其他各种扰动的影响。作用在卫星上的总加速度 a 可以通过适当的物理模型来描述,并且取决于卫星的位置 r、速度 $\dot{r}=v$ 和时间 t。因此,从数学的角度来看,卫星轨道的传输是一个初值求解的问题,在给定初始条件下可以通过对二阶微分方程进行数值积分来求解,即 $\ddot{r}=a(r,\dot{r},t)$。根据经验法则,GNSS 卫星的动力学模型旨在描述大于 0.1nm/s^2 的加速度水平,这大约比地球表面物体的加速度小 12 个数量级。虽然目前的重力模型可以很好地达到这种精度,但用其表示非重力表面力时,往往由于缺乏相关航天器特性的信息而使精度受到影响。要降低这一影响,可采用经验模型,此时模型的参数根据观测值进行调整。本节将介绍 GNSS 卫星轨道预测和确定的动力学模型中最重要的组成部分,同时也将简述相关的数值积分技术。

11.2.1 引力

11.2.1.1 地球引力

地球的引力主要指向地心,在 GPS 卫星高度时,加速度为 0.6m/s^2、地球同步高度时,加速度为 0.2m/s^2,并随着高度在上述两个数值之间变化。由于地球体积大,质量分布并不完全规则,所以采用了一种球谐函数展开式来表示重力势能:

$$U_\oplus = \frac{\text{GM}_\oplus}{r} \sum_{n=0}^{\infty} \sum_{m=0}^{n} \frac{R_\oplus^n}{r^n} \cdot \overline{P}_{n,m}(\sin\phi) \cdot [\overline{C}_{n,m}\cos(m\lambda) + \overline{S}_{n,m}\sin(m\lambda)] \quad (11.8)$$

式中:r 为地心距离;ϕ 为纬度;λ 为经度。相关加速度由梯度 $a_\text{grav}=\nabla U_\oplus$ 给出。此处 $\text{GM}_\oplus$ 表示地球的引力系数(即引力常数与地球质量的乘积),$\overline{C}_{n,m}$ 和 $\overline{S}_{n,m}$ 为模型指定的归一化力场系数。文献提供了多种递推关系,在计算三角函数和规范化关联勒让德多项式 $\overline{P}_{n,m}$ 时实现数值稳定。其中,坎宁安的递归关系[58]用于笛卡儿坐标系就比用于球坐标系更为合适。

由于个别重力场项对加速度的影响随着距离的 $(n+2)$ 次方而减小,因此典型 GNSS 卫星的轨道建模只需要考虑一小部分低阶系数。IGS 中,目前大多数分析中心采用最新 GRACE+GOCE(+SLR)重力场模型的 12×12 子集(如 GGM05[59])。为了达到最佳精度,除了静态重力场,还要考虑各种形式的时间重力场变化,不仅包括低阶纬向系数($C_{2,0}$,$C_{3,0}$,$C_{4,0}$)的长期变化,以及与极地运动有关的 $C_{2,1}$,$S_{2,1}$ 的变化,也包括地平面地球潮汐、海洋潮汐、固体潮汐的变化。文献[24]中提供了各个模型的详细信息。

11.2.1.2 第三体引力

除了地球的主要引力,太阳、月球和行星的扰动引力加速度也对 GNSS 卫星的运动产生影响。但是这些物体和卫星之间的距离要远得多,因此可以用质点模型来充分描述这类加速度。假定在地心位置 s 处有一个重力系数为 GM 的物体,其扰动加速度为物体对卫星和地球本身重力加速度的差值。

$$a_{\text{3rd-body}} = \text{GM}\left(\frac{s-r}{\|s-r\|^3} - \frac{s}{\|s\|^3}\right) \quad (11.9)$$

太阳和月亮的第三体代表扰动量分别可达 $1.5\mu\text{m/s}^2$ 和 $3\mu\text{m/s}^2$,而潮汐加速度主要受金星和木星影响,至少要小 4~5 个数量级。

式(11.9)中,要获得摄动体坐标,必须有足够的精度,所以通常需要预先计算太阳系星历表,如喷气推进试验室(JPL)提出的星历表/月球星历表(DE/LE)[60-61]。这些星历表中各个天体的轨迹用切比雪夫多项式表示,不仅能够快速计算日、月和行星坐标,且没有太多存储空间的需求。

11.2.1.3 后牛顿动力学

尽管牛顿万有引力定律很好地表现了引力对卫星的作用,但如今 GNSS 具有很高的测量精度,因此需要在运动方程中仔细考虑相对论效应。相对论公式和牛顿公式之间的差别大致体现为卫星速度和地球速度之比的平方,即 $(v/c)^2 \approx 10^{-10}$。尽管可以试着在完全相对论框架下描述 GNSS 轨道和测量[63],但通常的做法是应用后牛顿修正处理运动方程[24]中的加速度。近圆轨道的 Schwarzschild 首项为

$$a_{\text{rel}} = \frac{\text{GM}_\oplus}{c^2 r^3} \cdot \left[\left(4\frac{\text{GM}_\oplus}{r} - v^2\right)r + 4(r^\text{T}\boldsymbol{v})\boldsymbol{v}\right] \underset{r=\text{常数}}{\approx} \frac{\text{GM}_\oplus}{r^2} \cdot \frac{r}{r} \cdot 3\frac{v^2}{c^2} \quad (11.10)$$

它导致地球中心引力小幅减少,轨道周期和轨道半径关系也产生了相关变化(即开普勒第三定律)。轨道确定过程中进行相对论修正[式(11.10)]时,与牛顿公式相比,轨道半径减少了 4.5mm,不受高度影响。

11.2.2 非重力

11.2.2.1 太阳辐射压力

电磁辐射携带的动量与所传输的能量成比例。辐射经表面吸收或反射,这个动量就转移到相应的物体上,形成一个微小的辐射压力[64]。太阳辐射压力(SRP)是 GNSS 卫星非重力扰动的主要来源,因为太阳是最强烈的电磁辐射源,而且卫星配备了大型太阳能电池板来产生能源。平均地日距离约 150×10^6km 时,太阳辐照度 $\varPhi=1361\text{W/m}^2$[65],完全吸收后,压力 $P=4.5\times10^{-6}\text{N/m}^2$。如辐射经表面反射或再传输,会产生额外的动量传递。表面元件所承受的总力 ΔA 见下式,其中 α、δ 和 ρ 分别表示吸收、扩散和反射光子的比例:

$$\Delta F = -\frac{\Phi}{c} \cdot \Delta A \cos\theta \cdot \left[(\alpha+\delta)\, \boldsymbol{e}_\odot + \frac{2}{3}\delta \boldsymbol{e}_n + 2\rho\cos\theta \cdot \boldsymbol{e}_n \right] \quad (11.11)$$

参见文献[64],式中 $\boldsymbol{e}_n$ 为表面法向单位矢量;$\boldsymbol{e}_\odot$ 为太阳方向单位矢量;$\theta=\mathrm{arccos}(\boldsymbol{e}_\odot^T \boldsymbol{e}_n)$ 为这些矢量所包围的角度,见图11.4。

式(11.11)可计算给定方向和尺寸的单个表面元件总SRP加速度及其光学特性。最复杂的SRP模型基于卫星的计算机辅助设计(CAD)模型,并利用光线追踪技术来表现不同入射角下的亮度条件。此时,即使是复杂的航天器结构,也可以将结构元素的相互遮挡以及多次反射考虑在内。文献[66-68]报道了GLONASS卫星和GPS Block IIR 卫星SRP建模的早期光线跟踪结果,以及北斗二号卫星中的最新应用,文献[69-70]中也有所介绍。

为降低SRP建模的整体复杂性,可以采用箱形机翼模型代替具体的CAD模型。航天器结构近似于一个箱形卫星体,它包含6块矩形板和模拟太阳能电池板的另外2块板。单个板的光学参数可以从材料特性推断出来,也可以在轨道确定过程中进行调整[71]。目前,箱形翼模型用于Galileo卫星和QZSS卫星[72-74],使用调整后的模型参数或系统供应商发布的航天器元数据[35-34]。

受尺寸和质量影响,SRP加速度范围为 $50\sim150\mathrm{nm/s^2}$,因此成为了继太阳和月球潮汐加速度之后GNSS卫星的最大轨道扰动源。除了尺寸和表面性质,姿态和太阳能电池板的方向必须满足SPR模型的要求。正常运行过程中,通常可以假定太阳能电池板指向太阳,卫星遵循偏航导向方向[32]。正午和午夜转弯时,偏离这个标称姿态可能会影响辐射压力造成的净加速度,因此在SRP模型中必须考虑这一因素。

11.2.2.2 热发射

航天器吸收太阳辐射后会产生热量,最终以热发射的形式辐射回太空。比较典型的应用是,太阳能电池板产生的大部分电能会在星载设备中转化为热能。安装在航天器背面的散热器通常用于释放航天器内部产生的多余热量,可能影响卫星的净力。同样地,太阳能电池板前后的温差也会导致沿太阳方向的加速。正确表现热发射和由此产生的热辐射加速度需要具体的热模型和航天器设计知识[68,75],但在定轨过程中往往不现实。

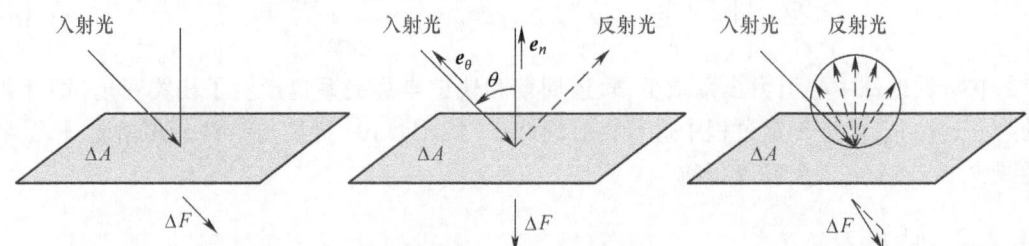

图11.4 根据表面特性,太阳辐射压力产生与太阳方向相反的力(吸收,左图)、与表面垂直的力(镜面反射,中间图)或其线性组合(漫反射,右图)

要解决这一问题,可以调整箱形机翼模型的光学特性,更好地表现SRP和热发射的总和,或者考虑额外的经验加速度,从观测中进行推演。

11.2.2.3 地球反射率和红外辐射

除了太阳的直接照射,地球反射的太阳光和地球的红外辐射是辐射压力的第二个来源。由于反射率(或"反照率")在地球不同地区变化显著,因此需要通过云层覆盖图对地球辐射压力(ERP)进行详细的建模。将地球可见部分的单个网格点数值累加,得到总的 ERP 加速度[76]。每个网格点的辐照度根据局部反照率、红外发射率以及太阳-卫星几何结构进行评估;其占 ERP 加速度总值的比重通过类比式(11.11)来评估;ERP 对 GPS 卫星轨道建模的影响通过云端和地球辐射能系统(CERES)[78];提供的地球反照率和发射率数据进行评估,详见文献[77]。ERP 会导致一个主要的径向加速度,它能够抵消地球引力,GPS Block ⅡA 卫星在确定轨道过程中轨道半径也减少了 1.5cm。

11.2.2.4 天线推力

除了反射的太阳光或热辐射,无线电信号的传输还有助于产生反冲加速度[64],该加速度总是指向远离地球的方向。这种"雷电辐照"效应对 GPS 和 GLONASS 卫星轨道确定的影响早在文献[79]中讨论过,但大多数 GNSS 卫星公开的发射功率信息有限,长期以来一直未能真正地考虑这种影响。最近,文献[80]中,通过使用校准的高增益天线测量接收信号功率得到了相关数值。发射功率因航天器类型的不同差异很大,早期的 GPS 和 GLONASS 卫星约 50W,而一些最强大的 GNSS 卫星在地球同步高度[34]上,其功率值约为早期卫星的 10 倍。轨道确定过程中考虑天线推力因素会导致轨道半径根据不同的质量和轨道出现不同程度的降低,最多可达 3cm[80]。

11.2.2.5 经验加速度

用于轨道建模的 GNSS 航天器设计信息有限,所以使用纯经验加速度替代或补充非引力的先验模型。其中,扩展码轨道模型(ECOM)[81-82]及欧洲定轨中心(CODE)提出的更新版本的 ECOM-2[83]得到了广泛的关注,并通常应用于科学界所有 GNSS 的定位定向装置(POD)。ECOM 模型通过 DYB 框架中的常数和谐波项来表达由 SRP 和其他因素产生的加速度:

$$\boldsymbol{a}_{\mathrm{emp}} = \begin{pmatrix} a_{\mathrm{D}} \\ a_{\mathrm{Y}} \\ a_{\mathrm{B}} \end{pmatrix} = \begin{pmatrix} D_0 \\ Y_0 \\ B_0 \end{pmatrix} + \sum_n \begin{pmatrix} D_{c,n} \\ Y_{c,n} \\ B_{c,n} \end{pmatrix} \cos(nu) + \sum_n \begin{pmatrix} D_{s,n} \\ Y_{s,n} \\ B_{s,n} \end{pmatrix} \sin(nu) \quad (11.12)$$

式中:D 为太阳方向;Y 为太阳能板轴;B 为正交的方向。参数 u 测量轨道经度相对于轨道在赤道上的升交点(ECOM)或太阳方向在轨道平面上的投影(ECOM2)。在轨道确定过程中,对各个模型系数(或其可观测子集)进行调整。虽然仅包含 5 个参数 D_0、Y_0、B_0 和谐波 $B_{c,1}$ 与 $B_{s,1}$,但模型已被证明非常适用于 GPS 卫星和 GLONASS 卫星,且 ECOM-2 中引入了高次谐波,能够与 Galileo 卫星和 QZSS 卫星等卫星拉伸的条件实现最佳匹配[83]。

要弥补其余部分建模的不足,在轨道确定过程中,可估计径向、法向和切向方向上的额外经验加速度,这些典型的模型是分段常数或分段线性参数。另外,可估计伪随机脉冲,用来表示观测弧内有限周期几何的瞬时速度增量[81]。

11.2.2.6 机动

在长期扰动力的作用下保持所需的星座几何构型或将卫星移动到新的轨位,GNSS 卫星需要以半规则的间隔进行轨道修正机动。机动频率因星座和轨道类型而异,范围可以是任务寿命期内的几次机动(Galileo 卫星),也可以是倾斜地球同步轨道上 QZSS 卫星和北斗卫星的半年机动,甚至是地球同步导航卫星的月机动。大多数情况下,可以通过一个恒定的加速度矢量描述"机动",该矢量建立在一个包含径向、法向和切向方向的参考框架中,或者也可以通过脉冲速度增量来表达。尽管在机动点附近 GNSS 卫星常标记为"不健康",也可能提前提示"故障",但机动的计划时间和参数仅有控制中心和系统供应商自己可用。由于缺乏先验信息,机动会影响外部机构的定轨工作,这通常会导致机动卫星全天都不能提供星历信息。因此,各个分析中心制定了各种策略,通过观测信息推断机动的发生和近似机动时间,以便在随后的轨道确定过程中考虑和调整机动[84-85]。

11.2.3 数值积分

基于运动方程和已知的初始条件[5,86-87],可以使用多种数值积分方法来计算卫星轨道。由于 GNSS 轨道接近圆形,因此通常不需要步长控制,可根据精度要求来选择固定步长,采用的具体方法在很大程度上与应用的估计策略有关。多步法使用了一个过去派生值表,在此基础上可以预测下一步的解,从而实现最小加速度的高精度计算,效率较高。另一方面,在开始阶段需要做大量的工作,如果频繁重启积分器,则将难以求解。轨道机动需要这样的重启,同时也需要其他一些体现运动方程高阶导数不连续性的事件(如地影期过境[88])。同样,多步法似乎不适用于处理序列估计和求解定轨结果,因为轨迹推演的初始条件在每次测量时都会发生变化。为了应对积分器频繁启动,这些应用多采用单步法(如不同类型的龙格-库塔方法)。

11.3 参数调整

前几节讨论的动力学和观测模型初步介绍了如何通过有限的初始条件和模型参数来描述测量过程。首先进行初始假设或基于以往数值进行估计,在此基础上通过差分校正得到这些参数的精确值[89]。尽管有各种不同的估计技术和极端之间的平滑过渡,可以区分出两类(图 11.5)。利用最小二乘法进行批处理,调整开始前所有观测值可用,并可同时使用它们推导一组参数,实现整个数据架构的建模值和测量值差异的最小化。

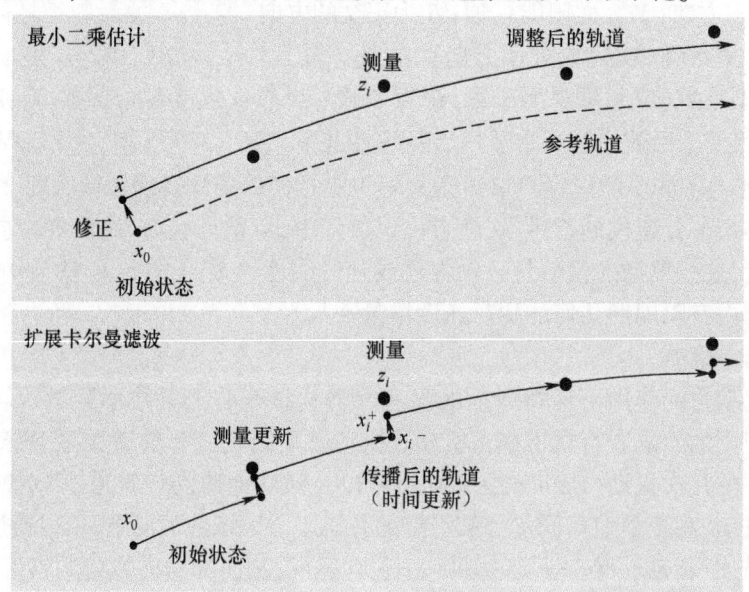

图 11.5 基于最小二乘估计(上图)和扩展卡尔曼滤波(下图)的轨道确定示意图

IGS 分析中心广泛应用最小二乘估计确定轨道和时钟,该方法也是各种 GNSS 控制中心 ODTS 过程的基础;当新的观测值可用时,序列估计能够"动态"地精细估计参数。本质上,序列估计是实时应用的首选方法,如 GPS 任务控制中心的卡尔曼滤波器[90]或在 PPP 校正服务中生成实时轨道和时钟估计的滤波器[91-93]。

11.3.1 最小二乘估计

给定一组观测值 z 和基于一组参数 x 的模型函数 $h(x)$,用最小二乘估计得到一个数值,使得观测值和模型值之差的加权范数 $\|z - h(x)\|_{P_{zz}^{-1}}$ 最小。ODTS 中,z 通常包括监测站收集的伪距和载波相位测量值,x 包括轨道、卫星和时钟偏差、相位模糊、对流层天顶延迟以及其他未知参的初始条件。将损耗函数线性化,其近似值为 x_0,最小二乘解可用正规方程表示为

$$(H^T W H)(\hat{x} - x_0) = H^T W(z - h(x_0)) \tag{11.13}$$

$H = dh/dx$ 表示设计矩阵,设定加权矩阵 $W = P_{zz}^{-1}$ 等于测量协方差的逆。要实现零平均测量误差,可利用式(11.13)得到真实的无偏估计 $\hat{x}$,协方差为 $P_{\hat{x}\hat{x}} = (H^T W H)^{-1}$。通过对信息矩阵 $H^T W H$ 进行 Cholesky 分解,可以选择性地求得标准方程和协方差矩阵的解。另外,还有各种其他分解技术来求解数值稳定的正规方程,包括平方根信息滤波(SRIF)[95]公式,该公式已应用于 JPL[96-97] 的 GipsyX GNSS 卫星处理和轨道确定软件。

通过考虑修正损失函数 $\|z - h(x)\|_{P_{zz}^{-1}} + \|x - x_a\|_{P_{x_a x_a}^{-1}}$,将先验信息并入最小二乘估计,其中 x_a 和 $P_{x_a x_a}^{-1}$ 分别表示 x 的先验值及其协方差。下式可得到对应的最小值。

$$\hat{x} = x_0 + (H^T W H + P_{x_a x_a}^{-1})^{-1} \{H^T W[z - h(x_0)] + P_{x_a x_a}^{-1}(x - x_a)\} \tag{11.14}$$

同样,将多个数据批 i 得到的正规方程组合起来求得最小二乘解。

$$\hat{x} = x_0 + \Big(\sum_i N_i\Big)^{-1}\Big(\sum_i d_i\Big) \tag{11.15}$$

式中 $N_i = H_i^T W_i H_i$,$d = H_i^T W_i[z_i - h_i(x_0)]$,体现了使用共同估计值进行联合数据处理的过程。这种"正规方程叠加"能够在 GNSS 轨道确定过程中便捷地实现长弧参数估计,而不需要长时间连续轨道建模。例如,可以结合日解的结果来估计数年内的站点位移、EOP 或 GNSS 发射天线偏移。

由于最小二乘 ODTS 可同时处理大量卫星、站点和时点,所以正规方程会很快得到一个维度,即便可以直接求解(或全信息矩阵求逆)也会很麻烦。另外,信息矩阵大部分是稀疏的,因为给定历元的伪距和载波相位观测值不受任何其他历元的时钟偏移影响。如果在估计矢量中适当调整时钟偏移,正规方程便可以成为呈对角线分布且完全填充的矩阵块。这种分块结构可能会预消某些参数,有效地简化了最终的正规方程。例如,有一组估计参数 A 和 B,相关正规方程为

$$\begin{pmatrix} N_{AA} & N_{AB} \\ N_{BA} & N_{BB} \end{pmatrix} \begin{pmatrix} x_A - x_{A,0} \\ x_B - x_{B,0} \end{pmatrix} = \begin{pmatrix} d_A \\ d_B \end{pmatrix} \tag{11.6}$$

x_A 的解可以表示为

$$(x_A - x_{A,0}) = N_{AA}^{-1}[d_A - N_{AB}(x_B - x_{B,0})] \tag{11.17}$$

相关数值代入正规方程后,得到第二组参数:

$$(\boldsymbol{x}_\mathrm{B} - \boldsymbol{x}_{\mathrm{B},0}) = (N_\mathrm{BB}^{-1} - N_\mathrm{BA} N_\mathrm{AA}^{-1} N_\mathrm{AB})^{-1} (\boldsymbol{d}_\mathrm{A} - N_\mathrm{BA} N_\mathrm{AA}^{-1} \boldsymbol{d}_\mathrm{A}) \tag{11.18}$$

消除参数 A,则正规方程的维数从 $\dim \boldsymbol{x}_\mathrm{A} + \dim \boldsymbol{x}_\mathrm{B}$ 降为 $\dim \boldsymbol{x}_\mathrm{B}$,但需要对信息矩阵 N_AA 进行反演。如果 N_AA 是一个稀疏的或理想的对角矩阵,这一调整不会很困难。

11.3.2 序列估计

最小二乘估计法在处理整个数据弧的观测数据后只给出相关参数的解,而序列估计法对每一个单独的观测数据(或一小批观测数据)进行处理,并给出新的解。序列估计法应用最广泛的是扩展卡尔曼滤波器(EKF),它可以对滤波器状态 $\boldsymbol{x}_i$ 及其协方差 P_i 进行估计,并对每个观测历元 t_i[89,98]进行递归更新。

此更新有两个基本步骤:第一步是时间更新,利用动态模型预测从一个时间到下一个时间状态参数及其协方差的演化;第二步是测量更新,"混合"预测状态与观测数据,在此基础上得到当前状态的最佳估计,同时考虑了过去信息和新信息。后一步本质上相当于最小二乘估计法,它使用预测的滤波器状态作为先验信息,且只处理新历元上的观测结果。但它不需要解常规方程,而是利用一种显式关系来计算更新状态。

用上角标" - "和" + "表示新观测数据处理前后的值,EKF 状态更新方程可归纳为

$$\begin{cases} \boldsymbol{x}_i^- = \boldsymbol{x}(t_i; \boldsymbol{x}(t_{i-1}) = \boldsymbol{x}_{i-1}^+) \\ P_i^- = \boldsymbol{\Phi}_i P_{i-1}^+ \boldsymbol{\Phi}_i^\mathrm{T} + Q_i \end{cases} \tag{11.19}$$

观测更新方程为

$$\begin{cases} \boldsymbol{K}_i = P_i^- H_i^\mathrm{T} (W_i^{-1} + H_i P_i^- H_i^\mathrm{T})^{-1} \\ \boldsymbol{x}_i^+ = \boldsymbol{x}_i^- + \boldsymbol{K}_i [\boldsymbol{z}_i - \boldsymbol{h}_i(\boldsymbol{x}_i^-)] \\ P_i^+ = (1 - \boldsymbol{K}_i H_i) P_i^- \end{cases} \tag{11.20}$$

因子 $\boldsymbol{K}$ 称为卡尔曼增益,将观测到的值和模型测量值之差映射到状态估计的修正中。$Q_i = \mathrm{d}\boldsymbol{x}_i / \mathrm{d}\boldsymbol{x}_{i-1}$ 表示状态转移矩阵,即传播状态 $\boldsymbol{x}_i^-$ 对于初始条件 $\boldsymbol{x}_{i-1}^+$ 的偏导数。由于动力学模型的不足,引入到传播协方差中的过程噪声 $\boldsymbol{Q}$ 增加了传播弧上状态的不确定性。不同的参数采用不同的过程噪声模型(白噪声、相关噪声)。大量的过程噪声将造成滤波器"记忆衰退",减少过去观测值对当前估计值的影响,而过程噪声将降低滤波器对新观测值的接受能力,并可能导致滤波发散。因此,卡尔曼滤波器调整的一个关键就是正确选择过程噪声的大小和类型,这通常需要根据问题的具体特性,结合经验做出判断。

虽然滤波器更新步骤使用式(11.20)能进行正确的数学计算,但它对舍入误差比较敏感,所以在实践中应尽量避免。推荐选择的替代方案有:Joseph 更新方程(11.21)或因式分解法,直接更新单位三角矩阵 U 和协方差矩阵 UDU^T 分解的对角矩阵 D,确保卡尔曼滤波值的稳定性[95]。

$$P_i^+ = (1 - \boldsymbol{K}_i H_i) P_i^- (1 - \boldsymbol{K}_i H_i)^\mathrm{T} + \boldsymbol{K}_i W_i^{-1} \boldsymbol{K}_i^\mathrm{T} \tag{11.21}$$

应用于 GNSS 卫星的轨道和钟差估计时,卫星瞬时位置和速度以及卫星和站间的瞬时钟差构成了滤波器的状态元素,这些元素在各时点间传播,并随着新的测量值更新。与批量最小二乘估计器相比,该滤波器实现了"当前"时钟参数的序列估计,而不是同时求解所有单个观测时刻的时钟参数。这大大减少了估计参数矢量的数目,极大促进了滤波器的功能实现。另一方面,该滤波器的估计仅基于过去的观测,离线处理中使用卡尔曼滤波器时,需

要一个正反向滤波器/平滑滤波来兼容最小二乘的过程。

卡尔曼滤波概念还能通过一种独特的方法来处理估计参数,这些参数表示随机过程,因此不能用严格的动态模型表现。在许多情况下,各状态(或其与模型的偏差)可以表现为一阶高斯-马尔科夫过程[98]。其相应的状态参数与时间尺度 t 和稳态标准差 σ 呈指数自相关[89,95]。卡尔曼滤波器的时间更新步长的指数相关随机变量(ECRV)表示为 $x_i = \exp[-(t_i - t_{i-1})/\tau] \cdot x_{i-1}$,它们的协方差随着过程噪声 $Q = \sigma^2 \cdot \{1 - \exp[-2(t_i - t_{i-1})/\tau]\}$ 递增。ECRV 状态也有助于体现力模型中的经验加速度或观测模型中的大气延迟。

11.3.3 模糊度解算

如 11.1 节所述,GNSS 接收机可同时进行伪距和载波相位观测。鉴于载波相位观测的测量噪声较低,因此对高精度定轨和时钟必不可少。载波相位模糊度是一个未知量,但在卫星站对 GNSS 卫星的连续跟踪过程中恒定。所以 ODTS 过程需要对每一跟踪弧和一对卫星站进行模糊度参数估计。

要进一步提高精度,可以将模糊度划分为信号波长的整数倍以及与接收机相关的分数部分(所有跟踪卫星相同)和与卫星相关的分数部分(网络中所有接收机相同)。卫星间和接收机间形成双差时,分数部分消失,由此产生的双差模糊度具有整数性质。该整数值有效地将模糊的双差载波相位转换为高精度的双差伪距,显著提高了观测卫星站几何结构的刚度。

从数学角度看,整数模糊度与浮点值的其他参数的组合调整是一个"混合整数"最小二乘问题,已探索出各种复杂的解决方案,能够稳健地达到最佳效果[99]。然而,模糊参数数量庞大,普通 ODTS 软件包采用了更简单的策略,提出了宽巷/窄巷的模糊度概念,并将软件包构建于其上,用于双频观测[100]。第一步,确定宽巷模糊度,即第一和第二频率模糊度之差 $n_1 - n_2$,可在足够长的数据弧上对双差整数舍入 Melbourne-Wübbena 组合得到该值。第二步,可基于初始 ODTS 过程中得到的无电离层载波相位模糊度和宽巷糊度计算 n_1 模糊度的浮点估计值,并将其固定为整数值[101]。如果对部分宽巷延迟进行估计,也可修正无差异数据模糊度[102]。如需约束全球站和卫星组的双差模糊度为整数值,IGS 分析中心在轨道和时钟产品生成方面已经实现了 2 倍的典型性能改进[103]。

11.4 系统和产品

前几节介绍的模型和技术是所有 GNSS 轨道和时钟确定系统通用的算法基础。长久以来,在此基础之上开发出了许多 ODTS 工具和系统,但它们在响应应用程序需求方面存在特定的差异或者直接默认了偏好项。本节将介绍 ODTS 系统及其总体架构和操作。作为补充,对比分析了不同等级的轨道和时钟产品,讨论了质量控制和验证的基本策略。

11.4.1 架构和工具

图 11.6 展示了 2 个典型 ODTS 过程的流程图,说明了其总体架构,包含了 GPS 控制段的轨道和时钟确定,以及 IGS 及其分析中心精确轨道和时钟产品的生成。

11.4.1.1 GPS 控制段

图 11.6 中,左图为美国 GPS 主控站(MCS)采用的(近)实时轨道和时钟确定过程[90,104],它基于卡尔曼滤波,以序列的方式处理观测结果。MCS 持续接收来自 5 个 GPS 监测站的 L1 和 L2 频率原始观测数据。处理过程的第一步,形成无电离层组合,应用各种初始修正。此外,利用累积增量(即载波相位)对伪距观测值进行平滑处理,通过 15min 采样获得低噪声值。然后,用卡尔曼滤波器处理上述测量值,以相同的更新周期,计算相对于预计算参考轨迹的状态修正值,并以这些历元状态预测未来的轨道和时钟演变,调整广播星历参数,以便随后上注到卫星。实际上,还有一个性能监测器与 ODTS 过程同步运行,它不断比较历元状态和广播星历,评估观测伪距误差,即观测伪距和导航信息建模值之间的差值。

参考星历是主控站卡尔曼滤波差分校正过程的基础,单独生成。轨道动力学模型包括 8×8 重力模型、日月引力摄动、固体潮模型和先验 SRP 模型,而时钟状态的演化是通过时间上的二阶多项式来体现的。卫星位置转化为地球固定参考系所需的 EOP,由国家地理空间情报局(NGA)每周向主控站提供,作为固定参数处理。利用该滤波器,可以估计惯性卫星位置和速度相对于参考轨道的修正值、2 个辐射压力参数,以及卫星和监测站时钟的钟差、漂移和速率(可选)。

由于伪距观测只能观测到钟差,观测不到绝对时钟偏移,所以要先选择一个监测站作为其他卫星和站钟的主时钟。之后采用的"复合时钟"概念[105]将 GPS 时间作为空间和地面段所有时钟的加权平均值,提高了整体精度。单向(伪距和载波相位)观测意味着卫星钟差和系统时间确定与 GPS 中卫星轨道的确定紧密相关。尽管其他星座整体架构不同,但同样适用,如 GLONASS 和 Galileo 系统。但北斗系统例外,北斗系统使用双向卫星时间和频率传输(TWSTFT)技术同步空间和地面时钟[106],并将得到的时钟偏移量与独立的定轨结果相结合,生成广播导航信息。

11.4.1.2 IGS 精密轨道和时钟产品生成

图 11.6 中的右图展现了 ICG 分析中心中最小二乘法轨道和时钟确定过程的典型数据流,是对 MCS-Kalman 的补充。有一些软件包使用了这种概念或类似概念,包括伯尔尼大学天文研究所维护的伯尔尼 GNSS 软件[101]、麻省理工学院的 GAMIT-GLOBK 软件[107]、JPL 的 GipsyX[97]、ESA 的地球轨道卫星导航包(NAPEOS[108])、武汉大学的定位导航数据分析软件(PANDA[109])。

IGS 处理一般基于全球站网采集的 GNSS 观测数据日文件,采样间隔为 30s。IGS 站数量庞大,所以根据数据质量、地理分布、高性能原子钟的可用性以及与其他大地测量技术的协同定位通常只选择其中 80~300 个站,并处理其数据。预处理过程中,选定站的码和相位观测要经过筛选,这种筛选可能纯粹由数据驱动,也可能使用与卫星轨道和站坐标相关的先验信息。此外,还可以识别、修复(如可能)载波相位观测中的周跳。测量可分为连续跟踪过程和恒定载波相位模糊度过程。

所有 GNSS 卫星的轨迹从先验状态矢量出发(通常由以前的预测得到),传播到各个观测时段。同时,对变分方程进行积分,获得与先验状态有关的状态矢量部分和与力模型参数有关的部分。基于伪距和载波相位观测的观测模型,可以形成正规方程,并对相关参数进行求解。得到的单个载波相位模糊度浮点估计值可进一步固定为整数,作为模糊度解决步骤的一部分。修正所有状态、力和测量模型参数的初始值后,可通过迭代进一步细化,以应对所采用模型的非线性问题。

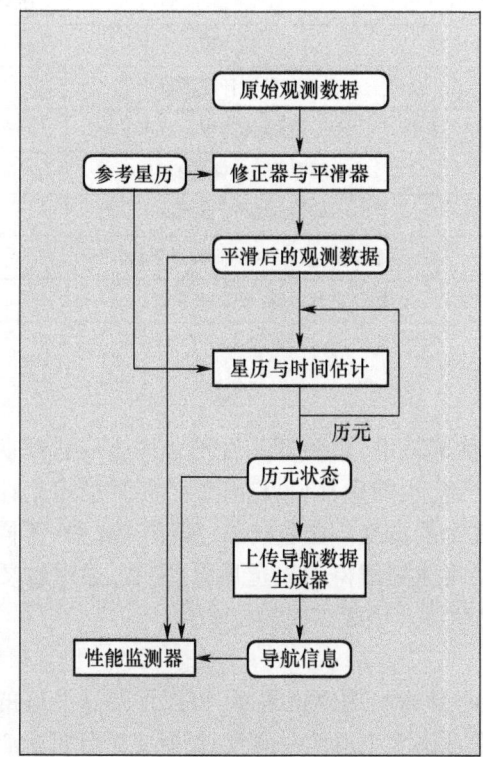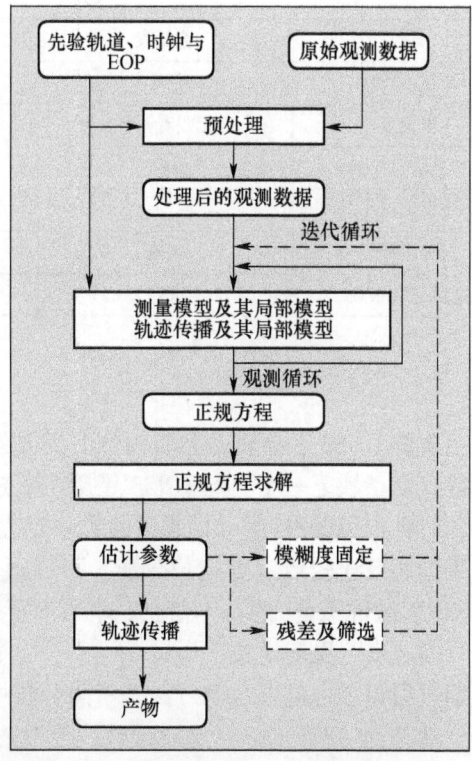

图 11.6　GPS 运行控制系统(左图)和 IGS 分析中心(右图)的轨道和时钟确定流程图

11.4.1.3　参数估计

近实时轨道和时钟的确定与后处理确定的不同之处除选择的估计技术和处理流程外，还在于某些参数组的估计或建模方式。表 11.1 概述了 GNSS 供应商控制段 ODTS 和空间大地测量领域高精度 ODTS 的典型选择。

近实时 ODTS 中，卫星轨道和钟差，以及测站钟差必须通过有限的观测数据进行估计。为避免由此产生的不可观测性，ODTS 过程以先验数据和模型为基础，后处理的解则是基于更大的站网和扩展的数据弧，这样就可以依据观测结果估计出更大的一组参数（如站坐标、地球自转参数和对流层延迟），同时还能提高分辨率和固定载波相位模糊度的精度。这两种情况下，可能需要应用约束来处理特定参数之间的相关性。很显然，这适用于卫星和测站时钟，因为它们需要同一基准（如主时钟）。同样，测站坐标和地球自转参数的联合估计也需要约束条件，可以使用先验站坐标的无网旋转条件来降低两个参数集的相关性[110]。

表 11.1　典型 ODTS 参数在控制中心及科学后处理中的应用

参数	控制段	后　处　理
卫星轨道	估计	估计
卫星钟	估计	通过双差估计或消除
太阳辐射压力	估计	估计
站坐标	固定的或严重受限的	估计

续表

参数	控制段	后 处 理
接收机时钟	估计	通过双差估计或消除
模糊度	无或者浮点	固定为整数
差分的码偏差	—	预先估计或修正的
对流层天顶延迟	模型化	估计间隔1h或2h
对流层梯度	忽略	每日或更短的时间间隔进行估计
地球自转参数	固定	每日估计极移、极移速率和LOD

11.4.2 验证

生成的 GNSS 卫星轨道和时钟产品需要评估其精度,来验证是否符合规定或达到期望的性能。由于缺乏一个可与 GNSS 星历产品进行比较的标准,人们开发了多种技术来评估轨道和时钟产品的准确性,即重复性和一定程度上的精度。这些技术包括星历重叠、不同解算结果的相互比较或定点定位分析。可以通过其他测试得到轨道质量(SLR)或时钟质量(TWSTFT,时钟拟合)的具体信息。本节简要介绍了几项最重要的技术。

11.4.2.1 星历比较

通过偏差和标准差(STD)比较不同分析中心计算出的轨道位置,可以评估这些解的一致性。但是,必须谨慎解释比较结果。因为只评估了2个解的一致性,如果2个分析中心都使用了同一个坏的模型,也会得到不错的一致性结果。

图 11.7 给出了 2 个指定的 Galileo 卫星分析中心(CODE 和 GFZ)的径向轨道偏差结果。它们在 2016 年 10 月之前都使用了不同的 SRP 模型,当时 STD 为 9cm。GFZ 采用[83]SRP 模型后,STD 下降到 4cm,2017 年 8 月,CODE 采用反射率和天线推力后,STD 进一步下降到 2cm。

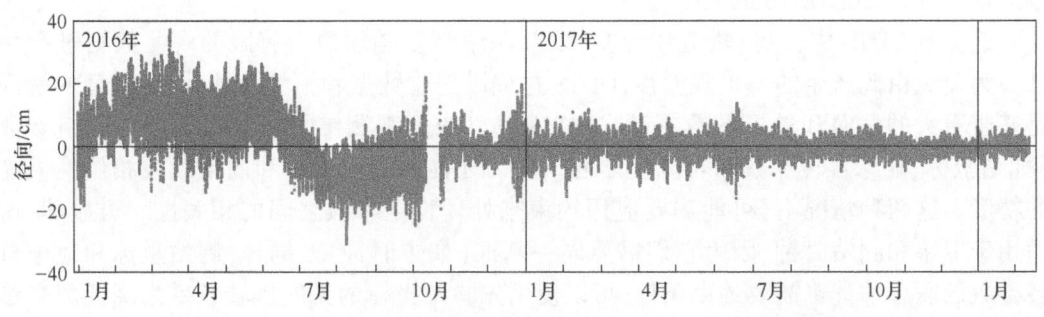

图 11.7 Galileo E102 卫星欧洲定轨中心(CODE)和德国地球物理中心(GFZ)轨道的径向轨道偏差,2016 年 10 月的变化与 GFZ 采用 ECOM-2 有关

评价 GNSS 独立性能的一个常用指标是空间信号测距误差(SISRE)。它将导航信息传输的广播轨道、时钟和群延迟与一个精度更高的精密参考产品进行比较,形成全球平均值。SISRE 计算如下:

$$\text{SISRE} = \text{RMS}[(w_1\delta_R - \delta_T)^2 + w_2^2(\delta_A^2 + \delta_C^2)] \tag{11.22}$$

式中：δ_R、δ_A 和 δ_C 分别为广播星历表和精密星历在径向、法向和切向方向上相同历元的差异；δ_T 为相应的时钟差异；w_1 和 w_2 为轨道高度决定的加权因子，体现单个轨道误差对视线伪距的平均影响[111]。

11.4.2.2 轨道和时钟重叠

评估 GNSS 轨道和时钟产品内部一致性的另一个方法是重叠比较。求取多日的解，可以计算重叠子间隔的三维轨道均方根、时钟均方根或 STD。图 11.8 显示了连续两天的轨道弧，第二天与第一天弧段间的差异。连续的一日解可以使用轨道预测或日边界不连续性来计算，即午夜轨道位置之间的三维差。

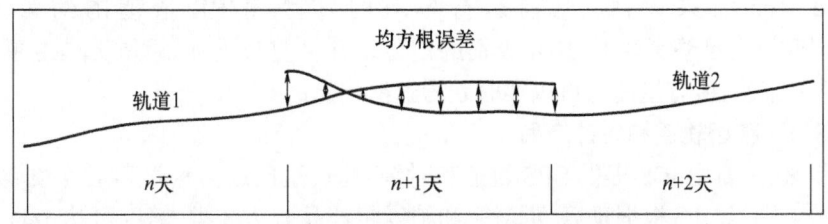

图 11.8　重叠周期为 1 天的两个轨道重叠统计计算

11.4.2.3 点定位

PPP[112] 利用双频伪距和载波相位测量，以及精密卫星轨道和时钟产品进行绝对定位。它应用 11.1 节中讨论的修正模型估计接收机时钟、对流层参数和模糊度等辅助参数，可以达到毫米级的定位精度。使用专用轨道和时钟产品，甚至可以实现整周模糊度的分辨率[113]。由于轨道和时钟精度直接影响定位性能，PPP 也可以用来评价这些产品的质量。典型的质量指标有：形式误差、收敛时间，静态站动态坐标估计的分布，相对于参考解的多个静态解（如 IGS 组合参考坐标系产品）。上述数据还可用于评估单点定位与单频或双频伪距观测的广播轨道和时钟产品。

11.4.2.4 卫星激光测距

如 11.1 节所述，光学 SLR 技术可作为微波观测卫星轨道的验证工具。SLR 残差表示 SLR 距离测量值与 GNSS 观测得到的 SLR 站位置和卫星轨道计算距离之间的差值，特别适合表征 GNSS 轨道中的系统误差，如 SRP 误差建模[114-115]造成的误差。图 11.9 则展现了 Galileo E102 CODE 轨道的 SLR 残差。2014 年之前，仍然存在由于不当的 SRP 模型引起的明显系统误差。2015 年，CODE 切换到了更复杂的 ECOM-2 模型[83]，降低了这些误差，但还存在约 5cm 的系统偏差。2017 年中，将反射率和天线推力因素也考虑在内，误差又有显著降低。卫星一年两次短周期的 SLR 残差增加，与月食有关。

11.4.3　轨道和时钟产品

11.4.3.1　广播星历

GNSS 控制中心产生的轨道和时钟信息以广播星历的形式分发给用户。它们是对最新 ODTS 结果的预测，并包含少量参数，用户可以根据这些参数计算 GNSS 卫星的大致位置以及预期的时钟偏移。开普勒和笛卡尔模型是两个基本的参数化模型，目前不同的 GNSS 供应商都用它们描述卫星轨道随时间的演变。开普勒轨道模型能够根据一组轨道元素和互补摄动项,在预先确定的有效期内的任何时间对卫星位置进行分析计算,已应用于 GPS、北斗系统、Galileo 系统、IRNSS/NavIC 和 QZSS,共涉及 15~17 个参数。与此不同,GLONASS 导航信息提供了卫星的状态矢量(位置和速度)以及参考历元的日月引力摄动加速度矢量。基于这些数据,用户接收机可以通过数值积分获得参考历元附近的卫星位置。所有星座都使用低阶多项式(有 2 个或 3 个参数)来体现时钟偏移随时间的变化,作为对轨道模型的补充。

广播星历的精度与多种因素有关,特别是预测弧的长度和生成产品使用的拟合间隔,还取决于星载时钟的稳定性。一般是根据 SISRE [轨道和时钟误差对模拟伪距的综合影响(见 11.4.2.1 节)]来评估。当前运行星座的典型 SISRE 值范围约为 0.2~2m (RMS)[111,116-118],足够实现 1~10m 级别的定位。到目前为止,广播星历是卫星轨道和时钟信息的唯一来源,所有星座都可以实时获得这些信息。

11.4.3.2 精密轨道和时钟产品

20 多年来,一直由 IGS 提供 GPS 轨道和时钟解算,这已成为科学和工程领域高精度应用的基准[119]。传统上,根据延迟、更新率和精度将产品分为 3 类,精度可达 1cm 到几厘米的水平(在轨道、时钟和伪距建模误差方面)。"最终产品"能够实现最高性能水平(但约两周后才可达到);"快速产品"相比之下可在第二天就能实现较高的性能,只是精度稍微低一些;"超快速"产品在数据弧结束后延迟 3h,每天发布 4 次。将观测到的超快速产品的一部分和一天的预测相结合,仍然可达到 5cm 的轨道精度,但广播星历可能存在 0.5m 的钟差水平。这 3 种 GPS 产品都是由一个组合过程生成的,该过程计算单个 IGS 分析中心(AC)所提供解的加权平均值,始终确保高质量和鲁棒性[120]。在时钟组合过程中,利用高性能原子钟的监测站和与国家授时实验室的接口,实现了与 GPS 和 UTC 时标紧密对接和可溯源的通用综合时间(IGS-time,IGST)。

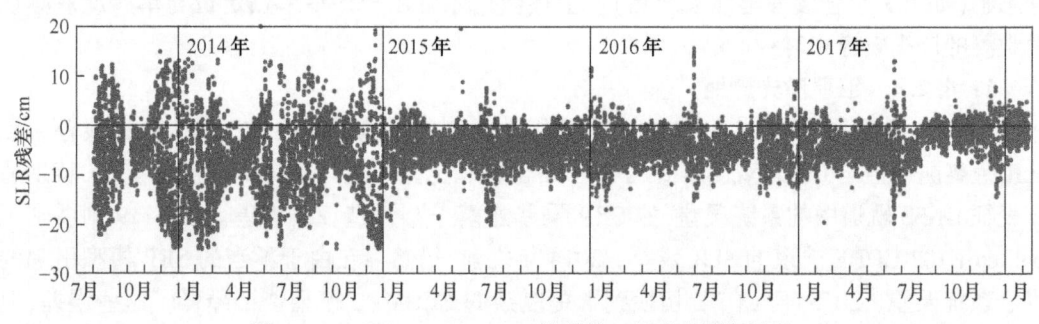

图 11.9 Galileo E102 CODE 轨道的卫星激光测距残差

IGS 提供了精度为 3cm 的组合 GLONASS 最终轨道产品作为 GPS 的补充。图 11.10 显示了单个 AC 相对于组合轨道加权 RMS 的演变。但是,由于单个 AC 解中的系统、卫星和产品间特定的钟差,目前没有提供组合的 GLONASS 时钟产品[121]。这些偏差与 GLONASS FDMA 调制方案的使用,以及接收机中与频率信道相关的码偏差有关,因接收机类型而异。为解决这一问题,在定轨测钟过程中,通常需要估计弱约束偏差参数。单独的时钟产品伪距定位精度有限(分米级到米级),但仍然适用基于载波相位观测的厘米级精密单点定位。

除了传统的 GPS 和 GLONASS 星座,IGS 已经开始在其他 GNSS 试点项目(MGEX[122])

的框架内为 Galileo 系统、北斗系统和 QZSS 提供轨道和时钟产品。截至 2020 年初,3 台 MGEX AC 提供的多 GNSS 产品覆盖了所有 5 个星座,另外 3 个也覆盖了其中的一部分。轨道和时钟误差约为 4cm(均方根误差对模拟伪距的影响)。Galileo MGEX 产品目前在新星座中展现出了最好的性能,这得益于公开发布的卫星元数据,如辐射压力模型和天线特性,它们极大地促进了 Galileo 轨道和观测的真实建模。

与 Galileo 卫星相比,目前北斗卫星在中地球轨道(MEO)和倾斜地球同步轨道(IGSO)上的性能要低大约 3 倍,但北斗卫星在地球静止轨道(GEO)上的定轨不确定性要大得多。从近静态观测几何结构角度看,这些卫星的一些轨道元素几乎无法通过地面站的伪距和载波相位观测到,由此得到的解对各种形式的测量和建模误差都非常敏感。针对这一问题,有人建议将 SLR[123] 和 LEO[124] 中星载 GNSS 接收机的观测结果相结合,但在实践中很难实现。

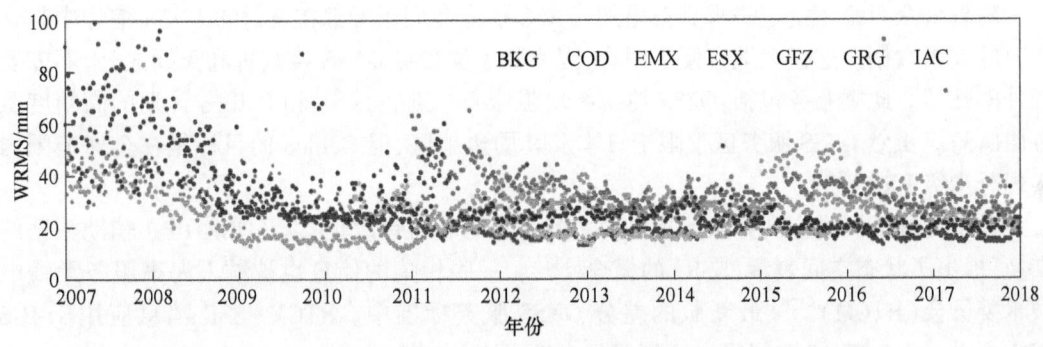

图 11.10 GLONASS 分析中心对 IGS 组合最终轨道影响的加权均方根值

BKG—联邦制图和大地测量局(德国);COD—欧洲轨道确定中心(瑞士);EMX—加拿大国家资源部;ESX—欧洲航天局(德国);GFZ—德国地理中心(德国);GRG—国家空间研究中心,收集定位卫星,空间研究小组(法国);IAC—信息和分析中心(俄罗斯)。

日本准天顶卫星系统的第一颗卫星 QZS-1 已纳入 MGEX 轨道和时钟产品多年,但精度仍不高。SLR 残差及其不同解算的一致性表明:截至 2016 年,QZS-1 的 MGEX 产品轨道误差在 0.5m 水平[122]。最近,引入的增强辐射压力模型使 SLR 残差降到了 1dm 以下[73-74]。另外,最近在 QZSS 星座中增加了一颗 GEO 卫星,随之也带来了新的挑战。

所有 IGS AC 都使用通用交换格式分发 GNSS 轨道和时钟信息。其中包括卫星轨道和时钟信息的"特殊格式 3"(SP_3)[125],以及卫星和监测站时钟解的备份"时钟 RINEX"格式[126]。由于 GNSS 卫星轨道数据足够平滑,能够在长时间段内进行插值,因此 SP_3 文件的采样间隔通常为 5~15min。另外,钟差信息需要更高的时间分辨率,现大多数 AC 在其时钟 RINEX 产品中支持低至 30s 的采样间隔。对于特定的应用,CODE 分析中心还提供了专门的高速时钟产品[127]。

11.4.3.3 实时产品

各商业供应商已经提供专门的服务来支持实时的全球 PPP 来补充区域偏差改正服务。这些服务都是基于 GNSS 的精密轨道和时钟确定,由服务供应商在一个足够密集的全球监测站网络中开展的。ODTS 过程类似于在 GNSS 控制中心执行的操作过程,但主要用于支持更高的精度和多个星座。为了减少所需的通信带宽,在此过程中获得的精密轨道和时钟信息通常表示为相对于在同一时刻有效的 GNSS 专用广播星历改正。改正一旦产生,就可以通过地球静止通信卫星分发给配备有相应 GNSS 接收机的用户。可以使用接近 L1/E1 波段的频率发射改正数据,用 GNSS 和改正数据接收的组合天线,还可以将改正数据解码的调制解调器直接集成到用户设备中。实时改正服务的实例有:Fugro 的 OmniSTAR、Trimble 的 RTX 服务、NavCom 的 StarFire 系统和 Veripos 的 TERRASTAR 服务[92,128-130]。此外,NASA 的 JPL 试验室建立了全球差分 GPS,并以商业应用为基础,为感兴趣的客户提供实时改正的数据和轨道/时钟产品[91]。

通过 IGS 实时服务(RTS),可以免费获得实时轨道和时钟改正[131-132]。它包括 8 个 AC 和 3 个数据流的 GPS 实时产品组合解,提高了精度和可靠性。还有一些数据流包括 GLONASS、Galileo 和/或北斗的改正数据。GPS 实时轨道和时钟的标准差为 3cm(0.1ns),能实现分米级的实时点定位。

随着公众对精密定位需求日益增加,GNSS 供应商们正考虑在发射的 GNSS 信号中包含实时的改正数据。这极大地方便了用户,因为除了测量级 GNSS 接收机和天线之外,不需要额外的硬件。此类服务包括:QZSS 厘米级增强服务(CLAS)[133]和 Galileo 计划的高精度服务(HAS)。虽然 QZSS 服务区仅限于日本及其周边地区,但 Galileo 的目标是在全球范围内实现分米级 PPP[134]。

为了协调不同供应商和服务提供商之间的轨道和时钟改正,以及实时 PPP 辅助数据的交换,提出了状态空间表示(SSR)的概念[135]。一些相关的信息也被纳入海事服务无线电技术委员会(RTCM)[136]最新版的差分 GNSS 服务标准中。RTCM-SSR 消息应用于 IGS RTS,并为 QZSS CLAS 定义了一组高级且高度紧凑的 SSR 消息。

参考文献

[1] J. M. Dow, R. E. Neilan, and C. Rizos, "The International GNSS Service in a changing landscape of Global Navigation Satellite Systems," *Journal of Geodesy*, vol. 83, no. 3-4, pp. 191-198, 2009, doi:10.1007/s00190-008-0300-3.

[2] S. C. Fisher and K. Ghassemi, "GPS IIF-The Next Generation," *Proc. IEEE*, vol. 87, no. 1, pp. 24-47, 1999, doi:10.1109/5.736340.

[3] D. Yang, J. Yang, G. Li, Y. Zhou, and C. Tang, "Globalization highlight: Orbit determination using Bei-Dou inter-satellite ranging measurements," *GPS Solutions*, vol. 21, no. 3, pp. 1395-1404, 2017, doi:10.1007/s10291-017-0626-5.

[4] L. Combrinck, "Satellite laser ranging," in *Sciences of Geodesy*, vol. 1, pp. 301-338, Springer, 2010, doi:10.1007/978-3-642-11741-1_9.

[5] G. Beutler, *Methods of Celestial Mechanics*, vol. I, Springer, 2005, doi:10.1007/b138225.

[6] J. Kouba and P. Héroux, "Precise point positioning using IGS orbit and clock products," *GPS Solutions*, vol. 5, no. 2, pp. 12-28, 2001, doi:10.1007/pl00012883.

[7] X. Dai, M. Ge, Y. Lou, C. Shi, J. Wickert, and H. Schuh, "Estimating the yaw-attitude of BDS IGSO and MEO satellites," *Journal of Geodesy*, vol. 89, no. 10, pp. 1005-1018, 2015, doi:10.1007/s00190-015-0829-x.

[8] L. Wanninger, "Carrier-phase inter-frequency biases of GLONASS receivers," *Journal of Geodesy*, vol. 86,

no. 2, pp. 139-148, 2012, doi:10.1007/s00190-011-0502-y.

[9] Y. Chen, Y. Yuan, W. Ding, B. Zhang, and T. Liu, "GLONASS pseudorange inter-channel biases considerations when jointly estimating GPS and GLONASS clock offset," *GPS Solutions*, vol. 21, no. 4, pp. 1525-1533, 2017, doi:10.1007/s10291-017-0630-9.

[10] D. Odijk, N. Nadarajah, S. Zaminpardaz, and P. J. G. Teunissen,"GPS, Galileo, QZSS and IRNSS differential ISBs: Estimation and application," *GPS Solutions*, vol. 21, no. 2, pp. 439-450, 2017, doi: 10.1007/s10291-016-0536-y.

[11] W. G. Melbourne,"The Case for Ranging in GPS based Geodetic Systems," in *Proc. First International Symposium on Precise Positioning with the Global Positioning System* (ed. C. Goad), pp. 373-386, U.S. Department of Commerce, Rockville, Maryland, 1985.

[12] 12G. Wübbena, "Software Developments for Geodetic Positioning with GPS using TI-4100 Code and Carrier Measurements," in *Proc. First International Symposium on Precise Positioning with the Global Positioning System* (ed. C. Goad), pp. 403-412, U.S. Department of Commerce, Rockville, Maryland, 1985.

[13] F. Amarillo Fernández, "Inter-satellite ranging and intersatellite communication links for enhancing GNSS satellite broadcast navigation data," *Advances in Space Research*, vol. 47, no. 5, pp. 786-801, 2011, doi:10.1016/j.asr.2010.10.002.

[14] A. Chubykin, S. Dmitriev, V. Shargorodskiy, and V. Sumerin, "Intersatellite laser navigating link system," in *WPLTN Technical Workshop "One-way and two-way SLR for GNSS co-located with RF techniques"* (WPLTN-2012), St. Petersburg, Russia, 24-28 Sep. 2012, 2012.

[15] S. Revnivykh, A. Bolkunov, A. Serdyukov, and O. Montenbruck,"GLONASS," in Springer Handbook of *Global Navigation Satellite Systems* (ed. P. Teunissen and O. Montenbruck), chap. 8, pp. 219-245, Springer, 2017,doi:10.1007/978-3-319-42928-1_8.

[16] R. Wolf, *Satellite orbit and ephemeris determination using inter satellite links*, PhD thesis, Universität der Bundeswehr München, 2000.

[17] H. Wang, Z. Chen, J. Zheng, and H. Chu,"A new algorithm for onboard autonomous orbit determination of navigation satellites," *The Journal of Navigation*, vol. 64, no. S1, pp. S162-S179, 2011, doi: 10.1017/S0373463311000397.

[18] M. Pearlman, J. Degnan, and J. Bosworth,"The International Laser Ranging Service," *Advances in Space Research*, vol. 30, no. 2, pp. 135-143, 2002, doi:10.1016/ S0273-1177(02)00277-6.

[19] S. Schillak, "Analysis of the process of the determination of station coordinates by the satellite laser ranging based on results of the Borowiec SLR station in 1993.5-2000.5, Part 1: Performance of the Satellite Laser Ranging," *Artificial Satellites*, vol. 39, no. 3, pp. 217-263, 2004.

[20] K. Sośnica, D. Thaller, R. Dach, P. Steigenberger, G. Beutler, D. Arnold, and A. Jäggi, "Satellite laser ranging to GPS and GLONASS," *Journal of Geodesy*, vol. 89, no. 7, pp. 725-743, 2015, doi: 10.1007/s00190-015-0810-8.

[21] S. Hackel, P. Steigenberger, U. Hugentobler, M. Uhlemann, and O. Montenbruck, "Galileo orbit determination using combined GNSS and SLR observations," *GPS Solutions*, vol. 19, no. 1, pp. 15-25, 2015, doi:10.1007/s10291-013-0361-5.

[22] International Astronomical Union, "*Resolution B2: on The Third Realization of the International Celestial Reference Frame*," XXX IAU General Assembly, August 2018, https://www.iau.org/static/resolutions/IAU2018_ResolB2_English.pdf.

[23] H. Schuh and D. Behrend, "VLBI: A fascinating technique for geodesy and astrometry," *Journal of Geody-*

namics, vol. 61, pp. 68-80, 2012, doi:10.1016/j.jog.2012.07.007.

[24] G. Petit and B. Luzum, "IERS Conventions (2010)," *IERS Technical Note 36*, Verlag des Bundesamtes für Kartographie und Geodäsie, Frankfurt am Main, 2010.

[25] Z. Altamimi, P. Rebischung, L. Métivier, and X. Collilieux, "ITRF2014: A new release of the International Terrestrial Reference Frame modeling nonlinear station motions," *Journal of Geophysical Research: Solid Earth*, vol. 121, no. 8, pp. 6109-6131, 2016, doi:10.1002/2016JB013098.

[26] C. Boucher and Z. Altamimi, "ITRS, PZ-90 and WGS 84: Current realizations and the related transformation parameters," *Journal of Geodesy*, vol. 75, no. 11, pp. 613-619, 2001, doi: 10.1007/s001900100208.

[27] P. Rebischung and R. Schmid, "IGS14/igs14.atx: A new Framework for the IGS Products," *AGU Fall Meeting Abstracts*, G41A-0998, 2016.

[28] V. Dehant and P. M. Mathews, *Precession, Nutation and Wobble of the Earth*, Cambridge University Press, 2015.

[29] M. Rothacher, G. Beutler, T. Herring, and R. Weber, "Estimation of nutation using the Global Positioning System," *Journal of Geophysical Research*, vol. 104, no. B3, pp. 4835-4859, 1999, doi: 10.1029/1998JB900078.

[30] B. Luzum and D. Gambis, "Explanatory supplement to IERS Bulletin A and Bulletin B/C04," IERS, URL ftp://hpiers.obspm.fr/iers/bul/bulb_new/bulletinb.pdf, 2014.

[31] C. Bizouard, S. Lambert, O. Becker, and J. Y. Richard, "Combined solution C04 for Earth Rotation Parameters consistent with International Terrestrial Reference Frame 2014," Observatoire de Paris, URL https://hpiers.obspm.fr/iers/eop/eopc04/C04.guide.pdf, 2017.

[32] O. Montenbruck, R. Schmid, F. Mercier, P. Steigenberger, C. Noll, R. Fatkulin, S. Kogure, and A. S. Ganeshan, "GNSS satellite geometry and attitude models," *Advances in Space Research*, vol. 56, no. 6, pp. 1015-1029, 2015, doi:10.1016/j.asr.2015.06.019.

[33] F. Dilssner, T. Springer, G. Gienger, and J. Dow, "The GLONASS-M satellite yaw-attitude model," *Advances in Space Research*, vol. 47, no. 1, pp. 160-171, 2011, doi:10.1016/j.asr.2010.09.007.

[34] Cabinet Office, "QZSS Satellite Information website," http://qzss.go.jp/en/technical/qzssinfo/, last updated 2020/06/05, 2020.

[35] GSC, "Galileo Satellite Metadata website," European Galileo Service Centre, https://www.gsc-europa.eu/support-to-developers/galileo-satellite-metadata, last updated 2019/04/26, 2019.

[36] H.-G. Scherneck, "A parametrized solid Earth tide model and ocean loading effects for global geodetic base-line measurements," *Geophysical Journal International*, vol. 106, no. 3, pp. 677-694, 1991, doi: 10.1111/j.1365-246X.1991.tb06339.x.

[37] T. van Dam, X. Collilieux, J. Wuite, Z. Altamimi, and J. Ray, "Nontidal ocean loading: amplitudes and potential effects in GPS height time series," *Journal of Geodesy*, vol. 86, no. 11, pp. 1043-1057, 2012, doi:10.1007/s00190-012-0564-5.

[38] L. Petrov and J.-P. Boy, "Study of the atmospheric pressure loading signal in very long baseline interferometry observations," *Journal of Geophysical Research*, vol. 109, B03405, 2004, doi: 10.1029/2003JB002500.

[39] P. Steigenberger, J. Boehm, and V. Tesmer, "Comparison of GMF/GPT with VMF1/ECMWF and implications for atmospheric loading," *Journal of Geodesy*, vol. 83, no. 10, pp. 943-951, 2009, doi:10.1007/s00190-009-0311-8.

[40] F. Menge, G. Seeber, C. Völksen, G. Wübbena, and M. Schmitz, "Results of Absolute Field Calibration

of GPS Antenna PCV," in *Proc. ION* GPS-98, Nashville, Tennessee, pp. 31-38, 1998.

[41] R. Schmid, P. Steigenberger, G. Gendt, M. Ge, and M. Rothacher, "Generation of a consistent absolute phasecenter correction model for GPS receiver and satellite antennas," *Journal of Geodesy*, vol. 81, no. 12, pp. 781-798, 2007, doi:10.1007/s00190-007-0148-y.

[42] L. Wanninger and S. Beer, "BeiDou satellite-induced code pseudorange variations: diagnosis and therapy," *GPS Solutions*, vol. 19, no. 4, pp. 639-648, 2014, doi:10.1007/s10291-014-0423-3.

[43] L. Wanninger, H. Sumaya, and S. Beer, "Group delay variations of GPS transmitting and receiving antennas," *Journal of Geodesy*, vol. 91, no. 9, pp. 1099-1116, 2017, doi:10.1007/s00190-017-1012-3.

[44] T. Kersten and S. Schön, "GPS code phase variations (CPV) for GNSS receiver antennas and their effect on geodetic parameters and ambiguity resolution," *Journal of Geodesy*, vol. 91, no. 6, pp. 579-596, 2016, doi:10.1007/s00190-016-0984-8.

[45] M. M. Alizadeh, D. D. Wijaya, T. Hobiger, R. Weber, and H. Schuh, "Ionospheric effects on microwave signals," in *Atmospheric Effects in Space Geodesy* (ed. J. Böhm and H. Schuh), chap. 4, pp. 35-71, Springer, 2013, doi:10.1007/978-3-642-36932-2_2.

[46] M. Fritsche, R. Dietrich, C. Knöfel, A. Rülke, S. Vey, M. Rothacher, and P. Steigenberger, "Impact of higher-order ionospheric terms on GPS estimates," *Geophysical Research Letters*, vol. 32, no. 23, L23311, 2005, doi:10.1029/2005GL024342.

[47] T. Nilsson, J. Böhm, D. D. Wijaya, A. Tresch, V. Nafisi, and H. Schuh, "Path delays in the neutral atmosphere," in *Atmospheric Effects in Space Geodesy* (ed. J. Böhm and H. Schuh), chap. 3, pp. 73-136, Springer, 2013, doi:10.1007/978-3-642-36932-2_3.

[48] J. Saastamoinen, "Contributions to the theory of atmospheric refraction-Part II. Refraction corrections in satellite geodesy," *Bulletin Geodesique*, vol. 107, no. 1, pp. 13-34, 1973, doi:10.1007/BF02522083.

[49] J. Boehm, R. Heinkelmann, and H. Schuh, "Short Note: A global model of pressure and temperature for geodetic applications," *Journal of Geodesy*, vol. 81, no. 10, pp. 679-683, 2007, doi:10.1007/s00190-007-0135-3.

[50] J. Böhm, G. Möller, M. Schindelegger, G. Pain, and R. Weber, "Development of an improved empirical model for slant delays in the troposphere (GPT2w)," *GPS Solutions*, vol. 19, no. 3, pp. 433-441, 2015, doi:10.1007/s10291-014-0403-7.

[51] D. Landskron and J. Böhm, "VMF3/GPT3: refined discrete and empirical troposphere mapping functions," *Journal of Geodesy*, vol. 92, no. 4, pp. 349-360, 2018, doi:10.1007/s00190-017-1066-2.

[52] J. Boehm, A. Niell, P. Tregoning, and H. Schuh, "Global Mapping Function (GMF): A new empirical mapping function based on numerical weather model data," *Geophysical Research Letters*, vol. 33, no. 7, L07304, 2006, doi:10.1029/2005GL025546.

[53] J. Boehm, B. Werl, and H. Schuh, "Troposphere mapping functions for GPS and very long baseline interferometry from European Centre for Medium-Range Weather Forecasts operational analysis data," *Journal of Geophysical Research*, vol. 111, no. B2, B02406, 2006, doi:10.1029/2005JB003629.

[54] C. Lu, X. Li, Z. Li, R. Heinkelmann, T. Nilsson, G. Dick, M. Ge, and H. Schuh, "GNSS tropospheric gradients with high temporal resolution and their effect on precise positioning," *Journal of Geophysical Research*, vol. 121, no. 2, pp. 912-930, 2016, doi:10.1002/2015JD024255.

[55] G. Chen and T. A. Herring, "Effects of atmospheric azimuthal asymmetry on the analysis of space geodetic data," *Journal of Geophysical Research*, vol. 102, no. B9, pp. 20489-20502, 1997, doi:10.1029/97JB01739.

[56] J. T. Wu, S. C. Wu, G. A. Hajj, W. I. Bertiger, and S. M. Lichten, "Effects of antenna orientation on

GPS carrier phase," *Manuscripta Geodaetica*, vol. 18, pp. 91-98, 1993.

[57] N. Ashby, "Relativity in the Global Positioning System," *Living Reviews*, vol. 6, no. 1, 2003, doi: 10.12942/lrr-2003-1.

[58] L. E. Cunningham, "On the computation of the spherical harmonic terms needed during the numerical integration of the orbital motion of an artificial satellite," *Celestial Mechanics*, vol. 2, no. 2, pp. 207-216, 1970, doi:10.1007/BF01229495.

[59] J. Ries, S. Bettadpur, R. Eanes, Z. Kang, U. Ko, Ch. McCullough, P. Nagel, N. Pie, S. Poole, Th. Richter, H. Save, and B. Tapley, *The Development and Evaluation of the Global Gravity Model GGM05*, Center for Space Research, The University of Texas at Austin, 2016. doi:10.26153/tsw/1461.

[60] W. M. Folkner, J. G. Williams, and D. H. Boggs, *The Planetary and Lunar Ephemeris DE421*, IOM 343R-08-003, Jet Propulsion Laboratory, Pasadena, 2008.

[61] J. L. Hilton and C. Y. Hohenkerk, "A comparison of the high accuracy planetary ephemerides DE421, EPM2008, and INPOP08," in *Proc. Journées 2010 "Systèmes de Référence Spatio-Temporels" (JSR2010): New Challenges for Reference Systems and Numerical Standards in Astronomy* (ed. N. Capitaine), pp. 77-80, Observatoire de Paris, 2011.

[62] P. Delva, U. Kostić, and A. Čadež, "Numerical modeling of a Global Navigation Satellite System in a general relativistic framework," *Advances in Space Research*, vol. 47, no. 2, pp. 370-379, 2011, doi: 10.1016/j.asr.2010.07.007.

[63] U. Kostić, M. Horvat, and A. Gomboc, "Relativistic Positioning System in perturbed spacetime," *Classical and Quantum Gravity*, vol. 32, no. 21, p. 215004, 2015, doi:10.1088/0264-9381/32/21/215004.

[64] A. Milani, A. M. Nobili, and P. Farinella, *Non-gravitational Perturbations and Satellite Geodesy*, Adam Hilger Ltd., Bristol, United Kingdom, 1987.

[65] G. Kopp and J. L. Lean, "A new, lower value of total solar irradiance: Evidence and climate significance," *Geophysical Research Letters*, vol. 38, no. 1, L01706, 2011, doi:10.1029/2010GL045777.

[66] M. Ziebart and P. Dare, "Analytical solar radiation pressure modelling for GLONASS using a pixel array," *Journal of Geodesy*, vol. 75, no. 11, pp. 587-599, 2001, doi:10.1007/s001900000136.

[67] M. Ziebart, S. Adhya, A. Sibthorpe, and P. Cross, "GPS Block IIR Non-Conservative Force Modeling: Computation and Implications," in *Proc. ION GPS* 2003, *Portland, Oregon*, pp. 2671-2678, 2003.

[68] W. Marquis and C. Krier, "Examination of the GPS Block IIR Solar Pressure Model," in Proc. *ION GPS* 2000, *Salt Lake City, Utah*, pp. 407-415, 2000.

[69] W. Feng, X. Guo, H. Qiu, J. Zhang, and K. Dong, "A Study of Analytical Solar Radiation Pressure Modeling for BeiDou Navigation Satellites Based on Ray Tracing Method," in *China Satellite Navigation Conference (CSNC). 2014 Proceedings: Volume II*, vol. 304 of Lecture Notes in Electrical Engineering, Springer, pp. 425-435, doi:10.1007/978-3-642-54743-0_35, 2014.

[70] B. Tan, Y. Yuan, B. Zhang, H. Z. Hsu, and J. Ou, "A new analytical solar radiation pressure model for current BeiDou satellites: IGGBSPM," *Scientific Reports*, vol. 6, 32967, 2016, doi:10.1038/srep32967.

[71] C. J. Rodriguez-Solano, U. Hugentobler, and P. Steigenberger, "Adjustable box-wing model for solar radiation pressure impacting GPS satellites," *Advances in Space Research*, vol. 49, no. 7, pp. 1113-1128, 2012, doi:10.1016/j.asr.2012.01.016.

[72] O. Montenbruck, P. Steigenberger, and U. Hugentobler, "Enhanced solar radiation pressure modeling for Galileo satellites," *Journal of Geodesy*, vol. 89, no. 3, pp. 283-297, 2015, doi:10.1007/s00190-014-0774-0.

[73] O. Montenbruck, P. Steigenberger, and F. Darugna, "Semi-analytical solar radiation pressure modeling for QZS-1 orbit-normal and yaw-steering attitude," *Advances in Space Research*, vol. 59, no. 8, pp. 2088–2100, 2017, doi:10.1016/j.asr.2017.01.036.

[74] Q. Zhao, G. Chen, J. Guo, J. Liu, and X. Liu, "An a priori solar radiation pressure model for the QZSS Michibiki satellite," *Journal of Geodesy*, vol. 92, no. 2, pp. 109–121, 2018, doi:10.1007/s00190-017-1048-4.

[75] Y. Vigue, B. E. Schutz, and P. A. M. Abusali, "Thermal force modeling for Global Positioning System using the finite element method," *Journal of Spacecraft and Rockets*, vol. 31, no. 5, pp. 855–859, 1994, doi:10.2514/3.26523.

[76] P. C. Knocke, J. C. Ries, and B. D. Tapley, "Earth Radiation Pressure Effects on Satellites," in *Proc. AIAA/AAS Astrodynamics Conference*, pp. 577–587, AIAA, 1988.

[77] C. J. Rodriguez-Solano, U. Hugentobler, P. Steigenberger, and S. Lutz, "Impact of Earth radiation pressure on GPS position estimates," *Journal of Geodesy*, vol. 86, no. 5, pp. 309–317, 2012, doi:10.1007/s00190-011-0517-4.

[78] K. J. Priestley, G. L. Smith, S. Thomas, D. Cooper, R. B. Lee, D. Walikainen, P. Hess, Z. P. Szewczyk, and R. Wilson, "Radiometric performance of the CERES Earth radiation budget climate record sensors on the EOS Aqua and Terra Spacecraft through April 2007," *Journal of Atmospheric and Oceanic Technology*, vol. 28, no. 1, pp. 3–21, 2011, doi:10.1175/2010JTECHA1521.1.

[79] R. Eanes, R. Nerem, P. Abusali, W. Bamford, K. Key, J. Ries, and B. Schutz, "GLONASS Orbit Determination at the Center for Space Research," in *Proceedings of the International GLONASS Experiment (IGEX-98) Workshop*, IGS, Jet Propulsion Laboratory, pp. 213–221, 2000.

[80] P. Steigenberger, S. Thoelert, and O. Montenbruck, "GNSS satellite transmit power and its impact on orbit determination," *Journal of Geodesy*, vol. 92, no. 6, pp. 609–624, 2018, doi:10.1007/s00190-017-1082-2.

[81] G. Beutler, E. Brockmann, W. Gurtner, U. Hugentobler, L. Mervart, M. Rothacher, and A. Verdun, "Extended orbit modeling techniques at the CODE processing center of the International GPS Service for Geodynamics (IGS): Theory and Initial Results." *Manuscripta Geodaetica*, vol. 19, pp. 367–386, 1994.

[82] T. A. Springer, G. Beutler, and M. Rothacher, "A new solar radiation pressure model for GPS satellites," *GPS Solutions*, vol. 2, no. 3, pp. 50–62, 1999, doi:10.1007/PL00012757.

[83] D. Arnold, M. Meindl, G. Beutler, R. Dach, S. Schaer, S. Lutz, L. Prange, K. Sośnica, L. Mervart, and A. Jäggi, "CODE's new solar radiation pressure model for GNSS orbit determination," *Journal of Geodesy*, vol. 89, no. 8, pp. 775–791, 2015, doi:10.1007/s00190-015-0814-4.

[84] L. Prange, E. Orliac, R. Dach, D. Arnold, G. Beutler, S. Schaer, and A. Jäggi, "CODE's five-system orbit and clock solution-the challenges of multi-GNSS data analysis," *Journal of Geodesy*, vol. 91, no. 4, pp. 345–360, 2017, doi:10.1007/s00190-016-0968-8.

[85] G. Huang, Z. Qin, Q. Zhang, L. Wang, X. Yan, L. Fan, and X. Wang, "A real-time robust method to detect BeiDou GEO/IGSO Orbital Maneuvers," *Sensors*, vol. 17, no. 12, 2761, 2017, doi:10.3390/s17122761.

[86] E. Hairer, S. P. Nørsett, and G. Wanner, *Solving Ordinary Differential Equations I. Nonstiff Problems*, Springer, 1987.

[87] O. Montenbruck and E. Gill, *Satellite Orbits-Models, Methods and Applications*, Springer, 2000.

[88] J. B. Lundberg, "Mitigation of satellite orbit errors resulting from the numerical integration across shadow boundaries," *Applied Mathematics and Computation*, vol. 112, no. 2–3, pp. 193–211, 2000, doi:

10.1016/S0096-3003(99)00042-9.

[89] B. Tapley, B. Schutz, and G. H. Born, *Statistical Orbit Determination*, Academic Press, 2004.

[90] J. Taylor, "The GPS Operational Control System Kalman Filter Description and History," in *Proc. ION GNSS* 2010, Portland, Oregon, pp. 2329-2366, 2010.

[91] Y. Bar-Sever, L. Young, F. Stocklin, P. Heffernan, J. Rush, "The NASA Global Differential GPS System (GDGPS) and the TDRSS Augmentation Service for Satellites (TASS)," in *Proc. NAVITEC* 2004, Noordwijk, Netherlands, pp. 1-8, ESA, 2004.

[92] M. Glocker, H. Landau, R. Leandro, and M. Nitschke, "Global Precise Multi-GNSS Positioning with Trimble Centerpoint RTX," in *Proc. NAVITEC* 2012, *Noordwijk, Netherlands, IEEE*, pp. 1-8, doi: 10.1109/NAVITEC.2012.6423060, 2012.

[93] D. Laurichesse, L. Cerri, J. P. Berthias, and F. Mercier, "Real Time Precise GPS Constellation and Clocks Estimation by Means of a Kalman Filter," in Proc. ION GNSS+ 2013, *Nashville, Tennessee*, pp. 1155-1163, 2013.

[94] G. H. Golub and C. F. Van Loan, *Matrix computations*, John Hopkins University Press, 4th ed., 2013.

[95] G. J. Bierman, *Factorization Methods for Discrete Sequential Estimation*, Courier Dover Publications, 2006.

[96] S. M. Lichten, "Estimation and filtering for high-precision GPS positioning applications," *Manuscripta Geodaetica*, vol. 15, pp. 159-176, 1990.

[97] D. Murphy, N. Amiri, W. Bertiger, S. Desai, B. Haines, D. Kuang, P. Reis, C. Sakumura, A. Sibois, and A. Sibthorpe, "JPL IGS Analysis Center Report 2016," in *International GNSS Service Technical Report 2016* (eds. A. Villiger and R. Dach), IGS Central Bureau and University of Bern, pp. 65-70, doi: 10.7892/boris.99278, 2017.

[98] R. G. Brown and P. Y. Hwang, *Introduction to Random Signals and Applied Kalman Filtering: With MATLAB Exercises and Solutions*, Wiley, 1997.

[99] P. J. G. Teunissen, "The least dsquares ambiguity decorrelation adjustment: A method for fast GPS integer ambiguity estimation," *Journal of Geodesy*, vol. 70, no. 1, pp. 65-82, 1995, doi: 10.1007/BF00863419.

[100] M. Ge, G. Gendt, G. Dick, and F. P. Zhang, "Improving carrier-phase ambiguity resolution in global GPS network solutions," *Journal of Geodesy*, vol. 79, no. 1-3, pp. 103-110, 2005, doi: 10.1007/s00190-005-0447-0.

[101] R. Dach, S. Lutz, P. Walser, and P. Fridez (eds.), *Bernese GNSS Software Version* 5.2, Astronomical Institute, University of Bern, Bern, Switzerland, 2015, doi: 10.7892/boris.72297.

[102] S. Loyer, F. Perosanz, F. Mercier, H. Capdeville, and J.-C. Marty, "Zero-differenceGPS ambiguity resolution at CNES-CLS IGS Analysis Center," *Journal of Geodesy*, vol. 86, no. 11, pp. 991-1003, 2012, doi: 10.1007/s00190-012-0559-2.

[103] International GNSS Service, "IGS Technical Report 2003-2004," IGS Central Bureau, 2005.

[104] A. J. Dorsey, W. A. Marquis, P. M. Fyfe, E. D. Kaplan, and L. Wiederholt, "GPS system segments," in *Understanding GPS: Principles and Applications* (eds. E. D. Kaplan and. (J. Hegarty), chap. 3, pp. 67-112, Artech House, 2006.

[105] K. R. Brown Jr, "The Theory of the GPS Composite Clock," in *Proc. ION GPS 91*, Albuquerque, New Mexico, pp. 223-241, 1991.

[106] C. Han, Z. Cai, Y. Lin, L. Liu, S. Xiao, L. Zhu, and X. Wang, "Time synchronization and performance of BeiDou satellite clocks in orbit," *International Journal of Navigation and Observation*, 371450, 2013, doi: 10.1155/2013/371450.

[107] T. A. Herring, R. W. King, and S. C. McClusky, *Introduction to GAMIT/GLOBK, Release 10.3*, Depart-

ment of Earth, Atmospheric, and Planetary Sciences, Massachusetts Institute of Technology, Cambridge, Massachusetts, 2008.

[108] T. A. Springer, "NAPEOS Mathematical Models andAlgorithms," DOPS-SYS-TN-0100-OPS-GN, ESA/ESOC, Darmstadt, 2009.

[109] C. Shi, Q. Zhao, J. Geng, Y. Lou, M. Ge, and J. Liu, "Recent development of PANDA software in GNSS data processing," in *International Conference on Earth Observation Data Processing and Analysis (ICEODPA)*, vol. 7285, p. 72851S, 2008.

[110] P. Rebischung, Z. Altamimi, J. Ray, and B. Garayt, "The IGS contribution to ITRF2014," *Journal of Geodesy*, vol. 90, no. 7, pp. 611–630, 2016, doi: 10.1007/s00190-016-0897-6.

[111] O. Montenbruck, P. Steigenberger, and A. Hauschild, "Multi-GNSS Signal-in-Space Range Error Assessment-Methodology and Results," *Advances in Space Researchv*, vol. 61, no. 12, pp. 3020–3038, 2018, doi: 10.1016/j.asr.2018.03.041.

[112] J. F. Zumberge, M. B. Heflin, D. C. Jefferson, M. M. Watkins, and F. H. Webb, "Precise point positioning for the efficient and robust analysis of GPS data from large networks," *Journal of Geophysical Research*, vol. 102, no. B3, pp. 5005–5017, 1997, doi: 10.1029/96JB03860.

[113] D. Laurichesse, F. Mercier, J.-P. Berthias, P. Broca, and L. Cerri, "Integer ambiguity resolution on undifferenced GPS phase measurements and its application to PPP and vatellite precise orbit determination," *Navigation*, vol. 56, no. 2, pp. 135–149, 2009, doi: 10.1002/j.2161-4296.2009.tb01750.x.

[114] C. Urschl, G. Beutler, W. Gurtner, U. Hugentobler, and S. Schaer, "Contribution of SLR tracking data to GNSS orbit determination," *Advances in Space Research*, vol. 39, no. 10, pp. 1515–1523, 2007, doi: 10.1016/j.asr.2007.01.038.

[115] U. Hugentobler, "Laser ranging to GNSS satellites," *GPS World*, vol. 28, no. 5, pp. 42–48, 2017.

[116] B. A. Renfro, A. Terry, and N. Boeker, "An Analysis of Global Positioning System (GPS) Standard Positioning System (SPS) Performance for 2016," TR-SGL-17-06, Applied Research Laboratories, The University of Texas at Austin, 2017.

[117] G. Galluzzo, R. Lucas Rodriguez, R. Morgan-Owen, S. Binda, D. Blonski, P. Crosta, F. Gonzalez, J. Molina Garcia, X. Otero, N. Sirikan, M. Spangenberg, E. Spinelli, R. Swinden, and S. Wallner, "Galileo System Status, Performance Metrics and Results," in *Proc. ION ITM 2018*, Reston, Virginia, pp. 790–809, ION, 2018.

[118] Y. Wu, X. Liu, W. Liu, J. Ren, Y. Lou, X. Dai, X. Fang, "Long-term behavior and statistical characterization of GBeiDou signal-in-space errors," *GPS Solutions*, vol. 21, no. 4, pp. 1907–1922, 2017, DOI 10.1007/s10291-017-0663-0.

[119] G. Johnston, A. Riddell, and G. Hausler, "The International GNSS Service," in *Springer Handbook of Global Navigation Satellite Systems* (eds. P. G. Teunissen and O. Montenbruck), chap. 33, pp. 967–982, Springer, 2017, doi: 10.1007/978-3-319-42928-1_33.

[120] G. Beutler, J. Kouba, and T. Springer, "Combining the orbits of the IGS Analysis Centers," *Bulletin Geodesique*, vol. 69, pp. 200–222, 1995, doi: 10.1007/BF00806733.

[121] W. Song, W. Yi, Y. Lou, C. Shi, Y. Yao, Y. Liu, Y. Mao, and Y. Xiang, "Impact of GLONASS pseudorange interchannel biases on satellite clock corrections," *GPS Solutions*, vol. 18, no. 3, pp. 323–333, 2014, doi: 10.1007/s10291-014-0371-y.

[122] O. Montenbruck, P. Steigenberger, L. Prange, Z. Deng, Q. zhao, F. Perosanz, I. Romero, C. Noll, A. Stürze, G. Weber, R. Schmid, K. MacLeod, and S. Schaer, "The multi-GNSS experiment (MGEX) of the International GNSS Service (IGS)-Achievements, prospects and challenges," *Advances in Space Re-*

search, vol. 59, no. 7, pp. 1671–1697, 2017, doi:10.1016/j.asr.2017.01.011.

[123] B. Sun, H. Su, Z. Zhang, Y. Kong, and X. Yang, "GNSS GEO Satellites Precise Orbit Determination Based on Carrier Phase and SLR Observations," in *IGS Workshop 2016*, Sydney, 2016.

[124] Q. Zhao, C. Wang, J. Guo, G. Yang, M. Liao, H. Ma, and J. Liu, "Enhanced orbit determination for BeiDou satellites with FengYun-3C onboard GNSS data," *GPS Solutions*, vol. 21, no. 3, pp. 1179–1190, 2017, doi:10.1007/s10291-017-0604-y.

[125] B. Remondi, "Extending the National Geodetic Survey Standard for GPS Orbit Formats," NOAA Technical Report NOS 133 NGS 46, National Geodetic Information Branch, NOAA, Rockville, MD, 1989.

[126] B. Ray and W. Gurtner, "RINEX Extensions to Handle Clock Information," v3.02, 2010.

[127] H. Bock, R. Dach, A. Jäggi, and G. Beutler, "High-rate GPS clock corrections from CODE: Support of 1Hz applications," *Journal of Geodesy*, vol. 83, no. 11, pp. 1083–1094, 2009, doi:10.1007/s00190-009-0326-1.

[128] J. Tegedor, D. Lapucha, O. Ørpen, E. Vigen, T. Melgard, and R. Strandli, "The New G4 Service: Multi-constellation Precise Point Positioning Including GPS, GLONASS, Galileo and BeiDou," in *Proc. ION GNSS+ 2015*, Tampa, Florida, pp. 1089–1095, 2015.

[129] K. Dixon, "StarFire: A Global SBAS for Sub-Decimeter Precise Point Positioning," in *Proc. ION GNSS 2006*, Fort Worth, Texas, pp. 2286–2296, 2006.

[130] K. Sheridan, P. Toor, D. Russell, C. Rocken, and L. Mervart, "TerraStar-C: A Global GNSS Service for cm Level Precise Point Positioning with Ambiguity Resolution," in *European Navigation Conference*, 2015.

[131] L. Agrotis, E. Schönemann, W. Enderle, M. Caissy, and A. Rülke, "The IGS Real Time Service," in *Proc. DVW Seminar "GNSS 2017-Kompetenz für die Zukunft"*, 21–22 Feb. 2017, Potsdam (eds. M. Mayer and A. Born), DVW-Gesellschaft für Geodäsie, Geoinformation und Landmanagement e.V., pp. 121–131, 2017.

[132] T. Hadas and J. Bosy, "IGS RTS precise orbits and clocks verification and quality degradation over time," *GPS Solutions*, vol. 19, no. 1, pp. 93–105, 2015, doi:10.1007/s10291-014-0369-5.

[133] M. Miya, S. Fujita, K. Ota, Y. Sato, J. Takiguchi, and R. Hirokawa, "Centimeter Level Augmentation Service (CLAS) in Japanese Quasi-Zenith Satellite System, its User Interface, Detailed Design and Plan," in *Proc. ION GNSS+ 2016*, Portland, Oregon, pp. 2864–2869, 2016.

[134] I. Fernandez-Hernandez, I. Rodríguez, G. Tobías, J. Calle, E. Carbonell, G. Seco-Granados, J. Simón, R. Blasi, "Testing GNSS High Accuracy and Authentication-Galileo's Commercial Service," *Inside GNSS*, vol. 10, no. 1, pp. 37–48, 2015.

[135] M. Schmitz, "RTCM State Space Representation Messages, Status and Plans," in *PPP-RTK & Open Standards Symposium*, BKG, pp. 1–31, 2012.

[136] RTCM, "Radio Technical Commission for Maritime Services (RTCM) Standard 10403.3, Differential GNSS (Global Navigation Satellite Systems) Services," Version 3.3, 7 Oct. 2016, 2016.

本章相关彩图,请扫码查看

第 12 章 地基增强系统(GBAS)

BorisPervan
伊利诺理工大学,美国

12.1 简介

地基增强系统(GBAS)是一种局域差分 GNSS(DGNSS)体系结构,为民航用户在精密进近和着陆中提供导航服务。GBAS 地面部分(图 12.1)关键组成部分包括多个空间分布的多径抑制天线、综合完好性监测系统和向机载用户广播差分改正与完好性信息的 VHF 发射机。机载部件使用差分改正和完好性信息精确估计飞机位置(精度约 1m 以内),并对导航完好性进行最终的定量评估。

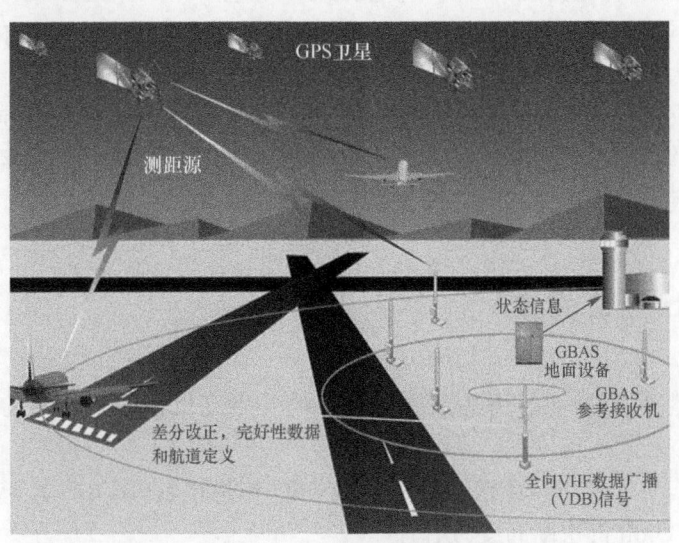

图 12.1 GBAS 概况[来源:美国联邦航空局(FAA)]

12.2 GBAS 的建设动机

仪表着陆系统(ILS)已经在民用航空器精密进近和着陆导航中应用了几十年。ILS 装置组成包括:一个 VHF 定位器(水平)波束、一个 UHF 下滑道(垂直)波束和进近航道下的三个标志信标。最后的进近阶段,飞机使用定位器信号确定其偏离跑道中心线的位移,并测量其与标称下滑道(通常为3°)的偏离值,飞机在进近过程中可以通过信标进行粗略的距离检查。

多年来,ILS一直是一个非常可靠的系统,有着完美的安全记录(没有直接归因于ILS故障的死亡事故)。但是还有一些重要的实际问题,促使其不断完善。例如,ILS系统:

(1) 在弯曲和平行引道的进近中明显的局限性;

(2) 对当地地形和附近结构高度敏感(必须通过仔细评估和整理当地环境来消除相关的多径);

(3) 每个下滑道和定位器只能用于跑道的一端,所以装备一条跑道需要两套装置,而有多条跑道的机场,则需要投入更多装置。

GBAS解决了上述所有问题:它能够轻松实现弯曲和平行进近;通过天线设计减少了多径影响;单个GBAS设施可以服务机场的所有跑道终端。

12.3 GBAS的历史

RTCA于1993年制定了特殊类别Ⅰ(SCAT-Ⅰ)标准,是与如今GBAS相关的最早概念[1]。它规定了DGNSS用于支持与Ⅰ类ILS相同操作的要求。同时,美国联邦航空局(FAA)推出了一项目标更为远大的计划。美国联邦航空局的"探路者"Ⅲ类可行性计划[2]汇集了政府(美国联邦航空局和美国航空航天局)、工业界(电子系统和威尔科克斯)和学术界(美国俄亥俄大学和斯坦福大学)的多方努力,并取得了决定性的成功。该计划通过不同型号的DGNSS成功实现了400多次自动着陆。在此基础上,美国联邦航空局于1995年启动了本地增强系统(LAAS)计划[3]。随着时间的推移,美国联邦航空局已经逐步停用LAAS这个名字,取而代之的是它的国际名称GBAS。

12.4 GBAS性能要求

ILS系统的整体质量和效用是根据它支持的具体飞机操作来评定的,分为以下3个层次[3-4]:

(1) Ⅰ类(CAT Ⅰ):如果跑道上的水平能见度[跑道视距(RVR)]大于1800ft,CAT Ⅰ系统可将飞机送至200ft的决断高度(DH)。

(2) Ⅱ类(CAT Ⅱ):如果RVR大于1200ft,Ⅱ类系统可将飞机送至100ft的决断高度。

(3) Ⅲ类(CAT Ⅲ):这些系统通常用于自动着陆。根据飞机航空电子设备的容错程度,允许地面系统性能有一些偏差,一般的决断高度为50~100ft,也可能完全没有决断高度。

GBAS旨在达到与现有ILS CAT Ⅰ、Ⅱ和Ⅲ系统同等的性能。它还会提供"差分改正定位服务"(DCPS),支持终端区的操作,包括初始进近、非精密进近、复飞和离港,以及更复杂的终端区操作。GBAS服务区约为23n mile。

GBAS精密进近和着陆性能要求按GBAS进近服务类型(GAST)分类。GAST A和

GAST B 系统支持适用于"垂直引导进近"的系统(APV-Ⅰ和APV-Ⅱ);GAST C 系统支持Ⅰ类最低要求(即 RVR 和 DH)的精密进近操作;GAST D 系统与其他机载设备一起增强后,可支持Ⅲ类最低要求的精密进近操作——如Ⅲ类 ILS 装备的飞机,该飞机还使用雷达高度表和惯性系统。所需性能定义为:无故障机载子系统输出时观察到的导航系统性能。航空电子设备中的故障由机载冗余解决;这些故障不在 ILS 和 GBAS 系统的范围内。

GAST A 和 B 比 GAST C(Ⅰ类)的服务要求要低得多,因此将不作进一步讨论(因为任何 GAST C 系统都能够提供相同的服务)。GAST D(Cat Ⅱ/Ⅲ)系统也能够提供 GAST C 服务,两者的共同要求将在 GAST C(CAT I)应用部分详述。GAST D 系统需要额外的机载设备,它会满足上述要求,实现 CAT Ⅱ/Ⅲ操作。

与其他飞机导航系统一样,该系统有 4 方面基本要求:

精度体现了无故障条件下导航系统的输出误差,通常要求能够实现 95% 的性能。

完好性指系统不适用于导航时(如存在传感器测量错误),系统能够及时给出警告。通常用完好性风险作为完好性的度量标准,它是未检测到导航系统错误或故障,并且导致定位误差超过水平警报限值(HAL)或垂直警报限值(VAL)的联合概率。这种联合事件对飞机的影响称为危险误导信息(HMI)。因此,完好性风险与 HMI 的概率相同。

连续性指导航系统在预期操作期间满足精度和完好性要求的能力。通常用连续性风险作为连续性的量化标准,连续性风险是在操作启动后,由于非计划事件导致导航功能中断的概率。

可用性是在操作启动前,导航系统可用(是否符合精度、完好性和连续性要求)的时间百分比。

表 12.1 列出了 GBAS 的 GAST C/CAT I 要求[5-6]。如前所述,GAST D 系统也需要满足这些要求。但是,要理解 GAST D 的其他要求,就需要了解 GBAS 完好性威胁及对 GAST C 的监控,讨论完这一话题之后,我们再讨论对 GAST D 的要求。

表 12.1 GBAS GAST C 要求

精度	水平(95%)	16m
	垂直(95%)	4m
完好性	风险	2×10^{-7} 每次进近(150s)
	告警时间	6s
	LAL	40m
	VAL	10m
连续性	风险	8×10^{-6} 每 15s
可用性	时间占比	0.99~0.99999

12.4.1 参考接收机

为确保参考接收机故障时系统的完好性和连续性,GBAS 使用了多个参考接收机。系统要检测和排除单个参考接收机故障至少需要 3 个接收机。检测到接收机故障后,4 个(或更多)接收机可以进一步确保可用性(完好且连续)。

使用多个参考接收机还将提高差分改正的精度和无故障完好性,因为 GBAS 正常测量中最大的误差源是地面多径,地面多径影响不能通过差分改正来减小,但可以通过多个接收机的平均来改善。连接这些接收机的每一个馈电天线通常间隔100m或更远,将接收机间的多径相关最小化。

12.4.2 多径抑制天线

"多径"如果未进行衰减处理,将成为GBAS地面接收机测得的测距码相位(伪距)的一个重要误差源。机场环境中减少多径误差不太容易。GBAS通常安装使用特殊的多径抑制天线(MLA),仔细选址,平均多个天线上的差分改正,如果需要的话,还要遮蔽空中的有害反射点(附近不需要的反射源)。不过,地面系统质量也有一定的灵活性,可以采用广播改正值精度的标准偏差 σ_{pr_gnd} 进行衡量。GBAS地面系统设施的精度分为3个独立的等级,称为地面精度指示器(GAD)[5]。地面装置三个等级GAD-A、GAD-B和GAD-C分别在高程方向上的函数 σ_{pr_gnd},其上限曲线如图12.2所示。这些曲线假设地面系统包含3台(GBAS中的典型数量)参考接收机。不同数量的参考接收机的GAD性能可以通过[5-7]中的标准公式来计算。

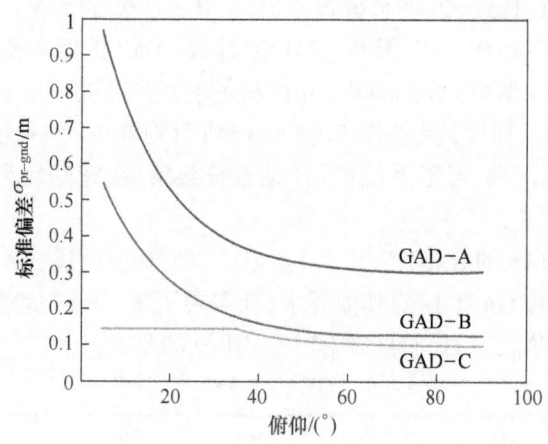

图12.2 GBAS三个地面参考接收机由于多径和
接收机噪声引起的广播载波平滑校正误差的标准偏差

GBAS地面系统将为机载用户播发GAD和每颗卫星的 σ_{pr_gnd}。因为要满足GAST D服务的高精度要求,预计大部分地面系统将安装GAD-C装置。GAD-C的垂直多层偶极子MLA如图12.3所示。

12.4.3 地面处理

GBAS地面处理有两个主要目的:①生成差分改正和其他参考数据,以便传输到本地区的飞机上;②检测并消除GBAS"空间信号"(SIS)中存在的异常,否则将在进近时对飞机造成不可接受的完好性风险。GBAS的SIS由卫星信号和广播的参考数据共同定义。引入SIS的概念是为了在地面系统和机载导航子系统之间进行责任界定。飞机负责机载设备的正常功能(安装冗余的传感器通道,提供检测和排除机载设备故障的手段),GBAS地面系统负责接收的卫星信号和广播给飞机的GBAS参考数据异常检测。地面系统是GBAS系统的核心,将在12.6节单独详细讨论。

图 12.3　GAD-C 多径抑制天线 BAE ARL-1900(a)和 DB
系统三元 VHF 数据播发（VDB）天线(b)

12.4.4　甚高频(VHF)数据广播

甚高频数据广播(VDB)将 GBAS 地面处理器提供的数据进行组织和编码,形成标准格式,传送给本地用户。VDB 使用时分多址（TDMA）协议,在 25 kHz 信道的 108～117.975MHz 频带内工作。数据信息采用差分 8 相移键控(D8PSK)调制格式编码,并以 2Hz 的频率更新和广播。VDB 广播天线示例见图 12.3(b)。

共有 10 种消息类型(MT)（见表 12.2）[8],其中 MT1、MT2 和 MT11 与差分定位直接相关,MT 4 是描述本地最终进近和终端区程序的数据。MT4 每 10s 广播一次。

表 12.2　文献[8]中的 VDB 消息和广播速率

信息类型	信息名称	最小播发速率	最大播发速率
1	差分改正为 100s 平滑伪距	任意测量类型:所有测量块,每帧1次	任意测量类型:所有测量块,每轨位1次
2	GBAS-相关数据	每 20 帧 1 次	每帧 1 次
3	空信息	—	每轨位 1 次
4	最终进近段（FAS）结构数据	所有 FAS 模块每 20 帧 1 次	所有 FAS 模块每帧 1 次
	终端区路径（TAP）结构数据		
5	测距源可用性	所有影响源每 20 帧 1 次	所有影响源每 5 帧 1 次
6	相位改正用(保留)	—	—
7	军事用(保留)	—	—
8	测试用(保留)	—	—
11	差分改正为 30s 平滑伪距	任意测量类型:所有测量块,每帧1次	任意测量类型:所有测量块,每帧1次
101	GRAS 伪距改正（定义见 ICAO 附件 10）		

注:1 帧为 1/2 的长度。

MT 1 是 GBAS 核心信息,它包含的测距改正信息通过 100s 载波平滑伪距、相关改正率和误差标准差,以及轨道星历解相关参数和 b 值获得,12.6 节将详细阐述。MT 1 以 2Hz 速率广播,用以支持 GAST C 服务。MT 11 向支持 GAST-D 的 GBAS 装置也是以 2Hz 速率广播,并额外提供 30s 的载波平滑伪距改正(以及相关的改正率和标准差)来增强 MT 1。12.8 节将讨论采用两种不同平滑时间常数的意义。MT 2 包含与电离层和对流层空间解相关和保护等级生成相关的附加信息。虽然定位不需要这些数据,但这对于保证完好性至关重要。MT 2 中的数据不会随参考站的实时测量结果变化,因此不需要采用与 MTs 1 和 MTs 11 一样的高速率广播。MT 2 通常与 MT 4 一样,每 10s 广播一次。

12.4.5 航空电子设备

在 GBAS 用户端,飞机上的航空电子处理器将接收到的差分改正用于平滑伪距,然后用改正后的伪距估计飞机的位置,精度约为 $1m(1\sigma)$。GBAS 航空电子设备除了生成实时位置估计(显然这是导航系统的实际要求)之外,对保证完好性也具有重要作用。由于地面设备没有位置估计卫星的相关信息,而航空电子设备有,所以它也负责生成定位域保护级。此外,航空电子设备还具有特定的 SIS 监测功能,尤其是协助探测电离层峰值。完好性功能和保护级将在下节详细讨论。

12.5 误差源和故障

基本的本地 DGPS、GPS 参考接收机位于用户附近精确已知的位置上,用来校准 GPS-SIS 误差,包括标准的卫星轨道和时钟误差,以及电离层和对流层延迟等与空间高度相关的误差。DGPS 无法对本地接收机误差(如热噪声和多径)进行校正,因为在 DGPS(最基本的有 2 个,参考接收机+用户接收机)和 GBAS(多个参考接收机+用户接收机)中会使用多个接收机,这些误差实际还会增加。然而,由于 SIS 误差通常要大得多,使用 GBAS 还是可以显著提高定位精度,达到亚米级。

12.5.1 标称误差源

标称残余误差是由多径、热噪声、空间和时间去相关性引起的,该误差源及其建模的详细说明参见文献[7]。GBAS 地面系统的多径和热噪声误差变化因地面系统天线的多径抑制能力而异。图 12.2 给出了 3 种 GAD 等级的误差曲线。GAST C 和 GAST D 装置将符合 GAD-C 标准。飞机多径和热噪声方差可以分为两类,即机载精度指示器(AAD)A 或 B,如图 12.4 所示。用于 GAST D 的飞机必须配备 AAD B 设备[9]。

对流层残余误差主要是由参考站和飞机之间的高度差(Δh)引起的,使用 MT 2 中的广播数据进行建模,基本上可以消除这些影响。广播数据包括当地估计的折射率指数(N_R)、对流层尺度高度(h_0)以及折射率不确定性(σ_N)。在飞机上应用的对流层改正值(TC)为

$$TC = N_R h_0 f(\theta)\{1 - e^{-\Delta h/h_0}\} \approx N_R f(\theta) \Delta h \tag{12.1}$$

式中:θ 为卫星仰角;$f(\theta)$ 为相关的映射函数,有

$$f(\theta) = 10^{-6}/\sqrt{0.002 + \sin^2\theta} \tag{12.2}$$

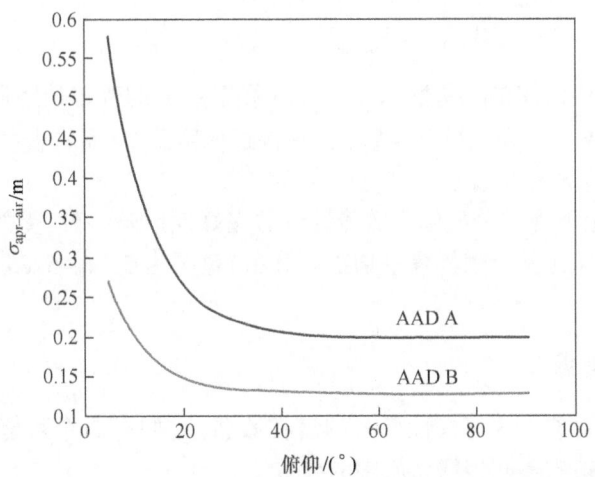

图 12.4　装备 GBAS 的飞机由多径和接收机噪声引起的载波平滑伪距误差的标准偏差

改正后对流层误差假定是零均值,标准偏差由下式给出:

$$\sigma_{\text{tropo}} = \sigma_N h_0 f(\theta) \{1 - e^{-\Delta h/h_0}\} \approx \sigma_N f(\theta) \Delta h \quad (12.3)$$

因为电离层具有极端的空间变异性,所以即使在正常条件下,空间非相关导致的电离层残余误差也不能像对流层那样建模。但是差分测距误差可能是正、负相等的,可以按照零均值建模。误差的标准偏差与垂直电离层梯度(σ_{VIG})的标准差和参考站与飞机之间的有效位移(X_{eff})成正比:

$$\sigma_{\text{iono}} = \sigma_{\text{VIG}} g(\theta) X_{\text{eff}} \quad (12.4)$$

式中: $g(\theta)$ 为倾角因子。

$$g(\theta) = \sqrt{1 - \left(\frac{R_E \cos\theta}{R_E + h_I}\right)^2} \quad (12.5)$$

式中: R_E 为地球半径(6378km); h_I 为假定的电离层外壳高度(350km)。有效距离是物理位移和额外的虚拟位移之和(沿梯度方向运动的飞机,其记载滤波器有"记忆"功能,由此产生了虚拟位移)。

$$X_{\text{eff}} = x_{\text{air}} + 2v_{\text{air}}\tau \quad (12.6)$$

式中: x_{air} 为当前飞机位置与 MT 2 中所示 GBAS 参考点间的物理位移; v_{air} 为飞机的地面速度; τ 为平滑滤波器的时间常数。该结果可以参见文献[10]给出的相关证明。参数 σ_{VIG} 在 MT 2 中广播,一般取值为 2~4mm/km,但采用文献[11]的一些裕度建议可以消除对流层水平方向变化未建模带来的影响。

轨道星历误差也存在空间非相关性,但在正常(非故障)条件下,由此产生的卫星位置误差约为几米,即使是对于 GBAS 服务区边缘外的飞机而言也是非常小的,不会造成明显的差分误差。最后,如前所述,数据链路延迟的影响可以通过 MT 1 中广播伪距改正的变化率来解决,其结果是在给定标称航程加速度的飞机上产生厘米级的差分误差。然而,必须注意,卫星轨道和时钟故障会导致更大的差分测距误差,这将在下一节详细讨论。

所有标称误差的影响都能通过无故障保护等级量化[5]。例如,无故障垂直保护等级为

$$\text{VPL}_{\text{H0}} = k_{\text{ffmd}}\sqrt{\sum_{i=1}^{N} S_{v,i}^2 \sigma_i^2} = k_{\text{ffmd}}\sigma_v \tag{12.7}$$

式中:N 为位置估计中使用的卫星数;$S_{v,i}$ 为第 i 颗卫星上的改正伪距误差投影至垂直方向上的位置误差偏导数;σ_i^2 为飞机上卫星 i 改正伪距标称误差(所有误差源)方差的上界;σ_v 为标称垂直位置误差的标准偏差。

该位置误差的上下界与分配给无故障假设的完好性风险一致,无故障假设的完好性放大倍数 k_{ffmd} 中,编码值(基于边界零平均正态分布)范围为 5.76~5.85[9],具体取决于使用的参考接收机数量。

12.5.2 异常误差源

表 12.3 列出了对 GBAS 完好性最大的潜在威胁,它们有 3 个可能来源:GPS SIS 故障(卫星)、GBAS 地面站故障和传播介质中的异常。

假设大多数 SIS 故障的平均故障率为 10^{-4}/h,这远大于 GPS 标准定位服务性能规范(GPS-SPS-PS)[12]中规定的卫星故障概率 10^{-5}/h,因为 GPS-SPS-PS 中大于 $4.42 \times \sigma_{\text{URA}}$ 的误差才定义为故障。广播 GPS 导航数据包含计算每颗卫星 σ_{URA} 所需的信息,该误差目前可编码的最小值为 2.4m。这就意味着,低于 10m 的故障不会计入规定的 10^{-5}/h;而对于 σ_{URA} 较大的卫星,远大于 10m 的故障可能不会涵盖在内。由于小于 10m(单颗卫星)的测距误差会严重影响 VAL = 10m 的操作,因此 GPS-SPS-PS 的故障定义不适用于 GBAS。因此,为了涵盖发生较小故障的概率,会用 10^{-4}/h 的故障率代替 GPS-SPS-PS 的故障率,尽管前者要大一个数量级。这一比率是基于文献[13]的分析得来的。星历故障使用 10^{-5}/h 的故障率较为合理,因为卫星位置误差要达到很大(1000m 或以上)才会产生难以接受的差分定位误差。只使用 $\sigma_{\text{URA}} \leq 200\text{m}$ 的卫星,就可以基本假定 GPS-SPS-PS 规定的风险为 10^{-5}/h。

表 12.3　GBAS 异常误差的起源、故障和发生的先验概率[4]

起源	故障/异常	威　胁	发生先验概率
SIS	测距加速度过大	在延迟期间快速加速会导致较大的差异错误	10^{-4}/h
SIS	错误的星历数据	卫星位置误差过大导致差分定位误差	10^{-5}/h
SIS	卫星信号畸变	地面和空中接收机之间不一致的相关误差会导致差分测距误差	10^{-4}/h
SIS	码载波分离	地面和空气过滤器不匹配,以及开始时间的差异导致差分测距误差	10^{-4}/h
SIS	卫星信号功率低	与强信号卫星互相关可能引起的测距误差	10^{-4}/h
传播环境	电离层风暴尖峰	大的电离层梯度由于空间不相关而引起较大的差分测距误差	10^{-3}~1（状态概率）
GBAS 地面系统	参考接收机/天线故障	来自参考接收机的错误测量导致广播校正中的错误	10^{-5}/进近

如 12.5.1 节所述,电离层延迟的标称空间和时间变化不会对 GBAS 的使用构成威胁。然而,电离层风暴期间的异常现象可能造成很大的空间梯度,超过 400mm/km 的倾斜电离层延迟称为电离层尖峰。2000 年和 2003 年在美国大陆(CONUS)观测到过这种情况,详见

文献[14]。预计在赤道附近电离层更活跃的地区可能出现更高的数值。对于使用 GBAS 正在进近中的飞机,如此大的坡度可能导致高达 20m 的垂直误差。电离层尖峰对 GBAS 导航的危害详见文献[14]。电离层风暴尖峰的先验概率仍然存在一些争议,上表给出的上限是最保守的情况,下限是根据迄今为止收集到的所有数据估计的更为现实的数值。

依据规范,地面接收机故障的概率限制为每次进近不大于(10^{-5}/150s)(相当于 2.4×10^{-4}/h)。这确保了最多只要检测一个参考接收机故障就能满足 10^{-7}/进近的完好性要求。

12.6 GBAS 完好性监控

GBAS 地基完好性监测的功能流程图如图 12.5 所示。相关的功能定义和缩略词见表 12.4。从图表中可以明显看出,GBAS 完好性监控非常复杂且存在多方面的挑战。重要细节将在下节详细说明。

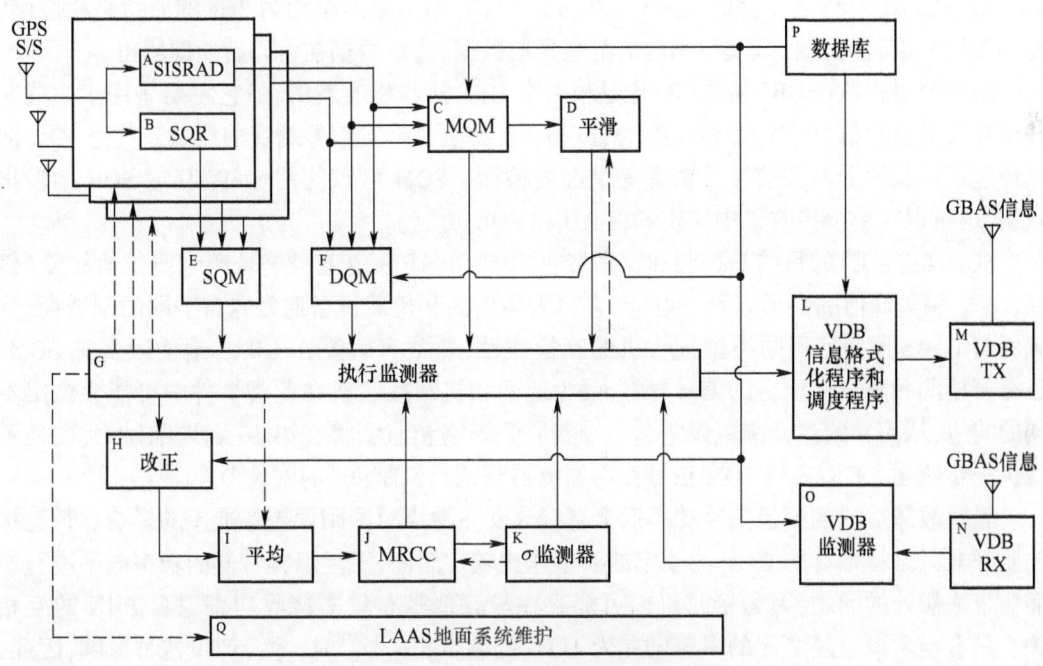

图 12.5 GBAS 地面系统功能流程

表 12.4 GBAS 功能定义和缩略词

A. SISRAD:空间信号接收和解码功能
B. SQR:信号质量接收机功能
C. MQM:测量质量监测器功能
D. Smooth:载波平滑编码功能
E. SQM:信号质量监测功能
F. DQM:数据质量监测功能
G. EXM:执行监测功能
H. Correction:改正生成功能

续表

I. Average:时钟调整和改正平均值功能
J. MRCC:多接收机一致性检查功能
K. σ-Monitor:标准差和均值监测函数
L. VDB:消息格式化程序和调度程序
M. VDB TX:VDB 发射机
N. VDB RX:VDB 接收机
O. VDB Monitor:数据广播参数验证功能
P. Database:进近路径、天线位置、标高、掩码、VDB 信息
Q. LAAS Ground System Maintenance:外部维护功能和数据归档

12.6.1 信号质量监测

SIS 接收与解码(SISRAD)功能(A)由 GPS 参考接收机和天线子系统执行。其输入是 GPS 卫星的 L1 射频信号,符合 GPS-SPS-PS[12]的,输出是速率均为 2Hz 的原始码相位(伪距)和载波相位测量值,以及解码后的卫星导航数据,这些数据在解码后立即输出。

信号质量接收(SQR)功能(B)也是由一个 GPS 接收机实现的,但它主要是用于生成某些信号质量监视器(SQM)测试需要的可观测值,特别是针对信号畸变的测试。其他 SQM 测试还包括码载波分离和信号低功率等情况的检测。SQM 可以使用 SISRAD 或 SQR 的输出数据,也可以在单个接收机中实现 SISRAD 和 SQR 功能。

SQM 功能(E)的目的是检测和识别接收到的 GPS SIS 由卫星信号产生或传输故障(例如,L1 码相关峰值的变形)所引起的异常。因为地面和机载设备通常源自不同的制造商,为确保与 LAAS 服务区不同类型接收机的互操作性,非常有必要在 GBAS 地面段实施 SQM。还需要检测和隔离地面上的信号异常,因为地面和机载接收机在此类事件中可能会做出不同的响应,从而导致差分测距误差。信号变形的影响和监测将在第 10 章详细讨论,此处不做进一步阐述。GBAS 的 SQM 信号变形监测器规范见文献[6]的附件 D。

星载故障造成的卫星信号功率低会直接改变热噪声对测距误差标准差的影响。最直接的监视器只是将估计的 C/N_0 与预定的阈值作比较。然而,卫星以异常低的功率电平进行广播会带来额外的问题,因为接收机内可能存在与其他具有较高接收功率卫星 PRN 的互相关。只有当两颗卫星之间的多普勒差为 1kHz 的整数倍[15-16]时,才会产生这种影响,因此,可以使用预测的多普勒差异和估计的 C/N_0 来监测。

电离层活动或卫星故障都可能导致码载波分离(CCD),后者是 CCD 的主要威胁,因为电离层产生的离散率不会太大,但从理论上讲,卫星故障可能导致这种现象,所以这促进了对地面 CCD 监测的需求。在活跃的电离层活动中,CCD 监视器也有助于探测移动的电离层风暴尖峰,但还有其他针对性的监测手段。

GBAS 中,参考站和飞机都采用码载波平滑技术来减轻接收机噪声和多径的影响。GAST C 使用了时间常数为 100s 的一阶滤波器;GAST D 还单独使用了 30s 的滤波器。CCD 故障时,如果使用地面和飞机滤波器或地面和飞机滤波器的启动时间存在差异,将导致瞬态差分测距误差。典型的 GBAS-CCD 地面监测器过滤出原始码减载波,从而估计离散率。该类型监测器的介绍详见文献[17]。

平滑功能(D)使用载波相位测量来减少由于噪声和高频多径引起的码相位误差。标准 GBAS 平滑滤波公式如下：

$$\bar{p}_k = \frac{N-1}{N}[\bar{p}_{k-1} + \varphi_k - \varphi_{k-1}] + \frac{1}{N}p_k \tag{12.8}$$

式中：k 为时间索引；Δt 为采样间隔(地面为0.5s,空中为0.2s)；N 为定义滤波器增益的采样数；$\tau = N \times \Delta t$，为平滑滤波器的时间常数(GASC C 为100s，GAST D 为30s)；p 为原始伪距(码相)；$\bar{p}$ 为平滑伪距；φ 为载波相位(与 p 使用相同的长度单位)。

地面和飞机上规定使用相同的滤波器,利于有效限制未检测到的 CCD 故障带来的潜在影响,但滤波器的启动时间也允许有一点差别。直接使用线性时不变(LTI)滤波器就能实现上述效果。或者,可以在启动时使用线性时变(LTV)的滤波器,该滤波器与 LTI 滤波器仅在运行的前 100s(或 30s)期间不同,有效滤波器时间常数随时间均匀增加至 $k = \tau/\Delta t$ 时,增益保持不变,LTI 滤波器为结果[9]。在启动阶段使用时变增益可显著提高滤波器的降噪效果,但 CCD 故障后,会在一定程度上增加差分测距误差。完好性分析设计时已经充分考虑了这些影响,参见文献[17]。

12.6.2　测量质量监控(MQM)

MQM 功能(D)用于检测异常卫星信号的产生和传播行为,这些行为可以直接在测量中观察到。例如,它们能够检测超程加速故障,包括阶跃误差和脉冲误差。这些故障的检测对于地面/飞机互操作十分必要,因为飞机上使用恒定的距离速率模型来解释广播改正中的延迟。由于地面处理、数据格式化和传输产生了自然延迟,飞机上接收到的参考校正相对于准时的机载 GPS 接收机输出通常延迟约 0.5s。有两种基本的地面测试可以检测到这些现象：第一个是载波平滑编码创新测试,滤波器根据实际测量值 p_k 预测伪距为 $\bar{p}_{k-1} + \varphi_k - \varphi_{k-1}$，将其预定义的阈值比较,可以对测距率的迅速变化进行有效的粗查；第二个监测器更为重要,称为过度加速(EA)测试,因为它使用最后 3 个测量值直接估计时钟误差的二阶导数[18]。通过这种估计方法,结合已知的估计误差统计,就可以限定任何特定数据延迟最大差分测距误差的上界。

MQM 功能还包含一个电离层梯度监测器(IGM),用于探测具有潜在危险的电离层风暴尖峰。GBAS 配备有多个 GPS 天线,它们空间上相互分离,主要检测、隔离接收机故障,同时通过平均给定卫星的测量值来减少测距误差。不过,也可以使用这些天线的差分载波相位测量结果来探测电离层尖峰是否存在。该类型监测器在文献[19]首次介绍,随后在文献[20-22]中进行了更为详细的研究,它是探测电离层尖峰的有力手段,但它无法探测到还未到达 GBAS 地面天线的尖峰,而这些尖峰仍然会在最终进近阶段影响一部分飞机飞行。

前面关于 SQM 的讨论中提到,地面 CCD 监测器也有助于电离层尖峰探测。然而,它无法探测到那种几乎静止的尖峰。因为 IGM 和 CCD 地面监测器对电离层尖峰的监测能力有限,GAST D 飞机还需要以下 4 种监测器和缓解措施发挥积极作用[9]：

(1)采用与地面类似的机载 CCD 监测器。飞机通过一个梯度时,可将其看作 CCD,除非尖峰的移动速度与飞机几乎相同。

(2)使用 30s 平滑伪距生成和使用位置估计,而不用 GAST C 的标准 100s 平滑伪距。此时,式(12.6)中 τ 减小,使得 x_{eff} 更小,从而减少梯度(标称或异常)对差分测距误差的影响。

(3) 采用新的检测功能,即双解电离层梯度监测(DSIGMA),它计算 30s 平滑和 100s 平滑位置解之间的差异。如果两者差值的绝对值大于 2m,飞机必须返回 GAST C 运行。

(4) 进行卫星几何筛选。飞机比较任意单个 $S_{v,i}$ 的最大绝对值和 $S_{v,i}$ 的两个最大绝对值之和(及其横向等效值),区分用户指定的阈值。如果超过任一阈值,飞机必须返回 GAST C 操作。这项测试假设 3 颗或更多的卫星受到电离层尖峰影响的概率很小,可以忽略不计。阈值设定基于文献[9]附录 J 中所描述的飞机适航要求。

12.6.3 数据质量监控(DQM)

DQM 功能(F)检测 GPS 卫星导航数据中的解码异常。特别重要的一点是,需要采取保护措施,以便降低确定卫星轨道的广播星历出现误差的概率。使用 DGPS 可以逐渐校正参考卫星视线(LOS)方向上的卫星星历误差。但是卫星轨道误差与视线正交时,会形成有效差分测距误差,与参考站和飞机之间的距离成正比。

尽管造成这种异常的潜在原因可能多种多样,例如,计划外机动、轨道上传错误、接收机中的数据解码错误,但所有星历误差可仅分为 2 种基本类型,第一种类型又可以进一步细分为 3 个子类型:

A 类:卫星机动后广播星历数据有误。

A1 类:发生常规定点机动,机动期间 GPS 地面段将卫星设置为不健康状态,但机动后卫星恢复为健康状态,星历不正确。常规 GPS 卫星机动仅发生在沿轨道方向(即与卫星运动方向相切,或正或负)。

A2 类:发生常规定点机动,但机动期间 GPS 地面段未将卫星设置为不健康状态。GBAS 继续使用广播(机动前的)星历,但卫星轨道已经改变。

A2′类:在任意方向发生计划外的机动。该故障子类型是由于可能的操作故障导致任意推进器点火,从而改变轨道。

B 类:广播星历数据有误,但不涉及卫星机动。

A 类和 B 类事件均会导致差分测距误差,但这两种失效类型在发生概率和检测手段上不同。B 类故障的发生概率相对高于 A 类故障,因为轨道星历上传和广播星历转换频繁(每颗卫星通常频率为每天 1 次和每 2h 1 次),而卫星机动很少发生(每年不超过 1 次或 2 次)。然而,这两种故障类型在过去都发生过:B 类发生于 2012 年 6 月 17 日(SVN 59),A1 类发生于 2004 年 7 月 20 日(SVN 60),A2 类发生于 2007 年 4 月 10 日(SVN 54)。上述几种情况下,"最大轨道误差"从 400m 到数千米不等。尚未有 A2′类故障发生,预计此类故障的先验概率较低,尽管如此,GAST D 设计中仍然必须考虑此类故障发生的可能性。

GBAS 标准[5-6]将探测轨道星历故障的工作分配给地面设施,而不是用户,但人们认识到,任何基于地面或飞机的监测措施都是不完善的(难以检测到较小的星历误差),任何未检测到的轨道误差最终都将导致导航误差,而导航误差取决于地面和飞机天线之间的(时变)位移。所以,最终必须由 GBAS 服务区内每架飞机单独评估可能未检测到的轨道误差对导航产生的影响。除了 DGPS 测距校正,GBAS MT 1 还携带星历解相关参数 (p),它定义了地面监测器可检测的最小星历梯度误差。导航误差范围与星历故障的完好性风险是一致的,它就是向用户广播的 MT 1 漏检系数 k_{md_e}。假设星历故障的情况下,飞机利用这些信息

计算垂直和水平位置误差范围。卫星 j 在星历故障时的垂直误差范围为

$$VEB_j = |S_{v,i}|x_{air}p_j + k_{md_e}\sqrt{\sum_{i=1}^{N}S_{v,i}^2\sigma_i^2} \qquad (12.9)$$

参与导航的所有卫星均纳入计算时,该误差范围计算为

$$VEB = \max_j(VEB_j) \qquad (12.10)$$

水平/横向星历误差范围的计算类似。

星历定位误差范围超过飞机特定飞行阶段的告警限值 VAL(和 LAL)时,将在飞机上触发告警。生成此类警报的能力对于保证导航完好性十分必要。为了保持连续性,最小定位误差范围必须很小,这也意味着 p_j 必须很小,从而形成星历监测器的最低性能值。解相关参数是通过最小可检测卫星定位误差(MDE)表现的空间梯度:

$$p_j = MDE/\rho_j \qquad (12.11)$$

式中:ρ_j 为参考站到卫星的距离。与 MDE 相关的检测概率也必须与(k_{md_e})的广播值以及星历故障的假设先验概率一致(表 12.3)。接收到每个新的星历(带有新的或更新的参数)时,必须在使用前先对其进行验证。要减小 B 类故障的威胁,GBAS 地面站可以存储验证过的先前星历表,并用它们进行当前星历表的独立预测估计,并展开比较。通常,最后可用的有效星历是先前传输的星历(2h 前的星历)。而对于一颗刚加入的卫星,最后的星历是上一次过境时收到的特定 LGF。极限情况是,过境时间短于 2h,其中广播星历时间差接近 24h。图 12.6 是卫星在相邻 24 个周期内轨道半长轴变化的典型示例。先前验证并用于监测的星历参数可通过多种方式进行正投影,图 12.7 是其中最简单的零阶保持(ZOH)和一阶保持(FOH)方法。这些监测器在文献[23]中有详细说明。

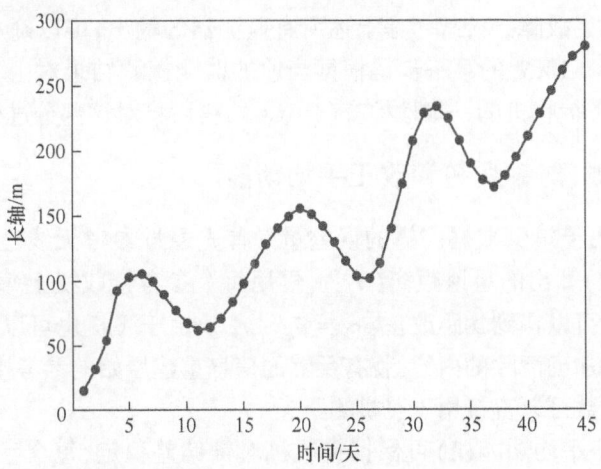

图 12.6　间隔为 24h 的广播半长轴变化示例

A 类故障中,卫星机动后的星历数据是错误的。上述的那种 B 类监测器对这种故障威胁是无效的,因为它的预测能力会受到轨道机动的影响。此时,有必要直接监测测距测量值,确定它们是否与广播星历一致。最直接的方法是监测伪距改正的大小。GBAS 将基于 MT 1 中的改正信息,主动剔除在视线方向上误差分量超过 328m 的任何星历误差。但是,仅有监测是不够的,因为与视线方向正交的误差没有消除,这也是 GBAS 的主要风险。推荐使

用的另一个监视器将一段时间内的测距率测量值与星历预测值进行比较。监视器通常是有效的,但难以分析证明它的完好性,尤其是针对 A1 和 A2′类故障[24]。对此类故障最有效的监测器是 GAST-D-IGM,它同样能够探测源自电离层尖峰或轨道星历误差的梯度。文献[25-26]和文献[27]详细讨论了这种监测器概念在轨道星历故障探测中的应用。

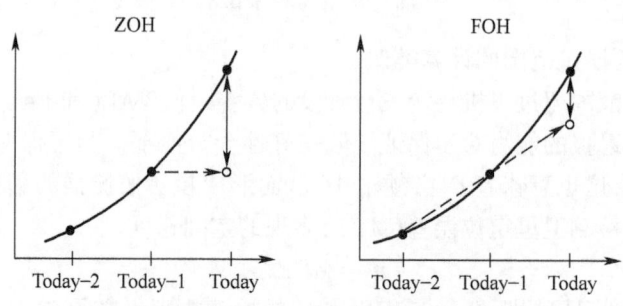

图 12.7　零阶和一阶保持参数预测概念

除了导航数据的完好性筛选外,GBAS 地面系统还为 MT 1 中的每颗卫星广播一个 IOD 时间标签。确保飞机知道地面使用了什么星历来生成广播改正数。地面和飞机使用的星历不一致会直接导致明显的差分测距误差,因为飞机将无法正确地"重建"地面测量值。为了增加完好性,GBAS 地面系统还在星历信息上广播 16b 的 CRC,用于生成改正数。

12.6.4　执行监测器(EXM)

EXM 功能(G)是一个中央逻辑处理算法,它整合不同监测器的检测决策,确定哪些卫星、哪些接收机出现了故障。统筹考虑上述所有监测器的输出,可以确定故障卫星(包括经历传播异常的卫星)。EXM 的第一步是根据当前的监测探测结果对卫星进行筛选或验证,第二步是进行多参考接收机的一致性检查(MRCC),稍后将对这部分进行解释。

12.6.5　改正生成、时钟调整和改正平均功能

改正功能(H)用于减少数据广播的误差量。首先通过参考天线已知位置和卫星位置(导航数据计算得出)算出的星地距离(r_k),再用每个参考接收机上每个卫星的平滑测量值减去星地距离,就可以得到伪距改正:$c_k = \bar{p}_k - r_k$。由于飞机也可以访问 GPS 卫星导航数据,所以只需要添加已清除的内容,就有足够的信息重建原始的参考接收机测量值。不过这也没有必要,改正数可以直接用于飞机测距。

时钟调整和改正平均功能(I)可保持接收机时钟偏差稳定,每个参考接收机的偏差不同。此功能有两个作用:①进一步减少不必要的数据广播误差量;②方便在参考接收机之间进行更简单的测量一致性检查。时钟调整子功能则是用每个接收机的平滑改正平均值减去单个卫星的平均值。定义如下:

(1) S_c 为由参考接收机共同跟踪的一组卫星,这些参考接收机都经过 EXM 验证;

(2) N_c 为 S_c 中的卫星数量;

(3) m 和 n 分别为单个接收机和卫星的索引。

然后进行时钟调整平滑伪距改正:

$$\bar{c}_k(n,m) = c_k(n,m) - \frac{1}{N_{cn}}\sum_{\in S_c} c_k(n,m) \tag{12.12}$$

改正平均子功能通过对参考接收机中跟踪的所有卫星求平均 $\bar{c}_k(n,m)$ 来生成候选广播改正。S_n 是对于卫星 n 具有至少 2 个 EXM 确认值 $\bar{c}_k(n,m)$ 的参考接收机集合(如下所述,后续处理需要 2 个或多个测量值)。此外,$M(n)$ 是 S_n 的元素个数。所以候选广播改正过程(平滑、时钟调整和平均)可表示为

$$\bar{\bar{c}}_k(n) = \frac{1}{M(n)}\sum_{m \in S_n} \bar{c}_k(n,m) \tag{12.13}$$

对多个独立接收机进行平均,可将卫星 n 的广播改正中多径误差的方差降低至 $1/M(n)$。

12.6.6 b 值和 MRCC

"b 值"生成和 MRCC 功能(J)主要是为了方便计算飞机的完好性保护级,其次是在广播改正之前对参考接收机测量值进行预筛选。b 值是式(12.13)中的 $\bar{\bar{c}}_k(n)$ 与每个接收机依次移除时等效值间的差值:

$$b_k(n,m) = \bar{\bar{c}}_k(n) - \frac{1}{M(n)-1}\sum_{\substack{i \in S_n \\ i \neq m}} \bar{c}_k(n,i) \tag{12.14}$$

按其定义,在单个参考接收机故障的假设下,b 值给出了广播改正误差的最佳估计。例如,如果所有 M 个参考接收机跟踪了 N 颗卫星,且参考接收机 m^* 在接收机信道上相应的卫星 n^* 故障为 f_{m*}^{n*},则平均 b 值为

$$E(b_{m*}^{n*}) = (N-1)\bar{f}_{m*}^{n*} \tag{12.15}$$

$$E(b_{m*}^{n \neq n*}) = -\bar{f}_{m*}^{n*} \tag{12.16}$$

$$E(b_{M \neq m*}^{n*}) = \frac{N-1}{M-1}\bar{f}_{m*}^{n*} \tag{12.17}$$

$$E(b_{M \neq m*}^{n \neq n*}) = \frac{1}{M-1}\bar{f}_{m*}^{n*} \tag{12.18}$$

式中:$\bar{f}_{m*}^{n*} \stackrel{\Delta}{=} f_{m*}^{n*}/MN$。如果故障较大,那么显然式(12.15)中的 b 值会比其他的大得多。MRCC 测试利用这一特点来检测大型故障,然后将结果返回给 EXM 进行第二阶段的故障识别和筛选。但是,中型故障可能会被 MRCC/EXM 忽略,并在广播改正中传递给飞机。为了确保完好性,地面向飞机广播 b 值,这样假定参考接收机 m 故障(H1)时,可以计算位置域保护级[9] 为

$$\mathrm{VPL}_{H1}(m) = \left|\sum_{n=1}^{N} S_{v,n} b(n,m)\right| + k_{md}\sqrt{\sum_{n=1}^{N} S_{v,i}^2 \sigma_n^2} \tag{12.19}$$

所有参考接收机的保护等级上限为

$$\mathrm{VPL}_{H1}(m) = \max_{m}(\mathrm{VPL}_{H1}(m)) \tag{12.20}$$

该位置误差限值与分配给 H1 假设的完好性风险一致,H1 对应的完好性倍数限值为 k_{md},其值约为 2.8(精确值根据所使用的参考接收机的数量略有不同)[9]。

12.6.7 西格玛监测器

GBAS 地面系统将广播每颗卫星使用的每一个 σ_{pr_gnd} 值,作为式(12.9)、式(12.10)、式(12.19)和式(12.20)中定位误差范围的输入。因此,地面系统必须能够检测到 σ_{pr_gnd} 随时间推移而发生的任何变化,尤其是它的增大。方差变化可以通过多种方式监测,包括直接估计监测和累积总和(CUSUM)监测。这些方法在文献[28-29]中有详细描述。需要强调的是,检测方差变化需要一些时间,所以不能期望它满足 GAST C 或 GAST D 的告警时间要求。但如果将未检测到的方差变化概率视为一种状态概率(与地面站的属性相关),而不是将其看作应该在规定时间内检测到并发出警报的故障事件,则可以建立一个合理的完好性案例,文献[29]给出了一种严谨的方法,可以实施该策略。

12.7 GBAS 完整性分析:GAST C

式(12.7)、式(12.9)、式(12.10)、式(12.19)和式(12.20)中定位误差最大值的限值(及其水平方向对应项)是整体 VPL 值(或 LPL)。将其与 VAL(和 LAL)进行比较,确保正常误差条件下、假设轨道星历和参考接收机故障时,能够满足完好性要求。这意味着 GBAS 地面系统制造商需证明:

(1) 监测器 MDE_j 生成公式(12.11)中的广播值 p_k 必须与广播值 k_{md_e} 和星历故障的假定先验概率(表 12.3)一致;

(2) 参考接收机故障的概率低于每 150s 进近 10^{-5}(相当于 2.4×10^{-4}/h)。

此外还需证明,表 12.3 中用于检测 GPS SIS 剩余故障的监测器必须足够有效,能满足完好性要求。必须确保所有这些故障发生时,飞机定位误差超过 VPL(或 LPL)的概率不大于 GBAS 地面系统制造商对故障的完好风险分配值与其先验概率的比值(表 12.3 中所有剩余故障的 10^{-4}/h)。本节后续部分的讨论中,会明显感觉到即使是最简单的监测器,该任务也不易完成。

如果给定 SIS 监测器和卫星 j 的故障 f_j,则可以用一个已知的累积分布函数 $F_q(x;f_j)$ 表示,其中检验统计量为 $q_j \geq 0$ 的正随机变量;为监测器无故障检测概率 P_{ffd} 给定一个连续性分配值,检测阈值为 $L = F_q^{-1}(P_{ffd};0)$,则完好性缺失的概率表示为

$$P(\text{LOI}|f_j) \stackrel{\Delta}{=} P\{|e_v(t)| > \text{VPL}(t) \,\forall t \in [0,T_A] \cap q_j(t) < L \,\forall t \in [-\infty,\tau_g]|f_j\}$$
(12.21)

式中,e_v 为垂直位置估计误差;T_A 为告警时间要求;τ_g 为向飞机信息传输延迟时间;t 为故障持续的时间。GAST C 的 $T_A = 6s$,τ_g 通常小于 1s 且不能超过 T_A(因为导航功能的连续性将在该时间段内结束)。式(12.21)只考虑了垂直误差,但也适用于水平方向的情况。注意 $\text{VPL}_{H0} \leq \text{VPL}$,以下上限值写入式(12.21):

$$P(\text{LOI}|f_j) < P\{|e_v(t)| > \text{VPL}_{H0}(t) \,\forall t \in [0,T_A] \cap q(t_q) < L \,\forall t \in [0,T_A - \tau_g]|f_j\}$$
(12.22)

假设随机误差(即无故障)对位置误差和试验统计的影响是独立的,则

$$P(\text{LOI}|f_j) < P\{|e_v(t)| > \text{VPL}_{H0}(t) \, \forall \, t \in [0, T_A]|f_j\}$$
$$\cdot P\{q(t_q) < L \, \forall \, t \in [0, T_A - \tau_g]|f_j\} \quad (12.23)$$

式中:t_e 为区间 $[0, T_A]$ 中的任意时刻;t_q 为区间 $[0, T_A - \tau_g]$ 中的任意时刻。由于式(12.23)成立,所以下式也成立:

$$P(\text{LOI}|f_j) < P\{|e_v(t)| > \text{VPL}_{H0}(t_e)|f_j\} P\{q(t_q) < L|f_j\} \quad (12.24)$$

因为 t_e 和 t_q 可在其各自的时间间隔内取任意值,所以可以每次取特定值分别使式(12.24)右侧的 2 个概率最小化,这样将生成最接近 LOI 概率的界限值。一个比较直接的选择是

$$t_e = 0 \quad (12.25)$$
$$t_q = T_A - \tau_g \quad (12.26)$$

此时,监测器检测概率[式(12.24)右侧的第二项]的评估晚于位置误差边界概率[式(12.24)右侧的第一项],时间为 $T_A - \tau_g$。前提是监测器有额外 $T_A - \tau_g$ 的时间(相对于位置误差)使得测试统计值增长超过阈值。

现在分别考虑式(12.24)右边的 2 项。为方便表达,下面几个步骤暂且省略时间变量,在最后步骤中再将时间变量纳入。给定卫星 j 的故障矢量为 f_j,该矢量不接近于 0,则第一项近似为

$$P\{|e_v(t)| > \text{VPL}_{H0}|f_j\} = P\{|S_{v,j}f_j| + \varepsilon_v > k_{\text{ffmd}}\sigma_v\} \quad (12.27)$$

式中:ε_v 是垂直位置估计误差的标称(无故障)值。可用文献[30-31]中描述的方法得到标准偏差 σ_v,其正态分布为垂直位置估计误差设定了上界。设 $Q(x)$ 为标准正态分布的右尾概率(即其累积分布函数的补偿值)。则有

$$P\{|e_v| > \text{VPL}_{H0}|f_j\} = Q\left\{k_{\text{ffmd}} - \frac{|S_{v,j}f_j|}{\sigma_v}\right\} \quad (12.28)$$

现定义

$$\sigma_{v,j} \stackrel{\Delta}{=} |S_{v,j}|\sigma_j \quad (12.29)$$

则可以写作

$$P\{|e_v| > \text{VPL}_{H0}|f_j\} = Q\left\{k_{\text{ffmd}} - \frac{\sigma_{v,j}}{\sigma_v}\frac{|f_j|}{\sigma_j}\right\} \quad (12.30)$$

当 $\sigma_{v,j}/\sigma_v \to 1$ 时,出现上界概率。因此,可以方便保守地使用以下卫星几何自由的表达式:

$$P\{|e_v| > \text{VPL}_{H0}|f_j\} = Q\left\{k_{\text{ffmd}} - \frac{|f_j|}{\sigma_j}\right\} \quad (12.31)$$

现在看式(12.24)右侧的第二项,它可以直接表示为

$$P\{q(t_q) < L|f_j\} = 1 - F_q(L;f_j) \quad (12.32)$$

将式(12.31)和式(12.32)代入式(12.24)得到

$$P\{\text{LOI}|f_j\} = Q\{Q(k_{\text{ffmd}} - |f_j|/\sigma_j)\} \cdot \{1 - F_q(L;f_j)\} \quad (12.33)$$

一般情况下,空间段卫星 j 上的故障事件 f_j 会在差分位置误差 e_v 和监测试验统计量 q_j 引起不同的瞬时响应。式(12.33)中的 LOI 概率函数与下列因素有关:2 个故障响应函数、

故障本身的大小、故障持续时间 t 以及地面和机载接收机跟踪开始时间 t_{0g} 和 t_{0a}。每种类型的 SIS 故障都需要找到将 LOI 概率最大化的具体条件，并确定结果是否超过该故障模式的完好性风险分配值。

12.7.1 GAST C SIS 完好性案例

文献[17]中给出的 CCD 类型监视器分析结果见图 12.8。该图显示了 LOI 概率与故障等级(在本例中为发散率 d)的函数关系。为了获得最坏的结果，假设飞机使用 LTV 平滑滤波器，地面使用 LTI 滤波器。LOI 概率是 t、t_{0g}、t_{0a} 和 d 4 个变量的函数。图中的每个 d 值可以找到相应的 t、t_{0g} 和 t_{0a} 使 LOI 概率最大化。水平虚线位于 10^{-4}，该值是典型的监控完好性风险分配值。只要曲线上的所有点都低于分配值，完好性就有保证。

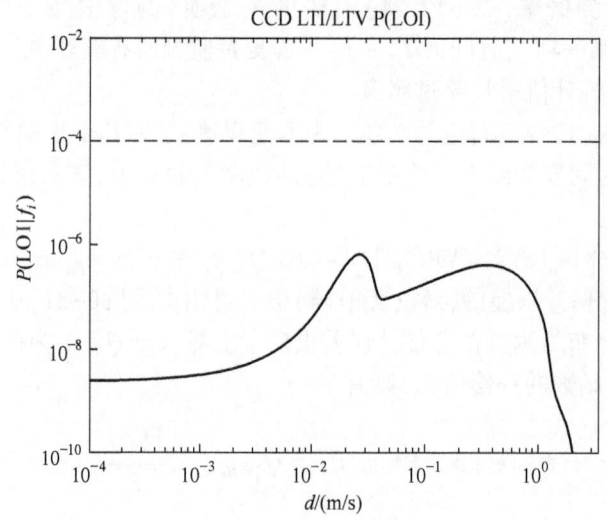

图 12.8　t、t_{0g} 和 t_{0a} 取任意值时最坏情况 $P(\text{LOI}|f_j)$ 与发散率断层 d 的大小；GAST C 情况

12.8 GAST D 要求和完好性案例

12.4 节讨论过，GAST D 操作有附加要求。这些都在 |Er| 中有定义，|Er| 是着陆起点(LTP)(地面系统支持 GAST D 的任何跑道)30s 平滑校正伪距上的差分测距误差。第一个要求，称为"极限情况"要求，规定了 |Er| 函数的测距源故障漏检最小概率，要求见表 12.5；另一项要求，即"故障案例"要求，适用于所有先前发生概率大于 1×10^{-9} 的故障，它规定，未发现的故障导致差分测距误差大于 1.8m 的概率不得超过 1×10^{-9}。GAST D 地面系统检测到超差情况的警报时间为 1.5s[31]。有关这些要求来源的详细信息，请参见文献[32-33]。图 12.9 给出了故障先验概率为 10^{-5} 时的要求示例，图中还包含了假设的性能比对曲线。

GAST D 的电离层前向监测也有其他要求，这些要求大部分已经在 12.6 节讨论过，即 30s 平滑伪距、机载 CCD 和 DSIGMA 监测器以及飞机的几何屏蔽。地面系统制造商负责确保通过综合使用的空中和地面监测器,使用了 GAST D 的 LTP 任意进近中,由于未探测电离层尖峰导致差分测距误差大于 2.75 m 的概率不得超过 $1×10^{-9}$ [32-34]。未探测到电离层锋面梯度的总概率包括锋面的先验概率(如适用)和未探测到的概率。

表 12.5 GBAS GAST D 极限条件下的完好性要求[34]

漏 检 概 率	伪距误差/m
$P_{md\_limit} \leqslant 1$	$0 \leqslant |Er| \leqslant 0.75$
$P_{md\_limit} \leqslant 10^{(-2.56 \times |Er| + 1.92)}$	$0.75 \leqslant |Er| \leqslant 2.7$
$P_{md\_limit} \leqslant 10^{-5}$	$2.7 \leqslant |Er| \leqslant \infty$

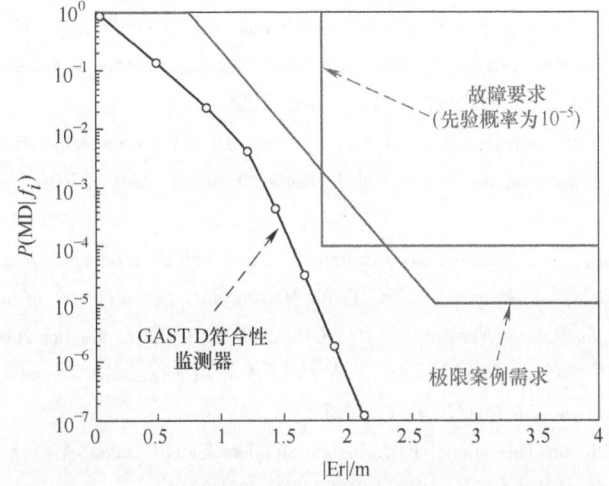

图 12.9 GAST D SIS 完好性要求和假设符合性能曲线示例

12.9 GBAS 的现状和未来

迄今为止,GBAS 系统已布置在美国、欧洲、澳大利亚、印度、巴西和俄罗斯的 30 个机场。霍尼韦尔国际公司的 SLS-4000 智能路径 GBAS 地面系统已通过美国联邦航空局 I 类(GAST C)精密进近操作认证,罗克韦尔柯林斯公司的多模接收机(MMR)和霍尼韦尔国际公司的综合导航接收机(INR)是经批准的 GBAS 航电设备包。GBAS 航空电子设备是所有波音和空客飞机上的标配设备或可选设备。目前使用 GBAS 的航空公司包括联合航空公司、达美航空公司、英国航空公司、阿联酋航空公司、汉莎航空公司、国泰航空公司、澳航、途易航空公司、瑞士航空公司、柏林航空公司和各种俄罗斯航空公司[35]。

2016 年 10 月,国际民用航空组织(ICAO)发布了对文献[6]的更新(修正案 90),正式编纂 GAST D 标准,包括文献[34,36-37]中引用的标准。已验证的双频设备和多核心星座标准计划预计在 2022—2023 年期间实行[38]。

参考文献

[1] RTCA SC-159, "Minimum Aviation System Performance Standards for DGNSS Instrument Approach System: Special Category I-SCAT I," Washington, DC, RTCA/DO 217, August 1993.

[2] Braff, R., O'Donnell, P., Wullschleger, V., Velez, R., Mackin, C., Swider, R., Enge, P., van Graas, F., and Kaufmann, D., "FAA's CAT III Feasibility Program: Status and Accomplishments," in *Proc. 8th Int. Tech. Meeting Sat. Div. Institute of Navigation (ION GPS 1995)*, Palm Springs, CA, September 1995, pp. 773-780.

[3] Braff, R., "Description of the FAA's Local Area Augmentation System (LAAS)," in *Navigation, Journal of The Institute of Navigation*, Vol. 44, No. 4, 1997-1998, pp. 411-424.

[4] Federal Aviation Administration, "Criteria for Approval of Category III Weather Minima for Takeoff, Landing, and Rollout," Washington DC, Advisory Circular AC 120-28D, July 1999.

[5] RTCA SC-159, "Minimum Aviation System Performance Standards for the Local Area Augmentation System (LAAS)," Washington, DC, RTCA/DO 245A, Dec. 2004.

[6] International Civil Aviation Organization (ICAO), "Annex 10 to the Convention on International Civil Aviation: Aeronautical Telecommunications—Vol. 1 Radionavigation Aids (with Amendment 89)," 6th Ed., 2006.

[7] McGraw, G., Murphy, T., Brenner, M., Pullen, S., and Van Dierendonck, A. J., "Development of the LAAS Accuracy Models," in *Proc. 13th Int. Tech. Meeting Sat. Div. in Proc. of the 12th Int. Tech. Meeting of the Sat. Div. Institute of Navigation (ION GPS 2000)*, 19-22 September 2000, Salt Lake City, UT.

[8] RTCA DO-246E, *GNSS-Based Precision Approach Local Area Augmentation System (LAAS) Signal-in-Space Interface Control Document (ICD)*, July 13, 2017.

[9] RTCA SC-159, "Minimum Operational Performance Standers for GPS Local Area Augmentation System Airborne Equipment," Washington, DC, RTCA DO 253D, July 2017.

[10] Christie, J., Ko, P.-Y., Pervan, B., Enge, P., Powell, J. D., and Parkinson, B., "Analytical and Experimental Observations of Ionospheric and Tropospheric Decorrelation Effects for Differential Satellite Navigation during Precision Approach," in *Proc. 11th Int. Tech. Meeting Sat. Div. Institute of Navigation (ION GPS 1998)*, Nashville, TN, September 1998, pp. 739-747.

[11] Skidmore, T. and vanGraas, F., "An Investigation of Tropospheric Errors on Differential GNSS Accuracy and Integrity," in *Proc. 17th Int. Tech. Meeting Sat. Div. Institute of Navigation, (ION GNSS 2004)*, Long Beach, *CA, September* 2004, pp. 2752-2760.

[12] Department of Defense, "GPS Standard Positioning Service Performance Standard," 4th Ed., Washington DC, September 2008.

[13] Braff, R. and Shively, C., "Derivation of ranging source integrity requirements for the Local Area Augmentation System (LAAS)," in *Navigation, Journal of The Institute of Navigation*, Vol. 47, No. 4, 2000-2001, pp. 279-288.

[14] Pullen, S., Park, Y.-S., andEnge, P., "Impact and mitigation of ionospheric anomalies on ground-based augmentation of GNSS," in *Radio Science*, Vol. 44, Issue 1, February 2009.

[15] Zhu, Z. and vanGraas, F., "Implications of C/A Code Cross Correlation on GPS and GBAS," *Proc IEEE/ION Position, Location, and Navigation Symposium (PLANS 2014)*, Monterey, *CA, May* 2014, pp. 282-293.

[16] Zhu, Z. and vanGraas, F., "Operational Considerations for C/A Code Tracking Errors Due to Cross Corre-

lation," in *Proc. 18th Int. Tech. Meeting Sat. Div. Institute of Navigation*, (*ION GNSS 2005*), Long Beach, *CA*, *September* 2005, pp. 1255–1262.

[17] Simili, D. and Pervan, B., "Code-Carrier Divergence Monitoring for the GPS Local Area Augmentation System," *Proc. IEEE/ION Position, Location, and Navigation Symposium (PLANS 2006)*, San Diego, CA, April 24–27, 2006.

[18] Rife, J., Pullen, S., andEnge, P., "Evaluating Fault-Mode Protection Levels at the Aircraft in Category III LAAS," *Proc. 63rd Annual Meeting Institute of Navigation (2007)*, Cambridge, MA, April 2007, pp. 356–371.

[19] Khanafseh, S., Yang, F., Pervan, B., Pullen, S., and Warburton, J., "Carrier phase ionospheric gradient ground monitor for GBAS with experimental validation," in *Proc. of the 23rd Int. Tech. Meeting of the Sat. Div. Institute of Navigation, (ION GNSS 2010)*, Portland, OR, September 2010.

[20] Khanafseh S., Pullen, S., and Warburton, J., "Carrier phase ionospheric gradient ground monitor for GBAS with experimental validation," *Navigation, Journal of The Institute of Navigation*, Vol. 59, No. 1, Spring 2012, pp. 51–60.

[21] Jing, J., Khanafseh, S., Chan, F.-C., Langel, S., and Pervan, B., "Carrier phase null space monitor for ionospheric gradient detection," in *IEEE Transactions on Aerospace and Electronic Systems*, Vol. 50, No. 4, October 2014.

[22] Reuter, R., Weed, D., and Brenner, M., "Ionosphere Gradient Detection for Cat III GBAS," in *Proc. 25th Int. Tech. Meeting Sat. Div. Institute of Navigation (ION GNSS 2012)*, Nashville, TN, September 2012, pp. 2175–2183.

[23] Pervan, B. and Gratton, L., "Orbit ephemeris monitors for local area differential GPS," in *IEEE Transactions on Aerospace and Electronic Systems*, Vol. 41, No. 2, April 2005.

[24] Tang, H., Pullen, S., Enge, P., Gratton, L., Pervan, B., Brenner, M., Scheitlin, J., and Kline, P., "Ephemeris Type A Fault Analysis and Mitigation for LAAS," in *Proc. of IEEE/ION Position, Location, and Navigation Symposium (PLANS 2010)*, Indian Wells, CA, May 2010, pp. 654–666.

[25] Khanafseh, S., Patel, J., and Pervan, B., "Spatial Gradient Monitor for GBAS Using Long Baseline Antennas," in *Proc. 30th Int. Tech. Meeting Sat. Div. Institute of Navigation (ION GNSS+ 2017)*, Portland, OR, September 2017.

[26] Jing, J., Khanafseh, S., Langel, S., Chan, F.-C., and Pervan, B., "Optimal antenna topologies for spatial gradient detection in differential GNSS," in *Radio Science*, Vol. 50, Issue 7, July 2015.

[27] Pervan, B. and Chan, F.-C., "Detecting global positioning satellite orbit errors using short-baseline carrier phase measurements," *Journal of Guidance, Control, and Dynamics*, Vol. 26, No. 1, January-February 2003.

[28] Pullen, S., Lee, J., Xie, G., and Enge, P., "CUSUM-Based Real-Time Risk Metrics for Augmented GPS and GNSS," in *Proc. 16th Int. Tech. Meeting Sat. Div. Institute of Navigation (ION GPS/GNSS 2003)*, Portland, OR, September 2003, pp. 2275–2287.

[29] Khanafseh, S., Langel, S., Chan, F.-C., Joerger, M., and Pervan, B., "Monitoring Measurement Noise Variance for High Integrity Applications," in *Proc. 2012 Int. Tech. Meeting Institute of Navigation*, Newport Beach, CA, January 2012, pp. 1157–1163.

[30] DeCleene, B., "Defining Pseudorange Integrity—Overbounding,"*Proc. 13th Int. Tech. Meeting Sat. Div. Institute of Navigation (ION GPS 2000)*, Salt Lake City, UT, Sep. 2000, pp. 1916–1924.

[31] Rife, J., Pullen, S., Enge, P., and Pervan, B., "Paired overbounding for nonideal LAAS and WAAS error distributions," in *IEEE Transactions on Aerospace and Electronic Systems*, Vol. 42, No. 4,

October 2006.

[32] Shively, C., "Treatment of Faulted Navigation Sensor Error when Assessing Risk of Unsafe Landing for CAT IIIB LAAS," in *Proc. 19th Int. Tech. Meeting Sat. Div. Institute of Navigation*, (*ION GNSS 2006*), Fort Worth, TX, *September* 2006, pp. 477-491.

[33] Shively, C., "Comparison of Alternative Methods for Deriving Ground Monitor Requirements for CAT IIIB LAAS," *Proc. 2007 Nat. Tech. Meeting of The Institute of Navigation*, San Diego, CA, January 2007, pp. 267-284.

[34] Burns, J., Clark, B., Cassell, R., Shively, C., Murphy, T., and H arris, M., "Conceptual Framework for the Proposal for GBAS to Support CAT III Operations," Montreal, Canada, Navigation Systems Panel (NSP) WGW Report—Attachment H, November 2009.

[35] Federal Aviation Administration, "GBAS—Quick Facts," TC16-004, available for download at https://www.faa.gov/about/office_org/headquarters_offices/ato/service_units/techops/navservices/gnss/laas/.

[36] ICAO IGM Ad-hoc Working Group, "Proposed Modification for GAST D Anomalous Ionosphere Gradient Requirements," NSP CSG Meeting, Flimsy 9, 17-20 February 2015.

[37] ICAO IGM Ad-hoc Working Group, "IGM Ad-Hoc Requirement Validation," NSP GBAS Working Group Meeting, Seattle, WA, GWGs/1-WP/2,12 August 2016.

[38] Wichgers, J. and Harris, M., "GPS/LAAS Development Status: Working Group 4 (WG-4) Report to RTCA SC-159 Working Group of the Whole," RTCA, Washington DC, October 27, 2017.

第13章 星基增强系统(SBAS)

Todd Walter
斯坦福大学,美国

SBAS 的概念起源于 20 世纪 80 年代,当时 GPS 星座还不完备,但人们已开始考虑如何将其应用于航空。由于 GPS 并未按照生命安全系统进行设计,所以它最主要的问题是有时会提供误导性信息。一开始设想建立一个监测站网络,在卫星测距信息不正确的时候向用户发送告警标志;之后又发现地面监测站网络可对误差进行差分改正,从而提高精度和可用性;最后,融入了从地球静止轨道卫星播发改正数和告警标志的想法。SBAS 卫星发射的信号类似于 GPS 卫星,可提供测距信息。这 3 点共同构成了 SBAS 的概念。

13.1 简介

SBAS 系统旨在改善 GNSS 的服务,使其满足飞行导航的严苛要求,尤其是该服务要求必须有足够高的精度、安全性和可用性,能够引导飞机靠近彼此或接近其他障碍物。单独的(或未增强的)GNSS 无法满足这些航空级别性能要求,具体来说就是信号的可靠性得不到保证,因此可能会在出现大的定位误差时不能给飞行员合适的告警提示。SBAS 使用地面监测设备网络监测核心星座信号,并通过卫星通信链路广播其性能状态信息。SBAS 系统中,对飞行员接收到错误信息的时长有严格限制,其告警时间(TTA)为 6s,以支持飞机精密渐进操作。

SBAS 系统还评估电离层对测距信号的影响。在电离层可能产生不可接受的误差时,使用差分改正数和置信限值来提高标称的定位精度,并向用户发出警告。多年来,SBAS 一直用于高海拔和距离地面 200ft 高度内的飞机引导,它包括覆盖北美的广域增强系统(WAAS)[1]和覆盖欧洲的欧洲地球静止导航覆盖服务(EGNOS)[2]。

13.1.1 民航应用原则

设计 SBAS 是为了用一个独立的集成系统来替代大量分散的导航辅助设备。SBAS 能为所有飞行阶段提供引导,包括起飞、爬升、巡航、下降和进近。人们设想用它取代无方向信标(NDB)、测距设备(DME)、战术空中导航系统(TACAN)、甚高频全向测距系统(VOR)和一类设备着陆系统(ILS)[3]。决定实施 WAAS 时,美国空中使用的各种导航辅助设备(nav-aid)有上千种。美国联邦航空局(FAA)希望采用一个更易维护的系统来取代成千上万的设备以减少相关维护费用。随着时间推移,GNSS 导航的备份需求在行业内也被逐步接受传统导航辅助设备的减少比最初计划要缓慢。不过，WAAS已实现了在美国领空提供无缝引导的目标。

卫星导航的优势明显：GNSS实现了全球覆盖，其信号从空间下行，几乎覆盖了飞机最有可能飞行的所有区域；卫星导航与地面导航不同，它的信号在任何露天条件下几乎不会受地形限制；GNSS能提供全天候服务和三维导航（包括高度），用户离开参考位置其精度也不会迅速降低；飞机可以在任意三维路径上飞行，不受助航设备间连线形成的特定路线限制。机场无须安装特定的引导设备，就能提供精密进近（PA）服务；航空电子设备得以简化，因为只需单个SBAS盒就可以在任何位置提供导航，无需不同的盒子通过切换频率来提供不同的导航辅助；最后，GNSS的精度远高于传统导航辅助设备，位置不确定性降低，更多飞机可以飞得更近，而不会增加碰撞的风险。

用于航空的导航系统有四个重要评判标准：精度、完好性、连续性和可用性。精度是这些要求属性中最好理解的，它是测量位置与真实位置接近程度的统计度量；完好性包含两个关键项：任意给定时间的位置误差上限，以及上限不能确保达到所需置信水平时所需的最长用户告警时间。须始终满足这两项，才可称系统满足完好性要求。正是这一要求推动了不同增强系统的发展，在系统设计选择时，这一要求的重要性高于所有其他要求；连续性和可用性衡量系统是否能够提供可预测且有一致性的服务。同时满足后2个标准提出的要求比较有挑战性，因为面临潜在的完好性威胁时很难保持服务质量稳定。本书第23章介绍GNSS完好性时有关于这些参数更详细的介绍。

13.1.2　SBAS架构概述

SBAS地面段包含四部分（图13.1）：一个用于观测GNSS性能的参考站网络，一个和其他部分双向传输数据的通信网络，一个主控站聚合数据并选择向用户发送信息，以及一个上行注入站，将数据发送到卫星以便向用户提供中继数据。

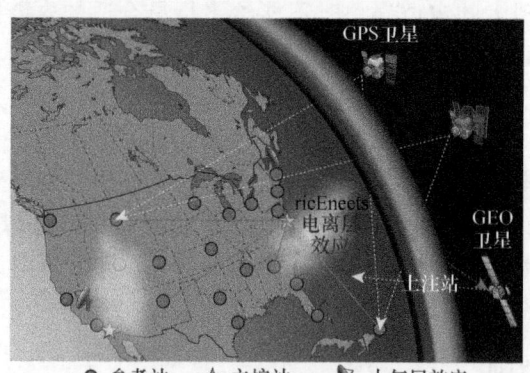

图13.1　SBAS架构

参考站是SBAS的眼睛和耳朵。每个参考站有多个GNSS接收机（根据系统的不同，可能有两个或三个），这些接收机能够精确测量两个频率上的码和载波。目前，GPS是唯一由SBAS监测的星座，对GPS的L1和L2频率信号进行测量。不过，SBAS也在不断演变，向着融入其他星座（Galileo系统、GLONASS和北斗系统）和不同频率的新信号（如GPS L5和

Galileo E5a)发展。采用两种不同的频率,系统可以测量电离层延迟的影响。接收机冗余是为了识别和隔离单个接收机故障或过多的多径效应。参考站有原子钟和精确测量天线,提升了整体的测量一致性,有助于检测和隔离错误。所有参考站的原始测量值每秒一次发送到主控站。

主控站是 SBAS 的大脑。它接收原始测量值,对其进行处理以降低噪声影响,并估计影响信号的误差。主控站生成的改正数可以减少误差,与单一测距信号相比,改正数提高了测距精度。最重要的是,每个主控站估计改正误差的大小,并将这些改正数的置信限值发给用户。这些信息被打包成独立的消息传输给用户。然后,航空电子设备根据这些限值来确定改正后的位置解是否可用于预期的操作。主控站还可以确定 SBAS 接收机是否使用了任何不安全的信息,如有需要会立即向用户发送告警。

通信网络由于负责主控站出入数据的传输,需具有冗余度和可靠性。信息对时间的要求很严格,所以不能丢失或发生延迟。因此,通信网络在延迟(WAAS 不超过 50ms)和可靠性方面要求很高。WAAS 要求超过 99.9% 的消息通过信道能准时到达预期目的地,并且两个并行信道可实现至少 99.999% 的可靠性。

地面上行注入站和通信卫星(目前都是地球静止轨道卫星)将信息置于帧后段后传送给用户。地球静止轨道(GEO)卫星的信号在结构上与 GPS L1 C/A 信号非常相似,主要的区别是数据速率增加到了 250b/s,信息编码为长 1s、250b 的消息,每个消息都包含用户需要的一部分信息,用户需从一段时间的许多信息中聚合信息,才能获得完整的改正数和完好性限值。

13.1.3　WAAS 体系结构概述

上一节介绍了一般的 SBAS 结构,本节则讨论 WAAS 的具体结构和术语,如图 13.2 所示。WAAS 是由 38 个 WAAS 参考站(WRS)组成的网络,能覆盖北美大部分地区,每个参考站包含三台并行的设备。每个 WAAS 参考单元(WRE)分别由一个 GPS 天线、一个 GPS 接收机、一个铯钟和一台用于格式化数据并将其发送到 WAAS 主控站(WMS)的计算机组成。每一个 WAAS 主控站都有一个改正与验证(C&V)处理器,该处理器由两部分组成:改正处理器(CP)和安全处理器进行(SP)。改正处理器对数据进行初筛,识别并删除异常值,输出结果进入滤波器,滤波器可估计接收机和卫星间的频率偏差(IFB)[4]、WRE 时钟偏移、卫星轨道位置和卫星时钟偏移[5],然后将这些信息传递给安全处理器进行评估。

安全处理器对 WAAS 输出的安全性负责。它决定发送哪些信息给用户,并确定这些信息的可信程度。安全处理器对输入的 WRE 数据独立执行数据筛选。其码噪声和多径(CNMP)监测器[6]进行数据筛选、载波平滑,生成平滑伪距值残余不确定性的置信限值。用户差分距离误差(UDRE)监测器接收来自 CNMP 监测器平滑的无电离层伪距和限值,并通过它们确定来自 CP 的卫星钟差和轨道改正数误差的置信限值[7]。码-载波一致性(CCC)监测器[8]和信号质量监测器(SQM)[9]输入来自 CNMP 监视器的数据,确定 UDRE 限值是否足够大,防止潜在的码-载波不一致性和/或信号畸变影响。

网格电离层垂直误差(GIVE)监测器[10-11]采用 CNMP 监测器平滑后的电离层时延估计和限值,以及 CP 的 IFB 估计,预估 WAAS 服务区上方 350km 处的一组电离层网格点(IGP)的电离层时延和置信限值[12]。用户对这些 IGP 点进行插值,确定每颗卫星电离层时延改正数和相应的置信限值的测量值。然后,测距域监测器(RDM)评估所有的改正数和置信限值。RDM 根据 CNMP 监测器平滑的 L1 测量值及其限值来确定前端监测器的改正数和限值是否如预期那样组合,形成完全改正单频测量的边界。如果有问题,RDM 可能会增加相应的 UDRE 和 GIVE 值,或者将卫星标记为使用不安全。随后,上述所有信息将传递给用户位置监测器(UPM)[13],该监测器评估每个 WRE 所有的改正位置误差是否在限值内,它与 RDM 一样,也有播发限值或将卫星设置为不可用的功能。最后,改正数、UDRE 和 GIVE 以消息队列的形式广播给用户[12,14]。要了解这些监测器的功能,就要理解它们所受的威胁,见 13.2 节。13.3 节对监测器进行了更详细的描述。

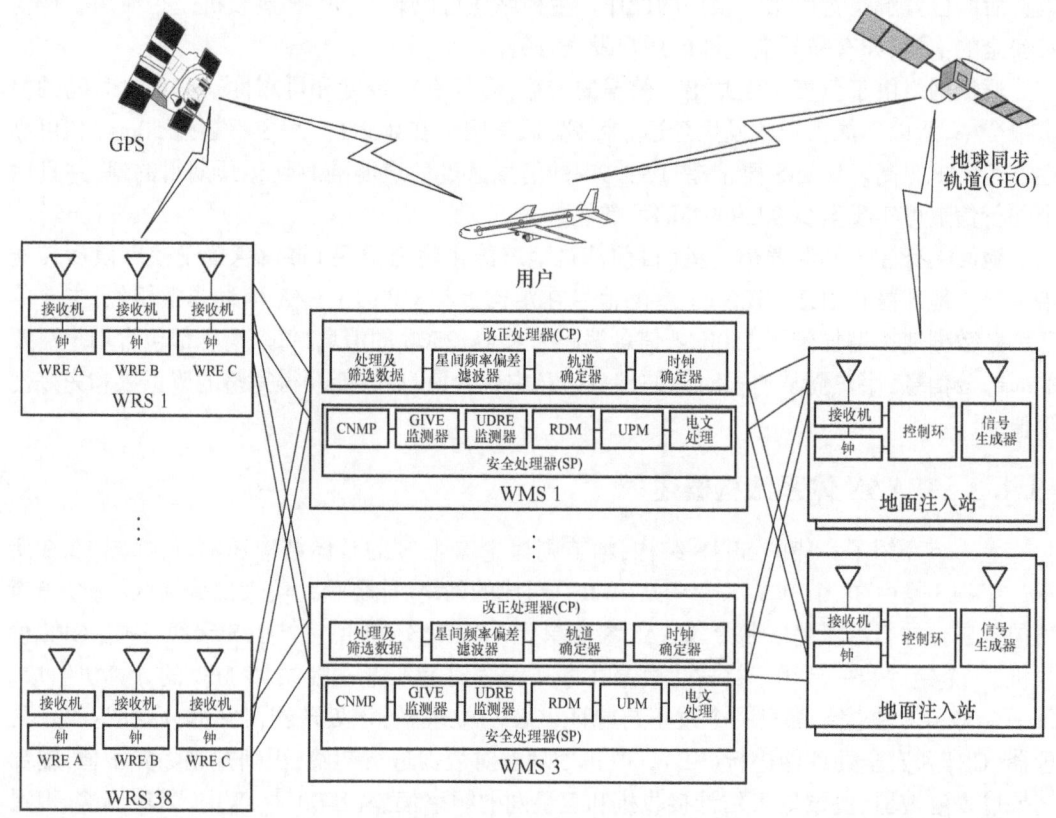

图 13.2 WAAS 体系架构

13.2 SBAS 服务误差源与威胁

影响 GNSS 测距的误差源很多。表 13.1[15]中列出了所有增强系统都要估计的八个主要误差源。每个误差源都会降低测距精度。所有误差源都具有一定的标称或非故障误差水平,见表 13.1 第二列。WAAS 中,标称水平位置误差 95% 的时间小于 0.75m[垂直误差小于 1.2m(95%)][16]。大多数误差源也有故障模式,该模式下的异常行为可能造成更大的、预料之外的误差。如果故障只影响一颗卫星的测距,则称为窄故障;如果同一原因影响了多颗卫星(甚至所有)测距源,则称为宽故障。表 13.1 的最后两列简要说明了此类故障的一些来源,如果故障类型不太可能发生或对 SBAS 的影响微不足道,则在表中标为"—"(不适用)。

威胁模型描述了一些预期事件,系统必须保护用户免受这些事件影响,并提供可靠的安全置信限值条件。每个威胁模型都给出了威胁的具体性质、大小和发生可能性,以及非故障条件下的可预期标称误差大小。总之,各种威胁模型必须全面描述会导致系统难以保护用户的所有可能的条件。最终,威胁模型成为了判断系统设计能否满足其完好性要求的一个重要部分,每个单独的威胁须在其分配范围内得到充分缓解,只有证明所有威胁都已得到充分解决时,才可视为系统安全。

表 13.1 GNSS 误差源

误差源	正常	窄故障	宽故障
1. 时钟和星历	轨道/时钟估计和预测不准	包括时钟跳变,坏的星历和没有标识的动作	包括操作星座误差,如广播电文错误的概率
2. 信号畸变	由于射频组件和波形失真引起的标称差异	卫星载荷信号生成组件故障	—
3. 码-载波不一致性	生成码和载波信号的不一致	卫星载荷信号生成组件故障	—
4. 频间偏差	不同频率卫星载荷信号路径的时延差异	卫星载荷信号生成组件故障	误差离线测定或传播的
5. 卫星天线偏差	卫星天线造成的视角偏差	卫星天线组件故障	—
6. 电离层	不准确的电离层时延模型	由于电离层受到干扰造成大的偏差	由于电离层受到干扰造成多个大的偏差
7. 对流层	不准确的对流层时延模型	—	—
8. 接收机噪声及多径	归一化噪声和多径误差	接收机故障或有单一的强多径反射	接收机故障或多个强多径发射

最初开发 SBAS 是为了解决受卫星测距影响的威胁。然而,在没有任何测距故障的情况下,SBAS 也引入新的威胁风险,所以威胁模型中也必须包括 SBAS 引入错误改正的可能性。其中一些威胁存在于任何设计中,也有一些只在特定应用中存在。下文概述了许多 SBAS 威胁,但完整的具体信息取决于实际应用情况,必须由服务提供商决定。

13.2.1 卫星时钟/星历估计误差

通过 GPS 和其他核心星座广播轨道和时钟信息来预测信号播发时刻卫星的位置和时间。即使核心星座不存在故障,这些广播的参数也包含一定程度的标称误差[17-19]。钟差大小与时钟类型和数据龄期[20]强相关,GPS 卫星的铯钟钟差通常比铷钟更大[20-21],在 GPS 卫星刚刚上注新的星历参数时,误差最小。性能更优时钟在电文上注后的钟差限值为 0.75m(95%)[上传数据 24h 后钟差≤1.5m(95%)];标称的铯钟钟差通常在电文刚刚上注后钟差≤1.5m(95%)[电文上注24h后钟差≤3m(95%)]。GLONASS卫星使用铷钟,其误差接近于5m(95%)(无法通过播发信号获得数据龄期)[22]。

标称轨道误差通常与时钟误差在误差表示上一致。这些误差最好用径向、切向和法向表示,因为此坐标系中的误差稳定性最高。图13.3直方图显示了GPS[20]和GLONASS[22]卫星的轨道误差、钟差和瞬时用户测距误差(IURE)。这些直方图包含了2013年1月1日—2016年12月31日所有健康卫星收集的数据。注意,GLONASS卫星数据的误差大小是2倍大。径向误差最小,切向误差最大,法向误差介于两者之间。GPS的径向、切向和法向误差分别约为0.45m、2.25m和1.25m(95%);GLONASS的误差分别约为1m、6.5m和5m(95%)。径向误差与用户的视线密切相关,因此几乎所有的径向误差都直接影响IURE;切向和法向几乎垂直于视线,所以只有大约15%的误差会影响IURE。未改正的GPS和GLONASS卫星标称时钟与星历造成的误差分别约为1.8m和5.1m(95%)。WAAS只改正GPS星座。WAAS应用差分改正数后,参考网观测条件良好的卫星标称时钟与星历IURE误差降低到0.33m(95%)左右。

在卫星故障或上注出错时,卫星播发的时钟和星历信息有时会含有显著误差。这些故障可能会使卫星钟、星历或两者都产生跳跃、倾斜或更高阶的误差[23-28]。故障可能是由卫星轨道或时钟状态的改变,或仅仅是播发了错误信息而造成的。2008年以来,GPS经历了5次此类故障[29]。其中一个事件是20m的时钟阶跃,两个事件是时钟跳动,该情况下时钟每分钟误差约1m,持续约1h;另外两个事件是播发了错误的轨道估计,导致一个事件的误差量级为10m,另一个事件的误差量级超过400m。同期,GLONASS比GPS卫星观测到了更多的故障。在WAAS发现GPS卫星错误时,它能够在故障较小的情况下进行改正,在误差太大而无法进行差分改正时发送标记给用户。

用户或SBAS系统也可能遭遇不正确的译码星历信息。因此,两者都必须采取一定措施,确保接收到正确的参数。星历须多次解码,并进行位验证,使其能被正确接收。此外,还要比较解算的星历位置与历书位置,保证接收机可正确跟踪预期的卫星。

虽然GPS卫星从未发生过同时播发多颗卫星错误时钟和轨道数据的经历,但这种大范围的故障是可能发生的,GLONASS卫星就曾观测到这样的事件[22,30]。SBAS系统经过全面评估,可以实现错误播发时钟和/或星历改正数的风险远低于10^{-7}/h。

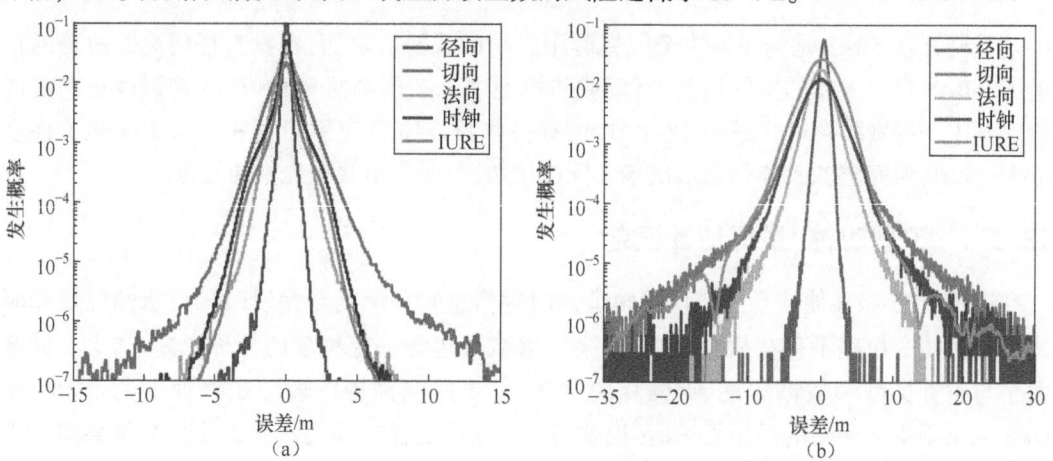

图13.3 GPS卫星(a)和GLONASS卫星(b)的径向、切向、法向和时钟误差分布图

13.2.2 信号畸变

测距是通过将输入信号与接收机内部生成的复制码进行相关计算实现的。如果输入信号失真(即与预期不同),则可能导致授时/测距误差。如果每颗卫星发生的畸变彼此不同,就会产生定位误差。国际民用航空组织(ICAO)[31]采用了一种威胁模型来表征 GPS L1 C/A 码上可能出现的信号畸变。威胁模型生成一组典型的故障信号,包含数字和模拟部分故障。数字部分是正码长度相对负码长度的度量。理想情况下,这两个长度相等,在信号电平转换时,过零恰好发生在预期位置;实际上,一个方向的过零会比相反方向稍微延迟或提前。GPS 规范规定,这种差异的标称值不应大于 10ns[32]。国际民用航空组织的故障模型包含差值达到 120ns 的情况[31]。

模拟模型说明了有限带宽和滤波的影响。实际上码片并不是理想的方波,随着每次转换,码片上都带有一些过冲和振荡。图 13.4 右侧用红色表示标称信号,能清楚看出这种效应对多个 GPS 卫星的影响,这些畸变会导致观测接收机相关器间距和带宽间的偏差。图 13.4 左侧显示了接收机相关器间距改变时的误差幅值。该图假设参考接收机使用 1 个码片长度的相关器间距,如果用户接收机相关器间距配置相同,则所有误差都会消失。用户相关器间距不同时,误差变大到可能超过 0.5m,在有相同配置的接收机网络测距中这种偏差是不可观测的[33-35]。尽管 GPS 卫星可观测到信号结构的一些突然变化,但所有这些事件对伪距误差的影响都很小,因此没必要触发 WAAS SQM 监测器[36]。其他卫星信号的威胁模型仍在开发中,但是已有人提出 GPS L1 威胁模型也适用于 GPS L5 信号。

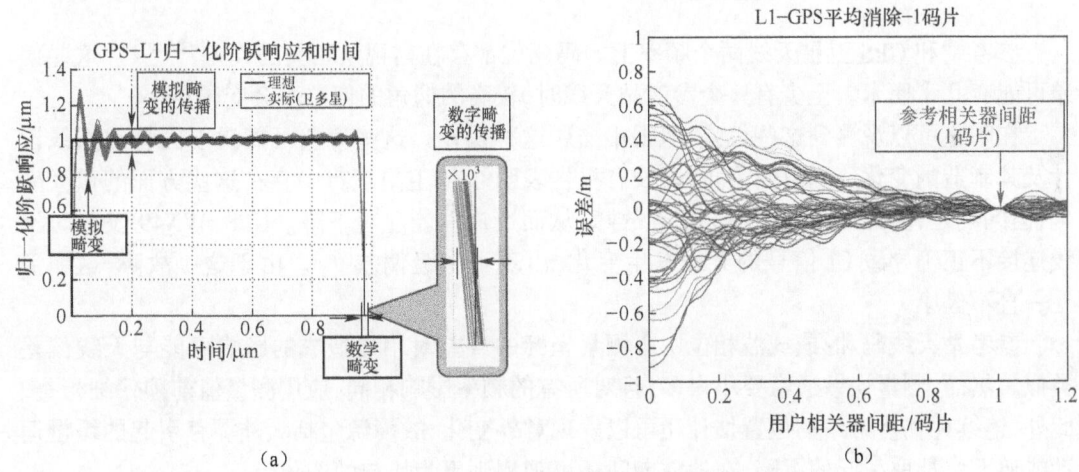

图 13.4 正常信号畸变(a)和潜在的测距误差(b)

13.2.3 码-载波不一致性

卫星需要保持播发信号的码和载波的一致性,这种潜在的故障模式体现了卫星的源发性威胁,与电离层引起的码和载波差异无关。这种基于卫星的威胁被模型化为卫星播发码和载波间的阶跃或变化率。这种标称误差由于太小而无法充分测量,会被电离层和多径效应的影响掩盖,所以在模型上称为零影响。同样,也从未在 GPS L1 信号上观测到这种故障,但是 WAAS GEO 信号和 GPS L5 信号上观测到了这种误差[37-38]。这种威胁会影响用户,因为 SBAS 地面段和用户都使用载波平滑来减少多径,但平滑时间差异很大,任何明显的码和载波不一致都会为用户带来不可言说的误差。

13.2.4 频间偏差估计误差

对于当前仅有 L1 的 SBAS 业务,改正算法需要知道 L1 和 L2 频率间的硬件差分时延,以便将双频测量转换为单频改正。这些硬件的延迟,在卫星上称为群时延(T_{GD}),在参考站接收机/天线上称为 IFB。这些值通常与电离层延迟估计一同计算[4]。

尽管这些标称值是常数,但在某些条件下,这些值可能会随时间发生改变。一个原因可能是单元切换,更换新的接收机或天线,或者激活了卫星上的不同单元或路径,则两个频率间的相对时延可能会发生变化;一个原因是参考站或卫星在月食期间的热变化;另外,元件老化也可能导致这些值的缓慢变化。这些值的估计包含小的标称误差(通常为几厘米),偶尔其中的一个或多个估值会有更大的误差(可达到几米)。

频率间偏差误差与钟差非常相似,因为它们对用户的影响没有空间变化。不同之处是它们的影响取决于用户使用的频率组合。星钟是指一种特定的组合,目前 GPS 播发时钟参考 L1P/L2P 电离层自由码组合。只使用 L1 的时钟相对基准的偏移量为 T_{GD}。未来 L1/L5 电离层组合偏移将结合 T_{GD} 和信号间改正或 ISC。对用户来说,这些值的任何误差都是钟差。

13.2.5 天线偏差和测量误差

参考站和 GPS 卫星天线两个频率上的码相位都存在与视角相关的偏差[39-40]。这些偏差可能有几十厘米。至少有一个参考站天线时,较高的仰角的偏差不会变得更小。

在暗室可以观测到这些偏差,但很难描述这种操作。这些偏差可能源于固有的天线设计及其制造的变化。到目前为止,还没有报告表明 GPS 卫星运行中存在这些方面的重大变化,但问题是,多元件天线可能会出现故障,从而造成性能显著下降。GPS SVN49 发射时天线连接不正确导致 L1 信号的天线发生变化,出现了米级偏差[41]。由于这一故障,这颗卫星一直不健康。

参考站天线码和/或载波相位中心测量坐标的误差对用户造成的影响可能与天线偏差类似。然而,测量误差通常要小得多,且对所有的频率影响相同,应用测量值前须仔细检查。此外,连续评估参考站的位置估计还可以发现意外变化,故障源包括大陆漂移引起的缓慢运动或地下水抽取引起的沉降,在地震期间还可观测到更为快速的变化。

13.2.6 电离层和电离层估计误差

电离层引起的传播时延严重限制了 SBAS 高精度服务的能力,特别是在赤道和极光区域。传播时延是由信号传播路径上高层大气中存在的自由电子引起的。

SBAS 性能在以下 4 方面受到电离层的影响:①电子密度的快速变化导致距离时延估计准确度的降低;②电子密度的空间梯度无法用 5°×5° 的电离层网格分解;③振幅闪烁衰落,最坏情况下可能导致信号短暂中断;④相位闪烁效应,可能导致半编码接收机接收的 GPS L2 频率信号中断。所有这些电离层效应都与地理、季节、一天中的时间,以及太阳活动和地磁活动水平有关[42]。

大多数时间,使用简单的局部平面拟合就可容易估计和限定中纬度电离层。但是,在简单置信限值明显低于真实误差的限值[10]的地方,偶尔会有扰动期。此外,在世界其他地区,特别是赤道地区,电离层通常无法用该简单模型充分描述[43]。一些电离层扰动可能发生在非常短的基线上,即使使用高阶模型也难以描述。中纬度 10km 基线上可观测到大于 3m 的垂直延迟梯度[44-45]。由于电离层介质不是静态的,所以除空间梯度外,还存在较大的时间梯度。中纬度地区观测到的垂直变化率高达 4m/min[44]。

通常 GPS 播发简单的电离层全球模型可使误差减半。然而,在一些时间,误差会显著增大,且简单的模型无法分辨空间或时间的真实变化。SBAS 每 5min 更新一次 5°×5° 网格上估计的电离层时延值[12],即使该模型有时也无法捕捉电离层真实变化。

13.2.7 对流层误差

与电离层误差或卫星故障相比,对流层误差通常较小。可使用历史观测值建立模型,并分析与该模型的偏差[46]。天顶卫星的对流层延迟约为 2.4m,地平线上 5°时,约 25m。该模型的方差分布采用较为保守的边界,天顶的 1-σ 值为 0.12m,5°仰角的 1-σ 值为 1.23m。最低运行性能标准(MOPS)[12]中对此模型和限值进行了描述。这些误差既可以直接通过本地的对流层影响用户,也可以通过参考站误差传递到卫星钟和星历估计中间接影响用户,使用特定公式可降低直接影响。

13.2.8 多径和热噪声

多径是最重要的测量误差源。受天线周围的环境和卫星轨道的影响,多径限制了估计卫星和电离层误差的能力。虽然许多接收机跟踪技术可以约束多径的幅值,但它在参考站的持续周期可以是几十分钟或更长[6,47]。幸运的是,SBAS 参考接收机和机载接收机都工作在晴空环境,天线放置仔细便可避免严重的多径效应。应用窄相关器间距还可进一步减小多径效应,通常要避免采用先进的技术,因为信号畸变威胁下,其性能存在不确定性。采用载波平滑技术也可进一步减小影响。在飞机上应用 100s 平滑滤波器后,预计天顶的 1-σ 残余多径误差低于 0.13m,5°仰角的 1-σ 残余多径误差低于 0.45m。

13.3 SBAS 完好性监测

监测器通过算法确定上述威胁的潜在影响。监测器应用改正数后,会估计影响用户的残余误差,然后将此误差值播发给用户,既可适当通过加权体现卫星的相对影响,又能确定位置估计的总体置信限值。监测器还会在一颗或多颗卫星使用不安全时向用户发出告警,它们要么误差太大无法改正,要么误差大小的不确定性太大。发送给用户的 SBAS 完好性参数是 UDRE 和 GIVE,它们分别限制某颗指定卫星的测距误差,以及限制 SBAS 电离层延迟模型中的估计误差。

本章将使用现有的 WAAS L1 设计来展现不同的 SBAS 监测器。由于其他增强系统必须消除同样的威胁,它们的设计也包括一套相似的监测器;但是,细节因系统而异。WAAS

自2003年开始运行,旨在消除针对仅使用L1用户的所有威胁[48]。图13.5显示了主要完好性监测的高级原理图。38个地面站网络的3个接收机,每个都为CNMP算法处理提供接收机测量数据,从而其余监测器也可以得到平滑的测量值和置信边界。

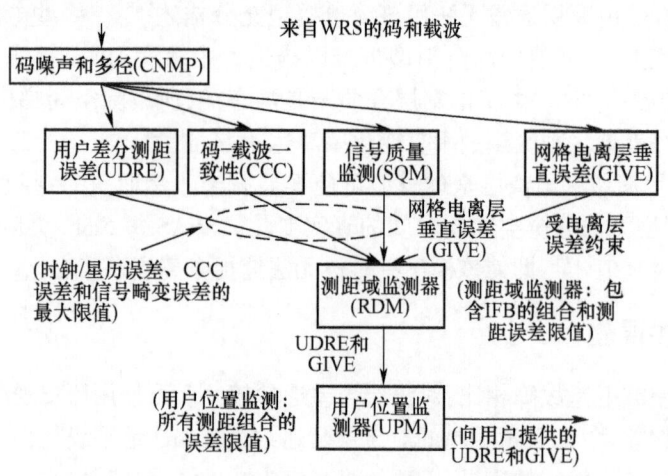

图13.5 目前WAAS的主要完好性监测高级原理图

UDRE参数最初由UDRE监测器设置,该监测器估计时钟和星历改正的精度,以及每颗可视卫星的残余威胁,之后,CCC监测器估计是否可通过相同的UDRE或者增加UDRE来预防威胁。随后,SQM评估不可观测信号畸变的风险是否可由前两个监测器产生的UDRE进行界定。虽然所有类型的标称误差都需要同时界定,但不可能在同一个6s窗口内初始化多个故障类型(时钟/星历、CCC或SQM)。因此,UDRE未观测到故障的范围可以是任意单个监测器所需部分的最大范围。由于时钟和星历威胁产生的误差在空间内有差异,仅使用L1信号的用户面临的不确定性通常比其他卫星威胁更大。通常情况下,UDRE监测器确定播发安全的最小UDRE值,之后的监测器只会偶尔增加或标记该值。

同时,GIVE监测器确定的电离层改正数和必须应用于每个IGP的置信限值,然后组合电离层改正数和GIVE,以及卫星改正数和UDRE,确定参考站和卫星间每条视线上的L1信号改正总值是否由UDRE和GIVE的组合进行了适当限制(13.4.5节详细说明了它们的组合方法)。比较由RDM执行,可以确保各个改正数的安全组合,监测器处理的最主要威胁与IFB相关。最后,应用于每个参考站的所有改正会导致WAAS出现净定位误差,该误差根据UPM中参考接收机天线的已知测量坐标进行检测。如果RDM或UPM检测到故障或缺少验证输入UDRE和GIVE的观测值,监测器将增加不安全标记。

13.3.1 码噪声和多径(CNMP)算法

CNMP算法的目的是对观测到的码噪声和多径误差进行估计和改正,然后对平滑的L1和L2伪距测量误差残差进行置信度估计。要实现上述功能,CNMP必须检查是否存在周跳、数据间隙和其他异常信号跟踪的情况,该算法还对不一致的测量值进行识别、去除或降低权重。然后,剩余的测量值用于载波平滑,每个参考站有三个并行线程,通过表决移除对每个线程有不同影响的大型工件,为了初始化基于码的载波平滑,测量值在一段时间内须保持一致。CNMP算法产生平滑的无电离层伪距供UDRE监测器使用,平滑的电离层估计值供

GIVE 监测器使用,仅 L1 信号平滑的测量值供 RDM 和 UPM 使用[6,47]。此外,平滑后的码和原码之间的瞬时差值提供给 CCC 监测器进行评估。

CNMP 算法还会生成影响这些输出的可能残差上限。误差曲线是每个平滑滤波器使用筛选测量值的函数。如果丢失或不一致的测量值太多,则重启滤波器。初始化时,假定多径误差较大(L1 和 L2 频率信号上,99.9%的时间高达 10m)。GPS 卫星可进一步假设初始化为 10min 周期的正弦曲线,正弦周期时间内去相关[6]。图 13.6 显示了 GPS 和 GEO 卫星置信值为 1-σ 的界限。图中曲线假设以 1Hz 频率采集测量值,并且所有测量值都是经过筛选的。如果去除一些测量值,则曲线将保持之前的值,直到获得新的有效测量值。假如 6s 内没有任何有效的测量值,曲线将复位。超过 30°仰角重新启动的 GPS 卫星使用较低的线,因为更高的仰角多径效应要小得多,地球同步轨道卫星初始周期假定为 24h。早期窄带 GEO 卫星初始化多径误差为 30m(99.9%)。后来宽带 GEO 卫星使用窄相关器,因此假设初始化多径为更小的 10m,如图 13.6(b)简化曲线所示。

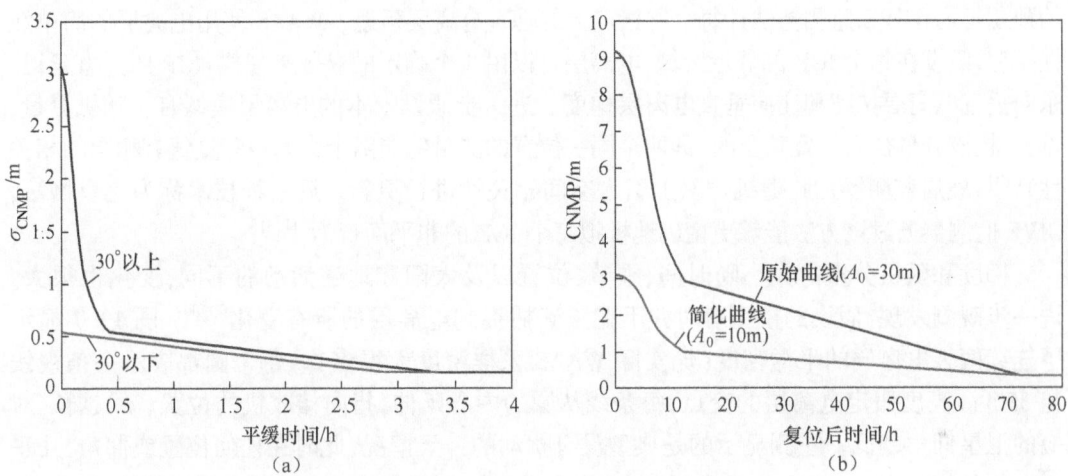

图 13.6 GPS(a)和 GEO(b)1-σ CNMP 误差限值曲线

13.3.2 用户差分测距误差

CP 中的轨道确定算法是扩展卡尔曼滤波器的一部分[5],用于估计卫星的时钟和轨道状态,以及 WRS 时钟状态。该滤波器非常准确,但考虑到其复杂性,潜在的故障模式还未能详尽分析。尽管它的跟踪服务记录很好,还是被视为不确定的单元。更为简单的 UDRE 探测器是 SP 的一部分,它确定卫星改正数的误差范围。UDRE 监测器将改正数应用到每个 WRS 的无电离层伪距测量,并将每个残差与其相对应的阈值进行比较,这些阈值是 CNMP 置信值和滤波器期望误差的相关函数。如果给定的 WRS 中存在任意 2 个 WRE 超过阈值,则将卫星置为不可用。否则,将残差大小与 14 个可能广播的 UDRE 值中的一个进行比较。UDRE 监测器确定相对于这些离散 UDRE 值的潜在故障概率[7],并选择满足所需故障概率的最小 UDRE 值进行广播。如果测量值不足,或者任何一个 UDRE 值都不满足要求,则将卫星标记为不可用。UDRE 监测器还评估之前广播的改正数和 UDRE 值,判断是否仍然安全使用。如果发生了改变,继续使用旧信息不再安全,UDRE 监测器将向所有 SBAS 用户发出警告,立即停止使用该卫星。

UDRE 监测器还负责生成一个协方差矩阵,来描述其确定时钟和星历误差边界的能力。这个 4×4 矩阵描述了影响卫星钟及其三维定位的误差。该矩阵归一化后,沿任何视线投影结果的最小值为 1。通常,该视线是卫星和可观测卫星 WRS 加权中心间的视线。距离观测网较远的视线投影归一化的矩阵值大于 1。这些参数在标识号为 28 的消息中广播,称为消息类型 28(MT28)参数[49]。将它们和 UDRE 相乘,这样在观测条件最好时误差边界最小,并且适当增加了覆盖区边缘处的不确定性,在此范围有可能有未观测到的误差。正确确定 MT28 参数是 UDRE 监测器的重要工作,对确定安全广播最小的 UDRE 值十分重要[50]。

13.3.3 网格点电离层垂直误差

与 UDRE 监测器不同,GIVE 监测器确定改正数和置信限值。SBAS 在距地球表面 350km 固定高度的 5°×5°点网格上广播改正数[12,14],并用周围的 IGP 点进行插值,改正指定视线上的预期延迟,GIVE 监测器估计每个网格点上的垂直电离层延迟。WAAS 使用电离层的简单线性模型,假设在每个 IGP 的邻近区域,电离层可以由 3 个确定的参数来建模:IGP 的垂直延迟、东向垂直电离层梯度和北向垂直电离层梯度。进一步假设基本的电离层模型有一随机分量,首先,将该分量视为位置独立的(即两个同一位置的测量值与两个大间距测量值有相同的相关性)[10];然后监测器在此随机分量上引入空间相关性进行更新。后一种技术称为克里格法,GIVE 监测器通过该方法能够更精确地模拟每个 IGP 的非平面行为[11,51]。

梯度和随机分量的大小随时间、季节、位置以及太阳和地磁活动的不同,变化也很大。进一步观测发现,假设的模型有时并不能正确捕捉到电离层的所有变化[52]。图 13.7 显示了连续两天电离层的采样密度(比实际 WAAS 采样密度大得多)。每个圆都表示一条视线与 350km 高度假定电离层的交点,每条线从圆的中心延伸,指向接收机的位置。线越长,对应的卫星仰角越低。左侧显示的是典型没有扰动的一天情况,此时在任何位置或仰角,几乎每个测量值都有 8m 左右的垂直延迟;右侧是之后的 24h,扰动严重,垂直延迟从接近 0m 到超过 20m 不等。这些变化发生的位置彼此距离很近,在经纬度 5°之内。

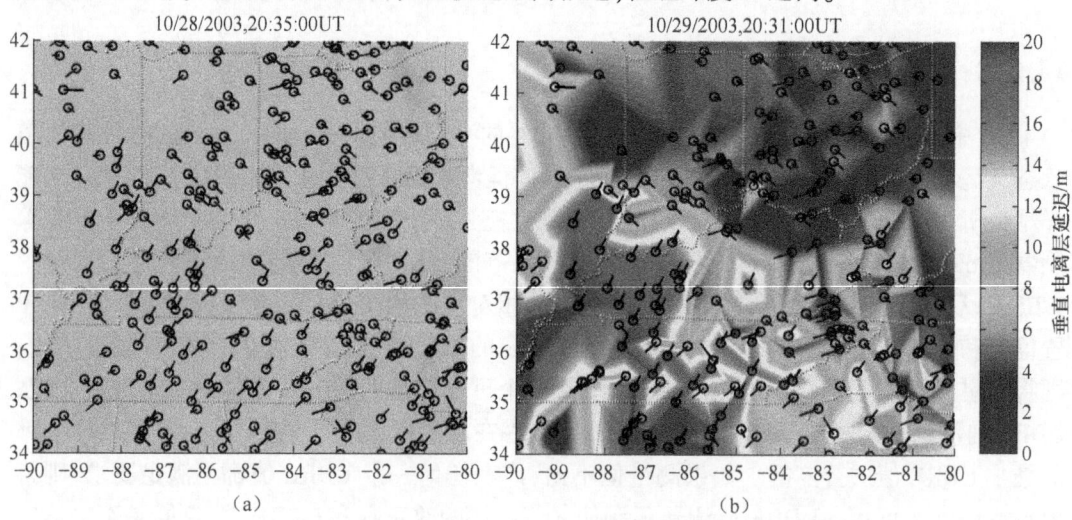

图 13.7 静止(a)和扰动(b)日子里的垂直电离层延迟测量值

图 13.8 显示了垂直随机电离层误差分量,它是任意两次测量距离的函数。不同颜色代表了不同概率水平下的抑制能力。95% 和 99.9% 的限值分别除以 1.96 和 3.29,转化为 $1-\sigma$ 期望值。如果随机分量完全符合高斯分布,那么这 3 条曲线将互相重叠。所以,这些曲线分开表明了有小部分数据比高斯分布预期的误差更大。图 13.8(a) 对应正常或无干扰的情况,曲线靠得近。注意,即使是零间距,也有 0.2m 的预期差异。这一"小块"的存在是因为同一位置电离层的垂直测量实际上采用了不同的视线。也就是说,电离层的简单二维模型无法描述电离层的三维变化。大多数时候,这种影响很小,可以由 GIVE 抵消。

图 13.8(b) 显示了有扰动的一天垂直电离层的变化。在这一天,"小块"值大于 3m(图 13.7(b) 所示的那一天,情况更糟),即便使用网格模型的密集观测也存在显著差异。WAAS GIVE 算法使用测量值相对于标称模型的卡方值来确定电离层的当前状态。如果测量值与模型相符,可认为电离层无干扰;如果存在显著差异,则必须根据相关的 GIVE 值适当增加假设的随机水平。卡方评估可作为 WAAS "风暴检测器"的基础[10,53-54]。扰动较小时,检测器工作在 IGP 级别上;扰动较大时,检测器工作在系统级别上。检测到风暴后,在一段时间内将 GIVE 设置为最大值。这些值太大,无法支持要求严格的垂直操作,但对于水平引导来说足够小,始终支持水平引导。幸运的是,北美洲上空的电离层几乎总是状态良好。电离层有扰动时,垂直引导可用性的丧失不到 0.5%。

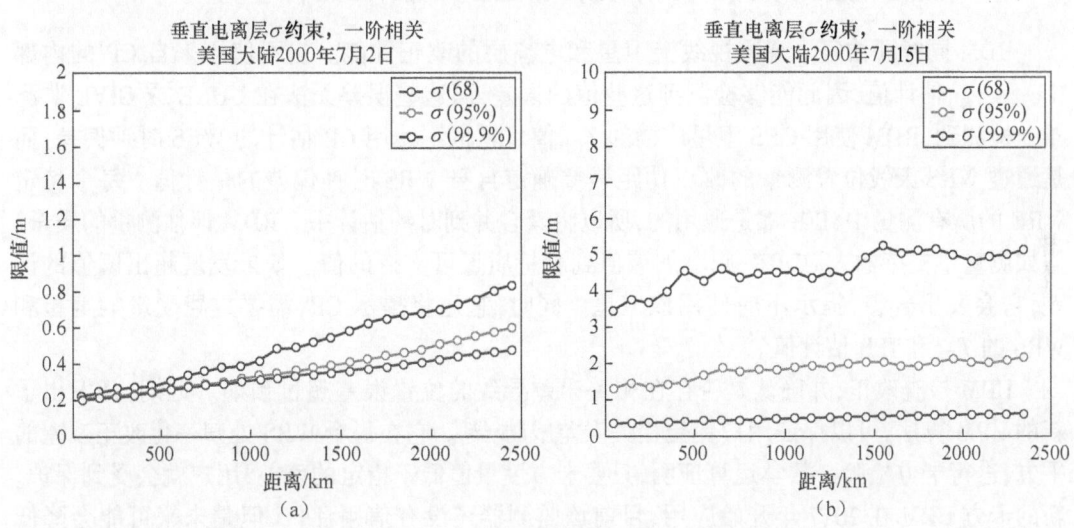

图 13.8 静止(a)和扰动(b)电离层条件下的 $1-\sigma$ 电离层误差限值曲线

GIVE 监测器还包含另一单元来避免电离层发生扰动,但这一状态还没有足够的采样值。"采样不足"的威胁主要是覆盖区边缘附近采样密度变低。经观测,有时并未对扰动进行采样或仅通过 WRS 测量对扰动进行了无效采样[55-56]。为应对这一威胁,采取了 3 项措施:①随机误差的假设水平总是相对高于期望值;②在电离层恢复平静状态后,风暴探测器在一段时间内仍保持触发状态;③在 GIVE 中加入特定的"采样不足"威胁项,它是采样密度的函数。最后一项显著地增加了覆盖区边缘的 GIVE。

13.3.4 码–载波一致性(CCC)监测器和信号质量监测器(SQM)

WAAS 改正的每一颗卫星,CCC 监测器会平均该卫星所有测量值的瞬时原始伪距误差,降低了独立的多径误差,特别是多个接收机同时观测一颗卫星时,卫星的 UDRE 值较低。如果卫星在码和载波间产生偏差,测试项就会有偏差,偏差足够大时,监测器会向用户发出告警错误[8]。任何码和载波间的不一致都会造成卫星钟改正(基于长期平滑)和用户测量(基于 100s 平滑滤波器)间的偏差。应对此威胁,监测器灵敏度更高,能检测到的故障远低于播发的 UDRE 误差限值。监测器在 WAAS 的使用寿命内从未触发,也无须触发,但它可防止将来发生类似事件。

WAAS 参考接收机以 9 个不同相关器间距进行测量。SQM 算法评估不同卫星播发的码形对称性和一致性[9],这些算法在离线状态评估性能,确保没有潜在的有害畸变。实时应用通过 4 个度量值来评估卫星间的差异,共模形状畸变将导致所有卫星产生相同的伪距误差。这种误差模式只影响用户时钟的估计,不会导致位置误差。因此,监测器确定并消除共模形状,度量项仅受卫星间差异的影响。一旦度量值超过其阈值,卫星将标记为"不可用"。度量结果恢复到阈值以下后,"不可用"标记保持 12h,阈值是 UDRE 的函数,由前端监测器确定。

13.3.5 测距域监测器(RDM)和用户位置监测器(UPM)

RDM 同时评估每个观测视线上卫星和电离层的改正性能。它不使用来自 CP 的内部 IFB 和 T_{GD} 估计值,因此能够检测到这些值的误差,而这些误差无法在 UDRE 或 GIVE 监测器上检测到,RDM 使用 GPS 卫星广播的 T_{GD} 值。它也不使用 CP 估计的 WRS 时钟偏差,而是通过 WRS 天线位置测量的改正伪距残差确定自身 WRS 时钟偏差的估计值。每个特定 WRE 的所有测量中,IFB 都是通用的,所以将其合并到时钟估计中。RDM 评估测量的质量,假如测量不支持输入 UDRE,则增加该值到测量质量可支持的值。如果发现超出阈值的误差,它会发出告警,提示不应使用该卫星。同时,它还将提示 CP,需要重置受影响卫星和 WRS 的 T_{GD} 和 IFB 估计值。

UPM 检查改正,并确认是否存在相关误差导致的位置误差超过预期。近期,开发出了新的 UPM 算法,可以保证用户免受相关误差威胁[13]。它在每个 WRS 处归一化改正残差的平方,进行卡方检验。数学运算证明,只要卡方度量值低于指定的残差,用户就会受到保护。新的卡方 UPM 在 2017 年开始应用,目前该监测器还没有信用评价,但是未来可能会降低 UDRE 和/或 GIVE 值,以便使用现在的监测器提供保护。

13.4 SBAS 电文、GEO 定义与处理

SBAS MOPS 文档对发送给用户的电文进行了定义[12],该文档由相关委员会撰写,描述了一个复杂体系,并随时间慢慢演变,一些术语和叙述反映了观念和方法上的历史变迁。因此,该文档对于外行可能晦涩艰深、难以理解。本节希望以概述的方式帮助读者理解不同电文类型如何组合在一起形成差分 GPS 改正。改正分为两类:钟–星历改正和电离层改正。

13.4.1 电文格式

电文每秒发送一次,由 212b 改正数据、8b 的识别和同步数据,6b 电文类型标识和 24b 奇偶校验组成,总计 250b,电文格式如图 13.9 所示。奇偶校验防止用户使用损坏的数据。存储并组合使用多个电文中的信息,可以形成所有卫星的改正数和置信限值[14]。表 13.2 列出了不同的电文类型及其标称更新率。卫星时钟改正及其相关 UDRE 值等信息更新频繁(每 6s 更新一次);而其他信息传输频率要低得多,如电离层改正数(每 5min 一次)。精确的垂直操作中,用户不应使用两个更新周期前收到的数据,这样既防止用户使用过时信息,又能让他们在丢失最新副本的情况下依然能进行操作。如果是不太精确的水平操作,用户可以继续使用三个更新周期内的旧数据,此时,用户即使丢失了两个最新的副本,也能进行操作。

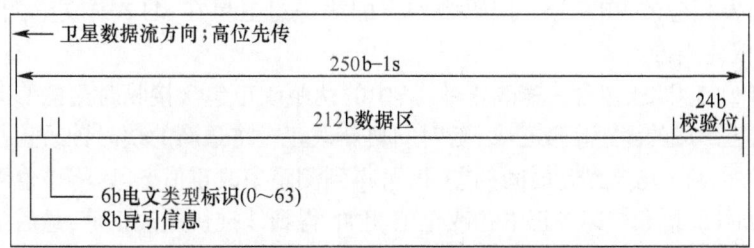

图 13.9 SBAS 电文结构

表 13.2 SBAS 电文类型和更新周期

电文类型	电文内容	更新周期/s
0	为系统安全 GEO 不使用该类型(仅用来系统测试)	6
1	PRN 掩码分配,210b,设置到 51	120
2~5	快变改正数(卫星钟差)	6~60
6	完好性信息(UDREI)	6
7	快变改正数降效因子	120
9	GEO 卫星星历(X、Y、Z、时间等)	120
10	降效参数	120
12	WAAS 网络时与 UTC 偏差	300
17	GEO 卫星历书	300
18	电离层格网掩码	300
24	混合快慢变改正数	6~60
25	慢变改正数	120
26	电离层延迟改正数	300
27	WAAS 服务信息	300
28	卫星时钟/星历协方差矩	120
63	空白信息	—

13.4.2 时钟与星历的改正和限值

卫星时钟和星历误差由电文类型(MT)1~7、9、10、17、24、25、27和28中的信息进行改正和限制。改正分为两种类型：快速改正和长期改正。快速改正的标量值对所有用户影响相同；长期改正以四维矢量(位置和时钟的差值)的形式对不同位置的用户产生不同影响。快速改正可以消除大部分常见误差，特别是大部分的卫星钟误差；长期改正主要消除卫星星历误差。GPS卫星广播的一组星历参数和下一组星历参数之间如有任何不连续，都会纳入长期改正。有两个原因：①保持快速改正的连续性；②匹配特定的星历参数，因为只有长期改正和GPS卫星数据期号直接相关。如果广播的GPS时钟项不连续性位于两个星历之间，则该不连续性也将纳入长期时钟改正。

电文类型1包含卫星掩码，它决定SBAS向哪颗卫星广播改正数，这样SBAS广播改正数时就不必播发相应的PRN号。掩码中列出的第一组卫星在MT2中改正，下一组卫星在MT3中改正，依此类推。

电文类型2~5和24包含快速改正数，其中的伪距改正包含接收时刻的修改值。用户应用最近一次改正形成的测距率改正项，随时间更新改正。将最新的快时钟改正与之前的时钟进行差分，再除以两个电文到达时间的差，即可得到测距率改正值，然后将该值乘以接收到最近快速改正的时间，再和快速改正中的改正值相加，得到外推快速改正值，最后加上用户的伪距测量值。电文类型2~5都能为多达13颗卫星提供快速改正数和相关的UDRE值。

电文类型24和25包含长期改正，即在地心地固坐标系(ECEF)中的x、y、z和时钟改正，电文中还包含这些值的变化率。每颗GPS卫星广播的导航电文计算得到卫星位置和时钟矢量，再与改正矢量相加。这一改正过程可以有效地将GPS卫星广播估计得到的卫星位置和时钟值改正到SBAS的估计值。

电文类型9包含每颗GEO卫星自身完整的星历信息。此电文提供GEO完整的x、y、z和时钟状态，它包含ECEF坐标系下的三维位置、速度、加速度状态，以及时钟和时钟变化率状态。电文类型17包含最多3颗GEO卫星的历书数据，其内容包括每颗GEO卫星的近似三维位置和速度估计。

电文类型2~5、6和24也包含UDRE，该值被量化为16个状态，即1~16。每一状态都用4b的数表示，称为用户差分距离误差索引(UDREI)。UDREI值从0到15、0到13对应较小索引的数值，也对应较小的UDRE值；14表示卫星"未被监测"(NM)；15表示卫星已设置为"不可用"(DNU)。NM状态下，卫星在视线范围之外或观测效果差时，SBAS无法验证其当前的性能水平；DNU状态下，卫星在视线范围内，但可能有问题，不可使用。实际上，这两种情况都意味着飞机不能用SBAS来改正卫星的位置。

13.4.3 电离层改正

电离层改正和完好性限值信息在电文类型18和电文类型26中广播。电文类型18定义了IGP的"掩码"，通过该掩码，用户可以确定MT26电文中的纬度和经度改正数和置信度。如图13.10所示，地球分为了10个区域，每个区域发送单独的MT18电文，其中可能包含多达201个IGP。MT18电文只发送到SBAS选择广播改正的区域。例如，WAAS只向区域0、区域1、区域2、区域3和区域9广播掩码。

应用电离层改正要求用户从一个预定网格点的垂直延迟值进行内插改正。用户必须确定要插值的网格点,然后对每个网格点赋予适当加权,生成其垂直延迟估计值和置信度。用户的穿刺点电离层垂直延迟(IPP)估计值按倾斜因子缩放,并将其转换为倾斜距离改正。

如图 13.10 所示,地球可分为 4 个插值区域:

(1) |纬度|≤ 60°;
(2) 60°<纬度≤ 75°;
(3) 75°<纬度≤ 85°;
(4) 85°<|纬度|。

第一个区域使用纬度和经度间距相等的矩形网格,第二个区域使用纬度为 5°、经度为 10°的单元格,区域 3 使用纬度为 10°、经度为 30°的单元格,区域 4 是一个圆形区域,插值形式略有不同。所有区域中,用户的 IPP 需通过周围网格点的有效数据进行计算。用户先试着用掩码中定义的周围 4 个网格点建立一个矩形,该矩形可插值到电离层穿刺点;如果周围无法形成矩形,用户再看周围是否可形成三角形;如果还是不行,用户就无法形成电离层差分改正。文献[12]的 13.4.4.10.2 节给出了周围网格点的选择标准。

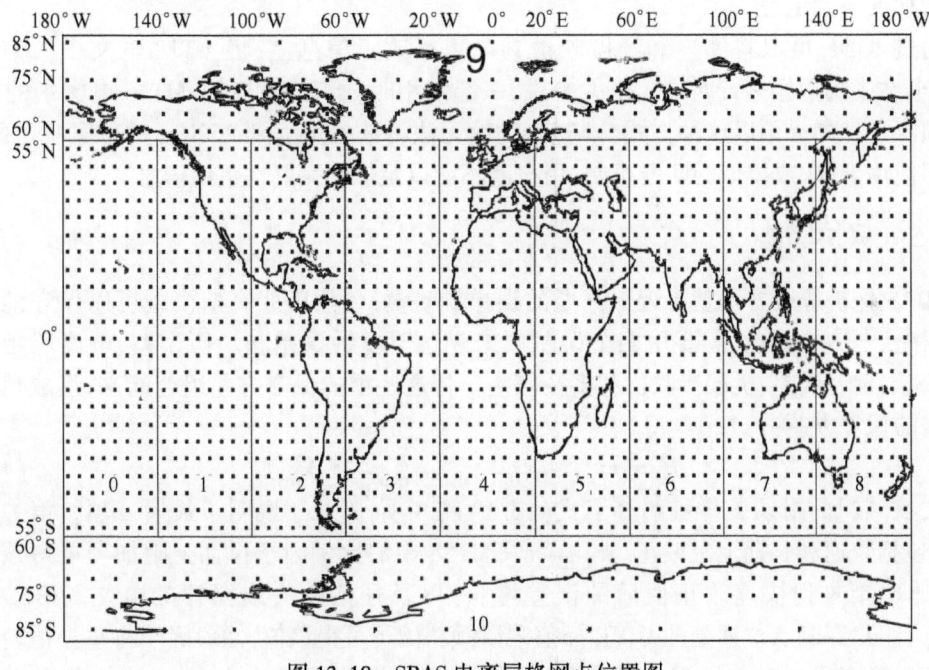

图 13.10 SBAS 电离层格网点位置图

电文类型 26 也包含 GIVE,该值被量化为 16 个状态,即 1~16。每一状态都用 4b 的数表示,称为 GIVE 索引(GIVEI),其值为 0~15。GIVEI 为 0~14 对应不同数值;GIVEI 为 15 表示卫星"未被监测"(NM),该状态下,IGP 的可视性非常差,SBAS 无法验证其当前的性能水平。

13.4.4 差分数据龄期(IOD)

不同的电文要实现信息的配套使用,并与 GPS 卫星广播信息协调。因此,需要通过某种途径来确定哪些不同的数据源可以组合使用。差分数据龄期，即 IOD，用于匹配不同的电文，每个电文包含一些所需信息。两个不同电文的 IOD 相同时，这两部分可组合使用；IOD 不一致时，组合并不兼容的数据可能丢失关键信息。IOD 的使用可以保持系统的高度完好性，具体示例如下：

IOD 有五种类型定义。未增强的 GPS 系统中，有 IOD 用于协调时钟（IODC）和星历（IODE）信息[32]，每颗卫星都有独立的值。IODE 用 10 位 IODC 的低 8 位表示，星历数据分为三个数据子帧，它们必须具有相同的 IODE 才能组合在一起，从而获得完整的星历数据集。通过 IODE，WAAS 服务提供商能够唯一识别改正哪颗卫星的星历信息。用户必须确保在 WAAS MT25 中的 IODE 改正值与用于该卫星的 GPS 星历数据集中的值相匹配。

MOPS 电文中有 IODP，用户可以用掩码（MT1）来标识卫星的 PRN 号与信息 2~5、信息 24 和信息 25 中的改正数及其界限进行唯一匹配。也就是说，MT2~5、MT24 和 MT25 中的 IODP 必须与 MT1 中的 IODP 完全匹配。MOPS 电文中还有 IODF，可将电文类型 6 中的完好性信息追溯到特定的快速改正。IODF 还有另一个用途：从一个快速改正到下一个快速改正则加 1，以模 3 递增。因此，如果有一组电文丢失，用户便可以检测到，因为此时，IODF 接收到的电文不是顺序的。用户确定丢失信息后，就可按照指定步骤来确保完好性限值足以覆盖增加的不确定性。

通过 IODI，可以将纬度和经度映射到电离层改正信息上，将 MT18 电文中的信息与 MT26 电文中的数据进行匹配。也就是说，一起使用时，所有 MT18 和 MT26 电文中的 IODI 值必须匹配。如果不以这种方式分割信息，就无法将数据适配到 250b/s 的带宽中。此外，如果不使用 IODI 或类似的匹配机制，用户就不能以足够的完好性重组信息。

13.4.5 保护等级

SBAS 保护等级方程基于近似高斯的误差源观测，使用膨胀高斯模型可以保守地描述定位误差[57-58]。因此，需要用四个误差项来表达卫星钟误差和星历误差、电离层延迟误差、对流层延迟误差、机载接收机和多径误差。将这些项的保守方差组合起来，形成单个伪距误差的保守方差：

$$\sigma_i^2 = \sigma_{\text{flt},i}^2 + \sigma_{\text{UIRE},i}^2 + \sigma_{\text{tropo},i}^2 + \sigma_{\text{air},i}^2 \tag{13.1}$$

文献[12]的附录 A 详细解释了式（13.1）前 3 项，附录 J 说明了最后一项。第一项中 $\sigma_{\text{flt},i}$，包括快速和长期卫星改正。$\sigma_{\text{UIRE},i}$ 取 MT28 中的比例因子再加上附加项可得该改正值，能体现接收到快速改正值后的误差增长，以及任何丢失或漏掉的电文。第二项中 $\sigma_{\text{UIRE},i}$，用户穿刺点位置处的 GIVE 插值乘以倾斜因子可得该值，倾斜因子将垂直值转化为倾斜值。第三项是对流层误差的边界，垂直均方根误差边界为 0.12m，该值再乘以文献[12]中将垂直转换为倾斜的映射函数。最后一项描述飞机噪声和多径，是仰角的固定函数。

对每颗卫星的伪距方差 σ_i 进行转秩，并将其置于加权矩阵 W 的对角元素上，然后与几何矩阵 G 结合，形成位置估计的协方差：

$$P = (G^\text{T} \cdot W \cdot G)^{-1} \tag{13.2}$$

将矩阵 G 置于本地东-北-高（ENU）参考坐标系中，位置协方差矩阵的第三对角线元素表示垂直方向上误差方差的保守估计。由于垂直保护水平（VPL）限制 99.99999% 的误差，因此需要用适当的因子乘以均方根误差。利用高斯分布统计,68%的误差落在一倍均方根误差内,99.99999%的误差落在5.33倍均方根误差内。从而SBAS的VPL由下式给出:

$$\text{VPL}_{\text{SBAS}} = 5.33\sqrt{p_{3,3}} \tag{13.3}$$

式中: $p_{3,3}$ 为 P 的第三个对角线元素。水平保护水平(HPL)公式如下:

$$\text{HPL}_{\text{SBAS}} = K_H \sqrt{\frac{p_{1,1}+p_{2,2}}{2} + \sqrt{\left(\frac{p_{1,1}-p_{2,2}}{2}\right)^2 + p_{1,2}^2}} \tag{13.4}$$

其中,精密进近(PA)模式下,K_H 设置为 6.0,非精密进近(NPA)模式下,K_H 设置为 6.18。这些差异最初源于不同的完好性分配和任务时间。PA模式下,允许接受的最大风险为 10^{-7}/h 进近(假定一次进近持续150s),其中98%分配给垂直方向,2%分配给水平方向;NPA模式下,100%分配给HPL,即 10^{-7}/h。9.8×10^{-8} 的 VPL 风险概率对应高斯分布5.33倍的均方根误差。PA模式下,HPL 2×10^{-9} 的风险概率对应高斯分布6倍的均方根误差。HPL 在 PA 模式中可以防止一维交叉跟踪错误,在 NPA 模式中,则可防止二维水平误差。NPA 的 HPL 分配按每小时算,因此,它包含 24 个 150s 的任务期。相应地,其分配 $\frac{10^{-7}}{24} =$ 4.17×10^{-9} 对应二维高斯分布6.21倍的均方根误差。而产生6.18和6.21间差异的原因不得而知。差异并不重要,因为它导致的误差边界差异小于0.5%。这些保护水平实时为可能的位置误差设定了上限,将这些误差值和垂直及水平告警限值(VAL 和 HAL)进行比较,就可以确定操作的有效性。例如,50m 的 VAL 和 40m 的 HAL 可支持 PA 操作,该操作称为 LPV[59],可以引导飞机在离地250ft的高度范围内飞行。也就是说,只要 VPL 低于 50m,HPL 低于 40m,飞机就可以使用 SBAS 导航,直至其高度降至离地250ft,此后,飞行员必须能够很好地看到跑道,以便目视着陆或者中止着陆。

13.5 SBAS 应用

13.5.1 广域增强系统(WAAS)

WAAS 有 20 个 WRS 位于美国本土相邻各州(CONUS),此外还有 7 个在阿拉斯加,1 个在夏威夷,1 个在波多黎各,4 个在加拿大,5 个在墨西哥,共 38 个,形成了一个 WRS 网络[1]。WRS 布局见图 13.11 中的小圆圈,WAAS 还有 3 颗 WMS 和 3 颗 GEO 卫星(GEO),它们的星下点轨迹如图 13.12 所示。目前的 GEO 卫星包括位于西经 129°的 SES-15 卫星(标为 S15,使用 PRN133),西经 107°的 Telesat ANIK F1R 卫星(标为 CRE,使用 PRN 138),西经 117°的 EUTELSAT 卫星(标为 SM9,使用 PRN 131)。每颗 GEO 卫星有两个独立的地面上注站(GUS)。WAAS 于 2003 年 7 月投入使用,自此,其服务有了许多变化和改进[60]。

如图 13.13 左侧所示,在北美大部分地区,LPV 服务的可用性非常高。性能总体满足系统目标。图 13.13 的右侧显示了 0.3n mile HAL 条件下,要求导航性能(RNP)的 NPA 可用性。

13.5.2 欧洲地球静止导航覆盖服务(EGNOS)

EGNOS 在欧洲有 29 个测距和完好性监测站(RIMS),此外,在土耳其有 1 个,非洲有

6个,北美有1个,以色列有1个,南美有1个,共计39个监测站[61]。站点位置在图13.14中用小正方形标出(库鲁[法属圭亚那]和哈特贝斯特霍克[南非]除外)。有4个主控制中心(MCC)和3颗运行的GEO卫星。运行的GEO卫星包括位于东经63.9°的Inmarsat-4 F2卫星、东经31.5°的Astra-5B卫星以及东经5°的SES 5卫星,其PRN号分别为122、123和136,如图13.15所示。EGNOS于2009年10月宣布投入使用,并在2011年3月获得生命安全服务认证。EGNOS通过MT27电文限制卫星改正,将其限制在图13.15中长方形边界框内。

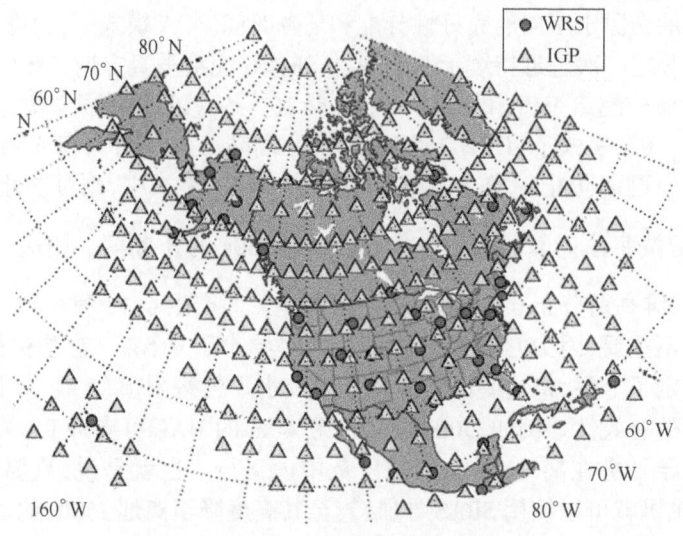

图13.11 WAAS的WRS和IGP分布位置

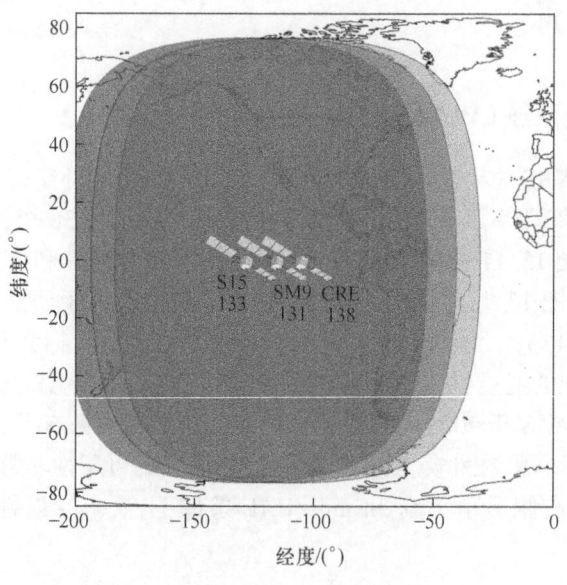

图13.12 WAAS GEO 覆盖区

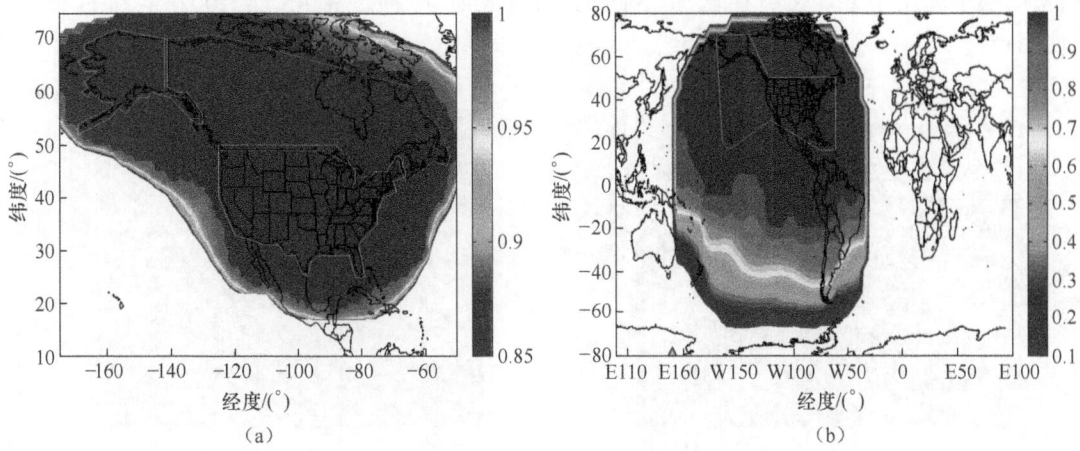

图 13.13 WAAS LPV 和 RNP0.3 可用性(来源:美国联邦航空局提供。)
(a)WAAS LPV 覆盖等值线,2017 年 12 月 18 日,1980 年为第一周;
(b)WAAS RNP0.3 覆盖等值线,2017 年 12 月 18 日,1980 年为第一周。

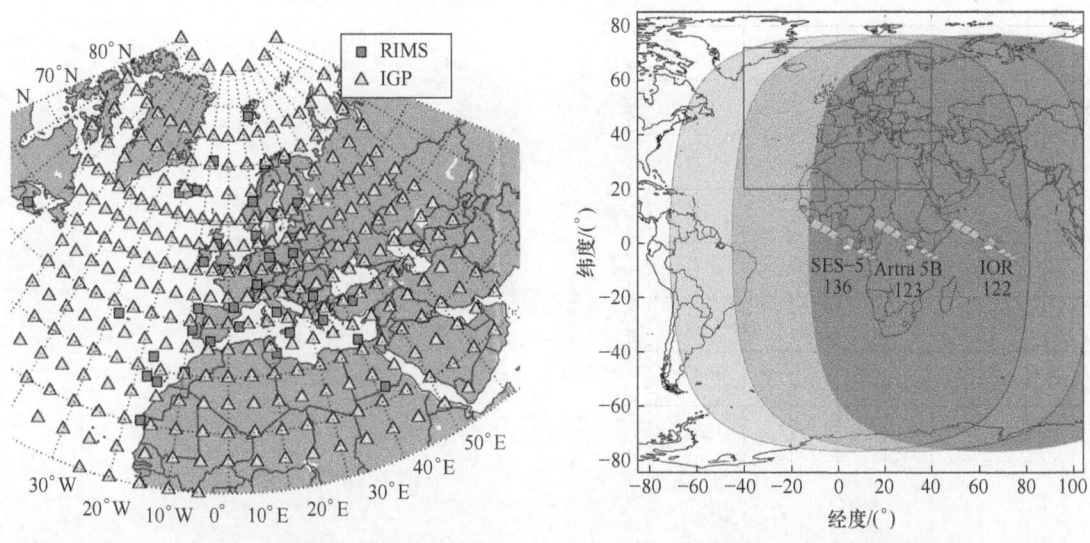

图 13.14 EGNOS RIMS 和 IGP 分布位置　　　图 13.15 EGNOS GEO 覆盖区

出于各种原因,EGNOS 的 GEO 卫星没有测距能力。目前 EGNOS 使用电文类型 27 (MT27),而不是像 WAAS 和其他多功能卫星增强服务(MSAS)一样使用电文类型 28 (MT28)[49]。MT27 限制低 UDRE 值的使用,将其限制在以欧洲地区为中心的框内,其边界见图 13.15 和图 13.16(b)。目前 MT27 只影响其北侧的 LPV 服务,但这也成为了 NPA 服务的一个限制因素。在欧洲大部分地区,LPV 服务的可用性非常高。

13.5.3　多功能卫星增强服务(MSAS)

MSAS 当前处于初始运行阶段,它由日本岛上的 6 个地面监测站组成,站点位置为图 13.17 中的菱形标注位置。有两个主控站(MCS)和一个位于东经 145°的多功能传输

(MTSAT)GEO卫星,卫星在两个不同的 PRN 号上广播。MSAS 于 2007 年 9 月投入使用[63]。

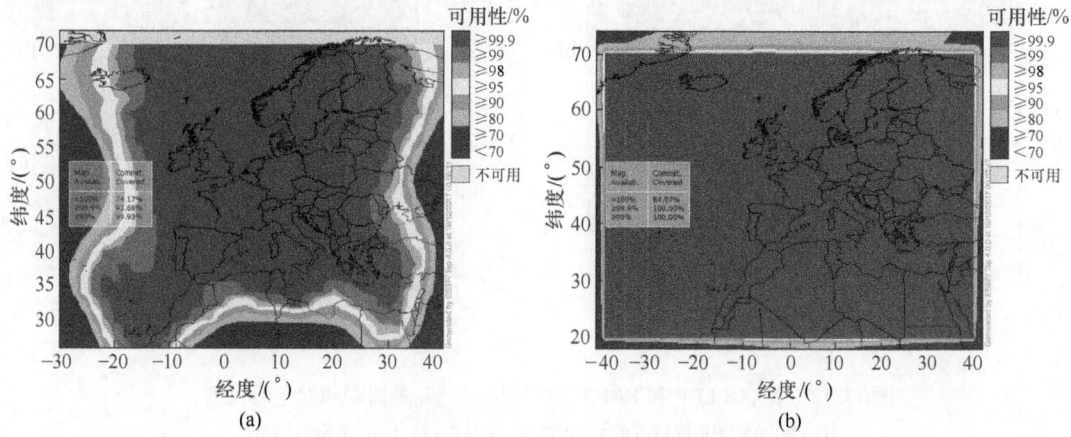

图 13.16　EGNOS LPV(a)和 RNP0.3(b)可用性[62]
(a)2017 年 12 月 18 日 0—24 时空间信号可用性图;(b)2017 年 12 月 18 日 0—24 时 PRN123 可用性图。

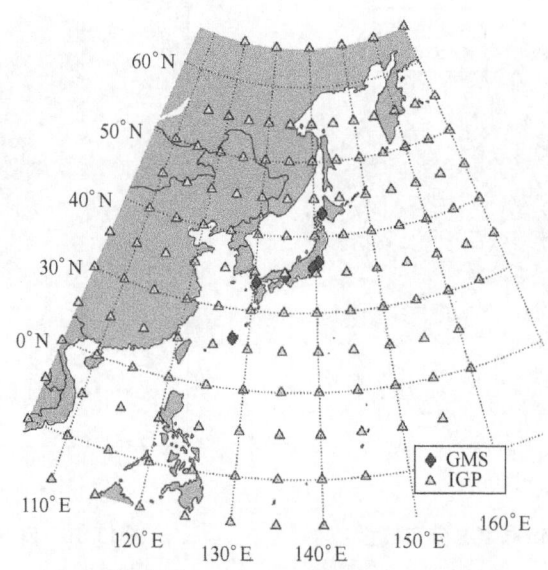

图 13.17　MSAS GMS 和 IGP 的分布位置

由于网络规模有限,MSAS 卫星的 GEO UDRE 值设置为 50m,因此对垂直引导无益。此外,有限的电离层观测导致 LPV 可用性很低。因此,基于 MSAS 的垂直引导操作尚未得到授权。日本民用航空局(JCAB)已经在研究性能改进,希望其能够提供 LPV 操作。在此之前,MSAS 仅提供侧向导航,如图 13.18 所示。

13.5.4　GEO 辅助的 GEO 增强导航(GAGAN)

印度的星基增强系统称为 GAGAN。目前,GAGAN 有 15 个参考站,全部在印度境内,地面站位置为图 13.19 中小圆圈标注位置。有两个印度主控中心(INMCC),3 颗卫星分别为

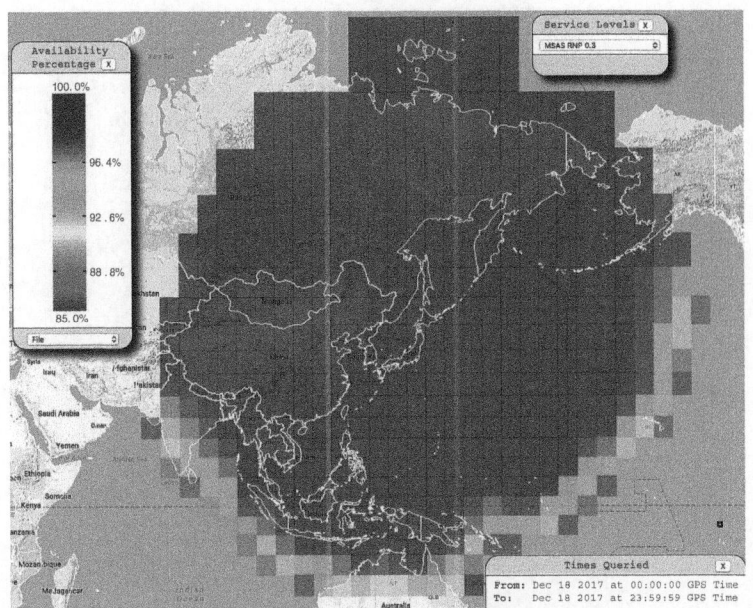

图 13.18　MSAS RNP0.3 可用性

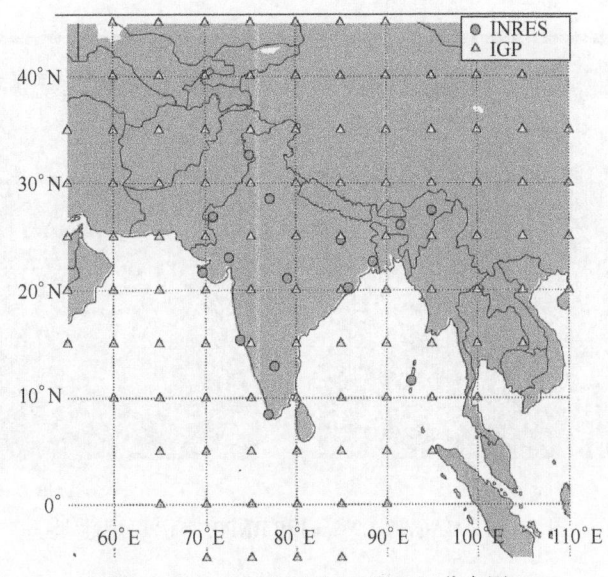

图 13.19　GAGAN INRES 和 IGP 分布图

位于东经55°的 GSAT-8 卫星、东经83°的 GSAT-10 卫星和东经93.5°的 GSAT-15 GEO 卫星,如图 13.20 所示。地磁场赤道穿过印度,因此需考虑赤道电离层因素,中纬度的电离层网格模型此处不适用。GAGAN 算法和 WAAS 算法来源相同,但其电离层估计和监测需要很大改变。赤道电离层有明显的曲率,必须增加二阶确定项。同时,从一个位置到另一个位置变化也更大,需要重调克里格参数,并改变风暴监测的阈值。电离层处于平静态时,GAGAN 有良好的垂直引导可用性,见图 13.21(a);而电离层处于较高的活跃度时,PA 可用性受限。GAGAN 不用估计电离层的状态也能一直提供水平引导,见图 13.21(b)。

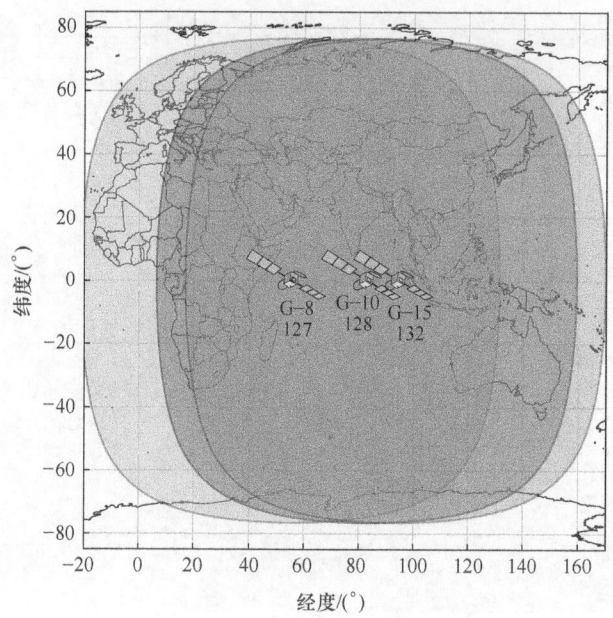

图 13.20 GAGAN GEO 覆盖区

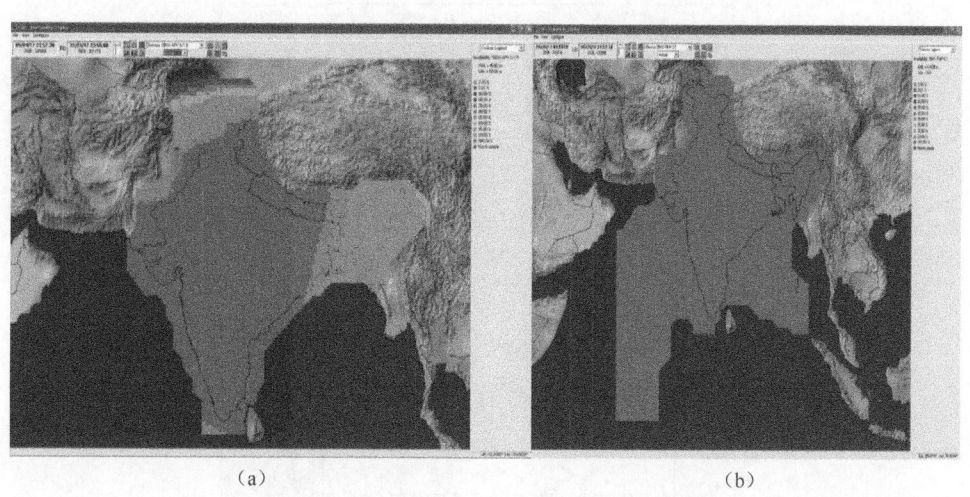

图 13.21 GAGAN LPV(a)和 RNP0.3(b)可用性[64]

13.5.5 差分改正与监测系统(SDCM)

俄罗斯正在建设 SDCM,目前在俄罗斯境内有 19 个运行的测量点,另外还有 3 个在俄罗斯境外,3 个在南极洲[65-66]。该系统还未投入运行,只播发测试信号。SDCM 与运行中的系统不同,它可以改正 GPS 星座,也可以改正 GLONASS 星座。由 3 颗 GEO 卫星播发信号,3 颗卫星分别为位于西经 16°的 Luch-5A 卫星、东经 95°的 Luch-5B 卫星和东经 167°的 Luch-4GEO 卫星。GEO 卫星重叠区域小,因此俄罗斯大部分地区只能接收到单重覆盖的 GEO 卫星信号。

13.5.6 北斗星座增强系统(BDSBAS)

中国正在建设 BDSBAS,地面参考站数量和位置还未确定,通过 3 颗北斗 GEO 卫星播发改正值,它们分别位于东经 80°、东经 110.5°和东经 140°,PRN 号分别为 130、143 和 144。北斗星座将改正北斗星座和 GPS 星座,BDSBAS 改正 Galileo 星座和 GLONASS 星座的可能性也在评估中。

13.5.7 韩国增强卫星系统(KASS)

韩国宣布建设 KASS。预计将包含 7 个 KASS 地面参考站(KRS),2 颗 GEO 卫星和 2 个 KASS 控制系统(KCS)。最近宣布了系统实施和建设的合同。

13.5.8 非洲和马达加斯加的空中导航安全性机构

非洲和马达加斯加的空中导航安全性机构(ASECNA)正在调研覆盖 17 个非洲成员国的 SBAS 可能性,覆盖范围包括贝宁、布基纳法索、喀麦隆、中非共和国刚果、科特迪瓦、加蓬、几内亚比绍、赤道几内亚、马达加斯加、马里、毛里塔尼亚、尼日利亚、塞内加尔、乍得、多哥、科摩罗联盟。这些国家协同管理空域,并致力于开发 SBAS,为所在地区的在途、终端和进近操作提供导航。他们已和 EGNOS 协调进行了测试,并对 EGNOS 提供非洲服务算法的适应性进行了调研。

13.6 未来发展(双频、多星座)

几个核心星座有重大创新:GPS 增加了新信号 L5(提供民用服务),GLONSS 提升了卫星性能,Galileo 和北斗发射了计划星座中的空轨位卫星。SBAS 也计划基于这些提升进行相应完善,当前 SBAS 接收机仅处理 GPS L1C/A 信号,下一代 SBAS 接收机将使用至少 2 个不同频率和多个星座[70]。双频多星座(DFMC)增强的具体细节仍在开发过程中。现在,工作重点在于融合 GPS 的 L5 信号和 Galileo 的 E1 和 E5A 信号,但这项早期工作也会延伸到 GLONASS 和北斗信号。L5 和 E5 信号很有吸引力,因为它们互相重叠,且在航空无线电导航服务(ARNS)频带内(不像 GPS L2 或 Galileo E6 信号)。ARNS 频带受航空应用保护,比其他传输信号更有优势,担心的问题更少。

L1 和 L5(E1 和 E5a)的联合应用特别受关注,因为组合信号可消除一阶电离层延迟影响,电离层组合可以降低电离层导致的卫星伪距误差,从十几米降到几厘米(通常更低)[71]。因此,当前仅用 L1 的 SBAS 系统,其不确定性可通过双频 SBAS 真正消除,上文图中所示的垂直引导覆盖区能得到极大的扩展。因为不需要估计和发送电离层网格改正值,可进一步可降低参考站的数量。同理,用户可直接估计和去除视线上的电离层延迟。唯一的坏处是每个频点上独立个体的误差会放大。所以,L1 信号上多径影响增加了 2.26 倍,L5 信号多径影响增加了 1.26 倍(假设每个频点的误差相同,则总体影响增加了 2.6 倍)。

仅用 L1 的 SBAS,其电离层改正不确定性反映在 GIVE 值上,是(S-1)中的最大项,σ_{air} 项最小;双频 SBAS 独立卫星的误差项由式(13.5)给出:

$$\sigma_{i,\mathrm{DF}} = \sigma_{\mathrm{DFC},i}^2 + \sigma_{\mathrm{troop},i}^2 + \sigma_{\mathrm{air\_iono\_free},i}^2 \tag{13.5}$$

式中：$\sigma_{\mathrm{DFC},i}^2$ 为双频时钟和星历限值；$\sigma_{\mathrm{DFC},i}^2$ 为无星历用户噪声和多径限值。对于双频 SBAS 用户，该项可取代（S-1）。

其他星座加入 SBAS 也可显著提升性能。有了更多的测距值也意味着用户不再困于脆弱的几何形状限制。额外的距离测量降低了平均噪声和不确定的影响。大体来讲，测距信号数量翻番，则保护等级的值就要除以 2 的平方根，从而降低约 30%。星座有不同的信号特性，因此它们的时钟彼此之间不可能精确协调。另外，星座的定时差异要比改正的动态距离大得多，所以，每一个提供距离测量的新增星座，用户都要为它们增加另外一个时钟状态并进行估计。估计的时钟状态将纳入星座时间基准的差异和新星座使用不同信号结构产生的差异。

图 13.22 显示了当前运行系统的 LPV 覆盖区。从图中可看出，覆盖仅限制在北美、欧洲、日本和印度 4 个地区；4 个系统都采用双频时的覆盖区见图 13.23。模型进一步假定 EGNOS 应用 MT28 而不是 MT27。双频消除了电离层网格点的相关性和每个系统边沿处的不确定性。覆盖区扩展，远远超出了原有边界。当前系统只提供地球表面大约 11% 的 LPV 服务，而双频服务时覆盖面积为 31%，几乎是原来的 3 倍。

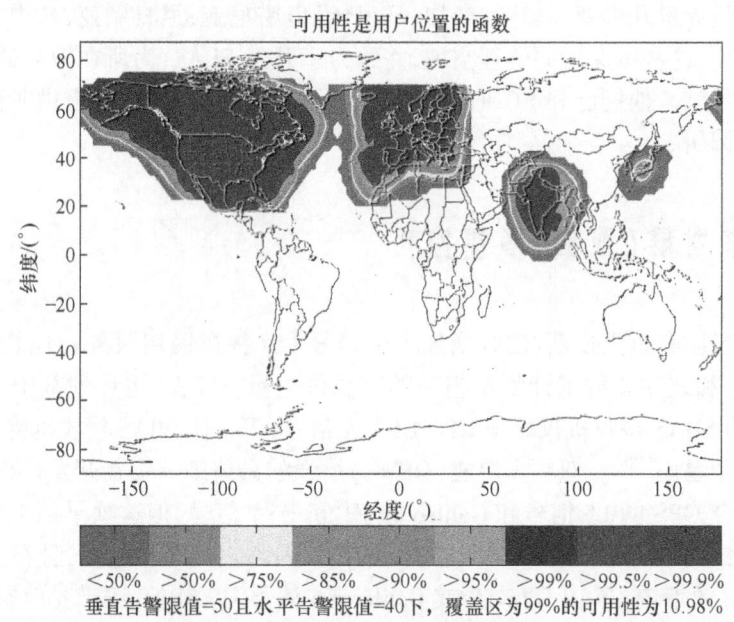

图 13.22 现存仅 L1 的 LPV 覆盖区

增加另一个星座可以将一组改正数的覆盖面积增至 59%，达到原来的 2 倍。如果 4 个相同的系统提供 DFMC 服务，同时播发 GPS 和 Galileo 改正数，其结果见图 13.24。计算结果来源于斯坦福大学 MATLAB 的可用性仿真工具集（MAAST）算法[72]。MAAST 应用参考站和卫星的位置（从星座历书中获取），并复制了每个系统不同的 UDRE 和 GIVE 算法，便可以估计每个时间段内和用户位置处的 VPL 和 HPL，从而计算出预期的可用性。MAAST 能在任何 DFMC 接收机投入使用或在卫星发射前评估 DFMC 算法，WAAS 广泛应用它来确定哪一种算法最可能有效，它还可以帮助 SBAS 提供商估计期望的服务水平，从而促进未来发展，如图 13.23～图 13.25 所示。

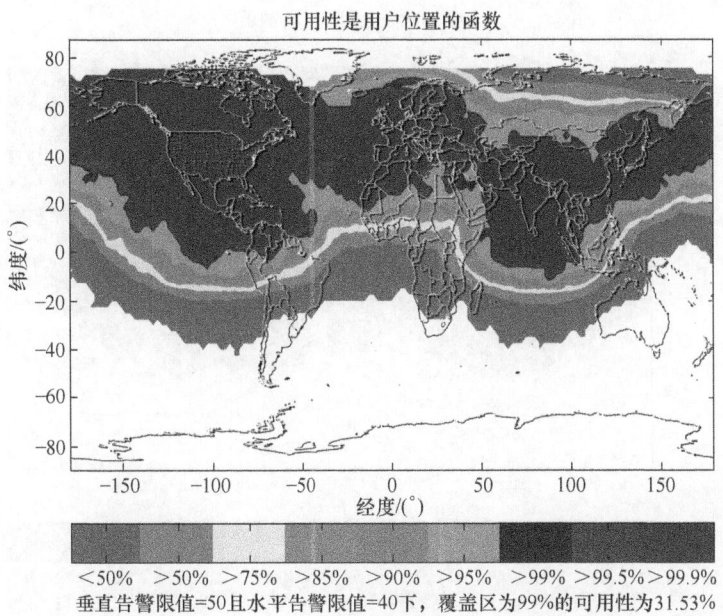

图 13.23　双频现存系统的 LPV 覆盖区

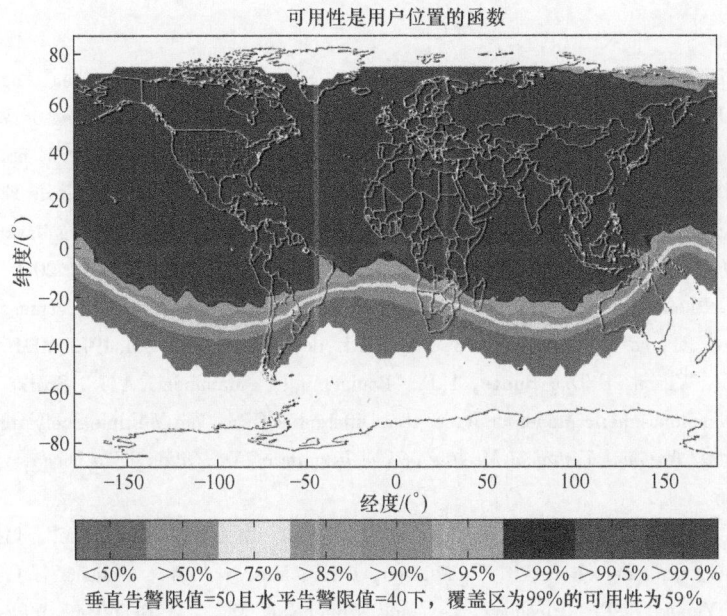

图 13.24　现存系统的双频多星座 LPV 覆盖区

如果剩余计划的 SBAS 也实施了 DFMC，则 LPV 可用性见图 13.25。当前，扩展最显著的地区是非洲，因为除了 ASECNA，所有计划的服务都在北半球并且相互重叠，为进一步扩展覆盖面，南非和澳大利亚也有了更多的发展需求，它们对此表现出了兴趣，未来也将建设、提供自己的 SBAS 服务。

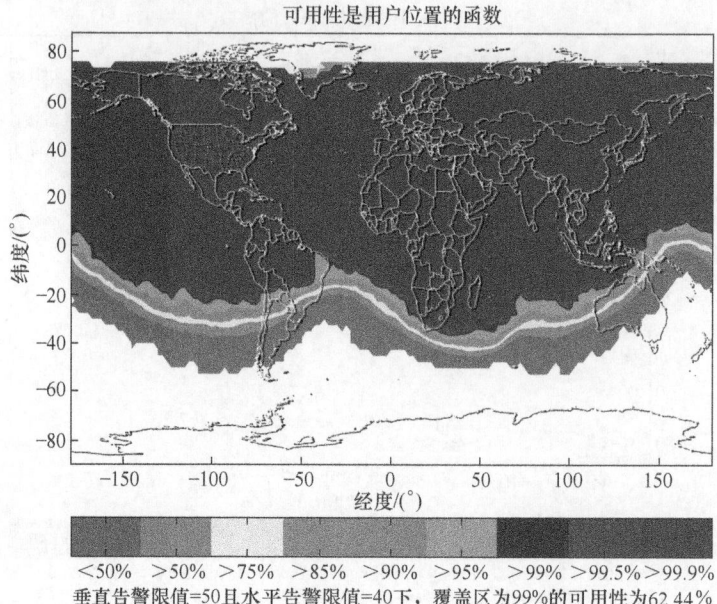

图 13.25　所有系统的双频多星座 LPV 覆盖区

参考文献

[1] Lawrence, D., Bunce, D., Mathur, N. G., and Sigler, C. E., "Wide Area Augmentation System (WAAS)—Program Status," *Proceedings of the 20th International Technical Meeting of the Satellite Division of The Institute of Navigation (ION GNSS 2007)*, Fort Worth, TX, September 2007, pp. 892-899.

[2] de Blas, F. J. and Sanchez, M. A., "The EGNOS Services Provision within the Single European Sky—The Start of the Safety-of-Life Service," *Proceedings of the 23rd International Technical Meeting of The Satellite Division of the Institute of Navigation (ION GNSS 2010)*, Portland, OR, September 2010, pp. 1984-1993.

[3] Holland, F., Rucker R., and Horowitz, B., "Structure of the Airspace," *in* IEEE Transactions on Communications, vol. 21, no. 5, pp. 382-398, May 1973. doi: 10.1109/TCOM.1973.1091698

[4] Komjathy, A., Wilson, B. D., Runge, T. F., Boulat, B. M., Mannucci, A. J., Sparks, L., and Reyes, M. J., "A New Ionospheric Model for Wide Area Differential GPS: The Multiple Shell Approach," *Proceedings of the 2002 National Technical Meeting of The Institute of Navigation*, San Diego, CA, January 2002, pp. 460-466.

[5] Bertiger, W. I., Bar-Sever, Y. E., Haines, B. J., Iijima, B. A., Lichten, S. M., Lindqwister, U. J., Mannucci, A. J., Muellerschoen, R. J., Munson, T. N., Moore, A. W., Romans, L. J., Wilson, B. D., Wu, S. C., Yunck, T. P., Piesinger, G., and Whitehead, M., "A Real-Time Wide Area Differential GPS System," *NAVIGATION*, Journal of The Institute of Navigation, Vol. 44, No. 4, 1997-1998, pp. 433-448.

[6] Shallberg, K., Shloss, P., Altshuler, E., and Tahmazyan, L., "WAAS Measurement Processing, Reducing the Effects of Multipath," in *Proceeding of ION GPS-2001*, Salt Lake City, UT, September 2001.

[7] Wu, T. and Peck, S., "An Analysis of Satellite Integrity Monitoring Improvement for WAAS," *Proceedings of the 15th International Technical Meeting of the Satellite Division of The Institute of Navigation (ION GPS 2002)*, Portland, OR, September 2002, pp. 756-765.

[8] Shloss, P., Phelts, R. E., Walter, T., and Enge, P., "A Simple Method of Signal Quality Monitoring for WAAS LNAV/VNAV," *Proceedings of the 15th International Technical Meeting of the Satellite Division of The Institute of Navigation (ION GPS 2002)*, Portland, OR, September 2002, pp. 800-808.

[9] Phelts, R. E., Walter, T., and Enge, P., "Toward Real-Time SQM for WAAS: Improved Detection Techniques," *Proceedings of the 16th International Technical Meeting of the Satellite Division of the Institute of Navigation*, ION GPS/GNSS-2003, September 2003.

[10] Walter, T. et al. "Robust Detection of Ionospheric Irregularities," in Navigation, Journal of the Institute of Navigation, Vol. 48, No. 2, Summer 2001.

[11] Sparks, L., Blanch, J., and Pandya, N., "Estimating Ionospheric Delay Using Kriging: 1. Methodology," *Radio Science*, 46, 2011, doi:10.1029/2011RS004667.

[12] RTCA, DO-229E, "Minimum Operational Performance Standards for Global Positioning System/Satellite-Based Augmentation System Airborne Equipment (SBAS MOPS)," prepared by RTCA SC-159, December, 2016.

[13] Walter, T. and Blanch, J.,"Improved User Position Monitor for WAAS," Published in *Navigation*, Vol. 64, No. 1, Spring 2017, pp. 165-175, DOI 10.1002/navi.180.

[14] Walter, T.,"WAAS MOPS: Practical Examples,"*Proceedings of the* 1999 *National Technical Meeting of The Institute of Navigation*, San Diego, CA, January 1999, pp. 283-293.

[15] E. U. U. S. Bilateral Working Group C,"Interim Report of ARAIM Technical Subgroup," available at https://www.gps.gov/policy/cooperation/europe/2013/working-group-c/

[16] William J. Hughes FAATechnical Center, http://www.nstb.tc.faa.gov

[17] Jefferson, D. C. and Bar-Sever, Y. E.,"Accuracy and Consistency of GPS Broadcast Ephemeris Data," in *Proceeding of ION GPS-2000*, Salt Lake City, UT, September 2000.

[18] Creel, T., Dorsey, A. J., Mendicki, P. J., Little, J., Mach, R. G., and Renfro, B. A., "Summary of Accuracy Improvements from the GPS Legacy Accuracy Improvement Initiative(L-AII)," *Proceedings of the 20th International Technical Meeting of the Satellite Division of the Institute of Navigation(ION GNSS 2007)*, Fort Worth, TX, September 2007, pp. 2481-2498.

[19] Heng, L., Gao, G. X., Walter, T., Enge, P., "Statistical Characterization of GPS Signal-In-Space Errors," Proceedings of the 2011 International Technical Meeting of The Institute of Navigation, San Diego, CA, January 2011, pp. 312-319.

[20] Walter, T., Gunning, K., Phelts, R. E., and Blanch, J., "Validation of the Unfaulted Error Bounds for ARAIM." Presented May 2017 at the Institute of Navigation (ION) Positioning, Navigation and Timing Conference, Honolulu, Hawaii.

[21] Senior, K. L., Ray, J. R., and Beard, R. L. "Characterization of Periodic Variations in the GPS Satellite Clocks," *GPS Solutions*, Vol. 12, Issue 3, pp. 211-225, July 2008, doi 10.1007/s10291-008-0089-9.

[22] Gunning, K., Walter, T., andEnge, P., "Characterization of GLONASS Broadcast Clock and Ephemeris: Nominal Performance and Fault Trends for ARAIM," Presented January 2017 at the Institute of Navigation (ION) International Technical Meeting, Monterey, California.

[23] Shank, C. M. andLavrakas, J., "GPS Integrity: An MCS Perspective," in *Proceeding of ION GPS*-1993, Salt Lake City, UT, September 1993.

[24] Hansen, A., Walter, T., Lawrence, D., andEnge, P., "GPS Satellite Clock Event of SV#27 and Its Impact on Augmented Navigation Systems," in *Proceedings of ION GPS-98*, Nashville, TN, September 1998.

[25] Rivers, M. H.,"2 SOPS Anomaly Resolution on an Aging Constellation," *Proceedings of the 13th International Technical Meeting of the Satellite Division of The Institute of Navigation (ION GPS 2000)*, Salt Lake

City, UT, September 2000, pp. 2547-2550.

[26] Gratton, L. ,Pramanik, R. , Tang, H. , and Pervan, B. ,"Ephemeris Failure Rate Analysis and its Impact on Category I LAAS Integrity," *Proceedings of the 20th International Technical Meeting of the Satellite Division of The Institute of Navigation (ION GNSS 2007)*, Fort Worth, TX, September 2007, pp. 386-394.

[27] Heng, L. , Gao, G. X. , Walter, T. ,Enge, P. , "GPS Signal-in-Space Anomalies in the Last Decade: Data Mining of 400,000,000 GPS Navigation Messages," *Proceedings of the 23rd International Technical Meeting of The Satellite Division of the Institute of Navigation (ION GNSS 2010)*, Portland, OR, September 2010, pp. 3115-3122.

[28] Walter, T. , Blanch, J. ,Joerger, M. , and Pervan, B. ,"Determination of Fault Probabilities for ARAIM," *Proceedings of IEEE/ION PLANS 2016*, Savannah, GA, April 2016, pp. 451-461.

[29] Walter, T. and Blanch, J. , "Characterization of GNSS Clock and Ephemeris Errors to Support ARAIM," *Proceedings of the ION 2015 Pacific PNT Meeting*, Honolulu, Hawaii, April 2015, pp. 920-931.

[30] Heng, L. , Gao, G. X. , Walter, T. , andEnge, P. , "GLONASS Signal-in-Space Anomalies Since 2009," Proceedings of the 25th International Technical Meeting of The Satellite Division of the Institute of Navigation (ION GNSS 2012), Nashville, TN, September 2012, pp. 833-842.

[31] International Civil Aviation Organization (ICAO), "International Standards and Recommended Practices, Annex 10 to the Convention on International Civil Aviation, Volume I Radio Navigation Aids," 7th Edition, July 2018.

[32] GPS "Interface Specification IS-GPS-200," IRN-IS-200H-005 May 2017 available at: https://www.gps.gov/technical/icwg/

[33] Phelts, R. E. , Walter, T. , and Enge, P. , "Characterizing Nominal Analog Signal Deformation on GNSS Signals," *Proceedings of the 22nd International Technical Meeting of The Satellite Division of the Institute of Navigation (ION GNSS 2009)*, Savannah, GA, September 2009, pp. 1343-1350.

[34] Wong, G. ,Phelts, R. E. , Walter, T. , and Enge, P. , "Bounding Errors Caused by Nominal GNSS Signal Deformations," *Proceedings of the 24th International Technical Meeting of The Satellite Division of the Institute of Navigation (ION GNSS 2011)*, Portland, OR, September 2011.

[35] Hsu, P. H. , Chiu, T. , Golubev, Y. , andPhelts, R. E. "Test Results for the WAAS Signal Quality Monitor," *Proceedings of IEEE/ION PLANS 2008*, Monterey, CA, May 2008, pp. 263-270.

[36] Shallberg, K. W. , Ericson, S. D. , Phelts, E. , Walter, T. ,Kovach, K. , and Altshuler, E. , "Catalog and Description of GPS and WAAS L1 C/A Signal Deformation Events," *Proceedings of the 2017 International Technical Meeting of The Institute of Navigation*, Monterey, California, January 2017, pp. 508-520.

[37] Gordon, S. , Sherrell, C. , and Potter, B. J. ,"WAAS Offline Monitoring," Proceedings of the 23rd International Technical Meeting of The Satellite Division of the Institute of Navigation (ION GNSS 2010), Portland, OR, September 2010, pp. 2021-2030.

[38] Montenbruck, O. , Hauschild, A. , Steigenberger, P. , and Langley, R. B. , "Three's the Challenge," GPS World, July, 2010.

[39] Shallberg, K. and Grabowski, J. , "Considerations for Characterizing Antenna Induced Range Errors," Proceedings of the 15th International Technical Meeting of the Satellite Division of The Institute of Navigation (ION GPS 2002), Portland, OR, September 2002, pp. 809-815.

[40] Haines, B. , Bar-Sever, Y. ,Bertiger, W. , Byun, S. , Desai S. ,and Hajj, G. , "GPS Antenna Phase Center Variations: New Perspectives From the GRACE Mission," Dynamic Planet 2005, Cairns, Australia.

[41] Ericson, S. D. , Shallberg, K. W. , and Edgar, C. E. , "Characterization and Simulation of SVN49 (PRN01) Elevation Dependent Measurement Biases," Proceedings of the 2010 International Technical

Meeting of The Institute of Navigation, San Diego, CA, January 2010, pp. 963-974.

[42] SBAS Ionospheric Working Group, "Ionospheric Research Issues for SBAS— A White Paper," February 2003, available at: http://web.stanford.edu/group/scpnt/gpslab/ website_files/sbas-ion_wg/sbas_iono_white_feb2003.pdf

[43] Rajagopal, S., Walter, T., Datta-Barua, S., Blanch, J., and Sakai, T., "Correlation Structure of the Equatorial Ionosphere," Proceedings of the 2004 National Technical Meeting of The Institute of Navigation, San Diego, CA, January 2004, pp. 542-550.

[44] Datta-Barua, S., Walter, T., Pullen, S., Luo, M., andEnge, P., "Using WAAS Ionospheric Data to Estimate LAAS Short Baseline Gradients," in Proceeding of ION NTM, SanDiego, CA, January, 2002.

[45] Datta-Barua, S., Lee, J., Pullen, S., Luo, M., Ene, A., Qiu, D., Zhang G., and Enge, P., "Ionospheric Threat Parameterization for Local Area GPS-Based Aircraft Landing Systems," AIAA Journal of Aircraft, Vol. 47, No. 4, Jul. y 2010, pp. 1141-1151.

[46] Collins, J. P. and Langley, R. B., "The Residual Tropospheric Propagation Delay: How Bad Can It Get?" in Proceedings of ION GPS-98, Nashville, TN, September 1998.

[47] Shallberg, K. and Sheng, F., "WAAS Measurement Processing: Current Design and Potential Improvements," Proceedings of IEEE/ION PLANS 2008, Monterey, CA, May 2008, pp. 253-262.

[48] Walter, T., Enge, P., and DeCleene, B., "Integrity Lessons from the WAAS Integrity Performance Panel (WIPP)," Proceedings of the 2003 National Technical Meeting of The Institute of Navigation, Anaheim, CA, January 2003, pp. 183-194.

[49] Walter, T., Hansen, A., andEnge, P., "Message Type 28," Proceedings of the 2001 National Technical Meeting of The Institute of Navigation, Long Beach, CA, January 2001, pp. 522-532.

[50] Blanch, J., Walter, T., Enge, P., Stern, A., and Altshuler, E., "Evaluation of a Covariance-based Clock and Ephemeris Error Bounding Algorithm for SBAS," Proceedings of the 27th International Technical Meeting of The Satellite Division of the Institute of Navigation (ION GNSS+ 2014), Tampa, Florida, September 2014, pp. 3270-3276.

[51] Sparks, L., J. Blanch, J., and N. Pandya, N., "Estimating Ionospheric Delay Using Kriging: 2. Impact on Satellite-Based Augmentation System Availability," Radio Science., 46, 2011, doi: 10.1029/2011RS004781.

[52] Komjathy, A., Sparks, L., Mannucci, A. J., and Coster, A., "The Ionospheric Impact of the October 2003 Storm Event on WAAS," Proceedings of the 17th International Technical Meeting of the Satellite Division of The Institute of Navigation (ION GNSS 2004), Long Beach, CA, September 2004, pp. 1298-1307.

[53] Sparks, L., A. Komjathy, A., A. J. Mannucci, A. J., E. Altshuler, E., T. Walter, T., J. Blanch, J., M. Bakry El-Arini, M., and R. Lejeune, R., "Extreme Ionospheric Storms and Their Impact on WAAS," Proceedings of the Ionospheric Effects Symposium 2005, Alexandria VA, 2005.

[54] Sparks, L. andAltshuler, E., "Improving WAAS Availability Along the Coast of California," Proceedings of the 27th International Technical Meeting of The Satellite Division of the Institute of Navigation (ION GNSS+ 2014), Tampa, Florida, September 2014, pp. 3299-3311.

[55] Walter, T., Rajagopal, S., Datta-Barua, S., and Blanch, J. A, "Protecting Against Unsampled Ionospheric Threats," Presented October 2004 at the Beacon Satellite Symposium, Trieste, Italy.

[56] Paredes, E., Pandya, N., Sparks, L., andKomjathy, A., "Reconstructing the WAAS Undersampled Ionospheric Gradient Threat Model for the WAAS Expansion into Mexico," Proceedings of the 21st International Technical Meeting of the Satellite Division of The Institute of Navigation (ION GNSS 2008), Savannah, GA, September 2008, pp. 1938-1947.

[57] Walter, T. ,Enge, P. , and Hansen, A. , "A Proposed Integrity Equation for WAAS MOPS," Proceedings of the 10th International Technical Meeting of the Satellite Division of The Institute of Navigation (ION GPS 1997), Kansas City, MO, September 1997, pp. 475–484.

[58] DeCleene, B. , "Defining Pseudorange Integrity—Overbounding," Proceedings of the 13th International Technical Meeting of the Satellite Division of the Institute of NavigationThe Institute of Navigation (ION GPS 2000), Salt Lake City, UT, September 2000, pp. 1916–1924.

[59] Cabler, H. and DeCleene, B. , "LPV: New, Improved WAAS Instrument Approach," Proceedings of the 15th International Technical Meeting of the Satellite Division of the Institute of NavigationThe Institute of Navigation (ION GPS 2002), Portland, OR, September 2002,pp. 1013–1021.

[60] Walter, T. ,Shallberg, K. , Altshuler, E. , Wanner, W. , Harris,C. , and Stimmler, R. , "WAAS at 15," Proceedings of the 2018 International Technical Meeting of The Institute of Navigation, Reston, VA, January 2018.

[61] Gobal Navigation Satellite Systems Agency, "EGNOS Safety of Life (SoL) Service Definition Document 3.1," September, 2016 available at: https://egnos-user-support.essp-sas.eu/new_egnos_ops/sites/default/files/library/ official_docs/egnos_sol_sdd_in_force.pdf

[62] European Satellite Services Provider,https://egnos-user-support.essp-sas.eu/new_egnos_ops/index.php

[63] Sakai, T. and Tashiro, H. ,"MSAS Status," Proceedings of the 26th International Technical Meeting of The Satellite Division of the Institute of Navigation (ION GNSS+ 2013),Nashville, TN, September 2013, pp. 2343–2360.

[64] Airports Authority of India, http://gagan.aai.aero/gagan/

[65] http://www.sdcm.ru/index_eng.html

[66] Langley, R. B. ,"Innovation: GLONASS — Past, Present and Future," GPS World November 1, 2017, http:// gpsworld.com/innovation-glonass-past-present-and-future/

[67] China Satellite Navigation Office, "Update on BeiDou Navigation Satellite System," Presented at Twelfth Meeting of the International Committee on Global Navigation Satellite Systems (ICG), Kyoto, Japan, 3–7 December 2017, http://www.unoosa.org/documents/pdf/icg/2017/05_icg12.pdf

[68] Agency for Aerial Navigation Safety in Africa and Madagascar, https://www.asecna.aero/index.php/en/

[69] Lapie, J. , "SBAS-ASECNA Programme Update" Presented at the EGNOS Service Provision Workshop in Warsaw, Poland on 27–28 September 2016, available at: https://egnos-user-support.essp-sas.eu/new_egnos_ops/sites/ default/files/workshop2016/08.%20ASECNA%20-%20SBAS-ASECNA%20Programme%20Update.pdf

[70] Walter, T. , Blanch, J. ,Phelts, R. E. , and Enge, P, "Evolving WAAS to Serve L1/L5 Users," Proceedings of the 24th International Technical Meeting of The Satellite Division of the Institute of Navigation (ION GNSS 2011), Portland, OR, September 2011, pp. 2495–2504.

[71] Datta-Barua, S. , Walter, T. , Blanch, J. , andEnge, P. , "Bounding Higher Order Ionosphere Errors for the Dual Frequency GPS User," *Proceedings of the 19th International Technical Meeting of the Satellite Division of the Institute of Navigation (ION GNSS 2006)*, Fort Worth, TX, September 2006, pp. 1377–1392.

[72] Jan, S. S. , Chan, W. , Walter, T. , andEnge, P. , "Matlab Simulation Toolset for SBAS Availability Analysis," *Proceedings of the 14th International Technical Meeting of the Satellite Division of The Institute of Navigation (ION GPS 2001)*, Salt Lake City, UT, September 2001, pp. 2366–2375.

本章相关彩图,请扫码查看

第二部分
卫星导航技术

第14章　GNSS接收机基本原理和概述

Sanjeev Gunawardena[1], Y.T. Jade Morton[2]
[1] 空军航空技术学院,美国
[2] 科罗拉多大学博尔德分校,美国

自第一代 GPS 接收机问世以来的过去 50 年里,卫星导航和授时接收机的技术发展令人瞩目。与早期 GPS 接收机类型只分为军用或民用相比,如今的接收机涵盖了大量的细分市场和无数应用,包括固定基准站、大地测量、航空或便携式。例如,用于 GNSS 星座监测的参考站接收机能够直接采样 1~2GHz 的 L 波段射频频谱并监测 GNSS 信号,还能实时进行干扰检测和特征描述;为用户提供高精度服务的毫米级载波相位相对定位的实时动态(RTK)接收机以及能够提供前所未有亚厘米级的精密单点定位(PPP)技术。在大众市场上的系列产品中,目前手机已可将整个定位、导航和授时(PNT)功能(包含所有 GNSS 星座)集成到一个尺寸小于 3mm×3mm、功耗为几十毫瓦、成本仅为几美元的 CMOS 芯片中[1]。从首次定位时间(TTFF)、灵敏度及某些情况下的定位精度方面来看,手机 GNSS 接收机的性能已明显优于过去 10 年花费数千美元的航空级 GPS 接收机。最后一个例子是,低成本跟踪设备使用的 GNSS 接收机每隔几小时以尽可能小的带宽采样并存储 L1 频段 1~2ms 的"快照"。一旦检索到,这些带有粗略时间标记的样本将在服务器上进行后处理,以精确定位到地球上几米内的任何地方。从最高端到最低端的接收机,所有 GNSS 接收机的核心都具有一个共同的功能,就是对可见的导航卫星进行距离测量。本章概述了 GNSS 接收机的基本原理、发展历史和当前发展趋势。

无线电接收机通过一种被称为检测的过程来提取原始调制信息。图 14.1 显示了检测前接收到的二进制相移键控(BPSK)信号的相位转换眼图。该图显示了重复 GPS L5Q 码片变换的同步叠加。对于通信接收机,检测过程是恢复符号;对于 BPSK,检测过程是在相位变化时在一致的时间点上评估信号是正还是负。从图中可清楚看出,由于噪声和失真影响,信号在时间和幅度上都有很大的变化,但仍有足够的余量来执行无差错检测,正如"数据眼"张开时所看到的。

使用无线电信号的 PNT 接收机与其他数字接收机有着本质上的区别;刚刚描述的数据通信示例就是一个很好的例子。虽然大多数 PNT 接收机确实需要解调包含有定位和粗略时间同步所需基本参数的数据,但接收机检测到的主要信息是精确定时。定时是通过估计一个或多个相变的平均过零点来实现的。如图 14.1 所示,真正的相变过零时间是唯一的,与符号检测的时间范围相反,它的检测没有余量。实际上,接收机的时间估计从来都不是没有误差的。导致相变抖动和波形畸变的所有物理过程,如热噪声、多径、干扰、大气效应、发射机/接收机参考振荡器频率漂移和相位噪声,都会造成授时和测距误差。

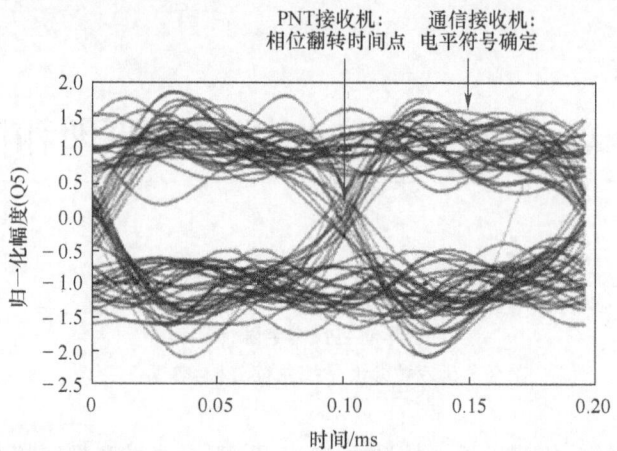

图14.1 包含噪声、相位抖动和失真的BPSK调制信号的相位转换眼图(GPSL5Q码转换)[2]

设计良好的PNT接收机通常会尽力将这些误差降至最低,同时还要满足应用和细分市场规定的尺寸、重量、功耗和成本(SWAP-c)限制。

与数字通信相比,PNT接收机的设计和实施具有挑战性,而卫星导航更是如此。如图14.2所示,地球表面接收天线上接收到GPS标准空间定位服务信号的功率约为10^{-16}W(−160dBW),实际上接收到的所有GNSS信号功率都在这个不可思议低数值的几分贝范围内。在绝对零度以上的温度,所有物质中的自由电子进行随机布朗运动,产生热噪声。理论上,这种噪声从直流到无穷大都保持恒定的频谱密度。因此,热噪声功率取决于带宽,定义为$P_n = kTB$,其中$k = 1.38×10^{-23}$J/K是玻尔兹曼常数,B是以赫兹为单位的带宽。对于传统GPS L1信号的24MHz传输带宽,所有GPS-SPS的信号功率在室温下($T=293$K)的热噪声功率为10^{-13}W(−130dBW)。这导致在天线口面的信噪比量级约为−30dB。换句话说,在24MHz带宽内,接收到的GPS-SPS信号比热噪声还要弱1000倍!GNSS接收机要在无法直

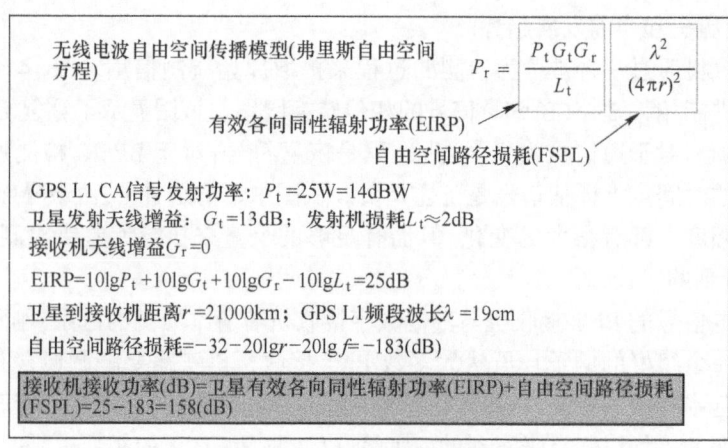

图14.2 GPS-SPS链路预算

接观测的本底噪声上执行上述具有挑战性的精确定时估计过程。此外,如果没有带内干扰,大多数低成本的 GNSS 接收机则可仅通过 1b 采样接收信号(即仅考虑接收信号的符号)来实现这一壮举,以产生米级定位精度(3ns 定时精度)。本章提供了如何使用现代化前端设计技术和数字信号处理来完成这项任务的基础。

本章结构如下:14.1 节将概述 GNSS 接收机的架构,描述各种组件之间的功能和相互关系。14.2 节讨论信号生成和传输,给出了卫星发射天线和接收天线的信号模型。14.3 节重点介绍射频前端(RFFE)功能、组件、性能指标和架构。14.4 节介绍射频前端的信号模型。14.5 节讨论相关运算输出模型及其硬件和软件层面,因为不管 GNSS 接收机的应用或具体实现,相关是其核心操作。14.6 节提供了接收机通道控制状态机的简要概述,详述状态机具体实现的细节在第 15 章、第 17 章和第 18 章中展现。14.7 节讨论了 GNSS 接收机中各种时间基准的产生和相互关系。14.8 节介绍了 GNSS 接收机未来的发展趋势和前景。

14.1 GNSS 接收机的剖析

不管接收机是什么类型,所有 GNSS 接收机的功能都可分为射频前端(RFFE)、基带处理器(BBP)和系统处理器(SP)三大部分。在文献中,术语"基带处理器"这里定义的基带处理器和系统处理器的组合。GNSS 接收机的总体结构如图 14.3 所示。

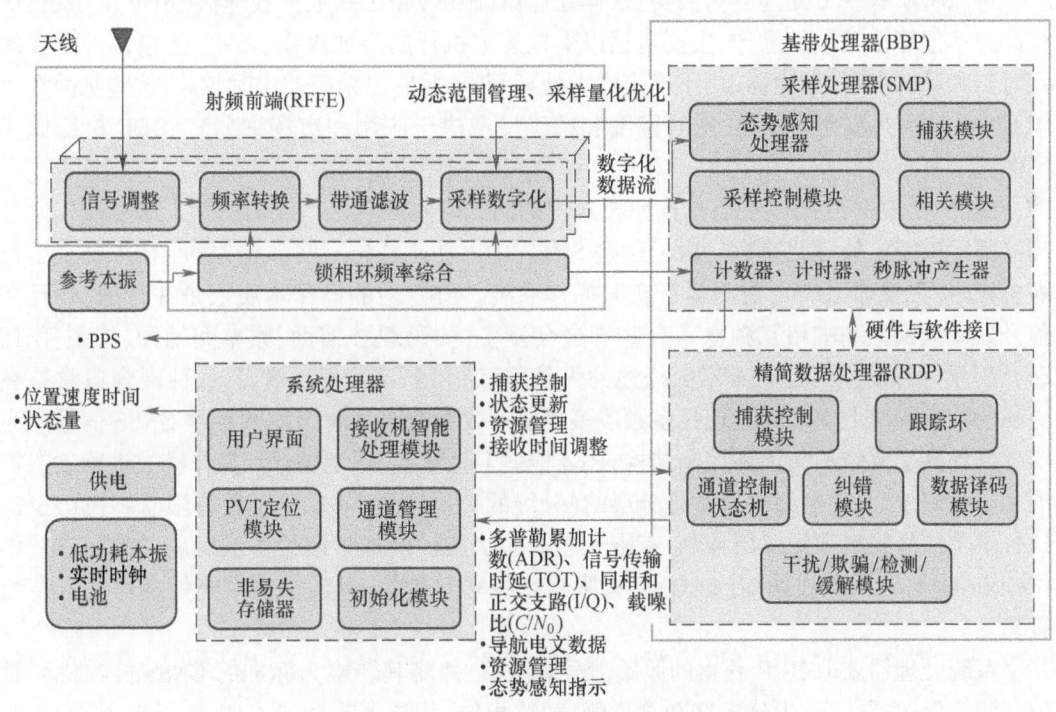

图 14.3 现代 GNSS 接收机的简化框图

射频前端将一个或多个天线感应的信号转换成数字化的样本流。按照应用和市场进行分类,样本流的数据速率可能低至0.4MB/s(如设备在L1频带以3.5MSPS频率 1b采样),也可能大于3GB/s(例如,在抗干扰军用GPS接收机中,在L1和L2频带以60MSPS频率16b采样7个单元)。

BBP进行数字信号处理,以捕获和跟踪数字化样本流中的GNSS信号,从而生成每颗可见卫星的原始观测值。这些观测值包括传输时间(TOT)、积分多普勒测距(ADR)、信号质量指标,如载噪比(C/N_0)、同相和正交支路(I/Q)即时相关器输出以及GNSS信号广播导航电文的原始符号(随后解码)。此外,现代接收机通常执行不同程度的态势感知处理,以监控带内干扰,从而可以为这些原始观测值分配一个置信水平。一些高级接收机还具有识别欺骗信号的能力。视应用而定,态势感知输出可能与用于调整前端放大自动增益控制(AGC)的电压一样简单,也可能与以全采样精度评估所有流的频谱图、直方图和采样统计一样复杂。

BBP还包含一个计数器,该计数器由一个数字时钟信号驱动,该信号被锁相到接收机的参考振荡器。该计数器是接收机时钟的基础,用于生成接收机时间(TOR)。所有卫星的距离测量原始观测值是针对TOR时间计算的。由于接收机时钟基于其参考振荡器,因此它会随GNSS时间而漂移。虽然存在可能性,但参考振荡器的频率偏差、漂移和漂移率通常很难调整到与GNSS时间一致,因为振荡器的动态调整会导致接收机时间不稳定。相反地,这些参数被估算并用于驱动一独立可调速率的计数器,以补偿基准振荡器误差,这构成了GNSS约束振荡器的基础。

可以将所有基带处理分为两类:采样处理器(SMP)和压缩数据处理器(RDP)。SMP执行高速率但算法简单的操作,主要包括以采样速率执行的乘加操作。SMP还包含可配置的定时器和脉冲/事件发生器,用于确定样本处理间隔,并输出精确的定时脉冲,这些脉冲相对于GNSS时间同步到纳秒级(定时精度和精确度取决于应用和市场细分)。RDP执行低速率但算法复杂的操作。在RDP运行的一些代表性软件功能如图14.3所示。

SMP和RDP之间以千赫兹速率相对应的固定时间间隔进行双向通信。所有现代微处理器都可以轻松处理此速率。由于这些SMP/RDP事务是与时间强相关的,RDP要么运行裸机代码(无操作系统),要么运行实时操作系统。BBP内的操作本质上是并行的,并且在信号处理级别上基本相互独立。有些耦合会发生,如码载波辅助、频率间辅助(参见第15章)、卫星间辅助(参见第16章中描述的矢量跟踪)和多元处理。然而,这种耦合通常是在更高的抽象层次上实现的。现代多频段多星座接收机能够同时跟踪数百颗GNSS信号。为实现这种高度复杂的指挥和控制结构,还需根据卫星数量、环境条件和操作模式进行动态扩展和自适应设计,控制架构通常是分层的(分级的)。使用简单的可配置有限状态机(FSM)执行单个信号采集和跟踪层控制,有限状态机的状态转换基于信号指示标志,如码锁定、相位锁定、C/N_0和码载波偏离(CCD)。有限状态机独立运作,但通常由系统处理器进行高级管理。

系统处理器获取BBP获得的原始信号观测值,并将其转换为标准的GNSS接收机测量值。测量值包括伪距、积分多普勒测量值、载波相位、载波多普勒和C/N_0。所有现代GNSS接收机还可配置速率(1~100Hz,取决于接收机类型)来计算位置、速度和时间(PVT)。系统处理器将这些结果编码成一个或多个行业的标准数据格式,以便分发。这些格式包括接收机独立交换格式(RINEX)[3]、国家海洋电子协会(NMEA)格式[4]、海事服务无线电技术委员会(RTCM)格式[5]和供应商特定的专有二进制格式。

系统处理器还执行所有高级功能,包括接收机初始化、通道管理和用户界面功能。与BBP不同,系统处理器内的操作通常不是时间强相关的。在现代 GNSS 接收机中,系统处理器通常是运行高级非实时操作系统的嵌入式计算机,还支持现代数据接口(有线 USB 和以太网,或无线/蜂窝连接)和高级图形用户界面触摸屏。图 14.3 展示了在系统处理器内运行的具有代表性的软件模块,由于数量太多,无法全部提及。

尽管在图 14.3 中未显示,现代接收机(或与之接口的导航系统)也可能支持来自外部传感器的辅助,如惯性测量单元(IMU)、磁力计、倾角仪、棒式测量仪、车轮传感器、雷达、激光雷达、红外和电光传感器。有三种层面的 GNSS 外部辅助:松散耦合(位置层面)、紧密耦合(测量层面)或超紧密耦合(采样信号处理层面)。本书下册第五部分第 43 章~第 51 章介绍了使用各种非 GNSS 传感器的 GNSS 辅助。

如图 14.3 所示,GNSS 接收机中采用独立的电池供电低功耗电路,可在接收机关闭时保持绝对时间,低功率晶体振荡器驱动的实时时钟可以完成这项任务。在某些情况下,该晶体可能与参考振荡器相同。通过对绝对时间的掌握,以及存储在接收机非易失性存储器中的最后已知位置及先前解码的历书/星历数据,允许接收机估计视野中的卫星及其多普勒偏移,从而显著减少 TTFF。TTFF 是获取卫星和生成初始 PVT 解所需的时间。在现代军用接收机(如 M-Code)或基于订阅服务(如伽利略公共管制服务)的情况下,接收机须获取可能永远不会重复且是加密生成的扩频码。这种情况下,初始时间不确定性会对捕获搜索空间产生重大影响,进而影响捕获搜索引擎消耗的计算资源和功耗。当绝对时间、视野中的卫星、它们的多普勒频移和星历表通过通信链路从附近的参考站发送到接收机时,TTFF 可以大大减小。本书第 17 章介绍了辅助 GNSS 技术的基础。

在某些方面,参考振荡器可被视为影响 GNSS 接收机性能的最重要的单一组件。虽然 PVT 解估计了参考振荡器频率误差的确定性分量(短期偏差、漂移和漂移率),但随机分量无法估计,这代表了必须跟踪的额外动态(即除卫星运动、用户运动、卫星时钟运动以及任何电离层闪烁和多径之外的动态)。载波跟踪环路的带宽必须增加,以适应基准振荡器的相位噪声,但这又增加了距离测量误差。参考振荡器也是接收机中唯一的"运动部件",因为它基于石英晶体或微机电系统(MEMS)结构的谐振。除了由于外力(特别是如果射频前端包含大的分立元件)可能在射频前端内发生微小相位变化的颤噪,这些力还可通过谐振元件耦合,导致冲击和振动灵敏性[6]。除非进行适当补偿或隔离,否则由于环境温度变化导致的晶体和射频前端模拟元件的热膨胀会导致温度敏感性。射频前端中的频率合成器输出频率与振荡器基准频率的比值叠加到振荡器的相位噪声和动态特性中,因此对基准振荡器提出了显著的短期稳定性要求。振荡器短期稳定性限制了相干积分时间,该时间与处理增益成正比。因此,参考振荡器的质量直接影响接收机可达到的灵敏度(即最小可观测信号电平)以及输出统计独立测量值的速率。振荡器效应在第 47 章中有详细介绍。

图 14.3 中显示的系统处理器内执行的接收机智能处理包括:确定哪些卫星在视野中,如何最好地减轻任何带内干扰(如态势感知指示器所观察到的),动态适应变化的操作条件,基于最佳卫星几何构型、C/N_0(对于信号阻塞)、码载波偏离波动(对于多径和电离层影响)以及更多复杂判决的用于导航定位授时解算的最佳伪距测量集。通常,这些高级功能以较低的频率发生,例如 1Hz 或更低。在很大程度上,接收机嵌入智能模块的复杂程度和工程

水平,以及其他低级控制功能决定了接收机的实际性能,如既定的性能指标所表达的那样。这些指标包括测量精度、更新速率、首次启动时间、接收灵敏度、动态处理能力、多径缓解性能、干扰检测和缓解能力、接收机自主完好性监测以及故障检测和排除(参见第 23 章)。换句话来说,在给定的细分市场及其相关的尺寸、重量、功率与成本约束下,接收机硬件和可用的信号处理能力只能达到一定程度。此外,通常是在市场上区分其属性,因为其复杂的软件/固件中融入了数十万个工时和数百年的综合经验。

14.2 信号生成和传输

14.2.1 卫星天线发射的信号

在时间 t 以标称频率 f_{TX} 从卫星发射天线发出的 GNSS 信号 S_{TX} 一般形式可以表达为

$$S_{TX}(t) = h_{SV}(t) * \left[\sqrt{2P_{TX,I}} \cos(w_{SV}t + \phi_I(t)) + \sqrt{2P_{TX,Q}} \sin(w_{SV}t + \phi_Q(t)) \right] \quad (14.1)$$

其中

$$w_{SV} = 2\pi[f_{TX} + \delta f_{SV}(t)] \quad (14.2)$$

式中:w_{SV} 为径向频率;$\delta f_{SV}(t)$ 为由于卫星信号生成载荷参考振荡器的微小但重要的漂移引起的随机频率变化;ϕ 为相对于时间 t 的瞬时相位。式(14.1)描述了一个真实信号,其同相和正交载波分量分别用函数 $\phi_I(t)$ 和 $\phi_Q(t)$ 进行了相位调制,这被称为相位正交调制。真实信号被定义为可以使用单个端口或通道传输的信号。$h_{SV}(t)$ 为卫星信号产生和传输硬件的时域脉冲响应。$h_{SV}(t)$ 与理想信号(由 * 运算符表示)的卷积表示了这样一个事实,即传输信号在传输效率方面受到带宽限制,且要符合国际电信联盟(ITU)的规定。需要注意的是,$h_{SV}(t)$ 会引入一个时间延迟,即从有效载荷信号产生到辐射到天线口面的时间延迟。该延迟也被称为设备群延迟,包含在通过导航电文传递给用户的钟差校正参数中[7]。还要注意式(14.1)中的 $h_{SV}(t)$ 是简化模型,实际上,该模型还和俯仰和方位角(源自发射天线的增益和方向图)有关,并且可能由于卫星老化而改变,所有这些都会影响高精度用户。$h_{SV}(t)$ 的详细研究属于导航信号质量监测评估(SQM),这在第 10 章中有所介绍。

由于式(14.1)中发射的同相和正交信号功率 $P_{TX,I}$ 和 $P_{TX,Q}$ 随时间是恒定的,$S_{TX}(t)$ 的同相和正交分量将各自具有恒定的包络。换句话说,信号的振幅不传递任何信息。这是 GNSS 信号的一个重要设计限制,因为它允许在信号生成和发射载荷中使用高效的功率放大器。然而,现代 GNSS 要求将不同功率水平的多个信号分量调制到同一载波上,其中包括多种服务(如民用、军用和商用)中的导频和信号分量。因此,用单个放大器和天线发射多个信号分量并保持 $S_{TX}(t)$ 恒包络的唯一方法是将所有信号嵌入相位调制项 $\phi_I(t)$ 和 $\phi_Q(t)$ 中。实现恒包络调制的技术主要包括多数表决的恒包络算法、INTERPLEX 调制[8]、相干自适应子载波调制(CASM)[9-10]和相位优化恒定包络发射(POCET)[11]。然而,对于执行特定正交调制信号分量相关操作的接收机来说,须与其他信号分量具有弱相关并且在频谱上充分分离。$S_{TX}(t)$ 表示的是仅被所述的一对 $\phi_I(t)$ 和 $\phi_Q(t)$ 调制的信号。假设上述信号是一对正交调制的信号,也被称为正交相移键控(QPSK)。

对于具有两个相位正交调制信号分量的 GNSS 信号，相位 ϕ_I 和 ϕ_Q 如下所示：

$$\begin{cases} \phi_I(t) = \pi W_I(t) \\ \phi_Q(t) = \pi W_Q(t) \end{cases} \quad (14.3)$$

式中：W_I 和 W_Q 为二进制 $\{0,1\}$ 序列，理想情况下是不相关的。也就是说，对于所有可能的延迟 τ，有

$$R_{W_I', W_Q'}(\tau) = \int_{-\infty}^{+\infty} W_I'(t) W_Q'(t-\tau) \mathrm{d}t = 0 \quad (14.4)$$

式中：W' 为序列 W 转换为 $\{+1,-1\}$ 符号表示的序列，即

$$W' = 1 - 2W \quad (14.5)$$

式中：W 是两个数字序列 C 和 D 的模 2 和（异或运算，用 $\oplus$ 表示），即

$$\begin{cases} W_I(t) = D_I(f_D, t) \oplus C_I(f_C, t) \\ W_Q(t) = D_Q(f_D, t) \oplus C_Q(f_C, t) \end{cases} \quad (14.6)$$

式中：D 为一个符号速率为 f_D 的低速数字序列，用于传送数据和/或粗略时间信息；C 为一个符号速率为 f_C 的高速数字序列，用于实现直接序列扩频和整形。式(14.6)表示同相和正交信号分量上的 f_C 和 f_D 相同。这是为了简化符号，一般来说，每个信号分量上的符号速率可能不同。C 和 D 在同一精确时间转换以实现数字同步，并且这些转换也与载波周期同步：

$$f_{TX} = \alpha f_C = \beta f_D \quad (14.7)$$

其中，α 和 β 是整数。例如，对于调制在 GPS L1 频率上的 C/A 码，f_{TX} = 1575.42MHz，f_C = 1.023 × 10^6 个符号（symbols）/s，f_D = 50 个符号/s，α = 1540，β = 31508400。

对于矩形扩展符号的 BPSK 调制，用 BPSK-R(n) 表示，C 表示速率为 n×1.023×10^6 码片（chip）/s 的伪码随机序列。该扩频序列的归一化自相关函数由下式给出：

$$R_{C', C'(\tau)} = \begin{cases} 1 - |\tau| & (\tau \leq 1) \\ 0 & (\tau > 1) \end{cases} \quad (14.8)$$

对于采用 BOC(m,n) 的二进制偏移载波调制，C 表示频率为 m×1.023MHz、占空比为 50% 的序列和主扩频序列的模 2 和，称为子载波。子载波将功率从频带中心分散开，并与扩频序列一起用于分离多个信号分量频谱，以实现信号分量间和系统间的互操作性。子载波二进制调制适用于大多数 GNSS 信号，值得注意的例外是伽利略 E5 Alt-BOC 和 E1 CBOC 调制。关于 GNSS 信号调制技术的更多细节，见第 2 章。

D 包括数据符号和/或二级码，取决于特定的 GNSS 信号结构。在本节的数据调制中，"符号"指的是调制到载波上的实际二进制序列。一个或多个符号可用于表示单个信息位，并取决于应用在导航数据的纠错码类型。二级码（也称叠加码）用于有效延长主扩频码的周期，从而改善其互相关特性，同时不会显著增加接收机的信号捕获负担。这些确定性的二进制码也用于粗定时校准。通常，二级码与数据符号具有已知的时序关系。因此，与已知的二级码对准，例如在导频信号分量上，避免了传统 GPS 和 GLONASS 接收机中所需的位同步过程。导频信号是不包含数据调制的信号。这些主要是为信号跟踪而设计的，对接收机中的信号相干积分时间没有限制。

14.2.2 接收天线处信号

可见卫星数为 Γ 发射到接收机天线口面的信号为 r_{Ant}，每个信号 S_{RX} 定义如下：

$$r_{\text{Ant}}(t) = \sum_{i=1}^{\Gamma} s_{\text{RX},i}(t) + X(t) + n_{\text{Ant}}(t) \tag{14.9}$$

式中：$s_{\text{RX},i}$ 为从第 i 颗卫星接收的信号，由下式给出。

$$s_{\text{RX}}(t) = h_{\text{env}}(t) * h_{\text{SV}}(t) * [\sqrt{P_{\text{RX,I}}}\cos(w_{\text{RX}}t + \pi W_{\text{I}}(t - \tau_{\text{RX}}) + \phi_{\text{RX}})$$
$$+ \sqrt{P_{\text{RX,Q}}}\sin(w_{\text{RX}}t + \pi W_{\text{Q}}(t - \tau_{\text{RX}}) + \phi_{\text{RX}}) \tag{14.10}$$

$$w_{\text{RX}}(t) = 2\pi[f_{\text{TX}} + \delta f_{\text{SV}}(t) + f_d(t)] \tag{14.11}$$

式中：$P_{\text{RX,I}}$ 和 $P_{\text{RX,Q}}$ 分别为接收的同相和正交信号分量功率。

从图 14.2 可以明显看出，相对于发射功率，接收天线处接收到的信号功率严重衰减。虽然与地面射频系统相比，这一功率电平确实较低，但需要注意的是，这是所有 GNSS 的典型情况，源于有限的导航卫星发射功率、信号发射功率分布在与 $1/4\pi R^2$ 呈比例的区域自由空间损耗（其中 R 为从天线相位中心向外扩展的球体半径），通过地球上的小孔径天线接收该信号。因此，所有 GNSS 信号结构必须包含较高的处理增益，以通过接收机信号处理来提高信噪比。在扩频系统中，处理增益定义为扩频带宽与非扩频带宽之比。例如，具有 BPSK-R(1) 调制和 50Hz 信息速率的 GPS L1 C/A 信号的处理增益为 $10\lg(2.046 \times 10^6/100) \approx 43\text{dB}$。对于没有调制信息或具有接收机已知信息调制的导频信号，处理增益理论上是无限的，但实际上受到接收机参考振荡器稳定性的限制。

f_d 表示由视线速度 v 引起的多普勒频移，$f_d = -vf_{\text{TX}}/c$。多普勒与速度相关的负号源于距离的定义。当物体远离观察者时，多普勒频移被定义为正。相反，当卫星远离观察者时，信号源的频率会小于其标称频率值。

对于处于中地球轨道的卫星，地球表面静止用户在视线方向上的速度变化可达 $\pm 800\text{m/s}$。这相当于在 L1 频率上有 $\pm 4.2\text{kHz}$ 的载波多普勒频移。不同的多普勒频移还会影响调制信号的接收。以 GPS L1 C/A 码为例，由于卫星相对于地球表面静止观测者的运动，码多普勒变化高达 ± 2.73 码片/s。

τ_{RX} 表示信号从卫星到接收机天线间的传播延迟。这种延迟是由自由空间中的信号传播和穿过电离层和对流层的延迟组成的。对于中地球轨道的卫星和地球表面的用户，τ_{RX} 在 (67 ± 20)ms 变化[12]。

ϕ_{RX} 表示由于传播延迟和失真导致的分数载波相位。假设为点波束天线和纯自由空间传播，τ_{RX} 和 ϕ_{RX} 之间的关系为 $\tau_{\text{RX}} = \dfrac{1}{f_{\text{RX}}}(L + \phi_{\text{RX}}/2\pi)$，其中 L 是整数。实际上，由于天线相位缠绕效应、电离层传播影响、卫星和接收机群延迟效应以及多径效应，接收到的相位已经偏离了这种关系。

$X(t)$ 表示任何类型的干扰，可能会附加到 r_{Ant} 上。这可能包括有意的干扰和无意的干扰，后者包括谐波和附近发射机的严重辐射。在把 GNSS 接收机功能嵌入移动设备应用中的多功能射频芯片组（如多个蜂窝和无线标准和频段、蓝牙）的情况下，会产生大量干扰，并将耦合到射频前端芯片组的 GNSS 频段[13]。即使当 GNSS 接收机和其他无线电设备分离时，各种收发器天线与手机内的 GNSS 天线的接近程度也会通过射频前端内发生的互调和混频等过程对接收信号造成干扰。干扰类型有连续波、扫频连续波、线性调频、脉冲、伪随机噪声和宽带噪声等。对 GNSS 接收机的影响因干扰类型和接收机的设计方式而大不相同。

更多细节见第24章。需要注意的是，X_{Ant}并不代表欺骗。接收机对欺骗的意图和相应的响应与干扰有着本质区别。在式(14.9)中，欺骗将用另外的信号S_{RX}表示，欺骗信号的接收参数与一个或多个真实的GNSS信号非常相似。关于欺骗的更多细节可以在第25章中找到。

$n_{Ant}(t)$表示天线感应的噪声。天线噪声n_{Ant}包括以下几个方面：①地面噪声，它是来自地球的噪声，可以模拟为黑体辐射源；②天空噪声，它包括大气噪声、天体噪声和宇宙噪声；③由天线内元器件中电子的随机运动引起的热噪声，其中热噪声是n_{Ant}的最大贡献者。所有这些噪声过程都可以建模为加性高斯白噪声，但实际贡献取决于天线增益方向图、一天中的时间、空间，当地天气及环境温度。天线噪声功率的简化模型由$\sigma_n^2 = kT_{Ant}B_{Ant}$给出，其中$T_{Ant}$和$B_{Ant}$分别为天线等效温度和带宽。实际上，考虑到地面噪声和天空噪声，T_{Ant}比环境温度高几千摄氏度。还应注意的是，B_{Ant}通常大于接收机射频前端带宽，因此一些天线噪声会被射频前端阻止。

$h_{env}(t)$表示时变传递函数，它模拟影响接收信号的幅度、延迟和相位的环境效应，如多径、电离层和对流层。这些影响将分别在第22章、第31章和第30章中进一步描述。

一般来说，GNSS接收机信号处理的主要目标是在有噪声、信号失真以及潜在的干扰和欺骗的情况下，以规则的时间间隔尽可能准确地估计每颗可见卫星的τ_{RX}、f_D和ϕ_{RX}。此外，信噪比、载噪比、干信比(如适用)用于确定这些估计的误差范围。如第2章所述，这些信号参数估计用于计算绝对PVT。一般来说，h_{env}表示由多径、电离层和其他环境影响引起的干扰参数。另一方面，由于h_{env}影响P_{RX}、τ_{RX}、f_D和ϕ_{RX}，并且假设h_{TX}和接收机射频前端传递函数h_{FE}（如下所述）可以建模，这些估计可以用于表征环境特征，这描述了基于GNSS的反射测量和遥感的本质，在第19章、第30章、第33章和第34章中进行了描述。

14.3 接收机射频前端

本节描述了GNSS接收机射频前端的体系架构、性能指标和一些实践。射频前端包含4个主要功能：信号整形、频率转换(也称下变频)、预相关带宽选择(或滤波)以及采样和数字化。

信号整形包括放大和滤波，在射频前端进行。射频放大器或滤波器通常是天线之后的第一个组件。其他的放大器和滤波器可放置在频率转换之后。需要放大才能将天线的微弱信号和噪声(低于-100dBm或微伏量级)提升到可用的水平(约-10dBm或100mV)。滤波器放置在射频前端的不同位置，可抑制带外噪声和干扰。信号整形电路中需要考虑的两个重要因素是噪声系数和线性度。它们将在本节稍后讨论。

频率转换是将射频信号转换成较低的中频信号。因为频率太高，无法直接进行相关处理，以获得接收GNSS信号的观测值。因此，必须转换到接近基带的目标频段。

为了在GNSS接收机伪距测量精度和效率之间进行权衡，需要进行预相关带宽选择。伪距精度取决于估计接收信号相位转换时间的精确程度。时间从码鉴相器中获得，相关函数的峰值越尖锐，前后相关器间距越窄，伪距测量就越精确。通过增加预相关带宽，时域相关函数会变得更尖锐，这允许更多高频分量的信号进入。然而，所选择的预相关带宽越宽，采样率越高，并且后续数字信号处理中所需的计算量和消耗的功耗就会越大。因此，预相关带宽的选择要在伪距精度要求、可用的计算资源及其功率效率(以每瓦性能为特征)与实现的总成本(因为每单位时间需要更多的计算增加了集成电路的面积)之间进行权衡。

采样和数字化是将接收到的模拟信号进行时间离散和幅度量化的过程。如同所有现代通信系统,GNSS 接收机采用数字信号处理技术。在基带处理器进行的所有处理都是对数字信号进行的。

射频前端设计过程包括实现上述功能,同时引入尽可能小的信号质量下降或失真。射频前端的放大、滤波、下变频和采样的模拟过程带来信号质量下降或失真是不可避免的。就 GNSS 接收机而言,这种影响可分为以下三种不同类型:

(1)使相关后信噪比降低的退化。有许多因素会导致相关后信噪比的降低。它们包括噪声系数、非线性、互调失真、振荡器和频率合成器的相位噪声以及量化损耗。相关后信噪比下降降低了接收机的灵敏度。可以增加预检测积分时间来补偿这种损失。然而,这限制了接收机的动态跟踪能力,或者需要外部速度辅助,捕获还需要搜索更多的单元格,这将导致功耗增加。因此,对于高灵敏度和高动态接收机,将这种影响降到最低是至关重要的。

(2)使相关函数失真的退化。射频前端在通带内引入了群延迟和群延迟变化,以及由组件多径引起的内部反射。这些效应也与温度有关。相关函数失真会引起码和载波测量通道间的偏差,且产生的伪距偏差是不同相关间距的函数。元件引起的多径会导致基于不同相关器间距偏差的畸变。

(3)寄生动态导致的退化。理想情况下,来自射频前端的数字化信号应仅包含系统信号的动态特性、由接收机运动引起的动态特性以及由信道效应(多径和电离层)引起的动态特性。然而,杂散动态会通过下变频和采样过程引入。尽管这些动态特性主要是共模的(在识别上影响所有接收信号),并最终在 PVT 解算的时间分量中被揭示,但它们必须作为复合信号动态特性的一部分被跟踪。杂散动态主要来自漂移及接收机基准振荡器对接收机平台和环境因素(如冲击、振动和温度)的敏感性。这些动态特性被锁相到参考振荡器的频率合成器并进行放大。此外,压控振荡器(VCO)对频率合成器中存在的环境因素敏感性引入更多的动态特性。最后,由于环境因素引起的射频前端物理特性变化可以调制到输出信号相位中,严重的冲击和振动会导致载波周期跳变甚至失锁。

为避免载波失锁或出现周跳,需要跟踪这些动态的随机分量。然而,这意味着增加跟踪环路带宽,进而增加测量中的噪声。跟踪环路带宽以外的相位噪声被滤除,但这种相位噪声会降低相关阶段的信噪比。

由上述原因和射频前端性能引起的降级可以用几个指标来描述,包括噪声系数、线性度、动态范围、频率转换和采样、滤波器、射频前端架构等。以下小节将详细讨论这些指标。

14.3.1 噪声系数

双端口电子器件的噪声系数 F 表征信号通过器件时信噪比下降的程度:

$$F = \frac{(S/N)_{输入}}{(S/N)_{输出}} \tag{14.12}$$

当噪声系数以分贝表示时,噪声系数(NF)可以表示为

$$NF = F_{dB} = 10 \lg F \tag{14.13}$$

对于任何温度高于 0K 的器件都会给信号增加热噪声,因此实际器件的噪声系数总是

大于 1($F > 1$, NF > 0dB)。

器件的噪声系数可以通过在其输入端输入精确校准的噪声源并测量输出功率来测量。高于期望值的输出功率归因于器件噪声。无源器件增益 $G < 1$($G < 0$dB),由于输入端和输出端都存在热噪声,因此无源器件的噪声系数由下式给出:

$$F = \frac{s(t)}{kTB} \times \frac{kTB}{Gs(t)} = G^{-1}, \quad \mathrm{NF} = -G_{\mathrm{dB}} \quad (14.14)$$

例如,3dB 衰减器的增益为-3dB,因此 NF 为 3dB。

具有增益 G_i 和噪声系数 F_i 的 N 个级联部件的系统噪声系数 F_{sys} 由噪声系数的弗里斯方程给出[14]。假设设备端口理想匹配(无反射功率):

$$F_{\mathrm{sys}} = F_1 + \frac{F_2 - 1}{G_1} + \frac{F_3 - 1}{G_1 G_2} + \frac{F_4 - 1}{G_1 G_2 G_3} + \cdots + \frac{F_N - 1}{\prod_{i=1}^{N} G_i} \quad (14.15)$$

如果第一个器件具有低噪声系数和高增益(低噪声放大器[LNA]),则其余元件对系统噪声系数的贡献变得微不足道。也就是说,低噪声放大器"决定"了系统的噪声系数。另外,如果第一个器件是无源器件,系统噪声系数会因第一个器件的损耗而降低,此后再多的低噪声放大也无助于改善它。

在实际接收机中,第一个部件总是无源的,表示从天线单元到 LNA 传输线的插入损耗。这可以通过将 LNA 放置在尽可能靠近天线馈电点的位置来保持最小。因此,大多数 GNSS 接收机天线将 LNA 嵌入天线外壳,称为有源天线。嵌入 LNA 的直流(DC)电源通过传输线提供。GNSS 天线仅在少数情况下是无源的。例如,对于小型化便携式设备(如手机)中使用的天线,由于天线元件非常靠近包括 LNA 在内的射频集成电路,传输线损耗可以忽略不计。用于波束控制和零点形成的多元件 GNSS 天线也作为无源类型提供,这简化了天线电子设备制造商对元件相对于参考元件的增益和相位特性的测量(称为天线校准的过程)。商用 GNSS 天线的噪声系数通常在 2.5dB 左右,嵌入式低噪声放大器的增益在 20dB 以上。这足以将有源天线的低噪声系数设置为接收机的系统噪声系数,即使在天线和接收机之间有适度的电缆损耗。从式(14.15)中可以看出,当电缆损耗接近嵌入式 LNA 增益时,系统 NF 开始显著下降。

14.3.2 线性度

双端口设备输入和输出信号 s_{in} 和 s_{out} 可以建模为

$$s_{\mathrm{out}} = A_0 + A_1 s_{\mathrm{in}} + A_2 s_{\mathrm{in}}^2 + A_3 s_{\mathrm{in}}^3 + \cdots + A_n s_{\mathrm{in}}^n \quad (14.16)$$

式中: A_0 为直流偏置; A_1 为器件的电压增益。当且仅当 $A_i = 0, \forall (i > 1)$ 时,该器件被称为纯线性器件。实际上,任何采用半导体来实现其功能的元件都不会表现出纯线性。事实上,如下所述,混频的本质过程是利用了二阶非线性($A_2 \neq 0$)。器件的非线性由系数 $A_2 \sim A_n$ 表示。

当输入是纯音形式时 $s_{\mathrm{in}} = \alpha\cos(\omega_0 t + \phi_0)$,也称基音,式(14.16)中的非线性运算 s_{in}^2、s_{in}^3,…, s_{in}^n 分别输出的频率为 $2\omega_0$、$3\omega_0$,…, $n\omega_0$,这些输出也就是第 i 阶谐波。纯线性器件不会产生任何谐波。一般来说,谐波在频率上离所需的信道带宽足够远,可以通过滤波去除。另外,提取特定谐波是实现倍频器的原理。

现在考虑形式为 $s_{in} = \alpha\cos(\omega_0 t + \phi_0) + \alpha\cos(\omega_1 t + \varphi_1)$ 的双音输入信号。式(14.16)中的二阶项(即输入平方运算)将在 $2\omega_0$、$2\omega_1$、$\omega_0 + \omega_1$ 和 $\omega_0 - \omega_1$ 频率处产生输出音,如图 14.4 所示。前两项是二阶谐波。后两项被称为二阶互调。通常,作为输入音调的代数组合的频谱分量称为 IM 乘积。纯线性设备不产生任何互调。一般来说,二阶互调(IM2)产物在频率上也与所需频段充分分离,因此可以轻松滤除。然而,如果 ω_0 或 ω_1 是所需信号,则其他信号是干扰源,并且如果器件的 A_2 足够大,则产生的二阶互调将导致一些所需信号功率偏离通带。这就是增益压缩,当输入信号幅度较大且器件变得非线性时,就会发生增益压缩。

对于双音输入,式(14.16)中的非零 A_3 项将在 $3\omega_0$ 和 $3\omega_1$ 处产生三阶谐波,并在 $2\omega_0 + \omega_1$、$2\omega_1 + \omega_0$、$2\omega_0 - \omega_1$ 和 $2\omega_1 - \omega_0$ 处产生 IM3,如图 14.4 所示。如果两个输入信号的频率差很小,后两个互调可能会非常接近所需的 ω_0 和 ω_1 频率,因此很难滤除。如果 ω_0 或 ω_1 是具有调制的所需信号,那么其他的信号就是干扰源,干扰源不仅会降低信号接收质量,而且还会以接收机无法预测的方式调制到所需信号上,并且该无源互调可能会通过射频前端的通带,从而导致信号质量进一步降低。例如,如果所需信号是接收到的 GNSS 信号,其中每个信号的频率为 $f_L + f_{di}$,干扰信号为频率为 f_{CW} 的连续波信号,则互调信号将是频率偏移为 $(2f_L - F_{CW}) + 2f_{di}$ 和 $(2F_{CW} - f_L) - f_{di}$ 的 GNSS 信号。

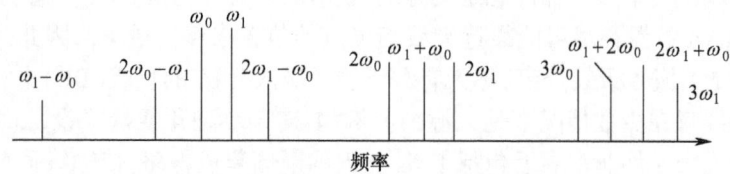

图 14.4 双音输入的二阶和三阶谐波和互调

如果 f_{CW} 非常接近 f_L 且 A_3/A_1 足够大,则结果是在通带中并不期望的多普勒频率处衰减了 GNSS 信号。在射频前端架构中通带开始很宽,使用一个或多个频率转换器件后逐渐变窄(就像下面描述的超外差接收机架构一样),干扰源可能是强的相邻频带信号,远远超出接收机预期的预相关带宽。然而,在射频前端第一级放大器中出现的三阶无源互调可能会在最终预相关通带中产生明显的干扰功率。

式(14.16)的高阶项会产生额外的谐波和互调。一般来说,高阶项会在较高频率下产生谐波,这使它们更容易从所需通带中滤除。同样,偶数阶项也在通带之外。然而,来自奇数阶项的一些互调可能落在通带内,并且具有与上述三阶项相同的有害影响。

对于小信号电平,实际放大器会根据其电压增益对输入信号进行相应的放大,并会按照式(14.16)的特征产生一些更高阶的额外失真。然而,如果输入信号电平稳定增加,当峰值输出电平接近最大输出电平时,输出信号会产生严重失真。在频域中,这种失真导致来自期望信号的频谱分量相对减少,以及源自谐波和交调的频谱分量相对增加。因此,对于给定器件,式(14.16)中的系数通常不是恒定的,而是作为输入电平和被放大信号类型的函数而变化。因此,用传递函数系数来表征实际器件的线性度是不方便的,需要使用增益压缩和三阶交调点。

图 14.5 以对数刻度绘制了当实际设备呈现双音信号时的主要频谱分量、三阶互调产

物的输入和输出功率。这些频谱分量通常使用频谱分析仪直接测量。由于是对数刻度，图14.5中的基波和三阶互调曲线的斜率分别为1和3。

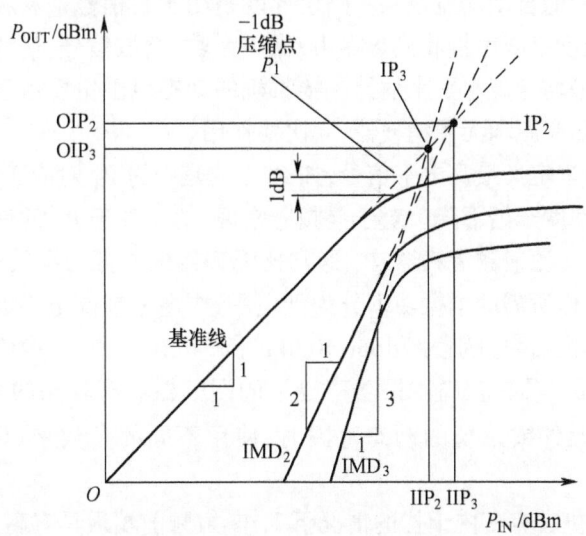

图14.5 具有双音输入信号的实际器件的主要频谱成分和三阶互调产物的输入和输出功率的 P_1、IP_2 和 IP_3 示意图[15]

对于大输入信号电平，这些曲线由于增益压缩开始变平。与斜率为1的曲线相比，基本曲线偏离1dB的点称为1dB压缩点(P_1)。P_1以输入(IP_1)或输出(OP_1)为参考，并与 $OP_1 = G \times IP_1$ 相关，其中 G 为器件的小信号功率增益。基波和 IM_3 线的 x 轴截距间隔越大，器件的线性度越大。外推斜率为1和斜率为3的线相交的点称为三阶交调点(IP_3)。三阶交调点是一个虚拟测量点，因为由于增益压缩，器件永远无法达到这一点。与 P_1 一样，IP_3 可以指输入(IIP_3)或输出(OIP_3)。一般来说，高线性放大器的 IP_3 至少比 P_1 大15dB。与 IP_3 类似，通过让设备输入双音测试信号，并使用频谱分析仪测量预期互调的总功率，可以测量其他互调产品的截距点。器件数据手册中规定了表征实际器件动态范围和线性度的 P_1 和 IP_3，以及用于测量它们的测试条件。这些器件参数有助于评估器件对目标应用的适用性，以及比较和对比竞争解决方案。射频前端子系统的实际性能可以利用仿真工具进行建模，使用测试仪器进行测量。

仅考虑 IMD_3 通常足以表征非线性。对于设计在小信号功率范围内工作的实际器件，其传递特性的高阶系数将迅速减小。当输入信号电平较小时，尽可能设计为线性器件的放大器和混频器会工作在线性方式。当输入信号电平较大时，输出压缩或增益压缩会随着器件开始偏离标称线性行为。压缩也有可利用的功能，如限制器，用于防止大的输入信号(如闪电在天线处引起的电压尖峰)潜在地损坏敏感的射频前端元件，如低噪声放大器。对于放大器，当输出信号开始接近其电源电压时，就会发生压缩。对于混频器来说，输入信号与混频器内核的相互作用可调整本地振荡器(LO)信号，而不是相反。

14.3.3 动态范围

动态范围是电子系统的一个重要参数，被定义为系统或组件能够以线性方式处理的最高信号电平与最低信号电平之比。动态范围通常用分贝表示。在接收机中,动态范围通常被定义为从高电平端的 IP_3 扩展到低电平端的灵敏度。高电平端导致了信号的饱和及失真,接收机射频前端中的自动增益控制电路设计就是用于将信号饱和和失真的影响降到最小。低电平端的灵敏度极限由接收机热噪声、噪声系数、杂散信号、谐波和相位噪声等共同决定,可以通过测量平均噪声水平来估计。接收机的动态范围主要由系统中的混频器和放大器决定,其他组件如有源和无源滤波器,起次要作用。

其他参数也被用来定义最高电平信号,如 P_1。这是因为 P_1 对应于信号功率电平,超过该电平,放大器的线性度开始下降。对于混频器来说,功率高于 P_1 的信号可能会产生高级别的互调失真。对于无源射频混频器,P_1 通常比混频器的本振功率低 5~10dB。无源射频混频器通常根据其工作所需的本振功率分为低电平、中电平或高电平混频器。通常,低、中和高电平混频器的本振功率分别为 7dBm、10dBm 和 14dBm。例如,微电路中混频器的本振功率范围为 3~17dBm。具有较高本振功率电平的混频器会有较高的 P_1 和接收机动态范围[16]。在比较电子元件或系统的动态范围时,使用不同的参数来定义动态范围通常会混淆。

现代 GNSS 接收机在有带内干扰的情况下工作,射频前端须具有高动态范围,并且在相关之前要对数字化的采样数据进行干扰减轻处理。模数转换器(ADC)也具有动态范围,该动态范围与数字化模拟信号的位数相关。考虑一个 N 位模数转换器。可以检测的最小值为一个最低有效位,最大值是最低有效位值的 2^{N-1} 倍。因此,模数转换器的动态范围为 $20\lg(2^{N-1}) \approx 6 \times N(\mathrm{dB})$。因此,4 位模数转换器的动态范围约为 24dB。当射频前端设计为尽可能线性地达到预期接收干扰功率电平时,预处理是最有效的,通常被指定为最大干信比的性能要求。

14.3.4 频率转换和采样

频率转换,也称下变频或混频,可通过模拟混频或中频采样(也称带通采样)来完成。图 14.6 显示了单通道(左)和双通道(右)模拟混频操作的框图。混频器是一种非线性器件,实际上是输入信号和频率合成器产生的参考信号的乘法器。乘法运算有效地将输入信号频率转换为两个频段:以 $f_{RF} + f_{LO}$ 为中心的上频段和以 $f_{RF} - f_{LO}$ 为中心的下频段。低通或带通滤波器应用于混频器的输出端,以滤除高频带,只留下低频带分量作为后续处理的中频信号。单通道混频器产生一个中频输出。双通道混频器采用两个混频器,输入射频信号等分后给每个混频器,其中一个混频器直接接收本振信号,另一个接收 90°相移后的本振信号。两个混频器的输出将进一步通过低通或带通滤波器,以滤除其相应的高频带,从而产生中频 I 和 Q 通道输出。请注意,图表显示混频器的输入是射频信号,它们也可以是多级混频中的前级中频输出。

中频采样通常用于将中频信号进一步下变频为基带信号。它基于带限模拟信号的采样特性。对于具有频域表示为 $S_a(f)$ 的连续带限时域信号 $S_a(t)$,其时域函数 $S_d(t)$ 和频域函数 $S_d(f)$ 分别为

$$S_d(t) = S_a(t) \sum_{n=-\infty}^{\infty} \delta(t - nt_s) \tag{14.17}$$

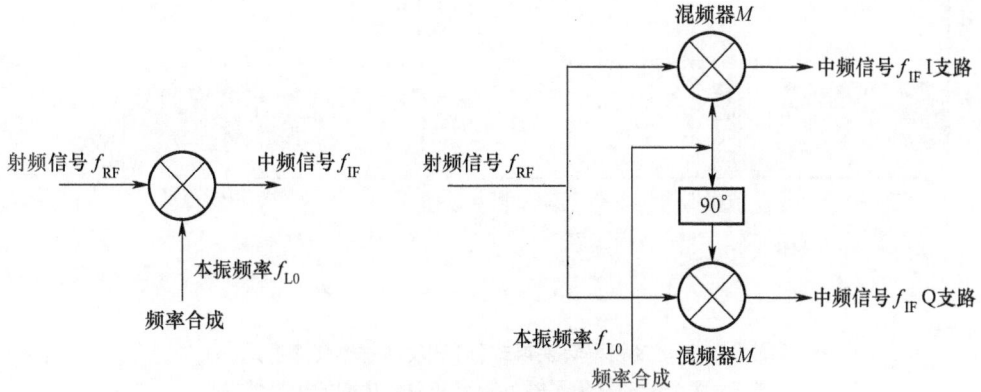

图 14.6 单路和双路模拟混频

$$S_d(f) = S_a(f) * \sum_{k=-\infty}^{\infty} f_s \delta(f - kf_s) = f_s \sum_{k=-\infty}^{\infty} S_a(f - kf_s) \tag{14.18}$$

式中：f_s 为采样频率，$t_s = 1/f_s$ 为采样间隔。图 14.7 显示了带宽为 B 的带限信号采样过程产生的频谱，以及一般输入输出频率和采样频率的关系。

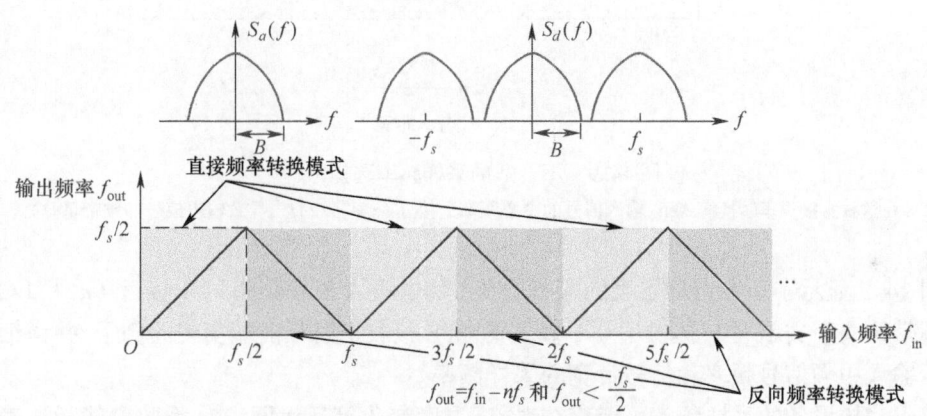

图 14.7 采样频率与输入输出频率的关系

直接频率转换模式：

$$f_{\text{out}} = f_{\text{in}} - nf_s \approx f_s/4$$

反向频率转换模式：

$$f_{\text{out}} = f_{\text{in}} - (n + 1/2)f_s \approx f_s/4$$

图 14.7 还着重显示了对应于直接频率转换模式和反向频率转换模式下给定采样频率的输入频率范围。在直接转换模式下，较大的输入射频频率被转换成较大的中频频率，而在反向转换模式下，情况正好相反。图 14.8(a)、(b)分别展示了理想的直接频率转换模式和反向频率转换模式。理想情况下相应的输入信号中心频率(GNSS 的载波中心频点)，对于直接模式，大约在 nf_s 和 $(n + 1/2)f_s$ 之间的一半，对于间接模式，大约在 $(n + 1/2)f_s$ 和 $(n + 1)f_s$ 之间的一半(n 是整数)，$2B$ 小于 $1/4 f_s$。最终的输出中心频率约为 $1/4 f_s$。

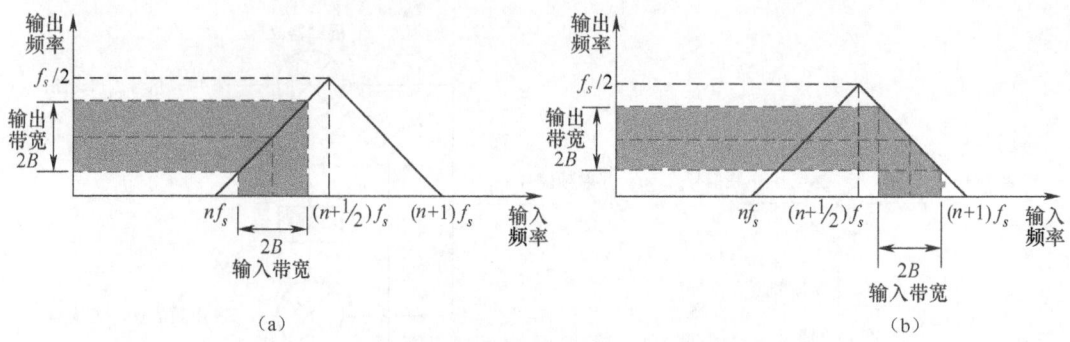

图 14.8 直接频率转换模式(a)和反向频率转换模式(b)图解(两个图都显示了输入频率和采样频率的理想情况)

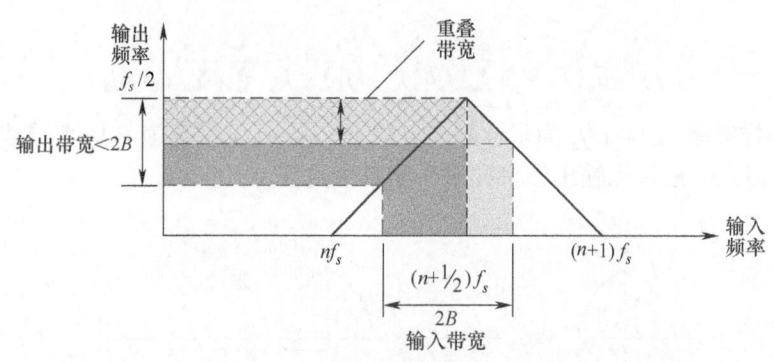

图 14.9 不合适的采样频率选择图解
(在这种直接频率转换模式下,输入信号的中心频率太接近 $(n + 1/2)f_s$,导致输出信号的频带重叠)

图 14.9 显示了一种设计不当的采样方案,其中输入中心频率过于接近 $(n + 1/2)f_s$,导致频带重叠。文献[17]提供了几个真实的 GPS 接收机射频前端实现的例子,并详细阐述了基于输入中频信号频率和信号带宽的采样频率。

由于采样设备的采样频率可能存在误差(温度变化等环境因素),因此可能无法确保输入中频频率的放置是理想的。对于较大 n 值尤其如此,因为输出中心频率的偏差量为 $n\Delta f_s$,其中 Δf_s 是采样频率误差。例如,对于采样频率为 5MHz、中频为 21.25MHz 的射频前端模数转换器,$n=4$。如果采样频率有 10Hz 的偏差,下变频输出频率偏差将为 40Hz。通常,下变频信号频率中的误差被吸收为多普勒频率误差:

$$f_{\text{in}} = f_{\text{IF}} + f_d \tag{14.19}$$

$$f_{\text{out}} = (f_{\text{IF}} + f_d) - n(f_s + \Delta f_s) = f_{\text{IF}} - nf_s + (f_d - n\Delta f_s) \tag{14.20}$$

这种采样频率误差引起的多普勒频率误差可以估算出来,其结果可以用来校准采样频率本身[18]。

14.3.5 滤波器

需要滤波器来限制带外噪声、杂散信号和干扰。GNSS 接收机射频前端需要射频和中频滤波器。L 波段 GNSS 接收机中使用的射频滤波器类型包括腔体滤波器、陶瓷(介质)谐振器、表面声波(SAW)谐振器、体声波(BAW)谐振器和先进的开关电容滤波器。射频腔体滤波器包括一个或多个充满空气或真空的耦合谐振器。这些谐振器具有很高的品质因数(大约几分贝)和很低的插入损耗(每个谐振器几分之一分贝)。品质因数是谐振器中心频率和带宽的比值。高 Q 值谐振器具有相对于其储存能量较低的能量损失。它以较大的振幅(在共振频率)共振,但在共振频率附近的频率范围较小。因此,单个腔体的调谐是敏感的。它们对振动也很敏感,因为耦合结构可以引起机械振动。与其他类型的滤波器相比,它们的尺寸相对较大,对于便携式 GNSS 接收机不实用。它们通常只出现在用于 GNSS 监测站的高等级天线中。由于电击穿阈值非常高,腔体滤波器可以处理高功率。因此,它们被广泛用作卫星发射机中的双工器和三工器。由于精密机械成本和调谐的劳动力成本,这种滤波器昂贵。

介质谐振滤波器或陶瓷滤波器的工作原理与腔体滤波器相同。然而,它们不使用空气,而使用特殊配方的陶瓷材料,这些材料具有非常高的相对介电常数,ε_r 值通常为 7~40,高 ε_r 值使谐振腔更小。与腔体滤波器相比,介质滤波器的制造成本要低得多。然而,对于中低容量产品,陶瓷谐振器是单独调谐的。这种调谐、验证和组装过程仍然需要一些人力,最终产品的成本约为腔体滤波器的 1/5。对于大批量应用,整个多腔谐振器结构可以使用模具制造,这显著降低了成本,并提供了一致的性能,而无须调整每个组件,这些被称为单体滤波器。单体滤波器通常用作精准多径抑制天线中的前置滤波器、双工器和三工器。它们每个售价 1~2 美元。由于高 ε_r 材料的损耗因数较高,介质谐振器具有较高的插入损耗。

与空气腔滤波器相比,介质谐振滤波器产生更小的物理谐振器尺寸的机理是电磁波的传播速度随着 ε_r 变大而降低的,从而降低了波长。可以进一步利用这一原理,通过使用机电材料/特性将电磁波(其传播速度约为光速 c)转换为机械波(其传播速度比 c 慢数百倍)。这种转换可以导致尺寸的减小。这就是声表面波(SAW)和体声波(BAW)滤波器的原理[19]。对于射频声表面波和体声波滤波器,一个或多个级联谐振器也是利用了该原理。可以使用类似于半导体集成电路的平面光刻和蚀刻工艺来制造声表面波滤波器。因此,容量大、产量高、成本低(体积为几便士)是可以预期的。这使便携式无线设备(包括便携式 GNSS 接收机)应运而生。

降低传播速度并非没有缺点。对于基于声表面波谐振器的射频滤波器,声表面波滤波器具有数百纳秒量级的高绝对延迟,而对于横向中频声表面波滤波器,其绝对延迟约为 $1\mu s$。信号在空间中几百米的距离被缩小到几毫米,这意味着声表面波滤波器作为温度的函数具有非常大的延迟变化。还有在内部发生数百纳秒内的反射,这可能会导致组件引起的多路径。虽然这不会改变滤波器功能,但会在通带中增加较大的群时延变化。图 14.10(a)、(b) 分别显示了介质谐振器(Lorch 6DF6)和横向声表面波中频滤波器因温度变化而产生的 GPS 标准定位服务伪距误差,这些误差是基于 PRN 1、PRN8 和 PRN 15[20] 的测量值。对于陶瓷滤波器,伪距测量值通常在 -55~125℃ 相对于 25 ℃ 有 1.5~2m 的变化。与陶瓷滤波器不同,声表面波滤波器的伪距误差不会随温度一致地变化,除非应用于 GNSS 授时接收机,在这种情况下,温度相关性必须被校准,由于所有信号都有延迟,因此不涉及定位应用相关问题。然而,如图 14.10(b) 所示,声表面波滤波器的伪距误差也是 PRN 序列和相关器间距的函数。这些变化被称为 PRN 间偏差,是差分 GNSS 应用的一个重要误差源。关于 PRN 间偏差及其对高精度 GNSS 影响的进一步讨论见第 10 章。

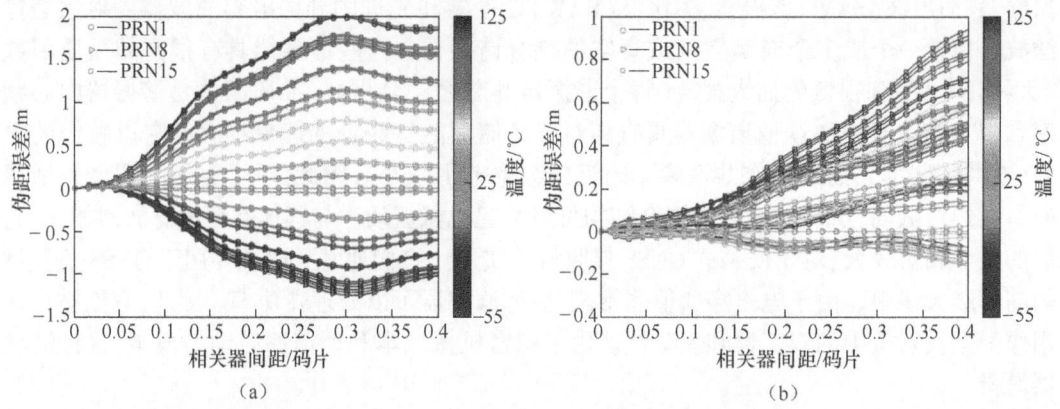

图 14.10 介质谐振滤波器(Lorch 6DF6)(a)和横向声表面波中频滤波器(SAWTEK 854670)因温度变化引起的 GPS 标准服务伪距偏差(b)(除了与温度相关的偏差外,声表面波滤波器还表现出显著的 PRN 间偏差,该偏差随相关器间距而增加。图改编自文献[20]。)

典型的中频滤波器包括用于带通应用的 LC 梯形滤波器和横向声表面波滤波器。在现代单片微波集成电路(MMIC)工艺中,低通 LC 滤波器可以相对容易被实现。一般来说,与射频滤波器相比,中频滤波器相对便宜。

14.3.6 射频前端架构

多年来,GNSS 接收机射频前端架构有了长足的发展。20 世纪 70 年代,最早的 GPS 接收机采用了模拟基带处理,由于当时可用的模拟电子设备的复杂性、尺寸和功耗,这些接收机只能用一个分时信道来跟踪并获取对可见卫星的距离测量。早期接收机的设计是基于当时现有的军事系统,如雷达。同样,这些系统中使用的许多组件和子模块(如晶体振荡器、合成器、射频腔滤波器和机械中频滤波器)也适用于 GPS 和 GLONASS。

大约在 20 世纪 80 年代初,随着半导体大规模集成电路(LSI)的出现,模拟基带功能被数字信号处理所取代。与数字电路相比,当时的射频技术集成程度仍然较低,射频功能是使用分立器件实现的(单个晶体管、二极管、电感、电容、电阻、射频腔体滤波器、机械中频滤波器和射频/中频变压器)。电路结构采用通孔印制电路板(PCB)技术。如 14.3 节开头所述,GPS 接收机射频前端无源天线元件和模数转换器的有效增益必须具备超过 100dB 的能力。由于元件的寄生电容和电感相对较高,通孔技术在级间存在明显的非必要耦合。这些寄生效应导致耦合和损耗随频率增加。因此,在早期的 GPS 接收机射频前端设计中,采用多频率转换级来分解频率间的增益是有利的。到 20 世纪 80 年代末,射频器件和构件模块用表贴封装单片微波集成电路实现已经成为主流。使用单片微波集成电路和离散滤波器实现射频前端变成可能。到 20 世纪 90 年代末,射频微电子和半导体处理器已经发展到包括硅锗在内的半导体,整个 GNSS 接收机射频前端可以集成到一个单一的单片微波集成电路中。自 2000 年以来,整个射频前端以及基带处理器都集成到同一个芯片中。在这一演变过程中,GNSS 接收机射频前端的架构发生了变化,主要有利于小型化、低功耗和低成本。在某些情况下,技术的进步使 GNSS 接收机射频前端架构实现成为可能,这些架构达到了在 GPS 和 GLONASS 早期无法想象的性能和能力水平(如监测整个 L 波段 GNSS 频谱)。

以下各节按照大致的时间顺序描述了各种 GNSS 接收机射频前端架构。

14.3.6.1 正交低通采样双转换超外差

最早用于无线电通信的结构之一是调谐射频(TRF)接收机。调谐射频接收机包括几个增益级,每个增益级调谐到需要的频带(或信道)。当选择不同的通道时,每级都需要重新调谐到新的所需频率。实施具有重大挑战,因为所有级都必须在宽带频率范围内具有相同的机械链接(联动)频率响应。此外,级联产生的相对大量的窄带射频增益(也随频率和温度变化)以及较差的隔离导致了不必要的不稳定性和振荡。

为解决调谐射频接收机相关的问题,导致了超外差架构的发展。在超外差架构中,感兴趣频带由第一调谐级预先选择。然后,来自该级的信号被外差(或"通过差分产生")到之后恒定的频率,而不管所选择的是哪个信道。随后的模拟信号处理(放大和滤波以实现选择性)在该中频执行。中频标准化是根据无线电波段、信道带宽和应用执行的(例如,低频/高频为 455kHz,甚高频为 10.7MHz,超高频和卫星通信为 70MHz)。这大大简化了接收机的设计。超外差架构被广泛认为是 20 世纪最重要的无线电技术发明。

由于超外差架构有许多优点,使 GNSS 接收机不需要动态调谐。图 14.11 为双转换超外差低通正交采样 GNSS 接收机架构的框图,该架构代表了早期 GNSS 接收机使用的架构(大约 20 世纪 70 年代)。来自天线的 L 波段信号由射频带通滤波器 f_{RF} 预选,并由 LNA 进行放大。射频带通滤波器还可以抑制天线可能接收到的镜像频率信号。然后,混频器 M_1 使用频率为 $F_{LO1} = f_{RF} - f_{IF1}$ 的本振信号将其转换为 f_{IF1}。带通滤波器 f_{IF1} 既用于抑制混频的高端分量,也用于选择低端分量的窄带带宽。由于 f_{IF1} 明显低于 f_{RF},因此与 f_{RF} 相比,f_{IF1} 可以以更小的尺寸和成本实现更高的选择性(Q)。经增益级 G_2 放大后,使用本振频率为 f_{LO2} 的正交混频器 M_2 将信号下变频至基带。

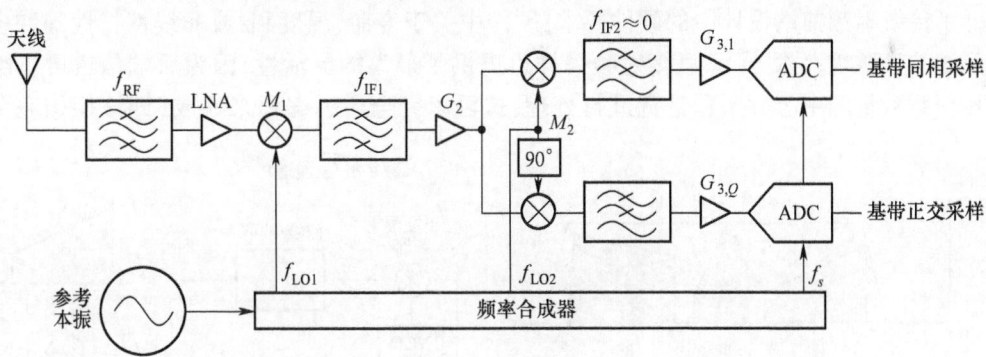

图 14.11 双转换超外差前端框图

14.3.6.2 带通采样的单转换超外差

带通中频采样的单转换超外差是 20 世纪 90 年代后期用于测量级和航空级接收机的架构。基于流水线模数转换器架构的高输入带宽模数转换器的出现使这成为可能[21]。它执行单次转换至较高的中频,从而实现良好的镜像抑制。然后,中频被带通采样,以形成到第二(数字)中频的数字频率转换。图 14.12 为单转换中频采样前端系统的框图。

单转换架构有许多优点。使用单通道混频操作,不会出现输入/输出幅度和相位不平衡的问题。与双转换超外差前端相比,它的模拟元件数量更少。该架构还支持某种程度的集

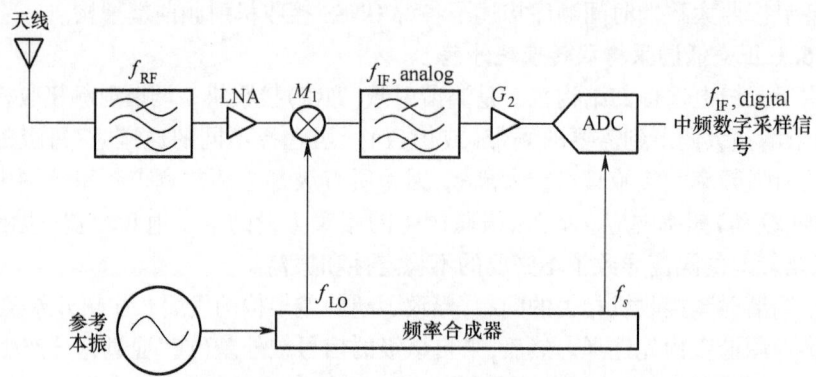

图 14.12 单转换中频采样前端框图

成,尽管中频带通滤波器还须是片外元件。总的放大或增益分布在两个频率上,在最小化系统尺寸的同时,提供了增益调节(尤其是中频)的灵活性。此外,也有一些缺点。例如,与直接转换架构相比,它具有更高的功耗(如下所述)。由于奈奎斯特带宽较小,因此需要一个非常紧凑的中频带通滤波器来进行抗混叠滤波。通常,横向声表面波滤波器可用于此。对于使用短扩频码的 GNSS 信号,这些可能会引入不必要的信号变形和码间偏差[20]。

14.3.6.3 数字通道直接射频采样前端

直接射频采样是基于对采样频率的仔细选择,以便所有所需的频段在中频时彼此相邻,没有重叠。它是被探索作为多频率射频前端的一种设计手段[22]。图 14.13 为包含数字通道的直接射频采样前端框图,以此说明如何将所需频段分离成单独的基带采样流用于后续处理。通过将模数转换器向前端移动以消除模拟下变频和后续中频级,直接数字化的方法降低了传统射频前端设计中的硬件要求,硬件中关于寿命、温度和/或非线性特性等许多潜在问题的来源被消除[23]。直接射频采样也提供了最大的灵活性,因为后端信道可以编程选择任意数量的中心频率和带宽进行处理,这可以完全通过编程来完成(即该架构完全由

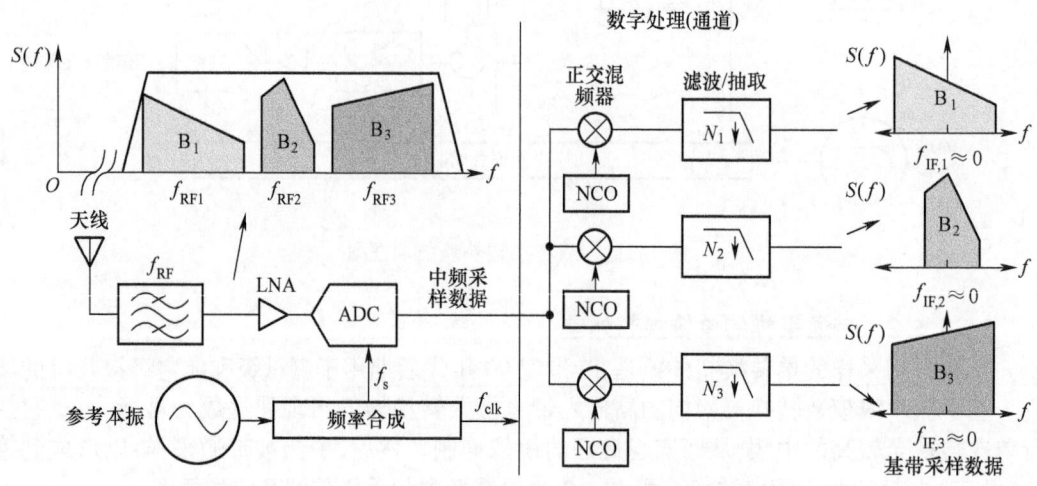

图 14.13 带有数字通道的直接射频采样前端框图

软件定义)。此外,在信道中可以实现平坦群时延滤波器的能力,从而使前端引入的信号失真最小,该架构特别适合参考站中的 GNSS 信号质量监测应用[24]。

直接射频采样架构正在成为无线和蜂窝基础设施系统的主流选择。这主要是由于完全可在软件编程定义无线电的宽带元件(SDR 包括可编程接收/发射链、可编程逻辑和嵌入式多核 CPU)现在可以在单个集成电路(IC)中实现,称为 RF 片上系统(RFSoC)[25]。然而,有一些挑战阻碍了 GNSS 接收机广泛采用直接射频采样架构。首先,前端依赖如下所述的一个 ADC,该 ADC 的输入带宽需适应感兴趣的所有射频频带(对于 L 波段 GNSS 约为 1~2GHz),并且其最大采样频率是多载波信号累积带宽的两倍以上[23]。其次,随着流水线模数转换器技术的最新进展,它可以用二次采样模数转换器来实现。对于如此宽的信号范围,很难在所有频率上实现一致的增益。再次,一个频带上的干扰将影响所有其他频带,尽管在 ADC 之前可能执行某种程度的干扰抑制,这无疑将增加系统的复杂性。最后,该设计要求非常高的功耗和大的物理尺寸,因为增益级之间的物理分离在防止振荡方面是最有效的,所有增益都放在射频上(如上所述,GNSS 射频前端要求天线元件和模数转换器之间的增益超过 100dB)。由于这些限制,这种体系结构在实际系统中的用途有限,如文献[24]所述。

14.3.6.4 直接转换到零或低中频

直接转换到零或低中频是一种将所需的射频中心频率转换到零或接近零频率的架构。图 14.14 为该架构的前端框图。对滤波和放大的射频信号直接进行正交模拟下变频,下变频信号是带限的或是经滤波的,经采样以产生零或接近零中频的基带信号,用于后续信号处理。由于限带和抗混叠滤波是在所需信号大约带宽的一半处进行的,因此这些滤波器是具有小 Q 值的 RC 或 LC 滤波器,实现起来非常便宜。增益在射频和半带宽频率之间进行分配。大部分增益可以在后级实现,因此功耗低,易于在芯片上实现。在芯片上不同级之间的增益隔离也更容易实现。中心频率很容易调谐,只需要改变 f_{LO} 和带通滤波器的中心频率。此外,其中没有镜像信号,因为镜像信号和期望信号是相同的。上述特性使该架构非常适合集成,整个射频前端可以集成在单个单片电路中。大多数现代低功率小型化射频前端都采用这种结构,这使便携式 GNSS 设备实现成为可能(就此而言,所有现代便携式无线设备都是如此)。

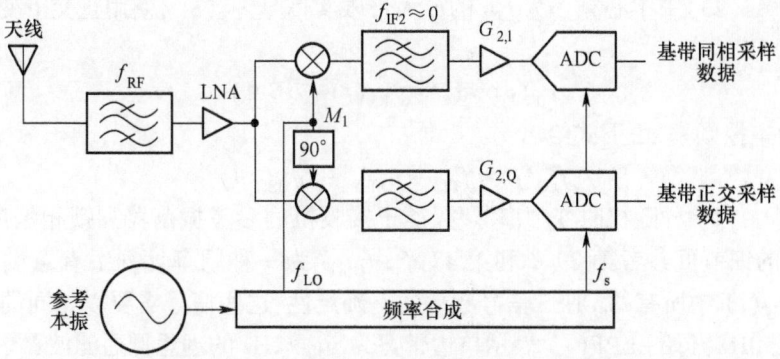

图 14.14 直接转换零中频或低中频前端框图

直接转换到零中频或低中频架构也有一些缺点。它对二阶无源互调失真敏感。混频器射频端的本振耦合会导致较大的直流偏移,由于输出是直接耦合的,因此无法消除。I 和 Q

支路的放大、滤波和采样通道各自独立,会导致 I 和 Q 通道的幅度和相位不平衡,必须使用数字信号处理进行校正。

14.4 射频前端输出信号

根据上面讨论,射频前端执行信号放大、滤波、频率转换及到离散时间和量化幅度的转换。根据射频前端架构,在信号变为解析信号之前,可能会有一个或多个频率转换的正交下变频过程。此外,正交下变频可以在数字化之前或之后进行。不失一般性,以下的描述假设在数字化之前对信号 r_{Ant} 进行单步正交下变频。

由射频前端执行的放大和滤波过程可以建模为

$$r_{FE}(t) = h_{FE}(t) * [G_{FE}r_{Ant}(t) + n_{FE}(t)] \tag{14.21}$$

式中:G_{FE} 为射频前端放大器的有效电压增益;n_{FE} 为射频前端电子设备引入的额外噪声,用接收机整个系统的噪声系数 NF、F_{FE} 表示。仅考虑 $r_{Ant}(t)$ 的噪声成分,来自射频前端的未滤波噪声输出可以用系统噪声系数 NF 表示:

$$G_{FE}n_{Ant}(t) + n_{FE}(t) = F_{FE}G_{FE}n_{Ant}(t) \tag{14.22}$$

然后,

$$r_{FE}(t) = G_{FE}h_{FE}(t) * \left[\sum_{i=1}^{\Gamma} s_{RX,i}(t) + X(t) + F_{FE}n_{Ant}(t) \right] \tag{14.23}$$

式中:h_{FE} 为射频前端脉冲响应函数。在下变频之前,h_{FE} 具有双边带带宽为 B_{FE} 的带通特性。为了方便描述,可以假设 B_{FE} 是 3dB(即半功率)带宽。B_{FE} 通常低于 B_{Ant},是由细分市场和应用决定的重要设计参数。更高的带宽增强了更精确时间估计的能力,从而提高了伪距精度。然而,增加带宽也会增加采样速率和计算次数,从而导致更高的功耗。对于GPS M 码是 BOC(10,5) 调制而设计的接收机,B_{FE} 可能超过 31MHz。对于为了低功耗设计的 GPS L1 C/A 码接收机,B_{FE} 甚至可能明显小于 BPSK-R(1) 调制零点到零点之间的 2.046MHz 带宽。

现在式(14.23)中中心频率为 f_{TX} 的放大带限实信号 $r_{FE}(t)$,使用正交下变频转换为解析信号:

$$r_{IF}(t) = LPF(r_{FE}(t)e^{-j2\pi f_{LO}t}) \tag{14.24}$$

其中,f_{LO} 为本振频率,由下式给出:

$$f_{LO}(t) = f_{TX} - f_{Offset} - \delta f_{OSC}(t) \tag{14.25}$$

式中:$\delta f_{OSC}(t)$ 为一种随机时变频率漂移,源于接收机的参考振荡器和锁相振荡器(PLO),振荡器漂移的细节可参考第 29 章和第 47 章;f_{Offset} 为一种频率计划中有意设置的频率偏移,以保持 $r_{IF}(t)$ 中所有的 GNSS 信号频率的不确定性,这些信号需要以相同的符号进行跟踪,并从接近 0Hz 开始;LPF(·) 表示单边带带宽为 $B_{FE}/2$Hz 的理想低通滤波器。

式(14.24)中描述的以 f_{TX} 为中心频率的实带限接收信号 r_{FE} 与中心频点为 f_{LO} 的正交本振信号的混频操作是理想假设的。实际中,如 14.3.6 节所述,非线性操作会产生不需要的镜像和杂散输出,必须使用适当的频率规划和滤波来将这些影响排除在所需信号之外。混频操作将 r_{FE} 转换为频率为 $f_{TX} + f_{LO}$ 和 $f_{TX} - f_{LO}$ 的两个分量,每个分量的功率为 r_{FE} 的一半。低通滤波器去除高频分量，产生以低中频为中心的分析信号 $r_{IF}(t)$，如式(14.26)所述：

$$r_{IF}(t) = G_{IF} h'_{FE}(t) * \left[\sum_{i=1}^{\Gamma} h'_{SV,i}(t) * h'_{env,i}(t) * s_{IF,i}(t) + X_{IF}(t) + n_{IF}(t) \right] \quad (14.26)$$

其中

$$s_{IF}(t) = s_{IF,I}(t) + s_{IF,Q}(t) \quad (14.27)$$

为来自卫星 i 正交下变频的同相和正交信号分量，由下式给出：

$$s_{IF,I}(t) = A_I [\cos(\omega_{IF} t + \pi W_I(t - \tau_{RX}) + \phi_{RX}) + j\sin(\omega_{IF} t + \pi W_I(t - \tau_{RX}) + \phi_{RX})] \quad (14.28)$$

$$s_{IF,Q}(t) = A_Q \left[\cos(\omega_{IF} t + \pi W_Q(t - \tau_{RX}) + \phi_{RX} + \frac{\pi}{2}) + j\sin\left(\omega_{IF} t + \pi W_Q(t - \tau_{RX}) + \phi_{RX} + \frac{\pi}{2}\right) \right] \quad (14.29)$$

其中，$\omega_{IF} = 2\pi f_{IF}$，并且

$$f_{IF}(t) = f_{Offset} + f_d(t) + \delta f_{OSC}(t) + \delta f_{SV}(t) \quad (14.30)$$

从式(14.28)和式(14.29)中注意到，同相分量领先正交分量 $\pi/2$ (rad)。

正交下变频过程将具有带通特性的传递函数转换为低通特性：

$$H'(f) = H(f - f_{LO}) \quad (14.31)$$

其中，$H,(f) = \mathcal{F}(h(t))$ 为 $h(t)$ 的傅里叶变换。

τ_{RX} 和 ϕ_{RX} 是根据 $r_{IF}(t)$ 估计的参数，随后用于形成每个可见卫星的伪距和载波相位测量值。这些不仅表示自由空间中的信号传播延迟，还包括环境影响(即通过电离层、对流层的传播，以及由 h'_{env} 表示的多径引起的延迟)和前端电子器件(由 h'_{FE} 表示的通带群延迟和变化)引起的延迟。电离层延迟误差可以使用建模或双频测量来估计，在第 31 章中进行介绍。对流层延迟误差可以通过建模(干分量)和气象观测(湿分量)的组合来估计，并在第 30 章中进行描述。伪距和伪距测量中的多径误差可以通过天线选址、天线增益方向图赋形、空间观测技术(如波束形成)以及先进的接收机处理技术(如相关间距选择)来减轻，这些技术将在第 22 章中进行介绍。对于大多数基于码分多址的 GNSS 信号，由前端脉冲响应函数 h'_{FE} 引起的群时延可以认为是共模；唯一的例外是具有短扩频码周期的传统 GNSS 信号(如 GPS C/A)，当 h'_{FE} 在通带中具有显著的群时延变化时，会导致可测量的不同伪码间的伪距误差[26-27]。然而，对于基于频分多址的传统 GLONASS 信号，每个具有不同中心频率的信号在通过高频电子设备时会经历不同的群时延，从而产生伪距偏差。因此，每次 GLONASS 伪距测量都必须针对接收机前端群延迟进行补偿[28]。

如式(14.30)所示，低中频包含有意的频率偏移和所有频率不确定性项的总和，因此 $f_{IF} > 0$。这也说明了由于卫星参考振荡器漂移、卫星到用户视线方向动态产生的多普勒、电离层电子总含量梯度和相位闪烁引起的多普勒效应、多径以及接收机参考振荡器漂移等引起给定信号的频率不确定性都是如何在低中频项 f_{IF} 中进行组合的。因此，信号跟踪过程必须跟踪所有频率不确定性的综合影响，因为它们通常无法分开。然而，如果卫星星历、精确的绝对时间、近似位置和用户动态是可知的(如从惯性测量单元)，则可以计算 $f_d(t)$ 的近似值，从而显著降低需要跟踪的频率不确定性和动态范围。此外，在这种外部辅助模式下，只

要 GNSS 信号是真实的,动态估计误差比 GNSS 多径和电离层误差更能代表外部辅助传感器漂移。因此,这些误差观测值可以用于校正传感器误差,从而获得稳健的高速 PVT 解算。在相关器级执行外部传感器辅助的技术将在第 46 章中进行介绍。

下变频信号的噪声分量可以建模为低通滤波的加性高斯噪声。噪声分布的实部和虚部均为零均值,并且彼此不相关。在没有干扰的情况下,下变频信号 $r_{IF}(t)$ 具有高斯分布,因为它由噪声支配。在 $r_{IF}(t)$ 中 GNSS 信号的存在并不直接明显,然而,在频域中,$r_{IF}(f)=|\mathcal{F}(r_{IF}(t))|$,接收到的窄带信号调制分量的中心谱瓣可以在前端的滤波噪声响应之上区分开来——尤其是在前端带宽较宽且分辨带宽较小的接收机中,如图 14.15 所示。这些窄带信号包括 GLONASS 的 BPSK-R(0.5),GPS L1 C/A 和 L2C 的 BPSK-R(1),以及 GPS L1C 和伽利略 E1 的 BOC(1,1)。从所有接收到的 BPSK-R(1) 和 BOC(1,1) 信号的功率组合在转换后的 L1 频率上产生一个特征频谱峰,如图 14.15 所示。在 GLONASS L1 和 GLONASS L2 频段,在与其频道号相对应的不同频率偏移处,可以看到多个小驼峰(见第 4 章)。该图还显示了当一颗或多颗传统 GPS 卫星广播非标准码时,出现在 L1 噪底上方的特征谱线:+1 和 1 的交替重复模式。

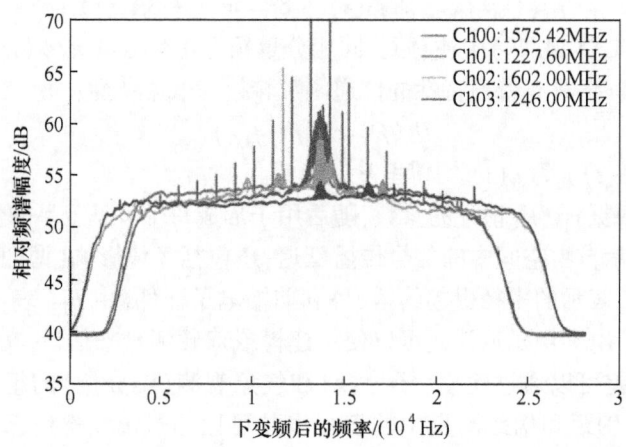

图 14.15 对应于 GPS L1、GPS L2、GLONASS L1 和 GLONASS L2 频段中频信号的百秒平均功率谱密度

根据天线指向位置和视线内天体(影响接收到的天空噪声)以及季节和时间(影响地面噪声和环境温度的热噪声),接收到的噪声可能比标称热噪声水平要高几分贝。对于不是为处理宽数字动态范围而设计的接收机,保持 $r_{IF}(t)$ 的功率电平尽可能恒定很重要,以便产生最佳高斯分布采样(在没有干扰的情况下,宽带高斯干扰除外)。对于这些接收机,估计短期平均输出信号功率,并用于调整反馈环路中的 G_{FE},通常使用模拟控制电压。这个过程叫作自动增益控制(AGC)。

在存在干扰的情况下,当反馈环路试图对接收到的干扰功率进行归一化时,自动增益控制的控制电压通常会经历较大的摆幅。自动增益控制环路的这种行为代表了最简单的带内态势感知形式,即使在最低成本的接收机中也是可用的,并且已经发现在检测干扰和欺骗方面是有效的(假设接收到的欺骗信号比背景噪声功率更强)[29-30]。

放大后,$r_{IF}(t)$ 处于足以被模数转换器采样的功率水平(对于具有 50Ω 输入特性阻抗的离散模数转换器,通常约为 0dBm)。采样过程可以通过以下方式建模:

$$r_{IF}[k] = \text{ADC}(r_{IF}(t))|_{t=kT_s} \quad (k = 0,1,2,\cdots) \tag{14.32}$$

对于 GNSS 处理来说,幅度量化的损失往往很小,因为构成每个相关操作的样本数量相对较大[31]。此外,量化间隔被选择为均匀且不居中,这意味着没有数字值来表示 0V 输入。不需要零状态,因为采样信号是零均值,并且每个样本总是具有可检测的符号,有助于相关操作。然而,采样控制器可以插入零值,以支持采样级相关器消隐[32]。当确定给定样本包含对相关结果有害的干扰时,样本消隐用于防止给定样本包含在相关操作中。

对于隐藏在高斯噪声中的 GNSS 信号,1b、2b 和 3b 量化器(2 级、4 级和 8 级)的量化损失分别为 1.961dB、0.549dB 和 0.166dB[31]。2b 量化器通常用于 GNSS 接收机,因为它代表了可接受的相关损失和逻辑处理(逻辑门)之间的良好平衡。该 2b 量化器的理想模数转换器模型由下式给出:

$$\text{ADC}_{2-\text{bit}}(r) = \text{sign}(r)[1 + 2(|r| > 0.9960\hat{\sigma}_r)] \tag{14.33}$$

该模数转换器产生一组值{ -3,-1,1,3 }。式(14.33)中的 0.9960 比例因子代表最小相关损失的最佳值。信号标准偏差估计 $\hat{\sigma}_r$ 通常来自低成本接收机中的自动增益控制电压。

现代接收机旨在利用具有高动态范围的 ADC(通常为 12b,有效位数至少为 10b(ENOB),产生 60dB 的数字动态范围)来减少干扰样本 $r_{IF}[k]$(参见 14.3.3 节)。在这种情况下,模拟自动增益控制仅在保持前端线性工作的范围内工作。利用模数转换器的全动态范围,可以最大限度地利用各种信号处理技术来识别和减轻干扰。这些技术在图 14.3 所示的态势感知处理器和样本调节器模块中实现。

值得注意的是式(14.26)只考虑了热效应引起的噪声。实际上,前端额外的类似噪声也将导致信噪比降低。其中包括杂散发射和无源互调。

数字化复信号由下式给出:

$$r_{IF}[k] = h'_{FE}[k] * \left[\sum_{i=1}^{\Gamma}(h'_{SV,i}[k] * h'_{env,i}[k] * s_{IF,i}[k]) + X_{IF}[k] + n_{IF}[k] \right] \tag{14.34}$$

其中,对于 2b 符号的幅度编码 ADC:

$$r_{IF}[k] \in \{-3, -1, +1, +3\} \tag{14.35}$$

通常来说,射频前端会依据序列 W 使接收到的卫星信号产生不同程度的失真:

$$r_{IF}(k) = \left[\sum_{i=1}^{\Gamma} h'_{S,i}(k) * s_{IF,i}(k) \right] + \{ h'_{FE}(k) * [X_{IF}(k) + n_{IF}(k)] \}$$
$$= \text{带限接收信号} + \text{带限干扰信号} \tag{14.36}$$

其中

$$h'_{S,i} = h'_{SV,i} * h'_{env,i} * h'_{FE,i} \tag{14.37}$$

14.5 相关处理

14.5.1 相关输出

数字采样信号 $r_{IF}[k]$ 中包含的 GNSS 信号低于本底噪声,因此无法直接观测。接收机

通过将 $r_{IF}[k]$ 与本地生成的复制信号 $\hat{s}_{IF}[k]$ 进行相关操作来跟踪期望的信号。相关输出随后用于表示 $\hat{s}_{IF}[k]$ 与埋藏在 $r_{IF}[k]$ 中的真实信号 $s_{IF}[k]$ 的对齐程度。这些带有噪声的信号参数随后被滤波,并用于估计视线方向信号的动态,用规则的间隔操纵本地复制的信号,以使其尽可能地接近真实信号。接收机还使用相关输出来计算 C/N_0 和其他信号质量参数,这些参数可以表示本地复制信号与真实信号的对准程度,以及评估测量信号参数的统计误差界限。当满足精确对准和置信度的标准时,接收机处理 $\hat{s}_{IF}[k]$ 为距离测量。需要注意的是,在整个过程中,接收机始终无法直接看到真实信号 $s_{IF}[k]$,它仍然隐藏在 $r_{IF}[k]$ 的噪声中。顺便说一句,直接观测地球本底噪声以上 GNSS 信号的唯一方法是利用高增益碟形天线。本节描述对前端数字采样信号 $r_{IF}[k]$ 中进行的数字信号处理,以获得其中包含的 GNSS 信号的距离测量和信号质量指标。

不失一般性,假设接收机计划跟踪来自式(14.34)的数字采样信号 $r_{IF}[k]$ 来自 SV_i 接收信号的同相分量,那么相关运算由下式给出:

$$\text{Corr}_{i,I}[n] = \sum_{k=Nn}^{N(n+1)-1} r_{IF}[k]\hat{s}_{IF,i,I,n}[k] \quad (n=0,1,2,\cdots) \tag{14.38}$$

式中:n 为离散时间历元,其中 N 个样本块是相关的,并且返回结果输出用于信号参数估计。因此,与此积分清除操作相关的时间间隔称为预检测积分间隔 T_{pdi}:

$$T_{pdi} = NT_s \tag{14.39}$$

对应于在历元 n 产生的卫星号为 SV_i 的本地复制同相信号分量由下式给出

$$\hat{s}_{IF,I,n}[k] = C_I'(f_C + \alpha^{-1}\hat{f}_{d,n}, kt_s - \hat{\tau}_n)e^{-j2\pi\hat{f}_{IF,n}kt_s + \hat{\phi}_n} \tag{14.40}$$

式中:$\hat{\tau}$、$\hat{f}_{IF}$、$\hat{\phi}$ 分别为接收机的码相位、载波频率偏移、载波相位估计,$\hat{f}_{IF} = f_{Offset} + \hat{f}_d$。在大多数传统的 GPS 接收机中,这些估计值在预检测积分间隔 T_{pdi} 范围内是恒定的,这使输入信号动态在此时间间隔内假设基本上是恒定的。然而,对于信号动态很大的星载接收机或预检测积分间隔为 1s 量级的高灵敏度接收机等应用,可能需要多次参数更新,以保证本地复制信号与接收信号充分对齐。对此,假设接收机给定的预检测积分 T_{pdi} 间隔 n 与式(14.6)中的低速率调制的数据 D_I' 的符号转变是对齐的。实际上,只有当接收机已经实现符号同步时,才是正确的。

给定式(14.36)的采样信号模型,式(14.38)的相关输出(现在推广到同相或正交信号分量)可以表示为四个分量的总和:① Corr_{SV_i}:与期望的 GNSS 信号分量的相关性;② Corr_Y:与同一卫星载波信号上的其他信号调制分量的互相关性,以及与可能存在于 $r_{IF}[k]$ 中的其他接收的 GNSS 信号和/或欺骗信号的互相关性;(3) Corr_X:与干扰信号的相关性;④ Corr_{noise}:与噪声的相关性。

$$\text{Corr}_i = \text{Corr}_{SV_i} + \text{Corr}_Y + \text{Corr}_X + \text{Corr}_{noise} \tag{14.41}$$

互相关、欺骗和干扰对相关输出有不同类型的影响,并最终影响所需的信号捕获和跟踪。这些分别将在第 10 章、第 24 章和第 25 章中进一步描述。

假设接收机对码相位和载波频率的初始估计接近于期望信号的估计,则在历元 n 来自卫星 SV_i 的 GNSS 期望信号相关输出由下式给出:

$$\text{Corr}_{SV_i}(n) = A_n D_n'[h_{s,i}' * R(\delta\hat{\tau}_n)]\frac{\sin(\pi \cdot \delta\hat{f}_n NT_s)}{\pi \cdot \delta\hat{f}_n NT_s}[\cos(\delta\hat{\phi}_n) + j \cdot \sin(\delta\hat{\phi}_n)] = I_{SV_{i,n}} + jQ_{SV_{i,n}}$$

$$\tag{14.42}$$

式中：A_n 为间隔 n 期间的平均接收信号电平；$R(\delta\hat{\tau}_n)$ 为任意 τ_{RX} 相位处的期望信号扩频序列的 N 个样本与本地复制信号序列的相关性，该序列具有频率估计值 $f_C + \alpha^{-1}f_d$ 和码相位估计 $\hat{\tau}_n$：

$$R(\delta\hat{\tau}_n) = \sum_{k=Nn}^{N(n+1)-1} C'(f_C + \alpha^{-1}f_d, kt_s - \tau_{RX})C'(f_C + \alpha^{-1}\hat{f}_{d,n}, kt_s - \hat{\tau}_n) \quad (14.43)$$

由式(14.8)可知，只要 D' 的符号在积分区间内保持不变，当 $\delta\tau > 1$ 时 $|R(\delta\tau)| \cong 0$。否则，$|R(\delta\tau)|$ 随 N 线性增加。如果 D' 的符号在该间隔期间的任何时间发生变化，则增加的相关幅度将开始减小，这就是相关间隔需要与 D' 的符号变化精确对齐的原因。在初始信号捕获和跟踪牵引阶段，该信息通常是未知的。

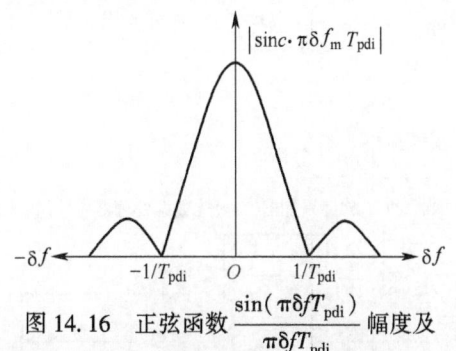

图 14.16　正弦函数 $\dfrac{\sin(\pi\delta fT_{pdi})}{\pi\delta fT_{pdi}}$ 幅度及

其零点到零点的带宽依赖预检测积分间隔 T_{pdi} 的示意图

必须使用符号同步技术与 D' 进行对齐。还需要注意的是，由于与脉冲响应 $h'_{S,i}$ 的卷积，Corr_{SV_i} 的相关函数 $R(\delta\tau)$ 是带限的。

式(14.42)中的正弦函数是由两个正弦曲线的相关性产生的。图 14.16 显示了在接收信号和本地复制信号之间的积分时间间隔内，平均频率误差 δf 的响应函数。该 sinc 函数零点到零点的带宽与预检测积分间隔成反比。因此，积分间隔越长，接收机跟踪动态信号的频率精度 $\hat{f}$ 就越高。

式(14.42)和式(14.43)表明，只要本地复制信号与接收信号对齐，相关功率就会随 N^2 增加：$I_{SV_i}^2 + Q_{SV_i}^2 \propto N^2$。

样本流 $r_{IF}[k]$ 的本地复制信号与带限噪声的相关性由下式给出：

$$\text{Corr}_{\text{noise}}(n) = \sum_{k=Nn}^{N(n+1)-1} [h'_{FE}(k) * n_{IF}(k)]\hat{s}_{IF,i,I,n}(k) \quad (n = 0,1,2,\cdots = I_{\text{noise},n} + jQ_{\text{noise},n})$$

(14.44)

实部和虚部不相关：$\text{Cov}(I_{\text{noise}}, Q_{\text{noise}}) = 0$。与信号功率随 N^2 增加不同，噪声相关功率随 N 增加：$I_{\text{noise}}^2 + Q_{\text{noise}}^2 \propto N$。因此，信噪比与预检测积分时间（也称为相干积分时间）成正比。

14.5.2　硬件和软件相关器

一般来说，由于 f_s 相对较高，初始相关操作在硬件中实现。通常，硬件积分时间为 1ms。

这是在硬件相关器（SMP 内）中执行的，如图 14.17 所示。请注意，在完全基于软件的 GNSS 接收机中，1ms 的相关是使用高度优化的实现来执行的，利用了多个 CPU 内核和/或线程、单指令、多数据（SIMD）矢量指令、逐位并行技术、通用图形处理单元（GPGPU）及其组合实现。在这里使用术语"硬件相关器"来指代这个操作的恒定间隔组件，而不是实现方法。硬件相关后，输出到软件，在软件中可以进行连续的硬件相关输出累加，以 1ms 为增量延长预检测时间。这些软件累加的输出称为窄带或相干累加。

$$T_{HW} = N_{HW} T_s = 0.001 \text{s} \tag{14.45}$$

$$I_{NB,m} = \sum_{m=Mn}^{M(n+1)-1} I_{WB,n} \quad (m=0,1,2,\cdots)$$

$$Q_{NB,m} = \sum_{m=Mn}^{M(n+1)-1} Q_{WB,n} \quad (m=0,1,2,\cdots) \tag{14.46}$$

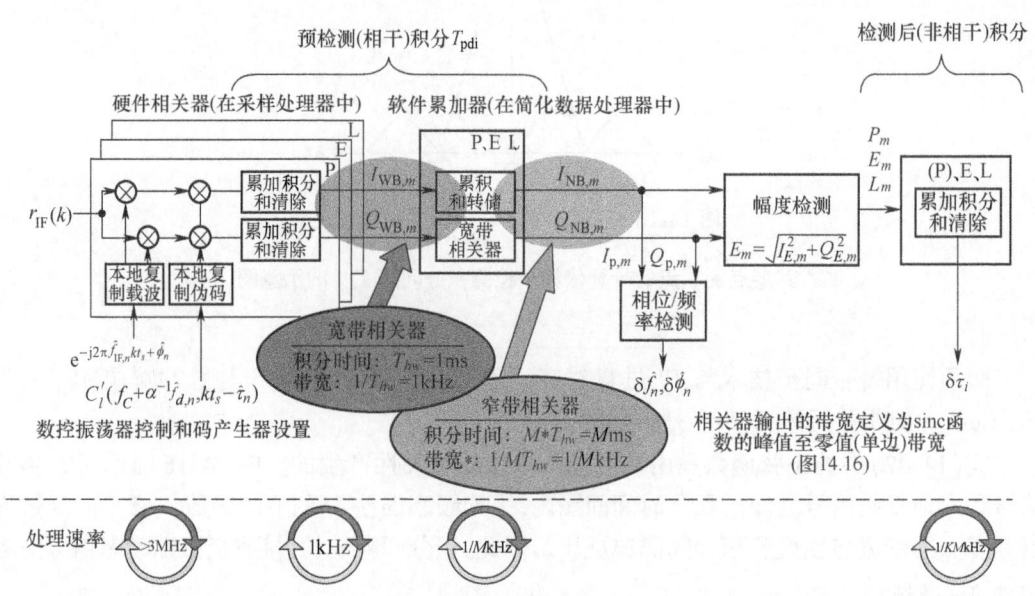

图 14.17　说明硬件相关器如何进行 1ms 积分清零，以及软件如何进一步进行相干积分操作，以根据信号动态条件调整预检测积分时间（如高动态与高灵敏度模式）。相干积分输出被检测以产生载波相位/频率和包络鉴相。在码环鉴相之前，包络被进一步进行非相干积分

相干相关输出用于检测接收信号相对于复制载波（$\delta \hat{f}_n$、$\delta \hat{\phi}_n$）的载波频率和/或相位偏差以及与及时、提前和延迟本地复制伪码的相关峰。对于 K 个预检测积分间隔，检测到的相关包络被进一步累积并被清零。这就是非相干积分，进一步提高了信噪比。这些非相干的及时、提前和延迟相关输出用于计算相对于复制码发生器的码相位偏差（$\delta \hat{\tau}_n$）。代替相关包络，一些接收机可以检测并使用相关功率来进行码跟踪：$E_m = I_{E,m}^2 + Q_{E,m}^2$。接收机还使用各种技术来减少信号跟踪所需的硬件累加器的总数。例如，计算 $\delta \hat{\tau}_n$ 所需的 E–L 函数不是处理单独的早码和晚码相关器输出，而是从复制码发生器导出的，并应用于单个复数相关器。第 18 章和第 15 章分别详细讨论了相干和非相干积分增益/限制以及信号跟踪技术。

14.5.3 C/N_0 估算

C/N_0 是一个重要的信号质量指标。有两种常用的方法来计算 C/N_0:功率比法(PRM)和方差求和法(VSM)[33-35]。虽然这两种方法对标称信号产生类似的估计,但众所周知,在较高的 C/N_0 电平时,功率比法表现出饱和的迹象,而对于功率电平快速波动的信号,方差求和法性能下降得更多。文献[36]将这两种方法应用于在平静和活跃电离层闪烁条件下,使用传统和高增益天线收集的几组数据,来说明这两种方法的不足。

两种方法都使用相关输出来估计 C/N_0。PRM 方法首先计算宽带和窄带功率:

$$P_{\text{WB}} = \sum_{m=1}^{M} (I_{\text{WB},m}^2 + Q_{\text{WB},m}^2) \tag{14.47}$$

$$P_{\text{NB}} = I_{\text{NB}}^2 + Q_{\text{NB}}^2 \tag{14.48}$$

归一化功率由下式给出:

$$\text{NP}_k = \frac{P_{\text{NB},k}}{P_{\text{WB},k}} \tag{14.49}$$

然后在 K 个连续的归一化功率值上获得平均归一化功率:

$$\mu_{\text{NP}} = \frac{1}{K} \sum_{k=1}^{K} \text{NP}_k \tag{14.50}$$

通常,在稳态跟踪中,M 设置为 20,K 设置为 50,以产生 1Hz C/N_0 计算的更新速率。C/N_0 由下式给出:

$$C/N_0 = 10 \log\left(\frac{\mu_{\text{NP}} - 1}{T_{\text{WB}}(M - \mu_{\text{NP}})}\right) (\text{dB} - \text{Hz}) \tag{14.51}$$

方差求和法使用以下公式计算平均载波功率:

$$P_C = \sqrt{\bar{Z}^2 - \sigma_Z^2} \tag{14.52}$$

式中:$\bar{Z}^2$ 为在累积时间周期 T_{accu} 内 I 和 Q 相关器输出序列的平均;σ_Z^2 为标准偏差:

$$\bar{Z} = \frac{1}{K} \sum_{k=1}^{K} (I_k^2 + Q_k^2) \tag{14.53}$$

$$\sigma_Z^2 = \frac{1}{K-1} \sum_{k=1}^{K} (Z_k - \bar{Z}) \tag{14.54}$$

基于噪声累积的方差 I 和 Q 支路噪声功率:

$$\sigma_{\text{IQ}}^2 = \frac{1}{2} \sum_{k=1}^{K} (\bar{Z} - P_C) \tag{14.55}$$

基于 P_C 和 σ_{IQ}^2 计算 C/N_0:

$$C/N_0 = 10 \log\left(\frac{P_C}{2 T_{\text{accu}} \sigma_{\text{IQ}}^2}\right) (\text{dB} - \text{Hz}) \tag{14.56}$$

14.6 通道控制状态机

图 14.18 为通道控制状态机的状态图。状态显示在左侧的框图中,而每个状态的功能在右侧进行了总结和解释。关于图中描述过程的详细讨论可以参考其他章节。

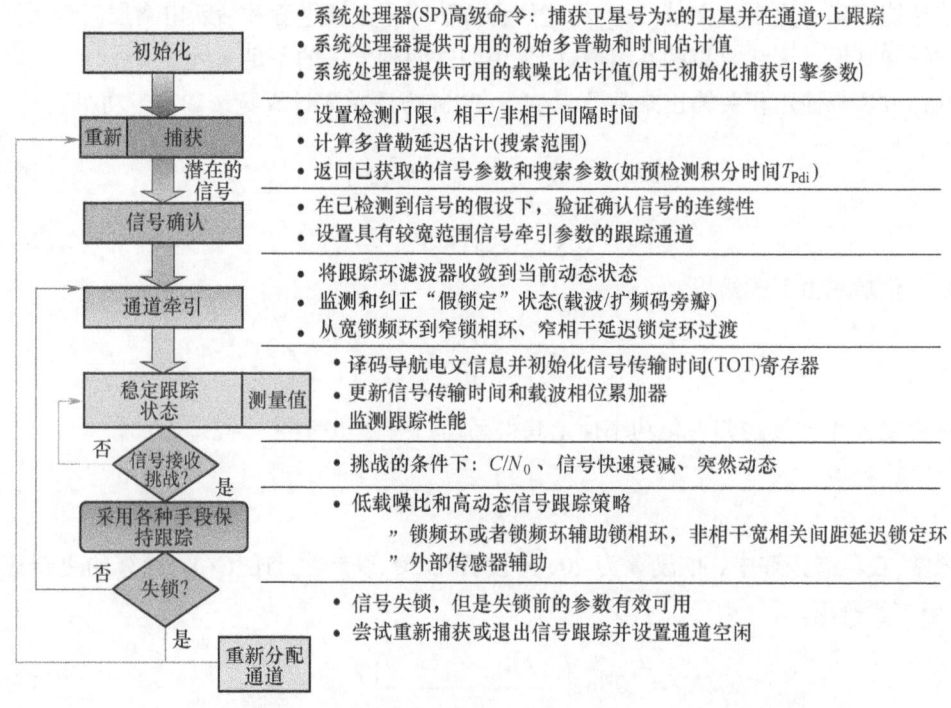

图 14.18 GNSS 接收机信号捕获和跟踪通道控制状态机的典型流程图

图表中描述的过程可以在其他章节中找到。例如,第 18 章讨论了信号捕获,信号跟踪环路,如锁频环(FLL)、锁相环(PLL)和锁频环辅助锁相环将在第 15 章中讨论。惯性辅助在第 46 章中介绍。其他功能,如位同步和帧同步、从锁频环和锁相环跟踪中提取原始信息、帧头确定、数据译码、奇偶校验/循环冗余校验、前向纠错和伪距计算,都是众所周知的简单过程[37]。

14.7 相关器和跟踪通道时序

GNSS 接收机中有几个时间基准。本节描述了它们是什么,是如何生成的,以及它们是如何相互作用的。图 14.19 显示了典型的低通道数 GNSS 接收机中的时序电路。在这种类型的接收机中,采样处理器(SMP)和数据处理器(RDP)之间的数据交互使用可编程输入/输出(PIO)接口进行。这种类型的接口执行映射到微处理器输入/输出地址空间的单个寄存器读/写操作。尽管 PIO 接口是双向的,但为了清晰起见,图 14.19 显示了独立的读写数据总线。

为了避免符号变化造成的损失,跟踪通道(在 SMP 内)中的相关间隔必须与输入信号数据和/或子码符号边界对齐。这些积分间隔,称为卫星时间历元,是从复制码生成器中产生的。由于到每颗卫星的距离是动态变化的,因此卫星时间历元与接收机时间历元是不同步的。

由于计算 PNT 定位是基于给定时刻的三边测量原理,每个可见卫星的距离必须基于精确相同的接收机时刻进行测量。这些接收机时间周期是从接收机的参考振荡器中获得的,通常是通过将采样时钟除以一个整数值获得的。需要注意的是,与 GNSS 系统时间相比,参考振荡器不是一个精确的时间源。因此,接收机产生的任何精确时间输出(如每秒脉冲数、PPS、输出)都是通过补偿振荡器的偏差和漂移特性来合成的,这些特性在 PNT 解确定后变得已知。在大多数接收机中,基准振荡器本身是自由运行的,从不调整,这样就会以不可预测的方式影响接收机特性。接收机历元计数表示接收机时间,可直接读入软件并转换为所需的绝对时间刻度。如图 14.19 所示,接收机将所有通道的复制码和载波状态锁存到保持寄存器中,这些寄存器可以通过 PIO 接口读取。这些值代表计算原始距离测量所需的最高分辨率成分,它们分别是自上次初始化以来累积的卫星发射时间 和载波周期。

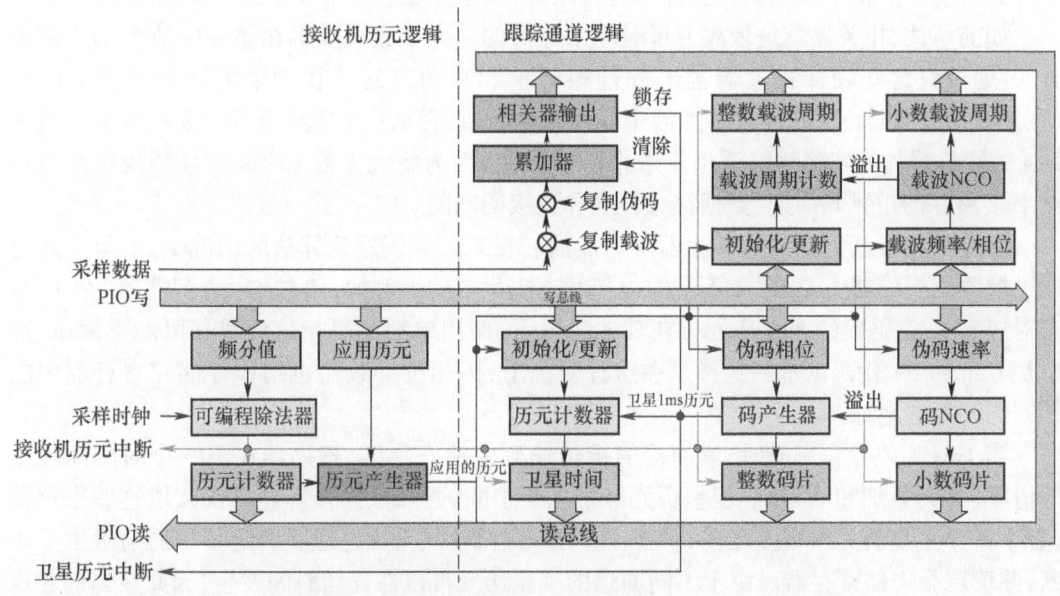

图 14.19　采用 PIO 接口的 GNSS 接收机时间电路

当这些值被锁存时,会产生一个中断,提示软件尽快(即在下一个中断之前)读取它们。读取数值并计算一组原始测量值,通常在中断服务程序(ISR)中进行。图 14.19 显示了一个可编程可用于设置接收机历元间隔的计数器。这通常设置为接收机测量值的更新率。

读取相关器输出并产生数控振荡器(NCO)速率控制命令的软件跟踪算法在数据处理器(RDP)内处理。该模块中的嵌入式微处理器通常由不同的(通常是低质量的)晶体振荡器提供时钟。一般来说,软件处理周期和接收机时间周期之间没有时序关系。

通道初始化时,写寄存器配置其主码 PRN、初始码相位和载波/码速率。假设复制码相位和载波多普勒大致对准,输入信号通过此后仅调整载波和码 NCO 的速率牵引进入跟踪阶段。

在早期的GNSS接收机中,写入寄存器的值立即生效。这些接收机使用相同的通道,通过使用串行搜索技术进行捕获。捕获算法设置码相位,载波多普勒(以及可选的根据载波多普勒辅助的码多普勒)并观察相关器输出的滞留时间。检测到相对较高的相关器幅度意味着输入信号参数的近似对准。然后,软件立即过渡到牵引和跟踪阶段。GP2021 12通道相关器就是这种应用技术的一个例子(见GP2021数据手册,网址为https://www.digchip.com/datasheets/parts/datasheet/537/GP 2021-pdf.php)。

当使用单独的捕获和跟踪资源时,对于一个精确已知的参考历元需要进行码相位初始化(由于在启动时没有其他精确的时间可用,因此这必然是接收机时间)。这样,当捕获资源产生相关峰值时,可以计算出与输入信号对准的复制码相位,并将其设置到可用跟踪信道的码产生器中。图14.19显示了如何应用历元生成器完成此操作的细节。该单元被设置为与未来接收机历元输出一致的单次"应用指令"。这种机制也可用于通过软件修改卫星历元控制器的状态,以便将它们与卫星发射时间对齐。或者,该计数器不被调整,但是将计数与卫星时间对齐的偏移被记录并在软件中应用。请注意,载波周期计数器通常在锁存前一个计数后清零。整个周期是在软件中进行累加,以避免在硬件中要求进行宽范围的计数。

如前所述,相关器总是依靠卫星时间来运行的。大多数接收机在硬件中执行1ms的积分,并通过对这些硬件相关器输出进行相干求和来动态延长软件中的预检测积分时间(图14.17)。这避免了在硬件累加器中积累大的数值,否则这将需要额外的逻辑资源。这种1ms的硬件累加方案将继续适用于未来的接收机,因为绝大多数GNSS信号结构定义了可被1ms整除的扩频码周期、数据符号长度和二级码间隔。

卫星的1ms历元是从码产生器中生成的。在短扩频码序列算法的情况下,卫星历元是通过检测码生成器中PRN数不变的内部状态来生成的。例如,10位G1寄存器的"全1"状态对应于C/A码族的1ms历元。在其他情况下,使用单独的码相位计数器可能更简单,这也是Galileo E1伪码的唯一选择。在这种情况下,码相位计数器也用作存储在寄存器中的扩频码序列的地址。

当1ms相关操作完成时,累加器值被传输到保持寄存器,累加器在下一个时间间隔立即清零(称为累加和清零)。卫星历元触发一个中断,通知数据处理器尽快读取这些寄存器(在下一个卫星历元被覆盖之前)。当卫星历元中断发生时,处理器确定哪个通道触发了中断,并读取相应的寄存器。由于不同通道的卫星历元可以在任何时间发生,因此在当前通道被服务时,可以接收额外的中断。中断逻辑可根据实际情况进行处理。例如,当中断服务程序从一个通道读取完寄存器后,它会检查"中断标记"寄存器,以获得可能已经发生的其他中断,并在返回之前继续从这些通道读取数据。一般来说,对于包含相对较少通道的接收机,这种重叠中断问题是可以处理的。

现代GNSS接收机可灵活使用一百多个通道(在多个频率跟踪所有可见的GNSS卫星和SBAS信号时),每个通道包含多个相关器输出。在这种情况下,PIO接口可能不适合,因为需要逐个执行大量寄存器读/写操作。此外,产生的大量异步卫星历元中断可能变得过于复杂,难以有效管理。在这种情况下,诸如直接存储器存取(DMA)的突发传输接口更合适。对于DMA,操作系统会提前分配并锁定内存段,以防止它们被缓存。处理器能够随时读写这些物理内存地址。然而,数据在这些存储区域之间的快速顺序传输是由直接存储器存取控制器管理的,不需要处理器参与。在全双工模式下,读和写DMA传输可以同时进行。

图 14.20 显示了采用突发传输模式的 GNSS 接收机时序电路。在这里,SMP 和 RDP 之间的数据在由接收机 1ms 历元触发的快速全双工突发中进行交换。SMP 中的 DMA 控制器管理传输(总线主控器),传输中没有 RDP 中央处理器的参与。事实上,在此期间,RDP 可能正在处理前一个历元的数据,并写入将在下一个历元传输到 SMP 的 DMA 上传存储区域数据。随着持续传输数据,会发出延迟中断,通知软件有新数据可用(通常先传输相关器输出的数据)。

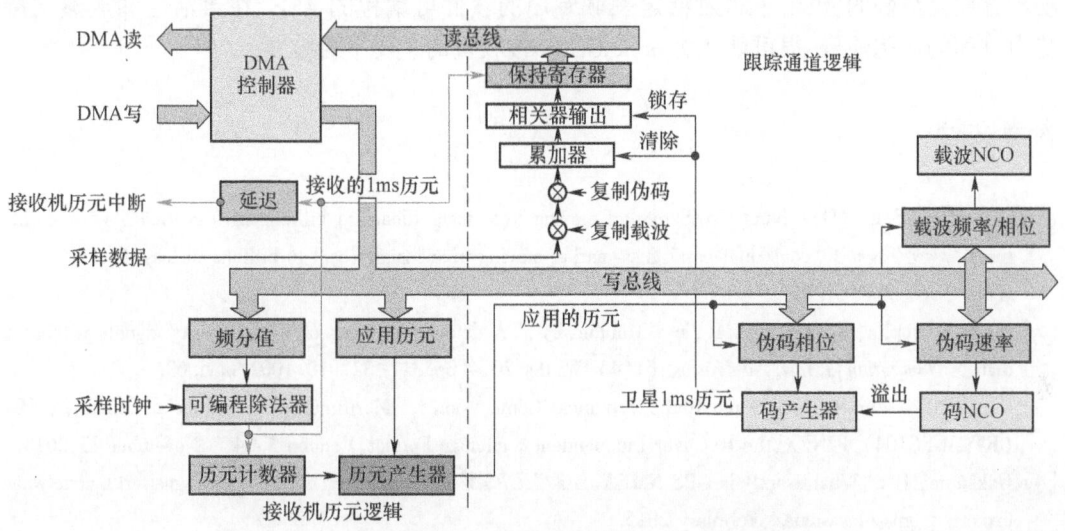

图 14.20　采用突发传输接口的 GNSS 接收机时序电路

与基于 PIO 的实现相比,SMP 和 RDP 之间使用单个中断实现 1ms 数据交换显著简化了硬件/软件交互,并且还消除了对一些硬件资源的需求。例如,硬件中的所有载波和复制码状态在软件中都是完全确定的。因此,信号发射时间和积分多普勒/载波相位可以在软件中计算,而不需要复制码状态计数器和寄存器。(注:对于应用 NCO 更新接收机历元的 PIO 体系结构,这种说法也成立,如图 14.19 所示。然而,如前所述,并不是所有的接收机都能实现这种技术。)

用于传输相关器输出的 DMA 方法代表了 PIO 方法和直接存储器存取方法之间最显著的变化。由于 DMA 控制器读取单个相关器输出需要一些时间,因此有可能获得相邻卫星历元的值,这是通过将相关器输出再次记录到卫星历元来防止的。由于卫星运动导致卫星历元滑过接收机历元,因此在接收机 1ms 间隔内可能没有或有两个相关器清零。然而,这些事件很少发生(对于 MEO,大约每隔几十分钟,取决于多普勒),并且可以通过软件进行补偿。

14.8　结论和未来展望

GNSS 接收机已广泛覆盖。本章的目的是提供 GNSS 接收机发展的历史和前瞻性观点。将研究文献中没有涉及的一些基本概念、实用设计分析和应用场景提供给读者。本书的其他章节(第 15 章~第 18 章)将对接收机信号处理进行深入的数学处理,如捕获和跟踪。自早期的 GPS 接收机问世以来,其他常规处理(如位/帧同步、导航数据提取和伪距测量)并没有太大的发展。读者可以参考这些主题章节中提供的参考资料。

在过去几十年里,GNSS 接收机已经发展成为高度专业化和定制化的应用。GNSS 接收机未来的趋势是由专用且持续不同的需求及确保有效的传感器集成共同驱动的。这样的需求将有利于更开放的架构和标准化。虽然定制专用集成电路(ASIC)已被证明在性能和低功耗方面是最好的,也由于高效特定领域专用的软件可编程的 ASIC 在灵活性和成熟支持能力方面的应用前景,很可能成为未来 GNSS 接收机的主要平台技术。

参考文献

[1] GPS World Staff, "Dual-band GNSS market moving from insignificant to billions in less than 5 years," https://www.gpsworld.com/dual-band-gnss-market-moving-from-insignificant-to-billions-in-less-than-5-years/, December 6, 2018.

[2] York, J., Joplin, A., Bratton, M., and Munton, D., "A detailed analysis of GPS live-sky signals without a dish," *Navigation*, *J. Inst. Navigation*, 61(4), Winter 2014, pp. 311–322. 10.1002/navi.69.

[3] IGS RINEX Working Group and Radio Technical Commission for Maritime Services Special Committee 104 (RTCM-SC104), RINEX, the Receiver Independent Exchange Format, Version 3.04," November 23, 2018.

[4] Gakstatter, E., "What exactly is GPS NMEA data?" *GPS World Magazine*, https://www.gpsworld.com/what-exactly-is-gps-nmea-data/, February 2015.

[5] RTCM Special Committee No. 104, RTCM Standard 10403.3, Differential GNSS (Global Navigation Satellite Systems) Services - Version 3, October 7, 2016.

[6] Filler, R. L., "The acceleration. Sensitivity of quartz crystal oscillators: A review," *IEEE Trans. Ultrasonics, Ferroelectrics, & Frequency Control*, 35(3), 297–305, doi:10.1109/58.20450, May 1988.

[7] Interface Control Working Group, IS-GPS-200, https://www.gps.gov/technical/icwg/IS-GPS-200K.pdf, Updated June 2019.

[8] Zhang, X. M., Zhang, X., Yao, A., and Lu, M., "Implementations of constant envelope multiplexing based on extended interplex and inter-modulation construction method," *Proc. ION ITM*, 893-900, Nashville, TN, September 2012.

[9] Dafesh, P. A., "Coherent adaptive subcarrier modulation method," US Patent 6,430,213, 2002.

[10] Dafesh, P. A., Nguyen, T. M., and Lazar, S., "Coherent adaptive subcarrier modulation (CASM) for GPS modernization," *Proc. ION NTM*, 649–660, San Diego, CA, January 1999.

[11] Dafesh, P. A. and Cahn, C. R., "Phase-optimized constantenvelope transmission (POCET) modulation method for GNSS signals," *Proc. ION GNSS*, 2860–2866, Savanna, GA, September 2009.

[12] Misra, P. and Enge, P., *Global Positioning System: Signals, Measurements, and Performance*, revised 2nd Ed., GangaJamuna Press, 2006.

[13] Van Diggelen, F., *A-GPS: Assisted GPS, GNSS and SBAS*," Artech House, 2009.

[14] Frisis, H. T., "Noise figures of radio receivers," *Proc. IRE*, 32(7), 419–422, 1944.

[15] Karki, J., "Calculating noise figure and third-order intercept in ADCs," *Analog Applications Journal*, 4Q, 2003.

[16] Browne, J., "Understanding dynamic range," Microwave & RF, https://www.mwrf.com/test-and-measurement/understanding-dynamic-range, February 2011.

[17] Tsui, J. B. Y., *Fundamentals of Global Positioning System Receivers*, Wiley & Sons, 2004.

[18] Kou, Y. and Morton, Y., "Oscillator frequency offset impact on software GPS receivers and correction algorithms," *IEEE Trans. Aero. Elec. Sys.*, 49(4), 2158-2178, 2013.

[19] Aigner, R, "SAW and BAW technologies for RF filter applications: A review of the relative strengths and weaknesses," *Proc. 2008 IEEE Ultrasonic Sym.*, 10.1109/ULTSYM.2008.0140, 2008.

[20] Guerrero, J. M. and Gunawardena, S., "Characterization of timing and pseudorange biases due to GNSS front-end filters by type, temperature, and Doppler frequency," *Proc. 2017 International Technical Meeting of The Institute of Navigation*, pp. 418-444, Monterey, California, January 2017, https://doi.org/10.33012/2017.14911.

[21] Ahmed, I., *Pipelined ADC Architecture Overview*, Springer, 2010.

[22] Akos, D. M. and Tsui, J. B. Y., "Design and implementation of a direct digitization GPS receiver front end," *IEEE Trans. Microwave Theory Tech.*, 44(12), 2334-2339, 2002.

[23] Psiaki, M. L., Powell, S. P., Jung, H., and Kintner, P. M., "Design and practical implementation of multifrequency RF front ends using direct RF sampling," *IEEE Trans. Microwave Theory Tech.*, 53(10), 3082-3089, 2005.

[24] York, J., Little, J., and Munton, D., "A direct-sampling digital-downconversion technique for a flexible, low-bias GNSS RF front-end," *Proc. 23rd International Technical Meeting of the Satellite Division of The Institute of Navigation (ION GNSS 2010)*, pp. 1905-1918, Portland, OR, September 2010.

[25] Rajan B., "Introducing RFSoC," EDN, March 14, 2017. https://www.edn.com/electronics-blogs/out-of-this-world-design/4458132/Introducing-RFSoC.

[26] Phelts, R. E. and Akos, D. M., "Nominal signal deformations: Limits on GPS range accuracy," *Proc. Int. Sym. GNSS/GPS*, Sydney, Australia, 2004.

[27] Gunawardena, S. and van Graas, F., "GPS-SPS Inter-PRN pseudorange biases compared for transversal SAW and LC filters using live sky data and ChipShape Software receiver processing," *Proc. 2015 International Technical Meeting of The Institute of Navigation*, pp. 393-403, Dana Point, California, January 2015.

[28] Pisoni, F. and Mattos, P. G., "Correction of pseudorange errors in Galileo and GLONASS caused by biases in group delay," *Proc. 6th ESA Workshop on Satellite Navigation Technologies (Navtech 2012) & European Workshop on GNSS Signals and Signal Processing*, 1-7, Noordwijk, doi: 10.1109/NAVITEC.2012.6423041, 2012.

[29] Bastide, F., Akos, D., Macabiau, C., and Roturier, B., "Automatic gain control (AGC) as an interference assessment tool," *Proc. ION GPS/GNSS*, 2042-2053, Portland, OR, 2003.

[30] Akos, D. M., "Who's afraid of the spoofer? GPS/GNSS spoofing detection via automatic gain control (AGC)," *Navigation, J. Inst. Navigation*, 59(4), 281-290, 2012.

[31] Hegarty, C. J., "Analytical model for GNSS receiver implementation losses," *Navigation, J. Inst. Navigation*, 58(1), 29-44, Spring 2011.

[32] Hegarty, C. J., van Dierendonck, A. J., Bobyn, D., Tran, M., Kim, T., and Grabowski, J., "Suppression of pulsed interference through blanking," *Proc. IAIN World*, 2000.

[33] Sharawi, M. S., Akos, D. M., and Aloi, D. N., "GPS C/N_0 estimation in the presence of interference and limited quantization levels," *IEEE Trans. Aero. Elec. Sys.*, 43(1), 227-237, 2013.

[34] Psiaki, M. L., Akos, D. M., and Thor, J., "A comparison of direct RF sampling and down-covert & sampling GNSS receiver architectures," *Proc. ION GPS*, 1941-1952, Portland, OR, 2003.

[35] Van Dierendonck, A. J., "GPS Receivers," in *Global Positioning System: Theory and Applications* (B. W. Parkinson, J. J. Spilker, P. Axelrad, and P. Enge, eds.), Vol. 1, AIAA, 1996.

［36］Morton, Y., Xu, D., Bourne, H., Breitsch, B., Taylor, S., van Graas, F., and Pujara, N., "Ionospheric scintillation observations in Singapore using a high gain antenna and SDR," *Proc. Pacific PNT*, 866-875, Honolulu, HI, May 2017.

［37］ESA Navipedia website, "Data Demodulation and Processing," 2011. https://gssc.esa.int/navipedia/index.php/Data_Demodulation_and_Processing.

本章相关彩图，请扫码查看

第15章　GNSS接收机信号跟踪

Y. T. Jade Morton R. Yang, B. Breitsch
科罗拉多大学(波尔德),美国

各种 GNSS 接收机信号跟踪算法已经得到了广泛的研究和实现。关于 GPS/GNSS 接收机基本原理也有几种经典的处理方法(例如,参见文献[1-4])。本章旨在综合概述 GNSS 信号跟踪基本原理及提高灵敏度、鲁棒性和精度性能的先进信号跟踪技术的最新发展。本章将从信号跟踪的目标入手,随后对闭环跟踪系统进行概念描述,然后简要介绍码延迟锁定环(DLL)的常规处理方法。载波跟踪是一个更具挑战性和研究更为深入的主题。本章将总结传统的锁相环(PLL)设计。通过跟踪仿真 GPS L1 信号来说明传统的 DLL 和 PLL 技术在实现中的概念。在传统的 PLL 描述之后,我们提出了一种基于状态空间的反馈控制理论,以证明一些流行的载波跟踪环路实现在本质上是等效的。讨论了使用比例积分滤波器(PIF)、维纳滤波器(WF)和卡尔曼滤波器(KF)实现的 PLL。针对微弱信号和动态平台的接收机,提出了载波跟踪的优化策略,并对其性能进行了分析。最后,总结了频间辅助的最新进展。读者可以从作者网站上下载用于生成示例实现的代码和数据[5]。

15.1　GNSS 接收机信号跟踪环路目标

GNSS 信号跟踪的目的是对信号码和载波相位进行连续、准确的估计,然后利用这些估计获得信号到达接收机的时间(TOA)。跟踪环路同时可以完成导航数据位边沿的检测,这对导航数据解码至关重要。TOA 是对于卫星端发射时刻而言的信号在接收机端的接收时刻。信号接收时刻通过估计信号的码相位或载波相位来获得。虽然不同 GNSS 信号可能有不同的信号结构,但其基本概念和结构是相似的。图 15.1 显示了 GPS L1 C/A 信号的码相位(底部框)与接收机接收时刻 t_r (顶部框)之间的关系。图中的顶部框显示了一个导航数据子帧。子帧的发射时刻被编码在导航数据中,称为 Z 计数。一个子帧长 6s,包含 300 个导航数据位。每个导航数据位长 20ms,包含 20 个 C/A 码周期。每个 C/A 码周期有 1023 个码片。接收时刻 t_r (不包括信号传输和传播效应)相对于广播子帧发射时刻 t_b 的近似为

$$t_r = t_b + (N-1) \times 20 \times 10^{-3} + (M-1) \times 10^{-3} + \tau \qquad (15.1)$$

如图 15.1 所示,接收机在第 N 位截获信号,具体是在第 N 位内的第 M 个码周期上、从码周期起始的码延迟时间为 τ 处。虽然 N 和 M 必须在位同步和导航数据解码后求解,但是码相位 τ 可以在粗捕获期间估计,并在跟踪过程中更新。信号跟踪的主要目标之一是估计

接收机接收时刻相对于由捕获得到的粗码相位的分数码相位延迟偏移量。

除了码相位,更准确的距离测量值是基于信号载波相位的。载波相位测量值的缺点是其有整周模糊度。

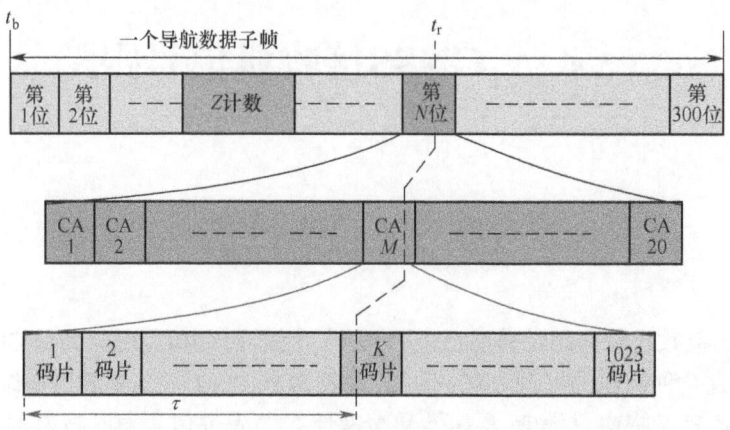

图15.1 接收机信号截获时刻和信号码相位对准示意图

尽管如此,在应用求解整周模糊度的技术(如本书第18章和第19章)之后,所有精密定位应用中都会使用载波相位测量值。载波相位测量值还被用于"平滑"噪声较大的码相位测量值(如第21章)。信号的载波相位可以近似为

$$\phi(t) = \phi(t_0) + \frac{d\phi}{dt}(t-t_0) + \frac{1}{2}\frac{d^2\phi}{dt^2}(t-t_0)^2 + 高阶项$$

$$\approx \phi_0 + \omega(t)(t-t_0) + \frac{1}{2}a(t)(t-t_0)^2 \tag{15.2}$$

式中:ϕ_0 为 t_0 时的初始相位;$\omega(t)$ 为信号载波角频率;$a(t)$ 为角频率速率。

GNSS接收机跟踪环路通过将输入信号与本地生成的参考信号进行对齐来估计码相位、载波频率和载波相位。当对齐时,将参考信号的参数作为对输入信号参数的估计。我们如何知道这一对齐不是虚警,我们对这一对齐有多大信心?一种简便有效的衡量标准是被跟踪信号的载噪比(C/N_0)。较高的 C/N_0 表明您的跟踪环路运行良好。

综上所述,GNSS信号跟踪的目标是估计以下5个量:码相位、载波多普勒频率、载波相位、C/N_0 和导航数据位边沿。

在本章中将重点讨论实现前三个目标的技术。C/N_0(第4个目标)通常用作自适应跟踪算法中的控制参数,但其估计是许多研究的主题,感兴趣的读者可以参考文献[6-8]和本书第14章。第5个目标是实现前三个目标的技术的自然产物。随后的位和帧同步及导航数据恢复可以在线轻松找到直接的处理(如参见文献[9])。

15.2 GNSS信号跟踪的概念描述

图15.2是典型的闭环GNSS信号跟踪系统框图。它由参考发生器、相关器、鉴别器和

滤波器组成。某些接收机启动后,其他处理或数据源也可为跟踪环路提供辅助参数。例如,15.3.6 节讨论了使用来自载波跟踪环的多普勒辅助的码跟踪环。15.5.4 节侧重于载波间辅助,其中跟踪标称信号载波跟踪环的估计用于辅助另一跟踪来自同一卫星的微弱信号的载波跟踪环。在第 16 章中,矢量处理架构使用了其他卫星测量值的辅助。GNSS 跟踪环路也常常得到其他传感器测量值的辅助。例如,在第 45 章中,讨论了在松、紧和超紧耦合模式下使用惯性传感器的辅助。在本章中,我们将仅限于讨论独立的 GNSS 接收机。在本节中将重点关注架构,如图 15.2 所示,而不涉及方案的辅助部分。

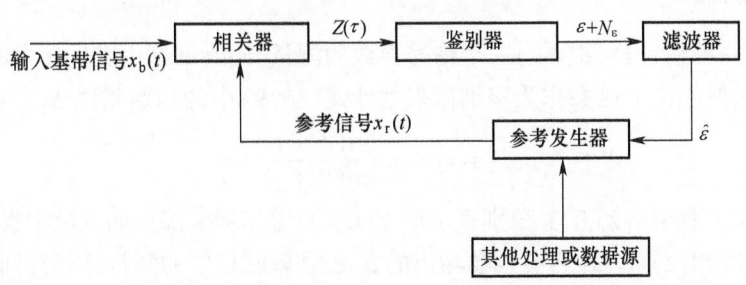

图 15.2　典型闭环 GNSS 信号跟踪过程框图

15.2.1　相关

以 $x_b(t)$ 表示的输入基带 GNSS 信号的功率远低于本底噪声,因此无法直接测量其参数,而是通过与紧密匹配的参考信号的相关处理将信号能量提高到本底噪声之上。这种相关结果随后可用于估计输入信号和参考信号之间的差异,从相关的解析表达式中可以看出这一点。第 14 章对相关运算进行了详细讨论。这里仅对跟踪环路中的相关运算进行简要总结。设被跟踪卫星的输入基带信号为

$$x_b(t) = ADC(t+\tau)e^{j(\omega_d t + \phi_0)} + N_x \tag{15.3}$$

式中:A 为信号幅度;D 为导航数据;C 为扩频码;ϕ_0 为初始的分数载波相位;τ 为码相位;ω_d 为载波多普勒角频率(rad/s)。请注意,仅考虑一颗卫星信号,而其他信号则归集入噪声项 N_x 中。当跟踪环路达到稳定状态时,我们可以假设它生成了 τ 和 ω_d 的精确估计:

$$\hat{\omega}_d \approx \omega_d, \hat{\tau} \approx \tau \tag{15.4}$$

这些估计用于构建参考信号:

$$x_r(t) = C(t+\hat{\tau})e^{j\hat{\omega}_d t} \tag{15.5}$$

输入信号和参考信号在时间 T 内的相关为

$$Z(\tau) = AD\int_T C(t+\tau)C(t+\hat{\tau})e^{j\omega_d t + j\phi_0}e^{-j\hat{\omega}_d t}dt + N_Z \tag{15.6}$$

将式(15.4)的近似应用于式(15.6):

$$Z(\delta\tau) = ADTR(\delta\tau)e^{j\phi_0 - j(\hat{\omega}_d - \omega_d)T/2} + N_Z \tag{15.7}$$

$R(\delta\tau)$ 是码相关函数,$\delta\tau = \hat{\tau} - \tau$,有

$$R(\delta\tau) = \frac{1}{T}\int_T C(t)C(t+\delta\tau)dt \tag{15.8}$$

在相关函数的峰值处,有

$$Z(0) = ADTe^{j\phi_0} + N_Z \qquad (15.9)$$

式(15.9)表明,当参考与输入信号对齐时,相关过程"剥离"了信号上的码和载波调制,只留下相关间隔内累积的信号幅度。信号的初始相位被保留。因此,相关运算会累积信号能量,使信号提升到噪底以上,而所有其他卫星信号的能量和噪声会被非相干地平均掉。通过检查相关器输出,我们可以估计参考和输入信号参数之间的"失配"量。这是由鉴别器完成的,我们将在下面讨论。

15.2.2 鉴别器

鉴别器是一种估计器,提供对一个信号参数的测量,同时抑制由其他信号参数引起的变化。例如,可以使用以下函数作为鉴别器来估计式(15.9)中的初始相位 ϕ_0:

$$l_\phi = \arctan \frac{\text{Im}\{Z(0)\}}{\text{Re}\{Z(0)\}} \qquad (15.10)$$

式中:$\text{Im}\{Z(0)\}$ 和 $\text{Re}\{Z(0)\}$ 分别表示取 $Z(0)$ 的虚部和实部。如果没有噪声,鉴别器就会产生初始载波相位 ϕ_0。作为鉴别器输出的 l_ϕ 是对载波相位的测量,同时抑制信号幅度和数据位的影响。可设计不同的鉴别器来估计不同的信号参数。一些鉴别器是使用多个相关器的输出来构建的,而另一些鉴别器则涉及更复杂的函数。我们将在后续章节中进行更详细的讨论。

15.2.3 滤波器

数据中总是存在噪声,使鉴别器无法产生信号参数的真实测量。为了减少噪声对鉴别器输出精度的影响,我们必须应用适当的滤波方法。通常情况下用的是低通滤波器,允许与信号参数相关的特征通过,同时"平滑"掉噪声影响。但有时我们必须非常谨慎地进行滤波运算,因为信号参数可能具有难以从噪声中分离出来的特征。例如,接收机平台可能会经历加速运动和随机运动。我们不想将这些运动的影响当作噪声。GNSS 接收机在遥感领域也有广泛的应用。信号通过电离层、对流层、树叶的传播或地球表面反射而产生的干扰是我们想要的特征,可以借以推断传播环境的特性。设计能够在抑制不需要的随机噪声的同时保留信号、干扰特征和接收机平台参数的真实特性的滤波器,是跟踪环路设计中具有挑战性的部分。我们将在 15.3 节和 15.4 节中讨论标称信号的码、载波和频率跟踪环路的滤波器实现,然后在 15.5 节中讨论弱信号和动态平台上接收机的优化。

15.2.4 参考产生

一个好的跟踪环路滤波器的输出可以提供对载波相位、码相位和载波多普勒等参数的精确估计。这些参数用于生成参考信号。然后,参考信号被反馈到相关器,以从后续输入信号中"剥离"码和载波。只要接收机保持信号锁定,即参考信号参数在相应输入信号参数的特定范围内,这个过程就会不断重复。

15.2.5 信号跟踪环路架构

虽然现代 GNSS 信号有多层调制,但信号跟踪的基本问题可以分解为两层调制:载波和码。图 15.3 显示了一个通用的跟踪环路架构。载波跟踪环和码跟踪环是并行、互联的反馈控制环路。每个环路都有自己的鉴别器,以生成适当的误差函数,每个环路都有自己的滤波器实现,以减轻噪声影响,同时保持其信号特征,每个环路都有自己的设备,以生成合适的参考信号。这些参考信号被反馈到相关器来执行后续的码和载波剥离。正如我们将在本节后面要讨论的,由于载波跟踪环的频率较高,它需要比码跟踪环更频繁的更新。

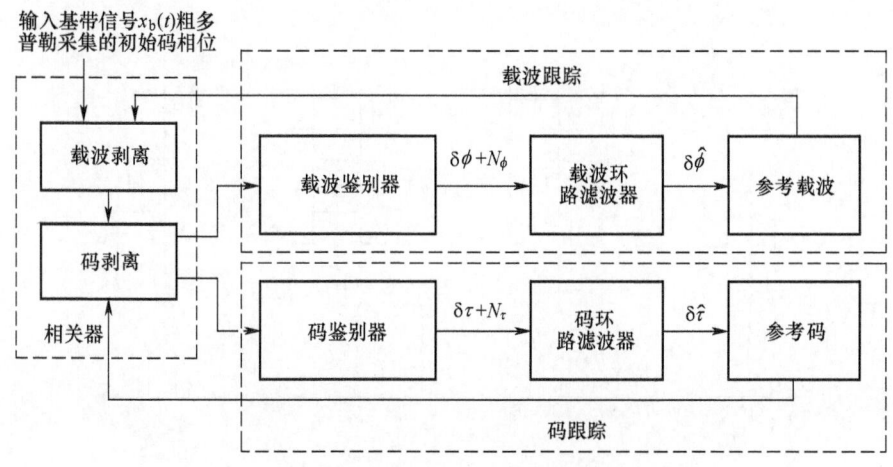

图 15.3　通用 GNSS 信号跟踪环路架构

15.3　GNSS 信号码跟踪:DLL

DLL 用于估计码相位,即码周期开始处相对于信号截获时间的延迟。图 15.4 显示了具有三个相关器的 DLL 的通用框图。使用三个参考进行计算,也有使用两个或更多相关器实现的变体。多个相关器中每个相关器都可以用一个相对于其他参考码具有固定延迟时间的参考码来构造。由这些多相关器的相对值可以推导出延迟时间。

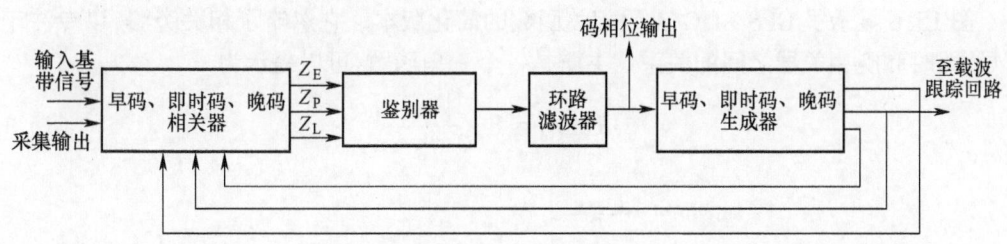

图 15.4　DLL 框图

15.3.1　DLL 相关器

图 15.5 解释了使用三个相关器来估计码延迟 τ 的概念。顶部的脉冲表示与输入信号相关的码。在捕获过程中或跟踪过程的前期迭代中,对输入信号码相位进行估计,并用于构

造"即时"参考码 C_P。通过相对于即时码进行 $-d$ 和 $+d$ 的时移,生成两个额外的参考码,即超前(早)码 C_E 和滞后(晚)码 C_L。这一时间偏移量称为相关器间距。通常使用的相关器间距为一个码片宽度的一半:$d = T_c/2$。图 15.5 显示了四种情况,即时码相对于输入信号码分别偏移 $\dfrac{-T_c}{2}$、$\dfrac{-T_c}{4}$、0 和 $\dfrac{T_c}{4}$。图中还显示了即时码、早码和晚码与输入码的相关函数值。

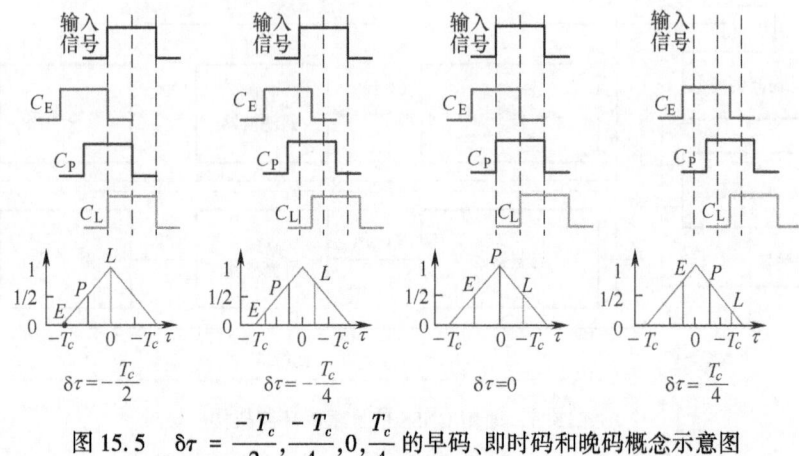

图 15.5 $\delta\tau = \dfrac{-T_c}{2}, \dfrac{-T_c}{4}, 0, \dfrac{T_c}{4}$ 的早码、即时码和晚码概念示意图

根据式(15.7)和式(15.9)的相同推理,得到所有三个相关器都是具有不同延迟的码相关函数的缩放:

$$Z_E(\delta\tau) = \alpha R(\delta\tau - d) + N_E \tag{15.11}$$

$$Z_P(\delta\tau) = \alpha R(\delta\tau) + N_P \tag{15.12}$$

$$Z_L(\delta\tau) = \alpha R(\delta\tau + d) + N_L \tag{15.13}$$

其中

$$\alpha = ADT e^{j\phi_0 - j(\dot\omega_d - \omega_d)T/2} \tag{15.14}$$

图 15.6 显示了 GPS L1 C/A 码相关函数的简化版本。它忽略了相关旁瓣,以专注于分析早、即时和晚相关器之间的关系。主瓣是一个三角函数,可以表示为

$$R(\delta\tau) = 1 - \dfrac{|\delta\tau|}{T_c} \tag{15.15}$$

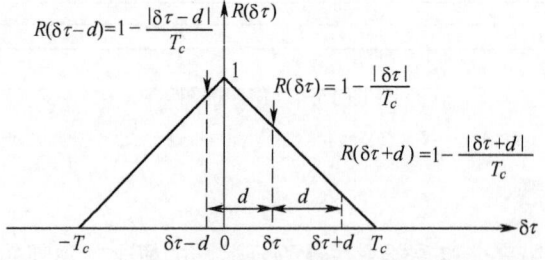

图 15.6 早相关器、即时相关器和晚相关器函数关系

由于 $R(\delta\tau - d)$ 和 $R(\delta\tau + d)$ 是分别由 $R(\delta\tau)$ 时移 $-d$ 和 $+d$ 得到的,因此这三个相关函数的值之间存在着独特的关系。对于图 15.5 中显示的四个码延迟值,我们可以将以下相关器值与即时码延迟相关联起来:

$$[R(\delta\tau - d), R(\delta\tau), R(\delta\tau + d)] = \left[0, \frac{1}{2}, 1\right] \rightarrow \delta\tau = -\frac{1}{2}T_c$$

$$[R(\delta\tau - d), R(\delta\tau), R(\delta\tau + d)] = \left[\frac{1}{4}, \frac{3}{4}, \frac{3}{4}\right] \rightarrow \delta\tau = -\frac{1}{4}T_c$$

$$[R(\delta\tau - d), R(\delta\tau), R(\delta\tau + d)] = \left[\frac{1}{2}, 1, \frac{1}{2}\right] \rightarrow \delta\tau = 0$$

$$[R(\delta\tau - d), R(\delta\tau), R(\delta\tau + d)] = \left[\frac{3}{4}, \frac{3}{4}, \frac{1}{4}\right] \rightarrow \delta\tau = \frac{1}{4}T_c$$

上述分析适用于输入信号中没有噪声的理想情况。实际中,必须考虑噪声,这将在后续章节中讨论。

15.3.2 DLL 鉴别器

上面的讨论将早、即时和晚相关器值的集合与唯一的即时码延迟估计误差相关联起来。鉴别器的目的是根据计算出的相关器值来估计码延迟。我们使用一个简单的相干鉴别器(称为"零跟踪鉴别器")来说明这个过程:

$$l_\tau = \frac{1}{\alpha}(Z_E - Z_L) \tag{15.16}$$

在无噪声的假设下

$$l_\tau = R(\delta\tau - d) - R(\delta\tau + d) \tag{15.17}$$

图 15.7 描述了 $d = T_c/2$ 和 $d = T_c/4$ 时作为 $\delta\tau$ 函数的 l_τ。

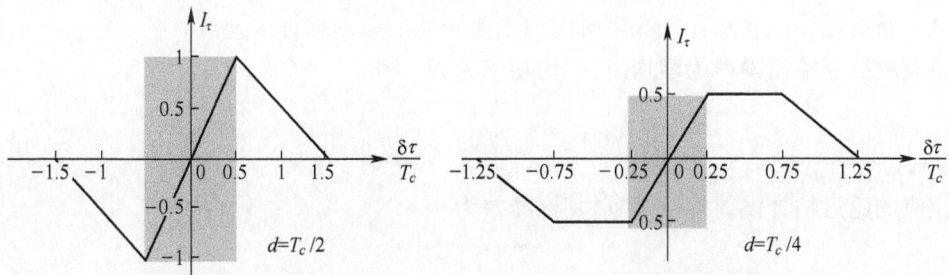

图 15.7 $d = T_c/2$ 和 $d = T_c/4$ 时的无噪声零跟踪鉴别器

图中的高亮区域显示了鉴别器与码延迟误差 $\delta\tau$ 呈线性比例的区域:

$$l_\tau = \frac{2}{T_c}\delta\tau \tag{15.18}$$

式(15.18)表明,l_τ 可以用来估计码延迟误差。然而,此鉴别器仅在高亮区域有效。很明显,如果相关器间距是码片宽度的 1/2,那么只有当实际的码延迟误差在半个码片宽度以内时,鉴别器才会工作。如果相关器间距是 1/4 码片宽度的,那么码延迟误差必须在 1/4 码片宽度以内,估计器才能工作。在设计捕获算法以获得码相位的粗略估计时,必须确保码相位区间足够精细,使粗略估计在 DLL 相关器间距所定义的精度范围内。对于运行在高动态平台上的接收机,相关器间距应不超过 DLL 从一次迭代到另一次迭代的码相位预期变化。

如果我们把噪声考虑进去,那么

$$l_\tau = R(\delta\tau - d) - R(\delta\tau + d) + \frac{1}{\alpha}(N_E - N_L) \tag{15.19}$$

同样,假设 $d = T_c/2$;在中心线性区域内

$$l_\tau = \frac{2}{T_c}\delta\tau + \frac{1}{\alpha}(N_E - N_L) \tag{15.20}$$

图 15.8 说明了噪声对鉴别器的影响。噪声使 l_τ 的值增加了 $(N_E - N_L)/\alpha$。因此, l_τ 的过零点不会出现在 $\delta\tau = 0$ 处,而是出现在

$$|N_\tau| = \frac{T_c}{2\alpha}|N_E - N_L| \tag{15.21}$$

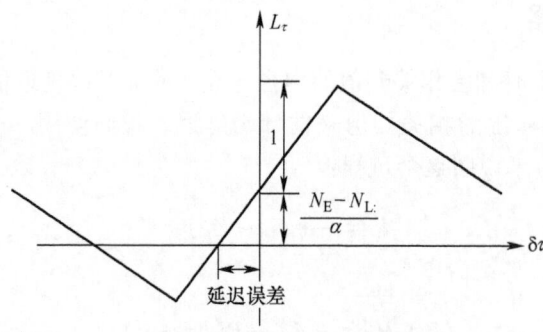

图 15.8 有噪声的零跟踪

这个新的过零点表示存在噪声时使用该鉴别器的延迟估计误差量。

假设相关器输出噪声为零均值,平均功率为 N_0,则

$$|N_\tau| = \frac{T_c}{2\alpha}\sqrt{2N_0} = \frac{T_c}{AT}\sqrt{\frac{N_0}{2}} \tag{15.22}$$

相应的延迟估计误差均值为零,其标准差为

$$\sigma_\tau = \frac{T_c}{2}\sqrt{\frac{1}{T}\frac{1}{C/N_0}} \tag{15.23}$$

式中: $C = A^2/2$ 为载波信号功率。式(15.23)表明,为了减少估计误差,我们可以执行以下一项或多项操作:

(1) 减小码片宽度 T_c;
(2) 增加相关数据时长 T;
(3) 增加 C/N_0。

对于 GPS,其 P 码宽度是 CA 码宽度的 1/10。这就是为什么 P 码更精确的原因之一。由于给定信号的码片宽度是固定的, C/N_0 由输入信号和接收机环境决定,因此我们在接收机信号处理阶段可以控制的唯一参数是相关积分时间 T。

一些流行的 DLL 码鉴别器如下：

$$l_{\tau 1} = Z_E - Z_L \quad (15.24a)$$

$$l_{\tau 2} = |Z_E|^2 - |Z_L|^2 \quad (15.24b)$$

$$l_{\tau 3} = |Z_E| - |Z_L| \quad (15.24c)$$

$$l_{\tau 4} = \frac{|Z_E| - |Z_L|}{|Z_E| + |Z_L|} \quad (15.24d)$$

$$l_{\tau 5} = (\text{Re}\{Z_E\} - \text{Re}\{Z_L\}) \times \text{Re}\{Z_P\} + (\text{Im}\{Z_E\} - \text{Im}\{Z_L\}) \times \text{Im}\{Z_P\} \quad (15.24e)$$

$$l_{\tau 6} = \frac{|Z_E| - |Z_L|}{|Z_P|} \quad (15.24f)$$

在 $\delta \tau$ 值的有限范围内，所有这些鉴别器都与码相位误差 $\delta \tau$ 呈线性相关：

$$l_\tau = \beta \delta \tau \quad (15.25)$$

比例参数 β 可能与信号幅度、相关器积分时间、相关器间距、码片宽度、噪声功率等有关，除非使用了归一化量如 $l_{\tau 5}$ 和 $l_{\tau 6}$。对于归一化鉴别器，β 不依赖幅度和相关器间距，而是隐式依赖积分时间，因为该时间决定了噪声水平。如果想要在应用鉴别器时避免估计信号参数，则需要使用归一化版本。但是，如果想要有能反映信号参数变化的鉴别器进行自适应处理，那么需要使用其他形式。对鉴别器更详细的讨论，感兴趣的读者可以参见文献[10-13]。

15.3.3 DLL 滤波器：从模拟域到数字域的转换

让我们从一个通用的、简单的降噪滤波器开始，它是原始鉴别器估计的加权平均值：

$$y(t) = \int_0^t \omega_n x(\xi) d\xi \quad (15.26)$$

式中：x 为原始估计；y 为滤波输出；ω_n 为权重。由于滤波是一种可在频域中更直接理解的操作，我们使用拉普拉斯变换将式(15.26)转换为 S 域表示[14]：

$$Y(s) = \omega_n \frac{X(s)}{s} \quad (15.27)$$

式中：$X(s)$ 和 $Y(s)$ 分别为 $x(t)$ 和 $y(t)$ 的拉普拉斯变换。由式(15.27)可知，简单降噪滤波器的 S 域传递函数为

$$F(s) = \frac{Y(s)}{X(s)} = \frac{\omega_n}{s} \quad (15.28)$$

该传递函数可以用图 15.9 所示的框图来描述。它是一个一阶滤波器，因为传递函数只包含一个 $1/s$ 项。

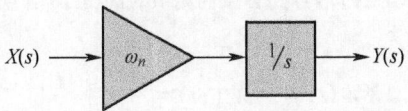

图 15.9 简单加权平均滤波器的 S 域框图

必须将这种 S 域表示转换到离散时间域以进行数字实现。S 域表示法在离散域对应的是 Z 变换。在得到滤波器传递函数的 Z 变换之后,我们还必须获得时域的离散差分方程,以便实时实现。图 15.10 总结了这一过程。

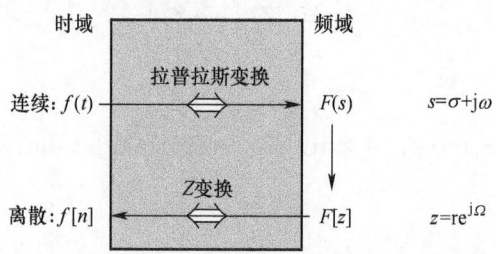

图 15.10　从连续时域滤波器设计到离散时域实现的处理流程示意图

有许多方法可以将连续时间(CT)滤波器转换为离散时间(DT)滤波器以进行数字实现。常用的方法有脉冲响应不变法、双线性变换[15]和欧拉变换[16]。下面将讨论脉冲响应不变法,而双线性变换和欧拉变换将分别应用于 15.4 节和 15.5 节中的 PLL。

脉冲响应不变法在连续和离散设计之间进行线性映射。图 15.11 说明了脉冲响应不变法的概念。考虑 CT 函数 $x_c(t)$,其频域表示为 $X_c(\omega)$。如果在采样间隔 t_s 处对 $x_c(t)$ 进行采样以形成离散序列 $x_d[n]$,则离散样本的频域表示为

$$X_d(\Omega) = \frac{1}{t_s} \sum_{k=-\infty}^{\infty} X_c(\omega - k\omega_s) \tag{15.29}$$

式中:$\Omega = \omega t_s = 2\pi \dfrac{\omega}{\omega_s}$,它将 S 域频率 ω 与 Z 域频率 Ω 联系起来。根据香农的理论,如果 CT 信号的带宽 $\omega_c < \omega_s/2$,则离散基带频谱是 CT 频谱的缩放副本:

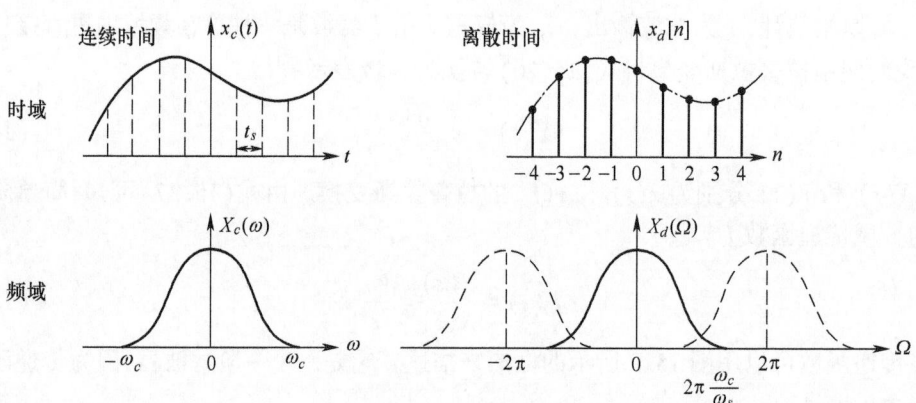

图 15.11　从 S 域的连续时间(CT)信号到 Z 域的离散时间(DT)信号的脉冲响应不变法线性映射

$$X_d(\Omega) = \frac{1}{t_s} X_c(\omega) = \frac{1}{t_s} X_c\left(\frac{\Omega}{t_s}\right) \tag{15.30}$$

基于这一脉冲响应不变法原理,我们可以按照这个步骤构造带限滤波器传递函数的 Z 域表示。

(1) 将 S 域传输函数 $H_c(s)$ 写成标准形式：

$$H_c(s) = \sum_{k=1}^{N} \frac{A_k}{s - s_k} \tag{15.31}$$

(2) 对 $H_c(s)$ 进行拉普拉斯逆变换，得到滤波器时域冲激响应 $h_c(t)$：

$$h_c(t) = \begin{cases} \sum_{k=1}^{N} A_k e^{s_k t} & (t \geq 0) \\ 0 & (t < 0) \end{cases} \tag{15.32}$$

(3) 以采样间隔 t_s 对时域冲激响应函数 $h_c(t)$ 进行采样，以获得其离散序列

$$h_d[n] = t_s h_c(nt_s) = t_s \sum_{k=1}^{N} e^{s_k n t_s} u[k] \tag{15.33}$$

(4) 进行 Z 变换得到离散域传递函数 $H_d(z)$：

$$H_d(z) = t_s \sum_{k=1}^{N} \frac{A_k}{1 - e^{s_k t_s} z^{-1}} \tag{15.34}$$

图 15.12 总结了上述过程。

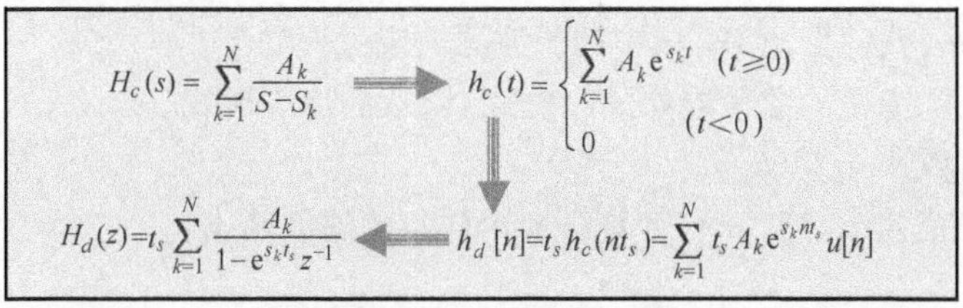

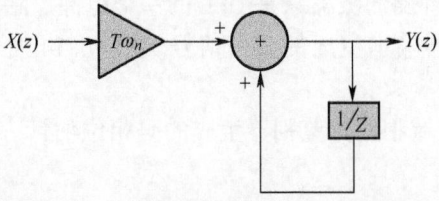

图 15.12　滤波器从 S 域到 Z 域的脉冲响应不变法线性映射

现在，我们按照这个步骤来获得简单一阶滤波器的 DT 传递函数，其 S 域传递函数由式(15.28)表示。将式(15.28)与式(15.31)中所示的标准形式进行比较，我们得到

$$k = 1, \quad A_1 = \omega_n, \quad s_1 = 0, \quad t_s = T$$

将这些参数代入式(15.34)，得到其相应的 DT 传递函数

$$F_d(z) = T \frac{\omega_n}{1 - z^{-1}} \tag{15.35}$$

该传递函数可以用图 15.13 所示的框图来描述。

图 15.13　一阶滤波器离散时间传递函数框图

对比图 15.9 和图 15.13，S 域中的 $1/s$ 运算被 Z 域中的原始输入和单样本延迟输出之和所取代。S 域中的比例因子 ω_n 被 Z 域中的新比例因子 $T\omega_n$ 所取代。

应注意的是,Z 变换有一个收敛区域(ROC),即 $F_d(z)$ 收敛到有限值的 z 值集。在进行 Z 变换时,我们必须始终小心 ROC。幸运的是,脉冲响应不变法线性映射保证了离散域中的滤波器频率响应工作于 ROC 范围内。

在得到 Z 域传递函数后,我们转向滤波器的实现。考虑一个通用的 DT 微分方程,我们采用一种逆向方法:

$$\sum_{k=0}^{N} a_k y[n-k] = \sum_{k=0}^{M} b_k x[n-k] \tag{15.36}$$

在两侧进行 Z 变换:

$$\sum_{k=0}^{N} a_k z^{-1} Y(z) = \sum_{k=0}^{M} b_k z^{-k} X(z) \tag{15.37}$$

离散域传递函数为

$$H_d(z) = \frac{Y(z)}{X(z)} = \frac{\sum_{k=0}^{M} b_k z^{-k}}{\sum_{k=0}^{N} a_k z^{-k}} \tag{15.38}$$

基于上述关系,我们得出 DT 域中的滤波器实现过程如下:
第 1 步:将系统传递函数写成如式(15.38)所示的标准形式。
第 2 步:找出系数 a_k 和 b_k。
第 3 步:根据差分式(15.36),计算第 n 个样本的滤波输出:

$$y[n] = \frac{1}{a_0}\left(\sum_{k=0}^{M} b_k x[n-k] - \sum_{k=1}^{N} a_k y[n-k]\right) \tag{15.39}$$

现在,让我们回到简单的一阶 DLL 鉴别器滤波器实现。将式(15.35)中所示滤波器的 Z 域传递函数与式(15.38)中的标准形式进行比较,可以确定以下非零系数:

$$b_0 = T\omega_n, \quad a_0 = 1, \quad a_1 = -1 \tag{15.40}$$

将这些参数代入式(15.39)可得

$$y[n] = \frac{1}{a_0}(b_0 x[n] - a_1 y[n-1]) = T\omega_n x[n] + y[n-1] \tag{15.41}$$

15.3.4 线性反馈系统模型

上面介绍的一阶 DLL 环路滤波器只是 DLL 的一个组件。除了滤波器,还有一个反馈机制。该反馈源是根据滤波器输出生成的参考信号。图 15.14 对 S 域中的反馈过程进行了抽象。

我们用 $L(s)$ 来表示 S 域中原始鉴别器生成的码相位估计。它包含真实码相位偏移和系统噪声:

$$l(t) = \delta\tau + N_\tau \overset{LP}{\Longleftrightarrow} L(s) \tag{15.42}$$

DLL 输出是码相位偏移估计的滤波后版本

$$\hat{\delta\tau} \overset{LP}{\Longleftrightarrow} \hat{L}(s) \tag{15.43}$$

图 15.14 所示的一阶 DLL 的传递函数:

$$H(s) = \frac{\hat{L}(s)}{L(s)} = \frac{\omega_n}{\omega_n + s} \tag{15.44}$$

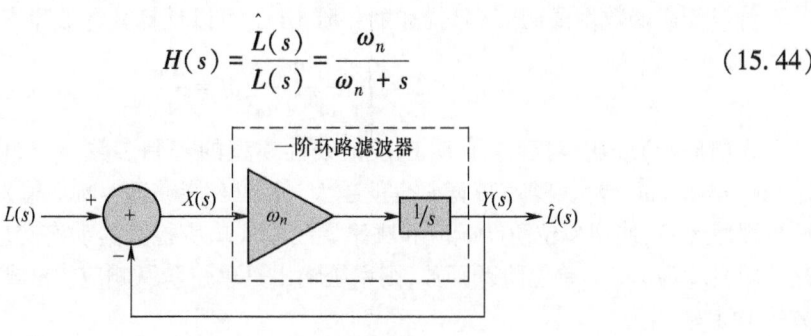

图 15.14 一阶 DLL 框图

根据 15.3.3 节讨论的过程,可以简单地将图 15.14 中的 $1/s$ 运算替换为 Z 域函数,得到图 15.15 中所示的 DT 框图。

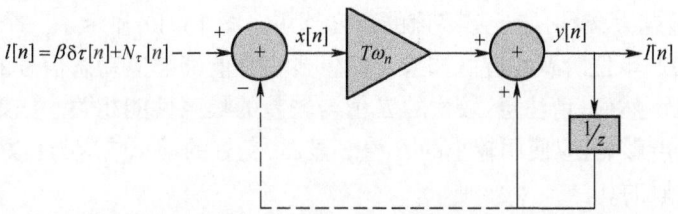

图 15.15 图 15.14 所示 S 域反馈的 DT 框图

图 15.14 中的虚线围成的区域是在 5.3.3 节讨论的简单降噪滤波器。滤波器的输入 $x(n)$ 是原始鉴别器第 n 个样本值和滤波后的鉴别器第 $n-1$ 个值的差值。因此,可以将 DT 迭代解写成:

$$\hat{l}[n] = \hat{l}[n-1] + T\omega_n(l[n] - \hat{l}[n-1]) \tag{15.45}$$

15.3.5 噪声带宽和动态响应

滤波器的一个主要目标是减少噪声对估计的影响。等效噪声带宽 B,是衡量系统噪声性能的一个指标,在本章的其余部分,将其简单地称为噪声带宽。它被定义为一个理想矩形滤波器(Boxcar 滤波器)的带宽,该滤波器通过的白噪声能量将与具有传递函数 $H(\omega)$ 的滤波器相同:

$$B = \frac{1}{|H(0)|^2} \int_0^\infty |H(\omega)|^2 df \tag{15.46}$$

图 15.16 示意了这一等效的概念。

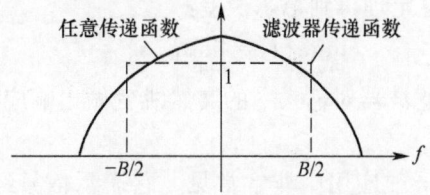

图 15.16 等效噪声带宽概念示意图

对于传递函数由式(15.44)描述的一阶DLL,可以计算其等效噪声带宽:

$$B = \int_0^\infty \frac{\omega_n^2}{\omega_n^2 + \omega^2} df = \frac{\omega_n}{4} \tag{15.47}$$

式(15.47)表明,对于一阶DLL,反馈线性模型的控制参数 ω_n 仅由滤波器噪声带宽决定:$\omega_n = 4B$。ω_n 越大,噪声带宽 B 也就越大,使DLL能够迅速响应输入的变化。对于GNSS信号跟踪环路,使用单位阶跃响应和频率调制输入响应检查其动态响应。如果DLL的输入是S域表示为 $1/s$ 的单位阶跃函数,则系统输出是单位阶跃响应。S域和时域中单位阶跃函数的DLL输出为

$$\hat{L}(s) = L(s)H(s) = \frac{1}{s}\frac{\omega_n}{\omega_n + s} = \frac{1}{s} - \frac{1}{\omega_n + s} \tag{15.48}$$

$$\delta\tau = 1 - e^{-\omega_n t} = 1 - e^{-4Bt} \tag{15.49}$$

此DLL输出显示,当输入在 $t=0$ 时刻从0跳到1时,输出以由 B 确定的速率呈指数形式趋近于1。B 值越大,输出接近最终值的速度越快。图15.17显示了三个 B 值(5Hz、15Hz和25Hz)下的DLL单位阶跃响应。如果我们想要一个能够响应动态信号的DLL,我们应该选择较大的 B 值。然而,请注意,较大的 B 值与较差的噪声性能相关。如果信号较弱,则要优先考虑降低噪声影响,应使用较小的 B 值。显然,良好的动态响应与良好的噪声性能对 B 的要求是相互矛盾的。

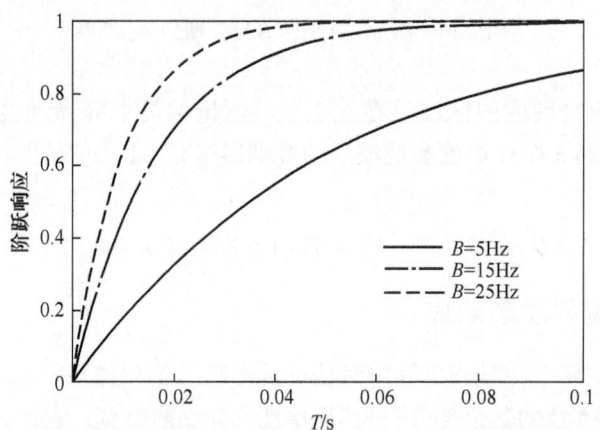

图15.17 三个不同 B 值下一阶DLL的单位阶跃响应

我们可以进一步探究单位阶跃误差响应:

$$E(s) = L(s) - \hat{L}(s) = \frac{1}{\omega_n + s} \tag{15.50}$$

应用拉普拉斯变换终值定理得到稳态误差:

$$\lim_{t \to \infty} \varepsilon(t) = \lim_{s \to 0} sE(s) = 0 \tag{15.51}$$

式(15.51)表明,尽管滤波器对输入中的突然跳变做出响应需要时间,如果给它足够的时间,它最终仍会到达那里。

频率调制输入在GPS导航应用中非常常见。它表示信号经历了恒定的视线(LOS)方向速度。它在时域和S域中的数学表示为

$$l(t) = \Delta\omega t, \quad L(s) = \frac{\Delta\omega}{s^2} \tag{15.52}$$

类似于单位阶跃响应的情况,可以确定 DLL 误差函数为

$$E(s) = \frac{\Delta\omega}{s(\omega_n + s)} \tag{15.53}$$

在稳态下,

$$\lim_{t \to \infty} \varepsilon(t) = \lim_{s \to 0} sE(s) = \lim_{s \to 0} \frac{\Delta\omega}{(\omega_n + s)} = \frac{\Delta\omega}{\omega_n} \tag{15.54}$$

这种持续的误差意味着,对于处在卫星-接收机 LOS 方向相对速度恒定的平台上的接收机而言,DLL 误差将永远不会消失。为了使误差最小化,应选择一个较大的 B 值,但这又与噪声性能要求相冲突。

还有其他方法可以解决噪声和动态性能要求之间的冲突。其中之一便是应用高阶滤波器。高阶滤波器有更多的控制参数,允许设计者有更多的自由度来进行优化。对于 PLL,通常采用二阶和三阶滤波器来实现这一目的。然而,对于 DLL,有一种更简单的方法——载波多普勒辅助。

15.3.6 载波多普勒辅助的 DLL

载波跟踪环估计载波多普勒频率 $f_{d\_carrier}$。载波多普勒与码多普勒频率有关:

$$f_{d\_code} = f_{d\_carrier} \frac{f_{code}}{f_{carrier}} \tag{15.55}$$

码多普勒频率是码相位的变化率:

$$f_{d\_code} = \frac{d\tau}{dt} = \dot{\tau} \tag{15.56}$$

回顾一下,DLL 环路滤波器输入值是当前原始码相位测量值和先前滤波后的码相位估计值之差。这一差值包括由噪声和信号多普勒频率漂移引起的测量和估计误差。我们可以通过由载波跟踪环缩放而来的码多普勒估计来辅助滤波器以补偿多普勒频移,这样就不必担心频率调制的输入分量,只需要专注于优化噪声性能。图 15.18 显示了载波跟踪环路的码多普勒辅助框图。

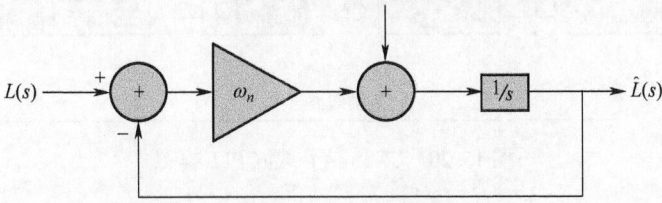

图 15.18 来自载波跟踪环路输出的多普勒速率辅助下的 DLL

修改式(15.45)以包括载波多普勒辅助是很简单的:

$$\hat{l}[n] = \hat{l}[n-1] + T[\dot{\tau} + \omega_n(l[n] - \hat{l}[n-1])] \tag{15.57}$$

15.4 GNSS 信号载波跟踪

载波跟踪可以指 PLL 或锁频环(FLL)。PLL 用于估计载波相位,而 FLL 则估计载波频率。在本节中,我们将首先讨论 PLL 的基本原理,包括其鉴别器和滤波器设计,然后简要总结 FLL。由于 PLL 是接收机信号跟踪的薄弱环节,近年来许多研究都致力于改善其性能。我们将在 15.5 节中介绍先进的 PLL 滤波器设计。

15.4.1 PLL 线性模型

PLL 已得到了广泛研究[17],被用于许多实际电路和系统中。PLL 由三个基本部件组成:相位检测器、环路滤波器和载波参考发生器。图 15.19 为传统 PLL 的框图。在现代数字 PLL 中,压控振荡器(VCO)被数控振荡器(NCO)所取代。

相位检测器也称相位比较器,将正弦输入信号的相位与 VCO(或 NCO)所产生载波的相位进行比较。相位比较器的输出是输入和 VCO 之间的相位误差。环路滤波器减少噪声对输出的影响,与 DLL 环路滤波器减少码相位鉴别器输出中的噪声的方式相同。由于载波信号的频率要高得多,载波相位上的动态比码相位更高。PLL 需要一个高阶环路滤波器。最后,VCO 或 NCO 根据滤波后的相位误差输出生成新的载波。新的载波信号具有新的频率,这将有效地缩小输入和参考信号之间的相位误差。

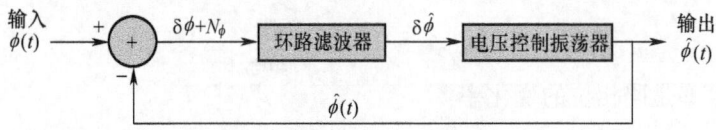

图 15.19 传统 PLL 的框图

在为 GNSS 信号设计 PLL 时,我们需要做一些额外的工作,以便相位比较器运行。图 15.20 是 GNSS 信号载波 PLL 框图。乍一看,这个框图与我们在上一节中讨论的码 DLL 非常相似,只有少数例外。以下章节将讨论这些例外情况。

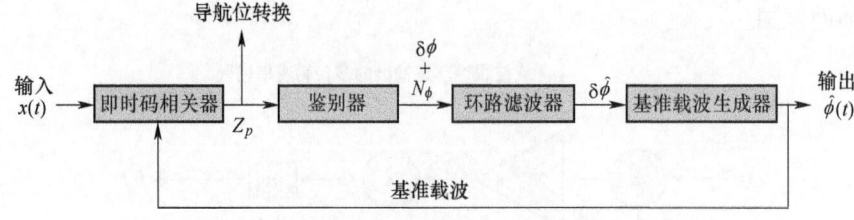

图 15.20 GNSS 信号载波 PLL 框图

15.4.2 PLL 即时相关器

码 DLL 使用了所有三个相关器,但载波 PLL 只使用即时相关器。即时相关器执行与码 DLL 相同的任务;也就是说,它从输入信号中剥离码和载波,以允许对输入信号进行相干积分来提高信噪比(SNR)。使用与码 DLL 相同的符号和假设进行分析,即时相关器函数如

式(15.7)所示。当PLL处于稳定状态时,我们假设以下条件是有效的:

$$\delta\tau \approx 0, \quad \delta\omega_d = \omega_d - \hat{\omega}_d \leq \text{几赫兹}$$

然后,可以将即时相关器近似如下:

$$Z_P = AD\int_T e^{j\phi_0 + j\delta\omega_d t} dt + N_Z$$

$$= ADT\text{sinc}\left(\frac{\delta\omega_d T}{2}\right) e^{j\phi} + N_Z \tag{15.58}$$

这里引入以下符号:

$$\delta\phi = \frac{\delta\omega_d T}{2}, \quad \phi = \delta\phi + \phi_0 \tag{15.59}$$

式中:$\delta\phi$ 为相关器积分周期内由多普勒频率估计误差造成的平均相位误差,而即时相关器相位由相关器数据块 T 的初始载波相位和相位误差两部分累积相位组成。

作为多普勒频率误差的函数,Z_P 的幅度是一个 sinc 函数,其主瓣宽度由积分时间 T 决定。更长的积分时间将把 Z_P 的能量限制在更小的多普勒频率误差范围内。

15.4.3 PLL 鉴相器

有两种类型的相位鉴别器:相干和非相干。有许多方法可以构造相干载波鉴相器。下面是一个例子:

$$l_\phi = \text{ATAN2}(\text{Im}(Z_P), \text{Re}(Z_P)) \tag{15.60}$$

根据式(15.58)和式(15.60),在不存在噪声的理想情况下:

$$l_\phi = \begin{cases} \phi = \dfrac{\delta\omega_d T}{2} + \phi_0 & (D = 1) \\ \phi - \pi & (D = -1) \end{cases} \tag{15.61}$$

图 15.21 显示了 $D = 1, -1$ 的鉴别器和累积相位关系。

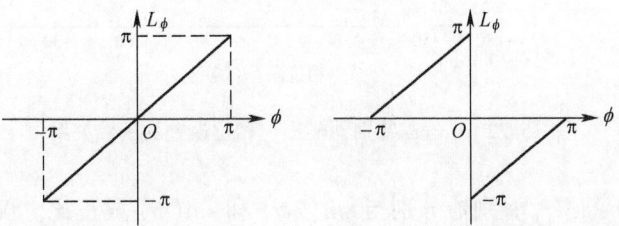

图 15.21 $D = 1$(左)和 $D = -1$(右)的常规载波鉴相器

显然,这种传统载波鉴相器存在问题;如果不知道导航数据值,我们就无法唯一地确定载波相位值。对于无数据的导频通道,如 GPS L2C CL 信号和 L5 Q 通道信号,则不存在此问题。对于这些导频通道,我们有一个基于鉴别器输出的载波相位的独特解算。

对于数据通道,如果使用辅助信息提前确定了导航数据,则仍然可以应用相干载波鉴别器。由于 GPS 导航数据每 12.5min 重复一次(大多数其他 GNSS 数据也会重复),在从控制段上注新电文之前(其频度不超过每 2h 一次),我们可以使用从先前跟踪中解码的数据电文,这种方法称为数据剥离。对于无线电掩星等遥感应用,使用地面监测站获得数据比特流,并用于后处理,在应用鉴别器函数之前从信号中去除数据比特。

对于具有数据调制且没有辅助数据信息的通道,可以使用非相干鉴别器(也称 Costas 鉴别器)来"隐藏"数据调制的影响。表 15.1 列出了四种 Costas 载波相位鉴别器。

表 15.1 四种 Costas 载波相位鉴别器

鉴别器定义	归一化鉴别器输出
$l_{\phi 1} = \mathrm{Im}(Z_P) \times \mathrm{Re}(Z_P)$	$\frac{1}{2}(AT\mathrm{sinc}(\delta\phi))^2\sin(2\phi)$
$l_{\phi 2} = \mathrm{ATAN Im}(Z_P)/\mathrm{Re}(Z_P)$	ϕ
$l_{\phi 3} = \mathrm{Im}(Z_P) \times \mathrm{sign}(\mathrm{Re}(Z_P))$	$AT\mathrm{sinc}(\delta\phi)\sin(\phi)$
$l_{\phi 4} = \mathrm{Im}(Z_P)/\mathrm{Re}(Z_P)$	$\tan(\phi)$

四种 Costas 载波相位鉴别器中最常用的是 Costas $l_{\phi 2}$,除在 π/2 的倍数附近鉴别器函数是奇异的以外,它在其他所有相位误差值处与真实相位误差具有线性关系。在 -π/2~π/2 范围内,ATAN 函数提供了鉴别器和相位误差之间直接和唯一的关系。Costas $l_{\phi 4}$ 鉴别器等于 $\tan(\phi)$。它仅在误差小时近似线性。对于图 15.22 所示的示例,此近似仅适用于 $\phi < 35°$。

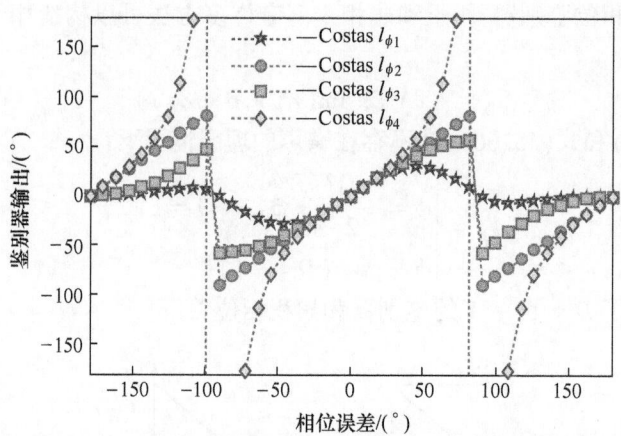

图 15.22　Costas 鉴别器输出与相位误差的函数关系

Costas $l_{\phi 1}$ 和 Costas $l_{\phi 3}$ 鉴别器分别与 $\sin(2\phi)$ 和 $\sin(\phi)$ 成正比。仅在 ϕ 较小时,它们才与 ϕ 呈线性关系。此外,比例因子分别为 $(AT\mathrm{sinc}(\delta\phi))^2$ 和 $AT\mathrm{sinc}(\delta\phi)$。对于小的 ϕ 值,$\mathrm{sinc}(\delta\phi) \approx 1$、两个比例因子都是 AT 的函数。为了从鉴别器输出中获得相位估计,需要知道比例因子的值。这可以通过找出即时相关器的峰值(AT)来实现。

在传统的基于硬件的接收机中,输入信号被下变频到 I(同相参考)和 Q(90°相移)通道(见第 14 章)。在基于软件的相关器方法中,简单地通过将复制载波与估计的多普勒频率相乘,将输入信号下变频为复基带。因此,即时相关器输出是复数。即时相关器的实部和虚部分别表示 I 和 Q 通道:

$$\mathrm{Re}(Z_P) \approx ADT\mathrm{sinc}\left(\frac{\delta\omega_d T}{2}\right)\cos\phi + N_{Z_{p\_Re}} \quad (15.62\mathrm{a})$$

$$\text{Im}(Z_P) \approx ADT\text{sinc}\left(\frac{\delta\omega_d T}{2}\right)\sin\phi + N_{Z_{p\_\text{Im}}} \tag{15.62b}$$

当实现载波锁相时 $\phi \approx 0$ 且 $e^{j\phi} \approx 1$。Q 通道主要由噪声控制,而 I 通道与导航数据值成正比:

$$\text{Re}(Z_P) \approx ADT + N_{Z_{p\_\text{Re}}} \tag{15.63a}$$
$$\text{Im}(Z_P) \approx N_{Z_{p\_\text{Im}}} \tag{15.63b}$$

所以,即时相关器输出提供有关导航数据位转换的信息。然而,在即时相关器输出的 I 通道中可能存在 180° 的导航数据相位模糊,这种模糊性可以在帧同步期间解决。

鉴别器被认为能够产生最准确的速度测量和导航数据解调。它们对动态应力敏感,是理想的稳态载波跟踪机制。

15.4.4 PLL 滤波器:传统方法

载波相位更容易受到动态应力的影响,因为载波频率比码频率增加了近 1000 倍。因此,载波跟踪环路至少是一个二阶系统(与 DLL 的一阶系统相对照)。图 15.23 显示了 S 域的二阶 PLL。

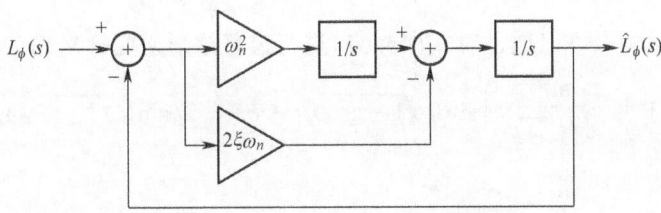

图 15.23 二阶 PLL 的 S 域框图

二阶系统由两个参数决定,我们在这里表示为 ω_n 和 ξ。相应的 S 域传递函数为

$$H_\phi(s) = \frac{\hat{L}_\phi}{L_\phi} = \frac{2\xi\omega_n s + \omega_n^2}{s^2 + 2\xi\omega_n s + \omega_n^2} \tag{15.64}$$

利用该传递函数,可以分析系统的特性,即噪声带宽和动态响应,这是 PLL 性能的基本度量。

为了获得噪声带宽,在式(15.64)中将 s 替换为 $j2\pi f$,并将其代入式(15.46):

$$B = \frac{1}{|H(0)|^2}\int_0^\infty |H(\omega)|^2 df = \frac{\omega_n}{4}\left(\frac{1}{2\xi} + 2\xi\right) \tag{15.65}$$

回顾 15.3 节,一阶系统的噪声带宽为 $B = \omega_n/4$。对于二阶系统,噪声带宽取决于 ω_n 和 ξ。噪声带宽对载波跟踪环路性能的影响已在文献[18]中有很好的记载:

$$\text{var}(\Delta\hat{\phi}) = \frac{B}{C/N_0}\left(1 + \frac{1}{2TC/N_0}\right)(\text{rad})^2 \tag{15.66}$$

图 15.24 绘制了相干 PLL 和 Costas PLL 在 B 为 5Hz 和 15Hz 时载波相位误差标准差与 C/N_0 的函数关系。正如预期,载波相位误差随着 C/N_0 的增加而减小。较大的噪声带宽始终在测量中引入更多的误差。对于 C/N_0 较低的信号,误差差异较大(垂直刻度为对数)。与相干 PLL 相比,Costas PLL 的噪声性能更差,尤其是对于低 C/N_0 的信号。

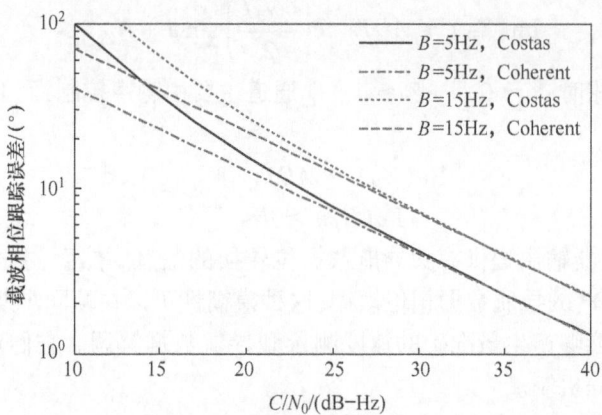

图 15.24 相干和 Costas 鉴别器实现的载波相位跟踪误差随 C/N_0 和 B 的变化

ω_n 和 ξ 都会影响系统的动态响应。使用单位阶跃输入，二阶系统输出为

$$\hat{L}_\phi(s) = \frac{1}{s} H_\phi(s) = \frac{1}{s} \frac{2\xi\omega_n s + \omega_n^2}{s^2 + 2\xi\omega_n s + \omega_n^2} \quad (15.67)$$

其对应的时域响应可以通过对式(15.67)进行拉普拉斯逆变换来确定：

$$\hat{l}_\phi(t) = 1 - \frac{e^{-\xi\omega_n t}}{\sqrt{1-\xi^2}} \left[\sin(\sqrt{1-\xi^2}\omega_n t + \theta) - 2\xi\sin(\sqrt{1-\xi^2}\omega_n t) \right] \quad (15.68)$$

其中

$$\theta = \arctan\frac{\sqrt{1-\xi^2}}{\xi}$$

图 15.25 描绘了几个单位阶跃响应的示例。红线和蓝线对应于 $B=5\mathrm{Hz}$，这清楚地表明，与 $B=15\mathrm{Hz}$ 的曲线相比，系统需要更长的时间来响应单位阶跃输入。黑线和蓝线的 ξ 值更大（$\xi=0.7$）。与 $\xi=0.2$ 的线相比，它们表现出更小的振荡。这就是 ξ 被称为阻尼因子（阻尼系数）的原因。当输出接近稳态值时，较小的值与较大的过冲和振荡相关联。

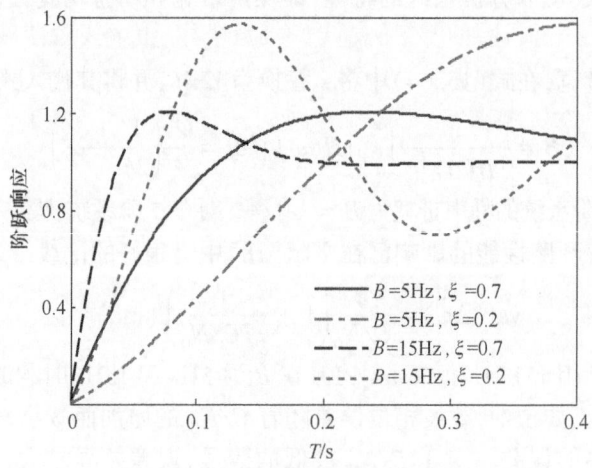

图 15.25 二阶系统的单位阶跃响应

一个典型的二阶 PLL 实现采用 $\xi = 0.7$，$B = \dfrac{\omega_n}{4}\left(\dfrac{1}{2\xi} + 2\xi\right) = 0.53\omega_n$。一旦我们选择了一个合适的 B 值，就可以计算 ω_n 的值。在 15.5.2.1 节中，将解释为什么这些是首选的二阶 PLL 参数。

稳态误差是 PLL 的另一个重要指标。基于 S 域传递函数，我们可以导出二阶系统的误差传递函数：

$$\Delta_\phi(s) = L_\phi(s) - \hat{L}_\phi(s) = L_\phi(s) \dfrac{s^2}{s^2 + 2\xi\omega_n s + \omega_n^2} \tag{15.69}$$

应用终值定理，我们计算了时域稳态载波相位误差。表 15.2 列出了三种类型的动态输入及其相应的稳态输出。对于单位阶跃和单位斜升输入，稳态误差为 0。对于单位抛物线输入，稳态输出误差接近 $2/\omega_n^2$。如果输入信号的载波相位是一个斜升函数，意味着其一阶导数必然是一个常数，因此信号的频率也是一个常数。如果输入信号的载波相位是一个抛物线函数，这就意味着其二阶导数（多普勒变化率）是一个常数。由于多普勒效应是由接收机和卫星之间的视线速度引起的，恒定的多普勒变化率意味着接收机和卫星之间的视线有恒定的加速度。如果接收机和卫星之间存在一个恒定的加速度，二阶 PLL 永远不会达到零稳态误差（图 15.26）。必须使用高阶滤波器，或者应使用外部源，如提供加速度测量的惯性导航系统（INS）来辅助 PLL。GNSS-INS 组合在本书下册第 45 章介绍。

由表 15.2 可见，对于沿接收机-卫星 LOS 方向具有恒定加速度的信号，ω_n 值越大，稳态误差越小。较大的 ω_n 值对应于较大的 B 值，这会对跟踪环路噪声性能产生不利影响。下面分析接收机在加速平台上保持载波锁相的 B 值要求。

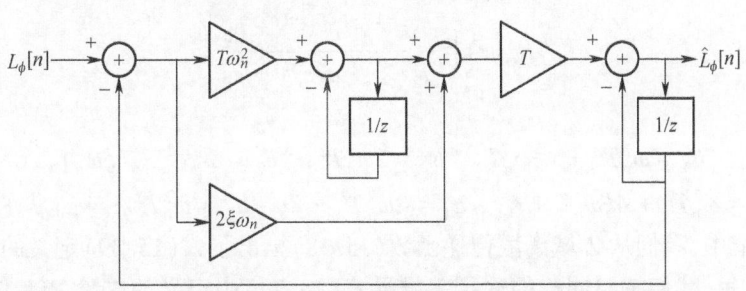

图 15.26　Z 域中的二阶 PLL 线性模型

表 15.2　三种动态输入类型信号的稳态误差

单位阶跃输入	斜升输入	抛物线输入
$L_\phi = \dfrac{1}{s}$	$L_\phi = \dfrac{1}{s^2}$	$L_\phi = \dfrac{2}{s^3}$
$\lim\limits_{t\to\infty}\delta_\phi(t) = 0$	$\lim\limits_{t\to\infty}\delta_\phi(t) = 0$	$\lim\limits_{t\to\infty}\delta_\phi(t) = \dfrac{2}{\omega_n^2}$

假设接收机-卫星的 LOS 加速度为 a，则载波频率 ω_0 对应的多普勒速度 v_d 和多普勒频率 ω_d 为

$$v_d = at, \quad \omega_d = \omega_0 \dfrac{v_d}{c} = \omega_0 \dfrac{at}{c} = \dfrac{2\pi a}{\lambda} t \tag{15.70}$$

式中：λ 为载波波长。累积多普勒频率是由 PLL 跟踪的载波相位：

$$\delta\phi(t) = \int_0^t \omega_d \mathrm{d}\tau = \frac{\pi a}{\lambda} t^2 \tag{15.71}$$

对于输入的单位抛物线函数，表 15.2 显示跟踪环路的稳态误差为 $2/\omega_n^2$。对于式(15.71)所示的相位，稳态误差为

$$\lim_{t \to \infty} \delta_\phi(t) = \frac{\pi a}{\lambda} \frac{2}{\omega_n^2} \mathrm{rad} \approx 2\pi \frac{a}{4\lambda B^2} \mathrm{rad} = 360° \frac{a}{4\lambda B^2} \tag{15.72}$$

我们在推导式(15.72)时用到了 $B \approx 0.53\omega_n$。

一般可接受的载波相位误差范围是 $\sigma_\phi < 15°$，在此范围内可以放心地假设载波相位跟踪环路保持锁定。将该阈值代入式(15.72)，得出使 PLL 保持信号锁定的以下估计：

对于 $a = 1g$，$B = 18\mathrm{Hz}$；

对于 $a = 10g$，$B = 55\mathrm{Hz}$。

15.4.5 PLL 数字实现

将数字实现一阶 DLL 的方法同样应用于二阶 PLL。具有二阶环路滤波器实现的 PLL 线性模型可以由图 15.26 所示的框图进行抽象。

为了数字实现该二阶 PLL，将在这里使用双线性变换将 S 域传递函数转换为离散的 Z 域表示：

$$H_\phi(z) = H_\phi(s) \Big|_{s = \frac{1}{2}\frac{1-z^{-1}}{1+z^{-1}}} \tag{15.73}$$

将式(15.73)代入二阶 PLL 的 S 域传递函数式(15.64)，可得

$$H_\phi(z) = \frac{b_2 z^{-2} + b_1 z^{-1} + b_0}{a_2 z^{-2} + a_1 z^{-1} + a_0} \tag{15.74}$$

其中

$$b_0 = \omega_n^2 T^2 + 4\xi\omega_n T, \quad b_1 = 2\omega_n^2 T^2, \quad b_2 = \omega_n^2 T^2 - 4\xi\omega_n T,$$
$$a_0 = \omega_n^2 T^2 + 4\xi\omega_n T + 4, \quad a_1 = 2\omega_n^2 T^2 - 8, \quad a_2 = \omega_n^2 T^2 - 4\xi\omega_n T + 4 \tag{15.75}$$

在 15.3 节中，我们从 Z 域离散传递函数(15.38)推出了式(15.39)定义的 DT 域输入和输出关系。这里，我们按照同样的途径来推导式(15.74)中定义的二阶 PLL 传递函数的差分方程：

$$\hat{l}_\phi[n] = \frac{1}{a_0}(b_0 l_\phi[n] + b_1 l_\phi[n-1] + b_2 l_\phi[n-2])$$
$$- a_1 \hat{l}_\phi[n-1] - a_2 \hat{l}_\phi[n-2]) \tag{15.76}$$

15.4.6 FLL

FLL 是一种估计载波频率而非载波相位的跟踪环路。FLL 本质上是一个微分 PLL，可以视为一个降阶 PLL。降阶是由 FLL 鉴别器实现构成的。FLL 鉴别器需要来自两个数据块的输入，如图 15.27 所示。

在 15.4.2 节中，推导了载波跟踪环路的即时相关器[见式(15.58)]和即时相关器相位[见式(15.59)]。将图 15.27 中所示的数据块 k 和 $k+1$ 的平均时间分别表示为 t_1 和 t_2，则

$$\phi(t_1) = \frac{T}{2}\delta\omega_d(t_1) + \phi_0(t_1), \quad \phi(t_2) = \frac{T}{2}\delta\omega_d(t_2) + \phi_0(t_2) \tag{15.77}$$

和

$$\phi_0(t_2) - \phi_0(t_1) = \delta\omega_d(t_1)T \tag{15.78}$$

由式(15.77)和式(15.78),得到以下关系:

$$\delta\omega_d = \frac{\delta\omega_d(t_1) + \delta\omega_d(t_2)}{2} = \frac{\phi(t_2) - \phi(t_1)}{T} \tag{15.79}$$

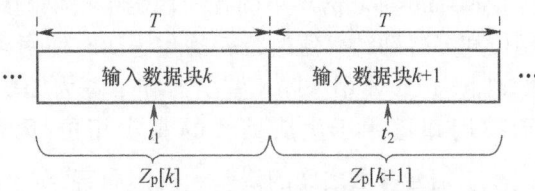

图 15.27 用于构建 FLL 的数据块示意图

式(15.79)表明,两个相邻数据块的平均频率是即时相关器相位差除以相关积分时间。基于此关系,可以构造以下鉴频器:

$$\begin{aligned} l_f &= \frac{\text{ATAN2}(Q(t_2), I(t_2)) - \text{ATAN2}(Q(t_1), I(t_1))}{2\pi(t_2 - t_1)} \\ &= \frac{\phi(t_2) - \phi(t_1)}{2\pi(t_2 - t_1)} + N_f \end{aligned} \tag{15.80}$$

然后可以使用一阶或二阶滤波器对鉴别器输出进行滤波。滤波器的实现遵循与前述 DLL 和 PLL 相同的过程。由于 FLL 鉴别器中的相位减法运算,FLL 输出往往比 PLL 的噪声更大,因此与 PLL 相比其噪声性能较差。然而,由于 FLL 跟踪的是相位的变化,而不是相位本身,所以它更稳健,可以承受更大的动态应力。因此,在跟踪过程的初始阶段由于存在较大的相位误差,FLL 经常用于初始化载波跟踪环路。一个最佳运行的接收机跟踪过程是从宽带 FLL 开始,以使接收机载波跟踪环路能锁定在工作范围内输入信号的载波频率上。一旦达到这一目标,可以将 FLL 带宽调整到更窄的范围,以进一步限制频率估计误差。在这个阶段,FLL 可以被 PLL 所取代。PLL 也可以用一个宽的带宽初始化,然后在载波跟踪环路达到稳定状态时再过渡到一个窄的带宽。

上述过程是与 DLL 并行实现的。由于载波多普勒频率和码多普勒频率之间差三个量级,与 DLL 相比,载波跟踪环路需要更频繁的频率更新。通常,对于标称强度的信号,DLL 每 20ms 更新一次,而 PLL/FLL 每毫秒更新一次。图 15.28 体现了上述高层次处理。

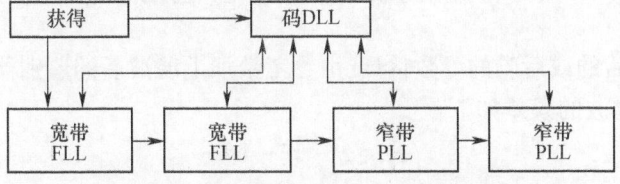

图 15.28 实际 GPS 接收机信号处理程序

15.4.7 Python 代码和仿真处理示例

实现码和载波相位跟踪处理的 Python 程序可供读者下载[5]。在本节中,将介绍仿真的 GPS 信号的处理示例。文件"data/simRF_GPS-L1CA_5000_1250_complex_04s.mat"包含 4s 的仿真 GPS L1 CA 基带信号,采样率为 5MHz,样本为复数浮点数,中频(IF)为 1.25MHz。样本中有六个 GPS L1 CA 信号,其相应参数如表 15.3 所示。图 15.29 描绘了每颗卫星在 4s 间隔内的多普勒频率趋势。

我们运行了在文件"track-and-plot. py."下的在线代码中提供的跟踪算法。跟踪环路使用表 15.3 中给出的码相位和多普勒频率值进行初始化。DLL 使用载波辅助和等效噪声带宽为 1Hz 的一阶环路滤波器。PLL 使用 ATAN 鉴别器和带宽为 2Hz、5Hz、10Hz 和 20Hz 的二阶环路滤波器。由于我们知道用于生成信号的真实相位,因此可以直接计算真实 (τ, ϕ, ω_d) 和估计 $(\hat{\tau}, \hat{\phi}, \hat{\omega}_d)$ 信号参数之间的误差。具体而言,对于给定的历元,使用后验参数估计来计算滤波误差,如下:

$$\begin{cases} \hat{\varepsilon}_\tau = \tau - \hat{\tau}^+ \\ \hat{\varepsilon}_\phi = \phi - \hat{\phi}^+ \\ \hat{\varepsilon}_{\omega_d} = \omega_d - \hat{\omega}_d^+ \end{cases} \quad (15.81)$$

表 15.3 仿真 GPS L1 C/A 信号所用的参数

PRN	4	7	10	15	29	32
C/N_0/(dB-Hz)	45	47	49	47	41	从 45 到 20 变化
初始码相位/码片	20.46	250.64	511.5	932.98	420.04	0
粗多普勒频率/Hz	1000	-1000	2200	-3300	-3210	-4000
多普勒趋势	平坦	脉冲冲激	阶跃	斜升	正弦	平坦

注:除表中列出的粗多普勒频率外,还给出了多普勒趋势。

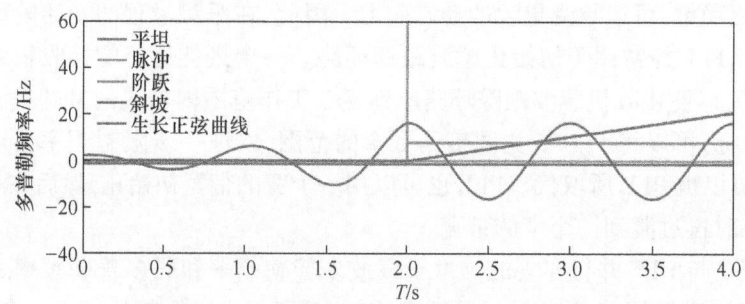

图 15.29 仿真信号中加入的多普勒频率趋势
(每个趋势名称在表 15.3 中都有对应的条目。)

式中"+"表示滤波后的或后验的参数估计,由参考数加上滤波后的鉴别器输出给出(如 $\hat{\tau}^+ = \hat{\tau}^- + \delta\tau$),得到未滤波的误差如下:

$$\begin{cases} \varepsilon_\tau = \tau - \hat{\tau}^- - \delta\tau \\ \varepsilon_\phi = \phi - \hat{\phi}^- - \delta\phi \end{cases} \quad (15.82)$$

式中:"-"表示先验参数估计(用于参考生成的参数估计); $\delta\tau$ 和 $\delta\phi$ 分别为原始码和载波鉴相器输出。下面,检查表 15.3 中列出的仿真卫星信号的各种跟踪算法输出。

图 15.30 显示了 PRN 4 和 PRN 32 信号的即时相关器输出的 I 和 Q 分量,每个分量都包含一个恒定的多普勒频率。当跟踪环路处于稳态时,实分量的平均值非零,而虚分量的平均值为 0。PRN 4 的 C/N_0 是恒定的,而 PRN 32 在 4s 间隔内从 45dB-Hz 线性下降到 20dB-Hz。PRN 32 的实分量输出的幅度随着 C/N_0 的下降而减小,在 4s 时当 C/N_0 降至 25dB-Hz 时,相关值几乎为 0。

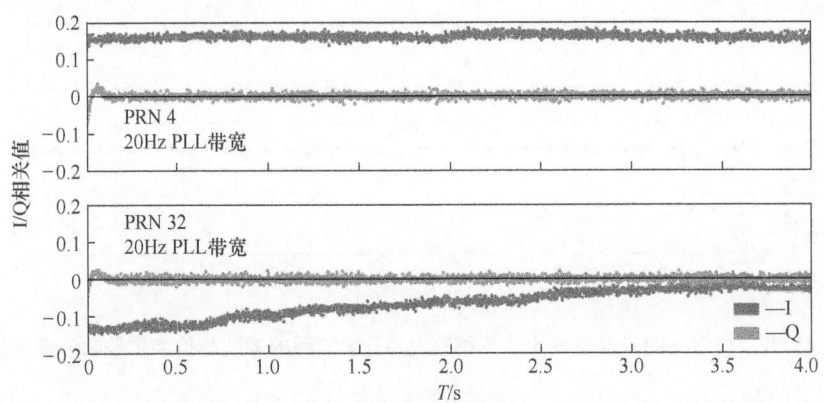

图 15.30 PRN 4 和 PRN 32 信号的即时相关器输出的实部(I)和虚部(Q)分量

图 15.31 显示了 PRN 4 和 PRN 32 信号的滤波及未滤波的码相位误差。对于 PRN 4,码相位误差表现良好,测量和滤波的码相位均具有零平均误差。对于 PRN 32 信号,误差随时间增长,当载波跟踪环路由于低 C/N_0 而失去锁定时,就变成了非零均值的误差。

对于图 15.30 和图 15.31,PLL 滤波器带宽为 20Hz。在图 15.32~图 15.36 中则使用了 2Hz、5Hz、10Hz 和 20Hz 的 PLL 带宽。各种带宽的相应线条颜色如图 15.32 顶部所示。

图 15.32 显示了 PRN 4 未经滤波的载波相位误差及滤波后的载波相位和多普勒频率误差。滤波后的载波相位在较高的滤波器带宽下更快地接近真实相位。不管滤波器带宽如何,未滤波的载波相位是有噪声的,但总是以真实载波相位为中心。

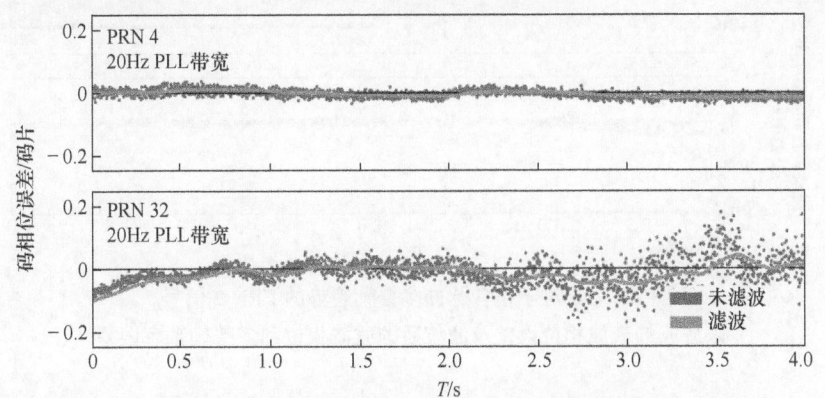

图 15.31 PRN 4 和 PRN 32 信号的滤波后及未滤波的码相位误差

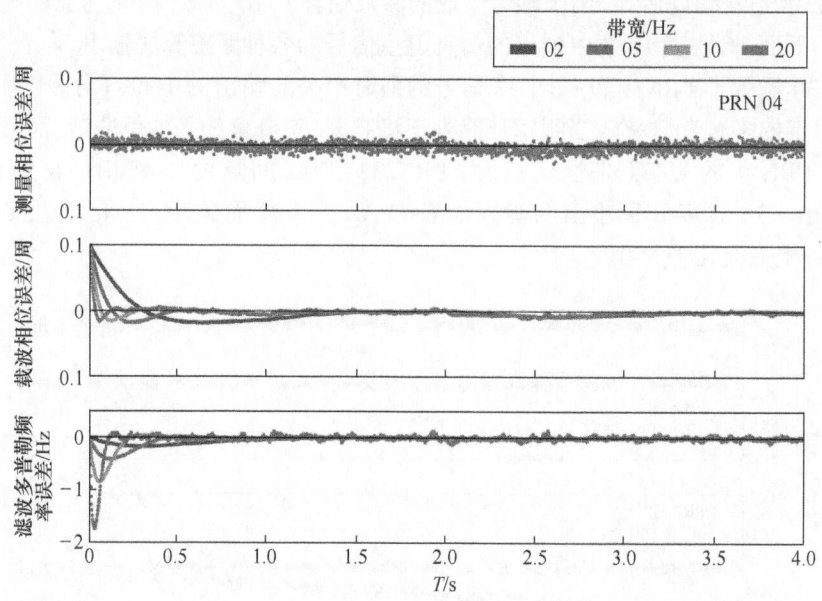

图 15.32　PRN 4 的未经滤波的载波相位误差及滤波后的载波相位和多普勒频率误差

图 15.33 显示了对于包含脉冲多普勒趋势的 PRN 7 信号,未滤波的载波相位误差及滤波后的载波相位和多普勒频率误差,其中由于在 2s 时相位有近半周的变化(ATAN 鉴别器对此不敏感),未滤波和滤波后的载波相位都会累积 1/2 周的误差。多普勒频率估计显示了在 2s 时的误差响应。更大的带宽产生更大的误差响应幅度和更快的恢复。

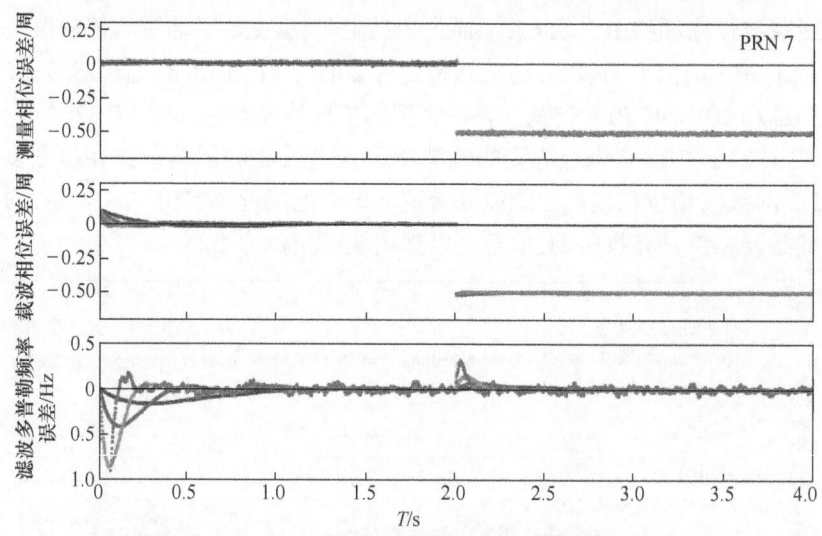

图 15.33　对于包含脉冲多普勒趋势的 PRN 7 信号,
未滤波的载波相位误差及滤波后的载波相位和多普勒频率误差

图 15.34 显示了对于包含阶跃多普勒趋势的 PRN 10 信号,未滤波的载波相位误差及滤波后的载波相位和多普勒频率误差。在这种情况下,多普勒频率的跳跃会给较小的滤波

器带宽(2Hz 和 5Hz)带来严重的问题,在 2s 后完全失去了对信号的锁定。对于 20Hz 带宽,即使在多普勒变化后,PLL 仍然保持对信号的锁定。对于 10Hz 带宽,PLL 对信号失锁了约 0.5s,多普勒频率估计恢复到真值。在这段时间内,未经滤波和滤波后的相位会累积多个 1/2 周的滑移。

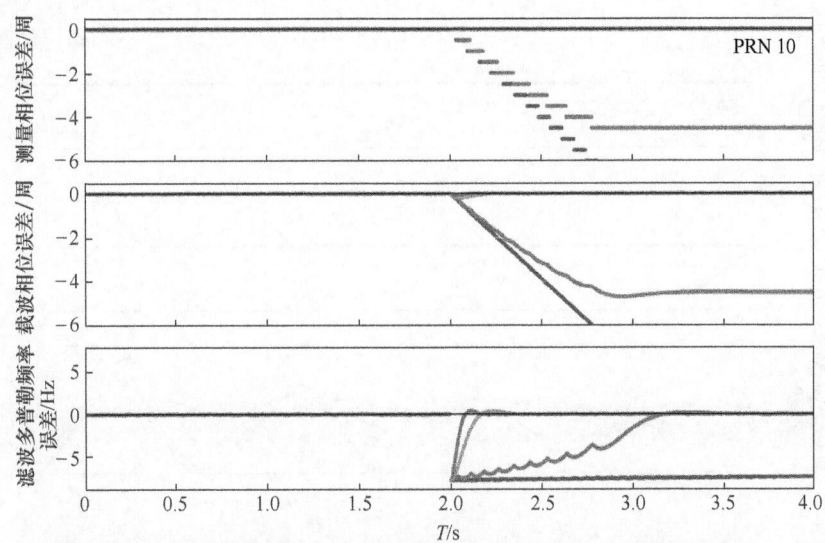

图 15.34　对于包含阶跃多普勒趋势的 PRN 10 信号,未滤波的载波
相位误差及滤波后的载波相位和多普勒频率误差

图 15.35 显示了对于包含斜升多普勒趋势的 PRN 15 信号,未滤波的载波相位误差和滤波后的载波相位和多普勒频率误差。多普勒在 2s 开始增加后,2Hz 和 5Hz 带宽的 PLL 失锁。10Hz 和 20Hz 带宽的 PLL 保持锁定,但滤波后的相位和多普勒有稳态误差。滤波器带宽越窄,稳态误差越大。

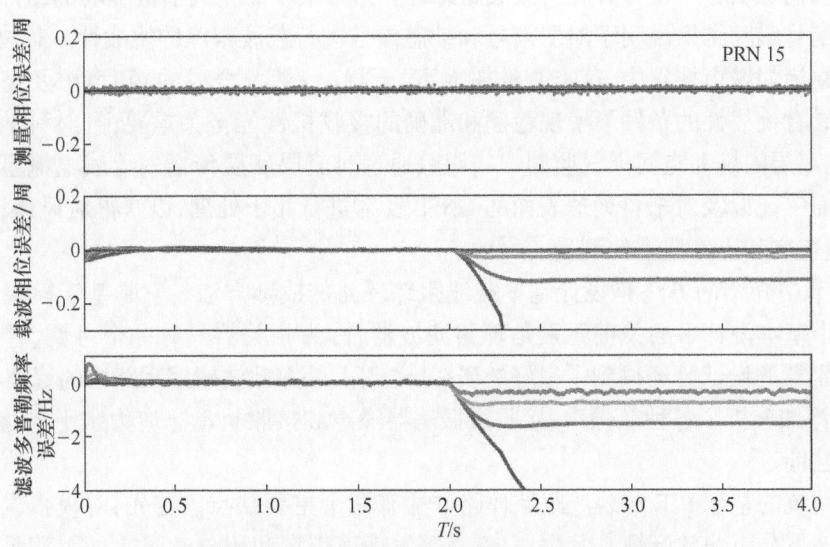

图 15.35　对于包含斜升多普勒趋势的 PRN 15 信号,
未滤波的载波相位误差及滤波后的载波相位和多普勒频率误差

图 15.36 显示了对于包含增长正弦多普勒趋势的 PRN 29 信号,未滤波的载波相位误差及滤波后的载波相位和多普勒频率误差。与 PRN 15 的情况类似,在 20Hz 带宽下,PLL 保持锁定。2Hz 和 5Hz 带宽使 PLL 立即失锁。当正弦趋势达到最大幅度时,10Hz 带宽导致 PLL 在 2s 左右失锁。

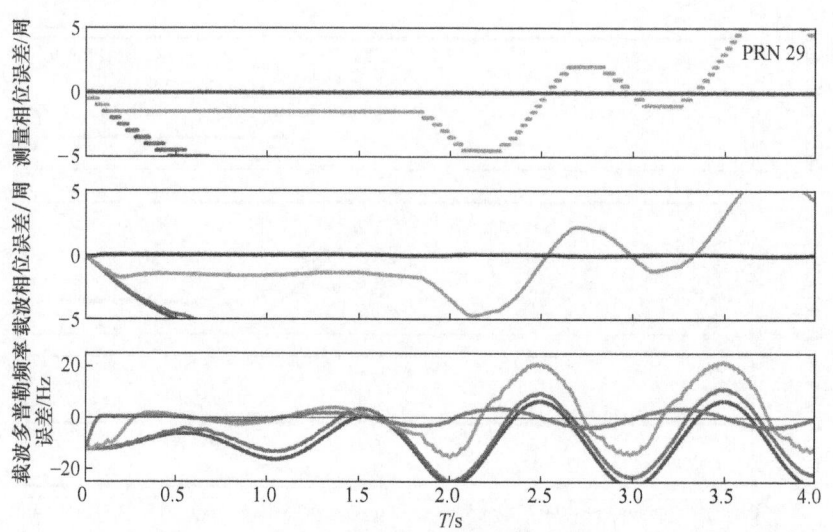

图 15.36 对于包含增长正弦多普勒趋势的 PRN 29 信号,
未滤波的载波相位误差及滤波后的载波相位和多普勒频率误差

15.5 先进的载波跟踪

正如我们在 15.4 节中指出的,载波跟踪环路是 GNSS 接收机中最脆弱的组件。上面讨论的仿真信号跟踪结果说明了对弱信号和动态信号进行载波跟踪的挑战性。载波跟踪环路的优化对在诸如城市峡谷中、茂密森林树冠下、干扰(自然及合成的)环境中及高动态平台上导航等具有挑战性的条件下实现稳健和准确的接收机性能至关重要,且对科学应用也很重要,如电离层闪烁和空间天气监测[19],跟踪通过对流层底层传播的无线电掩星信号以获取大气剖面[20],以及对来自地球表面的 GNSS 反射进行相干处理,以获得对风速、表面粗糙度、冰雪覆盖率和土壤湿度的测量[21-22]。

15.4 节中介绍的方法是设计基本载波跟踪环路的成熟方法。它是基于模拟 PLL 的离散化。这个基本设计中的关键元素是环路滤波器,因为相关器只有一个可调参数(积分时间),而鉴别器的设计已经得到了很好的研究[23-25]。基本载波跟踪环路中的滤波器是 PIF。文献[26]详细分析了各种热噪声、接收机振荡器噪声和接收机动态应力水平下基于 PIF 的跟踪环路性能。

使用传统的基于 PIF 的载波跟踪环路方法有两个主要缺点。首先,对模拟设计的依赖使数字滤波器分析非常麻烦。其次,只有当等效噪声带宽和积分时间 T 的乘积足够小的情况下,从模拟(S 域)到数字(Z 域)的映射才有效,以确保连续更新近似有效。随着 BT 乘积值的增加,跟踪环路传递函数的极点位置偏离了最初在模拟域中设计的位置,导致系统不稳定。第二个缺点是在具有挑战性的条件下接收机对信号的载波跟踪有严重影响。为了提高跟踪环路灵敏度和动态响应,同时保持环路稳定性,需要使用更大的噪声带宽和更长的积分时间。这些要求意味着更高的 BT 值。

由第一性原理直接在 Z 域中设计数字 PLL(DPLL),而不参考模拟概念,可以在一定程度上克服这些限制[27]。特别是,文献[28]提出了一个使用受控根法的公式,其中滤波器参数值是为每组 BT 值确定的。这是通过控制根的位置以遵循为 BT 函数的恒定阻尼路径来实现的。文献[29]分析了理论上的 DPLL 稳定范围,量化了载波跟踪误差方差,并讨论了相位输入噪声和接收机设计参数的相关性。文献[30-31]将该技术应用于微弱 GPS 信号的载波跟踪,并证明了改进的灵敏度性能。

虽然受控根方法在不影响滤波器稳定性的前提下提高了 BT 值的范围,但对于高阶环路,其 BT 工作范围仍然有一定限制,这主要是因为基于 PIF 的滤波器结构。例如,对于三阶系统,BT 应小于 0.4[32]。在 15.4.4 节的分析中,高动态平台上的接收机可能需要 55Hz 的噪声带宽。弱信号跟踪通常需要几十毫秒甚至几百毫秒的积分时间。如果将 20ms 的积分时间与 50Hz 的噪声带宽结合使用,则 BT=1,远远超过了 DPLL 工作范围。对于这些具有挑战性的应用类型,需要改进滤波器结构。

WF 和 KF 是两种常用的滤波器实现,用于在具有挑战性的条件下进行 GNSS 载波跟踪。WF 是最小均方误差(MMSE)估计器。它假定信号和噪声的频谱特性是已知的,这两者都必须是平稳的线性随机过程。在此假设下,WF 在频域中将输入信号与噪声分开。基于 WF 的 PLL 被公认为比基于 PIF 的设计能获得更好的跟踪精度。已经有许多载波跟踪环路的研究实现了 WF。例如,文献[23,33]描述了一种基于 WF 的载波跟踪环路,该环路考虑了热噪声和接收机振荡器噪声。文献[32]实现了基于 WF 的载波跟踪,其将载波相位动态从热噪声中分离出来,并证明了跟踪环路输出中的相位噪声最小。在这种情况下不考虑接收机振荡器噪声。

KF 是对被高斯白噪声破坏的信号进行估计的最佳滤波器。它是一个基于模型的系统,其信号模型由状态空间模型和观测模型组成。状态空间模型表示由系统噪声驱动的动态过程的信号,而观测模型描述了被测量噪声破坏的测量值。状态空间模型可以是直接或误差状态模型。使用这两种模型实现的基于 KF 的 PLL 是等效的。直观地说,如果模型准确,基于模型的系统则会带来更好的跟踪环路性能。针对弱信号(例如,参见文献[34-35])、高动态接收机[36-38]以及弱信号和高动态条件共存的环境[39-40],人们已经做出了各种努力,目的是使用基于模型的 KF 方法来提高载波相位跟踪环路的性能。

文献[41-42]提出了一种广义的跟踪环路架构,统一了基于 PIF、WF 和 KF 的 PLL,也统一了 PLL 和 FLL。在文献[41]中,推导了 WF 增益的闭合解,并验证了其与稳态 KF 增益等效。针对这些滤波实现和优化策略,分析了存在热噪声、振荡器效应和接收机动态的 PLL 和 FLL 跟踪性能。研究表明,基于 PIF 的 PLL 的最小相位跟踪误差略大于基于 WF 和 KF 的 PLL。令人惊讶的是,如果适当优化,基于 PIF、WF 和 KF 的 PLL 则会导致类似的灵敏度极限。在本节中将回顾这项工作。

基于状态空间的建模方法也被应用于寻求最佳的载波间辅助策略[43]。这项工作动机是需要对经历频率选择性衰落的信号进行稳健的载波跟踪。当存在严重的多径干扰和电离层或对流层闪烁时,就会出现这种现象。本章总结了文献[43]中提出了两种多频载波间辅助技术。第一种是联合跟踪算法,其中每个载波通道的载波多普勒和多普勒速率估计分别根据它们的频率关系进行组合。第二种是最优跟踪方案,其中载波幅度用于对每个载波通道估计的贡献进行加权。本节最后讨论了它们的实现和性能。

15.5.1 GNSS 载波跟踪状态空间系统模型

广义的载波相位跟踪环路结构是基于状态空间模型建立的

$$x_{k+1} = Ax_k + n_k \tag{15.83}$$

$$\Delta\phi_k = H\Delta x_k + \nu_k \tag{15.84}$$

式中: x 为状态矢量; A 为系统转移矩阵; H 为测量矩阵; n 为系统噪声矢量; $\Delta\phi$ 为平均载波相位误差; ν 为测量噪声;下标"k"为测量的时间历元。

在 GNSS 载波相位跟踪环路中,平均相位误差是直接可测量的量:

$$\Delta\phi_k = \phi_k - \hat{\phi}_k \tag{15.85}$$

$\Delta\phi_k$ 是由相位鉴别器(鉴相器)得到的,如 15.4.4 节所述。它通过误差测量式(15.84)与误差状态矢量 $\Delta x_k = x_k - \hat{x}_k$ 关联起来。$\hat{x}_k$ 是本地参考产生的估计状态:

$$\hat{x}_{k+1} = A\hat{x}_k + Bu_k \tag{15.86}$$

u_k 是反馈控制器,它取决于状态反馈增益矩阵 K 和估计的误差状态矢量 $\Delta\hat{x}_k$:

$$u_k = K\Delta\hat{x}_k \tag{15.87}$$

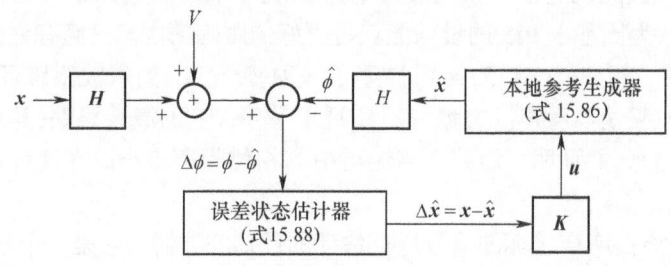

图 15.37 基于状态空间模型的闭环载波相位跟踪系统框图

通过对式(15.83)和式(15.86)进行求差,可以获得误差状态的被控对象模型:

$$\Delta x_{k+1} = A\Delta x_k - Bu_k + n_k \tag{15.88}$$

式(15.88)和式(15.86)是 GNSS 接收机闭环载波跟踪的误差状态空间模型。图 15.37 显示了误差状态空间模型的框图。

图 15.37 示出,误差状态是由相位误差测量 $\Delta\phi$ 估计的。文献[41]推导出误差状态估计器为

$$\Delta\hat{x}_{k+1} = (I - LH)(A - BK)\Delta\hat{x}_k + L\Delta\phi_{k+1} \tag{15.89}$$

上述公式表明,基于状态空间模型的跟踪环路由三个矩阵表征:被控对象输入矩阵 B、状态反馈增益矩阵 K 和状态估计器增益矩阵 L。文献[41]详细分析了对这些矩阵的要求。分析的结论是,为了确保系统的可控性和稳定性,B 和 K 必须取:

$$B = I, \quad K = A \tag{15.90}$$

有了这些限制,误差状态估计器式(15.89)和本地参考发生器式(15.86)变为

$$\Delta \hat{x}_{k+1} = L\Delta\phi_{k+1} \tag{15.91}$$

$$\hat{x}_{k+1} = A\hat{x}_k + AL\Delta\phi_k \tag{15.92}$$

剩余的控制参数是状态估计器增益矩阵 L。15.5.2 节将总结两态和三态系统基于 PIF、WF 和 KF 实现的最佳 L 矩阵,两态和三态系统是 GNSS 载波跟踪应用的典型情况,取决于预期的接收机或信号动态。两态和三态系统[44-45]的状态矢量 x、系统转移矩阵 A 和测量矩阵 H 为

$$\text{两态系统}: x = [\phi_0 \quad \omega]^T \tag{15.93a}$$

$$\text{三态系统}: x = [\phi_0 \quad \omega \quad \dot{\omega}]^T \tag{15.93b}$$

$$\text{两态系统}: A = \begin{bmatrix} 1 & T \\ 0 & 1 \end{bmatrix} \tag{15.94a}$$

$$\text{三态系统}: A = \begin{bmatrix} 1 & T & \frac{T^2}{2} \\ 0 & 1 & T \\ 0 & 0 & 1 \end{bmatrix} \tag{15.94b}$$

$$\text{两态系统}: H = \begin{bmatrix} 1 & \frac{T}{2} \end{bmatrix} \tag{15.95a}$$

$$\text{三态系统}: H = \begin{bmatrix} 1 & \frac{T}{2} & \frac{T^2}{6} \end{bmatrix} \tag{15.95b}$$

式中:ϕ_0 为初始分数相位(rad);ω 为载波角频率(rad/s);$\dot{\omega}$ 为频率变化率(rad/s^2);T 为相关器积分时间。

GNSS 载波相位跟踪的系统噪声包括多个来源项。一些示例包括接收机 RF 前端振荡器相位噪声、平台动态引起的随机游走噪声、接收机在飞机上的振荡器振动效应,以及接收机在电离层闪烁或对流层闪烁期间工作时的相位闪烁效应(对流层闪烁仅在无线电掩星接收机中显著)。振荡器相位噪声和平台动态是最常见的建模噪声项。振荡器振动效应的详细分析见文献[2-3,47]。对电离层和对流层闪烁效应的分析工作见文献[48-50]和文献[51-53]。在本章中,为了关注基于状态空间的模型开发过程,将只考虑振荡器相位噪声和平台动态。在此假设下,两态和三态系统的系统噪声矢量的协方差矩阵 Q 为

$$\text{两态系统}: Q = \begin{bmatrix} \sigma_\phi^2 & \sigma_{\phi\omega}^2 \\ \sigma_{\phi\omega}^2 & \sigma_\omega^2 \end{bmatrix} = (2\pi f_L)^2 \begin{bmatrix} Tq_\phi + \frac{1}{3}T^3 q_\omega & \frac{1}{2}T^2 q_\omega \\ \frac{1}{2}T^2 q_\omega & Tq_\omega \end{bmatrix} \tag{15.96a}$$

$$\text{三态系统}: Q = \begin{bmatrix} \sigma_\phi^2 & \sigma_{\phi\omega}^2 & \sigma_{\phi\dot{\omega}}^2 \\ \sigma_{\phi\omega}^2 & \sigma_\omega^2 & \sigma_{\omega\dot{\omega}}^2 \\ \sigma_{\phi\dot{\omega}}^2 & \sigma_{\omega\dot{\omega}}^2 & \sigma_{\dot{\omega}}^2 \end{bmatrix}$$

$$= (2\pi f_L)^2 \begin{bmatrix} Tq_\phi + \frac{1}{3}T^3q_\omega + \frac{1}{20c^2}T^5q_a & \frac{1}{2}T^2q_\omega + \frac{1}{8c^2}T^4q_a & \frac{1}{6c^2}T^3q_a \\ \frac{1}{2}T^2q_\omega + \frac{1}{2}T^2q_\omega + \frac{1}{8c^2}T^4q_a & Tq_\omega + \frac{1}{3c^2}T^3q_a & \frac{1}{2c^2}T^2q_a \\ \frac{1}{6c^2}T^3q_a & \frac{1}{2c^2}T^2q_a & \frac{1}{c^2}Tq_a \end{bmatrix}$$

(15.96b)

式中:f_L 为载波频率;$q_\phi(\text{s}^2/\text{Hz})$,和 q_ω (1/Hz)分别为由 RF 前端振荡器不稳定(可通过振荡器 h 参数建模)引起的载波相位噪声和载波频率噪声的功率谱密度(PSD);q_a 为由接收机平台的 LOS 加速度引起的随机过程 PSD[$(\text{m}^2/\text{s}^6)/\text{Hz}$];$c$ 为光速(m/s)。

测量噪声主要由热噪声引起,它可以建模为高斯白噪声。它被视为是与系统噪声无关的。测量噪声的方差取决于具体的鉴相器实现。例如,如果使用两象限的 Arctan 鉴别器,相位噪声测量方差[26]为

$$R = \sigma_\nu^2 = \frac{1}{2TC/N_0}\left(1 + \frac{1}{2TC/N_0}\right) \tag{15.97}$$

15.5.2 滤波器增益矩阵 L

对于两态和三态 GNSS 载波跟踪环路,基于 PIF、WF 和 KF 的 PLL 的滤波器增益矩阵 L 是在[41]中导出的,这里将对其进行总结。PIF 和 WF 是单输入单输出系统,而 KF 是基于模型的系统。因此,对于基于 PIF 和 WF 的 PLL,稳态增益矩阵可以通过其闭环传递函数获得。对于基于 KF 的 PLL,其增益矩阵是从状态和观测中导出的。对于两态和三态模型,令 L 分别取如下形式:

$$\text{两态模型}: L = [\alpha \quad \beta]^T \tag{15.98a}$$

$$\text{三态模型}: L = [\alpha \quad \beta \quad \gamma]^T \tag{15.98b}$$

图 15.29 中状态反馈跟踪环路的闭环传递函数为

$$F(z) = \frac{\hat{\phi}_k}{\phi_k} = \frac{H(zI-A)^{-1}AL}{1 + H(zI-A)^{-1}AL} \tag{15.99}$$

将式(15.94a,b)、式(15.95a,b)和式(15.98a,b)中的 A、H 和 L 的表达式分别代入,二态和三态闭环的传递函数为

$$F_2(z) = \frac{\left(\alpha + \frac{3T}{2}\beta\right)z - \left(\alpha + \frac{T}{2}\beta\right)}{z^2 + \left(\alpha + \frac{3T}{2}\beta - 2\right)z + \left(-\alpha - \frac{T}{2}\beta + 1\right)} \tag{15.100a}$$

$$F_3(z) = \frac{(6\alpha + 9T\beta + 7T^2\gamma)z^2 - (12\alpha + 12T\beta + 2T^2\gamma)z + (6\alpha + 3T\beta + T^2\gamma)}{6z^3 + (6\alpha + 9T\beta + 7T^2\gamma - 18)z^2 - (12\alpha + 12T\beta + 2T^2\gamma - 18)z + (6\alpha + 3T\beta + T^2\gamma - 6)}$$

(15.100b)

在以下小节中,将这些传递函数与基于 PIF、WF 和 KF 的闭环 PLL 进行比较,以推断它们的 L 矩阵组成。

15.5.2.1 基于 PIF 的 PLL 增益矩阵

对于基于 PIF 的系统,15.4 节中的图 15.14 和图 15.23 显示了一阶和二阶 S 域框图。三阶模拟 PIF 如图 15.38 所示。采用 PIF 实现的二阶[由式(15.64)改写]和三阶闭环 PLL 的传递函数为

$$H_{\text{PIF2}}(s) = \frac{2\xi\omega_n s + \omega_n^2}{s^2 + 2\xi\omega_n s + \omega_n^2} \tag{15.101a}$$

$$H_{\text{PIF3}}(s) = \frac{b_n\omega_n s^2 + a_n\omega_n^2 s + \omega_n^3}{s^3 + b_n\omega_n s^2 + a_n\omega_n^2 s + \omega_n^3} \tag{15.101b}$$

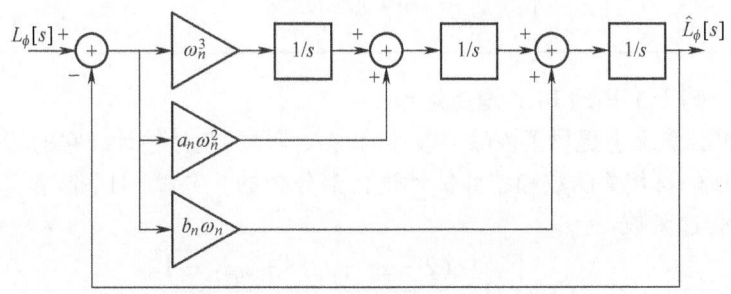

图 15.38 基于三阶模拟 PIF 的 PLL 框图

在 15.4 节中,展示了如何应用脉冲响应不变法和双线性变换法将传递函数从 S 域转换到 Z 域。这里,我们将遵循文献[41],应用前向差分或欧拉方法:

$$S \approx \frac{z-1}{T} \tag{15.102}$$

在 Z 域基于二阶和三阶 PIF 的闭环 PLL 为

$$H_{\text{PIF2}}(z) = \frac{2\xi\omega_n Tz + \omega_n^2 T^2 - 2\xi\omega_n T}{z^2 + (2\xi\omega_n T - 2)z + (\omega_n^2 T^2 - 2\xi\omega_n T + 1)} \tag{15.103a}$$

$$H_{\text{PIF3}}(z) = \frac{b_n\omega_n Tz^2 + (a_n\omega_n^2 T^2 - 2b_n\omega_n T)z + (\omega_n^3 T^3 - a_n\omega_n^2 T^2 + b_n\omega_n T)}{z^3 + (b_n\omega_n T - 3)z^2 + (a_n\omega_n^2 T^2 - 2b_n\omega_n T + 3)z + (\omega_n^3 T^3 - a_n\omega_n^2 T^2 + b_n\omega_n T - 1)}$$
(15.103b)

将式(15.100a,b)与式(15.103a,b)进行比较,可以得出基于 PIF 的二态和三态 PLL 的 L 矩阵如下:

$$L_{\text{PIF2}} = \begin{bmatrix} \alpha \\ \beta \end{bmatrix} = \begin{bmatrix} 2\xi\omega_n T - \dfrac{3}{2}\omega_n^2 T^2 \\ \omega_n^2 T \end{bmatrix} \tag{15.104a}$$

$$L_{\text{PIF3}} = \begin{bmatrix} \alpha \\ \beta \\ \gamma \end{bmatrix} = \begin{bmatrix} (11\omega_n^3 T^3 - 9a_n\omega_n^2 T^2 + 6b_n\omega_n T)/6 \\ -2\omega_n^3 T^2 + a_n\omega_n^2 T \\ \omega_n^3 T \end{bmatrix} \tag{15.104b}$$

正如 15.4 节所述,从 S 域转换到 Z 域的传统 PLL 设计方法为基于 PIF 的系统定义了某些初始化的值。表 15.4 列出了接收机中通常使用的这些预定义值[41]。增益矩阵 L 可以使

用这些预定义值来计算。

表 15.4 传统 GPS 接收机中通常使用的基于 PIF 的 PLL 参数[41]

环路阶次	噪声带宽 BN/Hz	典型值
一阶	$\dfrac{\omega_n}{4}$	$BN = 0.25\omega_n$
二阶	$\dfrac{\omega_n(1+\xi^2)}{4\xi}$	$\xi = 0.707$ $BN \approx 0.53\omega_n$
三阶	$\dfrac{\omega_n(a_n b_n^2 + a_n^2 - b_n)}{4(a_n b_n - 1)}$	$a_n = 1.1$ $b_n = 2.4$ $BN \approx 0.7845\omega_n$

15.5.2.2 基于 WF 的 PLL 增益矩阵

WF 在 MMSE 意义上提供了被噪声破坏的输入信号的统计估计。它的传递函数是通过对输入信号均值的自相关函数和统计估计进行谱分析的。文献[41]推导了基于二阶和三阶 WF 的 PLL 传递函数：

$$H_{\text{WF2}}(z) = \frac{(2-z_0-z_1)z + z_0 z_1 - 1}{z^2 - (z_0+z_1)z + z_0 z_1} \tag{15.105a}$$

$$H_{\text{WF3}}(z) = \frac{(3-z_0-z_1-z_2)z^2 + (z_0 z_1 + z_0 z_2 + z_1 z_2 - 3)z + 1 - z_0 z_1 z_2}{z^3 - (z_0+z_1+z_2)z^2 + (z_0 z_1 + z_0 z_2 + z_1 z_2)z - z_0 z_1 z_2} \tag{15.105b}$$

这些传递函数依赖于参数 z_0、z_1 和 z_2，它们是信号和噪声参数的函数，如积分时间、系统噪声协方差和测量噪声方差。有兴趣了解如何获得这些参数的读者请参阅文献[41]。

将式(15.100a,b)与式(15.105a,b)进行比较，可得到基于 WF 的 PLL 的 L 矩阵

$$L_{\text{PIF2}} = \begin{bmatrix} \alpha \\ \beta \end{bmatrix} = \begin{bmatrix} (1+z_0+z_1-3z_0 z_1)/2 \\ (1-z_0)(1-z_1)/T \end{bmatrix} \tag{15.106a}$$

$$L_{\text{PIF3}} = \begin{bmatrix} \alpha \\ \beta \\ \gamma \end{bmatrix} = \begin{bmatrix} [(z_0+z_1+z_2) + 2(z_0 z_1 + z_0 z_2 + z_1 z_2) + 2 - 11 z_0 z_1 z_2]/6 \\ [1 - (z_0 z_1 + z_0 z_2 + z_1 z_2) + 2 z_0 z_1 z_2]/T \\ [1 + (z_0 z_1 + z_0 z_2 + z_1 z_2) - z_0 z_1 z_2 - (z_0+z_1+z_2)]/T^2 \end{bmatrix} \tag{15.106b}$$

15.5.2.3 基于 KF 的 PLL 增益矩阵

KF 根据对 $\Delta\phi_k$ 的观测估计误差状态矢量 $\Delta\hat{x}_k$。其增益矩阵应最小化二次型 W_{k+1}，其中 χ 为任意 $n \times 1$ 矢量，$W_{k+1} = E\{\varepsilon_{k+1}\varepsilon_{k+1}^T\}$ 为状态估计误差协方差矩阵，$\varepsilon_{k+1} = \Delta x_{k+1} - \Delta \hat{x}_{k+1}$ 为状态估计误差。ε_{k+1} 可以利用测量误差模型式(15.84)、误差状态被控对象模型式(15.88)和误差状态估计器式(15.89)来计算：

$$\varepsilon_{k+1} = (I - L_{k+1}H)(A\varepsilon_k + n_k) - v_{k+1}L_{k+1} \tag{15.107}$$

其误差协方差矩阵为

$$W_{k+1} = N_{k+1} + U_{k+1}(R + HN_{k+1}H^T)U_{k+1}^T \\ - N_{k+1}H^T(R + HN_{k+1}H^T)HN_{k+1} \tag{15.108}$$

其中

$$N_{k+1} = AW_kA^T + Q \tag{15.109}$$

$$U_{k+1} = L_{k+1} - N_{k+1}H^T(R + HN_{k+1}H^T)^{-1}HN_{k+1} \tag{15.110}$$

由式(15.108)可知,当 $U_{k+1} = 0$ 时,二次型 $\chi^T W_{k+1} \chi$ 为最小值。将式(15.110)设为 0,可以得到 KF 增益矩阵:

$$L_{k+1} = N_{k+1}H^T(R + HN_{k+1}H^T)^{-1} \tag{15.111}$$

相应的误差状态估计协方差为

$$W_{k+1} = (I - L_{k+1}H)N_{k+1} \tag{15.112}$$

注意,在推导上述最佳 KF 增益矩阵 L 时,没有对矩阵 B、K 和 u 做假设。

误差状态估计器只是图 15.37 所示的整个反馈控制回路的一个子系统。为了获得整个系统的性能,使用式(15.83)和式(15.92)计算全状态估计的方差:

$$E\{(x_{k+1} - \hat{x}_{k+1})(x_{k+1} - \hat{x}_{k+1})^T\} = AW_kA^T + Q = N_{k+1} \tag{15.113}$$

式(15.113)表明,最小的 W_k 对应于最小的二次型 $\chi^T E\{(x_{k+1} - \hat{x}_{k+1})(x_{k+1} - \hat{x}_{k+1})^T\}\chi$。因此,式(15.111)中定义的 L_{k+1} 使误差状态和全状态估计误差都最小化,因而对于反馈控制回路而言是全局最优的。请注意,式(15.83)和式(15.92)是在假设 $B = I$、$K = A$ 和 $u = Kx$ 的情况下得出的。此外,表明整个闭环 PLL 性能满足 MMSE 准则是很容易的,可以通过简单的假设 $\chi = H^T$ 来做到(因为 χ 可以是任意 $n \times 1$ 矢量):

$$\chi^T E\{(x_{k+1} - \hat{x}_{k+1})(x_{k+1} - \hat{x}_{k+1})^T\}\chi = HE\{(x_{k+1} - \hat{x}_{k+1})(x_{k+1} - \hat{x}_{k+1})^T\}H^T$$

$$= E[(H(x_{k+1} - \hat{x}_{k+1}))[(x_{k+1} - \hat{x}_{k+1})H]^T\}$$

$$= E\{(\Delta\phi_k)^2\} \tag{15.114}$$

KF 的实现由一个瞬态过程开始,最终收敛到稳态。我们对稳态增益矩阵更感兴趣:$L_{KF} = \lim_{k\to\infty} L_{k+1}$。为了计算 L_{KF},需要得到 N_∞,即离散代数 Riccati 方程的解:

$$AN_\infty A^T - AN_\infty H^T(HN_\infty H^T + R)^{-1} \times HN_\infty A^T + Q - N_\infty = 0 \tag{15.115}$$

可以将式(15.115)的解作为 N_{k+1} 代入式(15.111),得到 L_{KF} 的数值解:

$$L_{KF} = N_\infty H^T(R + HN_\infty H^T)^{-1} \tag{15.116}$$

15.5.2.4 基于 WF 和 KF 的 PLL 的等效性

我们自然怀疑,基于 WF 和 KF 的 PLL 可能是等效的,因为它们的增益矩阵被设计为实现误差状态和全状态估计的 MMSE 性能。如果这种等效性成立,可以使用 L_{WF} 作为稳态 L_{KF} 的闭合形式表示。Yang 等[41]比较了几个代表性信号和系统参数的 WF 和 KF 增益矩阵的解析解。结果证实,它们确实是等效的。例如,图 15.39 显示了对于 $q_a = 10(m^2/s^6)/Hz$ 的高动态平台上的接收机中采用 WF(线)和 KF(圆或点)实现的三态 PLL,其增益矩阵元素 α、β、γ 与积分时间 T 的函数关系。结果表明,对于相同的信号和接收机参数,WF 和 KF 实现产生相同的最佳增益矩阵。还要注意的是,仿真了两种类型的接收机前端振荡器:一种是 OCXO(虚线)特性的高质量振荡器(HQO),另一种是典型 TCXO(实线)的低质量振荡器(LQO)。振荡器质量反映在其 h 参数中。对于本研究中使用的 LQO 和 HQO,其 h 参数为

$$LQO:h_0 = 1 \times 10^{-21}(s^2/Hz), \quad h_{-2} = 2 \times 10^{-20}(1/Hz)$$

$$HQO:h_0 = 6.4 \times 10^{-26}(s^2/Hz), \quad h_{-2} = 4.3 \times 10^{-23}(1/Hz)$$

在后续的性能评估中也将使用同样的 HQO 和 LQO。

图15.39还揭示了增益矩阵的其他特征。首先,请注意,采用LQO的接收机其α和β,以及相应的系统建模误差都大于采用HQO的接收机。因此,对于采用HQO的接收机,应将更多的权重分配到系统预测上。其次,增加T将降低测量噪声,这对于弱信号处理是有好处的,然而,只适用于特定的值。对于图15.39所示的情况,滤波器增益参数仅随着T值的增加而增加,直到大约100ms。此外,众所周知,振荡器噪声效应随着积分时间的延长而增加。因此,需要将适当的积分时间与其他滤波器设计参数相结合以实现最佳性能。最后,Yang等[41]指出,γ决定了滤波器的动态响应,采用HQO的接收机比采用LQO的接收机其环路增益对平台动态更敏感。

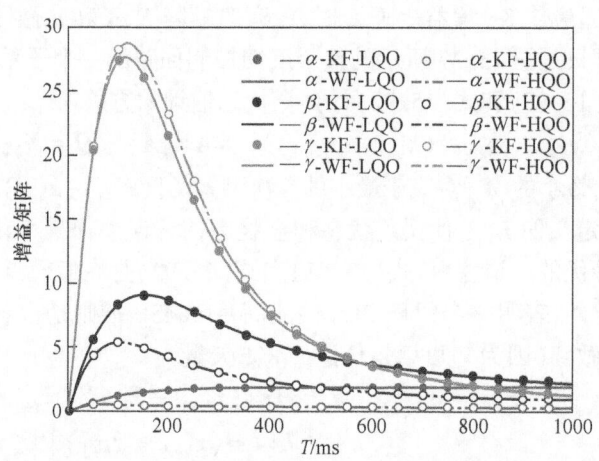

图15.39 对于$q_a = 10(m^2/s^6)/Hz$的高动态平台上的接收机中采用WF(线)和KF(圆或点)实现的三态PLL,其增益矩阵元素α、β、γ与积分时间T的函数关系。仿真了两种类型的接收机前端振荡器:OCXO(虚线)特性的高质量振荡器(HQO)和类似于TCXO(实线)的低质量振荡器(LQO)。结果表明,对于相同的信号和接收机参数,WF和KF实现产生相同的最佳增益矩阵[41](经IEEE许可转载。)

15.5.2.5 基于状态空间的PLL优化

精度、灵敏度和各种动态条件下的跟踪阈值是PLL的主要性能指标。精度由15.5.2.3节中讨论过的跟踪误差方差来获得,可用式(15.112)表示。稳态方差是式(15.115)的解,取决于接收机特性(如振荡器质量和平台动态)、信号(C/N_0和载波频率)及PLL设计参数,如积分时间T、滤波器增益矩阵L和噪声带宽B(实现了基于PIF的PLL)。接收机和信号特性通常超出了跟踪环路设计者的控制范围,可以对PLL设计参数进行优化,使跟踪误差方差最小化。Yang等[42]基于PIF、WF和KF的PLL及一些代表性的接收机和信号参数对优化结果进行了分析,读者应参考论文的详细分析。这里给出几个有代表性的例子来说明结果。图15.40显示了具有LQO和HQO的接收机的三态PLL的最佳积分时间和相位误差标准差与C/N_0的函数关系。PLL采用基于PIF、WF和KF的状态空间方法实现。接收机位于一个低动态平台(顶部)和一个高动态平台(底部图)上。在相位误差图中,还绘制了数据和导频通道载波跟踪阈值15°和30°。

这些图以定量方式显示了众所周知的趋势。例如,对于较弱的信号,所有三种滤波器实现的最佳积分时间都较长;对于相同的信号,采用HQO的接收机的最佳积分时间大于采用

LQO 的接收机;对于较高动态平台上的接收机,最佳积分时间较短,而相位噪声较高;对于高动态信号,振荡器噪声效应对相位跟踪误差变得不那么重要。最后,基于 PIF 的 PLL 的最小相位跟踪误差略大于基于 WF 和 KF 的 PLL。这很可能是由于 WF 和 KF 设计的自由度更高。回想一下,对于 L_{PIF},其 α、β 和 γ 由噪声带宽和积分时间决定;对于 L_{WF} 和 L_{KF},其 α 和 β 由振荡器特性和积分时间 T 决定,而 γ 由 q_a 和 T 决定。在基于 WF 和 KF 的 PLL 设计中,α、β 与 γ 的解耦导致了其在实现 MMSE 性能方面具有更好的优化。

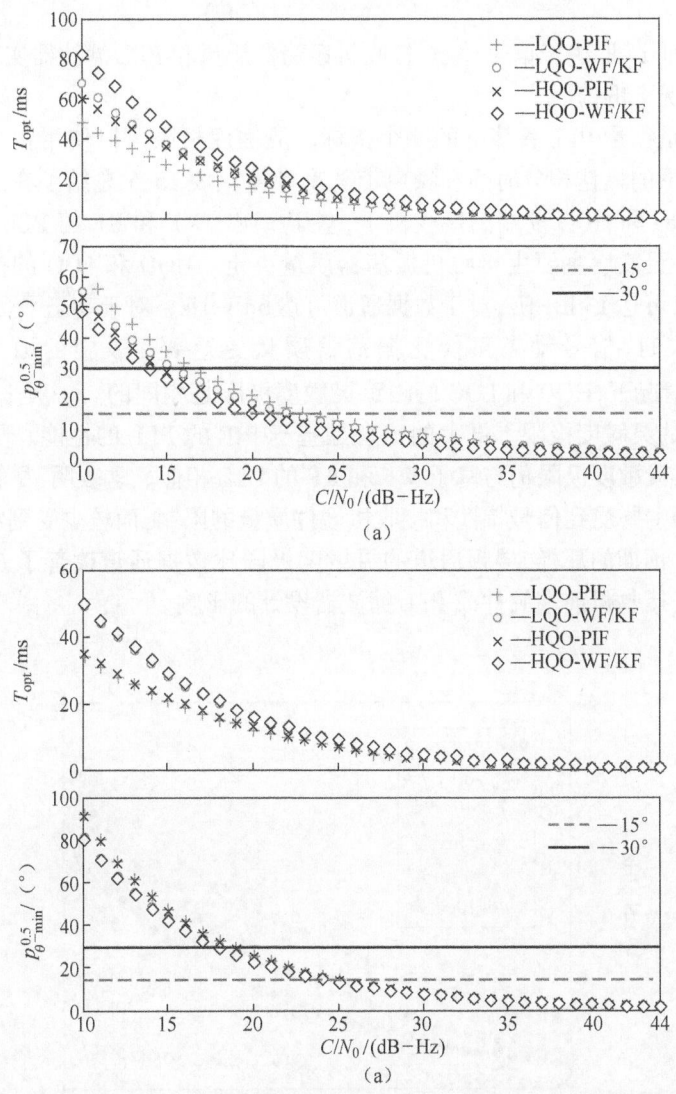

图 15.40 对于采用 LQO 和 HQO 的接收机,三态 PLL 的最佳积分时间和相位误差标准差与 C/N_0 的函数关系。PLL 采用基于 PIF、WF 和 KF 的状态空间方法实现,且接收机位于低动态平台(图(a),$q_a = 0.1(m^2/s^6)/Hz$)和高动态平台(图(b),$q_a = 10(m^2/s^6)/Hz$)上[42](经 IEEE 许可转载。)

对于基于 PIF 的 PLL,状态空间模型方法得出噪声带宽与信号和系统参数之间的定量关系。图 15.41 显示了三种代表性的接收机对于动态条件(静态、低动态和高动态)和 LQO、HQO 来说,噪声带宽对 C/N_0 具有依赖性。结果表明,对于所有信号和系统参数,C/N_0 越高,噪声带宽越宽,并且采用 LQO 的接收机噪声带宽应大于采用 HQO 的接收机,且噪声带宽随着接收机动态特性的增加而增加。

为了提供最佳积分时间和噪声带宽的定量设计指导,Yang 等[42]推导了以下解析形式:

$$T_{\mathrm{opt}} = b_1 (C/N_0)^{-\mu_1}(\mathrm{s}) \tag{15.117}$$

$$B_{\mathrm{opt}} = b_2 (C/N_0)^{-\mu_2}(\mathrm{Hz}) \tag{15.118}$$

式中:b_1、b_2、μ_1 和 μ_2 取决于信号动态、接收机振荡器质量和 PLL 滤波器实现。图 15.42 显示了几种典型情况下的值。

跟踪灵敏度是衡量 PLL 鲁棒性的一个指标。灵敏度极限可以使用在数据和导频通道的跟踪误差阈值下的最佳积分时间和噪声带宽来计算。表 15.5 总结了在三种代表性动态场景以及采用 LQO 和 HQO 前端的接收机下,基于 PIF、WF 和 KF 的 PLL 的灵敏度极限。对于静态接收机,灵敏度主要由接收机振荡器质量决定。HQO 和 LQO 的接收机之间的差异,对于导频通道可达 13dB-Hz,对于数据通道可达 6dB-Hz。对于动态平台上的接收机,在确定灵敏度极限时,信号动态可能比振荡器质量更重要。表中的数据表明,在 $q_a >$ 1($\mathrm{m}^2/\mathrm{s}^6$)/Hz 的情况下,HQO 和 LQO 的跟踪灵敏度极限是相同的。一般来说,较高的信号动态会导致较低的灵敏度极限。最大的惊喜是基于 PIF 的 PLL 的性能。尽管基于 PIF 的 PLL 是次优的,其灵敏度极限仍与基于 WF 和 KF 的 PLL 相似。这表明,尽管有不同的优化标准,PLL 性能仍主要受到信号特性和接收机硬件质量的限制,而较少受到特定滤波器实现的限制。最后,如预期的那样,导频通道的灵敏度极限比数据通道改善了 6~8dB。这一差异不受信号特性、接收机前端硬件或 PLL 滤波器设计的影响。

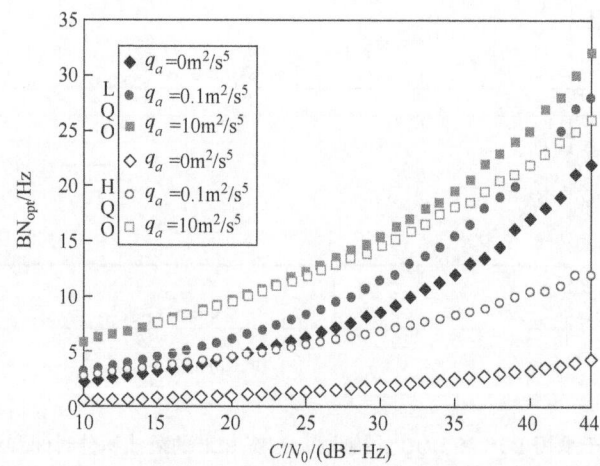

图 15.41 基于 PIF 的 PLL 设计中,对于三种代表性的接收机动态场景(静态、低和高动态)以及前端采用 LQO 和 HQO 的接收机,噪声带宽对 C/N_0 的依赖关系[42](经 IEEE 许可转载。)

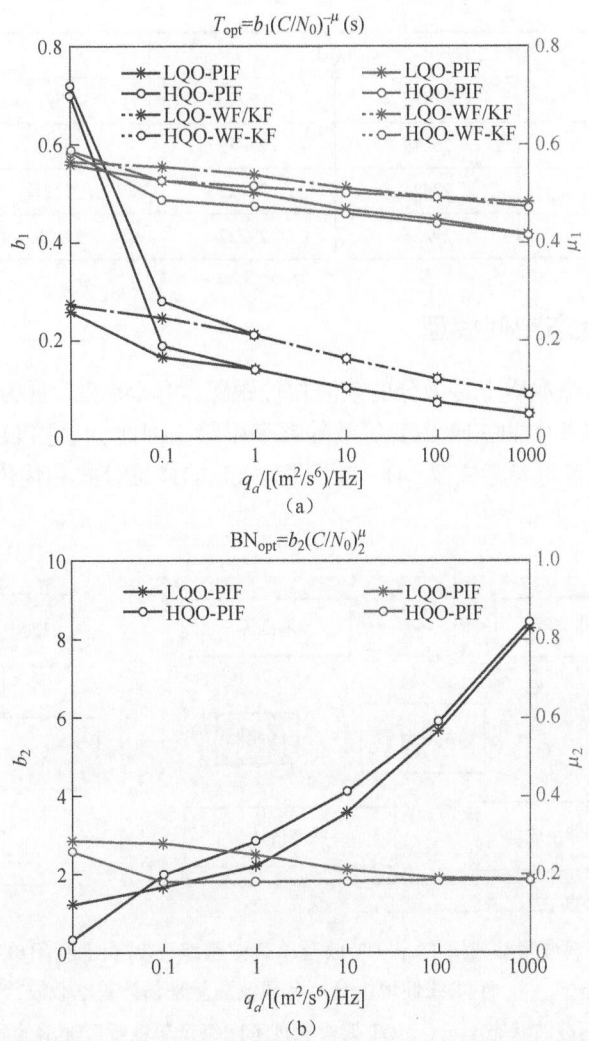

图15.42 (a)对于HQO和LQO、采用PIF和WF/KF实现的PLL,b_1和μ_1相对于信号动态的变化趋势,以及(b)对于HQO和LQO、基于PIF的PLL实现,b_2和μ_2相对于信号动态的变化(图摘自文献[42]。经IEEE许可转载。)

表15.5 基于PIF、WF和KF的PLL跟踪灵敏度极限,数据和导频通道的相位误差标准差分别为15°和30°,对于动态参数在一定范围内的信号及采用HQO和LQO的接收机[42]

$q_a/[(m^2/s^6)/Hz]$	LQO		HQO	
	PIF	WF/KF	PIF	WF/KF
0	22/15	22/15	13/6	13/6
0.1	23/17	23/16	21/15	21/14
1	24/18	23/17	23/17	23/16

续表

$q_a/[(\text{m}^2/\text{s}^6)/\text{Hz}]$	LQO		HQO	
	PIF	WF/KF	PIF	WF/KF
10	26/19	25/19	25/19	25/18
100	27/21	27/21	27/21	27/21
1000	29/23	29/22	29/23	29/22

15.5.3 FLL 的状态空间模型

认识到了频率跟踪本质上是微分的载波相位跟踪,可以将 FLL 视为降阶 PLL。例如,二阶 FLL 实现与相位跟踪中的三阶 PLL 等效的频率跟踪。因此,上述 PLL 的状态空间模型方法也适用于 FLL。读者可参考文献[41-42]了解 FLL 的详细公式和优化性能。

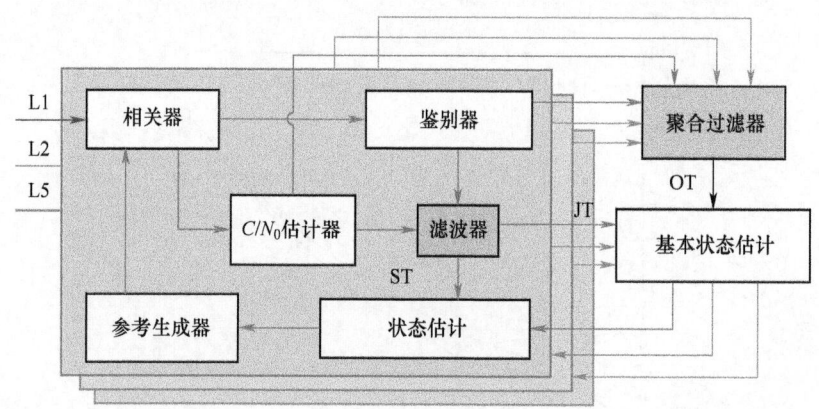

图 15.43 多载波跟踪架构 JT 和 OT 以及单载波跟踪(ST)(ST 利用单载波输入来估计载波状态 $x_{j,k+1}$,而 JT 线性地组合所有载波测量来估计基本载波状态 y_{k+1} 然后将估计缩放到载波状态 $x_{j,k+1}$。OT 架构通过考虑每个单独载波通道的质量来优化多载波测量组合。该图取自文献[43]。经 IEEE 许可转载。)

15.5.4 载波间辅助

大多数当代的 GNSS 卫星在多个载波上广播公开信号。这些信号的载波频率是通过将基本载波频率乘以整数来生成的。例如,GPS L1、GPS L2 和 GPS L5 载波与基频 $f_0 =$ 10.23MHz 的关系是乘以一个取值分别为 154、120 和 115 的乘数:

$$f_i = \eta_i f_0 \tag{15.119}$$

由于卫星接收机的相对运动,从同一卫星发射并被同一接收机截获的载波具有相同或相似的 LOS 传播距离、速度和加速度。因此,这些载波的载波相位 ϕ_i、多普勒频率 f_{di} 和多普勒变化率 $\dot{f}_{di}$ 都与基本载波的相应参数有乘数 η_i 的关系。当一个载波由于干扰[55]、多径[56]或电离层[57]或对流层闪烁[58]而经历频率选择性衰落时,这些关系可用于载波间辅助。辅助策略非常简单:对由健康载波获得的多普勒或多普勒频率进行缩放,以构建受损载波跟踪环路的参考。也有一些方法在基于矢量的架构中组合来自多个通道的测量,以执行多个频率信号的联合跟踪。例如,Henkel 等[59]讨论了一种多频矢量 PLL 算法,该算法结合了多个卫星的矢量处理和多个载波的载波辅助。Yu 等[60]实现了一种用于多频联合载波跟踪的聚合预测 KF。Yang 等[43]将本章中介绍的状态空间模型架构扩展到多频载波跟踪。论文描述了两种算法。第一种是联合跟踪(JT)算法,该算法基于根据载波频率缩放的多载波参数估计的线性组合。在第二种算法中,考虑了载波信号强度来调整每个载波贡献的权重,以通过组合多载波参数估计来实现优化跟踪(OT)。图 15.43 说明了三种基本架构:不使用载波间辅助的单载波跟踪(ST)、JT 和 OT。在本节中,我们将根据文献[43]中的工作,总结基于状态空间的多载波频率间辅助和性能评估方法。

15.5.4.1 载波间辅助 PLL 的状态空间模型

由于载波频率与基本载波的关系,载波的状态矢量也与基本载波状态矢量线性相关。请注意,基本载波只是一个"虚拟"载波,因为在该频率上没有信号传输。以 GPS 信号的三态系统为例,让我们将状态矢量表示为 $x_{i,k}$,其中 i 为 L1、L2 和 L5 载波,$i=0$ 为基本载波,则每个载波的状态矢量为

$$x_{i,k} = [\varphi_{i,k} \ \omega_{di,k} \ \dot{\omega}_{di,k}]^T \tag{15.120}$$

它们与基本载波状态矢量有关

$$x_{i,k} = \eta_i x_{0,k} \tag{15.121}$$

15.5.1 节中描述的系统模型和测量模型对所有载波都有效。系统转移矩阵 A 和测量矩阵 H 对于所有载波都是通用的,分别由式(15.94b)和式(15.95b)定义,保持一致。多载波系统模型和第 i 个载波的系统噪声协方差矩阵为

$$x_{i,k+1} = Ax_{i,k+1} + n_{i,k} \tag{15.122}$$

$$Q_i = Q \tag{15.123}$$

其中 Q 由(15.96b)定义,即 $f_L = f_i$。

测量模型由以下等式表示:

$$z_k = MH\Delta x_{0,k} + v_k \tag{15.124}$$

式中:$z_k = [\Delta\phi_{1,k} \ \Delta\phi_{2,k} \ \Delta\phi_{5,k}]^T$ 为测量矢量;$M = [\eta_1 \ \eta_2 \ \eta_5]^T$,$v_k = [v_{1,k} \ v_{2,k} \ v_{5,k}]^T$ 为测量噪声矢量,其协方差矩阵为

$$R_k = \begin{bmatrix} \sigma_{1,k}^2 & 0 & 0 \\ 0 & \sigma_{2,k}^2 & 0 \\ 0 & 0 & \sigma_{5,k}^2 \end{bmatrix} \tag{15.125}$$

JT 和 OT 实现都从所有可用的载波测量中导出基本载波状态估计。对于 JT,基本载波状态估计由 $\Delta\ddot{\phi}_k$ 获得,这是多载波测量的线性组合:

$$\hat{x}_{0,k+1}^{TT} = A\hat{x}_{0,k} + A\Delta\ddot{\phi}_k \tag{15.126}$$

$$\Delta\ddot{\phi}_k = \frac{\eta_1 L_{1,k}\Delta\phi_{1,k} + \eta_2 L_{2,k}\Delta\phi_{2,k} + \eta_5 L_{5,k}\Delta\phi_{5,k}}{\eta_1^2 + \eta_2^2 + \eta_5^2} \tag{15.127}$$

式中:L 是单个载波通道滤波器增益矩阵,15.5.2 节中讨论的基于 PIF、KF 和 WF 的实现可以用于优化每个单独载波的相位估计。然后,用式(15.121)来缩放由式(15.126)获得的

基本状态估计,以获得每个载波状态估计。第 i 个载波的 JT 载波状态估计可以通过以下方式获得:

$$\hat{x}_{i,k+1}^{\mathrm{TT}} = A\hat{x}_{i,k}^{\mathrm{TT}} + \eta_i A\Delta\dddot{\phi}_k \tag{15.128}$$

对于 OT,通过使用多载波测量 z_k 的聚合 KF 滤波器获得基本载波状态估计:

$$\hat{x}_{0,k+1}^{\mathrm{OT}} = A\hat{x}_{0,k}^{\mathrm{OT}} + AL_{\mathrm{AKF}} z_k \tag{15.129}$$

式中:L_{AKF} 为聚合 KF 的增益,可以按照(15.116)的结构计算,同时用 OT 测量模型中的 **MH** 替换 H[参见式(15.124)],用 $N_{0,k+1}$ 替换 N_{k+1}。得到的基本载波的状态误差协方差矩阵为

$$L_{\mathrm{AKF}} = N_{0,k+1}(MH)^{\mathrm{T}}[R_k + (MH)N_{0,k+1}(MH)^{\mathrm{T}}]^{-1} \tag{15.130}$$

同样,可以通过用式(15.121)缩放式(15.129)中的基本载波状态来获得第 i 个载波状态估计。或者,可以通过以下方式获得第 i 个载波的 OT 载波状态估计:

$$\hat{x}_{i,k+1}^{\mathrm{OT}} = A\hat{x}_{i,k}^{\mathrm{OT}} + \eta_i AL_{\mathrm{AKF}} z_k \tag{15.131}$$

使用 JT 和 OT 的第 i 个载波的状态估计误差协方差矩阵可以基于状态估计导出:

$$P_{i,k+1}^{\mathrm{JT}} = A\left(I - \frac{\sum_{j=1,2,5}\eta_j^2 L_{j,k}}{\eta_1^2 + \eta_2^2 + \eta_5^2}H\right)P_{i,k}^{\mathrm{JT}}\left(I - \frac{\sum_{j=1,2,5}\eta_j^2 L_{j,k}}{\eta_1^2 + \eta_2^2 + \eta_5^2}H\right)^{\mathrm{T}}A^{\mathrm{T}} +$$

$$Q_i + \frac{\eta_i^2}{\eta_1^2 + \eta_2^2 + \eta_5^2}\sum_{j=1,2,5}[\eta_j^2(AL_{j,k})\sigma_{j,k}^2(AL_{j,k})^{\mathrm{T}}] \tag{15.132}$$

$$P_{i,k+1}^{\mathrm{OT}} = A(I - L_{\mathrm{AKF},k}MH)P_{i,k}^{\mathrm{OT}}(I - L_{\mathrm{AKF},k}MH)^{\mathrm{T}}A^{\mathrm{T}} +$$

$$Q_i + \eta_i^2 AL_{\mathrm{AKF},k}R_k(AL_{\mathrm{AKF},k})^{\mathrm{T}} \tag{15.133}$$

通过使用适当的状态估计误差协方差矩阵,相位跟踪误差方差可以按照式(15.114)计算

$$\sigma_{\phi i,k+1}^{\mathrm{JT}} = HP_{i,k+1}^{\mathrm{JT}}H^{\mathrm{T}} \tag{15.134}$$

$$\sigma_{\phi i,k+1}^{\mathrm{OT}} = HP_{i,k+1}^{\mathrm{OT}}H^{\mathrm{T}} \tag{15.135}$$

15.5.4.2 多载波 JT 和 OT 的性能

可以用式(15.134)和式(15.135)计算的相位跟踪误差标准差来评估多载波 JT 和 OT 性能,并将其与用式(15.114)计算出的优化的基于 KF 的单载波(ST)PLL 的性能进行比较[43]。针对三频 GPS 信号给出了三种场景,结果如图 15.44 所示。

场景 1:两个信号(L1 和 L2)具有 45dB-Hz 的标称 C/N_0,而 L5 信号衰减到 10~45dB-Hz。

场景 2:一个信号(L1)具有 45dB-Hz 的标称 C/N_0,而两个信号(L2 和 L5)衰减相同,C/N_0 在 10~45dB-Hz。

场景 3:所有三个信号衰减相同,C/N_0 在 10~45dB-Hz。

为确保公平比较,对所有三种场景都设置了以下接收机和处理参数:$T = 10\mathrm{ms}$,$q_a = 10^{-8}(\mathrm{m}^2/\mathrm{s}^6)$,振荡器参数 $h_0 = 6.3\times 10^{-26}(\mathrm{s}^2/\mathrm{Hz})$ 及 $h_{-2} = 3.4\times 10^{-26}(1/\mathrm{Hz})$。这是一个在低动态平台上采用 HQO 的接收机。

结果表明,对于 ST,相位误差随着信号 C/N_0 的减小而增大,在所有三种情况下都符合预期。对于 JT,虽然弱信号跟踪误差小于 ST,但标称信号跟踪误差更大。随着弱信号功率和弱载波数量的减少,JT 对弱信号跟踪误差的改善程度和对标称信号跟踪误差的恶化程度

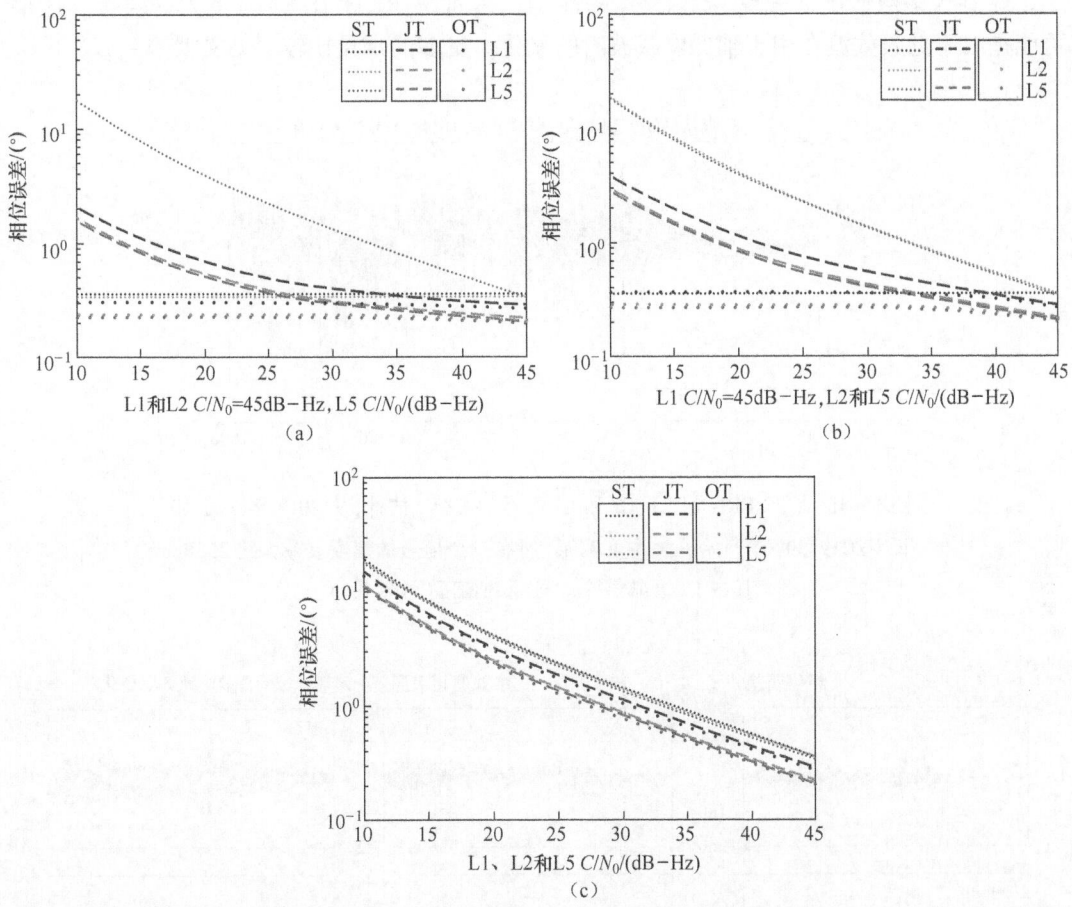

图 15.44 使用 JT、OT 和 ST 实现的 GPS L1、GPS L2 和 GPS L5 信号多载波跟踪的相位跟踪误差标准差。所有三种实现都使用了共同的信号和接收机参数：$T=10\text{ms}$，$q_a=10^{-8}(\text{m}^2/\text{s}^6)$，振荡器参数 $h_0=6.3\times10^{26}(\text{s}^2/\text{Hz})$ 及 $h_{-2}=3.4\times10^{26}(1/\text{Hz})$。图中显示了三种场景图[43]。(a) 两个信号(L1 和 L2)具有 45dB-Hz 的标称 C/N_0，而一个信号(L5)衰减到 10~45dB-Hz；(b) 一个信号(L1)具有 45dB-Hz 的标称 C/N_0，而两个信号(L2 和 L5)衰减相同，C/N_0 在 10~45dB-Hz；(c) 所有三个信号衰减相同，C/N_0 在 10~45dB-Hz。

增加。对于 OT，标称信号和弱信号都显示出跟踪误差的改善，并且对于非常弱的信号(低于 30dB-Hz)，这种改善尤其显著，除非所有信号都同样弱。如果所有三个信号都同样弱，则 JT 和 OT 的性能是相似的。

文献[43]还使用 JT、OT 和 ST 实现处理了真实的三频 GPS 数据。这些数据是在 2013 年 3 月 10 日一场强电离层风暴期间，在阿森松岛(7.9 °S, 14.4 °W)上使用具有 HQO 的软件无线电前端收集的。所有三个载波上都出现了高达约 25dB 的频率选择性衰落。图 15.45 显示了三个载波的 C/N_0 估计值。

对于实际数据处理，积分时间 T 被设置为 1ms，$q_a=10^{-2}(\text{m}^2/\text{s}^6)$ 可以俘获信号相位闪烁动态，振荡器参数与上述相同。图 15.46 显示了使用 ST、JT 和 OT 实现的三个载波相位、多普勒频率和多普勒变化率误差。很明显，OT 在三个载波的所有三个参数中造成的误差最小。JT 在大多数情况下表现出优于 ST 的性能。然而，有时 JT 比 ST 有更大的误差。这很可能是由于健康载波在用于辅助弱载波时的恶化。更多的定量比较参见文献[43]。

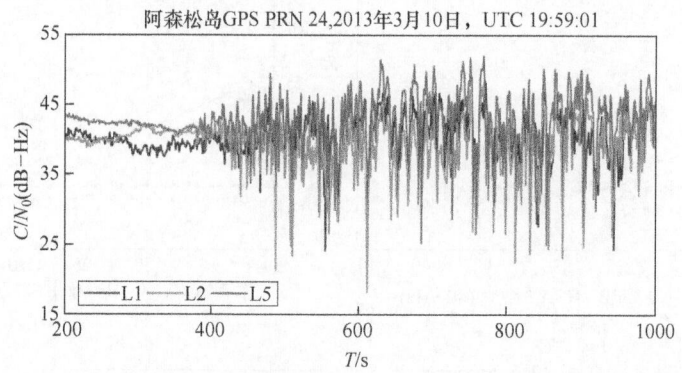

图 15.45　GPS PRN 24 L1、L2 和 L5 信号的 C/N_0 估计，从 2013 年 3 月 10 日 UTC19:59:01 开始。大约 400s 后，所有三个信号的幅度衰减大约 25dB，其中 L2 衰减最深[43]（经 IEEE 许可转载。）

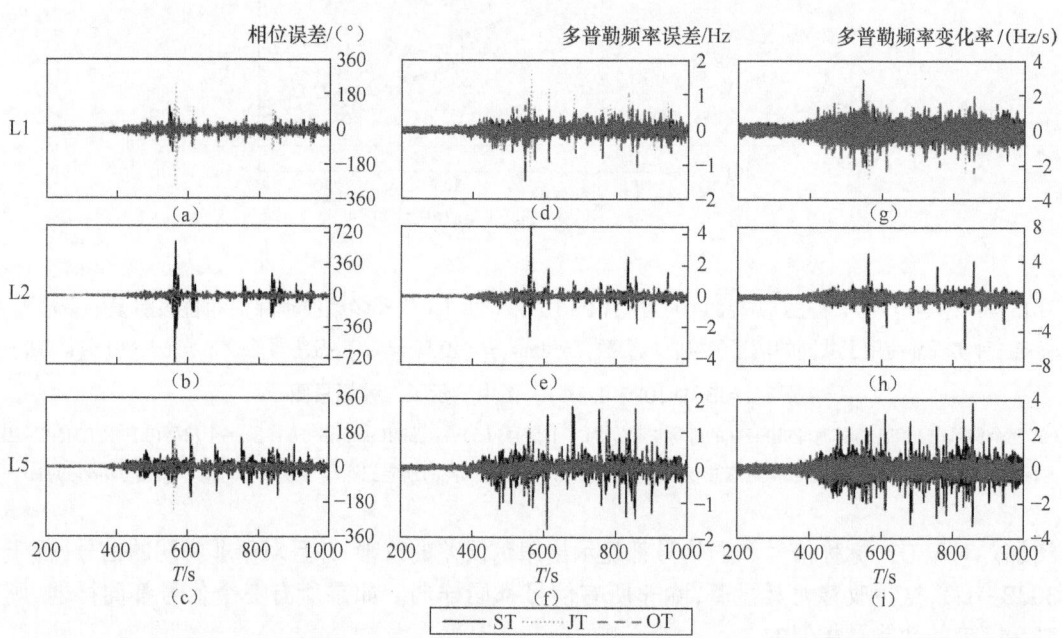

图 15.46　使用 ST、JT 和 OT 实现的 GPS PRN 24 L1、L2 和 L5 信号的(a)~(c)相位、(d)~(f)多普勒频率和(g)~(i)多普勒频率变化率的跟踪误差比较。在强电离层闪烁期间，OT 优于 ST 和 JT，其载波相位、多普勒频率和多普勒频率变化率估计误差最小。JT 在大多数情况下表现出优于 ST 的性能。然而，有时 JT 比 ST 有更大的误差。这很可能是由于健康载波在用于辅助弱载波时的恶化[43]（经 IEEE 许可转载。）

15.6 结论

GNSS 信号跟踪是 GNSS 接收机信号处理中具有挑战性的一个环节。随着卫星导航技术在弱信号环境中及在高动态平台上的应用越来越多,需要精确和稳健的 GNSS 跟踪算法来确保导航解的可用性和完好性。虽然传统的信号跟踪算法设计方法已在许多运行的系统中广泛应用,但基于状态空间的架构使人们能够根据预期的信号属性、接收机硬件和平台动态来优化跟踪性能。本章回顾了传统的跟踪环路技术和基于状态空间的系统方法,通过示例说明了优化设计的性能改进。仿真和真实数据,以及基本跟踪算法都可在作者的网站上下载[5]。

虽然本章只关注独立的接收机信号处理,但现代化 GNSS 接收机未来的性能将取决于 GNSS 测量与其他传感器(如 INS、其他无线电信号和其他类型的源)的组合。这些将在本书其他的章节讨论。想了解这些处理方法的读者可参考本书上册其他相关章节。

参考文献

[1] Betz, J. W., *Engineering Satellite-Based Navigation and Timing: Global Navigation Satellite Systems, Signals, and Receivers*, John Wiley & Sons, 2015.

[2] Van Dierendonck, A. J., "GPS receivers," in *Global Positioning System: Theory and Applications* (eds. B. Parkinson and J. J. Spilker Jr.), AIAA, 1996.

[3] Ward, P. W., "GNSS receivers," in *Understanding GPS: Principles and Applications* (eds. E. Kaplan and C. Hegarty), Artech House, 2017.

[4] Won, J.-H., and Pany, T., "Signal processing," in *Handbook of Global Navigation Satellite Systems* (eds. P. Teunissen and O. Montenbruck), Springer, 2017.

[5] https://github.com/cu-sense-lab/gps-tracking-loop-example.

[6] Betz, J. W., "Effect of partial-band interference on receiver estimation of C/N_0: Theory," Mitre Corp, Bedford, MA, 2001.

[7] Sharawi, M. S., Akos, D. M., Aloi, D. N., "GPS C/N_0 estimation in the presence of interference and limited quantization levels," *IEEE Trans. Aero. Elec. Sys.*, 43(1): 227-238, 2007.

[8] Muthuraman, K. and Borio, D., "C/N_0" estimation for modernized GNSS signals: Theoretical bounds and a novel iterative estimator," *Navigation: J. Institute of Navigation*, 57(4): 309-323, 2010.

[9] https://gssc.esa.int/navipedia/index.php/Data_Demodulation_and_Processing.

[10] Van Dierendonck, A. J., Fenton, P., and Ford, T., "Theory and performance of narrow correlator spacing in a GPS receiver," *Navigation: J. Institute of Navigation*, 39(3): 265-283, 1992.

[11] Betz, J. W. and Kolodziejski, K. R., "Generalized theory of code tracking with an early-late discriminator Part I: Lower bound and coherent processing," *IEEE Trans. Aero. Elec. Sys.*, 45(4): 1538-1556, 2009.

[12] Betz, J. W. and Kolodziejski, K. R., "Generalized theory of code tracking with an early-late discriminator Part II: Noncoherent processing and numerical results," *IEEE Trans. Aero. Elec. Sys.*, 45(4): 1557-1564, 2009.

[13] Betz, J. W. and Kolodziejski, K. R., "Extended theory of early-late code tracking for a bandlimited GPS receiver," *Navigation: J. Institute of Navigation*, 47(3): 211-226, 2000.

[14] Rabiner, L. R. and Gold, B. , *Theory and Application of Digital Signal Processing*, Prentice-Hall, 1975.

[15] Ogata, K. , *Discrete-Time Control Systems*, Prentice-Hall, 1995.

[16] Oppenheim, A. V. , *Discrete-time Signal Processing*, Pearson Education, 1999.

[17] Best, R. E. , *Phase Locked Loops: Design, Simulation, and Applications*, McGraw-Hill Professional, 2007.

[18] Misra, P. and Enge, P. , *Global Positioning System: Signals, Measurements and Performance*, 2nd Ed. , Ganga-Jamuna Press, 2006.

[19] Lee, J. , Morton, Y. , J. Lee, Moon, H. -s. , andseo, J. , "Monitoring and mitigation of ionospheric anomalies for GNSS-based safety critical systems: A review of up-to-date signal processing techniques," *IEEE Signal Processing Magazine*, 34(5): 96-110, 2017.

[20] Wang, K. N. , Garrison, J. L. , Acikoz, U. , Haase, J. S. , Murphy, B. J. , Muradyan, P. , and Lulich, T. , "Open-loop tracking of rising and setting GPS radio-occultation signals from an airborne platform: Signal model and error analysis," *IEEE Trans. Geo. Remote Sensing*, 54(7): 3967-3984, 2016.

[21] Lestarquit, L. , Peyrezabes, M. , Darrozes, J. , Motte, E. , Roussel, N. , Wautelet, G. , Frappart, F. , Ramillien, G. , Biancale, R. , and Zribi, M. , "Reflectometry with an opensource software GNSS Receiver: Use case with carrier phase altimetry," *IEEE J. Selected Topics App. Earth Obs. Remote Sensing*, 9(10): 4843-4853, 2016.

[22] Ribó, S. , Arco-Fernández, J. C. , Cardellach, E. , Fabra, F. , Li, W. , Nogués-Correig, O. , Rius, A. , and Martín-Neira, M. , "A software-defined GNSS reflectometry recording receiver with wide-bandwidth, multi-band capability and digital beam-forming," *Remote Sensing*, 9(5): 450, https://doi.org/ 10.3390/rs9050450, 2017.

[23] Curran, J. T. , Lachapelle, G. , and Murphy, C. C. , "Digital GNSS PLL design conditioned on thermal and oscillator phase noise," *IEEE Trans. Aero. Elec. Sys.* , 48(1): 180-196, 2012.

[24] Curran, J. T. , Lachapelle, G. , and Murphy, C. C. , "Improving the design of frequency lock loops for GNSS receivers," *IEEE Trans. Aero. Elec. Sys.* , 48(1): 850-868, 2012.

[25] Li, Y. , Wang, M. , andShivaramaiah, N. C. , "Design and analysis of a generalized DLL/FLL discriminator for GPS receivers," *GPS Solu.* , 22(3): 64, 2018.

[26] Razavi, A. , Gebre-Egziabher, D. , and Akos, D. M. , "Carrier loop architectures for tracking weak GPS signals," *IEEE Trans. Aero. Elec. Sys.* , 44(2): 697-710, 2008.

[27] Lindsey, W. C. and Chie, C. M. , "A survey of digitalphaselocked loops," *Proc. IEEE*, 69(4): 410-431, 1981.

[28] Stephens, S. A. and Thomas, J. B. , "Controlled-root formulation for digital phase-locked loops," *IEEE Trans. Aero. Elec. Sys.* , 31(1): 78-95, 1995.

[29] Zhuang, W. "Performance analysis of GPS carrier phase observable," *IEEE Trans. Aero. Elec. Sys.* , 32(2): 754-767, 1996.

[30] Borio, D. , Sokolova, N. , and Lachapelle, G. , "Memory discriminators for non-coherent integration in GNSS tracking loops," *Proc. European Nav. Conf.* , Vol. 9, 2009.

[31] Kazemi, P. L. , Development of New Filter and Tracking Schemes for Weak GPS Signal Tracking, PhD thesis, University of Calgary, Department of Geomatics Engineering, 2010.

[32] Kazemi, P. L. , "Optimum digital filters for GNSS tracking loops". *Proc. ION GNSS*, 2304-2313, 2010.

[33] Curran, J. T. , Weak Signal Digital GNSS Tracking Algorithms, PhD thesis, National University of Ireland, 2010.

[34] O'Driscoll, C. , Petovello, M. G. , and Lachapelle, G. , "Choosing the coherent integration time for Kalman filter-based carrier-phase tracking of GNSS signals," *GPS Solu.* , 15(4): 345-356, 2011.

[35] Del Peral-Rosado, J. A., López-Salcedo, J. A., SecoGranados, G., López-Almansa, L. M., Cosmen, J., "Kalman filter-based architecture for robust and high-sensitivity tracking in GNSS receivers," *Satellite Navigation Technologies and European Workshop on GNSS Signals and Signal Processing(NAVITEC)*, 1-8, 2010.

[36] Lian, P., Lachapelle, G., and Ma, C., "Improving tracking performance of PLL in high dynamics applieations," *Proc. ION NTM*, 1042-1052, 2005.

[37] Kim, K.-H., Jee, G.-I., and Song, J.-H., "Carrier tracking loop using the adaptive two-stage Kalman filter for high dynamic situations," *Int. J. Control Auto. Sys.*, 6(6):948-953, 2008.

[38] Yao, G., Wenqi, W., and Xiaofeng, H., "High dynamic carrier phase tracking based on adaptive Kalman filtering," *Proc. Chinese Control Decision Conf.*, 1245-1249, 2011.

[39] Wang, X., Ji, X., Feng, S., and Calmettes, V., "A high-sensitivity GPS receiver carrier-tracking loop design for high-dynamic applications," *GPS Solu.*, 19(2):225-236, 2015.

[40] Zhang, L. and Morton, Y., "A variable gain adaptive Kalman filter-based carrier tracking algorithm for tracking under ionosphere scintillation," *Proc. ION GNSS*, 3107-3114, Portland, OR, September 2010.

[41] Yang, R., Ling, K. v., Poh, E. K., and Morton, Y., "Generalized GNSS signal carrier tracking: Part Ⅰ-modeling and analysis," *IEEE Trans. Aero. Elec. Sys.*, 53(4):1781-1797, 2017.

[42] Yang, R., Morton, Y., Ling, K. v., and Poh, E. K., "Generalized GNSS signal carrier tracking Part Ⅱ: Optimization and implementation," *IEEE Trans. Aero. Elec. Sys.*, 53(4):1798-1811, 2017.

[43] Yang, R., Xu, D., and Morton, Y., "Generalized multifrequency GPS carrier tracking architecture: Design and performance analysis," *IEEE Trans. Aero. Elec. Sys.*, DOI: 10.1109/TAES.2019.2948535, 2019.

[44] Psiaki, M. L. and Jung, H., "Extended Kalman filter methods for tracking weak GPS signals," *Proc. ION GPS*, 2539-2553, 2002.

[45] Won, J.-H., Dötterböck, D., and Eissfeller, B., "Performance comparison of different forms of Kalman filter approaches for a vector-based GNSS signal tracking loop," *Navigation, J. Institute of Navigation*, 57(3):185-199, 2010.

[46] Irsigler, M. and Eissfeller, B., "PLL tracking performance in the presence of oscillator phase noise," *GPS solutions*. 2002 Apr 1;5(4):45-57.

[47] Aumayer, B. M. and Petovello, M. G., "Effect of sampling rate error on GNSS velocity and clock drift estimation," *Navigation: Journal of The Institute of Navigation*, 62(3):229-238, 2015.

[48] Humphreys, T. E., Psiaki, M. L., Hinks, J. C., O'Hanlon, B., Kintner, P. M., "Simulating ionosphere-induced scintillation for testing GPS receiver phase tracking loops," *IEEE J. Selected Topics in Signal Processing*, 3(4):707-715, 2009.

[49] Humphreys, T. E., Psiaki, M. L., and Kintner, P. M., "Modeling the effects of ionospheric scintillation on GPS carrier phase tracking," *IEEE Trans. Aero. Elec. Sys.*, 46(4):1624-1637, 2010.

[50] Humphreys, T. E., Psiaki, M. L., Ledvina, B. M., Cerruti, A. P., and Kintner, P. M., "Data-driven testbed for evaluating GPS carrier tracking loops in ionospheric scintillation," *IEEE Trans. Aero. Elec. Sys.*, 46(4):1609-1623, 2010.

[51] Armstrong, J. W. and Sramek, R. A., "Observations of tropospheric phase scintillations at 5 GHz on vertical paths," *Radio sci.*, 17(6):1579-1586, 1982.

[52] Beutler, G., Bauersima, 1., Gurtner, W., Rothacher, M., Schildknecht, T., and Geiger, A., "Atmospheric refraction and other important biases in GPS carrier phase observations," *Atmospheric Effects on Geodetic Space Measurements, Monograph*, 12:15-43, 1988.

[53] Brunner, F. K. and Welsch, W. M., "Effect of the troposphere on GPS measurements," *GPS World*, 4:42, 1993.

[54] Kleijer, F., "Troposphere modeling and filtering for precise GPS leveling," PhD thesis, Delft University of Technology, 2004.

[55] Bolla, P., Nurmi, J., Won, J.-R., and Lohan, E. S., "Jointtracking of multiple frequency signals from the same GNSS satellite," *IEEE Int. conf Localization & GNSS (ICL-GNSS)*, 1-6, 2018.

[56] Siddakatte, R. K., Broumandan, A., and Lachapelle, G., "Enhanced carrier phase tracking in fading environments using frequency diversity," *IEEE Euro. Nav. Conf. (ENC)*, 1-6, 2016.

[57] Yin, H., Morton, Y., Carroll, M., and, Vinande, E., "Implementation and performance analysis of a multifrequency GPS signal tracking algorithm," *Proc. ION ITM*, 2014.

[58] Yang, R. and Morton, Y., "An adaptive inter-frequency aiding carrier tracking algorithm for the mountain-top GPS radio occultation signal," *Proc. ION ITM*, 2018.

[59] Henkel, P., Giger, K., and Gunther, C., "Multifrequency, multisatellite vector phase-locked loop for robust carrier tracking," *IEEE J. Selected Topics in Signal Proc.*, 3(4): 674-681, 2009.

[60] Yu, W., Keegan, R. G., and Hatch, R. R., "Satellite navigation receiver with fixed point sigma rho filter," US Patent App. 14/880,852, 2017.

本章相关彩图,请扫码查看

第16章 矢量处理

Matthew V. Lashley[1], Scott Martin[2], James Sennott[3]
[1]佐治亚理工学院,美国
[2]奥本大学,美国
[3]跟踪和成像系统公司,美国

矢量处理将波形参数估计和位置/速度/时间(PVT)估计这两项任务结合成一个单一的次优算法。与传统的标量跟踪环路不同,在传统的标量跟踪环路中,每个卫星信号都被视为一个独立的实体,而矢量处理则统一跟踪所有可用的信号,基于接收机的 PVT 状态矢量直接控制本地振荡器来实现。矢量处理是一种主要基于卡尔曼滤波器的接收机操作范例。

与标量跟踪相比矢量跟踪具有许多优点。最常见的优点是增强了对干扰和欺骗的免疫力[1-2]。接收机可以工作的最小载噪比(C/N_0)通过集中处理信号而不是单独处理信号来降低。矢量跟踪算法还具有桥接信号中断和立即重新获取阻塞信号的能力。此外,矢量跟踪环路比标量跟踪环路具有更高的接收机动态抗扰度。最后一个优势是矢量跟踪架构允许接收机约束不同维度上的运动,运动发生在一个或两个方向上的接收机可利用这些维度,如船舶或汽车。

矢量处理有许多不同的实现方式,本章对这些实现方式进行了概述。包括概念设计、处理架构、算法实现细节、使用模拟和真实数据的测试结果及矢量延迟锁定环的性能分析、提出了锁频环和矢量锁相环(VPLL)。示例应用(包括定位、定时和反射多径降低)用于展示矢量处理的能力。

16.1 标量和矢量处理的介绍和基础

GNSS 的原理是通过测量卫星信号的到达时间和频率来确定接收机的位置、速度和时间的。矢量跟踪算法利用了这一基本思想并且还原了事件的过程。矢量跟踪接收机根据对接收机位置和速度的估计来预测接收信号的到达时间和频率。通过获取预测信号和接收信号之间的差值,在接收机的每个信道中形成残差。然后使用残差更新接收机位置、速度的估计。接收机的本地振荡器与 GNSS 时间的同步是这一过程的关键组成部分。预测 GNSS 信号除需要知道接收机的位置和速度之外,还需要知道系统时间。

图 16.1 是传统 GNSS 接收机标量跟踪环路结构框图。每个信道中的标量跟踪环用于

估计可用卫星的伪距和载波频率。延迟锁定环通常用于估计伪距,而科斯塔斯环或频率锁定环(FLL)用于估计载波频率(也可实现锁相环,尽管对信号跟踪并不严格要求)。来自每个信道的伪距和载波频率估计被反馈到导航处理器,导航处理器依次使用伪距和载波频率估计接收机的位置、速度和时钟状态。导航处理器通常使用迭代最小二乘或卡尔曼滤波进行估计。

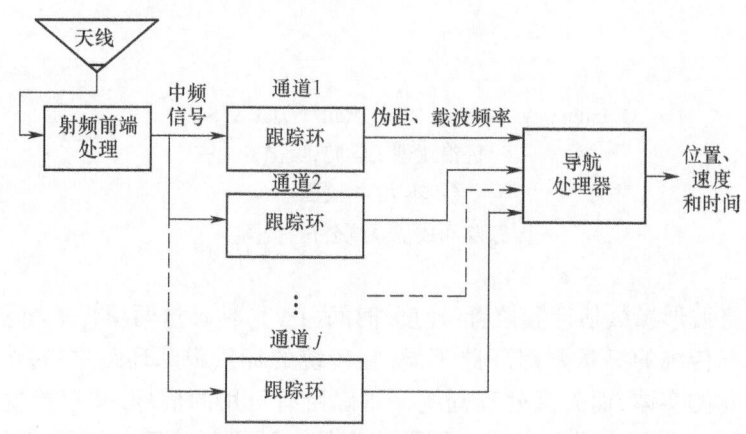

图 16.1 传统接收机架构,标量跟踪环路将测量值反馈给导航处理器
(导航处理器不会将任何信息反馈给跟踪环路)

重点说明图 16.1 中的信息严格地从左向右流动。接收机的每个通道独立于其他通道跟踪各自的信号。此外,导航处理器没有信息反馈回跟踪环路以辅助信号跟踪。凭借其分散的联合结构,传统的接收机架构并不利用跟踪信号间的内在关系进行跟踪状态估计(如信号波形参数估计)和导航状态估计(如 PVT 估计)。

图 16.2 显示了采用矢量跟踪接收机框图。具体来说,图 16.2 中的架构是一个 VDFLL。对于每个可用信号,伪距和载波频率由导航处理器、扩展的卡尔曼滤波器(EKF)的当前状态量和卫星星历进行直接预测。

16.1.1 基本的卡尔曼滤波器设计和操作

在深入研究矢量跟踪工作原理前,首先描述图 16.2 所示的 EKF 状态量与伪距、载波频率的关系将对矢量跟踪很有帮助。EKF 状态量用于预测每个周期开始时的伪距和载波频率。在接收信号和本地信号相关后,图 16.2 中接收机的每个通道产生伪距和载波频率残差(即预测值和接收值之差加上噪声)。EKF 利用残差更新接收机导航状态估计,至此矢量跟踪环结束。

矢量跟踪架构中卡尔曼滤波器的最小状态矢量通常包含接收机的位置(x_u, y_u, z_u)、速度($\dot{x}_u, \dot{y}_u, \dot{z}_u$)、钟差($ct_u$)及钟漂($c\dot{t}_u$):

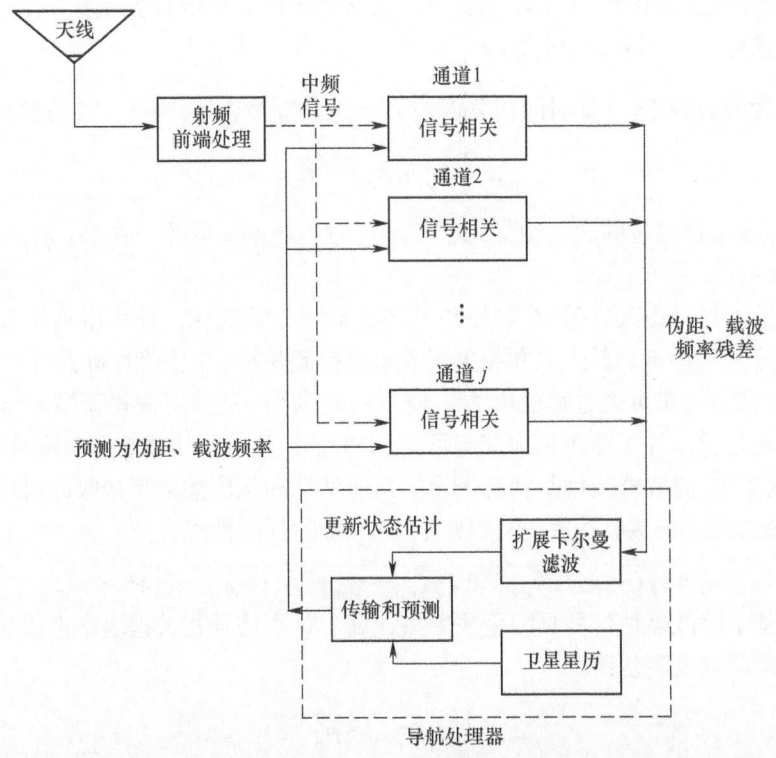

图 16.2　通过 EKF 融合信号跟踪/PVT 估计的矢量跟踪接收机(矢量延迟/锁频环路)

$$x_p = \begin{bmatrix} x_u \\ \dot{x}_u \\ y_u \\ \dot{y}_u \\ z_u \\ \dot{z}_u \\ -ct_u \\ -c\dot{t}_u \end{bmatrix} \quad (16.1)$$

式中：x_p 为总状态矢量；x_u 和 $\dot{x}_u$ 分别为 x 轴位置和速度分量。一般地，小写黑体字母表示矢量，大写黑体字母表示矩阵。点符号"·"为变量相对于时间的导数。式(16.1)中位置和速度估计的坐标框架通常指的是地心地固框架(ECEF)，如果坐标转换正确，则任何框架都可以使用。钟差和漂移状态量以光速(c)缩放，从而单位转换为 m 和 m/s。在接收机时钟早于 GPS 系统时条件下 t_u 为正(当接收机时钟早于 GPS 时，$-ct_u$ 为负[3])。另外的状态量如状态量的高阶导数(如加速度、抖动)通常被附加到式(16.1)中所示的状态。

图 16.2 显示了 VDFLL 中的 EKF 预测接收伪距的过程。与第 j 颗卫星的伪距(ρ_j)是卫星位置、接收机的位置和时钟偏差的函数[3]。

$$\rho_j = \sqrt{(x_{SV,j} - x_u)^2 + (y_{SV,j} - y_u)^2 + (z_{SV,j} - z_u)^2} + ct_u \quad (16.2)$$

式中：ρ_j 为第 j 颗卫星伪距；$(x_{SV,j}, y_{SV,j}, z_{SV,j})$ 为第 j 颗卫星的位置坐标；(x_u, y_u, z_u) 为接收机的位置坐标；t_u 为接收机钟差。

真实测量的伪距（$\tilde{\rho}_j$）受时间相关误差（$\beta_{\rho,j}$）及观测白噪声（$\eta_{\rho,j}$）的影响[4]：

$$\tilde{\rho}_j = \rho_j + \beta_{\rho,j} - \eta_{\rho,j} \tag{16.3}$$

式中：$\tilde{\rho}_j$ 为与第 j 颗卫星的观测伪距；$\beta_{\rho,j}$ 为第 j 颗卫星的时间相关误差；$\eta_{\rho,j}$ 为第 j 颗卫星的观测白噪声。

时间相关误差是由大气效应、多径和卫星星历误差等造成。使用电离层和对流层模型可以消除部分大气影响。其余时间相关误差难以精确建模，并且随时间缓慢变化，这些误差可以用一阶高斯-马尔可夫过程建模[4]。使用一阶高斯-马尔可夫模型需向卡尔曼滤波器附加额外的状态量。为了简单和清楚起见，在本节的以下描述中省略了时间相关误差。

在图 16.2 中，滤波器使用其状态矢量的当前估计和从广播卫星接收的星历来预测接收伪距（假设星历已经被接收和解码）。则第 j 颗卫星的预测伪距为

$$\hat{\rho}_j = \sqrt{(x_{SV,j} - \hat{x}_u)^2 + (y_{SV,j} - \hat{y}_u)^2 + (z_{SV,j} - \hat{z}_u)^2} + c\hat{t}_u \tag{16.4}$$

式中："^" 为基于滤波器估计的预测量或者估计量。每个信号相关模块产生的观测伪距残差等于预测伪距减去观测伪距：

$$\delta\tilde{\rho}_j = \hat{\rho}_j - \tilde{\rho}_j \tag{16.5}$$

希腊字母德尔塔用于表征残差或者偏差（变量前加 δ 表示标量，Δ 表示矢量/矩阵）。

通过对式（16.5）的线性化，伪距残差表示为滤波状态量中误差的线性函数再叠加扰动 η [3]：

$$\delta\tilde{\rho}_j \approx a_{x,j}\delta\hat{x}_u + a_{y,j}\delta\hat{y}_u + a_{z,j}\delta\hat{z}_u - c\delta\hat{t}_u + \eta_{\rho,j} \tag{16.6}$$

其中

$$\delta\hat{x}_u = x_u - \hat{x}_u$$

$$\delta\hat{y}_u = y_u - \hat{y}_u$$

$$\delta\hat{z}_u = z_u - \hat{z}_u$$

$$\delta\hat{t}_u = t_u - \hat{t}_u$$

$$a_{x,j} = \frac{x_{SV,j} - \hat{x}_u}{\hat{r}_j}$$

$$a_{y,j} = \frac{y_{SV,j} - \hat{y}_u}{\hat{r}_j}$$

$$a_{z,j} = \frac{z_{SV,j} - \hat{z}_u}{\hat{r}_j}$$

$$\hat{r}_j = \sqrt{(x_{SV,j} - \hat{x}_u)^2 + (y_{SV,j} - \hat{y}_u)^2 + (z_{SV,j} - \hat{z}_u)^2}$$

特定值上的波浪符号（~）表示该量受到噪声污染或者包含误差。式（16.6）中的 $a_{x,j}$、$a_{y,j}$、$a_{z,j}$ 为单位矢量（a_j）的分量，a_j 由接收机估计位置指向第 j 颗卫星。

图 16.2 同样展示了 EKF 预测的载波频率。接收信号的观测载波频率与发射频率的偏

差有两个不相关的影响因素：第一因素为卫星和接收机之间相对运动引起的多普勒频率，在接收天线处第 j 颗卫星的信号频率（$f_{R,j}$）与其发射频率（$f_{T,j}$）及相对的视线（LOS）速度（$v_{\text{LOS},j}$）[3]之间的关系为

$$f_{R,j} - f_{T,j} = -\left(\frac{f_{T,j}}{c}\right)(\boldsymbol{v}_{\text{LOS},j}^{\text{T}} \cdot \boldsymbol{a}_j)$$

$$f_{R,j} - f_{T,j} = -\left(\frac{f_{T,j}}{c}\right)(\boldsymbol{v}_{\text{SV},j}^{\text{T}} \cdot \boldsymbol{a}_j) + \left(\frac{f_{T,j}}{c}\right)(\boldsymbol{v}_u^{\text{T}} \cdot \boldsymbol{a}_j) \tag{16.7}$$

式中：$\boldsymbol{v}_{\text{LOS},j} = \boldsymbol{v}_{\text{SV},j} - \boldsymbol{v}_u$；$\boldsymbol{v}_{\text{SV},j} = \begin{bmatrix} \dot{x}_{\text{SV},j} \\ \dot{y}_{\text{SV},j} \\ \dot{z}_{\text{SV},j} \end{bmatrix}$，$\boldsymbol{v}_u = \begin{bmatrix} \dot{x}_u \\ \dot{y}_u \\ \dot{z}_u \end{bmatrix}$；$\boldsymbol{v}^{\text{T}}$ 为矢量 $\boldsymbol{v}$ 的转置。

第二个因素为接收机时钟的时钟漂移（即时钟偏差的变化率）。时钟漂移是由接收机的振荡器偏离其标称工作频率引起的。接收的卫星信号频率测量受这些偏差的影响。由接收机时钟漂移（f_j）测量的接收信号频率与真实频率（$f_{R,j}$）和接收机的钟漂（$\dot{t}_u$）相关[3]：

$$f_{R,j} = f_j(1 + \dot{t}_u) \tag{16.8}$$

将式（16.8）代入式（16.7）得到：

$$f_j(1 + \dot{t}_u) - f_{T,j} = -\left(\frac{f_{T,j}}{c}\right)(\boldsymbol{v}_{\text{SV},j}^{\text{T}} \cdot \boldsymbol{a}_j) + \left(\frac{f_{T,j}}{c}\right)(\boldsymbol{v}_u^{\text{T}} \cdot \boldsymbol{a}_j) \tag{16.9}$$

整理式（16.9）得到：

$$f_j - f_{T,j} = -\left(\frac{f_{T,j}}{c}\right)(\boldsymbol{v}_{\text{SV},j}^{\text{T}}, \boldsymbol{a}_j) + \left(\frac{f_{T,j}}{c}\right)(\boldsymbol{v}_u^{\text{T}} \cdot \boldsymbol{a}_j) - f_j \dot{t}_u \tag{16.10}$$

式（16.10）中的最后一项利用如下近似进行简化：

$$f_j \dot{t}_u = \left(\frac{f_{T,j}}{c}\right) c \dot{t}_u \left(\frac{f_j}{f_{T,j}}\right)$$

$$f_j \dot{t}_u \approx \left(\frac{f_{T,j}}{c}\right) c \dot{t}_u \tag{16.11}$$

最终接收观测到第 j 颗卫星的频率等于：

$$f_j = f_{T,j} - \left(\frac{f_{T,j}}{c}\right)(\boldsymbol{v}_{\text{SV},j}^{\text{T}} \cdot \boldsymbol{a}_j) + \left(\frac{f_{T,j}}{c}\right)(\boldsymbol{v}_u^{\text{T}} \cdot \boldsymbol{a}_j) - \left(\frac{f_{T,j}}{c}\right) c \dot{t}_u \tag{16.12}$$

通过整理式（16.12）得到第 j 颗卫星的观测多普勒频移（观测接收频率与发射频率间的偏差）可表示为单位为 m/s 的形式：

$$\left(\frac{c}{f_{T,j}}\right)(f_j - f_{T,j}) = -(\boldsymbol{v}_{\text{SV},j}^{\text{T}} \cdot \boldsymbol{a}_j) + (\boldsymbol{v}_u^{\text{T}} \cdot \boldsymbol{a}_j) - c \dot{t}_u \tag{16.13}$$

观察式（16.13）可知，方程右侧所有项都可以通过广播星历以及 EKF 状态矢量计算得到。VDFLL 的预测频率则可表达

$$\hat{f}_j = \hat{f}_{T,j} - \left(\frac{\hat{f}_{T,j}}{c}\right)(\hat{\boldsymbol{v}}_{\text{SV},j}^{\text{T}} \cdot \hat{\boldsymbol{a}}_j) + \left(\frac{\hat{f}_{T,j}}{c}\right)(\hat{\boldsymbol{v}}_u^{\text{T}} \cdot \hat{\boldsymbol{a}}_j) - \left(\frac{\hat{f}_{T,j}}{c}\right) c \dot{\hat{t}}_u \tag{16.14}$$

每个通道的载波频率偏差等于接收频率(f_j)和预测值($\hat{f}_j$)之间的偏差。卫星的速度及发射频率可根据广播星历进行精密计算[5]。假定卫星速度和发射频率的真值、预测值间的偏差以及视线方向的误差可忽略，则载波频率真值和预测值间的偏差可以表示为

$$\left(\frac{c}{f_{T,j}}\right)(f_j - \hat{f}_j) = (\boldsymbol{v}_u - \hat{\boldsymbol{v}}_u)^{\mathrm{T}} \cdot \boldsymbol{a}_j - c(\dot{t}_u - \hat{\dot{t}}_u) \tag{16.15}$$

展开点乘运算得到：

$$\left(\frac{c}{f_{T,j}}\right)(f_j - \hat{f}_j) = a_{x,j}\delta\dot{\hat{x}}_u + a_{y,j}\delta\dot{\hat{y}}_u + a_{z,j}\delta\dot{\hat{z}}_u - c\delta\dot{\hat{t}}_u \tag{16.16}$$

其中

$$\delta\dot{\hat{x}}_u = \dot{x}_u - \dot{\hat{x}}_u$$
$$\delta\dot{\hat{y}}_u = \dot{y}_u - \dot{\hat{y}}_u$$
$$\delta\dot{\hat{z}}_u = \dot{z}_u - \dot{\hat{z}}_u$$
$$\delta\dot{\hat{t}}_u = \dot{t}_u - \dot{\hat{t}}_u$$

观测的载波频率包含由接收机噪声($\eta_{f,j}$)引起的误差，因此载波频率残差等于：

$$\left(\frac{c}{f_{T,j}}\right)(\tilde{f}_j - \hat{f}_j) = a_{x,j}\delta\dot{\hat{x}}_u + a_{y,j}\delta\dot{\hat{y}}_u + a_{z,j}\delta\dot{\hat{z}}_u - c\delta\dot{\hat{t}}_u + \eta_{f,j}\left(\frac{c}{f_{T,j}}\right) \tag{16.17}$$

式(16.17)中的偏差由于与式(16.16)的相似性被认为是伪距变化率残差($\delta\tilde{\dot{\rho}}_j$)(位置和时钟偏差误差被速度和钟漂误差代替)：

$$\delta\tilde{\dot{\rho}}_j \triangleq \left(\frac{c}{f_{T,j}}\right)(\tilde{f}_j - \hat{f}_j)$$

$$\delta\tilde{\dot{\rho}}_j = a_{x,j}\delta\dot{\hat{x}}_u + a_{y,j}\delta\dot{\hat{y}}_u + a_{z,j}\delta\dot{\hat{z}}_u - c\delta\dot{\hat{t}}_u + \eta_{\dot{\rho},j} \tag{16.18}$$

其中

$$\eta_{\dot{\rho},j} = \eta_{f,j}\left(\frac{c}{f_{T,j}}\right)$$

利用式(16.6)和式(16.18)的结果，图16.2中第j颗卫星的伪距/伪距变化率残差与式(16.1)基本滤波器状态矢量误差相关：

$$\begin{bmatrix} \delta\tilde{\rho}_j \\ \delta\tilde{\dot{\rho}}_j \end{bmatrix} = \begin{bmatrix} a_{x,j} & 0 & a_{y,j} & 0 & a_{z,j} & 0 & 1 & 0 \\ 0 & a_{x,j} & 0 & a_{y,j} & 0 & a_{z,j} & 0 & 1 \end{bmatrix} \begin{bmatrix} \delta x_u \\ \delta \dot{x}_u \\ \delta y_u \\ \delta \dot{y}_u \\ \delta z_u \\ \delta \dot{z}_u \\ -c\delta t_u \\ -c\delta \dot{t}_u \end{bmatrix} + \begin{bmatrix} \eta_{\rho,j} \\ \eta_{\dot{\rho},j} \end{bmatrix} \tag{16.19}$$

式(16.19)表示了观测量(如伪距/伪距变化率残差)与 EKF 状态矢量间的关系。每个

通道的伪距残差是位置估计误差、视线矢量误差和钟差误差的函数。同理,伪距变化率残差由速度误差、视线矢量及钟漂确定。

16.1.2 信号相关生成的测量值

图 16.2 描述了接收机每个通道的信号相关模块。其中,每个信号相关模块的输入是接收信号和导航处理器的预测,每个模块的输出都是伪距和载波频率残差。信号相关模块表示使用接收信号和由导航处理器控制的本地生成信号进行的信号处理过程。数字控制振荡器(NCO)和卫星测距码的本地复制码及基于导航处理器预测的载波信号同步。接收信号和本地生成的信号相乘后在一定积分间隔时间内累加,积分间隔末端的乘加运算结果作为相关模块的输出。

相关器输出是接收信号和本地生成信号相位和频率差的非线性函数。鉴别函数对相关模块输出进行处理,产生伪距和载波频率误差的直接观测值。载波相位鉴别器也被用于生成接收信号和本地生成信号相位偏差的观测值。鉴别函数增加了噪声影响,却生成了卡尔曼滤波器预期的直接观测。此外,相关器输出可直接应用于 VDFLL。相关器输出可直接处理应用于 VPLL 和 VDFLL 的鉴别函数。VDFLL、VPLL 的鉴别函数及相关模块处理过程在后续章节讨论。

16.1.3 矢量跟踪优点的简单示例

矢量跟踪优于标量跟踪环路的部分优势在于两个算法想估计的未知量个数及未知量个数与可获取的观测量间的关系。传统的接收机利用 N 个标量延迟锁相环来估计 N 个伪距,相反,VDLL(矢量延迟锁相环)利用 N 个伪距残差来估计四个状态(三个位置和一个钟差)。以下简单例子阐述了矢量跟踪是如何利用超定方程组的。

首先,假设接收机跟踪 N 颗卫星,N 个伪距残差矢量的统计特性表达为

$$\begin{cases} \begin{bmatrix} \delta\widetilde{\rho}_1 \\ \vdots \\ \delta\widetilde{\rho}_N \end{bmatrix} = \begin{bmatrix} 1 & 0 & \cdots & 0 \\ 0 & 1 & \cdots & 0 \\ \vdots & \vdots & \ddots & \vdots \\ 0 & 0 & \cdots & 1 \end{bmatrix} \begin{bmatrix} \delta\rho_1 \\ \vdots \\ \delta\rho_N \end{bmatrix} + \begin{bmatrix} \eta_1 \\ \vdots \\ \eta_N \end{bmatrix} \\ \Delta\widetilde{\boldsymbol{\rho}}_{N\times 1} = \boldsymbol{I}_{N\times N} \cdot \Delta\boldsymbol{\rho}_{N\times 1} + \boldsymbol{\eta}_{N\times 1} \\ E\{\boldsymbol{\eta}_{N\times 1}\} = \boldsymbol{0}_{N\times 1} \\ E\{\boldsymbol{\eta}_{N\times 1} \cdot \boldsymbol{\eta}_{N\times 1}^{\mathrm{T}}\} = \sigma_\eta^2 \cdot \boldsymbol{I}_{N\times N} = \boldsymbol{R}_\eta \end{cases} \quad (16.20)$$

式中:伪距残差矢量($\Delta\widetilde{\boldsymbol{\rho}}_{N\times 1}$)假定包含真实残差($\Delta\boldsymbol{\rho}_{N\times 1}$)及白噪声($\boldsymbol{\eta}_{N\times 1}$);$E\{\cdot\}$ 为期望运算符号。

和使用标量延迟锁定环的方法类似,式(16.20)利用最优线性无偏估计(BLUE)伪距误差,也称加权最小二乘(WLS)估计[6-7]。伪距误差的最优线性无偏估计及其均值和方差可表示为

$$\begin{cases} \Delta\hat{\boldsymbol{\rho}} = (\boldsymbol{I}^{\mathrm{T}} \cdot \boldsymbol{R}_\eta^{-1} \cdot \boldsymbol{I})^{-1} \cdot \boldsymbol{I}^{\mathrm{T}} \cdot \boldsymbol{R}_\eta^{-1} \cdot \Delta\widetilde{\boldsymbol{\rho}} \\ E\{\Delta\hat{\boldsymbol{\rho}}\} = \Delta\boldsymbol{\rho} \\ E\{(\Delta\boldsymbol{\rho} - \Delta\hat{\boldsymbol{\rho}}) \cdot (\Delta\boldsymbol{\rho} - \Delta\hat{\boldsymbol{\rho}})^{\mathrm{T}}\} = (\boldsymbol{I}^{\mathrm{T}} \cdot \boldsymbol{R}_\eta^{-1} \cdot \boldsymbol{I})^{-1} = \boldsymbol{R}_\eta \end{cases} \quad (16.21)$$

式(16.21)揭示了标量跟踪环的一个重要缺点,即随着可用伪距数量的增加,伪距的方差估计保持不变,这直接导致式(16.20)中的伪距可建模为完全解耦状态。

现在,考虑用 N 个伪距残差测量值来先行估计三个位置和一个时钟偏差误差。类似 VDLL 方法,伪距残差用于更新滤波器接收机位置和时钟偏差的估计。式(16.22)将位置、时钟误差与残差进行关联:

$$\begin{bmatrix} \delta\widetilde{\rho}_1 \\ \vdots \\ \delta\widetilde{\rho}_N \end{bmatrix} = \begin{bmatrix} a_{x,1} & a_{y,1} & a_{z,1} & -1 \\ \vdots & \vdots & \vdots & \vdots \\ a_{x,N} & a_{y,N} & a_{z,N} & -1 \end{bmatrix} \begin{bmatrix} \delta x_u \\ \delta y_u \\ \delta z_u \\ \delta ct_u \end{bmatrix} + \begin{bmatrix} \eta_1 \\ \vdots \\ \eta_N \end{bmatrix} \quad (16.22)$$

$$\Delta\widetilde{\boldsymbol{\rho}}_{N \times 1} = \boldsymbol{H}_{N \times 4} \cdot \Delta\boldsymbol{x}_{4 \times 1} + \boldsymbol{\eta}_{N \times 1}$$

位置和钟差误差的 BLUE 估计及其协方差如下:

$$\begin{cases} \Delta\hat{\boldsymbol{x}} = (\boldsymbol{H}^{\mathrm{T}} \cdot \boldsymbol{R}^{-1}_\eta \cdot \boldsymbol{H})^{-1} \cdot \boldsymbol{H}^{\mathrm{T}} \cdot \boldsymbol{R}_\eta^{-1} \cdot \Delta\widetilde{\boldsymbol{\rho}} \\ E\{\Delta\hat{\boldsymbol{x}}\} = \Delta\boldsymbol{x} \\ E\{(\Delta\boldsymbol{x} - \Delta\hat{\boldsymbol{x}}) \cdot (\Delta\boldsymbol{x} - \Delta\hat{\boldsymbol{x}})^{\mathrm{T}}\} = (\boldsymbol{H}^{\mathrm{T}} \cdot \boldsymbol{R}^{-1}_\eta \cdot \boldsymbol{H})^{-1} = \sigma_\eta^2 (\boldsymbol{H}^{\mathrm{T}} \cdot \boldsymbol{H})^{-1} \end{cases} \quad (16.23)$$

为了比较式(16.21)所示标量 DLL 方法的估计结果和式(16.23)所示矢量方法的估计结果,位置/时钟偏差误差必须与预测伪距误差相关。位置/钟差偏差估计 $(\Delta\boldsymbol{x} - \Delta\hat{\boldsymbol{x}})$ 和预测的伪距误差 $(\Delta\boldsymbol{\rho} - \Delta\hat{\boldsymbol{\rho}})$ 间的关系由式(16.24)表示:

$$(\Delta\boldsymbol{\rho} - \Delta\hat{\boldsymbol{\rho}}) = \boldsymbol{H}(\Delta\boldsymbol{x} - \Delta\hat{\boldsymbol{x}}) \quad (16.24)$$

因此,矢量跟踪法伪距误差方差为

$$E\{(\Delta\boldsymbol{\rho} - \Delta\hat{\boldsymbol{\rho}}) \cdot (\Delta\boldsymbol{\rho} - \Delta\hat{\boldsymbol{\rho}})^{\mathrm{T}}\} = \sigma_\eta^2 \cdot \boldsymbol{H}(\boldsymbol{H}^{\mathrm{T}} \cdot \boldsymbol{H})^{-1}\boldsymbol{H}^{\mathrm{T}} = \sigma_\eta^2 \cdot \boldsymbol{W} \quad (16.25)$$

换句话说,通过将矩阵 $\boldsymbol{W}$ 的对角线元素乘以噪声方差 σ_η^2 来确定各个伪距的方差。比较式(16.21)和式(16.25)中的伪距协方差,当 $\boldsymbol{W}$ 的对角线元素小于 1 时,矢量跟踪方法将产生较小的伪距方差。

考虑只有四颗卫星的特殊情况,来说明矢量跟踪方法产生较小伪距误差方差的原因。类似于标量跟踪估计方法,伪距误差协方差等于测量噪声的协方差,且与卫星数量无关,如式(16.21)所示。基于矢量跟踪的估计方法则首先从伪距残差估计位置/时钟偏差误差,如式(16.22)所示,式(16.23)中位置/时钟偏差修正值($\Delta\hat{\boldsymbol{x}}$)的 BLUE 估计值基于求解以下正则方程[8]:

$$(\boldsymbol{H}^{\mathrm{T}} \cdot \boldsymbol{R}_\eta^{-1} \cdot \boldsymbol{H}) \cdot \Delta\hat{\boldsymbol{x}} = \boldsymbol{H}^{\mathrm{T}} \cdot \boldsymbol{R}_\eta^{-1} \cdot \Delta\widetilde{\boldsymbol{\rho}} \quad (16.26)$$

当存在四颗卫星并且 $\boldsymbol{H}$ 矩阵为满秩时($\boldsymbol{H}$ 矩阵的逆矩阵存在),满足式(16.26)的估计值为

$$\Delta\hat{\boldsymbol{x}} = \boldsymbol{H}^{-1} \cdot \Delta\widetilde{\boldsymbol{\rho}} \quad (16.27)$$

为了说明,将式(16.27)代入式(16.26)中并简化:

$$(H^T \cdot R_\eta^{-1} \cdot H) \cdot H^{-1} \cdot \Delta\tilde{\rho} = H^T \cdot R_\eta^{-1} \cdot \Delta\tilde{\rho} = H^T \cdot R_\eta^{-1} \cdot \Delta\tilde{\rho} \quad (16.28)$$

基于式(16.27)的预测伪距残差的均值和方差如下式表示:

$$\begin{aligned}
E\{(\Delta\rho - \Delta\hat{\rho})\} &= E\{H(\Delta x - \Delta\hat{x})\} \\
&= E\{H(\Delta x - H^{-1} \cdot \Delta\tilde{\rho})\} \\
&= E\{H\Delta x - \Delta\tilde{\rho}\} \\
&= E\{H\Delta x - (H \cdot \Delta x + \eta)\} \\
&= E\{H\Delta x - H \cdot \Delta x - \eta\} \\
&= E\{-\eta\} \\
&= 0
\end{aligned}$$

$$E\{(\Delta\rho - \Delta\hat{\rho}) \cdot (\Delta\rho - \Delta\hat{\rho})^T\} = R_\eta \quad (16.29)$$

式(16.29)表明在有四颗卫星及 H 矩阵满秩情况下,标量及矢量跟踪方法均产生方差相同的无偏预测伪距残差。如果增加另外一颗卫星的伪距观测,标量跟踪解得的预测伪距残差方差矩阵则为噪声方差矩阵增加一行或者一列,与原来四颗卫星相关的对角线元素保持不变。

另外,矢量跟踪方法利用 BLUE 方法估计式(16.23)中的位置/钟差修正量。基于线性估计理论,若式(16.23)中 H 为满秩,则对于任意矩阵 F,$F\Delta x$ 的最优线性无偏估计为简单的 $F\Delta\hat{x}_{BLUE}$,其中 $\hat{x}_{BLUE}$ 为参数 x 的 BLUE 估计[7]。忽略其他观测则会得到与原来四颗卫星相同的预测伪距方差。无论对 BLUE 中其他观测的权值赋予多少,并不能增加原始四颗卫星的预测伪距方差。利用 BLUE 加入额外的卫星观测并不会增加预测伪距残差方差,但通常会降低所有预测伪距残差的方差。

在 N 超过 4 并且 H 矩阵中包含四个线性独立行的情况下,式(16.25)矢量跟踪方法中的伪距方差几乎可以确定小于或等于式(16.21)的伪距方差。通常情况下,矩阵 W 的对角线元素也不相同,因此每个伪距方差的减少也会不同。矢量跟踪方法带来的跟踪改善依赖 W 矩阵特定对角线元素的大小。

式(16.25)表明矢量跟踪的性能是可用卫星数及其几何构型的函数。为了确定典型 GPS 接收机使用矢量跟踪法的相对性能优势,在 Auburn 大学进行的 14h 观测时段内,星座可见卫星每分钟记录一次。对于每个卫星几何,C/N_0 的有效增益由式(16.25)中 W 矩阵的最大和最小对角线元素来确定。假定所有卫星的标称 C/N_0 为 45dB-Hz。

为了确定矢量跟踪在 C/N_0 方面提供的改善,须有一种方法将 C/N_0 与伪距测量方差进行关联。首先假设测量噪声的方差通过式(16.30)与 C/N_0 相关[9-10]:

$$\sigma_\eta^2 = \frac{\beta^2}{2(T_{coh} \cdot 10^{\frac{C/N_0}{10}})^2} + \frac{\beta^2}{4(T_{coh} \cdot 10^{\frac{C/N_0}{10}})} \quad (16.30)$$

其中

$$\beta = 293.3(m), T_{coh} = 0.02(s) \quad (16.31)$$

式(16.30)对应于伪距鉴别器的热噪声误差。在 45dB-Hz 情况下,使用 20ms 的相干积分时间,噪声方差约为 34.1m²。因此,对于标量跟踪方法式(16.21)估计的伪距方差也是 34.1m²。对于矢量跟踪方法,假设所有卫星信号具有相同的 C/N_0,第 j 个伪距方差为 34.1m²,由式(16.25)中矩阵 W 的第 j 个对角线元素对其进行缩放。方差减少最大的伪距将具有最小的对应对角线元素。类似地,方差减少最小的伪距将具有最大的对应对角元素。

使来自矢量跟踪方法的伪距残差协方差等于来自标量跟踪方法的伪距残差协方差所需的 C/N_0 的减少,被定义为来自矢量跟踪的性能增益。换句话说,性能增益是矢量跟踪算法能降低多少 C/N_0 与标量跟踪方法具有相同的性能。

矢量跟踪的性能增益利用最大和最小伪距方差来确定。使最大伪距方差等于 34.1m² 的 C/N_0 的降低,被定义为有效 C/N_0 的最小增益;反之,使最小伪距方差等于 34.1m² 的 C/N_0 的降低,被定义为有效 C/N_0 的最大增益。

图 16.3 显示了 14h 记录周期内的位置精度因子(PDOP)和可见卫星数量,图 16.3 还显示了记录数据的最大和最小性能增益随时间的变化。平均最大性能增益为 5.2dB,范围为 3.56~6.53dB。平均最低性能增益为 1.54dB,在整个数据积分周期内,增益范围在 0.26~3.23dB 变化。

这个简单的例子展示了矢量跟踪的优势。矢量跟踪提供的改进取决于几个不同的变量。具体而言,可用卫星信号的数量和可见卫星星座的几何形状决定了矢量跟踪方法的相对优势。在四颗卫星的情况下,这两种方法产生相同的结果。然而,低纬度地区的 GPS 接收机通常可收到 8~10 颗可见卫星,在此情况下,矢量跟踪具有显著的优势。实时 GPS 数据证明了矢量跟踪对典型接收机的改进。在 14h 内,平均最大性能和最小性能提升分别为 5.2dB 和 1.54dB。

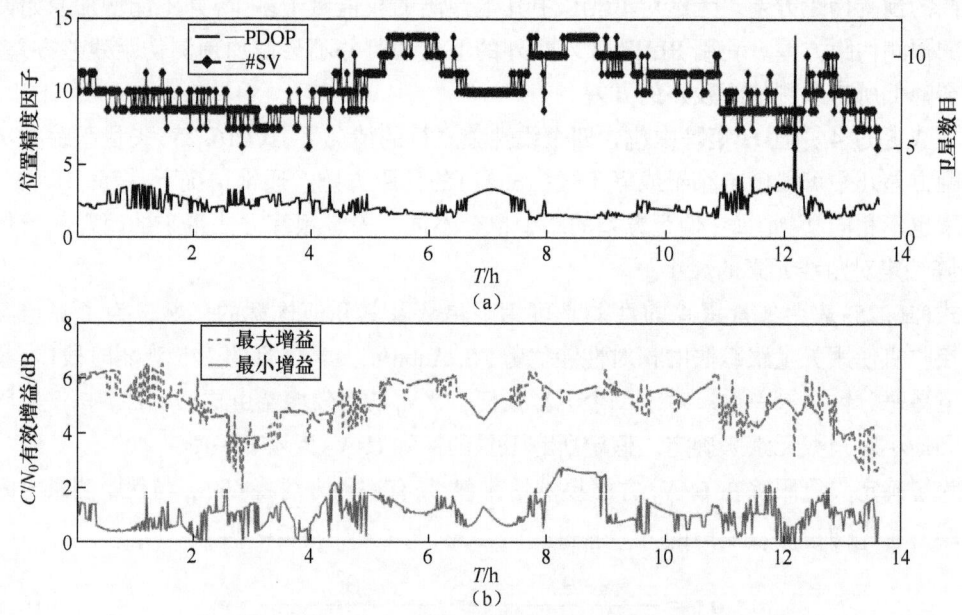

图 16.3 (a)奥本大记录的 14h 卫星 PDOP 和卫星数目。
(b)使用顶部图中的卫星几何,矢量跟踪获得的最大和最小性能增益(C/N_0)。平均最大增益为 5.2dB,平均最小增益为 1.54dB

该分析揭示了在比较矢量跟踪和标量跟踪时必须考虑的几个注意事项。例如,矢量跟踪的改进是可用卫星数及其几何构型的函数。加权最小二乘法的例子也揭示了当被跟踪的卫星信号多样时,其性能改进也是不同的。此外,为了比较标量跟踪和矢量跟踪,必须选择统一的指标进行衡量。在前文例子中,伪距估计方差被用于两种方法的比较。需要注意的是,上述问题在对这两种方法进行有效比较时必须考虑。

16.2 矢量延迟/FLL

矢量延迟锁定环(VDLL)代替了传统接收机中使用的延迟锁定环(DLL)。同样,VFLL代替了传统接收机中的载波跟踪环路。VFLL是一种非相干载波跟踪算法,这意味着不估计载波信号的相位而是尝试估计载波的频率。仅估计频率的优点:①在较低的 C/N_0 如灌木森林中往往更健壮;②根据卫星星历预测 GNSS 信号频率更为直接。仅跟踪载波频率的缺点:①解调导航信息更困难;②载波频率估计产生更大噪声。考虑到相干/非相干载波跟踪之间的权衡,VFLL 应仅用于不可能实现可靠相干跟踪的挑战性环境。

16.2.1 信号处理与实现

本节讨论矢量跟踪算法的实现细节,涵盖了与从相关器输出中提取测量量相关的信号处理问题,还阐述了基于 VDFLL 卡尔曼滤波器状态矢量的卫星信号预测机制。

通过伪距和伪距变化率残差的计算来更新 VDFLL 导航算法,处理相关器输出用来计算残差。如前所述,残差不是像传统 GPS 导航滤波器那样通过严格比较伪距预测和伪距测量来计算的,而是在信号相关步骤中进行比较的。与传统接收机设计一样,产生接收信号的6个复制码:早码、晚码、即时码的同相、正交复制信号,作为滤波状态估计的函数。图16.4和图16.5显示了用于产生6个相关器输出的步骤框图。如图16.4所示,导航滤波算法设置码和载波 NCO 值,码相位被提前或延迟来生成早、晚复制码,载波相位偏移90°以产生正交载波信号。图16.5显示复制信号与接收信号相乘,并在积分清除周期内累加,产生6个输出。

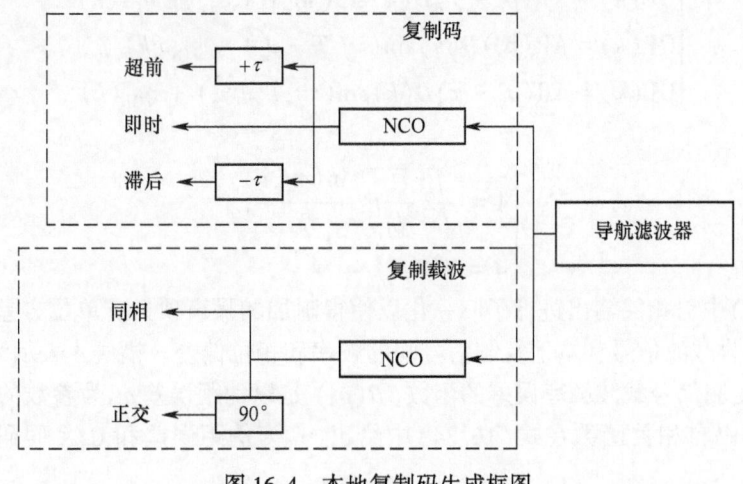

图 16.4 本地复制码生成框图

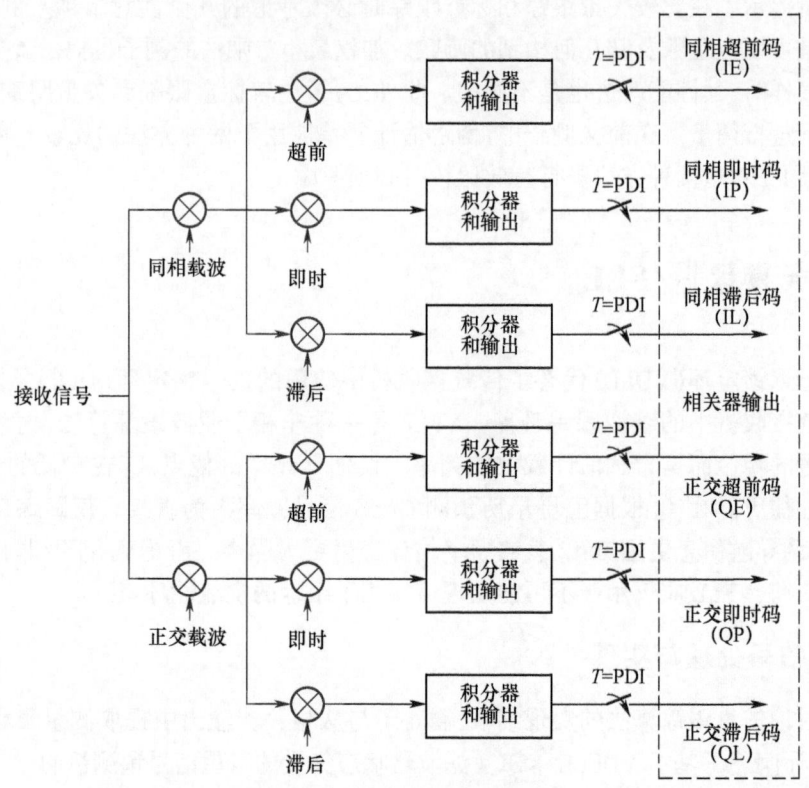

图 16.5 相关器输出生成框图

相关器输出误差是由积分周期开始时真实伪距、伪距变化率与导航状态矢量中预测的伪距和伪距变化率之间的差异造成的。6 个相关器输出的数学模型如式(16.32)所示。

$$\begin{cases} \mathrm{IE}(k) = AR(\rho_e + \tau)D(k)\cos(\pi f_e T + \theta_e) + \eta_{\mathrm{IE}}(k) \\ \mathrm{IP}(k) = AR(\rho_e)D(k)\cos(\pi f_e T + \theta_e) + \eta_{\mathrm{IP}}(k) \\ \mathrm{IL}(k) = AR(\rho_e - \tau)D(k)\cos(\pi f_e T + \theta_e) + \eta_{\mathrm{IL}}(k) \\ \mathrm{QE}(k) = AR(\rho_e + \tau)D(k)\sin(\pi f_e T + \theta_e) + \eta_{\mathrm{QE}}(k) \\ \mathrm{QP}(k) = AR(\rho_e)D(k)\sin(\pi f_e T + \theta_e) + \eta_{\mathrm{QP}}(k) \\ \mathrm{QL}(k) = AR(\rho_e - \tau)D(k)\sin(\pi f_e T + \theta_e) + \eta_{\mathrm{QL}}(k) \end{cases} \quad (16.32)$$

其中

$$\begin{cases} A = \sqrt{2\dfrac{C}{N_0}T}\,\dfrac{\sin(\pi f_e T)}{\pi f_e T} \\ \eta = N(0,1) \end{cases}$$

式(16.32)中对相关输出进行了归一化以使得附加的噪声项具有单位方差。变量 f_e 和 θ_e 分别表示接收载波信号和本地复制信号间的频率和相位偏差。幅值 A 表示为 C/N_0、预检积分时间 T、复制信号载波频率误差的函数。$R(\rho_e)$ 是以伪距误差 ρ_e 为参数的 C/A 码自相关函数。C/A 码自相关函数在式(16.34)中给出,其为伪距误差和 C/A 码码片宽度 β 的函数。

$$R(\rho_e) = \begin{cases} 1 - \dfrac{|\rho_e|}{\beta} & \left(\dfrac{|\rho_e|}{\beta} < 1\right) \\ 0 & (\text{其他}) \end{cases} \qquad (16.33)$$

如式(16.32)所示,相关器输出是更新 VDFLL 导航滤波器所需误差值的函数。鉴相函数用于将原始的相关器输出转换为卡尔曼滤波器测量更新所需的伪距和伪距变化率误差测量值。在式(16.35)中伪距残差被计算为超前同相和正交相关器和滞后同相和正交相关器功率的函数[9]。

$$\begin{cases} Y_R(k) = \text{IE}(k)^2 + \text{QE}(k)^2 - \text{IL}(k)^2 - \text{QL}(k)^2 \\ Y_R(k) = A^2(k)\dfrac{2\rho_e(k)}{\beta} + \eta_R(k) \end{cases} \qquad (16.34)$$

式中,第一个方程是超前减去滞后功率的鉴相器方程。第二个方程是鉴相器值的数学模型,是接收信号幅度、伪距误差、码片宽度和附加噪声的函数。通过求解式第二个方程中的 ρ_e 来计算伪距残差。关于振幅估计的细节将在本章后续部分提供。

伪距变化率误差与复制发射载波信号相位误差的时间导数有关。来自连续积分周期的相关值用于计算相位误差的时间变化率,并将其转换成伪距变化率误差的测量值。导航数据位必须在两个积分周期内保持不变;因此,典型的 20ms 积分周期在 10ms 标记处中断,以记录同相即时码(IP)和正交即时码(QP)的累加器值。伪距变化率残差是根据式(16.35)所示的叉积鉴相器计算的[9]。

$$\begin{cases} Y_{\text{RR}}(k) = \text{IP}_2(k)\text{QP}_1(k) - \text{IP}_1(k)\text{QP}_2(k) \\ Y_{\text{RR}}(k) = A^2(k)R^2(\rho_e(k))\sin(\theta_{e_1} - \theta_{e_2}) + \eta_{\text{RR}}(k) \end{cases} \qquad (16.35)$$

20ms 积分周期平均分为两段,第一个时段内相关器输出以下标"1"表示,第二个时段内相关器输出以下标"2"表示。式(16.35)的第二个方程给出了叉积鉴相器一个历元到下一历元载波相位误差变化的关系。注意:载波相位误差在每个 10ms 周期内被假定为相对常值。对于从历元 1 到历元 2 载波相位误差的微小变化,式(16.35)可容易地表示为相位误差变化的线性函数。式(16.35)的线性近似在式(16.36)中以伪距变化率误差 $\dot{\rho}_e$ 的函数给出:

$$Y_{\text{RR}}(k) = -A^2(k)R^2(\rho_e(k))\pi T\left(\dfrac{c}{f_T}\right)\dot{\rho}_e(k) + \eta_{\text{RR}}(k) \qquad (16.36)$$

式(16.36)包含发射信号 $\left(\dfrac{c}{f_T}\right)$ 的波长项和以秒为单位的积分周期总长 T。伪距变化率残差通过式(16.36)解 $\dot{\rho}_e(k)$ 得到。假定伪距误差较小,仅需估计振幅以计算卡尔曼滤波器更新残差。

16.2.1.1 振幅估计

需要估计信号的幅度来计算伪距和伪距变化率残差。对于给定的积分周期,包括信号和噪声在内的总接收幅度是使用式(16.37)鉴相器计算的。

$$\widetilde{A}(k)^2 = [\text{IE}(k) + \text{IL}(k)]^2 + [\text{QE}(k) + \text{QL}(k)]^2 \qquad (16.37)$$

利用式(16.32)中相关器输出的定义,$\widetilde{A}(k)^2$ 的期望值由式(16.39)给出:

$$E\{\tilde{A}(k)\} = A^2(k) + 4\sigma_\eta^2(k) \tag{16.38}$$

式中：$\sigma_\eta^2(k)$ 为式(16.32)附加噪声的方差。由式(16.38)可见，残差计算需要噪声功率的估计结果。噪声相关器可用来生成纯加性噪声，通过 C/A 复制码叠加一个大的偏移。大的偏移几乎消除了信号在相关器输出中的贡献。每个积分周期结束时收集多个噪声样本，噪声方差由式(16.39)计算：

$$\tilde{\sigma}_n^2(k) = \frac{1}{N}\sum_{m=1}^{N}[\eta_k(m)]^2 \tag{16.39}$$

通常，$\tilde{A}(k)^2$ 和 $\tilde{\sigma}_n^2(k)$ 由卡尔曼或滑动平均滤波器估计，并且利用这些估计结果计算幅值的平方值 $A^2(k)$。

同理，C/N_0 也是利用 $\tilde{A}(k)^2$ 和 $\tilde{\sigma}_n^2(k)$ 的估计结果计算得到，用式(16.40)计算 C/N_0，以 dB-Hz 为单位：

$$\hat{C}/\hat{N}_0 = 10\lg\left(\frac{\hat{\tilde{A}}(k)^2 - 4\hat{\sigma}_n^2(k)}{2T\hat{\sigma}_n^2(k)}\right) \tag{16.40}$$

注意：式(16.41)仅在分子大于 0 时有效。

16.2.1.2 残差方差

除了残差，还需要残差方差用于完成 VDFLL 卡尔曼滤波的观测更新。在文献[9]中的公式之后，伪距和伪距变化率残差方差由式(16.41)和式(16.42)分别定义：

$$E\{\eta_R^2\} = 8\sigma_F^4 + 4A^2\sigma_F^2 f(\rho_e), \quad f(\rho_e) = 2\rho_e^2 + \frac{1}{2} \tag{16.41}$$

$$E\{\eta_{RR}^2\} = \frac{\sigma_F^4}{2} + \frac{A^2}{4}R^2(\rho_e(k))\sigma_F^2 \tag{16.42}$$

通常，作为 C/N_0 函数的观测方差计算更方便。相应地，式(16.43)和式(16.44)中的伪距和伪距变化率残差方差也是 C/N_0 的函数：

$$E\{\eta_R^2\} = \frac{\beta^2}{2(TC/N_0)^2} + \frac{\beta^2}{TC/N_0}\left(\frac{\rho_e^2}{\beta^2} + \frac{1}{4}\right)(m^2) \tag{16.43}$$

$$E\{\eta_{RR}^2\} = \left[\frac{2}{(TC/N_0)^2} + \frac{2R^2(\rho_e(k))}{TC/N_0}\right]\frac{1}{\pi T}\frac{c^2}{f_T^2}(m^2/s^2) \tag{16.44}$$

16.2.1.3 利用矢量延迟/FLL 预测卫星信号

本节解释如何根据接收机估计的位置、速度和当前时间来预测卫星信号。假定一特定的信号结构对解释此过程是有帮助的，由于民用 GPS L1 C/A 码信号在 GNSS 界的熟悉程度及其广泛应用，在此将其作为例子来解释这个过程。用于预测 C/A 码信号的技术，经过简单修改可应用于其他 GPS 信号或者其他 GNSS 星座中。在解释矢量延迟/FLL 操作前简单介绍 GPS C/A 码的结构。

式(16.45)给出了 L1 C/A 码信号的组成[11]。民用 GPS L1 信号包含了 L1 频段载波、伪随机噪声(PRN)序列及低速导航(Nav)信息。在式(16.45)中，PRN 码及导航信息取值为 +1/-1 的序列。PRN 序列(如 C/A 码)包含 1023 个码片，周期为 1ms。导航信息包含卫星星历、历书及其他数据,播发速率为50b/s。

$$S_{L1_i} = \sqrt{2P_c}\,G_i(t)D_i(t)\cos(\omega_1 t + \phi) \tag{16.45}$$

式中:P_c为广播信号功率;$G_i(t)$为PRN序列,各卫星不同;$D_i(t)$为电文信息;ω_1为发射频率,L1频率加上多普勒频移;ϕ为标称载波相位。

对于接收机操作而言,C/A码和导航信息的时序非常严格。如图16.6所示,每位导航信息的上升沿都与C/A码第一个码片的上升沿重合。此外,导航信息中嵌入的是导航信息位上升沿被传输的大约时间。实际上,一旦给定子帧开始的时间,接收机便可以使用该时间来确定子帧内任何比特的时间。

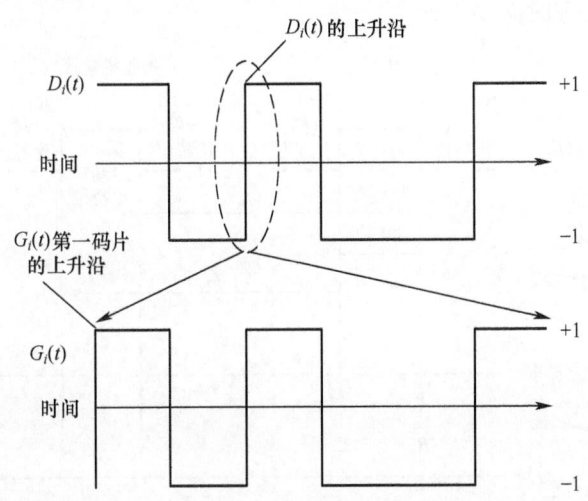

图16.6 导航信息数据位 $D_i(t)$ 的上升沿和 C/A 码序列 $G_i(t)$ 开始之间的关系

发送导航信息时刻的真实GPS时不同于导航信息中包含的(理想)时间。这种差异是由卫星的钟差造成的。然而,导航信息中还包含卫星钟差校正多项式的系数,接收机使用这些系数来校正卫星时钟的时间偏移。校正也适用于相对论效应和群时延(T_{GD})。还应注意的是,所有卫星都同步广播其信号。这意味着在没有卫星时钟偏移情况下,所有导航位将同时广播。导航信息到达接收机的时间差异归因于卫星信号的不同路径。

GPS接收机跟踪C/A码,并保持对其相位(即码相位)的精确估计。由于码和导航信息位之间已知的时序关系,码相位可直接与信号传输时间相关。因此,假设可从接收机中提取出导航信息,导航比特位的到达时间预测相当于C/A码相位的预测。这里不考虑接收信号太弱而无法提取导航(Nav)信息数据的情况。

VDFLL利用GPS信号结构,根据其状态矢量预测接收信号的码相位。假设所有卫星的导航信息已被解码,并且至少处理一组伪距(VDFLL已被初始化,或者位置已被计算),假设对中频(IF)信号进行采样,然后由接收机跟踪环处理,则VDFLL的状态矢量以中频数据的特定样本为时间参考。

图16.7显示了VDFLL单通道的时序图。图16.7的点 A 对应于状态矢量参考的样本,是当前时间。为了方便起见,我们假设 A 点的当前时间是在一个导航位的结束/开始时刻。根据导航信息,接收机可以很容易地确定对应于第 k 位上升沿发送时的卫星时间。

VDFLL现在需要预测第 $k+1$ 个导航(Nav)比特位的上升沿何时到达,在图16.7中标

记为点 D。由于使用采样数据,所以预测将对应于特定的样本索引,本地生成的卫星 C/A 码从该索引开始。

图 16.7 中的第一步是确定过去的样本索引,该索引对应于发射第 k 个导航比特位的上升沿时间,即图 16.7 中的 B 点。对应于点 $B(S_B)$ 的样本索引是根据信号($t_{tm,A}$)的传输时间和当前参考接收样本(S_A)来计算:

$$S_B = S_A - t_{tm,A} \cdot \frac{f_s}{c} \tag{16.46}$$

式中:c 和 f_s 分别为光速和接收机采样频率。式(16.46)中所需的其他值已经计算得到,它们在后续伪距观测处理时需要用到。

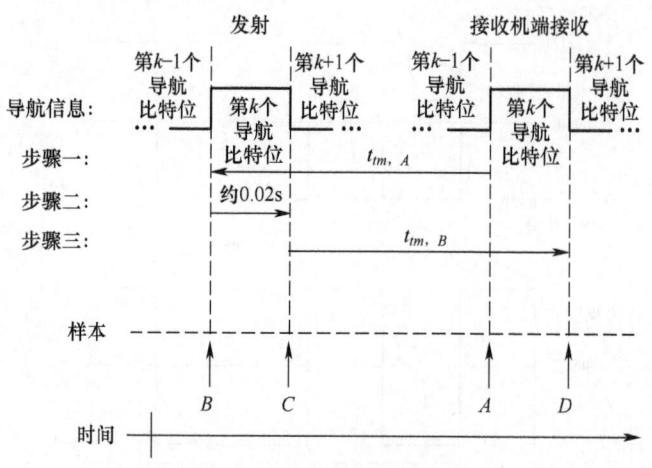

图 16.7 VDFLL 机制单通道时序图
A—当前状态矢量参考的样本;B—对应于当前导航位上升沿发射时间的样本;
C—对应于下一导航位上升沿发射时间的样本;D—对应于下一导航位上升沿到达时间的样本。

第一步是根据第 k 个导航比特位发射上升沿(点 B)确定样本索引,第二步是确定卫星位置、速度以及 $k+1$ 个导航比特位发射时刻(点 C)的样本索引,通过给卫星时钟加上 20ms,然后在这个新时刻计算卫星位置和速度。

第 $k+1$ 个导航比特位发射的样本索引由第 k 个导航比特位发射的样本索引加上连续两位导航信息间经历的时间而得。第 $k+1$ 个导航比特位发射的真实 GPS 时间在下一发射时刻卫星位置处理时计算,这是由于两个导航比特位间的卫星钟漂非常小,接近 20ms。

VDFLL 机理的第三步为加上点 C 处第 $k+1$ 个导航比特位($t_{tm,B}$)的发射时间。发射时间是利用发射时刻的卫星位置 P_{SV}、信号的大气延迟(d_{atmos})和接收机($\hat{P}_{RCVR}$)的预测位置计算得到。

$$t_{tm,B} = (|P_{SV} - \hat{P}_{RCVR}| + d_{atmos})/c \tag{16.47}$$

接收时刻接收机的位置和速度由点 A 处的 VDFLL 状态矢量向前预报 20ms 确定,同样可得接收时刻接收机的钟差和钟漂。由于 ECEF 中卫星位置为发射时间的函数,因此,$t_{tm,B}$ 的计算通常需要迭代。

最终,第 $k+1$ 个导航比特位的样本索引点 $D(S_D)$ 通过在点 C 叠加发射时间以及接收时刻接收机的钟偏差（d_{clkbias}）得到：

$$S_D = S_C + \frac{t_{\text{tm},B} + c\hat{t}_u}{f_s} \tag{16.48}$$

样本索引 S_D 为 C/A 码第一码片上升沿发生的时刻。

注意：因为假设下一导航比特位在前一位 20ms 之后到达，VDLL 的状态矢量向前传播 20ms 是一近似值，而这一假设不完全正确，这是受卫星和接收机之间钟差和相对运动影响的。

首先通过考虑由地面静止接收机观测到的 L1 最大多普勒频移大约为 ±5kHz 来评估相对运动对这一假设准确性的影响，相当于约 952m/s 的视线速度，或 2130m/h。由视线速度大小引起的导航比特位周期的变化表示为

$$\Delta T_{\text{NAV}} = \frac{0.02\text{s} \times 952\text{m/s}}{c} \approx 63\text{ns} \tag{16.49}$$

若假设接收机具有朝向卫星相同的视线速度，则导航比特位的周期变化为 126ns。假设导航比特位的间隔为 20ms 引起的近似伪距误差表示为

$$\rho_{\text{error}} = 126 \times 10^{-9}\text{s} \times 952\text{m/s} \approx 11\text{mm} \tag{16.50}$$

这个误差很小，即便在极端高动态情况。

图 16.8 给出了第二种预测 VDFLL 卫星信号的方法。首先，接收机在点 A 处理一个完整的伪距序列，VDFLL 的状态矢量则以 A 为参考，且接收机需要预测第 $k+1$ 导航比特位的到达时间，在图中 A 点的右侧。接收机首先计算和 GPS 系统时相对应的样本（点 B），此时第 k 个导航比特位理论上已经发射。点 B 对应于当所有卫星钟差偏差为零时，标记为 k 的所有导航位将被发射的时间。

然后，接收机将点 B 增加 20ms 得到点 C，这对应于当所有卫星都理想地发送第 $k+1$ 个导航比特位时的样本。点 C 的 GPS 系统时用于计算第 $k+1$ 个导航比特位发射时卫星位置所对应的卫星时间。

由于卫星时钟误差，对应于卫星发射时间的样本索引不会与点 C 相同。每颗卫星的实际发射样本索引是通过卫星钟差校正并从点 C 减去它来确定的。图 16.8 对信号的发射时间偏移进行了图示。

接收机在接收时刻的位置和时钟偏差通过前面 VDLL 的状态矢量来计算。然而，由于信号到达时间不同，每个信道的传播时间也不同。在将状态矢量向前传播至近似时间后，式（16.47）和式（16.48）再次被用于计算第 $k+1$ 个导航比特位到达时的样本索引。需要注意的是发射样本索引已根据卫星钟差进行了调整。

16.2.2　卡尔曼滤波器设计

VDFLL 用单个卡尔曼滤波器代替标量延迟和 FLL。本节讨论 VDFLL 卡尔曼滤波器的设计。滤波器有位置状态滤波和伪距状态滤波两种。顾名思义，位置状态滤波的状态矢量由接收机的位置、速度和时钟状态组成，伪距状态滤波的状态矢量由接收到的伪距和伪距变化率组成。位置状态公式通常在矢量跟踪和深度/超紧密耦合的实际应用中使用，伪距状态公式主要应用于标量和矢量跟踪的比较分析中。

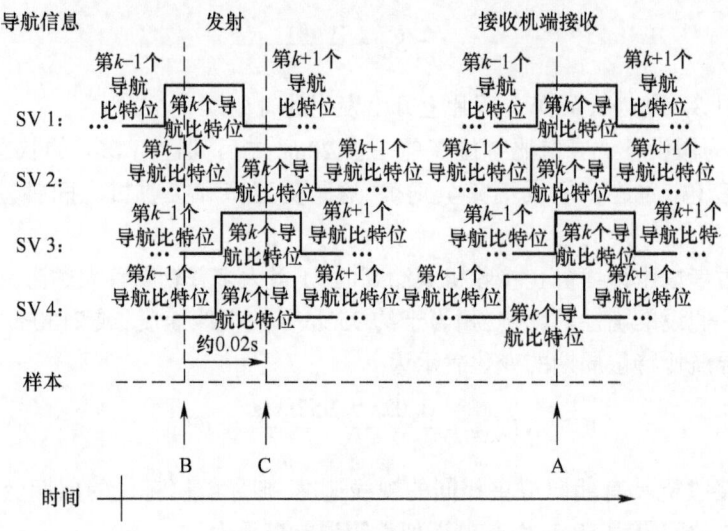

图 16.8 交替 VDFLL 机制时序图

A—接收机首次处理一完整伪距集；B—当前导航比特位被理想发射时的 GPS 系统时；
C—下一导航比特位被理想发射时的 GPS 系统时。

16.2.2.1 位置状态卡尔曼滤波器设计

位置状态 VDFLL 卡尔曼滤波器的基本状态矢量如下：

$$x = \begin{bmatrix} x_u \\ \dot{x}_u \\ y_u \\ \dot{y}_u \\ z_u \\ \dot{z}_u \\ -ct_u \\ -c\dot{t}_u \end{bmatrix} \tag{16.51}$$

VDFLL 位置状态矢量的基本元素是接收机的位置、速度及钟差和钟漂。位置和速度状态通常参考全局坐标系框架，如 ECEF 坐标系。时钟偏差（t_u）和时钟漂移（$\dot{t}_u$）用光速（c）来缩放，分别以 m 和 m/s 为单位。建议在伪距测量中将和时间相关的大气误差作为附加项。为简单起见，这里的讨论省略了此附加项。

滤波器状态矢量的动态特性如下：

$$\dot{x} = Ax + B^{\mathrm{dyn}}w^{\mathrm{dyn}} + B^{\mathrm{clk}}w^{\mathrm{clk}} \tag{16.52}$$

其中

$$A = \begin{bmatrix} \kappa & 0_{2\times 2} & 0_{2\times 2} & 0_{2\times 2} \\ 0_{2\times 2} & \kappa & 0_{2\times 2} & 0_{2\times 2} \\ 0_{2\times 2} & 0_{2\times 2} & \kappa & 0_{2\times 2} \\ 0_{2\times 2} & 0_{2\times 2} & 0_{2\times 2} & \kappa \end{bmatrix}, \quad \kappa = \begin{bmatrix} 0 & 1 \\ 0 & 0 \end{bmatrix}$$

$$B^{\text{dyn}} = \begin{bmatrix} 0 & 0 & 0 \\ 1 & 0 & 0 \\ 0 & 0 & 0 \\ 0 & 1 & 0 \\ 0 & 0 & 0 \\ 0 & 0 & 1 \\ 0 & 0 & 0 \\ 0 & 0 & 0 \end{bmatrix}, \quad w^{\text{dyn}} = \begin{bmatrix} w_x \\ w_y \\ w_z \end{bmatrix} \quad B^{\text{clk}} = \begin{bmatrix} 0 & 0 \\ 0 & 0 \\ 0 & 0 \\ 0 & 0 \\ 0 & 0 \\ 0 & 0 \\ -1 & 0 \\ 0 & -1 \end{bmatrix}, \quad w^{\text{clk}} = \begin{bmatrix} w_{t_u} \\ w_{\dot{t}_u} \end{bmatrix}$$

式中：w_x、w_y、w_z 分别为用于建模接收机速度中未知变化的随机过程。这里的噪声过程被假定为是零均值的白噪声，且轴系之间互不相关。有大量更为复杂的模型来刻画接收机的动态，参见文献[12]中更为复杂的运动模型表达。w_{t_u}、$w_{\dot{t}_u}$ 分别为接收机本地晶振的时钟相位（m）和频率误差（m/s）。

在随机过程为零均值白噪声，且轴间互不相关的假设下，噪声矢量 w^{dyn} 的统计特性表达为

$$E\{w^{\text{dyn}}\} = \begin{bmatrix} 0 \\ 0 \\ 0 \end{bmatrix}$$

$$E\{w^{\text{dyn}} w^{\text{dyn},T}\} = \begin{bmatrix} \sigma_x^2 & 0 & 0 \\ 0 & \sigma_y^2 & 0 \\ 0 & 0 & \sigma_z^2 \end{bmatrix} \tag{16.53}$$

式中：σ_x^2、σ_y^2、σ_z^2 的值基于接收机动态的期望水平。

噪声对时钟状态影响 w^{clk} 的过程统计特性为

$$E\{w^{\text{clk}}\} = \begin{bmatrix} 0 \\ 0 \end{bmatrix}, E\{w^{\text{clk}} w^{\text{clk},T}\} = \begin{bmatrix} \sigma_b^2 & 0 \\ 0 & \sigma_d^2 \end{bmatrix} \tag{16.54}$$

σ_b^2、σ_d^2 的值基于接收机经常使用振荡器类型（如温补晶振、铷钟等）的经验数值。

在测量更新时，卡尔曼滤波器的状态和协方差估计即时向前传播。在处理了 $k-1$ 时刻之前的所有测量值后，滤波器在 k 时刻的状态估计表示为

$$\hat{x}(k|k-1) = A_d(T)\hat{x}(k|k) \tag{16.55}$$

其中

$$A_d(T) = \begin{bmatrix} \kappa_d(T) & 0_{2\times 2} & 0_{2\times 2} & 0_{2\times 2} \\ 0_{2\times 2} & \kappa_d(T) & 0_{2\times 2} & 0_{2\times 2} \\ 0_{2\times 2} & 0_{2\times 2} & \kappa_d(T) & 0_{2\times 2} \\ 0_{2\times 2} & 0_{2\times 2} & 0_{2\times 2} & \kappa_d(T) \end{bmatrix}, \kappa_d(T) = \begin{bmatrix} 1 & T \\ 0 & 1 \end{bmatrix}$$

式中：T 为 $k-1$ 个观测到 k 个观测间经历的时间(s)。

$P(k|k-1)$ 表示已经处理了到 $k-1$ 时刻所有观测的 k 时刻的状态方差，滤波器状态方差由 $k-1$ 时刻传播到 k 时刻：

$$P(k|k-1) = A_d(T)P(k-1|k-1)A_d^T(T) + Q_d(T) \tag{16.56}$$

其中

$$Q_d(T) = \begin{bmatrix} Q_{d,x}(T) & \mathbf{0}_{2\times 2} & \mathbf{0}_{2\times 2} & \mathbf{0}_{2\times 2} \\ \mathbf{0}_{2\times 2} & Q_{d,y}(T) & \mathbf{0}_{2\times 2} & \mathbf{0}_{2\times 2} \\ \mathbf{0}_{2\times 2} & \mathbf{0}_{2\times 2} & Q_{d,z}(T) & \mathbf{0}_{2\times 2} \\ \mathbf{0}_{2\times 2} & \mathbf{0}_{2\times 2} & \mathbf{0}_{2\times 2} & Q_{d,\text{clk}}(T) \end{bmatrix} \tag{16.57}$$

式(16.57)前三个对角线元素是接收机动态未知模型过程的噪声。矩阵 $Q_{d,x}(T)$、$Q_{d,y}(T)$、$Q_{d,z}(T)$ 分别为

$$\begin{cases} Q_{d,x}(T) = \begin{bmatrix} \dfrac{T^3}{3} & \dfrac{T^2}{2} \\ \dfrac{T^2}{2} & T \end{bmatrix} \sigma_x^2 \\ Q_{d,y}(T) = \begin{bmatrix} \dfrac{T^3}{3} & \dfrac{T^2}{2} \\ \dfrac{T^2}{2} & T \end{bmatrix} \sigma_y^2 \\ Q_{d,z}(T) = \begin{bmatrix} \dfrac{T^3}{3} & \dfrac{T^2}{2} \\ \dfrac{T^2}{2} & T \end{bmatrix} \sigma_z^2 \end{cases} \tag{16.58}$$

在时间间隔 T 内对于接收机相应轴的速度的期望变化近似等于[12]：

$$\Delta V_{x,y,z} \approx \sigma_{x,y,z}\sqrt{T} \tag{16.59}$$

σ_x^2、σ_y^2、σ_z^2 的值通过式(16.59)来选择。

式(16.57)的最后一个对角线元素对应于驱动钟差和钟漂状态量的过程噪声[13]：

$$Q_{d,\text{clk}}(T) = \begin{bmatrix} S_f T + S_g \dfrac{T^3}{3} & S_g \dfrac{T^2}{2} \\ S_g \dfrac{T^2}{2} & S_g T \end{bmatrix} \tag{16.60}$$

S_f (m)、S_g (m/s) 近似等于[13]：

$$\begin{cases} S_f = c^2 \cdot \dfrac{h_0}{2} \\ S_g = c^2 \cdot 2\pi^2 h_{-2} \end{cases} \tag{16.61}$$

式中：h_0、h_{-2} 为 GPS 接收机中使用振荡器的阿伦方差参数。表 16.1 提供了 GPS 接收机通常使用及作为时间参考不同级别的振荡器的相关数值。表中包含了 h_{-1} 参数，表示时钟噪声过程的闪烁噪声分量。由于闪烁噪声很难用阶数有限的状态模型精确刻画，因此其在式

(16.60)的近似中予以忽略,参见文献[13-14]中有关闪烁噪声项的讨论。

表 16.1　各种时间标准的阿伦方差系数[13]

时间标准	h_0	h_{-1}	h_{-2}
TCXO(低质量)	2×10^{-19}	7×10^{-21}	2×10^{-20}
TCXO(高质量)	2×10^{-21}	1×10^{-22}	3×10^{-24}
OCXO	2×10^{-25}	7×10^{-25}	6×10^{-25}
铷钟	2×10^{-22}	4.5×10^{-26}	1×10^{-30}
铯钟	2×10^{-22}	5×10^{-27}	1.5×10^{-33}

线性卡尔曼滤波器的观测更新如下:

$$\hat{x}(k|k) = \hat{x}(k|k-1) + K(k)[H(k)x(k) - H(k)\hat{x}(k|k-1) + \eta(k)] \quad (16.62)$$

式中:$\hat{x}(k|k-1)$ 为根据到 $k-1$ 时刻的观测对 k 时刻的状态估计;$K(k)$ 为 k 时刻卡尔曼增益;$H(k)$ 为 k 时刻观测矩阵;$\eta(k)$ 为 k 时刻观测噪声。

在 VDFLL 中应用 EKF 的观测更新与式(16.62)有微小不同,具体有两个原因。第一伪距是 EKF 状态矢量的非线性函数。式(16.62)括号中的项表征的是状态的线性函数观测,因此在非线性观测时并不合适使用。对于 EKF 非线性观测更新,需要将式(16.62)括号中的括号项替换为

$$z(x(k)) + \eta(k) - z(\hat{x}(k|k-1)) \approx H(k)[x(k) - \hat{x}(k|k-1)] + \eta(k) \quad (16.63)$$

式中:$z(\cdot)$ 为非线性观测函数;$H(k) = \left.\frac{\partial z(\cdot)}{\partial x(k)}\right|_{x(k) = \hat{x}(k|k-1)}$。

EKF 更新的观测矩阵 $H(k)$ 重新解释为观测方程相对于状态量的偏导数在状态估计值 $\hat{x}(k|k-1)$ 处的值。在 $z(\cdot)$ 为线性条件下,式(16.62)、式(16.63)完全一致。

VDFLL 中 EKF 观测更新不同于式的第二个原因是观测数据的产生方式。图 16.2 表示了 VDFLL 基于接收机状态矢量估计接收机伪距及载波频率的原理。基于滤波状态矢量预报这些值的过程由式(16.63)中的函数 $z(\cdot)$ 数值表示。然而,不同于式(16.63),$z(x(k))$ 与 $z(\hat{x}(k|k-1))$ 之间的差很难清楚计算,而是用滤波器预测来产生卫星信号的本地复制码。接收的卫星信号和本地产生的复制码进行相关,用鉴相函数产生伪距和载波频率残差。式(16.63)中表明的差值在图 16.2 中的信号相关模块可清楚说明。

式(16.6)和式(16.18)说明了接收机每个通道的伪距/伪距变化率残差与 VDFLL 状态误差之间的关系。第 j 个信道的观测矩阵 $H(k)$ 等于:

$$z(x(k)) + \eta(k) - z(\hat{x}(k|k-1)) = \begin{bmatrix} \delta\widetilde{\rho}_j \\ \delta\dot{\widetilde{\rho}}_j \end{bmatrix}$$

$$\begin{bmatrix} \delta\widetilde{\rho}_j \\ \delta\dot{\widetilde{\rho}}_j \end{bmatrix} = H(k) \underbrace{[x(k) - \hat{x}(k|k-1)]}_{\Delta x(k|k-1)} + \eta(k)$$

$$\begin{bmatrix} \delta \widetilde{\rho}_j \\ \delta \widetilde{\dot{\rho}}_j \end{bmatrix} = \begin{bmatrix} a_{x,j} & 0 & a_{y,j} & 0 & a_{z,j} & 0 & -1 & 0 \\ 0 & a_{x,j} & 0 & a_{y,j} & 0 & a_{z,j} & 0 & -1 \end{bmatrix} \Delta \boldsymbol{x}(k|k-1) + \boldsymbol{\eta}(k)$$

其中

$$\Delta \boldsymbol{x}(k|k-1) = \begin{bmatrix} x_u(k) - \hat{x}_u(k|k-1) \\ \dot{x}_u(k) - \hat{\dot{x}}_u(k|k-1) \\ y_u(k) - \hat{y}_u(k|k-1) \\ \dot{y}_u(k) - \hat{\dot{y}}_u(k|k-1) \\ z_u(k) - \hat{z}_u(k|k-1) \\ \dot{z}_u(k) - \hat{\dot{z}}_u(k|k-1) \\ -ct_u(k) + \hat{ct}_u(k|k-1) \\ -c\dot{t}_u(k) + \hat{c\dot{t}}_u(k|k-1) \end{bmatrix} = \begin{bmatrix} \delta x_u(k|k-1) \\ \delta \dot{x}_u(k|k-1) \\ \delta y_u(k|k-1) \\ \delta \dot{y}_u(k|k-1) \\ \delta z_u(k|k-1) \\ \delta \dot{z}_u(k|k-1) \\ -c\delta t_u(k|k-1) \\ -c\delta \dot{t}_u(k|k-1) \end{bmatrix} \quad (16.64)$$

观测噪声 $\boldsymbol{v}(k)$ 的统计特性假设为

$$\begin{cases} E\{\boldsymbol{\eta}(k)\} = \boldsymbol{0} \\ E\{\boldsymbol{\eta}(k)\boldsymbol{\eta}(k)^{\mathrm{T}}\} = \boldsymbol{R}_\eta(k) \end{cases} \quad (16.65)$$

16.2.2.2 伪距状态卡尔曼滤波器设计

VDFLL 滤波器的伪距状态公式是信号跟踪器/状态估计器的另一实现,伪距状态滤波器是一种更自然、更直接的滤波器。伪距状态滤波器与其说是一具体实现,不如说是一个分析工具。滤波器架构允许设计人员量化信道间辅助带来的好处,而不是简单地用卡尔曼滤波器取代许多传统接收机中固定增益跟踪环路。由于其实用性有限,在此仅对伪距状态滤波器作简单介绍。

式(16.66)显示了伪距状态卡尔曼滤波器的所有信道的状态动态。

$$\dot{\boldsymbol{x}}^{\delta\rho} = \boldsymbol{A}^\rho \boldsymbol{x}^{\delta\rho} + \boldsymbol{B}^{\mathrm{dyn},\rho} \boldsymbol{w}^{\mathrm{dyn}} + \boldsymbol{B}^{\mathrm{clk},\rho} \boldsymbol{w}^{\mathrm{clk}}$$

其中

$$\boldsymbol{x}^{\delta\rho} = \begin{bmatrix} \delta\rho_1 \\ \delta\dot{\rho}_1 \\ \vdots \\ \delta\rho_j \\ \delta\dot{\rho}_j \end{bmatrix}, \quad \boldsymbol{A}^\rho = \begin{bmatrix} \boldsymbol{\kappa} & \boldsymbol{0}_{2\times 2} & \cdots & \boldsymbol{0}_{2\times 2} \\ \boldsymbol{0}_{2\times 2} & \boldsymbol{\kappa} & \ddots & \vdots \\ \vdots & \ddots & \ddots & \boldsymbol{0}_{2\times 2} \\ \boldsymbol{0}_{2\times 2} & \cdots & \boldsymbol{0}_{2\times 2} & \boldsymbol{\kappa} \end{bmatrix}, \quad \boldsymbol{\kappa} = \begin{bmatrix} 0 & 1 \\ 0 & 0 \end{bmatrix}$$

$$\boldsymbol{B}^{\mathrm{dyn}} = \begin{bmatrix} 0 & 0 & 0 \\ a_{x,1} & a_{y,1} & a_{z,1} \\ \vdots & \vdots & \vdots \\ 0 & 0 & 0 \\ a_{x,j} & a_{y,j} & a_{z,j} \end{bmatrix} \quad (16.66)$$

$$\boldsymbol{w}^{\text{dyn}} = \begin{bmatrix} w_x \\ w_y \\ w_z \end{bmatrix}, \quad \boldsymbol{B}^{\text{clk}} = -\begin{bmatrix} \boldsymbol{I}_{2\times 2} \\ \vdots \\ \boldsymbol{I}_{2\times 2} \end{bmatrix}, \quad \boldsymbol{w}^{\text{clk}} = \begin{bmatrix} w_{t_u} \\ w_{\dot{t}_u} \end{bmatrix}$$

伪距状态滤波器的状态对应于每个可用的伪距和伪距变化率。式(16.66)显示了用于估计预测伪距和伪距变化率误差的滤波器。式(16.66)中的 $\boldsymbol{w}^{\text{dyn}}$、$\boldsymbol{w}^{\text{clk}}$ 所指同式(16.52)中的相同项。

图16.9为应用伪距状态公式的矢量跟踪接收机单通道框图。在每个积分累积周期结束时,产生伪距和伪距变化率残差测量值,为真实值和预测值间的差值和噪声的叠加。残差乘以滤波器的卡尔曼增益生成预测修正值。修正值应用于预测,以产生可更新的全值状态矢量。然后,使用更新的状态矢量获得下一个积分累积周期的状态预测。

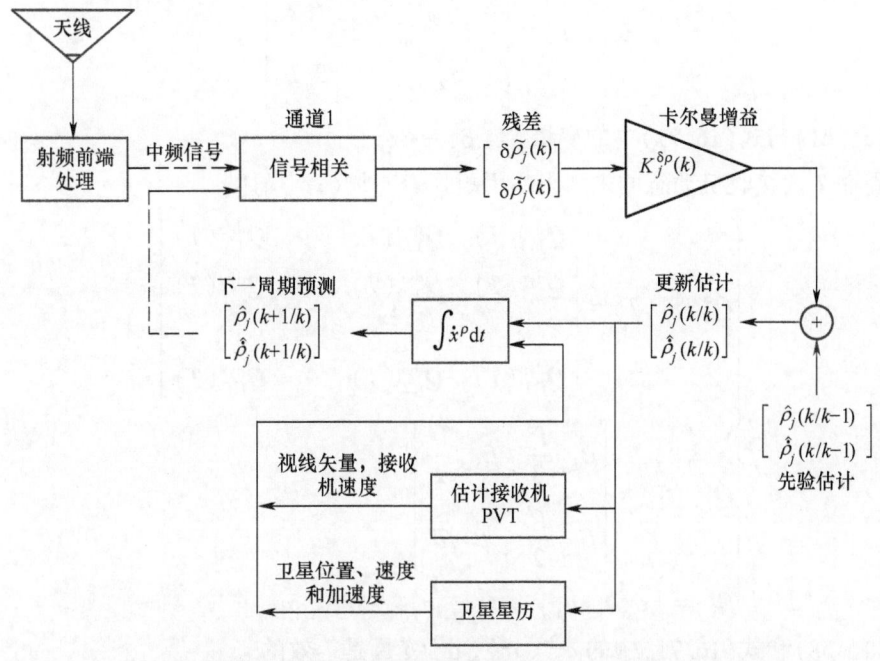

图16.9 使用伪距状态公式的单通道矢量跟踪接收机(矢量延迟/频率锁定环)

图16.9中所示的滤波器以离散时间操作。滤波器方差矩阵在更新 $k-1$ 时刻观测后通过下式传递到 k 时刻:

$$\boldsymbol{P}^{\delta\rho}(k|k-1) = \boldsymbol{A}_d^{\delta\rho}(T)\,\boldsymbol{P}^{\delta\rho}(k-1|k-1)\boldsymbol{A}_d^{\delta\rho,T}(T) + \boldsymbol{Q}_d^{\delta\rho}(T) \quad (16.67)$$

离散时间状态转移矩阵 $\boldsymbol{A}_d^{\delta\rho}(T)$ 为

$$\boldsymbol{A}_d^{\delta\rho}(T) = \begin{bmatrix} \boldsymbol{\kappa}_d^{\delta\rho} & \boldsymbol{0}_{2\times 2} & \cdots & \boldsymbol{0}_{2\times 2} \\ \boldsymbol{0}_{2\times 2} & \boldsymbol{\kappa}_d^{\delta\rho} & \ddots & \vdots \\ \vdots & \ddots & \ddots & \boldsymbol{0}_{2\times 2} \\ \boldsymbol{0}_{2\times 2} & \cdots & \boldsymbol{0}_{2\times 2} & \boldsymbol{\kappa}_d^{\delta\rho} \end{bmatrix} \quad (16.68)$$

其中，$\kappa_d^{\delta\rho} = \begin{bmatrix} 1 & T \\ 0 & 1 \end{bmatrix}$。

方差矩阵 $Q_d^{\delta\rho}(T)$ 为

$$Q_d^{\delta\rho}(T) = Q_d^{\delta\rho,\text{clk}}(T) + Q_d^{\delta\rho,\text{dyn}}(T) \tag{16.69}$$

矩阵 $Q_d^{\delta\rho,\text{clk}}(T)$ 包含了时钟噪声过程的影响：

$$Q_d^{\delta\rho,\text{clk}}(T) = \begin{bmatrix} Q_{d,t}(T) & \cdots & Q_{d,t}(T) \\ \vdots & \ddots & \vdots \\ Q_{d,t}(T) & \cdots & Q_{d,t}(T) \end{bmatrix} \tag{16.70}$$

其中

$$Q_{d,t}(T) = \begin{bmatrix} S_f T + S_g \dfrac{T^3}{3} & S_g \dfrac{T^2}{3} \\ S_g \dfrac{T^2}{2} & S_g T \end{bmatrix}$$

式(16.61)与式(16.71)中的变量 S_f、S_g 一致。

在周期 T 内接收机动态的未知影响用矩阵 $Q_d^{\delta\rho,\text{dyn}}(T)$ 描述：

$$\begin{cases} Q_d^{\delta\rho,\text{dyn}}(T) = \begin{bmatrix} Q_{1,1}^{\text{dyn}}(T) & Q_{1,2}^{\text{dyn}}(T) & \cdots & Q_{1,j}^{\text{dyn}}(T) \\ Q_{2,1}^{\text{dyn}}(T) & Q_{2,2}^{\text{dyn}}(T) & \cdots & Q_{2,j}^{\text{dyn}}(T) \\ \vdots & \vdots & \ddots & \vdots \\ Q_{j,1}^{\text{dyn}}(T) & Q_{j,2}^{\text{dyn}}(T) & \cdots & Q_{j,j}^{\text{dyn}}(T) \end{bmatrix} \\ Q_{i,j}^{\text{dyn}}(T) = \begin{bmatrix} \beta_{i,j} \dfrac{T^3}{3} & \beta_{i,j} \dfrac{T^2}{2} \\ \beta_{i,j} \dfrac{T^2}{2} & \beta_{i,j} T \end{bmatrix} \\ \beta_{i,j} = [\sigma_x^2 a_{x,i} a_{x,j} + \sigma_y^2 a_{y,i} a_{y,j} + \sigma_z^2 a_{z,i} a_{z,j}] \end{cases} \tag{16.71}$$

式(16.58)和式(16.71)中的 σ_x^2、σ_y^2、σ_z^2 变量是等效的。

每个通道产生的残差等于伪距/伪距变化率误差加上观测噪声：

$$\begin{bmatrix} \delta\widetilde{\rho}_j(k) \\ \delta\widetilde{\dot{\rho}}_j(k) \end{bmatrix} = \begin{bmatrix} \delta\rho_j(k) \\ \delta\dot{\rho}_j(k) \end{bmatrix} + \eta(k) \tag{16.72}$$

观测噪声 $\eta(k)$ 的统计特性假定为

$$\begin{cases} E\{\eta(k)\} = \mathbf{0} \\ E\{\eta(k)\eta(k)^{\text{T}}\} = R_\eta(k) \end{cases} \tag{16.73}$$

假设所有信道在同一时刻生成观测，则卡尔曼滤波器增益计算中的观测矩阵 $H(k)$ 为单位矩阵：

$$H(k) = I_{2N \times 2N} \tag{16.74}$$

k 时刻卡尔曼滤波器增益为

$$K^{\delta\rho}(k) = P^{\delta\rho}(k|k-1)\left[P^{\delta\rho} + R_\eta(k)\right]^{-1} \qquad (16.75)$$

16.2.2.3 解耦的伪距状态卡尔曼滤波和等效标量跟踪环

VDFLL 卡尔曼滤波器的两个公式在前面章节已经进行了描述：①位置状态公式；②伪距状态公式。位置状态滤波公式更为实用且数值更为稳定，伪距状态滤波器的引入是因为其提供了一种简单而直接的标量跟踪环设计方法，使该标量跟踪环与矢量跟踪环除去矢量跟踪环信道间的辅助特性后相等效。

在根据伪距状态滤波器推导到等效的标量跟踪环之前，先看一下伪距状态滤波器的不同信道是如何耦合在一起的。观察式（16.72）和式（16.74），每个信道产生的伪距和伪距变化率残差仅为信道估计误差的函数，换句话说，第 j 个信道的观测仅是第 j 个信道误差的函数。更进一步地说，式（16.73）中的观测噪声方差矩阵是一对角线矩阵，即信道之间的观测误差是互不相关的。现在观察式（16.68）中的离散状态转移矩阵，可以看到 k 时刻第 j 个信道的误差仅影响 $k+1$ 时刻第 j 个信道的误差。那么伪距状态滤波器中的信道是如何耦合的？

伪距状态滤波器的通道是通过式（16.70）、式（16.71）中的过程噪声方差矩阵耦合在一起的。特别地，过程噪声方差矩阵的非块对角阵元素使信道耦合在一起。直观地看，这可以由不同通道过程噪声的相关误差均源于同一个源来解释，也就是接收机动态和时钟噪声过程。

伪距状态滤波器的信道通过消除式（16.70）、式（16.71）中的过程噪声方差矩阵中的下块对角元素得以解耦。以 $\delta\rho^*$ 表示解耦滤波器时钟过程噪声方差的矩阵变为

$$Q_d^{\delta\rho^*,\mathrm{clk}}(T) = \begin{bmatrix} Q_{d,t}(T) & \cdots & 0_{2\times 2} \\ \vdots & \ddots & \vdots \\ 0_{2\times 2} & \cdots & Q_{d,t}(T) \end{bmatrix} \qquad (16.76)$$

其中

$$Q_{d,t}(T) = \begin{bmatrix} S_f T + S_g \dfrac{T^3}{3} & S_g \dfrac{T^2}{3} \\ S_g \dfrac{T^2}{2} & S_g T \end{bmatrix}$$

同理，源于未知接收机动态影响过程的噪声方差矩阵变为

$$Q_d^{\delta\rho^*,\mathrm{dyn}}(T) = \begin{bmatrix} Q_{1,1}^{\mathrm{dyn}}(T) & 0_{2\times 2} & \cdots & 0_{2\times 2} \\ 0_{2\times 2} & Q_{2,2}^{\mathrm{dyn}}(T) & \cdots & 0_{2\times 2} \\ \vdots & \vdots & \ddots & \vdots \\ 0_{2\times 2} & 0_{2\times 2} & \cdots & Q_{j,j}^{\mathrm{dyn}}(T) \end{bmatrix}$$

其中

$$Q_{j,j}^{\mathrm{dyn}}(T) = \beta_{j,j} \begin{bmatrix} \dfrac{T^3}{3} & \dfrac{T^2}{2} \\ \dfrac{T^2}{2} & T \end{bmatrix}$$

$$\beta_{j,j} = \left[\sigma_x^2 a_{x,j}^2 + \sigma_y^2 a_{y,j}^2 + \sigma_z^2 a_{z,j}^2\right] \qquad (16.77)$$

卡尔曼滤波器递归过程中利用 $Q_d^{\delta\rho^*,\text{clk}}(T)$ 和 $Q_d^{\delta\rho^*,\text{dyn}}(T)$ 使伪距状态滤波器的各通道解耦。换句话说,滤波器通道间不交换任何信息。由于通道解耦,状态矢量可以分解为多个二维伪距/伪距变化率滤波器,每个小的二维滤波器仅跟踪给定的卫星。这些小的二维滤波器被设计为完整的 VDFLL 滤波器,具有相同的接收机动态期望值和时钟过程噪声期望值。VDFLL 与解耦滤波器的唯一区别是后者的通道之间无相互辅助作用,因此这些小的状态滤波器等效于标量跟踪环。

设计等效矢量和标量跟踪环有助于量化通道间相互辅助的性能,这样可使设计师选择通道间的信息共享量和用于选择共享信息的通道。

16.2.3　VDFLL 和等效标量跟踪环性能分析

本节对矢量和标量跟踪环进行比较。两种算法使用相同的接收机动态和相同的时钟噪声参数,两种算法间的唯一区别是接收机不同通道间是否存在信息共享。以 GPS L1 C/A 码为参考码进行跟踪。

对比分析主要集中在两种算法的跟踪阈值上。接收机的跟踪阈值是接收机可以工作的最低 C/N_0。对接收信号载波频率保持锁定的能力决定了 VDFLL 的跟踪阈值。FLL 的经验阈值表示为[15]

$$3\sigma_{\eta,\text{clk}} + f_{\text{dyn}} \leq \frac{1}{4T_{\text{freq.disc.}}} \tag{16.78}$$

式中:$\sigma_{\eta,\text{clk}}$ 为观测噪声和时钟引起本地生成信号的频率误差标准差;f_{dyn} 为动态(如接收机平台运动)引起的频率误差;$T_{\text{freq.disc.}}$ 为鉴频器中用于产生相关器输出的相干积分时间。

式(16.78)右侧的等式由鉴频器无模糊操作的范围而定。相关器输出是接收信号、预测信号及其他变量之间频率失配的非线性函数。鉴频器是一数学函数,可将相关器输出转换为对频率不匹配的观测。鉴频器的无模糊线性操作范围由 $T_{\text{freq.disc.}}$ 确定,$T_{\text{freq.disc.}}$ 为鉴频器产生相关器输出的相关积分时间。通常,两个相干积分器接连执行产生两组相关器输出,假定数据位还未剥离,两个相干积分应当在同一导航数据比特间隔内发生。对于 L1C/A 码信号,$T_{\text{freq.disc.}}$ 最大的可能值为 10ms[15]。

本节分析中使用的跟踪阈值的 $1-\sigma$ 为

$$\sigma_{\eta,\text{clk}} + \left(\frac{1}{3}\right)f_{\text{dyn.}} \leq \frac{1}{12 \cdot T_{\text{freq.disc}}} \tag{16.79}$$

标量和矢量跟踪环的频率抖动 $\sigma_{\eta,\text{clk}}$ 和动态应力 f_{dyn} 可用卡尔曼滤波方程获取。以下章节解释了用于性能分析的必需信息,以及如何计算 $\sigma_{\eta,\text{clk}}$、f_{dyn}。

16.2.3.1　场景定义和分析计算

跟踪环路分析需要接收机的位置信息。此处使用的接收机位置为纬度 0°、经度 0° 及高程 0m,均以 WGS-84 椭球坐标系为参考。接收机位置对应的 ECEF-xyz 坐标为 (6378.137km,0km,0km)。选择此位置用于分析是因为它能较为容易地从全球 ECEF 坐标系向本地坐标系[如东北高(ENU)]转换。由 ECEF 向 ENU 的位置转换表示为

$$\begin{cases} \text{East} = \text{ECEF} - Y \\ \text{North} = \text{ECEF} - Z \\ \text{Up} = \text{ECEF} - X - 6378.137\text{km} \end{cases} \tag{16.80}$$

分析还需要一个卫星星座,本节始终假设卫星星座是固定的。显然,严格意义上这并不实际,但卫星的视线矢量在一定时间内相对卫星和接收机位置的变化较为缓慢。表 16.2 显示了分析中使用的卫星方位角和仰角。表 16.2 中的卫星星座是随机创建的,并不代表在赤道本初子午线上的接收机观察到的真实星座。图 16.10 给出了比较分析中使用的卫星星座的天空可视分布图。

跟踪环路性能根据 C/N_0 进行评估。不同的 C/N_0 将影响观测噪声方差 $\boldsymbol{R}_\eta$。将原始相关输出转换为伪距和伪距变化率误差观测的鉴别器类型决定了 C/N_0 和观测方差之间的关系。伪距观测方差($\sigma_{\eta,\rho}^2$)、C/N_0、相干积分时间以及 PRN 码长之间的关系已由式(16.30)给出,在此再次给出以便分析:

$$\sigma_{\eta,\rho}^2 = \frac{\beta^2}{2(T_{\text{coh}} \cdot 10^{\frac{C/N_0}{10}})^2} + \frac{\beta^2}{4(T_{\text{coh}} \cdot 10^{\frac{C/N_0}{10}})} \quad (\text{m}^2) \quad (16.81)$$

式中:C/N_0 为载噪功率谱密度,简称载噪比(dB-Hz);β 为 PRN 码长,C/A 码对应 293.3(m);T_{coh} 为相干积分时间(s)。

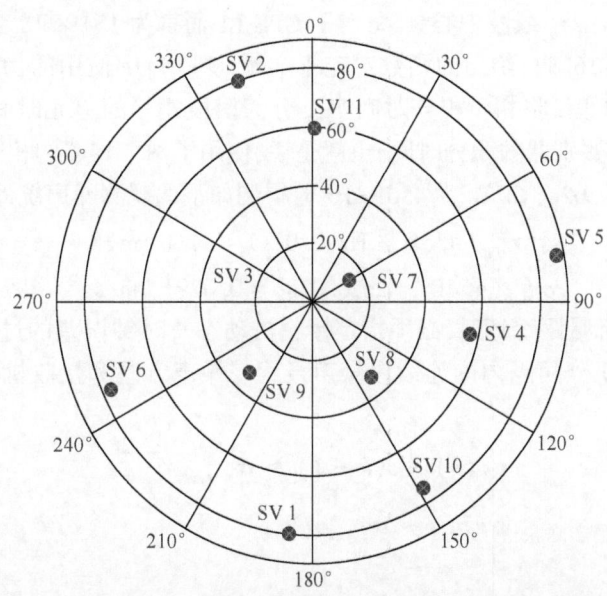

图 16.10 分析中使用的卫星星座星图(卫星的方位角和仰角见表 16.2。)

表 16.2 分析使用的卫星方位角和仰角

卫星号	方位角	仰角
1	186.2°	80.7°
2	340.9°	80.8°
3	275.6°	34.0°
4	101.7°	57.2°
5	79.6°	88.3°

续表

卫星号	方位角	仰角
6	247.0°	77.6°
7	60.2°	15.2°
8	141.3°	33.6°
9	222.5°	33.0°
10	148.3°	75.8°
11	0.9°	60.1°

伪距变化率观测方差($\sigma_{\eta,\dot{\rho}}^2$)、$C/N_0$、相干积分时间及载波频率之间的关系假定为

$$\sigma_{\eta,\rho}^2 = \left(\frac{c}{\pi T_{\text{coh}} f_o}\right)^2 \left(\frac{2}{\left(T_{\text{coh}} \cdot 10^{\frac{C/N_0}{10}}\right)^2} + \frac{2}{\left(T_{\text{coh}} \cdot 10^{\frac{C/N_0}{10}}\right)}\right) [(\text{m/s})^2] \quad (16.82)$$

式中：c 为光速(m/s)；f_o 载波中心频率，对于 GPS L1 而言为 $154 \times 10.23 \text{MHz}$。

式(16.81)、式(16.82)给出的函数对应于文献[9-10]中使用的伪距和伪距变化率鉴别器。式(16.82)中假设将相干积分时间 T_{coh} 分为两段相等的单元时间，该单元时间对应为伪距变化率/频率鉴别器的积分时间，也就是说，使用了两个相邻的相干积分时间 $T_{\text{coh}}/2$。当相干积分时间为 0.02s，C/N_0 为 45dB-Hz 时得到如下的观测噪声统计特性：

$$\sigma_{\eta,\rho}^2(45\text{dB} - \text{Hz}, 0.02\text{s}) = 34.1 \,(\text{m})^2 \quad (16.83)$$
$$\sigma_{\eta,\dot{\rho}}^2(45\text{dB} - \text{Hz}, 0.02\text{s}) = 0.0291 \,(\text{m/s})^2$$

当设计矢量和标量跟踪环时，必须指定接收机动态及时钟误差的过程噪声。接收机动态被模型化为相干积分间隔内的连续白噪声过程。噪声方差和接收机速度之间的关系表达为[12]

$$\begin{cases} v(k) - v(k-1) \approx \sigma_{x,y,z} \sqrt{T_{\text{coh}}} \\ \bar{a} T_{\text{coh}} \approx \sigma_{x,y,z} \sqrt{T_{\text{coh}}} \\ \bar{a} \sqrt{T_{\text{coh}}} \approx \sigma_{x,y,z} \end{cases} \quad (16.84)$$

式(16.84)中，接收机在相干积分时间内的平均加速度表示为 $\bar{a}$。$\bar{a}$ 的数值取决于接收机安装在什么样的平台。过程噪声密度取决于载体的直线加速度上限。0~26.82m/s 的速度相当于 39.32m 的停止距离，对应大约 9.15m/s² 的平均加速度。$\bar{a}$ 一般取 7.5m/s² 作为载体动态的保守估计。

一旦定义了过程噪声和观测噪声的统计特性，则可计算位置状态(K_{SS})及解耦的伪距状态($K_{SS}^{\rho *}$)滤波器的稳态卡尔曼滤波增益。稳态卡尔曼滤波增益可通过卡尔曼滤波器递归方程的简单迭代计算得到。由接收机动态分别计算对每个滤波器的观测(如热)和时钟过程噪声的影响。

对于位置状态滤波，用稳态卡尔曼增益迭代以下方程，直到矩阵 $P_{\text{clk},\eta}(k|k-1)$ 和 $P_{\text{clk},\eta}(k|k)$ 收敛：

$$\begin{cases} \boldsymbol{P}_{\text{clk},\eta}(k|k-1) = \boldsymbol{A}_d(T)\boldsymbol{P}_{\text{clk},\eta}(k-1|k-1)\boldsymbol{A}_d^{\text{T}}(T) + \boldsymbol{Q}_{\text{clk}}(T) \\ \boldsymbol{P}_{\text{clk},\eta}(k|k) = (\boldsymbol{I} - \boldsymbol{K}_{\text{SS}}\boldsymbol{H})\boldsymbol{P}_{\text{clk},\eta}(k|k-1)(\boldsymbol{I} - \boldsymbol{K}_{\text{SS}}\boldsymbol{H})^{\text{T}} + \boldsymbol{K}_{\text{SS}}\boldsymbol{R}_{\eta}\boldsymbol{K}_{\text{SS}}^{\text{T}} \end{cases} \quad (16.85)$$

其中

$$\boldsymbol{Q}_{\text{clk}}(T) = \begin{bmatrix} \boldsymbol{0}_{2\times2} & \boldsymbol{0}_{2\times2} & \boldsymbol{0}_{2\times2} & \boldsymbol{0}_{2\times2} \\ \boldsymbol{0}_{2\times2} & \boldsymbol{0}_{2\times2} & \boldsymbol{0}_{2\times2} & \boldsymbol{0}_{2\times2} \\ \boldsymbol{0}_{2\times2} & \boldsymbol{0}_{2\times2} & \boldsymbol{0}_{2\times2} & \boldsymbol{0}_{2\times2} \\ \boldsymbol{0}_{2\times2} & \boldsymbol{0}_{2\times2} & \boldsymbol{0}_{2\times2} & \boldsymbol{Q}_{d,\text{clk}}(T) \end{bmatrix} \quad (16.86)$$

使用式(16.85)的替代协方差更新方程的原因是对于通常的增益,后观测协方差更新有效但却不是最优的增益。式(16.86)中接收机动态相关项的省略意味着稳态卡尔曼增益对于式(16.85)中的扩维系统并不是最优的。矩阵 $\boldsymbol{P}_{\text{clk},\eta}(k|k-1)$、$\boldsymbol{P}_{\text{clk},\eta}(k|k)$ 表征了仅由时钟过程噪声及观测噪声引起的状态估计误差的方差,接收机动态的影响并没有考虑在内。接收机动态被当作确定性输入以便分析。

稳态位置状态滤波的时钟和观测噪声引起的接收机和当地产生信号之间频率误差的方差为

$$P_{\text{SS,freq}} = \left(\frac{f_{L_1}}{c}\right)^2 \boldsymbol{H}_{\dot{\rho}} \cdot \boldsymbol{P}_{\text{clk},\eta}(k|k-1) \cdot \boldsymbol{H}_{\dot{\rho}}^{\text{T}}$$

其中

$$\boldsymbol{H}_{\dot{\rho}} = \begin{bmatrix} 0 & a_{x,1} & 0 & a_{y,1} & 0 & a_{z,1} & 0 & -1 \\ 0 & a_{x,2} & 0 & a_{y,2} & 0 & a_{z,2} & 0 & -1 \\ \vdots & \vdots & \vdots & \vdots & \vdots & \vdots & \vdots & \vdots \\ 0 & a_{x,j} & 0 & a_{y,j} & 0 & a_{z,j} & 0 & -1 \end{bmatrix} \quad (16.87)$$

对于解耦的伪距状态滤波,利用稳态卡尔曼增益 $\boldsymbol{K}_{\text{SS}}^{\delta\rho^*}$ 迭代以下方程:

$$\begin{cases} \boldsymbol{P}_{\text{clk},\eta}^{\delta\rho^*}(k|k-1) = \boldsymbol{A}_d^{\delta\rho}(T)\boldsymbol{P}_{\text{clk},\eta}^{\delta\rho^*}(k-1|k-1)\boldsymbol{A}_d^{\delta\rho,\text{T}}(T) + \boldsymbol{Q}_d^{\delta\rho^*,\text{clk}}(T) \\ \boldsymbol{P}_{\text{clk},\eta}^{\delta\rho^*}(k|k) = (\boldsymbol{I} - \boldsymbol{K}_{\text{SS}}^{\delta\rho^*})\boldsymbol{P}_{\text{clk},\eta}^{\delta\rho^*}(k|k-1)(\boldsymbol{I} - \boldsymbol{K}_{\text{SS}}^{\delta\rho^*})^{\text{T}} + \boldsymbol{K}_{\text{SS}}^{\delta\rho^*}\boldsymbol{R}_{\eta}\boldsymbol{K}_{\text{SS}}^{\delta\rho^*,\text{T}} \end{cases} \quad (16.88)$$

过程噪声方差矩阵 $\boldsymbol{Q}_d^{\delta\rho^*,\text{dyn}}(T)$ 不包含在式(16.88)中。解耦伪距状态滤波器稳态下观测和时钟噪声引起的接收机与本地产生信号之间的频率误差方差为 $\boldsymbol{P}_{\text{clk},\eta}^{\delta\rho^*}(k|k-1)$,对应于伪距变化率状态的元素。

除了时钟和观测噪声引起的频率抖动,同时计算由平台加速度引起的稳态误差。平台加速度被模型化为 ECEF 某个方向上的常值加速度。为了计算滤波器未知输入的影响,需要卡尔曼滤波误差状态的递归。滤波器通过到 $k-1$ 时刻的观测获得 k 时刻的状态矢量误差定义为

$$\delta\boldsymbol{x}(k|k-1) = \boldsymbol{x}(k) - \boldsymbol{x}(k|k-1) \quad (16.89)$$

对于稳态的位置状态滤波,$\delta\boldsymbol{x}(k+1|k)$ 误差状态与前一个误差状态 $\delta\boldsymbol{x}(k|k-1)$ 由下式关联:

$$\delta x(k+1|k) = A_d(T)[I - K_{SS}H]\delta x(k|k-1) + B_d(T)\begin{bmatrix}\ddot{u}_x\\\ddot{u}_y\\\ddot{u}_z\end{bmatrix} + A_d(T)K_{SS}\eta(k-1)$$

(16.90)

其中

$$B_d(T) = \begin{bmatrix}T\\\frac{T^2}{2}\\T\\\frac{T^2}{2}\\T\\\frac{T^2}{2}\\0\\0\end{bmatrix}$$

式中：$\ddot{u}_x$ 为 ECEF 坐标系下 x 向加速度；$\ddot{u}_y$ 为 ECEF 坐标系下 y 向加速度；$\ddot{u}_z$ 为 ECEF 坐标系下 z 向加速度；T 为 $k-1$ 观测与 k 之间的间隔时间(s)。

由加速度输入造成的稳态误差通过迭代式(16.90)直到 $\delta x(k+1|k)$ 收敛到一个常值。

解耦伪距状态滤波器的误差状态递归为

$$\delta x^{\rho*}(k+1|k) = A_d^{\delta\rho}(T)[I - K_{SS}^{\delta\rho*}]\delta x^{\rho*}(k|k-1) + B_d^{\rho}(T)\begin{bmatrix}\ddot{u}_x\\\ddot{u}_y\\\ddot{u}_z\end{bmatrix} + A_d^{\delta\rho}(T)K_{SS}^{\delta\rho*}\eta(k-1)$$

(16.91)

其中

$$B_d^{\rho}(T) = \begin{bmatrix}\kappa & 0_{2\times 2} & \cdots & 0_{2\times 2}\\0_{2\times 2} & \kappa & \cdots & 0_{2\times 2}\\\vdots & \vdots & \ddots & \vdots\\0_{2\times 2} & 0_{2\times 2} & \cdots & \kappa\end{bmatrix} \cdot \begin{bmatrix}0 & 0 & 0\\a_{x,1} & a_{y,1} & a_{z,1}\\ & & \\0 & 0 & 0\\a_{x,j} & a_{y,j} & a_{z,j}\end{bmatrix}, \quad \kappa = \begin{bmatrix}1 & T\\0 & \frac{T^2}{2}\end{bmatrix}$$

解耦伪距状态滤波器中由加速度引起的稳态误差可通过式(16.91)迭代直到 $\delta x^{\rho*}(k+1|k)$ 收敛。

16.2.3.2 分析结果

本节给出了 VDFLL 和等效标量跟踪环路的比较分析结果。采用表 16.3 中高质量 TCXO 的阿伦方差系数作为两种算法的时钟噪声参数。基线 $7.5\sqrt{T_{coh}}$ m/s² 的过程噪声标准差用于表征载体的动态。分析中使用了 20ms(完整的导航数据比特位时间间隔)的相干积分时间。鉴频器的相干输出假定为由 20ms 的前一半和后一半的相干积分时间形成。因此,鉴频器每个相干输出序列具有一个 10ms 的相干积分时间。在此场景下的 $1-\sigma$ 频率跟踪阈值为 8.33Hz,见式(16.79)。

图 16.11 给出了矢量跟踪环、等效标量跟踪环时钟和观测噪声引起的频率抖动。解耦伪距状态滤波器的所有信道在图中彼此重叠。另外,VDFLL 的每个通道对给定的 C/N_0 具有不同的频率抖动水平。标量跟踪环的所有信道在 8.29dB-Hz 时超过了 8.33Hz 的 $1-\sigma$ 跟踪阈值。VDFLL 不同信道的跟踪阈值在 6.41~3.83dB-Hz 变化。每个信道的矢量跟踪改善程度都不同。在仅考虑时钟和观测噪声的跟踪阈值场景中,矢量跟踪的改善范围为 1.87~4.46dB。卫星的增益在表 16.3 的第二列给出。

图 16.12 给出了矢量和标量跟踪算法是由大小为 7.5m/s^2 加速度加载在高方向上(如 ECEF-X 正方向的加速度)造成的 1/3 动态稳态误差和时钟及观测噪声引起的频率抖动之和。动态误差除以 3 是为使用 1σ 跟踪阈值,见式(16.79)。比较两种算法的不同信道,C/N_0 有不同的响应。矢量跟踪改善是在矢量和标量跟踪模式下监测每个信道的跟踪阈值下计算得到。该场景跟踪阈值的最大增益为 5.99dB,最小增益为 3.58dB。表 16.3 第三列提供了每个信道的跟踪阈值改善。

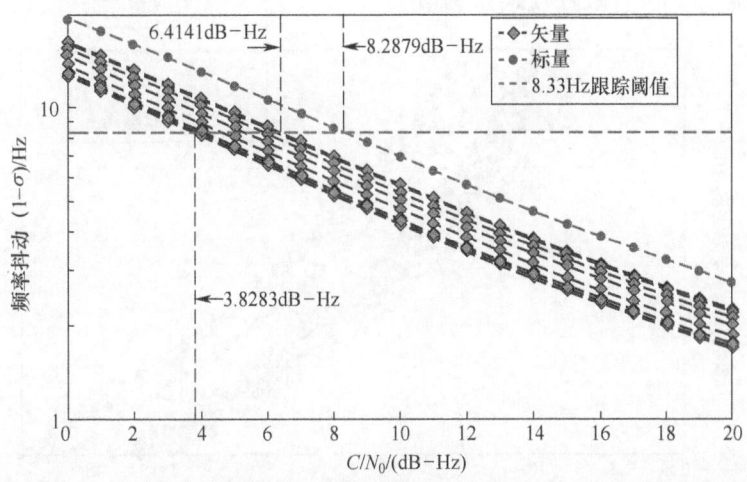

图 16.11 时钟和观测噪声引起频率抖动和 11 颗卫星 C/N_0 的变化关系

[$T_{\text{coh}} = 0.02\text{s}$,TCXO(高质量)钟,$\sigma_{x,y,z} = 7.5\sqrt{T_{\text{coh}}}$]

表 16.3 矢量跟踪带来的频率跟踪阈值改善 (单位:dB)

卫星号	无动态	高(加速度为 7.5m/s²)	东(加速度为 7.5m/s²)	北(加速度为 7.5m/s²)
1	4.46	5.99	4.06	3.37
2	4.18	5.77	2.39	1.19
3	2.39	4.55	2.57	-0.32
4	3.60	5.62	2.83	2.15
5	4.46	5.93	4.53	0.93

续表

卫星号	无动态	高(加速度为 7.5m/s^2)	东(加速度为 7.5m/s^2)	北(加速度为 7.5m/s^2)
6	4.35	5.90	2.93	5.26
7	1.98	3.58	2.83	1.67
8	1.87	5.08	1.94	1.15
9	2.42	5.08	2.89	1.88
10	4.34	5.98	2.95	2.73
11	2.92	5.14	0.85	1.16

表 16.3 的第四列和第五列分别提供了东、北向加速度跟踪阈值的改善。如表中所示,矢量跟踪的跟踪阈值的改善因位置和场景而异。事实上,对于北向加速度,卫星 3 使用标量跟踪环比使用 VDFLL 性能更好,结合图 16.10 中卫星星座天空图,该结果更容易理解。卫星 3 的视线几乎垂直于北向,因此,当平台向北加速时,卫星 3 的标量跟踪环路几乎看不到动态。然而,也应注意,即使当平台的加速曲线会固有地倾向于特定通道,这些通道的标量跟踪环也只会超过其矢量跟踪模式 0.32dB。

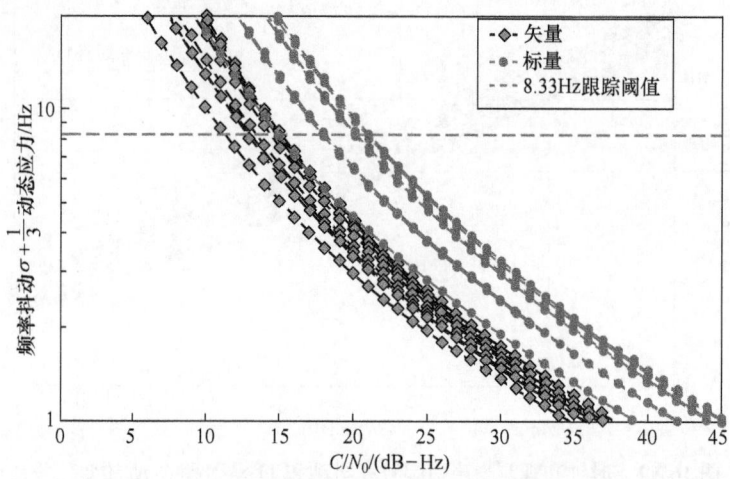

图 16.12 钟、观测噪声和由 ECEF-x 方向 7.5m/s^2 加速度引入的动力学应力引起的频率抖动相比 C/N_0 的变化

[11 颗卫星 $T_{coh} = 0.02s$,TCXO(高质量)钟,$\sigma_{x,y,z} = 7.5\sqrt{T_{coh}}$]

16.3 混合矢量-标量处理架构

在纯矢量接收机架构中,每个通道中的码和载波 NCO 由一中央导航滤波器直接驱动。导航滤波器结构与前述不同,但各通道不依赖本地的环路滤波器处理鉴相器输出。非相干 VDFLL 不能为高精度的差分 GPS 设计提供精确的载波相位。此外,单点定位无法提供直接

预测接收信号相位所需的精度(如厘米级范围内)。因此,结合 VDFLL 码相位和载波频率跟踪的鲁棒性与标量锁相环的精度,形成一种方便的混合矢量-标量结构。

16.3.1 矢量锁频环辅助锁相环结构

第一种混合方法将来自导航处理器的载波频率误差估计与矢量锁频环辅助锁相环中的鉴相器相结合[16]。图 16.13 显示了该架构载波跟踪部分的原理框图。码鉴相器遵循典型的 VDLL 实现更新导航处理器的位置和时钟偏差估计。距离变化率测量是通过每个通道的载波频率和鉴频器共同来计算的。距离变化率残差计算则是通过和滤波器状态预测的距离变化率进行比较。在卡尔曼滤波更新之后,滤波的载波鉴频器输出为载波数控振荡器(NCO)频率和后验预测载波频率之间的差。然后,滤波后的载波鉴频器和原始载波鉴相器在矢量锁频环辅助锁相环中组合,以更新载波 NCO。环路滤波器可以如[15]所述的,为二阶 FLL 辅助三阶锁相环。

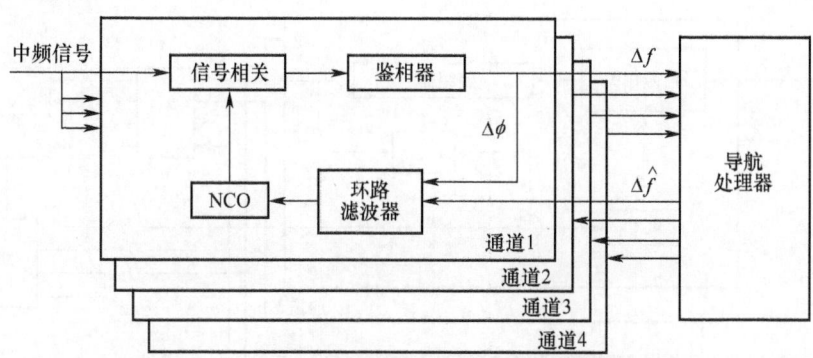

图 16.13 VFLL 辅助锁相环载波相位跟踪架构框图

16.3.2 本地载波相位卡尔曼滤波级联 VDFLL 架构

在文献[17]中,描述了一种级联跟踪方法,在该方法中介绍了每个信道的本地滤波器估计的相位和频率误差。主导航处理器负责估计位置、速度和时间,并驱动复制码 NCO。该架构在图 16.14 中以框图的形式表示。

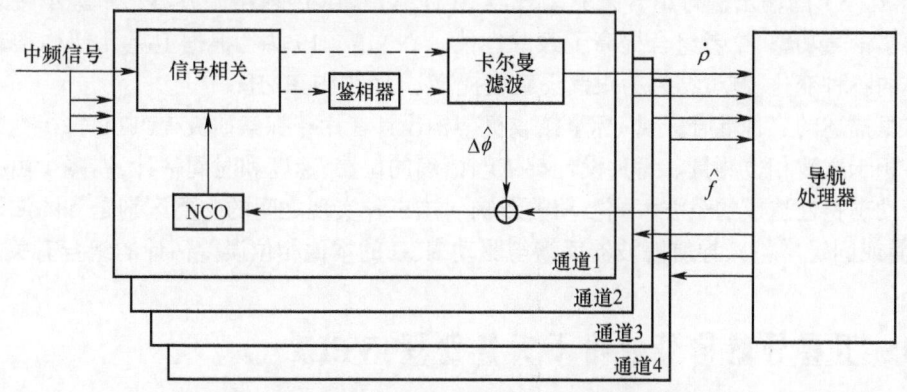

图 16.14 具有本地相位的级联矢量跟踪接收机架构框图

文献[18]中描述的本地卡尔曼滤波器用于估计相位、频率和频率变化率,更新来自相关器或鉴相器的输出。每个信道为主导航滤波器提供伪距和伪距变化率观测,主导航滤波器返回估计的码相位和载波频率。导航处理器预测的载波频率与本地卡尔曼滤波器的载波相位误差估计相结合,以此更新载波 NCO。

16.3.3 Co-Op 载波相位跟踪架构

最后一种混合跟踪架构是在[19]中创造的 Co-Op 跟踪。在 Co-Op 架构中,两个锁相环(PLL)同时工作;一个跟踪本地动态(如接收机运动和晶振误差),另一个跟踪非本地动态(如卫星和大气)。因为接收机和振荡器的动态对于所有信道来说都是相同的,负责跟踪本地动态过程的锁相环以一组公共环路来处理所有信道的鉴相器观测。每个信道实施单独的锁相环,以跟踪非本地动态。图 16.15 显示了 Co-Op 载波跟踪架构的原理框图。码跟踪可以用传统的载波辅助标量环路或 VDLL 来执行。

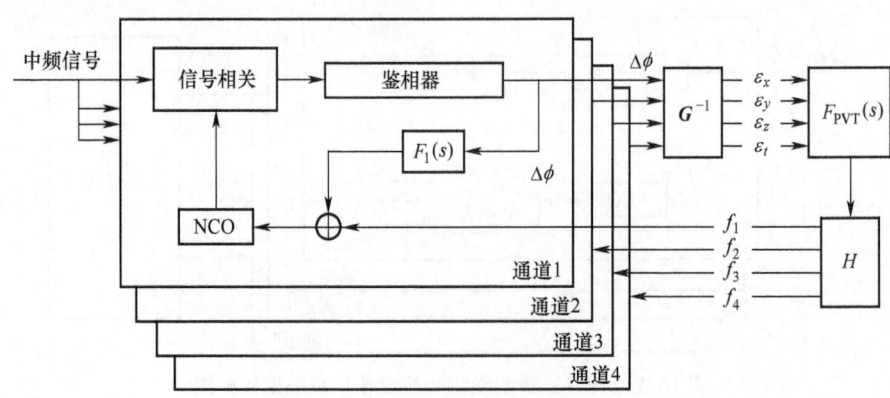

图 16.15 Co-Op 载波相位跟踪架构框图

如图 16.15 所示,视线逆单位矢量 G^{-1} 用于将相位误差转换为位置和时钟误差。然后,位置和时钟误差观测值由公共环路滤波器 $F_{PVT}(S)$ 处理。$F_{PVT}(S)$ 可设计成具有更大的带宽(大约 20Hz)来跟踪视线动态。每个通道的 $F_n(S)$ 用于跟踪缓变影响,如大气延迟。因此 $F_n(S)$ 可使用明显更低的带宽(2Hz)来降低测量噪声。公共环路滤波器 $F_{PVT}(S)$ 和单个滤波器 $F_n(S)$ 的输出进行组合来驱动载波 NCO。由于共用环路滤波器和本地窄带环路滤波器共享信号功率,二者组合提高了跟踪性能。在文献[19]中,根据卫星几何构型和总信号功率的各种变化,测试结果为跟踪灵敏度提高了大约 10dB-Hz。

这里描述的三种混合矢量-标量接收机架构设计在用于探索研究 VDFLL 鲁棒性的同时提供了相干载波相位测量。每种设计都依赖精确的位置、速度和时间估计,以减少由接收机和卫星动态特性造成的载波大幅波动的影响。这三种实现之间的主要区别是和滤波器设计(卡尔曼或固定增益)、导航滤波器反馈与驱动 NCO 的本地相位误差估计的组合有关。

16.4 卫星导航信号的相干矢量处理:VPLL

在本章的前几节阐述了 VDLL 和 VFLL,它们利用了由超定卫星星座产生的视线动态过程之间的相关性,由于信号正交,卫星间后相关器噪声过程的统计具有独立性。这些相同的统计特性用于 VPLL 的阐述中。

载波相位跟踪支持厘米级或更高的定位水平,在差分模式下,比非相干导航信号跟踪精度提高两个数量级,但需要理解的是,载波相位跟踪远比码和频率跟踪更加脆弱,特别是在信号快速、深度衰减及遮挡和多径环境下。因此,前文讨论的扩展非相干矢量跟踪概念对于解决这类问题有特殊意义。

16.4.1 波形估计–理论方法

估计问题背后的状态动态可以表示如下:

$$\dot{x}_p = Ax_p + B^{\text{dyn}}w^{\text{dyn}} + B^{\text{clk}}w^{\text{clk}} \qquad (16.92)$$

x_p 的定义见式(16.1),式(16.92)中其他变量的定义见式(16.52)。状态动态模型同许多传统 GNSS 导航处理及 VDFLL 中阐述中的模型相同。

VPLL 结构推导的关键是对前述 VDFLL 中忽略的卫星间非相关漂移的处理:卫星星历、卫星钟误差及对流层、电离层传播误差。这些漂移在卫星视线方向混合在一起,并被模型化为卫星间相互独立的二阶高斯–马尔科夫过程,相关时间约为数百秒:

$$\dot{x}_{\text{SV}} = A_{\text{SV}}x_{\text{SV}} + B^{\text{sv}}W^{\text{sv}} \qquad (16.93)$$

式中:x_{SV} 为一个大小为 $2N_{\text{SV}}$ 的列矢量,元素为视线延迟及延迟变化率偏差;N_{SV} 为卫星数目;A_{SV} 为 2×2 的非零块对角矩阵。

在实际的 VDFLL 设计中,通常忽略式(16.93)中缓变的动态误差,原因是漂移方差相比 VDFLL 码误差鉴相器数十米的分辨率及其数十赫兹的频率误差鉴频器分辨率而言通常很小。但对于毫米分辨率的 VPLL,考虑这些漂移状态则是必需的。

在极限情况下,由于卫星漂移误差集中[式(16.93)]导致引入视线的动态占主导[式(16.92)],矢量信号跟踪所使用的星间相关性不再有用,此时解耦的信号跟踪设计是最优的。

相对于标称参考状态已建立一个线性动态的状态模型,现在回到基本的波形观测模型。对于单天线的接收机系统,接收机射频标量波形输出包含 N_{SV} 个独立的信号分量:

$$z(t) = \sum_{i=1}^{N_{\text{SV}}} a_i d_i s_i(t; x_p, x_{\text{sv},i}) + n(t) \qquad (16.94)$$

式中:s_i 为第 i 个发射信号的载波,由信号幅值 a_i 放大,由相移键控数据 d_i 键控。重要的是,所有信号分量都由用户状态(包含用户时钟)动态驱动,并在 x_p 中进行组合。从载波相位角度来看,状态矢量 x_p 相位调制每个 N_{SV} 载波分量。除此之外,每个信号分量都是由偏差项(卫星钟差、星历误差、传播误差集中到 x_{SV} 的第 i 个分量的 $x_{\text{sv},i}$)独立驱动。

在之前的 VDFLL 阐述中,描述了一可替代的视线动态模型,从而可深入了解 VDFLL 通道之间的耦合性。结果表明,非对角的过程噪声块是矢量跟踪方法的基本特征。这种认识最早在文献[20-21]中提出的,并在文献[22]中进一步开展了探讨。

式(16.93)通过引入方程的漂移项来扩展视线动态模型。在此架构中分类问题在某种程度上降低了问题的维度,同时提供了对通道耦合的其他视角。状态模型遵循导航过程的线性变换[式(16.92)],通过卫星几何和式(16.93)直接增加了视线动态:

$$t_{\text{los}} \triangleq Hx_p + x_{\text{SV}} \qquad (16.95)$$

其中，H 先前已经在式(16.63)的 VDFLL 推导中定义过。

等效地，就视线状态矢量而言，观测波形表示为

$$z(t) = \sum_{i=1}^{N_{SV}} a_i d_i s_i(t; t_{los}(t)) + n(t) \qquad (16.96)$$

以上状态和波形观测方程是最优估计结构的开始，也是研究均方估计误差下限的开始。一方面状态动态模型自身是线性的，而波形观测在状态上高度非线性，在于状态动态对卫星载波的相位调制。

在 GPS 运行发展的早期就已认识到，包含信号结构和状态动态细节的误差边界证明其在设计和比较替代的卫星导航信号结构及星座、天基导航配置和当时部署的地基无线电导航系统(LORAN-C)中是有用的。

特别地，波形估计问题的期望是 Cramer-Rao 均方误差下限，至此，得到一误差边界等效的线性估计问题，其误差协方差特性与非线性估计问题中的均方误差下限相同[20-24]：

$$z_{boundequiv} = C_{signal} t_{los} + v_{equiv} \qquad (16.97)$$

式中：矩阵 C($2N_{SV} \times 2N_{SV}$)包含无线电导航信号结构的细节，是信号结构分量相对于视线状态矢量的梯度[式(16.98)]。

$$C_{signal,i} \triangleq a_i \nabla_{t_{los}} s_i(t; t_{los}) \qquad (16.98)$$

式中：v_{equiv} 为具有 $2N_{SV}$ 个独立元素高斯噪声矢量，每个元素具有单位功率谱密度。

在误差边界等效问题中给定式(16.97)的线性观测模型。在平台动态相同的情况下，比较了民用、军用 GPS 及 LORAN-C 的信号结构的性能边界。对于接近误差阈值[25]的最大后验概率(MAP)估计器的结构，也收集了些观点，可以确定的是最优结构的信号跟踪信道是耦合的，用户动态和时钟动态内嵌在耦合跟踪信道的结构中。由于计算负担和其他实时执行的复杂性，要完整执行、测试的实时应用还需要几年时间。

16.4.2 估计器实现

回到波形观测方程(16.96)，实现估计器就要剥离 t_{los}。给定高斯信道，在不丢失信息的情况下，第一步是将潜在信号分量 $\{s_i(t; t_{los})\}$ 投影到一组有效带宽信号空间的正交基函数上。

由于卫星导航系统设计使导航信号在卫星星座上形成相互正交的集合，因此在时间和频率上发生偏移的发射信号集合成员自身在加性白高斯信道(AWGN)中形成了检测和估计的完备集合。如图 16.16 所示，该功能在接收机的数字相关硬件中执行。相关器输出通常以低于 1kHz 的速率更新。相关器前端通常由一组并行的相关器构成，每个相关器专用于一颗特定的卫星，相关器的参考发生器是由数控振荡器(DCO)驱动的码和载波波形生成器组成的。在给定卫星完成初始信号捕获(在矢量跟踪器外部完成)后，调整码和载波 DCO，使参考波形包含该卫星的延迟、频率和相位不确定性。

这种变换后，相关器输出可表示为状态矢量分量 t_{los} 的函数，意思是名义用户和卫星速度分量引起视线频率补偿后的相关器控制误差，并对所用相关器控制输入中已知的硬件指令量化误差进行调整：

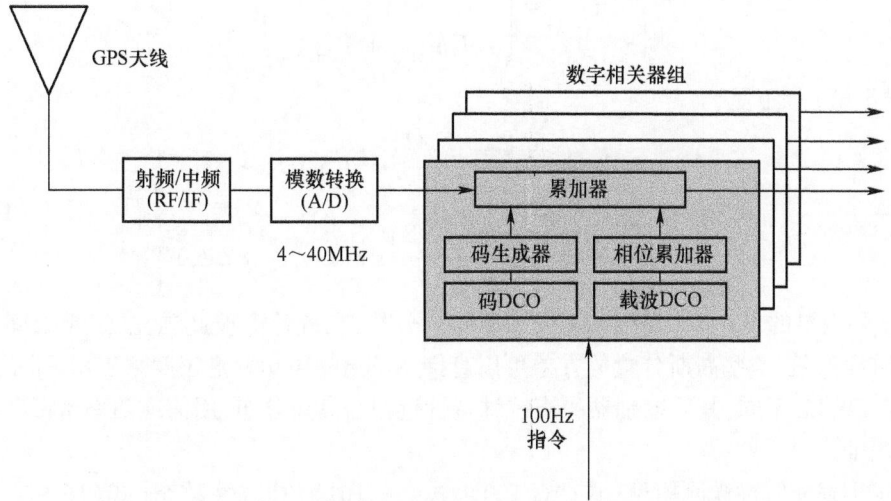

图 16.16 下变频、采样和相关

$$t_{\text{los}} = \begin{bmatrix} \Delta\phi_1 \\ \Delta\omega_1 \\ \vdots \\ \Delta\phi_i \\ \Delta\omega_i \\ \vdots \\ \Delta\phi_{N_{\text{SV}}} \\ \Delta\omega_{N_{\text{SV}}} \end{bmatrix} \quad (16.99)$$

如前所述,由于过程噪声方差矩阵的结构,上述状态部分是相关的。

从这里开始,与已推导的 VDFLL 相比,估计器推导走了一条明显不同的道路。与 VDFLL 推导不同,VDFLL 采用局部参数估计器(误差鉴别器)来估计每个相关时刻的相关器误差状态,并且认为中心估计器的观测值在误差状态上是线性的。在 VPLL 中,原始相关器输出本身被视为中心滤波器的可观测值。利用这种方法,所有卫星的中心协方差模型和相关器输出被用于剥离每颗卫星的相位误差状态。更新过程的相关器残差测试在具有遮挡和多径的接收环境中的 VPLL 操作中具有重要作用,这将在后续的现场和实验室测试中说明。

用误差状态表示相关器输出,对于第 i 颗卫星,通常有 6 个子分量分别对应于同相和正交相位参考(晚、早和即时码)。在 VPLL 里,即时相关器的输出应用于相位和频率跟踪,晚码和早码相关器的输出应用于码跟踪环,每种都采用延迟锁定环或者前文所述的 VDLL 方法。

以矢量形式表示的 VPLL 滤波器观测:

$$\begin{pmatrix} z_{\text{cor},1} \\ \vdots \\ z_{\text{cor},N_{\text{SV}}} \end{pmatrix} = \begin{pmatrix} a_1 d_1 \boldsymbol{h}_{\text{cor},1} + \boldsymbol{V}_{\text{cor},1} \\ \vdots \\ a_n d_n \boldsymbol{h}_{\text{cor},n} + \boldsymbol{V}_{\text{cor},N_{\text{SV}}} \end{pmatrix} \qquad (16.100)$$

其中,对于第 i 颗卫星,有

$$\boldsymbol{h}_{\text{cor},i} = \begin{bmatrix} R(\Delta\tau_i) \dfrac{\sin(\Delta\omega_i T_c/2)}{\Delta\omega_i T_c/2} \cos(\Delta\omega_i T_c + \Delta\phi_i) \\ R(\Delta\tau_i) \dfrac{\sin(\Delta\omega_i T_c/2)}{\Delta\omega_i T_c/2} \sin(\Delta\omega_i T_c + \Delta\phi_i) \end{bmatrix} \qquad (16.101)$$

第 i 颗卫星的 $\boldsymbol{V}_{\text{cor},i}$ 的同相和正交高斯噪声分量,在统计上彼此独立,卫星之间也相互独立。重要的是,这些高斯分量的方差可以直接用信道噪声功率谱密度来表示,而不需要近似,这与 VDFLL 不同,其后鉴别器噪声统计特性近似为高斯分布,用信道功率谱密度和信号幅度来表征。

给定上述非线性观测模型[式(16.100)、式(16.101)]和线性动态[式(16.95)],理想情况下,在矢量参数空间上采用多元后验概率函数最大值的 MAP 法[23]。据推测,这种估计实时计算看起来令人望而却步。因此,解决问题更为实际的路线是 EKF[22,26-29]。这种方法利用卫星间状态的视线相关性优势,同时生成一个误差协方差模型,精确反映车载导航应用中遭遇的信号波动和残差。EKF 估计器和 MAP 估计器在此应用中的比较留给未来研究。

图 16.17 说明了矢量处理器生成视线相位和频率估计的处理步骤。在该实现的过程中,EKF 矢量处理嵌入专用的浮点数字信号处理器中。EKF 的外循环总的来说,是相位和频率的更新周期,以 100Hz 的速率计算,内循环覆盖顺序的卫星观测,对之前所有滤波周期接收的相关器数据的测量进行合并,还显示了数字信号处理器和支持的主处理器之间的接口,主处理器负责相关器硬件输入数据的收集、相关器指令的应用、车辆位置和速度的更新,以及从标称卫星速度和标称用户速度数据得出的辅助值的计算。

在 100Hz(10ms)循环的顶部,生成下一个预定相关器硬件应用时间的相位和频率指令矢量[见图 16.17 中方框(a)]。在下一个预定的应用时间,在所有矢量跟踪信道上同时应用这个 DCO 指令,是从外推至应用时间的相关器相位和频率误差估计中导出的,由标称卫星轨道速度和标称用户位置/速度引起的卫星用户视线加速度辅助。最后,利用由矢量误差状态元素校正的相关器硬件相位寄存器值来更新每个卫星的视线相位值。

内部处理环路被构造为原始相关器数据的序贯测量合并。通常,卫星间的相关硬件转存是异步的。在相关器模型中,这些硬件转存以 1kHz 的标称速率与码周期翻转同步发生[30]。平均而言,在 10ms 周期内,每颗卫星会出现 10 个相关器转存。优于顺序处理之前,I/Q 相关器转存按卫星从最早到最近转存时间排序。

在内部处理循环的顶部,当前相关器误差状态和协方差从刚更新的卫星外推至下一颗即将要更新的卫星,观测时间标签参考下一颗卫星可用的最早码元的开始时刻[见图 16.17 方框(b)]。由于过程噪声 $\boldsymbol{Q}$ 矩阵的结构,如前面在 VDFLL 和 VPLL 发展中所讨论的,所有被跟踪卫星的相关器误差状态和协方差随着每个卫星的测量组合而变化,这与状态解耦的传统跟踪相反。在状态和协方差外推之后,读取下一个可用的 I/Q 相关器数据进行处理

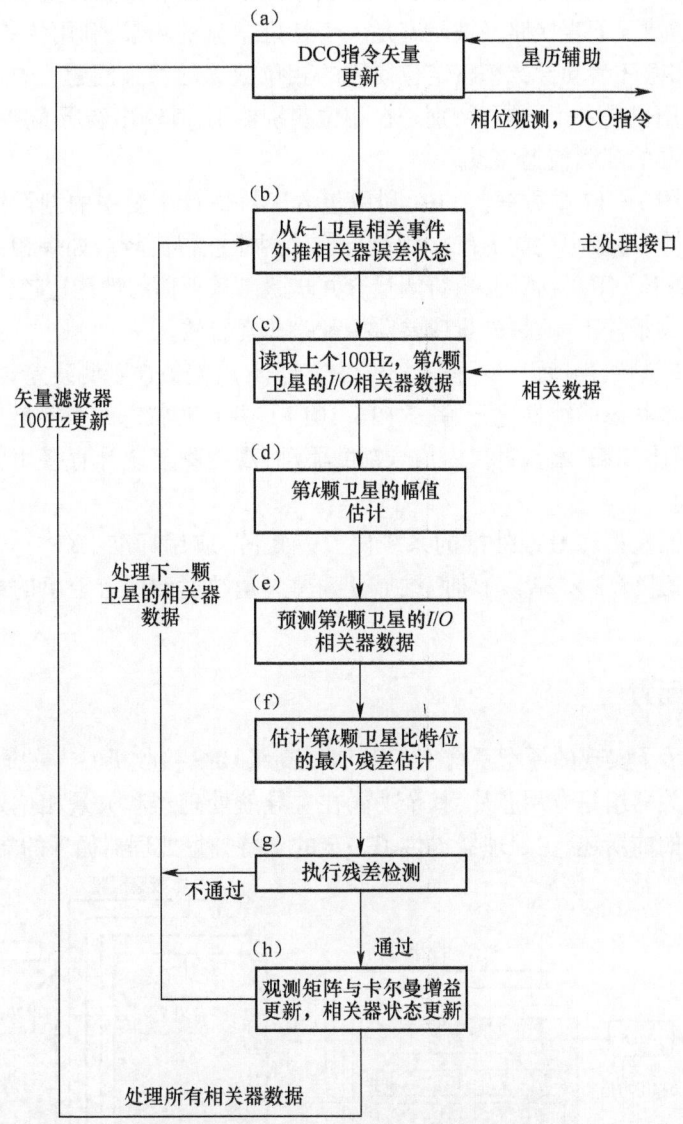

图 16.17 100Hz 矢量处理器滤波器周期

[见图 16.17 中方框(c)]。与前面描述的 VDFLL 对比，VDFLL 预测鉴别器输出(局部参数估计器)以形成滤波残差，而 VPLL 预测相关器数据用于形成残差。在图 16.17 中方框(e)中所示的这个预测步骤在图 16.17 中方框(d)的幅度估计之后完成。

如前面在 VDFLL 开发中所述，振幅估计利用非相干的 I^2 加 Q^2 统计量和二阶滤波器平滑。在标称接收机本底噪声值条件下，这种设计已被证明能够成功跟踪 100dB/s 量级或每个测量时间步长 1dB 的幅度波动。

在执行滤波器更新之前，对数据比特进行估计，并测试残差的有效性，即图 16.17 中方框(f)和(g)。假设比特率为 50Hz，滤波器周期速率为 100Hz，数据位的假设测试是使在多达四种可能数据位模式的观测和预测相关器数据之间形成的残差最小。

VPLL方法的一个强大之处在于误差状态更新之前原始相关器测量质量的评估。在车辆应用中,强多径情况下直接路径被阻塞是一个特别常见的场景,利用传统信号跟踪,总的来说,相位误差和循环滑动导致精密定位使用的相位数据的污染问题。矢量处理器中局部误差鉴别器的使用也是一个问题,特别是在相位鉴别器中,其输出经历噪声尖峰和/或偏差,违反了中央处理器的观测模型假设。

在残差检验图16.17中方框(g)中,利用包含序贯估计历史中的测量接受和拒绝的外推系统协方差矩阵,将最小化的I和Q残差与统计阈值进行比较。如果相关器残差测试失败,则处理器跳到下一卫星;否则,执行测量合并步骤。从下面的性能比较中可以看出,在信号丢失和多径接收条件下,这种矢量残差监控策略非常有效。

通过残差监控测试,最后一步[图16.17中方框(h)]是I/Q观测残差合并,从I/Q可观测方程相对于误差状态的线性化开始[式(16.101)],并且对状态的当前最佳估计值进行取值。与VDFLL相比,EKF增益直接由信号幅度驱动,观测噪声统计直接用射频通道噪声功率谱密度来表示。

然后利用观测模型和最近外推的系统协方差矩阵,应用标准EKF公式更新卡尔曼增益。特别是增益矩阵($2 \times 2N_{SV}$)将两维I/Q残差矢量映射到所有卫星的相关器相位和频率误差状态。

16.4.3 实时配置

图16.18显示了实现的原型系统TAGR(TISI高级GPS接收机)[31]的简化框图。射频/中频前端以及相关器组是专用芯片,其余功能在主导航处理器和矢量相位处理器两个处理器模块中执行。如前所述,主处理器提供了一定的支持矢量处理器循环的端口功能。此外,

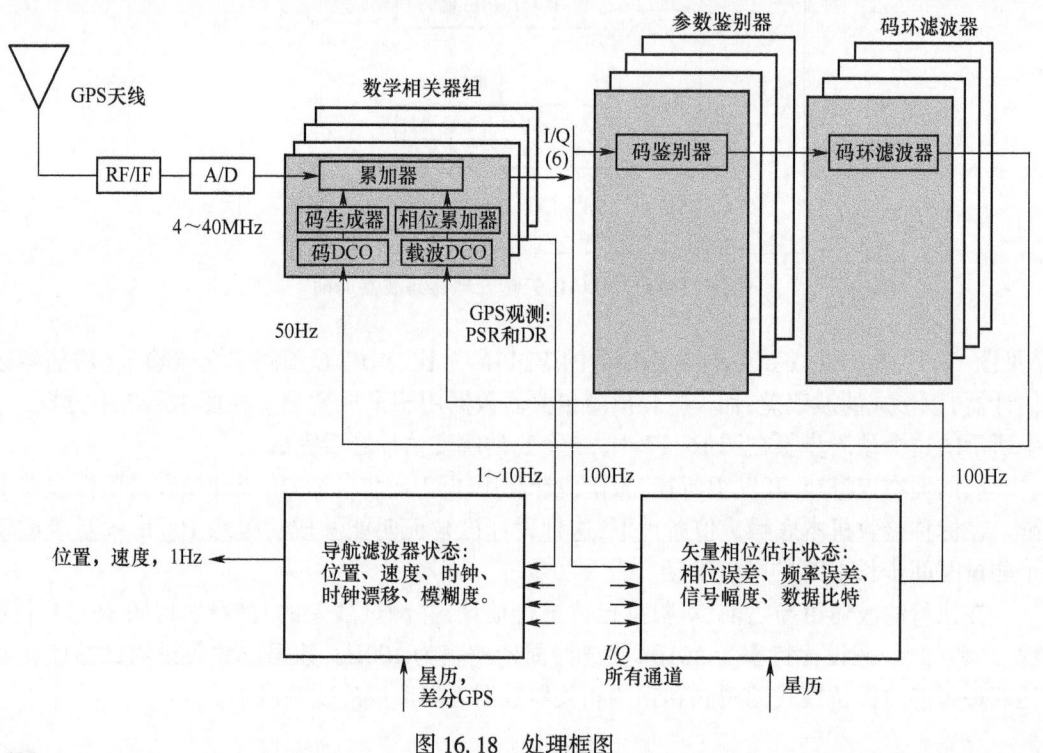

图16.18 处理框图

在 TAGR 中主处理器还负责信号采集和码跟踪,码跟踪在原型中实现,传统的解耦码跟踪由传统的码误差鉴别器和环路滤波器实现。根据不同的应用,最好在主处理器中集成 VDLL 码跟踪功能。

在 TAGR,相关器输出每 $505\mu s$ 轮询一次,因此每个 1ms 码元周期以最小的延迟被捕获,并可用于信号处理模块。在矢量跟踪模式下,当 VPLL 以 100Hz 的测量组合率直接处理来自所有卫星的 I/Q 实时数据时,相位误差鉴别器和相位环路滤波器被旁路。

事实证明,双处理器实时配置的集成特别具有挑战性,需要开发大量的 VPLL 算法模拟和相关器仿真工具以及诊断和总线数据捕获工具。

100HzVPLL 环路中的许多关键实时问题已成功解决,如下节的性能评估所示:

(1) 从相关器硬件向 EKF 传输可观测值的延迟;
(2) EKF 的计算负担和相关计算滞后;
(3) 相关器指令流水线中的排队延迟;
(4) 相关器 DCO 相位和频率指令寄存器的量化。

在原型中,测量组合和外推计算补偿了计算、排队延迟及量化影响。实现的原型矢量处理器采用了 ADI 公司的 ADSP-21060 SHARC,能够处理 120Mflops(flops 表示每秒所执行的浮点运算次数),在 VPLL 跟踪模式下满载 8 颗卫星。作为一个基准,将原型的计算能力与当前处理器(如智能手机设备)的计算能力进行比较是有益的。两个安卓和苹果手机处理器由 4~6 个处理内核组成,每个内核都有 10Gflops 的浮点能力,比原型中使用的处理器大两个数量级。等待详细的时序仿真分析和移植 VPLL 处理器的代码给这些处理器,似乎只使用一个处理器内核就可以实现全视角 VPLL 能力,并有大量的计算储备。

16.4.4 性能评估和比较

在讨论 VPLL 性能之前,有必要总结和对比性能评估的主要方法:

(1) 协方差评估。
- 相关器通道和误差鉴别器统计模型;
- 中央滤波器的稳态协方差;
- 从稳态滤波器增益导出的确定性轨道动力学误差。

(2) 软件模拟。
- 相关器模型输出和误差鉴别器(如果使用)的高保真模拟;
- 视线轨迹、时钟和卫星运动模型;
- 相关器输出驱动矢量滤波器,非实时。

(3) 硬件在环测试。
- 实时系统的全面实施;
- 取决于接收机模型,在硬件或软件中实现的相关器。

(3a) 外场测试;

(3b) 在实验室用精密射频卫星星座发生器进行测试。

方法(1)在本章前面的 VDFLL 开发中被广泛使用。虽然适合评估和比较矢量和传统的码和频率跟踪方法,其中码和频率误差检测器的基本线性假设是合理的,但载波相位跟踪过程的非线性不能忽略,必须纳入性能评估。方法(2)准确地反映了相关器输出统计模型及误差鉴别器输出可观测值(如果用作中央滤波器可观测值),在滤波器算法定义明确的情况下,为开发和对比系统性能提供了一种非常有效和精确的方法。开发了一个软件包 TrackView,并在 VPLL 及其各种扩展开发中广泛使用[31],但不再进一步讨论,这是因为它不允许与商业或算法隐藏的竞争接收机进行比较。

方法(3)是将原型 VPLL 算法与传统的高性能接收机进行比较的最准确的方法,这些接收机包含某种程度的矢量跟踪。方法(3)的明显缺点是需要一个完全实现的接收机系统,方法(3b)需要一个精确的射频星座发生器。在下面的讨论中,方法(3a)和方法(3b)都被使用。各种备受推崇的传统接收机与实时 VPLL 实现进行比较。此外,测试中还包括一个具有共模相位跟踪功能的接收机(参见图 16.15"VDFLL"部分)。

首先讨论典型车辆堵塞和多径条件下的活动货车测试[方法(3a)],其次是静态阈值测试、动态中的多次衰减以及使用 GPS 射频信号发生器与多径结合的堵塞[方法(3b)]。

16.4.4.1 初步车辆测试

在最初的算法和接收机开发过程中,以及在获得精确的射频星座信号发生器之前,现场天线信号被用于测试和比较,重点是载波相位跟踪性能。在实际操作条件下,也就是说,在部分或间歇地阻塞和多径信号的情况下,特别难以进行实时系统的亚厘米级性能评估。

在这样的测试中,GPS 的"真实系统"也面临与被测接收机同样的接收环境。真实系统本身可能会遭受跨多个通道的跟踪异常。摆脱这种困境的一种可能方法是通过在接收机组之间生成零基线相位比较来检测接收机跟踪异常。基于这种方法周跳和误跟踪是很明显的,因为即使在使用相同固件工作的两个接收机间,在幅度和时序上匹配亚厘米级的输出相位误差也是极不可能的。

测试车上有三个接收机:TAGR-a 和 TAGR-b,都配备了 VPLL 固件,还有一个测量级的传统接收机,阿斯特赫 Z-12。这三个都连接到一个普通的货车天线上。

在感兴趣的测试场景中,让测试车在高架钢结构下反复通过。高架钢结构是一个大型商业广告牌装置,高架过道位于附近办公大楼的停车区内。货车司机在此结构下反复经过,每次穿过后会回到一个开阔的接收区域。

图 16.19 显示了在测试区域的三个完整回合中 TAGR-a 上记录的 100Hz 振幅估计值,重复多次衰减与反复通过钢结构下方相一致,细节在图 16.20 中给出。现有的六颗卫星中,有四颗在这个区域明显衰减。从归一化电压标度到十进制标度,衰减深度约为 18dB。由于是钢超级结构,存在大量的多径是毫无疑问的。

为了绘图和比较,接收机之间形成相位双重差异:以海拔最高的卫星作为参考,每个接收机形成单一差异,然后接收机之间形成双重差异。

图 16.21 显示了 TAGR-a 和 Ashtech 接收机之间的双差相位图,非常有启发性。在每个接收异常区域期间,可以看到多个周跳和/或间断。第一个在 83s,涉及两颗卫星。在 138s,三个或更多卫星受损。最后,在 190s,两颗卫星受损。由于 TAGR 原始相位数据上未校正时间戳,观察到双差的逐渐漂移,而 Ashtech 针对接收机时钟漂移对相位数据时间标签进行了内部补偿。

从图 16.22 中可以看出,TAGR-a 和 TAGR-b 之间形成的双差没有表现出这样的跟踪不连续性,除了一个双差还有一个 0.04m 的短暂跳跃。在三次车辆穿越中,均方根双差误差均低于 2mm。

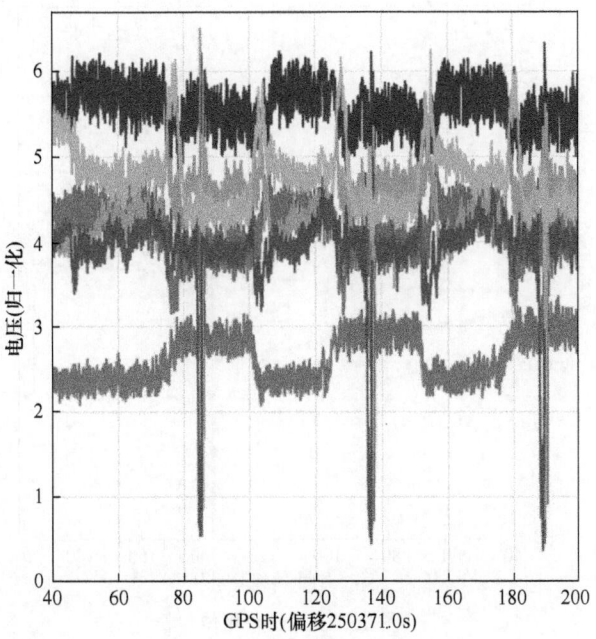

图 16.19　信号阻塞,车辆测试

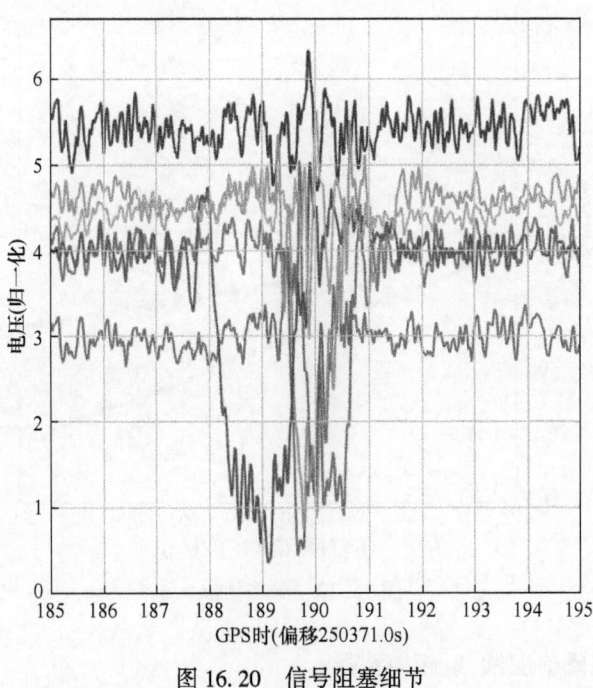

图 16.20　信号阻塞细节

这表明了 VPLL 具有直接支持处理原始相关器数据、I/Q 残差监控、结合由信号幅度估计驱动滤波器增益调整的优势。

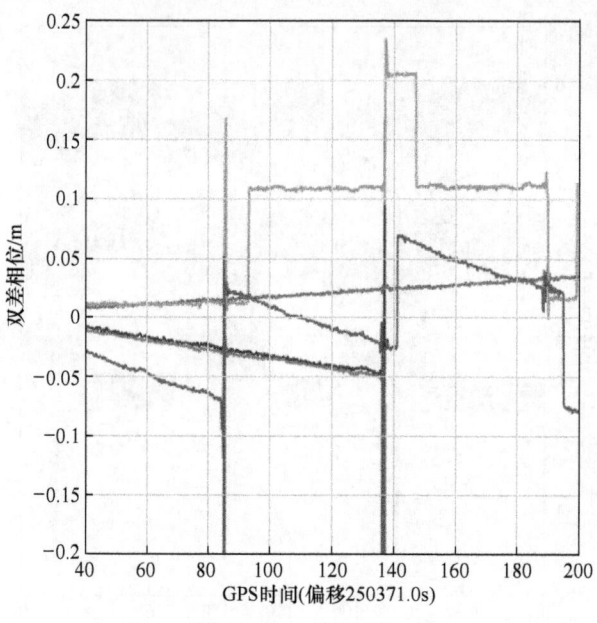

图 16.21 双差相位

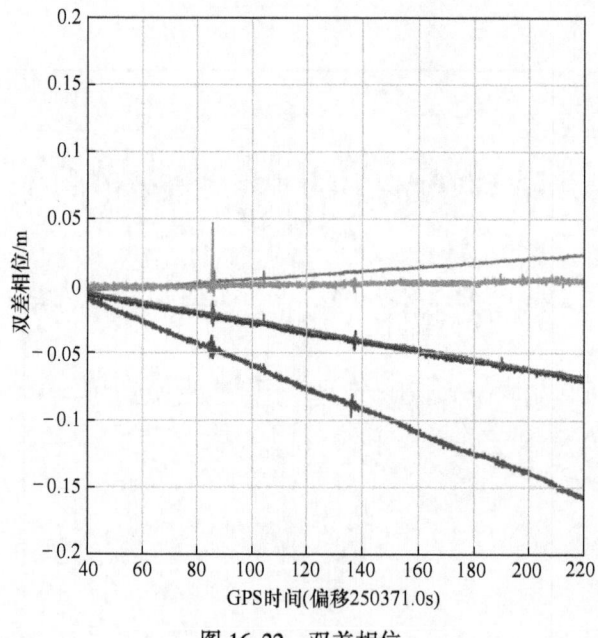

图 16.22 双差相位

16.4.4.2 静态阈值测试,射频模拟器

在其他研究活动中,TISI 广泛使用了由美国海军和空军操作的 GPS 射频信号模拟器。其中一个模拟器是 10 通道 GSSI STR-2760 全数字 GPS 信号发生器,该信号发生器可用于 VPLL 对几个据称在载波相位信号跟踪能力方面表现出色的高性能民用单位的受控测试中。

在测试中,体验并克服了一些信号发生器的操作挑战。图 16.23 显示了静态阈值测试期间的信号幅度估计。由于不同测试中信号发生器输出信号电平的变化,所有接收机同时通过相同的模拟路径,且幅度变化由操作者现场从 GUI 上编程实现。

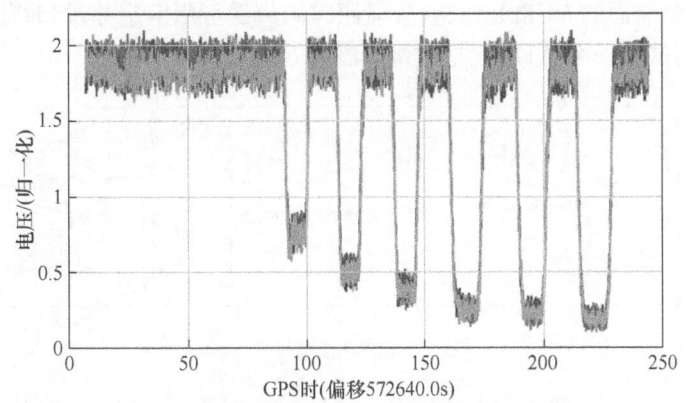

图 16.23 信号幅度估计和静态阈值测试

通过实验室生成 GNSS 星座评估接收机性能时,在计算相位真值和接收机输出间形成双差。特别地,在接收机相位输出和计算真值之间形成单差,紧接着是卫星之间的双差。

测试中 JAVAD 定位系统(JPS)单元应用了耦合信道相位跟踪,名为 Co-Op 跟踪[19]。特别地,这个方法被一起应用在本地跟踪环及中央滤波器,共享本地相位鉴别器的输出。当基于非统计方法时,本地环路想要跟踪缓慢的星间漂移过程,此时中央滤波器调整参数以跟踪用户运动和时钟动态。

图 16.24 给出了 JPS 输出和模拟器真值之间的双差图。为清晰起见,仅绘制了 5 个双差中的一个,其他通道表现出相似的行为。在跟踪破坏前,计算的相位真值和接收机输出之间可观察到一个逐渐漂移过程,这是由射频模拟器时钟和接收机之间的偏移引起的。虽然接收机可以选择在衰减间隔期间消除观测值,但衰减期间成功的相位跟踪将表现为衰减两侧具有相同斜率的连续函数。通过前两次衰减后,所有跟踪通道都得以保持。在 15dB 衰减开始后,在 140s 发生消隐。信号恢复后,相位数据返回,但相位偏移为 2m。在随后的衰减间隔中,跟踪损坏更加严重,并且在所有通道上可同时观察到。

在进行这些测试之前,期望可以通过 Co-Op 跟踪架构获得改进的低电平信号跟踪。虽然存在一定程度的耦合,但是在每个衰减间隔之后,以有界相位跳变的形式,该单元在整个衰减场景中遭受了主要的跟踪损坏。为了获得更好的性能,探索了用户设置的全部范围。显而易见,存在一些机理问题。

对于 Trimble 接收机,为了加快其初始卫星捕获速度,Trimble 接收机输入以 44dB-Hz 的 C/N_0 开始。接收机数据以最大可用速率 10Hz 进行记录。消隐和相位回扫故障首次在衰减 12dB 时观察到,对应于给定标称信号幅度为 32dB-Hz 的 C/N_0。整体行为如图 16.24 所示(中间图)。注意图上的相位比例因子,每次回扫失败都与大周期计数跳变有关,这与具有自始至终保持有界跳变的 Co-Op 跟踪单元形成对比。

在 TAGR 装置上,TAGR 的原始相位数据以本地 100Hz 的速率进行采集,没有时间标签校正。在衰减场景之前,模拟器信号幅度被调整为接收机指示的 42dB-Hz 的载噪比,等效于除 Trimble 单元之外的其他接收机都在测试下。图 16.24(下)展示了在高达 25dB 和 17dB-Hz 衰减下的连续载波相位跟踪,在这两种情况下出现点相位漂移。VPLL 算法在 25dB 衰减区间内保持稳定。在随后的运行中,更精细的步长调整显示出在 19dB-Hz C/N_0 的跟踪。根据本章前面的 VDFLL 讨论,矢量跟踪阈值受可用卫星数量和特定卫星几何形状的影响,在当前测试场景中,可用卫星数量限制为 6 颗。

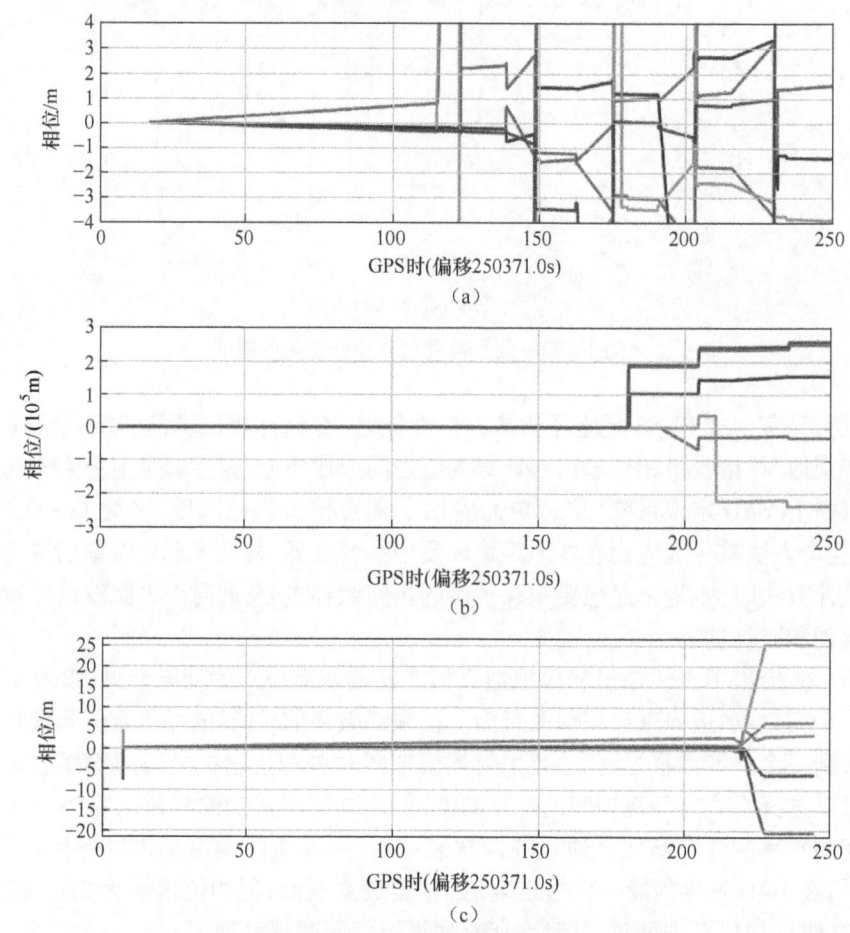

图 16.24 静态测试期间的相位跟踪丢失和不连续性
(a)JPS 接收机;(b)Trimble 接收机;(c)TAGR。

总之,在这次测试中,TAGR 展示了其独有的优势,与最接近的竞争对手(有六颗可用卫星)相比,跟踪裕度提高了 5dB 以上。JPS 装置在 27~30dB-Hz 范围,在恢复区域发生有限跳跃。这种有限的恢复行为表明了该架构内的跨通道耦合。不幸的是,随着所有卫星同时衰减,耦合跟踪似乎失去了效力。Ashtech Z-12 的结果也是在这次扫描期间收集的,在载噪比低于 29dB-Hz 时,出现消隐,随后出现大幅度跳跃。

16.4.4.3 动态射频模拟器中的多重瞬态阻塞

这种情况是为了测试接收机对阻塞和动态的综合反应,如在飞机进场和着陆过程中可能遇到的情况。动态限于 $2g$ 加速和 $2g/s$ 的变化率,最大速度 200m/s。为了满足美国联邦航空局(FAA)的系统可用性限制,仅用六颗卫星进行了测试。定义了以下三个衰减间隔,每个间隔由持续 10~15s 时间的重叠 20dB 衰减组成。衰减率在 30dB/s 量级。在衰减间隔开始之前,反馈到每个接收机的模拟器功率电平被调整到 42dB-Hz,除 Trimble 装置被调整到 44dB-Hz。图 16.25 显示了一个完整场景中所有 6 颗卫星的 TAGR 估计信号幅度图。

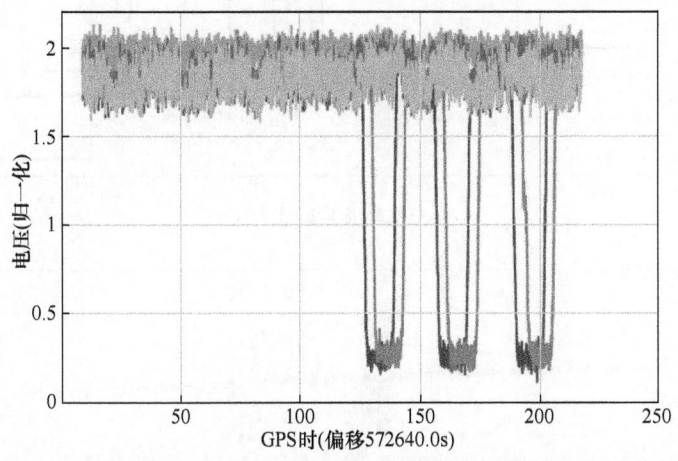

图 16.25　信号幅度估计,动力学中的多重阻塞

如前所述,在非恒定速度区域,模拟器的输出导航信号轨迹与其输出信号载波相位之间的不匹配会导致计算真实相位和接收机相位之间的相位双差出现锯齿效应。这在随后的图中可视为非零加速间隔期间的载波相位双差。

图 16.26(a)显示了三个衰减区间内的 Co-Op 接收机双差响应。在每个区域该装置都表现出消隐,然后在信号幅度恢复后恢复。从第一个双阻塞附近开始,接近时间 130s,两颗衰减的卫星进入消隐状态。随后信号恢复,理想的响应将是双差漂移的继续。相反,JPS 装置会出现相位跳变。在第二次衰减时"绿色"双差展现了更进一步的跟踪损害,而"蓝色"双差看似保持连续性。在第三次衰减间隔之后,"绿色"和"蓝色"的双差看似不连续。与前面的衰减场景一样,这种次优矢量方案的信道耦合似乎不能有效地防止卫星在 10~15s 周期深度衰减的周跳损坏。

Trimble 接收机对该场景的响应在图 16.26(b)给出。与 Co-Op 装置不同的是,这里的不连续性非常大且不均衡。在第一次双衰减附近,"蓝色"双差立即进入消隐状态,而"绿色"双差最初在消隐和未消隐状态之间抖动,最后保持消隐状态,直到信号幅度恢复后 5~10s。延迟恢复之后,出现跳跃中断。

与上述接收机相比,TAGR 装置的 VPLL 算法在所有双差 20dB 动态衰减期间被证明是有效的。其表现如图 16.26(c)。滤波器增益相应调整,信号幅度估计很容易跟踪到这些衰减。

总之,TAGR VPLL 原型展示了与 Co-Op 和 Trimble 装置相比处理动力学中的重叠衰减能力。图中没有显示 Ashtech 的结果,Ashtech 与 Trimble 的结果非常相似。

16.4.4.4　强镜面多径射频模拟器

在实际接收机环境中,通常会遇到部分或完全阻塞的直接信号路径与一个或多个反射路径相结合的情况,最严重的情况是反射路径完全阻塞,有时被称为非视线(NLOS)接收,这将在本书后面讨论。传统的跟踪环路捕获多径信号,产生整数或非整数相位测量偏差。

如下所述，在 VPLL 对原始相关器数据的残差监测在检测和拒绝干扰相关器数据方面是有效的。

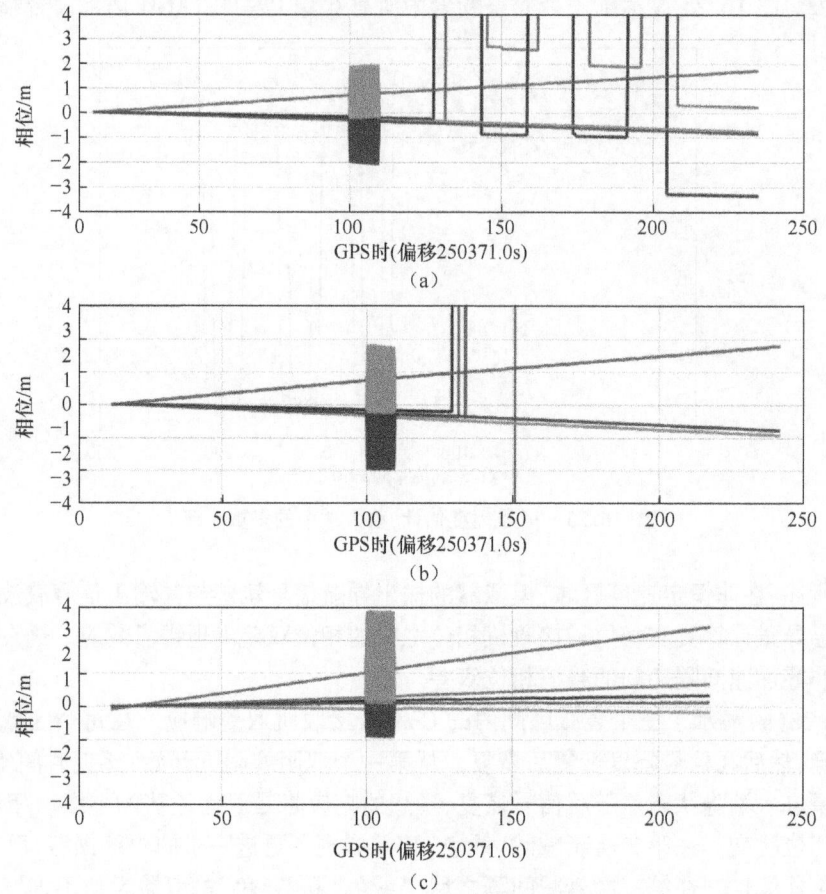

图 16.26　衰减和动态下的相位滚降和不连续性
(a)JPS 接收机；(b)特林布尔接收机；(c)TAGR。

在为镜面多径情况开发射频仿真场景时，GSSI 控制软件的局限性阻止了比直接路径更强的多径的产生。特别地，NLOS 的条件是不可能的。最大可用多径/直流电压比为 0.5，相应地对于直接路径为 6dB 的多径功率电平。多径群时延在 0.3～0.5 个 C/A 码片。图 16.27 描述了以时间为函数的多径幅度，显示多径在进入模拟的 165s 时达到峰值。

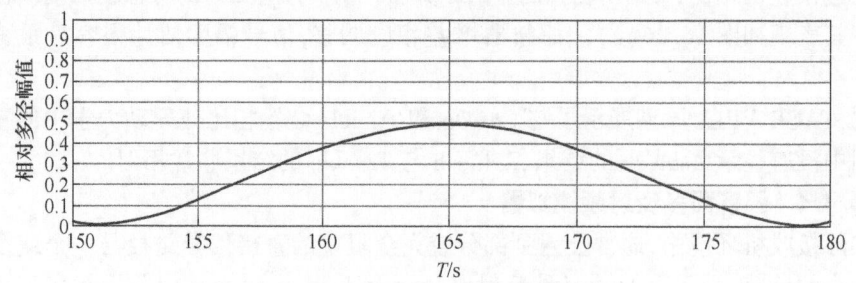

图 16.27　射频模拟器多径相对幅度

图 16.28(a)显示了多径事件的 Co-Op 响应。事件发生后不久,接收机开始对损坏的通道进行消隐。接近活动结束时,该装置再次开始提供相位输出。这发生在多径幅度低于直接路径幅度的 10%的点附近。在此之后,载波相位双差出现约-1.5m 的偏差。

观察图 16.28(b)中放大的 Trimble 装置的响应,观察到两个不同的消隐中断,第一个发生在多径发生后,第二个在时间 160s 附近紧跟着短暂的数据。可以看到接收机在接近 160s 的短暂时间内输出偏差数据。在消隐之后,在 10s 内,该单元再次输出偏差数据。

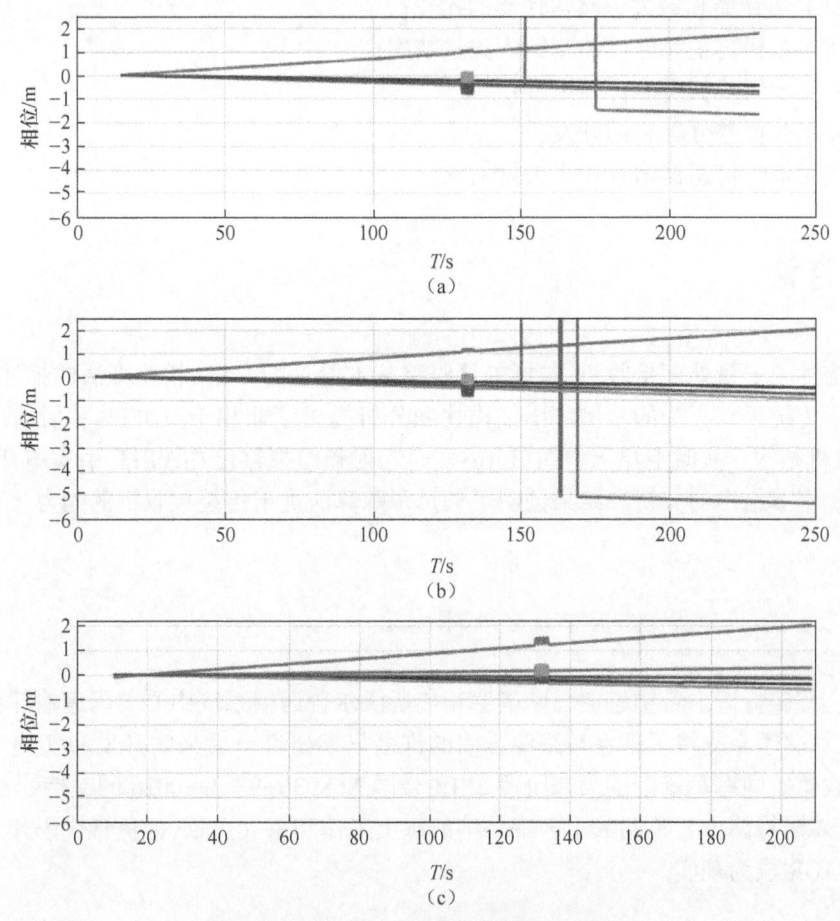

图 16.28 多径中的相位丢失和不连续性
(a)JPS 接收机;(b)Trimble 接收机;(c)TAGR

最后,图 16.28(c)中的 TAGR 数据证明了所有通道上的连续输出,在相关领域 VPLL 算法对大残差的监测。这种方法能够在状态更新过程前检测和移除异常多径损坏的相关器数据。

总之,VPLL 信号处理方法在受强镜面多径干扰的信道中是有益的。不幸的是,模拟器控制软件限制排除了全 NLOS 条件下的测试,这将导致所有传统接收机的环路捕获(软件模拟的除外)在使用损坏数据状态更新之前的过程中执行 VPLL 算法,并立即触发相关器残余校正阈值[26]。

16.4.4.5 VPLL 小结

正如已经证明的那样,以矢量方式对 GNSS 信号进行相干处理比传统跟踪有许多优势。采用的基本方法是利用 EKF 和星间漂移状态模型,残差精控和滤波器增益自适应功能大大增强了衰减和多径中的相位跟踪。实施和性能改进问题仍然是研究的热点。进一步发展的富有成效的领域包括:

(1) 局部和中央状态模型的严格集成以提高计算效率;
(2) EKF 估计器和最大似然估计器的比较;
(3) 将接收机自主完好性监测纳入矢量结构;
(4) 开发多天线矢量多样性配置;
(5) 多接收机差分配置的开发;
(6) 利用惯性传感器增强相干矢量结构。

16.5 结论

本章描述了矢量处理接收机,包括矢量跟踪基本原理的介绍、相关算法的描述,以及说明性能优于传统跟踪方法的示例。详细描述和分析提出了非相干 VDFLL 和所给出的相干 VPLL 接收机结构。实时卫星天空图(Live-sky)和射频模拟器已在 VPLL 中实施开展,并有测试结果。本节给出的分析和结果证明了矢量跟踪算法优于传统接收机的能力。

致谢

吉姆·森诺特博士希望感谢马萨诸塞州剑桥沃尔普运输系统中心美国运输部提供的教员奖学金,该奖学金支持了他在量跟踪方面的许多早期研究。后来的开发和实施工作得到了加州古牧角美国海军资助的第二阶段 SBIR 合同 N68936-98-C-0026 的支持[31]。

最后,森诺特博士要感谢大卫·森弗纳的杰出工作和重大贡献,他负责代码开发和实时编程,使 TAGR 成为现实。

参考文献

[1] Benson, D. (2007). Interference benefits of a vector delay lock loop(VDLL) GPS receiver. In: *Proceedings of the 63rd Annual Meeting of the Institute of Navigation*. Cambridge, Massachusetts: Institute of Navigation.

[2] Spilker, J. J. Jr. (1996), Fundamentals of signal tracking theory, in *Global Positioning System: Theory and Applications, Volume 1, Progress in Astronautics and Aeronautics*, vol. 163 (ed. B. W. Parkinson), chap. 4, American Institute of Aeronautics and Astronautics, Washington, DC.

[3] Kaplan, E. D., Betz, J. W., Hegarty, C. J., Parisi, S. J., Milbert, D., Pavloff, M. S., Ward, P. W., Leva, J. L., and Burke, J. (2017), Fundamentals of satellite navigation, in *Understanding GPS/GNSS: Principles and Applications*(eds. E. D. Kaplan and C. J. Hegarty), chap. 2, 3rd Ed., pp. 19-88, Artech House Publishers, Artech House GNSS Technology and Applications Series.

[4] Brown, R. G. and Hwang, P. Y. C. (1997). *Introduction to Random Signals and Applied* Kalman Filtering, 3rd. Wiley.

[5] Remondi, B. W. (2004). Computing satellite velocity using the broadcast ephemeris. *GPS Solutions* 8: 181-183.

[6] Misra, P. and Enge, P. (2006), *Global Positioning System: Signals, Measurements, and Performance*, chap. 6, pp. 224-226, 2nd Ed., Ganga-Jamuna Press.

[7] Magnus, J. R. andNeudecker, H. (2007), *Matrix Differential Calculus with Applications in Statistics and Econometrics*, chap. 13, pp. 287-298, 3rd Ed., John Wiley & Sons.

[8] Sayed, A. H. (2003), *Fundamentals of Adaptive Filters*, chap. 11, pp. 663-669, John Wiley & Sons.

[9] Crane, R. N. (2007). *A simplified method for deep coupling of GPS and inertial data*, in Proceedings of the National Technical Meeting of the Institute of Navigation. San Diego, California: Institute of Navigation.

[10] Lashley, M., Bevly, D. M., and Hung, J. Y. (2009), Performance analysis of vector tracking algorithms for eak GPS signals in high dynamics. *IEEE Journal of elected Topics in Signal Processing*, 3(4), 661-673. See Eqs. (5), (6), and(7).

[11] Spilker, Jr., J. J. (1996), *GPS signal structure and theoretical erformance*, in Global Positioning System: Theory and pplications, *Volume 1, Progress in Astronautics and Aeronautics*, vol. 163 (ed. B. W. Parkinson), chap. 3, merican Institute of Aeronautics and Astronautics, ashington, DC.

[12] Bar-Shalom, Y., Li, X. R., and Kirubarajan, T. (2001). *Estimation with Applications to Tracking and Navigation*. New York: John Wiley & Sons.

[13] Brown, R. G. and Hwang, P. Y. C. (2012), *Introduction toandom Signals and Applied Kalman Filtering*, chap. 9, 4th Ed., pp. 324-329, John Wiley & Sons.

[14] VanDierendonck, A. J. and McGraw, J. B. (1984). Relationship between Allan variances and Kalman filter parameters. In: *Proceedings of the Sixteenth Annual Precise ime and Time Interval(PTTI) Applications and Planning Meeting*, 273-293. MD: Greenbelt.

[15] Ward, P. W. (2017), GNSS Receivers, in *Understanding PS/GNSS: Principles and Applications* (eds. E. D. Kaplannd C. J. Hegarty), 3rd Ed., chap. 8, pp. 339-548, Artech House Publishers, Artech House GNSS Technology and Applications Series.

[16] Kiesel, S., Ascher, C., Gramm, D., and Trommer, G. (2008), GNSS receiver with vector based FLL-assisted PLL carrier racking loop, in *Proceedings of ION ITM 2008*.

[17] Petovello, M. and Lachapelle, G. (2006). Comparison of Vector-based software receiver implementations with pplication to ultra-tight GPS/INS integration. In: *Proceedings of Institute of Navigation GPS/GNSS Conference*. Fort Worth, Texas: Institute of Navigation.

[18] Psiaki, M. L. and Jung, H. (2002). Extended Kalman filter ethods for tracking weak GPS signals. In: *Proceedings of he 15th International Technical Meeting of the Satellite ivision of the Institute of Navigation*. Portland, Oregon: Institute of Navigation.

[19] Zhodzishsky, M., Yudanov, S., Veitsel, V., and Ashjaee, J. (1998). *Co-Op tracking for carrier phase*. Proceedings of the Institute of Navigation GPS 1998.

[20] Sennott, J. W. (1981). Dynamical error performance for integrated demodulation/navigation processors operating in an 18-satellite GPS environment. In: *US DOT Report OT-TSC-RS117-81-14*. Cambridge, Massachusetts: Volpe Transportation Systems Center.

[21] Sennott, J. W. (1981). *Performance limits for integrated demodulation/navigation processors*. Submitted to IEEE ransactions on Aerospace and Electronic Systems.

[22] Sennott, J. W. and Senffner, D. (1992). The use of satellite eometry for prevention of cycle slips in a GPS

processor. *Navigation* 39(2):217-236.

[23] Trees,H. L. V. (1968). *Detection,Estimation,and Modulation Theory,Part* 1. H. L. Wiley.

[24] Snyder, D. L. and Rhodes, I. B. (1972). Filtering and control performance bounds with implications on asymptotic separation. *Automatica*,pp.:747-753.

[25] Sennott, J. W. (1981). Real-time GPS and LORAN-C dynamical performance for critical marine applications. In:*Proceedings IEEE Oceans* 81 *Conference*. Boston:Massachusetts.

[26] Sennott, J. W. and Senffner, D. (1993). A DGPS signal processor with improved blockage and multipath properties. In:*Proceedings ION GPS*-93. Utah:Salt Lake City.

[27] Sennott, J. W. and Senffner, D. (1992). *Navigation receiver with coupled signal-tracking channels*. U. S. Patent 5,343,209,Bloomington,Illinois.

[28] Sennott,J. and Senffner,D. (1995). Comparison of continuity and integrity characteristics for integrated and decoupled demodulation/navigation receivers. In:*Proceedings of the* 8*th International Technical Meeting of the Satellite Division of the Institute of Navigation*. Palm Springs,California:ION.

[29] Sennott,J. and Senffner,D. (1997). A GPS carrier phase processor for real-time high dynamics tracking. In:*Proceedings of the 53rd Annual Meeting of the Institute of Navigation*. Albuquerque,New Mexico:ION.

[30] Doberstein,D. (2012). *Fundamental of GPS Receivers*. springer.

[31] Sennott,J. and Senffner,D. (2002). A carrier phase rocessor for high dynamics carrier phase navigation. In:*NAVY Contract N*68939-98-*C*-0026. Phase Ⅱ Final Report:Tracking and Imaging Systems Inc,Bloomington, llinois.

第17章 辅助GNSS

Frank vanDiggelen
谷歌公司,美国

17.1 简介

通过减少检测信号所需的搜索空间辅助 GNSS(A-GNSS),可显著地改善首次定位时间。读者朋友们可能会认为,辅助 GNSS 只是利用互联网发布的轨道根数代替广播星历,辅助 GNSS 确实可以实现这一点,但这只是它微不足道的一部分,而意义更为深远的则是搜索空间的减少。这不仅降低了首次定位时间,还实现了高灵敏度。那么,辅助 GNSS 是如何做到这一切的呢?

本章详细介绍了辅助 GNSS 和搜索空间,第 18 章则介绍了高灵敏度。本章大部分内容是阐释辅助 GNSS 背后的理论,以解释其可以改善首次定位时间的原因。本章的 17.8 节介绍了辅助数据的来源,并给出了有关辅助 GNSS 行业标准的概述。

辅助 GNSS 同样会对精度产生影响,但这只是更快捕获更多卫星的附加效应。诸如增加了来自运动传感器信息的增强 GNSS,增加了来自其他接收机信息的差分 GNSS 及一系列类似差分 GNSS 的方式(如 PPP、RTK 等),这些均可用来实现精度的改善;增加 Wi-Fi 等其他测量后,辅助 GNSS 也可实现精度的提高,但这并不是其主旨。简单来讲,Wi-Fi 及其余非 GNSS 信号的加入可视为融合定位。本章及第 18 章重点关注辅助 GNSS 首次定位时间更短、灵敏度更高的特点①。

众所周知,智能手机的 GNSS 天线很小,产生的信号非常微弱。因此,如果没有辅助 GNSS 及其带来的灵敏度的提升,GNSS 就无法应用于智能手机中。

接收机在进行测量或判定位置之前必须获取卫星信号,并且在获取每个卫星信号之前必须找到该信号的正确频率,以及正确的码延迟。接收机在获取信号之后,还需要知道广播时间以及包含卫星轨道和时钟模型的星历数据,才可以进行位置解算。辅助 GNSS 是一项通过提前提供星历数据及估计的时间和位置,以对上述整个过程进行增强的技术,可以显著提升首次定位时间。当信号较强时,进行辅助后,首次定位时间约为 1s(相比之下,无辅助接收机的首次定位时间则为 1min)。

---

① GNSS 接收机设计人员喜欢开玩笑说,只剩下两类问题需要解决。第一类问题:你需要一个位置,但你无法得到它;第二类问题:你得到了一个位置,但你不喜欢它。辅助 GNSS 可用来解决第一类问题。

图 17.1 为辅助 GNSS 系统示意图。请注意,辅助 GNSS 并不能使接收机免于接收或处理来自卫星的测距信号,它只是使这项任务更加简单,并最大限度减少了首次定位时间和所需来自卫星的信息量。

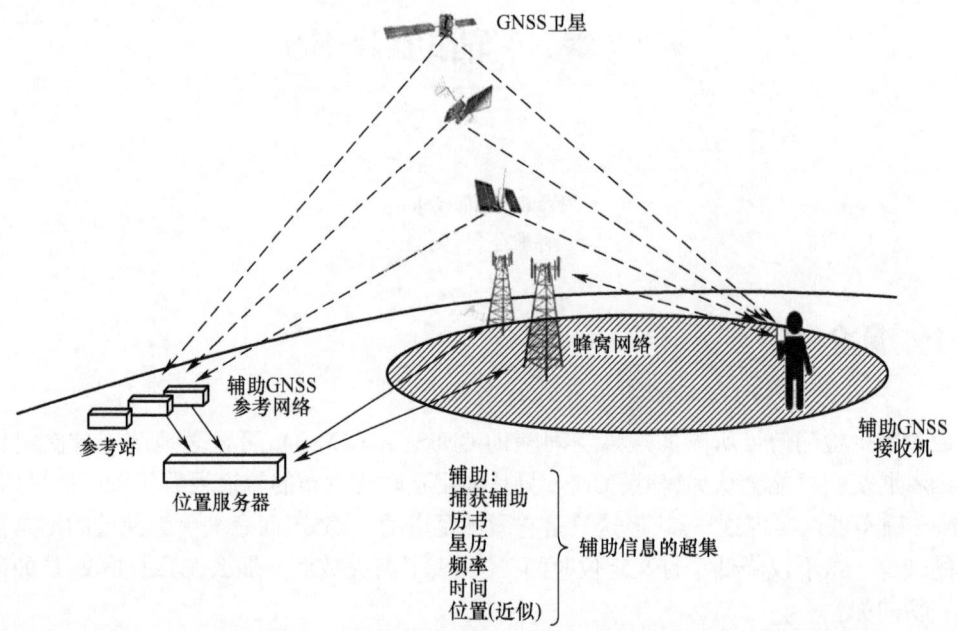

图 17.1　辅助 GNSS 系统示意图。辅助数据提供了 GNSS 接收机通常只能从卫星信号接收或导出的信息。辅助数据通常(但不一定)通过无线网络提供,一般通过蜂窝数据信道传输。辅助 GNSS 仍需利用来自卫星的信号进行距离的测量,但与无辅助接收机相比,它可以以更快的速度、在更微弱的信号条件下完成

本章安排如下:

17.2 节介绍了信号搜索过程,减少了频率及码延迟搜索空间,并展示了搜索空间和首次定位时间是如何在辅助的作用下减少的。如果辅助是完美的,则搜索空间将减小至零,但是辅助位置和时间是有误差的估计值①。因此,搜索空间的大小取决于误差的大小。

17.3 节介绍了频率搜索空间与辅助误差间的关系。

17.4 节介绍了码延迟搜索空间与辅助误差间的关系。

17.3 节和 17.4 节还表明,搜索空间还取决于卫星的速度和距离率。

17.5 节给出了所有 GNSS 星座卫星速度和距离率的量化结果。

17.6 节给出了所有 GNSS 星座下搜索空间与辅助误差间关系的量化结果。

17.7 节为所有 GNSS 星座和所有民用信号下的搜索空间大小与辅助误差间关系的汇总表。

17.8 节解释了辅助数据的来源,并汇总了相关的行业标准。

17.9 节是本章的小结。

---

① 如果辅助位置和时间是完美的,就已经完成了工作,无须对来自 GNSS 的位置和时间进行计算。

17.3 节和 17.4 节主要来自文献[1]，该文献是笔者编写的一本关于辅助 GPS 的图书。本章的其余部分则是对所有 GNSS 的概括。

第 18 章为"高灵敏度 GNSS 接收机"，解释了辅助 GNSS 缩小的搜索空间是如何带来信号捕获时的高灵敏度。

17.2 频率/码搜索空间

尽管每个 GNSS 卫星发射信号的频率是已知的（例如，GPS L1 发射信号的频率为 1575.42MHz），但由于卫星及接收机移动产生的多普勒频移，以及接收机参考振荡器的频率偏移，观测的信号和发射信号并非处于同一频率。对这些频率变量没有先验信息的接收机需要搜索所有可能的频率，这一过程与扫描汽车收音机上的表盘以寻找不熟悉的广播电台的操作十分相似。在正确的频率下，接收机还必须找到正确的码延迟，以确保相关器输出相关峰。这使对于每个卫星信号，GNSS 接收机都存在一个二维的搜索空间，即频率/码延迟空间。

图 17.2 为 GPS L1 频段的搜索空间。对于其他星座和/或其他频段，搜索空间具备相似的特征，这部分内容在 17.7 节中进行了总结。

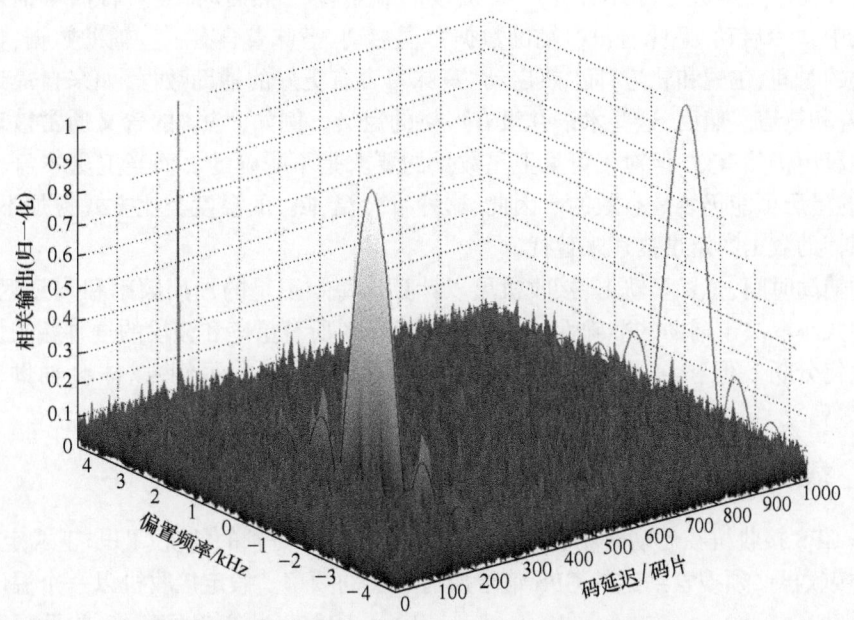

图 17.2 GPS C/A 码的频率/码延迟搜索空间（左侧横轴为卫星多普勒效应（GPS L1 为-4~4kHz）引起的频率搜索空间，右侧横轴为码延迟搜索空间（GPS C/A 码的 1023 码片）。纵轴为每个特定频率及码延迟相关器输出处观察到的能量。在频率/码延迟空间中的正确位置处可以观察到较强的信噪比，此时接收机捕获了信号。）

在不考虑任何辅助的条件下，可能的频率域由以下几部分组成：
(1) 未知的卫星多普勒频率（表 17.1 及图 17.2）；
(2) 未知的接收机速度；

（3）未知的接收机参考振荡器偏移。

接收机必须对这些所有可能的频率成分进行搜索，才能找到并且捕获卫星信号。

借助辅助轨道、时间和位置信息，接收机可以计算预期的接收频率。如果辅助时间足够精确，接收机则可能得到预期的码延迟。此时，搜索空间将会急剧减小，如图17.3所示。

表17.1 卫星多普勒对不同星座L1频段信号频率搜索空间的影响

卫星（依近地点）	对于标称轨道L1频段信号 多普勒频率范围/kHz
DBS IGSO	±2.2
QZSS IGSO	±3.0
Galileo	±3.4
DBS MEO	±3.7
GPS	±4.0
GLONASS	±4.8

注：卫星以近地点高度降序排列。由开普勒第二定律可知，随着卫星接近地球，它们运动的速度加快。17.5节给出了表中各值的详细推导。

辅助的概念适用于所有接收机，而不是仅限于连接至无线网络的接收机。接收机可以利用之前存储的数据进行自我辅助。"冷启动""温启动""热启动"是一种简单描述辅助的方式。其中，"冷启动"意味着没有辅助数据；"温启动"意味着含有一些辅助数据，如来自历书的大致的时间、位置和轨道；而"热启动"意味着含有更好的辅助数据，如来自最近星历的时间、位置和轨道。然而，这些术语并没有严格的定义。例如，"热"的含义通常被理解为最近解码的星历仍然有效，但对于可见卫星数量的要求是不明确的。而当卫星本身不再可见时，解码的星历可能仍然是有效的。因此，这种"冷、温、热"的温度类比方式愈加不实用，最好用可用辅助数据的定量描述来替代。

借助辅助时间、位置和轨道，接收机可以计算出每颗卫星的预期频率和码延迟，此时搜索空间的大小取决于辅助的准确性。本章剩余部分对所有星座和频段的这种相关性进行了详细的量化分析。但在深入了解辅助的细节之前，先看一个示例，以体会辅助GNSS对TTFF的影响。

17.2.1 辅助GPS TTFF示例

考虑GPS接收机在启动时不含有之前的位置和时间信息的情况（即非正式定义的"冷启动"），接收机必须搜索到达的GPS信号所有可能的频率。假定接收机以一个温度补偿晶体振荡器（temperature-compensated crystal oscillator，TCXO）为参考振荡器，并且频率稳定度额定值为$±3×10^{-6}$（TCXO的典型值），即TCXO偏置可能是该范围内的任意值。假定存在8颗可见卫星（尽管接收机尚未明确这一信息），并且接收机是静止的。

频率搜索空间包含卫星多普勒和接收机振荡器偏置，如下所示：

频率影响因素	设计范围/kHz
卫星多普勒	-4.0~4.0
TCXO偏置（$±3×10^{-6}$）	-4.725~4.725
频率搜索空间总计	-8.725~8.725

接收机通常设计为在频率"区间"中搜寻信号,每个区间宽度通常是0.5kHz。依据上表,搜索空间的尺寸为17.45kHz,因而需要35个频率区间来覆盖搜索空间。并且,接收机需要在35个不同的频率区间中搜索所有可能的PRN码(对于GPS这一数值为32),因此码/频率区间的总量为1120。

现在考虑一个性能相同,但具有图17.3所示的星历、位置、时间和频率辅助数据的接收机。假定辅助时间精度为±2s,辅助位置精度为3km,辅助频率精度为±10^{-7}Hz。这些是来自蜂窝塔辅助数据的典型值[2]。从辅助位置来看,此时,接收机可以提前明确哪些卫星是可见的,以及它们的多普勒频率是多少。如果没有辅助数据误差的影响,这些值就是正确的。现在,频率搜索空间如下所示:

频率影响因素	辅助数据精度	对搜索空间的影响
卫星多普勒	时间 ±2s 位置 3km	±1.6Hz① ±2.7Hz②
TCXO 偏置 (辅助频率校准后)	±10^{-7}Hz	±157.4Hz
频率搜索空间总计		−0.162~0.162kHz

注:对于L1波段的GPS:
①计算出的多普勒与辅助时间误差间的关系是0.8Hz/s;
②计算出的多普勒与辅助位置误差间的关系是0.9Hz/km。
17.6.1节和17.6.2节对这些关系进行了解释。

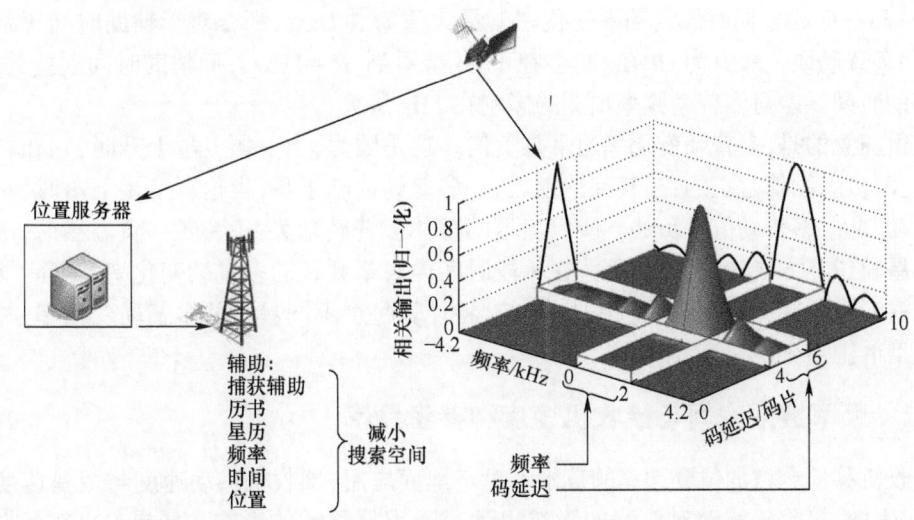

图17.3 利用辅助数据减小搜索空间。几乎任何辅助数据(即使大概的位置、时间或历书)都可减小频率搜索空间,精确的时间(精度达到毫秒甚至更高量级)可以减小码延迟搜索空间

目前,总的频率搜索空间是0.324kHz,因此需要一个0.5kHz的频率区间来覆盖这个空间。同时,接收机可通过辅助历书、位置和时间,准确知道视线中是哪8颗卫星。所以此时,接收机只需要在一个频率区间内搜索8颗卫星PRN码,这比未经辅助时的搜索空间小了140倍,搜索时间也同样会减小许多。如果接收机没有足够的相关器,并且需要进行顺序搜

索以找到信号,那么对于进行辅助的情况,搜索时间将会快 100 倍左右。另外,如果接收机含有数百万个相关器,那么它能够快速搜索无辅助空间,但代价是会消耗大量功率,而辅助接收机的功率效率将会提升 100 倍左右。

此外,接收机为了计算位置,需要得到卫星星历,才可以解算得到精确的卫星位置并用于导航方程。在未经辅助的情况下,接收机需要解码星历,在最佳情况,即天空视野无遮挡时,需要花费时间大约 30s,而当卫星被遮挡时,即使只是较短的时间,也需要花费多个 30s。而辅助接收机已经从辅助数据中获得了星历,可在获得四颗卫星的信号后迅速计算位置。

读者朋友,如果你只想简单了解辅助 GNSS 是什么,那么现在已经说明完毕。不过如果想要学习更多的关于辅助 GNSS 的简介和示例,那么就请继续阅读。本章的剩余部分将详细展示如何在所有频段,针对所有变量和所有 GNSS 星座进行搜索空间进行分析。

17.3 频率搜索与辅助误差的关系

17.3.1 频率搜索空间与时间

对于每颗卫星,可以基于辅助时间、位置和轨道解算出预期的多普勒偏移。那么这一计算对辅助时间误差的敏感度如何呢?答案:不是十分敏感。本节将对这一答案进行定量分析。

从地球上接收机的角度看,卫星的相对多普勒频率随卫星的起落发生变化。假定频率范围为 $-F \sim +F$ kHz,同时假定频率变化率的最大值为 R Hz/s,那么对于辅助时间每秒的误差,预期多普勒误差最大为 $\pm R$ Hz,将会在 17.5 节看到,$R \approx 1$Hz/s,而辅助时间误差约为 1s,因此辅助时间误差对多普勒频率预测的影响在 1Hz 量级。

值得注意的是,多普勒变化率通常是负值。这是因为,当一颗卫星上升时,它在朝着你运动,此时多普勒值是正的;当其到达顶点时,多普勒值趋于零;当这颗卫星下落时,它在远离你运动,此时多普勒值是负的。所以卫星的整体多普勒趋势:正→零→负。然而,由于地球在卫星轨道下方自转,因此你可能在一段时间内观察到正的多普勒变化率。实际情况取决于观察者的位置和卫星轨道。在 17.5 节,将计算每个不同星座的多普勒变化率,并且为每种类型的卫星分配一个 R。

17.3.2 频率搜索空间与接收机速度和参考频率

接收机移动会增加位置频率的范围。对于地面应用,接收机移动速度与卫星速度相比非常小,因此,接收机移动对频率的影响也远小于卫星移动的影响。如果 GNSS 接收机以 1m/s 的速度直接向卫星移动,则接收机速度的多普勒效应可表示为

$$L_x \cdot (1\text{m/s})/c \text{ Hz}$$

式中:L_x 表示 GNSS 频率;c 为光速。如果接收机直接背离卫星运动,接收机速度的多普勒效应可表示为

$$-L_x \cdot (1\text{m/s})/c \text{ Hz}$$

如果接收机垂直卫星方向移动,则接收机速度不会产生多普勒效应。通常,接收机速度的多普勒效应可以表示为

$$L_x \cdot s \cdot \cos\theta/c$$

式中:s 为接收机速度;θ 为接收机速度方向与接收机和卫星视线方向的夹角。因此,接收机移动对于每颗卫星的多普勒频率效应通常是不同的。对于消费类应用,接收机移动对捕获频率范围存在较大影响的唯一情况是当其应用于商用飞机上时。商用飞机的速度可达约 300m/s,因此 L1 频段的偏置频率约为 1.5kHz。同时,如果辅助参考频率来自蜂窝塔,接收机速度则会对其产生影响。先对蜂窝塔频率如何用于辅助接收机进行解释,再对这一效应进行描述。

接收机振荡器(如 TCXO)的偏置频率为几个微赫兹(通常是$(\pm 3 \sim \pm 5) \times 10^{-6}$Hz),因此频率搜索空间必须包含这一未知误差。当接收机应用于手机上时,手机中的压控振荡器(voltage-controlled oscillator,VCO)会提供一个锁定于蜂窝塔的信号的参考频率。已知蜂窝塔频率在塔上为$\pm 5 \times 10^{-8}$Hz,在手机上为$\pm 10^7$Hz,因此必须考虑预期观察到的 GPS 多普勒中$\pm 10^7$Hz 的误差[2]。

然而,如果接收机正在移动,所观测到的蜂窝塔频率就会受到相对于塔的多普勒频移的影响。例如,当您驶向蜂窝塔时,观测到的参考频率会增加接收机速度与光速之比,即 s/c。这一比例也可通过百万分比的形式表示:

$$s/c = s/(2.998 \times 10^8) \approx (s/0.3) \times 10^{-9}$$

式中:s 为接收机速度(m/s)。

如果您驶离蜂窝塔,则这一效应的幅度相同,但符号相反。该误差与参考频率有关,且反映了接收机速度多普勒效应对卫星信号的影响。

总之,对于应用于手机上的 GNSS 接收机,接收机速度和参考频率的组合误差的大小,也就是辅助频率误差,可表示为

$$|辅助频率误差| = L_x \cdot s \cdot \cos\theta / \text{Hz} + (100 + s/0.3) \times 10^{-9} \qquad (17.1)$$

17.3.3 频率搜索空间与辅助位置

由于观测多普勒是观测卫星时所处位置的函数,辅助位置误差将会导致预期多普勒存在误差。多普勒及其误差也是传输频率的函数。本小节将利用代数方法分析位置误差对距离率的影响。在 17.6 节中,将对每个星座,利用特定频率量化分析辅助位置误差对预期多普勒的影响。

卫星距离率为速度矢量与由用户指向卫星的单位视线矢量的点积,如图 17.4 所示。

位置误差会导致视线矢量误差。卫星距离率误差等于速度矢量与两个单位视线矢量差的点积,即

$$真实距离率 = \boldsymbol{v} \cdot \boldsymbol{e}_{true}, \qquad 估计距离率 = \boldsymbol{v} \cdot \boldsymbol{e}_{est}$$

$$距离率误差 = 估计距离率 - 真实距离率 = \boldsymbol{v} \cdot \boldsymbol{e}_{est} - \boldsymbol{v} \cdot \boldsymbol{e}_{true} \approx \boldsymbol{v} \cdot (\boldsymbol{e}_{est} - \boldsymbol{e}_{true})$$

由于实际单位视线矢量 $\boldsymbol{e}_{true}$ 与卫星速度 $\boldsymbol{v}$ 间的夹角 θ_{true} 与估计单位视线矢量与卫星速度间夹角 θ_{est} 存在轻微差异,上述最后一个等式是近似式。之所以进行近似,是因为这可以根据辅助位置误差的大小来分析它导致的距离率误差,这也是本小节的目的。

从位置误差矢量出发,给出两个单位视线矢量差的幅度$|\boldsymbol{e}_{est} - \boldsymbol{e}_{true}|$:

$$|\boldsymbol{e}_{est} - \boldsymbol{e}_{true}| \leq \delta x / 距离$$

读者可以从图 17.5 中看到这一点。当位置误差形成如图所示的一个等腰三角形的底

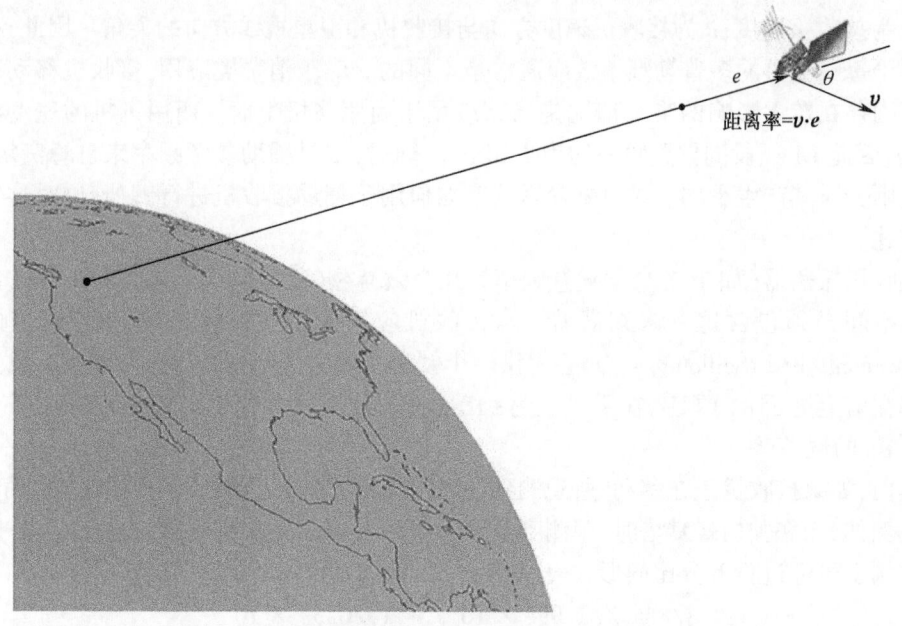

图 17.4 观测到的卫星距离率等于卫星速度与视线矢量的点积

边时,会出现误差最大的情况,即误差为"$\delta x/$距离"。由于卫星距离较远,最大误差情况时的位置误差几乎与视线垂直。而当位置误差与视线处于相同或相反方向时,视线完全没有改变,因此在这些情况下计算得到的距离率是完全正确的。在该图中,为了便于表示,对位置误差进行了放大。预计实际的辅助 GNSS 辅助位置误差通常为几千米。

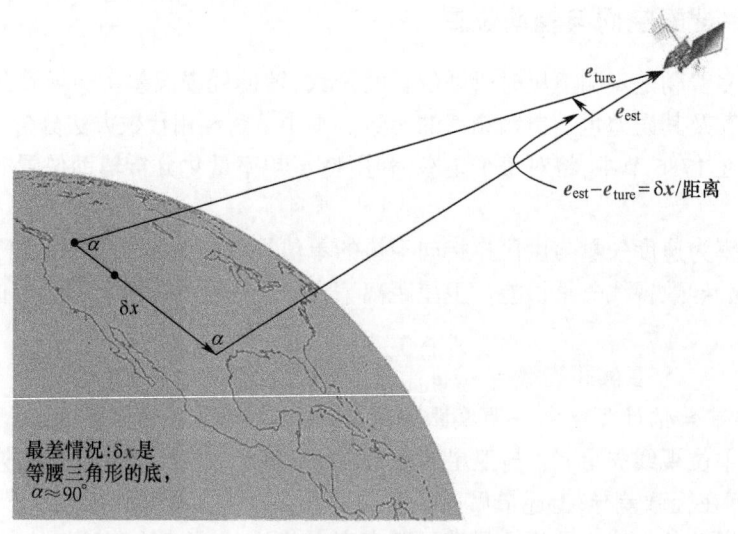

图 17.5 位置误差对视线矢量的影响

式中:$|v|$ 为地心地固坐标系下的卫星速度;δx 为辅助定位误差。在 17.5 节中,将多普勒

误差作为每个不同星座及频率时的位置误差的函数,对其实际值进行了计算。

总之:

$$|卫星距离率误差| \leq |v|\delta x/ 距离 \tag{17.2}$$

17.4 码延迟搜索空间与辅助误差的关系

17.4.1 码延迟搜索空间与辅助时间

由上节了解到,时间是频率辅助的一个组成部分。因为需要知道时间,至少是近似时间,来计算预期卫星位置和速度,以及预期多普勒。所以,将从为码延迟提供先验估计的角度出发来考虑时间辅助。为了实现这一目的,时间精度必须达到毫米级甚至更高的量级。

码延迟是接收机位置及产生本地相关器延迟的接收机时钟的函数。码延迟的完整范围是扩频码的长度。如果接收机时间精度不在扩频码的持续时间范围内,就无法提供任何码延迟的先验估计。在这种情况下,辅助 GNSS 接收机必须在每个频率区间中搜索所有可能的码延迟。

如果接收机时间对于缩小码延迟搜索足够明确,那么精细时间辅助的误差与预期码延迟存在一对一的关系。对于每微秒的时间误差,码延迟搜索空间为 1μs。

17.4.2 码延迟搜索空间与辅助定位

如果时间精度在扩频码的持续时间内,辅助定位精度则会对码延迟搜索产生影响。

17.4.2.1 码延迟搜索空间的上限

如果辅助定位精度低于 150km,那么预期码延迟的模糊度为 ±150km,即 300km,对应于 1ms 的码延迟(在光速下 1ms 对应的距离约为 300km)。请注意,考虑到误差方向和卫星高度角,定位误差的影响会稍微复杂一些,下文将对此进行进一步研究。然而,对于码延迟搜索空间的上限,其与辅助定位精度的关系为每 150km 对应 1ms。

17.4.2.2 更严格的码延迟搜索空间边界

先验位置误差会导致预期距离误差,从而导致预期码延迟误差。由于水平位置误差和垂直位置误差会对距离误差产生不同的影响,并且先验高度相较先验水平位置往往具有更高的精度,从水平和垂直误差两方面出发,对先验位置误差进行了分析。

水平位置误差 h_{error} 会导致距离误差 $|r_{error}|$,且 $|r_{error}| \leq \cos(el) \cdot h_{error}$。这一结论可从图 17.6(a)看出。在该图中构造了一个直角三角形 $\triangle abc$,其斜边为 h_{error},那么线段 ab 的长度等于 $\cos(el) \cdot h_{error}$。图中还包括一个以卫星为顶点、虚线为底边的等腰三角形,距离误差 r_{error} 即点 a 到位于线段 ab 间的等腰三角形底边一点的距离。正如在图中观察到的那样,$|r_{error}|$ 通常小于 $|ab|$;而当水平误差朝向卫星方向,即 el = 0 时,会发生 r_{error} 的最差情况,此时 $|r_{error}|$ 与 $|ab|$ 相等。这给出了二者间的一般关系:

$$|r_{error}| \leq \cos(el) \cdot h_{error}$$

使用类似的方法,可以得到垂直位置误差 v_{error} 导致的距离误差,可表示为

$$|r_{error}| \leq |\sin(el) \cdot v_{error}|$$

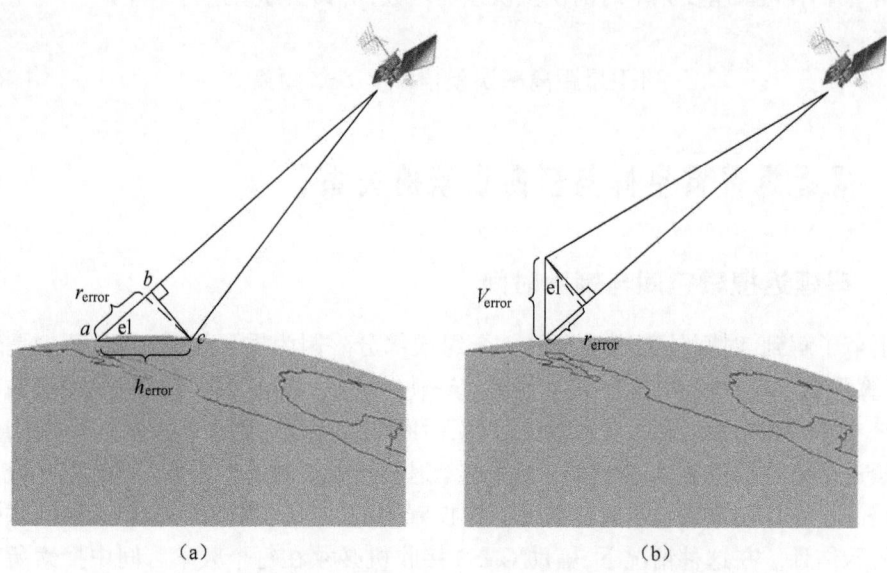

图 17.6 水平位置误差和距离误差(a)及垂直位置误差和距离误差(b)

综合考虑 h_{error} 与 v_{error} 时,可能认为会得到类似于平方和的平方根的结果。但是,因为 cos 项与 sin 项已经将位置误差投影到了距离方向,组合后的结果为 $|r_{\text{error}}| \leqslant \cos(\text{el}) \cdot h_{\text{error}} + |\sin(\text{el}) \cdot v_{\text{error}}|$

可通过翻转 △abc 将水平误差和垂直误差叠加在一起来得到这一点,如图 17.7 所示。

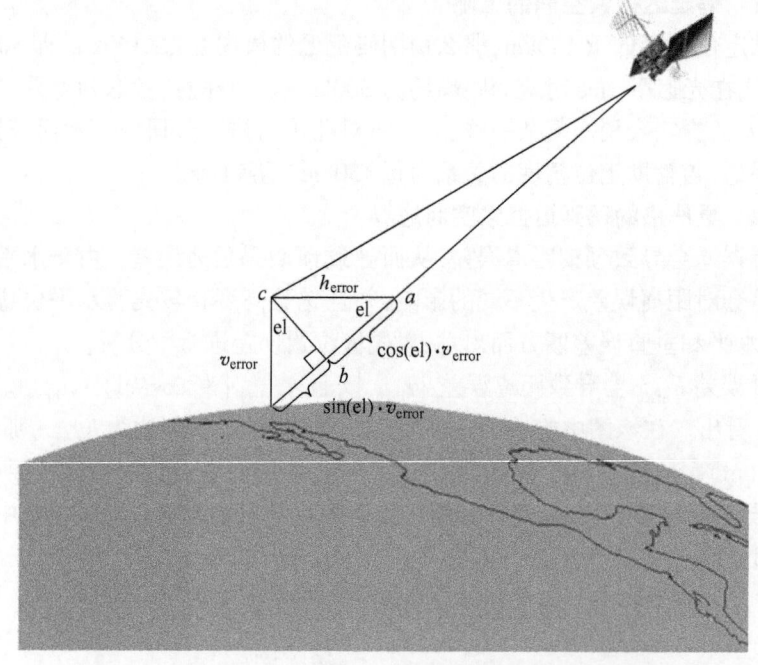

图 17.7 水平和垂直位置组合误差及其对距离误差的影响

尽管在某些情况下会达到上限,但水平误差与垂直误差的组合会抵消部分误差。当水平误差直接沿着卫星的方位角,即朝向卫星,并且垂直误差向上时,或者水平误差直接远离卫星且垂直误差向下时,会出现误差最大情况。

对于典型的辅助 GNSS 应用, h_{error} 的值为几千米, v_{error} 的值为零点几千米,这些值远小于卫星的距离,使图中构造的直角三角形与等腰三角形几乎完全重合,此时最大误差情况几乎已经出现。

下面给出一个示例作为练习,可以看到直角三角形与等腰三角形彼此之间的相近程度。如果卫星距离为 20000km,水平误差的方位角与卫星的方位角相同,卫星的高度角为 30°,则 1km 水平误差导致的距离误差为

$$|r_{error}| = \cos(el) \cdot h_{error} - \delta = 0.866\text{km} - \delta$$

其中, $\delta = 1/160\text{m}$。

即当水平误差沿卫星方位角方向时, $|r_{error}|$ 的上界在 1cm 的范围内。

相反地,当水平误差的方位角与卫星的方位角正交时,所引起的距离误差为零。通常,无法知道辅助定位误差的方向,只考虑 $|r_{error}|$ 最坏的情况:

$$|r_{error}|_{max} = \cos(el) \cdot h_{error} + |\sin(el) \cdot v_{error}| \tag{17.3}$$

因为通常可以明确卫星的高度角(el),以及 h_{error} 和 v_{error} 的范围,并且 v_{error} 通常十分小,所以借助式(17.3)往往可以极大程度地减小未知的搜索空间。

现在,已经完成了搜索空间与辅助误差关系的代数分析,并且已经了解到卫星多普勒、速度、方向等参数会对何种搜索空间组分产生影响。这些内容总结在表 17.2 和表 17.3 中。

在 17.6 节及 17.7 节,应用代数分析方法对每个实际的星座的搜索空间进行了两种分析。为此,必须对卫星速度、距离率、距离加速度等在表 17.2 及表 17.3 中所列的参数进行量化。在下一节中,将从速度和距离率开始。

表 17.2 无辅助时的搜索空间参数依赖性

搜索空间组分	章节	搜索空间的影响因素
频率	17.2.1	卫星距离率(=-多普勒频率)及接收机振荡速率
码延迟	17.2.1	扩展序列的重复周期

表 17.3 搜索空间参数与不同类型辅助误差的相关性

搜索空间组分	辅助误差	章节	搜索空间的影响因素
频率	时间	17.3.1	卫星距离加速度及发射频率
频率	接收机速度	17.3.2	接收机在卫星方向的速度及发射频率
频率	参考频率	17.3.2	参考振荡频率(当参考频率来自蜂窝塔时)及接收机速度
频率	位置	17.3.3	卫星速度、距离和发射频率
码延迟	时间	17.4.1	辅助时间误差与搜索空间是 1:1 的关系
码延迟	位置	17.4.2	卫星方位角和高度角

17.5 卫星速度和距离率

GNSS 卫星移动的速度有多快？这似乎是一个简单问题：如果 R 是轨道半径，T 是周期，那么速度不是 $2\pi R/T$ 吗？但这个答案是错误的，因为问题本身就是错误的。不能简单地问卫星移动的速度有多快，因为卫星的速度取决于观察卫星的参考系。实际有用的问题：卫星在地球参考系中运动的速度有多快。

考虑一颗处于完美的地球静止轨道上的卫星：其轨道半径为 42164km，轨道平面位于赤道面。这颗卫星以超过 3km/s 的速度划过太空，但从地球上看，它是保持静止的，因为它的轨道与在其下方自转的地球完全匹配。所以它在太空中的速度超过 3km/s，但对于地球上的观察者来说是零。在阅读过这一段后，这一点应当是不言而喻的。然而，还需指出的一点是，因为当人们关注轨道时，地球的自转时常是被忽略的，这会导致卫星多普勒值的错误分析。

一种简单的计算相对于地球某处观察者的卫星速度(1)和距离率(2)的方法如下：

(1) 在地心地固(earth centered earth fixed, ECEF)坐标系下计算卫星速度；

(2) 将其投影到以地球上许多不同点为起点的视线矢量上。

这就是 17.5.1 节和 17.5.2 节所介绍的内容。

17.5.1 卫星速度

在本小节中，计算了地心地固坐标系中的卫星速度，得到了相对地球上观察者的卫星速度。

首先，利用每个 GNSS 的标称轨道来产生图 17.8，标称轨道参数如表 17.4 所示。

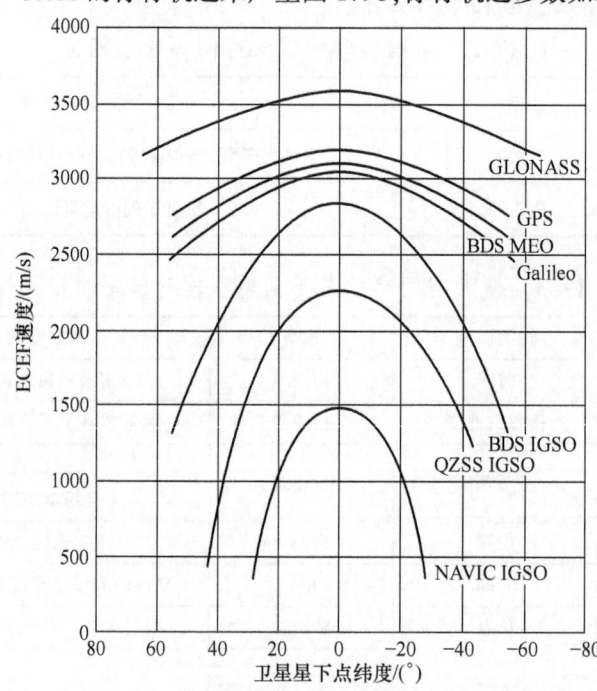

图 17.8 使用表 17.4 中列出的标称轨道计算得到的不同纬度时每个星座中地心地固坐标系下的卫星速度

表 17.4　标称轨道值[3-9]

卫星	半长轴 a/km	轨道倾角 i_0/(°)	偏心率 e	参考
GPS	26559.7	55	0	GPS SPS 性能标准
GLONASS	25508	64.8	0	GLONASS ICD
BDS MEO	27899	55	0	BDS ICD
BDS IGSO	42157	55	0	BDS ICD
Galileo	29601.297	56	0	Galileo ICD
QZSS IGSO	42164	43	0.075	QZSS ICD
NAVIC IGSO	42157	28	0	IRNSS/NAVIC ICD

对实际轨道进行重复操作,并且选择产生最大速度的轨道,可以得到图 17.9。两行轨道根数(two line element,TLE)格式的当前 GNSS 轨道可在文献[10]中在线找到,该分析中使用的轨道、研究方法和软件链接可在文献[11]中在线找到。

表 17.5 汇总了每个星座的最大速度。表中的值被用于推导 17.6.2 节和 17.6.4 节中的辅助多普勒误差。

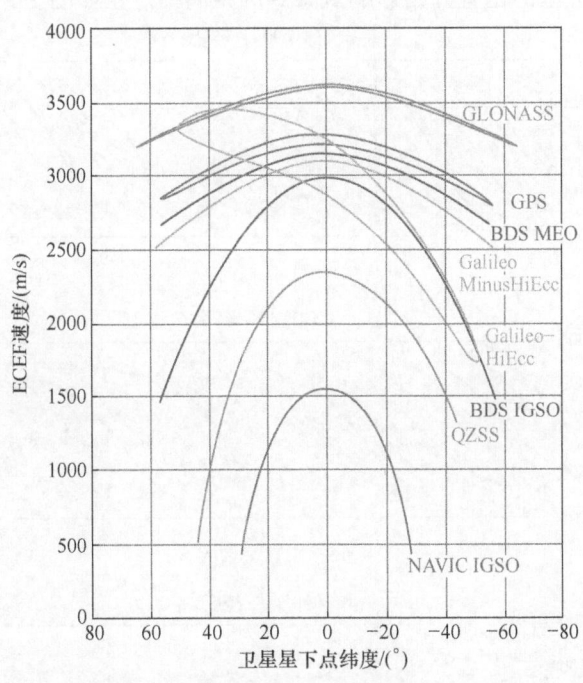

图 17.9　使用实际卫星轨道3(文献[10-11],2018 年 1 月 15 日 NORAD TLE 轨道)计算得到的不同纬度时每个星座中地心地固坐标系下的最大卫星速度。两个 Galileo 卫星偏心率很大[10-12];这两颗卫星与 Galileo 星座的其余卫星分别进行分析,在图中标注为"Galileo-HiEcc"

表 17.5 全球星座最大 ECRF 速度的标称值和实际值,以及对应的实际近地点距离和最小高度(表中的数字均被近似到最接近的整十数)

参数	GPS	GLO	BDS MEO	BDS IGSO	GalileoMinusHiEcc	GalileoHiEcc	QZSS IGSO	NAVIC IGSO
最大 ECRF 速度的标称值(m/s)	3190	3580	3100	2840	3040	—	2260	1490
最大 ECRF 速度的实际值(m/s)	3270	3610	3150	2990	3090	3430	2330	1550
近地点距离/km	25910	25440	27830	41910	29460	23390	38990	42070
最小高度/km	19540	19070	21460	35540	23090	17020	32620	35700

17.5.2 卫星距离率

在本小节中,通过将卫星 ECEF 速度投影到以地球上点为起点的视线矢量上,计算距离率。在 17.6 节中,使用这些距离率来获取多普勒。

为了显示距离率随观察者位置的变化关系,选择一个特定的经度,即 0°;以及三个不同的纬度,即 90°、45°和 0°,并计算了从这些点到所有卫星的距离率。使用文献[10-11]中的实际轨道,所得结果如图 17.10 所示。在北极,距离率表现良好:上升的卫星逐渐靠近观察者,而下降的卫星则离观察者越来越远。这种行为通常适用于所有观察者,但随着逐渐靠近赤道,观察者相对于卫星的位置开始影响观察到的距离率。正如图 17.10 中所显示的,距离

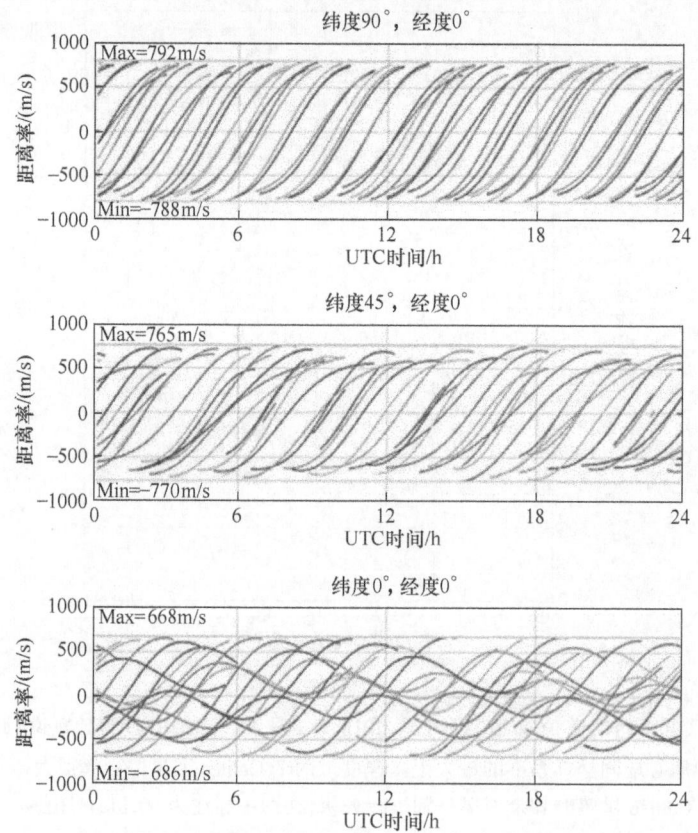

图 17.10 使用实际轨道[10,11]得到的所有可见 GPS 卫星的来自地球上三个点的距离率

率变得更复杂,有时变大,然后变小,之后随着卫星轨道下方地球的自转,位于地球上的观察者短暂追上卫星而再次变大。

南半球的结果图会呈现类似的对称结果。接下来,在整个地球上以更为精细的经纬网络重复了这一操作,并记录了每个纬度的最大距离率和最小距离率,得到图 17.11。而后对所有星座重复上述操作,所得结果位于表 17.6 中。

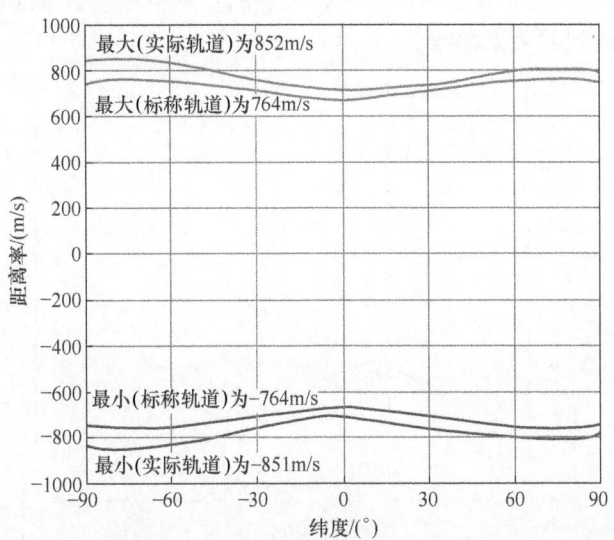

图 17.11　使用标称轨道[3]和实际轨道[10-11]得到的从地球上所有点观测的
所有卫星的最大距离率和最小距离率。图中浅红色和浅蓝色所示为标称轨道产生的对称曲线

表 17.6　全球星座最大距离率幅度(四舍五入到最接近的整十数,单位:m/s)

参数	GPS	GLONASS	BDS MEO	BDS IGSO	Galileo	Galileo,hi ECC	QZSS	IRNSS
标称值	760	890	710	430	650	—	570	220
实际值*	850	900	720	450	670	1330	580	230

注:实际值使用 2018 年 1 月 15 日 NORAD TLE 轨道。

17.5.3　标称轨道与实际轨道

在 17.5.1 小节和 17.5.2 小节中,可看到标称轨道和实际轨道的速度和距离率是不同的,并且归纳在表 17.5 和表 17.6 中。这引发了两个问题:

(1) 为什么会存在这些区别?

(2) 分析时应该使用哪些值?

标称速度与距离率的差异来自轨道半径(更严格的表述是:半长轴)及偏心率的差异。研究那些速度及距离率与标称值差异最大的卫星,发现它们具有较短的半长轴及较大的偏心率。较低的卫星运行得更快,并且当它们接近近地点时,即最接近地球中心轨道焦点的点时运动速度仍然更快(这分别遵循开普勒第三定律和第二定律)。这一现象在具有大偏心率的两颗 Galileo 卫星中最为明显,如图 17.9 所示。

最大速度出现在近地点(根据开普勒第二定律(相等的时间内扫过相等的面积)可知,

最大速度出现在近地点,即最接近地球中心轨道焦点的点),在表 17.5 的最后一行显示了近地点到地心的距离和相应高度。最小高度等于近地点距离减去地球平均半径。

那么,在分析中应该使用标称值还是实际值呢?一方面,实际值是真实的;另一方面,实际值是随时间变化的。如果设计一个将在未来几年使用的辅助 GNSS 搜索方案,或者在本文撰写多年后阅读本文,那么使用标称轨道进行距离率分析不是更好吗?为了正确回答这一问题,查看了 GPS 和 GLONASS 这两个完整成熟的星座中每颗卫星的最大距离率,并且画出了其余卫星使用时间的关系曲线。

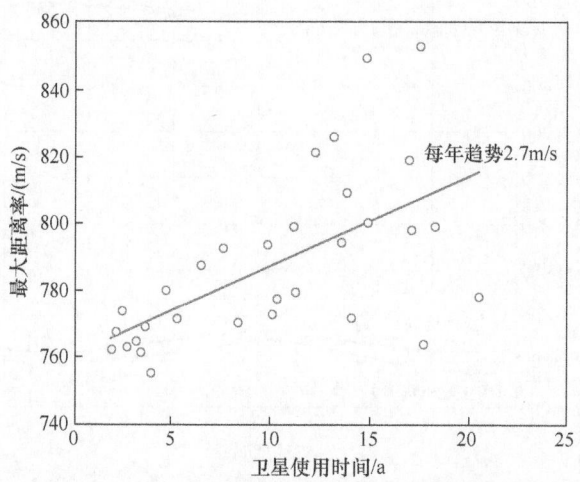

图 17.12　使用文献[10-11]中轨道得到的每颗 GPS 卫星的距离率绝对值的最大值。标称 GPS 轨道对应的最大距离率为 764m/s。请注意:所有使用时间不足 5 年的卫星的距离率均接近标称值,并且随使用时间的增长大致呈线性趋势

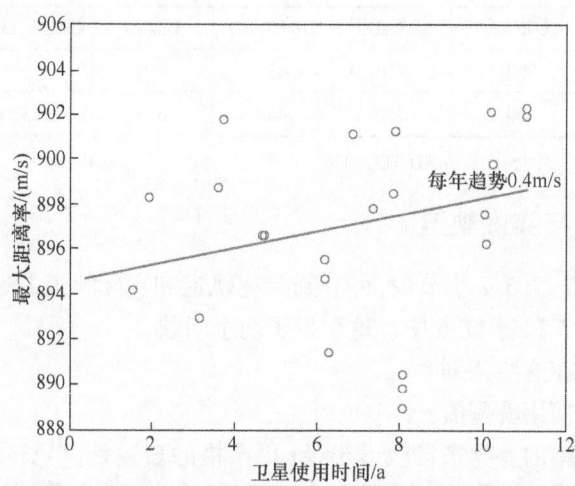

图 17.13　使用文献[10-11]中轨道得到的每颗 GLONASS 卫星的距离率绝对值的最大值。标称 GLONASS 轨道对应的最大距离率为 890m/s。聚集于图片底部的、使用时间相同的三颗卫星的最大距离率最小,它们通过同一火箭发射升空。发射自同一火箭的卫星往往具有相似的偏心率和半长轴

从图 17.2 及图 17.3 可以看出,随着卫星使用时间的增长,最大距离率大体呈现出不断增加的趋势。这一现象可通过下面的基本原理解释。根据开普勒第二定律,可以得到,卫星接近地球时会运动得更快,因而偏心率越大意味着越大的速度范围。每颗卫星都会不时机动,每次机动都可能导致偏心率轻微增加。此外,轨道还会受太阳光压,太阳、月亮和其他天体引力等作用的影响。这些作用可能会对曾经的圆形轨道产生扰动。

这并不意味着这些卫星的导航精度较低。偏心率较大的轨道与偏心率较小的轨道的建模是一样精确的,并且,当测试这些卫星的广播星历时,它们的精度约为 1m。这里的问题在于针对设计辅助 GNSS 捕获频率搜索空间时应采用哪些值。距离率呈线性趋势这一事实表明,使用实际轨道的最大值是明智的选择。这使频率捕获空间的大小增加了约 10%,但它可以使您在几年后有更大可能仍然使用正确的值。

这些图所用的轨道保存在文献[11]中,因此您可以复现上述图片。而且,如果您在这些图片和表格创建(2018 年)后多年阅读本文,您可以从文献[10]中获得新的轨道,并产生类似的图表,来亲自试试最大距离率随使用时间的线性趋势是否持续。

17.5.4 小结

在 17.5 节中,计算了 ECEF 坐标系中的卫星速度和距离率。接下来,将使用这些值和类似的分析方法来计算每个星座的多普勒值和多普勒变化率,并且将这些值应用到本章前面计算的代数表达式中,通过这种方式来量化所有辅助数据与时间和定位误差的关系。然后用总结结果来回答以下问题:辅助数据的哪些初始条件最重要?它们的影响程度如何?

17.6 辅助搜索空间的数值

在 17.3 节到 17.4.2 节中,给出了关于辅助 GNSS 搜索空间如何随辅助时间和定位误差的变化而变化的代数分析。现在,将对所有星座及民用信号频率应用于实际轨道进行分析,以量化辅助 GNSS 与这些误差的关系。最后,在本节的结尾,将这些值都汇总在一个 GNSS 辅助表格中。

17.6.1 GPS 的多普勒辅助与辅助时间

多普勒变化率取决于发射功率及观测者位置。从距离加速度(即距离率的变化率)开始分析,并且在找到最大值后计算不同频率对应的最大多普勒变化率。图 17.14 为从地球上不同地点观测到的所有 GPS 卫星 24h 内的距离加速度,该图说明了距离加速度随纬度的变化关系。

由图 17.14 看到,对于地球上的这五个位置,GPS 距离加速度的最大幅度为 0.16m/s^2。那么从地球其他位置观测到的距离加速度呢?对整个地球的经纬网格重复上述操作,得到图 17.15。

为了得到最大多普勒变化率,使用

$$\text{多普勒值} = \text{距离率}/\lambda, \quad \text{最大多普勒变化率} = \text{最大距离加速度}/\lambda \tag{17.4}$$

式中:λ 为信号的波长。

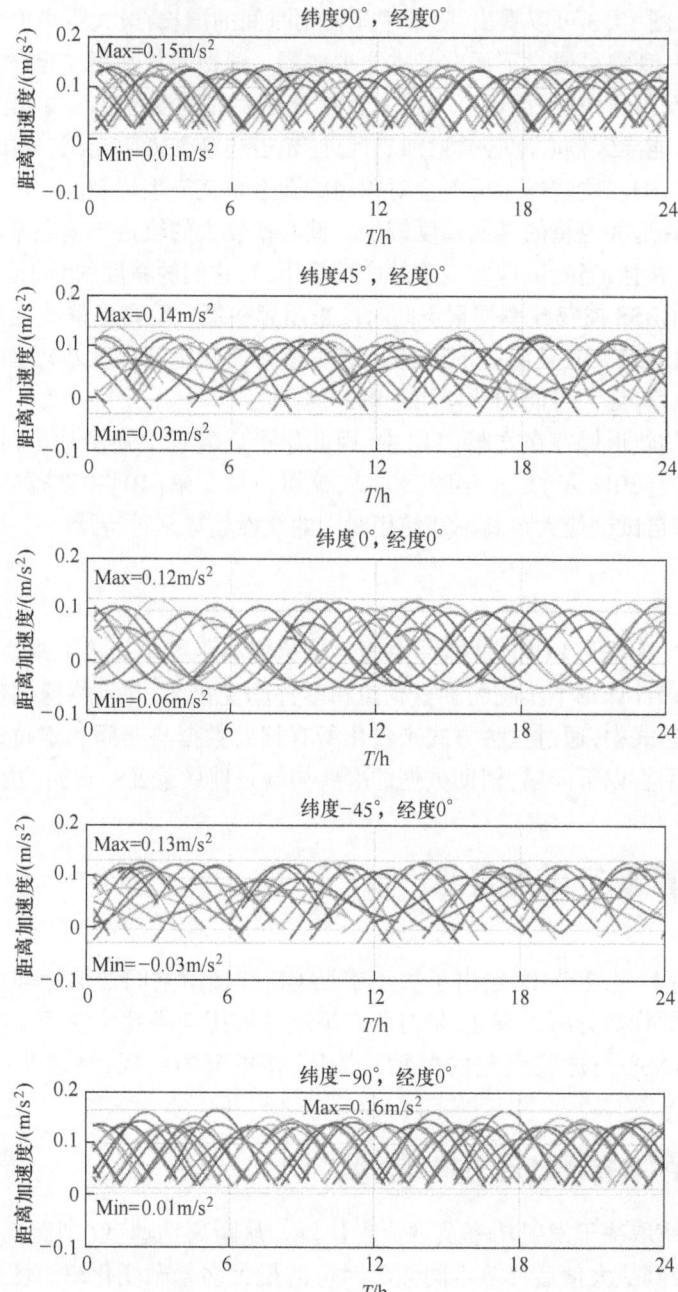

图17.14 使用文献[11]的实际轨道得到的 GPS 距离加速度与纬度和时间的关系。在北极,地球自转不会影响对卫星轨道的观测,因此所有卫星的距离以简单且一致的方式变化。当逐渐靠近赤道时,因为赤道在卫星轨道下方自转,观测到的加速度变得更加复杂。从南极到赤道也展现出相同的模式

对于 GPS L1 卫星,可以得到最大多普勒变化率=(0.16m/s²)/(0.19m)=0.8Hz/s。可以看出,对于每秒的辅助时间误差,由辅助数据计算得到的多普勒的最大误差为0.8Hz。由于辅助时间误差通常是小于2s 的[13],因此相较整个多普勒搜索空间,时间误差对多普勒的影响是十分小的。

在17.6.3节,对所有 GNSS 星座的所有民用信号重复进行这一分析,并将所有星座及信号的结果汇总至17.7节的表格中。

17.6.2　GPS 的多普勒辅助与辅助位置

在17.3.3节中,得到:

$$\text{卫星距离率误差} \leq |v|\delta x / \text{距离}$$

对于实际 GPS 轨道(使用2018年1月15日的 NORAD TLE 轨道),正如在17.5节所看到的,卫星的最小距离为19533km,最大速度为3270m/s。因此,对于每千米的辅助定位误差,计算得到的卫星距离率误差为

$$\text{卫星距离率误差} \leq |v|\delta x / \text{距离}$$
$$= (3270 \text{m/s}) \times (1 \text{km}) \div (19533 \text{km})$$
$$= 0.167 \text{m/s}$$

多普勒误差为

$$\text{多普勒误差} = \text{距离率误差} / \lambda$$

式中:λ 为信号波长。

对于 GPS L1,上式给出了多普勒误差的最大值,即$(0.167 \text{m/s})/(0.19 \text{m}) = 0.9 \text{Hz}$。也就是说,对于每千米的辅助定位误差,由辅助数据计算得到的多普勒的最大误差为 0.9Hz。由于辅助定位误差通常是几千米,因此相较整个多普勒搜索空间,定位误差对多普勒的影响是十分小的。

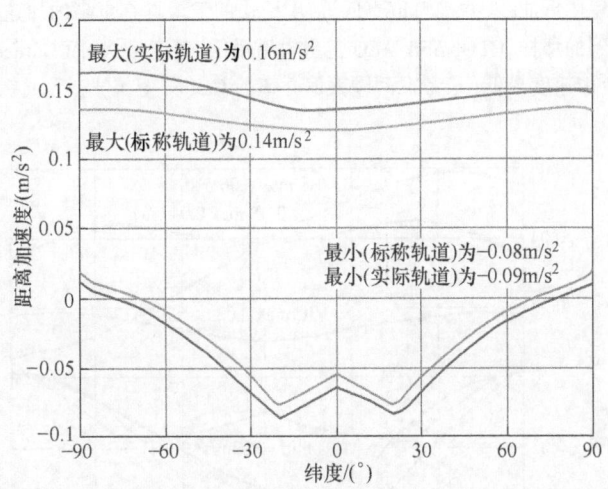

图17.15　使用文献[3]中的标称轨道和文献[10-11]中的实际轨道,对整个地球的经纬网格进行计算,得到的全球最大和最小 GPS 距离加速度

注意,每秒的辅助时间误差和每千米的辅助定位误差对辅助多普勒误差的影响均较小,且程度近似。在17.2.1节辅助 GPS 首次定位时间的示例中,可以看到辅助 GPS 的多普勒搜索空间为本地振荡器偏置误差所决定,现在应该知道原因了。

在下面的章节中,对所有 GNSS 星座的所有民用信号重复上述分析,并将不同信号及星座的结果归纳在17.7节的表格中。

17.6.3 GNSS 的多普勒辅助与辅助时间

正如 17.6.1 节中的 GPS，现在对所有 GNSS 星座计算整个地球经纬网格上观测的距离加速度的最大值和最小值，得到图 17.16 和图 17.17。

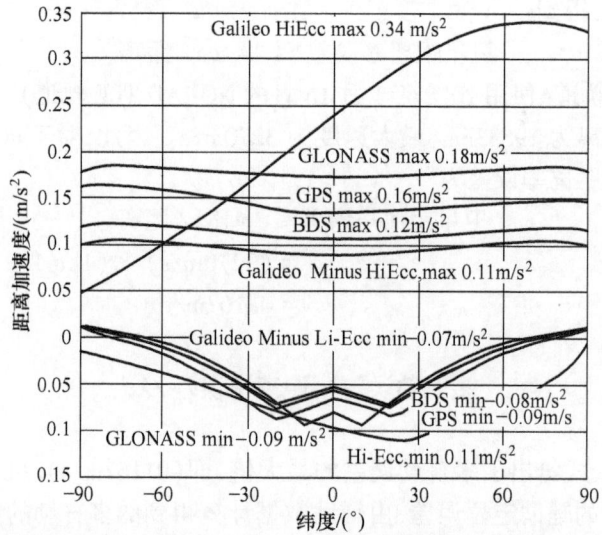

图 17.16 使用文献[10-11]中的实际轨道，对整个地球的经纬网格进行计算，得到的所有 GNSS MEO 卫星的全球最大和最小距离加速度。注意，除大偏心率的卫星外，所有的星座具有相似的鲸尾形曲线，并且轨道更低、速度更快的卫星具有更高的加速度。正如在卫星速度图中看到的那样，GLONASS MEO 卫星轨道最低，速度最快；而 Galileo MEO 卫星轨道最高，速度及加速度最低(未考虑两颗大偏心率的 Galileo 卫星)

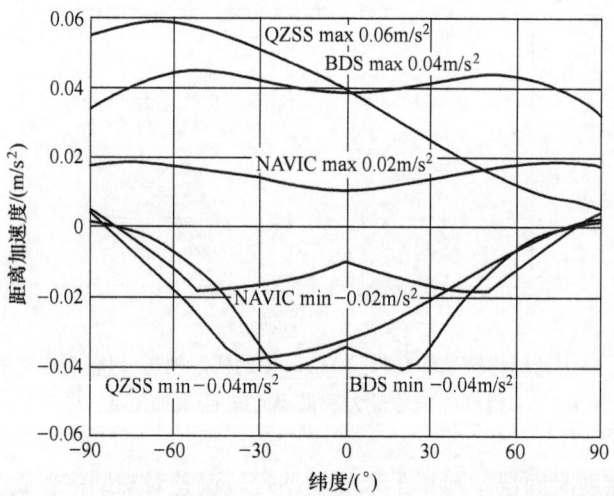

图 17.17 使用文献[10-11]中的实际轨道，对整个地球的经纬网格进行计算，得到的所有 GNSS 星座倾斜地球同步轨道(inclined geosynchronous orbits, IGSO)卫星的最大和最小距离加速度。注意，尽管与具有大偏心率的 Galileo 卫星相比，设计为大偏心率的 QZSS IGSO 卫星由于其更高的高度而具有低得多的加速度，但二者曲线呈现出相似的形状

利用式(17.4),即最大多普勒变化率=最大距离加速度/λ,结合图 17.15 中的最大距离加速度,得到有关 L1/B1/E1 信号见表 17.7。

表 17.7 L1 频段辅助多普勒与辅助位置误差(Hz/km)的关系

卫星	GPS	GLONASS-M	GLONASS-K	BDS MEO	BDS IGSO	GAL	GAL Hi Ecc	QZS IGSO	IRNSS-NAVIC
@ L1/B1/E1	0.9	1.0	1.0	0.8	0.4	0.7	1.1	0.4	—

这里需要指出的是,辅助多普勒对几秒钟辅助时间的误差的敏感度微乎其微。

17.7 节给出了一个关于所有 GNSS 星座所有民用信号的辅助多普勒搜索空间的表格。

17.6.4　GNSS 的多普勒辅助与辅助定位

正如上面 17.6.2 节对 GPS 进行的分析,现在利用公式

$$\text{卫星距离率误差} \leq |v| \delta x / \text{距离}$$

来推导辅助多普勒与辅助定位误差的数值关系。利用表 17.5 中的卫星最小距离和最大速度,得到表 17.8。

表 17.8 L1 频段辅助多普勒与辅助时间误差(Hz/s)的关系

卫星	GPS	GLONASS-M	GLONASS-K	BDS MEO	BDS IGSO	GAL	GAL Hi Ecc	QZS IGSO	IRNSS-NAVIC
@ L1/B1/E1	0.8	1.0	1.0	0.6	0.2	0.6	1.8	0.3	—

与 17.6.3 节相同,这里需要指出的是,辅助多普勒对几千米辅助定位的误差的敏感度微乎其微。每千米定位误差对应的多普勒误差的大小,与 17.6.3 节每秒时间误差对应的多普勒误差大小相似。

总之,对于每秒的辅助时间误差,或每千米的辅助定位误差,得到大约 1Hz 的多普勒辅助误差。

17.8 节显示了关于所有 GNSS 星座所有频段的辅助多普勒搜索空间的表格。

17.7　所有星座的量化辅助 GNSS 搜索空间

表 17.9~表 17.11 总结了本章阐述和推导的全部内容。如果您正在从事与辅助 GNSS 有关的工作并且您已经理解了这些值的含义,这些表格可方便您进行查找。对于如何推导这些值的提示,请参照本章的相关部分。

17.8　辅助 GNSS 的来源和标准

本章开头的图 17.1 给出了辅助 GNSS 系统的概览,所有辅助 GNSS 系统均包括一个由 GNSS 参考站和位置服务器构成的参考网络。GNSS 参考站收集来自卫星的广播星历(broadcast ephemeris,BE),以及其他数据和测量值,并通过卫星轨道和时钟信息的形式分发这些数据及派生数据包括历书、星历、捕获辅助,以及参考位置、时间和频率。下面将对这些项逐一进行描述。

表 17.9 使用标称轨道得到的卫星多普勒引起的频率搜索空间

捕获参数频段	GPS	GLONASS-M	GLONASS-K	BDS MEO	BDS IGSO	Galileo	Galileo Hi Ecc)	QZSS IGSO	IRNSS IGSO	单位	注意
L1/B1/E1	1.575×10^9	1.605×10^9	1.575×10^9	1.561×10^9	1.561×10^9	1.575×10^9	1.575×10^9	1.575×10^9	—	Hz	北斗指北斗三号；使用2018年1月实际轨道，标称轨道近似到最接近的整十数
L2/B3/E6	1.228×10^9	1.246×10^9	1.248×10^9	1.269×10^9	1.269×10^9	1.279×10^9	1.279×10^9	1.228×10^9	—	Hz	
L5/B2a/E5a	1.176×10^9	—	—	1.176×10^9	1.176×10^9	1.176×10^9	1.176×10^9	1.176×10^9	1.176×10^9	Hz	
L3/B2b/E5b	—	—	1.202×10^9	1.207×10^9	1.207×10^9	1.207×10^9	1.207×10^9	—	—	Hz	
S	—	—	—	—	—	—	—	2.492×10^9	—	Hz	
最大距离率标称值 $\|\delta w\|$/(m/s)	760	890	890	710	430	650	—	570	220	m/s	
ppm=($\|\delta w\|/c$)×10^6	2.54	2.97	2.97	2.37	1.43	2.17	—	1.90	0.73	10^{-6}	
δf(kHz) @ L1/B1/E1	3.99	4.77	4.68	3.70	2.24	3.42	—	3.00	—	kHz	
δf(kHz) @ L2/B3/E6	3.11	3.70	3.71	3.00	1.82	2.77	—	2.33	—	kHz	
δf(kHz) @ L5/B2a/E5a	2.98	—	—	2.79	1.69	2.55	—	2.24	0.86	kHz	
δf(kHz) @ L3/B2b/E5b	—	—	3.57	2.86	1.73	2.62	—	—	—	kHz	
δf(kHz) @ S	—	—	—	—	—	—	—	—	1.83	kHz	

注：在没有位置及时间辅助的情况下，这些值的正负值对应范围就是所需的搜索空间。

卫星导航技术 第二部分

表 17.10 使用文献[10–11]中实际轨道得到的卫星多普勒引起的频率搜索空间

捕获参数 频段	GPS	GLONASS-M	GLONASS-K	BDS MEO	BDS IGSO	Galileo	Galileo (Hi Ecc)	QZSS IGSO	IRNSS IGSO	单位	注意
L1/B1/E1	1.575×10⁹	1.605×10⁹	1.575×10⁹	1.561×10⁹	1.575×10⁹	1.575×10⁹	1.575×10⁹	—	Hz	北斗指北斗三号；使用2018年1月实际轨道；标称轨道近似到最接近的整十数
L2/B3/E6	1.228×10⁹	1.246×10⁹	1.248×10⁹	1.269×10⁹	1.279×10⁹	1.228×10⁹	—	Hz	
L5/B2a/E5a	1.176×10⁹	—	—	1.176×10⁹	1.176×10⁹	1.176×10⁹	1.176×10⁹	1.176×10⁹	Hz	
L3/B2b/E5b	—	—	1.202×10⁹	1.207×10⁹	1.207×10⁹	1.207×10⁹	—	—	Hz	
S	—	—	—	—	—	—	—	2.492×10⁹	—	Hz	
最大距离率标称值|δv|(m/s)	850	900	900	720	450	670	1330	580	230	m/s	
ppm = (|δv|/c)×10⁶	2.84	3.00	3.00	2.40	1.50	2.23	4.44	1.93	0.77	10⁻⁶	
δf(kHz) @ L1/B1/E1	4.47	4.82	4.73	3.75	2.34	3.52	6.99	3.05	—	kHz	
δf(kHz) @ L2/B3/E6	3.48	3.74	3.75	3.05	1.90	2.86	5.67	2.38	—	kHz	
δf(kHz) @ L5/B2a/E5a	3.34	—	—	2.83	1.77	2.63	5.22	2.28	0.90	kHz	
δf(kHz) @ L3/B2b/E5b	—	—	3.61	2.90	1.81	2.70	5.36	—	—	kHz	
δf(kHz) @ S	—	—	—	—	—	—	—	—	1.91	kHz	

注：在没有位置及时间辅助的情况下，这些值的正负值对应范围就是所需的搜索空间。

资料来源：GNSS 星座的 TLE 轨道：https://www.celestrak.com/NORAD/elements/；本章使用的特定 TLE 轨道：pnt21book.com，辅助 GNSS。

519

表 17.11 使用文献[10-11]的实际轨道得到的辅助频率(多普勒)与辅助时间和定位误差的关系

捕获参数频段	GPS	GLONASS-M	GLONASS-K	BDS MEO	BDS IGSO	Galileo	Galileo Hi Ecc	QZSS IGSO	IRNSS IGSO	单位	注意
最大距离加速度(标称)(m/s²)	0.14	0.18	0.18	0.12	0.04	0.10	—	0.16	0.02	m/s²	标称轨道
最大距离加速度(实际)(m/s²)	0.16	0.18	0.18	0.12	0.04	0.11	0.34	0.06	0.02	m/s²	实际轨道
多普勒与辅助时间(Hz/s) @ L1/B1/E1	0.84	0.96	0.95	0.62	0.21	0.58	1.79	0.32	—	Hz/s	实际轨道
@ L2/B3/E6	0.66	0.75	0.75	0,51	0.17	0.47	1.45	0.25	—	Hz/s	
@ L5/B2a/E5a	0.63	—	—	047	016	0.43	1.33	0.24	0.08	Hz/s	
@ L3/B2b/E5b	—	—	0.72	0.48	0.16	0.44	1.37	—	—	Hz/s	
@ S	—	—	—	—	—	—	—	—	0.17	Hz/s	
多普勒与辅助定位(Hz/km) @ L1/B1/E1	0.88	1.01	0.99	0.76	0.44	0.70	1.06	0.38	—	Hz/km	实际轨道
@ L2/B3/E6	0.69	0.79	0.79	0.62	0.36	0.57	0.86	0.29	—	Hz/km	
@ L5/B2a/E5a	0.66	—	—	0.58	0.33	0.53	0.79	0.28	0.17	Hz/km	
@ L3/B2b/E5b	—	—	0.76	0.59	0.34	0.54	0.81	—	—	Hz/km	
@ S	—	—	—	—	—	—	—	—	0.36	Hz/km	
距离率误差(km)≤最大速度/最小距离	0.167	0.189	0.189	0.147	0.084	0.134	0.202	0.071	0.043	(m/s)/km	实际轨道

注:这些电子数据表格是从电子数据表格中复制得到的,可以从该书的网站 pmt21book.com 进行访问。

在该电子数据表格中,可以查看生成这些数字的公式,也可以拷贝一份供自己使用。如果作者可以知悉打印表格中的任何笔误,他们将会在网页的表格中进行改正,同时感谢首先报告每个错误的读者。可以通过 pmt21book.com 网页上的"反馈"链接提交反馈。

资料来源:GNSS 星座的 TLE 轨道:https://www.celestrak.com/NORAD/elements;本章使用的特定 TLE 轨道:pmt21book.com,辅助 GNSS。

17.8.1 参考网络

辅助 GNSS 参考网络包括两类：国际 GNSS 服务（IGS）网络等开放网络，以及由 GNSS 公司运营的专有网络，如 Broadcom 的全球参考网络[14-15]。在每种情况下，参考网络均是由一组收集来自 GNSS 星座 BE 及测量信息的接收机构成的。

IGS 是由来自 100 多个国家的 200 多个自筹资金机构、大学和研究机构组成的志愿联盟[16]。来自这些站的数据是免费提供的，但每个 GNSS 星座是由哪些站支持的，以及每个站的正常运营时间，取决于这些站的独立运营方。因此，一些公司选择自己运营参考网络，以提高对所有星座的可靠性和覆盖范围。

17.8.2 位置服务器

在实践中，"位置服务器"是一组汇聚来自参考网络数据的计算机，并通过无线网络进行这些数据的再分发，或导出例如长期轨道等更多数据，并进行分发。BE 数据通常至多适用几个小时，例如，GPS、Galileo 系统、北斗系统和 QZSS 的为 4 h，GLONASS 的为 30min，这就是要进行卫星轨道和时钟的长期预报，并进行分发的原因。这使手机、汽车、平板电脑、手表等能够时不时地存储有效的辅助数据，并立即使用；而不是在需要捕获 GNSS 信号的时候进行空中下载，导致延迟或限制。辅助 GNSS 的长期轨道由 Global Locate 公司开创[14-15]，随后被纳入行业标准[17-18]。长期轨道、扩展星历、XTRA 等名称都代表相同的技术，它们都包含几天时间范围内精度为数米级的卫星轨道和时钟预报信息。在文献[1]中对长期轨道进行了深入描述。

17.8.3 历书、星历

在辅助 GNSS 系统中，"历书"和"星历"两个词的意义与 GNSS 中的普遍含义相同。历书包含 6 个开普勒参数① a、e、i、Ω、ω 和 M_0，用于计算卫星位置，精度约为 100km。该精度足以明确哪些卫星是可见的，以及它们在天空中所处的高度角和方向角范围。

星历包含更精确的轨道定义，通常与各自星座 ICD/接口规范中描述的格式相同。长期轨道可以通过标准星历格式分发，即利用几个连续的星历"切片"对应每几小时窗口的有效星历。这样，几天的轨道被编码成几个连续的星历，每个星历的有效期为几小时。

17.8.4 UE 辅助和基于 UE 的捕获辅助

捕获辅助是将卫星轨道和时钟数据传输到接收机的另一种方式，用于在位置服务器计算接收机位置的系统中。这一过程被称作"UE 辅助"操作，UE 代表"用户设备"，即含有 GNSS 接收机的手机。

通过蜂窝网络提供辅助数据有两种方式：UE 辅助 GNSS 和基于 UE 的 GNSS。在 UE 辅助 GNSS 中，位置计算在服务器进行，GNSS 接收机的任务仅仅是获取信号并将测量结果发送至服务器。服务器计算辅助数据并以一种称为"捕获辅助"的形式进行分发。该形式包

---

① 六个开普勒参数描述了轨道椭圆的形状（a 半长轴，e 偏心率）和朝向（Ω 升交点经度、ω 近地点幅角、i 轨道倾角），以及卫星在椭圆上所处的位置（由平近点角 M_0 导出）

含可见卫星列表,以及它们在接收机处的预期(多普勒)频率。在基于 UE 的方式中,所有的计算均在接收机完成。辅助数据采用历书和星历的形式,并包含大致的时间和位置。

因此,UE 辅助和基于 UE 的 GNSS 只是操作上的区别,而不是概念上的区别。本章的分析对两种方式同样适用。

17.8.5 参考位置,时间和频率

正如本章已经深入讨论的那样,在信号捕获之前,基于 UE 的或自主运行的接收机利用卫星轨道和接收机先验位置、时间和频偏来计算每颗卫星的多普勒和码延迟。先验位置、时间和频率来自辅助 GNSS 参考网络。位置通常是距离接收机最近的蜂窝塔的位置,但也经常使用 Wi-Fi 位置。自主运行接收机,或具有长期轨道但没有当前数据连接的接收机,则使用最近的已知位置。

参考时间来自网络时间,或接收机中的实时时钟。参考频率往往来自蜂窝塔的参考频率,通常精度为 $10Hz$[2]。

OMA①的位置工作组在制定移动位置、漫游位置和面向应急服务的端到端解决方案的定位服务标准中发挥了重要作用。OMA SUPL 是在用户平面定位的行业标准架构[20]。SUPL 2.0 利用无线电资源定位服务协议(radio resource location services protocol,RRLSP)[17]、LTE 定位协议(LTE Positioning Protocol,LPP)[21]等 3GPP 控制平面定位协议进行全球布局。SUPL 3.0 增加了多项定位增强技术来改善性能,带来了更好的用户体验。OMA 已将 LPP 扩展至 LPPe 2.0[22],以支持 SUPL 3.0 功能。OMA MLS[23]为基于位置的服务(location-based services,LBS)应用提供 API,以获取设备位置。MLS 由移动定位协议(mobile location protocol,MLP)、漫游定位协议(roaming location protocol,RLP)及位置隐私检查协议(location privacy checking protocol,PCP)构成。DynNav[24]是正在开发的最新 OMA 标准旨在利用 SUPL 实现包括信道探测在内的运动辅助数据的实时分发。图 17.18 展示了不同标准和标准化机构之间的关系。

辅助数据由商业公司有偿提供,或者用于支持它们的产品,例如:

Google 为所有的安卓设备提供免费的 SUPL 服务。Google SUPL 服务支持基于 UE 的辅助 GNSS(GPS、GLONASS 及 Galileo 系统)SUPL1.0/2.0 标准,并提供 RRLP 和 LPP 格式的辅助数据。

Spime 公司提供 SUPL 服务[25],可与许多 SUPL 定位平台和领先的 GPS 芯片制造商兼容。该解决方案在 UE 辅助/基于 UE 的模式下支持辅助 GPS SUPL 1.0/2.0 标准。

ComTech 电信为使用 Xypoint SUPL 服务(Xypoint SUPL Server)的运营商提供端到端系统[26]。Xypoint SUPL 服务在 UE 辅助/基于 UE 的模式下支持辅助 GPS SUPL 1.0 标准。

---

① (电信及定位标准存在很多简写。LBS:location based services(基于位置服务);LPP:LTE positioning protocol(定位协议);MLS:mobile location services(移动位置服务);OMA:open mobile alliance(开放移动联盟);RRLP:radio resource location-services protocol(无线电资源定位服务协议);SUPL:secure user-plane location(安全用户平面定位);3GPP:3rd generation partnership project(第三代合作伙伴计划)。

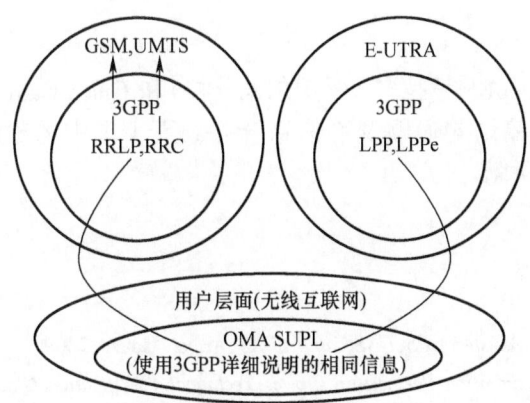

图 17.18 位置行业标准组织韦恩图(GSM、UMTS、E-UTRA 等空中接口用最外侧圆表示。标准化机构 3GPP 及 OMA 代表通信协议标准。SUPL 标准使用 3GPP 详细说明的相同信息,但通过用户平面分发。)

17.9 总结

可以看到,通过减小信号搜索空间,辅助 GNSS 可以显著降低 TTFF。该空间有两个维度:码延迟(以码片或毫秒为度量)和频率(以千赫兹或微赫兹为度量),其中频率搜索空间更为有趣。

码延迟搜索通常通过现代接收机的大规模并行相关能力解决,但频率搜索空间总是需要依赖辅助,特别是频率搜索区间的宽度会随着相干积分时间的增加呈比例地减小,这是高灵敏度的要求之一(见第 18 章)。

在 17.2.1 节的示例中看到,相较于无辅助搜索,辅助 GNSS 可以减小频率搜索空间 100 倍以上。

在 17.3 节和 17.4 节,推导了辅助搜索空间与不可避免的辅助定位和时间误差间的解析关系。从中可以看到,对于码延迟,关系较为简单:与时间误差为 1:1 的关系,与定位误差是线性关系,且取决于卫星的方位角和高度角;对于频偏,关系则更为复杂,取决于卫星的速度和距离率,而这两个量会随星座的不同产生变化。

在 17.5 节,量化了所有 GNSS 星座的卫星速度和距离率,包括标称值和实际值。在 17.6 节,使用这些数值对所有星座的辅助搜索空间进行了量化分析。从中可以看到,对于辅助定位和时间的典型误差,频率搜索空间所受到的影响很小。1km 的辅助定位误差,或1s 辅助时间误差,对频率搜索空间的影响大约为 1Hz。

在 17.7 节中,制作了一个综合表格,其中包含每个星座及所有民用频段的辅助 GNSS 的搜索空间值。该表格的电子版本可从本书的网站 pnt21book.com 在线获取。

最后,在 17.8 节中,描述了辅助数据的来源,以及所使用的行业标准。

在 pnt21book.com 上,可以找到练习并自己尝试,并找到有效的解决方案。

致谢

感谢 Y. T. Jade Morton(科罗拉多大学博尔德分校)和 Grace Gao(伊利诺伊大学厄巴纳-香槟分校)的编辑对书稿语句通顺及将信息合并到更少图中的建议。感谢 Supriya Patil (Google) 对 17.8 节的贡献。

参考文献

[1] vanDiggelen,F. ,*A-GPS*,*Assisted GPS*,*GNSS*,*and SBAS*,Artech House,2009.

[2] 3GPP TS 45.010,3rd Generation Partnership Project;*Technical Specification Group GSM/EDGE Radio Access Network*;*Radio subsystem synchronization*. "The BTS shall use a single frequency source of absolute accuracy better than 0.05 ppm." "The MS carrier frequency shall be accurate to within 0.1 ppm."

[3] GPS SPS Performance Standard,2008,http://www.gps.gov/technical/ps/2008-SPS-performance-standard.pdf.

[4] IS-GPS-200, Rev H., GPS Interface Control Document, *Navstar GPS Space Segment/Navigation User Interface*,GPS Systems Directorate,September 2013.

[5] GLONASS *Interface Control Document (ICD)*, Version 5.0, Coordination Scientific Information Center, Moscow,2002 www.glonass-ianc.rsa.ru.

[6] *BeiDou Navigation Satellite System Signal In Space Interface Control Document Open Service Signal*(Version 2.1). China Satellite Navigation Office November 2016.

[7] Galileo ESA,*Galileo Open Service SignalIn Space*,Interface Control Document OS SIS ICD,European Space Agency / European GNSS Supervisory Authority.

[8] QZSS ICD,"Quasi-Zenith Satellite System Interface Specification,Satellite Positioning,Navigation and Timing Service(IS-QZSS-PNT-001)," March 28,2017,http://qzss.go.jp/en. Accessed 18 February 2018.

[9] IRNSS/NAVIC ICD,"Signal in Space ICD for standard positioning service,version 1.1," ISRO-IRNSS-ICD-SPS-1.1,Aug 2017,https://www.isro.gov.in/. Accessed 18 February 2018.

[10] TLE orbits for GNSS constellations:https://www.celestrak.com/NORAD/elements/.

[11] Specific TLE orbits used in this chapter:pnt21book.com,Assisted GNSS.

[12] Falcone,M. ,*Galileo System Status*,ESA,ION GNSS+,September 2016,Portland,Oregon.

[13] 3GPP TS 34.171 3rd Generation Partnership Project;*Technical Specification Group Radio Access Network*;*Terminal conformance specification*;*Assisted Global Positioning System (A-GPS)*;*Frequency Division Duplex (FDD)*,Specifies coarse-time assistance to 2 seconds,fine-time to 10 microseconds.

[14] vanDiggelen,F. ,*Global Locate Indoor GPS Chipset & Services*,ION-GPS,Salt Lake City,Sep 2001.

[15] Lundgren,D. and vanDiggelen,F. , "Assistance When There's No Assistance. Long-Term Orbit Technology for Cell Phones," *GPS World Magazine*,October 2005.

[16] http://www.igs.org/network Access 18 February 2018.

[17] 3GPP TS 44.031 V14.3.0 (2017-12),*3rd Generation Partnership Project*;*Technical Specification Group GSM/ EDGE Radio Access Network*;*Location Services(LCS)*;*Mobile Station(MS)-Serving Mobile Location Centre(SMLC) Radio Resource LCS Protocol(RRLP)*(Release 14),2017.

[18] 3GPP TS 49.031 V7.6.0 (2008-03),*3rd Generation Partnership Project*;*Technical Specification Group GSM/ EDGE Radio Access Network*;*Location Services(LCS)*;*Base Station System Application Part LCS Exten-

sion(*BSSAP-LE*)(Release 7),2008.

[19] 3GPP TS 34.171,*3rd Generation Partnership Project*;*Technical Specification Group Radio Access Network*;*Terminal conformance specification*;*Assisted Global Positioning System*(*A-GPS*);*Frequency Division Duplex*(*FDD*),Specifies coarse-time assistance to 2 seconds,fine-time to 10 microseconds.

[20] OMA-AD-SUPL-V3_0-20110920-C,Open Mobile Alliance,Secure User Plane Location Architecture Candidate Version 3.0 - 20 September 2011.

[21] 3GPP TS 36.355 V14.4.0(2017-12),*3rd Generation Partnership Project*;*Technical Specification Group Radio Access Network*;*Evolved Universal Terrestrial Radio Access*(*E-UTRA*);*LTE Positioning Protocol*(*LPP*)(*Release 14*),2017.

[22] OMA-RD-LPPe-V2_0-20141202-C,Open Mobile Alliance,LPP Extensions Requirements Candidate Version 2.0 - 02 December 2014.

[23] OMA-AD-MLS-V1_4-20150224-C,Open Mobile Alliance,Mobile Location Service Architecture Candidate Version 1.4 - 24 February 2015.

[24] OMA-ERELD-DynNav-V1_1-20150804-A,Open Mobile Alliance,Enabler Release Definition for Dynamic Navigation(DynNav) Approved Version 1.1 - 04 August 2015.

[25] Northstar SUPL http://www.spime.com/supl.htm.

[26] Xypoint SUPL Server - http://www.telecomsys.com/products/location-based-services/infrastructure-GSM/SUPL.aspx.

第18章 高灵敏度GNSS接收机

Frank van Diggelen
谷歌公司,美国

18.1 简介

由于手机内部的 GNSS 天线体积小、接收到的 GNSS 信号弱,因此内嵌于智能手机中的 GNSS 接收机需要具备高灵敏度。事实上,高灵敏度接收机技术的应用范围并不仅限于我们身边的智能手机,地球静止轨道(GEO)卫星在距离我们上万千米的高空上运行,高灵敏度 GNSS 接收机在它上面也可以得到应用,这种高灵敏度 GNSS 接收机还可以捕获和跟踪从地球另一侧辐射过来的微弱 GNSS 信号[1]。本章在讨论高灵敏度时,主要指的是高捕获灵敏度,因为信号捕获是弱信号接收的首要挑战,跟踪灵敏度问题相比之下就显得不那么重要了,除在关注具体的跟踪灵敏度时我们会特别指出外,本章提到的是灵敏度均是指捕获灵敏度。在第 17 章,A-GNSS 缩小了捕获搜索空间,为提高灵敏度奠定了基础。在本章,将说明接收机如何利用缩小的搜索空间,在每个频率-伪码搜索单元中进行尽可能长时间的积分处理。

A-GPS 的灵敏度定量分析可详见文献[2]。在这里将对其中的分析内容进行总结和扩展,从而说明不同 GNSS 系统的不同信号是如何影响接收机的复杂性、大小、成本和功耗的。不同 GNSS 信号的灵敏度并不相同,哪种信号最优也并不直观。经过后面的讨论会发现,简单的信号可能更好,复杂的信号设计可能适得其反。在最后一节讨论:如果可以设计一系列新的 GNSS 信号,那么它们将是什么样子的?

本章中用到的电子表格,可参考 pnt21book.com 网站。有部分高分辨率版本图片可供下载。

18.2 灵敏度分析

接收机灵敏度分析需要沿着信号的传输路径,从天线到接收机前端,再到基带相关器输出,如图 18.1 所示。该分析的关键是天线处的信号强度和载噪比(C/N_0)与相关器输出信噪比的关系。在接收机中实际可以测得的数值是相关器输出的相关峰幅值(自相关三角峰的高度)①。高灵敏度接收机设计的关键就是在弱信号条件下获得尽量较高的相关峰。

---

① 当前和计划中的卫星导航系统使用各种不同的扩频调制方式:二进制相移键控-矩形调制(BPSK-R)、二进制偏移载波调制(BOC)和 BOC 的变体。BPSK-R 扩频调制具有三角形自相关响应(ACR);BOC 扩频调制的自相关响应更为复杂(类似于 W 形),但在中心仍近似为三角形[10]。接收机的带宽限制导致自相关响应峰值处角度钝化。

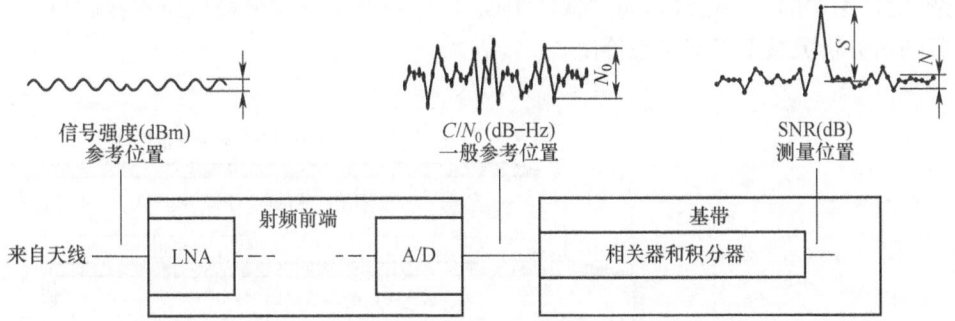

图18.1 接收机信号传输路径[图中显示了测量信噪比 SNR 的位置。载噪比 C/N_0 和信号强度不能直接测量,而是计算得出。接收机的处理增益将信号强度和载噪比 C/N_0 两者联系起来。图中给出了各种情况下测量或计算的内容。信号强度指从卫星接收到信号的均方根(RMS)功率。虽然无法直接观测,但可以假设天线处的信号为正弦波信号。系统中大部分噪声来自接收机前端。通过前端后,噪声将明显高于信号本身。N_0 指噪声功率密度[带内的噪声功率/Hz]。经过相关器和积分器后,信号被转换为三角波响应,信噪比指的是三角波高度与均方根噪声之比。]

18.3 接收机结构

图18.2是简化的 GNSS 卫星信号生成框图,展示了 GNSS 卫星中导航信号的产生过程。

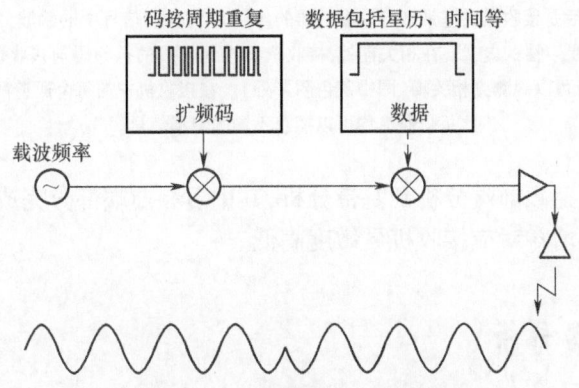

图18.2 卫星信号生成框图

[本图显示了单一中心频率信号产生过程。载波频率在若干吉赫兹范围(如L5 1.176 GHz,L1 1.575 GHz)。扩频码①按照一定频率重复,一般为毫秒整数倍(如 GPS、GLONASS 和 QZSS 的 L1 公开信号每1ms 重复1次,Galileo 系统的每4ms 重复1次)。数据速率比扩频码速率慢得多,并且在导频信号中不调制数据。接收机高灵敏度的关键是将多个扩频码周期累积叠加,从而提高信噪比。]

图18.3是一个简化的标准 GNSS 接收机组成示意图,后文会提到,实际接收机往往更

---

① 在一个信号上扩频码和符号可能有重叠,比如 BOC 调制。但扩频码的本质是对载波相位的改变,并且按照一定的周期重复,如图18.2所示。

为复杂,此框图中的一些模块可通过软件实现,但图中所示的功能模块所有接收机均具备,该示意图对分析灵敏度很有参考价值。

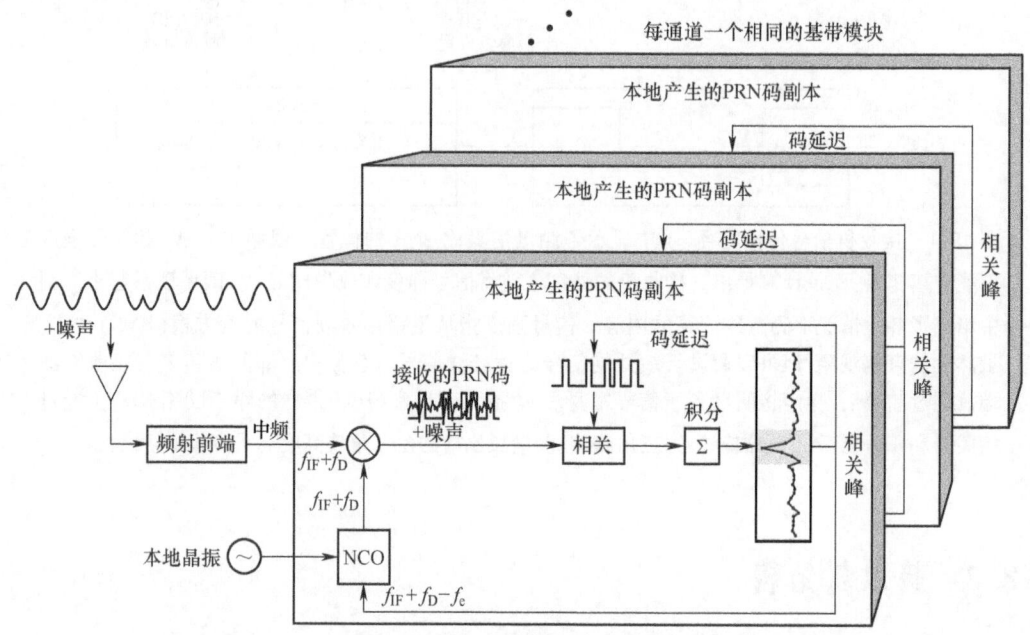

图 18.3　标准 GNSS 接收机结构示意图

[图中展示了接收机通用功能模块。卫星信号伴随射频噪声到达接收天线。射频前端包括放大器、滤波器和模数(A/D)转换器。射频前端后是接收机的基带部分。混频器的作用是"去掉"信号中的载波,留下卫星产生的原始数据序列——包括扩频码和卫星广播的电文。在相关器处,接收机将本地生成的扩频码与接收信号相乘。在相关器与输入信号正确对齐的情况下,可以观测到相关峰(图中灰色阴影处)。在接收机中的每个通道都有独立的基带模块,因此每个通道均可以捕获不同的卫星信号。]

灵敏度分析包括射频前端分析到基带分析,其中射频前端部分完成噪声的量化分析,而基带部分的信号处理增益对应接收机灵敏度高低。

18.4　射频前端分析

在接收机内的信号传输路径上,信号强度或信噪比的主要关注点为天线端口、基带输入口和相关器输出口。其中,基带输出口信号的信噪比可以直接测量获得,而在天线处和基带入口,GNSS 信号淹没在噪声中而无法直接测得。要获得载噪比 C/N_0 或者信号强度,需要从基带输出信噪比反推计算。

结合基带输出信噪比和接收机基带增益设计值,采用简单的方法就可以反算获得基带输入 C/N_0,表 18.5 和表 18.6 提供了两个算例。

用 C/N_0 计算天线口的信号强度需要知道射频前端的噪声系数(即噪声温度),在18.4.1 节将详细介绍。有时基带 C/N_0 加前端噪声参数可以等效表示天线端口信号特征。

18.4.1 射频前端噪声系数

图18.4为一个典型的接收机射频前端示意图,依次为天线、电缆和滤波器、低噪声放大器LNA、电缆和滤波器、下变频器。利用Friis公式可计算前端各部件对热噪声的贡献。

接收机射频前端的布局大体相似,但一些具体细节可能不同,比如,LNA之前有无滤波器,第一段电缆可能很短,它的增益接近为1,但本示例的分析方法可适用于其他射频前端。

GNSS信号中的大部分噪声来源于射频前端的热噪声(但对于GNSS接收机而言,前端却必不可少)。大约1/3的噪声来自外部辐射源,称为"天空噪声"。它的影响可以用T_A来表示,即"天线有效温度",简称为"天线温度"。这并不是字面意义上的温度,而是可以产生与天线所接收到相同噪声的等效电阻温度。对于GNSS而言,T_A相当低,采用130K[3]。如果GNSS接收机连接的是模拟器,则天线口噪声就是模拟器的热噪声,即$T_A = T_0$。

图18.4中Friis公式给出了单部件噪声系数F与前端整体噪声系数的计算关系,信号强度(dBm)与载噪比C/N_0(dB-Hz)之间可利用前端的噪声系数计算转换。

有效温度与噪声功率密度的关系为

$$N_0 = kT_{\text{eff}}$$

式中:k为玻尔兹曼常数,1.3807×10^{-23}J/K;N_0的单位为W/Hz。

Friis公式:$T_{\text{eff}} = T_A + (F_1 - 1)T_0 + \dfrac{(F_2 - 1)T_0}{G_1} + \dfrac{(F_3 - 1)T_0}{G_1 G_2} + \dfrac{(F_4 - 1)T_0}{G_1 G_2 G_3} = T_A + (F - 1)T_0$

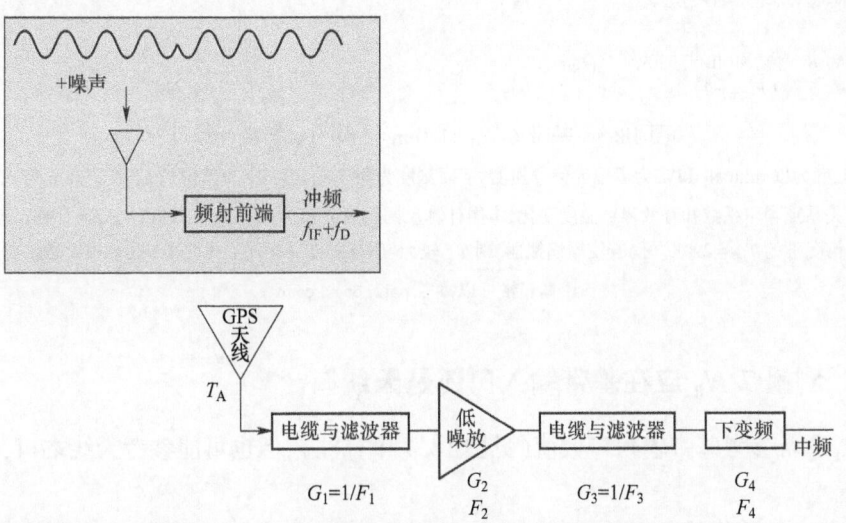

图18.4 射频前端Friis公式[本公式可依据每级的噪声系数和增益后的有效温度T_{eff},天线处收到天空噪声的影响有效噪声温度记为T_A。后面各级有效温度等于该级环境温度$T_0\times$(噪声系数-1),再除以前一级增益。如果某一级增益较大(如低噪放LNA),那么它将同时放大该级输入的信号和噪声,最大限度减小后续引入的其他噪声的影响。Friis公式第二行给出前端整体的噪声系数F。]

18.4.2　dBm 与 dB-Hz(单位转换)

接收信号功率可以用信号强度(单位:dBm)或载噪比 C/N_0(单位:dB-Hz)来表示。在已知前端有效温度 T_{eff} 或噪声系数 F 的情况下,两者可以等效转换。信号强度除以噪声功率密度为载噪比,其中噪声功率密度依据 Friis 公式计算可得。若采用 dB(分贝)为单位,则除法变为减法。若信号功率单位采用分贝毫瓦(dBm),则应先转化为分贝瓦(dBW),再做减法。公式如下:

$$C/N_0(\text{dB}-\text{Hz}) = 信号功率(\text{dBW}) - 10\lg(kT_{eff}) = 信号功率(\text{dBm}) - 30 - 10\lg(kT_{eff})$$
(18.1)

式中: $k \times T_{eff}$ 的单位为 W/Hz。

图 18.5 给出了 dBm 与 dB-Hz 转换的计算尺。

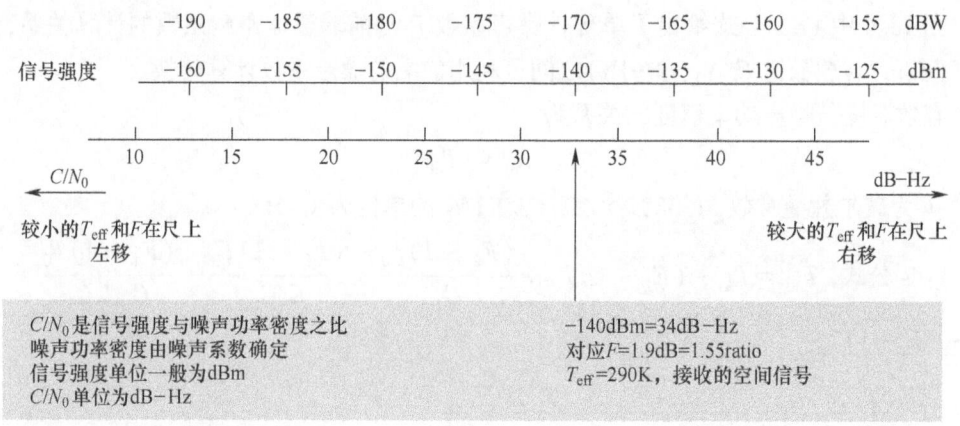

$C/N_0 =$ 信号功率(dBm) $-30-10\lg(kT_{eff})$,
$T_{eff} = T_A + (F_{ratio} - 1)T_0$

图 18.5　基带 C/N_0 的 dBm 与 dB-Hz 转换计算尺

(上面刻度为以 dBm 和 dBW 为单位的信号强度,下面刻度为相应的 dB-Hz 为单位的 C/N_0。dBm 与 dB-Hz 之间转换关系随噪声系数和有效噪声温度变化,本图计算尺两刻度差值为 174dB,该数值对应 $F=1.9$ dB 和接收空间信号情况下的 $T_{eff}=290$K。倘若使用模拟器,则 T_A 较大,下行刻度必须向右再移 1.9dB。以上数值的计算表格可以参考 pnt21book.com。)

18.4.3　测量 C/N_0 应在基带输入口还是天线口

C/N_0 通常参考基带输入口数值(见图 18.1 中标注),但也可能参考天线端口,两种方法各有优势。

18.4.3.1　基带输入口的 C/N_0

参考基带输入口 C/N_0 的优势在于其大部分噪声(即大多数的"N_0")来自射频前端自身,因此,该 C/N_0 可涵盖基带信号中存在的所有射频噪声。相关器输出的信噪比与 C/N_0 可以直接转换,其中的主要影响因素是相干和非相干积分参数,而非前端的噪声系数。

缺点:如想获得天线口的等效信号强度,则要知道前端噪声系数,并采用图 18.5 的计算尺转换。

18.4.3.2 天线端口的 C/N_0

参考天线端口 C/N_0 的优点是可以直接计算天线口的等效信号强度,接收信号强度(单位为 dBW)可通过以下公式计算得出:

$$信号功率(dBW) = C/N_0(dB - Hz) + 10\lg(kT_{eff})(dBW/Hz)$$

式中: C/N_0 对应天线处信噪比; k 为玻尔兹曼常数, $k = 1.3807 \times 10^{-23} J/K$; T_{eff} 为天线有效温度(K)。

如果该信号为空间信号, $T_{eff} = 130K^{[3]}$, $10\lg(kT_{eff}) = -207.5 dBW/Hz$; 如果该信号为模拟器信号 $T_{eff} = 290K$, $10\lg(kT_{eff}) = -204 dBW/Hz$。

接收信号强度的单位由 dBm 转换为 dBW,数值应加 30dB:

如果该信号为空间信号,信号强度为

$$信号功率(dBm) = C/N_0(dB - Hz) - 177.5 dBm/Hz$$

如果该信号为模拟器信号,信号强度为

$$信号功率(dBm) = C/N_0(dB - Hz) - 174.0 dBm/Hz$$

以上公式中各单位的计算关系会在以下章节说明。

18.4.4 射频链路单位说明(dBm、dB-Hz、dBm/Hz 等)

下面公式中用到的单位难以直观理解,本节会对其进行详细说明。

$$SS(dBW) = C/N_0(dB - Hz) + 10\lg(kT_{eff})(dBW/Hz)$$

以上的各参数均采用对数单位,下式可以更容易清楚理解各单位间的关系:

$$SS(W)/N_0(W/Hz) = C(W)/[N_0(W/Hz)] = C/N_0(Hz)$$

等式两边都乘以 N_0:

$$SS(W) = C/N_0(Hz) \cdot N_0(W/Hz)$$

用 kT_{eff} 替代 N_0,等式两边取对数,就可以得到对数单位下的等式:

$$10\lg SS(W) = 10\lg[C/N_0(Hz) \cdot kT_{eff}(W/Hz)]$$
$$= 10\lg[C/N_0(Hz)] + 10\lg[kT_{eff}(W/Hz)]$$
$$SS(dBW) = C/N_0(dB - Hz) + 10\lg[kT_{eff}](dBW/Hz)$$

18.5 相关及相干积分

在本节,会建立一个信噪比工作表用于相干积分的分析。首先,将解释什么是相关和理想相干积分。这里"理想"指的是不存在任何带宽限制效应,也就是所有的噪声采样在时域不相关。其次,引入前端滤波器的带宽限制效应、A/D 转换器的量化效应、频偏以及码校准影响。这样,就准备好建立信噪比工作表的相干积分部分了。

18.5.1 相关和理想相干积分

本节会详细解释相关增益和相干积分。

为了解释相关增益,首先考虑一个理想的相干积分情况,其中信号和噪声有无限带宽,噪声为白噪声(在时间上不相关),并且没有量化或频率失配。扩频码具有相关性,以及由此产生理想信噪比增益。然后,在18.5.2节中,去掉理想化的假设(无限带宽、白噪声等),并演示如何计算实际相干增益。

这种方法有4种目的:

(1) 提供一种相干增益自下而上的推导方式。

(2) 可如式(18.4)来表述实际的相干增益:实际相干增益=理想相干增益+Δ,其中单位为dB,Δ为所有实现损耗的总和。

(3) 提供一个经验法则:对于1ms的相干积分相干增益等于30dB,这个近似结果适用于大多数接收机,在下一节中考虑滤波损失后,就可以得到这个结果。但是,自下而上分析的优点是可以展示出为什么相干增益呈现这样的规则,接收机的哪方面设计构成了这种关系,以及什么会改变它。

(4) 可强调出相干积分和非相干积分之间的联系。对于非相干积分,相邻样本中的噪声是不相关的,实际增益与理想相干增益形式相同,如式(18.3)所示。

所有GNSS系统均采用自相关特性良好的扩频码:根据定义,当相关延迟为0时[①],归一化相关峰值为1(归一化为总和除以采样总数)。相关延迟不为0时,扩频码的相关值很低。

图18.6可以看到输入信号(无噪声)以及本地产生的扩频码。图中,相关器将采样后的输入信号与本地产生的扩频码采样做乘法。输入信号和本地扩频码从右到左移入相关器。每个码片长度包含两个采样间隔,浅灰色表示将进行的采样。样本到达相关器,将完成相乘和相加,生成相关响应。本地扩频码与实际信号的时延偏差为τ,对应相关结果与相关峰偏差时延同样为τ。

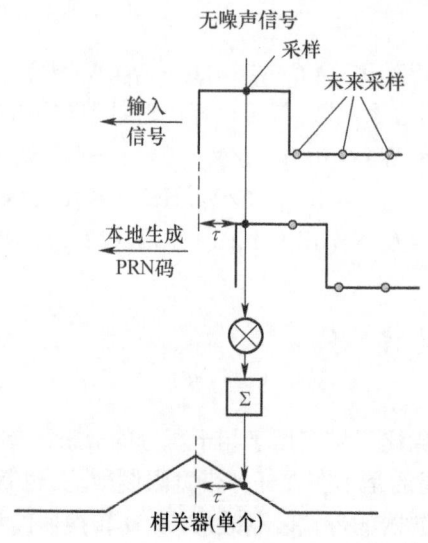

图18.6 相关器产生无噪声的相关响应
(相关器延迟τ在相关器输出和相关响应的峰值之间产生相同的偏移。)

---

① 相关延迟为零意味着本地生成的扩频码与从卫星接收到的扩频码完全对齐。即图18.6中$\tau=0$。

输入信号携带的噪声和本地产生的扩频码如图 18.7 所示。由于噪声和信号同时存在,随着时间增加相关器会累加信号和噪声。在本地伪码与输入信号相位相干的情况下,在 M_c 个样本①的累加后,无噪声相关器输出为 M_c。这被称为相干积分。与此同时,非相关噪声累加输出为 $\sqrt{M_c}$(M_c 个标准差为 σ 的非相关随机变量之和为 $\sigma\sqrt{M_c}$)[4-5]。这里仍假设噪声在时间上不相关。

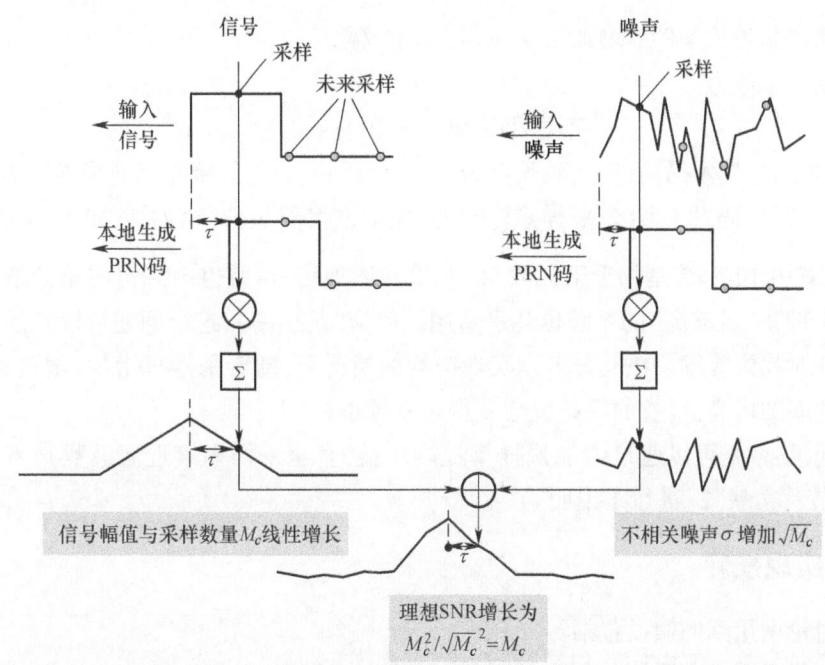

图 18.7 相关器产生的含噪声相关响应的理想化分析[这里信号是指分离了噪声的无噪声扩频码。呈三角形的无噪声相关响应与噪声叠加,产生实际含噪声相关响应。其中信号和噪声都不受带宽限制,因此可把信噪比增长写为 M_c。实际中,由于信号和噪声是限带的,因此有实现损失(见 18.5.2 节)。]

本章中用 N 表示噪声、M 表示计数、T 表示时间,并通过不同下标加以区分。字母 T 会用于表示温度,但上下文中会明确地说明(一般 T 表示时间)。

下面进入相关累加的信噪比分析。信噪比为相关后信号与噪声的功率比:

$$\mathrm{SNR} = \frac{P_S}{P_N} = \left(\frac{S}{\sigma_N}\right)^2 \qquad (18.2)$$

式中:S 为相关峰的幅值,σ_N 为噪声的标准差,这里假设噪声是零均值,因此 σ_N 也是噪声的均方根值。如果噪声非零均值,则 S 为高于噪声期望均值的相关峰幅值(参见 18.6.2 节)。

---

① 此处采用了理想化的相干积分分析方法,其中信号和噪声无带宽限制,噪声为白噪声。然后再考虑实现损耗。如本节开始所述,这种方法有几个好处。这里读者可能已经想到,通过增加采样率来增加增益,这取决于特定的采样率和噪声带宽,在下一节中会通过 Δ 值进行解释并进行量化分析。

不要将 S 与信号功率混淆,这里的相关峰幅值 S 侧重对相关峰的处理。此外,由于信噪比的英文是"SNR",因此规定相关峰幅值为 S 更有助于理解。

在一些文献[6-7]中,信噪比定义为 S 与 σ_N 的幅值比,这是因为相关峰的幅值具有直观性,但这并非标准。本章中仍采用信噪比为功率比的标准用法。当指幅值比时会特别表述出来。

在理想化的相关积分情况下,信号的相关输出幅值增加 M_c 倍,噪声增加 $\sqrt{M_c}$ 倍,因此信噪比在噪声非相关条件下增加 $M_c^2 / \sqrt{M_c}^2 = M_c$ 倍。

理想相关增益为

$$理想相关增益 = 10 \lg(M_c) \tag{18.3}$$

对于 GPS 的 C/A 码而言,伪码长度为 1023 个码片,典型的接收机的采样率为码速率的 2 倍,也就是每个码片有两个采样点。经过 1ms 的相干积分,增益为 $10 \lg(1023 \times 2) =$ 33.1dB ①,式中 1023×2 是相干采样数 M_c。采样率加倍,增益也会翻倍的结论适用于理想系统。对于带宽"足够高"的系统也几乎适用。何为"足够高",这个问题可以在后面几节讨论实现损耗时找到答案。在充分考虑实现损耗的情况下,随着采样率增加,增益也会增加,但随着采样率的增高,增益的提高值会变得越来越小。

简单地说,就是可以通过增加采样率提高增益,直至采样率接近滤波噪声带宽。下文 18.5.2.1 节及文献[2]进行了说明。

18.5.2 实现损耗

上述讨论中用到的假设包括:

(1) 信号没有带宽限制。因此,扩频码序列为方波,相关响应为三角波,基于此相关峰值与采样数 M_c 呈线性关系。在实际应用中,中频信号会受前端滤波器的带宽限制,这就会使方波和三角波的边缘钝化。

(2) 噪声的各采样间非相关。因此,M_c 个噪声采样带来标准差提高 $\sqrt{M_c}$。在实际应用中,噪声是由带宽限制的,因此各采样间并非完全不相关。

(3) 无量化损失。在实际应用中,须使用模数转换完成模拟信号的量化,获得数字信号。(一般为 1b、2b、3b,或者 4b),这也会影响处理增益。

(4) 无频率失配。在实际应用中,输入混频器的参考信号并不能完全匹配中频频率与卫星信号多普勒频偏之和,这导致相关峰值表现为 sinc 函数。

(5) 伪码对齐时刻采样对应相关峰值。在实际应用中,在信号完成捕获前,伪码将进行随机捕获,因此在相关峰两侧也存在相关后的采样。这会给信噪比观测值带来一定损失。

捕获灵敏度是本章关注的重点,频率不匹配或码不齐会明显限制可实现增益。

图 18.8 中标识出了在接收机中产生上述效应的相关组件:天线、带通滤波器、低噪声放

---

① 此处单位采用分贝,是比值的 10 倍对数。这个比值就是 M_c 个采样积分后的相关峰信噪比与单个采样的相关峰信噪比。关于分贝单位可参考本章末尾的附录。

大器(LNA)、A/D 转换器、混频器和相关器。导致非理想相干积分的组件在图中用灰色表示。图中还展示了各阶段扩频信号的波形。在模数转换前，信号是模拟信号，用连续的曲线表示。经过模数转换后，数字信号是在离散时间上的采样，表示为离散点。经过模数转换后的采样信号用深色点表示。将模拟信号上的相应位置表示为浅色点，从而显示采样数据的来源。

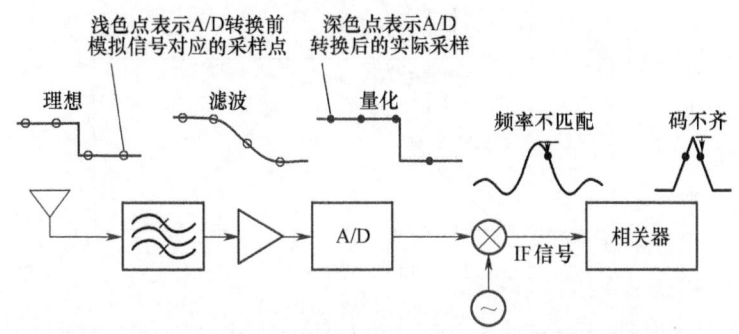

图 18.8　图中显示了滤波、量化、频率匹配、码匹配所对应的接收机中的各个器组件。上部的波形用于说明各器组件对扩频信号的影响。滤波后，扩频码方波边缘变成圆角。模数转换对信号采样进行量化。混频使信号幅值受频率失配的影响，幅值滚降符合 sinc 函数 ($\sin(x)/x$)。相关后信号的信噪比会受到码匹配的影响

本节将详细分析这些应用限制所造成的影响，实际的相干积分可写为如下形式：

$$\text{实际相关增益} = \text{理想相关增益} + \Delta, \quad \Delta = \Delta_{IF} + \Delta_Q + \Delta_F + \Delta_C \quad (18.4)$$

式中：Δ 为实现损耗；Δ_{IF} 为中频滤波损耗(包含信号和噪声)；Δ_Q 为量化损耗；Δ_F 为频率匹配损失，Δ_C 为码匹配损失。

依照式(18.4)可以设计出相干积分工作表，表中用正数表示增益、负数表示损耗，这样工作表的一列就可以清楚地展示基带增益的计算过程。在表中，1dB 损耗写作 -1dB。

18.5.2.1　有限带宽信号和滤波损耗 Δ_{IF}

前端滤波器对中频信号实现带通滤波，会在两个方面影响信噪比：

（1）相关峰不是理想三角形，如图 18.9 所示。这是由于扩频码并非理想方波，边缘圆滑且上升时延不为 0。相关峰值会因此降低，也就是降低了信噪比 SNR 中的"S"。

（2）噪声不是白噪声。在进行信号和噪声积分时，噪声标准差增加会大于 $\sqrt{M_c}$。这会使 SNR 中的"N"增大。由式(18.3)可得，在理想相干增益计算中，如果噪声不相关，增加采样率就可以提高相干增益。但由于噪声的相关性，随着采样率的增加，相邻两次采样的噪声可能几乎完全相同，在这种情况下提高采样率所能提升的增益就微乎其微了。但在较低的采样率下，随着采样率的增加，增益会显著增加。

此外还应注意的是，在有限带宽的噪声累加前，接收信号会乘以本地生成扩频码，可以去除码跳变的噪声。因此，用分析计算出噪声相关的影响较为复杂。依据文献[2]中的数值分析方法，可得到表 18.1。

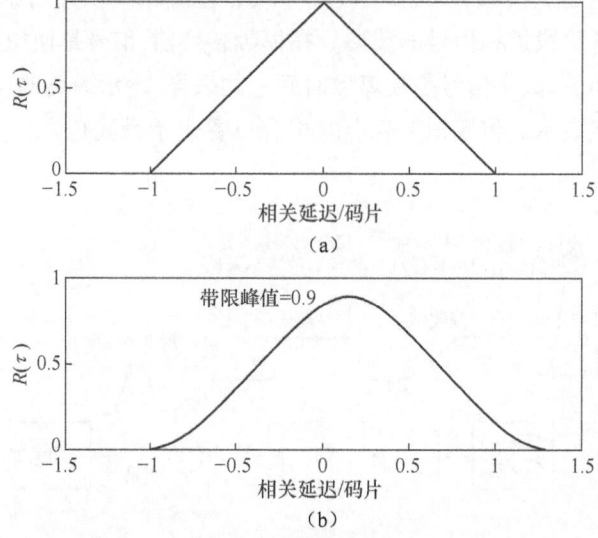

图 18.9 典型信号的理想相关响应(a)和带限信号响应(b)(限带响应受到滤波的影响而延迟,这种延迟将是导航解算中常见偏差的一部分。由于滤波对信号的影响,峰值高度降低,这将导致理想相干增益的实现损失。)

表 18.1 中频滤波损耗(A/D 转换器采样率为 2 倍码速率,单边滤波器带宽为 1.5 倍码速率)

影响	中频滤波损耗(至 0.1dB 以内)
相关峰钝化对信噪比的影响	-0.5dB
噪声相关对信噪比的影响	0.0dB

其中,噪声相关影响为 0dB(也就是小于 0.1dB)。在相关器中,噪声积分前将与扩频码相乘。因为扩频码的设计具有随机性,所以噪声与之相乘后,噪声采样与该码片之外的噪声采样不相关。高采样率情况下会有所不同,比如每码片 10 次采样[2],这个码相关对噪声有更低的去相关影响(因为它只影响 10 个采样中的第 10 个),与理想相干增益相比,也会有更多的噪声相关损失。然而,大多数接收机在信号捕获设计中采用 2 倍码速率的采样方式,表 18.1 也与此相对应。

18.5.2.2 量化损失 Δ_Q

表 18.2 给出了存在高斯噪声的弱信号在不同比特位数下的最小量化损失[3,8]。

表 18.2 一般信号最小量化损失与量化比特数关系(GNSS 信号量化损失略大)

比特数	最小量化损失
1	-1.96dB
2	-0.55dB
3	-0.17dB
4	-0.05dB

表 18.3 给出了 GNSS 信号量化后的信噪比损失[9]。

分析实际的量化损失时,应同时考虑带宽限制和采样率,其关键并不在于保证量化后波形不失真,而是确保相关器输出的信噪比。1bA/D 转换器损耗在奈奎斯特采样和预相关带宽小的情况下可能大于 2dB,在远高于奈奎斯特采样率和窄带预相关情况下可以小于 2dB。对于给定的预相关带宽,可以在采样率与量化位数之间进行平衡。在文献[10]中进行了充分讨论。

在信噪比工作表中,可以利用表 18.3 分析 A/D 转换器的量化损失。但根据接收机的功能组成,还可能存在其他的量化损失。比如一些接收机采用大量硬件完成部分相关结果的求和计算、量化和存储,然后与其他部分的相关和再进行求和。在这种情况下,第二级的量化损失也须考虑。

表 18.3 信噪比量化损失(符号矩形波,双边接收带宽等于两倍码速率,奈奎斯特采样率)

量化级数	量化比特数	最小量化损失/dB
2	1	-2.43
4	2	-1.01
8	3	-0.63
16	4	-0.51
32	5	-0.48

18.5.2.3 频率匹配损失 Δ_F

图 18.3 为一个理想情况,即数控振荡器(NCO)的频率与前端信号频率完全匹配。实际频率不匹配是一定存在的,混频器处参考频率和信号频率之间偏移(f)将导致相关响应的滚降:

$$\text{频率失配损耗} = |\sin(\pi f T_C)/(\pi f T_C)| \tag{18.5}$$

式中:f 为失配频偏(Hz);T_C 为相干积分时间(s)。图 18.10 的相关峰三维图展示了这一效应。

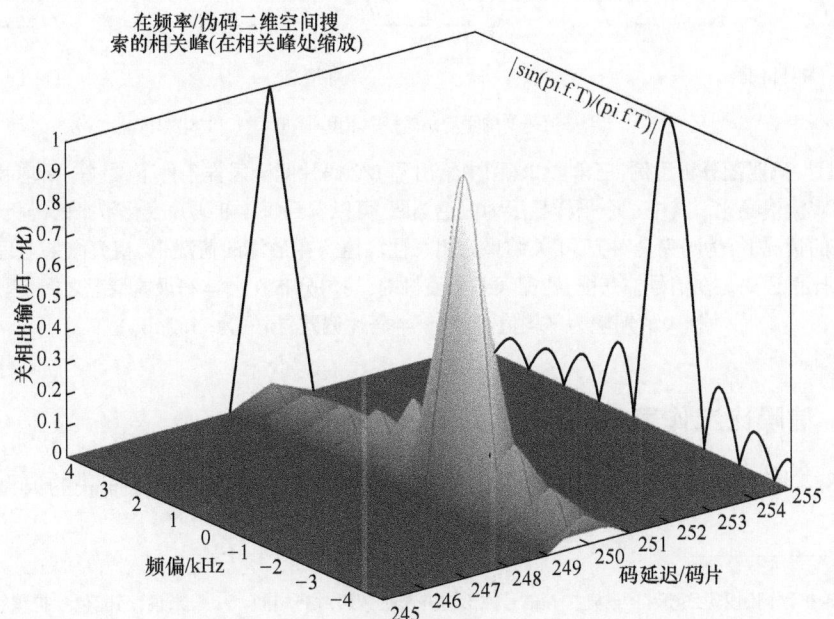

图 18.10 相关响应显示出在码坐标轴呈三角形,频率坐标轴 sinc 函数

取 f 为 100Hz，T_C 为 1ms，则

$$\text{频率失配损耗} = |\sin(\pi \times 100 \times 10^{-3})/(\pi \times 100 \times 10^{-3})|$$
$$= \sin(0.1\pi)/(0.1\pi) = 0.984 = -0.14(\text{dB}) \tag{18.6}$$

在前面"辅助 GNSS"章节中，讨论了在不同频率区间进行信号搜索的方法。在本章中，假设已经在其中一个区间中找到了信号，然后将频率偏移视为该频率区间已知边界内的未知量。进行捕获分析时，可将未知频偏设为频率单元范围的一半来估计信噪比损失。在进行最坏情况的分析时，可将频偏设置为频率区间范围。

18.5.2.4 码匹配损失 Δ_C

本地产生的伪码波形若与接收的卫星伪码信号波形完全对齐①，则可得到相关峰。若伪码和符号对齐中存在偏差，则自相关结果(ACR)将低于预期的相关峰值，从而降低观测信噪比。图 18.6 给出了相关偏差 τ 产生的相关峰值为 τ 的采样偏差。观测信噪比与相关匹配偏差的平方成反比(本例为三角波自相关响应)；如果相关器与接收信号码片错开四分之一，那么相关器输出将比理想相关峰值降低 $1/4$，如图 18.11 所示。前面提到，信噪比为功率比，因此信噪比将等于信噪比峰值$\times (3/4)^2$，一般来说：

对于三角 ACR，码片匹配分析很简单，从文献[2]可获得以下结果。

对于相关器延迟为 $1/M$ 码片的三角 ACR：捕获前平均码匹配损失为 $20\lg[(4M-1)/(4M)]\text{dB}$；最差情况码匹配损失为 $20\lg[(2M-1)/(2M)]\text{dB}$。

对于更复杂的 ACR[如二进制偏置载波(BOC)调制，具有"W"形状的 ACR]，可以将上述结果用于"W"中央的三角部分。

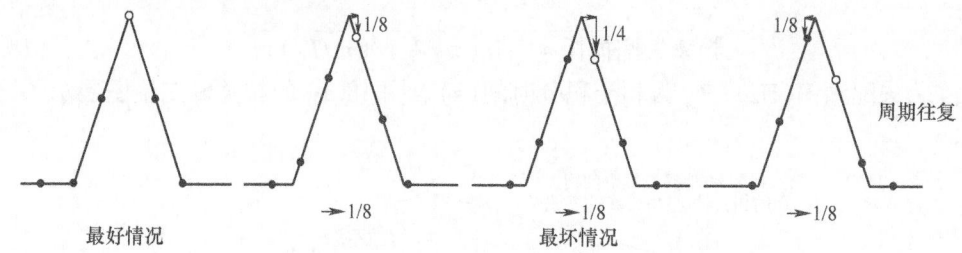

与峰值采样的平均距离=平均([0, 1/8, 1/4, 1/8])=1/8

图 18.11　码匹配分析示例：三角 ACR(图中给出了 1/2 码片间隔采样条件下，最好、平均和最差情况下的观测信噪比。其中一个采样显示为白色圆圈，可以看到每 1/8 码片变化带来的码相位变化。在最好的情况下，伪码完全对齐，相关结果为相关性峰值。在最坏的情况下，相关结果与理想的相关峰呈比例远离。在信号捕获前，匹配误差是随机的，均匀分布在最佳和最差情况之间，因此匹配损失的期望为平均值；而对于半码片偏差，损失为-1.2dB。)

18.5.3　信噪比工作表

表 18.4 给出了相干积分的信噪比工作表，其中数值为接收机信号捕获的典型值。

---

① 若扩频调制采用矩形符号，则扩频信号波形对齐与扩频码对齐相同。一般来说，匹配包含扩频符号匹配和扩频码匹配。为了术语的简洁，本章统称为"码匹配"，若严格地来讲，则应称为"扩频信号波形匹配"。

前三列(A、B、C)给出了可以用于不同星座和信号的通用公式。第四列(D)给出了 GPS C/A 信号的计算示例。该表可通过 pnt21book.com 网站查询下载。

表 18.4　相干积分工作表:从信号强度到相关后信噪比分析
(假设 GPS 信号强度为 -128.5 dBm,相干积分时间为 1ms)

序号	A	B	C	D	E	F
1		公式	GPS C/A		单位	备注
2	前端	物理	工作表			
3	信号强度			-128.5	dBm	天线端信号强度
4	中频载噪比	SS(dBW)$-kT_{\text{eff}}$	$D_3-30-10\lg(D_{27}D_6)$	45.5	dB-Hz	
5	中频带宽			3.0	MHz	带宽(BW),双边中频带宽
6	等效噪声温度			290	K	等效噪声系数 $=1.9$ dB
7	噪声功率	$30+10\lg(kT_{\text{eff}}\text{BW})$		-109.2	dBm	
8	中频信噪比	信号强度$-$噪声功率	D_3-D_7	-19.3	dB	
9						
10	相干项					
11	采样率	$2\times$码片率		2.046	MHz	每个码片2次采样
12	相干间隔时间 T_C			1	ms	设计选择
13	采样点数 M_C	$T_C\times$采样率	$=D_{12}D_{11}\times1000$	2046		
14	理想相干增益		$=10\lg D_{13}$	33.1	dB	$10\lg M_C$
15	Delta_IF			0	dB	滤波效应
16	Delta_Q			-1.01	dB	2b A/D 量化损失
17	Delta_F	$20\lg|\sin(p_i fT_C)/(p_i fT_C)|$		-0.5	dB	给定-0.5 dB 选定的二进制带宽 f
18	Delta_C			-1.2	dB	相干对齐
19	实现损耗	Delta_IF+Delta_Q +Delta_F+Delta_C	$D_{15}+D_{16}+D_{17}+D_{18}$	-2.71	dB	
20	实际相干增益		$=D_{14}+D_{19}$	30.4	dB	理想+损耗
21	相干信噪比	中频信噪比+实际相干增益	$=D_8+D_{20}$	11.1	dB	幅值比 $=10\text{^}(\text{dB}/20)$
22	幅值信噪比		$=10\text{^}(D_{21}/20)$	3.6	ratio	
23						
24	二进制带宽					

续表

序号	A	B	C	D	E	F
25	f	$0.584/(p_i T_C)$	$0.584/(P_i D_{12}/1000)$	186	Hz	选择的 f 使 Delta_F=−0.5dB
26	常数					
27	k	$1.3806×10^{-23}$		$1.3806×10^{-23}$	J/K	玻尔兹曼常数

工作表"前端"部分完成中频输出载噪比的计算。第 4 行,计算模拟信号的 C/N_0。C/N_0 为载波功率与噪声功率密度的比值,即 1Hz 带宽内的噪声功率。第 7 行,N_0 乘以中频双边带宽得到总噪声功率。第 8 行,从信号功率中减去噪声总功率,得到中频信噪比。

工作表 "相干累加"部分应用了前面 18.5.1 节和第 18.5.2 节中的相干积分分析方法。以 GPS C/A 信号为例,采样率为 2 个采样/码片,在第 14 行中可得理想相干增益 33.1dB。

在第 15 行~第 18 行中,列出了 18.5.2 节中分析的各项实现损耗。

在第 20 行中,理想相干增益与实现损耗相加,得到了实际相干增益。

在第 21 行中,中频信噪比与实际相干增益相加,得到了相干信噪比,单位:dB。

在最后一行中,由对数单位转换为幅值比值的信噪比。

最终计算幅值比的意义在于,相关峰值通常是用幅度来表示,而非其平方值。

在进行比值和 dB 之间转换时,在比值为功率比时使用 10 lg(·),当比值为幅值比时使用 20 lg(·)。原理可参阅本章末尾的附录。

18.5.4 相干积分极限

下面进一步分析该工作表。在信号功率强度为−128.5dBm(采用 3dBi 线极化天线接收 GPS L1 C/A 信号的最小信号功率[11]),相干积分时间 T_C = 1ms 时,通过相关器得到可检测的微弱信号,其 $\sqrt{SNR}$ 为 3.6,即相关峰幅值是噪声标准差的 3.6 倍。如第 17 章所提到的,当在频率-码空间中搜索时,必须设置一个检测阈值,超过这个阈值,相关峰值有效。

假设阈值为 3σ,则噪声高于该阈值的相对频率为 0.3%①。当进行信号搜索时,对象为频率单元,每个单元有 1000 个以上采样(GPS C/A 码为 1023 码片;采用在每个码片 2 次采样,每个频率单元有 2046 次采样。Galileo 公开服务扩频码的长度是其 4 倍)。因此,噪声将在每个频率单元中数次超过 3σ 阈值。综上所述,阈值设置为 3σ 对于信号可靠检测来说较低。那么如何获得高阈值呢?

若将初始信号功率强度降低到智能手机天线的接收值−140dBm,则会发现 $\sqrt{SNR}$ 值为 1σ,即相关峰淹没于噪声中,信号不可检测。更长时间的相干积分是否有效呢?利用工作表分析,在信号强度为−140dBm 的情况下,将 T_C 提高到 100ms,得到的 $\sqrt{SNR}$ 几乎为 10σ。通过长时间的相干积分(如 100ms),是否就可以解决手机的 GNSS 接收灵敏度问题,使手机检测到 GNSS 信号呢?答案是否定的。当相干积分时间远远大于 1ms 时,处理增益还会受到很多因素的限制。

长相干积分时间带来最为显著的是数据位翻转对扩频码正负值的影响。虽然可以通过

---

① 高斯累积密度函数(CDF)的 3σ 以外的面积为 0.3%,GNSS 信号相关后噪声分布非常接近高斯分布。

数据位擦除或导频通道避免,但相干积分时间长度的其他限制因素仍存在。后续会依次分析数据位翻转、频率误差和接收机速度对相干积分的影响。

18.5.4.1 数据位翻转和数据擦除

为了分析数据位翻转,可从时间角度看相干积分。时域上,相干积分是一个时序操作,每 1ms 叠加一次峰值。理想情况下,数据序列如图 18.12 所示,3 个峰值的叠加获得的相关峰为 3 倍峰值。然而,当数据位转换时,信号相位变化 180°,相干积分的时域视图如图 18.13所示,在这种情况下,由于后两个相关峰会抵消,因此积分覆盖 3 个码周期不会带来好处。

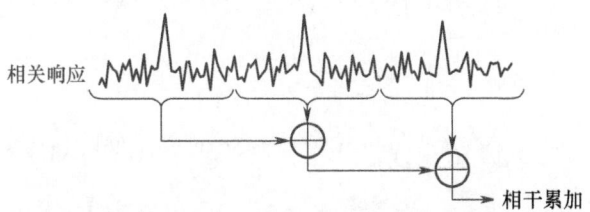

图 18.12　3 个连续周期的相干积分时序图[其中 3 个周期内相关响应相似,响应是相干累加(不改变相位)。]

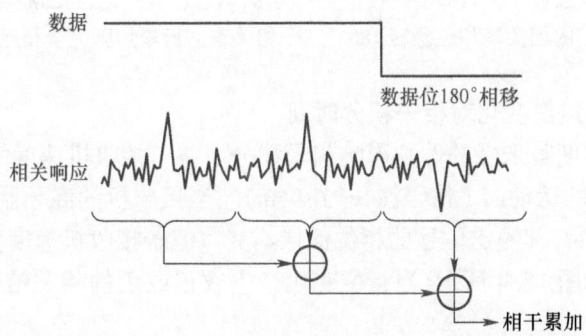

图 18.13　存在数据比特位翻转时的三个连续周期的相干积分时序图(在接收的数据位翻转时,扩频码相位变化 180°,相关响应的相位也发生变化。因此,如果进行相干积分,正峰和负峰会将相互抵消的,降低相干积分的优势。)

如果已知时间精度达到 1ms,且已知数据位信息,那么可以通过"数据擦除"补偿数据位翻转,在位翻转情况下也可以进行相干积分。然而,这方法并不是万能的,在许多情况下是无法实现,甚至是不可取的。首先,在信号捕获前(此时灵敏度最为重要),接收机无法获得毫秒级精度的时间。其次,新一代的 GNSS 信号需要具备抗欺骗能力,比如导航电文认证[12],这使得数据比特不可预测。最后,即使可以实现数据位擦除,收效也甚微,因为有参考频率误差和接收机速度的变化等其他限制相干积分时间的因素,下面对此展开讨论。

18.5.4.2 最大频差对相干积分时间

如果本地生成的码与接收到的伪码频率不完全相同,相关响应的相位会发生变化。为了得到正确的频率,必须知道卫星多普勒、参考振荡器的频率偏移和接收机的运动速度。一般来说,这些值不是预先已知,并且存在随时间而变化的相位误差。相位误差对相关峰的累积影响如图 18.14 所示。

接收机速度影响在 18.5.4.3 节讨论,本小节关注参考频率误差。频率偏差的影响在前面式(18.5)和图 18.10 中进行了表述。相干积分时间为 T_C (s),相关响应的滚降对应 sinc 函数的零深位置为 $1/T_C$ (Hz)。对应的,如果参考频率不确定度为 F (Hz),相干积分时间上限为 $1/F$ (s)。当频率误差接近 F (Hz)时,相干积分的实际增益将接近零,或 $-\infty$ (dB)。

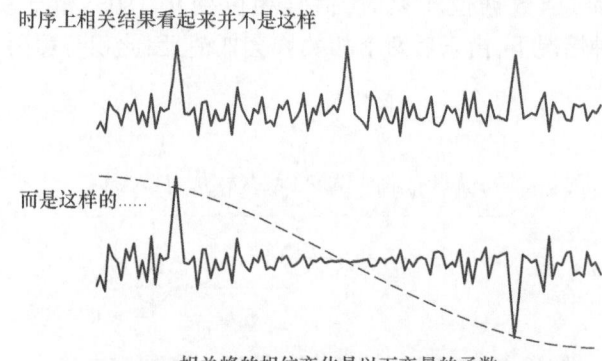

图 18.14　未知频率偏差的 3 个连续周期的相干积分时序图
(图中所示的正弦波在 3 个码周期内相位变化为 π,随着相位变化,第二周期的相关峰消失,第三周期的相关峰相位翻转 180°,三个相关若进行累加则完全相互抵消。)

18.5.4.3　最大速度变化对相干积分时间

接收机运动的速度若未经补偿则影响相干积分增益。接收机速度的影响可以想象成接收机在 GNSS 波长上的运动(L1 信号波长约 19cm)。当接收机的混频器如图 18.3 所示获得正确频率($f_{IF} + f_D$)时,其输出信号的相位保持不变。但若接收机速度变化导致 f_D 变化时,对信号的影响效果如图 18.4 所示,当相位变化产生或正或负的相关结果时,积分值将自我抵消。

在相干时间间隔内,未建模补偿的接收机速度变化若在卫星径向上达 19cm,将引起 360°相移,使 L1 信号相干积分后自相抵消。

图 18.15 所示的速度对应于频率滚降的第一个零位(换而言之,就是接收机运动通过 GNSS L1 信号的一个波长的速度)。该图给出了任意未建模补偿速度变化对应的相干积分时间上限。在选择一个满足此抵消限制的相干积分时间的同时,还应当考虑较慢速度的频率失配影响,对应的 sinc 函数量化方法如 18.5.2.3 节所述。

18.5.5　相干积分的效益

如果接收机时钟频率已知,并且接收机动态参数可以精确测量,那么作为相干积分的限制性因素的"接收机速度变化"就能带来好处。在实际应用中,这表示已经跟踪到足够数量的卫星来计算接收机的位置、速度、时钟偏差和频率。如果有速度变化的准确测量值(如来自手机惯性传感器或汽车车轮的传感器),就可以精确地计算每颗卫星的多普勒期望(如 1ppb 以内),增加相干积分时间可以使频率单元宽度值减至相似大小。

从表 18.5 中可以看到,T_C = 100ms 对应的频率单元宽度为 2Hz。由于频率单元宽度与

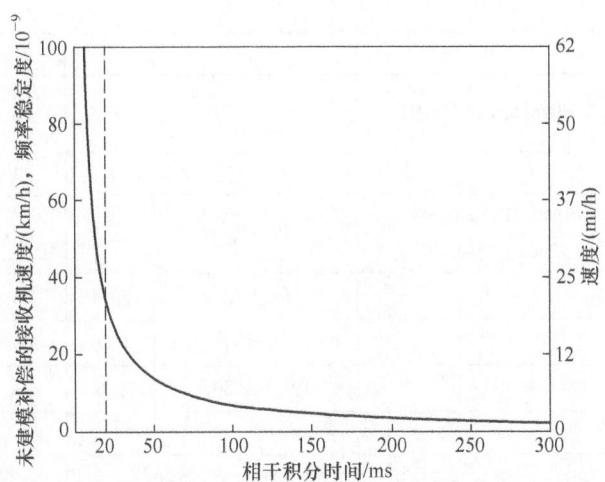

图 18.15　未建模补偿的接收机速度、频率与相干积分时间关系(接收机速度在卫星径向变化,
这将使 L1 信号在相干积分后的正负抵消。这给出了相干积分时间的上限。
在 20ms 处绘制了一条线,对应 GPS 数据位周期,表明只有当接收机速度和加速度已知
并运用在相关和信号搜索中时,数据擦除和相干积分时间大于一个数据位长才有意义。)

$1/T_C$ 线性相关,T_C = 200ms 对应的频率单元宽度为 1Hz。本节后续,假设 T_C = 200ms,对于 GNSS 信号而言小于 1Hz。

表 18.5　相干积分工作表:从信号强度到相关后信噪比分析
(假设 GPS 信号强度为 -140dBm,相干积分为 100ms)

序号	A	B	C	D	E	F
1		公式		GPS C/A	单位	备注
2	前端	物理	工作表			
3	信号强度	—	—	-140	dBm	天线端信号强度
4	中频载噪比	SS(dBW)$-kT_{eff}$	$D_3-30-10\lg(D_{27}D_6)$	34	dB-Hz	
5	中频带宽			3.0	MHz	带宽,双边中频带宽
6	等效噪声温度			290	K	等效噪声指数=1.9dB
7	噪声功率	$30+10\lg(kT_{eff}BW)$		-109.2	dBm	
8	中频信噪比	信号强度-噪声功率	D_3-D_7	-30.8	dB	
9						
10	相干项					
11	采样率	2×码片率		2.046	MHz	每码片 2 次采样
12	相干间隔时间 T_C			100	ms	设计选择
13	采样点数 M_C	T_C×采样率	$D_{12}D_{11}$×1000	204600		
14	理想相干增益		$10\lg D_{13}$	53.1	dB	$10\lg M_C$
15	Delta_IF			0	dB	滤波效应
16	Delta_Q			-1.01	dB	2btA/D 量化损失

续表

序号	A	B	C	D	E	F
17	Delta_F	$20\lg|\sin(p_i fT_C)/(p_i fT_C)|$		-0.5	dB	给定-0.5dB 选定的二进制带宽 f
18	Delta_C			-1.2	dB	相干对齐
19	实现损耗	Delta_IF+Delta_Q+Delta_F+Delta_C	$D_{15}+D_{16}+D_{17}+D_{18}$	-2.71	dB	
20	实际相干增益		$D_{14}+D_{19}$	50.4	dB	理想+损耗
21	相干信噪比		D_8+D_{20}	19.6	dB	
22	幅值信噪比		$10^{\wedge}(D_{21}/20)$	9.6	ratio	幅值比=10^(dB/20)
23						
24	二进制带宽					
25	f	$0.584/(p_i T_C)$	$0.584/(P_i D_{12}/1000)$	2	Hz	选择的 f 使 Delta_F=0.5dB

在第17章中,可看到接收机速度对多普勒的影响为

$$L_x \times 速度 \times \cos\theta/c$$

式中: θ 为接收机运动方向与卫星视线之间的夹角。

请看一个算例:假设接收机速度为1km/h(0.278m/s),载波频率为L1,则接收机速度产生的多普勒效应为

$$1.575 \times 10^9 \times 0.278 \times \cos\theta/(3 \times 10^8)\,\text{Hz} = 1.46\cos\theta\,\text{Hz} \approx \cos\theta\,\text{Hz}$$

当接收机沿卫星方向移动时,接收机速度每增加1km/h,多普勒频率约为1Hz,其他情况下为 $\cos\theta$ Hz。因此,如果采用很长的相干间隔,比如 $T_c=200$ms,并且接收机时钟频率误差已消除,那么相干积分将被精确地调整到视线(LOS)信号的实际多普勒频率。

这样做的好处在于,任何来自其他方向的非视线(NLOS)多路径信号将具有不同的多普勒 $(\cos\theta_{\text{LOS}}-\cos\theta_{\text{NLOS}})s$Hz,其中 s 为接收机速度,单位:km/h, $\cos\theta_{\text{NLOS}}$ 是NLOS信号的角度。在此例子中,单元宽度小于1Hz,sinc函数在单元宽度外滚降剧烈。结果是,与LOS信号相比,大多数多径信号严重衰减。

长相干间隔、已知准确接收机时钟频率和接收机速度(也就是信号多普勒)这样的组合,就像是合成了一个直接指向这颗卫星的定向天线。这只是一个类比,长时间的相干积分并不完全等同定向天线。长时间相干积分可以产生张角为 2θ 范围内的高增益,如图18.16所示。只要没有NLOS信号的入射角接近 θ(没有NLOS信号在该锥角边缘),就可以将其视作一个高增益定向天线。

通过适当地调整每个信道,使每颗卫星 k 对应 $v\cos\theta_k$,则可推广至所有卫星。因此,在 θ 角度内无干扰的NLOS信号情况下,在长相干间隔加上接收机速度已知量的优势可以被应用。

这种方法被称为超紧密结合的INS辅助,并已经过多年的研究(如文献[13]和其参考文献)。然而,这项技术一般需要昂贵的运动传感器,目前还没有在消费型GNSS领域广泛应用;随着传感器技术的提升,对于这个领域近来也开展了新的探索[14]。

图 18.16　与接收机速度的多普勒效应相匹配的频率宽度相干积分将在频率
偏移为 $v\cos\theta$ 处获得高增益，也就是在张角为 2θ 的圆锥边缘产生高指向增益

上面解释了如何通过获得信号频率搜索域的确切位置的情况下来利用长相干积分特性，然而，必须首先检测到信号——因此必须回到信号捕获问题，由于 18.5.4 节中所述的各项原因，相干积分间隔被限制在几毫秒内。那么，在这样的限制下如何获得所需的灵敏度呢？答案是非相干积分。

18.6　非相干积分

非相干积分是对重复的短时相关积分的信号幅值进行再积分的过程。这可以消除相干积分间隔时长对相位灵敏度的限制，例如，如果存在 180°的相位变化，那么相干积分就会自我抵消，但如果控制相干间隔来避免明显的相位变化，再对结果相加，就不会发生这种情况。下面建立非相干积分的工作表，以便更清楚地进行分析说明。

18.6.1　I 和 Q 路通道

在上面关于相干积分的讨论中，可以看到卫星数据位翻转、参考频率的偏移和接收机运动都对观测信号的相位变化和相关响应产生影响。为了处理相位变化，现在考虑有 I 路（同相）和 Q 路（正交）通道的情况。图 18.3 给出了只有同相通道的接收机框图。下面通过图 18.17，解释说明高灵敏度接收机针对每个信号通道利用 I 和 Q 路进行跟踪的原理。采用 I 和 Q 两路，信号能量不会随着相位的变化而损失，而只是在 I 和 Q 两路间转换，可以通过对 I 和 Q 路相关器结果的平方和相加，恢复相关峰。在完成平方运算后的积分被称为非相干积分。

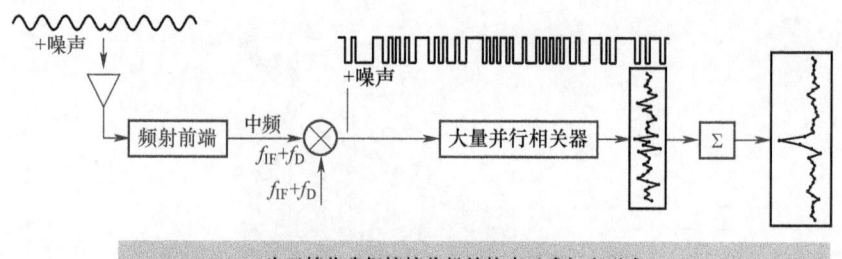

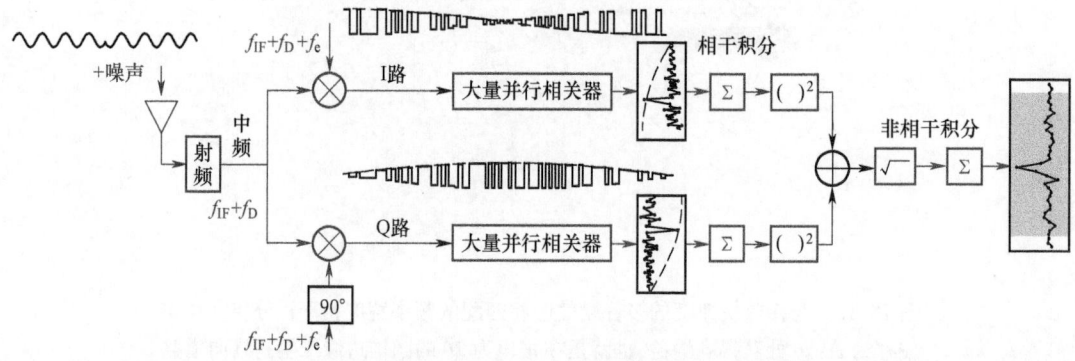

图 18.17　接收机框图显示了单个信道的 I 和 Q 路通道

[信号在中频后被分开,分别进入两个混频器。Q(正交)混频器的输入的参考频率与 I(同相)参考频率相比偏移 90°。随着输入信号相位变化,相关响应中的信号能量将从 I 相关器和 Q 相关器之间移动,从而可以对 I 和 Q 相关器的结果进行平方和相加来恢复相关峰值。这样的基带模块在每个信道都有一个,图中对此进行了简化。]

要注意到的是,实际应用中即使采用精确校准参考振荡器,残余频率误差也几乎总是存在。如前一章所讨论的,在一个假设位置观测到的卫星多普勒频率变化约为 1Hz/km。残余频率误差也是加速度的函数,速度每改变 1km/h 频率误差约 1Hz。所以,除非 GNSS 接收机有一个精确的参考振荡器,并且位置、速度和加速度已知①,I 和 Q 路通道将表现如图 18.17 所示的频率相关性。如果希望采用长积分时间,则需要对 I 和 Q 路相关器的结果进行平方和相加,以消除频率相关性,这将在 18.6.2 节详细讨论。一个常见误区是,取平方只是为了消除信号中未知数据比特位的影响。虽然平方确实有这种效果,但这并非主要目标。即使对没有数据比特的导频通道进行积分,也需要非相干积分来达到高灵敏度的目的。

18.6.2　平方和与平方损失

在本节将首先说明平方和(RSS)的计算方法,然后分析 RSS 对噪声和信噪比的影响。

如果没有噪声,RSS 运算将不会对相关响应的峰值产生影响。但在噪声存在的情况下,RSS 会带来 3 个变化。

(1) 相关峰值变化。

---

①　实际中这意味着接收机必须处于静止状态。

(2)噪声均值提高。相干积分时噪声的均值为零,但 RSS 运算后噪声的均值不为零,相当于降低了相关峰的有效高度。

(3)噪声的标准差发生变化。

这三项改变信噪比的因素被统称为"平方损耗"。

首先分析没有噪声情况下的 RSS。图 18.18 给出了进入相关器前的无噪声信号形式。其中同相信号可以表示为

$$I = d_k(t)\cos(\omega t) \tag{18.7}$$

式中:d_k 为信号的数字部分,即扩频码和数据位;ω 为残余频率误差。

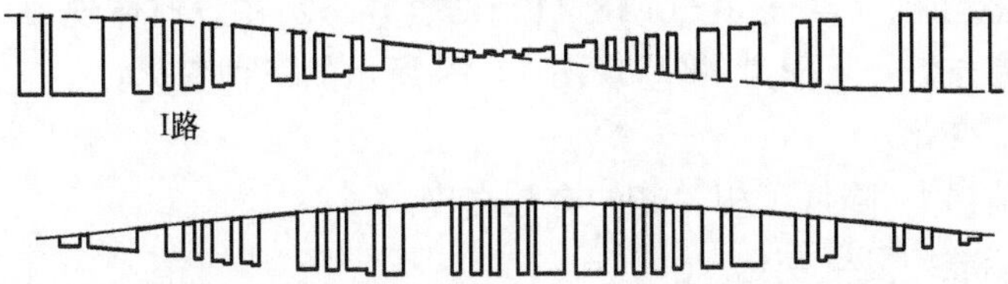

图 18.18 无噪声信号在相关器前的表示

(信号由混频器上的残余频率误差调制的数字元件组成。信号的 I 和 Q 分量相位相差 90°。)

那么正交信号就表示为

$$Q = d_k(t)\sin(\omega t) \tag{18.8}$$

图 18.14 展示了残余频率误差引起相位变化的时序相关结果。在 I 或 Q 路的相关峰将与相关前 I 和 Q 路的频率 ω 发生相同的相位变化,即在 I 或 Q 路上,相关峰将在正值、零、负值之间往复。在另一路上规则相同,但相移为 90°。通过式(18.7)和式(18.8)可以看出无噪声情况下信号的变化规律。式(18.7)和式(18.8)描述的是相关器输入的信号。在乘以本地产生的扩频码 $d_k(t-\tau)$ 后,对结果求和,将得到式(18.9)和式(18.11)。如果要进行数据位擦除,那么 $d_k(t-\tau)$ 将包含辅助数据提供的已知数据位的 180°相位变化信息。

无噪声 I 路的相关值为

$$I = \sum_{}^{T_C} d_k(t)\cos(\omega t) d_k(t-\tau) \tag{18.9}$$

式中:T_C 为相干积分时间。

式(18.9)因为有 $\cos(\omega t)$ 项,所以是非线性的,但可以用线性方程来近似它。按照设计,频率区间在设计上区间宽度 T_C 远小于频率偏差对应的周期(正如上文谈到的,如果不是如此,在区间内的相干积分叠加相反相位的相关结果,降低检测信号能量)。因此,I 路相关值写成如下线性形式:

$$I = \sum_{}^{T_C} d_k(t)\cos(\omega t) d_k(t-\tau) \approx \sum_{}^{T_C} d_k(t)\cos\theta d_k(t-\tau)$$

$$= \cos\theta \sum_{}^{T_C} d_k(t) d_k(t-\tau) = \cos\theta R_\tau \tag{18.10}$$

式中:θ 为 ωt 在 T_C 间隔内的平均值。

在积分间隔的前端,相位为 $\omega t = \omega t_0$,在末端为 $\omega t = \omega(t_0 + T_C)$。根据设计,$T_C \ll 1/\omega$,

该时段内的相位变化在全周期内占比很小,因此式(18.9)可以线性化得到式(18.10)。

此时,I 为相关响应函数 R_τ 与残余相位误差 θ 的乘积。

相似地,对于 Q 路可以得到：

$$Q \approx \sin\theta \sum^{T_C} d_k(t) d_k(t-\tau) = \sin\theta R_\tau \qquad (18.11)$$

现在若将 I、Q 两路相关后数值取平方并相加,可以得到：

$$I^2 + Q^2 = \cos^2\theta R_\tau^{\ 2} + \sin^2\theta R_\tau^{\ 2} = (\cos^2\theta + \sin^2\theta) R_\tau^{\ 2} = R_\tau^{\ 2} \qquad (18.12)$$

式中:R_τ 为延迟为 τ 的相关响应函数。

综上,RSS 运算的效果是,在没有噪声的情况下,得到无残余频率误差的相关结果。然而,I 和 Q 路中包括随机噪声,这在式(18.11)和式(18.12)中没有体现。

RSS 运算若综合信号与噪声,将呈现图 18.19 所示的三种变化：

(1) 相关峰值变化。

(2) 噪声均值提高,降低了相关峰的有效高度。

(3) 噪声的标准差发生变化。

这三者产生了"平方损耗"。

平方损耗是 RSS 运算前后的信噪比的比值。在 RSS 运算前,在 I 和 Q 路上都有相关结果,所以将信噪比定义为相干信噪比为

$$\left(\frac{S_0}{\sqrt{2}\sigma_{N_0}}\right)^2 \qquad (18.13)$$

式中：S_0 为峰值(大于0),I 和 Q 路中的噪声是标准差为 σ_{N_0} 的随机变量中,I 路中的噪声与 Q 路中的噪声不相关,因此合并后相干噪声标准差为 $\sqrt{2}\sigma_{N_0}$[4-5,15]。有时称相干信噪比为平方运算前信噪比,来强调其未进行平方运算。

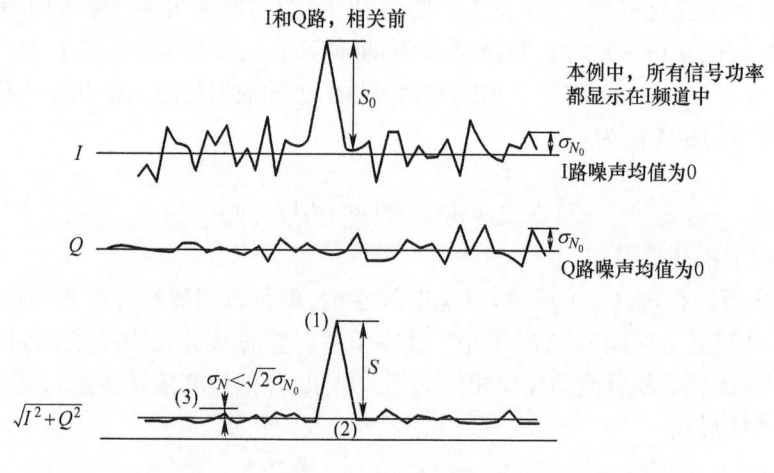

图 18.19 I 和 Q 路的相关响应,以及其 RSS 值 $\sqrt{I^2+Q^2}$

(I 和 Q 路的噪声均值由深色细横线表示。)

RSS 运算后,有不同的 S 值(定义为相关峰在噪声非零平均值之上的高度值,如图 18.19 所示)和不同的噪声：

$$\text{RSS 运算后信噪比} = \left(\frac{S}{\sigma_N}\right)^2 \tag{18.14}$$

平方损耗的计算公式为

$$\text{平方损耗} = \frac{\text{RSS 运算后的信噪比}}{\text{相关信噪比}} = \frac{S^2}{\sigma_N^2} \cdot \frac{2\sigma_{N_0}^2}{S_0^2} \tag{18.15}$$

这个函数的分析依据文献[2],针对期望值 σ_N^2,得到图 18.20 所示的结果,以及如式(18.16)所示的多项式表达式。

表 18.6 非相干积分工作表:从信号强度到相关后信噪比分析
(假设 GPS 信号强度为 -150dBm,相干积分为 10ms)

序号	A	B	C	D	E	F
1			公式	GPS C/A	单位	备注
2	前端	物理	工作表			
▲3	信号强度			-150	dBm	天线端信号强度
▲8	中频信噪比	信号强度-噪声功率	$D_3 \sim D_7$	-40.8	dB	
10	相干项					
11	采样率	2×码片率		2.046	MHz	每码片 2 次采样
12	相干间隔时间 T_C			10	ms	设计选择
13	采样点数 M_C	T_C×采样率	$D_{12} \cdot D_{11} \cdot 1000$	20460		
14	理想相干增益		$10\lg D_{13}$	43.1	dB	$10\lg M_C$
15	Delta_IF			0	dB	滤波效应
16	Delta_Q			-1.0	dB	2bA/D 量化损失
17	Delta_F	$20\lg|\sin(p_i \cdot f \cdot T_C)/(p_i \cdot f \cdot T_C)|$		-0.5	dB	给定-0.5dB 选定的二进制带宽 f
18	Delta_C			-1.2	dB	相干对齐
19	实现损耗	Delta_IF+Delta_Q+Delta_F+Delta_C	$D_{15}+D_{16}+D_{17}+D_{18}$	-2.7	dB	
20	实际相干增益		$=D_{14}+D_{19}$	40.4	dB	理想+损耗
21	相干信噪比		$=D_8+D_{20}$	-0.4	dB	
22	幅值信噪比		$10^{\wedge}(D_{21}/20)$	1.0	ratio	幅值比 = $10^{\wedge}$(dB/20)
23						
24	非相干项					
25	平方损耗	函数(相干信噪比)		-1.67	dB	图 18.20 和式(18.16)
26	全部积分时间(T_{n_c})			500	ms	
27	nc 数量,M_{n_c}		T_{n_c}/T_C	50.0	间隔	全部/积分间隔
28	非相干增益	$10\lg(M_{n_c})$	$10\lg(27)$	17.0	dB	

续表

序号	A	B	C	D	E	F
29	最终信噪比	相干信噪比+ 平方损耗+非相干增益	$D_{21}+D_{28}D_{25}$	14.9	dB	
30	Sqrt(SNR)比率					
31	二进制带宽			5.6	ratio	幅值比=10^(dB/20)
32	f	$0.584/(p_i \cdot T_C)$	$0.584/(P_i \cdot D_{12}/1000)$	2	Hz	选择的f使 Delta_F=−0.5dB

表 18.7 接收机灵敏度比较(新设计的 L5P 信号与 GPS C/A 信号)

序号	A	B	D	E	F	G
1		公式	GPS C/A	L5P	单位	备注
2	前端	物理				
3	信号强度		−159	−163.6	dBm	天线端信号强度
4	中频载噪比	$SS(dBW)-kT_{eff}$	15.0	10.4	dB-Hz	
5	中频带宽		3.0	30.0	MHz	双边中频带宽
6	等效噪声温度		290	290	K	噪声系数=1.9dB
7	噪声功率	$=30+10\lg(kT_{eff}BW)$	−109.2	−99.2	dBm	
8	中频信噪比	信号强度−噪声功率	−49.8	−64.4	dB	
9						
10	相干项					
11	采样率	2×码片率	2.046	20.46	MHz	每码片2次采样
12	相干间隔时间 T_C		20	200	ms	C/A 根据数据 位限制为 20ms 在 18.5.5 节解释 200ms
13	采样点数 M_C	T_C×采样率	40920	4092000		
14	理想相干增益		46.1	66.1	dB	$10\lg M_C$
15	Delta_IF		0	0	dB	
16	Delta_Q		−1.0	−1.0	dB	
17	Delta_F	$20\lg|\sin(p_i f T_C)/$ $(p_i f T_C)|$	0	0	dB	跟踪 Delta_F 和 Delta_C=0
18	Delta_C		0	0	dB	
19	实现损耗	Delta_IF+Delta_Q+ Delta_F+Delta_C	−1.0	−1.0	dB	
20	实际相干增益		45.1	65.1	dB	理想+损耗
21	相干信噪比	中频信噪比+相干增益	−4.7	0.7	dB	

续表

序号	A	B	D	E	F	G
22	幅值信噪比		0.6	1.1	ratio	幅值比=10^(dB/20)
23						
24	非相干项					
25	平方损耗	函数(相干信噪比)	−5.43	−0.77	dB	图18.20和式(18.16)
26	全部积分时间 T_{n_c}		10000	10000	ms	设计选择
27	n_c 数量,M_{n_c}	T_{n_c}/T_C	500.0	50	间隔	全部/积分间隔
28	非相干增益	$10\lg M_{n_c}$	27.0	17	dB	
29	最终信噪比	相干信噪比+平方损耗+非相干增益	16.9	16.9	dB	
30	SNR 比率		7	7	ratio	幅值比=10^(dB/20)
31	二进制带宽					
32	f	$0.584/p_i T_C$	9.3	0.9	Hz	选择的 f 使 Delta_F=−0.5dB

RSS 后信噪比多项式的近似表达由 Lowe[7] 提出:令 $\alpha = \sqrt{2\gamma}$,α 为 I 或 Q 单路平方前 $\sqrt{\text{SNR}}$ 幅值,两路幅值相等,则 $\alpha^2/2 = \gamma$,相干信噪比,可得:

$$\text{RSS 运算后的信噪比} \approx \frac{\pi}{4-\pi}\left(\frac{\alpha^2}{4} - \frac{\alpha^4}{64} + \frac{\alpha^6}{768}\right) \quad (\alpha > 1.6755)$$

$$\approx \frac{2}{4-\pi}\left(\alpha - \sqrt{\frac{\pi}{2}} + \frac{1}{2\alpha} + \frac{1}{8\alpha^3} + \frac{3}{16\alpha^5}\right)^2 (\alpha > 1.6755)$$

(18.16)

以上多项式方程并不会对直观理解平方损耗有帮助,但它们在表 18.6 和表 18.7 中非常有用。为了增强理解,同样可以下载工作表,参考图 18.20 的不同的信噪比值在使用中进一步理解。

18.6.3 非相干积分工作表

基于上述的分析和数据,可以扩展相干积分工作表(表 18.6)形成完整的非相干积分工作表。

在上面的表 18.5 中,给出了 GPS 信号强度为−140dBm 的实例,在这个例子中需要采用很长且难以达到的相干积分时间(如 100ms)才能完成信号的捕获。此外,如果采用 100ms 的相干间隔,频率区间宽度将为 2Hz。在前一章节,A-GNSS 将频率搜索空间从 17.45kHz(无辅助 GPS)减少到 0.324kHz(A-GPS)。因此,即便使用 A-GPS,在频率单元宽度为 2Hz 的情况下,需要完成 162 个单元的搜索才能检测到信号。因此,总搜索时间为 162×0.1s=16.2s。需要已知数据位信息,来完成数据擦除处理,即使如此,若接收机时钟或速度有少量

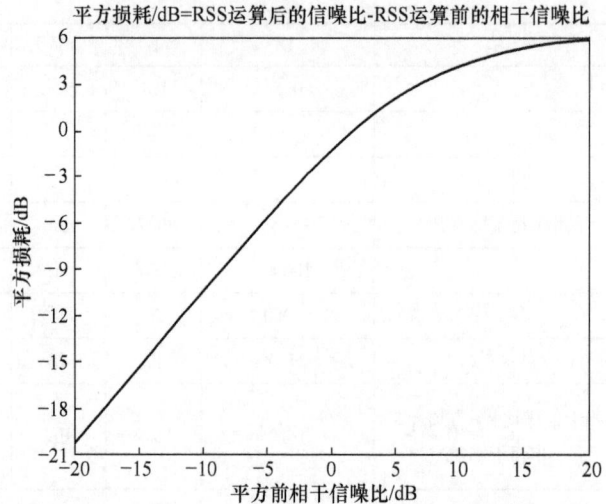

图 18.20　平方前的信号相干信噪比与平方损耗(单位：dB)的关系

(一般来说当 RSS 运算会降低信噪比时，平方损失为负值。来源：van Diggelen[2]。)

变化就会导致搜索失败①。

非相干积分优势体现于，在限定相干积分时间为理想的 10ms 条件下，即使信号强度弱 10 倍(−150dBm)也可以完成信号捕获，这时频率区间扩展到 10 倍的宽度即 19Hz，搜索区间总数为 324Hz/19Hz=17。每个区间的搜索时间为 0.5s(工作表第 26 行)，总搜索时间为 17×0.5s=8.5s。这大约是表 18.5 中相关实例搜索时间的一半。10 倍宽度的频率区间可以 10 倍地降低接收机速度改变导致正负相抵的敏感性。此外，接收机时钟也要改变 10 倍以上才能驱动频率区间的转换。

总结：非相干积分可用相干积分一半的搜索时间捕获弱 10 倍的信号，同时为接收机时钟和速度变化提供了 10 倍的余量。

智能手机上的接收机就是通过这样的非相干捕获方案搜索并捕获 −150dBm 左右的微弱信号的。安卓手机有很多应用程序 App 可以显示 GNSS 的 $C/N_0$②，通过它可以很简单地看到手机接收大约 24dB-Hz 的信号(相当于 −150dBm，如图 18.5 所示)。手机的捕获灵敏度最高在 −156dBm 左右，这个数值由搜索时间、本振的稳定性和手机移动速度等实际限制决定。通过调整非相干工作表，可以发现 −156dBm 以下信号的总搜索时间会显著增加。当然，如果拥有非常稳定的振荡器和接收机处于静态，则灵敏度几乎没有理论极限。但对于普通用户来说，这种"实验室"敏感度可能没什么实际用处。

---

①　当接收机速度变化 $19cm/T_c=0.19m/0.1s=7km/h$ 时，相干积分完全抵消。此外，如果接收端时钟频率改变 2Hz 或 1.3ppb，信号就会从一个频率区间转换到另一个区间。智能手机中典型晶体振荡器会以 1ppb/s 或更高的频率定期改变频率，所以当以 100ms 相干积分时间搜索信号时，它会从一个 2Hz 宽度的区间滑动到其他区间。当找到信号所在的区间时，它可能已不在这里了。

②　很不幸，截至本书编写时，由于 iPhone 的 iOS 核心定位 API 限制，它无法显示 GNSS 的 C/N_0，甚至也无法显示 GNSS。

以上没有分析多普勒对复包络的时间压缩影响①。除非生成时间压缩的副本来补偿，否则它会限制相干积分时间。对于非相干积分，扩频码多普勒会限制非相干积分数，尽管这没有在工作表中作为一种典型的实际非相干积分间隔的影响因素。如果进行扩频码多普勒补偿，非相干积分数可以得到扩展。这里不再详细讨论，但可以参考文献[10]。

A-GNSS 和信号积分结合可以获得高灵敏度。在此基础上，就可以分析 GNSS 信号的优良性。在下一节，将对比现有的 GNSS 信号，在最后一节，将讨论如果可以设计新的 GNSS 卫星信号，应该是什么样子。

18.7 GNSS 信号的比较

本节利用前面的知识来分析 GNSS 信号，然后从信号捕获和灵敏度的角度来比较不同 GNSS 信号的优越性。

18.7.1 消费型 GNSS 接收机的演化

首先，一起看一下近年来消费型 GNSS 接收机结构的演变，从中可以发现，捕获速度和灵敏度已经成为接收机结构变化的主要指导因素，该结构迅速发展并充分利用 GPS C/A 代码的特性。接下来，看一下消费型 GNSS 的成本限制。之后，看看新的扩频码和更高数据速率设计的成本效益分析，就会发现，GPS L1 C/A 代码几乎就是为消费型 GNSS 获得高捕获灵敏度而设计的。

1993 年，当 GPS 达到初始运行能力时，接收机只有几个相关器，只能一次搜索一个扩频延迟，将结果存储并累加，如果没有发现能量峰值就继续搜索。卫星的捕获时间很长，且只有在信号很强的情况下才能成功捕获卫星（也就是说，需要你在室外，手里拿着接收机，且不能在树下。有一定年纪的读者可能还记得那个时代）。接下来的接收机采用的是相当数量的相关器组，如图 18.21 所示，好处是一旦捕获信号可实现早-晚码跟踪。当 A-GPS 成为 E-911 的重要新兴技术时，设计者开始使用大量的相关器。匹配滤波器结构的出现可以实现整个码周期的并行搜索，然后对整个码周期的多个频率单元并行搜索。要注意的是，内存大小是按比例增长的，因为要并行地累加和存储所有可能的假设量。

这种方法在 1999 年到 2001 年被提出[17-19]，现在所有的消费型接收机都采用某种形式的大规模并行相关，尽管目前的大多数接收机在实现上采用的是图中最后一项第四代的形式——通过使用快速傅里叶变换（FFT）和逆变换（IFFT）来实现卷积。利用 FFT 方法，可以缩小芯片尺寸，但内存仍然是成本和尺寸的主要因素，在讨论成本约束时需要考虑。但首先须看看推动这种架构演进的好处。

随着相关器数量的增加，在给定时间内捕获的灵敏度会增加。这是因为，随着并行搜索数量的增加，积分时间也增加。灵敏度的分贝数在对数单位下和资源多少存在一一对应的关系。

图 18.22 显示了从 1993 年到 2013 年 20 年间的 4 代接收机。起初接收机使用几个相关器，可以搜索一个频率区间的千分之几；在 20 世纪 90 年代末，可以搜索一个频率区间的

---

① 时间压缩现象由 Betz 在文献[10]及 3.2.1 节中描述，扩频码多普勒补偿在文献[10]及 16.3.2 节中描述。

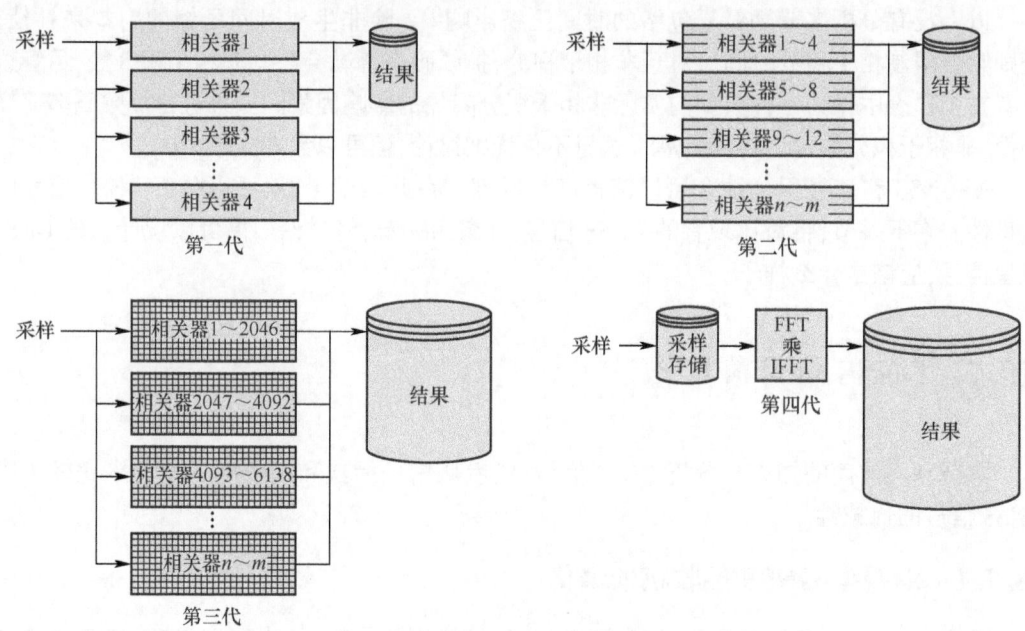

图 18.21　4 代 GNSS 接收机的示意图

（第 1 代接收机中采用单相关器并联,单相关器每次搜索一个扩频码延迟；第 2 代采用相关器组；第 3 代采用全周期相关匹配滤波器。在第 4 代中,相关是在频域完成的,频域乘法相当于时域卷积。）

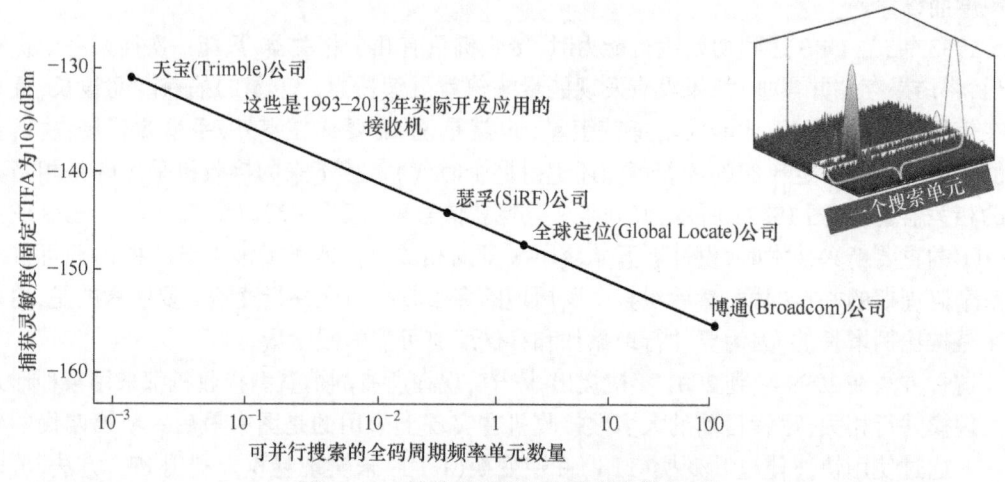

图 18.22　捕获灵敏度与相关器个数关系

（横轴表示可并行搜索的全码周期频率单元数量（对应相关器的数量,但当有大量相关器时,从全码周期角度讨论就更有意义）。图中显示了相关器的数量与捕获灵敏度的一一对应关系。）

大部分；而今天,手机中的接收机可以并行搜索 100 多个完整的频率区间。因此,无须花费时间进行串行搜索,而是将整个时间用在每个可能的伪码-频率假设上的积分信号,以达到 -156dBm 的灵敏度。

倘若在 20 年前实现这个方法,也就是曲线左上角的位置,芯片大小将是摩尔定律的 10 次迭代,也就是 2^{10},相当于要大一千多倍。

所以可以看到，GNSS 行业在搜索由 GPS C/A 码所定义的空间的快速发展符合 1∶1 的成本效益曲线。

下面简单总结一下：

增强搜索能力对成本效益是有好处的，而且大多数消费型芯片都支持对 L1 上所有可用 GNSS 信号进行大规模的并行搜索。内存用于存储所有并行搜索的假设值，当前正是内存决定了芯片大小。关于新型 GNSS 信号的学术期刊经常说到现在的内存非常便宜（由于摩尔定律），这支持了长扩频码的合理性。但是从消费者市场的角度来考虑一下成本：现代消费型 GNSS 芯片上的内存大约占成本的 65%——如图 18.23 的饼状图中所示。

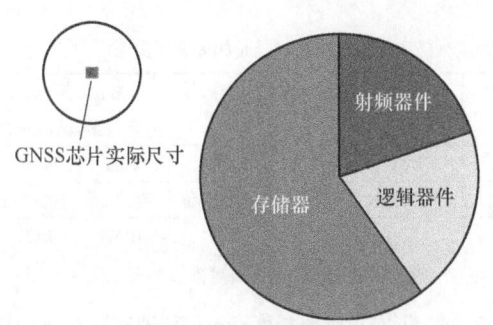

图 18.23　GNSS 芯片主要组件的相对尺寸关系饼图

20 年前，如果制造同样的芯片，内存成本仍然约占芯片成本的 65%。也就是说，内存的相对成本不会随时间而改变。每年有超过十亿台新 GNSS 手机上市，其原因是组件的价格很有竞争力。没有必要讲："50 美分对我来说不多，所以我愿意用双倍的内存来适应新的长码。"如果看一下手机部件的材料清单[20-21]，就会发现，大多数的手机芯片价格为 1 美元甚至更低。因此，如果任何一家芯片制造商的芯片尺寸和成本发生变化，比如说 50 美分，那么他们会立刻比竞争对手贵 50%，这项额外成本带来的好处一定要非常突出，否则会被挤出手机市场。总的来说，制造商的竞争成本限制考虑的是相对百分比，而不是绝对值①。

18.7.2　成本效益分析

现在，研究一些可供使用的新型 GNSS 信号，并对它们进行成本效益分析，特别是在捕获灵敏度方面。当你读到本书时，可能已有更多的新信号开始播发（如北斗 3 号和 GPS L1C），可以使用这里的方法对它们进行类似的成本效益分析。

图 18.24 给出了 L1 频段上的可用信号。扩频码长度越长，就需要存储越多的预设参数来进行大规模并行搜索，因此搜索内存成本线性增加。

因为 Galileo 系统采用 BOC 扩频码，如果要保持与 GPS C/A 码 1/2 的码片间距相同的捕获码匹配损失，则需要 1/3 的码片间距（见 18.5.2 节）。当间距大于 1/3 码片时，Galileo 信号的捕获损失会高于 GPS C/A。1/3 码片的间隔要求进一步增加了存储搜索结果所需的

---

① 不参与手机制造的读者可能会说，"从消费者的角度来看，几美分的价格增加根本不是什么大问题，芯片大小增加几平方毫米也无关紧要。"这个结论的逻辑并不正确。将 BOM 成本等同于零售价是错误的。但更重要的是，设计决策是一个竞争过程，在 A 芯片与 B 芯片中进行选择时，价格是按百分比进行比较的。你或许不认同，但事实就是如此。

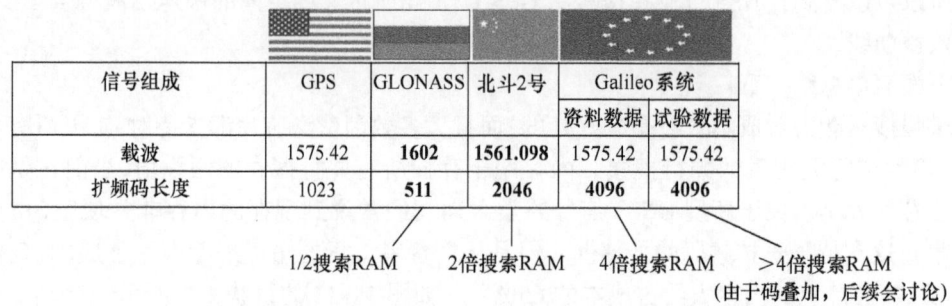

图 18.24　不同扩频码长度和不同码速率的 GNSS 成本
（按 RAM 大小计算。与 GPS C/A 的区别用黑体字突出显示。）

RAM 数量。搜索内存与 GPS C/A 相比可能不是多 4 倍，而是多出 6 倍。

长扩频码的主要优点是提升了自相关和互相关特性。对于 GNSS 系统的设计方来说，如果要让多个系统使用相同的频段，并尽可能少地影响噪底，这个特性就很重要。但是，从消费型 GNSS 提高捕获灵敏度的角度来看，最好使用较短的扩频码。高灵敏度接收机遇到的一个问题是互相关拒绝：接收机可能因为自身的高动态范围被欺骗，也就是当卫星被完全遮挡时，因互相关而"捕获"另一个可见卫星的强信号。较长的扩频码有助于防止这种情况的发生，但在实践中，互相关问题可能没有想象的那么严重，可用其他方法来识别互相关。

高码率及相对应的短码片长度也有相应的好处。如果码长度很小，相关峰就更清晰，从而提供更高的精度，比如 GPS P 码。Galileo 系统使用 BOC 扩频调制，尽管码片长度与 GPS 相同，但相关峰不是一个简单的三角形，而是"W"形，具有比 GPS 更尖锐的主峰。因此，可预期 Galibeo 系统的精度会与北斗相近；事实上，因为 Galileo BOC(1,1) 的相关峰比 BDS B1I 的 BPSK-R(2) 扩频调制的相关峰更尖锐，预计 Galileo 系统的精度会更高一些。有关这些信号的详细信息，请参阅文献[10]。

正如图 18.25 所示，这两张图显示了 GLONASS、GPS 和北斗系统的平均伪距残差，优势非常显著。图中数据使用的是已知真实位置计算拟合后的残差。换句话说，这些图显示了伪距测量的平均误差。(a) 是在密集的城市环境中驾车测量，(b) 是在乡村高速公路上驾车测量。

从图中可以看出，误差的高低是按照码片长度顺序排列的，北斗系统和 Galileo 系统是可以获得更高的精度，但北斗和 Galileo 系统需要更多的内存来进行并行搜索。

那么，在实践中这意味着什么呢？这意味着接收机会使用所有的扩频码，但不会为所有信号设计大规模的并行搜索能力，而是先搜索 GPS 和 GLONASS 信号来设置本地时钟，然后

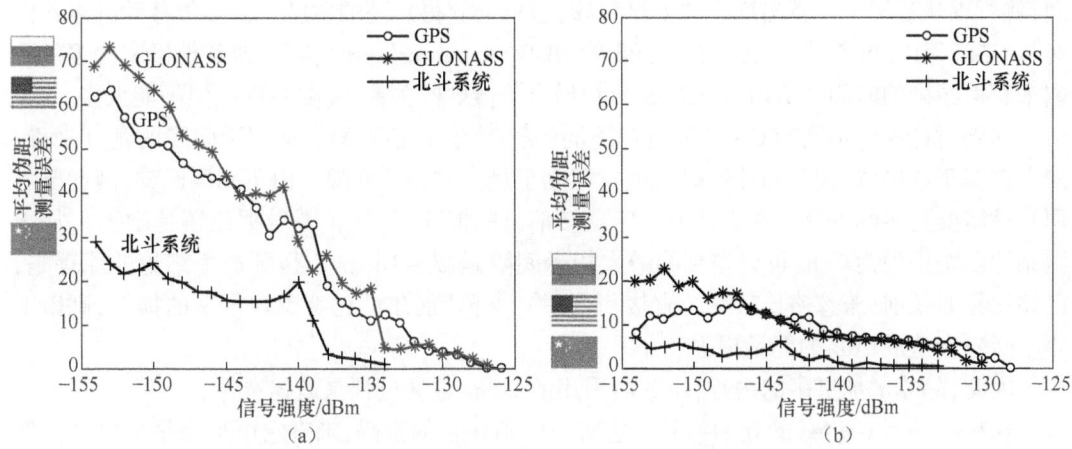

图 18.25 GLONASS、GPS 和北斗系统对 L1 信号的伪距测量误差
(其中可以清楚体现精度与码片长度的对应关系。)
(a)城市地区;(b)乡村地区。

进行较窄范围的北斗和 Galileo 长码的搜索。换句话说,就是应用了 C/A 码的设计的一项用途——辅助长码捕获[1],只是不是用于 GPS P 码的捕获,而是不同 GNSS 系统不同频率的信号,比如 L5。

为进一步总结,再回到捕获灵敏度的分析。许多消费型 GNSS 的应用情景是打开、得到定位,关闭。因此,并不太关心跟踪灵敏度。其次,捕获灵敏度是影响芯片架构的主要因素———旦捕获了信号,只需要很少的相关器来保持跟踪。因此,本节其余部分,将重点讨论信号设计对捕获灵敏度和接收机架构的影响。

在 18.6.3 节中可看到,优于 −140dBm 捕获灵敏度是通过相干和非相干积分组合实现的。相干积分时间受限于:

(1) 接收机速度变化未知;
(2) 时钟频率漂移未知;
(3) 比特转换未知。

一般在捕获信号前,即使有 A-GNSS,比特时长也是未知的,因为时间辅助信息与 GNSS 时间的偏差并不优于 1ms。所以,如果要设计一个最适合消费者使用的 GNSS 系统,则比特率最好在 20~100ms。在中等速度变化的情况下,超过 20ms 的相干积分会因为接收机的运动发生正负抵消(无论是否有比特位翻转),所以 20ms 是比特位翻转的逻辑下限。通过集成运动传感器,接收机可以准确地知道速度的变化。在这种情况下,接收机时钟漂移就成为限制因素,因为如果在搜索过程中,信号从一个频率区间移动到另一个频率区间,那么积分就会失败。总而言之,如果你想为今天没有紧密集成的传感器和速度变化的先验知识的消费者提供最好的 GNSS 系统,数据位长应恰好是 20ms,这正好是 GPS 所使用的参数。

现在你可能会问,如果有 A-GNSS,为什么还需要数据位呢?答案是,如果有精确的时

---

[1] GPS C/A 码是"Coarse/Acquisition"的缩写,也就是"粗糙/捕获",粗糙体现在它的码片宽度是 GPS P 码(精确军码)的 10 倍,捕获体现在其设计目的是辅助军用接收机捕获信号,然后再切换到 P 码跟踪。

间,就可以从星历中计算出准确的卫星位置,也就会获得更高的精度。大多数移动网络并没有与 GNSS 精确同步[22],通过解码 GPS 的 HOW(handover word)信息,或其他星座的等效数据来获得精确的时间。所以 A-GNSS 与数据有着微妙的关系,需要数据位但不能太多。

回到讨论各个不同的 GNSS 系统和不同的扩频码,包括副码。从相干间隔的角度来看,副码类似于数据位,在已知比特时长前它限制了最大的相干间隔。由于副码已知,因此要利用它就需要更多的内存。在无任何比特翻转信息的情况下(无论是数据位还是副码),如果限制位匹配损失为 2dB,可以得到的最大相干间隔是 20~100ms。得到这个结论的原理是,已知比特时长前,若忽略比特翻转直接积分,并"吃掉"偶尔的比特翻转带来的损耗,则以上相干间隔会造成 2dB 的能量损失[2]。

因此,除非增加更多的内存,GPS 所采用的 20ms 数据位长是最佳选择。

现在看一下 Galileo 的导频信号。它有一个 100ms 的副码,未来它可带来很大好处。但如前讨论,想要利用副码则需要增加更多内存来存储码搜索所需的假设参数及已知的速度和速度变化。

此外,若只使用 Galileo 导频支路,则会损失一半功率。而如果同时使用导频和数据两路,则要增加相关器和相关处理。因此,这使导频码的理论优势在消费产品中很难成为现实(在未来可能更加困难)。上面 20ms 和 100ms 的理论极限和这里展示的系统间的不同设计状态体现出了很好的对应关系。

综上所述,可以针对不同的 GNSS 芯片假设,形成捕获灵敏度的成本-收益曲线,如图 18.26 所示。这里的芯片假设都是单系统专用芯片。GPS 专用芯片尺寸大约为 2mm×2mm,可实现-156dBm 捕获灵敏度(图中的尺寸-灵敏度关系基于现有芯片,它的相关器与灵敏度关系曲线如图 18.22 所示)。

图中设想了一个 GLONASS 专用芯片,由于它使用较短的 GLONASS 扩频码,它将比 GPS 芯片更小、更便宜,但由于 GLONASS 副码为 10ms,因此损失了捕获灵敏度,反映在收益曲线上为左边上翘。

北斗系统和 Galileo 系统要想获得相同的灵敏度,成本更高,因为它们的扩频码更长,数据速率更高。成本-收益曲线完全不同于图 18.22 所示的 GPS 芯片自 1993 年起过去 20 年发展遵循的曲线。

正如在讨论 100ms 副码时提到的,在图 18.26 存在一个很靠右侧的点,也就是通过速度测量和更大的内存达到更高的灵敏度。未来 GPS Ⅲ 卫星将播发 L1C 信号,组成的星座将在 2020—2030 年在轨运行。L1C 将有一个 18s 的副码。在有足够搜索能力的情况下,可以同时完成信号搜索并完成时间模糊度解算(因为辅助时间通常为几秒)。因此,这些新信号最终肯定会带来好处,但这可能还需要很长时间。

可以看到,搜索内存由于是捕获灵敏度的主要决定因素,因此驱动消费芯片架构和尺寸的发展。GPS C/A 码对于消费型产品的弱信号采集几乎是最优的,任何其他使用现有信号的单星座芯片要么灵敏度较低,要么价格更高。

新 GNSS 信号(如 Galileo 信号和 GPS Ⅲ 信号)具有非常有用的新特征,但全面利用它们的捕获灵敏度优势还需要若干年时间。因此,目前看到的手机采用的芯片是 GPS+GLONASS,或者 GPS+其他星座,但组合中很少不包括 GPS。

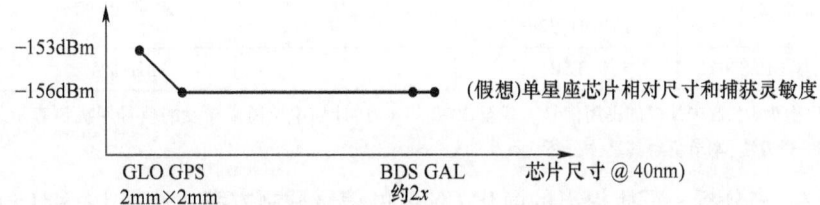

图 18.26　不同 GNSS 信号的捕获灵敏度和成本效益是数据速率和码长度的函数
（图中显示了扩频码，包括副（或"叠加"）码。表格中的黑体字表示与 GPS 的差异。）

18.8　未来 GNSS 信号的设计

如果设计新的 GNSS 卫星，信号会是什么样？本节提出这样一个论点：最简单的信号，可为最为广泛的受众提供最大的收益。不仅如此，由于每颗卫星的功率有限，因此更小、更简单的信号将会更强，从而可能为所有用户提供最大的好处。

GNSS 接收机的工作任务不同，其性能特征也不相同，如精度、多址干扰、干扰灵敏度等。针对某个方面进行信号优化，不一定对其他方面有好处。但如果使信号功率增强，就相当于涨潮会把所有的船抬高一样，将改善所有方面的特性。因此，向 GNSS 的研究人员提出这样的疑问，如果信号的功率足够大，它的性能是否优于一个更复杂但更微弱的信号？

在本章的最后部分，将研究民用 GNSS 信号体系，然后提出一个更简单的体系建议。使用本章提供的分析方法和工具来审视这个系统。强调指出，更少、更简单的信号会带来更多的信号功率，为接收机的电池寿命和成本带来好处，同时由于信噪比的增加，也会提高性能。为了使论点清晰，这一节比较简短，并在最后给出了一个需要进一步考虑的问题列表。本节的目的不是在几页纸中设计一个系统，而是激发讨论和辩论，特别是针对当前信号越来越复杂的主流趋势。这些复杂的信号不一定被大多数接收机使用，也不一定优于被它们取代的简单信号。

18.8.1　现有 GNSS 信号和建议的替代方案

表 18.8 给出了不同 GNSS 的民用信号。可以看到，每个 GNSS 都至少有 6 个民用信号

或信号分量。每个信号分量都会消耗相当的卫星能源来产生信号,并消耗相当的接收机电池能源来跟踪信号。如果减少到两个信号,在获得相同信号功率的条件下,则可以采用小 1/3(且便宜)的卫星和 1/3 的发射成本。

表 18.8　GNSS 星座、信号和信号组成(2025 年前计划)[23-32]

频率/MHz	1164~1214	1215~1300	1559~1610	信号分量
频段	L5/E5/L3	L2/E6	L1/E1	总数
GPS Ⅲ	L5I,L5Q	L2C	L1 C/A,L1Cp,L1Cd	6
CLONASS-KM	**L5OCM**,L3OC	L2OF,**L2OC**	L1OF,**L1OC**	6
Galileo	E5a-I,E5a-Q, E5b-I,E5b-Q		E1-B,E1-C	6
Beidou 2,3	B2I,B2a-D,B2a-P, B2b-D,B2b-P		B1-I,B1-C	7
简单 GNSS	L5P		L1eC/A	2

注:以上为 GNSS 未加密的民用信号。截至 2020 年 4 月,计划中但尚未播发的信号用**灰色**表示。最后一行给出了"简化 GNSS"方法,本节将对其具体分析。

现在,来分析一下所提出的简化 GNSS 的信号调制方案。选择 L1 和 L5 频段与现有信号进行类比。在后面的 18.8.2 节中,将说明对于消费型 GNSS,更高频率信号会更好的原因。

表 18.9 给出了简化 GNSS 信号的候选调制方案,现在简要审视下设计背后的动机和可能的结果。

表 18.9　简化 GNSS 的调制方案

频率/MHz	1176±10	1575±1
信号名称:	L5P	L1eC/A
调制方式	BPSK	BPSK
扩频码长	100ms	10ms
码片速率	10.23Mcps	1.023Mcps
码片宽度	约 30m	约 300m
数据位长	—	100ms

新的 L1 eC/A 信号,也就是增强型的粗糙/捕获信号,从命名上可以看出,这个信号主要用于捕获。前面已经提到,较短的扩频码对接收机搜索内存更好。在 18.7.2 节中,看到采用 40nm 工艺制程的 2mm×2mm 接收芯片,可以并行搜索 100 个码周期,对当前 GPS 信号的捕获灵敏度为-156dBm。类似大小的芯片经过三次摩尔定律迭代后,也就是采用 14nm 工艺制程,能够以同样的速度搜索 10 倍长的信号。

选择的数据比特位长比当前 GPS C/A 信号长 5 倍,即数据速率较慢。为什么需要较慢的数据速率呢?新的 GNSS 信号通常设计得具有更快的数据速率,但这会给相干集成带来实际限制,效果会适得其反。支持更高的数据率持有这样一个观点:数据擦除可以获得额外的灵敏度,这是错误的且会陷入死循环的观点,因为要完成数据擦除,需要提前已知数据信息,而若已知数据,就不需要卫星对数据高速率传输。

简化 GNSS 方案利用了两个协助或辅助的预期资源：

（1）预期的集成传感器可获得先验速度知识，如 18.5.5 节所述，这使相干积分时间可达 200ms（对于如 L5P 没有数据位的信号结构而言）。

（2）预期几乎所有设备每周至少连接一次无线网络。通过每周连接一次网络，可以获得下一周的轨道数据和秒级的精确时间，从而可以预测轨道，时钟对网络时守时维持在秒级的精度[33]。

提出的 L5P 信号上没有数据，在 L1 eC/A 上的数据与 GPS C/A 信号一样不采用前向纠错，但数据速率更慢，比特长度更长。这样做的主要目的是让接收机在信号捕获后不久就能精确计算出一天中的时间。100ms 位长的数据，无须解调任何数据，就可以确定精确的时间，这是因为接收机可以进行粗略时间导航[2,34]、完成优于 ±40m 的定位，然后独立解 100ms 的时间模糊（在第 17 章中，看到在 GPS 标称轨道，卫星距离变化小于 800m/s，或者说 100ms 内变化小于 80m）。因此，如果 A-GNSS 数据的时间达到秒级精度，那么该信号的首次定位时间（TTFF）将与捕获时间相同——因为无须解调卫星数据。

那么，为什么还要在信号中调制数据呢？因为在没有 A-GNSS 辅助数据的情况下，接收机仍可以在解调出卫星广播的导航电文数据和时间后完成定位。为了保证无辅助的 TTFF 较低，广播星历要比现有的广播星历更简单。代价会是几米的精度。为了达到高的精度，接收机需要从网络获得 A-GNSS 辅助的精确轨道信息。

L5P 信号方案可以提供最大的跟踪效益。在 L5P 上不需要调制任何数据，接收机可以在 L1 eC/A 上解调所需的信息，并利用 L5P 的高信噪比获得最为精确的测距或相位测量结果。以获得尖锐的相关峰值为目标选择出了 L5P 信号的码片速率，如图 18.25 所示。

表 18.10　信号功率计算（GPS Ⅲ 的 6 个信号分量的功率总和为 −150.55dBW）

信号	进入 3dBi 线性圆极化天线的最小接收信号功率		参考	注意
GPS	dBW	W		
C/A	−158.50	$1.41×10^{-16}$	IS-GPS-200-H	
L1Cp	−158.25	$1.50×10^{-16}$	IS-GPS-800E	
L1Cd	−163.00	$1.501×10^{-16}$	IS-GPS-800E	$W=10\wedge(dBW/10)$
L2C	−158.50	$1.41×10^{-16}$	IS-GPS-200-H	
L5I	−157.00	$2.00×10^{-16}$	IS-GPS-705E	
L5Q	−157.00	$2.00×10^{-16}$	IS-GPS-705E	
总计	−150.55	$8.8×10^{-16}$		dBW = 10lgW
简单 GNSS				
eC/A	−153.55	$4.42×10^{-16}$		$W=10\wedge(dBW/10)$
L5P	−153.55	$4.42×10^{-16}$		
总计	−150.54	$8.8×10^{-16}$		dBW = 10lg10(W)

注：如果两个信号平分总功率，则每个信号功率为 −153.55dBW（−123.55dBm），比 GPS C/A 信号强约 5dB。表格可以从 www.pnt21book.com 下载。

现在使用前面得到的灵敏度分析工作表对新设计的信号与现有的信号进行比较。表 18.7 中,可以看到添加了一个"未来 GNSS"选项卡,可以通过 www.pnt21book.com 访问,并对跟踪灵敏度进行了类比。假设接收机有 A-GNSS 数据辅助(如上所述,这对任何有至少每周一次网络连接的设备都可用)且具有集成传感器提供的先验速度知识,在 18.5.5 节已经说明,相干积分时间可以延长,但优于数据位未知的限制,对于 GPS C/A 而言只能达到 20ms(获得 A-GNSS 的轨道预测信息不等于获得卫星实际广播的数据比特,该信息每 2h 改变一次)。

从工作表可以看到,在跟踪到-159dBm C/A 信号且积分时间相同的条件下,可以跟踪到-163.6dBm 的 L5P 信号,有 4.6dB 的灵敏度增益,这是由于 L5P 信号结构支持较长的相干积分时间。

同样大小的卫星,若信号减少为 $\frac{1}{3}$ 倍,则可以将能量集中在这几个信号上。例如,GPS Ⅲ有 6 个民用信号分量:C/A、L1Cp、L1Cd、L2C、L5I 和 L5Q。这 6 个分量的总功率为-120.55dBm(-150.55dBW),如表 18.10 所示。如果只有两个信号平分同样的功率,每个信号可以达到-123.55dBm,比 GPS C/A 强约 5dB。

表 18.9 和表 18.10 可以说明新信号 L5P 比 GPS C/A 跟踪灵敏度高 4.6dB,来自卫星的信号强度高 5dB。综合起来得到的有效灵敏度与目前的 GNSS 接收机相比高出近 10dB(10倍)。这将提高大多数性能参数,如精度、可用性及对干扰、阻塞和欺骗的鲁棒性。

18.8.2 待进一步讨论的问题

18.8.2.1 捕获灵敏度

一般来说,捕获灵敏度不仅与最初的码同步相关。如果信号调制了数据或者副码,还需要完成位同步和帧同步,才能有效利用信号中的信息,这是复杂信号的另一缺点。上面章节提到,100ms 位长的 eC/A 信号可以利用粗时间导航独立解算 100ms 的时间模糊,由位同步直接获得精确的时间,不需要完成副码或信息帧同步(粗时间导航可以参考文献[2],这项技术目前已在大多数 A-GNSS 接收机上成为标配,占所有 GNSS 接收机的 90%以上)。

18.8.2.2 信号的淘汰

简化 GNSS 方案提出可减少信号,如果就现有系统而言,应该关停哪些信号,又同时需要给用户提供多少长时间的淘汰预警呢:让我们首先在 GPS 的背景下讨论这个问题。根据 gps.gov 的数据,GPS 卫星的设计寿命为 12~15 年。但实际寿命更长。截至 2019 年 3 月,运行时间最长的 GPS 卫星已有 25.5 年;所有运行中的 GPS 卫星的寿命中位数为 12[35,36]。目前的 GPS Ⅲ设计已应用于首批 11 颗卫星,计划排到了 2025 年。未来卫星时间表显示了计划在 2033 年发射第一颗"未来增强"卫星 SV29[36]。因此,如果在 2020 年开始设计一个简化 GNSS 的方案,13 年后第一颗具有此状态的卫星才能够发射开始组成 GPS 系统。假设用 eC/A 和 L5P 取代所有现有的民用信号,从 2033 年起淘汰最老的 GPS 卫星。以 GPS 卫星目前的使用寿命,再过十年(2043 年),可以完成一半星座的替代。这时会发现,问题不在于太过迅速地取代旧技术,而在于对未来的规划已经延迟了。

那么其他星座呢?目前大多数 GNSS 接收机都是多星座接收机,而且许多最新的卫星属于区域系统(如 QZSS 和 NaviC/IRNSS),作为其他系统的补充。也许将新的信号概念投入使用的最好方法是利用这些区域系统。

18.8.2.3　信号设计和增强功率

前面论述表明,还需要大约 25 年的时间才能用更少数量、更强简单设计的信号来取代现有 GPS 卫星状态。摆脱这一慢车道的一个方法是将提议的信号设计与功率增强分开,在不移除所有现有信号的情况下增加像 L5P 这样的信号。这可能是一种更快部署空间信号的方法,同时也延长了旧信号的淘汰过渡时间。此外,GPS Ⅲ 卫星和 QZSS 支持 L1C,这是一种具有许多理想特性的捕获信号。将 L1C(1575.42MHz)作为捕获信号,L5P(1176.45MHz)作为高精度、高灵敏度的跟踪信号,可能是未来研究的一个重要领域。

18.8.2.4　多址干扰(MAI)

随着 GNSS 卫星星座信号的增多,接收机的灵敏度增高,多址干扰问题就变得越来越突出。多址干扰是指同一频带内一个信号被另一信号干扰的问题。如果存在一个良好的强信号,如接收信号功率为-120.5dBm 的 eC/A 和 L5P 信号,那么就必须考虑它们对其他功率较低的信号由于互相关等产生的干扰。在采用任何新信号方案前,这都是必须考虑的问题。有关多址干扰请参考文献[10]。

18.8.2.5　信噪比

信噪比并不是唯一的衡量标准,然而信噪比却可以在 GNSS 接收机内实际"观测"得到。本章开头的图 18.1 说明了,在接收机中实际可见的信号是相关后峰值,也就是测量信噪比的位置。GNSS 接收机的大多数重要特性与信噪比直接相关。比如:精度、可用性和抗干扰、抗阻塞和抗欺骗能力都与信噪比有关,随着信噪比提高,这些指标也都会提高。如果规划一更高功率或具有更好灵敏度特性的新信号,那么量化分析信噪比增加和其他相关指标之间的关系也很有必要。

18.8.2.6　频带

GNSS 在 L5 频段信号的高码率给精度带来了好处,但是 L1/L5 双频接收机在消费型产品中,特别是手机上的好处则难以体现,因为 L5 信号的波长比 L1 长 34%(分别为 25.48cm 和 19.03cm),所以在手机或手表上设计 L5 频段的高效天线比为 L1 设计天线更困难。

手机 L1 频段 GNSS 天线比 3dBi 线极化天线接收的 GNSS 信号弱 8.5dB(中间值)[37]。手机中的 L5 信号会更弱,与手机中的 L1 信号相比会有几分贝的耗损。

所以,如果要为手机设计一个性能最好的信号,最好的频带是什么?一般来说,频率越低(波长越长),雨、叶、窗等带来的衰减越小,但小天线的天线效率也会越低。任何低于 10GHz 频率的信号在穿透性方面都是不错的,如 L、S、C 和 X 波段。X 波段(7.25~8.4 GHz)的卫星通信系统在信号穿透和天线尺寸之间是一个很好的平衡。NAVIC GNSS 系统的 S 波段信号频率为 2.492 GHz,波长为 12cm,即使移除 2.4 GHz Wi-Fi,也可以大大提高手机和手表等接收信号的强度。

理想情况下,可综合上面讨论的信号设计特性,在更高的频带实现简化的 GPS L5P 信号。

18.8.3　GNSS 设计总结

对于消费型 GNSS 接收机来说,微弱信号性能是决定接收机结构和用户体验的主要因素。本节提出的简化 GNSS 设计可以使有效跟踪灵敏度提高约 10 倍，进而提高了精度、可用性和抗干扰性能，同时还通过快速位同步消除了时间模糊，实现了首次定位时间 TTFF 的提升，这将极大地提高 40 多亿智能手机和车载终端获得 GNSS 服务的用户性能。即使忽视为 99%GNSS 用户提高性能的吸引力，以下这个问题或许可以引发更深刻的认识：对于任何应用（不一定是消费型），如果简化 GNSS 信号的信噪比比现有 GNSS 信号大十倍，那么更强、更简单的信号是否优于更复杂、微弱的信号性能呢？这是一个需要进一步讨论和分析才能回答的问题，但答案可能会影响整个 21 世纪的 GNSS 设计。本章中提供的分析工具为其提供了一个起点。

附录：分贝定义

当你为选择 10lg(·) 还是 20lg(·) 来计算得到分贝值感到疑惑时，清楚地了解分贝的定义非常有用：分贝（dB），为 1/10 贝尔（bel），贝尔是功率的比值，因此以分贝表示的功率比值是贝尔单位的 10 倍。

想用分贝来表示电压的比值怎么办呢？一个答案是不能，因为分贝定义为功率的比值。但一个更好答案是可以用分贝表示电压比值的平方：

$$\text{分贝单位的电压比值} = 10\lg(V/V_0)^2 = 20\lg(V/V_0)$$

类似地，当处理其他类型的幅值比时，应当取平方得到功率比。

关于分贝的知识总结如下：

定 义	dB = 10 lg(与参考功率的比值)
参考功率 1W	功率 dBW = 10 lg(功率瓦特值)
参考功率 1mW	功率 dBm = 10 lg(功率毫瓦值)
幅值比的分贝表示	幅值 dB = 10 lg $(V/V_0)^2$ = 20 lg (V/V_0)

背景知识

贝尔（bel）来源于电话的发明者亚 Alexander Graham Bell，用来表示在相同频率下，声音强度（功率）与可听到的最小声音之比。所以"分贝"是苏格兰语。

Alexander Graham Bell（1847 年生于苏格兰爱丁堡）用对数定义了"贝尔"。

对数是由 John Napier（1550 年生于苏格兰默奇斯顿）发明的。

常用分贝来描述功率，而功率的单位瓦特来自 James Watt（1736 年出生于苏格兰格里诺克）。

术语表

我们使用斜体来区分类似名称的变量，例如，T 为前端分析使用的环境温度，T_C 为相干积分时间。下表给出了本章中使用术语的定义，但并不代表这些定义适用于所有 GNSS 领域。事实上，正如上面讨论，其中一些术语（比如 C/N_0 和 SNR）在其他文献中有不同的定义。

以下按英文字母顺序排列。

ACR	autocorrelation response	自相关响应
A-GPS	assisted GPS	辅助 GPS
A-GNSS	assisted GNSS	辅助 GNSS
C/N_0	carrer-to-0-noise-density ratio	载噪比
Δ_C	code alignment loss	码对齐损失
Δ_F	frequency mismatch loss	频率失配损失
Δ_{IF}	iF filtering loss	中频滤波损失
Δ_Q	quantization loss	量化损失
F	noise figure	噪声系数
γ	γ = coherent SNR = $(S_0/\sqrt{2}\sigma_{N_0})^2$	γ 相干
I	In-phase signal	同相信号
LOS	Line of sight	视距
M_C	Number of coherent integration samples	相干积分样本数
M_{n_c}	Number of non-coherent integration samples	非相干积分样本数
N	Noise	噪声
NLOS	Non-line of sight	非视距
Q	Quadrature signal	正交信号
RSS	Root sum of squares $\sqrt{I^2+Q^2}$	和平方根值
R_τ	Correlation response function for a correlator delay τ	相关器时延 τ 的相关响应函数
S	Mean amplitude of coherent correlation peak above mean noise, after RSS	在 RSS 后,相关峰值高于平均噪声的平均幅值
S_0	Mean amplitude of coherent correlation peak	相关峰平均幅值
Squaring loss	(Post-RSS SNR)/(coherent SNR)	平方损失
SNR	Post-correlation signal-to-noise ratio, defined in this chapter as the ratio of the post-correlation signal power to the noise power: $(S/\sigma_N)^2$	后相关信噪比,本章定义为信号与噪声强度比的平方
SNR, coherent	$(S_0/\sqrt{2}\sigma_{N_0})^2$	相干信噪比
σ_{N_0}	Standard deviation of noise on I or Q channels	I 或 Q 信道噪声标准差
σ_N	Standard deviation of RSS noise	RSS 噪声标准差
T	Ambient temperature	环境温度
T_A	Effective temperature of antenna	天线有效温度
T_{eff}	Effective temperature	有效温度

续表

T_C	Coherent integration time	相干积分时间
T_{nc}	Non-coherent integration time	非相干积分时间
τ	Correlator delay	相关器时延

参考文献

[1] Mittnacht, M. et al., "Commercial use of GNSS signals in GEO," *IFAC Proceedings*, Vol. 37, Issue 6, June 2004, pp. 1097-1102.

[2] van Diggelen, F., A-GPS, Assisted GPS, GNSS and SBAS, Artech House, 2009.

[3] Parkinson, B., Spilker, J., Axelrad, P., and Enge, P., *Global Positioning System: Theory and Applications*, Washington, D. C.: American Institute of Aeronautics and Astronautics, Inc., 1996.

[4] Helstrom, C., *Probability and Stochastic Processes for Engineers*, Dept. of Electrical Engineering, University of California, San Diego, 1981.

[5] Yates, R. and Goodman, D., *Probability and Stochastic Processes*, Wiley, 1999.

[6] van Diggelen, F., Indoor GPS I, Course 240A, ION GPS 2001 Tutorials, Navtech Seminars and GPS Supply, September 2001.

[7] Lowe, S., "Voltage Signal-To-Noise Ratio SNR Nonlinearity Resulting from Incoherent Summations," JPL-NASA, Technical Report, 1999.

[8] Sturza, M. A., "Digital direct-sequence spread-spectrum receiver design considerations," *Proceedings of the Fourth Annual WIRELESS Symposium*, Santa Clara, California, February 12-16, 1996

[9] Hegarty, C. J., "Analytical model for GNSS receiver implementation losses," *Navigation: Journal of the Institute of Navigation*, Vol. 58, No. 1, Spring 2011, pp. 29-44.

[10] Betz, J., *Engineering Satellite based Navigation and Timing*, IEEE Wiley, 2016.

[11] IRN-IS-200H-003, "GPS interface specification," *Navstar GPS Space Segment/Navigation User Interfaces*, 9 December 2015.

[12] Fernandez-Hernandez, I. et al., "A navigation message authentication proposal for the Galileo Open Service," *Navigation: Journal of The Institute of Navigation*, March 2016.

[13] Petovello, M. G., O'Driscoll, C., and Lachapelle, G., "Weak signal carrier tracking using extended coherent integration with an ultra-tight GNSS/IMU receiver," *European Navigation Conference 2008*, Toulouse, France, April 2008.

[14] Faragher, R., "Ubiquitous navigation using S-GPS and D-Tail," ION-GNSS+, September 2017, Portland, Oregon.

[15] Grinstead, C. M. and Snell, J. L., *Introduction to Probability*, 2nd Ed., American Mathematical Society, 2003.

[16] https://developer.apple.com/documentation/corelocation. Accessed 23 March 2019.

[17] Abraham, C. and van Diggelen, F., "Indoor GPS: The no-chip challenge," *GPS World*, 1 September 2001

[18] van Diggelen, F., "Global locate indoor GPS chipset & services," *ION-GPS 2001*, Salt Lake City, Utah, September 2001.

[19] van Diggelen, F., "Indoor GPS theory & implementation," IEEE Position Location and Navigation Symposium, Palm Springs, 2002.

[20] van Diggelen, F., "Who's your Daddy? Why GPS rules GNSS," Stanford PNT Symposium, Keynote, 14 No-

vember 2013.

[21] van Diggelen,F. ,"Who's your Daddy? Why GPS will continue to dominate GNSS," Inside GNSS,March/April 2014.

[22] 3GPP TS 34.171 *3rd Generation Partnership Project*;*Technical Specification Group Radio Access Network*;*Terminal conformance specification*;*Assisted Global Positioning System (A-GPS)*;*Frequency Division Duplex (FDD)*,Specifies coarse-time assistance to 2 seconds,fine- time to 10 microseconds.

[23] Whitney,C. S. ,"GPS status & modernization progress," *ION GNSS+2017*,Portland,Oregon.

[24] Karutin,S. ,"GLONASS programme update," *ION GNSS+2016*,Portland,Oregon.

[25] Chatre,E. ,"Galileo programme status update," *ION GNSS +2017*,Portland,Oregon.

[26] Quiles,A. ,"Galileo system status update," *ION GNSS+2017*,Portland,Oregon.

[27] https://gssc.esa.int/navipedia/index.php/Galileo_Signal_Plan Accessed 23 March 2019

[28] Ma,J. and Shen,J. ,"Development of BeiDou Navigation Satellite System - A system update report," *ION GNSS+2017*,Portland,OR.

[29] IS-GPS-200,Rev H. ,GPS Interface Control Document,"Navstar GPS Space Segment/Navigation User Interfaces," GPS Systems Directorate,September 2013.

[30] GLONASS,*Interface Control Document(ICD)*,Version 5.0,Coordination Scientific Information Center,Moscow,2002 www.glonass-ianc.rsa.ru

[31] Galileo ESA,"Galileo Open Service Signal In Space," Interface Control Document OS SIS ICD,European Space Agency / European GNSS Supervisory Authority.

[32] "BeiDou Navigation Satellite System Signal In Space Interface Control Document Open Service Signal"(Version 2.1). China Satellite Navigation Office,November 2016.

[33] Lundgren,D. and van Diggelen,F. ,"Assistance when there's no assistance,long-term orbit technology for cell phones,PDAs," *GPS World*,1 October 2005.

[34] vanDiggelen,F. and Abraham,C. ,"Coarse-time A-GPS;Computing TOW from pseudorange measurements,and the effect on HDOP," *ION GNSS 2007*,Fort Worth,Texas.

[35] https://www.gpsworld.com/the-almanac/ Accessed 26 March 2019.

[36] Whitney,C. S. ,"GPS status & modernization progress," Director,GPS Directorate,Stanford PNT Symposium 2018.

[37] van Diggelen,F. ,and Enge,P. ,"The World's first GPS MOOC and Worldwide Laboratory using Smartphones," *Proceedings of ION GNSS+*,Tampa FL,Sep 2015.

第19章 相对定位和实时动态定位

SunilBisnath
约克大学,加拿大

19.1 简介

本章主要介绍 GNSS 相对定位和导航的基本概念和理论。通常认为 GNSS 定位和导航是利用接收机导航解算的单点定位,因此多样性的相对定位成了 GNSS 定位小众化应用,但是对于科学应用、陆地水文测量、机器控制和精确制导等高精度或高水平的完好性应用,相对定位成为非常重要的组成部分。

本章首先介绍相对定位与单点定位比较的概念和优势,同时介绍差分定位和相对定位在概念和术语上的异同点。为了表述相对定位的数学模型和相对基线估计算法,本章简要介绍通用的 GNSS 观测方程及测量误差。精密相对定位的算法核心是载波相位整周模糊度固定。上述概念集合起来形成了实时动态定位(RTK)处理模式及网络 RTK 模式。本章将介绍与精密单点定位联合的网络 RTK 等相对定位在多模多频多处理方面研究的进展情况。

19.2 相对定位

通常大多数 GNSS 应用都使用低成本、单频天线和接收机实现米级($1-\sigma$)的水平和垂直定位、导航和授时,这些应用覆盖范围非常广泛,包括国家公用事业和金融机构的时间同步、本地化的手机、车队管理、汽车导航系统、娱乐接收器、生命安全等。

上述这些应用场景主要利用了单点定位模式的测量处理模式,也就是接收机导航解算。如果需要亚米级到几毫米级的定位,则需要某种增强 GNSS 的单点定位模式,从而产生各种形式的差分或相对定位。

本章主要介绍了相对定位的概念和理论,总结了 GNSS 观测量和相关误差源,提出了相对定位的函数模型和随机模型,同时介绍了各种基线定位估计模型以及估计和定位性能示例等。

19.2.1 基本概念与理论

对于单点定位,接收机天线相位中心的位置由来自 GNSS 卫星轨道的改正距离测定,而

GNSS卫星轨道由相关星座的地基跟踪站来测定,如图19.1所示,基本的卫星导航方程构建了卫星位置矢量与测站位置矢量相对应的测量距离ρ：

$$\rho = \parallel \boldsymbol{\rho}^{sv} - \boldsymbol{\rho}_{rcv} \parallel \tag{19.1}$$

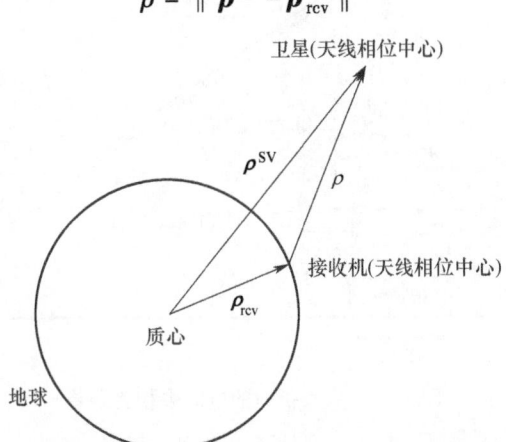

图19.1 卫星-接收机单点定位几何测量

由图19.1可以看出,绝对定位这个术语通常容易被错用。因为在大地测量中,所有数值都是根据某些参考值或基准来确定的。例如,GPS卫星星历信息在WGS84坐标系中维持,因此GPS单点定位解属于WGS84坐标。

与单点定位相比,差分定位处理技术主要利用了下面两类信息:①通过已知位置的参考站接收机单点定位估计得到测量误差;②用于降低或彻底消除这些测量误差源的影响的相关误差源的时空改正信息。

误差修正可以在状态域或者测量域中进行。在状态域中,参考接收机在每个历元的单点位置解与参考坐标的差生成x、y、z或者等效的经纬高改正数,并将其应用到远处的接收机测定位置。在测量域中,参考接收机用来自每颗跟踪卫星的测量距离(一般是码伪距)减去参考接收机坐标与每颗卫星的理论"改正"距离,生成距离改正数。

(伪距)距离变化率改正数通常被用作减小从参考接收机到用户接收机传输时间的距离改正数的值,用来提升差分定位的往往是测量域改正方法而不是状态域改正方法,文献[1]给出了相关参考。

用参考接收机距离改正数来修正远处用户接收机的测量距离包括很多影响因素,主要因素是基线长度(两台接收机之间的距离)和改正数的有效期。卫星轨道误差、电离层延迟和对流层延迟产生不同数量的时空相关性[2]。这些误差分析将在本章做简单介绍。大气层折射效应产生的空间去相关效应如图19.2所示。通常来说,如果基线较短,例如几千米的基线,同一颗卫星信号的传播经过大气层的路径相近,大气延迟效应的量级应该相近,均应在米级或者亚米级水平。因此随着基线长度的增加,测距改正数的有效性开始降低。

目前的导航应用仅限于某些安全领域的关键导航应用,这些应用要求米级的水平定位及相应的完好性测量,如美国联邦航空局(FAA)的广域增强系统(WAAS)和应用于民用飞机导航的类似系统,以及美国国家差分GPS服务和用于沿海海洋导航的国家海岸警卫队的差分GPS/差分GNSS服务。

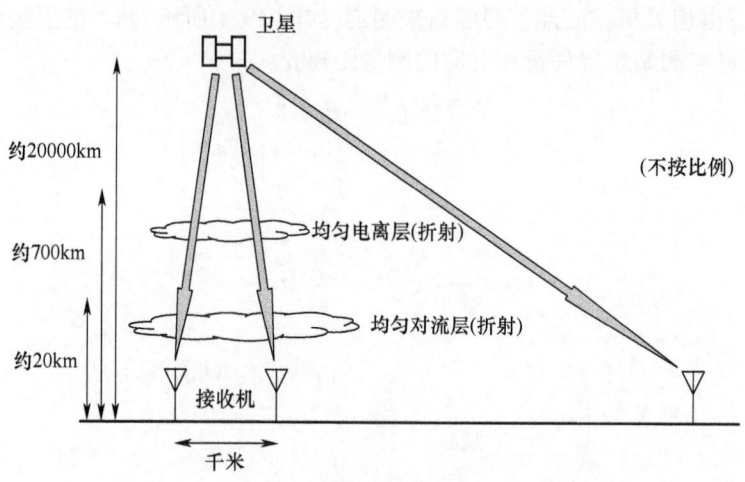

图 19.2 大气折射的空间去相关误差

通常差分定位和相对定位在相关参考文献中经常被混用,但实际上,差分定位如之前描述的那样,而相对定位包含了接收机 A 的位置与接收机 B 的位置之间相对矢量的测定,如图 19.3 所示。

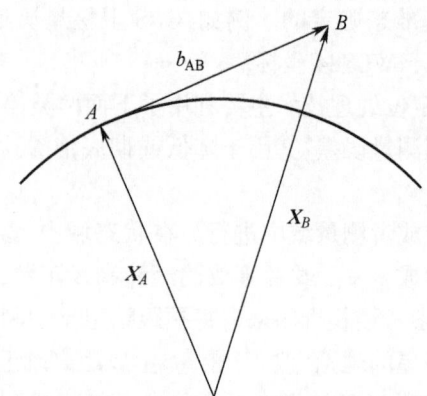

图 19.3 相对定位的几何示意图

B 的位置等于 A 的位置与相对矢量的和,如下式:

$$X_B = X_A + b_{AB} \tag{19.2}$$

如上所述,与差分改正方法不同的是,相对矢量的计算可以为远离用户的测站提供非常精确的坐标测量。与经典的基于单系统单频伪距测量的单点定位和 DGNSS 不同,相对定位通常包括 GNSS(包括区域导航卫星系统)的所有有效伪距和载波相位处理。与差分 GNSS 相同,较短数据弧段的相对定位精度与基线长度存在函数关系。相对定位主要是基于基线测量建模、测量误差处理和估计过程三个部分来实现的。下面简单介绍常用的观测量。

19.2.2 观测量

GNSS 观测量通常包括伪距(也称码测量)、多普勒和载波相位测量(也称整周多普勒测量或者简称为相位测量)[1,3-4]。不同信号的伪距是通过接收机对底层信号载波调制的相关处理得到的。多普勒观测值是通过载波的离散采样测量得到的。载波相位观测值是由载波整周计数和信号采集的整周小数组成的。第 14 章和第 15 章分别详细探讨了接收机工作和信号锁定的处理过程。对于精密定位和导航,载波相位测量和伪距测量是非常重要的。

伪距是调制信号从卫星到接收机传播时间的测量值,间接地通过接收机复制码与接收的码匹配时间偏移。顾名思义,伪距观测值表现的是信号发射卫星的天线相位中心与接收机天线相位中心的几何距离的有偏测量。由于每颗卫星和每个接收机都要维持自己的钟,每个钟的噪声水平和其他钟的并不同步,因此测量的距离是有偏差的。由于有偏差距离测量受到包括大气折射设备延迟(也称硬件延迟或设备偏差)的一系列因素影响。因此设备时延与每颗卫星及伪距对载波信号的调制方法相关。这些误差(在之后的章节描述)参数化后以距离单位表达在如下式中:

$$P^k_{i,f,P}(t_i) = \rho^k_i(t^k) + [\mathrm{d}t^k(t^k) - \mathrm{d}t_i(t_i)]c + I^k_{i,f}(t_i) + T^k_i(t_i) + \\ MP^k_{i,f,P}(t_i) + \mathrm{d}^k_{f,P}(t_i) + \mathrm{d}_{i,f,P}(t_i) + \varepsilon_{f,P}(t_i) \tag{19.3}$$

式中:$P^k_{i,f,P}(t_i)$ 为在接收机时刻 t_i 接收机 i 对卫星 k 在频率 f 载波的 P 码伪距测量值,所有 GNSS 频率都有多类型、不同精度水平,甚至是加密的调制伪距码;$\rho^k_i(t^k)$ 为卫星 k 到接收机 i 在发射时刻 t^k 的几何距离;$\mathrm{d}t^k(t^k)$ 和 $\mathrm{d}t_i(t_i)$ 分别为卫星 k 和接收机 i 的钟差;$I^k_{i,f}(t_i)$ 为卫星 k 到接收机 i 的频率 f 信号在传播路径上的电离层延迟;$T^k_i(t_i)$ 为卫星 k 到接收机 i 的信号在传播路径上的对流层延迟;$MP^k_{i,f,P}(t_i)$ 为频率 f 的 P 码伪距多路径延迟;$\mathrm{d}^k_{f,P}(t_i)$ 和 $\mathrm{d}_{i,f,P}(t_i)$ 为频率 f 的 P 码伪距分别在卫星和接收机端的硬件延迟;$\varepsilon_{f,P}(t_i)$ 为频率 f 的 P 码伪距测量噪声。

几何距离是卫星位置(x^k)和接收机位置(x_i)的函数,后者的确定通常如下式:

$$P^k_i(t^k) = \| x^k - x_i \| = \sqrt{(x^k - x_i) + (y^k - y_i) + (z^k - z_i)} \tag{19.4}$$

除了电离层折射和载波相位模糊度的存在不同之处,载波相位观测量参数化后与伪距相似。与伪距不同,载波相位不是卫星与接收机的钟同步偏差测量,而是在整周相位接收跟踪开始后持续计数的局部相位整周测量偏差。在没有测量中断或周跳的情况下,载波相位测距如图 19.4 所示。

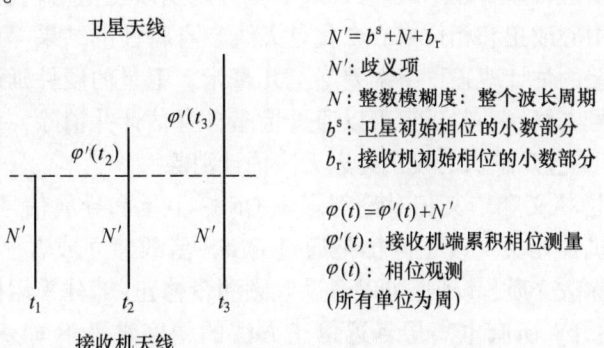

图 19.4 从信号采集(t_1)到跟踪(t_2 和 t_3)再到相位测量的载波相位有效测距分量累积情况

载波相位测量以周为单位的参数化方程为

$$\varphi^k_{i,f}(t_i) = \frac{f_f}{c}\rho^k_i(t^k) + f_f(\mathrm{d}t^k(t^k) - \mathrm{d}t_i(t_i)) - I^k_{i,f,\varphi}(t_i) + \frac{f_f}{c}T^k_i(t_i) +$$

$$N_{i,f}^k + MP_{i,f,\varphi}^k(t_i) + d_{f,\varphi}^k(t_i) + d_{i,f,\varphi}(t_i) + \varepsilon_{f,\varphi}(t_i) \tag{19.5}$$

式中：$\varphi_{i,f}^k(t_i)$ 为在接收机时刻 t_i 接收机 i 对卫星 k 频率 f 的载波相位测量值；$\rho_i^k(t^k)$ 为卫星 k 到接收机 i 在发射时刻 t^k 的几何距离；$dt^k(t^k)$ 和 $dt_i(t_i)$ 分别为卫星 k 和接收机 i 的钟差；$I_{i,f,\varphi}^k(t_i)$ 为频率 f 信号从卫星 k 到接收机 i 的视线上集聚的电子反射引起的相位加速，该值与频率 f 伪距的电离层延迟大小相等符号相反；$T_i^k(t_i)$ 为卫星 k 到接收机 i 的信号在传播路径上的对流层延迟；$N_{i,f}^k$ 为频率 f 的载波相位整周模糊度，表示从首历元的持续跟踪中载波相位整周的未知数，导航信号在接收机失锁事件中发生周跳，重新接收的信号存在新的整周模糊度；$MP_{i,f,\varphi}^k(t_i)$ 为频率 f 的载波相位多路径延迟；$d_{f,\varphi}^k(t_i)$ 和 $d_{i,f,\varphi}(t_i)$ 分别为频率 f 的载波相位分别在卫星和接收机端的硬件延迟；$\varepsilon_{f,\varphi}(t_i)$ 为频率 f 的载波相位测量噪声。

式(19.5)转换为以米为单位的公式为

$$\Phi_{i,f}^k(t_i) = \rho_i^k(t^k) + [dt^k(t^k) - dt_i(t_i)]c - I_{i,f,\Phi}^k(t_i) + T_i^k(t_i) + \lambda_f N_{i,f}^k$$
$$+ MP_{i,f,\Phi}^k(t_i) + d_{f,\Phi}^k(t_i) + d_{i,f,\Phi}(t_i) + \varepsilon_{f,\Phi}(t_i) \tag{19.6}$$

伪距和载波相位测量之间的主要区别是，伪距是精确到分米量级的测时/测距的调制信号，载波相位是精确到毫米量级的模糊度测时/测距信号。参数化后，同一频率的伪距和载波相位测量的电离层延迟大小相等，符号相反。载波相位的多路径延迟、卫星和接收机硬件延迟及测距噪声，都比伪距对应的值小。

19.2.3 误差源

为了讨论通过相对定位技术消除的测量误差及那些仍然存在且需要处理的测量误差，在此处对 GNSS 误差源作了简述。在文献[1,2,4-5]中给出相关详细参考信息。按照误差来源对 GNSS 主要误差源分类为：发射端——在导航卫星端产生；传播段——在传播过程中产生；接收端——在接收点产生。表 19.1 给出了对应的分类结果，并在下文给出了简单介绍。

发射端误差是指广播星历信息中的 GNSS 卫星位置存在米级误差。后处理及实时使用的短期预报的卫星轨道误差为厘米级。GNSS 卫星钟误差改正值与轨道的测距精度水平相近。卫星天线相位中心改正和相位中心变化是天线自身特性的结果，测距的误差在几毫米到几厘米。天线误差的估计改正可将误差降至几毫米。卫星的硬件延迟取决于卫星模式、信号调制方式和信号电路。一些延迟可以通过星座自身估计并消除，一些可以通过地球参考网处理估计，还有一些几毫米的残余延迟无法估计消除。

传播段误差是指狭义和广义相对论都影响 GNSS 卫星和导航信号，与卫星轨道、星载钟、传播信号、接收机钟相关。改正同样是通过 GNSS 星载建立或者测量处理的高精度建模。由于电离层是弥散介质，其延迟可以通过双频测量修正，部分采用模型估计，或者采用 GNSS 测量值本身估计。所有电离层延迟修正方法的精度水平不同，从几厘米到几毫米。对流层折射是某区域的中性分子对 EM 信号的干扰产生的。主分量采用模型估计，或者采用 GNSS 测量本身估计。所有对流层延迟修正方法的精度水平不同，从几厘米到几毫米。相位缠绕仅影响载波相位测量值，由于载波相位测量值的右旋极化特性，发射和接收天线的相对旋转将会使累加计算的相位测量值变大或变小。相位缠绕效应可以高精度地建模，修正后误差低至几毫米量级。

接收端误差是指多径导致信号的相关错误,由于跟踪信号经过了多条路径到达接收机天线。多种天线和接收机硬件可以降低多径效应,但是厘米级的相位多径和分米级的伪距多径在高反射环境中很常见。接收机天线偏差和硬件延迟与卫星天线/发射器的相似,但接收机的误差往往更大一些。由于接收机晶振的性能相对较低,接收机钟误差一般大于卫星时钟。接收机噪声主要由热噪声组成,只有通过测量平均值才能降低。测站位移效应包括地球固体潮汐和海洋负荷,建模修正后误差为几毫米。

GNSS 误差处理办法一般是采用以下策略的一种或几种的组合:①消除;②建模;③估计;④忽略。在相对 GNSS 技术中,采用了以下的误差消除方法。卫星和接收机钟差,以及卫星和接收机硬件时延,都采用之后介绍的双差算法消除。轨道误差、卫星和接收机天线偏差,以及一些卫星硬件延迟可以通过双差消除或者通过其他的 GNSS 设备估计建模。相对论效应通过建模可以修正。必要的情况下,长基线处理中,相位缠绕和测站位移效应可以建模修正。电离层延迟的大部分误差可以通过双频处理修正;但载波相位模糊度的孤立性经常使用估计修正。对流层延迟大部分可以采用建模修正,其余的采用估计修正。多径和接收机噪声耦合在测量噪声里边,采用最优估计技术削弱。与差分 GNSS 相同,轨道、电离层和对流层等误差的时空特性对于短基线是有效的,如 1km 的基线,这些误差被彻底消除。随着基线的长度增加,这些误差不断变大。

19.2.4 数学模型

相对 GNSS 的处理技术是基于一组伪距或载波相位观测量的线性组合实现的,一般称为差分:一次差分、二次差分和三次差分,因为它们是对观测量简单的数学作差。最早公布的两组采用差分的相对 GPS 定位结果参考文献[6]和文献[7]。Eqs 有多个实例。例如,式(19.3)或者式(19.6),一个接收机对多个卫星同时测量时,接收机钟差改正是相同的。因此,两个测量方程通过数学作差,可以消除共有的接收机钟差改正,即星间单差。尽管卫星与接收机的距离不同,信号的发射时刻和接收时刻不同。卫星钟是非常稳定的,可以假设在很短的时间同步中,卫星钟差是相同的。接收机 A 与接收机 B 对卫星 j 的载波相位单差如图 19.5 所示,表示为公式

$$\Phi_{B,f}^{j}(t) - \Phi_{A,f}^{j}(t) = \Phi_{AB,f}^{j}(t) = \rho_{AB}^{j}(t) + cdt_{AB}(t) - I_{AB,f,\Phi}^{j}(t) + T_{AB}^{j}(t)$$
$$+ \lambda_f N_{AB,f}^{j} + MP_{AB,f,\Phi}^{k}(t) + d_{AB,f,\Phi}(t) + \varepsilon_{AB,f,\Phi}^{j}(t_i) \quad (19.7)$$

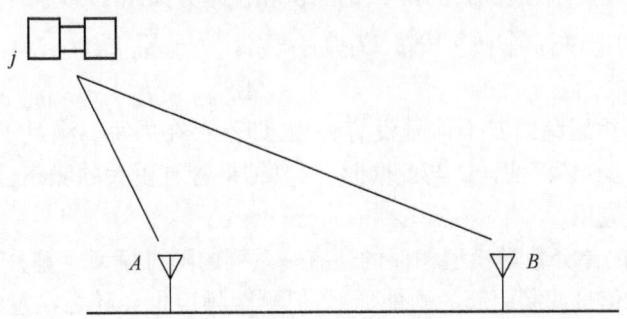

图 19.5 两个接收机 A 和 B 与卫星 j 之间星间单差几何图

需要注意,差分 AB 表示 B − A。卫星钟差与卫星硬件偏差一同被消除。对于短基线,

大气效应大大降低,测距误差遵循误差传播规律快速增加。

对接收机 A、B 与卫星 j、k 而言,卫星和接收机对的单差处理后结果再次作差是双差,如图 19.6 所示,表达式见式(19.8)。因为单差之后,消除了星间偏差,进一步降低了短基线的大气条件,增加了测量噪声。接收机 A、B 的相对矢量是估计状态的关键部分。

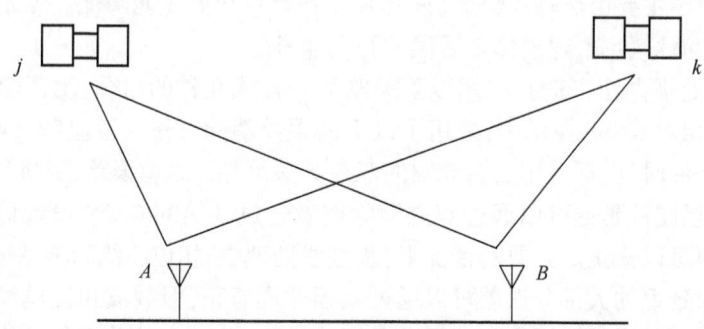

图 19.6 两个接收机 A 和 B 与两颗卫星 j 和 k 之间的双差几何关系

$$\Phi_{AB,f}^{k}(t) - \Phi_{AB,f}^{j}(t) = \Phi_{AB,f}^{jk}(t) = \rho_{AB}^{jk}(t) - I_{AB,f,\Phi}^{jk}(t) + T_{AB}^{jk}(t)$$
$$+ \lambda_f N_{AB,f}^{jk} + \mathrm{MP}_{AB,f,\Phi}^{jk}(t) + \varepsilon_{AB,f,\Phi}^{jk}(t) \tag{19.8}$$

GPS、Galileo 系统和北斗系统采用码分多址(CDMA),意味着卫星调制按照不同的码进行区分。GLONASS 采用频分多址(FDMA),卫星发射按照底层载波信号的不同频率进行区分。因此,考虑独特的卫星频率,需要稍有不同的方式才能实现 GLONASS 双差处理。更多的细节参见文献[1,4]。

基于双差的 GNSS 相对定位是行业和科学标准。在式(19.8)中,估计了参考站和用户(漫游者)接收机之间的相对位置矢量、残余电离层和对流层折射,以及载波相位的双差整周模糊度。模糊度并不提供有效信息,可以被视作干扰参数,但是对所有系统的状态矢量就必须被估计。因此,相对静态和动态的数学模型包含了额外约束可以消除的基准缺陷(参见文献[1]),这些将在后面的章节讨论。

包含了相对定位的形式以及质量控制策略的最终差分是三次差分。如果双差被视作两个毗邻历元处理,那么两组不同历元的双差方程作差就可以被视作三差。对于 CDMA 模式的接收机 A、B 与卫星 j、k 在历元 t_1、t_2 的三次相位差分如图 19.7 所示。

$$\Phi_{AB,f}^{jk}(t_2) - \Phi_{AB,f}^{jk}(t_1) = \Phi_{AB,f}^{jk}(t_{12}) = \rho_{AB}^{jk}(t_{12}) - I_{AB,f,\Phi}^{jk}(t_{12}) + T_{AB}^{jk}(t_{12})$$
$$+ \mathrm{MP}_{AB,f,\Phi}^{jk}(t_{12}) + \varepsilon_{AB,f,\Phi}^{jk}(t_{12}) \tag{19.9}$$

式(19.9)要求被跟踪的四个信号没有失锁,即不存在周跳。满足了这个要求,双差整周模糊度被消除,也不必再估计。与此同时,测量结果含有更大的噪声,限制了三差算法在相对定位中的有效应用。

与 GNSS 定位的差分数学模型相伴的还有一系列的随机模型。差分可以消除多种卫星和接收机的钟差和信号调制引起的硬件延迟,但测距噪声也会随之在量级上增加。另一种是非差处理,在本章和第 20 章将简要介绍。

数学差分也会产生严重的数学相关性,需要充分考虑高精度处理影响估计过程。参考文献[1]通过误差传播规律表明,对于载波相位测量噪声(类似于伪距测量),载波相位双差

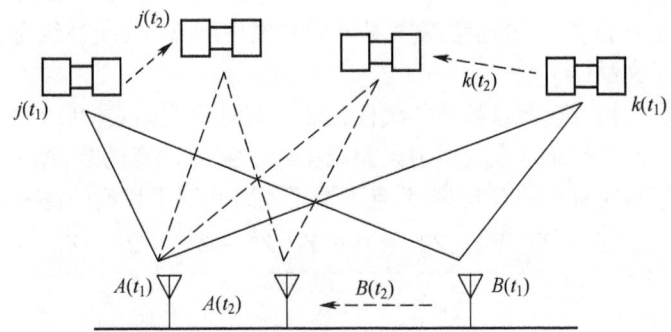

图 19.7 两个接收机 A 和 B 与两颗卫星 j 和 k 之间在 $[t_1, t_2]$ 的三差几何关系

测量的协方差与原始独立的载波相位测量方差 σ^2 的关系是

$$2\sigma^2 \begin{bmatrix} 2 & 1 \\ 1 & 2 \end{bmatrix} \tag{19.10}$$

除数学相关性外,观测量有对应的权重。例如,GPS 载波 L1 上的 C/A 码测距精度在低多路径环境中可以达到几十厘米,对应的 L1 相位测量精度可以达到几毫米。因此,$\sigma_{C/A} \approx 100\sigma_\varphi$,意味着伪距测量与相位测量联合处理时,伪距用来生成近似位置和估计相位模糊度,后者可用于精密定位。最后,由于大气折射较大、接收器天线增益降低等,较小高度角的信号质量随之降低。因此对所有测量数据处理,应谨慎采用高度角滤波或者信噪比加权策略。经典的高度角加权策略对天顶测量数据采用指数的形式赋予足够大的权,逐步并逐渐衰减到较小的高度角。为了彻底去掉小高度角的测量数据,惯常做法是设置地平线以上的 5°～15°角为截止高度角。

19.2.5 估计过程

伪距和载波相位测量可以组合产生一个整体的测量模型。参考文献[8]对短距离的 GPS 测量处理开发了一个四观测量模型,如式(19.11)所示,符号含义与之前相同。式(19.3)和式(19.6)是简化后的,忽略了大部分的术语。该模型一般认作无几何历元解。对于采用双差处理的短基线,待估矢量的第一个元素简化为 ρ。4 个待估量的 4 个方程组成的方程组,如果不是因为伪距较高的噪声水平,则可以被直接解算。对于静态基线测量,累计许多历元可以足够多地测量准确估计模糊度参数,从而实现精密相对测量。

$$\begin{bmatrix} P_1 \\ \Phi_1 \\ P_2 \\ \Phi_2 \end{bmatrix} = \begin{bmatrix} 1 & 1 & 0 & 0 \\ 1 & -1 & \lambda_1 & 0 \\ 1 & (f_1/f_2)^2 & 0 & 0 \\ 1 & -(f_1/f_2)^2 & 0 & \lambda_2 \end{bmatrix} \begin{bmatrix} \rho + c(\mathrm{d}t^k - \mathrm{d}t_i) + T \\ I \\ N_1 \\ N_2 \end{bmatrix} + \begin{bmatrix} \varepsilon_{P_1} \\ \varepsilon_{\Phi_1} \\ \varepsilon_{P_2} \\ \varepsilon_{\Phi_3} \end{bmatrix} \tag{19.11}$$

更有效的处理是采用数学合成的宽巷载波相位线性组合(参考文献[8-9]):

$$\varphi_{wl} = \varphi_1 - \varphi_2, \quad \lambda_{wl} = \frac{c}{f_1 - f_2} \approx 86\mathrm{cm} \tag{19.12}$$

式(9.11)和式(9.12)可以采用一个最小二乘滤波解算宽巷模糊度参数。宽巷波长约为 GNSS 原始载波的 4 倍,可以直接精确估计未知整周数。宽巷模糊度估计之后,无电离层载波相位组合的模糊度是已知宽巷模糊度与窄巷模糊度 N_1 的线性组合,便可确定 N_1 和 N_2。详细推导可见文献[4]。

一个历元的载波相位观测量的基本线性化后的观测模型如式(19.13)所示,角标"0"表示近似位置坐标。式中省略了大气折射误差或多径。需要注意的是,该公式采用第一颗卫星作为参考星处理其他所有的双差对,并且不考虑周跳和卫星切换的情况。

$$\begin{bmatrix} \Phi_{AB,f}^{jk} \\ \Phi_{AB,f}^{jl} \\ \vdots \\ \Phi_{AB,f}^{jn} \end{bmatrix} = \begin{bmatrix} \frac{X^k - X_{B_0}}{\rho_{B_0}^k} - \frac{X^j - X_{B_0}}{\rho_{B_0}^j} & \frac{Y^k - Y_{B_0}}{\rho_{B_0}^k} - \frac{Y^j - Y_{B_0}}{\rho_{B_0}^j} & \frac{Z^k - Z_{B_0}}{\rho_{B_0}^k} - \frac{Z^j - Z_{B_0}}{\rho_{B_0}^j} & \lambda_f & 0 & \cdots & 0 \\ \frac{X^k - X_{B_0}}{\rho_{B_0}^k} - \frac{X^j - X_{B_0}}{\rho_{B_0}^j} & \frac{Y^k - Y_{B_0}}{\rho_{B_0}^k} - \frac{Y^j - Y_{B_0}}{\rho_{B_0}^j} & \frac{Z^k - Z_{B_0}}{\rho_{B_0}^k} - \frac{Z^j - Z_{B_0}}{\rho_{B_0}^j} & 0 & \lambda_f & \cdots & 0 \\ & \vdots & & \vdots & \vdots & \ddots & \vdots \\ \frac{X^k - X_{B_0}}{\rho_{B_0}^k} - \frac{X^j - X_{B_0}}{\rho_{B_0}^j} & \frac{Y^k - Y_{B_0}}{\rho_{B_0}^k} - \frac{Y^j - Y_{B_0}}{\rho_{B_0}^j} & \frac{Z^k - Z_{B_0}}{\rho_{B_0}^k} - \frac{Z^j - Z_{B_0}}{\rho_{B_0}^j} & 0 & 0 & \cdots & \lambda_f \end{bmatrix} \begin{bmatrix} \Delta X_B \\ \Delta Y_B \\ \Delta Z_B \\ \Phi_{AB,f}^{jk} \\ \Phi_{AB,f}^{jl} \\ \vdots \\ \Phi_{AB,f}^{jn} \end{bmatrix}$$

$$+ \begin{bmatrix} \varepsilon_{\Phi_{AB,f}^{jk}} \\ \varepsilon_{\Phi_{AB,f}^{jl}} \\ \vdots \\ \varepsilon_{\Phi_{AB,f}^{jn}} \end{bmatrix} \quad (19.13)$$

对于静态处理,单基线最小二乘的分批或递推处理都可以得到同样可靠的位置结果。双差观测量的数学改正处理必须考虑统计模型。递推最小二乘技术对大数据集具有更高的计算效率。其他的递推算法还有卡尔曼滤波和贝叶斯估计。由于卫星的切换设置、载波相位周跳等导致测量质量变化,递推算法简化了数据处理。尤其是轨道误差和大气延迟误差等某些误差的量级变大,随着基线长度的增加应额外考虑误差模型。特别是静态处理的长基线,增加观测时长来增加观测量平均消除静态估计的误差。早期研究致力于准确的浮点(实数)相位模糊度,随后是整周固定解研究。许多稳健并有效的算法被开发,这将在下一部分讨论。

例如,批处理网解策略极佳的应用案例可以见文献[4],用来移除在 GNSS 基线网解中的基线矢量间的粗差。除数学改正之外,仅采用双差基线测量值来处理。

在动态处理中,不约束相对定位函数模型存在一定缺陷。序贯最小二乘或扩展卡尔曼滤波是经典的最优估计处理算法。当等权测量值确定位置状态的能力大大削弱时,需要载波相位整周模糊度近实时估计算法。

19.2.6 性能

固定载波相位模糊度的静态双差基线相对定位在短基线上可以达到毫米级甚至亚毫米级的结果[10]。文献[11]表明中长度基线的天解可以达到几毫米的结果。文献[9]表明长基线的天解可以达到厘米级定位精度。文献[12]表明动态长基线的后处理定位精度是几厘米。自这些定位结果发表以来,这种定位技术已越发符合 GNSS 测量处理,并且更容易从科学和商业软件和服务提供商获得。

在不同的研究方向上,快速实时解算中短基线的载波相位模糊度受到了极大关注。静态初始化涉及起始矢量的静态确定[13]。动态初始化要求飞行状态(OTF)的模糊度测定,涉及起始基线矢量的近似值和后续改进[14-15]。这些技术引领 RTK 的发展,需要大量努力实现快速、高效、正确地实时估计双差载波相位模糊度。这是下一节的主题。

19.3 模糊度解与实时动态定位

先前关于相对定位的讨论侧重于固定载波相位模糊度中的愿望或必要性。应用这种整数约束将利用这种待估变量分类的物理性质,因此,一个非常有力的论据是利用估计过程中提供的所有信息。实际上,载波相位模糊度解(AR)允许静态和动态场景的快速位置解初始化和重新初始化,以及从更稳定的历元到历元的解。所有这些都允许相对定位以 RTK 处理的形式广泛应用。

本节从 AR 中涉及的概念开始。描述 AR 方法的例子,然后对 LAMBDA 方法进行简短的案例研究,描述了 AR 方法在基线估计过程中的应用,介绍了性能的各个方面,以及 RTK 实施问题,包括数据通信协议。

19.3.1 模糊度解

在相对 GNSS 定位研究中,早期就认识到,尤其是在较远的距离[9]或较短数据收集周期的情况下,当有限的测量使浮点模糊度估计变得困难时,将载波相位模糊度固定到其正确的整数中会大大提高定位精度和可重复性。研究迅速从静态基线(大量误差建模和长时间数据收集)转向将双差双差浮点模糊度固定的基线,转向更困难的在短到中长度基线上快速固定的情况,以及运动中的移动接收机等情况。先前描述的轨道、对流层和电离层的空间相关性概念在基线浮点解中起着核心作用,未建模的残余误差对位置和模糊度状态估计值的准确性具有不利影响。

参考浮点状态和浮点协方差估计值,双差相对定位实数解的结果状态矢量估计值 $\hat{x}$ 和相关状态共因子矩阵估计 $Q_{\hat{x}}$(或简写方差协方差——VCV)可以表示为

$$\hat{x} = \begin{bmatrix} \hat{a} \\ \hat{b} \end{bmatrix}, \quad Q_{\hat{x}} = \begin{bmatrix} Q_{\hat{a}} & Q_{\hat{a}\hat{b}} \\ Q_{\hat{a}\hat{b}}^{T} & Q_{\hat{b}} \end{bmatrix} \tag{19.14}$$

式中:$\hat{a}$ 为浮点位置坐标矢量及如对流层延迟等其他必要的基线状态;$\hat{b}$ 为 n 个双差载波相位浮点模糊度 $[\hat{N}_1 \cdots \hat{N}_n]^T$ 的矢量。AR 或者模糊度固定为一组双差模糊度的整数标示,是选择一组在统计上与浮点模糊度兼容的整数模糊度的过程。具体来说,这是降低加权范式的过程:

$$[\hat{b} - \check{b}] Q_{\hat{b}}^{-1} [\hat{b} - \check{b}] \tag{19.15}$$

式中:$\check{b}$ 为整数模糊度矢量,因此可以通过方差的统计测试上述假设。

模糊度固定一般有 3 个步骤。
(1) 优化识别待选的整数模糊度;
(2) 验证(审核)选定的整数模糊度;

（3）生成潜在整数模糊度的待选值。

对于给定历元的每个双差相位模糊度，一组待选值就是整数模糊度的可能值。每个待选值都在一个模糊度搜索域内，一个模糊度组合的多维集合。模糊度搜索域越大，越有可能包含正确的模糊度；搜索域越小，每个模糊度待选值的验证速度越快。因此，通常寻求平衡。对于长时间（几小时）观测的静态短基线（几千米），浮点双差模糊度估计值非常接近整数。随着基线变长和观测时间变短，由于信息丢失分别会带来额外的未模型化误差错误和弱点，浮点解逐渐偏离整数。单个模糊度搜索域基本集中于浮点模糊度及其不确定性（估计过程中的模糊度方差）定义的域。模糊度待选值的数量由跟踪的卫星数量和搜索范围确定。例如，8颗卫星以3周为范围的待选值有 $3^{8-1}=2187$ 个，同样的，8颗卫星以5周为范围的待选值有 $5^{8-1}=78125$ 个，需要有约3500%的待选值搜索。

1）优化识别待选的整数模糊度

常用的整数模糊度待选值的准则是使用选定的模糊度固定值与原始浮点模糊度估计值的解的残差平方和最小。可以理解为，双差相位模糊度估计的原始浮点实数值是最小二乘估计的最优解，固定的整数值在估计过程中将会产生较大的残差（由于没有很好地拟合函数模型和随机模型），其中不应该出现统计上的差异。

2）验证（或证实或接受）选定的整数模糊度

验证是基于函数模型、随机模型和采用的模糊度固定算法对得到的整数正确性进行评估。这种验证通常以残差的方差和最小和次小值的标准比率测试的形式。如果比率大于某些设定值，则使用上一个待选值；否则，没有整数模糊度的解可以选择，因为这些解之间没有明显的统计差异。但是，具有固定临界值的此类比率测试并不检验整数最小方差解的正确性。固定失败率方法允许失败率不超过用户定义值[16]。但是，任何验证方法都不能保证所选整数模糊度的正确性。

许多AR方法开发了出来，这里列出了一些受欢迎的算法。更详细的内容可以参考文献[1,4]。

文献[17]开发的模糊度函数算法：对所有接收机之间的单差模糊度，使用模糊度函数搜索浮点位置估计值的点的网格立方体。

文献[18]开发的最小二乘模糊度搜索技术（LSAST）：采用序贯最小二乘算法通过一组一级和二级卫星隔离整数模糊度。

文献[19]开发的快速模糊度固定技术：采用初始浮点估计值的统计信息选择搜索范围，然后采用浮点方差-协方差矩阵剔除不接受的浮点模糊度组，最后采用假设检验选择正确的整数模糊度。

文献[20]开发的最小二乘模糊度降相关调整算法：双差浮点模糊度是降相关的，采用条件最小二乘搜索整数模糊度。

文献[21]开发的快速模糊度搜索滤波：卡尔曼滤波预测状态矢量，搜索每个历元的模糊度直至固定。这些是模糊度搜索范围的递归计算。

LAMBDA方法已被证明是非常受欢迎的，因为它的最优特性和速度。因此，将在19.3.2节中更详细地讨论LAMBDA方法。除直接估计载波相位观测值模糊度外，这些方法还利用载波相位观测值的线性组合，如各种宽巷来增加相位波长，从而提高整数模糊度成功率。以及部分模糊性固定，来避免固定高噪声浮点模糊度，如来自新观测的卫星或者具有较大多路径和大气折射误差的测量值。

19.3.2 LAMBDA 模糊度固定算法

最小二乘模糊度降相关调整算法毫无疑问是当今最流行的模糊度固定方法。它的主要吸引力是真实整数最小二乘估计解,在所有可能容许的整数估计器中正确性最高的,同时是搜索整数模糊度速度最快的。因此,我们选择 LAMBDA 作为模糊度固定的一个简单案例研究。

式(19.15)中,如果浮点方差-协方差阵是对角阵,那么模糊度不需要改正。

$$Q_{\hat{b}} = \begin{bmatrix} q_{\hat{N}_1 \hat{N}_1} & \cdots & 0 \\ \vdots & \ddots & \vdots \\ 0 & \cdots & q_{\hat{N}_n \hat{N}_n} \end{bmatrix} \quad (19.16)$$

在最小二乘估计器中的最优整数就在浮点模糊度附近。

$$\frac{(\hat{N}_1 - \check{N}_1)^2}{q_{\hat{N}_1 \hat{N}_1}} + \cdots + \frac{(\hat{N}_2 - \check{N}_2)^2}{q_{\hat{N}_2 \hat{N}_2}} \quad (19.17)$$

式(19.17)的两项可以用一个圆点在浮点模糊度处的椭圆和由分母缩放的轴几何表示,三项版本的是近似椭球,n 项版本的是类似的超椭球。椭圆/椭球/超椭球体内的面积或体积称为整数搜索空间。然而,实际上,被浮点模糊度共因子矩阵完全填充了,特别是对于短数据和长基线。浮点模糊度是高度相关的,拉长椭圆/椭球/超椭球旋转远离主轴。相应的结果是,非常大的整数搜索域。LAMBDA 通过一个叫作 Z 转换降相关的过程高度缩小整数搜索域。

数学上直接通过特征值分解使对称矩阵对角化,如矩阵 $Q_{\hat{b}}$。然而,特征值分解产生一个变换后的对角余因子矩阵,但不保留变换后的整数模糊度的整数性质。LAMBDA 应用 Z 转换[22]如下:

$$\begin{aligned} \check{z} &= Z^T \check{b} \\ \hat{z} &= Z^T \hat{b} \\ Q_z &= Z^T Q_{\hat{b}} Z \end{aligned} \quad (19.18)$$

Z 必须只包含整数。Z 的行列式必须等于±1,如果 Z 包含整数元素,严格 Z^{-1} 只包含整数元素。结果是在式(19.18)中直接或者逆变换

保证了整数性质。一个给定的余因子矩阵确定最佳 Z 的过程是应用一系列简单的高斯变换合并浮点余因子对角元素的圆形分区。几何上,这一结果可以解释为压缩椭圆(二维)/椭球(三维)的长轴使其接近圆形或者球体,但保留面积/体积。

文献[23]提供了三维 Z 转换的例子。给一个浮点余因子矩阵:

$$Q_{\hat{b}} = \begin{bmatrix} 6.290 & 5.978 & 0.554 \\ 5.978 & 6.292 & 2.340 \\ 0.544 & 2.340 & 6.288 \end{bmatrix} \quad (19.19)$$

浮点模糊度具有很大的不确定性。第一、二、三列之间由相关系数表示有很强的相关性:

$$\begin{cases} \sigma_{\hat{b}_1} = 2.508\rho_{\hat{b}_1\hat{b}_2} = 0.950 \\ \sigma_{\hat{b}_2} = 2.508\rho_{\hat{b}_1\hat{b}_3} = 0.086 \\ \sigma_{\hat{b}_3} = 2.508\rho_{\hat{b}_2\hat{b}_3} = 0.950 \end{cases} \quad (19.20)$$

通过之前的描述，Z 转换的组成可以确定为

$$\mathbf{Z}^{\mathrm{T}} = \begin{bmatrix} 1 & -1 & 0 \\ -2 & 3 & -1 \\ 3 & -3 & 1 \end{bmatrix} \quad (19.21)$$

Z 转换的余因子矩阵为

$$\mathbf{Q}_{\hat{z}} = \begin{bmatrix} 0.626 & 0.230 & 0.082 \\ 0.230 & 4.476 & 0.334 \\ 0.082 & 0.334 & 1.146 \end{bmatrix} \quad (19.22)$$

同时转换后的模糊度是不相关的：

$$\begin{cases} \sigma_{\hat{z}_1} = 0.791\rho_{\hat{z}_1\hat{z}_2} = 0.137 \\ \sigma_{\hat{z}_2} = 2.116_{\hat{z}_1\hat{z}_3} = 0.097 \\ \sigma_{\hat{z}_3} = 1.071\rho_{\hat{z}_2\hat{z}_3} = 0.147 \end{cases} \quad (19.23)$$

虽然结果不是一个对角余因子矩阵，但整数搜索域被大幅降低了数量级，结果是在非常小的整数待选值中搜索，从而使 LAMBDA 算法计算非常高效。

转换后，通过调整整数顺序条件来识别实际的整数模糊度。该过程以树状搜索方式搜索所有潜在的模糊度待选值，根据之前固定模糊度的每个模糊度估计值，即第 i 个模糊度的最小二乘估值 $\hat{b}_{i|I}(i=1,2,\cdots,m)$，但前提是确定之前 $i-1$ 个模糊度。

$$\hat{b}_{i|I} = \hat{b}_i - \sum_{j=1}^{i-1} \sigma_{\hat{b}_i\hat{b}_{j|J}} \sigma_{\hat{b}_{j|J}}^{-2} \hat{b}_{j|J} \quad (19.24)$$

这个过程很简单，顺序条件最小二乘调整的模糊度是不相关的。

在最小二乘估计器中选择最优的模糊度值应用到了统计假设检验。一旦转换后的整数最小化，就可以计算转换后的整数估计值 $\hat{z}$，为了获取整数最小二乘估计值要求估计的基线状态 $\hat{a}$。

最初的 LAMBDA 算法本身没有指定的验证程序，然而验证程序已经开发出来[16]。通过估计值的不确定度来验证计算的整周模糊度的正确性。标准偏差能够单独用来验证估计值是否"正确"；然而，不能仅仅使用这个统计数据来判断估计值是否正确。验证指标还包括用来评估整数模糊度估计正确的模糊度成功率，包含函数模型、统计模型、整数模糊度选择算法的成功比率函数，以及考虑实际测量的计算效率。比例验证测试是将确定的模糊度残差矢量次优与最优的平方范式与阈值相比较，表明两种解在置信水平上是否存在统计差异。

LAMBDA 之后，文献[24]开发了修正 LAMBDA（MLAMBDA）算法。该算法发现，LAMBDA 降相关和整数序列最小二乘合成的计算效率，可显著缩短计算时间。这些改进，与 LAMBDA 的教育版本一起列入了 LAMBDA 的专业版[23]。

总之，LAMBDA 固定模糊度的主要步骤如下。

（1）LAMBDA 前阶段：浮点相对定位、双差模糊度，联合的浮点 VCV 矩阵，常规相对定

位最小二乘或者卡尔曼滤波估计处理获得相对定位的双差浮点模糊度和联合的浮点 VCV 矩阵。

（2）LAMBDA 降相关：Z 转换是将高度拉长的模糊度搜索超椭球体转换成近球体，降低高度相关的模糊度之间的相关性，可以更有效地搜索整数模糊度。

（3）LAMBDA 搜索：整数最小化用来离散搜索降相关的搜索域确定最好的转换后的整数模糊度，然后采用逆 Z 转换将其转换回去。

（4）LAMBDA 后阶段：固定的模糊度用来重新估计基线参数，获取固定的基线解。

19.3.3 处理与估计

相对定位/RTK 软件之间实现的差异可能很大。文献[25]的 RTKLIB 是一个流行的开源实现。无论是实时或事后处理，亦或是单历元处理，图 19.8 展示了一个通用程序包的相对定位/RTK 处理算法的基本模块。这些模块是测量输入、导航解算、测量质量控制、相对定位浮点解和结果质量控制、模糊度固定和模糊度验证、相对定位固定解和结果质量控制。单个处理软件的定位性能不仅是左列模块的算法完整性，也是右列可选的质量控制模块提供的细节水平。

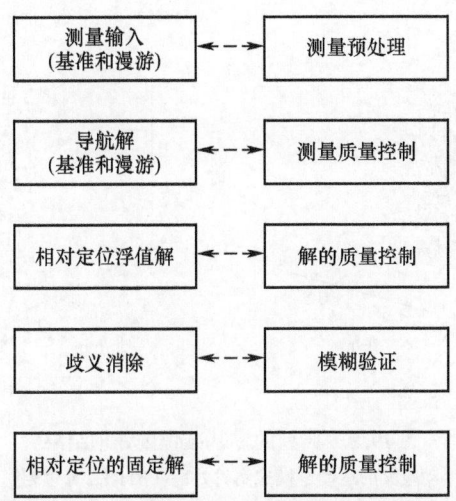

图 19.8　相对定位/RTK 处理方法基本模块流程图（虚线表示可选功能）

参考站和流动站接收机测量输入功能的复杂性取决于测量数据格式，这将在本章最后详细介绍。测量预处理涉及伪距和载波相位测量粗差的探测与剔除、有偏测量数据的剔除等等。通常来说，该模块还包含载波相位周跳探测与修复算法。

参考站和流动站导航解通过点定位方法计算。基本误差模型通常应用于逐历元的最小二乘估计器。初始的测量值可以基于后验残差统计分析评估。RAIM（自主完好性监测）就是其中之一，提供特定测量量的拒绝标准。

参考站和流动站的测量数据用来组成双差方程和多种浮点模糊度解的潜在线性组合，例如 L1、L2、宽巷和窄巷。尤其是在较长的基线上，高级误差模型应用于序贯最小二乘或卡尔曼滤波估计器。后验残差用来分析个别粗差。

模糊度固定算法利用浮点解模糊度实数估计值和联合实数协方差阵。如果模糊度估计值确定了,则可以采用标准方法进行验证以增加估计值的置信度。

最后,固定的模糊度和协方差与浮点解联合生成固定的基线分量估计值和联合的协方差。浮点或固定的位置估计值和协方差可以用作下一个历元处理的先验输入。

19.3.4 RTK 性能

自 20 世纪 90 年代末以来,RTK 开始在测量、工程建筑、机器控制行业成为精密定位的标准。双差载波相位模糊度飞行状态下定位有更高精度的相对位置,也能在数十秒内获得持续的位置结果,同时工作环境更加灵活。

正确解算双差模糊度整数的效果可以应用于零基线处理。零基线是两台接收机通过信号分离器共用一根天线。每个接收机都消除了信号处理之外的所有误差影响,因为观测误差是相同的并且在双差时消除了。图 19.9(a) 是在基线动态浮点处理模式下,零基线一小时每赫兹数据的单个浮点解误差。图 19.9(b) 展示了同样数据的 3600 个固定解。需要注意从图 19.9(a) 到图 19.9(b) 以 100 的因子降低了画图尺度。单个相对浮点定位解达到几厘米的精度水平,单个 RTK 的结果达到几毫米的精度水平。一种解释是载波相位测量整数模糊度正确固定后就像毫米精度的伪距。

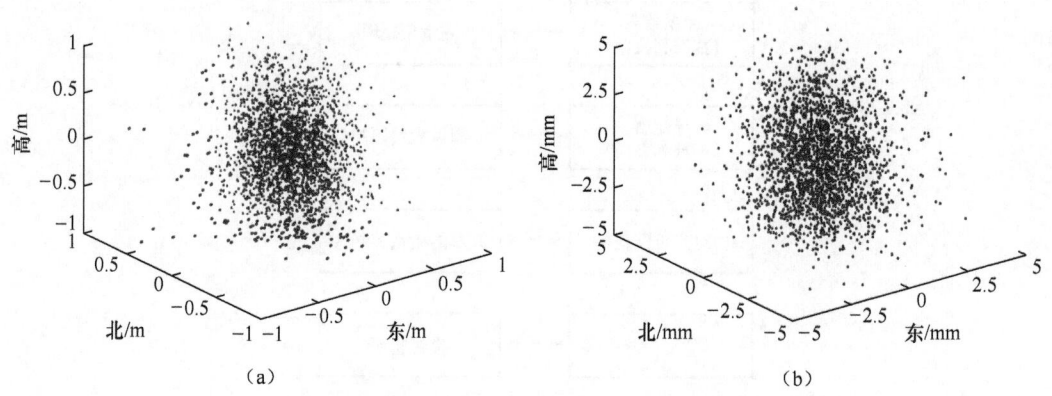

图 19.9 典型的零基准位置处理结果
(a)带有浮动歧义的运动学模式实时处理;(b)RTK 处理相同的数据。

实际上,接收机天线相位偏差、伪距和载波相位多径,尤其是大气延迟使相对定位误差从毫米水平增加到了厘米水平。因为大气延迟是误差的主要贡献者,同时由于 GNSS 信号的时空信息降相关,相对定位的误差与基线长度呈函数关系。图 19.10 提供了基线长度从 3km 到 28km 的浮点和固定解的水平和垂直分量的定位误差。基准站保持不变,文献[25]中的 RTKLIB 软件在动态模式下解算了一天的测量数据的固定解。因此,RMS 值展示了特定基线下常见的用户定位误差。

同时可见,随着基线长度增加,定位误差随之增长。准确固定双差模糊度到正确的整数值降低了几厘米的误差。基线限制 RTK 通常应用于基准站周围 10~15km 的半径内,其水平定位精度可以达到 2~3 厘米(高程定位精度达到约 5cm)。与点定位相同,较低的高程定位精度是因为 GNSS 卫星与接收机的几何形状,在接收天线的下方没有可见的卫星信号。

因为 RTK 涉及逐历元的模糊度固定,商业软件的动态结果与静态结果相比没有差异。

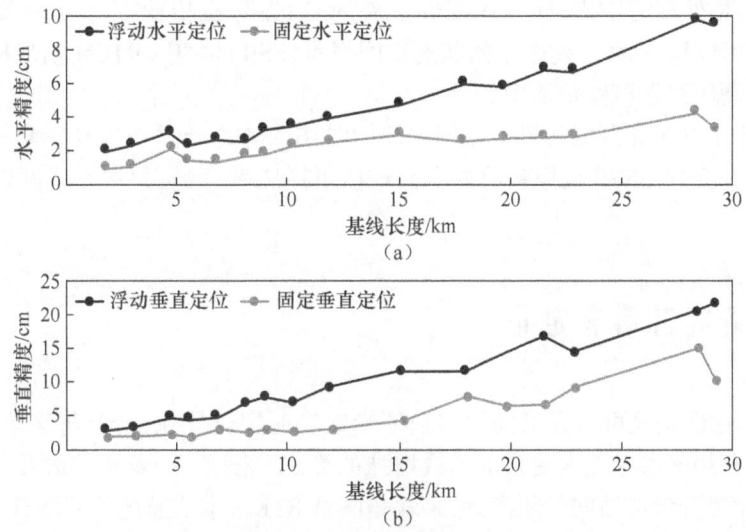

图 19.10 浮动和固定基线定位精度与基线长度的关系
(a) 水平定位精度；(b) 垂直定位精度。

一个静态位置数十秒内的平均一组 RTK 定位估计值可以获得更好的精度。用其他 GNSS 星座增强一个 GNSS 星座提供估计过程的鲁棒；然而超过可操作的 RTK 基线后，在开发的天空环境下几乎没有额外的定位精度提升。当接收机上空区域被阻碍时，多星座处理是有益的，因为不同几何的额外测量值改善了估计值。

19.3.5 通信与协议

RTK 要求一台接收机的测量值实时无线传输给另一台接收机。

根据前边介绍的 RTK 基线性能分析，无线通信链路的有效范围超过 10~15km。通常 RTK 要求通信硬件设备安装在两台接收机上，一台是在已知（或被测定的）位置上的参考站大地测量接收机/天线，另一台是流动的大地测量接收机/天线。一般来说，通信设备是杆状天线安装或集成在 GNSS 接收机上的 1~5W 的 UHF 或 VHF 电波接收机。这样的测量设备允许在测量范围内清晰通信，只要两台电波天线能够合理地维持清晰的视线。

有些装置采用蜂窝调制解调器通过蜂窝网络来传输数据（这是网络 RTK 的标准配置，在 19.4 节中描述）。一些多条长基线 RTK 解算利用了通信卫星 L 波段传输。最后，还有一些新的服务利用了网络通信协议。

为了使接收数据能够被传输，必须制定通信协议。接收机原始设备制造商（OEM）制定了自己专属的二进制数据格式。这些格式旨在最大限度地提高测量精度，同时最大限度地减少 DGNSS、RTK 等所需的数据比特数。

为了在不同 OEM 接收机之间满足 DGNSS 和 RTK 处理的通信，在第 104 号海事服务研究委员会（RTCM）电波技术委员会的主持下，业界制定了通用信息格式。这种 GNSS 数据格式有很多版本，每个都是在之前的版本上创建和扩展的：1990 年的 2 号版本，2010 年的 2.3 号版本，2004 年的 3 号版本，还有 2006 年的 3.3 号版本[16]。2.3 号版本包含了广泛的 DGPS 消息类型数据，GPS 星座信息包含星历、RTK 的伪距和载波相位测量[26] 3.3 号版本包含了提升 RTK 处理的格式设计,将 GPS 扩展到 GNSS 数据传输[27],第 20 章节致力于支持 PPP 处理中精密轨道和钟差改正的状态空间表示(SSR)信息。RTCM 信息格式通常用在电波或蜂窝调制解调器链路传输中。

最后,制定了 RTCM 网络传输互联网协议(NTRIP)格式,允许 RTCM 信息格式基于互联网通信。NTRIP 允许 GNSS 数据和数据产品产生 RTCM 数据流,并在互联网以数据流传输数据。

19.4 网络实时动态定位

一旦 RTK 被确定是可行且可操作实现厘米级实时定位导航,研究将聚焦于 RTK 基线的制约因素。利用多参考站为更长的基线增强的算法。很显然,多参考站可以提供区域误差改正数,从而提升参考站间的距离,结果就是网络 RTK。本节描述了网络 RTK 的理论,包括概念与理论、参考站处理、改正数生成、改正数插值和性能。

19.4.1 概念与理论

几厘米定位精度要求基线 RTK 的长度为 10~15km,参考站数据通过无线传输至流动站进行相对定位和模糊度固定。超过该范围后,卫星轨道、电离层延迟和对流层延迟等误差项的空间不相关导致明显的参数模型错误,并拒绝正确的模糊度固定。这些误差可以通过参考 GNSS 接收机站网进行精确建模,应用到更长距离的成功固定模糊度的相对定位。

网络 RTK 最重要的好处和限制:与单基线相比参考站(接收机、天线、通信设备)的硬件延迟大大降低;多参考站的应用增强了稳健性;比 RTK 有更复杂的数据处理和通信;仅在经济可行区域的灵活性,如富裕的城市、区域或者国家等相对较小的区域;与所有的 GNSS 应用相同,仅限于在开放天空区域运行。

图 19.11 展示了指定区域中基线 RTK 和网络 RTK 要求的连续运行参考站(CORS)的显著变化。如果参考站之间是独立运行的,则单个 10~15km 的 RTK 基线仅限于应用在降低测量误差的空间相关性。如果多 CORS 的测量值联合生成覆盖区域的误差改正数,则随着流动站测量的双差载波相位整数模糊度成功固定,可以在空间上布设更多 CORS 站。

网络 RTK 数据处理的主要组成有:
(1) 参考站的模糊度固定;
(2) 估计改正数的系数;
(3) 流动站的观测值或改正数的计算和应用。

1) 参考站的模糊度固定

参考站固定的模糊度载波相位观测值被用来估计位置偏差。参考站模糊度必须实时正确地被估计。持续解算所有相位模糊度具有挑战性,处理过程利用所有先验信息,包括精密测定的站坐标、卫星预报星历、当前基于网络 RTK 的电离层和对流层延迟估计值、站网分析确定的载波相位多径估计值、基于天线校准的卫星和接收机天线相位中心改正。

2) 改正系数

已开发出许多技术来模拟(插值)参考站和用户接收机之间的距离依赖性偏差,如线性

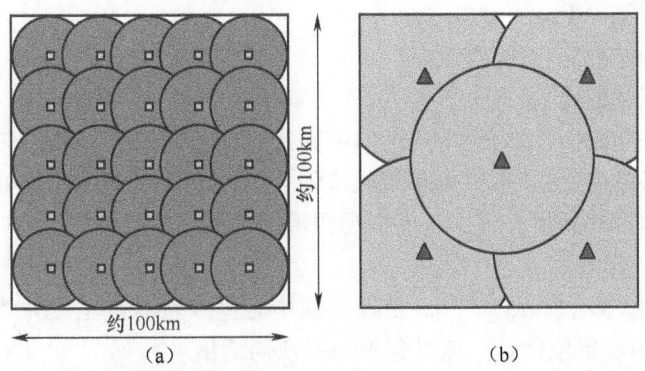

图 19.11 一般基线 RTK 站间距与更稀疏的网络 RTK 站间距的比较
(a)RTK:每万公里 25~30 个参考站;(b)网络 RTK:每万公里 5~10 个参考站。

组合、线性插值、基于距离的线性插值、低阶曲面拟合和最小二乘配置。由于误差梯度变化率不同,传输的误差改正数的频率也不同。每颗卫星的电离层偏差被估计,改正数每 10s 播发一次;每颗卫星的轨道偏差被估计,改正数每 60s 播发一次;每颗星或每个参考站的对流层偏差被估计,改正数每 60s 播发一次。电离层延迟具有较强的短时变化性,因此要求更高的改正数播发速率和较小的建模区域。

3) 用户解算

通常,来自最近参考站的参考观测量计算远程接收机和精密改正模型。远处接收机计算的观测量来自参考站观测量,改正模型,还有参考站与流动站近似位置的水平坐标差。远处计算的观测量被流动站用于超短基线 RTK 处理来估计厘米级位置。图 19.12 展示了参考站之间的测量改正数插值生成模拟(虚拟)参考站测量数据的概念,这是一种用到网络 RTK 的方法。因为虚拟测量相当于流动站附近明显的参考站,序贯双差将导致正确、低噪声浮点解和成功的 RTK。测量改正数估值的任何误差和插值过程将被设计到用户定位误差。

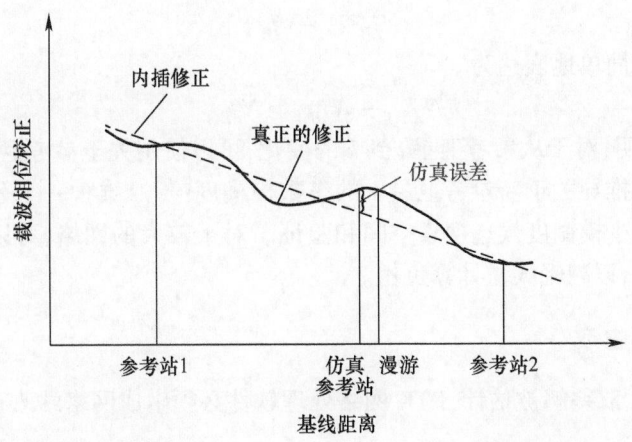

图 19.12 描述参考站测量校正插值、仿真(虚拟)参考站测量生成和仿真测量误差之间概念的二维图

商业中最受欢迎的用户解算技术是:

(1) 虚拟参考站(VRS)[32];
(2) 主辅参考站概念(MAC)[30];
(3) 区域改正参数[33]。

这些算法有一些相似设计,但本质上的不同是测量数据和改正数通信程序。

(1) 虚拟参考站(VRS)[32]。用户接收机将自己的近似位置传输给处理设施中心以插值改正数和生成虚拟观测量。将这些虚拟观测量传输给用户接收机,用户相对于 VRS 的基线 RTK 位置被估计出来。

(2) 主辅参考站概念(MAC)[30]。处理设施中心生成所有改正数并传输给用户接收机用来插值和基线 RTK 定位估计。该过程不需要双向通信。

(3) 区域改正参数。每个观测站利用周围的参考站生成改正数系数。将改正数、参考站坐标、测量值传输给用户接收机用来插值和基线 RTK 定位估计。

19.4.2 参考站处理

就对 GNSS 信号测距的幅度影响而言,限制在几厘米基线 RTK 性能的主要误差源是卫星轨道误差、电离层折射和对流层折射,它们可以用适当间隔的 CORS 网成功估计(和插值)。这些 GNSS 误差源及其特征已在本章前面描述过了。

网络 RTK 服务提供商的责任是在 RTK 网络连续每日的相对定位解中精确估计这些误差项。因此,整数模糊度必须连续实时地成功估计。对于这样的网络,所有可用的先验信息(如上所述)都被利用,允许在估计过程中减少状态矢量参数,或使用严格约束的随机模型。

CORS 网的解算结果中需要保留公共模糊度水平或基准,以持续生成改正数。公共模糊度水平或基准是指网络中所有台站相对于同一参考卫星固定的所有双差模糊度[30]。特别是对于较大的网络,在视野中持续地维持一组公用卫星具有挑战性。不仅卫星会离开测站天线的视野,而且站接收机有时会失去对卫星信号的锁定。当需要改变参考卫星时,网络处理器必须无缝切换到可见时间最长的卫星。使用线性变换不会重新初始化网络模糊度。例如,对于这种情况下卫星 j 从参考卫星 i 到 k 的切换,将需要以下的双差变换:

$$N_{AB,f}^{ij} \rightarrow N_{AB,f}^{kj} \tag{19.25}$$

这个转换可以简单地表达为

$$N_{AB,f}^{ij} - N_{AB,f}^{ik} = N_{AB,f}^{kj} \tag{19.26}$$

式(19.26)表明,对于从参考卫星 i 到 k 的变化,可以使用关于参考卫星 i 的双差整数模糊度的线性组合来推导关于新参考卫星 k 的整数模糊度[30]。维护一个公共模糊度水平或基准也可以用于减少模糊度候选搜索空间和验证。对于较大的网络,可以划分为子网络和重叠区域进行处理,以减轻大量计算负担。

19.4.3 改正数生成

一旦网络 RTK 双差解被估计,RTK 网络处理软件必须生成网络站改正数。双差模型可以重新表述为

$$\lambda(N_{AB,f}^{jk} + \phi_{AB,f}^{jk}(t)) = \rho_{AB}^{jk}(t) - I_{AB,f,\Phi}^{jk}(t) + T_{AB}^{jk}(t) \tag{19.27}$$

模糊度项已经确定。相位项通过载波相位测量已知,几何距离项由参考站和卫星的已知坐标确定。因此对流层和电离层误差可以被估计。

19.4.3.1 VRS 改正数生成算法

对于 VRS,式(19.27)中的误差被分成分散的(电离层)和非分散的(其他一切)成分[32]。考虑到网络 RTK 站相距数十千米,电离层延迟将导致解算中的最大量级误差。

对于双频 GNSS 的情况,通过利用电离层线性组合来分离这些分量:

$$V(t) = V^{\text{disp}}(t) + V^{\text{non-disp}}(t) \tag{19.28}$$

$$V(t) = T_{AB}^{jk}(t) - \tilde{I}_{AB,f,\Phi}^{jk}(t) = \lambda(N_{AB,f}^{jk} + \Phi_{AB,f}^{jk}(t)) - \rho_{AB}^{jk}(t) \tag{19.29}$$

$$\tilde{I}_{AB,\Phi}^{jk}(t) = \frac{f_2^2}{f_1^2 - f_2^2}[\lambda_{L1}\phi_{AB,L1}^{jk}(t) - \lambda_{L2}\phi_{AB,L2}^{jk}(t) + \lambda_{L1}N_{AB,L1}^{jk}\lambda_{L2}N_{AB,L2}^{jk}] \tag{19.30}$$

$$V^{\text{non-disp}}(t) = V(t) - V^{\text{disp}}(t) = V(t) + \tilde{I}_{AB,\Phi}^{jk}(t) \tag{19.31}$$

19.4.3.2 MAC 改正数生成算法

MAC 还将改正数分解为它们的分散和非分散分量。然而,从主站到辅助参考站(比主站离用户更远的二类参考站)的单差用于为流动站生成改正数[30]。单差观测足以用于内插和改正数生成过程,因为内插完全由接收机执行并不生成 VRS。

相对应的是,单差允许估计接收机钟差项,这一步更接近于网络 RTK 的 SSR 方法。SSR 允许对每个误差源单独建模,而不是观察空间表示(OSR)[33],并将在本章末尾和第 20 章进一步讨论。

主辅参考站单差改正数计算[30]如下:

$$V_{AB}^i(t) = \rho_{AB}^i(t) - \lambda\phi_{AB}^i(t) + cdt_{AB}^i(t) - I_{AB}^i(t) + T_{AB}^i(t) + \lambda N_{AB}^i \tag{19.32}$$

几何距离项如前述一般被估计,接收机钟差项采用伪距观测量估计,模糊度项估计[30]如下:

$$N_{AB}^{i1} = N_{AB}^i - N_{AB}^1 \rightarrow N_{AB}^i = N_{AB}^{i1} + N_{AB}^1 \tag{19.33}$$

式中:N_{AB}^{i1} 为一个任意选择的数据,在以后的处理中被消除或估计。改正数分量估计[30]如下:

$$V_{AB,L1}^{i,\text{disp}}(t) = \frac{f_2^2}{f_2^2 - f_1^2}V_{AB,L1}^i(t) - \frac{f_2^2}{f_2^2 - f_1^2}V_{AB,L2}^i(t) \tag{19.34}$$

$$V_{AB}^{i,\text{nondisp}}(t) = \frac{f_1^2}{f_1^2 - f_2^2}V_{AB,L1}^i(t) - \frac{f_2^2}{f_1^2 - f_2^2}V_{AB,L2}^i(t) \tag{19.35}$$

19.4.3.3 FKP 改正数生成算法

FKP 改正数生成与 VRS 和 MAC 相似。利用双差来生成分散和非分散改正数。每个参考站播发一组改正参数。改正数模型项的分组[34]为

$$V_{AB}^{1i}(t) = \rho_{AB}^{1i}(t) - \lambda\phi_{AB,f}^{1i}(t) - I_{AB,f,\Phi}^{1i}(t) + T_{AB}^{1i}(t) + \lambda N_{AB,f}^{1i} \tag{19.36}$$

卫星 1 是参考卫星,所有中间参考站之间的模糊度都相对于该星进行解算。分散和非分散改正数参考式(19.34)和式(19.35)来确定。

19.4.4 改正数插值

在每个参考站估计的轨道、对流层延迟和电离层延迟估计的改正数需要内插到用户位置,以修正观测值和估计用户位置。网络 RTK 方法使用的插值方法有距离相关线性插值、线性插值、线性组合模型、低阶曲面拟合和最小二乘配置等。

(1) 距离相关线性插值。该方法使用参考站到用户站的距离平方的倒数来设置插值权重。由于仅估计一维的误差,它的精度有限,性能比其他方法略差[35]。

(2) 线性插值。至少需要三个参考站才能估计唯一的一对二维系数[36]。在三个参考站之外,使用最小二乘法。从流动站到主站:

$$V_{u,m}^{1i} = \begin{bmatrix} \Delta X_{u,m} & \Delta Y_{u,m} \end{bmatrix} \begin{bmatrix} a \\ b \end{bmatrix} \tag{19.37}$$

式中:$V_{u,m}^{1i}$ 为流动站与参考站的双差残差;$X_{u,m}$、$Y_{u,m}$ 为流动站与参考站的坐标差,a 和 b 为曲面拟合系数。

(3) 线性组合模型。该方法是基于一组来自 n 个参考站的 $n+1$ 个系数的计算[35]:

$$\begin{bmatrix} 1 & 1 & \cdots & 1 & 1 \\ \Delta X_{1,m} & \Delta X_{2,m} & \cdots & \Delta X_{n,m} & 0 \\ \Delta Y_{1,m} & \Delta Y_{2,m} & \cdots & \Delta Y_{n,m} & 0 \end{bmatrix} \begin{bmatrix} a_1 \\ a_{12} \\ \vdots \\ a_{n+1} \end{bmatrix} = \begin{bmatrix} 1 \\ \Delta X_{u,m} \\ \Delta Y_{u,m} \end{bmatrix} \tag{19.38}$$

改正数通过下式插值到用户位置:

$$V_{u,m} = \alpha_1 V_{1,m} + \alpha_2 V_{2,m} + \cdots + \alpha_n V_{n,m} \tag{19.39}$$

(4) 低阶曲面拟合。该方法基于观测量误差模型的二阶泰勒序列展开式,与一阶曲面拟合相似[36]:

$$\text{Fitting}_{\text{error}} = \hat{a} + \hat{b}(\Delta X) + \hat{c}(\Delta Y) + \hat{d}(\Delta Z) \tag{19.40}$$

(5) 最小二乘配置。这是唯一不仅利于改正数的值,还需要协方差矩阵来估计用户位置改正。计算的参考站几何距离从载波相位中提取:

$$\overline{\phi} = \phi - \rho \tag{19.41}$$

残差可以通过下式插值到用户位置[35]:

$$V_{u,m} = C_{V_u V_m} D^{\text{T}} (D C_{V_m} D^{\text{T}})^{-1} (D\overline{\phi} - \lambda N_{um}^{jk}) \tag{19.42}$$

式中:C_{V_m} 和 $C_{V_u V_m}$ 为残差的协方差矩阵;D 为相应网络 RTK 技术的单差或者双差算子矩阵。

19.4.5 性能

网络 RTK 是区域几厘米实时定位的行业标准,适用于包括测量、精密工程和建筑以及精密农业等许多领域。这三种方法涉及不同的改正数生成程序、测量/改正数通信和插值算法,但产生表面上相似的定位性能。只要参考站坐标与当地基准面对齐,并正确解决常规站维护问题,例如,通过测站硬件更换,网络 RTK 就会生成几厘米的水平定位(1σ)。图 19.13 提供了加拿大安大略省南部一个静态站的网络 RTK 位置误差约 7.5h 样本。估计分量中几乎没有偏差、噪声和漂移。

静态和动态网络 RTK 定位性能相当,因为该技术提供了逐历元模糊度固定的相对定位解。因此,只要天空开阔并且用户接收机位于覆盖良好的区域内,定位解就具有一致的精度。而对于这种区域相对定位技术,用户似乎只需要一个接收机。请注意,当流动站移动到网络边缘以外时,定位性能会逐渐变差,因为误差改正数无法准确推导。最后,多星座处理不会显著提高定位精度,除非有信号阻塞,此时额外的信号可以提供实质性的改进。

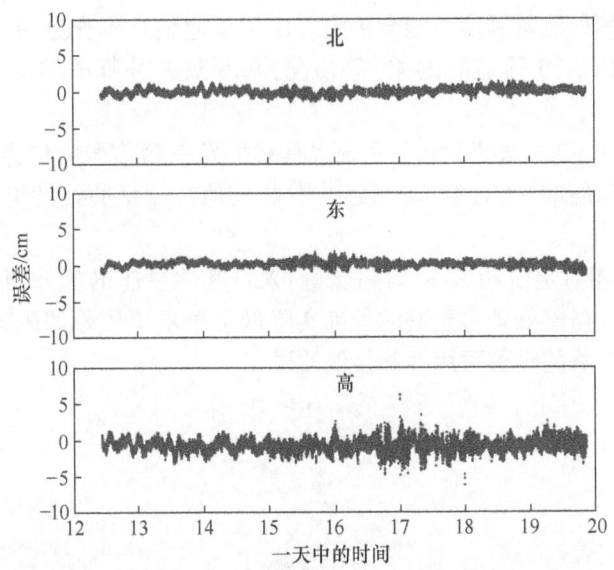

图 19.13 2010 年 12 月,加拿大安大略南部一个静态站的网络 RTK 位置误差约 7.5h

19.5 相对定位与实时动态定位的研究进展

相对定位与 RTK 的算法和技术的发展在很大程度上已经达到了稳定状态,算法和方法也已成熟。然而,新信号和新星座的引入带来了新的挑战和性能提升方面的潜力。本节介绍多星座处理以及三频处理中涉及的问题。描述了涉及网络 RTK 与其他处理概念集成的最新发展,以及对将来的进展。

19.5.1 多系统处理

随着 GLONASS(详见第 4 章)的全面运行以及 Galileo 系统(详见第 5 章)和北斗系统(详见第 6 章)的引入,基于卫星的导航系统已迅速从 GPS 的大约 25 颗卫星转变到大约 100 颗卫星,四个 GNSS 的情况。此外,区域星座 NAVIC(详见第 7 章)和 QZSS(详见第 8 章)也正在进一步增强亚太地区的覆盖范围(文献[1-2,4]中也描述了区域系统星座及其信号)。人们很容易得出这样的结论,即更多的信号会自动改善相对定位和 RTK。虽然更多的测量往往意味着增加的参数估计冗余以及通过某些 $\sqrt{n}$ 准则减少噪声,实际上,处理来自不同星座以及一个星座内部的测量的复杂性,会削弱这些理论的一些优势。

偏差、基准差异、硬件延迟等在这里被描述为设备时延,因为它们的起源是多种多样的。图 19.14 将这些明显的 GNSS 误差根据它们的来源进行了分类,主要包括三种:星座之间的差异、来自信号的产生和接收、观测量类型之间。由于星座、硬件和软件的设计而存在这些偏差。它们的量级从毫米到米不等,可以是类似噪声的、缓慢变化的或结构化的。并且根据偏差,它们可以在测量处理中被估计、建模、消除或忽略[37]。

因此,当整合来自多星座的测量数据时,例如,系统间时间系统偏差的估计,从额外卫星数据中获得的一些额外测量强度可能会丢失。由于偏差估计不充分,并在多星座处理中留下残余误差(如 GLONASS 通道间偏差)等情况,幸亏双差分算子消除或减少了许多这类偏差。

现代化的 GPS、Galileo 系统和北斗系统也具有播发三频信号的优势。虽然额外的观测设备偏差存在,但三频载波 AR(TCAR)技术[38]和其他观测量的线性组合允许定位算法有更广泛的应用。

考虑到仅 GPS 相对定位和 RTK 的高质量,来自其他星座的额外测量并不能显著提高定位准确度和精度。虽然处理多星座测量确实降低了单星座依赖的风险,但在受限的开放天空环境中提供了显著的定位可用性和性能改进。

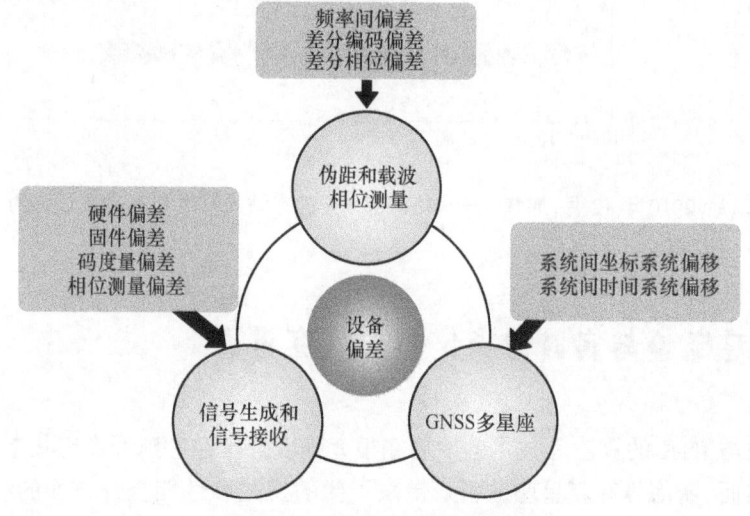

图 19.14　GNSS 设备偏差分类

19.5.2　网络实时动态定位与未来发展

在精密定位方面,最令人兴奋的是 PPP 算法(详见第 20 章)的进展以及网络 RTK 与 PPP 的联合。文献[33]建议将网络 RTK 与 PPP 的概念联合并提供 SSR 改正数,并不是传统的测量域,实现两种技术的融合。这种集成技术已经引入商业运作[39],在第 20 章将进行深入探讨。

随着硬件成本的不断下降,RTK 短期内将应用于低成本、单频和双频的 GNSS 芯片[40]和超低成本手机芯片[41]。目前,优质低成本天线和多频芯片存在设计和制造的物理限制虽然制约了该技术的发展进程,但是随着机器控制和无人驾驶等大规模的应用,加速了低成本(网络)RTK 的应用进程。

参考文献

[1] Hofmann-Wellenhof, B., Lichtenegger, H., and Wasle, E., *GNSS—Global Navigation Satellite Systems*: *GPS*, *GLONASS*, *Galileo and More*, Springer, 2008, 516 p.

[2] Kaplan, D. E. and Hegarty, C. J., *Understanding GPS*: *Principles and Applications*, 3 rd Ed., Artech House,

2017,993 p.

[3] Misra,P. and Enge,P. ,*Global Positioning System:Signals,Measurements and Performance*,revise-d 2nd Ed. ,Ganga-JamunaPress,2010,569 p.

[4] Leick,A. ,Rapoport,L. ,and Tatarnikov,D. ,*GPS Satellite Surveying*,4 th Ed. ,John Wiley,2015,811 p.

[5] Xu,G. ,*GPS Theory,Algorithms and Applications*,2nd Ed. ,Springer,2007,340 p.

[6] Remondi,B. W. ,"Using the Global Positioning System(GPS)phase observable forrelative geodesy:Modeling, processing, and results," doctoral dissertation, Center for Space Research, University of Texasat Austin, Austin,TX,Apr. 1984.

[7] Bock,Y. ,Abbot,R. I. ,Counselman,C. C. ,Gourevitch,S. A. ,and King,R. W. ,"Establishment o fthree-dimensional geodetic control by interferometry with the Global Positioning System," *Journal of Geo-physical Research*,90(B9),pp. 7689-7703,1985.

[8] Euler,H. J. and Goad,C. C. ,"On optimal filtering of GPS dual frequency observations without using or bi tinformation," *Bulletin Géodésique*,65(2),pp. 130-143,1991.

[9] Blewitt, G. , " Carrier phase ambiguity resolution for the Global Positioning System applied to geodetic baselines up to2000km," *Journal of Geophysical Research*,94(B8),pp. 10187-10203,1989.

[10] Goad,C. ,"Short distance GPS models," in P. J. G. Teunissen and A. Kleusberg(eds.),*GPS for Geodesy*, 2nd ed. ,Springer,1998,650 p.

[11] Bock,Y. ,"Medium distance GPS measurements," in P. J. G. Teunissen and A. Kleusberg(eds.),*GPS for Geodesy*,2nd ed. ,Springer,1998,650 p.

[12] Columbo,O. ,"Long-distance kinematic GPS," in P. J. G. Teunissen and A. Kleusberg(eds.),*GPS for Geodesy*,2nd ed. ,Springer,1998,650 p.

[13] Remondi,B. W. ,"Performing centimeter-level surveysin seconds with GPS carrier phase:Initial results," *Navigation*,32(4),pp. 386-400,1985.

[14] Euler,H. J. and Landau,H. ,"Fast ambiguity resolution on-the-fly for real-time applications," *Proceedings of the 6th International Geodetic Symposium on Satellite Positioning*,pp. 650-658,Defense Mapping Agency,1992.

[15] Abidin,H. Z. ,"On the construction of the ambiguity searching space for on-the-fly ambiguity resolution," *Navigation*,40(3),pp. 321-338,1993.

[16] Teunissen,P. J. G. and Verhagen,S. ,"The GNSS ambiguity ratio-test revisited:A better way of usingit," *Survey Review*,41(312),pp. 138-151,2009.

[17] Counselman,C. C. and Gourevitch,S. A. ,"Miniature interferome terterminals for earthsurveying:A-mbiguity and multipath with the Global Positioning System," *IEEE Transactions on Geoscience and Remote Sensing*, GE-19(4),pp. 244-252,1981.

[18] Hatch,R. R. ,"Instantaneousa mbiguity resolution," *Proceedings of Kinematic Systems in Geodesy,Surveying and Remote Sensing*,IAG Symposium 107,pp. 299-208,1990.

[19] Frei,E. and Beutler,G. ,"Rapid static positioning based on the fast ambiguity resolution approach'FARA': Theory and first results," *Manuscripta Geodaetica*,15(6),pp. 325-356,1990.

[20] Teunissen,P. J. G. ,"The least-squares ambiguity decorrelation adjustment:A method for fast GPS intege rambiguity estimation," *Journal of Geodesy*,70(1),pp. 65-821995.

[21] Chen,D. and Lachapelle,G. ,"Acomparison of the FASF and least squares search algorithms for ambiguity resolution on the fly," *Navigation*,42(2),pp. 371-390,1994.

[22] Teunissen,P. J. G. ,"GPS carrier phaseambiguity fixing concepts," in P. J. G. Teunissen and A. Kleusberg (eds.),*GPS for Geodesy*,2nd Ed. ,Springer,ch. 8,pp. 319-388,1998.

[23] DeJonge, P. J. and Tiberius, C. C. J. M., "The LAMBDA method for ambiguity estimation: Implementation aspects," Delft Geodetic Computing Centre LGR series, no. 12, 1996.

[24] Chang, X. W., Yang, X., and Zhou, T., "MLAMBDA: A modified LAMBDA method for integer least-squares estimation," *Journal of Geodesy*, 79(9), pp. 552-565, 2005.

[25] Takasu, T. and Yasuda, A., "Development of the low-cost RTK-GPS receiver with an open source program package RTKLIB," *International symposium on GPS/GNSS*, 04 November, Jeju, Korea, 2009.

[26] RTCM, Special Committee104 "Recommended standards for differential GNSS (GlobalNavigation Satellite Systems) service," Version 2.3 with Amendment1, Radio Technical Commission for Maritime Services, Alexandria, Virginia, USA, 2010.

[27] RTCM, Special Committee 104 "Recommended standards for differential GNSS (Global Navigation Satellite Systems) service," Version 3.3, Radio Technical Commission for Maritime Services, Alexandria, Virginia, USA, 2016.

[28] Weber, G., Dettmering, D., and Gebhard, H., "Networked transport of RTCM viainternet protocol (NTRIP)," *A Window on the Future of Geodesy*, Springer, Berlin, Heidelberg, pp. 60-64, 2005.

[29] Wanninger, L., "Real-time differential GPS error modelling in regional reference station networks," in Brunner F. K. (ed.), *Advancesin Positioning and Reference Frames*, IAGS ymposia, Vol. 118, Springer, pp. 86-92, 1997.

[30] Euler, H. J., Keenan, C. R., Zebhauser, B. E., and Wubbena, G., "Study of asimplified approach in utilizing information from permanent reference stationarrays," *Proceedings of IONGPS* 2001, Salt Lake City, Utah, USA, September, pp. 379-391, 2001.

[31] Vollath, U., Ladau, H., Chen, X., Doucet. K., and Pagels, C., "Network RTK versus singlebase RTK—Understanding the error characteristics," *Proceedings of ION GNSS 2002*, September24-27, Portland, Oregon, USA, pp. 2774-2781, 2002.

[32] Vollath, U., Buecherl, A., Landau, H., Pagels, C., and Wanger, B., "Multi-base RTK positioning usingvirtual reference stations," *Proceedings of the 2000 International Technical Meetings Institute of Navigation*, 19-22 September, SaltLake City, USA, pp. 123-131, 2000.

[33] Wübbena, G., Schmitz, M., and Bagge, A., "PPP-RTK: Precise point positioning using state-space representationin RTK networks," *Proceedings of IONGPS 2005*, September 13-16, Long Beach, California, USA, pp. 2584-2594, 2005.

[34] Wübbena, G., Bagge, A., Seeber, G., Volker, B., and Hankemeier, P., "Reducing distance dependent errors fo rreal time DGPS applications by establishing reference station networks," *Proceedings of ION GPS1996*, September 17-20, Kansas City, Missouri, USA, Vol. 2., pp. 1845-1852, 1996.

[35] Dai, L., Han, S., Wang, J., and Rizos, C., "Comparison of interpolational gorithms in network-based GPS techniques," *Navigation: Journal of The Institute of Navigation*, 50(4), pp. 277-293, 2004.

[36] Fotopoulos, G. and Cannon, M. E., "An overview of multi reference station methods for CM-level positioning," *GPSSolutions*, 4(3), pp. 1-10, 2001.

[37] Montenbruck, O., Steigenberger, P., Prange, L., Deng, Z., Zhao, Q., Perosanz, F., Romero, I., Noll, C., Stürze, A., Weber, G., and Schmid, R., "Themulti-GNSS experiment (MGEX) of the International GNSSService (IGS)-achievements, prospects and challenges," *Advances in Space Research*, 59 (7), pp. 1671-1697, 2017.

[38] Vollath, U., Birnbach, S., Landau, L., Fraile-Ordoñez, J. M., and Martin-Neira, M., "Analysis of three-carrier ambiguity resolutiont echnique for precise relative positioning in GNSS-2." Navigation, 46(1),

pp. 13-23, 1999.

[39] Chen, X., Allison, T., Cao, W., Ferguson, K., Grünig, S., Gomez, V., Kipka, A., Köler, J., Landau, H., Leandro, R., and Lu, G., "Trimble RTX, aninnovative new approach for network RTK," *Proceedings of ION-GNSS 2011*, pp. 2214-2219, 2011.

[40] Odolinski, R. and Teunissen, P. J. G., "Single-frequency, dual-GNSS versus dual-frequency, single-GNSS: A low-cost and high-grade receivers GPS-BDS RTK analysis," *Journal of Geodesy*, 90 (11), pp. 1255-1278.

[41] Pesyna, K. M., Heath, R. W., and Humphreys, T. E., "Centimeter positioning with a smartphone-quality GNSSantenna," *Proceedings of ION GNSS 2014*, pp. 1568-1577, 2014.

第20章 GNSS精密单点定位

Peter J. G. Teunissen
科廷大学,澳大利亚;戴尔福特理工大学,荷兰

20.1 简介

GNSS 精密单点定位(PPP)是一种仅用单台 GNSS 接收机即可在全球任何地方实现高精度位置的建模和处理方法[1-4]。这是对 GNSS 伪距导航的逻辑扩展,特点是使用了精确估计的卫星轨道和钟差替代广播的轨道和钟差,使用了非常精确的载波相位观测值补偿伪距观测数据,并且通常采用双频甚至多频来消除或估计电离层延迟。精密轨道和卫星钟差可通过互联网或卫星链路,从一些服务提供商下载或实时获取。PPP 除提供精确的定位解算外,还提供对流层和电离层延迟,以及精确的接收机钟差。为了提高 PPP 的精确性,需要对本地观测站和环境影响进行仔细建模。由于 PPP 不像基线相对定位那样依赖结合观测数据与来自参考站的同步测量值,因此操作更为灵活,适用于缺少密集 GNSS 参考网基础设施的地区。

本章的目的是提供 PPP 概念的概述,如图 20.1 所示,并针对其多个不同的机制给出系统性的处理。20.2 节引入 PPP 的概念,介绍了无电离层钟差的原理和用法,给出了线性化伪距(码)和载波相位 PPP 用户观测方程的一般形式。尽管 PPP 最初是作为双频技术提出的,但它也可用于多频甚至单频解算。20.3 节介绍各种形式的单频和双频 PPP。对于单频 PPP,分别讨论了无电离层组合方法和电离层改正方法,其中后者利用的是外部电离层信息,如由国际 GNSS 服务组织(IGS)分析中心计算的全球电离层图(GIM)[5];对于双频 PPP,先介绍传统的无电离层公式,再介绍更灵活的浮点电离层法,比较两种方法并讨论一些潜在的缺陷。虽然 PPP 是为精密定位应用而设计的,但该理念也被成功地用于非定位应用,如水汽估计、电离层估计和时间传递,这些应用将在 20.4 节中简要介绍。

由于 PPP 依赖非常精确的卫星位置和钟数据,20.5 节将讨论这些产品的可用性,并描述 IGS 提供的用于后处理和实时 PPP 的不同轨道和时钟产品[6-8]。除了轨道和钟,PPP 还需要一些非常规的修正,以减轻可能导致伪距和载波相位观测值或位置解算偏差的系统影响,这些将在 20.6 节中讨论,并归类为卫星及接收机改正(如天线相位中心变化与相位缠绕)、大气延迟改正(如对流层和电离层),以及测站位移改正(如地球潮汐与海洋负荷)。

虽然 PPP 能够提供非常精确的定位结果,但要获得如此精确的结果往往需要相对较长的观测时间,因此,PPP 所面临的巨大挑战并非提高所获得的精度,而是缩短收敛时间。由于收敛过程很大程度上受载波相位模糊度的存在所影响,如果能够消除这些未知的模糊度,

则收敛时间将得以显著缩短。以足够大的成功率或正确率进行模糊度整数估计,是可以实现的[9]。20.7 节将讨论 PPP 整周模糊度解算的原理及基本模型,也将概述文献中提出的不同方法机理。

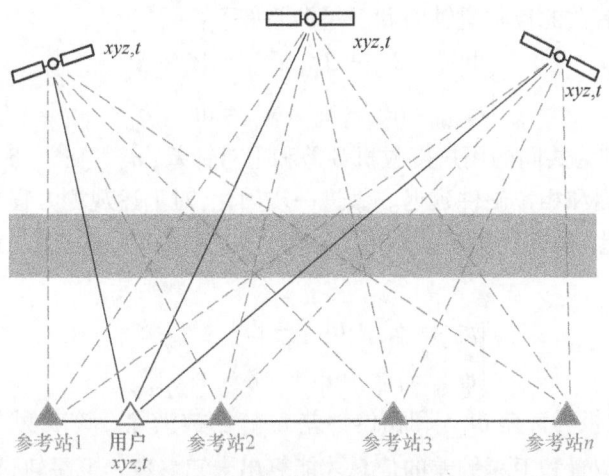

图 20.1　精密单点定位(PPP)
(在提供外部的轨道和钟差改正数的辅助下单个接收机伪距和载波相位定位。
精密轨道和钟差由全球范围内装备有 GNSS 接收机的连续运行参考站网确定。)

随着卫星导航系统的不断涌现,更多可用的卫星和信号给 PPP 带来一系列的提升,特别是更高精度的伪距将缩短收敛时间,而更多数量的可见卫星将改善 PPP 的可用性。此外,基于更多可用的频率和卫星,整周模糊度成功解算的能力也将得以提升。20.8 节和 20.9 节将分别讨论多频 PPP 和多系统 PPP 的复杂性。对于多频 PPP,第三及后续频点上的卫星伪码硬件延迟需要评估,因此将其作为标准 PPP 改正量的一部分,紧挨着轨道和钟差进行处理;对于多系统 PPP,同样面临着新挑战,将介绍 ISB 建模的必要性,并显示如何对其进行改正,以实现尽可能紧的多系统融合[10]。

20.2　PPP 概念

20.2.1　PPP 原理

对于用户接收机 u 在频点 j 上跟踪卫星 s 得到的伪距(或码)$p_{u,j}^s$ 和载波相位 $\phi_{u,j}^s$,观测方程如下[11-14]:

$$\begin{cases} p_{u,j}^s = \rho_u^s + \mu_j \iota_u^s + \mathrm{d}t_{u,j} - \mathrm{d}t_{,j}^s + e_{u,j}^s \\ \phi_{u,j}^s = \rho_u^s - \mu_j \iota_u^s + \delta t_{u,j} - \delta t_{,j}^s + \lambda_j z_{u,j}^s + \epsilon_{u,j}^s \end{cases} \quad (20.1)$$

式中: $\rho_u^s = l_u^s + \tau_u^s$ 为接收机至卫星距离 l_u^s 和对流层延迟 τ_u^s 的和; $\mu_j \iota_u^s$ 为(一阶项)电离层延迟(相位提前,伪码滞后),其中 ι_u^s 表示第一个频点上的电离层延迟; $\mu_j = (\lambda_j/\lambda_1)^2$ 为电离层系数; λ_j 为第 j 个频点的波长。接收机至卫星距离 $l_u^s = \| r^s - r_u \|$ 取决于未知的、待确定的、

信号接收时刻 $t_R \approx t_E + l_u^s/c$ 用户接收机位置 r_u（c 为真空中的光速），以及信号发射时刻 t_E 卫星位置 r^s；$z_{u,j}^s$ 为载波相位整周模糊度；$e_{u,j}^s$ 和 $\epsilon_{u,j}^s$ 分别为剩余的码误差和相位误差，其包含测量噪声和其他未模型化的误差影响，如多径，从现在起，除非确实需要，它们将被省略。码和相位中与频率有关的接收机钟差和卫星钟差如下：

$$\begin{cases} dt_{u,j} = dt_u + d_{u,j}, dt_j^s = dt^s + d_j^s \\ \delta t_{u,j} = dt_u + \delta_{u,j}, \delta t_j^s = dt^s + \delta_j^s \end{cases} \tag{20.2}$$

式中：dt_u 和 dt^s 分别为共同的用户接收机钟差和卫星钟差；$d_{u,j}$、d_j^s、$\delta_{u,j}$ 和 δ_j^s 分别为与频率有关的码硬件延迟和相位硬件延迟。做进一步简化，对上述观测方程采用星间作差形式。

将卫星 t 与卫星 s 间的变量差表示成 $(\cdot)^{st} = (\cdot)^t - (\cdot)^s$，式(20.1)对应的星间观测方程如下：

$$\begin{cases} p_{u,j}^{st} = \rho_u^{st} + \mu_j \iota_u^{st} - dt_j^{st} \\ \phi_{u,j}^{st} = \rho_u^{st} - \mu_j \iota_u^{st} - \delta t_j^{st} + \lambda_j z_{u,j}^{st} \end{cases} \tag{20.3}$$

可以看出，接收机码钟差 $dt_{u,j}$ 和相位钟差 $\delta t_{u,j}$ 已被消除。该观测方程表明，单接收机用户需要已知卫星位置和卫星钟差的信息才能算出未知参数。卫星轨道和钟差 dt_j^{st} 的供应使用户数据能得以修正，从而产生适于用户的方程：

$$\begin{cases} p_{u,j}^{st} + dt_j^{st} = \rho_u^{st} + \mu_j \iota_u^{st} \\ \phi_{u,j}^{st} + dt_j^{st} = \rho_u^{st} - \mu_j \iota_u^{st} + \lambda_j a_{u,j}^{st} \end{cases} \tag{20.4}$$

其中，$a_{u,j}^{st} = z_{u,j}^{st} + (d_j^{st} - \delta_j^{st})/\lambda_j$。在卫星位置已知，且 dt_j^{st} 和 δt_j^{st} 未知参数消除的情况下，当跟踪到 5 颗以上卫星的双频乃至多频信号时，式(20.4)是可解的。这就是 PPP 本质上的基本思想，即使用精密的轨道和时钟确保精密的单接收机定位。这些外部信息可从各种来源获得，如 IGS[2,8,15]。

20.2.2 无电离层钟差

在上述公式中，默认假定跟踪站网能够提供钟差 $dt_j^{st} = dt^{st} + d_j^{st}$，然而，这要求处理跟踪站网数据时使用的底层模型也要包含电离层模型。为了理解这一点，考虑将 L1 和 L2 码硬件延迟 $d_{,1}^{st}$，$d_{,2}^{st}$ 重新参数化为无电离层(IF)码硬件延迟 d_{IF}^{st} 和无几何距离(GF)码硬件延迟 d_{GF}^{st}：

$$\begin{bmatrix} d_{,1}^{st} \\ d_{,2}^{st} \end{bmatrix} = \begin{bmatrix} 1 & \mu_1 \\ 1 & \mu_2 \end{bmatrix} \begin{bmatrix} d_{IF}^{st} \\ d_{GF}^{st} \end{bmatrix} \tag{20.5}$$

由于该转换矩阵的第一列与式(20.3)中卫星钟差 dt^{st} 的是一样的，且其第二列与式(20.3)中电离层延迟 ι_u^{st} 的系数是一样的，由此可见，GNSS 跟踪站网使用如式(20.3)所示的相同观测方程时，将无法提供绝对参数 dt^{st}、d_j^{st} 和 ι_u^{st} 的解决方案，而只有集成版本：

$$\begin{cases} dt_{IF}^{st} = dt^{st} + d_{IF}^{st} \\ \iota_{u,GF}^{st} = \iota_u^{st} - d_{GF}^{st} \end{cases} \tag{20.6}$$

因此，不用再处理式(20.4)中的 dt_j^{st}，取而代之的是在 PPP 用户观测方程中使用无电离层钟差 dt_{IF}^{st}。当对用户数据进行了 dt_{IF}^{st} 改正，式(20.4)可改写成：

$$\begin{cases} p_{u,j}^{st} + \mathrm{d}t_{\mathrm{IF}}^{st} = \rho_u^{st} + \mu_j \iota_{u,\mathrm{GF}}^{st} \\ \phi_{u,j}^{st} + \mathrm{d}t_{\mathrm{IF}}^{st} = \rho_u^{st} - \mu_j \iota_{u,\mathrm{GF}}^{st} + \lambda_j \widetilde{a}_{u,j}^{st} \end{cases} \quad (20.7)$$

其中，$\widetilde{a}_{u,j}^{st} = z_{u,j}^{st} + (d_{\mathrm{IF}}^{st} - \delta_{,j}^{st} - \mu_j d_{\mathrm{GF}}^{st})/\lambda_j$。比较式(20.7)与式(20.4)可知,两组方程具有相同结构,但参数解释不一样。如下所示,两组方程在不同版本的 PPP 中起作用,二者的钟差改正关系为

$$\mathrm{d}t_{,j}^{st} = \mathrm{d}t_{\mathrm{IF}}^{st} + \mu_j d_{\mathrm{GF}}^{st} \quad (20.8)$$

因而表明,二者的差异是由无几何距离的码偏差 $d_{\mathrm{GF}}^{st} = \dfrac{1}{\mu_{12}}\mathrm{DCB}_{12}^{st}$ 所造成的,式中 $\mathrm{DCB}_{12}^{st} = d_{,12}^{s}$ 为卫星 s 的差分码偏差(DCB),由 IGS 分析中心例行估计得到,并作为 GIM 的一部分或者独立的 DCB 产品发布。

注意:上述"无电离层"和"无几何距离"术语的使用,可由式(20.5)的移项得到:

$$\begin{bmatrix} d_{\mathrm{IF}}^{st} \\ d_{\mathrm{GF}}^{st} \end{bmatrix} = \dfrac{1}{\mu_{12}} \begin{bmatrix} \mu_2 & -\mu_1 \\ -1 & 1 \end{bmatrix} \begin{bmatrix} d_{,1}^{st} \\ d_{,2}^{st} \end{bmatrix} \quad (20.9)$$

矩阵的第一行为 L1 和 L2 数据消除电离层线性组合,第二行为消除几何距离和对流层线性组合。

20.2.3 线性化观测方程

在上述观测方程用于实际 PPP 计算前,需要先完成一些步骤。由于式(20.4)或式(20.7)观测方程在接收机和卫星位置都是非线性的,因此需要进行线性化处理。假定卫星位置 r^s 已知,接收机至卫星距离 $l_u^s = \|r^s - r_u\|$ 线性化只需要针对用户位置进行。当接收机概略位置 $(r_o)_u$ 和卫星位置 r^s 已知时,接收机至卫星距离可以线性化为

$$l_u^s = (l_o)_u^s + u_u^{s\mathrm{T}} \Delta r_u \quad (20.10)$$

式中:$(l_o)_u^s = \|r^s - (r_o)_u\|$ 为概略距离；u_u^s 为接收机至卫星单位方向矢量；$\Delta r_u = r_u - (r_o)_u$ 为用户接收机位置的增量。

卫星位置 r^s 由外部提供的卫星轨道计算得到,但需要知道信号发射时刻 $t_{\mathrm{E}} = t_{\mathrm{R}} - T_u^s$。从而信号传播时间 T_u^s 定义为接收机至卫星的距离除以光速 c:

$$T_u^s = \dfrac{1}{c} \| r^s(t_{\mathrm{R}} - T_u^s) - r_u(t_{\mathrm{R}}) \| \quad (20.11)$$

由于方程两边均出现了传播时间,可利用泰勒展开式迭代求解[20]。虽然严格来讲,还需要在方程的右边增加大气和设备延迟,但这些项可以忽略。

由于 $l_u^s = \|r^s - r_u\|$,PPP 所给出的用户位置矢量 r_u 可以在与卫星轨道相同的参考框架中表示出来,通常是国际地球参考框架(ITRF),这意味着即便是对于静态接收机,也需要改正由地壳变形(由于地球固体潮、极潮、海潮和大气负荷潮)所引起的站点位移,这将在 20.6 节进一步讨论。该节也将讨论 PPP 用户观测值所需的其他先验改正,如天线相位中心偏差和相位缠绕。

通常也需要对观测值中对流层延迟的干分量进行先验改正,对流层延迟 τ_u^s 通常表示为干延迟(流体静力)与湿延迟之和:

$$\tau_u^s = (\tau_d)_u^s + m_u^s \tau_u \tag{20.12}$$

式中:倾斜干延迟 $(\tau_d)_u^s$ 可由 Saastamoinen 模型或 Hopfield 模型[21-22]结合与高度角有关的投影函数计算得到,湿延迟通过已知的、与高度角有关的投影函数 m_u^s(如 Niell 映射)和未知的天顶对流层湿延迟(ZTD) τ_u 乘积得到。有时对流层湿延迟可进一步扩展考虑北分量和东分量的水平梯度以解释大气膨胀现象和天气系统。

若定义 $(\rho_o)_u^s = (l_o)_u^s + (\tau_d)_u^s$, $g_u^s = [u_u^{sT}, m_u^s]^T$ 且 $\Delta x_u = [\Delta r_u^T, \tau_u]^T$,则式(20.10)和式(20.12)可简写为

$$\rho_u^s = (\rho_o)_u^s + g_u^{sT} \Delta x_u \tag{20.13}$$

当代入式(20.7)中,线性化的观测方程变为

$$\Delta p_{u,j}^{st} = \Delta \rho_u^{st} + \mu_j \iota_{u,\mathrm{GF}}^{st}$$

$$\Delta \phi_{u,j}^{st} = \Delta \rho_u^{st} - \mu_j \iota_{u,\mathrm{GF}}^{st} + \lambda_j \widetilde{a}_{u,j}^{st} \tag{20.14}$$

其中, $\Delta p_{u,j}^{st} = p_{u,j}^{st} - (\rho_0)^{st}{}_u + \mathrm{d}t_{\mathrm{IF}}^{st}$, $\Delta \phi_{u,j}^{st} = \phi_{u,j}^{st} - (\rho_o)^{st}{}_u + \mathrm{d}t_{\mathrm{IF}}^{st}$,且 $\Delta \rho_u^{st} = g^{stT} \Delta x_u$ 。该线性化系统中的未知参数是用户位置矢量增量 Δr_u、天顶对流层湿延迟 τ_u、含偏差的电离层斜延迟 $\iota_{u,\mathrm{GF}}^s$ 以及非整数的模糊度 $\widetilde{a}_{u,j}^s$。尽管该线性方程是 PPP 估计过程的基础,从现在开始仍将省略 Δ 符号,因为它足以在本章的其余部分处理原始非线性方程。

20.3 单频 PPP 与双频 PPP

20.3.1 单频 PPP

单频(SF-)PPP 可能有不同的公式,本章讨论电离层改正的 SF-PPP[23-26]和无电离层的 SF-PPP[27,28],二者均会使用外部提供的精密轨道和钟差信息,但在电离层改正的 SF-PPP 情况中,单频数据需要改正与频率有关的钟差 $\mathrm{d}t_{,j}^s$ 以及电离层延迟 ι_u^s,而在无电离层 SF-PPP 情况中仅需改正 $\mathrm{d}t_{,\mathrm{IF}}^s$。在电离层改正与无电离层方法之间,还有电离层估计的方法。在该方法中,电离层延迟进一步参数化为未知的待估参数,如垂直总电子含量(VTEC)结合一般投影函数使用,同时还需要估计电离层水平梯度,因为穿刺点不一样,所有观测值共用 VTEC 是不合适的[29]。首先讨论无电离层 SF-PPP 方法。

无电离层 SF-PPP:该方法利用了码观测量与相位观测量电离层延迟符号相反的优势,即对于伪码是延迟(距离延长)的,对于相位是超前(距离缩短)的,通过码相组合 $\frac{1}{2}(p_{u,j}^{st} + \phi_{u,j}^{st})$ 可消除一阶电离层延迟,式(20.7)的观测方程变为

$$\frac{1}{2}(p_{u,j}^{st} + \phi_{u,j}^{st}) + \mathrm{d}t_{\mathrm{IF}}^{st} = \rho_u^{st} + \frac{1}{2}\lambda_j \widetilde{a}_{u,j}^{st} \tag{20.15}$$

注意,该方法不需要 $d_j^{st} = \mathrm{d}t_{\mathrm{IF}} + \mu_j d_{\mathrm{GF}}^{st}$ 的组合量,而是可以直接使用无电离层钟差 $\mathrm{d}t_{\mathrm{IF}}^{st}$。无电离层 SF-PPP 提供的定位结果通常优于相应的电离层改正的 SF-PPP[式(20.16)],这是因为电离层已被消除,且与码观测量自身相比,组合量 $\frac{1}{2}(p_{u,j}^{st} + \phi_{u,j}^{st})$ 的噪声水平显著更低,但是与电离层改正的 SF-PPP[式(20.16)]相反的是,其收敛较慢,因为式(20.15)中没

有单独的码观测方程来加速收敛。

当跟踪了 m 颗卫星,式(20.15)的每个观测历元 $i = 1, 2, \cdots, k$ 可提供 $m - 1$ 个方程,未知参数为用户接收机位置坐标 r_u、ZTD τ_u 以及非整数模糊度 $\tilde{a}_{u,j}^{st}$。对流层延迟时间特性通常模型化为随机游走过程,而模糊度假定为时域常量。在这些假设条件下,对于使用式(20.15)的静态用户而言,在 k 个历元内跟踪 m 颗卫星将有 $m + 3$ 个未知数[3 个坐标参数、1 个初始 ZTD 以及 $(m - 1)$ 个模糊度]和 $(m - 1)(k - 1) - 4$ 个冗余观测,因此表明单历元 $(k = 1)$ 初始化是不可能的,至少需要 2 个历元和 5 颗卫星以得到 8 个星间观测量来解算 3 个坐标、1 个 ZTD 和 4 个模糊度。由于初始的两个历元间接收机与卫星的几何变化很小,初始的解算结果将很差,因此需要相当长的时间使接收机与卫星间几何变化足够大从而真正对解算结果的提升起到作用,文献[30]表明,当使用 6 h 的批量数据,可以获得亚分米级的精度。由于式(20.15)的效果很大程度上受到码观测量的精度影响,使用改进的测距信号如 Galileo E5 频点的 AltBOC 信号将有明显帮助,如文献[31]所示。

电离层改正的 SF-PPP:通过改正单频码相数据的钟差和电离层,由式(20.4)直接可得:

$$\begin{cases} p_{u,j}^{st} + \mathrm{d}t_{,j}^{st} - \mu_j \iota_u^{st} = \rho_u^{st} \\ \phi_{u,j}^{st} + \mathrm{d}t_{,j}^{st} + \mu_j \iota_u^{st} = \rho_u^{st} + \lambda_j a_{u,j}^{st} \end{cases} \quad (20.16)$$

其中,非整数的模糊度 $a_{u,j}^{st} = z_{u,j}^{st} + (d_j^{st} - \delta_j^{st})/\lambda_j$ 与式(20.15)比较可知,电离层改正的 SF-PPP 的观测方程数量是无电离层 SF-PPP 的两倍。与之前相同的假设条件下,对于使用式(20.16)的静态用户而言,在 k 个历元内跟踪 m 颗卫星将有 $m + 3$ 个未知数(3 个坐标参数、1 个初始 ZTD 以及 $m - 1$ 个模糊度)和 $m - 5 + 2(m - 1)(k - 1)$ 个冗余观测,因此在初始历元 $(k = 1)$,至少需要 5 颗卫星以得到 4 个星间伪距观测量来解算 3 个坐标和 1 个 ZTD,然后初始历元的 4 个星间载波相位被完整保留下来用于解算模糊度,因此,只有在第一个历元以后,载波相位数据才开始对位置解算有贡献,然而,其收敛远远快于无电离层 SF-PPP,这归功于式(20.16)中码观测量的存在,基于码观测量的定位不受模糊度参数的影响,加速了初始阶段 PPP 的收敛速度,能实现数分钟内分米级的定位收敛,但在收敛以后,两种方法中无电离层 SF-PPP 的结果最终更准确,原因是电离层改正的 SF-PPP 的质量受到电离层改正数质量的限制。

式(20.16)中所需的电离层改正数可从 GIM 产品[32]中获得,如 IGS 所提供的。这些 GIM 最终产品和快速产品以总电子含量(TEC)格网(经度间隔5°×纬度间隔2.5°)形式给出,精度范围在 2~9TECU(对于 L1/E1 频点而言, 1TECU ≈ 16cm),分别在滞后 11d 以后和 24h 以内可用,以 IONEX(电离层交换)格式[16]给出。

在电离层改正以后,式(20.16)也需要进行钟差 $\mathrm{d}t_{,j}^s$ 改正。由于通常提供的是无电离层钟差 $\mathrm{d}t_{,\mathrm{IF}}^s$ 而不是直接给第 j 个频点上的钟差 $\mathrm{d}t_{,j}^s$,关于卫星端 DCB 即 $\mathrm{DCB}_{12}^s = d_{,2}^s - d_{,1}^s$ 的信息也需要提供,以便根据 $\mathrm{d}t_{,j}^s = \mathrm{d}t_{,\mathrm{IF}}^s + \dfrac{\mu_j}{\mu_{12}} \mathrm{DCB}_{12}^s$ 从 $\mathrm{d}t_{,\mathrm{IF}}^s$ 构造成 $\mathrm{d}t_{,j}^s$,需要特别说明的是,由于这些 DCB 通常为 GPS P(Y)码伪距在 L1 和 L2 上的 DCB,而对于单频接收机,普遍跟踪民用的 C/A 码 $(j = 1)$ 而不是加密的 P(Y)码,因此还需要额外的 P1-C/A DCB 改正。

20.3.2 双频 PPP

无电离层 DF-PPP:传统的 DF-PPP 方法是经过外部提供的无电离层卫星钟差 dt_{IF}^{st} 改正后[1],处理无电离层码观测量 $p_{u,IF}^{st}$ 和相位观测量 $\phi_{u,IF}^{st}$。由于无电离层码观测量被定义为 $p_{u,IF}^{st} = \frac{1}{\mu_{12}}[\mu_2 p_{u,1}^{st} - \mu_1 p_{u,2}^{st}]$,与无电离层相位观测量定义类似,式(20.7)的观测方程可改写为

$$\begin{cases} p_{u,IF}^{st} + dt_{IF}^{st} = \rho_u^{st} \\ \phi_{u,IF}^{s} + dt_{IF}^{st} = \rho_u^{st} + \lambda_{IF} a_{u,IF}^{st} \end{cases} \quad (20.17)$$

式中: $a_{u,IF}^{st} = z_{u,1}^{st} + \frac{\lambda_W}{\lambda_2} z_{u,21}^{st} + (d_{IF}^{st} - \delta_{IF}^{st})/\lambda_{IF}$ 为非整数无电离层模糊度,$\lambda_{IF} = \lambda_1\lambda_2/(\lambda_2 + \lambda_1)$ 为无电离层波长(也认为是窄巷波长);$\lambda_W = \lambda_1\lambda_2/(\lambda_2 - \lambda_1)$ 为宽巷波长;$z_{u,21}^{st} = z_{u,1}^{st} - z_{u,2}^{st}$ 为宽巷模糊度。

式(20.17)构成了无电离层 DF-PPP 的基础,注意到其与式(20.16)电离层改正的 SF-PPP 具有相同的结构,两个方程具有相同的未知数类型和相同的冗余度,但二者的性能不同。电离层改正的 SF-PPP 定位精度可在数分钟内收敛至分米级[24],而无电离层 DF-PPP 收敛要更慢,这是因为无电离层码观测量的精度较差(无电离层系数见表 20.1)。由于 PPP 的初始收敛主要依赖码观测量的精度,正是由于码的精度更差使无电离层 DF-PPP 初始收敛经常慢于电离层改正的 SF-PPP,因此在一段时间以后,当载波相位数据开始起作用时,无电离层 DF-PPP 的性能明显优于电离层改正的 SF-PPP,原因是其质量不受限制,不像电离层改正的 SF-PPP 会受到电离层改正数精度的影响。双频 PPP 定位精度能达到厘米级,但只有在长时间收敛后才可以[33]。对于 GPS 静态 DF-PPP 用户,据报道,1~1.5h 的收敛时间能达到 10cm 的定位精度[34,35],而 2~3h 的收敛时间能达到 5cm 甚至更优的定位精度[2,36-37]。这些结果与 20.7.3 节中将讨论到的 PPP 收敛曲线相一致(图 20.4)。

表 20.1 GPS(L#)、GLONASS(G#)、Galileo(E#)以及北斗(B#)观测量的几种双频组合所对应的无电离层系数 $\mu_j/\mu_{12}(j=1,2)$ 及其无电离层噪声放大系数 $\sqrt{\mu_2^2 + \mu_1^2}/|\mu_{12}|$

信号	$\frac{\mu_2}{\mu_{12}}$	$\frac{\mu_1}{\mu_{12}}$	$\frac{\sqrt{\mu_2^2+\mu_1^2}}{|\mu_{12}|}$
L1+L2	2.5457	1.5457	2.9782
L1+L5	2.2606	1.2606	2.5883
G1+G2	2.5312	1.5312	2.9583
E1+E5a	2.2606	1.2606	2.5883
E1+E5b	2.4220	1.4220	2.8086
E1+E5	2.3380	1.3380	2.6938
B1+B2	2.4872	1.4872	2.8979
B1+B3	2.9437	1.9437	3.5275

虽然传统双频 PPP 是基于 GPS L1 和 GPS L2 数据,上述相同方法同样也适用于新的

GNSS,例如,对于 Galileo 系统和现代化的 GPS,可以分别用 E5 和 L5 替代 L2。表 20.1 显示了选定的 GPS(以及 QZSS)、GLONASS、Galileo 系统和北斗系统观测量双频组合的无电离层系数数值。

电离层浮点解 DF-PPP:式(20.17)构成了传统双频 PPP 的基础,但或许有人疑问,是否真的必须形成无电离层观测量,下面的表达式[同式(20.7)]表明事实并非如此:

$$\begin{cases} p_{u,j}^{st} + \mathrm{d}t_{\mathrm{IF}}^{st} = \rho_u^{st} + \mu_j \iota_{u,\mathrm{GF}}^{st} \\ \phi_{u,j}^s + \mathrm{d}t_{\mathrm{IF}}^{st} = \rho_u^{st} - \mu_j \iota_{u,\mathrm{GF}}^{st} + \lambda_j \tilde{a}_{u,j}^{st} \end{cases} (j=1,2) \quad (20.18)$$

因此用户仍然可以使用无电离层钟差作为改正量来处理原始的码和相位数据。使用式(20.18)电离层浮点解 DF-PPP 显然也要把电离层延迟作为未知参数,因此,如果用户只对定位(或对流层遥感)感兴趣,则可以认为使用式(20.17)更具优势,因为其未知参数比式(20.18)更少。当 k 个历元内跟踪 m 颗卫星时,式(20.18)要多估计 $(m-1)(k+1)$ 个未知数,包括 $(m-1)k$ 个额外的电离层延迟参数和 $(m-1)$ 个额外的随时间保持不变的模糊度参数,但是,尽管式(20.18)包含更多的未知参数,其冗余度也更大。对于静态用户,式(20.17)的冗余度为 $(m-5)+2(m-1)(k-1)$,而式(20.18)的冗余度为 $(m-5)+3(m-1)(k-1)$,差异产生的原因是在式(20.17)的无电离层方法中,电离层消除了两次。原先有 4 个观测量(2 个伪码和 2 个相位),通过组合形成了 2 个观测量(1 个无电离层伪码和 1 个无电离层相位),但在该过程中仅消除了电离层延迟这 1 个独立参数。

由于式(20.17)和式(20.18)所对应的两种方式的冗余度不同,因此用户必须认识到二者的数值结果不能保证等价这一事实,若要保证等价性且仍使用无电离层 DF-PPP 方式,则需要使用下式来代替式(20.17):

$$\begin{cases} p_{u,\mathrm{IF}}^{st} + \mathrm{d}t_{\mathrm{IF}}^{st} = \rho_u^{st} \\ \phi_{u,\mathrm{IF}}^{st} + \mathrm{d}t_{\mathrm{IF}}^{st} = \rho_u^{st} + \lambda_{\mathrm{IF}} a_{u,\mathrm{IF}}^{st} \\ \phi_{u,\mathrm{WN}}^{st} = \lambda_{\mathrm{W}} a_{u,\mathrm{W}}^{st} \end{cases} \quad (20.19)$$

式中:第三个观测量 $\phi_{u,\mathrm{WN}}^{st} = \phi_{u,\mathrm{WL}}^{st} - p_{u,\mathrm{NL}}^{st}$ 为宽巷相位 $\phi_{u,\mathrm{WL}}^{st} = (\lambda_2 \phi_{u,1}^{st} - \lambda_1 \phi_{u,2}^{st})/(\lambda_2 - \lambda_1)$ 与窄巷伪距 $p_{u,\mathrm{NL}}^{st} = (\lambda_2 p_{u,1}^{st} + \lambda_1 p_{u,2}^{st})/(\lambda_1 + \lambda_2)$ 之差;$a_{u,\mathrm{W}}^{st} = z_{u,21}^{st} + (d_{\mathrm{NL}}^{st} - \delta_{\mathrm{WL}}^{st})/\lambda_{\mathrm{W}}$ 为额外的非整数的模糊度。正是由于式(20.19)第三个子方程中模糊度是不随时间变化的常量,才使式(20.17)的冗余度恢复到了式(20.18)的水平。因为 $\phi_{u,\mathrm{WN}}^{st}$ 与几何距离无关,其对确定定位参数的贡献受其与 $p_{u,\mathrm{IF}}^{st}$ 和 $\phi_{u,\mathrm{IF}}^{st}$ 的相关性影响。若假设非差伪码数据与相位数据互不相关且精度分别为 $\sigma_p = 30 \mathrm{cm}$ 和 $\sigma_\phi = 3 \mathrm{mm}$,则 $\phi_{u,\mathrm{WN}}^s$ 与 $p_{u,\mathrm{IF}}^s$ 和 $\phi_{u,\mathrm{IF}}^s$ 的相关性分别是 $\rho_{\phi_{\mathrm{WN}} p_{\mathrm{IF}}} \approx -0.35$ 和 $\rho_{\phi_{\mathrm{WN}} \phi_{\mathrm{IF}}} \approx 0.08$,这表明其与无电离层码观测量的相关性不能被忽略。

之前已提到:在定位(或对流层遥感)的情况下,可认为使用无电离层公式具有优势,因为它比电离层浮点解方式[式(20.18)]的未知参数更少。然而,在标准方程层面,电离层浮点解也可以通过消除电离层延迟达到相同效果,这显然是一个好处,而额外的好处是用户仍然可以使用原始的、通常互不相关的观测值,而不是相关的无电离层观测值[10]。

图 20.2 给出了 DF-PPP 的算例,显示了澳大利亚两个用户站(BULA 和 SYM1 分别位于澳大利亚西部和昆士兰)上 1.5 h 时长基于 GPS 的电离层浮点解 PPP 坐标时间序列(东方向和北方向)及其典型的 DF-PPP 收敛。图 20.2(a)显示了用于生成卫星钟差的站网的分布。

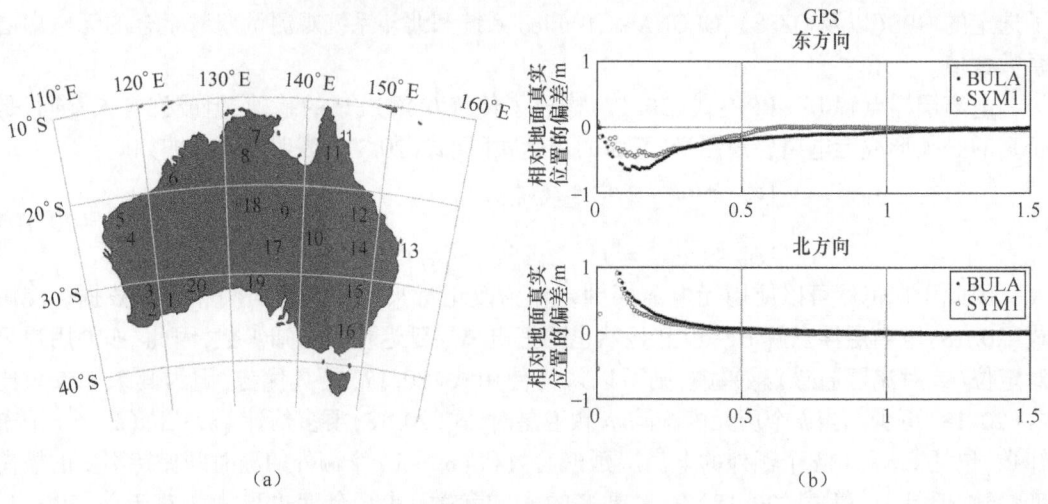

图 20.2 GPS DF-PPP

(a)网解过程中使用的澳大利亚的 GPS CORS 站分布;(b)澳大利亚两个用户站(BULA 和 SYM1 分别位于澳大利亚西部和昆士兰)上 1.5h 时长基于 GPS 电离层浮点解 PPP 在东方向和北方向上的坐标时间序列。

20.4 非定位的 PPP 应用

虽然 PPP 是由精密定位应用提出的,但是该理念也能用于非定位应用,如水汽估计、电离层估计以及时间传递。

20.4.1 对流层估计

GNSS 在成功支撑气象学应用方面已有一段时间[38-40],在 GNSS 站网的支持下,能够在低运营成本、高时间分辨率条件下,获得精确的、全天候的、求取 ZTD 的大气水汽估值。然而,由于网解计算是比较耗时的,因而 PPP 被认为是大网(测站多或者站间距大)解算的重要替代,站网中的测站采用各测站并行处理的 PPP 方式,可以实现极小的滞后性。因此,由于其能显著缩短处理时间以及随着近年来轨道和钟差产品的提升,PPP 已成为实时(或近实时)数据分析的重要替代方案。例如,与水汽辐射测量值的比较表明,实时 GPS 水汽估计的精度约为 1.0~2.0mm[41-43]。

PPP 的另一个吸引人的特征是接收机不需要保持静态,因此 ZTD 导出的大气水汽估值也可以在移动平台上进行采集,这些平台包括船舶、飞机和火车,或用于收集大气数据的专用设备,如浮标或无人机[44]。

20.4.2 电离层估计

在电离层浮点解公式[式(20.18)]中,PPP 也能提供电离层延迟的估值。因此,它是无几何距离相位平滑伪距(PCL)法[45-46]和基于网解的电离层估计法[47]的一种有效替代。与网解方法相比,用户采用 PPP 可以受益于更短的处理时间;与 PCL 方法相比,可以利用已知的接收机位置和可用的卫星钟差和轨道产品[48-49]。由于 GNSS 估计的倾斜电离层延迟带有无几何距离码硬件延迟偏差[式(20.6)],需要使用电离层模型将两者分离。如果目的是估计 TEC 值,那么这种分离是重要的。一个比较流行的电离层模型是单层模型,它假设电离层在地球周围特定高度被压缩至一个薄壳中(图 20.3)。

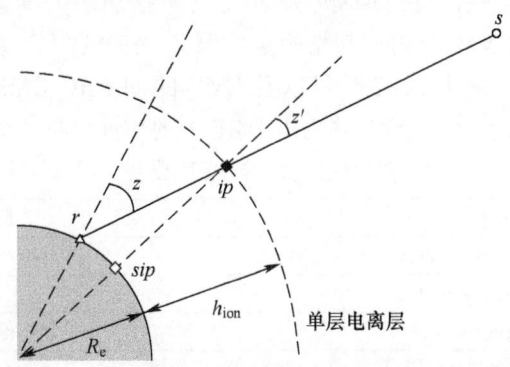

图 20.3　关于垂直延迟和倾斜延迟的单层电离层模型

(即 $i_r^s = (1/\cos z')i_r$ [117],其中 r 为接收机,s 为卫星,R_e 为地球半径,h_{ion} 为单层电离层高度,ip 为电离层穿刺点,z' 为天顶角。)

这种电离层模型只需要估计少量电离层参数(如垂直 TEC 及其梯度),也被用于提高 SF-PPP 定位性能[29,50],缩短 PPP 的收敛时间[51-52],实现单接收机提取当地电离层图[53]。

20.4.3　时间传递

PPP 还可以用于两个或多个远程站间的时频传递[54-57]。对于每个这样的测站,考虑测站是静态且坐标已知情况下,PPP 算法可以求解每个历元的接收机钟差 $dt_u = t_u - t_{ref}$。由于该偏差是测站 u 的接收机时间 t_u 与 PPP 处理中卫星钟产品所使用的参考时间尺度 t_{ref} 间的差值,受欢迎的时间传递解 $dt_{uv} = t_v - t_u$ 可由 $dt'_{uv} = dt_v - dt_u$ 给出,即在 u 和 v 位置上两个 PPP 钟差解的差值。由于在该差值中基准时间 t_{ref} 需要消除,因此两个 PPP 钟差解使用相同的卫星轨道和钟差产品进行计算是至关重要的。使用先进的仪器校准技术,PPP 的时间传递精度能接近 1ns,而频率传递与原子钟相比能接近日均 10^{-16}[58-59]。特别是载波相位测量值,由于其精度比伪距高得多,有助于远程时钟频率的精确比对。

20.5　轨道、钟差与服务

目前,许多公开组织,如 IGS、加拿大国家资源中心(NRCan)和喷气动力实验室(JPL),以及商业来源,如天宝、Fugro 和 MGV,都广泛提供厘米级精度的精确轨道和钟差产品,这些产品的可用性为基于 PPP 的后处理及实时服务的开发和实施提供了机会。

20.5.1　后处理与实时 PPP

后处理 PPP 解决方案一般用于对精度要求高的场景,特别是在大地测量控制点分布稀少或压根没有的偏远地区。例如,它们被用作加密或提供接入 ITRF[60]的有效方法,或者在地球动力学和地震研究的背景下,用于确定台站的长期速度估计和由地震引起的移动[61]。对于这些应用,基于互联网的后处理 PPP 服务已被证明特别有用,用户可通过互联网提交其单站 GNSS 数据至该服务,而接收估计出的位置和辅助信息[62-63]。

目前已有许多此类互联网处理服务(表 20.2),包括加拿大国家资源中心(NRCan)的 CSRS-PPP 服务[4]、JPL(NASA)的自动精确定位服务(APPS)[64]、新不伦瑞克大学的 GPS 分析和定位软件[65]、天宝的 RTX-PP[66] 以及 GMV 的 MAGIC GNSS[67],它们使用 RINEX 观测格式[68]来提供静态或动态处理,并输出 ITRF 下的估计坐标。

表 20.2 部分 PPP 服务

网页服务	提供商
CSRS-PPP(webapp.geod.nrcan.gc.ca)	NRCan
APPS(apps.gdgps.net)	JPL
GAPS(gaps.gge.unb.ca)	新不伦瑞克大学
RTX-PP(www.trimblertx.com)	天宝
MAGIC GNSS(magicgnss.gmv.com)	GMV

实时运行远比后处理模式更具挑战性,与依赖用户将观测数据发送到中央服务器的后处理 PPP 服务不同,大多数实时应用要求将轨道和钟差改正数近实时地发送到数据采集点,即接收机或并址的计算机处。为了获得精确的实时结果,用户接收机需要实时进行亚分米级精度的轨道修正和亚纳秒级精度的钟差修正。在提供卫星数据以及获取该数据的通信手段方面,均是重大挑战。PPP 的实时改正数传输通常在互联网上使用为实现该目标而专门提出的传输协议来完成,如 NTRIP(RTCM 互联网传输协议,https://igs.bkg.bund.de/ntrip/about)。为了确保即使在没有高速互联网的地区也能提供实时 PPP 服务,一些商业供应商还使用地球同步通信卫星分发来修正。近年来出现了许多这种实时 PPP 服务,并倾向于向农业或陆地和海洋自然资源勘探和开发等专门市场提供商业服务。

20.5.2 IGS 的精密卫星轨道和钟差产品

自 1994 年以来,IGS 提供了几种支持科学和工程应用的产品。对于 GPS 轨道和钟差而言,包括超快速、快速和最终产品,这些产品在滞后性和准确性上的差异如表 20.3 所示,该表也显示了它们与标准的广播轨道和广播钟差的比较情况。

表 20.3 广播的及 IGS 提供的 GPS 轨道与钟差产品

GPS 轨道与钟差		准确性(RMS)	滞后性	更新率	采样间隔
广播产品	轨道	约 100cm	实时	—	—
	钟差	约 5ns(150cm)			
超快速产品(预报)	轨道	约 5cm	实时	每日 4 次	15min
	钟差	约 3ns(90cm)			
超快速产品(观测)	轨道	约 3cm	3~9h	每日 4 次	15min
	钟差	约 150ps(4.5cm)			

续表

GPS轨道与钟差		准确性(RMS)	滞后性	更新率	采样间隔
快速产品	轨道	约2.5cm	17~41h	每日	15min
	钟差	约75ps(2.3cm)			5min
最终产品	轨道	约2.5cm	12~18d	每周	15min
	钟差	约75ps(2.3cm)			30s

资料来源:IGS(2015),IGS产品,网址:http://igscb.jpl.nasa.gov/components/prods.html。

对于后处理应用而言,滞后性不是问题,可以使用最终甚至快速产品,它们所提供的卫星位置和钟差均有厘米级的精度,通过适当的PPP算法,静态接收机收敛后的位置精度将达到亚厘米级。然而,对于实时或近实时应用,只有实时可用的超快速(预报)产品才符合,其轨道精度较高约5cm,但是,其预报的卫星钟差的均方根(RMS)误差仅约3ns(90cm),对于大多数的实时应用而言精度太差,预报钟差和预报轨道之间质量差异的原因是,卫星振荡器的稳定性无法与卫星在轨道上的稳定运动相媲美。因此,对于实时PPP,这种相对较差的时钟精度仍然是表20.3中产品的一个弱点。

这个问题的一个解决办法是用一个或多个参考站独立计算的卫星钟差代替IGS的预报钟差,该钟差解决方案需要与IGS的预报卫星轨道一同提供给PPP用户,该方法是RETICLE系统的基本原理[26,69]。然而,更通用的解决方案是使用全球网解且滞后时间足够小的改正数,一些商业供应商(如Fugro、StarFire和Veripos)已经提供了一段时间的此类修正,但最近IGS实时服务(IGS-RTS)(http://www.igs.org/rts)也提供了此类修正。

IGS-RTS产品包括对广播星历的卫星轨道和钟差的修正,RTS产品采用RTCM状态空间表达(SSR)改正数据流播发,使用NTRIP在互联网上进行广播,这些改正数在国际地球参考框架2008(ITRF08)中进行表示。

随着IGS-RTS的可用,实时获得精确的卫星轨道和卫星钟差改正已成为可能,其精度优于超快速产品[70]。与超快速产品(预测)相比,IGS-RTS产品的钟差精度提高了10倍,目前轨道的精度约为5cm,卫星钟差的精度为0.3ns。

20.6 PPP误差改正模型

除了轨道和钟差,PPP还需要许多修正,以削弱可能导致的伪距和载波相位观测值或位置解系统性偏差的影响,见表20.4。文中以卫星和接收机改正、大气延迟及测站位移为标题进行讨论[6]。

表20.4 PPP的先验改正(改编自文献[143])

	改正量	量级
卫星	相位中心偏移	0.5~3m
	相位中心变化	5~15mm
	钟偏	<1ms
	时钟相对论效应	10~20m
	差分码偏差	可达5m

续表

改正量		量级
大气	对流层(垂直方向、干分量)	2.3m
	电离层(垂直方向)	可达30m
接收机	相位中心偏移	5~15cm
	相位中心变化	可达3cm
	相位缠绕	10cm
站点位移	板块运动	可达0.1m/a
	地球固体潮	可达0.4m
	海洋负荷	1~10cm
	极潮	25mm
	大气负荷	—

20.6.1 卫星和接收机改正

天线相位中心偏移(PCO)和相位中心变化(PCV):GNSS测量值是在卫星和接收机天线的相位中心间进行的有效采集。但由于卫星质心(CoM)通常是PPP轨道产品的参考点,因此必须考虑卫星的天线质心偏移[8]。这些偏移量是在星体坐标框架下给出的,因而必须利用卫星的姿态将其转换至地球参考系下,对于给定的轨道位置和太阳方位,可由名义姿态规律计算卫星的姿态。由于天线相位中心会随着信号从卫星传输至接收机的方向的变化而变化,因此除了偏移,还必须考虑相位中心的变化。IGS已提出天线交换(ANTEX)格式(ftp://igs.org/pub/station/general/antex14txt)以促进GNSS接收机和卫星天线的PCO和PCV文件的编制和分发[77,73]。

相对论:由于时钟受到狭义相对论和广义相对论(卫星钟的速度和地球重力场)的影响,需要应用相对论修正[74]。对于地球上的静态用户或在地表缓慢移动的用户,这些相对论效应可通过两个步骤来修正。第一步已在GNSS卫星上通过对卫星钟频率标准故意产生一个小的偏移量("出厂偏移")来完成;这种频率偏差校正对圆轨道有效,但由于GNSS轨道实际上略微椭圆,因此需要对偏心率进行第二次改正。第二次改正依赖卫星的实际位置和速度,用户必须进行改正[20]。Sagnac效应是另一个需要考虑的校正,它是由信号传输时间内地球自转引起的[75]。

差分码偏差(DCB):由于观测方程[式(20.2)]中与频率和信号有关的硬件延迟的存在,钟差参数的无偏估计通常是不可能的。因此,钟差参数常常与这些仪器参数组合估计,无电离层钟差[式(20.6)]是该种组合估计方式的一个最好例子。因此,必须意识到,当使用从PPP供应商获得的卫星钟来校正用户观测量时,用户改正后的伪距和相位观测量可能也会有偏差,这种偏差可以通过应用合适的DCB消除掉,DCB通常与钟差产品一起提供,对于广播钟差,DCB在导航电文中里提供,IGS也在提供其他产品的同时定期提供这些卫星的DCB[8,18]。与随时间快速变化的钟差不同,DCB通常只发生缓慢变化。

相位缠绕:GNSS卫星采用右旋圆极化电磁波进行信号传输,因此,所测量的载波相位不仅随接收机与卫星的距离变化而变化,也随接收机与卫星的相对方位变化而变化。这种"相位缠绕"相当于接收机或卫星天线绕轴向完整旋转一个周期[76]。需要注意的是,伪距不受相位缠绕的影响。对于接收机天线,方向的变化取决于平台的运动,由于 GNSS 天线一般是向上指向的,所以相位缠绕与平台航向密切相关,如果有这些信息,就可以确定并改正这种影响[77]。需要注意的是,如果天线的轴向仍然指向天顶,当天线旋转时,同时观测到的所有卫星的缠绕量是相同的,与接收机钟差不可区分,会被吸收到钟差参数的估计中。对于那些天线指向地球且太阳能帆板指向太阳的卫星而言,通常可根据接收机、卫星和太阳三者的相对位置准确地预测其旋转量,然而,当卫星太阳能传感器的视线被地球或月球遮挡时,卫星的姿态控制能力下降,该旋转变得难以预测[8],除非使用类似文献[78-80]的专用模型,否则最好在 PPP 处理时舍弃相应的卫星和时间段。

20.6.2 大气延迟

对流层延迟建模:对流层延迟通常表示成静力学延迟(干延迟)$(\tau_d)_u^s = (m_d)_u^s (\tau_d)_u$(主要由干燥气体的折射所引起)与湿延迟$(\tau_w)_u^s = m_u^s \tau_u$(由水汽的折射所引起)的和 $\tau_u^s = (\tau_d)_u^s + (\tau_w)_u^s$,其中$(\tau_d)_u$和$\tau_u$分别为天顶对流层延迟(ZTD)的干湿分量,且$(m_d)_u^s$和$m_u^s$为相应的与高度角有关的映射函数。在用的这类映射函数有很多,其中绝大多数使用连分式来表示高度角的依赖关系[81-84]。目前经常使用的 VMF1 是基于欧洲中期天气预报中心(ECMWF)的数据[85]。

天顶静力学延迟$(\tau_d)_u$可以利用 Saastamoinen 模型和 Hopfield 模型根据地表气压以及测站的纬度和高度准确计算出先验值[21-22],如果没有气象数据,则使用标准大气的导出值作为替代。静力学延迟分量约占总延迟的90%,对于较小的天顶湿延迟τ_u,无法通过精确模型来获得一个先验值,因此该分量通常作为未知参数包含在观测方程中,并在 PPP 处理中进行估计,这种参数可以通过引入水平梯度来进一步精化[84,86-88],主要改善了毫米级的纬度分量[89]。

电离层延迟建模:通常建模时认为电离层延迟与观测信号频率的平方成反比。由于这是一阶近似,忽略高阶项会使接收机与卫星间距离产生厘米级的误差[90]。对于伪距噪声,其通常可以忽略不计,但对于载波相位噪声则不然[91]。由于生成 PPP 产品的全球站网到目前为止只考虑一阶项,从一致性的观点来看,在 PPP 用户算法中使用相同的近似也是常见的做法。

有一些全球模型可以用于校正电离层延迟,对于不要求最高精度的单频应用,可以使用 Klobuchar 模型[92]或 NeQuick 模型[93]。Klobuchar 模型可以改正约50%的电离层延迟,而针对 Galileo 用户的 NeQuick 模型,据报道,可以改正60%~70%的电离层延迟[94]。更准确的改正可从 IGS 提供的 GIM 产品中获得,GIM 产品通常由 IGS 参考网的数据日常生成,包含了格网 TEC 值的图[5]。对于实时应用,可以使用欧洲定轨中心(CODE)的 GIM 预报产品[95],GIM 预报可以改正大约80%的电离层延迟[94]。

20.6.3 站点位移

为了获得与 ITRF 相一致的定位结果,作用在地壳上能导致站点位移的各种力,均需要予以考虑。对于 ITRF 中非常精确的(静态)定位,下面讨论的所有影响因素都是相关的,建模时应该考虑。然而,如果精度要求不高,例如 10cm,则只需要考虑地球固体潮。此外,对于机载应用或不是严格在 ITRF 下定位的场景,位移影响是不适用的。

(1) 地球固体潮:与海潮类似,日月引力会引起地球形变。该形变将导致永久性位移(在中纬度高达 12cm)和周期性位移(垂直方向约 30cm,水平方向约 5cm),以半日周期和日周期为主[8],这些位移可用球谐函数来模拟[96],其中只需要二阶潮汐和高度修正项就可以达到 5mm 的精度[8,97]。为了获得更高的精度,需要考虑更高阶的谐波分量[6,98]。

(2) 极潮:除了地球固体潮,地球形变的小周期性变化还会由地球自转轴相对于地壳的位置变化引起,由此产生的站点位移主要是季节性的或存在 Chandler 周期(约 430d),且在 24h 的周期内不均衡,可由平均极点的坐标变化量来确定[6,8,96],水平量级约为 5mm,垂直约为 25mm。

(3) 海洋负荷:海潮导致地壳上海水负荷的变化,从而产生站点位移(主要在高程上),存在日周期和半日周期。该影响取决于当地的海洋和陆地地理特征,在沿海地区最大(高达 10cm 量级)。对于一天的静态定位而言,海洋负荷是平均的,远离海岸(如>1000km)的测站通常可以忽略不计;而对于靠近海洋的精密定位,着实需要考虑该影响[8,96]。

(4) 大气负荷:由于大气也对固体地球施加负荷,气温变化驱动气压分布变化从而导致地壳产生形变。水平位移分量大约是垂直位移分量的 1/10 倍,而垂直位移分量通常保持在 1cm 以下,虽然也有报道称其量级可达 3cm[99-100]。文献[6]给出了太阳每天加热大气所引起的系统性影响模型。

20.7 PPP 模糊度的解算

PPP 虽然能够提供非常精确的定位结果,但往往需要较长的观测时间才能获得这样的精确结果。由于收敛持续时间在很大程度上是受载波相位模糊度参数存在的影响,可以预见,若能消除这些未知的模糊度,则收敛时间会大大缩短,如果能够以足够大的成功率对模糊度进行整数估计,则是可能实现的[9,101]。虽然这种整数模糊度解算方法对于 PPP 而言较新,但它已广泛成功地应用于相对定位[102-103]。PPP 模糊度解算方法,即 PPP-RTK 或 PPP-AR,通过向单接收机用户除提供轨道和钟差信息以外还提供卫星相位偏差信息的方式,拓展了 PPP 的概念[3,34,104-106]。当提供了合适的信息,就能用于恢复用户模糊度的整数特性,从而实现单接收机模糊度解算,与 PPP 浮点解相比缩短了收敛时间。本节将讨论无电离层、电离层浮点解和电离层改正的 PPP-RTK 方法。

20.7.1 无电离层 PPP-RTK

近年来,一些无电离层 PPP-RTK 方法得以提出并制定[34,107-111],尽管它们以不同的名称出现,如整数钟(IRC)法、卫星钟差去耦(DSC)法或相位小数偏差(FPB)法,但本质上是相同的[112]。

考虑无电离层 DF-PPP 方程组[式(20.19)],并回看其非整数的用户模糊度定义为

$$\begin{cases} a_{u,\mathrm{IF}}^{st} = z_{u,1}^{st} + \dfrac{\lambda_{\mathrm{W}}}{\lambda_2} z_{u,21}^{st} + (d_{\mathrm{IF}}^{st} - \delta_{\mathrm{IF}}^{st})/\lambda_{\mathrm{IF}} \\ a_{u,\mathrm{W}}^{st} = z_{u,21}^{st} + (d_{\mathrm{NL}}^{st} - \delta_{\mathrm{WL}}^{st})/\lambda_{\mathrm{W}} \end{cases} \quad (20.20)$$

因为参考站网能够估计其任何测站相同类型的模糊度,因此上述用户模糊度与参考站 r 相应的模糊度之差能写成整数参数化形式:

$$\begin{cases} a_{ru,\mathrm{IF}}^{st} = a_{u,\mathrm{IF}}^{st} - a_{r,\mathrm{IF}}^{st} = z_{ru,1}^{st} + \dfrac{\lambda_\mathrm{W}}{\lambda_2} z_{ru,21}^{st} \\ a_{ru,\mathrm{W}}^{st} = a_{u,\mathrm{W}}^{st} - a_{r,\mathrm{W}}^{st} = z_{ru,21}^{st} \end{cases} \quad (20.21)$$

因此,除向用户提供轨道和钟差 $\mathrm{d}t_{\mathrm{IF}}^{st}$ 以外,也提供参考网测站 r 的模糊度 $a_{r,\mathrm{IF}}^{st}$ 和 $a_{r,\mathrm{W}}^{st}$,无电离层 DF-PPP 用户方程[式(20.19)]可以转换成整周模糊度参数化后的用户方程:

$$\begin{cases} p_{u,\mathrm{IF}}^{st} + \mathrm{d}t_{\mathrm{IF}}^{st} = \rho_u^{st} \\ \phi_{u,\mathrm{IF}}^{st} + \mathrm{d}t_{\mathrm{IF}}^{st} - \lambda_{\mathrm{IF}} a_{r,\mathrm{IF}}^{st} = \rho_u^{st} + \lambda_{\mathrm{IF}} z_{ru,1}^{st} + \dfrac{\lambda_2}{\mu_{12}} z_{ru,21}^{st} \\ \phi_{u,\mathrm{WN}}^{st} - \lambda_\mathrm{W} a_{r,\mathrm{W}}^{st} = \lambda_\mathrm{W} z_{ru,21}^{st} \end{cases} \quad (20.22)$$

需要注意的是这些用户方程中的整周模糊度为双差(DD)模糊度,PPP-RTK 总是如此,因为 GNSS 载波相位模糊度只有在其为双差形式时才能被解算成整数。因此,不要认为单接收机 PPP-RTK 能够实现单用户接收机的非差模糊度整数解。能整数估计的模糊度总是可以显示为用户模糊度与参考网模糊度的整数组合[112]。

可以使用不同的整数估计原则来解算整周模糊度。基于整数最小二乘原理,机械化包含在 LAMBDA(最小二乘模糊度降相关平差)方法中,可保证最大可能的成功率[9,113-114]。然而,倘若整数 Bootstrapping 用于 LAMBDA 模糊度降相关,它只是一种近似最优选择[12]。虽然四舍五入取整是所有整数估计方法中最简单的,但性能最差。尽管如此,当基础模型足够强,对降相关后的模糊度而非原始的双差模糊度进行四舍五入时,取整成功率仍然可以接近整数 Bootstrapping 和整数最小二乘[115]。整数四舍五入或者整数 Bootstrapping 和整数最小二乘的混合形式也是可能的,例如,解算式(20.22)的模糊度常常所遵循的程序就是一个混合形式案例。首先使用四舍五入法或 Bootstrapping 算法解算精确估计的宽巷模糊度 $z_{ru,21}^{st}$,再使用整数最小二乘估计不够准确的 L1 模糊度 $z_{ru,1}^{st}$。

在上述公式中,除了轨道,还需要给用户提供 $(\mathrm{d}t_{\mathrm{IF}}^{st}, a_{r,\mathrm{IF}}^{st}, a_{r,\mathrm{W}}^{st})$ 改正项组合。根据文献[105]的方式,实际也可能不提供 $a_{r,\mathrm{IF}}^{st}$,而是使用 $a_{r,\mathrm{IF}}^{st} = a_{r,1}^{st} + \dfrac{\lambda_\mathrm{W}}{\lambda_2} a_{r,\mathrm{W}}^{st}$ 来构建改正量,因而处理的是 $(\mathrm{d}t_{\mathrm{IF}}^{st}, a_{r,1}^{st}, a_{r,\mathrm{W}}^{st})$ 组合。或者,也可以通过定义 $\delta t_{\mathrm{IF}}^{st} = \mathrm{d}t_{\mathrm{IF}}^{st} - \lambda_{\mathrm{IF}} a_{r,\mathrm{IF}}^{st}$ 和 $\delta_\mathrm{W}^{st} = -\lambda_\mathrm{W} a_{r,\mathrm{W}}^{st}$,来处理参数组 $(\mathrm{d}t_{\mathrm{IF}}^{st}, \delta t_{\mathrm{IF}}^{st}, \delta_\mathrm{W}^{st})$,IRC/DSC 就使用这些改正数。改正项 $\delta t_{\mathrm{IF}}^{st}$ 在文献[107-108]中分别称为整数恢复的相位钟和去耦相位钟;改正项 δ_W^{st} 是指可估的星间差分宽巷相位偏差。最后,注意到式(20.22)中 $a_{r,\mathrm{IF}}^{st}$ 和 $a_{r,\mathrm{W}}^{st}$ 项的整数部分将被未知的整周模糊度吸收,用户也可以只处理这两项的小数部分,小数改正数在整数相位偏差法和整数周偏差法中得以使用,然而小数运算符的用法值得关注,因为正如文献[112]所解释的那样,使用该非线性运算会改变用户所修正观测量的统计特性。

20.7.2 电离层浮点解 PPP-RTK

为了将电离层浮点解 PPP 用户观测方程[式(20.18)]转换成整周模糊度参数化的方程,可以使用之前得到式(20.22)所使用的相同方法。由于式(20.18)的实数模糊度可表

示为

$$\tilde{a}_{u,j}^{st} = z_{u,j}^{st} + (d_{IF}^{st} - \delta_{,j}^{st} - \mu_j d_{GF}^{st})/\lambda_j \tag{20.23}$$

由此可见,其相对于相应参考站 r 的站网模糊度的差,也即双差模糊度:

$$\tilde{a}_{ru,j}^{st} = \tilde{a}_{u,j}^{st} - \tilde{a}_{r,j}^{st} = z_{ru,j}^{st} \tag{20.24}$$

因此,通过向用户提供轨道和钟差 dt_{IF}^{st} 以外还包括实数模糊度 $\tilde{a}_{r,1}^{st}$ 和 $\tilde{a}_{r,2}^{st}$,电离层浮点解 PPP 用户方程[式(20.18)]可以转换成整周模糊度参数化的用户方程。也可以处理可估的星间相位偏差 $\tilde{\delta}_{,j}^{st} = -\lambda_j \tilde{a}_{r,j}^{st}$ 并提供 $(dt_{IF}^{st}, \tilde{\delta}_{,1}^{st}, \tilde{\delta}_{,2}^{st})$ 而代替改正组 $(dt_{IF}^{st}, \tilde{a}_{r,1}^{st}, \tilde{a}_{r,2}^{st})$ [116],则相应的 PPP-RTK 用户方程采用以下形式:

$$\begin{cases} p_{u,j}^{st} + dt_{IF}^{st} = \rho_u^{st} + \mu_j \iota_{u,GF}^{st} \\ \phi_{u,j}^{st} + dt_{IF}^{st} + \tilde{\delta}_{,j}^{st} = \rho_u^{st} - \mu_j \iota_{u,GF}^{st} + \lambda_j z_{ru,j}^{st} \end{cases} \tag{20.25}$$

此外,还可以采用相位钟 $\tilde{\delta t}_j^{st} = dt_{IF}^{st} + \tilde{\delta}_{,j}^{st}$ 方式[106]并提供 $(dt_{IF}^{st}, \tilde{\delta t}_1^{st}, \tilde{\delta t}_2^{st})$。

由于不同的 PPP-RTK 改正包含了相同的信息,它们是相关联的并能通过一对一转换。例如,如果想要将 IRC 或 DSC 法中的改正数 $(dt_{IF}^{st}, \delta t_{IF}^{st}, \delta_W^{st})$ 转换成常规钟方法所使用的 $(dt_{IF}^{st}, \tilde{\delta}_{,1}^{st}, \tilde{\delta}_{,2}^{st})$ 形式[116-117],可使用以下的一对一转换:

$$\begin{bmatrix} dt_{IF}^{st} \\ \tilde{\delta}_{,1}^{st} \\ \tilde{\delta}_{,2}^{st} \end{bmatrix} = \begin{bmatrix} 1 & 0 & 0 \\ -\dfrac{\lambda_1}{\lambda_{IF}} & \dfrac{\lambda_1}{\lambda_{IF}} & -\dfrac{\lambda_1}{\lambda_2} \\ -\dfrac{\lambda_2}{\lambda_{IF}} & \dfrac{\lambda_2}{\lambda_{IF}} & -\dfrac{\lambda_2}{\lambda_1} \end{bmatrix} \begin{bmatrix} dt_{IF}^{st} \\ \delta t_{IF}^{st} \\ \delta_W^{st} \end{bmatrix} \tag{20.26}$$

表 20.5 中总结了各种改正参数组之间的转换。这些转换可用于在操作上连接不同的 PPP-RTK 方法,并在参考网与用户之间实现混用,它允许用户将接收到的参考网改正信息转换成适合用户自身软件所需的格式;或者,作为对用户提供服务,它允许参考网服务商将改正信息转换成任何一种其他格式,从而使任何不同的 PPP-RTK 参数化产品对用户均适用。

表 20.5　双频 PPP-RTK 用户改正项 $[\lambda_{IF} = \lambda_1\lambda_2/(\lambda_1 + \lambda_2)$,$\lambda_W = \lambda_1\lambda_2/(\lambda_2 - \lambda_1)]$ 的一对一转换

$$\begin{bmatrix} dt_{IF}^{st} \\ \tilde{\delta}_{,1}^{st} \\ \tilde{\delta}_{,2}^{st} \end{bmatrix} = \begin{bmatrix} 1 & 0 & 0 \\ 0 & -\lambda_1 & 0 \\ 0 & 0 & -\lambda_2 \end{bmatrix} \begin{bmatrix} dt_{IF}^{st} \\ \tilde{a}_{r,1}^{st} \\ \tilde{a}_{r,2}^{st} \end{bmatrix} = \begin{bmatrix} 1 & 0 & 0 \\ 0 & -\lambda_1 & 0 \\ 0 & -\lambda_2 & \lambda_2 \end{bmatrix} \begin{bmatrix} dt_{IF}^{st} \\ a_{r,1}^{st} \\ a_{r,W}^{st} \end{bmatrix} = \begin{bmatrix} 1 & 0 & 0 \\ 0 & -\lambda_1 & \dfrac{\lambda_1}{\lambda_2}\lambda_W \\ 0 & -\lambda_2 & \dfrac{\lambda_2}{\lambda_1}\lambda_W \end{bmatrix} \begin{bmatrix} dt_{IF}^{st} \\ a_{r,IF}^{st} \\ a_{r,W}^{st} \end{bmatrix}$$

$$= \begin{bmatrix} 1 & 0 & 0 \\ -\dfrac{\lambda_1}{\lambda_{IF}} & \dfrac{\lambda_1}{\lambda_{IF}} & -\dfrac{\lambda_1}{\lambda_2} \\ -\dfrac{\lambda_2}{\lambda_{IF}} & \dfrac{\lambda_2}{\lambda_{IF}} & -\dfrac{\lambda_2}{\lambda_1} \end{bmatrix} \begin{bmatrix} dt_{IF}^{st} \\ \delta t_{IF}^{st} \\ \delta_W^{st} \end{bmatrix} = \begin{bmatrix} 1 & 0 & 0 \\ -1 & 1 & 0 \\ -1 & 0 & 1 \end{bmatrix} \begin{bmatrix} dt_{IF}^{st} \\ \hat{\delta t}_{,1}^{st} \\ \hat{\delta t}_{,2}^{st} \end{bmatrix}$$

20.7.3 整周模糊度解算对 PPP 的影响

前面已经提到,当用户具有模糊度整数解能力时,可以预见 PPP 收敛时间得以显著改善。现在将通过一个例子来证实这一点,该实例是基于 300 个用户接收机的结果。使用澳大利亚境内 24 个稀疏分布的连续运行参考站(CORS)[图 20.2(a)]接收机双频 GPS 数据(采集于 2015 年 2 月 8 日,采样间隔 30s),来计算用户改正信息 ($dt_{IF}^{st}, \tilde{\delta}_{,1}^{st}, \tilde{\delta}_{,2}^{st}$),卫星位置计算使用 IGS 精密轨道,而所有测站的精确位置从 IGS SINEX(解算结果独立交换格式)文件中提取出来的。此外,为了将所估计的卫星钟差调整到 P1 和 P2 观测量,使用了 CODE 提供的 P1-C1 卫星端 DCB 月度产品去改正跟踪 C1 码的测站。观测值的截止高度角设置为 10°。所有相位和码观测值根据其高度角的正弦进行加权,且非差的相位和伪码数据在天顶方向的标准差分别为 3mm 和 30cm。关于参数的动态模型、接收机和卫星的相位偏差以及模糊度,被假定为不随时间变化的常数,而接收机钟差、卫星钟差以及电离层延迟假定在时间上不相关。对于 ZTD,假设存在 $1\text{mm}/(\sqrt{30\text{s}})$ 过程噪声的随机游走过程。对于整周模糊度解算,使用了部分模糊度固定方法[101],最低成功率达 99.9%。

下一步是应用参考网导出的卫星钟差及卫星端相位偏差产品来改正整个澳大利亚境内分布的约 300 个双频 GPS 单接收机用户的相位和伪码数据。每台接收机的数据被处理了两次,一次是对静态用户,另一次是对动态用户,除此之外,相关联的用户设置与参考网的设置相同。根据 300 台接收机的数据,每历元计算出 300 个水平径向位置误差(相对于地面真值而言),由此确定收敛曲线。图 20.4(a) 为静态 PPP 定位的收敛曲线,这些值的 50%、75% 和 90% 的百分位数被绘制成时间的函数。结果表明,50% 的站点在 25min 后水平径向位置误差小于 10cm,而 90% 的站点在 60min 后达到 10cm,该结果与文献[2,34-36]的报道一致。

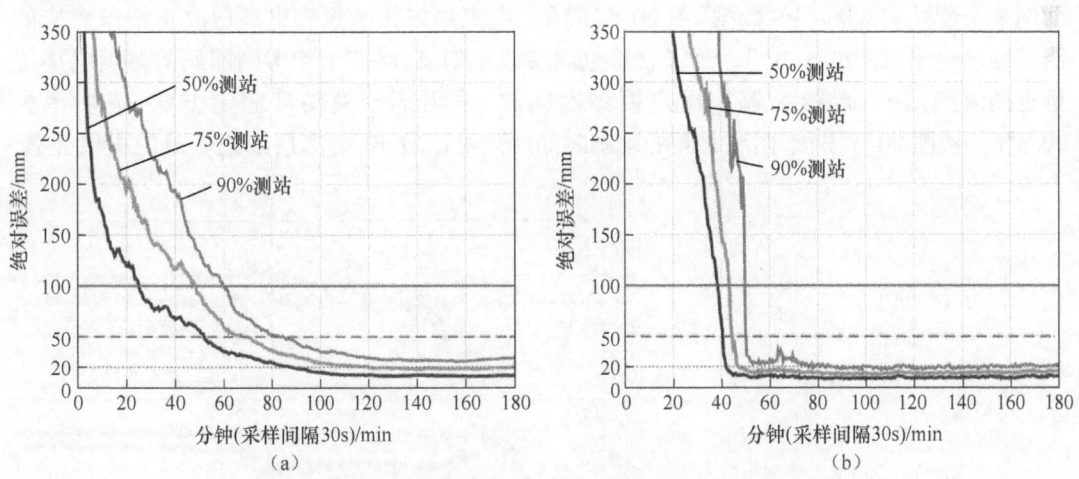

图 20.4 双频 GPS 静态 PPP 用户(a)和动态 PPP-RTK 用户(b)水平径向位置误差收敛曲线(基于 300 个用户接收机的采样)
(a)水平径向误差收敛(浮点解);(b)水平径向误差收敛(固定解)。

图 20.4(b) 为动态 PPP-RTK 定位相应的收敛曲线,由于现在位置在时间上没有关联,

模糊度浮点解模型比静态用户的相应模型要弱。然而，尽管有这种减弱，整周模糊度解决过程仍然能够显著缩短收敛时间，在50min后，90%的水平径向位置误差从20cm急剧下降到近2cm。

20.7.4 电离层改正的PPP-RTK

虽然式(20.22)的无电离层公式和式(20.25)的电离层浮点解公式能够给出相同的结果，但无电离层公式缺乏灵活性，无法进一步加强模型。例如，在无电离层模型中，不能引入一个动态状态转移模型来捕捉电离层的时间平滑性。当人们想要结合电离层模型来捕获电离层的时空特征时，也存在困难。

此外，无电离层模型和电离层浮点解模型在模糊度解算能力上相对较弱。事实上，电离层信息的缺乏是模糊度快速解算的瓶颈，因而需要较长的观测时间才能成功实现整周模糊度的解算[90,118-119]。当这些电离层信息能够被提供并应用到模型中，模糊度成功解算要快得多。但是，如果能获取到这些信息，将其包含在无电离层模型中也会很麻烦，事实上，将违背无电离层公式的整个目的。然而，电离层浮点解公式却很容易包含电离层信息，一旦电离层延迟 $\iota^{st}_{u,GF}$ 由外部源提供，电离层改正公式由式(20.25)继承转换而来：

$$\begin{cases} p^{st}_{u,j} + \mathrm{d}t^{st}_{IF} - \mu_j \iota^{st}_{u,GF} = \rho^{st}_u \\ \phi^{st}_{u,j} + \mathrm{d}t^{st}_{IF} + \tilde{\delta}^{st}_j + \mu_j \iota^{st}_{u,GF} = \rho^{st}_u + \lambda_j z^{st}_{ru,j} \end{cases} \quad (20.27)$$

用户站上的电离层延迟 $\iota^{st}_{u,GF}$ 通常是基于参考网所估计的电离层延迟预测得到，然后通过最佳线性无偏预测(BLUP)法或Kriging法[120-121]将(附近)参考网测站所估计的电离层延迟，插值到用户位置。

图20.5显示了当不仅提供轨道、卫星钟差和卫星相位偏差还提供电离层改正信息时，PPP-RTK的收敛时间如何得到改善的算例。该算例使用了来自澳大利亚维多利亚区域地面网8个测站的双频GPS数据[图20.5(a)]。电离层未知情景和电离层改正情景对应的结果均已给出[图20.5(b)]。为了获得电离层改正信息，将8个参考网测站的倾斜电离层延迟插值到用户位置；为解算用户模糊度问题，采用部分模糊度固定方法，成功率为99.9%。从图20.5(b)东向和北向的动态时间序列可以看出，电离层改正信息的提供显著

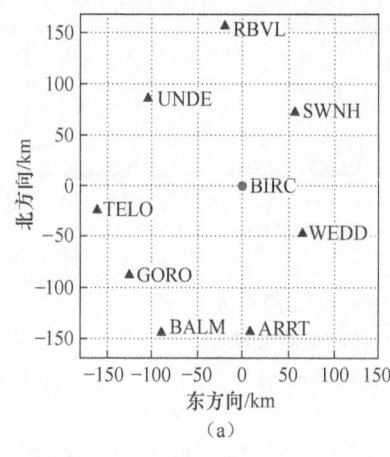

(a)

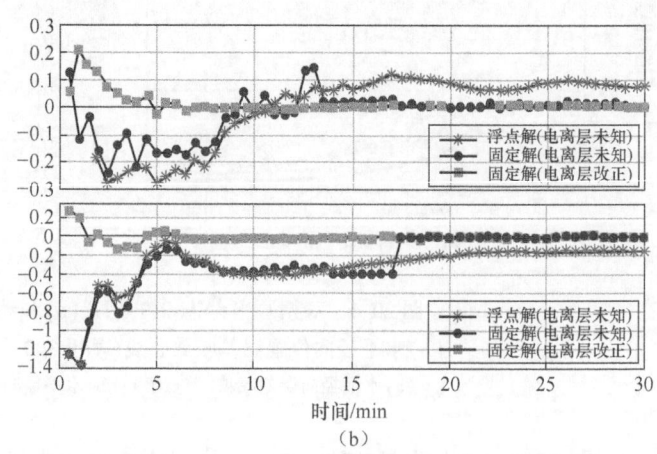

(b)

收敛时间/min	东方向	北方向
浮点解(电离层未知)	42.0	32.0
固点解(电离层未知)	13.5	17.5
固点解(电离层已知)	2.5	4.5

(c)

图 20.5　电离层改正的 PPP-RTK

(a)用户电离层插值时所用的澳大利亚维多利亚区域参考网;(b)模糊度浮点解且电离层未知情况、模糊度固定解且电离层未知情况,以及模糊度固定解且电离层已知情况下东向和北向动态的坐标时间序列(相对于地面真值);(c)达到 1dm 所需的收敛时间。

提升了收敛性能。在本例中,收敛时间从模糊度浮点解、电离层未知情况下的 40min 左右缩短至模糊度固定解、电离层改正情况下在 5min 以内。其他算例可在文献[106,122-123]中找到。需要注意的是,虽然图 20.5 中的算例是针对双频用户的,但上述公式也可以用于单频 PPP-RTK 用户[124]。

20.8　多频 PPP

到目前为止,主要关注的是单频和双频 PPP,然而,有了新的和现代化的 GNSS,也有可能在两个以上的频率上跟踪卫星(关于 GNSS 频率的概述,见表 20.6)。频率越多,则模型强度越强,电离层延迟估计得越好,在 PPP-RTK 情况下,整周模糊度解算效果越提升[117,125-128]。与双频情况相比,更多的频率也使卫星码偏差函数能够被估计,而对电离层模型没有明确需求。

表 20.6　GNSS 频率综述(CDMA 信号)

系统	频　　段								
GPS(G)	L1				L2				L5
GLONASS(R)							L3		
Galileo(E)	E1		E6			E5b		E5	E5a
BeiDou(C)		B1		B3		B2			
QZSS(J)	L1		LEX		L2				L5
IRNSS(I)									L5
频率/MHz	1572.42	1561.098	1278.75	1268.52	1227.60	1207.14	1202.025	1191.795	1176.45

对于双频情况,用户方程[式(20.18)]的电离层浮点解公式为

$$\begin{cases} p_{u,j}^{st} + \mathrm{d}t_{\mathrm{IF}}^{st} = \rho_u^{st} + \mu_j \iota_{u,\mathrm{GF}}^{st} \\ \phi_{u,j}^{st} + \mathrm{d}t_{\mathrm{IF}}^{st} = \rho_u^{st} - \mu_j \iota_{u,\mathrm{GF}}^{st} + \lambda_j \widetilde{a}_{u,j}^{st} \end{cases} (j=1,2) \quad (20.28)$$

卫星码偏差 $d_{,1}^{st}$ 和 $d_{,2}^{st}$ 没有出现在该方程中,因为它们的无电离层和无几何分量已分别与钟差 $\mathrm{d}t_{\mathrm{IF}}^{st}$ 以及电离层延迟 $\iota_{u,\mathrm{GF}}^{st}$ 归并在一起(见 20.2.2 节的讨论)。然而,当使用两个以

上的频率时,情况就发生了变化。在这种情况下,上面的用户方程需要修改为

$$\begin{cases} p_{u,j}^{st} + \mathrm{d}t_{\mathrm{IF}}^{st} = \rho_u^{st} + \mu_j \iota_{u,\mathrm{GF}}^{st} - \widetilde{d}_{,j}^{st} \\ \phi_{u,j}^{st} + \mathrm{d}t_{\mathrm{IF}}^{st} = \rho_u^{st} - \mu_j \iota_{u,\mathrm{GF}}^{st} + \lambda_j \widetilde{a}_{u,j}^{st} \end{cases} \quad (j = 1,2,3,\cdots) \quad (20.29)$$

其中,可估计的星间码偏差为

$$\widetilde{d}_{,j}^{st} = d_j^{st} - d_{\mathrm{IF}}^{st} - \mu_j d_{\mathrm{GF}}^{st} \quad (20.30)$$

需要注意的是,对于前两个频率,这种偏差实际上等于 0,即 $\widetilde{d}_{,j}^{st} \equiv 0$ 其中 $j = 1,2$。多频(MF)PPP 方程[式(20.29)]现在可以采取两种不同的方式使用:一是当外部提供商提供了码偏差 $\widetilde{d}_{,j}^{st}(j > 2)$,可以直接改正该值;二是将其当作未知但时序稳定的参数。在后一种情况中,对于静态用户而言,当在 k 个历元内跟踪 m 颗卫星的 f 个频率,式(20.29)的冗余度为 $(m-5) + (2f-1)(m-1)(k-1)$,而如果该码偏差被改正了,冗余度将增大 $(f-2)(m-1)$。改正多频码偏差还有一个好处,就是每个卫星对额外的 $f-2$ 个码用户方程将有助于加快收敛,而如果把码偏差 $\widetilde{d}_{,j}^{st}$ 被作未知常数,这种贡献程度将不会发生,在这种情况下,每个卫星对额外的 $(f-2)$ 个码用户方程扮演着有些类似于载波相位方程的角色,一旦接收机与卫星间相对几何产生足够变化,将起主要作用。

多频 PPP-RTK 自然遵循 PPP 本身的一般化形式。当使用了码偏差改正信息,由式(20.25)可得多频电离层浮点解的 PPP-RTK 用户方程为

$$\begin{cases} p_{u,j}^{st} + \mathrm{d}t_{\mathrm{IF}}^{st} + \widetilde{d}_{,j}^{st} = \rho_u^{st} + \mu_j \iota_{u,\mathrm{GF}}^{st} \\ \phi_{u,j}^{st} + \mathrm{d}t_{\mathrm{IF}}^{st} + \widetilde{\delta}_{,j}^{st} = \rho_u^{st} - \mu_j \iota_{u,\mathrm{GF}}^{st} + \lambda_j z_{ru,j}^{st} \end{cases} \quad (j = 1,2,3,\cdots) \quad (20.31)$$

因此,除了轨道,总共需要提供 $2f-1$ 个改正参数组 $(\mathrm{d}t_{\mathrm{IF}}^{st}, \widetilde{d}_{,j}^{st}, \widetilde{\delta}_{,j}^{st})$,即 1 个钟差、$f-2$ 个码偏差和 f 个相位偏差。

20.9 多系统 PPP

随着卫星导航系统的不断壮大,更多的可用卫星和信号带来了一系列的性能改进:参数估计的精度和可靠性将得以提升,收敛性能、位置可用性和模糊度解算的鲁棒性也将提高[129-132]。然而,多系统 PPP 也带来了新的挑战。当使用来自不同 GNSS 的伪距和载波相位数据时,必须考虑 ISB,这是由于不同星座信号间的接收机硬件延迟不同[133-135]。于是,代替先前的接收机钟差[式(20.2)],现在有

$$\mathrm{d}t_{u,j}^{*} = \mathrm{d}t_u + d_{u,j}^{*}, \delta t_{u,j}^{*} = \delta t_u + \delta_{u,j}^{*} \quad (20.32)$$

式中: $* = 1,2,3,\cdots$ 为系统指示符。随着所跟踪的卫星来自不同系统,之前的卫星索引 s 将被卫星索引 $s_*(s_* = 1_*, 2_*, \cdots, m_*)$ 所取代,$*$ 为相应的导航系统。虽然每个系统都可以在不同的频带上播发信号,但这里只讨论组合系统的共有频带,因此,频率索引 $j(j=1, 2,\cdots,f)$ 现在表示系统的第 j 个重叠频率,然而这一限制并不影响讨论的普遍性[10]。表 20.6 给出了当前卫星导航系统共有频率的概况。例如,GPS 与 QZSS 有 L1、L2 和 L5 三个共

有频率,而与 Galileo 系统有 L1 和 L5(E5a)两个重叠频率。

由于接收机硬件延迟 $d_{u,j}^*$ 和 $\delta_{u,j}^*$ 与系统有关,因而在不同系统的卫星间作星间单差时,它们不能被消除。因此,对于来自系统 $*=1$ 的卫星 s_1 和来自系统 $*=2$ 的卫星 t_2 来说,星间观测方程将取代式(20.3)写为

$$\begin{cases} p_{u,j}^{s_1 t_2} = \rho_u^{s_1 t_2} + \mu_j \iota_u^{s_1 t_2} - (\mathrm{d}t_j^{s_1 t_2} - d_{u,j}^{12}) \\ \phi_{u,j}^{s_1 t_2} = \rho_u^{s_1 t_2} - \mu_j \iota_u^{s_1 t_2} - (\delta t_j^{s_1 t_2} - \delta_{u,j}^{12}) + \lambda_j z_{u,j}^{s_1 t_2} \end{cases} \quad (20.33)$$

方程中额外的两项,即伪码 ISB 项 $d_{u,j}^{12}$ 和相位 ISB 项 $\delta_{u,j}^{12}$,为系统间偏差,当用同一系统的卫星进行卫星间差分时,即当 t_2 被替换为 t_1 时,它们在方程中是不需要出现的。

下面,将首先考虑双频多系统 PPP 和多系统 PPP-RTK 的情况 ($f=2$),然后推广到多频情况 ($f>2$)。

20.9.1 双频多系统 PPP

就像卫星硬件延迟 $d_{\cdot,1}^{s_t}$ 和 $d_{\cdot,2}^{s_t}$ 的无电离层和无几何距离分量缺乏可估性而与卫星钟差和电离层延迟归化在一起一样,单站伪码的 ISB 项 $d_{r,1}^{12}$ 和 $d_{r,2}^{12}$ 也缺乏可估性,因此将以类似的方式归化在一起。使用 $d_{r,j}^{12} = d_{r,\mathrm{IF}}^{12} + \mu_j d_{r,\mathrm{GF}}^{12}(j=1,2)$ 分解式,得到代替式(20.6)的表达式:

$$\begin{cases} \widetilde{\mathrm{d}t}_{\mathrm{IF}}^{s_1 t_2} = \mathrm{d}t^{s_1 t_2} + (d_{\mathrm{IF}}^{s_1 t_2} - d_{r,\mathrm{IF}}^{12}) \\ \iota_{r,\mathrm{GF}}^{s_1 t_2} = \iota_r^{s_1 t_2} - (d_{\mathrm{GF}}^{s_1 t_2} - d_{r,\mathrm{GF}}^{12}) \end{cases} \quad (20.34)$$

因此,当使用跟踪多系统 GNSS 的参考网来估计无电离层组合卫星钟差时,系统间无电离层卫星钟差将包含其中一个参考站(如 r)的无电离层伪码 ISB。因此,若参考网提供了卫星钟差 $\widetilde{\mathrm{d}t}_{\mathrm{IF}}^{s_1 t_2}$,则双频 PPP 用户方程采用以下形式:

$$\begin{cases} p_{u,j}^{s_1 t_2} + \widetilde{\mathrm{d}t}_{\mathrm{IF}}^{s_1 t_2} = \rho_u^{s_1 t_2} + \mu_j \iota_{u,\mathrm{GF}}^{s_1 t_2} + d_{ru,\mathrm{IF}}^{12} \\ \phi_{u,j}^{s_1 t_2} + \widetilde{\mathrm{d}t}_{\mathrm{IF}}^{s_1 t_2} = \rho_u^{s_1 t_2} - \mu_j \iota_{u,\mathrm{GF}}^{s_1 t_2} + \lambda_j \widetilde{a}_{u,j}^{s_1 t_2} \end{cases} (j=1,2) \quad (20.35)$$

其中,非整数的模糊度为

$$\widetilde{a}_{u,j}^{s_1 t_2} = z_{u,j}^{s_1 t_2} - [(\delta_j^{s_1 t_2} - \delta_{u,j}^{12}) - (d_{\mathrm{IF}}^{s_1 t_2} - d_{r,\mathrm{IF}}^{12}) + \mu_j(d_{\mathrm{GF}}^{s_1 t_2} - d_{u,\mathrm{GF}}^{12})]/\lambda_j \quad (20.36)$$

将上述用户方程[式(20.35)]的结构与单系统方程[式(20.1)]的结构进行比较,相位方程具有相同结构,但码观测方程不同。在系统间差分的情况下,双系统码用户方程有一个额外的项,即无电离层码差分 ISB(DISB) $d_{ru,\mathrm{IF}}^{12}$,当 t_2 替换为 t_1,式(20.35)退化为式(20.18),也就是当星间差分是在同一系统内完成时,该项不存在。

除额外的 DISB 项外,式(20.35)中一些参数的解释也与式(20.18)中的对应参数不同,用户电离层延迟现在也包含接收机 ISB 的无几何距离分量与之捆绑在一起,比较式(20.36)和式(20.23)可知,类似的变化也存在于模糊度。

由于 DISB $d_{ru,\mathrm{IF}}^{12}$ 是可估的(与单站 ISB 相比),用户可将其视为一个额外待求解的未知参数。然而,也存在这种情况,就是用户可假定 DISB 是预先可知的,在这种情况下,式(20.35)的双系统结构和式(20.18)的单系统结构间没有本质区别,可将这两个组合系统视为一个单系统。先验已知 DISB 的情况将在第 20.9.3 节进一步讨论。

如果 DISB$d_{ru,IF}^{12}$ 被视为一个未知但时序稳定的参数,那么对于双系统用户,跟踪 m_1 颗系统 1 的卫星和 m_2 颗系统 2 的卫星,且 s_1 卫星选定为参考星,双频方程[式(20.35)]表示一个每个历元由 $4(m_1-1+m_2)$ 个方程构成的系统。对于静态用户,在 k 个历元内跟踪卫星,假设 ZTD 为随机行走过程且模糊度为不随时间变化的常数或者是时序稳定的,则系统的冗余度等于 $(m_1+m_2-6)+3(m_1+m_2-1)(k-1)$,这表明第二个系统的引入改变了初始化历元 $(k=1)$ 的可解性,从单系统情况下的 $m_1 \geq 5$ 到双系统情况下的 $m_1+m_2 \geq 6$。因此,之前在单系统的情况下需要至少 5 颗卫星,而现在双系统情况下,只需要每个系统可见 3 颗卫星,这说明 GNSS 的融合带来了定位可用性的增加。

引入第二个系统所带来的额外冗余观测数为 $(m_2-1)+3m_2(k-1)$,因此,当第二个系统有两颗卫星,那么初始化历元的冗余度就已经增加了;而当只有一颗卫星,额外的冗余度是不存在的,因为 4 个额外的用户方程刚好够解算 1 个额外的电离层延迟、2 个模糊度和 1 个无电离层 DISB$d_{ru,IF}^{12}$。

20.9.2　双频多系统 PPP-RTK

由于式(20.35)中的模糊度是实数值,这些用户方程还没有形成能够实现整周模糊度解算的形式,为了实现这一目标,按照之前的相同方法,除要求参考网提供轨道和卫星钟差以外,还需额外的改正信息,如参考站的模糊度 $\widetilde{a}_{r,j}^{s_1t_2}$ 或者等价地提供卫星相位偏差 $\delta_j^{s_1t_2} = -\lambda_j \widetilde{a}_{r,j}^{s_1t_2}$ [式(20.36)]:

$$\widetilde{\delta}_j^{s_1t_2} = [(\delta_{r,j}^{s_1t_2} - \delta_{r,j}^{12}) - (d_{IF}^{s_1t_2} - d_{r,IF}^{12}) + \mu_j(d_{GF}^{s_1t_2} - d_{r,GF}^{12})] - \lambda_j z_{r,j}^{s_1t_2} \quad (20.37)$$

相位偏差改正的应用使 DF-PPP 用户方程(式 20.35)转换为

$$\begin{cases} p_{u,j}^{s_1t_2} + \widetilde{d}t_{IF}^{s_1t_2} = \rho_u^{s_1t_2} + \mu_j \iota_{u,GF}^{s_1t_2} + d_{ru,IF}^{12} \\ \phi_{u,j}^{s_1t_2} + \widetilde{d}t_{IF}^{s_1t_2} + \widetilde{\delta}_j^{s_1t_2} = \rho_u^{s_1t_2} - \mu_j \iota_{u,GF}^{s_1t_2} + \lambda_j z_{r,j}^{s_1t_2} + (\delta_{ru,j}^{12} + \mu_j d_{ru,GF}^{12}) \end{cases} \quad (j=1,2) \quad (20.38)$$

在这对相位方程中,现在可认识到这对双差整周模糊度。然而,由于系统间作差,对于 $j=1,2$,相位方程也包含一个额外的实数项参数对 $(\delta_{ru,j}^{12} + \mu_j d_{ru,GF}^{12})$,若该参数对是先验的已知值,则双差模糊度 $z_{ru,j}^{s_1t_2}(j=1,2)$ 将变成可整数估计的形式,且整周模糊度固定可应用于用户方程中出现的所有双差模糊度;但在该先验值缺失的情况下,那是不可能的,在那种情况下,额外附加项无法从系统间双差模糊度中分离出来,而将它们的组合量作为实数模糊度估计出来:

$$a_{u,j}^{s_1t_2} = z_{ru,j}^{s_1t_2} + (\delta_{ru,j}^{12} + \mu_j d_{ru,GF}^{12})/\lambda_j (j=1,2) \quad (20.39)$$

于是,在那种情况下,用户能够估计成整数的双差模糊度少了 2 个。因此,当 DISB 值已知时,将有 $2(m_1+m_2-1)$ 个模糊度可被估计成整数,相比之下,在 DISB 未知的情况下,能被整数估计的模糊度只有 $2(m_1+m_2-2)$ 个。

图 20.6 显示了一个多系统 GNSS PPP 的算例,其显示了 GPS(a)和 GPS+北斗(b)用户在澳大利亚 BULA 测站上 DF-PPP 模糊度浮点解(红色)和模糊度固定解(绿色)1h 的坐标时间序列(东方向和北方向)。通过对时间序列的比较,模糊度固定以及引入第二个系统(北斗)的影响都是显而易见的。

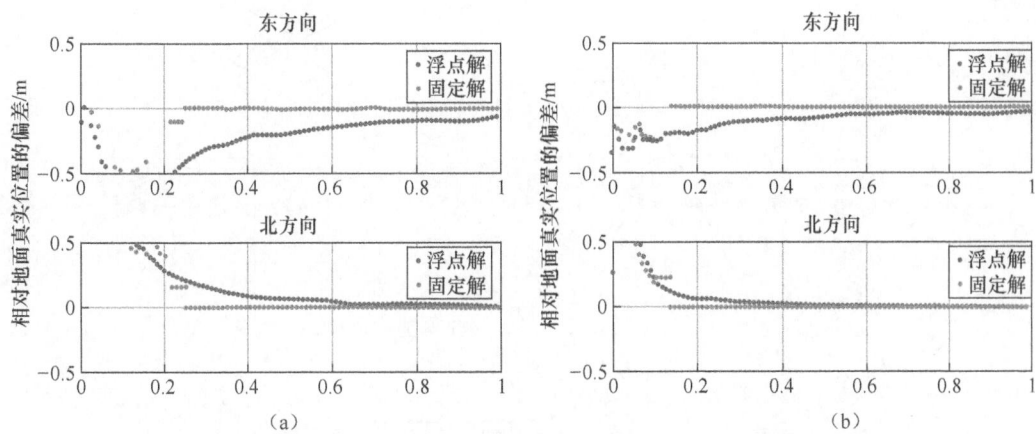

图 20.6 澳大利亚 BULA 测站上单 GPS(a)和 GPS+北斗(b)用户双频 PPP 模糊度浮点解(红色)和模糊度固定解(绿色)1h 的(东向和北向)坐标时间序列(2016年,UTC,10°截止高度角)
(a)BULA 站(GPS);(b)BULA 站(GPS+北斗)。

20.9.3 ISB 的标定

以上分析表明,一个双频双系统用户可能必须在用户方程中包含三个额外的参数项,即在 PPP 的情况下,伪码方程须包含系统间偏差 $d_{ru,\mathrm{IF}}^{12}$[式(20.35)],以及在 PPP-RTK 情况下,相位方程须包含与双差模糊度捆绑在一起的、两个额外的相位系统间偏差组合($\delta_{ru,j}^{12} + \mu_j d_{ru,\mathrm{GF}}^{12}$)($j=1,2$)[式(20.38)]。当然,如果能够假定这些项是不存在的或已知的,用户方程的强度就会提高。一些研究表明,DISB 在时域上是相当稳定的,甚至当采用了相似的接收机(相同制造、类型和固件)作差时可以假设该偏差为零,如文献[136-140]。这意味着,当涉及不同制造和类型的接收机时(如在参考网内部或者参考网与用户之间),就有可能按照文献[10]中建议的方式标定 DISB。正如用户可以使用式(20.38)来估计用户接收机的三个 DISB 项一样,参考网本身也能用来估计其使用的各个组合接收机对的这些 DISB 项。因此,通过以足够的精度估计它们,并能在查询表(图 20.7)中提供出校准值,则用户可以反过来使用这些值来改正他们特定接收机的 DISB。通过这种方法,用户有效地实现了他们自己的、ISB 改正的用户模型,从而加强了模型,并最大限度地增加了可供整数估计的用户模糊度的数量。

上述估计或标定三个 DISB 方法的优点是不需要引入电离层模型,因此在融合不同系统时(无论是参考网还是用户端),可以考虑 ISB 的适应性,而不必对电离层做任何额外的假设。然而,不包含电离层模型的后果是,用上述方法只能估计 3 个 DISB 项,而非全部 4 项。下面的转换则显示了 3 个 DISB 项如何与原始的 4 个 DISB 项建立联系:

$$\begin{bmatrix} d_{ru,1}^{12} \\ d_{ru,2}^{12} \\ \delta_{ru,1}^{12}+(\lambda_1 z_{,1}) \\ \delta_{ru,2}^{12}+(\lambda_2 z_{,2}) \end{bmatrix} = \begin{bmatrix} 1 & \mu_1 & & \\ 1 & \mu_2 & & \\ & -\mu_1 & 1 & \\ & -\mu_2 & & 1 \end{bmatrix} \begin{bmatrix} d_{ru,\mathrm{IF}}^{12} \\ d_{ru,\mathrm{GF}}^{12} \\ \delta_{ru,1}^{12}+\mu_1 d_{ru,\mathrm{GF}}^{12}+(\lambda_1 z_{,1}) \\ \delta_{ru,2}^{12}+\mu_2 d_{ru,\mathrm{GF}}^{12}+(\lambda_2 z_{,2}) \end{bmatrix} \quad (20.40)$$

注意由于相位 DISB 只能与双差模糊度合并估计[式(20.39)],因此这里显示的是 $\lambda_j z_{,j}$

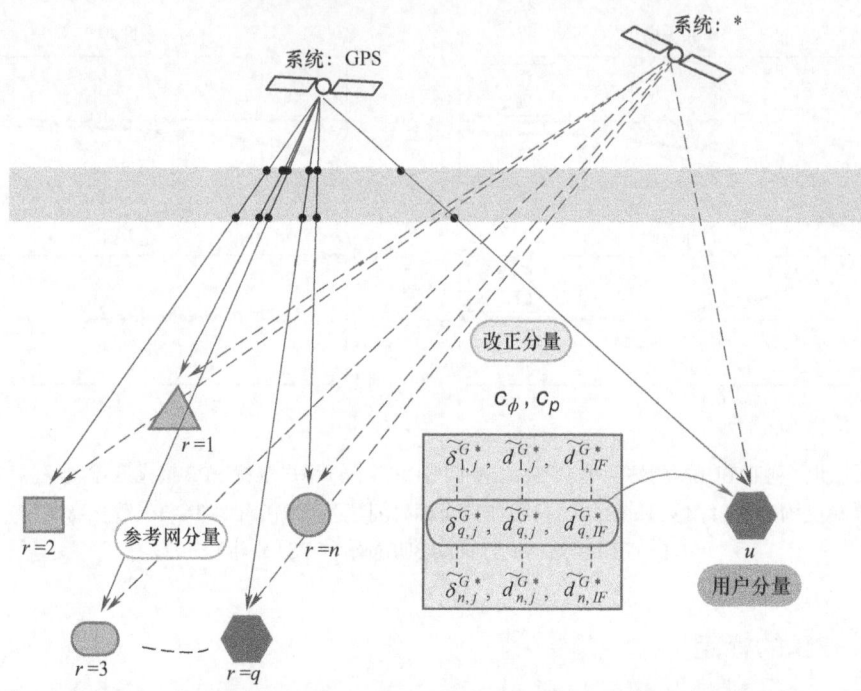

图 20.7 ISB 查询表:允许用户在表中查找他们各自类型的参考网接收机,
并选择相应的 ISB,从而有效实现他们自己的、ISB 改正的用户模型[10]

的模,然而,这对估计过程没有影响,因为这些偏移将自动被估计的整周模糊度所吸收。

由式(20.40)的一一对应关系可知,要确定全部的 4 个 DISB,即 $d_{ru,j}^{12}$ 和 $\delta_{ru,j}^{12}$ 其中 $j=1,2$,还需要额外的无几何距离码 DISB 即 $d_{ru,\mathrm{GF}}^{12}$。然而,要确定这种无几何距离 DISB 需要额外的电离层假设,例如,在零基线或短基线情况下,接收机间的电离层延迟不存在[135,138],其他情况下要引入明确的电离层模型。若使用该方法确定了全部的 4 个 DISB 并提供给了用户,则用户方程[式(20.38)]可重写为

$$\begin{cases} p_{u,j}^{s_1 t_2} + \widetilde{d}t_{\mathrm{IF}}^{s_1 t_2} + d_{ur,j}^{12} = \rho_u^{s_1 t_2} + \mu_j(\iota_{u,\mathrm{GF}}^{s_1 t_2} - d_{ru,\mathrm{GF}}^{12}) \\ \phi_{u,j}^{s_1 t_2} + \widetilde{d}t_{\mathrm{IF}}^{s_1 t_2} + \widetilde{\delta}_j^{s_1 t_2} + \delta_{ur,j}^{12} = \rho_u^{s_1 t_2} - \mu_j(\iota_{u,\mathrm{GF}}^{s_1 t_2} - d_{ru,\mathrm{GF}}^{12}) + \lambda_j z_{ru,j}^{s_1 t_2} \end{cases} \quad (j=1,2) \quad (20.41)$$

因此,当全部 4 个 DISB 被用作先验改正时,这些系统间的用户方程采用与单系统 PPP-RTK 用户方程相同的形式[式(20.25)],同时需要注意的是,此时用户的电离层延迟 $(\iota_{u,\mathrm{GF}}^{s_1 t_2} - d_{ru,\mathrm{GF}}^{12}) = \iota_u^{s_1 t_2} - (d_{\mathrm{GF}}^{s_1 t_2} - d_{r,\mathrm{GF}}^{12})$ 与参考网的电离层延迟具有相同的偏差,这与式(20.38)的电离层延迟形成了对比。

20.9.4 多频多系统 PPP-RTK

对于多频多系统 PPP-RTK,前面的结果[式(20.38)]可推广为

$$\begin{cases} p_{u,j}^{s_1 t_2} + \widetilde{d}t_{\mathrm{IF}}^{s_1 t_2} + \widetilde{d}_j^{s_1 t_2} = \rho_u^{s_1 t_2} + \mu_j \iota_{u,\mathrm{GF}}^{s_1 t_2} + (d_{ru,j}^{12} - \mu_j d_{ru,\mathrm{GF}}^{12}) \\ \phi_{u,j}^{s_1 t_2} + \widetilde{d}t_{\mathrm{IF}}^{s_1 t_2} + \widetilde{\delta}_j^{s_1 t_2} = \rho_u^{s_1 t_2} - \mu_j \iota_{u,\mathrm{GF}}^{s_1 t_2} + \lambda_j z_{ru,j}^{s_1 t_2} + (\delta_{ru,j}^{12} + \mu_j d_{ru,\mathrm{GF}}^{12}) \end{cases} \quad (j=1,2,\cdots)$$

$$(20.42)$$

其中，与式(20.31)相比，系统间多频卫星码偏差和相位偏差改正值为

$$\begin{cases} \tilde{d}_j^{s_1 t_2} = (d_j^{s_1 t_2} - d_{r,j}^{12}) - [(d_{\mathrm{IF}}^{s_1 t_2} - d_{r,\mathrm{IF}}^{12}) + \mu_j(d_{\mathrm{GF}}^{s_1 t_2} - d_{r,\mathrm{GF}}^{12})] \\ \tilde{\delta}_j^{s_1 t_2} = [(\delta_j^{s_1 t_2} - \delta_{r,j}^{12}) - (d_{\mathrm{IF}}^{s_1 t_2} - d_{r,\mathrm{IF}}^{12}) + \mu_j(d_{\mathrm{GF}}^{s_1 t_2} - d_{r,\mathrm{GF}}^{12})] - \lambda_j z_{r,j}^{s_1 t_2} \end{cases} \quad (20.43)$$

需要注意的是，对于 $j=1,2$，有 $\tilde{d}_j^{s_1 t_2}=0$ 且 $(d_{ru,j}^{12} - \mu_j d_{ru,\mathrm{GF}}^{12}) = d_{ru,\mathrm{IF}}^{12}$。

多频融合的 GNSS 增加了观测冗余度和定位模型，这将提升模糊度固定效果并缩短收敛时间。随着卫星数量的增加，甚至可以使用超出平常所习惯的截止高度角，从而增加了 GNSS 在受限环境下的适用性，例如，在城市峡谷或者低仰角时多路径存在的情况下[141-142]。

对于静态用户，在与之前相同的动态参数假设下，表 20.7 分别给出了式(20.42)在 $2f-1$ 个 DISB 参数已知和未知的情况下，双系统多频所对应的用户冗余度。注意到尽管在 ISB 未知的情况下，有 $2f-1$ 额外的未知参数（f 个相位 DISB 和 $f-1$ 个伪距 DISB），但是在模糊度浮点解情况下，ISB 已知相对于 ISB 未知时的冗余度仅减少 $f-1$，这是由于在模糊度浮点解情况下，f 个相位 DISB 将与模糊度合并在一起，而在模糊度固定解情况下，这种冗余度的差异等于 DISB 的数量。还需要注意的是，在 k 个历元内，冗余度将增加 $(2f-1)(m_1+m_2-1)(k-1)$，即多历元情况下额外的方程数与额外的电离层延迟数之差。

表 20.7 在 ISB 已知和未知条件下双系统多频单历元用户的冗余观测数[式(20.42)]

冗余观测数	ISB 已知	ISB 未知
模糊度浮点解	$(f-1)(m_1+m_2-5)$	$(f-1)(m_1+m_2-6)$
模糊度固定解	$(2f-1)(m_1+m_2-5)+4f$	$(2f-1)(m_1+m_2-6)+4f$

注：对于多历元 $(k>1)$，冗余度将增加 $(2f-1)(m_1+m_2-1)(k-1)$。m_* 表示系统 $*$ 所跟踪的卫星数量。

致谢

感谢作者科廷大学 GNSS 研究中心的所有同事！示例计算所用的科廷 PPP-RTK 网络和用户软件平台第一版是在空间信息合作研究中心项目 1.01 和 1.19 下开发的，CORS 数据由澳大利亚地球科学研究所提供。

参考文献

[1] Zumberge, J., Heflin, M., Jefferson, D., Watkins, M., and Webb, F. (1997) Precise point positioning for the efficient and robust analysis of GPS data from large networks. *Journal of Geophysical Research*, 102, 5005–5017.

[2] Kouba, J. and Héroux, P. (2001) Precise point positioning using IGS orbit and clock products. *GPS Solutions*, 5(2), 12–28.

[3] Wubbena, G., Schmitz, M., and Bagg, A. (2005) PPP-RTK：Precise Point Positioning using state-space representation in RTK networks, in *Proceedings of ION GNSS*, pp. 13–16.

[4] Mireault, Y., Tétreault, P., Lahaye, F., Héroux, P., and Kouba, J. (2008) Online precise point positioning：A

new timely service from National Resources Canada. *GPS World*,19(9),59-64.

[5] IGS(2015),IGS products,http://igscb.jpl.nasa.gov/components/prods.html.

[6] Petit, G. andLuzum, B. (2010) *IERS Conventions (2010)*, IERS Technical Note No.36, Verlag des Bundesamts für Kartographie und Geodäsie.

[7] Montenbruck, O., Steigenberger, P., Khachikyan, R., Weber, G., Langley, R. B., Mervart, L., and Hugentobler, U. (2014) IGS-MGEX:Preparing the ground for multi-constellation GNSS science. *Inside GNSS*, 9(1),42-49.

[8] Kouba,J. (2009) A guide to using International GNSS Service(IGS) products,Tech. Rep. ,IGS. URL http://igscb.jpl.nasa.gov/components/usage.html.

[9] Teunissen, P. J. G. (1995) The least-squares ambiguity decorrelation adjustment: A method for fast GPS integer ambiguity estimation. *Journal of Geodesy*,70(1-2),65-82.

[10] Khodabandeh,A. and Teunissen,P. J. G. (2016) PPP-RTK and inter-system biases:The ISB look-up table as a means to support multi-system PPP-RTK. *Journal of Geodesy*,90(9),837-851.

[11] Parkinson, B. andSpilker,J. (1996)*Global Positioning System:Theory and Applications*,*vol.1 and 2*,AIAA.

[12] Teunissen,P. J. G. and Kleusberg,A. (eds.)(1998)*GPS for Geodesy*,Springer,2nd Ed.

[13] Leick,A. (2015)*GPS Satellite Surveying(4th Ed.)*,John Wiley & Sons.

[14] Hofmann-Wellenhof, B., Lichtenegger, H., and Wasle, E. (2008). *GNSS - Global Navigation Satellite Systems*, *GPS, GLONASS, Galileo and More*, Springer-Verlag.

[15] Dow,J.,Neilan,R.,and Gendt,G. (2005)The International GPS Service(IGS):Celebrating the 10th anniversary and looking to the next decade. *Advances in Space Research*,36,320-326.

[16] Schaer, S., Gurtner, W., and Feltens, J. (1998) IONEX:The IONosphere map EXchange format version 1. IGS AC Workshop,Darmstadt,Germany.

[17] Li, Z., Yuan, Y., Li, H., Ou, J., and Huo, X. (2012) Two-step method for the determination of the differential code biases of COMPASS satellites. Journal of Geodesy,86(11),1059-1076.

[18] Montenbruck,O.,Hauschild,A.,and Steigenberger,P. (2014)Differential code bias estimation using multi-GNSS observations and global ionosphere maps. *Navigation*,61(3),191-201.

[19] Wang,N.,Yuan,Y.,Li,Z.,Montenbruck,O.,and Tan,B. (2016)Determination of differential code biases with multi-GNSS observations. *Journal of Geodesy*,90(3),209-228.

[20] DeJonge,P. (1998),A processing strategy for the application of the GPS in networks. Publications on Geodesy,46,Netherlands Geodetic Commission.

[21] Hopfield, H. (1969)Two-quartic tropospheric refractivity profile for correcting satellite data. *Journal of Geophysical Research*,74,4487-4499.

[22] Saastamoinen,J. (1972)*Atmospheric Correction for the Troposphere and Stratosphere in Radio Ranging of Satellites*,AGU,pp.247-251.

[23] Øvstedal,O. (2002)Absolute positioning with single-frequency GPS receivers. *GPS Solutions*,5(4),33-44.

[24] Le, A. Q. and Tiberius, C. (2007)Single-frequency precise point positioning with optimal filtering. *GPS Solutions*,11(1),61-69.

[25] Choy,S.,Zhang,K.,andSilcock,D. (2008) An evaluation of various ionospheric error mitigation methods used in single frequency PPP. *Journal of Global Positioning Systems*,7(1),62-71.

[26] van Bree,R. and Tiberius,C. (2012)Real-time single-frequency precise point positioning:accuracy assessment. *GPS Solutions*,16(2),259-266.

[27] Yunck,T. (1992)*Coping with the Atmosphere and Ionosphere in Precise Satellite and Ground Positioning*, AGU,chap.1 in Environmental Effects on Spacecraft Positioning and Trajectories,A. V,Jones(Ed.),pp.1-

16.

[28] Montenbruck, O. (2003) Kinematic GPS positioning of LEO satellites using ionosphere-free single frequency measurements. *Aerospace Science and Technology*, 7(5), 396-405.

[29] Chen, K. and Gao, Y. (2005) Real-time precise point positioning using single frequency data. *Proc. ION GNSS* 2005, Long Beach, CA, 1514-1523.

[30] Schüler, T., Diessongo, H., and Poku-Gyamfi, Y. (2011) Precise ionosphere-free single-frequency GNSS positioning. *GPS Solutions*, 15(2), 139-147.

[31] Diessongo, H. T., Bock, H., Schüler, T., Junker, S., and Kiroe, A. (2012) Exploiting the Galileo E5 wideband signal for improved single-frequency precise positioning. *Inside GNSS*, 7(5), 64-73.

[32] Hernández-Pajares, M., Juan, J., Sanz, J., Orus, R., García-Rigo, A., Feltens, J., Komjathy, A., Schaer, S., and Krankowski, A. (2009) The IGS VTEC maps: a reliable source of ionospheric information since 1998. *Journal of Geodesy*, 83(3-4), 263-275.

[33] van derMarel, H. and de Bakker, P. (2012) Single-vs. dual-frequency precise point positioning - what are the tradeoffs between using L1-only and L1+L2 for PPP? *Inside GNSS*, 7(4), 30-35.

[34] Collins, P., Lahaye, F., Héroux, P., and Bisnath, S. (2008) Precise point positioning with ambiguity resolution using the decoupled clock model, in *Proceedings of the 21st International Technical Meeting of the Satellite Division of the Institute of Navigation (ION GNSS 2008)*, pp. 1315-1322.

[35] Landau, H., Chen, X., Klose, S., Leandro, R., and Vollath, U. (2008) Trimble's RTK and DGPS solutions in comparison with precise point positioning, in *International Association of Geodesy Symposia*, 133, pp. 709-718.

[36] Cai, C. and Gao, Y. (2007) Precise point positioning using combined GPS and GLONASS observations. *Journal of Global Positioning Systems*, 6(1), 13-22.

[37] De Bakker, P. F. (2016) On User Algorithms for GNSS Precise Point Positioning, PhD thesis, TU Delft, Delft University of Technology.

[38] Bevis, M., Businger, S., Herring, T. A., Rocken, C., Anthes, R. A., and Ware, R. H. (1992) GPS meteorology: Remote sensing of atmospheric water vapor using the Global Positioning System. *Journal of Geophysical Research: Atmospheres*, 97(D14), 15787-15801.

[39] Ware, R. H., Fulker, D. W., Stein, S. A., Anderson, D. N. et al. (2000) Suominet: A real-time national GPS network for atmospheric research and education. *Bulletin of the American Meteorological Society*, 81(4), 677.

[40] Poli, P. et al. (2008) Weather report: Meteorological applications of GNSS from space and on the ground. *Inside GNSS*, 3(8), 30-39.

[41] Karabatić, A., Weber, R., and Haiden, T. (2011) Near real-time estimation of tropospheric water vapour content from ground based GNSS data and its potential contribution to weather now-casting in Austria. *Advances in Space Research*, 47(10), 1691-1703.

[42] Shi, J. and Gao, Y. (2012) Improvement of PPP-inferred tropospheric estimates by integer ambiguity resolution. *Advances in Space Research*, 50(10), 1374-1382.

[43] Li, X., Dick, G., Ge, M., Heise, S., Wickert, J., and Bender, M. (2014) Real-time GPS sensing of atmospheric water vapor: Precise point positioning with orbit, clock, and phase delay corrections. *Geophysical Research Letters*, 41(10), 3615-3621.

[44] Webb, S. R. (2015) Kinematic GNSS Tropospheric Estimation and Mitigation over a Range of Altitudes, PhD thesis, Newcastle University.

[45] Mannucci, A., Wilson, B., Yuan, D., Ho, C., Lindqwister, U., and Runge, T. (1998) A global mapping technique for GPS-derived ionospheric total electron content measurements. *Radio Science*, 33(3), 565-582.

[46] Khodabandeh, A. and Teunissen, P. J. G. (2016) Array-aided multifrequency GNSS ionospheric sensing: Estimability and precision analysis. *IEEE Transactions on Geoscience and Remote Sensing*, 54(10), 5895-5913.

[47] Hernández-Pajares, M., Juan, J. M., Sanz, J., Aragón-Àngel, À., García-Rigo, A., Salazar, D., and Escudero, M. (2011) The ionosphere: effects, GPS modeling and the benefits for space geodetic techniques. *Journal of Geodesy*, 85(12), 887-907.

[48] Wei, L., Pengfei, C., Jinzhong, B., Hanjiang, W., and Hua, W. (2012) Calibration of regional ionospheric delay with uncombined precise point positioning and accuracy assessment. *Journal of Earth System Science*, 121(4), 989-999.

[49] Zhang, B. (2016) Three methods to retrieve slant total electron content measurements from ground-based GPS receivers and performance assessment. *Radio Science*, 51(7), 972-988.

[50] Morton, J., Zhou, Q., and Cosgrove, M. (2007) A floating vertical TEC ionosphere delay correction algorithm for single frequency GPS receivers, in *Proceedings of the 63rd Annual Meeting of The Institute of Navigation*, pp. 479-484.

[51] Julien, O., Macabiau, C., and Issler, J. L. (2009) Ionospheric delay estimation strategies using Galileo E5 signals only, in *Proceedings of the 22nd International Technical Meeting of the Satellite Division of the Institute of Navigation (ION GNSS 2009)*, pp. 3122-3128.

[52] Li, X., Ge, M., Zhang, H., and Wickert, J. (2013) A method for improving uncalibrated phase delay estimation and ambiguity-fixing in real-time precise point positioning. *Journal of Geodesy*, 87(5), 405-416.

[53] Wang, C., Wang, J., and Morton, Y. (2014) Regional ionospheric TEC gradients estimation using a single GNSS receiver, in *China Satellite Navigation Conference (CSNC) 2014 Proceedings: Volume II*, Springer, pp. 363-373.

[54] Guyennon, N., Cerretto, G., Tavella, P., and Lahaye, F. (2007) Further characterization of the time transfer capabilities of precise point positioning (PPP). *Joint IEEE Frequency Control Symposium and the 21st European Frequency and Time Forum*, pp. 399-404.

[55] Orgiazzi, D., Tavella, P., and Lahaye, F. (2005) Experimental assessment of the time transfer capability of precise point positioning (PPP). *Proceedings of IEEE FCS*, pp. 337-345.

[56] Petit, G., Harmegnies, A., Mercier, F., Perosanz, F., and Loyer, S. (2011) The time stability of PPP links for TAI. *Proceedings of the Joint IEEE FCS and 25th EEFTF*, pp. 1-5.

[57] Delporte, J., Mercier, F., and Laurichesse, D. (2008) Time transfer using GPS carrier phase with zero-difference integer ambiguity blocking. *Proceedings of 22nd EFTF*, pp. 1-6.

[58] Larson, K. M., Levine, J., Nelson, L. M., and Parker, T. (2000) Assessment of GPS carrier-phase stability for time-transfer applications. *IEEE Transactions on Ultrasonics, Ferroelectrics and Frequency Control*, 47(2), 484-494.

[59] Bruyninx, C. and Defraigne, P. (2000) Frequency transfer using GPS codes and phases: Short and long term stability. *Proceedings of 31st PTTI Meeting*, pp. 471-478.

[60] Altamimi, Z., Rebischung, P., Métivier, L., and Collilieux, X. (2016) ITRF2014: A new release of the International Terrestrial Reference Frame modeling nonlinear station motions. *Journal of Geophysical Research: Solid Earth* (DOI: 10.1002/2016JB013098).

[61] Collins, P., Henton, J., Mireault, Y., Héroux, P., Schmidt, M., Dragert, H., and Bisnath, S. (2009) Precise point positioning for real-time determination of co-seismic crustal motion, in *Proceedings of the 22nd International Technical Meeting of the Satellite Division of the Institute of Navigation (ION GNSS 2009)*, pp. 2479-2488.

[62] Guo, Q. (2015) Precision comparison and analysis of four online free PPP services in static positioning and

tropospheric delay estimation. *GPS Solutions*, 19(4), 537–544.

[63] Abdallah, A. andSchwieger, V. (2016) Static GNSS precise point positioning using free online services for Africa. *Survey Review*, 48, 61–77.

[64] Muellerschoen, R. J., Bertiger, W. I., Lough, M. F., Stowers, D., and Dong, D. (2000) An internet-based global differential GPS system, initial results, in *Proceedings of the ION National Technical Meeting*, Anaheim, CA, p. 6.

[65] Leandro, R. F., Santos, M. C., and Langley, R. B. (2007) GAPS: The GPS analysis and positioning software: A brief overview, in *Proceedings of the 20th International Technical Meeting of the Satellite Division of the Institute of Navigation (ION GNSS 2007)*, pp. 1807–1811.

[66] Doucet, K., Herwig, M., Kipka, A., Kreikenbohm, P., Landau, H., Leandro, R., Moessmer, M., and Pagels, C. (2012) Introducing ambiguity resolution in web-hosted global multi-GNSS precise positioning with Trimble RTX-PP, in *Proceedings of the 25th International Technical Meeting of the Satellite Division of the Institute of Navigation (ION GNSS 2012)*, Nashville, Tennessee, pp. 1115–1125.

[67] Píriz, R., Mozo, A., Navarro, P., and Rodríguez, D. (2008) magicGNSS: Precise GNSS products out of the box, in *Proceedings of the 21st International Technical Meeting of the Satellite Division of the Institute of Navigation (ION GNSS 2008)*, Savannah, GA, pp. 1242–1251.

[68] Gurtner, W. and Estey, L. (2007) RINEX-the Receiver INdependent EXchange format version 3.00., Tech. Rep., Astronomical Institute, University of Bern.

[69] Hauschild, A. and Montenbruck, O. (2008) Real-time clock estimation for precise orbit determination of LEO satellites, in *Proceedings of the ION GNSS Meeting 2008*, Savannah, Georgia, USA, pp. 16–19.

[70] Elsobeiey, M. and Al-Harbi, S. (2016) Performance of real-time precise point positioning using IGS real-time service. *GPS Solutions*, pp. 565–571.

[71] Montenbruck, O., Schmid, R., Mercier, F., Steigenberger, P., Noll, C., Fatkulin, R., Kogure, S., and Ganeshan, S. (2015) GNSS satellite geometry and attitude models. *Advances in Space Research*, 56(6), 1015–1029.

[72] Görres, B., Campbell, J., Becker, M., and Siemes, M. (2006) Absolute calibration of GPS antennas: laboratory results and comparison with field and robot techniques. *GPS Solutions*, 10(2), 136–145.

[73] Schmid, R., Steigenberger, P., Gendt, G., Ge, M., and Rothacher, M. (2007) Generation of a consistent absolute phase center correction model for GPS receiver and satellite antennas. *Journal of Geodesy*, 81(12), 781–798.

[74] Ashby, N. and Weiss, M. (1999) *Global positioning receivers and relativity. NIST Technical Note 1385*, US Government Printing Office.

[75] Bidikar, B., Rao, G. S., and Ganesh, L. (2016) Sagnac effect and set error based pseudorange modeling for GPS applications. *Procedia Computer Science*, 87, 172–177.

[76] Wu, J., Wu, S., Hajj, G., Bertiger, W., and Lichten, S. (1993) Effects of antenna orientation on GPS carrier-phase. *Manuscripta Geodaetica*, 18, 91–98.

[77] Le, A. Q. and Tiberius, C. C. J. M. (2006) Phase wind-up effects in precise point positioning with kinematic platforms, in *Proceedings of the 3rd ESA Workshop on Satellite Navigation User Equipment Technologies*, NAVITEC 2006, ESA, pp. 1–8.

[78] Bar-Sever, Y. (1996) A new module for GPS yaw attitude control, in *Proceedings of IGS Workshop-Special Topics and New Directions*, GeoforschungsZentrum, Potsdam, pp. 128–140.

[79] Kouba, J. (2009) A simplified yaw-attitude model for eclipsing GPS satellites. *GPS Solutions*, 13(1), 1–12.

[80] Dilssner, F., Springer, R., Gienger, G., and Dow, J. (2010) The GLONASS-M satellite yaw-attitude mod-

el. Advances in Space Research, 47(1), 160-171.

[81] Ifadis, I. (1992) The excess propagation path of radio waves: Study of the influence of the atmospheric parameters on its elevation dependence. *Survey Review*, 31, 289-298.

[82] Herring, T. (1992) Modeling atmospheric delays in the analysis of space geodetic data. In: *Refraction of Transatmospheric Signals in Geodesy*, pp. 157-164.

[83] Niell, A. (1996) Global mapping functions for the atmosphere delay at radio wavelengths. *Journal of Geophysical Research*, 101, 3227-3246.

[84] Kleijer, F. (2004) Troposphere Modeling and Filtering for Precise GPS Leveling, PhD thesis, Delft University of Technology.

[85] Boehm, J., Werl, B., and Schuh, H. (2006) Troposphere mapping functions for GPS and very long baseline interferometry from European Centre for Medium-Range Weather Forecasts operational analysis data. *Journal of Geophysical Research*, 111(B02406), 1-9.

[86] Chen, G. and Herring, T. A. (1997) Effects of atmospheric azimuthal asymmetry on the analysis of space geodetic data. *Journal of Geophysical Research*, 102(B9), 20489-20502.

[87] Bar-Sever, Y. E. and Kroger, P. M. (1998) Estimating horizontal gradients of tropospheric path delay with a single GPS receiver. *Journal of Geophysical Research*, 103(B3), 5019-5035.

[88] Boehm, J. and Schuh, H. (2007) Troposphere gradients from the ECMWF in VLBI analysis. *Journal of Geodesy*, 81(6), 403-408.

[89] Ghoddousi-Fard, R. (2009) Modelling Tropospheric Gradients and Parameters from NWP Models: Effects on GPS Estimates, PhD thesis, University of New Brunswick.

[90] Odijk, D. (2002) Fast Precise GPS Positioning in the Presence of Ionospheric Delays, PhD thesis, Delft University of Technology, Publication on Geodesy, 52, Netherlands, Geodetic Commission, Delft.

[91] Marques, H., Monico, J., and Aquino, M. (2011) RINEX_HO: second-and third-order ionospheric corrections for RINEX observation files. *GPS Solutions*, 15(3), 305-314.

[92] Klobuchar, J. (1987) Ionospheric time-delay algorithm for single-frequency GPS users. *IEEE Transactions on Aerospace and Electronic Systems*, 23, 325-331.

[93] Radicella, S. (2009) The NeQuick model genesis, uses and evolution. *Annals of Geophysics*, 52, 417-422.

[94] Memarzadeh, Y. (2009) Ionospheric Modeling for Precise GNSS Applications, PhD thesis, Delft University of Technology.

[95] Schaer, S., Beutler, G., and Rothacher, M. (1998) Mapping and predicting the ionosphere, in *Proceedings IGS AC Workshop*, Darmstadt, Germany.

[96] McCarthy, D. D. and Petit, G. (2003) IERS conventions(2003), IERS technical note 32, *Tech. Rep.*, IERS.

[97] McCarthy, D. D. (1989) IERS standards(1989), IERS technical note 3, *Tech. Rep.*, IERS.

[98] Wahr, J. M. (1981) The forced nutations of an elliptical, rotating, elastic and oceanless earth. *Geophysical Journal International*, 64(3), 705-727.

[99] Petrov, L. and Boy, J. P. (2004) Study of the atmospheric pressure loading signal in very long baseline interferometry observations. *J. Geophys. Res.*, 109, 14, doi: 10.1029/2003JB002500.

[100] Urquhart, L. (2009) Atmospheric pressure loading and its effects on precise point positioning, in *Proceedings of the 22nd International Technical Meeting of the Satellite Division of the Institute of Navigation(ION GNSS 2009)*, pp. 658-667.

[101] Verhagen, S., Li, B., and Teunissen, P. J. (2013) Ps-LAMBDA: ambiguity success rate evaluation software for interferometric applications. *Computers & Geosciences*, 54, 361-376.

[102] Bisnath, S. (2018) Relative positioning and RTK, in *ION PNT Book*, pp. 1-36.

[103] Teunissen, P. J. G. (1998) GPS carrier phase ambiguity fixing concepts, in *GPS for Geodesy*, 2nd Ed. (eds. P. J. G. Teunissen and A. Kleusberg), pp. 319-388.

[104] Mervart, L., Lukes, Z., Rocken, C., and Iwabuchi, T. (2008) Precise point positioning with ambiguity resolution in real-time, in *Proceedings of 21st International Technical Meeting of the satellite Division of the Institute of Navigation(ION GNSS 2008)*, pp. 397-405.

[105] Bertiger, W., Desai, S. D., Haines, B., Harvey, N., Moore, A. W., Owen, S., and Weiss, J. P. (2010) Single receiver phase ambiguity resolution with GPS data. *Journal of Geodesy*, 84(5), 327-337.

[106] Teunissen, P. J. G., Odijk, D., and Zhang, B. (2010) PPP-RTK: Results of CORS Network-Based PPP with Integer Ambiguity Resolution. *Journal of Aeronautics, Astronautics and Aviation*, 42(4), 223-229.

[107] Laurichesse, D. and Mercier, F. (2007) Integer ambiguity resolution on undifferenced GPS phase measurements and its application to PPP, in *Proceedings of the 20th International Technical Meeting of the Satellite Division of The Institute of Navigation(ION GNSS 2007)*, pp. 839-848.

[108] Collins, P. (2008) Isolating and estimating undifferenced GPS integer ambiguities, in *Proc. ION NTM*, pp. 720-732.

[109] Ge, M., Gendt, G., Rothacher, M., Shi, C., and Liu, J. (2008) Resolution of GPS carrier-phase ambiguities in precise point positioning(PPP) with daily observations. *Journal of Geodesy*, 82(7), 389-399.

[110] Geng, J. (2011) *Rapid Integer Ambiguity Resolution in GPS Precise Point Positioning*, PhD thesis, University of Nottingham, UK.

[111] Loyer, S., Perosanz, F., Mercier, F., Capdeville, H., and Marty, J. C. (2012) Zero-difference GPS ambiguity resolution at CNES-CLS IGS Analysis Center. *Journal of Geodesy*, 86(11), 991-1003.

[112] Teunissen, P. J. G. and Khodabandeh, A. (2015) Review and principles of PPP-RTK methods. *Journal of Geodesy*, 89(3), 217-240.

[113] DeJonge, P. and Tiberius, C. C. J. M. (1996) The LAMBDA Method for Integer Ambiguity Estimation: Implementation Aspects. *Publications of the Delft Computing Centre, LGR-Series*, 12, 1-47.

[114] Teunissen, P. J. G. (1999) An optimality property of the integer least-squares estimator. *Journal of Geodesy*, 73(11), 587-593.

[115] Teunissen, P. J. G. (1998) Success Probability of Integer GPS Ambiguity Rounding and Bootstrapping. *Journal of Geodesy*, 72(10), 606-612.

[116] Zhang, B., Teunissen, P. J. G., and Odijk, D. (2011) A novel un-differenced PPP-RTK concept. *Journal of Navigation*, 64(S1), S180-S191.

[117] Odijk, D., Zhang, B., Khodabandeh, A., Odolinski, R., and Teunissen, P. J. G. (2015) On the estimability of parameters in undifferenced, uncombined GNSS network and PPP-RTK user models by means of S-system theory. *Journal of Geodesy*, 90(1), 15-44.

[118] Hernández-Pajares, M., Juan, J. M., Sanz, J., and Colombo, O. L. (2000) Application of ionospheric tomography to real-time GPS carrier-phase ambiguities resolution, at scales of 400-1000km and with high geomagnetic activity. *Geophysical Research Letters*, 27(13), 2009-2012.

[119] Jonkman, N., Teunissen, P., Joosten, P., and Odijk, D. (2000) GNSS long baseline ambiguity resolution: Impact of a third navigation frequency, in *Geodesy Beyond 2000*, IAG Symposium 121, pp. 349-354.

[120] Teunissen, P. J. G. and Khodabandeh, A. (2013) BLUE, BLUP and the Kalman filter: Some new results. *Journal of Geodesy*, 87(5), 461-473.

[121] Wackernagel, H. (2013) *Multivariate Geostatistics: An Introduction with Applications*, Springer Science & Business Media.

[122] Li, X., Zhang, X., and Ge, M. (2011) Regional reference network augmented precise point positioning for

instantaneous ambiguity resolution. *Journal of Geodesy*, 85(3), 151–158.

[123] Collins, P., Lahaye, F., and Bisnath, S. (2012) External ionospheric constraints for improved PPP-AR initialisation and a generalised local augmentation concept, in *Proceedings of 25th International Technical Meeting of the Satellite Division of the Institute of Navigation (ION GNSS 2012)*, pp. 3055–3065.

[124] Odijk, D., Teunissen, P. J. G., and Zhang, B. (2012) Single-frequency integer ambiguity resolution enabled GPS precise point positioning. Journal of *Surveying Engineering*, 138(4), 193–202.

[125] Geng, J. and Bock, Y. (2013) Triple-frequency GPS precise point positioning with rapid ambiguity resolution. *Journal of Geodesy*, 87(5), 449–460.

[126] Tegedor, J. and Øvstedal, O. (2014) Triple carrier precise point positioning (PPP) using GPS L5. *Survey Review*, 46(337), 288–297.

[127] Monge, B. M., Rodríguez-Caderot, G., and De Lacy, M. (2014) Multifrequency algorithms for precise point positioning: Map3. *GPS Solutions*, 18(3), 355–364.

[128] Elsobeiey, M. (2015) Precise point positioning using triple-frequency GPS measurements. *Journal of Navigation*, 68(03), 480–492.

[129] Cai, C. and Gao, Y. (2013) Modeling and assessment of combined GPS/GLONASS precise point positioning. *GPS Solutions*, 17(4), 223–236, doi:10.1007/s10291-012-0273-9.

[130] Pan, L., Cai, C., Santerre, R., and Zhu, J. (2014) Combined GPS/GLONASS precise point positioning with fixed GPS ambiguities. *Sensors*, 14, 17530–17547.

[131] Odijk, D., Zhang, B., and Teunissen, P. J. G. (2015) Multi-GNSS PPP and PPP-RTK: Some GPS+BDS results in Australia, in *Proceedings Chinese Satellite Navigation Conference 2015*, Vol. II ed. J. S. et al.), Springer, pp. 613–623.

[132] Qu, L., Zhao, Q., Guo, J., Wang, G., Guo, X., Zhang, Q., Jiang, K., and Luo, L. (2015) BDS/GNSS real-time kinematic precise point positioning with un-differenced ambiguity resolution, in *Proceedings of Chinese Satellite Navigation Conference 2015*, Vol. III, Springer, pp. 13–29.

[133] Hegarty, C., Powers, E., and Fonville, B. (2004) Accounting for timing biases between GPS, moderniZTD GPS, and Galileo signals, in *Proceedings of 36th Annual Precise Time and Time Interval (PTTI) Meeting*, Washington, DC, pp. 307–317.

[134] Montenbruck, O., Hauschild, A., and Hessels, U. (2011) Characterization of GPS/GIOVE sensor stations in the CONGO network. *GPS Solutions*, 15(3), 193–205.

[135] Odijk, D. and Teunissen, P. J. G. (2013) Characterization of between-receiver GPS-Galileo inter-system biases and their effect on mixed ambiguity resolution. *GPS Solutions*, 17(4), 521–533.

[136] Melgard, T., Tegedor, J., de Jong, K., Lapucha, D., and Lachapelle, G. (2013) *Interchangeable integration of GPS and Galileo by using a common system clock in PPP*, in Proceedings of ION GNSS+2013, Institute of Navigation, Nashville, TN.

[137] Nadarajah, N., Teunissen, P. J. G., Sleewaegen, J. M., and Montenbruck, O. (2014) The mixed-receiver BeiDou inter-satellite-type bias and its impact on RTK positioning. *GPS Solutions*, 19(3), 357–368.

[138] Paziewski, J. and Wielgosz, P. (2015) Accounting for Galileo-GPS inter-system biases in precise satellite positioning. *Journal of Geodesy*, 89(1), 81–93.

[139] Odijk, D., Nadarajah, N., Zaminpardaz, S., and Teunissen, P. J. G. (2016) GPS, Galileo, QZSS and IRNSS differential ISBs: Estimation and application. *GPS Solutions*, pp. 1–12.

[140] Jiang, N., Xu, Y., Xu, T., Xu, G., Sun, Z., and Schuh, H. (2016) GPS/BDS short-term ISB modelling and prediction. *GPS Solutions*, pp. 1–13.

[141] Teunissen, P. J. G., Odolinski, R., and Odijk, D. (2014) Instantaneous BeiDou+GPS RTK positioning with

high cut-off elevation angles. *Journal of Geodesy*, 88(4), 335-350.

[142] Li, X., Ge, M., Dai, X., Ren, X., Fritsche, M., Wickert, J., and Schuh, H. (2015) Accuracy and reliability of multi-GNSS real-time precise positioning: GPS, GLONASS, BeiDou, and Galileo. *Journal of Geodesy*, 89(6), 607-635.

[143] Steigenberger, P. (2015) *Accuracy of Current and Future Satellite Navigation Systems*, Habilitation Thesis, Technische Universität München.

本章相关彩图,请扫码查看

第21章 直接位置估计

Pau Closas[1], Grace Gao[2]
[1] 东北大学,美国
[2] 斯坦福大学,美国

21.1 简介

本章介绍了一种新的定位方法,用于克服标准全球导航卫星系统(GNSS)位置、导航和定时(PNT)应用中的某些限制。这种方法被命名为直接位置估计(DPE),在文献[1]中进行了相应的介绍。DPE 的接收机通过直接从采样信号来计算位置,这与传统接收机不同,传统接收机在求解用户位置之前需要进行距离估计(伪距)[2]。因此,传统接收机通常被称为两步接收机,而 DPE 接收机被称为一步接收机。

通过对多颗卫星的直接搜索和联合优化使 DPE 成为一种稳健的 GNSS 位置和时间估计技术[3]。采用标量跟踪的传统技术首先估计视野范围内每颗卫星的瞬时伪距和伪距率测量值[4-5],然后通过迭代的最小二乘法求解导航解[6-7]。矢量跟踪是一种比标量跟踪更稳健的方法,通过将瞬时测量残差映射到共享的导航残差中,联合处理视野范围内多颗卫星的瞬时测量值[8-9]。矢量跟踪是一个基于对多颗卫星分别估计的瞬时测量残差而开展的间接导航估计处理方法[10-11]。当信号恶化时,标量和矢量跟踪都会丢弃可能遇到故障的瞬时测量值[12-13]。与矢量标量跟踪方式比较,DPE 能够保存此类信息,提供更好的性能。标量跟踪、矢量跟踪和直接位置估计(DPE)的性能比较如表 21.1 所示。

表 21.1 标量跟踪、矢量跟踪和 DPE 之间的比较

跟踪方式	实 现 方 法	评 价
标量跟踪	·估计每颗卫星的瞬时距离测量值	·易受瞬时距离估计误差影响 ·不考虑链路间的相关性
矢量跟踪	·估计瞬时测量残差 ·耦合信号跟踪和 PVT 估计,以便所有通道通过共享信息相互辅助 ·将瞬时测量残差映射到导航残差	·易受瞬时残差估计误差影响
直接位置估计	·在多个导航系统接收 GPS 信号时,期望 GPS 接收信号的互相关最大化	·直接搜索 ·跨卫星联合优化

本章内容安排如下:21.2 节介绍本章使用的信号模型,以及标准 GNSS 接收机的信号处理原理。21.3 节介绍 DPE 技术,给出有关信号模型并详细介绍直接定位概念。此外,还给出理论结果来证明 DPE 在两步实现方面提高了接收机的定位性能。21.4 节讨论实现细节,由纯理论结果转向实际的应用。21.5 节讨论 DPE 的一些可变和可选择的应用。最后,21.6 节给出了结论。

21.2 传统 GNSS 信号处理与定位

本节给出了一通用架构,用于从数学上描述传统两步式 GNSS 接收机的基本信号处理流程。在 21.3 节中,利用这些定义进一步理解 DPE 的处理原理。首先,描述天线接收信号、发射信号和信道模型,然后,对信号处理和导航解算方程开展讨论,最终得到位置、速度和时间(PVT)的估计值。

21.2.1 GNSS 信号模型

卫星导航系统的通用信号模型由直接序列扩频(DS-SS)信号组成,该信号由星座中的所有卫星同步传输。这种类型的信号支持码分多址(CDMA)传输;也就是说,卫星信号由正交(或准正交)码区分。这些信号由两个主要部分组成:

(1) 使用伪随机噪声(PRN)扩频序列的测距码;

(2) 一条低速数据链路,用于广播定位所需的信息,如卫星轨道参数和修正。

第 i 颗卫星发射信号的复基带模型表示为

$$s_{T,i}(t) = s_{I,i}(t) + js_{Q,i}(t) \tag{21.1}$$

式中:同相分量 $s_{I,i}(t)$ 和正交分量 $s_{Q,i}(t)$ 定义为

$$\begin{aligned} s_{I,i}(t) &= \sqrt{2P_{I,i}}\, q_{I,i}(t) \\ &= \sqrt{2P_{I,i}}\left\{ \sum_{m_I=-\infty}^{\infty} b_{I,i}(m_I)\left[\sum_{u_I=1}^{N_{c_I}} \sum_{k_I=1}^{L_{c_I}} c_{I,i}(k_I) g_I(t - m_I T_{bI} - u_I T_{PRN_I} - k_I T_{c_I}) \right] \right\} \end{aligned} \tag{21.2}$$

$$\begin{aligned} s_{Q,i}(t) &= \sqrt{2P_{Q,i}}\, q_{Q,i}(t) \\ &= \sqrt{2P_{Q,i}}\left\{ \sum_{m_Q=-\infty}^{\infty} b_{Q,i}(m_Q)\left[\sum_{u_Q=1}^{N_{c_Q}} \sum_{k_Q=1}^{L_{c_Q}} c_{Q,i}(k_Q) g_Q(t - m_Q T_{bQ} - u_Q T_{PRN_Q} - k_Q T_{c_Q}) \right] \right\} \end{aligned}$$

(21.3)

式中:$P_{I,i}$ 为同相支路信号的发射功率,可以认为所有卫星相同,由卫星上的天线方向图仰角决定[16];$b_{I,i}$ 为同相支路的低速率数据比特序列,$b_{I,i}(t) \in \{-1,1\}$;$P_{Q,i}$ 为正交支路信号的发射功率,可以认为所有卫星相同,由卫星上的天线方向图仰角决定[16];$b_{Q,i}$ 为正交支路的低速率数据比特序列,$b_{Q,i} \in \{-1,1\}$;T_{b_I} 为比特位周期;L_{c_I} 为伪随机码序列的码片个数;T_{c_I} 为伪随机码序列的码片时间宽度;T_{PRN_I} 为伪随机码的码周期,$T_{PRN_I} = L_{c_I} T_{c_I}$;$N_{c_I}$ 为每个数据比特位包含的伪随机码周期个数;$g_I(t)$ 为能量归一化的码片成形脉冲;$c_{I,i} \in \{-1,1\}$ 为 PRN 扩展序列,不要和 c 混淆,它表示的是光的传播速度,是常量。序列的码片个数和码片时间宽度分别用 L_{c_I} 和 T_{c_I} 表示,因此 $T_{PRN_I} = L_{c_I} T_{c_I}$ 是码周期。N_{c_I} 表示每个数据

比特位包含的伪随机码周期个数;图 21.1 表示数据 bit/码片之间的参数关系。$g_I(t)$ 表示能量归一化的码片成形脉冲。

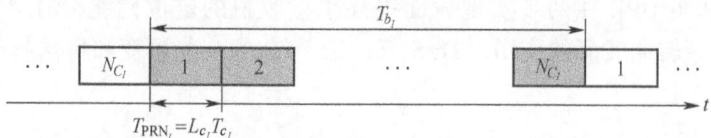

图 21.1　通用导航信号中定义的数据 bit 位和扩频序列的参数之间的关系(同相分量)[17]

注意同时用几个载波频率传输复制的基带结构,GNSS 通常在几个频带上传输互补的导航信号,其目的是消除信号在电离层和对流层中传播时与频率相关的扰动。

卫星信号通过信道传播,该信道会改变卫星信号的振幅、相位和延迟。事实上,由于多径传播,除直射的发射信号(LOS)本身外,接收机的天线还会收到发射信号的多个副本,这些副本信号通常由接收天线周围障碍物(如建筑物、树木、地面)对直射信号的反射所引起的。对于第 i 条卫星链路,这种类型的传播信道一般由具有 N_i 传播路径的线性时变脉冲响应建模[18-19]:

$$h_i(t) = \sum_{n=0}^{N_i-1} [\alpha_{i,n}(t) \exp\{j\phi_{i,n}(t)\} \delta(t - \tau_{i,n}(t))] \tag{21.4}$$

式中:$\alpha_{i,n}(t)$、$\phi_{i,n}(t)$ 和 $\tau_{i,n}(t)$ 分别为第 i 颗卫星第 n 条传播路径的振幅、相位和延迟;$\delta(t)$ 为狄拉克的 δ 函数[20];下标"$n=0$"为直射信号参数。通常假设振幅服从瑞利分布或赖斯分布,具体选择哪种分布取决于直射信号是否被遮挡[21]。在观测间隔内,时间延迟假定为分段常数。在一阶泰勒展开中,时变相位 $\phi_{i,n}(t)$ 用于表示多普勒扩展效应的线性项,即表示由卫星和接收机之间的相对运动引起的频移,该项为一个具有均匀分布的单独变量[22]。一般地,认为信号传播路径是相互独立的,可以用具有不相关散射的广义平稳(WSSU)信道模型来描述[23]。为了确定 GNSS 传播信道模型的特征,并符合 WSSUS 的特征,对此开展了广泛的测量活动,相关研究工作结果可参见文献[24-25]。

因此,将 GNSS 接收机接收的信号认为是被噪声、干扰和多径干扰破坏的平面波的叠加。天线接收信号实际是 M 个具有已知信号结构的信号缩放、延时和多普勒频移。在通过 WSSUS 信道模式传播后,每个信号对应于 M 个可见卫星之一的直射信号。接收到的复基带信号可以建模为信道与相应信号的卷积,结果为

$$x(t) = \sum_{i=1}^{M} [\alpha_i s_i(t - \tau_i) \exp\{j2\pi f_{d_i} t\} + n(t)] \tag{21.5}$$

式中:$s_i(t)$ 为已知的由第 i 卫星发射的伪随机码调制复基带低速率导航信号;α_i 为复振幅;τ_i 为时延;f_{d_i} 为多普勒频移;$n(t)$ 为零均值加性噪声,其方差为 $N_0/2$,其中 N_0 是单边功率谱密度,单位为 dBW/Hz。注意省略了子索引 n,因为只有视距信号被显式地建模,与式(21.4)相反。

21.2.2　GNSS 信号处理基本原理

GNSS 接收机的主要目标是准确估计其 PVT,通过估计信号模型中的参数来实现[式(21.5)]。这些估计构建每颗卫星的一组观测值。可观测值是根据时延或相位差估计计

算出的一组范围,分别称为伪距和载波相位测量。一旦计算出一组有效的观测值,就可以计算接收机的 PVT 解。

以合适的采样率 $f_s = 1/T_s$ 对接收信号[式(21.5)]进行采样,从而得到时间离散信号 $x[n] = x(nT_s)$。信号的传播时间,即信号从第 i 颗卫星传输到用户之间的时间,由跟踪算法连续估计。这个时延估计(用 $\hat{\tau}_i$ 表示)给出了第 i 颗卫星与用户之间距离的估计值。根据最大似然(ML)原理,通过最大化接收信号的相干函数(CAF)和第 i 颗卫星的 PRN 序列,获得式(21.5)中的未知参数。通常,在相干积分时间内计算 CAF,其中有 N_c 个 PRN 序列用于与输入信号相关处理。此外,还可以对 N_{nc} 个 CAF 进行非相干积分的结果进行平均,以消除比特位转换带来的影响。为了简单起见,不考虑非相干积分,在文献[2]中有详细描述,第 i 信道估计值定义为[26]

$$(\hat{\tau}_i, \hat{f}_{d_i}) = \arg\max_{\tau_i, f_{d_i}} \left\{ \left| \sum_{n=0}^{L_c N_c} x[n] c_i(nT_s - \tau_i) \exp\{-j2\pi f_{d_i} nT_s\} \right|^2 \right\} \quad (21.6)$$

式中: L_c 为 PRN 序列 $c_i(\cdot)$ 的码片个数,为了方便 CAF 通常参数化为 $\Lambda_i(\tau_i, f_{d_i})$,该表达式包含了相应的卫星序号和相关的同步参数。更简洁地说,用矢量形式将等式(21.6)改写为

$$(\hat{\tau}_i, \hat{f}_{d_i}) = \arg\max_{\tau_i, f_{d_i}} \{|\Lambda_i(\tau_i, f_{d_i})|^2 \triangleq |\boldsymbol{x}^H \boldsymbol{c}_i|^2\} \quad (21.7)$$

$$\begin{cases} \boldsymbol{x} = \begin{pmatrix} x[0] \\ \vdots \\ x[L_C N_C] \end{pmatrix} \\ c_i(-\tau_i) \\ c_i(L_c N_c T_s - \tau_i) \exp\{-j2\pi f_{d_i} L_c N_c T_s\} \end{cases} \quad (21.8)$$

分别表示 $L_c N_c$ 个导航信号采样值,以及 $L_c N_c$ 个本地副本。

时延估计 $\hat{\tau}_i$ 用于形成伪距 $\rho_i = c\hat{\tau}_i$。根据模型,伪距提供了用户间位置($p = [x, y, z]^T$)和每颗卫星时延之间的非线性关系。

根据该模型,伪距提供了用户位置 $\boldsymbol{p} = [x, y, z]^T$ 和每个卫星的时间延迟之间的非线性关系为

$$\rho_i = \varrho_i(\boldsymbol{p}) + c(\delta t - \delta t_i) + c\Delta T_i + c\Delta I_i + \varepsilon_i \quad (21.9)$$

式中: c 为光速,卫星序号由 $i \in \{1, 2, \cdots, M\}$ 表示; $\hat{\tau}_i$ 为第 i 颗卫星发射的直射信号在接收机处的时延估计值; $\varrho_i(\boldsymbol{p})$ 为接收机与第 i 颗卫星之间的几何距离, $\varrho_i(\boldsymbol{p}) = \|\boldsymbol{p}_i - \boldsymbol{p}\|$; $\boldsymbol{p}_i$ 为第 i 颗卫星在地心地球固定(ECEF)坐标系中的坐标,可根据星历计算, $\boldsymbol{p}_i = (x_i, y_i, z_i)^T$; δt 为接收机时钟相对于 GNSS 时间的偏差,未知量; δt_i 为第 i 颗卫星相对于全球导航卫星系统时间的时钟偏差,由星历表确定; ΔT_i 为对流层延迟项; ΔI_i 为频率相关电离层延迟项; ε_i 为包括各种来源的误差,如多径偏差、星历误差和相对论效应等。

其他对信号有重要影响的是频率偏移,用户与卫星相对运动引起的多普勒效应,导致接收机处观测到的载波频率与其标称频率不同。此外,由于时钟漂移(δt)和环境误差引起的频率偏移通常会在多普勒频移中发生,精确的多普勒估计可获取精确的速度计算值,在用户动态性较高的定位和导航应用中非常有用。用户和第 i 颗卫星的相对运动而产生的多普勒频移为

$$f_{d_i} = -(\boldsymbol{v}_i - \boldsymbol{v})^T \boldsymbol{u}_i \frac{f_c}{c} \quad (21.10)$$

式中：$\boldsymbol{v} = (v_x, v_y, v_z)^T$ 和 $\boldsymbol{v}_i = (v_{x_i}, v_{y_i}, v_{z_i})^T$ 分别为用户和第 i 卫星的速度矢量；$\boldsymbol{u}_i$ 为第 i 个卫星相对于用户的单位方向矢量，定义为

$$\boldsymbol{u}_i = \frac{\boldsymbol{p}_i - \boldsymbol{p}}{\|\boldsymbol{p}_i - \boldsymbol{p}\|} \tag{21.11}$$

f_c 为 GNSS 使用的相应载波频率。多普勒（和相位）估计用于计算载波相位观测值，其精度远高于等式(21.9)中描述的码观测值。

在 GNSS 接收机的基带工作过程中，首先接收机观测哪些卫星是可见的，并获得这些卫星的时间延迟和多普勒频移的粗略估计，它们分别可以表示为

$$\hat{\boldsymbol{\tau}} = \begin{pmatrix} \hat{\tau}_1 \\ \vdots \\ \hat{\tau}_M \end{pmatrix}, \quad \hat{\boldsymbol{f}}_d = \begin{pmatrix} \hat{f}_{d_1} \\ \vdots \\ \hat{f}_{d_M} \end{pmatrix} \tag{21.12}$$

这种初始操作称为采集，也可以看作数据的开环处理。一旦获得粗略估计，接收机就开始在跟踪模式下工作。跟踪模式通常用闭环(CL)结构来实现——使用锁相环(PLL)和延迟锁定环(DLL)，以获得准确的时延、多普勒频移和载波相位估计，从而最终获得准确的用户位置。捕获和跟踪操作目的是解式(21.7)。

无论接收机的工作结构如何(OL 或 CL)，传统的 GNSS 接收机都会根据计算出的观测值来估计用户位置 $\hat{\boldsymbol{p}}$。在该处理的第二步中，在考虑可观测集合和用户 PVT 之间几何关系的基础上计算接收机的位置。由此产生的多边形问题通常由最小二乘(LS)算法解决。在此过程中，接收机还需要估计接收机时钟偏差 δt，该值表示接收机时间和 GNSS 时间之间的偏移，最简单的求解方式是获取具有码伪距的单点解，是从线性化几何问题中得到的 LS 解[6,26-27]，因此，根据等式(21.9)可以得到以下方程组：

$$\rho_i + c\delta t_i - \varepsilon_i = \|\boldsymbol{p}_i - \boldsymbol{p}\| + c\delta t \quad (i \in \{1, 2, \cdots, M | M \geq 4\}) \tag{21.13}$$

该方程为一个超越方程，通常通过将每个 $\varrho_i(\boldsymbol{p})$ 相对于初始位置估计 $\boldsymbol{p}^o = (x^o, y^o, z^o)^T$ 线性化并迭代，直至收敛来求解：

$$\varrho_i(\boldsymbol{p}) \simeq \varrho_i^o + \frac{x_i - x^o}{\varrho_i^o} \delta_x + \frac{y_i - y^o}{\varrho_i^o} \delta_y + \frac{z_i - z^o}{\varrho_i^o} \delta_z \tag{21.14}$$

其中，$\delta_x = x^o - x$，$\delta_y = y^o - y$，$\delta_z = z^o - z$ 以及 $\varrho_i^o \triangleq \varrho_i(\boldsymbol{p})^o = \|\boldsymbol{p}_i - \boldsymbol{p}^o\|$。Bancroft 算法[28]在没有任何先验知识的情况下提供了关于用户接收机的位置和时钟偏移的初始预测值，完成线性化迭代后方程可表述为以下 LS 问题：

$$\hat{\boldsymbol{\delta}} = \arg\min_{\boldsymbol{\delta}} \{\|\boldsymbol{y} - \boldsymbol{T}\boldsymbol{\delta}\|^2\} \tag{21.15}$$

其中

$$\boldsymbol{\delta} = (\delta_x, \delta_y, \delta_z \delta t)^T, \boldsymbol{y} = \begin{pmatrix} \rho_1 + c\delta t_1 - \varepsilon_1 - \varrho_1^o \\ \vdots \\ \rho_M + c\delta t_M - e_M - \varrho_M^o \end{pmatrix}, \boldsymbol{T} = \begin{pmatrix} \frac{x_1 - x^o}{\varrho_1^o} & \frac{y_1 - y^o}{\varrho_1^o} & \frac{z_1 - z^o}{\varrho_1^o} & 1 \\ \vdots & \vdots & \vdots & \vdots \\ \frac{x_M - x^o}{\varrho_M^o} & \frac{y_M - y^o}{\varrho_M^o} & \frac{z_M - z^o}{\varrho_M^o} & 1 \end{pmatrix},$$

$\hat{\boldsymbol{\delta}}$ 的解可以表示为

$$\hat{\boldsymbol{\delta}} = \boldsymbol{T}^{\dagger}\boldsymbol{y} \triangleq (\boldsymbol{T}^H\boldsymbol{T})^{-1}\boldsymbol{T}^H\boldsymbol{y} \qquad (21.16)$$

由 Moore-Penrose 伪逆($\boldsymbol{T}^{\dagger}$)直接给出,因此,$\hat{\boldsymbol{p}} = \boldsymbol{p}^o + \hat{\boldsymbol{\delta}}$ 是 GNSS 接收机提供的经典位置估计。一旦获得一个新的位置,它就可以作为线性化的初始点,迭代直到收敛。将 PVT 解公式化作为一个 LS 优化问题,是一种最简单方法,可通过合并边界信息、测量权重和动力学(如使用基于加权最小二乘(WLS)或卡尔曼滤波技术的解决方案)来强化[17]。由于这种定位方法模块化,通用接收机模块可重复使用,且性能优越,现已成为 GNSS 接收机的普遍采用技术。

21.3 DPE

由于数字信号处理设备的进步,允许在高速情况下增加计算的复杂性[29]。在过去的几年中,已经提出了先进的接收机技术,用更复杂的算法代替两步接收机的成熟组件,这些方法不会修改接收机的架构[30]。在本章中讨论更先进的算法替换传统接收机中某些部分,还对接收机操作进行必要的修改。一种接收机的高级架构如图 21.2(b)所示。该架构能一步完成码/载波估计和位置计算,该结构表示 DPE 接收机工作原理[1]如下:

(1) 在 DPE 中,必须提供绝对初始位置(或更一般的 PVT)估计,这样可以使用该方法进行空间搜索。如图 21.2(b)所示,可通过初始两步处理进行初始化,其中同步参数的粗略估计用于计算粗略导航解,该解用作 DPE 算法中的初始估计,或通过蜂窝定位或 GNSS 数据协助等外部手段提供[31]。

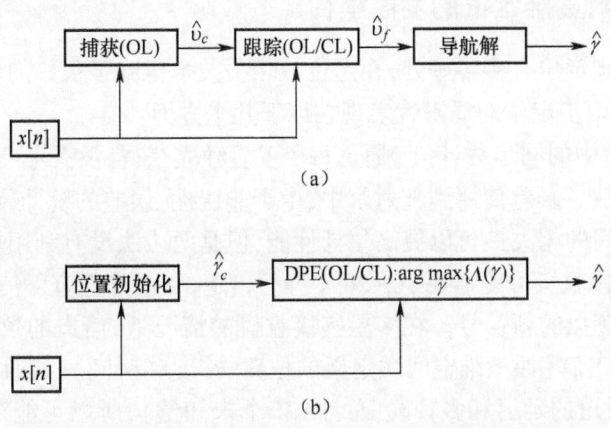

图 21.2 两步法(a)和 DPE 定位方法(b)的捕获和跟踪方案

(图中捕获结果 v_c 为同步参数的粗略估计值,跟踪环路 $\hat{v}_f$ 为精细估计,
$\hat{\gamma}_c$ 为粗略的 PVT 估计,$\hat{\gamma}$ 为精细的 PVT 估计。)

(2) 在两步法中,跟踪模式通常在闭环(CL)方案中实现(通过并行 PLL/DLL 功能块),而开环(OL)方案在简化接收机中得到应用。反之,DPE 的跟踪模式通常在 OL 中实现,这涉及成本函数的优化。这是本章主要讨论的方法。尽管如此,在 DPE 中也可以考虑 CL

方案。

DPE 是一种完全不同的接收机设计方法,该方法一步就实现 PVT 解的估计。采用 DPE 的接收机不是通过估计一组观测值(通过时延和多普勒频移)来推断相关的 PVT 值,而是直接从接收信号 $x[n]$ 估计 PVT;该方法首先是在窄带射频发射机定位[32]和针对多无线电信号[33]的背景下引入的。文献[1]介绍了 GNSS 接收机的方法,相关的参考文献如文献[34-37]。

所有卫星的时延和多普勒频移彼此密切相关,所有这些信号都是在同一地点、同一时刻接收。观察式(21.9)和式(21.10),可以很容易地确定这一点。实际上 $\tau \triangleq \tau(\gamma)$,$f_d \triangleq f_d(\gamma)$。因此,$\gamma$ 值可表示所有卫星的时间延迟和多普勒频移值:

$$\gamma = (p^T, \delta t, v^T, \dot{\delta t})^T \tag{21.17}$$

该值包含了 PVT 参数。图 21.2(a)中的解为独立估计每个信道的 CAF 参数。式(21.6)是对 $[\tau_i, f_{d_i}]^T$ 的优化。将同步参数的联合矢量定义为

$$v \triangleq (v_1^T, V_2^T, \cdots, v_M^T)^T \quad (v_i = (\tau_i, f_{d_i})^T) \tag{21.18}$$

因此,可以将 DPE 认为是一种直接估算 γ 的方法,不需要单独的信道估算。传统方法通过对信号与视野范围内每个卫星符合条件的 PRN 序列 $\hat{v}_i$ 之间相关性最大化来估计不同的时延,而 DPE 则定义一组候选位置,确定与位置相关联的时间延迟,并联合计算在不同相关输出处的能量,通过联合组合所有信号来生成本地副本;然后,优化代价函数,并结合与所有考虑卫星的相关性最大化结果,选择初步位置数据。代价函数是直接从接收信号[式(21.5)]推导出 PVT 参数的最大似然估计值的结果,它对 M 颗可见卫星自相关函数的累加量进行了最大化处理[17,38]。

21.3.1 定性说明直接定位的发展缘由

虽然传统的两步定位有多种好处,在定位域相关技术得到了很好的应用,但该方法仍存在一些局限性[6]。两步定位的局限性表现在以下几个方面:

(1) 式(21.18)中的同步估计值 $\hat{v}$ 通过每个卫星独立获得,没有考虑信道和传播效应之间的任何潜在相关性。误差传播到直射解中,由于非线性,误差的统计特性成为一个难以确定的要素。信道之间的相关性可以提高估计性能,但是两步法没有利用这种优势。

① 常规 GNSS 接收机可能需要 10~20 个并行信道,以便处理直射信号并主动搜索先前被建筑物或地平线遮挡的新信号。在多星座接收机的情况下,信道的数量甚至更大。因为最重要的参数是 PVT 解(如三维空间中定义的位置、速度和时间),接收机在高维参数空间中进行估计(每个通道的延迟和多普勒,总计 $2M$ 个未知量),所以可能存在冗余值。于是,为满足要求的信道数量,传统方法增加了实现的复杂度。

② 在处理同步参数时,不能直接使用先验信息。在两步法中,如 21.2.2 节所述,一旦计算出观测值,通常会在导航解中引入边界信息。通常,在跟踪环路中使用先验信息非常困难[40],需要大量的现场测试来产生相关数据[25],算法需要根据接收机的动态来区分多个同步演化模型。

(2) 尽管 GNSS 信号中使用的扩频序列的互相关特性提供了相当高的处理增益,但传统接收机中仍然存在无法克服的残留多址干扰(MAI)。当卫星的接收功率电平非常不平衡

时,这一问题变得非常严重。

为了克服这些局限性,可以将多址技术结合到 GNSS 接收机中,联合处理来自不同卫星的信号[41],DPE 从本质上可以实现这一点[2]。直接定位旨在通过在取样电平上联合处理来自所有卫星的信号来解决这些缺点。下文讨论了 DPE 比两步法优越的原因。然后,将根据最大似然原理推导最优位置估计器。

21.3.2 直接定位的发展缘由

首先,对 DPE 从均方误差(MSE)意义上优于两步定位的情况进行描述。其次,通过比较两步和 DPE 方法,讨论定位精度理论的下限。

21.3.2.1 DPE 法优于两步定位法

首先给出一个数学证明过程,证明了两步方法的协方差不会小于一步估计器的协方差[42-43]。

设 $v \in \mathcal{X}_v \subset \mathbb{R}^{n_v}$ 和 $\gamma \in \mathcal{X}_\gamma \subset \mathbb{R}^{n_\gamma}$ 是两个未知参数,存在映射函数 $g(\cdot): \mathcal{X}_\gamma \mapsto \mathcal{X}_v$:

$$v = g(\gamma), \forall \gamma = \mathcal{X}_\gamma \tag{21.19}$$

其中,函数 $g(\cdot)$ 由式(21.9)和式(21.10)中的 PVT 可观测关系给出。函数 $g(\cdot)$ 具有唯一的逆映射:

$$\gamma = g^{-1}(v), \forall v = \overline{\mathcal{X}_v} \tag{21.20}$$

其中,子集 $\overline{\mathcal{X}_v} = \{v \mid v = g(\gamma), \forall \gamma \in \mathcal{X}_\gamma\} \subset \mathcal{X}_v$。

基于单步和两步方法的 γ 的 K-样本估计分别用 $\hat{\gamma}_{DPE}$ 和 $\hat{\gamma}_{2S}$ 表示。$\Sigma(\hat{\gamma}_{DPE})$ 和 $\Sigma(\hat{\gamma}_{2S})$ 表示每个估计器的协方差矩阵。于是:

$$C \triangleq \lim_{K \to \infty} (\Sigma(\hat{\gamma}_{2S}) - \Sigma(\hat{\gamma}_{DPE})) \tag{21.21}$$

是半正定矩阵,该矩阵证明 DPE 所给出的 MSE 小于或等于两步定位。因此,传统方法的估计性能最多只能等于 DPE 方法提供的性能[42],更为完整的证明过程可参见文献[17]。

21.3.2.2 关于位置估计边界的解释

文献[44-45]给出了在定位下采用两种定位方法的 PVT 估计的 Cramér-Rao 下限(CRB),并对 DPE 的潜在优势进行了专门说明。为了更好地理解 DPE 及其潜力,文献[46]给出了关于 MSE 性能界限结果。这些界限基于 Ziv-Zakai 方法,该方法给出了一个基于先验概率密度函数的 MSE 界限,称为 Ziv-Zakai 界(ZZB),该界限的推导可参阅文献[47-49]。

例如,在定位估计出现故障前,即进入大误差区域前,ZZB 可以确定 DPE 和两步法能够正常运行的信噪比。分析结果表明,在某些情况下,DPE 的灵敏度增加了 $10\lg(M)$ dB,这里 M 是使用的卫星总数[46]。采用 MSE,估计 γ 时的下限为

$$ZZB(\gamma) = \mathbf{R}_\gamma 2Q\left(\sqrt{\sum_{i=1}^{M} \frac{SNR_i}{2}}\right) + \mathcal{I}^{-1}(\gamma) \Gamma_{3/2}\left(\sum_{i=1}^{M} \frac{SNR_i}{4}\right) \tag{21.22}$$

式中:$\mathbf{R}_\gamma$ 为 γ 的先验协方差矩阵,表示对参数的先验不确定性程度进行建模;$\mathcal{I}(\gamma)$ 为 γ 的 Fisher 信息矩阵(FIM);$Q(x) = (1/\sqrt{2\pi}) \int_x^\infty \exp(-t^2/2) dt$ 为 Q 函数,用互补误差函数表示为 $Q(x) = (1/2) \text{erfc}(x/\sqrt{2})$;$\Gamma_\alpha(x)$ 为不完全伽马函数,表示为

$$\Gamma_\alpha(x) = \frac{1}{\Gamma(\alpha)} \int_0^x e^{-\nu} \nu^{\alpha-1} d\nu \tag{21.23}$$

$\Gamma(3/2) = \sqrt{\pi}/2$。$s_i(t)$ 每颗卫星的信噪比(SNR)定义为 $\mathrm{SNR}_i = \frac{\alpha_i^2}{N_0/2}$，假设 $s_i(t)$ 为单位能量。

在低信噪比(SNR)时，

$$\sum_{i=1}^M \mathrm{SNR}_i \to 0 \tag{21.24}$$

可得到

$$2Q\left(\sqrt{\sum_{i=1}^M \frac{\mathrm{SNR}_i}{2}}\right) \to 1 \quad 且 \quad \Gamma_{3/2}\left(\sum_{i=1}^M \frac{\mathrm{SNR}_i}{4}\right) \to 0 \tag{21.25}$$

于是，由先验协方差矩阵确定边界为

$$\mathrm{ZZB}(\gamma) \underset{\mathrm{SNR}\to 0}{\to} \boldsymbol{R}_\gamma \tag{21.26}$$

在高信噪比时，

$$\sum_{i=1}^M \mathrm{SNR}_i \to \infty \tag{21.27}$$

可得到

$$2Q\left(\sqrt{\sum_{i=1}^M \frac{\mathrm{SNR}_i}{2}}\right) \to 0 \quad 且 \quad \Gamma_{3/2}\left(\sum_{i=1}^M \frac{\mathrm{SNR}_i}{4}\right) \to 1 \tag{21.28}$$

这样导致边界在渐近区域达到 γ 的 FIM：

$$\mathrm{ZZB}(\gamma) \underset{\mathrm{SNR}\to\infty}{\to} \mathcal{I}^{-1}(\gamma) \tag{21.29}$$

对应于 CRB 表达式。

$\mathcal{I}(\gamma) = \boldsymbol{P}^\mathrm{T} \mathcal{I}(\tau) \boldsymbol{P}$，式中 $\boldsymbol{P} = \frac{1}{c}(\boldsymbol{u}_1^\mathrm{T}, \boldsymbol{u}_2^\mathrm{T}, \cdots, \boldsymbol{u}_M^\mathrm{T})$ 是 τ 对 γ 的导数。τ 的 FIM 可以写成 $I(\tau) = \beta_S^2 \boldsymbol{\Gamma}$，这里 $\boldsymbol{\Gamma} = \mathrm{diag}(\mathrm{SNR}_1, \mathrm{SNR}_2, \cdots, \mathrm{SNR}_M)$ 是一个 $M \times M$ 的对角矩阵，对角元素可以用 $M \times 1$ 的 SNR 矢量给出，$\beta_s^2 = \dfrac{\int_{-\infty}^\infty s'(t)^2 dt}{\int_{-\infty}^\infty s(t)^2 dt}$ 为 $s(t)$ 的平均平方带宽。

文献[50]中首次给出了针对时延估计问题的 ZZB，然后在文献[48]中推广为适合 τ_i 的任何先验分布。根据该方法可以很容易地获得用于估计每个单独时间延迟 τ_i 的 ZZB，以信噪比为变量的表达式可以表示为

$$\mathbb{E}\{(\hat\tau_i - \tau_i)^2\} \geq \sigma_{\tau_i}^2 2Q\left(\sqrt{\frac{\mathrm{SNR}_i}{2}}\right) + \mathcal{I}^{-1}(\tau_i)\Gamma_{3/2}\left(\frac{\mathrm{SNR}_i}{4}\right) \triangleq \mathrm{ZZB}(\tau_i) \tag{21.30}$$

于是，使用两步法的位置 MSE 边界变成 $(\boldsymbol{P}^\mathrm{T} \mathrm{ZZB}^{-1}(\tau)\boldsymbol{P})^{-1}$，这里 $\mathrm{ZZB}(\tau) = \mathrm{diag}(\mathrm{ZZB}(\tau_1), \mathrm{ZZB}(\tau_2)\cdots, \mathrm{ZZB}(\tau_M))$，是一个 $M \times M$ 的对角矩阵，由每个卫星的单个约束表达式构造。τ_i 的先验方差由 $\sigma_{\tau_i}^2$ 表示，$\mathcal{I}(\tau_i)$ 是 τ_i 的 FIM[45]。例如，当接收到具有相同功率的卫星时，分析结果表明，相对于两步方法，采用 DPE 能得到 $\lg(M)$ dB 的改善。尽

管通常情况下无法以闭合形式计算改善量,只能通过蒙特卡罗模拟来显示结果,但还是可以得到一个通用的结果[46,51],该结果表明 $ZZB(\tau) - (P^T ZZB^{-1}(\tau)P)^{-1}$ 是半正定矩阵。

21.3.3　ML 位置估计:直接定位

文献[52]中全面介绍了参数估计方法。ML 原理提供了一个最佳范例,该范例用于获得当样本数趋于无穷大时渐近达到其方差下限(前面讨论的边界)的参数估计。ML 基于似然函数的最大化,由给定测量参数值的条件概率构造。通常,针对 x 中采集的一组 K 个记录样本,参数 γ 的最大似然估计(MLE)为

$$\hat{\gamma}_{\mathrm{ML}} = \arg\max_{\gamma}\{p(\boldsymbol{x}|\boldsymbol{\gamma})\} \tag{21.31}$$

在近似的正则条件下,估计量的渐近分布(对于大数据集)满足

$$\hat{\gamma}_{\mathrm{ML}} \sim N(\boldsymbol{\gamma}, \mathcal{I}^{-1}(\boldsymbol{\gamma})) \tag{21.32}$$

式中:$\mathcal{I}(\boldsymbol{\gamma})$ 为按参数的真实值计算的 FIM。

因此,认为 MLE 是渐近有效的;也就是说,当 K 增加或 SNR 足够高时,它达到 CRB 预测的最小方差。正则性条件包括存在对数似然函数导数、FIM 非零。有关更多详细信息,参见文献[52-53]。

为了从式(21.5)中获取位置的最大似然估计,首先将观测值表示为矢量形式。假设处理 K 个样本,并且积分时间内不存在数据 bit 位转换(或者可以通过其他方式移除 bit 位转换),观测值可以表示为 $\boldsymbol{x} = \boldsymbol{C}(\boldsymbol{v})\boldsymbol{a} + \boldsymbol{n}$,或者等效地

$$\boldsymbol{x} = \boldsymbol{C}(\boldsymbol{\gamma})\boldsymbol{a} + \boldsymbol{n} \tag{21.33}$$

式中:$\boldsymbol{x} \in \mathbb{C}^{K\times 1}$ 为观测信号矢量;$\boldsymbol{a} \in \mathbb{C}^{M\times 1}$ 为一个矢量,其元素是接收信号 $\boldsymbol{a} = (\alpha_1, \alpha_2, \cdots, \alpha_M)^T$ 的复振幅。$\boldsymbol{v} \in \mathbb{R}^{2M\times 1}$ 表示 τ 和 f_d 的集合,即每个可见卫星的时间延迟和多普勒频移。

在 DPE 中对该变量重新参数化:$\boldsymbol{v} \triangleq \boldsymbol{v}(\boldsymbol{\gamma})$;$\boldsymbol{n} \in \mathbb{C}^{K\times 1}$ 表示观测间隔内具有分段恒定方差 $\sigma_n^2 = N_0/2$ 零均值加性高斯白噪声(AWGN)的 K 个瞬时值;$\boldsymbol{C}(\boldsymbol{\gamma})$ 由 M 个本地码的级联组成,这些本地码在等式(21.8)中定义。于是,$\boldsymbol{C}(\boldsymbol{\gamma})$ 表示为

$$\boldsymbol{C}(\boldsymbol{\gamma}) = (\boldsymbol{c}_1, \boldsymbol{c}_2, \cdots, \boldsymbol{c}_M) \in \mathbb{C}^{K\times M} \tag{21.34}$$

首先考虑:MLE 等价于在零均值 AWGN 条件下用 LS 准则得到的解。不考虑相加和相乘的常数,最大化式(21.33)定义的似然函数等于最小化以下的代价函数:

$$\Lambda(\boldsymbol{a}, \boldsymbol{\gamma}) = \|\boldsymbol{x} - \boldsymbol{C}(\boldsymbol{\gamma})\boldsymbol{a}\|^2 \tag{21.35}$$

针对 $\boldsymbol{a}$ 和 $\boldsymbol{\gamma}$,展开方程(21.35):

$$\Lambda(\boldsymbol{a}, \boldsymbol{\gamma}) = \boldsymbol{x}^H\boldsymbol{x} - \boldsymbol{x}^H\boldsymbol{C}(\boldsymbol{\gamma})\boldsymbol{a} - \boldsymbol{a}^H\boldsymbol{C}^H(\boldsymbol{\gamma})\boldsymbol{x} + \boldsymbol{a}^H\boldsymbol{C}^H(\boldsymbol{\gamma})\boldsymbol{C}(\boldsymbol{\gamma})\boldsymbol{a} \tag{21.36}$$

针对 $\boldsymbol{a}^H$ 求导数,可以得到

$$\frac{\partial \Lambda(\boldsymbol{a}, \boldsymbol{\gamma})}{\partial \boldsymbol{a}^H} = -\boldsymbol{C}^H(\boldsymbol{\gamma})\boldsymbol{x} + \boldsymbol{C}^H(\boldsymbol{\gamma})\boldsymbol{C}(\boldsymbol{\gamma})\boldsymbol{a} \tag{21.37}$$

式(21.37)等于零,可以得到期望的复振幅估计值:

$$\hat{\boldsymbol{a}} = (\boldsymbol{C}^H(\boldsymbol{\gamma})\boldsymbol{C}(\boldsymbol{\gamma}))^{-1}\boldsymbol{C}(\boldsymbol{\gamma})\boldsymbol{x}\big|_{\gamma=\hat{\gamma}} \tag{21.38}$$

考虑到全球导航卫星系统中使用的 PRN 码的互相关和自相关特性,可以简化第一项(逆项),尽管这种简化在具有多个旁瓣的二进制偏移载波(BOC)调制中可能不准确。归一

化 CAF 表示为

$$c_i^H c_j \approx 0 \quad (i \neq j) \tag{21.39}$$

$$c_i^H c_j = 1 \quad (i = j) \tag{21.40}$$

简化,得到:

$$C^H(\gamma)C(\gamma) = \begin{pmatrix} c_1^H \\ \vdots \\ c_M^H \end{pmatrix}(c_1, c_2, \cdots, c_M) = \begin{pmatrix} c_1^H c_1 & c_1^H c_2 & \cdots & c_1^H c_M \\ c_2^H c_1 & c_2^H c_2 & \cdots & c_2^H c_M \\ \vdots & \vdots & \ddots & \vdots \\ c_M^H c_1 & c_M^H c_2 & \cdots & c_M^H c_M \end{pmatrix} \approx I \in \mathbb{R}^{M \times M} \tag{21.41}$$

则式(21.38)可变换为

$$\hat{a} = C(\gamma)x \big|_{\gamma = \hat{\gamma}} \tag{21.42}$$

用 $\hat{a}$ 替换式(21.36)中的 a 得到一个代价函数:

$$\Lambda(\hat{a}, \gamma) = x^H x - x^H C(\gamma) C^H(\gamma) x \tag{21.43}$$

位置的最大似然估计由下式给出:

$$\hat{\gamma} = \arg\min_{\gamma}\{\Lambda(\hat{a}, \gamma)\} \tag{21.44}$$

$$= \arg\min_{\gamma}\{x^H x - x^H C(\gamma) C^H(\gamma) x\} \tag{21.45}$$

$$= \arg\max_{\gamma}\{x^H C(\gamma) C^H(\gamma) x\} = \arg\max_{\gamma}\{\|x^H C(\gamma)\|^2\} \tag{21.46}$$

为获得一个更紧凑的表达式,将上面的公式进一步处理,得到:

$$\hat{\gamma} = \arg\max_{\gamma}\left\{\sum_{i=1}^{M} |x^H c_i(\gamma)|^2\right\} \tag{21.47}$$

式(21.47)表明 $\hat{\gamma}$ 值取决于与每个卫星相关的单个 CAF。

因此,

$$x^H C(\gamma) = x^H(c_1, c_2, \cdots, c_M) = (x^H c_1, x^H c_2, \cdots, x^H c_M) \tag{21.48}$$

DPE 方法中产生的代价函数是来自 M 个卫星的 CAF 的非相干累加, $\sum_{i=1}^{M} |x^H c_i(\gamma)|^2$ $\triangleq \sum_{i=1}^{M} |\Lambda_i(\gamma)|^2 = \Lambda(\gamma)$,采用该方法按比例增大有效信噪比。文献[2]提出还可以通过额外的相干/非相干积分来扩展式(21.48)。一个 $\Lambda(\gamma)$ 的形状示例如图 21.3 所示。由于 MLE 估计器一致,因此真实 PVT 解中需要对代价函数进行优化处理。处理结果表明,DPE 在环境恶劣情况下提供了额外的健壮性[54-55]。

21.3.4 一些知识

本节结束时,提供一些关于 DPE 优于两步法的其他定性的知识。理论上,代价函数的构造使有效信噪比增大。在本小节,提供了一个实验来比较两步法和 DPE 法的代价函数,以观测它们受到多径干扰影响的程度。DPE 法中,代价函数仅以 x 和 y 坐标作为变量项绘制,并将 γ 中的其余元素设置为它们的真实值。特别模拟一个 $M = 6$ 颗 GPS 卫星组成的星座,使几何精度因子最小化,所有卫星发送 C/A 码信号,所有信号均以 45dB-Hz 的载噪比

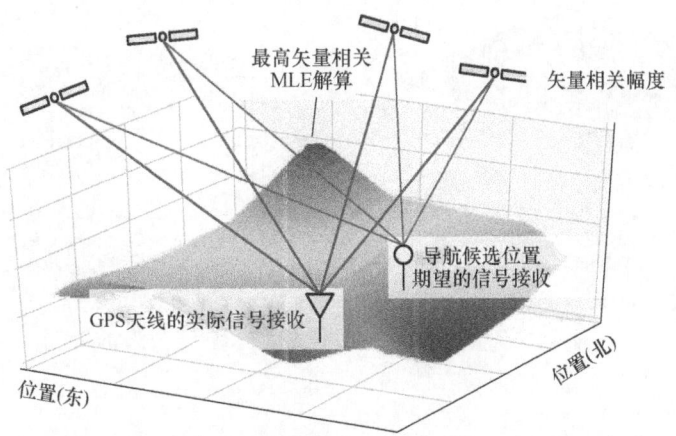

图 21.3 在东北位置域中矢量相关振幅 $\Lambda(\gamma)$ 的流形显示[54]
(转载经导航学会许可。)

(C/N_0)进行接收。接收机对信号进行 2MHz 的带通滤波,并设置 1ms 的积分时间。为了更好地可视化,图中对代价函数反转和归一化,将优化转化为式(21.45)中的最小值。在两步方法中,代价函数是第 i 颗卫星本地生成码同步参数的函数。在 DPE 中,成本函数由 γ 中收集的PVT参数进行参数化。图 21.4 中的曲线图表示两种定位方法的代价函数,作为相应参数误差的函数。在接收机环境条件良好情况下,两个函数都具有明显的全局最优。相反,当其中一个卫星存在多径信号时,代价函数的表现不同。

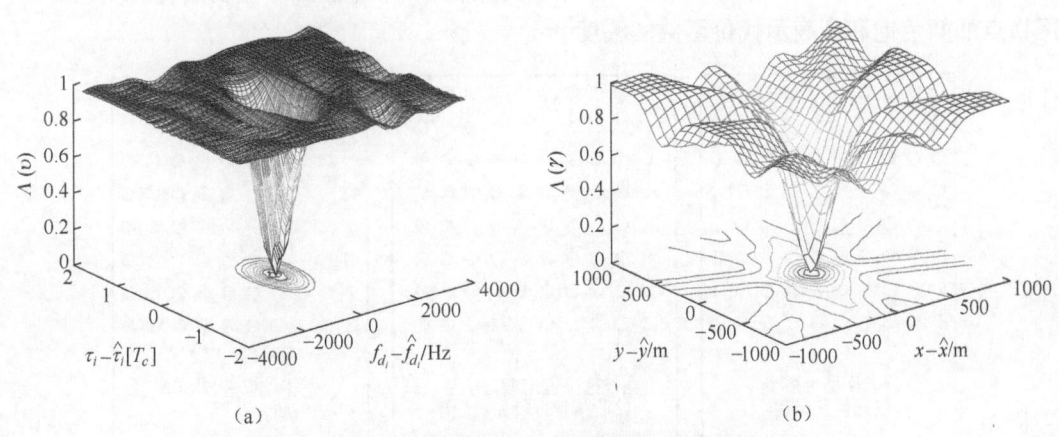

图 21.4 两步法和 DPE 法优化问题的代价函数比较[2]
(a)两步法;(b)DPE 法。

图 21.5 是通过增加一颗卫星的反射信号生成的,反射信号功率比视距信号功率低 3dB。在两步法中,由于存在相关信号,出现了一个强大的次最优,而 DPE 代价函数几乎不变,几乎不受反射信号的影响。此外,两步法的解可能受限于局部最优困境,从而在距离和速度估计中产生潜在的较大偏差。考虑到位置是与由所有可见卫星的信息联合估计,由于每颗卫星链路的传播路径是独立的,因此在该估计中引入了一种分集接收技术。

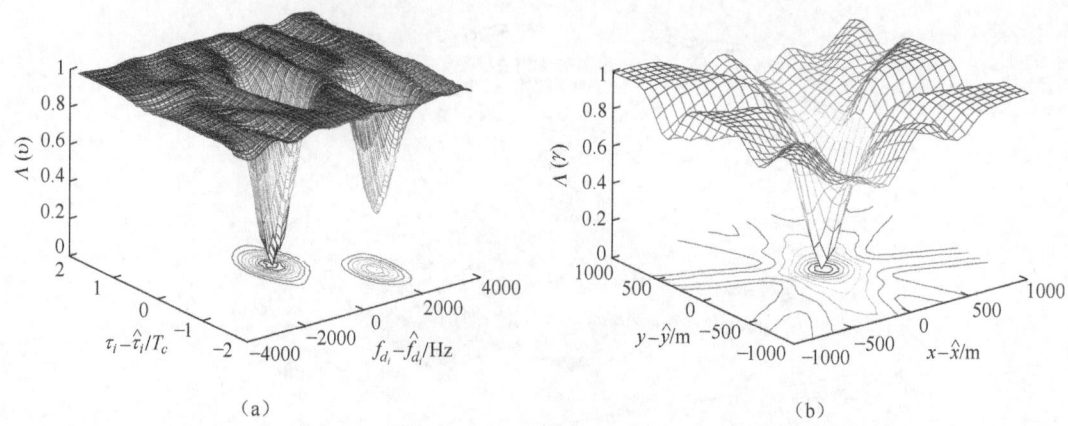

图 21.5 其中一颗卫星存在副本时两步法和 DPE 法优化问题的代价函数比较[2]
(a)两步法;(b)DPE 法。

21.4 实现

在 21.3 节可看到,DPE 的解涉及一个无法以封闭形式表达的优化问题。特别地,每个候选解 γ 需要对一定数量的相关器输出评估,而这种评估需要大量的计算。本节针对软件定义无线电(SDR)接收机上实现 DPE 的方法进行讨论[56-58]。为获取基于信号相关的导航解,通过对多个卫星之间联合优化,DPE 执行一次直接搜索。在接收机上实现 DPE 的基本原理如图 21.2(b)和图 21.6 所示,图 21.6 中网格点表示导航区域 PVT 初始化的候选位置,网格点的颜色饱和度表示代价函数的幅度[58]。

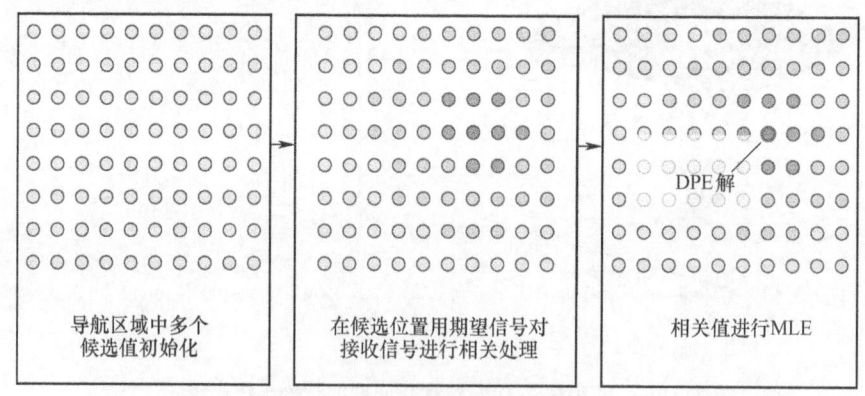

图 21.6 DPE 候选位置评估原理

DPE 实现的基本步骤如下:
(1) 使用两步法或通过外部方式提供某些初始化设置。
(2) 优化式(21.48)中的代价函数。首先,为 γ 选择候选点,为每个可见卫星生成一些 $\{\tau_i, f_{d_i}\}$ 候选对。然后,用 $\{\tau_i, f_{d_i}\}$ 候选对生成候选状态下的预期接收信号。接下来,计算候选状态下的本地复制码与接收信号之间的相关性,并评估 $\Lambda(\cdot)$。

(3) 通过优化代价函数进行最大似然估计。

(4) 每次有新的测量值时,都会重复执行以上这些步骤。

实现 DPE 的主要困难是计算量。提高 DPE 计算效率的途径有使用稀疏的本地位置候选值[59]、减少导航位置候选值的数量[3,53,60]、计算多重相关的高效算法[61],以及在给定矢量相关分布的情况下导航解有效估计技术[59]。使用粗网格搜索[59]和辅助 GNSS 技术(A-GNSS)进行初始化[62],以提高初始化效率。

为提高主相关峰附近初始化的效率,可以对导航要素子集(navigation subsets)进行优化。其中一种优化方法是通过使用位置/时钟偏差和速度/时钟漂移的参数分组来实现[3,59]。研究表明,通过这种解耦处理,导航要素子集的内部参数为强相关,而导航要素子集之间为弱相关。然后可以单独优化各导航子集。使用参数分组实现其他子集的优化,子集中每个参数形成自己的子集[63-64],这些子集通过空间交替广义期望最大化(SAGE)[53]算法来解决。这些子集优化方法减少了所需候选导航的数量,从而减少了总体计算量。尽管如此,这些方法对初始化非常敏感[53],可以使用如加速随机搜索(ARS)等随机优化方法解决初始化问题[60]。为了增大后续 DPE 测量更新主相关峰值附近初始化的概率,可以在 DPE 测量值更新之间进行动态滤波[3,65]。

21.4.1 通过分治进行网格优化

分治[66]是许多信号处理应用中采用的一种算法,将一个复杂的问题分解为两个或多个更容易解决的子问题。该方法允许在硬件架构中利用并行结构,并在 SDR 模式下的信号处理实现中,使用并发性和多线程调度。这是在 GNSS 接收机中采用两步结构的原因之一:每个独立的卫星信道跟踪延迟-多普勒,然后在 LS 解中进行融合,详见 21.2 节。

在 DPE 定位过程中,可以采用类似的方法选择候选点。可能需要将 γ 拆分为一组相关参数。减少候选位置数量的一种方法是将导航参数分为两个子集:位置/时钟偏差子集 $\gamma_1 = (\boldsymbol{p}^T, \delta t)^T$ 和速度/时钟漂移子集 $\gamma_2 = (\boldsymbol{v}^T, \dot{\delta t})^T$ [3,67]。例如,8 个导航搜索维度中每个维度有 N_c 个候选点情况,使用 γ_1 和 γ_2 的联合估计可以将导航候选点的数量从 N_c^8 减少到 $2N_c^4$。

因为在相对较宽的范围内可维持针对 γ_1 的相关幅度,γ_1 的估计值对偏离搜索中心的子集 γ_2 非常不敏感,反之亦然[3]。关于 γ_2 的相关幅度也是如此。因此,γ_1 和 γ_2 参数的估计可以安全地解耦:

$$\hat{\gamma}_1 = \arg\max_{\gamma_1}\{\Lambda(\gamma_1, \hat{\gamma}_2)\} \tag{21.49}$$

$$\hat{\gamma}_2 = \arg\max_{\gamma_2}\{\Lambda(\hat{\gamma}_1, \gamma_2)\} \tag{21.50}$$

解耦时,针对固定在 γ_2 搜索中心附近的 γ_2,式(21.51)给出随 γ_1 候选值变化的自相关函数(CAF)的幅度 $|\Lambda_i(\hat{\boldsymbol{p}}, \hat{\delta t}, v, \dot{\delta t})|$。针对固定在 γ_1 搜索中心附近的 γ_1,式(21.51)给出随 γ_2 候选值变化的自相关函数(CAF)的幅度 $|\Lambda_i(\boldsymbol{p}, \delta t, \hat{\boldsymbol{v}}, \hat{\dot{\delta t}})|$。

$$|\Lambda_i(\hat{\boldsymbol{p}}, \hat{\delta t}, v, \dot{\delta t})| \approx \begin{cases} 1 - |\Delta\tau_i| & (0 \leq |\Delta\tau_i| \leq 1) \\ 0 & (\text{其他}) \end{cases} \tag{21.51}$$

$$|\Lambda_i(\pmb{p},\delta t,\hat{\pmb{v}},\hat{\dot{\delta t}})| \approx \text{sinc}(\pi(\Delta f_{d_i})\Delta T) \tag{21.52}$$

式中:$\Delta\tau_i$ 为候选延迟 $\tau_i(\gamma_1)$ 和搜索中心之间的延迟误差;Δf_{d_i} 为候选 $f_{d_i}(\gamma_2)$ 和 γ_2 的搜索中心之间的频率误差。注意,这些想法和标准接收机结构中的 DLL 和 PLL 类似。

式(21.51)的 CAF 表达式中假设 γ_2 搜索中心附近接收信号的导航数据位和载波被成功剥离。式(21.52)的 CAF 表达式中假设 γ_1 搜索中心附近接收信号的导航数据位和载波被成功剥离。两个 CAF 的形状和宽度(其中一组参数是固定的),如图 21.7 所示。

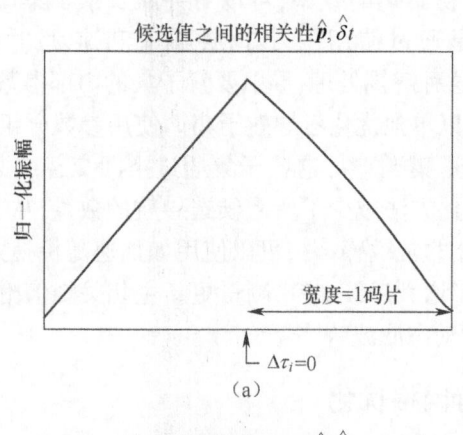

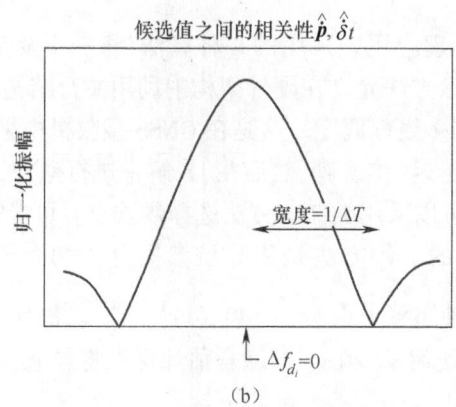

图 21.7 固定速度/时钟漂移情况下位置/时钟偏置与相关振幅 $|\Lambda_i(\pmb{p},\hat{\delta t},\pmb{v},\hat{\dot{\delta t}})|$ 的形状和宽度的关系曲线[58](a);固定位置/时钟偏置情况下速度/时钟漂移值与相关振幅 $|\Lambda_i(\hat{\pmb{p}},\hat{\delta t},\pmb{v},\hat{\dot{\delta t}})|$ 关系曲线[58](b)

21.4.2 使用快速傅里叶变换对相关进行批量预处理

与两步定位方法一样,可以利用 PRN 码的循环相关特性,通过 FFT 进行快速相关处理[27]。式(21.51)在固定速度/时钟漂移情况下,随位置/时钟变化的相关性 $\Lambda_i(\hat{\pmb{p}},c\delta t,\pmb{v},c\dot{\delta t})$ 可以在频域中计算得到。用 $\mathcal{F}(\cdot)$ 表示傅里叶变换算子,$\mathcal{F}^{-1}(\cdot)$ 表示傅里叶逆变换算子。可以得到:

$$\Lambda_i(\hat{\boldsymbol{p}}, c\hat{\delta}t, \boldsymbol{v}, c\dot{\delta}t) = F^{-1}(F^*(x)F(c_i(\hat{\boldsymbol{p}}, c\hat{\delta}t, v, c\dot{\delta}t))) \tag{21.53}$$

使用 FFT 预处理可以更有效地对多相关进行计算处理。为了获取矢量之间相关性,首先计算与每个候选 $\boldsymbol{p}$、$c\delta t$ 关联的 $\tau(\gamma)$,然后,在 FFT 点之间对 $\tau(\gamma)$ 值进行线性插值,FFT 结果作为导航解候选值。此外,可以对所有候选值并行执行这些操作。类似地,在固定位置/时钟偏置情况下,随速度/时钟漂移的变化的相关性 $|\Lambda_i(\boldsymbol{p}, \delta t, \hat{\boldsymbol{v}}, \hat{\delta}t)|$ 可近似为傅里叶变换 $\mathcal{F}^*(\boldsymbol{x} \cdot c_i(\hat{\boldsymbol{p}}, c\hat{\delta}t, \boldsymbol{v}, c\dot{\delta}t))$。

在两个并行线程中进行上述计算,如图 21.8 所示,一个用相关性,另一用傅里叶变换。

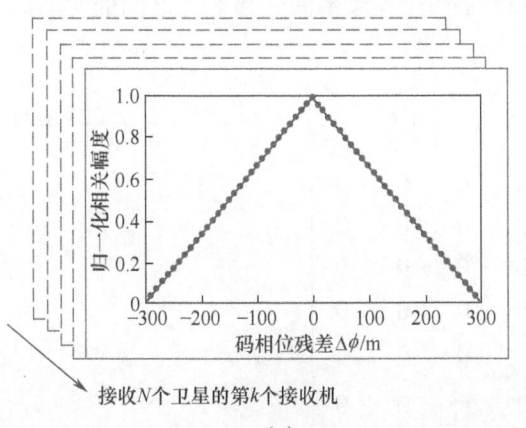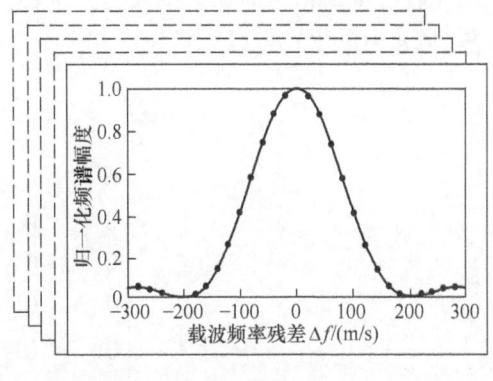

图 21.8 随码相位残差变化的相关幅度(a)和随载波频率残差变化的频谱密度大小(b)[68]
(来源经导航学会许可。)

21.4.3 对 DPE 得到的 PVT 解进行滤波处理

前面描述的实现都是采用开环(OL)方式。为了提高 DPE 的准确性,可以对导航解实施闭环(CL)跟踪[3,17,64,69-72]。前面已经提过 DPE 有适合的框架来引入关于 γ 先验信息[73],在闭环方案中是和动态特别相关的。文献[69]中描述了如何使用非线性滤波实现这一点的方法。

一种更简单但有效的可选用方法是使用低通滤波器平滑 DPE 结果。例如,使用最优卡尔曼滤波器(KF)实现时,可以方便地将运动模型和先前测量的信息集成到估计过程中[73]。KF 有两个主要步骤:测量更新和时间更新[74-75]。

在离散时间的瞬时时刻 k,KF 的观测值是来自 DPE 优化过程的 PVT 参数估计值,用 y_k 表示,是真实 PVT 的噪声测量值,其似然假设为正态分布:

$$y_{k|\gamma_k} \sim \mathcal{N}(\gamma_k, R_k) \tag{21.54}$$

式(21.54)表明 R_k 渐近参数 $\mathcal{I}^{-1}(\gamma)$ 的 FIM,因此 k 时刻的测量更新如下:

$$\gamma_{k|k} = (I - K_k)\gamma_{k|k-1} + Ky_k \tag{21.55}$$

$$\sum\nolimits_{k|k} = (I - K_k)\sum\nolimits_{k|k-1} \tag{21.56}$$

$$K_{k|k} = \sum\nolimits_{k|k-1}(\sum\nolimits_{k|k-1} + R_k)^{-1} \tag{21.57}$$

式中：I 为单位矩阵。根据新的观测量 y_k，结合其协方差 $\sum_{k|k}$，预测估计状态 $\gamma_{k|k}$。这些预测包含了有关先前观测的历史信息。该方案将先前的导航解集成到估计过程中[70]。

在随时刻更新步骤中，使用模型来预测下一接收机状态 $\gamma_{k+1|k}$，如恒加速度运动模型[3,65,76]。该方法利用速度上的动态过程噪声模型合并进车辆加速度[77-79]。于是有

$$\gamma_{k+1|k} = F_{k+1}\gamma_{k|k} \tag{21.58}$$

$$\sum\nolimits_{k+1|k} = F_{k+1}\sum\nolimits_{k|k}F_{k+1}^{\mathrm{T}} + Q_k \tag{21.59}$$

式中：$\sum_{k+1|k}$ 为 $k+1$ 时刻的预测状态误差；Q_k 为动态过程噪声；F_{k+1} 为传播矩阵，包含了与接收机运动相关的动力学知识。例如，假设 ΔT 是两个连续瞬间 k 和 $k+1$ 之间的时间间隔(以 s 为单位)，可以表示为

$$F_{k+1} = \begin{bmatrix} I_4 & \Delta T I_4 \\ 0_4 & I_4 \end{bmatrix} \tag{21.60}$$

$$Q_k = F_{k+1}\begin{bmatrix} 0 & 0 & 0 & 0 & 0 & 0 & 0 & 0 \\ 0 & 0 & 0 & 0 & 0 & 0 & 0 & 0 \\ 0 & 0 & 0 & 0 & 0 & 0 & 0 & 0 \\ 0 & 0 & 0 & 0 & 0 & 0 & 0 & 0 \\ 0 & 0 & 0 & 0 & \sigma_v^2 & 0 & 0 & 0 \\ 0 & 0 & 0 & 0 & 0 & \sigma_v^2 & 0 & 0 \\ 0 & 0 & 0 & 0 & 0 & 0 & \sigma_v^2 & 0 \\ 0 & 0 & 0 & 0 & 0 & 0 & 0 & \sigma_{\delta t}^2 \end{bmatrix}F_{k+1}^{\mathrm{T}} \tag{21.61}$$

式中：I_4 为 4 维的单位矩阵；O_4 为全零方矩阵。

动态过程噪声模型造成了这样一种直觉，即车辆速度大比速度小时更难改变速度。因此，在车速较大时，车辆加速度(建模为噪声)较低，而在车速较小时车辆加速度较高。

21.4.4 间隙式工作模式

间隙模式的 DPE 表现为"工作—间隙—工作—间隙……"的循环工作模式，不需要连续计算。间隙模式的 DPE 有望降低 DPE 的计算成本。为了节省计算量，不需要计算全部时间内 DPE 的所有解，而是忽略许多解。换句话说，间隙式工作模式中，基于 DPE 的接收机可以间歇工作，但是，跟踪依赖环路的传统接收机不能采用这种工作模式。研究表明，即使在相当低的占空比下，DPE 也可以正常运行[80]。间隙模式的 DPE 接收机结构如图 21.9 所示，通过对所使用导航参数子集的优化来完成测量值更新，并采用 FFT 技术来完成接收信号和本地复制信号的相关计算，并估算导航解。精确的计算时间取决于信号采样参数和观测卫星的数量。在计算 DPE 更新测量值所需的时间内，使用卫星广播星历重复预测卫星的运动，并更新信号的码相位和载波多普勒频率参数。由于 DPE 存在不进行任何测量值更新的时间，所以这段时间内 DPE 降低了信号跟踪误差的累积量。

占空比为 2% 的接收机能成功提供 1Hz 的定位更新[80]。该接收机参数以下，如图 21.10 所示。

（1）在 GNSS 接收机"接通工作"期间，每隔 1s 对 20msGNSS 原始信号数据段进行 1 次

DPE 测量更新;

(2) 在 GNSS 接收机"关闭"的 980ms 内进行 49 次 DPE 的时间更新。

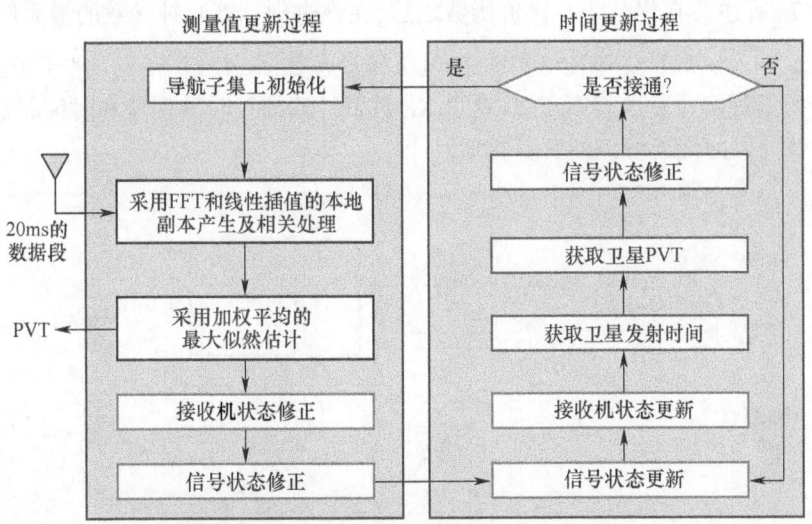

图 21.9　间隙工作模式的 DPE 接收机结构框图[79]

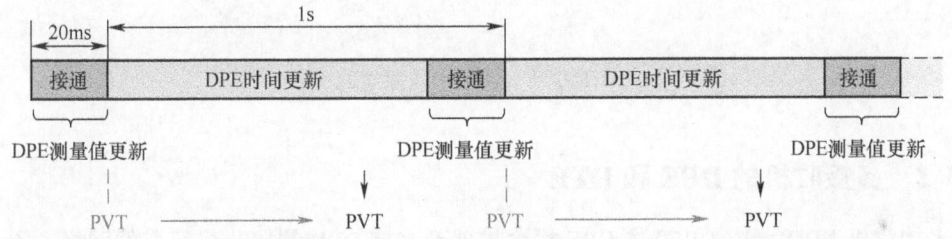

图 21.10　具有 DPE 测量更新和 DPE 时间更新的间歇工作模式 DPE 接收机架构概述[80]

21.5　DPE 的变种

到目前为止,已在 PVT 估计背景下分析了 DPE。本节讨论 DPE 技术的其他用途,这些用途优势需要额外调优,但在概念上和前几节看到的类似。为保持材料的基础性,避免深入的理论推导,只提供主要的概念和参考。

21.5.1　直接定时估计

许多基于 GNSS 的应用程序不需要完全的 PVT 解。此类应用仅需要时间(时钟和时钟漂移)参数,GNSS 接收机的位置信息通常是已知的。通过使用可用的先验信息集中到接收机定时,在直接时间估计(DTE)问题中可以将 DPE 搜索域缩减为两个时钟参数,这样大大减少了这类应用的 DTE 中的计算量,同时保持了 DPE 在健壮性方面的优势[85]。

DTE 的实现分两个主要阶段完成。首先,分别通过时钟偏差 δt 和时钟漂移参数 $\dot{\delta t}$ 进行二维空间搜索。利用已知的接收机和卫星三维位置和速度矢量,为每个网格点生成一个复制的本地卫星信号。然后,执行非相干矢量相关以获得与网格点相似性成比例的权重,如式(21.47)所述。在优化 ML 代价函数之后,在该时刻计算时钟参数的最大似然估计值(MLE):$\hat{t}_{\mathrm{ML}} = (\hat{\delta t}, \hat{\delta \dot{t}})^{\mathrm{T}}$。DTE 的第一阶段工作过程如图 21.11 所示。基于预测的时钟估计,计算误差测量值并发送到第二级,这里 KF 负责计算校正时钟偏差和时钟漂移参数。KF 和 21.4.3 节提供的低通滤波器解算相似。

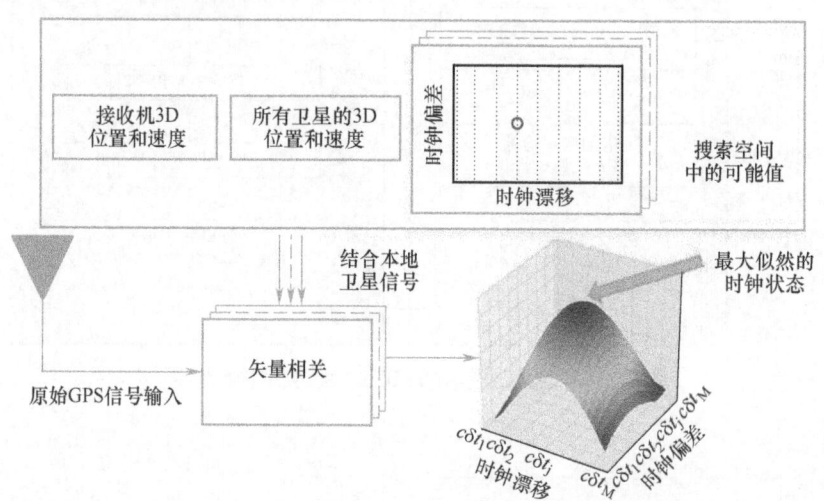

图 21.11 DTE 中第一阶段工作原理的示意图[85]

21.5.2 多接收机的 DPE 和 DTE

多接收机 DPE(MR-DPE)将 DPE 概念扩展到支持 DPE 的接收机组成的网络。因为可以利用额外的信息冗余,这种多接收机架构可以提供更优越的性能。接收机形成一个网络,以生成统一的、基于网络的 PVT 解决方案。MR-DPE 提高了接收机鲁棒性,主要表现在以下几个方面:

(1) 在接收机层面,MR-DPE 继承了单个 DPE 接收机的鲁棒性;

(2) 在网络层面,由于天线之间的基线是固定的并且假设已知,可以通过线性变换将它们之间的接收机观测量关联起来,从而提供了测量冗余;

(3) 虽然与各个 GNSS 接收机相关联的天线中的每个可能具有不同的、不完整的对空视野,但是通过聚合这些天线各自捕获的信息,提供几何冗余,共同创建更完整的观测。

例如,一架飞机的定位如图 21.12 所示。通过向质心投影,结合式(21.35)表示的不同 MLE 代价函数,实现观测量增强处理。图中,一个固定翼飞机代表的刚性平台在其顶点处配置了 4 个 DPE 接收机,它们被投影到网络的质心,已知天线基线和飞机的偏航角、俯仰角和滚转角(后两者未显示),MR-DPE 迭代运行计算来估计网络的 PVT 坐标[86]。类似地,多接收机概念也已应用于多接收机的 DTE 应用[68,87]。

21.5.3 GNSS 技术的融合

直接定位概念可以类似地应用于 GNSS 和基于视觉的定位。可以通过求取 GNSS 原始

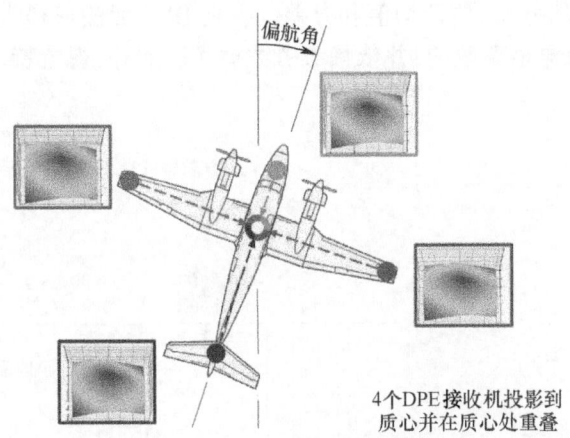

图 21.12 MLE 代价函数的增强示例[86]

(利用天线基线和飞机偏航、俯仰和横滚(后两者未显示)的知识,将它们投影到网络的质心处。)

信号和相机图像的最大化相关性,完成基本位置参数的一次搜索。在基于视觉的定位中,从地理标记的参考图像数据库中选择图像副本。Google 街景就是一个合适的数据库示例[89-90],其中图像通过纬度、经度、航向和倾斜度进行索引。例如,从定向 FAST 和旋转 BRIEF 特征提取器获取的图像特征,可用于匹配连续图像帧。通过传统的计算机视觉方法估计摄像机的平移,可以生成导航域测量值。这些导航域视觉测量很容易与 DPE 的导航域似然流形进行深度融合[91],提供了传感器的深度集成[91],来自 GNSS 和视觉的直接测量结果然后结合进导航滤波器中。

一个应用实例的原理框图如图 21.13 所示。GNSS 视觉和 DPE 融合的每次迭代都从导航滤波器提供的当前导航参数预测值开始。可根据当前导航预测值进行导航解可能值的初始化,约束条件用于消除导航解可能值的数目并减少计算量,例如,要求道路使用时必须在道路上。

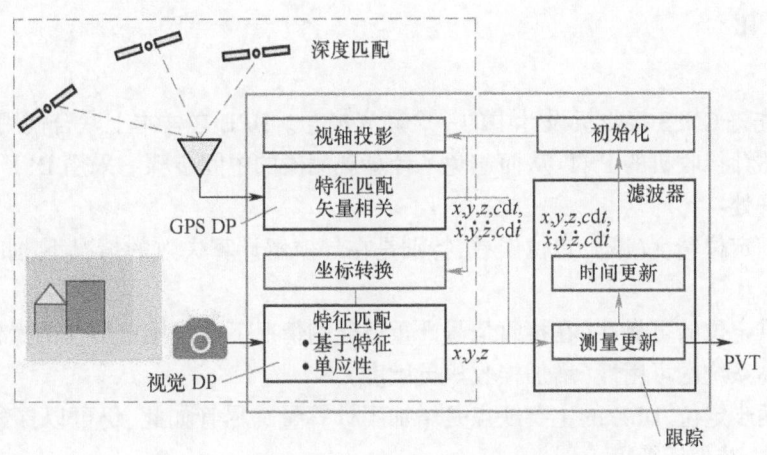

图 21.13 融合 GNSS-视觉的 DPE 原理框图[88]

导航解可能值初始化之后是特征匹配,如图 21.14 所示。GNSS DPE 使用矢量相关获得导航解可能值的似然分布、估计均值和方差。视觉 DPE 无法获得类似的连续似然分布。视觉 DPE 中的副本采样是离散的,并依赖参考数据库。此外,视觉特征匹配容易受到干扰值的影响[92-93]。

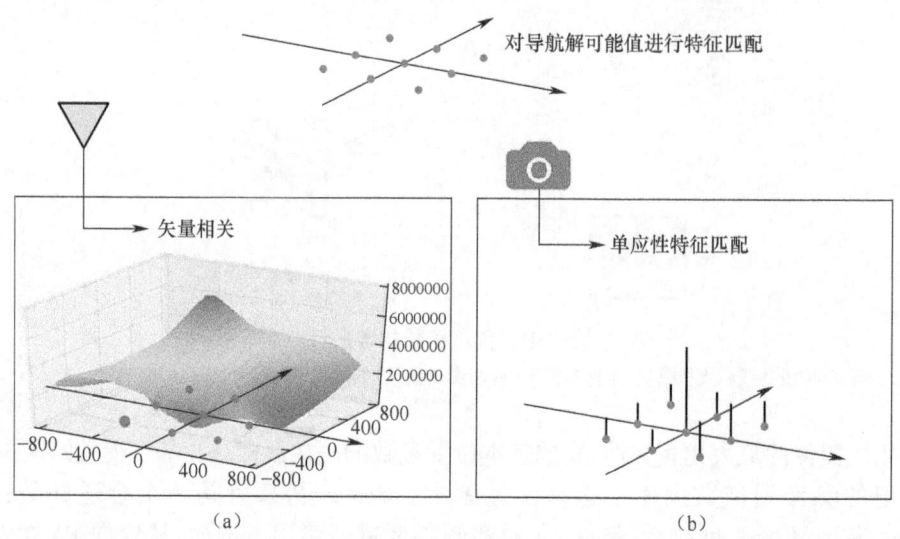

图 21.14 使用矢量相关器进行 GNSS 特征匹配(a)和使用视觉特征和单应性分析进行视觉特征匹配(b)[88]

稳健的视觉 DPE 算法涉及两次转换[92-93]。第一次转换,从参考图像中提取 2 个特征,然后在参考图像和观测图像之间进行特征匹配[94]。然后根据它们的总特征距离对参考图像进行排序。总特征距离越小,匹配效果越好。在特征距离上设定一个门限值,用于判断选择潜在的参考图像。第二次转换,单应性矩阵分析用于验证参考图像和观测图像是否由相同的摄像机视图生成[95-97]。

21.6 结论

DPE 是先进 GNSS 接收机设计中的一个新兴概念。DPE 在样本上联合使用来自所有卫星的信号来估计接收机的 PVT,从而避免了计算观测值的中间步骤。采用 DPE 技术的接收机可获得的好处:

(1) 提高定位精度(减少定位误差,特别是在导航解计算失败的情况下,如在城市峡谷中);

(2) 提供定位的可靠性(在接收信号严重退化的情况下允许接近最佳的操作)等指标;

(3) 提高系统的可用性(增加接收机灵敏度)。

相对于两步定位,DPE 的主要缺点是增加了计算量。尽管如此,仍可以探索近似、假设和计算的方法,减少计算量。

本章介绍了标准的 GNSS 信号处理,并描述了 DPE 对现存架构的改变。从定性和定量两方面论证了 DPE,给出了理论估计边界。推导得出位置的最大似然误差,获得与流行的 CAF 有许多相似之处的代价函数。本章还对 DPE 的实现以及在其他领域的变体和应用进行了深入的讨论。未来的工作包括设计更有效的方法,以更少的计算成本实现 DPE,并融合来自多源异质信息的原则性方法。

致谢

PauClosas 希望强调,本工作中估计边界有关的内容是与同事 AdriáGusi Amigó 的联合研究成果。格雷斯 X. Gao 声明:本章内容是以她的研究小组中的许多学生论文和陈述为基础,学生包括吴玉亭、朱亚瑟和 Sriramya Bhamidpati。她感谢马修·佩雷蒂奇和斯利拉米娅·巴米蒂帕蒂对本章校订。在 CNS 181534 和 ECS-1845 833 赞助下,Pau Closas 还得到国家科学基金会的支持。

参考文献

[1] P. Closas, C. Fernández-Prades, and J. Fernández-Rubio, "Maximum likelihood estimation of position in GNSS," *IEEE Signal Processing Letters*, vol. 14, no. 5, pp. 359-362, 2007.

[2] P. Closas and A. Gusi-Amigó, "Direct Position Estimation of GNSS Receivers: Analyzing main results, architectures, enhancements, and challenges," *IEEE Signal Processing Magazine*, vol. 34, no. 5, pp. 72-84, 2017.

[3] L. R. Weill, "A high performance code and carrier tracking architecture for ground-based mobile GNSS receivers," in *Proceedings of the 23rd International Technical Meeting of The Satellite Division of the Institute of Navigation (ION GNSS 2010)*, Portland, OR, 2010, pp. 3054-3068.

[4] P. Ward, "The natural measurements of a GPS receiver," in *Proceedings of the 51st Annual Meeting of the Institute of Navigation*, 1995, pp. 67-85.

[5] P. W. Ward, J. W. Betz, and C. J. Hegarty, ch. Satellite signal acquisition, tracking, and data demodulation, *Understanding GPS: Principles and Applications Second Edition*, Artech House, Boston, 2006, pp. 153-240.

[6] B. W. Parkinson and J. J. Spilker, *Progress in Astronautics and Aeronautics: Global Positioning System*, American Institute of Aeronautics and Astronautics, 1996.

[7] P. Misra and P. Enge, *Global Positioning System*, Ganga-Jamuna Press, 2006.

[8] J. J. Spilker Jr, "Vector delay lock loop processing of radiolocation transmitter signals," March 14 1995, US Patent 5,398,034.

[9] J. J. Spilker and B. W. Parkinson, Fundamentals of signal tracking theory, *Progress in Astronautics and Aeronautics: Global Positioning System*, American Institute of Aeronautics and Astronautics, 1996, pp. 245-328.

[10] M. Lashley and D. M. Bevly, "Vector delay/frequency lock loop implementation and analysis," in *Proceedings of the 2009 International Technical Meeting of The Institute of Navigation*, Anaheim, CA, January 2009, 2009, pp. 1073-1086.

[11] S. Bhattacharyya, "Performance and integrity analysis of the vector tracking architecture of GNSS receivers," PhD dissertation, University of Minnesota, 2012.

[12] P. W. Ward, "Performance comparisons between FLL, PLL and a novel FLL-assisted-PLL carrier tracking loop under RF interference conditions," in *Proceedings of the 11th International Technical Meeting of the Satellite Division of The Institute of Navigation (ION GPS 1998)*, Nashville, TN, 1998, pp. 783-795.

[13] P. W. Ward and T. D. Fuchser, "Stability criteria for GNSS receiver tracking loops," *Navigation, Journal of The Institute of Navigation*, vol. 61, no. 4, pp. 293-309, 2014.

[14] P. Axelrad, J. Donna, and M. Mitchell, "Enhancing GNSS acquisition by combining signals from multiple channels and satellites," in *Proceedings of the 22nd International Technical Meeting of The Satellite Division of the Institute of Navigation (ION GNSS 2009)*, 2009, pp. 2617-2628.

[15] A. M. Reuven and A. J. Weiss, "Direct position determination of cyclostationary signals," *Signal Processing*, vol. 89, no. 12, pp. 2448-2464, 2009. [Online]. Available: http://www.sciencedirect.com/science/article/pii/S0165168409001650

[16] J. B.-Y. Tsui, *Fundamentals of Global Positioning System Receivers: A Software Approach*, vol. 173, John Wiley & Sons, 2005.

[17] P. Closas, "Bayesian Signal Processing Techniques for GNSS Receivers: From multipath mitigation to positioning," PhD dissertation, Dept. of Signal Theory and Communications, Universitat Politècnica de Catalunya (UPC), Barcelona, Spain, June 2009.

[18] T. S. Rappaport, *Wireless Communications: Principles and Practice*, Prentice-Hall, 1996.

[19] F. Fontan, M. Vazquez-Castro, C. Cabado, J. Garcia, and E. Kubista, "Statistical modeling of the LMS channel," *IEEE Transactions on Vehicular Technology*, vol. 50, no. 6, pp. 1549-1567, November 2001.

[20] A. V. Oppenheim, A. S. Willsky, and S. H. Nawab, *Signals and Systems*, vol. 2, Prentice-Hall Englewood Cliffs, NJ, vol. 6, no. 7, p. 10, 1983.

[21] M. Irsigler, J. A. Ávila Rodríguez, and G. W. Hein, "Criteria for GNSS multipath performance assessment," in *Proceedings of the ION GPS/GNSS 2005*, Long Beach, CA, September 2005.

[22] W. C. Jakes, *Microwave Mobile Communications*, Wiley, New York, 1974.

[23] J. G. Proakis, *Digital Communications*, 3rd ed. New York: McGraw Hill, 1995.

[24] A. Steingass and A. Lehner, "Measuring Galileo's multipath channel," in *Proceedings of the European Navigation Conference, ENC-GNSS 2003*, Graz, Austria, April 2003.

[25] ——, "Measuring the navigation multipath channel -A statistical analysis," in *Proceedings of the ION GPS/GNSS 2004*, Long Beach, CA, September 2004.

[26] E. Kaplan and C. Hegarty, *Understanding GPS: Principles and Applications*. Artech House, 2005.

[27] E. D. Kaplan (ed.), *Understanding GPS: Principles and Applications*, 2nd Ed., Artech House, 2006.

[28] K. Borre, D. M. Akos, N. Bertelsen, P. Rinder, and S. H. Jensen, *A Software-Defined GPS and Galileo Receiver: A Single-Frequency Approach*, Springer Science & Business Media, 2007.

[29] S. Bancroft, "An algebraic solution of the GPS equations," *IEEE Transactions on Aerospace and Electronic Systems*, vol. 21, no. 7, pp. 56-69, January 1985.

[30] J. Dampf, T. Pany, W. Bär, J. Winkel, C. Stöber, K. Fürlinger, P. Closas, and J. A. Garcia-Molina, "More than we ever dreamed possible: Processor technology for GNSS software receivers in the year 2015," *Inside GNSS*, vol. 10, no. 4, pp. 62-72, 2015.

[31] J. Vilà-Valls, P. Closas, M. Navarro, and C. Fernández-Prades, "Are PLLs dead? A tutorial on Kalman filter-based techniques for digital carrier synchronization," *IEEE Aerospace and Electronic Systems Magazine*, vol. 32, no. 7, pp. 28-45, 2017.

[32] F. S. T. VanDiggelen, *A-GPS: Assisted GPS, GNSS, and SBAS*, Artech House, 2009.

[33] A. J. Weiss, "Direct position determination of narrowband radio frequency transmitters," *IEEE Signal Processing Letters*, vol. 11, no. 5, pp. 513-516, 2004.

[34] A. J. Weiss and A. Amar, "Direct position determination of multiple radio signals," *EURASIP Journal on Advances in Signal Processing*, vol. 2005, no. 1, p. 653549, 2005.

[35] P. Axelrad, B. K. Bradley, J. Donna, M. Mitchell, and S. Mohiuddin, "Collective detection and direct positioning using multiple GNSS satellites," *Navigation, Journal of The Institute of Navigation*, vol. 58,

no. 4, pp. 305-321, 2011.

[36] A. García-Molina and J. A. Fernández-Rubio, "Collective unambiguous positioning with high-order BOC signals," *IEEE Transactions on Aerospace and Electronic Systems*, vol. 55, no. 3, pp. 1461-1473, 2018.

[37] L. Li, J. W. Cheong, J. Wu, and A. G. Dempster, " Improvement to multi-resolution collective detection in GNSS receivers," *The Journal of Navigation*, vol. 67, no. 2, p. 277, 2014.

[38] L. Narula, K. P. Singh, and M. G. Petovello, " Accelerated collective detection technique for weak GNSS signal environment," In 2014 *Ubiquitous Positioning Indoor Navigation and Location Based Service(UPIN-LBS)*, IEEE, 2014, November, pp. 81-89

[39] F. Vincent, E. Chaumette, C. Charbonnieras, J. Israel, M. Aubault, and F. Barbiero, "Asymptotically efficient GNSS trilateration," *Signal Processing*, vol. 133, pp. 270-277, 2017.

[40] T. Pany, Navigation Signal Processing for GNSS Software Receivers, Artech House, 2010.

[41] P. Closas, C. Fernandez-Prades, and J. A. Fernandez-Rubio, "A Bayesian approach to multipath mitigation in GNSS receivers," *IEEE Journal of Selected Topics in Signal Processing*, vol. 3, no. 4, pp. 695-706, Aug 2009.

[42] R. Iltis and L. Mailaender, "An adaptive multiuser detector with joint amplitude and delay estimation," *IEEE Journal on Selected Areas in Communications*, vol. 12, no. 5, pp. 774-785, June 1994.

[43] A. Amar and A. J. Weiss, "New asymptotic results on two fundamental approaches to Mobile Terminal Location," in *Proceedings of the 3rd International Symposium on Communications, Control and Signal Processing*, IEEE, March 2008, pp. 1320-1323.

[44] P. Closas, C. Fernández-Prades, and J. A. Fernández-Rubio, "Direct position estimation approach outperforms conventional two-steps positioning," *Proceedings of EUSIPCO '09*, August 2009.

[45] P. Closas, C. Fernandez-Prades, and J. A. Fernandez-Rubio, "Cramér-Rao bound analysis of positioning approaches in GNSS receivers," *IEEE Transactions on Signal Processing*, vol. 57, no. 10, pp. 3775-3786, October 2009.

[46] A. Gusi-Amigó, P. Closas, A. Mallat, and L. Vandendorpe, "Cramér-Rao bound analysis of UWB based localization approaches," in *Ultra-Wideband(ICUWB), 2014 IEEE International Conference on*, 2014.

[47] ——, "Ziv-Zakai bound for direct position estimation," *Navigation*, vol. 65, no. 3, pp. 463-475, Dec 2018.

[48] D. Chazan, M. Zakai, and J. Ziv, " Improved lower bounds on signal parameter estimation," *IEEE Transactions on Information Theory*, vol. 21, no. 1, pp. 90-93, 1975.

[49] K. Bell, Y. Steinberg, Y. Ephraim, and H. Van Trees, "Extended Ziv-Zakai lower bound for vector parameter estimation," *Information Theory, IEEE Transactions on*, vol. 43, no. 2, pp. 624-637, March 1997.

[50] R. D. J. V. Nee, J. Siereveld, P. C. Fenton, and B. R. Townsend, "Synchronization over rapidly time-varying multi-path channels for cdma downlink receiver in time-division mode," *IEEE Trans. on Vehicular Technology*, vol. 56, no. 4, pp. 2216-2225, July 2007.

[51] J. Ziv and M. Zakai, "Some lower bounds on signal parameter estimation," *IEEE Transactions on Information Theory*, vol. 15, no. 3, pp. 386-391, 1969.

[52] A. Gusi-Amigó, "Bounds on the accuracy of ultra-wideband based positioning," PhD dissertation, Université Catholique de Louvain, Louvain-la-Neuve, Belgium, July 2015.

[53] S. M. Kay, *Fundamentals of Statistical Signal Processing: Estimation Theory*, Prentice-Hall, Englewood Cliffs, New Jersey, USA, 1993.

[54] P. Closas, C. Fernández-Prades, and J. Fernández-Rubio, " Maximum likelihood estimation of position in GNSS," *IEEE Signal Processing Letters*, vol. 14, no. 5, pp. 359-362, 2007.

[55] P. Closas, C. Fernández-Prades, A. J. Fernández, M. Wis, G. Veccione, F. Zanier, J. Garcia-Molina, and

M. Crisci, "Evaluation of GNSS Direct Position Estimation in Realistic Multipath Channels," in *in Proceedings of the ION GNSS 2015*, Tampa, Florida (USA), September 2015.

[56] P. Closas, A. Gusi-Amigó, and J. Blanch, "Integrity measures in direct-positioning," in *Proceedings of the ION GNSS+2017*, Portland, Oregon, September 2017.

[57] P. Closas, C. Fernández-Prades, and J. Fernández-Rubio, "On the maximum likelihood estimation of position," in *Proceedings of the 19th International Technical Meeting of the Satellite Division of The Institute of Navigation (ION GNSS 2006)*, Fort Worth, TX, 2006, pp. 1800–1810.

[58] A. Amar and A. J. Weiss, "Localization of narrowband radio emitters based on Doppler frequency shifts," *IEEE Transactions on Signal Processing*, vol. 56, no. 11, pp. 5500–5508, November 2008.

[59] Y. Ng, "Improving the robustness of GPS direct position estimation," Master's thesis, University of Illinois at Urbana-Champaign, 2016.

[60] B. Bradley, P. Axelrad, J. Donna, and S. Mohiuddin, "Performance analysis of collective detection of weak GPS signals," in *Proceedings of the 23rd International Technical Meeting of The Satellite Division of the Institute of Navigation (ION GNSS 2010)*, Portland, OR, 2010, pp. 3041–3053.

[61] P. C. Gómez, "Bayesian signal processing techniques for GNSS receivers," PhD dissertation, Universitat Politecnica de Catalunya, 2009.

[62] J. W. Cheong, J. Wu, A. G. Dempster, and C. Rizos, "Efficient implementation of collective detection," in *IGNSS symposium*, 2011, pp. 15–17.

[63] ——, "Assisted-GPS based snap-shot GPS receiver with FFT-accelerated collective detection: Time synchronization and search space analysis," in *Proceeding of the 2012 International Technical Meeting of the Satellite Division of the Institute of Navigation*, 2012.

[64] J. Liu, X. Cui, M. Lu, and Z. Feng, "A direct position tracking loop for GNSS receivers," in *Proceedings of the 24th International Technical Meeting of The Satellite Division of the Institute of Navigation (ION GNSS 2011)*, Portland, OR, 2011, pp. 3634–3643.

[65] ——, "Direct position tracking loop based on linearised signal model for global navigation satellite system receivers," *IET Radar, Sonar & Navigation*, vol. 7, no. 7, pp. 789–799, 2013.

[66] F. D. Nunes, J. M. S. Margal, and F. M. G. Sousa, "Low-complexity VDLL receiver for multi-GNSS constellations," in *Proceedings of 5th ESA Workshop on Satellite Navigation Technologies and European Workshop on GNSS Signals and Signal Processing (NAVITEC 2010)*, December 2010, pp. 1–8.

[67] T. H. Cormen, C. E. Leiserson, R. L. Rivest, and C. Stein, *Introduction to Algorithms*, MIT press, Cambridge MA, 1990.

[68] P. Closas, C. Fernández-Prades, and J. Fernández-Rubio, "ML estimation of position in a GNSS receiver using the SAGE algorithm," in *Proceedings of IEEE International Conference on Acoustics, Speech and Signal Processing-ICASSP '07*, vol. 3, April 2007, pp. III-1045-III-1048.

[69] JS. Bhamidipati and G. X. Gao, "Multi-receiver GPS-based direct time estimation for PMUs," in *ION GNSS+2016*, Portland, OR, 2016.

[70] P. Closas and C. Fernández-Prades, "Bayesian nonlinear filters for direct position estimation," in *Proceedings of IEEE Aerospace Conference*, Big Sky, MT, IEEE, 2010, pp. 1–12.

[71] Y. Ng and G. X. Gao, "Mitigating jamming and meaconing attacks using direct GPS positioning," in *Proceedings of IEEE/ION PLANS 2016*, Savannah, GA, IEEE/ION, 2016, pp. 1021–1026.

[72] J. Dampf, K. Frankl, and T. Pany, "Optimal particle filter weight for Bayesian direct position estimation in a GNSS receiver," *Sensors*, vol. 18, no. 8, p. 2736, 2018.

[73] K. Strandjord, P. Axelrad, D. Akos, S. Mohiuddin, "Improved urban navigation with direct positioning and

specular matching," *Proceedings of the 2020 International Technical Meeting of The Institute of Navigation*, San Diego, California,. 2020/1, pp. 787-800

[74] T. Lin, J. T. Curran, C. O'Driscoll, and G. Lachapelle, "Implementation of a navigation domain GNSS signal tracking loop," in *Proceedings of the 24th International Technical Meeting of The Satellite Division of the Institute of Navigation (ION GNSS 2011)*, Portland, OR, 2011, pp. 3644-3651.

[75] R. E. Kalman, "A new approach to linear filtering and prediction problems," *Journal of Basic Engineering*, vol. 82, no. 1, pp. 35-45, 1960.

[76] R. E. Kalman et al., "Contributions to the theory of optimal control," *Boletín de la Sociedad Matemática Mexicana*, vol. 5, no. 2, pp. 102-119, 1960.

[77] P. Closas, C. Fernández-Prades, and J. Fernández-Rubio, "Bayesian direct position estimation," in *Proceedings of the 21st International Technical Meeting of the Satellite Division of The Institute of Navigation (ION GNSS 2008)*, Savannah, GA, 2008, pp. 183-190.

[78] D. Simon and T. L. Chia, "Kalman filtering with state equality constraints," *IEEE Transactions on Aerospace and Electronic Systems*, vol. 38, no. 1, pp. 128-136, Jan 2002.

[79] F. D. Busse, J. P. How, and J. Simpson, "Demonstration of adaptive extended Kalman filter for low-earth-orbit formation estimation using CDGPS," *Navigation, Journal of The Institute of Navigation*, vol. 50, no. 2, pp. 79-93, 2003.

[80] Mathworks. (2015, jun) State estimation using time-varying kalman filter. [Online]. Available: http://www.mathworks.com/help/control/getstart/estimating-states-of-time-varying-systems-using-kalman-filters.html

[81] Y. Ng and G. X. Gao, "Computationally efficient direct position estimation via low duty-cycling," in *Proceedings of the Institute of Navigation GNSS+conference (ION GNSS+2016)*, Portland OR, September 2016.

[82] J. Merrill, "Patriot watch vigilance safeguarding America," in *Presentation Telcordia-NIST-ATIS Workshop Synchronization Telecommun. Syst. (WSTS'12)*, 2012.

[83] M. G. Amin, P. Closas, A. Broumandan, and J. L. Volakis, "Vulnerabilities, threats, and authentication in satellite-based navigation systems [scanning the issue]," *Proceedings of the IEEE*, vol. 104, no. 6, pp. 1169-1173, June 2016.

[84] R. T. Ioannides, T. Pany, and G. Gibbons, "Known vulnerabilities of global navigation satellite systems, status, and potential mitigation techniques," *Proceedings of the IEEE*, vol. 104, no. 6, pp. 1174-1194, 2016.

[85] E. G. Agency, "GNSS Market Report," GSA, Prague, Czech Republic, Tech. Rep., May 2017.

[86] Y. Ng and G. X. Gao, "Robust GPS-based direct timing estimation for PMUs," in *Proceedings of IEEE/ION PLANS 2016*, Savannah, GA, IEEE/ION, 2016, pp. 472-476.

[87] A. Chu and G. X. Gao, "GPS multi-receiver direct position estimation for aerial applications," *IEEE Transactions on Aerospace and Electronic Systems.* vol. 56, no. 1, pp. 249-262, February 2020.

[88] S. Bhamidipati and G. X. Gao, "GPS spoofer localization for PMUs using multi-receiver direct time estimation," in *ION GNSS+2017*, Portland, OR, 2017.

[89] Y. Ng and G. X. Gao, "Joint GPS and vision direct position estimation," in Proceedings of IEEE/ION PLANS 2016, Savannah, GA, IEEE/ION, 2016, pp. 380-385.

[90] Google Inc. (2016, January) Google Maps. [Online], Available: https://www.google.com/maps/

[91] Google Developers. (2016, January) Google Street View Image API. [Online], Available: https://developers.google.com/maps/documentation/streetview/

[92] M. A. Fischler and R. C. Bolles, "Random sample consensus: a paradigm for model fitting with applications to

image analysis and automated cartography," *Communications of the ACM*, vol. 24, no. 6, pp. 381–395, 1981. [Online]. Available: http://doi.acm.org/10.1145/358669.358692

[93] M. Salarian, A. Manavella, and R. Ansari, "Accurate localization in dense urban area using Google Street View images," in *SAI Intelligent Systems Conference (IntelliSys)*, 2015, IEEE, 2015, pp. 485–490.

[94] A. R. Zamir and M. Shah, "Accurate image localization based on Google Maps Street View," in *Proceedings of 11th European Conference on Computer Vision (ECCV 2010)*. Springer Berlin Heidelberg, 2010, pp. 255–268.

[95] E. Rublee, V. Rabaud, K. Konolige, and G. Bradski, "ORB: An efficient alternative to SIFT or SURF," in *2011 IEEE International Conference on Computer Vision (ICCV)*, November 2011, pp. 2564–2571.

[96] R. Hartley and A. Zisserman, *Multiple View Geometry in Computer Vision*, vol. 23, no. 2, Cambridge University Press, 2005.

[97] T. Sattler, B. Leibe, and L. Kobbelt, "Fast image-based localization using direct 2D-to-3D matching," in *2011 IEEE International Conference on Computer Vision (ICCV)*, November 2011, pp. 667–674.

[98] Z. Wang, A. C. Bovik, H. R. Sheikh, and E. P. Simoncelli, "Image quality assessment: From error visibility to structural similarity," *IEEE Transactions on Image Processing*, vol. 13, no. 4, pp. 600–612, 2004.

本章相关彩图,请扫码查看

第22章 基于多径和非视距导航信号下的定位鲁棒性

Gary A. McGraw[1], Paul D. Groves[2]
[1] 柯林斯航空航天公司, 美国
[2] 伦敦大学学院, 英国
[3] 美国航空航天局, 美国

22.1 概述

GNSS 信号可能会被附近的物体阻挡或反射,比如建筑物、墙壁和车辆,也可以被地面和水反射,这些影响是城市环境中 GNSS 定位误差的主要来源。当从发射机到接收机的直接路径被遮挡,接收机只能通过反射路径接收信号时,就会发生多径干扰。顾名思义,当信号通过多个路径(一个或多个反射路径)到达接收机时,就会发生多径干扰,见图 22.1。在 GNSS 定位中,经常将非视距接收归类为多径,然而,二者效果是不一样的,它们的误差特性也完全不同。因为反射路径总是比直接路径长,非视距接收导致一个与信号和接收机设计无关的正的测距误差。相比之下,多径干扰的相干特性会产生正误差或负误差,这些误差随信号和接收机设计[1]而变化。

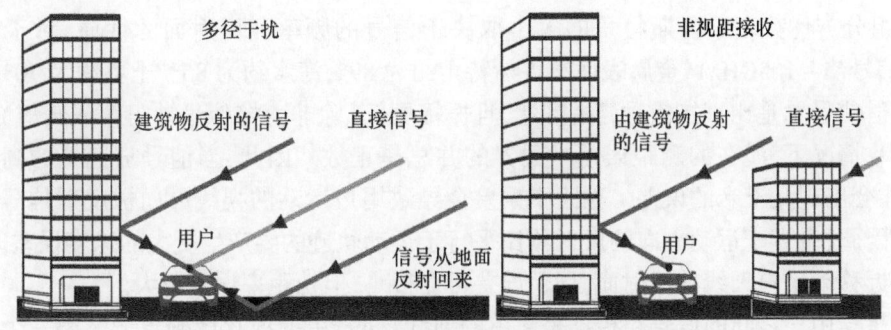

图 22.1 多径干扰和非视距接收

由于它们的误差特性不同,解决非视距和多径干扰通常需要不同的技术,尽管有些技术两者均适用。天线设计和先进的接收机信号处理技术可以大大减少多径误差,除非使用天线阵列,否则非视距接收只能使用接收机的载噪比测量检测,并且在定位算法中消除。一些非视距消除技术也可用于对抗严重的多径干扰。多径干扰(不包括非视距接收),可以通过比较或结合码和载波测量值,比较来自不同频率的伪距和载噪比和分析伪距和载噪比随时间变化的测量以减少影响。

22.2 节描述了反射和衍射信号的特性以及如何产生非视距和多径误差。22.3 节描述了如何使用先进的接收机设计和信号处理技术来减少多径误差,包括天线设计考虑、信号相关处理和自适应天线阵列处理。22.4 节介绍了载波平滑伪距技术,这是一种减少伪距噪声和多径的技术。22.5 节描述了基于实时导航中非视距和多径消除技术,如基于载噪比检测和加权、离群值检测和其他传感器辅助技术。22.6 节描述了通过分析 GNSS 测量数据的时间序列来进行后处理的高精度定位的多径消除技术。22.7 节描述了三维地图辅助(3DMA)的 GNSS,通过使用三维地图分析哪个信号在哪个位置是非视距,以此提高密集城市环境中实时定位的可行性,可以用增强传统基于伪距的定位算法和实现阴影匹配,是一种互补的 GNSS 定位技术,通过比较来自几颗卫星预测和测量的载噪比来确定位置。

22.2 反射信号、非视距接收和多径干扰的特征

22.2.1 多径/非视距信号特性

对于陆地应用,大多数 GNSS 信号反射发生在周围环境中,如地面、建筑物、车辆或树木。在空中、海上和太空应用中,载体自身的反射更为常见。低仰角信号比高仰角信号更容易被垂直的表面反射所接收。当反射面较信号波长粗糙(GNSS 波长约为 0.2m)时,会发生散射,导致微弱信号向许多不同方向反射。在 GNSS 接收机中,散射信号通常表现为附加噪声。当反射面光滑且足够大时,会发生镜面反射,即强信号以与直接信号在反射面入射角相等且相反的角度反射。

GNSS 信号为右旋圆极化(RHCP),镜面反射从表面垂直入射,会导致反射信号为左旋圆极化(LHCP),从其他入射角入射时,极化是混合的。随着入射角的增大,反射信号的 LHCP 分量减小,RHCP 分量增大。对于布鲁斯特角,这两个组分是相等的,更大的角度,RHCP 组分占优势。布鲁斯特角的大小取决于信号的频率和反射面的性质,对于 L 波段 GNSS 信号(1~1.5GHz),金属表面布鲁斯特角约为 89°,海水约为 85°,土壤约为 70°[2-3]。

反射信号总是比直接信号延迟到达,且振幅更低(除非直接信号被阻塞或衰减)。在非视距接收情况下,潜在的测距误差是无界的并总是正数。因此,当信号被远处的高楼反射时,可能会出现几千米的误差。伪距率误差会导致用户运动的视线方向被反射信号的物体反射。因此,垂直于运动方向的反射器比平行于运动轨迹的要产生更大的速度误差。同时,对于靠近移动用户天线的反射面,伪距误差可能很小,但伪距率误差很大。

卫星与用户之间的信号路径不是简单的射线,而是由菲涅耳区确定的。第一个菲涅耳区定义为信号在传播路径上相位差小于半个周期的区域,是信号与路径中物体相互作用的有效信号足迹的半径。对于反射几何图形,发射机距离接收天线和反射面都相当远,如 GNSS 信号的情况,第一菲涅耳区可以近似 $\sqrt{r\lambda_L}$,其中 r 为物体到用户天线的距离,λ_L 为载波波长[4]。物体在这个尺度上的不规则性将影响反射或衍射信号的特性。当信号被障碍物部分阻挡时,就会发生衍射,与物体相互作用的信号部分以不同的方向和不同的相移重新辐射能量,从而干扰通过物体的部分,使信号的路径弯曲,产生干涉交替带。随着信号绕过

障碍物时的弯曲角度增加,该衍射图案的最大和最小状况差异会减小,当弯曲高达 $5°^{[5]}$ 时,接收可用的 GNSS 信号,衍射信号会延迟,但通常只有分米级,因为强信号的路径上发生散射,只轻微偏离了直接路径。

接收机端,每个反射信号都可以用一个相对振幅 α_i 来描述,范围为 Δ_i,载波相位偏格 ϕ_i,载波频率偏移 δf_i。第 i 个反射信号的相对振幅为

$$\alpha_i = \sqrt{\frac{G_i R_i k_i}{G_0 R_0 k_0}} \tag{22.1}$$

式中:G_i 和 G_0 分别为天线在第 i 个信号和最强信号方向上的增益;R_i 和 R_0 为反射系数;k_i 和 k_0 为路径衰减系数,大多情况下,路径衰减系数约为 1。当最强的信号是直接信号时,$R_0 = 1$。对于反射信号,反射系数取决于反射面的性质。平静的水、金属和金属化玻璃可以产生特别强烈的镜面反射,反射系数为 0.5~0.7,砖、石和混凝土的反射系数通常较低。

天线增益是信号在天线处的入射角和极化的函数。在实践中,增益也可能随方位角的变化而变化。典型的 GNSS 天线在信号正入射时的增益为 1.6~2.5(2~4dB)。当入射角大于 75°时,增益通常小于 1。对于水平安装的天线,75°入射角对应于 15°仰角的卫星信号。将天线放置于地面可以显著衰减来自天线平面以下的信号,减少地面反射的影响。固定点通常使用特殊的天线设计,如抑制低仰角(即高入射)信号的扼流环天线。

GNSS 天线通常设计为对 RHCP 信号有更高的增益,LHCP 信号的增益大约为 RHCP 增益的 1/10(10dB)。极化分辨率随着入射角的增大而减小,使平行于天线平面入射信号的 LHCP 和 RHCP 增益相同。一个 RHCP GNSS 天线对来自侧面的线极化信号是有效的。

相反,手机天线为了最小尺寸,通常是线性极化的。这些天线完全不提供极化分辨率,因此智能手机接收机更易受到多径干扰和接收 NLOS 信号。此外,沿偶极子天线轴的视线信号会被显著衰减,有时会导致反射信号比直接信号强。

路径延迟是反射信号与从卫星到接收机的直接距离相比所经过的额外距离。图 22.2 给出了直接信号、建筑物反射和地面反射信号。对于建筑物反射信号,区间滞后是 $\Delta_i = a + b$,地面反射信号为 $\Delta_i = e - g$。$\delta_i = \Delta_i / \lambda_C$,$\lambda_C$ 为码片长度,相位偏移量由文献[6]给出。

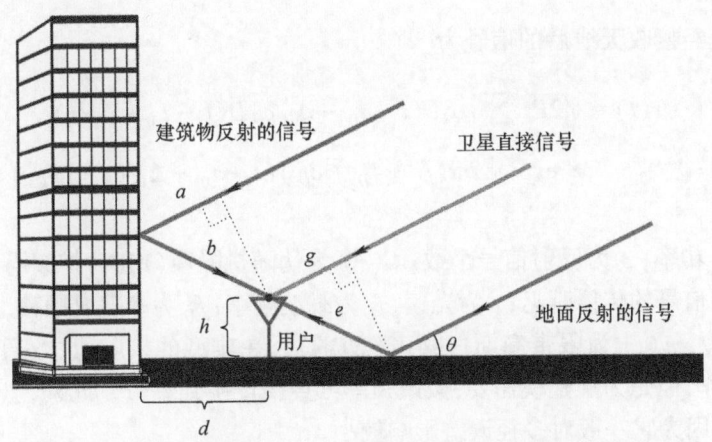

图 22.2 多径干扰场景下的直接、建筑物反射和地面反射信号路径

$$\phi_i = \left(\frac{2\pi\Delta_i}{\lambda_L} + \phi_{Ri}\right)\text{MOD}2\pi \tag{22.2}$$

式中：λ_L 为载波波长；MOD 运算符给出除 2π 后的余数；ϕ_{R_i} 为反射时的相移，在入射角小于布鲁斯特角的情况下，为 π 弧度。直接信号载波频率的频率偏移量为

$$\delta f_i = \frac{1}{2\pi}\frac{\partial \phi_i}{\partial t} = \frac{\partial}{\partial t}\left(\frac{\Delta_i}{\lambda_L} + \frac{\phi_{Ri}}{2\pi}\right) \tag{22.3}$$

在建筑物反射信号的情况下，距离滞后是 $\Delta_i = 2d\cos\theta$，其中 θ 为卫星仰角，d 为天线到反射建筑物的距离，得到的多径衰落频率为

$$\delta f_i = \left(\frac{2}{\lambda_L}\cos\theta\right)\frac{\partial d}{\partial t} - \left(\frac{2d}{\lambda_L}\sin\theta\right)\frac{\partial \theta}{\mathrm{d}t} \tag{22.4}$$

对于地面反射信号，距离滞后是 $\Delta_i = 2h\sin\theta$，得到的多径衰落频率为

$$\delta f_i = \left(\frac{2}{\lambda_L}\sin\theta\right)\frac{\partial h}{\partial t} + \left(\frac{2h}{\lambda_L}\cos\theta\right)\frac{\partial \theta}{\partial t} \tag{22.5}$$

因此，多径衰落频率是反射面距离（d 或 h）以及距离变化率的函数。在如图 22.2 所示的两种多径情况下，d 和 h 对合成衰落频率的相对影响与它们的相对强度成反比，更为详细的信息参见文献[7]。

虽然这是一个简化的场景，但可以得出一些有用的结论。例如，对于地面反射的固定天线，如果 $h = 1\text{m}$，$\partial\theta/\partial t$ 约为 $180(°)/6\text{h}$（约 0.15mr/s），那么低仰角的多径衰落频率约为 1.5mHz。然而，如果天线以 1m/s 的速度垂直于反射面移动，如一辆车从停车位后退，$2(\partial d/\partial t)/\lambda_L$ 大约是 10Hz 的量级。垂直运动速度为 10m/s 量级时，δf_i 约为几十赫兹，衰减频率远远大于 10Hz，通常超过载波跟踪环路带宽，出现更多的是噪声而不是与天线环境几何相关的误差源。车辆在高速公路上行驶时，静止物体的多径通常是微不足道的，但在走走停停的交通中，多径是个问题。当反射面相对天线静止时，更应考虑多径，就像固定的地面装置、航空器或飞机出现在车辆天线附近时那样。

22.2.2 接收机信号建模

GNSS 信号经接收天线后的信号为[6,8-9]

$$\begin{aligned}r(t) = \sqrt{2P} \sum_{i=0}^{n} &\{\alpha_i C(t - t_0 - \Delta_i/c)D(t - t_0 - \Delta_i/c) \\ &\times \exp(j[2\pi(f_L + f_D + \delta f_i)(t - t_0 - \Delta_i/c) + \phi_i])\} + w(t)\end{aligned} \tag{22.6}$$

式中：P 为信号功率；n 为反射信号个数；$C(\cdot)$ 为伪随机噪声（PRN）扩频码；$D(\cdot)$ 为下行数据；t_0 为直接信号的传播延迟；c 为光速；f_L 为载波频率；f_D 为多普勒频移；ϕ_0 为直接信号分量的载波相位；$w(t)$ 为限带高斯白噪声（WGN）。在典型的接收机中，通常有一个中频（IF）的混频操作，但是为了建模需要，假设频率可直接转换到基带。此外，忽略公式（22.6）中的导航数据，因为它一般对多径误差影响较小。

在理想的 GNSS 接收机中（图 22.3），输入信号通过同相和正交数字控制振荡器（NCO）将信号 s 转换为基带 $s_{\text{NCO}}(t)$，然后与早、即时、晚复制码信号分别相关，得到 s_E、s_P、s_L：

$$s_{\text{NCO}}(t) = \exp(-j[2\pi(f_L + \hat{f}_D)t + \hat{\varphi}])$$
$$s_P(t) = C(t - \hat{t}_0), s_E(t) = C(t + \mathrm{d}T_C - \hat{t}_0)$$
$$s_L(t) = C(t - \mathrm{d}T_C - \hat{t}_0) \tag{22.7}$$

式中：d 为早-即时码和即时-晚码相关器间距（码片）；$\hat{t}_0$、$\hat{f}_D$ 和 $\hat{\varphi}$ 均为估计量。假定相关过程包括噪声功率归一化的自动增益控制（AGC）和相干预检测积分间隔（T_{PDI}）。

当存在多径干扰时，合成信号如式（22.6）所示，累积相关器输出为[6,8-10]

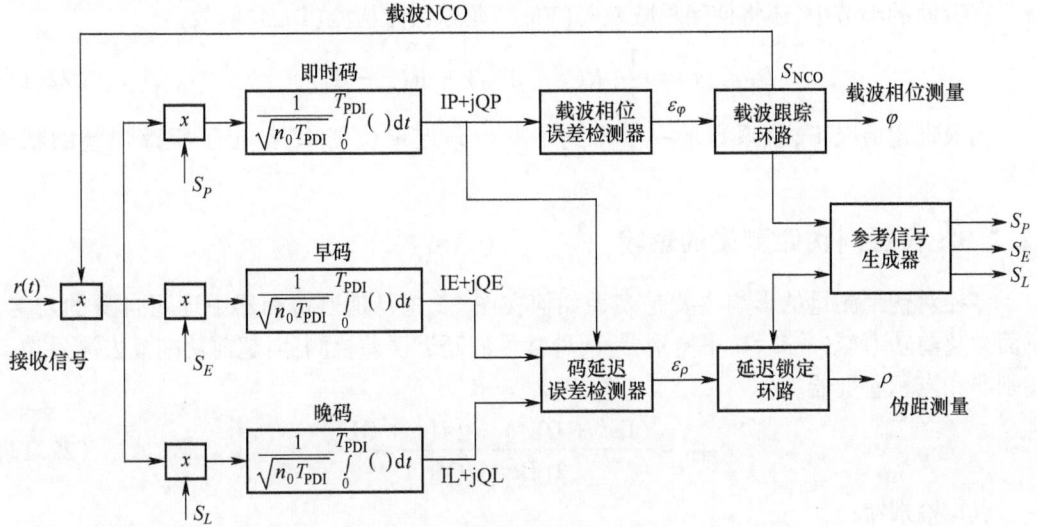

图 22.3 接收机信号处理框图

$$\begin{cases} IE = \sqrt{2(c/n_0)T_{\text{PDI}}} \sum_{i=0}^{n} [\alpha_i R(\tau - \delta_i T_C + \mathrm{d}T_C)\operatorname{sinc}(\pi(\delta f + \delta f_i)T_{\text{PDI}})\cos(\delta\varphi + \varphi_i)] + w_{\text{IE}} \\ IP = \sqrt{2(c/n_0)T_{\text{PDI}}} \sum_{i=0}^{n} [\alpha_i R(\tau - \delta_i T_C)\operatorname{sinc}(\pi(\delta f + \delta f_i)T_{\text{PDI}})\cos(\delta\varphi + \phi_i)] + w_{\text{IE}} \\ IL = \sqrt{2(c/n_0)T_{\text{PDI}}} \sum_{i=0}^{n} [\alpha_i R(\tau - \delta_i T_C - \mathrm{d}T_C)\operatorname{sinc}(\pi(\delta f + \delta f_i)T_{\text{PDI}})\cos(\delta\varphi + \phi_i)] + w_{\text{IL}} \\ QE = \sqrt{2(c/n_0)T_{\text{PDI}}} \sum_{i=0}^{n} [\alpha_i R(\tau - \delta_i T_C + \mathrm{d}T_C)\operatorname{sinc}(\pi(\delta f + \delta f_i)T_{\text{PDI}})\sin(\delta\varphi + \phi_i)] + w_{\text{QE}} \\ QP = \sqrt{2(c/n_0)T_{\text{PDI}}} \sum_{i=0}^{n} [\alpha_i R(\tau - \delta_i T_C)\operatorname{sinc}(\pi(\delta f + \delta f_i)T_{\text{PDI}})\sin(\delta\varphi + \phi_i)] + w_{\text{QP}} \\ QL = \sqrt{2(c/n_0)T_{\text{PDI}}} \sum_{i=0}^{n} [\alpha_i R(\tau - \delta_i T_C - \mathrm{d}T_C)\operatorname{sinc}(\pi(\delta f + \delta f_i)T_c)\sin(\delta\varphi + \phi_i)] + w_{\text{QL}} \end{cases}$$

(22.8)

式中：I、Q 分别为同相、正交；E、P、L 分别为早、即时、晚码；c/n_0 为载波功率与噪声密度比（非分贝形式）；$R(\cdot)$ 为 PRN 序列的自相关函数；$\tau = \hat{t}_0 - t_0$ 为码跟踪误差（s）；δf 为载频跟踪误差；$\delta\varphi$ 为载波相位跟踪误差；在不失一般性的前提下，假设 AGC 对 I/Q 噪声项进行归一化处理，w_{IE}、w_{IP}、w_{IL}、w_{QE}、w_{QP} 和 w_{QL} 的均值都为 0、方差都为 1。注意：

$$\text{sinc}(\theta) = \begin{cases} \sin\theta/\theta & (\theta \neq 0) \\ 1 & (\theta = 0) \end{cases} \tag{22.9}$$

有关 GNSS 接收机信号处理的更多细节，请参见本卷第 14 章和第 15 章，以及文献[6,8-11]或文献[12]。对于理想的 PRN 码，自相关函数为

$$R(\tau) = E\{C(t)C(t-\tau)\} = \begin{cases} 1 - |\tau/T_C| & (|\tau| < T_C) \\ 0 & (|\tau| \geq T_C) \end{cases} \tag{22.10}$$

在后面的小节中，还将使用早减晚码（EML）延迟锁定检测（DLD）函数：

$$D_{\text{EML}}(\tau) = \frac{1}{2}[R(\tau + dT_C) - R(\tau - dT_C)] \tag{22.11}$$

无限带宽情况下，该系数的一半得到了原点附近单位斜率，给出了跟踪误差的精确测量。

22.2.3 多径对伪距测量的影响

多径对伪距测量的影响主要是多径如何在图 22.3 码延迟检测器中证明自身的功能。下面为超前功率减去滞后功率鉴别器：两种常见的延迟误差检测器：超前功率减去滞后功率鉴别器和点积鉴别器。

$$\varepsilon_{\text{ELP}} = \frac{(\text{IE}^2 + \text{QE}^2) - (\text{IL}^2 + \text{QL}^2)}{2(\text{IP}^2 + \text{QP}^2)} \tag{22.12}$$

点积鉴别器：

$$\varepsilon_D = \frac{\text{ID}_{\text{EML}} \cdot \text{IP} - \text{QD}_{\text{EML}} \cdot \text{QP}}{\text{IP}^2 + \text{QP}^2}$$

$$\text{ID}_{\text{EML}} = (\text{IE} - \text{IL})/2, \text{QD}_{\text{EML}} = (\text{QE} - \text{QL})/2 \tag{22.13}$$

图 22.4(a) 显示了一个理想的 BPSK 信号在单个相对振幅为 α 的干扰信号作用下的直接信号、反射信号和组合信号的自相关函数，$\alpha_m = 0.4$，路径延迟 $\delta_m = 0.125$ 码片，相位偏移量 ϕ_m 为 0° 和 180°，相关器间距为 $d = 0.25$ 码片。使用归一化时间对偏移 $\bar{\tau} = \tau/T_C$ 进行绘图，以使结果与 PRN 码片速率无关。从中可以看出，多径干扰使相关函数的形状发生了畸变。传统的码跟踪环是通过调整接收机产生码的相位来使超前和滞后通道的信号功率相等，因此，如果多径干扰是非对称的，就会产生码跟踪误差，从而产生伪距测量误差。图 22.4(b) 给出了与图 22.4(a) 情况相对应的式(22.11)的 EML 检测器函数。从中可以看出，直接加多径情况下的零交叉点与正常的直接情况有偏差。

假设多径衰落频率在延迟锁定环（DLL）码跟踪带宽内，确定码多径误差涉及计算延迟误差检测器 $\varepsilon_\rho = 0$ 的地方，用直接和多径信号分量计算式(22.12)或式(22.13)，对于无限带宽和单个干扰信号的情况，可以很容易地得到解析解。对于点积鉴别器式(22.13)，可以通过求解来完成：

$$D_{\text{EML}}(\bar{\tau}) - \alpha_1 D_{\text{EML}}(\bar{\tau} - \delta_1)\cos\phi_1 = 0 \tag{22.14}$$

由多径引起的伪距误差通过式(22.14)的解为 $\delta\rho_M = \bar{\tau}T_C$。例如，对于短的多径延迟，如 $|\bar{\tau} - \delta_1| < d$，式(22.14)可转化为

$$\delta\rho_M = \frac{-\alpha_1\cos\phi_1}{1-\alpha_1\cos\phi_1}, \delta_1 T_C = \frac{-\alpha_1\cos\phi_1}{1-\alpha_1\cos\phi_1}\Delta_1 \tag{22.15}$$

在这种情况下,可以看出伪距误差与多径延迟和幅值成正比。点积鉴别器通过解算式(22.14)得到 $\phi_1 = 0$ 和 π 误差的上下限。BPSK 码调制解算的边界如图 22.5 所示。该图还显示了图 22.4(b)中指定相关器间距时的误差,以及通过计算式(22.14)结果 δ_1 值的平均值获得的多径偏差,其中 $-\pi < \phi_1 \leq \pi$。

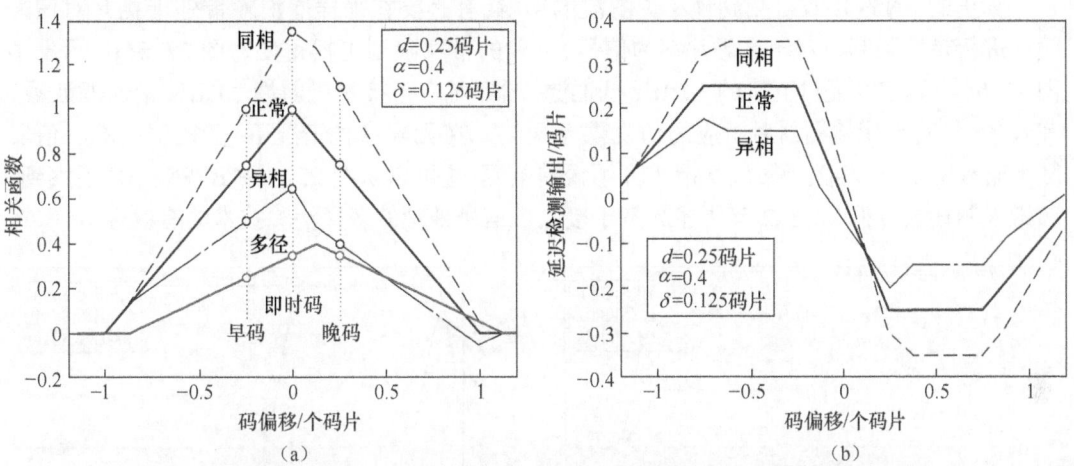

图 22.4 受主动和被动多径干扰下 BPSK GNSS 信号的相关函数和延迟检测器函数
($d = 0.25$ 码片;$\alpha_1 = 0.4$;$\delta_1 = 0.125$ 码片;忽略相关前带宽限制)
(a)多路径相关函数;(b)多路径 EML 检测函数。

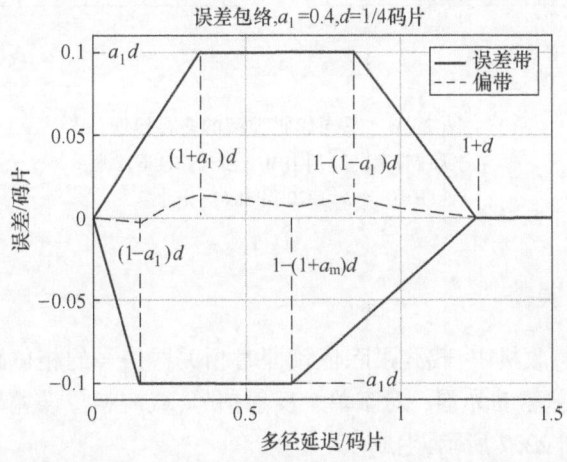

图 22.5 BPSK 信号的多径误差包络和多径偏差以及单个多径信号的 EML 跟踪(忽略预相关带宽限制)

如图 22.5 所示,最大的绝对多径误差为 $a_1 d$,因此相关器间距越窄,导致跟踪误差越小,这是窄相关接收机设计[9]的优势之一。对于理想的 PRN 码,多径误差在 $\delta_1 > 1+d$ 时为 0;然而,对于自相关峰副瓣不可忽略的情况,可能存在较小的残差[4,13]。在任何给定情况下,码多径误差落在图 22.5 所示的边界,并以上面讨论的直接和反射信号几何构型的变化率所确定的频率振荡。当多径衰落频率增加到超过载波跟踪环能力时,码多径误差收敛到图22.5所示的偏差水平。

高码片率信号和低码片率信号相比,不容易受到多径干扰,因为反射信号影响相关峰的距离Δ滞后必须更小。图22.6(a)比较了三种不同调制类型BPSK(1)、BPSK(10)和二进制偏移载波BOC(1,1)的码多径误差包络,假设带宽为无限,可以看出,BPSK(10)信号对长时延多径有更好的抵抗能力。然而,在许多高精度应用中,短延迟多径(路径延迟小于0.1码片BPSK(1),对于C/A码为29.3m)是主要的误差来源,所有的码类型都有相似的误差。

真正的GNSS接收机受到预相关滤波的影响,有必要在采样前消除带外干扰并对信号频谱进行带宽限制。对于高码片率的信号,发射的带宽限制也很重要。图22.6(b)示出了图22.6(a)码信号经过五阶的10MHz低通滤波器(对应于接收机前端20MHz带通滤波器)和式(22.13)点积检测器后对应的仿真误差包络。在无限带宽情况下,多径误差的峰值实际上略有降低,但相关函数的扩展扩大了误差范围,这可以从图22.6中BPSK(10)观察到。频带限制还会降低22.3.2节所述的基于接收机信号处理的多径消除技术的有效性。

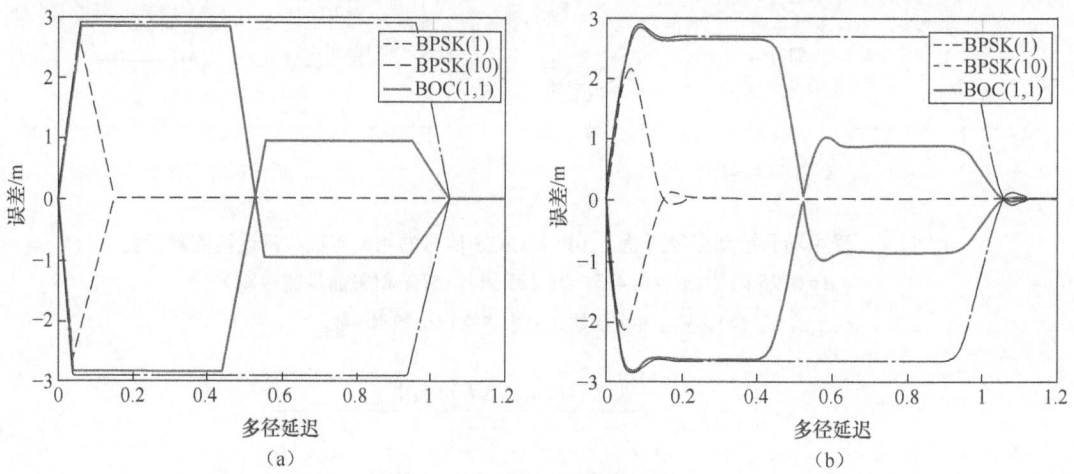

图22.6 不同代码类型的多径错误
(a)无线带宽;(b)用10MHz低通滤波器滤波。
($a=0.2, d=1/20$ BPSK(1)码片。)

22.2.4 载波多径误差

在大多数GNSS接收机中,载波跟踪依赖即时相关器信号的相位跟踪误差测量。载波跟踪环试图将跟踪误差驱动为零。对于单个反射信号,载波相位误差可用一个简单的信号相量模型来确定,如图22.7所示,生成

$$\delta\varphi_M = \arctan\left(\frac{\alpha_1 R(\bar{\tau}-\delta_1)\sin\phi_1}{R(\bar{\tau}) + \alpha_1 R(\bar{\tau}-\delta_1)\cos\phi_1}\right) \quad (22.16)$$

峰值载波相位误差可由式(22.16)得到,当$\cos\phi_1 = -\alpha_1 R(\bar{\tau}-\delta_1)/R(\bar{\tau})$时:

$$\delta\varphi_{\text{Max}} = \arctan\left(\frac{\alpha_1 R(\bar{\tau}-\delta_1)}{\sqrt{R(\bar{\tau})^2 - \alpha_1^2 R(\bar{\tau}-\delta_1)^2}}\right) \quad (22.17)$$

与码误差不同,最坏情况的载波相位误差出现在 $\delta_1 = 0$ 且 $\alpha_1 < 1$ 此时载波相位误差不超过 $90°$,对应 L1 载波频率的 4.8cm。和码多径类似,可通过式(22.16)计算误差边界。对于 $\alpha_1 = 0.2$ 时的结果在无限带宽情况下如图 22.8(a)所示,在滤波情况下如图 22.8(b)所示。与码多径类似,真实的误差在极值之间振荡。

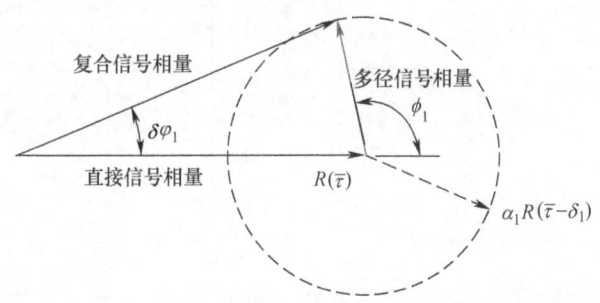

图 22.7　单个反射路径的载波相位多径误差描述
(多径信号与直接路径的相对相位决定了测量的载波相位误差。)

22.3　基于接收机的多径消除

GNSS 信号的多径消除可以通过接收机信号处理(包括天线)来完成。本节介绍接收机多径消除技术,直到生成码和载波测量值。请注意,这些技术都不能直接消除非视距接收误差。测量域消除技术将在 22.4 节和 22.5 节中讨论。

22.3.1　天线设计技术

通过天线设计技术消除多径干扰在许多应用中是非常有效的。这里讨论了两种通用方法:①在固定天线响应特性中增强有效与干扰信号比的电平;②利用天线极化分集技术进行多径参数的测量。

22.3.1.1　期望/不期望分量优化

在进入接收机信号处理之前,对多径干扰进行衰减,是很好的思路。多径抑制驱动天线设计的主要例子是应用于固定地点、测量、飞机和车辆应用的场景,此时多径通常到达接收机遮蔽角以下。图 22.9 给出了一个理想的天线响应,其中卫星方向的增益增强,多径方向的增益衰减。正如在第 26 章中详细讨论的那样,可以通过各种设计元素来提高期望/不期望信号比,包括接地面、扼流圈组件和螺旋天线元素等。

多径消除设计往往会增加天线的尺寸,限制其应用。一个极端的例子是用于地基增强系统(GBAS)[14]的集成多径限制阵列(IMLA),通过结合两种独立的天线结构来得到用于特殊目的近似理想的固定天线的方向图:①多径限制天线,它由垂直偶极子元件阵列组成,在增益方向图低于 5° 时产生急剧的衰减,并提供 35° 仰角以上的高增益;②高天顶天线提供 35° 以上仰角的卫星跟踪以及地面多径反射信号 30dB 以上衰减。IMLA 的高度超过 1m,通常安装在地面 1m 以上或更高的地方。

对于许多应用,如手持设备,天线必须很小,设备方向几乎是任意的,因此本质上不可能包括多径限制特征;因此,必须采用其他多径衰减技术。

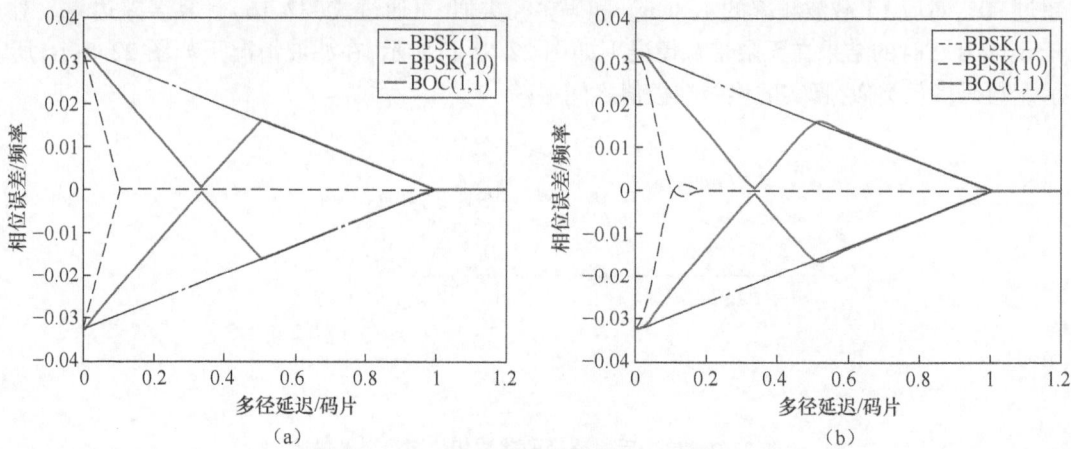

图 22.8 不同码类型的载波多径误差包络
(a)无限带宽;(b)用 10MHz 低通滤波器滤波($a=0.2$)。

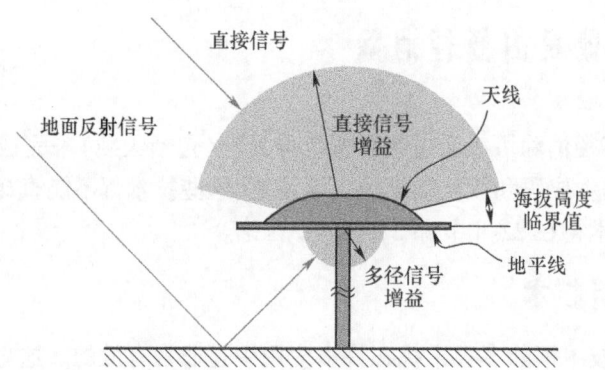

图 22.9 直接信号增益增强和多径干扰衰减的理想天线方向示意图

22.3.1.2 极化分集接收

如 22.1 节所述,GNSS 信号为 RHCP。通常,在反射时圆偏振消失,但如果掠射角大于布鲁斯特角(入射角足够小),产生的椭圆偏振信号大多为 LHCP。更高性能的 GNSS 天线,主要接收 RHCP 信号,因此已经为多径提供了阻力,尽管 RHCP 在低仰角时选择性降低。通过使用 LHCP 天线来优先接收反射信号并合并这些额外信息,可以实现进一步的改进。这类多径消除技术可分为测量加权、距离域校正、跟踪域校正和自适应天线阵列处理。测量加权和天线阵列技术分别在 22.5.1 节和 22.3.4 节中介绍。跟踪域校正已在文献[15,16]仿真中示出,但需要天线增益方向图和相对于天线的反射信号到达方向[17]的详细知识。本节简要讨论了距离域校正。

伪距、载波相位和载噪比,在两种极化方式下都可以被测量。使用双极化技术的多径估计依赖直接信号和反射信号在两个天线极化下的差异。在一定条件下,多径参数 α_i,Δ_i,ϕ_i 可以从 RHCP 和 LHCP 测量中估计,然后用来估计码和载波误差,$\delta\rho_M$ 和 $\delta\varphi_M$。这些误差估计可反过来用于校正提供给导航处理器的距离测量值。

伪距和载波相位误差是反射信号的相对延迟和幅值共同作用的结果,如式(22.14)和式(22.16)所示。然而,反射信号的极化和天线的交叉极化也会带来误差,假设反射时偏振反转良好(反射信号为 LHCP),则伪距误差由式(22.15)中的单个短反射信号扩展为

$$\delta\rho_M = \frac{-\sqrt{\frac{G_L}{G_R}}\alpha_1\cos\phi_1}{1-\sqrt{\frac{G_L}{G_R}}\alpha_1\cos\phi_1}\Delta_1 \tag{22.18}$$

式中:天线的交叉极化分辨率为 LHCP 和 RHCP 增益的比值 G_L 和 G_R,分别从式(22.1)定义的相对振幅中分离出来[18],如 $\overline{\alpha_i} = \sqrt{G_R/G_L}\alpha_i$,对于一个好的 LHCP 天线,$G_L/G_R$ 是很大的,并且 $\delta\rho_M$ 的极限接近 Δ_1 在左右旋信号隔离很好的情况下,测量的 LHCP 和 RHCP 伪距之间的差大约是反射信号相对于直接信号的几何路径长度:

$$\rho_{\text{LHCP}} - \rho_{\text{RHCP}} = (\rho_0 + \Delta_1) - (\rho_0 + \delta\rho_M) = \Delta_1 + \frac{\alpha_1\cos\phi_1}{1-\alpha_1\cos\phi_1}\Delta_1 \approx \Delta_1 \quad (\alpha_1 \ll 1) \tag{22.19}$$

对于载波相位,式(22.16)可以以类似于式(22.18)的方式展开,得到

$$\varphi_{\text{LHCP}} - \varphi_{\text{RHCP}} = (\phi_0 + \phi_1) - (\phi_0 + \delta\varphi_M) = \phi_1 - \arctan\left(\frac{\alpha_1\sin\phi_1}{1+\alpha_1\cos\phi_1}\right)$$
$$\approx \phi_1(\alpha_1 \ll 1) \tag{22.20}$$

对于单个多径信号分量的信噪比的测量,如图22.7所示,LHCP 和 RHCP 信噪比(SNR)之比为[19]

$$\frac{\text{SNR}_{\text{LHCP}}}{\text{SNR}_{\text{RHCP}}} = \frac{\alpha_1^2}{1+\alpha_1^2+2\alpha_1\cos\phi_1} \approx \alpha_1^2 \quad (\alpha_1 \ll 1) \tag{22.21}$$

式(22.19)、式(22.20)和式(22.21)的观测量已用于飞机高程测量[20-22]和相关导航应用[18,23-25]的测量。

这些多径参数的隔离要求天线的交叉极化分辨使接收到的相反极化信号可以忽略不计。在此感兴趣的是,纠正视线信号测距由多径引起的误差,这个假设只是近似正确,因此多径纠正也只能是近似正确。要真正纠正多径误差,不仅需要了解式(22.19)的路径延迟,而且需要了解在十分之一的载波周期内(约为2cm)多径相位 ϕ_i。因此,必须考虑天线分离的影响,或使用单个双极化天线[17]。关于距离域校正所依赖的多径参数估计的进一步讨论,请参见22.3.3节和22.6.2节。

22.3.2 信号相关处理技术

在 GPS 发展早期,授权(军事)用户使用 BPSK(10)P(Y)码将获得优于民用用户使用的 BPSK(1)C/A 码的多径消除,如图22.6和图22.8所示。20世纪90年代和21世纪初,在许多商业和民用中广泛采用了 GPS C/A 码,这推动了人们利用信号处理方法消除多径影响的创新。在本节中,将主要讨论信号相关处理技术;参数估计和阵列处理技术将在后面的章节中讨论。其他很多不同的技术,可参见文献[26-34]。

文献[26-34]提供了很多不同的技术。窄相关器[9]技术是最早改进的信号相关处理

方法之一。这种技术在22.2.3节中进行了描述,其中,为了获得足够的信号带宽,将相关器间距d减小到码片的一小部分可以减少峰值多径误差。集中讨论一类称为"信号门控"的通用技术,虽然人们基于其具体的实现方式给该方法起了不同的名称。重点聚焦在码多径消除,同时也期望进行载波相位的多径消除。

22.3.2.1 信号控制

信号门控的概念如图22.10所示。图22.10所示的输入信号是BPSK PRN码,使用DLD函数来跟踪该码跟踪误差。而不是与图22.3所示的将超前和滞后相关函数进行差分。式(22.11)中的EML DLD函数也可以由矩形信号门跟随PRN码的跳变而生成,如图22.10中的"常规DLD信号"所示。本质上,式(22.7)中的早码s_E和晚码s_L参考信号被DLD信号s_D取代,与输入的卫星信号相关。在信号门控中,DLD信号被用来使多径最小化。为了帮助推导不同类型的信号门的DLD函数,将首先基于信号门控概念重新推导EML DLD函数,过程如图22.11所示。

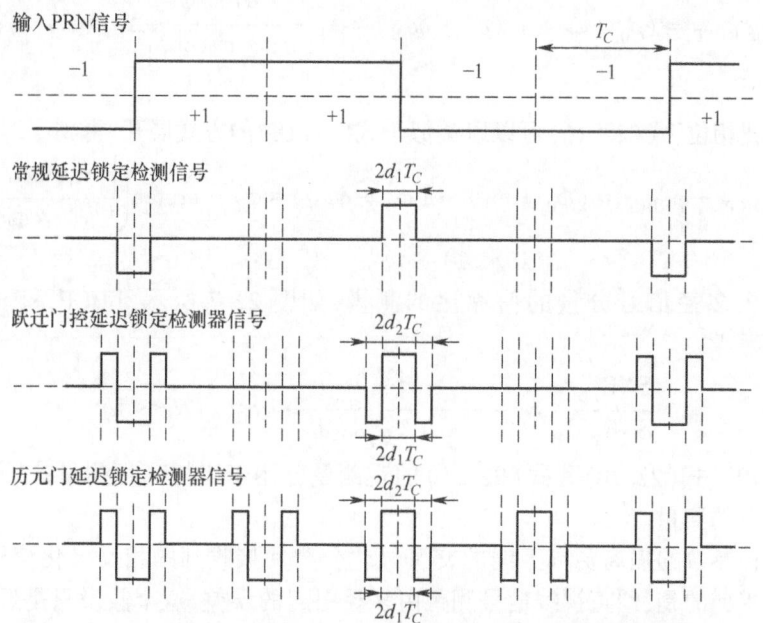

图22.10 忽略预相关限宽的延迟锁定检测器门控函数示意图

如图22.11所示,考虑PRN码的两个历元时刻t_k和t_{k+1}。假设历元t_{k-1}之后PRN码值为+1,有四种可能的PRN码状态转换发生在t_k和t_{k+1}。当这些信号与t_k历元附近宽度为$2d_1T_C$的EML DLD信号相关时,得到DLD函数结果。假设PRN码是平衡的,每个事件都以相同的概率发生,由于对称,包含相应的事件,在历元t_{k-1}后PRN码值为-1。那么这些事件发生的概率为1/4。对各个DLD函数进行求和,得到相关周期内的EML DLD函数,参见22.2.3节。信号门控法适用于计算经过滤波和其他复杂信号的DLD函数,也用来确定噪声效应。

通过对图22.11所示EML DLD函数的推导,可以看出d_1与$1-d_1$之间的非零多径响应是由于矩形EML门信号对从码片跃迁中移除的PRN码信号进行了积分。该响应超出了检测器的线性范围,是码跟踪的边界值。为了消除信号延迟超出检测器线性范围的影响,门控函数必须设置清零区,如图22.12所示。从中可以看出,载波(即时相关器)和码跟踪的理想门控函数是对称的,并假定无限带宽。文献[30-32]考虑了非对称和非矩形信号门。

如图22.10所示,有两种方法可以应用到消除多径的DLD门控函数中:跃迁门控和历元门控。与EML门控情况类似,当PRN码发生转换时,出现了跃迁门控信号;而对于历元门控情况,每个码片周期都有一门控。在文献中,跃迁门控情况被称为双Delta、频闪相关器[26]、多径衰减技术[27]、高分辨率相关器[28-29]和脉冲孔径相关器[34]。图22.13给出了跃迁门控情况下DLD函数的推导过程。从中可以看出,跃迁门控DLD函数在一个码片延迟附近有一个相关的"回声",而历元门控情况则没有,如图22.14(a)所示。这些DLD函数产生图22.14(b)所示的多径误差界限曲线。这些情况对短延迟多径有相同的响应,但门控相关器消除了延迟多径。历元门控处理还消除了码片附近的多径延迟。

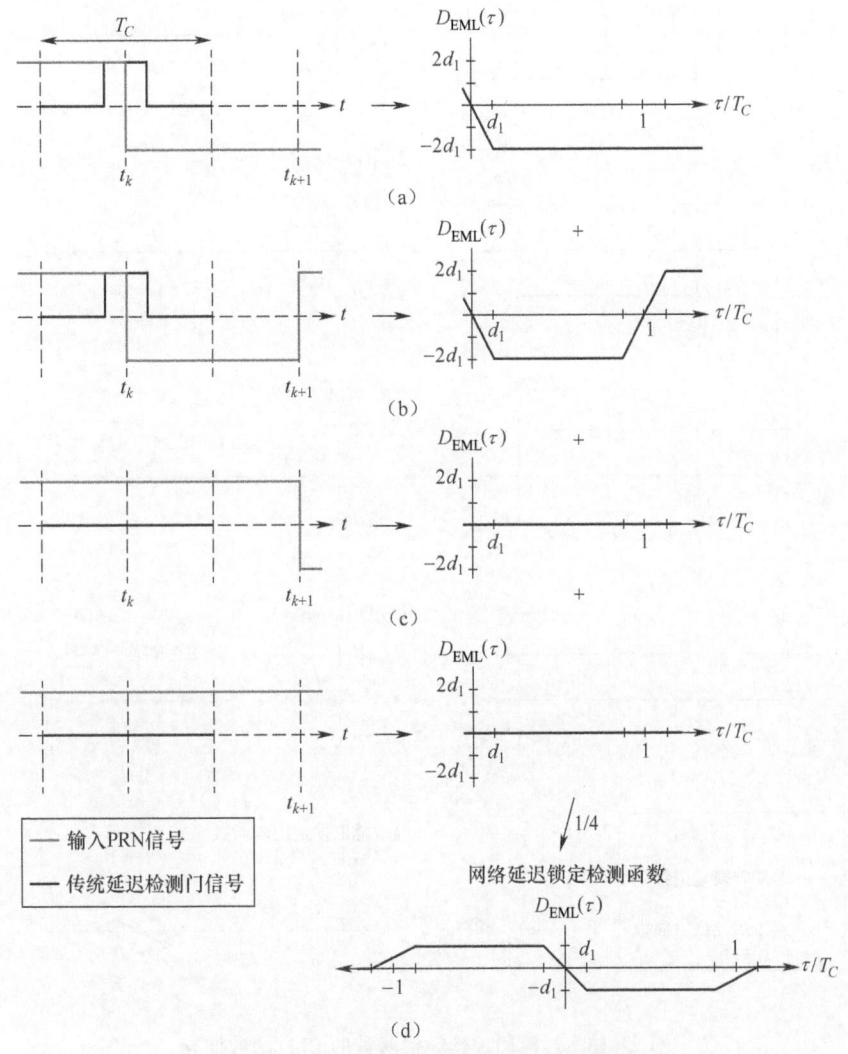

图22.11 传统(EML)门的DLD功能推导
(左边的图表显示输入和参考信号;右边的图显示了相应的相关函数 $D_{EML}(\tau)$,
作为码跟踪误差的函数 τ,在一个码片周期内计算。)
(a)先有跃迁门,再无跃迁门;(b)先后都有跃迁门;(c)先无跃迁门,再有跃迁门;(d)先后都无跃迁门。

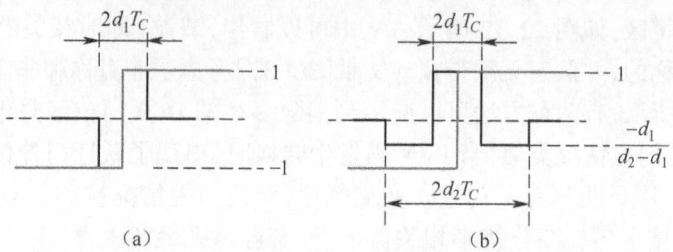

图 22.12 延迟锁定检测器门控功能用于增强多径消除的理想对称门控功能
(a)即时门功能;(b)延迟锁定检测门。

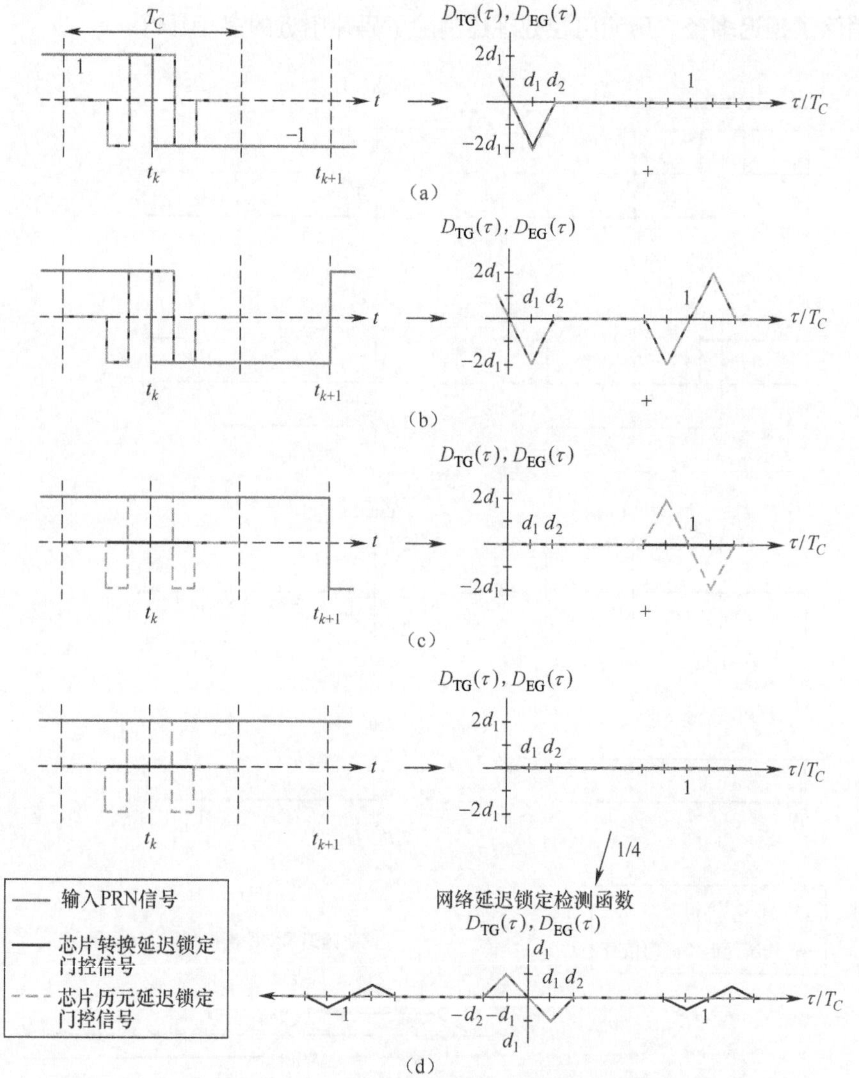

图 22.13 过渡门控延时锁函数的 DLD 函数推导
(左边的图表显示输入和参考信号;右边的图显示了它们的相关函数, $D_{TG}(\tau)$ 和 $D_{EG}(\tau)$,
作为码跟踪误差的函数,在一个码片周期内计算。)
(a)先有跃迁门,再无跃迁门;(b)先后都有跃迁门;(c)先无跃迁门,再有跃迁门;
(d)先后都无跃迁门。

与基本 EML 门相比,跃迁门控和历元门控在多径抑制方面的优秀性能是以略微增加噪声为代价的,这将在下一节中讨论。还应注意的是,历元或跃迁门控多用于 BPSK(1)信号的高精度应用,如测量。如 22.2.3 节所示,BPSK(10)和 BOC(1,1)信号对多径不敏感,所以采用传统的信号跟踪,不必采用信号门控技术。

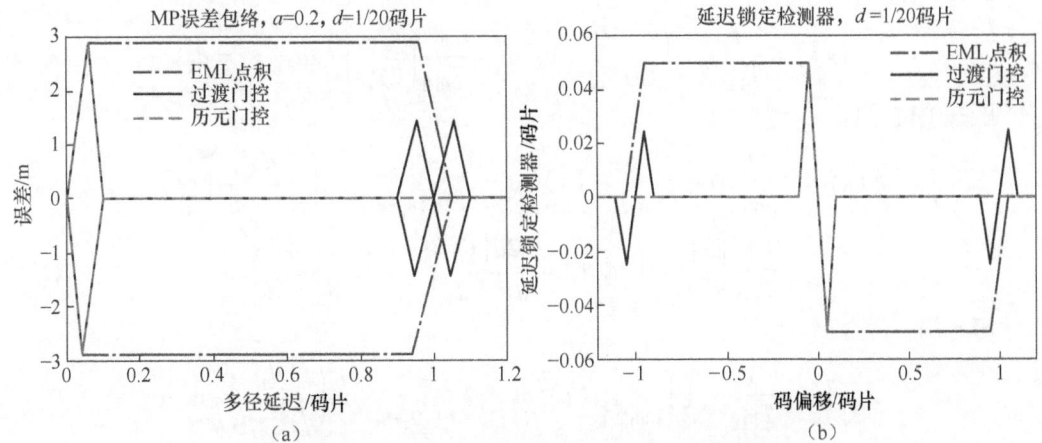

图 22.14 EML 点积、过渡门控和历元门控响应的比较
(a)相关器间距为 1/20 码片的 BPSK(1)信号的延迟锁定检测器函数;
(b)多径/直接信号比 α = 0.2 时对应的伪距多径误差包络。

使用图 22.12 所示的信号门来减少载波相位跟踪中的多径误差,并没有被广泛使用,是因为其会产生严重的信噪比损失,只有未被即时门消零的输入信号的部分才进入即时信号相干积分中。对于一个只有十分之一码片的门来说,产生 10dB 的信噪比损失[29]。对于码跟踪而言,跟踪误差只在码片跃迁时可观测到,只要缩小 DLD 门函数,就不会有信号损失,因为门宽度比码片过渡的持续时间要长。

22.3.2.2 码测量噪声特性

虽然减小 EML DLD 信号门的宽度可以改善噪声和消除多径,但在历元和跃迁门控中,噪声依旧产生较大影响,下面将通过在图 22.3 所示的相干积分处理中式(22.6)的噪声部分来证明,并用信号 DLD 门控函数代替了式(22.7)中忽略了多普勒频率跟踪误差和预相关带宽限制的噪声部分,DLD 噪声为

$$w_D = \frac{1}{\sqrt{n_0 T_{\text{PDI}}}} \int_0^{T_{\text{PDI}}} w(t) s_D(t-\tau) \mathrm{d}t \qquad (22.22)$$

因为 $w(t)$ 是均值为零的白高斯噪声,$E\{w_D\} = 0$,方差可由下式计算:

$$\begin{aligned} E\{w_D^2\} &= \frac{1}{n_0 T_{\text{PDI}}} \int_0^{T_{\text{PDI}}} \int_0^{T_{\text{PDI}}} E\{w(t)w(u)\} s_D(t-\tau) s_D(u-\tau) \mathrm{d}u \mathrm{d}t \\ &= \frac{1}{n_0 T_{\text{PDI}}} \int_0^{T_{\text{PDI}}} \int_0^{T_{\text{PDI}}} n_0 \delta(t-u) s_D(t-\tau) s_D(u-\tau) \mathrm{d}u \mathrm{d}t \\ &= \frac{1}{T_{\text{PDI}}} \int_0^{T_{\text{PDI}}} s_D(t-\tau)^2 \mathrm{d}t \end{aligned} \qquad (22.23)$$

式中使用了狄拉克函数的筛选特性。

当门控函数为零时,图 22.11 或图 22.13 所示的相干积分过程的信号和噪声分量都将被消除。由于历元和跃迁门控函数比等效的 EML 门宽,噪声会更大。通过考虑积分的非零部分,可以对不同的门类型进行计算,见式(22.23)。在相干积分区间内有 $N_E = T_{PDI}/T_C$ 个码历元并假设 PRN 为一平衡码,则有 $N_T = T_{PDI}/2T_C$ 个码跃迁(注意噪声方差已归一化为 1):

EML 门:

$$E\{w_D^2\} = \frac{1}{T_{PDI}} N_T \int_{|2d_1 T_C|} (1)^2 dt = \frac{1}{T_{PDI}} \left(\frac{T_{PDI}}{2T_C}\right)(2d_1 T_C) = d_1 \tag{22.24}$$

跃迁 DLD 门:

$$E\{w_D^2\} = \frac{1}{T_{PDI}} N_T \left[\int_{[2d_1 T_C]} (1)^2 dt + 2 \int_{[(d_2-d_1) T_C]} \left(\frac{d_1}{d_2-d_1}\right)^2 dt \right]$$

$$= \frac{1}{T_{PDI}} \left(\frac{T_{PDI}}{2T_C}\right)\left(2d_1 T_C + \frac{2d_1^2 T_C}{d_2-d_1}\right) = d_1 + \frac{d_1^2}{d_2-d_1} \tag{22.25}$$

历元门:

$$E\{w_D^2\} = \frac{1}{T_{PDI}} N_E \left[\int_{[2d_1 T_C]} (1)^2 dt + 2 \int_{[(d_2-d_1) T_C]} \left(\frac{d_1}{d_2-d_1}\right)^2 dt \right]$$

$$= \frac{1}{T_{PDI}} \left(\frac{T_{PDI}}{2T_C}\right)\left(2d_1 T_C + \frac{2d_1^2 T_C}{d_2-d_1}\right) = 2d_1 + \frac{2d_1^2}{d_2-d_1} \tag{22.26}$$

对于一个典型的 $d_2 = 2d_1$ 情况,与 EML 相比,跃迁门损失 3dB,而历元门损失 6dB。

22.3.2.3 用传统相关器生成跃迁门

跃迁门控 DLD 可以通过传统的相关器阈值来生成[28-29],而不像历元门控,后者需要显式生成门控函数。作为一个具体的例子,考虑四个相邻间距为 d 码片的相关器,分别表示为 Early 1 和 Early 2,以及 Late 1 和 Late 2:

$$\begin{cases} E2(\tau) = R(\tau + 3dT_C/2) \\ E1(\tau) = R(\tau + dT_C/2) \\ L1(\tau) = R(\tau - dT_C/2) \\ L2(\tau) = R(\tau - 3dT_C/2) \end{cases} \tag{22.27}$$

高分辨率即时相关器 4(HRC4) 和 DLD 功能合成如下[30]:

$$P_{HRC} = [(E1 + L1) - (E2 + L2)]/2 \tag{22.28}$$

$$D_{HRC} = [3(E1 - L1) - (E2 - L2)]/4 \tag{22.29}$$

在图 22.12 中,式(22.29)对应于 $d_1 = d/2$ 和 $d_2 = 3d/2$。对于码跟踪,点积鉴别器使用 HRC4 DLD 和一个综合即时函数:

$$\varepsilon_{DLL} = \frac{ID_{HRC} \cdot IP_0 + QD_{HRC} \cdot QP_0}{IP_0^2 + QP_0^2}, \quad P_0(\tau) = [E1 + L1]/2 \tag{22.30}$$

对比式(22.30) HRC4 中 $d = 0.1$ 和 C/A 码 EML 的 $d = 0.05$ 码片的计算机仿真和实验室测试结果,如图 22.15 所示。EML 情况假设存在即时相关器,因此 HRC 门的内部宽度与 EML 门相同,也就是说,带宽限制的影响是明显的。

22.3.3 参数估计技术

前一节中讨论的相关器信号处理方法,没有对最优化提出要求。获得最优多径消除的第一次尝试是 van Nee 等[35]的多径估计延迟锁定环(MEDLL)。MEDLL 使用类似于式(22.8)的相关器信号模型作为最大似然估计(MLE)方法的基础,来估计信号模型参数 $\{\alpha_i,\delta_i,\phi_i\}$, $i=0,1,\cdots,n$ 提供码和载波多径消除。MEDLL 使用一组窄间隔的常规相关器,对同相和正交的自相关函数进行采样,每个跟踪通道需要几十个相关器,这需要巨大的硬件成本。当有一个或两个主要的长延迟的多径信号时,MEDLL 实现了观测,已经被证明是有效的。

在 MEDLL 和相关信号处理技术的基础上,Weill 提出了使用"超分辨率技术"[36-38],将本地码参考信号与预相关信号的时域特征进行匹配。这可以区分短延迟多径。由于信号带宽受信息理论界限的限制,该方法与视觉相关器[39]中的 MLE 信号参数估计相结合,当信号条件匹配模型假设时,实现了接近理论的误差限值。在文献[40]中可以找到基于多相关器的参数估计技术的综述。

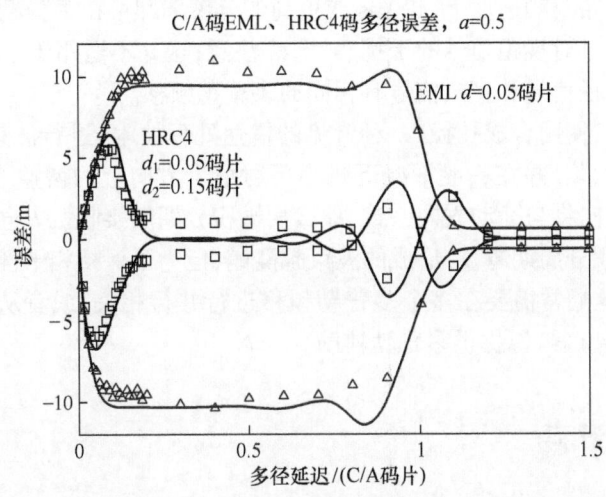

图 22.15　EML 和 HRC4 情况下 $\alpha_1=0.5$ [29]的仿真(实线)和测量(符号)多径误差包络 1
(测量接收机数据是使用 GPS 模拟器与一个单一的多径信号建模。仿真假设射频带通带宽为 16MHz。)

参数估计技术有许多显著的缺点。首先,它们在计算上很麻烦,特别是当多径副本建模数量增加时,超分辨率处理需要专门的硬件,这与接收机的特性非常匹配。其次,它们存在模型逼真度的问题。如果多径信号的数量被低估或高估,那么 MLE 技术的表现会很差。MLE 在低信噪比条件下也会出现收敛问题。由于这些原因,参数估计技术通常应用于固定场地的应用,这些场地可能有一个主要反射源需要消除。

22.3.4　阵列信号处理

多径抑制的另一个有效方法是采用多天线单元和自适应阵列处理。Ray 等[41]演示了使用半波长间距天线单元阵列的码和载波相位多径消除。假设在给定的观测时间间隔内,多径返回值可以由单个多径反射器表示,利用多天线信号从反射信号中分离出直接信号,并从直接信号估计中提取码和载波测量值。

许多自适应阵列抗干扰系统使用预相关数字波束形成(DBF)卫星信号到达方向上的合成波束(使用来自惯性测量单元测得的平台姿态),同时也消除干扰。这种系统已经证明了具备多径消除能力[42-43]。数字波束控制理论上提高了与天线单元数成正比的直接信号功率。因此,对于 7 个振元,α_i 有大约 8dB 的衰减,这在许多情况下是显著的。

预相关 DBF 并没有直接地减少多径信号(多径消除好处是附带的)。DBF 处理也可以在[43]相关后进行。在这种情况下,多径信号集成在热噪声上,允许 DBF 算法检测并实际生成多径空间方向上的零值。由于天线阵列的尺寸和成本,每个天线单独的射频前端和模数转换器(ADC),以及每个天线/卫星组合的跟踪通道,这些处理尚未广泛部署。此外,为了保持动态范围,可能需要增加 ADC 位数。然而,由于不断增加的集成电路密度和时钟速度,正在降低后相关 DBF 所需的信号处理组件的成本,因此该技术在 2020 年实现商业化。

22.3.5 多普勒和合成孔径技术

当接收机运动时,多径干扰信号的不同分量,可能有不同的多普勒频移。对相关器输出进行相干积分,在道路车辆速度下,100ms 或更高的分辨率即可在多普勒域分离不同的信号分量,可防止反射信号对视距信号的干扰[44-45]。注意,这并不适用于平行于移动方向的反射信号,因为此时多径信号和直接信号有相同的多普勒频移。

这种技术相当于使用合成孔径(一种常见的雷达处理技术)进行波束形成,在视距信号的方向上使增益最大化,并在一般情况下减小反射信号方向上的增益[46-47]。如果接收机沿直线运动,增益方向将与运动方向一致,那么相干积分期间接收机方向改变会出现不一致的增益方向。相干积分周期越长,形成的波束越陡峭,但为了保持相干性,载波 NCO 的频率控制必须越精确。这通常需要在多个多普勒频移进行并行相关,或者从其他 GNSS 信号或外部辅助(如惯性传感器)源提供多普勒辅助。

22.4 载波平滑码

码伪距噪声和多径误差比相应的载波相位误差大 100 倍,这也就是在第 19 章和第 20 章中讨论的在精密定位应用中使用载波相位的原因。然而,载波相位定位通常需要外部增强或参考接收机数据源,因此大多数独立 GNSS 定位最终还是依靠伪距测量。由 Hatch[48]提出的利用载波相位测量平滑 GNSS 码伪距的方法,现已成为一种成熟的 GNSS 信号处理技术。请注意,载波平滑并不能减少由非视距接收造成的误差。

22.4.1 载波平滑公式

为了实现载波平滑滤波器的推导和性能建模,如发射频率为 f_L 的发射机,采用 GNSS 码和载波相位测量的简化模型为

$$\begin{cases} \rho_L = r + \delta_T + \delta_R + I_L + T + \delta\rho_{\mathrm{ML}} + \varepsilon_{\rho L} \\ \varphi_L = r + \delta_T + \delta_R - I_L + T + \delta\varphi_{\mathrm{ML}} + \varepsilon_{\varphi L} + N_L\lambda_L \end{cases} \quad (22.31)$$

式中:ρ_L 为码伪距测量(m);φ_L 为载波相位测量(m);r 为几何视距;δ_T 为沿视距投影的卫星钟和星历误差;δ_R 接收机时钟偏差;I_L 为 f_L 处的电离层折射;T 为对流层折射;$\delta\rho_{\mathrm{ML}}$,$\delta\varphi_{\mathrm{ML}}$ 分别为在 f_L 处的码和载波多径;$\varepsilon_{\rho L}$,$\varepsilon_{\varphi L}$ 分别为码和载波接收机噪声等误差;$N_L\lambda_L$ 为波长为 λ_L 的载波相位模糊度,其中 N_L 为整数。

当不需要标注表示多个载波频率时,下标"L"可省略。

载波相位模糊使得使用载波进行定位变得复杂。然而,载波相位差可以为非分散效应(LOS距离、时钟和对流层)的伪距变化提供非常精确的测量。载波平滑背后的思想是将载波相位测量和码测量相结合,以获得一个伪距,该伪距具有码测量的低频特性,同时具有相位测量的高频误差。

载波平滑有两种常用的方法:Hatch滤波器[48]和互补滤波器[49],分别如图22.16所示。图22.16中的方框图是离散时间信号处理/估计表示,其中z^{-1}是单位延迟算子,即$z^{-1}x(t_n)=x(t_{n-1})$,$x(t_n^-)$表示时间步长t时根据过去的数据$\{t_1,t_2,\cdots,t_{n-1}\}$有效的外推值$n$。可以通过简单的代数练习来证明这些公式是等价的。Hatch滤波器直接产生平滑,而互补滤波器首先平滑在时间$t_n(n=0,1,2,\cdots)$处增益的通用选择为码减载波(CMC)信号$\chi(t_n)$,然后再把载波相位加回去,得到平滑的伪距。

$$K_n = \begin{cases} 1/n & (n=1,2,\cdots,N_{\max}-1) \\ 1/N_{\max} & (n \geq N_{\max}) \end{cases} \quad (22.32)$$

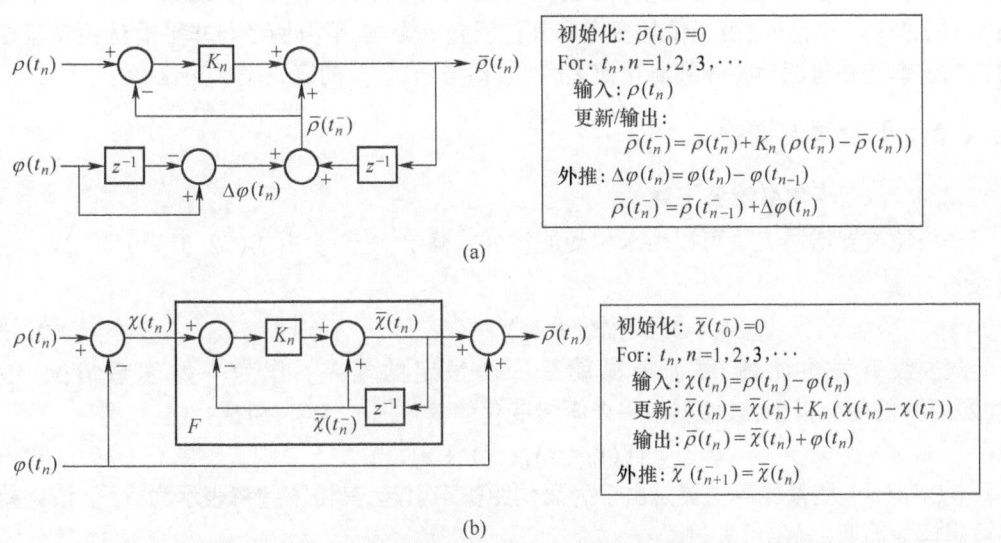

图22.16 载波平滑块图及滤波器处理方程
(a) Hatch滤波器;(b) 互补滤波器。

这个时变增益序列将被证明具有优秀的性能。图22.16(a)中的Hatch滤波器可以简洁地写成:

$$\bar{\rho}(t_n) = \begin{cases} \dfrac{n-1}{n}[\bar{\rho}(t_{n-1})+\Delta\varphi(t_n)] + \dfrac{1}{n}\rho(t_n) & (n=1,2,\cdots,N_{\max}-1) \\ \dfrac{N_{\max}-1}{N_{\max}}[\bar{\rho}(t_{n-1})+\Delta\varphi(t_n)] + \dfrac{1}{N_{\max}}\rho(t_n) & (n \geq N_{\max}) \end{cases} \quad (22.33)$$

两种实现方法都有优缺点。Hatch滤波器使用载波相位增量代替载波相位,避免了CMC偏置的估计,这可能有助于在周期跳变后滤波器重新启动。另外,由于$\chi(t_n)$变化缓慢,即使是在移动平台上。

载波平滑用互补滤波器来演示。图22.16(b)阴影框中的滤波运算可以表示为运算符

F 完整的输入输出关系：

$$\bar{\rho} = F(\rho - \varphi) + \varphi = F\rho + (1 - F)\varphi \tag{22.34}$$

对于固定或稳态增益，$K_n \equiv K$，图 22.16(b) 中 F 的互补滤波迭代方程为

$$\bar{\chi}(t_n) = (1 - K)\bar{\chi}(t_{n-1}) + K\chi(t_n) \tag{22.35}$$

这个离散时间方程可以写成 Z 变换[50]的形式：

$$F(z) = \frac{K}{1 - (1-K)z^{-1}} = \frac{Kz}{z - (1-K)} \tag{22.36}$$

这是一个低通滤波器，$0 < K < 1$，满足增益序列式(22.32)，那么 $1 - F$ 将是高通。利用式(22.34)中式(22.31)的测量模型，可以得到：

$$\begin{aligned}\bar{\rho}_L = &(r + \delta_T + \delta_R + T) + (2F - 1)I_L + F(\delta\rho_{\text{ML}} + \varepsilon_{\rho L}) \\ &+ (1 - F)(\delta\varphi_{\text{ML}} + \varepsilon_{\varphi L} + N_L\lambda_L)\end{aligned} \tag{22.37}$$

需要注意，视线距离钟和对流启项未被滤波，因此所需的伪距测量分量不受平滑的影响。伪距噪声和多径是低通滤波，而载波模糊、噪声和多径是高通滤波。由于在零频率 $(z = 1)$，$F(1) = 1$ 点时，由于低频多径和其他误差的影响，平滑伪距与非平滑伪距具有相同的长期误差趋势过滤后将导致测量偏差，该偏差与延迟[51]的变化率成正比。

22.4.2 平滑滤波增益

22.4.2.1 卡尔曼滤波推导

平滑滤波器增益 K_n，可以由卡尔曼滤波公式确定[49,52]。由式(22.31)可知，CMC 测量值，$\chi(t_n)$ 是

$$\chi = 2I + (M_\rho + \varepsilon_\rho) - (M_\varphi + \varepsilon_\varphi + N\lambda) \tag{22.38}$$

只要没有发生周跳，载波模糊就是一个恒定的偏差。作为一种理想情况，考虑式(22.38)的简化模型，该模型由一个缓慢变化的偏差加上 WGN 组成：

$$\chi(t_n) = \chi_0(t_n) + \varepsilon(t_n) \tag{22.39}$$

WGN $\varepsilon(t_n)$ 测量噪声主要是由于为码伪距噪声引起，其协方差将表示为 R_ε。该偏差项将被建模为高斯-马尔可夫过程：

$$\chi_0(t_{n+1}) = \beta\chi_0(t_n) + w_\chi(t_n) \tag{22.40}$$

当 $\text{cov}\, w_\chi = Q$ 时，w_χ 是 WGN。通过过程模型式(22.40)和测量模型式(22.39)，可以开发一个针对 CMC 偏置的卡尔曼滤波器。假设协方差为 $P(t_n)$，有 $\bar{\chi}(t_n) = E\{\chi_0(t_n) | \chi(t_k), k = 1, 2, \cdots, n\}$；协方差为 $P(t_n^-)$，有 $\bar{\chi}(t_n^-) = E\{\chi_0(t_n) | \chi(t_k), k = 1, 2, \cdots, n-1\}$。通常，当 $P(t_1^-) \gg R_\varepsilon$，选中 $P(t_1^-)$ 来表示在第一次测量对 CMC 值先验未知时的情况。对于 $n = 1, 2, 3, \cdots$，卡尔曼滤波方程可表示为

$$\begin{cases} K_n = \dfrac{P(t_n^-)}{P(t_n^-) + R_\varepsilon} \\ \bar{\chi}(t_n) = (1 - K_n)\bar{\chi}(t_n^-) + K_n\chi(t_n) \\ P(t_n) = (1 - K_n)P(t_n^-) = \dfrac{R_\varepsilon P(t_n^-)}{P(t_n^-) + R_\varepsilon} \end{cases} \tag{22.41}$$

外推有

$$\bar{X}(t_{n+1}^-) = \beta\bar{X}(t_n), P(t_{n+1}^-) = \beta^2 P(t_n) + Q \tag{22.42}$$

平滑滤波器的稳态带宽可以通过改变高斯-马尔可夫模型参数来设定。其中，$P(t_1^-) \to \infty$，$K_1 \to \infty$ 和 $P(t_1) \to R_\varepsilon$，初始平滑伪距误差将受到非平滑噪声的限制。

式(22.32)中的滤波器增益序列是式(22.41)的一个特殊情况，其中 $\beta = 1$，$Q = 0$，通过对 β 和 Q 的选择，并结合更新和外推步骤，平滑协方差的迭代表达式为

$$P(t_n) = P(t_{n-1}) - \frac{P(t_{n-1})^2}{P(t_{n-1}) + R_\varepsilon} = \frac{P(t_{n-1})R_\varepsilon}{P(t_{n-1}) + R_\varepsilon} \tag{22.43}$$

式(22.43)的解是

$$P(t_n) = \frac{R_\varepsilon}{n} \quad (n = 1, 2, 3, \cdots) \tag{22.44}$$

这一点可以证明

$$P(t_{n+1}) = \frac{P(t_n)R_\varepsilon}{P(t_n) + R_\varepsilon} = \frac{R_\varepsilon^2/n}{R_\varepsilon/n + R_\varepsilon} = \frac{R_\varepsilon}{n+1} \tag{22.45}$$

用式(22.44)表示平滑协方差，则滤波器增益用式(22.41)表示为

$$K_n = \frac{P(t_{n-1})}{P(t_{n-1}) + R_\varepsilon} = \frac{R_\varepsilon/(n-1)}{R_\varepsilon/(n-1) + R_\varepsilon} = \frac{1}{n} \tag{22.46}$$

这表明式(22.32)中的增益序列是平滑 WGN 中常数偏差的最优方法。在实践中，CMC 偏差为常数的假设可能只在有限的区间内有效；因此，当时间步长超过 $N_{\max}$ 时，式(22.32)的增益下限用于设置稳态平滑时间常数。

22.4.2.2 稳态增益推导

$N_{\max}$ 可以通过将 CMC 滤波器 F 与一个一阶连续时间低通滤波器关联来确定：

$$F(s) = \frac{1}{T_0 s + 1} \tag{22.47}$$

式(22.47)中，T_0 为滤波器的时间常数，对于采样区间 ΔT，$F(s)$ 的匹配零极点 Z 变换为[50]

$$F(z) = \frac{(1 - e^{-\Delta T/T_0})z}{z - e^{-\Delta T/T_0}} \tag{22.48}$$

将式(22.48)中的项与式(22.36)中的传递函数和式(22.46)中的增益表达式相等，得

$$K = \frac{1}{N_{\max}} = 1 - e^{-\Delta T/T_0} \approx \Delta T/T_0, \Delta T \ll T_0$$

$$\Rightarrow N_{\max} \approx T_0/\Delta T \tag{22.49}$$

式中：T_0 为滤波器的时间常数；ΔT 为采样间隔。

选择 $N_{\max}$ 使用式(22.49)得到 $n > N_{\max}$ 的固定增益滤波器协方差方程[52]可以写成

$$P_{n+1} = (1 - K)^2 P_n + K^2 R_\varepsilon \tag{22.50}$$

$$[1 - (1 - K)^2] P_s = K^2 R_\varepsilon \tag{22.51}$$

$$\Rightarrow P_s = \frac{KR_\varepsilon}{2 - K} \approx \frac{R_\varepsilon}{2N_{\max}} \approx \frac{\Delta T}{2T_0} R_\varepsilon, T_0 \gg \Delta T$$

注意，只有当伪距测量噪声在统计上独立于样本时才有效。这可以通过选择低于码跟踪环路噪声等效带宽的测量输出来保证。此外，式(22.51)忽略了图22.16(b)中载波相位误差对低通滤波器输出的贡献，因此稳态平滑伪距误差更准确的表达式为

$$P_s = \frac{KR_\varepsilon}{2-K} + \sigma_\varphi^2 \tag{22.52}$$

式中：σ_φ^2 为载波相位噪声方差。

对于镜面多径，衰减频率为 δf_i 时，伪距多径误差的衰减可以用式(22.47)来近似表示：

$$|F(j2\pi\delta f_i)| = \frac{1}{|1+sT_0|}\bigg|_{s=j2\pi\delta f_i} = \frac{1}{|1+j2\pi\delta f_i T_0|}$$

$$= \frac{1}{\sqrt{1+(2\pi\delta f_i T_0)^2}} \tag{22.53}$$

为了实现显著的多径衰减，我们必须使 $T_0 \gg 1/2\pi\delta f_i$。如22.2.1节所述，如果使用 $\delta f_i \approx 1.5\text{mHz}$，那么实现多径振幅降低至原来的 $\frac{1}{5}$ 时，需要 $T_0 > 520\text{s}$，这说明了在固定站点削弱强多径的挑战。

22.4.3 电离层误差和双频平滑

22.4.3.1 单频载波平滑中的电离层发散误差

载波平滑在 GNSS 导航处理中的最终效用，特别是在单频局部差分 GNSS 处理中，取决于式(22.37)中滤波的特性。在载波平滑的时间尺度上，电离层折射的变化可以近似为偏置加斜坡：

$$I_L(t) = I_0 + I_d t \tag{22.54}$$

这个可以在拉普拉斯变换的 s 域中写成

$$I_L(s) = \frac{I_0}{s} + \frac{I_d}{s^2}$$

从式(22.31)和式(22.37)中可以看出，电离层误差的变化导致 GNSS 码和载波测量之间包含一个偏差。由平滑滤波器引起的电离层残差误差可由式(22.47)来确定：

$$\Delta I_L = I_L - (2F(s)-1)I_L = 2[1-F(s)]I_L$$

$$= \frac{2T_0 s}{T_0 s + 1} I_L \tag{22.55}$$

ΔI_L 的稳态行为可以通过应用拉普拉斯变换的终值定理来确定：

$$\Delta I_{ss} = \lim_{s\to 0} s \cdot \left[\frac{2T_0 s}{T_0 s+1}\left(\frac{I_0}{s}+\frac{I_d}{s^2}\right)\right] = 2T_0 I_d \tag{22.56}$$

式(22.56)证实了载波平滑滤波器在跟踪时变电离层延迟（$I_d \neq 0$）时引入了误差，大小与平滑时间常数 T_0 成正比。对于典型的电离层散度值为 10cm/min 和 100s，平滑误差约为 33cm，这对于局域 DGNSS 应用（如飞机精密进近和着陆）来说是一个不可忽略的误差（第12章）。在严重的电离层风暴中，散度可达 5~7 倍；因此，在单频 DGNSS 应用中，参考接收机平滑滤波器使用和流动站相同的时间常数是至关重要的，以保证接收机和参考点之

间的测量值不同时,发散误差会抵消。

22.4.3.2 无发散滤波器推导

利用双频测量可以解决载波平滑中的电离层发散效应。按照文献[53]的方法,以类似的方式对受载波平滑影响的项进行合并,从而简化测量模型式(22.31):

$$\begin{cases} \rho_L = R + I_L + w_{\rho L} \\ \varphi_L = R - I_L + w_{\varphi L} + N_L \lambda_L \end{cases} \quad (22.57)$$

其中:

$$R = r + \delta_T + \delta_R + T$$
$$w_{\rho L} = \delta \rho_{\text{ML}} + \varepsilon_{\rho L} \quad (22.58)$$
$$w_{\varphi L} = \delta \varphi_{\text{ML}} + \varepsilon_{\varphi L}$$

电离层折射模型为

$$I_L = \frac{K_1}{f_L^2} \quad (22.59)$$

结合频率 f_1 和 f_2 的码伪距和载波测量,定义广义码伪距和载波相位测量:

$$\begin{cases} \rho = a_1 \rho_1 + a_2 \rho_2 \\ \varphi = b_1 \varphi_1 + b_2 \varphi_2 \end{cases} \quad (22.60)$$

式中: a_1、a_2、b_1、b_2 为确定的系数。为了保持广义测量中的视距和时钟信息不变,有

$$a_1 + a_2 = 1 \quad (22.61)$$
$$b_1 + b_2 = 1 \quad (22.62)$$

结合式(22.57)和式(22.60),并应用式(22.61)和式(22.62),CMC可写成

$$\begin{aligned} x = \rho - \varphi &= (a_1 \rho_1 + a_2 \rho_2) - (b_1 \phi_1 + b_2 \phi_2) \\ &= (a_1 + a_2)R - (b_1 + b_2)R + (a_1 w_{\rho 1} + a_2 w_{\rho 2}) \\ &\quad - (b_1 w_{\varphi 1} + b_2 w_{\varphi 2}) - (b_1 \lambda_1 N_1 + b_2 \lambda_2 N_2) \\ &\quad + (a_1 + b_1)I_1 + (a_2 + b_2)I_2 \\ &= (a_1 w_{\rho 1} + a_2 w_{\rho 2}) - (b_1 w_{\varphi 1} + b_2 w_{\varphi 2}) \\ &\quad - (b_1 \lambda_1 N_1 + b_2 \lambda_2 N_2) + (a_1 + b_1)I_1 + (a_2 + b_2)I_2 \end{aligned} \quad (22.63)$$

为了消除电离层发散对平滑处理的影响,式(22.63)的最后一项必须为零。利用式(22.59),得到如下条件:

$$(a_1 + b_1)f_2^2 + (a_2 + b_2)f_1^2 = 0 \quad (22.64)$$

现在我们有三个方程式(22.61)、式(22.62)和式(22.64),对于四个未知数,a_1、a_2、b_1、b_2 可以任意选择其中一个参数。将使用 a_1 作为自变量,有以下的表达式:

$$\begin{cases} a_2 = 1 - a_1 \\ b_1 = \dfrac{2f_1^2}{f_1^2 - f_2^2} - a_1 \\ b_2 = a_1 - \dfrac{f_1^2 + f_2^2}{f_1^2 - f_2^2} \end{cases} \quad (22.65)$$

请注意,这种推导可以扩展到三种频率和混合码载波组合[54],从而可以施加额外的约

束,例如,保持整数模糊度,同时最小化噪声和电离层误差。

22.4.3.3 无发散测量组合

现在,我们基于式(22.65)中的 a_1 的特定选择来研究一些特殊无发散情况。

22.4.3.3.1 单频伪距无发散平滑

选择 $a_1 = 1$ 或 $a_1 = 0$ 得到发散平滑的 f_1、f_2 伪距,如文献[51,53]所讨论的。平滑滤波器的输入在这些情况下为

$$\begin{cases} f_1 : \rho = \rho_1, \varphi = \dfrac{f_1^2 + f_2^2}{f_1^2 - f_2^2}\varphi_1 - \dfrac{2f_2^2}{f_1^2 - f_2^2}\varphi_2 \\ f_2 : \rho = \rho_2, \varphi = \dfrac{2f_1^2}{f_1^2 - f_2^2}\varphi_1 - \dfrac{f_1^2 + f_2^2}{f_1^2 - f_2^2}\varphi_2 \end{cases} \tag{22.66}$$

这些组合将产生与各自载波频率相关的伪距多径和噪声误差,而通过组合多个频率信号,载波相位误差略有升高。

22.4.3.3.2 Ionosphere-Free 平滑

通过分别消除 ρ 和 φ 中的电离层而不是仅在 CMC 中消除电离层,可以得到一个无发散处理的特殊情况。从式(22.59)、式(22.60)得到

$$\frac{a_1}{f_1^2} + \frac{a_2}{f_2^2} = 0 \tag{22.67}$$

在式(22.61)和式(22.65)的基础上,得到无电离层时:

$$\begin{cases} \rho_{\mathrm{IF}} = \dfrac{f_1^2}{f_1^2 - f_2^2}\rho_1 - \dfrac{f_2^2}{f_1^2 - f_2^2}\rho_2 \\ \varphi_{\mathrm{IF}} = \dfrac{f_1^2}{f_1^2 - f_2^2}\varphi_1 - \dfrac{f_2^2}{f_1^2 - f_2^2}\varphi_2 \end{cases} \tag{22.68}$$

注意,这种测量组合的误差受到噪声和多径误差的显著放大,因为码伪距和载波测量的系数将会大于 1。

22.4.3.3.3 宽窄巷组合

如文献[53]中所讨论的窄巷码伪距和宽巷载波相位为:

$$\begin{cases} \rho_{\mathrm{NL}} = \dfrac{f_1}{f_1 + f_2}\rho_1 + \dfrac{f_2}{f_1 + f_2}\rho_2 \\ \varphi_{\mathrm{WL}} = \dfrac{f_1}{f_1 - f_2}\varphi_1 - \dfrac{f_2}{f_1 - f_2}\varphi_2 \end{cases}$$

宽巷码伪距和窄巷载波相位为

$$\begin{cases} \rho_{\mathrm{WL}} = \dfrac{f_1}{f_1 - f_2}\rho_1 - \dfrac{f_2}{f_1 - f_2}\rho_2 \\ \varphi_{\mathrm{NL}} = \dfrac{f_1}{f_1 + f_2}\varphi_1 + \dfrac{f_2}{f_1 + f_2}\varphi_2 \end{cases} \tag{22.69}$$

如文献[53]所示,由于码伪距测量的系数小于 1,窄巷码伪距组合提供了伪距多径和噪声的衰减。

22.4.4 性能分析与示例

本节提供了模拟和实测数据的载波平滑性能示例。图 22.17 为高多径屋顶环境下 GPS L1 P(Y) 码单频载波平滑结果,绘制了原始和平滑的 CMC 信号,说明了电离层发散的影响。未经平滑的数据清楚地显示了卫星运动的多径振荡效应。采用适当的平滑时间常数,如 100s,即可提供显著的多径衰减,但残差仍然很明显。较长的时间常数(600s)提供了多径振荡的额外衰减,但会增加电离层发散相关的偏差,如式(22.56)所示。图 22.18 显示了相应的 L1 P(Y) 码伪距无发散 CMC,使用式(22.66)中的 L1/L2 P(Y) 载波相位,消除了电离层发散的影响,使平滑时间更长。

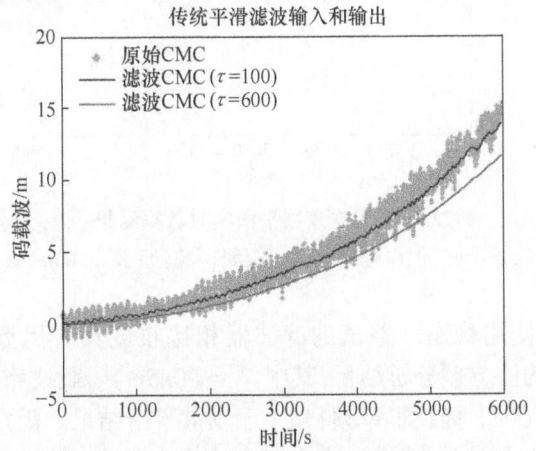

图 22.17　单频平滑实测数据结果[51]

(电离层发散在平滑码伪距测量上所引起的偏差可以从原始 CMC 的红色和蓝色曲线的偏移中看到。资料来源:经 John Wiley & Sons 许可转载。)

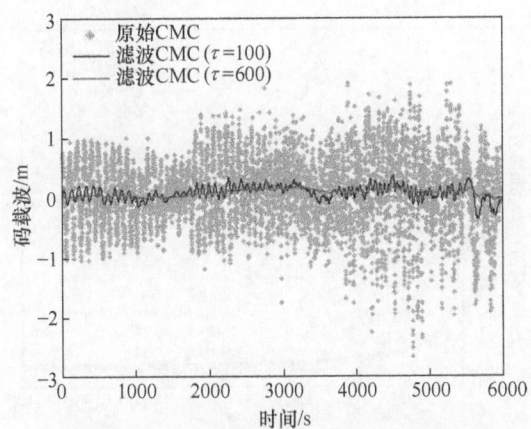

图 22.18　无发散平滑实测数据结果[51]

(电离层发散对平滑码伪距测量的影响已经被消除,使平滑时间常数可以使用。
资料来源:经 John Wiley & Sons 许可转载。)

图 22.19 给出了相应的无电离层平滑结果,如式(22.68)所示,采用 L1/L2 P(Y) 码伪

距,与图22.18中的单频伪距误差相比,多径和噪声的放大效果很明显,原始CMC的峰-峰值要大3倍。

图22.20和图22.21显示了平滑滤波器的仿真结果,说明了时变增益的好处。

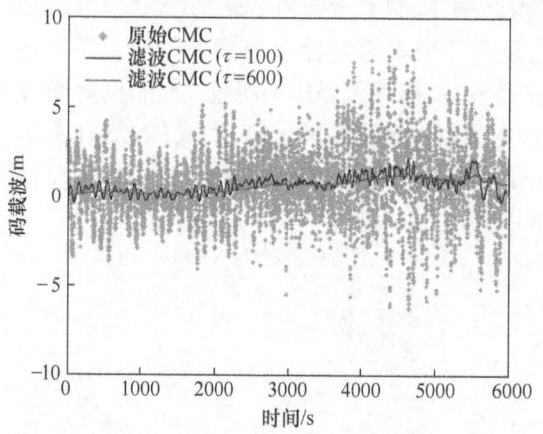

图22.19　无电离层平滑实时数据结果[51]
（电离层发散的影响被消除,但误差被放大。资料来源:经John Wiley & Sons许可转载。）

序列式(22.32)与使用稳态增益值的滤波器相比收敛具有优势。图22.20显示了式(22.43)中只有WGN的协方差分析结果,其中$R_e = (0.5m)^2$,载波相位噪声标准差为0.018周,稳态时间常数$\tau = 100s$。描述了单频和L1无发散平滑结果。固定增益滤波器具有较长的收敛时间,而时变卡尔曼滤波器(KF)在单频和无发散情况下都能快速收敛。稳态时,无发散滤波器由于式(22.66)中载波相位误差的放大,误差略有升高,这与式(22.52)的分析结果一致。然而,在实际应用中,这种额外的误差很可能被残余的多径和单频电离层发散误差所掩盖。

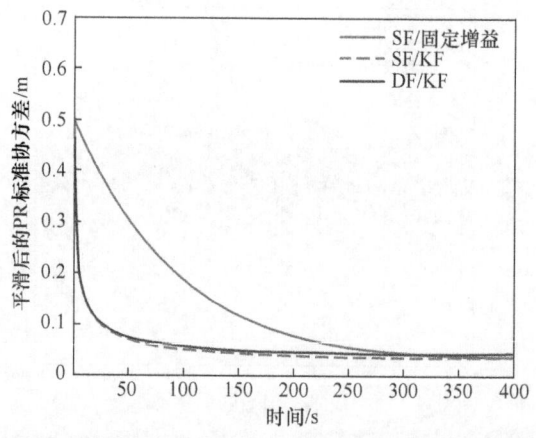

图22.20　稳态时间常数为100s时平滑滤波器收敛的协方差分析仿真
（单频(SF)和无发散(DF)固定增益和卡尔曼滤波器(KF)的情况。卡尔曼滤波器表现出更快的收敛速度。）

图22.21显示了相对于单频平滑,具有时变增益的无发散平滑的收敛性得到了改善。模拟的初始电离层偏差在L1处为4m,发散度为1cm/s。对于单频平滑,固定增益和卡尔曼

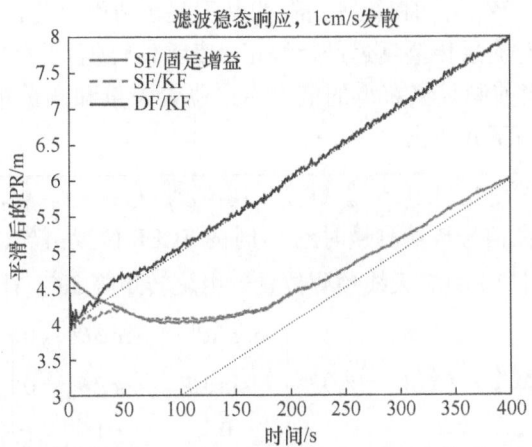

图 22.21 稳态滤波时间常数为 100s 时,考虑电离层发散的平滑滤波瞬态响应仿真虚线表示理论稳态响应(单频(SF)情况表现出稳态偏差和缓慢收敛。采用卡尔曼滤波(KF)的无发散方法收敛速度快,稳态偏差为零。)

增益的情况都表现出缓慢的收敛到有偏稳态趋势。相反,无发散滤波器很快收敛到无偏趋势。

22.5 实时导航中对的非视距和多径的消除技术

GNSS 导航处理器通过测量伪距和载波相位来计算位置[6-7]。这些测量的多径干扰程度取决于接收机和天线设计以及信号传播环境。非视距误差在很大程度上与用户设备设计无关。跟踪卫星的数量超过导航解算所需的最小值,可以选择和加权接收机的测量值,以减少多径和非视距误差对位置解算的影响。22.5.1 节描述仅使用该卫星的测量值在位置解内对每颗卫星进行加权的方法。22.5.2 节介绍一致性检验,通过比较来自不同卫星的测量数据,一致性检验可以识别非视距接收和大的多径误差。

导航滤波器使用伪距测量来计算定位结果,使更多的信息可用来检测和消除多径和非视距误差。22.5.3 节描述一些不太成熟的技术,22.5.4 节描述来自其他导航和定位传感器的辅助信息,进一步扩展了可用于多径和非视距消除的信息。使用三维地图的辅助技术在22.7 节中进行了描述。

22.5.1 独立信号加权

所有使用超过最小 GNSS 观测数 GNSS 定位算法都包含了对这些测量值进行加权的方法。例如,文献[6]给出了使用 m 个伪距测量的单历元位置解:

$$\begin{pmatrix} \hat{\boldsymbol{r}}_a^+ \\ \hat{\delta}_R^+ \end{pmatrix} = \begin{pmatrix} \hat{\boldsymbol{r}}_a^- \\ \hat{\delta}_R^- \end{pmatrix} + (\boldsymbol{H}^{\mathrm{T}} \boldsymbol{W}_\rho \boldsymbol{H})^{-1} \boldsymbol{H}^{\mathrm{T}} \boldsymbol{W}_\rho \begin{pmatrix} \rho_C^1 - \hat{\rho}_C^{1-} \\ \rho_C^2 - \hat{\rho}_C^{2-} \\ \vdots \\ \rho_C^m - \hat{\rho}_C^{m-} \end{pmatrix} \quad (22.70)$$

式中:r_a 为用户天线在时间 t_a 相对于地球中心的笛卡儿位置;δ_R 是接收机钟差,表示为一个范围;H 为测量矩阵;W_ρ 为加权矩阵;ρ_C^j 为从卫星 j 到用户的伪距,根据估计的卫星钟差、电离层传播延迟和对流层传播延迟进行校正;^表示估计值;上标"−"表示历史测量的预测值;上标"+"表示从当前测量集获得的值。用户位置矢量和测量矩阵必须在相同的坐标系中表示,预测的伪距由下式给出。

$$\hat{\rho}_C^{j-} = \sqrt{[\Delta C_E^I \hat{r}_j^E(t_{st}^j) - \hat{r}_a^{E-}(t_a)]^T [\Delta C_E^I \hat{r}_j^E(t_{st}^j) - \hat{r}_a^{E-}(t_a)]} + \hat{\delta}_R^- \qquad (22.71)$$

式中:$\hat{r}_j^E(t_{st}^j)$ 为卫星 j 在信号传输测量时刻 t_{st}^j 时的 ECEF 位置;$\hat{r}_a^{E-}(t_a)$ 为接收机测量时刻(所有卫星通用)时的用户 ECEF 天线预测位置。由旋转矩阵 ΔC_E^I 补偿 Sagnac 效应:

$$\Delta C_E^I = C_E^I(t_a - t_{st}^j) = \begin{pmatrix} \cos\Delta\theta_a^j & \sin\Delta\theta_a^j & 0 \\ -\sin\Delta\theta_a^j & \cos\Delta\theta_a^j & 0 \\ 0 & 0 & 1 \end{pmatrix} \qquad (22.72)$$

式中:$\Delta\theta_a^j = \omega_{IE}(t_a - t_{st}^j)$ 和 ω_{IE} 为地球旋转速率。

测量矩阵为

$$H = \begin{pmatrix} -e_{a1,x} & -e_{a1,y} & -e_{a1,z} & 1 \\ -e_{a2,x} & -e_{a2,y} & -e_{a2,z} & 1 \\ \vdots & \vdots & \vdots & \vdots \\ -e_{am,x} & -e_{am,y} & -e_{am,z} & 1 \end{pmatrix} \qquad (22.73)$$

式中:$e_{aj} = (\hat{r}_j - \hat{r}_a)/|\hat{r}_j - \hat{r}_a|$ 为用户天线到卫星 j 的视线单位矢量。

最后,给出了加权矩阵:

$$W_\rho = \begin{pmatrix} \sigma_{\rho 1}^{-2} & 0 & \cdots & 0 \\ 0 & \sigma_{\rho 2}^{-2} & \cdots & 0 \\ \vdots & \vdots & \ddots & \vdots \\ 0 & 0 & \cdots & \sigma_{\rho m}^{-2} \end{pmatrix} \qquad (22.74)$$

其中,$\sigma_{\rho j}$ 与第 j 次伪距测量的误差标准差成正比。因此,误差标准差较小的测量值在位置解中被赋予较高的权重。在这里,测量值可以加权,以减少多径干扰和非视距接收的影响。载波相位和载波平滑码伪距测量也可以使用类似的方法。对于一个加权矩阵,只有分量的相对值是重要的;也就是说,如果所有项都乘以一个常数,那么它不会影响位置解。然而,如果这个加权矩阵用于估计解的协方差/不确定性(这在高完好性定位应用中很常见),那么恰当表征 LOS 标准差将是很重要的。

基于卫星仰角 θ^j 的加权方案,因为低空信号更容易受到多径干扰和非视距接收影响,并且电离层和对流层传播模型的误差也较大。航空无线电技术委员会(RTCA)模型为[55]

$$\sigma_{\rho j} = a + b\exp(-\theta^j/\theta_0) \qquad (22.75)$$

对于商业运输航空应用,经验确定系数为 $a = 0.13m$, $b = 0.56m$, $\theta_0 = 10° = 0.1745rad$。该模型和参数可能不适用于其他应用。这种先验加权通常比不加权会给出更精确的位置解算,但不直接检测多径干扰或非视距接收。

权重的另一个选择是使用载噪比测量相关的常数[56]。当使用一个好的天线衰减 LHCP 信号时,需确保多径和非视距测量通常是衰减的,最大限度地减少它们对位置的影响。然而,只有多径干扰非常强,才能达到影响载噪比的程度,有时降低载噪比,有时增强载噪比。可使用信噪比测量代替载噪比(根据接收机测量的数据)但需要重新调整。

$$\sigma_{\rho j} = \sqrt{\frac{a}{(c/n_0)^j}} \quad (22.76)$$

式中:$c/n_0 = 10^{(C/N_0)/10}$,a 为与经验相关的应用常数。

双极化天线既有对直接信号更敏感的常规 RHCP 输出,也有对反射信号更敏感的 LHCP 输出。在接收机内部的单独通道中处理这些输出,并对两个载噪比 C/N_0 作差。测量提供了非视距接收和强多径干扰[17]的指示。为了在测量加权中,利用信号极化,在 RHCP 和 LHCP 通道上独立进行跟踪,然后利用 LHCP 信号的相对强度作为多径干扰或非视距接收的指示。在有强 LHCP 信号的情况下进行的 RHCP 测量很可能被破坏,因此定位解算中测量值需相应地降权[见加权矩阵(22.74)]。权重与 RHCP 和 LHCP 载噪比 C/N_0 的差成正比,但必须适应可能由两种天线方向图和信号到达角[57]引起的信号强度变化。

另一种检测强多径干扰(但不包括非视距接收)的方法是通过观察载噪比随时间的变化。如 22.2 节所述,反射信号相对于直接信号的相位偏差发生变化,导致载噪比 C/N_0 改变。对于一个移动的接收机,这些变化会相对较快地发生。然而,对于静态接收机来说,相位偏移一个周期[58]需要几分钟。

使用多频率可以加速检测过程。由于相位偏移是与频率相关的,当另一个频率上有相消干扰时,往往会在一个频率上有相长干扰,通过比较频间 C/N_0 与其正常值的差异来检测多径。

在两种频率下,会占用较长时间,因此,三频检测器将更加可靠。一个潜在的三频检测统计量为[59]

$$S^j = \sqrt{[(C/N_0)^j_{L1} - (C/N_0)^j_{L2} - \Delta C_{12}(\theta^j)]^2 + [(C/N_0)^j_{L1} - (C/N_0)^j_{L5} - \Delta C_{15}(\theta^j)]^2}$$

(22.77)

式中:$(C/N_0)^j_{Ln}$ 是卫星 j 信号在频率 Ln 上的实测载噪比(dB-Hz);ΔC_{12} 和 ΔC_{15} 分别为高度角 θ^j 处 L1~L2 和 L1~L5 的平均频间载噪比 C/N_0 差。这些平均值是在低多径环境中通过校准确定的。当 S^j 超过预先设定的阈值,被认为是多径干扰,该阈值是根据低多径环境中检测统计量的统计分布,建模为高度角函数。

多径干扰(但不是非视距接收)也会导致接收机输出的不同测距测量值之间的不一致。随着相位偏移量的变化,伪距多径误差的变化幅度大于相应载波相位多径误差的变化幅度。因此,多径干扰可以通过观察伪距和载波相位对应距离之间的差的时间变化来检测,本质上是在 22.4 节讨论的 CMC 可观测方程(22.38)。另外,由于相位偏移与频率有关,可以检查在不同频率上进行的伪距测量的差异。对于移动的接收机,这两个参数都会随着接收机移动时反射信号的相位偏移而迅速变化。对于一个静态接收机,它需要几分钟的相位偏移周期,所以多径干扰需要更长的时间来检测。它也可以被电离层传播延迟的变化所掩盖。因此,在多频接收机中,可以使用从无散码/载波组合式(22.66)推导出的卫星 j 的 MP 可观测量如下:

$$\begin{cases} \mathrm{MP}_{12}^j = \rho_1^j - \left(\frac{f_1^2 + f_2^2}{f_1^2 - f_2^2}\right)\varphi_1^j + \left(\frac{2f_2^2}{f_1^2 - f_2^2}\right)\varphi_2^j \\ \mathrm{MP}_{21}^j = \rho_2^j - \left(\frac{2f_1^2}{f_1^2 - f_2^2}\right)\varphi_1^j + \left(\frac{f_1^2 + f_2^2}{f_1^2 - f_2^2}\right)\varphi_2^j \\ \mathrm{MP}_{51}^j = \rho_5^j - \left(\frac{2f_1^2}{f_1^2 - f_5^2}\right)\varphi_1^j + \left(\frac{f_1^2 + f_5^2}{f_1^2 - f_5^2}\right)\varphi_5^j \end{cases} \quad (22.78)$$

在这些 MP 观测中,电离层传播延迟相互抵消,因此这些参数随时间的波动可以单独归因于多径干扰[60]。

对于在不同位置有多个 GNSS 天线的大型车辆或监测站,通过比较这些天线的测量数据,可以检测到多径干扰和非视距接收。类似地,如果天线之间的伪距差不等于它们之间投射到接收机-卫星视距上的距离,则很可能存在非视距接收或多径干扰。可能需要通过卫星间的差分来消除接收机时钟偏差。

一旦检测到多径干扰或非视距接收,无论采用何种方法,都必须减少其对位置解的影响。最简单的方法是从位置解中排除受影响的测量值。然而,这并不总能提高精度,特别是在测距误差相对较小的情况下,因为排除测量可能会对定位解算的测量几何产生不利影响。在位置解算中减少受影响测量的权重是一种更加灵活的方法。对于多径,也可以根据多径间的强度来调整加权。主要问题是载噪比对检测技术不提供帮助,它是非视距测距误差的唯一决定因素,也是多径干扰导致测距误差的主要因素。相比之下,一致性检验(在 22.5.2 节中描述)是由测距误差驱动的,因此与定位性能更相关。

22.5.2 一致性检验

一致性检验是比较不同的测量组合计算出的数据,以确定它们是否一致,如果不一致,则假定存在一个错误[6]。因此,可以通过比较来自不同卫星的信号的测量值来检测非视距接收和严重的多径干扰。如果使用来自不同卫星的信号的组合来计算多个位置的解,那么仅使用"干净的"视距测量值的组合所得到的解应该比包含多径和非视距测量值的解更加一致。因此,一致性检验算法可识别出受多径干扰和非视距传播影响最小的测量集。通过排除或降低受到干扰的测量值,通常可以得到更精确的位置解。同样的一致性检验原则也用于接收机自主完整性监测(RAIM)的故障检测,如第 23 章所述。

最简单的 GNSS 一致性检验方法是顺序测试。顺序测试一致性检验方法的第一阶段是使用式(22.70)从所有伪距测量值中计算位置解。然后计算残差矢量为

$$\delta z^+ = \begin{pmatrix} \rho_C^1 - \hat{\rho}_C^{1+} \\ \rho_C^2 - \hat{\rho}_C^{2+} \\ \vdots \\ \rho_C^m - \hat{\rho}_C^{m+} \end{pmatrix} \quad (22.79)$$

从位置解计算出的伪距是由

$$\hat{\rho}_C^{j+} = \sqrt{\left[\Delta C_E^I \hat{r}_j^E(t_{st}^j) - \hat{r}_a^{E+}(t_a)\right]^T \left[\Delta C_E^I \hat{r}_j^E(t_{st}^j) - \hat{r}_a^{E+}(t_a)\right]} + \hat{\delta}_R^+ \quad (22.80)$$

基于残差平方和的检验统计量,$\delta z^{+T} \delta z^+$,然后与阈值 $\sigma_\rho \sqrt{T_{ch}}$ 进行比较,其中 σ_ρ 为伪

距测量的假设标准差,T_{ch}为卡方分布参数所对应的置信上限[61]。自由度的数目等于使用伪距测量的卫星数目减去定位解算中待估参数数目(式(22.70)为4)。当测试统计量在阈值范围内时,接受位置解;否则,假定至少有一个测量结果是非视距或多径干扰,消除具有最大残差的测量值,因为它与其他测量最不一致,然后重复这个过程。

这种"自顶向下"的方法对于只有一两个测量值被干扰的相对良好的环境是有效的。然而,在密集的城市环境中,大多数信号可能是非视距或受到严重的多径干扰的影响,这种方法则不可行。在这种情况下,由加权最小二乘解产生的残差可能是单个信号质量较差的指示。来自干净信号的测量值与来自干扰信号的测量值一样可能有很大的残差,因此在顺序测试算法中可能会将干净信号的测量值排除。

另一种"自下而上"的一致性检验方法是子集比较方法[62]。最小样本集(MSS)是由产生精确解所需的最小 GNSS 测量值组成的子集,即 4 个加上任何未知的星座间钟差。子集比较方法的工作原理是生成一系列 MSS,并根据其与其他测量值的一致性对每个 MSS 进行评分。然后,使用得分最高的 MSS 加上与之一致的其他测量值计算出一个定位结果。与顺序测试方法不同,要评估许多不同的测量组合,因此选择最一致集的机会要高得多。

对于每个 MSS,只使用这些测量值计算位置解。如果第 i 个 MSS 包含测量值 $z^i \in z$,其中 $z = (\rho_C^1 \quad \rho_C^2 \quad \cdots \quad \rho_C^m)^T$,则位置和接收时钟偏差为

$$\begin{pmatrix} \hat{r}_a^{+i} \\ \hat{\delta}_R^{+i} \end{pmatrix} = \begin{pmatrix} \hat{r}_a^- \\ \hat{\delta}_R^- \end{pmatrix} + (H^i)^{-1}(z^i - \hat{z}^{i-}) \tag{22.81}$$

其中,H^i 由式(22.73)给出的测量矩阵 H 的行组成,对应于 MSS i,预测伪距矢量 $\hat{z}^{i-}$ 由式(22.71)确定。因为每个 MSS 的选择被定义为估计状态所需的最小行数,所以 H^i 是方阵,并且是可逆的,前提是卫星几何形状足够好,在数值上不是奇异的。

每个 MSS 根据其与其余 GNSS 测量值的一致性进行评分。第一步是计算一组完整测量值的残差 δz^{+i},然后用式(22.79)和式(22.80)中的 $\hat{r}_a^{+i}$ 和 $\delta \hat{b}_c^{+i}$ 去代替 $\hat{r}_a^+$ 和 δb_c^+。注意,这些测量在 MSS 内的残差将是零。MSS 之外的测量残差值小于经验值 δz_{max} 被认为是 MSS 一致集(CS)的一部分。然后使用代价函数对 MSS 及其相关 CS 进行评分:

$$C^i(e^i) = \sum_{j=1}^m k(\delta z_j^{+i}, \delta z_{max}) \tag{22.82}$$

式中:k 为单个测量值代价函数。如果以与加权最小二乘解相同的方式进行加权,则会获得更好的性能。因此,

$$k(\delta z_j^{+i}, \delta z_{max}) = \begin{cases} |\delta z_j^{+i}|/\sigma_{\rho j} & |\delta z_j^{+i}| \leq \delta z_{max} \\ \delta z_{max}/\sigma_{\rho j} & |\delta z_j^{+i}| > \delta z_{max} \end{cases} \tag{22.83}$$

其中,$\sigma_{\rho j}$ 与第 j 个伪距测量的误差标准差成正比,可以使用 22.5.1 节所述的加权方案。

具有最低代价函数 C^i 的 MSS 和与它相关的 CS,形成测量集 z^f,用来计算最后的位置和钟差:

$$\begin{pmatrix} \hat{r}_a^+ \\ \hat{\delta}_R^+ \end{pmatrix} = \begin{pmatrix} \hat{r}_a^- \\ \hat{\delta}_R^- \end{pmatrix} + [(H^f)^T W_\rho^f H^f]^{-1} (H^f)^T W_\rho^f (z^f - \hat{z}^{f-}) \tag{22.84}$$

式中:H^f 为测量矩阵的行数;W_ρ^f 为加权矩阵的行和列;$\hat{z}^{f-}$ 为与最终测量集相对应的预测

伪距集。它们是通过式(22.73)、式(22.74)和式(22.71)计算得到的。

没有必要测试所有可能的 MSS,因为通常会有多个 MSS 和 CS 的组合,形成最终的测量选择。相反,可以使用随机样本一致性(RANSAC)技术[63]。这将随机生成 MSS,直到产生足够多的 MSS,使没有一个 MSS 是离群值,从而降低到预定显著性水平以下的概率[62]。另一种基于对不同测量组合应用卡方检验的方法见文献[64]。

22.5.3 使用滤波后的导航解算

正如在 22.4 节中讨论的,载波平滑伪距可以提供大量的码多径衰减。对每个卫星的测量值分别进行载波平滑,产生一组平滑伪距测量值,然后以与原始伪距相同的方式对其进行处理。信号加权和一致性检验分别在 22.5.1 节和 22.5.2 节中描述。因此,虽然载波平滑不能直接减小非视距接收误差,但伪距噪声的减少确实有助于检测非视距接收。

除了在距离域对每颗卫星测量进行滤波,还可以在位置域完成滤波。通过将式(22.70)中的加权最小二乘导航解替换为扩展卡尔曼滤波器(EKF)来实现的,该滤波器用相关的误差协方差保持连续的位置、速度和时间(PVT)解。这是在时间上的预测,使用速度解来预测位置的变化,用接收机时钟漂移来预测钟差的变化。然后使用新的 GNSS 伪距和伪距率(多普勒)测量值来校正预测的 PVT 解,并根据测量值和预测解的相对误差协方差进行加权。进一步的细节将在文献[6]和第 46 章中给出。

独立信号加权,以减少多径干扰和非视距接收的影响,可以在 EKF 中使用 22.5.1 节中描述的类似方法实现。然而也有一些不同之处。使用测量噪声方差矩阵代替加权矩阵。这仅表示随时间快速变化的误差包括正在移动的接收机的多径和非视距接收。与加权矩阵不同,测量噪声协方差矩阵也必须正确缩放,以确保在滤波器[6]中新旧信息的最佳加权。另一个主要的区别是,除伪距外,还有载波派生的伪距率测量值;如果可能,也可使用载波相位导出的测量值。当存在多径干扰和/或非视距接收时,来自给定卫星的所有测量值都会受到影响。

一致性检验也可以按照 22.5.2 节所述进行,通过一致性检验过程的测量结果输入 EKF。来自同一颗卫星的所有测量都应该一起被接受或拒绝,因为不同频率分量的传播路径高度相关,即使尚未检测到误差,也可能受到影响。然而,EKF 还可以将测量结果与之前预测的导航结果进行一致性比较。这就是新息滤波。EKF 的测量新息矢量为[6]

$$\delta z_k^- = z_k - h(\hat{x}_k^-) \tag{22.85}$$

式中:z_k 为历元 k 处的测量值集;$\hat{x}_k^-$ 为从上一个历元向前预测的历元 k 时刻的状态估计集(通常是位置、速度和时间);h 是一个非线性测量函数,它将测量值表示为状态的函数。测量矢量通常由伪距和伪距率(或载波相位变化对应的距离)组成。

新息的协方差 $C_{\delta z,k}^-$,是计算 KF 增益的一个步骤,是测量噪声协方差和转换为测量空间的状态估计的误差协方差之和:

$$C_{\delta z,k}^- = H_k P_k^- H_k^T + R_k \tag{22.86}$$

式中:P_k^- 为预测状态估计的误差协方差矩阵;H_k 为测量矩阵,由每个测量值相对于每个状态的偏导数的雅可比矩阵组成;R_k 为测量噪声协方差矩阵。给出了第 i 个标量测量的归一化新息为:

$$\delta \bar{z}_{k,i} = \frac{\delta \bar{z}_{k,i}}{\sqrt{C^-_{\delta z,k,i,i}}} \qquad (22.87)$$

通过将每个 $\delta_{zk,i}$ 与阈值进行比较，可以检测外部测量值。阈值越高，使虚警率越低，漏检率越低。如果使用两个阈值，则可以拒绝高于较高阈值的测量值，而降低两个阈值之间的测量值的权重。测试统计数据也可以从一系列标准化测量新息中计算出来，以牺牲响应时间[6]为代价增加灵敏度。检查一系列的也使非视距接收和多径干扰得以区分，前者以偏差表示，后者则以较大的方差表示。

矢量跟踪将 PVT 估计值和 GNSS 信号跟踪结合到一个估计算法中。导航滤波器输入码和载波鉴别器测量值，而不是测距测量值，其 PVT 解算用于在接收机内生成 NCO 命令控制参考码和载波的生成。详细内容见第 16 章。在矢量跟踪中，低 C/N_0 鉴别器测量是自动去加权的，因此非视距测量对位置解算的影响较小[66]。还可以在鉴别器测量上进行新息滤波，以实现对非视距和强多径干扰信号的抑制或降权[67]。

22.5.4 使用辅助信息

航位推算导航系统使用惯性传感器、轮速传感器、多普勒雷达、多普勒声纳或其他技术来测量运动，然后集成该运动来更新其位置解。由于运动测量误差被积分，定位精度随时间而降低。因此，航位推算技术通常与绝对定位技术（如 GNSS）相结合，通常使用基于卡尔曼滤波的估计。详细内容见第 46 章和文献[6,68-69]。在这种组合导航系统中，GNSS 各历元之间的运动是被测量而不是被预测的。因此在 22.5.3 节中，用于计算 GNSS 测量新息的预测导航解更加准确，使新息滤波更加灵敏，非视距接收和多径干扰更容易检测。

如文献[6]所述，GNSS 还可以与其他无线电定位技术、环境特征匹配系统（如磁异常匹配）、地图匹配和/或地形高度辅助（见 22.7 节）相结合。这些都增加了导航滤波器的可用信息量，提高了新息滤波的敏感性。本书第 35~43 章专门介绍了利用无线电信号进行导航的技术，而第 44~52 章则描述了非无线电导航技术。

一个或一组带有全景镜头指向天空的相机可以在接收机的遮蔽角之上产生整个视场的图像。如果相机的方向已知（需要与惯性传感器或多天线干涉 GNSS 集成），则可以从图像确定被遮挡的视线。通过将这些信号与卫星方位角和俯仰角比较，可以识别非视距信号，并将其排除在 PVT 解算之外[70-71]。

22.6 后处理多径消除技术

一些消除多径效应的方法可对采集的 GNSS 数据进行后处理。后处理方法可以使用批量估计技术，如已知的天线运动，采用计算密集的方法，如电磁射线追踪。

22.6.1 固定或可重复的几何形状

对于安装在基本静态环境中的固定接收机，每个 GNSS 星座重复的卫星几何形状产生可识别和去除的重复多径效应。这种重复时间因星座而异：GPS 星座每恒星日重复一次，

GLONASS 每 8 天重复一次,伽利略每 10 天重复一次[72],北斗每 7 天重复一次[73]。利用重复卫星几何形状的技术被称为恒星日滤波,这是参照了该技术最初构想的 GPS 星座重复时间[74]。多径校正可应用于位置域或观测域。在位置域恒星日滤波(PDSF)中,从随后一天的一系列相应位置状态中减去上一天的一系列位置残差(如东/北/高误差)[75]。对第一天的位置残差进行低通滤波,以避免放大噪声。在这里考虑的后处理情况下,应该检查每天的位置估计输入,以确保在星座变化(如卫星中断)的情况下,只使用在这两天可见的卫星[76]。

观测域恒星日滤波(ODSF)涉及对距离测量本身的校正:对每颗卫星一天的测量残差进行低通滤波,并从随后一天的一系列相应测量中减去。低通滤波器的带宽必须远远小于多径衰落频率[见式(22.4)和式(22.5)]。

通过使用更复杂的对准技术,可以实现更高精度的多径去除。例如,虽然 GPS 星座名义上每 86164s 重复一次,但改进的恒星日滤波(MSF)使用了 86155s 的重复时间,这是地球扁率导致卫星平面向西漂移的原因[77]。然而,GPS 卫星的轨道周期在一年之内变化约 8s,航天器机动可使轨道周期变化 100s 以上[76];卫星地面轨道的重复是比轨道周期更好的多径重复指标。重复时间(ART)采用了这种方法,通过最大化两个用户到卫星 LOS 矢量之间的点积的时移[19,78]。请注意,在每种方法中,前一天的残差与当前观测值的精确对齐依赖足够高的速率数据(在 1Hz 或更大的数量级)。多径校正中的噪声可以通过对多天的残差进行平均来降低[79]。

另一种利用可重复几何构型的方法是通过方位角和仰角将测量残差映射到天空图上,从而形成一个半球模型多径校正[80-81]。然而,在大多数情况下,考虑高频多径效应,需要对半球进行非常精细的离散化,而生成一个完整的模型可能需要几个月或几年的时间[75]。这种技术在航天器应用中仍然有用,因为反射器与接收天线非常接近,这意味着低频误差[见式(22.4)和式(22.5)],环境可能是无限的静态。

22.6.2 反射光特性的估计

多径参数的估计对于式(22.6)中的每个 $i = 1, 2, \cdots, n$ 反射信号,都允许重构信号本身,从而能够通过前面讨论的任何方法来校正多径误差。虽然在 22.3.3 节中讨论的方法,如 MEDLL,可以实时执行估计,但其他方法则多为后处理方法。由于不可能完全隔离直接信号和反射信号,一种方法是依赖直接信号和反射信号在时间序列数据中的演化差异;另一种方法是对接收机环境进行全面建模,通过电磁射线追踪来估计反射信号的性质。

多径误差对天线的运动非常敏感——仅仅移动天线半个波长就会显著改变直接信号和反射信号的相对相位。当天线移动时,天线运动在不同信号到达方向上的投影是不同的。通过将 MEDLL 中使用的多径模型推广到天线运动中,可以利用已知的天线运动,从同相累积和正交累积中估计每个反射信号的多径参数[82]。这已经在实验中得到了一些成功的证明(如将总的累积伪距均方根从 10m 降低到 6m),但仍然在发展。

与从测量中估计多径参数不同,这些参数可以从已知的接收环境和控制电磁辐射传播的定律中计算出来。用射线表示传播的电磁场是一种简化的几何光学(GO)[83]。光线的表面和不同的介质是由反射和折射定律描述的——尽管这些定律并不适用于边缘。统一几何衍射理论(UTD)通过引入衍射来描述光线在边缘的散射,将 GO 定律扩展到处理复杂物体上[84-86]。当电性能环境完全已知,电磁射线追踪可以用来描述电磁射线所采取的路径,包括多径的情况。

在通过电磁辐射建模计算多径的典型方法中,首先将接收环境中的结构分解成简单的几何形状。这些形状是根据它们的材料属性、UTD 中描述的典型形状分配衍射和反射系数的。通过跟踪所有对天线相位中心场有贡献的场分量,最后将单个场分量相加。例如,描述了 r' 点处的单个电场分量[87]:

$$E^{r,d}(r') = E^i(r)D^{r,d}A^{r,d}(s)e^{-jks} \tag{22.88}$$

式中:上标"r","d"为场可以由相互作用(反射或衍射)产生;$E^i(r)$ 为从源或先前到达 r 的入射场;$D^{r,d}$ 为复反射系数或衍射系数;$A^{r,d}(s)$ 为由于距离引起的扩散因子;e^{-jks} 为波数为 k 的相位项。接收天线处的总场为 LOS 场、反射场和衍射场之和。

射线跟踪软件用于执行通过接收环境跟踪所有重要的场分量和应用交互系数的计算密集型任务。软件的选择必须根据许多因素,如易用性、可视化能力、速度和准确性。大多数软件工具使用 UTD 方法[88-90],但精度高度依赖结构模型的准确性[87]。射线追踪在地面应用中面临着重大挑战,但已经在简单环境中得到了应用,如航天器[91]。校正码的多径误差需要知道反射信号路径延迟在 1/10 波长(约 2cm)之内,因此需要了解天线位置、相位中心和环境特征的厘米级精度。由于反射后的相位反转不完美(大多数建筑物或其他结构在 GNSS 波长的菲涅耳区域上不是平坦的),使得情况更加复杂。然而,正如 22.7 节所讨论的,使用射线追踪进行非视距校正是可行的,因为可以容忍更大的建模误差。类似地,射线追踪可以用于提供多径相对振幅的粗略估计,也可以用于确定位置解的伪距误差权重,如式(22.74)所示。

22.6.3 多径特征

多径环境的特性对于天线的放置和测量权重非常重要。但是很难从众多的误差源中识别出多径引起的误差。如 22.4.1 节所述,可以通过处理 CMC 数据来隔离多径误差。这些技术利用伪距和载波相位共享大多数空间信号误差源,但有不同的多径误差这一事实。考虑到式(22.31)中的码伪距和载波测量,单频 CMC 多径可观测方程(22.38)是这两个距离测量值的差值:

$$\chi_L = \rho_L - \varphi_L = 2I_L + \delta\rho_{ML} - \delta\varphi_{ML} + \varepsilon_{\rho L} - \varepsilon_{\varphi L} - N_L\lambda_L$$
$$\approx 2I_L + \delta\rho_{ML} + \varepsilon_{\rho L} - N_L\lambda_L \tag{22.89}$$

其中,几何距离、对流层延迟和时钟项相互抵消[13,92]。载波多径误差和载波噪声项相对于码伪距项可以被忽略。整数载波模糊度可以通过减去 χ_L 的均值来消除,但请注意,这消除了与多径误差相关的所有偏差。最后,电离层项必须去掉。这可以通过估计和去除测量(以小时为单位)[13]中的缓慢趋势来实现,或者通过产生具有多个频率的电离层码和载波距离测量的无电离层组合来实现[参见 22.4.3.3 节和式(22.78)]。伪距多径误差的测量结果可被降权或忽略[93]。

利用差分相位技术(两天线测得的相位差),通过考虑测得的信噪比与载波相位误差之间的关系,可以隔离载波相位多径误差。如果去掉已知的影响增益的因素(如一阶发射机和接收机的运动),调整后的信噪比的变化可以归因于多径并用于估计修正相位误差[94]。式(22.16)中所述的单个反射信号的载波相位误差表达式可以扩展到任意数量的信号,并

且对于小的距离滞后($|x-\delta|<d/2$)和小的α_i,近似为

$$\delta\varphi_M \approx \frac{\sum_{i=0}^{n}\alpha_i\sin(\phi_i)}{1+\sum_{i=0}^{n}\alpha_i\cos(\phi_i)} \qquad (22.90)$$

组合信号的幅值由直接信号幅值A_d和小α_i表征,可以近似为

$$A_c \approx A_d \sum_{i=0}^{n}\alpha_i\cos(\phi_i) \qquad (22.91)$$

这种多径引起的组合信号幅值变化在调整后的信噪比中很明显,可以用来估计每个多径分量的相对幅值和相位。这些分量的总和形成了消除载波相位多径误差的轮廓[95]。

假设多径频率在考虑的时间间隔内是恒定的,有

$$\phi_i = \omega_i t + \phi_{0,i} \qquad (22.92)$$

式中:ω_i为第i个多径分量的角频率;$\phi_{0,i}$为初始相位偏移量,可以通过频谱分析(如快速傅里叶变换方法)确定多径分量的数量及其频率。如图22.22所示,信号功率表现为多径诱导的振荡,在频域中可以识别出频率为0.25Hz的单个多径分量,尽管式(22.92)中的频率假设为恒定,仅近似成立。

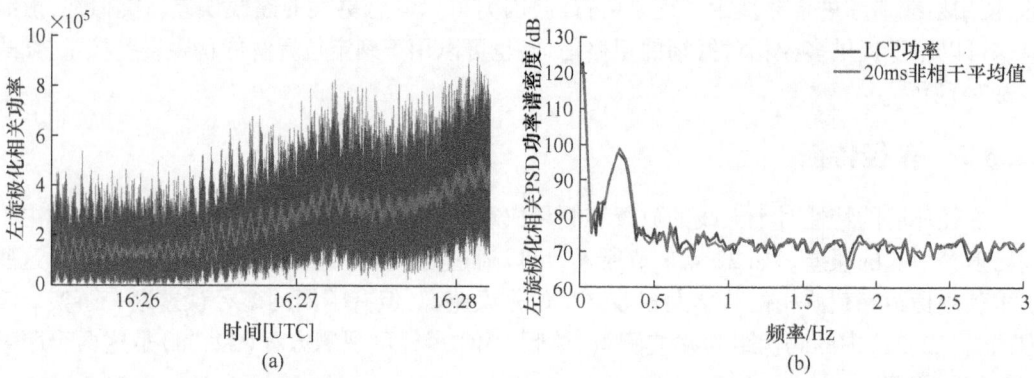

图22.22 在哈勃维修任务4[18]期间测量的PRN 1的即时相关器功率(a)和功率谱密度(b)

通过对模型的最小二乘拟合,估计出每个多径分量的振幅和初始相位:

$$\begin{bmatrix} \cos(\omega_1 t_k) & -\sin(\omega_1 t_k) & \cdots & \cos(\omega_n t_k) & -\sin(\omega_n t_k) \\ \vdots & \vdots & & \vdots & \vdots \end{bmatrix} \times \begin{bmatrix} \alpha_1 A_d \cos(\phi_{0,1}) \\ \alpha_1 A_d \sin(\phi_{0,1}) \\ \vdots \\ \alpha_n A_d \cos(\phi_{0,n}) \\ \alpha_n A_d \sin(\phi_{0,n}) \end{bmatrix} = \begin{bmatrix} \mathrm{SNR}_M(t_k) \\ \vdots \end{bmatrix} \qquad (22.93)$$

其中,多径信噪比时间序列SNR_M的计算方法是将实测和调整后的信噪比减去估计的直接信噪比(根据链路预算和已知几何形状计算)[95]。请注意,为了观察总信噪比的变化,实时

信噪比估计不能被过度滤波。由此产生的 ω_i、$\phi_{0,i}$ 和 α_i 估计值,通过式(22.92)计算多径频率,进而计算式(22.90)中的载波相位误差率。然而,用于确定 ω_i 的光谱分析不能确定符号,因此需要两个天线进行测量。必须根据模型进行额外的最小二乘拟合。

$$\begin{bmatrix} \delta\varphi_{M,1,1}(t_k) & \cdots & \delta\varphi_{M,n,1} & \cdots & \delta\varphi_{M,1,2} & \cdots & \delta\varphi_{M,n,2} \\ \vdots & & \vdots & & \vdots & & \vdots \end{bmatrix} \times \begin{bmatrix} s_{1,1} \\ \vdots \\ s_{n,1} \\ s_{1,2} \\ \vdots \\ s_{n,2} \end{bmatrix} = \begin{bmatrix} \mathrm{DPHS}_{\mathrm{resid}}(t_k) \\ \vdots \end{bmatrix} \quad (22.94)$$

式中:$\delta\varphi_{M,i,j}$ 为多径分量 i 和天线 j 的估计载波相位误差;$\mathrm{DPHS}_{\mathrm{resid}}$ 为两个天线上测量的相位之间的运动校正差值;$s_{i,j}$ 为载波相位误差符号[95]。在计算这些符号之后,可以构造一个差分相位校正轮廓,并应用于差分相位数据,以产生载波多径自由差分相位测量。

有了三频 GNSS 信号,可以构造几何/无电离层相位组合[96]。这些对于描述整体载波相位多径误差水平是很有用的,但对单个频率上的多径误差没有帮助。利用式(22.31)中的测量模型,可以将文献[96]中提出的三频相位组合展开得到:

$$\begin{aligned}\delta\varphi_{M123} &= \lambda_3^2(\varphi_1 - \varphi_2) + \lambda_2^2(\varphi_3 - \varphi_1) + \lambda_1^2(\varphi_2 - \varphi_3) \\ &= (\lambda_3^2 - \lambda_2^2)\delta\varphi_{M1} + (\lambda_1^2 - \lambda_3^2)\delta\varphi_{M2} + (\lambda_2^2 - \lambda_1^2)\delta\varphi_{M3} + (\text{噪声项}) + (\text{模糊项})\end{aligned}$$
(22.95)

式中下标"1"、"2"和"3"为频率,可以通过单个天线/接收机来完成,并可以用来估计总体多径误差统计,评估误差预算和比较不同的天线站点。

22.7 三维地图辅助 GNSS

在密集的城市环境中,由于建筑物遮挡和反射信号,GNSS 的定位精度会降低。建筑物的三维地图(结合卫星位置的知识)可以预测信号在哪里受到影响。在 GNSS 定位算法中利用这些信息,可以将位置误差从几十米减小到几米。技术可以分为地形高度辅助、三维地图辅助(3D mapping-aided,3DMA)GNSS 测距和阴影匹配。下面将依次介绍这些技术,然后讨论系统如何实现。

22.7.1 地形高度辅助

对于大多数陆地定位应用来说,GNSS 接收天线可以假定在已知的海拔高度上。通过使用数字地形模型(DTM),也称数字高程模型(DEM),位置解算可能被地形曲面限制。地形高度辅助技术被用于使用有限数量的卫星进行定位,通过有效地从位置解中去除一个变量,其余变量的精度将会得到提高。在开阔环境中,地形高度只能显著提高垂直定位和定时精度。然而,在信号较差的地区,如人口密集的城市地区,可以显著提高水平精度[62]。

通过构造虚拟测距测量,地形高度辅助被纳入传统的最小二乘或 EKF 定位算法中[6,62,97]。它包含距离 r_{ea},从地球中心到预测水平位置的地形距离,根据用户天线不同高度进行调整。DTM 将提供一系列网格点的地形高度,因此插值是必要的。显然,预测的水平位置越准确,地形高度就越准确。因此,定位算法需要迭代多次,每次迭代时使用前一次迭代得到的水平位置解来计算地形高度。

22.5.1 节描述的定位算法可以通过在式(22.70)中添加额外的测量值 $\tilde{r}_{a,T}^E$ 来增强(地形高度辅助)。地形高度辅助测量新息 $\tilde{r}_{a,T}^E - |\hat{r}_a^-|$ 被添加到式(22.70)的测量残差矢量。这项措施是在矩阵式(22.73)增加一行:

$$H_{m+1} = (e_{a,x} \quad e_{a,y} \quad e_{a,z} \quad 0) \quad (22.96)$$

其中, $e_a^E \approx \hat{r}_a^{E-}/|\hat{r}_a^{E-}|$ 在 ECEF 坐标系,或在区域坐标系中 $e_a^L \approx (0\ 0\ 1)^T$。额外的行和列也被在加权矩阵 W_ρ 中添加,用于对位置解内的高度辅助的测量进行加权。

地形高度辅助也可用于提高一致性检验的鲁棒性(22.5.2 节)[62,98]。

22.7.2 三维地图辅助测距

利用光线追踪或投影技术,城市的 3D 地图可以用来预测哪些信号被建筑物阻挡,从而在接收时是非视距,哪些是直接可见的。这个计算过程可以通过使用预先计算的建筑边界来加速。某一特定位置的建筑物边界包括海拔高度阈值,低于该阈值的每个方位角都会阻挡卫星信号。然后,只需要在适当的方位角将卫星高程与建筑物边界高程进行比较,就可以非常迅速地预测可见卫星。这些可见卫星预测可以用不同的方法来辅助测距定位。如果位置已知在几米之内,就可以合理地精度预测哪些信号是非视距信号,并简单地将它们在位置解中排除(假设有足够的直接视距信号)[99-100]。相应地,哪些信号是直接可见的取决于真实的位置,而真实的位置是未知的。一个简单的方法是确定每个信号被预测为直接可见的候选位置的比例,并使用它来加权位置解算中的每个测量值,以辅助一致性检验。

为了更好地利用卫星能见度预测,传统的最小二乘(或 EKF)定位算法应该被另一种算法所取代,该算法根据观测到的伪距和预测的视矩伪矩值对候选位置假设进行评分。接收机的钟差和星座间的任何时间偏差都可以通过不同卫星的测量来消除。然后可以在不同的候选位置做出关于误差分布的不同假设。例如,可以假设 LOS 信号的误差分布是对称的,非视距信号的误差分布是不对称的,并相应地调整评分。候选位置可以分布在规则网格或半随机(如粒子滤波器)。包含这些候选位置的搜索区域要么集中在传统的 GNSS 位置解上,要么集中在以前预测的位置上。然后根据初始位置的不确定性确定搜索区域的大小。

光线追踪可以预测反射的 GNSS 信号的路径延迟,如 22.6.2 节所述。非视距接收误差可以被纠正,有助于精确的位置解算。如果位置已知在几米之内,则可以迭代计算位置解和非视距改正,直到它们收敛。对于较大的不确定性,需要多个起始位置来确保收敛。一种更强大的方法是通过对候选位置假设进行评分,将非视距误差预测添加到定位中。然后为每个候选位置计算适当的非视距修正。基于网格和基于粒子的方法定位精度均在 2m 以内[101-103]。

22.7.3 阴影匹配

阴影匹配是一种互补的 GNSS 定位技术,通过比较预测和测量的载噪比来确定位置。

与传统的 GNSS 定位不同,它不使用距离测量,而是类似于用于室内定位系统的"射频指纹"技术。利用 3D 地图和卫星位置,预计每个 GNSS 信号在某些区域是直接可见,而在其他区域被遮挡(阴影)。因此,阴影匹配假设在接收信噪比高的用户在直接可见区域,如果信噪比低或信号根本没有接收到,则在阴影区域。图 22.23 说明了一般原理。对每个 GNSS 信号重复此操作,可以使用户可能被发现的区域缩小[104]。

在实践中,直接视距信号和非视距信号的信噪比分布可能存在重叠,特别是在使用智能手机天线时。此外,真实的城市环境和信号传播行为比使用 3D 地图所能表示的更为复杂[105]。因此,一种实用的阴影匹配算法是根据卫星可见性之间的对应程度对候选位置网格进行预测和信噪比测量。处理过程中的不准确可以被视为噪声,因此只要有足够多的"信号",就可以获得正确的位置。

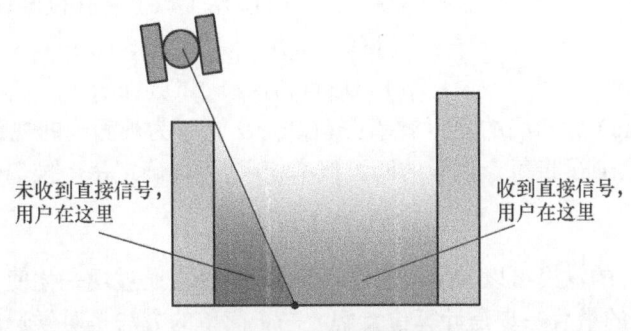

图 22.23 阴影匹配原理

图 22.24 给出了一种典型的阴影匹配算法的流程[106]。阴影匹配[107]需要在城市的室外环境,因为它不能在室内工作,也不需要在传统的 GNSS 定位开放的环境中使用阴影匹配。

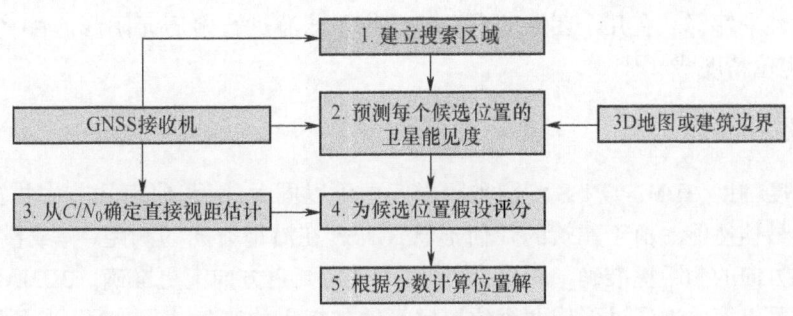

图 22.24 典型阴影匹配算法的流程

第一步是使用一个近似的位置(如来自传统的 GNSS)和对应的不确定性来建立搜索区域。通常需要几十米的搜索半径。在这个搜索区域内,建立一个候选位置网格,室内位置可以被忽略。阴影匹配在网格间距为 1m 时工作得很好,在更大的网格间距时也可以操作。

第二步使用 3D 地图来预测每个位置的卫星能见度,可以直接或通过预先计算的建筑边界。三维城市模型必然是真实环境的近似,在城市环境中,GNSS 信号的菲涅耳半径可以超过 1m。最好将信号视距的概率视为非布尔值。例如,实验测试表明,如果从 3D 地图预测信号为 LOS,则可以假设 LOS 概率为 0.8,如果预测信号为非视距,则可以假设 LOS 概率为 0.2[106]。

第三步根据接收机输出的载噪比测量值来确定哪些信号是视距的。显然,如果载噪比接近标称值,则信号很可能是视距。相反,如果载噪比仅高于码跟踪阈值或没有信号被跟踪,那么直接信号路径几乎肯定被阻塞。但是,载噪比在中间区域可能更难分类,因为一些非视距信号可能非常强,而直接信号可能会被人或树叶衰减。如前所述,手机天线是线性极化的,因此它们不能区分 RHCP 和 LHCP 信号。因此,应使用经验确定的函数,表示视距概率为载噪比的函数,这个函数可以通过在已知地点收集的数据得到[106],由于它们的天线特性不同,专业级、消费级和手机 GNSS 用户设备需要不同的模型。

第四阶段是进行评分。预测卫星能见度与实测卫星能见度匹配的概率为

$$\begin{aligned} P_{ij} &= p(\text{LOS} \mid C/N_0)_j p(\text{LOS} \mid \text{map})_{ij} \\ &+ (1 - p(\text{LOS} \mid C/N_0)_j)(1 - p(\text{LOS} \mid \text{map})_{ij}) \\ &= 1 - p(\text{LOS} \mid C/N_0)_j - p(\text{LOS} \mid \text{map})_{ij} \\ &+ 2p(\text{LOS} \mid C/N_0)_j p(\text{LOS} \mid \text{map})_{ij} \end{aligned} \quad (22.97)$$

式中:$p(\text{LOS} \mid \text{map})$ 为预测的视距概率;$p(\text{LOS} \mid C/N_0)$ 为观测到的视距概率;j 为卫星;i 为候选位置。然后,通过将每个信号的匹配概率相乘,可以确定每个候选位置的得分。因此

$$\Lambda_i = \prod_j P_{ij} \quad (22.98)$$

因此,评分过程的输出可以转换成一个概率密度函数,通过规一化使它积分为 1。

阴影匹配过程的最后一步是计算位置解。一个简单的方法是对候选的位置进行加权平均。因此,

$$\hat{p} = \sum_i \Lambda_i p_i / \sum_i \Lambda_i \quad (22.99)$$

式中:p_i 为第 i 个候选点的位置,可以表示为笛卡儿坐标、曲线坐标或投影坐标。然而,似然面有时可以是多模态的,导致位置解是几个可能性的平均值。这可以通过增加这些情况下位置不确定性来解释。有几个团队演示了使用粒子滤波进行多历元阴影匹配,实现了优于 3m 的跨街定位精度[108-111]。

22.7.4 系统实现

地形高度辅助、3DMA GNSS 测距和阴影匹配可以同时使用,前面几节中描述的许多技术可以获得最佳性能。由于建筑的几何形状,GNSS 在沿街方向的测距(有或没有辅助)通常比在跨街方向的测距更准确。相反,阴影匹配在跨街道方向上更准确。3DMA GNSS 测距和阴影匹配可以简单地通过形成两个位置解算的加权平均来集成。然而,当两种定位算法都对一组候选位置进行评分时,最好将每个候选位置的测距和阴影匹配评分结合起来,然后提取综合位置解。

地形高度辅助在阴影匹配和考虑多个候选位置的 3DMA 测距算法中都是固有的。通过假设接收天线距离地面距离是固定的,候选位置网格被限制在两维空间,而不是三维空间,从而减少了一个数量级的处理负载。然而,一个地形高度辅助的最小二乘位置解也应该用于初始化搜索区域,由于它更准确,因此可以考虑更少的候选者,这可再次减少处理负载。

对于 3DMA 来说,算法必须能够在一个典型的设备上实时运行,并能实时访问合适的 3D 地图数据。然而,光线追踪可能需要大量的计算。一种解决方案是使用预先计算的

建筑边界,尽管这可能会比原始的 3D 地图占用更多的空间;另一种投影技术在图形处理器(GPU)上运行。这两种方法都只能预测卫星能见度,而不能预测路径延迟。目前使用光线追踪只能实时路径延迟实时确定 100 个/s 左右的候选位置的路径延迟。

高度精确的 3D 城市模型非常昂贵,简单的模型对于大多数 3D 地图辅助的 GNSS 实现来说已经足够了。开放街道地图为世界许多城市提供了免费的建筑地图,其中大部分是 3D 的。国家测绘机构也提供了数据;尽管覆盖面远未达到普遍,但在最需要的人口密集的城市地区往往可以得到。传统的 GNSS 定位通常在低密度地区工作得足够好。

3DMA GNSS 既可以在服务器上实现,也可以在移动设备上实现。基于服务器的实现可以使用现有的辅助 GNSS 协议与 GNSS 接收机通信,因此不需要对移动设备进行修改,3D 地图将全部保存在服务器上。但是,服务器一次只能为有限数量的用户提供定位,所以它最适合只需要单历元定位的应用程序。对于连续导航和跟踪应用程序,3D 地图或建筑边界数据可以很容易地通过现代手机连接流到用户,假设采用有效的二进制格式。预加载数据也是可能的,但不一定方便,因为移动设备一次只能保存几个城市的数据。

22.8 总结

多径误差是所有 GNSS 接收机都必须面对的,在许多应用中,它是主要的误差源。本章提供了一个概述,可用于减少多径误差的技术有:天线选址以避免多径;增强直接信号和减弱反射信号的天线类型;自适应天线阵处理;相关信号处理;测量处理技术,如载波平滑;导航处理以降低权重或排除受多径影响的测量值;以及提供估计以纠正多径误差的后处理和建模技术。这些技术对不同 GNSS 接收机类型的适用性差异很大,手机尤其受到限制。

非视距接收是许多应用程序面临的另一个挑战,尤其是对城市环境的用户。许多接收机多径衰减技术,包括天线和信号处理方法,不能解决非视距接收问题。然而一般的导航接收机处理技术可用于消除非视距接收。此外,3DMA 技术,如阴影匹配,是信号传播建模处理非视距接收的一个例子。

随着全球卫星导航系统(GNSS)接收系统的计算能力的不断提高,通信网络和辅助传感器的信息可用性的增加,未来几十年消除多径和非视距接收方面将会持续改善。

参考文献

[1] Groves, P. D., "How does non-line-of-sight reception differ from multipath interference?" *Inside GNSS*, pp. 40-42, 63, November/December 2013.

[2] Rama Rao, B., Kunysz, W., Fante, R., and McDonald, K., *GPS/GNSS Antennas*, Artech House, 2013.

[3] Larson, K. M. et al., "Environmental sensing: A revolution in GNSS applications," *Inside GNSS*, pp. 36-46, July/August 2014.

[4] Braasch, M. S., "Multipath effects," In *Global Positioning System: Theory and Applications*, *Volume* Vol. I, B. W. Parkinson and J. J. Spilker, Jr. (eds.), pp. 547-568, Washington, DC: AIAA, 1996, pp. 547-568.

[5] Bradbury, J., "Prediction of urban GNSS availability and Signal degradation using virtual reality city models," in *Proc. ION GNSS 2007*, Fort Worth, *TX, pp. 2696-2706*, September 2007.

[6] Groves, P. D., *Principles of GNSS, Inertial, and Multisensor Integrated Navigation Systems*, 2nd ed., Artech House, 2013.

[7] Hannah, B., Modeling and simulation of GPS multipath propagation, Ph. D. Dissertation, Queensland University of Technology, 2001.

[8] Misra, P. and Enge, P., *Global Positioning System: Signals, Measurements, and Performance*, 2nd ed., Ganga-Jamuna Press, 2006.

[9] Van Dierendonck, A. J., Fenton, P., and Ford, T., "Theory and performance of a narrow correlator spacing in a GPS receiver," in *Navigation*, Vol. 39, No. 3, pp. 265-283, 1992.

[10] Van Dierendonck, A. J., "GPS receivers," in *Global Positioning System: Theory and Applications Volume I*, B. W. Parkinson and J. J. Spilker, Jr. (eds.), ch. 8, pp. 329-407, Washington, DC: AIAA, 1996.

[11] Ward, P. W., Betz, J. W., and Hegarty, C. J., "Satellite signal acquisition, tracking and data demodulation," In *Understanding GPS Principles and Applications*, 2nd ed., E. D. Kaplan and C. J. Hegarty, (eds.), ch. 5, pp. 153-241, Norwood, Massachusetts: Artech House, 2006.

[12] Betz, J. W., *Engineering Satellite-Based Navigation and Timing: Global Navigation Satellite Systems, Signals, and Receivers*, IEEE Press/ Wiley, 2016.

[13] Braasch, M., "Multipath," Springer Handbook of Global Navigation Satellite Systems, P. Teunissen, and O. Montenbruck (eds.), Springer, pp. 445-470, 2017.

[14] Thornberg, D. B., Thornberg, D. S., DiBenedetto, M. F., Braasch, M. S., van Graas, F., and Bartone, C., "LAAS integrated multipath-limiting antenna," Navigation, *Journal of The Institute of Navigation*, Vol. 50, No. 2, pp. 117-130, Summer 2003.

[15] Dovis, F., Pini, M., and Mulassano, P., "Multiple DLL architecture for multipath recovery in navigation receivers," 2004 IEEE 59th Vehicular Technology Confe rence, VTC 2004-Spring (IEEE Cat. No. 04CH37514), Vol. 5, pp. 2848-2851, 2004.

[16] Yang, C. and Porter, A., "GPS multipath estimation and mitigation via polarization sensing diversity: Parallel iterative cross cancellation," in *Proceedings of the 18th International Technical Meeting of the Satellite Division of The Institute of Navigation (ION GNSS 2005)*, Long Beach, California, pp. 2707-2719, September 2005.

[17] Jiang, Z. and Groves, P. D., "NLOS GPS signal detection using a dual-polarisation antenna," in *GPS Solutions*, Vol. 18, No. 1, pp. 15-26, 2014 (online: 2012).

[18] Ashman, B., "Incorporation of GNSS multipath to improve autonomous rendezvous, docking and proximity operations in space," Ph. D. Dissertation, Purdue University, 2016.

[19] Axelrad, P., Larson, K. M., and Jones, B., "Use of the correct satellite repeat period to characte ize and reduce site-specific multipath errors," *Proceedings of the 18th International Technical Meeting of the Satellite Division of The Institute of Navigation (ION GNSS 2005)*, Long Beach, California, pp. 2638--2648, September 2005.

[20] Katzberg, S., Garrison, J., and Howell, C., "Simple over water altimeter using GPS reflections," in *Proceedings of the 12th International Technical Meeting of the Satellite Division of the Institute of Navigation*, Nashville, TN, pp. 1819-1828, September 1999.

[21] Masters, D., Axelrad, P., Zavorotny, V., Katzberg, S., and Lalezari, F., "A passive GPS bistatic radar altimeter for aircraft navigation," in *Proceedings of the 14th International Technical Meeting of the Institute of Navigation*. Cambridge, MA: Institute of Navigation, pp. 2435-2445, June 2001.

[22] Vinande, E., Akos, D., Masters, D., Axelrad, P., and Esterhuizen, S., "GPS bistatic radar measurements of aircraft altitude and ground objects with a software receiver," in *Proceedings of the 61st Annual Meeting of*

the Institute of Navigation, Cambridge, Massachusetts, pp. 528-534, June 2005.

[23] Dowdle, J. R. Gustafson, D. E., and Elwell, J. M., "Geographical navigation using multipath wireless navigation signals," US Patent 6,693,592, February 2004.

[24] Cohen, I., "Relative navigation for Hubble Servicing Mission using reflected GPS signals," Master's thesis, University of Maryland, 2007.

[25] Cohen, I. and Boegner, G. Jr., "Method and apparatus for relative navigation using reflected GPS signals," US Patent 7,817,087, October 2010.

[26] Garin, L., van Diggelen, F., and Rousseau, J.-M., "Strobe & Edge correlator multipath mitigation for code," Proceedings of the 9th International Technical Meeting of the Satellite Division of The Institute of Navigation (ION GPS 1996), Kansas City, Missouri, pp. 657-664, September 1996.

[27] Hatch, R. R., Keegan, R. G., and Stansell, T. A., "Leica's code and phase multipath mitigation techniques," Proceedings of the 1997 National Technical Meeting of The Institute of Navigation, Santa Monica, California, pp. 217- 225, January 1997.

[28] McGraw, G. A. and Braasch, M. S., "GNSS multipath mitigation using gated and high resolution correlator concepts," in Proceedings of the Inst. of Navigation National Technical Meeting, San Diego, California, January 25-27, 1999.

[29] McGraw, G. A., "Practical GPS carrier phase multipath mitigation using high resolution correlator techniques," in Proceedings of International Association of Institutes of Navigation World Congress/Annual Meeting of the Inst. of Navigation, San Diego, California, June 26-28, 2000.

[30] Veitsel, V. A., Zhdanov, A. V., and Zhodzishsky, M. I., "The mitigation of multipath errors by strobe correlators in GPS/GLONASS receivers," GPS Solutions, Vol. 2, pp. 38- 45, 1998.

[31] Zhdanov, A. V., Veitsel, V. A., Zhodzishsky, M. I., and Ashjaee, J., "Multipath error reduction in signal processing," Proceedings of the 12th International Technical Meeting of the Satellite Division of The Institute of Navigation (ION GPS 1999), Nashville, Tennessee, pp. 1217-1224, September 1999.

[32] Irsigler, M. and Eissfeller, B., "Comparison of multipath mitigation techniques with consideration of future signal structures," Proceedings of the 16th International Technical Meeting of the Satellite Division of The Institute of Navigation (ION GPS/GNSS 2003), Portland, Oregon, pp. 2584-2592, September 2003.

[33] Mattos, P. G., "Multipath elimination for the low-cost consumer GPS," Proc. ION GPS-96, Kansas, Missouri, pp. 665-672, September 1996.

[34] Townsend, B. R. and Fenton, P. C., "A Practical approach to the reduction of pseudorange multipath errors in a L1 GPS receiver," Proceedings of the 7th International Technical Meeting of the Satellite Division of The Institute of Navigation (ION GPS 1994), Salt Lake City, Utah, pp. 143- 148, September 1994.

[35] Townsend, B. R., Fenton, P. C., Van Dierendonck, K. J., van Nee, R. D. J., "Performance evaluation of the multipath estimating delay lock loop," Navigation, Journal of The Institute of Navigation, Vol. 42, No. 3, pp. 503-514, Fall 1995.

[36] Weill, L. R., "Achieving theoretical accuracy limits for pseudoranging in the presence of multipath," Proceedings of the 8th International Technical Meeting of the Satellite Division of The Institute of Navigation (ION GPS 1995), Palm Springs, California, pp. 1521-1530, September 1995.

[37] Weill, L. R., "Application of superresolution concepts to the GPS multipath mitigation problem," Proceedings of the 1998 National Technical Meeting of The Institute of Navigation, Long Beach, California, pp. 673-682, January 1998.

[38] Weill, L. R., "Multipath mitigation: How good can it get with new signals?" GPS World, pp. 106-113, June 2003.

[39] Fenton, P. C. and Jones, J., "The theory and performance of NovAtel Inc.'s vision correlator," *Proceedings of the 18th International Technical Meeting of the Satellite Division of The Institute of Navigation (ION GNSS 2005)*, Long Beach, California, pp. 2178-2186, September 2005.

[40] Bhuiyan, M. Z. H. and Lohan, E. S., "Multipath mitigation techniques for satellite-based positioning applications," in Jin S. (ed.), *Global Navigation Satellite Systems: Signal, Theory and Applications*, InTech, Rijeka, Croatia, pp. 405-426, 2012.

[41] Ray, J. K., Cannon, M. E., and Fenton, P. C., "Mitigation of static carrier-phase multipath effects using multiple closely spaced antennas," *Navigation, Journal of The Institute of Navigation*, Vol. 46, No. 3, pp. 193-202, Fall 1999.

[42] Gold, K. and Brown, A., "An array of digital antenna elements for mitigation of multipath for carrier landings," *Proceedings of the 2005 National Technical Meeting of The Institute of Navigation*, San Diego, California, pp. 190-196, January 2005.

[43] McGraw, G. A., Young, R. S. Y., Reichenauer, K., Stevens, J., and Ventrone, F., "GPS multipath mitigation assessment of digital beam forming antenna technology in a JPALS dual frequency smoothing architecture," *Proceedings of the 2004 National Technical Meeting of The Institute of Navigation*, San Diego, California, pp. 561-572, January 2004.

[44] Soloviev, A. and van Graas, F., "Utilizing multipath reflections in deeply integrated GPS/INS architecture for navigation in urban environments," *Proc. IEEE/ION PLANS*, Monterey, California, pp. 383-393, May 2008.

[45] Xie, P., Petovello, M. G., and Basnayake, C., "Multipath signal assessment in the high sensitivity receivers for vehicular applications," *Proc. ION GNSS* 2011, pp. 1764-1776, Portland, Oregon.

[46] Pany, T. and Eissfeller, B., "Demonstration of a synthetic phased array antenna for carrier/code multipath mitigation," *Proc. ION GNSS 2008*, Savannah, Georgia, pp. 663-668, September 2008.

[47] Draganov, S., Harlacher, M., and Haas, L., "Multipath mitigation via synthetic aperture beamforming," *Proc. ION GNSS 2009*, Savannah, GA, pp. 1707-1715, September 2009.

[48] Hatch, R., "The synergy of GPS code and carrier measurements," in *Proc. of 3rd Int. Symp.* on Satellite Doppler Positioning, 1982.

[49] Hwang, P. Y. C. and Brown, R. G., "GPS navigation: Combining pseudorange with continuous carrier phase using a Kalman filter," *Navigation, Journal of The Institute of Navigation*, Vol. 37, No. 2, pp. 181-196, Summer 1990.

[50] Franklin, G. F., Powell, J. D., and Workman, M. L., *Digital Control of Dynamic Systems*, 2nd ed., Addison-Wesley, 1990.

[51] Hwang, P. Y. C., McGraw, G. A., and Bader, J. R., "Enhanced differential GPS carrier-smoothed code processing using dual frequency measurements," *Navigation, Journal of The Institute of Navigation*, Vol. 46, No. 2, pp. 127-137, Summer 1999.

[52] Brown, R. G. and Hwang, P. Y. C., *Introduction to Random Signal Analysis and Applied Kalman Filtering*, 3rd ed., Wiley, 1997.

[53] McGraw, G. A., "Generalized divergence-free carrier smoothing with applications to dual frequency differential GPS," *Navigation: Journal of the Institute of Navigation*, Vol. 56, No. 2, pp. 115-122, Summer 2009.

[54] Henkel, P. and Günther, C., "Reliable integer ambiguity resolution: multi-frequency code carrier linear combinations and statistical a priori knowledge of attitude," *Navigation: Journal of the Institute of Navigation*, Vol. 59, No. 1, pp. 61-75, Spring 2012.

[55] "Minimum Operational Performance Standards for Global Positioning System/Wide Area Augmentation

System Airborne Equipment," RTCA DO-229D,2006.

[56] Hartinger, H. and Brunner, F. K. , "Variances of GPS phase observations: The SIGMA-ε model," *in GPS Solutions*, Vol. 2, No. 3, pp. 35-43, 1999.

[57] Groves, P. D. , Jiang, Z. , Skelton, B. , Cross, P. A. , Lau, L. , Adane, Y. , and Kale, I. , "Novel multipath mitigation methods using a dual-polarization antenna," in *Proceedings of the 23rd International Technical Meeting of The Satellite Division of the Institute of Navigation (ION GNSS 2010)*, Portland, Oregon, pp. 140-151, September 2010.

[58] Viandier, N. et al. , "GNSS performance enhancement in urban environment based on pseudorange error model," *Proc. IEEE/ION PLANS*, Monterey, California, pp. 377- 382, May 2008.

[59] Strode, P. R. R. and Groves, P. D. , "GNSS multipath detection using three-frequency signal-to-noise measurements," in *GPS Solutions*, Vol. 20, No. 3, pp. 399- 412, 2016 (online:2015).

[60] Hilla, S. and Cline, M. , "Evaluating pseudorange multipath effects at stations in the National CORS network," in *GPS Solutions*, Vol. 7, No. 4, pp. 253- 267, 2004.

[61] Jiang, Z. , Groves, P. D. , Ochieng, W. Y. , Feng, S. , Milner, C. D. , and Mattos, P. G. , "Multi-constellation GNSS multipath mitigation using consistency checking," *Proc. ION GNSS 2011*, Portland, Oregon, pp. 3889-3902, September 2011.

[62] Groves, P. D. and Jiang, Z. , "Height aiding, C/N_0 weighting and consistency checking for GNSS NLOS and multipath mitigation in urban areas," in *Journal of Navigation*, Vol. 66, No. 5, pp. 653-669, 2013.

[63] Torr, P. H. S. and Zisserman, A. , "MLESAC: A new robust estimator with application to estimating image geometry," in *Computer Vision and Image Understanding*, Vol. 78, No. 1, pp. 138-156, 2000.

[64] Hsu, L. -T. , Tokura, H. , Kubo, N. , Gu, Y. , and Kmaijo, S. , "Multiple faulty GNSS measurement exclusion based on consistency check in urban canyons" in *IEEE Sensors Journal*, Vol. 17. No. 6, pp. 1909-1917, 2017.

[65] Spangenberg, M. et al. , "Detection of variance changes and mean value jumps in measurement noise for multipath mitigation in urban navigation," in Navigation, Vol. 57, No. 1, pp. 35-52, 2010.

[66] Lashley, M. and Bevly, D. M. , "Comparison in the Performance of the vector delay/frequency lock loop and equivalent scalar tracking loops in dense foliage and urban canyon," *Proc. ION GNSS 2011*, Portland, Oregon, pp. 1786-1803, September 2011.

[67] Hsu, L. -T. , Jan, S. -S. , Groves, P. D. , and Kubo, N. , "Multipath mitigation and NLOS detection using vector tracking in urban environments," in *GPS Solutions*, Vol. 19, No. 2, pp. 249-262, 2015 (online:2014).

[68] Farrell, J. A. , *Aided Navigation: GPS with High Rate Sensors*, McGraw Hill, 2008.

[69] Grewal, M. S. , Andrews, A. P. , and Bartone, C. G. , *Global Positioning Systems, Inertial Navigation, and Integration*, 3rd ed. , Wiley, 2013.

[70] Marais, J. , Berbineau, M. , and Heddebaut, M. , "Land mobile GNSS availability and multipath evaluation tool," in *IEEE Transactions on Vehicular Technology*, Vol. 54, No. 5, pp. 1697-1704, 2005.

[71] Meguro, J. et al. , "GPS multipath mitigation for urban area using omnidirectional infrared camera," in *IEEE Transactions on Intelligent Transportation Systems*, Vol. 10, No. 1, pp. 22-30, 2009.

[72] Springer, T. A. , "High accuracy GNSS solutions and services," Global Navigation Satellite Systems Overview, GNSS Overview, 6 Feb. 2017, www. positim. com/ navsys_overview. html.

[73] Jan, S. andAn-Lin, T. , "Comprehensive comparisons of satellite data, signals, and measurements between the BeiDou Navigation Satellite System and the Global Positioning System," Sensors (Basel, Switzerland), MDPI, 13 May 2016, www. ncbi. nlm. nih. gov/pmc/articles/ PMC4883380/.

[74] Genrich, J. F. and Bock, Y. , "Rapid resolution of crustal motion at short ranges with the Global Positioning

System," *Journal of Geophysical Research*, Vol. 97, pp. 3261-3269, 1992.

[75] Atkins, C., "Observation-domain sidereal filtering for high-rate GPS precise point positioning," Ph. D. Dissertation, University College London, 2016.

[76] Larson, C., Bilich, A., and Axelrad, P., "Improving the precision of high-rate GPS," *Journal of Geophysical Research*, Vol. 112, No. B05422, pp. 1-11, 2007.

[77] Choi, K., Bilich, A., Larson, K. M., and Axelrad, P., "Modified sidereal filtering: Implications for high-rate GPS positioning," *Geophysical Research Letters*, 31, L22608, 2004.

[78] Agnew, D. C. and Larson, K. M., "Finding the repeat times of the GPS constellation," *GPS Solutions*, Vol. 11, pp. 71-76, 2007.

[79] Bishop, G. J., Coco, D. S., Kappler, P. H., and Holland, E. A., "Studies and performance of a new technique for mitigation of pseudorange multipath effects in GPS ground stations," *Proceedings of the 1994 National Technical Meeting of the Institute of Navigation*, San Diego, California, pp. 231-242, January 1994.

[80] Reichert, A. K. and Axelrad, P., "Carrier-phase multipath corrections for GPS-based satellite attitude determination," *Navigation: JION*, Vol. 48, No. 2, pp. 77-88, 2001.

[81] Hodgart, S. and Wong, R., "Statistically optimized inflight estimation of GPS carrier phase multipath for LEO satellite attitude determination," *Navigation: JION*, Vol. 53, No. 3, pp. 181-202, 2006.

[82] Psiaki, M., Ertan, T., O'Hanlon, B., and Powell, S., "GNSS multipath mitigation using antenna motion," *Journal of the Institute of Navigation*, Vol. 62, No. 1, pp. 1-22, Spring 2015.

[83] Goodman, J., *Introduction to Fourier Optics*, Englewood, Colorado: Roberts & Co., 2005.

[84] Keller, J., "Geometrical theory of diffraction," *Journal of the Optical Society of America*, Vol. 52, No. 2, pp. 116-130, 1961.

[85] Borovikov, V. A. and Kinber, B. Ye., *Geometrical Theory of Diffraction*, London: The Institute of Electrical Engineers, 1994.

[86] Gomez, S., "Three years of Global Positioning Systems experience on International Space Station," NASA Johnson Space Center, NASA Technical Publication NASA/TP-2006-213168, 2006.

[87] Gomez, S. and Hwu, S., "Comparison of space shuttle GPS flight data to geometric theory of diffraction predictions," in *Proceedings of the 10th International Technical Meeting of the Satellite Division of The Institute of Navigation (ION GPS 1997)*, Kansas City, Missouri, September 1997.

[88] Byun, S., Hajj, G., and Young, L., "Development and application of GPS signal multipath simulator," *Radio Science*, Vol. 37, No. 6, pp. 10. 1-10. 23, November 2002.

[89] Weiss, J., "Modeling and characterization of multipath in global navigation satellite system ranging signals," Ph. D. dissertation, University of Colorado Boulder, 2007.

[90] Lau, L. and Cross, P., "Development and testing of a new ray-tracing approach to GNSS carrier-phase multipath modeling," *Journal of Geodesy*, Vol. 81, No. 11, pp. 713-732, 2007.

[91] Axelrad, P., Gold, K., Madhani, P., and Reichert, A., "Analysis of orbit errors induced by multipath for the ICESat observatory," *Proceedings of the 12th International Technical Meeting of the Satellite Division of The Institute of Navigation (ION GPS 1999)*, Nashville, Tennessee, pp. 875-884, September 1999.

[92] Braasch, M., Isolation of GPS multipath and receiver tracking errors, Navigation, *Journal of the Institute of Navigation*, Vol. 41, No. 4, pp. 415-434, Winter 1994-1995.

[93] Bisnath, S. and Langley, R., "Pseudorange multipath mitigation by means of multipath monitoring and deweighting," in *Proceedings of the International Symposium on Kinematic Systems in Geodesy, Geomatics and Navigation*, Banff, Alberta, pp. 392-400, June 2001.

[94] Comp, C., "GPS carrier phase multipath characterization and a mitigation technique using the signal-to-noise

ratio," Ph. D. dissertation, University of Colorado, 1996.

[95] Axelrad, P., Comp, C. J., and Macdoran, P. F., "SNR-based multipath error correction for GPS differential phase," in *IEEE Transactions on Aerospace and Electronic Systems*, Vol. 32, No. 2, pp. 650-660, April 1996.

[96] Simsky, A., "Three's the charm: Triple-frequency combinations in future GNSS," *Inside GNSS*, July/August 2006, pp. 38-41.

[97] Amt, J. R. and Raquet, J. F., "Positioning for range-based land navigation systems using surface topography," *Proc. ION GNSS 2006*, Fort Worth, Texas, pp. 1494-1505, September 2006.

[98] Iwase, T., Suzuki, N., and Watanabe, Y., "Estimation and exclusion of multipath range error for robust positioning," in *GPS Solutions*, Vol. 17, No. 1, pp. 53-62, 2013 (online: 2012).

[99] Obst, M., Bauer, S., and Wanielik, G., "Urban multipath detection and mitigation with dynamic 3D maps for reliable land vehicle localization," *Proc. IEEE/ION PLANS* 2012, Myrtle Beach, South Carolina, pp. 685-691, April 2012.

[100] Peyraud, S. et al., "About non-line-of-sight satellite detection and exclusion in a 3D map-aided localization algorithm," in *Sensors*, Vol. 13, pp. 829-847, 2013.

[101] Suzuki, T. and Kubo, N., "Correcting GNSS multipath errors using a 3D surface model and particle filter," *Proc. ION GNSS+2013*, Nashville, Tennessee, pp. 1583-1595, September 2013.

[102] Kumar, R. and Petovello, M. G., "A novel GNSS positioning technique for improved accuracy in urban canyon scenarios using 3D city model," *Proc. ION GNSS + 2014*, Tampa, Florida, pp. 2139-2148, September 2014.

[103] Hsu, L.-T., Gu, Y., and Kamijo, S., "3D building model-based pedestrian positioning method using GPS/GLOANSS/QZSS and its reliability calculation," in *GPS Solutions*, Vol. 20, No. 3, pp. 413-428, 2016 (online: 2015).

[104] Groves, P. D., "Shadow matching: A new GNSS positioning technique for urban canyons," in *The Journal of Navigation*, Vol. 64, No. 3, pp. 417-430, 2011.

[105] Groves, P. D., Wang, L., Adjrad, M., and Ellul, C., "GNSS shadow matching: The challenges ahead," *Proc. ION GNSS+2015*, Tampa, Florida, pp. 2421-2443, September 2015.

[106] Wang, L., Groves, P. D., and Ziebart, M. K., "Smartphone shadow matching for better cross-street GNSS positioning in urban environments," in *The Journal of Navigation*, Vol. 68, No. 3, pp. 411-433, 2015.

[107] Gao, H. and Groves, P. D., "Environmental context detection for adaptive navigation using GNSS measurements from a smartphone," *Navigation*, Vol. 65, No. 1, pp. 99-116, 2018.

[108] Suzuki, T. and Kubo, N., "GNSS positioning with multipath simulation using 3D surface model in urban canyon," *Proc. ION GNSS 2012*, Nashville, Tennessee, pp. 438-447, September 2012.

[109] Isaacs, J. T. and Irish, A. T. et al., "Bayesian localization and mapping using GNSS SNR measurements," *Proc. IEEE/ION PLANS 2014*, Monterey, CA, pp. 445-451, May 2014.

[110] Wang, L., "Investigation of shadow matching for GNSS positioning in urban canyons," PhD Thesis, University College London, http://discovery.ucl.ac.uk, 2015.

[111] Yozevitch, R. and Ben-Moshe, B., "A robust shadow matching algorithm for GNSS positioning," in *Navigation*, Vol. 62, No. 2, pp. 95-109, 2015.

本章相关彩图,请扫码查看

第23章　GNSS完好性和接收机自主完好性监测

Sam Pullen[1], Mathieu Joerger[2]
[1] 斯坦福大学, 美国
[2] 弗吉尼亚理工大学, 美国

23.1 简介

本章介绍了 GNSS 应用场景中的完好性概念。本书的前几章介绍了如何针对特定 GNSS 系统架构[参见第 12 章、第 13 章关于地基增强系统(GBAS)和星基增强系统(SBAS)的内容]或响应特定威胁(参见第 10 章关于信号质量监测的内容)来解决完好性问题。简单地说,完好性可用来衡量 GNSS 或其他导航系统输出的信任水平。对于某些应用,超出预期的定位误差会对用户造成很大影响,严重的可能导致人员伤亡,这些通常被称为"安全关键"应用。对于这些应用,超出量化精度(典型误差范围置信区间为 50%~95%)用于估计适用于极低概率的误差界限是很有必要的。

23.2 节给出在导航系统其他参数(如精度、连续性和可用性)情况下的完好性定义,并解释了完好性与连续性、可用性之间的关系。23.3 节阐述量化完好性的关键变量,并讨论了估计完好性风险概率(即在未向用户警告的情况下接收并使用非正常信号的概率)的方法。23.4 节介绍了特定应用的用户为何以及如何通过计算位置、速度和时间(position, velocity and time, PVT)得到信息保护级(protection levels, PL)来实时评估完好性。23.5 节和 23.6 节验证构建的保护极计算模块,其中 23.5 节计算标准条件下的小概率事件界限,23.6 节计算故障条件下的小概率事件界限。23.7 节介绍如何将这些原则应用于接收机自主完好性监控(receiver autonomous integrity monitoring, RAIM)的设计和分析中,接收机自主完好性监测,是一种用户应用冗余测量的监测技术,可应用于独立和增强型地面 GNSS 监测站。23.8 节将其扩展为高级接收机自主完好性监测(advanced RAIM, ARAIM),它可以处理更大范围可能的故障假设集。23.9 节为本章小结。

本章介绍的原理及方法主要应用于 GNSS 民航。为简单起见,本章中"航空"一词特指民用航空,但在军事或无人驾驶航空领域中不应使用相同的定义和原理。但这些原理理论上是可以应用于用户(旁观者)完好性保护的所有 GNSS 应用(如空中、陆地、海洋和太空)中的。

23.2 需求定义和权衡

完好性和导航系统其他性能参数(如精度、完好性、连续性和可用性等)的定义都是基于民航的,并且与本书第 12 章中 GBAS 所提供的定义类似。这些参数根据性能、安全性、操作效果和经济效益等量化了导航系统的可用性。

23.2.1 精度

精度是最常用和最易理解的性能参数,因为它对所有导航系统和应用都很重要。精度表示导航测量误差的大小,是导航系统状态量(距离、位置、时间等)测量值与真实值之间的误差。在实时测量中,上述状态量的真实值通常是未知的,可以在受控条件下测量而得,如在预先确定的位置进行静态测量。即便在这些条件下,也很难获得超过 100~1000 个统计独立的测量值。因此,精度通常表示为典型测量条件下测量误差的统计概率不大于 99.9%。

精度通常以不同的形式表示。一种形式是"误差概率",表示 50% 置信区间的误差大小。例如,圆概率误差(circular error probable, CEP)表示包含所有二维水平位置误差中 50% 的值(这是根据每个测量数据点与已知或估计的真实状态值之间的误差矢量 ε 确定的)。因为理论上误差通常可通过高斯(正态)分布被很好地描述,并且符合度一般能够高达 99% 或 99.9%,所以通常会估计误差矢量 ε [1-2] 的样本标准差,并使用它来表达 1σ 的精度值,在平均误差很小情况下,这个精度可以覆盖大约 68.3% 的误差。基于这种估计方法的 2σ 的精度可覆盖大约 95.4% 的误差。但高斯模型精度超过 3σ 是不适用的,因为正如本章 23.5 节将要讨论的,在特殊条件下,误差是带"尾巴"的,非高斯分布是比高斯分布更"胖"的。

在许多应用中,对精度的要求不超过某个精度值,无论是特定的误差概率、1σ 还是 2σ。都可以实时地进行测试,例如,将用户当前可见卫星几何构型的精度因子(dilution-of-precision, DOP,参见第 2 章)和 1σ 的测距误差相乘。虽然大多数应用将精度性能看作一个"整体",并且在预计不满足精度要求时不会停止当前应用的操作,民用航空除外。换句话说,精度要求是实时的,如果当前状态不能满足所需的操作,则该操作无法进行。在实践中,民用航空的可用性(见 23.2.4 节)将更多地受限于完好性的要求。

23.2.2 完好性

完好性不是只有一个参数,而是用一组参数表征,这些参数可以表示在小概率事件条件下导航系统提供服务的可信度。在实际应用中,小概率事件通常指的是发生概率低于 10^{-5}(每次过程)的事件。与精度一样,完好性通常也适用于这种小概率事件的误差界限,但必须考虑多种因素才能得出和验证这个误差界限。

在对导航系统安全性依赖度较高的应用中,导航系统安全性问题要考虑到可能出现大到足以造成碰撞或事故的错误。在航空领域,为特定应用界定的误差阈值称为告警阈值(alert limit, AL)。需要避免这种不安全信息被称为误导信息(misleading information, MI)。当导航系统错误信息超过一个或多个相关的告警阈值时,就会出现误导信息,这取决于特定的完好性指标。当然，也可以在超过保护极时声明这些误导性信息，详细内容可参见 23.4 节。如果出现了误导性信息，但不使用这些误导性信息，也可以保持安全。那么规避这些误导性信息最有效的手段就是通过检测潜在的异常并排除可能受影响的 GNSS 测量值，或者向用户（如飞行员、驾驶员、自动化系统等）提供告警其系统不再安全的服务。这些操作的任意一项都必须在特定的告警时间（time to alert，TTA）内完成，这又将取决于当前用户正在进行的活动。

如果出现误导性信息但没有得到及时告警或减弱，就会丧失完好性。或者说，当误导性信息出现但没有在告警时间内及时通知或提醒用户，或没有及时减弱（不包括没有误导性信息时的测量值）时，会丧失完好性。完好性风险是指在相关操作（如飞机精密进近的持续时间）时间间隔（暴露时间）内完好性丧失的概率。因此，特定应用中的完好性包含三个指标：完好性风险、告警阈值和告警时间。

图 23.1 展示了完好性指标是如何被实时满足或不满足的。当未知的位置错误（或其他对安全性影响的关键导航系统输出）超过告警门限时，或者比较保守地讲，超过用户保护级（确定完好性指标取决于使用的特定要求集）时，完好性将受到威胁。发生这种情况时，如果出现导致操作被中止的告警（连续性丧失，详见 23.2.3 节）或消除导致不能接受的错误测量情况，则完好性得到保护。然而，为使预防措施能够成功维持完好性，这些操作必须在告警时间内完成。

表 23.1 展示了两种航空进近应用中的精度和完好性指标，这两种场景的相似之处在于它们都提供仪表引导系统以在能见度受阻的情况下进近跑道，其最低高度会比阈值［height above threshold，HAT，也称决断高度（decision height，DH）］高出 200ft。SBAS 使用的完好性指标为 LPV200（详见第 13 章），而 GBAS 下使用的完好性指标等同于 I 类天气最低标准下的精密进近（"CAT-I 精密进近"），因为这种应用使用一种经典的非 GNSS 系统——仪表着陆系统（instrument landing system，ILS，详见第 12 章）。一般而言，这两种应用的精度和完好性要求基本上相同，但垂直告警阈值（vertical alert limit，VAL）除外。GBAS 系统的 VAL 要远低于 SBAS 系统。这种差别在很大程度上是一种错觉，因为两个系统的最大误差源都是 GNSS 信号处理中电离层延迟的相关问题，并且在最坏的电离层情况下，误差大于 GBAS 系统 CAT-I 标准 10m 的垂直告警阈值也是允许的。以上内容将在 23.6 节中进一步讨论。

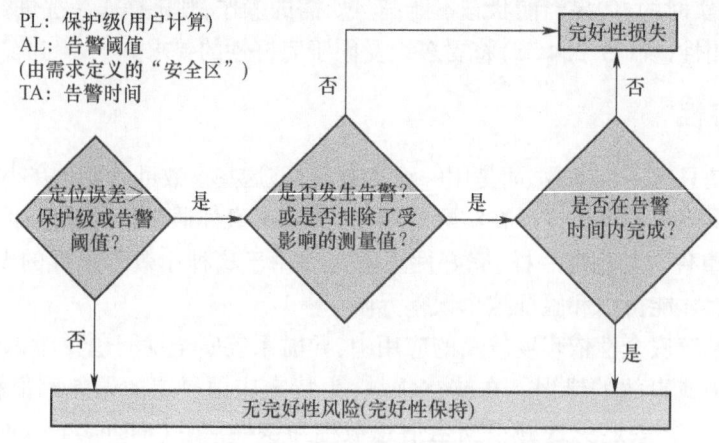

图 23.1　导致完好性丧失或不满足完好性要求的流程

值得注意的是,水平和垂直方向的告警阈值与95%的精度之间仍然存在着很大差距。在二维水平方向上,16m 95%精度指标相当于约8m的1σ,这是40m水平告警阈值的五分之一。在标称条件下,当不存在需要检测、排除或告警用户的故障时,典型的水平保护极约为1σ误差值的6倍(参见23.4节)。这说明在实际应用中,完好性指标对水平精度的要求比精度的指标要求更高,且完好性和精度都要满足实时性要求。垂直位置误差也是如此,即5∶1的比例也适用10m的GBAS系统的垂直告警值和所要求的2m 1σ的垂直定位精度。

表23.1 SBAS系统航空精密进近200ft(LPV200)和GBAS系统(CAT-Ⅰ,GAST C)对精度和完好性指标的比较[3-4]

参数	SBAS LPV200	GBAS CAT-Ⅰ(GAST C)
水平精度(95%)	16m	16m
垂直精度(95%)	4m	4m
水平保护极(HAL)	40m	40m
垂直保护极(VAL)	35m	10m
完好性损失	2×10^{-7}/进近(150s)	2×10^{-7}/进近(150s)
告警时间(TTA)	6.2s	6s

23.2.3 连续性

连续性风险是衡量需要中止操作以确保安全的过程中意外失去导航的概率。假设在某一操作开始时满足所有完好性指标要求(此时信号是可用的),当用户在操作开始后的特定时间间隔内被迫中止操作时,就会发生连续性丧失。通常连续性风险指标要求表示为连续性丧失的最大可容忍概率。在表23.1所示的进近操作的中,这个概率每15s为8×10^{-6},其中进近持续总时长为150s,每15s是其中的10%。

图23.2是一个简化的故障树,它分析了导致GNSS应用中连续性丧失的关键因素。第一个"或门"下的左侧分支包括在实际问题存在时检测到的GNSS卫星信号故障问题。这可能是由于突然失去连接的卫星信号(如信号消失或被标记为不健康状态),或由于通过GNSS监测系统检测到故障卫星。中间的分支表示为执行此操作其他GNSS中的部件故障。举个例子,例如,增强系统向用户广播纠正和完好性信息的手段,SBAS是由地球静止轨道(Geostationary,GEO)卫星提供的;GBAS则是由附近VHF频段发射机提供的。另一个例子是生成这些信息的地面参考接收机。图23.2中右侧分支表示由于完好性监测的"虚警"而导致的健康GNSS测量或设备的错误检测,也就是说,监测系统在不存在故障的情况下而发出了故障告警。

图23.2每个分支下标注"A1"、"A2"和"A3"的节点表示对于每个分支,"或门"下事件分解的"A"分支决定了其是否丧失了连续性。当检测到实际故障或无故障事件时,就会满足这个"或门"条件,但系统并不能实时地判定是哪种情况达成了条件。最下一层的右侧分支代表无法确定检测到的故障事件的分类。此时,如果风险不能正确地排除,那么可能会丧失完好性,在这种情况下牺牲连续性或许是一个较好选择。最下一层的左侧分支代表如下情况:排除错误的可能性很小,因为排除明显错误的测量丧失了连续性,但这些测量结果(假设它们是健康的)可以用来满足完好性的指标要求。

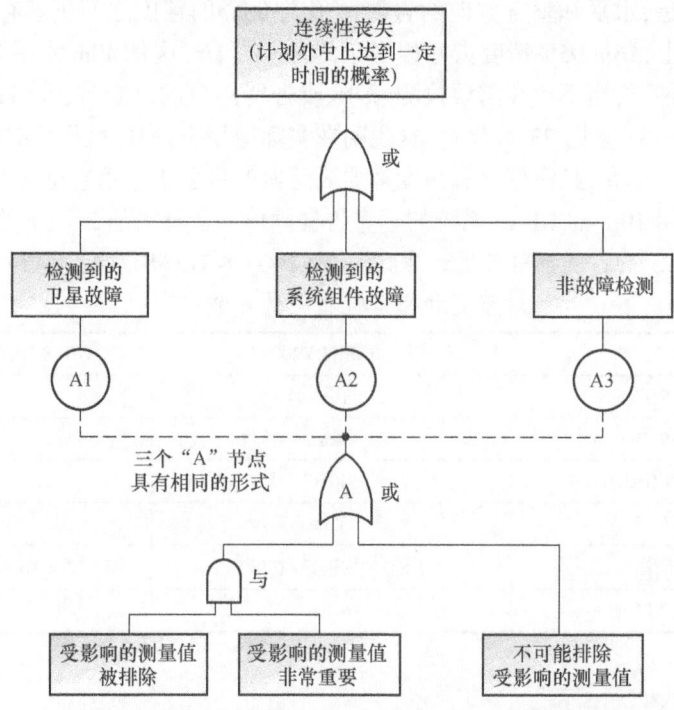

图 23.2 导致完好性丧失的主要原因的国际标准故障树

丢失或去除某颗卫星信号会造成连续性丧失的卫星，称为关键卫星。由于大多数用户接收机能够接收到信号的卫星数量比满足其导航所需的卫星数量要多得多，因此在此条件下任何一颗可见卫星均不是缺一不可的。关键卫星的概念可以扩展到共同关键的卫星组合——必须排除组合中所有的卫星才能丧失连续性，也可以扩展到和其他关键的 GNSS。因为 GNSS 卫星系统中通常存在冗余，因此单个组成个体（如单颗 GEO 星或单个 SBAS、GBAS 参考接收机）的故障并不会导致丧失连续性。实际上，多数情况下，去除一测量结果并不会对最终结果产生至关重要的影响，也不会丧失连续性，这使许多应用中测量排除的能力对最小化连续性风险至关重要。

无论如何，测量检测和排除对连续性的影响都是相同的，但在故障树中将实际故障与无故障条件分开，以阐明如何分配连续性风险。由于实际故障导致的连续性风险是基于这些真实故障的概率，而无故障排除导致的连续性风险是基于用于保护完好性的每个监测器的无故障报警概率，这取决于监测器测量噪声测试统计的（无故障）影响。

在实际应用中，GNSS 卫星发生故障的概率对于 GNSS 设计者并不可控，因此可以考虑首先为卫星分配一定的故障概率来预留连续性风险（如图 23.2 中的左上分支），并且该概率决定了满足连续性要求的卫星几何构型中所需的关键卫星。剩余部分则分配给其他两个分支，使 GNSS 设计者在这些分支中的选择和操作具有一定的灵活性。然后，必须在用于保护完好性的监测算法中细分对无故障检测和排除的概率分配。

在涉及生命安全的应用中，连续性丧失还会带来一些潜在的安全问题以及操作问题。当一个操作必须被意外中止时，必须执行的备选操作也可能会带来一些安全风险，尽管这个风险会比继续执行原操作要小得多。例如，当一次精密进近被中止，随之而来的就是一次复飞。这是一个飞行员所熟悉也很好理解的操作,但由于中止进近可能会让飞行员稍显措手不及,并且由于复飞可能会从接近地面的地方开始,就民航使用的危险风险指数安全概念而言,该操作被认作"轻微"的(但不是零)严重性[5]。出于以上这些风险考虑,以及如果涉及多架进场飞机同时失去服务的操作危险性,便可看出上文给出的精密进近200ft的连续性风险指标的原因。

在完好性监测中限制无故障告警和排除故障的概率需求造成了连续性和完好性指标要求之间的权衡。完好性监测算法用于检测和排除告警时间内的错误测量值,目的是防止完好性丧失,相比连续性丧失,这会造成更大的安全威胁。为了实现这一点,就需要尽可能地严格设置这些监测算法中的监测阈值。然而,这样做会增加无故障排除概率,因为它使标准条件下的随机噪声更有可能导致不必要的排除。如何恰当地平衡其中的矛盾以便同时满足连续性和完好性指标要求,是那些具备严格的生命安全需求的 GNSS 设计者所面临的最大挑战之一。

23.2.4 可用性

导航系统的可用性是对导航服务的操作性和经济效益的衡量,通常表示为同时满足给定操作所有要求的概率,以便可以安全有效地进行操作。例如在用户位置和 GNSS 卫星几何构型上的要求,又如在精度、完好性和连续性上的要求。以上通常被称为服务可用性。当然还存在其他定义方法,如服务中断(不可用时间)之间的最大时间间隔,有时也被称为操作可用性。

可用性是由用户应用实时分析的,而运营商则非实时分析,以预测近期性能并评估长期性能(通常用于成本收益评估)。在每个阶段新的操作类型开始时,实时地对完好性、精度(如果完好性尚未完全涵盖)和连续性进行量化评估,来分析继续进行预期的操作是否安全。根据操作的持续时间,可能会涉及预测的卫星几何构型和测距误差如何随时间变化的预先计算或分析。而对于非实时运算,航空运营中心会使用已知的 GNSS 卫星轨道和当前卫星的健康状况,来评估所有用户位置在未来 12h、24h 或 48h 内的可用性,从而确保航空服务时间内不会发生任何中断。如果预测到美国国家空域系统(NAS)将发生上述中断,美国联邦航空局(FFA)将向飞行员发出通知(NOTAM),以警告飞行员预计将在何时何地中断服务。

可用性要求通常以最低服务可用性表示(如 0.999,或表示为"3 个 9"),但这些要求会因所支持服务的运营和经济性而存在很大差异。例如,附近存在备降机场的小型机场的精密进近可用性要求往往在 0.99 左右,但在实际中有时低至 0.9 的可用性也是可以被接受的。然而,在几乎没有足够备降机场的较为繁忙的机场,或者在发生中断时会产生严重的中断影响的地方,其可用性要求可能高达 0.99999。

23.3 完好性指标的解释

23.3.1 简化完好性风险模型

23.2 节定义的完好性指标要求的分析和验证是基于故障、位置误差和完好性监测如何相互作用和相互影响的简化模型。这个模型可以用下式来描述：

$$P_{\text{LOI},i} = P_{\text{PL},i} P_{\text{MD},i} P_{\text{prior},i} \tag{23.1}$$

式中：$P_{\text{LOI},i}$ 为由故障条件 i 导致的完好性丧失（loss of integrity，LOI）的概率，当 $i=0$ 时表示标准条件；$P_{\text{prior},i}$ 为故障条件 i 的先验概率，也就是说，故障条件 i 的先验概率是不需要通过任何其他条件的计算就可以得到的（一般条件下，$P_{\text{prior},0} \approx 1$）；$P_{\text{MD},i}$ 为完好性监测漏检（missed detection，MD）的概率，这个概率是基于故障条件 i 存在的，因此是一个条件概率。这里的"漏检"是指发生故障时没有在所要求的告警时间内告警以减轻故障所带来的影响。虽然标准条件下完好性监测通常不会造成完好性丧失，但对于 $i=0$ 这个条件，概率通常保守地取 1，因为不存在要检测的故障。

$P_{\text{PL},i}$ 是假设故障条件存在并且出现漏检导致的误导性信息时，故障条件 i 超过一个或多个保护极的概率。注意，如果误导信息是相对于告警阈值定义的，则可以将其修改为 $P_{\text{AL},i}$。

23.3.2 节和 23.3.3 节介绍了如何定义和计算先验故障概率和漏检概率，而 23.4 节介绍了保护极和告警阈值的推导过程。

23.3.2 先验概率计算

异常情况下的先验概率通常很难被计算，因为这些异常通常都是小概率事件。此外，式(23.1)中使用的先验概率代表着对特定 GNSS 应用的威胁，而不是对由系统操作来评估和报告得到的通用 GNSS 系统故障的威胁。然而，GPS 系统多年来的实测经验和数据积累减少了一些故障模型的不确定性。

GPS 系统不同类型故障的先验概率的一个重要来源是美国国防部（Department of Defense，DoD）[6]发布的《GPS 标准定位服务（standard positioning service，SPS）性能标准》，该标准的最新版本是 2020 年版。该文件并未给出对特定应用性能水平的保证，但其提供的性能标准是基于多年 GPS 测量的统计值，并且该标准已明显超越了美国国防部之前关于《GPS 标准定位服务性能标准》的性能规范。

对于特定卫星的 L1 频段信号的 C/A 码，文献[6]的 3.5.1 节中给出的完好性标准限制了空间信号（signal in space，SIS）用户测距误差（user range error，URE）超过了 1σ 用户测距精度（user range accuracy，URA）4.42 倍的概率。其中，在没有及时告警的条件下由卫星每小时广播的概率低于 1×10^{-5}。需要注意的是，此概率相当于具有零均值和单位方差标准高斯分布前后 ±4.42 倍的概率。上文中，"及时告警"定义为 10s 内到达用户 GPS 天线，并且超过 4.42 倍 URE 的 SIS URE。在这样短的时间范围内发出告警是可能实现的，但是许多意外的卫星故障需要 GPS 运营方干预并可能需要消耗一些告警时间。文献[6]的 A.5.4.2 节中，最坏情况下的告警时间为 6h，这是一个保守的假设，但实际告警几乎总在超出容限的 1~3h 内发生。

此外，文献[6]的 3.6.1 节给出了导致从特定轨道（至少在 GPS 系统的 24 个主要轨道中）广播的 L1 频段 C/A 码丢失的意外故障的概率限制，涵盖了上述需要用户或运营商告警或明显故障的场景（如信号不能再被接收或无法被跟踪）。该概率低于 0.0002/h/轨道，这就意味着每小时每个轨道不丢失信号的概率至少为 0.9998。这些概率可用于评估 GPS 卫星系统对于用户连续性风险的贡献度。

最后,文献[6]的3.7.1节给出了单轨道0.957或更大概率的可用性(在24个主要GPS轨道中),即给定轨道可以正常播发L1频段C/A码空间信号。该值有助于可用性计算。在实践中,GPS卫星几何构型随时间变化的仿真可用于估计特定用户应用中的可用性,并且取决于有多少颗GPS卫星正在运行的假设。上述概率可用于估计GPS星座中全部24颗卫星健康的状态概率、24颗卫星中只有一颗卫星故障的健康状态,等等。这些结果和基于特定健康卫星的仿真可用性结果进行卷积,从而可以估计出更大星座的健康状态可用性。

请注意,文献[6]给出的概率有两种形式。3.5.1节和3.6.1节中的完好性和连续性概率以每小时的故障概率(或正常概率)形式给出,这使它们成为概率。3.7.1节中的每个时隙健康概率是一个与时间无关的量,代表着状态概率,或给定轨道相对于另一种状态处于一种状态的长期平均概率。在实际研究过程中重要的是不混淆这两个量。大多数GNSS用户或应用提供了可容忍的完好性和连续性要求,以作为每个时间段的概率,其中引用的时间段(暴露时间)与预期操作的持续时间有关。因此,式(23.1)最常见的使用方法是使用$P_{LOI,i}$和$P_{prior,i}$作为概率,$P_{PL,i}$和$P_{MD,i}$作为状态概率。然而,情况并非总是如此,仍需检查每个概率输入以观测它们是否按时间间隔进行隐式定义。

当基于已知时间段内的观测结果而得到先验概率时,该先验概率表示为一个随时间推移的故障概率,比较经典的定义方式如下:

$$P_{prior\_rate} = \frac{N_{fail}}{T_{obs}} \tag{23.2}$$

式中:N_{fail}为在T_{obs}时间段内观察到的(离散和独立)故障事件的总数。这表示故障率的点估计,如果真正的故障概率很低,以至于N_{fail}非常小或为0,则可能具有显著的统计不确定性。因此,如果周期T_{obs}可以进行多个离散试验N_{trial},则建议考虑此故障率估计的置信区间,该置信区间由二项式分布给出。这里推荐一种计算二项式置信区间的方法:Clopper-Pearson区间方法(来自维基百科[7])。文献[7]中使用β和F的一般区间分隔形式比较复杂,但对于当$N_{fail} = 0$的相对简单结果的情况是比较有效的:

$$0 \leq P_{prior\_actual} \leq 1 - \left(\frac{\alpha}{2}\right)^{(1/N^{trials})} \tag{23.3}$$

式中:P_{prior_actual}为一个未知的实测先验点概率,该概率是拥有一个通过式$P_{prior\_mean} = N_{fail}/N_{trial}$给出平均值,当$N_{fail} = 0$时,上式等于0;$\alpha$为落在式(23.3)给定的置信区间之外的概率(1 − α表示以概率表示的期望置信区间的大小)。

考虑到在10^6h(大约114a;因此这可能通过分别对20个独立卫星观测大约5.7a)内都没有观测到故障出现,每小时都代表着一个离散的时间段(因此$N_{trials} = 10^6$)。这里当$N_{fail} = 0$时,$P_{prior\_mean} = 0/10^6 = 0$;并且通常假设实际先验概率可以通过假设上界,在观测到一个故障时,$P_{prior\_bound} = 1/10^6 = 10^{-6}$/h。然而,在式(23.3)中令α = 0.1(对于具有90%~95%上下界的置信区间),这个先验概率的95%置信上限实际上是3×10^{-6}/h。当α = 0.6时,就会有一个小得多的40%的置信区间,给出70%的置信上限概率为1.2×10^{-6}/h,这表明真实的先验概率超过上面提到的1×10^{-6}/h界限的可能性会超过30%。

表示为状态概率的先验概率公式使用了不同的输入参数,两者都以时间为单位:

$$P_{\text{prior\_state}} = \frac{\text{MTTR}}{\text{MTBF} + \text{MTTR}} \tag{23.4}$$

式中：MTBF 为离散、独立的故障事件间的平均间隔时间；MTTR 为恢复或者说至少要告警和去除这些事件的平均修复时间。MTTR 的重要性来自这样一个事实：如果一个故障从未被修复，它的状态概率会趋近于 1。由于先验概率是指在完好性监测干预之前发生的故障和修复，MTTR 可能会比 GNSS 增强系统中的完好性监测所需的告警时间长得多（如上述卫星服务故障的 GPS SPS 告警所需的时间或更长时间）。

需要注意的是，上文所有计算都假设一个固定的故障过程，这意味着在估计这些参数的观测时间内，故障概率（或故障或恢复的平均时间）并不随时间变化而变化。但是在实际观测过程中，基本上也不会出现因观测时间足够长而得到对低故障概率的有用估计的情况。但由于缺乏其他更实际的观测方案，通常也会假设这种情况。由于这些假设的存在，在使用这些计算结果时应该保持保守的态度。也就是说，需要使用从置信区间得出的上限，还需要使用判据来应用比计算值更高的概率。这里的"计算值"是根据对基础假设中的不确定性和用于得出这些估计值的数据而得到的。至于如何在 ARAIM 技术（详见 23.8 节）中计算卫星故障先验概率，文献[8]提供了一个解决案例，读者可详细参考。

估计小概率并且具有危害性的自然事件（如异常电离层或对流层的情况）的先验概率非常困难，因为除它们随时间和地点的变化外，人们对这些事件发生的频率知之甚少。目前，已有几种可以用于表达异常电离层情况的先验概率模型。文献[9]提出了一种对 GBAS 支持的 I 类精密进近有危险性的电离层异常先验概率模型，但该模型并未被普遍接受，因为它对通常 GBAS 完好性分析中"最差情况"下的精密进近条件进行了平均（详见 23.3.4 节）。

23.3.3 漏检概率计算

图 23.3 给出了通用完好性监测检验统计量对故障的响应模型，该故障表现为测量偏差并会改变检验统计的平均值。在标准条件下（图 23.3 中曲线 1），检验统计分布为具有已知标准差（σ）的零均值高斯分布。检验统计量由该 σ 归一化，因此在图 23.3 中在 x 轴方向以 σ 为单位，而在 y 轴方向上表示归一化高斯分布的概率密度。

完好性监测通过建立检测阈值（图 23.3 中直线 2）并在检验统计量超过阈值时警告用户存在故障来区分标称标准条件和故障条件。但是，在标准条件下，无故障时的噪声也会有以一定的概率造成检测统计量超过阈值，从而造成错误检测判断或无故障告警。一般条件下的零均值高斯模型误差的边界允许针对无故障告警的任何子概率（P_{FFA}）的噪声幅度估计。同时，相应的连续性丧失也可以被估计，详见图 23.2 的右侧分支。

对于满足给定的 P_{FFA} 分配的阈值的计算可以在 MATLAB 或其他具有统计功能的工程软件中轻松完成。其中，MATLAB 的函数调用如下：

$$K_{\text{FFA}} = \text{norminv}(1 - P_{\text{FFA}}/2, 0, 1) \tag{23.5}$$

式中：K_{FFA} 是以 σ 为单位的阈值大小。换言之，统计空间中的阈值是 K_{FFA} 倍的边界 σ 值，从而确保连续性。请注意，分配给此完好性监测的总 P_{FFA} 在图 23.3 中被分割成两部分，因为无故障噪声可以将检验统计量推高到零两侧的阈值之上。

当发生故障时，监测的检验统计量偏向于零的一侧，但在此简化模型中保留相同的无故

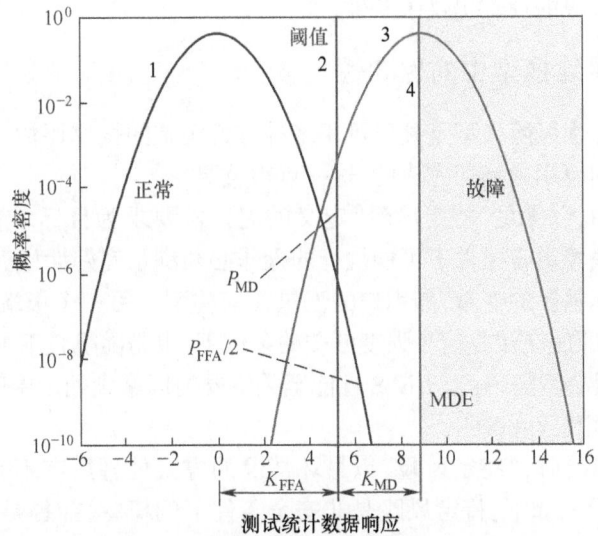

图 23.3 监测对故障条件响应的高斯模型

障噪声 σ,如图 23.3 中曲线 3 所示。如果该偏差的大小等于预先建立的完好性监测阈值,则无故障噪声同样有可能将实际检测统计量推高或拉低阈值,这意味着故障的漏检概率(P_{MD})为 0.5。每个监测项都有一个针对故障所需的 P_{MD},它旨在基于完好性要求分配子集来缓解该故障,并且它通常远低于 0.5。而图 23.3 中标记为 MDE 位于阈值的右侧直线 4 表示使用 P_{MD} 分配子集的检验统计量的偏差大小。

与上面的阈值一样,MDE 可以从高斯分布的统计数据计算,从漏检缓冲区的大小开始计算:

$$K_{MD} = \text{norminv}(1 - P_{MD}, 0, 1) \tag{23.6}$$

在这里,P_{MD} 没有除以 2 是因为故障将检验统计量偏向于零的一侧,而 MD 偏向零的另一侧的可能性可忽略不计。因此,

$$K_{MD} = K_{FFA} + K_{MD} \tag{23.7}$$

并且检验统计空间中的 MDE 是 K_{MDE} 倍的边界检验统计量 σ。需要注意的是,对于连续性和完好性,可能存在不同的边界 σ(如当对收集的数据进行平均或联合约束方面,完好性比连续性要求更严格——参见 23.3.4 节),在这些情况下,计算 MDE 很有必要,如下所示:

$$\text{MDE} = K_{FFA}\sigma_{cont} + K_{MD}\sigma_{integ} \tag{23.8}$$

式中:σ_{cont} 和 σ_{integ} 分别是连续性和完好性的不同边界的 σ 值。当然,当这两个 σ 值相同时,式(23.8)也适用。

一旦 MDE 对于给定的监测量和故障状态已知时,则对应检验统计量的差分距离误差大小的 MDE 便可以确定。这个潜在的误差必须以用户计算的保护级为界,正如式(23.1)所示,更进一步的介绍将在 23.4 节展现。

请注意,即便这种计算阈值和 MDE 的方法是基于标准检验统计量的零均值高斯模型,该概念也可以扩展到其他概率分布中。基本思想是确定满足连续性风险要求分配子集的阈值,并根据该阈值,确定可以被检测到的最小故障影响,其概率来自完好性要求的分配子集。

这种影响为用户保护级的计算提供了条件。

23.3.4 完好性风险模型中的保守性

上文描述的完好性风险模型是基于可用多种方式实施的概率评估。了解 GNSS 的航空应用和其他已开展的应用是如何完成的,这一点很重要。

民用航空应用中,以满足"特定风险"定义的完好性要求为目标。简单来说,在已知或潜在可预见情况的最坏组合条件下可能执行的操作必须满足完好性指标要求。对于 GNSS,要定义对完好性指标重要的变量,如用户的卫星几何构型。另一个极端情况就是如接收机热噪声这样的变量,即使在接收信号强度已知的条件下,也是随机且不可预估的。但仍需注意,像多径或电离层误差等一些对 GNSS 性能至关重要的因素则处于中间位置,其既不是完全随机的,也不是完全已知的[10]。

在评估完好性风险时,"特定风险"以最坏情况的方式处理所有不完全随机的误差源。"特定风险"的一种定义如下:特定风险是非安全条件下的概率,前提是假设所有已知的可信未知事件发生的概率均为 1(基于个体的)[10]。这种方法的关键点是最坏情况评估(从用于评估完好性风险进行分析的角度看),以及将"可能已知的未知事件"与真正随机和不可预估的未知事件区分开来。

相比之下,民航以外的大多数完好性或安全风险评估使用更自然且不太保守的"平均风险"方法,该方法不强调"最坏情况评估"和"可能已知的未知事件"与其他未知事件的不同。平均风险的一种定义如下:平均风险是不安全条件下估计所有未知事件概率的卷积(所谓"平均")[10]的概率。

平均风险和特定风险对比的一个例子是对 SBAS 和 GBAS 中电离层空间梯度异常引起的完好性风险的处理,这两种风险都基于特定风险。虽然电离层空间梯度异常大到足以威胁 SBAS 和 GBAS 中完好性纠正很少见,但由于 SBAS 可以在非常大的区域内观测电离层的状态,因此威胁电离层梯度异常的先验概率通常被视为 1.0。SBAS 系统监测并排除超过一定水平的所有异常的电离层梯度,其最坏情况未被发现的误差估计是基于最大误差,略低于仅在 P_{MD} 分支中被检测到(这是基于 23.3.4 节中介绍的 MDE 概念)的误差。由于先验概率是 1.0,所以这个 P_{MD} 将非常低(大约为 10^{-7}/进近),因为需要通过自身削弱几乎所有的完好性风险。

GBAS 与 SBAS 相比,不同之处在于它不能直接观测电离层状态,因为它是一个单频系统。即使 GBAS 使用双频测量其跟踪卫星的电离层活动,也只能看到天空不同区域的快照,而不一定能够发现一颗或多颗跟踪卫星的进近梯度。因此,GBAS 可以使用低于 1.0 的威胁电离层梯度的先验概率(参见文献[9]),但在计算威胁梯度的先验概率时,应假设异常电离层而不是所有的电离层(包括绝大多数电离层平静且梯度很小的时间)。虽然单个 GBAS 设备并不能靠自身区分异常情况,但如果它使用 SBAS 广播的电离层纠正和/或 GIVE 值(见文献[11])或连接到其他提供共享数据的 GBAS 设备,也能实现目标。因此,"特定风险"会在 GBAS 内出现,因为它不使用最初设计的信息而是通过额外投入而获得的。GBAS 还确定了威胁电离层梯度的最坏情况影响,在这种情况下,通常由电离层梯度威胁模型允许的最大梯度给出(参见 23.6 节)。

相比之下,"平均风险"方法不会在先验概率计算中强制执行这种保护级的保守性。它是相对所有电离层条件而不是异常条件集(可能产生它们不常见的条件)来评估威胁电离层梯度的概率。另外,并不需要假设最坏情况(假设存在威胁梯度)。相反,可对所有可能的威胁条件进行平均,以确定在给定不能发现威胁条件下发生灾难性错误的概率(如式(23.1)中的 $P_{PL,i}$ 所示)。

"平均风险"方法的优点是每个故障条件的 LOI 概率[式(23.1)中的 $P_{LOL,i}$]将远低于"特定风险"的方法,其余的都相同。由于无论使用哪种方法都必须满足完好性风险概率,因此为实现"特定风险"的使用需要额外的设计工作和保守性。SBAS 和 GBAS 的航空应用已实现此,但与使用"平均风险"相比,牺牲了可用性和连续性。这种损失以膨胀的 σ 的形式出现,以限制来自卫星、地面系统、电离层和其他方面的误差源,从而导致更高的保护级。

23.3.5 GNSS 应用的完好性设计概述

本节中描述的完好性风险评估参数通常以迭代方式进行。图 23.4 展示了这一过程的一般示例。起点是将整体完好性风险要求(如 10^{-7} 进近)分配或分解到一般条件和所有可预见的异常条件(可能包括分门别类不可预见或不能分析的异常)。这样如果可预测异常的先验概率未知,则将对其进行评估和验证。这里的"验证"是指如果没有特殊情况,由负责审批最终完好性安全案例的内部和外部专家进行审查。虽然在安全关键系统的开发过程中令人不快的"意外"是不可避免的,但可以通过尽早广泛地审查安全案例的关键输入来将这些"意外"造成的影响最小化。

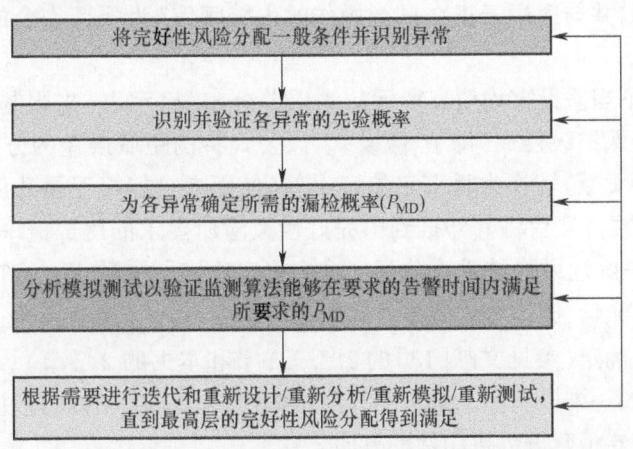

图 23.4 GNSS 应用中的完好性设计和验证流程

一旦可信赖的先验概率估计结果是可用的,就可以近似得出针对每个异常情况的完好性监测算法所需的漏检概率。大部分设计工作是开发、分析(通常通过软件模拟)和测试这些监测算法,以证明其能够满足这些派生的 P_{MD} 要求。其中包括基于时间的评估以证明满足完好性告警时间,这意味着在告警时间内就满足了派生的 P_{MD} 要求,其中告警时间"时钟"开始于由威胁条件造成的位置误差首次超过一个或多个保护级。因为这对于所有潜在可用的 GNSS 卫星几何构型来说都必须实现,所以评估是将定位域误差限值保守地转换为伪距域误差要求来实现的。实现此的一种方法被称为"时变-MERR",在文献[12]中有详细介绍。

一旦完成对所有威胁和相关完好性监测的初步分析,通常会重新考虑初始的完好性风险分配和完好性监测算法的设计,因为其无法满足一个或多个异常故障产生的完好性监测P_{MD}。除了改进初始的监测算法设计,还有一种方法是简单地将整体完好性风险的大部分分配给所需的异常,但通常几乎没有操作空间这样做(因为通常情况下,初始的完好性风险指标要求非常小)。所以,此时需要重新评估原始假设、先验概率计算和描述每个异常情况时的威胁模型时的保守性。在"特定风险"方法下,通常是一开始就做出最坏情况的假设(在满足完好性要求时的最大困难),然后考虑放宽假设的子集。在"特定风险"的通用约束范围内,对初始假设的一些放宽几乎总是可能的,但在过度依赖无法在最终安全案例中验证假设之前,完好性审查团队需要仔细考虑。

23.4 完好性保护级的概念及实现

在高完好性 GNSS 中,用户通过计算保护级以表示给定应用完好性要求所需的小概率的定位域误差限值。在 SBAS 和 GBAS 等增强系统中,完好性风险的降低由增强系统完成,但对于正在跟踪那些 GNSS 卫星以及用户测量对总体误差预算的贡献度有多少,只有用户端知道。计算保护级,充分利用了增强系统广播的边界误差信息,以及本地的用户信息来确定与该用户相关的位置误差边界(在坐标轴的每个方向上均有体现)。这些边界通常在每个历元要重新计算,并与适用于正在进行操作的告警阈值(为保证安全的最大可容忍的位置误差)进行比较。

图 23.5 显示了当假设零均值高斯无故障误差分布(已示出)来限制实际误差分布时,标准条件下的垂直保护级公式(即 H_0 假设)。该公式将伪距域误差的方差(σ_i^2,包含所有增强系统和用户端贡献)转换为垂直定位域误差(使用来自加权卫星几何位置观测矩阵的逆矩阵的 $S_{i,\text{vert}}^2$ 系数),然后将其外推到由完好性风险所要求的尾部概率,这些完好性风险要求是分配给 H_0 完好性风险的垂直分量。这个概率决定了乘数 K_{ffmd},它必须考虑到零点两侧出现故障的可能性,因为没有假定故障驱动的偏差。$S_{i,\text{vert}}^2$ 系数由用于解算用户位置的标准加权几何方法确定(参见文献[13]的 2.3.9.1 节和本书的 2.2 节)。需要注意的是,其他方向的坐标轴,如一维横向和二维水平方向,都有与上文类似的计算过程,但一维垂直方向通常是限制飞行器精密进近可用性的方向。

图 23.6 介绍了故障条件下垂直保护级计算的公式,其中故障将误差偏差添加到标准测量误差中("H_f假设")。虽然其并没有描述所有可能的异常影响,但它涵盖了迄今为止民航计算故障模型保护级的所有异常。其中,关键的变化是在右侧第一项中添加了偏差的影响(已经转换到垂直位置域)。偏差幅度取决于建模的故障,也依赖用户指定的信息,如用户与 GBAS 参考接收机之间的距离。

$$\text{VPL}_{H_0} = K_{\text{ffmd}} \sqrt{\sum_{i=1}^{N} S_{i,\text{vert}}^2 \sigma_i^2}$$

K_{ffmd}:H_0完好性风险概率的外推(高斯分布)
σ_i^2:伪距域误差的方差
$S_{i,\text{vert}}^2$:几何转换:垂直位置测距

图 23.5 垂直保护级的定义——标准条件(H_0)

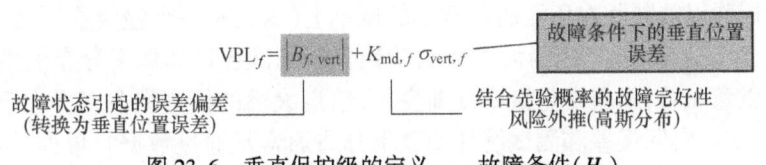

图 23.6 垂直保护级的定义——故障条件(H_f)

第二项与图 23.5 中的关键项非常相似,因为它将 1σ 的标准误差(再次转换为垂直位置)外推到某小概率,此概率决定了乘数 $K_{md,f}$,其受故障的先验概率影响,但其最坏情况的影响反映在第一项。例如,如果故障的先验概率为 10^{-4}/进近,分配给该故障的完好性风险为 10^{-9}/进近,则剩余的由无故障异常概率为 10^{-5}/进近,并且该概率将用于确定使用高斯分布的单侧 $K_{md,f}$(这是因为与上面的 MDE 一样,故障引起的偏差可能是正的,也可能是负的)。

当故障条件由保护级 PL 表示时,多个不同的故障条件通常不仅可以通过图 23.6 中不同类型的公式表示,任何给定用户和时间的最大保护级适用于完好性决策。对于 GBAS 系统而言,用户计算两个单独的故障保护级(除了 H_0 保护级):一个用于单一参考接收机故障(H_1),另一个用于星历故障(H_{eph})。单一参考接收机故障的影响与用户相对于 GBAS 参考站的位置无关,并通过广播"B 值"指示用户,如果任意单一参考接收机提供误导信息,则"B 值"表示提供差分纠正的误差。星历故障影响会随着用户与 GBAS 站之间的距离而线性增加,并且通过广播参数向用户提供此误差边界,该广播参数给出了与 GBAS 站距离的最大星历测距误差(除此之外,GBAS 星历监测根据要求的 P_{md} 可保证检测并排除故障条件)。

并非所有的故障条件都在 GBAS 系统中定义了保护级(参见 12.6 节)。此外,在 SBAS 中没有定义任何故障保护级公式,而是只使用图 23.5 中所示的标准公式(参见 13.4.5 节),但这并不意味着就可以忽略那些没有代表的故障。相反,没有用保护级公式直接表示出的故障必须受到保护级 PL 的限制,或者在系统级完好性分配中做出像"未被 PL 囊括的故障"这样的标注。对于 SBAS 系统,这将意味着所有故障条件都必须包含在标准保护级公式中,否则它们不被划分为"可忽略"条件的小概率分配。为了满足这一点,图 23.5 中测距误差方差被放大以限制标准条件下或最坏情况下的异常。对于 GBAS 而言,类似的规则适用于不包含在 H_1 异常条件和 H_{eph} 的假设情况。

在实际操作过程中,只要每个历元计算的保护级低于告警阈值,完好性就能保持。如果这一条件不满足,那么完好性将不再受到保护,并且这一操作将被终止,这样也会丧失连续性。为了最大限度地减少由于卫星几何构型(如即将进入地平线以下的可用卫星)而导致可预测的连续性丧失的可能性,在一些应用中将执行预测性保护级计算,从而可以在操作一开始时检查可用性以确定在整个操作过程中随着卫星几何构型的变化,保护级始终保持在告警门限以下。未用此的其他应用,是依靠计算单个任务时间间隔内可预测的连续性丧失的概率是否低到可以被忽略。

23.5 边界不确定性误差分布

在上面的保护级计算中,限制用户误差的一个难点是说明标准差(σ)就是图 23.3 和

图23.4中的标称误差限制在所需的非常小的概率上(这也是一个检验统计量σ的方法,如23.3.3节所示)。这很困难,因为大多数实际误差和测试统计的概率分布的尾部都比高斯分布更宽,也就意味着,随着发生概率逐渐变小,给定大小的概率就会变得大于从高斯分布计算得到的概率。实际误差和测试统计的概率分布通常是通过数据收集推导得到的,但在标准条件下收集$10^4 \sim 10^5$个独立的统计样本是非常困难的。因此,例如在图23.5所示在标准条件下保护级计算所做的,将边界高斯σ外推到10^{-7}或更低时,需要更多的额外信息。

文献[14-16]中已经研究了几种方法来支撑上文推断的观点,但这些方法都对实际分布的形状和特征做出了一些在所需概率下必须被高斯分布超越的假设。因此,实践中的大多数越界是通过将具有不同σ值的高斯分布的累积分布函数(cumulative distribution function,CDF)拟合到实际数据并增加假定的边界σ值,直到所要求的概率的边界高斯分布和实际数据之间存在足够的余量为止。完好性所需的余量由工程判断确定,并受实际分布相对于高斯分布的观察形状和尾部概率以及有关实际分布的理论值的影响。

图23.7中的直方图所示为WAAS网络从2010年7月到9月(含)观测到的垂直位置误差(vertical position error,VPE)数据,数据来自由以下机构编制的系列季度性能分析网络(performance analysis network,PAN)报告之一:William J. Hughes,FAA关于美国GPS、WAAS和GBAS技术中心的报告[17]。基于使用WAAS纠正的VPE是由当时运行的37个WAAS参考站(WRS)根据其参考站的已知位置进行估算。三个月期间,每个参考站每秒记录一次误差,共产生约2.8×10^8个样本,如图23.7所示。在精密进近保护级超过WAAS LPV(Localizer Precision Vertical,LPV)操作垂直或水平告警阈值情况下产生的误差(250ft决断高度下:VAL≤50m;HAL≤40m)被排除在上述数据之外。并非所有数据点都代表统计独立的样本,因为在几秒内测量的误差在WAAS纠正和WRS多径误差中具有高度相关的误差。如果独立样本之间的间隔大约为100s,则图23.7中只有大约2.8×10^6的样本实际上是独立的。

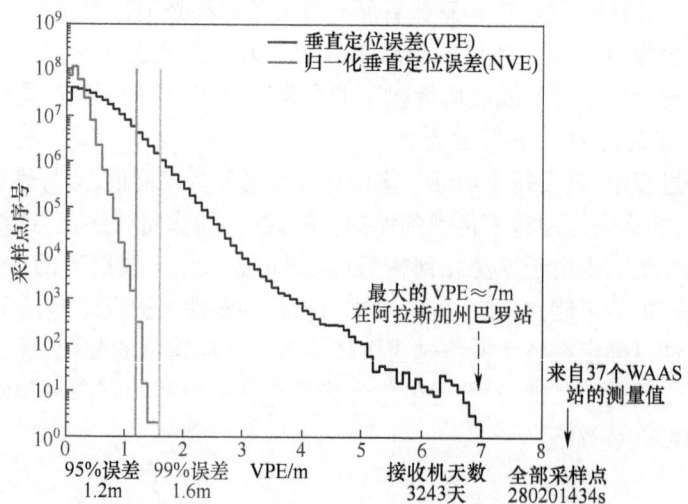

图23.7 2010年7月至9月WAAS垂直定位误差(VPE)直方图
(资料来源:William J. Hughes技术中心/美联邦航空局。)

图 23.7 中的蓝色曲线显示了这三个月期间以米为单位的实际 VPE 绝对值的直方图。如图所示，95% 的误差范围约为 1.2m，而 99% 的误差范围约为 1.6m。鉴于平均误差应该接近于零，高斯 1σ 值将以 95% 误差除以 1.96 计算（将实际误差分布视为两个方向：正向和负向），给出 $\sigma_{95} \approx 0.61m$。适用于 99% 误差的高斯除数为 2.58，即 $\sigma_{99} \approx 0.62m$。因此，在这些经常使用的误差范围内，使用高斯分布能够较好地适用于这些数据。另外，需要注意的是，可以在 MATLAB 中使用式(23.5)计算具有零均值误差的两侧分布的适当高斯除数，其中所需的两侧概率界线替换了该公式中的 P_{FFA}。

表 23.2 为在图 23.7 中进一步向右观测以确定不太可能的故障（或限制实际故障的更高概率）的近似边界的结果。随着边界概率变得更高，边界 VPE 以比标准高斯分布尾部预测的速度显著更高的速率增加，就像与每个概率相当的高斯 σ 值的增加值以及 σ 和 95% σ (0.61m) 增加的比率。因此，如果希望使用单个零均值高斯分布将整个概率范围限制在 1~ 10^{-7} 以内（或者也可以说，保守地表示误差低于 10^{-7} 的概率），则所选的 σ 值从表 23.2 至少为 1.24m，并且需要在此计算值上增加显著的余量，以防在三个月观测期间未发生的可能影响 WAAS 的事件（如严重的电离层风暴）在这个数据集中出现。根据对这三个月条件的了解，可能会选择 1.5~2.0m 的 1σ 边界值，这意味着相对于 0.61m 的 95% σ 值的 σ 膨胀水平至少为 2.45 倍。

表 23.2 图 23.7 中较高概率条件下的边界误差和等效 1σ 值

边界概率	边界 VPE/m	边界 σ/m	95%σ 的比例
1×10^{-3}	2.2	0.67	1.10
1×10^{-4}	2.9	0.75	1.23
1×10^{-5}	3.6	0.82	1.34
1×10^{-6}	4.8	0.98	1.61
1×10^{-7}	6.6	1.24	2.03

比高斯尾部更宽的例子是大多数误差采集和测试统计数据，即使是那些来自特征正常和受控正常的过程。与可能从中心极限定理得出的预期相反，现实世界中存在比高斯尾部更胖的原因是多种多样的。例如，文献[18]中关于来自"混合"高斯分布的参数与同一数据集中不同参数的影响的论述。重要的是，期望在真实数据分布的尾部，有比高斯更宽的特征，就可以采取足够的独立样本来粗略量化这种行为（而不是从 95% 或 99% 范围进行高斯外推），并准备好通过显著膨胀的 σ 值留出误差预算空间，以达到考虑其影响的目的。

23.6 故障和异常——故障威胁模型的作用

故障和异常影响的评估过程，包括图 23.6 中故障威胁模型的偏差成分，需要考虑每个故障和异常的模型。在民航领域 GNSS 设计中，这些模型被称为"威胁模型"，它们具备几个重要的特征。图 23.8 介绍了这些特征，以及使用这些特征开发和利用故障威胁模型来描述故障和异常的过程[19]。每个故障威胁模型都包含一简化的带有有界参数的故障或异常物理模型，如图 23.8 中的立方体中心面所示。由于故障和异常非常少见，这些边界条件通常是未知的,且必须根据有限的可用数据和理论知识进行估计。一旦建立了这些边界条件,相对于该故障模式的完好性风险分配,参数超出这些界限的故障(或不遵守简化物理模型的故障)的概率便可以忽略不计。

一旦给定的故障或异常有了具有有界参数的物理模型,在给定的完好性监测情况下,通过分析或仿真对其评估,就可确定其最坏情况下对用户的影响。在完好性评估的"特定风险"方法下,必须评估有界威胁模型空间中的每个参数组合,并且根据监测后的最大完好性风险给出的最差结果组合,必须假设分配给该故障模式的先验概率是完备的。这非常保守,因为该类型的故障最坏情况的参数组合不太可能发生。在"平均风险"方法下,可以考虑威胁模型中每个参数组合的概率,作为此类故障或异常先验概率的一部分[10,19]。

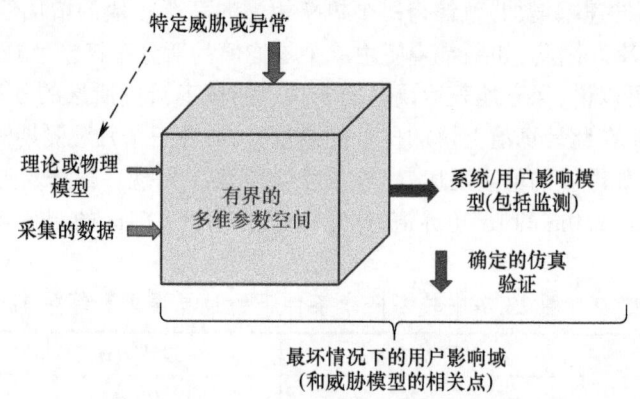

图 23.8　威胁模型的研究和利用

23.7　RAIM 概述

GNSS 测量工作易受到包括卫星故障在内的罕见故障的影响,这可能会对用户造成重大安全威胁。为了减轻这些影响,可以实施诸如故障检测和排除(fault dection and exclusion,FDE)等相关算法,如 RAIM[20-21]。RAIM 的主要难点不仅在于设计故障检测器,还在于在安全风险方面评估未检测到的故障带来的影响。在过去的 20 年,已有两种典型的 RAIM 方法被广泛使用:基于卡方残余(χ^2)[21-23]和解算分离(solution separation,SS)的 RAIM[20,24-25]。下文将从完好性和连续性风险的通用定义开始,介绍这两种方法。

完好性和连续性对 FDE 算法提出了相互冲突的要求[26]。故障检测功能在检测到冗余测量不一致时,通过生成告警信息来降低完好性风险,但也会由于潜在的虚警和正常告警而增加连续性风险。相反,故障排除功能通过在识别和消除故障后继续执行任务来降低连续性风险,但该方法会由于潜在的不正确排除而增加完好性风险。

23.7.1　FDE 冗余

RAIM 的核心原理是利用冗余测量来实现用户接收机包含自身故障的检测。分离方法的解算给出了这一概念的直观说明。如果五颗或更多的卫星可用于估计位置三个方向的坐标及接收机钟差,则多组 4 颗或更多的卫星就可以提供定位解算。包含故障卫星(SV)的解算与不包含故障卫星(SV)的解算间存在的巨大不同是检测是否有故障发生的重要指示。图 23.9 可以解释这一观点。

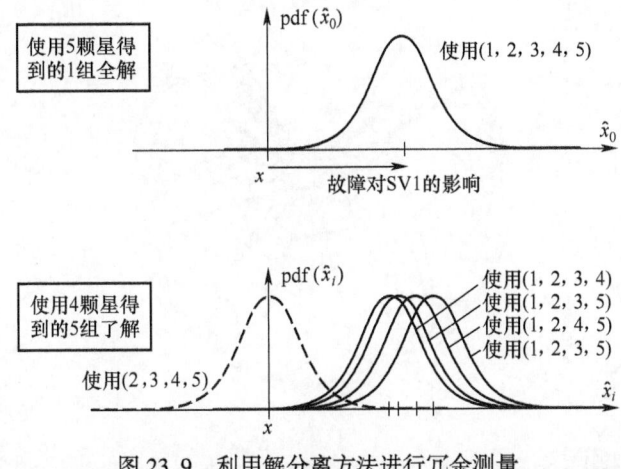

图 23.9　利用解分离方法进行冗余测量

[在 5 颗卫星可用时,6 颗卫星的组合可以用来估计 4 个未知数。注意 $\hat{x}_i(i = 0,1,\cdots,5)$ 为 6 个垂直位置的估计。假设下标"0"使用所有卫星的全集,下标"1"到"5"表示去掉单颗卫星的五个子集的解。包括 SV1 在内的所有解集的均值都相对于无故障子集偏移,该子集用虚线表示。最大的解分离值 $\max\limits_{i=1,2,\cdots,5}(|\hat{x}_0 - \hat{x}_i|)$ 是一种直观且高效的检测检验统计量。]

估计 4 个未知参数时,单 SV 故障检测需要 5 颗卫星,双 SV 检测需要 6 颗卫星,以此类推。此外,排除 23.7.4 节中所描述的检测第二层之外,可以使用 SV 冗余来进行。考虑到排除法,单 SV 的 FDE 需要 6 颗卫星,双 SV 排除需要 8 颗卫星,以此类推。

随着 GPS 的现代化发展、GLONASS 的全面部署以及 Galileo 系统和北斗系统的建设,可用于冗余测距信号的数量急剧增加,这使使用 RAIM FDE 技术来满足严苛的导航完好性要求成为可能[27-28]。图 23.10 为国际上公认的四大 GNSS 的标准 SV 星座。在图 23.10 中,信号接收数据和示例位置(在美国的伊利诺伊州的芝加哥)用粗黑线表示。虽然每个单独的星座仅有 5~10 个可用于测距的卫星,但星座联合起来便可提供 25~35 颗连续全球覆盖的卫星,从而可以显著增加 SV 冗余。

RAIM 技术的目标不仅是检测和排除故障,还旨在评估完好性和连续性风险,或者说是评估保护级,即定位误差的概率界限。设计导航系统来满足预定义的要求时需要进行完好性和连续性风险评估,并且在实际操作过程中需要通知用户是否应该继续还是停止任务。完好性风险评估的内容有评估故障检测能力和量化未被检测到的故障对估计误差的影响。为避免对未知故障的分布做出假设,可以评估最坏情况下未被检测故障的完好性风险的界限。然后将此界限与相应的完好性风险要求进行比较从而评估可用性,此时可以安全使用定位估计[29]。因此,对于系统可用性而言,获得完好性风险的准确界限至关重要。

该边界的紧密程度取决于 RAIM 的实现方式。χ^2 和 SS RAIM 本身可以通过多种方式实现,以减少安全风险界限或减少计算量。23.7.2 节介绍完好性和连续性风险的通用定义,而在 23.7.3 节中描述 χ^2 和 SS RAIM 的算法。

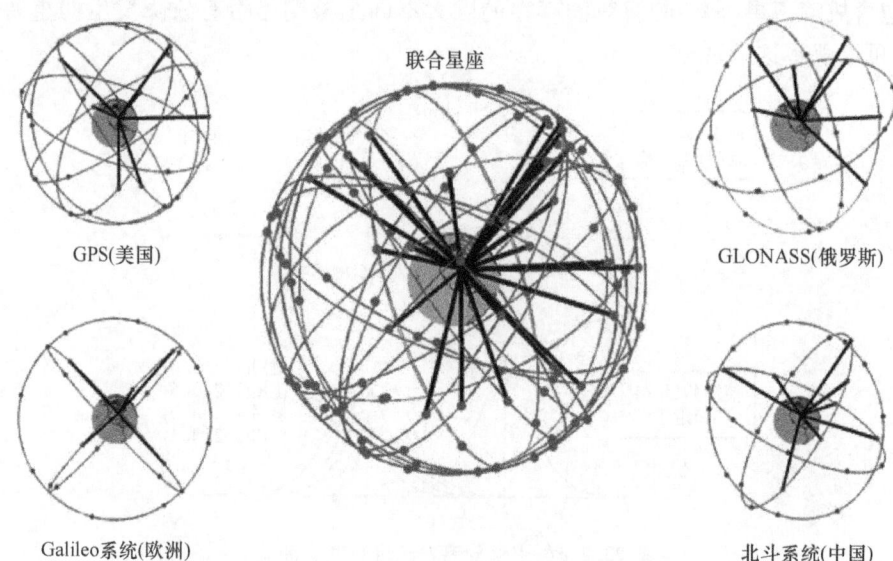

图 23.10 未来 GNSS 卫星标准星座示意图
[在示例位置(美国芝加哥市)接收的信号用粗黑线表示。]

23.7.2 故障检测中的完好性风险及连续性风险定义

在本节中,完好性和连续性风险仅针对故障检测定义,然后是利用最小二乘(Least-Square,LS)法估计。故障检测的完好性风险标准在文献[30]中定义为

$$\underbrace{\sum_{i=0}^{h} P(|\varepsilon_0|>l \cap |q|<T | H_i)P_{H_i}}_{\geqslant P_{\mathrm{HMI}}} + P_{\mathrm{NM}} \leqslant I_{\mathrm{REQ}} \qquad (23.9)$$

式中:P_{HMI} 为完好性风险或危险误导信息的概率,上限为式(23.9)中左侧项(Left-Hand-Side,LHS)。它捕获了危险信息(事件 $|\varepsilon_0|>l$),但并没有探测到($|q|<T$);ε_0 为关注参数的估计误差(也称关注状态量);l 为定义的危险状况的特定告警阈值(如文献[31]);q 为检测的检验统计量(q 在这里用来表示 χ^2 和 SS 的检验统计数据);T 为检测阈值;H_i 对于 $i=0,1,\cdots,h$ 是一组互斥的、联合穷举的假设,H_0 是无故障假设,其余 h 个故障假设对应子集测量 i 上的故障(包括单星故障和多星故障);P_{H_i} 为 H_i 出现的先验概率;I_{REQ} 为完好性风险要求(也在文献[31]中指定,如航空应用场景);P_{NM} 为一组非常罕见故障的先验概率,不需要针对这些故障进行监测,使 $P_{\mathrm{NM}} \ll I_{\mathrm{REQ}}$,某些故障比其他故障更容易发生,如双 SV 故障发生概率是独立的单 SV 故障发生概率的平方。

文献[25,30,32-33]描述了定义的故障假设数量 h 的流程,其中必须在对故障假设进行监测的同时使用式(23.9)中的 P_{NM} 保守地考虑剩余的故障组合。h 越小,计算式(23.9)得到的 LHS 上的第一项的计算量就越小,但 P_{NM} 随之变得更大。P_{NM} 还提供了一种计算由于冗余不足而无法使用 RAIM 检测到的多测量故障的解算。

检测阈值 T 通常是基于分配的连续性风险要求的分配值 $C_{\mathrm{REQ},0}$ 来设置的(如在文

献[34]中指定在航空应用),以限制虚警概率 P_{FA}(H_0 以外的警报)[34]。如只用于检测,T 定义如下:

$$P_{FA} = P(|q| \geq T | H_0)P_{H_0} \leq C_{REQ,0} \tag{23.10}$$

另外,n 和 m 分别为测量数目和待估计参数的数目(所谓的"状态量")。$n \times 1$ 矢量 z_* 假定是协方差矩阵为 V_* 的正态分布。矢量 z_* 预先乘以 $V_*^{-1/2}$ 来得到"归一化"方程。

$$z = Hx + v + f \tag{23.11}$$

式中:$z = V_*^{-1/2} z_*$ 为归一化的测量矢量;H 为 $n \times m$ 的归一化观测矩阵;x 为 $m \times 1$ 的状态矢量;f 为 $n \times 1$ 的归一化故障矢量;v 为由均值为零、方差为1、独立同分布(i.i.d.)的高斯随机变量组成的 $n \times 1$ 归一化测量噪声矢量。

使用符号:$v \sim N(O_{n \times 1}, I_n)$,其中 $0_{a \times b}$ 是一个 $a \times b$ 的零矩阵(在这里,它是一个 $n \times 1$ 的零矢量),I_n 是一个 $n \times n$ 的单位矩阵。

估计得到的误差 ε_0 可以使用 LS 估计算法获得。设 x 是待估计的状态量,例如,垂直位置的坐标,这是飞机进近导航的主要关注点。设 α 是一个 $m \times 1$ 的矢量,用于从完备状态矢量中提取 x:$\alpha^T = [0_{m_A \times 1}^T \quad 1 \quad 0_{m_B \times 1}^T]$,其中按照状态在 x 中的堆叠顺序,m_A 和 m_B 分别为状态 x 前后的状态数。假设 H 是满秩并且 $n \geq m$,x 的 LS 估计可以定义为 $\hat{x}_0 \equiv s_0^T z$ 其中 $s_0^T \equiv \alpha^T P_0 H^T$,$P_0^T \equiv (H^T H)^{-1}$。出现在式(23.9)中的 LS 估计误差可以表示为 $\varepsilon_0 \sim N(s_0^T f, \sigma_0^T \equiv \alpha^T P_0 \alpha)$。

23.7.3 残差/基于奇偶校验和解算分离的 RAIM

基于 χ^2 的 RAIM 检测检验统计量可以从 $(n-m) \times 1$ 个奇偶性矢量 p、或等效地从 $n \times 1$ 个 LS 残差矢量 r(都位于在 $(n-m)$ 维的奇偶校验空间内),或从 H 的左侧空间内获得,可以表示为[22,35]

$$p \equiv Qz = Q(v+f) \quad \text{且} \quad r \equiv (I_n - HP_0H^T)z \tag{23.12}$$

其中,$(n-m) \times n$ 的奇偶校验矩阵 Q 定义为 $QQ^T = I_{n-m}$ 和 $QH = 0_{(n-m) \times m}$。χ^2 的 RAIM 检测检验统计量可以写为 $q_\chi^2 = p^T p = r^T r$[22,35]。q_χ^2 遵循非中心的卡方分布,自由度为 $n-m$、非中心参数为 $\lambda_\chi^2 (\lambda_\chi^2 \equiv f^T Q^T Q f)$[35]。

在基于 χ^2 的 RAIM 中,完好性和连续性风险可直接使用式(23.9)和式(23.10)进行评估。为了避免对未知故障分布做出假设,可以针对最坏情况评估给定 H_i 下的 HMI 概率界限。设 n_i 是给定故障假设 H_i 下同时发生故障的卫星数量。不失一般性地讲,假设在 H_i 下,故障测量值是 z 的前 n_i 个元素。最坏情况下多测量故障矢量,在给定 H_i 下的最大化完好性风险可分两步推导得出[30]。第一步,最坏情况的故障方向可分析表达为 $n \times 1$ 矢量:$A_i[A_i^T(I_n - HP_0H^T)A_i]^{-1}A_i^T P_0 H^T \alpha$,其中 $A_i \equiv [I_{n_i} \quad 0_{n_i \times (n-n_i)}]^T$ [30]。第二步,使用线性搜索方法来确定最坏情况下的故障幅度 f_i。因此,基于 χ^2 的 RAIM 完好性和连续性风险边界可以表示为

$$P_{HMI} \leq \sum_{i=0}^h \max\{P(|\varepsilon_0| > \ell | f_i)P(q_\chi^2 < T_\chi^2 | f_i)\} P_{H_i} + P_{NM} \quad \text{且} \quad P_{FA} = (q_\chi^2 \geq T_\chi^2 | H_0)P_{H_0}$$

$$\tag{23.13}$$

其中，ε_i 和 q_χ^2 在统计上是独立的[35]，因此式(23.9)中的联合概率可以表示为概率的乘积。此外在理论上，在无故障假设（索引 $i = 0$）下，使用定义 $f_0 \equiv 0$。与基于 χ^2 的 RAIM 相比，通常用于 SS RAIM 中的 P_{HMI} 和 P_{FA} 边界，会比式(23.13)更松，但计算有效，因为不需要确定最坏情况的故障矢量。

在 SS RAIM 中[24-25]，基于全集解算 $\hat{x}_0$，使用所有的 n 在 z 方向上测量，它和从子集解算 $\hat{x}_i$ 有所区别，在 H_i 下仅使用 $(n - n_i)$ 的无故障测量 $B_i^T z$ 进行，其中 A_i、B_i 遵循相同的假设，即 $A_i, B_i \equiv [0_{(n-n_i) \times n_i} \quad I_{n-n_i}]^T$。假设 $n - n_i \geq m$ 且 $B_i^T H$ 是满秩，则 $\hat{x}_i$ 定义为 $\hat{x}_i \equiv s_i^T z$，其中 $i = 1, 2, \cdots, h$，并且 $s_i^T \equiv \alpha^T P_i H^T B B^T$，$P_i = (H^T B_i B_i^T H)^{-1}$。因此，在 H_i 条件下，估计误差 ε_i 可以表示为 $\varepsilon_i \sim N(0, \sigma_i^2 \equiv \alpha^T P_i \alpha)$。解算如[20,24-25,30]定义：

$$\Delta_i = \hat{x}_0 - \hat{x}_i = \varepsilon_0 - \varepsilon_i \text{ 且}$$
$$\Delta_i \sim N((s_o^T - s_i^T)f, \sigma_{\Delta i}^2 = \sigma_i^2 - \sigma_0^2) \quad i = 1, 2, \cdots h \quad (23.14)$$

令 $T_{\Delta i}$ 为 SS RAIM 的检测阈值，SS RAIM 的 P_{HMI} 和 P_{FA} 可以由下面公式确定[30]：

$$P_{HMI} \leq \sum_{i=0}^{h} P(|\varepsilon_i| + T_{\Delta i} > \ell | H_i) P_i + P_{NM} \text{ 且}$$

$$P_{FA} \leq \sum_{i}^{h} P(|\Delta_i| \geq T_{\Delta i} | H_0) P_{H_0} \quad (23.15)$$

式(23.15)中的 P_{FA} 边界可用于确定阈值 $T_{\Delta i}$ 的值，以确保满足 $C_{REQ,0}$ 的要求。$T_{\Delta i}$ 可以表示为 $T_{\Delta i} = Q^{-1}\{C_{REQ,i}/(2P_{H_0})\}\sigma_{\Delta i}$，$C_{REQ,0} = \sum_{i=1}^{h} C_{REQ,i}$，其中函数 $Q^{-1}\{\cdot\}$ 是标准正态分布的逆尾概率分布。

对于单 SV 故障，即 $n_i = 1$，则 Δ_i 可写为[30]：$q_i \equiv \Delta_i/\sigma_{\Delta_i} = u_i^T p$，其中 $u_i \equiv QA_i (A_i^T Q^T QA_i)^{-1/2} (i = 1, 2, \cdots, n)$，且 $A_i = [0_{1 \times (i-1)} \quad 1 \quad 0_{1 \times (n-i)}]^T$；即，$u_i$ 是 Q 的第 i 列的单位方向矢量。而 n 个解的分量是 p 在 u_i 上的投影分量（当 $n_i = 1$ 时，$h = n$）。

q_χ 和 q_i 是文献[35]中的一个说明性用例，被表示在图 23.11 所示的奇偶校验空间中。假设一个标量 x 和一个 3×1 的测量矢量 z，它们之间的关系为：$z = Hx + v + f$。其中，$H = [1 \quad 1 \quad 1]^T$，$v \sim N(0_{3 \times 1}, I_3)$。由于 $m = 1, n = 3$，则 $(n - m)$ 的奇偶校验空间是二维的，这便于直观展示。故障矢量表示具有未知故障幅度 f_i 的三个单测量故障，对于 $i = 1, 2, 3$ 时，有 $f = [f_1 \quad 0 \quad 0]^T$，或 $f = [0 \quad f_2 \quad 0]^T$，或 $f = [0 \quad 0 \quad f_3]^T$。当 f_i 从 $-\infty$ 到 $+\infty$ 变化时，三个"故障模式线"可由 p 的平均值描述。它们具有上面定义的方向矢量 u_i。图 23.11 说明了 q_χ 是 p 的范数，而 q_i 则是 p 在三个故障模式线中每个上的正交投影（其中 $i = 1, 2, 3$）。

得到的 χ^2 和 SS RAIM 检测边界如图 23.12 所示。测量噪声和故障的综合影响导致 p 非零。如果奇偶矢量 p 落在检测边界之外，则检测成立。图 23.12 说明，未检概率式(23.9)中的第二部分事件]不同于 χ^2 和 SS RAIM：它是点画线圆内用于 χ^2RAIM 的概率，以及六边形内用于 SS RAIM 的概率。χ^2 和 SS RAIM 关于检测能力的更进一步比较可以参见文献[36-37]。

23.7.4 使用故障排除法降低连续性风险

23.7.3 节介绍的内容仅限于故障检测，并没有解决排除问题。检测提供了一种确保

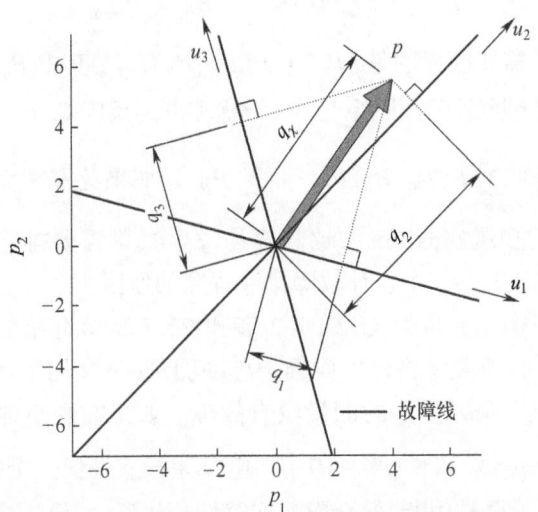

图 23.11 奇偶空间中 χ^2 和 SS RAIM 的检验统计量示意图

[χ^2 统计量 q_χ 是奇偶矢量 p 的范数,而 SS 检验统计量 $q_X(i=1,2,3)$ 是 p 到故障线的正交投影。这个例子中,p 是一个二元正态分布的随机变量,拥有独立同分布的单位方差。常数联合概率密度曲线描述了在故障假设 H_0 下以原点为中心的圆圈(未表示出来),以及在故障假设 H_i 条件下以第 i 个故障线为圆心的圆。]

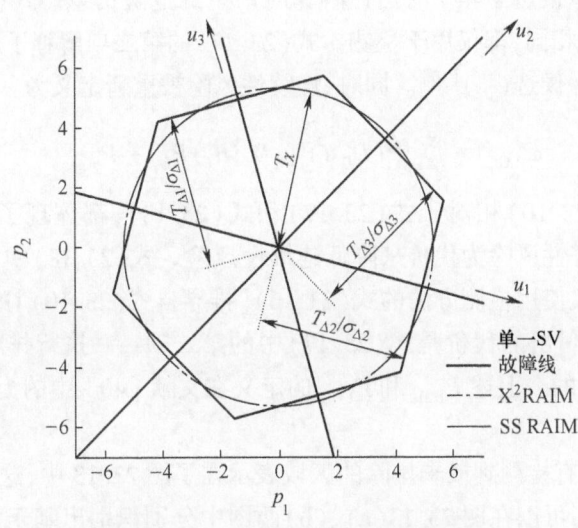

图 23.12 χ^2 和 SS RAIM 的检测边界

[χ^2 和 SS RAIM 的检测边界分别是一个圆(或高维空间中的球)和一个多边形(或多面体)[30]。在本例中,SS 检测门限都是相等的($T_{\Delta 1} = T_{\Delta 2} = T_{\Delta 3}$),因此该多边形是一个六边形。资料来源:John Wiley & Sons。]

P_{FA} 低于 $C_{REQ,0}$ 的方法,如式(23.10)所示。但完全的连续性风险 P_{LOC} 应考虑所有导致连续性丧失(loss of continuity,LOC)的事件情况,用如下式表示:

$$P_{\text{LOC}} = \sum_{i=0}^{h} P(D_0 | H_i) P_{H_i} + P_{\text{other}} \quad (23.16)$$

式中：D_0 为检测事件。需要注意的是，$P_{\text{FA}} = P(D_0 | H_0) P_{H_0}$，其中 P_{other} 包括造成 LOC 的所有其他故障来源，如非计划的卫星中断[31,38]、干扰和电离层闪烁。

如果检测器有效，则 $\sum_{i=1}^{h} P(D_0 | H_i) P_{H_i} \approx \sum_{i=1}^{h} P_{H_i}$。如果此概率大于全部连续性风险要求 C_{REQ}（这在 h 较大的多星座 GNSS 中比较容易发生），则需要排除故障才能继续应用系统。这就是在文献[32,34,39]中设计故障排除程序的原因。

FDE 程序可分为三个主要步骤：①23.7.2 节和 23.7.3 节介绍的故障检测技术。②如果检测到故障（事件 D_0），则要考虑排除候选子集的测量（下文用下标"j"表示）。需要进行第二组检测测试以确保剩余未排除的测量没有故障。如果在剩余的测量中没有检测到故障，就会通过一个"排除测试"事件（事件 $\overline{D}_j$）。③如果没有任何一个排除测试得到满足（事件 $\cap_{j=1}^{h} D_j$），那么任务就会被中断，便会影响连续性。相反，如果一个或多个候选子集满足排除测试，就可以排除这些子集中的任何一个。但是，如果排除掉包含未排除 HMI（错误排除或无故障排除导致的 HMI）的子集，就会影响完好性。

FDE 完好性风险的上限定义为如下公式[40]：

$$P_{\text{HMI}} \leq \sum_{i=0}^{h} P(\text{HI}_0, \overline{D}_0 | H_i) P_{H_i} + \sum_{j=0}^{h} \sum_{i=0}^{h} P(\text{HI}_j, D_0, \overline{D}_j | H_i) P_{H_i} + P_{\text{NM}} \quad (23.17)$$

式中：HI_j 为使用排除候选子集 j 的估计解算时产生的危险信息。式（23.17）的第一项与式（23.9）给出的界限相同，都仅用于检测。式（23.17）的第二项解释了所有的故障假设（下标为"i"）和所有排除候选（j）[40]。同时，连续性风险被重新定义为

$$P_{\text{LOC}} \equiv \sum_{i=0}^{h} P(D_0 \cap_{j=1}^{h} D_j | H_i) P_{H_i} + P_{\text{other}} \quad (23.18)$$

式（23.9）和式（23.10）相对于式（23.17）和式（23.18），都体现了排除法的基本平衡点，其旨在以牺牲完好性风险为代价来降低连续性风险。式（23.18）中的连续性风险，由于使用了排除法，会比仅使用检测方法的式（23.16）[推导自式（23.10）]的连续性风险低。为这种连续性风险降低付出的代价是式（23.17）中的第二项——执行排除的完好性风险，这在式（23.9）中是没有的。上述 P_{HMI} 和 P_{LOC} 的定义在文献[40]中的为 SS 和 χ^2RAIM 中的定义中介绍。

SS 和 χ^2RAIM 没有检测到或未排除的区域表示在了图 23.13 中，这也是在 23.7.3 节中的说明性示例。首先，可以在图 23.13(a)、(b)两图中分别识别出基于六边形 SS 和基于圆形 χ^2 的未检测区域。图 23.13 说明，对于 SS 和 χ^2 RAIM，排除区域（深灰色区域）是围绕故障模式线的带状区域。这些带是排除算法易感知的判断标准。如果奇偶校验矢量靠近故障线，则很容易找出要排除的测量值。相反，如果奇偶校验矢量位于两条故障模式线之间，那么确定两种故障模式中究竟是哪一种故障造成了检测到的故障就会变得非常有难度，这时不排除和发出告警则是更安全的选择。

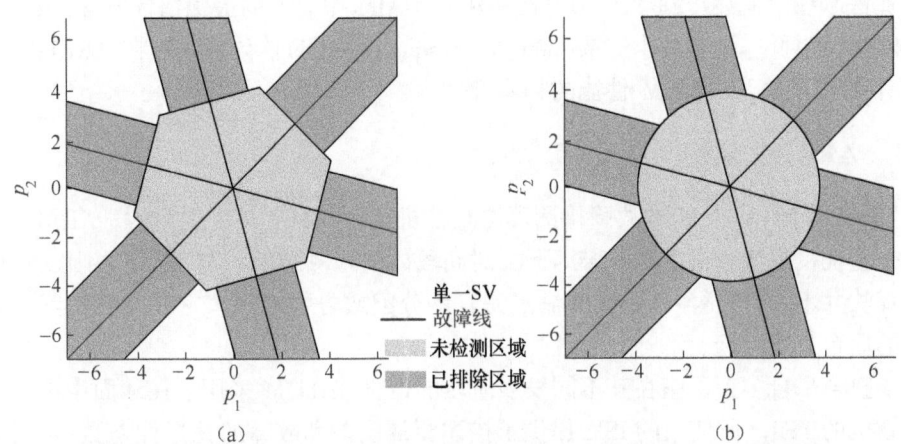

图 23.13　SS(a)和 χ^2 RAIM(b)的未检测和已排除区域的奇偶校验空间示意图
(如果奇偶校验矢量落在故障线周围的黑色阴影地带,则其会有一个故障测量被
正确识别的可量化的概率。因此就可以排除故障[30]。资料来源:John Wiley & Sons。)

23.8　高级 RAIM

随着提供双频测距信号的新型 GNSS 的出现,冗余电离层无误差测量的数目显著增加,从而使在用户接收端使用 RAIM 满足较为严苛的导航要求成为可能。值得一提的是,RAIM 可以降低对地面监测的要求。这就是为什么欧盟和美国的学者都研究高级 RAIM(Advanced RAIM,ARAIM),不仅面向航路导航,还面向飞行器的全球垂直引导[41-43]。

美国和欧盟在 2004 年达成了"关于促进、提供和使用基于 Galileo 和 GPS 卫星导航系统和相关产品服务的协议"[44]的签署,目的是促进 GPS 和 Galileo 系统的生命安全服务应用的实现。其中一个典型目标就是确定 ARAIM 是否可以成为支持全球飞机导航多星座概念的基础。

ARAIM 成为 SBAS 系统的一个补充技术(详见第 13 章)[43]。预计 ARAIM 可以在 SBAS 服务不可用的情况下支持水平导航(Horizontal-ARIM,H-ARAIM 技术),同时可以提供与传统 RAIM 相比更好的性能。ARAIM 支持的最艰难的操作之一是飞机的全球垂直导航(vertical-ARIM,V-ARAIM 技术),使用的是 LPV 或 LPV-200 标准——需要引导至跑道上方 200ft 的高度。

为了实现这一目标,ARAIM 影响未来三个主要的技术发展:

(1) 多 GNSS 星座卫星数量的增加;

(2) 可以消除电离层误差的双频卫星信号;

(3) 完好性支持消息(integrity support message,ISM)下用于机载 ARAIM 算法的完好性参数值。

这些要素将在 23.8.1 节中作进一步讨论。ARAIM 的测量误差和故障模型将在 23.8.2 节中介绍,该节给出机载 ARAIM 多假设解算分离(multiple hypothesis solution separation,

MHSS)算法基线的概述。23.8.3 节介绍一种在 RAIM 中设计的最优估计方法,该方法将完好性风险降至最低。该非最小二乘(non-least-squares,NLS)估计算法可在 ARAIM 中实现。23.8.4 节给出了关于 ARAIM 性能的初步评估。

23.8.1 ARAIM 架构

与 SBAS 不同,ARAIM 的故障检测算法是在机载接收机上自主进行的。ARAIM 还依靠地面站来验证机载接收机上在从 1h 到 1a 时间段内的检测结果。与 SBAS 相比,ARAIM 地面监测算法并不进行告警:它不需要满足完好性分配或告警时间。它在飞机实际完好性监测过程的后台持续运行。

为了整合来自多个星座在其不同发展阶段的信息,ARAIM 采用了在地面生成并广播到机载接收机的 ISM。所使用的 ISM 提供了描述测量误差和故障的完好性参数,包括卫星故障的先验概率 P_{sat}、星座故障的先验概率 P_{const}、由于卫星轨道和时钟星历误差产生的测距不确定标准差 σ_{URA},以及由于信号畸变引起的非高斯测距误差的最大值 b_{NOM} [41-42]。这些参数是机载 ARAIM 算法决定保护级的关键输入参数。

用于生成 ISM 的候选 ARAIM 架构分为离线和在线架构[42]。图 23.14 介绍了离线和在线架构之间的差异。两种架构都利用星座服务提供商(Constellation Service Provider,CSP)提供的"服务提供商承诺"(Service Provider Commitment,SPC),如文献[6,45]是针对 GPS 的相关规定,但服务提供商并不打算针对特定的应用。因此,航空导航服务提供商(Air Navigation Service Provider,ANSP)需要提供另外的地面监测,尤其是对于 V-ARAIM,因为 CSP 的 SPC 可能无法满足 LPV-200 等特定要求。文献[43]预测了具有静态 ISM(固定不

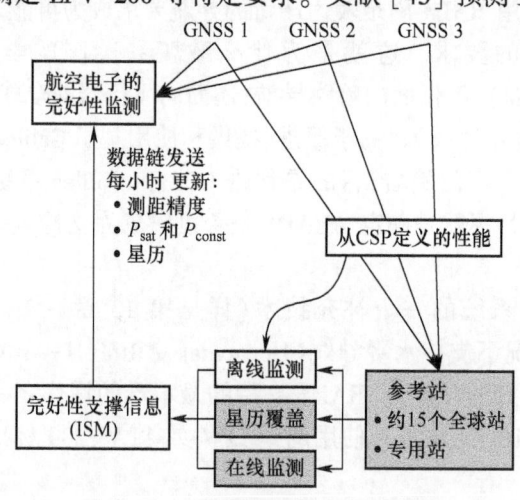

图 23.14 在线 ARAIM 的概述[42,46]

[灰色阴影区域表示其和离线 ARAIM 的差异。在线 ARAIM 通过生成并发送自己的精确轨道和时钟参数信息("覆盖"星历),使 ANSP 能够控制更多的 ISM 参数。覆盖层是使用少数专用的地面参考站生成的。相比之下,离线 ARAIM 使用的是来自 SBAS 和 IGS 的数百个参考站数据。对于在线 ARAIM 每小时广播一次 ISM,但离线 ARAIM 是每季度或每年才广播一次。在线 ARAIM 可以帮助缓解离线 ARAIM 的可用性风险,这是由实现测距性能潜在薄弱的 CSP 承诺造成的。资料来源:节选自 EU-US Cooperation on Satellite Navigation[42]。]

变的 ISM)支持的初始 H-ARAIM 操作。评估期过后,有需求的航空导航服务提供者可以寻求基于 V-ARAIM 的运行批准。

23.8.2 基线 ARAIM 机载算法

文献[42-43]详细描述了基线 ARAIM MHSS 机载算法,该算法是分析 ARAIM 性能的一个完好性监测方法示例。该方法基于 23.7 节中描述的 SS ARAIM 原理。许多有用的研究是对这个基线算法的改进和发展,包括 ARAIM 中最优检测的新研究结果[36-37]、处理大量子集的有效解算方法[43],以及最优估计的推导,这些都使 ARAIM 中的完好性风险得以减少,如 23.8.3 节所述。

设计的算法部分是由需求驱动的[43]。本节根据国际民用航空组织(International Civil Aviation Organization,ICAO)提出的标准和建议措施[48]的解释[43,47],重点讨论实现 LPV-200 的垂直定位性能。与 $8×10^{-6}$ 连续性风险的要求相对应,ARAIM 假设垂直定位性能标准,包括 10m $1×10^{-7}$ 的无故障精度要求,和 35m $1×10^{-7}$ 限值的定位误差。最后一个完好性标准是由可用性损失驱动的,其提供了这样一个事实,即垂直保护级(vertical protection level,VPL)超过 $\ell = 35m$ 的 VAL 的风险应低于 $I_{REQ} = 10^{-7}$。精度标准不考虑故障条件,但 VPL 需要考虑。

与这些要求一致,ARAIM 使用两种误差模型:完好性异常模型和精度(或连续性)误差模型。与完好性模型相比,精度误差模型假设的 σ_{URA} 和 b_{NOM} 值较小。此外,精度和完好性误差模型都考虑了残余的对流层延迟、多径误差和接收机噪声[42]。

ARAIM VPL 公式可以从方程(23.15)推导得出。即通过用 VPL 代替 VAL 的 ℓ,并通过求解以下方程获得

$$2Q\left\{\frac{VPL - b_0}{\sigma_0}\right\} + \sum_{i=1}^{h} Q\left\{\frac{VPL - T_{\Delta i} - b_i}{\sigma_i}\right\} P_{H_i} + P_{NM} = I_{REQ} \quad (23.19)$$

式中:$b_i(i = 1, 2, \cdots, h)$ 为正态测量偏差 b_{NOM} 对垂直定位误差的影响,使用符号 b_0 表示全集解,b_i 表示第 i 个子集解。如 23.7 节所述,建立严格的 VPL,即垂直定位误差的严格概率界限,有助于确保较高的可用性。23.8.3 节描述了一种寻找最佳估计量的方法,该方法使 VPL 最小化,或者也可以说是将完好性风险最小化。

23.8.3 ARAIM 中的最优 NLS 估计算法

在使用 NLS 估计算法可能性方面,已经开展了三个主要的工作研究,虽然标准定位误差略微增加,但该方法可大大降低 RAIM 中的完好性风险[49-51]。前两个参考文献率先在 RAIM 中使用 NLS 估计算法,但采用试探性方法来降低完好性风险。2012 年,在 ARAIM 的背景下,Blanch 将 NLS 估计算法设计转化为约束优化问题[51]。该方法的改进产生了实用的、计算效率高的效果[52-53]。

使用与 23.7 节中相同的符号,待估计的状态 NLS 的估计值 $\hat{x}_{NLS}$[如式(23.9)和式(23.11)后的内容中所定义的]可以写成:$\hat{x}_{NLS} \equiv s_0^T z + \boldsymbol{\beta}^T Qz$,其中状态估计量 $s_0^T z = \hat{x}_0$ 位于 H 的列空间,$\boldsymbol{\beta}^T Qz$ 位于 H 的左零空间。估计算法设计问题可以缩小到找到一个 $(n-m)×1$ 的修正矢量 $\boldsymbol{\beta}$,这可以在满足连续性和精度要求的同时最大限度地降低完好性风险。

与更传统的 LS 估计量($\boldsymbol{\beta} = 0$)相比,$\boldsymbol{\beta}$ 的影响更容易理解。为了介绍这一点,考虑了

图 23.15(a)显示的六颗卫星的几何结构,(b)是 SV4 上单 SV 故障的故障模式图。故障模式图中展示的是估计误差 ε 与归一化解分离检测统计量 $q_i \equiv \Delta_i/\sigma_{\Delta i}$ (在 23.7 节中定义)。"ε"表示 LS 估计量的 ε_0(用虚线表示)和 NLS 估计量的 ε_{NLS}(用深灰色实线表示)。

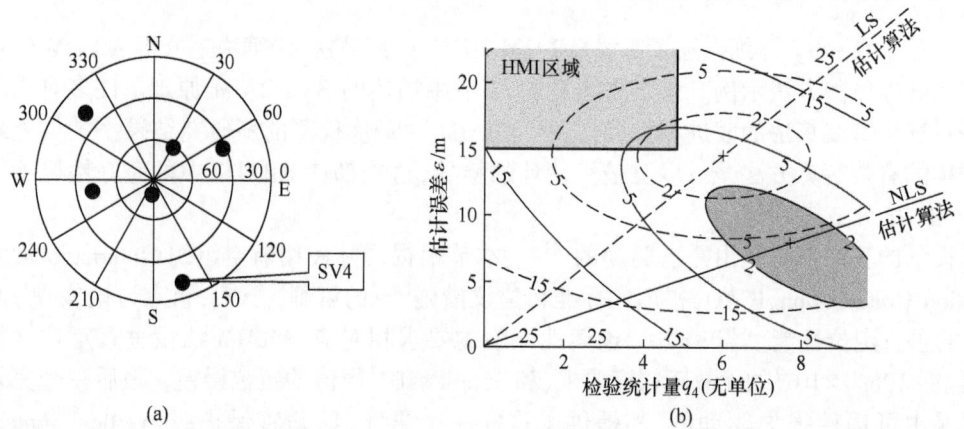

图 23.15 (a)是一个示例卫星的几何关系的仰角-方位角天空图;(b)是 SV4 的单 SV 故障假设模式图[52]
[对于新的基于 NLS 估计算法,使用实线和深灰色区域标识常数联合概率密度的椭圆,而使用 LS 估计时则使用虚线表示。椭圆用 $-\lg f_{\eta i}(\varepsilon, q_i)$ 表示,其中 $f_{\eta i}(\varepsilon, q_i)$ 是完好性风险概率密度函数。NLS 估计算法的失效模式斜率比 LS 估计算法更低,从而降低了 HMI 的风险。资料来源:剑桥大学出版社。]

AL(在本例中为 $\ell=15$m)和检测阈值(大约为 5)定义了 HMI 区域的边界。恒定联合概率密度的线是椭圆,因为 ε 和 q_i 是正态分布的。随着故障幅值大小的变化,ε 和 q_i 的均值就会呈现出一条通过原点的"故障模式线"。

估计修正矢量 β 产生的影响有三点:①β 提供了一种降低故障模式线斜率的方法,从而降低了 HMI 的风险;②对于 LS 估计,ε_0 和 q_i 在统计上是独立的,因此虚线椭圆的长轴是水平的。相反,β 提供了一种改变椭圆方向的方法;③正如 NLS 估计算法所预期的那样,ε_{NLS} 的方差大于 ε_0 的方差,这就解释了为什么降低完好性风险是以降低精度性能为代价的。

图 23.15 只给出了单一的故障假设,但完备的完好性风险需给出所有假设的故障条件。图 23.16 介绍了 6 个 SV 中一个故障的假设。LS 估计算法的实心椭圆之一与 HMI 区域重叠。相比之下,文献[52]中的优化方法提供了一种将所有灰色阴影椭圆拉离 HMI 区域的方法,从而减少 P_{HMI}。最优估计算法将用于 ARAIM 性能分析。

23.8.4 ARAIM 性能评估

三个 ARAIM 里程碑报告针对 H-ARAIM 和 V-ARAIM 指标的测距要求、测量误差、故障模型参数以及系统配置(包括星座场景)提供了可用性性能分析。基准星座包括 24 颗 GPS 卫星和 24 颗 Galileo 卫星[6,54]。

可用性图例如图 23.17 所示,可用性以时间片计算来满足 LPV200 要求,对于 5°×5°经纬度网格上的每个位置,该图呈现了 24h 内以固定 10min 间隔模拟的卫星几何形状。在图 23.17 中,可用性用颜色标识:深紫色代表可用性大于 99.9%,浅紫色代表大于 99.5%,

深蓝色则是优于 99%。

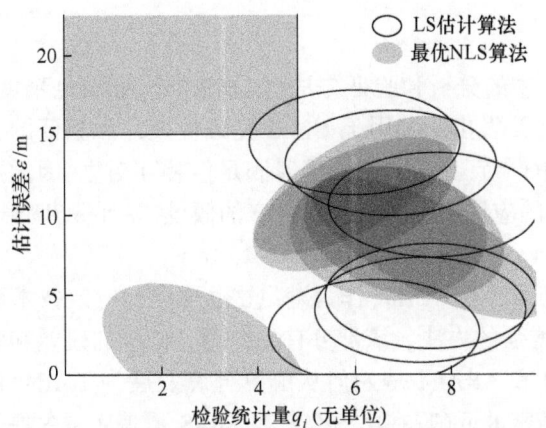

图 23.16 显示了所有单 SV 故障假设的故障模式图[52]
（LS 估计算法的一个实椭圆与 HMI 区域重叠,而 NLS 估计算法的优化过程提供了
一种将灰色阴影椭圆从该区域移开的方法,从而降低了完好性风险。资料来源:剑桥大学出版社。）

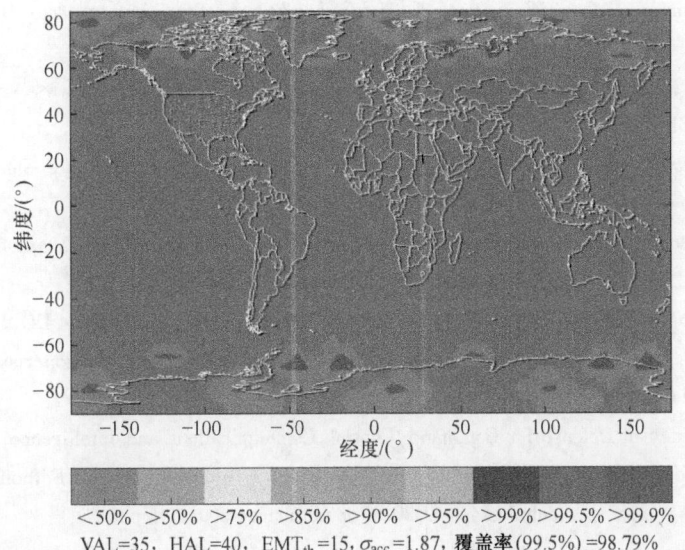

图 23.17 LPV-200 使用 ARAIM 的可用性图（基于 GPS/Galileo 星座）
（其中 $P_{const} = 10^{-4}$, $P_{sat} = 10^{-5}$ 和 $\sigma_{URA} = 1m$ [42]。99%可用性的覆盖率 ARAIM 中的一个关键
性指标,其被定义为超过 99%可用性网格点的数量的百分比。由于靠近赤道的网格点所代表的
面积要比靠近两极地区的网格点所代表的面积大,因此覆盖率计算是由所在位置纬度的余弦加
权获得的。在本例中,覆盖率 99%的可用性为 99.9%资料来源:剑桥大学出版社。）

在过去 10 年中,对于双频多星座 ARAIM 的研究都聚焦于量化 ARAIM 对 SBAS 的补充潜力,分别为短期的水平 ARAIM 和长期的垂直 ARAIM。ARAIM 已经成为推动 RAIM FDE 方法发展的推动力。当前的工作将朝着进一步完善用户和地面段的 ISM 标准,朝着地面和机载算法原型设计和测试,以及朝着 CSP 对兼容保证的协调开发等方向发展。

23.9 总结

本章回顾了 GNSS 中的分析和验证方法,该方法同时要满足精度、完好性、连续性和可用性要求。虽然当前已开发出一种用于 GNSS 完好性设计和验证的自洽方法,但由于完好性和连续性的要求非常严苛,且两者需要同时满足但相互对立,因此这一工作有很大难度。此外,这些方法在民航的应用中还需要较为保守的假设,并且做出"最坏情况"下的落入"特定风险"的概率和误差评估。

本章第二部分详细介绍了 RAIM 作为满足这些要求的特定技术而不依赖来自地面(如 SBAS 或 GBAS 系统)增强的方法。该部分首先介绍了传统的残差和解算分离 RAIM 技术,其次介绍了现代 RAIM 和 ARAIM 是如何从解算分离发展为 RAIM 的,最后还介绍了全球 ARAIM 支持 LPV 的精密进近(现在由 SBAS 在 SBAS 覆盖区域内提供)的性能结果报告。

参考文献

[1] R. V. Hogg, Tanis, E. A., and Zimmerman, D. L., *Probability and Statistical Inference*, Boston, MA, Pearson, 9th Ed., 2015.

[2] Matlab help page for "Standard Deviation" (Std) function, MathWorks, https://www.mathworks.com/help/matlab/ref/std.html.

[3] *Global Positioning System Wide Area Augmentation System (WAAS) Performance Standard (U. S. Federal Aviation Administration, Washington DC)*, 1st Ed., October 31, 2008.

[4] *Minimum Aviation System Performance Standards for the Local Area Augmentation System (LAAS)*, Washington, DC, RTCA SC-159, WG-4, DO-245A, December 9, 2004.

[5] *FAA System Safety Handbook*, U. S. Federal Aviation Administration, Washington, DC, December 30, 2000, Chapter 3. https://www.faa.gov/regulations_policies/handbooks_manuals/aviation/risk_management/ss_handbook/media/Chap3_1200.pdf.

[6] Assistant Secretary of Defense for Command, Control, Communications and Intelligence, "*Global Positioning System Standard Positioning Service Performance Standard*," Washington, DC, 5th Edition, 2020, available online: https://www.gps.gov/technical/ps/2020-SPSperformance-standard.pdf.

[7] "Clopper-Pearson interval," within Wikipedia webpage on "Binomial proportion confidence interval," https://en.wikipedia.org/wiki/Binomial_proportion_confidence_interval, accessed 29 January 2018.

[8] T. Walter, J. Blanch, M. Joerger, and B. Pervan, "Determination of Fault Probabilities for ARAIM," *Proceedings of IEEE/ION PLANS 2016*, Savannah, Georgia, April 11-14, 2016, pp. 451-461.

[9] S. Pullen, J. Rife, and P. Enge, "Prior Probability Model Development to Support System Safety Verification in the Presence of Anomalies," *Proceedings of IEEE/ION PLANS 2006*, San Diego, California, April 25-27, 2006, pp. 1127-1136. http://web.stanford.edu/group/scpnt/gpslab/pubs/papers/Pullen_IEEEIONPLANS_2006.pdf.

[10] S. Pullen, T. Walter, and P. Enge, "SBAS and GBAS Integrity for Non-Aviation Users: Moving Away from 'Specific Risk,'" *Proceedings of ION NTM 2011*, San Diego, California, January 24-26, 2011, pp. 533-545. http://web.stanford.edu/group/scpnt/gpslab/pubs/papers/Pullen_IONITM_2011_Integrity_for_Non-

Aviation_Users. pdf.

[11] S. Pullen, M. Luo, T. Walter, and P. Enge, "Using SBAS to Enhance GBAS User Availability: Results and Extensions to Enhance Air Traffic Management," *Proceedings of ENRI International Workshop on ATM/ CNS*, Tokyo, Japan, September 2010. http://web. stanford. edu/group/scpnt/gpslab/pubs/papers/ Pullen_Japan_EIWAC_2010_Using_SBAS_to_Enhance_GBAS_Availability. pdf.

[12] J. Rife and R. E. Phelts, "Formulation of a Time-Varying Maximum Allowable Error for Ground-Based Augmentation Systems," *IEEE Transactions on IEEE Transactions on Aerospace and Electronic Systems*, vol. 44, no. 2, April 2008.

[13] *Minimum Operational Performance Standards for GPS Local Area Augmentation System Airborne Equipment*, Washington, DC, RTCA SC-159, WG-4, DO-253D, July 13, 2017.

[14] B. DeCleene, "Defining Pseudorange Integrity - Overbounding," *Proceedings of ION GPS 2000*, Salt Lake City, Utah, September 19-22, 2000, pp. 1916-1924. https:// www. ion. org/publications/abstract. cfm? articleID = 1603.

[15] T. Schempp and A. Rubin, "An Application of Gaussian Overbounding for the WAAS Fault Free Error Analysis," *Proceedings of ION GPS 2002*, Portland, OR, September 24-27, 2002, pp. 766-772. https:// www. ion. org/ publications/abstract. cfm? articleID = 2079.

[16] J. Rife, S. Pullen, and B. Pervan, "Core Overbounding and its Implications for LAAS Integrity," *Proceedings of ION GNSS 2004*, Long Beach, California, September 21-24, 2004, pp. 2810-2821. http:// web. stanford. edu/group/ scpnt/gpslab/pubs/papers/Rife_IONGNSS_2004. pdf.

[17] "*Wide-Area Augmentation System Performance Analysis Report*," Report #34, Reporting Period: July 1Sept. 30, 2010, FAA/William J. Hughes Technical Center, Atlantic City, NJ, Oct. 2010. http:// www. nstb. tc. faa. gov/reports/ waaspan34. pdf.

[18] T. Walter, P. Enge, and B. DeCleene, "Integrity Lessons from the WAAS Integrity Performance Panel (WIPP)," *Proceedings of ION NTM 2003*, Anaheim, California, January 22-24, 2003, pp. 183-194. http:// web. stanford. edu/group/scpnt/gpslab/pubs/papers/ Walter_IONNTM_2003. pdf.

[19] S. Pullen, "The Use of Threat Models in Aviation Safety Assurance: Advantages and Pitfalls," *Proceedings of 2014 International Symposium on Certification of GNSS Systems & Services(CERGAL 2014)*, Dresden, Germany, July 7-8, 2014. http://web. stanford. edu/group/scpnt/ gpslab/pubs/papers/Walter_IEEEIONPLANS_2016_ARAIM. pdf.

[20] Y. C. Lee, "Analysis of Range and Position Comparison Methods as a Means to Provide GPS Integrity in the User Receiver," *Proceedings of the 42nd Annual Meeting of The ION*, Seattle, WA, pp. 1-4, 1986.

[21] B. W. Parkinson and Axelrad, P. , "Autonomous GPS Integrity Monitoring Using the Pseudorange Residual," in *Navigation: Journal of the Institute of Navigation*, vol. 35, no. 2, Washington, DC, pp. 225-274, 1988.

[22] M. Sturza, "Navigation System Integrity Monitoring Using Redundant Measurements," in *Navigation: Journal of the Institute of Navigation*, Washington, DC, vol. 35, no. 4, pp. 69-87, 1988.

[23] R. G. Brown, "A Baseline GPS RAIM Scheme and a Note on the Equivalence of Three RAIM Methods," in *Navigation: Journal of the Institute of Navigation*, vol. 39, no. 3, pp. 301- 316, 1992.

[24] M. Brenner, "Integrated GPS/Inertial Fault Detection Availability," *Navigation*, vol. 43, no. 2, pp. 111-130, 1996.

[25] J. Blanch, Walter, T. , and Enge, P. , "RAIM with Optimal Integrity and Continuity Allocations Under Multiple Failures," *IEEE Transactions on Aerospace and Electronic Systems*, vol. 46, no. 3, pp. 1235-1247, 2010.

[26] B. Pervan, "Navigation Integrity for Aircraft Precision Landing Using the Global Positioning System," PhD

Dissertation, Stanford University, Stanford, California, 1996.

[27] T. Walter, Enge, P., Blanch, J., and Pervan, B., "Worldwide Vertical Guidance of Aircraft Based on Modernized GPS and New Integrity Augmentations," *in Proceedings of IEEE*, vol. 96, no. 12, pp. 1918-1935, 2008.

[28] J. Blanch, Walter, T., and Enge, P., "Satellite Navigation for Aviation in 2025" *Proceedings of IEEE: Special Centennial Issue*, vol. 100, 1821-1830, 2012.

[29] R. J. Kelly and Davis, J. M., "Required Navigation Performance(RNP) for Precision Approach and Landing with GNSS Application," in *Navigation: Journal of the Institute of Navigation*, vol. 41, no. 1, pp. 1-30, 1994.

[30] M. Joerger, Chan, F. C., and Pervan, B., "Solution Separation Versus Residual-Based RAIM," in *Navigation: Journal of the Institute of Navigation*, vol. 61, no. 4, pp. 273-291, 2014.

[31] RTCA Special Committee 159, "Minimum Aviation System Performance Standards for the Local Area Augmentation System(LAAS)," RTCA/DO-245, Appendix D, 2004.

[32] J. Blanch, Walter, T., Lee, T., Pervan, B., Rippl, M., and Spletter, A., "Advanced RAIM User Algorithm Description: Integrity Support Message Processing, Fault Detection, Exclusion, and Protection Level Calculation," *Proceedings of ION GNSS 2012*, Nashville, TN, pp. 2828-2849, 2012.

[33] J. Blanch, Walter, T., Enge, P., Wallner, S., Fernandez, F. A., Dellago, R., Ioannides, R., Hernandez, I. F., Belabbas, B., Spletter, A., and Rippl, M., "Critical elements for a MultiConstellation Advanced RAIM," in *Navigation: Journal of the Institute of Navigation*, vol. 60, no. 1, pp. 53-69, Spring 2013.

[34] F. van Graas and J. Farrell, "Baseline Fault Detection and Exclusion Algorithm," *Proc. of the 49th Annual Meeting of The ION*, Cambridge, MA, pp. 413-420, June 1993.

[35] I. E. Potter, and Suman, M. C., "Threshold-less Redundancy Management With Arrays of Skewed Instruments," AGARDOGRAPH - No 224, pp. 15-11 to 15-25, 1977.

[36] J. Blanch, Walter, T., and Enge, P., "Results on the Optimal Detection Statistic for Integrity Monitoring," *Proc. of ION ITM 2013*, San Diego, CA, pp. 262-273, January 2013.

[37] M. Joerger, Stevanovic, S., Langel, S., and Pervan, B., "Integrity Risk Minimization in RAIM, Part 1: Optimal Detector Design," *Journal of Navigation of the RIN*, vol. 69, no. 3, 2016.

[38] S. Pullen, and Enge, P., "Using Outage History to Exclude High-Risk Satellites from GBAS Corrections," in *Navigation: Journal of the Institute of Navigation*, vol. 60, no. 1, pp. 41-51, 2013.

[39] B. Pervan, Lawrence, D., Cohen, C., and Parkinson, B., "Parity Space Methods for Autonomous Fault Detection and Exclusion Using GPS Carrier Phase," *Proceedings of IEEE PLANS*, Atlanta, Georgia, 1996.

[40] M. Joerger and Pervan, B., "Fault Detection and Exclusion Using Solution Separation and Chi-Squared RAIM," *IEEE Transactions on Aerospace and Electronic Systems*, vol. 52, no. 2, 2016.

[41] EU-US Cooperation on Satellite Navigation, WG C-ARAIM Technical Subgroup, "ARAIM Technical Subgroup Interim Report Issue 1.0," 2012, available online: http://www.gps.gov/policy/cooperation/europe/2013/working-group-c/ARAIM-report-1.0.pdf.

[42] EU-US Cooperation on Satellite Navigation, WG C-ARAIM Technical Subgroup, "ARAIM Technical Subgroup Milestone 2 Report," 2014, available online: http://www.gps.gov/policy/cooperation/europe/2015/working-groupc/ARAIM-milestone-2-report.pdf.

[43] EU-US Cooperation on Satellite Navigation, WG C-ARAIM Technical Subgroup, "ARAIM Technical Subgroup Milestone 3 Report," 2016, available online: http://www.gps.gov/policy/cooperation/europe/2016/working-groupc/ARAIM-milestone-3-report.pdf.

[44] The United States, The European Union, "Agreement on the Promotion, Provision and Use of Galileo and GPS SatelliteBased Navigation Systems and Related Applications," 2004, available online: http://

www.gps.gov/policy/cooperation/europe/2004/gps-galileo-agreement.pdf.

[45] Global Positioning System Directorate Systems Engineering and Integration, "Interface Specification ISGPS-200," Revision H, 2013, available online: http://www.gps.gov/technical/icwg/IS-GPS-200H.pdf.

[46] M. Joerger, Zhai, Y., and Pervan, B., "Online Monitor Against Clock and Orbit Ephemeris Faults in ARAIM." *Proceedings of the ION 2015 Pacific PNT Meeting*, Honolulu, Hawaii, pp. 932-945, 2015.

[47] J. Blanch and Walter, T., "LPV-200 Requirements Interpretation," Report to ARAIM subgroup, version 4, November 2011.

[48] ICAO, Annex 10, "GNSS Standards and Recommended Practices (SARPs)" Aeronautical Telecommunications, Volume 1 (Radio Navigation Aids), Amendment 84, Section 3.7, Appendix B, and Attachment D, 20 July 2009.

[49] P. Y. Hwang and Brown, R. G., "RAIM-FDE Revisited: A New Breakthrough In Availability Performance With NIORAIM (Novel Integrity-Optimized RAIM)," in *Navigation: Journal of the Institute of Navigation*, vol. 53, no. 1, pp. 41-52, 2006.

[50] Y. C. Lee, "Two New RAIM Methods Based on the Optimally Weighted Average Solution (OWAS) Concept," in *Navigation: Journal of the Institute of Navigation*, vol. 54, no. 4, pp. 333-345, 2008.

[51] J. Blanch, Walter, T., and Enge, P, "Optimal Positioning for Advanced RAIM," in *Navigation: Journal of the Institute of Navigation*, vol. 60, no. 4, pp. 279-289, 2012.

[52] M. Joerger, Langel, S., and Pervan, B., "Integrity Risk Minimization in RAIM, Part 2: Optimal Estimator Design," *Journal of Navigation of the RIN*, vol. 69, no. 4, 2016.

[53] J. Blanch, Walter, T., Enge, P., and Kropp, V., "A Simple Position Estimator that Improves Advanced RAIM Performance," accepted for publication in *IEEE Transactions on Aerospace and Electronic Systems*, 2016.

[54] European Commission newsroom, "*Galileo Launch*," August 2014, available online: http://ec.europa.eu/enterprise/newsroom/cf/itemdetail.cfm?item_id=7713&lang=en.

本章相关彩图,请扫码查看

第24章 干扰:起源、影响和抑制

Logan Scott
美国 LC 咨询公司

24.1 简介

GNSS 可描述为一种隐形的工具。当 GNSS 受到干扰时,GNSS 接收机性能会下降,但也经常出现其他意外的影响,例如医疗寻呼系统被关闭;蜂窝基站失去了切换能力而无法进行通信[1];航海雷达由于位置丢失而出现警告;舰载卫星通信系统完全失效等[2]。GNSS 被深度集成到各种不同的系统中,几乎是不可见的,直到它失效时才会被人们察觉。

(1) 医疗寻呼系统使用 GPS 提供频率标准,以控制发射机的中心频率,当 GPS 丢失时,发射机按照 FCC 有关频率稳定性的规定会自动关闭[1]。

(2) 在一次事件中,大约 150 个蜂窝基站失去了信号切换的能力。是什么原因导致的呢? GPS 为基站提供精确的定时,使它们能够将码分多址(CDMA)信号传输时间同步到一个共同的时间基准上。没有 GNSS,基站时间彼此之间发生漂移,精确协调的信号切换失效了。人们可以发起呼叫,但呼叫从一个基站传输到另一个基站时,由于新的基站不在预期的时间基准上,呼叫就会掉线,就像一对不同步的空中飞人。

(3) 在北极星实验[2]中,舰载 GNSS 在完全失去真实导航信号后很长一段时间内仍在报告位置。舰载卫星通信系统没有意识到巨大的位置误差,将其高增益天线指向错误的方向,因此错过了它预定指向的通信卫星目标(图 24.1)。

GNSS 是国际基础设施的重要组成部分。它不仅提供了获取精确位置的低成本方法,而且是世界上精确时间和频率传播的骨干系统。在美国,16 个关键基础设施(CI)部门中有 14 个部门已被确定对 GNSS 具有强烈依赖性。这些部门包括运输、应急服务、能源分配、金融服务、农业和信息技术。美国国土安全部(DHS)网站对 CI 的定义如下:

关键基础设施是国家经济、安全和健康的支柱。它就和家里使用的电力、喝的水、乘坐的交通工具,以及与朋友和家人保持联系的通信系统一样。

关键基础设施对美国而言是至关重要的资产、系统和网络,无论是物理的还是虚拟的,如果它们失效或被破坏,将对国家安全、国家经济安全、国家公共健康安全产生削弱作用。

在 2015 年 PNT 咨询委员会[3]的报告中,Irv Leveson 估计 GPS 每年的经济影响总计 680 亿美元。简而言之,GNSS 以某种方式融入了我们所做的一切,这一趋势正在加速发展,部分是因为自动驾驶汽车的发展,但也因为在物联网(IoT)中,知道"物"的位置是非常重要的。

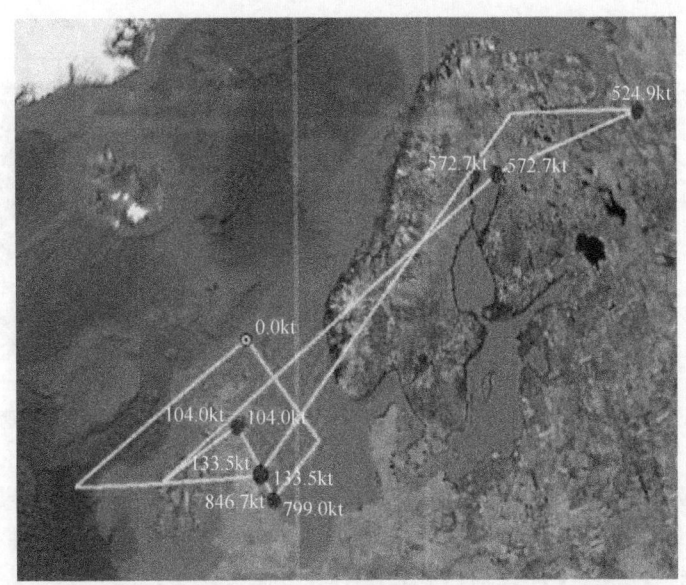

图 24.1 北极星(一艘船)的"航行"显示了干扰如何导致巨大的定位误差
(定位误差同时又导致了天线指向错误引起的舰载卫星通信故障。)

然而,对 GNSS 的广泛依赖也有不好的一面:对于试图破坏和利用依赖 GNSS 系统的敌人来说,GNSS 已经成为被攻击的一部分。从根本上说,对 GNSS 的攻击是一个安全问题,因此,为了更好地理解攻击可能发生的地点、使用的方法和有效的缓解措施,必须回答"为什么有人会这样做"的问题。若没有动机,攻击是不可能发生的。

对于军事系统,攻击 GNSS 的动机通常是非常直接的:拒绝为敌对势力导航,从而造成混乱,使军队协调困难,并降低他们的效率;使 GNSS 制导武器错过目标,阻止前方控制器和传感器确定目标坐标;拒止发射器获得系统精确的时间和位置,从而无法准确定位;通过限制地理参考信息覆盖的有效性来降低传感器数据的可用性。

在民用领域,动机通常与依赖 GNSS 的跟踪和报告系统有关。犯罪企业可能使用干扰器来掩盖汽车盗窃和货物盗窃;家庭暴力的受害者可能使用干扰器来防止跟踪者跟踪他们;城市建筑工人可能使用干扰器来掩盖他们正在铺设私人车道的事实;商业渔民可能会试图干扰船舶监控系统(VMS),但如果 VMS 能够识别船上的干扰,那么仅是攻击的事实就会引起怀疑。同样,城市建筑工人可能是想多赚点钱,或者只是想睡个长觉。这可能会导致更多的欺骗攻击,特别是当攻击变得更容易和更便宜时。

对 GNSS 的攻击是不可分割的统一体,但大致可分为干扰和欺骗两类。干扰是一种阻断服务式的攻击,GNSS 信号被更强的干扰信号掩盖从而无法被接收。因此,干扰的目标倾向于区域拒绝导航(尽管区域内可能只有一个目标)。欺骗的目的基本上是让 GNSS 接收机或相关系统相信它在某个错误的地方(或某个错误的时间)。通常情况下,欺骗攻击都有一个特定的"受害者",例如,一艘位置监控的渔船,一个位置监控的集装箱,或 Pokemon Go 游戏应用程序(图 24.2)。为了创建更有效的干扰攻击,射频欺骗也用来进行阻断服务攻击。

欺骗攻击不一定都是基于射频的。

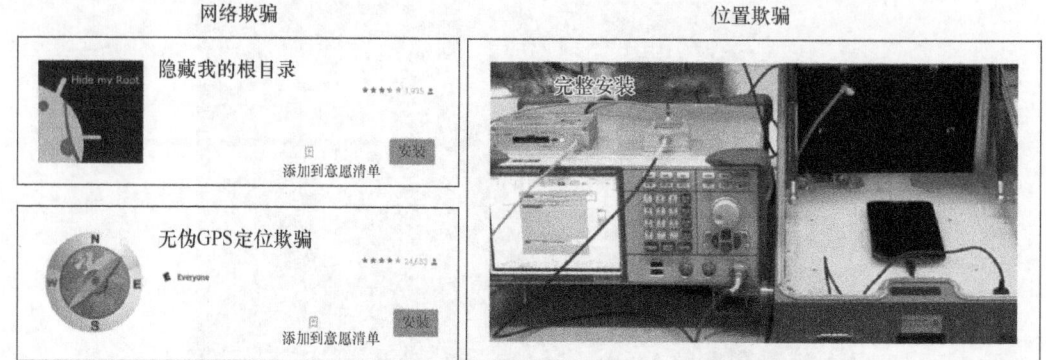

图 24.2 在 Pokemon Go 游戏中作弊的两种方法：网络欺骗和位置欺骗

一般来说，欺骗攻击有 3 种类型：

(1) 网络欺骗，欺骗者捕获或成为设备的位置对象，然后对定位结果进行欺骗。从本质上说，这是一种间接攻击，这种特别强大的攻击可以使攻击者完全控制目标报告的位置，它可以从世界上任何地方发起。相对位置欺骗可以将来自受损系统单元的正确位置信息作为基础来实现。理解和防范这些攻击的关键是认识到 GNSS 接收机及其工作环境（如手机）本质上都属于计算机类型，通常运行在完整的操作系统并连接到互联网。发起网络攻击的难度从简单到复杂不等，具体取决于"受害者"。网络欺骗的变种包括恶意软件更新、根攻击、跳板攻击、伪造地图、错误的地理引用地图、操纵参考站和窃取数字签名凭证等。

(2) 差分修正/数据欺骗，在导航解算中产生相对较小但重要的数据错误。许多连接网络的接收机（如辅助 GNSS）不会直接从卫星读取数据，因为这个读取过程会非常缓慢。对于这些接收机，攻击者可以操纵描述卫星轨道和/或时钟修正的星历数据，以达到干扰的效果。公钥基础设施(PKI)加密身份验证方法（数据签名）会使这类攻击更难发起。

(3) 基于多个星座广播信号协调的射频叠加干扰，基本上就是一个 GNSS 信号发生器[4-6]。由于技术上的复杂性，这种攻击曾经只用于军事领域，但近年来，软件定义无线电(SDR)的出现使"脚本小子"可以使用这种攻击[7-8]。这种攻击对于一个易欺骗的接收机（大多数民用接收机）是非常有效的，但在离目标距离较远时干扰就比较难以进行，因为大部分攻击手段需要知道"受害者"的真实位置。射频叠加攻击很难对一个警惕的接收机发起攻击，因为许多技术都可以检测到攻击（稍后会详细介绍）。也就是说，如果接收机从功能上说是欺骗信号的匹配滤波器接收机，那么射频欺骗干扰攻击作为区域拒绝干扰攻击会非常有效。

对比军事和民用干扰的案例，军事干扰更有可能是由外部因素引起的；而在民用环境中，干扰更多受内部因素以及物理距离较近的影响。民用攻击更有可能是内部攻击。具体的攻击动机有很多，但是当谈到抑制干扰措施时，理解它们是很重要的。首先，要弄明白干扰是如何影响 GNSS 接收机的。

24.2 干扰对 GPS/GNSS 信号的影响

图 24.3 显示了两幅距离多普勒(RD)图,一幅是在标称信号接收条件下,另一幅携带有带内频谱匹配干扰器,其强度是 GPS P(Y)码信号的 10000 倍。尽管在被干扰的情况下精度略低,但在这两种情况下,接收机都可以很容易地跟踪信号,即 RD 图中的尖头位。看起来 GPS 信号对干扰有很强的抵抗力,直到我们看到接收到的 GPS 信号水平。

L1 C/A 信号以 25 W 功率传输到 13dBiC(乘以 20)天线,以获得 25×20 = 500W 的有效各向同性辐射功率(EIRP)。这些参数与蜂窝基站大致相同,但 GPS 信号从地球表面 20200km 的圆形中等地球轨道(MEO)的卫星传输到接收机,而不是只几英里。当它到达地球时,信号非常弱,大约是银河系背景噪声的 20 倍。L1 P(Y)信号更弱,约为 L1 C/A 信号功率的 1/2。一个比非常微弱的信号强 10000 倍的干扰器仍然显得非常微弱。

更正式地说,表 24.1 显示了从 GPS Block III 卫星接收到的 L1 信号电平。上一代卫星的信号与之相似,除了 L1C,它与 Block III 一起首次亮相。

表 24.1 接收到的最小地面射频信号强度

信 号	规 范	各向同性信号电平
L1 C/A	IS-GPS-200J	-158.50dBW RHCP
L1 P(Y)	IS-GPS-200J	-161.50dBW RHCP
L1C Pilot	IS-GPS-800E	-158.25dBW RHCP
L1C Data	IS-GPS-800E	-163.00dBW RHCP

回到图 24.3,接收到的干扰水平通常用干信比 J/S 来描述,以 dB 为单位。具体地说:

$$J/S(\mathrm{dB}) = 10\lg(j/s) \tag{24.1}$$

式中:J 为接收到的干扰功率(W);S 为接收到的信号功率(W)。

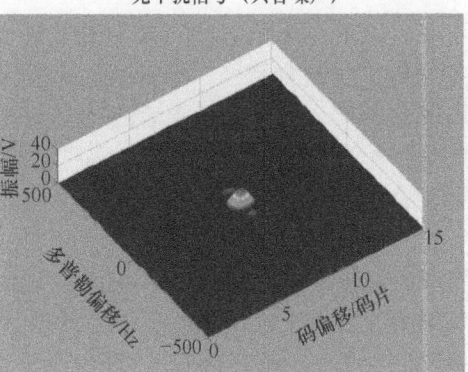

图 24.3 两幅距离多普勒(RD)图,一幅在标称信号接收条件下(左),另一幅在有比 GPS P(Y)码信号强 10000 倍的频带内频谱匹配干扰器(右)
(在这两种情况下,接收机都能跟踪 P(Y)码军事信号。)

因此,当接收到的干扰功率是接收到的信号功率的 10000 倍时,对应的干信比为 40dB。

由表 24.1 可知，P（Y）接收电平为-161.5dBW，因此 *J/S* 为 40dB 表示干扰信号电平为 -161.5dBW+40dB=-121.5dBW。对目标接收机施加这样的功率并不困难。

那么，在干扰比信号强数千倍的情况下，GNSS 接收机是如何工作的呢？图 24.4 是一个涉及直接序列扩频（DSSS）GPS 卫星、连续波（CW）干扰机和接收机的假想干扰场景。图中还显示了信号/处理链中各点的频谱图。对于 P（Y）码信号传输链路，卫星 50b/s 非归零（NRZ）数据流开始，乘以 10.23 兆码片/s 的 NRZ PN 码（在 1 和-1 之间切换），输出结果通过二进制相移键控（BPSK）调制在 L1 频率（ $154f_0$ = 1575.42MHz）。信号（点 1）的频谱为以 L1 为中心的 $\sin(x)/x$，等效噪声带宽为 10.23MHz。在这个案例中，干扰源是一个简单的单音干扰器，在 L1 中心频率播发连续波，它的频谱基本上是 L1 中心频率（点 2）上的窄带尖峰。

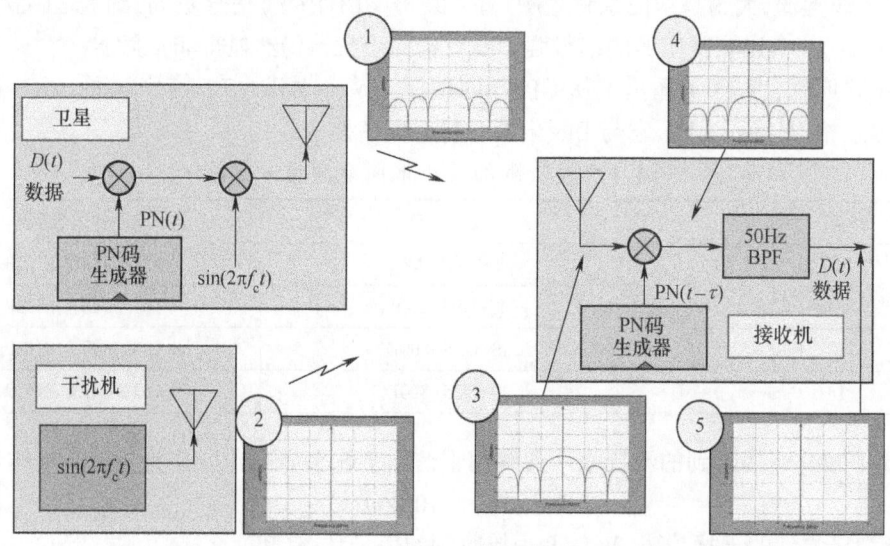

图 24.4　一个涉及直接序列扩频（DSSS）GPS 卫星、连续波（CW）干扰设备和接收机的假想干扰场景

接收机天线接收这 2 个信号（加上热噪声），输出各种信号的总和。复合频谱显示在点 3 处。注意，接收天线无法识别 2 个独立的信号，只能收到复合信号。然后接收机将复合信号与考虑了卫星到接收机传播延迟的本地参考 PN 码相乘。点 4 为相乘后的输出频谱。卫星信号的带宽从 10.23MHz 下降到 50Hz，因为无论何时，当接收到的信号是 1 时，本地参考也是 1；当它是-1 时，本地参考也是-1。PN 码被剥离后，剩下的就是 50b/s 带宽为 50Hz 的数据流。

干扰机的带宽从可忽略到 10.23MHz，反映了卫星端信号 PN 码与 L1 载波相乘时发生的情况。最后，接收机将混合信号通过一个 50Hz 带通滤波器（BPF）输出，GPS 信号基本上没有衰减，但现在带宽为 10.23MHz 的干扰信号大部分都被过滤掉了。

表 24.2 给出了一个简化的 *J/S* 阈值分析，其目标是量化连续波干扰机要达到多强的电平才能导致接收机失锁。以 P 码信号为例，按照前面的讨论，通过 50Hz BPF 的干扰信号能量的比例是 50Hz/10230000Hz=1/204600。换句话说，如果干扰信号的功率是有用信号的 204600 倍，在通过 50Hz 带通滤波器后两者功率一致。为了跟踪有用信号[C/A 码或 P（Y）码]，信号功率需要比噪声功率大 10 倍，所以当 *j/s* >20460 或 *J/S* >43dB 时，P（Y）码接收机

将失去跟踪。对于 C/A 码,由于码速率为 P 码的 1/10,通过同样的分析可得出,所需的 J/S 减少至原来的 1/10。但是需要注意的是,C/A 码有一些结构漏洞(稍后讨论),这使得 C/A 码接收机的分析结果往往过于乐观。

表 24.2 简化 J/S 阈值分析

参数	P 码	C/A 码
信号码率/Hz	10230000	1023000
等效噪声带宽/Hz	10230000	1023000
滞后码混合干扰的带宽/Hz	10230000	1023000
数据滤波器带宽/Hz	50	50
进入数据滤波器的干扰功率份数	50/10230000=1/204600	50/1023000=1/20460
强干扰下的干信比产生相等的后相关功率	204600	20460
后相关所需的可跟踪信干比倍数	10	10
可跟踪的干信比强度	20460	2046
$J/S(\text{dB}) = 10\lg(J/S)$	43.1	33.1

图 24.5 是 GPS L1 现代化信号频谱。前面的分析作为一般性介绍是有用的,但其适用范围受到严重限制。它没有解决二进制偏移载波(BOC)信号格式的干扰效应,没有考虑到除连续波干扰信号中心频率外的频谱形状带来的干扰;也没有考虑到由于放大器和宇宙噪声而产生的热噪声的影响。

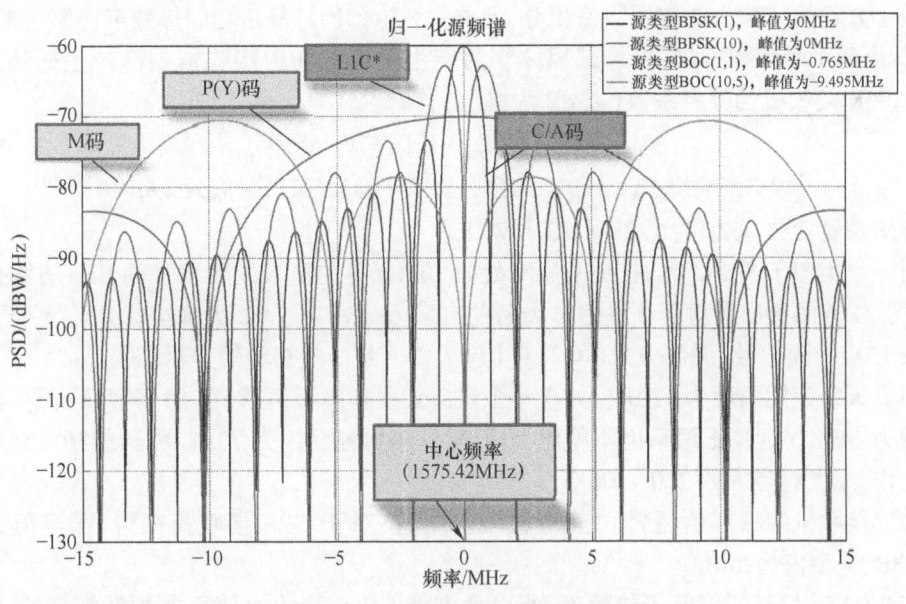

图 24.5 GPS 信号现代化后的频谱

下面所示的 Betz 方程[9-11]提供了一种计算有效基带 C/N_0 的方法,该方法将信号和干扰的频谱假设为类噪声响应。

$$[C/N_0]_{\text{effective}} = \frac{C}{N+I}$$

$$= \frac{C_s \left[\int_{-\beta_r/2}^{\beta_r/2} G_s(f) df\right]^2}{N_0 \int_{-\beta_r/2}^{\beta_r/2} G_s(f) df + C_t \int_{-\beta_r/2}^{\beta_r/2} G_t(f) G_s(f) df} \quad (24.2)$$

式中:$G_s(f)$ 为有用信号归一化功率谱,$\int_{-\infty}^{\infty} G_s(f) df = 1$;$C_s$ 为有用信号功率;$G_t(f)$ 为干扰信号归一化功率谱,$\int_{-\infty}^{\infty} G_t(f) df = 1$;$C_t$ 为干扰信号功率;N_0 为热噪声功率谱密度;β_r 为前端滤波带宽(Hz);C/N_0 为单位带宽的信噪比。

基带 C/N_0 可认为是 1Hz 带宽内的信噪比。上面的表达式由 3 项组成:分子为信号功率,分母为热噪声效应和干扰效应的贡献。特别需要注意的是,干扰的贡献可以用谱分离系数(SSC)表达。SSC 计算的是不相关的干扰信号和输入信号进入接收机引起的噪声量,用于评价 2 个信号的相互干扰程度。SSC 的倒数被称为处理增益。另外,请注意接收机的前端滤波器为以输入信号为中心,从 $-\beta_r/2$ 到 $\beta_r/2$ 带宽的矩形响应。

$$\text{SSC} = \int_{-\beta_r/2}^{\beta_r/2} G_t(f) G_s(f) df$$

Betz 方程的计算通常使用数值积分,但首先讨论如何计算 N_0,即热噪声功率谱密度。

N_0 由两个噪声源组成,由外部黑体辐射产生的噪声和由接收器内部产生的噪声。令 NF 为 290K 接收机的噪声系数(以 dB 为单位),则

$$N_0 = 10 \lg[k(T_{\text{天线}} + T_{\text{接收}})] \text{(dBW)} \quad (24.3)$$

式中:$T_{\text{天线}}$ 为天线噪声温度(K);$T_{\text{接收}}$ 为接收机噪声温度(K),取值为 $290(10^{\text{NF(dB)}/10} - 1)$;$k$ 为玻尔兹曼常数,取值为 1.38×10^{-23} W/K。

对一个类似于图 24.4 的在中心频率处的 10kHz 宽的窄带干扰信号的 Betz 方程做数值积分,图 24.6 图给出了对于 3 种信号类型的有效 C/N_0(以 J/S_P 为横坐标):C/A 码,P(Y) 码以及 L1C 导频信号(调制方式 BOC(1,1))。以下是一些初步的分析结果:

(1) 天线使用温度为 130K。如果一个定向天线指向银河系,在 L1 频率下,黑体辐射的温度约为 140K。远离银河系但不朝向太阳,黑体辐射温度约为 70K。将天线指向地面或在室内工作,温度将是大约 250~300K。

(2) 接收机的噪声值通常由前置放大器决定,对于 GPS 接收机来说,噪声值大约在 1.5~5dB,典型值为 2dB。

(3) GNSS 信号通常低于热噪声,所以大多数 GNSS 接收机使用非常低精度的 A/D 转换器进入相关器以节省功率。最常见的是一个 1.5b 转换器,它只输出 1、0、-1 三个值之一。通过适当的调制方式,在高斯噪声环境下,这种方法相对于高精度 A/D 转换器的损耗小于 1dB[12-13]。

(4) 为了在特定的干扰条件之间进行有意义的比较,我们选择一个通用的信号参考功

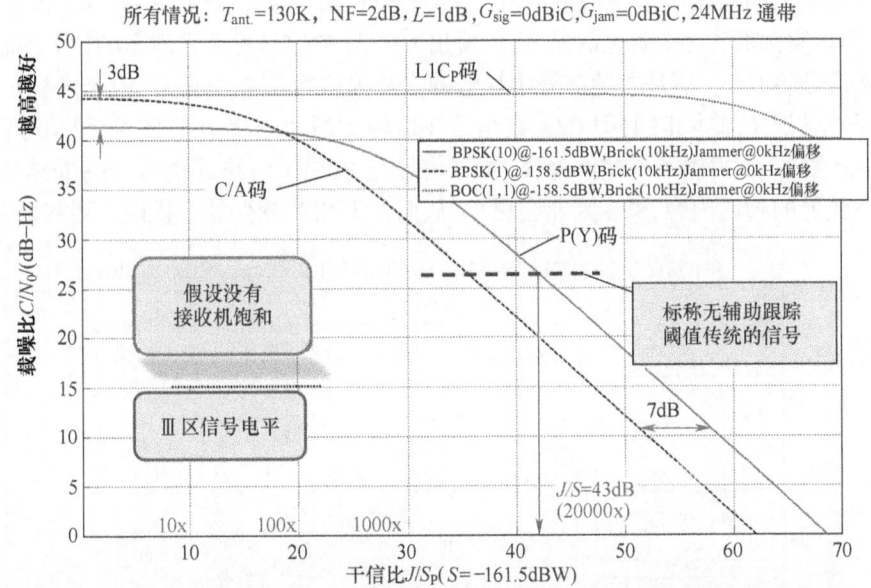

图 24.6 相对中心频率的 0Hz 偏移的窄带干扰情况下 C/N_0 随 J/S_P 的变化曲线

率 $S=-161.5\text{dBW}$,P(Y)码的功率电平如表 24.1 所示,J/S_P 也是如此。

所有情况下,前端带宽均为 24MHz。

比较 C/A 码与 P(Y) 码的性能,在低 J/S_P 情况下 C/A 码信号的 C/N_0 比 P(Y) 码高 3dB。这是因为 C/A 码信号接收功率电平要高 3dB,直到干扰信号电平超过热噪声之前,C/A 码信号的 C/N_0 都要更高。随着 J/S_P 持续增大,P(Y) 码 10 倍宽的传输带宽提供了 10 倍的抗干扰能力,但由于 P(Y) 信号的强度只有 C/A 码信号的一半,因此净增益为 $10\times(1/2)=5$,或记为 7dB。暂不进行更全面的讨论,跟踪 C/A 码或 P(Y) 码信号所需的最低 C/N_0 大约是 27dB-Hz,这相当于在 50Hz 带宽下的 SNR 为 $27(\text{dB-Hz})-10\lg(50\text{Hz})=10\text{dB}$,这与前面围绕表 24.2 进行的讨论一致。

$$\text{snr}(\text{数值的}) = \frac{c}{n_0}(\text{数值的})T_i$$

$$\text{SNR}(\text{dB}) = \frac{C}{N_0}(\text{dB}-\text{Hz}) + 10\lg(T_i) \tag{24.4}$$

$$\text{SNR}(\text{dB}) = \frac{C}{N_0}(\text{dB}-\text{Hz}) - 10\lg(B_i)$$

式中:T_i 为预检测积分时间(s);B_i 为等效噪声带宽为 $1/T_i$;snr 为功率比;SNR 单位为 dB。

现在转到对 L1C 导频信号受干扰的影响下进行研究,在干扰变得非常强大之前,至少在前端没有饱和的情况下,干扰对 L1C 导频信号影响很小。回到图 24.5,注意 L1C 导频信号是 BOC(1,1) 调制方式的信号,因此在中心频率处基本没有频谱内容。因此,对于这种形式的干扰信号,Betz 方程中的 SSC 非常小。实际上,如果干扰信号为中心频率处的单音信号,就不会产生任何影响,目前能产生干扰效果的原因是干扰信号带宽为 10kHz。

再次回到图 24.5,我们可能会问,L1 导频信号是否可能对其他频率上的干扰信号更敏感？其峰值频谱响应相对于中心频率在-765kHz处,如果我们在那里施加干扰会怎么样？图24.7为本案例的C/N_0变化情况,可以看出L1C导频信号受到强烈影响,当干扰变强时,L1C导频信号的C/N_0值是3种信号中最低的。从另一个有趣视角看,P(Y)码信号的性能与0Hz干扰情况下基本相同,但C/A码信号在这种类型的干扰中比P(Y)码信号的性能大约好4dB。图24.5提供了一些解释,C/A码信号是BPSK(1)格式信号,在-765kHz偏移时具有相对较低的频谱内容,SSC因此会更小,从而使得相对较少的干扰耦合到基带响应中。

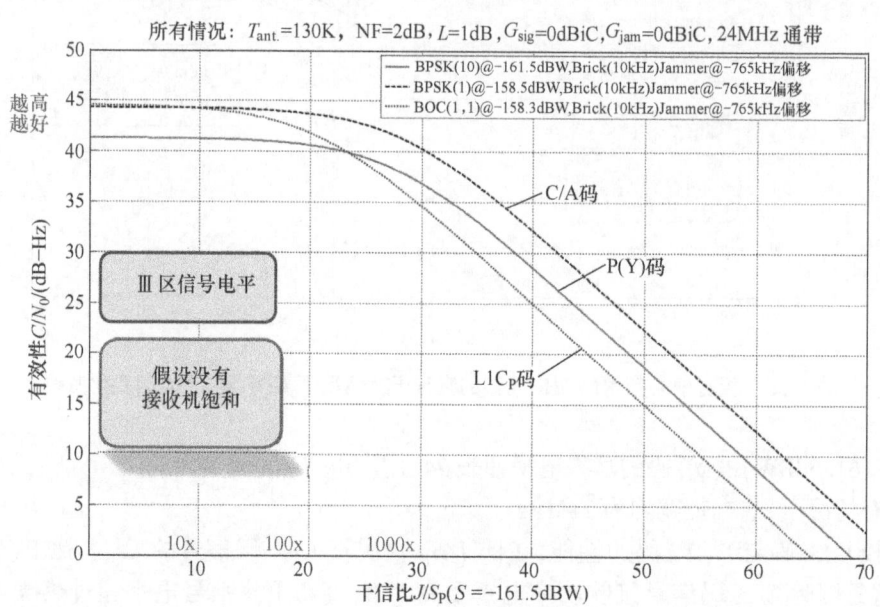

图24.7 相对中心频率765 KHz偏移的窄带干扰情况下C/N_0随J/S_P的变化曲线

到目前为止,讨论集中在窄带干扰上。图24.8考虑了干扰能量均匀分布于24MHz带宽的情况。有趣的是,P(Y)码信号产生的C/N_0始终最低(性能最差),而C/A码信号和L1C导频信号产的C/N_0类似。这是为什么呢？P(Y)码信号的码速率要快10倍,不是应该提供10倍的抗带内干扰的能力吗？答案再次出现在图24.5中:对于C/A码和L1C导频信号,24MHz带宽的干扰信号大多落在带外,使得SSC相应较低。

另外请注意,与窄带干扰情况相比(图24.6),在给定J/S的情况下,P(Y)码信号的C/N_0高3dB,这是图24.4中接收端接收信号与本地码混合过程的结果。时域上的乘法等于频域上的卷积,一个宽带干扰信号比一个窄带干扰信号分布得更宽,因此在接收信号与本地码相关(point4)之后,在50Hz带通滤波器的频率范围内出现的干扰信号能量就更小了。

关于跟踪阈值,C/A和P(Y)码信号被称为"传统的"信号,它们在与主导航信号相同的信道上携带50b/s的数据流。在没有数据擦除的情况下,最大预检测积分时间为20ms,锁相环必须使用二象限鉴别器,例如,$\mathrm{atan}(Q/I)$或$\mathrm{sign}(I) \cdot Q$。与使用四象限鉴频器[$\mathrm{atan2}(Q,I)$]而且在载波上没有数据的情况下相比,在C/N_0阈值性能上的损失约为6dB。

"现代化"信号体系结构包括2个通道,1个没有数据的导频通道和1个单独的数据通道来携带星历等数据。通常导频和数据通道使用不同的扩频码,但相互保持特定的载波和码相位关系。例如,对于L1C信号,导频和数据通道载波相位相同,数据通道电平弱

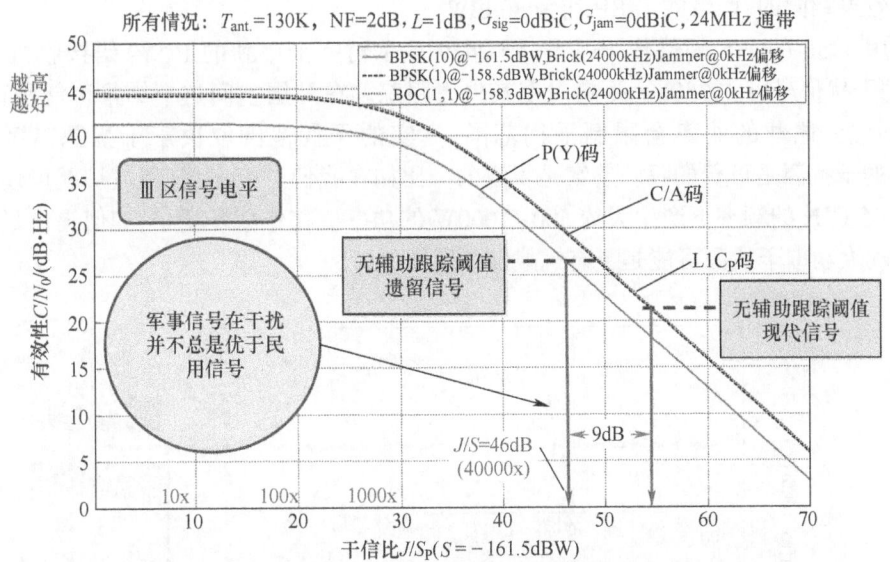

图 24.8 相对中心频率 0 偏移的 24MHz 宽带干扰情况下 C/N_0 随 J/S_P 的变化曲线

4.75dB。通常接收机不直接跟踪数据通道,而是使用信号之间的已知关系从导频通道推断出其载波和码相位。

回到图 24.8,跟踪 P(Y) 信号需要约 27dB-Hz 的 C/N_0,而 L1C 导频信号则需要大于 21dB-Hz 的 C/N_0。结合 L1C 导频信号电平的 3dB 优势,可以得出对于这种类型的干扰 L1C 导频信号的抗干扰能力要比 P(Y) 码信号强 9dB。而 C/A 信号,作为一种"传统的"信号,抗干扰能力只是由于其接收电平而比 P(Y) 码信号高出 3dB。

24.3 干扰效果与距离的函数关系

在评估干扰效果时,射频传播效果的作用是非常重要的。许多分析利用自由空间传播来估计干扰信号功率随距离的变化,这种模型可能会将有效距离高估几个数量级。尽管如此,我们也首先从自由空间模型入手开始分析,自由空间模型预测信号强度随距离以 $1/R^2$ 的速率下降。

$$S_{接收} = (S_{发射} + G_t) + G_r + 20\lg\left(\frac{\lambda}{4\pi R}\right) \quad (24.5)$$

式中:$S_{接收}$ 为接收信号功率(dBW);$S_{发射}$ 为发射信号功率(dBW);G_t 为发射天线增益(dBiC);G_r 为接收天线增益(dBiC);λ 为信号波长(19cm@ L1,24cm@ L2);R 为发射/接收方向上的空间距离,单位与波长一致。

$$EIRP(dBW) = S_{发射} + G_t$$

图 24.9 使用自由空间模型绘制了干扰信号 EIRP 分别为 1W、10W、100W 和 1000W 时 J/S 随距离变化的曲线。EIRP 是发射信号功率和发射天线增益的函数。在进行计算时,10W 的发射信号经高指向性 20dBiC 增益天线传输与 1000W 的发射信号经 0dBiC 的全向天线

传输的效果相同的,两者的 EIRP 均为 30dBW。

使用 43dB 的 J/S 阈值作为基准,图 24.9 显示对一个单独的 P(Y)码接收机,1000W EIRP 的干扰信号可在 350km 距离内使其失去跟踪。在外层空间这个结果可能是正确的,但在地面上,地球的曲率会限制干扰范围,真实的干扰范围取决于干扰源高度。发射 1000W 的干扰源是可行的吗?答案是肯定的。比如在我们的厨房里,微波炉就可使用磁控管在 2.45 GHz 的频率下产生大约 500~1000W 的功率。在作战环境中,如何提供足够的能源来驱动大功率干扰源可能是更有挑战性的问题。

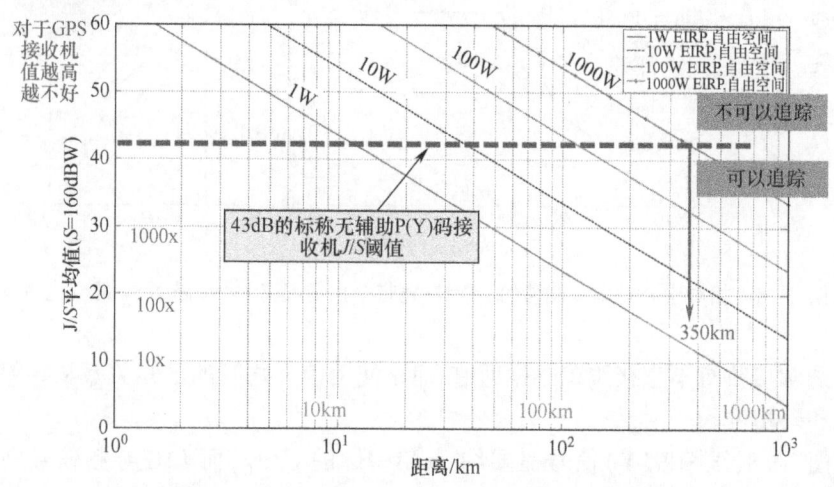

图 24.9 自由空间传输情况下 J/S 随距离的变化

干扰源和 GNSS 接收机通常是在地面。在一个平滑的区域,低入射角的情况下,地面是一个近乎完美的反射器。图 24.10 展示了一个概念性的双射线传播模型[14],其中发射信号沿 2 条路径到达接收机:一条直接路径和一条反射路径。一般认为,接收和发射天线增益对于直接路径和反射路径是相同的。根据几何形状的不同,反射路径的信号可以对直接路径信号产生正面或负面影响。在近距离上,当直接路径信号和反射路径信号叠加时,接收功率相比自由空间传输的情况可获得 6dB 增益,但在稍远距离上,信号之间相位就会互相抵消而不产生任何效果。最后,一旦传输距离超过第一个菲涅耳断点,直接信号和反射信号以一个相对相位叠加在一起,将导致信号功率以 $1/R^4$ 的速度衰减。

实际上,地面移动传播远不像双射线模型[15]那么简单。建筑物、地形、反射、植被等都会影响接收到的干扰功率,尤其是当干扰源也在地面时,影响更为明显。传播效应在蜂窝系统中特别重要,许多经验模型都是基于测量活动开发的,这些测量活动测量路径损耗随频率、天线高度、城市环境等参数的变化[16]。双射线模型预测的传输损耗趋向于 $1/R^4$ 得到了很好的证明。一个较早(且较简单)的模型是 Hata - Okumura 模型,其在 3GPP TR 43.030 标准中描述的变体将环境分为 4 类:

(1) Hata 城市;

(2) Hata 郊区;

(3) Hata 准开放农村;

(4) Hata 开放农村。

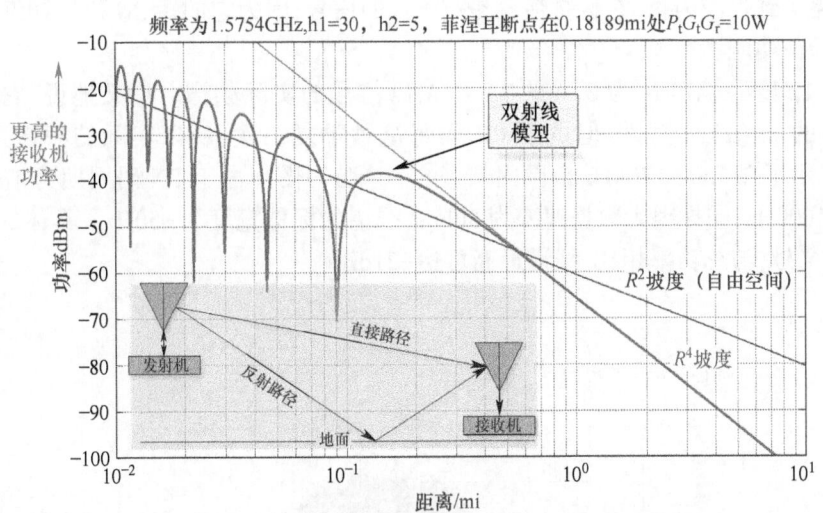

图 24.10 地面反射会在短距离内给空间传输带来 6dB 增益

尽管不同区域类型之间的区别有些主观,但应该强调的是,Hata 城市环境仍然是相当开放的,建筑高度的中位数约为 15m。它不是大城市中常见的城市峡谷。图 24.11 重复了图 24.9 对一个 1000W EIRP 干扰源的分析,但传播模型不同。在自由空间条件下,预测的干扰范围阈值为 350km,但在城市环境下,干扰范围中位值仅为 2.5km。

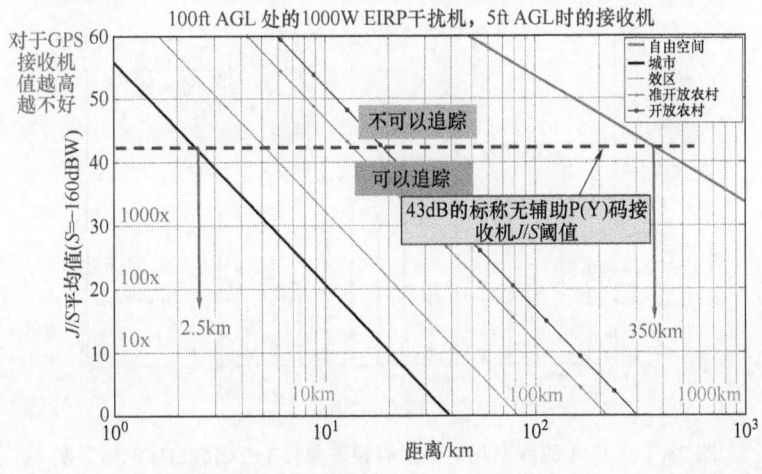

图 24.11 采用近地环境更真实的模型,接收 J/S 中位值比自由空间的预测值低得多

24.4　GPS L1 C/A 码结构缺陷

GPS L1 C/A 码信号表现出了一些难解的问题,它是迄今为止最流行的导航信号,每个 GNSS 接收机都可以接收它,而且它是许多接收机唯一使用的信号类型。从采集和功耗的角度来看[17],L1 C/A 码信号是最容易处理的信号,通常也是当所有其他信号都无法接收时

的最终退路。到目前为止,它也是最容易被干扰的信号,因为它的短 PN 码周期仅 1ms,而且没有身份验证功能。

图 24.12 显示了 PRN 为 3 号的 L1 C/A 码信号的实际频谱。广义地说,它的包络是 BPSK 信号的 $\sin(x)/x$ 频谱,但由于 PN 码每毫秒重复一次,所以实际的频谱是线状谱。图 24.13 显示了在 150~170kHz 范围内频谱的一个特写图。由于 PN 码周期为 1ms,所以线谱间隔为 1000Hz,同样因为数据速率为 50b/s,线谱的标称宽度为 ±50Hz。具体的线谱结构取决于 PRN 号,与总功率相比,线谱最高可达 −21dB。

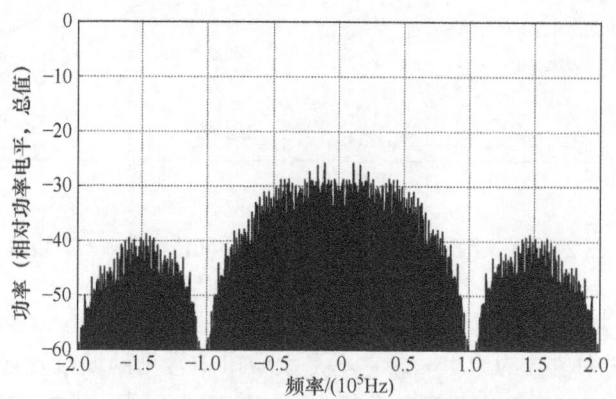

图 24.12　GPS PRN 3 的 C/A 码信号功率谱

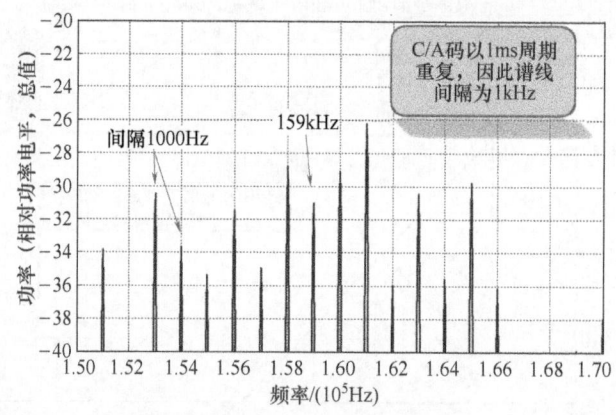

图 24.13　C/A 码线谱相对于中心频率偏移 150~170kHz 的特写图

图 24.14 显示了以零多普勒为中心并与 PRN3 匹配的接收机的 R-D(距离-多普勒)图。输入包括多普勒为 500Hz、相位偏移为 30 码片的 PRN3 号 L1 C/A 码信号以及中心频率为 L1 1575.42 + 0.159 = 1575.579MHz 的连续波干扰信号。干扰信号比 C/A 码信号强 250,或者换一种说法,干信比 J/S 为 10 lg(250) = 24dB。连续波干扰信号在 RD 图中的响应,其幅度与码信号的线谱一致,但顺序相反。从图 24.13 中的 159kHz 频率处开始往上,我们可以看到中等、较大、最大和较小的幅值。在图 24.14 中,我们看到从 0 多普勒偏移处从左向右移动的谱线响应幅度与模式相同。

原则上,接收机可以在这种干扰下跟踪 PRN3 信号,但如果干扰信号频率变化从 500Hz

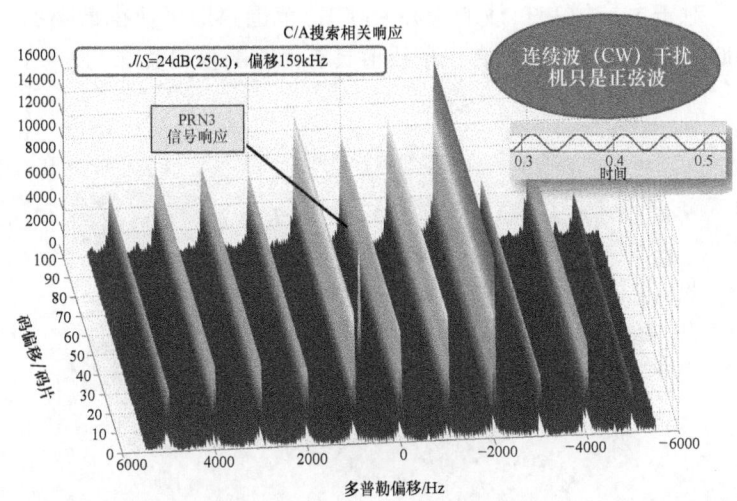

图 24.14 在距离-多普勒图中,连续波干扰的响应遵循 PN 码信号的线谱模式

来到 159.5kHz,线谱响应也相应移动 500Hz 正好来到信号相关峰上(除非信号路径变化,一般不产生变化)。在没有任何检测手段的情况下,接收机的锁相环可能会锁定其中一条较强的干扰线谱,并进入错误的跟踪状态直至其消失。事实上,有多种方法可以识别连续波干扰信号的存在,包括:

(1) 检测发现超前、滞后和即时信号的功率水平相当。对于真实信号,超前和滞后 1 个码片的功率相关峰相对于即时相关峰降低约 6dB。

(2) R-D 图上,某些特定的多普勒位置在所有码相位下均有很强的相关峰。

(3) 检查预相关数据的概率密度函数,注意它们不服从高斯分布。

(4) 使用 FFT 进行频谱分析以检测单音干扰。即使在采用 1.5bit 位精度的接收机(图 24.26)上,此方法效果也非常好。它是接收机常备干扰检测手段的一种。

(5) 最后,一些接收机甚至有能力标记出连续波干扰。对于军用接收机来说,原因是显而易见的,但许多民用接收机,比如手机也有这种能力,因此它们可以在复杂的 EMI 环境中运行。

在较低的干信比情况下,因为干扰信号的存在更难被检测,导致连续波干扰的影响可能更大。图 24.15 描绘的 R-D 图,其中干扰信号相对于 PRN3 信号中心频率偏移 161kHz。干信比为 12.3dB,即在 2MHz 带宽下比热噪声低 6dB,仅比信号功率大 1dB。干扰太小了,无法通过预相关干扰检测方法可靠地观测到。跟踪 PRN3 信号的接收机可能自认为跟踪良好,但实际上干扰信号会扭曲码相关包络,使码跟踪点偏移数米,如图 24.16 所示。最上面的曲线显示了被扭曲的相关包络,下面的 3 条曲线分别显示了间隔 1 码片、1/2 码片和 1/4 码片时的超前-滞后相关峰包络。如果一台"天真的"接收机只关注 C/N_0 值、相位锁定指示和码锁定指示,可能会错误地高估自己的定位精度,这在港口导航和飞机降落等导航应用中非常危险。

最后,接收机的预检测积分时间(PIT)也非常重要。使用较短的预检测时间(如 1ms 或 2ms)的低端接收机对连续波干扰更为敏感。这是因为干扰信号线谱可作用的频率范围与

PIT 成反比。在 PIT 等于 20ms 的情况下,线响应需要在所需信号的±25Hz 范围内以获得最强的干扰效果。对于 1ms 的 PIT,线响应在±500Hz 范围内即可获得最强的效果,而且由于线谱间距为 1000Hz,因此总是至少有一条线谱具有潜在的强相关峰。

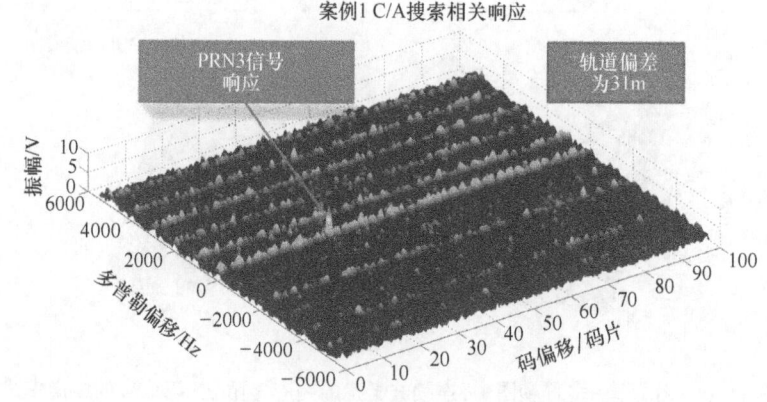

图 24.15　PRN3 信号的距离-多普勒图
(带有 161kHz 频偏、干信比 12.3(2MHz 带宽下比热噪声低 6dB)的连续波干扰信号。
干扰通过扭曲信号的相关包络从而使定位精度降低。)

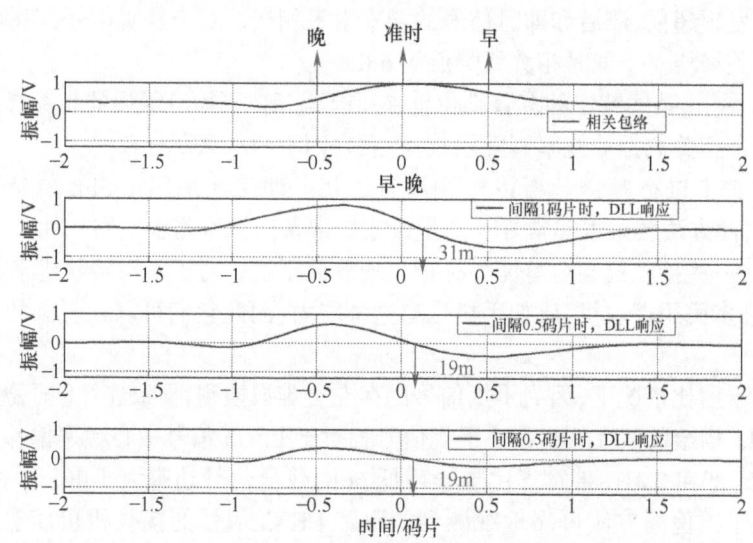

图 24.16　干信比 12.3 时相关包络和延迟锁相环鉴别器(DLL)响应,
热噪声为 0,连续波干扰信号如图 24.15 偏离中心频率 161kHz

在 IS-GPS-200J 中定义的 L1 C/A 码长度为 1023 的,是 1025 种不同的具有良好的自相关和互相关特性的 Gold 码的子集,如表 24.3 和表 24.4 所示。图 24.17 显示了带旁瓣的 PRN3 信号的自相关响应图形。

表 24.3 C/A 码周期自相关值(整数码相位)

自相关值(与最大相关峰相比)	概率
0dB	0.098%
-23.9dB	12.5%
-24.2dB	12.5%
-60.2dB	75%

表 24.4 C/A 码周期互相关值(整数码相位)

互相关值(与最大相关峰相比)	概率
-23.9dB	12.5%
-24.2dB	12.5%
-60.2dB	75%

在零多普勒偏移时,任意两个等功率 C/A 码将产生互相关响应,其中 25% 的情况下互相关峰仅比主峰低 24dB。图 24.18 说明了干扰方是如何利用这一点的。在这里,干扰源以与 GPS 信号相同的码速率(1.023 兆码片/s)传输 PRN1 信号,且相对于要干扰的 PRN3 信号的干信比为 24dB。两个信号之间的多普勒偏差为 500Hz。在接收其他真实信号时,例如 PRN23 信号,会产生类似结构的 R-D 图。

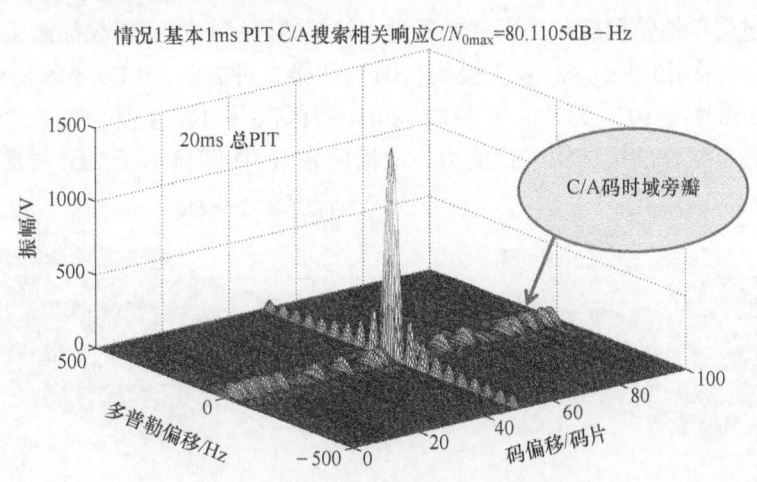

图 24.17 案例 1 的 C/A 码相关峰,PIT = 1ms

面对这种相关干扰,接收机很容易锁定到大量虚假的相关峰上,难以获取并保持对真实信号的锁定。这正是在图 24.1 中描述的北极星实验[2]中所发生的情况。接收机自主完好性监测(RAIM)可以很容易地检测到接收机正在跟踪虚假"信号",但这种算法并不常用。

可以使用类似于检测连续波干扰的方法在信号层面检测这种干扰,但需要注意以下事项:

(1)超前、滞后和即时码相关峰的大小与真实信号基本一致,因此这种检测方法不再适用。

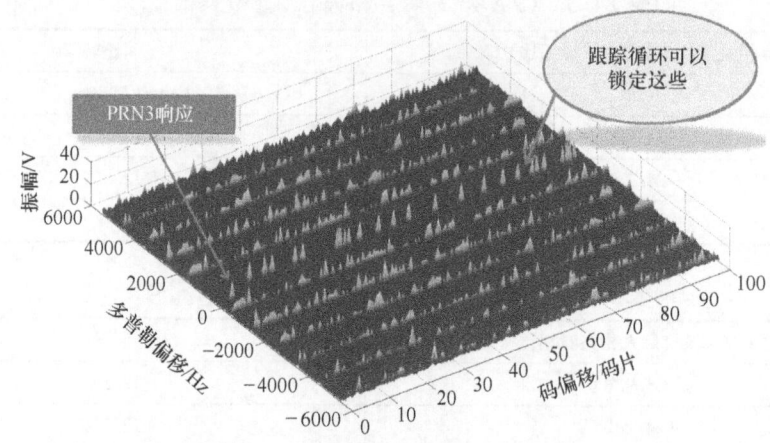

图 24.18　PRN3 信号的距离-多普勒图
（干扰信号为 PRN1GOLD 码，干信比 24dB，频偏 500Hz，PIT＝20ms。）

（2）干扰信号的频谱即是 C/A 码信号频偏。用频谱分析检测干扰信号的可靠性变差，陷波滤波也不再有效。

在这一章节的最后，我们来讨论一下现代化的 GPS 信号如何减轻这种信号结构缺陷带来的影响。它们倾向于使用具有更好的互相关特性的重复频率较低的长码，从而破坏谱线结构；可以通过简单地使用较长的码字或通过将较短的码字与覆盖码叠加来实现。L5 信号（IS-GPS-705D）采用的是纽曼-霍夫曼码（NH），即第二种方法。L1C 导频信号使用 10 倍长的码（10230 码片与 1023 码片），并叠加 100Hz 的覆盖码（18s 重复一次）。如图 24.19 所示，这些信号具有更好的抗结构干扰能力。上面两张 R-D 图显示了 L1C 导频信号在典型

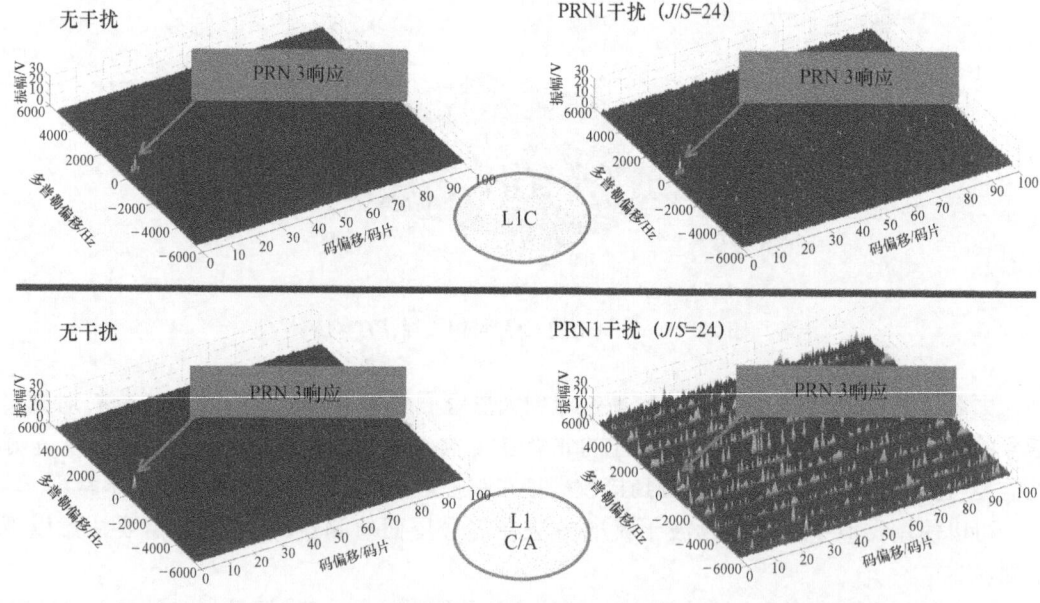

图 24.19　在典型 C/N_0 情况下 L1C 导频信号（上图）与 L1 C/A 信号（下图）
被 PRN1 信号干扰后的相关响应（图中表明现代化信号对于干扰有更强的抵抗力。）

C/N_0 值下被 PRN1 信号(ICD-GPS-800E)干扰时的相关响应。下面两幅图显示了原始 L1 C/A 信号的响应结果。L1C 信号对这种干扰没有特别的敏感性,而 L1 C/A 码接收机在一片混乱的海洋中不堪重负。

与 P(Y)信号类似,L1C 导频信号对大多数干扰信号类型具有抗干扰能力。它拥有高出 3dB 的信号功率,以及低 6dB 的跟踪阈值,并且没有特定的结构漏洞,弥补了相对于 P(Y)信号较低的处理增益。图 24.20 绘制了当干扰信号 EIRP 为 0.2W 时,干信比随距离的变化图,这是许多"个人隐私设备"(PPD)的典型 EIRP。对 C/A 码信号,我们非常乐观地将干信比阈值定为 24dB,则干扰信号理论上可以在城市环境中 400m 范围内有效,在自由空间条件下 30km 范围内有效;L1C 信号的对应干扰有效距离分别为 150m 和 4km。

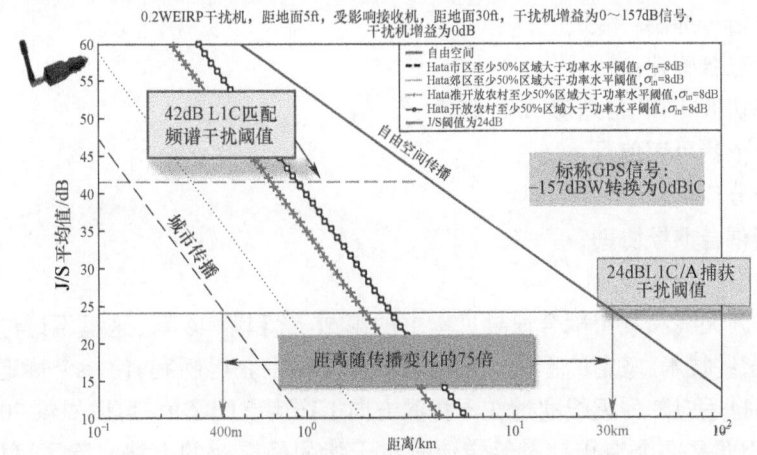

图 24.20　干扰信号 EIRP 为 0.2W 时干信比随距离变化图(干扰范围受传输环境和信号类型影响很大。)

事实上,大多数 PPD 的有效干扰范围要小得多,它们的天线质量通常很差,许多功率通过干扰机外壳辐射而被浪费了。这些干扰设备所使用的波形,通常是某种形式的快速非平稳扫频余弦(chirp)信号[18],对 C/A 码不是特别有效(图 24.21)。最后,PPD 的制造质量一

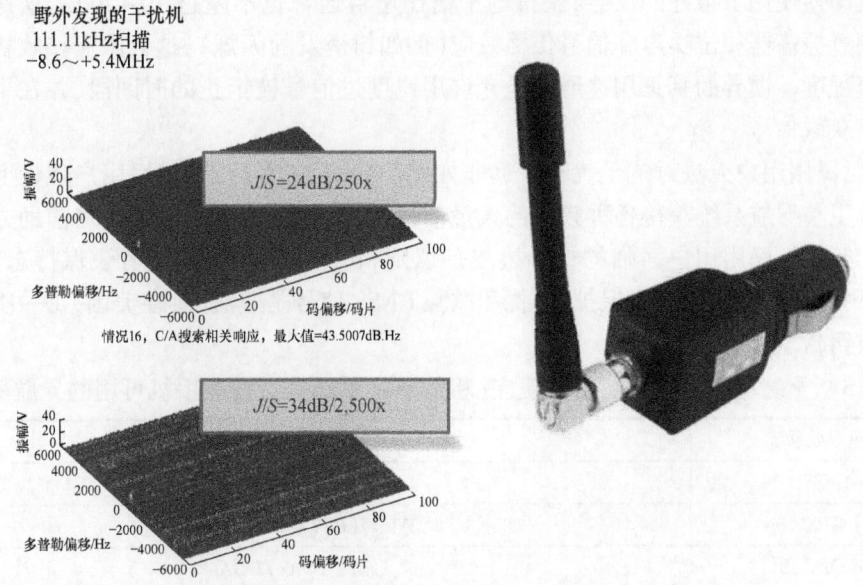

图 24.21　大多数民用干扰源采用的干扰信号效率不高,天线质量也很差

般很差,无法精确控制干扰信号中心频率,所以它们可能会错过直接干扰 GNSS 信号频率的机会,而是依赖于前端饱和效应。

24.5 干扰抑制

军事抗干扰与民用抗干扰有许多共同之处,但也有区别。军事防御倾向于强调保护具体的信号[如 P(Y)码],而民用防御往往更关注干扰的检测和避免。降低干扰(和欺骗)的方法包括:

(1) 带外信号抑制;
(2) 保持态势感知;
(3) 频率切换[19]和自适应 A/D 转换[20,13];
(4) 避免依赖民用信号;
(5) 信号分集;
(6) 紧密耦合惯导协助;
(7) 自适应阵列天线。

自适应阵列天线和紧密耦合惯导见本书的第 26 章和第 46 章,这里不讨论。但是要注意,如果没有这些技术,坚定的干扰方往往可以在战斗中获得胜利,使一个特定的信号无法被正确接收。自适应阵列天线通过在干扰源方向上产生空间零值,可以提供 30~70dB 的额外干扰抑制,因此是迄今为止针对给定信号抗干扰的最有效的方法。除了可能受到 ITAR 的控制(规则很复杂)外,自适应阵列天线的主要缺点是天线的物理尺寸很大,标准的七阵元天线直径达 14in(1in≈0.025m)。

紧密耦合惯导的主要缺点是,为了对移动用户提供有效的干扰保护,惯导的质量必须非常好(价格非常高),这样才能给 GNSS 接收机提供可用的动态信息,使其信号跟踪带宽可以减小。但即使使用了很好的惯导,获得的干信比增益通常也不超过 10~20dB,这是因为惯导无法测量振荡器相位噪声和信号传播效应(例如树诱发的闪烁),这会限制接收机跟踪带宽的狭窄程度。惯导的真正用途通常是允许用户度过信号被拒止的时间段,并在干扰中有效地重新获取信号。

那么,民用用户无法对抗干扰吗?远非如此。如表 24.5 所示,民用用户理论上可以从许多国际卫星导航系统获得各种频率的大量信号,他们也可以依靠各种网络辅助方法来确定位置和时间。民用用户面临的核心挑战是识别和丢弃可疑信号,或者说保持态势感知。同时,民用用户也受到法律的保护:干扰和欺骗 GNSS 信号是非法的,在美国,每一次干扰行为都要被罚款 10 万美元[21]。

表 24.5 导航设备正变得越来越便宜(粗体字标示部分为智能手机可用的导航能力)

卫星导航系统	其他导航设备或系统
GNSS	**话筒/扬声器**
GPS	**Wi-Fi(RSS 和 RTT 模式)**
GLONASS	**蜂窝 TOA/TDOA**

续表

卫星导航系统	其他导航设备或系统
BEIDOU	蓝牙
GALILEO	低功耗蓝牙、TiBeacon
	6自由度惯导
区域卫星导航系统	3自由度磁场传感器
QZSS	相机
SBAS	LTE时空服务
IRNSS	原子钟或类似设备
	LocataLites(时钟同步伪卫星定位系统)
	NextNav(920~928MHz室内定位服务)
	SAR成像
	铱星系统(1617.775~1626.5MHz)
	气压高度计
	罗兰(Eloran)系统

综合上述信息,对于军事和民用用户两者来说,强的带外干扰抑制是重要的。使用不带干扰的Betz方程计算,图24.22说明了一个关键的接收机设计权衡,即前端带宽。对于给定的信号,缩小前端带宽通常会使接收机更能抵抗带外干扰的影响,但也会导致更大的信噪比损失。滤波在射频链中进行得越早,将后续单元推向饱和的机会就越小。当然,我们也要考虑窄带天线和低插入损耗低通滤波器之前的预放大处理,特别是对于军用接收机来说,高截获点放大器和混频器被证明即使在有高电平干扰输入的情况下也有利于保持线性工作,其代价是通常需要更高的驱动电平来保持线性工作,因此接收机有源组件的功耗更高。

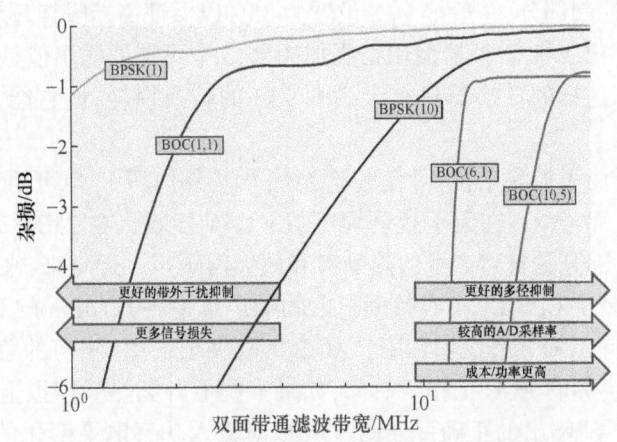

图24.22 前端滤波器带宽关系到接收机性能权衡

相反,带宽的扩大使多径抑制技术(如窄相关器跟踪[22]和频闪相关器[23])更加有效。相位线性作为频率的函数也得到了改善,这对RTK和PPP应用是很重要的。由于这些原因,尽管高精度接收机可能只使用 L1 C/A 之类的窄带信号,但也经常使用 20MHz 或更宽的前端。这也是高精度接收机对 Light Squared 公司(现在的 Ligado)的 LTE 信号造成的有害干扰更敏感的原因。

在这部分内容的最后,我们举个 L1C 导频信号的例子。对于一个专门用于改进多径抑制效应的占空比为 4/33 的 BOC(6,1)信号,想要接收它,前端带宽必须至少为 14MHz。

军用接收机在干扰识别方面相当出色,而民用接收机对比的表现往往是糟糕的。保持态势感知在干扰抑制中至关重要。如果不知道(可能)存在问题,就无法应用正确的工具来解决后续问题,也无法及时向操作人员提供警告。下面是几个例子:

(1) 2012 年,一家工程公司的员工(Gary P. Bojczak)用打火机 GPS 干扰器干扰了雇主安装在他[24]卡车上的 GPS 跟踪设备。他还无意中堵塞了纽瓦克国际机场最近重新安置的 GPS 地面参考站。他被联邦通信委员会(FCC)抓住(这很不寻常),并被罚款 32000 美元,还丢了工作。如果他雇主的跟踪装置能够探测到干扰信号并通知他的雇主,结果可能会有所不同。他可能被叫到主管的办公室,进行以下对话:"加里,我注意到你干扰了我们的追踪器。我希望它可以停下来。"在民用环境中,干扰抑制往往可以通过社会工程来实现,但前提是要适当地识别和报告。

(2) 在评论授时接收机(有些装有芯片级原子钟)的测试结果受到干扰时,国土安全部的莎拉·马哈茂德指出:"所有的接收机都容易受到干扰和欺骗……在 GPS 系统不可用时可以切换到备份时间是一回事,但如果你的接收机不能识别到 GPS 系统不可用,或者被欺骗,那么切换备份时间的能力几乎是无效的。我们需要让我们的接收机更聪明[25]"。

那么如何检测和表征干扰信号呢?接收机的自动增益控制功能(AGC)可以起到至关重要的作用[26-27]。当使用一般的接收天线时,当前所有 GNSS 信号在其工作带宽内的接收功率电平都低于噪声。任何导致接收机预相关带宽内功率提高的变化都可能是由干扰引起的。图 24.23 描述的 A/D 转换及 AGC 回路,在几乎所有 GPS 接收机中都存在。AGC 的核心目标是设定增益 G_A 使得 2 位 A/D 转换器输出的值能正确对应于 3 和-3 的"大"值。在用黄色表示的反馈控制部分,一般把 V_T% 设置为 35% 以保证高斯噪声环境下 A/D 转换损耗大约为 0.5dB。1.5 位 A/D 转换器使用得更加频繁,3 个可能的输出值是{-1,0,和-1}。在 V_T% 设置为 40% 时,这样的转换器只有大约 0.9dB 的转换损耗,但它能大大简化后续的相关处理。

特别有趣的是,为了检测干扰,可变增益 AGC 的控制电压 V_i 也可用于测量(干扰信号+噪声)/噪声(即$(J+N)/N$)。在无干扰环境下,L1 C/A 接收机在 2MHz 带宽的输入功率约为-110dBm,其中大部分是自然产生的热噪声和放大器噪声。近年来,来自不同 GNSS 卫星的总功率进一步提高了 GPS L1 中心频率附近的噪声水平,-127dBm 的 C/A 码信号比噪声弱 17dB,因此不影响 AGC 工作,同样由于 AGC 只取决于干扰+噪声的总功率,因此小型干扰源或欺骗源也不会影响 AGC 工作。然而,如果干扰上升到热噪声以上,AGC 将会降低增益 G_A 以保持"大信号"输出的正确百分比。AGC 对输入功率电平变化的响应时间非常快,通常小于 1ms,因此也可以检测到脉冲干扰信号。

如果接收机知道 AGC 放大器的控制特性(β,α),那么给定 V_i 后就可以确定 $(J+N)/N$ 的变化值。更进一步,如果接收方能获取仅包含热噪声输入的静态的 V_i 值,则它可以测量 $(J+N)/N$,即阻塞噪声比的绝对值。为了获得静态值,接收机可以在加电时缩短接收

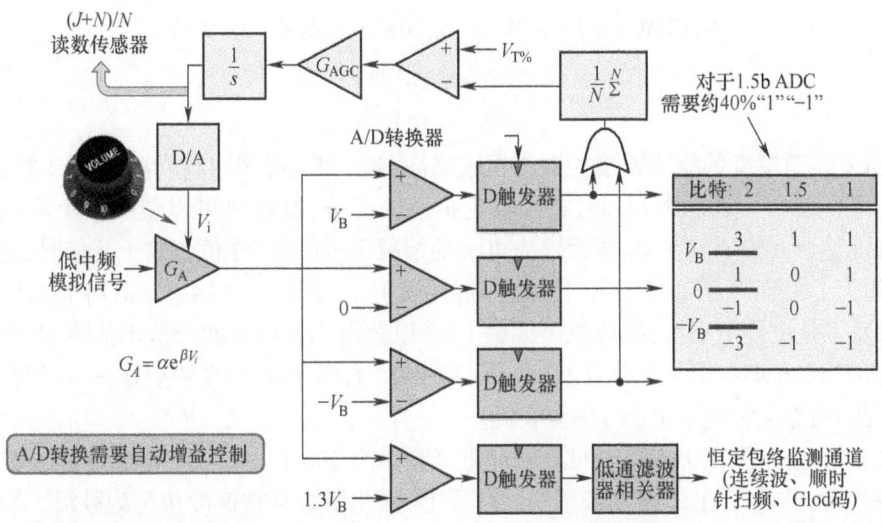

图 24.23 干扰(或欺骗)检测是第一步,AGC 可最先提供干扰的指示标志

天线,将其作为运行前内置测试的一部分,或者在正常工作期间维护和提炼历史测量数据,但要注意欺骗者和干扰者可能会试图操纵基于历史得出的数据。

图 24.24 描述了 $(J+N)/N$ 在特定信号及最小接收机前端带宽情况下关于 J/S 的函数。式(24.6)给出了这类曲线的计算过程。回顾之前关于低功率干扰对 L1 C/A 码影响的讨论(图 24.15,图 24.16),AGC 对低功率干扰信号的响应最小。在 J/S 为 12.3dB 时,$(J+N)/N$ 仅增加约 1dB,因此 AGC 监测方法不太可能检测到这种干扰信号。计算和检查 R-D 图(图 24.15)可以获得更好的低功率干扰检测性能。

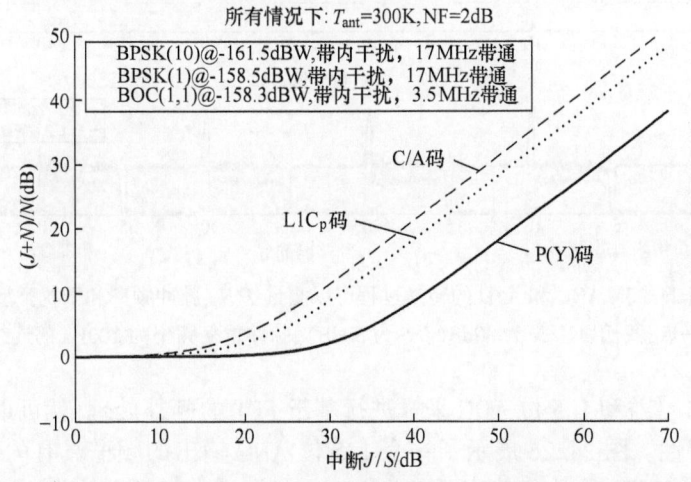

图 24.24 AGC 对干扰+噪声的组合起反应,小干扰信号无法触动 AGC

$$\frac{(J+N)}{N}(\mathrm{dB}) = 10\lg\left(\frac{j+n}{n}\right) \quad (24.6)$$

其中:

$$J(\mathrm{dBW}) = J/S(\mathrm{dB}) + S(\mathrm{dBW})$$
$$N(\mathrm{dBW}) = 10\lg(B) + N_0(\mathrm{dBW})\,[见式(24.3)]$$
$$j(\mathrm{W}) = 10^{J/10}$$
$$n(\mathrm{W}) = 10^{N/10}$$

高斯分布源幅度的概率密度函数与恒包络源(连续波、连续扫波或 Gold 码干扰类型)有明显的不同[20,13]。回到图 24.23，在用红色描述的部分，接收机可以包括一个附加的比较器，阈值设置为 $1.3V_B$。在 $V_T\%$ 设置为 40% 的情况下，如果存在恒包络干扰信号，超过阈值的时间约为 1%；而对于高斯分布干扰源，超过阈值的时间约为 14%。识别干扰信号类型后，如果发现是恒包络干扰，接收机可调整 $V_T\%$ 以获得几分贝的额外抗干扰能力[20,28]。由作者团队于 1986 年在德州仪器开发的 TI-420 型 L1 C/A 接收机在使用这种技术时，对抗恒包络干扰的性能通常优于 P(Y)码接收机。

图 24.25 给出了在 J/N 为 30dB、脉冲重复频率为 100Hz 时，AGC 对脉冲连续波干扰的响应示例。由于 AGC 工作在宽带预相关信号上，因此增益调整速度快至毫秒级。特别需要注意的是，恒包络信号检测通道(在下面的轨迹上显示为绿色)对干扰类型提供了明确的指示。对于脉冲高斯噪声，除输入功率变化引起的短暂瞬态外，它将保持稳定在约 2×14%。

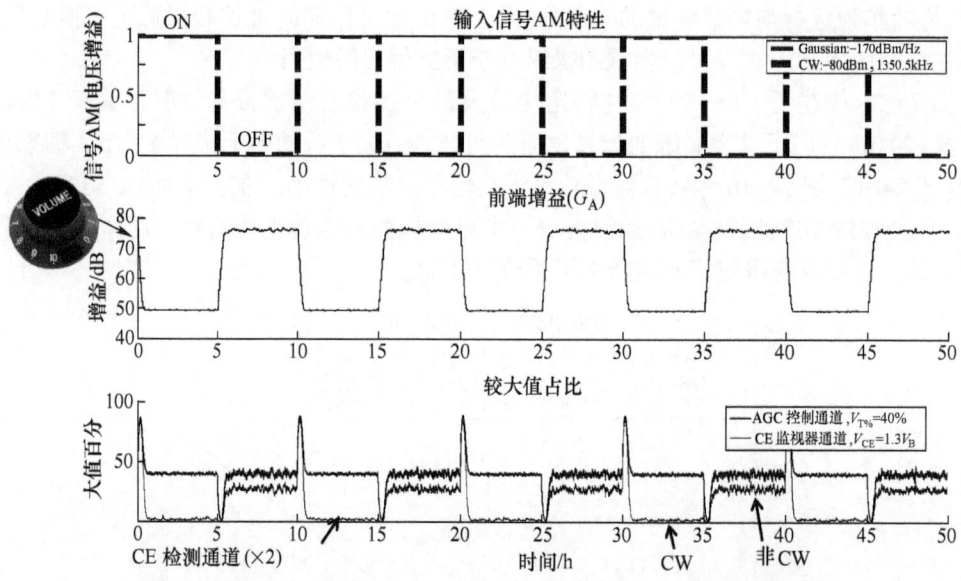

图 24.25 AGC 和 A/D 的转换过程可以测量 J/N、脉冲频率和干扰类型
(为了便于说明，这一点，我们以 J/N 为 30dB(J/S 为 50dB)、脉冲重复频率为 100Hz 的连续波脉冲干扰为例)

通过对 AGC 增益和 1.5 位 ADC 采样进行基于 FFT 的额外处理，就可以确定干扰信号的脉冲和频谱特性。图 24.26 展示了一个 1.5 位 ADC 输出的频谱具有的惊人的保真度。连续波干扰信号清晰可见，中心频率易于确定。1.5 位 ADC 频谱中的附加谱线失真随 ADC 采样率和干扰器的不同频率而变化，额外的 A/D 转换精度可以降低这种失真。

综上所述，通过使用非常简单的硬件，GNSS 接收机就可以测量 $(J+N)/N$，也可以识别以下类型的干扰：脉冲干扰、恒包络干扰和高斯分布干扰。接收机也可以采用更复杂的识别策略，但重点是：具备态势感知能力的接收机知道正在发生什么，因此可以采取后续行动进行应对。

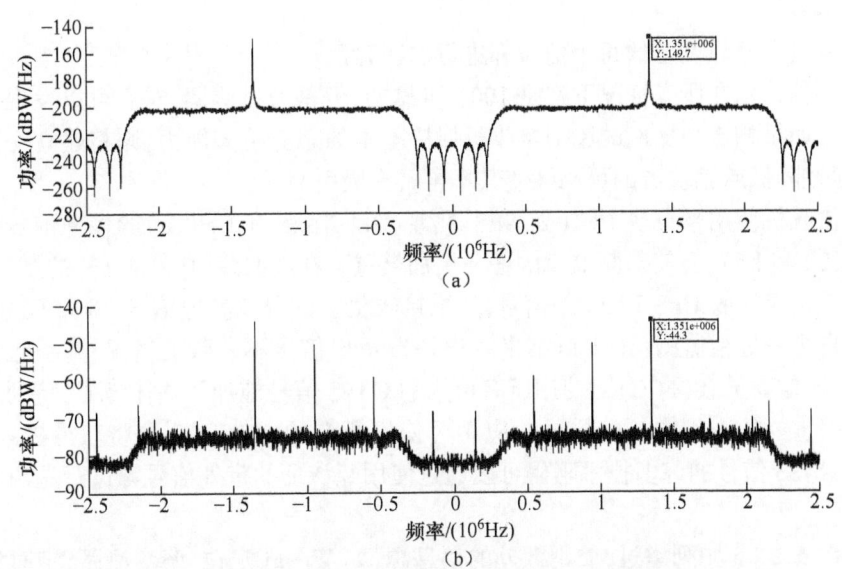

图 24.26　1.5b A/D 转换器输出频谱拥有可信的保真度
(a) A/D 转换输入信号频谱；(b) A/D 转换输出信号频谱。

就像烟雾报警器一样，态势感知不能扑灭火灾，但它能提供警告，让人们采取更有效的行动。参考表 24.5，接收机可以屏蔽被识别为存在干扰的信号；带有原子钟备份的授时接收器可以开始利用原子钟直到干扰停止；当 GNSS 信号因受到干扰而被拒止时，GPS/罗兰双模接收机可以更加依赖罗兰信号。知道自己存在问题是最重要的一步。

24.6　欺骗检测

本节的目的是告诉读者如何检测和缓解欺骗，而不是如何构建欺骗设备。欺骗技术的描述在此故意讲得模糊和不完整。

在过去几年里，射频欺骗干扰得到了很多关注，已经有一些成功的公开文献证明其可行性[28-29]。最近则发生了许多欺骗干扰事件，其中欺骗干扰的效果是使接收机拒止服务[30-31]。这些欺骗成功的案例更多地证明了受害者接收机的不成熟，而不是欺骗干扰的精明。欺骗相当容易被检测，但只有在接收机意识到存在欺骗干扰时才是如此。执行基本信号验证时通常会发现存在射频欺骗信号，根据不同的方法，可以区分真实信号和欺骗信号[32-33]，从而使接收机能在受到欺骗攻击时继续工作。

欺骗信号可能的指标是什么？它们实现的难度有多大？一般来说，一些比较重要的欺骗检测技术包括：

(1) 检查不同导航信号之间的不一致；
(2) 在估计的时间和位置进行连续性检查；
(3) 根据信噪比、跟踪环异常和 R-D 图的表现寻找异常信号特征；

(4) 检测具有共同起始点或到达方向的多个信号；大多数欺骗源都从同一个位置发送所有的假信号；

(5) 从真实卫星发送的每个信号都进行加密验证。

没有一种技术在所有情况下都是100%可靠的，但是通过协调，它们可以发现绝大多数欺骗信号。如果相当大比例的民用接收机保持基本的态势感知能力，则将建立一种群体免疫形式，通过降低欺骗攻击的可靠性使其不再具有吸引力。

如果接收机使用来自多个源（如GPS、北斗、GLONASS和Galileo）的多种信号和多个频率（如L1、L2和L5），会使射频欺骗的任务更加繁重。在汉弗莱(Humphrey)的欺骗演示中，受害者接收机仅接收GPS L1 C/A信号，如果接收机尝试寻找其他信号，例如GLONASS，那么接收机自主完好性监测(RAIM)结果将很快揭示出信号不一致的情况，并引起怀疑。在美国，联邦通信委员会(FCC)对使用所有可用的GNSS信号施加了法律障碍，特别是在那些安全性至关重要的应用中。如果这些应用可使用所有的GNSS信号，将获得极大的好处。使用国外GNSS信号的许多技术阻碍可以通过使用经认证的带外信号源进行星历和钟差校正来克服。

之前在表24.5中列举过，使用额外的信息源，如Wi-Fi定位、蜂窝测距、定时信号以及惯导设备(IMU)，可以使欺骗的任务更加困难。但正如波特兰欺骗事件所证明的，只有当这些信息源被正确使用时才是如此[34]。毫无疑问，网络欺骗（见章节介绍）经常是首选的攻击方法，特别是对于"受害者"为攻击者的内部攻击[如自动识别系统(AIS)欺骗]。识别攻击和丢弃可疑数据的能力是加强导航和定时系统的关键需求，而态势感知是第一步。

目前，射频欺骗的首要任务是让受害者接收机锁定与真实导航信号一致的欺骗信号，而不是真实信号。它需要在不被接收机发现的情况下做到这一点，并且保证高成功概率。如果接收方锁定了真实信号和欺骗信号的混合信号，欺骗干扰可以被接收机自主完好性监测(RAIM)算法检测到。位置和时间的突然变化是很容易被检测到的，所以欺骗方需要掩盖这一点。

一种方法是先通过干扰接收机使其失锁，然后再发射一组更强大的假信号给接收方。如果目标接收机没有维持最后已知良好的位置和时间偏差，那么它可能会把没有物理意义的欺骗信号认为是有效的。例如，一个非常简单的欺骗设备可能使用一个带有固定场景（如圆周运动）的信号源，或者它可能回放先前录制的信号。接收机应该怀疑自己，为什么重新捕获后时间改变了3年？在被干扰后或者关开机后的重新初始化期间，接收机需要非常注意被欺骗的可能性。

另一种可能与先前的干扰攻击结合使用的方法是，以低功率同步地将假信号插入到真实信号之下，然后慢慢提高欺骗信号功率，将接收机拉偏。这种欺骗攻击与雷达欺骗中使用的距离阈值拉偏法有很大的相似之处，但额外的要求是多个卫星信号跟踪环必须以一种协调的、与真实导航信号一致的方式同时偏离。虽然在原理上简单明了，但这种技术需要精确地知道目标接收机的位置，并且要求欺骗设备与卫星导航系统时间同步。汉弗莱在一艘超级游艇上的欺骗演示（见第25章）是成功的，因为欺骗设备是一种帽贝型装置[4]，就放置在受到攻击的船只上。欺骗者基于其自身的GNSS接收机可精确获得船舶的实时位置，因此能够产生具有精确偏移量的欺骗信号，并使受害者作出错误的导航解算。如果没有这种物理连接，欺骗者将不得不使用复杂的远程跟踪方法，以达到欺骗成功所需的位置精度。但如果目标受害者位置静止不动,那么一旦攻击方准确定位了目标接收机的天线(可能使用谷歌 Earth),位置信息就变成了一组固定量。

在射频/信号这一级别,一种更重要的反欺骗技术是监测 C/N_0 和干扰电平以寻找不一致。如果欺骗信号的功率太小,它就存在捕获目标接收机失败的风险;如果它功率太大,则会超过热噪声电平并被 AGC 发现。

图 24.27 描述了一个简化的欺骗场景,欺骗方试图同时欺骗 12 个信号,每个信号都有相同的功率分配,真实信号都处于指定的最低电平。所有 4 条曲线都是作为欺骗信号入射总功率的函数绘制的。第一条曲线显示了假定欺骗信号相对真实信号为噪声的情况下,真实信号的 C/N_0 与假设的总欺骗功率的函数关系。第二条曲线为相应的伪信号的 C/N_0。这两条曲线都可以用 Betz 方程[式(24.2)]计算。特别需要注意的是,根据接收机的预检测积分时间(PIT)和欺骗信号在距离和多普勒的具体位置,真实信号 C/N_0 可能没有或只有很小的退化,因此是可见的,见图中红虚线。第三条曲线,使用公式(24.6)计算,显示了 2MHz 通带下的 $(J+N)/N$。第四条曲线描述了一个欺骗信号相对于一个真实信号的相对功率。一般来说,如果欺骗源同时产生 N 个相等的功率信号,则用于每个信号的功率相对于总功率为 $-10\lg(N)$ dB。对于一个 12 通道的欺骗设备,每个信号的功率相对总功率为 $-10\lg(12)=-10.8$ dB。

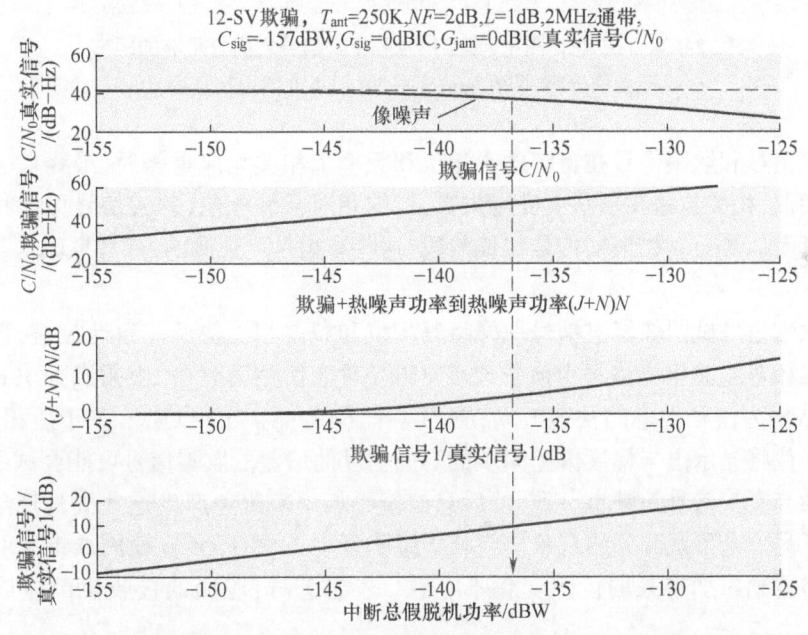

图 24.27 欺骗信号不进行精细的功率控制,就容易唤起 AGC 响应从而被发现

最后这条曲线的意义在于,为了可靠地拉偏跟踪环路而不引起明显的振幅调制,插入的伪信号需要比真实信号强约 9dB;此时总欺骗功率为-137dBW,相应的 $(J+N)/N$ 上升为 4.4dB,伪信号的 C/N_0 为 51dB-Hz。一台聪明的接收机会觉察到这种差异;如果它发现了干扰信号的存在,且测量的 C/N_0 值比预期的高,它会变得疑惑,可能会计算 R-D 图看看发生了什么(稍后会详细介绍)。欺骗方可能不完全了解被攻击目标的天线增益模式、方向和极化,同时传播信道可能不是一个简单的自由空间信道,这使得欺骗任务更加复杂。为了确

保能捕获目标接收机的跟踪环路,欺骗源需要额外的功率,但这使得攻击更加明显。

对于能力更强的接收机,定期或有线索地检查 R-D 图,是检测欺骗的另一种好策略。图 24.28 显示了当功率电平相当的一个真实信号和一个欺骗信号同时出现时的相关响应。哪个信号是真实信号可能并不明显,但同时存在 2 个强烈的相关峰就足以让接收机将该信号标记为可疑信号并进入后续导航解算。

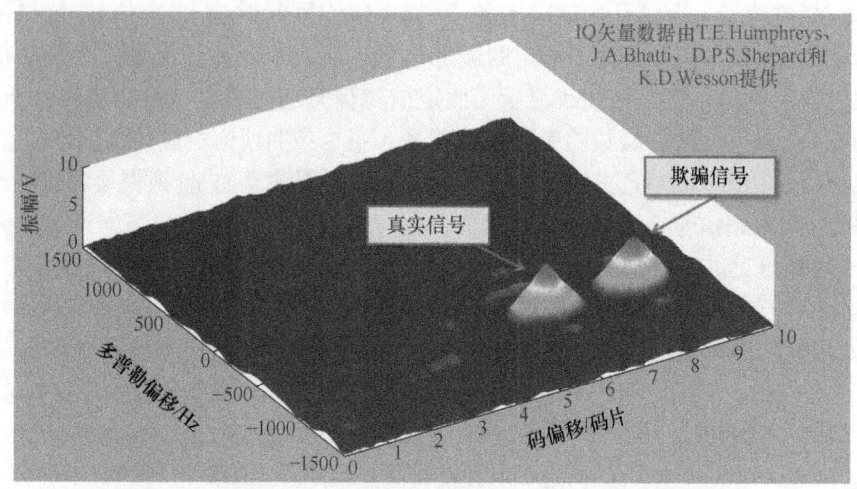

图 24.28　在 R-D 图中,真实信号和欺骗信号之间有足够的距离-多普勒分离,两者均清晰可见(但不方便识别真假)

当真实信号和欺骗信号在特定的码相位和频率下相关响应重叠时,最终欺骗信号的效果与多径相似,相关包络在形状上变得失真,根据相对载波相位,欺骗信号可能相长或相消地叠加在真实信号上。在最初信号拉偏阶段,这些影响是可观测的,除非欺骗信号强到足以被检测到。

如果欺骗信号试图像真实信号一样将码相位和载波相位协调一致地拉偏,真实信号和欺骗信号的相对载波相位将每个波长改变 360°(对应伪距偏离在 L1 频点为 19cm)。由此观测到的结果为信号功率的快速波动,频率等于 $(dR_{walkoff}/dt)/\lambda$ Hz。基于后相关振幅,复合信号的相位将显示出与幅度偏差同步的不同程度的偏差。欺骗信号可能会试图通过将其频率设置为与真实信号的频率一致,然后只拉偏码相位来避免产生这些失真现象。这反过来又产生了另一个可观测到的现象。在相干跟踪环境下,由码多普勒累加带来的伪距变化会与载波多普勒累加带来的伪距变化不一致。不管怎样,聪明的接收机都应该注意这些影响。

真实的 GNSS 信号从不同方向到达接收机。当多个信号从一个共同的方向到达时,接收机应该产生怀疑。这是因为欺骗设备通常通过单个天线广播所有信号,因此欺骗信号以相同的到达方向和/或相关衰落[35]和极化特性[36]到达目标接收机。相关衰落是地面移动信道的特征,在欺骗源和接收机相互移动的情况下,不需要任何特殊的天线能力就可以检测到相关衰落。

参考图 24.29,通过两个或更多的天线对每个期望信号(例如 PRN2、PRN6)的相关后输出相位值进行测量,可对接收信号来向进行检测。因为进行的是相对相位测量,因此相干跟踪不是必需的,阵列天线也不需要精确校准。其检测目的不是要确定信号实际的到达方向,而是要检测出具有共同到达方向的信号。如果发现有几个信号来自同一方向,一种策略是不使用任何一个该类型的信号,即使是那些看起来来自其他方向的信号。这种策略可能表现为:L1 C/A 信号存在欺骗?那么不使用它;GLONASS 民用 L1 信号上没有检测到欺骗干扰,那么用它吧。另一种风险较高的策略是丢弃具有共同到达方向的信号,并将其余的信号用于后续导航定位的输入。还应该指出的是,即使天线之间存在较高的互耦而无法采用自适应调零天线阵列的方法时,这种来向检测技术仍然可行。

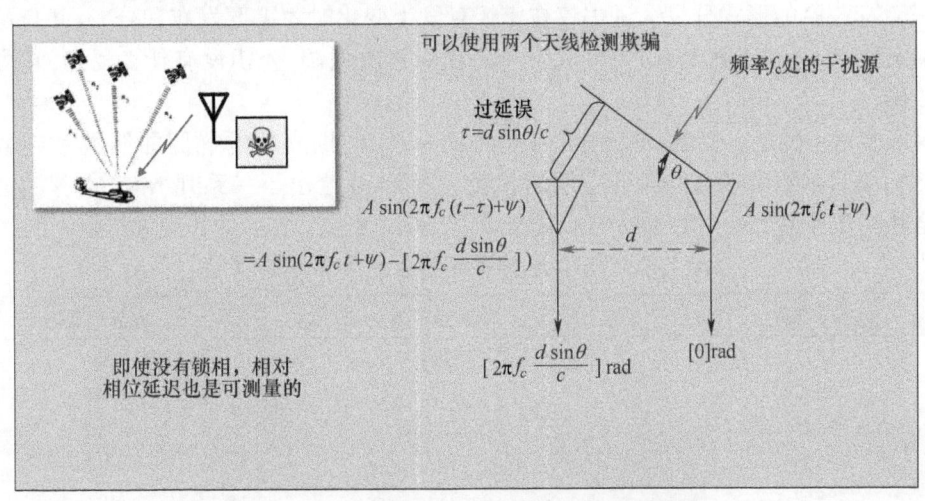

图 24.29 通过信号来向检测方法发现欺骗信号
(1996 年 9 月 17 日发布的 Hartman USP 5557284 中描述的技术。)

24.7 鉴权信号

加密传播扩频码是一种强大的反欺骗技术,因为它拒绝欺骗者随时访问传播信号;对手再也无法去寻找适当的 ICD 文件,并精确地查找如何产生一个欺骗信号,例如 PRN23。即使对手可以访问相关的 ICD 文件,他仍然需要加密密钥。除了盗取密钥外,他访问传播信号的唯一方法是在广播时监听它们,然后经过适当的延迟和频率转换重新播发它们,这是一项令人生畏但并非不可能的任务,被称为转发式欺骗。即便如此,由于转发式欺骗本质上是一个信号中继器,而真实信号沿更短的直接路径到达接收机,因此合成的欺骗信号与真实信号相比总是要有延迟。一台智能接收机总是在超前和滞后码相位中进行搜索,寻找时间偏差异常,并估计是否存在转发欺骗信号的征兆。需要强调的是,发现异常并不意味着存在欺骗,这仅仅意味着谨慎是必要的,在做出明确的告警之前需要进一步检测。

对于实时使用加密扩频码的系统来说,保护密钥是一项艰巨的挑战。不像通信系统中不同的子群可以使用不同的密钥,在 GNSS 中,每个授权用户最终必须能够获得和星上生成扩频序列密钥一样的密钥。任何一个用户的妥协都会对金属源产生影响。因此,在可预见的未来,GNSS 的加密扩频码可能仍将是军方和政府实体的权限。民用用户根本不够安全,无法提供对称密钥所需的保护级别。也就是说,非对称密码算法可以在保护民用信号方面发挥重要作用,它提供了在不要求用户端持有密钥的情况下验证信号的方法。这是一个热门的研究领域,预计未来会在卫星和地面民用部署中获得极大发展。

作为第一道防线,卫星广播数据可以使用公钥及私钥密码进行加密签名[4,37-40]。在这种方案中,可生成一个由私钥和公钥组成的关联密钥对,私钥用于通过创建加密水印对数据进行签名,对应的公钥用于验证签名。数据本身没有加密,但是附加的签名可以确定数据的来源并确保数据没有被更改。私钥由签名者(卫星)紧密持有,而公钥则广泛传播给用户群。为了证明公钥的来源并防止密钥欺骗,公钥由知名的受信任实体签名,并以 X.509 证书(或等效证书)的形式分发。证书仅在密钥对发生变化时才需要发布和分发,并且可能通过其他渠道方式(如谷歌 Play)每年只发布一次。再次强调,公钥没有什么秘密,它可以被广泛传播。

有许多可用的签名算法,但 FIPS-PUB 186-4 中详细介绍的椭圆曲线数字签名算法(ECDSA)是目前数字签名的最佳应用的代表。表 24.6 给出了一系列 NIST 推荐椭圆曲线的安全性能和签名长度。对于给定的安全级别,ECDSA 数字签名的长度大约是 4 倍。

表 24.6　NIST 推荐的椭圆曲线数字签名算法

椭圆曲线	保护强度/b	签名长度/b
P-192	96	384
P-224	112	448
P-256	128	512
P-384	192	768
P-521	256	1024

由于 GNSS 广播数据速率通常非常慢,根据信号类型的不同大约在 25~250b/s 范围内,因此签名长度非常重要。以 L1C$_{Data}$ 信号为例,50b/s 数据流(包括间隔时间 TOI)可以由每个卫星使用该卫星或卫星星座唯一的私钥进行加密签名。同样,这并不直接加密 50b/s 的数据流,它只是将数字签名附加到数据流以进行验证。对于 GPS 的子帧 3 信息,每 18s 传输一次,携带 232b 有效数据;需要两个子帧 3 来传递一个基于 P-224 的椭圆曲线[40]的数字签名。数字签名在一对子帧 3 信息中每 3min 发送一次时,将在 L1C 信号的导航电文的子帧 3 上占 20% 的占空比。对于感兴趣的读者,文献中描述了更复杂的签名方案[38],它们以更少的每秒比特数实现了类似的结果,其中最值得注意的是基于 TESLA 协议的方法,但这些方案的具体应用描述超出了本书的范围。在"后量子计算"环境中保持足够的防护级别也可能影响算法和密钥长度的选择。

信息签名技术允许具有安全意识的接收机验证数据流是否来自真实的卫星,它是真实的,而不是欺骗的。信息签名技术迫使潜在的欺骗者使用非广播的、收集的数据流——对于可读取数据、具有准确和安全的时间先验值并检查在时间偏差状态下可观测到的过量信号延迟的接收机来说,这使施加欺骗攻击变得更加困难。它还可以防止畸形的 50b/s 数据信息攻击,如 Nighswander 等[41]所描述的。

加密数据签名是一种重要的反欺骗手段,但它有以下几个不足:

(1) 用于测量信号到达时间(伪距)的扩频码没有被加密绑定到签名消息流。通过欺骗设备控制延迟和多普勒,有效的非广播数据流可以被调制到 ICD 指定的扩频码流上。这样做会产生固定的延迟,但在标称 C/N_0 条件下延迟可以保持在 1ms 以下,主要是为了准确解调非广播数据符号[4,42]。如果目标接收机时间无法精确到 1ms 内,它就可能会接收假信号,并极可能相信它们是真实的,因为签名验证过程成功了。

(2) 许多以电池为能源的 GNSS 接收机不读取低速率数据(如 50b/s 的 L1C$_D$,L1C 数据通道)。他们只开机几毫秒来测量可用卫星的伪距、伪距变化率,然后关机。卫星星历和其他 50b/s 的导航电文数据需通过网络连接获得,或是接收机将测量的伪距值发送到远程站点进行位置计算。这些接收机需要码片级绑定。

(3) 数据签名无法提供一种机制来向远程定位的第二方证明位置(下一节将详细介绍)。

图 24.30 显示了用以克服这些不足的一种信号结构[4,40,43-44],同样以 L1C 信号为例。在这里,90%的数据通道时间用于传输正常的 L1C$_P$(IS-GPS-800E)信号,其余 10%的时间被重新用于传输基于上述数据流签名的加密扩频码(SSSC)。具体来说,数字签名在传输之前仅为卫星所知,它也被用来构造一个水印生成密钥,直到传输签名时才使用该密钥。在 Chimera 信号规范 IS-AGT-100 中,水印生成密钥是通过对签名进行哈希计算来构造的。使用前面描述的数据签名方法,水印生成密钥每 3min 更改一次。

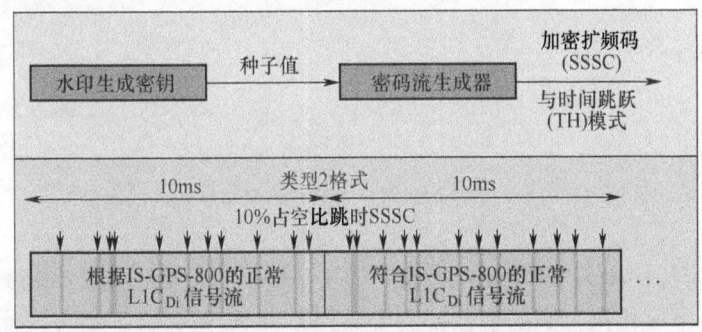

图 24.30　如果没有水印生成密钥,很难发现通过跳时方式在扩频码中插入的水印

水印插入在 PN 码这一级执行,并具有加密 SSSC 码和密码控制的跳时插入两种模式。后一种模式使伪造者难以确定哪些信号码片是 SSSC 码、哪些是正常的 IS-GPS-800 码来对抗某些功率调制攻击。在进一步的改进中,在卫星调制器支持的情况下,插入码片可以生成相对标称信号具有加密伪随机载波相位的信号[45]。

从信噪比的角度来看,单个水印码片(SSSC)与正常的 IS-GPS-800 码片具有相同的特性,而且它们对接收机不是单独可见的,它们只有在一段时间的相关运算后才可见。接收机不能实时对插入的水印进行相关,因为它们不知道生成水印的密钥,直到密钥被发布(广播)。但是,接收机可以记录原始的 A/D 采样数据并将它们存储在内存中。当水印生成密钥已知后,接收机可以对插入水印进行相关计算并进行检查,确保它们与适当的功率电平相关,并确保它们在时间和相位上与标准 L1C 码和载波相位正确对齐。只要接收机知道鉴权周期内的可信时间(在本案例中为 3min),它可以保证欺骗设备可能产生鉴权信号的唯一途径是在收到非广播信号后进行操纵以进行转发欺骗攻击。这样的攻击虽然可能,但实现起来非常复杂。

在对水印进行相关计算的过程中,需要注意的是,只有当期望水印出现时,接收端产生的参考波形才使用非零值。在期望正常的 IS-GPS-800 信号的时间间隔内,水印参考波形等于零值。另一个不寻常的方面是,相关响应的计算仅涉及提示信道,它与导频信道提供的码及载波相位同步。接收机并不试图跟踪水印信号,它只是确保水印的存在。图 24.31 给出了未检测到水印的概率($1-P_{\text{Detection}}$),假设采集间隔为 1000ms,水印占空比为 5%,锁相环完美工作;这相当于 1000ms 的相干积分时间,但由于占空比为 5%,从信噪比角度来看,有效积分时间为 1000ms×5% 占空比 = 50ms。而且,由于锁相环的假设条件,它的包络值只能使用同相通道进行计算。检测概率可以使用 Marcum 的 Q 函数和/或通过仿真来计算。

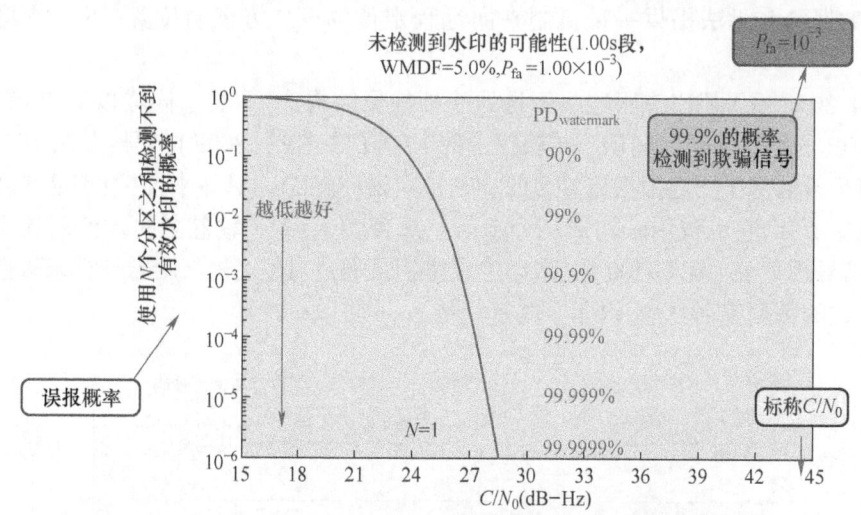

图 24.31 水印提供了极高的欺骗检测概率和极低的虚警率

要认识到,未能检测到水印就等于说信号是无效的,因此未能检测到有效信号上的水印本质上是误报。欺骗检测方案的虚警率需要降到非常低,因为在很多方面水印检测就像在拥挤的剧院大喊"着火了":它是个好主意,但前提是真的着火了。类似地,漏警的概率是指当出现无效信号时宣布水印存在的概率,以此类推,$1-P_{\text{fa}}$ 就是实际上检测到欺骗的概率。由图 24.31 中可以得出的结论是,水印提供了一种非常可靠的方法来区分真实和欺骗信号。

结合图 24.30 中的水印特征,增加了水印的通道,其信噪比损失了 0.9dB[损失(dB) = 20 lg(正常流量占空比)],这是很小的代价。还要注意,卫星在传输数字签名之前必须知晓数字签名,因此所需的数据更新必须限制在签名时间间隔内。

到目前为止,读者可能会觉得信号鉴权每 3min 只进行 1 次,2 次信号鉴权最长间隔 6min。如果所有卫星同一时间变更水印密钥,那这个推断就是合理的。一项改进措施是使卫星的密钥变更错时进行。即使只收到 1 个或 2 个经过鉴权的信号,也会对接收机的实际位置施加一些强烈的限制。一般来说,在无遮挡的环境下,任何地方都能同时看到 8~13 颗 GPS 卫星,所以到第一次 L1C 信号鉴权的平均时间大概在 3min 左右,在密钥变更采用 4 次时间交错的情况下,信号验证刷新间隔大约为 45s。

因此,图 24.32 所示的高速密钥/低速密钥水印插入方法对于信号快速认证是有效的。在这里,高速密钥每 6s 更换一次,而低速密钥每 3min 更换一次。高速密钥具有提供更快位置验证的优势,但密钥必须"通过网络"提供,比如通过一组安全的密钥服务器。50b/s 的 $L1C_D$ 数据通道不足以传递每 6s 更改一次的密钥。上述方法在 2022 年由 NTS-3 卫星首次广播的 IS-AGT-100 信号来实现[46-47]。

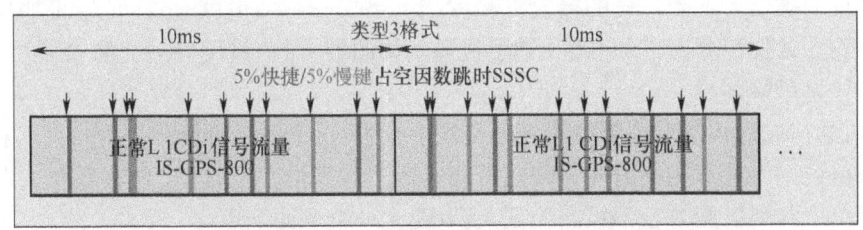

图 24.32　高速密钥（6s）和低速密钥（3min）可支持不同的用户群体

在结束本节时要认识到，截至 2019 年，无论是在数据级还是在码片级，太空中都没有任何民用导航信号具有任何形式的认证。不过这种情况似乎正在改变。美国和欧盟[48]都有强大的候选信号可以实现添加信号认证能力到他们的 WAAS 和 EGNOS SBAS 信号中，欧盟已经承诺对他们的商业服务信号[49]提供认证服务。对于 SBAS，码片级的水印插入能力和数据信息签名能力都可以在文献[4]中首次提出的一个新的正交信号分量上进行添加；传统信号由于定义中留有余量，也可以增加这些能力。SBAS 信号的一个特别吸引人的地方是信号调制器位于地面，信号通过 GEO 卫星转发器转发给用户，因此不需要对空间段设备进行修改。即使只有一个可验证的测距信号，也会大大增加射频欺骗的难度，它为定位保护提供了基础。

24.8　位置证明和接收方验证

在对安全敏感的应用中，位置是一个关键的属性。安全凭证可能丢失或者被盗。当对用户进行身份验证以从服务器接收敏感信息时，我们应该问："请求来自哪里？请求的信息在该位置是否相关且被允许？"当一个远程设备，例如交通灯或发电机，收到一个可操作的命令时，"这个命令来自哪里？"应该是一个关键问题；同样，银行转账也面临相同的问题。

众包数据库和知识库容易被对手利用错误的地理参考信息进行操纵和毒害。假设对手可以利用 Stagefright 漏洞（在 CVE-2015-6602 已被修复）向易受攻击的手机发送特别制作的 MMS 文本信息，从而创建智能手机僵尸网络。这将允许对手通过远程代码执行和权限升级在受害设备上执行任意操作。然后，对手可以在洛杉矶的西曼彻斯特大道（West Manchester Boulevard）"放置并分发"这些手机，创造出一个明显的交通堵塞假象，它的出现将分流真正的车辆，尤其是自动驾驶车辆，使其远离该地区。然后他可以愉快地开车去 Randy's Donuts，不用排队就能买到奶油的 Long John 巧克力。诚然，这只是一个微不足道的例子，但并不需要太多想象力就能想出其他更邪恶、更有利可图的漏洞。

确保所报告 PVT 的"真实性"是一个网络安全问题。对位置和时间信息的攻击可以不通过对 GNSS 接收机使用射频欺骗或干扰而进行。即使 GNSS 接收机正常工作，"中间人攻击"也可以简单地向系统数据流注入虚假位置——简而言之，谎报位置。接收机认证和 PVT 签名可以对这种攻击的简单变体进行针对性防御，但它并非万无一失，签名密钥可能会被盗或丢失，特别是在使用物理安全防护能力有限的民用设备时。为了解决这个问题，可以通过寻找难以伪造的可验证 GNSS 信号元素(水印)来确认和验证位置报告。

位置证明需要在不受信任的接收机和系统上可操作——也就是说,位置证明应该设法减少对报告方或任何介入方和系统(如手机调制解调器、通信链路、路由器、交换中心等)的信任。信任是危险的。

那么,如何向远程站点证明位置呢? 从概念上讲,这个过程可能很像警察询问相互重叠的问题来验证某人的不在场证明。问题可能包括:"你和谁在一起?""你在看什么电影?"通过询问可信度和观察能力各不相同的证人,以建立一个全面观点。

理想情况下,位置证明应该使用类似的方法,并基于多个来源(多个证人)。GNSS 位置报告,关于 Wi-Fi 接入点的报告,该地区的视频反馈、照片、音频反馈等都可以帮助建立位置报告的准确性。也就是说,重要的是要认识到位置证明也需要强有力的时间标记。没有可信时间戳的位置证明算不上什么证明,你可能都搬家了而地图仍标明你住在原地。

图 24.33 概述了上一节中描述的鉴权信号如何用于位置证明的一部分。GNSS 前端将信号下变频至低中频或零中频,将所有可见 GPS 的 L1C 信号通过 A/D 转换,之后将它们发送到位置认证对象(LAO),它们在那里被隔离。突发位置签名的标称持续时间为 50~200ms,大小约为 125~500KB,大约是普通智能手机照片大小的 1/16~1/4。一旦发布了生成水印的密钥,位置认证对象(LAO)就可以通过检查其水印部分是否存在来验证该信号(图 24.31)。然后,利用快照定位技术[50-52],验证者可以建立原始 A/D 数据采样的位置和时间。作为额外的信号级验证,验证者可以创建与常规 IS-GPS-800 信号具有相同 C/N_0 的水印部分。

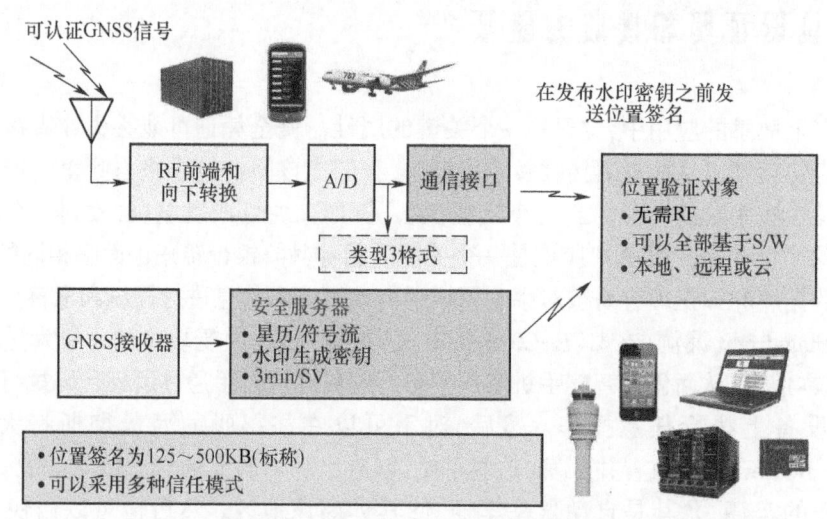

图 24.33　使用位置签名的位置证明流程
(在水印密钥发布之前,通过将原始 A/D 样本的片段发送到位置
身份验证对象,远程用户可以验证报告的位置。)

图 24.34 显示了如何通过 L1C$_P$ 信号 C/N_0 精确测量水印数据信号的 C/N_0。在一般条件下,L1C$_P$ 信号的 C/N_0 约为 44dB-Hz(对应的入射功率-158.25dBW,0dBiC 天线增益,2dB 噪声,天线噪声温度 130K)。处理 200ms 的位置签名信息会产生 20ms 的水印信号,水印信

号的 C/N_0 估计在99%的时间内可精确到±0.7dB范围内(红色带内)。对应于环境因素造成10dB衰减的情况,$L1C_P$信号的 C/N_0 为30dB-Hz时,水印信号的 C/N_0 估计在50%的时间内可精确到±1dB(绿色带内)。

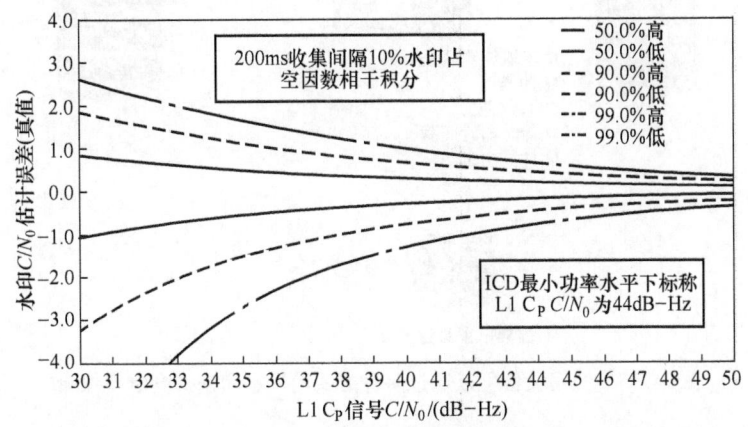

图 24.34 使用10%占空比SSSC的200ms数据进行水印 C/N_0 精度估计

回到图24.33,需要特别注意的是,位置认证对象并不明确要求任何射频接收功能,第一方GPS前端已完成所需GPS信号接收工作。可以使用众所周知的SDR技术来处理数据样本,将位置认证对象完全构造为软件实体。此外,还可以要求接收机提供跟踪状态信息,比如锁相环和延迟锁相环的相位数据、位置和时间、惯性状态等,以帮助处理位置签名并作为进一步的验证来源。

另一个要点是,位置认证对象(LAO)无须实时工作,一个通用的计算环境、一个图像处理单元、一部手机、树莓派计算机或专门的硬件均可以运行它。简而言之,位置身份验证对象在物理上可以存在于任何地方——本地、远程或基于云计算,这为不同的信任工作模型开辟了道路。

为了使LAO确定和验证请求方接收机的位置,除了位置签名(原始A/D采样数据)之外,它还需要水印生成密钥和卫星星历数据。这些数据可以通过以下几种方式提供:

(1) 带有GPS接收机的安全服务器可以收集所需信息,并在数据可用时发布。

(2) 本地接收机可以提供从非广播卫星信号中获得的信息。

第二个选项非常有趣,因为它提高了在独立设备中进行独立位置验证的可能性。图24.35说明了如何使用可验证的信号来保障智能手机的定位。将microSD(安全数字)卡形状的LAO插入手机。理想情况下,LAO设备应该是抗篡改的,并具有可信的平台模块(TPM)式加密功能[53],以及计时、批量加密/解密功能和位置计算模块。手机内置的GNSS接收器把位置特征(原始A/D采样数据)输入microSD进行封存。一旦验证密钥通过卫星或互联网发布,它就可以计算位置并对结果进行签名。实际上,microSD形式的LAO设备提供了可独立验证手机的内在位置解。此外,基于位置的安全应用(例如,不在星巴克阅读敏感文件)也可由这种microSD设备实现,它能够发挥出重要作用,开发各种广泛用于政府、军事和民用设施的安全手机和设备。

让我们扩展这个概念,位置签名偶尔可以通过手机发送到远程位置的外部身份验证对

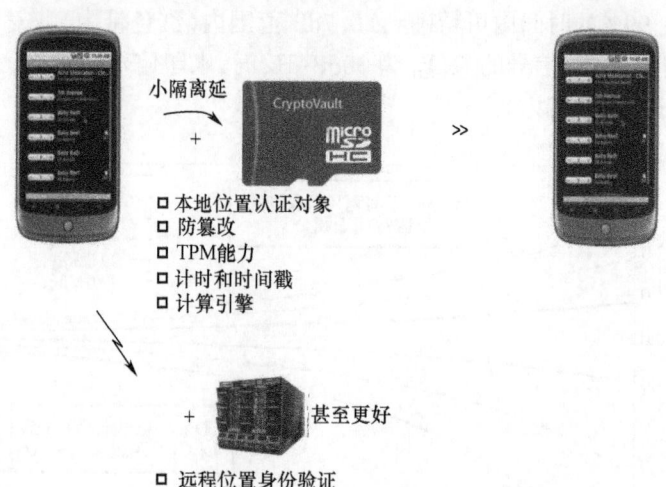

图 24.35　民用设备可以通过多种方式使用水印来提高定位保障

象,以进行额外的独立验证。这种功能可能只在访问特别敏感的数据时需要,或者在检查本地 microSD 设备时需要。按照警察侦探模型,其他数据,如惯性测量单元和罗盘输出数据、蜂窝基站 ID、Wi-Fi BSSID、AGC 设置或来自其他 GNSS 系统的信号,也可能被发送到位置认证对象(LAO)作为进一步确认的附加位置签名数据。

其他卫星导航位置证明方案:

也有许多其他位置证明的技术已经被提出,如 Denning 和 MacDoran[54]、Psiaki et alia[55]、Lo et alia[56]、Zhefeng Li et alia[57]、Heng et alia[58] 和 Scott[59] 的论文。这些方法基本上利用军用信号作为水印。这是个好主意,上一节描述的水印方案如果要实施,将面临几个规划和国家政策障碍。这些作者的方案没有面临这样的障碍,但仍存在一些显著的缺点。

(1) 人们认为军码是安全的。从主权的角度来看,这是正确的,但重要的是要认识到,这些位置证明方案不仅信任控制段和空间段,而且也信任部署在世界各地的数十万关键军事用户设备,而对手应该不会对成功地攻击了军用设备大肆宣传。

(2) 信噪比是另一个问题。民用途径不太可能获得军码生成密钥。为了最小化平方损耗,从而减小签名大小,验证者需要访问高增益、多波束天线系统,以获得更准确的军码序列参考。这可能是几个身份验证设备之间的共享资源,也可能是特定身份验证设备的独享资源,请求者和验证者必须对某几个卫星同时可见。上一节描述的方法不会受到这样的限制,因为生成水印的密钥对用户群是绝对可用的(有延迟)。

(3) 军用信号有不同的带宽,而且经常与民用信号在频谱上分离。因此,为了将军用信号用作水印,请求方和验证方都可能需要专门的接收器前端设计和更高的采样率。如图 24.22 所示,宽为 2MHz 的前端通过了大部分 C/A 码信号能量,接收 C/A 码信号的信噪比损失小于 1dB。同样的滤波导致 BPSK(10) 格式 Y 码损失 7dB。这意味着关联的位置签名需要增加 7dB(5 倍)才能达到相同的置信度。

(4) 作为水印方案的军码不能简单地在如图 24.35 所示的独立设备配置中操作。所有替代方法都需要强大的网络连通性,以便将位置签名传递给远程第三方身份验证器。对于独立的、带宽有限的应用,有许多更好的方案。例如,在图 24.35 中,手机可以使用 FIPS-

140 物理安全加固的 microSD 设备作为大多数安全事务的位置验证者和签署人,原始签名可以以非常低的速率发送来进行验证者。

(5) 需要强调的是,军用信号作为水印方案在许多应用中是可行的且不可替代的。但是考虑到上述的局限性和弱点,它们应该被视为不太理想的临时解决方案。

24.9 结束语

干扰的影响和抑制涉及多个领域,包括射频信号处理、信号传输模型、网络安全、密码学、国家政策和法律[60]。GNSS 正越来越深入地嵌入国家基础设施和社会结构中,因此我们可以预见攻击的存在,并需要防范它们。为此,本节提供一些可行的建议,一些在制造商层面,另一些在政策层面:

(1) 确认 PNT(GNSS)是关键基础设施,并协调各州的定位保证工作。

(2) 建立和集成经过验证的导航增强系统(如罗兰系统 eLoran),并将其集成到国家 PNT 体系结构中。

(3) 民用接收机需要发展信号态势感知能力,干扰暴露测试是至关重要的。建立自愿、务实的接收机认证标准和威胁信息共享计划,为关键应用的采购决策提供依据。

(4) 通过谈判和协商结束不受限制的干扰设备的制造和扩散。导航干扰会影响到每个人,在现代社会中不应存在。

(5) 使用 PKI 数据签名创建可验证的时钟和星历数据以及差分修正数据,同时考虑采用带内和带外两种传输模型。

(6) 提供物理层防欺骗技术和使用码片级水印技术的位置证明。

(7) 支持安全和可跟踪的时间分发系统(IEEE P1588/eLoran/WWVB)。

(8) 探索使用点防御和众包方法进行干扰上报和定位的措施。

(9) 保护美国和国外 GNSS 系统的频谱,可同时访问多个 GNSS 系统能带来巨大的好处。

参考文献

[1] J. Carrol and K. Montgomery, "Global Positioning System Timing Criticality Assessment—Preliminary Performance Results," in *40th Annual Precise Time and Time Interval(PTTI) Meeting*, 2008.

[2] A. Grant, P. Williams, N. Ward, and S. Basker, "GPS jamming and the impact on maritime navigation," *The Journal of Navigation The Royal Institute of Navigation*, vol. 62, pp. 173-187, 2009.

[3] I. Leveson, "The Economic Value of GPS: Preliminary Assessment," in *National Space-Based Positioning, Navigation and Timing Advisory Board Meeting*, June 11, 2015, 2015.

[4] L. Scott, "Anti-Spoofing & Authenticated Signal Architectures for Civil Navigation Systems," in *ION GPS/GNSS 2003*, 2003.

[5] L. Scott, "Expert Advise: Location Assurance," *GPS World*, July 2007.

[6] T. Humphreys, B. Ledvina, M. Psiaki, B. O'Hanlon, and P. Kitner, "Assessing the Spoofing Threat: Development of a Portable GPS Civilian Spoofer," in *ION GNSS 2008*, Savannah, GA, 2008.

[7] C. D. Hacker," GPS Spoofing w/BladeRF - Software Defined Radio Series #23," [Online]. Available: https://www.youtube.com/watch?v=VAmbWwAPZZo. [Accessed 26 December 2017\].

[8] L. Huang and Y. Qing,"GPS Spoofing," in *Defcon-23*,Las Vegas,NV,2015.

[9] J. Betz,"Effect of Narrowband Interference on GPS Code Tracking Accuracy," in *ION NTM 2000*,Anaheim, CA,2000.

[10] M. K. Simon,J. K. Omura,R. A. Scholtz,and B. K. Levitt,*Spread Spectrum Communications*,Computer Science Press,1985.

[11] A. Van Dierendonck and B. Elrod,"Pseudolites," in *Global Positioning System: Theory and Applications*, AIAA,1996,pp. 51-79.

[12] J. Betz,"Bandlimiting,Sampling,and Quantization for Modernized Spreading Modulations in White Noise," in *ION NTM 2008*,San Diego,CA,2008.

[13] T. L. Lim," Digital Matched Filters: Multibit Quantization (PhD Thesis)," University of California, Berkeley,1976.

[14] W. Lee,"Path Loss Over Flat Terrain," in *Mobile Communications Engineering*,McGraw-Hill,1982, pp. 87-114.

[15] J. Parsons,*The Mobile Radio Propagation Channel*,2nd Ed. ,Wiley,2000.

[16] M. Hata,"Empirical Formula for Propagation Loss in Land Mobile Radio Services," *IEEE Transactions on Vehicular Technology*,Vols. VT-29,no. August,pp. 317-325,1980.

[17] F. v. Diggelen,"Who's Your Daddy? Why GPS Rules GNSS," in *Stanford PNT*,*14 Nov 2013*,Palo Alto, CA,2013.

[18] R. Mitch,D. Ryan,M. Psiaki,S. Powell,J. Bhatti,and T. Humphreys,"Signal Characteristics of Civil GPS Jammers," in *ION GNSS 2011*,Portland,2011.

[19] J. Young and J. Lehnert,"Sensitivity Loss of Real-Time DFT-Based Frequency Excision with Direct Sequence Spread-Spectrum Communication," in *Proceedings of the 1994 Tactical Communications Conference*, 1994. Vol. 1. Digital Technology for the Tactical Communicator,1994.

[20] F. Amoroso and J. Bricker,"Performance of the adaptive A/D converter in combined CW and Gaussian interference," *IEEE Transactions on Communications*,vol. 34,no. March,pp. 209-213,1986.

[21] FCC,"FCC Enforcement Advisory No. 2012-02," 2012.

[22] A. Van Dierendonck,P. Fenton,and T. Ford,"Theory and performance of narrow correlator spacing in a GPS receiver,"*Navigation: Journal of the Institute of Navigation*,vol. 39,no. Fall,1992.

[23] L. Garin,F. van Diggelen,and J. Rousseau," Strobe and Edge Correlator Multipath Rejection for Code," in *ION GPS 1996*,Kansas City,MO,1996.

[24] FCC,"$32K Penalty Proposed for Use of a GPS Jammer by an Individual," 2 August 2013. [Online]. Available: https:// www. fcc. gov/document/32k-penalty-proposed-use-gps-jammer-individual. [Accessed 23 Sept. 2016\].

[25] D. A. Divis,"Homeland Security Researching GPS Disruptions,Solutions,"*Inside GNSS*,June 2014.

[26] L. Scott," J911: The Case for Fast Jammer Detection and Location Using Crowdsourcing Approaches," in *ION GNSS2011*,Portland,2011.

[27] D. Akos,"Who's afraid of the spoofer? GPS/GNSS spoofing detection via automatic gain control(AGC)," *Navigation: Journal of the Institute of Navigation*,vol. 59,no. Winter,2012.

[28] L. Scott,"Making the GNSS Environment Hostile to Jammers & Spoofers," in *ION GNSS2011*,Portland, OR,2011.

[29] J. Bittel,"Superyacht Owner Lets College Kids Hack and Hijack $80 Million Ship in Name of Science,"

Slate, 1 August 2013.

[30] E. Groll, "Russia Is Tricking GPS to Protect Putin," *Foreign Policy*, 19 April 2019.

[31] T. Humphreys, "Above Us Only Stars," C4ADS, 2019.

[32] M. Psiaki, B. O'Hanlon, S. Powell, J. Bhatti, K. Wesson, T. Humphreys, and A. Schofield, "GNSS Spoofing Detection using Two-Antenna Differential Carrier Phase," in *ION GNSS+2014*, Tampa, FL, 2014.

[33] R. Hartman, "Spoofing Detection System for a Satellite Positioning System," Patent 5, 557, 284, 17 September 1996.

[34] L. Scott, "The Portland Spoofing Incident," in *PNT Advisory Board*, Redondo Beach, 2017.

[35] A. Broumandan, A. Jafarnia-Jahromi, V. Dehghanian, J. Neilsen, and G. Lachapelle, "GNSS Spoofing Detection in Handheld Receivers based on Signal Spatial Correlation," in *Position Location and Navigation Symposium(PLANS), 2012 IEEE/ION*, Myrtle Beach, SC, 2012.

[36] E. McMilin, D. De Lorenzo, T. Walter, T. Lee, and P. Enge, "Single Antenna GPS Spoof Detection that is Simple, Static, Instantaneous and Backwards Compatible for Aerial Applications," in *ION GNSS+2014*, Tampa, FL, 2014.

[37] A. Kerns, K. Wesson, and T. Humphreys, "A Blueprint for Civil GPS navigation Message Authentication," in *ION/ IEEE PLANS*, Monterey, CA, 2014.

[38] G. Caparra, S. Sturaro, N. Laurenti, and C. Wullems, "A Novel Navigation Message Authentication Scheme for GNSS Open Service," in *ION GNSS+2016*, Portland, OR, 2016.

[39] P. Walker, V. Rijmen, I. Fernández-Hernández, L. Bogaardt, G. Seco-Granados, J. Simón, D. Calle, and O. Pozzobon, "Galileo Open Service Authentication: A Complete Service Design and Provision Analysis," in *ION GNSS+2015*, Tampa, FL, 2015.

[40] AFRL, "IS-AGT-100, CHIMERA SignalSpecification," 2019.

[41] T. Nighswander, B. Ledvina, J. Diamond, R. Brumley, and D. Brumley, "GPS Software Attacks," in *CCS' 12*, Raleigh, NC, 2012.

[42] M. L. Psiaki and T. E. Humphreys, "GNSS Spoofing and Detection," *IEEE Proceedings*, vol. 104, no. June, pp. 1258-1270, 2016.

[43] L. Scott, "Proving Location Using GPS Location Signatures: Why it is Needed and a Way to Do It," in *ION GNSS+2013*, Nashville, TN, 2013.

[44] J. Anderson, K. Carroll, J. Hinks, N. DeVilbiss, J. Gillis, B. O'Hanlon, J. Rushanan, R. Yazdi, and L. Scott, "Signal-in-Space Methods for Authentication of Satellite Navigation Signals," in *ION GNSS+2017*, Portland OR, 2017.

[45] L. Scott, "Location Signatures: Proving Location to Second Parties without Requiring Trust," in *Joint Navigation* Conference, Colorado Springs, CO, 2012.

[46] L. Scott, "The Role of Civil Signal Authentication in Trustable Systems," in *PNT Advisory Board*, Alexandria, VA, 2019.

[47] D. A. Divis, "New Chimera Signal Enhancement Could Spoof-Proof GPS Receivers," *InsideGNSS*, May/June 2019.

[48] A. Dalla-Chiara, I. Fernandez-Hernandez, E. Chatre, V. Rijmen, G. D. Broi, O. Pozzobon, J. C. Ramon, J. Fidalgo, N. Laurenti, G. Caparra, and S. Sturaro, "Authentication Concepts for Satellite-Based Augmentation Systems," in *ION GNSS+2016*, Portland, OR, 2016.

[49] D. Calle, S. Cancela, E. Carbonell, I. Rodríguez, G. Tobías, I. Fernández, J. Simón, and G. Seco-Granados, "First Experimentation Results with the Full Galileo CS Demonstrator," in *ION GNSS + 2016*, Portland, OR, 2016.

[50] B. Peterson, R. Hartnett, and G. Ottman, "GPS Receiver Structures for the Urban Canyon," in *ION GPS-95*, Palm Springs, CA, 1995.

[51] S. Lannelongue and P. Pablos, "Fast Acquisition Techniques For GPS Receivers," in *ION AM*, Denver, CO, 1998.

[52] F. van Diggelen, *A-GPS: Assisted GPS, GNSS, and SBAS*, Artech House, 2009.

[53] Trusted Computing Group, "Trusted Platform Module (TPM)," [Online]. Available: http://www.trustedcomputinggroup.org/work-groups/trusted-platform-module/. [Accessed 24 Sept 2016\].

[54] D. Denning and P. MacDoran, "Location-Based Authentication: Grounding Cyberspace for Better Security," in *Computer Fraud & Security*, Elsevier Science Ltd., 1996.

[55] M. Psiaki, B. W. O'Hanlon, J. A. Bhatti, and T. E. Humphreys, "Civilian GPS Spoofing Detection based on Dual-Receiver Correlation of Military Signals," in *ION GNSS2011*, Portland, OR, 2011.

[56] S. Lo, D. D. Lorenzo, P. Enge, D. Akos, and P. Bradley, "Signal Authentication, A Secure Civil GNSS for Today," *Inside GNSS*, Sept/Oct. 2009.

[57] Z. Li and D. Gebre-Egziabhery, "Performance Analysis of a Civilian GPS Position Authentication System," *Navigation: The Journal of the ION*, vol. 60, no. 4, 2013.

[58] L. Heng, D. Work, and G. Gao, "GPS Signal Authentication from Cooperative Peers," *IEEE Intelligent Transport Systems*, vol. 16, no. 4, pp. 1794-1805, 2015.

[59] L. Scott, "Multilevel Authentication Approaches for Location Assurance," in *Joint Navigation Conference*, Orlando, FL, 2015.

[60] L. Scott, "Towards a Sound National Policy for Civil Location and Time Assurance: Putting the Pieces Together," *Inside GNSS*, Sept/Oct 2012.

本章相关彩图,请扫码查看

第25章 民用 GNSS 欺骗、检测和恢复

Mark Psiaki[1] 和 Todd Humphreys[2]
[1] 弗吉尼亚理工大学,美国
[2] 德克萨斯大学奥斯汀分校,美国

25.1 简介

25.1.1 对 GNSS 欺骗的日益关注

GNSS 欺骗是故意传输虚假 GNSS 信号或数据,目的是混淆或误导 GNSS 用户。通常军用 GNSS 接收机很难欺骗,因为它们使用对称的私钥对传输码进行加密,而民用接收机使用公开的、可预测的扩频码,使得它们更容易受到欺骗攻击,这可追溯到 2003 年[1-4]的测试,该测试证明了对民用接收机造成攻击是很容易的。据称 2011 年开始出现"野外"攻击[5],这些是否涉及 GPS 欺骗仍有争议,但 2017 年 6 月发生在黑海影响多艘船只航行的攻击证明至少有一次此类攻击[6-8]。

合作欺骗,即欺骗者拥有或控制受害接收机,也在不断增加[9-11]。"受害者",如船长或 Pokémon Go 玩家,拥有了在禁水区钓鱼或在舒适的沙发上猎杀 Pokémon 的能力。智能手机的合作欺骗下,可使下载的应用程序[9]冒充智能手机上的 GPS 接收机,欺骗游戏应用程序,相信玩家和手机位于异国的位置。

25.1.2 欺骗问题的历史

欺骗对民用 GNSS 接收机来说是一种威胁[12]。早期主要集中在基于伪距的接收机自主完好性监测(RAIM),这些措施假设欺骗攻击由一个或多个产生伪距的虚假信号与其他测量的伪距不一致。给定 5 个或更多测量的伪距信息,作为导航解算的一部分,计算拟合后残差,拟合后的残差可以作为导航解的一部分,当残差的卡方一致性检验统计量太大时,就会生成告警。

2001 年,Volpe 报道提醒 GNSS 界,复杂的欺骗器可能会产生自洽的伪距集来欺骗接收机,而不产生 RAIM 告警[13]。在 2003 年[1,14]和 2007 年[15]又提出了更进一步的告警。然而,民用接收机制造商大都忽略了这些告警,直到在 2008 年开发、测试和宣布了一种有效的接收欺骗设备时,公众才注意到这些告警[2,16]。除了产生自洽伪距之外,此类欺骗器还可以无缝、无感的方式将受害者转移到错误的位置,从而避免引发受害 GNSS 接收机的警报。

它通过接收与受害者相同的 GNSS 信号,并利用其相对于受害者的几何位置将虚假信号叠加在真实信号之上,从而完成这项任务。军事研究人员已意识到该类欺骗器,他们也开发了类似设备,但没有公开承认这些工作。

这种新型接收欺骗器的出现引起了 GNSS 界极大的兴趣和关注。它催生了越来越多关于欺骗和检测的研究。本章的目的是介绍本研究的现状,相关报道可以在 GNSS 欺骗和检测调研论文中找到[17-19]。

25.1.3 现状

欺骗和检测两个方面的重要发展具有相反作用。之一是消除了欺骗器发展的障碍。2015 年 6 月,软件定义的 GPS 信号模拟器被发布到 GitHub 代码共享站点[20],此类软件可以在成本低于 1000 美元的商用现货(COTS)GPS 仿真硬件平台上运行[21]。通用软件无线电外设(USRP)[22]也可运行 GitHub GPS 信号模拟器,尽管价格要高一些。这些软件和硬件技术结合起来可形成 GNSS 欺骗攻击。会使许多参与者,甚至是聪明的高中生发起攻击。事实上,作者知道,在多个案例中,即使没有 GNSS 甚至 RF 技术背景的人也成功搭建和测试了模拟器或基于记录回放模式的欺骗器。

与此相反的发展是引入了第一个具有新防御欺骗攻击能力的商业接收机,超越了对伪距一致性的监测[23]。这是一种基本的防御形式,它检测欺骗攻击特征的变化,只有在最初信号是真实的情况下才有效。如果接收机从欺骗信号开始,或从真实信号变为欺骗信号期间检测方法以某种方式失效,那么 COTS 欺骗检测器会失效。尽管存在局限性,但接收机制造商认为将检测欺骗功能商业化是未来的一个充满希望的发展方向。希望更多的制造商效仿,并实施越来越复杂的防御。

25.1.4 欺骗的危险

欺骗可以发起攻击的原因很多,而 GNSS 用户总想要防御欺骗。两项测试证明了通过 GNSS 欺骗使车辆偏离航线。2012 年 6 月一架无人直升机计划在白沙导弹靶场盘旋时差点被迫降落[3]。2013 年 7 月,一艘超级游艇在地中海[4]中慢慢偏离航线,工作人员没有检测到故障。这些欺骗可造成飞机坠毁或船舶搁浅。

另一种形式的攻击会欺骗目标接收机,使它报告的时间(而不是位置)错误。GNSS 接收机的用作手机信号塔、电网监测和金融系统交易的时间标准,在此类设备中引起定时错误的欺骗攻击可破坏通信、触发断电或混淆自动金融交易。

一些无人驾驶汽车依赖 GNSS 信号作为其获得位置/速度/姿态估计的一部分。GNSS 欺骗可能会造成混淆,导致汽车走错出口、行为不正常或停车。除了 Pokémon Go 欺骗之外,其他合作的"受害者"可能会尝试对自己的接收机发起攻击。渔船船长可能会尝试这样做,以逃避 GNSS 对其是否进入受限水域的监控;被指控的罪犯可能会试图欺骗携带监控他们行踪的脚踝手镯。司机使用欺骗技术在虚拟机场排队时插队[24]。在这些场景下,受害者是依赖 GNSS 技术的机构或公司。

GNSS 服务的终端用户都不想成为恶意欺骗攻击的受害者。用户不希望攻击发生(如果有的话)。然而,鉴于趋势,应谨慎表明需要开发和部署经济的防御措施,以可靠地击败最有可能的攻击。

25.1.5 本章目的和结构

自 2008 年初以来,作者一直在研究民用 GNSS 欺骗和防御对策。本章回顾了可用于 GNSS 欺骗和欺骗检测的基本方法,讨论了这些领域的进展,并在撰写本文时明确了最先进的技术。

本章其余部分分为五个部分。25.2 节介绍了各种类型的欺骗攻击以及实现它们的技术。25.3 节介绍了欺骗检测系统。25.4 节讨论了在检测到攻击后恢复真实位置、导航和定时(PNT)信息的方法。25.5 节回顾了测试欺骗防御的方法。

25.2 GNSS 欺骗攻击方法

25.2.1 攻击的定义

GNSS 欺骗攻击是对 GNSS 信号或 GNSS 接收机的任何操纵,导致接收机输出不正确的位置、速度或时间,或并非来自真正 GNSS 卫星的信号输出。这个定义的前半句很简单。后半句包含文献[2]的攻击模式,其中欺骗器以连续方式慢慢地将受害接收机从其真正的 PNT 结果中拖出,但这很难被发现。关于这个模式会在 25.2.5 节中介绍。

25.2.2 对智能手机 GNSS 的纯软件攻击

纯软件欺骗是 Volpe 报告中没有预见到的一种攻击。如图 25.1 所示。这种类型的欺骗器并不传输虚假的射频信号,它不会欺骗智能手机的 GNSS 接收机。相反,它是智能手机中的一个应用程序,充当智能手机的 GNSS 接收机。它以某种方式向依赖 GNSS 的应用程序发送定位位置,使受害者应用程序相信这些位置是来自智能手机的内置 GNSS 接收机。

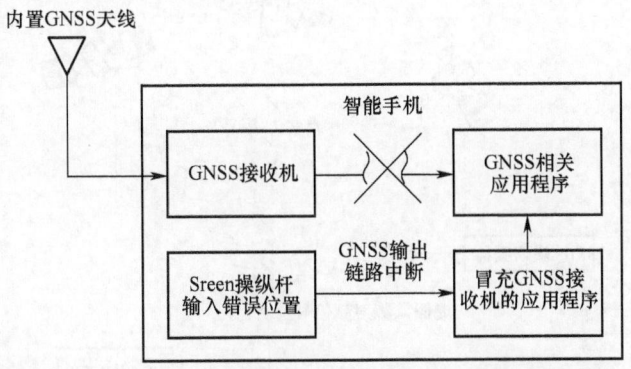

图 25.1 使用伪装成手机 GNSS 接收机的额外应用程序在智能手机中欺骗依赖 GNSS 的应用程序

这种类型的欺骗器仅适用于在真实的 GNSS 接收机和需要 GNSS 位置、速度或时间作为输入的软件模块间插入欺骗软件的系统。智能手机应用程序就是明显的例子,它们是迄今为止唯一已知的受害者[9-10],也可能存在具有此漏洞的其他系统。

纯软件欺骗器是经济的。与所有其他欺骗器不同,它不需要额外的欺骗硬件。它不违反任何 FCC 或国际电信法规,因为它不广播任何射频信号。它既便宜又合法,至少目前是这样。

25.2.3 射频攻击

传统的欺骗攻击是通过广播虚假的 GNSS RF 信号进行的,如图 25.2 所示。在受害的接收机看来,欺骗器生成的信号是真实的 GNSS 信号。信号具有正确的标称载频、正确的民用扩频码和可信的导航数据消息。欺骗发射天线必须位于受害接收机天线增益方向图范围内,具有足够的增益使受害者天线能够接收和处理虚假信号,同时受害天线也能接收到真正的 GNSS 射频信号。因此,欺骗器必须施加足够的功率来诱导受害者锁定并跟踪虚假信号。这有多种实现方法,以及欺骗器所需各种的功率优势。

假设为单频的攻击,则受害者收到的复合信号为

$$y(t) = \mathrm{Re}\Big\{ \sum_{i=1}^{N} A_i D_i[t-\tau_i(t)] C_i[t-\tau_i(t)] e^{j[w_c t - \phi_i(t)]} \\ + \sum_{i=1}^{N_s} A_{sl} D_{sl}[t-\tau_{sl}(t)] C_{sl}[t-\tau_{sl}(t)] e^{j[w_c t - \phi_{sl}(t)]} \Big\} \tag{25.1}$$

式中:N 为真实信号的数量;N_s 为欺骗信号的数量;A_i 为第 i 个真实信号的载波幅值;A_{sl} 为第 l 个欺骗信号的载波幅值;$D_i(t)$ 和 $D_{sl}(t)$ 分别为第 i 个真实和第 l 个欺骗信号的数据比特流;$C_i(t)$ 和 $C_{sl}(t)$ 分别为对应的真实和欺骗信号扩频码;$\tau_i(t)$ 和 $\phi_i(t)$ 分别为第 i 个真实信号的码相位和差频载波相位时间;$\tau_{sl}(t)$ 和 $\phi_{sl}(t)$ 分别为第 l 个欺骗信号的码相位和差频载波相位时间;ω_c 为标称载波频率,对于真实信号和欺骗信号相同。$-\dot{\phi}_i$ 为第 i 个真实信号的载波多普勒频移;$-\dot{\phi}_{sl}$ 为第 l 个欺骗信号的载波多普勒频移。

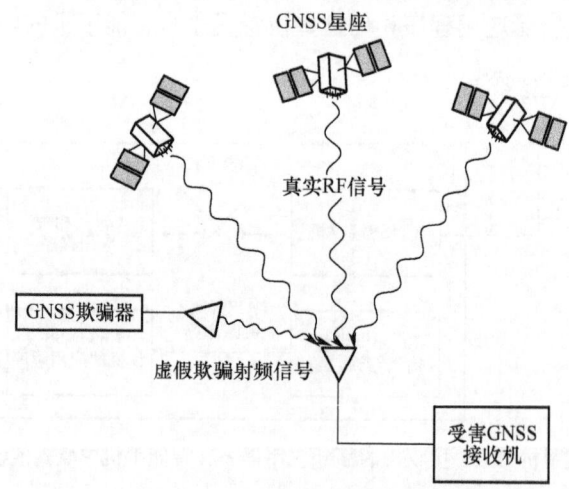

图 25.2 通过射频传输虚假 GNSS 信号的欺骗攻击

通常欺骗信号的数量等于或超过真实信号的数量($N_s \geq N$),并且所有的真实信号都有其相应的欺骗。因此,可以假设欺骗扩频码 $C_{si}(t) = C_i(t)$,对于所有 $i = 1,2,\cdots,N$。为了让欺骗器压制真实信号,对于所有 $i = 1,2,\cdots,N$ 需满足 $A_{si} > A_i$,以便受害者锁定并跟踪虚

假信号。可能需要额外的策略来诱导受害者跟踪虚假的信号,策略因欺骗技术而异,下面在每种特定的技术中讨论它们。

欺骗器可以传输与真实信号相同的导航数据: $D_{si}(t) = D_i(t)(i = 1,2,\cdots,N)$。在这种情况下,导致错误的位置或定时是因为选择了错误码相位 $\tau_{si}(t)$ 和差拍载波相位 $\phi_{si}(t)(i = 1,2,\cdots,N)$。

另一种策略是仅欺骗导航数据位,这样除了功率水平增加之外,欺骗信号和真实信号之间的唯一区别就是随时间不同的 $D_{si}(t)$。欺骗器可以改变部分卫星数据消息,以诱导受害接收机解算假的 PNT。

25.2.4　基于 GNSS 信号模拟器的盲攻击

一种最简单的欺骗攻击是用 GNSS 射频信号模拟器发射信号,它很少或根本不考虑真实的 GNSS 信号。例如,可以使用昂贵的研究级模拟器[25],也可以使用可公开访问的软件[20]和相对便宜的硬件平台[21]。攻击者预先编 GNSS 卫星/信号场景,将模拟器输出连接到射频放大器和天线上,将天线指向受害接收机,然后打开系统。

这种攻击通常以较短的干扰间隔开始,这会导致受害接收机失去对所有真实信号的锁定。在干扰之后使用欺骗此时受害接收机开始重新捕获 GNSS 信号。如果每个真实信号都有一个功率更强的欺骗信号相对应,那么受害接收机通常只会捕获欺骗信号。先干扰后欺骗被认为是一种"笨拙"的攻击模式,因为最初的干扰可能会使受害接收机发出告警。

如果欺骗器传输特别强的信号,那么欺骗器信号本身会干扰真实信号并诱导接收机重新捕获欺骗信号。最初的攻击对受害者来说似乎仍然是干扰,这为其提供了一种可能的检测模式。随后跟踪的虚假信号的高功率为受害者提供第二种告警。

攻击开始后,受害接收机从其捕获和跟踪的欺骗信号中解算 PNT。这些定位已被欺骗器预置,它们可以诱导任意错误位置。在干扰攻击开始时,受害者可能认为它在黑海,在干扰结束受害者重新获得 GNSS 信号后,它可能会发现自己在芝加哥甚至近地轨道。如果欺骗器想要保持对受害者的欺骗,就不应生成稀奇古怪的定位。作者推测,文献[6-8]中描述的 2017 年 6 月的黑海欺骗事件可能就是该信号模拟器类的盲欺骗攻击。文献[7]表明,事件中欺骗了 20 艘船,都显示有相同的坐标。因此,相同的方式影响许多船只。船长报告的信息包含在文献[7]中,他提供了图片以证实他的说法,即许多船只显示的位置相同。他还表示 GPS 接收机在此期间经历了一次或多次的临时中断,这些中断表明最初的干扰事件欺骗器相对于真实信号具有极高的功率。这乍一看似乎是一次干扰攻击,但这次攻击并不是下一节介绍的那种隐秘攻击。

25.2.5　接收机-欺骗器攻击

接收机-欺骗器可以发起比基于模拟器的欺骗器更复杂的攻击。

这种类型的欺骗器如图 25.3 所示。它仍然使用一个信号模拟器,但它也可以使用自己的 GNSS 接收机。它能够捕获和跟踪所有可见的 GNSS 信号,并用这些信号来确定自己的位置矢量 r_{rs} 和接收机时钟偏差 δ_{rs}。它需要知道自身接收天线和受害者间的相对位置矢量 Δr_{vs}。为确定这个矢量需要某种测量或传感系统。同理,它要知道自己的接收天线相对于自身发射天线的位置矢量。

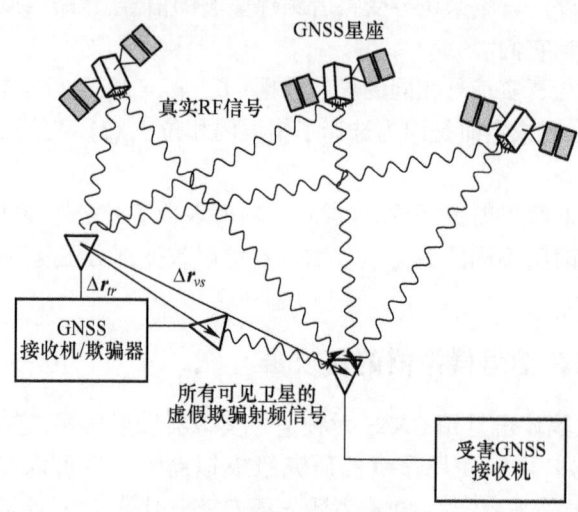

图 25.3 接收机-欺骗器攻击模式

接收机-欺骗器使用这些信息来重构受害接收机接收的每颗卫星码相位的距离欺骗部分。形式是：

$$\Delta \tau_i = \tau_{rsi} - \delta_{rs} + \frac{\rho_v^i - \rho_{rs}^i}{c} \tag{25.2}$$

此延迟分量不包括受害接收机的时钟偏差。该式使用的新变量是第 i 个 GNSS 卫星的码相位 τ_{rsi}，受害接收机到第 i 个卫星的伪距 ρ_v^i，以及接收机—欺骗器到同一颗卫星的伪距 ρ_{rs}^i。

接收机-欺骗器利用其对真实信号和欺骗器-受害者之间相对几何形状的了解来生成欺骗的扩频码数据比特流，这些欺骗扩频码和数据流和受害接收机天线接收的真实扩频码和数据流有明确的关系。假设欺骗器想要诱导欺骗的扩频码 $\delta\tau_{si}$ 相对于受害接收机处的真实码相位有偏移，使第 i 个卫星的欺骗码为 $C_i[t - \tau_i(t) - \delta\tau_{si}]$，这种偏移可正可负。然后接收机-欺骗器必须在内部生成以下扩频码：$C_i[t - \tau_{rsi}(t) - \delta\tau_{rsi}]$。$\delta\tau_{rsi}$ 是接收机-欺骗器内部用来扰动的码相位偏移，其来自于复制码 $C_i[t - \tau_{rsi}(t)]$，作为其标准接收机基带解扩操作的一部分。接收机-欺骗器中所需的内部偏移通过函数 f_{rsi} 与受害接收机上的目标偏移相关联，该函数将各种延迟输入组合起来产生所需的偏移：

$$\delta\tau_{rsi} = f_{rsi}(\delta\tau_{si}, \Delta\tau_i, \tau_{rsi}, \delta_{rs}, \|\Delta r_{vs} - \Delta r_{tr}\|/c, \delta_{\text{line}}) \tag{25.3}$$

该式中的新项是 δ_{line}。如果 $\delta\tau_{rsi}$ 为零，表示发射总延迟，它是接收机-欺骗器从扩频码的给定部分到达其接收天线到合成信号从发射天线传输完毕的时间。

隐秘攻击场景从每个码延迟开始，将受害者的偏移量设置为 0，以便欺骗信号完全位于真实信号之上。也就是说，$\delta\tau_{si} = 0$ 对于所有 $i = 1, 2, \cdots, N$ 成立。由于每个欺骗的幅值都开始于零处：对于所有 $i = 1, 2, \cdots, N$，$A_{si} = 0$，然后 A_{si} 值上升到比相应真实值 A_i 稍大，而相应的 $\delta\tau_{si}$ 偏移保持在 0 不变。在所有的 A_{si} 值都远大于相应的真实信号之后，对于 $i = 1, 2, \cdots, N$ 的码相位偏移 $\delta\tau_{si}$ 将从零缓慢开始，以捕获接收机的码相位跟踪延迟锁定环（DLL）。欺骗的载波相位以一种和欺骗码相位同步漂移的方式合成，因此欺骗载波多普勒频移等于欺骗码相位多普勒频移乘以标称载波频率。

一些攻击策略在初始拖曳期间将欺骗载波相位锁定在真实载波相位(在恒定偏移范围内)。这种方法避免了真实信号和欺骗信号码相关函数间的时变干扰,因而影响了拖曳。在这种"频率锁定"欺骗攻击中,拖曳必须非常缓慢,避免载噪比出现明显的抖动。当欺骗码相位被拖曳到离真正的码相位足够远以至于消除了两个码相关函数之间的干扰时,此频率锁定特性关闭。单通道的接收机欺骗攻击场景如图 25.4 所示,此图中的黑色点画曲线是欺骗信号,蓝色实线是真实信号和欺骗信号的总和,横轴是典型码相关函数的码相位偏移,3 个红点分别是受害接收机 DLL 的早、即时、晚码的累积点。该图的 5 幅图显示了攻击初始部分的连续快照。前三幅图显示了当 $\delta\tau_{si} = 0$ 时,A_{si} 从顶部图中的 0 上升到略大于中间图中的 A_i;下面的 2 个图显示了当欺骗器捕获 DLL 时 $\delta\tau_{si}$ 从 0 初始拖曳,在第 4 个轨迹中,$\delta\tau_{si}$ 大约等于一个完整的码片,并且真实和欺骗扩频码的自相关函数相互干扰。

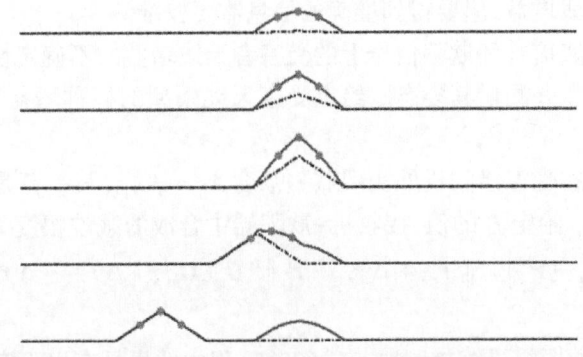

图 25.4 在接收机-欺骗攻击的初始阶段,欺骗信号的幅度和码位偏移的演变
(欺骗信号:黑色点划线;欺骗和真实信号:蓝色实线曲线;接收机跟踪点:红色点[19,26])
(来源:经 IEEE 许可转载)

在第 5 个轨迹中,$\delta\tau_{si}$ 大约等于 3 码片,欺骗和真实峰值不同,接收机 3 个 DLL 跟踪点集中在欺骗峰值。这两个峰值间三码片 $\delta\tau_{si}$ 的码相位差和欺骗器欺骗受害者测量伪距的量相当。

图 25.4 描述了一种欺骗和真实的载波相位相等或几乎相等的攻击。在典型情况下,不会发生紧密的载波相位对齐。即使最初确实发生了载波相位对齐,如果欺骗器的载波相位速率与其码相位速率成比例,在拖曳期间也无法保持。更典型的情况下,图 25.4 中所示的曲线应该是三维的(相关峰具有同相和正交分量),相应的图会更复杂。然而,事件顺序和相对的码相位对齐将与该图所示相同。

接收机-欺骗器必须谨慎地合成一组自身相一致的伪距。否则,受害接收机能够使用简单的基于多伪距残差的 RAIM 计算来检测攻击。合成自身相一致欺骗伪距的一种好方法是将基于目标欺骗位置 r_s 和目标欺骗对受害者接收机时钟偏移量 $\Delta\delta_s$ 的增量。给定 r_s 和标量 $\Delta\delta_s$ 的 3 个分量,受害接收机处的一组自洽的目标欺骗码相位偏移为

$$\delta\tau_{si} = f_{si}(\| r_s - r^i \|/c, \| r_{rs} + \Delta r_{vs} - r^i \|/c, \Delta\delta_s)$$
$$\text{for all } i = 1,2,\cdots,N \tag{25.4}$$

其中 f_{si} 是一个适当定义的函数,r^i 是第 i 个 GNSS 卫星的位置矢量。

欺骗器选择欺骗位置随时间变化的 $r_s(t)$ 和欺骗接收机时钟偏移增量随时间变化的 $\Delta\delta_s(t)$。它使用这些时间合成一组 N 个随时间变化的欺骗码相位偏移,用式(25.4)来计算 $\delta\tau_{si}$ 值,然后利用式(25.3)来计算 $\delta\tau_{rsi}$ 值。与图 25.4 中的初始攻击剖面一致,初始欺骗位置 r_s 必须等于受害接收机天线位置 $r_v = r_{rs} + \Delta r_{vs}$,并且初始欺骗时钟偏移增量 $\Delta\delta_s$ 必须为零。

为 $i = 1,2,\cdots,N$ 选择欺骗功率水平 A_{si} 的问题很棘手。接收机-欺骗器可以在其自己的接收机射频前端的输出端测量接收到的功率电平。如果知道它的自动增益控制设置、姿态和接收天线增益方向图,那么它就可以推断出受害者天线的信号振幅。然而,这些振幅并不是受害接收机看到的真实信号的实际幅值 A_i,因为这些值取决于受害接收机的天线增益方向图和姿态。此外,在受害天线输出处看到的欺骗 A_{si} 值取决于功率放大、发射天线增益方向图以及欺骗发射天线到受害接收机天线的距离。欺骗器原则上可以知道受害者方向的发射功率放大和发射天线增益,但要得到准确的信息需要校准。

欺骗器将面临真实信号和欺骗信号上的受害者天线增益的不确定性。一个复杂的欺骗器会确定受害天线模型并测量其姿态。给定受害天线模型的标称增益方向图,这些信息对欺骗器确定增益有用。

假设欺骗器试图在受害接收机处实现欺骗幅度 $A_{si} = f_i A_i$,其中 f_i 是幅度最佳因子。通常选择该因子大于 1。给定 f_i 的值,接收机-欺骗器中合成的载波幅度为

$$A_{tsi} = f_i A_{rsi} g_{tsi}(\parallel r_{rs} - r^i \parallel / \parallel r_{rs} + \Delta r_{vs} - r^i \parallel, G_{vi}, G_{vs}, \parallel \Delta r_{vs} - \Delta r_{tr} \parallel /\lambda, G_{rsri}, G_{rst})$$
(25.5)

其中 g_{tsi} 是适当定义的振幅可缩放函数。式(25.5)程中的量具有以下定义:A_{si} 是数字合成欺骗信号的载波幅度。它的数字单元是数模转换器(DAC)的输入单元,位于欺骗器模拟传输链的起点。A_{rsi} 是接收机-欺骗器接收机跟踪环路中根据鉴相器值估计的载波幅度,通过位于欺骗器模拟接收链末端的模数转换器(ADC)给出数字输出单元。G_{vi} 是受害接收机在第 i 个卫星真实信号方向上高于 0dBic 全向天线的天线增益。G_{vs} 是受害接收机在欺骗发射天线方向上的天线增益。G_{rsri} 是欺骗器整个 RF 接收链的增益,从来自第 i 个卫星信号方向的天线输入端开始到 ADC 的输出终止,单位为 Watts/(DAC 单位)^2。λ 为 GNSS 信号的标称载波波长。

使用式(25.5)计算欺骗信号幅度的挑战涉及 4 个增益:G_{rsri}、G_{rst}、G_{vi} 和 G_{vs}。如果接收机-欺骗器姿态已知,则接收机-欺骗器天线和模拟射频链的校准可用于获得合理的 G_{rsri} 和 G_{rst}。G_{vi} 和 G_{vs} 需要对受害接收机的天线校准和姿态信息进行了解。如果已知天线模型,则可以从标称数据表中获得受害天线增益方向图的近似值,但这些标称校准可能与实际受害单元不同。只有欺骗器有一个非常复杂的传感系统时(也许是一个基于视觉的系统),受害天线的姿态才可确定。

在许多情况下,要合成一个精确达到给定目标幅度最佳 f_i 的 A_{tsi} 太困难了。典型的欺骗器会估计各种增益,并计算 A_{tsi} 的下限,这将保证足够大的幅度优势,以确保捕获受害者的跟踪环路。在实践中,式(25.5)中的剩余增益因子不确定性表明实际幅度优势可能显著大于目标 f_i 值,以确保捕获受害者跟踪环路。在实施欺骗防御时,欺骗器可以利用这一点。已知 3 个不同的小组已经开发了本节[2,27-28]中描述的那种接收机-欺骗器,也已经建造了

额外的接收机-欺骗器。

25.2.6 虚拟干扰攻击

虚拟干扰攻击是 GNSS 信号的简单接收和重新传输。这种攻击模式看起来类似于图 25.3 中的接收机-欺骗器。不同之处在于,虚拟干扰设备是一个非常简单的设备,它接收、放大和重新广播整个 GNSS 信号频谱,可同时攻击简单的民用信号[包括导航消息认证(NMA)或扩频码认证在内的"强化"民用信号]以及加密的军用信号。攻击的影响可以用式(25.3)和式(25.4)来理解。额外的码偏移对于所有 $i=1,2,\cdots,N$,相当于在虚拟干扰设备中引入的 $\delta_{\tau rsi}=0$。可以将此值放在式(25.3)的左侧,并求解该式,以确定受害接收机处的有效码偏移。然后,可以将这些与根据预期欺骗位置 r_s 和欺骗定义的值等同起来,得到时钟偏移增量 $\Delta\delta_s$。得到的 $i=1,2,\cdots,N$ 的结果可用于确定"选择的"欺骗位置。若 $r_s = r_{rs}$,选择的欺骗时钟偏移增量为 $\Delta\delta_s = (\|\Delta r_{vs} - \Delta r_{tr}\|/c) + \delta_{line} > 0$,也就是虚拟干扰设备接收机天线的位置是受害接收机将推断的位置,在受害接收机处添加的时钟偏移将是从输入到虚拟干扰设备天线到输入到受害天线的净路径延迟,这个结果很明显。

增加的延迟 $\Delta\delta_s$ 表明欺骗的"真实"时间总是早于受害接收机的实际真实时间。这一事实可以使检测策略成为可能,其中受害者将其估计的时钟偏移时间历史与基于其振荡器的已知稳定性水平的合理值进行比较。

请注意,线路延迟 δ_{line} 不一定是固定的,欺骗器可能会调整这个值以满足自己的目的。在所有情况下,它将服从 $\delta_{line} > 0$。

25.2.7 欺骗导航数据位

导航数据比特流 $D_i[t-\tau_i(t)]$ 必须由欺骗器生成并广播。一个好的信号模拟器会自动生成可信的比特流。虚拟干扰设备返回真正的比特流,接收机-欺骗器可以使用真实 $D_i[t-\tau_i(t)]$ 时间历史的估计。

这些数据位的先验是不可预测的,但许多位是周期性地重复。例如,传统 GPS L1 C/A 码使用 50Hz 导航数据位。完整的导航数据消息大部分每 12.5min 重复一次,并且大部分消息每 30s 重复一次。大多数非重复部分由可以准确预测的周时计数器组成。

对于运行在周期很大的数据比特流上操作的接收机-欺骗器来说,一个合理的策略是延迟欺骗,直到接收到一个完整周期的比特流。然后,它可以使用这段时间的比特值和任何需要的反预测值,来合成一个估计 $D_i[t-\tau_i(t)]$ 的近似值 $D_i[t-\tau_{rsi}(t)-\delta_{\tau rsi}]$。如果在该流中存在一些不定期重复的不可预测的比特,则欺骗器可能只是综合这些比特的猜测并相应地调整任何错误检测(如奇偶校验)比特。在周期性消息的转换(对于 GPS L1 C/A 码传统消息,每 2h 发生一次)时,接收机-欺骗器会延迟一个完整的周期,即每 30s 重复的部分延迟 30s,并且另一部分延迟 12.5min。文献[2]中的接收机-欺骗器以这种方式形成其欺骗的导航数据位。

有人提议在未来信号的 $D_i[t-\tau_i(t)]$ 数据流中加入特殊的不可预测位[29]。这些不可预测位将构成可用于欺骗检测的安全码。为了避免被检测到,欺骗器需要确定这些位的良好估计,并将它们包含在其欺骗的导航数据比特流中。这种类型的攻击被称为安全码估计和重放(SCER)攻击,因为不可预测的导航位构成了安全码[30]。

真实信号有限的信噪比迫使欺骗器在这样的数据位开始后等待一定的时间,以便高可靠地估计其值。假设这个时间延迟是 δ_{tsD} ,在这种情况下,欺骗器有两种选择:一种选择是选择所有 $\delta_{\tau rsi}$ 值以确保 $\delta_{\tau rsi} \geq \delta_{tsD}$ 。由于该约束对式(25.3)和式(25.4)计算的影响,该选项对欺骗位置 r_s 和欺骗时钟偏移增量 $\Delta\delta_s$ 的可能组合进行了限制,欺骗的场景必须介于两个极端之间。一种极端,被欺骗的受害者位置可能比从卫星通过欺骗器到达受害者的有效信号路径更远。另一个极端,欺骗位置是任意的,而欺骗时钟偏移增量 $\Delta\delta_s$ 足够正,以确保对于所有 $i = 1, 2, \cdots, N$ 的 $\delta_{\tau rsi} \geq \delta_{tsD}$ 。有可能设计一个介于这两个极端之间的欺骗时钟偏移增量的组合,也就是说,欺骗位置不会是完全任意的,但 $\Delta\delta_s$ 将足够大,以允许在选择欺骗位置时具有一定的灵活性。欺骗器的这些限制为受害者提供了检测选项。如果欺骗位置需要比真实位置更远离所有可见的 GNSS 卫星,则欺骗高度可能低于海平面,这可能会触发欺骗警报。为避免这种情况, $\Delta\delta_s$ 的突然增加可能会被受害者注意到,因为它与其振荡器的已知稳定性特征不一致。SCER 攻击的另一个选择是允许 $\delta_{\tau rsi} < \delta_{tsD}$ 。在这种情况下,欺骗器将不得不在比特的欺骗传输间隔开始时出现的 $\delta_{tsD} - \delta_{\tau rsi}$ 持续时间不确定窗口期间发送对每个不可预测的安全码导航数据位的一些猜测或错误估计。由此产生的错误为检测这种类型的攻击提供了另一种途径[30]。

25.2.8 其他攻击可能性

盲信号模拟攻击、接收机欺骗攻击和虚拟干扰攻击的基本思想有很多潜在的变化。这些变化往往会使攻击复杂化,并使它们的安装成本更高。它们还倾向于使防御对策更加困难。这个小节回顾了一些可能的其他攻击特性。

25.2.8.1 接收机-欺骗器的零位攻击

接收机欺骗攻击为其试图欺骗的每个信号广播 2 个信号。第一个是真实信号的负值,该信号消除了真正的信号,因此在受害接收机上找不到它的存在。第二个信号是欺骗信号,如式(25.1)第二行所示。

再次参考式(25.1),欺骗信号的数量为 $N_s = 2N$,这些信号中的前 N 个是归零信号。归零要求为对于所有的 $l = 1, 2, \cdots, N$,满足 $A_{sl} = A_l$ 、$D_{sl}(t) = D_l(t)$ 、$C_{sl}(t) = C_l(t)$ 、$\tau_{sl}(t) = \tau_l(t)$ 和 $\phi_{sl}(t) = \phi_l(t) + \pi$ 。最后的 $180°$(π 弧度)载波相位实现了用归零信号抵消 N 个真实信号。第 $2N$ 个欺骗信号,即 $l = N + 1, N + 2, \cdots, 2N$,是诱导欺骗接收机位置 r_s 和欺骗时钟偏移增量 $\Delta\delta_s$ 的信号的欺骗版本。

这种类型的攻击在图 25.5 中由 5 个连续的图说明,图中显示的是在攻击开始时,受害接收机将看到单个 GNSS 信号的码相关函数的结果。如图 25.4 所示,5 个连续图显示了攻击的 5 个连续阶段,顶部图为初始阶段,底部图为最后阶段。最初,欺骗信号与真实信号在码相位上一致。该通道的绿色虚线归零型信号和此信道黑色虚线的欺骗信号开始幅度都为零,即 $A_{sl} = 0$ 和 $A_{s(l+N)} = 0$,如顶图所示。2 个幅值同时缓慢上升,如第二和第三幅图所示,直到归零信号幅值等于真实幅值:$A_{sl} = A_l$ 。在这两幅图中欺骗器的两个信号相互抵消,因此蓝色实线(表示真实信号的码相位相关函数)保持不变。从第四张图开始,欺骗器开始将欺骗码位从真实码位拖走,即黑色虚线向左移动。绿色虚线的归零曲线仍保留在中间,以抵消真实信号。在底部的图中,早、即时和晚码接收机跟踪点被拖到了左边大约 3 个完整的码片中。在真实信号位置处有轻微的残留纹波,因为归零信号与真实信号相关函数的负值不完全匹配。因此,它并不能完全抵消真实信号。然而,匹配很好时,波纹会非常小。通过对比图25.4中底部2个图中的蓝色曲线与该图中底部2个图中的对应曲线,很明显看出,通过发现码相关函数的归零攻击更难检测。

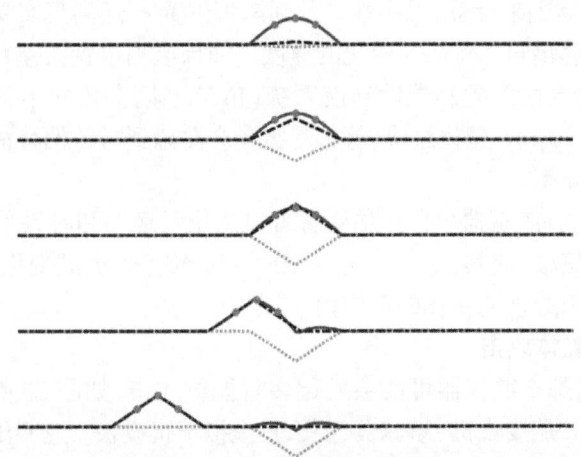

图25.5 使用码延迟相关函数查看的归零攻击的开始时间

(归零信号:绿色虚线;欺骗信号:黑色点划线;归零、欺骗和真实信号的总和:蓝色实线;接收机跟踪点:红点。)

发起一次好的零位攻击非常困难。首先,真实信号和虚假信号之间的幅度匹配必须非常接近。参考式(25.5),匹配需要对接收机-欺骗器的接收和传输增益进行精确校准,并对受害者天线在真实和欺骗信号接收方向上的增益比进行精确校准。接收机-欺骗器还需要知道接收机-欺骗器和受害者天线的姿态。受害者天线校准知识最难满足。

另外的要求是满足载波相位。接收机-欺骗器必须知道并控制接收天线上接收的载波相位和在其发射天线上发射的载波相位之间的绝对变化。

接收机-欺骗器需要知道其发射器天线和受害接收机天线 $\|\Delta r_{vs} - \Delta r_{tr}\|$ 之间的精确距离,它对这个量的估计误差需要是载波波长的小数部分。

25.2.8.2 受害者运动的高频感知

式(25.3)~式(25.5)都需要对受害接收机天线相对于接收机-欺骗器的接收天线 Δr_{vs} 有一定的了解。如果受害者相对欺骗器是静止的,那么欺骗器可以预先测量这个位移矢量。如果受害者可以于欺骗器移动,则欺骗器将需要一个传感器确定相对运动时间 $\Delta r_{vs}(t)$。

存在欺骗检测策略,它依赖于受害者了解到其天线经历过的小的高频运动。为了破解这种检测策略,接收机-欺骗器必须有一个传感器,可以产生 $\Delta r_{vs}(t)$ 测量。此外,其欺骗信号合成机械化必须能响应在 $\Delta r_{vs}(t)$ 中任何感知到的快速变化。欺骗器可能以增加硬件复杂性为代价来获得这种能力。

25.2.8.3 多通道虚拟攻击

先进的虚拟干扰设备需配备一个小型相控阵接收天线而不是单阵元天线,该阵列可用于实现多个独立的虚拟干扰通道。每个通道都可使增益加到不同的 GNSS 卫星上,且每个通道能以独立可控的方式延迟输出。随后经过放大,与其他频率的信号组合,并通过欺骗发射天线重新广播。这种类型的攻击类似于25.2.5节中的接收机-欺骗器的攻击,主要的不同是,延迟选择受到限制,以满足限制 $\delta \tau_{rsi} \geq 0$。

25.2.8.4 可忍耐的接收机欺骗攻击

接收机欺骗攻击的另一方面是它将受害者接收机拖到确定错误位置或时间的速度。根据图 25.4 或图 25.5 看，忍耐性涉及欺骗相关峰向左移动的速度。根据式(25.3)和式(25.4)中的码相位欺骗来计算，忍耐性涉及到欺骗位置 r_s 远离真实受害者位置 $r_{rs} + \Delta r_{vs}$ 的速度和欺骗时钟偏移增量 $\Delta \delta_s$ 从零变化的速度。如果欺骗位置误差 $r_s - (r_{rs} + \Delta r_{vs})$ 变化过快，那么受害者可能会注意到和惯性导航系统(INS)预期变化的不一致——假定配置有惯性导航系统。如果 $\Delta \delta_s(t)$ 变化过快，那么受害者会注意到时钟偏移估计表现出与振荡器稳定性不一致的大变化率。

一个复杂的接收机-欺骗器可以评估受害者监测位置运动和时钟偏差漂移的能力。它可以缓慢地诱导欺骗偏移，使其在 $r_s - (r_{rs} + \Delta r_{vs})$ 和 $\Delta \delta_s(t)$ 上的变化足够小，处于 INS 测量误差或振荡器漂移引起预期变化的范围内。

25.2.8.5 多智能体攻击

如果不考虑开销，那么欺骗器可能会发起多智能体攻击，如图 25.6 所示。3 个单通道欺骗器中的每一个要么是接收机-欺骗器，要么是虚拟干扰设备。它只输出一个 GNSS 卫星的欺骗信号，它与受害接收机天线形成一条线。

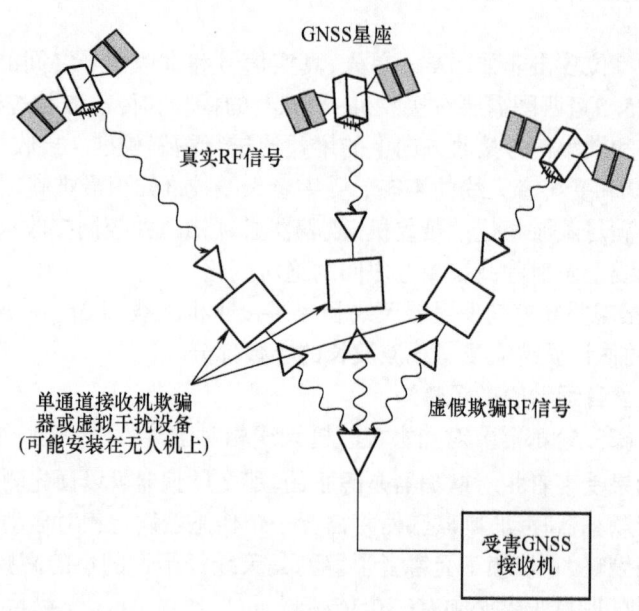

图 25.6 配置多个智能体的欺骗攻击，以实现欺骗信号到达多方向性的正确性
（请注意，真实信号也会到达受害接收机，尽管在该图中看起来相反。）

多智能体攻击的主要好处之一是欺骗信号从多个方向到达受害天线。一些欺骗检测方法使用多个天线或带有 INS 辅助的移动天线合成孔径来测量每个 GNSS 信号的到达方向。如果所有信号都从同一方向到达，那么这些信号显然来自欺骗器或虚拟干扰设备。多智能欺骗器可以避免用这种方法被检测到。

25.2.9 欺骗攻击类型

可以根据复杂程度或难度对欺骗攻击进行分类。复杂程度或难度较高的攻击需要配备更多的资源。因此,发动这种攻击的潜在参与者有限。可能的受害者限于那些攻击参与者想要欺骗的人。文献[19]列出了13种攻击技术。通过对成本的主观评估对它们进行排序,而成本是开发和部署欺骗系统难度的衡量标准。文献[31]定义了威胁源的类别,范围覆盖从卡车司机、恐怖组织和政府。它还定义了威胁的类别,可映射到上面定义的一些欺骗攻击方法的欺骗攻击模式。

这些类型的分析对于评估应该实施哪种类型的欺骗防御非常有用,一些欺骗攻击方法很容易检测。用户设备设计师非常愿意开发针对此类攻击的防御措施,从而将检测器的复杂性和成本降至最低。然而,一些用户可能要感知用足够资源开发的高级欺骗器的攻击的威胁。此类用户应考虑投入开发更强欺骗防御所需的资源。

25.3 检测欺骗攻击的方法

本节介绍了检测欺骗攻击的方法。这些方法构成了防御的第一部分。受害接收机必须知道它正在遭受攻击以制定适当的应对措施。本节介绍的每种检测方法都包含针对各种攻击方法的有效性讨论。

25.3.1 智能手机假冒的 GNSS 应用程序

在智能手机中检测虚假 GNSS 应用程序问题的一部分是网络安全。人们可以通过检查平台是否受信任来阻止恶意软件。Pokémon Go 增加了检查用户是否获得根权限的功能。如果这样,用户将无法玩游戏[32]。

特定的 GNSS 可能会分析智能手机随时间变化的位置和时钟偏差。检测策略是识别不可能的微观或宏观水平的变化。例如,如果获得随时间变化位置的智能手机用户直接穿越大峡谷,那么依赖 GNSS 的应用程序会发出欺骗告警。这种方法类似于信用卡公司检测欺诈的策略。

在撰写本章时,检测和隔离冒名顶替导航软件的方法尚未得到广泛研究。这是一个值得更多关注的话题。

25.3.2 导航级 RAIM 的伪距一致性

通过 GNSS 接收机的标准伪距方程进行伪距一致性检查:

$$P^i = c\tau_i = \parallel r_v - r^i \parallel + c(\delta_v - \delta^i) + \nu_{Pi} \qquad (25.6)$$

式中:δ_v 为受害接收机的时钟偏移量;δ^i 是第 i 颗 GNSS 卫星的时钟偏移量;ν_{Pi} 为伪距测量噪声。测量噪声主要包括热噪声和多径误差。为简单起见,该模型忽略了电离层和中性大气延迟。但在实际接收机计算中,它们不应忽略。

假设伪距测量噪声是具有以下统计量的高斯分布:

$$E\{\nu_{Pi}\} = 0 \quad (i = 1,2,\cdots,N)$$
$$E\{\nu_{Pi}\nu_{Pl}\} = \sigma_{Pi}^2 \delta_{i,l} \quad (i,l = 1,2,\cdots,N) \tag{25.7}$$

式中：σ_{Pi} 为第 i 个伪距测量误差的标准差；$\delta_{i,l}$ 为 Kronecker 增量，如果 $i = l$，其值为 0；如果 $i \neq l$，其值为 0。可以从接收到的载噪比谱密度、累积带宽、DLL 带宽和仰角推导出一个合理的 σ_{Pi} 值。用仰角表示多径对误差的贡献，将热噪声和多径贡献组合在一起，以均方根来产生 σ_{Pi}。

导航级 RAIM 计算始于解决导航解算的标准最小二乘问题：

$$\text{find}: r_v \text{ and } \delta_v$$
$$\text{to minimize}: J(r_v, \delta_v) = \frac{1}{2}\sum_{i=1}^{N}\left[\frac{P^i - \|r_v - r^i\| - c(\delta_v - \delta^i)}{\sigma_{Pi}}\right]^2 \tag{25.8}$$

其中对于 $i = 1,2,\cdots,N$，r 和 δ^i 是卫星已知的导航电文。

假设 r_{vopt} 和 δ_{vopt} 是优化后的受害接收机位置和时钟偏移，那么代价函数为 $J_{\text{opt}} = J(r_{\text{vopt}}, \delta_{\text{vopt}})$。$2J_{\text{opt}}$ 是服从自由度为 $(N-4)$ 的卡方分布的采样。

基于 RAIM 的欺骗检测是要确定 $2J_{\text{opt}}$ 是否太大，不能作为自由度为 $(N-4)$ 的卡方分布的随机样本分布，分布的均值为 $N-4$，标准差为 $\sqrt{2(N-4)}$。因此，$2J_{\text{opt}}$ 大于 $\gamma = N - 4 + 3\sqrt{2(N-4)}$ 阈值的情况极小。因此，如果导航解算超过此阈值，会发出欺骗告警。

此方法可以检测仅欺骗可用信号子集的攻击，这种攻击无法产生相一致的导航解。这种方法对使用式(25.3)和式(25.4)生成所有欺骗信号的攻击无效，并破坏受害接收机锁定的所有真实信号。

文献[2]中欺骗器的出现使得这种检测作为独立防御的方法不可靠。如果与其他防御方法结合使用，还是有价值的。然而，随着新星座部署增加了导航卫星数量，要确保它成功欺骗每一个可用的信号，欺骗器将面临越来越大的挑战。否则，受害者可使用这种方法检测到攻击。

25.3.3 跟踪级 RAIM 信号失真/异常监测

较新的 RAIM 着眼于除伪距外的其他量，这些量可以在接收机内自动计算。包括接收到的信号功率，码时延/载波相位自相关函数的失真、载波相位或载波多普勒频移的跳变[33-38]。图 25.7~图 25.10 显示了可能监测到的各种失真例子。

图 25.7 显示了攻击期间在整个 GPS L1 C/A 码频谱中有强大增益的接收信号功率。这是一种攻击，对于 $i = 1,2,\cdots,N$ 的欺骗功率优势因子 f_i 可能设置为 2，欺骗功率有 6dB 的优势。接收功率的突然跳变可用于发出欺骗告警[35]。许多接收机使用自动增益控制（AGC）模块，以保持射频前端的输出功率水平。这样的接收机需要报告 AGC 增益到其信号处理链的数字部分，以检测绝对功率变化。

这种类型的防御对应用式(25.5)具有高度不确定性计算的欺骗者有效。它们通过压制真实信号功率来捕获受害接收机的跟踪环路，如图 25.7 所示。如果增益的不确定性较小且使用较小功率的欺骗器或使用零点欺骗器进行成功的攻击，这种检测方法无效。

图 25.8 显示了攻击引起的接收机复相关函数的失真。图中绘制了三维 I 和 Q 与码相位偏移关系的 2 个视图。左侧图像图 25.4 和图 25.5 所示的码偏移相关函数。该图源于对

GPS L1 C/A 信号的真实欺骗攻击。三维 I 和 Q 和码相位关系应该是简单的 C/A 码相关图,由于接收机 RF 前端的带宽有限,在其边缘处有平滑,它位于图中 I-Q 投影上的一条线上。左侧图显示了攻击前(蓝色实线)和攻击后(红色点划线)预期的 C/A 码相关函数。右侧图显示了由攻击引起的失真。未经欺骗的蓝色实线位于 I-Q 平面的一条线上。被欺骗的红色点划线并不局限于该平面的一条线上。

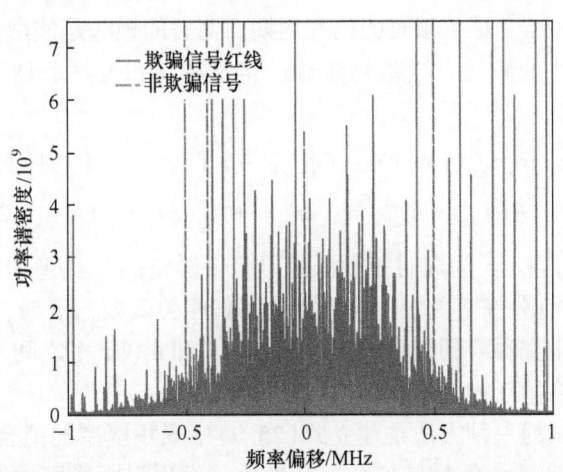

图 25.7　GPS L1 频段在攻击开始前后的非欺骗(红色点画线)和欺骗(蓝色实线)功率谱密度

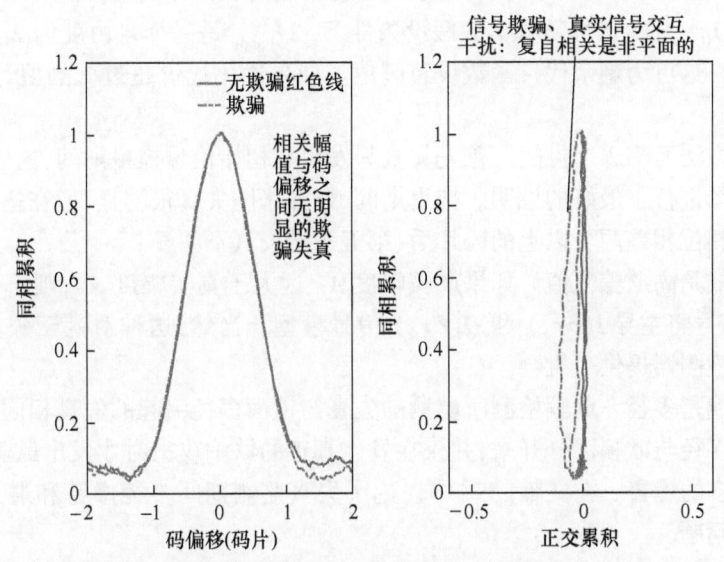

图 25.8　在攻击之前(蓝色实线)和接收机-欺骗攻击的初始阶段
(红色点画线)[19],三维 I 和 Q 与码位偏移的两个视图
(来源:经 IEEE 许可转载。)

另一种可能性是 $\sqrt{I^2+Q^2}$ 与码偏移函数的失真。图 25.8 的左图不存在这种失真,

但图25.4在其攻击顺序的第四个图中清楚地说明了这种类型的失真。当欺骗和真实曲线位于彼此的2个码片内时,这种失真发生在欺骗码相位与真实码相位的初始拖曳过程中。

基于失真监测的欺骗检测器必须评估计算同相和正交累积量 $I(\delta\tau_k)$ 和 $Q(\delta\tau_k)$,$k = 1,2,\cdots,N_{\text{offsets}}$。对 $k = 1,2,\cdots,N_{\text{offsets}}$ 的延迟 $\delta\tau_k$ 是相对于即时复制码的相位偏移量,用于和复制的扩频码计算相关累积。典型的接收机使用 $N_{\text{offsets}} = 3$;$\delta\tau_1 = -0.5\tau_{\text{chip}}$,$\delta\tau_2 = 0$ 和 $\delta\tau_3 = +0.5\tau_{\text{chip}}$,其中 τ_{chip} 是扩频码的码片周期。明智的做法是使用更多的偏移和相应的累加器来检测基于此法的欺骗。欺骗检测算法将这些累积值与非欺骗模型的累积值进行比较:

$$\begin{cases} I(\delta\tau_k) = A_{\text{accum}}R(\tau_{\text{err}} + \delta\tau_k)\cos(\phi_{\text{err}}) + \nu_I(\delta\tau_k) & (k = 1,2,\cdots,N_{\text{offsets}}) \\ Q(\delta\tau_k) = A_{\text{accum}}R(\tau_{\text{err}} + \delta\tau_k)\sin(\phi_{\text{err}}) + \nu_Q(\delta\tau_k) & (k = 1,2,\cdots,N_{\text{offsets}}) \end{cases} \quad (25.9)$$

式中:A_{accum} 为累积幅值;τ_{err} 为即时复制码的码相位误差;ϕ_{err} 为基带混合信号的载波相位误差;$R(\tau)$ 为由射频前端带宽受限造成平滑的码偏相关函数。$\nu_I(\delta\tau_k)$ 和 $\nu_Q(\delta\tau_k)$ 为同相和正交噪声。同相和正交噪声的统计模型在 $\nu_I(\delta\tau_l)$ 和 $\nu_I(\delta\tau_k)$ 之间、$\nu_Q(\delta\tau_l)$ 和 $\nu_Q(\delta\tau_k)$ 之间表现出了不可忽略的互相关。

开发欺骗检测测试的一种方法是建立式(25.9)中累积模型的拟合误差的代价函数,并通过寻找 A_{accum}、τ_{err} 和 ϕ_{err} 的最佳拟合进行优化。优化问题采用类似式(25.8)给出的形式,除了涉及 $I(\delta\tau_k)$ 和 $Q(\delta\tau_k)$ 的测量和模型而不是伪距外,对 k 进行求和,且在定义代价函数时,需要考虑不同噪声项之间的相关性,这就需要对噪声相关矩阵进行求逆。如果得到的优化代价是 J_{IQopt},在信号是真实的假设条件下,$2J_{\text{IQopt}}$ 是一个自由度为 $2_{N_{\text{offsets}}} - 3$ 的卡方分布的样本。这可为剩余代价函数设置阈值。如果优化代价超过此阈值,则会发出欺骗警告。

这种检测方法面临3个挑战。首先失真只发生在初始信号拖曳期间,这已在图25.4的第四和第五个图进行了最好的说明。拖曳期间,第四张图失真很明显,但在拖曳导致欺骗码相位与真实码相位相差两个以上的码片后,第五张图失真不明显。

第二个挑战是高欺骗幅值。如果欺骗幅度 A_{si} 远大于真实幅度 A_i,则不会有太大的失真,因为欺骗信号将主导 $I(\delta\tau_k)$ 和 $Q(\delta\tau_k)$ 信号模型。当然,这种对基于失真监测检测器的挑战为功率检测器提供了机会。

第三个挑战是多径。欺骗检测所监测的失真与镜面多径引起的失真相同。欺骗器必须以某种方式将多径与欺骗区分开来,并仅在发生真正的欺骗攻击时才发出欺骗警告。否则,可能会出现过多的虚警。在文献[39]中讨论了失真监测期间多径虚警和通过同时功率监测提供机会的问题。

这种检测方法的一种变体建立在将所有可能的码相位偏移和所有可能的载波多普勒频移看作是连续的基础上。这种计算是信号捕获期间的标准搜索操作,因此连续实现信号的再捕获搜索可以作为欺骗检测实现算法的一部分。这一策略使第二个峰位于图25.4的底部,即使是在欺骗器将码相位拖离真实信号超过2码片之后,这种检测策略给接收机处理带来了更大的负担。如果欺骗信号的功率远大于真实信号,该策略的弱点会暴露出来。在这种情况下,欺骗器也会有效地干扰真实信号,并且在真实信号重新捕获搜索期间因为峰值没有高于欺骗底噪而无法发现。当然,功率过大的欺骗器很容易成为基于功率检测方法的目标。

信号失真监测具有检测各种欺骗攻击的能力,它不能检测的攻击只有零点攻击和过功率攻击。这两种情况都不存在预期的失真。此方法仅在接收机欺骗攻击的初始拖曳阶段有效,除非可获取此方法的昂贵的连续版本。

另一种检测方法是发现接收机跟踪环计算典型量的跳变或斜率变化。图 25.9 显示了由欺骗引起的跳变示例。图 25.10 显示了欺骗引起的斜率变化的示例。图 25.9 中的跳变发生在即时码随时间变化的同相累积 $I(0)$ 和正交累积 $Q(0)$ 上。欺骗出现使二维矢量 $[I(0);Q(0)]$ 产生突然跳变,因为幅值的突然变化使码相位或载波相位发生了变化。虽然图中不明显,但幅度 A_{accum} 突然增加了 3 倍,载波相位误差 ϕ_{err} 突然增加了 40°。对于静止或缓慢移动的接收机来说,这种变化是非物理的,它可以实现简单的欺骗检测器计算,计算 $[I(0);Q(0)]$ 样本间矢量幅值的变化。如果变化幅度对于原始幅度太大,则会发出欺骗告警。

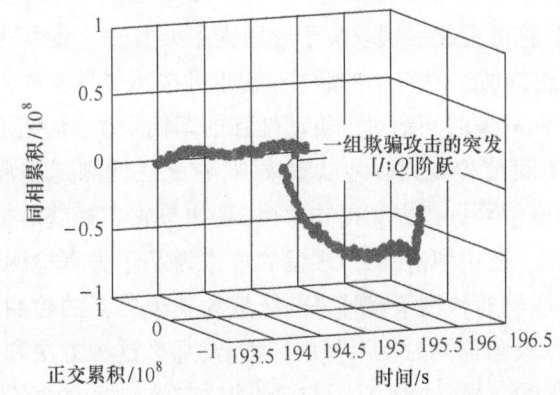

图 25.9 接收机-欺骗攻击开始时 I 和 Q 与时间的三维图

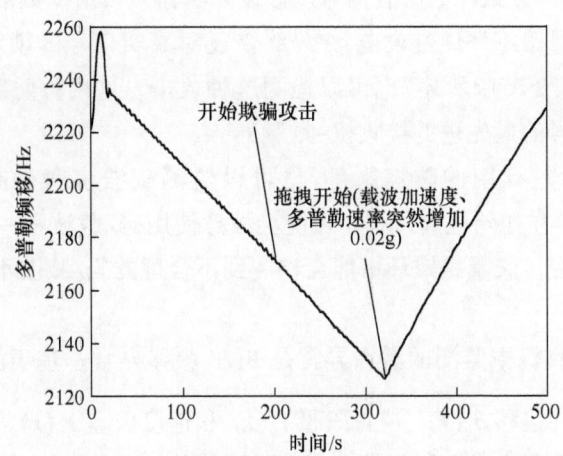

图 25.10 接收机-欺骗器攻击开始时的载波多普勒频移随时间变化图

这种方法适用于静态接收机。对于在城市地区等恶劣环境中工作的动态接收机,其可靠性会降低。在这种情况下,纯视距(LOS)信号和严重的多径可能扭曲相关函数,易于触发虚假的欺骗告警。

图 25.10 显示了在接收机-欺骗器攻击开始时,锁相环(PLL)计算出的接收机载波多普勒频移。攻击初始阶段从 $t=200s$ 开始,没有异常,这个时间段对应于图 25.4 的前三幅图,此时欺骗器正在增大欺骗信号的幅度。在 $t=320s$,PLL 计算出的载波多普勒频移的斜率突然发生变化,此变化对应码相位拖移的开始,发生在图 25.4 的第三和第四幅图间。欺骗器产生假的载波相位,该载波相位偏离真实的载波相位,以避免欺骗信号码载波的不一致。这导致了接收载波多普勒频移随时间变化斜率的突然变化,提供了一种检测攻击的方法。这个变化在欺骗器看来可能很小,相当于欺骗位置加速度到投影 LOS 到被欺骗卫星视线有 0.02g 的变化。然而,这个微小变化很容易被受害接收机检测到。

这种类型检测策略的实现是使用典型的三阶锁相环输出的差频载波相位加速度,该输出就是图 25.10 中的斜率。检测器发现输出中的突然变化,并在检测到任何非物理变化时,发出欺骗告警。引起告警的变化级别取决于应用程序类型。一艘大型远洋船舶在正常巡航期间只会在差频载波相位加速时有小的跳变,战斗机在不受欺骗时可能会有更大的跳变。因此,使用这种方法检测欺骗的问题对于机动性强的车辆来说,难度更大。

这种"跳变"方法有可能检测到多种欺骗攻击,它无法检测到非常耐心的接收机-欺骗器,因为如果攻击者欺骗信号振幅提高得非常慢,且如果它在捕获后拖曳非常慢,攻击者不会产生任何突然的跳变。在这种情况下,缓慢的攻击为基于失真检测欺骗的方法提供了更多机会。因此,受害欺骗器对检测策略带来的挑战为基于失真的检测方法提供了相应的好处。但是,如果接收机-欺骗器同时使用零位和耐心,那么这种方法和失真检测方法都不会检测到攻击。与失真方法一样,这种方法只在欺骗攻击的初始阶段有作用。

已经提出基于矢量跟踪环作为检测欺骗攻击的手段。矢量技术要求生成一致的位置和速度解来耦合 DLL 和 PLL 跟踪的所有信号。假设欺骗器只攻击少数信号,那么剩下的真实信号可以帮助攻击信号跟踪环通过攻击,并最终恢复对真实信号的锁定[40]。但请注意,导航级的 RAIM(如 25.3.2 节中所述)也可以检测这种攻击。这两种防御都不能有效对抗当前可同时攻击所有信号的最先进的接收机-欺骗器[2]。

矢量跟踪环可能是有用的防御组件,也可以监测载波多普勒频移的突然变化,如图 25.10 所示。欺骗器在初始拖离过程中可能会故意使用码/载波不一致性,以避免多普勒频移变化率的突然跳变。矢量跟踪环可能会检测到不合理的码/载波不一致性水平,将其作为欺骗告警的基础。

另一个可以在接收机中监测的潜在异常是 PNT 漂移异常。基于漂移的检测方法着眼于导航解算接收机时钟偏移 $\delta_v(t)$、位置矢量 $r_v(t)$ 和速度矢量 $\dot{r}_v(t)$ 的时间变化。这些量较大的非物理变化可用于生成欺骗告警。估计时钟偏移的变化可以与接收机振荡器的已知的阿伦方差进行比较。假设阿伦方差曲线是随 τ 变化的 $\sigma_{osc}(\tau)$,然后接收机判断是否满足:

$$\frac{|\delta_v(t) - \delta_v(t-\tau)|}{\tau\sigma_{osc}(\tau)} > \gamma_{osc} \tag{25.10}$$

式中:γ_{osc} 为欺骗检测阈值且 $\gamma_{osc} > 1$,该值可选为 $\gamma_{osc} = 3$。违反此限制表明振荡器漂移太大,物理上不可信,因此很可能是欺骗。

时钟漂移测试要求接收机振荡器的阿伦方差曲线有良好属性。如果该曲线受温度快速变化或接收机受振动或加速度的影响,必须采取措施以确保系统不会因为这些环境而产生虚警。

基于位置或速度漂移的欺骗检测可发现非物理运动,如图 25.10 所示的突然加速变化,但这种技术超出了逐个通道的漂移分析范围。相反,它们根据接收机计算的位置和速度解算,并评估它们对给定的用户平台是否合理。例如,被欺骗船只的高度与海平面相差很大,就会触发告警。一些用来检测物理上不切实际运动的最好的方法是将 INS 数据与 GNSS 数据进行融合使用。基于 INS 数据的检测方法是接下来要讨论的。

作者推测,市售的[23]的欺骗检测系统使用了本小节的一种或几种技术。该系统全部在接收机的信号处理单元内实现,不需要任何外部的修改或信号,下面讨论的方法则需要只有它识别到欺骗攻击的出现,才能检测到欺骗攻击,这与本小节中讨论的大多数方法一致。关于是否使用功率监测还存在一些问题,有人可能期望,即使没有发现从非欺骗操作到欺骗操作的变化,功率监测也能检测到欺骗操作。如果正常操作下绝对功率明显高于预期,什么会阻止基于功率的方法生成告警?也许系统有只擅长检测变化的监视器。换句话说,正常功率电平的范围可能太大,以至于不能仅根据某个绝对功率阈值来识别欺骗信号的存在。

25.3.4 利用 INS 数据和 GNSS/INS 数据融合的方法

来自 INS 的数据可用多种方式检测欺骗行为[41-46]。所有这类系统的思想是比较 GNSS 接收机检测到的运动随时间的变化与 INS 感知到的运动随时间的变化。如果它们之间相差太大,则会发出欺骗告警。

GNSS 和 INS 数据间的任何比较都是复杂的,因为它们的数据类型存在极大的不同。因此,必须使用某种数据融合方法。与 GNSS 数据最直接可比的 INS 数据是其加速度计输出。可比较的 GNSS 数据是载波多普勒频移和伪距,前者用于推断速度,后者用于推断位置。另一个复杂的问题是,INS 数据是在固定的 INS 坐标系中测量的,而 GNSS 数据直接与地球为中心/地心固定(ECEF)坐标相关。如果要综合惯导系统加速度输出来产生随时间变化的速度或位置,这可直接与 GNSS 得到的相应速度或位置进行比较,如文献[42]所述。相反,GNSS 输出可以差分产生与 INS 直接可比的加速度[45]。

一种强大但复杂的基于 INS 的欺骗检测方法是使用非线性卡尔曼滤波器,以紧密耦合的方式将 GNSS 与 INS 数据融合,如文献[46]所述。这种滤波器通常估计位置、速度、三轴姿态、加速度计偏差、速率陀螺偏差、接收机时钟偏移和接收机时钟偏移率。它使用以下 18×1 的卡尔曼滤波器状态矢量:

$$x(t) = \begin{bmatrix} r_v(t) \\ r_v(t) \\ q(t) \\ b_{\text{acc}}(t) \\ b_{\text{rg}}(t) \\ c\delta_v(t) \\ c\dot{\delta}_v(t) \end{bmatrix} \quad (25.11)$$

式中：$q(t)$ 为从 ECEF 坐标参数到 INS 坐标的旋转参数转换的 4×1 姿态矢量；$b_{\text{acc}}(t)$ 为 INS 坐标系下的 3×1 加速度计偏差矢量；$b_{\text{rg}}(t)$ 为在 INS 坐标系给出的 3×1 速率陀螺仪偏差矢量。

标准卡尔曼滤波操作可用来确定滤波器归一化方法的平方和。方法是测量当前数据与卡尔曼滤波器对测量先验预测间的差异。滤波器归一化平方和是卡方分布的样本，其自由度为标量测量量的数量[47]。如果数量太大以致不是卡方分布的随机样本，就会发出欺骗检测告警。

在紧耦合的 GNSS/INS 系统中，使用伪距和载波多普勒频移测量数据，在状态矢量动态传播模型使用 INS 加速计和速率陀螺测量数据。这种基于 INS 的滤波器称为模型替换滤波器。

可以使用差频载波相位测量替代载波多普勒频移测量，使用它们需要在滤波器中增加差频载波相位偏置状态。在欺骗检测应用中，强烈建议使用载波多普勒频移或差频载波相位。这些数据类型对位置和速度的微小变化比伪距测量要敏感得多。在紧耦合的基于 INS 的欺骗检测器中使用它们将大大降低对给定类型攻击的漏检概率和给定的虚警概率。

如果受害 GNSS 天线的位置 $r_v(t)$ 发生振荡，振幅等于波长的显著小数部分，频率很高，欺骗器无法测量和调整相应的 $\Delta r_{vs}(t)$ 到式 (25.4)，则基于紧耦合的 GNSS/INS 欺骗检测方法将是非常有效的。当受到攻击时，振荡会引起较大归一化平方和的测量残差。当接收到的 GNSS 信号全部为真实信号时，由于真实信号对 $r_v(t)$ 振荡响应正确，所以残差较小。

为使这类欺骗检测系统正常工作，有必要对卡尔曼滤波过程噪声和测量噪声统计模型进行良好的调优。过程噪声模型由 INS 加速度计和速率陀螺的偏置漂移率、速度随机游走和角度随机游走统计量定义。测量噪声模型由伪距和载波多普勒频移测量中的热噪声和多径误差定义。如果这些不确定性源中的任何一个分配了错误的统计模型，那么卡方检验将无法达到其设计的虚警和漏检概率。

基于 INS 的优化方法可以检测到无法重现受害接收机天线真实高频运动 GNSS 特性的攻击。任何此类缺陷都会造成 INS 和 GNSS 数据之间的差异，受害接收机可注意并利用这些差异来检测攻击。

基于卡尔曼滤波器的 INS 方法还可以检测任何欺骗位置 $r_s(t)$ 偏离真实受害接收机位置 $r_v(t)$ 变化率不持久的攻击。如果散度大于已知受害者 INS 的已知漂移统计量，则卡尔曼滤波法的测试统计量将生成欺骗告警。另一方面，如果攻击者有足够的耐力来避开基于 INS 的检测，那么信号监测器很容易检测到攻击，该监测器会发现像图 25.8 讨论所描述的那种泄漏失真。

25.3.5 基于加密的方法

基于加密的方法依赖于加密信号存在特征,欺骗器在攻击时不能产生这些特征,但受害者必须能够从接收到的信号中估计出这些特征,并评估它们在接收后是否是真实的。该方法与军用 GNSS 的对称密钥加密方法有一定的相似之处,其主要区别在于受害接收机在接收它们之前无法预测特征。这种无法提前预测的好处是阻止生成特征所需的密钥。这种方法分为 3 类:一类是利用加密的军事扩频码,该扩频码由相同的卫星在相同的载波上广播,可从民用扩频码知晓码和载波偏移;二类是使用不可预测数据位,通过使用数字签名协议在事后进行身份验证;三类是使用扩频码不可预测短段[14],被称为"数字水印"。每个短段生成的密钥事后在导航数据位流中广播。

25.3.5.1 接收机间互相关方法

文献[48-52]中描述了使用军事信号的方法。这些特定方法是使用 GPS L1 频率上的加密 P(Y)信号,以检测 L1 C/A 信号上的欺骗。已知 C/A 和 P(Y)信号相位正交,它们基带扩频码的这种正交关系如图 25.11 所示。

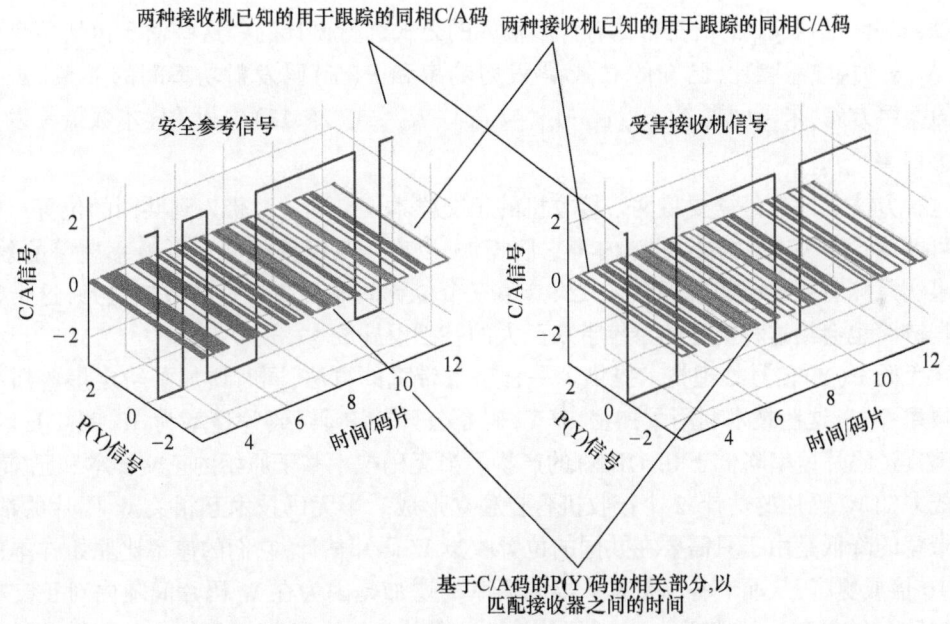

图 25.11 已知 C/A 扩频码和加密 P(Y)扩频码码和载波相位关系的两种接收机[49,51]

欺骗检测是通过使用安全接收机来辅助受害接收机进行的。安全接收机位于欺骗器无法攻击的地方。它可能离受害接收机很远,也许在他国或另一大陆。对安全接收机的唯一要求是它要处于一个安全、不可欺骗的位置,并且它观测的 GNSS 卫星与受害接收机相同,它只能为 2 个接收机都可见的信号提供身份验证。

安全接收机使用标准的 DLL 和 PLL 技术跟踪其民用扩频码。它驱动锁相环使民码调制于其同相基带混合信号上,然后从正交基带混合信号中读取军用信号的噪声。受害接收机也执行相同的操作,得到的正交样本采用文献[51]中的形式:

$$y_{\text{qak}} = A_{\text{Pa}} P_Y(t_{ak}) + \nu_{\text{qak}}$$
$$y_{\text{qbk}} = A_{\text{Pb}} P_Y(t_{bk}) + \nu_{\text{qbk}} \quad (25.12)$$

式中：y_{qak} 为来自安全接收机的正交样本；y_{qbk} 为来自受害接收机的正交样本，这两个基带信号的接收载波幅度分别为 A_{Pa} 和 A_{Pb}。这些幅度可以由接收机测量的 C/A 码幅值和各种 GPS 卫星[50]上 C/A 发射功率和 P(Y) 发射功率之间的相关关系进行推导。未知函数 $P_Y(t)$ 为加密的 P(Y) 扩频码，两个接收机正交信号的采样次数分别为 t_{ak} 和 t_{bk}，ν_{qak}、ν_{qbk} 为两个接收机的正交基带噪声项。

两个接收机的 C/A 码 DLL 测量它们各自的码延迟。这些码延迟可用来匹配两个接收机间的 P(Y) 样本。假设这个匹配过程确定了对应于 C/A 码相同部分的 t_{ak} 和 $t_{b(k+\Delta k_{ab})}$。

该方法使用 Δk_{ab} 和正交样本计算以下互相关检测统计量：

$$\gamma_{\text{cc}} = \sum_{k=1}^{K} y_{\text{qak}} y_{\text{qb}(k+\Delta k_{ab})} \quad (25.13)$$

将该统计量与阈值 γ_{th} 进行比较：如果 $\gamma_{\text{cc}} < \gamma_{\text{th}}$，则发出欺骗告警；否则，认为受害接收机中的 C/A 码信号是真实的，因为它的 P(Y) 码的噪声形式与安全接收机同一加密扩频码的噪声形式之间存在很大的相关性。

欺骗检测阈值 γ_{th} 的值是根据有许多输入的公式进行设计的。这些输入包括两个接收机 C/A 码的接收载噪比，已知的 C/A 码发射功率和 P(Y) 码发射功率间的关系，ν_{qak} 和 ν_{qbk} 的噪声方差，采样间隔 $\Delta t = t_{ak+1} - t_{ak} = t_{bk+1} - t_{bk}$，式（25.13）中相关样本数量 K 以及目标虚警概率[51]。

这种方法的缺点是需要将两个接收机的正交样本 y_{qak} 和 y_{qbk} 带入到共同的位置。样本频率可能为 5～10MHz，需要在 1s 内将它们相加，以产生高概率检测而低概率虚警的效果。这一事实意味着接收机间或每个接收机与第三个位置间需要高带宽的数据链路，这个额外的数据链路也会给这种类型的系统带来巨大的基础设施成本。

半无码 P(Y) 信号处理技术提供了一种节省带宽的方法，同时增加了给定虚警概率的检测概率[49]。这些技术利用了加密 P(Y) 码是公开的 P 码（码片速率为 10.23MHz）和加密的 W 码（码片速率略低于 0.5MHz）的产物。半无码技术基于原始的正交样本和已知的 P 码形成未知 W 码片的估计，2 个接收机各自独立形成。半无码技术互相关 W 码片的估计。通信带宽的降低是由于只需要在共同的位置收集 W 码片估计，它们的速率比原始样本的速率小 10 倍或更多，从而节省了带宽。检测概率的增加是因为在 W 码片间隔内对正交样本和 P 码积分结果产生的处理增益，以便估计这些码片。0.2s 持续时间的相关间隔已被证明是可靠的使用半无码互相关技术的欺骗检测[49]。

25.3.5.2 NMA

NMA 技术是一种验证导航数据比特流 $D_i(t)$ 的方法。假设比特流采用如下形式：

$$D_i(t) = \sum_l \widetilde{D}_l \Pi_T(t - lT) \quad (25.14)$$

式中：$\widetilde{D}_l$ 为第 l 个数据位；T 为数据位传输间隔时间；Π_T 为通用有限支持函数，若其参数在 $0 \leq t < T$ 范围内，则等于 1，否则等于 0；$\widetilde{D}_l$ 取 +1 或 −1。

假设某个 $\widetilde{D}_l$ 位的子序列构成一个 NMA 块。为不失一般性，这个序列是 $\widetilde{D}_1, \widetilde{D}_2, \cdots,$ $\widetilde{D}_L$。实际上，NMA 位是不连续的。然而，可以肯定的是，它们将出现在数据流中的已知位置。

NMA 的工作原理是使用公钥/私钥加密技术生成数字签名，构成 NMA 序列 $\widetilde{D}_1, \widetilde{D}_2 \cdots,$ $\widetilde{D}_L$。受害接收机接收到此序列后，使用已知的公钥检查签名是否正确。如果正确，则表明由数字签名标识的导航数据块是真实的。如果签名不正确，则会发出欺骗告警[29]。只有 GNSS 星座知道用于生成签名的私钥。因此，欺骗器不能先验地生成正确的签名。

NMA 的一个缺点是传输整个数字签名所需的时间长，间隔可能是数分钟。因此，它的延迟通常比互相关方法长得多。互相关的唯一延迟是两个接收机处理足够正交样本以形成良好检测统计的时间、将两组正交样本传输到共同位置的传输时间以及式(25.13)检测统计量的计算时间。该系统的延迟在1s或更小的数量级上[50]。

NMA 最显著的缺点是要改变所发射的导航信号。对于已经在轨的卫星来说，这种挑战甚至是不可能的，因为其已经定义好了导航信息结构。欧洲 Galileo 系统计划在其数据流中实施 NMA 分量[53]，并已经对 Galileo NMA 欺骗检测进行了基于仿真的测试[54]。目前尚不清楚其他 GNSS 星座何时会效仿。

25.3.5.3 比特失真检测的 NMA

欺骗器可能会尝试动态估计 NMA 数据位，并在欺骗信号上重放真实数据位。这种类型的攻击已在 25.2.7 节中讨论过，称为 SCER 攻击。SCER 攻击有两种选择。一是将欺骗信号延迟到足以在构建欺骗信号之前能得到正确估计的 NMA 比特。在这种情况下，SCER 攻击者将承担产生可疑的大欺骗受害时钟偏移 δ_v 的风险。

另一个 SCER 攻击是在短的初始间隔时间内广播每个 NMA 数据位良好估计前的猜测。之后，如果猜测错误，转变为真实的比特值。

NMA 防御可以增强，以发现欺骗器的这种错误位猜测。这种防御是在每个 NMA 数据位间隔[55]的初始部分识别明显的位跳变。通过平滑来评估是否在多个 NMA 比特上发生这种跳变，如果它在大约50%的比特间隔或更多时间内识别到可疑的初始跳变，就会发出欺骗告警。

25.3.5.4 扩频码"数字水印"

该技术是将不可预测的扩频码段叠加在已知民用扩频码序列[14]上的可预测位置。接收机不用接收信号短段实现跟踪的目标，而是记录每个段的基带混合样本。之后，它接收到生成扩频码短段的密钥，该密钥通过导航数据消息发送。它使用此密钥生成扩频码段的复制，然后计算它与存储的基带样本的相关性。如果出现较高的相关值，认为信号真实；否则将发出欺骗告警。

25.3.6 感知到达方向的天线阵列方法

如图 25.12 所示，具有天线阵列的受害接收机可以利用阵列的测向功能来实现基于到达方向(DoA)的欺骗检测。基于 DoA 的欺骗干扰检测的示例研究是文献[56-66]。真实信号是沿着不同的单位方向矢量到达的，例如，GNSS 卫星 $i-1, i$ 和 $i+1$ 上的位置矢量为

$\boldsymbol{\rho}_v^{i-1}$,$\boldsymbol{\rho}_v^{i}$ 和 $\boldsymbol{\rho}_v^{i+1}$,所有欺骗信号都来自同一发射机,$i-1$,$i$ 和 $i+1$,沿着共同的单位方向 $\boldsymbol{\rho}_{vs}$ 到达。

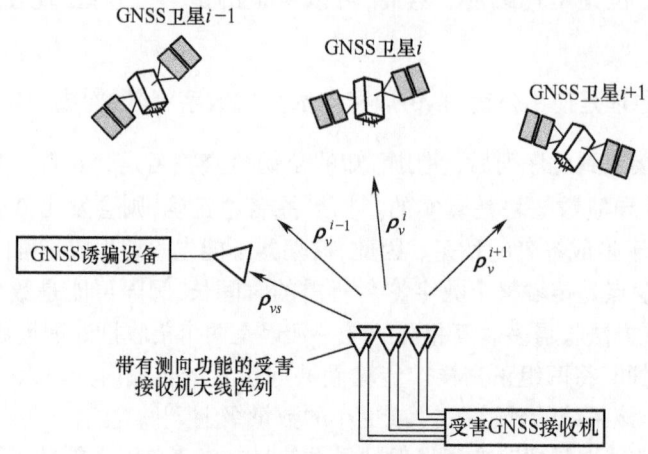

图 25.12 可实现到达方向测量的受害接收机天线阵列
更正:GNSS 欺骗器带有测向功能的受害接收机天线阵列
(具有测向能力的受害接收机天线阵列。)

欺骗检测的一种方法是测量所有 DoA 矢量[58]。指定这些测量矢量为 $\boldsymbol{\rho}_{vm}^{i-1}$、$\boldsymbol{\rho}_{vm}^{i}$ 和 $\boldsymbol{\rho}_{vm}^{i+1}$,测量的一种方法是只考虑天线单元间的差载波相位单差;另一种方法采用校准每个天线馈电端信号相位和振幅在方向上的相关性。测量的单位方向矢量在相对于天线阵列定义的坐标系中给出。这些测量存在一些挑战,如需要校准未知的天线流形[67]。尽管如此,DoA 测量已被证明是一种可用于欺骗检测的有效技术[61]。

DoA 也能从导航解算和卫星星历表中计算出来。计算的单位方向矢量指定为 $\boldsymbol{\rho}_{vc}^{i-1}$,$\boldsymbol{\rho}_{vc}^{i}$ 和 $\boldsymbol{\rho}_{vc}^{i+1}$,计算得到的矢量是相对于参考定义的坐标系(通常是 ECEF 坐标)而言的。例如,考虑一种基于 DoA 的欺骗检测算法,它解决了两个最优估计问题,形成最小代价差,来计算欺骗检测测试统计量。第一个最优估计问题是测量的方向矢量到信号是真实的假设上的拟合。形式为

参数寻优:$\boldsymbol{q}$

最小化:$J_{ns}(\boldsymbol{q}) = \dfrac{1}{2} \sum_{i=1}^{N} \left[\dfrac{\| \boldsymbol{\rho}_{vm}^{i} - \boldsymbol{A}(\boldsymbol{q})\boldsymbol{\rho}_{vc}^{i} \|}{\sigma_{vmi}} \right]^2$

约束条件:$\boldsymbol{q}^T \boldsymbol{q} = 1$ (25.15)

式中:$\boldsymbol{q}$ 为 4×1 归一化的单位姿态四元数,用于从 ECEF 坐标到天线坐标的三轴旋转,$\boldsymbol{A}(\boldsymbol{q})$ 是对应的 3×3 正交方向余弦矩阵,σ_{vmi} 是 $\boldsymbol{\rho}_{vm}^{i}$ 测量的每轴方向测量误差标准差。四元数的描述和方向余弦矩阵的公式包含在文献[68]中,这是一个有约束的非线性优化问题。通常这类问题很难解决,需要迭代得到数值解。这个特殊的问题是 Wahba 问题的一个版本,并允许使用 Davenport 的 $\boldsymbol{q}$ 方法求解全局最小值的一个封闭解。Davenport 方法通过求解 4×4 对称矩阵的特征矢量来计算最优四元数[68]。

欺骗检测方法的第二个最优估计问题将测量的方向矢量拟合到所有信号都是欺骗的且

都来自同一个方向的假设上。在天线坐标中估计通用的方向矢量,它被指定为 $\boldsymbol{\rho}_{vsm}$。这个矢量的最优估计问题的形式为

参数寻优: $\boldsymbol{\rho}_{vsm}$

最小化: $J_s(\boldsymbol{\rho}_{vsm}) = \dfrac{1}{2}\sum_{i=1}^{N}\left[\dfrac{\|\boldsymbol{\rho}_{vm}^i - \boldsymbol{\rho}_{vsm}\|}{\sigma_{vmi}}\right]^2$

约束条件: $\boldsymbol{\rho}_{vsm}^T \boldsymbol{\rho}_{vsm} = 1$ (25.16)

这也是一个有约束的非线性优化问题。

它也可以用封闭形式求解。求解算法从一半的平方误差和代价为 $J_s(\boldsymbol{\rho}_{vsm})$ 的超定方程组开始。这个方程是未知矢量 $\boldsymbol{\rho}_{vsm}$ 的线性形式 $y = H\boldsymbol{\rho}_{vsm}$,其中 $y = [\boldsymbol{\rho}_{vm}^1/\sigma_{vm1},\cdots,\boldsymbol{\rho}_{vm}^N/\sigma_{vmN}]$ 是一个 $3N\times 1$ 的矢量、$H = [I_{3\times 3}/\sigma_{vm1},\cdots,I_{3\times 3}/\sigma_{vmN}]$ 是 $3N\times 3$ 的矩阵。通过使用拉格朗日乘数法将约束附加到代价函数上,最优解采用这种形式 $\boldsymbol{\rho}_{vsm} = (H^T H + \mu I_{3\times 3})-1(H^T y)$。$\mu$ 为未知标量的拉格朗日乘数,它通过将解代回到 $\boldsymbol{\rho}_{vsm}$ 单位归一化约束中,并找到满足该约束的 μ 值来确定。得到的方程可以转化为 μ 的六阶多项式,可以用标准的数值多项式解法来求解。H 矩阵的奇异值分解和相应的 $\boldsymbol{\rho}_{vsm}$ 矢量变换将简化 μ 多项式的推导。

假设式(25.15)中无欺骗问题的最优四元数为 q_{opt},对应的最小代价为 $J_{nsopt} = J_{ns}(q_{opt})$。同时假设,式(25.16)中欺骗问题的最优欺骗方向矢量为 $\boldsymbol{\rho}_{vsmopt}$,其对应的最小代价为 $J_{sopt} = J_s(\boldsymbol{\rho}_{vsmopt})$。则该方法的检测测试统计量等于这 2 个最优代价的差:

$$\gamma_{DoA} = J_{sopt} - J_{nsopt} \quad (25.17)$$

如果信号是真实的,测量统计量应该是一很大的正数,由于对非欺骗假设的良好拟合,导致 J_{nsopt} 将很小,同时由于对欺骗假设的糟糕拟合,导致 J_{sopt} 将很大。如果所有信号都被欺骗,则 γ_{DoA} 应该是一大量级的负数,基于上面类似的推理:非欺骗假设拟合糟糕 J_{nsopt} 将很大,欺骗假设良好拟合 J_{sopt} 将很小。欺骗告警阈值 γ_{DoAth} 可以基于最坏情况的推理来定义虚警概率,类似于文献[57]中给出的分析。如果 $\gamma_{DoA} < \gamma_{DoAth}$,则发出欺骗告警。

可开发基于 DoA 的欺骗检测方法,该方法使用配置的天线,在不能完全测量每个 $\boldsymbol{\rho}_{vm}^i$ 方向矢量的情况下可给出方向灵敏度值。其中一个系统利用已知的一维天线运动来创建合成孔径[57],另一个系统使用 2 个天线,估计卫星方向矢量 $\boldsymbol{\rho}_v^i$ 和天线间方向矢量的点积[26]。第三个系统使用 2 个增益方向图不同的天线,它计算每颗卫星[56]2 个天线间的接收振幅比。欺骗检测基于 DoA 敏感数据对非欺骗假设模型、欺骗假设模型或两种模型的拟合。欺骗假设模型假定不同接收信号的方向矩阵缺乏多样性,非欺骗假设模型认为矩阵与真实信号 DoA 的多样性水平期望一致。

欺骗检测系统[69]与这类检测器混为一谈是合理的。它使用具有 2 个馈源的单个天线,一个主要用于响应右旋圆极化(RHCP)信号、另一个主要用于响应左手圆极化(LHCP)信号。该系统的欺骗检测模式利用了两个欺骗信号的预期特征:LHCP 组件存在显著功率和欺骗 DoA 缺乏多样性。真实信号主要是 RHCP,且具有 DoA 多样性。欺骗信号的 2 个假定特征,使系统在采用时变的相对相位偏移来组合 RHCP 和 LHCP 馈电的特殊模式下运行时,能够识别欺骗和非欺骗信号。

基于 DoA 的系统可以检测到所有源自单一欺骗发射机天线的欺骗攻击,导致受害接收

机只跟踪欺骗信号。有可能开发一些技术来降低这一要求,以允许受害接收机跟踪一些欺骗信号和一些真实信号。这种情况下,使用式(25.8)导航解算的伪距测量残差来识别欺骗信号和真实信号是有帮助的。在任何情况下,如果真实的信号从不同方向到达,那么从同一个方向出现多个信号就是一个明显的特征,表明正在进行欺骗攻击。

基于 DoA 的欺骗检测可能会使多智能体欺骗检测失败,如图 25.6 所示。如果多个欺骗器正确对齐,则它们从受害者天线的测量方向对式(25.15)中的非欺骗问题产生良好的拟合,而对式(25.16)中的欺骗问题则产生较差的拟合。

25.3.7 网络防御

有人提出了利用接收机网络的欺骗检测策略[52,70-73]。这些方法的共同点是:多个接收机协作检测欺骗的存在,其中一些技术类似于基于网络的检测和定位 GNSS 干扰器的方法[74]。文献[52]中提出的网络方法是在 25.3.5 节中讨论过的 P(Y)码互相关方法。这种方法利用接收机网络的存在,发现接收信号中残留加密成分的差异,这些差异表明攻击了一个接收机或一个接收机子集。

其他网络方法利用多个接收机受到同一欺骗器攻击的可能性。这类网络方法的策略是使用接收机网络获取 DoA 信息,用于识别欺骗和非欺骗信号,如基于天线阵列的方法[71]。其他方法则是发现可疑的伪距或估计位置的相似性[70,73]。文献[72]中的方法通过 ADS-B 或类似系统报告受害飞机位置的泄漏重叠,该方法还可以利用 ADS-B 信号到达地面 ADS-B 接收机网络的时间差来形成对飞机位置的独立估计。它将该位置与基于 GNSS 接收机报告的位置进行比较,这种基于网络的方法使用数据融合的形式来检测 GNSS 欺骗。

如果欺骗器目标只是一个受害接收机,发射天线指向性足够,大多数基于网络的方法将失效。文献[72]明确否定了这种可能性。在某些情况下假设可能是轻率的。另外,唯一已知的"野外"欺骗攻击与多受害者假设是一致的[7]。因此,网络化方法具有一定的优势。

25.3.8 联合防御

通过使用多种互补技术来增强欺骗检测性能是可能的。基于 INS 的方法和基于时钟漂移的方法,如果组合应用,可约束欺骗器移动错误位置且定时将慢慢远离真实值。这种缓慢变化会导致瞬态信号失真持续的时间更长,更容易通过 25.3.3 节的方法进行检测。基于 INS/时钟漂移的方法还可防止 SCER 攻击 NMA 防御,使欺骗导航数据位快速移动得足够晚,从而能够在 NMA 数字签名数据位初始广播前对其进行精确估计。

上述只是 2 个例子,说明了联合使用技术比单独使用任何一种技术都能产生更强的防御。还有其他的检测方法组合,它们也有可能增强检测。列举所有这些组合超出了本章的范围。

25.4 欺骗攻击期间恢复真实 PNT 服务的方法

欺骗防御的另一面是恢复真实 PNT 解算的方法。即使真实的 PNT 解算不可恢复,欺骗检测也很有用。这种情况下,用户接收机丢失了信号,但知道丢失信号必定比相信错误的位置要好。最好的情况是允许受害接收机使用经过身份验证的 GNSS 信号恢复导航。

25.4.1 恢复步骤

包括 PNT 服务恢复在内的完整防御可以分为 4 个步骤。第一步是检测欺骗攻击,第二步是在欺骗信号中找到真实的信号,第三步是验证这些新发现信号的真实性,第四步是根据这些信号重新计算真实的导航解。完成检测步骤的方法已在前一节中进行了详细介绍。最后一步经过身份验证的导航解算也很简单。困难的步骤是第二步和第三步。如何找到真实的信号以及如何验证它们的真实性?

25.4.2 真实信号的恢复和验证

真实信号的恢复从捕获搜索所有可能的码相位和载波多普勒频移的标准信号开始。这种类型的搜索在图 25.13 进行了说明。它生成了 2 个明显高于本底噪声的峰值,一个是真实峰值,另一个是欺骗峰值,其中欺骗峰值高于真实峰值,这是因为欺骗器利用了幅度优势来捕获受害接收机的跟踪环路。在本例中很容易找到真实的信号。它在搜索空间中清晰可见。此外,与接收机已跟踪的欺骗信号相比,它是具有不同码相位或不同载波多普勒频移的信号。

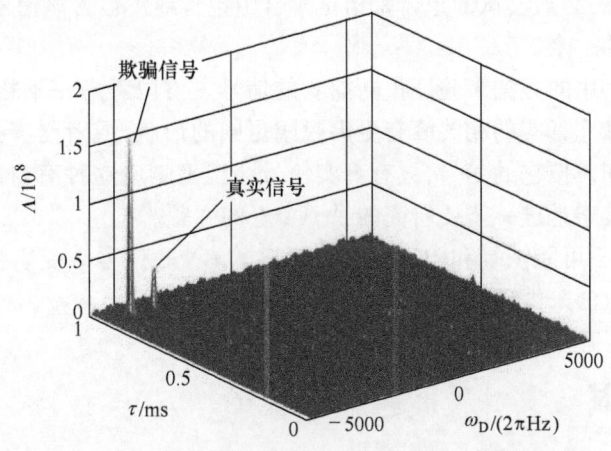

图 25.13 同时存在欺骗信号时重新捕获搜索真实信号

如果欺骗信号具有很大的功率优势,则恢复真实信号的难度要大得多。它们可以充当干扰器并提高有效的本底噪声,从而无法找到真实信号。在这种情况下,必须采取额外的措施来捕获真正的信号。

寻找微弱真实信号的策略是延长捕获搜索的累积相干积分时间。如果欺骗信号重新生成广播导航数据比特流 $D_i(t)$,则来自欺骗信号的解码数据比特流可增长相干积分间隔至超出数据比特周期。其中几位作者已在与文献[26]相关的欺骗和检测测试数据集中成功地使用了这种技术。

如果受害接收机具有天线阵列,则还有另一种方法来处理对真实信号的干扰。该阵列可用于引导最强欺骗信号的零点方向。这种方法可提供足够的有效干扰功率来实现对真实信号的检测。如果欺骗信号都来自同一个方向,这种技术会特别有效。

重要的是,在 AGC 调整输入功率后,受害接收机的 ADC 有足够的位数来传递具有足够分辨率的真实信号,以避免高功率的欺骗信号使 ADC 饱和。如果有效干扰功率远高于真实信号功率,并且 ADC 的位数太少,则可能无法恢复真实信号。幸运的是,根据 25.3.3 节的功率测试很容易被检测到,复杂的欺骗器不会使用过度的功率优势。

一旦发现了真实信号,受害接收机将面临 2 个问题。据推测,受害接收机会为每颗卫星找到 2 个信号,一个是欺骗的,另一个是真实的。如果有 N 个这样的信号对,那么将有 2^N 种可能的方法将这些信号对分成 N 个信号的欺骗和真实集合。受害接收机必须对这些集合中的每一个进行身份验证测试,以确定哪一个构成真实集合。

身份验证方法根据受害接收机可用的硬件而有所不同。如果它有一具有 DoA 能力的天线阵列,那么每个组合都可用于计算基于 DoA 的欺骗检测统计数据 γ_{DoA},给出最低统计值的组合是真实集合的最佳候选。

25.3.2 节和式(25.8)的伪距残差测试也可用于解决信号真实的问题。求解式(25.8)的问题是,假设只有两种组合会产生非常低的最优代价:一个是欺骗集,另一个是非欺骗集。如果接收机已经确定一个组合中的几个信号是欺骗信号,那么它可以使用这个信息在两个集合中做出决定。

对于几颗 GNSS 卫星,可能只能检测到一个信号,这个信号可能是欺骗的,也可能是真实的。在这种情况下,必须尝试的组合是给定集合中包含或不包含该信号,而不是包括这一信号的两个集合中的一个。

可能还有其他实用的方法来验证重新捕获的信号。可以考虑一下相关函数的形状,也许欺骗信号的相关峰比真实的相关峰有更尖锐或更圆的形状,或者受害接收机可执行抖动使欺骗器很难跟踪和模拟它的信号,只有真实信号会正确响应这种有目的的位置抖动。开发额外的身份验证策略是进一步要研究的另一个好的主题。

在某些情况下,不可能恢复和验证 4 个或更多的 GNSS 信号。受害接收机此时将不得不放弃并寻求其他方法来处理其丢失的 GNSS PNT 信息。

25.5 防御测试

提出的任何欺骗防御都需要针对一组欺骗攻击进行测试。理想的测试是针对在空中广播欺骗信号的复杂接收机-欺骗器,如文献[3-4]中所示。由于禁止在受保护的导航射频频段进行广播,此类测试很难进行。

另一种方法是将受害天线下行和前端上行的信号进行组合把欺骗器连接到接收机的射频前端。这种结构是合法的,因为欺骗器实际上从未广播它的信号。这是文献[50]中使用的方法,这种方法只适合测试特定类型的防御,但不适用于其他类型的防御。特别是基于 DoA 的技术和耦合的 GNSS/INS 技术方法都无法测试该情况。

一些高端 GNSS 信号模拟器提供了针对模拟的真实信号模拟接收机欺骗攻击的能力。此类模拟器可用于测试相同类型的防御,这些防御可通过在接收天线和射频前端之间连接接收机-欺骗器进行测试。

如果欺骗器和受害接收机都放置在消声室中，则可以测试 DoA 欺骗检测。信号模拟器或来自室外天线的转发器可用于生成欺骗信号，并在消声室的空气中传播。屏蔽的腔室可防止信号非法泄漏到室外。单向欺骗 DoA 几何结构在腔室中很容易再现，从而确保 DoA 测试有效，这是文献[57]中使用的第一个测试技术。

如果接收机-欺骗器不可用，则可以使用德州欺骗测试电路[75-76]记录的数据。这些数据可通过一特殊系统重放，该系统生成基于记录的真实信号和欺骗信号的射频信号。重放系统的输出连接到接收机以代替天线。和基于有线的欺骗信号组合类似，该技术不能用于评估采用 DoA 测量或 GNSS/INS 耦合的防御。

参考文献

[1] J. Warner and R. Johnston. (2003) A Simple Demonstration that the Global Positioning System (GPS) Is Vulnerable to Spoofing. Los Alamos National Lab. [Online]. Available: http://permalink.lanl.gov/object/tr?what=info:lanl-repo/lareport/LA-UR-03-2384.

[2] T. E. Humphreys, B. M. Ledvina, M. L. Psiaki, B. W. O'Hanlon, and P. M. Kintner, Jr. (2008) "Assessing the spoofing threat: Development of a portable GPS civilian spoofer," in *Proc. ION GNSS*, Savannah, GA, pp. 2314-2325.

[3] A. J. Kerns, D. P. Shepard, J. A. Bhatti, and T. E. Humphreys (2014) "Unmanned Aircraft Capture and Control Via GPS Spoofing," *Journal of Field Robotics*, vol. 31, no. 4, pp. 617-636.

[4] J. Bhatti and T. Humphreys (2017) "Hostile Control of Ships via False GPS Signals: Demonstration and Detection," *Navigation*, vol. 64, no. 1, pp. 51-66.

[5] A. Rawnsley (2011, Dec.) "Iran's Alleged Drone Hack: Tough, but Possible," http://www.wired.com/dangerroom/2011/12/iran-drone-hack-gps.

[6] Anon. (2017, June) 2017-005A-GPS Interference-Black Sea. Maritime Administration, U. S. DoT. [Online]. Available: https://www.marad.dot.gov/msci/alert/2017/2017-005a-gps-interference-black-sea/

[7] D. Goward. (2017, July) Mass GPS Spoofing Attack in the Black Sea? -Maritime Executive. Resilient Navigation & Timing Foundation. [Online]. Available: https://rntfnd.org/2017/07/12/mass-gps-spoofing-attack-in-the-black-sea-maritime-executive/

[8] S. Goff. (2017, July) Reports of Mass GPS Spoofing Attack in the Black Sea Strengthen Calls for PNT Backup. Inside GNSS. [Online]. Available: http://www.insidegnss.com/node/5555.

[9] Ajinkya. (2016, Nov.) How to Play Pokemon GO without Moving in Android (No Root). Devs-Lab. [Online]. Available: https://devs-lab.com/how-to-play-pokemon-go-without-moving-no-root-required.html

[10] Anon. (2017, Feb.) In 2017, GPS Spoofing is the Real Bane of Pokémon GO. Go Hub. [Online]. Available: https://pokemongohub.net/post/featured/2017-gps-spoofing-real-bane-pokemon-go/

[11] Anon. (2017, Mar.) Android Security Update Disables GPSS poofing in Pokémon GO. Go Hub. [Online]. Available: https://pokemongohub.net/post/breaking-news/android-7-1-security-update-disables-gps-spoofing-pokemon-go/

[12] E. L. Key (1995) "Techniques to Counter GPS Spoofing," *Internal Memorandum*, MITRE Corporation.

[13] John A. Volpe National Transportation Systems Center (2001) "Vulnerability Assessment of the Transportation Infrastructure Relying on the Global Positioning System."

[14] L. Scott (2003) "Anti-Spoofing and Authenticated Signal Architectures for Civil Navigation Systems," in *Proc. ION GPS/GNSS*, Portland, OR, pp. 1543-1552.

[15] ——,. (2007,July)"Expert Advice:Location Assurance,"*GPS World*,vol. 18,no. 7,pp. 14−18.

[16] T. E. Humphreys, P. M. Kintner, Jr., M. L. Psiaki, B. M. Ledvina, and B. W. O'Hanlon (2009, Jan.) "Assessing the Spoofing Threat," *GPS World*, vol. 20, no. 1, pp. 28−38.

[17] A. Jafarnia-Jahromi, A. Broumandan, J. Nielsen, and G. Lachapelle (2012, July) "GPS Vulnerability to Spoofing Threats and a Review of Antispoofing Techniques,"*International Journal of Navigation and Observation*, vol. 2012, no. 127072, pp. 1−16.

[18] C. Günther(2014,Fall)"A Survey of Spoofing and Counter Measures," *Navigation*, vol. 61, no. 3, pp. 159−177.

[19] M. L. Psiaki and T. E. Humphreys (2016, June) "GNSS Spoofing and Detection," *Proc. IEEE*, vol. 104, no. 6, pp. 1258−1270.

[20] T. Ebinuma. (2015) GPS-SDR-SIM. GitHub. [Online]. Available:https://github.com/osqzss/gps-sdr-sim

[21] Anon. (2017) bladeRF-the USB 3.0 Superspeed Software Defined Radio. Nuand, LLC. [Online]. Available: http://nuand.com/

[22] Anon. (2017) Products. Ettus Research. [Online]. Available:https://www.ettus.com/

[23] Anon. (2017) u-blox 8/u-blox M8 Receiver Description. u-blox. [Online]. Available: https://www.u-blox.com/sites/default/files/products/documents/u-blox8-M8_ReceiverDescrProtSpec_(UBX-13003221)_Public.pdf

[24] Anon. (2017, June) GPS Spoofing: A Growing Problem for Uber. SolidDriver. [Online]. Available:http://soliddriver.com/GPS-Spoofing-A-Growing-Problem-for-Uber

[25] Anon. (2017) Positioning, Navigation, and Timing Solutions: Professional Equipment and Services for allyour GPS/GNSS Testing Needs. Spirent Communications. [Online]. Available: https://www.spirent.com/Solutions/Position-Navigation-Timing

[26] M. L. Psiaki, B. W. O'Hanlon, S. P. Powell, J. A. Bhatti, K. D. Wesson, T. E. Humphreys, and A. Schofield (2014) "GNSS Spoofing Detection using Two-Antenna Differential Carrier Phase," in *Proc. ION GNSS*, Tampa, FL, pp. 2776−2800.

[27] M. Nicola, L. Musumeci, M. Pini, M. Fantino, and P. Mulassano (2010, Oct.) "Design of a GNSS Spoofing Device Based on a GPS/Galileo Software Receiver for the Development of Robust Countermeasures," in Proc. *ENC GNSS 2010*, Braunschweig, Germany.

[28] O. Pozzobon, C. Sarto, A. Dalla Chiara, A. Pozzobon, G. Gamba, M. Crisci, and R. Ioannides (2012) "Status of Signal Authentication Activities within the GNSS Authentication and User Protection System Simulator (GAUPSS) Project," in *Proc. ION GNSS*, Nashville, TN, pp. 2894−2900.

[29] A. J. Kerns, K. D. Wesson, and T. E. Humphreys (2014, May) "A Blueprint for Civil GPS Navigation Message Authentication," in *Proc. IEEE/ION PLANS Meeting*, Monterey, CA.

[30] T. E. Humphreys (2013) "Detection Strategy for Cryptographic GNSS Anti-Spoofing," *IEEE Transactions on Aerospace and Electronic Systems*, vol. 49, no. 2, pp. 1073−1090.

[31] P. Walker, V. Rijmen, I. Fernández-Hernández, L. Bogaardt, G. Seco-Granados, J. Simón, D. Calle, and O. Pozzobon (2015) "Galileo Open Service Authentication: A Complete Service Design and Provision Analysis," in *Proc. ION GNSS*, Tampa, FL, pp. 3383−3396.

[32] R. Behar (2018, Aug.) Pokémon GO is Locking out Users after Scanning Internal Storage for Evidence of Rooting. Android Police. [Online]. Available: https://www.androidpolice.com/2018/08/20/pokemon-go-update-locks-users-suspects-rooted-phones-digging-internal-storage/

[33] M. Pini, M. Fantino, A. Cavaleri, S. Ugazio, and L. Lo Presti (2011) "Signal Quality Monitoring Applied to Spoofing Detection," in *Proc. ION GNSS*, Portland, Oregon, pp. 1888−1896.

[34] F. Dovis, X. Chen, A. Cavaleri, K. Ali, and M. Pini (2011, Sept.) "Detection of Spoofing Threats by Means of Signal Parameters Estimation," in *Proc. ION GNSS*, Portland, Oregon, pp. 416-421.

[35] D. M. Akos (2012) "Who's Afraid of the Spoofer? GPS/GNSS Spoofing Detection via Automatic Gain Control (AGC)," *Navigation*, vol. 59, no. 4, pp. 281-290.

[36] M. Mosavi, Z. Nasrpooya, and M. Moazedi (2016, July) "Advanced Anti-Spoofing Methods in Tracking Loop," *Journal of Navigation*, vol. 69, no. 4, pp. 883-904.

[37] E. G. Manfredini and F. Dovis (2016, Dec.) "On the Use of a Feedback Tracking Architecture for Satellite Navigation Spoofing Detection," *Sensors*, vol. 16, no. 12.

[38] E. G. Manfredini, D. M. Akos, Y. -H. Chen, S. Lo, T. Walter, and P. Enge (2018) "Effective GPS Spoofing Detection Utilizing Metrics from Commercial Receivers," in *Proc. ION International Technical Meeting*, Reston, VA, pp. 672-689.

[39] K. D. Wesson, J. N. Gross, T. E. Humphreys, and B. L. Evans (2018) "GNSS Signal Authentication via Power and Distortion Monitoring," *IEEE Transactions on Aerospace and Electronic Systems*.

[40] A. Jafarnia-Jahromi, T. Lin, A. Broumandan, J. Nielsen, and G. Lachapelle (2012, Jan.) "Detection and Mitigation of Spoofing Attacks on a Vector-Based Tracking GPS Receiver," in *Proc. ION National Technical Meeting*, Newport Beach, California, pp. 790-800.

[41] S. Khanafseh, N. Roshan, S. Langel, F. -C. Chan, M. Joerger, and B. Pervan (2014) "GPS Spoofing Detection using RAIM with INS Coupling," in *Proc. IEEE/ION PLANS Meeting*. IEEE, pp. 1232-1239.

[42] P. F. Swaszek, S. A. Pratz, B. N. Arocho, K. C. Seals, and R. J. Hartnett (2014, Sept.) "GNSS Spoof Detection Using Shipboard IMU Measurements," in *Proc. ION GNSS+*, Tampa, Florida, pp. 745-758.

[43] S. Manickam and K. O'Keefe (2016, Sept.) "Using Tactical and MEMS Grade INS to Protect Against GNSS Spoofing in Automotive Applications," in *Proc. ION GNSS+*, Portland, Oregon, pp. 2991-3001.

[44] C. Tanil, S. Khanafseh, and B. Pervan (2016, Sept.) "An INSMonitor Against GNSS Spoofing Attacks During GBAS and SBAS-Assisted Aircraft Landing Approaches," in *Proc. ION GNSS+*, Portland, Oregon, pp. 2981-2990.

[45] S. Lo, Y. H. Chen, T. Reid, A. Perkins, T. Walter, and P. Enge (2017, May) "The Benefits of Low Cost Accelerometers for GNSS Anti-Spoofing," in *Proc. ION 2017 Pacific PNT Meeting*, Honolulu, Hawaii, pp. 775-796.

[46] C. Tanil, S. Khanafseh, M. Joerger, and B. Pervan (2018, Feb.) "An INS Monitor to Detect GNSS Spoofers Capable of Tracking Vehicle Position," *IEEE Trans. on Aerospace and Electronic Systems*, vol. 54, no. 1, pp. 131-143.

[47] Y. Bar-Shalom, X. -R. Li, and T. Kirubarajan (2001) *Estimation with Applications to Tracking and Navigation*. New York: J. Wiley & Sons.

[48] P. Levin, D. De Lorenzo, P. Enge, and S. Lo (2011, June) "Authenticating a Signal Based on an Unknown Component Thereof," U. S. Patent No. 7,969,354 B2.

[49] M. L. Psiaki, B. W. O'Hanlon, J. A. Bhatti, D. P. Shepard, and T. E. Humphreys (2011) "Civilian GPS Spoofing Detection based on Dual-Receiver Correlation of Military Signals," in *Proc. ION GNSS*, Portland, Oregon, pp. 2619-2645.

[50] B. W. O'Hanlon, M. L. Psiaki, J. A. Bhatti, D. P. Shepard, and T. E. Humphreys (2013) "Real-Time GPS Spoofing Detection via Correlation of Encrypted Signals," *Navigation*, vol. 60, no. 4, pp. 267-278.

[51] M. L. Psiaki, B. W. O'Hanlon, J. A. Bhatti, D. P. Shepard, and T. E. Humphreys (2013) "GPS Spoofing Detection via Dual-Receiver Correlation of Military Signals," *IEEE Transactions on Aerospace and Electronic Systems*, vol. 49, no. 4, pp. 2250-2267.

[52] S. Bhamdipati, T. Y. Mina, and G. X. Gao (2018, April), "GPS Time Authentication against Spoofing via a Network of Receivers for Power Systems," in *Proc. IEEE/ION PLANS Meeting*, Monterey, California, pp. 1485–1491.

[53] Anon. (2017, Feb.) Commission Implementing Decision (EU) 2017/224. *Official Journal of the European Union* [Online]. Available: http://eur-lex.europa.eu/legal-content/EN/TXT/PDF/? uri=CELEX: 32017D0224&from=EN

[54] D. Margaria, G. Marucco, and M. Nicola (2016, April) "A First-of-a-Kind Spoofing Detection Demonstrator Exploiting Future Galileo E1 OS Authentication," in *Proc. IEEE/ION PLANS Meeting*, Savannah, Georgia, pp. 442–450.

[55] K. Wesson, M. Rothlisberger, and T. Humphreys (2012, Fall) "Practical Cryptographic Civil GPS Signal Authentication," *Navigation*, vol. 59, no. 3, pp. 177–193.

[56] M. Trinkle, Z. Zhang, H. Li, and A. Dimitrovski (2012, Sept.) "GPS Anti-Spoofing Techniques for Smart Grid Applications," in *Proc. ION GNSS*, Nashville, Tennessee, pp. 1270–1278.

[57] M. L. Psiaki, S. P. Powell, and B. W. O'Hanlon (2013) "GNSS Spoofing Detection Using High-Frequency Antenna Motion and Carrier-Phase Data," in *Proc. ION GNSS*, Nashville, Tennessee, pp. 2949–2991.

[58] A. Konovaltsev, M. Cuntz, C. Haettich, and M. Meurer (2013) "Autonomous Spoofing Detection and Mitigation in a GNSS Receiver with an Adaptive Antenna Array," in *Proc. ION GNSS+*, Nashville, Tennessee, pp. 2937–2948.

[59] T. Bitner, S. Preston, and D. Bevly (2015, Jan.) "Multipath and Spoofing Detection Using Angle of Arrival in a Multi-Antenna System," in *Proc. ION National Technical Meeting*, Dana Point, California, pp. 822–832.

[60] D. Borio and C. Gioia (2015, Sept.) "A Dual-Antenna Spoofing Detection System Using GNSS Commercial Receivers," in *Proc. ION GNSS+*, Tampa, Florida, pp. 325–330.

[61] M. Appel, A. Konovaltsev, and M. Meurer (2015, Sept.) "Robust Spoofing Detection and Mitigation based on Direction of Arrival Estimation," in *Proc. ION GNSS+*, Tampa, Florida, pp. 3335–3344.

[62] S.-H. Seo, G.-I. Jee, B.-H. Lee, S.-H. Im, and K.-S. Kim (2017, Sept.) "Hypothesis Test for Spoofing Signal Identification using Variance of Tangent Angle of Baseline Vector Components," in Proc. ION GNSS+, Portland, Oregon, pp. 1229–1240.

[63] A. Broumandan and J. T. Curran (2017, Nov.) "GNSS Spoofing Detection in Covered Spoofing Attack using Antenna Array," in *Proc. International Technical Symposium on Navigation and Timing*, Toulouse, France,.

[64] S. Zorn, T. Bamberg, and M. Meurer (2018, Jan.) "Accurate Position and Attitude Determination in a Jammed or Spoofed Environment Using an Uncalibrated Multi-Antenna-System," in *Proc. ION National Technical Meeting*, Reston, Virginia, pp. 690–702.

[65] Y. Hu, S. Bian, B. Li, and L. Zhou (2018, April) "A Novel Array-Based Spoofing and Jamming Suppression Method for GNSS Receiver," *IEEE Sensors Journal*, vol. 18, no. 7, pp. 2952–2958.

[66] Y. Hu, S. Bian, B. Ji, and J. Li (2018) "GNSS Spoofing Detection Technique Using Fraction Parts of Double Difference Carrier Phases," *Journal of Navigation*, pp. 1–19.

[67] M. Niestroj, M. Brachvogel, S. Zorn, and M. Meurer (2018, Sept.) "Estimation of Antenna Array Manifolds based on Sparse Measurements," in *Proc. ION GNSS+*, Miami, Florida, pp. 4004–4011.

[68] J. Wertz, Ed. (1978) *Spacecraft Attitude Determination and Control*. Boston: D. Reidel Pub. Co.

[69] E. McMilin, Y.-H. Chen, D. S. De Lorenzo, S. Lo, D. Akos, and P. Enge (2015, Sept.) "Field Test Validation of Single-Element Antenna with Anti-Jam and Spoof Detection," in *Proc. ION GNSS+*, Tampa, Florida, pp. 3314–3324.

[70] E. Axell, M. Alexandersson, and T. Lindgren (2015, June) "Results on GNSS Meaconing Detection with Mul-

tiple COTS Receivers," in *International Conf. on Location and GNSS(ICL-GNSS)*, Gothenburg, Sweden.

[71] Z. Zhang and X. Zhan(2016)"GNSS Spoofing Network Monitoring Based on Differential Pseudorange,"*Sensors*, vol. 16, no. 10.

[72] K. Jansen, M. Schafer, D. Moser, V. Lenders, C. Popper, and J. Schmitt(2018, May)"Crowd-GPS-Sec: Leveraging Crowdsourcing to Detect and Localize GPS Spoofing Attacks," in *IEEE Symposium on Security and Privacy(SP2018)*, San Francisco, California, pp. 189–202.

[73] F. A. Milaat and H. Liu(2018, June)"Decentralized Detection of GPS Spoofing in Vehicular Ad Hoc Networks,"*IEEE Communications Letters*, vol. 22, no. 6, pp. 1256–1259.

[74] L. Strizic, D. M. Akos, and S. Lo(2018, Jan.)"Crowdsourcing GNSS Jammer Detection and Localization," in *Proc. ION International Technical Meeting*, Reston, Virginia, pp. 626–641.

[75] T. E. Humphreys, J. A. Bhatti, D. P. Shepard, and K. D. Wesson(2012)"The Texas Spoofing Test Battery: Toward a Standard for Evaluating GPS Signal AuthenticationTechniques," in *Proc. ION GNSS*, Nashville, Tennessee, pp. 3569–3583.

[76] UT Radionavigation Laboratory. (2014, July) Texas Spoofing Test Battery(TEXBAT). Version 1.1. [Online]. Available: http://radionavlab.ae.utexas.edu/datastore/texbat.

本章相关彩图，请扫码查看

第26章　GNSS接收机天线和天线阵列信号处理

Andrew O'Brien, Chi-Chih Chen, Inder J. Gupta
俄亥俄州立大学,美国

　　天线是所有 GNSS 接收系统的主要组成部分,其性能在提高接收信号质量以及确定 GNSS 接收机的空间位置解方面起着关键作用。天线在 GNSS 界的重要性可由以下几点证明:天线的种类繁多,应用各有不同,如可用于导航、测量和定时等。对于接收机系统设计者及其用户来说,了解某一类天线如何影响特定 GNSS 接收机至关重要;熟悉特殊功能的天线也很重要,这既适用于简单的单元天线,也适用于更先进的天线阵列,这些天线阵列在最先进的 GNSS 接收机中的效用越来越大。

　　本章的目的是介绍现代 GNSS 接收机天线和天线阵列的主要特性。本章的前半部分专门讨论单元天线。第一部分首先回顾了重要的天线概念和术语,然后向读者展示如何将天线建模为简单的方向相关滤波器,这提供了一种方便而准确的方法来理解天线是如何影响 GNSS 接收机的伪距和相位测量的。之后对当前实际使用的不同 GNSS 天线类型进行了介绍,并讨论其在不同应用中使用。本章的后半部分将介绍多单元天线阵列,回顾了重要的天线阵列设计参数,讨论了天线阵列在 GNSS 接收机中的应用。26.5 节讨论了各种阵列信号处理技术,这些技术可增强 GNSS 接收机的能力。

26.1　天线概念和术语

　　图 26.1 显示了天线与 GNSS 接收机组成接收系统的原理框图。最基本的一点是,天线是电磁波信号收发系统的一部分。在许多应用中,低噪声放大器(LNA)和通带滤波被移入天线本身,并成为天线的一部分,这类天线称为有源天线。可以使用长电缆将有源天线连接到接收机,而不会由于电缆的衰减降低接收性能。对于采用无源天线的接收系统,这些有源组件(主要是 LNA)是接收机前端的一部分,而无源天线到接收机的电缆很短。还应注意,无源天线具有互易性,也就是说,无论是发射还是接收,它们的行为都是相同的,因此虽然无源天线仅用于接收信号,但一般都是讨论其辐射特性。这一说法也适用于有源天线,因为有源 GNSS 天线中的组件会阻止其发射信号。

　　衡量天线性能最重要的参数是其增益 $G(\theta,\phi)$,它是给定方向 (θ,ϕ) 上的信号强度(在天线接收端)与理想点源天线接收信号强度的比值。理想点源天线是一种假设的、理想的各向同性天线,它在所有极化条件下向所有方向均匀地接收或辐射功率。理想点源天线通常用作参考天线,来定义天线增益等。由于入射的 GNSS 卫星信号较弱,因此 GNSS 天线必须具有足够的天线增益,以便在解调和解码之前确保足够高的信噪比(SNR)。

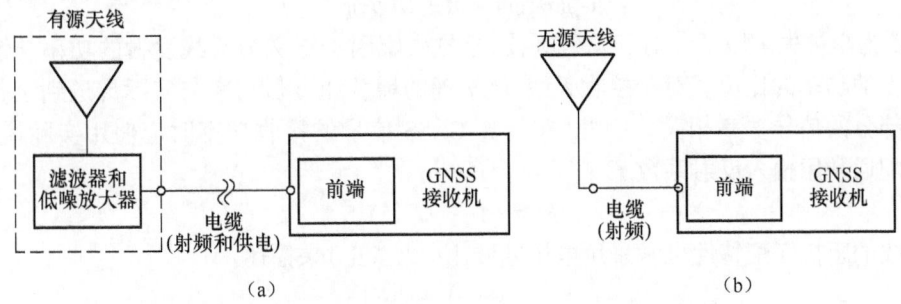

图 26.1 典型有源天线和无源天线接收机系统原理框图
(a)典型有源天线接收机;(b)典型无源天线接收机。

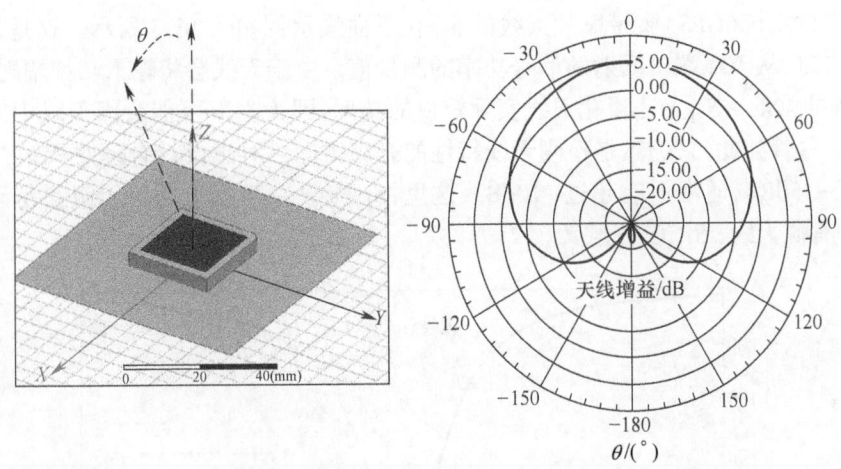

图 26.2 一个简单 GPS L1 贴片天线的仿真增益方向图(右旋圆极化)示例

天线方向图表征天线各类特征参量的角分布,但在性能规范中使用时,该术语通常指天线的增益。当未指定方向时,天线的增益被理解为增益方向图的最大值。图 26.2 展示了 GPS 微带贴片天线的仿真增益方向图。天线方向图通常具有优选方向,最大辐射场区周围的波瓣称为主瓣,而其他波瓣称为旁瓣。对于一个设计合理的天线,旁瓣电平远低于主瓣电平。主瓣的角度范围定义了天线波束宽度。通常,波束宽度是指半功率波束宽度,是接收信号增益相对于峰值增益下降 1/2 的波瓣区域。在某些情况下,波束宽度可能会被重新定义,以表示达到指定最小增益水平的波瓣区域。天线的期望波束宽度取决于具体应用。通常,GNSS 接收机接收分布在整个空域的卫星信号,因此 GNSS 天线应具有很宽的波束宽度。其他情况下,例如手持 GNSS 接收机,天线方向随机,天线被设计为全向的,使得波束宽度的概念不那么重要。

天线端口的连接器是天线的一部分,用于将其连接到接收机。最常见的是,分立器件,该端口应为与 TNC、BNC、F-type 或 SMA 电缆连接的插座。必须记住,该连接器是一条传输线,天线提供的特征输入阻抗必须与电缆和接收机系统的其余部分匹配。如果天线输入阻抗与电缆和接收机系统不匹配，则会损失接收功率。天线的实际增益 G_R 包含了天线与接收机其余部分之间的失配的影响：

$$G_R(\theta,\phi) = M \cdot G(\theta,\phi) \tag{26.1}$$

式中：M 为阻抗失配因子。对于发射天线，阻抗失配因子定义为天线发射的功率与馈入天线端口上的功率的比值。对于接收天线，所实现的增益和入射功率与实际传送到接收机系统其余部分的信号功率相关。因此，在计算 GNSS 信号的接收功率时应使用实际增益值。阻抗失配通常用输入反射系数 Γ 表示：

$$M = (1 - |\Gamma|^2) \tag{26.2}$$

天线的阻抗匹配特性也常采用电压驻波比（VSWR）来描述：

$$\text{VSWR} = \frac{1 + |\Gamma|}{1 - |\Gamma|} \tag{26.3}$$

反射系数也与天线的回波损耗直接相关。在微波元件特性术语中，回波损耗通常表示为 S_{11}【译注：即 $S_{11} = 10\lg|\Gamma|$】，即当端口 1 匹配时，反射功率和输入功率之比。

全球定位系统（GPS）微带贴片天线的 S_{11} 仿真曲线示例如图 26.3 所示。这是信号输入到天线端口时，从天线端口反射的信号功率的测量值。由于天线会将输入功率辐射出去，因此 S_{11} 应该非常低。S_{11} 无法量化天线实际辐射的功率，因为功率可能会因天线中的其他因素而损失。尽管如此，它仍然是检测天线特性的有用指标。对于设计合理的天线，S_{11} 应非常小（小于 -15dB），通常不应超过 -10dB。这里，S_{11} 参数一般用于反映无源互易天线的指标；但对于有源天线，S_{11} 没有意义。

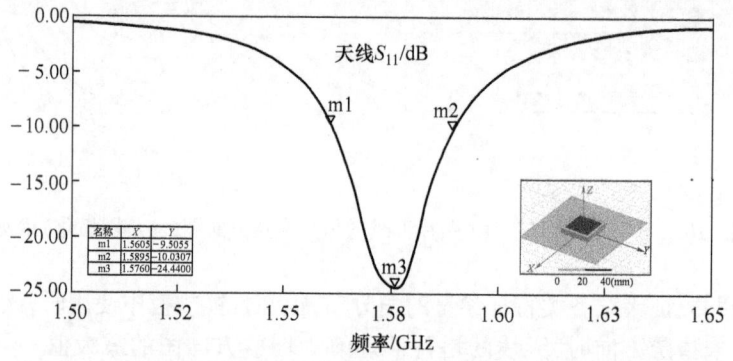

图 26.3 GPS L1 微带贴片天线在天顶方向的 S_{11} 仿真曲线示例

同样常见的是，可进一步将天线的绝对增益分解为 2 个分量的乘积，天线辐射效率 η 和天线方向性系数 $D(\theta,\phi)$：

$$G(\theta,\varphi) = \eta D(\theta,\phi) \tag{26.4}$$

对于无源互易天线，接收效率等于辐射效率。天线辐射效率定义为天线辐射的总功率与天线从其输入端口接收的净功率之比。没有天线能完全地辐射从馈电电缆接收的所有能量。输入能量因电磁能转化为热能而损耗，通常归因于导体和电阻的导电损耗。损耗也可归因于材料（即电介质或铁磁性介质）的吸收。方向性系数是来自天线的给定方向上的辐射强度与在所有方向平均辐射强度之比。当没有指定方向时，方向性系数是最大辐射强度的方向。

虽然没有明确指出,但上面定义的所有天线参数(增益、波束宽度、S_{11}等)都和频率相关。天线带宽是天线为特定应用提供足够性能的频率范围。天线可以设计成在单个频带或多个频带上独立工作,因此会为每个频带单独指定带宽。对于接收单个 GNSS 信号的商用 GNSS 接收机,带宽可小至 2MHz,而对于使用所有可用卫星星座的 GNSS 接收机,带宽可大至 500MHz。对于设计合理的天线,增益应在感兴趣的频率范围内相对平坦。通常,会指定平坦度特性,以确保信号失真最小。虽然天线是为特定频率设计的,但并不意味着它们一定能充分抑制其他频率的信号。天线的带外抑制无法满足 GNSS 接收机的实际要求,因此天线几乎总是与附加的带通滤波器相结合。带通滤波器可以集成到天线中,作为分立的连接器模块插入天线和接收机之间,或者作为接收机前端电子器件的一部分。

对于有源天线,功率通常由接收机通过接收 GNSS 信号的同一射频电缆以直流电(DC)的形式提供。应该确保天线的功率要求和接收机的电源规格之间的兼容性。如果使用有源天线,而接收机不为其供电,天线将无法正常工作,也不会有信号到达 GNSS 接收机。这种情况下,可使用 T 型偏置器向天线提供外部电源。如果使用无源天线和 DC 提供电源的接收机,必须小心确保无源天线没有 DC 短路。这种情况下,可以使用电容器来阻挡 DC,并保证接收机正常接收信号。

有源天线的增益通常被定义为无源天线增量和集成的 LNA 增益之和。对于有源天线,增益还与 LNA 引入的热噪声相关联。这种情况下,增益-温度比(G/T)通常用作性能指标。有源天线的总增益由下式给出:

$$G(\theta,\phi) = G_a(\theta,\phi) + G_f + G_b + G_l \quad (26.5)$$

式中:G_a 为天线的无源增益;G_f 为馈线的损耗;G_b 为 T 型偏置器的损耗;G_l 为 LNA 的增益。请注意,其中所有量都以 dB 为单位。G_f 和 G_b 为负数。有源天线的总温度由下式给出

$$T = T_a + \left(\frac{F_f - 1}{G_f} + \frac{F_b - 1}{G_f G_b} + \frac{F_l - 1}{G_f G_b G_l}\right) T_o \quad (26.6)$$

式中:T_a 为天线温度;F_f、F_b 和 F_l 分别为滤波器、T 型偏置器和 LNA 的噪声系数。在上式中,T_o 是环境温度(在大多数应用中为 290K)。更高的 G/T 对应于更好的有源天线性能。

本节仅简要概述了最重要的天线术语。定义遵循 IEEE 天线术语标准定义(145-1983)。读者可以参考其他来源(文献[1-27])以获得更详细的信息。注意上文没有明确提到天线的极化,由于 GNSS 卫星信号是右旋圆极化的(RHCP),除非另有说明,否则通常默认天线参数是适应 RHCP 极化的。极化及其重要影响将在后面讨论。

26.2 天线对 GNSS 信号的效应

可以假想一个理想的 GNSS 天线,它占据空间中一个极小的点。这种情况下,GNSS 接收机使用这种理想天线进行的所有延迟和相位测量都与这一几何点相关。事实上,大多数 GNSS 测量的数学模型都将天线视为一个完美的点。但实际上,真正的天线在空间并不表现为一个无穷小的点;相反,真正的天线以显著的方式影响着 GNSS 信号的接收。本节将讨论如何对 GNSS 信号的这些影响进行建模。

26.2.1 天线作为滤波器的建模

首先,为天线定义一个坐标系,称为天线参考系(ARF)。ARF 的原点是一个通常被称为天线参考点(ARP)的点。ARF 和 ARP 不是天线固有的电磁特性指标,而是被任意选取的,作为天线外部易于识别的位置或标记,参考点在将 GNSS 接收机测量结果与物理世界联系起来这方面发挥着重要作用。

线性器件或系统行为通常由其频率响应 $H(f)$ 来表征,$H(f)$ 是输出信号的幅度和相位相对于输入信号的幅度和相位的比值。在频域,输入信号 $X(f)$ 和输出信号 $Y(f)$ 之间的关系很简单:

$$Y(f) = H(f)X(f) \tag{26.7}$$

天线也作为电磁场的线性系统,可以用复数值天线响应 $A_p(\theta,\phi,f)$ 来表征。

$$Y(f) = A_p(\theta,\phi,f)X(f) \tag{26.8}$$

对于天线,系统的输入是入射平面电磁波,其特征是入射信号的方向 (θ,ϕ) 和频率 f。给定的天线响应仅适用于以特定极化类型入射的波,将其标记为下标 p。平面波占据了整个空间,其相位随位置而变化,因此系统的输入定义为 ARP 位置的电场幅度和相位。输出 $Y(f)$ 是当天线存在于该入射场时,在天线接收端口产生的相应电压。这样,天线响应定义为天线输出信号相对于位于参考点的各向同性天线接收信号的幅度和相位。注意,GNSS 天线的实现增益 G_R 对应于天线响应的 RHCP 分量 A_R 的幅度平方。即

$$G_R(\theta,\phi,f) = |A_R(\theta,\phi,f)|^2 \tag{26.9}$$

GNSS 信号会调制到每个平面波的幅度和相位上,因此天线可建模用于 GNSS 信号与方向相关的线性时不变(LTI)的滤波器。也就是说,如果 $x(t)$ 是到达 ARP 的 GNSS 信号,那么通过天线之后的输出信号 $y(t)$ 的特征为

$$y(t) = \int A_R(\theta,\phi,f)X(f)e^{j2\pi ft}df \tag{26.10}$$

这是一种可以概念化天线对 GNSS 信号作用的简单而准确的方法,这种响应函数通常由天线测量或天线仿真计算软件提供。重要的是要了解,尽管可应用变换对天线响应来将参考移动到新的位置,特定的响应是相对于 ARP 和相应的坐标系的。图 26.4 显示了一个简单的 GPS 贴片天线的天线响应示例。对于从天顶入射的信号,天线响应的幅度和相位显示在 GPSL1 频带上。请注意,天线响应随频率变化。稍后将讨论这些变化如何在 GNSS 接收机测量中产生方向相关误差。

GNSS 接收机的射频前端包含位于接收机内部和有源天线内部的组件——如放大器、滤波器、混频器、限幅器和二极管。尽管这些元件有可能会工作在非线性区,但设计合理的前端在其设计应用的信号输入范围内应保持高度线性。因此,通常也将前端建模为 LTI 滤波器。

在某些情况下,可能很难描述天线。许多 GNSS 天线被集成到其他设备中,或者安装在可能包含整个平台的复杂结构上(如车辆、船只和飞机)。许多天线,例如贴片天线,设计放置在接地面的大型平坦金属结构上。接地面(或作为接地面的平台)的尺寸和形状对天线性能有影响,这种影响不能与天线本身分开。天线与附近的结构发生耦合,接收到的场会发生散射,产生平台多径。为了提高精度,平台的影响应纳入任何涉及天线性能表征的分析

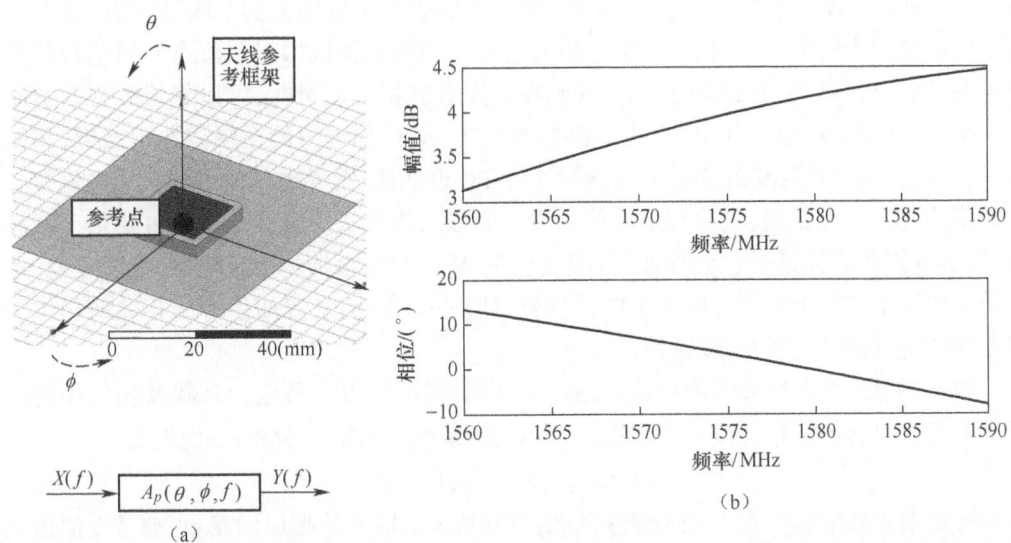

图 26.4 (a)天线参考框架示例和(b)一个简单 GPS L1 贴片天线在天顶方向的天线响应曲线仿真示例

中[3]。为了模拟对 GNSS 信号的影响,可以将整个平台纳入式(26.8)中给出的天线响应。这种情况下响应被称为原位天线响应,因为天线已在预期使用的环境中进行了表征。通过使用线性时变(LTV)滤波器,可将该方法扩展到平台随时间变化的环境中,如直升机和其他旋翼机[4]。

26.2.2 对天线接收机测量的影响效果

如前所述,天线对 GNSS 信号起着时空滤波器的作用。真正的天线不是空间中的完美点,而是在接收到的 GNSS 信号中引入额外的方向相关延迟和相移。这在 GNSS 接收机进行的载波相位和伪距测量中引入了偏差误差,称为天线引起的偏差。只有了解这些偏差的影响,才能明确特定的 GNSS 接收机解算实际对应于空间和时间的哪个点。

天线引起的载波相位和码延迟偏差定义为方向相关函数,分别表示为 $\varphi_a(\theta,\phi)$ 和 $\tau_a(\theta,\phi)$,是给定方向接收的信号经由天线引起的附加相位和延迟。对于每个 GNSS 信号类型和 GNSS 信号频带,这些偏差是不同的。严格地说,它们对于具有不同频谱但频带相同的信号也可能是不同的(GPS L1 C/A-、P/Y-和 M-码信号可能具有不同的天线感应偏差);然而,对于许多简单的天线,这些差异可以忽略不计。一般偏差的定义是相对于 ARP 的,也就是说,如果选择不同的 ARP,偏差就会不同。如果从原始相位和伪距测量值中除去这些偏差来校正,则接收机位置和时间的解将完全符合物理空间中的 ARP。如果不校正,引入位置和时间解的误差就会更复杂。这些偏差如何影响接收机的位置和时间解算取决于接收机如何使用单个原始测量值形成解算——而这不仅仅是天线的特性。因此,本节的重点是讨论偏置如何影响原始相位和延迟测量。传统上,当人们谈论将位置解与空间中的特定点相关联时,利用天线相位中心(APC)的概念是有用的[5-6]。与可以任意选择的 ARP 不同,APC 是天线的固有属性。APC 的标准定义是位于球体(其半径延伸到远场)中心的空间点,这样天线辐射方向图的相位实际上是恒定的。仅考虑增益显著角度区域上的相位,即对于典型的 GNSS 天线意味着上半空间。APC 表示天线载波相位偏置到空间某一点(实际上不需要位于物理天线本身上的点)的最佳拟合近似。如果这种近似对于所有入射信号角度都非常好,则天线具有稳定的相位中心,并且在使用载波相位测量时,可以将天线视为空间中的一个点(如载波相位差分定位)。在某些情况下,APC 与天线的中轴线非常接近,只需指定垂直相位中心偏移,其他情况下,需要扩展 APC 近似值,以考虑其他因素造成的偏移。对 APC 概念进行一些扩展,允许和卫星仰角或一般方向相关联。虽然此概念主要用于载波相位,但也可用于表征延迟。无论如何,应该记住 APC 的概念是一个近似值,也就是说,这是一种仅适用于某种天线与方向无关的最佳相位中心拟合,而直接使用方向相关的相位中心偏差,能够获得更完整的天线特性。

如果测量或仿真的天线响应 $A_p(\theta,\phi,f)$ 可用,则可以很容易地计算载波相位和伪距测量中由天线引起的偏差。设 α 为以弧度表示的天线响应 RHCP 分量的相位,即

$$\alpha(\theta,\phi,f) = \angle A_R(\theta,\phi,f) \tag{26.11}$$

对于中心频率为 f_c 的 GNSS 信号,该信号到达天线的载波相位偏差 φ_a 通常近似为中心频率响应的相位,而码延迟偏差 τ_a 通常近似为中心频率处的群时延,即:

$$\varphi_a(\theta,\phi) = \alpha(\theta,\phi,f_c) \tag{26.12}$$

$$\tau_a(\theta,\phi) = \frac{1}{2\pi}\frac{\mathrm{d}\alpha(\theta,\phi,f_c)}{\mathrm{d}f} \tag{26.13}$$

这里分别以弧度和秒为单位给出。然而,如果天线响应随频率明显变化,这些方程就只是近似值,为了更加精确,必须考虑天线在其整个频率范围内的响应和信号功率谱密度。这种情况下,天线感应偏置由下式给出:

$$\varphi_a(\theta,\phi) = \angle \int S(f)A_R(\theta,\phi,f)\mathrm{e}^{-\mathrm{j}2\pi f\tau_a}\mathrm{d}f \tag{26.14}$$

$$\tau_a(\theta,\phi) = \mathrm{argmax}\left|\int S(f)A_R(\theta,\phi,f)\mathrm{e}^{-\mathrm{j}2\pi ft}\mathrm{d}f\right| \tag{26.15}$$

虽然这些方程在天线响应表现良好的情况下非常精确,但它们也是近似值。GNSS 接收机跟踪环路使用鉴相器来估计信号的相位和延迟。典型的延迟锁定环(译注:DLL)鉴相器性能是基于接收到的 GNSS 信号互相关函数的形状和其对称性的假设[7]。由于天线建模为滤波器,会将一般失真引入信号,互相关函数的形状会影响延迟估计。天线接收的信号和位于参考点的理想各向同性天线接收的信号之间的互相关函数的期望值由下式给出:

$$R(\tau) = \int S(f)A_R(\theta,\phi,f)\mathrm{e}^{-\mathrm{j}2\pi ft}\mathrm{d}f \tag{26.16}$$

天线引起偏差的更精确的计算,可以解释作用于该互相关函数的接收机的跟踪环实现。例如,在具有早-减-晚鉴别器的 GNSS 接收机中,天线引起的码延迟偏差将满足

$$R(\tau_a - \tau_s) = R(\tau_a + \tau_s) \tag{26.17}$$

式中:τ_s 为早码、即时和晚码相关器抽头间的间距。

虽然讨论侧重于使用天线响应来计算天线感应偏差,但实际上也可以使用差分 GNSS 接收机来测量天线感应偏差和校准 GNSS 天线。文献[8-11]提供了这些方法的大量资料。最后,还应注意,由于制造、温度和老化过程中的机械公差,同一型号的天线之间也可能存在显著差异。

26.2.3 天线极化效应

如果将目光投向一颗 GNSS 卫星,观察空间中某一特定点的电场矢量,并把它作为穿过该卫星的入射 GNSS 信号,就会观察到电场矢量在垂直于传播方向的平面内逆时针旋转,就像当你右手的拇指指向你时,手指会逆时针弯曲一样,因此 GNSS 卫星发射的信号是 RHCP。与 GNSS 信号一样,天线也是极化的,这种极化会影响天线设计,以及 GNSS 接收机的相位测量,这一点很重要。

大多数 GNSS 天线都设计成可接收 RHCP 信号。左手圆极化(LHCP)电场与 RHCP 电场正交,如果天线设计完美,那么它将不会接收任何 LHCP 信号。然而,真正的天线从来都不是完美的,它们会接收一些 LHCP 波。天线在不同方向上的极化纯度通常通过一起绘制的共极化和交叉极化分量电平的增益方向图来量化。例如,图 26.5(a)显示了位于 L1 中心频率的小接地板上安装的简单 GPS 贴片天线的 RHCP 和 LHCP 分量的增益。该图还包括水平极化和垂直极化的增益方向图。对于该图,θ 角从接地板后面($\theta = \pm 180°$)到视轴($\theta = 0°$)变化,这强调了低仰角下极化的影响。轴比是描述天线极化纯度的常用指标,天线的轴比是电场矢端轨迹椭圆的长轴与短轴之比,示例中,对应于 RHCP:

$$AR(\theta,\phi,f) = \frac{|A_R(\theta,\phi,f)/A_L(\theta,\phi,f)| + 1}{|A_R(\theta,\phi,f)/A_L(\theta,\phi,f)| - 1} \tag{26.18}$$

通常以 dB 为单位。请注意,对于完美的 RHCP 天线,轴比接近 1。对于线极化天线,轴比为 ∞。

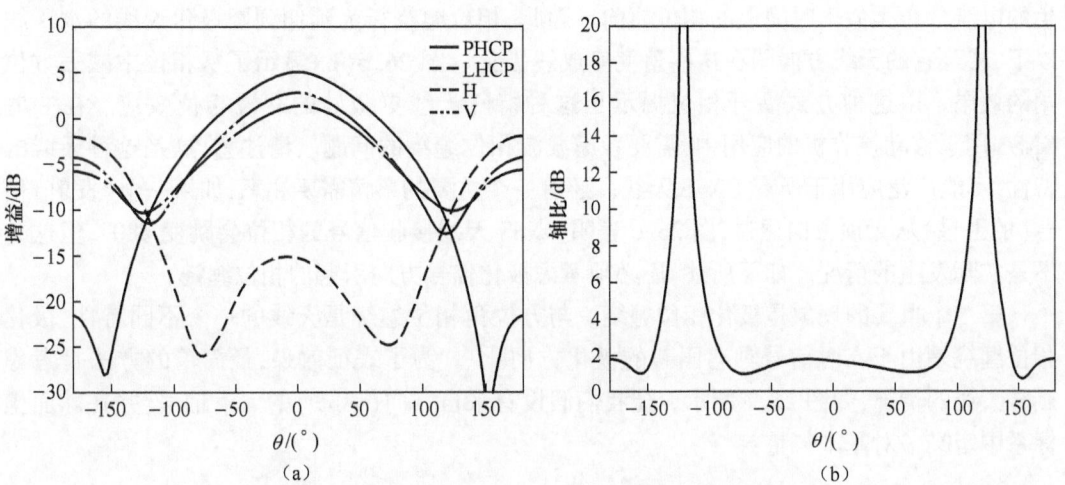

图 26.5 位于小尺寸接地面上 GPS L1 的带贴片天线的 4 种不同极化的仿真增益方向图示例(a)和相应的轴比(b)

给定两种极化的复合天线响应,则天线响应完全表征出来。使用该信息,可以计算天线对任何极化入射信号的响应。典型地,这两种极化被表示为一对 RHCP 极化和 LHCP 极化或者一对水平极化和垂直极化。可以使用如下变换:

$$A_R(\theta,\phi,f) = \frac{1}{\sqrt{2}}[A_H(\theta,\phi,f) - jA_V(\theta,\phi,f)] \tag{26.19}$$

$$A_{\mathrm{L}}(\theta,\phi,f) = \frac{1}{\sqrt{2}}[A_{\mathrm{H}}(\theta,\phi,f) + jA_{\mathrm{V}}(\theta,\phi,f)] \tag{26.20}$$

将水平(H)和垂直(V)极化天线响应转换为 RHCP 和 LHCP 分量,反之亦然。

重要的是要记住,当入射电磁波从表面反射和散射时,其极化会发生变化。当一 RHCP 入射波从一个大的平面反射时,极化变成了 LHCP。这样,只接收 RHCP 信号的天线可以提供一定程度的多径抑制。当 RHCP 波在更复杂的棱角结构上散射时,信号将具有任意偏振。然而,大多数圆极化天线在地平线附近将变成线性极化(图 26.5),这正是许多 GNSS 应用多径预期的原因。因此,大地测量 GNSS 天线是专门为改善地平线附近 LHCP 信号的抑制而设计的。另一方面,实际上已经开发了一些 LHCP 的 GNSS 天线,这为 GNSS 遥感反射测量等应用提供了最佳的 GNSS 反射信号接收途径。对于一些手持或车载 GNSS 接收机,它们用于强多径和 GNSS 卫星视线有限的环境,从而使用线性极化天线。

以下介绍极化造成的相位缠绕:

与圆极化 GNSS 天线相关的一种常见现象称为相位缠绕。当 GNSS 天线旋转时,即使天线的位置保持不变,接收机测量的载波相位也会发生可预测的变化。这种相位缠绕现象分为 2 个分量:由天线引起的分量和由信号的极化特性引起的分量。

大多数 GNSS 天线引入的载波相位偏移相对于方位角呈现出可预测的变化,我们称之为天线相位缠绕。图 26.6(a)显示了一个简单的 GPS L1 RHCP 极化贴片天线的载波相位偏移。如果沿方位角方向将天线逆时针旋转 360°,将会观察到载波相位"缠绕"360°。这是由于天线入射 GNSS 信号引起的时间谐波电流倾向于旋转对称。这样,天线的物理旋转产生的电流分布类似于时间上的相位超前。因此,相位缠绕行为延伸到圆极化天线的水平线以下,甚至它的天线方向图在这些角度变成线极化。图 26.6(b)显示了从相位中减去方位角的效果。以这种方式展开相位揭示了这种特殊天线更微妙的载波相位效应。在一些 GNSS 用于移动接收机的应用中,需要考虑载波相位缠绕的问题。请注意,这是这种天线的特性,不能广泛应用于所有 GNSS 天线。还有一个重要的事情需要注意,如果一个(发射)信号(的卫星)从天顶方向通过,图 26.6 表明 GNSS 天线接收信号的相位会跳变 180°,但这并不是实际发生的情况。如下所述,还必须考虑极化信号方向引起的相位缠绕。

第二个重要的现象是极化相位缠绕。与方位角相位缠绕是天线的一个不同特性,极化相位缠绕是由于入射信号具有固有的极化方向[12]。为了表征效果,最简单的方法是考虑旋转天线的情况,如图 26.7 所示。让我们假设有来自方向 (θ,ϕ) 的入射信号,并在球面坐标系中定义一对基本矢量:

$$\hat{\theta}(\theta,\phi) = \begin{bmatrix} \cos\theta\cos\phi \\ \cos\theta\sin\phi \\ -\sin\theta \end{bmatrix}, \quad \hat{\phi}(\theta,\phi) = \begin{bmatrix} -\sin\phi \\ \cos\phi \\ 0 \end{bmatrix} \tag{26.21}$$

接下来,让我们假设天线绕其参考点旋转。让旋转算子 $\boldsymbol{R}(\cdot)$ 控制天线旋转。旋转算子将矢量从原始坐标系旋转到新的坐标系,其中从天线角度看,新的入射信号方向为 (θ',ϕ')。我们有两个基本矢量 $\hat{\theta}(\theta',\phi')$ 和 $\hat{\phi}(\theta',\phi')$,通过旋转矢量,带入之前的基本矢量,$\hat{\theta}'(\theta',\phi') = \boldsymbol{R}(\hat{\theta}(\theta,\phi))$ 和 $\hat{\phi}'(\theta',\phi') = \boldsymbol{R}(\hat{\phi}(\theta,\phi))$。这两组矢量将相对于彼此旋转。可以用角度 ψ 来定义旋转量:

$$\psi = \tan^{-1}\left(\frac{\hat{\theta}'(\theta,\phi) \cdot \hat{\phi}(\theta',\phi')}{\hat{\theta}'(\theta,\phi) \cdot \hat{\theta}(\theta',\phi')}\right) \quad (26.22)$$

这仅仅是沿着对应于信号方向的轴发生的旋转量。

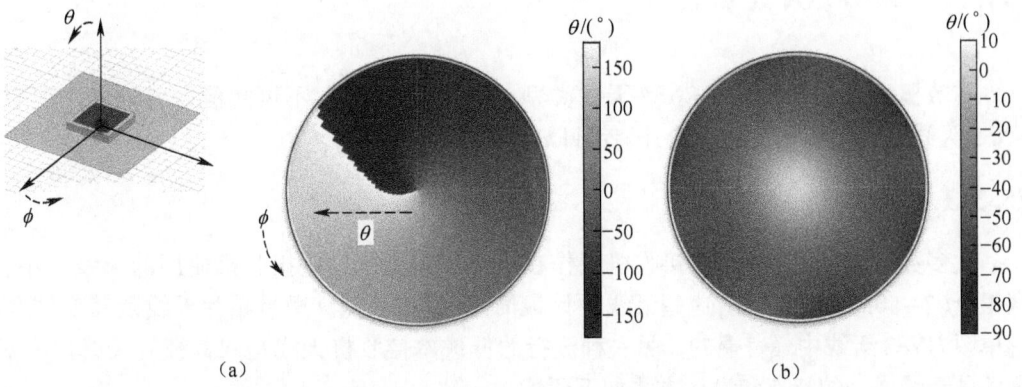

图 26.6　一个简单 GPS 贴片天线在 L1 中心频点的上半空间
载波相位方位角相位解绕前(a)和解绕后(b)示例

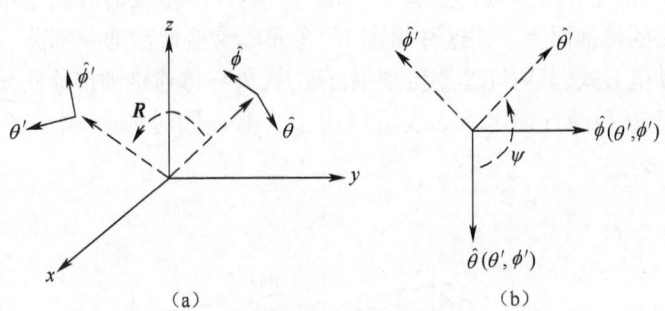

图 26.7　天线旋转前后极化电磁场的坐标系基本矢量图

这样,我们会发现天线以下列方式响应线极化变换:

$$A'_V(\theta',\phi') = \cos\psi \cdot A_V(\theta',\phi') + \sin\psi \cdot A_H(\theta',\phi') \quad (26.23)$$

$$A'_H(\theta',\phi') = \sin\psi A_V(\theta',\phi') + \cos\psi \cdot A_H(\theta',\phi') \quad (26.24)$$

对于天线的某些旋转,垂直极化变成水平极化,正如预期的那样,反之亦然。另一方面,圆极化会产生与旋转角度成比例的相移为:

$$A'_R(\theta',\phi') = A_R(\theta',\phi') e^{j\psi} \quad (26.25)$$

$$A'_L(\theta',\phi') = A_L(\theta',\phi') e^{-j\psi} \quad (26.26)$$

这就告诉我们,天线接收入射信号的效果不能仅用它的方向(θ,ϕ)来表征;相反,还有一个额外的角度 ψ,它与入射场(或相当于发射机)的方向有关。

虽然我们在这个例子中旋转了天线,但是如果天线保持固定,并且我们允许入射信号方向随着 GNSS 卫星的移动而改变,结果是相同的。从根本上说,入射场有一个必须参考的方向,如式(26.25)所示。这种相位变化不会在天线方向图数据中完全获得,而是必须在接收机和发射机之间的几何模型中获取。读者可以通过文献[13]了解更多详细信息。在许多固定天线的差分载波相位应用中,差分载波相位测量抵消了这些影响,这些影响在数学测量模型中经常被忽略。

26.3 GNSS 天线示例

本节概述了一些常用的 GNSS 天线类型。由于篇幅限制,不可能覆盖各种各样现有的 GNSS 天线。关于更深入的讨论,读者可以查阅文献[13-14]。

26.3.1 单波段 GNSS 天线

大多数低成本商用 GNSS 接收机工作在单一频带上。这些接收机使用的天线很小,带宽很窄(2~50MHz)。因此,这些天线设计最简单,成本最低。微带贴片天线及其变体是所有单频 GNSS 天线中最普遍的。另一种流行的低成本接收机天线是四臂螺旋天线(QHA)。这两种天线类型的特点和设计方法如下所述。

26.3.1.1 微带贴片天线

基本的微带贴片天线(MPA)由金属导体组成,通常为方形或圆形,蚀刻在电介质基底的金属面上。一般来说,电介质基底比金属导体稍大。电介质基底的底面是覆铜层。天线通常放置在比其大得多的接地面上。在这种情况下,底面成为接地面的一部分。同轴电缆馈电是微带天线常用的馈电方式,其内导体连接到顶部贴片,外导体连接到接地底面。常用的馈电技术还有缝隙耦合馈电和探针馈电。天线可以由多个激点同时馈电。图 26.8 显示了典型的 GPS L1频带的 MPA。

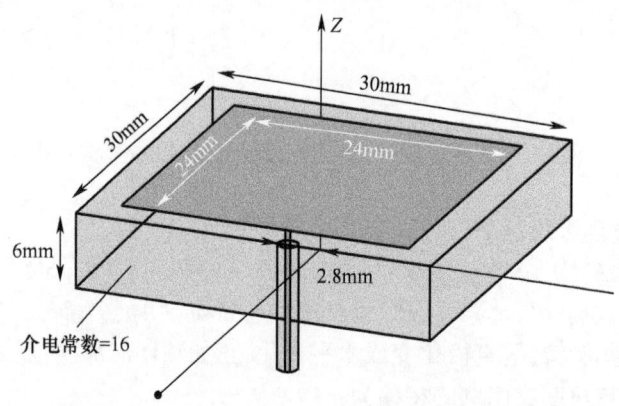

图 26.8 单探针馈电的 GPS 微带贴片天线示例[14]
(来源:经 John Wiley & Sons 许可转载。)

金属贴片和接地面形成了一个高度谐振的射频腔。储存在谐振腔内的能量从金属贴片的边缘辐射出去。谐振腔的谐振频率取决于金属贴片的形状和尺寸以及电介质基片的介电常数。一般来说,增加贴片的尺寸会降低谐振频率,增加介电常数也会降低谐振频率。因此,通过使用具有高介电常数的基片,可以减小 MPA 的尺寸。基片的厚度与天线的带宽密切相关,较大的带宽对应于较厚的基片。然而,增加厚度超过某个值会导致天线出现高阶模态,通常情况下这样是不好的。对于具有高介电常数的基片,这限制了基片厚度,并且设计具有大带宽的小型 MPA 变得越来越困难[15]。一个贴片的带宽约为 2%。对于先进的设计,这可以提高到 10%。这些 MPA 使用低介电常数基片,因而尺寸大(横截面和高度)。由于 MPA 是谐振天线,它们的带宽由回波损耗决定(天线与接收机输入阻抗的匹配程度)。

一个 MPA 在其基本模式下工作时,增益在沿瞄准方向(垂直于贴片)最大,而在水平方向下降。电轴增益随着电介质基片厚度的增加而下降。低介电常数基片用于性能更好的 GNSS 天线,但高介电常数基片导致尺寸减小。对于多单元 GNSS 天线阵列,使用具有高介电常数基片的贴片会使每个单元更加紧凑。

为了获得 RHCP 极化的 MPA,通常使用 2 个馈电探针,这 2 个探针在距贴片边缘特定距离处正交放置。探针连接到正交混合电路,如分支线耦合器,以获得等幅但 90°的相位差,从而产生 RHCP 辐射。有时为了获得 RHCP 极化,会将单个不对称(图 26.9)探针馈电放置在正方形贴片上。在这种情况下,采用切角贴片有助于产生 RHCP 极化。

图 26.9 显示了一个常见的商用 L1 频带 GPS 天线设计的例子。它是一个常见的 L1 频的微带正方形贴片天线,通过在介质层切角,馈电点偏量/(°)在对角线上激励出两个相位正交的基模来实现圆极化。[16-17]。图 26.9(b) 显示了 RHCP(实线)和 LHCP(虚线)分量在

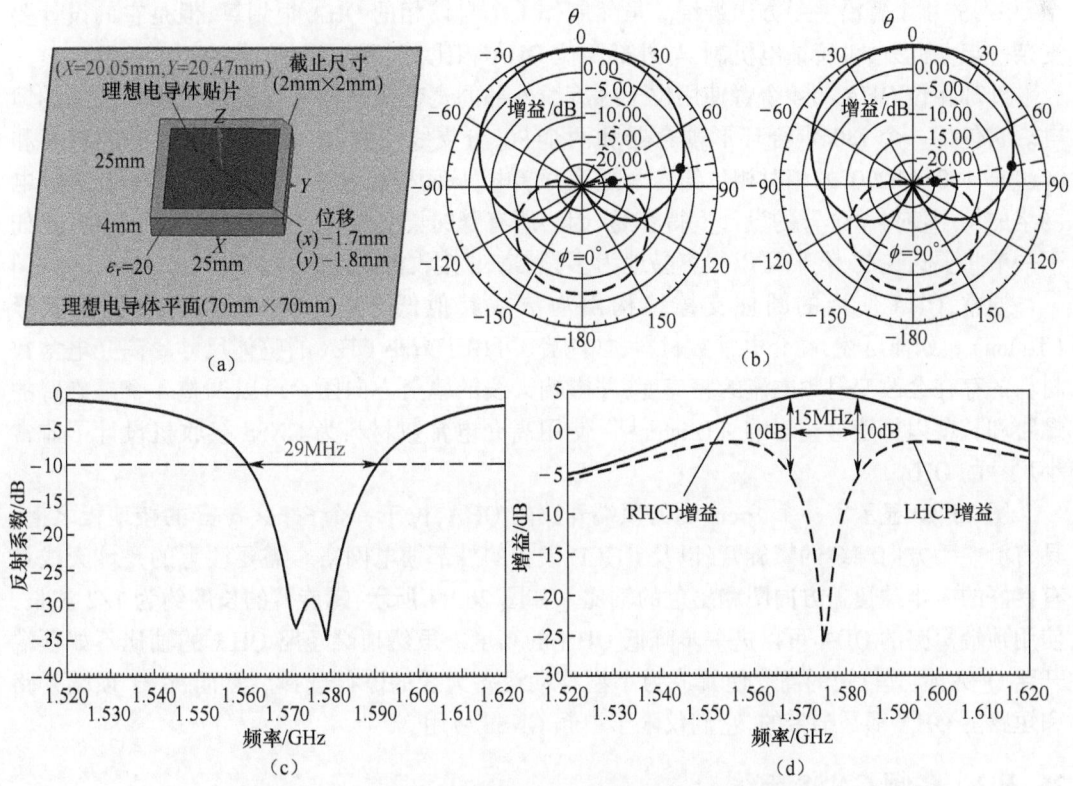

图 26.9 一个 GPS L1 频段接收机的微带贴片天线显示
(a)天线几何尺寸;(b)仰角方向图在主面对于右旋圆极化(实线)和左旋圆极化(虚线);
(c)反射系数作为频率的函数;(d)在天顶方向右旋圆极化和左旋圆极化的实现增益[14]
(来源:经 John Wiley & Sons 许可转载。)

两个正交切面上的增益方向图,显示了高的增益水平和低于10°仰角的覆盖性能。在整个空间,LHCP 增益都比 RHCP 增益低得多。图 26.9(c)以反射系数低于-10dB 为标准给出了阻抗带宽,约为 29MHz。图 26.9(d)以 RHCP/LHCP >10dB 为标准给出了极化带宽,大约为 15MHz。

26.3.1.2 四臂螺旋天线

四臂螺旋天线(QHA),也被称为"蜗壳",特别适用于手持接收机和移动终端[18]。它由缠绕在圆柱体上的四个螺旋谐振单元组成。4 个单元(螺旋臂)采用间隔 90°相位的信号驱动,以产生 RHCP 的宽波束。QHA 可以从顶端或底端馈电,另一端开路或短路。当从顶端馈电时,底端通常被短路以从顶端辐射;然而,当从底端馈电时,顶端保持开路以提供前向辐射。它的尺寸也可以通过使用介电材料柱来控制。此外,人们可以使用印刷电路技术来降低成本。GNSS 接收机使用两种类型的 QHA:自相位 QHA 和外部相位 QHA。

自相位 QHA 使用平衡转换器(平衡-不平衡转换器)为 4 个螺旋臂馈电。2 个相邻的臂连接到同轴线的中心导体,而另外 2 个相邻的臂连接到同轴线的外导体。因此,这 2 组臂具有 180°的相位差。相邻臂的长度被调整以产生另一个 90°相位差。顶端馈电 QHA 的 4 个臂的另一端短路,并且天线波束向顶部辐射。因为圆极化信号在反射后会改变旋向,所以这个 QHA 的 4 个臂沿左手方向缠绕。虽然制作 1 个自馈相的 QHA 很划算,但是它的设计要复杂一点。此外,由于馈电机制,与外部相位 QHA 相比,它具有更小的带宽。

外部相位 QHA 的 4 个臂使用位于螺旋线外部的宽带馈电网络来提供所需相位差的馈电。它包括一个 180°混合环形耦合器和两个 90°分支线耦合器。该网络以相等的幅度和 0°、90°、180°和 270°的相对相位给 4 个螺旋臂馈电,从而得到 RHCP 端辐射。外部相位馈电网络的使用使得单个臂的设计变得容易,因为所有臂的长度相等并且易于调谐。此外,正如下一节将要讨论的,我们可以很容易地为多频 GNSS 接收机设计天线。

通常,QHA 使用的圆柱支撑结构由泡沫或其他低介电常数材料制成,如特氟隆(Teflon)。如前所述,高介电常数材料,如陶瓷,可用于减小 QHA 的整体尺寸。高介电常数材料的存在会改变射频电流的相速度,并影响天线的辐射方向图。可以调整 4 个螺旋臂的螺距和长度以补偿这些影响。Leisten[19]使用高介电常数材料为 GNSS 接收机设计了非常小尺寸的 QHA。

图 26.10 显示了一个 16cm 高的顶端开路的 QHA,位于一个 6cm×6cm 的接地板之上,具有沿左手方向缠绕的螺旋臂,以及 RHCP 馈相的外部馈电网络。需要注意的是该天线具有良好的上半球覆盖方向图和出色的轴比。如图 26.11 所示,螺旋臂的长度约为 1/2 波长,使用顶端短路的 QHA 可以进一步降低 QHA 的高度。虽然顶端短路 QHA 的轴比不如顶端开路 QHA,但其较短的高度使其成为小型移动设备天线的流行选择。然而,由于顶端开路和短路的 QHA 都是窄带的,它们仅限于单频 GNSS 应用。

26.3.2 多频 GNSS 天线

现代化的 GNSS 接收机接收来自多个频带(L1 和 L2,或 L1、L2 和 L5 等)的信号。在每个频段,卫星信号的带宽可能高达 30MHz。正如预期的那样,这些接收机使用多频 GNSS 天线,造成复杂的天线设计和成本的增加。上一节中描述的传统 MPA 和 QHA 都是窄带天线,不适用于现代应用。然而,可以使用多个堆叠的 MPA 或 QHA 来实现多频应用。

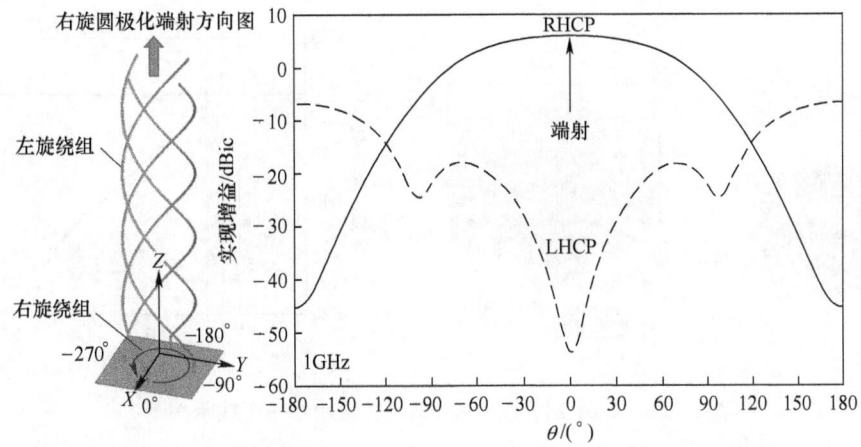

图 26.10　1GHz 的轴向模 QHA,左手螺旋和右手相位差产生右旋圆极化端射方向图

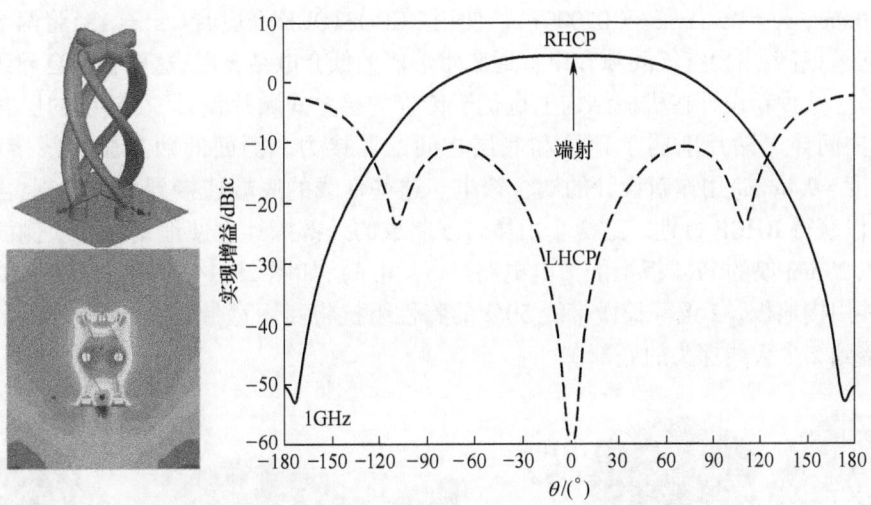

图 26.11　带有接地面的终端短路的 QHA(尺寸 9.3cm×9.3cm)

26.3.2.1　多层贴片天线

多层贴片天线在多贴片设计中非常受欢迎[20-21]。在这些天线中,多个谐振贴片天线堆叠在一起,顶部贴片工作在最高频段。图 26.12 显示了一个多层贴片天线的例子[22]。对于多层贴片天线的馈电,顶部馈电技术是最流行的手段。在这种技术中,每个馈电探针的内导体穿过底部贴片而不产生任何电接触,并焊接到最上面的贴片。每个探头的位置经过优化,可在多个频段提供良好的阻抗匹配。较大的底部贴片充当下一层贴片的接地板。由于各层贴片之间有很强的耦合,多层贴片的设计并不简单,需要多次迭代才能设计出可靠的天线。当使用高介电常数基片来减小多层贴片天线的尺寸时,两个基片之间和/或金属贴片和基片之间的结合的完好性可能会有问题。此外,内部馈电探针的孔会使高介电常数基片更为脆弱。人们可以通过 proximity 探针来避免使用内部馈电探针[23]。

Chen 等[24]研制了一种独特的具有外置探针的紧凑型双频 GPS 天线,如图 26.13 所示。

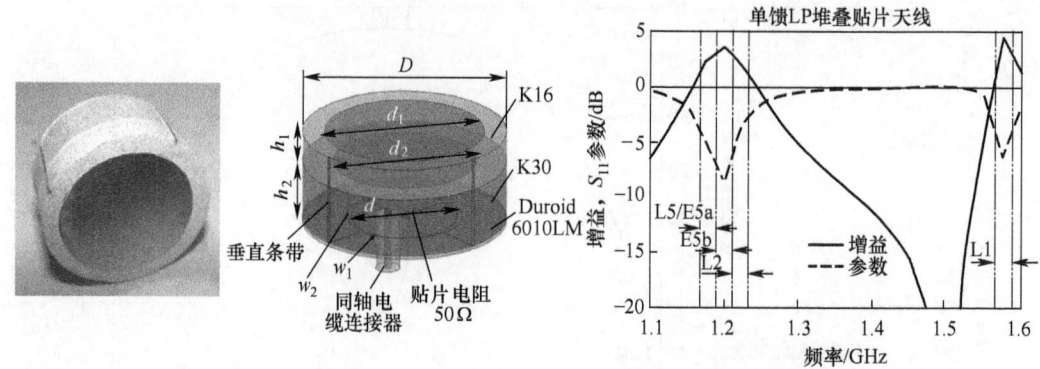

图 26.12 支持 L1 和 L2 频段的堆叠贴片 GPS 天线示例[22]

其所提出的天线由一个单槽加载的导电贴片组成，使用标准 PCB 制造工艺在 Rogers TMM10i 基板上（$h_1 = 1.27$mm，$\varepsilon_r = 9.8$，$\tan\delta = 0.002$）制造。底部基板是高介电陶瓷圆盘（$h_2 = 10$mm，$\varepsilon_r = 45$，$\tan\delta \approx 0.0001$）。使用 ECCOSTOCK 介电膏（$\varepsilon_r = 15$）将两个基板结合在一起，以避免出现空气间隙和由普通胶水形成的低介电结合层，这两者都会导致谐振频率的失谐。这种新设计在机械结构上也优于传统的层叠式贴片设计，在传统的层叠式贴片设计中，中间导电贴片削弱了顶层和底层之间的黏接力。侧面的两条微带线接（宽度 = 2mm，高度 = 9.8mm）用作新设计的耦合馈电。这些带线的底端连接到 0°～90°混合电路的输出端，以获得 RHCP 特性。这 2 个由微带线制成的外部探针方便地刻在介质侧面。探针连接到 1.27mm 厚的 FR4 板上的馈电电路（$\varepsilon_r = 4.4$），如图 26.14 所示。天线和馈电电路的底部共用接地板。2 条等长微带线 50Ω 的特性阻抗将商用宽带 0°～90°芯片混合电路的输出连接到 2 个天线探头的底部。

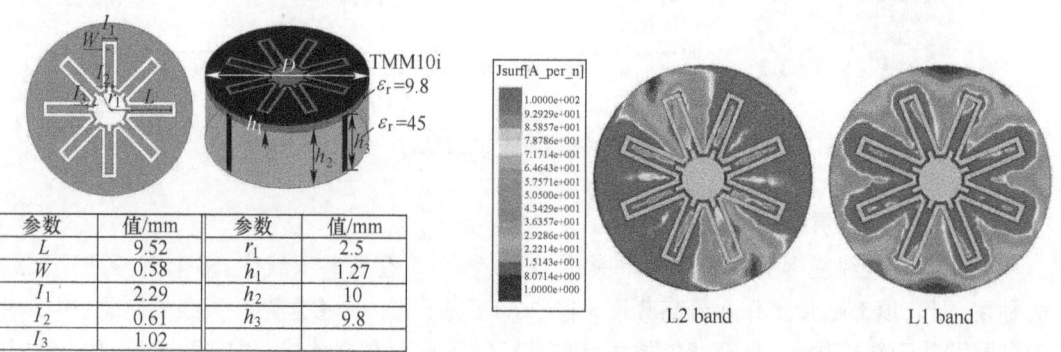

图 26.13 紧凑型双频（L1 和 L2）GPS 天线[24]
（来源：经 IEEE 许可转载。）

图 26.13 的右图显示了谐振频点在 1227MHz（左）和 1575MHz（右）时贴片上等效电流矢量场的计算结果值。这表明，在 L2 谐振模式下，谐振电流分布占据了整个贴片，而在 L1 谐振模式下，电流主要集中在曲折槽周围。曲折槽、中心圆孔和高介电基片有助于使 L2 频段天线谐振在比实际所需的体积更小的天线贴片。使得通过调节内部调谐短截线的长度 l_3

独立调谐。而 L1 频带天线谐振场主要分布在曲折槽边界,因此可以通过调节缝槽尺寸和内部调谐短截线去调试 L1 的频率。

图 26.14 显示了一个制成天线单元的仿真和实测增益。该天线单元包含馈电安装在 117.2mm×117.2mm FR4 的电路板上。天线 RHCP 增益在 1.227GHz 时约为 3.2dBi,在 1.575GHz 时约为 3.5dBi。交叉极化隔离度在 L2 频段为 20dB,L1 频段为 15dB。轴比在 1.227GHz 时为 1.3dB,在 1.575GHz 时为 1.9dB。低频度的 3dB 带宽为 1200MHz 至 1245MHz 共 45MHz,高频段 3dB 带宽为 1545~1595MHz 共 50MHz。这些带宽足以满足现代 GNSS 信号的调制要求。

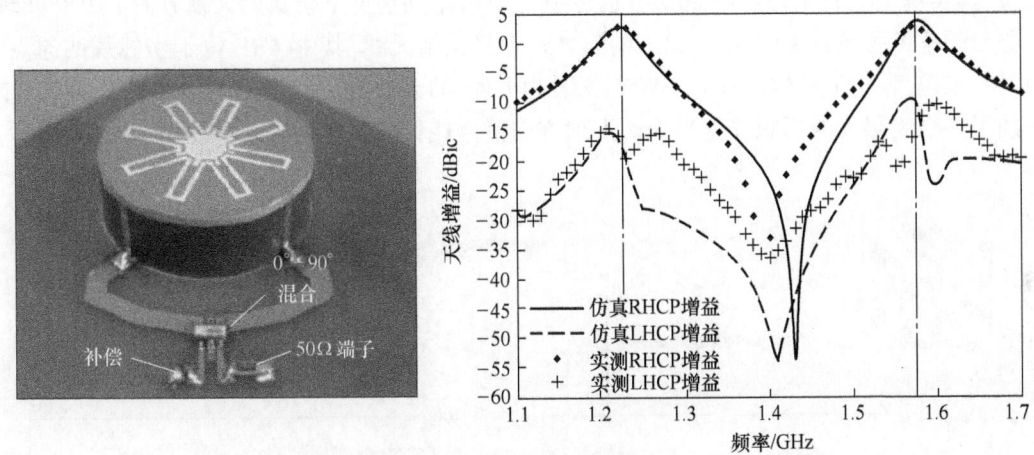

图 26.14 实测和仿真的右旋圆极化和左旋圆极化天顶方向增益[24]
(来源:经 IEEE 许可转载。)

26.3.2.2 多频四臂螺旋天线

QHA 也可以设计用于多频段。在这种情况下,两个不同频段的 QHA 的可层叠分布,或者一个内嵌在内层另一个在外层。或者将 2 个 QHA 的臂相互交错缠绕,形成错位分布螺旋天线。正如预期的那样,多频段 QHA 的设计更加复杂,它们的性能不如单频 QHA。刘[25]报道了一种三频段陶瓷负载工作,于 GPS L1、L2 和 L5 频段。它由 2 个螺旋天线相互交叠的组成,顶部是加载陶瓷介质的 QHA,底部是加载陶瓷介质的八线螺旋。这 2 个天线联合工作,提供三频段覆盖。然而,由于是陶瓷内芯,谐振带极小。

Lamensdorf 和 Smolinski[26-27]设计了一个有趣的双频段外馈 QHA。QHA 原设计在 GPS L2 频段运行。然而,在 4 个螺旋臂上使用陷波滤波器,天线可在 L1 频段谐振。陷波滤波器在 L1 频段起开路低作用,在 L2 频段起短路作用。因此,天线可在两个频带工作。该天线在 L1 频带和 L2 频带具有良好的匹配,每个频带的相对带宽都超过 2%。

26.3.3 宽带 GNSS 天线

最先进的 GNSS 接收机可接收所有可用的 GNSS 卫星信号。所有这些信号的频率范围在 1150~1300MHz 和 155~1620MHz。接收机使用的宽带天线,通常可以在 1150~1620MHz 的频带上工作。MPA 和 QHA 很难设计这么大的带宽。本节讨论 3 种常见的宽带 GNSS 天线。

26.3.3.1 蝴蝶结天线

众所周知,人们可以增加偶极或单极天线的振子宽度来增加其带宽。基于这一原理,蝶形偶极天线[28-29]被设计用于宽带工作。蝶形单个偶极子是线极化的;可以使用多个具有适当相位的蝶形天线来产生 RHCP 辐射。只用一同轴电缆馈电,通过独特的巴伦设计使两个正交偶极子的馈电相位相差 90°,文献[28-29]介绍了一种十字蝴蝶结宽带天线,它是原始十字交叉振子的一种变种。三种设计中的偶极子都从水平面向下下垂,以便在较低仰角时获得更好的轴比。十字转门元件的下垂角度在 30°和 45°之间变化。

图 26.15 显示了交叉蝴蝶结天线设计的示例。通过组合两个正交的偶极子天线,调整相位差,实现 RHCP 工作。图 26.15(a)绘制了三种不同情况下仿真的天顶方向 RHCP 实现增益与频率的关系:(A)参考平面上的独立式十字领结天线,其中 ARP 位于坐标系的原点;(B)在 ARP 垂直升高 54.3mm(1380MHz 时为 $\lambda/4$)的天线;以及(C)与情况(B)相同,只是增加了一个无限大的理想导电平面。天顶方向信号相位与频率的关系如图 26.15(b)所示。

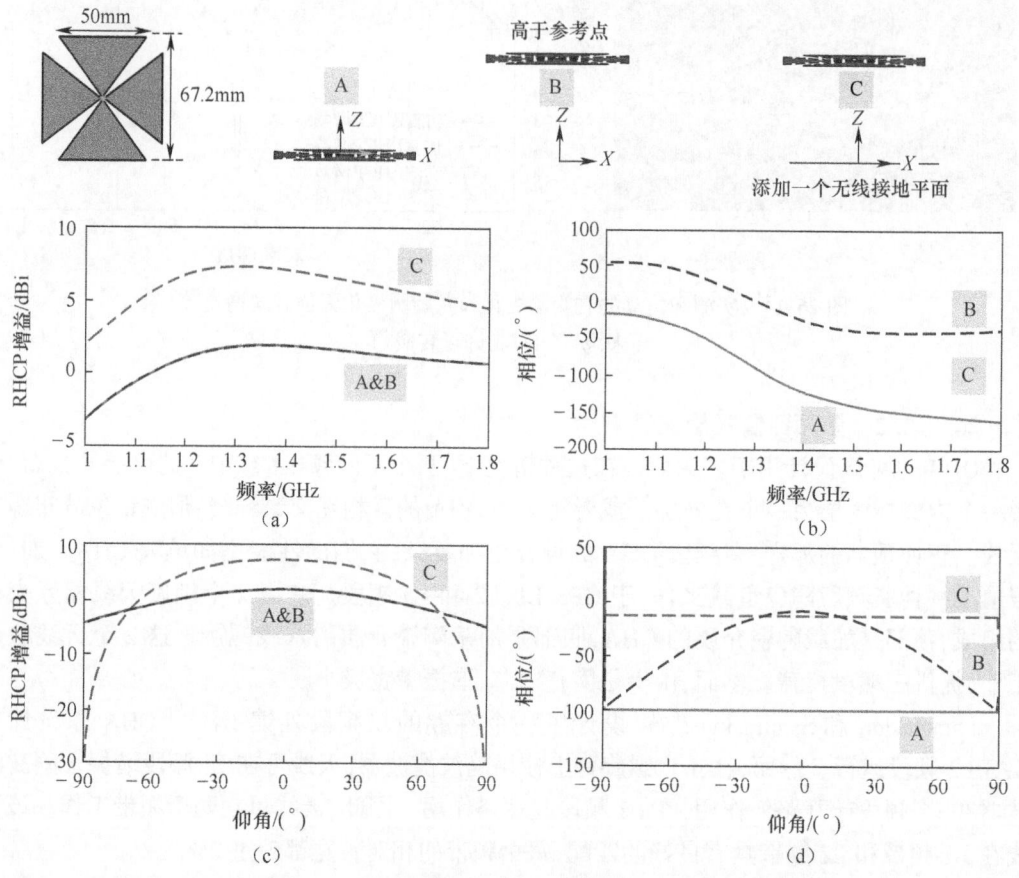

图 26.15 带和不带理想导电接地面的交叉领结天线

(a)天顶方向的右旋圆极化增益方向图;(b)天顶方向的相位方向图;(c)1380MHz 的右旋圆极化增益方向图;
(d)1380MHz 的相位方向图(周等[22])。

(来源:经 IEEE 许可转载。)

相位变化是根据阻抗匹配条件和天线有效孔径(或相位中心)的位置变化而变化。非线性相位特性是由蝶形偶极天线的有限阻抗带宽引起的。图26.15(c)和图26.15(d)显示了谐振在1380MHz天线增益和相位方向图。结果表明,该天线具有良好的上半球覆盖和相位稳定性。

26.3.3.2 平面螺旋天线(PSA)

平面螺旋(Plannar Spiral,有别于立体螺旋Helix)天线是由Edwin Turner在20世纪50年代提出的,他通过实验证明阿基米德(Archimedean)平面螺旋可以在很宽的频率范围内提供恒定的输入阻抗和圆极化。他的工作引起了人们对平面螺旋和频率无关天线的极大兴趣[30-31],包括戴森对平面等速螺旋(Archimedean 螺旋)和平面等角螺旋天线的研究[32-36]。PSA属于行波天线的范畴,当电磁波通过波导结构传播时会产生辐射。平面螺旋天线是由平面螺旋导线或金属导体平面上刻蚀的螺旋槽组成。

图26.16显示了两个典型双臂平面螺旋天线的俯视图。天线的最低工作频率决定外径,最高谐振频率决定了馈电区域的直径。在自互补平面螺旋结构中,导体的宽度与2个相邻导体之间的间隙距离相同。四臂平面螺旋通常用于GNSS天线,以实现更好的方位角对称性。传统平面螺旋的辐射是双向的(上半空间和下半空间)。为了减少不希望的后瓣辐射,平面螺旋天线设计一个深度约等于最低频率四分之一波长的反射背腔。为了降低背腔的高度,可填充一些介电材料或吸波材料;然而,这会带来额外的天线性能损失。该背腔使得平面螺旋(的辐射特性)是频率相关的,并且背腔的设计对于螺旋的正确使用非常重要。已经开发了许多使用平面螺旋配置的GNSS天线,并在公开市场上提供[37-39]。

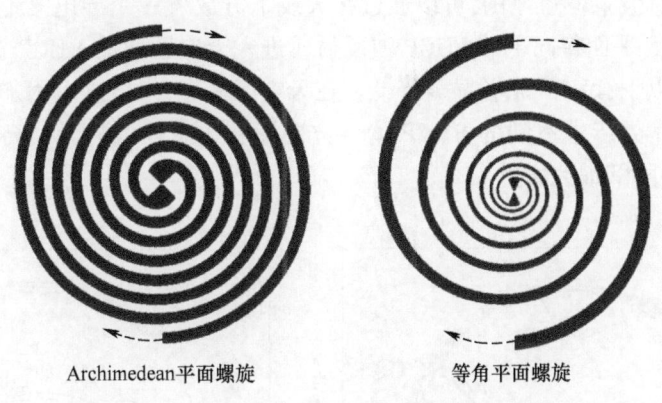

Archimedean平面螺旋　　　　等角平面螺旋

图26.16　双臂Archimedean和等角平面螺旋[15]
(来源:经McGraw-Hill许可转载。)

26.3.3.3 锥形螺旋天线

另一种常见的圆极化行波天线是锥形螺旋天线(CSA)。如图26.17所示,它是平面螺旋天线的三维版本。通过在第三维方向上延伸螺旋天线,可以使天线辐射方向更加定向,从而可以避免使用空腔。对于GNSS的应用来说,需要覆盖整个上半空间,所以设计CSA时应调整其定向的覆盖范围。对于一个给定的CSA高度,可以通过控制螺距(匝数)来调节方向性。松散缠绕的螺旋天线指向性较弱;然而,它具有更多的反向辐射、交叉极化更差的轴比更高。正如期望的那样，这些都是设计上的权衡。CSA 也可以安装在接地面上，以减少后瓣和交叉极化场。

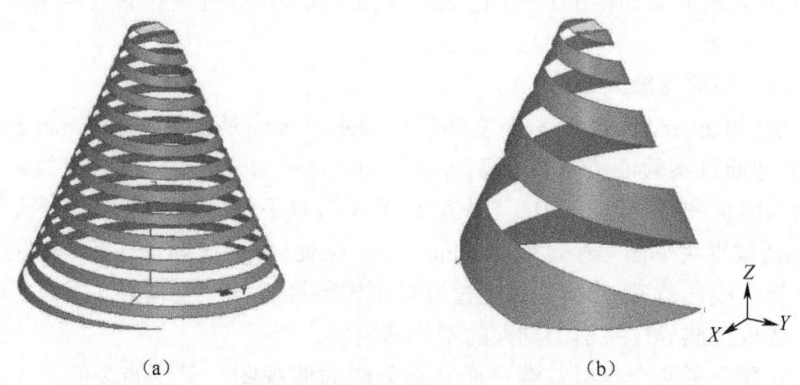

图 26.17　锥形螺旋天线（CSA）示例
(a) Archimedean CSA；(b) 对数 CSA。

图 26.18 在 GNSS 频率范围内的 6 个采样频率下，绘出了一个 CSA 的 RHCP 和 LHCP 分量的仰角增益方向图，该天线具有 3 匝，高度为 155mm，底部具有高电阻涂层，且依靠自身支撑结构。这些结果显示出非常好且稳定的 RHCP 增益方向图，以及 $-45°\sim 45°$ 范围内超过 20dB 的 RHCP/LHCP 增益比。然而，在 45°仰角以下存在显著的 LHCP 极化，这是不希望的。因为它会接收多径信号并导致位置估计误差。导致 LHCP 后瓣变高的原因是天线采用了低指向性的宽波束覆盖范围，可以通过在天线下方放置一个导电接地面来缓解。如图 26.18 的右图所示，平面将向下的 LHCP 波反射成进入天空区域的 RHCP 波。该图显示，在低仰角和地平线以下，LHCP 增益显著降低。在天空区域中，来自这个附加 RHCP 分量的干扰也将在不同频率处产生不同的 RHCP 增益方向图变化。较低的天线高度可以降低这种干扰效应，但也会降低最大增益。

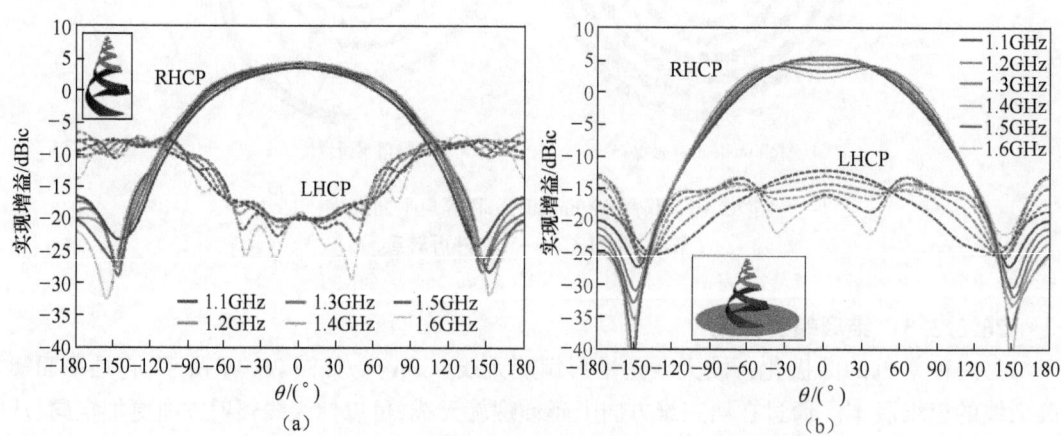

图 26.18　(a)不带接地面、终端阻性加载的 3 匝对数 CSA 和 (b)在
在直径 23cm 有限导电接地面上的终端阻性加载 3 匝的对数 CSA

26.3.4 高精度 GNSS 天线

用于高精度应用的天线应在地平线以上具有良好的覆盖,以接收视野中所有卫星的信号,同时天线具有低交叉极化(LHCP)和后瓣增益(以减弱信号多径),以及非常稳定的相位中心。为了将后瓣降至最低,这些天线安装在接地面上。对于大多数应用,该接地面不能很大,导致接地面边缘的大的衍射场会辐射到后波瓣,并且地平线附近的交叉极化增益也会影响天线的抗多径效果。

大多数民用高精度 GNSS 天线采用某种扼流圈来提高低仰角时的轴比,并抑制上述不希望的边缘衍射。然而,这种处理方法会显著增加天线尺寸和重量,并会收窄天线方向图,削弱低仰角下的卫星接收。能够在宽频带上工作的扼流圈的设计也很困难。低剖面的电子带隙(EBG)接地面已在[40]提出,以减少某些 GNSS 天线中的边缘衍射。如果这些措施是窄带的,可能不适合多频段和多模 GNSS 接收机。接地面附近阻性处理的使用已经成功地用于减少接地面的边缘衍射。例如,在文献[41]中提出的天线使用电阻性锥形接地面,其电阻率从中心的 $0\Omega/m^2$(理想导体)到外围的 $800\Omega/m^2$ 不等。这种接地面设计覆盖了 GNSS 的整个频带。

一种新型高精度 GNSS 天线如图 26.19 所示。该天线基于 CSA 设计,具有额外的轻量化的阻性处理,包括圆柱形壁垂直、加线一圈垂直翅片和接地面周围的电阻边缘。这些措施可调整 RHCP 波瓣宽度,在不影响低仰角卫星信号接收的条件下改善增益和轴比。图 26.20 显示了仿真和实测的 RHCP 和 LHCP 仰角增益方向图。该天线在地平线附近表现出良好的极化隔离和低 LHCP 增益。它还具有出色的天地增益比(sky-to-ground gain ratio),与其他 GNSS 天线相比,能够更有效地抑制多径干扰。图 26.21 显示了在 L1、L2 和 L5 频段

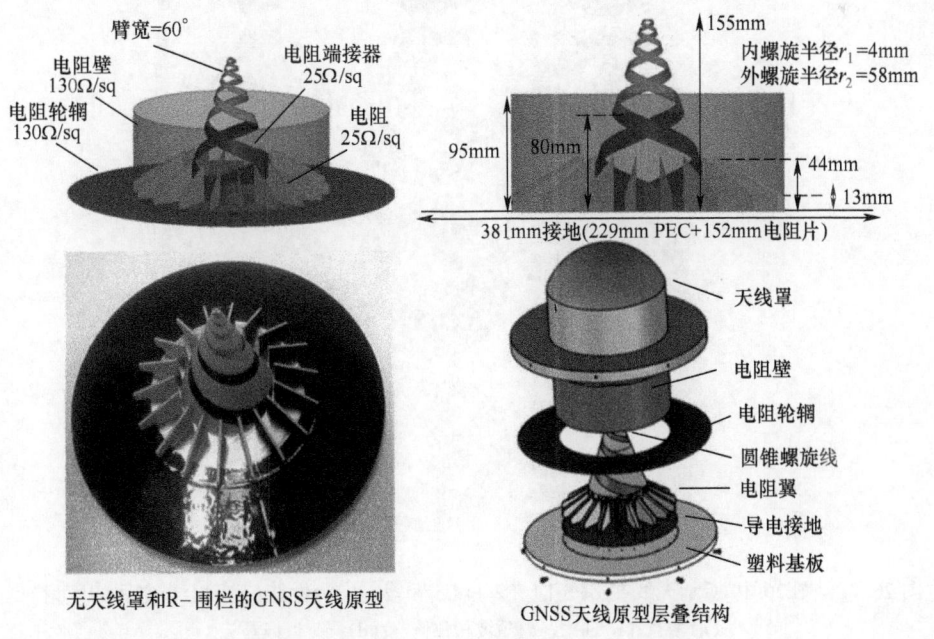

图 26.19　新型轻量化高精度 GNSS 天线设计

中心频率的实测性能。每个圆形图的中心对应天顶,外缘对应地平线。图中显示了 4 条独立的曲线,每一条对应不同的性能指标:RHCP 实现增益、轴比、载波相位偏移和码延迟偏移。

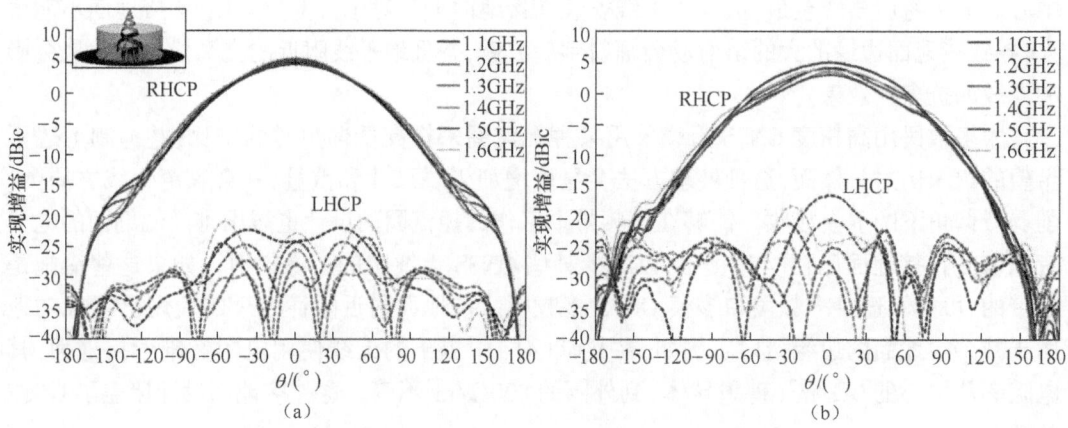

图 26.20 (a)仿真和(b)实测实现增益方向图对比

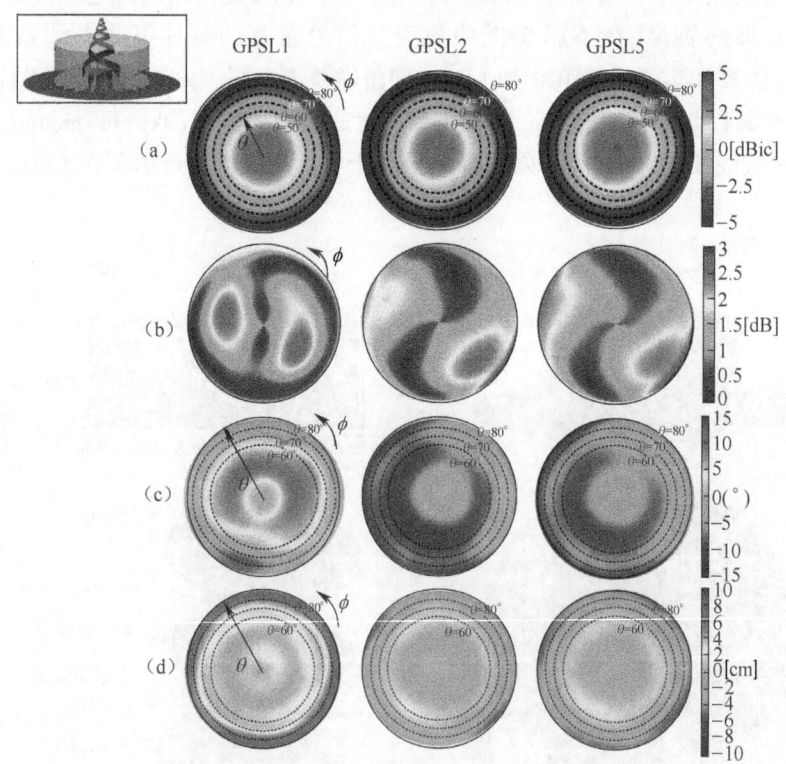

图 26.21 图 26.19 所示天线在 GPS L1、L2 和 L5 频段的实测性能(显示上半空间的度量)
(a)增益;(b)轴比;(c)载波相位偏差;(d)码延迟偏差。

26.3.5 用于波束切换和调零的可重构 GNSS 天线

可以预见,对于一些重要的 GNSS 应用,大多数 GNSS 信号多径以及有意或无意的射频干扰(RFI)来自于地平线附近或地平线以下的方向。为了抑制这些信号,已经提出了执行波束切换和简单调零的可重构天线。这些天线在两种主要模式之间切换。在正常模式下,天线方向图有一宽的主波束来接收视野中所有卫星的信号,在多径环境中和/或存在干扰信号的情况下,天线方向图被切换到窄波束模式,减小或调零地平线附近增益。虽然这可能会导致低仰角卫星的损失,但它将有助于提高整体接收机性能。下面描述几个波束指向调零天线。

在文献[42]中描述了一种工作于 GPS L1 频带的简单波束切换天线,它由 2 个叠层堆叠的贴片组成。上层贴片用于正常模式,具有宽的主波束,接收从直到地平线以下的 GPS 卫星信号。下层贴片天线在天顶方向具有高增益(9dBic),在地平线方向具有低增益(-15dBic),这对于抑制信号多径和/或射频干扰是理想的。通过改变连接天线和 GPS 接收机的同轴电缆中心导体上的 DC 电压,可以手动或自动地在两个贴片之间进行切换。当天线处于窄波束模式时,地平线附近的增益比正常模式下低约 8dB。

在文献[43-44]中报道了工作于 GPS L1 和 GPS L2 频带的波束可切换天线设计。如图 26.22 所示,天线由三层电介质层组成,每层边长约为 22cm。底部介电层在底面有一金属涂层,在顶部有一个 5cm 的贴片,用于接收 GPS L2 频段信号。中间层在顶部有一个 2.5cm 的贴片,接收 GPS L1 频段信号。贴片被一个 2cm 厚的电介质条包围,以控制表面波。第一层介质顶部外围有一圈金属带,其尺寸和中间层的介质层一样。然而,顶层带线是开关加载的,可以改变天线的操作模式。开关打开和关闭,可以改变垂直极化的天线方向图。当开关打开时,天线工作在宽波束;而当开关关闭时,天线的窄波束。也就是说,窄波束在天顶方向具有较高的接收信号强度。因此,可以在 2 个波束之间切换,以提供某种程度的多径和/或射频干扰抑制。

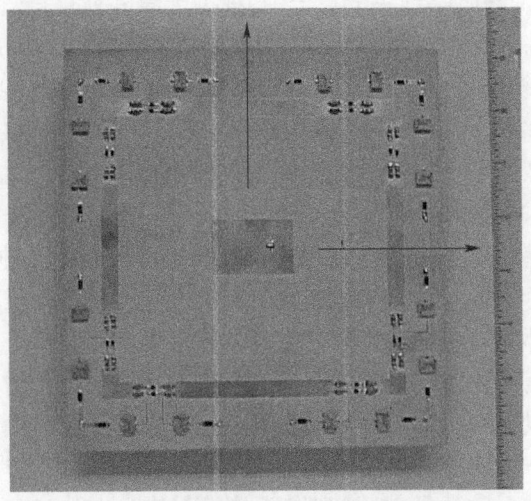

图 26.22 一种工作在特殊模式的波束可切换双频 GPS 天线[44]
(来源:经 John Wiley & Sons 许可转载。)

在文献[45]中描述了一种可在水平方向调零的环形天线。它由两个同轴层叠的微带贴片天线组成。内贴片接收的信号用于抵消外贴片在环形角域接收的射频干扰。尽管环形天线在高次模谐振,但辐射出低阶(TM_{11})远场 RHCP 信号。这允许在 2 个阵元之间进行干扰信号消除所需的共模相位跟踪。2 个单元都连接到以 90°间隔对称隔开的 4 个同轴探针,使其辐射出 RHCP 波,并抑制了外环阵元的高阶辐射模式。为了在水平方向调零,由内贴片和外环接收的信号通过自适应调零网络合成。首先,内贴片接收的信号被衰减,使得其幅度等于外环从选定方向接收的信号幅度。接下来,调整相位,使 2 个信号相位相反。得到的天线辐射方向图具备一个零点,该零点覆盖所选仰角处的所有方位角。

波束切换和调零的可重构单元天线只能提供有限的多径抑制和射频干扰缓解能力。为了在恶劣的射频干扰环境中工作,可以使用阵列天线接收 GNSS 信号。使用阵列天线时,各天线单元接收的信号被自适应加权并相加在一起,从而抑制高强度的射频干扰。这些天线被称为自适应天线阵列,将在以下章节中讨论。

26.4 GNSS 接收机的天线阵列

天线阵列已在当今许多 GNSS 接收机中得到广泛应用。双振元天线阵列提供精确的航向/姿态传感器,作为航海罗盘和惯性测量单元的高精度航向辅助[46]。阵列能够确定 GNSS 信号的方向,这对于确认 GNSS 信号真实性的安全应用非常有用[47]。通过对多个阵元接收信号的组合,天线在可控方向上增加了增益并减小了波束带宽,这在关键军用和民用的多径和缓解干扰方面是非常有用的[48]。多极化高增益 GNSS 天线用于接收遥感应用的微弱散射信号。总之,阵列天线对于 GNSS 领域来说是非常重要的。在本章讨论阵列信号处理之前,首先概述天线阵列的重要特性。

在 26.2.1 节中,定义了单个天线的天线响应 $A_p(\theta,\phi,f)$。当处理单端口阵元的天线阵列时,每个阵元天线响应被收集到一个集合中,称为天线阵列集合。需要注意的是,天线阵列只有一个 ARP(26.2.1 节,天线参考点)。阵列中每个阵元天线响应与天线参考点是相关的。此外,每个阵元天线响应应该建立在其他单元存在的情况下,以便考虑相互耦合的影响。在这些条件下,天线阵列集合可用于表征天线阵列对接收到的 GNSS 信号的影响,这将在后面讨论。对于典型的 GNSS 接收机应用,有两种利用多个天线的方法。第一种方法,来自多个天线的信号进入接收机后被分别处理,完成卫星信号的捕获跟踪,通常在使用天线阵列进行航向、姿态确定或 GNSS 信号方向误差估计时这样做。在这种情况下,通过 2 个天线会获得 GNSS 差分测量信息。第二种方法是在接收机使用射频信号之前,对该信号进行加权和求和。本章其余部分的内容主要集中在第二种方法。

当各阵元接收的信号被加权相加在一起以产生阵列输出信号时,每个天线阵元的响应效果可以在合成的天线阵列方向图中观察到。图 26.23 显示了一个天线阵列方向图的例子。通过对来自多个阵元信号求和,相对于单个阵元的接收功率会增加,这就是阵列增益。如果 K 是阵列中天线阵元的数量,则阵列增益的近似值为 $10\lg(K)$,尽管一般情况下每个天线阵元在给定方向上的增益是不同的。天线阵列方向图将使波束宽度变窄,旁瓣的数量和幅度也会产生变化。

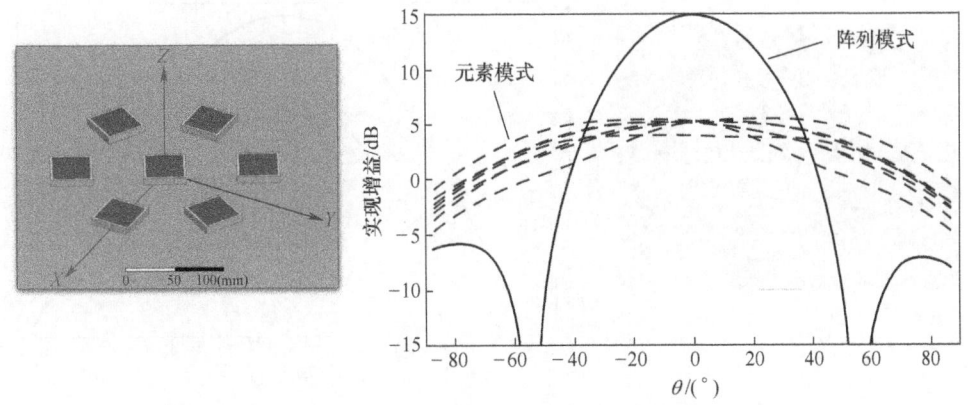

图 26.23　7 阵元 GPS L1 贴片阵列示例
[仿真的阵元增益方向图(虚线)和合成的阵列方向图(实线)。]

决定阵列性能的最重要因素是天线阵元的数量和阵元形状。最典型的分布是平面阵列,阵元在平面上按照环形分布在二维平面上。阵列孔径是平面阵列的大致尺寸。在该孔径内,阵列单元通常按频率的半波长均匀,间距是特定频率的半波长分布。在这种情况下,阵列已达最大化。如果额外增加阵元,性能的提高(增益和波束宽度)只会有少量的改善。从这个意义上说,决定性能的是孔径大小,而不是阵元数量。这是推动小型化天线阵列性能极限的关键物理限制之一。目前使用的 GNSS 天线阵列有 4~9 个天线阵元,阵列孔径为 10~40cm。自适应调零天线阵能抗的干扰数是量是阵元数减 1,但这只是一个近似值。

某些阵列处理算法利用了参考单元的概念。典型地,环形天线阵列将中心的一个天线阵元作为基准。对于环形阵列,阵元有时会按时钟刻度摆放,即基于它们沿圆环分布的位置旋转,以便产生对称的天线方向图。读者可以参考文献中各种不同的阵列配置。天线阵列可以有三维分布,以提高低仰角下的指向分辨率[49]。阵元可能被集合在一起变成一个连续的孔径天线[50]。在某些情况下,阵元稀疏地分布在更大的范围中。在其他情况下,阵列包括模拟硬件,如 Butler 矩阵,在模数转换之前形成波束或其他模式。手持机应用的阵列也已经开发出来[51],将阵列分布在平台周围,以便在随机旋转过程中增加覆盖范围[12]。

当多个天线阵元靠近时,出现相互电磁耦合,与独立的天线相比,它们的天线方向图和性能发生改变,这就是互耦。由于单个天线阵元是独立设计和优化的,因此互耦的影响通常会导致天线性能降低。当多个阵元以不同的几何形状组合在一起时,会使每个阵元的方向图不同。图 26.24 显示了 2 个简单贴片天线之间互耦的影响。通常在设计阵列时,会一直强调最小化互耦;也应该意识到,对于间隔紧密的阵列天线互耦并不总是一个重要因素,要在不影响其他性能指标的前提下完全消除互耦并不现实[52]。需要注意的是,互耦的影响通常被建模为频率或与方向独立的互耦矩阵;但这只是一种近似,并且随着天线阵元带宽的增加和间距的缩小,近似的精度将会变得更差。

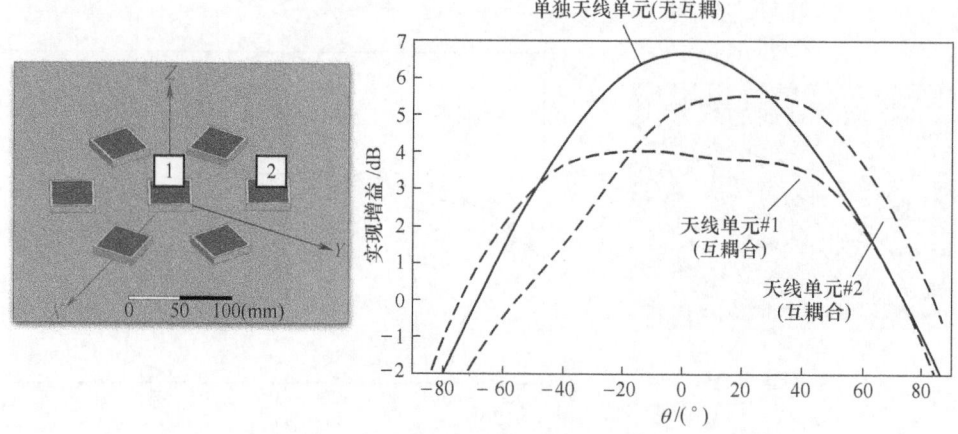

图 26.24 两个天线单元在考虑去耦前后的仿真增益方向图

26.5 GNSS 接收机的阵列信号处理

本节回顾 GNSS 天线阵列使用的信号处理技术和算法。虽然天线阵列有不同的使用方式,但本节的重点是讨论自适应干扰抑制的天线阵列(即自适应天线),这是天线阵列在 GNSS 应用中最重要的用途之一。出于不同的目的,有许多不同的方法来设计和实现这种阵列信号处理,这是由许多不同的动力驱动的,包括计算复杂性、最优准则、可用信息,以及 GNSS 接收机硬件的集成度等。我们将讨论的范围限制在目前使用的最流行的技术上。本节首先介绍一个使用空时自适应处理(space-time adaptive processing,STAP)的自适应天线阵列解析模型。然后介绍不同类型的 STAP 自适应滤波算法,以及自适应滤波器的数值实现方法。自适应天线会对 GNSS 信号接收产生显著影响,本文将提供公式以帮助理解如何分析这些影响。最后,将介绍其他自适应滤波算法,包括空频自适应处理(space-frequency adaptive processing,SFAP)以及后相关(post-correlation)设计。

26.5.1 空时自适应处理

图 26.25 显示了带有自适应滤波的天线阵列简化模型。天线阵列共有 K 个单元, $A_k(f, \theta, \phi)$ 表示在 (θ, ϕ) 方向上第 k 个阵元对于给定极化的频率响应。它将信号下变频到基带,并进行模数转换,每个天线阵元都由前置电路转换以 $F_k(f)$ 为代表。前置电路包括低噪放、滤波器、混频器和其他组件。然后,数字信号再通过一个有限脉冲响应(finite impulse response,FIR)滤波器,该滤波器有 L 个抽头(译注:即从采样序列中按不同的序号抽取,并不是物理上分出若干输出),每个抽头的频率响应用 $W_k(f)$ 表示。注意, $L=1$ 的系统(即每个单元后面有单一的复权重)被称为纯空域处理(space-only processing,SOP), $L>1$ 的系统被称为 STAP。将每个 FIR 滤波器有相同抽头序号的输出合为一路,称之为 1 个自适应通道。1 个特定的自适应天线系统可以有若干自适应信道。来自所有天线阵元的数字信号可以被发送到每个自适应通道,并用不同的滤波权重进行处理,以产生多个阵列输出信号。

对于一个沿期望方向 (θ_d, ϕ_d) 入射的 GNSS 信号 $d(t)$,通过第 k 个天线阵元和前置电

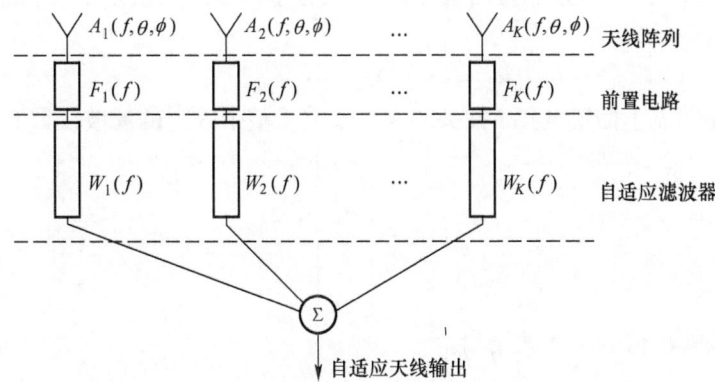

图 26.25 GNSS 天线阵列空时自适应处理简化模型

路通道后的第 n 个离散采样由下式给出：

$$d_k[n] = \int D(f) A_k(f,\theta_d,\phi_d) F_k(f) e^{j2\pi f n T_s} df \tag{26.27}$$

式中：$D(f)$ 为 $d(t)$ 的傅里叶变换，T_s 为离散采样周期。这里默认 $A_k(f,\theta,\phi)$ 为天线 RHCP 极化响应。积分在所需信号的频带上进行。类似地，对于沿 (θ_i,ϕ_i) 方向入射的干扰信号 $i(t)$，通过第 k 个通道后的第 n 个离散采样由下式给出：

$$i_k[n] = \int I(f) A_k(f,\theta_i,\phi_i) F_k(f) e^{j2\pi f n T_s} df \tag{26.28}$$

式中：$I(f)$ 为 $i(t)$ 的傅里叶变换。同样，其中的天线响应对应于干扰信号的极化。对于具有 M 个干扰信号的场景，通过第 k 个通道后总的信号的第 n 个采样由下式给出：

$$x_k[n] = d_k[n] + \sum_{m=1}^{M} i_{k,m}[n] + v_k[n] \tag{26.29}$$

其中 $v_k[n]$ 是第 k 个通道中的热噪声。一般来说，各通道的热噪声假定是彼此独立的。请注意，对于该公式，$x_k[n]$ 仅包含单一感兴趣的 GNSS 信号（signal of interest，SOI）。实际上，多个 GNSS 信号位于同一频带。然而，由于卫星信号之间的互相关很小，并且卫星信号功率远低于干扰信号和噪声，因而可以忽略其他卫星信号的存在。

对于具有 L 个抽头的自适应天线，在自适应滤波之前来自第 k 个通道的信号的第 n 个快照（译注：包括当前的 L 个连续历史采样）可以用矢量形式表示为：

$$\boldsymbol{x}_k[n] = [x_k[n], x_k[n+1], \cdots, x_k[n-L+1]]^T \tag{26.30}$$

式中：上标 "T" 表示矩阵转置运算。来自所有天线单元的快照的组合矢量由下式给出：

$$\boldsymbol{x}[n] = \begin{bmatrix} \boldsymbol{x}_1[n] \\ \boldsymbol{x}_2[n] \\ \vdots \\ \boldsymbol{x}_K[n] \end{bmatrix} \tag{26.31}$$

从式 (26.29) 可以看出，第 k 个通道中的接收信号可以分解成 3 个不同的分量：期望信号、干扰信号和噪声。因此，$\boldsymbol{x}[n]$ 也可以分解为 3 个分量，由下式给出：

$$\boldsymbol{x}[n] = \boldsymbol{x}_d[n] + \boldsymbol{x}_i[n] + \boldsymbol{x}_v[n] \tag{26.32}$$

式中：下标"d"、"i"和"v"分别为期望分量、干扰分量和噪声分量。第 k 个通道的滤波权重也可以矢量形式表示为

$$w_k = [w_{k1}, w_{k2}, \cdots, w_{kL}]^T \tag{26.33}$$

其中 $w_{k\,l}$ 是第 k 个信道的第 l 抽头的滤波权重。整个阵列的滤波权重的组合矢量为

$$w = \begin{bmatrix} w_1 \\ w_2 \\ \vdots \\ w_K \end{bmatrix} \tag{26.34}$$

自适应天线输出信号由下式给出：

$$y[n] = w^T x[n] \tag{26.35}$$

实际上，滤波权重也将以具体实现算法所确定的更新频度随时间变化。然而，在这个模型中，我们感兴趣的是获得自适应天线的稳态性能，并将滤波权重视为固定的。

自适应天线期望的输出功率可以写成：

$$P = \frac{1}{2} E\{y^*[n]y[n]\} = \frac{1}{2} w^H E\{x^*[n]x^T[n]\} w$$

$$= \frac{1}{2} w^H \Phi w \tag{26.36}$$

式中：Φ 为自适应天线的 $KL \times KL$ 阶信号相关矩阵。在式(26.36)中，上标 $*$ 和 H 分别表示复共轭和复共轭的转置。假设期望信号与干扰信号不相关，并且热噪声与入射到天线阵列上的所有信号不相关，则自适应天线的期望输出功率可以被分解成单独的分量：

$$P = P_d + P_i + P_u \tag{26.37}$$

每个信号分量有一个独立的相关矩阵：

$$P_d = \frac{1}{2} w^H E\{x_d^*[n] x^T_d[n]\} w = \frac{1}{2} w^H \Phi_d w \tag{26.38}$$

$$P_i = \frac{1}{2} w^H E\{x_i^*[n] x^T_i[n]\} w = \frac{1}{2} w^H \Phi_i w \tag{26.39}$$

$$P_u = \frac{1}{2} w^H E\{x_u^*[n] x^T_u[n]\} w = \frac{1}{2} w^H \Phi_u w \tag{26.40}$$

使用式(26.38)~式(26.40)，可以计算自适应天线输出端的信噪比(SNR)、信干比(SIR)和信号干扰噪声比(SINR)。

对于配备自适应天线的 GNSS 接收机，天线输出信号将在 GNSS 接收机中与本地产生的参考信号 $r(t)$ 做相关。使用 N 个采样的互相关函数估计 $\hat{R}$ 由下式给出：

$$\hat{R}(\tau) = \frac{1}{N} \sum_{n=1}^{N} y[n] r^*(nT_s + \tau) \tag{26.41}$$

式中：τ 为参考信号中引入的相对延迟。如果让 τ_0 是使互相关函数最大化的延迟，那么把式(26.35)代入式(26.41)，得出：

$$\hat{R}(\tau_0) = w^T \left(\frac{1}{N} \sum_{n=1}^{N} x[n] r^*(nT_s + \tau_0) \right) = w^T \hat{s}^*(\tau_0) \tag{26.42}$$

式中：$\hat{s}(\tau_0)$ 为相关矢量(corellation vector, CV)。使用式(26.32)，相关矢量可以写成期望

分量 $\hat{s}_d(\tau_0)$ 和不期望分量（干扰和噪声）$\hat{s}_u(\tau_0)$ 的和。接收机载噪比（C/N_0）由文献[53]给出：

$$C/N_0 = \frac{1}{T} \frac{|w^H \hat{s}_d(\tau_0)|^2}{E\{|w^H \hat{s}_u(\tau_0)|^2\}} = \frac{1}{T} \frac{w^H \widetilde{\Phi}_d(\tau_0) w}{w^H \widetilde{\Phi}_u(\tau_0) w} \quad (26.43)$$

式中：T 为相干积分时间；Φ 为后相关矩阵，其期望和不期望分量分别定义为

$$\widetilde{\Phi}_d(\tau_0) = s_d(\tau_0) s_d^H(\tau_0) \quad (26.44)$$

$$\widetilde{\Phi}_u(\tau_0) = E\{\hat{s}_u(\tau_0) \hat{s}_u^H(\tau_0)\} \quad (26.45)$$

对于给定的一组滤波权重，可以使用式(26.43)计算给定信号和干扰环境下自适应天线的 C/N_0。在下一节中，将讨论一些常用的调整滤波权重的算法。

26.5.2 自适应滤波算法

有多种自适应滤波算法可根据接收信号实时确定滤波权重。在这里，我们区分自适应滤波算法（它解析地定义了某些优化方程的稳态解）和自适应滤波器的实现，这将在下一节讨论。本节描述了 GNSS 自适应天线技术中几种最流行的算法，尽管各种文献还有大量的替代技术。

现代自适应天线中最常用的算法是在单一约束条件下最小化阵列的总输出功率[式(26.36)]。用数学语言，这种方法可以写成：

$$w_c = \arg\min_w \frac{1}{2} w^H \Phi w \quad \text{以便} \quad u_c^H w = 1 \quad (26.46)$$

式中：u_c 为约束矢量。可以用拉格朗日（Lagrange）乘数法求解方程式(26.46)，得出：

$$w_c = \frac{\Phi^{-1} u_c}{u_c^H \Phi^{-1} u_c} \quad (26.47)$$

滤波权重矢量 w_c 满足约束方程式(26.46)，并通过自相关矩阵 Φ 随射频环境而变化，被称为线性约束最小功率（LCMP）权重[54]。因为我们通常假设 GNSS 信号低于本底噪声，并且干扰和噪声为零均值，这说明 Φ 实际上是不期望信号的协方差矩阵，而式(26.47)也被称为线性约束最小方差（LCMV）解。以下小节回顾了具有式(26.47)形式的算法。请注意，我们将通过以下方式指定约束矢量：

$$u_c = [u_{1,1} \quad u_{1,2} \quad \cdots \quad u_{1,L} \quad u_{2,1} \quad \cdots \quad u_{K,L}] \quad (26.48)$$

其中，元素 $u_{k,l}$ 对应于第 k 个天线阵元和第 l 个滤波器抽头。

26.5.2.1 简单调零

在 GNSS 天线阵列中频繁使用的一个常见约束是固定所选天线阵元（参考单元）k_r 的中心抽头 l_r 的权重为 1。该约束矢量定义为

$$u_{k,l} = \begin{cases} 1 & (k = k_r, l = l_r) \\ 0 & (\text{其他}) \end{cases} \quad (26.49)$$

非零取值对应于参考单元的中心抽头。请注意，天线视场中所有卫星的约束矢量都是相同的。因此，在给定的频带中，可以使用相同的权重来接收来自所有可见卫星的信号。权

重可自适应于抑制强(高于噪声基底)干扰信号。在抑制干扰信号的过程中,天线在信号方向上的响应会发生显著变化。卫星方向的天线增益可以增大或减小。为此,基于该约束矢量的自适应天线被称为调零自适应天线[55]。这些在当前的 GNSS 接收机中非常流行,因为可以非常有效地调整权重,并且不需要了解天线阵列或卫星信号的知识。

26.5.2.2 波束成形/调零

其次最常见的自适应滤波算法是在 GNSS 卫星方向形成波束成形,同时在干扰方向自适应形成零陷[54]。这样的算法被称为波束成形/调零天线。选择约束矢量,使得在从卫星方向(θ_d, ϕ_d)、载波频率 f_c 上,各天线阵元的中心抽头接收的信号之和固定为 1。这个约束矢量可以写成

$$u_{k,l} = \begin{cases} A_k^*(f_c, \theta_d, \phi_d) F_k^*(f_c) & (l = l_r) \\ 0 & (其他) \end{cases} \quad (26.50)$$

请注意,非零项对应于各天线单元的中心抽头(l_r)。这个约束矢量取决于卫星方向,因此从一颗卫星的视角到下一颗卫星的视角是不同的。此外,人们需要知道各天线单元的原位响应(in situ antenna response)以及前端电路的响应。因此,与简单调零的自适应天线相比,使用该算法的自适应天线更为复杂。然而,这种自适应天线在接收 GNSS 信号时具有增益高和天线感应偏差(antenna-induced biases)低的优点。

26.5.2.3 相关矢量

另一种的约束矢量选择是基于相关矢量中的期望分量[$\hat{s}_d(\tau_0)$,见于式(26.42)]。为了计算相关矢量,通常需要知道与本地参考信号(GNSS 接收机生成的 PRN 信号)的时延和载波相位;不过,可以把它设为接收参考信号相同,对于 1 个连接到理想射频前端的天线阵列,接收参考信号就是通过参考天线单元中心抽头接收到的信号,假定参考单元是 1 个各向同性天线,且位于阵列的相位中心。在这种情况下,完整的约束矢量给出:

$$u_{k,l} = \int S(f) A_k^*(f, \theta_d, \phi_d) F_k^*(f) e^{j2\pi f\left(l - \frac{N+1}{2}\right) T_s} df \quad (26.51)$$

式中:$S(f)$ 为 GNSS 感兴趣信号(SOI)的功率谱密度;T_s 为采样周期。注意,该约束矢量不仅取决于卫星方向,还取决于卫星信号频谱。因此,滤波权重对于不同的 GNSS 卫星信号将是不同的,这增加了实现难度。在没有干扰信号的情况下,该约束矢量导致所有卫星的载波相位和时延都与方向无关。

波束成形/调零和相关矢量算法都需要知道天线阵列坐标系中 GNSS 卫星的方向角信息。这种信息可以从 GNSS 接收机获得,因此这意味着从接收机到自适应天线之间存在通信,或者说这两者是松散耦合的。另一方面,简单调零算法不需要来自 GNSS 接收机的信息,并且可以完全独立运行。

26.5.2.4 最小均方差自适应天线

上述最后两个约束矢量[式(26.50)和式(26.51)]要求了解有关天线原位集管(in situ antenna manifold)以及天线前端电路响应的知识。这些信息不仅很难获得,而且会随着时间的推移而变化。为了克服这个困难,一种流行的方法是使阵列输出和本地参考信号 $r[n]$ 之差的均方误差(MSE)最小。使用公式(26.35),均方误差由下式给出:

$$\varepsilon = E\{(\mathbf{w}^T \mathbf{x}[n] - r[n])^* (\mathbf{x}^T[n]\mathbf{w} - r[n])\} \quad (26.52)$$

最小均方误差(MMSE)的滤波权重由下式给出:

$$w_m = \alpha \boldsymbol{\Phi}^{-1} s_r \tag{26.53}$$

式中：α 为标量；s_r 为在每个天线阵元的每个抽头处的接收信号和本地参考信号 $r[n]$ 之间的相关矢量。s_r 由下式给出[下式定义似乎就是式（26.42）定义的 $\hat{s}(\tau_0)$，并都叫作相关矢量]：

$$s_r = E\{\boldsymbol{x}^*[n]r[n]\} \tag{26.54}$$

如果有人比较式（26.53）和式（26.47），他会注意到这两者非常相似，除了约束矢量 u_c 被相关矢量 s_r 代替。一般来说，选择 α 使得对应于参考单元中心抽头的权重保持固定，并且调整其他权重以最小化均方误差。这些权重被称为 MMSE 权重。在这种情况下，参考信号可以是由 GNSS 接收机生成的即时 PRN 信号，并且自适应天线的电子器件需要与 GNSS 接收机紧密耦合（译注：上文的松散耦合仅需要从 GNSS 接收机获取卫星方向信息，此处进一步需要从 GNSS 接收机获取本地参考信号，因此为紧密耦合），以便接收该信息。实际上，只有有限的采样用于估计相关矢量 s_r。因此，在存在强干扰信号的情况下，得出的相关矢量估计 $\hat{s}_r$ 将由不期望的信号支配。然而，只要本地参考信号与 GNSS 接收信号完全相关，滤波权重仍将收敛到它们的期望值。MMSE 算法将与相关矢量算法得出相同的 C/N_0。

26.5.2.5 最优 C/N_0 加权

不同于式（26.46）中的最小化输出功率，更具体的滤波权重优化目标是使阵列输出端的 C/N_0 最大化。在式（26.43）中，入射 GNSS 信号的 C/N_0 是根据一组特定的滤波权重来规定的。这种方法在数学上可以表述为

$$w_0 = \arg\min_w \frac{1}{2} w^H \widetilde{\boldsymbol{\Phi}}_u(\tau_0) w \quad \text{如}: w^H \widetilde{\boldsymbol{\Phi}}_d(\tau_0) w = 1 \tag{26.55}$$

这个优化问题具有如下形式的解[56]：

$$w_0 = \lambda (\widetilde{\boldsymbol{\Phi}}_u^{-1}(\tau_0) \widetilde{\boldsymbol{\Phi}}_d(\tau_0)) w_0 \tag{26.56}$$

式中：λ 为标量常数；w_0 为 $\widetilde{\boldsymbol{\Phi}}_u^{-1}(\tau_0) \widetilde{\boldsymbol{\Phi}}_d(\tau_0)$ 的特征矢量；λ 为相应的特征值。式（26.56）可以进一步简化为：

$$w_0 = \alpha_0 \widetilde{\boldsymbol{\Phi}}_u^{-1}(\tau_0) s_d(\tau_0) \tag{26.57}$$

其中 α_0 是另一个标量常数。请注意，需要知道 τ_0 才能计算最佳权重；然而，C/N_0 对 τ_0 不是很敏感，可以将其设置为与参考单元中心抽头的时延。

26.5.3 天线阵列对 GNSS 信号的影响

在 26.2 节中，我们讨论了天线阵列如何作为入射 GNSS 信号的线性滤波器。天线阵列的效果也可以等效为滤波器。从图 26.25 中基于 STAP 的天线阵列模型开始，具有 K 个单元的自适应天线的总系统响应可以描述为

$$H(\theta, \phi, f) = \sum_{k=1}^{K} A_k(\theta, \phi, f) F_k(f) W_k(f) \tag{26.58}$$

由于存在其他天线阵元，单个天线阵元的响应 A_k 包含了互耦的影响。总系统响应还包括前端电路 F_k 和滤波器权重 W_k（固定的或自适应调整的），其中各种参数的细节如前所述。在这种情况下，对于功率谱密度为 $S(f)$ 的输入信号，天线相位参考点处的入射 GNSS

信号和天线输出之间的互相关由下式给出：

$$R(\theta,\phi,\tau) = \int S(f)H(\theta,\phi,\tau)\mathrm{e}^{-\mathrm{j}2\pi f\tau}\mathrm{d}f \tag{26.59}$$

如果式(26.58)中的所有量是已知的，那么天线阵列可完全表征，并且可以使用式(26.59)连同 GNSS 接收机鉴别器特性一起计算天线时延零值(antenna-induced biases,译注：即由天线引入的在不同方向的时延偏差)。如果需要，可以对 GNSS 接收机的测量结果进行天线时延零值的校正。在自适应天线阵列的情况下，滤波权重根据射频干扰环境和其他因素而变化。因此，无法提前知道权重，也不可能简单地预校准天线的时延零值。虽然可以在没有任何干扰信号的情况下校准天线的时延零值，但是一旦有干扰信号存在，这些校准值可能就不再成立。

对于精确的 GNSS 应用，应尽量将天线时延零值误差降至最低。对于单元天线，可以通过某些天线设计来最小化这类误差，类似地，也可以通过良好的天线阵列设计来减少天线时延零值误差。然而，对于许多 GNSS 自适应天线来说，这可能不是一种实用的方法。首先，为了便于小型化的平台使用，许多现代 GNSS 接收机天线阵列的口径很小阵元排列紧凑。这必然造成各个天线阵元之间的强烈耦合，从而导致较大的天线时延零值误差。其次，即使天线阵列设计得很好，它也通常安装在复杂的平台上，受到平台散射的影响而产生时延零值误差。最后，对于 STAP 或 SFAP 的自适应天线阵列，在干扰抑制模式下，传统的自适应加权算法将会导致较大的天线时延零值差[7,57-58]。

为了克服自适应天线造成的时延零值误差，人们已经提出了各种不同的方法。一种方法是在 GNSS 接收机中预测和校正自适应天线的时延零值误差[59-60]。这要求将滤波权重实时发送到接收机。第二种方法是设计新的自适应滤波算法，专门用来降低天线的时延零值误差[56,61]。然而，这些算法可能具有更多的实现复杂性，并且需要非常精确的天线流形信息。第三种方法是 MMSE 方法，它可以在没有过多信息的情况下降低的天线时延零值误差[62]。

26.5.4　自适应天线仿真示例

可以通过仿真来说明自适应滤波算法之间的性能差异。采用计算电磁学代码对一个 GPS L1 贴片天线阵列进行了仿真，该天线是一个安装在小接地面上的 7 元圆形阵列，如图 26.23 所示。为了计入互耦的影响，每个阵元的性能都在阵列中仿真。而且假定前端电路的性能是理想的，从而在仿真模型中省略，但必须将其等效为均值为 0 的高斯白噪声。前端电路采用七抽头 STAP，系统带宽和采样率均为 24MHz。感兴趣信号是 GPS P 码信号，入射信号具有 -30dB 的信噪比，并且入射角度是变化的。假设在恒定信号情况下，使用前面章节中描述的公式解析计算 STAP 滤波权重，并已经收敛到稳定状态。接收机性能指标也使用分析方程进行评估。干扰场景包括宽带和窄频带干扰。宽带干扰源占据整个系统带宽，而窄带干扰源的带宽较窄，并且偏离 L1 载波频率。所有干扰源都很强，干扰噪声比(INR)为 50dB，并且从地平线附近的角度入射，如图 26.26 所示。

图 26.26 显示了在两种干扰环境下不同自适应滤波算法的仿真性能。图的每行显示了 C/N_0、载波相位偏差和码延迟偏差。在每个图中，GNSS 信号的入射角 θ 在 $-90°\sim 90°$ 变化(从地平线到穿过天顶再到地平线的主切面)。比较了 3 种不同的自适应滤波算法的性能：

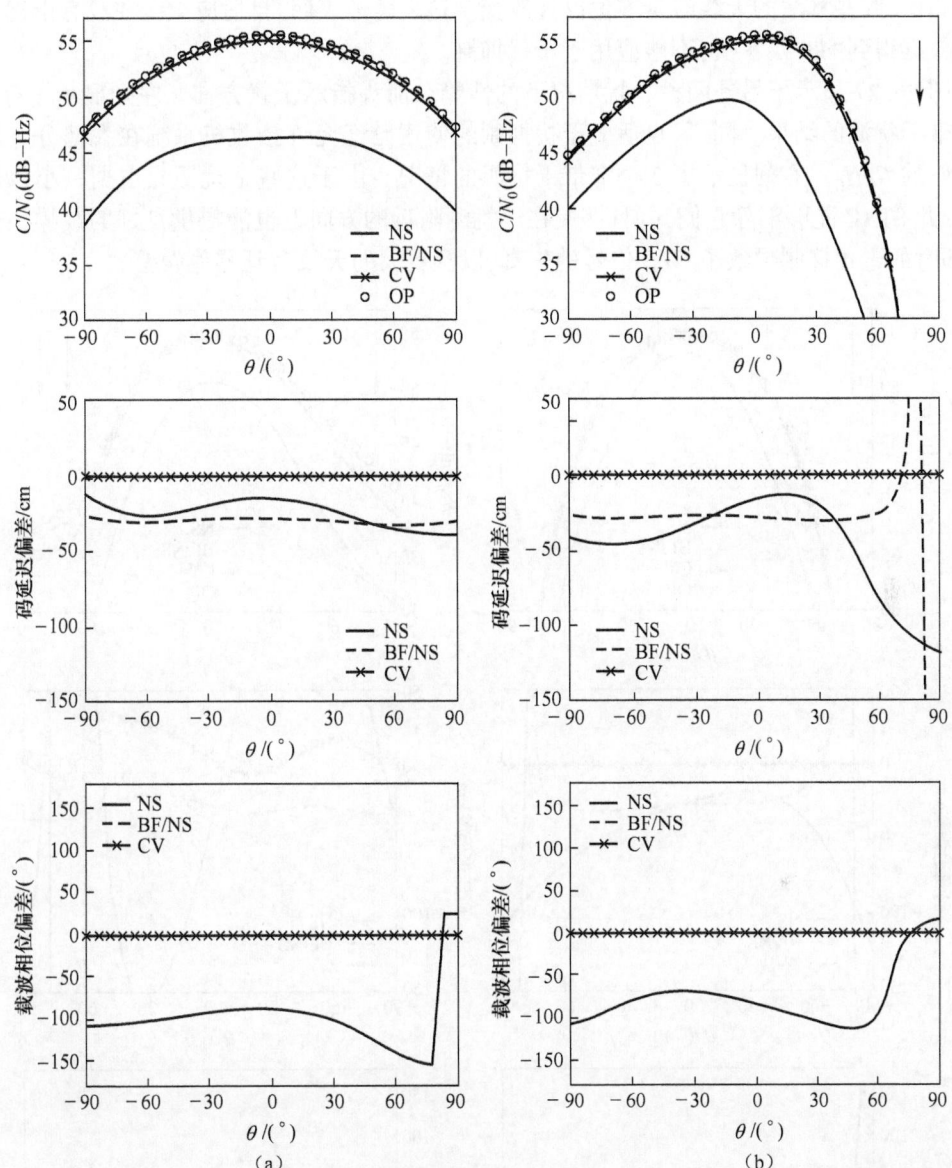

图 26.26 自适应天线阵列相对于俯仰角在没有干扰(a)和有一个宽带干扰(b)的仿真性能
（显示 C/N_0、码延迟偏差和载波相位偏差。）

简单调零(NS)、波束形成/调零(BF/NS)和相关矢量(CV)。在显示 C/N_0 性能的图中,还包括最优 C/N_0 算法。左侧显示没有干扰的结果。在这种情况下,我们可以观察到,与其他算法相比,简单的调零算法降低了 C/N_0 性能,因为它不执行波束成形,并且缺少阵列增益,而其他算法非常接近最优 C/N_0 性能;波束形成/调零算法没有引入载波相位偏差,而 CV 算法既没有载波相位偏差也没有码延迟偏差。图 26.26 的右栏显示了存在单一宽带干扰源时的性能,箭头指示干扰的方向。虽然在干扰方向附近的角度范围内性能有所下降,但所有算法都实现了干扰抑制,并允许在其他方向有足够的 C/N_0。还应该注意的是,与没有干扰的情况相比,某些算法的天线时延零值已经改变。这显著地表明,自适应天线在没有干扰的情况下校准得到的时延零值,不能应用于干扰抑制。

图 26.27 显示了另外两种干扰情况下的性能。箭头指示干扰方向。左列显示了存在 2 个宽带干扰源的结果。同样,自适应干扰抑制的使用已经允许接收机系统在大部分空域提供良好的 C/N_0。右列显示了 3 个窄带干扰源的情况。由于这些干扰源只占据一小部分频带,因此 STAP 能够消除它们,并且即使在干扰源附近的方向上也能提供良好的载噪比。然而,即时的干扰抑制导致了 GPS 信号的失真,以及更大的天线时延零值误差。

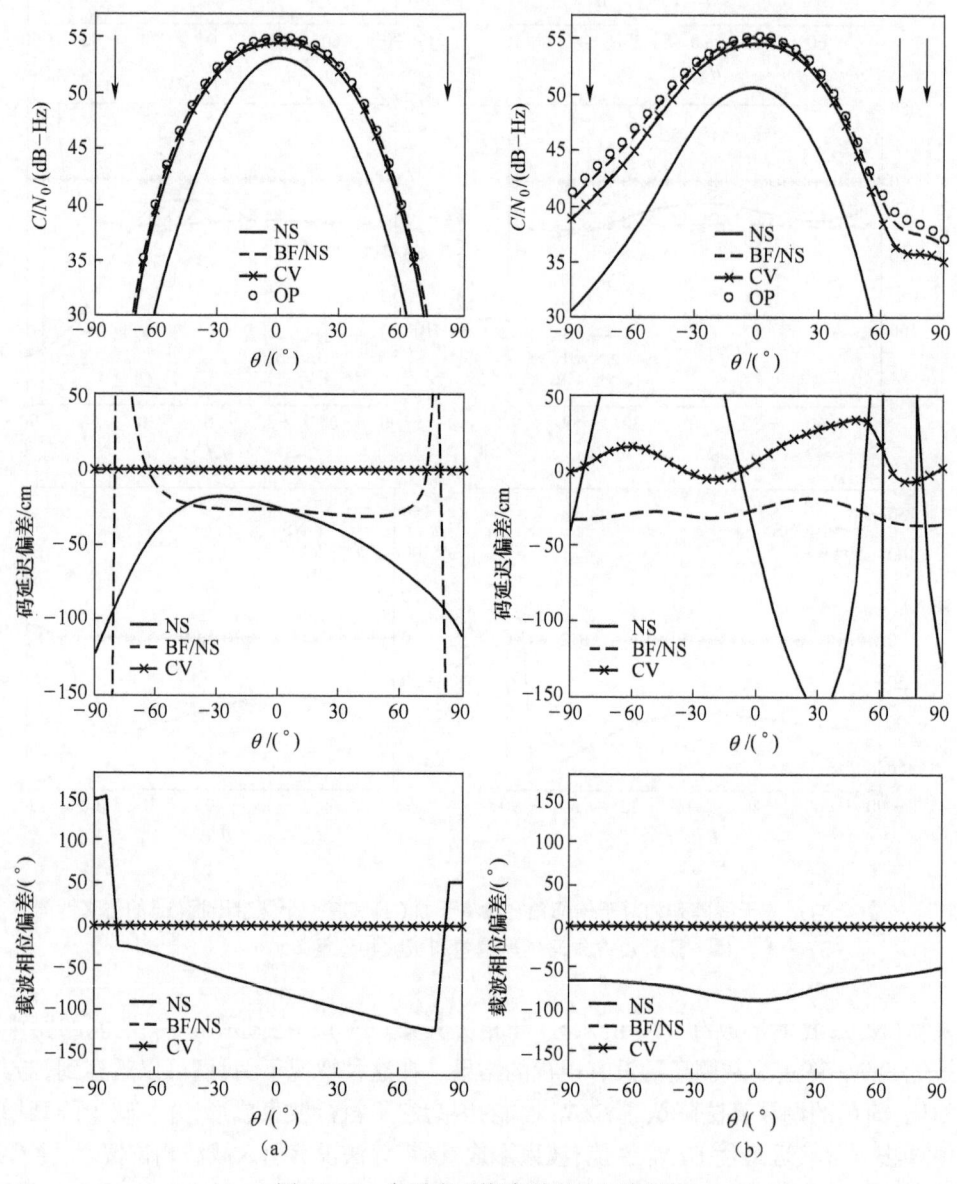

图 26.27 自适应天线阵列相对于俯仰角
(a)存在 2 个宽带干扰;(b)存在 3 个窄带干扰的仿真性能,显示 C/N_0,码延迟偏差和载波相位偏差。

26.5.5 自适应滤波的实现

上述自适应滤波算法利用接收信号的(后)相关矩阵(译注:即 $\boldsymbol{\Phi}$,也称为协方差矩阵)来适应信号环境。传统上,该矩阵生成和求逆的计算成本很高,因此开发了许多方法来实现自适应滤波权重计算[63-67]。

26.5.5.1 采样矩阵求逆(SMI)

很明显,如果协方差矩阵 $\boldsymbol{\Phi}$ 已知,那么计算滤波权重就很简单了。人们可以使用在 K 个单元的不同抽头处接收的信号的多个快照来估计协方差矩阵;也就是说

$$\boldsymbol{\Phi}[n] = \frac{1}{M}\sum_{m=0}^{M-1} \boldsymbol{x}^*[n-m]\boldsymbol{x}^{\mathrm{T}}[n-m] \tag{26.60}$$

式中: M 为协方差矩阵估计中使用的样本数。注意, M 越大,估计的协方差矩阵越好。根据经验, $M > 2KL + 3$,其中 K 是阵元数量, L 是抽头的数量。这种计算滤波权重的方法称为采样矩阵求逆(sample matrix inversion, SMI)法。

只要估计的协方差矩阵是满秩的,SMI 方法就能得出收敛(且无记忆性)和稳定的解。然而,对于 KL 乘积很大的情况,计算效率很低,因为需要做大量运算求解方程组来估计协方差矩阵[式(26.60)]。尽管已有许多方法[如脉动(systolic)阵列]来降低计算量,但可能仍无法满足要求。此外,无论人们是否愿意,在输入采样和输出采样之间总会有一些时间延迟,只能把过去的滤波权重应用于当前快照的计算。这是实施 SMI 的 2 个主要不利因素。

在 MMSE 算法中,还需要估计相关矢量 s_r 。我们将再次看到,可以使用 $\boldsymbol{x}[n]$ 的多个快照来估计 s_r ,这里的快照数量可以不同于协方差矩阵估计所用的快照数量,一般来说,在估计 s_r 时要使用更多的快照。

26.5.5.2 递归最小二乘(RLS)方法

在递归最小二乘(recursive least squares, RLS)方法中,可以直接使用 $\boldsymbol{x}[\boldsymbol{n}]$ 的最新快照计算协方差矩阵的逆。令:

$$\boldsymbol{\Phi}[n] = \lambda_f \boldsymbol{\Phi}[n-1] + \boldsymbol{x}^*[n]\boldsymbol{x}^{\mathrm{T}}[n] \tag{26.61}$$

式中: λ_f 为一个实数,称为"遗忘因子"。然后假设 $\boldsymbol{\Phi}[n-1]$ 是可逆的,可得:

$$\boldsymbol{\Phi}^{-1}[n] = \frac{1}{\lambda_f}\left(\boldsymbol{\Phi}^{-1}[n-1] - \frac{\boldsymbol{\Phi}^{-1}[n-1]\boldsymbol{x}^*[n]\boldsymbol{x}^{\mathrm{T}}[n]\boldsymbol{\Phi}^{-1}[n-1]}{\lambda_f + \boldsymbol{x}^{\mathrm{T}}[n]\boldsymbol{\Phi}^{-1}[n-1]\boldsymbol{x}^*[n]}\right) \tag{26.62}$$

因此,可以非常高效地计算 $\boldsymbol{\Phi}^{-1}[n]$ 。为了保证可逆,可以假设 $\boldsymbol{\Phi}[0] = \boldsymbol{I}$ 。这种方法在时变射频环境中具有出色的性能。遗忘因子 λ_f 通常选择在 0.95~0.99。

注意,在 RLS 方法中,原则上可以用每个快照来更新滤波权重;然而,并不推荐这样做,因为不实用。滤波权重更新时快照数据会发生跳变,造成自适应权重失真。而在收敛到稳态值之前,可能需要许多次迭代,如果使用每个快照来更新,可能会出现(exhibit)稳定性问题。

26.5.5.3 最小均方差(LMS)方法

在最小均方差(least mean square, LMS)方法中,不计算协方差矩阵的逆,也不求解方程组。相反,协方差矩阵 $\boldsymbol{\Phi}$ 被直接用于更新滤波器权重,这种方法非常有效。最初,LMS 是为基于 MMSE 的自适应天线开发的[68]。建议使用以下方法更新滤波权重:

$$\boldsymbol{w}[n+1] = \boldsymbol{w}[n] + \mu[n]E\{\boldsymbol{x}^*[n]\varepsilon[n]\} \tag{26.63}$$

式中：$\mu[n]$ 为标量常数；$\varepsilon[n]$ 为阵列输出和参考信号之间的误差。

$$\varepsilon[n] = r[n] - \boldsymbol{x}^{\mathrm{T}}[n]\boldsymbol{w}[n] \tag{26.64}$$

把式(26.64)代入式(26.63)得出：

$$\boldsymbol{w}[n+1] = \boldsymbol{w}[n] + \mu[n]E\{\boldsymbol{x}^*[n]r[n]\} - \mu[n]E\{\boldsymbol{x}^*[n]\boldsymbol{x}^{\mathrm{T}}[n]\}\boldsymbol{w}[n] \tag{26.65}$$

$$= \boldsymbol{w}[n] + \mu[n]\boldsymbol{s}_r[n] - \mu[n]\hat{\boldsymbol{\Phi}}[n]\boldsymbol{w}[n] \tag{26.66}$$

请注意，在静态信号环境中，权重将收敛到式(26.53)中给出的稳态值。此外，$\boldsymbol{\Phi}$ 直接用于更新滤波权重，非常有效。

LMS 方法和 RLS 方法一样，滤波权重可以随着每个快照而更新。但同样不建议这样做，因为滤波权重会变杂散。实际上，权重更新之间会跳过许多快照数据。可以使用这些采样的全部或一部分来估计 $\boldsymbol{s}_r[n]$ 和 $\boldsymbol{\Phi}[n]$。LMS 方法还会造成滞后的滤波权重与最新的快照一起使用。在 LMS 方法中，滤波权重在达到其稳态值之前会经历一个收敛期，其时长取决于 $\mu[n]$，$\mu[n]$ 越大，收敛越快。但如果选择的 $\mu[n]$ 太大，系统又会变得不稳定，因为 LMS 方法是闭环的，输入和输出都用于更新滤波权重。对于稳定的系统：

$$\mu[n] = \frac{\gamma}{E\{\boldsymbol{x}^{\mathrm{T}}[n]\boldsymbol{x}^*[n]\}} = \frac{\gamma}{P[n]} \tag{26.67}$$

式中：$0 < \gamma < 1$；$P[n]$ 为入射到天线阵列上的所有信号的总功率。$\mu[n]$ 随着 $P[n]$ 的增大而减小。此外，最强信号决定了 $\mu[n]$ 的选定值。对于动态范围较大的干扰场景，收敛速度可能相当慢。事实上，收敛速度取决于协方差矩阵的特征值分散程度。特征值分散程度越大，收敛越慢。然而，LMS 方法总的来说是稳定的，能够收敛于权重的稳态值，并且实现起来是高效的。式(26.66)中的权重也可以写成：

$$\boldsymbol{w}[n+1] = (\boldsymbol{I} - \mu[n]\boldsymbol{\Phi}[n])\boldsymbol{w}[n] + \mu[n]\boldsymbol{s}_r[n] \tag{26.68}$$

上式表明基于 MMSE 的自适应天线的 LMS 方法实现过程。对于基于 LCMV 的自适应天线，LMS 方法由下式给出：

$$\boldsymbol{w}[n+1] = \boldsymbol{P}(\boldsymbol{I} - \mu[n]\boldsymbol{\Phi}[n])\boldsymbol{w}[n] + \boldsymbol{f} \tag{26.69}$$

式中：$\boldsymbol{P}$ 和 $\boldsymbol{f}$ 取决于约束矢量 $\boldsymbol{u}_c$，定义如下：

$$\boldsymbol{P} = \boldsymbol{I} - \boldsymbol{f}\boldsymbol{u}_c^{\mathrm{H}}$$

$$\boldsymbol{f} = \frac{\boldsymbol{u}_c}{\boldsymbol{u}_c^{\mathrm{H}}\boldsymbol{u}_c} \tag{26.70}$$

请注意，$\boldsymbol{u}_c^{\mathrm{H}}\boldsymbol{f} = 1$，$\boldsymbol{u}_c^{\mathrm{H}}\boldsymbol{P} = 0$，以及式(26.69)中的滤波权重满足选定的约束($\boldsymbol{u}_c^{\mathrm{H}}\boldsymbol{w}[n+1] = 1$)。

公开文献中已经提出了许多 RLS 和 LMS 方法的变体。实际上，在数字化革命之前，算法改进是研究最多的课题之一。虽然已经提出了可以使其更快收敛并且稳定的方法，但往往带来实现成本的增加。

26.5.6 空频率自适应处理

在上面的讨论中，STAP 用于天线的时域滤波计算。也可以将天线快照变换到频域[69-70]，并使用快速傅里叶变换(FFT)在频域执行滤波计算，然后再变换回时域。频域处理提供了独立处理单个频段的能力。也就是说，不是处理一个 $KL×KL$ 阶的相关矩阵，而是处理 L 个，$K×K$ 矩阵。虽然这在性能上是次优的，但是计算效率的提高使得可以增加频域采样点（译注：原文为 frequency bin，中译频率窗口，即频域的采样间隔 df，一般由采样频率 f_s 和 FFT 变换序列长度 N 来计算：$df = fs/N$，其中 N 一般取 2 的幂。例如采样速率 f_s = 1024kHz，FFT 使用 N = 1024 个数值，那么频率窗口 df = 1kHz。但此处含义是增加采样间隔的数量，在采样速率不变的情况下，等同于增加采样点数）的数量来弥补性能的损失。因此，当抽头数量变多时，单频（译注：原文 single-bin）处理更为有效。例如，对于一个有 15 个抽头的 STAP 系统，一次频域处理可完成 32 个或 64 个频域采样点计算。这种单频处理有时被称为窄带 STAP 或 SFAP。研究表明，随着自适应滤波器长度的增加，SFAP 的实现代价明显低于 STAP[71]。为了在 SFAP 实现中提高性能，可以在时域快照快速傅里叶变换之前乘以窗函数。加窗将窄带强干扰的频谱泄漏限制在少量几个频率。时域快照经 FFT 后得到频域快照，频域快照在频域采样后进行 FFT 逆变换，然后再乘以窗函数的逆，以恢复时域快照。SFAP 分批处理接收信号，这种处理会使一段时域采样的末端信号产生失真。为了最小化这种失真，需要对时域采样进行时延重叠，一般进行 50% 重叠，也就是说，每个时域采样会被处理 2 次。为了进一步降低实现要求[71]，研究表明重叠比例也可以比较容易地降低到 25%。SFAP 还有许多其他吸引人的特性，例如在大带宽上提高频率分辨率，以及在用于波束成形时完全消除天线时延零值误差的能力。

26.6 总结

现代 GNSS 接收机必须满足越来越多的需求，包括更高的精度、支持更多数量的 GNSS 信号、安装于更小的平台以及在更广泛的环境中提高可靠性。而 GNSS 天线在满足这些要求方面起着重要作用。本章为现代 GNSS 接收机天线的关键特点进行了高压概括。这可能不是非常详尽，读者还可以参考其他文献（如文献[13]）以了解更多信息。GNSS 天线在整个 GNSS 接收系统中的重要性不容忽视，因为它在决定信号质量和降低误差方面发挥着至关重要的作用。

为 GNSS 接收机配备天线阵列现已变得十分普遍。尽管本书只关注了它们最具优势的自适应干扰抑制能力，但它们还有许多其他能力，包括精确的姿态确定、高增益和波达角（DOA）估计等方面也十分重要。最新的研究更侧重于天线阵列的小型化，以进一步开拓应用领域。尽管在过去阵列信号处理对计算要求很高，但随着计算性能的稳步提高降低了对计算量的要求。在随着以后阵列信号处理和接收机处理的高度集成，计算复杂度问题将会不断改善。

参考文献

[1] C. A. Balanis, *Antenna Theory: Analysis and Design (3rd Ed.)*, John Wiley & Sons, Hoboken, NJ, 2005.

[2] J. D. Kraus and R. J. Marhefka, *Antennas*, McGraw-Hill, New York, 2002.

[3] A. J. O'Brien, I. J. Gupta, C. J. Reddy, and F. S. Werrell, "Space-time adaptive processing for mitigation of

platform generated multipath," in *Proc. 2010 Int. Tech. Meeting of The Inst. of Navigation*, San Diego, California, January 2010, pp. 646-656.

[4] A. OBrien, K. Hayhurst, and I. J. Gupta, "Effect of rotor blade modulation on GNSS receivers," in *Proc. ION GNSS 2009*, Savannah, Georgia, September 2009.

[5] Y. Yashcheshyn et al., "Evaluation of the impact of the virtual phase centre effect on the accuracy of the positioning system," *3rd European Conf. on Ants. Prop.*, March 2009, pp. 2930-2933.

[6] W. Kunysz, "Antenna phase center effects and measurements in GNSS ranging applications," *14th Int. Symp. Ant. Tech. App. and Am. EM. Conf. (ANTEM AMEREM)*, 2010.

[7] C. Church, I. J. Gupta, and A. O'Brien, "Adaptive antenna induced biases in GNSS receivers," in *Proc. 63rd Annu. Meeting of The Inst. of Navigation (ION 2007)*, Cambridge, Massachusetts, April 2007, pp. 204-212.

[8] G. L. Mader, "GPS antenna calibration at the national geodetic survey," *GPS Solutions*, 3(1): pp. 55-58, 1999.

[9] G. Wubbena, "A new approach for field calibration of absolute antenna phase center variations," in *Proc. ION GPS-96*, Kansas City, Missouri, 1996.

[10] R. Schmid, "Absolute phase center corrections of satellite and receiver antennas," *GPS Solutions*, 9: pp. 283-293, 2005.

[11] B. Gorres et al., "Absolute calibration of GPS antennas: Laboratory results and comparison with field and robot techniques," *GPS Solutions*, 10: 136-145, 2006.

[12] A. S. C. Svendsen, "GPS antenna and receiver for small cylindrical platforms," PhD dissertation, Dept. Elect. & Comput. Eng., The Ohio State University, Columbus, 2012.

[13] B. Rama Rao et al., *GPS/GNSS Antennas*, Artech House, Boston, 2013.

[14] C.-C. Chen, S. Gao, and M. Maqsood, "Antennas for Global Navigation Satellite Systems (GNSS) receivers," *Chap. 14, Space Antenna Handbook* (eds. W. A. Imbriale, S. Gao, and L. Boccia), Wiley, May 2012.

[15] J. L. Volakis, C. C Chen, and K. Fujimoto, *Small Antennas: Miniaturization Techniques and Applications*, McGraw-Hill, New York, 2010.

[16] G. Kumar and K. Ray, *Broadband Microstrip Antennas*, Artech House, Boston, 2003.

[17] K. R. Carver, J. W. Mink, "Microstrip Antenna Technology," *IEEE Trans. Ants. Prop.*, 29, pp. 2-24, January 1981.

[18] C. C. Kiglu, "Resonant Quadrifilar Helix," *IEEE Trans. Ants. Prop.*, 17, pp. 349-351, May 1969.

[19] O. Leisten, et al., "Miniaturized Dielectrically Loaded Quadrifilar Antennas for Global Positioning Systems (GPS)," *Electron. Lett.*, 37, pp. 1321-1322, October 25, 2001.

[20] R. Garg et al., *Microstrip Antenna Design Handbook*, Artech House, Norwood, Massachusetts, 2001.

[21] J. R. James and P. S. Hall, Handbook of Microstrip Antennas, Volumes 1 and 2, IEE Electromagnetic Series, Peter Peregrinus Ltd., 1989.

[22] Y. Zhou, C. Chen and J. L. Volakis, "Single-fed circularly polarized antenna element with reduced coupling for GPS arrays," in *IEEE Trans. Ants. Prop.*, Vol. 56, No. 5, pp. 1469-1472, May 2008.

[23] Y. Zhou, C. C. Chen and J. L. Volakis, "Dual band proximity-fed stacked patch antenna for tri-band GPS applications," *IEEE Trans. Ant. Prop.*, Vol. 55, pp. 220-223, January 2007.

[24] M. Chen and C.-C. Chen, "A compact dual band GPS antenna design," *IEEE Ant. Wireless Prop. Lett.*, 12, pp. 245-248, January 2013.

[25] S. Liu and Q.-X. Chu, "A novel dielectrically loaded antenna for triband GPS applications," *Proc. 38th Eur. Microwave Conf.*, pp. 1759-1762, 2008.

[26] D. Lamensdorf and M. A. Smolinski, "Dual-band quadrifilar helix antenna," *Digest of IEEE*

Ant. Prop. Soc. Symp. ,3,pp. 488-491,June 2002.

[27] D. Lamensdorf et al. ,"Dual-band quadrifilar helix antenna," US Patent 6,653,987,November 25,2003.

[28] G. Brown,"The Turnstile antenna,"*Electronics*,April 1936.

[29] G. Brown,"Antenna system," US Patent 2086976,July 13,1937.

[30] V. Rumsey,"Frequency independent antennas,"*IRE National Convention Record*,Pt. 1,pp. 114-118,1957.

[31] J. Donnellan and R. Close,"A spiral-grating array,"*IRE Trans. Ants. Prop.* ,9,pp. 291-294,May,1961.

[32] J. Dyson,"The equiangular spiral antenna,"*IRE Trans. Ants. Prop.* ,7,pp. 181-187,April 1959.

[33] W. Curtis,"Spiral antennas,"*IRE Trans. Ants. Prop.* ,8,pp. 293-306,May 1960.

[34] J. Kaiser,"The Archimedean two-wire spiral antenna," *IRE Trans. Antennas Prop.* ,Vol. AP-8, pp. 312-323,May 1960.

[35] J. D. Dyson,R. Bawer,P. E. Mayes and J. I. Wolfe,"A note on the difference between equiangular and Archimedes spiral antennas," *IEEE Trans. Micro. Theory Tech.* ,9,pp. 203-205,March 1961.

[36] J. Dyson and P. Mayes,"New circular-polarized frequency-independent antennas with conical beam or omni-directional patterns," *IEEE Trans. Ants. Prop.* ,9,pp. 334-342,July 1961.

[37] Roke Manor Research Ltd. ,Data Sheet,Triple GNSS Geodetic Grade Antenna.

[38] J. J. H. Wang and D. J. Triplett, "High performance universal GNSS antenna based on SMM Antenna Technology," *Proc. IEEE Int. Symp. Microwaves,Antennas,Propagation,and EMC Technologies for Wireless Communications*,2007.

[39] W. Kunysz, "High performance GPS pinwheel antennas," *Proc. ION GNSS Conf.* , pp. 2506-2511, September 2000.

[40] F. Scire-Scappuzzo and S. N. Makarov,"A low-multipath wideband GPS antenna with cutoff or non-cutoff corrugated ground plane," *IEEE Trans. Antennas and Propagation*,57,pp. 33-46,January 2009.

[41] E. Krantz,S. Riley and P. Large, "The design and performance of Zephyr Geodetic Antenna," *Proc. ION GNSS Conf.* ,pp. 1942-1951,September 2001.

[42] F. N. Bauregger et al. ,"A novel dual-patch anti-jam GPS antenna," *Proc. 58th Annu. Meeting of The Inst. of Navigation and CIGTF 21st Guidance Test Symposium* (*2002*) , Albuquerque, New Mexico, pp. 516-522, June 2002.

[43] N. Surittikul,"Pattern reconfigurable printed antennas and time domain method of characteristic modes for antenna analysis and design," PhD dissertation,Dept. Elect. & Comput. Eng. ,The Ohio State University, Columbus,2006.

[44] K. W. Lee, R. G. Rojas, and N. Surittikul, " A pattern reconfigurable microstrip antenna element," *Microw. Opt. Technol. Lett.* ,48:1117-1119. Doi:10. 1002/mop. 21555.

[45] B. R. Rao and E. N. Rosario,"Spatial null steering microstrip antenna array," US Patent 6,597,316 B2, July 22,2003.

[46] T. Ford et al. , " Magnetic beeline-Satellite derived attitude for marine navigation," *Proc. 11th Int. Tech. Meeting of the Satellite Division of The Inst. of Navigation*(*ION GPS 1998*) ,Nashville,Tennessee, pp. 1245-1255,September 1998.

[47] M. Appel,A. Konovaltsev,and M. Meurer, "Robust spoofing detection and mitigation based on direction of arrival estimation," *Proc. 28th Int. Tech. Meeting of The Satellite Division of the Institute of Navigation* (*ION GNSS+2015*) ,Tampa,Florida,pp. 3335-3344,September 2015.

[48] R. L. Fante and J. J. Vaccaro, "Wideband cancellation of interference in a GPS receiver array," *IEEE Trans. Aerosp. Electron. Syst.* ,Vol. 36,April 2000.

[49] D. Wilson and S. Ganguly,"Flexible GPS receiver for jammer detection,characterization and mitigation using

a 3D CRPA," *Proc. 19th Int. Tech. Meeting of the Satellite Division of the Inst. of Navigation* (*ION GNSS 2006*), Fort Worth, Texas, pp. 189–200, September 2006.

[50] B. A. Kramer, M. Lee, C-C. Chen, J. L. Volakis, "A miniature conformal spiral antenna using inductive and dielectric loading," *Proc. 2007 IEEE Ant. Prop. Soc. Int. Symp.*, pp. 1004–1007, June 2007.

[51] A. S. C. Svendsen and I. J. Gupta, "Adaptive antenna for handheld GPS receivers," *Navigation, Journal Inst. Navigation*, Vol. 58, No. 3, pp. 221–228, Fall 2011.

[52] A. S. C. Svendsen and I. J. Gupta, "The effect of mutual coupling on the nulling performance of adaptive antennas," *IEEE Ant. Prop. Mag.*, Vol. 54, No. 3, pp. 17–38, June 2012.

[53] A. J. O'Brien and I. J. Gupta, "Comparison of output SINR and receiver C/N_0 for GNSS adaptive antennas," *IEEE Trans. Aerosp. Electron. Syst.*, Vol. 45, No. 4, pp. 1630–1640, October 2009.

[54] H. L. Van Trees, *Optimum Array Processing: Part IV of Detection, Estimation and Modulation Theory*, Wiley Interscience, 2002.

[55] Compton, R. T. Jr., "The power-inversion adaptive array: Concept and performance," *IEEE Trans. Aerospace Elect. Sys.*, Vol. 15, pp. 803–814, November 1979.

[56] A. J. O'Brien and I. J. Gupta, "An optimal adaptive filtering algorithm with zero antenna-induced bias for GNSS antenna arrays," *Navigation, J. Inst. Navigation*, Vol. 57, No. 2, pp. 87–100, Summer 2010.

[57] U. S. Kim, "Analysis of carrier phase and group delay biases introduced by CRPA hardware," *Proc. 18th Int. Technical Meeting of the Satellite Division of The Institute of Navigation* (*ION GNSS 2005*), Long Beach, California, pp. 635–642, September 2005.

[58] D. S. De Lorenzo, J. Rife, P. Enge, and D. M. Akos, "Navigation accuracy and interference rejection for an adaptive GPS antenna array," *Proc. 19th Int. Tech. Meeting of the Satellite Division of The Inst. of Navigation* (*ION GNSS 2006*), Fort Worth, Texas, pp. 763–773, September 2006.

[59] A. J. O'Brien and I. J. Gupta, "Mitigation of adaptive antenna induced bias errors in GNSS receivers," *IEEE Trans. Aerosp. Electron. Syst.*, Vol. 47, No. 1, pp. 524–538, January 2011.

[60] Y. C. Chuang and I. J. Gupta, "On-the-fly estimation of antenna induced biases in SFAP based GNSS antenna arrays," *Navigation, J. Inst. Navigation*, Vol. 61, No. 4, pp. 323–330, Winter 2014.

[61] A. Konovaltsev, D. S. De Lorenzo, A. Hornbostel, and P. Enge, "Mitigation of continuous and pulsed radio interference with GNSS antenna arrays," *Proc. 21st Int. Tech. Meeting of the Satellite Division of The Inst. of Navigation* (*ION GNSS 2008*), Savannah, Georgia, pp. 2786–2795, September 2008.

[62] Y. C. Chuang, "Blind adaptive beamforming for GNSS receivers," PhD dissertation, Dept. Elect. & Comput. Eng., The Ohio State University, Columbus, 2015.

[63] I. L. Frost III, "An algorithm for linearly con-strained adaptive array processing," *Proc. IEEE*, Vol. 60, pp. 926–935, August 1972.

[64] L. J. Griffiths and C. W. Jim, "An alternative approach to linearly constrained adaptive beam-forming," *IEEE Trans. Ant. Prop.*, January 1982, Vol. AP-30, pp. 27–34.

[65] L. S. Resende, J. M. T. Romano, and M. G. Bellanger, "A fast least-squares algorithm for linearly constrained adaptive filtering," *IEEE Trans. Signal Process.*, Vol. 44, pp. 1168–1174, May 1996.

[66] M. L. R. de Campos, S. Werner, and J. A. Apolinario, Jr., "Constrained adaptation algorithms employing householder transformation," *IEEE Trans. Signal Process.*, Vol. 50, pp. 2187–2195, September 2002.

[67] J. A. Apolinario, Jr., S. Werner, and M. L. R. de Campos, "On the equivalence of RLS implementations of LCMV and GSC processors," *IEEE Signal Process. Lett.*, Vol. 10, pp. 356–359, December 2003.

[68] B. Widrow et al., "Adaptive antenna systems," *Proc. IEEE*, Vol. 55, pp. 2143–2159, December 1967.

[69] R. T. Compton, Jr., "The relationship between tapped delay-line and FFT processing in adaptive arrays,"

IEEE Trans. Ant. Prop. ,Vol. 36,pp. 15-26,January 1988.
[70] I. J. Gupta and T. D. Moore,"Space-frequency adaptive processing for radio frequency interference mitigation in spread spectrum receivers," *IEEE Trans. Aerosp. Electron. Syst.* ,52:1611-1616,June 2004.
[71] T. D. Moore, "Analytic study of space-time and space-frequency adaptive processing for radio frequency interference suppression," PhD dissertation,Dept. Elect. Eng. ,The Ohio State University,Columbus,2002.

本章相关彩图,请扫码查看

第三部分
卫星导航的工程与科学应用

第27章　全球大地测量和参考框架

Chris Rizos[1], Zuheir Altamimi[2], Gary Johnson[3]
[1]新南威尔士大学,澳大利亚
[2]国家地理和森林信息研究所,法国
[3]地球科学局,澳大利亚

27.1 全球大地测量

27.1.1 背景

大地测量学是通过空间和时间尺度上的测量,研究地球的形状、重力和旋转等属性的科学[1]。这些属性随时间变化,因为地球是一个动态系统,包括流动的大气和海洋、运动的构造板块和活动的地质断层,冰、雪、地表水和地下水的分布变化以及众多的地球深部变化过程。

在过去的半个多世纪里,大地测量手段的扩展使大地测量学发生了革命性的变化,包括主要基于对人造地球卫星跟踪的大量空间技术,如全球卫星导航系统(GNSS)、卫星和月球激光测距、多普勒频率测量以及射电天体测量技术,即甚长基线干涉测量(VLBI)。现代大地测量中,"形状"等同于"位置"——对地球表面或其上任何点的位置进行非常高精度的数学描述——全球卫星导航可谓理想选择。目前,现代大地测量的重点是监测地球形状的三个基本属性随时间的变化,包括地面站的三维位置、重力和旋转。这就需要定义、实现和维持高准确性、高精度的大地测量参考系——与上述空间大地测量技术最相关的就是地球参考系(TRS)。TRS 的实际应用就是地球参考框架(TRF)(见27.3节)——借助 TRF,可对长达几十年的大地测量结果进行比较,以便可靠地确定地球大小、形状、重力场和旋转特征的变化。因此,大地测量学为理解动态的地球系统过程提供了重要的观测(见第28章)。

大地测量学也是一个为测绘提供基础的地理空间学科(见第55章)。大地测量可提供地球参考框架,以明确表示任何对象、建筑结构或土地特征的坐标,还可帮助开发精确定位和绘图的工具和方法。大地测量学之所以具备这双重功能,是因为 GNSS 技术和服务于地理科学的地球参考框架也被工程、测量、导航和制图中的许多其他地理空间应用所使用。

在本章中,全球卫星导航系统大地测量包括如下内容:

(1) 过去近30年发展起来的全球卫星导航系统精密定位方法,包括载波相位观测数学模型、亚厘米级坐标精度的处理方法、跟踪 GNSS 信号的无线电接收机、测量处理软件等[2-4]。

(2) 用于提高全球卫星导航系统精度的地面基础设施,即在地面站安装永久 GNSS 接收机的地面监测网。地面监测网大大提升了 GNSS 系统的定位精度,此外,还为定义国家地球参考框架以及将感兴趣的地理空间或地球科学应用连接到适当的地球参考框架上提供了有效手段。

(3) 提供精确大地坐标的 GNSS 服务——提供修正了卫星轨道和卫星钟差、卫星信号偏差和大气信号干扰等系统误差后的 GNSS 定位结果,如国际 GNSS 服务(IGS)[5]。

(4) 在全球、区域或国家层面上定义的地球参考框架,通过这些地球参考框架可以表达精确坐标。需注意,在连接全球地球参考框架方面,IGS 发挥了重要作用(见 27.2 节)。

本章分为三个部分。第一部分介绍空间大地测量学、GNSS 大地测量学原理和国际大地测量协会(IAG)。IAG 是一个科学协会,负责组织空间大地测量服务,为科学和社会应用提供高精度 GNSS 定位支持。IAG 最重要的服务就是 IGS,本章第二部分简要介绍了 IGS 及其在提供大地测量基础设施和服务方面的作用,这些基础设施和服务是全球卫星导航系统精确定位的基础。第三部分介绍了现代大地测量中最重要的产品之一,地球参考框架。本章也简要说明了国际地球参考框架(ITRF)是如何实现的,包括目前一些最新的 ITRF2014 信息。

27.1.2 国际大地测量协会(IAG)

1862 年,应普鲁士将军 Johann Jacob Baeyer 的邀请,普鲁士、奥地利和萨克森州的代表在柏林进行会晤,讨论了 Baeyer 的"中欧弧测量方案"。截至该年年底,17 个国家和地区同意参与该项目,包括奥地利、比利时、丹麦、法国、德国七个州(巴登、巴伐利亚、汉诺威、梅克伦堡、普鲁士、萨克森和萨克斯哥达)、意大利、荷兰、波兰、瑞典、挪威和瑞士。这一国际科学倡议及其产生的组织可被视为 IAG 的起源[6]。

该项目的想法是在 Baeyer 向普鲁士战争国防部提交的文件《地球的大小和形状:关于建立中欧弧测量的备忘录及其示意图》中提出的。其目的是通过现有的及计划建设的三角网连接众多中欧天文观测站,以确定地球形状曲率的区域和局部异常。这是科学和实际应用中所有精确点定位的基础,也是解释地球外层结构和组成异常的开始,Baeyer 明确将其称为一项科学挑战。该项目迅速扩展到欧洲其他国家,因此,该组织 1867 年更名为"Europaäische Gradmessung",又于 1886 年更名为"国际大地测量协会",其他成员国包括阿根廷、智利、日本、墨西哥和美国。

这些协会的主要宗旨是推动大地测量项目的国际合作,从而提高对参考框架和大地水准面的认识,以支持对整个大陆的测绘[6]。必须承认的是,欧洲紧密合作和不受限制地共享大地测量数据的(有些理想化的)目标,直到第二次世界大战后很久才算基本实现。然而,在过去几十年中,国际大地测量协会再次大力推动全球合作,以推进大地测量学的科学发展和应用实践。如今,IAG 是国际大地测量学和地球物理学联合会旗下的一个重要协会,该联合会于 2019 年举行了成立一百周年庆典[7]。

IAG[8]通过其委员会、委员会间委员、服务机构和全球大地测量观测系统(GGOS[9])的活动完成使命。IAG 的服务涵盖地球的几何、重力、海洋学及相关属性。IAG 于 2007 年成立了 GGOS,以支持现代大地测量学的宏大目标;大地测量学是一门观测科学,如今涉及[10](图 27.1):

(1) 固体地球监测(由于构造运动、火山和其他自然现象以及人类活动引起的地面和地层结构的位移、沉降或变形)。

(2) 流体地球的变化监测(如海平面上升、冰盖、中尺度海面地形特征,质量传输)。

(3) 监测地球自转变化(包括极移和日长)。

(4) 利用卫星大地测量技术监测大气(包括电离层和对流层组成以及物理状态)。

(5) 监测地球重力场的时间变化,以及以越来越高的精度和空间分辨率绘制大地水准面。

(6) 确定卫星轨道(包括地球观测卫星和导航卫星)。

(7) 以最高精度确定地球表面及以上点位的位置及其随时间的变化。

图 27.1 全球大地测量观测系统(GGOS):应用,地球科学参数和空间大地测量技术
(经 GGOS 许可转载。)

IAG 服务中的四大主要空间大地测量技术是 GGOS 的基石,包括 IGS[5-11]、国际激光测距服务(ILRS[12-13])、大地测量和天体测量国际 VLBI 服务(IVS[14-15]),以及卫星多普勒定轨定位系统服务(DORIS)(IDS[16-17])。这些服务产生的产品包括精确的卫星轨道和时钟信息、地面站坐标、地球自转参数、大气折射量等。

IAG 几何服务中的这些空间大地测量观测站组成了观测网,也就是 ITRF 的实体[18]。国际地球自转与参考系服务组织(IERS[19])负责汇集 IAG 几何服务中各台站的必要分析结果,生成 ITRF,以满足科学和社会对高稳定性、高精度的全球大地测量参考框架的要求。最新实现的全球大地测量参考框架被称为 ITRF2014(见 27.3 节[20])。支持 ITRF 实体的大多数核心观测站都属于 IGS 观测网(图 27.4[21])。

目前,大地测量学面临一个挑战:须保持 ITRF 毫米级精度和亚毫米级每年速度变化的稳定性,以满足地球科学应用需求[10],如确定全球海平面变化,由末次盛冰期以来冰川消融作用和当前冰盖质量变化引起的冰川均衡变化,大地震相关的震前、震中和震后形变,海啸、山体滑坡、地震和火山爆发的预警,以及形变和构造监测。

27.1.3　全球卫星导航系统对现代大地测量学的影响

为什么大地测量学从一门晦涩难懂的应用科学转变为今天的尖端地球科学？原因有很多。首先，现代大地测量依赖空间技术，卫星传感器的进步和一系列卫星任务的扩展，使大地测量在精度、分辨率和覆盖范围等方面取得了巨大的进步。其次，大地测量学能够以其他遥感技术无法达到的精度确定地球参数，包括地球表面上点的位置和速度，海洋、冰和陆地表面的形状和变化，以及地球重力场的时空特征。GNSS信号的创新应用是大地测量不断发展的动力。

GNSS是迄今为止发展的最通用的空间大地测量技术，用于对地球表面及地表以上近地空间的点进行高精度定位。因此，GNSS对研究地球的微弱信号特征至关重要，通过分析地面采样点的坐标时变特征来发现地球表面的形状变化。这也需要高精度的ITRF。此外，GNSS也是对测高卫星进行精密定轨、重力场测绘以及遥感卫星（第28章）精密定轨的首选技术。GNSS还是一种能够监测大气和地球表面重要参数的技术——监测大气，是因为GNSS信号在经过电离层（第31章）和对流层（第30章）传播时会产生信号延迟，监测地球表面通过分析海洋和陆地表面（第34章）反射的GNSS信号来实现。

高精度GNSS定位相当于差分定位模式，差分定位模式（至少）使用两台接收机，一台接收机天线设置在坐标已知的参考站上，另一台接收机天线设置在需要确定坐标的点上，这两台接收机可以是静态地面站，也可以是移动平台[22-23]（第19章）。因此，GNSS定位精度可以用相对精度定义，如坐标误差与（两个GNSS接收机之间的）距离的比例（通常表示为95%的不确定度）。然后，可以通过基线距离的误差比率，利用距离单位表示坐标误差。例如，"0.1ppm（ppm为百万分之一）"是指两台相距100km的接收机之间的相对精度为1cm（95%置信度），或者1000km基线长度相对精度为10cm，以此类推。使用顶级GNSS接收机时，须严格遵循操作指南，并使用成熟复杂的测量处理软件，基于载波相位测量的GNSS差分技术可以提供低至几毫米的相对坐标精度[23]。

读者可通过文献[3-4]详细获取这种高精度定位性能的测量模型和算法。然而，除了硬件、软件和操作程序，GNSS大地测量学之所以能如此强大，还仰仗于其他几项创新。

第一项创新是广泛应用的GNSS永久参考接收机，即持续运行的参考站（CORS）。20世纪80年代早期，GPS用于大地测量应用，同时工作的接收机对之间的测量基线需要在几十千米到几百千米甚至几千千米范围内。进行该项测量任务的研究机构和人员负责所有接收机的设置、操作和拆卸工作。在这种情况下，开展大地测量工作，通常是建立一个协调地面标志网络来定义一个国家的参考框架。在地球科学应用中，地标坐标变化情况的测量是通过GPS每年（比如）重复测量一次来实现。以这种方式进行GNSS大地测量，在后勤层面面临着相当大的挑战。CORS网络可避免在GNSS测量期间操作参考接收机，对于连续监测（而非偶发）表征地壳运动或地面变形的地面标记坐标的变化等大地测量任务非常有利。

CORS包括从单个接收机装置到遍布各国（如日本的GEONET[24]）、各地区（如EUREF的永久CORS网络[25]）和全球（如拥有500多个站点的IGS站网络[21]）的庞大CORS网络。CORS网络大多不是同质的，而是由不同机构和组织负责运营。CORS可能具有不同的设备配置、不同类型的天线和地面标志，以满足不同用户群体的需求。然而，GNSS大地测量学，特别是经由IGS的大地测量学（27.2节），正努力向标准化的场地和设备配备方向发展[26]。

图 27.2 展示了安装在混凝土柱(左侧,不带天线罩)和刚性三脚架(右侧,带天线罩)上的典型扼流圈天线。两幅图中均未显示接收机所在的仪表柜(以及通信、电池和其他辅助设备)、太阳能电池板、防雷装置、附加支柱或见证标志等电力系统。此类 CORS 装置是机构或组织为提高精度而对 GNSS 地面基础设施大举投资建设的。CORS 地面基础设施决定了 GNSS 大地测量和测量工程的特性。

(a)

(b)

图 27.2 两个大地测量级连续运行参考站的 GNSS 装置

(a)位于澳大利亚堪培拉郊外斯特罗姆洛山的混凝土柱上,卫星激光测距(SLR)跟踪站前面,没有天线罩;

(b)位于美国阿拉斯加州彼得罗夫湖的钻孔标志桩,是地球镜板块边界天文台的一部分。

[图(a)来源:澳大利亚地球科学研究所;图(b)来源:UNAVCO。经 UNAVCO 许可转载。]

第二项创新是各项可用的 GNSS 产品和服务,包括 IGS 直接提供的产品和服务[27],用于 GNSS 测量处理的网络服务[28-30]、服务提供商为测量和工程应用提供的实时 GNSS 定位[31-33],以及支持 GNSS 互操作的标准化数据和传输格式[34-35]。

第三项创新是逐渐增加的 ITRF 应用[18](见 27.3 节)。这一现象背后存在大量原因,包括:

(1)作为一项科学服务,ITRF 在全球范围内使用并由 IERS 维护;

(2)许多 GNSS CORS 的坐标可接入 ITRF;

(3)任何 GNSS 接收机都可以使用多种定位技术轻松连接到 ITRF(见第 19 章和第 20 章),如通过 CORS 测量或上述 IGS GNSS 的产品和服务。

27.1.4 大地测量中的 GNSS

27.1.4.1 测量与大地测量

GNSS 是大地测量、土地测量、工程测量和水文测量的基本工具[23]。如前所述,GNSS 测量任务涉及使用载波相位测量处理的定位技术,以及在明确定义的参考坐标系中确定高精度坐标。由于特殊仪器和复杂软件的改进,以及过去 30 年或更长时间里进行的室外测量实践,GNSS 定位精度得到了提高。差分 GNSS(DGNSS)能够实现比使用标准单 GPS 接收机技术(见第 2 章)高 3 个数量级的定位精度。

GNSS 大地测量是 GPS 大地测量原理的延伸。所有数学概念、测量原理、操作程序和应用均由 GPS 技术开发。GPS 大地测量第一个十年的主要特征为静态定位,其中两个 GPS 接收机在观测过程中记录测量值,然后在办公室进行测量处理,计算出待确定坐标点与已知大地坐标的地面标记点之间的基线矢量。这种处理同一时间段只能计算一次测量进程,计算两个同时工作的接收机之间的单个测量进程的基线矢量,然后将其组合成一个大地测量网络。以这种方式观测的地面坐标网络有效实现了大地基准,可用于后续测绘任务。

总之,GNSS 大地测量的特点如下:

(1) 记录指定观测时段内现场的载波相位测量值;
(2) 使用顶级的大地测量接收机和天线;
(3) 安装在稳定的地面标志桩上;
(4) 有助于确定至少两个同时工作的固定接收机之间的相对坐标;
(5) 用于大陆级规模项目和(典型的)长基线;
(6) 使用复杂的多站、多进程软件进行后续处理;
(7) 包含大地测量服务提供商提供的参考坐标系和测量误差的附加信息。

27.1.4.2 静态 GNSS 定位技术

与地面的大地测量相比,DGNSS 技术的关键特征是用于观测的 GNSS 接收机不必相互可见。事实上,GNSS 接收机之间的距离可能是几千米到数百千米,甚至上千千米。需确定坐标的地面标记点是静态的。在诸多大地测量应用中,GNSS 接收机需要安装在精心建造且非常稳定的标志桩上,由混凝土柱、钢销、金属三角架等组成,固定在基岩上或建筑结构上(图 27.2)。无论是使用标准的地面手段还是基于 GNSS 的测绘技术获得的地面坐标标志,均可以连接起来,作为其他精度较低测量应用的基准控制标记。定期复测(或连续监测)时,它们可用于测量局域性或大规模构造运动等背景下的地面位移或沉降。

测量(以及由此产生的坐标)过去(且目前很大程度上仍然)按等级划分,从精度最高的大地测量到精度较低的控制测量、工程测量和测绘调查等。GNSS 测量精度从亚厘米级到分米级不等。测量精度与对应使用的 GNSS 硬件、现场程序、增强服务和测量处理软件之间关系复杂[2,23]。GNSS 硬件差异最小,尤其是多频多星座 GNSS 接收机设备的应用。相较而言,处理软件中的测量模型则会呈现出很大差异,包括为土地和工程测量设计的商业软件(针对短基线场景和易用性进行了优化)以及用于长基线地球科学应用的大地测量软件。下文分析了几种 GNSS 大地测量方法的相关特征。

1. 全球 GNSS 大地测量

GNSS 大地测量采用基线长度在数百千米甚至数千千米,相对定位精度高达十亿分之几的超精密、长基线 GNSS 技术。应用场景为 ITRF 的定义与维持(见 27.3 节),ITRF 下的国家大地测量参考框架,精密卫星轨道测定和构造运动研究等。GNSS 大地测量的主要特征包括:

(1) 由安装在稳定地面标志或标石上的顶级、多频多星座 GNSS 接收机进行载波相位测量。尽管人们越来越多地跟踪 GLONASS、北斗和 Galileo 卫星,GPS 卫星仍是被跟踪最多的对象。

(2) 观测时间长达数小时(甚至数天),在此期间记录载波相位测量值,以便进行测量后分析。不过,CORS 站点的连续观测文件通常被分割成以 24 小时为单位的数个测量文件,便于后续并发处理。

(3) 采用复杂的大地测量软件进行测量处理,该软件通常不仅涉及 GNSS 接收机坐标的计算,还涉及各种信号偏差、GNSS 卫星轨道、大气延迟偏差和地球定向参数(EOP)等参数的计算。

(4) 这些分析通常是 IGS 分析中心连续进行的典型分析(见 27.2 节)。

2. 用于大地测量控制的 GNSS

大地测量是随着大地测量参考系的建立而发展起来的。大地测量参考系通常为国家级别,尽管有时被称为"控制测量",但也可能在个别项目中应用。大地测量基准由已知椭球坐标的地面标记实现,任何测量员或工程师都可以将其作为后续测量的起始坐标,以支持测绘、测量、施工或工程活动。精密 GPS 静态定位已经彻底改变了大地测量,因此其取代了传统劳动密集型地面测量技术。如同全球 GNSS 大地测量技术,用于大地测量控制的 GNSS 也使用大地测量型接收机,同时部署多个接收机(至少两个),用于记录同步跟踪的 GPS(以及越来越多的其他 GNSS)卫星。GNSS 用于大地测量控制测量有两种现场部署方案,分别具备以下特征:

1) 单基线或多站部署模式

(1) 观测时间通常为数小时,观测结果记录于数据文件中,以便后续处理[35]。

(2) 后勤层面需认真考量,诸如接收机应如何移动或预先固定在已知的地面标志上,并按照详细定义的时间进行操作[36]。

(3) 对同时工作的一对(或多对)接收机的记录测量值进行处理,每次一个观测进程,以计算单进程的基线矢量。所使用的软件可以是商用的(接收机距离相对较短,能够达到 ppm 级的相对精度,大约几十千米),也可以是大地测量级的(当处理基线比较长时,或者进行更复杂的多站/多进程处理时)。

(4) 若使用商用软件,随后单进程的处理结果放入已经有基准约束的二级网络中进行调整,通常该网中已有一个或多个"已确定的"已知坐标的基准点(如果使用最先进的多进程大地测量等级软件,则不需要本步骤)。通过这种方式,基准可被传递至其他 GNSS 测量的地面标识上。

2) 借助 CORS 基础设施进行测量

(1) 将国家基准中待测量的地面标记放入 CORS 测量中,大地测量员只负责运输设置、操作自己的 GNSS 接收机,后勤层面压力大大减少。

(2) 使用上文已经提到的测量处理技术。从 CORS 下载数据文件,用于后续测量处理。

(3) 作为对测量数据进行分析的替代选择,测量员可以将数据文件上传至一些网站处理引擎进行分析,如 NGS 的 OPUS[28]、NRCAN 的 CRCS-PPP[29]、GA 的 AUSPOS[30]等。

3. GNSS 变形测量

地面变形测量是为了测量固定在地球表面或工程建筑结构上的稳定点或标志桩的坐标变化[23]。这些点可能在水平方向或垂直方向上移动,也可能在三维方向上移动,在广泛的时间和空间尺度上具有标志性特征,从每年只有毫米级或厘米级的移动,到地面或建筑结构上数分米的快速震动。

变形测量的子类别包括建筑物或结构监测(施工期间或之后)、因风或荷载效应引起的建筑物或结构移动、滑坡监测、同震位移、地面沉降(由地下流体开采或采矿引起)或膨胀

（由于火山下方岩浆堆积引起）、潮汐稳定性监测、局部构造断层运动和地震后响应。我们可对两种典型的变形场景进行区分：小型的、缓慢的和（通常）稳定的移动，以及大型的、快速的和（通常）不可预测的位移。GNSS 变形测量的主要特点如下：

1) 地震、火山、滑坡等灾难性事件引起的快速地面位移

（1）理想的是连续监测，通常为实时远程监控模式。

（2）实时（RT）连续通常被称为"实时运动学"（RTK）模式[37]（第 19 章），另外非实时的是采用简化了单基线模式下商业软件的测量处理[22]。

（3）标志桩，从高稳定性、永久性的天线支架装置到低成本的临时标志。

（4）CORS 相关装置可能采用低成本、单频 GPS 接收机，否则大量监测接收机可能被摧毁。

2) 由风或荷载效应引起的结构快速变形

（1）在实时监测中的连续操作通常采用 RTK GNSS 技术（报警模式下），否则在单极限模式下使用商业软件对测量记录进行事后处理。

（2）建筑物或地面标志上的标志桩涵盖稳定的、永久性的天线支架装置到低成本的临时标志。

（3）可选择顶级 GNSS 接收机（可能配有加速度计或倾角计，用于高价值结构的变形监测）或低成本 GNSS 接收机。

3) 由提取地下流体、地下采矿或潮汐移动等原因引起的缓慢沉降

（1）安装高价值的 CORS 装置，或在低成本的地面标志上重复 GNSS 测量（测量间隔不等）；

（2）使用标准的商业静态或快速静态 GNSS 测量技术，基线相对较短（可能达几千米）。

4) 缓慢的水平运行

如地震前变形监测，采用与上述类似的技术，影响 GNSS 测量技术选择的关键参数是地面或结构变形的预期幅度，以及接收机间的距离。

27.2 IGS

27.2.1 背景

论及现代全球大地测量学和参考框架，就不能不提 GNSS 的贡献。IGS 已在本章的 27.1 节以及 27.3 节中提及。20 世纪 80 年代末，GPS 改变全球大地测量学的态势已十分明显。参考系的加密和应用将很大程度上依赖高精度差分 GPS 测量分析。为此，各方一致认为需要通过一个民用全球参考接收机网络进行测量，能够开展星座参数估计，减少为特定区域研究临时部署全球分布式参考接收机基础设施的需要（见 27.1.3 节），便于更有效、更一致地开展区域研究，并提高研究的质量和数量。

这一概念为启动规划国际 GPS 服务提供了动力，并最终建成有史以来全球最大的 GNSS 合作研究项目之一。考虑到其他 GNSS 星座的加入并丰富了 IGS 的任务，该服务于 2005 年更名为国际 GNSS 服务。IGS 的影响远远超出了建立全球一致的参考站网络的范畴。生成 IGS 产品需要多个研究机构开展合作，开创了基准大地测量科学和大地测量比较

分析的新时代。它还要求数据和产品格式的标准化,以及数据和产品的开放共享。最后,IGS 的建立促进了系统基础设施所有者、星座供应商、仪器制造和研究所之间就 GNSS 测量的具体特征和偏差进行研讨,如果采用 GNSS 大地测量,则无法做到这一点。

27.2.2　任务

IGS 在 TRF 的支持下,基于公开的基础设施提供 GNSS 的高质量数据、产品和服务。地球观测与研究、定位导航与授时,以及惠及科学界和社会的其他应用(IGS 2017 年职权范围[38])。

开放数据政策和高质量数据、产品和服务的结合,致使人们在一系列科学、工业和社会事业工作上对 IGS 产生了广泛依赖。这些工作远远超出了 1994 年 IGS 作为国际航空集团服务推出时设想的目标。事实上,随着社会对定位精度的追求越来越高,即便在今天,IGS 产品仍被用于新的科学和技术领域。

27.2.3　任务组织价值观

IGS 的基础是组织内共享的关键价值观:
(1) 倡导开放数据政策,所有用户都可以免费获得数据和产品;
(2) 所有愿意采纳这些价值观的组织的贡献和参与;
(3) 由于 IGS 成员的冗余,IGS 产品具有极高的可靠性;
(4) 通过不同 IGS 分析中心之间的优化竞争来实现技术进步;
(5) 致力于与政策实体合作,以提高对 IGS 和大地测量学的认识。

正是这样的组织价值观促进了 IGS 在过去 20 年中对全球大地测量和参考框架的贡献。读者可参考文献[39]了解 IGS 结构、产品和服务的详细说明,如图 27.3 所示。

27.2.4　倡导开放数据政策,所有用户均可随时获得数据和产品

IGS 数据、产品和服务支持各种各样的大地测量研究和学术活动。例如,IGS 产品应用于局域、区域和全球的新构造运动研究已不是新鲜事,相对站点速度的精度可达到亚毫米级(第 28 章)。类似产品,尽管是实时的,仍被用于支持主流的精密定位应用,这些应用几乎涉及全球经济所有领域的数百万用户。

IGS 提供免费和开放的访问最高精度的数据产品。这些数据和产品实际由参与组织产生,IGS 发挥协调作用(图 27.3)。这些产品包括全球 500 多个参考站的 GNSS 跟踪数据(图 27.4、图 27.5)、最高精度的卫星轨道和时钟、EOP 和每周地心点坐标和速度、对流层天顶路径延迟及电离层总电子含量网格[27]。这些产品通过 4 个全球数据中心和 24 个区域或产品数据中心进行分销。通过这样一个分布式数据中心网络,就可以实现产品的高可用性,也正因如此,许多机构和组织将 IGS 视为 GNSS 基础设施的一部分。遗憾的是,用户虽然使用 IGS 的产品,但并未意识到 IGS 所做出的贡献。

为促进数据交换和产品的高效分发,IGS 制定了许多通用数据和产品标准,包括 RINEX、SP3 和 ANTEX[26]。起初,这些标准是为在 IGS 社区内使用而开发,之后在很大程度上,由软件供应商推动的许多 GNSS 用户社区已广泛采用这些标准,以确保其实用程序能够输入 IGS 数据和产品。

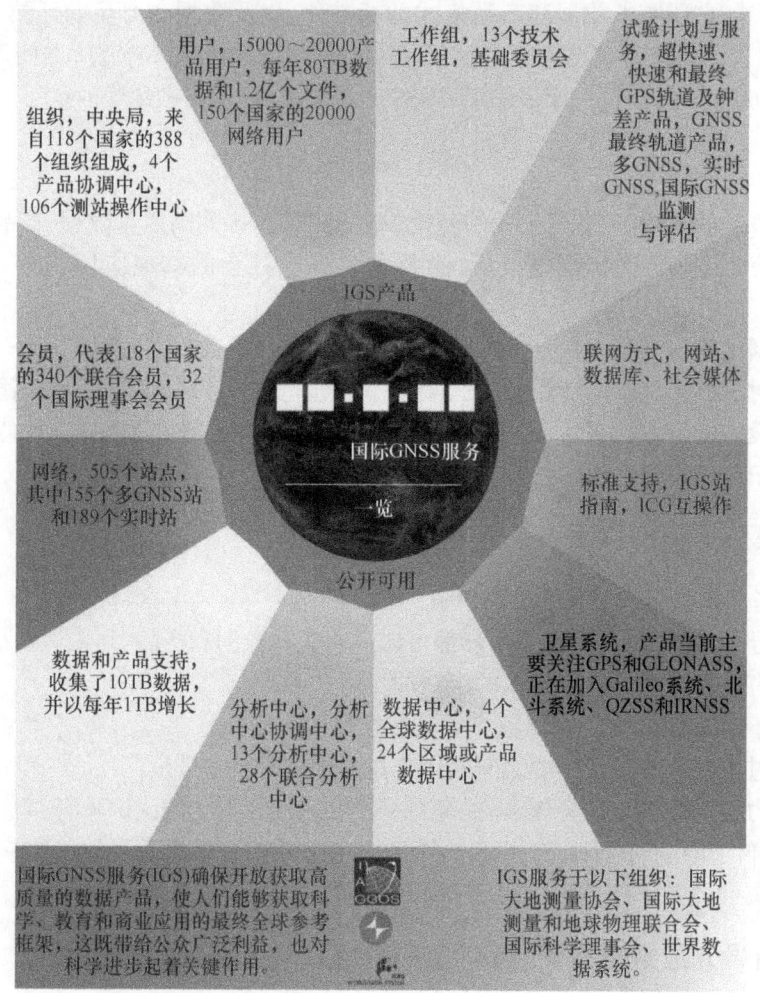

图 27.3 IGS 概览(摘自 2017 年 IGS 战略计划,2 由 NASA/JPL-Caltech IGS 中心提供。)

27.2.5 众多组织的贡献与参与

IGS 是国际航空集团[8]的一项服务(见 27.1.2 节),因此是 GGO[9]的一个组成部分。IGS 拥有来自 118 个国家的 350 多个自筹资金组织,是世界上最大的大地测量合作研究项目。参与机构包括遍布全球的 CORS 网络的航天机构、大学、研究中心、私营公司和个人。在国际航空集团的所有服务中,IGS 拥有最多的参与机构和最大的地面站网络,对国际航空集团努力提高社会对"地球系统"的理解做出了根本性贡献。

IGS 的准成员由出资组织提名,根据 IGS 职权范围选举董事会[38]。董事会将参与者组织成工作组、试点项目和服务,并选举个人来协调或主持每个组成部分。中央局(The Central Bureau)对 IGS 的持续运行至关重要,是 IGS 中唯一一个由 NASA 专门出资承担该任务的组成部分,IGS 的所有其他捐款均由机构、研究所或个人提供。

新参与者的贡献受到鼓励,但产品协调方会在新贡献纳入常规 IGS 产品发布前确定基准,以确保产品的整体质量。在产品集成到 IGS 组合产品之前,还要评估产品提交的可靠性

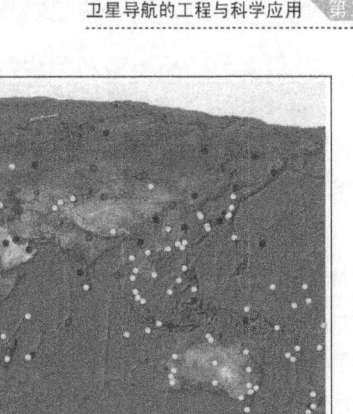

图 27.4　全球 IGS 跟踪站网络（来源：IGS，经 IGS 许可转载）

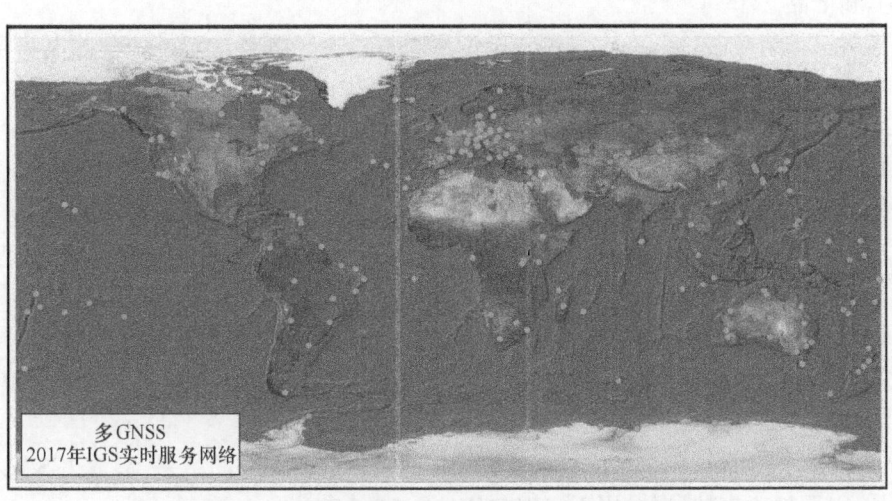

图 27.5　IGS 提供实时服务的全球分布的跟踪站网络
（资料来源：IGS。经 IGS 许可转载。）

和可持续性。

27.2.6　通过 IGS 成员的冗余实现有效的可靠性

　　IGS 是一个分布式的多国合作项目。IGS 网络的 GNSS 参考站不仅分布在地球的所有地区，其数据中心（DC）、产品中心和较小规模的分析中心（AC）也广泛分布。这种分布旨在帮助负载、平衡来自 DC 的互联网流量，但也鼓励各区域参与 IGS。在 IGS 的这种合作特性影响下，多个机构独立开展类似活动，然后对结果进行比较，通过冗余实现产品有效的可靠性。IGS 长期秉持的理念是，只要输入适当的参数和约束，使用所有成员组合产品的质量通常就会优于任何独立成员的产品质量。最终的效果是，即使一个或多个独立源的结果不可用，仍然可以计算组合解。因此，IGS 虽不曾表示可提供或保证特定级别的服务性能，但实际上实现了非常高级别的可靠性和可用性。

IGS 有很多种产品类型和关注特定问题的兴趣研究团队,将其活动划分为工作组合试点项目。每个组成部分每半年向理事会报告一次进展情况,并安排有针对性的两年期研讨会,准成员碰头制订未来两年的工作计划。在此期间,工作组继续独立运作,生成产品,进行比较,并发表同行评审的科学文献。

当前工作组配置如下:

天线工作组(AWG)——为提高产品的准确性和一致性,AWG 协调对 GNSS 接收机和卫星天线相位中心确定的研究,并管理官方 IGS 天线文件及其格式。

偏差和校准工作组(BCWG)——不同的 GNSS 观测值受不同的卫星偏差影响,可能会降低 IGS 产品的质量。BGWG 对计算和监测 GNSS 偏差的研究进行协调,并制定处理这些偏差的指南。

时钟产品工作组(CPWG)——CPWG 负责将组合的 IGS 产品与可追溯至世界标准协调(UTC)的高精度时间尺度对齐。

数据中心工作组(DCWG)——DCWG 致力于改善运行的、区域的和全球的数据中心提供的数据和产品。

电离层工作组(IWG)——IWG 制作电离层垂直总电子含量(TEC)的全球电离层地图。IWG 的一项主要任务是根据 IGS 内电离层相关分析中心独立制作的 TEC 地图提供全球电离层地图。

多 GNSS 工作组(MGWG)——MGWG 通过促进系统间偏差的估计和比较多 GNSS 设备和处理软件的性能来支持 MGEX 项目。MGEX 项目旨在跟踪、整理和分析所有可用的 GNSS 信号,包括来自北斗(第 6 章)、Galileo(第 5 章)、QZSS(第 8 章)的信号,以及 GPS、GLONASS(第 4 章)卫星的信号。

高精度点位解算与模度度解工作组(RFWG)——RFWG 研究了各种分析中心产生的 PPP-AR 产品的互操作性,以分析 IGS 采用现代化组合处理,同时考虑卫星时钟和偏差产品一致性的可行性和好处。

• 参考框架工作组(RFWG)—— RFWG 通过组合 IGS ACs 的结果,形成 IGS 站位置和速度产品,以及地球自转参数,用于实现 ITRF(见 27.3 节)。

• 实时工作组(RTWG)——RTWG 支持实时技术、标准和基础设施的开发和集成,以实时生产高精度 IGS 产品。RTWG 运行 IGS 实时服务(RTS),以支持全球范围内(图 27.5)的实时精密单点定位(PPP)(第 20 章)。

• RINEX 工作组(RINEXEG)——RINEXWG 与服务无线电技术委员会 104(RTCM-SC104)共同管理 RINEX 格式[34]。RINEX 已被广泛用作存档和交换 GNSS 观测数据的行业标准,推出了更新的版本,支持多个 GNSS 星座。

• 空间飞行器轨道动力学工作组(SVODWG)——SVODWG 致力于将航天器轨道动力学和姿态建模的 IGS 小组召集在一起,为新的 GNSS 星座开发力学和姿态模型,以充分提高所有新信号的精度。

• 潮汐观测(TIGA)工作组——TIGA 是一项试点研究,旨在分析来自 IGS 网络中潮汐观测处或附近站点的 GPS 数据,建立一项服务以支持对全球海平面变化的精确测量。

• 对流层工作组(TWG)——TWG 通过结合来自各个 AC 的对流层延迟计算结果,以提高 PPP 计算结果的精度,支持开发 IGS 对流层产品。

27.2.7 通过友好竞争实现技术进步

IGS 产品的演变主要由上述每个组成部分内的优化竞争以及利用其他观测服务独立评估的产品推动。在每个研究中心,通常使用专门构建的分析软件工具中的经验估计来最小化建模误差。通过对结果的比较,为验证所采用的模型的改进情况提供了证据,例如,图 27.6 显示了 1994 年至 2019 年 4 月期间,每个分析中心的轨道结果与 IGS 最终轨道之间的加权 RMS(mm) 的收敛情况。显然,在长时间的运作中,一致性得到了大幅改善。更重要的是,每个分析中心使用自己的软件程序,确保通过比较监测到重复使用故障软件导致的成组错误。

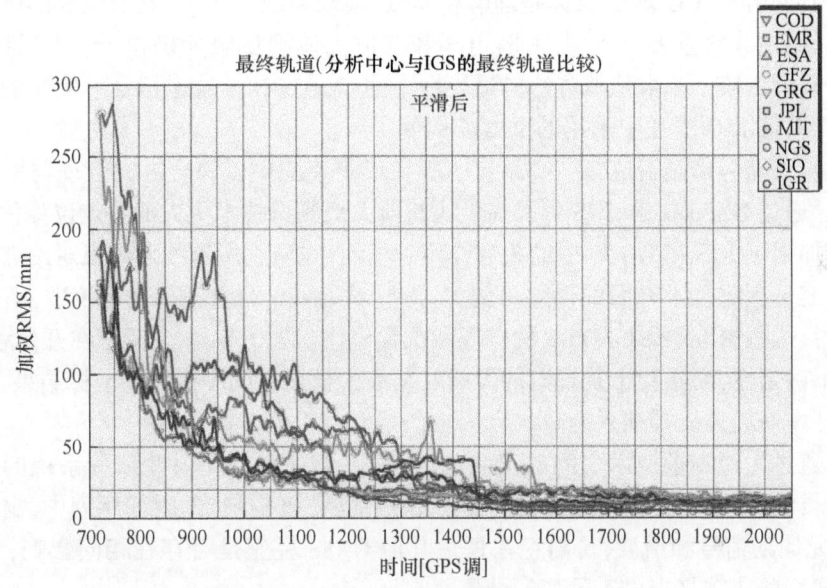

图 27.6 最终 GPS 轨道的加权均方根值

(资料来源:澳大利亚地球科学/麻省理工联合分析中心。经澳大利亚地球科学/麻省理工联合分析中心许可转载。)

在其生命周期内,IGS 网络从一个参与者寥寥且可靠性低的网络发展到今天全球分布 500 多个站点的网络(图 27.4)。虽然在某些地区网络的分布不是最优的,但它明显优于 20 世纪 90 年代中期的网络。观测数据的数量、质量和一致性对结果分析产品的质量影响很大。重要的是,每个 AC 都可以从可用的 IGS 网络中选择自己的网络配置,从而使产品具有额外的独立性。观测数据的可用性也许是提高产品精度的最大因素。

GNSS 的建模改进也对产品质量产生了重大影响。虽然有时模型改进存在问题,但得益于进一步的验证和方案结果间的比较[41],最终正确的模型改进必定有助于整体改进。

下面总结出了 IGS 产品的常规生产过程中,大量研究和最终实施方案所带来的主要建模问题:

(1) 网络密度、分布和质量,以及参考框架一致性;

(2) 太阳辐射压力、偏航和姿态模型,包括卫星日食周期处理;

(3) 对流层模型、参数化,包括天顶大气延迟(ZTD)估计的映射函数和频率,以及水平梯度;

(4) 模糊度细化解析,包括长基线算法;
(5) 卫星和站点相位中心变化参数;
(6) 观测权重,包括高程相关性;
(7) 时钟建模,包括径向轨道误差校正;
(8) 地球自转参数建模,包括国际天文联合会(IAU)关于进动和章动的建议,以及极潮改正的应用(固体地球和海洋);
(9) 海潮改正的应用;
(10) 反照率模型和天线推力模型。

IGS已取得很大成就,但仍继续追求新产品和产品改进。对误差计算的考虑已远远超出了IGS内部共识。GGOS的目标是理解和模拟"地球系统",因此,在GGOS的所有观测元素中实现一致性非常重要[9-10]。为此,IGS和其他大地测量服务机构[12,14,16]目前正检查公共参数,并确定统一参数值或方法的适当性。例如,在GNSS轨道拟合中使用的重力场需要更新至与其他IAG服务中采用的重力场一致。

类似地,还需考虑是否应在一个站点的所有观测系统中以综合方式管理与站点相关的物理参数。通过GNSS技术,IGS可以提供比其他大地测量技术更大的站点位移估计的时空变化,从而加强了IGS在GGOS中的关键作用。然而,在应用所有技术约束对站点位移估计之前,需要充分理解技术方面的误差。例如,需要对GNSS天线进行现场校准,因为当天线发生变化时,这些校准会影响ITRF的实现和位置偏移(27.3节)。IGS正在开发程序,力求解决这些不确定性,而不会干扰现有的天线安装或由长期时间序列中的坐标结果,关键研究内容在于开发现场天线校准系统。

最终,通过大地测量技术之间的产品比较,可以识别和量化一些依赖系统的工件。例如,研究人员注意到,在各种大地测量产品(如站点位置和EOP)的时间序列中,出现了该时段的GPS龙周期信号和谐波,目前正在评估其他GNSS星座是否存在相同影响,与SLR和VLB时间序列的比较将提供有价值的结果。

27.2.8 与政策实体进行专门交互,以提高对IGS和大地测量学的总体认识

IGS产生的能力适用于许多科学领域,因此为国家政府层面的政策制定提供了依据。社会应对海平面上升、环境退化和自然灾害管理等与地球变化相关的问题增多,决策者对高质量循证科学的需求随之增长;自动化和智能信息技术的发展也促进了精确定位应用的增长,是地理空间支持能力增长的一部分;这些促成了大地测量学和政策间互动需求的增长。

IGS直接与政策实体交互,以提高对IGS提供的能力及对大地测量更广泛的认知,包括地球观测委员会(CEOS)、全球海平面观测系统(GLOSS)、地球观测小组(GEO)、ISC世界数据服务(WDS)、联合国全球地理空间信息(UNGGIM)和GNSS国际委员局(ICG)。

上述大部分组织与可能从事IGS产品和服务中获得价值的团体共享有关IGS产品和服务的信息,但与ICG的互动尤为重要,因为ICG有助于代表研究界与GNSS星座供应商就具体的卫星特征和偏差进行双向对话,这是靠个别研究人员无法实现的。过去,与之相似的是与设备制造商的交流,促成了在设备数据格式和偏差方面的信息共享,这些信息已经集成到TEOC[42]等公共应用中。通过与决策实体之间的交互,IGS最大限度地发挥并保持其在社会上的影响。

27.2.9 展望未来

IGS 致力于成为 GNSS 相关数据、产品、服务和科学、社会所需专业知识的首要来源。为了实现这一目标,参与者需要保持敏捷运行,并与利益相关者紧密联系,确保利益相关者了解自己当前和未来的需求。

从支持参考框架和地球科学的 GNSS 服务向 RTS 服务转变的例子,说明了 IGS 是如何发展到迎合全新用户群体,并如何通过修改其流程实现这一结果。过程中,IGS 需要定期重新评估和重申其组织价值观,确保开展的新活动或项目符合捐助机构的更广泛利益。因此,IGS 制订了战略计划,每四年更新一次[43]。最新版本发布于 2017 年末。

近期,GNSS 和 ICG 的全球卫星导航系统检测和评估(IGMA)工作组合作,成立了全球卫星导航系统联合监测项目和工作组。该项目旨在利用 IGS 内部的现有专业知识,并辅以目前未参加 IGS 的新团体,监测所有 GNSS 星座的关键系统参数。该项目的目标是为这些系统性能提供一定程度的公众信任度。此外,项目还提供了一个供 IGS 和 GNSS 星座供应商讨论总体性能的论坛,IGS 希望系统供应商更开放地将其用作 GNSS 专业知识的来源。

很显然,社会将对 GNSS 定位提出越来越高的精度和完整性要求。在 20 多年的连续运行中,IGS 展示了其能力,并表明了其能力在显著提高。事实证明,基础设施提供商、政府机构、研究机构和 IGS 内部的个别研究人员之间普遍存在合作优势,是其关键优势。社会对各种开放标准的设备应用提出了更高的定位精度要求,对类似 IGS 服务的需求将只增不减。

27.3 地球参考系

27.3.1 背景

人们需要一个标准且长期稳定的参考框架,以量化各种地球动力学过程导致的地球空间和时间变化,并确定地球表面物体或空间人造卫星之间的精确位置。

数字大地测量参考有专门的描述词条,但在空间大地测量学的背景下,采用的是 IERS 公约第 4 章的术语[44]。要区分该参考在理论层面或数学层面的定义,需要用到 TRS 和 TRF,TRF 是对 TRS 实际或数值的实现,可被用户访问、理解,是一个全球或区域、国家的参考框架。理论层面上的 TRS 或实现层面上的 TRF 的数学和物理特性完全由原点、尺度和定向参数及这三个基本定义参数的时间演化参数来确定。

读者可参考文献[44]了解 TRS 和 TRF 的详细数学定义和描述,以及国际地球参考系(ITRS)和国际地球参考框架(ITRF)。区分 TRS 和 TRF 具有重要意义,但本章主要介绍 TRF,因其便于操作,方便科学大地测量用户访问和使用。

27.3.2 TRF 的类型

实践中有长期 TRF 和准瞬时 TRF 两类。前者是科学应用需要的重要参考,包括所有固体地球观测和精密卫星轨道测定。实操型大地测量用户也采用 GNSS 技术,希望借助该技术对齐国家甚至地方参考坐标系。根据定义,构建长期参考框架时,仅保留地面站移动的线性部分,即(主要)受到板块构造运动影响。用户可使用长期参考框架,在获得给定历元(t_0)的站位置(X)及速度($\dot{X}$)下,通过以下式得到任意历元(t)的站位置:

$$X(t) = X(t_0) + \dot{X}(t - t_0) \tag{27.1}$$

在历元 t 的方差可表示为

$$\mathrm{var}(X(t)) = \mathrm{var}(X(t_0)) + 2(t - t_0)\mathrm{cov}(X,\dot{X}) + (t - t_0)^2 \mathrm{var}(\dot{X}) \tag{27.2}$$

准瞬时参考坐标框架提供给定历元的平均站位置(没有关于时间变化或坐标变化的信息),使用在几小时、一天或是一周的短时间跨度内收集的数据进行调整。此类参考框架的时间序列可嵌入所有类型的台站运动和变化:设备变化或地球物理事件(地震、火山喷发或滑坡)引起的线性、周期性位置偏移,以及受大地震影响的站台的地震后偏移,准实时参考框架仍然依赖长期参考框架(如 ITRF)的可用性,至少对其定向参数及其时间演化参数的定义如此。

一直以来,大地测量学的基本课题之一是参考系和参考框架的定义、实现和维持[1]。空间技术时代之前,传统的大地测量学基于所谓的三角测量法,即经典地面测量确定地面站坐标。此类参考框架(或基准)本质上是混合构建的,因其结合了二维测量(方向和距离)以及通过水准测量方法确定的一维高度测量,并且受到大地水准测量面起伏和参考椭球的选择的影响,参见文献[1]。自 20 世纪 80 年代初以来,随着空间大地测量学的出现,参考系和框架呈现出三维性和全球性的本质特征,利用卫星和其他天体观测,避免再参考任何椭球或大地水准面。

27.3.3 空间大地测量技术和参考框架

一般来说,空间大地测量技术依赖两种方法:基于人造卫星运动规律的动力学方法和基于恒星和射电源等天体方位的运动学(或天体测量)方法。

基于动力学方法的卫星定轨技术分为两种:双向定位技术和单向定位技术。SLR 或月球激光(LIR)的双向方法基于地球固定望远镜发射激光脉冲,由目标(反射器)反射,再由发射器旁边的接收器收集返回的激光[13]。单向方法依赖无线电波的传播。除本书描述的 GNSS 技术外,还有法国的 DORIS 系统(由 CNES 和 IGN 开发),是基于发射和接收时间之间的多普勒频移频率差(是卫星接收机相对速度的函数)。与 GNSS 不同,DORIS 是上行链路系统,从地球固定信标发射信号至带有机载 DORIS 接收机的卫星。

自 20 世纪 70 年代以来,利用 VLBI 技术,天体测量方法取得了相当大的进展[15]。这种技术需要至少两个天线(射电望远镜)在同一射频波段同时接收同一波阵面。然后,用相关器处理接收到的信号,确定频率条纹和信号到达两个天线的延迟,该延迟用于确定两个射电天线相位中心之间的基线。

GNSS、DORIS、SRL 和 VLBI 4 种空间大地测量技术都无法提供完整的参考框架定义参数(原点、尺度和定向参数)。卫星技术理论上对地球质心(TRF 的一个物理自然原点——卫星轨道围绕的一个点)敏感,但由 SLR、GNSS 和 DORIS 估计的框架原点间存在差异,且高达几厘米。VLBI 导出的 TRF 只有在原点已经通过数学约束确定时才能实现,该约束与外部卫星数据有关。

TRF 的物理参数(原点和尺度参数)对科学应用非常关键,但对定向参数及其时间演化参数的影响较小,并且可以随意定义。因此,组合多技术的参考框架,不仅可以利用不同技术的优点、补偿其不足和系统误差,还可以获得更精确的全局参考框架以及定义参数。实施 ITRF 的基础依赖 4 种空间大地测量技术,这些技术在 IAG 内部被组织为科学服务[8]:IDS[16]、IGS[5]、ILRS[12]、IVS[14](见 27.1 节)。

27.3.4 全球、区域和国家参考框架

随着空间大地测量学的出现,真正的全球参考框架得以为人所用,可以是特定技术的框架,也可以是组合框架,如 ITRF。ITRF 的历史可以追溯到 1985 年,当时,人们使用空间大地测量数据构建了第一个组合 TRF,时称 BIS(国际地球测量局)地球系统(或 BTS84)。

随着 GPS/GNSS 技术的进步,特别是便捷的使用体验、较低的成本以及 IGS 卫星轨道和时钟产品的可用性(见 27.2 节),现代区域和国家参考框架在 20 世纪 90 年代开始蓬勃发展。因此,目前使用的区域和国家参考框架虽然是基于 GNSS 的参考框架,但都是通过 IGS 产品(其本身与 ITRF 一致)与全球 ITRF 连接并兼容。基于 GNSS 的区域和国家参考框架的详细描述见文献[46]。此外,文献[46]还描述了如何令基于 GNSS 的本地、区域和全球的参考框架与 ITRF 保持一致并高度对齐的一般指导方针。

除 ITRF 之外,全球参考框架的 IGSyy 框架系列也是值得一提的。起初,IGS 将 ITRF 的结果用作 IGS 轨道的参考框架[46]。然而,从 2000 年开始,IGS 建立起更一致的、它自己的 GPS 专用框架,但在原点、尺度和定向参数上仍继承了 ITRF 的定义。从相对模型修正切换到绝对模型修正时,IGS 考虑了天线相位中心变化(PCV)[47],采用 ITRF2005[48]以建立特定的参考框架,即 IGS05。它由大约 100 个 IGS 站组成,考虑相对与绝对 PCV 差异对这些站的坐标进行校正。为了保留 ITRF2005 的原点、尺度和定向参数,使用 14 个参数的相似性变换将其与 ITRF2005 对齐[49]。与 IGS05 类似,2011 年 4 月 17 日,IGS 建立了 IGS08 框架,该框架源自 ITRF2008,对 65 个 IGS 站坐标相对于 ITRF2008 位置进行了校正,以符合天线校准模型[50]。已对现有 252 个稳定的 IGS 站与 ITRF2014[50]采用类似的程序,形成了 IGS14 框架,坐标校正采用了最新 GNSS 数据分析得到的天线校准模型。

27.3.5 建立 ITRF

自 1988 年 IERS[19]问世以来,ITRF 共有 13 个版本发布。目前最新的是 ITRF2014,所有的 ITRF 见表 27.1。

表 27.1 ITRF2014 与其他 ITRF 间在 2010.0 历元的转换参数及其年变化率

框架	T_x/mm	T_y/mm	T_z/mm	D/ppb	R_x/ms	R_y/ms	R_z/ms
变化率	mm/a	mm/a	mm/a	ppb/a	mas/a	mas/a	mas/a
ITRF2008	1.6	1.9	2.4	−0.02	0.00	0.00	0.00
变化率	0.0	0.0	−0.1	0.03	0.00	0.00	0.00
ITRF2005	2.6	1.0	−2.3	0.92	0.00	0.00	0.00
变化率	0.3	0.0	−0.1	0.03	0.00	0.00	0.00
ITRF2000	0.7	1.2	−26.1	2.12	0.00	0.00	0.00

续表

框架	T_x/mm	T_y/mm	T_z/mm	D/ppb	R_x/ms	R_y/ms	R_z/ms
变化率	0.1	0.1	-1.9	0.11	0.00	0.00	0.00
ITRF97	7.4	-0.5	-62.8	3.80	0.00	0.00	0.26
变化率	0.1	-0.5	-3.3	0.12	0.00	0.00	0.02
ITRF96	7.4	-0.5	-62.8	3.80	0.00	0.00	0.26
变化率	0.1	-0.5	-3.3	0.12	0.00	0.00	0.02
ITRF94	7.4	-0.5	-62.8	3.80	0.00	0.00	0.26
变化率	0.1	-0.5	-3.3	0.12	0.00	0.00	0.02
ITRF93	-50.4	3.3	-60.2	4.29	-2.81	-3.38	0.40
变化率	-2.8	-0.1	-2.5	0.12	-0.11	-0.19	0.07
ITRF92	15.4	1.5	-70.8	3.09	0.00	0.00	0.26
变化率	0.1	-0.5	-3.3	0.12	0.00	0.00	0.02
ITRF91	27.4	15.5	-76.8	4.49	0.00	0.00	0.26
变化率	0.1	-0.5	-3.3	0.12	0.00	0.00	0.02
ITRF90	25.4	11.5	-92.8	4.79	0.00	0.00	0.26
变化率	0.1	-0.5	-3.3	0.12	0.00	0.00	0.02
ITRF89	30.4	35.5	-130.8	8.19	0.00	0.00	0.26
变化率	0.1	-0.5	-3.3	0.12	0.00	0.00	0.02
ITRF88	25.4	-0.5	-154.8	11.29	0.10	0.00	0.26
变化率	0.1	-0.5	-3.3	0.12	0.00	0.00	0.02

注:T_x、T_y、T_z 是以 mm 为单位的平移分量,D 是以 ppb(10^{-9})为单位的尺度因子,R_x、R_y、R_z 是以 ms 为单位,围绕 X、Y、Z 三轴的旋转参数。

ITRF2000[52]之前,使用的空间大地测量输入数据是由 4 种空间大地测量技术的各个 AC 提供的长期结果(站点位置和速度)。从 ITRF2005 开始,输入数据为时间序列形式(卫星技术的每周数据和 VLBI 的 24h 数据),显示站点位置和每日 EOP。下文描述了当前基于时间序列分析的 ITRF 组合策略,提供了关于 ITRF2014 的更多细节,并简要总结了访问 ITRF 产品的方法。

27.3.5.1 组合策略

从本质上讲,ITRF2000 的确定不仅取决于空间大地测量结果,还取决于地面测量或本地测量的可用性,它们将在同一地点的大地测量设备的参考点连接起来。

20 世纪 90 年代初,人们开发了 CATREF(地球参考框架的组合和分析)专用工具,并不断更新以支持时间序列分析和 ITRF 计算。ITRF 组合使用的 CATREF 组合模型在多个文献[48,51-53]中有描述。ITRF 构造基本上由两个步骤构成:①"叠加"单个时间序列,以估计每种技术的长期结果,包括参考历元的站坐标、速度和每日 EOP;②将这 4 种技术的长期结果与同一地点的本地结果结合起来。

CATREF 组合涉及 14 个参数的相似性转换,包括位置坐标、速度和 EOP。当叠加站点位置和 EOP 的时间序列时,通过应用最小和/或内部约束来确定采用 14 个参数定义的参考框架,详见文献[48]。

ITRF 在第二步中详细说明了原点、尺度、定向参数及其各自随时间演变参数的定义,该步骤将 4 种长期结果与相关的本地结果进行了组合。ITRF 长期原点与观测时段内的 SLR 框架一致。该时段始于 1993.0 两颗 LAGEOS 卫星的可用 SLR 观测值。实际上,ITRF 和使用始于 1993.0 的观测数据构建的长期 SLR 框架之间存在零平移和零平移率。

ITRF 的长期尺度与 SLR 和 VLBI 的长期内在尺度的平均值一致(即没有尺度和尺度变化率)。通过 ITRF 结果之间的连续对齐,ITRF 定向及其时间演化参数将持续保持一致。考虑每个站点测量数据的时间历元信息,将本地结果组合到具有全方差-协方差信息的 ITRF 组合中。

27.3.5.2　ITRF2014 结果

与之前的 ITRF 版本相比,ITRF2014 主要涉及与站点非线性位移相关的两点创新:①在长时间跨度上,受周期性季节信号影响的地面站模型;②受大地震影响的站点的震后变形(PSD)[51]。提交的结果涵盖了 4 种空间大地测量技术中每一种的所有测试历史数据。

IVS[14]的贡献涉及 5789 个测量时段的智能测量结果[54-55];在 ITRF2014 处理中,仅丢弃了两个站 407 个时段的测量数据,因为它们并非为确定 TRF 而设计。VLBI 的大多数测段数据(86%)为少量站点,范围是站点 3~站点 9,在剩下的测段数据中,站点 10~站点 19 有 391 个,站点 20 有 8 个、站点 21 和站点 32 有 2 个。

ILRS[12]贡献了 244 个两周一次的处理结果,采用从 1983.0 至 1993.0 期间的 LAGEOS I 卫星数据每 3 天估计一次极移和日常(LOD)数据;以及 1147 个每周一次的处理结果,采用从 LAGEOS Ⅰ、LAGEOS Ⅱ和 ETALON Ⅰ卫星上所获数据估计的每日极移和 LOD[56]。

IGS 提交的时间序列包括 1994.0 至 2015.1 期间[56]的 7714 个每天一次的处理结果。除 GPS 外,两个 IGS AC 还使用了可用的 GLONASS 数据[57]。

IDS[16]贡献了 6 个 AC 组合的时间序列,使用所有可用卫星和机载 DORIS 接收机的数据,包含 1993.0 至 2015.0 的 1140 个每周一次的处理结果[58]。

图 27.7 显示了完整的 ITRF2014 网络,包括位于 975 个站点的 1499 个地面站,其中约 10% 是 2 个、3 个或 4 个不同的空间大地测量设备并址。

对站点季节信号的建模通过在组合模型中添加正弦函数的适当参数(系数)实现。PSD 的计算是在进行叠加之前,应用首次拟合到 IGS 每日站点位置时间序列解的参数模型[51]。然后,将 GNSS 拟合模型预测的改正应用于地震同位点的其他 3 种空间大地测量技术的附近站点,再叠加各自的时间序列。

对年度和半年度信号进行建模的主要目的是确保对站点线速度进行最稳健的估计,因此,它们并非 ITRF2014 产品的一部分。另外,适当的 PSD 参数化模型实际上是 ITRF2014 产品的一部分,用户应了解其重要性及在具体应用中如何应用。如果不这样做,则可能会为 PSD 影响下的许多地面站引入分米级的位置误差。PSD 功能及其使用的完整细节详见文献[51]和 ITRF2014 网站[20]。

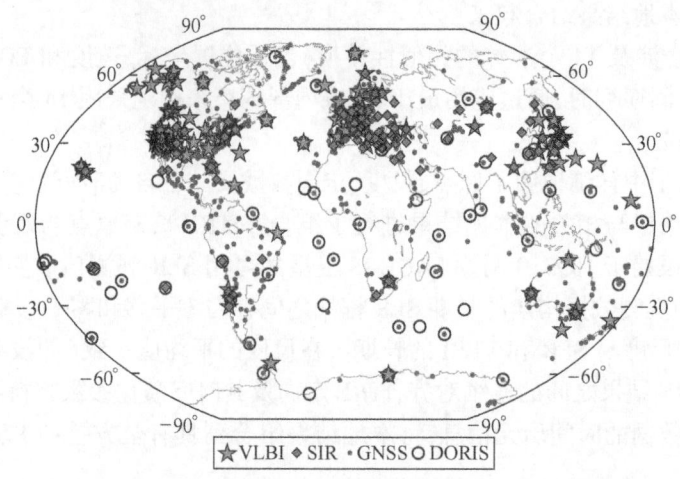

图 27.7　ITRF2014 网络,突出显示了 VLBI、SLR、GNSS 和 DORIS 的并址站点[51]
（经 IERS/ITRF 许可转载。）

27.3.6　ITRF2014 的使用和访问

27.3.6.1　使用 ITRF 坐标

ITRF 产品以给定（任意）历元的站点位置、站点线速度和 EOP 的形式提供给用户。原则上,ITRF 坐标的历元选择并不重要,所以选择最重要的一组观测值的中间历元。事实上,用户可以使用式(27.1)和式(27.2)将 ITRF 占位置及其方差从参考历元推算到任何其他历元。

请注意,根据定义和构造,ITRF 是线性(长期)框架,因此坐标呈线性变化,由提供的线性站点速度定义,即使是经历了地震而发生显著 PSD 的站点也一样。然而,在 ITRF2014 中,对受 PSD 影响的站点地震后的地面位置轨迹感兴趣的用户,可以使用以下公式将所有 PSD 校正的总和 $X_{PSD}(t)$ 加到线性传播的位置坐标中:

$$X_{PSD}(t) = X(t_0) + \dot{X}(t - t_0) + \delta X_{PSD}(t) \qquad (27.3)$$

式中:$\delta X_{PSD}(t)$ 为历元 t 时刻 PSD 校正的总和。ITRF2014 PSD 参数模型及计算 PSD 校正的公式 $X_{PSD}(t)$ 可在文献[20]中获得。

27.3.6.2　ITRF 框架之间的转换参数

对于某些应用程序,用户可能需要从一个 ITRF 框架转换到另一个。表 27.1 列出了从最新的 ITRF2014 到过去的 ITRF 框架的 14 组转换参数。请注意,表中列出的转换参数在历元 2010.0 时代有效。如果需要历元 t 的转换参数,应采用以下公式进行计算。对于给定的参数 P 及其速率 $\dot{P}$,在任意历元的值如下:

$$P(t) = P(2010.0) + \dot{X}(t - 2010.0) \qquad (27.4)$$

27.3.6.3　使用 IGS 产品访问 ITRF

文献[46]中提供了基于 GNSS 的参考框架实施指南及其与 ITRF 的一致性。为完整起见,我们再次总结了使用 IGS 产品计算 ITRF 中 GNSS 地面站坐标的步骤。以下一般步骤适用于任意类型的网络,包括本地、全国、区域或全球网络;间隔短的观测时间,从几个小时、一天到一周不等。步骤如下：

(1) 选择 ITRF/IGS 参考站集，并从 IGS DC 收集 RINEX 数据；
(2) 处理来自地面站和选定的 ITRF/IGS 参考站的数据；
(3) 修正 IGS 卫星轨道、卫星钟和 EOP；
(4) 添加处理中最小约束条件(参见文献[46])。

地面站坐标的处理结果将在 ITRF 框架中表示，该框架与所使用的 IGS 轨道一致。一致性检查按以下步骤进行：

(1) 处理中使用式(27.1)或式(27.3)计算观测数据的中心历元(t_c)结果，并推演到地面站的官方 ITRF 坐标；
(2) 将处理得到的 ITRF 站的估计坐标与上一步骤中由(t_c)推演得到的官方 ITRF 坐标进行比较，并通过拟合七参数相似性转换来检查一致性。这 7 个参数在统计学上应为 0，没有异常值(拟合后残差大于某阈值，比如 1cm)。

关于处理中 ITRF/IGS 参考站集的选择，建议从 IGS 参考框架站网中选择全球覆盖的地面站，例如 IGS14 网络中的站点。还可以使用表 27.1 中列出的转换参数，使用式(27.4)和(框架 1~框架 2)给出的相似性转换 7 个参数，将生成的站坐标转换为另一个 ITRF 框架下的坐标：

$$\begin{pmatrix} X \\ Y \\ Z \end{pmatrix}_2 = \begin{pmatrix} X \\ Y \\ Z \end{pmatrix}_1 + \begin{pmatrix} Tx \\ Ty \\ Tz \end{pmatrix} + D \begin{pmatrix} X \\ Y \\ Z \end{pmatrix}_1 + \begin{pmatrix} 0 & Rz & Ry \\ Rz & 0 & -Rx \\ -Ry & Rx & 0 \end{pmatrix} \times \begin{pmatrix} X \\ Y \\ Z \end{pmatrix}_1 \quad (27.5)$$

注意，式(27.5)只在给定的历元有效，这不仅适用于两个框架之间的坐标转换，也适用于变换参数。

参考文献

[1] W. Torge and J. Müller, *Geodesy*, 4th Ed., de Gruyter, 2012.

[2] C. Rizos, "Making sense of the GNSS techniques," in *Manual of Geospatial Science and Technology* (eds. J. Bossler, J. B. Campbell, R. McMaster, and C. Rizos), 2nd Ed., Taylor & Francis Inc., 2010, ch. 11, pp. 173-190.

[3] A. Leick, L. Rapoport, and D. Tatarnikov, *GPS Satellite Surveying*, 4th Ed., Wiley, 2015.

[4] B. Hofmann-Wellenhof, H. Lichtenegger, and E. Wasle, *GNSS—Global Navigation Satellite Systems: GPS, GLONASS, Galileo and More*, Springer Verlag, 2008.

[5] International GNSS Service (IGS) website, http://www.igs.org, <accessed 14 April 2020>.

[6] W. Torge, "The International Association of Geodesy 1862 to 1922: From a regional project to an international organization," *Journal of Geodesy*, vol. 78, pp. 558-568, 2005.

[7] International Union of Geodesy & Geophysics (IUGG) website, http://www.iugg.org, <accessed 14 April 2020>.

[8] International Association of Geodesy (IAG) website, http://www.iag-aig.org, <accessed 14 April 2020>.

[9] Global Geodetic Observing System (GGOS) website, http://www.ggos.org, <accessed 14 April 2020>.

[10] H.-P. Plag and M. R. Pearlman (eds.), *Global Geodetic Observing System: Meeting the Requirements of a Global Society on a Changing Planet in 2020*, Springer Verlag, 2009.

[11] J. Dow, R. E. Neilan, and C. Rizos (2009), "The International GNSS Service in a changing landscape of Global Navigation Satellite Systems," *Journal of Geodesy*, vol. 83, no. 3-4, pp. 191-198, 2009, doi: 10.1007/s00190-008-0300-3.

[12] International Laser Ranging Service (ILRS) website, http://ilrs.gsfc.nasa.gov, <accessed 14 April 2020>.

[13] M. Pearlman, J. J. Degnan, and J. M. Bosworth, "The International Laser Ranging Service," *Advances in Space Research*, vol. 30, no. 2, pp. 135-143, 2002.

[14] International VLBI Service for Geodesy & Astrometry (IVS) website, http://ivscc.gsfc.nasa.gov, <accessed 14 April 2020>.

[15] H. Schuh and D. Behrend, "VLBI: A fascinating technique for geodesy and astrometry," *Journal of Geodynamics*, vol. 61, pp. 68-80, 2012, doi:10.1016/j.jog.2012.07.007.

[16] International DORIS Service (IDS) website, http://idsdoris.org, <accessed 14 April 2020>.

[17] P. Willis et al., "The International DORIS Service: Toward maturity," *Advances in Space Research*, vol. 45, no. 12, pp. 1408-1420, 2010, doi:10.1016/j.asr.2009.11.018.

[18] International Terrestrial Reference Frame (ITRF) website, http://itrf.ign.fr, <accessed 14 April 2020>.

[19] International Earth Rotation and Reference Systems Service (IERS) website, http://www.iers.org, <accessed 14 April 2020>.

[20] International Terrestrial Reference Frame 2014 (ITRF2014) website, http://itrf.ign.fr/ITRF_solutions/2014/, <accessed 14 April 2020>.

[21] IGS global tracking network website, http://igs.org/network, <accessed 14 April 2020>.

[22] C. Rizos and D. Grejner-Brzezinska, "GPS positioning models for single point and baseline solutions," in *Manual of Geospatial Science and Technology* (eds. J. Bossler, J. B. Campbell, R. McMaster, and C. Rizos), 2nd Ed., Taylor & Francis Inc., 2010, ch. 9, pp. 135-149.

[23] C. Rizos, "Surveying," in *Springer Handbook of Global Navigation Satellite Systems* (eds. P. J. G. Teunissen and O. Montenbruck), Springer, ISBN 978-3-319-42926-7, 2017, ch. 35, pp. 1011-1037.

[24] Japan's GNSS Earth Observation Network (GEONET) website, http://datahouse1.gsi.go.jp/terras/terras_english.html, <accessed 14 April 2020>.

[25] European Reference Frame permanent GNSS network (EPN) website, http://epncb.oma.be, <accessed 14 April 2020>.

[26] IGS Data and Product Formats website, http://kb.igs.org/hc/en-us/articles/201096516-IGS-Formats, <accessed 14 April 2020>.

[27] IGS Products website, http://igs.org/products, <accessed 14 April 2020>.

[28] National Geodetic Survey's (NGS) OPUS web processing site, http://www.ngs.noaa.gov/OPUS/, <accessed 14 April 2020>.

[29] Natural Resources Canada (NRCAN) Canadian Spatial Reference System Precise Point Positioning (CSRS-PPP) web processing site, http://www.nrcan.gc.ca/earthsciences/geomatics/geodetic-reference-systems/toolsapplications/10925#ppp, <accessed 14 April 2020>.

[30] Geoscience Australia's AUSPOS online GPS processing service, http://www.ga.gov.au/scientific-topics/positioning-navigation/geodesy/auspos/, <accessed 14 April 2020>.

[31] Trimble CenterPoint RTX website, http://www.trimble.com/positioning-services/centerpoint-rtx.aspx, <accessed 14 April 2020>.

[32] Navcom Starfire website, https://www.navcomtech.com/navcom_en_US/products/equipment/cadastral_and_boundary/starfire/starfire.page, <accessed 14 April 2020>.

[33] Veripos website, https://www.veripos.com, <accessed 14 April 2020>.

[34] Radio Technical Commission for Maritime Services (RTCM) website, http://www.rtcm.org, <accessed 14 April 2020>.

[35] RINEX v3.04—Receiver Independent Exchange Format, see ftp://ftp.igs.org/pub/data/format/rinex304.pdf, <accessed 29 April 2019>.

[36] C. Rizos, D. Smith, S. Hilla, J. Evjen, and W. Henning, "Carrying out a GPS surveying/mapping task," in *Manual of Geospatial Science and Technology* (eds. J. Bossler, J. B. Campbell, R. McMaster, and C. Rizos), 2nd Ed., Taylor & Francis Inc., 2010, ch. 13, pp. 217–234.

[37] Canada's "Guidelines for Real-Time Kinematic (RTK) Surveying," http://canadiangis.com/guidelines-for-realtime-kinematic-rtk-surveying.php, <accessed 14 April 2020>.

[38] IGS Terms of Reference, https://kb.igs.org/hc/en-us/articles/115003535547-IGS-Terms-of-Reference-v-02-2017-, <accessed 14 April 2020>.

[39] G. Johnston, A. Riddell, and G. Hausler "The International GNSS Service," in *Springer Handbook of Global Navigation Satellite Systems* (eds. P. J. G. Teunissen and O. Montenbruck), Springer, ISBN 978-3-319-42926-7, 2017, ch. 33, pp. 967–982.

[40] IGS working groups, http://igs.org/wg/, <accessed 14 April 2020>.

[41] G. Beutler, A. W. Moore, and I. I. Mueller, "The International Global Navigation Satellite Systems Service (IGS): Development and achievements," *Journal of Geodesy*, vol. 83, pp. 297–307, 2019.

[42] L. H. Estey and C. M. Meertens, "TEQC: The multi-purpose toolkit for GPS/GLONASS Data," *GPS Solutions*, vol. 3, no. 1, pp. 42–49, doi:10.1007/PL00012778, 1999.

[43] IGS Strategic Plan, https://kb.igs.org/hc/en-us/articles/360001150012-2017-Strategic-Plan, <accessed 14 April 2020>.

[44] G. Petit and B. Luzum, "IERS Conventions (2010)," IERS Tech. Note 36, Verlag des Bundesamts für Kartographie und Geodäsie, 179 pp., Frankfurt am Main, Germany, 2010.

[45] C. Boucher and Z. Altamimi, "Towards an improved realization of the BIH terrestrial frame," in *Proceedings of the International Conference on Earth Rotation and Reference Frames*, MERIT/COTES Rep., vol. 2 (ed. I. I. Mueller), 551 pp., Ohio State University, Columbus, Ohio, 1985.

[46] Z. Altamimi and R. Gross, "Geodesy," in *Springer Handbook of Global Navigation Satellite Systems* (eds. P. J. G. Teunissen and O. Montenbruck), Springer, ISBN 978-3-319-42926-7, 2017, ch. 36, pp. 1039–1061.

[47] R. Schmid, M. Rothacher, D. Thaler, and P. Steigenberger, "Absolute phase center corrections of satellite and receiver antennas," *Journal of Geodesy*, vol. 81, pp. 781–798, 2007.

[48] Z. Altamimi, X. Collilieux, J. Legrand, B. Garayt, and C. Boucher, "ITRF2005: A new release of the International Terrestrial Reference Frame based on time series of station positions and Earth Orientation Parameters," *Journal of Geophysical Research*, doi: 10.1029/2007JB004949, 2007.

[49] R. Ferland and M. Piraszewski, "The IGS-combined station coordinates, Earth rotation parameters and apparent geocenter," *Journal of Geodesy*, vol. 83, no. 3-4, pp. 385–392, 2009.

[50] R. Schmid, R. Dach, X. Collilieux, A. Jäggi, M. Schmitz, and F. Dilssner, "Absolute IGS antenna phase center model igs08.atx: status and potential improvements," *Journal of Geodesy*, vol. 90, no. 4, pp. 343–364, 2016.

[51] Z. Altamimi, P. Rebischung, L. Métivier, and X. Collilieux, "ITRF2014: A new release of the International Terrestrial Reference Frame modeling nonlinear station motions," *Journal of Geophysical Research: Solid Earth*, doi:10.1002/2016JB013098, 2016.

[52] Z. Altamimi, P. Sillard, and C. Boucher, "ITRF2000: A new release of the International Terrestrial Refer-

ence Frame for Earth science applications," *Journal of Geophysical Research*, vol. 107(B10), p. 2214, doi: 10.1029/2001JB000561, 2002.

[53] Z. Altamimi, X. Collilieux, and L. Métivier, "ITRF2008: An improved solution of the International Terrestrial Reference Frame," *Journal of Geodesy*, doi: 10.1007/s00190-011-0444-4, 2011.

[54] S. Bachmann, L. Messerschmitt, and D. Thaller, "IVS contribution to ITRF2014," in *IAG Commission 1 Symposium 2014: Reference Frames for Applications in Geosciences (REFAG2014)*, pp. 1-6, Springer, Berlin, 2015.

[55] A. Nothnagel et al., "*The IVS data input to ITRF2014*," IVS, GFZ Data Services, Helmholtz Centre, Potsdam, Germany, 2015.

[56] V. Luceri and E. Pavlis, "The ILRS contribution to ITRF2014," available at http://itrf.ign.fr/ITRF_solutions/2014/doc/ILRS-ITRF2014-description.pdf, <accessed 14 April 2020>.

[57] P. Rebischung, Z. Altamimi, J. Ray, and B. Garayt, "The IGS contribution to ITRF2014," *Journal of Geodesy*, vol. 90, no. 7, pp. 611-630, doi: 10.1007/s00190-016-0897-6, 2016.

[58] G. Moreaux, F. G. Lemoine, H. Capdeville, S. Kuzin, M. Otten, P. Stepanek, P. Willis, and P. Ferrage, "Contribution of the International DORIS Service to the 2014 realization of the International Terrestrial Reference Frame," *Advances in Space Research*, doi: 10.1016/j.asr.2015.12.021, 2016.

本章相关彩图，请扫码查看

第28章 地球物理、自然灾害、气候和环境中的GNSS大地测量

Yehuda Bock[1], Shimon Wdowinski[2]
[1]斯克里普斯海洋学研究所,美国
[2]佛罗里达国际大学,美国

28.1 简介

20世纪70年代,全球定位系统的最初概念是一种实时定位和导航工具,具有米级精度,但人们并未预见其在解决地球构造板块运动、板块边界变形、火山、水文、冰川和气候的复杂性等方面的重要作用,因这些应用均需毫米级精度。空间大地测量定位首次使直接测量构造板块运动成为可能。几年前,板块构造理论才成为地质学家和地球物理学家的研究范式之一。GPS的主要优势在于,提供了相对于全球地面参考系的高精度三维位置及静态、运态和动态平台的位置(位移)变化。今天,区域和全球范围内有数千个GPS站(图28.1和图28.2),进行着大量精确的GPS实地调查(图28.3)。实时GPS观测越来越有助于预警系统的运行,以减轻地震、火山和海啸等自然灾害的影响。

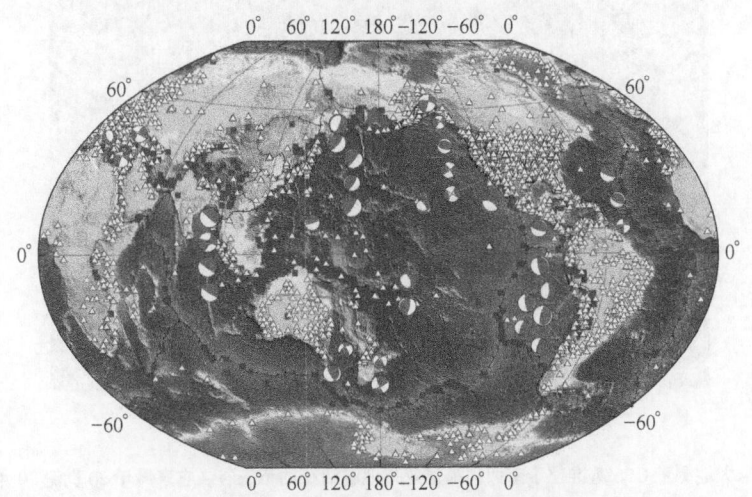

图28.1 连续GPS站和构造环境

[图中显示了为全球和区域大地测量应用而建立的数千个连续GPS(cGPS)站(白色三角形),自1990年以来发生的5级以上地震(棕色正方形),主要构造板块边界(黑线),以及过去25年GPS观测到的重大地震的地震质心矩张量(CMT)解("海滩球")(见28.4.2节)。该地图以环太平洋地区为中心,该地区与印尼群岛一同包含了世界上主要的俯冲带——该地区发生了记录中10次规模最大的地震中的9次。该图由Dara Goldberg制作。]

图 28.2 典型连续 GPS 站

[深锚支撑的南加利福尼亚州综合网络(SCIGN)标志和典型 cGPS 站(加利福尼亚州拉霍拉的 SIO5)天线(天线罩下方),用于监测板块边界变形(见 28.3 节)、地震预警(见 28.4.2 节)和 GPS 气象学。标志竖腿上的白色小盒子包含一个用于地震大地测量的 MEMS 加速计(见 28.2.3 节)。背景是设备外壳、太阳能电池板、用于实时传输数据的无线电天线和气象仪器。资料来源:照片由 D. Glen Offield 提供。]

图 28.3 GPS 测量

[埋藏的国家大地测量 GPS 基准位于南加利福尼亚州地震活跃的帝王谷。它隶属于 20 世纪 70 年代末建立的数百个埋藏标记网络,用于测量与帝王谷断层相关的地壳变形,最初通过三边测量方式进行测量[31]。
资料来源:图片中站在三脚架和 GPS 扼流圈天线附近的测量员大卫·桑德(David Sandwell)教授,由教授本人供图。]

本章将介绍 GPS 大地测量学如何通过提供关键观测数据来建模和理解从局部到全球尺度的物理过程,从而成为地球科学中日益重要的学科。我们仅简要介绍了其他章节中描述的 GPS 技术方面应用,因其与物理应用有关,同时也提供了足够的详细信息,以了解 GPS 大地测量技术的基本原理。

请读者参考有关大地测量学的早期相关评论[1-2]、海底大地测量学(GPS 声学)[3]、火山大地测量学[4-5]、大地测量学面临的重大挑战[6]、GPS 大地测量学[7]和全球导航卫星系统-GNSS[8]。本章提到的一个重要的补充大地测量系统是干涉合成孔径雷达(InSAR)[9]。

28.2 GPS 大地测量

28.2.1 背景

大地测量学是最古老的科学,通过研究地球的大小、形状和变形,确定地球(距离-三边测量、角度-三角测量)和地外观测(太阳、月亮和恒星)以及精确的计时。天文定位卫星(空间)大地测量学的前身需要一个惯性系统和地球参考系,并考虑进动和章动、极移和地球自转的影响,并将两者联系起来[10]。大地天文学是一种密集的观测技术,为三角测量和三边测量网络提供了 $0.1 \sim 1 \text{rad/s}(0.3 \sim 30\text{m})$ 的纬度、经度和方向(方位角)精度。三角测量是一种测量技术,使用光学仪器测量标尺之间的角度,并使用因瓦尺测量短基线来确定网络规模。三边测量通过电磁仪器测量距离,取代了三角测量,现广泛用于美国地质调查局(US Geological Survey)[11]对地壳形变和火山的调查。

20 世纪 80 年代初,测地学家证明,GPS 可以通过利用双频载波相位观测和解决整周相位模糊度来实现毫米精度的相对定位,远远超出星座的原始设计规格[12-14]。这些早期尝试在短基线(几千米)上进行,并且受到可用卫星数量的限制,在几个小时的狭窄窗口内,根据地球恒星自转每天移动近 4s。初始精度以百万分之一表示,在 $1\sim10\text{km}$ 的距离上产生 $1\sim10\text{mm}$ 的误差[15-16]。随着基线长度的增加,对流层折射和残余轨道误差的影响变得明显,需要加强 GPS 分析方法。对流层折射和其他影响的估计技术是从甚长基线干涉测量(VLBI)分析中发展起来的[17-18]。在这一点上,精度以千万分之一表示[19]。具有米级轨道精度的 GPS 广播星历不足以满足较长的基线,因此开发了用于区域轨道确定的技术[20]。对于区域网络(数百千米范围),卫星位置的 $5\sim10\text{cm}$ 误差足以产生毫米级的相对位移,适用于调查板块边界形变。在更大的尺度上,尤其是为了以所需的精度研究全球板块运动,需要改进轨道测定[21]。最早的概念是一种自举程序,称为基准方法[22],通过 VLBI、激光测距卫星(LRS)和 GPS 获得的确定良好的地心地球固定坐标,用于估计新 GPS 站的轨道元素和位置。使用这种方法,可以在 $1\sim2000\text{km}$ 的距离上解决整周相位模糊度[23-24],精度为 $1/10^8\sim2/10^8$。为了将这种能力扩展到全球,有必要在全球范围内应用基准概念。20 世纪 80 年代中期,最早的尝试是美国国家大地测量局(NGS)领导的国际合作 GPS 网(CIG-NET)[25-26]。此后,20 世纪 90 年代初,成立了国际地球动力学 GPS 服务(IGS)[27]。如今,该服务更名为国际全球导航卫星系统服务(IGS,http://www.igs.org/),以自愿的全球合作为主,从数百个全球分布的 GPS 跟踪站提供精确的轨道和地球方位估计(图 28.1)。该服务由多个全球分析中心和全球数据中心以及一个中央局组成。全球分析中心提供精确的 GPS 卫星轨道和时钟估计以及地球方位参数(EOP),与最新的国际地球参考系(ITRF,2014 -http://itrf.ign.fr/ITRF_solutions/2014/)和国际公约一致[28]。IGS 还维护仪器并提供电站部署、数据格式、数据分析和数据归档的标准[29-30]。

IGS 产品的可用性和 ITRF 的访问允许精度达到 $1/10^9$;实际上,不再需要指定依赖距离的项。然而,为了保持毫米级的定位精度,必须正确记录和存档适当的"元数据",包括天线类型和序列号、接收器类型、序列号和固件版本、天线偏心率(高度和任何水平偏移)、天线相位校准值以及其中任何一个发生变化的日期。保持元数据的更新,是站点运营商和 IGS 全球数据中心以及其他区域数据中心的责任。

另一个著名的公共资源是 20 世纪 80 年代中期在美国成立的 UNAVCO。如今,该机构是一个由大学管理的非营利组织,通过推进 GPS 和 InSAR 等高精度大地测量技术(http://www.unavco.org/)在全球范围内支持和促进地球科学等相关研究领域。

28.2.2 分析方法

大地测量 GPS 分析有两种基本方法,即相对(干涉)定位和精密单点定位。与早期的演示实验一样,两个站之间"基线"的相对定位需要一个精确坐标已知的参考站,并需要估计第二个站的坐标[12-14]。这可以很容易地扩展到由多个台站和多个参考台站组成的网络中[16]。大地测量精度的距离或网络规模的实际限制取决于在台站和卫星之间进行双频相位差分和伪距观测后解决整周相位模糊度的能力[23-24]。然而,随着观测范围的增加,模糊度解决的优势有所减少。相对定位中,减少对流层和电离层相关误差也很重要,它是基线距离的函数。对流层的相关长度约为几十千米;对于电离层,影响大致与距离成正比。需要使用网络定位(基准)方法从全球参考站网络估计卫星轨道和 EOP。

引入精密单点定位(PPP)[32]是为了单独有效地估计相对于全球参考网(ITRF)的本地和区域台站位置,该网络与用于估计卫星轨道和 EOP 的网络相同[33]。然而,PPP 需要估计卫星和接收机时钟参数,这在相对定位中被消除。首次引入时,PPP 不包括模糊度解决,因此精度低于网络定位。从那时起,人们已开发出一些技术,以允许 PPP 具有模糊性解决方案[34-37],PPP 的主要优点是计算速度快。网络定位的效率随着站点数量的立方迅速降低。为了进行补偿,可以将网络划分为具有重叠站点的子网络,然后通过最小二乘网络调整和重新组合。PPP 的成功主要是因为 GPS 网络中的基线只有微弱的相关性[38]。

28.2.3 GPS 地震学和地震大地测量学

高比率,即采样率≥次/s(sps-也表示为 Hz),具有大地测量精度的瞬时测量首次应用于构造 GPS 中,以测量自由滑动(蠕动)的地质断层[39]。高速率 GPS 还被用于支持动态应用,如用于气候研究的冰盖运动、机载激光雷达测量的地理参考[40],以及海底定位的 GPS 声学(GPS-A)和工程地震学[42]。GPS 地震学除提供永久(静态)地面位移外,还提供了地震震动期间动态位移的估计值[43-47]。Ruhl 等(2018)[48]描述了 2003—2018 年 29 次地震的 GPS 高速位移的综合档案,其震级 Mw 为 6.0~9.0。地震大地测量学是高速 GPS 和地震数据的最佳组合,可提供同震(静态和动态)位移和地震速度[49](表 28.1)。

GPS 网络捕捉到了大振幅远震波(距离地震位置 1000km 以上的地震信号),首先是 2002 年阿拉斯加州震级 Mw 为 7.9 Denali 断层地震,地震台站距离达 4000km[50-52],距离 2004 年印尼苏门答腊-安达曼震级 Mw 为 9.3 14000km[60],距离 2011 年日本东北奥基震级 Mw 为 9.0 地震数千千米[67]。然而,在这些距离上,动态 GPS 位移的精度仅够识别大地震

(M 约大于 7.5),而在地球上任何位置的传统地震测量都可以分辨出 $M \leqslant 5.3$ 的地震,优于大地测量 1000 倍。

表 28.1 GPS 地震学和地震大地学测量到的重要地震

地 震	Mw	参考文献
2002 年 阿拉斯加州德纳利	7.9	[50-52]
2003 年 加利福尼亚州圣西蒙	6.6	[53]
2003 年 日本 Tokachi-oki[1]	8.3	[54-57]
2004 年 加州帕克菲尔德	6.0	[58-59]
2004 年 印尼苏门答腊-安达曼	9.3	[60]
2005 年 日本福冈县以西	7.0	[61]
2008 年 中国汶川	8.0	[62]
2010 年 印尼明打威	7.7	[63]
2010 年 智利摩尔[1]	8.8	[63-64]
2010 年 墨西哥埃尔市长库卡帕[1]	7.2	[57]
2011 年 日本东北奥基[1]	9.0	[57,65-67]
2012 年 哥斯达黎加尼科亚	7.5	[63,68]
2014 年 加利福尼亚州纳帕市[1]	6.1	[63]
2014 年 希腊爱琴海	6.5	[63]
2014 年 智利伊基克	8.2	[69]
2015 年 智利伊拉佩尔	8.3	[69]
2016 年 日本熊本[1]	7.0	[70]
2016 年 新西兰凯库拉	7.8	[71]
2017 年 墨西哥恰帕斯[1]	8.2	[72]
2019 年 加利福尼亚州里奇克雷斯特	7.1	[73]

①为地震大地测量学提供足够的 GPS/加速度计配置。

在大地震(图 28.4)的近场(几十千米以内),GPS 地震学和地震大地测量学对当地地震和海啸预警和快速响应(见 28.4 节)尤为有利。靠近震中时,测量地面速度的宽带地震仪会偏离标度("Clip"),GPS 则不会。因此,地震台站配备的强震仪器(加速度计)不会被限制幅度——一些仪器连续工作,而另一些仪器在超量程之前由宽带仪器触发。绝对台站位移是对震源下游建模最有用的测量方法(见 28.3.7 节),但地震学要求对观测到的宽带速度进行单积分或对加速度进行双积分。由于动态范围的限制,宽带地震仪的绝对位移精度较差。由于积分过程中的数值误差、机械滞后和用于测量每个运动分量的试验质量/机电系统之间的交叉轴灵敏度,加速度与位移的双重积分会受到各种虚假中断的影响,称为"基线"误差(勿与 GPS 基线混淆)[74-77]。主要缺点是加速度计无法区分旋转运动和平移运动[78-79],导致非物理性位移的漂移。高通滤波器通常会考虑基线校正[80],从而准确恢复位移记录的中高频部分。然而,在处理长期信息的过程中,静态偏移丢失[81]。静态偏移(永久运动)对快速估计地震震级和机制至关重要,是地震和海啸预警的基本要素(见 28.4 节)。最后,与 GPS 不同,地震仪器受到震级饱和的影响,意味着无法区分 8 级和 9 级地震

(能量释放差异约为30的系数),因为地震波到达和地震震级之间的比例关系会在更高的震级下失效[82-83]。

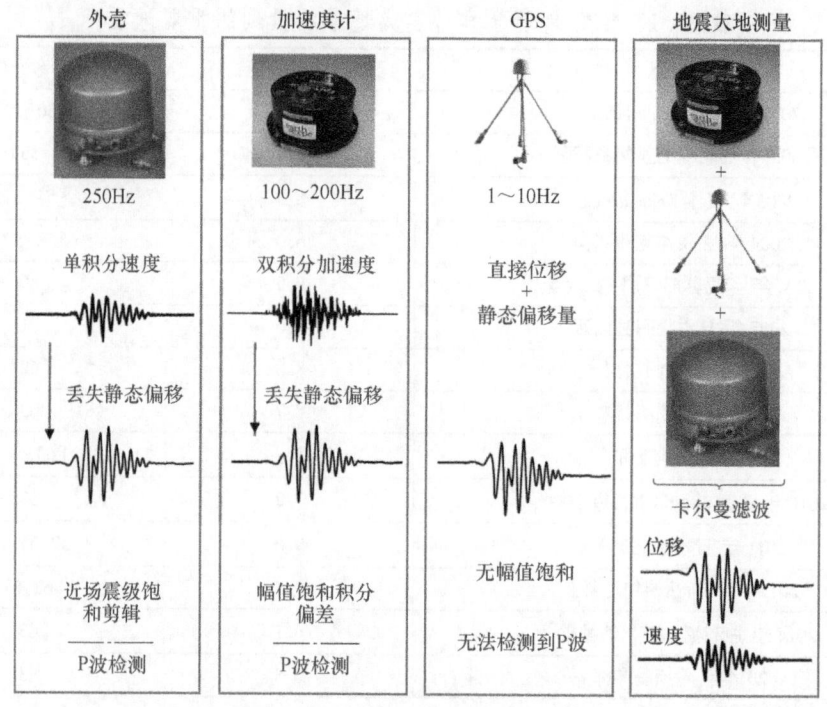

图 28.4　GPS 和地震仪器得出的位移优点
(使用卡尔曼滤波器将 GPS 位移、宽带速度和强震加速度进行地震
大地测量组合,保持了每种数据类型的优点,并将其缺点降至最低。)

GPS 和地震传感器之间还有其他区别。地震观测是相对于惯性参考系的局部观测,因其涉及机电系统内测试质量的运动。另外,GPS 仪器提供关于全球地球参考系的空间(非惯性)观测,选址要求也存在不同。地震仪最理想的位置是位于稳定的地下地震拱顶或钻孔中,以尽量减少温度和压力引起的倾斜,并屏蔽电磁干扰。GPS 站必须位于地上,以观测 GPS 卫星并避开重大障碍物。因此,地震和大地测量质量 GPS 仪器的配置很少也就不足为奇了。与典型采样率为 1~10sps 的"高速"GPS 台站相比,地震台站的采样率通常很高(如 100~200sps)。甚高速率地震数据缓解了低速率 GPS 数据的混叠效应[84]。实际上,地震数据不如 GPS 数据详细,因此即使采样率不同,GPS 站的通信要求也更为严格,而其他 GNSS 星座的可用性则更为严格。显然,最好配置 GPS 和地震测量仪器,以便在从高频到静态位移的全频率范围内以高精度恢复地震运动(图 28.4)。对于地震预警,及时的近源观测至关重要,但 GPS 不够灵敏,无法检测地震 P 波,尤其是在垂直方向,其中毫米级振幅的 P 波最为显著;实时 GPS 瞬时位移的精度在水平方向约为 1cm,在垂直方向为 5~10cm[46]。与单独的 GPS 相比,地震大地测量在动态震动期间观测到的位移精度在垂直方向上降低至原来的 $\frac{1}{2}$,在水平方向上降低了约 20%,但由多径引起的 GPS 观测中的长周期误差仍占主导地位[42]。由于 GPS 仪器的动态范围没有上限,GPS 和宽带地震传感器覆盖了动态和静态地表位移的整个可能范围。为此,GPS位移被用作反卷积(积分)加速度计数据的长周期约束条件,该加速度计数据来源于1999年加利福尼亚震级Mw为7.1Hector Mine地震期间收集的30s数据[85]和2003年日本矩震级Mw8.3 Tokachi-Oki地震的1sps GPS数据[55]。校正加速度计可能存在的虚假旋转后,通过加权最小二乘法估计加速度计记录中的位移和基线偏移。但这些早期举措并不适用于实时应用程序,如早期预警。人们提出了一种可实时实施的多速率卡尔曼滤波器,以实现高速率(1sps)GPS位移和超高速率(100~250sps)的最佳组合,并首次将其用于结构监测和工程地震学[86]。该方法用于监测2004年纽约市马拉松比赛开始时Verrazano悬索桥上跑步者的负荷[87]。2010年墨西哥下加利福尼亚州北部震级Mw7.2 El Mayor Cucapah地震[49]和2011年日本东北奥基震级Mw为9.0的地震[65](28.4节)展示了实时回顾性能力。一项研究比较了用天文台级加速度计和廉价的微机电(MEMS)加速度计获得的位移和地震速度,结果表明,对于M小到为4的地震,在距离几十千米的地方,地震速度的精度是相同的,其中没有永久位移[42,88]。

利用名义上12h的卫星周期,可以通过恒星滤波消除多径噪声造成的大部分GPS误差,从而在GPS数据和位置中每天重复出现特征[39,89-90]。然而,这只对地震静止期有效,甚至可能降低强地面运动期间的精度[46,91],因为在这些频率下,多径并非居于主导地位[52,92]。任何情况下,与加速度计或速度波形相比,减少多径效应(在实时环境中具有挑战性)仍然不足以实现P波检测,即使是从多个GNSS星座(如GLONASS、Galileo和北斗)进行观测。然而,这些星座的卫星轨道周期不遵循12h标称值,因此标准恒星滤波大多无效。

28.2.4 观测模型

28.2.4.1 基本概念

本节仅介绍了精密GPS定位的基本数学,其他章节详细介绍了这一点及轨道确定和GPS气象学等相关主题。精密GPS定位的基本要素可概括为四个理想化方程,分别用于以距离为单位的载波相位观测φ_1、φ_2,频率为$f_1(L_1)$和$f_2(L_2)$,用于单卫星和单站的伪距观测P_1、P_2:

$$\begin{bmatrix} \varphi_1 \\ \varphi_2 \\ P_1 \\ P_2 \end{bmatrix} = \begin{bmatrix} 1 & -1 & 1 \\ 1 & -(f_1/f_2)^2 & 0 & 1 \\ 1 & 1 & 0 \\ 1 & (f_1/f_2)^2 & 0 & 0 \end{bmatrix} \begin{bmatrix} r \\ I \\ \lambda_1 N_1 \\ \lambda_2 N_2 \end{bmatrix} \quad (28.1)$$

式中:r为非色散信号传播距离("几何项");I为色散电离层效应;N_1和N_2为整周相位模糊度。目标是估计台站位置(嵌入r中),同时在电离层折射存在的情况下,将模糊度固定为其整数值[93]。测站i和卫星j的范围如下:

$$r_i^j(t, t-\tau_i^j(t)) = |r^j[t-\tau_i^j(t)] - r_i(t)| \quad (28.2)$$

上式为信号传输$[t-\tau_j^i(t)]$时卫星位置矢量r^j和接收t时接收器位置矢量r_i的非线性函数。接收机位置在右手地球固定地心地球参考坐标系中定义为

$$r_i(t) = \begin{bmatrix} X_i(t) \\ Y_i(t) \\ Z_i(t) \end{bmatrix} \quad (28.3)$$

按照惯例，X 轴和 Y 轴位于地球赤道面上，X 轴位于经度零点的方向，Z 轴沿地球自转轴方向。在地心惯性参考系中，卫星在任何时间点的位置由卫星的运动方程描述为

$$\frac{\mathrm{d}}{\mathrm{d}t}r^j = \dot{r}^j \tag{28.4}$$

$$\frac{\mathrm{d}}{\mathrm{d}t}\dot{r}^j = \frac{GM}{r^3}r^j + \ddot{r}^j_{\text{perturbing}} \tag{28.5}$$

地面参考坐标系中的台站位置和惯性坐标系中的卫星位置通过一系列旋转进行关联，以考虑进动、章动、地球自转和极移[10]。式(28.5)右边的第一项是地球引力场的球形部分。第二项是作用在卫星上的扰动力（加速度），包括地球引力场的非球形部分、日月引力效应、太阳辐射压力以及卫星机动等其他扰动。根据 GPS 站全球网络的观测结果，求解每颗 GPS 卫星的运动方程（称为"定轨"，见第 11 章），可提供卫星在任何时刻的状态（"卫星星历"）估计值[21]。通过一系列 IGS 产品（超快速、快速和最终轨道）在瞬时卫星位置获取 1~2cm 水平的精确卫星星历，对地球物理应用中实现毫米级定位至关重要；GPS 卫星传输的广播星历仅具有米级精度，不足以满足许多大地测量应用。

色散对电离层是有影响的，可以通过 L_1 和 L_2 相位观测的"无电离层"线性组合将其消除到一阶，但残余电离层折射和天线多径因素（也是色散的）限制了相位模糊度的解算。"无电离层"线性组合如下：

$$\varphi_{LC} = \frac{1}{1-\left(\frac{f_2}{f_1}\right)^2}\left(\varphi_1 - \frac{f_2}{f_1}\varphi_2\right), \quad \frac{f_2}{f_1} = 1227.6/1575.42 = 60/77 \tag{28.6}$$

因此 φ_{LC} 的非整周模糊度项为

$$N_{\varphi_{LC}} \approx 0.56\,N_1 - 1.98(N_2 - N_1) \tag{28.7}$$

无电离层组合中的方差是由误差传播引起的：

$$\sigma^2_{\varphi_{LC}} = \left[\frac{1}{1-\left(\frac{f_2}{f_1}\right)^2}\right]^2 \left[1 + \left(\frac{f_2}{f_1}\right)^2\right]\sigma^2 \approx 10.4\sigma^2 \tag{28.8}$$

假设 L_1 和 L_2 方差 σ_1^2 和 σ_2^2 的权重相等（$=\sigma^2$），且不相关。多数情况下（下文所述的网络定位中的极短基线除外），相位观测 φ_1 和 φ_2 组合形成 φ_{LC}，因为与电离层信号延迟相比，方差增加一个数量级，是可以忽略不计。

从卫星天线到接收机天线的直接 GPS 信号也受到非色散中性大气（对流层）的干扰，并受到间接信号（多径）的干扰，如 GPS 天线附近物体的反射。此外，信号受到不完美接收机和卫星时钟的干扰，由此产生了定时和钟差。钟差在相对（网络）定位中被消除，但在 PPP 中不可消除[32]。测量本身也会受到误差的影响，如 GPS 接收机中的热噪声；不同类型的 GPS 接收机的误差可能不同。其他需考虑的因素有：动态平台由于圆极化波的电磁性质产生的相位缠绕[94]，ITRF 的实现[95]，固体潮、大气负荷[28]及相对论效应[96]。

为了实现毫米级的大地测量精度，需清楚地识别发射卫星天线[97]和接收地面天线[98]的相位中心，以及要精确定位的点。在 L1 和 L2 频率下，无论有无天线罩，所有已知大地测量天线均通过单机器人安装校准，通过收集不同方向上的数千个观测值估算出绝对相位中

心变化[99],相位中心值表由 IGS 维护。实际上,校正是不完善的,天线类型的变化通常会导致位置时间序列中的伪偏移,因此应尽可能避免更换天线。天线应朝向正北,以减少方位角影响,并与校准校正一致。尽管可能存在水平偏移,但必须清楚地确定大地测量标记与相位中心的精确关系,其通常称为垂直天线"高度"。GPS 天线支架需与当地重力场的方向保持水平,并在标记上居中。大地测量界已开展了大量工作,以减少由于 GPS 天线的居中和水准测量而产生的系统误差。例如,南加利福尼亚州综合 GPS 网络(SCIGN)项目设计了一个具有固定天线高度(0.0083m)和调平能力的精密天线适配器(底座),确保更换天线时重新定心的误差很小。该适配器和 SCIGN 雷达罩(图 28.5)已被许多其他 GPS 地球物理监测网络采用。

(a) (b)

图 28.5　cGPS 监测站的自定义 GPS 设备
(a)SCIGN 短天线罩;(b)天线适配器/支架。(资料来源:SCIGN 项目提供)

大地测量 GPS 分析软件对本章所述的成果至关重要。目前,仍在维护的早期软件包,包括 Bernese(伯尔尼大学天文研究所-[100101])、GAMIT("MIT 的 GPS"[102])和 GIPSY-OASIS("美国航空航天局喷气推进实验室的 GNSS 推断定位系统和轨道分析模拟程序")[32-35]。

28.2.4.2　物理模型和观测方程

本节将介绍与 GPS 观测值和有关物理参数相关的基本功能和随机模型("观测方程"),如"站点位置"。我们假设已知卫星轨道无误,卫星和接收机天线相位中心和大地测量标记已确定,元数据准确。L1 或 L2 相位测量 l_i^j 在特定时间段的模型可以通过观测方程以距离单位表示。

$$l_i^j = r_i^j(t, t - \tau_i^j(t)) + c[\mathrm{d}t_i(t) + \mathrm{d}t^j(t - \tau_i^j(t))]$$
$$+ \mathrm{MH}_i^j \mathrm{ZHD}_i^j + \mathrm{MW}_i^j \mathrm{ZWD}_i^j + \mathrm{MG}_i^j(G_N\cos\alpha + G_E\sin\alpha)$$
$$- I_i^j + \lambda(N_i^j + B_i - B^j) + m_i^j + \varepsilon_i^j \quad (28.9)$$

式中:r_i^j[式(28.2)]为站 i 和卫星 j 之间的几何(真空)范围;t 为信号接收的时间;τ_i^j 为发射和接收之间的时间延迟;c 为光速;$\mathrm{d}t_i$ 为接收机钟差;$\mathrm{d}t_j$ 为卫星钟差,简称为钟差 $\mathrm{d}t$;ZHD_i^j 为对流层天顶干延迟;MH_i^j 为将 ZHD 映射到较低仰角的+延迟映射函数;ZWD_i^j 为天顶"湿"延迟,具有湿映射函数 MW_i^j、北侧和 G_E 东侧分量的梯度参数 G_N、方位角 α,以及梯度映射函数 MG_i^j,用于模拟大气条件下大气折射率的方位不对称性[103-104];I_i^j 为电离层沿信号路径的总影响；N_i^j 为整周相位模糊度；B_i 和 B^j 分别为接收机和卫星特定钟差的非整数（分数）部分；λ 表示波长；m_i^j 为发射和接收天线处的总信号多径效应，此处，忽略卫星传输天线处的多径，将其称为 m_i。类似地，将 ε_i^j 替换为 ε_i。P_1 或 P_2 伪距测量的观测方程与相位测量相同[式(28.9)]，但不存在模糊项 N_i^j，且色散电离层项 I_i^j 的符号相反。一旦开始跟踪卫星，就会对整周进行计数，因此只需要估计初始整周相位模糊度 N_i^j。然而，在实践中，相位观测可能包括各种因素（包括信号障碍、严重多径、通信故障导致的数据间隙、卫星上升和设置、严重电离层干扰等）导致的接收机锁相损失和周跳（整数周跳）。如果不考虑信号传播中整周数的丢失，相位模糊度的解算则将变得复杂，相关参数的精度也将降低。因此，有效的大地测量 GPS 算法包括自动检测和修复周跳。我们假设相位测量误差项分布如下：

$$E\{\varepsilon\} = 0, \quad D\{\varepsilon\} = \sigma_0^2 C_\varepsilon \tag{28.10}$$

式中：E 为统计期望；D 为统计离散度；C_ε 为观测误差的协方差矩阵；$P = C_\varepsilon^{-1}$ 为权重矩阵；σ_0^2 为先验方差因子。如果进一步假设观测值在空间和时间上不相关，则协方差矩阵 C_ε 为对角形式。长波长伪距测量的不确定度大约比相位误差大两个数量级，约为 1m。

根据应用情况，三维位置[式(28.3)]、天顶对流层延迟 ZTD、电离层延迟 I_i^j 和多径效应 m_i 可能是特定关注的参数（"信号"）。三维位置/位移是构造大地测量的主要参数。电离层参数 I_i^j 可通过相位测量的线性组合消除到一阶[式(28.6)]，但如第 32 章所述，对基于电离层重力波和声波干扰的海啸建模很有意义[105]。如第 30 章所述，对流层参数在 GPS 气象学中很重要；具有表面压力和温度测量的 ZWD 可用于估算大气水汽，尤其是可降水量（PW）[106]。在大多数应用中，接收机多径 m_i 也可以作为本地环境应用的"信号"，但多径效应仍被看作"噪声"，(28.6.4 节和第 34 章，如土壤湿度、积雪、海浪高度[107])。

除了相对定位中非常短的基线，我们形成了无电离层线性组合[式(28.6)]。线性化观测值[式(28.9)]为

$$\delta l_i^j(\text{LC}) = D_i^j \delta x_i + c\delta\Delta t + \text{MH}_i^j \delta(\text{ZHD}_i^j) + \text{MW}_i^j \delta(\text{ZWD}_i^j) \\ + \lambda_{LC} \delta(N_i^j + B_i - B^j) + m_{LC_i} + \varepsilon_{LC_i} \tag{28.11}$$

式中：$\lambda_{LC} = c/(f_1 + f_2)$；$\delta$ 是相对于其先验值对估计参数的增量调整。例如，D_i^j 是位置参数的偏导数，因此：

$$D_i^j = \frac{(x_i - x^j)}{d_i^j} \tag{28.12}$$

我们假设 $E(\varepsilon_{LC}) = \mathbf{0}, D(\varepsilon_{LC}) = \sigma_0^2 C_{\varepsilon_{LC}} \approx 10.4\sigma_0^2 C_\varepsilon$。估计参数 $N_i^j + B_i - B^j$ 是真值。我们假设精确的卫星轨道 x^j 和卫星时钟参数可从 IGS 或其他外部源获得，并保持不变。先验站坐标是其相对于 ITRF 的最佳真实值。为简单起见，我们忽略对流层水平梯度，并将时钟项集中到 Δt 中。请注意，多径是色散的，因此 m_{LC_i} 表示放大效应。可以通过加权最小二乘反演或其他反演方法来对感兴趣的参数进行估计。

在相对定位中，通过对台站和卫星之间的观测方程进行差分（"双差分"）消除偏差项 B_i 和 B^j，分离出模糊项 N_i^j。无电离层线性组合产生的相位模糊项，由于乘了 λ_{LC}，一般为非整数值。精确的伪距测量虽然远不如相位测量精确，但为模糊度的解决提供了有价值的约

束。通过首先估计 $N_2 - N_1$，伪距可用于提取整周相位模糊度 N_2 和 N_1，与较窄波长（"窄巷"）L_1（约19cm）和 L_2（约24cm）相位观测相比，有效波长为86.2cm的"宽巷"或"墨尔本-维伯纳"组合[108-109]为

$$N_2 - N_1 = \varphi_2 - \varphi_1 + \frac{f_1 - f_2}{(f_1 + f_2)}(P_1 + P_2) \tag{28.13}$$

一旦 $N_2 - N_1$ 的模糊性解决，可以尝试解决"窄巷" N_1 模糊性（现在有效波长为10.7cm）。通常，即使对于全球范围的网络，只要伪距误差是宽带波长的一小部分，也可以通过在静态站反演多个数据历元来解决宽带模糊性。这对于实时（单历元）观测和动态平台来说更为复杂[43]。解决宽巷模糊度的另一种方法适用于网络定位，是对电离层项 I_i^j 应用真实的先验随机约束（"伪"观测），作为站间距离的函数[110]。现代化 GPS 信号和其他 GNSS 星座的引入需要额外处理[8]。

自20世纪80年代初以来，模糊度解决算法一直是众多研究的主题[93]，读者可参考第19章和第20章了解详情。最成功的方法之一是"最小二乘模糊度去相关调整"（LAMBDA）方法，该方法对相位模糊度进行去相关，以减少模糊度搜索空间包围的所有可能待定整数[111]。

PPP 方法可计算地球上任何位置相对于 ITRF 的"绝对"位置，ITRF 可通过给定的卫星时钟参数和 IGS 提供的精确星历访问[32-33]。这些参数由 IGS 分析中心通过单独的网络平差进行估计，包括定轨和 EOP 估计；这些 EOP 限制在 IGS 参考站的纪元日期 ITRF 坐标内，合并为一系列精确的轨道产品（超快速、快速、最终）。然后，PPP 客户端可以使用该信息来单独定位未知站点。PPP 反演中估计的参数包括：台站位置，该位置的天顶对流层延迟 $Z_i^j(i=1)$、接收机时钟参数 dt_i 和每个卫星 j 的非整数偏置项 $N_i^j + B_1 - B^j$ [式(28.11)]。电离层参数 I_i^j 通过 L_1 和 L_2 相位观测的线性组合消除到一阶[式(28.6)]。PPP 客户端使用的物理模型（如潮汐、天线相位中心校正）必须与全球网络分析中使用的物理模型一致，这一点至关重要。在有限的区域内，有几种具有模糊度解决（PPP-AR）的 PPP 方法，范围可达数千千米[34-36-37]。其中一种方法执行区域网络解决方案，以此估计所有 B^j 卫星偏差项[式(28.11)]的加权平均值，称为分数周期偏差（FCB[112]），然后将其提供给 PPP 客户端。通过对卫星之间的观测方程[式(28.11)]进行差分，可以消除接收机偏差 B_1。然后，通过以下方式计算 n 个参考站上每个卫星 j 的 FCB：

$$\overline{B}^j = \sum_{i=1}^{n} B^j|_i / n \tag{28.14}$$

增加参考网络中台站的数量和分布将提高 FCB 估计的可靠性和准确性。既然整周相位模糊度 N_i^j 已与卫星和接收机相位偏差解耦，可以尝试解决单个台站的模糊度，首先是宽巷模糊度，其次是剩余的窄巷模糊度。这种方法非常适合依靠预计同震形变区域以外的参考站进行地震监测（见28.3.5节）。

实际上，式(28.11)的反演包括分配给特定参数先验估计的实际不确定性，例如，用于改善模糊度分辨率或 GPS 气象学的站点位置（见第30章）。卡尔曼滤波器或最小二乘法的类似扩展可用于考虑时间相关性。例如，对流层延迟和接收机时钟参数可通过具有假定随机过程（如一阶高斯-马尔可夫过程）的分段连续函数实现参数化。

除需要外部实时卫星时钟信息和模糊度解算 FCB 外，PPP 和 PPP-AR 方法的一个严重

缺点(尤其在实时应用中),是需要一个直到历元位置稳定的收敛期,并且可能由于数据丢失、电离层干扰、严重多径等导致重新初始化。对于PPP,该过程可延长1~2h,而对于PPP-AR,该过程的时间更短。在地震预警等实时环境中(见28.4.2节),将重新初始化和重复收敛期降至最低至关重要。通过利用多个GNSS星座和第三个载波频率的GPS现代化来缩短收敛期是当前的一个热点研究领域[91-113]。

28.2.3节介绍了地震大地测量学,它是GPS和加速度计数据的最佳组合,是实时应用的一种有效方法。在"紧耦合"卡尔曼滤波方法中,GPS观测方程被扩展至包括加速度计数据,以便在观测水平上进行反演[112,114]。然后对扩展方程组进行反演,以估计强震期间的位移和地震速度。在"松散耦合"卡尔曼滤波方法中,首先估计GPS位移,然后与地震数据进行最佳组合[49]。

28.2.5 GPS每日位置时间序列

28.2.5.1 简介

GPS接收机制造商各自提供不同的专用接收机数据格式。因此,通常将相位和伪距数据合并到对应于GPS日(00:00~24:00)的24h文件中,并转换为国际公认的RINEX(接收机独立交换)格式。同样,实时GPS数据主要以海事服务全球无线电技术委员会(RTCM)格式(www.RTCM.org)传输,如3.1版,然后以RINEX格式进行转换和存储。在IGS和其他大地测量组织(如UNACO)的支持下,全球和区域数据中心可以免费获取大量用于GPS大地测量的RINEX存档文件。长期地壳运动研究的典型采样和存储速率为15s。对于GPS地震学而言,通常以1sps(1Hz)的速度收集和存档实时数据。数据通常以更高的速率(5~10sps)缓冲在GPS接收机中,在发生重大地震或其他事件时下载并存档数据。

使用28.2.2节所述的方法分析cGPS数据,估计每日位置时间序列,然后根据构造或其他信号建模(见28.3~28.5节)。在最快的板块边界处,长期(震间)变形可高达250mm/a[115],突发同震运动可高达10m,震后变形可累积多年,大于同震震级,在1964年震级Mw为9.2的阿拉斯加地震等大地震中甚至可长达几十年[116]。对这些影响建模后,时间序列残差可能会显示瞬态信号(见24.3.8节)。图28.6显示了跨越南加利福尼亚州南圣安德烈亚斯断层系统(SAFS)3个台站22年的位移时间序列,显示了2次大地震的同震和震后变形、其中1次余震引起的同震变形以及2次不同的天线变化的影响。

28.2.5.2 坐标和位移

对于大多数大地测量应用,GPS数据针对ITRF的每日位置(X,Y,Z)进行分析。根据式(28.15),坐标在历元t_i相对于初始历元t_0的测站位置$(X_0、Y_0、Z_0)$转换为更直观和物理上有意义的水平和垂直位移$(\Delta N、\Delta E、\Delta U)$。

$$\begin{bmatrix} \Delta N_i(t_i) \\ \Delta E_i(t_i) \\ \Delta U_i(t_i) \end{bmatrix} = \begin{bmatrix} -\sin\phi\cos\lambda & -\sin\lambda\sin\phi & \cos\phi \\ -\sin\lambda & \cos\lambda & \cos\lambda \\ \cos\lambda\cos\phi & \cos\phi\sin\lambda & \sin\phi \end{bmatrix} \cdot \left\{ \begin{bmatrix} X_i(t_i) \\ Y_i(t_i) \\ Z_i(t_i) \end{bmatrix} - \begin{bmatrix} X_{t_0} \\ Y_{t_0} \\ Z_0 \end{bmatrix} \right\} \tag{28.15}$$

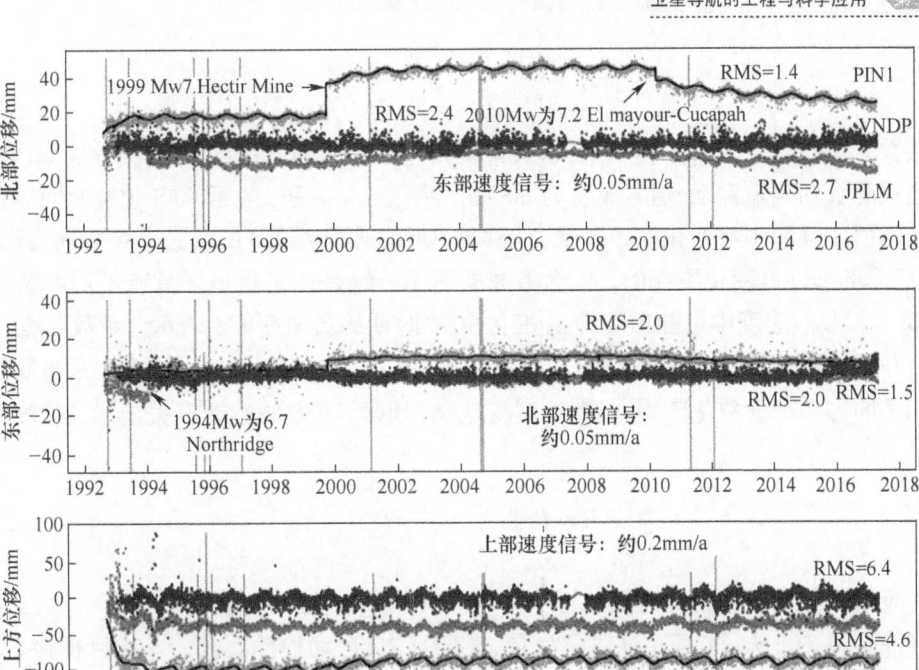

图 28.6　25 年 GPS 日位移时间序列

(南加利福尼亚州的 JPLM、PIN1 和 VNDP 站。趋势建模时间序列显示了 1999 年震级 Mw 为 7.1 的 Hector Mine 地震、2010 年震级 Mw 为 7.2 El Mayor Cucapah 地震和震级 Mw 为 5.7 余震的同震和震后变形。大地震在南加利福尼亚州的所有 cGPS 台站引起了显著的同震运动。垂直线表示建模的非构造偏移,主要与天线更换有关。时间序列来自 http://garner.ucsd.edu/pub/timeseries/measures/ats/WesternNorthAmerica。)

"大地"坐标 (ϕ, λ, h)（椭球面纬度、经度和高度）与空间 (X, Y, Z) 坐标之间的关系为

$$\begin{bmatrix} X \\ Y \\ Z \end{bmatrix} = \begin{bmatrix} (\eta + h)\cos\phi\cos\lambda \\ (\eta + h)\cos\phi\sin\lambda \\ [\eta(1 - e^2) + h]\sin\phi \end{bmatrix},$$

$$\eta = a/(1 - e^2\sin^2\phi)^{1/2}, \quad e^2 = 2f - f^2 \tag{28.16}$$

含半长轴 a、逆扁化 $(1/f)$ 和椭球偏心率 e。用于 GPS 的美国国防部 WGS84 系统与 ITRF 在 ±1m 范围内一致,ITRF 在亚厘米级内部一致。WGS84 椭球体参数为半长轴 $a = 6378137$ 和 $1/f = 298.257223563$。

28.2.5.3　参数化和估算

时间序列分析可以逐个分量进行,因为它们之间的相关性很小[38,117]。离散时期 t_i 的单个分量时间序列 $(\Delta N, \Delta E, \Delta U)$ 可由文献[85]建模：

$$y(t_i) = a + bt_i + c\sin(2\pi t_i) + d\cos(2\pi t_i) + e\sin(4\pi t_i) + f\cos(4\pi t_i)$$
$$+ \sum_{j=1}^{n_g} g_j H(t_i - T_{gj}) + \sum_{j=1}^{n_h} h_j H(t_i - T_{hj}) t_i + \sum_{j=1}^{n_k} k_j e^{\left[1 - \left(\frac{t_i - T_{kj}}{\tau_j}\right)\right]} H(t_i - T_{kj}) + \varepsilon_i$$

(28.17)

H 表示离散的 *Heaviside* 函数：

$$H = \begin{cases} 0 & (t_i - T_{kj} < 0) \\ 1 & (t_i - T_{kj} \geq 0) \end{cases} \tag{28.18}$$

系数 a 是初始历元 t_0 的值，t_i 表示从 t_0 开始经过的时间，单位为年。线性速率（斜率）b 表示地震间长期构造运动，通常单位为 mm/a。系数 c、d、e 和 f 表示 GPS 位置时间序列中存在的未建模年度和半年变化。n_g 跳跃（偏移量、阶跃、不连续性）的震级 g 是由同震形变和/或 T_g 纪元的非同震变化引起的。大多数非同震不连续是由于更换了具有不同相位中心特性的 GPS 天线。速度中可能出现的 n_h 变化由 T_h 时期的新速度值 h 表示。系数 k 是从 T_h 纪元开始并以时间常数 τ_j 指数衰减的 n_k 地震后形变（24.3.8 节）。"对数"模型是与断层表面后滑相关的另一个参数化产物；指数模型与地壳（地幔）下方的运动有关[118]。对数模型表示为

$$\sum_{j=1}^{nk} k_j \log\left(1 + \frac{t_1 - T_{kj}}{\tau_j}\right) H(t_i - T_{kj}) \tag{28.19}$$

并应用于 2004 年加利福尼亚州震级 Mw 为 6.0 的帕克菲尔德地震[119]。

事件时间 $T(g,h,k)$ 可通过地震目录、现场日志、自动检测算法[120]或目视检查确定。震后衰减时间 τ_j 通常通过最大似然法单独估计，因此剩余时间序列系数的估计可以表示为线性逆问题。

$$y = Ax + \varepsilon, \quad E\{\varepsilon\} = 0, \quad D\{\varepsilon\} = \sigma_0^2 C_\varepsilon \tag{28.20}$$

式中：A 为设计矩阵；x 为参数矢量。

$$x = (a\ b\ c\ d\ e\ f\ \boldsymbol{g}\ \boldsymbol{h}\ \boldsymbol{k})^{\mathrm{T}} \tag{28.21}$$

如前所述[式(28.10)]中：E 为统计期望；D 为统计离散度；C_ε 为观测误差的协方差矩阵；$P = C_\varepsilon^{-1}$ 为权重矩阵；σ_0^2 为先验方差因子。观测方程可用加权最小二乘法求解。

检验拟合后残差 $\hat{\varepsilon} = y - A\hat{x}$ 通常显示某个地理区域（如美国西部）内的共同特征，表示一个全球来源。残差的时空滤波可用于估计和消除"共模"，从而改进对构造信号的识别。早期的一项研究提出了一种简单的叠加程序[121]，一种简单的主成分分析（PCA）[122]。

使用这些方法，北美板块上台站的日位移时间序列显示了 2000km 尺度上的空间相干性，其中 95% 在前 1000km 范围内[123]。1995—2017 年，北美西部时间序列的 PCA 分析基于喷气推进实验室使用吉普赛分析软件和斯克里普斯海洋学研究所使用 GAMIT 软件进行的联合分析，将北部、东部和上部拟合后残差的均方根值（RMS）降低了约 20%~50%，对于水平分量，从 1~2mm 降低到 0.5~1.0mm；对于垂直分量，从 3~5mm 降低到 2.5~4.5mm[124]。

28.2.5.4 误差分析

获得模型参数不确定性的实际估计，例如"速度项，式(28.21)中的系数 b"，对于识别、验证和解释物理信号至关重要。通常，在背景信号下，基础物理过程的幅度很小，例如偏离经验时间序列模型的瞬态运动（28.3.8 节）。通过协方差矩阵 C_ε，将日位移时间序列[式(28.17)]中误差的性质引入加权最小二乘法过程[式(28.17)和式(28.18)]。

长时间的大地测量记录，包括水平仪（spirit leveling）[125]、三边测量（电子测距）[126-127]

和倾角计(Tiltometer)[128-129]，表明存在显著的时间相关性"有色"噪声)。除由白噪声过程近似得来的仪器噪声外，对这些观测的时间序列分析表明，时间误差类似于随机游走过程(有时称为"红色"噪声或布朗运动)，主要归因于土壤收缩、干燥或风化引起的大地测量标志的不稳定性，例如近地表岩石中的膨胀黏土。根据这一早期的大地测量记录，SCIGN 项目设计了一座永久刚性标志，以尽量减少非构造性局部地表变形(图 28.2)。该标志由 5 根深锚式钻孔支撑不锈钢杆、1 根垂直杆和 4 根倾斜杆(约 10m)组成，与地面距离约 3m[130]。SCIGN 标志(图 28.5)已被其他地球物理网络采用，如 UNAVCO 的板块边界观测站(PBO)。成本较低、稳定性较差的底座包括浅支撑标志、岩钉、尖桩坐骑、桅杆和建筑底座等。

一般来说，地球物理和大气噪声的功率谱可以用幂律过程来近似表示[131]：

$$P_x(f) = P_0 \left(\frac{f}{f_0}\right)^k \tag{28.22}$$

式中：f 为时间频率；k 为光谱指数；P_0 和 f_0 为归一化常数。物理过程的 k 值可能为 $-3 \sim 0$[132]。积分光谱指数的特殊情况包括白噪声($k=0$)、闪烁噪声($k=-1$)和随机噪声($k=-2$)。已发现，GPS 日位移时间序列中噪声 ε 的良好近似值是白噪声和时间相关(有色)噪声的组合，并适当选择 k[133-134]。忽略时间相关性将导致时间序列模型项的低估。更真实的协方差矩阵可以表示为

$$C_\varepsilon(t) = \alpha_{WN}^2 \boldsymbol{I} + \beta_k^2 \boldsymbol{J}_k(t) \tag{28.23}$$

对于白噪声过程，$\beta_k = 0$ 为无有色噪声，协方差矩阵 $C_\varepsilon(t)$ 是单元 a_{WN}^2 的对角矩阵。台站速度加权最小二乘估计[式(28.18)]中的不确定性，式(28.17)中的系数 b 为[133]

$$\hat{\sigma}_b^2 = \frac{\alpha_{WN}^2}{T^2} \frac{12(n-1)}{n(n+1)} \approx \frac{12\alpha_{WN}^2}{nT^2} \quad (\text{当 } n \text{ 足够大时}) \tag{28.24}$$

式中：n 为时间上等距分布的时间序列数据点的数量；T 为总时间跨度。对于以 f^{-2} 趋势上升的随机过程，协方差矩阵的时间分量为

$$\beta_2^2 \boldsymbol{J}_2(t) = \frac{\beta_2^2 T}{n-1} \begin{bmatrix} 1 & 1 & 1 & \cdots & 1 \\ 1 & 2 & 2 & \cdots & 2 \\ 1 & 2 & 3 & \cdots & 3 \\ \vdots & \vdots & \vdots & \ddots & \vdots \\ 1 & 2 & 3 & \cdots & n \end{bmatrix} \tag{28.25}$$

时间相关分量的贡献非常简单[132]：

$$\hat{\sigma}_b^2 = \frac{\beta_k^2}{T} \tag{28.26}$$

表明与白噪声情况[式(28.24)]不同，仅取决于第一个和最后一个数据点之间的时间间隔 T。然而，越来越长的 GPS 位移时间序列的功率谱表明，随着 f^{-1} 增长，闪烁噪声(有时称为"粉红色"噪声)将更突出。在这种情况下[133]：

$$\beta_1^2 \boldsymbol{J}_1(t) = \beta_1^2 \left[\left(\frac{3}{4}\right)^2 \frac{24(\boldsymbol{I}_0 - \boldsymbol{J}_0)}{12}\right] \tag{28.27}$$

这里，n 维对称矩阵 J_0 的参数 (i,k) 为

$$J_0 = \begin{cases} 0, i = k \\ \dfrac{\log(k-i)}{\log 2} + 2, i < k \end{cases} \tag{28.28}$$

请注意，闪烁噪声位于平稳和非平稳过程之间的渐近边界上，并且经常呈现出奇怪的现象，因此没有明确提及时间或采样频率。对于闪烁噪声过程，$\hat{\sigma}_b^2$ 没有简单的解析表达式。文献[135]给出了近似表达式：

$$\hat{\sigma}_b^2 \approx \frac{9\beta_k^2}{16\Delta T^2(n^2-1)} \tag{28.29}$$

式中：ΔT 为采样间隔。在分形谱指数 k 的一般情况下，彩色噪声分量对台站速度不确定性的贡献有经验公式[135]。

式(28.23)中的方差系数 α_{WN}^2 和 β_k^2 可通过假设某一幂律的位移时间序列残差 $\hat{\varepsilon} = y - A\hat{x}$ 的最大似然估计（MLE）获得[133,135-136]。随着数据量的增加和所需的大型矩阵求逆，人们提出了加快计算速度和处理缺失数据的方法[137-138]。适当的谱指数 k 及其不确定度可通过对建模位移时间序列残差的振幅谱斜率进行线性最小二乘拟合[式(28.18)]获得[133]。一旦确定了谱指数、白噪声和有色系数，就可以为加权最小二乘反演[式(28.18)]和所有时间序列模型参数的不确定性构建适当的协方差矩阵 $C_\varepsilon(t)$。如果只对速度不确定性感兴趣，可采用更简单、耗时更少的方法，即应用经验公式来适当缩放速度的不确定性[135]。当位移时间序列表现良好时，若存在有色噪声，估计速度不确定性的其他方案近似于上述更严格的谱方法[137,139]。

人们对时间跨度越来越长的日位移时间序列开展了越来越多的研究，获得了最合适的谱指数以及白噪声和有色噪声分量的相对贡献的估计值。这些结论提供了一系列在各种地质背景和标志下关于白噪声和有色噪声系数大小以及最合适的光谱指数的结果，无论有无空间滤波[式(28.25)]。使用空间滤波的时间跨度约为10年的早期结果表明，白噪声在水平分量中为 0.5~1.0mm，垂直分量中约为 3.0mm，闪烁噪声在水平分量中约为 2.0mm/a$^{1/4}$，在垂直分量中约为 7.0mm/a$^{1/4}$ 时，首选白噪声加闪烁噪声假设[140]。对于未经滤波的全球分布台站，白噪声和闪烁噪声分量的噪声系数[式(28.23)]在水平分量中约为 3 倍，在垂直分量中约为 5 倍。噪声最小的结果与美国西部为板块构造研究设计的两个长寿命区域 cGPS 网络有关，即盆地和范围 GPS 网络（BARGEN）和 SCIGN，均使用 SCIGN 标志（图 28.5）。BARGEN 的结果噪声最小，人们认为是由于干燥的沙漠条件。其他标志类型（例如建筑底座、金属三脚架、岩钉、混凝土板、混凝土桥墩和钢塔）显示了较大的白噪声和有色噪声成分，但具有类似的频谱值 k。第三个网络，也即美国太平洋西北 GPS 阵列（PANGA），具有较大的有色噪声振幅，被认为是由于气候较潮湿，标志稳定性较差。总体而言，本研究中站速度不确定性水平分量为 0.05~0.1mm/a，垂直分量为 0.2~0.3mm/a；闪烁噪声对水平分量的贡献约为 0.2mm/a$^{1/4}$，对垂直分量的贡献约为 0.7mm/a$^{1/4}$。BARGEN 和 SCIGN 项目 256 个站点的空间过滤位移时间序列分析表明，首选噪声模型的白噪声和闪烁噪声振幅最低，是白噪声和闪烁噪声与随机游走噪声分量的组合[141]；闪烁噪声分量被认为由 GPS 系统本身（例如接收机、卫星、本地天线环境）引起，并且落在较高频率（白噪声）和较低频率

(随机游动噪声)之间的频带内。

可用位移时间序列的数量和长度不断增加,时间相关性的原因也得到了更好的理解,因此,误差特性的研究是一个正在进行的调查领域,例如文献[117,141-142]。人们对检测细微瞬态运动的兴趣日益增长,理解 GPS 位移时间序列中误差的重要性也进一步被强调。

那么,我们可以从这些关于标志的研究中得出什么结论呢?GPS 研究中分析的时间序列可能不足以揭示潜在的随机噪声成分,因此尚不清楚昂贵的 SCIGN 标志是否对毫米级定位至关重要[140-141,143]。归根结底,在许多地区锚定的首要问题是水文或冻融循环,其覆盖范围远远大于锚的覆盖区域。GPS 标志的位置是一个压倒一切的因素-干燥气候中的场地噪声较小,而具有人为影响的场地(如石油开采和地下水开采)噪声最大。

28.2.5.5 注意事项和复杂性

在每日台站位移的时间序列分析中,还有许多其他需考虑的因素和复杂性问题。一些时间序列跨越 25 年以上,有数千个 CGP 站(图 28.1)。参数化是主观的,取决于应用程序。在过去几年中,大量研究通过分析已知效应建模后的残余位移时间序列 $\hat{\varepsilon} = y - A\hat{x}$ 来发现和解释瞬态变形。对于地壳形变研究,时间序列参数 a(初始值)、$c-f$(周期项)和 h(非同震偏移量)被视为"干扰"参数。困难之一是区分 n_g 同震偏移量和其他偏移量 n_h,它们主要由 GPS 仪器的变化,特别是天线/天线罩的变化、接收机的变化(尽管它们很少引起重大偏移)和其他未知问题引起。这里,正确记录元数据至关重要。不同天线和天线罩组合的外部校准不足以消除偏移。天线出现故障时,通常会出现性能下降,表现为位置明显漂移或噪声较大的模型拟合残差,会使分析更加复杂。

建模每日位置时间序列时,需要对同震偏移量的标记和计时进行特殊处理。此外,快速确定受地震影响的台站在地震反应中至关重要,因为大型事件可能影响数百个 CGP 台站。如果地震发生在中午前后,问题就出现了:是保留地震前后的数据,还是将其全部排除,并将偏移时间分配到第二天的开始?通过地震大地测量、GPS 地震学(见 28.2.3 节)和高速 GPS 定位获得的同震和短期震后形变的高分辨率观测回答了这一问题。

目前,存在可以自动检测非同震偏移量的算法[120,144],但仍需要大量的手动工作来检测所有偏移量,并尽量减少错误检测的数量;这将增加参数的不确定性,尤其是台站速度的不确定性。最近的一项研究试图通过自动中值趋势估计器将偏移量、异常值和季节性对台站速度的影响降至最低[145]。这对某些应用有效,不过,随着 cGPS 台站数量的增加,它可能对地震周期研究造成困难,特别是对可能影响震中数千千米台站的大地震震后变形的估计,以及在不规则地面沉降情形中。

位移时间序列中的季节效应由年度和半年期[式(28.21)中的系数]建模。季节(周期)效应的存在需要更长的数据跨度来可靠地提取长期速度;约 4.5 年后,速度偏差迅速减小[146]。基于越来越长的时间序列(>10 年),周期信号对速度估计的影响小于 0.2mm/a[147]。通过调查,季节效应的来源包括以下 3 类[148]:①太阳和月亮的引力,包括季节性极移、地球自转变化、固体地球、海洋和大气潮汐引起的荷载位移以及极潮荷载;②水动力学和热效应,包括大气压力负荷、非潮汐海面波动、人为地下水和矿物开采、积雪、局部热膨胀以及反射面(土壤水分和植被)的季节变化,这些都会产生多径误差[149];③针对 GPS 分析的特定影响,如卫星轨道误差,包括天顶延迟映射函数在内的大气模型选择[150],以及基础参考系。地表质量再分配(大气、海洋、雪和土壤水分)和极潮的共同作用是使观测到的场地位置年垂变化幅度约为 5mm 的主要原因[148]。非潮汐大气负荷也可能与水文效应一同发挥作用[151]。通过在 GPS 相位和代码分析中应用物理模型，潮汐力得到了解释，包括半年度和年度期间最主要、垂直方向最显著的固体潮和大气压力荷载[152]。错误建模的潮汐力和 24h 位置估计的欠采样可以解释振幅高达几毫米的 GPS 高度的年度和半年特征，显示从 12 天到一年的长周期信号[153-154]。对垂直位置估计的错误建模的潮汐效应可能会导致年周期的振幅高达 0.4mm，半年周期的振幅高达 2mm，随纬度的变化而增加，天顶对流层延迟参数为 2mm，其日频率占主导地位[155]。

时间序列分析中还存在其他复杂问题，包括当一个台站未能收集数据或收集的数据质量较差时，数据缺口以及异常值的检测和剔除；与平均值和标准偏差相比，稳健统计（中位数、四分位范围）有助于更好地区分异常值[85]。一个较大的困难是如何将构造源与人为影响区分开来，例如水、石油和矿产开采、地热发电[156]和积雪[157]，这些都是残余位移时间序列中的系统特征。注意，其中一些效应可能被视为其他应用的信号[158-159]（28.6 节）。

28.3 构造 GPS 和地壳形变

28.3.1 简介

构造大地测量学旨在测量和模拟从局部到全球尺度的地壳形变，以更好了解构造板块运动、板块边界形变、地震和火山的基本物理过程。了解这些过程对于社会层面减轻自然灾害对平民生活和基础设施的有害影响至关重要。近年来，迭出的灾难性地震和两场海啸更是突出了这一点。2004 年 12 月 26 日，苏门答腊-安达曼震级 Mw 为 9.3 的地震和海啸造成 25 万人伤亡，其中大多数人在附近的印尼苏门答腊岛，海啸淹没高度高达 30m[160]。2011 年 3 月 11 日，日本东北奥基震级 Mw 为 9.0 的地震引发海啸，淹没高度高达 40m，造成 18000 多人伤亡，基础设施，尤其是福岛核设施受到广泛和长期的破坏，近源海岸线经济崩溃[161-164]。从这个角度来看，美国西北部和加拿大西部卡斯卡迪亚大冲断层上的大地震以及随后海啸造成的破坏和死亡（最后一次事件发生在 1700 年）[165-166]，很可能与 2011 年震级 Mw 为 9.0 的东北奥基事件相当。

地壳的形变由构造板块的运动驱动。板块边界形变的简化描述是由三个主要阶段组成的"地壳形变周期"或"地震周期"。震间期是指地震之间的间隔时间，从数万年到数千年，取决于特定的构造环境，在此期间，地壳以稳定的速率变形。在同震阶段，地震会破坏这种长期运动，对于 2014 年苏门答腊-安达曼震级 Mw 为 9.0 的地震这样的大地震，持续时间从几十秒到不超过 10min。当地球放松并恢复其稳态运动时，同震相转变为震后相。对于大地震，震后阶段可以延长到几十年[167]。GPS 和其他空间大地测量方法可直接测量与这些过程相关的地表位移。图 28.6 显示了南加利福尼亚州三次地震影响的典型 cGPS 位移时间序列。地震前的时期被称为震前阶段，但几乎没有观测数据支持事件发生前的异常运动变化（见 28.3.8.4 节）。

精确 GPS 测量的可用性有助于对地壳变形进行更细致的观察。板块边界带由多个断层和断层段组成，根据可预测的模式，这些断层和断层段不会经历地震，并且具有复杂的几何结构、运动模式以及潜在的地壳性质和过程。

俯冲带的地壳形变被描述为"超级周期",由非常大的地震和一系列较小的地震组成,共同破坏整个巨冲断层边界,然后重复该过程。其中包括巽他冲断带[168]、智利冲断带[169]、厄瓜多尔俯冲带[170]、日本东北海沟、喜马拉雅冲断带和卡斯卡迪亚俯冲带[171]的历史序列。然而,迄今为止,断层运动的大地测量记录不足以测量任何一个位置的完整周期或超级周期。因此,构造大地测量研究本质上是比较性的,着眼于周期不同阶段的板块边界。这些类型的研究表明了震间运动速率的变化[118,172]。GPS 测量还揭示了先前未知的瞬态(28.3.8 节),如幕式震颤和滑移(ETS),反映了断层界面上的小运动,具有明显的规律性,最早在日本俯冲带的连续 GPS(CGPS)观测中被发现[173-174]。

28.3.2 历史

地震与断层作用之间的联系最早通过反复的三角测量推断出来,三角测量显示出与 1872 年欧文斯谷 7.4~7.9 级地震[175]、1888 年北坎特伯雷、新西兰 7.0~7.3 级地震[176]以及日本中部 8.0 级 Nōbi 大地震[177]相关的地表形变。弹性回弹理论[178-179]是基于 19 世纪 80 年代末苏门答腊大断层的重复三角测量[180,182]和 1906 年旧金山 7.9 级地震引起的地表偏移三角测量[183]发展而来的。该理论假设存在一个地震荷载循环,该循环包括沿活动地质断层的弹性应变累积,直到断层上的应力超过摩擦阻力,导致地震发生。地壳应变表现为网络大小或形状的相对变化,可以通过大地测量得到。

将范围扩展至全球,当时被地质学家质疑的大陆裂谷假说[184-186]要求位置随时间变化。韦格纳写道:"我毫不怀疑,在不久的将来,我们将成功地精确测量北美相对于欧洲的漂移。"韦格纳的解释虽然并不准确,但板块构造理论[187-189]需要这样的运动,并在 20 世纪 60 年代得到广泛接受。根据 LRS[190-191]和 VLBI[192]对全球跟踪站在大约 10 年内的位置进行的年度估计,NASA 地壳动力学项目(CDP)首次对板块运动进行了直接大地测量。在大地测量的不确定性范围内,这些早期结果与刚性板块运动的约 3 百万年地质记录基本一致[193-195]。20 世纪 80 年代中期开始,使用 VLBI 和 LRS 对地壳形变进行的昂贵且地理上稀疏的空间大地测量得到了补充,基本上被密集且相对廉价的 GPS 网络所取代。由于独特的优势,GPS 还取代了传统的陆地大地测量技术(三角测量和三边测量);它可以进行远距离测量,无须站间的视线,并且可以产生相对于全球地面参考系的三维位置和位移。如今,GPS 地表位移测量在测量从单个地质断层到构造板块的地壳形变方面发挥着主导作用。

28.3.3 连续和测量模式 GPS

本节将介绍 GPS 大地测量的基本观测框架。后面的章节将展示如何使用 GPS 位移来模拟构造过程。20 世纪 80 年代中期开始的板块边界变形 GPS 观测,仅限于 GPS"活动"或此处所述的"测量模式 GPS(sGPS)"。早期,在数周内,通常连续 3 天对网络中的大地测量标志进行测量。调查期间将占用一个或多个标志(这些早期调查在网络/相对定位模式下进行,因此需要本地参考站),同时部署移动工作人员,直到所有标志都调查完毕。这一过程通常每年重复一次。由于当时的 GPS 星座有限,早期测量每天仅限几个小时,因此根据一年中的时间,既可以在夏天最热的一天在沙漠中进行测量,也可以在冬天的夜晚在山顶上进行测量,根据地球的恒星自转和卫星的 12h 周期,卫星窗口每天移动约 3h 56min。多日测量通常安排在一天的同一时间进行,以实现冗余,并将重复噪声(如多径)降至最低。使用

sGPS进行构造大地测量的第一项主要工作集中在加利福尼亚州[197-199]、印度尼西亚[200-201]、南太平洋[115]、地中海[202-203]和安第斯山脉[204]板块边界的地壳形变测量。其中一些项目包括一个世纪前通过三角测量和/或三边测量的标志[31,182,205-206]。图28.3显示了位于加利福尼亚州南部帝王谷(Imperial Valley)的sGPS勘测站,是一个构造活动区,经常发生中到大地震[31,207]。表28.2列出了sGPS项目的代表性清单。

20世纪90年代初,南加利福尼亚州的北美/太平洋板块边界建立了第一个用于监测地壳形变的连续GPS(cGPS)网络,即由5个站组成的永久GPS大地测量阵列(PGGA)[130]。有了cGPS,仪器就可以通过电源和与中央设施的通信链路连续部署,并自主运行(图28.2)。PGGA是首个捕获重大地震并测量同震位移的cGPS网络[210-211]。这一早期工作通过密集GPS大地测量阵列(DGGA)扩展到洛杉矶盆地,并扩展到250站SCIGN项目中[212-213]。1994年震级Mw为6.7的北岭地震期间,圣费尔南多山谷遭受了严重的人员伤亡(57人死亡)和基础设施破坏(高达400亿美元),更是刺激了这项更大努力的资金投入[214]。美国西部约一半的SCIGN台站和其他cGPS网络[太平洋西北大地测量阵列——PANGA[215],BARGEN[216],东部盆地和山脉以及黄石公园(EBRY)[217]]被纳入了PBO中,从南加利福尼亚州到阿留申群岛的PBO数量约为1200个站[218]。其他早期工作包括旧金山湾区区域变形阵列(BARD)[219],加拿大西部大地测量阵列(WCDA)[220],以及龙谷监测火山变形的网络[221]。cGPS方法迅速扩展到其他板块边界区(表28.2)。最著名的是日本国家cGPS网络GEONET,拥有约1200个站点[222]。除构造大地测量学外,这些网络还有多种用途,如支持精确测量、工程和运输应用[223],以及GPS气象学[224]。

表28.2 按地理区域排序的GPS地壳形变测量代表性列表

地 区	研 究 结 果
太平洋/北美洲	文献[123,167,197-199,208-209,216,231,238,250-259]文献[210]①
纳斯卡/南美洲	文献[64,204,260-265,270]
南美洲/斯科舍	文献[271,259]
加勒比海地区	文献[272-275]
印度/欧亚大陆	文献[276-282]
非洲/东非裂谷	文献283-284] 文献[285-287]① 文献[288]
地中海	文献[202-203,288-295]
太平洋盆地	文献[296-298]
东南亚	文献[201][182,198-199,201,299-308]
南太平洋	文献[115,309-311]
新西兰	文献[312-315]
澳大利亚/其他	文献[316]
日本	文献[222]① 文献[317-321] 文献[246]② 文献[322,41]文献[244]②
墨西哥和中美洲	文献[323-325]文献[326]① 文献[327-328]
格陵兰岛	文献[329,330]①
南极洲	文献[331-332]文献[333]①

①cGPS;②GPS-A。

最初，cGPS 网络以 15~30s 的数据速率记录相位和伪距测量，这些数据通常每天被下载至中央设施。随着数据通信和计算能力的提高，以及为了支持地震和海啸预警系统等新应用（28.24 节），许多台站已进行转换，以允许实时传输数据，通常以 1sps 或更高的速度采样，并以大约 1s 的延迟持续传输到中央服务器。数据传输有多种方式，包括专用无线电和微波塔、蜂窝调制解调器、卫星天线和直接互联网连接。日本的 GEONET 和大部分北美西部的 cGPS 站已转换为实时操作。

cGPS 站的数量显著增加，但 sGPS 调查仍在进行中，以用于构造 GPS 应用。它们用于穿过活动地质断层的局部断面，以区分锁定和蠕动断面[225]，通常使用运动学和快速静态 GPS 方法，重复占用时间短[31-39-226]。此外，还对大地震震中区域进行了 GPS 测量，以记录同震（28.3.5 节）[227]和震后（28.3.8.1 节）[228]，通常结合 InSAR 测量[209,229]。然而，SGP 通常后勤复杂且人力密集，在重大地震事件后迅速执行时更为明显。

28.3.4 位移和速度

GPS 大地测量的基本观测是位移，即位置随时间的变化。本节中，我们将讨论作为震间变形的代表——长期运动（速度），以及许多 SGP 和 CGP 工作的主要目标。图 28.7 显示了 2016 年震级 Mw 7.8 Kaikōura 地震发生地区新西兰北岛太平洋-澳大利亚板块边缘的估计速度。除板块边界变形外，板块内部的水平站速度也被输入全球板块运动模型和空间大地测量 ITRF 的实体中（28.3.6 节）。垂直速度的精度较低，因此，早期研究主要集中在水平运动上。最近，人们正在开发垂直运动，特别是在发生显著垂直构造变形的俯冲带。

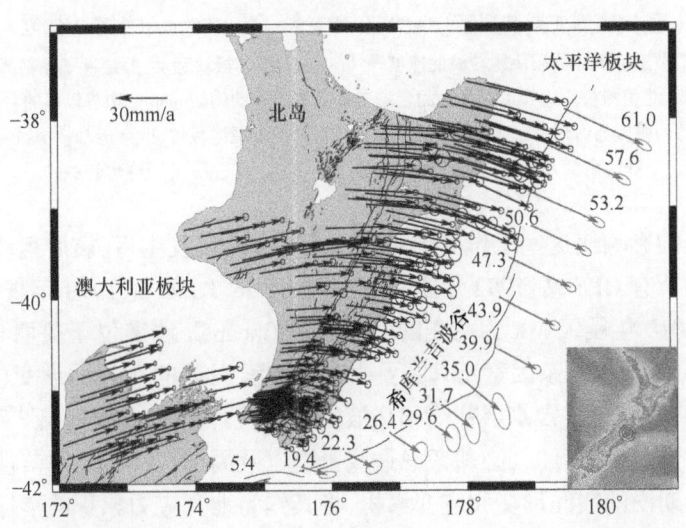

图 28.7 新西兰北岛希库兰吉边缘太平洋板块在澳大利亚板块之下的斜向俯冲
[1991—2003 年 sGPS 运动相对于太平洋板块的 GPS 速度（黑色矢量）显示。红色矢量表示希库兰吉波谷的长期收敛速率（mm/a）。北岛东部的 GPS 速度显示，北岛东北部近海出现 50~60mm/a 的辐合，而北岛南部的辐合速度减少到 20mm/a。近海辐合速率向南的减小伴随着上板块缩短的增加，并产生了北岛东部相对于太平洋和澳大利亚的快速顺时针构造旋转。太平洋/澳大利亚板块相对运动的边缘平行分量是北岛东部断裂和顺时针旋转的组合。插图显示了 2016 年 Mw 为 7.8 的凯库拉地震的位置。资料来源：改编文献[196]及其参考文献。经 John Wiley & Sons 公司许可转载］。

加利福尼亚州 800mi 的 SAFS 是研究时间最长、仪器化程度最高的板块边界之一,由陆上和海上的多个主要转换(走滑)断层组成。圣安德烈亚斯断层上的最后一次大地震是 1906 年震级 Mw 为 7.9~8.0 的旧金山地震[232-233];SAF 中部的最后一次破裂发生在 1857 年震级 Mw 7.9 特容堡地震期间[234]。根据古地震观测推断出的长期复发时间[235-236],断层最南端至少 250 年没有发生重大断裂;从地质和大地测量数据推断出的、自那时以来累积的震间应变表明,SAF 南段可能发生大地震[237],通常称为"大家伙"。SAFS 的速度图如图 28.8[238] 所示,包括从众多 sGPS 活动、cGPS 网络以及一些早期三边测量调查中汇编的 1996—2010 年的 1981 个水平速度矢量。

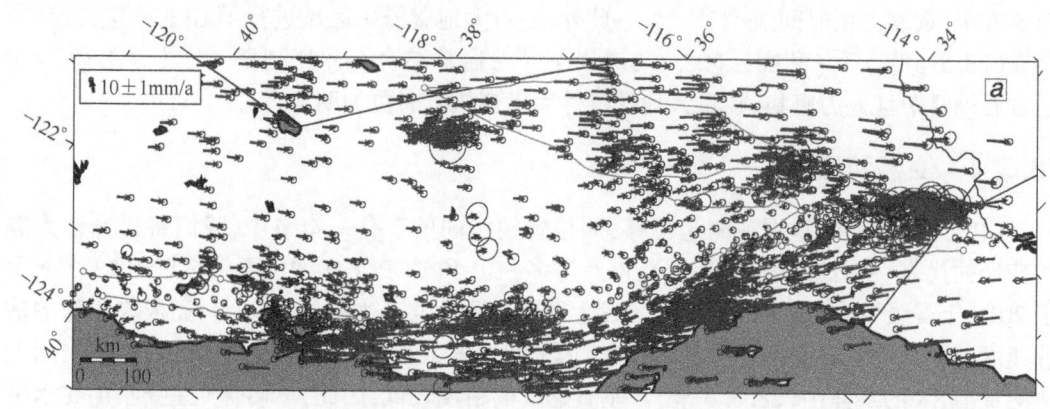

图 28.8　根据 sGPS 和 cGPS 数据,描绘北美和太平洋板块之间扩散板块边界的南加利福尼亚州
圣安德烈亚斯断层系(SAFS)和帝王断层的 GPS 水平推导出速度

[图中显示了北美板块旋转极的速度[208],减去一半的板块运动,并绘制了倾斜墨卡
托投影图。北美洲板块边界以东最远的台站向东南方向移动约 25mm/a,边界以西的台站向西北
方向移动的幅度与海峡群岛上的最大台站相同(相对于太平洋板块,残余运动较小,1~2mm/a。)

资料来源:改编自文献[209]。经 John Wiley & Sons 公司许可转载。)

地震后形变的影响使这些工作更加复杂。几次大地震发生后,震后运动显著,影响了南加利福尼亚州的所有 GPS 站:1992 年震级 Mw 为 7.3 的 Landers、1999 年震级 Mw 为 7.3 的 Hector Mine 和 2010 年震级 Mw 为 7.2 的 El Mayor Cucapah 地震位于墨西哥下加利福尼亚州北部(图 28.6)。其他复杂因素还有主要由人为因素引起的非长期形变(见 28.6 节),包括地下水抽水和矿物开采、含水层补给和热液发电中流体的注入和抽出[156,239-240],可能导致水平运动。估计速度矢量时,必须考虑这些影响以及周期性、瞬态、季节性和其他运动。

测量地震周期内的震间形变和应变累积,将其作为地壳应力累积的指标,是预测地震概率和相关地震风险的重要输入。然而,大地测量观测(GPS 和 InSAR)的时间不足以跨越整个地震周期。因此,构造大地测量研究在本质上是比较性的,以形成潜在地震引擎的连贯图像。图 28.9 显示了 3 个俯冲带在其周期不同阶段的 GPS 水平速度。其他类型的数据提供了长期补充信息。

地质观测提供了自上新世最后一次地磁反转以来的长期速率,约 3 百万年。古地震学,即跨活动断层的挖沟和对暴露物质的测年,记录了过去 1000~2000 年内地震的发生和频率[235-236]。其他观测包括古大地测量,确定俯冲带的珊瑚隆升速率[166]、地貌学[241]和考

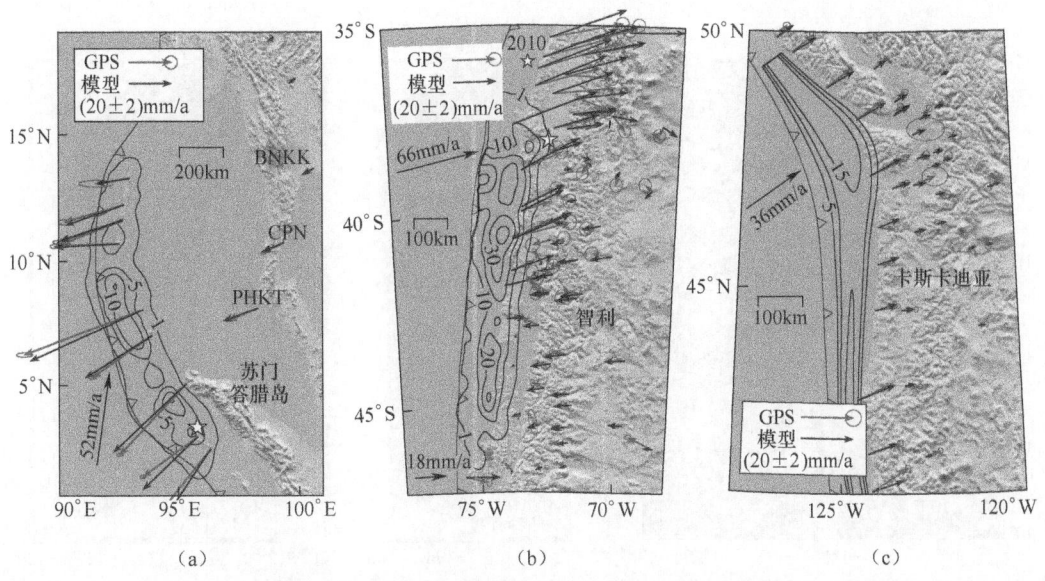

图 28.9　地震周期不同阶段 3 个俯冲带的对比研究

[GPS 水平表面速度为红色,模型预测速度为蓝色。(a)震级 Mw 为 9.3 的苏门答腊-安达曼地震一年后,苏门答腊海一年平均震后速度-所有台站都向海移动。同震断层滑动等高线(m)。(b)在智利俯冲带,1960 年震级 Mw 为 9.5 的地震 40 年后,沿海和内陆台站表现出相反的运动。2010 年莫勒震级 Mw 为 8.8 的地震前,最北端地区显示出向陆地的震间运动,而内陆台站在 1960 年地震后显示出震后变形。(c)在卡斯卡迪亚俯冲带,1700 年以来以下 9 级地震发生三个世纪后,所有台站都在向陆地移动。资料来源:改编自文献[118]。经 Springer Nature 许可转载。]

古学[242]。

通过海底定位,台站速度测量正扩展至海洋[3,243-244]。该方法被称为 GPS 声学或 GPS-A,基于对海底网络转发器的声学测量组合,通过对海面(浮标、船舶、波浪滑翔机)的 GPS 观测将陆地和 ITRF 作为参考。俯冲带附近海底的 GPS-A 观测结果是潜在物理过程模型的输入[41]。最广泛的 GPS-A 测量在日本人口稠密地区的南开海槽进行,该地区基础设施和经济都很重要,且位于毁灭性大推力地震的位置。GPS-A 测量在描绘最大板块耦合区域(断层锁定程度——如果断层被锁定,则视为完全耦合方面至关重要;如果它以板块速度滑动,则被视为解耦或蠕变),以预测未来海啸的范围和淹没程度。该地区的 GPS-A 观测记录了 2011 年东北奥基震级 Mw 为 9.0 的地震破裂正上方一个台站的 24m 同震位移[244-245],比陆地 GPS 台站观测到的同震位移大一个数量级。这些观测结果有助于对地震破裂过程进行更详细的成像和理解。2011 年事件之前,利用 6 个海底传感器,通过 9 年的 GPS-A 测量获得了对板块间耦合的首次估计值[246];地震发生后,每隔 3~4 个月,共有 15 个传感器继续观测,表明速度为 3~5cm/a[41]。GPS-A 观测结果表明,卡斯卡迪亚俯冲带是一个具有重大地震和海啸风险的区域,其海底运动约为 5cm/a(图 28.10)[231]。然而,仅基于 GPS 陆上速度,很难区分不同的震间应变累积模型[228]。

28.3.5　同震形变观测

同震形变发生在地震成核和断层破裂引起的应力突然快速释放期间。其动态表面表现

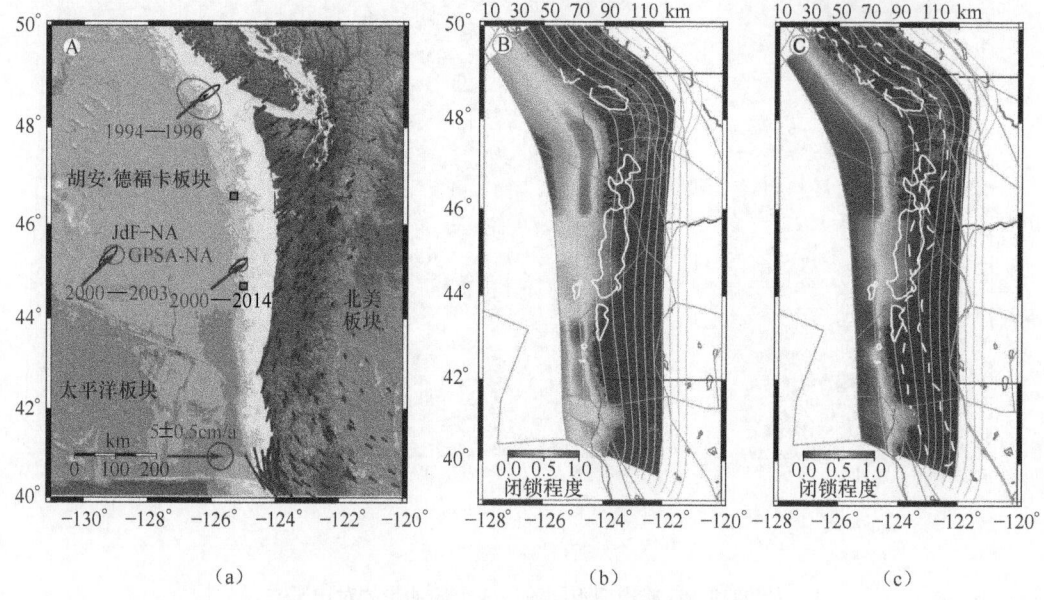

图 28.10 基于 GPS 观测的故障模型灵敏度

[(a) 大陆和卡斯卡迪亚俯冲带 2 个 GPS-A 站的 GPS 速度。即使陆地上有数百个 GPS 速度,也无法区分主要蠕变浅水区(b)和主要锁定浅水区(c)的两个端构件模型。每年都会对大陆坡上的 2 个 GPS-A 站(A 实心红色方块)进行测量,以帮助区分这些模型。每个模型都暗示了该地区不同的地震危险性,该地区自 1700 年以来从未经历过大推力地震,被认为处于震间阶段的末期,可能发生大地震[230-231]。]

为惯性仪器(地震仪、加速度计)观测到的弹性波,而 GPS 地震学(见 28.2.3 节)观测到的弹性波精度较低,通常可以持续数十秒,但对于最大地震,可能长达 10min。永久(静态)位移(图 28.6)由 GPS 和地震大地测量学观测。地表观测用于对地壳中的震源进行成像和建模,以了解潜在的物理过程以及累积应变和应力释放之间的复杂关系。永久地表位移输入到"静态"震源模型的反演中,提供断层面上的累积滑动总量(见 28.3.7 节)。

1992 年南加利福尼亚州震级 Mw 为 7.3 的 Landers 地震期间,少数 cGPS 台站测量了第一次同震位移[210-211]。通过应用简单的弹性半空间模型(见 28.3.7 节),这些数据用于估计地震震级和断层滑动参数。一旦估计了断层参数,"正演模型"充分描述了整个受影响区域的同震地表位移场(图 28.11)。1992 年的着陆器事件还突出了 InSAR 提供的额外空间分辨率(图 28.11)。随着 cGPS 网络跨越板块边界的扩散,使用同震地表位移作为震源模型的输入已成为惯例。最近的例子包括 2010 年震级 Mw 为 7.2 的 El Mayor Cucapah[336]、2011 年震级 Mw 为 9.0 的 Tohoku oki[337]和震级 2015 年 Mw 为 8.3 的 2015 年智利 Illapel 地震[338]的模型。

使用 sGPS 恢复同震位移可能存在问题,因为涉及快速的后勤响应,这在偏远地区尤其困难,当然,需要事先调查的记录。收集数据时,地震后形变可能会产生额外的运动,将导致高估同震断层滑动。延迟也是基于卫星的 InSAR 测量的一个问题,它取决于轨道重复周期。

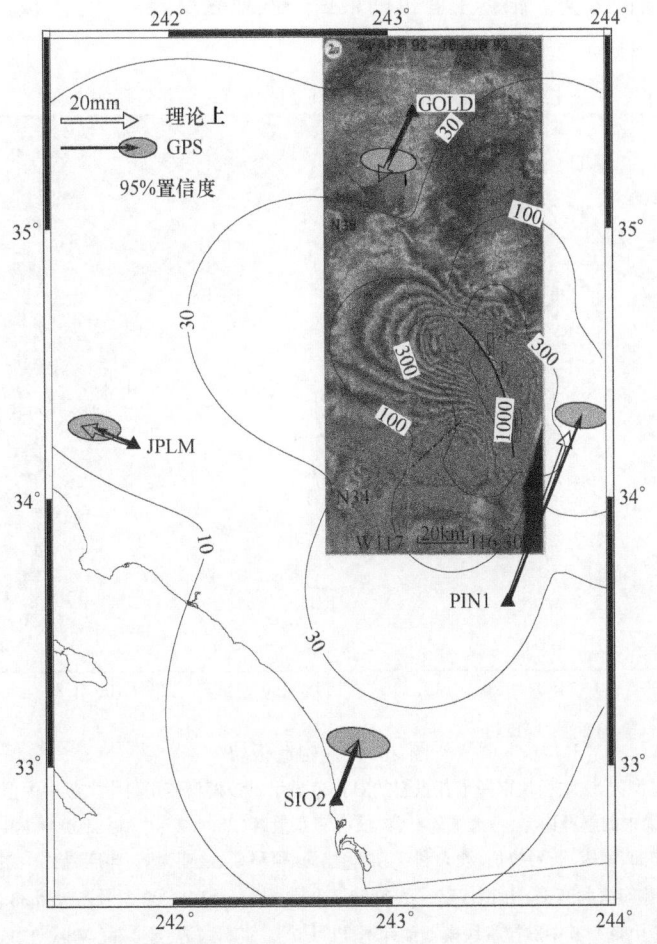

图 28.11　cGPS 和 InSAR 在 1992 年南加利福尼亚州 Mw 为 7.3 的 Landers 地震中检测到的同震运动[实心箭头表示永久 GPS 大地测量阵列(PGGA)4 个站观测到的地表水平位移[130]。空心箭头显示了由 7 个线性断层段组成的位错模型[247](28.3.7.3 节)的相应位移,以描述断裂几何结构。等高线显示模拟的同震位移场(mm)。粗线表示断层破裂的表面痕迹,虚线为震级 Mw 为 6.5 的大熊地震的下痕迹。这次地震发生在登陆器事件后 3h。叠加的 ERS-1 InSAR 图像显示至少 20 个相位条纹,代表卫星视线中约 560mm 的位移[248]。干涉图的使用由 D. Massonnet 提供[249]。资料来源:经 John Wiley & Sons 公司许可转载。]

28.3.6　构造板块运动

28.3.6.1　理论

地球岩石圈被划分成 50 多个相对运动的大小构造板块(图 28.12),这些板块形成了大陆、洋盆、山脉等大规模自然特征、火山和自然灾害,如地震、海啸和火山爆发。板块边界有 3 类:①转换或横向并列的大陆或大洋地壳,不产生新的地壳(被动边界)(图 28.8);② 会聚边界(俯冲带)——大陆、大洋洲、大洋地壳并列(图 28.7、图 28.10、图 8.11);③不同的边界——在大陆裂谷和大洋中脊,新的地壳在那里形成。早期的全球板块运动模型是根据大洋中脊的磁异常数据、转换断层方位角和地震滑动矢量推断出的大洋中脊扩展速率得出的[339-343]。磁异常数据提供了板块运动的时间尺度。转换断层方位角和地震滑动矢量描绘了相对板块运动的方向。根据上新世的最后一次地磁反转，"洋流"板块运动是过去 3 年的代表值。

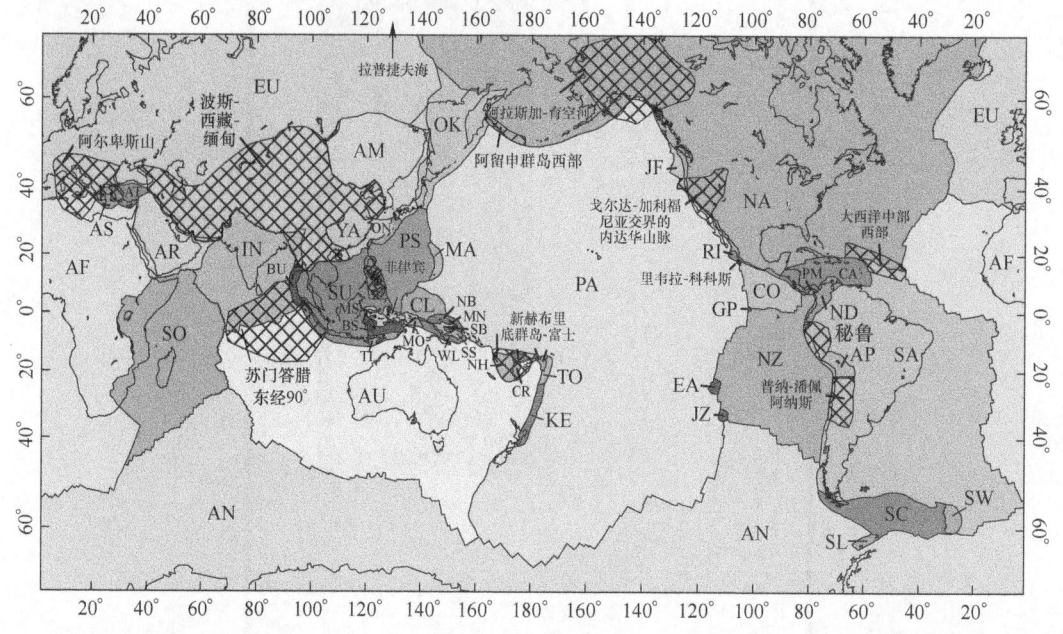

图 28.12 构造板块

["PB2002"板块模型的 52 块板块以墨卡托投影的对比色显示。该模型使用科学文献中的信息以及地形、火山作用和/或地震活动中的解释边界，考虑了磁异常、质心矩张量解(28.4.2 节)和大地测量学中的相对板块速度。14 个大板块(非洲、南极洲、阿拉伯、澳大利亚、加勒比海、科科斯、欧亚大陆、印度、胡安·德福卡、纳斯卡、北美、太平洋、菲律宾海和南美)由 NUVEL-1A 旋转极点描述[334]。PB2002 型号还包括 38 块小钢板。13 个交叉阴影区域为"造山带"，其中欧拉板块模型预计不准确[335]。资料来源：经 John Wiley & Sons 公司许可转载。]

板块构造理论仅提供了地球岩石圈运动的近似值，并具有以下假设：①板块是密度和厚度均匀的刚性球形帽，可能没有内部非弹性变形，也没有沿"窄"板边界的弹性应变累积；②板块围绕与球面相交并穿过其中心的轴绕欧拉柱旋转(相对于另一个板块或在"绝对"参考系内)(图 28.13)。因此，在地球表面的任何一点上只有水平运动[式(28.32)]；③在过去 3 年中，旋转速度是恒定的。

根据欧拉不动点定理，板块 i 和 j（例如北美和太平洋）的相对运动由地心旋转极（1 个"欧拉"矢量）$\boldsymbol{\omega}_{ij}$ 描述，该旋转极被定义为地球表面与表面球坐标 (θ_p, λ_p) 和角坐标的交点。

根据欧拉不动点定理，板块 i 和 j（比如北美和太平洋）的相对运动由地心旋转极（1 个"欧拉"矢量）$\boldsymbol{\omega}_{ij}$ 描述，该旋转极定义为地球表面与表面球坐标 (θ_p, λ_p) 和角旋转率 (ω_{ij}) 的交点(图 28.13)。地球表面 GPS 点在 $((\theta_G, \lambda_G))$ 处的速度由下式给出：

$$\boldsymbol{v}_{ij} = \boldsymbol{\omega}_{ij} \times \boldsymbol{r}_G \tag{28.30}$$

其中：

$$\boldsymbol{\omega}_{ij} = \begin{bmatrix} \omega_X \\ \omega_Y \\ \omega_Z \end{bmatrix}_P = \begin{bmatrix} \omega_{ij}\cos\theta_p\cos\lambda_p \\ \omega_{ij}\cos\theta_p\sin\lambda_p \\ \omega_{ij}\sin\theta_p \end{bmatrix},$$

$$\boldsymbol{r}_G = \begin{bmatrix} r_X \\ r_Y \\ r_Z \end{bmatrix}_G = \begin{bmatrix} r\cos\theta_G\cos\lambda_G \\ r\cos\theta_G\sin\lambda_G \\ r\sin\theta_G \end{bmatrix}$$

(28.31)

使用式(28.15)将地心笛卡儿 (X,Y,Z) 系统转换为局部 (N,E,U) 系统:

$$\boldsymbol{v}_L = \begin{bmatrix} v_N \\ v_E \\ v_U \end{bmatrix} = \omega_{ij}r \begin{bmatrix} \omega r\cos\theta_p\sin(\lambda_G - \lambda_P) \\ \sin\theta_P\cos\theta_G + \cos\theta_P\sin\theta_G\cos(\lambda_G - \lambda_P) \\ 0 \end{bmatrix} \quad (28.32)$$

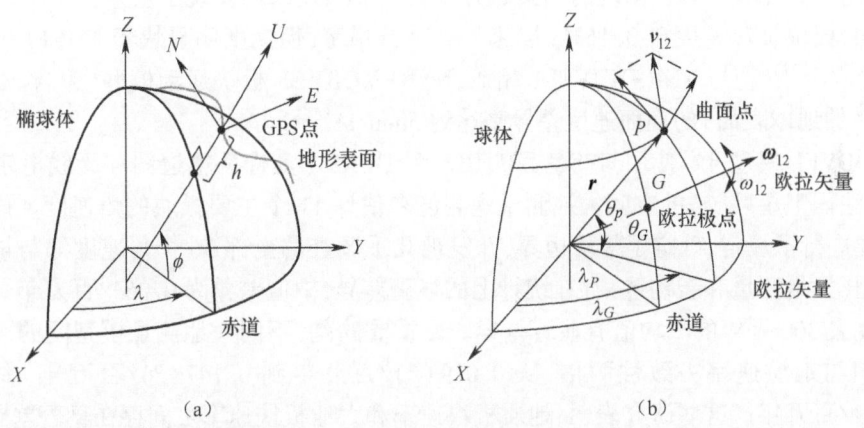

图 28.13 大地坐标系和板块运动坐标系

(a)全局坐标系 (X,Y,Z)、大地坐标系 (φ,λ,h) 和局部坐标系 (N,E,U);(b)板块构造运动的球坐标系。
(资料来源:改编自 www.earth.northwestern.edu/public/seth/B02/touctions/Platetect/platemotion.pdf。经西北大学许可转载。)

水平运动速率(以 mm/a 表示)为 $=(v_N^2 + v_E^2)^{1/2}$,方位角为 $a = \dfrac{\pi}{2} - \arctan^{-1}\left(\dfrac{v_N}{v_E}\right)$。考虑第三平面 k,平面 j 和平面 k 的欧拉极点是相加的,由下式得出

$$\boldsymbol{\omega}_{j,k} = \boldsymbol{\omega}_{i,j} + \boldsymbol{\omega}_{i,k} \quad (28.33)$$

板块在整个地球表面处于相对运动状态,因此没有明显的潜在固定参考系。为了定义"绝对"板块运动,早期模型施加了一个几何条件,即板块没有净旋转[344]或基于固定热点假设的物理条件[187,345-346]。无净旋转(NNR)模型假设一个闭合条件,即板块运动的净旋转为 0。例如,平面 i 的绝对欧拉极点可以表示为

$$\boldsymbol{\omega}_{i,i} = \boldsymbol{\omega}_{i,j} + \boldsymbol{\omega}_{j,k} + \boldsymbol{\omega}_{k,i} = \boldsymbol{0} \quad (28.34)$$

在整个地球表面上,这种情况可以表示为[344]

$$\oint \boldsymbol{r}_G \times (\boldsymbol{\omega}_{i,j} \times \boldsymbol{r}_G)\mathrm{d}A = \boldsymbol{0} \quad (28.35)$$

地球表面上只有有限数量的大地测量观测,因此,只能在有限区域上对无限小表面积单元 $\mathrm{d}A$ 进行表面积分。热点是由于地幔物质上涌而导致岩浆活动和热流增加的区域,表现为

海底盾状火山的排列,指示了覆盖构造板块的相对运动方向。存在 20~30 个热点(例如"夏威夷群岛下"),大部分位于海洋地壳之下,远离板块边界;因此,它们可以方便地连接到绝对参考系。

28.3.6.2 板块运动的大地测量观测

随着新数据的出现和对旧数据的重新解释,对板块运动模型发生了重大改进。被广泛采用的最后一个独立于大地测量数据的模型是由 12 个刚性板组成的 NUVEL-1 相对运动模型[347]。RLS[190-191]和 VLBI[192]在太平洋和北美板块的稳定内部进行了第一次板块运动的空间大地测量[193,195]。由 14 块板组成的 NNR-NUVEL-1A 模型应用了 NNR 闭合条件[式(28.35)][334]。该模型考虑了地磁反转时间的变化,根据 VLBI 和 RLS 测量,通过应用比例因子将板块速度降低了约5%。早期的 GPS 衍生模型使用来自稀疏网络的有限 GPS 数据跨度,通常与早期模型一致[348-349]。随着全球 GPS 网络的发展,并与其他观测(地震滑动矢量、船上测深和中海脊系统的密集磁力测量)相结合,人们发现了差异。

例如,板块旋转速度自 3.16Ma 以来一直保持稳定,但速度明显快于 NUVEL-1A 预测的几毫米/年[350]。与 NNR-NUVEL1 相比,NNR-MORVEL 板块运动模型(包含 56 个板块和约 98%的地球表面)的表面速度差异高达约 5mm/a[351]。

GEODVEL 模型[352]使用 GPS、VLBI、RLS 和 DORIS(多普勒轨道图和无线电定位由卫星集成-法国卫星系统)的空间大地测量观测值来估计 11 个主要板块的角速度。该模型对地心速度进行了规定,确定了板块边界,并发现几乎调查的全部 36 个角速度都与早期相对板块模型(大地测量和新构造)存在统计上的显著差异,中值差异为 0.063/百万年。板块角速度与过去 300 万年的平均值有显著差异。最重要的是,不同大地测量模型间的一致性约优于它们与地质速率一致性两倍,从 0.019(°)/百万年到 0.147(°)/百万年,中位数为 0.063(°)/百万年。这些研究表明,地质板块速率和大地板块速率之间存在显著差异。

一些构造板块缺乏足够的大地测量覆盖范围。例如,科科斯板块上只有一块陆地(科科岛);有限数量的 GPS 观测表明,相对于相邻的加勒比海板块,收敛速度为 78mm/a[353]。与板块运动模型的比较表明,该岛位于板块的刚性内部。毗邻太平洋西北部的胡安·德富卡(Juan de Fuca)临界板块上没有陆地,因此,GPS-A 对于评估海啸危害非常重要。大型太平洋板块几乎没有合适的陆块,大部分位于变形板块边界[如新西兰(图 28.7)和加利福尼亚(图 28.8)]。对太平洋、北美和澳大利亚板块 11 年的观测表明,太平洋和澳大利亚数据符合刚性相对板块模型,速度均方根值为 0.4mm/a,并符合北美和太平洋板块数据,速度均方根值为 0.6mm/a[296]。海峡群岛的运动与太平洋板块运动的差异为(4±1)~(5±1)mm/a,新西兰的台站显示速度差异为(3±1)mm/a,表明板块边界比之前认为的更宽。

北美板块 300 个台站收集的 12 年(1993—2005 年)GPS 数据中发现约 0.8mm/a 的残余水平形变[354],明显偏离了板块刚性的假设。这种差异归因于全球均衡调整(GIA)(28.5.2 节),而非新马德里地震带的构造变形,新马德里地震带在 1811—1812 年经历了一系列大型板内地震(根据美国地质调查局震级 Mw 约为 7.2~8.1);这一点在北美后来的 GIA 研究中得到了证实[355]。同样,发现欧亚板块内部在 0.6mm/a 的水平上是刚性的[356],偏差主要由 GIA 引起[357]。

28.3.6.3 全球地面参考系统的实现

早期版本的 ITRF 与下伏板块构造格架有关,特别是 NNRNUVEL-1A 模型。随着全球大地测量站数量、分布和密度的增加以及精度的提高,在约 300 万年地质记录中,直接观测到的大地测量速度与预期的板块速度显著不同。ITRF2000 是 ITRF 系列中首个"没有任何板块构造的模型"。大地测量网络解仅松散地约束于任何基础参考[358],但对大地参考站的水平速度施加了 NNR 条件[式(28.35)]。具体而言,ITRF2000 转速定义为与 NNR-NUVEL-1A 模型的转速一致,基于使用 50 个站的核心集最小化 ITRF2000 和 NNR-NUVEL-1A 之间的 3 个转速参数[28]。NNR GSRM-NN-2 模型使用了 5700 多个大地测量站的速度,并将站分类为板块刚性部分内或数百公里宽的板块边界,例如,南加利福尼亚州部分 SAFS 延伸至内华达州盆地和山脉省[359]。这项研究表明,ITRF2000 在大约 3mm/a 的水平上不满足 NNR 条件。作为 ITRF 的下一个版本,ITRF2005[360]不使用来自多个大地测量系统和多个分析源的速度输入,而是使用其每日位置时间序列。基于 152 个核心站,ITRF2005 产生了 15 个板块的绝对旋转极,比起 ITRF2000 的 6 个板块和 49 个站有所增加。ITRF2005 很快被 ITRF2008 所取代[95]。其相应的板块运动模型将板块数量减少到 14 个,将台站数量增加到 206 个核心台站,远离变形板块边界,同时避免了受 GIA 影响的板块内部台站[361]。

ITRF 的最新版本 ITRF2014[362]进一步远离了构造板块运动模型,并考虑了数百个空间大地测量核心站的非线性运动,包括地震后形变(见 28.3.8 节)和季节效应(年度和半年),并根据每日位置时间序列参数化建模(见 28.2.5.3 节)。注意,IGS 定义了与 ITRF 一致的内部参考系(IGS14)。IGS14 对应基于 113 个全球台站(图 28.1)的 ITRF2014,这些台站的 ITRF 坐标已修改,考虑了之前 IGS08 定义中天线校准值的变化(ftp://igs-rf.ensg.eu/pub/IGS14)。季节效应对台站速度的影响可以忽略不计,这不足为奇,因为一些时间序列的时间跨度可以延长到几十年。然而,地震后建模的效果可能非常显著。过去 25 年中,频繁发生的大到巨型地震可能影响距离震中地区数千公里的台站的位置和速度。对于大地震,高达几米的即时位置变化由永久性的同震形变引起,而速度的变化是由地震后的形变引起,随着时间的推移,其总效应可接近大地震的同震形变。

可对 ITRF2014/IGS14 方法进行推广,实现内部一致的运动学参考系。此处,参考系由站点的广义惯性坐标系坐标进行定义,进而构成全局多面体[363],持续监控和考虑显著非线性运动的影响。例如,喷气推进实验室(JPL)和斯克里普斯海洋学研究所(SIO)这两个分析中心使用独立的 GPS 软件(GIPSY 和 GAMIT),估计松散约束下的站点坐标及其对应的方差和协方差矩阵。为了降低偏差,这两个中心使用来自 Scripps 的等效元数据轨道和永久中心(SOPAC)档案[124]。这个过程会产生两组独立的原始每日位置/位移时间序列。为了保持长期一致性和鲁棒性,每个中心每周对整个时间序列的每日位移量(现在已经 25 年的最早的站点)进行最佳组合,以得到最佳结果(图 28.6)。借助更新后的使用组合时间序列的模型,生成一个新的广义惯性坐标系,由两个中心独立对该坐标系进行分析。这个迭代过程包括验证相关元数据、单个时间序列的自动和手动质量控制,并识别仪器误差和重大地震,包括同震和同震后的移动。用同样的框架生成下一组卫星轨道和使用更新(建模)的广义惯性坐标系的 EOP 等。这种方法不依赖于静态的站点列表,但可以容纳和利用新站点的信息。利用独立 JPL 和 SIO 每日解决方案的最佳组合和典型地震周期特征的时间序列,可以挖掘剩余时间序列以获得瞬态响应形变(见 28.3.8 节),包括构造源,例如在俯冲带观察到的 ETS[364],以及非构造效应,例如由水文和人为来源(见 28.6 节)[148-365]。

28.3.7 板块边界形变

上一节讨论了构造板块尺度上的形变。这里,我们回顾一下板块的形变,直至到单个地质断层水平,并展示了如何应用大地测量观测进一步理解潜在的物理过程。

将这些知识转化为改进的地震减灾措施时,最重要的是对断层滑动速率进行建模,并对地壳中应力随时间的累积进行评估。"滑动率"指相对运动沿断层界面的深度,GPS 位移是在地球表面测量的。断层滑动模拟(滑动运动学)从地表到地壳的深度大地位移,然后推断应力或断层性质(滑动动力学),该过程并不简单,它是一个尚未完全理解的复杂问题[237]。我们将讨论限制在最简单的滑移运动学中的单断层面模型。

28.3.7.1 弹性回弹理论

地震和断层活动之间的联系早于板块构造理论和现代大地测量学方法(见 28.3.2 节)。弹性回弹理论[178-179]是在三角测量技术及考虑加州、日本和新西兰表面变形的目视检查[175-177]基础上发展起来的。该理论假设存在地震荷载循环("地震")应力沿活动地质体累积的周期嵌入弹性介质中的断层。随着累积压力的突然释放,剪切应力超过断层强度时(摩擦阻力)地震爆发。

弹性回弹理论最早在物理学中作为无限弹性半空间中的点位错项提出[367-368]。位错常用于材料科学和晶体学中,指的是一个区域存在缺陷,当压力增大时产生移动,最终导致位移不连续。从该层面而言,地震周期"震间"中潜在的板块运动的相位对断层施加应力导致深度 D 处错位的界面,直到断层在地震期间超过其强度瞬间失效("同震"阶段)。考虑一个锁定垂直面的点位错模型走滑(转换)断层,在同一位置有 2 个 GPS 站距离断层的正交距离 x 相等,水平相反方向的速度 v (图 28.14)。锁定的断层部分是断层表面上不存在的区域滑动(蠕动)。因为断层被锁定,地壳弹性断层处位移为零,且远离断层的形变增加。水平线 GPS 点的震间速度 v 由下式给出[11,247]:

$$v_y = \frac{v_0}{\pi} \arctan^{-1}\left[\frac{x}{D}\right], \quad v_0 = \dot{s} \tag{28.36}$$

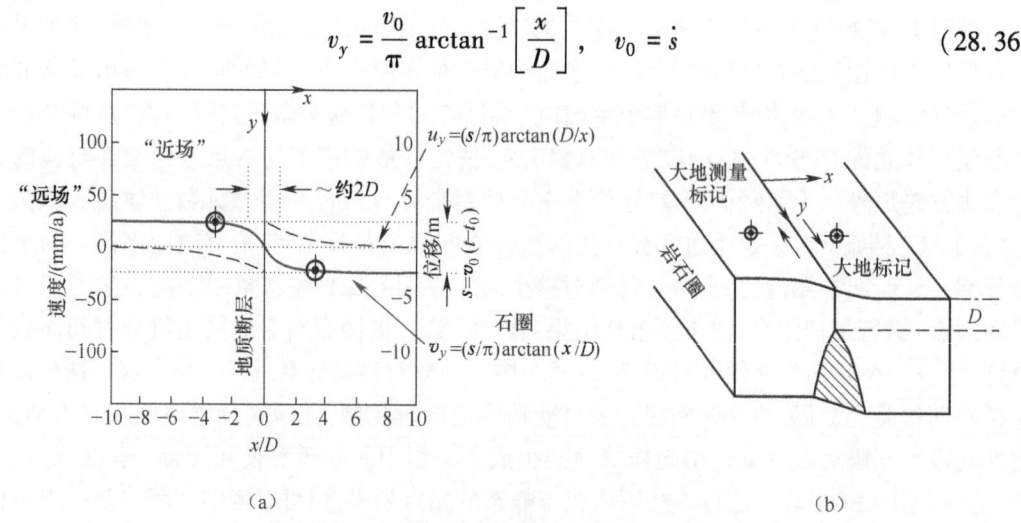

图 28.14 锁定垂直走滑断层的弹性位错模型

(a)间震(蓝线)和同震(虚线)水平表面变形,断层被锁定(无滑动)到深度 D,在深度 D 以下,断层在板块上自由滑动速率 v_0;(b)走滑断层的三维示意图。(资料来源:改编自文献[5]。)

式中：v_0 为锁定部分下方的相对板块运动 s 等于断层滑动速率。

瞬时 GPS 测量的同震形变与地震期间累积的总运动相反：

$$u_y = \frac{s}{\pi} \arctan^{-1}\left[\frac{D}{x}\right] \tag{28.37}$$

即震间变形+同震变形=重复地震周期中相对板块运动。形变的宽度受深度 D 控制，假设其不随时间变化。我们将"近场"定义为与断层的距离为 $2D$，"远场"定义为延伸到形变的外缘的；"中间场"是两者之间的过渡，这种断层运动简单表示为单层模型。图 28.15 所示为软流圈。弹性位错理论也可应用于其他构造环境，尤其是逆冲断层（俯冲带）[369]。假设断层深度为 D，观测到的垂直于断层的横断面上的 GPS 速度为 v，可通过最小二乘法 [式（28.18）] 等估计地震间滑动率 $s = v_0$。用地球物理学的术语进行说明的称为反向模型。同样，如果已知深度分别为 D 和 v_0，可计算速度在离断层任意处的距离 x。这种称为正向模型。

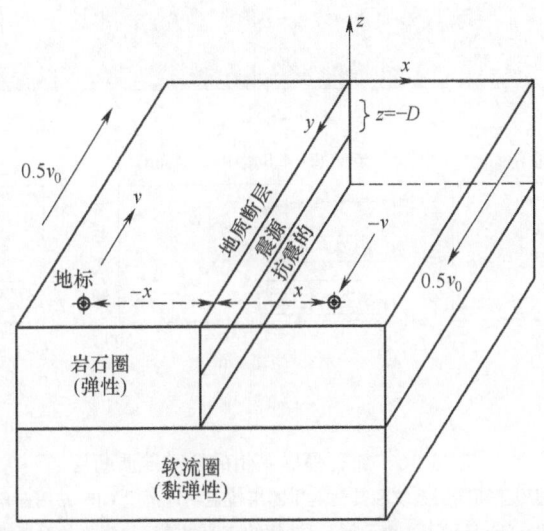

图 28.15 断层和构造板块运动的概念性两层地壳变形框架

[地质断层，地表材料不连续性是两个板块之间的边界，v_0 是其相对板块运动。断层嵌在弹性体中的两层岩石圈组成，位于黏弹性软流圈（"上地幔"）之上。岩石圈顶层的岩石呈现脆性行为并夹杂缺陷，受到应力时，这些缺陷将导致灾难性的破坏，即地震。"强度"是衡量其抗应力能力的指标，由摩擦定律决定。该层可称为"上地壳"或"发震带"，地震在这里成核。较低的岩石表现出韧性，随着深度增加，温度岩石会弯曲或流动。板块运动是岩石圈在软流圈上的运动。来源：改编自文献 [366]。]

图 28.16 显示了加利福尼亚州中部圣安德烈亚斯断层的帕克菲尔德地区的 16 条断层正交剖面[238]。帕克菲尔德区域乔姆-卡里索的两个部分（水部和中部）地震间的速度剖面类似一个反切函数 [式（28.36）]，滑移率为 $(34.0±2.0)$ mm/a，假设故障锁定深度 D 为 12km。需注意，帕克菲尔德地区路段经历了 30 次地震，震级 Mw 为 6.0 时的重复周期约为 20 年（1857 年、1881 年、1901 年、1922 年、1934 年和 1966 年）。基于暗示了一个"特征"地震的记录，美国地质学会 1985 年发起了一场广泛的大地测量运动观测运动（三边测量和 GPS），启动了大量其他地球物理传感器，此调查称为加州帕克菲尔德地震实验（http://

earthquake. usgs. gov/research/parkfield/index. php）。根据美国地质调查局的说法，"如果破裂经常发生，那么，下一次地震将在1993年之前发生"。事实上，直到2004年9月才发生了一次6.0级地震[58]。不过，帕克菲尔德实验为地壳运动提供了丰富的数据形变和地震灾害研究，包括广泛的测量模式GPS测量和实时13个站点的高速率（1 sps）cGPS网络[47]；跟踪自2003年7月以来持续至今。

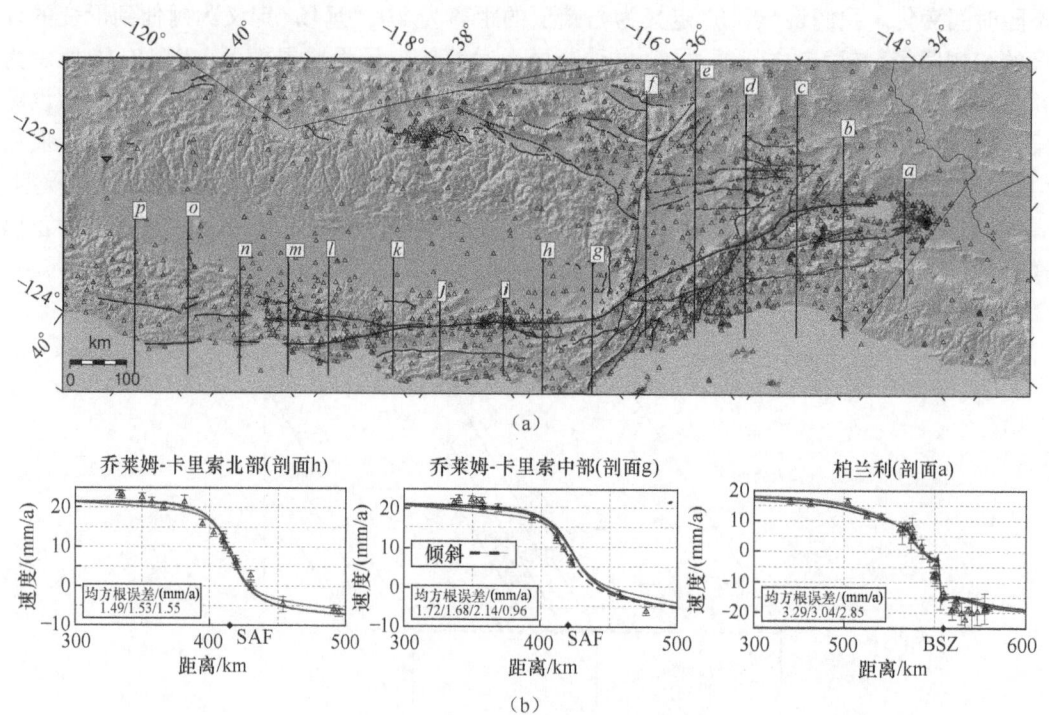

图28.16 加利福尼亚州的活动地质断层

（a）圣安德烈亚斯断层系统和其他地质断层覆盖在地形上GPS站用三角形表示，编号的线表示断层横断面；（b）显示了3个示例。[注意帕克菲尔德区域附近的乔莱姆-卡里索的样带最像一个弧切函数，速度约为32mm/a（图28.14）。加利福尼亚州南部的柏兰利样带显示出更为复杂的构造环境，包括断层蠕动柏兰利地震带。来源：改编自文献[207]。经John Wiley & Sons公司许可转载。]

28.3.7.2 静态滑移模型

弹性位错常被用来模拟由观测到的地表位移得出的同震，震后和地壳形变/地震周期的震间阶段。同震形变下（图28.18），"静态"滑动模型描述了断层面上的总滑动在地震破裂完成后和静态（永久性）站点发生形变的过程。我们描述了一个单一走滑断层的简单例子（图28.14），但复合结构中可能发生变形板块边界上多条断层的方式不同源机制和几何形状。有限元模型参数估计的反演模型地表大地测量观测的断层滑动可以记录为[370]

$$d_s = Gx_s + \varepsilon \tag{28.38}$$

式中：矢量d_s为观测到的同震地表位移；x_s表示源模型参数的矢量，代表断层界面上的运动；ε为观测误差；矩阵G被称为格林矩阵函数[371]，可以在弹性力学中解析计算（见文献[372]）。反问题[式（28.38）]可以通过加权最小二乘法或贝叶斯方法求解估计。应注意的是反转是非唯一且病态的这种情况通常会通过将位错断层面离散化为子断层和正则化来改善,这必须满足平滑度的约束。这些考量本质上是主观的,对于同样的事件,采用不同的研究方法会获得明显不同的地震源模型[373-374]。当然,这可能会影响对基本源进程的解释[370]。注意,一旦参数矢量 x_s 被估计,Okada 的公式[366]可用于确定同震位移在受影响区域的任何点(图 28.11)。地壳形变的震间阶段模型循环也可以表示为一个反问题[式(28.38)]。这里的观测是大地测量表面速度 b [式(28.17);图 28.7 至图 28.10],参数是断层上的长期运动(滑动)表面基于图 28.17 所示为地震间正演模型。

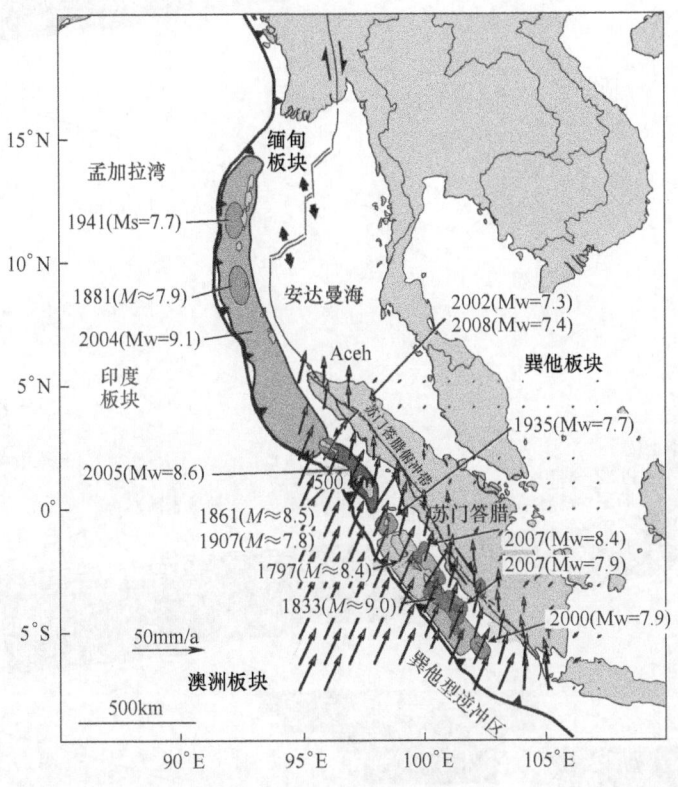

图 28.17 地震间正演模型

[苏门答腊地区的 GPS 水平速度场模型(灰色箭头)与假定的其他板块有关的俯冲带,以及 19 世纪至 21 世纪的大地震。速度矢量与海沟约成 45°角,表示斜向俯冲,将变形划分为苏门答腊断层上的俯冲界面和右侧断层延伸至整个岛屿[368]。注意,从海沟到苏门答腊断层,速度矢量在 0.5°S 到 2°N 的区域内旋转。这是滑动分区和分段[375]。资料来源:改编自文献[375-376]及其参考文献。经 John Wiley & Sons 公司许可转载。]

构造大地测量学中,比较大地测量得出的断层滑动速率与长期地质速率是一个一阶复杂问题。表面速度假设震间形变率在多次地震中不发生变化。如前所述,从 GPS 反演断层滑动速率需要许多假设,包括断层活动的可变深度和几何形状、岩石圈的材料和摩擦特性,以及地壳和下地幔的基本性质。此外,位错可能同时具有锁定和蠕变不同程度的部分。例如,SAF 的 Parkfield 段是北部爬行带(抗震)和南部锁定区域过渡区域(图 28.8)。SAF 位错通常考虑到北美和美国之间的太平洋板块,但实际上,板块边界的宽度沿走向可以从几十公里到几百公里(图 28.8),包括基于各种机理的多个断层[208]。

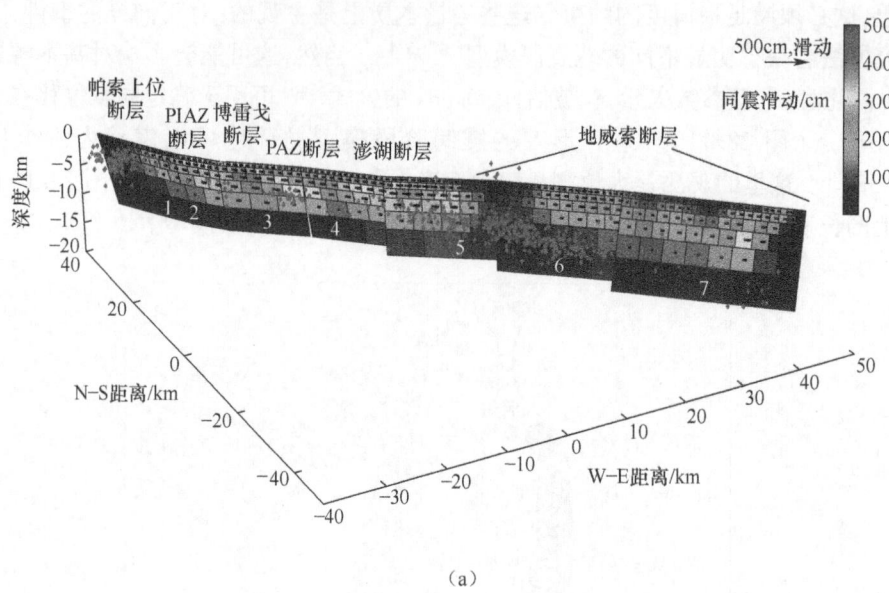

(a)

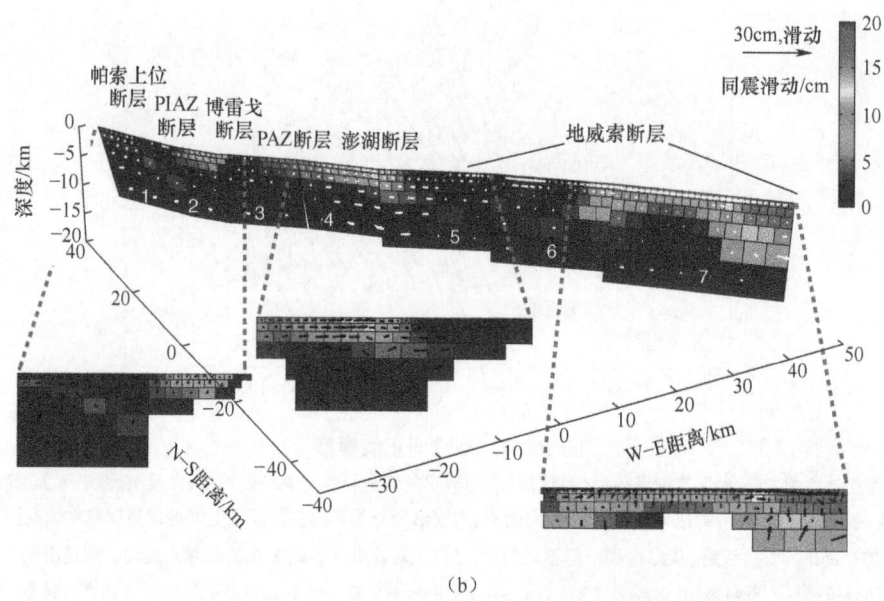

(b)

图 28.18 同震和震后断层滑动模型

(2010 年震级 Mw 为 7.2 的 El Mayor Cucapah 断层滑动反演,墨西哥使用冈田公式计算均质弹性半空间中矩形位错的地震[366]。输入信息为 GPS 距离和 InSAR。(a)同震模型;(b)地震后模型。来源:改编自文献[336]。经 John Wiley & Sons 公司许可转载。)

28.3.8 瞬态变形

28.3.8.1 地震后形变

截至目前,地壳形变/地震周期已被定义为长期的间断性震间运动。根据弹性位错理论,同震运动是震间运动(图 28.14)。实际上,通过以前的地震分析可知,同震断层滑动只占长期震间地震的一小部分,表明地震期间释放的能量(力矩)破裂不足以完全解释总积累能量。同震破裂后,GPS 位移时间序列显示非线性信号,视为类似于指数或对数函数的震后形变[式(28.17)]。地震后阶段是地球岩石圈持续应力释放的时期,逐渐恢复其稳态运动。例如,阿根廷智利瓦尔迪维亚的一些 GPS 时间序列仍显示 1960 年震级 Mw 为 9.5 的大地震的震后效应[118]。作为小规模地震,墨西哥下加利福尼亚州巴哈北部 El Mayor Cucapah 2010 年震级 Mw 为 7.2 的地震发生 7 年后,地震、位移时间序列仍在继续,在大多数 cGPS 台站表现出显著的震后运动(图 28.6)。

震后形变可以用两种基本方法来描述[366]:地壳的摩擦特性[377-379]和黏弹性岩石圈与黏性流体耦合的松弛软流圈,或下地壳(发震层下方)组成和上地幔(图 28.15)[380]。简单地说,断层的余震发生在发震时或发震附近深度,和应在近断层处最明显的站点。黏弹性松弛发生在上地幔中,最明显的是在远距离观测站的长时间序列中,离破裂处数百公里或更远[381-382]。余震通常是一个短期的断层过程(几天到几月),发生在下倾、上倾或破裂面,呈对数衰减,而黏弹性松弛是一个长期的地幔过程(年),呈指数衰减。审慎地根据分布和数量选择 GPS 站,应足以区分黏弹性松弛在断层的深度和深度滑动[383]。其他震后过程包括孔隙弹性反弹、断层带收缩[384]和岩石的重新锁定板块/断层[385]。孔隙弹性反弹是由压力引起的地壳岩石孔隙内流体流动的梯度,发生在从同震到震后的过渡期[386],在距离断层相对较近处。

利用 GPS 和/或 GPS 建立地震后形变模型 InSAR 观测通常需要几个物理过程。例如,2010 年墨西哥下加利福尼亚州北部城市库卡帕震级 Mw 为 7.2 的地震后 5 个月的水平地震模型使用近场 GPS 和 InSAR 观测(图 28.18),包括余震和断层带的组合收缩,以及孔隙弹性反弹,而远场数据很可能需要黏弹性地幔中的松弛[336]。2010 年智利震级 Mw 为 8.8 的 Maule 特大逆冲地震后,另一项水平和垂直地震运动的研究贯穿整个南美[264],使用 5 年的 GPS 观测数据,将其输入黏弹性松弛的三维有限元模型中。

理解地震后形变和其他瞬态提供对机械特性的约束断层带的力学特性,对认识地震灾害具有重要意义。

28.3.8.2 慢滑事件

由于滑动速度很慢,瞬变几乎不会产生任何可感知的弹性波能量,无法用常规地震仪器进行测量。瞬态的慢滑,如果其表面高于测量噪声,可利用 GPS 观测到。之前讨论的震后形变是最常见的瞬态运动源。其他的重要的抗震瞬态,在对震间效应、同震和震后运动进行建模后,可以在 GPS 的剩余时间序列中观测到(见 28.2.5.2 节)。在板块边界进行的大量 cGPS 测量表明,慢滑事件(SSE)是一个重要的需要考虑的应变释放来源,以便更好地理解断层带的基本力学以及地震概率的分配[387]。地震滑动地震带上叠加地震时发生形变不是连续的,在俯冲带尤其明显(图 28.19)。

SSE 最早是在 GPS 剩余时间序列中被识别出来的,在日本[173]、卡斯卡迪亚[171,364,388]以及在其他位置检测的俯冲带,包括间隔大约 4 年的墨西哥格雷罗[389-390]、新西兰[391]、阿拉斯加[392]和哥斯达黎加[393]。

SSE 被发现伴有"震颤",是一种持续时间很长的地震信号,是由非常小的低频地震组成的无清晰波到达、持续时间极长的地震信号[394]。其中两者的组合被称为 ETS,其属性和

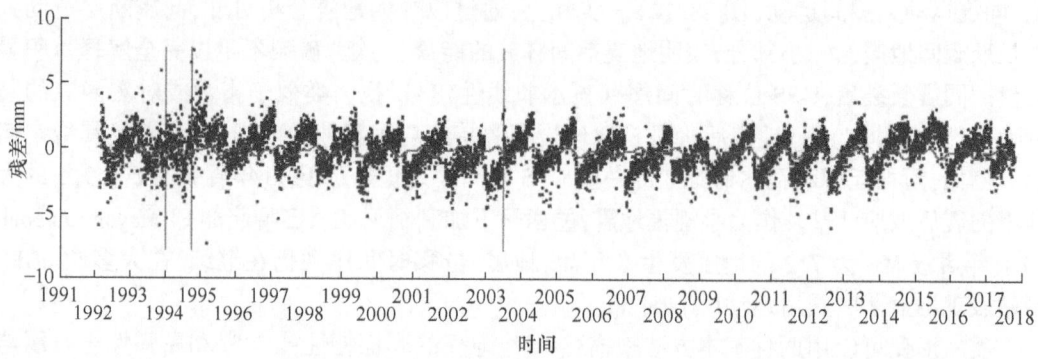

图 28.19 每日 GPS 残余位移中检测到的瞬态形变

[累计 26 年的加拿大不列颠哥伦比亚省温哥华岛上的 ALBH GPS 站卡斯卡迪亚俯冲带日均剩余 GPS 位移(48.395°E,123.490°W)的时间序列(东分量),表明从 1992 年初到 2017 年末,有 19 次相当规律的慢滑 ETS 事件。红线是参数化拟合每日时间序列(28.2.5.3 节)。20 世纪 90 年代初的散差较大,主要是由于卫星轨道不太精确和当时全球 GPS 基础设施有限。垂直线表示天线更换的时间,需要估计同震偏移参数。来源:GPS Explorer 时间序列小程序,http://geoexp01.ucsd.edu/gridsphere/gridsphere)。经斯克里普斯轨道和永久阵列中心许可转载。]

位置记录了 6 个俯冲带[395]。对卡斯卡迪亚俯冲带 GPS 位移时间序列的检查继续显示,SSE 每隔 13~16 个月定期出现,断层界面在 1~2 周内滑动达 2cm。它们在 GPS 位移时间序列中显示为相对于板块会聚方向的运动反转,振幅为 2~4mm,较小但可清楚识别(图 28.19)。这些信号只比剩余时间序列的均方根散差大几倍(水平分量约 1mm、垂直方向约 3mm)。重要的是,GPS 网络观测到的第一次深滑动信号相当于 6.7 级地震[174],因此,地震危险性是一个重要的考虑因素。在墨西哥瓦哈卡山下观察到一处 SSE,在 2012 年震级 Mw 为 7.4 的奥美佩克地震爆发前一直很活跃,基于库仑应力计算(见 28.3.7.2 节),地震可能由此引发[396]。同样,据推测,2014 年 4 月的帕帕诺亚 Mw 为 7.3 的地震可能由 2 个月前震中附近发生的一次缓慢滑动事件引起。这项研究表明,墨西哥格雷罗地区的板块界面在 SSE 之间高度耦合,在这些事件期间,大部分累积应力在抗震上释放[397]。地震周期中 SSE 的影响仍是一个未知数,比如"地震"前兆。

28.3.8.3 地震前滑动

备受争议的瞬态形变是前兆性的震前滑动可能的预测因素。根据实验室岩石实验中观察到的滑动事件之前摩擦力的微小变化,假设地质断层处于地震周期的震前阶段[398]。2001 年震级 Mw8.4 秘鲁地震引发的震级 Mw 为 7.6 的余震发生前,某观测站的 GPS 观测报告了瞬时形变[399]。共有关于震前大地测量瞬变的 10 种可信解释,但对于更多的大地震,震前瞬变并不存在[400]。长寿命的震前运动和 SSE 可能会调节大地震,并降低地震危险的概率,但更多的是在改进预测的领域和提高或降低警报的基础上,而非预测,这仍然难以捉摸。2011 年日本东北奥基震级 Mw 为 9.0 的地震前,人们检测到了 2 个浅瞬变,可能增加了沿线的板块边界剪切应力[401]。2011 年震级 Mw 为 9.0 地震前的 10 年中,GPS 衍生应变减少,揭示了日本东北奥基地震更长期的震前运动,这被解释为板块内事件后滑移导致板块耦合减少[402]。此后,有人提出 GPS 站点观测到的加速度最好用 2011 年东北大地震前几十年向上倾斜的长期深部瞬变(1996年之前可能存在)来解释[403]。据推测,2010年震级 Mw 为 8.0 的智利莫勒地震的远震波引发了格雷罗 ETS 事件[404]。伊基克地震 2014 年震级 Mw 为 8.1[405]之前的2周内,还观察到与强烈前震活动相关的缓慢滑动[406]。

28.4 减轻自然灾害

28.4.1 简介

精密 GPS 在研究自然和人为危害及其对人类、基础设施和环境的影响方面发挥着重要作用。本节将讨论 GPS 和互补观测的应用预警与快速反应系统减轻自然灾害的影响,包括地震、海啸和火山。28.5 节和 28.6 节将讨论气候变化和环境的监测。第 32 章将展示原始 GPS 相位和距离测量如何通过跟踪电离层扰动用于海啸预警。第 30 章将讨论通过对流层延迟测量跟踪极端天气的 GPS 气象学。

如预期的那样,海啸地震中离震源最近的沿海人口最容易受害。然而,这些地方性事件缺乏充足的预警系统。正因如此,GPS 扮演着越来越重要的角色。2011 日本东北奥基震级 Mw 为 9.0 的地震和海啸导致 15894 人死亡、6152 人受伤、2562 人失踪,对基础设施造成严重破坏[161-163],尤其是福岛第一核电站核灾难海啸[407-408]。传统上,地震和海啸的监测依赖于地震网络来快速估计地震震级和滑动,以及潮汐计和深海浮标来直接测量海啸波。对 2011 年日本东北奥基震级 Mw 为 9.0 的大地震震级的低估及海啸淹没后果的预测不足表明,需要进行额外的观测,以获得强有力的当地海啸预警。回顾 2011 年日本东北地震事件和其他大型俯冲带事件记录数据,我们得知,实时高速 GPS 和地震大地测量提供了震级和断层机制的快速估计,从而消除了关于地震最大规模的任何模糊性。来自 GPS、地震大地测量(见 28.2.3 节)的信息和其他补充数据(近岸 GNSS 浮标、海底压力传感器和潮汐计)提供了更多准确的海啸预警,为海啸淹没提供了信息模型,对离地震最近的人口和基础设施等更是至关重要。展望未来,卡斯卡迪亚大冲断层上的大地震和随后的海啸(上一次是 1700 年)[165,409-410]造成的损失和死亡可能与 2011 年的震级 Mw 为 9.0 的地震相当。28.4.2 节和 28.4.3 节分别讨论了地震和海啸预警。

通过 GPS、InSAR、倾斜和电子距离测量(EDM)以及地震与重力记录和气体排放测量进行的直接观测表明,2010 年 10 月下旬印尼爪哇中部默拉皮层火山爆发前,曾出现重要的前兆信号[411]。印尼火山和地质灾害中心的早期预警导致超过 1/3 的人撤离,估计挽救了 1 万~2 万条生命。尽管如此,仍有大约 400 人死亡。28.4.4 节讨论了火山监测。

28.4.2 地震预警和快速反应系统

地震早期预警(EEW)系统的设计目的是,一旦近源传感器网络检测到地震,立即向处于危险中的人发出即将发生的强烈地面运动的警报。警报的及时性和有效性取决于地震波的传播时间和强度,传感器到震源的距离,准确估计地震震中、震级、受影响区域和震动严重程度的能力,以及目标人群与源和传感器网络的距离。

震源放射发出的主波(P 波)是第一个最快且破坏性最小的地震波,人类无法感知。P 波本质上是压缩(纵向)波,在地表以约 7km/s 的速度传播。P 波之后是破坏性更强的横向次级(S)波。也就是说,它们垂直于传播方向传播。S 波在地球上传播,因此被归类为体波。S 波速度约为 P 波速度的 60%。体波之后是破坏性表面波——瑞利波和洛夫波的传播速度约为 S 波速度的 90%。EEW[412-414]利用了 P 波和 S 波的相对速度、阶数和破坏性,以及在最初的概念中,使用地震仪器(见 28.2.3 节),从传感器网络实时传输到分析中心。预警系统还可以利用社交媒体和众包。例如,正在经历地震震动(S 波和表面波)的推特和/或智能手机用户可以向远离震中的人们发出警报[415]。

正如本节中描述的那样,如今,GPS 和地震大地测量(28.2.3 节)被视为 EEW 系统的重要组成部分。

早期预警的一种方法是正面探测,它依赖于探测 S 波和表面波的传感器前向网络;GPS 非常适合这种系统。墨西哥城的 EEW 系统[416-417]是基于西南几百公里处格雷罗地震缺口沿线的沿海地震仪,提供大约 70s 的预警时间。该系统的价值在 2017 年 9 月 19 日墨西哥中部震级 Mw 为 7.1 的地震中得到证明:该地震造成约 20s 的强烈震动,造成重大人员伤亡(370 人死亡,数千人受伤),建筑物和其他基础设施受损。

当然,离源头越近的人群受到的警告就越少;S 波速度约为 4km/s,每延迟 1s 就会留下一个半径增加约 4km 的"盲区"。一种使用范围更广、盲区更小的方法是基于良性 P 波的检测,以预测滞后和破坏性 S 波及后续表面波的到达时间和强度(文献[412],图 28.20)。先进的日本 EEW 系统使用这种方法。P 波前 3s 的峰值振幅用于估算震级,然后根据日本群岛的地球结构模型,以 10°强度标度估算强度[418-419]。2011 年,日本仙台东北奥基附近约 100km 处发生了震级 Mw 为 9.0 的地震,在距离震源约 250km 的东京,大约 90s 后才感受到 S 波[83]。这大约是洛杉矶都市区感受到起源于 SAFS 南段(图 28.8)的大地震的时间。

在用的 P 波检测指标有几种,如在日本,包括前 3~5s(Pd)的峰值振幅、最大周期($\tau_{\max}^p$)和主要周期[414]。例如,2011 年日本东北奥基地震的数据表明,根据估计时间窗的长度,这些指标具有不同的敏感性[420]。因此,可使用多个 EEW 度量来获得更可靠的警告,从而最大限度地减少误报[414]。我们从大型历史事件中得出经验,可依据 P 波度量和震级之间的比例关系发出警告[421]。28.2.3 节讨论了仅使用地震仪进行 EEW 的缺点,包括震级饱和(图 28.4)、宽带仪器的削减、将强震加速度计数据与位移进行双积分时引入的偏差,以及随后永久静态位移的损失。GPS 仪器对比 EEW 具有明显优势。即使在最大地震的近场,它们也不会发生夹持,并且不受震级饱和的影响[52,56]。然而,GPS 仪器不如地震仪灵敏,无法探测 P 波。如 28.2.3 节所述,融合 GPS 和加速度计数据(地震大地测量),保留了每个系统的优点并消除了其缺点(图 28.4)。它减少了加速度计数据与位移双重积分中的偏差,并允许 P 波检测,提高了震动期间位移的精度[42]。最重要的是,保留了静态偏移,以便进一步建模。

下文描述了一种利用地震大地测量网(提供高速位移和地震速度)实现 EEW 和快速响应的方法(图 28.20)[88]。第一步是使用标准地震学[如自动短时平均/长时平均(STA/LTA)方法]检测事件("相位拾取")[422],应用于地震大地速度的垂直分量;因为 P 波在该方向更为明显,EEW 可根据 Swave 的预计到达时间发布(图 28.20)。地震定位后,可根据 S 波的预计到达时间发布 EEW(图 28.20)。

下一步是尽快得出地震震级的估计值,位置和震级是发布初始本地海啸警报的最关键参数。震级关系是根据中到大地震的高速 GPS 和地震大地测量得出的地面峰值位移

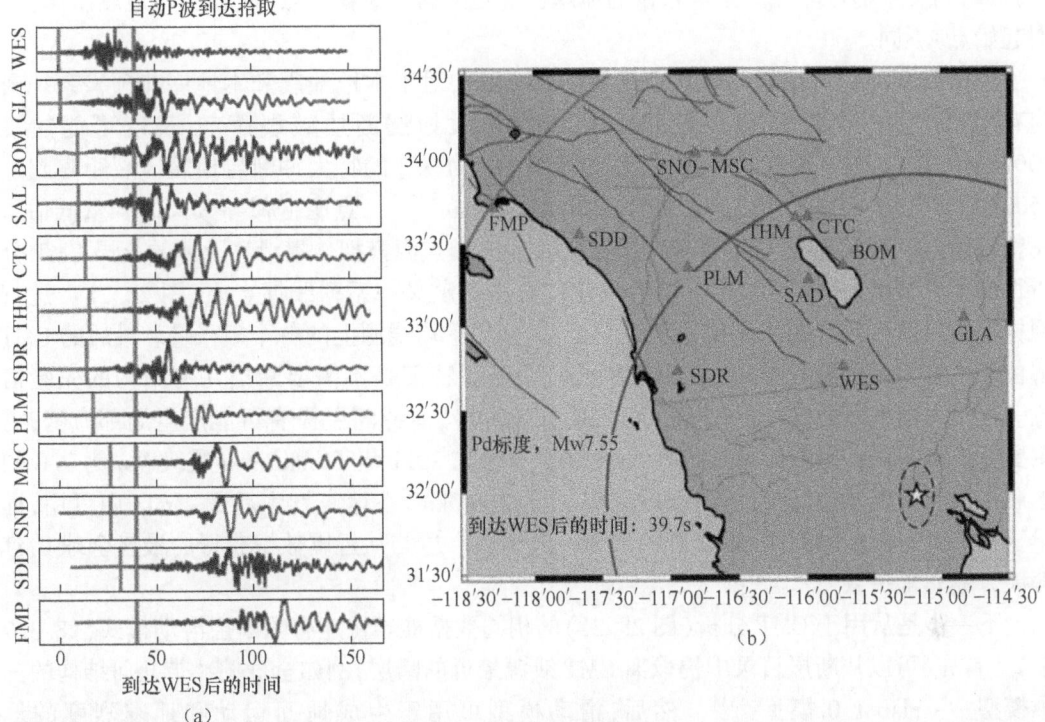

图 28.20 地震预警示例

[对 2010 年墨西哥下加利福尼亚州北部矩震级 Mw 为 7.2 的库卡帕地震的 100sps 地震大地位移和速度波形进行了模拟实时回顾性分析。(a)显示了 12 个 GPS/地震台站的速度波形,按震中距离的增加排序(地图上有一个西格玛误差椭圆的星星)。连续的红色垂直线表示当前的时代。前面的红线表示在每个台站检测到 P 波的时间。一旦触发了 4 个台站,就可以对震源进行估计,并可以确定 P 波和 S 波的传播,如部分圆圈所示,S 波随 P 波传播。在这种情况下,S 波峰在地震起源时间后 80~90s 到达里弗赛德县和洛杉矶县人口稠密的地区。此处显示的是一部 39.7s 的电影的一帧。PGD 震级标度[式(28.39)]提供了矩震级 Mw 为 7.55 的估计值,不确定度为 0.3 震级单位,比最终震级大 0.35 震级单位。资料来源:经 Dara Goldberg 许可转载。]

(PGD)目录建立的[48,65]。

PGD 关系表示为

$$\lg(\mathrm{PGD}) = A + B \cdot \mathrm{Mw} + C \cdot \mathrm{Mw} \lg(R) \tag{28.39}$$

式中:A、B 和 C 为基于历史地震回归分析的经验系数;Mw 为矩震级;R 为震源距离。新地震发生时,受影响台网台站的观测 PGD 值、经验系数和从震源估计中获得的 R 值用于迭代估计震级,因为每个台站的 PGD 值均可用。对于 2011 年 Tohoku-oki 震级 Mw 为 9.0 的地震,PGD 关系可以在地震发生后约 90s 内、即地震震动停止之前,提供准确的震级估计[65]。

一旦获得震级,下一步就是估计断层滑动机制(例如走滑或逆冲)和几何结构。质心矩张量(CMT)解决方案表示地震强度(地震震级)、断层类型(正常、走滑或逆冲)、断层面的方向及其质心。从图形上看,矩张量解由下半球赤平投影上运动的压缩和拉伸象限(通常称为"海滩球")上不同颜色或图案的阴影表示(图 28.21)。CMT 解决方案由 9 组矢量对组成[423]。它们是地震学中的标准,根据远震波(远离震源)估算。CMT 目录可用于 $M > 5$ 的地震[424]。CMT 解由 10 个参数描述:对称矩张量的 6 个独立元素[425-427],其地理位置(质心)和时间发生的可能性。力矩张量的地理位置是平均力矩释放点(质心),与地震震源(破裂起始点)不同。

使用静态(永久)位移可以快速进行 CMT 估计,对于本地地震和本地海啸预警系统最为有用[428-429]。CMT 是点源近似。然而,对于大地震断层破裂而言,长度可能超过 1000km。例如,2004 年苏门答腊-安达曼震级 Mw 为 9.3 的特大冲断层地震破裂距离超过 1500km,宽度约 150km[430],破裂持续时间接近 10min[431]。点源近似导致人们严重低估了完整地震力矩释放,从而低估了初始震级。使用 5 个点源模拟传播滑移脉冲的全局 CMT 分析得出了更精确的估计值[432]。更本地化的方法是定义一系列线性点源(图 28.21),进行网格搜索以获得最佳的线方位角和空间位置,然后平均线源上的各个矩张量。最后的 CMT 解位于平均力矩释放位置[65]。此方法的一个重要特征是不需要断层几何结构的先验信息。由于海啸地震通常(但并非总是)发生在俯冲带,逆冲断层极有可能产生局部海啸,需主要考虑海底是否有明显的隆起。线源 CMT 方法在 2011 年 Tohoku-oki 震级 Mw 为 9.0 的地震中得到了回顾性证明:该地震的破裂长度为 340km,在地震发生后 2~3min 内可用,远早于第一次海啸波的到来(地震开始后 30~60min)。这与从远震数据获得的最终全球 CMT 解决方案非常一致[65]。

下一步是从用于 CMT 分析(图 28.21)的相同数据推导快速有限断层滑动模式(28.3.7 节)。首先,可以从断层目录中提取离 CMT 线源最近的断层,例如全球俯冲带几何结构的三维模型——Slab 1.0 模型[433]。然后,滑动模型可用于生成地面运动和地震烈度的地图[434],并作为海啸模型的输入。如下一节所述,可以使用有限源模型以及精确的地形和测深来估计海底的隆起,从中可以在第一次海啸波到达海岸线之前对海啸范围、淹没和上升进行建模[435]。请注意,所述滑动模型(图 28.21)仅适用于快速分析。作为地壳形变研究的一部分,更精细的模型会在稍后计算出来,通常由众多研究大地震的研究人员计算出来[66]。

28.4.3 当地海啸警报

当前的海啸预警系统主要针对地球的俯冲带,且该系统发展良好,可用于海底盆地警告。在美国,太平洋盆地由美国国家海洋和大气管理局监测国家气象局(NOAA)夏威夷太平洋海啸预警中心(PTWC)检测。西海岸和阿拉斯加地区由阿拉斯加的国家海啸预警中心负责。他们使用两种基本方法:直接方法是 NOAA 利用海啸的深海评估和报告(DART)配备 GPS 的浮标,将卫星与深海(4000~6000m)海底压力传感器[436-437]实时连接。压力读数提供了海啸波产生的海面变化的测量值。这些读数用于推断海底的垂直运动(导致海啸),模拟海啸传播并生成特定地点警报[438-440]。因为飞镖浮标部署在深水中,当地的海啸预警不够及时,且一直难以维持。最可靠的间接方法采用分布在全球和区域、用于定位地震综合位移的宽带地震仪来测量远震波(0.003~20Hz,超过 1000km),并估计其大小和作为海啸警报基础的故障机制等改进的海啸模型[441]。

如前所述,地震数据在大地震的近场存在问题,因此,传统的地震仪器方法不适合用于局部海啸的及时报警。实时 GPS 网络则不受这些问题影响。2004 年苏门答腊-安达曼震级 Mw 为 9.3 的地震和随后的毁灭性海啸后,基于观测到的静态 GPS 位移的海啸预警系统成为研究的重点(表 28.3)。一项初步研究建议,使用全球台站的 GPS 观测值快速估算大

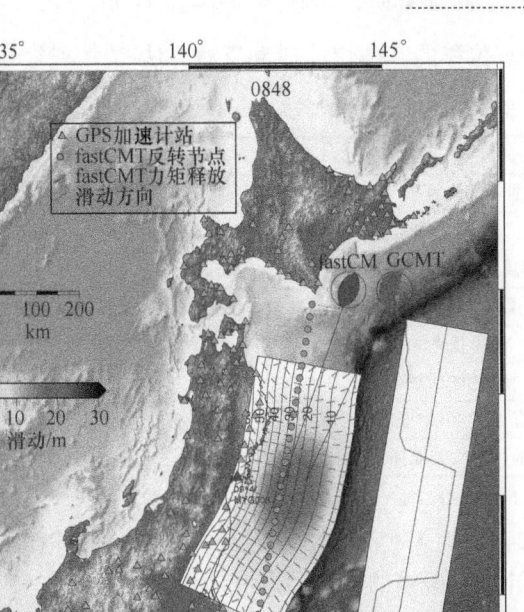

图 28.21 2011 年日本东北 Tohoku-oki 9 级地震的快速线源 CMT 解和有限断层滑动模型
[绿色圆圈表示线性点源。图中显示了快速 CMT 和全球 CMT 解决方案(GCMT)沙滩球。插图显示了这一时刻从线源释放,作为沿断层距离的函数。沿着断层界面显示,距离 Slab 1.0 模型[433]为断层滑动模型;蓝线代表断层界面上的滑动方向。三角形表示输入并置 GPS/加速计站的位置。2 个大三角形代表固定 GPS 站(0848,红色)和 GPS/加速计对(0914/MYG003,蓝色)。来源:改编自文献[65]。经 John Wiley & Sons 公司许可转载。]

地震的震级和滑动,以此作为全海盆海啸预警的基础[442]。其他研究侧重于结合沿海近源 GPS 和开放海洋 DART 浮标观测,快速估算地震引起的海底隆起和沿海滑坡产生海啸的源能量和规模[443-444]。相关研究提出,海岸 GPS 网络("GPS 屏蔽")[445]可以快速计算断层尺寸和平均滑动[446],作为海啸传播的初始条件[447]。

日本拥有世界上最先进的海啸预警系统,由日本气象局(JMA)运营。1993 年北海道南西奥基震级 Mw 为 7.8 的地震后,该系统检测到了冲击,随后,海啸在 3min 内便抵达附近的 Okushiri 岛,造成 230 人死亡[448]。该系统针对不同的地震场景模拟海啸传播和淹没场景,并存储在数据库中。然后,当地震发生时,根据估计的地震参数选择最合适的场景来指导预警。

要想实现强有力的当地海啸预警,关键是要能够快速估计地震震级和断层机制,因为并非俯冲带中的所有大型事件都可以假定为破裂巨冲断层。例如,2012 年震级 MW 为 8.6 的印度尼西亚苏门答腊岛附近的事件主要是一次走滑事件,并未产生重大海啸[449]。如前一节所述,震级标度关系(如 PGD)可以减少震级估计所需的时间,即地震震动完成之前和同震静态位移揭示之前。一旦估计了同震位移,则可使用其他方法,如线源 CMT 解决方案[65],进一步利用震级与断层长度和宽度之间的标度关系[450]启动快速滑动反演[451],以及使用实时 GPS 静态位移的其他快速滑动反演方法[57,447,452-453]。

表 28.3 GPS 和地震大地测量观测到的海啸地震

年度	名 称	矩震级	死亡/失踪人数	最大海啸高度/m
2004	印度尼西亚苏门答腊-安达曼	9.3	230000~280000	15~30
2010	智利莫勒	8.8	525/25	1.3
2010	印度尼西亚明打威	7.7	408/303	3
2011	日本东北奥基	9.0	15894/2562	40.5
2014	伊基克	8.3	6	2.1
2015	智利伊拉佩尔	8.3	14/6	4.9
2016	新西兰 Kaikōura	7.8	2	7
2017	墨西哥恰帕斯州	8.2	98	1.75

来源:https://en.wikipedia.org/wiki/List_of_historical_tsunamis。

最近,对日本和智利的 4 次海啸事件进行的回顾性实时 GPS 分析总结了如何使用快速震级估计来及时估计海啸振幅的最大预期值[69]。

对于向当地居民发布一般疏散警报,这些基于 GPS 的海啸快速预警方法及时性非常重要。然而,更精确的方法可以提供更多更准确的海啸传播和到达时间、地理范围、淹没距离和高度等信息。这些方法基于大地测量和地震数据的某种组合反演,以估计有限断层滑动模型,从而推断海底隆起。使用现有的地形图和等深线图,然后生成海啸传播模型,以对地震破裂带附近的沿海地区和岛屿发出预警。海啸模型的准确性取决于震源模型[454],并可以通过与直接深海 DART 浮标和沿海事后实地调查测量结果进行比较来评估[162]。后者与当地海啸预警最为相关。使用陆基数据可以改进海啸模型,而不会显著增加延迟[435]。然而,陆基数据对导致大型隆起和海啸的浅层断层滑动的分辨率可能非常有限[447,455]。将来自海上 GPS 浮标(运动位移)、海底压力传感器[456-457]和潮汐计[458-460]的直接数据相结合,可以提高分辨率和模型精度[435,454,461-464],但延迟会增加;多数情况下,它仍然可以提供足够的时间,发布精确的海啸预测。对用于模拟 2011 年震级 Mw 为 9.0 的 Tohoku-oki 事件的不同数据分辨率的研究表明,GPS 位移时间序列对最靠近海岸的滑动最敏感,对靠近海沟的滑动几乎完全不敏感,而地震大地速度对断层上任何地方的滑动都很敏感。海啸波观测对海沟附近的滑动最为敏感。独立使用的每个数据集提供有限的分辨率,而组合提供了实质性的改进[455]。

为此,日本安装了一个广泛的海底电缆网络,将海底数据实时传输到 JMA;GPS 浮标的位移通过卫星通信传输。2000—2004 年,在日本东北海岸附近的 2011 年震源上方,安装了 5 个海洋表面 GPS 浮标和海底声波应答器,通过这些浮标对海底进行定位,显示海底水平位移高达 24m,垂直隆起高达 3m[244]。沟渠 50m 范围内的声波应答器记录到(31±1)m 的水平运动[465]。2011 年日本东北奥基事件发生地区建立了一个用于传输海底数据的海底网络 S-net[466]。日本还运行地震和海啸密集海底网络系统(DONET),通过南开海槽的海底电缆传输实时海底数据,南开海槽是纪伊半岛和四国岛附近的主要构造特征。(https://www.jamstec.go.jp/donet/e/)。

28.4.4 火山监测

大地测量方法在火山监测中发挥着重要作用。与地震不同,火山监测也许能在喷发前几分钟到几个月探测到前兆信号,以此作为预警和减灾的依据。前文曾提到(见 28.4.1 节),2010 年 10 月底印度尼西亚爪哇中部默拉皮层火山爆发之前,GPS 和其他传感器曾检测到前兆信号[411]。虽然有 400 人死亡,但印尼火山和地质灾害中心发布的早期预警帮助超过 1/3 的人撤离,据估计挽救了 1 万~2 万条生命。然而,有几类具有不同行为和多种潜在物理过程的仪器化火山缺乏前兆信号。另外,岩浆活动的增加并不总是导致喷发,例如在北加利福尼亚猛犸湖的仪器化程度很高的长谷火山口[467]。对火山大地测量学和地震学的理论、方法和监测,有一些很好的评论可参考[4,5,468-471]。

引入 cGPS 的优点是可以提供对火山结构及其侧翼的高速、连续监测,但建立可靠的实时通信链路并不总是可靠的,也不实用。由于火山锥陡坡对 GPS 信号的阻碍,以及火山爆发期间探测设备的损失,导致 GPS 的监测面临其他挑战,如 GPS 信号难以接近危险地点,而不能对其进行部署。例如,意大利伊奥利亚群岛的斯特龙博利火山在其浅层岩浆室内持续中等(斯特龙博利)的爆炸活动,为传感器的安装带来危险。滑坡是一个严重的问题,可能引发海啸;2002 年 12 月底,火山西北侧(Sciara del Fuoco)的一次喷发伴随着山体滑坡,在意大利南部海岸引发了海啸。2003 年 4 月,一次突发性爆炸事件喷出玄武岩,对其监测网络造成重大破坏。其中一个 GPS 站在被熔岩摧毁之前只记录和传输了 90s 的数据;该站在事件发生前 9 天才安装[472]图 28.22)。InSAR 则没有这些限制,并提供了高空间分辨率的视线(LOS)位移测量,因此成为火山监测的首选方法。

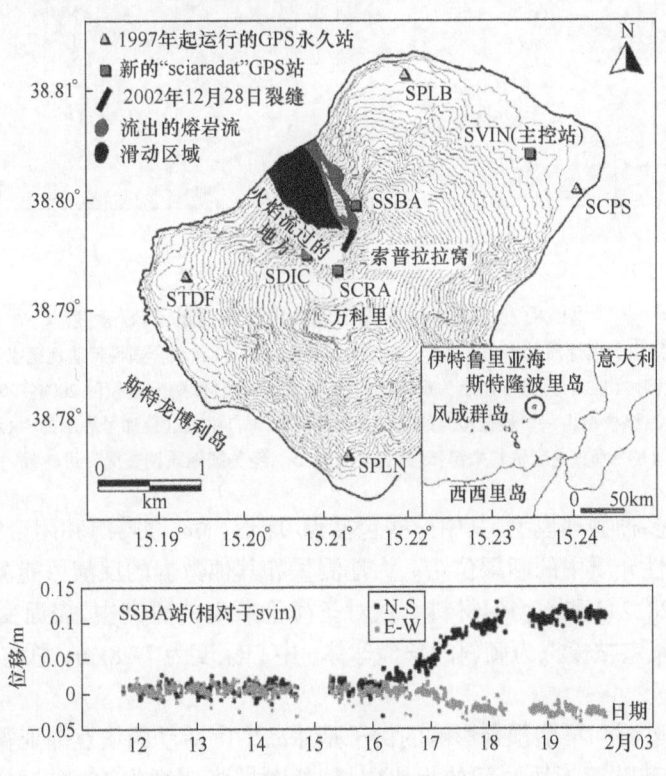

图 28.22 意大利斯特隆博利岛斯特隆博利火山 GPS 实时监测网络

(数据图:从 2003 年 2 月 11 日开始运行到 2 月 20 日熔岩流摧毁 SSBA 台站,SSBA 台站 1sps 位移时间序列的 10min 平均值。数据缺口由无线电通信中断造成。资料来源:改编自文献[472],经 John Wiley & Sons 公司许可转载。)

InSAR 监测 110 多座火山,而 GPS 监测到的火山只有大约 40 座[470]。例如,卡斯卡迪亚俯冲带包括 10 座火山组成的弧以及美国西部的卡斯卡德山脉。其中,圣海伦斯层状火山于 1980 年发生了一次大规模的爆炸性喷发[473],造成人员伤亡(50 多人死亡)和财产损失。1981—1986 年的持续活动产生了一个新的熔岩穹隆,2004—2008 年爆发,熔岩的累积体积接近 1 亿 m^3[474]。2000 年,sGPS 和 cGPS 开始正式用于监测火山(图 28.23)。2004 年 9 月的一系列小地震和 10 月 1 日的一次小喷发推动美国地质勘探局卡斯卡迪亚火山观测站和联合国科特迪瓦国家石油公司的 PBO 安装了更多的 cGPS 站;目前,共有 25 个 cGPS 站。许多 GPS 站在 2004 年之前已显示出显著的监测速度,但并无系统性的前兆监测模式[475]。2004—2008 年的火山喷发导致地面发生了大约 30mm 的广泛向内和向下运动,并在喷发停止后发生了逆转(图 28.23)。GPS 监测还显示,所有台站以 6mm/a 的速度向东北方向稳定移动,与胡安·德富卡板块俯冲到北美板块下方有关。

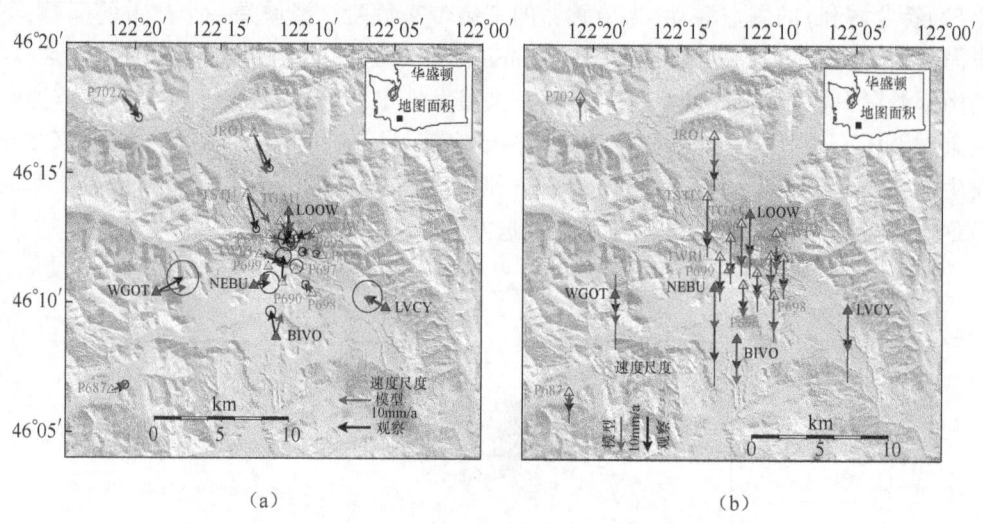

图 28.23 圣海伦斯火山层火山监测网的 GPS 速度

[大孔径 cGPS 网络由美国地质勘探局卡斯卡迪亚火山观测站(CVO)和联合国科特迪瓦国家空间局(UNAVCO)的板块边界观测站(PBO)运营。所示为观察到的(95%置信误差椭球)和建模的 2004—2005 年平均速度[(a)-水平速度];该模型由一个最佳拟合的倾斜点长椭球体[(a)中由红色加号表示的中心曲面投影]组成。(b)-垂直速度资料来源:改编自文献[475],经美国地质调查局许可转载。]

火山过程有多种物理模型,其中一些包括点/球形(Mogi)震源和闭合管道(图 28.24)、椭球腔和均质弹性介质中的断层位错。大地测量和其他数据的反演可能需要更复杂的黏弹性流变模型(图 28.24)和不均匀材料。在对圣海伦斯山的研究中,表面变形与垂直拉长的岩浆室一致,岩浆室被模拟为倾斜的长椭球体,中心深度为 7~8km,总空腔体积损失(16~24)× $10^6 m^3$[475]。

另一个火山监测和早期预警影响的例子是冰岛中度活动的埃亚菲亚德拉火山[476]。冰岛位于北美板块和欧亚板块之间的板块边界,相对扩张速度为 19.4mm/a。埃亚菲亚德拉火山位于板块扩张主带外的扩张裂谷中。2010 年 4 月 14 日火山爆发之前,数百人被疏散。在那里,经过 18 年的间歇性火山动荡和 3 个月的岩浆活动后,根据 GPS 和 InSAR 的观测记

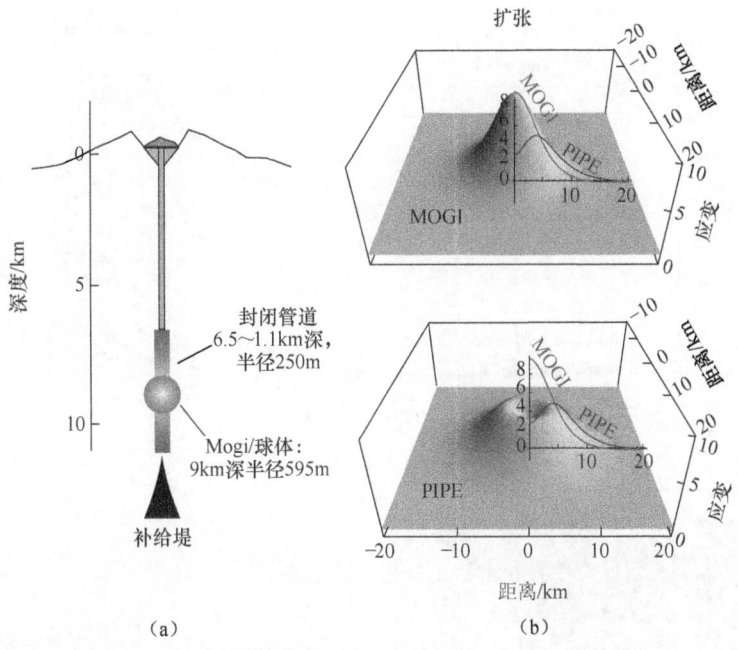

图 28.24 火山源建模

(a)用于模拟地表大地位移和其他数据的 2 个火山变形源示例:(1)9km 处的 Mogi 球形源和(2)从 6.5km 深度延伸至 11km 深度的封闭管道。两个来源的初始体积均选择为 0.88km³,假设 2 个体积均增加 0.018km³。请注意,反演模型参数的选择是为了近似 1980 年 5 月 18 日圣海伦斯火山喷发岩浆体的推断值;这种体积增加的喷发非常常见。;(b)每个震源中 0.018km³ 体积变化引起的计算膨胀。由膨胀的 Mogi 震源和封闭管道产生的隆起模式在近端区域(此处约 1/2 震源深度范围内)有很大不同,但在远端区域没有差异。因此,区分这两种模型需要在近端区域和远端区域分布 cGPS 站。(资料来源:改编自文献[469]。经 John Wiley & Sons 公司许可转载。)

录,第一次喷发前的一个月,快速变形速度超过 5mm/d。2010 年 3 月 20 日至 4 月 12 日,山顶喷发前发生了侧翼喷发。根据 cGPS 的测定,第一次侧面喷发之前(3 月 4 日后每天 0.5mm)变形很快,但在喷发期间可忽略不计(图 28.25)。这项研究的作者得出结论,"数年到数周内火山动荡信号的迹象可能表明这类火山再次苏醒,而即时的短期喷发前兆可能很微妙,很难发现"。

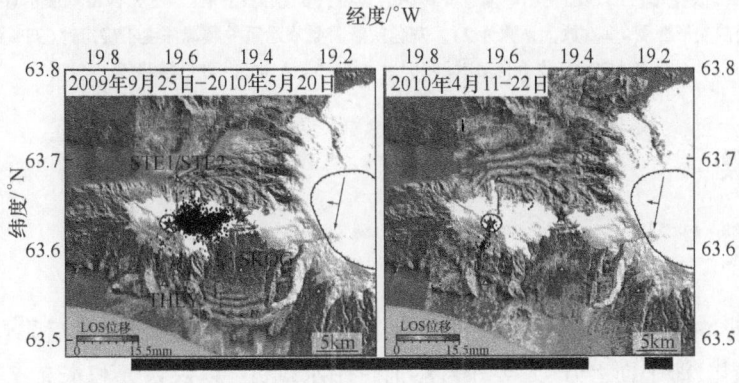

(a)

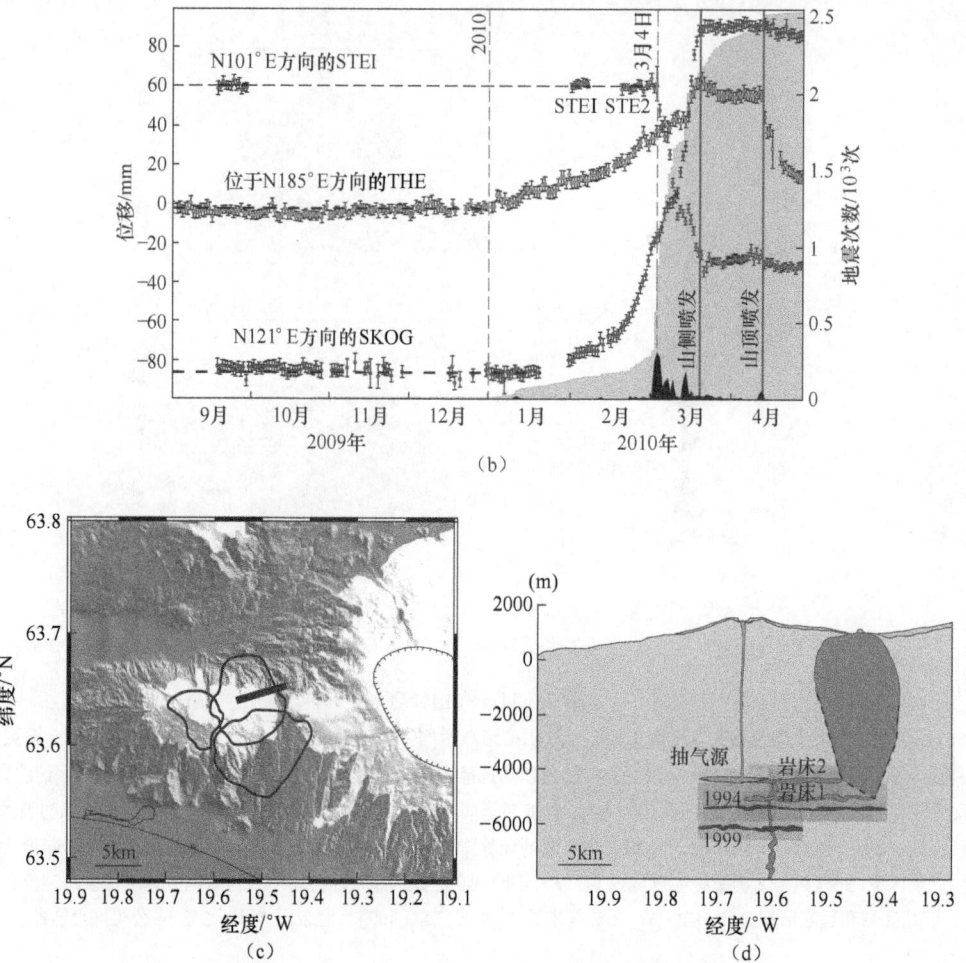

图 28.25 冰岛埃亚菲亚德拉火山层火山形变监测

[2010年3月至4月2次喷发事件之前2009—2010年岩浆侵入期的结果,以及 GPS、TerraSAR-X 干涉图和地震数据。(a)干涉图来自下降的卫星路径,带有黑色正交箭头,显示卫星飞行路径和观察方向。一条彩色条纹对应15.5mm的视距(LOS)变化(增加范围为正,即地面远离卫星的运动)。下面的粗线表示干涉图的时间跨度。三角形表示 cGPS 站。黑点表示该时段内的地震震中。红星显示侧面和峰会活动地点。白色表示积雪。(b)为清晰起见,左上面板标记有一个西格玛误差条和偏移量的站点 THE、SKOG 和并置站点 STEI/STE2 的 cGPS 位移时间序列。灰色阴影显示地震的累积次数,黑色阴影显示相应的每日发生率;(c)地图视图中渐进变形源的模型;(d)横跨山顶区域的东西横截面示意图,在其最佳拟合深度处绘制变形源图(垂直放大系数为2)。灰色阴影背景表示重叠震源深度不确定性(95%置信度)。

资料来源:改编自文献[476]。经 Springer Nature 许可转载。]

28.5 气候

28.5.1 简介

气候变化影响世界上大部分人口的生计,甚至还会影响自然环境:其后果包括地表温度上升、大陆冰融化、海平面上升、人类和自然消费用水减少,以及大气和水文灾害频率增加,包括热带气旋、飓风、热浪、干旱和洪水泛滥。因此,减缓气候变化的程度以及预测趋势是降低社会和环境脆弱性的急切要求。大地测量学,尤其是 GPS,提供了关于 3 个气候变化前沿、大陆冰融化、大陆水储量变化和海平面上升的宝贵观测。当地壳因冰层(冰)和水文(水)负荷变化而形变时,可以观测到冰融化和水储存的变化。冰川运动监测提供了有关冰流量和流动动力学的宝贵信息。GPS 观测对于通过估计由垂直陆地运动引起的偏差,通过验潮仪记录评估海平面的变化也至关重要。

28.5.2 地壳对气候变化的响应

地壳形变是对施加在其表面的力的响应,主要是由于大气、海洋、水文和冰层质量的重新分布,这通常称负荷变化。气候变化影响着水文和冰层负荷的分布,通过精确的 cGPS 测量,可对地球表面的位移进行测量。地球对荷载变化的响应取决于变形的时间尺度。从力学角度来看,地球可近似看作黏弹性材料,其特征麦克斯韦时间约为 1000 年[477]。因此,短期荷载变化(<1000 年)主要导致弹性(可逆)形变[图 28.26(a)、(b)],而长期荷载变化(>1000 年)也会导致永久形变,表现为地幔的黏性流动[图 28.26(c)、(d)]。

28.5.2.1 立即响应

短期荷载变化会引起与时间无关的弹性形变。荷载的短期侵位或荷载质量的增加会导致荷载下方和附近立即下沉[图 28.26(a)]。荷载的完全或部分移除会导致先前沉降区域立即抬升[图 28.26(b)]。由于海潮在低气压或高气压系统通过,极短期的荷载变化(小时到天的数量级)会导致地球表面发生约几毫米的少量位移[478]。季节性水文和冰层荷载变化导致地球表面产生周期性位移,幅度可达几厘米[479]。大陆冰融化[480]、干旱[481]和季节

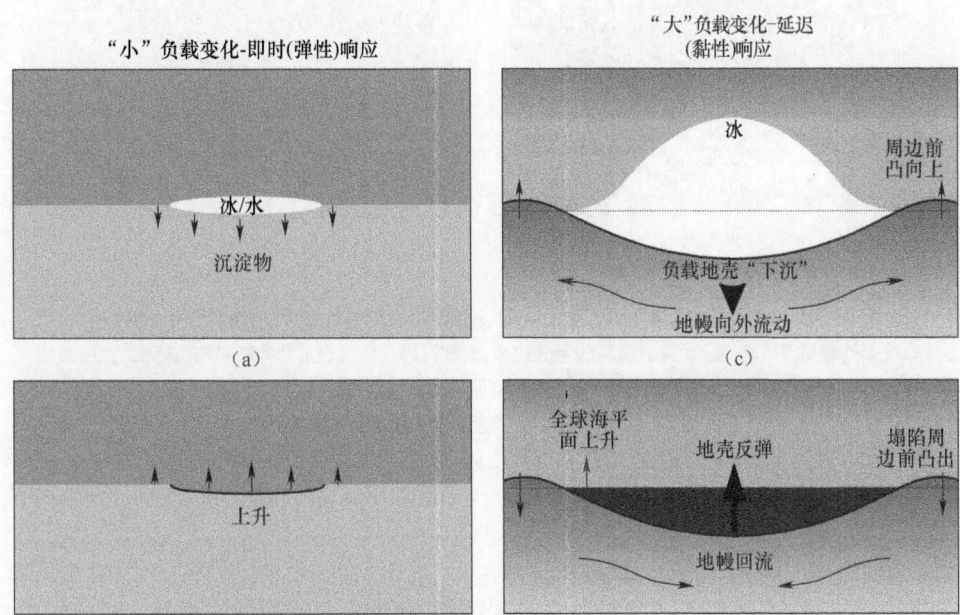

图 28.26 冰层(冰)或水文(水)荷载变化对加载和卸载的地壳响应

[短期荷载的微小变化会导致立即(主要是弹性的)(a)沉降或(b)隆起。随着更新世晚期冰盖的侵位或融化,长期的大负荷变化会导致(c)向外的黏性地幔流和(d)向内的地幔流,并在冰盖融化后延迟地壳抬升。面板(c)和(d)由加拿大自然资源部加拿大大地测量局提供。经加拿大大地测量局许可转载。]

变化可导致多年水文和冰层荷载变化[482]。28.5.3 节和 28.5.4 节给出了此类荷载变化的示例。

28.5.2.2 延迟响应

长期荷载变化(>1000年)导致延迟黏弹性形变。长期延迟反应的典型例子是更新世晚期冰盖的侵位和移动,这在北美和芬诺斯卡迪亚达到了几千米的高度。较大的冰荷载令地壳向下移动至荷载下方,并沿周边隆起、向上远离荷载[图 28.26(c)]。这些垂直运动导致延迟向外黏性地幔流动[图 28.26(c)]。冰荷载的移除会导致荷载下方先前沉降区域的隆起和周边隆起的沉降[图 28.26(d)]。然而,由于地幔向融化冰盖下方沉降区域缓慢向内流动,抬升和沉降都被推迟。这种延迟抬升和沉降过程被称为 GIA,由精确的油井 GPS 测量获得(图 28.27)。对北美 GPS 垂直速度的分析表明,加拿大东部和中部有明显的隆起信号,该地区是上一个冰期覆盖北美大部分地区的大规模冰盖的中心[483]。垂直速度场还显示了周边隆起的沉降,位于铰链线以南,大致位于美国-加拿大边界沿线(图 28.27)。残余水平速度揭示了该地区沿绞线的系统性向外地壳运动,反映了在周边隆起形成过程中吸收的弯曲应力的释放(图 28.27)。

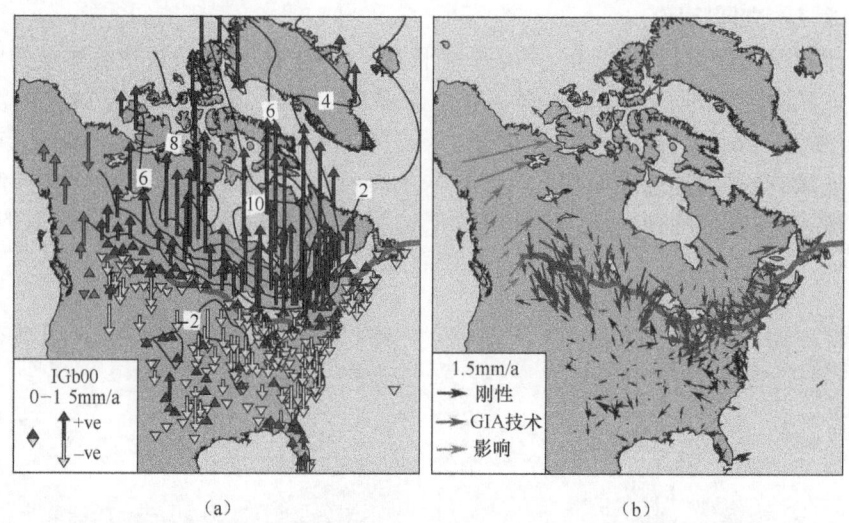

图 28.27 GPS 探测到的北美地壳运动,反映了 GIA 对晚更新世冰盖融化的反应
(a)哈德逊湾周围的垂直运动具有最高的上升速率,南部沉降。绿线表示分离隆起和沉降的"铰链线";
(b)减去由黑色箭头所示位置定义的最佳拟合刚性板旋转模型后的剩余水平移动。红色矢量表示主要受 GIA 影响的站点。蓝色矢量表示包括构造的影响。
资料来源:改编自文献[483]。经 John Wiley & Sons 公司许可转载)

28.5.3 极地冰川融化

过去一个世纪里,地球大气层和海洋变暖加剧,导致了大规模的冰融化,大陆冰川、极地冰盖和海冰的质量显著减少。监测广大极地地区的快速变化需要使用多种测量技术,包括卫星测高、卫星重力(如重力恢复和气候实验——GRACE)和 InSAR,以及地面方法,包括 GPS 和地基 InSAR。各种测量之间的综合提供了对极地地区当前和最近变化的最完整评估。GPS 观测对于确定个别冰川的局部变化以及冰原较大部分发生的综合变化至关重要。

28.5.3.1 冰盖的质量平衡

根据政府间气候变化专门委员会(Intergovernmental Panel on Climate Change)[484]的报告,全球冰川的平均冰流失率为(226±130)Gt/a(1971—2009 年),(275±135)Gt/a(1993—2009 年)。20 世纪初以来,极地地区的冰流失速度显著加快。格陵兰冰盖的损失率在 1992—2001 年为(34±40)Gt/a,在 2002—2011 年为(215±70)Gt/a;南极冰盖的损失率在 1992—2001 年为(30±66)Gt/a,在 2002—2011 年为(147±65)Gt/a[484]。一些监测技术测量的是综合海拔(测高)或质量(重力)变化,这些变化是由 GIA 和当前冰损失引起的,因此,这些报告获取的速率具有很大的不确定性。评估目前的冰损失依赖于对 GIA 的良好估计[485]。来自极地的 GPS 观测既可用于限制 GIA 的大小和空间分布[486],也可用于确定与 GIA 引起的位移无关的冰损失[480,487]。

格陵兰岛——沿格陵兰岛岩石边缘的连续 GPS 测量发现了高抬升率(高达 30mm/a),反映了地壳对 GIA 和现今冰融化的反应[488-489]。人们提出了几种评估现今隆起的组成部分的方法,可确定测量点附近的冰质量平衡。Khan 等(2010)[488]使用全球 ICE-5G 模型和 VM2 黏度剖面图[490]去除了 GIA 分量,以计算由于当前冰损失引起的隆起分量,并发现冰质量损失扩散到格陵兰岛西北部。最近,Khan 等(2016)[330]使用了包括 GPS 在内的多种观测类型,并检测到格陵兰岛东北部的冰流在经历了超过 1/4 个世纪的稳定后正在持续、动态地变薄,这与区域变暖有关。Jiang、Dixon 和 Wdowinski(2010)[480]注意到,北大西洋地区的长期序列包括一个加速度分量,该分量与长期 GIA 位移无关,代表了冰质量损失率的加速。利用简单的弹性模型,他们估计格陵兰岛西部的冰损失以(8.7 ± 3.5)Gt/a 的平均速度加速,格陵兰岛东南部的加速度为(12.5 ± 5.5)Gt/a。Khan 等(2016)[330]使用格陵兰 GPS 网(GNET)的观测结果直接测量 GIA,并估计自末次冰期最大值以来整个流域的质量变化,令人惊讶的是,格陵兰岛东南部的 GIA 抬升率高达 12mm/a(图 28.28)。van Dam 等(2017)[491]使用 GPS 和重力测量将黏弹性 GIA 分量从 GPS 观测的隆起率中分离出来,并估计其研究区域的 GIA 组分与之前报告的大多数 GIA 模型预测不一致。

南极洲——南极洲基岩位置的 GPS 测量也用于估算 GIA 模型[492]和冰质量平衡。Bevis 等(2009)[332]注意到,南极西部垂直 GPS 速度的空间模式是可变的,与可用的 GIA 模型不一致。他们认为,南极的 GIA 估计值不准确,很可能会影响用其他技术(如 GRACE)测量的冰质量损失估计值。Martin-Espanol 等(2016)[493]使用多种数据类型,包括 GPS,来估计 2003—2013 年南极冰盖的时空质量平衡趋势。

这些数据揭示,南极洲以(-84 ± 22)Gt/a 的速度减重,其中南极洲西部影响最大,主要是由于流入阿蒙森海港湾的冰川厚度变薄。

28.5.3.2 冰川和冰盖流动

冰川和冰盖的冰质量损失是由地表融化径流、基底切变和径流、冰川流动加速导致的动态变薄以及海洋终端冰川崩解引起的。监测冰川和冰盖的运动和动力学通过天基和地基技术进行。天基技术——卫星测高和 InSAR——在广阔的研究领域提供高空间分辨率观测[494]。包括 cGPS 和地震网络在内的地面技术提供了高时间分辨率观测,对于理解冰川流动和冰盖变薄的运动学和动力学至关重要。

随着时间的推移,GPS 冰运动测量的质量和重要性不断提高。格陵兰岛西部雅各布港

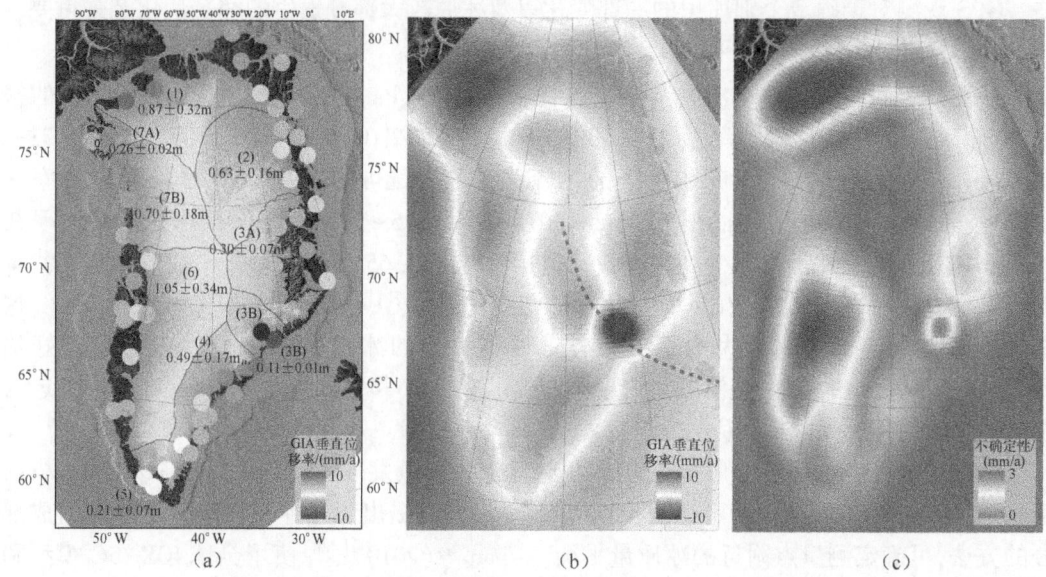

图 28.28 格陵兰基于 GNET 的冰川均衡调整（GIA）模型

(a) GNET cGPS 台站全球均衡调整（GIA）垂直位移率估计值，灰色曲线表示主要流域；(b) 内插 GIA 垂直位移率；(c) GIA 垂直位移率的不确定性。(资料来源：改编自文献[330]。经 AAAS 许可转载。)

伊斯布里冰川的早期 GPS 间歇测量显示，在大地测量的不确定性范围内，季节速度没有显著变化[495]。然而，在同一地区进行的 cGPS 测量发现，流速存在显著的季节变化，从夏季的 35~40cm/d（127.8~146.0m/a）到冬季的 27~28cm/d（98.6~102.2m/a）不等[40]。检测到的季节性加速（夏季）和减速（冬季）与地表融化期一致，表明地表条件和冰盖流动之间存在强烈耦合，这为解释冰盖对气候变暖的动态响应提供了一种机制[40]。

连续 GPS 为理解融水和基底压力变化对冰川和冰盖运动的作用提供了至关重要的观测。Bartholomaus、Anderson 和 Anderson（2008）[497]监测了阿拉斯加肯尼科特冰川的运动，检测到当冰川和冰下蓄水量增加时速度增加，并提出加速是由于促进基底运动的基底孔隙压力增加所致。Das 等（2008）[498]使用 GPS、地震活动增强、瞬时加速度、冰盖隆起和水平位移来监测大型冰上湖泊向下 980m 处至冰盖底部的快速排水（<2h），这由水驱动裂缝扩展引起。他们认为，观测到的快速排水和冰盖响应可以为解释格陵兰冰盖的区域夏季冰加速提供一种机制。在产生冰震的滑动事件期间，一些冰川和冰流运动不连续发生。采用 cGPS 网络研究南极洲海洋终端惠兰斯冰流的这种黏滑运动动力学，揭示了滑动事件由高潮和低潮条件下触发的压力变化[496,499]（图 28.29）。黏滑运动和冰震也是格陵兰岛西部一些冰盖运动的特征，黏滑运动在持续几天到几周内爆发式聚集发生，并与附近冰川内测量的冰下水压相关（冰川中的垂直轴，水从表面进入冰川深处）[500]。

28.5.4 地壳对大陆蓄水量变化的响应

淡水供应对于各大洲人类社会和自然环境的可持续性和增长至关重要。淡水供应的可用性取决于大气和水文过程，包括降雨、径流、渗透和蒸发，以及地表水和地下水库的人类分流和/或消耗。陆地上蓄水量和分布的变化也会影响水文质量，即水文荷载，作用于地球固

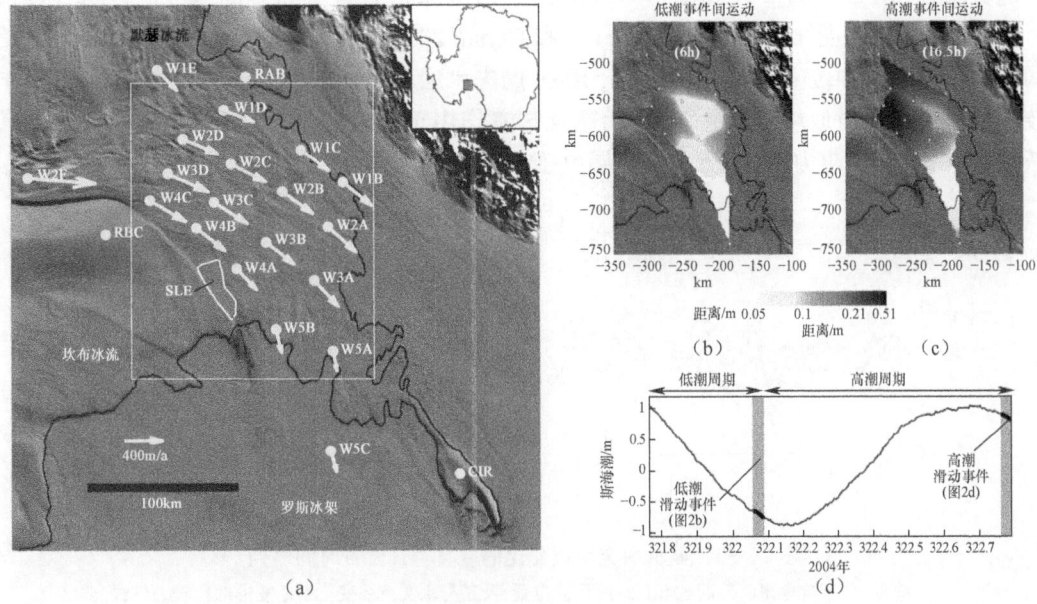

图 28.29 位于南极洲罗斯冰架附近的惠兰斯冰流研究区
(a)黄色箭头表示 22 个 cGPS 站的位置和年速度矢量;(b)冰流滑动事件之前的低潮间期总位移;
(c)与(b)相同,但在高潮期间;(d)根据 cGPS 站 W5C 的垂直运动分量测量的这 2 个黏滑周期中
罗斯海的潮汐。(资料来源:改编自文献[496]。经 Elsevier 许可转载。)

体表面并引起地壳变形。当变化足够大时,通过大地测量观测可发现由重力变化引起的或测量出的地表位移。

28.5.4.1 季节性变化

大陆蓄水量的季节性变化改变了水文荷载,并引起地球固体表面的垂直和水平运动。这些运动的横向规模因水库的尺寸而异。Blewitt 等(2001)[501]表明,1~3mm 量级的季节性定位变化会在全球范围发生,可以建模为弹性地球对季节性水文荷载的一次球谐响应。次大陆和大范围区域水文荷载的季节性变化,最好由 GRACE 任务检测或使用北美陆地数据同化系统(NLDAS)模型计算[502],也会引起 GPS 观测所检测到的类似幅度的季节性定位变化(文献[503-504];图 28.30)。Argus、Fu 和 Landerer(2014a)[505]使用弹性荷载模型计算得出,季节性水文荷载变化范围从内华达山脉、克拉马斯山脉和喀斯喀特山脉南部的 60cm 到大盆地以东约 10cm,再到太平洋海岸以西约 10cm。在北加利福尼亚州有利于破裂的应力条件下,地震发生的频率较高,由此可看出季节性水文荷载也可以触发活动断层沿线的地震活动[506]。

28.5.4.2 年际变化

季节性定位变化是垂直定位时间序列中的主要信号,但它们每年都在变化,反映了水文荷载的年度变化。图 28.30 的例子表明,2011 年的异常降雨导致了比前后几年更强的冬春沉降。根据 Palmer 干旱严重程度指数[508],Wdowinski、Setti 和 van Dam(2016)[482]发现,平均季节模式的年定位偏差与区域气候指数相关。

28.5.4.3 干旱

2012—2016 年,美国西部降水量连续降低,导致冬春沉降减少,夏末抬升增强,总体抬升趋势增强(图28.30)。大规模干旱导致内华达山脉和美国西部其他地区的区域性隆起([481,507,509],图28.31);Borsa、Agnew和Cayan(2014)[481]计算得出,2011—2014年,美国西部干旱导致中位上升4mm,相当于10cm的失水层和240Gt的总赤字。干旱年份,夏末较高的上升也会对地震造成危害,因为这意味着作用于地震活动断层(包括圣安德烈亚斯断层)上的有效正应力降低,从而使断层更接近破坏[509]。

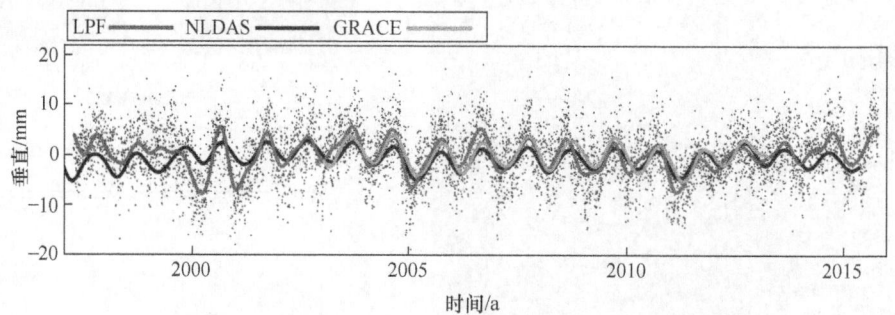

图28.30 显示水文荷载变化的垂直每日位置时间序列

[(蓝点)位于犹他州西部的SMEL站测量的位置,及其与水文荷载变化引起变形的比较。红线表示低通滤波器(LPF)拟合0.5年截止时间的数据;黑线表示基于北美陆地数据同化系统(NLDAS)模型的预期位移;蓝色线表示基于GRACEsatellite观测的预期位移。资料来源:经北美陆地数据同化系统(NLDAS)许可转载。]

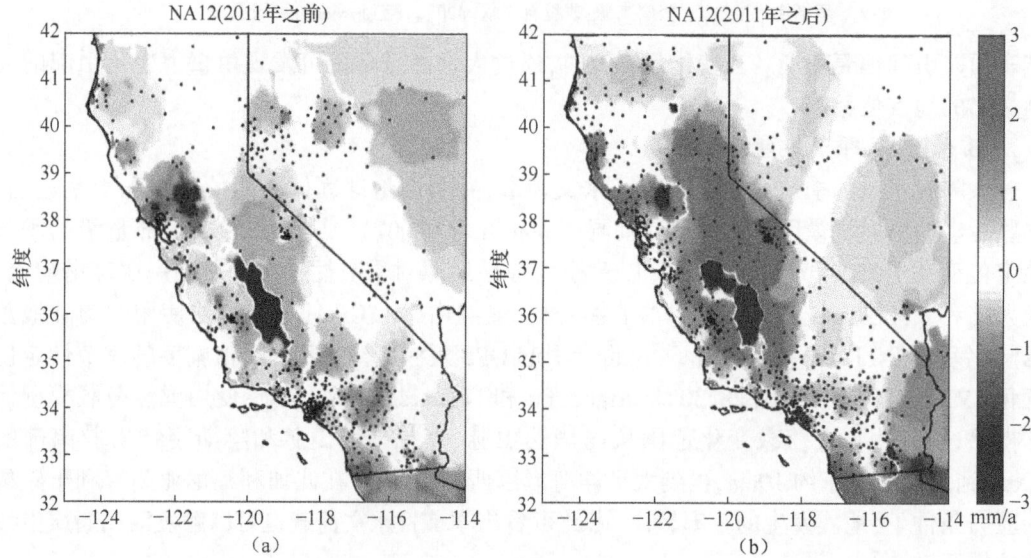

图28.31 加利福尼亚州和内华达州垂直地壳运动的GPS成像分析

[(a)1996—2011年的平均垂直运动;(b)2011—2016年的平均垂直移动。2011年后的高垂直速率是由严重干旱引起的。干旱导致了区域尺度的抬升(红色),而地下水开采导致了局部沉降(蓝色)。运动与北美固定的空间过滤参考系NA12有关。资料来源:改编自文献[507]。经John Wiley & Sons公司许可转载。]

28.5.5 海平面上升和垂直陆地运动

海平面上升(SLR)威胁着生活在低洼沿海地区的数亿人(约占世界人口的10%)的生

计[510]。仅在美国,就有490万人生活在低洼地区,离高潮不到1.3m,面临沿海洪水的高风险[511]。20世纪,由于海水的热膨胀和以冰形式储存在陆地上的融水向海洋的转移,全球平均海平面上升了近20cm[512]。据估计,20世纪全球SLR的平均速率为1.2~1.9mm/a,反映了用于限制速率的数据子集和方法学的差异[513-516]。从卫星测高和潮汐计记录中观察到,自20世纪90年代以来,全球SLR的平均速率增加至2.4~3.2mm/a[507-517]。随着地球大气层和海洋的持续升温,预计到2100年,海平面将上升0.8~2m[512]。预测的不确定性跨度极大,表明对SLR的主要影响过程限制性较低,主要是格陵兰岛和南极洲的极地冰融化速率。在准确测量海平面变化及准确评估极地冰川融化(28.5.3节)对SLR不断增加的贡献方面,GPS观测发挥着重要作用。

28.5.5.1 相对海平面变化

短时间记录得出的海平面变化受到潮汐、风、洋流和其他过程的强烈影响,因此,监测和理解SLR需要长时间的测量记录。全球许多海岸线的验潮仪测量到最长的海平面变化仪器记录,其中一些超过100年。然而,验潮仪测量海洋表面相对于陆地的相对位置可能受垂直运动影响(28.5.5.2节)。因此,如图28.32(a)、(d)所示,基于验潮仪记录的海平面变化评估可能会受到垂直陆地运动的影响。为了从验潮仪记录中估计海平面变化率,应通过垂直运动模型[图28.43(b)、(e)]或观测[图28.43(c)、(f)]从观测中去除垂直陆地运动的影响。沿海地区获得的垂直GPS测量提供了最可靠的垂直陆地运动估计值[518]。Niveau des Eaux LITORALES观测系统(SONEL)网络为全球长海岸段提供基于GPS的垂直陆地运动评估(文献[519];http://www.sonel.org/)。当潮位计和GPS站配置在一起时,可以获得对垂直地面运动的最精确校正[520]。

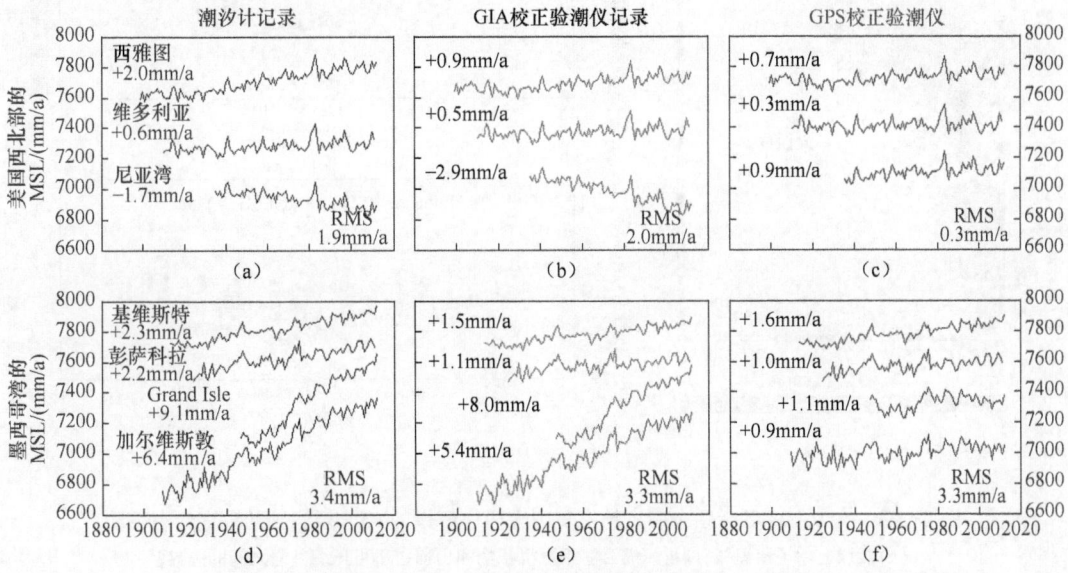

图28.32 年平均海平面值的时间序列

(a)、(d)来自验潮仪;(b)、(e)使用ICE5G(VM2)模型预测校正GIA的验潮仪[483];
(c)、(f)GPS校正的验潮仪记录。出于演示目的,时间序列以任意偏移显示(单位:mm)。
(资料来源:改编自文献[518]。经John Wiley & Sons公司许可转载。)

28.5.5.2 沿海地区的垂直陆地运动

垂直陆地运动是对深部和浅部变形过程的响应,包括构造、GIA(见28.5.2节)、沉积物压实和地下水开采。当沿海地区发生沉降(负垂直运动)时,SLR和沉降的联合作用会导致相对SLR的速率升高,并增加沿海洪水灾害。在城市地区,相对SLR的高比率会增加洪水频率,从而对日常生活造成重大干扰[521-522]。在平坦的沿海农村地区,地面沉降可能导致土地损失,路易斯安那州沿海地区就是如此。

沿海地区地面沉降的GPS测量为相对SLR的较高比率及其隐含的洪水危害提供了最准确的评估。由36个台站组成的网络在密西西比河三角洲获取的连续GPS数据显示,三角洲南部经历了高沉降率(5~6mm/年),与当地验潮站测量的高相对SLR率(8~9mm/年)一致,并解释了该地区路易斯安那州海岸湿地的快速流失[523]。沿美国大西洋海岸的GPS测量显示,从马萨诸塞州到乔治亚州,沿大西洋中部海岸发生了1~2mm/年的GIA诱发沉降[483,524]。由于过度开采地下水,弗吉尼亚州和南卡罗来纳州之间的沉降率较高(2~3mm/a)(文献[524];图28.33)。该区域还受到海岸洪水频率增加的影响[521]。对威尼斯泻湖周围土地的GPS和InSAR联合观测表明,威尼斯城以1~2mm/年的速度沉降,而泻湖的某些部分以3~4mm/年的更高速度沉降[525]。这些结果表明,威尼斯及其周边地区的SLR相对比率高于全球平均水平,因此对该市造成了更大的洪水危害,该市已经遭受了频繁的洪水事件,称为大潮(Acqua Alta)。

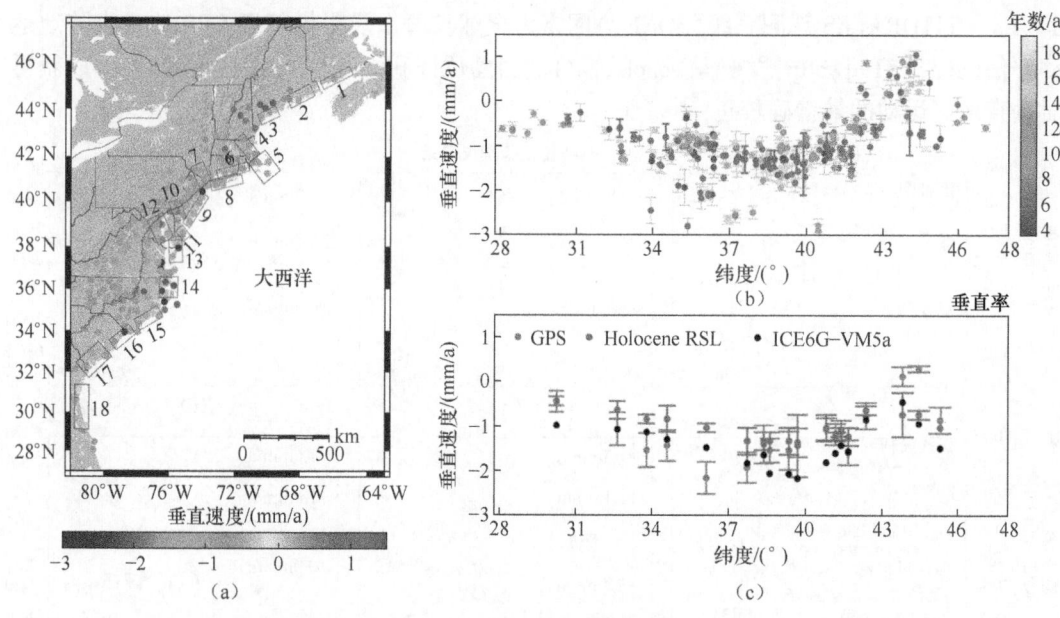

图28.33 在IGb08参考系中确定的沿美国大西洋海岸的GPS观测到的垂直地表移动
(a)红线显示了落差线,即可压缩沿海平原沉积物和山前省不可压缩基岩之间的边界;
(b)作为纬度函数的垂直运动;(c)GPS、地质数据和GIA模型ICE6G-VM5a垂直速率之间的比较。
(资料来源:改编自文献[524]。经John Wiley & Sons公司许可转载。)

28.5.5.3 直接测量海平面

GPS还可以使用两种不同的技术,即GPS浮标和GPS干涉反射仪(GPS-IR),来直接测量海平面变化。20多年来，GPS 浮标测量海面高度（SSH）已用于精确的近海潮汐和 SSH 监测，通常用于校准雷达测高测量[526-528]和海啸预警系统[529-532]（例如，Falck 等，2010 年；Kato 等，2005 年；Kato 等，2000 年；Schone 等，2011 年）。通过与附近的验潮仪观测值进行比较，可获得 GPS 浮标测量的精度，这两种测量类型间的均方根值为 24mm[527]。

SSH 也可以通过 GPS-IR 进行测量，GPS-IR 使用多路径观测来检测 cGPS 站附近（半径约 100m 范围内）的地面特性变化[533]。28.6.4 节提供了有关该技术的更多详细信息。Larson、Lofgren 和 Haas（2013）[533]和 Larson 等（2013）[534]使用位于海岸线附近的 cGPS 站（通常位于悬崖或码头上），采用 GPS-IR 监测海平面变化。通过将 GPSIR 结果与附近的验潮仪测量结果进行比较，他们估计该方法的精度为 5~10cm。

28.6 环境监测

28.6.1 简介

农业发展、城市化、引水等气候变化和大规模人类活动导致地球环境产生重大变化。这些变化破坏和/或改变了脆弱的环境，包括湿地、森林、草地和珊瑚礁。由于地表利用的变化、水的可及性以及自然灾害的增加，它们也影响了人类的栖息地。为了更好地了解过去的环境变化并用其预测未来，必须监测各种环境的物理、化学和生物参数。本节中，我们将介绍如何使用 GPS 技术和观测对主要物理参数及单个生物参数进行环境监测。本节介绍 GPS 观测用于监测非构造地质灾害、地下水和地表水的水文变化，以及土壤水分、积雪深度、植被含水量变化和地表水位变化的地表监测。

28.6.2 非构造地质灾害

地质灾害指可能导致生命损失或严重财产损失的地面移动或震动过程。最具破坏性的地质灾害是地震和火山爆发，它们是对地壳内部或下方的构造力做出响应而发生，28.4 节对此进行了讨论。非构造地质灾害是发生在浅层（通常小于 1km）的地面移动现象，是对某些地质单元的弱化过程和重力的响应。主要危险类型为滑坡、天坑和地面沉降。本节中，我们将讨论 GPS 观测在监测滑坡和地面沉降方面的应用。这些浅层过程具有很大的空间变异性，因此，点 GPS 观测通常会得到高空间分辨率 InSAR 观测的补充。

28.6.2.1 滑坡

滑坡是岩体沿着斜坡向下的运动，是由于滑坡底部较弱的岩石在重力作用下产生破坏。一些滑坡以每天数厘米的速度持续移动，如科罗拉多州西部的 Slumgullion 滑坡（图 28.34；文献[535]）。然而，大多数滑坡间歇性移动通常在大雨之后，因为沿着滑坡底部渗透的雨水可以减少沿滑动界面的摩擦力，从而导致滑坡的下坡滑动。大地震引起的地面震动也可能引发滑坡。大多数滑动事件仅能导致表面产生几厘米到几米的位移。然而，滑动事件有时可能带来灾难性后果，导致长距离移动（数百米到几千米），尤其是在山区和加利福尼亚州火灾肆虐的地区，给位于滑坡下坡的人员或财产带来很大的危险。20 世纪，一些破坏性最强的滑坡导致数万人死亡[536]。

监测滑坡对于了解其运动学和动力学以及预测最有可能由暴雨或地震引发的灾难性滑

坡事件至关重要。过去20年中,GPS观测被用于以厘米到毫米的精度检测滑坡运动,通常使用滑坡附近稳定位置的基站[537-538]。第一代测量依赖于幕式实时运动学(RTK)测量或短期连续部署[537-539]。然而,随着GPS设备成本的降低,一些滑坡正通过cGPS测量进行监测[540-541]。连续测量的高时间分辨率提供了有关滑动事件的宝贵信息,对于理解滑动动力学至关重要[542]。通常,GPS点测量由高空间分辨率InSAR观测补充(例如,文献[535,543])。近来,技术改进允许使用低成本GPS仪器的无线网络,部署更密集的GPS接收器阵列[544]。

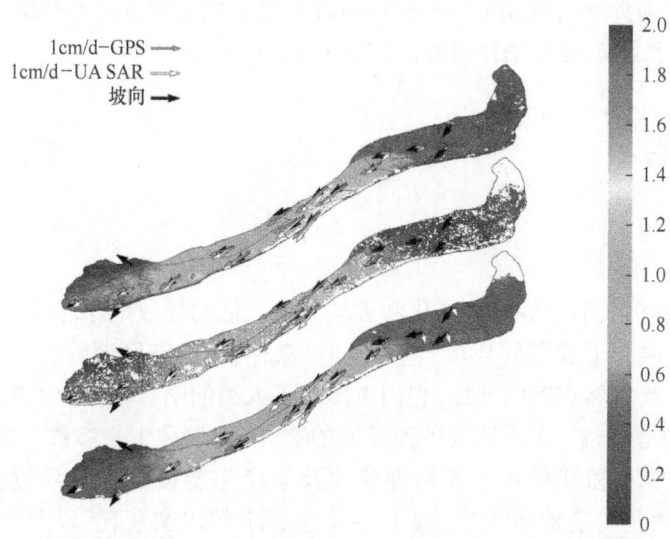

图28.34 科罗拉多州西部Slumgullion滑坡的InSAR和GPS观测速度场
(3个彩色面板显示了2012年4月(顶部)、5月(中部)和7月(底部)无人驾驶飞行器合成孔径雷达(UAVSAR)观测得出的水平速度大小。估计误差大于5mm/d的像素将被屏蔽且不显示。橙色和白色箭头分别表示从GPS和UAVSAR观测得到的水平速度。
资料来源:改编自文献[535]。经John Wiley & Sons公司许可转载)

28.6.2.2 地面沉降

地面沉降是地面高度的逐渐降低,是对自然和人为过程的反应。地面沉降的自然原因包括沉积物压实,通常发生在三角洲或排水湖泊环境中,以及对更新世晚期冰盖(GIA)融化的延迟反应。沉降的人为原因包括:地下流体的排出(地下水、石油、地热);湿地排水,使表层泥炭或有机土壤暴露于氧化之下;地下采矿。缓慢的地面沉降速度(<40cm/a)不会对人类生命构成威胁。然而,其累积效应在低洼沿海地区(28.5.5.2节)、城市地区和交通走廊沿线可能导致危险。地面沉降可在多个城市观察到,包括墨西哥城和墨西哥其他16个城市[545]、雅加达和印度尼西亚其他8个城市[546]、洛杉矶[547]、休斯敦[548]、上海[549]和许多其他城市地区。由于人口增长和许多城市地区的水需求增加,地下水开采速度加快,导致地面沉降。几十年来累积的高沉降率(>10cm/a)可能对建筑物和基础设施造成重大损害:墨西哥城约有2100万居民,该城建在松散的湖泊沉积物上,沉降率高达36cm/a(见文献[545,550],图28.35)。墨西哥城的不均匀沉降对历史建筑造成了结构性破坏,如主教堂、住宅建筑,以及道路和地铁系统[550-551]。另一个例子是有2700万居民的雅加达,建在海岸附近的松散河床上,沉降率高达18cm/a[546,552]。累积沉降和海平面上升显著增加了沿海地区的洪水频率[546]。

图 28.35 InSAR 和 GPS 观测到的墨西哥城沉降

[彩色地图显示了 InSAR 观测到的沉降率,该沉降率来自 2002—2010 年获取的 Envisat 数据。红点标记 cGPS 站的位置。ITRF2000 中计算的 GPS 时间序列显示变形区域内的高沉降率和稳定区域内的有限垂直移动(蓝色背景)。资料来源:改编自文献[550]。]

目前,地面沉降大地测量监测最好使用 GPS 和 InSAR,其中 GPS 观测用于验证和校准高空间分辨率 InSAR 观测。cGPS 测量结果验证了墨西哥城的高差异沉降,揭示了有限的季节沉降模式,很可能由缺乏含水层补给造成[550](图 28.35)。研究威尼斯泻湖沉降时,Bock 等(2012)[525]通过 InSAR 计算出的速度引入区域倾斜,利用 GPS 观测值校准 InSAR 观测值。Bürgmann 等(2006)[553]使用 GPS 观测结果和位错模型结果,从 InSAR 视线观测中去除水平速度分量。其剩余速度场代表了地面沉降等过程引起的垂直运动。

28.6.3 水文监测

21 世纪的主要挑战之一是为日益增长的世界人口确保淡水供应,以及保护自然生态系统。地表水和地下水位测量等直接水文观测,提供了表征水文循环的蓄水量和通量的重要信息,但仅为部分信息。通常,水文监测在数量有限的观测点提供高时间分辨率测量,有助于描述时间变化。然而,这些测量的空间分辨率相当有限。水文监测中的一些空白可以通过大地测量来填补,大地测量可以指示水文过程。GPS 和 InSAR 测量的微小但可测量的地表变化通常反映了地壳和地表形变,以响应地面蓄水量(TWS)的变化或含水层系统形变。此外,从太空(如 GRACE)或地面获得的精确重力测量也表明 TWS 或地下水位的变化。28.5.4 节描述了如何使用 GPS 和其他大地测量技术监测 TWS 变化。本节将重点介绍如何使用 GPS 观测来监测地下水和地表水的变化。

28.6.3.1 地下水

含水层通常用于储存和供应人类消费和农业用水。过去一个世纪里,世界人口不断增长,对水和农产品的需求不断增加,许多含水层遭受了大规模地下水开采,有时甚至枯竭。地表形变是地下水开采的副产品,是对沉积物压实、含水层系统的孔隙弹性变形和地壳对开采水团卸载3个主要过程的响应。如28.6.2.2节所述,城市地区发生的地面沉降可能会对建筑物和基础设施造成严重损坏。地面沉降也可以用来推断含水层系统的特征,因为形变是由水文过程引起的。

GPS和InSAR观测被广泛用于描述地下水开采引起的地面沉降和推断含水层系统形变。GPS观测具有测量垂直和水平地表移动的优势,InSAR观测具有更高的空间覆盖率,但测量是在卫星和地表之间的视线水平内进行的[554]。人们在加利福尼亚州羚羊谷[555]、新墨西哥州阿尔伯克基、图森盆地、亚利桑那州[556]、得克萨斯州休斯敦-加尔维斯顿地区[557]、内华达州拉斯维加斯[558]、加利福尼亚州下科切拉谷[559]和加利福尼亚州萨克拉门托-圣华金三角洲[560]等已知的沉降区建立了监测地下水开采引起的地面沉降的GPS网络。这些网络揭示了地面沉降的模式和规模及其随时间的变化。比如,休斯敦-加尔维斯顿地区的GPS网络显示,最大沉降区域位于网络的西北部,2007年后向北迁移,主要是由于取水管理的变化[561](图28.36)。GPS和InSAR观测还用于约束含水层系统形变模型和推断含水层特性。由于非弹性和弹性形变过程的共同作用,含水层系统的形变可能极为复杂。因此,人们已使用各种模型类型或组合模型研究含水层系统形变。隔水层排水(非弹性)、孔隙弹性、非线性孔隙弹性和孔隙黏度等模型用于描述含水层系统的形变[240]。隔水层排水模型和孔隙弹性模型都对含水层系统的重要水文特性进行了估计,包括水文传导率、蓄水能力和骨架比蓄水系数。Miller、Shirzaei和Argus(2017)[562]利用在亚利桑那州图森地区获得的InSAR和GPS观测数据约束含水层形变模型,并估计平均弹性和非弹性骨架储能系数分别为3.78×10^{-3}和6.01×10^{-3}。这两个系数表示因含水层骨架的压缩性而储存或排出的饱和地层每单位体积的水量,以及水文水头每单位变化的孔隙水(大地基准面上方液体压力的具体测量)。然而,当地估计的系数值在很大范围内呈现从$10^{-6}\sim10^{-2}$的较大变化。其他地区(如加利福尼亚州圣克拉拉河谷)含水层系统形变特征的类似研究获得了相似的骨架储能系数范围[563]。

28.6.3.2 地表水

精确的GPS测量大多在陆地上获得,GPS观测对监测地表水的作用相当有限。然而,一些创新性的研究使用GPS浮标测量来监测河流的地表水位。最佳的例证是Cheng等(2009)[564]的研究,使用配备GPS的船和GPS浮标测量亚马逊河支流Rio Branco沿岸的水位。GPS测量显示,河流水位梯度为(5.75 ± 0.48) cm/km,高于之前的估计。Apel等(2012)[565]在湄公河三角洲的2个位置部署了GPS浮标,测量了精确GPS浮标测量河流水位的可行性,发现平均绝对误差小于2cm。使用GPS-IR测量获得了其他GPS衍生的地表变化测量值(28.6.4.5节)。

28.6.4 使用GPS干涉反射仪(GPS-IR)进行表面监测

GPS干涉反射仪(GPS-IR)是一种相对较新的遥感技术,使用GPS多径测量来估计近地表土壤水分、积雪深度和植被含水量变化这3个环境参数。该方法计算连续运行GPS站获得的直接和反射GPS观测值之间的干扰。GPS-IR对GPS天线半径约30m范围内发生的地表变化非常敏感,因此其覆盖范围约为$1000m^2$,是现场测量($<1m^2$)和天基遥感观测

(>100km^2)之间的中间空间尺度。因此,GPS-IR 观测是校准各种天基卫星任务所获得的环境观测的有力工具。GPS-IR 的另一应用是连续监测海平面或湖平面的变化,可以通过位于水体垂直倾斜视图中的 cGPS 站进行测量。

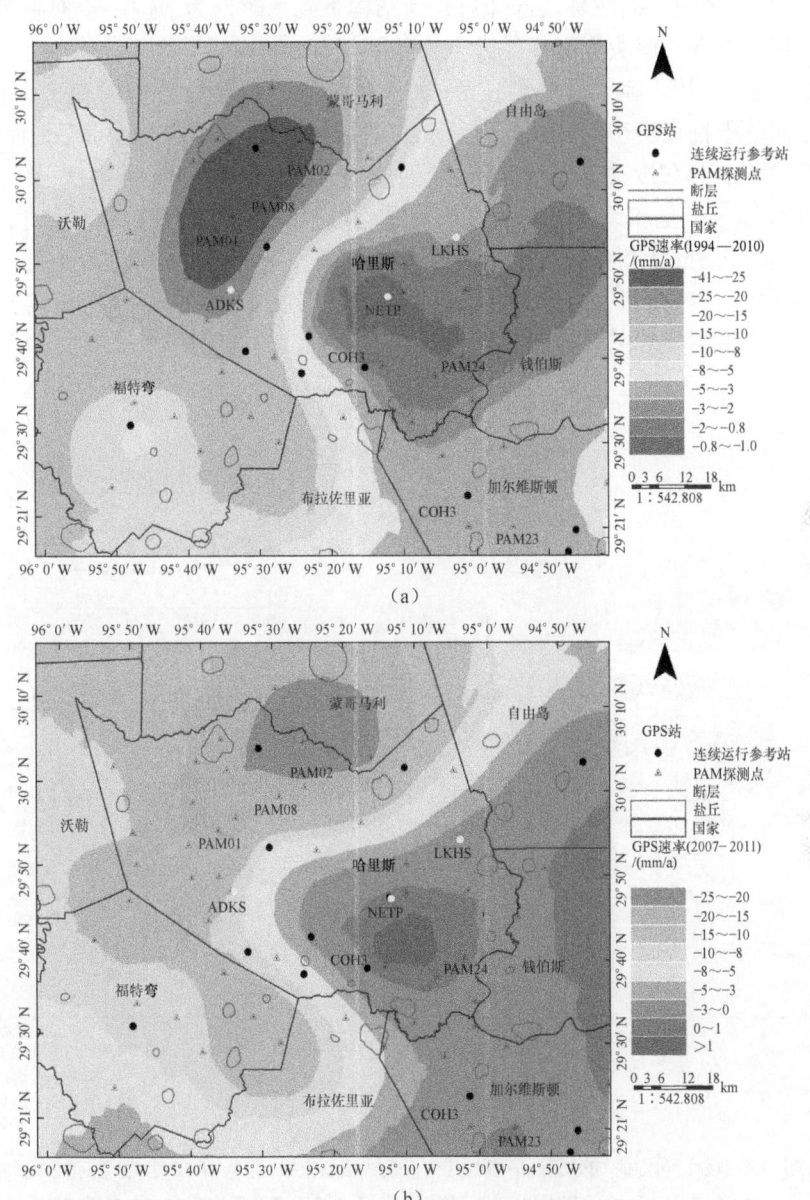

图 28.36　大休斯敦地区内插(克里格)GPS 得出的垂直地表移动

(a)1994—2010 年;[(b)2007—2011 年。[结果表明,西北部沉降,东南部隆起。沉降主要由地下水开采引起,观察到的隆起归因于盐丘的隆起。观测到的两个时期之间沉降速率和模式的变化,主要是沉降区的向北迁移,是由地面开采管理的变化引起的。资料来源:改编自文献[561]。经 Springer Nature 许可转载。]

28.6.4.1　GPS 干涉反射仪

GPS-IR 技术依赖多径观测,是广泛使用的"汝之噪声,吾之信号"(Your noise is my signal)的典型例子。多数 GPS 测量中,多径是降低计算位置精度的噪声源,由 GPS 天线中直接来自卫星的信号与来自地面或附近物体的散射信号之间的干扰引起。因此,多数 GPS 天线制造商设计的天线能够抑制多径信号。然而,一些多径信号仍能到达天线并干扰直接信号,特别是来自卫星的直接信号在低仰角几何结构下到达时。为了进一步抑制多径误差,大多数位置计算通常在其解决方案中排除低海拔数据(<10°)。

GPS-IR 技术利用多径信号监测 cGPS 站天线周围地面散射特性的变化。直接信号和反射信号之间的干扰取决于反射几何形状和表面散射特性。对于平面、水平地面反射环境的简单情况,反射几何体仅取决于卫星仰角和反射器上方天线相位中心的高度[图 28.37(a)]。直接信号沿着 GPS 卫星和天线之间的直线传播(蓝色正弦线),而反射信号从地面向天线反弹(红线),因此传播的距离更长。直接信号强得多,但一些反射信号到达天线,干扰直接信号,并产生建设性、中性或破坏性干扰模式[图 28.37(a)中的插图]。具有恒定频率的水平、平面地面反射的预期干涉图可描述如下[566]:

$$SNR = A(e)\sin\left(\frac{4\pi H}{\lambda}\sin(e) + \phi\right) \qquad (28.40)$$

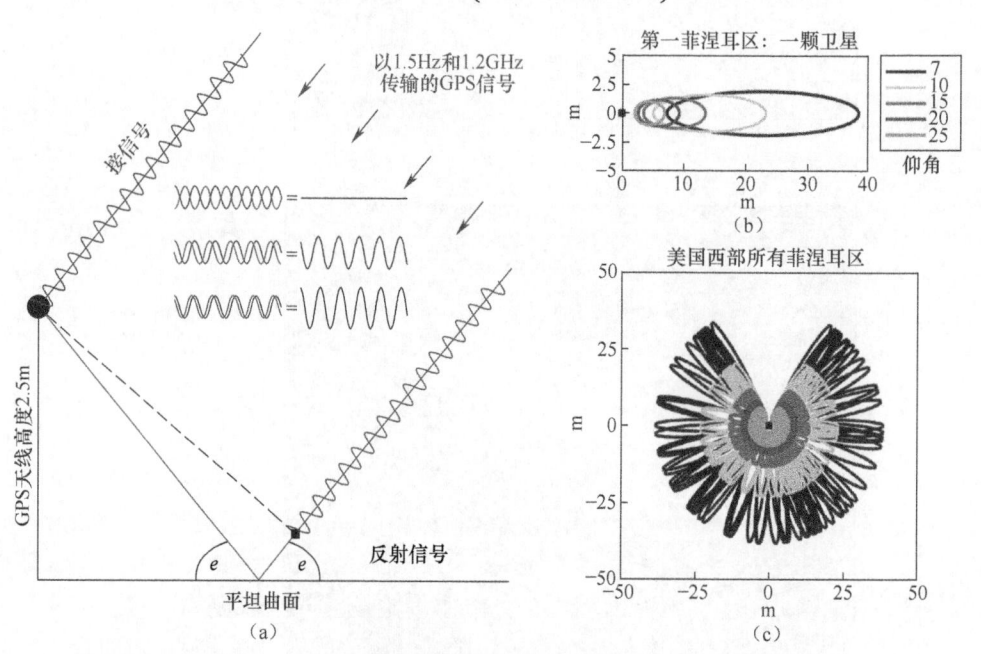

图 28.37 GPS-IR 原理

(a)由水平散射面包围的 GPS 天线的多径几何。天线测量直接(蓝色)和反射(红色)信号之间的干扰。干扰示例如图中所示。其中的卫星仰角 e 标记;(b)卫星仰角为 7、10、15、20 和 25 的单个卫星轨道的计算菲涅耳区。天线位置用黑色方形标记,其高度假定为 1.8m;(c)北半球、中纬度位置的 GPS-IR 足迹地图视图。(资料来源:改编自文献[566]。经 John Wiley & Sons 公司许可转载)。

式中:SNR 为测得的信噪比(dB);A 为信号幅度;H 为天线在反射面上方的相位中心高度;φ 为相位;λ 为 GPS 信号波长(L1 和 L2 分别为 19cm 和 24cm)。对于已知的反射几何结构,观测到的干涉图变化主要反映 GPS 天线周围地面散射特性的变化。对于典型的 GPS 站点,GPSIR 对天线周围约 30m 半径范围内发生的表面变化非常敏感。25°仰角以下获得的数据最容易检测到干涉图变化[图28.37(b)]。然而,由于GPS卫星轨道倾斜55°,该方法无法检测到北半球天线以北或南半球天线以南约60°范围内的表面变化[图28.37(c)]。在两极,可以检测所有方位角的反射信号。

测量的SNR变化是反射几何结构和/或表面散射特性变化的结果。反射几何结构可由仰角(e)和相位中心高度(H)这两个参数确定[图28.37(a)][式(28.40)],而表面散射特性影响测量正弦SNR信号的振幅(A)和相位(φ)[式(28.40)]。对于已知的反射几何形状,可以使用最小二乘法估计观测到的SNR的振幅和相位。振幅变化对表面粗糙度的变化敏感,并与植被含水量的变化密切相关[567]。相位变化对表面介电特性的变化很敏感,并且与土壤顶部5cm的体积土壤水分密切相关[568]。当反射几何结构发生变化时,如天线周围地面积雪的情况,可以使用反射数据的周期图估计反射器高度(H)的相位中心。

总之,GPS-IR观测到的干扰模式可以转化为振幅、相位和相位中心高度这3个参数的变化,3个参数分别用于估计土壤水分、植被含水量和雪高的表面变化。第34章详细讨论了各种表面的散射模型、GPS-IR信号参数估计方法以及信息检索方法中的表面变化。

28.6.4.2 土壤湿度

土壤水分是重要的水文参数,表示土壤颗粒之间的空间含水量(单位体积),土壤颗粒是植被的主要水源。因此,中等或高水平的土壤水分对植被生长至关重要。土壤水分也是决定土壤对雨水的吸收能力、径流的开始以及预测洪水事件能力的重要参数。土壤水分在空间和时间上都有变化,因此很难对该参数进行精准估计。现场测量通常提供高时间点测量,而天基遥感观测提供大范围的周期性测量。GPS-IR提供了高时间和中等空间尺度的观测(足迹约1000m^2),对于校准天基土壤水分卫星观测而言,是非常有用的尺度。

GPS-IR土壤水分估计基于多径模式φ中相位变化的最小二乘法估计[式(28.40)]。使用电磁正演模型将这些相位估计值转换为体积土壤水分[557,569]。GPS-IR监测土壤水分的能力通过原位土壤水分探头阵列进行测试,发现GPS-IR很好地代表了土壤上部5cm的土壤水分变化[569-570][图28.38(a)]。GPS-IR与现场观测结果的比较表明,GPS-IR估计值可以在很大程度上推断降雨期间和之后的土壤水分变化。

28.6.4.3 雪深

雪深和雪水当量(SWE)也是重要的水文参数,表征寒冷气候地区以雪形式储存的水量。可以获得GPS-IR雪深估计值,因为GPS天线下方和周围的积雪会改变反射面H上方的相位中心高度[式(28.40)]。较高的积雪积累会降低地表以上的相位中心高度,这可以通过多径模式的变化来检测。将GPS-IR雪深估计值与现场测量值进行比较的系统研究表明,两种测量类型之间的差异在5cm以内,具有很好的一致性[571-573]。图28.38(b)中的示例表明,在科罗拉多州尼沃特岭(Niwot Ridge,Colorado)[566]的GPS-IR和手动积雪深度测量之间有很好的一致性,以及GPS-IR技术在监测积雪深度时间变化方面的良好时间分辨率。

水文学家更青睐SWE而不是雪深测量。GPS-IR雪深结果可用雪密度测量值转换为SWE[573]。现场测量与这些GPS-IR SWE产品之间的比较表明,精度约为2cm。

28.6.4.4 植被生长

遥感植被生长参数通常通过星载光学多光谱观测获得,反映了广大地区的植被健康状况。其中,植被生长参数是归一化差异植被指数(NDVI),衡量植物的"绿色度"或光合活性;它被广泛用于评估植被健康状态,主要是对水分或养分缺失的反应。由于天基观测的时间分辨率较低,植被生长参数(如 NDVI)的时间分辨率为数周至数月。此外,光学遥感观测受云量的影响,进一步降低了天基植被的时间分辨率增长参数。

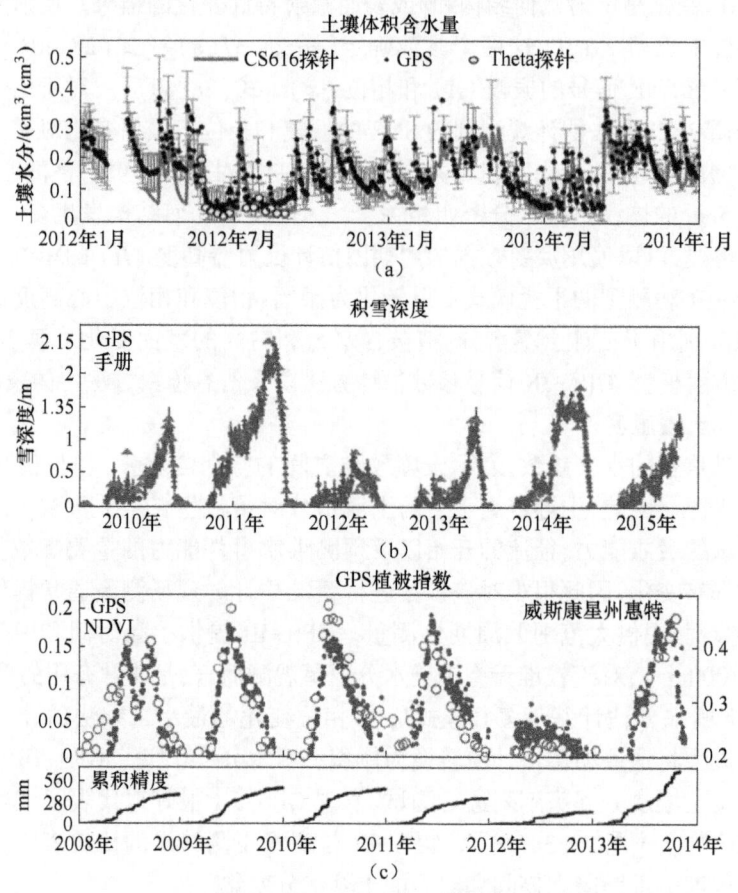

图 28.38　GPS-IR 的环境应用

(a)通过 GPS-IR(黑点)测量的土壤湿度与安装在 GPS 天线 250m 范围内 2.5cm 深度处的原位探头(蓝线,代表平均值)之间的比较。其他土壤水分测量来自 θ 探头测量(黄点);(b)科罗拉多州尼沃特山脊 GPS-IR 测得的积雪深度(蓝色)与现场间断测量(红色)之间的比较;(c)顶部:GPS 导出的植被含水量指数与 16 天中分辨率成像光谱仪(MODIS)归一化差异植被指数(NDVI)数据的比较。底部:由北美陆地数据同化系统(NLDAS)计算的累积降水量。
[资料来源:改编自文献[566-567,569]。经 Springer Nature 和 John Wiley & Sons 公司许可转载。]

GPS-IR 以一天的高时间分辨率提供了植被生长参数的独立估计。某些情况下,可将多径 SNR 模式 $A(e)$ 的振幅变化作为植被生长的基础[式(28.40)][574]。用 GPS-IR 测量植被生长的另一种方法基于伪距多径观测值[575-576]。GPS-IR 植被生长指数和 NDVI 之间的系统比较表明,两种观测类型一致性良好,GPS-IR 指数非常适合监测植被的健康状况[576-577][图 28.38(c)]。此外,GPS-IR 植被生长指数的时间分辨率显著提高,提供了无法从 NDVI 时间序列中获得的时间细节。

28.6.4.5　水位变化

GPS-IR 的第四个应用是检测和监测水位变化,可以通过分析距离水体不到 100m 的 GPS 站获取的数据来实现。该应用程序最直接的用途是监测由潮汐和洋流引起的相对海平面变化。这些水位本质上由地面参考坐标系定义(见 8.3.6 节)。该方法还可用于监测淡水水体(如湖泊或水库)的水位变化。与雪深检测(见 28.6.4.3 节)类似,多径 SNR 信号可用于检测天线相位中心和反射面之间的高度变化。积雪深度监测中,假设反射面中的高度变化来自各个方向,而在水位监测中,多径信息是从水体斜视图中的截面获得的。潮汐计记录和 GPS-IR 海平面变化估计值之间的比较表明,单个 GPS-IR 测量的精度在 5～10cm[533,159],但在潮汐系数中,对连续 GPS 测量的评估可提供亚厘米一致性[578]。GPS-IR 海平面观测并不能取代潮汐计测量,但在垂直地面运动分量较大的地区非常有用,单个 GPS 仪器可以使用多路径 SNR 变化测量相对海平面变化,并使用直接 GPS 信号测量垂直地面运动[527]。它们也可在极地等困难作业环境中作为验潮仪使用。

28.7 结论

本章回顾了过去 25 年来 GPS 大地测量对固体地球、自然灾害、气候和环境研究的重大(或说变革性的)影响。地球科学部门正吸纳对 GPS 大地测量感兴趣的新教师,就业机会越来越多。该领域也吸引着地球物理学专业学生,尤其是喜欢在野外和实验室工作的女性,在美国地球物理联盟的大地测量学、地震学、构造物理学、自然科学和水文学领域的年度会议上,不难发现这种兴趣的存在。在美国,大地测量研究的资金主要由 NASA 和国家科学基金会提供。然而,(至少在美国)存在这样一个问题:从事全球定位系统现代化和全球导航卫星系统技术工作的年轻人才数量有限,软件开发工作也包括在内;JPL 和麻省理工学院仍在继续相关工作,但大部分活动还是发生在欧洲和东亚。UNAVCO 和 IGS 等组织提供实地工作支持、GPS 网络运营、数据分析和归档、研讨会、宣传和外联等技术服务,抵消了这一影响。GPS 大地测量的区域和全球基础设施令人印象深刻,有 10000 多个 cGPS 站,越来越多的站可实时提供高速数据。最后,我们强调了 GPS 大地测量技术如何为深入了解我们所在的星球、高效利用自然资源以及提高安全和生活质量做出了重大贡献。

致谢

感谢 SOPAC 的 Peng Fang、Maria Turinga 及 Anne Sullivan 等同事的贡献。感谢 Emilie Klein 提供的宝贵评论。感谢 John Beavan、Michael Bevis、Peter Bird、David Chadwell、Clara Chew、Brent Delbridge、Dan Dzurisin、Yuri Fialko、Dara Goldberg、Bill Hammond、Makan Karegar、Abbas Khan、Suhab Khan、Kristine Larson、Michael Lisowski、Dieder Massonet、Mario Mattia、Diego Melgar、D. Glen Offield、Batu Osmanoǧlu、Linette Prawirodirdjo、David Sandwell、James Savage、Gina Schmalzle、Christopher Scholz、Paul Segall、Giovanni Sella、Peter Shearer、Freysteinn Sigmundson、Lina Su、Xiaopeng Tong、Laura Wallace、Kelin Wang、Paul Winberry 和 Guy Wöppelmann 慷慨供给的图片及照片。感谢美国政府机构的 NASA 拨款 NNX14AQ53G、NNX12AH55G、NX12AK24G、NNX14AT33G、NNX17AD99G、NNX16AM04A、美国国家科学基金会(NSF)拨款 EAR-1252186(地镜)和 EAR-1252187,以及美国国家海洋与大气协会(NOAA)拨款 NA10OAR4320156(CIMEC),为第一作者提供了资金支持。感谢 NASA 拨款

NNX12AK23G、NNX12AQ08G 和 80NSSC17K0098 以及 NSF 拨款 EAR-1417126、EAR-1620617 和 EAR-1713420，为第二作者提供了资金支持。感谢 Sharona Benami 和 Sandra Coiffman 提供的灵感。本章献给 2016 年辞世的 Robert W. King(麻省理工学院)、Haim Papo 与 Leslie Stoch(以色列理工学院)以及 Richard J. O'Connell(哈佛大学)。最后，感谢编辑 Y. T. Jade Morton 对本书的支持，没有她，这本书将无缘问世。

参考文献

[1] Segall, P. and Davis, J. L. (1997). GPS applications forgeodynamics and earthquake studies. *Annual Review of Earth and Planetary Sciences* 25: 301-336.

[2] Bürgmann, R. and Thatcher, W. (2013). Space geodesy: A revolution in crustal deformation measurements of tectonic processes. *The Web of Geological Sciences: Advances, Impacts, and Interactions* 500: 397.

[3] Bürgmann, R. and Chadwell, D. (2014). Seafloor geodesy. *Annual Review of Earth and Planetary Sciences* 42: 509-534.

[4] Dzurisin, D. (2006). *Volcano Deformation: New Geodetic Monitoring Techniques*. Springer.

[5] Segall, P. (2010). *Earthquake and Volcano Deformation*. Princeton University Press.

[6] Davis, J. L., Fialko, Y., Holt, W. E. et al. (2012). *A Foundation for Innovation: Grand Challenges in Geodesy*. Rep.: UNAVCO, Boulder, CO.

[7] Bock, Y. and Melgar, D. (2016), "Physical applications of GPS," *Reviews of Progress in Physics*.

[8] Teunissen, P. and Montenbruck, O. (2017). *Springer Handbook of Global Navigation Satellite Systems*. Springer.

[9] Bürgmann, R., Rosen, P. A., and Fielding, E. J. (2000). Synthetic aperture radar interferometry to measure Earth's surface topography and its deformation. *AnnualReview of Earth and Planetary Sciences* 28: 169-209.

[10] Mueller, I. I. (1969). Spherical and Practical Astronomy, as Applied to Geodesy. New York, F. Ungar Pub. Co. [1969], 1.

[11] Savage, J. C. and Burford, R. O. (1973). Geodetic determination of relative plate motion in central California. Journal of Geophysical Research 78: 832-845.

[12] Bossler, J. D., Goad, C. C., and Bender, P. L. (1980). Using the Global Positioning System (GPS) for geodeticpositioning. Bulletin géodesique 54: 553-563.

[13] Counselman, C. C. and Gourevitch, S. A. (1981), "Miniature interferometer terminals for earth surveying: ambiguity and multipath with Global Positioning System," Geoscience and Remote Sensing, IEEE Transactions on: 244-252.

[14] Remondi, B. W. (1984), "Using the global positioning system (GPS) phase observable for relative geodesy: Modeling, processing, and results [Ph. D. Thesis]." [130] Agnew, D. C. (1992), "The time-domain behavior of power-law noises," *Geophysical Research Letters*, 19: 333-336.

[15] Bock, Y., Abbot, R. I., Counselman, C. C. et al. (1984). Geodetic accuracy of the Macrometer model V-1000. *Bulletin géodesique* 58: 211-221.

[16] Bock, Y., Abbot, R. I., Counselman, C. C. et al. (1985). Establishment of three-dimensional geodetic control by interferometry with the Global Positioning System. *Journal of Geophysical Research: Solid Earth (1978-2012)* 90: 7689-7703.

[17] Davis, J. L., Herring, T. A., Shapiro, I. I. et al. (1985). Geodesy by radio interferometry: Effects of atmospheric modeling errors on estimates of baseline length. RadioScience 20: 1593-1607.

[18] Herring, T. A. (1986). Precision of vertical position estimates from very long baseline interferometry. *Journal of Geophysical Research: Solid Earth* 91: 9177–9182.

[19] Bock, Y., Abbot, R. I., Counselman, C. C. III, and King, R. W. (1986). A demonstration of 1-2 parts in 107 accuracy using GPS. *Bulletin géodesique* 60: 241–254.

[20] Counselman, C. C. and Abbot, R. I. (1989). Method of resolving radio phase ambiguity in satellite orbit determination. *Journal of Geophysical Research: SolidEarth (1978-2012)* 94: 7058–7064.

[21] Beutler, G., Weber, R., Hugentobler, U. et al. (1998). GPS satellite orbits. in: *GPS for Geodesy*. Springer.

[22] Thornton, C. L., Fanselow, J. L., and Renzetti, N. A. (1986). 3.3 GPS-Based Geodetic Measurement Systems. *Space Geodesy and Geodynamics* 197.

[23] Blewitt, G. (1989). Carrier phase ambiguity resolution for the Global Positioning System applied to geodetic baselines up to 2000km. *Journal of Geophysical Research: Solid Earth* 94: 10187–10203.

[24] Dong, D. N. and Bock, Y. (1989). Global Positioning System network analysis with phase ambiguity resolution applied to crustal deformation studies in California. *Journal of Geophysical Research: Solid Earth (1978-2012)* 94: 3949–3966.

[25] Schenewerk, M. S., Mader, G. L., Chin, M. et al. (1990). Status of CIGNET and orbit determination at the National Geodetic Survey. *In Proceedings Second International Symposium on Precise Positioning with the GlobalPositioning System* 179.

[26] Neilan, R. E., Melbourne, W. G., and Mader, G. L. (1990). The development of a global GPS tracking system insupport of space and ground-based GPS programs. In: *Global Positioning System: An Overview*. Springer.

[27] Beutler, G., Mueller, I. I., and Neilan, R. E. (1996). The International GPS Service for Geodynamics (IGS): The Story. In: *GPS Trends in Precise Terrestrial, Airborne, andSpaceborne Applications*. Springer.

[28] Petit, G. and Luzum, B. (2010). IERS Technical NoteNo. 36, IERS Conventions (2010). *International Earth Rotationand Reference Systems Service*. Frankfurt, Germany.

[29] Dow, J. M., Neilan, R. E., and Rizos, C. (2009). The international GNSS service in a changing landscape of global navigation satellite systems. *Journal of Geodesy* 83: 191–198.

[30] Noll, C., Bock, Y., Habrich, H., and Moore, A. (2009). Development of data infrastructure to support scientific analysis for the International GNSS Service. *Journal ofGeodesy* 83: 309–325.

[31] Genrich, J. F., Bock, Y., and Mason, R. G. (1997). Crustal deformation across the Imperial fault: Results fromkinematic GPS surveys and trilateration of a denselyspaced, small-aperture network. *Journal of Geophysical Research: Solid Earth* 102: 4985–5004.

[32] Zumberge, J. F., Heflin, M. B., Jefferson, D. C. et al. (1997). Precise point positioning for the efficient and robust analysis of GPS data from large networks. *Journal ofGeophysical Research: Solid Earth (1978-2012)* 102: 5005–5017.

[33] Kouba, J. and Héroux, P. (2001). Precise point positioning using IGS orbit and clock products. *GPS Solutions* 5: 12–28.

[34] Laurichesse, D., Mercier, F., Berthias, J.-. P. et al. (2009). Integer ambiguity resolution on undifferenced GPS phase measurements and its application to PPP and satelliteprecise orbit determination. *Navigation* 56: 135–149.

[35] Bertiger, W., Desai, S. D., Haines, B. et al. (2010). Single receiver phase ambiguity resolution with GPS data. *Journal of Geodesy* 84: 327–337.

[36] Ge, M., Gendt, G., Rothacher, M. et al. (2008). Resolution of GPS carrier-phaseambiguities in precise point positioning (PPP) with daily observations. *Journal of Geodesy* 82: 389–399.

[37] Geng, J., Shi, C., Ge, M. et al. (2012). Improving the estimation of fractional-cycle biases for ambiguity resolution in precise point positioning. *Journal of Geodesy* 86: 579-589.

[38] Zhang, J. (1996). Continuous GPS measurements of crustal deformation in southern California. San Diego: University of California.

[39] Genrich, J. F. and Bock, Y. (1992). Rapid resolution of crustal motion at short ranges with the Global Positioning System. *Journal of Geophysical Research: Solid Earth (1978-2012)* 97: 3261-3269.

[40] Zwally, H. J., Abdalati, W., Herring, T. et al. (2002). Surface melt-induced acceleration of Greenland ice-sheetflow. *Science* 297: 218-222.

[41] Yokota, Y., Ishikawa, T., Watanabe, S.-I. et al. (2016). Seafloor geodetic constraints on interplate coupling of the Nankai Trough megathrust zone. *Nature* 534 (7607): 374-377.

[42] Saunders, J. K., Goldberg, D. E., Haase, J. S. et al. (2016). Seismogeodesy using GNSS and low-cost MEMS accelerometers: perspectives for earthquake earlywarning and rapid response. *Bull. Seismol. Soc. Am.*

[43] Bock, Y., Nikolaidis, R. M., Jonge, P. J., and Bevis, M. (2000). Instant aneous geodetic positioning at medium distances with the Global Positioning System. *Journal of Geophysical Research: Solid Earth (1978-2012)* 105: 28223-28253.

[44] Nikolaidis, R. M., Bock, Y., Jonge, P. J. et al. (2001). Seismicwave observations with the Global Positioning System. *Journal of Geophysical Research: Solid Earth (1978-2012)* 106: 21897-21916.

[45] Larson, K. M. (2009). GPS seismology. *Journal of Geodesy* 83: 227-233.

[46] Genrich, J. F. and Bock, Y. (2006). Instantaneous geodetic positioning with 10-50 Hz GPS measurements: Noise characteristics and implications for monitoring networks. *Journal of Geophysical Research: Solid Earth (1978-2012)* 111.

[47] Langbein, J. and Bock, Y. (2004). High-rate real-time GPS network at Parkfield: Utility for detecting fault slip andseismic displacements. *Geophysical Research Letters* 31.

[48] Ruhl, C. J., Melgar, D., Geng, J., Goldberg, D. E., Crowell, B. W., Allen, R. M., Bock, Y., Barrientos, S., Riquelme, S., and Baez, J. C. (2018), "A global database of strong-motion displacement GNSS recordings and an example applicationto PGD Scaling," *Seismological Research Letters*.

[49] Bock, Y., Melgar, D., and Crowell, B. W. (2011). Real-timestrong-motion broadband displacements from collocated GPS and accelerometers. *Bulletin of the SeismologicalSociety of America* 101: 2904-2925.

[50] Larson, K. M., Bodin, P., and Gomberg, J. (2003). Using 1Hz GPS data to measure deformations caused by the Denali fault earthquake. *Science* 300: 1421-1424.

[51] Kouba, J. (2003). Measuring seismic waves induced bylarge earthquakes with GPS. *Studia Geophysica et Geodaetica* 47: 741-755.

[52] Bock, Y., Prawirodirdjo, L., and Melbourne, T. I. (2004). Detection of arbitrarily large dynamic ground motions with a dense high-rate GPS network. *GeophysicalResearch Letters* 31.

[53] Ji, C., Larson, K. M., Tan, Y. et al. (2004). Slip history of the 2003 San Simeon earthquake constrained by combining 1Hz GPS, strong motion, and teleseismic data. *Geophysical Research Letters* 31: L17608.

[54] Miyazaki, S., Larson, K. M., Choi, K. et al. (2004). Modeling the rupture process of the 2003 September 25 Tokachi-Oki (Hokkaido) earthquake using 1-Hz GPS data. *Geophysical Research Letters* 31.

[55] Emore, G. L., Haase, J. S., Choi, K. et al. (2007). Recovering seismic displacements through combined use of 1-Hz GPS and strong-motion accelerometers. *Bulletin of the Seismological Society of America* 97: 357-378.

[56] Crowell, B. W., Bock, Y., and Squibb, M. B. (2009). Demonstration of earthquake early warning using total

displacement wave forms from real-time GPS networks. *Seismological Research Letters* 80: 772-782

[57] Crowell, B. W., Bock, Y., and Melgar, D. (2012). Real-timeinversion of GPS data for finite fault modeling and rapidhazard assessment. *Geophysical Research Letters* 39.

[58] Langbein, J., Borcherdt, R., Dreger, D. et al. (2005). Preliminary report on the 28 September 2004, M 6.0 Parkfield, California earthquake. *Seismological ResearchLetters* 76: 10-26.

[59] Barbot, S., Fialko, Y., and Bock, Y. (2009). Postseismic deformation due to the Mw6.0 2004 Parkfield earthquake: Stress-driven creep on a fault with spatially variable rateand-state friction parameters. *Journal of GeophysicalResearch* 114: B07405.

[60] Davis, J. P. and Smalley, R. (2009). Love wave dispersion incentral North America determined using absolute displacement seismograms from high-rate GPS. *Journal of Geophysical Research: Solid Earth* 114.

[61] Kobayashi, R., Miyazaki, S., and Koketsu, K. (2006). Source processes of the 2005 West Off Fukuoka Prefecture earthquake and its largest aftershock inferred from strongmotion and 1-Hz GPS data. *Earth, Planets, and Space* 58:57-62.

[62] Yin, H., Wdowinski, S., Liu, X. et al. (2013). Strong Ground Motion Recorded by High-Rate GPS of the 2008M s 8.0 Wenchuan Earthquake, China. *SeismologicalResearch Letters* 84: 210-218.

[63] Melgar, D., Geng, J., Crowell, B. W. et al. (2015). Seismogeodesy of the 2014 Mw6.1 Napa earthquake, California: Rapid response and modeling of fast ruptureon a dipping strike-slip fault. *Journal of GeophysicalResearch: Solid Earth* 120: 5013-5033.

[64] Yue, H., Lay, T., Rivera, L. et al. (2014). Localized fault slipto the trench in the 2010 Maule, Chile Mw = 8.8 earthquake from joint inversion of high-rate GPS, teleseismic body waves, InSAR, campaign GPS, and tsunami observations. *Journal of Geophysical Research: Solid Earth* 119: 7786-7804.

[65] Melgar, D., Crowell, B. W., Bock, Y., and Haase, J. S. (2013), "Rapid modeling of the 2011 Mw 9.0 Tohoku-oki earthquake with seismogeodesy," *Geophysical ResearchLetters*.

[66] Bletery, Q., Sladen, A., Delouis, B. et al. (2014). A detailed source model for the Mw9.0 Tohoku-Oki earthquake reconciling geodesy, seismology, and tsunami records. *Journal of Geophysical Research: Solid Earth* 119:7636-7653.

[67] Grapenthin, R. and Freymueller, J. T. (2011). The dynamics of a seismic wave field: Animation and analysis of kinematic GPS data recorded during the 2011Tohoku-oki earthquake, Japan. *Geophysical ResearchLetters* 38.

[68] Yin, H. and Wdowinski, S. (2014). Improved detection ofearthquake-induced ground motion with spatial filter: case study of the 2012 $M=7.6$ Costa Rica earthquake. *GPSSolutions* 18: 563-570.

[69] Melgar, D., Allen, R. M., Riquelme, S. et al. (2016). Localtsunami warnings: Perspectives from recent large events. *Geophysical Research Letters* 43: 1109-1117.

[70] Kawamoto, S., Hiyama, Y., Ohta, Y., and Nishimura, T. (2016). First result from the GEONET real-time analysis system (REGARD): The case of the 2016 Kumamoto earthquakes. *Earth, Planets and Space* 68: 190.

[71] Kaiser, A., Balfour, N., Fry, B. et al. (2017). The 2016 Kaikōura, New Zealand, Earthquake: Preliminary Seismological report. *Seismological Research Letters* 88:727-739.

[72] Ye, L., Lay, T., Bai, Y. et al. (2017). The 2017 Mw 8.2 Chiapas, Mexico, earthquake: energetic slab detachment. *Geophysical Research Letters* 44 (23).

[73] Melgar, D., Melbourne, T. I., Crowell, B. W. et al. (2019). Real-time high-rate GNSS displacements: Performancedemonstration during the 2019 Ridgecrest, California, Earthquakes. *Seismological Research Letters*.

[74] Graizer, V. M. (1979). Determination of the true grounddisplacement by using strong motion records. *Iz-*

vestiya Academy of Sciences, USSR, Physics of the Solid Earth 15:875-885.

[75] Iwan, W. D., Moser, M. A., and Peng, C.-Y. (1985). Some observations on strong-motion earthquake measurement using a digital accelerograph. *Bulletin of the SeismologicalSociety of America* 75: 1225-1246.

[76] Boore, D. M. (2001). Effect of baseline corrections on displacements and response spectra for several recordings of the 1999 Chi-Chi, Taiwan, earthquake. *Bulletin of theSeismological Society of America* 91: 1199-1211.

[77] Boore, D. M., Stephens, C. D., and Joyner, W. B. (2002). Comments on baseline correction of digital strong-motiondata: Examples from the 1999 Hector Mine, California, earthquake. *Bulletin of the Seismological Society of America* 92: 1543-1560.

[78] Graizer, V. (2006). Tilts in strong ground motion. *Bulletinof the Seismological Society of America* 96: 2090-2102.

[79] Pillet, R. and Virieux, J. (2007). The effects of seismicrotations on inertial sensors. *Geophysical Journal International* 171: 1314-1323.

[80] Boore, D. M. and Bommer, J. J. (2005). Processing of strong-motion accelerograms: needs, options and consequences. *Soil Dynamics and Earthquake Engineering* 25: 93-115.

[81] Melgar, D., Bock, Y., Sanchez, D., and Crowell, B. W. (2013), "On robust and reliable automated baselinecorrections for strong motion seismology," *Journal of Geophysical Research: Solid Earth*.

[82] Rydelek, P. and Horiuchi, S. (2006). Earth science: Isearthquake rupture deterministic? *Nature* 442: E5-E6.

[83] Hoshiba, M., Iwakiri, K., Hayashimoto, N. et al. (2011). Outline of the 2011 off the Pacific coast of Tohoku earthquake (Mw 9.0)-earthquake early warning and observed seismic intensity. *Earth, planets and space* 63:547-551.

[84] Smalley, R. (2009). High-rate GPS: How high dowe needto go? *Seismological Research Letters* 80: 1054-1061.

[85] Nikolaidis, R. (2002). *Observation of geodetic and seismic deformation with the Global Positioning System.* La Jolla, California: University of California San Diego.

[86] Smyth, A. and Wu, M. (2007). Multi-rate Kalman filtering for the data fusion of displacement and acceleration response measurements in dynamic systemmonitoring. *Mechanical Systems and Signal Processing* 21: 706-723.

[87] Kogan, M. G., Kim, W.-Y., Bock, Y., and Smyth, A. W. (2008). Load response on a large suspension bridge duringthe NYC Marathon revealed by GPS and accelerometers. *Seismological Research Letters* 79: 12-19.

[88] Goldberg, D. E. and Bock, Y. (2017), "Self-contained local broadband seismogeodetic early warning system: detection and location," *Journal of Geophysical Research: Solid Earth*.

[89] Choi, K., Bilich, A., Larson, K. M., and Axelrad, P. (2004). Modified sidereal filtering: Implications for high-rate GPS positioning. *Geophysical Research Letters* 31.

[90] Agnew, D. C. and Larson, K. M. (2007). Finding therepeat times of the GPS constellation. *GPS Solutions* 11: 71-76.

[91] Geng, J., P. Jiang, and J. Liu. (2017), "Integrating GPS with GLONASS for high-rate seismogeodesy," *Geophysical Research Letters*.

[92] Pesyna, K. M., Jr, Heath, R. W., Jr, and Humphreys, T. E. (2014), "Centimeter positioning with a Smartphonequality GNSS antenna." In *Proceedings of the ION GNSS+Meeting*.

[93] Teunissen, P. J. G. (1998). GPS carrier phase ambiguityfixing concepts. In: *GPS for Geodesy*. Springer.

[94] Wu, J.-T., Wu, S. C., Hajj, G. A., Bertiger, W. I., and Lichten, S. M. (1992), "Effects of antenna orientation on GPS carrier phase," *Astrodynamics 1991*; Proceedings of the AAS/AIAA Astrodynamics Conference, Durango, CO, Aug. 19-22, 1991. Pt. 2 (A92-43251 18-13). San Diego, CA, Univelt, Inc., 1992, p. 1647-1660.

[95] Altamimi, Z., Collilieux, X., and Métivier, L. (2011). ITRF2008: An improved solution of the international terrestrial reference frame. *Journal of Geodesy* 85: 457-473.

[96] Kouba, J. (2004). Improved relativistic transformations in GPS. *GPS Solutions* 8: 170-180.

[97] Zhu, S. Y., Massmann, F.-H., Yu, Y., and Reigber, C. (2003). Satellite antenna phase center offsets and scaleerrors in GPS solutions. *Journal of Geodesy* 76: 668-672.

[98] Mader, G. L. (1999). GPS antenna calibration at the National Geodetic Survey. *GPS Solutions* 3: 50-58.

[99] Rothacher, M. (2001). Comparison of absolute andrelative antenna phase center variations. *GPS Solutions* 4: 55-60.

[100] Beutler, G., Bock, H., Brockmann, E., Dach, R., Fridez, P., Gurtner, W., Hugentobler, U., Ineichen, D., Johnson, J., and Meindl, M. (2001), "Bernese GPS software version 4.2," *Astronomical Institute, University of Berne*, 515.

[101] Hugentobler, U., Dach, R., and Fridez, P. (2005). *Documents of Bernese Software Version 5.0*. Bern: University of Bern, Bern.

[102] Herring, T. A., King, R. W., and McClusky, S. C. (2008), "Introduction to Gamit/Globk," *Mass. Inst. of Technol.*, Cambridge, MA, Tech. Rep.

[103] Chen, G. and Herring, T. A. (1997), "Effects of atmospheric azimuthal asymmetry on the analysis of space geodetic data," *Journal of Geophysical Research: Solid Earth (1978-2012)*, 102: 20489-20502.

[104] MacMillan, D. S. (1995). Atmospheric gradients from verylong baseline interferometry observations. *Geophysical Research Letters* 22: 1041-1044.

[105] Komjathy, A., Galvan, D. A., Stephens, P. et al. (2012). Detecting ionospheric TEC perturbations caused bynatural hazards using a global network of GPS receivers: The Tohokucase study. *Earth Planets Space* 64: 1287-1294.

[106] Bevis, M., Businger, S., Chiswell, S. et al. (1994). GPS meteorology: Mapping zenith wet delays onto precipitable water. *Journal of Applied Meteorology* 33: 379-386.

[107] Larson, K. M., Braun, J. J., Small, E. E. et al. (2010). GPSmultipath and its relation to near-surface soil moisturecontent. *Selected Topics in Applied Earth Observations and Remote Sensing, IEEE Journal of* 3: 91-99.

[108] Melbourne, W. G. (1985), "The case for ranging in GPSbasedgeodetic systems." In *Proc. 1st Int. Symp. on Precise Positioning with GPS*, Rockville, Maryland (1985), 373-386.

[109] Wübbena, G. (1985), "Software developments for geodetic positioning with GPS using TI-4100 code and carrier measurements," In *Proceedings of the First International Symposium on Precise Positioning with the Global Positioning System*. sl: [sn].

[110] Schaffrin, B. and Bock, Y. (1988). A unified scheme for processing GPS dual-band phase observations. *Bulletingéodesique* 62: 142-160.

[111] Teunissen, P. J. G. (1995). The least-squares ambiguity decorrelation adjustment: A method for fast GPS integerambiguity estimation. *Journal of Geodesy* 70: 65-82.

[112] Geng, J., Bock, Y., Melgar, D. et al. (2013). A new seismogeodetic approach applied to GPS and accelerometer observations of the 2012 Brawley seismicswarm: Implications for earthquake early warning. *Geochemistry, Geophysics, Geosystems* 14: 2124-2142.

[113] Geng, J. and Bock, Y. (2013). Triple-frequency GPS precisepoint positioning with rapid ambiguity resolu-

tion. *Journal of Geodesy* 87: 449-460.

[114] Yi,T. -H. ,Li,H. -N. ,andGu,M. (2013). Experimental assessment of high-rate GPS receivers for deformation monitoring of bridge. *Measurement* 46: 420-432.

[115] Bevis,M. ,Taylor,F. W. ,Schutz,B. E. et al. (1995). Geodetic observations of very rapid convergence and back-arcextension at the Tonga arc. *Nature* 374: 249-251.

[116] Suito,H. and Freymueller,J. T. (2009). A viscoelastic and afterslip postseismic deformation model for the 1964 Alaska earthquake. *Journal of Geophysical Research: SolidEarth (1978-2012)*,114.

[117] Amiri-Simkooei,A. R. (2009). Noise in multivariate GPS position time-series. *Journal of Geodesy* 83: 175-187.

[118] Wang,K. ,Hu,Y. ,and He,J. (2012). Deformation cycles of subduction earthquakes in a viscoelastic Earth. *Nature* 484: 327-332.

[119] Freed,A. M. (2007). Afterslip (and only afterslip) followingthe 2004 Parkfield,California,earthquake. *Geophysical Research Letters* 34.

[120] Williams,S. D. P. (2003a),"Offsets in global positioning system time series," *Journal of Geophysical Research: Solid Earth (1978-2012)*,108.

[121] Wdowinski,S. ,Bock,Y. ,Zhang,J. et al. (1997). Southern California Permanent GPS Geodetic Array: Spatial filtering of daily positions for estimating coseismic and postseismic displacements induced by the 1992 Landers earthquake. *Journal of Geophysical Research: Solid Earth(1978-2012)*,102: 18057-18070.

[122] Dong,D. ,Fang,P. ,Bock,Y. et al. (2006). Spatiotemporal filtering using principal component analysis and Karhunen-Loeve expansion approaches for regional GPSnetwork analysis. *Journal of Geophysical Research: SolidEarth(1978-2012)*,111.

[123] Márquez-Azúa,B. and DeMets,C. (2003). Crustal velocityfield of Mexico from continuous GPS measurements,1993 to June 2001: Implications for the neotectonics of Mexico. *Journal of Geophysical Research: Solid Earth* 108: 2450.

[124] Bock,Y. ,Kedar,S. ,Moore,A. W. ,Fang,P. ,Geng,J. ,Liu,Z. ,Melgar,D. ,Owen,S. E. ,Squibb,M. B. ,and Webb,F. (2016),"Twenty-two years of combined GPS products for Geophysical applications and a decade of Seismogeodesy."

[125] Karcz,I. ,Morreale,J. ,and Porebski,F. (1976). Assessment of benchmark credibility in the study ofrecent vertical crustal movements. *Tectonophysics* 33:T1-T6.

[126] Langbein,J. O. ,Linker,M. F. ,McGarr,A. F. ,and Slater,L. E. (1987). Precision of two-color geodimeter measurements: Results from 15 months of observations. *Journal of Geophysical Research* 92: 11644-11656.

[127] Langbein,J. ,Wyatt,F. ,Johnson,H. et al. (1995). Improved stability of a deeply anchored geodeticmonument for deformation monitoring. *GeophysicalResearch Letters* 22: 3533-3536. 128.

[128] Wyatt,F. (1982). Displacement of surface monuments:horizontal motion. *Journal of Geophysical Research: SolidEarth (1978-2012)*,87: 979-989.

[129] Wyatt,F. K. (1989),"Displacement of surface monuments: Vertical motion," *Journal of Geophysical Research: SolidEarth (1978-2012)*,94: 1655-1664.

[130] Bock,Y. ,Wdowinski,S. ,Fang,P. et al. (1997). Southern California Permanent GPS Geodetic Array: Continuous measurements of regional crustal deformation betweenthe 1992 Landers and 1994 Northridge earthquakes. *Journal of Geophysical Research* 102: 18013-18033.

[131] Agnew,D. C. (1992). The time-domain behavior of powerlaw noises. *Geophysical Research Letters* 19: 333-336.

[132] Mandelbrot,B. B. and Van Ness,J. W. (1968). Fractional Brownian motions,fractional noises and appli-

cations. *SIAM review* 10: 422-437.

[133] Zhang,J. ,Bock,Y. ,Johnson,H. et al. (1997). Southern California permanent GPS geodetic array: Error analysisof daily position estimates and site velocities. *Journal of Geophysical Research*,102: 18035-18055.

[134] Mao,A. ,Harrison,C. G. A. ,and Dixon,T. H. (1999),"Noisein GPS coordinate time series," *Journal of Geophysical Research: Solid Earth(1978-2012)*,104: 2797-2816.

[135] Williams,S. D. P. (2003b). The effect of coloured noise onthe uncertainties of rates estimated from geodetic timeseries. *Journal of Geodesy* 76: 483-494.

[136] Langbein,J. and Johnson,H. (1997). Correlated errors ingeodetic time series: Implications for time-dependent deformation. *Journal of Geophysical Research* 102: 591-603.

[137] Bos,M. S. ,Fernandes,R. M. S. ,Williams,S. D. P. ,and Bastos,L. (2008). Fast error analysis of continuous GPS observations. *Journal of Geodesy* 82: 157-166.

[138] Bos,M. S. ,Fernandes,R. M. S. ,Williams,S. D. P. ,and Bastos,L. (2013). Fast error analysis of continuous GNSS observations with missing data. *Journal of Geodesy* 87:351-360.

[139] Herring, T. (2003). MATLAB Tools for viewing GPS velocities and time series. *GPS Solutions* 7: 194-199.

[140] Williams,S. D. P. ,Bock,Y. ,Fang,P. et al. (2004). Erroranalysis of continuous GPS position time series. *Journal of Geophysical Research: Solid Earth(1978-2012)* 109.

[141] Langbein,J. (2008). Noise in GPS displacement measurements from Southern California and Southern Nevada. *Journal of Geophysical Research: Solid Earth(1978-2012)* 113.

[142] Dmitrieva,K. ,Segall,P. ,and DeMets,C. (2015). Network based estimation of time-dependent noise in GPS position time series. *Journal of Geodesy* 89: 591-606.

[143] Beavan,J. (2005),"Noise properties of continuous GPS data from concrete pillar geodetic monuments in NewZealand and comparison with data from US deep drilled braced monuments," *Journal of Geophysical Research:Solid Earth(1978-2012)*,110.

[144] Gazeaux,J. ,Williams,S. ,King,M. et al. (2013). Detecting offsets in GPS time series: First results from the detection of offsets in GPS experiment. *Journal of Geophysical Research: Solid Earth* 118: 2397-2407.

[145] Blewitt, G. ,Kreemer,C. ,Hammond,W. C. ,and Gazeaux,J. (2016). MIDAS robust trend estimator for accurate GPS station velocities without step detection. *Journal of Geophysical Research: Solid Earth*.

[146] Blewitt,G. and Lavallée,D. (2002),"Effect of annualsignals on geodetic velocity," *Journal of Geophysical Research: Solid Earth (1978-2012)*,107: ETG 9-1-ETG9-11.

[147] Santamaría-Gómez,A. ,Gravelle,M. ,Collilieux,X. et al. (2012). Mitigating the effects of vertical land motion intide gauge records using state-of-the-art GPS velocity field," *Global Planet. Change*,98-99, 6-17.

[148] Dong,D. ,Fang,P. ,Bock,Y. et al. (2002). Anatomy of apparent seasonal variations from GPS-derived site position time series. *Journal of Geophysical Research* 107: 2075.

[149] King,M. A. and Watson,C. S. (2010). Long GPS coordinate time series: multipath and geometry effects. *Journal of Geophysical Research: Solid Earth(1978-2012)*: 115.

[150] Tregoning,P. and Watson,C. (2009),"Atmospheric effects and spurious signals in GPS analyses," *Journal of Geophysical Research: Solid Earth(1978-2012)*,114.

[151] Williams,S. D. P. and Penna,N. T. (2011). Non-tidal oceanl oading effects on geodetic GPS heights. *Geophysical Research Letters* 38.

[152] Tregoning,P. and van Dam,T. (2005). Atmospheric pressure loading corrections applied to GPS data at the observation level. *Geophysical Research Letters* 32.

[153] Penna, N. T. and Stewart, M. P. (2003). Aliased tidal signatures in continuous GPS height time series. *Geophysical Research Letters* 30.

[154] Penna, N. T., King, M. A., and Stewart, M. P. (2007). GPS height time series: Short-period origins of spurious longperiod signals. *Journal of Geophysical Research: Solid Earth(1978-2012)* 112.

[155] Watson, C., Tregoning, P., and Coleman, R. (2006). Impact of solid Earth tide models on GPS coordinate and tropospheric time series. *Geophysical Research Letters* 33.

[156] King, N. E., Argus, D., Langbein, J. et al. (2007). Space geodetic observation of expansion of the San Gabriel Valley, California, aquifer system, during heavy rainfall inwinter 2004-2005. *Journal of Geophysical Research: Solid Earth (1978-2012)*: 112.

[157] Jaldehag, R. T., Johansson, J. M., Davis, J. L., and Elósegui, P. (1996). Geodesy using the Swedish Permanent GPS Network:: Effects of snow accumulation on estimates of site positions. *Geophysical Research Letters* 23: 1601-1604.

[158] Blewitt, G., Coolbaugh, M., Holt, W. et al. (2002). Targeting of potential geothermal resources in the Great Basin from regional relationships between geodetic strainand geological structures. *Geothermal Resources Council Transactions* 26: 523-525.

[159] Larson, K. M. and Nievinski, F. G. (2013b). GPS snowsensing: results from the Earth Scope Plate Boundary Observatory. *GPS Solutions* 17: 41-52.

[160] Paris, R., Lavigne, F., Wassmer, P., and Sartohadi, J. (2007). Coastal sedimentation associated with the December 26, 2004 tsunami in Lhok Nga, West Banda Aceh (Sumatra, Indonesia). *Marine Geology* 238: 93-106.

[161] Mimura, N., Yasuhara, K., Kawagoe, S. et al. (2011). Damage from the Great East Japan Earthquake and Tsunami-a quick report. *Mitigation and Adaptation Strategies for Global Change* 16: 803-818.

[162] Mori, N., Takahashi, T., and The Tohoku Earthquake Tsunami Joint Survey Group (2012). Nationwide postevent survey and analysis of the 2011 Tohoku earthquake tsunami. *Coastal Engineering Journal* 54.

[163] Yun, N.-Y. and Hamada, M. (2014). Evacuation behaviorand fatality rate of residents during the 2011 Great East Japan earthquake and tsunami. *Earthquake Spectra* 31: 1237-1265.

[164] Hayashi, T. (2012). Japan's post-disaster economic reconstruction: From Kobe to Tohoku. *Asian Economic Journal* 26: 189-210.

[165] Satake, K., Shimazaki, K., Tsuji, Y., and Ueda, K. (1996). Time and size of a giant earthquake in Cascadia inferred from Japanese tsunami records of January 1700. *Nature* 379: 246-249.

[166] Atwater, B. F., Nelson, A. R., Clague, J. J. et al. (1995). Summary of coastal geologic evidence for past great earthquakes at the Cascadia subduction zone. *Earthquake Spectra* 11: 1-18.

[167] Freymueller, J. T., Woodard, H., Cohen, S. C. et al. (2008). Active deformation processes in Alaska, based on 15 yearsof GPS measurements. *Active tectonics and seismic potential of Alaska* 1-42.

[168] Sieh, K., Natawidjaja, D. H., Meltzner, A. J. et al. (2008). Earthquake supercycles inferred from sea-level changes recorded in the corals of west Sumatra. *Science* 322: 1674-1678.

[169] Klein, E., Vigny, C., Fleitout, L. et al. (2017). A comprehensive analysis of the Illapel 2015 Mw8.3earthquake from GPS and InSAR data. *Earth and Planetary Science Letters* 469: 123-134.

[170] Nocquet, J.-M., Jarrin, P., Vallée, M. et al. (2017). Supercycle at the Ecuadorian subduction zone revealedafter the 2016 Pedernales earthquake. *Nature Geoscience* 10: 145-149.

[171] Goldfinger, C., Ikeda, Y., Yeats, R. S., and Ren, J. (2013). Superquakes and supercycles. *Seismological Research Letters* 84: 24-32.

[172] DeVries, P. M. R. and Meade, B. J. (2013). Earthquake cycledo formation in the Tibetan plateau with a

weak midcrustallayer. *Journal of Geophysical Research: Solid Earth* 118: 3101-3111.

[173] Hirose, H., Hirahara, K., Kimata, F. et al. (1999). A slowthrust slip event following the two 1996 Hyuganada earthquakes beneath the Bungo Channel, southwest Japan. *Geophysical Research Letters* 26: 3237-3240.

[174] Dragert, H., Wang, K., and James, T. S. (2001). A silent slipevent on the deeper Cascadia subduction interface. *Science* 292: 1525-1528.

[175] Gilbert, G. K. (1884). A theory of the earthquakes of the Great Basin, with a practical *application*. *American Journal of Science* 49-53.

[176] McKay, A. (1890). On the Earthquakes of September 1888, in the Amuri and Marlborough districts of the SouthIsland. In *New Zealand Geological Survey Report of Geological Explorations* 1-16.

[177] Koto, B. (1893). On the cause of the great earthquake incentral Japan, 1891. *The Journal of the College of Science, Imperial University, Japan* 5: 295-353.

[178] Reid, H. F. (1910), *The Mechanics of the Earthquake*, Carnegie Institution of Washington.

[179] Reid, H. F. (1911). *The Elastic-Rebound Theory of Earthquakes*. University Press.

[180] Müller, J. (1895). Nota betreffende de verplaatsing vaneenige triangulatie pilaren in de redidentie Tapanuli tgv. De aardbeving van 17 Mei 1892. *Natuurk. Tijdschr. v Ned. Ind* 54: 299-230.

[181] Reid, H. F. (1913). Sudden Earth-movements in Sumatrain 1892. *Bulletin of the Seismo logical Society of America* 3:72-79.

[182] Prawirodirdjo, L., Bock, Y., Genrich, J. F. et al. (2000). One century of tectonic deformation along the Sumatran faul tfrom triangulation and Global Positioning System surveys. *Journal of Geophysical Research: Solid Earth(1978-2012)* 105: 28343-28361.

[183] Lawson, A. C. and Reid, H. F. (1908), *The California Earthquake of April 18, 1906: Report of the State Earthquake Investigation Commission*, Carnegie Institution of Washington.

[184] Wegener, A. (1912). Die entstehung der kontinente. *Geologische Rundschau* 3: 276-292.

[185] Wegener, A. (1929). *The Origin of Continents and Oceans* (English translation by J. Biram, 1996, of Die Entstehungder Kontinente und Ozeane), revised 4th edition, Braunschweig, Germany Friedr. New York: Vieweg & Sohn, Dover Publications, Inc.

[186] Wegener, A. (1966). *Die entstehung der kontinente undozeane*. Dover Publications.

[187] Wilson, J. T. (1963). A possible origin of the Hawaiian Islands. *Canadian Journal of Physics* 41: 863-870.

[188] Morgan, W. J. (1968). *Rises, Trenches, Great Faults, and Crustal Blocks*. Woods Hole Oceanographic Institution.

[189] McKenzie, D. P. and Parker, R. L. (1967). The North Pacific: an example of tectonics on a sphere. *Nature* 216:1276-1280.

[190] Christodoulidis, D. C., Smith, D. E., Kolenkiewicz, R. et al. (1985). Observing tectonic plate motions and deformations from satellite laser ranging. *Journal of Geophysical Research: Solid Earth(1978-2012)*, 90: 9249-9263.

[191] Smith, D. E., Kolenkiewicz, R., Nerem, R. S. et al. (1994). Contemporary global horizontal crustal motion. *Geophysical Journal International* 119: 511-520.

[192] Herring, T. A., Shapiro, I. I., Clark, T. A. et al. (1986). Geodesy by radio interferometry: Evidence for contemporary plate motion. *Journal of Geophysical Research: Solid Earth(1978-2012)* 91: 8341-8347.

[193] Argus, D. F. and Gordon, R. G. (1990). Pacific-North American plate motion from very long baseline interferometry compared with motion inferred from magnetic anomalies, transform faults, and earthquakeslip

vectors. *Journal of Geophysical Research: Solid Earth(1978-2012)* 95: 17315-17324.

[194] Ward, S. N. (1990). Pacific-North America Plate motions: New results from very long baseline interferometry. *Journal of Geophysical Research: Solid Earth (1978-2012)* 95: 21965-21981.

[195] Robbins, J. W. , Smith, D. E. , and Ma, C. (1993), "Horizontal crustal deformation and large scale platemotions inferred from space geodetic techniques," *Contributions of Space Geodesy to Geodynamics: Crustal Dynamics*: 21-36.

[196] Wallace, L. M. , Reyners, M. , Cochran, U. et al. (2009). Characterizing the seismogenic zone of a major plate boundary subduction thrust: Hikurangi Margin, New Zealand. *Geochemistry, Geophysics, Geosystems* 10.

[197] Feigl, K. L. , Agnew, D. C. , Bock, Y. et al. (1993). Space geodetic measurement of crustal deformation in centraland southern California, 1984-1992. *Journal of Geophysical Research: Solid Earth (1978-2012)* 98:21677-21712.

[198] Bennett, R. A. , Rodi, W. , and Reilinger, R. E. (1996). Global Positioning System constraints on fault slip rates in southern California and northern Baja, Mexico. *Journal of Geophysical Research: Solid Earth* 101: 21943-21960.

[199] Savage, J. C. , Svarc, J. L. , and Prescott, W. H. (1999). Geodetic estimates of fault slip rates in the San Francisco Bay area. *Journal of Geophysical Research: Solid Earth* 104:4995-5002.

[200] Bock, Y. , Prawirodirdjo, L. , Genrich, J. F. et al. (2003). Crustal motion in Indonesia from global positioning system measurements. *Journal of Geophysical Research:Solid Earth(1978-2012)*, 108.

[201] Simons, W. J. F. , Ambrosius, B. A. C. , Noomen, R. et al. (1999). Observing plate motions in SE Asia: Geodetic results of the GEODYSSEA project. *Geophysical Research Letters* 26: 2081-2084.

[202] Reilinger, R. and McClusky, S. (2011). Nubia-Arabia-Eurasia plate motions and the dynamics of Mediterranean and Middle East tectonics. *Geophysical Journal International* 186: 971-979.

[203] McClusky, S. , Balassanian, S. , Barka, A. et al. (2000). Global Positioning System constraints on plate kinematics and dynamics in the eastern Mediterraneanand Caucasus. *Journal of Geophysical Research: Solid Earth* 105: 5695-5719.

[204] Klotz, J. , Khazaradze, G. , Angermann, D. et al. (2001). Earthquake cycle dominates contemporary crustal deformation in Central and Southern Andes. *Earth and Planetary Science Letters* 193: 437-446.

[205] Snay, R. A. , Cline, M. W. , Randolph Philipp, C. et al. (1996). Crustal velocity field near the big bend of California's San Andreas fault. *Journal of Geophysical Research: Solid Earth* 101: 3173-3185.

[206] Billiris, H. , Paradissis, D. , Veis, G. et al. (1991). Geodetic determination of tectonic deformation in central Greece from 1900 to 1988. *Nature* 350: 124-129.

[207] Crowell, B. W. , Bock, Y. , Sandwell, D. T. , and Fialko, Y. (2013). Geodetic investigation into the deformation of the Salton Trough. *Journal of Geophysical Research: Solid Earth* 118: 5030-5039.

[208] Wdowinski, S. , Smith-Konter, B. , Bock, Y. , and Sandwell, D. (2007). Diffuse interseismic deformation across the Pacific-North America plate boundary. *Geology* 35:311-314.

[209] Tong, X. , Smith-Konter, B. , and Sandwell, D. T. (2014). Isthere a discrepancybetween geological and geodetic sliprates along the San Andreas Fault System? *Journal of Geophysical Research: Solid Earth* 119: 2518-2538. 210.

[210] Bock, Y. , Agnew, D. C. , Fang, P. et al. (1993). Detection of crustal deformation from the Landers earthquake sequence using continuous geodetic measurements. *Nature* 361: 337-340.

[211] Blewitt, G. , Heflin, M. B. , Hurst, K. J. et al. (1993). Absolutefar-field displacements from the 28 June 1992 Landers earthquake sequence. *Nature* 361: 340-342.

[212] Hudnut,K. W. ,Bock,Y. ,Galetzka,J. E. et al. (2001). The southern California integrated GPS network (SCIGN). In: *The 10th FIG International Symposium on Deformation Measurements*, 19-22. USA: Orange California.

[213] Hensley (ed.) (2000). "A SCIGN before its Time," in *Southern California Earthquake Center Quarterly Newsletter*. Southern California Earthquake Center: University of Southern California.

[214] Donnellan,A. and Lyzenga,G. A. (1998). GPS observations of fault afterslip and upper crustal deformation following the Northridge earthquake. *Journal of Geophysical Research: Solid Earth* 103:21285-21297.

[215] Khazaradze,G. ,Qamar,A. , and Dragert,H. (1999). Tectonic deformation in western Washington from continuous GPS measurements. *Geophysical Research Letters* 26: 3153-3156.

[216] Bennett,R. A. ,Wernicke,B. P. ,Niemi,N. A. et al. (2003). Contemporary strain rates in the northern Basin and Range province from GPS data. *Tectonics* 22.

[217] Puskas,C. M. ,Smith,R. B. ,Meertens,C. M. ,and Chang,W. L. (2007). Crustal deformation of the Yellowstone-SnakeRiver Plain volcano-tectonic system: Campaign and continuous GPS observations, 1987-2004. *Journal of Geophysical Research: Solid Earth* 112.

[218] Jackson,M. E. (2003). Geophysics at the speed of light: EarthScope and the Plate Boundary Observatory. *The Leading Edge* 22: 262-267.

[219] King,N. ,Murray,M. ,Prescott,W. et al. (1994). The Bay Area Regional Deformation (BARD) permanent GPS array. *EOS Trans. AGU* 75: 44.

[220] Mazzotti,S. ,Dragert,H. ,Henton,J. et al. (2003). Current tectonics of northern Cascadia from a decade of GPS measurements. *Journal of Geophysical Research: Solid Earth* 108.

[221] Dixon, T. H. , Mao, A. , Bursik, M. , Heflin, M. , Langbein, J. , Stein, R. , and Webb, F. (1997), "Continuous monitoring of surface deformation at Long Valley Caldera, California, with GPS," *Journal of Geophysical Research: Solid Earth(1978-2012)*, 102: 12017-12034.

[222] Sagiya,T. ,Miyazaki,S. ,and Tada,T. (2000). Continuous GPS array and present-day crustal deformation of Japan. *Pure and Applied Geophysics* 157: 2303-2322.

[223] Snay,R. A. and Soler,T. (2008). Continuously operating reference station (CORS): History, applications, and future enhancements. *Journal of Surveying Engineering* 134:95-104.

[224] Gutman,S. I. , Sahm,S. R. , Benjamin, S. G. et al. (2004). Rapid retrieval and assimilation of ground based GPS precipitable water observations at the NOAA Forecast Systems Laboratory: Impact on weather forecasts. *Journal-Meteorological Society of Japan Series 2*, (82): 351-360.

[225] Lindsey,E. O. ,Fialko,Y. ,Bock,Y. et al. (2014). Localized and distributed creep along the southern San AndreasFault. *Journal of Geophysical Research: Solid Earth* 119:7909-7922.

[226] Lyons,S. N. ,Bock,Y. ,and Sandwell,D. T. (2002). Creep along the Imperial Fault, southern California, from GPSmeasurements. *Journal of Geophysical Research: SolidEarth* 107.

[227] Hudnut,K. W. ,Bock,Y. ,Cline,M. et al. (1994). Co-seismic displacements of the 1992 Landers earthquake sequence. *Bulletin of the Seismological Society of America* 84:625-645.

[228] Shen,Z. -K. ,Jackson,D. D. ,Feng,Y. et al. (1994). Postseismic deformation following the Landersearthquake, California, 28 June 1992. *Bulletin of theSeismological Society of America* 84: 780-791.

[229] Fialko,Y. (2004b). Probing the mechanical properties of seismically active crust with space geodesy: Study of the coseismic deformation due to the 1992 Mw7. 3Landers(southern California) earthquake. *Journal of GeophysicalResearch: Solid Earth 1978-2012*: 109.

[230] Schmalzle,G. M. ,McCaffrey,R. ,and Creager,K. C. (2014). Central Cascadia subduction zone creep. *Geochemistry, Geophysics, Geosystems* 15: 1515-1532.

[231] Chadwell, C. D., Webb, S., and Nooner, S. (2015). A 14-year-long measurement of convergence rate of the Juande Fuca and North America plates offshore central Oregon using GPS-Acoustics. In: *American Geophysical Union Fall Meeting*, edited by American Geophysical Union. San: Francisco.

[232] Thatcher, W. (1975). Strain accumulation and release mechanism of the 1906 San Francisco earthquake. *Journal of Geophysical Research* 80: 4862–4872.

[233] Ellsworth, W. L., Lindh, A. G., Prescott, W. H., and Herd, D. G. (1981), "The 1906 San Francisco earthquake and theseismic cycle," *Earthquake Prediction*: 126–140.

[234] Zielke, O., Ramón Arrowsmith, J., Grant Ludwig, L. et al. (2010). Slip in the 1857 and earlier large earthquakes alongthe Carrizo Plain, San Andreas Fault. *Science* 327: 1119–1122.

[235] Sieh, K. E. (1978), "Prehistoric large earthquakes produced by slip on the San Andreas fault at Pallett Creek, California," *Journal of Geophysical Research: Solid Earth (1978–2012)*, 83: 3907–3939.

[236] Rockwell, T. K. and Ben-Zion, Y. (2007). High localization of primary slip zones in large earthquakes frompaleoseismic trenches: Observations and implications forearthquake physics. *Journal of Geophysical Research: Solid Earth (1978–2012)* 112.

[237] Fialko, Y. (2006). Interseismic strain accumulation and the earthquake potential on the southern San Andreasfault system. *Nature* 441: 968–971.

[238] Tong, X., Sandwell, D. T., and Smith-Konter, B. (2013). High-resolution interseismic velocity data along the San Andreas Fault from GPS and InSAR. *Journal of Geophysical Research: Solid Earth* 1–21.

[239] Schmidt, D. A. and Bürgmann, R. (2003). Time-dependent land uplift and subsidence in the Santa Clara valley, California, from a large interferometric synthetic apertureradar data set," *Journal of Geophysical Research: SolidEarth (1978–2012)*, 108.

[240] Galloway, D. L. and Burbey, T. J. (2011). Review: Regional land subsidence accompanying groundwater extraction. *Hydrogeology Journal* 19: 1459–1486.

[241] Ludwig, L. G., Akçiz, S. O., Noriega, G. R. et al. (2010). Climate-modulated channel incision and rupture historyof the San Andreasfault in the Carrizo Plain. *Science* 327: 1117–1119.

[242] Nur, A. and Ron, H. (1996). And the wallscame tumbling down: Earthquake history in the Holy Land. *Archaeoseismology. British School at Athens, Fitch Laboratory Occasional Paper* 7: 75–85.

[243] Spiess, F. N., David Chadwell, C., Hildebrand, J. A. et al. (1998). Precise GPS/Acoustic positioning of seafloorreference points for tectonic studies. *Physics of the Earthand Planetary Interiors* 108: 101–112.

[244] Sato, M., Ishikawa, T., Ujihara, N. et al. (2011). Displacement above the hypocenter of the 2011 Tohoku-Oki earthquake. *Science* 332: 1395–1395.

[245] Ozawa, S., Nishimura, T., Suito, H. et al. (2011). Coseismic and postseismic slip of the 2011 magnitude-9 Tohoku-Okiearthquake. *Nature* 475: 373–376.

[246] Sato, M., Fujita, M., Matsumoto, Y. et al. (2013). Interplatecoupling off northeastern Japan before the 2011 Tohokuoki earthquake, inferred from seafloor geodetic data. *Journal of Geophysical Research: Solid Earth* 118: 3860–3869.

[247] Savage, J. C. and Burford, R. O. (1970). Accumulation of tectonic strain in California. *Bulletin of the SeismologicalSociety of America* 60: 1877–1896.

[248] Massonnet, D., Rossi, M., Carmona, C. et al. (1993). The displacement field of the Landers earthquake mapped by radar interferometry. *Nature* 364: 138–142.

[249] Bock, Y. and Williams, S. (1997). Integrated satellite interferometry in southern California. *Eos, Transactions American Geophysical Union* 78: 293–300.

[250] McCaffrey, R. (2005). Block kinematics of the Pacific-North America plate boundary in the southwestern

United States from inversion of GPS, seismological, and geologic data. *Journal of Geophysical Research* 110:B07401.

[251] McCaffrey, R. (2009). Time-dependent inversion of threecomponentcontinuous GPS for steady and transientsources in northern Cascadia. *Geophysical ResearchLetters* 36.

[252] McCaffrey, R., Qamar, A. I., King, R. W. et al. (2007). Faultlocking, block rotation and crustal deformation in thePacific Northwest. *Geophysical Journal International* 169:1315-1340.

[253] McCaffrey, R., King, R. W., Payne, S. J., and Lancaster, M. (2013). Active tectonics of northwestern US inferred from GPS-derived surface velocities. *Journal of Geophysical Research: Solid Earth* 118: 709-723.

[254] Elliott, J. L., Larsen, C. F., Freymueller, J. T., and Motyka, R. J. (2010). Tectonic block motion and glacial isostatic adjustment in southeast Alaska and adjacent Canadaconstrained by GPS measurements. *Journal of Geophysical Research: Solid Earth(1978-2012)* 115.

[255] Thatcher, W., Foulger, G. R., Julian, B. R. et al. (1999). Present-day deformation across the Basin and Rangeprovince, western United States. *Science* 283: 1714-1718.

[256] Dixon, T. H., Miller, M., Farina, F. et al. (2000). Presentdaymotion of the Sierra Nevada block and some tectonicimplications for the Basin and Range province, North American Cordillera. *Tectonics* 19: 1-24.

[257] Blewitt, G., Hammond, W. C., and Kreemer, C. (2009). Geodetic observation ofcontemporary deformation in thenorthern Walker Lane: 1. Semipermanent GPS strategy. *Geological Society of America Special Papers* 447: 1-15.

[258] Shen, Z.-.K., King, R. W., Agnew, D. C. et al. (2011, 116). Aunified analysis of crustal motion in Southern California, 1970-2004: The SCEC crustal motion map. *Journal of Geophysical Research: Solid Earth(1978-2012)*, 116.

[259] Smalley, R., Dalziel, I. W. D., Bevis, M. G. et al. (2007). Scotia arc kinematics from GPS geodesy. *Geophysical Research Letters* 34.

[260] Bevis, M., Kendrick, E., Smalley, R. et al. (2001). On the strength of interplate coupling and the rate of back arc convergence in the central Andes: An analysis of the interseismic velocity field. *Geochemistry, Geophysics, Geosystems* 2.

[261] Brooks, B. A., Bevis, M., Smalley, R., Kendrick, E., Manceda, R., Lauría, E., Maturana, R., and Araujo, M. (2003), "Crustal motion in the Southern Andes (26-36 S):Do the Andes behave like a microplate?" *Geochemistry, Geophysics, Geosystems*, 4.

[262] Béjar-Pizarro, M., Socquet, A., Armijo, R. et al. (2013). Andean structural control on interseismic coupling in the North Chile subduction zone. *Nature Geoscience* 6:462-467.

[263] Nocquet, J. M., Villegas-Lanza, J. C., Chlieh, M. et al. (2014). Motion of continental slivers and creeping subduction in the northern Andes. *Nature Geoscience*.

[264] Klein, E., Fleitout, L., Vigny, C., and Garaud, J. D. (2016). Afterslip and viscoelastic relaxation model inferred fromthe large-scale post-seismic deformation following the 2010 Mw 8.8 Maule earthquake (Chile). *GeophysicalJournal International* 205: 1455-1472.

[265] Vigny, C., Socquet, A., Peyrat, S. et al. (2011). The 2010 Mw 8.8 Maule megathrust earthquake of Central Chile, monitored by GPS. *Science* 332: 1417-1421.

[266] Ruegg, J. C., Campos, J., Armijo, R. et al. (1996). The Mw=8.1 Antofagasta (North Chile) earthquake of July 30, 1995:first results from teleseismic and geodetic data. *Geophysical Research Letters* 23: 917-920.

[267] Ruegg, J. C., Rudloff, A., Vigny, C. et al. (2009). Interseismic strain accumulation measured by GPS in theseismic gap between Constitución and Concepción in Chile. *Physics of the Earth and Planetary Interiors* 175:78-85.

[268] Métois, M., Vigny, C., Socquet, A. et al. (2013). GPS derived interseismic coupling on the subduction andseismic hazards in the Atacama region, Chile. *Geophysical Journal International* 196: 644-655.

[269] Métois, M., Vigny, C., and Socquet, A. (2016). Interseismic coupling, megathrust earthquakes and seismic swarmsalong the Chilean subduction zone (38-18 S). *Pure and Applied Geophysics* 173: 1431-1449.

[270] Vigny, C., Rudloff, A., Ruegg, J.-C. et al. (2009). Upper plate deformation measured by GPS in the Coquimbo Gap, Chile. *Physics of the Earth and Planetary Interiors* 175: 86-95.

[271] Smalley, R., Kendrick, E., Bevis, M. G., Dalziel, I. W. D., Taylor, F., Lauría, E., Barriga, R., Casassa, G., Olivero, E., and Piana, E. (2003), "Geodetic determination of relative plate motion and crustal deformation across the Scotia-South America plate boundary in eastern Tierra del Fuego," *Geochemistry, Geophysics, Geosystems*, 4.

[272] Weber, J. C, Dixon, T. H., DeMets, C., Ambeh, W. B., Jansma, P., Mattioli, G., Saleh, J., Sella, G., Bilham, R., and Pérez, O. (2001), "GPS estimate of relative motion between the Caribbean and South American plates, and geologic implications for Trinidad andVenezuela," *Geology*, 29: 75-78.

[273] Lopez, A. M., Stein, S., Dixon, T. et al. (2006). Is there a northern Lesser Antilles forearc block? *Geophysical Research Letters* 33.

[274] Manaker, D. M., Calais, E., Freed, A. M. et al. (2008). Interseismic plate coupling and strain partitioning in the northeastern Caribbean. *Geophysical Journal International* 174: 889-903.

[275] Calais, E., Freed, A., Mattioli, G. et al. (2010). Transpressional rupture of an unmapped fault during the 2010 Haiti earthquake. *Nature Geoscience* 3: 794-799.

[276] Bilham, R., Larson, K., Freymueller, J. et al. (1997). GPS measurements of present-day convergence across theNepal Himalaya. *Nature* 386: 61-64.

[277] Larson, K. M., Bürgmann, R., Bilham, R., and Freymueller, J. T. (1999), "Kinematics of the India-Eurasiacollision zone from GPS measurements," *Journal of Geophysical Research: Solid Earth* (1978-2012), 104: 1077-1093.

[278] Paul, J., Burgmann, R., Gaur, V. K. et al. (2001). The motion and active deformation of India. *Geophysical Research Letters* 28: 647-650.

[279] Zhang, P.-Z., Shen, Z., Wang, M. et al. (2004). Continuousdeformation of the Tibetan Plateau from global positioning system data. *Geology* 32: 809-812.

[280] Jade, S., Mukul, M., Bhattacharyya, A. K. et al. (2007). Estimates of interseismic deformation in Northeast India from GPS measurements. *Earth and Planetary Science Letters* 263: 221-234.

[281] Liang, S., Gan, W., Shen, C. et al. (2013). Three-dimensional velocity field of present-day crustal motion of the Tibetan Plateau derived from GPS measurements. *Journal of Geophysical Research: Solid Earth* 118: 5722-5732.

[282] Li, Q., You, X., Yang, S. et al. (2012). A precise velocity field of tectonic deformation in China as inferred from intensive GPS observations. *Science China Earth Sciences* 55: 695-698.

[283] Stamps, D. S., Calais, E., Saria, E. et al. (2008). A kinematicmodel for the East African rift. *Geophysical Research Letters* 35.

[284] Kogan, L., Fisseha, S., Bendick, R. et al. (2012). Lithospheric strength and strain localization in continental extension from observations of the East African Rift. *Journal of Geophysical Research: Solid Earth* 1978-2012: 117.

[285] Fernandes, R. M. S., Miranda, J. M., Delvaux, D. et al. (2013). Re-evaluation of the kinematics of Victoria Blockusing continuous GNSS data. *Geophysical Journal International* 193: 1-10.

[286] Saria, E., Calais, E., Altamimi, Z. et al. (2013). A new velocity field for Africa from combined GPS and DORIS space geodetic Solutions: Contribution to the definition ofthe African reference frame (AFREF). *Journal of Geophysical Research: Solid Earth* 118: 1677-1697.

[287] Saria, E., Calais, E., Stamps, D. S. et al. (2014). Present-daykinematics of the East African Rift. *Journal of Geophysical Research: Solid Earth* 119: 3584-3600.

[288] McClusky, S., Reilinger, R., Mahmoud, S. et al. (2003). GPS constraints on Africa (Nubia) and Arabia platemotions. *Geophysical Journal International* 155: 126-138.

[289] Reilinger, R., McClusky, S., Vernant, P. et al. (2006). GPS constraints on continental deformation in the Africa-Arabia-Eurasia continental collision zone and implications for thedynamics of plate interactions. *Journal of Geophysical Research: Solid Earth (1978-2012)* 111.

[290] Serpelloni, E., Bürgmann, R., Anzidei, M. et al. (2010). Strain accumulation across the Messina Straits and kinematics of Sicily and Calabria from GPS data anddislocation modeling. *Earth and Planetary Science Letters* 298: 347-360.

[291] D"Agostino, N., D'Anastasio, E., Gervasi, A., Guerra, I., Nedimović, M. R., Seeber, L., and Steckler, M. (2011), "Forearc extension and slow rollback of the Calabrian Arcfrom GPS measurements," *Geophysical Research Letters*, 38.

[292] Koulali, A., Ouazar, D., Tahayt, A. et al. (2011). New GPS constraints on active deformation along the Africa-Iberiaplate boundary. *Earth and Planetary Science Letters* 308:211-217.

[293] Sadeh, M., Hamiel, Y., Ziv, A. et al. (2012). Crustal deformation along the Dead Sea Transform and the Carmel Fault inferred from 12 years of GPS measurements. *Journal of Geophysical Research: SolidEarth (1978-2012)*, 117.

[294] Echeverria, A., Khazaradze, G., Asensio, E. et al. (2013). Crustal deformation in eastern Betics from CuaTeNeo GPS network. *Tectonophysics* 608: 600-612.

[295] Müller, M. D., Geiger, A., Kahle, H.-G. et al. (2013). Velocity and deformation fields in the North Aegeandomain, Greece, and implications for fault kinematics, derived from GPS data 1993-2009. *Tectonophysics* 597:34-49.

[296] Beavan, J., Tregoning, P., Bevis, M. et al. (2002). Motionand rigidity of the Pacific Plate and implications for plateboundary deformation. *Journal of Geophysical Research:Solid Earth (1978-2012)* 107: ETG 19-1-ETG 19-15.

[297] Gonzalez-Garcia, J. J., Prawirodirdjo, L., Bock, Y., and Agnew, D. (2003). Guadalupe Island, Mexico as a new constraint for Pacific plate motion. *Geophysical Research Letters* 30: 1872.

[298] Tregoning, P. (2002). Plate kinematics in the westernPacific derived from geodetic observations. *Journal of Geophysical Research: Solid Earth (1978-2012)* 107: ECV7-1-ECV 7-8.

[299] Puntodewo, S. S. O., McCaffrey, R., Calais, E. et al. (1994). GPS measurements of crustal deformation within the Pacific-Australia plate boundary zone in Irian Jaya, Indonesia. *Tectonophysics* 237: 141-153.

[300] Genrich, J. F., Bock, Y., McCaffrey, R. et al. (1996). Accretion of the southern Banda arc to the Australianplate margin determined by Global Positioning System measurements. *Tectonics* 15: 288-295.

[301] Stevens, C., McCaffrey, R., Bock, Y. et al. (1999). Rapid rotations about a vertical axis in a collisional setting revealed by the Palu fault, Sulawesi, Indonesia. *Geophysical Research Letters* 26: 2677-2680.

[302] Genrich, J. F., Bock, Y., McCaffrey, R. et al. (2000). Distribution of slip at the northern Sumatran fault system. *Journal of Geophysical Research* 105: 28327-28341.

[303] McCaffrey, R., Zwick, P., Bock, Y. et al. (2000). Strain partitioning during oblique plate convergence in northern Sumatra: Geodetic and seismologic constraints and numerical modeling. *Journal of Geophysical Re-*

search 105: 28363-28376.

[304] Prawirodirdjo, L. , Bock, Y. , McCaffrey, R. et al. (1997). Geodetic observations of interseismic strain segmentation at the Sumatra subduction zone. *Geophysical Research Letters* 24: 2601-2604.

[305] Wallace, L. M. , Stevens, C. , Silver, E. et al. (2004). GPS and seismological constraints on active tectonics and arccontinentcollision in Papua New Guinea: Implications for mechanics of microplate rotations in a plate boundary zone. *Journal of Geophysical Research: Solid Earth(1978-2012)* 109.

[306] Nugroho, H. , Harris, R. , Lestariya, A. W. , and Maruf, B. (2009). Plate boundary reorganization in the active Banda Arc-continent collision: Insights from new GPS measurements. *Tectonophysics* 479: 52-65.

[307] Duong, N. A. , Sagiya, T. , Kimata, F. et al. (2013). Contemporary horizontal crustal movement estimation for northwestern Vietnam inferred from repeated GPS measurements. *Earth Planets Space* 65: 1399-1410.

[308] Gahalaut, V. K. , Kundu, B. , Singh Laishram, S. et al. (2013). Aseismic plate boundary in the Indo-Burmese wedge, northwest Sunda Arc. *Geology* 41: 235-238.

[309] Tregoning, P. , Tan, F. , Gilliland, J. et al. (1998). Present-day crustal motion in the Solomon Islands from GPS observations. *Geophysical Research Letters* 25: 3627-3630.

[310] Calmant, S. , Pelletier, B. , Lebellegard, P. et al. (2003). New insights on the tectonics along the New Hebrides subduction zone based on GPS results. *Journal of Geophysical Research: Solid Earth (1978-2012)*, 108.

[311] Bergeot, N. , Bouin, M. N. , Diament, M. et al. (2009). Horizontal and vertical interseismic velocity fields in theVanuatu subduction zone from GPS measurements: Evidence for a central Vanuatu locked zone. *Journal of Geophysical Research: Solid Earth* 1978-2012: 114.

[312] Beavan, J. , Moore, M. , Pearson, C. , Henderson, M. , Parsons, B. , Bourne, S. , England, P. , Walcott, D. , Blick, G. , and Darby, D. (1999), "Crustal deformation during 1994-1998 due to oblique continental collision in the central Southern Alps, New Zealand, and implications for seismic potential of the Alpine fault," *Journal of Geophysical Research: Solid Earth(1978-2012)*, 104: 25233-25255.

[313] Beavan, J. , Denys, P. , Denham, M. et al. (2010). Distribution of present-day vertical deformation acrossthe Southern Alps, New Zealand, from 10 years of GPS data. *Geophysical Research Letters* 37.

[314] Denys, P. , Norris, R. , Pearson, C. , and Denham, M. (2014), "A geodetic study of the Otago fault system of the South Island of New Zealand," in, *Earth on the Edge: Science for a Sustainable Planet* (Springer).

[315] Wallace, L. M. , Beavan, J. , McCaffrey, R. , and Darby, D. (2004). Subduction zone coupling and tectonic blockrotations in the North Island, New Zealand. *Journal of Geophysical Research: Solid Earth* 109.

[316] Tregoning, P. , Brunner, F. K. , Bock, Y. et al. (1994). Firstgeodetic measurement of convergence across the Java Trench. *Geophysical Research Letters* 21: 2135-2138.

[317] Nishimura, S. , Hashimoto, M. , and Ando, M. (2004). Arigid block rotation model for the GPS derived velocityfield along the Ryukyu arc. *Physics of the Earth and Planetary Interiors* 142: 185-203.

[318] Hashimoto, C. , Noda, A. , Sagiya, T. , and Matsu'ura, M. (2009). Interplate seismogenic zones along the Kuril-Japan trench inferred from GPS data inversion. *Nature Geoscience* 2: 141-144.

[319] Liu, Z. , Owen, S. , Dong, D. et al. (2010a). Estimation of interplate coupling in the Nankai trough, Japan using GPS data from 1996 to 2006. *Geophysical Journal International* 181: 1313-1328.

[320] Ohzono, M. , Sagiya, T. , Hirahara, K. et al. (2011). Strain accumulation process around the Atotsugawa fault system in the Niigata-Kobe Tectonic Zone, central Japan. *Geophysical Journal International* 184: 977-990.

[321] Tadokoro, K. , Ikuta, R. , Watanabe, T. et al. (2012). Interseismic seafloor crustal deformation immediately above the source region of anticipated megathrust earthquake along the Nankai Trough, Japan. *Geophysical*

Research Letters 39.

[322] Yoshioka, S. and Matsuoka, Y. (2013). Interplate coupling along the Nankai Trough, southwest Japan, inferred from inversion analyses of GPS data: Effects of subducting plate geometry and spacing of hypothetical ocean-bottom GPS stations. *Tectonophysics* 600: 165-174.

[323] Iinuma, T. , Protti, M. , Obana, K. et al. (2004). Inter-platecoupling in the Nicoya Peninsula, Costa Rica, as deduced from a trans-peninsula GPS experiment. *Earth and Planetary Science Letters* 223: 203-212.

[324] LaFemina, P. , Dixon, T. H. , Govers, R. , Norabuena, E. , Turner, H. , Saballos, A. , Mattioli, G. , Protti, M. , andStrauch, W. (2009), "Fore-arc motion and Cocos Ridge collision in Central America," *Geochemistry, Geophysics, Geosystems*, 10.

[325] Plattner, C. , Malservisi, R. , Dixon, T. H. et al. (2007). New constraints on relative motion between the Pacific Plate and Baja California microplate (Mexico) from GPS measurements. *Geophysical Journal International* 170: 1373-1380.

[326] Márquez-Azúa, B. and DeMets, C. (2009), "Deformation of Mexico from continuous GPS from 1993 to 2008," *Geochemistry, Geophysics, Geosystems*, 10.

[327] Alvarado, D. , DeMets, C. , Tikoff, B. et al. (2011). Forearc motion and deformation between El Salvador and Nicaragua: GPS, seismic, structural, and paleomagnetic observations. *Lithosphere* 3: 3-21.

[328] Franco, A. , Lasserre, C. , Lyon-Caen, H. et al. (2012). Fault kinematics in northern Central America and coupling along the subduction interface of the Cocos Plate, from GPS data in Chiapas (Mexico), Guatemala and El Salvador. *Geophysical Journal International* 189: 1223-1236.

[329] Bevis, M. , Wahr, J. , Khan, S. A. et al. (2012). Bedrock displacements in Greenland manifest ice mass variations, climate cycles and climate change. *Proceedings of the National Academy of Sciences* 109: 11944-11948.

[330] Khan, S. A. , Sasgen, I. , Bevis, M. et al. (2016). Geodetic measurements reveal similarities between post-LastGlacial Maximum and present-day mass loss from the Greenland ice sheet. *Science Advances* 2: e1600931.

[331] Dietrich, R. , Dach, R. , Engelhardt, G. et al. (2001). ITRF coordinates and plate velocities from repeated GPS campaigns in Antarctica-an analysis based on different individual solutions. *Journal of Geodesy* 74: 756-766.

[332] Bevis, M. , Kendrick, E. , Smalley, R. et al. (2009). Geodetic measurements of vertical crustal velocity in West Antarctica and the implications for ice mass balance. *Geochemistry, Geophysics, Geosystems* 10.

[333] Bouin, M. -. N. and Vigny, C. (2000). New constraints on Antarctic plate motion and deformation from GPS data. *Journal of Geophysical Research: Solid Earth* 105: 28279-28293.

[334] DeMets, C. , Gordon, R. G. , Argus, D. F. , and Stein, S. (1994). Effect of recent revisions to the geomagnetic reversal time scale on estimates of current plate motions. *Geophysical Research Letters* 21: 2191-2194.

[335] Bird, P. (2003). An updated digital model of plateboundaries. *Geochemistry, Geophysics, Geosystems* 4.

[336] Gonzalez-Ortega, A. , Fialko, Y. , Sandwell, D. et al. (2014). El Mayor-Cucapah (Mw 7.2) earthquake: Early near-fieldpostseismic deformation from InSAR and GPSobservations. *Journal of Geophysical Research: Solid Earth* 119: 1482-1497.

[337] Simons, M. , Minson, S. E. , Sladen, A. et al. (2011). The 2011 magnitude 9.0 Tohoku-Oki earthquake: Mosaicking the megathrust from seconds to centuries. *Science* 332: 1421-1425.

[338] Grandin, R. , Klein, E. , Métois, M. , and Vigny, C. (2016). Three-dimensional displacement field of the 2015 Mw8.3 Illapel earthquake (Chile) from across-and along-trackSentinel-1 TOPS interferome-

try. Geophysical Research Letters 43: 2552-2561.

[339] Chase, C. G. (1972). The Nplate problem of plate tectonics. *Geophysical Journal of the Royal Astronomical Society* 29:117-122.

[340] Chase, C. G. (1978). Plate kinematics: The Americas, EastAfrica, and the rest of the world. *Earth and PlanetaryScience Letters* 37: 355-368.

[341] Minster, J. B., Jordan, T. H., Molnar, P., and Haines, E. (1974). Numerical modelling of instantaneous plate tectonics. *Geophysical Journal International* 36: 541-576.

[342] Minster, J. B. and Jordan, T. H. (1978), "Present-day plate motions," *Journal of Geophysical Research: Solid Earth* (1978-2012), 83: 5331-5354.

[343] Wilson, J. T. (1965). Evidence from ocean islands suggesting movement in the earth. *Philosophical Transactions of the Royal Society of London A: Mathematical, Physical and Engineering Sciences* 258:145-167.

[344] Solomon, S. C. and Sleep, N. H. (1974). Some simple physical models for absolute plate motions. *Journal of Geophysical Research* 79: 2557-2567.

[345] Wilson, J. T. (1973). Mantle plumes and plate motions. *Tectonophysics* 19: 149-164.

[346] Morgan, W. J. (1972). Deep mantle convection plumes and plate motions. *AAPG Bulletin* 56: 203-213.

[347] DeMets, C., Go Gordon, R., Argus, D. F., and Stein, S. (1990). Current plate motions. *Geophysical Journal International* 101: 425-478.

[348] Argus, D. F. and Heflin, M. B. (1995). Plate motion and crustal deformation estimated with geodetic data from the Global Positioning System. *Geophysical Research Letters* 22: 1973-1976.

[349] Larson, K. M., Freymueller, J. T., and Philipsen, S. (1997), "Global plate velocities from the Global Positioning System," *Journal of Geophysical Research: Solid Earth* (1978-2012), 102: 9961-9981.

[350] DeMets, C., Gordon, R. G., and Argus, D. F. (2010). Geologically current plate motions. *Geophysical Journal International* 181: 1-80.

[351] Argus, D. F., Gordon, R. G., and DeMets, C. (2011), "Geologically current motion of 56 plates relative to the no-net-rotation reference frame," *Geochemistry, Geophysics, Geosystems*, 12.

[352] Argus, D. F., Gordon, R. G., Heflin, M. B. et al. (2010). The angular velocities of the plates and the velocity of Earth's centre from space geodesy. *Geophysical Journal International* 180: 913-960.

[353] Protti, M., González, V., Freymueller, J., and Doelger, S. (2012). Isla del Coco, on Cocos Plate, converges with Islade San Andrés, on the Caribbean Plate, at 78mm/yr. *Revista de Biologia Tropical* 60: 33-41.

[354] Calais, E., Han, J. Y., DeMets, C., and Nocquet, J. M. (2006). Deformation of the North American plate interiorfrom a decade of continuous GPS measurements. *Journal of Geophysical Research: Solid Earth* (1978-2012) 111.

[355] Sella, G. F., Stein, S., Dixon, T. H. et al. (2007b). Observation of glacial isostatic adjustment in 'stable' North Americawith GPS. *Geophysical Research Letters* 34.

[356] Nocquet, J. -. M., Calais, E., and Parsons, B. (2005). Geodetic constraints on glacial isostatic adjustment in Europe. *Geophysical Research Letters* 32.

[357] Johansson, J. M., Davis, J. L., Scherneck, H. -. G. et al. (2002). Continuous GPS measurements of postglacial adjustment in Fennoscandia 1. Geodetic results. *Journal of Geophysical Research: Solid Earth* (1978-2012) 107:ETG 3-1-ETG 3-27.

[358] Altamimi, Z., Sillard, P., and Boucher, C. (2002). ITRF2000: A new release of the International Terrestrial Reference Frame for earth science applications. *Journal of Geophysical Research: Solid Earth* 107.

[359] Kreemer, C., Holt, W. E., and Haines, A. J. (2003). Anintegrated global model of present-day plate mo-

tions and plate boundary deformation. *Geophysical Journal International* 154:8-34.

[360] Altamimi,Z. ,Collilieux,X. ,Legrand,J. et al. (2007). ITRF2005:A new release of the International Terrestrial Reference Frame based on time series of station positions and Earth Orientation Parameters. *Journal of Geophysical Research:Solid Earth* 112.

[361] Altamimi,Z. ,Métivier,L. ,and Collilieux,X. (2012). ITRF2008 plate motion model. *Journal of Geophysical Research:Solid Earth* 117.

[362] Altamimi,Z. ,Rebischung,P. ,Métivier,L. ,and Collilieux,X. (2016). ITRF2014:A new release of the International Terrestrial Reference Frame modeling nonlinear station motions. *Journal of Geophysical Research:Solid Earth* 121:6109-6131.

[363] Bevis,M. and Brown,A. (2014). Trajectory models and reference frames for crustal motion geodesy. *Journal of Geodesy* 1-29.

[364] Rogers,G. and Dragert,H. (2003). Episodic tremor and slip on the Cascadia subduction zone:The chatter of silentslip. *Science* 300:1942-1943.

[365] Argus,D. F. ,Fu,Y. ,and Landerer,F. W. (2014b). Seasonalvariation in total water storage in California inferred from GPS observations of vertical land motion. *Geophysical Research Letters* 41:1971-1980.

[366] Scholz,C. H. (2002). *The Mechanics of Earthquakes and Faulting*. Cambridge University Press.

[367] Chinnery,M. A. (1961). The deformation of the ground around surface faults. *Bulletin of the Seismological Society of America* 51:355-372.

[368] Savage,J. C. and Hastie,L. M. (1966). Surface deformation associated with dip-slip faulting. *Journal of Geophysical Research* 71:4897-4904.

[369] Savage,J. C. (1983),"A dislocation model of strain accumulation and release at asubduction zone," *Journalof Geophysical Research:Solid Earth*(1978-2012),88:4984-4996.

[370] Minson,S. E. ,Simons,M. ,and Beck,J. L. (2013). Bayesian inversion for finite fault earthquake source models I—theory and algorithm. *Geophysical Journal International* 194:1701-1726.

[371] Farrell,W. E. (1972). Deformation of the Earth by surface loads. *Reviews of Geophysics* 10:761-797.

[372] Okada,Y. (1985). Surface deformation due to shear and tensile faults in a half-space. *Bulletin of the SeismologicalSociety of America* 75:1135-1154.

[373] Ide,S. (2007). Slip inversion. *Treatise on Geophysics* 4:193-223.

[374] McCaffrey,R. (1996). Slip partitioning at convergent plate boundaries of SE Asia. *Geological Society,London,Special Publications* 106:3-18.

[375] Prawirodirdjo, L. , McCaffrey, R. , David Chadwell, C. et al. (2010). Geodetic observations of an earthquake cycle at the Sumatra subduction zone:Role of interseismic strain segmentation. *Journal of Geophysical Research:Solid Earth*(1978-2012),115.

[376] Shearer,P. and Bürgmann,R. (2010). Lessons learned from the 2004 Sumatra-Andaman megathrust rupture. *Annual Review of Earth and Planetary Sciences* 38:103.

[377] Fitch,T. J. and Scholz,C. H. (1971). Mechanism of underthrusting in southwest Japan:A model of convergent plate interactions. *Journal of Geophysical Research* 76:7260-7292.

[378] Marone,C. J. ,Scholtz,C. H. ,and Bilham,R. (1991). On the mechanics of earthquake afterslip. *Journal of GeophysicalResearch:Solid Earth* 96:8441-8452.

[379] Scholz,C. H. and Kato,T. (1978). The behavior of aconvergent plate boundary:Crustal deformation in theSouth Kanto district,Japan. *Journal of Geophysical Research:Solid Earth* 83:783-797.

[380] Nur,A. and Mavko,G. (1974). Postseismic viscoelastic rebound. *Science* 183:204-206.

[381] Rousset,B. ,Barbot,S. ,Avouac,J. -. P. ,and Hsu,Y. -. J. (2012). Postseismic deformation following the

1999 Chi-Chi earthquake, Taiwan: Implication for lower-crustrheology. *Journal of Geophysical Research: Solid Earth(1978-2012)*: 117.

[382] Bruhat, L., Barbot, S., and Avouac, J. -. P. (2011). Evidence for postseismic deformation of the lower crust following the 2004 Mw6.0 Parkfield earthquake. *Journal of Geophysical Research: Solid Earth(1978-2012)*: 116.

[383] Hearn, E. H. (2003). What can GPS data tell us about the dynamics of post-seismic deformation? *Geophysical Journal International* 155: 753-777.

[384] Fialko, Y. (2004a). Evidence of fluid-filled upper crust from observations of postseismic deformation due to the 1992 Mw7.3 Landers earthquake. *Journal of Geophysical Research: Solid Earth(1978-2012)* 109.

[385] Bedford, J. J., MarcosMoreno, M., Juan Carlos Baez, J. et al. (2013). A high-resolution, time-variable afterslip model for the 2010 Maule Mw= 8.8, Chile megathrust earthquake. *Earth and Planetary Science Letters* 383: 26-36.

[386] Peltzer, G., Rosen, P., Rogez, F., and Hudnut, K. (1998). Poroelastic rebound along the Landers 1992 earthquake surface rupture. *Journal of Geophysical Research: Solid Earth (1978-2012)* 103: 30131-30145.

[387] Schwartz, S. Y. and Rokosky, J. M. (2007). Slow slip events and seismic tremor at circum-Pacific subduction zones. *Reviews of Geophysics* 45.

[388] Miller, M. M., Melbourne, T., Johnson, D. J., and Sumner, W. Q. (2002). Periodic slow earthquakes from the Cascadia subduction zone. *Science* 295: 2423-2423.

[389] Kostoglodov, V., Singh, S. K., Santiago, J. A. et al. (2003). Alarge silent earthquake in the Guerrero seismic gap, Mexico. *Geophysical Research Letters* 30.

[390] Vergnolle, M., Walpersdorf, A., Kostoglodov, V. et al. (2010). Slow slip events in Mexico revised from theprocessing of 11 year GPS observations. *Journal of Geophysical Research: Solid Earth (1978-2012)* 115.

[391] Douglas, A., Beavan, J., Wallace, L., and Townend, J. (2005). Slow slip on the northern Hikurangi subductioninterface, New Zealand. *Geophysical Research Letters* 32.

[392] Ohta, Y., Freymueller, J. T., Hreinsdóttir, S., and Suito, H. (2006). A large slow slip event and the depth of the seismogenic zone in the south central Alaska subduction zone. *Earth and Planetary Science Letters* 247: 108-116.

[393] Outerbridge, K. C., Dixon, T. H., Schwartz, S. Y., Walter, J. I., Protti, M., Gonzalez, V., Biggs, J., Thorwart, M., and Rabbel, W. (2010), "A tremor and slip event on the Cocos-Caribbean subduction zone as measured by a global positioning system (GPS) and seismic network on the Nicoya Peninsula, Costa Rica," *Journal of Geophysical Research: Solid Earth(1978-2012)*, 115.

[394] Obara, K. (2002). Nonvolcanic deep tremor associated with subduction in southwest Japan. *Science* 296: 1679-1681.

[395] Beroza, G. C. and Ide, S. (2011). Slow earthquakes and nonvolcanic tremor. *Annual Review of Earth and Planetary Sciences* 39: 271-296.

[396] Graham, S. E., DeMets, C., Cabral-Cano, E., Kostoglodov, V., Walpersdorf, A., Cotte, N., Brudzinski, M., McCaffrey, R., and Salazar-Tlaczani, L. (2014), "GPS constraints on the 2011-2012 Oaxaca slow slip event that preceded the 2012 March 20 Ometepec earthquake, southern Mexico," *Geophysical Journal International*: ggu019.

[397] Radiguet, M., Perfettini, H., Cotte, N. et al. (2016). Triggering of the 2014 M_w7.3 Papanoaearthquake by a slow slip event in Guerrero, Mexico. *Nature Geoscience* 9: 829-833.

[398] Dietrich, R. (1979b). Modeling of rock friction: 2. Simulation of preseismic slip. *Journal of Geophysical Research: Solid Earth(1978-2012)* 84: 2169-2175.

[399] Melbourne, T. I. and Webb, F. H. (2002). Precursory transient slip during the 2001 Mw = 8.4 Peru earthquakesequence from continuous GPS. *Geophysical Research Letters* 29: 28-1-28-4.

[400] Roeloffs, E. A. (2006). Evidence for aseismic deformation rate changes prior to earthquakes. *Annu. Rev. EarthPlanet. Sci.* 34: 591-627.

[401] Ito, Y., Hino, R., Kido, M. et al. (2013). Episodic slow slip events in the Japan subduction zone before the 2011 Tohoku-Oki earthquake. *Tectonophysics* 600: 14-26.

[402] Ozawa, S., Nishimura, T., Munekane, H. et al. (2012). Preceding, coseismic, and postseismic slips of the 2011 Tohoku earthquake, Japan. *Journal of Geophysical Research: Solid Earth(1978-2012)* 117.

[403] Mavrommatis, A. P., Segall, P., and Johnson, K. M. (2014). A decadal-scale deformation transient prior to the 2011 Mw 9.0 Tohoku-oki earthquake. *Geophysical ResearchLetters* 41: 4486-4494.

[404] Zigone, D., Rivet, D., Radiguet, M. et al. (2012). Triggering of tremors and slow slip event in Guerrero, Mexico, by the 2010 Mw 8.8 Maule, Chile, earthquake. *Journal of Geophysical Research: Solid Earth* 117.

[405] Ruiz, S., Metois, M., Fuenzalida, A. et al. (2014). Intense foreshocks and a slow slip event preceded the 2014 Iquique Mw 8.1 earthquake. *Science* 345: 1165-1169.

[406] Socquet, A., Piña Valdes, J., Jara, J. et al. (2017). An 8 month slow slip event triggers progressive nucleation of the 2014 Chile megathrust. *Geophysical Research Letters* 44: 4046-4053.

[407] Holt, M., Campbell, R. J., and Nikitin, M. B. (2012), *Fukushima Nuclear Disaster*, Congressional Research Service.

[408] Kim, Y., Kim, M., and Kim, W. (2013). Effect of the Fukushima nuclear disaster on global public acceptance of nuclear energy. *Energy Policy* 61: 822-828.

[409] Atwater, B. F., and Hemphill-Haley, E. (1997), "Recurrence intervals for great earthquakes of the past 3,500 years at northeastern Willapa Bay, Washington," In.: USGPO; Information Services [distributor].

[410] Goldfinger, C., Hans Nelson, C., and Johnson, J. E. (2003). Holocene earthquake records from the Cascadia subduction zone and northern San Andreasfault based on precise dating of offshore turbidites. *Annual Review of Earth and Planetary Sciences* 31: 555-577.

[411] Jousset, P., Pallister, J., Boichu, M. et al. (2012). The 2010 explosive eruption of Java's Merapi volcano—A '100-year' event. *Journal of Volcanology and Geothermal Research* 241: 121-135.

[412] Heaton, T. H. (1985). A model for a seismic computerized alert network. *Science* 228: 987-990.

[413] Gasparini, P., Manfredi, G., and Zschau, J. (2007). *Earthquake Early Warning Systems*. Springer.

[414] Allen, R. M., Gasparini, P., Kamigaichi, O., and Böse, M. (2009). The status of earthquake early warning around the world: An introductory overview. *Seismological ResearchLetters* 80: 682-693.

[415] Minson, S. E., Brooks, B. A., Glennie, C. L. et al. (2015). Crowdsourced earthquake earlywarning. *Science Advances* 1: e1500036.

[416] Espinosa-Aranda, J. M., Jimenez, A., Ibarrola, G. et al. (1995). Mexico City seismic alert system. *Seismological Research Letters* 66: 42-53.

[417] Espinosa-Aranda, J. M. and Rodriquez, F. H. (2003). 76The seismic alert system of Mexico City. *International Geophysics* 81: 1253-1259.

[418] Hoshiba, M., Ohtake, K., Iwakiri, K. et al. (2010). How precisely can we anticipate seismic intensities? A study of uncertainty of anticipated seismic intensities for the Earthquake Early Warning method in Japan. *EarthPlanets and Space (EPS)* 62: 611.

[419] Hoshiba, M. and Ozaki, T. (2014), "Earthquake early warning and Tsunami warning of the Japan Meteor-

ological Agency, and their performance in the 2011 off the Pacific Coast of Tohoku Earthquake (Mw9.0)." in, *Early Warning for Geological Disasters*, Springer.

[420] Hoshiba, M. and Iwakiri, K. (2011). Initial 30 seconds of the 2011 off the Pacific coast of Tohoku Earthquake (Mw9.0)—amplitude andτ c for magnitude estimation for Earthquake Early Warning—. *Earth, Planets and Space* 63: 553-557.

[421] Olson, E. L. and Allen, R. M. (2005). The deterministic nature of earthquake rupture. *Nature* 438: 212-215.

[422] Allen, R. (1982). Automatic phase pickers: Their present use and future prospects. *Bulletin of the Seismological Society of America* 72: S225-S242.

[423] Aki, K. and Richards, P. G. (2002). Quantitative Seismology, 2nd Ed., University Science Books. ISBN: 0-935702-96-2, 704pp.

[424] Ekström, G., Nettles, M., and Dziewonski, A. M. (2012). The global CMT project 2004-2010: Centroid-momenttensors for 13,017 earthquakes. *Physics of the Earth andPlanetary Interiors* 200: 1-9.

[425] Backus, G. and Mulcahy, M. (1976). Moment tensors and other phenomenological descriptions of seismicsources—I. Continuous displacements. *Geophysical Journal International* 46: 341-361.

[426] Dziewonski, A. M., Chou, T.-A., and Woodhouse, J. H. (1981), "Determination of earthquake source parameters from waveform data for studies of global and regional seismicity," *Journal of Geophysical Research: Solid Earth(1978-2012)*, 86: 2825-2852.

[427] Jost, M. L. and Herrmann, R. B. (1989). A student's guide to and review of moment tensors. *Seismological ResearchLetters* 60: 37-57.

[428] Melgar, D., Bock, Y., and Crowell, B. W. (2012). Real-timecentroid moment tensor determination for large earthquakes from local and regional displacement records. *Geophysical Journal International* 188: 703-718.

[429] O'Toole, T. B., Valentine, A. P., and Woodhouse, J. H. (2013). Earthquake source parameters from GPS measured static displacements with potential for realtime application. *Geophysical Research Letters* 1-6.

[430] Subarya, C., Chlieh, M., Prawirodirdjo, L. et al. (2006). Plate-boundary deformation associated with thegreat Sumatra-Andaman earthquake. *Nature* 440: 46-51.

[431] Park, J., Alex Song, T.-R., Tromp, J. et al. (2005). Earth's free oscillations excited by the 26 December 2004 Sumatra-Andaman earthquake. *Science* 308: 1139-1144.

[432] Tsai, V. C., Nettles, M., Ekström, G., and Dziewonski, A. M. (2005). Multiple CMT source analysis of the 2004 Sumatra earthquake. *Geophysical Research Letters* 32.

[433] Hayes, G. P., Wald, D. J., and Johnson, R. L. (2012). Slab1.0: A three-dimensional model of global subduction zone geometries. *Journal of Geophysical Research: Solid Earth* 1978-2012: 117.

[434] Wald, D. J., Quitoriano, V., Heaton, T. H. et al. (1999). TriNet "ShakeMaps": Rapid generation of peak ground motion and intensity maps for earthquakes in southernCalifornia. *Earthquake Spectra* 15: 537-555.

[435] Melgar, D. and Bock, Y. (2013). Near-field tsunami models with rapid earthquake source inversions fromland-and ocean-based observations: The potential for forecast and warning. *Journal of Geophysical Research: Solid Earth* 118: 5939-5955.

[436] González, F. I., Bernard, E. N., Meinig, C. et al. (2005). The NTHMP tsunameter network. *Natural Hazards* 35: 25-39.

[437] Mungov, G., Eblé, M., and Bouchard, R. (2012). DART® Tsunameter retrospective and real-time data: A reflectionon 10 years of processing in support of Tsunami researchand operations. *Pure and applied Geophysics* 1-16.

[438] Titov, V. V. and Gonzalez, F. I. (1997). *Implementation and Testing of the Method of Splitting Tsunami (MOST) Model*. National Oceanic and Atmospheric Administration, Environmental Research Laboratories, Pacific MarineEnvironmental Laboratory: US Department of Commerce.

[439] Titov, V. V., Gonzalez, F. I., Bernard, E. N., Eble, M. C., Mofjeld, H. O., Newman, J. C., and Venturato, A. J. (2005), "Real-time tsunami forecasting: Challenges andsolutions." in, *Developing Tsunami-ResilientCommunities*, Springer.

[440] Wei, Y., Chamberlin, C., Titov, V. V. et al. (2013). Modeling of the 2011 Japan tsunami: Lessons for near field forecast. *Pure and applied Geophysics* 170: 1309–13031.

[441] Hirshorn, B., Weinstein, S., and Tsuboi, S. (2013). On the application of Mwp in the near field and the March 11, 2011 Tohoku earthquake. *Pure and applied Geophysics* 170: 975–991.

[442] Blewitt, G., Kreemer, C., Hammond, W. C. et al. (2006). Rapid determination of earthquake magnitude using GPS for tsunami warning systems. *Geophysical Research Letters* 33.

[443] Song, Y. T. (2007). Detecting tsunami genesis and scales directly from coastal GPS stations. *Geophysical Research Letters* 34: L19602.

[444] Titov, V., Tony Song, Y., Tang, L. et al. (2016). Consistent estimates of tsunami energy show promise for improvedearly warning. *Pure and applied Geophysics* 173: 3863–3880.

[445] Sobolev, S. V., Babeyko, A. Y., Wang, R. et al. (2007). Tsunami early warning using GPS-Shield arrays. *Journal of Geophysical Research* 112: B08415.

[446] Singh, S. K., Pérez-Campos, X., Iglesias, A., and Melgar, D. (2012). A method for rapid estimation of moment magnitude for early tsunami warning based on coastal GPS networks. *Seismological Research Letters* 83: 516–530.

[447] Ohta, Y., Kobayashi, T., Tsushima, H. et al. (2012). Quasireal-time fault model estimation for near-field tsunami forecasting based on RTK-GPS analysis: Application to the 2011 Tohoku-Oki earthquake (Mw9.0). *Journal of Geophysical Research: Solid Earth* 1978–2012: 117.

[448] Tatehata, H. (1997). The new tsunami warning system of the Japan Meteorological Agency. In: *Perspectives on Tsunami Hazard Reduction*. Springer.

[449] Satriano, C., Kiraly, E., Bernard, P., and Vilotte, J. -. P. (2012). The 2012 Mw 8.6 Sumatra earthquake: Evidence of westward sequential seismic ruptures associated to the reactivation of a N-S ocean fabric. *Geophysical Research Letters* 39.

[450] Wells, D. L. and Coppersmith, K. J. (1994). New empirical relationships amongmagnitude, rupture length, rupture width, rupture area, and surface displacement. *Bulletin of the Seismological Society of America* 84: 974–1002.

[451] Colombelli, SimonaS., Richard M Allen, R. M., and Aldo Zollo, A. (2013).,' "Application of real-time GPS to earthquake early warning in subduction and strike-slip environments'," *Journal of Geophysical Research: Solid Earth*, 118: 3448–3461.

[452] Minson, S. E., Murray, J. R., Langbein, J. O., and Gomberg, J. S. (2014). Real-time inversions for finite fault slip models and rupture geometry based on high-rate GPS data. *Journal of Geophysical Research: Solid Earth* 119: 3201–3231.

[453] Grapenthin, R., Johanson, I. A., and Allen, R. M. (2014). Operational real-time GPS-enhanced earthquake early warning. *Journal of Geophysical Research: Solid Earth* 119: 7944–7965.

[454] MacInnes, B. T, Gusman, A. R., LeVeque, R. J., and Tanioka, Y. (2013), "Comparison of earthquake source models for the 2011 Tohoku event using Tsunami simulations and near-field observations," *Bulletin of the Seismological Society of America*, 103: 1256–1274.

[455] Melgar and Bock. (2015), "Kinematic earthquake source inversion and tsunami runup prediction with regional geophysical data," Journal of Geophysical Research: Solid Earth.

[456] Ito, Y., Tsuji, T., Osada, Y. et al. (2011). Frontal wedge deformation near the source region of the 2011 Tohoku-Oki earthquake. Geophysical Research Letters 38.

[457] Tsushima, H., Hino, R., Ohta, Y. et al. (2014). tFISH/RAPiD: Rapid improvement of near-field tsunami forecasting based on offshore tsunami data by incorporating onshore GNSS data. Geophysical Research Letters 41: 3390-3397.

[458] Tsushima, H., Hirata, K., Hayashi, Y. et al. (2011). Near field tsunami forecasting using offshore tsunami data from the 2011 off the Pacific coast of Tohoku Earthquake. Earth, planets and space 63: 821-826.

[459] Tsushima, H., Hino, R., Tanioka, Y. et al. (2012). Tsunami waveform inversion incorporating permanent seafloor deformation and its application to tsunami forecasting. Journal of Geophysical Research: Solid Earth 1978-2012: 117.

[460] Maeda, T., Furumura, T., Sakai, S., and Shinohara, M. (2011). Significant tsunami observed at ocean-bottompressure gauges during the 2011 off the Pacific coast of Tohoku Earthquake. Earth, Planets and Space 63: 803-808.

[461] Gusman, A. R., Tanioka, Y., Sakai, S., and Tsushima, H. (2012). Source model of the great 2011 Tohoku earthquake estimated from tsunami waveforms and crustal deformation data. Earth and Planetary Science Letters 341: 234-242.

[462] Hoechner, A., Ge, M., Babeyko, A. Y., and Sobolev, S. V. (2013). Instant tsunami early warning based on real-time GPS-Tohoku 2011 case study. Natural Hazards and Earth System Science 13: 1285-1292.

[463] Romano, F., Piatanesi, A., Lorito, S. et al. (2012). Clues from joint inversion of tsunami and geodetic data of the 2011 Tohoku-oki earthquake. Scientific Reports 2.

[464] Satake, K., Fujii, Y., Harada, T., and Namegaya, Y. (2013). Time and space distribution of coseismic slip of the 2011 Tohoku earthquake as inferred from tsunami waveform data. Bulletin of the Seismological Society of America 103: 1473-1492.

[465] Kido, M., Osada, Y., Fujimoto, H. et al. (2011). Trench normal variation in observed seafloor displacements associated with the 2011 Tohoku-Oki earthquake. Geophysical Research Letters 38.

[466] Mochizuki, M., Kanazawa, T., Uehira, K., Shimbo, T., Shiomi, K., Kunugi, T., Aoi, S., Matsumoto, T., Sekiguchi, S., and Yamamoto, N. (2016), "S-net project: Construction of large scale seafloor observatory network for tsunamis and earthquakes in Japan," In AGU Fall Meeting Abstracts.

[467] Liu, Z., Dong, D., and Lundgren, P. (2011). Constraints on time-dependent volcanic source models at Long Valley Caldera from 1996 to 2009 using InSAR and geodetic measurements. Geophysical Journal International 187: 1283-1300.

[468] Dvorak, J. J. and Dzurisin, D. (1997). Volcano geodesy: The search for magma reservoirs and the formation of eruptive vents. Reviews of Geophysics 35: 343-384.

[469] Dzurisin, D. (2003). A comprehensive approach to monitoring volcano deformation as a window on the eruption cycle. Reviews of Geophysics 41.

[470] Fournier, T. J., Pritchard, M. E., and Riddick, S. N. (2010). Duration, magnitude, and frequency of subaerial volcanodeformation events: New results from Latin Americausing InSAR and a global synthesis. Geochemistry, Geophysics, Geosystems 11.

[471] Chouet, B. (2003). Volcano seismology. Pure and AppliedGeophysics 160: 739-788.

[472] Mattia, M., Rossi, M., Guglielmino, F. et al. (2004). Theshallow plumbing system of Stromboli Island as

imagedfrom 1 Hz instantaneous GPS positions. *GeophysicalResearch Letters* 31.

[473] Scandone, R. and Malone, S. D. (1985). Magma supply, magma discharge and readjustment of the feeding systemof Mount St. Helens during 1980. *Journal of Volcanologyand Geothermal Research* 23: 239-262.

[474] Iverson, R. M., Dzurisin, D., Gardner, C. A. et al. (2006). Dynamics of seismogenic volcanic extrusion at Mount StHelens in 2004-05. *Nature* 444: 439-443.

[475] Lisowski, M., Dzurisin, D., Denlinger, R. P., and Iwatsubo, E. Y. (2008). Analysis of GPS-measured deformationassociated with the 2004-2006 dome-building eruption ofMount St. Helens, Washington. *US Geol. Surv. Prof. Pap* 1750: 301-316.

[476] Sigmundsson, F., Hreinsdóttir, S., Hooper, A. et al. (2010). Intrusion triggering of the 2010 Eyjafjallajokull explosiveeruption. *Nature* 468: 426-430.

[477] Turcotte, D. and Schubert, G. (2014). *Geodynamics*. Cambridge University Press.

[478] van Dam, T. and Wahr, J. (1987). Displacements of theEarth's surface due to atmospheric loading: effects ongravity and baseline measurements. *Journal of Geophysical Research* 93: 1281-1286.

[479] Yang, Q., Dixon, T. H., and Wdowinski, S. (2013). Annualvariation of coastal uplift in Greenland as an indicator ofvariable and accelerating ice mass loss. *GeochemistryGeophysics Geosystems* 14: 1569-1589.

[480] Jiang, Y., Dixon, T. H., and Wdowinski, S. (2010). Accelerating uplift in the North Atlantic region as anindicator of ice loss. *Nature Geoscience* 3: 404-407.

[481] Borsa, A. A., Agnew, D. C., and Cayan, D. R. (2014). Ongoing drought-induced uplift in the western UnitedStates. *Science* 345: 1587-1590.

[482] Wdowinski, S., Setti, P., and van Dam, T. (2016), "*Extractingthe climatic signal from vertical GPS time series.*"

[483] Sella, G. F., Stein, S., Dixon, T. H. et al. (2007a). Observation of glacial isostatic adjustment in 'stable' North America with GPS. *Geophysical Research Letters* 34.

[484] Stocker, T. F., Qin, D., Plattner, G. K., Tignor, M. M. B., Allen, S. K., Boschung, J., Nauels, A., Xia, Y., Bex, V., and Midgley, P. M. (2014), *Climate Change 2013: The PhysicalScience Basis*.

[485] Velicogna, I. (2009). Increasing rates of ice mass loss fromthe Greenland and Antarctic ice sheets revealed byGRACE. *Geophysical Research Letters* 36.

[486] Simon, K. M., James, T. S., Henton, J. A., and Dyke, A. S. (2016). A glacial isostatic adjustment model for the centraland northern Laurentide Ice Sheet based on relative sealevel and GPS measurements. *Geophysical JournalInternational* 205: 1618-1636.

[487] Hamilton, G. S. and Whillans, I. M. (2000). Pointmeasurements of mass balance ofthe Greenland Ice Sheetusing precision vertical Global Positioning System (GPS) surveys. *Journal of Geophysical Research-Solid Earth* 105: 16295-16301.

[488] Khan, S. A., Wahr, J., Bevis, M. et al. (2010). Spread of ice mass loss into northwest Greenl and observed by GRACE and GPS. *Geophysical Research Letters* 37.

[489] Bevis, M., Wahr, J., Khan, S. A. et al. (2012). Bedrock displacements in Greenland manifest ice mass variations, climate cycles and climate change. *Proceedings of the National Academy of Sciences of the United States of America* 109: 11944-11948.

[490] Peltier, W. R. (2004a). Global glacial isostasy and the surface of the ice-age Earth: The ICE-5G (VM2) mode land grace. *Annual Review of Earth and Planetary Sciences* 32: 111-149.

[491] Van Dam, T., Francis, O., Wahr, J. et al. (2017). Using GPS and absolute gravity observations to separate the effects of present-day and Pleistocene ice-mass changes in South East Greenland. *Earth and Planetary Science Letters* 459: 127-135.

[492] Argus, D. F., Peltier, W. R., Drummond, R., and Moore, A. W. (2014). The Antarctica component of postglacial rebound model ICE-6G_C (VM5a) based on GPS positioning, exposure age dating of ice thicknesses, and relative sea level histories. *Geophysical Journal International* 198: 537-563.

[493] Martin-Espanol, A., Zammit-Mangion, A., Clarke, P. J. et al. (2016). Spatial and temporal Antarctic Ice Shee tmass trends, glacio-isostatic adjustment, and surface processes from a joint inversion of satellite altimeter, gravity, and GPS data. *Journal of Geophysical Research-Earth Surface* 121: 182-200.

[494] Shepherd, A., Ivins, E. R., Geruo, A. et al. (2012). A reconciled estimate of ice-sheet mass balance. *Science* 338: 1183-1189.

[495] Echelmeyer, K. and Harrison, W. D. (1990). Jakobshavns Isbrae, West Greenland- seasonal-variations in velocity or lack thereof. *Journal of Glaciology* 36: 82-88.

[496] Winberry, J. P., Anandakrishnan, S., Wiens, D. A. et al. (2011). Dynamics of stick-slip motion, Whillans Ice Stream, Antarctica. *Earth and Planetary Science Letters* 305: 283-289.

[497] Bartholomaus, T. C., Anderson, R. S., and Anderson, S. P. (2008). Response of glacier basal motion to transient water storage. *Nature Geoscience* 1: 33-37.

[498] Das, S. B., Joughin, I., Behn, M. D. et al. (2008). Fracture propagation to the base of the Greenland Ice Sheet duringsupraglacial lake drainage. *Science* 320: 778-781.

[499] Pratt, M. J., Winberry, J. P., Wiens, D. A. et al. (2014). Seismic and geodetic evidence for grounding-line control of Whillans Ice Stream stick-slip events. *Journal of Geophysical Research-Earth Surface* 119: 333-348.

[500] Roeoesli, C., Helmstetter, A., Walter, F., and Kissling, E. (2016). Meltwater influences on deep stick-slip icequakes near the base of the Greenland Ice Sheet. *Journal of Geophysical Research-Earth Surface* 121: 223-240.

[501] Blewitt, G., Lavallee, D., Clarke, P., and Nurutdinov, K. (2001). A new global mode of Earth deformation: Seasonal cycle detected. *Science* 294: 2342-2345.

[502] Rui, H. (2013), "Readme document for North America Land Data Assimilation System Phase 2 (NLDAS-2)," http://ldas.gsfc.nasa.gov/NLDAS-2/NLDAS-2news.php.

[503] Tregoning, P., Watson, C., Ramillien, G. et al. (2009). Detecting hydrologic deformation using GRACE and GPS. *Geophysical Research Letters* 36.

[504] Steckler, M. S., Nooner, S. L., Akhter, S. H. et al. (2010). Modeling Earth deformation from monsoonal flooding in Bangladesh using hydrographic, GPS, and Gravity Recovery and Climate Experiment (GRACE) data. *Journal of Geophysical Research-Solid Earth* 115.

[505] Argus, D. F., Fu, Y. N., and Landerer, F. W. (2014a). Seasonal variation in total water storage in California inferred from GPS observations of vertical land motion. *Geophysical Research Letters* 41: 1971-1980.

[506] Johnson, C. W., Fu, Y. N., and Burgmann, R. (2017). Seasonal water storage, stress modulation, and California seismicity. Science 356.

[507] Hammond, W. C., Blewitt, G., and Kreemer, C. (2016). GPSImaging of vertical land motion in California and Nevada: Implications for Sierra Nevada uplift. *Journal of Geophysical Research-Solid Earth* 121: 7681-7703.

[508] Palmer, W. C. (1965). *Meteorological Drought*. Washington, DC: US Department of Commerce, Weather Bureau.

[509] Amos, C. B., Audet, P., Hammond, W. C., Burgmann, R., Johanson, I. A., and Blewitt, G. (2014), "Uplift and seismicity driven by groundwater depletion in central California," *Nature*, 509: 483-+.

[510] McGranahan, G., Balk, D., and Anderson, B. (2007). The rising tide: assessing the risks of climate change and human settlements in low elevation coastal zones. *Environment and Urbanization* 19: 17-37.

[511] Strauss, B. H., Ziemlinski, R., Weiss, J. L., and Overpeck, J. T. (2012). Tidally adjusted estimates of topographic vulnerability to sea level rise and flooding for thecontiguous United States. *Environmental Research Letters* 7.

[512] Church, J. A., Clark, P. U., Cazenave, A., Gregory, J. M., Jevrejeva, S., Levermann, A., Merrifield, M. A., Milne, G. A., Nerem, R. S., Nunn, P. D., Payne, A. J., Pfeffer, W. T., Stammer, D., and Unnikrishnan, A. S. (2013), "Sea level change," In *Climate Change 2013: The Physical Science Basis. Contribution of Working Group I to the Fifth Assessment Report of the Intergovernmental Panel on Climate Change* (eds. Stocker, T. F., Qin, D., Plattner, G.-K., Tignor, M., Allen, S. K., Boschung, J., Nauels, A., Xia, Y., Bex, V., Midgley, P. M.), Cambridge, UK, 2013, 1137-1216.

[513] Church, J. A. and White, N. J. (2011). Sea-level rise from the late 19th to the early 21st Century. *Surveys in Geophysics* 32: 585-602.

[514] Douglas, B. C. (1997). Global sea rise: A redetermination. *Surveys in Geophysics* 18: 279-292. 515

[515] Hay, C. C., Morrow, E., Kopp, R. E., and Mitrovica, J. X. (2015), "Probabilistic reanalysis of twentieth-century sealevelrise," S*Nature*, 517: 481-+.

[516] Ray, R. D. and Douglas, B. C. (2011). Experiments in reconstructing twentieth-century sea levels. *Progress in Oceanography* 91: 496-515.

[517] Nerem, R. S., Chambers, D. P., Choe, C., and Mitchum, G. T. (2010). Estimating mean sea level change from the TOPEX and Jason Altimeter missions. *Marine Geodesy* 33: 435-446.

[518] Woppelmann, G. and Marcos, M. (2016). Vertical land motion as a key to understanding sea level change and variability. *Reviews of Geophysics* 54: 64-92.

[519] Merrifield, M., Aarup, T., Allen, A. et al. (2009). The global sea level observingsystem (GLOSS). *Proceedings of OceanObs* 9.

[520] Santamaría-Gómez, A., Bouin, M.-.N., Collilieux, X., and Wöppelmann, G. (2011). Correlated errors in GPS position time series: Implications for velocity estimates. *Journal of Geophysical Research: Solid Earth (1978-2012)*, 116.

[521] Atkinson, L., Ezer, T., and Smith, E. (2013). Sea level rise and flooding risk in Virginia. *Sea Grant Law and Policy Journal* 5.

[522] Wdowinski, S., Bray, R., Kirtman, B. P., and Wu, Z. H. (2016). Increasing flooding hazard in coastal communities due to rising sea level: Case study of Miami Beach, Florida. *Ocean & Coastal Management* 126: 1-8.

[523] Karegar, M. A., Dixon, T. H., and Malservisi, R. (2015). A three-dimensional surface velocity field for the Mississippi Delta: Implications for coastal restoration and flood potential. *Geology* 43: 519-522.

[524] Karegar, M. A., Dixon, T. H., and Engelhart, S. E. (2016). Subsidence along the Atlantic Coast of North America: Insights from GPS and late Holocene relative sea level data. *Geophysical Research Letters* 43: 3126-3133.

[525] Bock, Y., Wdowinski, S., Ferretti, A. et al. (2012). Recent subsidence of the Venice Lagoon from continuous GPS and interferometric synthetic aperture radar. *Geochemistry Geophysics Geosystems* 13.

[526] Born, G. H., Parke, M. E., Axelrad, P. et al. (1994). Calibration of the Topex Altimeter using a GPS Buoy. *Journal of Geophysical Research-Oceans* 99: 24517-24526.

[527] Chadwell, C. D. and Bock, Y. (2001). Direct estimation of absolute precipitable water in oceanic regions by GPS tracking of a coastal buoy. *Geophysical Research Letters* 28: 3701-3704.

[528] Watson, C., Coleman, R., White, N. et al. (2003). Absolute Calibration of TOPEX/Poseidon and Jason-1 Using GPS Buoys in Bass Strait, Australia. *Marine Geodesy* 26: 285–304.

[529] Falck, C., Ramatschi, M., Subarya, C. et al. (2010). Near real-time GPS applications for tsunami early warning systems. *Natural Hazards and Earth System Science* 10: 181–189.

[530] Kato, T., Terada, Y., Ito, K. et al. (2005). Tsunami due to the 2004 September 5th off the Kii peninsula earthquake, Japan, recorded by a new GPS buoy. *Earth Planets and Space* 57: 297–301.

[531] Kato, T., Terada, Y., Kinoshita, M. et al. (2000). Real-time observation of tsunami by RTK-GPS. *Earth Planets and Space* 52: 841–845.

[532] Schone, T., Pandoe, W., Mudita, I. et al. (2011). GPS water level measurements for Indonesia's Tsunami Early Warning System. *Natural Hazards and Earth System Sciences* 11: 741–749.

[533] Larson, K. M., Lofgren, J. S., and Haas, R. (2013a). Coastal sea level measurements using a single geodetic GPS receiver. *Advances in Space Research* 51: 1301–1310.

[534] Larson, K. M., Ray, R. D., Nievinski, F. G., and Freymueller, J. T. (2013). The Accidental Tide Gauge: A GPS Reflection case study from Kachemak Bay, Alaska. *IEEE Geoscience and Remote Sensing Letters* 10: 1200–1204.

[535] Delbridge, B. G., Burgmann, R., Fielding, E. et al. (2016). Three-dimensional surface deformation derived fromairborne interferometric UAVSAR: Application to the Slumgullion Landslide. *Journal of Geophysical Research-Solid Earth* 121: 3951–3977.

[536] Schuster, R. L. and Highland, L. (2001). *Socioeconomic and Environmental Impacts of Landslides in the Western Hemisphere*. US Geological Survey: US Department of theInterior.

[537] Gili, J. A., Corominas, J., and Rius, J. (2000). Using Global Positioning System techniques in landslide monitoring. *Engineering Geology* 55: 167–192.

[538] Malet, J. P., Maquaire, O., and Calais, E. (2002). The use of Global Positioning System techniques for the continuous monitoring of landslides: application to the Super-Sauze earthflow (Alpes-de-Haute-Provence, France). *Geomorphology* 43: 33–54.

[539] Demoulin, A. (2006). Monitoring and mapping landslide displacements: A combined DGPS-stereophotogrammetric approach for detailed short-and long-term rate estimates. *Terra Nova* 18: 290–298.

[540] Hsu, Y. J., Chen, R. F., Lin, C. W. et al. (2014). Seasonal, long-term, and short-term deformation in the Central Range of Taiwan induced by landslides. *Geology* 42: 991–994.

[541] Wang, G. (2011). GPS landslide monitoring: Single base vs. network solutions—a case study based on the Puerto Rico and Virgin Islands permanent GPS network. *Journal of Geodetic Science* 1: 191–203.

[542] Wu, J. H. and Lin, H. M. (2009). Analyzing the shear strength parameters of the Chiu-fen-erh-shan landslide: Integrating strong-motion and GPS data to determine the best-fit accelerogram. *Gps Solutions* 13: 153–163.

[543] Yin, Y. P., Zheng, W. M., Liu, Y. P. et al. (2010). Integration of GPS with InSAR to monitoring of the Jiaju landslide in Sichuan, China. *Landslides* 7: 359–365.

[544] Benoit, L., Briole, P., Martin, O. et al. (2015). Monitoring landslide displacements with the Geocube wireless networkof low-cost GPS. *Engineering Geology* 195: 111–121.

[545] Chaussard, E., Wdowinski, S., Cabral-Cano, E., and Amelung, F. (2014). Land subsidence in central Mexico detected by ALOS InSAR time-series. *Remote Sensing of Environment* 140: 94–106.

[546] Chaussard, E., Amelung, F., Abidin, H., and Hong, S. H. (2013). Sinking cities in Indonesia: ALOS PALSAR detects rapid subsidence due to groundwater and gas extraction. *Remote Sensing of Environment* 128: 150–161.

[547] Lanari, R., Lundgren, P., Manzo, M., and Casu, F. (2004). Satellite radar interferometry time series analysis ofsurface deformation for Los Angeles, California. *Geophysical Research Letters* 31.

[548] G., Welch, J., Kearns, T. J., Yang, L., and Serna, J. (2015), "Introduction to GPS geodetic infrastructure for landsubsidence monitoring in Houston, Texas, USA," in K. Daito and D. Galloway (eds.), *Prevention and Mitigation of Natural and Anthropogenic Hazards due to Land Subsidence, Proc. Int. Assoc. Hydrol. Sci.*, 92, 1-7, Copernicus Publications, 2015.

[549] Liu, G. X., Luo, X. J., Chen, Q. et al. (2008). Detecting land subsidence in Shanghai by PS-networking SAR interferometry. Sensors 8: 4725-4741.

[550] Osmanoglu, B., Dixon, T. H., Wdowinski, S. et al. (2011). Mexico City subsidence observed with persistent scatterer InSAR. *International Journal of Applied Earth Observationand Geoinformation* 13: 1-12.

[551] Solano, D., Wdowinski, S., and Cabral-Cano, E. (2018), "Differential subsidence in Mexico City and its implications to the collective transportation system(Metro)," *Remote Sensing for Environment*, submitted.

[552] Abidin, H. Z., Andreas, H., Djaja, R. et al. (2008). Land subsidence characteristics of Jakarta between 1997 and 2005, as estimated using GPS surveys. *Gps Solutions* 12:23-32.

[553] Bürgmann, R., Hilley, G., Ferretti, A., and Novali, F. (2006). Resolving vertical tectonics in the San Francisco Bay Area from permanent scatterer InSAR and GPS analysis. *Geology* 34: 221-224.

[554] Galloway, D. L. and Sneed, M. (2013). Analysis and simulation of regional subsidence accompanying groundwater abstraction and compaction of susceptible aquifer systems in the USA. *Boletin De La Sociedad Geologica Mexicana* 65: 123-136.

[555] Ikehara, M. E. and Phillips, S. P. (1994), "Determination of land subsidence related to ground-water-level declines using Global Positioning System and leveling surveys in Antelope Valley, Los Angeles and Kern counties, California, 1992," in.: US Geological Survey.

[556] Carruth, R., Flynn, P., Donald, R., and Anderson, C. E. (2007)," Land subsidence and Aquifer-system compaction in the Tucson Active Management Area, South-CentralArizona, 1987-2005." In.: Geological Survey (US).

[557] Zilkoski, D. B., Hall, L. W., Mitchell, G. J. et al. (2003). The Harris-Galveston coastal subsidence district/national geodetic survey automated global positioning system subsidence monitoring project. In: *In Proceedings of the US Geological Survey Subsidence Interest Group Conference*. US Geological Survey, Galveston, Texas(Vol. 1328).

[558] Bell, J. W., Amelung, F., Ramelli, A. R., and Blewitt, G. (2002). Land subsidence in Las Vegas, Nevada, 1935-2000: New geodetic data show evolution, revised spatial patterns, and reduced rates. *Environmental & Engineering Geoscience* 8: 155-174.

[559] Sneed, M. and Brandt, J. T. (2007), "Detection and measurement of land subsidence using Global Positioning System Surveying and Interferometric Synthetic Aperture Radar, Coachella Valley, California, 1996-2005," in.: Geological Survey (US).

[560] Blodgett, J. C., Ikehara, M. E., and Williams, G. E. (1990). Monitoring land subsidence in Sacramento Valley, California, using GPS. *Journal of Surveying Engineering* 116 (2): 112-130.

[561] Khan, S. D., Huang, Z., and Karacay, A. (2014). Study of ground subsidence in northwest Harris county using GPS, LiDAR, and InSAR techniques. *Natural Hazards* 73:1143-1173.

[562] Miller, M. M., Shirzaei, M., and Argus, D. (2017). Aquifer mechanical properties and decelerated compaction in Tucson, Arizona. *Journal of Geophysical Research-Solid Earth* 122: 8402-8416.

[563] Chaussard, E., Bürgmann, R., Shirzaei, M. et al. (2014). Predictability of hydraulic head changes and characterization of aquifer-system and fault properties from InSAR-derived ground deformation. *Journal of*

Geophysical Research-Solid Earth 119: 6572-6590.

[564] Cheng, K. C., Calmant, S., Kuo, C. Y. et al. (2009). Branco river stage gradient determination and Amazon hydrologic studies using GPS water level measurements. *Marine Geodesy* 32: 267-283.

[565] Apel, H., Hung, N. G., Thoss, H., and Schone, T. (2012). GPS buoys for stage monitoring of large rivers. *Journal of Hydrology* 412: 182-192.

[566] Larson, K. M. (2016). GPS interferometric reflectometry: Applications to surface soil moisture, snow depth, andvegetation water content in the western United States. *Wiley Interdisciplinary Reviews-Water* 3: 775-787.

[567] Larson, K. M. and Small, E. E. (2013). Using GPS to study the terrestrial water cycle. *EOS, Transactions American Geophysical Union* 94: 505-506.

[568] Larson, K. M., Small, E. E., Gutmann, E. D. et al. (2008). Use of GPS receivers as a soil moisture network for water cycle studies. *Geophysical Research Letters* 35.

[569] Chew, C. C., Small, E. E., Larson, K. M., and Zavorotny, V. U. (2014). Effects of near-surface soil moisture on GPS SNR data: Development of a retrieval algorithm for soil moisture. *IEEE Transactions on Geoscience and Remote Sensing* 52: 537-543.

[570] Chew, C., Small, E. E., and Larson, K. M. (2016). An algorithm for soil moisture estimation using GPS interferometric reflectometry for bare and vegetated soil. *GPS Solutions* 20: 525-537.

[571] Larson, K. M., Gutmann, E. D., Zavorotny, V. U. et al. (2009). Can we measure snow depth with GPS receivers? *Geophysical Research Letters* 36.

[572] Larson and Small. (2016), "Estimation of snow depthusing L1 GPS Signal-to-Noise ratio data," *IEEE Journal of Selected Topics in Applied Earth Observations and RemoteSensing*, 9: 4802-4808.

[573] McCreight, J. L., Small, E. E., and Larson, K. M. (2014). Snow depth, density, and SWE estimates derived from GPS reflection data: Validation in the western U. S. *Water Resources Research* 50: 6892-6909.

[574] Wan, W., Larson, K. M., Small, E. E. et al. (2015). Using geodetic GPS receivers to measure vegetation water content. *Gps Solutions* 19: 237-248.

[575] Larson, K. M. and Small, E. E. (2014). Normalized Microwave Reflection Index: A vegetation measurement derived From GPS networks. *IEEE Journal of Selected Topics in Applied Earth Observations and Remote Sensing* 7: 1501-1511.

[576] Small, E. E., Larson, K. M., and Smith, W. K. (2014). Normalized Microwave Reflection Index: Validation ofvegetation water content estimates from MontanaGrasslands. *IEEE Journal of Selected Topics in AppliedEarth Observations and Remote Sensing* 7: 1512-1521.

[577] Evans, S. G., Small, E. E., and Larson, K. M. (2014). Comparison of vegetation phenology in the western USA determined from reflected GPS microwave signals and NDVI. *International Journal of Remote Sensing* 35: 2996-3017.

[578] Larson, K. M., Ray, R. D., and Williams, S. D. P. (2017). A 10-year comparison of water levels measured with a Geodetic GPS receiver versus a conventional tide gauge. *Journal of Atmospheric and Oceanic Technology* 34: 295-307.

本章相关彩图,请扫码查看

第29章 时频信息分发

Judah Levine
美国国家标准与技术研究院,美国

29.1 简介

本章以本地时钟校正与同步为目标,介绍了一系列可用于分布式时间与频率信息的方法,重点在于使用全球卫星导航系统,尤其是美国 GPS 系统所播发信号的方法。然而,该技术已十分普遍,且并不局限依赖于某个导航卫星星座完成。

此外,本章还介绍了一种用于估算本地时钟与远程标准时间之间链路延迟的方法。与使用卫星播发信号进行时间频率信息分布不同,此方法为收发两用。原因是在卫星导航系统中,本地时钟与远程系统均被动接收卫星播发的信号,且各终端均在该方法中主动实施传输和接收行为。

在本章的讨论中,假定用户拥有一个本地时钟或标准频率,且从远程系统中接收时间或频率信息的目的是改善本地设备的时间精度或频率稳定性,从而将本地时钟与远程系统数据结合,利用两者特性实现最优结合。从这方面来看,任何有关于分布方法的讨论都应该包括对于实时时间频率优劣标准的理解。这些内容将在下一节讨论。

用于评估频率标准性能的统计方法同样能够有效反映与远程参考系统的网络连接情况。在本章讨论的大多数情况下,远程参考时钟本身的特征并非十分重要,原因在于远程时钟的稳定度和精度通常要远好于通道延迟。

时间同步过程的第一步是接收由全球卫星导航系统播发的时间数据。接收的方法与定位和导航应用相同,信号经过伪距解算处理,即通过时间同步过程之外的方法提前获取接收机位置。因此,单一卫星所播发的信号是足够的,原因在于伪距测量过程中唯一的未知量就是卫星时间与本地时钟的误差。

由各个卫星传输的伪距码中包含了一个明确的星载钟的时间链路。星历电文中的参数可将该时间与卫星系统时间和协调世界时(UTC)相关联。对于由 GPS 星座所播发的信号来说,与协调世界时相连的链路贯穿于 UTC(USNO),即美国海军天文台的时间标准。其他卫星导航系统也有着类似的链路,这些链路通常由地面的控制站周期性地计算并注入卫星,从而实现预报。许多时间实验室和国家气象机构监测星座时间并公布星座系统时间与实验室的时间标准之间的误差,这些数据通常情况下是无法实时获取的。从这些方面考虑,很明显,对于短期平均时间及实时应用来说,星载钟的稳定性和精度无疑是最重要的指标;对于长期平均时间及非实时应用来说,系统时间以及美国海军天文台时间尺度链路的性能指标更为重要。

伪距的计算还有一种方法,即载波相位法。这种方法支持高分辨率,原因在于载波频率是L1码频率的1540倍。然而,以此种方法计算出的伪距以未知数量的载波周期为模。该码的信噪比通常不足以独立测定伪距整周,需要与其他方法相结合。同样,使用测地学方法也有着同样的弊端,其提高精度的方法也是一样的,尽管在基站位置可以提前预知的前提下,从单一卫星播发的数据足以用于码基时间传递,但要想利用从单一卫星所播发数据测定载波相位法中的整周,仍然具有一定困难。

使用载波相位法测定伪距的一个明显问题在于周跳,且大多数载波相位算法都测定并消除了这些周跳。当L3无电离层组合(见29.3.1节)被用于计算伪距时,周跳测定的问题是复杂的,因为在这种情况下,周跳的量级是不固定的。尤其是当L1和L2频段中的周跳特征相反时,测定L1和L2对于L3伪距的贡献更加困难。

由于载波相位法中星载钟时间链路存在误差,载波相位分析通常也结合码的贡献。常用的方法是以100:1的信噪比来测定载波和码的贡献。码能够帮助测定正确的相位整周数,因此,载波相位分析能够提高时间误差的分辨率但却并不一定能增加精度。

后续讨论均假定已通过至少一颗卫星所播发数据计算出伪距(详情读者可参考本书第2章、第14章内容)。通常来说,符号τ用于表示数据点之间的时间差,且为了方便,时间差常为固定值,但在实际情况中,许多分析也并非如此。

29.1.1 时钟和振荡器及其参数的物理学

所有时钟都由两个部分组成:一个振荡器和一个计数电路。振荡器用于产生一系列周期的信号;计数电路用于统计周期信号个数和在周期信号之间插值,以提高测量分辨率。计数是相对于某个原点的,该原点由独立于时钟本身的考虑因素定义。作为一个实际问题,时间起源的研究通常选择在足够久远的时代,以保证大多数关注的时间节点相对于原点都是正的。

任何特定时间起源的选择对于日常计时都很重要,但其定义对于讨论时钟和振荡器的特性通常并不重要,本章将不讨论与日历定义相关的实际问题。时钟的时间或振荡器的频率可被视为所描述的设备与实现时间或标准频率定义的另一个理想无噪声设备之间的代数差。两个设备以相同的标称频率产生输出信号。通常使用1Hz和5MHz的输出信号,这些输出频率是从设备的内部频率合成的,但内部频率可能不同,并且通常因不同类型的设备而不同。术语"时差"和"频率差"通常用作上文中定义的时间和频率的同义词,以避免讨论中出现任何可能的歧义。

早期的时钟使用的频率基准源于机械振荡,如钟摆的摆动或平衡轮的振荡。从20世纪20年代和20世纪30年代开始,机械的频率基准是基于石英晶体振动中的共振,这些晶体与各种电子元件结合,根据晶振频率产生周期性电信号。

虽然石英晶体振荡器的频率稳定性远远优于单摆时钟,但基于石英晶体设备的频率长期稳定性较差。此外,由于其频率基于物理赝像,很难从不同的晶体中再现完全相同的频率。原子频率标准,即其频率参考某些原子的跃迁频率,大约从1955年开始制定。虽然在将频率稳定性和精度作为重要标准时,普遍使用原子频率标准,但石英晶体振荡器是几乎所有原子频率标准的核心,因而在设计分布算法时,了解其统计数据和局限性是非常重要的。

为了介绍这些概念,我们将理想时钟作为电振荡器,它提供的输出信号电压形式为
$$V = V_0 \sin(2\pi f t) \tag{29.1}$$
式中:V_0 和 f 分别为振荡器的恒定振幅和频率;t 为测量的时间(s)。这种理想的振荡器在每次输出的电压以正斜率通过零时产生一个"脉冲"。脉冲的时间 T_n 由以下公式给出:
$$2\pi f T_n = n 2\pi$$
$$T_n = n \frac{1}{f} \tag{29.2}$$
式中:n 为任意整数。

那么,被测设备的输出电压是
$$A = [A_0 + \varepsilon(t)] \sin(2\pi f t - \varphi) \tag{29.3}$$
假设
$$\frac{\dot{\varepsilon}(t)}{A_0} \ll 1 \tag{29.4}$$
和
$$\frac{\dot{\varphi}}{f} \ll 1 \tag{29.5}$$
因此,被测设备的振幅和频率是明确定义的量,振幅和频率调制是对输出信号的小扰动。被测设备的脉冲将在以下时间出现。
$$2\pi f T'_n - \varphi = n 2\pi$$
$$T'_n = n \frac{1}{f} + \frac{\varphi}{2\pi f} \tag{29.6}$$
相对于理想装置的时间差
$$x = T'_n - T_n = \frac{\varphi}{2\pi f} \tag{29.7}$$
两个装置之间的频率差是该时间差的演变,该时间差由相位差对时间求导得到:
$$y = \frac{\dot{\varphi}}{2\pi f} \tag{29.8}$$

如果 φ 以弧度、f 以赫兹为单位测量,则 x 以秒为单位测量,y 为无量纲。式(29.3)中的相位角 φ 存在 2π 倍数的不确定性,这个整周模糊度会导致式(29.6)中时间的模糊度和式(29.7)中的时差。在这两种情况下,值都是模 $1/f$ 的模糊值,每个测量策略都取决于循环跳变,这是不常见的,并且可以在发生时检测到,因为与循环跳变相关的时差远大于式(29.8)预测的值。因此,通常情况下,循环跳变被视为异常值,其影响需从数据中移除。式(29.7)中的时差隐含地假设我们已经在两个时钟中识别出相同的整数循环数。由于测量噪声远小于 $1/f$ 模糊度,这在实验室环境中很容易实现,但当信道延迟有噪声且不太稳定时,这就变成了一个重要问题。这个问题将在后面的章节中讨论。

在下面的讨论中,为了描述时钟的物理时间和频率,我们将继续使用符号 t(以秒为单位)和符号 f(以每秒周期数或者赫兹为单位),其中这些数量以 SI 单位表示。我们还可以识别分钟、小时和天,因为它们是时钟时间的整数倍,单位为 SI 秒。因此,标准日由 86400SI 秒组成。

标准日的长度会不定期地通过增加(或减少)额外的"闰秒"进行修改。这些额外的秒数对于真实世界的守时非常重要,但不应影响时钟的统计数据。出于当前讨论的目的,我们将假设标准设备和被测设备都以同样的方式实现闰秒。在最坏的情况下,这会导致时间差的瞬态变化达到±1s,其中瞬态的符号取决于被测设备相对于标准设备是快还是慢。在估计器件的统计特性时,该瞬态时间差被忽略不计。

然而,许多时间服务提供商以各种非标准方式实现闰秒,这可能会导致歧义。闰秒被定义为某一天的最后一秒,它的正式名称是 23:59:60。它是最后一分钟的第 61s。下一秒是第二天的 00:00:00。一些时间服务提供商将额外的秒数添加到指定日期后一天的 00:00:00。虽然这与定义具有相同的长期特征,但在闰秒附近会有 1s 的误差。更复杂的是时间服务提供商在闰秒发生之前的一段时间内会通过频率调整来分摊闰秒。这种方法在分摊期间会产生时间和频率误差。此外,由于不存在针对这种情况的标准处置方法,因此不同的实现方式可能会造成不同的误差。但是,这种方法也具有正确的长期性。总之,如果其中任何一个参数的计算跨越了闰秒事件,则所有方法都会在时间间隔或频率上产生一个步进。

式(29.7)和式(29.8)可以推广性地应用到产生周期性"脉冲"事件但不一定从正弦信号产生脉冲的时钟。其中,我们将时钟的时间定义为时钟和标准设备之间的代数差(以秒为单位),时钟的频率定义为时间差的演变(以秒为单位),时间差的测量是用输出信号进行的,而不是从相应的相位角得出的。频率是一个无量纲的量。这些定义实际上与前面讨论中的定义相同,只是时间和相位之间或时间和信号幅度之间不再存在联系。该频率与设备的内部工作频率 f 无关,两个设备可能会使用不同的内部机制产生脉冲。

虽然式(29.8)原则上定义了瞬时频率差,但频率的实际实现涉及式(29.7)中时间差测量值在某个平均时间 r 上的演变,该平均时间 r 通常以秒为单位测量(即使设备的时间和频率不是从正弦信号推导出来的,也使用相同的隐式平均时间)。

时钟的频率通常具有确定性和随机性变化,这些变化由 y 的时间导数给出,用 s/s^2 或 $1/s$ 表示。时钟相对于标准参考装置的时间、频率和频率变化将分别用 x、y 和 d 表示。原则上,可以通过添加时间差的高阶导数来模拟时钟的行为,但这在实践中没有实现,我们将在下一节中讨论原因。

29.1.2 时钟噪声

根据式(29.4)的假设,两个信号的振幅不会影响时间差,并且式(29.3)中的振幅调制通常不会对时间和频率差产生显著影响,前提是每个时钟的脉冲由过零检测器实现。尽管有些系统将时间差确定为使公式定义的信号之间的互相关最大化所需的延迟,但根据式(29.1)和式(29.3)(通过某种等效方法,最大化来自参考时钟的信号与本地设备生成的相同信号之间的互相关)的规定,这仍是最常见的测量技术。该方法具有潜在优势,因为它使用了整个信号,而不仅仅是过零点附近的信号,但它可能对谐波失真和幅度调制噪声敏感,并且解决这些问题的方法通常会降低互相关方法的理论优势。对此,我们将基于伪随机码的互相关方法用于 GNSS 信号,因其需要较低的发射峰值功率。GNSS 信号中使用的伪随机码二进制性质将互调失真的影响降至最低。

时差测量噪声预测的一个重要来源是振荡器相位的随机变化。该相位噪声通过式(29.7)在时间差中引入相应的随机变化。尽管我们为了将不一定与正弦信号的过零相关的脉冲包含起来，统称为时差的概念，但在参考文献中，时钟时差的波动通常被称为"相位噪声"（即使发生器的输出不是正弦信号）。因此，本章也将使用此名称。

在许多振荡器中，与测量时间间隔相比，时钟相位噪声的波动很快。瞬时相位波动对测量的影响几乎与对先前或后续测量的影响无关，因此，我们可以通过以下方法对相位噪声对时间差的随机来源进行建模：

$$\langle x(t+\tau)x(t)\rangle = \sigma_x^2 \delta(\tau) \tag{29.9}$$

式中，如果 $\tau=0$ 时 $\delta(\tau)=1$，τ 为其他值时 $\delta(\tau)=0$。时间差的方差为 σ^2。

式（29.9）的傅里叶变换描述了波动的功率谱密度；这种变换在所有傅里叶频率下都是常数，因此这种变化通常被称为相位白噪声。正如我们在随后的讨论中提到的那样，将所有频率上的恒定傅里叶谱密度的积分发散到无穷大，这意味着总功率无穷大。在实际系统中，傅里叶谱在低频被建模为以 $1/T$ 结束的带限，测量总时间在以 $1/2\pi$ 结束的高频端，是测量之间时间倒数的 2 倍。当使用离散傅里叶变换对数据建模时，以这种方式对信号进行频带限制的假设尤其重要，因为离散变换的采样间隔将高于模型高频极限的功率混叠为建模通带中的较低频率。低频截止以下的傅里叶频率处的功率表现为长周期漂移，这在傅里叶域中没有很好的特征。

式（29.9）中时间差统计的隐含假设是数据是平稳的。也就是说，式（29.9）不依赖于 t 的值——使用数据的任何部分进行计算，可以得到相同的统计结果。这一假设很难通过实验加以验证，因为任何数据集都只包含有限数量的测量值，而且数据的每一部分都不太可能精确地满足式（29.9）。在实践中，我们所能期望的最好结果就是，对于任何数据块，式（29.9）的预测偏差与随机变量的常规统计一致。但在许多实际情况下，这只是自验证的表述，因为不符合式（29.9）的估计值会被视为异常值而忽略。

时钟时间的波动也会引起相应的频率波动，我们将在下一节讨论这些波动的特征。目前，重要的是要认识到这些时间和频率差异是相关的，它们都是由时钟本身的随机特性引起的。

29.1.3 测量噪声

有必要再次考虑上一节介绍的模型，我们将考虑一个产生正弦信号的振荡器，如式（29.3）所示。每次输出电压以正斜率通过零点时，该设备都会产生一个脉冲，并对这些脉冲进行计数，从而实现时钟的计时。检测过零的电路有一些内部噪声 $V_n(t)$，这种噪声在检测脉冲的时间时会产生相应的变化。输出信号在过零时间附近的斜率由下式 $2\pi fA$ 给出，因此噪声电压在过零时间引入抖动 $\delta T_n'$，大概由下式给出：

$$2\pi fA \cdot \delta T_n'(t) = V_n(t) \tag{29.10}$$

或

$$\delta T_n' = \frac{V_n}{2\pi fA} \tag{29.11}$$

这一点如图 29.1 所示。

在这个简单的模型中，噪声电压是一个随机输入，其平均值为零，标准差具有明确定义且不随时间变化。我们假设随机变量 V_n 在上一节的意义上是平稳的。我们还假设噪声贡献与信号无关，因此有

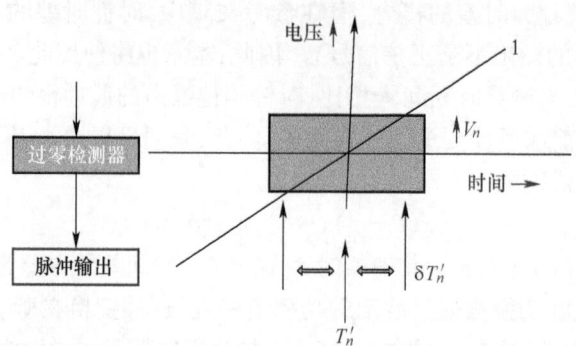

图 29.1 每次振荡器的输入电压以正斜率通过零点时,与硬件相关联的时间抖动产生脉冲的输出
(线 1 显示了过零附近的输出电压,过零检测器的噪声引入了振幅为 $\delta T_n'$ 的时间抖动。)

$$\langle V_n(t+\tau)V_n(t)\rangle = \langle V_n^2\rangle\delta(\tau) \tag{29.12}$$

进一步地,有

$$\langle T_n'(t+\tau)T_n'(t)\rangle = \left\{\frac{1}{2\pi fA}\right\}^2 \langle V_n^2\rangle\delta(\tau) \tag{29.13}$$

式中,如果 $\tau = 0$ 时 $\delta(\tau) = 1$,τ 为其他值时 $\delta(\tau) = 0$。

噪声电压和时间抖动的功率谱由式(29.12)的傅里叶变换决定。所有的傅里叶频率都是一个恒定值,因此该效应会导致前一节中讨论的白噪声相位误差。前面关于该节中讨论的有关带宽限制的描述也适用于此处。

在这个简单的模型中,测量的时间差是无偏的,并且会收敛到真实的时间差,即使收敛可能不一致。也就是说,从 N 次测量估计的平均值将比从 $N-1$ 次测量估计的平均值具有更小的标准差,但不能保证对任何特定的 N 次测量更精确。不过,尽管不会造成大的偏差,但第 N 个测量值可能偏离平均值任意数量。实际上,大多数测量协议会将某个值视为异常值,如果偏离平均值超过 3 个或 4 个标准偏差,则忽略该值。这一限制是可行的,不属于对数据进行严格统计评估的范围。在单批处理过程中,使用所有数据估计平均值与在获得每个新数据点时以迭代方式估计平均值之间存在重要差异。批处理算法以常规的方式计算 N 个数据点的平均值:

$$\overline{x}_N = \frac{1}{N}\sum_{1}^{N} x_i \tag{29.14}$$

N 个数据点均匀地组成了总和,且所有的数据都会得到相同的处理。但是,如果我们在接收到每个新数据点时迭代计算均值,并且如果对于 $N-1$ 个点我们使用式(29.14),然后再次对于 N 个点,根据从前面的 $N-1$ 个点计算的平均值给出第 N 个点之后的平均值,得到如下:

$$\overline{x}_N = \overline{x}_{N-1} + \frac{1}{N}(x_N - \overline{x}_{N-1}) \tag{29.15}$$

因此,当迭代地进行计算时,每个新点通过因子 $1/N$ 进行加权,其对新平均值估计的贡献将取决于其与运行估计的偏离程度。如果以这种方式计算平均值,重要的是剔除在测量过程早期获得的异常值,因为它们可能会使许多后续测量周期的估计平均值产生偏差。

式(29.15)是一个更具普适性的过程的具体实例,其中,"创新"主要在于公式右侧括号中的术语，它们描述了在这种情况下，当前测量值与基于先前数据的平均值之间的差异由"增益函数"——$1/N$ 进行了加权。式(29.15)中的权重与差异值的大小无关，但大多数实际算法会剔除差异值超过标准偏差运行估计值确定的某个预设阈值的数据点。这将有效地将权重设置为零。典型的阈值是运行标准偏差的 3~4 倍。大多数算法完全忽略被剔除的点，因此分配给被剔除点后的下一个值的权重是 $N+1$ 而不是 $N+2$。

29.1.4 纯白色相位噪声分析

如果我们假设被测设备的时间、频率和频率漂移参数在测量过程中严格保持不变，并且这些参数估计值的随机变化完全来自测量过程的白相位噪声，然后使用常规最小二乘法估计状态参数。我们通过以下方法对测量的时间差进行建模：

$$\hat{x}(t) = x_0 + y_0 t + \frac{1}{2} d_0 t^2 \tag{29.16}$$

我们将调整常量参数 x_0、y_0 和 d_0，以最小化建模时间差和测量值之间的均方差。最小二乘拟合的残差受式(29.13)中的噪声过程影响，且式(29.16)中的时间、频率和频率漂移参数的估计值都是对真实值的无偏估计。该分析的一个重要假设是白色相位噪声与测量过程无关，且不存在相关的随机频率变化。换句话说，时钟本身的确定性参数是常量；式(29.9)的白相位噪声贡献相对于式(29.13)的贡献几乎可以忽略不计。

基于式(29.16)中时钟模型的简单最小二乘分析，在某些有限的情况下是有用的，但通常不是最佳的，原因如下。

（1）式(29.16)的参数估计方法是一个批处理过程，每次完成新的测量时，必须保存所有以前的数据以计算新的估计值。这会随着测量次数的增加而增加，在许多测量过程未结束的情况下，这种估计方法会变得尤其困难。

（2）每个新的测量都可能修改先前计算的设备参数估计值，如果先前计算的参数已经在某些应用中使用，也有可能不满足精度要求。因此，出于这个原因，批处理分析不适合实时计算。

（3）假设一个装置的时间、频率和频率漂移是严格恒定的，但这种假设并不是大多数真实振荡器的精确描述，也不是式(29.16)中最小二乘分析的基本假设，这不足以模拟真实设备。

29.1.8 节将通过推广式(29.16)的批处理模型到一个迭代模型的方式来解决这些限制。

29.1.5 频率白噪声

原子钟通常由一个"物理腔"组成，该物理腔存放在指定的"时钟"频率跃迁较低状态下的原子。原子由振荡器的输出激发，振荡器通常是一种石英晶体振荡器，可以在所有频率范围内进行电调整。我们对振荡器的频率进行调整，从而最大化转换到指定时钟上限状态的原子数，并以电子方式将频率锁定到该点。

频率锁定通常使用从跃迁速率的一阶导数导出的误差信号。作为频率的函数，一阶导数在跃迁速率的峰值处通过零点（许多效应可能会在吸收线中心对应的频率和一阶导数为零的频率之间引入偏移。目前，我们假设这些效应要么是常数，要么在时间上变化非常缓慢)。如果频率与跃迁频率中心的偏差不大,则误差信号的大小与频率偏移成正比,符号表示了频率误差的方向。原则上,误差信号和频率偏移之间的线性关系在一阶导数中并不重要,振荡器的频率将复现原子跃迁的频率(具有可能的恒定偏移)。实际上,频率锁定回路中的过零检测器存在一些电子噪声,这与前面部分的相位噪声完全类似。这种电子噪声与频率误差信号的极限斜率相互作用。这种噪声存在于频率控制回路中,因此在设备的输出频率中引入短期随机波动,参见图29.2。

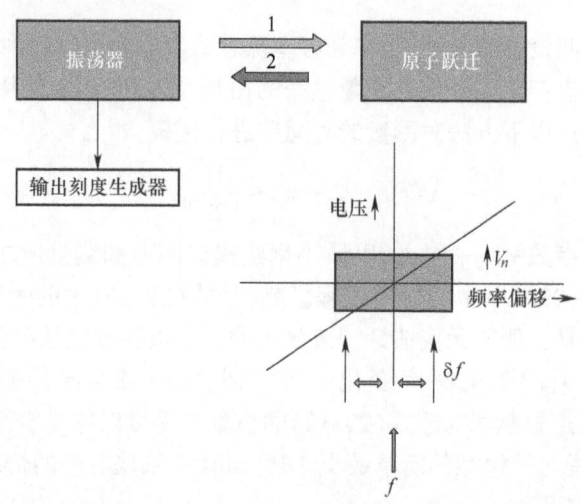

图 29.2 原子钟通常由石英晶体振荡器和"物理腔"组成,物理腔由在特定低能状态下制备的原子组成
[原子与振荡器的输出相互作用(箭头1),并且振荡器的频率被调整,直到原子转变到特定的高能级。然后将振荡器频率锁定到使跃迁速率最大化的频率(箭头2)。锁相环中有一些噪声,类似于图29.1中的相位噪声源。但这种噪声影响振荡器的频率,而不是其输出相位。这类似于图29.1白相位噪声的方式产生白频率噪声。]

由控制回路中的噪声产生的白频率噪声将随机波动引入时钟时间的演变。因为频率波动从一个测量间隔到下一个测量间隔是不相关的,时差的演变(并非指上节中描述的时差本身)随机分布在当前值附近。换句话说,时钟的当前时间是一个具有可变步长的随机变动量。如果频率噪声为零均值过程,则在对时钟时间进行任何测量后,下一次测量的时间将随机分布在当前值周围,其大小由测量之间的时间和频率噪声的振幅确定。下一个值的最佳预测正好是当前值,没有平均值。在无偏的意义上,这种估计是最优的。而平均时间也不再是一个有意义的平稳参数;计算出的平均时间将取决于计算中包含的数据量,而平均值变化取决于计算中包含的测量集合。

很明显,基于式(29.16)的最小二乘分析将不再适用,因为当前频率是一个随机变量,不能作为整个数据集的常量值处理。假设频率的平均值为零,在这种情况下,平均频率仍然是一个明确定义的量,因此连续频率估计的平均值将收敛到真实值。如果平均频率由 N 个等间隔时间差估计,则平均值由下式给出:

$$-y = \frac{1}{N}\left\{\frac{x_2 - x_1}{\tau} + \frac{x_3 - x_2}{\tau} + \cdots + \frac{x_N - x_{N-1}}{\tau}\right\} = \frac{x_N - x_1}{N\tau} \quad (29.17)$$

总时间间隔内的平均频率由两个端点值和总运行时间计算得出。如果频率具有白色频谱,则该估计是无偏的,并收敛到设备的真实频率。从任何有限的测量集合计算出装置的平均时间在形式上是存在的,但没有很好地定义。白噪声意味着任何测量后时间差的演变是随机分布在当前值附近的,因此未来任何时间下一个值的最佳估计是当前值,不进行平均,这个估计是无偏的;预测误差的平均值为零,时间差的方差受作用于测量间隔的频率噪声的方差影响。与任何随机变量一样,当计算更多的频率估计值时,平均频率的方差减小为 $1/N$。如果在某个时间间隔 N_r 上估计频率,则未来同一时间间隔上的时间差的预测误差的标准偏差将随着预测间隔的平方根而增加。

29.1.6 频率漂移

所有石英振荡器和原子频率标准都有确定性和随机性的频率漂移。石英晶体振荡器的频率取决于温度、湿度等多个环境参数,物理部分中原子的跃迁频率受外加电场和磁场(分别为 Stark 效应和 Zeeman 效应)的影响,同时受到原子自身之间及原子与被俘获容器之间的碰撞,所有这些效应往往随时间缓慢变化。这些影响使我们在上节的分析变得复杂,因为器件输出频率的波动不再是简单的随机变量。与其他所有参数一样,确定性变化比随机变化复杂得多,因为频率中的确定性变化可以估计或建模并去除。

例如,在纯白频率噪声存在的情况下,可以直接估计确定性的恒定频率漂移。在这种简单的情况下,我们可以通过假设的恒定频率漂移 d,测量开始时间 t_0 以及频率 y_0,来对任何时间 t 的频率进行建模。

$$y(t) = y_0 + d(t - t_0) \tag{29.18}$$

采用标准最小二乘法估计 y_0 和 d 两个参数。拟合的残差将受白色频率噪声影响,而初始频率和频率漂移的估计将是无偏的。这种方法原理简单,但由于白噪声引起的频率随机波动比确定性频率漂移的影响大,往往具有一定的实际困难,除非使用很长的测量时间,否则漂移具有很大的不确定性。换句话说,频率漂移是式(29.18)中的斜率参数,并且受最小二乘法约束不大,因为关于最小二乘法的频率估计分散太大。在讨论时钟参数的迭代模型时,这个问题将再次出现。

如果在模型中使用高阶导数,这个问题会变得更加严重。例如,如果我们假设频率漂移也有一个恒定的确定性变化 Δd,那么我们可以通过在式(29.18)右边增加一个二次项来估计它:

$$y(t) = y_0 + d_0(t - t_0) + \frac{1}{2}\Delta d\,(t - t_0)^2 \tag{29.19}$$

式中: y_0, d_0 和 Δd 为频率及其线性和二次可变性的值,所有这些值都被假定为整个数据集的常数。Δd 参数对频率的影响随着时间的平方而增大,因此从长远来看它是非常重要的。然而,在实际测量中,将其与频率噪声中的波动分离可能很困难,因为它具有较短的时间间隔。在许多实际器件中,在白噪声存在的情况下,估计漂移参数所需的时间很长,以至于参数恒定的假设不再准确。

29.1.7 傅里叶图像和闪烁噪声

前几节讨论的所有高斯过程都具有类似于式(29.9)和式(29.13)的自相关关系。因此它们都有一个功率谱密度,对所有的傅里叶频率都是恒定的(理解每个实际过程必须以某种方式受到频带限制,并且恒定功率谱密度为无穷大。)

但是,在任何测量区间内,频率的演变都有 2 个分量:由白频率噪声引起的随机分量和频率漂移波动的积分。同样,时间的演变有3个组成部分:由白相位噪声引起的随机分量、测量间隔内频率波动的积分,以及频率漂移的确定性和随机分量的双重积分。这些时域积分中的每个都将输入功率谱密度乘一个与 $1/F^2$ 成正比的因子,其中 F 是噪声分量的傅里叶频率。时差的演变通常是唯一观察到的参数,因此具有与高斯过程差异很大的噪声频谱——时差的频谱通常在低傅里叶频率下具有非常强的发散性,即前面讨论的积分的结果。(如果计算离散傅里叶变换,这可能是一个严重的问题,因为大部分功率可能集中在前1个或2个频率估计中。这是使用时域统计数据的重要原因,将在下一节中讨论。)

除上面讨论的均匀功率噪声谱外,实际数据还对功率谱密度为 $1/F$ 的参数噪声分量进行研究。对于这些所谓的"闪烁"过程没有简单的物理解释,尽管例如相位闪烁可以建模为白相位噪声之间的中间值,且随着数据的增加,时差估计会无限制地提高。而白噪声,其时差的最佳估计是没有平均的当前值。从这个角度来看,闪烁过程的最佳平均时间是有限的;数据在某个时间间隔内看起来是连贯的,但随着获取更多数据,这种连贯性不会持续,因为其产生的来源是一个随机过程。闪烁过程的功率谱密度积分以对数形式发散,因此真实过程必须是带宽受限的,如上文对白过程所讨论的那样。

在存在闪烁噪声的情况下,没有保证预测时钟状态参数的最佳策略,就像前面几节中讨论的均匀功率噪声过程一样,因为由闪烁过程驱动的测量不是一个明确的均值和标准差的高斯随机变量。如果 t 是当前时间,$x(t)$ 是该时刻的时差,那么,如果系统噪声纯粹是闪烁频率波动,则对未来 τ 秒的近似预测可由下式给出:

$$\hat{x}(t+\tau) = 2x(t) - x(t-\tau) + (\Delta^2 x)_{\text{avg}} \tag{29.20}$$

式(29.20)右侧的前两项是基于恒定频率偏移的线性外推假设的预测。第三项是先前测量数据的二阶差值的平均值,其中二阶差值也是使用 τ 的平均时间计算的。

29.1.8 时钟行为的迭代模型

如开头所述,从远程参考接收时间信息的隐含目的是表示本地时钟,以便本地时钟读数可用于某些应用(虽然原则上可以省去本地时钟并直接使用从远程参考接收的时间数据,但这都不是最佳策略,因为本地时钟的稳定性提供了有用的信息,如下文所述。如果与远程引用的连接失败,它的时间也会用于本地守时模式。

基于前几节的讨论,本地时钟的时间具有复杂的噪声频谱,设计校准算法时必须考虑到这些噪声。由于频率和频率漂移都不能被视为扩展时间间隔内的简单常数,并且任何分析算法都具有实际困难,因此我们替换了式(29.16)的简单模型,新的模型更加真实,且支持实际设备所需的时钟参数的演变。

如前所述,我们用3个参数来表征时钟的状态:时间、频率和频率漂移,但这些参数具有随机噪声,不再是恒定的,而是随时间变化。t_k 时刻的参数是根据 t_{k-1} 时刻的先前值估计的:

$$\begin{cases} \hat{x}(t_k) = x(t_{k-1}) + y(t_{k-1})\tau + \frac{1}{2}d(t_{k-1})\tau^2 + \xi \\ \hat{y}(t_k) = y(t_{k-1}) + d(t_{k-1})\tau + \eta \\ \hat{d}(t_k) = d(t_{k-1}) + \zeta \\ \tau = t_k - t_{k-1} \end{cases} \tag{29.21}$$

在测量之间使用恒定时间间隔很方便,但这不是模型的要求。

3个状态参数中,每个都有一个相关的噪声分量,假设它是一个随机过程,与其他噪声分量没有相关性,也不依赖于时间t。所有噪声项都遵守以下形式的关系:

$$\begin{cases} \langle \xi(t+\tau)\xi(t) \rangle = \sigma^2 \delta(\tau) \\ \langle \xi(t)\eta(t) \rangle = 0 \end{cases} \quad (29.22)$$

测量过程的目标是估计这些公式中的确定性参数,以便预测未来某个时间间隔内的时钟状态尽可能准确。通常,校准过程包括被测设备和参考设备之间的时差。我们现在假设来自参考设备的数据是正确的,并且通信信道是无噪声的。我们将在29.3节回到现实情况进行研究。

这个过程的根本困难在于测量时差,但这个测量的方差必须分布在3个确定性(x,y,d)和3个随机(ξ,η,ζ)参数之间,一般来说,没有一个是先验已知的。充其量,关于随机参数的唯一已知信息是它们的方差。此外,没有任何项可以对任何公式中的闪烁贡献进行建模。

此外,公式本身具有隐含的不一致性。例如,第一个公式假设频率y_{k-1}在t_{k-1}和t_k之间的整个时间间隔内是一个常数,但第二个公式明确地与这个假设相矛盾。只有当测量之间的频率变化小到可以忽略时,这些公式才是合理的近似值。此时

$$\{d(t_{k-1})\tau + \eta\}\tau \ll y(t_{k-1}) \quad (29.23)$$

由于确定性和随机参数是设备的特性并且通常不可调整,因此该公式隐含地限制了测量之间的最大时间,该时间最初是作为一个自由参数。另外,如果测量过程的目标是估计时钟的确定性模型参数,则测量间隔必须足够长,以便测量不受测量过程的白相位噪声的影响。此时

$$y(t_{k-1})\tau + \frac{1}{2}d(t_{k-1})\tau^2 \gg \xi \quad (29.24)$$

这两个公式定义了测量之间的时间间隔范围,尽管有些策略可以减少式(29.24)的要求。为了这一点,假设我们选择测量之间的间隔来反转式(29.24)中的部分内容。也就是说,我们选择一个足够短的测量间隔,使得

$$y(t_{k-1})\tau + \frac{1}{2}d(t_{k-1})\tau^2 \ll \xi \quad (29.25)$$

在这种情况下,式(29.21)表明测量时间受纯白相位噪声的限制,有

$$\hat{x}(t_k) = x(t_{k-1}) + \xi \quad (29.26)$$

在某个小时间间隔$d(t)$内进行的这些快速测量的N的平均值将具有$\xi/\sqrt{N}$的标准偏差。

$$\hat{x}(t_k) = \frac{1}{N}\sum_{\alpha=-dt/2}^{\alpha=dt/2} x(t_{k-1}+\alpha) \quad (29.27)$$

$$\sigma(\hat{x}(t_k)) = \xi/\sqrt{N} \quad (29.28)$$

我们现在可以使用式(29.21)替换时间状态$x(t_{k-1})$,通过使用式(29.27)计算时间状态的估计平均值。相位噪声分量减小因子$1/\sqrt{N}$,这种减小可用于修改式(29.24)的要求。从而允许测量之间的时间间隔更短。

总之,该测量策略是快速地进行多组测量,以白相位噪声为主。用式(29.23)和

式(29.24)定义的时间间隔较长。这种较短的测量间隔时间的主要优点是能够更快速地提供异常值和其他误差的检测。在实践中,式(29.27)将修改为剔除异常值——不满足运行标准一致性比较的数据点。另一种技术是将先前计算的运行标准偏差与从更长的时间序列计算的值进行比较。该方法可用于检测被测设备的统计特性的变化,而不仅限于单个异常点。如前所述,剔除异常值是一项超出统计领域的决策。

这个例子说明了更一般的要求。为了设计任何测量算法,我们必须首先估计式(29.21)中随机参数的贡献。该过程是不确定的,因为存在3个噪声参数,但我们仅测量了其中一个量,即被测设备和参考设备之间的时差。

本节的一个重要结果是测量之间的平均时间受到各种噪声过程幅度的限制。双样本 Allan 方差提供了一种机制,用于估计每个噪声项对任意指定平均时间测量方差的贡献,下一节将引入统计量。

29.1.9 时域统计量,简单的双样本 Allan 方差及其更高级的相关性

为了介绍这个概念,假设我们希望确定两个没有任何类型噪声的时钟之间的频差。我们通过由时间间隔 τ 分隔的时差的 2 次测量来估计频差,参见图 29.3。每个时间差测量值都有一个不确定度 ε,这由两个测量值的误差线说明。这种噪声是测量过程的一个属性。虽然红线所示的真实频差是常数,但正如两条黄线所示,时差测量中的噪声会在频差估计中引入不确定性。这种不确定度的大小约为 $\delta y(\tau) = \sqrt{2\varepsilon/\tau}$,我们预计两个设备之间的频差会分布在真实值周围。可以反过来说,如果我们通过由时间间隔 τ 分隔的两个时差来测量两个设备之间的频差和这些频率估计值的标准偏差 $\delta y(\tau)$,则测量的噪声类型被表征为白相噪声,其标准偏差为 $\tau \cdot \delta y(\tau)/\sqrt{2}$。$\delta y(\tau)$ 作为 τ 的函数进行对数-对数绘图将得到常数斜率为 -1 的直线,截距将提供有关测量过程中白相位噪声幅度的信息 ε。

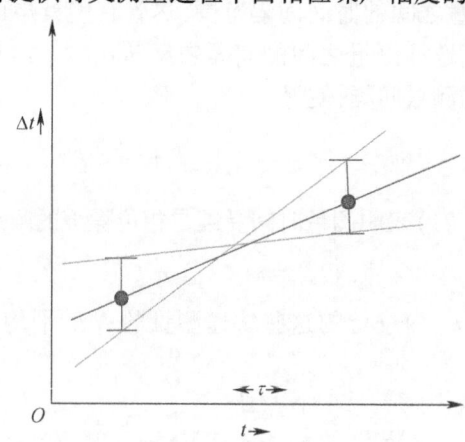

图 29.3 两个无噪声时钟之间频差的估计

(如文中所述,该估计基于由时间 τ 分隔的两个时差。两个时差测量中的噪声由两个误差线显示,幅度为 ε。时差中的噪声转化为频差估计中的不确定度。)

重要的是,我们计算的频率估计的方差与时钟本身的实际频率的变化无关。它纯粹是由测量过程的相位噪声引起的,使用这些数据来控制时钟频率是错误的。如果单独放置,时钟会更稳定。同样,试图通过改善时钟来改善测量的频率稳定性也不会产生任何效果。如果我们对数据中的噪声不满意,那么需要改进的就是测量过程。我们将在接下来的部分中使用类似的因素,从而进一步了解从远程时钟通过嘈杂的通信信道接收到的数据同步本地时钟的最佳策略。

双样本 Allan 方差 $\sigma_y^2(\tau)$ 是这个想法的常规版本。它使用设备测量频率的方差 $(\Delta y)^2$ 作为测量之间时间间隔的函数来推断基础噪声类型:

$$\sigma_y^2(\tau) = \frac{1}{2}\langle(\Delta y)^2\rangle = \frac{1}{2\tau^2}\langle(\Delta^2 x)^2\rangle \qquad (29.29)$$

其中频率测量的一阶差分的方差通常由测量时差的二阶差分实现,如定义的第二种形式所示。Allan 方差通常通过一系列时差 x_i 来估计,测量之间具有恒定的时间间隔 τ。如果第一次测量的时差位于时间 t_0 处,则第 n 次测量是在时间 $t_0 + (n-1)\tau$。如果有 N 个索引为 $0,1,\cdots,N-1$ 的测量值,则平均时间 $n\tau$ 的双样本 Allan 方差计算如下:

$$\sigma_y^2(n\tau) = \frac{1}{2(n\tau)^2(N-2n)}\sum_{i=0}^{N-2n-1}(x_{i+2n} - 2x_{i+n} + x_i)^2 \qquad (29.30)$$

Allan 方差假设数据是平稳的,因此估计值不依赖于 t_0。Allan 方差的实用性源于这样一个事实,即平均时间函数的对数–对数图的斜率作为噪声类型的指示,通常情况下,在任何平均时间只有一种噪声类型支配方差。Allan 方差的斜率与噪声类型之间的关系在表 29.1 中给出。

表 29.1 Allan 方差和 Allan 偏差(方差的平方根)的对数–对数斜率作为 5 种常见噪声类型的平均时间的函数

噪声类型	范围	
	Allan 方差	Allan 偏差
白相位噪声	-2	-1
闪烁相位噪声	-2	-1
白频率噪声	-1	-0.5
闪烁频率噪声	0	0
随机游走频率噪声	+1	+0.5

注:简单的 Allan 方差不能区分白色相位噪声和闪烁相位噪声。

简单的双样本 Allan 方差被广泛用于表征所有类型的时钟和振荡器,但它具有许多根据其定义得出的内在特征,并限制了它在某些情况下的实用性。

(1) Allan 方差是频率稳定性的量度,而不是频率或时间精度。它对恒定时间差或恒定频率差不敏感,尽管这些参数在某些应用中可能很重要。

(2) 一个有恒频漂移的时钟和一个有恒频、无频率漂移的时钟是一样稳定且可预测的,但 Allan 方差对这两种情况的处理却截然不同,即使用了忽略恒频,不忽略恒漂的方式。实际上,一个频率变化可以用一种算法精确建模的时钟,它与一个频率恒定的时钟一样,也是可以预测的。但是双样本 Allan 方差对这两种情况的处理是完全不同的。

(3) 简单的 Allan 方差无法区分白色相位噪声和闪烁相位噪声(见表29.1)。这种歧义可以通过修正的 Allan 方差来消除,它通过范围测量的方式来计算原始方程:

$$\mathrm{mod}\ \sigma_y^2(n\tau) = \frac{1}{2\tau^2 n^2(N-3n+1)} \sum_{j=1}^{N-3n+1} \left(\sum_{i=j}^{n+j-1} (x_{i+2n} - 2x_{i+n} + x_i) \right)^2 \quad (29.31)$$

对于白色相位噪声,修正 Allan 变量的对数-对数图斜率为-3,对于闪烁相位噪声,斜率为-2,这消除了歧义。详情可见表29.2。

表29.2　5种常见噪声类型的修正 Allan 方差和修正 Allan 偏差(方差平方根)的对数-对数图斜率随平均时间的变化

噪声类型	范围	
	修正 Allan 方差	修正 Allan 偏差
白相位噪声	-3	-3/2
闪烁相位噪声	-2	-1
白频率噪声	-1	-0.5
闪烁频率噪声	0	0
随机游走频率噪声	+1	+0.5

注:修正的 Allan 方差区分了白相位噪声和闪烁相噪声。

定义两个方差的归一化常数,使得白相位噪声的估计值与基于传统方差的估计值一致,这是高斯过程的最佳估计值。

时间方差 $\sigma_x^2(\tau)$ 估计与修正 Allan 方差估计的频率波动相关的时间离散度。它定义为

$$\sigma_x^2(\tau) = \frac{\tau^2}{3} \mathrm{mod} \sigma_y^2(\tau) \quad (29.32)$$

修正 Allan 方差或时间方差的对数-对数图斜率作为平均时间的函数提供了噪声类型的估计值,但这些统计值在任何平均时间的重要性假设数据将与定义中使用的相同平均算法一起使用。

因此,作为平均时间函数的时间方差对数-对数图的斜率相对于任何噪声类型的修正 Allan 方差的斜率为+2。修正 Allan 方差或时间方差的对数-对数图斜率作为平均时间的函数数提供了噪声类型的估计值,但这些统计值在任意平均时间的显著性假设数据将与定义噪声时使用的相同平均算法一起使用统计。通常情况并非如此,通常使用任何平均时间的更保守的时间离散统计。该统计量将平均时间 τ 上的时间离散估计为 $\tau \times \sigma_y(\tau)$。

29.1.10　频域统计

在很多情况下,时钟或测量通道的特性都是在傅里叶频域而不是在时域上进行表征。在该方法中,不确定性能用一个谱密度 $S_y(F)$ 来表征,$S_y(F)$ 作为傅里叶频率 F 的函数。(傅里叶频率是功率谱密度的自变量,相对于某种参考标准,与器件的相对频率无关定义为 y 或与器件的 SI 频率无关定义为 f)。如果已知谱密度函数,可以计算出双样本 Allan 方差:

$$\sigma_y^2(\tau) = \int_0^\infty 2\left[\frac{\sin^4(\pi F \tau)}{(\pi F \tau)^2}\right] S_y(F) \mathrm{d}f \quad (29.33)$$

被积函数中括号内的量是映射某种傅里叶频率处光谱密度对双样本 Allan 方差贡献的加权函数。在 $F \ll 1/\tau$ 的傅里叶频率下,权重函数随 F^2 趋于零。这种相关性源于根据频率的一阶差分定义的方差。在较高的傅里叶频率下,例如 $F \gg 1/\tau$,权重函数也随 $1/F^2$ 趋于零,这是因为频率估计是通过时间间隔 τ 内时间差演化的平均值计算的。谱密度与修正后的双样本 Allan 方差的对应关系为

$$\text{Mod}\sigma_y^2(\tau) = \int_0^\infty 2\left[\frac{\sin^3(\pi f \tau)}{(n\pi f \tau)\sin(\pi f \tau_0)}\right]^2 S_y(f)\,\mathrm{d}f \tag{29.34}$$

式(29.34)的渐近性与式(29.33)相似。式(29.33)和式(29.34)不存在反比例关系,通常不可计算。

来自双样本 Allan 方差或修改版本的谱密度。作为特例,如果 $S_y(F) \sim F^\alpha$ 和 $\sigma_y^2(\tau) \sim \tau^\mu$,其中 α 和 μ 是小整数,那么 $\alpha = -\mu - 1$。因此,如果噪声类型可以用双样本 Allan 方差的对数图的整数斜率来表征,那么它也可以用功率谱密度的对数图的整数斜率来表征函数的傅里叶频率。另一个重要的特殊情况是相位或时间差的波动频谱中有一条"亮线"。也就是说,差异具有傅里叶频率 F_0 的周期性贡献:

$$x(t) = A\sin(2\pi F_0 t) \tag{29.35}$$

功率谱密度是 F 中的德尔塔函数,这种变化对双样本 Allan 方差的贡献由下式给出:

$$\sigma_y(\tau) = \frac{2A}{\tau}\sin^2(\pi F_0 \tau) \tag{29.36}$$

它在平均时间有一个峰值,该峰值略小于与 $1/\tau$ 成比例的包络上的频率 F_0 周期的一半。

29.1.11 时钟统计数据汇总

双样本 Allan 方差机制在表征噪声过程中最有用,尤其是在那些功率谱密度在低傅里叶频率发散的过程,这些过程常见于时间和频率应用中。尽管标准的傅里叶分析将观测数据扩展为一个完整的数据集,并且原则上可以表示相同的信息,但是了解振荡器的特性可能会更加困难,因为傅里叶分析中的大部分功率集中在最低的此类数据的频率估计。另外,双样本 Allan 方差在具有确定性贡献的建模数据中用处不大,比如确定性频率漂移或有很好表征的噪声贡献的亮线谱。在这些情况下对数据进行预白化,并在估计和去除确定性影响后将双样本 Allan 方差应用于残差,这是一个好的策略。当然,这种方法并不是完美的,因为确定性和随机性的贡献并不是完全独立的。当来自未知源的振幅调制在频率空间中抹去了对方差的亮线贡献时,或者当亮线频谱不是正弦时,很难对数据进行预白化,在频率空间中的效果是一系列谐波相关的亮线。

原则上可以估计和去除上述的每种影响,但在实践中这是困难的,特别是当存在倾斜的噪声背景时,此时傅里叶估计会变得复杂。

图 29.4(a)~(e)显示了从 5 种噪声类型中每种类型计算的模拟 1s 时差数据。在每种情况下,构造出一个样本的平均时间具有相同的双样本 Allan 方差的时间序列。

从式(29.21)可以看出频率漂移是通过隐式积分来计算有效频率,通过频率积分来计算时差。这些积分通过与傅里叶频率平方的倒数成比例的因子,来缩放输入波动的功率谱

密度。这种缩放会使功率谱"变红",因此数据在短期内看起来更平滑。然而,这种外观误导了所有这些数据集都是纯噪声过程。从图中可以清楚地看出,经典方差不是平稳的,取决于用于计算它的数据量。

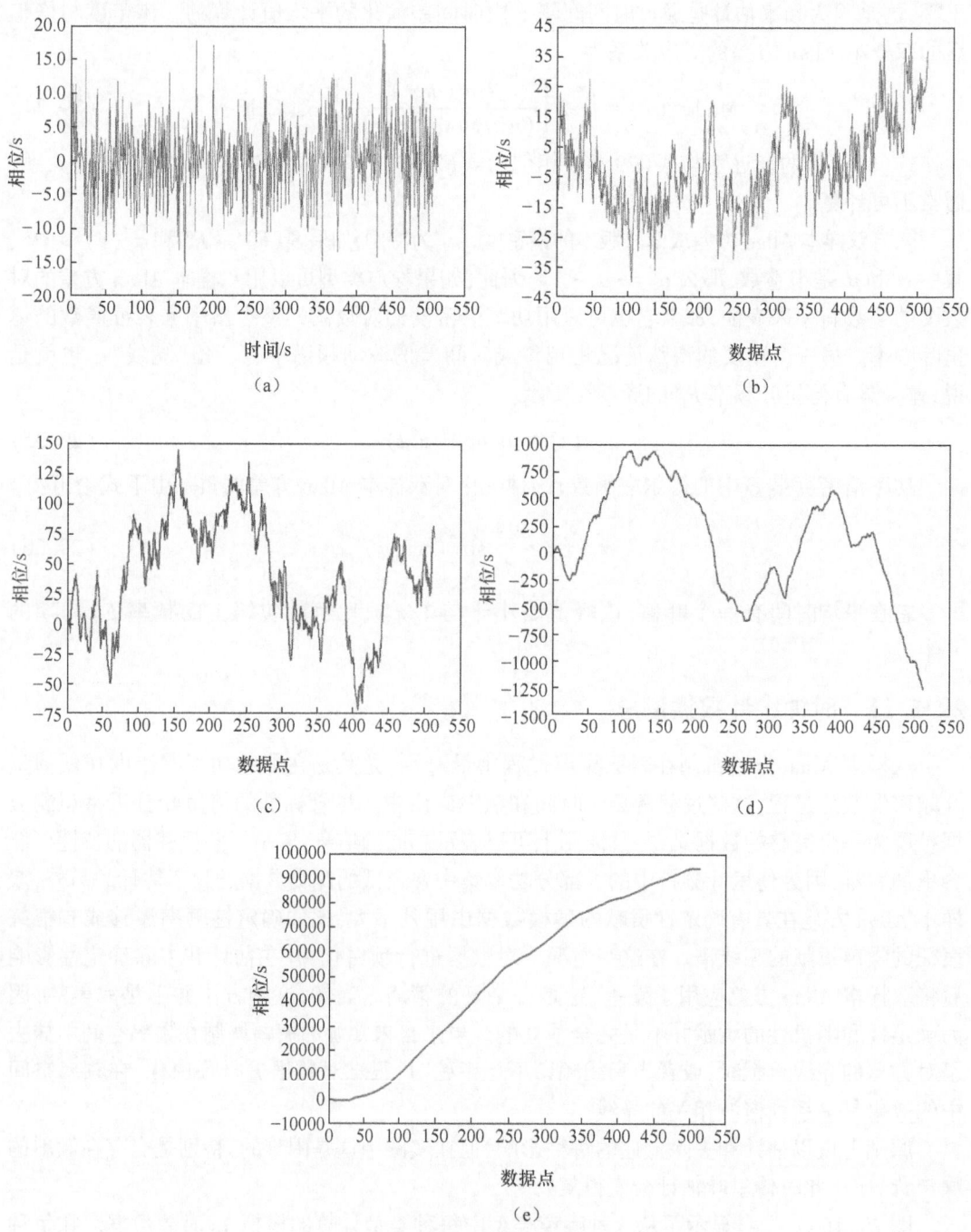

图 29.4 噪声的模拟数据

(a)具有纯白相位噪声;(b)具有纯闪烁相位噪声;(c)具有纯白频率噪声;
(d)带有闪烁频率噪声;(e)带有随机游走频率噪声。

29.2 精度和可追溯性

在前面的章节中,我们探讨了用于表征本地时钟性能的机制。讨论的重点是一般稳定性以及量化随机变化和识别噪声源的技术,尤其是时钟数据中经常发现的、标准高斯统计无法充分解决的噪声贡献。

在某些应用中,表征稳定性可能就足够了,但精度往往是同样重要的特征,上一节的讨论并未提供对该参数的任何深入了解。"精度"指的是受测设备的时间或频率是否符合公认标准——通常是国家级计量研究所或定时实验室维护的时间和频率标准。这些机构维护的标准又与国际权度局(法语为 BIPM)维护的国际定义相联系。

然而,并非所有应用都取决于国际或国家时间和频率标准的精度。在某些应用中,精度要求是一组所有成员都同意时间或频率的共同定义,这可能只是由于国际上相关的定义较为松散造成的。例如,GPS 系统的导航精度(相对于定时精度)取决于尽可能准确地估计和预测由所有卫星发送的时间信号与 GPS 系统时间之间的差。GPS 系统时间与国际时间定义的关系,即协调世界时(UTC),从导航的角度来看并不重要。由于每颗卫星广播的参数都是预测的,因此精度要求由卫星时钟的频率稳定度和在上传之间的时间间隔所得到的时间分散来决定。下文将讨论的融合版本也有着类似的要求,该方法取决于每颗卫星传输的时间与 GPS 系统时间相关的精度。此外,还有许多其他例子表明,复杂系统的运行主要取决于其独立组成部分的时间同步,而仅仅间接取决于时间与国家或国际标准的联系。

长期稳定性是精度的前提,但这还不够。设计良好的测量过程将受到白噪声的限制,而白噪声易于平均,平均值收敛到无偏值,并且不会降低计时精度。这前提是时钟和测量硬件足够稳定,可以支持所需的任何平均时间;平均仅限于白噪声相位域,并且应用过程不需要实时输出数输出的延迟时间短于所需的平均时间。同样地,时钟的频率精度也不会因白噪声而降低,因为平均频率将无偏差地收敛到真实的基础频率,前提是误差仅限于白噪声域。但是,在这种情况下,对于时钟的时间的平均值并没有意义。

每个精度要求都假设与某种标准进行比较,其中标准可以是定时实验室的时间标准或多个时钟的综合平均值。精度声明应由可追溯性文档支持,我们将在下一节中描述。

29.2.1 技术溯源

从技术意义上讲,如果最终用户设备和公认的国家级计量机构/标准实验室之间存在不间断的测量链,则校准结果是可追溯的。测量链中的每个环节都必须具有不确定性的特征。通常情况下,建立可追溯性的校准必须定期复检,因为系统中经常存在影响其校准的长期变化。例如,与大多数国家级计量机构和国际权度局的时间刻度的链接每两年校准一次。在美国,如果测量链与美国海军天文台或国家标准与技术研究所的时间尺度相关联,则需要满足时间和频率标准的技术可追溯性。

频率应用的可追溯性通常可以通过记录链路延迟在频率测量的平均时间上的稳定性来满足,因为信道延迟只要可以被显示为常数就无关紧要。信道时延的长周期稳定性通常不重要。对于需要精确时间的应用程序,其可追溯性并不充分,因为信道延迟在每个平均时间都以一阶的顺序进入。

在许多配置中,完整的技术可追溯性很难实现,因为测量链中的最后一个环节往往没有校准或认证。例如,来自 GPS 星座中的卫星的空间信号是可追踪的,因为它由美国海军天文台监视,并且发射时间和天文台保持的时间尺度之间的偏移作为导航消息的一部分由卫星发射(实际情况要复杂一些,因为卫星根据先前的测量结果发送对该偏移的预测。卫星广播的时间与美国海军天文台的时间尺度之间的实际偏差在延迟后公布。其他国家级计量机构和计时实验室也获得和公布类似的数据。因此,只有在包括这些辅助数据之后,才能实现完整的可追溯性)。

然而,这种可追溯性一般不会扩展到用户设备,因为它既没有实时校准,也没有实时监控。使用来自卫星时间信号下游应用接收器设备也存在同样的限制。随着干扰和欺骗卫星信号变得越来越普遍,这种限制将变得越来越重要。干扰是一种拒绝服务攻击,用户通常可以检测到它正在发生,但欺骗,即恶意发射器发射似乎来自真实卫星的信号,可能非常难以检测。此外,还有一些局部修正,如对流层引入的额外延迟,这些修正随时间变化,无法实现事先估计。

虽然这种有关可追溯性讨论的重点是来自导航卫星的信号,但在许多时间分发系统中,缺乏校准和对最后一个链路的描述不足以成为一个更普遍的问题。在大多数配置中,测量链中的最后一个环节不受时间信号源的控制,因此终端用户有责任确保满足任何可追溯性要求。不幸的是,终端用户往往不了解可追溯性的细微差别,因其既没有专业知识,也没有设备校准终端用户系统。随着对可追溯时间的要求越来越精确,这个问题将会变得更加严重。

29.2.2 法律可追溯性

法律要求金融和商业机构的一些用户必须保持一个可追溯到国家标准的参考时间来源。除上一节讨论的技术可追溯性要求外,还有额外的文件要求。其中一些文件要求是由监管机构提出的,其他要求可能需要记录可追溯性,这在未来潜在的对手程序中可能很重要,其中金融交易的时间准确性是一个因素。例如,内幕交易从根本上说是一种基于时间的犯罪,而应用于交易的时间戳的准确性是一个决定性因素。相比于技术而言,这对法律上的要求更高,并且这个问题超出了本节涉及的范围。此外,另一个常见的问题是报告系统只报告故障和问题。在这种情况下,正常运行的系统在日志文件中可能没有条目,并且在以后的某个时间很难区分正常运行的系统和完全不运行的系统。

29.3 通过分发通道确定时间延迟

一般来说,用于分发时间和频率信息的任何过程的精度,都受到通过校准信道的延迟估计的精度限制。虽然依赖于频率分发的应用确实不需要确定绝对信道延迟,但它确实取决于延迟在传输过程中是常数的事实,并且确定延迟实际上是否充分不变的,通常比全程测量更加困难。对此,有一些方法可用于评估信道延迟或消除其影响,下面将讨论这些方法。

29.3.1 双向法

双向法是一种用于估计延迟的广泛使用的方法,其中参考时钟和本地设备之间的单向延迟被估计为测量出的往返值的一半。双向方法有几种不同的实现方式,我们将描述通常用于估计数字网络延迟的版本,但其他实现的一般原理是相同。

双向对话利用沿着单一渠道向相反方向发送的两条消息(下文将讨论"单一渠道"的微妙含义)。系统 1 在时间 t_{1s} 发送由其内部时钟测量的时间分组,该消息在系统 2 上的时钟测量时间 t_{2r} 处接收。系统 2 将应答发送回系统 1。应答在时间 t_{2s} 处发送,并在时间 t_{1r} 处接收回系统 1。往返网络路径延迟由下式给出:

$$\Delta = (t_{1r} - t_{1s}) - (t_{2s} - t_{2r}) \tag{29.37}$$

式(29.37)右侧的第一项是由系统 1 上的时钟测量的往返交换的总运行时间,第二项是系统 2 接收到请求和响应之间的延迟。大多数数字网络的实现是使用查询-响应模型,其中一个系统启动对话,第二个系统仅在接收到请求时应答。在此配置中,这两个参数都是非负的。

还可以设计一个两端连续和异步传输的系统。在不丧失一般性的情况下,通过在两个方向上配对传输,按照上述相同的方式分析该配置,使得式(29.37)中的两项总是正的。

从系统 1 上时钟的角度来看,在时间 t_{1s} 发送的信号在时间 $t_{1s} + d$ 到达系统 2,其中 d 是单向路径延迟。该消息在时间 t_{2r} 到达系统 2。系统 1 和系统 2 之间的时差为

$$\delta_{12} = (t_{1s} + d) - t_{2r} \tag{29.38}$$

如果入站和出站延迟相等,则 $d = \Delta/2$。在此假设下,式(29.38)中的单向延迟估计为式(29.37)中往返估计值的一半。式(29.38)中的时差变为

$$\delta_{12} = \frac{t_{1s} + t_{1r}}{2} - \frac{t_{2r} + t_{2s}}{2} \tag{29.39}$$

往返延迟的大小并不重要。单向时延估计的准确性由于受到往返时延对称假设的限制,因此入站和出站时间相等。若真正的入站和出站延迟不相等,则计算的时差将不正确。

假设出站延迟不是 $\Delta/2$ 而是 $k\Delta$,其中参数 k 可以是介于 0~1 的任何值。若 $k=0$,则意味着出站延迟相对于入站的延迟可以忽略不计;若 $k=1$,则意味着相反情况。完全路径延迟对称的假设将引入一个时间误差:

$$\varepsilon = (k - 0.5)\Delta \tag{29.40}$$

使最大可能误差为往返时延的一半,并且通过最小化往返时延可以最小化不对称问题。

式(29.40)表明,一方面,双向法将环路延迟中的不对称性降低了一半;另一方面,在双向测量环路之外的延迟根本不会衰减。因此,有利于将尽可能多的延迟贡献纳入到双向测量环路中。换句话说,测量回路的局部端点应尽可能与使用时间基准的应用程序重合。

连接这两个系统的信道必须能够双向传输消息。现实中的双向系统可以为假定具有相同特性的两个单向信道,也可以实现为一个单工通道,其中消息方向可以反转,或者作为一个全双工通道,可同时支持双向传输。

分组交换网络可以在两个方向上传输数据,但这两个方向上的消息通常不能同时传输。因此,双向时延抵消取决于这样一个事实,即信道的特性在两个方向传输的短间隔内没有改变。在这些网络中,往返延迟的残余不对称是相当普遍的。由于典型的往返延迟约为

100ms，因此限制精度的残余不对称约为几毫秒量级。

双向信息交换还可以通过通信卫星使用微波链路来实现。许多计时实验室使用这种配置来比较不同实验室的时钟和时标。虽然地球同步通信卫星的路径延迟比分组交换网络的路径延迟长得多，但不对称性也要小得多，因此可以用这种方式实现亚纳秒时间比较。卫星双向时间传输的精度是以地面站硬件的巨大复杂性和费用为代价的。由于两个方向不使用相同的硬件，因此保持入站和出站延迟的对称性变得复杂。地面站硬件的延迟可能对环境温度具有不对称的敏感性，这种情况可能由于两个站环境参数的差异而进一步复杂化。

双向法的局限性：

双向法的精度受到静态不对称的限制，并且通常没有检测或消除这种不对称的方法，除非两个时钟之间的真正时差从某些其他方法中已知。通常可以估计和消除不对称中的波动，如何做到这一点将在下面做出描述。

此外，双向法要求本地和远程站点在建立测量时间表和协议时进行协作，匿名协作无法通过分配通道确定时间延迟。本地站和远程站必须保持状态变量，才能用式(29.37)计算往返时延，用式(29.39)计算时差。当一个远程校准站同时与多个站通信时，这可能成为一个重要问题。

如果从导航卫星接收数据，则双向法是不可行的，因为传输只在一个方向上，此时需要使用其他方法。

29.3.2 从辅助参数估计传输延迟

估计传输延迟的常用方法是使用导航卫星传输参数或由在地面上进行的辅助测量确定参数。例如，所有导航卫星都传输轨道参数，其在任何时候都能计算卫星位置的估计值。这些参数可以与接收机的已知位置(由时间和频率应用之外的一些方法确定)相结合，以计算由几何飞行时间引起的延迟。通过电离层模型得出的电离层延迟估计数或通过测量双频色散，即卫星在两个不同频率发射的信号在传输时间上的明显差异，可以增加计算的延迟。最后，由对流层折射率引起的附加延迟可以通过地面大气温度和压力测量来估计。然而，在接收天线附近获得的这些参数的单点测量值可能不能代表传输延迟值，尤其是当测量位置远离天顶的仰角时。

这些影响因素的不确定性与它们的大小没有直接关系。例如，从导航卫星到地面接收机的几何路径延迟约为65ms，但该延迟中的不确定性由卫星星历中的误差和接收机位置中的任何误差确定。这两种影响因素可能导致10~20ns级的定时误差，比几何延迟小几个数量级。

电离层的折射率在影响因素中可以实现同样的衰减。这种折射率使几何延迟增加了大约65ns，但这种附加延迟可以通过使用电离层的色散性质来估计，估计的不确定性比影响因素本身小一个数量级(或更多)。下面将讨论其他考虑因素。

电离层的折射率与$1/f$成正比，其中f为导航卫星传输信号的载波频率。两者之间的比例常数取决于电离层的自由电子密度，其一般具有很强的日变化。这个常数的具体细节，或者说其日变化并不重要，因为折射率可以表示为电离层性质函数和载波频率函数的乘积。

将折射率分解成两个函数的乘积，就有可以构造出GPS(或其他)导航卫星双频信号的"无电离层"组合。其发射频率分别为L1和L2，这种组合通常称为L3，其消除了信号传输路径上的电离层延迟分量(L3 的计算中假设 L1 和 L2 的信号传输路径相同,具有相同的折射率。这一假设忽略了 Snell 定律中处于不同折射率介质边界的两个信号的微分弯曲)。

双频信号的随机分量通常是不相关的,并且不会在 L3 信号的计算中抵消。经过详细分析表明,假设 L1 和 L2 信号的随机分量大致相等,则 L3 信号的噪声是双频信号中任何一个信号噪声的 3 倍。就目前而言,消除电离层折射率使其噪声增加 3 倍的做法是值得的。这一点我们将在下一节重新考虑,此处的结论并不明确。

当信号穿过对流层时,还有一个小的附加延迟,因为它的折射率很小(介质的折射率与真空值之间的差值恰好为 1),但不为 0。对流层的折射率在无线电频率上不具有色散性,因此不能使用估计电离层折射率的双频法。

导航卫星使用的微波频率(1.5GHz 量级)对流层的折射率约为 3×10^{-4},大气的标高约为 7km。折射效应导致的光程比几何距离约长 2m,因此当卫星处于天顶时,对流层附加延迟一般约为 6ns。如果我们假设一个简单的折射率模型,它是均匀的且各向异性的,那么由于折射率引起的附加延迟会随着仰角的减小而增大。如果该模型是准确的,且没有其他噪声,那么就可以观测到卫星的仰角变化,将 $1/\sin($仰角$)$模型与时差数据进行拟合,提取对流层天顶的延迟。我们可以用同样的方法在不同仰角同时观测多个卫星,提取对流层的天顶延迟。更复杂的映射函数也可以以同样的方式使用。

这些预估对流层延迟的方法只在某些理想情况下有效,在实际工程中它们并没有太大用处,因为还有其他在时间序列上具有相同的特征或是其数据来自不同卫星的噪声源。这就导致无法准确地模拟出真实的折射率,尤其是在像科罗拉多州博尔德这样的地方,西侧是山脉,东侧是平原,对流层的折射率在高程上是不均匀的,也不可能在方位角上是各向异性的。此外,尽管多个信号的任意组合都可以减弱对流层折射率的影响,但不相关的量并不会抵消,并且组合后的随机噪声比任何一个单一信号的随机噪声都高。L1 和 L2 的无电离层组合信号 L3 的计算与上文所述的效果相同。这种组合通常在电离层情况下是可行的,但在对流层情况下不太尽如人意。

总而言之,对流层延迟往往在测量的总体误差中产生更大的影响,但对流层延迟还是远小于所讨论的其他误差。另外还有一些占比较小的误差,如地球潮汐引起的站点运动(其总日和半日的振幅在位置上为 0.3m,在时延上为 1ns),以及整个地球的极移等。当需要非常高的精度时,这些影响会被考虑在内,而在常规应用中通常会被忽略。虽然在常规应用中经常使用单向时间传递方法,但当需要纳秒级精度时,这种方法是达不到精度要求的,需要采用其他方法达到精度要求。这些方法将在下一节中讨论。

29.3.3 物理共视法

在测量物理共视时,多个接收机同时观测同一个信号源。每个接收机以本地时间测量信号的到达时间,两个经过同一信道的测量可以进行差分。如果信号源在两个接收机之间的路径延迟相等,那么两次测量延迟和信号源的本征特性在差分后都会被抵消。本章将讨论导航卫星信号的共视测量法,该方法比常规的观测方法更为普遍,且被广泛应用。

物理共视法的优势在于发射器不需要"知道"其目的(上述的双向法不支持匿名校准)。例如,来自电视信号发射器和 LORAN 导航系统的信号已用于共视测量。对于物理共视法来说,唯一重要的是从信号源到每个接收机的延迟尽可能相等,并且可以估计两条路径延迟中的其他残余误差。

虽然物理共视法原理简单，但也需要考虑一些其他的细节。如果卫星到地面接收机的两条路径上的时延完全相等，那么在共视差分下的时延就会被抵消，卫星钟的钟差也会被抵消。然而，要实现这种精确的抵消是非常困难的，通常情况下路径只有近似相等。在这种情况下，差分延迟对时间差做出贡献，并且这个差分延迟必须确定。这种差异通常由接收机的已知位置和星历计算的卫星位置决定（上节讨论的电离层、对流层及其他影响的差异贡献也必须包括在内）。

然而，当路径延迟不相等时，同时到达两个接收机的信号并不是由卫星一次性发射的，则必须计算在此时间差内卫星钟和卫星位置的变化。反过来说，如果物理共视法利用卫星的单个信号，那么它在两个接收机上都无法同时到达，必须评估在这个时间间隔内接收机时钟的变化情况。大多数共视法都使用后一种配置，并采用接收时间的时标。随后，信号的传输时间必须通过接收瞬间卫星的位置，计算传输时间，再从接收时间中减去传输时间，并利用调整后的时间重新计算卫星的位置来迭代计算。卫星轨道速度约为 4km/s，因此在信号从卫星到接收机的传输过程中，卫星移动了约 $4\times10^3\times0.065=260m$。地球的昼夜自转代表着赤道处的切线速度约为 440m/s，因此在信号从卫星到接收机的传输时间内，赤道上的接收机移动了约 $440\times0.065=28m$，范围的准确变化取决于几何的细节。这种迭代通常在一两个循环后收敛。

另外，还需要考虑的是确定哪些信号用于计算共视差分。由于 L3 信号取消了电离层折射率引起的附加延迟，因此单向法中使用无电离层 L3 信号，但在物理共视法中并不清楚。如前一节所述，L3 信号比 L1 和 L2 信号有更多的噪声。如果接收站相距不太远，则使用 L1 信号是一个较好的选择，因为两站的信号具有相同的电离层延迟，在共视差分中将被抵消，而当电离层的影响被共视抵消时，也不需要使用 L3 信号。同样的道理也适用于对流层，虽然对流层一般具有较短的波长变化，除非两个接收机之间的距离很近，否则到达两个接收机的信号就不具有相同的对流层延迟。

对于 L1 共视和 L3 共视的选择取决于接收站之间的距离以及不同波长电离层延迟的变化。这种选择不适用于第一代 GPS 接收机，因为它们只能接收 L1 信号。但是，更现代的多通道接收机可以同时处理 L1 和 L2 信号，事后可以选择 L1 共视或 L3 共视。

29.3.4 融合共视法

前一节讨论的物理共视法是基于接收机能够接收来自同一物理发射机的信号。当导航卫星发出的信号在共视中使用时，相距足够远的站点无法看到任何公共卫星，因此不能使用简单的共视方法。

然而，同一星座下所有导航卫星传输信号的时间与星座的系统时间有关。卫星时间与系统时间之间的偏移量预测作为导航信息的一部分进行传输；该偏移量可以将从卫星接收到的信号与本地时钟时间之间的物理时间差的测量值相结合，以计算相对于系统时间而不是卫星传输的物理时间的共视时间差。结果是用户时钟和系统时间之间的一个"逻辑"共视，它是关于星座中任何实际时钟都无法实现的纸面时标的共视。

融合共视法的用处在于提高卫星到接收机传输时延计算的准确性，以及卫星传输链路的物理时间与系统时标之间的准确性。卫星钟相对于系统时标是由地面控制器计算并定期上传到卫星上的。因此,这种关系一般是一种预测而不是一种测量。

参与融合共视法的测站一般不接收来自同一颗卫星的信号,因此前一节讨论的所有路径时延估计必须由每个测站独立计算,这些计算中不存在误差的抵消,因为单个物理源的单个信号会有简单的共同点。后处理星历的位置和时钟解的精度提高,使融合共视法的实用性成为可能,但缺点是这些星历不支持实时应用。

29.3.5 物理共视法与融合共视法的对比

两种共视方法的对比取决于地面两个接收站之间的距离。当距离很短时,若两站接收来自星座内同一颗卫星的信号,则两种方法等效。

物理共视法对所有共视卫星逐星计算钟差,并对所得钟差取平均值(此平均计算中通常包括一些异常值检测)。融合共视法计算接收机处的时间与卫星系统时间的时间差,之后对这些时间差进行平均(同样,通常包括一些异常值检测)。由于两个测站在计算中都使用同一颗卫星,因此在差值中各颗卫星的卫星时钟与系统时间的偏移量相抵消。

随着两个接收机之间基线长度的增加,两种方法的比较是不同效果的权衡。单源物理信号的共视法对发射端和路径时延特性的敏感度较低,因为这些时延参数中很大一部分对于接收双方来说都是相同的,可以在差值中抵消。另外,使用融合共视法的接收机一般可以利用更多卫星的信号,只要轨道参数以及卫星上的时钟与系统时间之间的关系具有足够小的不确定性,那么测量噪声就会出现衰减。对于足够长的基线,融合共视法是唯一的选择。

除需要实时修正外,提高后处理的精度通常有利于所有应用。这两种共视方法都没有提供任何局部效应的衰减,例如接收机延迟的校准,以及天线相位的误差。在实践中通常无法实现任何一种共视法的全部优势,因为这些局部效应在两种情况下都有误差。一个非常重要的局部效应是由多径反射引起的,将在下一节讨论。

29.3.6 多径效应

多径效应是卫星发出的信号与从某些表面反射后到达天线的信号的叠加结果。反射的信号总是比直接接收走的路要长,因此总是在后面到达。接收机将直接信号和反射信号相结合,导致测量时差始终过大。

多径反射引起的偏移量总是有相同的符号,因此不能通过测量的平均值来消除。其大小是卫星、反射器和天线之间几何关系的复杂函数,随着卫星在天空中移动,它会随时间而变化。

图 29.5 显示了多径分量的重要性。图中的数据为每秒钟计算一次时差值,两台接收机在可见时段内观测单个卫星。两个接收机连接在同一个时钟上,且接收机的天线相距几米,位于科罗拉多州博尔德的 NIST 实验室大楼屋顶上。这 3 条轨迹是连续几天获得的。为了清晰起见,痕迹被垂直偏移,但垂直尺度不变。出于下面讨论的原因,每条轨迹的时间相对于前一条轨迹提前了 4min。x 轴附近的条形显示了国家级计量机构和计时实验室通常使用的 13min 平均时间的持续时间。短基线时间差在 13min 平均时间内变化显著。

数据的时标被移动到 4min 后,连续几天的"噪声"之间的相关性非常强,这表明波动是由于多径引起的,而不是随机误差。当卫星处于低空时,轨迹末端附近的变化幅度显著增大,这也是多径反射的一个特点。

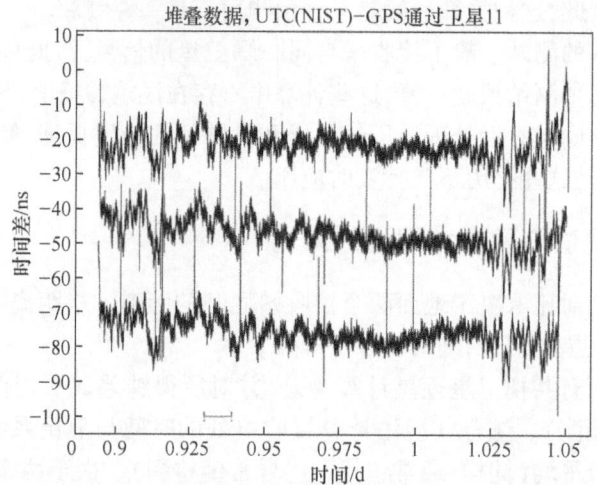

图 29.5 连接在同一个参考时钟上的两个正在观测单颗卫星的 GPS 接收机之间的短基线共视时差
(注:图中的 3 条轨迹是连续几天采集的,为了清晰起见,采用了垂直移位。在每种情况下,卫星从地平线到地平线进行跟踪。垂直轴的尺度没有改变。如文中所讨论的那样,连续轨迹中的时间已经被移动了 4min。在 x 轴附近的水平条显示了通常用于计算共视时差的 13min 平均时间的长度。)

对于整个数据集,多径分量为几纳秒,当卫星的高程相对较低时,在观测周期的开始时间和结束时间附近明显大于这个值。

在共视法中,即使两个接收机的天线在同一位置非常靠近,多径的影响也不会被取消。这对于接收机的相对校准是很重要的,往往是通过短基线共视来实现的。

"扼流圈"天线是一种有源元件天线,周围环绕着一系列无源同心环,其几何形状可以衰减从低仰角到达天线的信号。假设低仰角信号可能来自附近物体的反射,则应该被衰减。通常"扼流圈"天线中圈的尺寸是根据 L1 频率的信号衰减来设计的,但双波长扼流圈在环底部附近切割成内部台阶,同样会衰减低仰角 L2 频率的信号。"扼流圈"天线也安装在接地平面上,以阻断从下方到达天线有源元件的信号。这些从天线正下方材料反射的信号可能非常大,尤其是当卫星靠近天顶时。

天线电缆与接收机连接时的阻抗失配会产生类似于多径的效应。阻抗失配引起反射信号沿电缆返回天线,在那里可能再次反射回接收机,通过天线电缆增加了 2 倍的延迟时间。电缆的阻抗与接收机的有效输入阻抗匹配是非常困难的,因为前端往往是一个复杂有效阻抗的有源器件。这个问题可以通过在天线电缆中插入衰减器来解决。直接信号只能通过天线 1 次,但反射的多径信号可以通过衰减器 2 次,因此差分衰减要强烈得多。

解决由天线附近的外部反射体引起的多径问题的一种方法是对每颗卫星向前推算 236s(大致 4min)的观测计划,如图 29.5 中数据所示。这一过程利用了卫星相对于接收机以恒星日周期返回天空中的同一点,从而导致多径效应的几何形状也随着这个周期而重复。这种策略将轨道上每一点的多径效应转换为点到点不等的恒定偏移量,并且对观测到的每颗卫星都是唯一的。国际权度局(BIPM)在设计使用 GPS 导航卫星信号授时的实验室之间进行共视时间比较时也采用了这种策略。

每颗卫星的轨道计划提前 4min 是一件好坏参半的事情。它消除了多径效应的多变性,但却将其转换为系统的偏移量,该偏移量在每个轨道的短周期内都是恒定的,但随着卫星轨道的长周期变化对多径校正也在缓慢变化。正如前一节所讨论的,两个测站视差的缓慢变化很难与频率的长周期随机游走相分离。

可以根据不同的方式利用将多径效应转换为恒定偏移的恒星日超前。如果利用接收机与卫星钟的钟差来估计卫星钟与接收机钟的频差,其平均时间恰好为一恒星日,那么这种频差估计将消除每天重复的多径对钟差的影响。只要卫星希望在这些差异中消除多径影响,即使其影响的大小未知,这种估计也都可以逐点计算。这种技术在需要钟差的情况下并不是很有用,因为各种频率的计算都存在未知且变化的多径钟差。这种方法取决于接收站的时钟是否足够稳定,以此来估计其在恒星日内的频率。例如,如果时差测量的不确定度在纳秒量级,本地时钟必须在 10^{-14} 量级上具有稳定性,这样一个恒星日的平均时间才有意义。在后面的一节中,我们将说明这个要求将方法限制在高性能铯钟或氢钟上。

多径效应对卫星位置的细节敏感,不同卫星同时观测的多径影响大小不同。因此,所有卫星接收到的信号在任何时间平均得到的时差数据中,其影响大小都难以检测。物理共视法和融合共视法通常都会报告这些平均值,而多径对平均值贡献的时间变化一般会被平均值过程衰减,不易察觉。然而,多径对时差的影响始终是一个系统效应,并且始终存在残余、与站点相关的偏差。由于卫星的周期不完全是恒星日,每颗卫星的多径影响以几个月为周期缓慢变化,这可能会导致接收机有效校准的长周期发生变化,特别是当校准是通过短基线共视法来进行时,下一节将对此进行讨论。

29.4 通过天线和接收机确定的时间延迟

通过天线和接收机的时间延迟在双向法中被消减,若两端站的时间延迟相等,则会完全抵消。不需要知道延迟的大小,这对于双向法来说是一个明显的优势。然而,当使用全球导航系统卫星的单向数据时,这些延迟会直接出现。

通过接收系统对时间延迟进行校准有两种方法。这两种方法产生的校准值有些不同。不过这种差异一般在 1~2ns,只对高精度的应用才会显著,在这种高精度应用中,使用了如上所述的共视法的某种形式。

29.4.1 短基线共视法

在这种校准技术中,两个接收机连接在公共时钟上,两个系统的天线紧贴在一起。这两个接收机都用来测量从所有卫星接收到的信号与本地时钟之间的差异。两个数据集的区别在于两个接收机的相对校准时间延迟。这种方法得到的标定是相对标定,但如果采用共视法,标定也是足够的,但在共视法中,标定只取决于两个接收机的延时差,而不取决于两个接收机的延时绝对值。

国家计量机构和授时实验室的接收机均采用此技术进行校准,其中短基线共视相对于"标准"移动接收机进行测量。结果是在每个实验室的接收机和移动接收机之间进行差分校准,作为传输标准。移动接收机的绝对延迟并不重要,只要它在校准运动期间是恒定的即可。

这种系统的主要优点是它以实际使用情况的方式标定接收机、电缆和天线的组合。虽然两个接收机的天线放置得比较近，但是多径效应可能完全不同。多径效应因站点而不同，如果多径效应显著，差分校准的精度可能会受到影响。因此，实现一个不确定度为纳秒量级的校准可能是比较困难的。

29.4.2 硬件校准

第二种校准技术使用 GNSS 信号模拟器来校准接收机的响应。电缆可以同时进行校准，或者通过时域反射法或同等方法单独确定其延迟。通过天线的延迟通常是通过将天线放在消声室中，并使用模拟器驱动的标准天线测量其传输特性来确定的。这种校准的一个重要参数是延迟的稳定性与发射天线位置的关系。这种变化通常被指定为天线的电相位中心的稳定性与源的方向的函数。这种方法有更高的分辨率，因为在测量中没有噪声，而且可能有更大的准确性，因为在用于测试硬件的信号和驱动模拟器的定时参考之间有一个已知的、准确的关系，而且没有局部效应的问题，如多径问题等。然而，真正的精度是不确定的，因为系统的测试方式与其使用方式不一样。大多数授时实验室都没有 GNSS 模拟器，因此这种方法通常不被使用，大多数接收机都是通过上一节所述的短基线共视法进行校准的。

29.5 同步策略

结合前面所有的讨论，可以得出一些同步策略。我们将首先讨论定义每个策略的考虑因素，随后根据真实数据列举一些例子。

29.5.1 无伤害

一般来说，通过使用从远程 GNSS（或任何其他技术）接收到的数据来同步本地时钟的目标是改善本地时钟的性能。就前几节的内容而言，当且仅当接收到的数据双样本 Allan 方差小于某个平均时间内本地时钟的相应自由运行方差时，我们将使用来自远程 GNSS 的数据。由于本地时钟的统计数据和从 GNSS 星座接收到的数据的统计数据都不可调整，任何策略的主要输出都是最佳平均时间和可以预期的本地时钟的统计数据。我们将在下一节提出一个简单的、带有人为干预的策略来说明这个想法。同时，我们还将在下面的章节中讨论其他考虑因素。

29.5.2 一个简单的策略

假设来自 GNSS 星座的定时信号在很长的平均时间范围内可以被描述为白相位噪声。这是一个简化的假设，因为通常情况下，数据不会如此稳定。基于这个假设，双样本 Allan 偏差可以写成以下形式：

$$\sigma_y(\tau) = \frac{R}{\tau} \tag{29.41}$$

式中：R 为一个比例常数。假设本地时钟的时间可以由一个可忽略的白噪声的本地过程测量。基于这个假设,本地时钟的统计数据只受其振荡器的白频率噪声影响。这同时是一个乐观的假设,因为它假定本地时钟没有确定的或随机的频率漂移。在这个假设下,本地时钟的双样本 Allen 偏差由以下公式给出:

$$\sigma_y(\tau) = \frac{L}{\tau^{1/2}} \tag{29.42}$$

式中:L 为另一个比例常数。式(29.41)和式(29.42)对平均化时间有不同的依赖性。在较短的平均时间内,式(29.41)比式(29.42)增加得更快,这意味着在这些平均时间内,通过通信链路看到的远程时钟不如本地时钟稳定,因为本地时钟的时间可以在本地设备上测量。相反,在较长的平均时间内,由式(29.41)定义的双样本 Allen 偏差将小于本地时钟的相应偏差,因此,远程时钟更稳定。

$$\tau = \left(\frac{R}{L}\right)^2 \tag{29.43}$$

当 τ 等于式(29.43)时,两者将相等,这就规定了最小的平均时间,在这个时间里,来自远程时钟的数据将开始改善本地时钟的统计数据。最佳平均时间随着通过通道看到的远程时钟的统计数据的增加而增加。在平均时间小于式(29.43)给出的值时,本地时钟比远程时钟更稳定,使用远程数据来调整本地时钟的时间,将通过增加信道噪声来降低其统计数据。如果不使用本地时钟,它将更加稳定。

29.5.3 快速纠错

在一些应用中,一个重要的考虑因素是要求尽量减少本地时钟中的误差未被发现的时间。由于时间误差通常在统计框架之外,因此通常不可能以任何量化的方式评估对这一问题的最佳反应。对此,可以使用比根据上述考虑因素计算出的最佳间隔更短的间隔进行测量,但统计学上的论点表明,根据这些测量结果调整时钟会产生反作用,因为如果本地时钟不受影响,平均来说会更稳定。在 NIST 时间服务中使用的策略是使用一个测量间隔,通过上一节中概述的考虑因素,计算出这个间隔是最佳间隔的 30% 左右,但除非时间误差至少是时钟和在这个较短的平均时间内评估的测量通道的双样本 Allan 偏差的 3 倍,否则我们不根据这些数据调整时钟,因为这更多是根据经验而不是确凿的统计证据做出的测量结果。不过这种方法可以检测到大约 0.1% 的时间误差的测量结果。如果将这些测量结果归类为时间误差,而不是与数据的统计特征相一致的低概率测量,那么这更多的是一种基于经验而不是严格统计学的管理决定。

所有这些方法在检测频率误差方面都不太成功,因为它们产生的时间分散性在短平均时间内很难与测量噪声分开。通常用于快速检测时间误差的短平均时间使频率步骤的检测更加困难,这在实时应用中尤其令人担忧。当频率误差被检测到时,它的影响已经波及了之前的数据。由于同样的原因,经常出现在铷设备和氢微波脉泽器中的频率漂移的变化,在实际应用中甚至更难检测。

29.5.4 多星错误检测

迄今为止,我们所描述的每种方法都只需来自一颗卫星的数据来计算一个时间差值。

由于在接收机的位置通常有许多卫星,因此有可能计算出多个名义上独立的时间差估计值。这种技术被称为"独立时间测量的冗余阵列"(T-RAIM)分析。所有这些计算应该给出彼此不同的结果,其数量与测量噪声的统计估计相一致。任何计算结果如果与其他计算结果的平均值相差很大,就表明有问题,尽管有时我们不一定能够找出这些问题的根源。T-RAIM算法对基于简单的单向时间转移或使用融合共视法最有效,因为这些技术对星历或每颗卫星的时钟模型的误差敏感性很高。简单的共视法在共视减法中减弱了这些影响,因此它们既更难被发现,又对用这种方法计算的危害更小。

29.6 示例数据

前面几节讨论的概念将以典型的原子钟和在科罗拉多州博尔德的 NIST 获得的时间差数据为例加以说明。如上所述,所有同步策略的基础是本地时钟振荡器的自由运行稳定性。

29.6.1 原子钟的统计数据

图 29.6 和图 29.7 显示了 3 个原子钟的 Allan 偏差和近似的时间离散性:1 个铷钟、1 个传统的铯钟和 1 个"高性能"铯钟。所有的设备都是商业仪器,图中的数值来自制造商的文献。时间色散的计算方法是:$\tau \times \sigma_y(\tau)$。一般来说,实际设备往往比公布的规格更稳定,是公布规格的 2~3 倍。

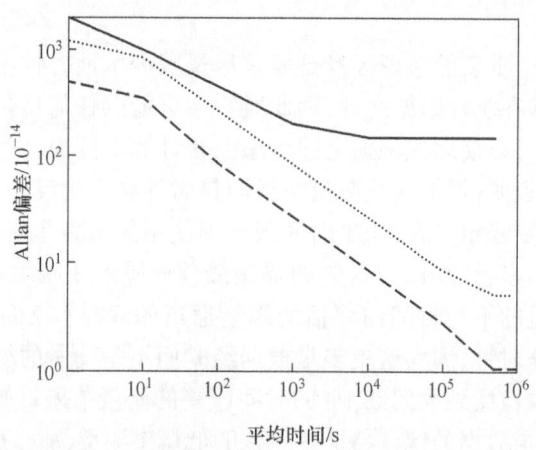

图 29.6 铷振荡器(实线)、铯振荡器(虚线)、高性能铯钟(虚线)的双样本 Allen 偏差

在图中几乎所有的数值中,两种铯钟的双样本 Allan 偏差都是以平均时间的平方根倒数变化的,因此这些设备的随机噪声在几乎所有的平均时间都可以被描述为白噪声(见表 29.1)。一些证据表明,在最长的几天平均时间里出现了闪烁频率噪声。铷原子标准的统计数值则要差得多。两次采样的 Allan 偏差较大,设备在几小时的平均时间内已经达到了闪烁的底线。在该平均时间内,时间稳定性约为 10ns,这对许多应用来说是足够的。即使在几天的平均时间内,铯钟的时间稳定性也是几纳秒。

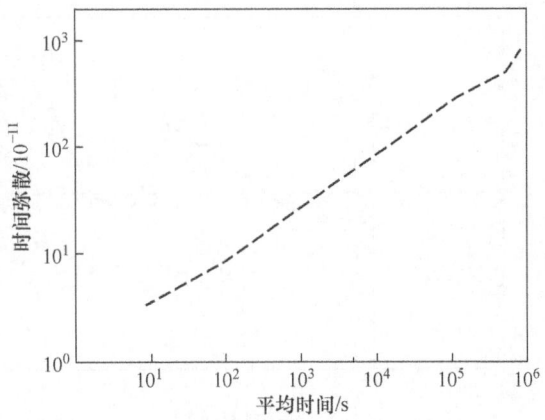

图 29.7　铷振荡器(实线)、铯振荡器(虚线)、高性能铯钟(虚线)的时间偏差

29.6.2　GPS 时间的统计

图 29.8 显示了 UTC(NIST) 和 GPS 时间的平均时间差。每个数据点以 5min 为间隔,代表的是使用当时所有卫星的代码数据计算出来的平均时间差。短期波动的振幅峰峰值约为 5ns,大致是闪烁相位噪声(与图 29.4(a)和图 29.4(h)相比),主要是由于 GPS 接收器的测量噪声。图 29.9 显示了数据的时间偏差[在式(29.32)中定义]。图 29.8 中的数据显示了明显的日间和半日间的周期性影响,这些在时间偏差图中得到了证实,它显示了在这些贡献周期约 1/2 处有峰值[式(29.36)]。较长的周期变化可能是来自广播星历中的误差或 GPS 系统时间与 UTC(NIST)之间的差异的某种组合贡献。

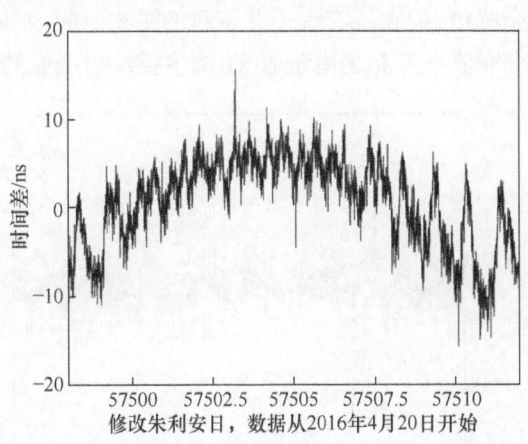

图 29.8　UTC(NIST)-GPS 时间,5min 时间差的平均值,通过使用每次查看的所有卫星的数据进行估计

为了使用这些数据来同步本地时钟,我们将比较图 29.9 中的接收数据的时间偏差和图 29.7 中的自由运行时钟的时间偏差。例如,对于特性如图 29.7 所示的铷钟,交叉点将在几百秒的周期内。这种算法将把昼夜变化和半昼夜变化视为"信号"而不是"噪声",控制环路将调整本地时钟以消除它们。这是个错误,下文会说明,但我们仅从这些数据中无法识别。用于同步高性能铯钟的最佳算法更为复杂。图 29.9 和图 29.7 在大约 20000s 的周期

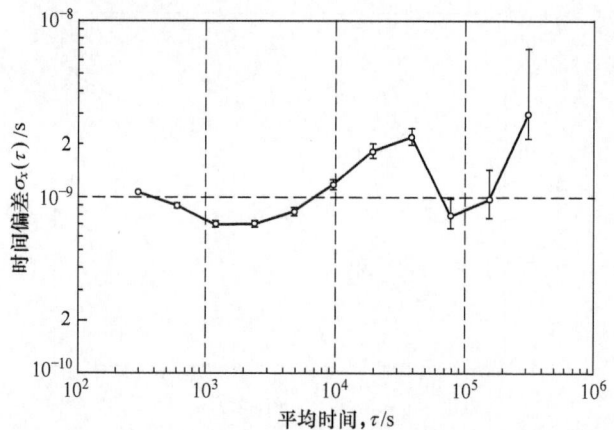

图 29.9 关于 UTC(NIST)GPS 时间数据的时间偏差
[在 20000s 和 40000s 附近的峰值表明半昼夜和昼夜的"光谱中的亮线[式(29.36)]"]

内有一个初步的交叉点,但是 GPS 数据有一个昼夜变化和半昼夜变化,使其在几小时到大约一天的周期内稳定性变差。与同步铷原子标准的算法一样,没有办法从这些数据中确定这种变化是噪声,尽管本地设备的稳定性会支持这种假设是合理的,但没有得到证实。

图 29.10 显示了 NIST 博尔德实验室的铯钟与 NIST 无线电台 WWV 之间的共视时差,WWV 位于博尔德西北约 100km 处。该图显示了在每个时间段内所有 GPS 卫星的平均共视时差,这些共视时差是根据卫星计算的。图 29.11 显示了图 29.10 中数据的时间稳定性。这些数据证实了图 29.8 和图 29.9 中显示的大部分变化不是由于本地时钟的波动或其他本地效应(如多径)造成的,因为这些变化被共视减法非常明显地减弱了。在昼夜周期的 1/2 处有一个时间偏差的残余峰值,但在所有大于几百秒的平均时间内,时间偏差的幅度都小于 1ns。根据其他数据,这个峰值很可能是由于 NIST 的多径反射造成的。

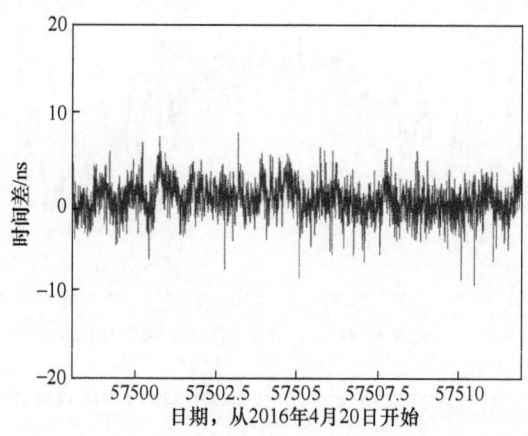

图 29.10 UTC(NIST)-WWV 的铯钟 5min 的平均数,通过使用每个时间段的所有卫星的共视数据来估算时间差
(值得注意的是,共视法大大改善了数据的方差。)

WWV 和博尔德 NIST 之间的共视时差的例子说明了共视减法的效果,但由于两站之间的距离只有 100km,所以可能比平均数更有利。然而,大多数共视台可以支持在一两天的平

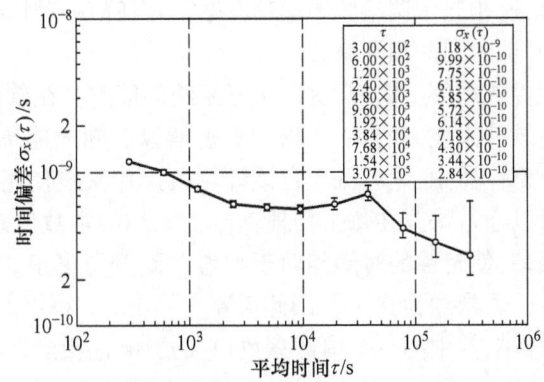

图 29.11　关于 UTC(NIST)-GPS-WWV 的时间稳定性数据的时间偏差

[40000s 附近的峰值表明有一条昼夜的"亮线[式(29.36)]"。

值得注意的是,相对于前几张图中的数据,共视法的稳定性有所提高。]

均时间后同步一个高性能的铯钟,而且这些共视时差仍然被用来比较一些国家计量机构和授时实验室的时间尺度。这些时间尺度一般都是以高性能铷钟和氢微波激射器的组合来实现的。

29.7　调整方法

在上一节中,我们介绍了最佳平均时间的概念,它是通过考虑本地时钟的双样本 Allan 方差和通过通信信道看到的远程时钟的双样本 Allan 方差而得出的。如果我们已经决定本地时钟应该根据校准过程的结果调整一个时间 T_a 秒,那么我们应该如何应用这个调整?这个问题并没有"最佳"答案而是取决于一些管理上的考虑,这些将在接下来的章节中讨论。

29.7.1　用单一时间步长校正时钟

如果硬件支持步长调整,这是最容易实现的解决方案。然而,大多数算法只在控制环路刚刚启动时才使用这种类型的调整。这有 3 个原因:其一,如果调整使时间向后移动,那么使用时钟时间的过程可能会违反因果关系,因为如果较晚发生的事件被分配到较早的时间戳,那么向后移动时钟会颠倒两个事件的时间顺序;其二,如果时间调整是正的,那么一些时间值将不存在,一个正在等待明确时间来执行某些行动的应用程序可能会永远等待,因为时间可能永远不会到来;其三,如果时间间隔跨越了调整瞬间,那么基于某些测量间隔的时间差的演变对时钟频率的估计将不会给出正确的值。

29.7.2　回转调整率

回转调整通过调整本地时钟的频率来摊销时间误差。如果时间调整是正的,频率就提高,如果是负的,频率就降低。频率调整的大小是时间精度和频率稳定性的折中,前者有利于大的频率偏移,以便在尽可能小的间隔内摊销时间误差,后者有利于小的频率偏移,以尽量减少本地时钟频率稳定性的下降。频率调整通常作为频率的单一步骤,但也有可能在一些平均时间内回转频率,这相当于调整频率漂移参数。在任何一种情况下,调整的长度都是计算出来的,以达到对时钟时间的预期修改。

频率调整可以在硬件或软件中实现,这取决于系统的能力。在软件系统中,大多数计算机系统中的时钟都是由软件来控制的,一个物理振荡器以已知的速率产生脉冲。操作系统将一个常数添加到一个寄存器中,然后保存自该计算机操作系统使用的原点以来的累积时间。时钟的有效频率可以通过修改在每个物理刻度上添加的常数值来调整,增加该值可以提高软件时钟的有效频率,使时钟的时间相对于参考时间变得更正。减少常量值则有相反的效果。这个参数的变化通常约为 0.3%,因此需要大约 5min 来摊销 1s 的时间误差。这个调整率通常被固定为操作软件中的一个内部参数,它的影响是相当大的,因为它改变了时钟的有效频率,相对于其自由运行的稳定性来说,可能达到了 1000 倍。这种快速调整率隐含着这样的假设:时钟振荡器的频率稳定性并不像系统的时间精度那样重要。

在另一端,国家计量机构通常会将其实现的 UTC 与国际计量局的标准时间尺度保持一致。这种时间尺度的频率稳定性很重要,在 NIST 使用的最大转向率通常是每天 0.5ns,这是一个大约 $5×10^{-15}$ 的分数频率调整。这个值的分数部分是一个典型的转向调整量,其目的是在大约 10 天的时间内摊销时间误差。这些参数所隐含的频率偏移与时间刻度的自由运行稳定性差不多,因此大多数用户一般观察不到转向修正。

29.8 总 结

时钟和振荡器的时间和频率的随机变化不能用常规的统计方法或标准的统计参数(如平均值和标准差)来很好地建模。相反,双样本 Allan 方差揭示了时间和频率的变化以及这种变化的来源。双样本 Allan 方差还可以提供在变化的频谱中存在"亮线"的迹象。功率谱密度提供的信息原则上与双样本 Allan 方差相同,但时域统计通常更容易解释,因为傅里叶计算中的大部分功率通常集中在最低的几个傅里叶频段。

使用导航卫星的数据来同步时钟统计学上的最佳技术方法是将接收到的数据的双样本 Allan 方差与本地时钟的自由运行稳定性的相应参数进行比较。组合的统计性能将包括每个贡献的最佳特征,因此通常会比任何一个贡献本身更好。这是因为在足够短的平均时间内,本地时钟的自由运行稳定性通常超过从卫星系统收到的数据的稳定性,而在较长的时间内则相反。这些考虑强调了这样一个结论:相比于在本地应用中直接使用远程时间源信号来说,将本地时钟与远程时间源同步总是更好的。

基于统计学的算法并没有提供任何关于精度的估计。此外,它的估计值提供了一个均方根误差,并且没有关于最坏情况下的性能信息。因此,统计估算通常与一些检测和拒绝异常值的方法相结合。用于检测异常值的方法假定这些数据点是不符合要求但概率非常低的统计事件。因此,根据定义,异常值的检测是在统计讨论之外的。

参考文献

双样本 Allan 方差的详细定义及其统计特性的讨论,以及由此得到的其他估计量的讨论可以在以下文献中找到：Sullivan, D. B. , Allan, D. W. , Howe, D. A. , and Walls, F. L. , "Characterization of clocks and oscillators," NIST Technical Note 1337, 1990. Available from the publication database on the NISI Web page at tf. nist. gov as publication 868.

另请参见：

Howe, D. A. and Tasset, T. N. , "Theol: Characterization of long term frequency stability," *Proc. 2004 European Time and Frequency Conference*, p. 5, 2004. Also available from the publication database on the NIST Web page at tf. nist. gov as publication 1990.

时间与频率测量相关的参考文献如下：

Hackman, C. and Sullivan, D. B. , "Resource letter TFM – 1, time and frequency measurement," *Am. J. Phys.* , Vol. **63**, pp. 306 – 317, 1995. Also available from the publication database on the NIST Web page at tf. nist. gov as publication 616.

基于 Allan 方差的同步原理可参见以下文献：

Levine, J. , "An Algorithm for Synchronizing a Clock when the data are received over a network with an unstable delay," *IEEE Trans. Utrasonics, Ferroelectrics, and Frequency Control*, Vol. **63**, pp. 561-570, 2016. Also available from the publication database on the NIST Web page at tf. nist. gov as publication 2769.

Levine, J. , "An algorithm to synchronize the time ot a computer to universal time," *IEEE/ACM Trans. Nenvorking*, Vol. **3**, pp. 42 – 50, 1995. Also available from the publication database on the NIST Web page at tf. nist. gov as publication 1064.

本章相关彩图，请扫码查看

第30章 利用GNSS监测中性大气和恶劣天气

Hugues Brenot
比利时皇家空间航空研究所,比利时

20世纪90年代初,利用地面GNSS接收机探测对流层水蒸气的能力得到了证明。由于GNSS在任何天气条件下能够保证运行的时间稳定性,以及测量湿度延迟和综合水汽含量(IWV)的高精度,它成为当前气象观测的一项关键技术。不断增加的地球轨道导航卫星数量和持续的密集星座全球部署,使GNSS在未来大气监测领域能够应用更多。

首先,本章介绍了大地测量学中中性大气实施无线电信号传播修正误差策略的历史背景。其次,给出了用于从大地测量软件中检索对流层参数的过程概述。再次,介绍了将这些GNSS参数转换为湿度延迟和水汽含量的详情,并对利用GNSS气象学来监测恶劣天气进行了说明,其中重点关注了短期的预报,也称即时预报。最后,在衍生产品使用章节介绍了未来应用和与其他技术的协同作用。

为了描述GNSS的恶劣天气监测,我们首先介绍在GNSS处理中使用对流层延迟模型的原因,并简要总结该技术是如何用于反演水汽含量。同时,阐述了GNSS气象学研究领域已取得的成就与最新技术。

30.1 从大地测量软件中反演GNSS对流层参数

使用GNSS的测地定位解算需要一种精确量化的延时传播信号,它由卫星通过大气层传输并被地面接收机接收(参见本书第一部分、第二部分、第四部分和第27章~第29章)[1-2]。在早期阶段,GPS技术主要集中于修正电离层对无线电波路径延迟的影响(例如Klobuchar的模型[3],见第31章、第32章),但地球物理学家和大地测量学家很快开发出了对流层修正模型[1,4-5]。同时,通过甚长基线干涉测量(VLBI),尤其是通过基线精确计算以及对流层修正理论的研究,使修正建模取得了重要进展[6]。尽管大气模型校准旨在提高基线计算的可重复性(或分散性),但受对流层修正理论的影响未能在20世纪70年代末取得预期进展。如果没有无线电波传播的对流层修正,现有洲际长基线的干涉测量技术只能实现厘米级精度(仅水平分量)[7-9]。

20世纪80年代初,VLBI和GPS技术通过使用映射函数(如文献[10-11])成功地实现对流层参数的应用,显著改善了基线的解算。1985年,Davis等[12]利用模型或天气气象观测验证了VLBI长基线估计对大气修正的作用。通过在计算中进行的大气层延迟校正,VLBI垂直定位精度达到了厘米级[13-14]。Ware和Hurst[15]计划在计算中引入基于水蒸气独立测量的校正,而不是使用大气模型来计算延迟和改进定位解算。事实上,正如 Bossler[16]、Bender 和 Larden 等[17]所建议的,Ware 和 Hurst 应用了水汽辐射计(WVR)来进行 IWV 同步测量。基于信号相位模糊度的分辨率(见本书第二部分),利用 WVR 测量和地面的精确观测,结合 Bock 等[18]的计算,Ware 和 Hurst 表明,这种校正可以更精确地估计基线,并将重复性提高 5 倍。Trallital 的工作证实了关于 WVR 校准的这一结果[19]。

在 20 世纪 80 年代末,GPS 信号的相位分析成为一种高精度的卫星轨迹估计方法[20],详见第 2 章、第 11 章、第 62 章。然而,除了数据记录的质量及其噪声、时钟参数、相位模糊和载波相位周跳、多径效应、接收机参数化、天线方向图、潮汐效应与海洋和大气负荷、电离层和中性大气引起的信号扰动,相位传播也是定位误差的来源之一,详细可见本书第二部分和第 2 章[10-11,31-32,47,62]。此外,相位可观测数据的使用,即线性组合或双差[21-25],使大多数相位误差估计得以避免,特别是由时钟和电离层效应引起的误差。这样的分析策略使得我们只需考虑由中性大气引起的唯一残余修正量(关于信号通过真空区的直线传播),考虑对流层的简化模型(连续横向均匀水平层形成),Tralli 和 Lichten[26]描述了作为天顶中性层相位延迟(ZND)的这一修正量,该信号传播的延迟可以表示为等效路径延迟(距离通过信号传播速度乘类似于光传播的速度而获得),此路径延迟可以定义为信号通过真空传播的额外距离,而不是信号在同一时间通过中性大气传播的距离。通常,这种路径延迟被称为中性大气或对流层延迟的天顶总延迟(ZTD),以缩短和近似的形式出现。对位于海平面的地点,天顶方向的修正距离约为 2.5m。考虑到其测地精度水平,Tralli 和 Lichten[26]期望对 ZTD 时间序列独立的 GPS 数据处理可以实现小于 1% 的不确定度。值得注意的是,我们已定义了与所有大地测量软件兼容的通用 GNSS 数据格式,称为 RINEX 数据(接收机独立交换格式,详情参见第 27 章和第 30 章)。

在 GNSS 气象学的最初阶段,Bevis 等[28]提出将 GPS 作为测量对流层可降水的可靠仪器(以 mm 表示,相当于 IWV 的 kg/m^2,假设水密度等于 $1g/cm^3$),作为对 VLBI 和 GPS 技术成就的补充,这项工作基于无线电波[12,29-30]的传播及其延迟在 IWV 中的转换(将地面压力和温度的测量联系起来)的初步结果。GNSS 技术变成大气监测[31-32]一项很有前景的技术,与其他技术如微波 WVR、无线电探测(RS)和 VLBI 进行比较,我们对该技术在气象学中的能力进行了估计[28,33-36],确认了 IWV 估计优越的精度达到 $1\sim 2kg/m^2$(与常规气象测量的精度相同)。

在进一步提供大气监测的细节之前,必须适当了解如何基于 GNSS 信号反演对流层参数。为了评估气象观测结果,大地测量软件使用算法调整参数的策略是将观测结果与模型估计的理论值进行比较。我们使用了最小二乘法对数据记录和理论模型之间的残差进行了最小化处理,从而获得这个超定系统的近似对流层参数解。

30.1.1 ZTD 调整

GPS 卫星以频率 L1($f_1 = 1.57542GHz$) 和 L2($f_2 = 1.22760GHz$) 播发 2 个信号。有关 GNSS 信号的更多详细信息在第 1 章 1-10 中介绍。如果噪声和多径效应被忽略,对 L1 和 L2 来说,接收机 A 在卫星 i(以周期表示)上生成的相位测量简化数学模型($\phi_{A,L1}^i$ 和 $\phi_{A,L2}^i$)可以表示如下:

$$\phi_{A,\text{L1}}^i = \frac{f_1}{c}(D_A^i + T_A^i - I_{A,\text{L1}}^i + c(\Delta t^i - \Delta t_A)) + N_{A,\text{L1}}^i \tag{30.1}$$

$$\phi_{A,\text{L2}}^i = \frac{f_2}{c}(D_A^i + T_A^i - I_{A,\text{L2}}^i + c(\Delta t^i - \Delta t_A)) + N_{A,\text{L2}}^i \tag{30.2}$$

此模型取决于接收机 A 和卫星 $i(D_A^i)$ 之间的几何距离,对流层误差(T_A^i),色散电离层误差($I_{A,\text{L1}}^i$ 或 $I_{A,\text{L2}}^i$),接收机时钟同步误差(Δt_A),卫星时钟同步误差(Δt^i),相位模糊度(整数 $N_{A,\text{L1}}^i$ 或 $N_{A,\text{L2}}^i$),载波频率 $f(f_1$ 或 $f_2)$,以及电磁波速度(c)。

对流层误差(T_A^i)是中性大气的路径延迟(称为对流层路径延迟)。它基本上是由中性大气的厚度和密度引起的。其主要构成部分(一般在海平面上约为 90% T_A^i)取决于空间站的高度以及压力和温度领域,称为干延迟[37],GNSS 频率里有对 T_A^i 的另一贡献。事实上,水蒸气分子的偶极矩会对微波传播产生延迟效应。另一构成部分称为湿延迟[37]。T_A^i 的变异性主要通过大气路径传播(海平面上(2%~20%)T_A^i 控制水蒸气密度。第三种组成是水凝物对中性大气总延迟的贡献[38-41],这种对对流层路径延迟的微小贡献具有很高的变异性(高达 3% T_A^i)。

对流层误差(T_A^i)可以与 GNSS 站 A 上方的天顶对流层误差相转换。考虑到卫星 i(在方位 α_i 和仰角 ϵ_i)方向的中性大气的可变组成和厚度,可以使用映射函数 MF 来近似估计垂直对流层误差(T_A^{vertical}):

$$T_A^i(t) \approx T_A^{\text{vertical}} \cdot \text{MF}(t, \alpha_i, \epsilon_i) \tag{30.3}$$

在过去的 30 年里,大地测量学家和无线电气象学家已经开发了一系列大气剖面模型和映射函数,从而能够估计不同仰角(ϵ)的对流层斜延迟。如果大气严格的是一个平面,在 A 站周围没有局部对流层各向异性(由密度恒定的层形成的对流层),则简单的映射函数(没有方位依赖性)为 $\frac{1}{\sin\epsilon}$。

然而,在实践中,对于低仰角地区,这种简单函数通常是不现实的[28,42]。实施改进映射函数的挑战来自正确描述低仰角下的对流层延迟,这些延迟可以达到几米。Marini[11]已经证明,映射函数可以用基于固定仰角(ϵ)正弦分数的公式表示:

$$\text{MF}(\epsilon) = \cfrac{1}{\sin\epsilon + \cfrac{a}{\sin\epsilon + \cfrac{b}{\sin\epsilon + \cfrac{c}{\sin\epsilon + \cdots}}}} \tag{30.4}$$

式中:系数 a、b、c…为恒定的值或线性函数。一般来说,基于式(30.4)得出映射功能。因此,我们引入了更复杂的映射函数,以更精确地将斜延迟转换为天顶延迟,同时在此过程中,我们也考虑低仰角对流层厚度,以及直线近似引起的误差[5,10,12,43-60]。

在文献中,术语 T_A^{vertical} [式(30.3)] 常被称为 ZTD。忽略水凝物对 GNSS 处理延迟的贡献,ZTD 可通过两项之和(ZTD=ZHD+ZWD)表示,其中 ZHD 为天顶干延迟,ZWD 为天顶湿延迟。

就气象应用而言,大地测量软件每小时可调整若干个 ZTD(亚小时过程)。要从相位测

量 ($\phi_{A,L1}^i, \phi_{A,L2}^i$) 中提取对流层误差 ($T_A^i$),需要考虑4个步骤。

30.1.1.1 步骤1:无电离层组合

GNSS 相位信号通过中性大气时传播速度会衰减,而 GNSS 相位信号通过电离层时传播速度会提升[这证明了式(30.1)和式(30.2)中给出的电离层辐射校正的正确性]。

与电离层不同,对流层对 GNSS 微波是非色散的。因此,无电离层(IF)组合允许我们消除电离层误差的一阶。考虑到式(30.1)和式(30.2)中给出的相位测量的简化数学模型,IF 组合由以下公式给出

$$\phi_{A,IF}^i = \eta \phi_{A,L1}^i + \gamma \phi_{A,L2}^i \tag{30.5}$$

其中

$$\eta = \frac{f_1^2}{f_1^2 - f_2^2} \approx 2.546 \tag{30.6}$$

而且

$$\gamma = -\frac{f_1^2 f_2^2}{f_1^2 - f_2^2} \approx -1.984 \tag{30.7}$$

如果我们忽略噪声和多路径,由卫星 i 上的接收机 A 产生的 IF 相位测量 ($\phi_{A,IF}^i$) 可以由下式表示:

$$\phi_{A,IF}^i = \frac{f_1}{c}(D_A^i + T_A^i) + f_1(\Delta t^i - \Delta t_A) + N_{A,IF}^i \tag{30.8}$$

式中:f 为 L1 的频率,而 IF 组合的相位模糊度(实数) $\phi_{A,IF}^i$,可以表示为

$$N_{A,IF}^i = \eta N_{A,L1}^i + \gamma N_{A,L2}^i \tag{30.9}$$

$N_{A,L1}^i$ 和 $N_{A,L2}^i$ 就是如式(30.1)和式(30.2)所示,根据站 A 和卫星 i 得到的 L1 和 L2 各自的模糊度。关于消除电离层对 GNSS 信号的影响原理的更多详细信息参见文献[21,61-62],此外,更多信息可参见本书第二部分和第2章、第10章、第17章、第28章和第31章等内容。

30.1.1.2 步骤2:双差或精密单点定位技术

两种大地测量软件可以处理地面 GNSS 接收机记录的原始数据(RINEX)。

与使用双差(DD)技术的软件(见第19章)和基于相位记录的双差相对定位相同(例如,MIT[1] 开发的 GAMIT 或 AIUB[2] 开发的 BERNESE)。对于 DD 软件,需要使用附加软件(GLOBK/GLORG 用于 GAMIT,ADDNED 用于 BERNESE)将相对位置转换为绝对位置。

使用精密单点定位技术(PPP;见第20章和文献[63])获取绝对位置。通过直接处理 RINEX 数据中的相位记录获得绝对定位的软件(例如 JPL[3] 开发的 GIPSY-OASIS 软件、AIUB 开发的 BERNESE 软件)、GFZ[4] 开发的 EPOS 8 软件、GOP[5] 开发的 G-Nut/Tefnu 软

---

[1] MIT:Massachusetts Institute of Technology,麻省理工学院。
[2] AIUB:Astronomisches Institut der Universität Bern,伯尔尼大学天文学研究所。
[3] JPL:Jet Propulsion Laboratory,喷气推进实验室。
[4] GFZ:German Research Centre for Geosciences,德国地球科学研究中心。
[5] GOP:Geodetic Observatory Pecny,大地天文台。

件,以及 ESA① 开发的 NAPEOS 软件)。

例如,GAMIT 软件[64],DD 技术允许我们从式(30.8)中消除钟差。事实上,考虑到 2 个 GNSS 站(A 和 B)和 2 颗卫星(i 和 j),我们把式(30.8)的 IF 组合观测量 DD($\phi_{A,\mathrm{IF}}^{ij}$)表示为

$$\phi_{AB,\mathrm{IF}}^{ij} = \frac{f_1}{c}(D_{AB}^{ij} + T_{AB}^{ij}) + N_{AB,\mathrm{IF}}^{ij} \tag{30.10}$$

带符号

$$*_{AB,\mathrm{IF}}^{ij} = (*_{A,\mathrm{IF}}^{i} - *_{B,\mathrm{IF}}^{i}) - (*_{A,\mathrm{IF}}^{i} - *_{B,\mathrm{IF}}^{j}) \tag{30.11}$$

$$*_{AB}^{ij} = (*_{A}^{i} - *_{B}^{i}) - (*_{A}^{j} - *_{B}^{j}) \tag{30.12}$$

PPP 软件,如 GIPSY-OASIS,使用不同的方法工作(与每个站自主处理的卫星时钟和轨道解决方案有关)。即使解决了表征时钟的附加参数,但 PPP 软件的绝对定位速度也更快。DD 技术消除了接收机和卫星钟差。例如,来自 GAMIT 或 BERNESE 软件的相对定位更精确;然而,处理时间可能会受到所考虑的站点数量的显著影响。

30.1.1.3 步骤 3:基于定位解算和模糊度固定提取对流层误差

GNSS 相位测量(如第 10 章所述)记录了信号相位的时间演变,对卫星和接收机之间路径延迟过程中存在的周期的一小部分做出响应。因其整周数未知,所以给 GNSS 相位数据记录带来了一个不确定性。为了反演对流层参数,必须确定整周数,可以考虑采取两步法,使用最小二乘法来解算卫星发射信号的模糊度,这些模糊性取实数值。如果噪声水平和测量因子较低,则相位测量的模糊度将接近整数值。然后,在最小二乘法平方的归一化过程中,可以将模糊度固定为整数,从而允许对其他参数(例如位置和对流层参数)进行适当调整。A 站减少调整参数传感器的数量,从而提高恢复质量。通过成功固定模糊度,为第二次和最后一次调整提供了精确的评估。在这两个步骤中,对每个参数应用权重,调整或多或少遵循随机游走策略,直到解决方案稳定[65]。GNSS 参数的获取是一个迭代过程。

在实践中,为了能够重建有关对流层(T_{AB}^{ij})的信息,有必要同时解算相位模糊度(N_{AB}^{ij})和以几何项(D_{AB}^{ij})为特征的位置。如果假设 A 站和 B 站的位置是已知的,则可以计算最后一项,此假设至关重要。有关大地测量定位解算方案的更多详细信息,读者可以阅读本书第二部分、第四部分以及第 27 章和第 28 章等部分内容。

30.1.1.4 步骤 4:使用大地测量软件和映射函数进行 ZTD 调整

使用映射函数在天顶方向投影进行每对台站和每对可见卫星之间的相位测量(如 ϕ_A^i,ϕ_A^j,ϕ_B^i,ϕ_B^j,见图 30.1)。考虑从 IF 组合映射的 DD 软件建立组合对流层误差(如 T_{AB}^{ij})或在 PPP 中解算的单个误差(如 T_A^i,T_A^j,T_B^i,T_B^j),并且使用单个映射的 IF 组合,大地测量软件允许我们对选定的站点进行调整,以实现精确的 ZTD 测量。

对于在 DD 处理中解决的每条基线,对对流层误差(T_{AB}^{ij})进行调整,来表示 A 站和 B 站之间 ZTD 差异的调整:

$$T_{AB}^{ij} = (T_A^i - T_B^i) - (T_A^j - T_B^j) \approx (\mathrm{ZTD}_A - \mathrm{ZTD}_B) \cdot (mf_{\mathrm{sym}}(\epsilon_i) - mf_{\mathrm{sym}}(\epsilon_j))$$

$$\tag{30.13}$$

其中

---

① ESA:European Space Agency,欧洲航天局。

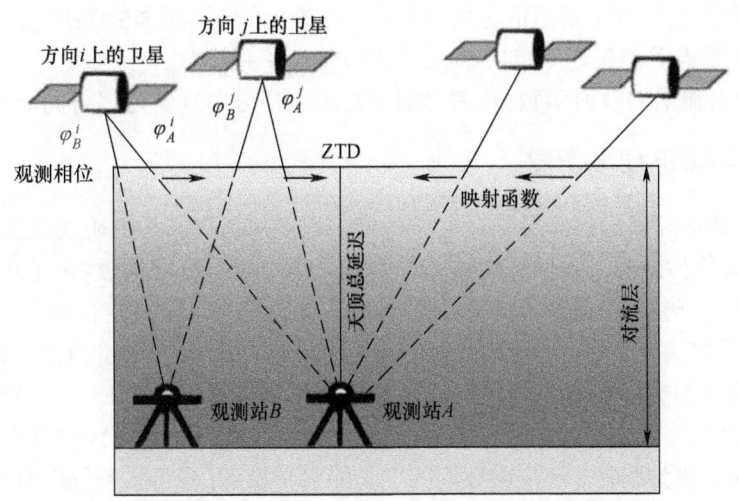

图 30.1 使用大地测量软件估计的中性大气的天顶总延迟(ZTD)
(请注意 ϕ_A^i 对应的相位测量值 $\phi_{A,L1}^i$、$\phi_{A,L2}^i$。)
(考虑每个可观测相位的时间和空间平均值。)

$$\begin{aligned}
T_A^i &= \text{ZTD}_A \cdot \text{mf}_{\text{sym}}(\epsilon_i) = L_{\text{sym},A}^i \\
T_B^i &= \text{ZTD}_B \cdot \text{mf}_{\text{sym}}(\epsilon_i) = L_{\text{sym},B}^i \\
T_A^j &= \text{ZTD}_A \cdot \text{mf}_{\text{sym}}(\epsilon_j) = L_{\text{sym},A}^j \\
T_B^j &= \text{ZTD}_B \cdot \text{mf}_{\text{sym}}(\epsilon_j) = L_{\text{sym},B}^j
\end{aligned} \qquad (30.14)$$

平均天顶总延迟的评估是考虑各向同性映射函数 mf_{sym}(如文献[58-60])进行处理的,例如 A 站和 B 站的 ZTDA 和 ZTDB 处理,mf_{sym} 所应用的球对称性取决于仰角(如卫星 i 和 j 的仰角 ϵ_i 和 ϵ_j),以及每个可见卫星方向的对流层各向同性误差延迟的最小二乘调整(如 $L_{\text{sym},A}^i$、$L_{\text{sym},B}^i$、$L_{\text{sym},A}^j$、$L_{\text{sym},B}^j$)。

ZTD 的最终解是在指定周期(时间窗口)内施加约束估计的常值。对于这两种情况,都需要在计算中进行设置。为了获得 ZTD 的反演解,在选定的时间窗口(时间平均)期间,使用所有可见卫星的载波相位测量(如 ϕ_A^i、ϕ_A^j、ϕ_B^i、ϕ_B^j)进行计算(空间平均)。固定模糊度和已知站位置可以估计与每个站的 ZTD 相关的 DD 对流层误差(如通过 T_A^i、T_A^j、T_B^i、T_B^j)。考虑定义时间窗口中的 k 个 30s 历元处理使用大地测量软件调整的 ZTD(例如 15min)进行(接收机记录的 RINEX 数据固有属性;注意,也有其他接收机历元的速率为 1s),并考虑每个历元 j 的可见卫星数量 n_j,ZTD 可通过式(30.15)来建立:

$$\left| \text{ZTD} - \frac{1}{k}\sum_{j=1}^{k}\left(\frac{1}{n_j}\sum_{i=1}^{n_j}\frac{L_{\text{sym}}(\epsilon_i)}{\text{mf}_{\text{sym}}(\epsilon_i)}\right)\right| < \mu \qquad (30.15)$$

具体来说,使用大地测量软件求解 ZTD 是在反演过程中使用 μ 标准(如 $\mu = 10^{-4}$)进行最小化过程的结果,导致每个 $L_{\text{sym}}(\epsilon_i)$ 的调整。ZTD 在为调整定义的时间窗口内是恒定的,表示了所选网络每个 GNSS 站点的精确平均天顶对流层校正。

请注意,通常即使 ZTD 是通过大地测量软件获得的对流层参数,其调整通常也基于另一个参数。事实上,使用于延迟的先验估计值(站高度和地面压强的 $ZHD_{apriori}$ 函数,参见文献[37]),调整重点是湿延迟($ZTD_{retrieved} = ZWD_{adjusted} + ZHD_{apriori}$)。

ZTD 结合对流层的映射函数,代表了对 GNSS 卫星方向倾斜延迟各向同性的贡献。

30.1.2 水平延迟梯度调整

可见卫星数量和斜延迟测量精度对于确定小尺度对流层结构的确切位置至关重要。因此,在大地测量软件最小二乘估计的调整中引入了第二个对流层参数:采用水平延迟梯度的形式表示[66-70]。请注意,最初在计算中引入水平梯度是为了改进定位解算,结果显示可重复性[70]提高了 15%,GNSS 和 WVR 之间的湿延迟提高了 25%。梯度由两个部分组成:G_{EW} 和 G_{NS}(分别为东西方向和南北方向),分别是根据可见卫星仰角(ϵ_i)和方位角(α_i)(各向异性贡献)对相位残差投影的校正。对流层斜面模型(图 30.2)以线性厚度和密度变化进行了图解,并将其视为调整对流层参数期间定义的水平梯度(参见文献[66,71]和 1.3.4 节)。梯度提供的校正具有自己的映射函数 mf_{az}[69]。斜延迟重建中方位各向异性的贡献(L_{az})取决于卫星方向(仰角和方位角)。

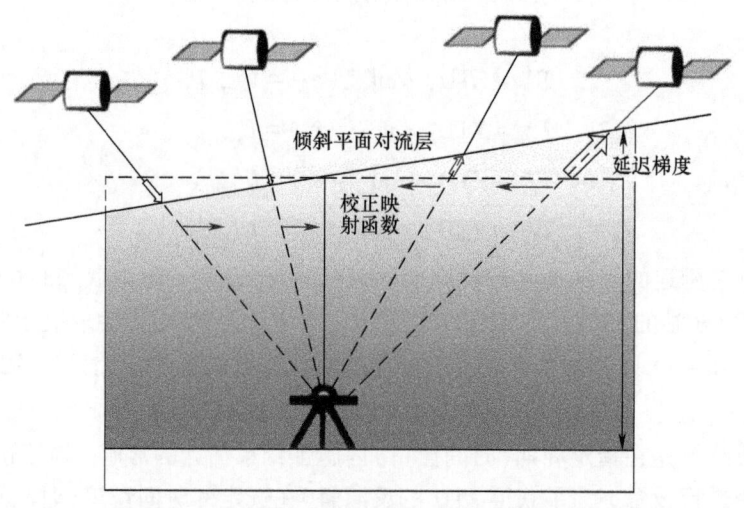

图 30.2 使用大地测量软件实现水平延迟梯度的图示
(在天顶方向投影的观测相位残差的各向异性校正。)

水平延迟梯度由等效的附加距离表示。GAMIT 大地测量软件的惯例是将梯度分量调整到 10°仰角(cm)。使用梯度映射函数(mf_{az}),梯度测量可转换到天顶方向(mm)。通常,仰角 10°时梯度分量一般不超过 15cm,这相当于天顶方向约 5mm 的值。G_{EW} 的正值(例如,在 10°处为 5cm)直观地表示,东侧 10°仰角处的斜延迟比西侧 10°仰角处的斜延迟大 5cm(海平面 10°仰角处斜延迟约为 14m)。计算中通常使用 10°的截止角,水平梯度表示了 GNSS 站点周围 50km 的圆锥区(假设 10km 以上的水蒸气密度可以忽略不计)。考虑 G_{EW} 为 5cm(10°仰角)时,同一高度向东 25km 处的 ZTD 约大 9mm,代表 IWV 约大 1.5kg/m²。G_{EW} 分量(10°仰角 5cm)对应于约 1.6mm 的"天顶"梯度(90°仰角),可用于改善来自站网的 ZTD 二维成像。

ZTD 和梯度可以每 15min 解算一次。对于 ZTD 的估算,水平梯度还表示根据不同可见卫星和地面接收机在指定时间段内记录的相位测量值进行时空的平均调整。

30.1.3 单向后拟合残差

由大地测量软件获取的相位延迟残差观测,称为单向后拟合残差(L_{res}),针对每个可见卫星方向每 30s 计算一次。

残差包括所有未建模的信号和前两个对流层参数(即 ZTD 和梯度)调整未考虑的误差。在某些情况下,残差表示对流层延迟或多径效应的额外贡献(见第 22 章和第 34 章)。Champollion 等[72]强调在气象中,残差可以解释为水汽场的局部小尺度非均匀性。帕尼等[73]认为与秋季潮湿时期相比,当大气中的水蒸气含量非常低(即在干燥的夏季)时,残差减少了 50%。考虑到残差是对流层三阶改正量的假设,可将残差叠加到卫星方向斜延迟的反演中,如图 30.3 所示。目前,还不可能概括这一假设,每种情况都应单独考虑。尽管如此,还是可以选择受多径影响非常小或使用叠加方法处理多径的 GNSS 站点。

基于 Elésegui 等[74]的研究工作,以及 Iwabuchi 等[75]提出使用多径叠加(MPS)功能作为残差校正的方法,我们改善了在低仰角[76]的 GNSS 观测效果。MPS 功能通过对受多径影响的每个 GNSS 站点和天线进行累积、相关和残差识别,避免了残差中包含的部分非对流层现象,提升了卫星方向斜延迟的测量。

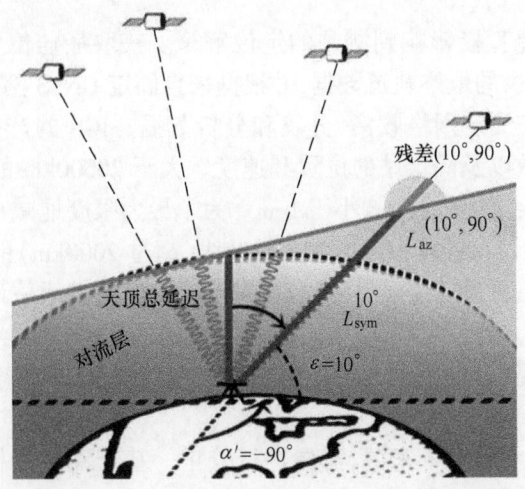

图 30.3 ZTD、延迟梯度和单向后拟合残差对卫星方向斜延迟的贡献说明(10°仰角和 90°方位角)

[注意,方位角 α 是沿时钟方向 ($\alpha = 180° + \alpha'$) 相对于北方的角度。]

30.1.3.1 未建模误差的其他来源

对卫星时钟和接收机不稳定造成的误差进行了调整(或使用 DD 进行估计)。电离层延迟使用线性组合进行纠正。但是,为了达到毫米级定位(GNSS 气象学的基础),必须考虑其他类型的误差和影响。这些误差源是独立的,在 GNSS 处理中每个误差都需要采用特定的策略。

通常,接收机性能使我们获得满意的信噪比数据,白噪声(电噪声)可以忽略。然而,多径效应可能会造成另一个误差源,它在数据处理过程中会导致错误的观测数据。事实上,一些GNSS信号到达天线的路径与直接视距不同,这些多径记录不遵循最短时间的原则(费马原理),可认为是植被或周围障碍物在天线附近反射的路径[74]。当仰角(地平线和卫星之间)超过15°时,费马原理的最短时间(表示能量最小的自发路径)非常接近直线路径(理论上是最短路径行程)。多径与自发路径传播的组合导致接收机记录错误的平均延迟。多径现象与卫星、反射器和天线之间的几何结构有关(参见第22章和第34章)。这种几何形状随卫星在其轨道上的运行而变化,在足够的观测周期(约12h)内,卫星的运行可以通过与天线相关的重要位置范围来描述。在这种情况下,考虑通过平均来消除多径效应是一个很好的方法。请注意,在6h的间隔内,卫星可以在GNSS测站上空穿越整个半球。为了平均多径引入误差并对其进行估计,应至少对6~12h的观测值进行处理。然而,在监测大气方面,重点是每小时以下的时段,因此,我们采用了一种识别多径的策略,以便在使用MPS功能的计算中拒绝多径,如Shoji等[76]所示。另外,为了改进GNSS对流层观测,需要天线校正模型。实际上,通过使用PCV(相位中心变化)模型,根据所用天线的类型定义相位中心变化,可以更精确地重建斜延迟。天线校正是根据经验模型确定的,Shoji等[76]展示了对流层参数的后处理,通过天线类型来考虑使用的PCV模型和MPS功能,提升了斜延迟观测。

在计算中必须指定天线的类型。天线的特征在于其相位中心(天线的电磁中心)的位置,而这又取决于天线的位置。请注意,相位中心的位置随时间而变化。这种变化取决于接收信号的频率(如L1或L2)、卫星方向(方位角和仰角)。这是天线的本质属性(形式或详细信息参见第26章[77-79])。

GNSS卫星轨道误差直接影响到测站的定位解算。获取最佳位置需要最精确的轨道,最好的选择是由IGS提供的最终轨道数据,并根据来自固定GNSS网络的数据实施(http://www.igs.org)。IGS从其固定网络收集、分发和分析数据。IGS的产品包括高质量的轨道、卫星钟差、地球自转参数以及固定站的位置和速度。大于20000km的轨道的平均误差为几厘米,对大约1000km基线的估计影响小于1cm。为了最大限度地减小绝对精确网络定位的误差,Tregoning等[35]建议在计算中考虑对甚长基线(超过2000km)的估计。在这种网络处理中,可以得到关于轨道质量的信息,还可以研究基于长度的基线估计的可重复性。如果所有长度重复性保持不变,则所选择的轨道对于所考虑的网络来说相当精确。使用精度较低的轨道(用于导航的广播信号)需要在最小二乘法过程中对其进行调整。更多细节见第11章、第40章和第62章。

固体潮也是定位误差的一个来源,需要进行校正。基于潮汐分析的校正模型(通过重力观测调整的理论模型;VLBI和SLR)用于反演定位解。国际地球自转和参考系统服务的应用模式(http://www.iers.org)考虑太阳和月亮的位置(见第27章、第39章和第52章)。请注意,也可以考虑其他地面变形,如海洋和大气载荷,以建立定位解算。事实上,海洋等(洋流和海洋潮汐)和大气的质量也会使大陆变形。

30.1.4 中性大气斜路径总延迟的反演

在文献中,对流层误差T_A^i[式(30.1)和式(30.2)]称为中性大气(STD)的斜路径总延迟。正如30.1.1节所述,GNSS相位测量存在模糊度。因此,STD无法直接测量,使用大地测量软件,可以根据以下3个对流层参数进行STD的重建:ZTD(对称贡献)、水平延迟梯度(不对称贡献)和残差(对确定卫星方向的最终调整)。

30.1.4.1 球对称的各向同性部分(L_{sym})

对流层误差 T_A^i 描述的卫星 i 方向的 STD 不能直接使用,需要使用对流层模型和映射函数来估计 STD,有关这些模型(干延迟和湿延迟)和大气折射率公式的更多详细信息,请参见 30.2 节。

考虑到 ZTD 测量(见 30.1.1 节)的各向同性延迟 (L_{sym}),可分别使用干湿分量映射函数 mf_{sym}^h 和 mf_{sym}^w(例如,见文献[58-60])来映射卫星 i 方向上的仰角 ϵ_i。

$$L_{\text{sym}}(\epsilon_i) = \text{ZHD}_{\text{apriori}} \cdot \text{mf}_{\text{sym}}^h(\epsilon_i) + \text{ZWD}_{\text{adjusted}} \cdot \text{mf}_{\text{sym}}^w(\epsilon_i) \qquad (30.16)$$

这种对 STD 的各向同性贡献与所选卫星的方位角 α_i 无关,并能定义 GNSS 站点周围的路径延迟锥(球对称)。在图 30.4(a)所示的选定事件中,对于 Cháteau-Renard(CHRN)站(位于海拔高度 103m),10°[$L_{\text{sym}}^{10°} = L_{\text{sym}}(10)$,见式(30.16)]处的延迟约为 14m。$L_{\text{sym}}^{10°}$ 在 6h 内取值范围为 0.24m。

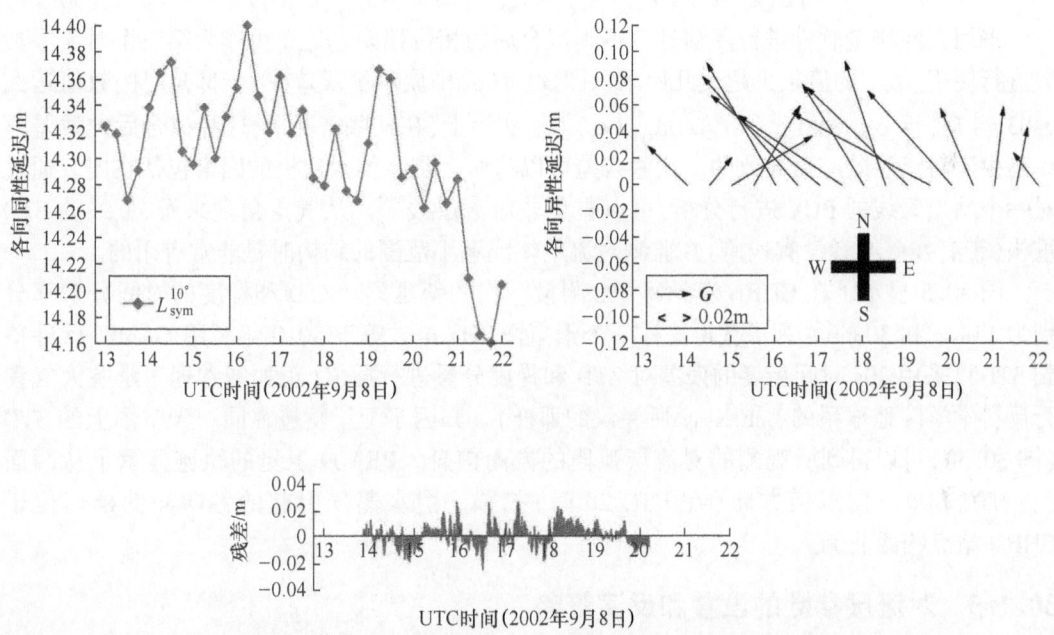

图 30.4 表示了 2002 年 9 月 8 日至 9 日在 Cháteau Renard(CHRN)站测得的对流层参数
(a)各向同性延迟(ZTD 每 15min 估计一次)映射在 10°($L_{\text{sym}}^{10°}$)位置;
(b)在仰角为 10°时反演水平梯度 G(每 30min 一次);(c)卫星 PRN09 在仰角
ε 处的方向每 30s 提供一次残差,同时映射在 10°($L_{\text{res}}^{10°}$)位置。

30.1.4.2 方位角不对称的各向异性部分 (L_{az})

倾斜平面对流层的简单模型可使我们将水平延迟梯度分解为 2 个分量,G_{EW} 和 G_{NS}。GNSS 站点周围约 50km 处的水蒸气(最终是水凝物)对延迟 (L_{az}) 的各向异性贡献的一阶公式可根据该卫星的仰角 ϵ_i 和方位角 α_i 给出:

$$L_{\text{az}}(\epsilon_i, \alpha_i) = \text{mf}_{\text{az}}(\epsilon_i) \cdot (G_{\text{NS}} m \cdot \cos\alpha_i + G_{\text{EW}} \cdot \sin\alpha_i) \qquad (30.17)$$

对 STD 的各向异性部分的表达式组合成一个映射函数 (mf_{az}),该函数依赖于仰角 ϵ_i 和常数 C,同时梯度分量与方位角 α_i(方位角不对称)相关联。

$$mf_{az}(\epsilon_i) = \frac{1}{\sin\epsilon_i \cdot \tan\epsilon_i + C} \tag{30.18}$$

其中梯度分量(G_{EW}, G_{NS})为总量,这意味着没有分离干湿分量梯度[69,80]。在大地测量软件中,通常将常数设置为$C = 0.0032$[57]。

从图30.4(b)中可以看出,梯度分量在仰角为10°时最大可超过0.10m。

30.1.4.3 STD的反演以及残差部分(L_{res})

利用大地测量软件对ZTD和水平梯度这2个对流层参数进行调整。

这些参数允许我们重构以下方向的STD:某卫星i的仰角为ϵ_i,方位角为α_i,相当于站点A的对流层误差为T_A^i。如果GNSS的站点不受多路径效应的影响,小尺度对流层组成结构的监测可以通过以下STD的反演得到,即L_{sym}(从ZTD获得)、L_{az}(从水平梯度分量获得)与L_{res}(ZTD和梯度调整后的残差)的三者之和。

$$STD(\epsilon_i, \alpha_i) = L_{sym}(\epsilon_i) + L_{az}(\epsilon_i, \alpha_i) + L_{res}(\epsilon_i, \alpha_i) \tag{30.19}$$

采用大地测量软件进行反演计算得到拟合后的相位残差(L_{res})可作为第三个对流层参数进行使用。L_{res}的值很少超过几厘米。图30.4(c)中展示了残差在10°仰角时的数值达到0.03m [$L_{res}^{10°} = L_{res} \cdot mf_{sym}(10°)/mf_{sym}(\epsilon_i)$]。实际上,在某些情况下,这些拟合后的残差不单是由于对流层效应而导致的。这些残差可以将所有剩余的未建模的因素包括在内。通过对一个站点天线的PCV进行分析,可以避免非对流层残差。从气象角度来看,最终的STD重构(带有残差或者没有残差)在监测对流单体或者小范围的结构时是非常有用的。

图30.5显示了在CHRN车站每30s测量一次的斜延迟。ZTD和梯度的时间分辨率分别为15min和30min。为了获得这样一个天空图(Herring等于2010年利用GAMIT软件得到STD),采用30s时间精度的残差对ZTD和梯度分量进行插值(正如麻省理工学院大气和行星科学学院地球系的Bob King所建议的那样)。归因于卫星轨迹在同一天空图上的STD(图30.5),可以得到所观测的对流层弧段的方向信息。PRN09卫星的轨迹显示了从西面(在UTC 14时)向东南方向(在UTC 20时)扫描。由水蒸气引起的各向异性延迟位于CHRN站点的西北侧。

30.1.5 对流层参数的设置和反演策略

获取对流层参数的策略取决于不同的应用类型。在极端天气监测情况下,需要高时空分辨率和可变性的观测。由于多径和其他误差因素的影响,残差的可靠性难预测,因此推荐使用具有高可变性的ZTD和低约束的水平梯度。为了了解天气重大事件,需要对低层大气进行观测,对于气象学的GNSS处理试图考虑低截止角。基于此,映射函数的选择非常关键,对于中纬度地区,使用经验函数(如NMF或者GMF)足以提供截止角10°时的观测结果[59]。但是对于其他纬度或者更低的截止角(低至3°)处的数据处理,映射函数需要考虑对流层信息(如基于数值天气模型输出的VMF1[60])。

对流层参数的反演计算需分段。为了避免反演过程中时间序列的边带影响,采用滑动窗口策略。如果将持续时间划分为3段,只需要考虑中间时间段(相当于持续时间的1/3),该持续时间是一个关键参数。图30.6中给出了分辨率为30min条件下用于反演每日ZTD和梯度的两种类型的配置。当嵌入的对流向东移动时(2002年9月9日中午,DOY 252),我们能够看到两种类型的区别:①ZTD幅度差异和中尺度对流系统(MCS)通过CHRN站点的

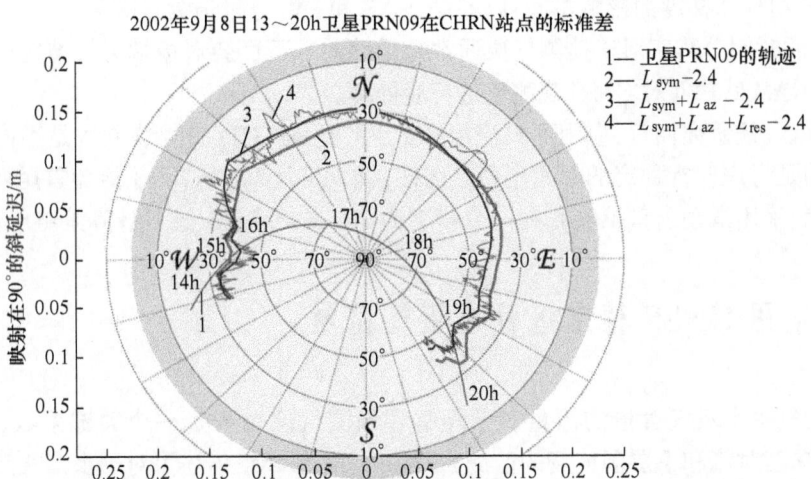

图 30.5 2002 年 9 月 8 日在 CHRN 站点,卫星 PRN09 方向(线 1 代表轨迹,灰色代表仰角,黑色基点代表方位角)映射在 90°的倾斜延迟(沿黑色轴)。线 2 显示各向同性数值(L_{sym}),线 3 表示附加各向异性数值($L_{sym} + L_{az}$),线 4 表示带有残差的 STD($L_{sym} + L_{az} + L_{res}$)。请注意,所有这些数值已减去 2.4m 的延迟,使显示的倾斜延迟更明显

时间;②采用梯度对 MCS 路径进行监测时的差异。对于极端天气的监测建议如下:12h 分为 6 段(时间分辨率为 15min)或者 6h 分为 12 段(时间分辨率为 5min);可参考 Brenot 等[82] 对 GNSS 反演应用于即时预报的应用。Brenot 等已验证了网络和环境(约束条件、定位解算)在计算中对几何结构的敏感性[81]。注意到研究过程中所采用的网络的平均纬度为 45°N。ZTD 精度估计约为 5~10mm。对于梯度分量,由于卫星在天空中以 45°分布,EW 分量的精度优于 NS 分量(仰角为 10°时分别为 5~15mm 和 10~20mm,相当于天顶方向的 0.15~0.5mm 和 0.3~0.7mm)。在地球其他区域(如南半球或者靠近极点),GNSS 卫星星座的集

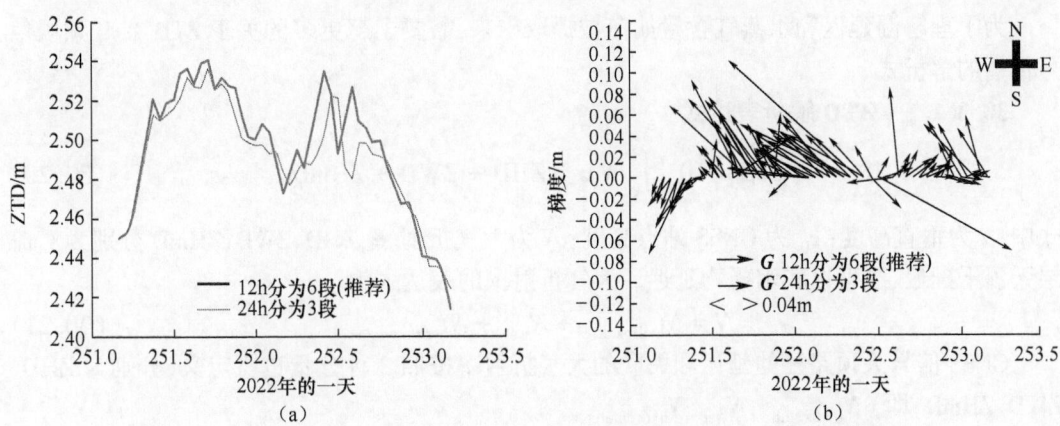

图 30.6 法国东南部 2002 年 9 月 8 日至 9 日山洪暴发期间在 CHRN 观测站的(a) ZTD(b) 梯度。滑动窗口计算的参数配置为(a)12h 分为 6 段,仅考虑中间 4h;(b)24h 分为 3 段,仅考虑中间 8h

合图形对于 ZTD 和梯度的影响不同,以梯度在 NS 和 EW 分量最为显著。

15min 的时间分辨率对于监测气象通常是足够的。下面会对极端天气情况的监测进行举例,利用 GAMIT 软件对 GNSS 观测量进行后处理。

注意,就气候研究而言,应用到对流层参数(主要是 ZTD)的测量方法是不同的。该类研究的目的是考虑非常稳定的时间序列。因此,将 24h 分为 3 段(为了避免首尾两段出现边缘问题,仍然采用滑动窗口策略),时间分辨率为 30min 或者 1h,这种计算策略比较适当。

30.2 采用 GNSS 技术进行水蒸气监测

中性大气中水蒸气含量的测量对于理解和预测气象过程是一个关键参数(大规模对流、中尺度深度对流和下层湿度场的监测)。Kampfer[83]详细描述了对于水蒸气测量的操作技术的最新发展现状,其中包括地面仪器(WVR、太阳光度计、激光雷达、傅里叶变化红外光谱仪)、原位测试方法(遥感和机载仪器),以及遥感(红外、可见光和微波传感器)。每种方法都有自己的局限性。遥感方法可获得全球范围内的覆盖,但是在多云和阴雨天气不能获得测量(对于可见光和红外传感器来说),在陆地上也同样如此(对于微波传感器来说)。在极端天气条件下,人们认识到地球测量值的覆盖范围(遥感、太阳光度计、激光雷达、红外光谱仪、最大波达方向)通常不足以正确测量中尺度的三维大气水汽场。然而,GNSS 技术能够提供高时间频率的观测量(每小时一次),在所有天气环境下均可以采用固有稳定法进行操作[84]。相比其他操作方法来说相对成本低(尤其是采用已经存在的 GNSS 观测站或者通过安装新的 GNSS 站点,这种方法相比于其他操作来说是较便宜的),正如之前提到的,该技术尤其在气象应用和网络监测方面非常有吸引力,该章节介绍了从延迟测量值中提取水蒸气含量的方法,用于卫星定向定位的斜湿延迟和斜 IWV 分量。

30.2.1 从 GNSS ZTD 中提取出 ZWD 和 IWV

为了理解湿延迟和水蒸气含量如何被提取出来,需要了解更多的关于 ZTD 在 L 频段信号传播的解析式。

30.2.1.1 ZTD 解析表达式

$$\text{ZTD} = 10^{-6}\int_{z_0}^{\infty} N \mathrm{d}z = \text{ZHD} + \text{ZWD} + \text{ZHmD} \tag{30.20}$$

式中:z 为垂直高度;z_0 为 GNSS 站点高度;N 为大气折射率;ZHD、ZWD、ZHmD 分别为对流层天顶干延迟、湿延迟和水凝物延迟。大气折射率的表达式为

$$N = N_{\text{hydrostatic}} + N_{\text{wet}} + N_{\text{hydrometeors}} \tag{30.21}$$

GNSS 信号天顶路径的延迟和关联的大气折射率按照 3 种分量进行定义,分别为 ZHD、ZWD、ZHmD,即 ($N_{\text{hydrostatic}}, N_{\text{wet}}, N_{\text{hydrometeors}}$)。

ZHD 表示在中性环境下对于 ZTD 所有气体总密度的贡献,其表达式为

$$\text{ZHD} = 10^{-6}\int_{z_0}^{\infty} k_1 R_d \rho \mathrm{d}z = 10^{-6}\int_{z_0}^{\infty} k_1 \frac{P}{T_v} \mathrm{d}z \tag{30.22}$$

式中:ρ 为空气密度;P 为压强;$R_d = (287.0586 \pm 0.0055) \text{J}/(\text{kmol} \cdot \text{K})$ 为干燥空气的摩尔

气体常数;T_v 为虚拟温度;k_1 为大气折射率因子。ZHD 是 ZTD 的主要组成部分,在海平面一般为 2.3m。

另外,ZTD 的主要变量受到站点水蒸气含量的实质性影响(比如,在海平面,ZWD 从 0.05m 变化为 0.50m)。具体的水蒸气对 ZTD 的额外贡献可以表示为

$$\text{ZWD} = 10^{-6} \int_{z_0}^{\infty} (k_2 R_w - k_1 R_d + \frac{k_3}{T} R_w) \rho_{wv}$$

$$\text{d}z = 10^{-6} \int_L \left(k'_2 \frac{e}{T} + k_3 \frac{e}{T^2} \right) \text{d}z \tag{30.23}$$

式中:ρ_{wv} 为水蒸气的密度;$R_w = (461.525 \pm 0.013)\text{J}/(\text{kmol} \cdot \text{K})$ 为水蒸气密度的摩尔气体常数;e 为水蒸气分压。由于其自然极性,水蒸气具有密度和密度-温度项,分别采用折射率因子 k_2 和 k_3 进行描述。其中 $k'_2 = k_2 - k_1 \frac{R_d}{R_w}$。

k_1、k_2 和 k_3 不同的估计,可通过查阅有相关主题的下列文献中得到(如文献[85-89])。Bevis 等[90]修正了 Hasegawa 和 Stokesberry 所采用的数据[89],消除了异常值,并且提供了以下数值的均值,其中 $k_1 = (0.7760 \pm 0.0005)\text{Pa}/\text{K}$,$k_2 = (0.704 \pm 0.022)\text{Pa}/\text{K}$,$k_3 = (373900 \pm 1200)\text{Pa}/\text{K}^2$,$k'_2 = (0.2213 \pm 0.0220)\text{Pa}/\text{K}$。最近,Rüeger(2002)重新计算了二氧化碳含量为 375μL/L 空气(0.0375%)的 k_1 系数,提出了 $N_{\text{hydrostatic}}$ 精度为 0.02% 下的 $k_1 = 0.77689\text{Pa}/\text{K}$。他同时也提供了 $k_2 = 0.712952\text{Pa}/\text{K}$,$k_3 = 375463\text{Pa}/\text{K}^2$,$k'_2 = 0.2297\text{Pa}/\text{K}$。水蒸气分量 N_{wet} 的精度为 0.2%。Saastamoinen[48]给出一表达式,k_1 为压强和温度的函数。Brenot 等[41]在 GNSS 信号频率中采用了该表达式:

$$k_1 = \chi \left(1 + \beta \frac{(P-e)}{T} \right) \tag{30.24}$$

式中:$\chi = 0.7755\text{K}/\text{Pa}$;$\beta = 1.3E\,10^{-7}\text{K}/\text{Pa}$。

在 ZHD 和 ZWD 的表达式中,假定压缩因素可忽略不计[41]。

ZHmD 代表水凝物部分对 ZTD 的微小影响,即液体(比如云彩和雨水)和固体水(比如原始冰、雪、冰雹和霰)。在文献中通常忽略不计,可以被表示为

$$\text{ZHmD} = 10^{-6} \int_{z_0}^{\infty} (N_{\text{lw}} + N_{\text{ice}}) \text{d}z = k_{\text{lw}} M_{\text{lw}} + k_{\text{ice}} M_{\text{ice}} \tag{30.25}$$

式中:N_{lw} 和 N_{ice} 分别为液体和固体水的大气折射率;M_{lw} 和 M_{ice} 分别为液体和固体水每单位空气体积的质量含量。假设液体和固体水的密度分别为 $1\text{g}/\text{cm}^3$ 和 $0.916\text{g}/\text{cm}^3$。系数 $k_{\text{lw}}(\approx 1.45)$ 和 $k_{\text{ice}}(\approx 0.69)$ 的数值取决于各自的介电常数。Brenot 等[41]详细分析了温度对 k_{lw} 和 k_{ice} 表达式的决定性影响。该研究表明在降雨期间,降水延迟非常显著,尤其是在 2002 年 9 月 8—9 日法国东南部山洪暴发期间 ZHmD 的估计高达 0.07m。

在 ZTD 详细表达式推导之后,通过 GNSS 技术提取 ZWD 和 IWV 的假设可正确描述。由于在 GNSS 卫星可见范围内的降水分布特别受限于空间和时间,通过提取 GNSS 湿分量延迟和水蒸气含量(分别为 ZWD_{GNSS} 和 IWV_{GNSS}),在一个站点上空水凝物对于平均 ZTD 的影响(卫星方向)可忽略不计。

30.2.1.2 GNSS ZWD 的估计

在 1972 年,Saastamoinen[37]详细说明了如何估计中性大气层下的干延迟,取决于表面

压强 P_s。事实上,如果大气层假设处于流体静力平衡状态,干延迟(以米为单位)可表示为如下表达式[12,91]:

$$\text{ZHD}_{\text{estimate}} = 10^{-6} \frac{k_1 R_d P_s}{g_m} \tag{30.26}$$

式中: g_m 为站点上空大气柱的平均重力。Saastamoinen 推导出的 g_m 表达式(1972)取决于纬度 λ 和高度 H(以米为单位):

$$g_m = 9.784 \times [1 - 0.0026\cos(2\lambda) - 0.000000279H] \tag{30.27}$$

Saastamoinen 推导的该式通常应用于 GNSS 处理中,对干延迟估计比较简单,只需知道 GNSS 站点的高度,同时利用测高方程对压强进行标准差估计。

Vedel 等[92]提供了干延迟的其他表达式。该式还考虑了大气处于静力平衡状态,并基于站点上方的温度恒定的假设(T_m)。

$$\text{ZHD}_{\text{estimate}} = 10^{-6} \frac{k_1 R_d P_s}{g(r)} \left\{ 1 + 2 \frac{R_d T_m}{rg(r)} + 2 \left[\frac{R_d T_m}{rg(r)} \right]^2 \right\} \tag{30.28}$$

式中: r 和 $g(r)$ 分别为地球中心的距离($r = r_0 + h_0$,以米为单位)和基于 GNSS 站点位置重力的加速度;h_0 为大地水平面上方的 GNSS 站点的高度。$g(r)$ 表达式如下:

$$g(r) \approx g_0 \left(\frac{r_0}{r} \right)^2 \tag{30.29}$$

采用 Vedel 等[92]列出的步骤可以得到 g_0:

$$g_0 \approx g_e [1 + a_1 \sin^2\lambda + a_2 \sin^2(2\lambda)] \tag{30.30}$$

式中: $g_e = 9.780356 \text{m/s}^2$; $a_1 = 5.2885 \times 10^{-3}$; $a_2 = -5.9 \times 10^{-6}$。

r_0 为从 GNSS 站点投影位置到大地水准面的地球中心距离,表达式为

$$r_0 \approx \frac{r_e}{\sqrt{\left(\frac{r}{r_P}\right)^2 \sin^2\lambda + \cos^2\lambda}} \tag{30.31}$$

式中: $r_e(\approx 6378100\text{m})$ 是平均赤道半径;$r_p(\approx r_e - 21500\text{m})$ 为平均极半径。

利用 Vedel 等[92]的公式对干延迟进行估计所需的最后一个参数为 GNSS 站点上方的平均温度(T_m)。T_m 的解析表达式如下[30]:

$$T_m = \frac{\int_{z_0}^{\infty} \frac{e}{T} dz}{\int_{z_0}^{\infty} \frac{e}{T^2} dz} \tag{30.32}$$

基于 8718 个 RS(介于美国 27°N~65°N)的线性递归,Bevis 等[28]提出了 T_m 作为表面温度 T_s(单位:K)函数的以下估算:

$$T_m = 70.2 + 0.72 T_s \tag{30.33}$$

对于纬度 $\lambda = 45°$N,高度 $z_0 = 100$m 的站点,其表面压强 $P_s = 101325$Pa,表面温度 $T_s = 290$K,Vedel 等[92]的 ZHD$_{\text{estimate}}$ 大约比文献[37]中的数值高出 2.315m 和 0.006m。

考虑站点的 ZTD 的 GNSS 反演(ZTD$_{\text{GNSS}}$)和表面压强(P_s),可以估计天顶方向的湿延迟(ZWD$_{\text{GNSS}}$):

$$\text{ZWD}_{\text{GNSS}} = \text{ZTD}_{\text{GNSS}} - \text{ZHD}_{\text{estimate}} \tag{30.34}$$

30.2.1.3 GNSS 的 IMV 估计

Hogg 等[29]介绍了将 IWV 和 ZWD 联系到一起的比例因子 κ：

$$\text{IWV} = \int_{z_0}^{\infty} \rho_{wv} \mathrm{d}z \approx \kappa \cdot \text{ZWD} \tag{30.35}$$

式中：ρ_{wv} 为水蒸气密度。

在 1987 年，Askne et Nordius[30]详细推导了 κ 的表达式：

$$\kappa = \frac{10^8}{R_w \left(\dfrac{k_3}{T_m} + k_2' \right)} \tag{30.36}$$

将 Bevis 等[28]在式(30.33)中 T_m 的估计引入 κ 方程(30.36)中，可以得到以下 GNSS 估计值：

$$\text{IWV}_{\text{GNSS}} = \kappa \cdot \text{ZWD}_{\text{GNSS}} \tag{30.37}$$

当 κ 取值 167kg/m³ 时，ZWD 为 6mm 相当于 IWV 取值约为 1kg/m²。如果 GNSS 站点没有表面压强和温度的测量值，气象模型的输出结果可获得这些参数，即 P_s 和 T_m（详见文献[93]）。通常，在气象学上应用考虑的是降水量（以毫米为单位）而不是等效 IWV（以 kg/m² 表示）。可降水量指的是一个站点上空空气柱中包含的总水汽量的液体当量。

30.2.1.4 GNSS 湿延迟和水汽含量的敏感性及其验证

GNSS 的大气测量结果已通过和有独立测量数据和数值的天气预测模型的比较得到了验证[92-102]。ZWD_{GNSS} 和 IWV_{GNSS} 提取的精度通常非常好，分别小于 0.01m 和 1.5kg/m²。Van Malderen 等[93]利用全球 28 个站点超过 15 年的 GNSS ZTD 反演，将 IWV_{GNSS} 与同一卫星 IWV 观测值以及太阳光度计和/或无线电探空仪测量值进行比较。不同技术的平均偏差与 GNSS 估计值相比，IWV 数值变化范围仅在 -0.3~0.5kg/m²。

这种精度在恶劣天气下会降低。Brenot 等[41]使用非流体静力高分辨率传感器的输出模型（Méso-NH；参见文献[103]）来测试极端洪水期间 GNSS 估计值（ZWD_{GNSS} 和 IWV_{GNSS}）的敏感性。结果表明，式(30.37)的转换非常好（精度优于 0.3kg/m²）。在对流单元中心，使用流体静力公式（推断 $\text{ZHD}_{\text{estimate}}$）可导致高估高达 0.018m（平均高估小于 0.6kg/m²）。模拟的水凝物延迟达到 0.07m 以上，表明了 ZWD_{GNSS} 被高估[式(30.34)]。系数 k_1 的表达式是压力和温度的函数[式(30.24)]，已经测试，导致 IWV_{GNSS} 的平均高估约为 0.4kg/m²（从 0.15kg/m² 到 1kg/m²）。值得一提的是，该研究仅考虑 ZTD 的模拟，并没有考虑对 GNSS 卫星方向的斜延迟进行模拟，以估计水汽导致 ZTD 平均延迟的估计和 $\text{ZHD}_{\text{estimate}}$ 的高估。若使用 GNSS 斜方向观测，式(30.34)的实际退化肯定会降低。

30.2.2 GNSS SWD 和 SIWV 的反演

卫星 i 的 STD 反演（仰角 ϵ_i 和方位角 α_i）（见 30.1.4 节）为反演 GNSS 倾斜湿延迟（SWD_{GNSS}）奠定了方法基础：①湿延迟的各向同性影响；②湿梯度的各向异性影响；③湿残差的影响。

$$\text{SWD}_{\text{GNSS}}(\epsilon_i, \alpha_i) = L_{\text{sym}}^w(\epsilon_i) + L_{\text{az}}^w(\epsilon_i, \alpha_i) + L_{\text{res}}^w(\epsilon_i, \alpha_i) \tag{30.38}$$

湿延迟的各向同性影响使用式(30.34) ZWD_{GNSS} 和在 30.1.4.1 节中提到的湿映射函数 mf_{sym}^w：

$$L_{sym}^w(\epsilon_i) = ZWD_{GNSS} \cdot mf_{sym}^w(\epsilon_i) \quad (30.39)$$

湿梯度 (L_{az}^w) 的各向异性影响基于 30.1.4.2 节所述的总梯度 (L_{az}) 和流体静力梯度 (L_{az}^h) 的减法：

$$L_{az}^w(\epsilon_i, \alpha_i) = L_{az}(\epsilon_i, \alpha_i) - L_{az}^h(\epsilon_i, \alpha_i) \quad (30.40)$$

流体静力梯度 $L_{az}^h(\epsilon_i, \alpha_i)$ 的表达式如下：

$$L_{az}^h(\epsilon_i, \alpha_i) = mf_{az}^h(\epsilon_i) \cdot [G_{NS}^h \cdot \cos(\alpha_i) + G_{EW}^h \cdot \sin(\alpha_i)] \quad (30.41)$$

假设流体静力延迟梯度的有效高度约 13km(比例尺高度 H)，则流体静力梯度的映射函数 (mf_{az}^h) 对于卫星 i 在仰角 ϵ_i 处的表达式为

$$mf_{az}^h(\epsilon_i) = \frac{1}{\sin(\epsilon_i) \cdot \tan(\epsilon_i) + C} \quad (30.42)$$

将常数 C 固定为 0.0031[69]。为了获得 G_{NS}^h 和 G_{EW}^h 分量，需要表征 GNSS 站点周围的表面压力场。通过对每个测量历元的压力测量[72,81]拟合平面来建立干延迟梯度。从 GNSS 站点附近的压力场，可以计算出每单位距离的干延迟在南北方向 (Z_{NS}^h) 东西方向 (Z_{EW}^h) 的空间变化(km)，[如，使用式(30.26)或者式(30.28)中的公式]。注意，如果表面压力测量不可用，可考虑用数值天气预报(NWP)中的输出。假设干折射率符合指数定律，考虑将干延迟中的梯度标量高度设置为 $H = 13\text{km}$ [69])，干延迟空间变化可转换为干延迟梯度[80,104-105]：

$$\begin{pmatrix} G_{NS}^h \\ G_{EW}^h \end{pmatrix} = H \cdot \begin{pmatrix} Z_{NS}^h \\ Z_{EW}^h \end{pmatrix} \quad (30.43)$$

总梯度、湿梯度和干梯度的时间序列由 Champolion 等[72]和 Brenot 等[81]计算得出。

单向后拟合残差，如 30.1.3 节所述，如果站点受多路径影响很小，则可以认为是对流层湿延迟的一个高阶分量。在这种情况下，我们可以假设总残差为湿影响 ($L_{res}^w = L_{res}$)。

最后，GNSS 斜 IWV 反演 ($SIWV_{GNSS}$) 可通过下式采用 κ 因子从 (SWD_{GNSS}) 中获取(如 30.2.1.3 小节中提出的 ZWD_{GNSS} 转化为 IWV_{GNSS} 的方法相同)：

$$SIWV_{GNSS} = \kappa \cdot SWD_{GNSS} \quad (30.44)$$

30.3 GNSS 气象学案例研究

我们目前仍无法避免灾难性的气象情况，如龙卷风、台风、飓风或较低规模的大风暴、暴雨和洪水事件。在如此严峻的天气事件中，经常会发生生命和财产损失，有时甚至会导致社会灾难。这种情况下，拯救生命和最终财产的唯一机会是发布官方警报，这是国家气象机构应急部门的责任。由于对流层的水蒸气含量是恶劣天气下的关键参数之一，因此我们可以得出结论，作为天气预报系统一部分的湿度场观测至关重要。

GNSS 气象学包括 3 个分支：GNSS 无线电掩星(GNSS RO)、GNSS 反射测量(GNSS-R)和 GNSS 地面测量。

GNSS RO 技术将在第 33 章中介绍。这项技术已经显示出监测热带和热带外气旋的潜力[106]，特别是使用 FORMOSAT-3(Formosa 卫星)和 COSMIC-1(气象、电离层和气候星座观测系统)实验的全球数据集。

监测恶劣天气的另一重要方面是侧重于水文气象和地表土壤湿度。事实上，研究地表和低层大气之间的水和能量转移，对于帮助应急部门判断洪水风险至关重要(飓风、台风、大规模风暴或者 MCS 之后)。水文传感器的 GNSS-R 技术是一个有前途的工具(详见第 34 章)，值得注意的是一些新兴气象应用包括处于高风险的海况、海洋涡流和风暴潮的状态监测(详见第 34 章和文献[107])。GNSS-R 技术可以使用 LEO 卫星，空间或地面数据。CYGNSS(旋风全球卫星导航系统)将使用微卫星利用反射的 GPS 信号来测量地球海洋上空的风速，增加科学家理解和预测飓风的能力。

为了详细说明基于地面 GNSS 观测在湿度领域的应用，本节重点介绍两种事件类型(大规模和中等规模对流)，引发了法国东南部秋季洪水(也称为 Cevenol)和比利时夏季洪水。这些恶劣天气监测的例子均利用 GAMIT 软件采用了后处理的 GNSS 反演(时间分辨率为 15min，截止角度为 10°)。其他不同类型气象事件的描述，比如西非季风和亚马逊深对流事件，均由 Bock 等[99,108]和 Adams 等[109]提出。

30.3.1 密集网络监测湿度场

2010 年 8 月中旬，比利时发生暴雨。这种暴雨是由德国气象学家称为"Yvette"的反气旋造成的，高空的低温异常造成了低压，起初，形成了一个具有强烈南北分量的高海拔气压空洞，然后冷空气向南部地区移动，产生一个低压区域，顶部是冷空气圆顶。Yvette 被几乎无处不在的高压包围着(特别是著名的俄罗斯反气旋，这是 Muscovites 非常关注的源，Muscovites 同时受到前所未有的热浪袭击)。考虑到相邻反气旋为轻微静态状态，这种反气旋变得成熟(前面有遮挡)，实际上已经在比利时排空了，Yvette 在欧洲带来了令人瞠目结舌的后果：8 月 15 日下午，芬兰(65°N)的气温竟然比西班牙西北部(43°N)的气温还高，其次是北风、反气旋。这种天气情况可以认为是一个大规模的对流系统，天气锋面缓慢通过比利时。在 72h 内，距离几百千米的几个比利时降雨观测站测得的累计降雨量约为 100mm($1/m^2$)，占月平均比值的 150%。这种相当罕见的现象在比利时通常每 20 年才发生一次。

比利时有大约 70 个 GNSS 站组成的密集网络(基线从 5 到 30km，详见图 30.7)。该网络由 Flemish 和 Walloon 政府、国家地理研究所和比利时皇家天文台(ROB)负责。比利时皇家太空研究所(BIRA)利用 GAMIT 软件，已经在时间分辨率 15min 条件下反演得到 ZTD 和梯度。采用 ZTD 结合比利时皇家气象研究所(RMI)提供的地表压力和温度的天气测量值，在整个降雨期间，生成了 IWV 二维图像。图 30.7 显示了根据 Brenot 等[82]提出的策略对湿度场监测改进的结果。

其目的是改善用于处理插值 IWV 成像站点的水平分布。考虑到由梯度 G 表示的坐标轴，还考虑了两个额外的 IWV 伪观测量(一个在矢量方向上更潮湿，另一个在相反方向上更干燥)。利用比利时网络展开的测试表明在 GNSS 站点两侧 10km 处是监测对流层小尺度结构(几千米)最关键的距离。对于每个站点，湿梯度(天顶方向的差值)已转换为水蒸气含量梯度。为了获得伪 IWV，这种梯度可以通过幅度乘距离(单位：km)水平传播[110]。图 30.8 显示了此事件期间水蒸气场的精确反演情况。

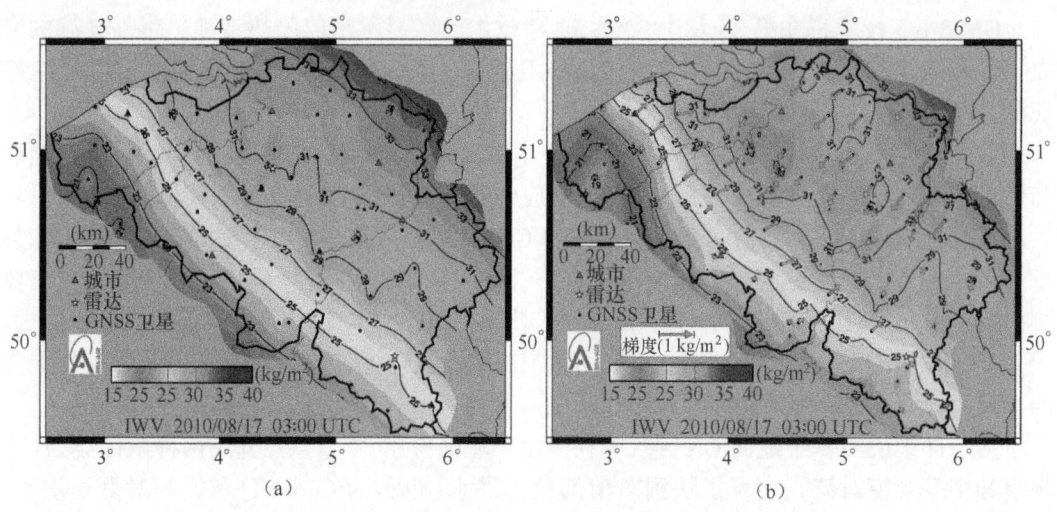

图 30.7　2010 年 8 月 15—17 日比利时暴雨期间的 IWV 成像图
(a)经典插值;(b)积分水平梯度。

2010 年 8 月 16 日至 17 日,整个比利时全境发生降水,如雷达成像图 30.8(由 Laurent Delobbe 提供)所示。有时,在暴风雨之后,一些孤立的降雨观测站记录了令人印象深刻的积累量。在本案例研究中,整个国家都受到了影响。除了这次突然的暴雨事件,一些地区持续 24h 以上的中度降雨。比利时夏季这种情况非常罕见。图 30.8 IWV 成像展示了干湿对比。

30.3.2　中尺度对流系统(MCS)和局部各向异性的反演

警示人们应对高风险洪涝灾害的关键是提高对中尺度现象[82,111-113]的认知。本案例的研究有助于 Cévennes – Vivarais 地中海水文气象观测站(OHM-CV)掌握和改进对法国南部地中海海岸 Cévennes-Vivarais 地区[114]时常发生的暴洪事件的预测。2002 年 9 月 8—9 日的暴洪事件具有极端的降水气流对流特征,既有较高的水汽凝结体含量,也有对流气流上升和下降运动引起的非静力效应。强降水影响了加尔地区,造成 24 人死亡及 12 亿欧元的经济损失[115]。

2022 年 9 月 8—9 日夜间有一股以爱尔兰为中心,延伸到利比里亚半岛的高空冷低压从南部进入法国。这股上层气流与法国西部上空的地面锋相遇。对流在暖区地面冷锋之前形成,那里盛行潮湿的低层东南气流。2002 年 9 月 8 日凌晨对流气体在地中海上空被触发,UTC 时间 8 时整向内陆北部发展,在加尔地区上空形成准静止 MCS(见 UTC 时间 18 时雷达反射率/降水量,图 30.9)。准静止 MCS 一直维持在该区域上空直到次日上午,然后随着地面锋向东演变。加尔地区相关部门记录到当地上空较大的降雨量,日降雨量最大值在不到 24h 内达到 700mm 左右。Delrieu[114]、Chancibault[116]等给出了这一气象水文事件的详细描述。已确定三个阶段。

- 第一阶段(UTC 时间 9 月 8 日 6 时至 20 时),MCS 引起的降水主要集中在加尔的平原地区(图 30.9,UTC 时间 18 时)。
- 第二阶段(UTC 时间 9 月 8 日 20 时至 9 月 9 日 6 时)的特征是 MCS 沿着山脊向上

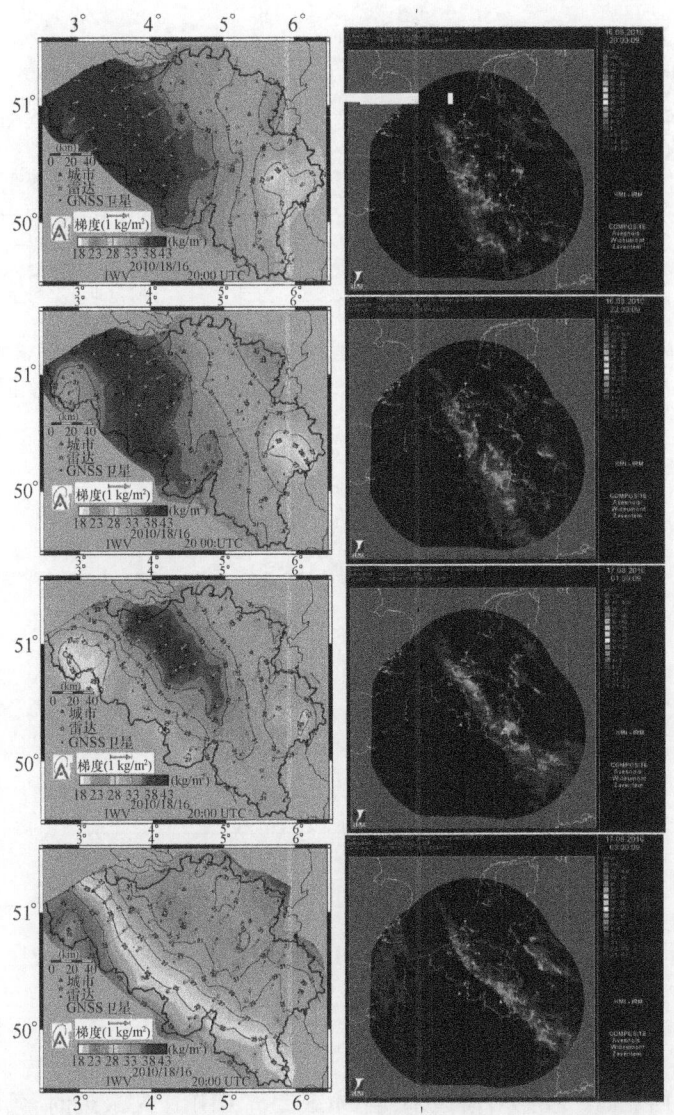

图 30.8 单位 mm/h 内综合等高线梯度和复合降水雷达的 IWV 成像图

方移动(CHRN 站的东北方向;图 30.9,UTC 时间 23 时),与同时段向东推进的地面锋合并。

• 第三阶段（UTC 时间 9 月 9 日 6 时至 18 时），锋面嵌入对流中,随之向东移动,再次席卷加尔平原地区。

图 30.10 显示 2002 年 9 月 7 日至 10 日 ZTD 时间序列梯度的耦合图。有了这样的组合型工具,CHRN 站(ZTD)上空的平均各向同性延迟与各向异性分布均值（梯度图）可以在同一范围内表示（地图 10 中）。应当注意到延迟的变化是由水蒸气造成的,如 30.2.1 节所示。图 30.10 显示出这三个阶段。

在第一阶段之前,梯度几乎不存在,各向异性延迟 L_{sym}^{10} 较为稳定。随后 CHRN 站的延迟平均值在第一阶段明显增大。在这个阶段的开始,梯度表明西南侧的湿气流动,最后指向 CHRN 站的西北方。这一现象精确地描述了 MCS 在这一阶段的运动,最初在地中海上空,

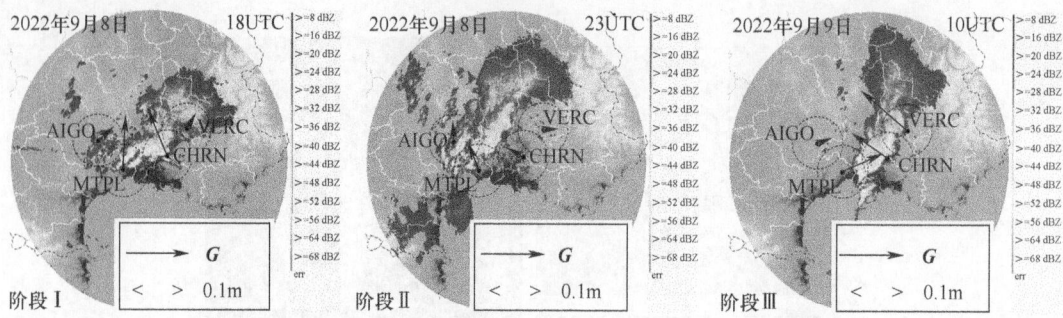

图 30.9　法国气象局 Bollène 气象雷达在 Gard 地区山洪事件的 3 个阶段(2002 年 9 月 8 日至 9 日)的反射率
(4 个 GNSS 站(CHRN、MTPL、AIGO 和 VERC)的水平梯度 G 用虚线中的圆圈表示它们的所在区域。)

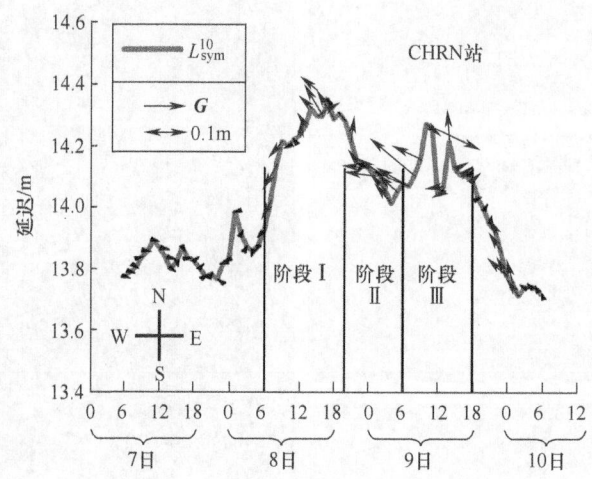

图 30.10　2002 年 9 月 7—10 日 CHRN 站,ZTD 映射在仰角 10°（L_{sym}^{10}）处与水平梯度（$G = \begin{pmatrix} G_{NS} \\ G_{EW} \end{pmatrix}$）在 10°处的耦合成像

最后到了 CHRN 西北面。在第一阶段末,当 MCS 距离 CHRN 站最近时,各向同性延迟平均值达到最大值。MTPL 和 VERC 站也观测到同样的结果[41,72]。UTC 时间 9 月 8 日 18 时,CHRN 和 MTPL 站的梯度清楚地显示出 MCS 的位置。AIGO 和 VERC 站位于 MCS 内部,没有显示任何梯度各向异性。

在第二阶段,当 MCS 向 CHRN 站西北移动时,L_{sym}^{10} 随之下降（图 30.10）。UTC 时间 9 月 8 日 23 时,CHRN 和 VERC 站梯度较低,而 MTPL 梯度则指向 MCS 的方向（图 30.9）。在这一阶段,位于海拔高度 1620m 的 Aigoual 山的 AIGO 站观测到了各向同性延迟平均值的最大值(接近于 MCS)。

在第三阶段,CHRN 站观测到 L_{sym}^{10} 平均值的增加。UTC 时间 9 月 9 日 10 时,在加尔区域上空的前部通道与 MCS 嵌入表现出一个完美的峰值。在 UTC 时间 10 时至 12 时,梯度精确地表述出从西北面向东南面的变化。3 个 GNSS 站(MTPL、VERC 和 CHRN)通过观测记录 MCS 的相位延迟(图 30.9),完美地展现出 MCS。值得注意的是,雷达反射上(UTC 时间

9月9日10时)观测到的 V 形曲线是典型的深对流系统,特别是在法国加尔地区。最大对流表现在 V 形曲线的边缘(垂直长度最大)上,与最大降水相关联。第三阶段后,平均延迟减小到略低于第一阶段前的 L_{sym}^{10} 值,梯度几乎不存在。

Champollion 等对 cévenol 这一事件进行了详细的研究。文献[72]以及 Brenot 等[41],给出了 ZTD、梯度和残差监测的结果,以及利用 GNSS 观测数据进行 NWP 试验的验证(最接近 GNSS 观测值的模拟结果)。然而,因卫星方向倾斜带来的延迟,监测结果尚未显示出来。图 30.11 展示了 STD 天空图,所用工具见图 30.5(30.1.4.3 节)。在规定的期间内,每一站选择 3 个 STD[AIGO 选择第二阶段,图 30.11(a),VERC、MTPL 和 CHRN 选择第三阶段,图 30.11(b)~(d)],可以对对流层进行有效观测。由于卫星的几何形状(假定对流层宽度为 10km),可以预测这种 STD 工具可以观测到对流层的精细结构(5~10km)及非匀质结构(1~5km)。

在第一阶段和第三阶段,AIGO 站没有观察到结构或非均质性结构,但在第二阶段清楚地发现了两个结构和两个非均质性结构[图 30.11(a)]:

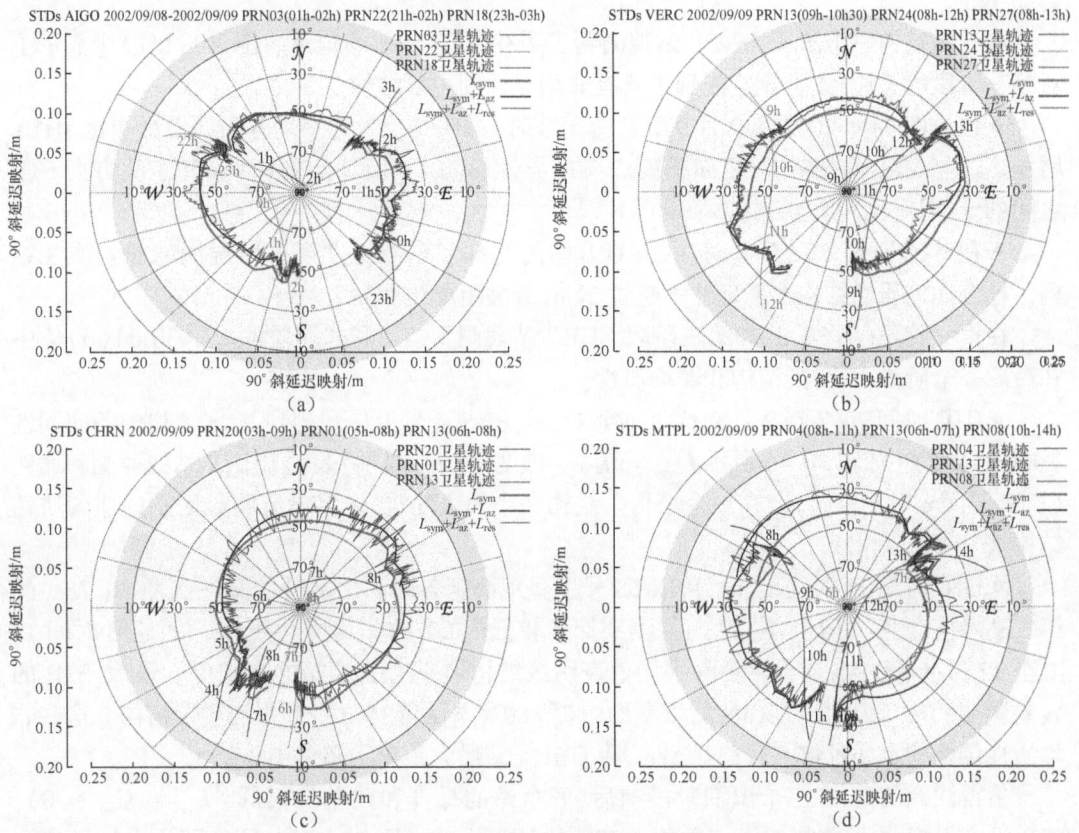

图 30.11 2002 年 9 月 8 日至 9 日,对倾斜延迟的影响(沿着黑色的轴移动),卫星移动方向(棕色、黄色和紫色线的轨迹;仰角用灰色、方位角用黑色的基点表示)
红线表示各向同性的影响(L_{sym});黑线表示额外的各向异性影响;蓝线表示带有残差的 std($L_{sym} + L_{az} + L_{res}$)影响。(a)从 AIGO 站 STD 减去 1.9m 延迟;(b)从 VERC 站 STD 减去 2.2m 延迟;(c)从 MTPL 站 STD 减去 2.4m 延迟;(d)从 CHRN 站 STD 减去 2.4m 延迟

- UTC 时间 2002 年 9 月 8 日 23 时 30 分西侧（方位角 15°仰角 40°），监测到残留的湿润非匀质结构（距 Aigoual 山 9km，宽 2.5km）。
- UTC 时间 2002 年 9 月 9 日 1 时至 2 时，由于 MCS 的接近，ZTD（即 L_{sym}）增大（如图 30.9 所示，UTC 时间 2002 年 9 月 8 日 23 时）。梯度（通过 L_{az}）表示 AIGO 站东侧的湿润结构（MCS），STD（通过 L_{res} 仰角 50°，方位角 15°）监测到同一方向上最小尺度的湿非均质性。与 Aigoual 站最大距离预估为 8km，水平延伸约 2km。

VERC 站在第一阶段和第二阶段都没有记录到任何结构。但是在第三阶段检测到了一个结构和非匀质结构：

- 从图 30.11(b) 可以看出，UTC 时间 2002 年 9 月 9 日 11 时，观测到 MCS（西南部和东北部的 L_{sym} 分别增加 45°和 70°）。UTC 时间 9 时至 10 时，在 VERC 站的西北侧，也可从梯度中清晰地识别出这种结构，但无法估计结构的大小。此时 MCS 覆盖的面积约 80×40km²。

UTC 时间 2002 年 9 月 9 日约 11 时，在 VERC 站东南部，梯度显示为干燥性结构。观测到非均匀性结构（仰角 50°，方位角 25°）。预估距 VERC 站的最大距离为 8.5km，水平延伸约 3.5km。

在已确定的三个阶段，MTPL 站观测到了干/湿结构和非均匀性。图 30.11(c) 中显示了对第三阶段的关注，该阶段监测到了具有非均匀性的主要结构。

- 在 UTC 时间 2002 年 9 月 9 日 7 时至 8 时，ZTD（L_{sym}）的平均各向同性影响比 MTPL 增加。这与 MCS 的相对应，正如梯度的各向异性影响 L_{az} 所证实的（西南和东北方向 STD 之间的干/湿对比）。
- 在 UTC 时间 6 时至 8 时，在 MTPL 站的北部和东部可发现一个湿润的非匀质性结构。这个非匀质性结构水平延伸不超过 2km，最大距离约 9km。

在第一阶段（图 30.5）和第三阶段 CHRN 站观测到结构和非均质性。图 30.11(d) 集中在最后一个阶段，观测到结构和非均质性。

- UTC 时间 2002 年 9 月 9 日 8 时至 11 时，PRN04 号卫星观测到 MCS 通道的各向同性影响随之增加（如图 30.10 所示 L_{sym} 峰值）。梯度（由 L_{az} 提供）表明 CHRN 站的西侧和北侧（UTC 时间 6 时至 9 时）存在一个结构。结构大小无法确定，许多没有明显区别的非匀质性结构被 STD 检测出来。
- UTC 时间 13 时至 14 时，PRN 08 号卫星观测到各向同性部分的又一次增加（L_{sym} 的第二高峰值，图 30.10）。在 13 时探测到仰角较低的 50°的非均质性残差。在 UTC 时间 11 时至 12 时，梯度的各向异性贡献平均值表明该结构位于 CHRN 站的东南侧。最后，STD 的残差影响（L_{res}）识别出 CHRN 站以东的（仰角 80°，方位角 15°）一个非均质性结构。这些非均质性结构的水平延伸不超过 0.5km，距 CHRN 站最大距离不超过 1km。

值得注意的是，在三个识别阶段前后，四个站的梯度和残差都很低（$L_{az} \approx L_{res} \approx 0$），STD 没有发现非均质性结构。残差对 STD 的显著影响（图 30.11 中星空图所示）证实了 Champollion 等的研究，表明了 STD 工具与天气预报的相关性。

30.3.3　GNSS 对实时预报的层析成像技术研究

GNSS 层析成像技术（用于气象学）的基本概念是利用卫星作为移动发射端与地基接收端组成网络测量对流层的观测量[例如 STD、SWD 或 SIWV；见式（30.19）、式（30.38）、式(30.44)]。Flores[80]，Seko[117]，以及 Hirahara[118]等分别反演出三维场的大气总折射率(N)、中性大气湿折射率(N_{wet})或水汽密度(ρ_{wv})。通过对比天气数值模型的相关结果，层析成像技术相较于其他技术(WVR、无线电探空仪、拉曼激光雷达，以及大气发射辐亮度干涉仪)令人更受鼓舞[71,81,91,119-133]。GNSS 层析成像技术的一个有利方法是调整 N、N_{wet} 和 ρ_{wv} 的三维场，其水平分辨率为几千米，对流层低层(海拔 0~5km)的垂直分辨率为 500m，对流层高层(海拔 5~12km，视对流层顶而定)的垂直分辨率为 1km，时间分辨率为 5~15min，需要密集且均匀分布的 GNSS 站网络(如 5~25km 间距)。利用 30.3.1 节介绍过的比利时高密度网络，GNSS 层析成像技术计算 ρ_{wv}(时间分辨率为 5min)，我们研究了 2011 年 8 月 18 日比利时上空的风暴。下一部分概述现状。

例如，按照气象模型的预期，从 RMI 提供的 ALARO 模型来看，下午晚些时候(2011 年 8 月 18 日)，比利时出现了热低压。它伴随着暖湿气团，尤其是在大气的最低层，而高层则相当冷，产生了一个不稳定的系统。高空对流有效势能(CAPE)高空急流有利于风切变，形成雷暴。这种雷暴可以引起强烈的向下冲击波，造成类似小龙卷风的破坏。比利时大部分地区受剧烈雷暴影响，都伴随着强降雨、冰雹和阵风，造成布鲁塞尔发生洪涝灾害，300km 的道路交通拥堵。此时，气象预报无法准确地描述气象条件并预测其剧烈后果。暴雨、风速可达 110km/h 以上的破坏性阵风以及冰雹对比利时造成了破坏。

雷暴继续在布鲁塞尔东北部移动，到达了伦堡地区的哈塞尔特。Pukkelpop 音乐节上的一个舞台在暴风和大量降雨的共同作用下坍塌了，造成 40 人受伤(6 人重伤)，5 人死亡。

自悲剧发生以来，一些学者利用 GNSS 层析成像技术对这一事件进行了监测研究。反演网格为 20km×20km×0.5km。层析成像技术的先验条件定为 ALARO 模型(4km 分辨率)的输出。

与 30.3.1 节提出的方法类似，使用伪 IWV 观测，绘制了卫星地图(使用 30.1.4.1 节提到的 mf_{sym}^{w})：

$$\text{pseudo} - \text{SIWV}(\epsilon_i) = \text{pseudo} - \text{IWV} \cdot mf_{sym}^{w}(\epsilon_i) \tag{30.45}$$

为了验证这种新方法在 GNSS 层析成像中的有效性，IWV 利用层析成像反演了 ρ_{wv}(IWV_{tomo})，并与 IWV_{GNSS} 进行了对比。IWV_{GNSS} 用于层析成像($\text{IWV}_{apriori}$)的先验条件估算 IWV 之间的均值偏差也有研究。

表 30.1 给出了 IWV 偏差均值分别为 -12.4kg/m² 和 3.6kg/m² 的两种层析先验条件(1976 年标准大气和 ALARO 输出)的比较结果。使用经典的、最优的先验条件(ALARO)给出了 IWV_{GNSS} 的最小偏差(平均偏差为 -9.7~3.2kg/m²)。采用伪 IWV 的新策略使调整的三维像素增加了 15%，平均 IWV 偏差减小了 0.9kg/m²。

表 30.1 GNSS 层析成像验证 IWV 偏差均值

先验使用条件	层析成像技术	体元调整 /%	$\text{IWV}_{apriori} - \text{IWV}_{GNSS}$ 平均偏差/(kg/m²)	$\text{IWV}_{tomo} - \text{IWV}_{GNSS}$ 平均偏差/(kg/m²)
标准大气	标准型	61.5	-12.4	-9.7
ALARO	标准型	61.5	3.6	3.2
ALARO	伪-SIWV	76.5	3.6	2.3

图 30.12 和图 30.13 给出了 UTC 时间(2011 年 8 月 18 日 15 时 35 分)ALARO NWP (Alex Deckmyn,RMI)的 ρ_{wv} 的层析成像反演结果;这里所显示的时间是在 Pukkelpop 音乐节(50.96°N,5.36°E)活动前几小时。为了提高层析成像反演的几何条件,采用了伪 SIWV 观测(图 30.14),其显示了良好的结果。ALARO 与层析成像反演之间可以观察到明显的差异。GNSS 显示海拔高度为 0.25~3.25km 的比利时东北侧(Hasselt 和 Pukkelpop 音乐节所在地)的 ρ_{wv} 值高于 ALARO,西北侧则最低。对水汽三维场(特别是对流层低层)的相关描述,GNSS 层析成像可以提高对这一事件的认识,帮助完成预报工作。GNSS 层析成像技术监测对流层三维湿/干结构的能力具有重要意义。

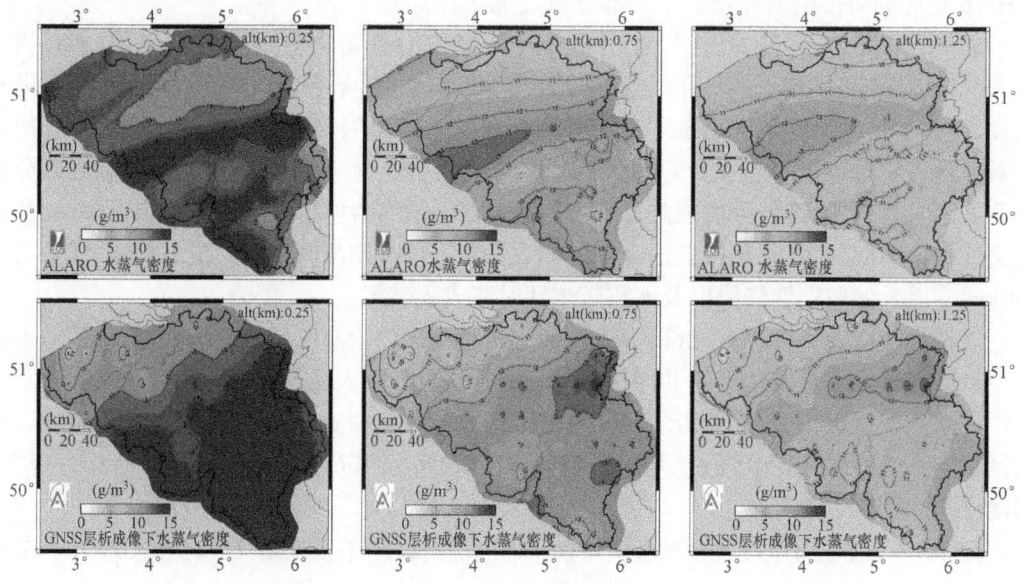

图 30.12 ALARO 输出和层析成像反演(海拔 0.25km、0.75km 和 1.25km)

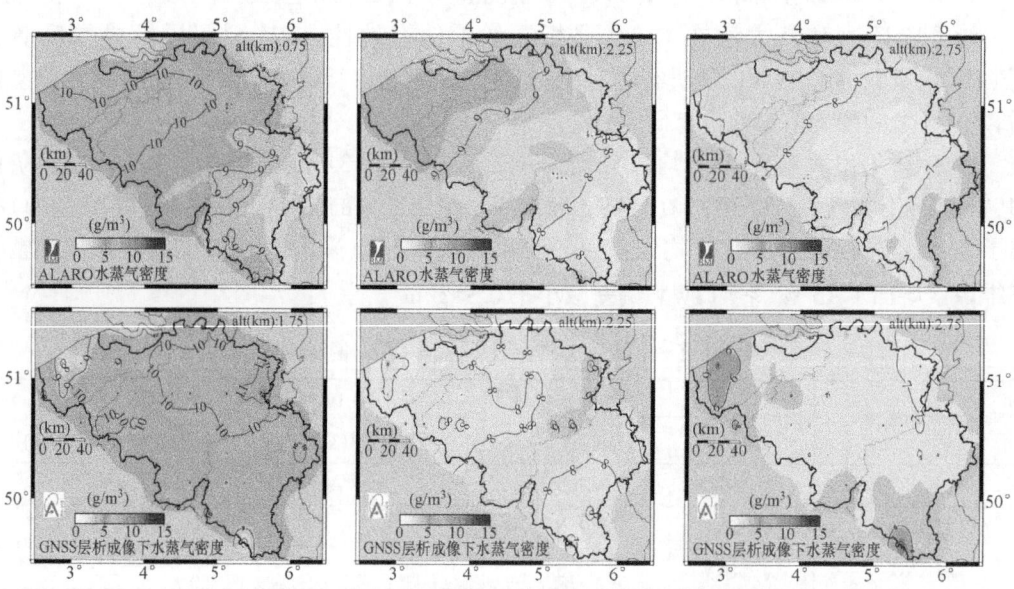

图 30.13 ALARO 输出和层析成像检索(海拔 1.75km、2.25km 和 2.75km)

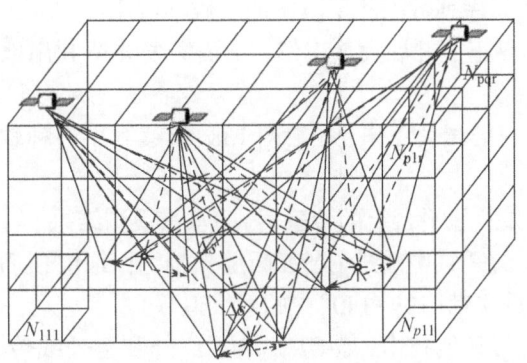

图 30.14　GNSS 断层扫描中使用的倾斜观测几何分布的改进说明
[附加线为伪 SIWV(蓝线),由水平梯度(蓝色)定义。]

30.4　与其他技术协同当前和未来的应用

本章展示了 GNSS 利用天顶延迟、水平梯度、中性大气残差和斜延迟监测剧烈气象事件(如 2002 年 9 月法国东南部的暴洪、2010 年 8 月和 2011 年 8 月比利时的强降水事件)。大气监测需要较高的时间分辨率(如天顶和梯度延迟:5~15min,斜延迟和残差:30s)和高变化率(ZTD 和梯度的低约束)反演。利用密集的站点网络(理想的基线是平均为 5~25km),GNSS 通过二维全延迟、湿延迟和湿度场可以对恶劣天气进行密切监测。利用梯度估算的伪观测值可以提高这些场水平分辨率。GNSS 对流层反演最初是通过其他仪器的测量而得到验证的,例如无线电探空仪或微波辐射计。而目前,ZTD_{GNSS}、ZWD_{GNSS} 或 IWV_{GNSS} 的稳定性可以作为其他仪器观测(如极轨卫星上传感器的验证,检索水汽总柱)的参考。本章的研究仅集中于 GPS 数据;然而,多 GNSS 融合将更普遍地为对流层监测和其他 GNSS 应用带来好处。如 Bender 等[134]的研究,展示了多系统 GNSS(即 GPS、GLONASS 和 Galileo 系统)对改善层析成像反演(提高重建湿度场的时间分辨率及其质量)的结果。Ding 等[135]对对流层实时估算的研究,表明将多 GNSS 观测值纳入 PPP 分析系统可以提高实时 ZTD 反演的性能,特别是在天气临近预报方面。Guerova 等[136]介绍了欧洲地基 GNSS 气象学的发展现状和未来发展。这项研究对 COST Action ES1206(简称 GNSS4SWEC)有所帮助,特别是将重点放在欧洲共同努力的 3 个主轴上(即用于近实时应用的先进 GNSS 处理、NWP 模型中接受 GNSS 对流层产品以及用于气候监测的 GNSS)。关于 GNSS4SWEC 使用的基准运动的介绍可以在 Douša(2016)等的研究中找到。

现将利用地基 GNSS 数据估算对流层水汽的应用总结如下:
- 后处理的 GNSS 反演(ZTD、梯度、残差、IWV、STD 和 SIWV)和湿折射以及水汽密度层析成像反演气象事件的研究。
- 使用 GNSS 观察结果验证 NWP。
- 实时 GNSS 监测(ZTD、ZWD 和 IWV)。
- NWP 系统中 ZTD/STD 的同化。

- 基于后处理长时间序列数据相干分析的气候学应用。

目前 GNSS 气象学界正在开展大量工作。下面简要介绍利用地基 GNSS 对流层估算的当前和未来的协同应用：

- 延续 Braun 等[137]的相关工作,见文献[138]继续利用各种软件开展 GNSS 斜延迟的验证工作。
- 验证其他仪器(如卫星平台上的传感器)的水汽观测结果。
- 在地形变化较大的区域中改进 GNSS 断层扫描,并使用几何矩阵来描述通过中性大气的更真实的传播(参见文献[139-140]中的射线追踪)。
- 结合地基 GNSS 与其他技术(如 GNSS RO、红外和紫外线传感器的最低点和分体测量,以及其他地面仪器,如微波辐射计、激光雷达、太阳光度计或光谱仪)进行的层析成像反演。
- 大气预报的新的 GNSS 产品(如作为深对流的指示仪、近实时层析成像仪、信号的摄动和大气活动指标仪等)。
- 大气扰动对 GNSS 信号及其对实时运动学(RTK)定位的影响(见第 19 章)。
- GNSS 信号的干扰和深空探测工程中大气影响的改正。
- 火山灰对 GNSS 信号的衰减和延迟[141-144]。
- 合成孔径雷达与 GNSS 断层扫描[145]的协同作用。
- GNSS 信号中水凝物的标定以及天气雷达与 GNSS 监测的协同作用。

最后,本章所列举的与当前和未来研究有影响的相关例子,仅为该领域研究进展的部分成果。基于当前已取得的 GNSS(包括精密定位和气象观测)相关成果,我们期待后续在大气监测领域,特别是无线电掩星、反射式测量法和地基 GNSS 技术的协同作用下,有进一步的发现和进展。

参考文献

[1] Spilker, J. (1978) *Global Positioning System*, *Journal of TheInstitute of Navigation*, Washington, DC., chap. GPS Signal Structure and Performance Characteristics, pp. 29-54.

[2] Langley, R. B. (1990). Why is GPS signal so complex? *GPS World* 1 (3): 56-59.

[3] Klobuchar, J. A. (1983). *Ionospheric effects on earth-space propagation*, *AFGL-TR-84-0004*. Air Force Laboratory.

[4] Rummel, R. and Rapp, R. H. (1976). The influence of theatmosphere on geoid and potential coefficient determinations from gravity data. *J. Geophys. Res.* 81:5639-5642.

[5] Black, H. D. (1978). An easy implemented algorithm for the tropospheric range correction. *J. Geophys. Res.* 83:1825-1828.

[6] Thomas, J. B., Fanselow, J. L., MacDoran, P. F. et al. (1976). A Demonstration of an independent-station radio interferometry system with 4cm precision on 16km baseline. *J. Geophys. Res.* 81: 995-1005.

[7] Rogers, A. E. E., Knight, C. A., Hinteregger, H. F. et al. (1978). Geodesy by radio interferometry: Determinationof a 1.24km base line vector with ≈5mm repeatability. *J. Geophys. Res.* 83: 325-334.

[8] Cannon, W. H., Langley, R. B., Petrachenko, W. T., and Kouba, J. (1979). Geodesy and astrometry by transatlantic long base line interferometry. *J. Geophys. Res.* 84: 229-236.

[9] Herring, T. A., Corey, B. E., III, C. C. C., Shapiro, I. I., Rönnäng, B. O., Rydberg, O. E. H., Clark, T. A., Coates, R. J., ma, C., Ryan, J. W., Vandenberg, N. R., Hinteregger, H. F., Knight, C. A., Rogers, A. E. E., Whitney, A. R., Robertson, D. S., and Schupler, B. R. (1981) Geodesy by radio interferometry: Intercontinental distance determinations with subdecimeter precision. *J. Geophys. Res.*, 81, 1647–1651.

[10] Hopfield, H. S. (1969). Two-quartic tropospheric refractivity profile for correcting satellite data. *J. Geophys. Res.* 74: 4487–4499.

[11] Marini, J. W. (1972). Correction of satellite tracking data forarbitrary atmospheric profile. *Radio Science* 7: 223–231.

[12] Davis, J. L., Herring, T. A., Shapiro, I. I. et al. (1985). Geodesy by interferometry: Effects of atmospheric-modeling errors on estimates of baseline length. *Radio Science* 20: 1593–1607.

[13] Herring, T. A. (1986). Precision of vertical position estimates from very long baseline interferometry. *J. Geophys. Res.* 91: 9177–9182.

[14] 14 Kroger, P. M., Davidson, J. M., and Gardner, E. C. (1986). Mobile very long baseline interferometry and Global Positioning System measurement of vertical crustal motion. *J. Geophys. Res.* 91: 9169–9176.

[15] Ware, R. H. and Hurst, C. R. K. J. (1986). A Global Positioning System baseline determination including bias fixing and water vapor radiometer corrections. *J. Geophys. Res.* 91: 9183–9192.

[16] Bossler, J. D., Goad, C. C., and Bender, P. L. (1980). Using the Global Positioning System (GPS) for geodeticsurveying. *Bulletin Géodésique* 54: 553–563.

[17] Bender, P. L. and Larden, D. R. (1985). *GPS carrier phaseambiguity resolution over long baselines, in the First International Symposium on Precise Positioning with GPS.* Rockville, MD: NOAA.

[18] Bock, Y. R., Abbot, R. I., III, C. C. C., Gourevitch, S. A., and King, R. W. (1985) Establishment of three-dimensional geodetic control via interferometry with Global Positioning System. *J. Geophys. Res.*, 90, 7689–7703.

[19] Tralli, D. M., Dixon, T. H., and Stephens, S. A. (1988). Effect of wet tropospheric path delays on estimations of geodetic baselines in the Gulf of California using Global Positioning System. *J. Geophys. Res.* 93: 6545–6557.

[20] Lichten, S. M. and Border, J. S. (1987). Strategies for highprecision Global Positioning System orbit determination. *J. Geophys. Res.* 92 (B12): 12 751–12 762.

[21] King, R. W., Masters, E. G., Rizos, C. et al. (1985). *Surveying with GPS, Monograph 9.* School of Surveying: University of New South Wales, Kensington, Australia.

[22] Dong, D. N. and Bock, Y. (1989). Global Positioning System network analysis with phase ambiguity resolution applied to crustal deformation studies in California. *J. Geophys. Res.* 94: 3949–3966.

[23] Blewitt, G. (1989). Carrier phase ambiguity resolution for the Global Positioning System applied to geodetic baselines up to 2000km. *J. Geophys. Res.* 94: 10,187–10,203.

[24] Leick, A. (1989). *GPS Satellite Surveying.* Wiley-Interscience.

[25] Teunissen, P., Kleusberg, A., Bock, Y. et al. (1998). *GPS for Geodesy*, 2nde. Springer.

[26] Tralli, D. M. and Lichten, S. M. (1990). Stochastic estimation of tropospheric path delays in Global Positioning System geodetic measurements. *Bull. Géod.* 64: 127–159.

[27] Gurtner, W. (1994). RINEX: The receiver-independ entexchange format. *GPS World* 5: 48–52.

[28] Bevis, M., Businger, S., Herring, T. A. et al. (1992). GPS Meteorology: Remote sensing of atmospheric water vapoursing the Global Positioning System. *J. Geophys. Res.* 97(D14): 15 787–15 801.

[29] Hogg, D. C., Guiraud, F. O., and Decker, M. T. (1981). Measurement of excess transmissionlength on EarthSpace paths. *Astron. Astrophys.* 95: 304–307.

[30] Askne, J. and Nordius, H. (1987). Estimation of tropospheric delay for microwaves from surface weatherdata. *Radio Science* 22 (3): 379-386.

[31] Businger, S., Chiswell, S., Bevis, M. et al. (1996). Thepromise of GPS in atmospheric monitoring. *Bull. Amer. Meteorol. Soc.* 77 (1): 5-18.

[32] Duan, J., Bevis, M., Fang, P. et al. (1996). GPS Meteorology: Direct estimation of the absolute value of precipitable water. *J. Appl. Meteor.* 35: 830-838.

[33] Rocken, C., Ware, R., Hove, T. V. et al. (1993). Sensing atmospheric water vapor with the Global Positioning System. *Geophys. Res. Lett.* 20: 2631-2634.

[34] Rocken, C., Hove, T. V., Johnson, J. et al. (1995). GPS/STORM: GPS sensing of atmospheric water vapor formeteorology. *J. Atmos. Ocean. Tech.* 12: 2631-2634.

[35] Tregoning, P., Boers, R., O'Brien, D., and Hendy, M. (1998). Accuracy of absolute precipitable water vapor estimates from GPS observations. *J. Geophys. Res.* 103(D22): 28,701-28,710.

[36] Niell, A., Coster, A., Solheim, F. et al. (2001). Comparison of measurements of atmospheric wet delay by radiosonde, water vapor radiometer, GPS, and VLBI. *J. Atmos. Oceanic Technol.* 18: 830-850.

[37] Saastamoinen, J. (1972) Atmospheric Correction for the Troposphere and Stratosphere in Radio ranging of satellites. *Geophys. Monogr. Ser.*, 15 (eds. S. W. Henriksenet al.), pp. 247-251.

[38] Kursinski, E., Hajj, G., Schofield, J. et al. (1997). Observing Earth's atmosphere with radio occultation measurements using the Global Positioning System. *J. Geophys. Res.* 102(D19): 23,429-23,465.

[39] Solheim, F., Vivekanandan, J., Ware, R., and Rocken, C. (1999). Propagation delays induced in GPS signals by dryair, water vapor, hydrometeors, and other particulates. *J. Geophys. Res.* 104 (D4): 9663-9670.

[40] Hajj, G., Kursinski, E., Romans, L. et al. (2002). A technical description of atmospheric sounding by GPS occultation. *J. Atmos. Solar-Terres. Phys.* 64: 451-469.

[41] Brenot, H., Ducrocq, V., Walpersdorf, A. et al. (2006). GPS Zenith delay sensitivity evaluated from high-resolution NWP simulations of the 8-9th September 2002 flash-flood over southeastern France. *J. Geophys. Res.* 111: D15105. https://doi.org/10.1029/2004JD005726.

[42] Resch, G. M. (1984). *Geodetic Refraction*, Springer-Verlag, New York, chap. *Water vapor radiometry in geodeticapplications*, pp.: 53-84.

[43] Yionoulis, S. M. (1970). Algorithm to compute tropospheric refraction effects on range measurements. *J. Geophys. Res.* 75: 7636-7637.

[44] Chao, C. C. (1972). *A Model for Tropospheric Calibration from Daily Surface and Radiosonde Balloon Measurements, Technical Memorandum 391-350*. Pasadena, California: JPL.

[45] Marini, J. W. and Murray, C. W. (1973). *Correction for Laser Range Tracking Data for Atmospheric Refraction at Elevation above 10 Degrees, Report X-591-73-351*. Greenbelt, MD: NASA GSFC.

[46] Moffett, J. B. (1973) Program Requirements for Two-Minute Integrated Doppler Satellite Navigation Solution, Technical Memorandum TG 819-1, Applied Physics Laboratory, The Hopkins University, Laurel, MD.

[47] Saastamoinen, J. (1973). Contribution to the theory of atmospheric refraction (1_{ere} partie). *Bulletin Géodésique* 105: 279-298.

[48] Saastamoinen, J. (1973). Contribution to the theory of atmospheric refraction (2_{eme} partie): Introduction topractical computation of astronomical refraction. *Bulletin Géodésique* 106: 383-397.

[49] Saastamoinen, J. (1973). Contribution to the theory of atmospheric refraction (3_{eme} partie). *Bulletin Géodésique* 107: 13-34.

[50] Goad, C. C. and Goodman, L. (1974) A modified Hopfield tropospheric correction model, *Presented at the*

American Geophysical Union Fall Annual Meeting, San Francisco, California, 12-17 December, 28 pp.

[51] Black, H. D. and Eisner, A. (1984). Correcting satellite doppler data for tropospheric effects. *J. Geophys. Res.* 89:2616-2626.

[52] Lanyi, G. E. (1984). *Troposheric Delay Affecting Radio Interferometry*, *TDA Progress Report 42-78*. Pasadena: JPL.

[53] Ifadis, I. I. (1986). *The Atmospheric Delay of Radio Wave: Modelling the Elevation the Elevation Dependence on a Global Scale*, *Technical Report #38L*. Göteborg, Sweden: Chalmers University of Technology.

[54] Santerre, R. (1987). *Tropospheric refraction effects in GPS positioning*, *SE 6910 Graduate Seminar Department of Surveying Engineering*. Fredericton, Canada: University of New Brunswick.

[55] Baby, H. B. and Labergnat, P. G. J. (1988). A model for the tropospheric excess path length of radio waves from surface meteorological measurements. *Radio Science* 23:1023-1038.

[56] Rahnmoon, M. (1988) Ein neues Korrekturmodell fr Mikrowellen-Entfernungsmessungen zu Satelliten, PhD thesis, Munich, F. R. G. , [en allemand].

[57] Herring, T. A. (1992) Modeling atmospheric delays in teanalysis of space geodetic data, *Proceedings of the Symposium on Refraction of Transatmospheric Signals in Geodesy*, Netherlands Geodetic Commission, Publicationson Geodesy, Delft, the Netherlands.

[58] Niell, A. (1996). Global mapping functions for the atmosphere delay at radio wavelengths. *J. Geophys. Res.* 101: 3227-3246.

[59] Boehm, J. , Werl, B. , and Schuh, H. (2006a). Troposphere mapping functions for GPS and very long baseline interferometry from European Centre for Medium-Range Weather Forecastso perational analysis data. *J. Geophys. Res.* 111 (B02): 406. https://doi.org/10.1029/2005JB003 629.

[60] Boehm, J. , Niell, A. E. , Tregoning, P. , and Schuh, H. (2006b). Global mapping function (GMF): A new empirical mapping function based on numerical weather model data. *Geophys. Res. Lett.* 33 (L07): 304. https://doi.org/10.1029/2005GL025 546.

[61] Spilker, J. J. (1980) *Global Positioning System*, Vol. I. , The Institute of Navigation.

[62] Brunner, F. K. and Gu, M. (1991). An improved model for the dual frequency ionospheric correction of GPS observations. *Manuscr. Geod.* 16: 205-214.

[63] Zumberge, J. F. , Heflin, M. B. , Jefferson, D. C. et al. (1997). Precise point positioning for the efficient and robust analysis of GPS data from large networks. *J. Geophys. Res.* 102: B3. https://doi.org/10.1029/96JB03860.

[64] Herring, T. A. , King, R. W. , Floyd, M. A. , and McClusky, S. C. (2015) Documentation for the GAMIT GPS Analysis Software, version 10.16, *Tech. Rep.* , Mass. Inst. Tech. , Cambridge. Http://www.gpsg.mit.edu/simon/gtgk/docs.htm.

[65] Blewitt, G. (1998) *GPS for Geodesy*, 2nd Ed. , chap. 6, pp. 231-270, Springer.

[66] Davis, J. L. , Elgered, G. , Niell, A. E. , and Kuehn, C. E. (1993). Groundbased measurements of gradients in the "wet" radio refractivity of air. *Radio Science* 28:1003-1018.

[67] MacMillan, D. S. (1995). Atmospheric gradients from very long baseline interferometry observations. *Geophys. Res. Lett.* 22 (9): 97-102. https://doi.org/10.1029/95GL00887.

[68] Alber, C. , Ware, R. H. , Rocken, C. , and Solheim, F. S. (1997). GPS surveying with 1mm precision using corrections for atmospheric slant path delays. Geophys. Res. Lett. 24: 1859-1862.

[69] Chen, G. and Herring, T. A. (1997). Effects of atmospheric azimuthal asymmetry on the analysis of space geodeticdata. *Geophys. Res. Lett.* 102: 20489-20502.

[70] Bar-Sever, Y. E. and Kroger, P. M. (1998). Estimating horizontal gradients of tropospheric path delay with

asingle GPS receiver. *J. Geophys. Res.* 103: 5019-5035.

[71] Gradinarsky, L. P. (2002) Sensing Atmospheric Water Vapor Using Radio Waves, Ph. D. thesis, School of Electrical Engineering, Chalmers University of Technology, Göteborg, Sweden.

[72] Champollion, C., Masson, F., Van Baelen, J. et al. (2004). GPS monitoring of the tropospheric water vapour distribution and variation during the September 9, 2002, Torrential Precipitation Episode in the Cévennes(Southern France). *J. Geophys. Res.* 109: D24.

[73] Pany, T., Pesec, P., and Stangl, G. (2001). Elimination of tropospheric path delays in GPS observations with the ECMWF numerical weather model. *Phys. Chem. Earth* 26:487-492.

[74] Elósegui, P., Davis, J. L., Jaldehag, R. T. K. et al. (1995). Geodesy using the Global Positioning System: The effects of signal scattering on estimates of site position. *J. Geophys. Res.* 100: 9921-9934.

[75] Iwabuchi, T., Shoji, Y., Shimada, S., and Nakamura, H. (2004). Tsukuba GPS dense net campaign observations: Comparison of the stacking maps of post-fit phase residuals estimated from three software packages. *J. Met. Soc. Japan* 82 (1B): 315-330.

[76] Shoji, Y., Nakamura, H., Iwabuchi, T. et al. (2004). Tsukuba GPS dense net campaign observation: Improvement in GPS analysis of slant path delay bystacking one-way postfit phase residuals. *J. Met. Soc.* Japan 82 (1B): 301-314.

[77] Schupler, B. R. and Clark, T. A. (November/December, 1991) How different antennas affect the GPS observable. *GPS World*.

[78] Rothacher, M. and Mader, G. (1996). *Combination of antenna phase center offsets and variations, Antenna Calibration Set IGS_01*. IGS Central Bureau: University of Berne, Switzerland.

[79] Schupler, B. R. (2001). The response of GPS antennas -how design, environment and frequency affect what yousee. *Phys. Chem. Earth* 26: 605-611.

[80] Flores, A., Ruffini, G., and Ruis, A. (2000). 4DTropospheric Tomography Using GPS Slant Wet Delays. *Ann. Geophys.* 18: 223-234.

[81] Brenot, H., Walpersdorf, A., Reverdy, M., Van Baelen, J., Ducrocq V., Champollion, C., Masson, F., Doerflinger, E., Collard, P., and Giroux, P. (2014) A GPS network for tropospheric tomography in the framework of the Mediterranean hydrometeorological observatory Cévennes-Vivarais (southeastern France). *Atmos. Meas. Tech.*, 7, doi. org/10. 5194/amt-7-553-2014, 553-578.

[82] Brenot, H., Neméghaire, J., Delobbe, L., Clerbaux, N., Ducrocq V., De Meutter, P., Deckmyn, A., Delcloo, A., Frappez, L., and Van Roozendael, M. (2013) Preliminary signs of the initiation of deep convection by GNSS. *Atmos. Chem. Phys.*, 13, doi. org/10. 5194/acp-13-5425-2013, 5425-5449.

[83] Kämfer, N. (2013) Monitoring Atmospheric Water Vapour, ISSI Scientific Report Series, 10, doi: 10. 1007/978-1-4614-3909-7_6, Springer.

[84] Wang, J., Zhang, L., Dai, A. et al. (2007). A near-global, 2-hourly data set of atmospheric precipitable water fromground-based GPS measurements. *J. Geophys. Res.* 112:D11. https://doi.org/10.1029/2006JD007529.

[85] Smith, E. and Weintraub, S. (1953) The constants in the equation for atmospheric refractive index at radio frequencies. *Proc. IRE*, pp. 1035-1037.

[86] Essen, L. and Froome, K. (1951) The refractive indices and dielectric constants of air and its principal constituents at 24,000 Mc/s. *Communication from the National Physical Laboratory*.

[87] Essen, L. and Froome, K. (1963). 13th International Geodesy Association General Assembly. *Bulletin Geodesique* 70: 390.

[88] Thayer, D. (1974). An improved equation for the radio refractive index of air. *Radio Science* 9: 803-807.

[89] Hasegawa, S. and Stokesberry, D. (1975). Automatic digital microwave hygrometer. *Rev. Sci. Instrum.*

46:867-873.

[90] Bevis,M. ,Businger,S. ,Chiswell,S. et al. (1994). GPS meteorology: Mapping zenith wet delays onto precipitablewater. *Journal of Applied Meteorology* 33: 379-386.

[91] Elgered,G. ,Davis,J. L. ,Herring,T. A. ,and Shapiro,I. I. (1991). Geodesy by radio interferometry: Water vapour radiometry for estimation of the wet delay. *J. Geophys. Res.* 96: 6541-6555.

[92] Vedel,H. ,Mogensen,K. ,and Huang,X. Y. (2001). Calculation of Zenith delays from meteorological data comparison of NWP model,radiosonde and GPS delays. *Phys. Chem. Earth* 26: 497-502.

[93] Van Malderen,R. ,Brenot,H. ,Pottiaux,E. et al. (2014). A multi-site intercomparison of integrated water vapour observations for climate change analysis. *Atmos. Meas. Tech.* 7: 2487-2512. Https://doi.org/10.5194/amt-7-2487-2014.

[94] Yang,X. ,Sass,B. ,Elgered,G. et al. (1999). A comparison of precipitable water vapour estimates by an NWP simulation and GPS observations. *J. Appl. Meteor.* 38:941-956.

[95] Behrend,D. ,Haas,R. ,Pino,D. et al. (2002). MM5 derived ZWDs compared to observational results from VLBI. *GPS and WVR. Phys. Chem. Earth* 27: 301-308.

[96] Pacione,R. ,Fionda,E. ,Ferrara,R. et al. (2002). Comparison of atmospheric parameters derived from GPS. *VLBI and a ground-based microwave radiometer inItaly. Phys. Chem. Earth* 27: 309-316.

[97] Haase,J. ,Ge,M. ,Vedel,H. ,and Calais,E. (2003). Accuracy and variability of GPS tropospheric delay measurements of water vapor in the western Mediterranean. *J. Appl. Meteor.* 42: 1547-1568.

[98] Van Baelen,J. ,Aubagnac,J. P. ,and Dabas,A. (2005). Comparison of near-real-time estimates of integratedwater vapor derived with GPS, radiosondes, and microwave radiometer. *J. Atmos. Ocean. Tech.* 22 https://doi.org/10.1175/JTECH-1697.1.

[99] Bock,O. ,Bouin,M. N. ,Walpersdorf,A. et al. (2007). Comparison of ground-based GPSprecipitable water vapour to independent observations and NWP model reanalyses over Africa. *Q. J. Roy. Meteor. Soc.* 133: 2001-2027. https://doi.org/10.1002/qj.185.

[100] Palm,M. ,Melsheimer,C. ,Noël,S. et al. (2010). Integrated water vapor above Ny Ålesund,Spitsbergen: A multi-sensor intercomparison. *Atmos. Chem. Phys.* 10: 1215-1226. Https://doi.org/10.5194/acp-10-1215-2010.

[101] Schneider,M. ,Romero,P. M. ,Hase,F. et al. (2010). Continuous quality assessment of atmospheric water vapour measurement techniques: FTIR,Cimel,MFRSR,GPS,and Vaisala RS92. *Atmos. Meas. Tech.* 3: 323-338. https://doi.org/10.5194/amt-3-323-2010.

[102] Buehler,S. A. ,Östman,S. ,Melsheimer,C. ,Holl,G. ,Eliasson,S. ,John,V. O. ,Blumenstock,T. ,Hase,F. ,Elgered, G. ,Raffalski, U. ,Nasuno, T. ,Satoh, M. ,Milz, M. ,and Mendrok, J. (2012) A multi-instrument comparison of integrated water vapour measurements at a high latitudesite. *Atmos. Chem. Phys.* ,12,10925-10943,doi.org/10.5194/acp-12-10925-201.

[103] Lafore,J. ,Stein,J. ,Asencio,N. et al. (1998). The Meso-NH atmospheric simulation system. *Part I: Adiabatic formulation and control simulations. Ann. Geophysicae* 16:90-109.

[104] Elósegui,P. ,Davis,J. L. ,Gradinarsky,L. P. et al. (1999). Sensing atmospheric structure using small-scale spacegeodetic networks. *Geophys. Res. Lett.* 26: 2445-2448.

[105] Ruffini,G. ,Kruse,L. P. ,Rius,A. et al. (1999). Estimationof tropospheric zenith delay and gradients over the Madrid area using GPS and WVR data. *Geophys. Res. Lett.* 26 (4): 447-450. https://doi.org/10.1029/1998GL900238.

[106] Biondi,R. ,Steiner,A. K. ,Kirchengast,G. ,and Rieckh,T. (2015). Characterization of thermal structure andconditions for overshooting of tropical and extratropical cyclones with GPS radio occultation. *Atmos.*

Chem. Phys. 15：5181-5193. Https://doi. org/10. 5194/acp-15-5181-2015.

[107] Jin,S. ,Feng,G. P. ,and Gleason,S. (2011). Remote sensing using GNSS signals：Current status and future directions. *Adv. Space Res.* 47 (10)：1645-1653. Https://doi. org/10. 1016/j. asr. 2011. 01. 036.

[108] Bock,O. ,Bouin,M. N. ,Doerflinger,E. et al. (2008). West African Monsoon observed with ground-based GPS receivers during African Monsoon Multidisciplinary Analysis (AMMA). *J. Geophys. Res.* 113：1984-2012. https://doi. org/10. 1029/2008JD010327.

[109] Adams,D. K. ,Gutman,S. I. ,Holub,K. L. ,and Pereira,D. S. (2013). GNSS observations of deep convective time scalesin the Amazon. *Geophys. Res. Lett.* 40：2818-2823. https://doi. org/10. 1002/grl. 50573.

[110] Walpersdorf,A. ,Calais,E. ,Haase,J. ,Eymard,L. ,Desbois,M. ,and Vedel,H. (2001) Atmospheric gradients estimated by GPS compared to a high resolution Numerical Weather Prediction (NWP) model. *Phys. Chem. Earth*,pp. 147-152.

[111] Liou,Y. A. and Huang,C. Y. (2000). GPS observations of PW during the passage of a typhoon. *Earth Planets Space* 52：709-712.

[112] Cucurull,L. ,Vilà,J. ,and Rius. ,A. (2002) Zenith totaldelay study of a Mesoscale Convective System：GPS observations and fine-scale modeling. Tellus,54 (A),138-147.

[113] Iwabuchi,T. ,Miyazaki,S. ,Heki,K. et al. (2003). Animpact of estimating tropospheric delay gradients on tropospheric delay estimations in the summer using the Japanesenationwide GPS array. *J. Geophys. Res.* 108 (D10).

[114] Delrieu,G. ,Ducrocq,V. ,Gaume,E. ,Nicol,J. ,Payrastre,O. ,Yates,E. ,Kirstetter,P. E. ,Andrieu,H. ,Ayral,P. A. ,Bouvier,C. ,Creutin,J. D. ,Livet,M. ,Anquetin,S. ,Lang,M. ,Neppel,L. ,Obled,C. ,Parent-du Châtelet,J. ,Saulnier,G. M. ,Walpersdorf,A. ,and Wobrock,W. (2005) The catatrophic flash-flood event of 8-9 September 2002 in the Gard Region,France ：A first case study for the Cévennes Vivarais Mediterranean Hydrometeorological Observatory. *J. Hydrometeorol.* ,pp. 34-51.

[115] Huet,P. ,Martin,X. ,Prime,J. ,Foin,P. ,Laurain,C. ,and Cannard,P. (2003) Retour d'expérience des crues de Septembre 2002 dans les Départements du Gard, de l'Hérault, du Vaucluse, des Bouches du Rhône,de l'Ardèche et de la Drome,report,133 pp,L'InspectionGen. de l'Environ. ,Minist. de l'Ecol. et du Develop. Durable,Paris. (Available at http://www. side. developpement-durable. gouv. fr/Default/doc/SYRACUSE/71868) ,in French.

[116] Chancibault,K. ,Anquetin,S. ,Ducrocq,V. ,and Saulnier,G. M. (2006). Hydrological evaluation of high resolution precipitation forecasts of the Gard Flash-Flood (8-9 September 2002). *Q. J. Roy. Meteor. Soc.* 132：1091-1117. https://doi. org/10. 1256/qj. 04. 164.

[117] Seko,H. ,Shimada,S. ,Nakamura,H. ,and Kato,T. (2000). Three-dimensional distribution of water vapor estimated from tropospheric delay of GPS data in a mesoscale precipitation system of the Baiu front. *Earth Planets Space* 52：927-933.

[118] Hirahara,K. A. (2000). Local GPS Tropospheric Tomography. *Earth Planets Space* 52：935-939.

[119] Gradinarsky,L. P. and Jarlemark,P. (2004). Ground-Based GPS Tomography of water vapor：Analysis of simulated and real data. *J. Met. Soc. of Japan* 82：551-560.

[120] Champollion,C. ,Masson,F. ,Bouin,M. N. et al. (2005). GPS Water Vapour Tomography：First results from the ESCOMPTE field experiment. *Atmos. Res* 74：253-274. Https://doi. org/10. 1016/j. atmosres. 2004. 04. 003.

[121] Champollion,C. ,Flamant,C. ,Bock,O. et al. (2009). Mesoscale GPS tomography applied to the 12 June 2002 convective initiation event of IHOP 2002. *Q. J. Roy. Meteor. Soc.* 135：645-662. https://doi. org/10. 1002/qj. 386.

[122] Bastin, S., Champollion, C., Bock, O. et al. (2005). On the use of GPS tomography to investigate water vapor variability during a Mistral/sea breeze event in southeastern France. *Geophys. Res. Lett.* 32 (L05): 808. https://doi.org/10.1029/2004GL021907.

[123] Bastin, S., Champollion, C., Bock, O. et al. (2007). Diurnal cycle of water vapor as documented by a dense GPS network in a coastal area during ESCOMPTE IOP2. *Amer. Meteor. Soc.* 46: 167–182. Https://doi.org/10.1175/JAM2450.1.

[124] Troller, M., Geiger, A., Brockmann, E. et al. (2006). Tomographic determination of the spatial distribution of water vapour using GPS observations. *Adv. Space Res.* 37: 2211–2217. https://doi.org/10.1016/j.asr.2005.07.002.

[125] Nilsson, T., Gradinarsky, L., and Elgered, G. (2007). Water vapour tomography using GPS phase observations: Results from the ESCOMPTE experiment. *Tellus* 59: 674–682. https://doi.org/10.1111/j.1600-0870.2007.00247.x.

[126] Reverdy, M., Van Baelen, J., Walpersdorf, A., Dick, G., Hagen, M., and Richard, E. (2009) Water vapour field retrieval with tomography software. *Ann. Meteorol.*, 44, 144–145. Deutscher Wetterdienst: Offenbach. http://www.pa.op.dlr.de/icam2009/extabs.

[127] Bender, M., Dick, G., Ge, M. et al. (2011). Development of a GNSS water vapour tomography system using algebraic reconstruction techniques. *Adv. Space Res.* 47 (10): 1704–1720. Http://doi.org/10.1016/j.asr.2010.05.034.

[128] Perler, D., Geiger, A., and Hurter, F. (2011). 4D GPS water vapor tomography: new parameterized approaches. *J. Geod.* 85: 539–550. https://doi.org/10.1007/s00190-011-0454-2.

[129] Notarpietro, R., Cucca, M., Gabella, M., and Perona, G. (2011). Tomographic reconstruction of wet and total refractivity fields from GNSS receiver networks. *Adv. Space Res.* 47 (5): 898–912. https://doi.org/10.1016/j.asr.2010.12.025.

[130] Van Baelen, J., Reverdy, M., Tridon, F. et al. (2011). On the relationship between water vapour field evolution and precipitation systems lifecycle. *Q. J. Roy. Meteor. Soc.* 137: 204–223. https://doi.org/10.1002/qj.785.

[131] Manning, T., Zang, K., Rohm, W. et al. (2012). Detecting severe weather using GPS Tomography: An Australiancase study. *J. Glob. Pos. Systems* 11 (1): 58–70. https://doi.org/10.5081/jgps.11.1.58.

[132] Rohm, W. (2013). The ground GNSS tomography -unconstrained approach. *Adv. Space* Res. 51: 501–513. Https://doi.org/10.1016/j.asr.2012.09.021.

[133] Rohm, W., Zhang, K., and Bosy, J. (2014). Limited constraint, robust Kalman filtering for GNSS troposphere tomography. *Atmos. Meas. Tech.* 7: 1475–1486. Https://doi.org/10.5194/amt-7-1475-2014.

[134] Bender, M., Stosius, R., Zus, F. et al. (2011). GNSS water vapour tomography-Expected improvements by combining GPS, GLONASS and Galileo observations. *Adv. Space Res.* 47 (5): 886–897. Http://doi.org/10.1016/j.asr.2010.09.011.

[135] Ding, W., Teferle, F. N., Kazmierski, K. et al. (2017). An evaluation of real-time troposphere estimation based on GNSS Precise Point Positioning. *J. Geophys. Res.* 122: 2779–2790. https://doi.org/10.1002/2016JD025727.

[136] Guerova, G., Jones, J., Douša, J. et al. (2016). Review of the state of the art and future prospects of the ground-based GNSS meteorology in Europe. *Atmos. Meas. Tech.* 9: 5385–5406. Https://doi.org/10.5194/amt-9-5385-2016.

[137] Braun, J., Rocken, C., and Ware, R. (2001). Validation of line-of-sight water vapor measurements with GPS. *Radio Science* 36: 459–472. https://doi.org/10.1029/2000RS002353.

[138] Kačmařík, M., Douša, J., Dick, G. et al. (2017). Intertechnique validation of tropospheric slant total delays. *Atmos. Meas. Tech.* 10: 2183-2208. Https://doi.org/10.5194/amt-10-2183-2017.

[139] Zus, F., Bender, M., Deng, Z. et al. (2012). A methodology to compute GPS slant total delays in a numerical weather model. *Radio Science* 47: RS2018. https://doi.org/10.1029/2011RS004853.

[140] Zus, F., Dick, G., Douša, J. et al. (2014). The rapid and precise computation of GPS slant total delays and mapping factors utilizing a numerical weather model. *Radio Science* 49: 207-216. https://doi.org/10.1002/2013RS005280.

[141] Larson, K. M. (2013). A new way to detect volcanic plumes. *Geophys. Res. Lett.* 40: 2657-2660. https://doi.org/10.1002/grl.50556.

[142] Houlié, N., Briole, P., Nercessian, A., and Murakami, M. (2005). Sounding the plume of the 18 August 2000 eruption of Miyakejima volcano (Japan) using GPS. *Geophys. Res. Lett.* 32 (L05): 302. https://doi.org/10.1029/2004GL021728.

[143] Aranzulla, M., Cannavò, F., Scollo, S. et al. (2013). Volcanic ash detection by GPS signal. *GPS Solutions* 17(5): 485-497. https://doi.org/10.1007/s10291-012-0294-4.

[144] Grapenthin, R., Freymueller, J. T., and Kaufman, A. M. (2013). Geodetic observations during the 2009 eruption of Redoubt Volcano. *Alaska. J. Volcanol. Geotherm.* Res. 259: 115-132. https://doi.org/10.1016/j.jvolgeores.2012.04.021.

[145] Aranzulla, M. and Puglisi, G. (2015). GPS tomography tests for DinSAR applications on Mt. *Etna. Ann. Geophys.* 58 (3): S0329. https://doi.org/10.4401/ag-6750.

本章相关彩图,请扫码查看

第31章 电离层效应、监测及削弱方法

Y. Jade Morton, Zhe Yang, Brian Breitsch, Harrison Bourne, Charles Rino
科罗拉多大学博尔德分校,美国

31.1 简介

电离层是高度在 80~1500km 范围内部分电离的地球上层大气。电离层等离子体处于地球磁场中,其状态既受到上部太阳活动和磁层事件的影响,又与下部中性大气运动和电离层内部复杂的电动力学过程息息相关。无线电波在穿过电离层内部时,会被不同程度地吸收、折射和散射以及产生极化漂移。其中,电离层对全球导航卫星系统(global navigation satellite system, GNSS)信号的吸收量通常可以忽略不计。另外,由于 GNSS 信号是圆极化信号,因此信号的极化也不会妨碍 GNSS 的运行。而折射和散射则对 GNSS 信号的传播有重要影响,这两种效应也是本章将要讨论的重点内容。图 31.1 展示了电离层对无线电应用和 GNSS 测量的影响。

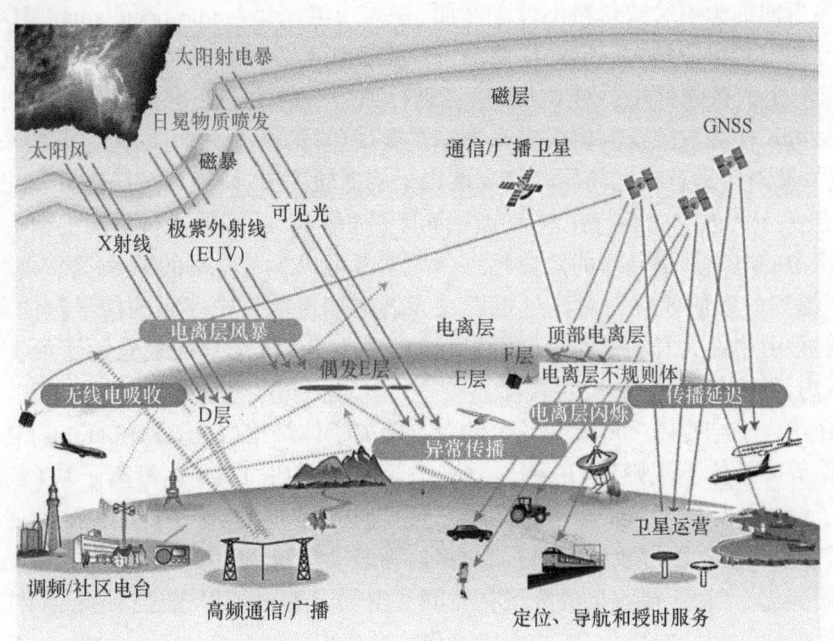

图 31.1 电离层对信号传播的影响以及电离层扰动源示意图
[该图从日本国家信息与通信技术研究所(NICT)创建的图像修改而来。]

电离层折射效应会导致 GNSS 信号群延迟、载波相位超前以及信号弯曲。信号群延迟和载波相位超前是影响 GNSS 测距和 PVT 服务（定位、测速和授时）的主要误差源之一（在谈及电离层折射效应的影响时，无论是群延迟还是相位超前，均称为电离层延迟）。其中，电离层折射误差的一阶项占折射效应影响的 99% 以上，它与电磁波频率的平方成反比。对于双频 GPS 接收机用户来说，可以通过构建双频无电离层延迟组合观测值来消除一阶项，从而在电离层活动较为平静的条件下，使电离层延迟残差降至厘米级以内。单频接收机用户则可采用广播电离层模型对电离层延迟进行改正，比如用于 GPS 的 Klobuchar 模型[1-2]、用于 Galileo 系统的 NeQuick 模型[3]，以及用于北斗系统（BDS）的 BDGIM 模型[4]。这类广播电离层模型依靠有限的模型参数来估算全球电离层延迟，模型参数从选定的地面监测站所采集的观测数据解算。不过，这些模型的精度各异且有限，更精细的电离层模型包含了更多的参数，比如国际参考电离层（international reference ionosphere, IRI）和 Bent 模型，它们能捕捉电离层的时空变化，从而将电离层延迟的估算精度提高到 70%~80%[1]。对于航空[5]和精准农业[6]等领域的高精度用户而言，GNSS 星基增强系统（SBAS）利用了更广泛的地基 GNSS 监测网络来改正电离层延迟，并将改正数播发给用户[7]。比如，美国的广域增强系统（WAAS）在电离层活动水平较低时，能提供精度约 15cm 的改正服务[7]。OmniSTAR（https://www.omnistar.com/）和 John Deere 公司的 StarFire 等商业系统也能提供类似精度水平的服务[8]。本章将详细介绍电离层折射效应引起的伪距和载波相位测量误差及其相应的改正方法。

电离层等离子体密度的梯度变化会引起信号弯曲。在卫星高度角较低时，人们才能观测到该现象。由于用户通常会设置合适的卫星截止高度角来对信号进行过滤，因此在地面应用中信号弯曲的影响常被忽略不计。然而，在无线电掩星（radio occultation, RO）应用中，电离层引起的信号弯曲是大气剖面反演的一个主要误差源，因为放置在低轨卫星（low-earth orbiting, LEO）上的接收机需要对 GNSS 信号进行临边扫描[9]。为减少电离层弯曲效应的影响，一方面，可以使用双频观测值组合来消除主要误差；另一方面，可以构建模型来模型化和改正残余误差，对于运行在电离层峰值高度以上的低轨卫星，研究人员已经开发出许多残差模型[9]。但关于此效应对运行在电离层内部卫星的影响，还需要进行更多的研究。对无线电掩星应用中的电离层信号弯曲效应感兴趣的读者可以参考本书的第 33 章[9]。需要注意的是，这里提到的弯曲效应与对流层折射在无线电掩星测量中引起的信号弯曲是不同的。对流层折射是由中性大气的梯度折射所引起的，并且其信号的弯曲量是用于反演中性大气特征（如压力、温度和水蒸气）的主要参数[9]。

信号在等离子结构体中传播会发生散射。等离子体结构（plasma structures）在其他文献中也被称作等离子体不规则体（irregularities）、等离子泡（bubbles）、等离子块（patches）等。这些等离子结构体形成了一个个不规则的"透镜"，这些"透镜"会引起 GNSS 信号的聚焦和散射，从而在接收机平面形成衍射图样。同时，等离子体湍流和 GNSS 卫星的运动使得衍射随时间不断变化。GNSS 接收机的天线在时间和空间上能对衍射谱进行有效采样。采样的结果是信号振幅和相位的变化，这些现象统称为电离层闪烁。在电离层闪烁时，接收机端可能会出现观测误差增大、信号发生周跳以及信号失锁等现象[10]。对于 GNSS 信号来说，电离层闪烁在低纬度和高纬度地区发生得较为普遍，而在中纬度地区则并不显著[11]。不同地区电离层闪烁的强度和特征也不尽相同。在低纬度地区，振幅和相位闪烁同时发生，并且强闪烁可能持续数小时;而在高纬度地区,相位闪烁则占主要部分,且一般持续时间较短[12-13]。这种电离层闪烁的纬度差异是由高低纬闪烁来源和产生机制不同、等离子不规则体的结构和动力学特性以及信号传播几何特征的不同所引起。高纬度地区发生的电离层闪烁与太阳和地磁扰动密切相关,而在低纬度地区,电离层内部变化是形成等离子结构体的主要因素,而太阳和地磁条件则起着次要的调制作用[14]。最近的研究还表明,当 GNSS 信号扫描快速移动的等离子结构体时,很多观测到的高纬度闪烁可能是折射效应[15]。高纬度和低纬度的电离层闪烁及其削弱方法也将在本章详细讨论。

尽管电离层效应对连续和高精度的 GNSS 应用提出了各种挑战,但也让 GNSS 接收机对电离层的被动遥感成为可能,使其成为空间环境和空间天气研究领域的重要课题之一。例如,通常可以使用总电子含量(total electron content,TEC)来表征电离层折射效应的大小。TEC 是指单位横截面积($1m^2$)沿信号传播路径(从 GNSS 卫星到接收机天线)贯穿整个电离层的一个柱体所含的电子总数,可以从双频接收机的测码伪距观测值和载波相位观测值提取。利用地面 GNSS 接收机网络和 LEO 卫星构建的 TEC 分布图,已被广泛用于电离层扰动(traveling ionospheric disturbances,TID)的探测[16-19]、高精度应用的电离层延迟改正服务[20-21],以及由电离层内部过程产生[22]或是由自然或人为事件[23]引起的电离层扰动的监测等。为了描述空间天气活动的强度,人们用振幅和相位闪烁指数和其他衍生量将电离层闪烁现象进行了量化[24-26],并使用排列紧密的 GNSS 接收机阵列获取的协同观测值来推导电离层不规则体的水平漂移速度、各向异性和有效高度[27-29]。

GNSS 和电离层之间的独特关系开辟了一个有趣的跨学科研究领域。为了削弱和预测电离层对 GNSS 应用的影响,我们需要更深入地了解电离层的内部过程和状态;而电离层对 GNSS 的不利影响反过来使 GNSS 成为电离层研究中使用最广泛的工具。本章的目的是为读者提供必要的电离层基础知识,让其了解电离层与 GNSS 的独特关系,激励研究人员去发掘 GNSS 在电离层研究中的潜力,去研发新的误差削弱方法来提升 GNSS 的 PNT 服务。

本章的结构如下:31.2 节回顾影响卫星导航信号和 PVT 解决方案的电离层的基本特性,介绍电离层的成分和剖面、时空变化、太阳和地磁扰动以及电离层折射指数等。31.3 节重点关注电离层折射效应。该节从 GNSS 的测量模型开始讲起,强调电离层折射原理以及无法单独分离的其他误差项,然后介绍如何根据测量模型和电离层折射指数的表达式,解算出一阶群延迟和载波相位超前,并总结 TEC 估算方法和部分 TEC 产品,最后讨论电离层延迟高阶项。31.4 节介绍电离层闪烁的相关内容,首先探讨电离层不规则体形成以及无线电波在不规则体中传播的物理机制,然后对发生在高纬度和低纬度地区的电离层闪烁现象进行气候学和形态学分析,还分析电离层闪烁对不同应用的影响,包括实时动态相对定位(RTK)和精密单点定位(PPP),并介绍用于对抗强闪烁的 GNSS 接收机载波跟踪算法。31.5 节展望该领域在未来可能面临的挑战。

31.2 电离层基本特性及其对卫星导航的影响

电离层等离子体在不断演化。日间的太阳紫外辐射使高层大气的原子和分子释放自由电子发生电离,而夜间带电粒子之间的碰撞又使其复合成中性粒子。电离、复合过程以及带电粒子的跨区域输运决定了电离层的状态。图 31.2 展示了典型的电离层电子密度垂直剖面,基于 IRI 和实测的 COSMIC(constellation observing system for meteorology,ionosphere,and climate)掩星数据,分别绘制了太阳活动高峰期和平静期、日间和夜间的电子密度剖面。从图 31.2 中可以看出,白天超过 90% 电离以及夜间 50%~60% 的电离都发生在曲线中段即所谓的电离层 F 层[30]。F 层也是引起电离层闪烁的电离层不规则体的主要来源。E 层位于 F 层下方,仅当 F 层在夜间消失时,E 层的电子含量才在 TEC 中比较显著。在 E 层内,夜间可能出现称为"偶现 E 层"的小而强烈的电离云,这可能导致 GNSS 信号的衍射。人们在 LEO 卫星接收的 RO 信号中观测到了"偶现 E 层"的衍射特征[31-33]。D 层对 GNSS 信号的传播几乎没有影响,但它对地球电离层波导的形成起着至关重要的作用,从而影响地面的导航和通信系统。在 F 层上方的区域被称为顶部电离层,这里的电子密度随着高度的增加几乎呈指数下降。

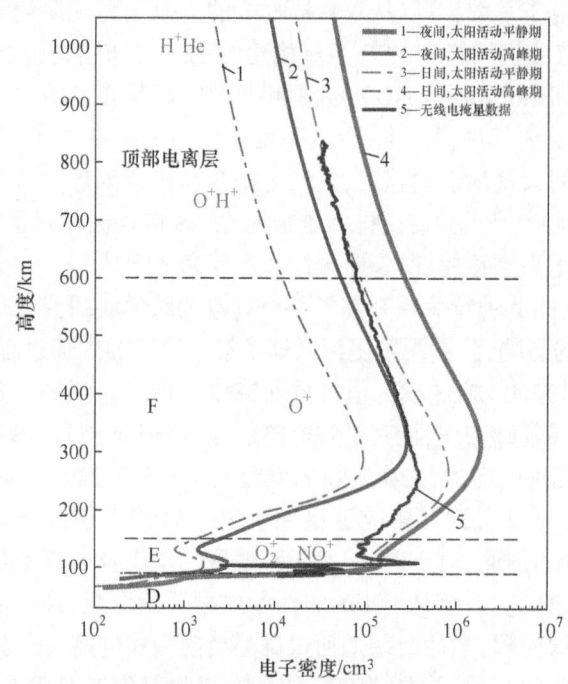

图 31.2 电离层电子密度垂直剖面

[图中红蓝曲线分别表示日间和夜间的电子密度剖面,分为 2003 年 3 月 2 日(太阳活动高峰期)和 2009 年 3 月 2 日(太阳活动平静期)两组。数据基于 IRI 模型计算,日间剖面对应于(30° N,0°) 及当地时(LT)14 时;夜间剖面对应于(35° N,0°) 及 17 时 LT。黑色曲线表示基于 COSMIC 掩星数据计算的电子密度剖面,对应于(81° N,46°E) 及 2012 年 7 月 29 日 18 时 45 分 LT(15:45 UT)。]

电离层等离子体的不规则分布是导致电离层对 GNSS 影响的预测和建模比较困难的主要原因。图 31.3 是 2015 年 3 月 17 日 UTC 18 时的全球电离层格网(global ionosphere map,GIM),展示了垂直 TEC(vertical TEC,VTEC)的全球分布情况。GIM 是由国际 GNSS 服务组织(international GNSS services,IGS)发布,建模所用的电离层观测数据来自全球分布的 GNSS 监测网络[34-35]。由图 31.3 可知,TEC 的空间分布结构较为复杂,在南美和非洲地区出现了较大的 TEC 梯度。

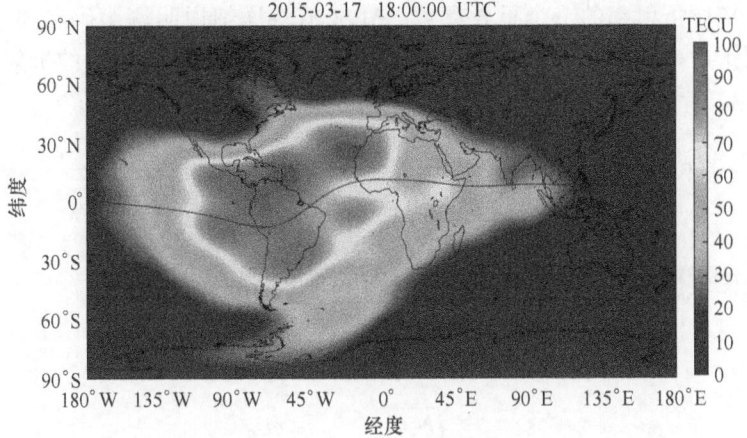

图 31.3　根据 IGS 发布的 GIM 产品绘制的全球 TEC 分布图

[该图展示了 TEC 复杂的空间分布结构。数据文件可从 NASA 地壳动力学数据信息系统（CDDIS）服务器下载：ftp://cddis.gsfc.nasa.gov/gnss/products/ionex/2015/076/igsg0760.15i。]

图 31.4 显示了 TEC 的时间变化特征。绘图所用的 4 组 TEC 数据仅包含高度 500km 以下的电子含量，从 Areibo 非相干散射雷达（incoherent scatterradar, ISR）观测的电离层电子密度剖面计算获取。从图 31.4 中可以观察到 4 条曲线相似的日变化规律，以及 TEC 序列的幅值变化和细节波动。

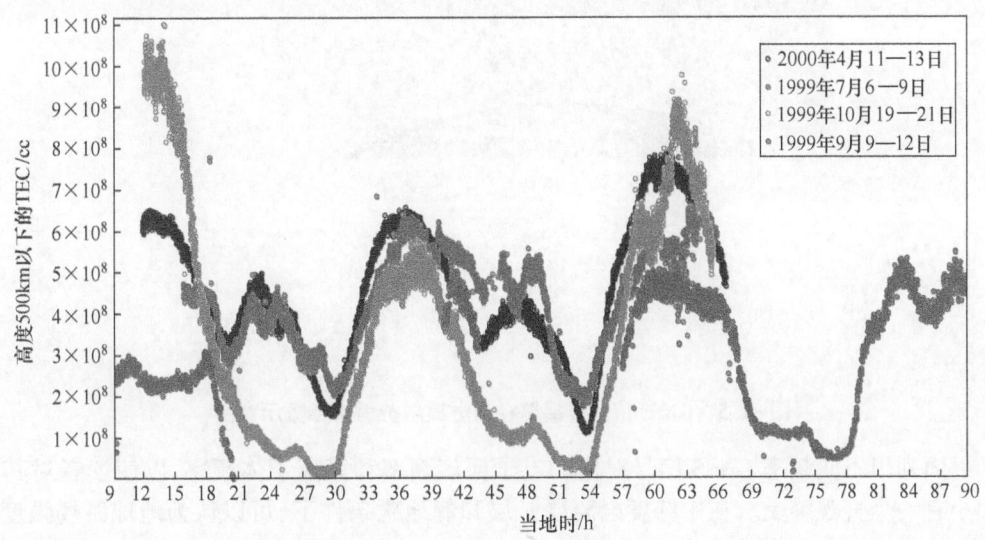

图 31.4　TEC 时间序列图（高度在 500km 以下）

（数据取自 Arecibo 非相干散射雷达在 1998—2000 年进行的四次实验。每次实验持续 3~4 天，数据取自不同的季节。可见，TEC 序列不仅随时间的推移有较大起伏，在连续几天或不同季节和年份的同一时刻也表现出较大的波动。）

31.2.1　折射率：Appleton-Hartree 方程及其线性展开

折射指数（refractive index）又称折射率，它决定了 GNSS 信号在电离层中的传播速度。

TEC 是表征电离层折射率的一个重要参数。31.3 节将详细说明测距码和载波相位的传播速度与电离层折射率的关系。频率为 f 的电磁波在电离层内给定位置的折射率 n_ϕ 可通过 Appleton-Hartree 方程[36]计算：

$$n_\phi = 1 - \cfrac{X}{1 - \cfrac{(Y\sin\theta_B)^2}{2(1-X)} \pm \sqrt{\cfrac{(Y\sin\theta_B)^4}{4(1-X)^2} + (Y\cos\theta_B)^2}} \quad (31.1)$$

式中：θ_B 为电磁波传播方向 k 和当地地磁场强度 B 之间的夹角，且有

$$X = \left(\frac{f_p}{f}\right)^2, \quad Y = \frac{f_g}{f} \quad (31.2)$$

$$f_p = \sqrt{\frac{N_e e^2}{m_e \varepsilon_0}}, \quad f_g = \frac{eB_0}{m_e} \quad (31.3)$$

式中：f_g 和 f_p 分别为电子回旋频率和等离子体频率；电子电荷量 e、电子质量 m_e 和真空中的介电常数 ε_0 均为常量。电子回旋频率取决于当地磁场强度 B_0，而等离子体频率是给定位置处电子密度 N_e 的函数。图 31.5 标示了上式中的各种参数。

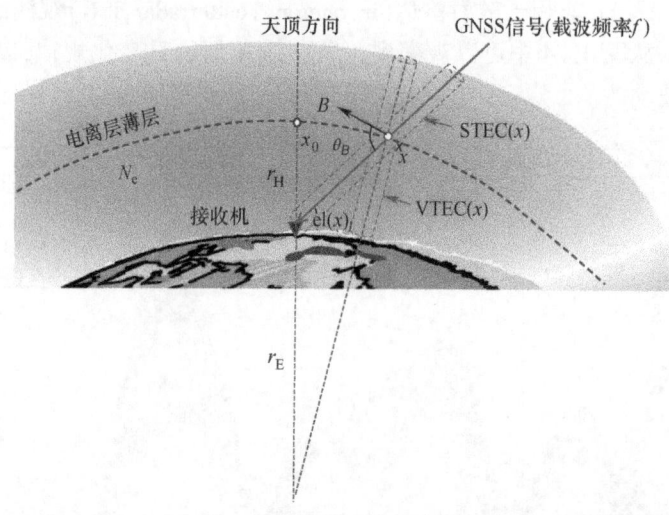

图 31.5　GNSS 信号传播路径和电离层折射率参数示意图

下面列出不同频率 GNSS 信号对应的电子回旋频率和等离子体频率，以使读者对其数值大小有一个直观感受。在中纬度电离层 F 层和静地磁条件下，可以认为地球磁场强度 B 的大小约为 30000nT，相应电子回旋频率 f_g 的值约为 1MHz；在靠近两极的高纬度地区，磁场强度可能高达 60000nT，而相应的 f_g 值也更大，可达 2MHz 左右。等离子体频率 f_p 取决于电子密度 N_e，其变化范围较大：日间中纬度 F 层 N_e 的峰值约为 10^{12} 个电子/m^3，相应的 f_p 值约为 9MHz；而在夜间，F 层可能会消失，此时 N_e 的峰值将出现在 E 层，但其数值下降了几个数量级，相应的 f_p 值也降到几十千赫兹。载波频率高于等离子体频率的信号可以穿透电离层进入太空，而频率较低的信号则会被反射回来。这就是地面通信和无线电导航系统依赖甚低频、低频和高频无线电波，而卫星系统则使用更高频率信号（如 L 波段、S 波段和 X 波段等）的原因。

GNSS 载波频率大多在 1~2GHz 的 L 波段(印度的 NavIC 也发射 S 波段 2.5GHz 左右的信号)。因此,对于 GNSS 载波,$X \ll 1, Y \ll 1$。将式(31.1)进行泰勒展开,前几项为

$$n_\phi \approx 1 - \frac{X}{2} \pm XY\cos\theta_B - \frac{X}{4}\left[\frac{X}{2} + Y^2(1 + \cos^2\theta_B)\right] \tag{31.4}$$

式(31.4)表明,电离层折射率可被视为带有一阶、二阶或高阶扰动项的真空折射率的修正值。电离层一阶项(除常量 1 以外,与 f^2 有关的项)为主导项,显著减小了电离层折射率。其值与载波频率 f 的平方成反比,与电子密度 N_e 成正比。一阶近似下的相折射率 n_ϕ 可表示为

$$n_\phi \approx 1 - \frac{X}{2} \approx 1 - \frac{40.3 N_e}{f^2} \tag{31.5}$$

为定量评估电离层折射率与真空折射率之间的偏差,图 31.6 绘制了 GPS L1 载波的电离层折射率与真空折射率之差 Δn_ϕ 随高度变化的函数曲线。图中使用的两条电离层电子密度剖线(2011 年 3 月 26 日 16 时 40 分 LT 和 8 时 20 分 LT)由 Arecibo ISR 数据计算获得。可以看到,电离层折射率不仅在某一时刻随高度的变化有较大起伏,而且也随着时间变化。该图还展示了中性大气折射率随高度和时间的变化曲线,包括干燥大气和水蒸气两个方面。其中,干燥大气剖面使用标准大气(standard atmosphere)[37]中定义的参数获取,水蒸气的分布取自报告[38]。可见,在中性大气中水蒸气对电磁波的折射起主导作用,而且中性大气折射率与真空折射率的偏差和电离层折射率与真空折射率的偏差符号相反。

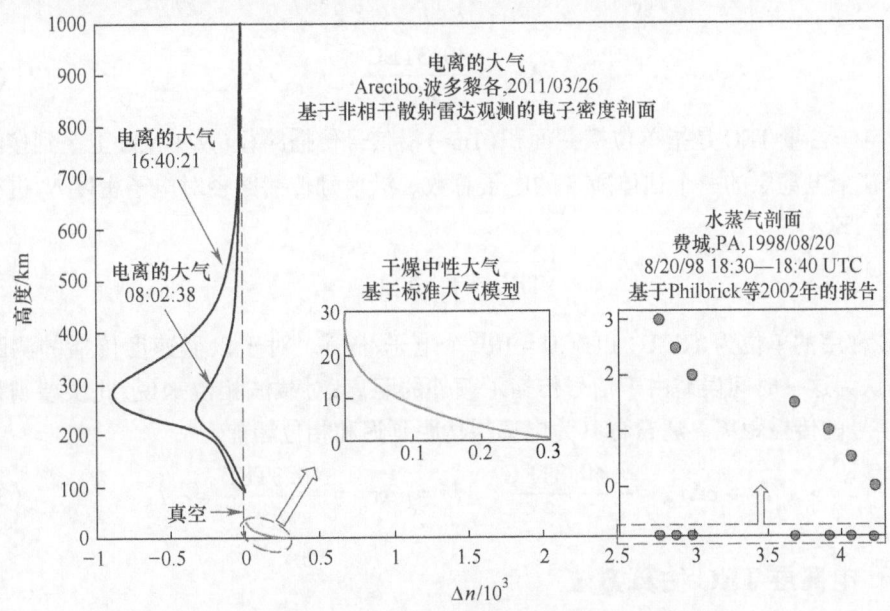

图 31.6　GPS L1 信号相折射率(包括对流层)示意图

[将真空折射率设为 0,则相折射率在电离层中为负值(对流层中为正值),且随高度和时间有较大变化。]

31.2.2　群折射率

不同载波频率叠加的信号在电离层中的折射率(群折射率)可能是一个相当复杂的量,因为每个频率的载波都有自己的折射率。对于频谱被限制在相对较窄的带宽内的信号,其

群折射率 n_g 与中心载波信号在电离层的相折射率 n_ϕ 的关系可以通过下式描述[2]：

$$n_g = n_\phi + \frac{\mathrm{d}n_\phi}{\mathrm{d}f} \tag{31.6}$$

综合式(31.5)和式(31.6)，可以得到一阶近似的群折射率：

$$n_g \approx 1 + \frac{40.3N_e}{f^2} \tag{31.7}$$

比较式(31.7)和式(31.5)可以看出，电磁波信号相速度和群速度与真空中电磁波传播速度的偏差大小相等但符号相反。对于 GNSS 信号，其频率成分与测距码调制有关。以下两节讨论电离层对 GNSS 信号的影响。

31.3 GNSS 应用的电离层折射效应

31.3.1 测码伪距延迟、相位超前以及 TEC

当 GNSS 信号在电离层中传播时，其相速度和群速度相对于信号在真空中的传播速度 c 的偏差将引起信号传播时间的误差：

$$\Delta\tau_\phi = \frac{1}{c}\int_{\mathrm{SV}}^{\mathrm{RX}}(n_\phi - 1)\mathrm{d}l = -\frac{40.3}{f^2}\int_{\mathrm{SV}}^{\mathrm{RX}}N_e\mathrm{d}l = -\frac{40.3\mathrm{TEC}}{cf^2} \tag{31.8}$$

$$\Delta\tau_g = \frac{40.3\mathrm{TEC}}{cf^2} \tag{31.9}$$

式中：总电子含量 TEC 是指单位横截面积($1\mathrm{m}^2$)沿信号传播路径(从 GNSS 卫星到接收机天线)贯穿整个电离层的一个柱体所含的电子总数。沿信号传播路径对电子密度 N_e 进行积分即可求得 TEC：

$$\mathrm{TEC} = \int_{\mathrm{SV}}^{\mathrm{RX}}N_e\mathrm{d}l \tag{31.10}$$

TEC 常用的单位为 TECU($1\mathrm{TECU} = 10^{16}$个电子$/\mathrm{m}^3$)。对于以群速度传播的测距码而言，可以认为这一时间误差由于信号传播了额外的距离；对载波相位来说，此误差则是由于缩短了信号的传播距离。通常称其为电离层伪距延迟和相位超前：

$$I_\phi = c\Delta\tau_\phi = -\frac{40.3\mathrm{TEC}}{f^2}, \quad I_g = c\Delta\tau_g = \frac{40.3\mathrm{TEC}}{f^2} = -I_\phi \tag{31.11}$$

31.3.2 电离层 TEC 估算方法

31.3.2.1 利用广播电离层模型对单频接收机进行改正

为了改正伪距延迟和相位超前引起的电离层延迟误差，人们构建了多种电离层 TEC 模型。其中，参数通过 GNSS 在卫星导航电文中播发的模型即为广播电离层模型。用户可以对载波进行解调以获得模型参数，并用这些参数来估算当地的 TEC。广播电离层模型通常用于单频接收机。表 31.1 列出了各种全球和区域导航卫星系统(GNSS 和 RNSS)采用的广播电离层模型。下面将简要介绍常用的模型。

表 31.1　全球和区域导航卫星系统采用的广播电离层模型

GNSS/RNSS	广播电离层模型
GPS	Klobuchar 模型
BDS	BDGIM
Galileo	NeQuick G
GLONASS	无
NavIC	基于格网的模型
QZSS	Klobuchar 模型（两套参数）

1. Klobuchar 模型

Klobuchar 模型使用半余弦函数来表示调制在 GPS L1 载波上的垂直电离层的测距码的延迟（天顶延迟）[1]：

$$I_{g,L1,z} = \begin{cases} cA_1 + cA_2\cos\left[\dfrac{2\pi(t-A_3)}{A_4}\right] & \left(|t-A_3| < \dfrac{A_4}{4}\right) \\ cA_1 & \text{（其他）} \end{cases} \quad (31.12)$$

式中：t 为电离层穿透点（ionospheric piercing point, IPP）的当地时间。IPP 是指电离层单层假设下卫星和接收机连线与电离层"薄层"的交点，这里"薄层"的高度设为 350km。A_1 和 A_3 均为常数，$A_1 = 5$ns 是夜间测距码的天顶时延，$A_3 = 50400$s 是余弦波峰出现的时间（图 31.7）。A_2 和 A_4 是接收机处地磁纬度 φ 的多项式拟合函数：

$$A_2 = \alpha_0 + \alpha_1\varphi + \alpha_2\varphi^2 + \alpha_3\varphi^3 \quad (31.13)$$

$$A_4 = \beta_0 + \beta_1\varphi + \beta_2\varphi^2 + \beta_3\varphi^3 \quad (31.14)$$

式中：系数 α_0、α_1、α_2、α_3、β_0、β_1、β_2 和 β_3 为 GPS 导航电文所播发的 8 个参数。这些参数基于分布在全球约 370 个 GPS 测站的观测值解算得来，每 6 天更新一次。从统计结果上看，Klobuchar 模型在全球范围内可以减少 50% 左右（RMS）的电离层延迟。

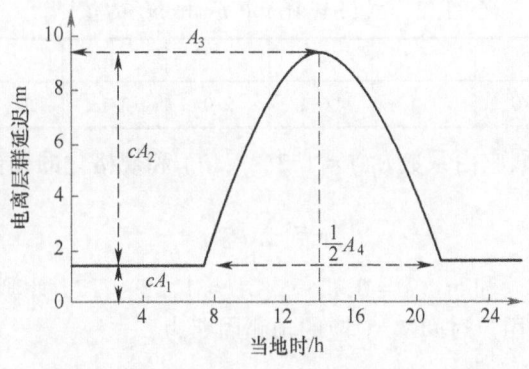

图 31.7　根据 Klobuchar 模型绘制的电离层群延迟与当地时的关系

QZSS 也使用 Klobuchar 模型。但是，QZSS 有两组播发参数，每组参数的计算都基于当地区域测站的观测值，这两个局部区域又构成了较大的 QZSS 覆盖区域。两组参数的使用提高了电离层 TEC 的估算精度[39]。

2. BDGIM

BDGIM 是为 BDS-3 构建的电离层延迟改正模型[40]。其前身是 IGGSH 模型（2004—

2012年)和BDSSH模型(2012—2017年)。BDGIM使用修正的球谐函数对电离层VTEC进行建模(见31.3.3节):

$$\text{VTEC} = A_0 + \sum_{i=1}^{9} \alpha_i A_i \tag{31.15}$$

BDS导航电文中提供了9个系数$\alpha_i(i=1,2,\cdots,9)$,对应的A_i可以使用以下公式计算:

$$A_i = \begin{cases} \tilde{P}_{|n_i|,|m_i|}(\sin\varphi') \times \cos(m_i\lambda') & (m_i \geq 0) \\ \tilde{P}_{|n_i|,|m_i|}(\sin\varphi') \times \sin(-m_i\lambda') & (m_i < 0) \end{cases} \tag{31.16}$$

式中:φ'和λ'分别是日固参考系中IPP(距地面高度400km)的地磁经纬度;n_i和m_i的值见表31.2;$\tilde{P}_{|n_i|,|m_i|}$为$|n_i|$阶$|m_i|$次归一化的勒让德级数,它是归一化函数$N_{|n_i|,|m_i|}$与经典勒让德级数$P_{|n_i|,|m_i|}$的乘积:

$$\tilde{P}_{|n_i|,|m_i|}(\sin\varphi') = N_{|n_i|,|m_i|} P_{|n_i|,|m_i|}(\sin\varphi') \tag{31.17}$$

$$N_{|n_i|,|m_i|} = \sqrt{\frac{(|n_i|-|m_i|)!(2|n_i|-1)(2-\delta_{0,|m_i|})}{(|n_i|+|m_i|)!}}, \quad \delta_{0,|m_i|} = \begin{cases} 1 & (|m_i|=0) \\ 0 & (|m_i|>0) \end{cases} \tag{31.18}$$

$$P_{|n_i|,|m_i|}(\sin\varphi') =$$
$$\begin{cases} (2|m_i|-1)!!\,(1-(\sin\varphi')^2)^{|m_i|/2} & (|n_i|=|m_i|) \\ (2|m_i|+1)\sin\varphi' P_{|m_i|,|m_i|}(\sin\varphi') & (|n_i|=|m_i|+1) \\ \dfrac{(2|n_i|+1)\sin\varphi' P_{|n_i|-1,|m_i|}(\sin\varphi') - (|n_i|+|m_i|-1)P_{|n_i|-2,|m_i|}(\sin\varphi')}{|n_i|-|m_i|} & (\text{其他}) \end{cases} \tag{31.19}$$

其中,$(2|m_i|-1)!! = (2|m_i|-1)(2|m_i|-3)\cdots 1$,$P_{0,0}(\sin\varphi')=1$。

表31.2 式(31.16)中n_i和m_i的值[40]

i	1	2	3	4	5	6	7	8	9
n_i/m_i	0/0	1/0	1/1	1/-1	2/0	2/1	2/-1	2/2	2/-2

A_0即所谓的预测项,它由系数$\beta_j(j=1,2,\cdots,17)$和规格化的勒让德级数决定:

$$A_0 = \sum_{j=1}^{17} \beta_j A_j \tag{31.20}$$

β_j由非播发系数$a_{k,j}$和$b_{k,j}(k=0,1,\cdots,12;j=1,2,\cdots,17)$计算,当要计算电离层TEC时,与非播发系数$T_k$和用户时间$T_p$对应的预测周期为

$$\beta_j = a_{0,j} + \sum_{k=1}^{12}\left[a_{k,j}\cos(\omega_k t_p) + b_{k,j}\sin(\omega_k t_p)\right] \quad \left(\omega_k = \frac{2\pi}{T_k}\right) \tag{31.21}$$

式中:$a_{k,j}$和$b_{k,j}$的值列在表31.3中,并四舍五入到一天中最接近的奇数小时(1h,3h,5h,…,23h)。$A_j(j=1,2,\cdots,17)$可使用式(31.16)计算。请注意,表31.2仅列出了部分n_i和m_i的值($i=1,2,\cdots,9$)。计算非播发系数的A_j和预测项计算周期所对应的n_i和m_i的值列在表31.3。

表 31.3 BDGIM 非播发系数 A_j 和预测项计算周期

No. k	No. j	1	2	3	4	5	6	7	8	9	10	11	12	13	14	15	16	17	T_k/d
	n_i/m_i	3/0	3/1	3/-1	3/2	3/-2	3/3	3/-3	4/0	4/1	4/-1	4/2	4/-2	5/0	5/1	5/-1	5/2	5/-2	
0	$a_{0,j}$	-0.61	-1.31	-2	-0.03	0.15	-0.48	-0.4	2.28	-0.16	-0.21	-0.1	-0.13	0.21	0.68	1.06	0	-0.12	—
1	$a_{k,j}$	-0.51	-0.43	0.34	-0.01	0.17	0.02	-0.06	0.3	0.44	-0.28	-0.31	-0.17	0.04	0.39	-0.12	0.12	0	1
	$b_{k,j}$	0.23	-0.2	-0.31	0.16	-0.03	0.02	0.04	0.18	0.34	0.45	0.19	-0.25	-0.12	0.18	0.4	-0.09	0.21	0.5
2	$a_{k,j}$	-0.06	-0.05	0.06	0.17	0.15	0	0.11	-0.05	-0.16	0.02	0.11	0.04	0.12	0.07	0.02	-0.14	-0.14	
	$b_{k,j}$	0.02	-0.08	-0.06	-0.11	0.15	-0.14	0.01	0.01	0.04	-0.14	-0.05	0.08	0.08	-0.01	0.01	0.11	-0.12	0.33
3	$a_{k,j}$	0.01	-0.03	0.01	-0.01	0.05	-0.03	0.05	-0.03	-0.01	0	-0.08	-0.04	0	-0.02	-0.03	0	-0.03	
	$b_{k,j}$	0	-0.02	-0.03	-0.05	-0.01	-0.07	-0.03	-0.01	0.02	-0.01	0.03	-0.1	0.01	0.05	-0.01	0.04	0	14.6
4	$a_{k,j}$	-0.01	0	0.01	0	0.01	0	-0.01	-0.01	0	0	0	0	0	0	0	0	0	
	$b_{k,j}$	0	-0.02	0.01	0	0.01	0.01	0.02	-0.02	-0.01	0	0	0	0.01	0	0	0	0	27
5	$a_{k,j}$	0	0	0	0.01	0.02	0	0	-0.02	0	0	0	0	0	0	0	0	0	
	$b_{k,j}$	0.01	0	0.03	0.01	0	0.04	0	0	0	0	0	0	0	0	0	0	0	
6	$a_{k,j}$	-0.19	-0.02	0.12	-0.1	0.06	0	-0.02	-0.08	-0.02	-0.07	0.01	0.03	0.15	0.06	-0.05	-0.03	-0.1	
	$b_{k,j}$	-0.09	0.07	0.03	0.06	0.09	0.01	0.02	0	-0.04	-0.02	-0.01	0.01	-0.1	0	-0.01	0.02	0.05	121.6
7	$a_{k,j}$	-0.18	0.06	-0.55	-0.02	0.09	-0.08	0	0.86	-0.18	-0.05	-0.07	0.04	0.14	-0.03	0.37	-0.11	-0.12	
	$b_{k,j}$	0.15	-0.31	0.13	0.05	-0.09	-0.03	0.06	-0.36	0.08	0.05	0.06	-0.02	-0.05	0.06	-0.2	0.04	0.07	182.51
8	$a_{k,j}$	1.09	-0.14	-0.21	0.52	0.27	-0.03	0.11	0.17	0.23	0.35	-0.05	0.02	-0.6	0.02	0.01	0.27	0.32	
	$b_{k,j}$	0.5	-0.08	-0.38	0.36	0.14	0.04	0	0.25	0.17	0.27	-0.03	-0.03	-0.32	-0.1	0.2	0.1	0.3	365.25
9	$a_{k,j}$	-0.34	-0.02	-1.22	0.05	0.15	-0.29	-0.17	1.58	-0.06	-0.15	0	0.13	0.28	-0.08	0.62	-0.01	-0.04	
	$b_{k,j}$	0	-0.11	-0.22	0.01	0.02	-0.03	-0.01	0.49	-0.03	-0.02	-0.01	0.02	0.04	-0.04	0.16	-0.02	-0.01	4028.71
10	$a_{k,j}$	-0.13	0.07	-0.37	0.05	0.06	-0.11	-0.07	0.46	0	-0.04	0.01	0.07	0.09	-0.05	0.15	-0.01	0.01	
	$b_{k,j}$	0.05	0.03	0.07	0.02	-0.01	0.03	0.02	-0.04	-0.01	-0.01	0.01	0.03	0.02	-0.04	-0.04	-0.01	0	2014.35
11	$a_{k,j}$	-0.06	0.13	-0.07	0.03	0.02	-0.05	0.01	0.04	-0.01	-0.04	0	-0.01	0.04	-0.04	-0.04	-0.01	0	
	$b_{k,j}$	0.03	-0.02	0.04	-0.01	-0.03	-0.02	0.01	-0.04	-0.01	-0.04	0.01	0.02	0.09	-0.04	0.15	0	0	1342.9
12	$a_{k,j}$	-0.03	0.08	-0.01	0.04	0.01	-0.02	-0.02	-0.04	0	-0.01	0.01	0.03	0.02	0	0	0	0	
	$b_{k,j}$	0.04	-0.02	-0.04	0	-0.01	-0.01	0.01	0.07	0	0	0	0	0	0	0	0	0	1007.18

资料来源：中国卫星导航系统管理办公室[40]。经中国卫星导航系统管理办公室许可转载。

3. NeQuick G

NeQuick G(NeQuick Galileo)模型是由国际理论物理中心(International Centre for Theoretical Physics)和奥地利格拉茨大学的地球物理、天体物理和气象学研究所(the Institute for Geophysics,Astrophysics,and Meteorology of the University of Graz)联合开发的半经验三维电子密度(N_e)模型[41-42]。该模型的标准输入参数是太阳黑子数 R12 或 10.7cm 波长的太阳辐射通量 F10.7、位置和时间,其输出参数是指定位置和时间的电子密度。

NeQuick G 是由 NeQuick 模型发展而来,输入参数为有效电离因子 A_z(单位:10^{-22} W·m^{-2}·Hz^{-1}),可提供实时电离层延迟改正数据[43]。可以用 Galileo 导航电文中播发的 3 个系数(a_0、a_1 和 a_2,每天至少更新一次)来计算 A_z:

$$A_z = a_0 + a_1\mu + a_2\mu^2 \tag{31.22}$$

式中:μ 为修正磁倾角(modified dip latitude,MODIP),由电离层中的真磁倾角 I 和用户接收机所处的地理纬度 φ 确定:

$$\tan\mu = \frac{I}{\sqrt{\cos\varphi}} \tag{31.23}$$

NeQuick G 以 A_z 代替 F10.7,先计算信号传播路径即视线方向(line of sight,LoS)各点的电子密度。然后,通过对路径上的电子密度进行积分可求得倾斜总电子含量(slant TEC,STEC)。视线上积分点的密度取决于高度。虽然积分点越密集计算精度越高,但相应的计算量越大,计算效率越低,所以需要在积分误差与计算效率之间找到平衡。Arbesser-Rastburg[44]详细描述了 Galileo 单频接收机获得 STEC 和电离层延迟所需的计算步骤。Prieto-Cerdeira 等[45]概述了 NeQuick G 的电离层延迟改正算法并对其进行了性能评估[46],文中将模型结果与 GPS 和 JASON TEC 作了对比分析。

NeQuick G 模型的一个主要缺点是计算量大。最近新开发的一个名为 NTCM(Neustrelitz Total Electron Content Model)的电离层模型,虽然也使用 Galileo 播发的参数,但比 NeQuick G 更加精简[47]。NTCM 使用 12 个模型系数和多个经验值参数,可以计算用户指定位置和时间的 TEC,而无须对任何参数进行空间或时间上的插值。Hoque 等[47]的研究结果表明,NTCM 比 NeQuick G 具有更好的精度,且平均计算效率比 NeQuick G 快 65 倍。Galileo 用户进行电离层延迟改正时,只需要引入 NTCM 计算公式,而无须进行重大的技术修改。

有许多文献对不同广播模型的 TEC 预测精度进行了评估[46,48-49]。Yuan 等[49]在最近的一项研究中,基于双频观测值解算的 TEC 和 IGS GIM,对 Klobuchar、BDGIM 和 NeQuick G 模型的 TEC 预测精度进行了深入的比较分析。实验选取了中国境内的 10 个地壳运动观测网(crustal movement observation network of china,CMONOC)和中国境外的 9 个 IGS 台站的 24h 观测数据,每 2h 作为一个数据段,应用最小二乘法解算出 12 组播发系数。然后,利用这些系数构造 BDGIM,进而与 Klobuchar 模型和 NeQuick G 模型进行比较评估。

实验时段为从年积日(DOY)2014 年第 220 日到第 365 日,评估中使用了分布在全球的 50 个 IGS 测站的观测值。图 31.8 绘制了 3 种模型的 TEC 预测值与双频 GPS 观测值解算所得 TEC 值(GPS-TEC)之间偏差的归一化直方图(双频观测值提取 TEC 的方法将在 31.3.2.2 节讨论)。表 31.4 列出了 Klobuchar、NeQuick G 和 BDGIM TEC 模型预测值相较于 GPS-TEC 的在 65%和 95%区间绝对偏差的统计结果。

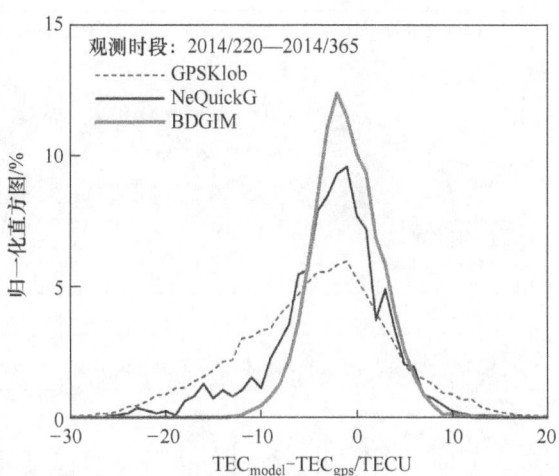

图 31.8　Klobuchar、NeQuick G 和 BDGIM TEC 预测值与 GPS-TEC 之间偏差的归一化直方图[49]
（GPS-TEC 的计算基于分布于全球的 50 个测站，评估时段为 2014 年第 220 日至第 365 日。
经 John Wiley & Sons 出版社许可转载。）

表 31.4　Klobuchar、NeQuick G 和 BDGIM TEC 模型预测值相
较于 GPS-TEC 的绝对偏差统计结果

百分比/%	Klobuchar/TECU	NeQuick G/TECU	BDGIM/TECU
65	8.3	4.9	3.6
95	19.2	14.9	7.3

同时，Yuan 等[49]还将 3 种广播电离层模型与 IGS GIM 最终产品进行了比较评估。为便于进行精度比较，3 种广播模型的 TEC 预测值将使用与 IGS GIM 相同的时空分辨率，即空间分辨率为经纬度 5.0°×2.5°、时间分辨率为 2h。图 31.9 给出了广播电离层模型 TEC 预测值与 GIM TEC 较差的 RMS 和改正率。可以看到，BDGIM 的 RMS 约为 Klobuchar 的一半，NeQuick RMS 介于两者之间。Klobuchar 的改正率集中在 40%~50%，NeQuick G 为 50%~65%，而 BDGIM 的改正率大多在 70%以上。

Yuan 等[49]还分析了广播电离层模型误差随地理纬度的变化。如图 31.10 所示，该图统计了实验期内 3 种广播电离层模型 TEC 预测值相较于 GIM TEC 在不同纬度上偏差的平均值和标准差。Klobuchar 和 NeQuick G 在低纬度地区都显示了几十个 TECU 量级的较大的偏差和标准差。而 BDGIM 的偏差则相对较小，在所有纬度的偏差都小于 5TECU，其标准差也限制在 10TECU 以内。

31.3.2.2　双频接收机 TEC 估算方法

对于双频接收机，可以使用来自 2 个载波的伪距和载波相位观测值来估算 TEC。为了说明这个过程，我们从伪距测量模型开始：

$$\rho_i = r + I_{\rho,i} + M_{\rho,i} + B_{\rho,i} + T + c\delta t_u - c\delta t^s + \delta r^s + \varepsilon_{\rho,i} \tag{31.24}$$

式中：ρ 为伪距观测值；r 为接收机（信号接收时）与卫星（信号发射时）间的几何距离；I 为电离层延迟；M 为伪距多径效应误差；B 为接收机端和卫星端的硬件延迟偏差；T 为对流层

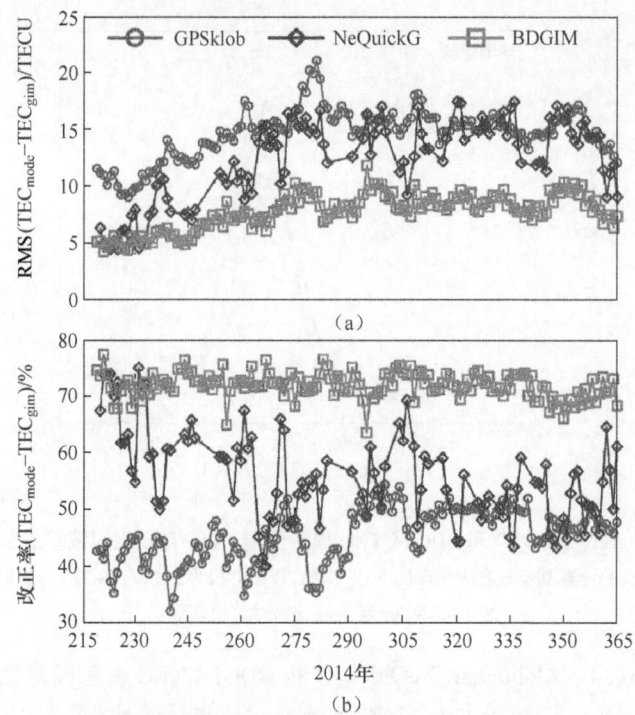

图 31.9 3种广播电离层模型 TEC 预测值与 GIM TEC 较差的 RMS(a)和 TEC 改正率(b)
(选取了分布于全球的50个测站,评估时段为2014年的第220日至第365日。
原图见文献[49],经 John Wiley & Sons 出版社许可转载。)

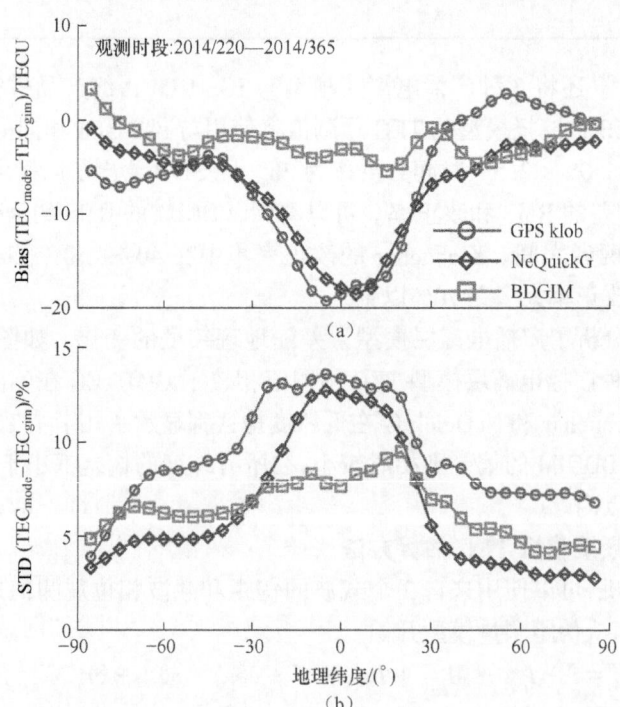

图 31.10 3种广播电离层模型 TEC 预测值相较于 GIM TEC 在不同纬度上偏差的平均值(a)和标准差(b)
(原图见文献[49],经 John Wiley & Sons 出版社许可转载。)

延迟；δt_u 和 δt^s 分别为接收机和卫星钟差；δr^s 为卫星轨道误差；ε 包括观测噪声、式中各观测量的模型误差以及未列出的其他误差，如卫星和接收机天线相位中心的误差、天线相位缠绕等；c 为光速；下标"i"($i=1,2$)表示不同频率的载波。

其中的一些误差可以通过精确建模或者用成熟的方法进行改正。例如，可以使用 IGS 产品将卫星钟差校正到 75ps 以下(可在 IGS.org 查询最新的钟差改正精度)。接收机钟差可与接收机位置同时求解[50]。假设这类误差已改正，然后将与载波频率无关的项合并为几何项 G(Geometry 的首字母，因为这些误差都与卫星和接收机的相对位置有关)，则式(31.24)可改写为

$$\rho_i = G + I_{\rho,i} + B_{\rho,i} + M_{\rho,i} + \varepsilon_{\rho,i} \tag{31.25}$$

对于一个典型的双频 GPS 接收机，对 2 个伪距方程进行差分可以消去共同的几何项 G，得到

$$\Delta\rho = \Delta I_\rho + \Delta B_\rho + \Delta M_\rho + \Delta\varepsilon_\rho \tag{31.26}$$

式中：Δ 为差分运算符；ΔB_ρ 为 2 个载波之间的硬件延迟之差，也称差分码偏差(differential code bias,DCB)。移项，可得差分电离层延迟：

$$\Delta I = \Delta\rho - (\Delta M_\rho + \Delta\varepsilon_\rho) - \Delta B_\rho \tag{31.27}$$

如果可以估算出 $(\Delta M_\rho + \Delta\varepsilon_\rho)$ 和 ΔB_ρ 的值，即可计算出接收机与卫星之间的 STEC：

$$\text{STEC} = \frac{1}{\beta}\Delta I, \frac{1}{\beta} = \frac{1}{40.3}\frac{f_1^2 f_2^2}{f_2^2 - f_1^2} \tag{31.28}$$

下一步，我们将讨论 $(\Delta M_\rho + \Delta\varepsilon_\rho)$ 和 ΔB_ρ 的计算。

31.3.2.2.1 伪距多径和观测噪声 $(\Delta M_\rho + \Delta\varepsilon_\rho)$ 的估算

当前已有很多讨论多径效应和接收机观测噪声的估计和削弱方法的文献。对于电离层地面监测站来说，消除和削弱多径误差的第一道防线是选择合适的站址和天线，让天线所在的位置具有最小的多径反射，并采用可以抑制多径的天线。通常，剩余的伪距多径误差为 0.5~1m，接收机噪声误差在 0.25~0.5m。这些误差约是载波相位测量中相应误差的 100 倍。然而，尽管载波相位观测值的精度更高，但在对其进行数据处理时，会有整周模糊度的确定和周跳的探测与修复等问题。图 31.11 绘制了由伪距和载波相位观测值分别估算的 STEC 时间序列。用于 STEC 估算的示例数据来自 2006 年 12 月 14 日位于巴西的 GPS 测站(BRFT)对编号(PRN)为 5 的 GPS 卫星的跟踪观测。可见，伪距观测值导出的 STEC(蓝)具有较大的观测噪声，当卫星高度角较低时，还呈现较大的多径波动(几十个 TECU)。载波相位导出的 STEC 曲线(红)在大部分时段较为光滑，但在卫星高度角较低的时段，出现了多次周跳。并且由于整周模糊度的存在，由载波相位观测导出的 TEC 与真值也有一定的偏差。

进一步，可以采用多种滤波和平滑技术，将测码伪距和载波相位观测量结合使用，从而降低观测值中的噪声水平以及估算和减小多径误差。式(31.25)为双频 GNSS 接收机对某颗卫星两个载波频率的伪距观测方程，其对应的载波相位观测方程为

$$\phi_i = G - I_{\rho,i} + B_{\phi,i} + M_{\phi,i} + \varepsilon_{\phi,i} + N_i\lambda_i \tag{31.29}$$

式中：$B_{\phi,i}$、$M_{\phi,i}$ 和 $\varepsilon_{\phi,i}$ 分别为频间偏差(Inter-Frequency Bias,IFB)、载波相位多径误差和载波相位观测噪声；$N_i\lambda_i$ 为整周模糊度误差项。

利用式(31.11)推导出的测码伪距和载波相位的一阶电离层延迟之间的关系，即载波相位观测值和测码伪距观测值受电离层影响大小相等、符号相反的特点，可以将伪距和载波

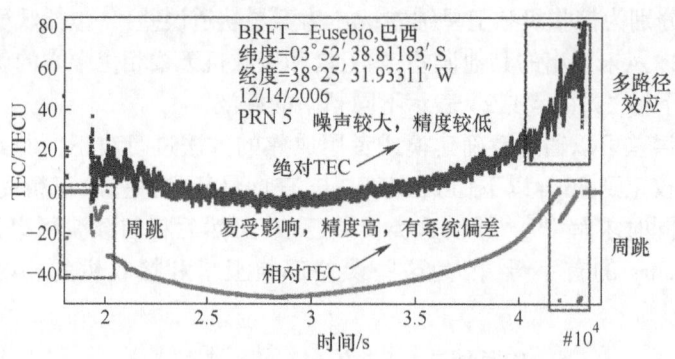

图 31.11 由伪距和载波相位观测值分别估算的 STEC 的对比

[示例数据来自 2006 年 12 月 14 日位于巴西的 GPS 测站(BRFT)对 PRN 为 5 的 GPS 卫星的跟踪观测。可见,伪距观测值导出的 STEC 具有较大的观测噪声,当卫星高度角较低时,还呈现较大的多路径波动(几十个 TECU)。载波相位导出的 STEC 曲线在大部分时段较为平滑,但卫星高度角较低的时段,出现了多次周跳。由于整周模糊度的存在,由载波相位观测导出的 TEC 与真值也有一定的偏差。]

相位观测值组合来减小误差。下面列举了 3 种估算或削弱($\Delta M_\rho + \Delta \varepsilon_\rho$)常用的载波相位伪距平滑方法:Hatch 滤波器、码噪声多径方法和载波相位平滑方法。

1. Hatch 滤波器

Hatch 滤波器利用载波相位观测值对伪距进行平滑去噪[51]。通过载波相位测量值的变化量 $\Delta\phi$(也称为载波相位距离增量 carrier-phase delta-range),可以求得滤波或平滑后的伪距观测值 $\bar{\rho}$:

$$\bar{\rho}(t) = \frac{N_{max} - 1}{N_{max}}(\bar{\rho}(t - \Delta t) + \Delta\phi(t)) + \frac{1}{N_{max}}\bar{\rho}(t)$$

$$\Delta\phi(t) = \phi(t) - \phi(t - \Delta t) \tag{31.30}$$

式中:N_{max} 为平滑历元数;Δt 为采样间隔。载波相位距离增量 $\Delta\phi$ 中消除了整周模糊度误差项(假设不存在周跳)以及变化缓慢的项如式(31.29)中的频间偏差 $B_{\phi,i}$。由于载波相位的多径效应和观测噪声可以忽略不计,其唯一误差项是电离层延迟 $I_{\phi,i}$,因此电离层延迟变化率最终决定了相位平滑伪距的精度。本书在第 22 章[52]提到,这一平滑过程会在伪距中引入电离层残差,可近似为

$$\Delta I = 2T_0 \frac{dI_{\rho,i}}{dt} \tag{31.31}$$

式中:$T_0 = \Delta t \times N_{max}$ 为平滑时间。平静状态下的电离层延迟变化率约为 10cm/min。当 T_0 = 100 s 时,引起的伪距偏差约为 33cm。电离层延迟随时间变化的特性是导致码载波发散(code-carrier divergence,CCD)出现的根本原因。在电离层扰动期间,电离层 TEC 中的陡峭梯度可能引起高出一个数量级的发散率。利用多频伪距和载波相位测量的无电离层组合观测值,可构造出多种无发散(divergence-free)的相位平滑伪距滤波器。关于这个问题的详细论述请见第 22 章。

在进行平滑伪距($n<N_{max}$)之前,需要先初始化 Hatch 滤波器。其中一种方法是用 n 来替换式(31.30)中的 N_{max}。N_{max} 的选择通常基于对信号中的多径变化、噪声和其他误差的

先验信息,以及对平滑伪距发散的考虑。第 22 章详细分析了 N_{max} 的选择及其与滤波器带宽或平滑时间的关系。Hatch 滤波器的一个主要优点是可以对数据进行实时平滑处理。互补滤波器(complementary filter)是一个与 Hatch 滤波器在数学上等价但实现过程不同的滤波器,互补滤波器需要估算码减载波(code-minus-carrier)偏差,但在测量中断期间具有惯性平滑(coast)的效果。第 22 章对 Hatch 滤波器和互补滤波器进行了更详细的讨论。

2. 码噪声多径方法

码噪声多径(code noise multipath,CNMP)方法是一种后处理方法,基本思路是将码噪声和多径误差替换为双频差分观测值的偏差。CNMP 方法初期被用于减小 WAAS 参考站的多径误差[53-54],后来又被用于设计精密进近着陆方案[55]。Ugazio 等[56]使用这一方法来估算绝对 TEC,Bourne 等[57]则更进一步,用其处理了双频差分观测值并估算 TEC 和接收机端 DCB。CNMP 方法是基于从双频伪距和载波相位观测获取的 CMC 观测值:

$$CMC_1 = \rho_1 - \phi_1 - 2\frac{f_2^2}{f_2^2 - f_1^2}(\phi_1 - \phi_2) \tag{31.32}$$

将式(31.25)和式(31.29)的伪距和载波相位观测方程代入式(31.32),得到

$$CMC_1 = (I_{\rho,1} + B_{\rho,1} + M_{\rho,1} + \varepsilon_{\rho,i}) - (-I_{\phi,1} + B_{\phi,1} + M_{\phi,1} + \varepsilon_{\phi,i})$$
$$- 2\frac{f_2^2}{f_2^2 - f_1^2}(\Delta I_\rho + \Delta B_\phi + \Delta M_\phi + \Delta \varepsilon_\phi + \Delta(N\lambda)_\phi) \approx M_{\rho,1} + \varepsilon_{\rho,1} + B_1 \tag{31.33}$$

B_1 是一个合并项,包括了码偏差、载波相位偏差以及整周模糊度。忽略载波相位多径和噪声,因为伪距噪声 $\varepsilon_{\rho,1}$ 是典型的零均值随机高频信号。对 K 个历元的 CMC_1 取平均,得到

$$\frac{1}{K}\sum_{k=1}^{K} CMC_1 \approx \overline{M}_{\rho,1} + B_1 \tag{31.34}$$

式(31.34)表明,CMC 均值由偏差项和伪距多径均值组成。我们可以通过确定平滑后 CMC 时间序列的边界来确定最小多径发生的时间。对于每个滑动窗口,可以标识最大和最小的 CMC 值,以创建 CMC 的边界范围:

$$CMC_{1bound}(i+1:i+k) = \min(CMC_1(i+1:i+k)):\max(CMC_1(i+1:i+k)) \tag{31.35}$$

具有最小边界范围的窗口对应于具有最小多径的时段。如图 31.12 所示,图 31.12(a)给出了 2014 年 4 月 10 日新加坡测站观测 GPS PRN 1 卫星获取的 CMC_1 时间序列(蓝),以及滑动窗口为 1000s 时的平均值(红),图 31.12(b)给出了 CMC_1 序列的滑动平均值及相应的 CMC_1 边界。对于边界范围最小的 t_B 时段,其内的平均 CMC 代表了总偏差估值,即

$$\overline{CMC_1}(t_B) \approx B_1 \tag{31.36}$$

我们还可以定义另一个 CMC 观测值,并以类似的方式获得其偏差:

$$CMC_2 = \rho_2 - \phi_2 - 2\frac{f_1^2}{f_2^2 - f_1^2}(\phi_1 - \phi_2) = M_{\rho,2} + \varepsilon_{\rho,2} + B_2 \tag{31.37}$$

$$\overline{CMC_2}(t_B) \approx B_2 \tag{31.38}$$

求得误差合并项之后,就可以使用式(31.33)、式(31.36)和式(31.38)计算多径和噪声

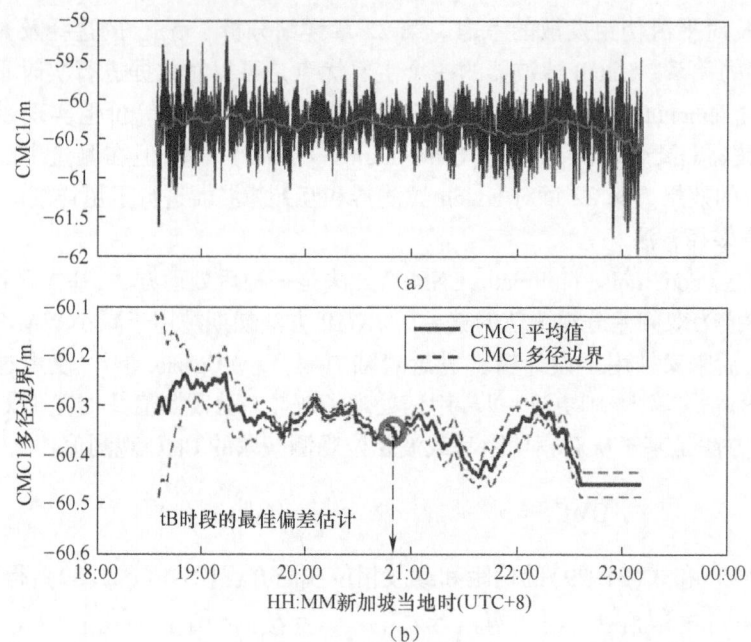

图 31.12　图(a)给出了 2014 年 4 月 10 日新加坡测站观测 GPS PRN 1 卫星获取的 CMC_1 时间序列（蓝），以及滑动窗口为 1000 s 时的平均值(红)。图(b)给出了 CMC_1 序列的滑动平均值及相应的 CMC_1 边界，最小偏差与最窄边界在 t_B 时段同时出现

时间序列：

$$\begin{cases} M_{\rho,1} + \varepsilon_{\rho,1} = \mathrm{CMC}_1 - \overline{\mathrm{CMC}_1}(t_B) \\ M_{\rho,2} + \varepsilon_{\rho,2} = \mathrm{CMC}_2 - \overline{\mathrm{CMC}_2}(t_B) \end{cases} \tag{31.39}$$

对 2014 年 4 月 10 日新加坡测站 GPS PRN 1 卫星观测数据进行多径、噪声和 DCB 改正，可以求得改正后的电离层差分项 $\Delta I_{\rho,12}$，代入式(31.28)即可得到 STEC。图 31.13 给出了电离层延迟改正后的差分 $\Delta l_{\rho,12}$ 与原始伪距差分 $\Delta \rho_{12}$ 的比较，以及电离层延迟改正残差。

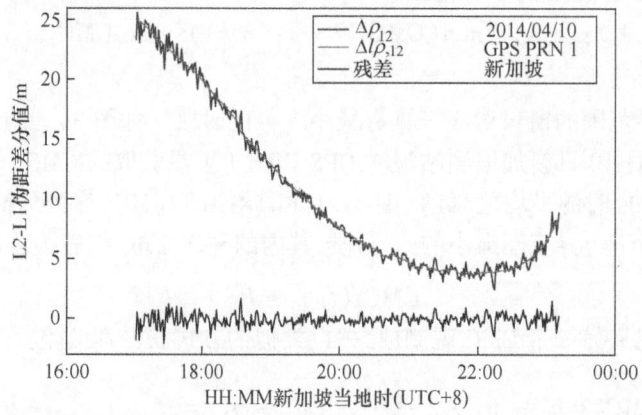

图 31.13　电离层延迟改正后的差分 $\Delta l_{\rho,12}$ 与原始伪距差分 $\Delta \rho_{12}$ 的比较，以及电离层延迟改正残差
（基于 2014 年 4 月 10 日新加坡 GPS PRN 1 观测数据。）

3. 载波相位平滑法

载波相位平滑法(carrier-phase leveling approach)的平滑窗口比 Hatch 滤波器的宽,但比 CNMP 的窄。一个平滑窗口内的偏差(又称平滑常数)可以通过对应的伪距差分来计算[58]:

$$\Delta(N\lambda)_{21} = \frac{\sum_{k=1}^{K} \frac{1}{\sigma_k^2}(\Delta\rho_{21} - \Delta\phi_{21})}{\sum_{k=1}^{K} \frac{1}{\sigma_k^2}} \qquad (31.40)$$

式中:K 为平滑窗口内观测值的数量;σ_k^2 为伪距差分 $\Delta\rho_{21}$ 的方差。显然,σ_k^2 取决于接收机的具体型号和卫星高度角。在平滑之前,必须进行载波相位周跳的探测与修复。在提取 TEC 时,为了控制观测值的数据质量,还需要进行其他滤波处理。通常,为确保平滑的精度,平滑窗口必须超过 20min。将平滑结果加到 $\Delta\phi_{21}$ 上,消除模糊度引起的偏差,即得到相位平滑后的伪距差分,进而可计算绝对 TEC。对于具体的实现细节,读者可以参阅文献[59]以获得自动化、实时的载波相位平滑方法。

31.3.2.2.2 差分码偏差 $\Delta B_{\rho,12}$ 估计

DCB 项($\Delta B_{\rho,12}$)包括卫星端和接收机硬件端的延迟偏差,卫星端 DCB 可从 IGS 产品中获得[60]。对于许多地面监测站,其接收机端 DCB 已经过校准,并作为其系统硬件数据提供给用户[61]。对于没有经过 DCB 校准的接收机,可用算法来实现 VTEC 和接收机端 DCB 的同步估计。31.3.3 节将讨论这些算法。

31.3.3 VTEC 和投影函数

若接收机端 DCB 已知,则可以使用式(31.28)来计算 STEC,进而通过投影函数将其转换为 VTEC。理想情况下,投影函数应当考虑电子密度在信号传播路径上的变化。但为了简化计算,通常将电离层近似成位于一定高度并具有一定厚度的"薄层"。该薄层模型假定信号传播路径上的电子密度没有水平方向的梯度变化。显然,对于低高度角的信号以及 TEC 梯度较大的区域,这种近似的精度较低。Mannucci 等[62]推导了这种近似下的投影函数:

$$M(\text{el}) = \frac{\int_{\text{RX}}^{\text{SV}} \frac{N_e(h)}{\sqrt{1 - \left(\frac{r_E \cos(\text{el})}{r_E + h}\right)^2}} dh}{\int_{\text{RX}}^{\text{SV}} N_e(h) dh} \qquad (31.41)$$

式中:h 为薄层高度;el 为卫星的高度角。为进一步简化式(31.41),假设整个电离层的电子都被"压缩"在高度为 r_H 的"薄层"上,则

$$M(\text{el}) = \frac{1}{\sqrt{1 - \left(\frac{r_E \cos(\text{el})}{r_E + r_H}\right)^2}} \qquad (31.42)$$

$$\text{VTEC}(x) = \frac{\text{STEC}}{M(\text{el})} \qquad (31.43)$$

式(31.42)和式(31.43)是将 STEC 转换为 VTEC 最简单的方法。当然,还有其他算法可以达到更高的转换精度。例如,Sparks 等[63]将 STEC 视为 2 个或多个固定基准高度角下视线方向总电子含量的线性组合。为进一步提高 VTEC 反演精度,还可考虑信号传播路径上 N_e 的水平梯度。Komjathy 等[64]利用垂直分布在多层模型上的多个平面格网来描述 TEC 的分布。多个壳层的附加参数使得 GIM 能够更好地模拟沿射线路径上 N_e 随高度的变化,从而提高 STEC 和 DCB 的估算精度。Smith 等[65]对使用薄壳模型引起的误差进行了量化分析。结果显示,在电离层没有剧烈活动的时段,模型误差可以高达 14%。文中还导出了一个新的投影函数,相比于式(31.42)中所示的传统投影函数,它可消除最高达 50% 的总误差。

通常情况下,GNSS 接收机 DCB 是未知量。即使接收机 DCB 已经过校准,它也可能随着接收机所处环境的变化而改变。为准确估算 STEC 或 VTEC,有必要对接收机的 DCB 参数进行估计和改正。当前已有许多算法来估计 TEC 和接收机 DCB[66-68]。这些算法都假设,一定区域上的 TEC 分布可以由测量几何相关的一组共同参数来描述,而接收机 DCB 与测量几何无关。为使测量残差最小,利用伪距观测值和已知的卫星接收机的测量几何,可以将接收机 DCB 与一组 TEC 参数一起优化求解。当然,所用的伪距差分必须经过如上所述的载波相位平滑或改正。

用 $\Delta\rho_c^i$ 表示卫星 i 的多路径、噪声和改正了卫星 DCB 的伪距差分,将式(31.28)和式(31.43)代入式(31.26)得到

$$\Delta\rho_c^i = \beta \times M(\mathrm{el}^i) \times \mathrm{VTEC}^i + \Delta B_r + \delta\epsilon^i \tag{31.44}$$

式中:ΔB_r 为接收机 DCB;$\delta\epsilon^i$ 为改正后的残差和噪声;VTEC 为 IPP 位置(纬度和经度)的函数。一定区域内的 VTEC 通常可用一组基函数 $g_k(\theta_x, \varphi_x)$ 来表示:

$$\mathrm{VTEC}(x) = \sum_k \alpha_k g_k(\theta_x, \varphi_x) \tag{31.45}$$

式中:α_k 为基函数系数;θ_x 和 φ_x 为 IPP 位置 x 的日固地磁经纬度。31.3.5 节将深入探讨用于构建全球 VTEC 地图的几种基函数。在本节中,我们将使用一个简单的一阶多项式函数和基于单个接收机的观测来说明这种数学方法。

一阶多项式可通过 $\mathrm{VTEC}(x)$ 在接收机天顶 IPP 位置 x_0 处的二维泰勒展开得到[57,69]

$$\mathrm{VTEC}(x) \approx \mathrm{VTEC}(x_0) + \mathrm{VTEC}'_\theta(x_0) \times (\theta_x - \theta_0) + \mathrm{VTEC}'_\varphi(x_0) \times (\varphi_x - \varphi_0) \tag{31.46}$$

式中:$\mathrm{VTEC}'_\theta(x_0)$ 和 $\mathrm{VTEC}'_\varphi(x_0)$ 分别为 x_0 处 VTEC 对经度和纬度的一阶空间导数。假设 IPP 都处在一个范围很小的区域,电离层处于平静状态下且没有不规则结构,那么可以近似地认为 VTEC 呈局部线性分布。将式(31.46)代入式(31.44),并将所得方程应用于所有可见卫星,得观测方程组:

$$\begin{bmatrix} \alpha_1^1 \alpha_2^1 \alpha_3^1 1 \\ \cdots \\ \alpha_1^j \alpha_1^j \alpha_2^j 1 \\ \cdots \\ \alpha_1^J \alpha_1^J \alpha_2^J 1 \end{bmatrix} \begin{bmatrix} \mathrm{VTEC}(x_0) \\ \mathrm{VTEC}'_\theta(x_0) \\ \mathrm{VTEC}'_\phi(x_0) \\ \Delta B_r \end{bmatrix} = \begin{bmatrix} \Delta\rho_c^1 \\ \cdots \\ \Delta\rho_c^j \\ \cdots \\ \Delta\rho_c^J \end{bmatrix} + \begin{bmatrix} \Delta\varepsilon^1 \\ \cdots \\ \Delta\varepsilon^j \\ \cdots \\ \Delta\varepsilon^J \end{bmatrix} \tag{31.47}$$

式中：$\alpha_1^i = \beta \times \mathrm{OF}_I(\mathrm{el}^i)$；$\alpha_2^i = \beta \times \mathrm{OF}_I(\mathrm{el}^i) \times (\theta_x - \theta_0)$；$\alpha_3^i = \beta \times \mathrm{OF}_I(\mathrm{el}^i) \times (\phi_x - \phi_0)$。

用最小二乘法求解上述方程组，估算出 $\mathrm{VTEC}(x_0)$、$\mathrm{VTEC}'_\theta(x_0)$、$\mathrm{VTEC}'_\varphi(x_0)$ 和 ΔB_r。由于该方法同时估计 VTEC 及其空间梯度和接收机 DCB，因此也被称为梯度法(gradient-based method)[57]。

为了说明这种简单方法对估算 VTEC 和接收机 DCB 的有效性，Bourne 等[70]使用 2014 年 7 月 1 日波多黎各 Arecibo 测站(18.35°N,66.75°W) Septentrio PolaRxS 接收机收集的 GNSS 观测数据，包括 GPS L1 C/A、L2C 和 L2P、Galileo E1 和 E5b 以及 GLONASS L1 和 L2，通过这种方法进行了 DCB 的估计。这一天电离层相对平静，图 31.14 给出了使用上述方法估算的接收机 DCB。值得注意的是，对于 GPS 信号，L2C 与 L1C/A 之间和 L2P 与 L1C/A 之间的偏差较小。对于 GLONASS 信号，对于不同的载波频率，L2 和 L1 信号的 DCB 之间存在明显差异。另外，将此方法应用于 IGS 站的观测数据，其估算的接收机 DCB 在几分之一纳秒以内[34]。

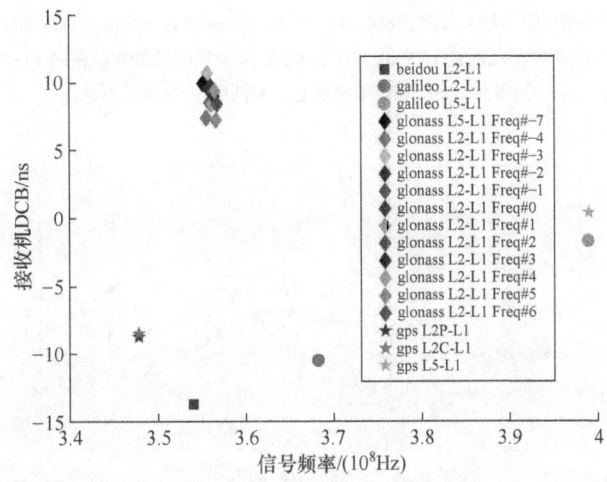

图 31.14 使用 2014 年 7 月 1 日波多黎各 Arecibo 测站数据计算的 Septentrio PolaRxS 接收机 DCB

图 31.15 给出了用梯度法估算的当地天顶 VTEC 的时间序列(蓝)、由 Arecibo 非相干散射雷达电子密度剖面(1500km 以下)积分得到的 VTEC 序列(红)以及从 IGS GIM 包含接收机的网格插值得到的 VTEC(绿)[34-35]。可见，基于梯度法估算的 VTEC 与出与 ISR 结果具有相似的结构。而且这三组结果还呈现出相似的日变化趋势：TEC 峰值出现在当地 14 时左右，TEC 最小值则出现在当地 5 时左右。ISR TEC 与梯度法 TEC 之间的偏差是源于 ISR 测量中的高度限制。图中还绘制了高度在 100~600km 的 ISR 电子密度剖面图，以展现当地天顶方向的电离层结构，从而将 VTEC 估算结果中观察到的电离层结构与 ISR 剖面图显示的 F 层联系起来。

图 31.16 给出了梯度法 VTEC 和基于 GIM(时间间隔 15min)的 VTEC 及相应的纬向和经向 TEC 梯度。同样，梯度法显示出比 GIM 更大的波动。对于 VTEC 及其纬向梯度，GIM 结果都相对更大。对于经向梯度，梯度法在下午和晚上出现了较大的值。总体上，梯度法 VTEC 与 GIM VTEC 具有一致的趋势，说明该方法在原理上可行。但两者间的偏差表明，这两种模型在描述电离层行为方面存在局限性。这种较为简单的梯度法只是说明了用电离层

模型分离 DCB 和电离层延迟的基本原理,同时证明了本节前面提到的更优算法的必要性。

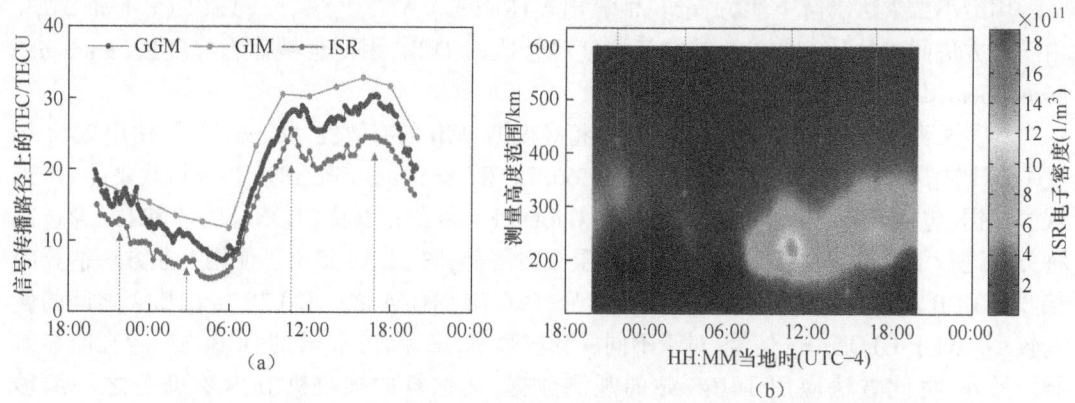

图 31.15　梯度法、ISR 及 IGS GIM VTEC 时间序列及 ISR 电子密度剖面图
(梯度法使用 2014 年 7 月 1 日波多黎各 Arecibo Septentrio PolaRxS 接收机观测数据;Arecibo ISR 电子密度剖面观测范围在 1500km 以下;GIM TEC 由接收机位置所在的 IGS GIM 网格内插得到。ISR 剖面图显示范围为高度 100~600km。)

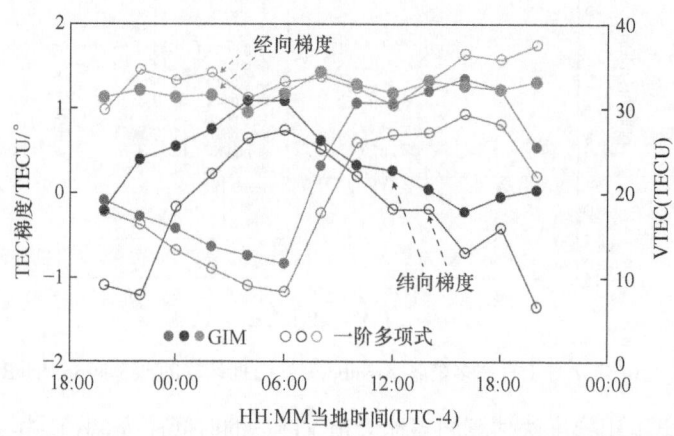

图 31.16　梯度法 VTEC 和基于 GIM(时间间隔 15min)的 VTEC 及相应的纬向和经向 TEC 梯度
(使用与图 31.15 相同的数据集。)

31.3.4　多频接收机 TEC 估计

现代 GNSS 卫星通常以 2 个以上频率的载波发射,因此需要研究如何利用多频信号来增强或提高 TEC 的估计精度。Breitsch[71] 比较分析了利用多频信号估算 TEC 的最佳频率组合。文中伪距观测方程表示为

$$\rho_{c,i} = G + I_i + S_i + \varepsilon_i \tag{31.48}$$

式中:$\rho_{c,i}$ 伪距观测值,消去了误差合并项;下标 i 为标识不同频率的载波;I 为一阶电离层伪距延迟;S 为系统误差,包括来自式(31.25)或式(31.29)的多径误差以及其他未模型化的误差;ε 为残差,其均值为零且服从正态分布。

将式(31.48)应用于一颗 GNSS 卫星不同频率的 M 个信号,其线性观测方程可以表

示为

$$R = AX + \varepsilon \quad (31.49)$$

式中：$R = [\rho_{c,1}, \cdots, \rho_{c,M}]^T$；$X = [G, \text{TEC}, S_1, \cdots, S_M]^T$；$\varepsilon = [\varepsilon_1, \cdots, \varepsilon_M]^T$。

$$A = \begin{bmatrix} 1 & \dfrac{40.3}{f_1^2} & 1 & 0 & 0 & 0 \\ 1 & \dfrac{40.3}{f_2^2} & 0 & 1 & 0 & 0 \\ \vdots & \vdots & \vdots & \vdots & \ddots & 0 \\ 1 & \dfrac{40.3}{f_2^2} & 0 & 0 & 0 & 1 \end{bmatrix} \quad (31.50)$$

这是一个线性反演问题，矢量 X 中的参数根据观测值矢量 R 估计：

$$\hat{X} = CR \quad (31.51)$$

式中：$C = [C_G, C_{\text{TEC}}, \cdots]^T$ 是一组系数矢量，它们是每个状态参数（G 和 TEC）的线性估计量。在选择 G 和 TEC 的估计量时，关键是要了解 X 中状态分量的先验信息。但一般情况下，我们假设几乎没有关于 G 和 TEC 的先验信息，只知道它们对 R 中观测值的影响比系统误差和噪声大得多。因此，解算线性估计量需要添加以下约束：

无几何距离约束：
$$\sum_{m=1}^{M} |c_m| = 0 \quad (31.52)$$

无电离层延迟约束：
$$\sum_{m=1}^{M} \frac{c_m}{f_m^2} = 0 \quad (31.53)$$

几何距离估计量约束：
$$\sum_{m=1}^{M} c_m = 1 \quad (31.54)$$

TEC 估计量约束：
$$\sum_{m=1}^{M} \frac{40.3 c_m}{f_m^2} = 1 \quad (31.55)$$

无几何距离约束和无电离层延迟约束可以消去组合结果中的 G 和 I_i 项，而几何估计量约束和 TEC 估计量约束分别产生 G 和 I_i 项。例如，对于两个信号（$M = 2$），应用式 (31.52) 中的无几何距离约束和式 (31.55) 中的 TEC 估计量约束将产生式 (31.28) 中的标称双频 TEC 估计系数。

对于 $M > 2$，在应用适当的约束条件后，在选择 TEC 估计时仍然有额外的自由度。在这种情况下，可以对此估计添加约束，使估计值中的噪声方差最小：

最小随机误差：
$$\hat{C}_X = \arg \min_{C_X} C_X^T E_\varepsilon C_X \quad (31.56)$$

式中：E_ε 为随机噪声 ε 的协方差矩阵。相当于计算观测值中等权噪声的最小二乘估计值。

也可以添加系统误差（$\sum_{m=1}^{M} |c_m||S_i|$）最小的约束。为简化计算，假定 M 个信号的系统误差边界相同，其 ε_m 等幅且不相关，则

系统误差边界：
$$\hat{C}_X = \arg \min_{C_X} \sum_{m=1}^{M} |c_m| \quad (31.57)$$

Breitsch[71]以三频（$M = 3$）观测值为例说明了频率组合的最优化选取方案。应用式(31.52)无几何距离约束和式(31.55)TEC估计量约束,矢量 $\boldsymbol{C}_{\text{TEC}}$ 的元素包括

$$c_1 = \frac{\frac{1}{40.3} + \gamma\left(\frac{1}{f_3^2} - \frac{1}{f_2^2}\right)}{\frac{1}{f_2^2} - \frac{1}{f_1^2}}, \quad c_2 = \frac{\frac{1}{-40.3} - \gamma\left(\frac{1}{f_3^2} - \frac{1}{f_1^2}\right)}{\frac{1}{f_2^2} - \frac{1}{f_1^2}}, \quad c_3 = \gamma \quad (31.58)$$

式中：γ 为一个自由参数,可通过应用适当的目标函数式(31.56)或式(31.57)来确定。为了最大限度地减少系统误差,应满足式(31.56),这将使得 $c_2 = 0$。在这种情况下,最佳 TEC 估计量是仅使用两种观测值和尽可能宽的频率间隔的估计量。我们将此 TEC 估计量表示为 $\widehat{\text{TEC}}_{\text{minS}}$。

为使随机误差最小,满足式(31.57)的 γ 等于

$$\gamma = \frac{\frac{1}{40.3}\left(\frac{2}{f_3^2} - \frac{1}{f_2^2} - \frac{1}{f_1^2}\right)}{\left(\frac{1}{f_3^2} - \frac{1}{f_1^2}\right)^2 + \left(\frac{1}{f_1^2} - \frac{1}{f_2^2}\right)^2 + \left(\frac{1}{f_2^2} - \frac{1}{f_3^2}\right)^2} \quad (31.59)$$

将式(31.59)代入式(31.58),可得具有最小方差的三频 TEC 估计量的系数。我们将此 TEC 估计量表示为 $\widehat{\text{TEC}}_{\text{mse}}$。

对于三频 GPS 信号,L1、L2 和 L5 的载波频率分别为 f_1、f_2 和 f_3；表 31.5 列出了标准 $\widehat{\text{TEC}}_{\text{minS}}$ 和 $\widehat{\text{TEC}}_{\text{mse}}$ 的系数的计算值；表中还列出了对应于双频 TEC 估计量的系数, $\widehat{\text{TEC}}_{\text{L1L2}}$ 和 $\widehat{\text{TEC}}_{\text{L2L5}}$ 分别表示使用 L1 和 L2 以及 L2 和 L5 观测值；最后两列显示了式(31.56)和式(31.57)中目标函数的值。

图 31.17 绘制了对应于不同 γ 值的 3 个系数、$\sum_{m=1}^{3}|c_m|^2$ 以及 $\sum_{m=1}^{3}|c_m|$ 的值。从图中可以看出最小系统误差和最小随机误差出现的时间以及相应的系数。

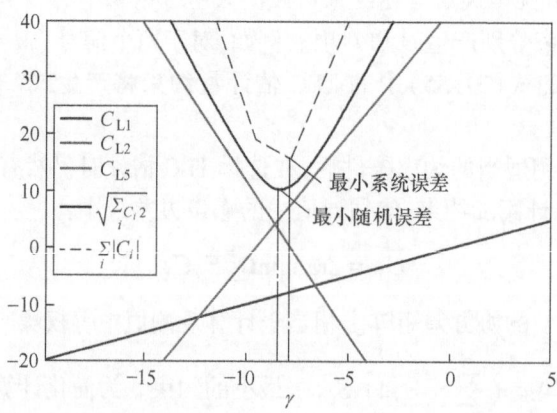

图 31.17 矢量 $\boldsymbol{C}$ 的分量以及系统和随机误差方差与三频 GPS 信号无几何 TEC 估计量自由参数的关系
（以最小系统误差和随机误差方差为约束,给出了矢量 $\boldsymbol{C}$ 分量的最优解。这些解与表 31.5 中列出的值相对应。）

表 31.5 中列出的系数值用于对 2016 年 1 月 2 日在阿拉斯加 Poker Flat 测站三频 GPS PRN 8 信号观测数据的 TEC 估算。图 31.18 给出了 TEC 估算结果。由图可知,噪声最大的是使用 L2 和 L5 观测值的估计量。在这个示例数据集中,使用 L1 和 L2 双频观测数据的估计量,其结果与其他三频估计量的偏差最高达 2TECU。最小系统误差估计结果与最小随机误差估计结果之间存在一些小的偏差,这是由所有测量误差的方差都假定为相等且不相关引起的。如果有关于观测值误差的先验信息,估算结果的精度也会更高。例如,在电离层闪烁或复杂多径条件下,不同频率载波的测量误差遵循一定的统计分布规律(见 31.4 节的讨论)。这些分布即可用于改进 TEC 估计。

表 31.5 三频 GPS-TEC 估计量的系数值及其系统误差边界和随机误差平均方差

估计量	$c_1(L1)$	$c_2(L2)$	$c_5(L5)$	$\sum_{m=1}^{3}|c_m|^2$	$\sum_{m=1}^{3}|c_m|$
$\widehat{TEC}_{mse}$	8.294	-2.883	-5.411	10.314	16.588
$\widehat{TEC}_{minS}(=\widehat{TEC}_{L1L5})$	7.762	0	-7.762	10.977	15.524
$\widehat{TEC}_{L1L2}$	9.518	-9.518	0	13.460	19.035
$\widehat{TEC}_{L2L5}$	0	42.080	-42.080	59.510	84.160

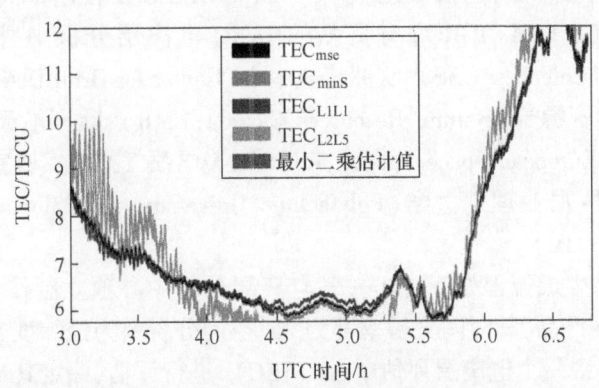

图 31.18 2016 年 1 月 2 日阿拉斯加 Poker Flat 测站三频 GPS PRN 8 卫星 TEC 估算结果
(使用本节讨论的 TEC 估计量解算。)

上述方法旨在优化 TEC 的估算,同样的方法也可以用来优化其他参数的估计,比如空间几何相关的参数。但这一主题不在本章的讨论范围,感兴趣的读者请参阅文献[71]。

31.3.5 基于 GNSS 观测值的电离层 TEC 格网图

利用 GNSS 观测网,可以定期生成全球和各区域尺度的 VTEC 地图。这些地图可以为单频用户提供电离层改正数。在电离层和空间天气研究中,TEC 的分布图和变化分布图,包括差分 TEC 图和 TEC 指数率(rate of TEC index,ROTI)图,在捕捉电离层梯度变化和异常以及探测电离层行扰等方面也发挥着重要作用。在本节中,我们将回顾一些 IGS TEC 产品以及 IGS 电离层分析中心(IAAC)为获取这些产品所采用的基本方法。

31.3.5.1 IGS VTEC 产品

国际 GNSS 服务组织(International GNSS Service, IGS)于 1998 年成立了 IGS 电离层工作组,其目标是提供可靠的全球 VTEC 地图(或称 global ionosphere map, GIM)。图 31.19 展示了 IGS GIM 的生产流程和组织机构。

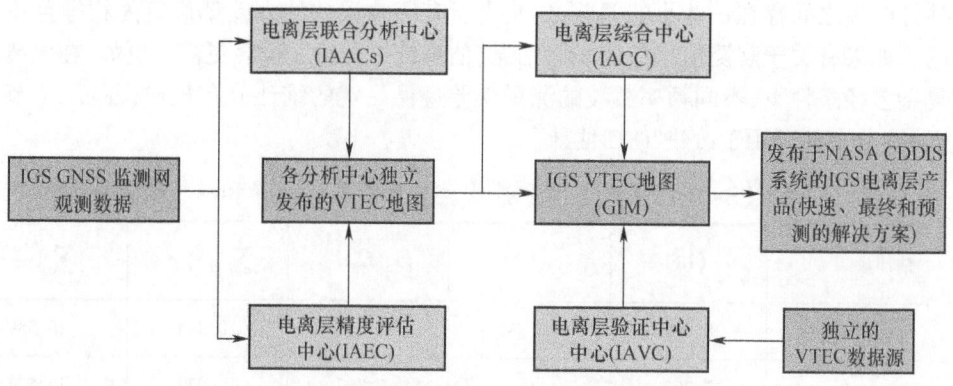

图 31.19 IGS GIM 的生产流程和组织机构

IGS 基于全球 GNSS 监测网络收集、归档和分发 GNSS 观测数据,截至本书撰写时,共有 507 个地面观测站(http://www.igs.org/network)[72]。各电离层分析中心对这些数据进行独立处理并发布电离层产品,包括快速、最终和预测 GIM 以及使用不同方法生成的其他产品。当前,对生成 IGS GIM(IGRG)有贡献的 IAAC 电离层分析中心,包括中国科学院(Chinese Academy of Sciences, CAS)、欧洲定轨中心(Center for Orbit Determination in Europe, CODE)、加拿大自然资源部(Natural Resources Canada, EMR)、欧洲航天局(European Space Operations Center of European Space Agency, ESOC)、美国喷气推进实验室(Jet Propulsion Laboratory, JPL)、加泰罗尼亚理工大学(Polytechnic University of Catalonia, UPC)和武汉大学(Wuhan University, WHU)。

IGS GIM 产品的生成流程如下:首先,各电离层分析中心独立制作和提供 IONEX 格式的电离层 VTEC 格网产品,其时间分辨率都为 2h,空间分辨率为经纬度 5°×2.5°。这些电离层产品将在 UPC[其中一个电离层评估中心(IAEC)]进行评估,评定其 VTEC 产品是否能复现实测 STEC 的扰动,评估结果将作为定权的依据。这里的 STEC 是从选定 GNSS 测站的载波相位观测值中获取,其精度优于 0.1TECU。以各分析中心产品与实测 STEC 偏差 RMS 的倒数定权,综合生成 IGS GIM,这个过程是在 UPC[电离层综合中心(IACC)]进行的。最后,通过与 JPL 和 ESOC 这两个电离层验证中心(IAVC)与其他独立 VTEC 源的比较,对 IGS GIM 进行了验证。独立数据源包括 TOPEX 上的双频测高仪(http://sealevel.jpl.nasa.gov/mission/topex.html)、JASON(http://sealevel.jpl.nasa.gov/mission/jason-1.html)和 ENVISAT(http://envisat.esa.int/)卫星[34]。

经验证的 IGS GIM、ROTI 图以及每日 GNSS 卫星端 DCB 的值均被放置在 NASA 地壳动力学数据信息系统(crustal dynamics data information system, CDDIS)的服务器上。共有快速产品、最终产品和预测产品 3 种 GIM 产品可用:快速产品的延迟时间小于 24h,最终产品的延迟时间约为 11 天,预测产品可提供未来 1~2 天的数据。存储 GIM 文件的根目录是 ftp://cddis.nasa.gov/gnss/products/ionex/。近期对 IGS GIM 的评估表明,VTEC 的典型 RMS 值约为2TECU,而STEC的典型RMS值约为0.5TECU[35]。IGS GIM不仅精度较高,而且稳定可靠、易获取。图31.3是IGS GIM的示例。

31.3.5.2 基于格网的VTEC建模方法

各IGS电离层分析中心采用不同的全球电离层TEC建模方法。Hernandez-Pajares等[35]对这些建模方法进行了综合评估。本节将概述3种方法:JPL使用的三角格网法、CODE、CAS、ESOC和武汉大学使用的球谐函数法以及UPC使用的基于层析成像的方法。本文还将总结这方面的其他方法和最新进展。

31.3.5.2.1 三角格网法

JPL提出并应用了基于三角格网的建模方法[58]。顾名思义,该方法将高度为450km的电离层薄层均匀地划分为多个等边三角形,基准站视线方向上的电离层TEC可由其交叉点附近等边三角形3个顶点处的VTEC内插计算。图31.20展示了一块用于内插计算VTEC的三角形网格(a)、与薄层高度相同用于拟合的二十面体(b)以及球面三角形的迭代划分方案(c)。

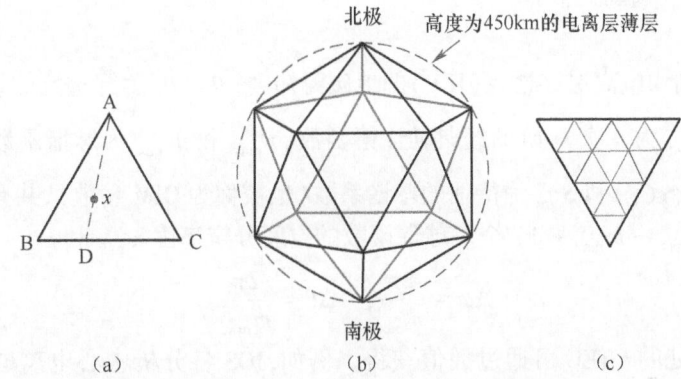

图31.20 用于内插计算VTEC的三角形网格(a)、与薄层高度相同用于拟合的二十面体(b)以及球面三角形的迭代划分方案(c)示意图

如图31.20(b)所示,球面三角块放置在投影到薄层球面上的二十面体中,二十面体的每个面都是等边三角形。在图31.20(c)中,将较大的等边三角形连续划分为4个较小的等边三角形,最终均匀地划分成1280个边长约为800km的等边三角形网格。每个三角形网格内部有对应的TEC梯度,不同顶点之间的TEC呈线性变化。因此,全球TEC分布可以用分段双线性TEC梯度来近似描述。在IPP对应位置x处,其VTEC可由顶点A、B、C处VTEC值双线性内插得到

$$\text{VTEC}(x) = \sum_{k=A,B,C} W_k(\theta,\varphi) \times \text{VTEC}_k \tag{31.60}$$

式(31.60)中,W_k依赖IPP和其邻近三角形顶点的相对位置[58]。比较式(31.60)和式(31.46),可以将VTEC_k看作基函数,而将W_k看作权函数或系数。

JPL GIM利用GPS测站的STEC观测值,计算出电离层薄层上所有三角形格网点的VTEC_k。本质上,推导GIM的步骤相当于式(31.60)的逆过程。对于某一信号在位置x处的IPP,接收机测得的STEC可以表示为

$$\text{STEC}(x) = M(\text{el}) \times \sum_{k=A,B,C} W_k(\theta,\varphi) \times \text{VTEC}_k + B_r + B_s + \varepsilon \tag{31.61}$$

式中：B_r 和 B_s 分别为接收机端和卫星端 DCB。此观测方程式(31.61)可应用于全球范围内的接收机，并用最小二乘法来求解 VTEC_k、B_r 和 B_s。其中，B_r 和 B_s 的日变化在 1~3TECU，在白天设其为常数，VTEC_k 每 15min 到 1h 更新一次。采用基于卡尔曼滤波的算法，将前一历元的最小二乘解与最新的观测值相结合，得到更新的最小二乘估计值。Mannucci 等[58]详细描述了该方法。

对于观测数据分布稀疏的地区，该方法还将气候电离层模型模拟的 VTEC 作为先验信息，提高了在空间和时间上存在较大数据缺口时的反演效率。可以通过 TOPEX 和 JASON 双频高度计在宽纬度覆盖范围内的 TEC 测量值，来验证该方法的性能[17]。

31.3.5.2.2 球谐函数方法

球谐(spherical harmonic, SH)函数模型是应用较多的全球电离层 TEC 建模方法，其表达式如下[73]：

$$\text{VTEC}(\theta,\varphi) = \sum_{n=0}^{n_{\max}} \sum_{m=0}^{m_{\max}} \tilde{P}_{nm}(\sin\phi)\{\tilde{C}_{nm}\cos[m(\theta-\theta_s)] + \tilde{S}_{nm}\sin[m(\theta-\theta_s)]\} \tag{31.62}$$

式中：θ 和 φ 分别为电离层穿透点(IPP)的地磁经纬度；$\theta-\theta_s$ 为穿透点的日固经度(θ_s 是太阳的经度)；$\tilde{P}_{nm}$ 为 n 次 m 阶的经典勒让德函数；$n_{\max}$ 和 $m_{\max}$ 为球谐函数展开的最大阶次，且 $m_{\max} \leq n_{\max}$；$\tilde{C}_{nm}$ 和 $\tilde{S}_{nm}$ 为待估的球谐系数(也被称为 GIM 参数)，共有 $(n_{\max}+1)^2 - (n_{\max}-m_{\max})(n_{\max}-m_{\max}+1)$ 个。球谐函数的空间分辨率由 $n_{\max}$ 和 $m_{\max}$ 确定：

$$\Delta\varphi = \frac{2\pi}{n_{\max}}, \quad \Delta\theta = \frac{2\pi}{m_{\max}} \tag{31.63}$$

格网内 IPP 处的 VTEC 可通过插值获得。例如，IGS 各分析中心电离层产品的空间分辨率为经纬度 5°×2.5°，这就是通过在更精细的网格点进行 VTEC 值的内插实现的，以向 IGS 提供符合分辨率要求 IONEX 文件。

为了获得球谐系数，将与式(31.61)类似的观测方程应用于 IGS 全球监测网络所有的观测信号，即将式中的求和运算符替换为式(31.62)中的双重求和运算符。再对某一时间区间内观测值所构成观测方程使用最小二乘拟合，即可求得相应的球谐系数。该组系数可以表征这一时间区间全球电离层 TEC 的分布，随着观测值的更新，这组参数也将随后更新。例如，CODE 和 CAS 每 15min 更新一次 VTEC 地图[74]。在更新区间内，既可以使用刚更新的 TEC 地图来代表对应区间的 TEC 分布，也可以在连续历元线性插值得到可用的 TEC 地图。

31.3.5.2.3 层析成象方法

层析成象方法是将电离层空间离散化为一个个立体格网，可称为"像素"。像素内的电子密度可以通过地基 GNSS 载波相位观测值 $\phi(t)$ 的时域差分求解：

$$\phi(t+\tau) - \phi(t) = \kappa \sum_i \sum_j \sum_k (N_e)_{i,j,k} [\Delta s_{i,j,k}(t+\tau) - \Delta s_{i,j,k}(t)] \tag{31.64}$$

式中：$\kappa \approx 10.5\text{m}$；乘积 $N_e\Delta s$ 的单位为 TECU；$\Delta s_{i,j,k}$ 为射线在该像素内的截距；像素下标 i、j 和 k 分别为纬度、经度和垂直方向。假定在时间 τ 内的某一像素中，N_e 是常数。像素大小的选择是基于观测数据对 N_e 分布的灵敏度，并在很大程度上取决于测量的空间几何结构。

例如,地基 TEC 测量提供的水平分辨率就比垂直分辨率要高。因此,电离层层析经常使用 LEO 卫星 RO 数据在水平方向的电离层观测值[75]。此外,电离层垂测仪数据也被用于直接估算 F 层峰值高度以下的垂向 N_e [76]。

在层析成像方法中,如果在层析反演期间载波相位没有发生周跳,时域差分就可以有效地消除接收机和卫星端 DCB 以及整周模糊度。就像 31.3.3 节讨论的单接收机 VTEC 和 DCB 的估算一样,反演期间的测量空间几何的变化也有利于层析成像解算。尽管对低高度角卫星的观测可能存在周跳和较大的多径误差,由于其观测值包含了更多的电离层垂直结构信息,故而对地基电离层层析反演问题更为有利。

基于层析成像的电离层建模方法被 UPC 和 EMR 采用。其中,EMR 层析只设置一层像素格网。UPC 层析则设置了高度为 60~740km 和 740~1420km 的 2 个格网层,像素大小分别为经纬度 5°×2.5°和 10°×5°[76]。这两种不同的单元大小分别用于所谓的逐站(station-by-station)和多站(multi-station)方式实现。在逐站反演中,将式(31.64)应用于从每个站获得的载波相位观测值,以求解 $(N_e)_{i,j,k}$。综合计算结果,可以得到一个时空分辨率较高(经纬度 5°×2.5°,20min)的区域 TEC 模型。再通过插值,填补时间和空间上的数据缺失之后,就可以生成一个全球 TEC 地图。插值方法可选用高斯径向基函数,其中权重是插值点与已知 TEC 格网点之间的时空距离。而在多站反演中,所有选定 IGS 站的观测数据都将在全球电离层层析反演过程中同时使用。TEC 估值用卡尔曼滤波器进行更新,同时卡尔曼滤波算法也填补了数据空白。这种反演方式所建立模型的分辨率较低,其全球模型的空间分辨率为经纬度 5°×2.5°,时间分辨率为 2h。

31.3.5.2.4 其他基于格网的 TEC 建模方法

除上述方法外,其他几个 IGS 分析中心提交的 VTEC 地图也有各自 TEC 建模算法,而且有越来越多的建模方法被开发出来。本节将简要概述这些全球或区域电离层 TEC 建模方法。

首先是分别基于 Chapman 电子密度剖面模型和多项式展开的两种全球 TEC 建模方法。Chapman 剖面是描述电离层垂直结构的一种简单数学模型,包括电子密度峰值 N_0 和峰值高度 h_0 两个关键参数。Chapman 模型是由 ESOC 开发的一种三维全球电离层模型[77-79],其中 N_0 用高斯型指数(Gaussian-type exponential,GE)函数表示,h_0 用扩展正弦函数表示。在 ESOC 的实现中,所用的 GE 函数为 10 阶 8 次,h_0 被限定在 400~450km。以 12h 的时间间隔将全球 TEC 数据代入到 GE 函数中来计算拟合系数。应该注意的是,GE 函数的系数是非线性的。TEC 地图是由 Chapman 剖面的电子密度经垂向积分得到的。

31.3.3 节部分介绍了多项式展开算法。它是将 IPP 处的 VTEC 表示为锚点处 VTEC 的泰勒展开,锚点是观测站的位置。在 31.3.3 节中,基于 VTEC 在当地区域呈线性变化的假设,我们只使用了一阶空间导数。最初的 UWB 模型(original University of New Brunswick model)使用 GNSS 接收机网络建立了全球 VTEC 地图,这也是假定 TEC 在站间处于线性变化[80]。UWB 模型采用卡尔曼滤波来进行系数估计。但对于赤道地区,基函数中则包含了二阶空间导数,以捕捉当地电离层的精细变化[81-82]。

最近,人们提出了更为复杂和先进的基函数来建立电离层 VTEC 模型。例如,Schmidt 等[83]讨论了基于三角 B 样条和多项式 B 样条张量积的复杂 TEC 模型,以分别捕获 TEC 的经向和纬向变化。模型基函数的未知系数通过卡尔曼滤波同化 GNSS 观测值依次估计,B

样条函数既能处理数据缺失的问题，又能多尺度地展示电离层 TEC 的分布，即生成不同空间分辨率下的 VTEC 地图。Wang 等[84]提出了一种自适应自回归(adaptive autoregressive, AR)模型来预测全球电离层 VTEC，文中基于 AR 模型对球谐函数系数进行了预测。用 F 检验方法自适应地确定球谐函数的阶数，而非使用固定的球谐阶数。结果显示，与 IGS GIM 相比较，该方法在太阳活动平静期建模精度良好。尽管其模型精度在太阳活动水平较高时仍有待提高，但该方法为数据有限的情况下进行全球电离层实时建模提供了潜在思路。

Li 等[85]提出了一种结合球谐函数和广义三角级数(SHPTS)的方法。这种方法基于对 GIM 精度影响因素的分析。这些因素包括电离层建模方法、建模中使用的 GNSS 跟踪站，以及 IAAC 产品的综合方法。他们将电离层建模方法分为两类：基于函数的建模方法和基于格网的建模方法。CODE、CSA 和 ESA 使用的球谐函数属于基于数学函数的方法，而 JPL 使用的三角格网法与 UPC 和 EMR 使用的基于 Chapman 剖面的层析成像法属于基于网格的方法。基于函数的模型使用特定的数学函数来描述电离层 TEC 的分布，但无法捕捉某些区域电离层的细微变化；基于格网的模型将 TEC 的分布离散化，然后采用内插或积分方法计算得到 TEC，它更适合于捕捉实测数据观测到的 TEC 变化。这项研究还讨论了全球 GNSS 测站分布不均匀的问题，即大部分测站都集中在北美、欧洲和东亚的陆地上，所以海洋和其他 GNSS 测站稀疏区域的 TEC 必须通过外推实现。在 GNSS 测站分布稀疏或有数据缺失的区域，基于函数的模型比基于格网的模型表现得更好。因为函数模型可以使用数学函数和计算自测站密集区域的模型参数来填补空白区域和数据缺口，而格网模型则只能使用经验模型或数学插值(如 Kriging 插值)进行外推。Li 等[85]提出的结合球谐函数和广义三角级数的建模方案结合了两种方法的优点。

在上述电离层建模方法发展的同时，先进的数据同化技术也得到了应用，这些技术综合了所有类型的电离层观测量，以提高 TEC 地图的精度、分辨率以及缩短延迟时间。尽管全球 GNSS 监测站的数量越来越多，但这些监测站的分布并不均匀，主要集中在陆地上，特别是集中在发达地区。一直以来，低轨卫星无线电掩星测量都在海洋和测站稀疏区域的垂向电离层密度剖面的计算中得到了应用[86-88]。JPL/USC 的全球同化电离层模型(global assimilative ionospheric mode, GAIM)是一种基于函数的三维数据同化模型，它结合了地基 GPS 和低轨卫星的掩星 TEC 观测数据，用来求解离子和电子密度，文中的结果显示，电离层建模精度得到了显著提高[89]。Alizadeh 等[90]将地基 GNSS、双频卫星测高任务(如 Jason-1)和 Formosat-3/COSMIC 低轨卫星星座相结合，以提高全球电离层 TEC 的建模精度。

除上述方法以外，区域 TEC 建模也有一些可喜的进展。USTEC 模型是一种数据同化产品，它将基于物理的数值模型与美国本土丰富的数据源相结合[91]。Opperman 等[92]使用可变阶(degree)的球谐函数来提高区域电离层模型的时空分辨率和精度。该方法对纬度覆盖范围相对较窄的南非表现出了一定的适用性。Li 等[93]使用中国和澳大利亚区域的 GPS 和 BDS 数据，应用双层模型(均为球谐函数)进行电离层建模，结果显示，与传统的单层模型相比，建模精度提高了近 30%，收敛速度也较快。Sayin 等[94]研究了数学插值方法，如 Kriging 插值和先验随机场插值(Random Field Prior)等，以及随机和规则采样对数据覆盖稀疏区域 TEC 估计的影响。Yilmaz 等[95]使用基于神经网络的建模方法建立了欧洲区域的电离层 TEC 模型，其结果与 IGS 产品具有较好的一致性。多项式和球谐函数[96-97]也被用于构建区域 TEC 地图。

31.3.6 高阶电离层误差

到目前为止,我们只讨论了一阶电离层折射效应。式(31.4)还列出了相折射率中与电磁波频率 f^3、f^4 相关的电离层二阶项和三阶项。其中,二阶项 $XY|\cos\theta_B|$ 前面 "±" 号的选取主要与电磁波的传播模式有关,这里容易造成混淆[98]。鉴于一些介绍电离层二阶项的经典论文都缺少相关解释,我们在此对其进行简要说明,详细的原理可查阅文献[99]。

电离层是一种磁化的等离子体,与未磁化等离子体有所区别。在未磁化的等离子体中,电磁波的传播类似于普通光波,其传播速度因等离子体折射而改变。而在磁化的等离子体中,电磁波将以两种模式传播:普通模式(ordinary mode,O 模式)和特殊模式(extraordinary mode,X 模式)。每种模式又有两种极化方法:左旋(left-hand,LH)圆极化和右旋(right-hand,RH)圆极化。这两种不同的传播模式有着不同的传播速度(或折射率),具体由波的传播方向相对于地磁场的方向确定。Moore 和 Morton[99] 对 GNSS RH 极化的 L 波段信号在电离层中的传播模式进行了分析和评估。结果表明,当波的传播方向与地磁场方向的夹角 $|\theta_B| > 90°$ 时,GNSS 信号以 O 模式传播;当 $|\theta_B| < 90°$ 时,GNSS 信号以 X 模式传播。如图 31.21 所示,两种 GPS 信号(信号 1 与信号 2)具有不同到达角,对应的 θ_B 分别为 θ_1 和 θ_2。信号 1 以 X 模式传播,而信号 2 则以 O 模式传播。请注意:$|\theta_B|=90°$ 是两种传播模式都存在的过渡区域,比如在磁赤道附近,地面接收机接收天顶方向到达的信号就存在两种传播模式。过渡区域的宽度随海拔高度的不同而变化,但一般来说,过渡区很窄。在过渡区内,两种传播模式的信号将以不同的群速度和相速度传播,忽略电磁波传播模式的差别将会引起测距误差。

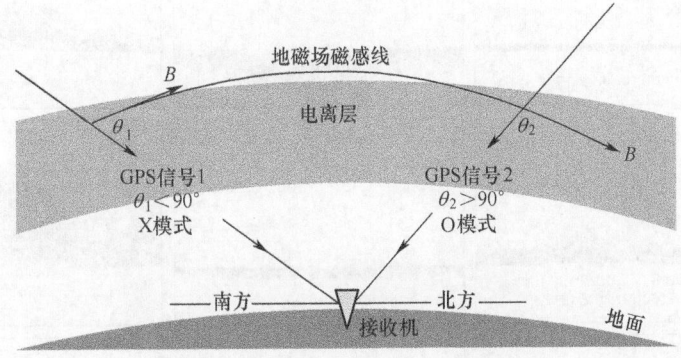

图 31.21 GPS(GNSS)信号在电离层中的传播方向(相对于地磁场方向)及其相应的传播模式示意图

在式(31.4)中,"+"号和"-"号分别对应于 O 模式和 X 模式。基于以上讨论,当 $|\theta_B| > 90°$ 时应该取 "+" 号,当 $|\theta_B| < 90°$ 时取 "-" 号。因此,对于在电离层中传播的具有 RH 极化的 GNSS 信号,式(31.4)应改写为

$$n_\phi = 1 - \frac{X}{2} - XY\cos\theta_B - \frac{X}{4}\left[\frac{X}{2} + Y^2(1 + \cos^2\theta_B)\right] \tag{31.65}$$

将式(31.6)代入式(31.65)中,可得电离层中 GNSS 信号的折射率:

$$n_g = 1 + \frac{X}{2} + XY\cos\theta_B + \frac{3X}{4}\left[\frac{X}{2} + Y^2(1 + \cos^2\theta_B)\right] \tag{31.66}$$

按照与式(31.11)相同的推导过程,可得到包含二阶项和三阶项的 GNSS 信号电离层群延迟和相位提前:

$$I_\phi = -\frac{\kappa_1}{f_m^2} - \frac{\kappa_2}{2f_m^3} - \frac{\kappa_3}{3f_m^4} \tag{31.67}$$

$$I_g = \frac{\kappa_1}{f_m^2} + \frac{\kappa_2}{f_m^3} + \frac{\kappa_3}{f_m^4} \tag{31.68}$$

$$\kappa_2 = 7527c\int_{SV}^{RX} N_e B_0 \cos\theta_B \mathrm{d}l \tag{31.69}$$

$$\kappa_3 = 2437\int_{SV}^{RX} N_e^2 \mathrm{d}l + 4.738 \times 10^{22} \times 2437\int_{SV}^{RX} N_e B_0^2(1+\cos^2\theta_B)\mathrm{d}l \tag{31.70}$$

有许多文献对高阶电离层折射效应进行了研究[98-109]。我们将使用文献[108]中的方法来展示电离层延迟高阶项的影响。本节利用从 ISR 获取的电子密度剖面与通过国际地磁参考场(international geomagnetic reference field, IGRF)计算的地磁场强度,计算了高纬度、中纬度和低纬地区 3 个位置的电离层延迟高阶项。这 3 个位置分别是美国马萨诸塞州的 Millstone Hill 天文台(42.62°N,288.51°E)、波多黎各 Arecibo 天文台(18.68°N,293.25°E)以及秘鲁的 Jicamarca(11.95°S,283.13°E)天文台。实验使用了大量的 ISR 数据,时间跨度在 10 年以上。图 31.22 摘自文献[108],给出了二阶的电离层延迟误差。左、中、右三列分

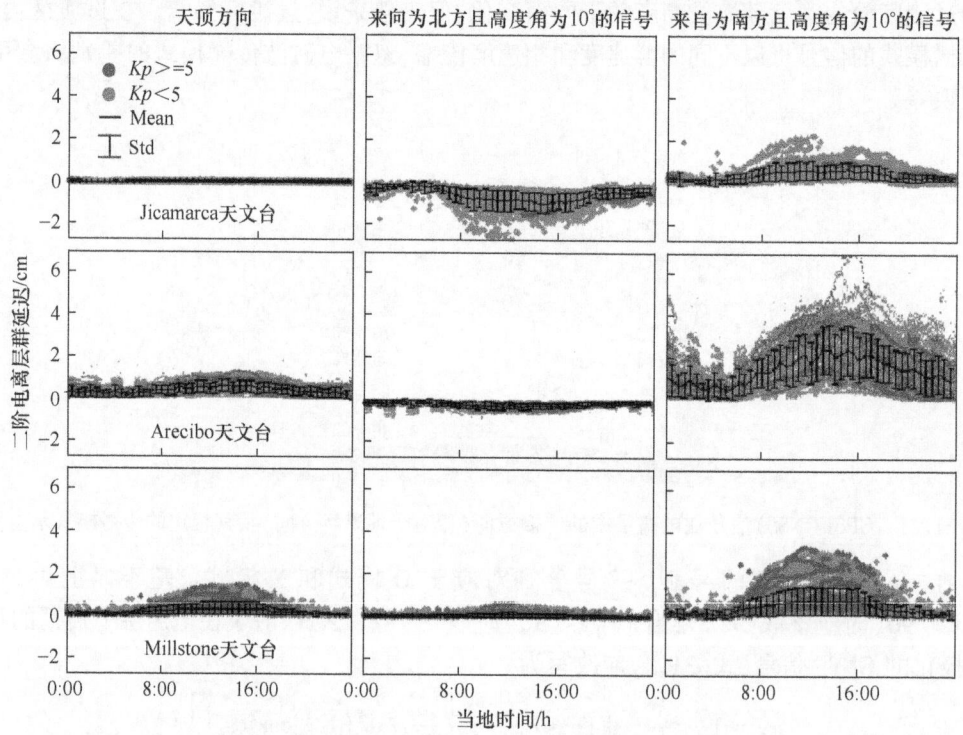

图 31.22 二阶电离层群延迟统计图,左、中、右三列分别对应于天顶方向、来向为北方且高度角为 10°的信号以及来向为南方且高度角为 10°的信号
[测站位于美国马萨诸塞州的 Millstone Hill 天文台(42.62°N,288.51°E)、波多黎各 Arecibo 天文台(18.68°N,293.25°E)以及秘鲁的 Jicamarca 天文台(11.95°S,283.13°E)。该图使用了 10 年以上的 ISR 数据。原图见文献[108],经 John Wiley & Sons 出版社许可转载。]

别对应于天顶方向、来向为北方且高度角为10°的信号以及来向为南方且高度角为10°的信号。图中展示了电离层延迟二阶项的大小,以及接收机位置和卫星信号的来向对二阶误差的影响。图中的最大误差不超过7cm,正值和负值分别表示对一阶电离层群延迟的低估和高估。误差的日变化表明,电离层二阶项的大小与TEC有关,但受到电离层中地磁场的调制。

图31.23对电离层活跃期间,电离层二阶延迟和TEC在全球的分布情况进行了对比。实验日期为1991年10月8日下午2时24分,测站位于波多黎各Arecibo天文台。指定高度角和方位角的电离层二阶延迟是基于当地天顶方向ISR实测电子密度剖面,按给定IPP处天顶方向的TEC比率计算得到。在地磁南半球的大部分地区,电离层二阶项为负值。对于位于地磁赤道附近的接收机,来自北半球和南半球的信号将分别出现正值误差和负值误差。

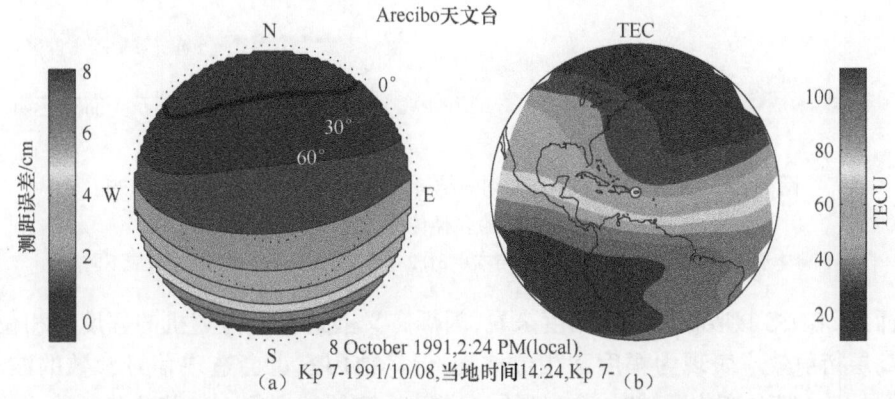

图31.23 1991年10月8日下午2时24分电离层活跃状态下,
电离层二阶延迟(a)和TEC(b)的全球分布图
(测站位于波多黎各Arecibo天文台。
原图见文献[108],经John Wiley & Sons出版社许可转载。)

电离层延迟三阶项有两个分量:第一个分量与N_e^2有关,第二个分量则由$N_e B_0^2$确定。在正常情况下,三阶项的数量级在几毫米或者以下。但在磁暴期间电离程度增强时,N_e^2项的大小可能超过二阶项,产生厘米级误差。

31.4 电离层闪烁

刚接触电离层闪烁课题的研究人员,通常会对其定义存在疑惑,这是由于不同学科会从不同角度对电离层闪烁进行研究造成的。从电离层物理学与无线电波传播的角度,电离层闪烁是无线电波与电离层等离子体不规则体结构碰撞的结果。当电磁波穿过透明介质中的结构时,会直接映射到波前相位上。对于电离层,产生的相位变化与沿路径积分的电子含量成正比。然而,当电磁波传播过程中,衍射会将相位变化转换为强度变化。当电离层结构变化足够大且超过菲涅耳尺度时,从相位到强度的转换会产生随机强度和相位结构,这就是闪烁。选择 GNSS 频率时应尽量避免闪烁的有害影响。几十年来，人们一直在研究闪烁现象，提出了严谨而准确的相位屏模型，用于模拟电离层闪烁以进行 GNSS 性能评估和周跳研究。图 31.24 为 GNSS 信号与电离层结构相互作用发生的衍射过程。

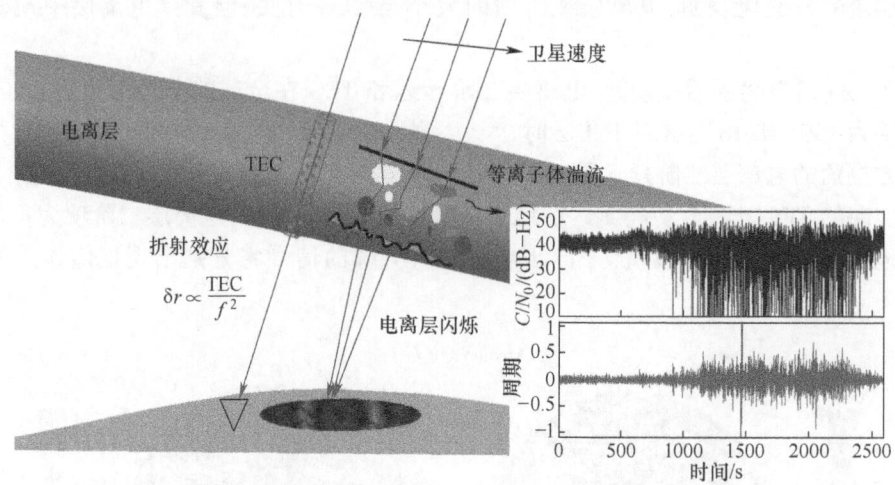

图 31.24　由于等离子体不规则体结构的散射，电离层闪烁导致 GNSS 信号穿过电离层的多径传播与接收机衍射

（闪烁本质上是一种复杂的多径现象，与本章 31.2 节和 31.3 节中讨论的折射效应不同。）

然而，从 GNSS 接收机测量的角度来看，闪烁广义上是指任何随机的幅度和相位波动。虽然电离层衍射效应表现为幅度和相位波动，但其他因素也会造成信号参数的波动。当 GNSS 信号穿过 TEC 变化区域时，会出现同样源于电离层的现象。如前几节所述，TEC 引入了群延迟和折射会导致载波相位超前。因此，TEC 空间变化可能直接造成载波相位观测值的波动。与衍射现象不同，TEC 变化引起的载波相位波动通常与明显的振幅变化无关。为了确定载波相位波动是衍射还是折射造成的，我们可以简单地计算载波相位观测值的无电离层组合，或使用双频观测值计算相对 TEC。图 31.25 为一个在阿拉斯加州 Poker Flat (65.13°N, 147.49°W) 20 日磁暴期间收集的 2000s 数据示例，该图包括四个子图。顶部的子图为 L1 和 L2C 信号强度（下一小节会进行定义）。第二个子图为去趋势的 L1 和 L2C 载波相位（去趋势过程会在 31.4.5.1 节讨论）。第三个子图是 L1 和 L2C 载波相位观测值差分计算去趋势的相对 TEC。第二个和第三个子图使用相同的去趋势方法和参数。最下方的子图为双频 GPS L1 和 L2C 观测值利用式(31.53)计算的无电离层组合（IFC），消除了电离层一阶折射影响。相位波动与相对 TEC 变化之间的相关性表明，该事件中的高纬相位波动以折射效应为主。在 IFC 中只能观察到与衍射相关的微弱相位闪烁，这与短暂、快速的信号强度衰落对应。

由于可以通过使用双频观测值计算 TEC 来削弱折射引起的相位波动，这与同时发生幅度衰落和相变的衍射效应的考虑有所不同。因此，我们将在本章的其余部分更多讨论衍射效应。在本节的剩余部分，将回顾电离层闪烁的物理学和闪烁指数，然后利用全球闪烁数据对电离层闪烁发生的特征和气候学分析。最后，将梳理 GNSS 接收机技术在削弱闪烁和闪烁监测方面的最新进展。

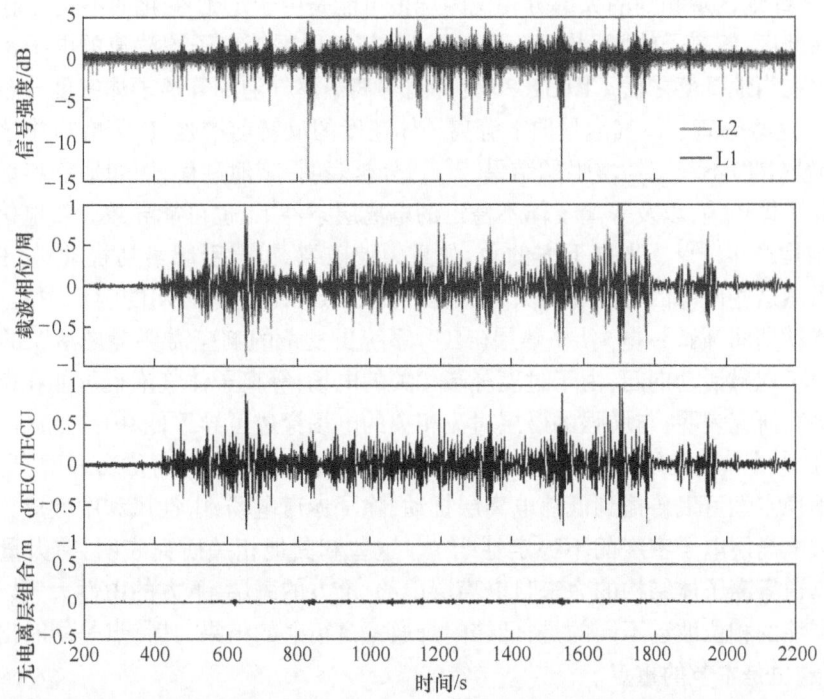

图 31.25　利用阿拉斯加州 Poker Flat(65.13°N,147.49°W)2015 年 12 月 20 日
磁暴期间收集的 2000s 数据,说明电离层衍射和折射对 GPS 信号的影响
[顶部的子图为 L1 和 L2C 信号强度;第二个子图为去趋势的 L1 和 L2C 载波相位;第三个子图
为 L1 和 L2C 载波相位观测值差分计算去趋势的相对 TEC;底部的子图为无电离层组合(IFC),
可消除一阶折射效应。相位波动与相对 TEC 变化之间的相关性表明,该事件中的高纬相位波动
以折射效应为主。在 IFC 中只能观察到与衍射相关的微弱相位闪烁,与短暂、快速的信号强度衰落对应。]

31.4.1　闪烁原因

电离层闪烁效应和引起这些效应的电离层等离子体结构,与太阳、磁层、电离层和中性大气的状态以及它们之间的耦合和相互作用存在复杂的关系。物理模型与各种驱动因素已被用于生成等离子体不规则体。尽管不同地区之间存在潜在联系,但高、低纬电离层的不规则体和观测到的闪烁效应存在明显差异。

高纬电离层通过开放的磁力线直接暴露在太阳风和磁层扰动中,并且是许多复杂和相互作用过程的所在地,这些过程可能会产生不规则的等离子体。普遍认为太阳风动压变化和行星际磁场(IMF)的时间变化是高纬地区产生大尺度等离子体结构的主要因素,如舌状电离区、极盖区等离子体云块和日向弧(如文献[110]和其参考文献)。研究表明,垂直于地磁场和这些结构边缘的场向电流的电离层快速变化梯度会导致梯度漂移不稳定。这种不稳定性被认为是中尺度高纬 F 层等离子体不规则体的主要形成机制,可能导致无线电信号闪烁[111]。对流过程、等离子体和中性气体之间的速度切变、高能粒子沉淀、波的相互作用和局部大电场也会促使高纬不同尺度的不规则体的产生、衰落或传输[112-115]。另外有许多研究将相位闪烁的发生与对不规则体产生的一些潜在驱动因素的观测联系起来[116]。需要提醒的是，在高纬地区观测到的大部分相位闪烁很可能是由于 TEC 变化而不是衍射造成的。

在低纬地区，等离子体"羽状烟云"或气泡内部与周围等离子体湍流的电子密度不规则体通常发生在当地日落之后。图 31.26 为赤道等离子体气泡的等离子体密度分布三维模拟图[117-118]。这些等离子体气泡是向上等离子体速度的反转前增强，F 层抬升并导致 F 层底部瑞利-泰勒(RT)不稳定性增强的结果[119]。分析表明，其他过程，例如平行和垂直于地磁场线的等离子体传输，以及等离子体不稳定的电离层条件下，也可能导致无线电信号闪烁的不规则体结构产生[120]。来自下方的力，如重力波破裂，也会引起最初扰动，使 RT 不稳定性增强。虽然这些内部的电离层和大气过程可能在低纬地区平静期的闪烁中起主导作用，但在地磁扰动期间，磁层-电离层-热层(MIT)系统更复杂的响应需要考虑活跃的太阳和地磁条件。由于地磁活动期间，由于过度屏蔽相关的电场，等离子体气泡也可能在夜间晚些时候出现。仿真研究表明，与增强的磁层对流相关的电场穿透可导致低/中纬地区的暴时密度增强(SED)[121-123]。此外，使用热层电离层耦合模式(TIE-GCM)的仿真表明，高纬电场暴时变化的不稳定性可以传播到低纬电离层扰动，除了赤道电场，中性风和中性成分的暴时变化都会导致电离层电子密度的不稳定性[124]。这些和其他相关研究表明，有大量的驱动因素和导致赤道等离子体结构的力来自电离层内部、上方的磁层、下方的中性大气以及中高纬地区。与高纬的相位波动不同的是，低纬闪烁通常是衍射的结果，其特点是同时出现幅度和相位波动，这也是本节的重点。

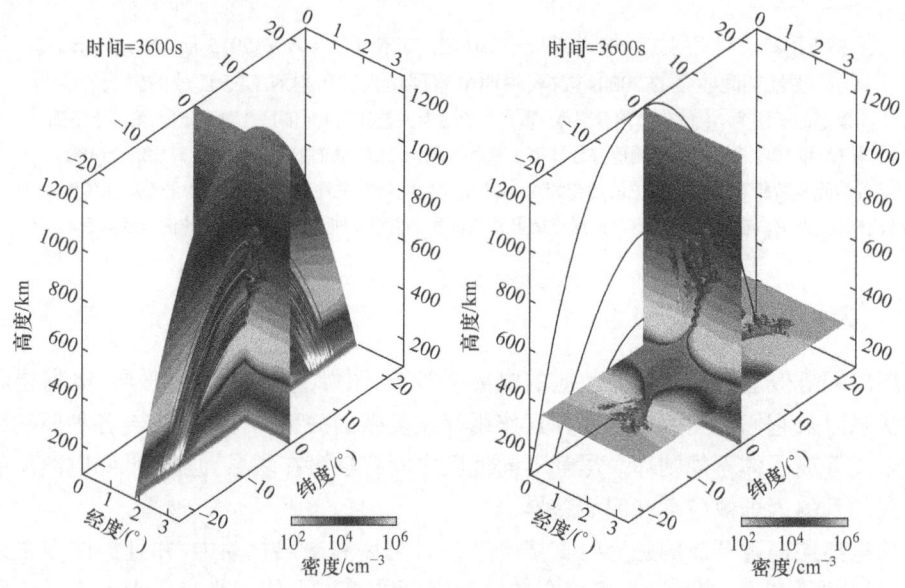

图 31.26 赤道等离子体气泡的等离子体密度分布三维模拟图[117-118]
（经 Springer Nature 许可转载。）

遥感技术的进步，从紫外线到光学再到无线电频率的光谱和原位测量，使得对太阳、磁层、电离层和中性大气活动的地基和空基观测成为可能[125]。然而，位于地面和 LEO 卫星上的 GNSS 接收机是捕获湍流等离子体结构破坏的主要数据设备，却受电离层闪烁影响严重[126]。此外，软件系统和现代接收机信号处理等 GNSS 技术的创新也被用于获取等离子体变化的闪烁特征信息[29]。过去半个世纪以来，基于物理学建模的进步以及空间天气系统各个方面异构大数据的出现，极大地促进了科学界对电离层闪烁发生原因与影响的了解。下一小节将简要总结 GNSS 闪烁理论。

31.4.2　GNSS 闪烁理论

无线电波穿过电离层不规则体传播到 GNSS 接收机的过程可利用抛物波方程（PWE）来描述。PWE 遵循以费曼路径积分[127]为基础的薛定谔方程。专题会议中发表的文献[128]提供了各种用于解决表征随机介质中电磁波传播的复杂形式问题的方法。

幸运的是，无线电传播理论的早期研究者发现等效相位屏可以作为反演闪烁理论的基本要素，从而不再需要求解随机微分方程[129]。等效相位屏模拟已被广泛用于分析 GNSS 闪烁效应[130-136]。最近，基于实测 GNSS 闪烁观测数据来指导闪烁构建的完整理论已经实现[137]。此处对利用一维相位屏来解释闪烁现象进行简要总结。对此处详细数学推导感兴趣的读者可参考文献[133,137]。

PWE 控制沿 z 方向传播的复杂一维电磁场 $\psi(x,z)$：

$$\frac{\partial \psi(x,z)}{\partial z} = -\frac{1}{2jk}\frac{\partial^2 \psi(x,z)}{\partial x^2} + jk\delta n_\phi(x,z)\psi(x,z) \tag{31.71}$$

式中：$k = 2\pi/\lambda$ 是波数；λ 为波长，式(31.71)右侧的第二项为对背景电离层折射率的随机扰动。基于式(31.5)，折射率扰动的原因是等离子体密度扰动 δN_e。

$$\delta n_\phi(x,z) = -\frac{40.3}{f^2}\delta N_e \tag{31.72}$$

在 $(z + \Delta z)$ 处沿 z 方向向前传播的信号没有衍射，式(31.71)的部分解为

$$\psi(x, z + \Delta z) = \psi(x,z)e^{j\phi(x)} \tag{31.73}$$

式中：$\phi(x)$ 为相位屏模型，表示由于传播距离 L 而产生的相位延迟。

$$\phi(x) = -2\pi f\tau_l = -2\pi f\int_0^L \frac{dz}{v(x,z)} = -2\pi f\int_0^L \frac{n_\phi(x,z)}{c}dz \tag{31.74}$$

图 31.27 用几条射线来简要说明波前垂直于不规则体层。当遇到等离子体不规则体之前（$z = 0$），波前具有均匀的幅度 A 和相位 ϕ_0，当 $z = L$ 时，由于随机传播介质内 N_e 的变化，信号相位也将是在一维空间 x 中变化，因为射线将通过具有不同等离子体密度的路径传播。假设层内没有吸收，信号振幅将保持不变。然而，从层下方出现的波前相位在空间 x 上不再是恒定的。相位变化的范围与沿射线路径的 N_e 累积变化成正比。由于等离子体不规则性，相位屏可得到这种相位变化：

$$\Delta\phi(x) = \frac{-2\pi f}{c}\int_0^L \Delta n_\phi(x,z)\mathrm{d}z = \frac{-2\pi f}{c}\int_0^L \frac{40.3\Delta N_e(x,z)}{f^2}\mathrm{d}z$$

$$= 2.8\times 10^{-15}\lambda\int_0^L \Delta N_e(x,z)\mathrm{d}z \tag{31.75}$$

一旦从不规则体层下方出现，相位调制波前就会继续向接收机传播。在接收机处，会发生菲涅耳干涉[138]。菲涅耳干涉可以解释为多径干扰，这是由于通过不规则体传播和信号的前向散射引起的组合相位变化，后者改变了射线传播方向，射线以不同的相位延迟到达。图 31.27 说明了导致菲涅耳干涉的前向散射射线在接收机处明显引起了幅度和相位变化。

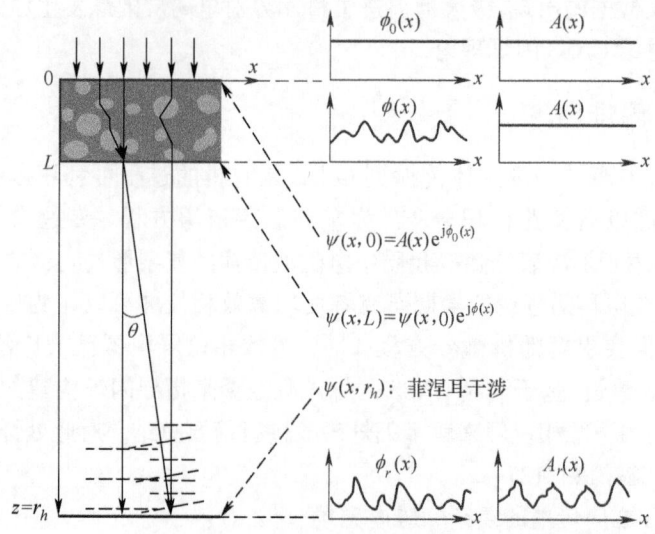

图 31.27　利用两条射线来简要说明波前垂直于不规则体层

在 $z=0$ 处,波前具有均匀的幅度 A 和相位 ϕ_0;在 $z=L$ 处,由于随机传播介质内 N_e 的变化,信号相位也将是在一维空间 x 中变化,因为射线将通过具有不同等离子体密度的路径传播。相位调制波前将继续向接收机处传播,并在接收机处发生菲涅耳干涉以形成衍射。菲涅耳干涉本质上是复杂的多径干扰,会造成幅度和相位波动。

实际上,在穿越不规则体结构时,信号功率会有一些变化。更真实的模型包含多个相位屏[139-140]。等离子体结构在传播方向上的一维变化也有些过于简单化。然而,这种简化通常是合理的,因为大多数电离层等离子体结构沿磁场线被拉长[141-142]。最后,斜向传播比此处图中的垂直传播更常见。导航领域而言,简化图的目的是阐明电离层闪烁的性质。对于想通过更真实的电离层结构传播的 GNSS 信号进行更深入分析和模型感兴趣的读者,请参考文献[133]。

31.4.3　闪烁信号模型和指数

常用的无闪烁 GNSS 基带信号模型可以表示为

$$s_k = \alpha_k D(k\Delta t - \tau_k) C(k\Delta t - \tau_k) e^{j\phi_k} \tag{31.76}$$

式中:k 为样本数;α 为接收信号幅度;$D(t)$ 和 $C(t)$ 分别为导航电文序列和 PRN 测距码;Δt 为采样间隔;τ_k 和 ϕ_k 分别为伪距延迟和载波相位超前。载波相位 $\phi_k = 2\pi f_{d,k}\Delta t + \phi_{k-1} + \varepsilon_k$,其中,$f_{d,k}$ 为载波多普勒频率;ε_k 为除闪烁外的各种相位噪声和误差源。

闪烁引起的信号幅度 ($\delta_{A,k}$) 和相位 ($\delta_{\phi,k}$) 波动被调制到 GNSS 基带信号 s_k 上以产生闪烁信号 s_k:

$$s_{s,k} = s_k \delta_{A,k} e^{j\delta_{\phi,k}} + \varepsilon_k \tag{31.77}$$

式中:ε_k 为热噪声,通常为高斯白噪声。

实验数据分析表明,闪烁对码调制的影响可以忽略不计[10]。随机载波相位变化可能会在导航数据位中引入误差[143]。然而,虽然导航数据位中的误差可能会造成 PVT 误差,但它们不会影响典型接收机的载波跟踪过程。一个例外情况是用于 GNSS RO 或反射应用的开环跟踪算法,其中导航数据位必须在相关器操作前从输入数据流中擦除[144]。如果我们忽略闪烁引起的码和数据位误差,对于最常用的接收机,接收到的闪烁信号可建模为

$$s_{s,k} = \alpha_k \delta_{A,k} e^{j\delta_{s,k}} + \varepsilon_k \tag{31.78}$$

式中:$\delta_{s,k} = \delta_k + \delta_{\phi,k}$ 为闪烁信号的复合载波相位。

显然,闪烁的强度反映在闪烁信号的幅度和相位中,常用幅度闪烁指数 S_4 和相位闪烁指数 σ_ϕ 来衡量。S_4 指数是归一化的信号强度(SI)标准差,σ_ϕ 是去趋势载波相位测量值的标准差:

$$S_4 = \sqrt{\frac{\overline{SI^2} - \overline{SI}^2}{\overline{SI}^2}} \tag{31.79}$$

$$\sigma_\phi = \text{std}[\text{detrend}(\phi)] \tag{31.80}$$

信号强度是指某时间段内的信号能量。Niu 在文献[145]的附录中推导了两种电离层闪烁接收机的信号强度计算,这些接收机使用不同的相关器积分时间实现。原始信号强度的估计值为

$$\text{SI}_{\text{raw}} = \text{NBP} - \text{WBP} \tag{31.81}$$

式中:NBP 和 WBP 分别为利用接收机相关器输出 I_i、Q_i 计算的窄带功率和宽带功率。有关接收机相关器的描述,请参见本书第 14 章文献[146]和第 15 章文献[147]:

$$\text{NBP} = \left(\sum_{i=1}^M I_i\right)^2 + \left(\sum_{i=1}^M Q_i\right)^2 \tag{31.82}$$

$$\text{WBP} = \sum_{i=1}^M I_i^2 + \sum_{i=1}^M Q_i^2 \tag{31.83}$$

式中:M 为特定时长内相关值的数量。通常,该时长为 20ms,为一个导航数据位的时间。对于采用 1ms 和 10ms 相关器积分时间的接收机,电离层闪烁监测(ISM)接收机中常用的两种积分时间,M 分别为 20 和 2。

原始信号强度根据其背景趋势进行归一化以获得归一化信号强度:

$$\text{SI} = \frac{\text{SI}_{\text{raw}}}{\text{SI}_{\text{trend}}} \tag{31.84}$$

注意式(31.84)本质上是信号强度的去趋势过程,而式(31.80)的相位指数是利用去趋势的相位观测值计算的。相位和信号强度都进行了去趋势以隔离结构分量。

文献[145,148]中介绍了 S_4 指数计算的修正公式。此修正公式消除了环境噪声影响。该修正仅影响弱闪烁的 S_4 指数计算,实际中并不常用。

图 31.28 为 2013 年 3 月 11 日由本章作者实验室在秘鲁 Jicamarca 无线电天文台的 GNSS 数据系统收集的一组闪烁示例数据。此次中等闪烁事件从 UTC 1 时 30 分开始持续了近 3h。顶部的子图为 GPS PRN 1 输出的所有 3 个载波的 C/N_0。由 C/N_0 可以观察到,大多数扰动不超过 5dB。第二个子图为计算的 S_4 指数,大部分时间里均小于 0.6,且 L2 和 L5 的 S_4 值大于 L1。中间的子图为 3 个载波的载波相位值,由于它们的值相对较大,因此从这些原始相位观测值中无法观察到相位扰动。第四个子图为去趋势的载波相位值,可以看出在 3 个载波上都能看到幅度很容易达到 90° 的相位闪烁和一些周跳发生(大约在 45s 和 175s)。最下方的子图为相位扰动的标准差。

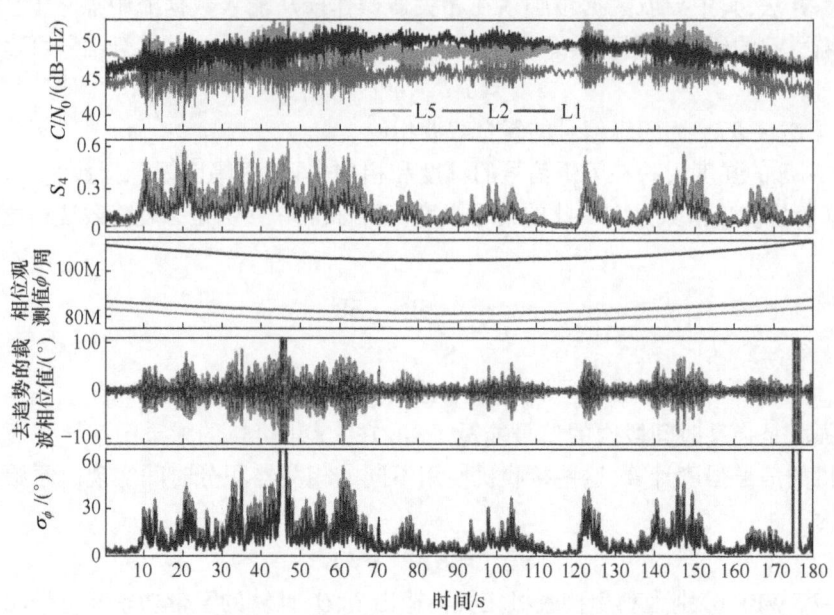

图 31.28 2013 年 3 月 11 日由本章作者实验室在秘鲁 Jicamarca 无线电天文台的
GNSS 数据系统收集的近 3h 的 GPS PRN 01 闪烁示例数据

关于如何适当地去除载波相位的趋势以及如何获得原始信号强度的趋势,已有广泛的讨论[149-151]。载波相位去趋势的目的是去除闪烁以外的其他低频部分,例如卫星接收机距离变化、接收机和卫星振荡器相位抖动以及背景电离层和对流层变化。信号强度趋势的目的是得到一个没有闪烁时信号功率水平的基准信号强度。早期的 ISM 接收机采用截止频率为 0.1Hz 的六阶巴特沃斯高通滤波器来获得去趋势的载波相位和截止频率为 0.1Hz 的六阶巴特沃斯低通滤波器来获得原始信号强度趋势[148,152-153]。Niu 在文献[145]分析了这些方法的性能,发现了 2 个主要问题。首先,载波相位去趋势的截止频率可能会无意中消除一些闪烁影响或由于局部多径影响而留下的冗余残差。其次,信号强度趋势具有延迟影响,会影响归一化 SI 估计的准确性。另外有学者也提出其他改进闪烁指数估计方法,如多项式[154]和小波变换[150-151,155]。然而,由于巴特沃斯滤波器方法较为简便,在现在的实际应用中仍较为常见。

另一种常用的闪烁指数是闪烁信号强度去相关时间 τ_0。去相关时间是指信号强度自相关性下降到其峰值的 $1/e$ 时的时间。τ_0 通常与 S_4 或 σ_ϕ 结合使用来表征闪烁水平[156-157]。该方法有一定意义,因为在很大程度上,S_4 指数和 σ_ϕ 捕获了信号幅度和相位波动的大小。然而,闪烁信号的一个重要方面是波动率,它直接影响 GNSS 载波跟踪环路的性能。去相关时间可获得信号波动的时间信息。另外,S_4、σ_ϕ 和 τ_0 间似乎存在一定相关性。图 31.29 为模拟闪烁信号的关系[157]。给定 S_4 指数值,较大的去相关时间对应较小的相位闪烁指数。给定去相关时间,较大的 S_4 值对应较大的 σ_ϕ。

ROTI 是另一个常用来表示电离层不规则体和相关闪烁影响的指数[24]。计算公式如下:

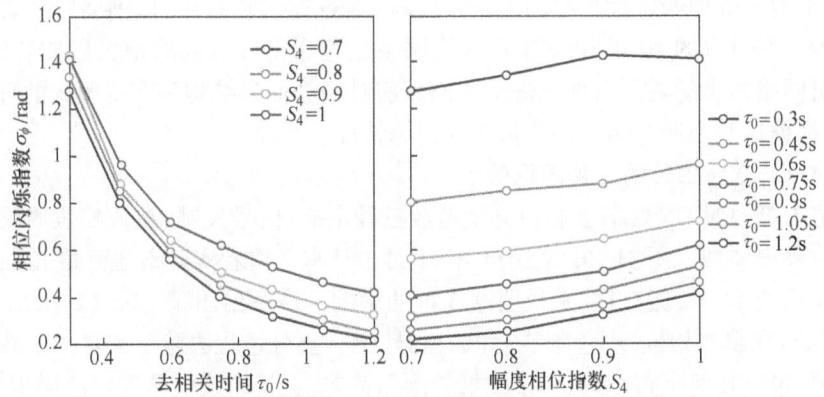

图 31.29 模拟闪烁信号 S_4 指数、σ_ϕ 和 τ_0 之间的关系

(给定 S_4 指数值,较大的去相关时间对应较小的相位闪烁指数。给定去相关时间,较大的 S_4 值对应较大的 σ_ϕ[157]。经导航协会许可转载。)

$$\mathrm{ROTI}(\delta t) = \sqrt{E\left\{\frac{|\mathrm{TEC}(t+\delta t) - \mathrm{TEC}(t)|^2}{\delta t^2}\right\}} \tag{31.85}$$

式中:$E\{\cdot\}$ 为 δt_w 时间窗口内的整体平均值;δt 为 ROTI 计算的采样间隔。首先,TEC 必须去趋势以保证 TEC 时间序列是零均值随机过程。与分别需要高频 I/Q 相关器输出和原始载波相位观测值的 S_4 和 σ_ϕ 不同,ROTI 可利用由大地测量型接收机密集观测网的低频 TEC 值来计算。通常,δt = 1 或 30s,δt_w = 1 或 5min。

ROTI 与闪烁指数(如 S_4)间的复杂关系常在文献中被讨论。已有观测表明,在大尺度电离层梯度的情况下,高 ROTI 值并不总与闪烁相关[158]。Beach 和 Kintner 在文献[25]指出 ROTI 和 S_4 仅在某些情况下强相关。Basu 等在文献[159]表示 ROTI/S_4 比值在低纬地区会随着不规则体漂移速度而变化。Carrano 和 Groves 在文献[160]以及 Jacobsen 在文献[161]指出 ROTI 值与采样间隔 δt 有关。Yang 和 Liu[162]发现 ROTI 随传播几何结构而变化。Du 等[163]和 Amabayo 等[164]利用 ROTI 值估计 S_4,发现与由 GPS 观测得到的 S_4 存在一定相关性。最近,Carrano 等[165]提出了一种将 ROTI 与 S_4 联系起来的理论模型,并解释了 ROTI 对采样间隔、信号传播几何结构、GNSS 卫星运动以及不规则体特性(例如其光谱形状、强度、各向异性和漂移速度)的相关性。Carrano 等[165]对 ROTI/S_4 比率的研究表明,该比率与有效扫描速度 V_{eff}、菲涅耳尺度和采样间隔 δt 相关。有效扫描速度是 IPP 相对于不规则体漂移的速度,而菲涅耳尺度定义如下:

$$\rho_F = \sqrt{\frac{\lambda r_h}{2\pi\cos\theta}} \tag{31.86}$$

式中:r_h 和 θ 为图 31.27 所示的量。此外,作者还介绍了有效扫描方位角 α_{eff}。当卫星扫描穿过场对齐的不规则体时,该量是 90°,当沿着不规则体方向时,该量是 0°。根据实测数据分析表明,如果 $\alpha_{\mathrm{eff}} > 20°$,ROTI 与 S_4 高度相关,并且 ROTI 可用于准确预测 S_4。当 $\alpha_{\mathrm{eff}} < 20°$,ROTI 与 S_4 的相关性较低,理论上倾向于高估 S_4。

31.4.4 闪烁信号特征和气候学

研究闪烁信号特征的原因有两点。首先,闪烁信号包含有关电离层等离子体结构的信息。其次,了解闪烁信号特性将有助于我们提高 GNSS 接收机技术,以削弱闪烁影响并提高接收机性能。在过去的 20 年里,ISM 接收机网络已遍布低纬和高纬地区以捕获闪烁信号。这些接收机网络提供的观测数据促进了我们目前对闪烁信号结构和产生模式的理解。在本节中,我们根据这些观测总结了一些重要的闪烁特征。

31.4.4.1 载波相位的三种闪烁效应

电离层闪烁会对 GNSS 载波相位测量造成三种影响:信号失锁、载波相位周跳或快速相变以及相位噪声增加。图 31.30 为 2014 年 11 月 3 日本章作者实验室在秘鲁 Jicamarca 无线电天文台收集的 24h 实测数据,来说明这 3 种的影响。该图给出了 GPS L2 和 L1 信号伪距(蓝色模糊线)和载波相位(彩色细线)间的差异[10]。差分过程去除了来自两个载波的测量中的共同项,包括几何距离、卫星和接收机钟漂和钟差、卫星轨道误差和对流层传播误差,以便更好地检测电离层折射和闪烁效应。

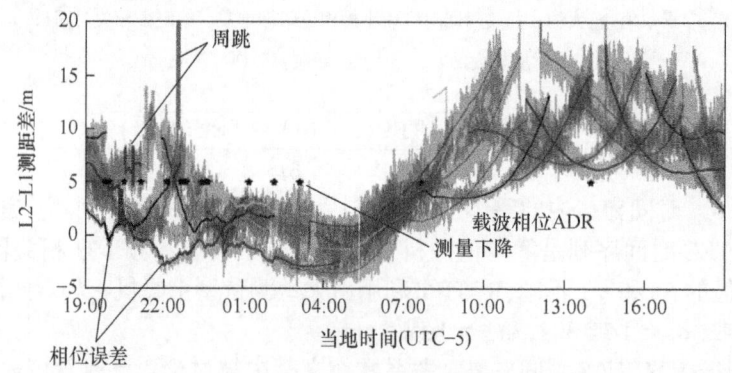

图 31.30 GPS L2 和 L1 信号伪距(蓝色模糊线)和载波相位(彩色细线)间的差异
(差分过程去除了来自两个载波的测量中的共同项,以便更好地检查电离层折射和闪烁效应。确定了 3 种类型的电离层闪烁载波相位影响:载波相位测量下降、周跳和相位误差[10]。经导航协会许可转载。)

这组数据中可以观测到 3 种类型闪烁对载波测量值的影响。大多数影响发生在当地日落之后的夜间(当地 20 时至 4 时)。黑星标记了一颗或多颗卫星上的载波跟踪环路失锁并导致相位观测值丢失的时间段。快速变化的垂直线表示发生周跳。然而,正如我们接下来将讨论的,这些周跳中有一些不是表现为接收机处理异常的传统周跳。相反,它们可能是闪烁信号到达接收机天线之前的真实特征。最后,夜间可以在多颗卫星上看到相位差波动的相位误差。

每种类型的闪烁效应以不同的方式影响接收机,其削弱策略也不同。相位观测失锁将影响卫星的几何分布,使几何精度(GDOP)因子增加,并导致 PVT 解的误差增加。首先,需要更稳健的接收机载波跟踪算法来降低载波跟踪阈值并使接收机失锁发生的概率最小化。其次,周跳将引入较大的测量误差,先进接收机的载波跟踪算法也可以使载波周跳发生概率最小化并且周跳修复算法也将有助于减弱该问题。最后,先进接收机载波跟踪算法和滤波器设计也可以减少相位误差。先进的载波跟踪算法已在本书的第 15 章[147]中讨论过。在 31.4.5 节中,我们将总结一些适用于闪烁信号跟踪的技术。以下讨论将重点介绍一些观测到的闪烁特征,这些特征是几种先进载波跟踪算法设计的基础。

31.4.4.2 高纬闪烁

如图 31.25 所示,由于 GNSS 信号通过 TEC 结构,高纬闪烁主要受快速相位波动的影响,快速相位变化与载波多普勒和多普勒频率的增加有关。如果相位变化超过了载波跟踪环路鉴别器的"引入"范围(有关载波跟踪环路挑战的描述,请参见第 15 章),或者跟踪环路滤波器带宽无法适应多普勒和多普勒频率,接收器将产生周跳或失锁。图 31.31 显示了在 2015 年 3 月 17 日至 18 日圣帕特里克节磁暴期间[166],沿 65°W 站点利用开源 PPP 算法的计算误差。对于使用该算法的站点,平静期定位误差通常在 0.25m 以内。在这次磁暴中,由图可知定位误差可达 10m,位于-65.7°和-75.2°纬度的 2 个测站在超过 12h 内没有观测数据。改善高纬闪烁期间跟踪环路性能的策略包括应用更宽的跟踪环路带宽和更高的更新速率。

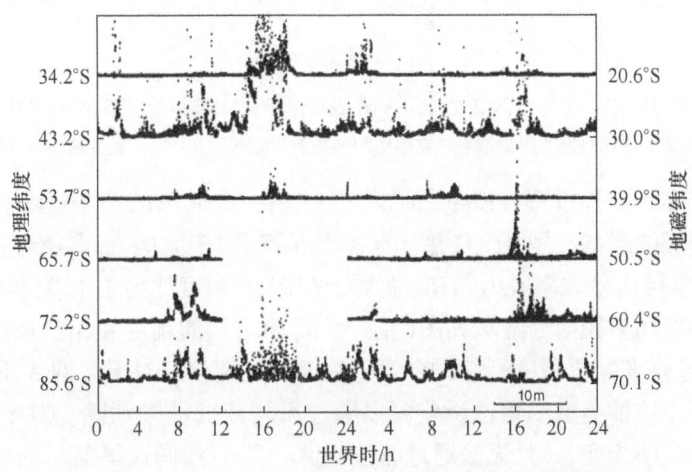

图 31.31 2015 年 3 月 17 日至 18 日圣帕特里克节磁暴期间,
沿 65°W 站点利用开源 PPP 算法的计算误差[166]
(位于-65.7°和-75.2°纬度的两个测站在超过 12h 内没有观测数据。经导航协会许可转载。)

强闪烁期间对接收机定位误差的观测通常会产生误导。例如,Morton[167]对处于不同水平的太阳/地磁扰动期间的高纬 GPS 测站进行了分析,发现在磁暴期间 GPS 监测站的定位误差仅略有增加。然而,该研究指出,在 RTK 定位算法中,磁暴期间高纬测站获得的测量结果中超限的残差数量急剧增加,如图 31.32 所示。因此,在评估强闪烁对 GNSS 接收机性能的影响时,不仅要检查 PVT 解算的准确性,还要检查其可用性。对于低纬地区亦如此,在一些研究中,在强闪烁期间仅注意到定位误差略微增加,因为主要的闪烁影响被定位算法剔除[168]。此外,作为定位算法在移动平台上适用性的重要指标,分析定位解的收敛时间也很重要。

31.4.4.3 低纬闪烁

低纬闪烁具有不同的强度级别,通常根据其 S_4 或 σ_ϕ 值进行分类。弱到中等闪烁通常定义为 $S_4<0.6$,而强闪烁对应 $S_4>0.6$[12]。S_4 和 σ_ϕ 指数与载波频率的幂律指数的相关性非常好[169]:

$$S_4, \sigma_\phi \propto f^{-(p+3)/4} \tag{31.87}$$

式中:p 为幂律指数,它可能因等离子体结构、高度和有效扫描速度 V_{eff} 而异[170]。对于大多数弱到中度闪烁,相位噪声会增加,偶尔会发生周跳,并且几乎没有失锁。

在强闪烁期间,接收机会发生更多的周跳、更大的相位误差和频繁的失锁。在低纬地区,由于信号衍射的性质,强闪烁通常表现为同时发生的幅度深度衰落和快速相变。信号衍

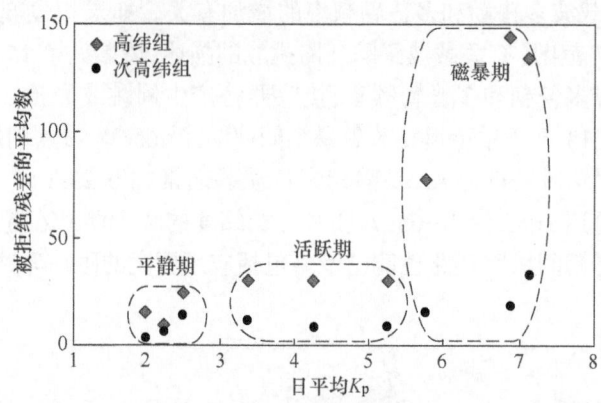

图 31.32　高纬地区 2 个 GNSS 测站测量结果中被拒绝残差的平均数

(磁暴期间高纬测站获得的测量结果中被拒绝的残差数量急剧增加[167]。经导航协会许可转载。)

射本质上是一个多径干扰过程。Breitsch 等[171]使用一个简单的两条射线多径示例来说明衍射引起的强闪烁的影响。图 31.33 展示了两种情况：对于案例 A，多径与直接信号幅度比为 0.95，多径与直接信号频率差为 -1Hz，而对于案例 B，幅度比为 1.1，频率差为 1Hz。两种情况下组合的直接和多径信号复域如图（左）所示，而它们的幅度和相位在图右侧。对于这两种情况，当信号幅度经历深度衰落时会发生快速相位变化。对于案例 A，所示时间段内的净相位变化为零。这种类型的相位误差可以通过平均或滤波来消除。对于情况 B，在所示时间段存在净单周期相变，并且无法通过滤波去除。我们强调这里显示的相变伴随着衍射信号。它们不是像周跳那样依靠接收机处理异常，但如果相变非常快速或受噪声影响，它们的效果可能类似于周跳。

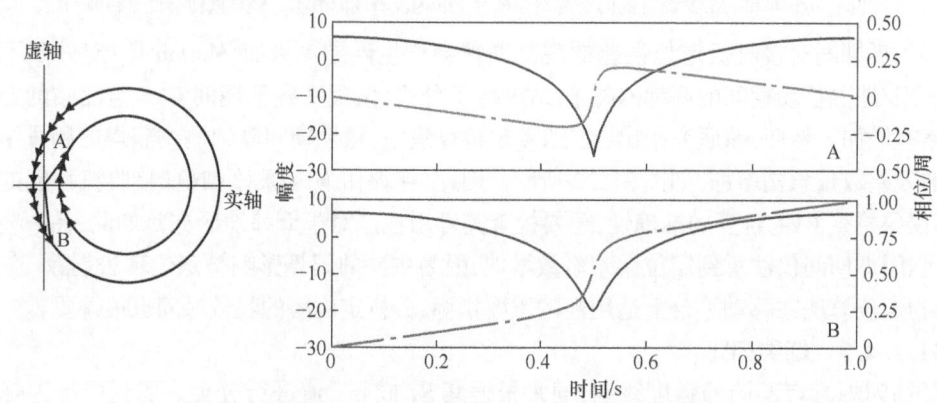

图 31.33　两条多径信号组合的两个仿真示例，两种情况下，
当信号幅度经历深度衰落时会发生快速相位变化

(对于情况 A，所示时间段内的净相位变化为 0；对于情况 B，在所示时间段存在净单周期相变，并且无法通过滤波去除。相变伴随着衍射信号，它们不是像周跳那样依靠接收机处理异常[171]。)

在这两种简单情况下，同时显示的幅度深度衰落和载波相位变化，在低纬闪烁中经常被观察到。图 31.34 为 2013 年 3 月 10 日低纬地区阿森松岛发生强闪烁期间在 PRN 24 上收集的三频 GPS 信号幅度和去趋势载波相位的几个示例数据，其中 0s 对应 UTC 20 时 01 分。

该图表明,幅度深度衰落总与快速相变相关:衰落越深,相变越快。一旦衰落恢复,一些相变的净效应为 0,而另一些则具有净周期变化。L2 和 L5 衰落总比相应的 L1 衰落得更深。

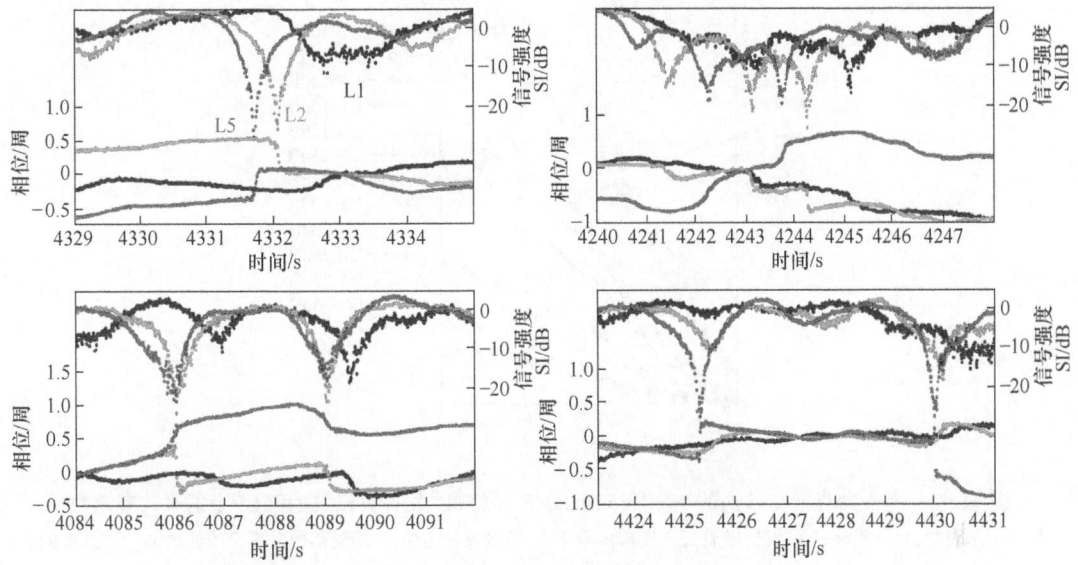

图 31.34　2013 年 3 月 10 日低纬地区阿森松岛发生强闪烁期间在 PRN 24 上收集的
三频 GPS 信号幅度和去趋势载波相位的示例数据(其中 0s 对应 UTC 20 时 01 分)
(这些强闪烁数据表明,幅度深度衰落和快速相变同时发生[171]。)

这些示例验证了 GNSS 接收机载波跟踪环路在低纬强闪烁期间面临的挑战。信号幅度深度衰落可能超过 30dB,产生一个非常微弱的信号。同时,快速相变对应于高动态载波。弱信号和高动态载波对载波跟踪环路设计的要求相互冲突,这就是 GNSS 接收机在低纬强闪烁期间失锁的原因。Jiao 等[172]利用 2013 年在阿森松岛前一个太阳活动高峰期附近收集的强闪烁数据,对多频闪烁进行了统计分析。研究中总共使用了超过 47000 次 GPS L1、L2 和 L5 上大于 10dB 的衰落。深度衰落的水平和频率与 S_4 指数直接相关。图 31.35 来自文献[172],显示了基于阿森松岛数据的 10dB、15dB、20dB 和 25dB 水平下 L1、L2 和 L5 上的平均衰落数。整体结果表明,对于所有 3 个载波,随着每个衰落水平下 S_4 指数值的增加,平均衰落数几乎呈线性增加。S_4 在 0.9~1 看似平稳的趋势很可能是由于在如此高的闪烁水平下缺乏足够的数据。

衰落持续时间、衰落深度、同一载波上相邻衰落之间的时间间隔以及不同载波上衰落之间的时间间隔在文献[172]中进行了分析。图 31.36 捕获了闪烁信号衰落的一些基本参数。平均衰落持续时间在几十毫秒的数量级,并且随着衰落深度的增加而减少。对于平坦衰落,持续时间范围从 L1 约 75ms 到 L5 约 105ms。对于 25dB 级别的深度衰落,3 个载波的平均衰落持续时间约 30ms。每个载波上衰落之间的时间间隔随着衰落深度的增加而增加。平坦衰落可能每隔几秒发生一次,而深度衰落仅每隔几十秒才发生一次。2 个不同载波之间的衰落间隔也随着衰落深度的增加而增加。对于平坦衰落,载波间衰落间隔在几秒左右;对于深度衰落,间隔可以达到 10s。一般来说,越深的衰落往往持续时间越短,并且以更大的时间间隔发生,这有利于载波跟踪环路的设计。

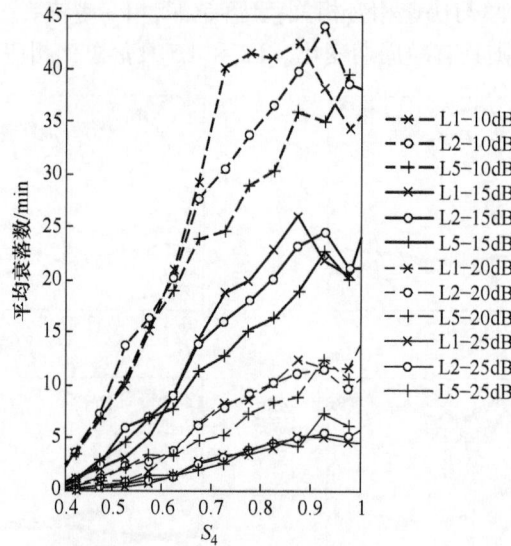

图 31.35　基于阿森松岛数据的 10dB、15dB、20dB 和 25dB 水平下 L1、L2 和 L5 上的平均衰落数
（整体结果表明,对于所有 3 个载波,随着每个衰落水平下 S_4 指数值的增加,平均衰落数几乎呈线性增加。S_4 在 0.9~1 看似平稳的趋势很可能是由于在如此高的闪烁水平下缺乏足够的数据[172]。经 John Wiley & Sons 出版社许可转载。）

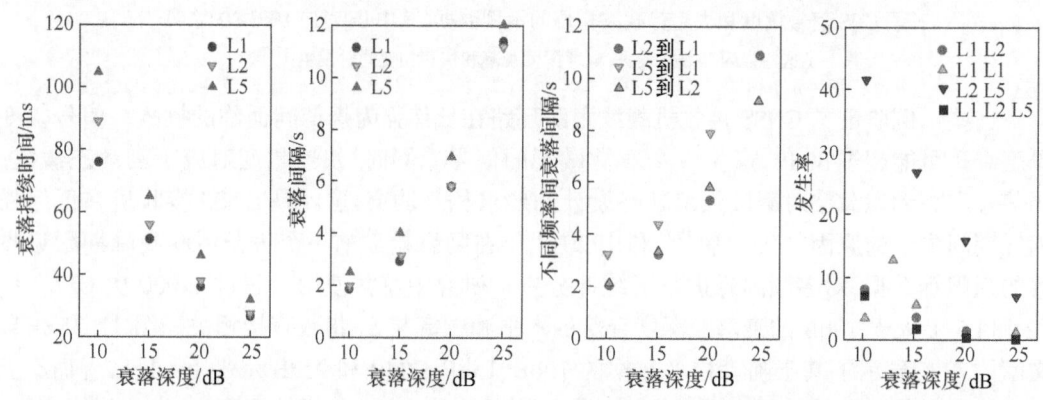

图 31.36　平均衰落持续时间、同一载波上相邻衰落之间的时间间隔、不同载波上衰落之间的
间隔以及 2013 年 3 月 7—10 日在阿森松岛收集的强闪烁数据上观测到的超过 47000 次衰落中
不同载波上同时衰落发生的百分比[172]

（经 John Wiley & Sons 出版社许可转载。）

这项研究中最引人注目的观测结果是载波之间并发衰落的概率。所有 3 个载波上的同时衰落的概率都非常低:深度衰落小于 0.2%,平坦衰落小于 7%。L1 和 L2 以及 L1 和 L5 的 2 个载波上的同时深度衰落处于相近的水平。L2 和 L5 上并发衰落在所有衰落水平上都很高:10dB 平坦衰落超过 40%,25dB 深度衰落约为 7%。结果表明,在低纬强闪烁期间,载波间辅助可以成为提高接收机载波跟踪鲁棒性的有效手段。

只要接收机保持信号锁定,低纬闪烁对伪距测量的影响就有限。然而,强闪烁确实会导致导航数据误码增加。误码主要是由于接收机载波跟踪环路无法在深度衰落期间区分真正的数据位跳变和快速相变。Xu 和 Morton[143]应用传统的三阶锁相环(PLL)和自适应卡尔曼滤波器的 PLL 来跟踪本节前面所述的相同阿森松岛数据。该研究将得到的数据位与从 COSMIC 提供的 Bit Grabber Network(bitArc)得到的真值作为参考进行对比。对于这两种方法,数据位解码错误(BDE)率随着 S_4 和衰落数的增加而增加。图 31.37 显示了传统 PLL[143]的 BDE 率与 S_4 和衰落数的关系。基于自适应 KF 的 PLL 将 BDE 率降低了约 17%。

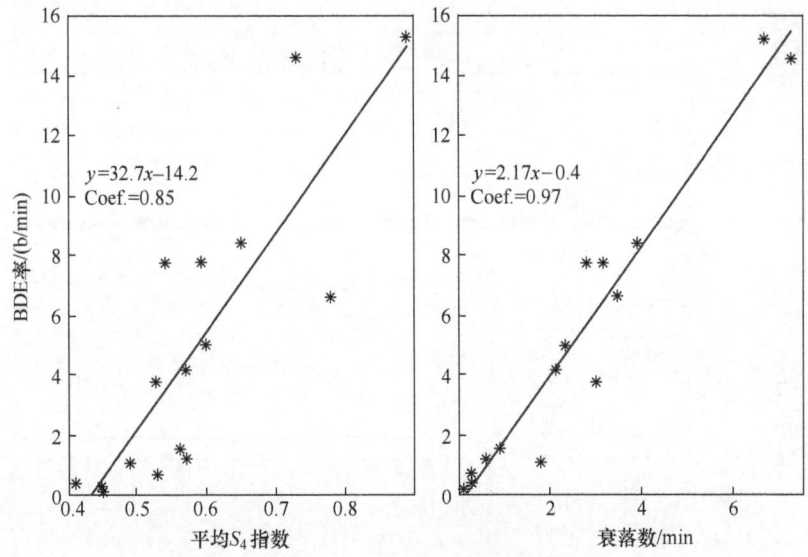

图 31.37　BDE 率分别与 S_4 和衰落数的关系

(2013 年 3 月阿森松岛数据利用传统三阶 PLL 得到的跟踪环路结果[143])

(经 Springer Nature 许可转载。)

31.4.4.4　闪烁气候学

在闪烁气候学方面已开展了大量的研究与观测工作[12-13,173]。众所周知,在太阳活动峰值和春分季节,闪烁更强烈、更频繁[11,13,173-175]。信号传播的方向也影响着闪烁强度:已有研究表明沿着磁场线传播的信号比垂直于磁场线传播的信号发生更强的闪烁[176]。这些观测结果可以通过闪烁理论和电离层不规则体产生的物理学来解释,如 31.4.2 节和 31.4.1 节所述。

高、低纬闪烁也有明显发生模式。许多模式可以用 31.4.1 节中讨论的产生电离层等离子体的基本物理过程来解释。文献[13]中提供了一个可信的示例,该数据是 2013 年 3 月 17 日磁暴期间 2 个测站收集的数据:一个位于阿拉斯加 Gakona 天文台的高纬测站和一个位于秘鲁 Jicamarca 天文台的低纬测站。地磁场扰动从 UTC 6 时开始到这天结束,高纬站和低纬站的响应分别在当地 21 时和当地 1 时。图 31.38 给出全天 2 个位置所有可见卫星的平均闪烁指数。另外,绘制了星际磁情指数 K_p、2 个位置处磁力计测量的局部地磁场变化,以及显示闪烁影响卫星信号数量的百分比。高纬 Gakona 天文台测站,在地磁扰动期间,闪烁指数和闪烁卫星信号的百分比存在直接响应。低纬 Jicamarca 天文台测站,在整个磁暴期间,没有任何卫星信号受到影响。相反,在地磁平静的当地日落之后到午夜刚过时观察到闪烁。

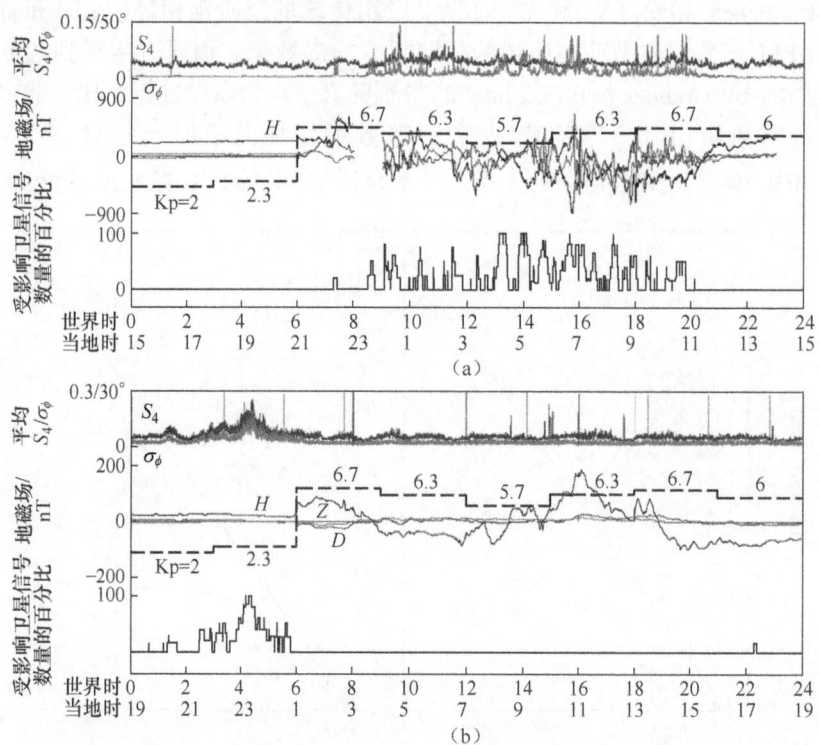

图 31.38 2013 年 3 月 17 日阿拉斯加 Gakona 天文台和秘鲁 Jicamarca 天文台所有可见卫星的平均闪烁指数和闪烁影响卫星信号数量的百分比

(两处星际磁情指数 K_p、磁力计测量的局部地磁场变化表明磁暴从 UTC 6 时开始到这天结束,高纬站和低纬站的响应分别在当地 21 时和当地 1 时。对于高纬 Gakona 天文台测站,在地磁扰动期间,闪烁指数和闪烁卫星信号的百分比存在直接响应。在低纬 Jicamarca 天文台测站,在整个磁暴期间,没有任何卫星信号受到影响。相反,在地磁平静的当地日落之后到午夜刚过观察到闪烁[13]。
经 John Wiley & Sons 出版社许可转载。)

这个例子表明高纬闪烁与太阳—地磁活动直接相关。Jiao 和 Morton[13] 研究了相位闪烁指数 σ_ϕ 与地磁场扰动水平的相关性,并给出了 σ_ϕ 超过 30° 的累积概率分布,结果如图 31.39 所示。30° 阈值是一种保守值,在统计意义上接收机将失去对无数据导频信号的锁定。对于有数据调制的载波,阈值应为 15°。该图表明接收机的性能与磁场扰动水平之间存在很强的关系。

图 31.38 中的示例还表明,低纬闪烁不受磁暴的直接影响。如 31.4.1 节所述,低纬闪烁主要由内部电离层变化决定。大量观测表明低纬闪烁发生在当地日落之后,并在当地午夜前后结束。文献[173]中的图 31.40 给出 2013 年到 2016 年在非洲 Darkar(14.72°N,17.47°N)的 ISM 站 S_4 大于 0.5 闪烁的百分比。该图在横轴为一天的 24h,纵轴为一年中的天数。在春分和秋分季节,从当地日落到午夜,闪烁明显发生更为频繁。

Jiao 和 Morton[13] 观测了几个低纬测站的闪烁发生率,得到了相同的观测结果。图 31.41 两个低纬测站(秘鲁的 Jicamarca 天文台和阿森松岛)与一个高纬测站(阿拉斯加 Gakona 天文台)的闪烁发生率对比。低纬测站的闪烁事件集中在当地日落后 0~6h,而高纬测站的闪烁事件时间范围更广。

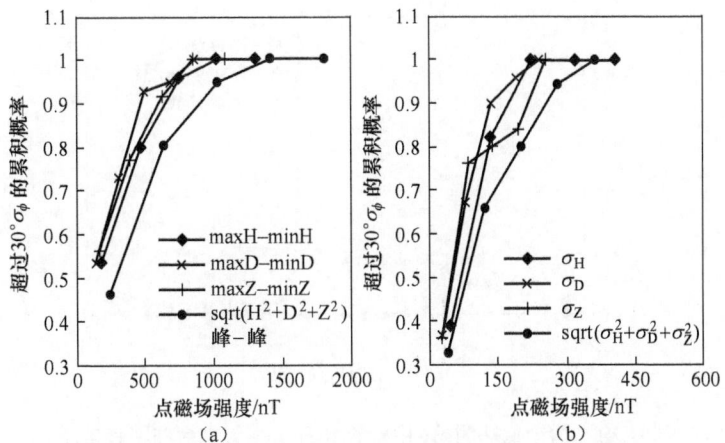

图 31.39 高纬测站超过 30°相位闪烁指数 σ_ϕ 的累积概率分布,显示与每个磁场分量
(H、D 和 Z)以及总磁场扰动水平(a)和标准差(b)的相关性
(30°阈值是一种保守值,在统计意义上接收机将失去对无数据导频信号的锁定。
对于有数据调制的载波,阈值应为 15°[131]。经 John Wiley & Sons 出版社许可转载。)

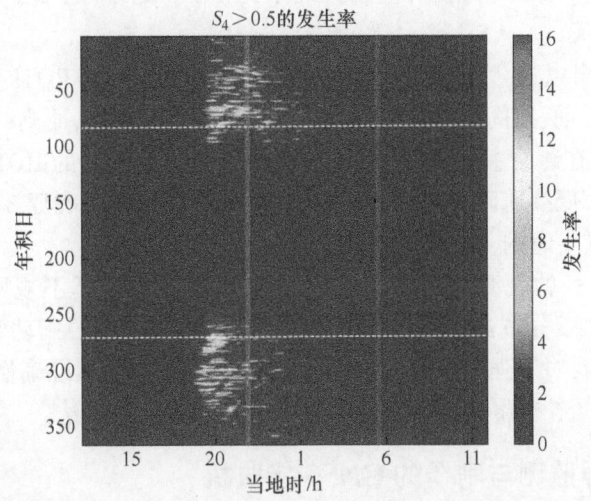

图 31.40 2013 年到 2016 年,非洲 Darkar(14.72°N,17.47°W)的 ISM 站 S_4 大于 0.5 闪烁的百分比
(该图在横轴为一天的 24h,纵轴为一年中的天数。在春分和秋分季节,从当地日落到午夜,闪烁明显发生
更为频繁[173]。经 Space Weather and Space Climate 期刊许可转载。)

2015 年 3 月 17 日至 18 日 Patrick 磁暴期间,使用全球 GPS 接收机网络的 ROTI 指数也可以说明高纬闪烁和低纬闪烁对太阳-地磁活动的响应。这是迄今为止第 24 个太阳周期中最强的磁暴。

Yang 和 Morton[166]利用全球 5500 多个 GPS 站的观测数据来计算磁暴期间的 ROTI。图 31.42(a)给出了太阳风速、IMF B_y 和 B_z 分量、磁情指数 Kp 指数、磁暴强度指数 SYM-H 和极光电集流 AE 指数的时间变化。磁暴急始(SSC)发生在 3 月 17 日美国东部时间 4 时 45 分左右,太阳风速从 400km/s 突然增加到约 500km/s,IMF B_z 分量向北。磁暴的初相阶段持

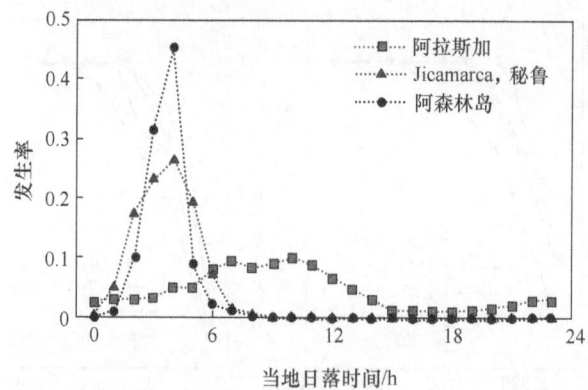

图 31.41 两个低纬测站(秘鲁的 Jicamarca 天文台和阿森松岛)
与一个高纬测站(阿拉斯加 Gakona 天文台)的闪烁发生率
(低纬测站的闪烁事件集中在当地日落后 0~6 h,而高纬测站的闪烁事件时间范围更广[13]。
经 John Wiley & Sons 出版社许可转载。)

续了约1h。主相开始于UT 6时左右,IMF B_z 分量转向南,SYM-H 指数开始下降。UT 23 时左右,SYM-H 指数达到最小值,表明主相持续了约 17h。此后,磁暴于 3 月 18 日进入恢复相阶段,并持续了几天。

图 31.42(b)给出以 3h 为间隔约 5500 个 GNSS 测站获得的 ROTI 全球分布图,浅阴影区域为夜间。在 SSC 前,夜间低纬地区的 ROTI 分布较广且较强,而高纬地区仅表现出一些分散的 ROTI 增强。在磁暴主相阶段,高纬地区可以观测到明显的 ROTI 增强,其中一些甚至扩展到中纬地区。低纬地区在主相阶段保持平静,除了在澳大利亚 3 月 17 日 UT 10 时和南美洲 3 月 18 日 UT 1 时的一些傍晚活动。

对 GNSS 信号闪烁的观测极大地促进了以电离层等离子体不规则体的气候学发展。GNSS 接收机的低成本、分布式无源传感能力的强大性能将电离层扰动对 GNSS 的影响转化为丰富的资源。然而,对于强闪烁,GNSS 接收机测量的可用性和准确性是闪烁监测和削弱的主要困难。在31.4.5节将讨论克服这些困难的一些挑战与方法。

31.4.5 用于闪烁监测与削弱的 GNSS 接收机

GNSS 接收机提供 L 波段无线电信号穿过电离层实现 LOS 被动观测的综合效应。由于低成本、分布式架构以及跨多个频段的可用开放信号数量不断增加,一些单频和双频 GPS 接收机[25,148,153,177-181]和多星座 GNSS 接收机[182-185]已经专为 ISM 设计。这些接收机观测值提供了电离层闪烁对无线电信号传播和不规则性研究影响的评估[12,14,24,186-196]。本节我们将总结 2 个不同阶段的 ISM 发展:基于传统 PLL 的 ISM 和基于先进/自适应方法的 ISM。

31.4.5.1 基于传统 PLL 的 ISM

早期的 ISM 接收机是基于导航接收机的框架和硬件。接收机软件经过修改以生成高于通常频率的 I 和 Q 相关器和载波相位观测值,并计算闪烁指数,如 S_4 和 σ_ϕ。第一个 ISM 接收机由美国空军研究实验室 1992—1996 年的 SBIR 资助,PAQ Communications 研发[148,181]。在该项目研发的 ISM 接收机由 GPS Silicon Valley[152]负责后续更新。接收机硬

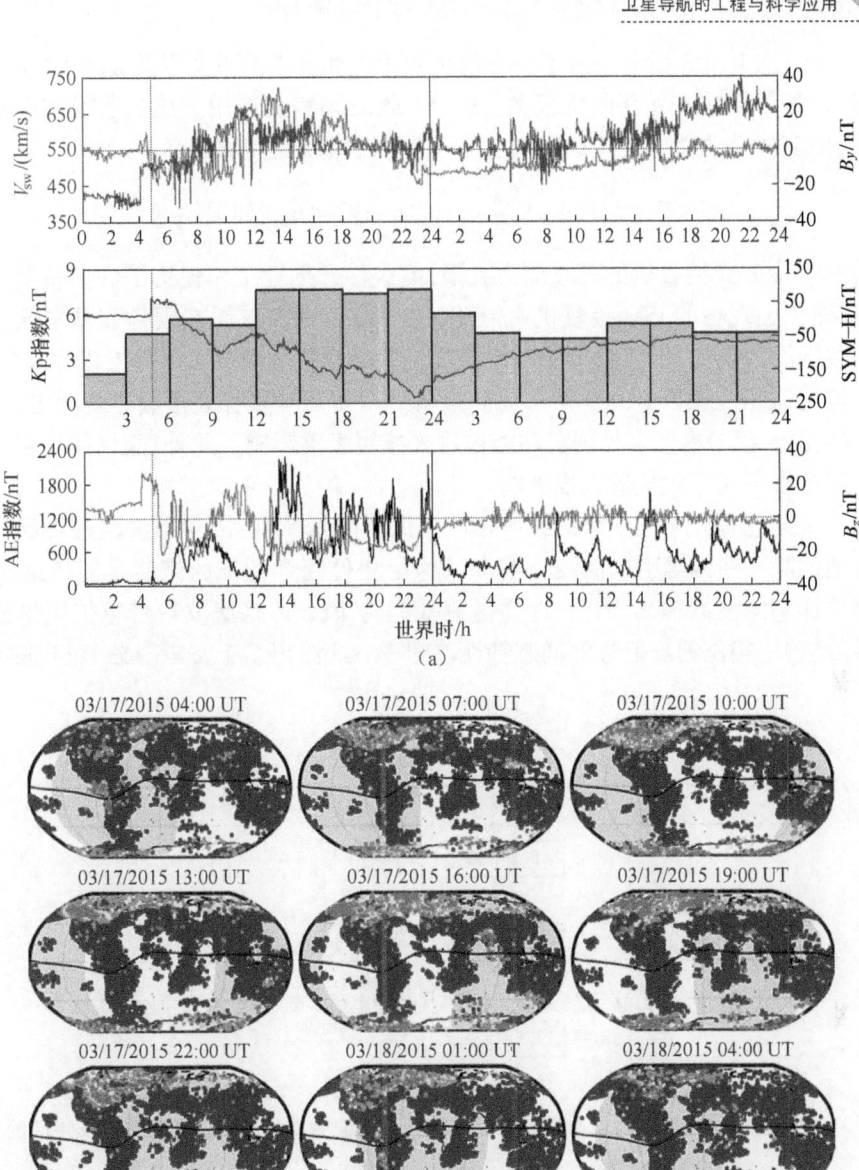

图 31.42 各参数与世界时的关系及 ROTI 全球分布图

(a) 2015 年 3 月 17 日至 18 日太阳风速、IMF B_y 和 B_z 分量、磁情指数 K_p 指数、磁暴强度指数 SYM-H 和极光电集流 AE 指数的时间变化。磁暴急始(SSC)发生在 3 月 17 日美国东部时间 4 时 45 分左右,太阳风速从 400km/s 突然增加到约 500km/s,IMF B_z 分量向北。磁暴的初相阶段持续了约 1h。主相开始于 UT 6 时左右,持续了约 17h。(b) 以 3h 为间隔约 5500 个 GNSS 测站获得的 ROTI 全球分布图,浅阴影区域为夜间。在 SSC 前,夜间低纬地区的 ROTI 分布较广且较强,而高纬地区仅表现出一些分散的 ROTI 增强。在磁暴主相阶段,高纬地区可以观测到明显的 ROTI 增强,其中一些甚至扩展到中纬地区。低纬地区在主相阶段保持平静,除了在澳大利亚 3 月 17 日 UT 10 时和南美洲 3 月 18 日 UT 1 时的一些傍晚活动[166]。经导航协会许可转载。

件基于 NovAtel 951 GPS 板卡。由于担心潜在的噪声和有限的带宽以及 GPS L2 上 P 码的反欺骗加密,这种早期的 ISM 接收机仅在 GPS L1 载波频率上应用。通过假设的闪烁指数频率相关性,由 ISM 接收机 GPS L1 获得的闪烁指数被缩放到其他频率:

$$S_4(f) = S_4(\text{L1})\left(\frac{f_{\text{L1}}}{f}\right)^{1.5}, \quad \sigma_\phi(f) = \sigma_\phi(\text{L1})\left(\frac{f_{\text{L1}}}{f}\right) \tag{31.88}$$

尽管第一代 ISM 接收机的单频能力有限,但这种开创性工作促进了许多重要策略的提出,有些策略仍在现在的 ISM 接收机中沿用,它可以识别和减缓在硬件和基本接收机处理方面的一些问题。例如,低质量的 TCXO 接收机振荡器相位噪声可以覆盖相位闪烁效应,这决定了早期将低相位噪声 OCXO 用于 ISM 接机。由于环境多径衰落会影响幅度闪烁提取,NovAtel 951 GPS 板卡内置多径削弱功能被用来减缓衰落影响。此外,建议使用截止高度角来削弱大部分多径对接收机输入端影响。

还有一个问题是如何在观测的载波相位中保留闪烁特征,因为载波跟踪环路滤波器将不可避免地消除一些闪烁引起的相位波动。保留相位闪烁特征的策略是简单地将 PLL 鉴别器输出添加到滤波器输出[153]。这样做有效地将 PLL 环路滤波器带宽扩展到预检测带宽,以更好地适应相位闪烁信号的动态特性。图 31.43 给出基于文献[153]过程的示意图。

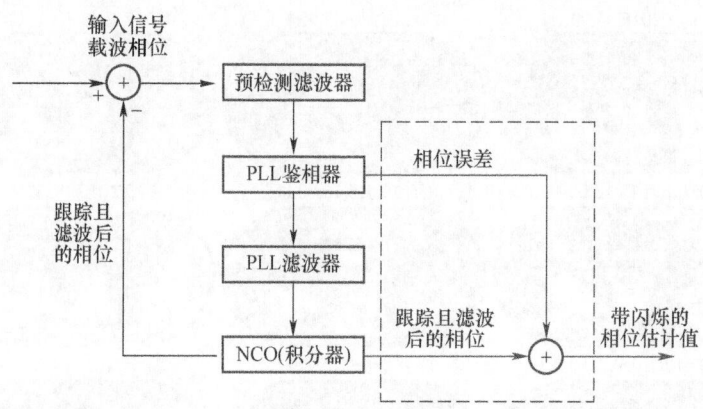

图 31.43 通过将鉴相器输出添加到跟踪环路估计的滤波载波相位来保留相位闪烁特征的过程

相位估计以 50Hz 的速率生成。估计不仅包括闪烁特征,还包括其他信息,例如卫星-接收机距离、背景电离层和对流层传播误差、接收机振荡器相位噪声(甚至使用低相位噪声振荡器)、残余多径等。在计算闪烁指数之前,有必要从相位估计中去除缓慢变化的低频部分。如 31.4.3 节所述,早期的 ISM 接收机使用具有 0.1Hz 截止频率的六阶巴特沃斯高通滤波器来去除低频分量。由于振荡器相位噪声,计算去趋势相位标准差的过程过滤掉了大部分高频噪声。通常以 60s 的间隔计算 σ_ϕ。

在 31.4.3 节中讨论的 S_4 指数计算是基于早期 ISM 研发人员提出的方法。截止频率为 0.1Hz 的六阶巴特沃斯低通滤波器获得用于归一化的信号强度趋势。由于信号强度估计了接收信号功率,这是用于评估信号幅度波动的基本量,因此必须禁用接收机的自动增益控制(AGC)功能。信号强度通常以 50Hz 的速率生成,S_4 指数通常以 60s 的间隔计算。

十多年来,这些早期的 ISM 接收机是电离层研究界用来收集高、低纬闪烁数据的主要设备[192,197]。例如,美国空军研究实验室的闪烁决策辅助系统(SCINDA)是一个基于地面的传感器网络,利用无源 UHF 和这些早期的 GPS ISM 接收机来监测赤道地区的闪烁[197-198]。从这些和其他有关 ISM 接收机网络收集的数据对于电离层研究以及空基通信和导航系统的用户都很有价值。另外,他们还对先进的 ISM 接收机用于闪烁监测和削弱的需求提出见解。

自使用 GPS 的 ISM 以来,处理全现代化 GNSS 信号的新 ISM 接收机开始出现[178,180,182-183]。这些新的 ISM 接收机提供更高的数据速率和多个载波频率的观测值。常用的两种接收机有 Novatel GPStation6[182,199] 和 Septentrio PolaRxS[13,172]。Taylor 等[183] 对两种接收机输出的能力和参数及其在弱闪烁条件下的性能进行了对比。然而,这些先进的 ISM 接收机中使用的载波跟踪环路的基本设计很大程度上与早期 ISM 接收机中采用的相同。

31.4.5.2 高级 ISM 接收机

弱到中等的闪烁不会对高级 GNSS 接收机运行构成严重威胁。高级 ISM 接收机的目标是确保强闪烁期间的连续性、可用性和准确性。为了实现这一目标,ISM 接收机必须能够缓解在 31.4.4.1 节中所描述和在图 31.30 中说明的对载波相位的三种影响。这些缓解技术也适用于 GNSS 接收机,旨在用于易受强闪烁或多径影响的区域中的其他用途。

可采用多种方法来提高强闪烁环境下基于伪距的导航解算的质量,包括矢量跟踪[170,200]、多 GNSS 卫星组合[201-202]、与惯性辅助的组合[203]等。对于这些方法,闪烁的卫星信号可以简单地从载波跟踪信道中分离出来。

闪烁条件下 GNSS 接收机中存在问题的薄弱环节是载波跟踪环路。有些 GNSS 应用依赖于载波相位测量,例如高精度定位[204-205]。另外,越来越多基于 GNSS 的遥感领域,利用受闪烁影响的信号来反演传播介质的属性,例如电离层和对流层[206-210]。对于载波跟踪,大多数传统 GPS 接收机采用 Costas PLLs 来跟踪具有导航数据调制的 GPS 载波信号。对于 GPS L2C(CL 通道)和 L5(Q 通道)上的无数据通道,相干 PLL 可实现更大的相位引入范围,并且是首选处理方式[211]。对于仅是相位闪烁,例如在高纬地区常发生的闪烁,帮助接收机保持信号锁定的一种方法是增加 PLL 带宽。这种方法的缺点是更宽的带宽所允许的噪声增加了跟踪误差。加上闪烁引起的相位波动,可能导致周跳和信号失锁。对于动态平台上的接收机,除了平台抖动,相位闪烁本身可能会引入信号相位变化。此类应用的另一种方法是将 GPS 载波跟踪与位于接收机平台上的惯性传感器的观测值相结合,以减少组合相位变化影响。

与高纬闪烁相比,低纬闪烁信号载波跟踪是一个更具挑战性的问题,因为如 31.4.4.3 节中讨论的同时发生幅度衰落和相位波动。幅度衰落会降低接收信号功率并导致低载噪比(C/N_0)。为低 C/N_0 信号增加载波跟踪环路灵敏度的常见做法是采用更窄的 PLL 带宽[211-212]。另外,载波相位波动会导致载波的频率在更宽的范围内变化,这就要求载波跟踪环路具有更大的带宽。这个问题使在高信号变化和低 C/N_0 共存的低纬闪烁期间,使用传统 PLL 架构设计最佳载波跟踪环路变得困难。

基于卡尔曼滤波器的 PLL(KFP)常被用于改善低纬闪烁信号的载波跟踪[213-215]。尽管应用 KFP 已证明可以减少周跳和信号失锁发生的次数,但它们也面临着平衡高动态和弱信号的矛盾需求。通常,KFP 环路带宽根据模型的过程噪声和测量噪声进行调整。由于测量噪声取决于 C/N_0,且 KFP 的环路带宽是 C/N_0 的隐函数。当 C/N_0 较低时,卡尔曼滤波器增益会降低,从而降低滤波器准确测量实际载波相位的能力。因此,这些 KFP 应用在其性能改进方面往往有限。最近,自适应 KFP 的应用优化了卡尔曼增益以及积分时间[216-217]。在优化过程中,信号强度和信号动态以及诸如振荡器相位噪声等硬件特性都被考虑在内。第 15 章对这种 KFP 的讨论做以总结。

用于处理低纬强闪烁信号的载波跟踪环路优化的基本问题如图 31.44 所示。相位跟踪误差受多种因素影响。为了使接收机保持对信号的锁定,复合相位误差标准差必须低于某个阈值。例如,使用 Costas 鉴别器的数据调制信道的经验阈值为 15°,而使用相干鉴别器的无数据导频信道的经验法则阈值为 30°[147]。相位误差的动态特性受接收机平台抖动、振荡器相位抖动和相位闪烁效应等因素的影响[如图 31.44(a)曲线所示]。"动态范围"取决于锁相阈值和信号动态特性。同样,信号相位误差的噪声特性受热噪声、扰动、幅度闪烁等因素影响[如图 31.44(b)曲线所示]。"噪声范围"取决于锁相阈值和信号噪声特性。相位误差通常分别随动态和噪声特性的跟踪环路带宽的增加而减少和增加。对于保持信号锁定的接收机,载波跟踪环路带宽必须高于动态限制并低于噪声限制。动态和噪声范围决定了接收机载波跟踪环路的"工作范围"。在标称条件下,操作范围相对较宽,以便为载波跟踪环路提供足够的设计空间。在低纬强闪烁条件下,动态和噪声相位误差曲线均升高,导致载波跟踪环的工作范围很小或不存在,这就是接收机失去信号锁定的原因。

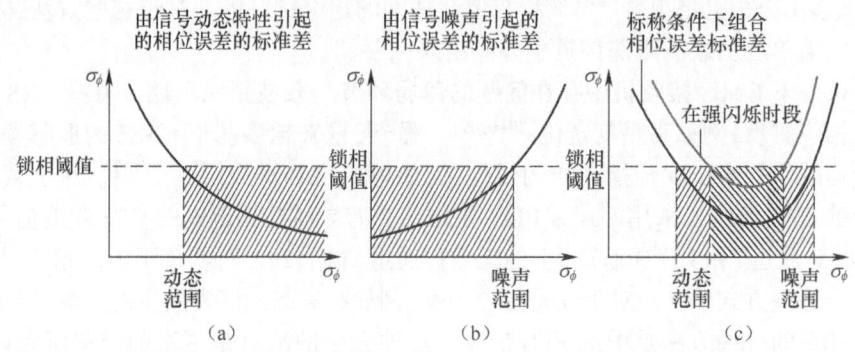

图 31.44 载波相位标准偏差与跟踪环路带宽的关系以及对影响信号动态(a)、噪声(b)及其组合影响(c)的因素的相关性
(如果相位误差标准差达到锁相阈值,接收机信号将失锁。带宽的动态范围和噪声范围定义了跟踪环路的工作范围。在低纬强闪烁条件下,工作范围急剧缩小或不存在,导致接收机信号失锁。)

虽然在电离层强闪烁条件下,这似乎是一种无法解决问题,但已经有了有效的技术来显著提高载波跟踪性能。这些技术依赖于对包括频率、时间和空间多个域在内的多样性运用,以有效地降低跟踪环路带宽,并扩大接收机的工作范围。本书[218-219]在第 15 章中讨论的多载波联合跟踪(JT)和优化跟踪(OT)基于频率分集概念。原因是电离层衍射效应的色散性质以及深度幅度衰落往往不会在从同一卫星传输的所有频率上同时发生。例如,文献[219]中介绍的 OT 实现给不同频率的观测值进行线性赋权,权重根据每个载波的信号 C/N_0 进行调整。已证明该方法在载波相位和多普勒频率估计中极大地提高了跟踪灵敏度限制和精度。ISM 接收机的最简单方法是文献[220]中介绍的半开环(SOL)。SOL 基于对静态电离层监测接收机在短深度衰落期间的伪距相位和载波多普勒变化的时域预测,因此,它可以被认为是一种时域分集方法。预先得到的接收机位置和卫星轨道信息用于向载波跟踪环路提供反馈以进行信号多普勒频率预测。SOL的开环架构允许在滑动窗口上执行相关任务,该窗口跨越相对较长的积分周期,时间增量较小。这种滑动窗口过程减少了噪声影响,同时在深度衰落期间保留了载波相位估计的精细时间信息[220]。之所以称为"半开"环而不是"开"环,是因为接收机利用所有非闪烁卫星信号来估计时间解。然而,分析表明,即使没有时间估计,载波多普勒预测在很长一段时间内也可以非常准确。

SOL从静态ISM接收机到动态平台上的接收机的自然扩展应用了矢量处理方法。可以在本书的第16章和其他参考文献[170,221-222]中找到对矢量处理的介绍。矢量处理方法计算接收机平台PVT解,在用于载波多普勒预测的SOL算法中,位置和速度解代替了静态平台实测的ISM接收机位置,该算法在文献[170]中有讨论。另一种常用于动态平台的方法是惯性传感器集成。需要注意的是,惯性传感器只能提供有关接收机平台动态的辅助信息,不能提供关于闪烁相位变化信息,矢量处理也是如此。我们预计平台动态信息会将图31.44所示的信号动态曲线向下移动,以扩大操作范围,进而这有助于减轻载波跟踪环路的压力。然而,这由于是强相位闪烁,这不能解决根本问题。

最后,尝试了将闪烁建模整合到载波跟踪环路设计中。例如,Tiwari等[223]应用WBMOD电离层闪烁模型来帮助PLL削弱高纬的闪烁效应。Susi等[224]根据监测到的闪烁水平和信号质量来调整协方差矩阵和观测噪声,提出了一种自适应KF。基于自回归(AR)过程的闪烁建模也被用于改进如自适应KFP等方法中闪烁信号的噪声建模[225-226]。使用AR方法对闪烁进行建模首先在文献[225]中提出,其在AKF状态矢量中仅对相位闪烁进行建模。Vila-Valls等[226]在状态矢量中对幅度和相位闪烁进行建模,并采用扩展卡尔曼滤波器(EKF)对接收的信号样本进行处理,以避免在强闪烁期间深度信号衰落时鉴别器的非线性。

Xu[227]实现了基于AR的EKF算法,并评估了SOL和多载波OT方法的性能。对于AR模型,闪烁相位δ_ϕ和幅度δ_A的时间序列分别用各自的模型来近似:

$$\delta_{\phi,k} = \sum_{i=1}^{p} \beta_{\phi,i} \delta_{\phi,k-i} + \gamma_{\phi,k}, \gamma_{\phi,k} \sim N(0, \sigma_{\gamma\phi}^2) \qquad (31.89)$$

$$\delta_{A,k} = \sum_{j=1}^{\alpha} \beta_{A,j} \delta_{A,k-j} + \kappa + \gamma_{A,k}, \gamma_{A,k} \sim N(0, \sigma_{\gamma A}^2) \qquad (31.90)$$

式中:$\beta_{\phi,k}$和$\beta_{A,k}$为系数;p和α分别为相位和幅度AR过程的AR模型的阶数;$r_{\phi,k}$和$r_{A,k}$分别为方差$\sigma_{\gamma\phi}^2$和$\sigma_{\gamma A}^2$的过程噪声;k为幅度常数。在文献[226]中,偏自相关函数(PAF)用于估计δ_ϕ和δ_A的AR模型阶数。Xu[227]生成了一段在$S_4 = 0.9$和$\tau_0 = 1.5s$模拟强闪烁环境下的δ_ϕ和δ_A时间序列,发现对于相位和幅度的AR过程,三阶AR模型可以有效地满足95%置信区间。式(31.89)和式(31.90)中的其他参数是通过对模拟闪烁信号应用时间序列分析获得的。AR状态矢量由基本KF状态矢量组成,并增加了基于自回归过程的闪烁模型。对应的系统状态模型、系统噪声矢量及其协方差矩阵、状态转移矩阵、测量模型、误差状态以及卡尔曼增益计算在文献[227]中有详细描述。

利用文献[157]中的模拟器对静态和动态平台范围从0.7~0.9的S_4和范围从0.5s~1.5s的τ_0下低纬强闪烁信号进行了模拟。这些信号使用基于AR的EKF算法、SOL(在动态平台使用矢量处理方法代替SOL)、多载波OT方法和传统的三阶PLL进行处理。在文献[227]中评估了这些方法的周跳频率和相位估计误差。结果表明,与传统的三阶PLL相比，所有算法都表现出良好的鲁棒性和相当大的精度改进。事实上，在模拟动态平台上，三阶 PLL 不能保持对接收机任何信号的锁定。在周跳发生次数和 RMSE 方面，SOL 效果最好，它的积分时间不会影响静态平台上的载波相位估计，而动态平台可以引入更快地去相关，从而限制了更长积分时间的使用。OT 比 AR 效果更好。然而，AR 以合理的精度将标称信号载波相位与闪烁信号复合相位分开估计，这使其成为在复杂空间环境下高精度定位应用中有前景的方法。

在静态平台上短的去相关时间闪烁会导致更高的周跳发生率，但对 RMSE 结果没有显著影响。越大的 S_4 值会造成越大的 RMSE 和越多的周跳发生。在动态平台上接收到的闪烁信号的去相关时间范围更大，这会影响周跳发生率和这些算法的 RMSE 结果。

显然，必须采用不同的策略来设计 ISM 接收机和为闪烁条件下的 PNT 应用设计闪烁减缓算法。对于 ISM 和 PNT 应用，稳健性都是必不可少的。但是，对精度的要求大不相同。对于 ISM 接收机，我们希望保留由闪烁效应引起的相位变化，因为相位变化是 GNSS 信号通过电离层等离子体结构传播的特征，包含基本信息。载波周跳是在深度信号衰落期间或由于信号失锁引起的接收机信号处理的产物，会影响闪烁相位变化的恢复，这是保留相位估计误差的鉴别器输出原因之一。对于 PNT 应用和一些遥感应用，例如无线电掩星和基于 GNSS 反射计的测高应用，相位变化是测距误差，需要对其进行削弱。如何最好地削弱这些闪烁对载波相位的影响是一个迫切需要研究的问题。

31.5 结论

电离层效应是对 GNSS 导航解算可用性、连续性和精度的主要威胁。GNSS 全球观测网和模型的建立可以监测和预测电离层效应，研究算法来估计和削弱这些影响。今天，用户可以利用数据产品来改正电离层对 GNSS 的影响，并且随着新 GNSS 星座的出现和新算法的提出，改正精度也不断提高。这些努力不仅提高了 GNSS 接收机在复杂电离层条件下的性能，而且还使 GNSS 接收机成为科学界观测电离层和空间天气现象非常有用的仪器。反过来，后者可以提供更准确的电离层预测能力，而且具有更高时空分辨率，以进一步提高导航解算精度。在可预见的未来，这种良性循环将持续下去。

在电离层效应的研究中还存在几个突出的挑战。第一个挑战源于 GNSS 电离层观测的性质。GNSS 接收机仅测量信号穿过电离层的综合效应。基于这些综合效应和科学界半个多世纪的努力，我们对电离层效应的气候学和形态学有了更深入的了解。然而，仅靠 GNSS 观测并不能告诉我们沿信号射线路径具体发生了什么。其他传感器测量，包括有源和无源仪器、无线电和光学系统、基于前向和后向散射的机制以及地基和空基平台，需要与 GNSS 协同工作，以研究电离层中所发生事件的全貌。反过来，我们需要更全面地理解电离层日常变化和局部异常的原因。这些基本理解对于推进 PNT 应用中电离层影响的预测和预警至关重要。

第二个挑战是可用于电离层监测的 GNSS 观测数据分布不均且稀疏。我们目前受益于北美、欧洲和东亚的丰富的观测数据，但也受限于海洋、非洲、中东、南半球和其他地缘政治多样化地区的观测数据缺失。由于电离层效应是一种全球现象，因此获取全球范围内的数据对于提高观测数据背后复杂过程的理解和研究高精度的预报系统至关重要。国际研究界需要齐心协力,以协同方式共享数据和交流发现,以推动电离层研究领域的发展。在 LEO 卫星上收集 RO 数据有助于填补一些区域的数据空白。然而,LEO RO 观测提供了不同的空间视角,并依赖于反演算法中的某些假设来推断电离层的剖面。因此需要更有效的技术来融合地基和 LEO 星基观测数据,以充分利用多系统数据的优势。

第三个挑战是开发新的 GNSS 接收机算法以提高接收机在强闪烁条件下的鲁棒性和准确性。正如我们在本章中所看到的,这些算法的复杂性不断增加,这些算法的实时应用仍是一个实际挑战。尽管我们预计计算能力会继续提升,但接收机运行的功耗是另一个障碍,可能会限制这些算法在某些平台的应用,例如远程监测站和 LEO 卫星。

最后,GNSS 电离层监测领域的一个积极挑战是全球监测站生成的数据量不断增加。数据增加的原因是监测站、GNSS 接收机和多频多系统的 GNSS 信号数量不断增加。虽然这对电离层监测来说是个好消息,但需要解决所有这些新数据的存储和处理问题。今天,大多数监测站以几十秒的间隔生成低频数据。这种低频数据足以用于绘制 TEC 图。但是,闪烁监测需要更高频率的数据(1Hz 或更高频率)。越来越多的监测站和卫星更高频数据的存储和处理是一个突出的挑战。缓解该问题的一种潜在方法是应用机器学习算法来监测和分类包含电离层扰动特征的 GNSS 观测值,并仅保留对电离层和空间天气研究具有重要意义的高频数据。能够将电离层闪烁与射频干扰(RFI)、卫星和接收机振荡器异常以及地面多径区分开来的复杂机器学习算法已经存在,并且在作者的实验室中经常使用,以对有趣的电离层事件进行研究[228-230]。

参考文献

[1] Klobuchar, J. A., "Ionospheric time-delay algorithm for single-frequency GPS users," *IEEE Trans. Aero. Elec. Sys.*, AES-23(3): 325–331, 1987.

[2] Klobuchar, J. A., "Ionospheric effects on GPS," in *Global Positioning System: Theory and Applications*(eds. B. Parkinson and J. J. Spilker Jr.), AIAA, 1996.

[3] Rodríguez, J. Á. Á., J. Hahn, M. M. Bautista, and E. Chatre, "Galileo," in *Position, Navigation, and Timing Technologies in the 21st Century*(eds. Y. J. Morton, F. van Diggelen, J. J. Spilker, B. Parkinson), Wiley-IEEE Press, 2020.

[4] Lu, M. and Z. Yao, "Beidou Navigation Satellite System," in *Position, Navigation, and Timing Technologies in the 21st Century* (eds. Y. J. Morton, F. van Diggelen, JJ. Spilker, B. Parkinson), Wiley-IEEE Press, 2020.

[5] Lo, S., "Navigation for aviation, in *Position, Navigation, and Timing Technologies in the 21st Century*(eds. Y. J. Morton, F. van Diggelen, J. J. Spilker, B. Parkinson), Wiley-IEEE Press, 2020.

[6] Lange, A. F., S. Riley, and J. Peake, "Precision agriculture," in *Position, Navigation, and Timing Technologies in the 21st Century* (eds. Y. J. Morton, F. van Diggelen, J. J. Spilker, B. Parkinson), Wiley-IEEE Press, 2020.

[7] Walter, T., "Satellite based augmentation systems (SBAS)," in *Position, Navigation, and Timing Technologies in the 21st Century* (eds. Y. J. Morton, F. van Diggelen, J. J. Spilker, B. Parkinson), Wiley-IEEE Press, 2020.

[8] Sharpe,T. ,R. Hatch,and F. Nelson,"John Deere's Star Fire system: WADGPS for precision agriculture, " *Proc. ION GPS*,2269-2277,2000.

[9] Mannucci,A. J. , C. O. Ao, and W. Williamson, " GNSS Radio Occultation," in *Position, Navigation, and Timing Technologies in the 21st Century* (eds. Y. J. Morton, F. vanDiggelen, J. J. Spilker, B. Parkinson), Wiley-IEEE Press,2020.

[10] Myer,G. and Y. Morton,"Ionosphere scintillation effects on GPS measurements,a new carrier-smoothing technique,and positioning algorithms to improve accuracy," *Proc, of ION ITM*, Reston, VA, Jan. 2018.

[11] Kintner, P. , B. Ledvina, and E. De Paula, "GPS and ionospheric scintillations," *Space Weather*, 5(9),2007.

[12] Jiao, Y. , Y. T. Morton, S. Taylor, and W. Pelgrum, "Characterization of high-latitude ionospheric scintillation of GPS signals," *Radio Sci.* ,48(6): 698-708,2013.

[13] Jiao,Y. and Y. T. Morton,"Comparison of the effect of high-latitude and equatorial ionospheric scintillation on GPS signals during the maximum of solar cycle 24," *Radio Sci.* ,50(9): 886-903,2015.

[14] Basu,S. ,K. M. Groves,S. Basu,and P. J. Sultan. "Specification and forecasting of scintillations in communication/navigation links: Current status and future plans," *J. Atmos. Solar-Terr. Phys.* , 64(16): 1745-1754,2002.

[15] McCaffrey, A. and P. Jayachandran, "Determination of the refractive contribution to GPS phase scintillation," *J. Geophys. Res. : Space Phys.* ,124(2): 1454-1469,2019.

[16] Coster,A. and T. Tsugawa,"The impact of traveling ionospheric disturbances on global navigation satellite system services," *Proc. URSI General Assembly*,Citeseer,2008b.

[17] Ho,C. ,A. Mannucci,U. Lindqwister,X. Pi,and B. Tsurutani,"Global ionosphere perturbations monitored by the worldwide GPS network," *Geophys. Res. Lett.* ,23(22): 3219-3222,1996.

[18] Jakowski, N. , V. , Wilken, S. Schlueter, S. M. Stankov, and S. Heise, "Ionospheric space weather effects monitored by simultaneous ground and space based GNSS signals," *J. Atmos. Solar-Terr. Phys.* ,67(12): 1074-1084,2005.

[19] Zakharenkova, I. ,E. Astafyeva, I. Cherniak, "GPS and GLONASS observations of large-scale traveling ionospheric disturbances during the 2015 St. Patrick's Daystorm," *J. Geophys. Res. Space Phys.* , 121(12): 12-138,2016.

[20] Komjathy,A. ,L. Sparks,A. J. Mannucci,and X. Pi,"An assessment of the current WAAS ionospheric correction algorithm in the south American region," *Navigation*,50(3): 193-204,2003.

[21] Rovira-Garcia, A. , J. M. Juan, J. Sanz, G. Gonzdlez-Casado, and D. Ibanez, "Accuracy of ionospheric models used in GNSS and SBAS: Methodology and analysis," *J. Geodesy*,90(3): 229-240,2016.

[22] Tsuda,T. ,M. Nishida,C. Rocken,and R. H. Ware. "A global morphology of gravity wave activity in the stratosphere revealed by the GPS occultation data (GPS/MET)," *J. Geophys. Res. : Atmospheres*, 105(D6):7257-7273,2000.

[23] Panagiotis V. ,A. Komjathy,and X. Meng,"GNSS observation for detection,monitoring,and forecasting natural and manmade hazardous events," in *Position, Navigation, and Timing Technologies in the 21st Century* (eds. Y. J. Morton,F. van Diggelen,J . J. Spilker,B. Parkinson), Wiley-IEEE Press,2020.

[24] Pi,X. ,A. Mannucci,U. Lindqwister,and C. Ho,"Monitoring of global ionospheric irregularities using the worldwide GPS network," *Geophys. Res. Lett.* ,24(18):2283-2286,1997.

[25] Beach, T. L. and P. M. Kintner, "Simultaneous GPS observations of equatorial scintillations and total electron content fluctuations," *J. Geophys. Res.* ,104(22):553-565,1999.

[26] Coster, A. and A. Komjathy, " Space weather and the global positioning system," *Space Weather*, 6

(6),2008a.

[27] Su,Y.,S. Datta-Barua,G. S. Bust,and K. B. Deshpande. "Distributed sensing of ionospheric irregularities with a GNSS receiver array," *Radio Sci.*,52(8):988-1003,2017.

[28] Wang,J. and Y. Morton,"Ionospheric irregularity drift velocity estimation using multi-GNSS spaced-receiver array during high-latitude phase scintillation," *Radio Sci.*,doi:10.1002/2017RS006470,2018.

[29] Wang,J. and Y. Morton,"A hybrid correlation model forthe space-receiver technique," *Radio Sci.*,54 (3):281-297,https://doi.org/10.1029/2018RS006662,2019a.

[30] Belehaki,A.,N. Jakowski,and B. W. Reinisch,"Comparison of ionospheric ionization measurements over Athens using ground ionosonde and GPS-derived TEC values," *Radio Sci.* 38(6),https://doi.org/10.1029/2003RS002868,2003.

[31] Arras,C.,J. Wickert,G. Beyerle,S. Heise,T. Schmidt,and C. Jacobi,"A global climatology of ionospheric irregularities derived from GPS radio occultation," *Geophys. Res. Lett.*,35(14),doi:10.1029/2008GL034158,2008.

[32] Wu,D. L.,C. O. Ao,G. A. Hajj,M. de La Torre Juarez,and A. J. Mannucci,"Sporadic E morphology from GPS-CHAMP radio occultation," *J. Geophys. Res.: Space Phys.*,110(A1),2005.

[33] Chu,Y.-H.,C. Wang,K. Wu,K. Chen,K. Tzeng,C.-L. Su,W. Feng,and J. Plane,"Morphology of sporadic E layer retrieved from COSMIC GPS radio occultation measurements: Wind shear theory examination," *J. Geophys. Res.: Space Phys.*,119(3):2117-2136,2014.

[34] Hernández-Pajares,M.,J. Juan,J. Sanz,R. Orús,A. Garcia-Rigo,J. Feltens,A. Komjathy,S. Schaer,and A. Krankowski,"The IGS VTEC maps: a reliable source of ionospheric information since 1998," *J. Geodesy*,83(3-4):263-275,2009.

[35] Hernández-Pajares,M.,D. Roma-Dollase,A. Krankowski,A. Garcia-Rigo,and R. Orús-Pérez,"Methodology and consistency of slant and vertical assessments for ionospheric electron content models," *J. Geodesy*,91 (12):1405-1414,2017.

[36] Budden,K. G.,*The Propagation of Radio Waves*,Cambridge Univ. Press,New York,1985.

[37] *U. S. Standard Atmosphere*,U. S. Government Printing Office,Washington,D. C.,1976.

[38] Philbrick,C. R.,W. F. Ryan,R. D. Clark,B. G. Doddridge,R. R. Dickerson,J. Gaffney,N. Marley,and R. Coulter. "Overview of the NARSTO-NE-OPS program," No. ANL/ER/CP-107142. Argonne National Lab.,IL(US),2002.

[39] Sakai,T.,S. Fukushima,and K. Ito. "Development of QZSS L1-SAIF augmentation signal," in *2009 ICCA-SSICE*,pp. 4462-4467. IEEE,2009.

[40] China Satellite Navigation Office,"BeiDou navigation satellite system signal in space interface control document open service signal B1I (Version 3.0)," http://en.beidou.gov.cn/SYSTEMS/ICD/201902/P020190227702348791891.pdf,2019.

[41] Radicella,S. M.,"The NeQuick model genesis, uses and evolution," *Ann. Geophys.*,52(3-4),417-422,2009.

[42] Bidaine,B. and R. Warnant,"Ionosphere modelling for Galileo single frequency users: Illustration of the combination of the NeQuick model and GNSS data ingestion," *Adv. Space Res.*,47(2):312-322,2011.

[43] Galileo GNSS Documents, Galileo Open Service Service Definition Document, https://galileognss.eu/wp-content/uploads/2017/07/Galileo-OS-SDD.pdf,2016.

[44] Arbesser-Rastburg,B.,"The Galileo single-frequency ionospheric correction algorithm," *Third European Space Weather Week*,13:17,2006.

[45] Prieto-Cerdeira,R.,R. Orús-Pérez,E. Breeuwer,R. Lucas-Rodriguez,and M. Falcone,"Performance of

the Galileo single-frequency ionospheric correction during in-orbit validation," *GPS World*, 25(6): 53-58, 2014.

[46] Wang, N., Y. Yuan, Z. Li, Y. Li, X. Huo, and M. Li, "An examination of the Galileo NeQuick model: comparison with GPS and JASON TEC," *GPS Solu.*, 2016b.

[47] Hoque M. M., N. Jakowski, O. Osechas, and J. Berdermann, "Fast and improved ionospheric correction for Galileo mass market receivers," *Proc. ION GNSS+*, Miami, FL, Sept. 2019.

[48] Wang, N., Z. Li, M. Li, Y. Yuan, and X. Huo, "GPS, BDS and Galileo ionospheric correction models: An evaluation in range delay and position domain," *J. Atmos. Solar-Terr. Phys.*, 170: 83-91, 2018c.

[49] Yuan, Y., N. Wang, Z. Li, X. Huo, "The BeiDou global broadcast ionospheric delay correction model (BDGIM) and its preliminary performance evaluation results," *Navigation*, 66: 55-69. https://doi.org/10.1002/navi.292, 2019.

[50] Misra, P. and P. Enge, *Global Positioning System: Signals, Measurements and Performance Revised*, Ganga-Jamuna, 2011.

[51] Hatch R, "The synergism of GPS code and carrier measurements," *Proc. 3rd Int. Geod. Symp. Satellite Positioning*, 1213-1231, Las Cruces, New Mexico, 8-12 February 1982.

[52] McGraw, G. A., P. D. Groves, and B. W. Ashman, "Robust positioning in the presence of multipath and NLOS GNSS signals," in *Position, Navigation, and Timing Technologies in the 21st Century* (eds. Y. J. Morton, F. van Diggelen, J. J. Spilker, B. Parkinson), Wiley-IEEE Press, 2020.

[53] Shallberg, K., P. Shloss, E. Altshuler, and L. Tahmazyan, "WAAS measurement processing, reducing the effects of multipath," *Proceedings of the 14th International Technical Meeting of the Satellite Division of The Institute of Navigation (ION GPS 2001)*, Salt Lake City, UT, September, pp. 2334-2340, 2001.

[54] Van Graas, F., "Wide area augmentation system research and development, Final Report, Prepared under Federal Aviation Administration Research Grant, 2004.

[55] Bruckner, D. C., F. van Graas, and T. A. Skidmore, "Algorithm and flight test results to exchange code noise and multipath for biases in dual frequency differential GPS for precision approach" *Navigation*, 57(3): 213-228, 2010.

[56] Ugazio, S., F. van Graas, and W. Pelgrum, "Total electron content measurements with uncertainty estimate," in *Satellite Navigation Technologies and European Workshop on GNSS Signals and Signal Processing, (NAVITEC)*, 6th ESA Workshop on, pp. 1-8, December 2012.

[57] Bourne, H. W., "An Algorithm for accurate ionospheric total electron content and receiver bias estimation using GPS measurements," Diss., Colorado State University. Libraries, 2016b.

[58] Mannucci, A., B. Wilson, D. Yuan, C. Ho, U. Lindqwister, and T. Runge, "A global mapping technique for GPS derived ionospheric total electron content measurements," *Radio Sci.*, 33(3): 565-582, 1998.

[59] Burrell, A. G., N. A. Bonito, and C. S. Carrano, "Total electron content processing from GPS observations to facilitate ionospheric modeling," *GPS Solu.*, 13(2): 83-95, 2009.

[60] Kouba, J., "A guide to using International GPS Service (IGS) products, IGS Central Bureau, available at http://igscb.jpl.nasa.gov/igscb/resource/pubs/GuidetoUsingIGSProducts.pdf, 2003.

[61] Dach, R., S. Schaer, D. Arnold, E. Orliac, L. Prange, A. Susnik, A. Villiger, and A. Jaggi, "CODE final product series for the IGS," https://boris.unibe.ch/id/eprint/119490, 2018.

[62] Mannucci, A. J., B. Iyima, L. Sparks, X. Pi, B. Wilson, and U. Lindqwister, "Assessment of global TEC mapping using a three-dimensional electron density model," *J. Atmos. Solar-Terr. Phys.*, 61(16): 1227-1236, 1999.

[63] Sparks, L., B. A. Iyima, A. J. Mannucci, X. Pi, and B. D. Wilson, "A new model for retrieving slant TEC

corrections for wide area differential GPS," *Proc, of The Institute of Navigation's National Technical Meeting*, Anaheim, CA, January 26-28, pp. 464-474, 2000.

[64] Komjathy, A., B. D. Wilson, T. F. Runge, B. M. Boulat, A. J. Mannucci, L. Sparks, and M. J. Reyes, "A new ionospheric model for wide area differential GPS: The multiple shell approach," paper presented at the National Technical Meeting of the Institute of Navigation, San Diego, Calif., 28-30 Jan 2002.

[65] Smith, D. A., E. A. Araujo-Pradere, C. Minter, and T. Fuller-Rowell, "A comprehensive evaluation of the errors inherent in the use of a two-dimensional shell for modeling the ionosphere," *Radio Sci.*, 43 (06), 2008b.

[66] Keshin, M., "A new algorithm for single receiver DCBestimation using IGS TEC maps," *GPS Solu.*, 16(3): 283-292, 2012.

[67] Montenbruck, O., A. Hauschild, and P. Steigenberger, "Differential code bias estimation using multi-GNS-Sobservations and global ionosphere maps," *Navigation: J. Inst. Navigation*, 61(3): 191-201, 2014.

[68] Wang, N., Y. Yuan, Z. Li, O. Montenbruck, and B. Tan, "Determination of differential code biases with multi-GNSS observations," *J. Geodesy*, 90(3): 209-228, 2016a.

[69] Wild, U., "Ionosphere and geodetic satellite systems: Permanent GPS tracking data for modelling and monitoring," Geodatisch-geophysikalische Arbeiten in der Schweiz, Schweizerische Geodatische Kommission, Vol. 48, PhD thesis, 1994.

[70] Bourne, H., Y. Morton, F. van Graas, M. Sulzer, and M. Milla, "Gradient-based TEC estimation with code noise multipath correction evaluation using simultaneous incoherent scatterradar measurements," *Proc. ION ITM*, 140-150, Monterey, CA, May 2016a.

[71] Breitsch, B. W., "Linear combinations of GNSS phase observables to improve and assess TEC estimation precision," PhD diss., Colorado State University. Libraries, 2017.

[72] IGS: http://www.igs.org/network

[73] Schaer, S., and Société helvétique des sciences naturelles. Commission géodésique. "Mapping and predicting the Earth's ionosphere using the Global Positioning System," Vol. 59. Institut für Geodasie und Photogrammetrie, Eidg. Technische Hochschule Zurich, 1999.

[74] Li, Z., N. Wang, Y. Yuan, and M. Li, "CAS ionosphere associate analysis center: status report-recent activities within IGS," *International GNSS Service Workshop 2018*, http://www.igs.org/presents/workshop2018, 2018.

[75] Hernández-Pajares, M., J. Juan, J. Sanz, and J. Solé, "Global observation of the ionospheric electronic response to solar events using ground and LEO GPS data," *J. Geophys. Res.: Space Phys.*, 103(A9): 20789-20796, 1998.

[76] Hernández-Pajares, M., J. Juan, and J. Sanz, "New approaches in global ionospheric determination using ground GPS data," *J. Atmos. Solar-Terr. Phys.*, 61(16): 1237-1247, 1999.

[77] Feltens, J., J. M. Dow, T. J. Martin-Mur, C. García Martinez, and M. A. Bayona-Perez. "Verification of ESOC ionosphere modeling and status of IGS inter comparison activity," *in Proc, of the IGS 1996 Analysis Center Workshop*, 19-21, 1996.

[78] Feltens, J., J. M. Dow, T. J. Martin-Mur, I. Romero, and C. Garcia Martinez, "Routine production of ionosphere TEC maps at ESOC," in *Proceedings of the IGS Analysis Centers Workshop*, La Jolla, California, 1999.

[79] Feltens, J., "Chapman profile approach for 3-D global TEC representation," IGS Presentation, in, ftp://ftp.glonass-iac.ru/REPORTS/OLD/IONO/Darmstadt_ESOC.pdf, 1998.

[80] Komjathy, A. "Global ionospheric total electron content mapping using the Global Positioning System," PhD diss., University of New Brunswick, 1997.

[81] Komjathy, A. , G. H. Born, and D. N. Anderson, "An improved high precision ionospheric total electron content modeling using GPS," in *IGARSS 2000. IEEE 2000 International Geo science and Remote Sensing Symposium. Taking the Pulse of the Planet: The Role of Remote Sensing in Managing the Environment. Proceedings (Cat. No. 00CH37120)* , 7: 2858-2860, 2000.

[82] Rho, H. , R. B. Langley, and A. Komjathy, "An enhanced UNB ionospheric modeling technique for SBAS: The quadratic approach," in *Proc. ION GPS*, pp. 354-365, 2004.

[83] Schmidt, M. , E. Erdogan, A. Goss, F. Seitz, D. Dettmering, K. Börger, S. Brandert, B. Gorres, and W. F. Kersten, "High-precision and high-resolution VTEC maps based on B-spline expansions and GNSS data," International GNSS Service Workshop 2018.

[84] Wang, C. , C. Shi, L. Fan, and H. Zhang, "Improved modeling of global ionospheric total electron content using prior information," *Remote Sens.* , 10(1), 63, 2018a.

[85] Li, Z. , Y. Yuan, N. Wang, M. Hernández-Pajares, and X. Huo, "SHPTS: towards a new method for generating precise global ionospheric TEC map based on spherical harmonic and generalized trigonometric series functions," *J. Geodesy*, 89(4): 331-345, 2015c.

[86] Hajj, G. A. and L. J. Romans, "Ionospheric electron density profiles obtained with the Global Positioning System: Results from the GPS/MET experiment," *Radio Sci.* , 33(1): 175-190, 1998.

[87] Jakowski, N. , A. Wehrenpfennig, S. Heise, C. Reigber, H. Luhr, L. Grunwaldt, and T. Meehan, "GPS radio occultation measurements of the ionosphere from CHAMP: Early results" *Geophys. Res. Lett.* , 29(10): 95-91-95-94, 2002.

[88] Anthes, R. A. , A. Richard, P. A. Bernhardt, Y. Chen, L. Cucurull, K. F. Dymond, D. Ector, S. B. Healy, S. P. Ho, D. C. Hunt, Y. H. Kuo, and H. Liu, "The COSMIC/FORMOSAT-3 mission: Early results," *Bull. Amer. Meteorol. Soc.* , 89(3): 313-334, 2008.

[89] Komjathy, A. , B. Wilson, X. Pi, V. Akopian, M. Dumett, B. Iijima, O. Verkhoglyadova, and A. J. Mannucci, "JPL/USCGAIM: On the impact of using COSMIC and ground based GPS measurements to estimate ionospheric parameters," *J. Geophys. Res. : Space Phys.* , 115(A2), 2010.

[90] Alizadeh, M. M. , H. Schuh, S. Todorova, and M. Schmidt. "Global ionosphere maps of VTEC from GNSS, satellite altimetry, and Formosat-3/COSMIC data." *J. Geodesy*, 85(12): 975-987, 2011.

[91] Fuller-Rowell, T. , E. Araujo-Pradere, C. Minter, M. Codrescu, P. Spencer, D. Robertson, and A. R. Jacobson, "US-TEC: A new data assimilation product from the Space Environment Center characterizing the ionospheric total electron content using real-time GPS data," *Radio Sci.* , 41(6), 2006.

[92] Opperman, B. D. , P. J. Cilliers, L. -A. McKinnell, and R. Haggard, "Development of a regional GPS-based ionospheric TEC model for South Africa," *Adv. Space Res.* , 39(5): 808-815, 2007.

[93] Li, Z. , N. Wang, L. Wang, A. Liu, H. Yuan, and K. Zhang, "Regional ionospheric TEC modelingbased on a two layer spherical harmonic approximation for real-time single-frequency PPP," *J. Geodesy*, 1-13, 2019.

[94] Sayin, I. , F. Arikan, and O. Arikan, "Regional TEC mapping with random field priors and kriging," *Radio Sci* 43(5), 2008.

[95] Yilmaz, A. , K. E. Akdogan, and M. Gurun, "Regional TEC mapping using neural networks," *Radio Sci.* , 44(3): 1-16, 2009.

[96] Liu, J. , R. Chen, Z. Wang, and H. Zhang, "Spherical cap harmonic model for mapping and predicting regional TEC," *GPS Solu.* , 15(2): 109-119, 2011.

[97] Ghoddousi-Fard, R. , P. Heroux, D. Danskin, and D. Boteler, "Developing a GPS TEC mapping service over Canada," *Space Weather*, 9(6), 2011.

[98] Bassiri, S. and G. Hajj. "Higher-order ionospheric effects on the GPS observables and means of modeling

them." JPL TRS, http://hdl.handle.net/2014/34918, 1993.

[99] Moore, R. and Y. Morton, "Magneto-ionic polarization and GPS signal propagation through the ionosphere," *Radio Sci.*, 46(1), 2011.

[100] Kedar, S., G. A. Hajj, B. D. Wilson, and M. B. Heflin, "The effect of the second-order GPS ionospheric correction on receiver positions," *Geophys. Res. Lett.*, 30(16), 2003.

[101] Fritsche, M., R. Dietrich, C. Knöfel, A. Rülke, S. Vey, M. Rothacher, and P. Steigenberger, "Impact of higher-order ionospheric terms on GPS estimates," *Geophys. Res. Lett.*, 32(23), 2005.

[102] Wang, Z., Y. Wu, K. Zhang, and Y. Meng. "Triple-frequency method for high-order ionospheric refractive error modeling in GPS modernization," *J. Global Positioning Syst.*, 4(1-2): 291-295, 2005.

[103] Datta-Barua, S., T. Walter, J. Blanch, and P. Enge, "Bounding higher-order ionosphere errors for the dual-frequency GPS user," *Radio Sci.*, 43(05): 1-15, 2008.

[104] Hernández-Pajares, M., J. Juan, J. Sanz, and R. Orús, "Second-order ionospheric term in GPS: Implementation and impact on geodetic estimates," *J. Geophys. Res.: Solid Earth*, 112(B8), 2007.

[105] Hoque, M. M. and N. Jakowski, "Estimate of higher order ionospheric errors in GNSS positioning," *Radio Sci.*, 43(05): 1-15, 2008.

[106] Morton, Y. T., F. van Graas, Q. Zhou, and J. Herdtner, "Assessment of the higher order ionosphere error on position solutions," *Navigation*, 56(3): 185-193, 2009a.

[107] Morton, Y. T., Q. Zhou, and F. van Graas, "Assessment of second-order ionosphere error in GPS range observables using Arecibo incoherent scatterradar measurements," *Radio Sci.*, 44(01): 1-13, 2009b.

[108] Matteo, N. and Y. Morton, "Higher-order ionospheric error at Arecibo, Millstone, and Jicamarca," *Radio Sci.*, 45(06): 1-12, 2010.

[109] Petrie, E. J., M. Hernández-Pajares, P. Spalla, P. Moore, and M. A. King, "A review of higher order ionospheric refraction effects on dual-frequency GPS," *Surv. Geophys.*, 32(3): 197-253, 2011.

[110] Carlson, H. C., "Sharpening our thinking about polar cap ionospheric patch morphology, research, and mitigation techniques," *Radio Sci.*, 47(04): 1-16, 2012.

[111] Sojka, J., M. Subramanium, L. Zhu, and R. Schunk, "Gradient drift instability growth rates from global-scale modeling of the polar ionosphere," *Radio Sci.*, 33(6): 1915-1928, 1998.

[112] Basu, Su., S. Basu, E. MacKenzie, W. Coley, J. Sharber, and W. Hoegy, "Plasma structuring by the gradient drift instability at high latitudes and comparison with velocity shear driven processes," *J. Geophys. Res.*, 95(A6): 7799-7818, 1990.

[113] Kelley, M. C., J. F. Vickrey, C. Carlson, and R. Torbert, "On the origin and spatial extent of high-latitude F region irregularities," *J. Geophys. Res.: Space Phys.*, 87(A6): 4469-4475, 1982.

[114] Tsunoda, R. T., "High-latitude F-region irregularities, areview and synthesis," *Rev. Geophys.*, 26(4): 719-760, 1988.

[115] Valladares, C., K. Fukui, and R. Sheehan, "Simultaneous observations of polar cap patches and Sun-aligned arcs during transitions of the IMF," *Radio Sci.*, 33(6): 1829-1845, 1998.

[116] Aquino M. and V. Sreeja, "Correlation of scintillation occurrence with interplanetary magnetic field reversals and impact on global navigation satellite system receiver tracking performance," *Space Weather*, 11(5): 219-224, 2013.

[117] Yokoyama, T., "Hemisphere-coupled modeling of nighttime medium-scale traveling ionospheric disturbances," *Adv. Space Res.*, 54(3): 481-488, 2014.

[118] Yokoyama, T., "A review on the numerical simulation of equatorial plasma bubbles toward scintillation evaluation and forecasting," *Progr. Earth. Planetary Sci.*, 4(1): 37, 2017.

[119] Huba, J. and G. Joyce, "Global modeling of equatorial plasma bubbles," *Geophys. Res. Lett.*, 37 (17), 2010.

[120] Retterer, J. M., "Forecasting low-latitude radio scintillation with 3-D ionospheric plume models, 1. Plume model," *J. Geophys. Res.*, 115, A03306, 2010.

[121] Fuller-Rowell, T., G. Millward, A. Richmond, and M. Codrescu, "Storm-time changes in the upper atmosphere at low latitudes," *J. Atmos. Solar-Terr. Phys.*, 64(12-14): 1383-1391, 2002.

[122] Huba, J. and S. Sazykin, "Storm time ionosphere and plasmasphere structuring: SAMI3-RCM simulation of the 31 March 2001 geomagnetic storm," *Geophys. Res. Lett.*, 41(23): 8208-8214, 2014.

[123] Zou, S., M. Moldwin, A. Ridley, M. Nicolls, A. Coster, E. Thomas, J. Ruohoniemi, "On the generation/decay of the storm-enhanced density (SED) plumes: Role of the convection flow and field-aligned ion flow," *J. Geophys. Res.*, 119: 543-8559, 2014.

[124] Pedatella, N., G. Lu, and A. Richmond, "Effects of high latitude forcing uncertainty on the low-latitude and mid latitude ionosphere," *J. Geophys. Res.: Space Phys.*, 123(1): 862-882, 2018.

[125] Prikryl, P., R. Ghoddousi-Fard, L. Spogli, C. Mitchell, G. Li, B. Ning, P. Cilliers, V. Sreeja, M. Aquino, and M. Terkildsen, "GPS phase scintillation at high latitudes during geomagnetic storms of 7-17 March 2012-Part 2: Interhemispheric comparison," *Ann. Geophys.*, 33: 657-670, 2015.

[126] Yue, X., W. Schreiner, N. Pedatella, R. Anthes, A. Mannucci, P. Straus, and J.-Y. Liu, "Space weather observations by GNSS radio occultation: from FORMOSAT-3/COSMIC to FORMOSAT-7/COSMIC-2," *Space Weather*, 12(1): 616-621, 2014.

[127] Feynman, R. P. and Hibbs, A. R., *Quantum Mechanics and Path Integrals*, McGraw Hill Book Company, New York, 1965.

[128] Tatarskii, V. I., A. Ishimaru, and V. U. Zavorotny, Editors, "Wave propagation in random media (scintillation)," *Proc. SPIE-The International Society for Optical Engineering*, ISBN 0-8194-1062-4, Seattle Washington, 3-7 August 1993.

[129] Booker, H. G., J. A. Ratcliffe, and D. Shinn, "Diffraction from an irregular screen with applications to ionospheric problems," *Philos. Trans. Royal Soc. London. Series A, Math. Phys. Sci.*, 242(856): 579-607, 1950.

[130] Beniguel, Y., "Global Ionospheric Propagation Model (GIM): A propagation model for scintillations of transmitted signals," *Radio Sci.*, 37(3): 4-1-4-13, 2002.

[131] Carrano, C. S., K. M. Groves, R. G. Caton, C. L. Rino, and P. R. Straus, "Multiple phase screen modeling of ionospheric scintillation along radio occultation raypaths," *Radio Sci.*, 46(06): 1-14, 2011.

[132] Knepp, D L., "Multiple phase-screen calculation of the temporal behavior of stochastic waves," *Proc. IEEE*, 71(6): 722-737, 1983.

[133] Rino, C., *The Theory of Scintillation with Applications in Remote Sensing*, John Wiley & Sons, 2011.

[134] Secan, J. A., R. M. Bussey, E. J. Fremouw, and S. Basu, "High-latitude upgrade to the wideband ionospheric scintillation model," *Radio Sci.* 32(4): 1567-1574, 1997.

[135] Ghafoori, F. and S. Skone, "Impact of equatorial ionospheric irregularities on GNSS receivers using real and synthetic scintillation signals," *Radio Sci.*, 50(4): 294-317, 2015.

[136] Yeh, K. C. and C. H. Liu, "Radio wave scintillations in the ionosphere," *Proc. IEEE*, 70(4): 324-360, 1982.

[137] Carrano, C. S. and C. L. Rino, "A theory of scintillation for two-component power law irregularity spectra: Overview and numerical results," *Radio Sci.*, 51(6): 789-813, 2016.

[138] Briggs, B. H., "Ionospheric irregularities and radio scintillations," *Contemp. Phys.*, 16(5): 469-488, 1975.

[139] Beniguel, Y. and S. Buonomo, "A multiple phase screen ionospheric propagation model to estimate the fluctuations of transmitted signals," *Phys. Chem. Earth C Sol. Terr. Planet Sci.*, 24(4): 333–338, 1999.

[140] Secan, J. A., R. M. Bussey, E. J. Fremouw, and S. Basu, "An improved model of equatorial scintillation," *Radio Sci.*, 30(3): 607–617, 1995.

[141] Kelley, M. C., *The Earth's Ionosphere: Plasma Physics and Electrodynamics*, Academic press, 2009.

[142] Tsunoda, R. T., "Magnetic-field-aligned characteristics of plasma bubbles in the nighttime equatorial ionosphere," *J. Atmos. Terr. Phys.*, 42, no. 8: 743–752, 1980.

[143] Xu, D., Y. Morton, "GPS navigation data bit decoding error during strong equatorial scintillation," *GPS Solu.*, 22: 110, https://doi.org/10.1007/sl0291-018-0775-1, 2018a.

[144] Sokolovskiy, S., C. Rocken, W. Schreiner, D. Hunt, and J. Johnson, "Post processing of LI GPS radio occultation signals recorded in open-loop mode," *Radio Sci.*, 44(02), 2009.

[145] Niu, F., "Performances of GPS signal observables detrending methods for ionosphere scintillation studies," PhD diss., Miami University, 2012a.

[146] Gunawardena, S. and Y. J. Morton, "Fundamentals and overview of GNSS receivers," in *Position, Navigation, and Timing Technologies in the 21st Century* (eds. Y. J. Morton, F. van Diggelen, J. J. Spilker, B. Parkinson), Wiley-IEEE Press, 2020.

[147] Morton, Y. T., R. Yang, and B. Breitsch, "GNSS receiver signal tracking," in *Position, Navigation, and Timing Technologies in the 21st Century* (eds. Y. J. Morton, F. van Diggelen, J. J. Spilker, B. Parkinson), Wiley-IEEE Press, 2020.

[148] Van Dierendonck, A. J., J. Klobuchar, and Q. Hua, "Ionospheric scintillation monitoring using commercial single-frequency C/A-code receivers," *Proc. IONITM*, Salt Lake City, UT, September 1993.

[149] Beach, T. L., "Perils of the GPS Phase ScintillationIndex (Sigma Phi)," *Radio Sci.*, 41, RS5S31, doi: 10.1029/2005RS003356, 2006.

[150] Mushini, S. C., P. Jayachandran, R. Langley, J. Mac Dougall, and D. Pokhotelov, "Improved amplitude- and phase-scintillation indices derived from wavelet detrended high-latitude GPS data," *GPS Solu.*, 16(3): 363–373, 2012.

[151] Niu, F., Y. Morton, J. Wang, and W. Pelgrum, "GPS carrier phase detrending methods and performances for ionosphere scintillation," *Proc. ION ITM*, Newport Beach, CA, February 2012b.

[152] Van Dierendonck, A. J. and B. Arbesser-Rastburg, "Measuring ionospheric scintillation in the equatorial region over Africa, including measurements from SBAS geostationary satellite signals," *Proc. ION GNSS*, LongBeach, CA, September 2004.

[153] Van Dierendonck, A. J., "How GPS receivers measure (or should measure) ionospheric scintillation and TEC and how GPS receivers are affected by the ionosphere," *Proc. Ionosphere Effect Symposium*, Alexandria, VA, 2005.

[154] Zhang, L., Y. Morton, F. van Graas, and T. Beach "Characterization of GNSS signal parameters under ionosphere scintillation conditions using software-based tracking algorithms," *Proc. IEEE/ION PLANS*, 264–275, Indian Wells, CA, 2010.

[155] Forte, B., "Optimum detrending of raw GPS data for scintillation measurements at auroral latitudes," *J. Atmos. Solar-Terr. Phys.*, 67(12): 1100–1109, 2005.

[156] Humphreys, T. E., M. L. Psiaki, J. C. Hinks, B. O'Hanlon, and P. M. Kintner, "Simulating ionosphere-induced scintillation for testing GPS receiver phase tracking loops," *IEEE J. Sel. Topics in Signal Process.*, 3(4): 707–715, 2009.

[157] Xu D., Y. Morton, and C. Rino, "A two-parameter multifrequency GPS signal simulator for strong equatorial ionospheric scintillation: Characterization results and validation," *Proc. ION GNSS+*, Miami, FL, Sept. 2019b.

[158] Bhattacharyya, A., T. Beach, S. Basu, and P. Kintner, "Nighttime equatorial ionosphere: GPS scintillations and differential carrier phase fluctuations," *Radio Sci.*, 35(1):209-224, 2000.

[159] Basu, S., K. Groves, J. Quinn, and P. Doherty, "A comparison of TEC fluctuations and scintillations at Ascension Island." *J. Atmos. Solar-Terr. Phys.*, 61(16):1219-1226. https://doi.org/10.1016/S1364-6826C99)00052-8, 1999.

[160] Carrano, C. S. and K. M. Groves, "TEC gradients and fluctuations at low latitudes measured with high data rate GPS receivers," *Proc. 63rd Annual Meeting of the Institute of Navigation*, 156-163, Cambridge, Massachusetts, April 2007.

[161] Jacobsen, K. S., "The impact of different sampling rates and calculation time intervals on ROTI values," *J. Space Weather Space Clim.*, 4(A33), 2014.

[162] Yang, Z. and Z. Liu, "Correlation between ROTI and ionospheric scintillation indices using Hong Kong low-latitude GPS data," *GPS Solu.*, 20(4): 815-824, 2016.

[163] Du, J., Caruana, J., Wilkinson, P., Thomas, R., and Cervera, M., "Determination of equatorial ionospheric scintillation S4 by dual frequency GPS," in *Proc, of the Workshop on the Applications of Radio Science*, La Trobe University, Australia, 27-29 April 2000.

[164] Amabayo, E. B., E. Jurua, and P. J. Cilliers, "Validating the use of scintillation proxies to study ionospheric scintillation over the Ugandan region," *J. Atmos. Solar Terr. Phys.*, 128: 84-91, 2015.

[165] Carrano, C. S., K. M. Groves, and C. L. Rino, "On the relationship between the rate of change of total electron content index (ROTI), irregularity strength (CkL), and the scintillation index (S4)," *J. Geophys. Res.: Space Phys.*, 124(3): 2099-2112, 2019.

[166] Yang, Z. and Y. Morton, "Kinematic PPP errors associated with ionospheric plasma irregularities during the 2015 St. Patrick's day storm," *Proc. ION GNSS+*, Miami, FL, 2019a.

[167] Morton, R. J., "Investigation of the impact of solar storms on the global positioning system receivers at high latitudes," *Proc, of the 2014 International Technical Meeting of The Institute of Navigation*, 700-708, San Diego, California, January 2014.

[168] Yang, Z., Y. Morton, and Z. Liu, "Post-processing analysis of ionospheric scintillation effects on RTK GPS positioning at low-latitude region," *Proc. Int. Sym. GNSS*, Hong Kong, December 2017c.

[169] Rino, C., "A power law phase screen model for ionospheric scintillation: 1. Weak scatter," *Radio Sci.*, 14(6): 1135-1145, 1979.

[170] Peng, S., Y. Morton, and R. Di, "A multiple-frequency GPS software receiver design based on a vector tracking loop," *Proc. IEEE PLANS*, Myrtle Beach, SC, April 2012b.

[171] Breitsch, B., J. Morton, and X. Dong yang, "Ionosphere scintillation-induced phase transitions in triple-frequency GPS measurements," *Proc, of Institute of. Navigation ITM Conference*, San Diego, CA, 2020.

[172] Jiao, Y., D. Xu, Y. Morton, and C. Rino, "Equatorial scintillation amplitude fading characteristics across the GPS frequency bands," *Navigation: J. Inst. Navigation*, 63(3): 267-281, 2016.

[173] Galmiche, A., Vincent, F., and Laurent, F., "Temporal and Geographical overview of the ionospheric amplitude scintillating variability in west Africa from a SAGAIE network GNSS database," submitted to *Journal of Space Weather and Space Climate*, 2019.

[174] Aarons, J., "Global morphology of ionospheric scintillation," *Proc. IEEE*, 70: 360-378, doi: 10.1109/PROC.1982.12314, 1982.

[175] Abdu, M. A., J. H. A. Sobral, I. S. Batista, V. H. Rios, and C. Medina, "Equatorial spread F occurrence statistics in the American longitudes: Diurnal, seasonal and solar cycle variations," *Adv. Space Res.*, 22(6): 851-854, doi: 10.1016/S0273-1177(98)00111-2, 1998.

[176] Yang, Z. and Y. Morton, "Low-Latitude GNSS Ionospheric Scintillation Dependence on Magnetic Field Orientation and Impacts on Positioning," J. Geodesy, DOI: 10.1007/S00190-020-01391-7, 2020.

[177] Carrano, C. S. and K. Groves, "The GPS segment of the AFRL-SCINDA global network and the challenges of realtime TEC estimation in the equatorial ionosphere," *Proc. 2006 National Technical Meeting of the Institute of Navigation*, 1036-1047, 2006.

[178] Crowley, G., G. S. Bust, A. Reynolds, I. Azeem, R. Wilder, B. W. O'Hanlon, M. L. Psiaki, S. Powell, T. E. Humphreys, and J. A. Bhatti, "CASES: A novel low-cost ground-based dual frequency GPS software receiver and space weather monitor," In *Radionavigation Laboratory Conference Proc.* 2011.

[179] Ganguly, S., A. Jovancevic, A. Brown, M. Kirchner, S. Zigic, T. Beach, and K. M. Groves, "ionospheric scintillation monitoring and mitigation using a software GPS receiver," *Radio Sci.*, 39(1), 2004.

[180] O'Hanlon, B. W., M. L. Psiaki, S. Powell, J. A. Bhatti, T. E. Humphreys, G. Crowley, and G. S. Bust, "CASES: A smart, compact GPS software receiver for space weather monitoring," In *Radio navigation Laboratory Conference Proc.* 2011.

[181] Van Dierendonck, A. J., Q. Hua, P. Fenton, and J. Klobuchar, "Commercial ionospheric scintillation monitoring receiver development and test results." *Navigation Technology for the 3rd Millennium*: 573-582, 1996.

[182] Shanmugam, S. and R. MacLeod, "GNSS ionospheric scintillation and TEC monitoring using GPStation-6," in *2013 IEEE International Conference on Space Science and Communication* (IconSpace), 207-212, doi: 10.1109/IconSpace.2013.6599466, 2013.

[183] Taylor, S., Y. Morton, R. Marcus, H. Bourne, W. Pelgrum, and A. J. van Dierendonck, "Ionospheric scintillation receivers performances based on high-latitude experiments," *Proc. ION Pacific PNT*, Honolulu, HI, April 2013.

[184] Morton, Y. T., B. Bourne, B. Breitsch, Y. Liu, B. Park, C. Rino, S. Taylor, Y. Wang, and D. Xu, "Measurement of ionospheric and atmospheric structures using navigation satellite signals captured with software-defined systems," *Int. Beacon Satellite Sym.*, BSS-2019, Mazury, Poland, August 2019.

[185] Peng, S. and Y. Morton, "A USRP2-based reconfigurable multi-constellation multi-frequency GNSS software receiver front end," *GPS Solut.*, DOI: 10.1007/sl0291-012-0263-y, 2012a.

[186] Aarons, J. "50 years of radio-scintillation observations." *IEEE Ant. Prop. Mag.*, 39(6): 7-12, 1997.

[187] Alfonsi, L., L. Spogli, G. De Franceschi, V. Romano, M. Aquino, A. Dodson, and C. N. Mitchell, "Bipolar climatology of GPS ionospheric scintillation at solarminimum," *Radio Sci.*, 46(3), RS0D05, 2011.

[188] Carrano, C. S., K. M. Groves, W. J. McNeil, and P. H. Doherty, "Direct measurement of the residual in the ionosphere-free linear combination during scintillation," In *Proc. 2013 Institute of Navigation ION NTM Meeting*, San Diego, CA. 2013.

[189] Deshpande, K., G. Bust, C. Clauer, H. Kim, J. Macon, T. E. Humphreys, J. Bhatti, S. Musko, G. Crowley, and A. Weatherwax, "Initial GPS scintillation results from CASES receiver at South Pole, Antarctica," *Radio Sci.*, 47(05): 1-10, 2012.

[190] El-Arini, M., J. Secan, J. Klobuchar, P. Doherty, G. Bishop, and K. Groves, "Ionospheric effects on GPS signals in the Arctic region using early GPS data from Thule, Greenland," *Radio Sci.*, 44(01): 1-14, 2009.

[191] Jayachandran, P., R. Langley, J. MacDougall, S. Mushini, D. Pokhotelov, A. Hamza, I. Mann, D. Milling, Z. Kale, and R. Chadwick, "Canadian high arctic ionospheric network (CHAIN)," *Radio Sci.*, 44(1), 2009.

[192] Mitchell, C. N., L. Alfonsi, G. De Franceschi, M. Lester, V. Romano, and A. Wernik, "GPS TEC and scintillation measurements from the polar ionosphere during the October 2003 storm," *Geophys. Res. Lett.*, 32(12), 2005.

[193] Prikryl, P., P. Jayachandran, S. Mushini, and I. Richardson, "Toward the probabilistic forecasting of high-latitude GPS phase scintillation," *Space Weather*, 10(8): 1-16, 2012.

[194] Prikryl, P., Y. Zhang, Y. Ebihara, R. Ghoddousi-Fard, P. T. Jayachandran, J. Kinrade, C. N. Mitchell, A. T. Weatherwax, G. Bust, and P. J. Cilliers, "An inter hemispheric comparison of GPS phase scintillation with auroral emission observed at South Pole and from DMSP satellite," *Ann. Geophys.*, 56(2), 2013.

[195] Skone, S., G. Lachapelle, D. Yao, W. Yu, and R. Watson, "Investigating the impact of ionospheric scintillation using a GPS software receiver," in *Proc. ION GNSS*, pp. 1126-1137, 2005.

[196] Smith, A. M., C. N. Mitchell, R. J. Watson, R. W. Meggs, P. M. Kintner, K. Kauristie, and F. Honary. "GPS scintillation in the high arctic associated with an auroral arc," *Space Weather*, 8(3), 2008a.

[197] Caton, R., W. McNeil, K. Groves, and S. Basu, "GPS proxy model for real-time UHF satellite communications scintillation maps from the Scintillation Network Decision Aid (SCINDA)," *Radio Sci.*, 39(1): 1-8, 2004.

[198] Roddy, P. A., D. E. Hunton, J. O. Ballenthin, and K. M. Groves, "Correlation of in-situ measurements of plasma irregularities with ground-based scintillation observations," *J. Geophys. Res.: Space Phys.*, 115(A6), doi: 10.1029/2010JA015288, 2010.

[199] Raghunath, S. and D. V. Ratnam, "Detection of low-latitude ionospheric irregularities from GNSS observations," *IEEE J. Sei. Topics Appl. Earth Obs. Remote Sens.*, 8(11), 5171-5176, doi: 10.1109/JSTARS.2015.2496201, 2015.

[200] Xu D., Y. Morton, Y. Jiao, C. Rino, and R. Yang, "Implementation and performance evaluation of a vector based receiver during strong equatorial scintillation on dynamic platforms," *Proc. ION GNSS+*, Miami, Florida, pp. 3611-3622, 2018c.

[201] Li, X., M. Ge, X. Dai, X. Ren, M. Fritsche, J. Wickert, and H. Schuh, "Accuracy and reliability of multi-GNSS realtime precise positioning: GPS, GLONASS, BeiDou, and Galileo," *J. Geodesy*, 89(6): 607-635, 2015a.

[202] Li, X., X. Zhang, X. Ren, M. Fritsche, J. Wickert, and H. Schuh, "Precise positioning with current multi-constellation global navigation satellite systems: GPS, GLONASS, Galileo and BeiDou," *Scientific Rep.*, 5: 8328, 2015b.

[203] Chiou T. Y., J. Seo, T. Walter, and P. Enge, "Performance of a Doppler-aided GPS navigation system for aviation applications under ionospheric scintillation," *Proc. IONGNSS*, 1139-1147, Savannah, GA, 2008.

[204] Jacobsen, K. S. and S. Schafer, "Observed effects of a geomagnetic storm on an RTK positioning network at high latitudes," *J. Space Weather and Space Clim.*, 2:A13, 2012.

[205] Aquino, M., T. Moore, A. Dodson, S. Waugh, J. Souter, and F. S. Rodrigues, "Implications of ionospheric scintillation for GNSS users in northern Europe," *J. Navigation*, 58(2): 241-256, 2005.

[206] Buchert, S., F. Zangerl, M. Sust, M. André, A. Eriksson, J. E. Wahlund, and H. Opgenoorth, "SWARM observations of equatorial electron densities and topside GPS track losses," *Geophys. Res. Lett.*, 42(7): 2088-2092, 2015.

[207] Xiong, C., C. Stolle, and H. Liihr, "The Swarm satellite loss of GPS signal and its relation to ionospheric plasma irregularities," *Space Weather*, 14(8): 563-577, 2016.

[208] Carrano C. S. and C. L. Rino, "Irregularity parameter estimation for interpretation of scintillation Doppler and intensity spectra," *Proc. USNC-URSINRSM*, Boulder, CO, http://www.ursi.org/proceedings/MC-USA/USNC-NRSM2019/papers/G4-4.pdf, 2019.

[209] Wang, Y., Y. Morton, R. Yang, F. van Graas, and J. Hasse, "Robust closed-loop tracking of airborne low-elevation GPS radio-occultation signals," *Proc. ION GNSS+*, Miami, Florida, Sept, 2018b.

[210] Wang, Y. and Y. Morton, "Coherent reflections using closed-loop PLL processing of CYGNSS IF data," *Proc. 2019 IEEE Int. Geosci. Remote Sensing Sym.*, Yokohoma, Japan, July 2019b.

[211] Xu, D., Y. Morton, D. Akos, and T. Walter, "GPS multifrequency carrier phase characterization during strong equatorial ionospheric scintillation," *Proc. ION GNSS+*, Tampa, FL, Sept. 2015.

[212] Ward, P. and C. Hegarty, "Chapter 5: Satellite signal acquisition and tracking." in *Understanding GPS Principles and Applications* (eds. E. D. Kaplan and C. Hegarty), Artech House Publishers, 2005.

[213] Humphreys, T. E., M. L. Psiaki, P. M. Kintner, Jr., and B. M. Ledvina, "GPS carrier tracking loop performance in the presence of ionospheric scintillations," *Proc. ION GNSS*, 156-167, Long Beach, CA, 2005.

[214] Psiaki, M., T. Humphreys, A. Cerruti, S. Powell, and P. Kintner, "Tracking LI C/A and L2C signals through ionospheric scintillations," *Proc. ION GNSS*, 246-268, Fort Worth, TX, 2007.

[215] Zhang, L., and Y. Morton, "Tracking GPS signals under ionosphere scintillation conditions," *Proc. ION GNSS*, 227-234, Savannah, GA, 2009.

[216] Yang, R., K. Ling, E. Poh, and Y. Morton, "Generalized GNSS signal carrier tracking in challenging environments: part I-modeling and analysis," *IEEE Trans. Aeros. Elec. Sys.*, 53(4): 1782-1797, doi: 10.1109/TAES.2017.2673998, 2017a.

[217] Yang, R., Y. Morton, K. Ling, and E. Poh, "Generalized GNSS signal carrier tracking in challenging environments: part II-optimization and implementation," *IEEE Trans. Aeros. Elec. Sys.*, 53(4):1798-1811, DOI:10.1109/TAES.2017.2674198, 2017b.

[218] Yang, R., D. Xu, and Y. Morton, "An improved adaptive multi-frequency GPS carrier tracking algorithm for navigation in challenging environments," *Proc. IEEE/ION PLANS*, Monterey, CA, April, 2018.

[219] Yang, R., D. Xu, and Y. Morton, "Generalized multifrequency GPS carrier tracking architecture: Design and performance analysis," *Accept., IEEE Trans. Aeros. Elec. Sys.*, 2019.

[220] Xu, D. and Y. Morton, "A semi-open loop GNSS carrier tracking algorithm for monitoring strong equatorial scintillation," *IEEE Trans. Aeros. Elec. Sys.*, 54(2):722-738, 2018b.

[221] Lashley, M., S. Martin, and J. Sennott, "Vector processing," in *Position, Navigation, and Timing Technologies in the 21st Century* (eds. Y. J. Morton, F. van Diggelen, J. J. Spilker, B. Parkinson), Wiley-IEEE Press, 2020.

[222] Lashley, M., D. M. Bevly, and J. Y. Hung, M Performance analysis of vector tracking algorithms for weak GPS signals in high dynamics, *IEEE J. Sei. Topics Signal Process.*, 3(4): 661-673, 2009.

[223] Tiwari R., S. Skone, S. Tiwari, and H. J. Strange ways, "WBMod assisted PLL GPS software receiver for mitigating scintillation affect in high-latitude region," *Proc. 30th URSI Gen. Assem. Sci. Symp.*, Istanbul, Turkey, pp. 1-4, 2011.

[224] Susi, M., M. Aquino, R. Romero, F. Dovis, and M. Andreotti, "Design of a robust receiver architecture for scintillation monitoring," *Proc. IEEE/ION PLANS*, Monterey, CA, pp. 73-81, 2017.

[225] Vila-Valls, J., P. Closas, C. Fernandez-Prades, J. A. Lopez-Salcedo, and G. Seco-Granados, "Adaptive

GNSS carrier tracking under ionospheric scintillation: Estimation vs. mitigation," *IEEE Commun. Lett.*, 19(6), pp. 961-964, 2015.

[226] Vilà-Valls, J., P. Closas, C. Femández-Prades, and J. T. Curran, "On the mitigation of ionospheric scintillation in advanced GNSS receivers," *IEEE Trans. Aeros. Elec. Sys.*, 54(4):1692-1708, 2018.

[227] Xu, D., GPS Equatorial Ionospheric Scintillation Signals Simulation, Characterization, and Estimation, PhD Thesis, Colorado State University, 2019.

[228] Jiao, Y., J. J. Hall, and Y. T. Morton, "Performance evaluation of an automatic GPS ionospheric phase scintillation detector using a machine-learning algorithm," *Navigation: J. Inst. Navigation*, 64(3):391-402, 2017a.

[229] Jiao, Y., J. J. Hall, and Y. T. Morton, "Automatic equatorial GPS amplitude scintillation detection using a machine learning algorithm," *IEEE Trans. Aeros. Elec. Sys.*, 53(1):405-418, 2017b.

[230] Liu, Y. and Y. Morton, "Automatic detection of ionospheric scintillation-like GNSS satellite oscillator anomaly using a machine learning algorithm," Navigation, *Journal of the Institute of Navigation*, 67(3):651-662, 2020.

本章相关彩图,请扫码查看

第32章 利用GNSS探测、监测和预测自然与人为灾害事件

Panagiotis Vergados, Attila Komjathy, Xing Meng
美国航空航天局喷气推进实验室,美国

32.1 简介

本章回顾了利用全球地基和星基 GNSS 观测数据获取的全球电离层总电子含量(total electron content,TEC),探测和监测自然与人为灾害引起的全球电离层扰动。利用电离层 TEC 值,分析与灾害相关的地球物理参数(包括海啸波高和地表位移)的变化特性。给出了大气层—热层—电离层动态耦合系统中电离层 TEC 扰动的成像和建模结果,并讨论了新的观点。

联合基于第一性原理的电离层物理模型与星基、地基电离层空间探测技术,极大地促进了对自然/人为灾害事件引起的电离层 TEC 扰动传播特性的理解。所取得的研究进展为开发同震电离层异常预警系统和发展新的地基/星基探测技术提供了机会,这些技术将挽救人类生命,并最大限度地减少经济损失。

人类面临的破坏性自然灾害事件,如地震、海啸和火山,经常危及人口稠密的沿海地区。近十多年来,全球导航卫星系统(global navigation satellite system,GNSS)如 GPS,被广泛用于测量与这些自然灾害有关的地球物理特征,包括地震形变测量和同震垂直位移,也被用于海洋浮标实时定位。由于本章数据结果来源于 GPS 观测,因此下文将主要使用术语 GPS。

一些研究团队使用星基、地基 GPS 观测数据,深入研究了这些自然灾害事件之间的耦合机制。图 32.1 展示了海底地震对地球上空电离层的影响。在水下地震、滑坡和火山爆发期间,海底发生了垂直位移(图 32.1 中"1"),触发了沿海面移动的海啸,海啸又引起了地球上方大气的垂直移动,从而激发了内部重力波(IGW_{tsuna})(图 32.1 中"2")。如图 32.2 所示,重力波在大约 30~60min 后传播到电离层,随着传播高度上升,空气密度呈指数下降,海啸引起的内部重力波振幅显著增长(图 32.1 中"3"),最终进入大气层顶部,逐渐消散并产生次级 IGW;重力波进入地球电离层时也可能不衰减,未衰减的 IGW(图 32.1 中"3")将诱发可探测的电子密度微扰动,由此可以建立地震、海啸和地球电离层扰动之间的直接联系。

GPS 卫星在 L 波段发射双频($f_1 = 1.22760 GHz, f_2 = 1.57542 GHz$)无线电波信号,由地面 GPS 接收机(图 32.1 中"4")和星载/机载接收机(图 32.1 中"5")接收。海啸引起的电子密度波动会干扰 GPS 信号,反之,科学家能够利用 GPS 信号探测海啸和地震造成的电离层扰动特征[1]。目前,科学界正在研究如何利用美国/中国台湾联合发射的 COSMIC 和美国

航空航天局的 GRACE 星载观测数据,补强地基 GPS 观测技术;作为热层-电离层-中层能量与动力学(TIMED)星载观测的一部分,美国国家航空航天局使用宽带辐射测量仪(SABER)对大气进行探测,并联合加拿大(CAS cade、Smallsat 和电离层极地探测(CASSIOPE)卫星,以增加地球大气层观测的时空分辨率。

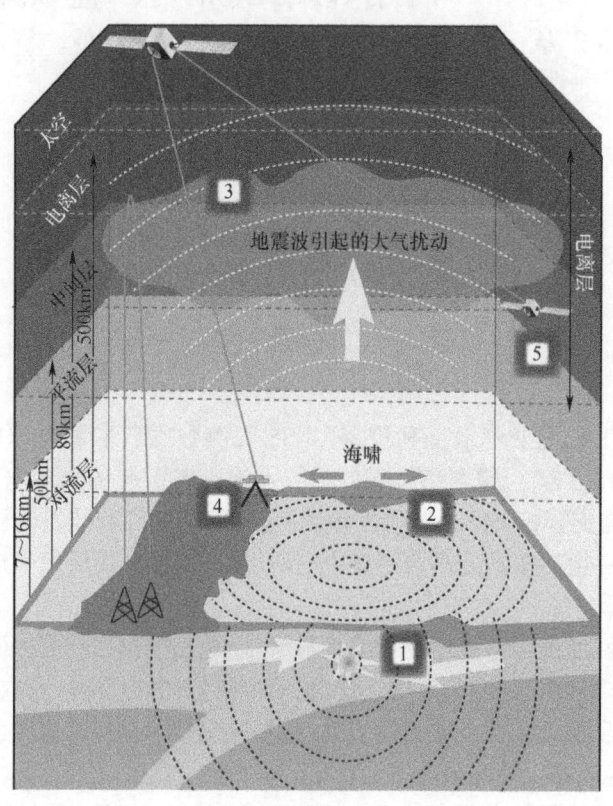

图 32.1　来自 GPS 观测的地震-电离层扰动[1]
(经 Elsevier 许可转载。)

如图 32.2 所示,除 IGW 之外,地震震源附近较小的地面垂直位移会产生另外两种类型的波:①垂直向上传播至中性大气层的震中压力波;②从震中沿地表传播的瑞利波。这两种波有助于理解地球(包括海洋)与电离层之间的耦合。垂直传播的震中波引起声波扰动(图 32.2,记作 $AGW_{epicentral}$),在到达地球大气层之前,随着大气密度指数下降,其振幅上升几个数量级。瑞利波也会引起声波,但只能在距震中 1000km 处被观测到(图 32.2,记作 $AGE_{epicentral}$)。与单点测量不同,如果有密集的地面观测网络,将离子层作为地球表面和电离层耦合的通道,则可以观测到地震产生的所有 3 种波。海啸沿海面传播时,其引起的扰动传播至电离层大约需要 8min;但要在远离震中(距离>1000km)处探测到瑞利波引起的电离层波动,大约需要 10min。

目前,研究人员利用震中附近的 GPS 接收机可以观测到上述每个波形。具体而言,科学家使用日本 GEONET 网络 1200 个 GPS 接收机对电离层扰动进行了成像[2],结果发现了 2011 年 3 月 11 日大阪大地震产生的 3 种波形。如上所述,美国航空航天局和国际航天飞行任务将利用全球 GPS 观测网络对太平洋进行常规监测,以探测自然灾害事件引起的电离层扰动特征。联合不同观测值类型,如海啸波高、垂直地面位移、地震资料、电离层电子密度,将有助于研究人员和政府当局了解地震和海啸之间的波形耦合和能量传递过程,以便为自然灾害事件频发的地理区域开发灾害事件监测预警系统。关键问题是如何有效联合星基观测数据用于探测地震引起的电离层扰动。下一节我们将介绍从星基平台获取的观测量,用于探测自然灾害引起的电离层扰动特征。

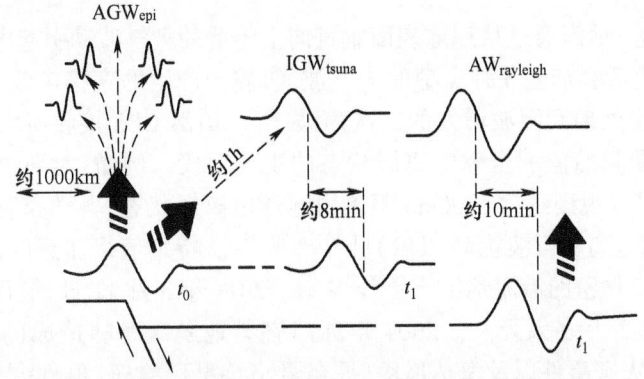

图 32.2　固体地球(包括海洋)与地球电离层耦合机制示意图[3]
(显示了震中声波(AGW$_{epi}$)、重力(IGW$_{tsuna}$)和瑞利波(AW$_{rayleigh}$)产生的扰动
(经巴黎狄德罗大学许可转载)。

32.2　用于自然灾害探测的 GPS 电离层观测

电离层是一种色散介质,不同频率无线电波在电离层中传播的折射率为

$$n_p = 1 - \frac{40.3 N_e}{f}$$

式中:n_p 为相位折射率;N_e 为电子密度;f 为发射 GPS 信号的频率[4-5]。不同折射率导致 GPS 双频无线电波信号传播路径略有不同。当无线电波穿过电离层时,会产生相位延迟 d_{ion}(单位:m),该延迟由电离层折射率 n_p 沿着卫星至接收机信号传播路径积分而得,即

$$d_{ion} = -40.3 \text{TEC}/f^2 \tag{32.1}$$

式中:TEC 为电子密度沿 GPS 卫星和接收机传播路径的积分值。利用 GPS 双频载波相位观测值(Φ_1 和 Φ_2)的无几何组合观测值可以计算得到 TEC:

$$\text{TEC} = \frac{f_1^2 f_2^2}{40.3(f_1^2 - f_2^2)}[B - (\Phi_2 - \Phi_1)] \tag{32.2}$$

式中:f_1 和 f_1 为 GPS 信号 L1 和 L2 频率;Φ 为载波相位测量值;B 为 Mannucci 等[6]和 Stephens 等[7]定义的模糊度参数。由于模糊度参数 B 的影响,式(32.2)只能计算相对 TEC 值。使用伪距(P_1 和 P_2)观测值可以得到绝对 TEC 值,但受伪距观测值噪声影响较大。采用载波相位平滑伪距方法可以计算得到受噪声影响较小的绝对 TEC 值。与第 26 章讨论的 L1 和 L2 无电离层线性组合相比,后者消除了一阶电离层效应,并被广泛用于高精度大地测

量。利用 GPS 观测值计算得到的电离层 TEC,常被用于监测由地震、海啸和小行星撞击等各种自然灾害引起的电离层扰动现象。

32.3 地震和海啸探测

如 32.1 节所述,地震通过从地球表面垂直向上传播的大气波动引起电离层电子密度扰动[8-18]。地震发生后会产生 3 种类型的大气波:①震中产生的直接声波;②海啸引发的重力波;③在远离震中处瑞利面波激发的二次声波[19]。虽然 GPS 接收机大多位于陆地和岛屿,GPS 测量仍然是目前监测全球电离层状态的主要手段。例如,太平洋火环上部署的数百个 GPS 接收机可以观测到约 1500km 距离内地球电离层状态,科学家利用这些接收机可以分析地震引起的电离层行波扰动(TID)[1,10,18,20-30]。特别值得注意的是,由地震引起的海啸,经常危及人口稠密的沿海地区[1,28,29,31-37]。2011 年 3 月 11 日,继日本东北大地震之后发生的海啸造成 2 万多人死亡。2004 年苏门答腊地震后海啸造成的死亡总人数超过 23 万人[38]。这些灾害事件以及海达瓜伊(原名夏洛特皇后群岛)事件[39]表明应急管理部门没有部署有效的地面监测系统;另外,对于地震、海啸与它们造成的社会危害之间的非线性动态耦合机制缺少足够的理解[40-42]。由于缺乏可靠、低成本并能广泛覆盖海洋和沿海地区的观测手段,管理部门无法准确地确定这些灾害事件的成因,不能获取这些灾害事件的特征,无法准确地预测它们的影响。关于地球表面和电离层之间的联系,还有很多工作需要完成。

GPS 数据处理方法的研究进展表明,GPS 接收机可以实时监测由声波和重力波引起的 TEC 扰动,但空间分辨率有限[17-18,30,43-44]。日本东北大地震和海啸数据处理结果表明,在电离层中可以观测到瑞利面波和瑞利波引起的声波扰动。在地震发生几分钟后,在电离层空间可以观测到由重力波引起的 TEC 扰动[13-14]。瑞利面波是一种重要的地震特征,地表位移能量与瑞利波之间的动态耦合存在直接联系[15,45-46]。

图 32.3 展示了使用地基 GPS TEC 探测由日本东北大地震诱发的大海啸所导致的电离层扰动。利用日本 GEONET 大约 1200 个 GPS 接收机对海啸引起的电离层扰动进行分析,并给出 6 个历元时刻的扰动图。结果显示此次海啸重力波引起了 1TECU 左右的电离层扰动(1TECU = 10^{16} 个电子/m^2)。从图中还可以看出,JPL 海啸模型预测出海啸波高度的变化高达 1m[40, 42]。电离层扰动图与海啸波模拟结果在空间和时间上相对应。在时间和空间上,海啸分裂(MOST)模型[48-49]模拟的海啸高度与 GPS TEC 也几乎是一致的,并且利用 JPL 海啸模型对此进行了建模[13]。通过波的传播速度,可以区分瑞利面波和重力波。

科学家们并不经常能在地震中区分出不同的波形;然而,日本东北大地震非常适合研究不同波形,主要是因为这次大地震引发的巨大的海啸发生在白天;其次是因为该区域覆盖了 1200 个高质量、高精度的 GPS 接收机,用于持续收集 GPS 数据。一般 GPS TEC 产品精度约为几个 TECU,而海啸导致的电离层扰动在 1TECU 左右。

图 32.4 给出了另一个示例。2015 年 4 月 25 日尼泊尔廓尔喀发生 7.8 级地震,地震波穿过了尼泊尔上空的地球高层大气,导致电离层电子密度发生扰动。这些电离层扰动可以通过尼泊尔附近地区 GPS 接收机获取的电离层 TEC 值进行监测。利用经过 JPL 滤波处理

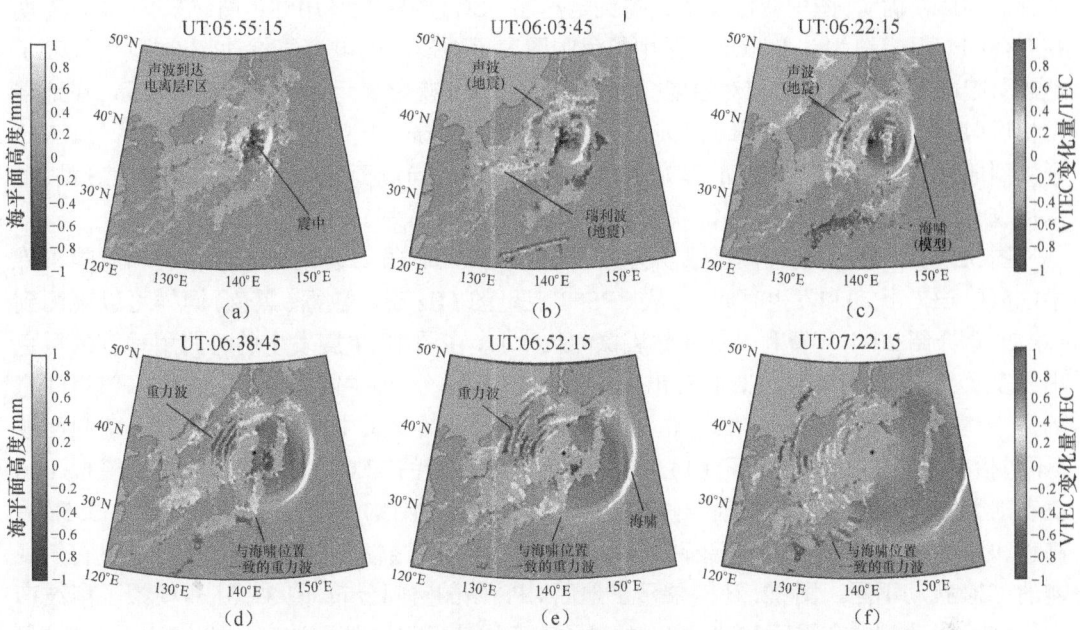

图 32.3 地面 GPS 电离层数据显示电离层中地震产生的瑞利波(B)、
声波(a、b 和 c)和重力波(d、e 和 f)

(然而,为了研究较小但同样具有破坏性的事件,需要进行星基探测(Galvan 等[14]提供;参见动画 1[47])。蓝色条(左)代表海面高度变化范围。TEC 颜色条(右)表示 TEC 波动范围。资料来源:文献[14],经 John Wiley & Sons 出版社许可转载。)

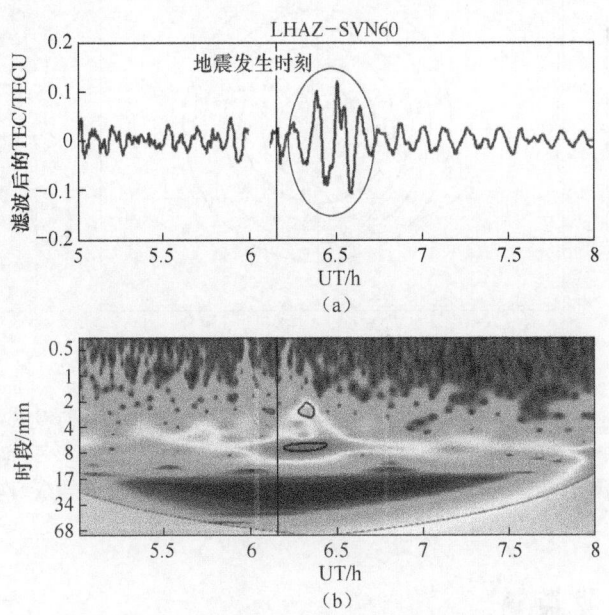

图 32.4 尼泊尔地震引起的 TEC 扰动

(a)显示了尼泊尔地震后的 TEC 扰动;(b)表示声波信号的小波分析结果,周期为 8min。
资料来源:NASA 新闻专题[50]。经 NASA 许可转载。)

得到的 VTEC 扰动(图中蓝色线条),得到电离层 TEC 波状扰动(用红色圈起来),波动周期在 2~8min,振幅约为 0.1TECU。图中黑色圆圈表示地震后的电离层扰动,不同颜色代表了地震引起的电离层扰动的相对强度,红色表示强扰动,蓝色表示弱扰动。结果显示,在地震发生后(用垂直黑线表示)大约 21min,距离震中约 640km 的中国西藏拉萨 GPS 站(LHAZ)观测到地震引起的电离层扰动,该站由西藏自治区测绘局负责管理。该站点属于 IGS 站,可以接收 GPS 和 GLONASS 双系统观测数据,数据采样间隔为 1Hz。

图 32.5(a)显示,物理模型成功模拟了 2015 年 9 月 16 日智利 Illapel 地震和海啸事件中电离层 TEC 扰动和发生时间,这从 GPS58 卫星的 1Hz 观测数据(黑色)同样可以观测到(第 28 章介绍 2015 年智利 Illapel 地震探测技术)。在图中,主震发生的时间用垂直的黑色虚线表示,地震波引起的 TEC 扰动出现在 UT 22 时 54 分,即主震发生后几分钟。值得注意的是,距震中超过 500km 的测站 N6、N7 和 N8 观测到的 TEC 扰动很可能代表了瑞利面波(不包括在模型中),理由如下:(1)测站 N7 和 N8 得到的 TEC 扰动不同,而模型模拟 TEC 扰动则类似;(2)两站距离较近,与震中水平距离相近,但 N7 站高程比 N8 站高约 3.5km。高程和局部地形的差异可能导致两个台站的瑞利面波的振幅有显著差异,从而导致它们观测的 TEC 扰动不同。图 32.5(b)展示了地面 GPS 站的空间分布,图 32.5(c)模拟了声波产生的 TEC 扰动(上)和震后 30min 左右的电子密度扰动(下)。地震波产生的电离层扰动信号一般需要 1Hz 的数据来检测,而 30s 采样率观测数据[51]适合监测海啸引起的长波扰动信号。

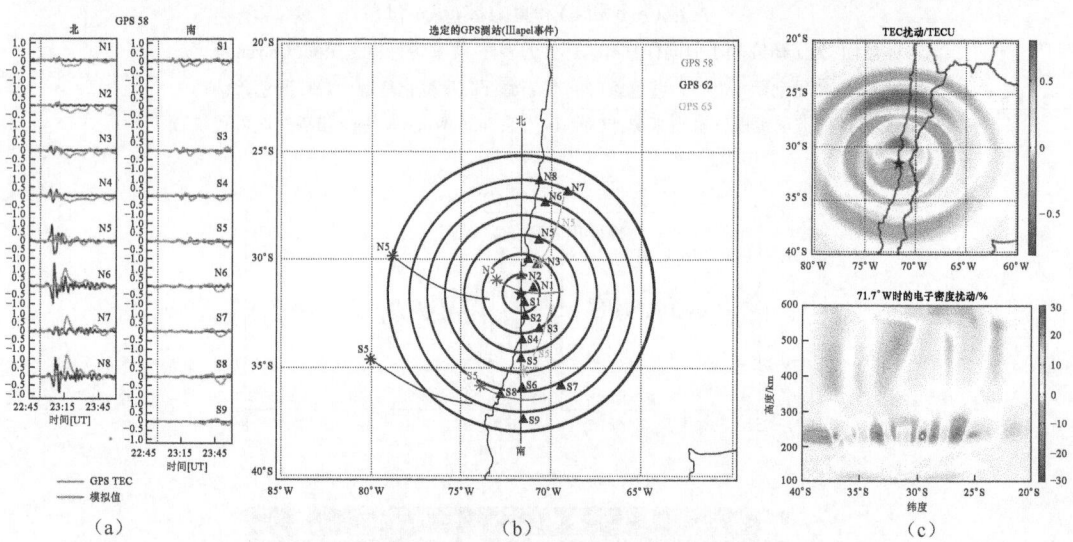

图 32.5 2015 年 9 月 16 日智利地震和海啸产生的电离层 TEC 扰动[51]
(a)显示了从 22 时 45 分 UT 到 00 时 00 分 UT 震中周围不同位置的 GPS TEC(黑色)和模拟的 TEC 扰动;
(b)显示了用于监测智利地震的 GPS 站网;(c)显示了 23 时 30 分 UT 震中上方垂直 TEC 扰动(顶部)以及电子密度随高度函数的扰动变化(底部)。

32.4 火山爆发监测

火山爆发过程中的物质喷射,会产生宽频谱的大气压振荡,这将触发声波和重力波[11,19,52-56]。在监测火山爆发的能量时[19,57,58],缺乏来自其他手段(如次声数据)的数据,那么通过 GPS TEC 探测声波特征的方法变得越来越重要。然而,在电离层中探测到声波特征是一项具有挑战性的任务,因为垂直方向上传播的声波可能发生衰减或折射返回地球表面(根据声波色散图),并以小窗口非衰减的形式在源头正上方传播。在一些情况下,声波传播被限制在低层大气,在电离层空间发生共振振荡,这属于影响电离层的另一种方式。因此,取决于波源的特性,火山诱发的电离层 TEC 特征可能有不同的波形[53,59-60]。例如 N 波,它通常是伴随火山 Plinian 爆炸[19]或声波共振产生的,重力波通常引发准周期性的 TEC 振荡[53-54,59]。

具体来说,Dautermann 等[53-54]在 2003 年 7 月 13 日 Soufrière Hills 火山(小安的列斯群岛蒙特塞拉特)爆发后探测到电离层扰动。他们发现两个以 1Hz 和 4Hz 为中心的峰值,这表明同时存在重力波和声波。Shults 等[60]在 2015 年 4 月 22—23 日智利南部 Calbuco 火山爆发后探测到了准周期性的 TEC 信号,并分析了时间-距离图和频谱图,他们将 TEC 特征与声源联系起来,声源也可能与声共振有关。对于火山喷发强度与电离层 TEC 响应的关系,Shults 等[60]以 2004 年 9 月 1 日 11 时 02 分日本本州浅间火山喷发[19]为例,认为火山喷发指数(VEI)大于 2 的时候可以探测到电离层扰动。尽管 Asama 火山喷发只产生了大约 0.1TECU 的变化,仍然可以通过日本密集 GPS 观测网络探测到电离层响应。Shults 等[60]发现 VEI 指数大于等于 3 的火山爆发可以产生振幅比 Asama 事件要大得多的电离层 TEC 扰动。图 32.6 给出了在 Asama 火山爆发期间,利用带通滤波技术探测到由声波引起的 GPS TEC 扰动。

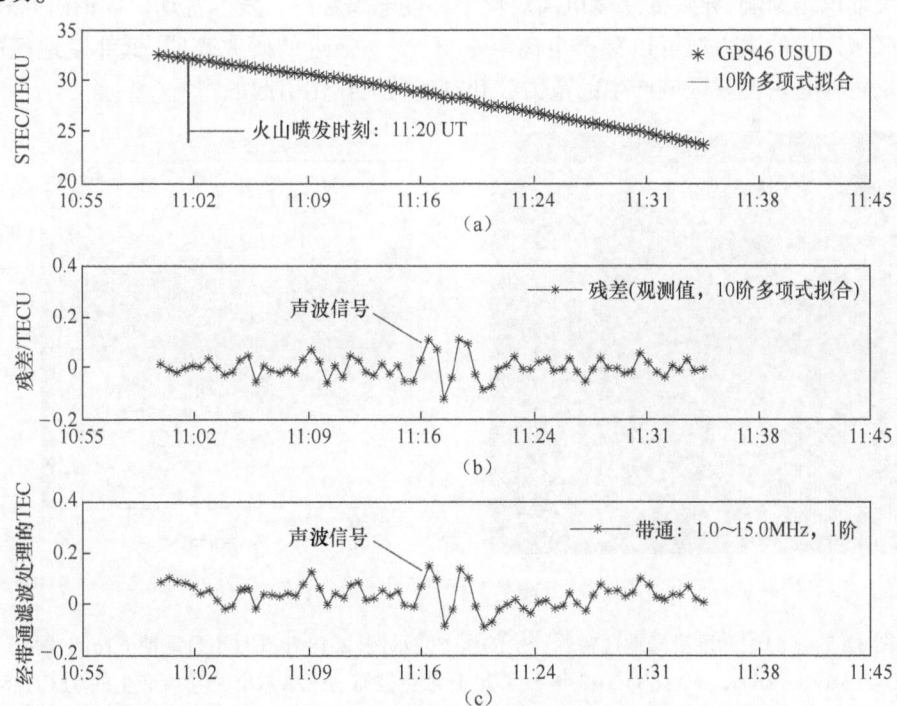

图 32.6 日本臼田(USUD)地面 GPS 站观测到的 2004 年 9 月 1 日浅火山喷发产生的声波引起的 TEC 扰动[14]
(a)表示相位电离层观测值;(b)给出了去除 10 阶多项式拟合的残差;(c)显示滤波后的 TEC 测量值。

32.5 雷暴探测

除了地震和火山喷发,雷暴天气也可以通过重力波引起电离层 TEC 波动,其背后物理机制是雷暴上升气流越过稳定大气中的中尺度对流系统,引发空气垂直移动,试图穿透地球的对流层顶(一个非常稳定的大气层)。这个过程可能会产生一种垂直传播的重力波,这种重力波可以穿过地球底层大气到达电离层。研究表明,雷暴是美国大平原中纬度地区重力波和声波的主要来源[61-63]。

具体来说,Lay 等[64]通过分析 GPS TEC 测量结果,发现雷暴引起了电离层高度(250~350km)上的 TEC 异常扰动,其周期为 2~4min,重力波周期为 6~16min。Chou 等[65]也利用中国台湾地基 GNSS 网络探测到了 2016 年 9 月 13 日超级台风"莫兰蒂"造成的 TEC 扰动。在台风登陆前已产生 TEC 扰动,持续时间超过 10h。这些扰动特性与重力波理论一致,波动周期约为 8~30min、水平波长为 160~200km,水平相速度约为 106~220m/s。Mrak 等[66]其他人也尝试研究 TEC 扰动与大气中尺度对流系统的联系。

图 32.7 给出了从约 2000 个 GPS 接收机观测到 2013 年 5 月 20 日发生在俄克拉何马州摩尔市的龙卷风造成 TEC 扰动的示例,扰动振幅为 0.1TECU 左右[Embry-Riddle 航空大学(ERAU)]。由观测结果得出,中低纬地区低层和上层大气通过雷暴天气出现波的耦合现象,但是这种耦合现象在低纬度地区是否仍然存在有待进一步研究,因为低纬度电离层主要受到大尺度电场影响,导致低纬度电离层比中纬度电离层更易发生扰动。理论研究表明,在强对流区域产生的重力波可以穿透电离层 F 区[67]。最近的研究表明,低纬度地区的极端 TEC 扰动可能是由雷暴区域产生的重力波和电场共同作用引起的[68]。

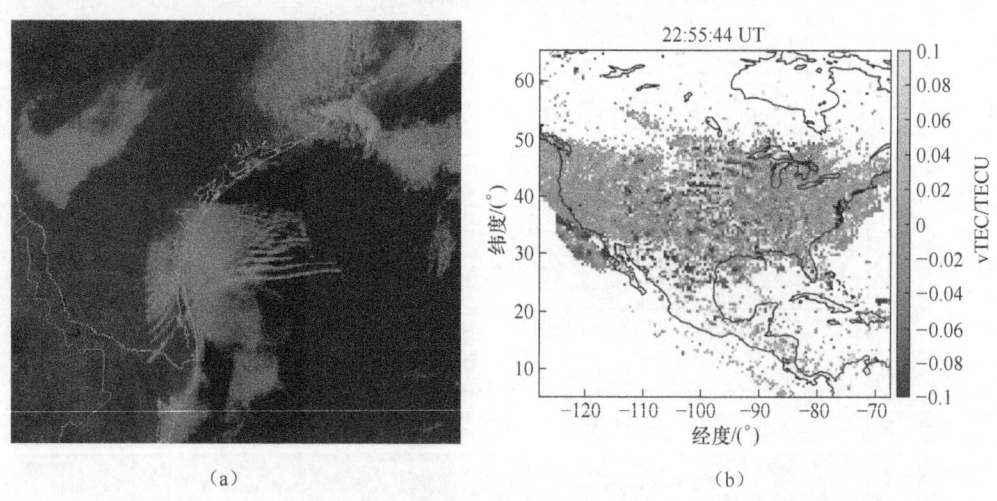

图 32.7 (a)中纬度沿海地区雷暴产生的重力波示例(2018 年 3 月 1 日星期五访问,网址 https://www.weather.gov);(b)2013 年 5 月 20 日俄克拉何马州摩尔市龙卷风产生的 TEC 扰动。[资料来源:(a)经美国国家气象局许可转载;(b)由 ERAU 提供,经 ERAU 许可转载。该图显示了使用 2000 台 GPS 接收机探测龙卷风对电离层的影响。]

Lay[69]利用2013年夏季和冬季两个月低纬度电离层TEC数据和全球闪烁监测网络的闪烁数据,分析了电离层不规则体与低纬度地区雷暴活动的关系。他们发现,夏季日落后电离层本身不稳定,由于雷暴产生的声波和重力波的影响,雷暴在电离层不规则体中发挥了重要作用。有趣的是,冬季电离层扰动似乎与雷暴活动无关。电离层电动力学、大气波动和气象活动之间的关系,仍然需要深入研究,以评估雷暴活动对电离层的影响。

32.6 小行星探测

大型流星进入地球大气层(包括电离层)也会造成电离层扰动。最近一个流星事件是车里雅宾斯克超级流星,它于2013年2月15日凌晨3时20分左右进入俄罗斯上空的大气层,飞行速度大概为20km/s,直径数米。它在飞行过程中与大气发生摩擦,并在离地面约30km的高度爆炸成小型陨石,产生巨大的冲击波。尽管流星的大部分动能被地球大气层吸收了,但仍然造成地面许多人受伤,建筑物受损。利用GPS观测对车里雅宾斯克陨石造成的电离层扰动进行了分析,图32.8显示了以车里雅宾斯克号为中心前后3天的电离层TEC扰动图。图中展示了23个接收机至卫星观测射线与电离层交点(穿刺点)对应的所有TEC扰动时间序列。红线表示流星轨迹,蓝色虚线表示流星轨迹误差边界,紫色星号表示流星撞击的位置[29]。Yang等[29]报道了一些定量研究结果。第一,他们认为IGS站ARTU探测到更高频率(4.0~7.8mHz)的扰动,平均传播速度约为(862±65)m/s(95%置信水平)。第二,

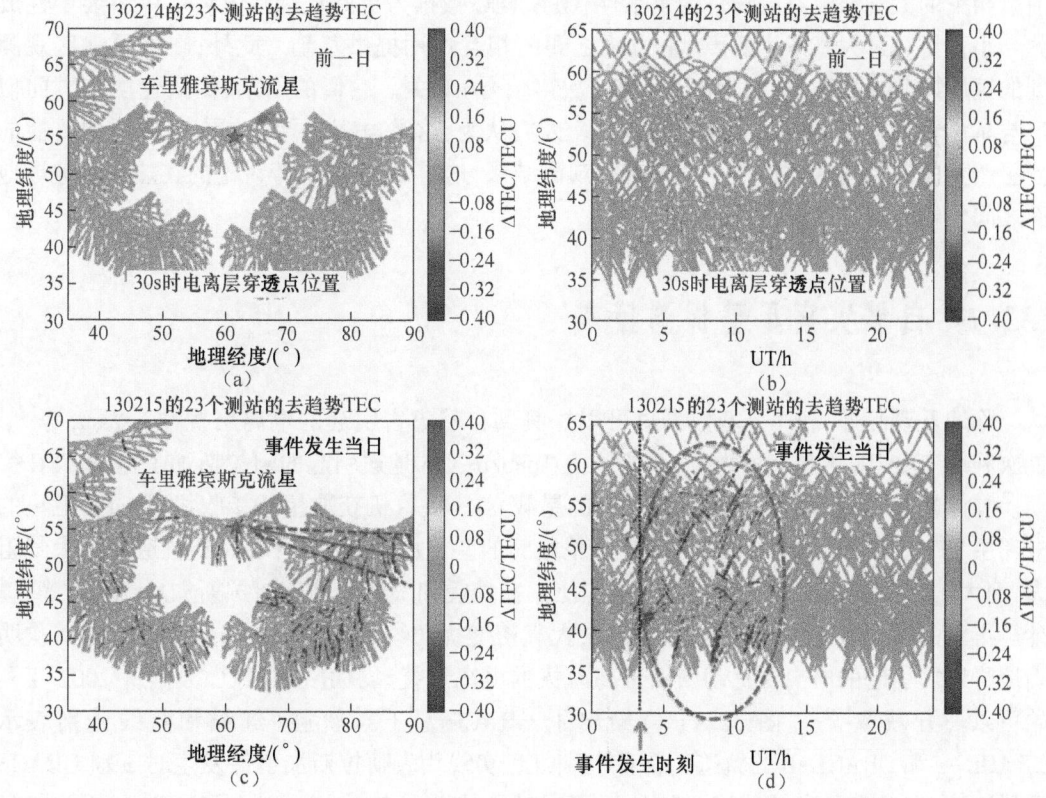

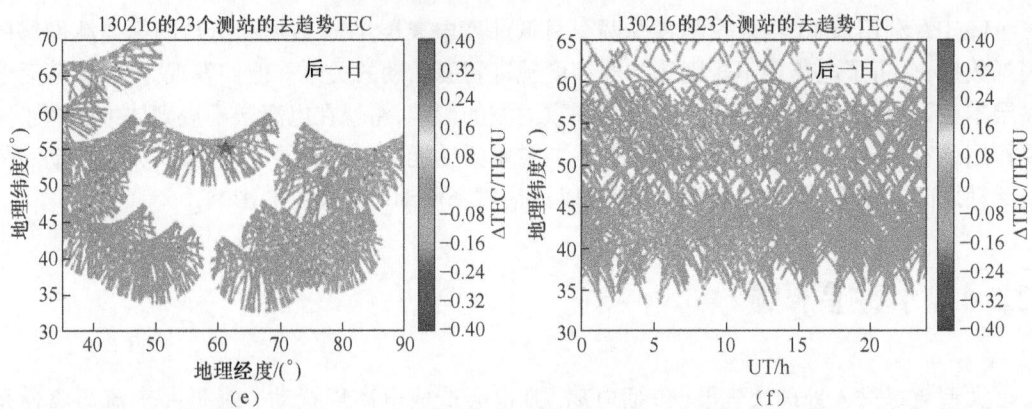

图 32.8 车里雅宾斯克流星于 2013 年 2 月 15 日 3 时 20 分 UT 进入大气层,以大约 20km/s 的速度移动。该物体直径数米,然后在距离地面 30~50km 的高度爆炸成碎片[上图表示以车里雅宾斯克小行星事件日期为中心的前后 3 天的 TEC 扰动。这些图显示了使用 23 个 GPS 站的所有接收机到卫星链路的电离层穿透点(IPP)对应的所有 TEC 扰动时间序列。近似的流星轨迹用红线表示,蓝色虚线代表估计的误差范围,流星撞击位置用紫色星号标记。资料来源:文献[29]。经 John Wiley & Sons 出版社许可转载。)

在近场观测到第二种 TID,平均速度为 (362 ± 23) m/s。第三,在远场发现了第三种类型的 TID,周期较短,平均速度为 (733 ± 36) m/s[36]。速度较慢的扰动与之前的研究[14,30,34,70]中提出的重力波引起的 TID 一致。Yang 等[29]指出,在海啸、地震或火山暴发和地表爆炸等自然灾害发生时,没有探测到具有较高传播速度的短周期扰动波(第三种类型)。由于与流星消融相关的大气和电离层物理的复杂性,GPS TEC 数据为更好地理解电离层中主要中性成分与小行星穿过大气产生的声-重力波之间的相互作用提供基础。此外,在美国地区观测到的短周期 TID 表明,它们与流星声波(次声信号)有关。它们的周期、传播速度和方向似乎与车里雅宾斯克陨石的大气影响有关。人们认为,这是电离层扰动与在电离层中传播的流星产生的远距离次声信号一致的首次观测结果,这与 Le Pichon 等讨论的在热层和地球地面之间传输的次声信号不同[71]。

32.7 自然灾害星基探测技术

除地基观测外,利用星基数据也可以探测到自然灾害引起的电离层扰动。Yang 等[36]首次利用 GRACE 卫星测量数据,分析了由 Tohoku-Oki 地震引起的阿拉斯加上空的 TEC 扰动。具体来说,Yang 等[36]利用 GRACE 的星载 GPS 接收机获取星载接收机至 GPS 卫星的电离层 TEC。此外,利用 2 颗 GRACE 卫星之间的差分加速度估计 GRACE 轨道上的大气阻力,而大气阻力又与大气密度的变化成正比。在地震和次声波到达阿拉斯加后,Yang 等[36]计算得到的电子密度波动高达 0.6TECU,大气密度扰动约为 3.6×10^{-14} kg/m^3。这是首次明确地将地震引起的电离层扰动归因于高海拔的电离层扰动,GRACE TEC 数据从 2002 年开始可以公开获取[72]。图 32.9(a)给出了 GRACE 星下点轨迹(红线和蓝线分别表示 GRACE-a 和 GRACE-b 的轨迹),深蓝色和红色实线代表阿拉斯加事件发生时 2 颗 GRACE 卫星轨迹,蓝色和红色虚线表示该地区不同时段的 GRACE 轨道。在图 32.9 中,因为红色和蓝色的实线和虚线几乎是重叠的,可能难以区分。绿色实线和品红色实线分别代表第一次地震的原波(P 波)和面波(S 波)。在图 32.9(b)中,黑色实线表示不同事件的发生时间(缩写为 ET),2 颗 GRACE 卫星通过该地区的 TEC 扰动,其中蓝色、红色和绿色的实线分别对应于事件发生 12h 后、发生前 12h 和发生前 24h。图 32.9(c)为地震时 TEC 扰动的小波谱分析,黑色实线表示 5%显著性水平。由于 TEC 时间序列有限,位于黑色虚线之外的区域受到边缘效应的影响。相关性介于 0(蓝色)和 1(红色)。Coisson 等[73]指出,COSMIC 无线电掩星也可用于探测海啸产生的 TEC 扰动,这将在 32.8 节中讨论。

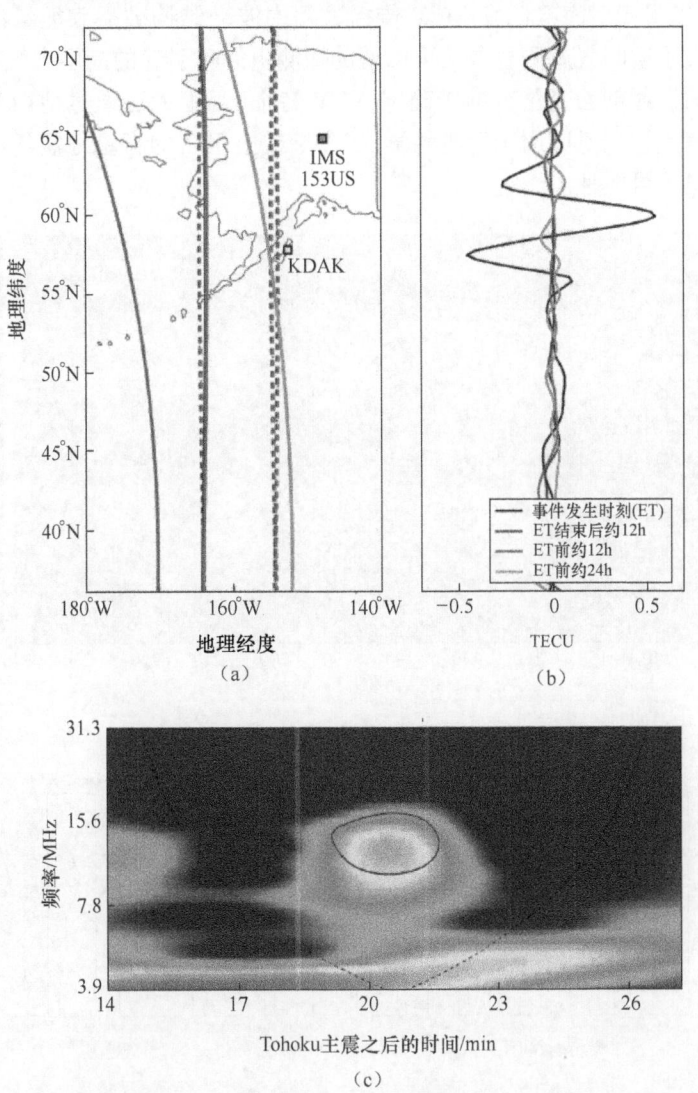

图 32.9　GRACE 测量表明,在大约 450km 高度上可以观察到海啸引起的电离层扰动特征
(资料来源:文献[36],经 John Wiley & Sons 出版社许可转载。)

Akiya 等[76]证实了在国际空间站(ISS)上观测到的气辉放射率扰动可能与对流层扰动有关。几年后,Yang 等[75]注意到,在 2011 年 3 月 11 日日本东北大地震和 2015 年 9 月 16 日智利地震发生后,TIMED 卫星上的 SABER 正穿过太平洋上空,他们发现,日本东北大地震引发的海啸实际上造成了地球上的气辉扰动。图32.10(a)显示了由日本东北大地震引发的海啸的时间变化以及SABER切点(红线)。图32.10(b)显示了在40~110km高度范围内O_2排放率的变化,与大约85km高度上海啸波引起的中性大气密度扰动的时空变化特性较为一致。在SABER边缘扫描穿过海啸引起的大气重力波后,在中间层观测到显著的(相对于环境发射廓线约10%)夜间气辉扰动。结果表明,中间层夜辉辐射的空间变化可以用来分析海啸引起的重力波。此外,如图32.10(c)所示,模拟结果表明海啸引起气辉分布变化的多峰结构主要由温度随海拔高度的变化引起。因此,利用SABER对温度和气辉发射剖面的精确测量,可以提高对海啸诱发AGW传播过程中波动结构破裂和能量沉积到中间层的理解。首次证实了空间气辉测量方法可以辅助探测由海啸引起的高层大气重力波。多波长通道边缘扫描的发射剖面变化有助于确定AGW特征,否则无法通过地面测量来完成。该结果为空间气辉光学测量应用于行星科学,如金星或土卫六的行星地震学和火星大气动态特征的研究提供了可能性。

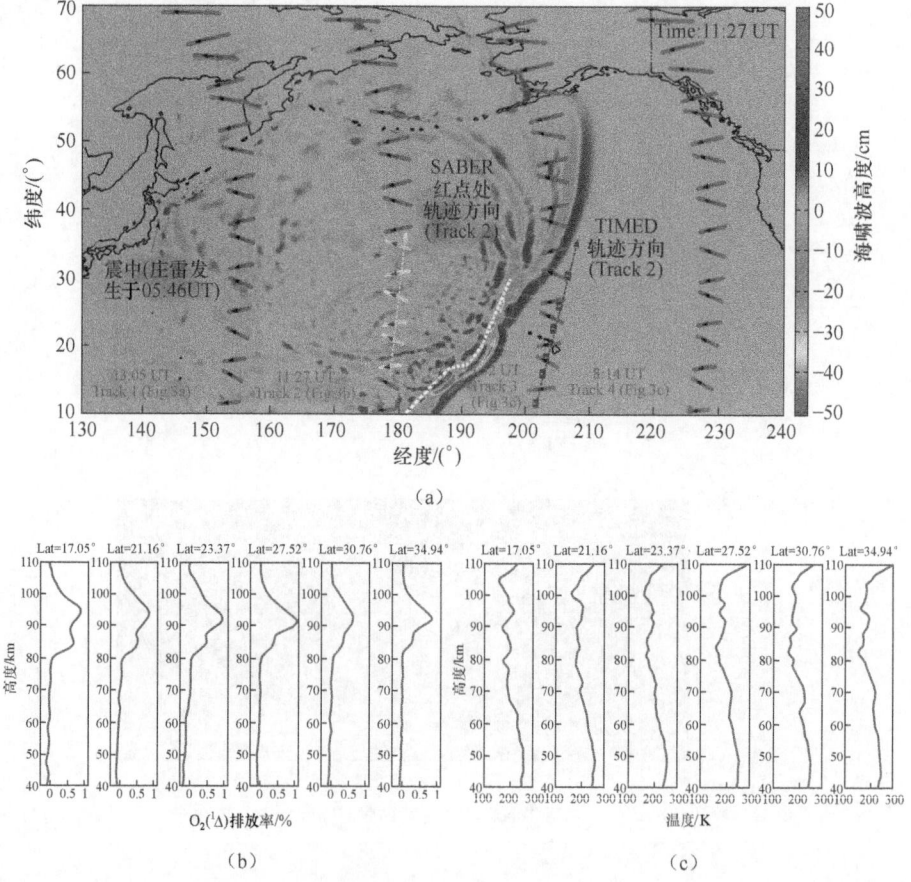

图32.10 在TIMED/SABRE气辉测量的夜间扫描期间,展示了海啸产生的O_2排放率变化特征[75]
[(a)海啸波传播和航天器SABRE轨迹的切点(红线)。彩色背景显示在太平洋传播的海啸波(UT 11时27分)。透明线条将TIMED地面位置(蓝色框)及其对应的2号轨道扫描(黄线)连接起来。蓝色和黄色虚线箭头分别表示TIMED和SABRE2号轨道的方向。通过使用测深和AGW传播速度得到海啸引起的重力波(白色虚线)的估计位置[74]。(b)气辉放率和(c)温度分布分别对应黄色切点轨迹。]

32.8 联合地基和星基 GNSS 数据处理算法

由于自然灾害事件(如地震和海啸)对社会产生巨大影响,研究固体地球和电离层之间动态耦合关系将在未来几十年受到科学界和国际政府机构的高度重视。随着电离层监测卫星的发射,可用于探测自然灾害引起的地球低层和高层大气层扰动特征的数据量将大幅增加。图 32.11 显示了自然灾害事件的社会影响,表明在应对自然灾害方面开展国际合作的必要性。太平洋火环和周围沿海国家受地震和相关海啸影响最大[见图 32.11(a)红色阴影区域]。然而,在这些区域没有布设足够的地基 GPS 接收机,无法保证对地震相关活动的连续观测。可见卫星数和卫星方位角(如地球的一半)可能使探测海啸造成的大气特征受到限制。那么,使用其他 GNSS 星座,如图 32.11(c) 和 32.11(d) 所示,包括俄罗斯 GLONASS(第 4 章)、欧洲 Galileo 系统(第 5 章)、中国北斗卫星导航系统(第 6 章)和日本 QZSS(第 8 章),以增加沿太平洋火环监测的时空覆盖范围,并略微扩大对海洋的覆盖范围,将有可能解决这一问题。

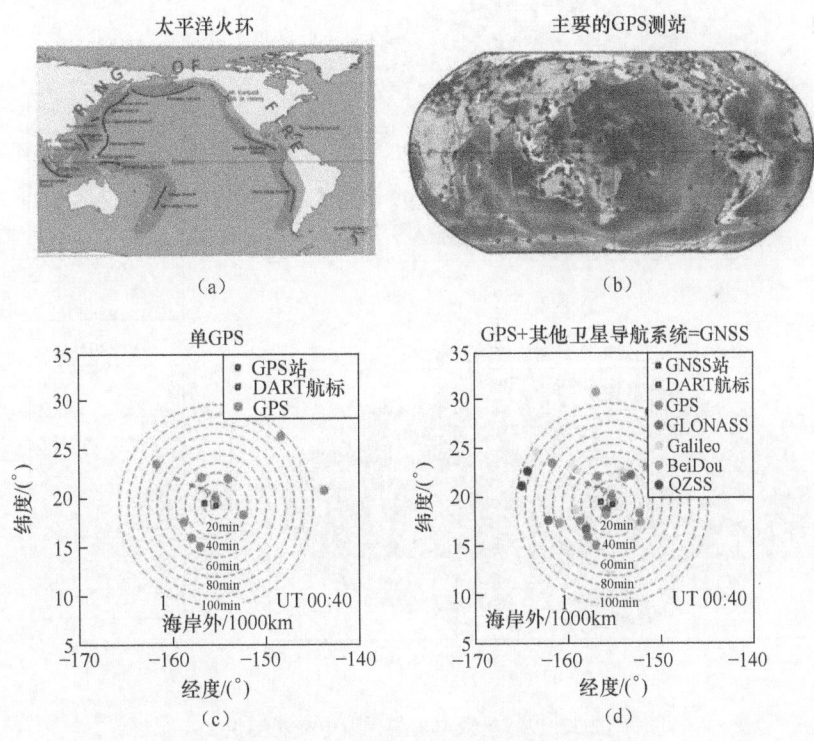

图 32.11 (a) 太平洋火环可能发生地震和海啸的覆盖范围;(b) 全球 GNSS 接收机观测网;(c) 夏威夷地区单 GPS 系统电离层 IPP 位置;(d) 多个 GNSS 星座显著提升夏威夷地区电离层观测空间覆盖范围,夏威夷地区是海啸提前探测的关键位置

图 32.11(d)中模拟了多 GNSS 系统在约 350km 高度处电离层穿透点的分布情况。多 GNSS 系统可以增加 IPP 数量,但是仅有助于提高时间覆盖率,并只能在 GPS 接收机位置周围提供更密集的空间覆盖率[图 32.11(c)],这对未来太平洋地区电离层监测的覆盖率不会

有显著改善。但是,星载 GPS 接收机可显著扩大电离层观测的空间覆盖范围,特别是海洋上空。联合星基和地基 GNSS 接收机将显著提高全球电离层监测的时空覆盖程度。

例如,Coisson 等[73]利用 COSMIC 单个电离层掩星剖面成功地测量和模拟了日本东北地震期间海啸引起的 TEC 扰动。COSMIC 是 2006 年 4 月发射的由 6 颗微型卫星组成的星座,每天提供约 2500 次掩星观测[图 32.12(a)],并已累积超过 410 万个电离层无线电掩星剖面,并存档于 CDDAC[78]。截止到 2019 年春季,COSMIC 在轨运行卫星数已降至 2 颗,但计划于 2019 年末发射 COSMIC-2 代卫星,每日将提供大约 8 倍的掩星探测次数,掩星事件主要发生在±40°N/S 之间,这是一个研究海啸成因的主要区域[图 32.12(b)]。此外,加拿大 CASSIOPE 极轨卫星从 2013 年 9 月开始在高纬度地区提供高频率(高达 100Hz)的无线电掩星测量,并且数据可供加拿大卡尔加里大学进行科学研究使用[77]。CASSIOPE 数据将扩大地震震中附近北太平洋阿留申群岛的 COSMIC/COSMIC-2 覆盖范围。图 32.12(c)展示了 COSMIC 电子密度剖面的示例。Shume 等[79]解决了电子密度波动 1~4km 的垂直分辨率问题,使 CASSIOPE 成为探测自然灾害引起的 TEC 扰动的极有价值的数据来源。

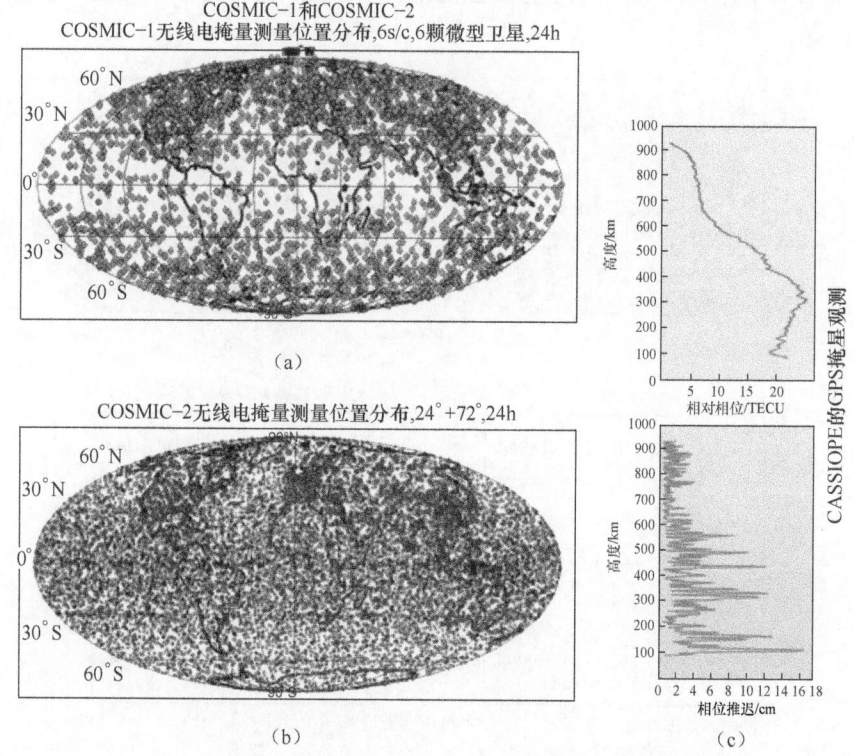

图 32.12 星载电离层无线电掩星测量

(a)显示了每日无线电掩星事件的覆盖范围;(b)表示 COSMIC-2 掩星事件的空间覆盖范围;
(c)是加拿大 CASSIOPE 航天器(e-POP/CASSIOPE[77])提供的高分辨率无线电掩星测量的示例。

显然,专门的无线电掩星任务,如 COSMIC 和 CASSIOPE,证明空间电离层探测与其他卫星任务(前面讨论过),如 NASA 的 GRACE 和 TIMED/SABER 仪器,为自然灾害事件的星基探测奠定基础。通过国际合作,联合其他无线电掩星任务,扩大电离层观测的时空覆盖范围,以探测自然灾害引起的电离层扰动。

32.8.1 地基和星载 GPS 数据处理算法

提取 TEC 观测的算法较多,包括从 GPS 双频伪距和相位测量中提取 TEC 观测值[4-6,80]。在 JPL,科学家通常在提取的 TEC 时间序列上使用 Butterworth 带通滤波器来分离与自然灾害事件相关的声波和重力波引起的 TEC 扰动。根据多次海啸事件的观测结果[14,17,30],这种滤波算法适合探测预期频率范围内的 TEC 扰动。JPL 还使用了其他方法如小波变换算法来研究、探测和估计由声重波引起的 TEC 扰动。最后,作为国际上为数不多的无线电掩星处理中心之一,JPL 开发了用于提取质量控制和验证的复杂算法,这些算法目前被用在无线电掩星任务中的中性大气和电离层掩星探测,用于监测电离层 TEC 小扰动[7]。本节以及前述章节中的参考资料,组成了滤波算法在地球自然灾害引起的电离层特征探测中的应用的优秀文献集。了解固体地球和地球上层大气之间动态耦合的需求日益增长,这为发展新的尖端技术铺平道路,这些技术将促进我们对如何从太空探测自然灾害的理解,这是未来研究的主题。

32.8.2 主要误差源削弱:相位抵消效应

当电子密度沿着卫星和接收机射线路径进行积分时,由声波和重力波引起的电子密度增强和损耗效应可能会被消除,即产生相位抵消效应,从而导致地面 GNSS 提取的电离层 TEC 观测值产生偏差,这是影响 GPS 测量电离层 TEC 扰动的主要误差源之一。Georges 和 Hooke 最早讨论了电子密度积分时的相位抵消效应[81]。当无线电波信号在电离层经历延迟(或相位提前)时,这种偏差可能会增加计算 TEC 波动幅度的不确定性。例如,在日本东北地震中,不同来源的声波和重力波都会引起电离层扰动,如 Astafyeva 等[25]报道,主要震中和震后震中的 TEC 值相互叠加一起,这些叠加后的综合测量值间接包括所有地震造成的整个电离层的扰动。因此,综合测量不仅影响使用电离层成像技术探测 TID 的结果,它们也会对声波和重力波[34]产生的电离层扰动的振幅和相位估计产生重大影响。由于低轨卫星的几何多样性,纳入星载测量将使相位抵消效应的影响降至最低。

32.8.3 其他因素

引入星载测量可能会彻底改变对地震-海啸耦合及其与电离层的联系的理解。单独的地面 GPS 测量只能对 GPS 接收机观测网附近,以及位于近海附近(例如日本)的地震断层线的一小部分灾害事件进行研究。结合其他测量手段,如 GPS 地震位移监测仪,研究太平洋火环地震事件触发的电离层扰动特性。多种观测手段可以覆盖更大的地理位置,并有望帮助理解地震和海啸之间的能量转移和动量交换。具体而言,通过使用多种测量手段分析地震和海啸引起的声波和重力波产生的电离层扰动,可以研究①海底隆起和海啸波高之间的相关性;②海啸波高及其引起的电离层扰动;③海底隆起和电离层扰动的相关性。如果其中一对没有相关性,那么其他原因(如水下滑坡)可能是海啸造成 TEC 扰动的主要原因,而实际海底隆起并未引发该事件[82]。

32.8.4 使用地基和星载数据监测中等地震引发的海啸

将地面和星载 GNSS 观测相结合,从而提高对灾害事件观测的时空分辨率,将有助于减少估计海啸波高和地面垂直位移的不确定性。提高参数估计精度将有助于评估7级及以上地震的影响。2015年的7.8级瓦戈尔喀地震出现了电离层扰动特征[83]。

32.8.5 使用星载数据观测夜间事件

如图32.10所示，SABER测量适合于在夜间探测重力波特征。利用气辉技术探测夜间海啸信号可能产生新的适合研究大量不同震级事件的变革性能力。仅使用地面GPS测量不会降低夜间扰动的探测精度。走滑与倾滑地震会引发海啸，在科学界，关于走滑地震是否会产生诱发电离层扰动的海啸一直存在争议。在50多个事件中，多达10个事件可能属于走滑事件。使用这个特殊的数据集，人们将能够更好地了解走滑地震事件的性质，以及它们是否在火环周围引起电离层扰动。针对走滑和倾滑地震产生的海啸灾害的深入讨论，请参见第28章。

32.8.6 增进对海啸源能量和海啸尺度的了解

地震震级并不总能很好地预测潜在的海啸能量来源。Song等[84]认为，海底位移可用于确定海啸能量和可能适合海啸预警的标准。然而，研究人员通常无法在源头获得精确的海啸波高测量。如果考虑到海啸波能量与海啸波高的平方成正比，就可以利用GPS和星载测量，根据海浪高度的不确定性，计算出海啸波能量和尺度的误差。模拟试验表明，在波高小于40cm范围内，加入星载数据将显著减少误差，从而更准确估计出海啸能量和尺度，这对于评估地震和海啸之间的能量转移至关重要[85]。

32.9 空间天气产生的TEC扰动

未来几十年最大的挑战之一是将自然灾害产生的电离层信号与空间天气事件引起的其他电离层TEC波动分开。例如，地磁暴可能会引起TEC扰动，这可能与自然灾害事件引起的扰动相似。图32.13显示了从300个30Hz采样率的GPS站计算出的滤波TEC。不同卫星和观测站得到的TEC扰动使用不同颜色绘制。为了方便显示，最大TEC扰动值绘制最上层，以凸显更重要的观测值。同时，绘制了包括日本东北地震发生前后2011年3月10—12日共3天的AE指数。结果表明，2011年3月10—11日的AE指数明显增强。常见的TID，赤道电离层扰动，高纬度电离层波动与日本东北地震和海啸引起的TEC扰动同时存在，这必须从TEC观测中剔除，以分离出海啸引起的电离层扰动。

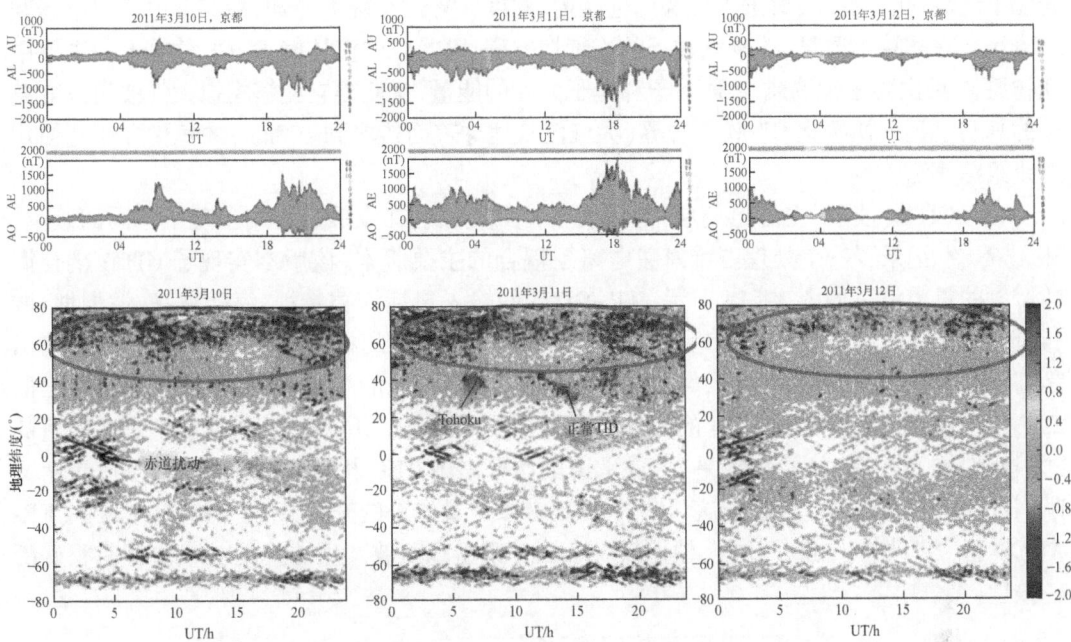

图 32.13 利用全球 300 个 GPS 测站得到 2011 年 3 月 10—12 日连续 3 天的电离层 TEC 扰动 [红色圆圈表示高纬度电离层扰动。我们还展示了日本东北地震事件产生的 TEC 扰动以及事件发生后几个小时的电离层行波扰动（TID）[80]。经 Komjathy 许可转载。]

32.10 海洋热层–电离层耦合建模

许多研究人员已经开发了正演模型来模拟海啸产生的重力波的垂直传播过程及其对地球电离层的影响，这是解释观测结果，再现地震，并了解地震、海啸、大气波和电离层如何作为一个动态系统耦合在一起的关键。珀尔蒂埃和海因斯[86]开发了一个二维分析模型，以了解重力波的垂直传播特性。Artru 等[87-88]利用模型证实了重力波从海洋表面到电离层的传播时间。这些模型奠定了建立更复杂和真实的大气波传播模型的基础，例如三维时变数值模型（例如，文献[74,89,90-94]）和频谱全波模型[70,95]，这些模型可以用于模拟海啸引起电离层扰动。然而，所有建模方法在表示真实声波和重力波在地球大气中的垂直传播时有所限制。它们都是流体静力模型，或者使用经验大气和电离层背景气候模型，中性粒子和离子之间缺乏自洽耦合，它们忽略了上层大气中的物理过程（如化学反应、热传导和辐射冷却）和空间天气效应，这限制了模型描述真实情况的能力。

为了克服以往建模的局限性，更好地捕捉海啸引起的大气波对上层大气动力学的影响，JPL 采用了全球电离层热层模型（GITM），这是一个基于第一性原理，关于离子圈-热层系统的三维全耦合非流体静力学物理模型[97-98]，用于模拟地震诱发的声波和重力波穿过地球电离层的过程。Meng 等[51,99]用中性大气波扰动（WP）分析模型扩展了 GITM，该模型模拟了地震诱发的大气波垂直传播至 100km，WP 的结果用于初始化 100km 处 GITM 的下边界条件。与以前的模型不同，GITM 考虑了外部作用力，如太阳风条件、太阳极端紫外线加热、极光粒子沉淀、化学反应、离子中性和中性碰撞、黏度、热传导、辐射冷却、高纬度电离层电场和地磁场。它解算了质量、动量和磁场的连续性方程,以及以非流体静力方式估算5种主要中性物质、5种次要中性物质、9种离子和电子浓度的能量,这使得它能够模拟大气波通过电离层的真实过程。初始化GITM下边界(大气波从地球表面传输到100km)的替代方法是使用射线跟踪算法[36]。

WP-GITM(波动-全球电离层-热层模型)不断发展,在发展过程中出现了不同的版本。Meng等[99]记录了一个处理三维海啸电离层耦合的主要版本,该版本实现了GITM耦合海啸诱发的重力波。如图32.14所示,WP-GITM的输入包括海啸特征:海啸波高、波周期、波长、传播方向,以及本节前面讨论的GITM外部驱动作用力的标准输入。WP-GITM的输出是高度为100~600km的高层大气状态。作为验证,将模拟的TEC扰动与GPS观测得出的TEC扰动进行比较,在图32.14的右上子图中,显示了1964 Mw 9.2阿拉斯加地震和随后的海啸事件的WP-GITM模拟结果,生成了美国西海岸的TEC扰动(完整的模型模拟参考文献[100]中的动画2)。其他研究人员将TEC结果与最先进的安莉芳-里德尔航空大学(ERAU)模型[94,96,101-102]进行比较,他们发现ERAU模型和声波产生的TEC扰动之间有很好的一致性。

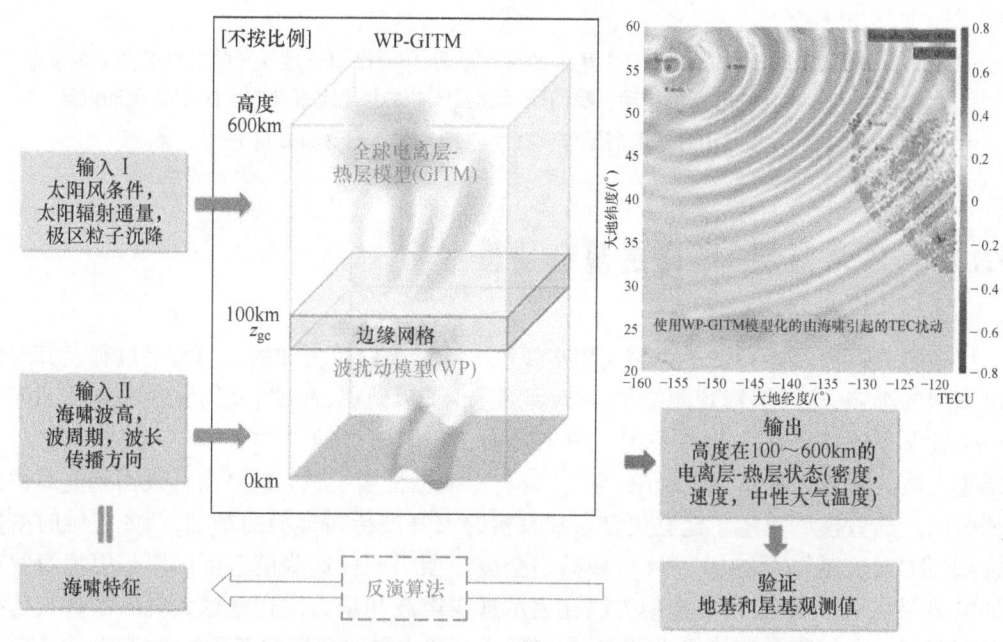

图 32.14 波传播-全球电离层-热层模型(WP-GITM)流程图[96]
(经 Komjathy 许可转载。)

32.11 反演算法

利用地面 GNSS 接收机在监测海啸引起的电离层 TEC 扰动方面的成功,JPL 也在努力利用全球差分 GPS(GDGPS)系统提供的实时地面电离层观测,建立沿太平洋火环[103]地震和海啸的近实时监测系统[104]。这项工作是 NASA 赞助的项目"实时地震分析与应对(READI)网络"的一部分[105]。未来 20 年将是开发一个近实时电离层监测系统的关键时期,该系统不仅可以探测海啸,而且还可以近实时估计海啸波高。目前没有实时监测系统是因为缺乏有效提取海啸引起的电离层 TEC 扰动的反演算法,无法恢复其扰动来源的特征。近实时自然灾害监测将有助于拯救人类生命和减少经济损失,正如美国国家科学院、工程院和医学院[106]的科学目标明确指出:"如何在与社会相关的时间框架内准确预测大规模地质灾害?"各个研究团队已经开始研究这种反演算法,结合在地震发生地点附近的地基和星载 GPS 观测数据,开发基于物理模型的数据同化技术,以了解自然灾害与地球低层和高层大气(包括电离层)耦合的物理机制。JPL 已开发了星载电离层测量的处理算法[44,107],包括高精度 TEC 数据编辑、降噪和带通滤波等算法,并且 JPL 使用 WP-GITM 进行了 TEC 扰动的建模工作[99]。

目前,模型使用龙格-库塔迭代法估计得到了与实测 TEC 扰动相匹配的海啸波高。最终的海啸波高或垂直地面位移的估计产品,可以用于计算海啸源能量和改进的海啸尺度(潜在破坏力)[30]。为了验证反演海啸波高的准确性,JPL[85]分别使用 GPS 以及结合地基和星载 GPS 数据得出的 TEC 扰动计算地表位移,用于模型模拟。由于 GPS 绝对 TEC 产品的精度为 2~3TECU,JPL 模型模拟反演结果表明,利用 GPS 电离层观测值预测的海啸波高的精度为 20~40cm,振幅小于 30cm。另外,联合星载观测数据,如 COSMIC 或 GRACE 数据,极大地提高了 WP-GITM 模型解算的精度,联合星载数据之后得到的海啸波高精度达到 5cm 级。海啸波高反演精度的提高是理解固体地球、海洋和大气之间耦合的一个重大进步,并证明了利用星载平台进行地球电离层观测的优势。最近,Rakoto 等[108-110]介绍了一种反演技术,该技术使用参数最小二乘反演方法,通过正态模式和建模来估计海啸波高,精度提高 20%(与 DART[111]浮标相比)。Rakoto 等[110]利用地面 GPS 接收机观测到 2006 年千岛群岛地震、2011 年日本东北地震和 2012 年海达瓜伊地震引起的海啸电离层电子密度扰动。然而,这种反演方法没有涉及物理建模。

自然灾害引起的电离层 TEC 扰动反演算法刚刚起步,鉴于目前的研究基础,将来还有很重要的工作需要做,32.10 节和本节中的研究内容为我们理解海啸对地球大气层的影响做出了重大贡献。但是,如 32.10 节所述,在模拟地球表面和上层大气之间真实垂直波耦合时仍然受到限制,这反过来又限制了自然灾害事件电离层特征的真实反映,从而直接影响其探测和反演过程的有效性。实现地震和海啸引起的电离层扰动的正演和反演建模,下一步工作是使用卫星或再分析大气背景信息,从地面到模型下边界进行初始化;包括大气波频谱特性,以及使用复杂的迭代和/或同化方法反演电离层 TEC 扰动。JPL 试图将物理模型和数据同化与卫星观测相结合,通过 NASA 资助的研究项目改进自然灾害探测方法[112]。

进一步需要研究影响星载测量的各种误差源,以及研究不同数据源的时间和空间变异性将如何影响海啸波高、强度和垂直表面位移的估计误差。不同的观测数据及其噪声之间不一致,使得对不同数据类型的处理面临不同的挑战。要实现厘米级的电离层观测值提取精度,数据质量控制至关重要。目前,使用 Deep-ocean Assessment 和 Reporting of Tsunamis 浮标[111]的地基观测和 GPS 高精度精密单点定位(PPP)实现了海啸波高和垂直地面位移估计结果的精度评估(见第 20 章)。了解哪些星载测量类型对成功反演(即误差最小)贡献最大仍然至关重要。星载数据类型将成为未来自然灾害预警系统的重要组成部分,有助于拯救人类生命和减少经济损失。

32.12 实时自然灾害监测

罗马大学开发的一种新的 GNSS 数据处理算法,称为 VARION(用于实时电离层观测的 Variometric 方法),其核心是实时探测海啸大气重力波引起的 TID。VARION 是一款用 Python 编写的开源软件(https://github.com/giorgiosavastano/VARION)。它源于 VADASE (位移分析变分法标准引擎)算法,该算法成功地实现了多个地震引起的地面速度和位移的实时估计。VADASE 算法后来被改进并应用于 GNSS 载波相位测量的无几何组合估计 TEC 变化。Savastano 等[103]演示了实时 VARION 算法,目前该算法已在 NASA 的 GDGPS 中得到应用,其使用全球约 230 个 1Hz 实时跟踪站的多 GNSS 系统实时数据流,利用多项式拟合建立有限持续时间脉冲响应(FIR)高通滤波器。对于当前应用,FIR 滤波器设计为 2048 个系数(taps),因此当使用 1Hz 数据时,有 35min 的初始延迟量,这一时间段称为转换相位(TP)。当转换相位结束时,系统将进入静止相位(SP),并将连续提供 TEC 扰动实时估计值。一旦接收机开始跟踪特定的卫星,这种初始延迟不会影响系统的可靠性,当然这可能与事件发生的开始时间不一致。对增强型的实时海啸探测系统(包括 VARION 技术)的详细描述不在本章讨论范围内。该实时海啸探测系统可能使用不同来源的数据(如地震仪、浮标和 GNSS 接收机)。一旦在特定位置发生地震,系统将使用震中附近的多个台站实时数据实时解算 TEC,探测可能与海啸相关的电离层扰动信号。观测结果将由中央处理设备收集和处理,并提供与地震事件相关的风险评估和扰动地图。使用独立数据类型有望显著提高系统的稳健性。实时监测系统的原始版本可访问(https://iono2la.gdgps.net/)。Savastano 等[103]研究结果表明,VARION 算法使每个地基双频 GNSS 接收机能够独立地提供稳定和连续的 TEC 变化实时估计值,旨在开发一款探测海啸引起的电离层扰动的工具,如图 32.15 所示。

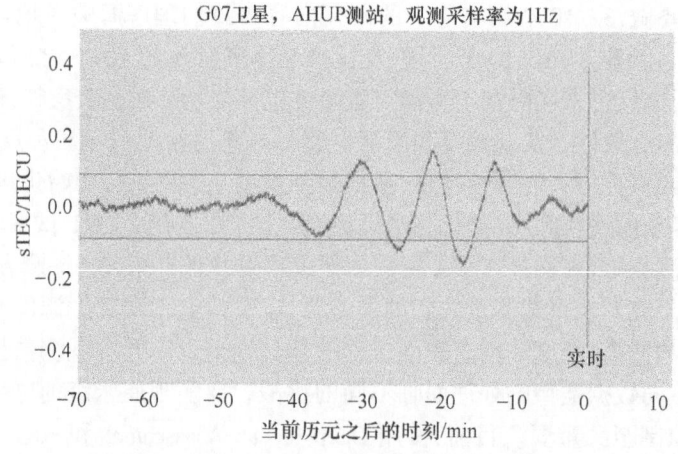

图 32.15 基于 GNSS 双频观测数据,利用 VARION 算法获取稳定和连续的实时 TEC 变化[103]
(经 Springer 出版社许可转载。)

32.13 人为危害

除前面章节讨论的自然灾害事件外,各种人为危险活动也会造成 TEC 扰动,包括意外的工业和受控爆炸。Komjathy 等[104]研究了 2013 年 4 月 17 日当地时间下午 6 时得克萨斯州西部发生的化学火灾引起的离子-大气反应,随后发生了化学爆炸(参见图 32.16;2013 年 4 月 17 日英国时间下午 7 时 50 分和 2013 年 4 月 18 日美国东部时间 00 时 50 分)。图 32.16(b)展示了得克萨斯州西部 45 个地面 GPS 测站的空间分布(用红色箭头表示)。这些台站监测到由火灾诱发的重力波所产生的电离层 TEC 扰动。图 32.16(d)显示了火灾后引起的电离层 TEC 扰动,扰动幅度为 0.40TECU。火灾后约 1h,还可观测到化学爆炸产生的声波造成的电离层 TEC 扰动,如图 32.16(e)所示。如图 32.16(底部用红色虚线标记)所示,在火灾和爆炸事件期间,重力波和声波特征先后出现。

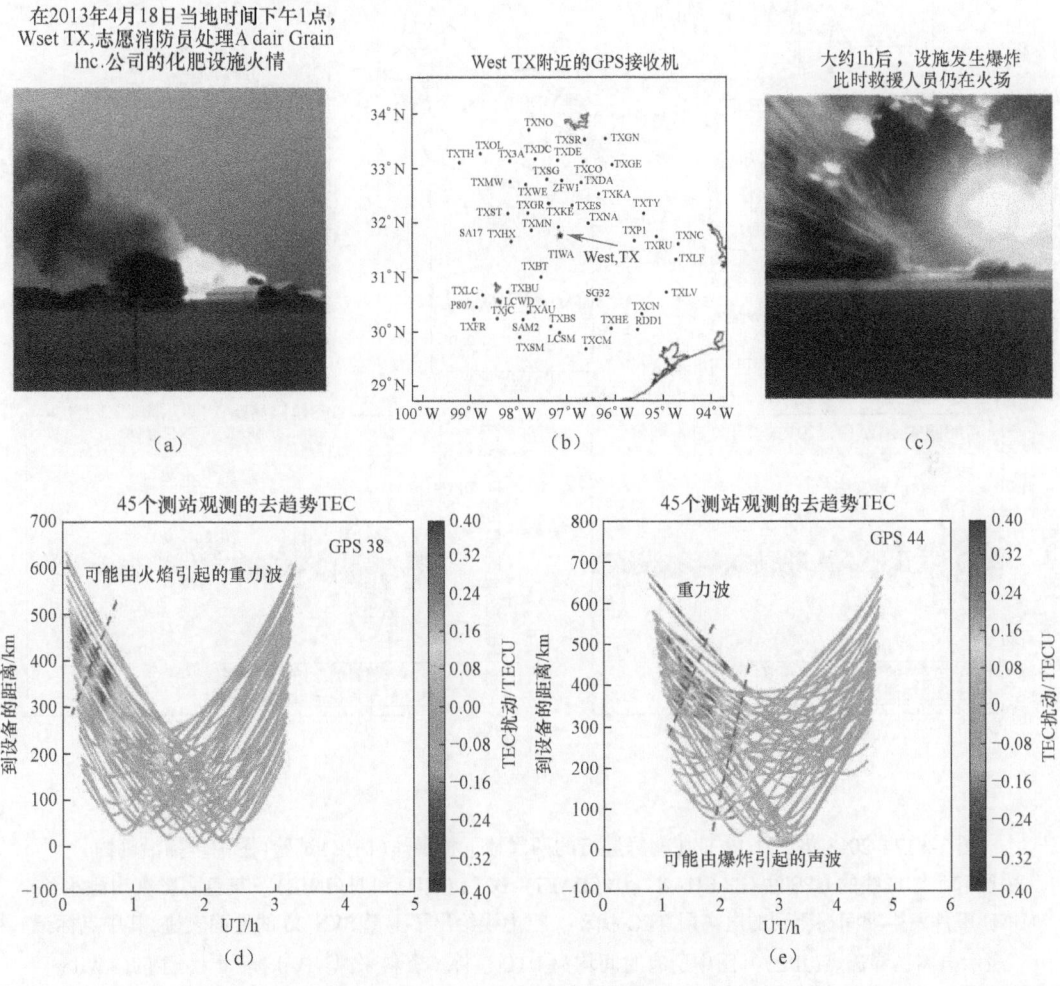

图 32.16 2013 年 4 月 17 日当地时间晚上 7 时 50 分,位于得克萨斯州西部韦科以北 18mi(29km)的 West Fertilizer Company 储存和配送设施发生的化学爆炸(或者 2019 年 4 月 18 日 00 时 50 分 UT),而紧急人员正在对该设施火灾进行施救(资料来源:文献[104]。经 Komjathy 许可转载。)

第二个例子展示了 2009 年 5 月和 2013 年 2 月在朝鲜基尔朱县蓬盖里核试验场进行的两次受控地下核爆炸(UNE)试验产生的电离层信号。类似于地震,爆炸引起地球电离层扰动的物理机制是声源处产生垂直传播的声波。图 32.17(a) 显示了核试验的位置(用红色圆圈标记),以及事件期间 Park 等[113-114]所分析的 CHAN、DAEJ、INJE 和 DOND 等站 GPS 电离层 TEC 扰动的时间序列。图中显示了不同的电离层 TEC 扰动,扰动范围在 0.1~0.5TECU。根据 2009 年 5 月 UNE 事件电离层扰动的波长和站点位置,认为这是由爆炸期间产生的声波引起的。(b) 显示了 2013 年 2 月 UNE 事件附近所有可用的地基 GPS 接收机的空间分布,并用红色圆圈标记了 DAEJ 站,Komjathy 等[104]对该站的 TEC 数据进行了分析。事件发生前一天没有出现任何电离层波动[(c)图中的洋红色线],但在当天的 UNE 事件发生 15min 后,可以清楚地看到 0.5TECU 扰动[(d)中的洋红色椭圆]。

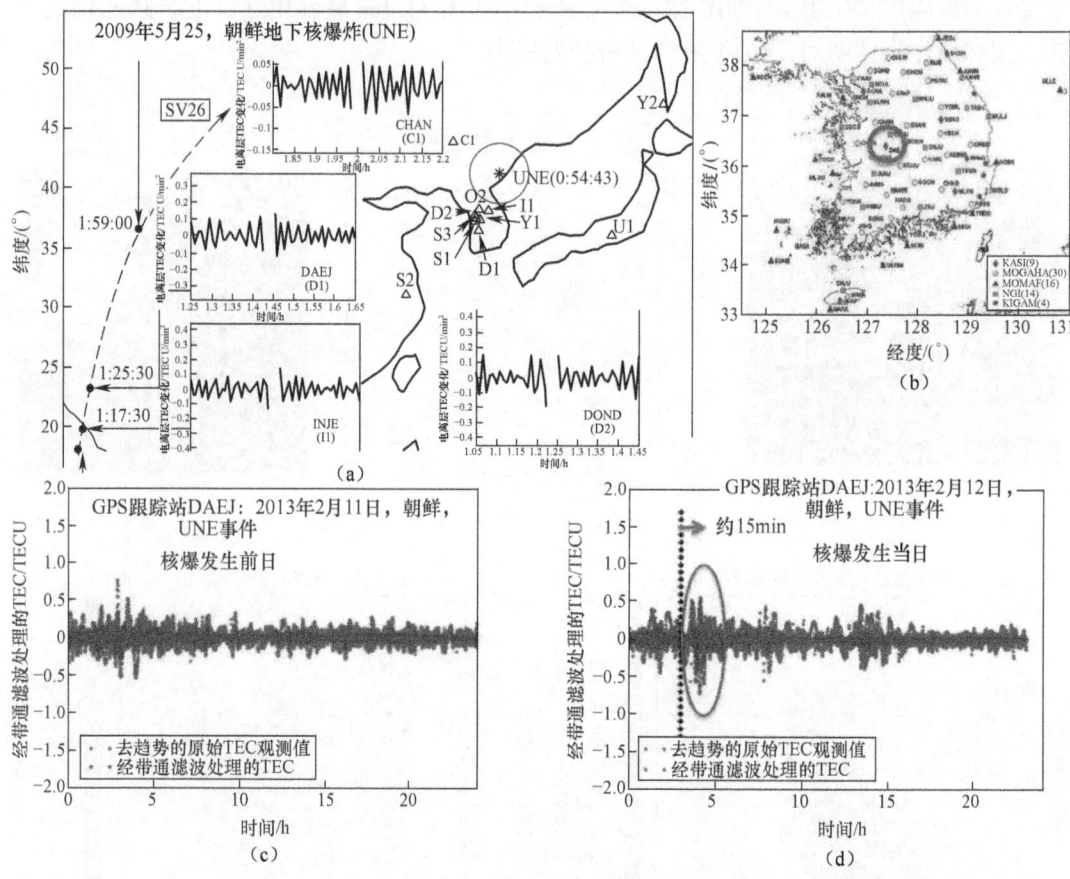

图 32.17 2013 年 2 月 12 日在朝鲜进行的两次地下核爆炸(UNE)试验(图中包括沿韩国,中国和日本岸线的 GPS 站 C1(CHAN)、D1(DAEJ)、D2(DOND)和 I1(INJE)。灰色阴影突出显示了 UNE 事件发生期间探测到的电离层 TEC 扰动。粗虚线给出了卫星 SVN 26 的地面轨迹,其中点标记表示电离层穿透点(IPP)。图中所有时间均为 UTC 事件。资料来源:Park 等[113],经 John Wiley & Sons 出版社许可转载。(b)显示了沿海岸线的 GPS 站分布,红色圆圈表示 DAEJ 站。(c)显示了事件发生前一天的电离层扰动。(d)显示了事件发生当天的电离层扰动。图中绿线表示去趋势后的 TEC 变化项,红线表示经带通滤波处理的 TEC。右下角表示爆炸时间,洋红色椭圆包含 15min 后爆炸引起的 TEC 扰动。来源:Komjathy 等[104]。)

自然灾害事件和人为爆炸引起的电离层特征已经通过许多例子显示出来,但它们的波形有什么相似性或差异? 图 32.18 提供了两个重大灾害事件的定性和定量比较,初步评估两者的差异性。图 32.18(c)显示了 INJE 和 PAJU 地面台站观测到的 2009 年 5 月(上文讨论)和 2006 年 10 月 UNE 事件的电离层 TEC 变化的时间序列,以及从 0800 台站观测到的 Tohoku-Oki 地震引起的 TEC 扰动序列。与地震事件相比,核爆炸事件产生的波形具有完全不同的周期。具体而言,爆炸事件的波动周期为 4 min,而与地震相关的波动周期为 15 min,后者周期更长,这主要是由于爆炸事件(声波)和地震(重力波)与地球电离层的耦合机制不同。此外,与爆炸事件相比,地震引起更强的电离层 TEC 振幅波动。必须指出的是,电离层对地震事件的响应在高度上是非线性的,这尚未得到合理解释。此外,两次爆炸事件之间的波形高度相关,但两次爆炸事件的波形都与地震事件不相关。这再次表明,每次爆炸事件与地球电离层的动态耦合是根本不同的。

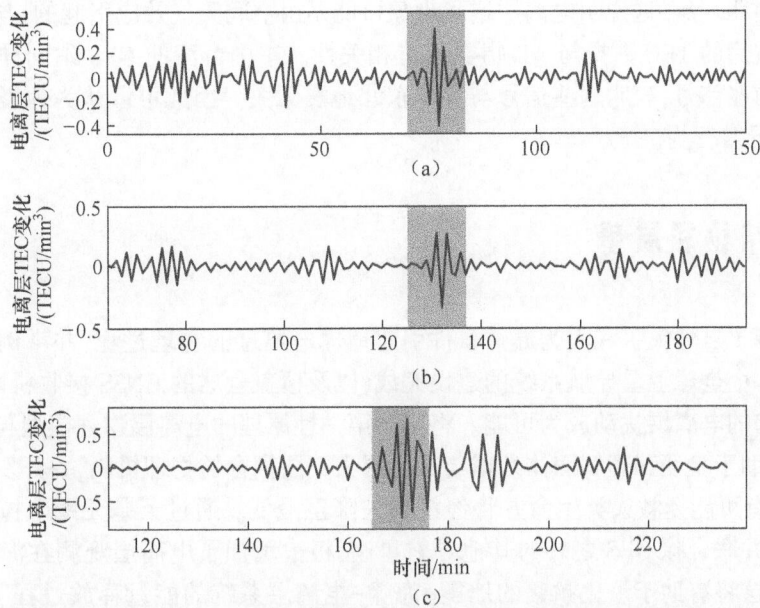

图 32.18 2009 年 UNE 台站 INJE(a)、2006 年 UNE 台站 PAJU(b)和 2011 年日本东北地震台站 0800(c)的 TEC 变化序列
(红色波形表示电离层扰动,阴影区域突出显示了 4 min 的扰动窗口。资料来源:文献[111],经 John Wiley & Sons 出版社许可转载。)

32.14 电离层前兆

除监测自然灾害事件发生后的地球电离层扰动外,似乎越来越多的科学研究介绍了地震发生前 GPS TEC 增强的电离层前兆信号的概念。大多数论文研究了震前电离层异常的案例[115]。其他论文也给出了多个震前电离层异常的案例分析[116-117],得出了类似的震前电离层增强的结论。另外,一些研究人员发表了关于电离层前兆的非决定性证据[118]。最近,研究人员利用模拟结果解释了大地震前电离层增强的物理机制[119]。其他人试图为

Heki[32]和 Kelley 等[120]发表的扰动特征提供另一种解释。他们发现,这些数据处理算法似乎更易得到电离层增强的结果。其他人认为电离层前兆可能是由空间天气效应引起的[80]。也有人提出,利用实时 GPS 站对 TEC 进行实时监测,可以探测电离层前兆信号。然而,人们不太可能在几个 TECU 级别上监测到 TEC 增强,因为即使未发生地震,电离层 TID、空间天气效应和低纬度电离层动力学等也会导致电离层增强。在东北-冈木地震震中附近,很难解释为什么其他仪器或通信网络从未观测到电场或地磁场的任何异常现象。在今后科研人员提出合理的物理机制并利用独立技术进行验证之前,震前 GPS-TEC 前兆将继续吸引研究人员和广大公众的关注。JPL 的研究人员用了日本的 1200 站 GEONET GPS 数据集,在 2011 年 3 月 11 日日本东北地震前 1h 探测到所谓的 TEC 增强[32]。Heki 也使用该数据集,并由 Geospatial 提供日本信息管理局(GSI)提供绝对 TEC 值,利用全球 GPS 站数据提取电离层 TEC 观测值,发现电离层 TEC 增强现象,但是使用 GIM 数据或垂直 TEC 观测中未发现异常前兆现象,这说明电离层增强现象可能是由空间天气效应引起的,与地震事件无关。而且滤波后的 TEC 数据与 AE 指数具有相关性。中国台湾的 GPS 站同样显示出类似电离层扰动前兆信号,表明这些信号与日本东北地震无关。因此可以认为地震前震中附近的 TEC 没有异常行为。

32.15 结论和展望

本章解释了自然灾害和人为爆炸事件引起地球电离层的物理过程,并举例说明了这种耦合过程。多个全球卫星导航系统的建设完成,以及覆盖全球的 GNSS 接收机网络,使探测自然灾害引起的电离层扰动成为可能。将基于第一性原理的电离层物理模型与电离层观测技术联合,有助于验证和理解固体地球与其上层大气层耦合的物理机制,并开发早期的预警系统[121],这有可能拯救人类生命并将经济损失降至最低。通过天基无线电掩星技术进行电离层观测,并联合除 GPS 之外的其他导航星座,极大增加了电离层观测在海洋区域的时空覆盖范围,这将有助于量化频繁的地震-海啸-电离层系统的能量释放过程、它们与海洋表面的动量交换以及随后与地球电离层的耦合,大大提高我们对地震-海啸-电离层系统的理解。模拟实验有助于我们了解反演过程中影响海啸波高和垂直地表位移估计精度的误差,这些误差对理解电离层中海洋表面和大气扰动的耦合机制有直接影响。最重要的是,在开发早期预警系统[122]时,我们认为地基和天基测量将在未来几年成为探测其他自然和人为爆炸如核探测、意外化学爆炸、流星撞击、火山喷发和野火的重要手段。科研团队正在利用全球导航卫星系统网络(https://iono2la.gdgps.net/)实时监测电离层。目前,利用电离层信息探测各种自然和人为危害事件的过程才真正开始。

致谢

感谢 NASA 总部、NASA 地球科学与初级 NASA ROSES 基金项目(NNH07ZDA001N-ESI)和 NASA 博士后专业计划(NPP)奖学金,该奖学金由 Oak Ridge Associated Universities 管理。根据与美国国家航空航天局签订的协议,本研究在加利福尼亚理工学院喷气推进实验室进行。本文中使用的日本 GEONET GPS 数据可从全球导航卫星系统地球观测网络系统（GEONET data，2016，http：//datahousel. gsi. go. jp/terras/terras_ english. html，2019 年 3 月 12 日获取），GRACE 数据可在宇宙数据分析和归档中心公开获取[78]。我们感谢美国导航学会和美国地球物理联合会提供的各种数据。加利福尼亚理工学院、政府赞助。

参考文献

[1] Jin,S. ,G. Occhipinti, and R. Jin (2015)， "GNSS ionospheric seismology：Recent observation evidences and characteristics," *Earth-Sci. Rev.* ,147,54-64, August 2015, doi：10. 1016/j. earscirev. 2015. 05. 003.

[2] GEONETData(2017) ,http：//datahousel. gsi. go. jp/terras/terras_english. html, Accessed on March 12,2019.

[3] Occhipinti, G. (2015) , "From Sumatra 2004 to Tohoku-Oki 2011：What we learn about Earthquake and Tsunami detection by ionospheric monitoring," HDR Dissertation, University of Paris Diderot.

[4] Komjathy, A. (1997) , "Global Ionospheric Total Electron Content Mapping Using the Global Positioning System," Ph. D. dissertation, Department of Geodesy and Geomatics Engineering Technical Report No. 188, University of New Brunswick, Fredericton, New Brunswick, Canada, 248 pp.

[5] Komjathy, A. (2013) , "The effects of the ionosphere on the propagation of electromagnetic waves," *Encyclopedia of Remote Sensing* (ed. E. G. Njoku)，Springer-Verlag.

[6] Mannucci, A. J. , B. D. Wilson, D. N. Yuan, C. H. Ho, UJ. Lindqwister, and T. F. Runge (1998)， "A global mapping technique for GPS-derived ionospheric total electron content measurements," *Radio Sci.* ,33,565 – 582, doi：10. 1029/97RS02707.

[7] Stephens, P. , A. Komjathy, B. Wilson, and A. Mannucci (2011) , "New leveling and bias estimation algorithms for processing COSMIC/FORMOSAT-3 data for slant total electron content measurements," *Radio Sci.* , 46, RSOD10, doi：10. 1029/2010RS004588.

[8] Yuen, P. C. , P. F. Weaver, and R. K. Suzuki (1969) , "Continuous, traveling coupling between seismic waves and the ionosphere evident in May 1968 Japan earthquake data," *J. Geophys. Res.* ,74,2256-2264.

[9] Kelley, M. C. , R. Livingston, and M. McCready (1985) , "Large amplitude thermospheric oscillations induced by an earthquake," *Geophys. Res. Lett.* , 12, 577-580, 10. 1029/GL012i009p00577.

[10] Calais, E. and J. B. Minster (1995)， "GPS detection of ionospheric perturbations following the January 17, 1994, Northridge earthquake," *Geophys. Res. Lett.* , 22, 1045-1048, 10. 1029/95GL00168.

[11] Calais E. and J. B. Minster(1998)， "GPS, earthquakes, the ionosphere, and the Space Shuttle," *Phys. Earth Planetary Interiors* ,105(3-4) ,167-181.

[12] Artru, J. , P. Lognonné, and E. Blanc (2001)， "Normal modes modeling of post-seismic ionospheric oscillations," *Geophys. Res. Lett.* , 28, 697-700, doi：10. 1029/2000GL000085.

[13] Galvan, D. A. , A. Komjathy, M. P. Hickey, and A. J. Mannucci (2011)， "The 2009 Samoa and 2010 Chile tsunamis as observed in the ionosphere using GPS total electron content," *J. Geophys. Res. Space Phys.* ,116, doi：10. 1029/2010JA016204.

[14] Galvan, D. A. , A. Komjathy, M. Hickey, P. Stephens, J. B. Snively, T. Song, M. Butala, and A. J. Mannucci (2012) , "Ionospheric signatures of Tohoku-Oki Tsunami of March 1, 2011：Model comparisons near the epicenter," *Radio Sci.* , doi：10. 1029/2012RS005023.

[15] Rolland, L. M. , P. Lognonné, and H. Munekane (2011)， "Detection and modeling of Rayleigh wave induced patterns in the ionosphere," *J. Geophys. Res.* , 116, A05320, doi：10. 1029/2010JA016060.

[16] Rolland, L. M. , M. Vergnolle, J. -M. Nocquet, A. Sladen, J. -X. Dessa, F. Tavakoli, H. R. Nankali, and F. Cappa

(2013), "Discriminating the tectonic and non-tectonic contributions in the ionospheric signature of the 2011, Mw7.1, dip-slip Van earthquake, Eastern Turkey," *Geophys. Res. Lett.*, 40, 2518-2522, doi: 10.1002/grl.50544.

[17] Komjathy, A., Y-M Yang, X. Meng, O. Verkhoglyadova, A. J. Mannucci, and R. B. Langley (2015b), "Detection of natural-hazards-generated TEC perturbations using ground-based and spaceborne ionospheric measurements and potential new applications," in the *Proceedings of the ION PNT Meeting*, Honolulu, HI, April 20-23.

[18] Komjathy, A., Y.-M. Yang, X. Meng, O. Verkhoglyadova, A. J. Mannucci, and R. B. Langley (2016), "Review and perspectives: Understanding natural-hazards-generated ionospheric perturbations using GPS measurements and coupled modeling," *Radio Sci.*, 51, doi:10.1002/2015RS005910.

[19] Heki, K. (2006), "Explosion energy of the 2004 eruption of the Asama Volcano, central Japan, inferred from ionospheric disturbances," *Geophys. Res. Lett.*, 33, L14303, doi:10.1029/2006GL026249.

[20] Ducic, V., J. Artru, and P. Lognonné (2003), "Ionospheric remote sensing of the Denali Earthquake Rayleigh surface waves," *Geophys. Res. Lett.*, 30(18), 1951, doi:10.1029/2003GL017812.

[21] Mazzotti, S., T. S. James, J. Henton, and J. Adams (2005), "GPS crustal strain, postglacial rebound, and seismic hazard in eastern North America: The Saint Lawrence valley example," *J. Geophys. Res.*, 110, B11301, doi:10.1029/2004JB003590.

[22] Bergeot, N., M. N. Bouin, M. Diament, B. Pelletier, M. Régnier, S. Calmant, and V. Ballu (2009), Horizontal and vertical interseismic velocity fields in the Vanuatu subduction zone from GPS measurements: Evidence for a central Vanuatu locked zone, *J. Geophys. Res.*, 114, B06405, doi:10.1029/2007JB005249.

[23] Astafyeva, E. and Heki, K. (2009), "Dependence of waveform of near-field co-seismic-ionospheric disturbances on focal mechanisms," *Earth Planets Space*, 61(7), 939-943.

[24] Astafyeva, E., K. Heki, E. Afraimovich, V. Kiryushkin, and S. Shalimov (2009), "Two-mode long-distance propagation of coseismic ionosphere disturbances," *J. Geophys. Res., Space Phys.* 114, A10307. http://dx.doi.org/10.1029/2008JA013853.

[25] Astafyeva, E., P. Lognonné, and L. M. Rolland (2011), "First ionosphere images for the seismic slip on the example of the Tohoku-Oki earthquake," *Geophys. Res. Lett.* 38, L22104. http://dx.doi.org/10.1029/2011GL049623.

[26] Astafyeva, E., S. Shalimov, E. Olshanskaya, and P. Lognonné (2013a), "Ionospheric response to earthquakes of different magnitudes: Larger quakes perturb the ionosphere stronger and longer," Geophys. Res. Lett. 40(9), 1675-1681. http://dx.doi.org/10.1002/grl.50398.

[27] Astafyeva, E., L. M. Rolland, P. Lognonné, K. Khelfi, and T. Yahagi (2013b), "Parameters of seismic source as deduced from 1Hz ionospheric GPS data: Case-study of the 2011 Tohoku-Oki event," *J. Geophys. Res., Space Phys.*, 118(9), 5942-5950. https://doi.org/10.1002/jgra.50556.

[28] Astafyeva, E., L. M. Rolland, and A. Sladen (2014), "Strike-slip earthquakes can be detected in the ionosphere," *Earth Planetary Sci. Lett.*, 450, 180-193, http://dx.doi.org/10.1016/j.epsl.2014.08.024.

[29] Yang, Y.-M., A. Komjathy, R. B. Langley, P. Vergados, M. D. Butala, and A. J. Mannucci (2014a), "The 2013 Chelyabinsk meteor ionospheric impact studied using GPS measurements," *Radio Sci.*, 49, 341-350, doi:10.1002/2013RS005344.

[30] Komjathy, A., Y-M Yang, X. Meng, O. Verkhoglyadova, A. J. Mannucci and R. B. Langley (2015a), "Recent developments in understanding natural-hazards-generated TEC perturbations: Measurements and modeling results," in the *Proceedings of the 2015 Ionospheric Effects Symposium*, Alexandria, VA, May 12-14.

[31] Makela, J. J. et al. (2011), "Imaging and modeling the ionospheric airglow response over Hawaii to the tsu-

nami generated by the Tohoku earthquake of 11 March 2011," *Geophys. Res. Lett.*, 38, doi: 10. 1029/2011GL047860.

[32] Heki, K. (2011), "Ionospheric electron enhancement preceding the 2011 Tohoku-Oki earthquake," *Geophys. Res. Lett.*, 38, L17312, doi: 10. 1029/2011GL047908.

[33] Arrowsmith, S. J., R. Burlacu, K. Pankow, B. Stump, R. Stead, R. Whitaker, and C. Hayward (2012). "A seismoacoustic study of the 2011 January 3 Circleville earthquake," *Geophys. J. Int.* 189, 1148–1158. doi: 10. 1111/j. 1365–246X. 2012. 05420. x.

[34] Yang, Y. -M., J. L. Garrison, and S. -C. Lee (2012), "Ionospheric disturbances observed coincidentwith the 2006 and 2009 North Korean underground nuclear tests," *Geophys. Res. Lett.*, 39, L02103, doi: 10. 1029/2011GL050428.

[35] Yang, Y-M., A. Komjathy, X. Meng, M. Butala, and A. J. Mannucci (2013), "Ground-and Space-Based Natural Hazards Remote Sensing of Thermosphere-Ionosphere Perturbations Using GPS Measurements," Abstract presented at the Fall AGU Meeting, San Francisco, CA, December 9-13.

[36] Yang, Y. -M., X. Meng, A. Komjathy, O. Verkhoglyadova, R. B. Langley, B. T. Tsurutani, and A. J. Mannucci (2014b), "Tohoku-Oki earthquake caused major ionospheric disturbances at 450km altitude over Alaska," *Radio Sci.*, 49, doi: 10. 1002/2014RS005580.

[37] Roy, C., G. Occhipinti, L. Boschi, J. -P. Molin. , and M. Wieczorek (2014), "Effect of ray and speed perturbations on ionospheric tomography by over-the-horizonradar: A new method," *J. Geophys. Res. Space Phys.*, 119, 7841–7857, doi: 10. 1002/2014JA020137.

[38] Occhipinti, G., L. M. Rolland, P. Lognonné, and S. Watada (2013), "From Sumatra 2004 to Tohoku-Oki 2011: The systematic GPS detection of the ionospheric signature induced by tsunamigenic earthquakes," *J. Geophys. Res. Space Phys.*, 118, 3626–3636, doi: 10. 1002/jgra. 50322.

[39] 3United States GeologicalSurvey (USGS) (2016), http://earthquake. usgs. gov/earthquakes/.

[40] Song, Y. T. (2007), "Detecting tsunami genesis and scales directly from coastal GPS stations," *Geophys. Res. Lett.*, 34, L19602, doi: 10. 1029/2007GL031681.

[41] Song, Y. T., L-L. Fu, V. Zlotnicki, C. Ji, V. Hjorleifsdottir, C. K. Shum, and Y. Yi (2008), "The role of horizontal impulses of the faulting continental slope in generating the 26 December 2004 Tsunami," Ocean Modeling, doi: 10. 1016/j. ocemod. 2007. 10. 007.

[42] Song, Y. T. and S. C. Han (2011), "Satellite observations defying the long-held tsunami genesis theory," *Remote Sensing of the Changing Oceans* (ed., D. L. Tang), doi: 10. 1007/978–3–642–16541–2, Springer-Verlag Berlin Heidelberg.

[43] Komjathy, A., T. Song, and A. Buis (2013a), "Drop in the Ocean: Data from the Global Differential GPS network can predict the size of tsunami." *Meteorological Technology International*, pp. 20-21. April 2013.

[44] Komjathy, A., Y. -M. Yang, M. Butala, B. lijima, and A. J. Mannucci (2013b), "Detecting ionospheric TEC perturbations generated by natural hazards using a global network of GPS receiver," in the *Proceedings of the 2013 Beacon Satellite Symposium*, University of Bath, July 8–12, 2013.

[45] Lognonné, P., J. Artru, R. Garcia, F. Crespon, V. Ducic, E. Jeansou, G. Occhipinti, J. Helbert, G. Moreaux, and P-E. Godet (2006a), Ground based GPS tomography of ionospheric post-seismic signal, *Planet Space Sci.*, 54, 528–540.

[46] Lognonné, P., R. Garcia, F. Crespon, G. Occhipinti, A. Kherani, and J. Artru (2006b), *Seismic Waves in the Ionosphere Europhysics News*, 37, 11–14, 2006.

[47] Animation 1, https://www. youtube. com/watch? v=iR6ZfG1gAms, Accessed on 12 March 2019.

[48] Titov, V. V. and F. I. Gonzales (1997), "Implementation and testing of the Method of Splitting Tsunami

(MOST) model," NOAA Tech. Memo. ,ERL PMEL112,11 pp. (Available at http://www. pmel. noaa. gov/pubs/PDF/tito1927/tito1927. pdf).

[49] Titov, V. V. , C. W. Moore, D. J. M. Greenslade, C. Pattiaratchi, R. Badal, C. E. Synolakis, and U. Kânoglu (2011) ," Anew tool for inundation modeling: Community Modeling Interface for Tsunamis (ComMIT) ," *Pure Appl. Geophys.* ,168,2121-2131,doi:10. 1007/s00024-011-0292-4.

[50] NASA News Feature(2015) ,https://www. nasa. gov/jpl/gps-data-show-how-nepal-quake-disturbed-earth-s-upper-atmosphere, Image credit: NASA/JPL/Ionosphere Natural Hazards Team; Y. -M. Yang; Accessed on February 12,2019.

[51] Meng,X. , O. P. Verkhoglyadova, A. Komjathy, G. Savastano, and A. J. Mannucci, (2018) ," Physics-based modeling of earthquake-induced ionospheric disturbances," *J. Geophys. Res: Space Phys.* , 123, 8021 – 8038. https://doi. org/10. 1029/2018JA025253.

[52] Kanamori,H. ,J. Mori,and D. G. Harkrider(1994) ," Excitation of atmospheric oscillations by volcanic eruptions," *J. Geophys. Res.* ,99,21,947-21,961.

[53] Dautermann,T. ,E. Calais,and G. S. Mattioli(2009a) ," Global Positioning System detection and energy estimation of the ionospheric wave caused by the 13 July 2003 explosion of the Soufriere Hills Volcano, Montserrat," *J. Geophys. Res.* , 114, B02202, doi:10. 1029/2008JB005722.

[54] Dautermann, T. , E. Calais, P. Lognonné and G. S. Mattioli (2009b) , " Lithosphere-atmosphere-ionosphere coupling after the 2003 explosive eruption of the Soufriere Hills Volcano,Montserrat," *Geophys. J. Int.* ,179, 1537-1546. doi:10. 1111/j. 1365-246X. 2009. 04390. x.

[55] Zabotin, N. A. , O. A. Godin, and T. W. Bullett (2016) ," Oceans are a major source of waves in the thermosphere," *J. Geophys. Res. Space Phys.* ,121,3452-3463,doi:10. 1002/2016JA022357.

[56] Jonah,O. F. ,E. A. Kherani,and E. R. De Paula(2016) ," Observation of TEC perturbation associated with mediumscale traveling ionospheric disturbance and possible seeding mechanism of atmospheric gravity wave at a Brazilian sector," *J. Geophys. Res. Space Phys.* ,121,2531-2546,doi:10. 1002/2015JA022273.

[57] Watada, S. and H. Kanamori (2010) , " Acoustic resonant oscillations between the atmosphere and the solid earth during the 1991 Mt. Pinatubo eruption," *J. Geophys. Res.* ,115,B12319,doi:10. 1029/2010JB007747.

[58] Nakashima,Y. ,K. Heki,A. Takeo,M. N. Cahyadi,and A. Aditiya(2014) ," Ionospheric disturbances by volcanic eruptions by GNSS-TEC: Comparison between Vulcanian and Plinian eruptions," presented at the 2014 AGU Fall Meeting,December 9-14,2014.

[59] Nakashima,Y. ,K. Heki,A. Takeo,M. N. Cahyadi,A. Aditiya,and K. Yoshizawa(2016) ," Atmospheric resonant oscillations by the 2014 eruption of the Kelud volcano,Indonesia,observed with the ionospheric total electron contents and seismic signals," *Earth Planet. Sci. Lett.* , 434, 112 – 116, doi: 10.1016/j. epsl. 2015. 11. 029.

[60] Shults, K. , E. Astafyeva, and S. Adourian (2016) , " Ionospheric detection and localization of volcano eruptions on the example of the April 2015 Calbuco events," *J. Geophys. Res. Space Phys.* ,121,10,303-10, 315,doi:10. 1002/2016JA023382.

[61] Nishioka,M. ,T. Tsugawa,M. Kubota,and M. Ishii(2013) ," Concentric waves and short-period oscillations observed in the ionosphere after the 2013 Moore EF5 tornado," *Geophys. Res. Lett.* ,40,5581-5586,doi:https://doi. org/10. 1002/2013GL057963.

[62] Azeem, I. , J. Yue, L. Hoffmann, S. D. Miller, W. C. Straka, III , and G. Crowley (2015) , " Multi-sensor profiling of a concentric gravity wave event propagating from the troposphere to the ionosphere," *Geophys. Res. Lett.* ,42,pp. 7874-7880,doi:https://doi. org/10. 1002/2015GL065903.

[63] Lay, E. H. , X. -M. Shao, A. K. Kendrick, and Carrano, C. S. (2015) , " Ionospheric acoustic and gravity

waves associated with midlatitude thunderstorms," *J. Geophys. Res*: *Space Phys.* , 120, 6010-6020, https://doi. org/10. 1002/2015JA021334.

[64] Lay, E. H. , X. -M. Shao, and C. S. Carrano (2013) , "Variation in total electron content above large thunderstorms," *Geophys. Res. Lett.* , 40, 1945-1949, doi: 10. 1002/grl. 50499.

[65] Chou, M. Y. , C. C. H. Lin, J. Yue, H. F. Tsai, Y. Y. Sun, J. Y. Liu, and C. H. Chen (2017) , "Concentrictraveling ionosphere disturbances triggered by Super Typhoon Meranti (2016) ," *Geophys. Res. Lett.* , 44, 1219-1226, doi: 10. 1002/2016GL072205.

[66] Mrak, S. , J. Semeter, Y. Nishimura, M. Hirsch, and N. Sivadas, (2018) , "Coincidental TID production by tropospheric weather during the August 2017 total solar eclipse," *Geophys. Res. Lett.* , 45, 10, 903-10, 911, doi: 10. 1029/2018GL080239.

[67] Vadas, S. L. and Liu, H. (2009) , "Generation of large-scale gravity waves and neutral winds in the thermosphere from the dissipation of convectively generated gravity waves," *J. Geophys. Res.* , 114, A10310, doi: https://doi. org/10. 1029/2009JA014108.

[68] Kumar, S. , W. Chen, M. Chen, Z. Liu, and R. P. Singh (2017) , "Thunderstorm/lightning-induced ionospheric perturbation: An observation from equatorial and low-latitude stations around Hong Kong. " *J. Geophys. Res.* : *Space Phys.* , 122, 9032-9044, doi: https://doi. org/10. 1002/2017JA023914.

[69] Lay, E. H. (2018) , "Ionospheric irregularities and acoustic/gravity wave activity above low-latitude thunderstorms," *Geophys. Res. Lett.* , 45, 90-97, doi: 10. 1002/2017 GL76058.

[70] Hickey, M. P. , G. Schubert, and R. L. Walterscheid (2009) , "Propagation of tsunami-driven gravitywaves into the thermosphere and ionosphere," *J. Geophys. Res.* , 114, A08304, doi: 10. 1029/2009JA014105.

[71] Le Pichon, A. , L. Ceranna, C. Pilger, P. Mialle, D. Brown, and P. Herry (2013) , "2013 Russian fireball largest ever detected by CTBTO infrasound sensors," *Geophys. Res. Lett.* , doi: 10. 1002/grl. 50619.

[72] PODAAC, Physical Oceanography Distributed Archive Center (2016) , GRACE Data Archive, ftp://podaac-ftp. jpl. nasa. gov/allData/grace/L1B/JPL/RL02/, Accessed on March 12, 2019.

[73] Coisson, P. , P. Lognonne, D. Walwer, and L. M. Rolland (2015) , "First tsunami gravity wave detection in ionospheric radio occultation data," *Earth Space Sci.* , 2, 125-133, doi: 10. 1002/2014EA000054.

[74] Occhipinti, G. , P. Coisson, J. Makela, S. Allgeyer, A. Kherani, H. Hébert, and P. Lognonné (2011) , "Three-dimensional numerical modeling of tsunami-related internal gravity waves in the Hawaiian atmosphere," *Earth Planets Space*, 63(7) , 847-851, doi: 10. 5047/eps. 2011. 06. 051.

[75] Yang, Y. -M. , O. Verkhoglyadova, M. G. Mlynczak, A. J. Mannucci, X. Meng, R. B. Langley, and L. A. Hunt (2017) , " Satellite-based observations of tsunami-induced mesosphere airglow perturbations," *Geophys. Res. Lett.* , 43, doi: 10. 1002/2016GL070764.

[76] Akiya, Y. , A. Saito, T. Sakanoi, Y. Hozumi, A. Yamazaki, Y. Otsuka, M. Nishioka, and T. Tsugawa (2014) , "First spaceborne observation of the entire concentric airglow structure caused by tropospheric disturbance," *Geophys. Res. Lett.* , 41, 6943-6948, doi: 10. 1002/2014GL061403.

[77] e-POP/CASSIOPE (2016) , "Enhanced Polar Outflow Probe," http://epop. phys. ucalgary. ca/uickfacts. html, Accessed on 12 March 2019.

[78] CDAAC, COSMIC Analysis and Data Center (2016) , http://cdaac-www. cosmic. ucar. edu/cdaac/products. html, Accessed on 12 March 2019.

[79] Shume, E. B. , A. Komjathy, R. B. Langley, O. Verkhoglyadova, M. D. Butala, and A. J. Mannucci (2015) , "Intermediate scale plasma irregularities in the polar ionosphere inferred from GPS radio occultation," *Geophys. Res. Lett.* , 42, doi: 10. 1002/2014GL062558.

[80] Komjathy, A. , D. A. Galvan, P. Stephens, M. D. Butala, V. Akopian, B. . Wilson, O. Verkhoglyadova, A. J.

Mannucci, and M. Hickey(2012), "Detecting ionospheric TEC perturbations caused by natural hazards using a Global Network of GPS receivers: The Tohoku case study," *Earth, Planets and Space*, Special Issue on "The 2011 Tohoku Earthquake" Vol. 64, pp. 1287-1294, 2012, doi:10.5047/eps.2012.08.003.

[81] Georges, T. and W. Hooke(1970), "Wave-induced fluctuations in ionospheric electron content: A model indicating some observational biases," *J. Geophys. Res.*, Solid Earth, 75, 6295-6308, doi: 10.1029/JA075i031p06295.

[82] Tappin, D. R., S. T. Grilli, J. C. Harris, R. J. Geller, T. Masterlark, J. T. Kirby, F. Shi, G. Ma, K. K. S. Thingbaijam, and P. M Mai(2014), "Did a submarine landslide contribute to the 2011 Tohoku tsunami?," *Marine Geology*, Vol. 357, 1 November 2014, pp. 344-361, ISSN 0025-3227, http://dx.doi.org/10.1016/j.margeo.2014.09.043.

[83] Gorkha, (2015), https://www.nasa.gov/jpl/gps-data-show-how-nepal-quake-disturbed-earth-s-upper-atmosphere, Accessed on 12 March 2019.

[84] Song, Y. T., Mohtat, A., and Yim, S. C. (2017), "New insights on tsunami genesis and energy source," *J. Geophys. Res. Oceans*. Accepted Author Manuscript. doi:10.1002/2016JC012556.

[85] Komjathy, A., A. Romero-Wolf, Y. -M. Yang, R. B. Langley, and J. H Foster(2014), "CubeSat for Natural-Hazard Estimation With Ionospheric Sciences(CNEWS): A Concept Development to Aid Tsunami Early Warning Systems," Presented at the AGU Fall Meeting, San Francisco, CA, December 15-19.

[86] Peltier, W. R. and C. O. Hines(1976), "On the possible detection of tsunamis by a monitoring of the ionosphere," *J. Geophys. Res.*, 81(12), 1995-2000, doi:10.1029/JC081i012p01995.

[87] Artru, J., V. Ducic, H. Kanamori, P. Lognonné, and M. Murakami(2005a), "Ionospheric detection of gravity waves induced by tsunamis," *Geophys. J. Int.*, 160, 840-848, doi:10.1111/j.1365-246X.2005.02552.x.

[88] Artru, J., P. Lognonné, G. Occhipinti, F. Crespon, R. Garcia, E. Jeansou, and M. Murakami(2005b), "Tsunami detection in the ionosphere," *Space Res. Today*, 163, 23-27.

[89] Occhipinti, G., P. Lognonné, E. A. Kherani, and H. Hebert (2006), "Three-dimensional waveform modeling of ionospheric signature induced by the 2004 Sumatra tsunami," *Geophys. Res. Lett.*, 33, L20104, doi: 10.1029/2006GL026865.

[90] Occhipinti, G., E. A. Kherani, and P. Lognonné(2008), "Geomagnetic dependence of ionospheric disturbances induced by tsunamigenic internal gravity waves," *Geophys. J. Int*, 173, 753-765, doi:10.1111/j.1365-246X.2008.03760.x.

[91] Vadas, S. L. and M. J. Nicolls(2012), "The phases and amplitudes of gravity waves propagating and dissipating in the thermosphere: Theory," *J. Geophys. Res.*, 117, A05322, doi:10.1029/2011JA017426.

[92] Mai, C. -L. and J. -F. Kiang(2009), "Modeling of ionospheric perturbation by 2004 Sumatra tsunami," *Radio Sci.*, 44, RS3011, doi:10.1029/2008RS004060.

[93] Zettergren, M. and J. B. Snively(2015), "Ionospheric response to infrasonic-acoustic waves generated by natural hazard events," *J. Geophys. Res.*, August 12, doi: 10.1002/2015JA021116.

[94] Zettergren, M. D., J. B. Snively, A. Komjathy, and O. P. Verkhoglyadova (2017), "Nonlinear ionospheric responses to large-amplitude infrasonic-acoustic waves generated by undersea earthquakes," *J. Geophys. Res. Space Phys.*, 122, pp. 2272-2291, doi:10.1002/2016JA0231.

[95] Hickey, M. P., R. L. Walterscheid, and G. Schubert(2015), "A full-wave model for a binary gas thermosphere: Effects of thermal conductivity and viscosity," *J. Geophys. Res. Space Physics*, 120, 3074-3083, doi: 10.1002/2014JA020583.

[96] Komjathy, A., Y-M. Yang, X. Meng, O. P. Verkhoglyadova, A. J. Mannucci, R. B. Langley(2015c), "Recent Progress in Understanding Natural-Hazards-Generated TEC Perturbations: Measurements and Modeling Re-

sults," Abstract G51A-1051 presented at AGU Fall Meeting, San Francisco, CA, December 14-18.

[97] Ridley, A. J., Y. Deng, and G. Toth (2006), "The global ionosphere-thermosphere model," *J. Atmos. Sol.-Terr. Phys.*, 68, 839-864, doi: 10. 1016/j. jastp. 2006. 01. 008.

[98] Deng, Y. and A. J. Ridley (2014), "Simulation of non-hydrostatic gravity wave propagation in the upper atmosphere," *Ann. Geophys.*, 32, 443-447, doi: 10. 5194/angeo-32-443-2014.

[99] Meng, X., A. Komjathy, O. P. Verkhoglyadova, Y. -M. Yang, Y. Deng, and A. J. Mannucci (2015), "A new physics-based modeling approach for tsunami-ionosphere coupling." *Geophys. Res. Lett.*, 42, doi: 10. 1002/2015GL064610.

[100] Animation 2, https://www. youtube. com/watch? v = 3m015bmA8-k, Accessed on 12 March 2019.

[101] Snively, J. B. (2013), "Mesospheric hydroxyl airglow signatures of acoustic and gravity waves generated by transient tropospheric forcing," Geophys. Res. Lett., 40, 17, 4533-4537, doi: 10. 1002/grl. 50886.

[102] Heale, C. J. and J. B. Snively (2015), "Gravity wave propagation through a vertically and horizontally inhomogeneous background wind," *J. Geophys. Res. Atmos.*, 120, 5931-5950, doi: 10. 1002/2015JD023505.

[103] Savastano, G., A. Komjathy, O. Verkhoglyadova, A. Mazzoni, M. Crespi, and Y. Wei (2017). "Real-Time Detection of Tsunami Ionospheric Disturbances with a Stand-Alone GNSS Receiver, A Preliminary Feasibility Demonstration," accepted in Nature: Scientific Reports, doi: 10. 1038/srep46607.

[104] Bar-Sever, Y., L. Young, F. Stocklin, P. Heffernan, and J. Rush (2003), "The NASA Global Differential GPS System (GDGPS) and The TDRSS Augmentation Service for Satellites (TASS)," JPL Technical Report.

[105] Bock, Y. (2015). "Deploying Technology for Distributed Use of Global Navigation Satellite System Products in Earthquake and Tsunami Warning," https://earthdata. nasa. gov/community/community-data-system-programs/access-projects/deploying-gnss-in-earthquake-and-tsunami-warning.

[106] National Academies of Sciences, Engineering, and Medicine (2018), *Thriving on Our Changing Planet: A Decadal Strategy for Earth Observation from Space*, Washington, DC: The National Academies Press, doi: https://doi. org/10. 17226/24938.

[107] Komjathy, A., Y. -M. Yang, and A. J. Mannucci (2013c), "Detecting ionospheric TEC perturbations generated by natural hazards using a real-time network of GPS receiver," presented at the *READI Meeting at the AGU Fall Meeting*, San Francisco, CA, 9-13 December 2013.

[108] Rakoto, V, P. Lognonne, and L. Rolland (2015), "Inversion of tsunami height using ionospheric observations. The case of the 2012 Haida Gwaii tsunami," presented at the AGU Fall Meeting, San Francisco, CA, December 2015.

[109] Rakoto, V., P. Lognonne, and L. Rolland (2017), "Tsunami modeling with solid Earth-ocean-atmosphere coupled normal modes," submitted to Geophysical Journal International.

[110] Rakoto, V., P. Lognonne, L. Rolland, and P. Coisson (2018), "Tsunami wave height estimation from GPS-derived ionospheric data," *J. Geophys. Res. : Space Phys.*, 123, pp. 4329-4348, doi: 10. 1002/2017JA024654.

[111] DART (2016), DART buoy system information available here: http://nctr. pmel. noaa. gov/Dart/dart_home. html, Accessed on 12 March 2019.

[112] Vergados, P. (2018), "Inverting Natural Hazards Induced Ionospheric Signatures," NASA Research Opportunities in Space and Earth Sciences (ROSES), Earth Surface and Interior funded proposal, Accessed on 12 March 2019, https://nspires. nasaprs. com/external/solicitations/summary. do? method = init&solId = {B4D94D24-60AE-981C-24F2-2A6EC690C99E} &path = closedPast.

[113] Park, J., R. R. B. von Frese, D. A. Grejner-Brzezinska, Y. Morton, and L. R. Gaya-Pique (2011), "Ionospheric detection of the 25 May 2009 North Korean underground nuclear test," *Geophys. Res. Lett.*, 38,

L22802, doi: 10.1029/2011GL049430.

[114] Park, J., D. A. Grejner-Brzezinska, R. R. B. von Frese, and Y. Morton (2014), "GPS discrimination of traveling ionospheric distrubances from underground nuclear explosions and earthquakes," *Navigation: J. Inst. Navigation*, 61(2), 125–134, doi: 10.1002/navi.56.

[115] Cahyadi, M. N. and K. Heki (2013), "Ionospheric disturbances of the 2007 Bengkulu and the 2005 Nias earthquakes, Sumatra, observed with a regional GPS network," *J. Geophys. Res. Space Phys.*, 118, 1777–1787, doi: 10.1002/jgra.50208.

[116] Heki, K. and Y. Enomoto (2015), "Mw dependence of the preseismic ionospheric electron enhancements," *J. Geophys. Res. Space Physics*, 120, 7006–7020, doi: 10.1002/2015JA021353.

[117] He, L. and K. Heki (2016), "Three-dimensional distribution of ionospheric anomalies prior to three large earthquakes in Chile," *Geophys. Res. Lett.*, 43, doi: 10.1002/2016GL069863.

[118] Kamogawa, M. and Y. Kakinami (2013), "Is an ionospheric electron enhancement preceding the 2011 Tohoku-Oki earthquake a precursor?" *J. Geophys. Res. Space Phys.*, 118, pp. 1751–1754, doi: 10.1002/jgra.50118.

[119] Kuo, C. L., L. C. Lee, and K. Heki (2015), "Preseismic TEC changes for Tohoku-Oki earthquake: Comparisons between simulations and observations," *Terr. Atmos. Ocean. Sci.*, 26, 63–72, doi: 10.3319/TAO.2014.08.19.06(GRT).

[120] Kelley, M. C., W. E. Swartz, and K. Heki (2017), "Apparent ionospheric total electron content variations prior to major earthquakes due to electric fields created by tectonic stresses," *J. Geophys. Res. Space Phys.*, 122, doi: 10.1002/2016JA023601.

[121] GGOS-Tsunami Early WarningSystem (2016), http://www.ggos-portal.org/lang_en/GGOS-Portal/EN/Topics/ScienceApplications/DisasterMonitoring/TsumaniEarly WarningSystem/TsumaniEarlyWarningSystem.html, Accessed on 12 March 2019.

[122] LaBrecque, J., J. Rundle, and G. Bawden (2019). "Global Navigation Satellite System to Enhance Tsunami Early Warning Systems," *GNSS Tsunami Early Warning Systems APRU Report*, https://apru.org/gnss-tsunami-early-warning-system-report/, accessed on 12 March 2019.

本章相关彩图,请扫码查看

第33章　GNSS无线电掩星

Anthony J. Mannucci, Chi O. Ao, Walton Williamson
美国航空航天局喷气推进实验室,美国

33.1　简介

利用GNSS信号源进行无线电掩星已被证明是一种有效的、多方面的、可靠的大气层和电离层探测方法。在交叉几何学中使用无线电波来反演大气属性的概念最初源于行星科学。20世纪60年代早期,斯坦福大学和美国航空航天局喷气推进实验室(JPL)的团队利用地球和水手3号、4号宇宙飞船之间的无线电信号,发现了火星的大气特性。1988年,喷气推进实验室(JPL)向NASA提交了第一个使用GPS信号进行地球无线电掩星的建议[1]。与此同时,苏联也开展了使用导航卫星来探测地球大气层特性的相关研究[2]。基于快速成熟的被动辐射法的探测越来越多,而这种技术是否能以科学的方法被证明是有用的,对许多科学家而言,现在还不知晓。探测并研究地球复杂的大气层是一项巨大的挑战,而GNSS探测具有垂直分辨率高、利用定时信号测量大气特性时的固有长期稳定性(相对于功率变化)的特点。在地球电离层中,GNSS探测对垂直等离子体密度结构的灵敏度也是其他任何技术都不可比拟的,正因如此,GNSS探测受到大家的高度追捧。

GNSS无线电掩星的应用正处于扩展阶段。FORMOSAT-3/COSMIC星座目前由6个轨道GNSS接收机组成,其后续星座计划为12颗卫星星座。第一个多模GNSS无线电掩星设备已于最近试飞[3,4]。GNSS无线电掩星已成为改进天气预报的标准数据集,许多作者也研究了无线电掩星如何改进预测[5-7]。然而,这不具有普遍性,鉴于各种地球大气遥感方法(被动高光谱红外和被动微波)每天产生更多原始探测值,目前尚不清楚GNSS无线电掩星是否能证明其价值。正如早期支持者[1]所预测的那样,GNSS无线电掩星具有一种使其维持国际地位的独特能力。基于WMO所运营的OSCAR数据库[8],截至撰写本章时,已经有9颗携带GNSS传感器的卫星或多卫星星座被部署用于获取大气或电离层探测,或两者兼备。几个后续星座和演示任务正处于计划阶段,预计在2~3年内发射。

本章我们将介绍与多模GNSS环境高度相关的GNSS无线点掩星遥感的基本内容。我们的目标是提出一个新的多模GNSS视角,对于已经在文献中出现过的大量技术材料,我们仅作标记,不再重复。

GNSS无线电掩星用于大气遥感的一个特点是其利用信号时延提取相关的科学信息。测量方法的抗长期漂移和直接偏差性,使得该技术特别适合于长期的大气气候监测。尽管漂移和偏差在技术中可能不够谨慎,但对GNSS无线电掩星的全面误差分析并不在本文考虑范围之内。这个问题将在 33.3 节中讨论，目的是强调那些尚未在文献中出现的与接收机设计相关的内容。

33.1.1 大气折射、吸收和极化

大气对 GNSS 信号有几种影响：折射、吸收、衍射和散射。在 GNSS 的电磁频率下（L 波段和 S 波段为 1~2GHz），主要的可测效应是信号的折射，可通过其所经过的介质引起的相位延迟来表示。吸收主要是由分子氧引起的，在大气的最低层，信号功率会衰减多达 3dB。水凝物（雨、冰等）的散射可以用瑞利散射来模拟，因为分米的电磁波长 λ 比水凝物大得多。传播效应可以用折射率 n 来表征。由于 n 在大气中接近 1，折射率通常表示为折射率 $N = (n-1) \times 10^6$。忽略吸收，可表示为

$$N = N_{\text{gas}} + N_{\text{hyd}} + N_{\text{ion}} \tag{33.1}$$

并且

$$N_{\text{gas}} = a\frac{P_{\text{dry}}}{T} + b\frac{P_{\text{wet}}}{T^2} \tag{33.2}$$

$$N_{\text{hyd}} = 1.4\text{LWC} + 0.6\text{IWC} \tag{33.3}$$

$$N_{\text{ion}} = 40.3\frac{n_e}{f^2} \tag{33.4}$$

式中：$a = 77.6\text{K/hPa}$, $b = 3.73 \times 10^5 \text{K}^2/\text{hPa}$，$P_{\text{dry}}$ 为大气压（hPa），P_{wet} 为水汽分压（hPa）；T 为温度（K）；n_e 为每立方米电离层电子密度；f 为 GNSS 频率；LWC 和 IWC 分别为液态水和冰水含量（g/m³）。

在中性大气中，对折射率的影响主要来自气体分子。式(33.2)中给出的表达式是文献中经常引用的一个旧版本[9]。目前已经有人提出了其他的表达式，并且被广泛接受[10]。

水凝物的影响通常很小可被忽略。式(33.3)的第一项和第二项分别表示液态水和冰水的折射效应，系数 1.4 和 0.6 是基于小的球形散射体的假设而推导得出的[11]。

式(33.4)表示电离层中电子的折射效应。式中的 $1/f^2$ 项给出了当电磁波频率比等离子体频率大时 Appleton-Hartree 公式的展开顺序。与中性大气不同，电离层具有色散性。因此，电离层的主要影响可以通过使用双频 GNSS 从中性大气中分离出来（33.1.2.3 节）。

GNSS 无线电掩星的主要观测值是载波信号由上而下/由下而上穿越大气层相位延迟的时间序列（反之亦然）。载波相位的时间导数给出了观测信号的多普勒频移。观测到的相位延迟和多普勒频移包含来自大气以外多种源的影响，必须适当地消除这些影响，以便只保留由大气层造成的附加相位延迟（多普勒）。

极化效应：

GNSS 信号通过电离层和大气层时也发生极化相关的变化。在电离层中，主要的影响是法拉第旋转，它依赖于投影到视线路径上的电子密度与地球磁场乘积的积分。

在大气层中，具有择优取向的非球形粒子也会导致振幅和相位变化，这种变化取决于极化态。特别是雨滴在下落时往往在垂直方向上平缓，这将在水平极化和垂直极化之间产生可检测的相位差，所测的两种极化之间的相位差与对流层的视距方向上的降雨率有关。基于在西班牙卫星 PAZ 上进行的无线电掩星和强降水（ROHP）实验的结果[12]，我们认为电离层和仪器对极化相位差的影响可以通过对流层上的观测值消除。

33.1.2 地球物理反演——大气层

33.1.2.1 弯曲角引起的附加相位:几何光学(GO)

掩星的基本观测值是相位延迟的时间序列。在改正几何和仪器影响(33.2.10节)后,剩余的相位延迟(附加相位延迟)是由于大气层和电离层的存在而产生的。剩余相位的变化率引出了多普勒频率,这与利用简单几何和球对称假设下的 GO 定律(布格定律)得到的射线弯曲和碰撞参数有关。使用阿贝尔变换[13],利用弯曲角度的垂直廓线计算折射率的径向依赖关系,进而通过式(33.2)和式(33.4)推断大气特性。

我们首先推导了大气中多普勒频移(基本观测量)和弯曲角之间的关系。图 33.1 描绘了掩星几何结构。位于 R_1 位置的卫星发射器发射一个信号,该信号穿过大气层,在位于 R_2 的接收航天器上进行测量。在所描绘的二维几何结构中,发射机和接收机的夹角表示为 θ_c。直线路径如图 33.1 所示,弯曲角 α 定义为经过大气时的总弯曲量。

这一推导在先前的文献中有详细的介绍[13-14],这里我们仅列出相关方程(见图 33.1):

$$\lambda \Delta f_{\text{dop}} = \boldsymbol{v}_1 \cdot \boldsymbol{k}_1 - \boldsymbol{v}_2 \cdot \boldsymbol{k}_2 - (\boldsymbol{v}_1 - \boldsymbol{v}_2) \cdot \boldsymbol{k} \tag{33.5}$$

式中:Δf_{dop} 为由于大气层的存在而产生的附加或残留多普勒频率(Hz)。在球对称大气中,表示信号发射和接收方向的单位矢量 $\boldsymbol{k}_1$ 和 $\boldsymbol{k}_2$ 被限制在同一平面内。值得注意的是,这些矢量不同于表示 2 颗卫星之间直线的矢量 $\boldsymbol{k}$。给定发送端和接收端速度矢量已知(分别为 $\boldsymbol{v}_1$ 和 $\boldsymbol{v}_2$)。式(33.5)可简化为角 ψ_1 和 ψ_2 两个未知量(图 33.1)。布格定律[式(33.11)]提供了关于 ψ_1 和 ψ_2 的附加方程。这些方程可用迭代方法求解[13,15],得到每个射线的弯曲角 α:

$$\alpha = \theta_c + \psi_1 + \psi_2 - \pi \tag{33.6}$$

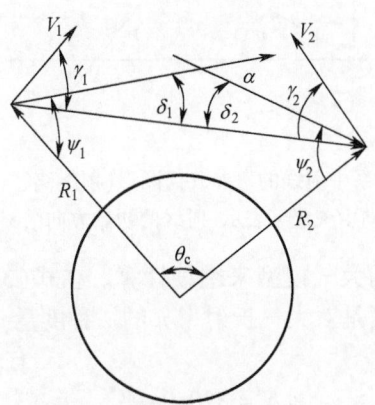

图 33.1 无线电掩星几何结构

下一步是在 GO 和大气球对称的双重假设下,将弯曲角与大气折射率的垂直剖面关联起来。在 GO 下,远场电磁波是平面波。确定光线传播的方程采用如下形式,其中 $\boldsymbol{r}$ 为射线上的矢量位置,n 为介质折射率,$\boldsymbol{s}(=\mathrm{d}\boldsymbol{r}/\mathrm{d}s)$ 为射线的方向:

$$\frac{\mathrm{d}}{\mathrm{d}s}\left(n\frac{\mathrm{d}\boldsymbol{r}}{\mathrm{d}s}\right) = \nabla n \tag{33.7}$$

在文献[16]的基础上,假设折射率仅是半径的函数(球对称),在球坐标系下有 $n = n(r)$,我们可以将上述推广如下:

$$\frac{d}{ds}(\boldsymbol{r} \times n\boldsymbol{s}) = \frac{d\boldsymbol{r}}{ds} \times n\boldsymbol{s} + \boldsymbol{r} \times \frac{d}{ds}(n\boldsymbol{s}) \tag{33.8}$$

式中：×表示矢量叉积。由于 $d\boldsymbol{r}/ds = \boldsymbol{s}$，右边第一项为零。又由于 $d(n\boldsymbol{s})/ds = \nabla n$，可将式(33.8)写如下：

$$\frac{d}{ds}(\boldsymbol{r} \times n\boldsymbol{s}) = \boldsymbol{r} \times \nabla n \tag{33.9}$$

因为折射率只是半径的函数，折射率的梯度如式(33.10)所示。替换后，很容易看出式(33.9)的右侧为0。

$$\nabla n = \frac{\boldsymbol{r}}{r}\frac{dn}{dr} \tag{33.10}$$

对式(33.9)积分，可得出半径与折射率乘射线路径单位矢量的叉积为常数的结论。

$$\boldsymbol{r} \times n\boldsymbol{s} = a \tag{33.11}$$

常数 a 称为碰撞参数，为射线远离切点时射线与地心位置的渐近距离(见文献[13]中图1)，使用叉积的另一种形式，式(33.11)可以简化为布格公式[16]，如式(33.12)所示，该式显现了射线路径的变化情况(图33.2，假定射线路径沿 x 方向开始)：

$$nr\sin\beta = a \tag{33.12}$$

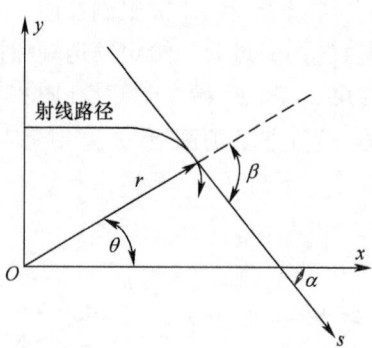

图 33.2　柱坐标系中射线的弯曲几何图形(射线路径位置由 r,θ 表示，其方向由矢量 $\boldsymbol{s}$ 表示，射线的初始方向沿 x 轴。)

我们现在定义一个简单的大气模型来继续计算。在式(33.13)中，通过 N 给出了球对称折射度的一个例子。折射度是对大气折射率 n 的一种度量，其关系式为：$n = 1 + 10^{-6}N$。折射度通常为

$$N = 320.0 e^{-h/7} \tag{33.13}$$

式中：N 为高度 h 的函数(km)；地表最大折射率为320.0；大气层高度为7km。这里，高度是指射线路径的切线高度(RPTH)，即考虑大气弯曲的情况下，透射射线在地球表面上方的高度。如文献[16]所述，碰撞参数沿射线路径是恒定的。射线路径切线高度和碰撞参数的关系如下：

$$a = n(R_{\text{Earth}} + h) \tag{33.14}$$

式中：R_{Earth} 为射线路径切点位置附近的局部地球半径。将射线路径位置 r 参数化为 θ 的函数，可以得到 $\sin\beta$ 的表达式(图33.2)。由于图33.2中三角形的形成，以下几何关系成立：

$$\beta = \alpha + \theta \tag{33.15}$$

α 是射线相对其初始方向的角度。利用这个定义，我们可以推导出 $\sin\beta$ 的表达式：

$$\sin\beta = \sin(\alpha + \theta) = \sin\alpha\cos\theta + \cos\alpha\sin\theta \tag{33.16}$$

从极坐标切换回笛卡儿坐标，我们可以使用标准的极坐标定义来定义射线路径。

$$\sin\theta = \frac{y}{r}, \quad \cos\theta = \frac{x}{r} \tag{33.17}$$

重新排列式(33.17)，我们可以定义标准极坐标变换：

$$y = r\sin\theta, \quad x = r\cos\theta \tag{33.18}$$

取 x 和 y 关于 θ 的导数，得到射线路径相对于原点的变化率，或射线路径的方向：

$$\frac{dx}{d\theta} = -r\sin\theta + \cos\theta \frac{dr}{d\theta} \tag{33.19}$$

$$\frac{dy}{d\theta} = r\cos\theta + \sin\theta \frac{dr}{d\theta} \tag{33.20}$$

由于弯曲角 α 是原始射线路径方向和变化射线路径之间的夹角，因此可根据正弦和余弦定义如下：

$$\sin\alpha = \frac{\dfrac{dy}{d\theta}}{\sqrt{\left(\dfrac{dx}{d\theta}\right)^2 + \left(\dfrac{dy}{d\theta}\right)^2}} \tag{33.21}$$

$$\cos\alpha = \frac{\dfrac{dx}{d\theta}}{\sqrt{\left(\dfrac{dx}{d\theta}\right)^2 + \left(\dfrac{dy}{d\theta}\right)^2}} \tag{33.22}$$

代入式(33.19)和式(33.20)，将式(33.21)和式(33.22)简化为

$$\sin\alpha = \frac{r\cos\theta + \dfrac{dr}{d\theta}\sin\theta}{\sqrt{r^2 + \left(\dfrac{dr}{d\theta}\right)^2}} \tag{33.23}$$

$$\cos\alpha = \frac{r\sin\theta - \dfrac{dr}{d\theta}\cos\theta}{\sqrt{r^2 + \left(\dfrac{dr}{d\theta}\right)^2}} \tag{33.24}$$

将式(33.23)和式(33.24)代入式(33.16)得 β 如下：

$$\sin\beta = \sin(\alpha + \theta) = \frac{r}{\sqrt{r^2 + \left(\dfrac{dr}{d\theta}\right)^2}} \tag{33.25}$$

结合式(33.25)求解布格公式(33.12)中的 $dr/d\theta$，可得由折射率指数引起半径变化和角度 θ 变化之间的关系：

$$\frac{dr}{d\theta} = \frac{r}{a}\sqrt{n^2 r^2 - a^2} \tag{33.26}$$

为了得到弯曲角变化率随半径的变化关系，我们取式(33.12)关于半径的导数：

$$\frac{d(nr\sin\beta)}{dr} = \frac{dn}{dr}r\sin\beta + n\sin\beta - nr\frac{d\beta}{dr}\cos\beta = 0 \tag{33.27}$$

$$\frac{d\beta}{dr} = \frac{d\alpha}{dr} + \frac{d\theta}{dr} \tag{33.28}$$

这里，$d\theta/dr$ 为式(33.26)的倒数。将式(33.26)代入式(33.28)，然后将式(33.28)代入式(33.27)，可得以下关于弯曲角的结果：

$$\frac{d\alpha}{dr} = \frac{-\frac{a}{n}\frac{dn}{dr}}{\sqrt{n^2r^2 - a^2}} = \frac{-a\frac{d[\ln(n)]}{dr}}{\sqrt{n^2r^2 - a^2}} \tag{33.29}$$

弯曲角可将式(33.29)进行积分计算得出，这里将弯曲角 α 定义为碰撞参数 a 和折射率 n 的函数：

$$\alpha(a) = -2a\int_a^\infty \frac{1}{\sqrt{a'^2 - a^2}}\frac{d[\ln(n)]}{da'}da' \tag{33.30}$$

在式(33.29)中，我们使用了以下关系：

$$\frac{1}{n}\frac{dn}{dr} = \frac{d[\ln(n)]}{dr} \tag{33.31}$$

在33.1.2.4节将讨论反演式(33.30)以获取折射率。

33.1.2.2 弯曲角引起的附加相位：无线电全息反演(RH)

GO 方法较为简单，在大多数情况下都有很好的效果，但它依赖于相位的变化率等于从单频得到的多普勒频率这一假设。然而，当多条射线同时到达接收机时，由于水汽强烈的垂直变化，相位变化率会出现波动，这种现象在地球低对流层中比较常见，因而不能轻易地假设为单频。

例如，在典型的 GNSS RO 几何结构中，如果穿过较高高度的射线弯曲度比穿过较低高度的射线弯曲度小1%，则相隔1km 的两条射线将在接收机处汇聚。在存在大气多径的情况下，传统的反演方法将给出碰撞参数的多个弯曲角值，这无法反演出正确的折射率解(见图33.3)。

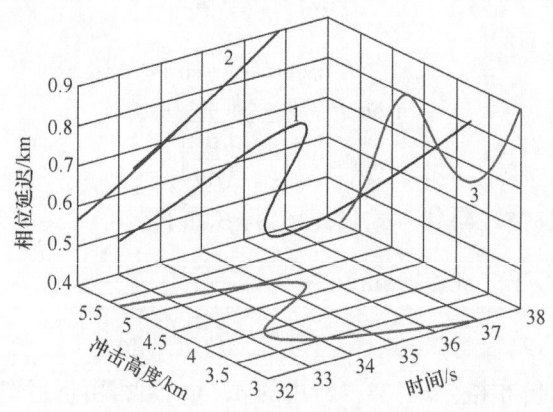

图33.3 大气多径图(显示相位延迟作为接收时间和碰撞参数的函数(曲线1)。在多径区域中，相位延迟在每个接收时间都有来自多条射线的影响(曲线2)。但是，每条射线都可以通过其碰撞参数进行唯一识别。因此，在碰撞参数空间中，相位延迟受到单射线的影响(曲线3)[95]。资料来源：经航海学会许可转载。)

无线电全息(RH)反演方法克服了这一问题,提供了一种从相位测量中处理大气多径的方法,并衍生出多种方法,如正则变换(CT[17])、全谱反演(FSI[18])和相位匹配(PM[19])等,这些方法的关键是假设每条射线都是由其碰撞参数 a 唯一确定的,如果大气是球对称的,那么这种方法是正确的。RH 方法的一种较好的思路是,观测到的复信号 $u(t)$ 由 M 个子信号组成,每个子信号由碰撞参数 $a_i(i=1,2,\cdots,M)$ 识别。与傅里叶变换将信号分解为不同的谐波分量类似,RH 方法采用傅里叶积分变换将信号分解为各个碰撞参数的分量。例如,在 PM 方法中,构造了一个相位函数 Φ,使得

$$v(a) \equiv \int dt u(t) e^{-ik\Phi(t,a)} = \int dt A(t) e^{ik[\phi(t)-\Phi(t,a)]} \tag{33.32}$$

其中:

$$\Phi(t,a) \equiv a\theta_c - a\arccos\frac{a}{R_1} - a\arccos\frac{a}{R_2} + \sqrt{R_1^2-a^2} + \sqrt{R_2^2-a^2} \tag{33.33}$$

式中:R_1 和 R_2 分别为 GNSS 和低地球轨道卫星的半径(图 33.1 中的 R_1 和 R_2)。可以将相位函数简单理解为它是从 GNSS 发射器到具有碰撞参数 a 的低轨卫星(LEO)的射线总路径长度;式(33.33)右边的前三项之和给出了射线弯曲处的弧长,而第四项和第五项给出了从 GNSS 和 LEO 到射线渐近线的直线段。取 Φ 对 a 的导数,给出弯曲角的表达式[式(33.6)]。

GNSS 在大气中的传播有效的高频极限下,相位是高度振荡的。当被积函数的相位平稳,即 $\partial[\phi-\Phi]/\partial t \approx 0$ 时,相位对式(33.32)的积分起主要作用。因此,为了更好地选择相位函数,驻点提供了一种严谨的方法来选择具有碰撞参数 a 的单个子信号。现在可以利用转换域的相位 $v(a)$ 得到弯曲角 $[\phi_v = \frac{1}{k}\text{ARG}(v(a))]$。

$$\alpha(a) = -\frac{1}{k}\frac{\partial \phi_v}{\partial a} \tag{33.34}$$

图 33.4 基于一个简单的仿真示例说明了 PM 如何在大气多径存在的情况下帮助反演正确的弯曲角度剖面。

在消除多径的同时,PM 等 RH 方法也能提高反演的弯曲角的垂直分辨率。在传统的 GO 方法中,为了避免衍射效应引起的多普勒频移误差,必须在与菲涅耳直径(通常约为 1km)相对应的时间间隔内对附加相位进行平滑处理,这限制了垂直分辨率的实现。相比之下,RH 反演不受菲涅耳衍射的限制。与通过较长时间序列的傅里叶变换提高频率分辨率类似,RH 方法中使用的傅里叶积分可以随积分长度增加而提高弯曲角的垂直分辨率。这与利用合成孔径雷达(SAR)提高沿航迹空间分辨率在理论上是相似的。

33.1.2.3 电离层校正

由每个 GNSS 信号导出的弯曲角包括电离层和大气的累积效应。由于电离层是色散的[式(33.4)],两个频率的测量值可用于估计或消除电离层的影响。在大约 20km 以上的海拔高度,由于大气弯曲随海拔高度减小,来自电离层(跨越海拔高度>100km)的弯曲影响占主导地位。在 GNSS RO 中,去除电离层对弯曲角影响的标准方法是在一个共同的碰撞参数下,用两个相差较远的 GNSS 频率(如 GPS L1 和 L2)形成弯曲角的线性组合[20]:

$$\alpha(a) = \frac{f_1^2 \alpha_1(a) - f_2^2 \alpha_2(a)}{f_1^2 - f_2^2} \tag{33.35}$$

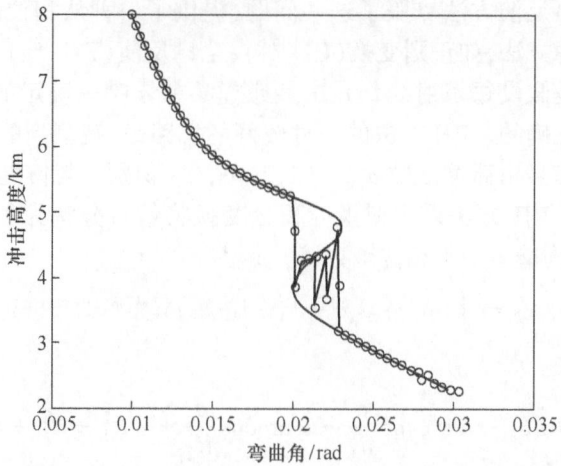

图 33.4 由相位匹配法(PM)反演的弯曲角剖面有效地解决了 GO 反演中的大气多径问题(当存在多路径时,GO 法得到了一个振荡解,在冲击高度约 3~5km(以圆为线)处存在多个弯曲角。这与球对称假设相矛盾,不能用阿贝尔反演。而 PM 通过解算多个射线可有效地恢复正确的弯角剖面。)

由于电离层的折射率变化为 $1/f^2$ 至主阶导,所以该方法可以有效地消除电离层弯曲角的主要影响。校准碰撞参数中的 L1 和 L2 测量值,有助于最大化降低信号在通过电离层传播时发生的物理分离的影响。重要的是要认识到,式(33.35)并不能消除所有的电离层影响,未完全消除的电离层影响会对气候变化的 RO 时间序列有影响[21],与式(33.4)相比,折射率有如 $1/f^3$,$1/f^4$ 等的高阶频率项,其次射线的空间分离导致修正依赖于弯曲角中的高阶项(即使在没有折射频率高阶项的情况下),而这些高阶项并没有完全被式(33.35)消除。后者的残差随着电子密度平方的垂直积分而变化,是典型的主导因素[22]。最近研究表明,残差弯曲角项可以表示为[23]

$$\Delta\alpha(a) = \kappa(a)\left[\alpha_1(a) - \alpha_2(a)\right]^2 \tag{33.36}$$

当 $\kappa = 14\text{rad}^{-1}$ 时,可得出了一个合理的近似解,利用基于太阳活动确定的 κ 的电离层模型可以将该式进一步改进。将这种修正应用于长期气候观测所用的大气廓线似乎很有前景,但同时应指出,这种选择对于式(33.36)的 κ 和订正项,一般适用于电离层 F 层峰值密度以上的航天器(高度大于 700km)。对于接近 F 层峰值密度的航天器(约 500km 及以下),需要进一步研究更有效的修正方法(参见文献[25]中航天器高度对电离层修正的影响)。

33.1.2.4 折射率反演和其他地球物理变量

在球对称近似下,利用阿贝尔反演公式对弯曲角进行积分,可以得到折射率剖面[15]:

$$n(r) = \exp\left[\frac{1}{\pi}\int_a^\infty \frac{\alpha(a')}{\sqrt{a'^2 - a^2}}da'\right] \tag{33.37}$$

式中:$r = n/a$ 为切点半径。式(33.37)表示每个高度的折射率由从这个高度到"无穷大"(大气顶端)的弯曲角之和组成。在实际中,由于大高度大气弯曲相对于测量噪声较小,在大于 60km 高度的"原始"弯曲角很少直接用于阿贝尔积分。因此,在一定的碰撞参数高度以上,用"模拟"弯曲角(可能是基于弯曲角度气候学)代替"原始"弯曲角是很常见的。这种"高空初始化"的选择将对平流层上层的折射率反演产生影响[26-27]。

在对流层高层以上,水汽对折射率的影响可以忽略不计。折射率可以由压力和温度[式(33.2)]来确定。利用状态方程(如理想气体定律)和附加的流体静力平衡假设,可以通过折射率的垂直积分得到压力和温度分布。

在对流层低层,水汽对折射率的影响很大(可达总折射率的大约1/3),仅靠折射率不能独立测定温度、气压和湿度。要解算折射率中所谓的"湿干模糊度",需要引入附加信息。有两种应用较为广泛的方法,第一种是直接法,假设温度分布已知,并用于求解水汽[28~31]。第二种方法是一维变分法,在最小二乘法极小化框架下,根据这些分布的先验知识和误差特性,联合得到水汽、温度和压力[32-33]。其他方法也有所探索[34]。

如果弯曲角度大于大气的局部曲率半径,导致掩星信号无法到达轨道接收机,则式(33.37)的评估是不准确的[35-36]。实际上,这种"管道"现象(也称为"超折射")往往发生在垂直范围小于 1km 的封闭层中,其中垂直折射梯度超过每千米 157 个折射单位[41]。因此,弯曲角与碰撞参数分布的关系会暂时中断,导致反演偏差[37]。由于管道引起的折射偏差往往发生在海拔 2km 以下,在某些特定地区也很常见,例如大陆的西部[38-39]。基于文献[37]的理论工作,修正偏差的方法正在开发中。附加信息被用来补偿由临时信号损失引起的阿贝尔积分的模糊性[40]。

33.1.2.5 垂直和水平分辨率

GNSS RO 技术中的翼型观测几何可以反演高垂直分辨率,而 GNSS RO 反演的垂直分辨率则受衍射和测量噪声的限制。若采用 GO 法反演弯曲角,菲涅耳衍射将垂直分辨率限制在菲涅耳直径(约 1.5km)。若采用 RH 技术,菲涅耳衍射将不再是一个限制因素,此时为将热噪声降低到可接受的水平,垂直分辨率实质上被限制于平滑测量所需的垂直间隔。在约 20km 的海拔高度下,大气弯曲相对于测量噪声较大,垂直分辨率可达约 200m。

弯曲角的水平分辨率可以估计为一阶,即射线路径通过垂直厚度为 Δr 的层所经过的水平距离 ΔH。对于 $\Delta r = 1.5 \mathrm{km}$(垂直分辨率为 200m),$\Delta H = 2\sqrt{r\Delta r} \approx 200 \mathrm{km}$(水平分辨率为 70km)。

33.1.3 电离层折射率、衍射和极化

用于解算大气廓线的掩星翼型观测几何也可使用大致相似的反演技术解算电离层电子密度剖面。在 GPS/MET 上获取了第一个电离层分布,由于测量几何尺寸的原因,这被认为是电离层遥感的一种全新方法[42-46]。下面将描述 L 波段 GNSS 信号在通过电离层传播时是如何改变的,以及如何在测量应用中加以利用。

在电离层中传播的 L 波段信号的折射率与中性大气的折射率在几个方面存在差异。电离层折射是由电离层中的自由电子引起的,其在电磁场中的运动决定了信号所经历的延迟。折射率 n_{ion} 由 Appleton-Hartree 公式给出[47-49],该公式具有如下性质:①折射率小于单位折射率,说明信号在介质中传播时相位超前;②折射率取决于信号的频率;③折射率取决于信号的传播方向,因为电子的运动受到地球磁场的强烈影响;④介质是双折射的(折射率取决于线性极化)。折射率的近似形式如下:

$$n_{\mathrm{ion}} \approx 1 - \frac{1}{8\pi^2} \frac{N_e}{f^2} \frac{e^2}{\varepsilon_0 m_e} \tag{33.38}$$

式中：N_e 为每立方米的电子密度；e 为电子电荷；ε_0 为自由空间的介电常数（A/m）；m_e 为电子质量（kg）；f 为全球卫星导航系统信号载波的频率（Hz）。这种近似形式的折射率是各向同性的，对于 L 波段的应用来说，这已经足够精确。

如 33.1.4 节所述，信号的色散性质可大大简化电离层观测值的反演过程。电离层是 GNSS 信号上唯一的非仪器色散效应，因此，从两个频率中的每个频率计算的范围进行差分，可以消除所有非色散效应。

33.1.3.1 衍射

众所周知，在某些实验条件下，GNSS 信号的电离层信号振幅和附加相位会发生快速变化（数十赫兹不等）。本书第 31 章对这一现象进行了详细的解释。在无线电掩星的情况下，衍射效应已被有效地用于监测或描述电离层不规则性的存在，作为高度精确的函数[50-53]。对此，已经开发了详细的模拟器，以提高对电离层不规则尺度的理解，电离层不规则尺度导致了 RO 几何中观测到的闪烁[54]。

33.1.3.2 极化

GNSS 信号是圆极化的，以避免由于天线方向而引起信号强度的变化[55]。电离层的双折射特性意味着信号的偏振将随着信号的传播而旋转。这种极化变化因为其幅度很小，而且信号极化不是遥感应用的关键参数，所以常常被忽略。因为极化旋转会干扰降水特征的恢复，所以极化无线电掩星实验（33.1.1.1 节）的出现增加了人们对极化的兴趣。在 L 波段频率下，旋转角度 Ω（弧度）可通过以下表达式高精度表示[55-56]：

$$\Omega = \frac{k}{f^2} \int B N_e \cos\theta \, \mathrm{d}l \tag{33.39}$$

式中：$k = 2.36 \times 10^4$；f 为频率；B 为磁场（SI）；θ 为传播方向与磁场方向之间的夹角，积分沿光线路径在无线电掩星几何学中，赤道附近经向射线路径的法拉第旋转角最大，其中 $\theta \approx 0$ 和 N_e 值接近全局最大值。在 GPS 的 L1 频率（1.57542GHz）中，法拉第旋转角与掩星射线路径上的总电子含量（TEC）之间的启发式关系为

$$\Omega \approx 1.2 \times 10^{-3} \mathrm{TEC} \tag{33.40}$$

式中：Ω 以弧度为单位；TEC 为沿射线路径的电子柱密度（TEC）（1TEC 单位 $= 10^{16}$ 个电子/m^2）。该关系近似于子午光线路径方向对应的诱导旋转角的上限。

对于太阳最大值条件和有利的几何结构，诱导旋转是一个周期的一小部分（约 1/3 或更少）。一般来说，这不是地球物理反演的一个重要误差源，地球物理反演更多地受到接收机和发射机频率间偏差不确定性的影响。

33.1.4 地球物理反演——电离层

利用掩星几何学对电离层进行遥感时，使用了几种方法来利用式（33.38）。电离层引起的信号延迟（或相位超前）与掩星射线路径上的 TEC 成正比。双频 RO 测量通常用于反演 TEC。与中性大气一样，使用逆阿贝尔变换和球对称假设来反演电子密度随高度的垂直分布。与中性大气相反，电离层的球对称假设通常是此类剖面的极限误差源，特别是对于低于电子密度峰值的高度（F1 和 E 层）[57-58]。

33.1.4.1 总电子含量

TEC 是 RO 提供的非常有用的地球物理量，用作同化电离层模型[59-61]和层析电子密度

反演方法[62-66]的输入。这两种方法都试图使用 TEC 更新全球或区域电子密度网格。

TEC 测量的一种直接方法是使用 GNSS 相位和距离观测值反演校准 TEC,TEC 的校正需要发射机和接收机中的频率偏差(IFB),类似于地面网络的 TEC(见第 31 章)。通常,发射机偏差最好使用地基技术进行估计,低轨接收机的 IFB 估计问题需要通过分析掩星数据来解决。一种广泛使用的方法是寻找倾向于沿光线路径产生最小 TEC 的几何体,例如,在高纬度地区,射线路径穿过两极附近的开放磁场区域,这些区域往往具有较小的电子密度和 TEC。电离层和等离子体层的气候学模型可用于估算这些区域的小电子密度,特别是对于高度 700km 及以上的低轨卫星。将模型值或这些区域的零 TEC 假设与测量的 TEC 和相应确定的偏差值进行比较[67-69]。假设接收机 IFB 不会沿轨道变化(尽管温度变化),从而为 IFB 提供校准,直到下一次高纬度测量可用为止。出于校准目的,使用与掩星相同的硬件,让反渗透系统在当地水平面上方跟踪卫星是有利的。

与相位数据相比,使用 GNSS 伪距数据使 TEC 测量更容易受到范围数据的多径影响[68]。电离层掩星期间高度角的巨大变化进一步加剧了潜在的多径效应,而多径效应对大气数据的影响是使用相位数据和较小的角度变化得出的(见 33.3.6 节)。图 33.5[67]显示了来自 FORMSAT-3/COSMIC 卫星的校准 TEC 示例。

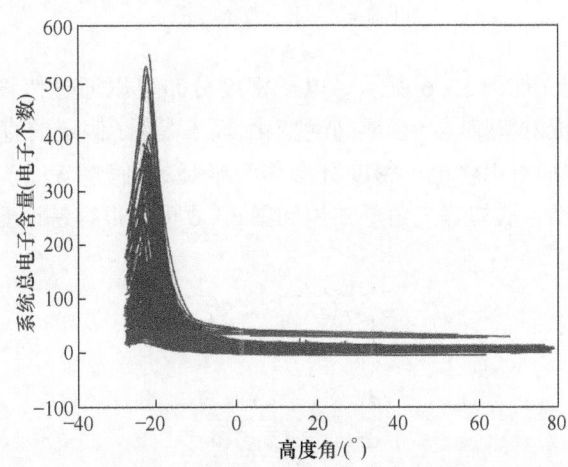

图 33.5　2010 年 10 月 22 日 FORMOSAT-3/COSMIC 1 卫星数据的水平化和偏差修正日[67]
(资料来源:经 John Wiley&Sons 许可转载。)

由于"高阶"效应(如光线路径弯曲)和折射率方程中的附加项[式(33.38)]引起的 TEC 误差可能需要根据应用情况进行解释[70-71]。

33.1.4.2　电子密度的垂直分布

在掩星几何学中使用 TEC 获得的常用方法是反演位于掩星切点的电离层电子密度的垂直剖面。这种反演的优点是与模型无关,并且不需要全局网格方案,通常在计算上非常高效。反演通常用于近似垂直电子密度剖面的实际测量,这种测量非常昂贵,只能从少数非相干散射雷达站点获得。在某些情况下,配置文件被同化为全局模型,而不是 TEC[72]。33.4 节讨论了剖面的科学应用。

本节使用了两种方法来进行电子密度分布反演:第一种方法类似如何根据电离层折射率引起的附加相位和弯曲角反演大气特性(见 33.1.2.1 节)[42,73]。这种方法可以使用单一的全球卫星导航系统频率。第二种方法应用更广泛,不需要校准过程来估计电离层引起的附加信号延迟。电子密度分布可以直接从视距 TEC 估算,假设其沿直线传播。使用从两个频率导出的 TEC 不需要校准处理(精密轨道和时钟等)。反演算法基于以下内容:TEC 定义为从发射器到接收机的射线路径上的电子密度,从半径 r_0,即接收机高度开始(图 33.6):

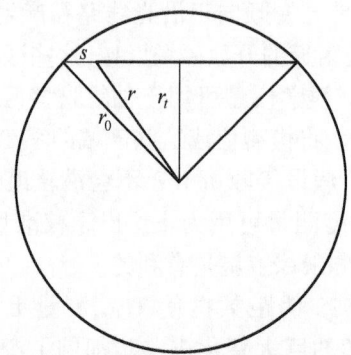

图 33.6 沿路径变量 s 指示的光线路径的 TEC 球面几何体
(r_t 是掩星的切线半径。接收机位于 r_0。)

$$\text{TEC} = \int_{\text{光线路径}} N_e(s)\,\mathrm{d}s \tag{33.41}$$

其中,相关量的定义如图 33.6 所示。电子密度分布可以通过假设球对称性从 TEC 数据中反演——电离层折射率仅随半径或高度变化,而不是沿(假定的直线)射线路径水平变化。在这种情况下,我们可以将电子密度分布作为半径的函数:$N_e(r)$。为了评估 TEC,我们对变量进行如下变换。从初等三角形知识和图 33.6 可以很容易地看出,路径长度 s 可以用半径 r 表示:

$$s(r) = \sqrt{r_0^2 - r_t^2} - \sqrt{r^2 - r_t^2} \tag{33.42}$$

从中得出

$$\frac{\mathrm{d}s}{\mathrm{d}r} = -\frac{r}{\sqrt{r^2 - r_t^2}} \tag{33.43}$$

因此,关于半径的 TEC 积分为

$$\text{TEC} = -2\int_{r_0}^{r_t} \frac{r N_e(r)}{\sqrt{r^2 - r_t^2}} \mathrm{d}r \tag{33.44}$$

由于沿光线路径到达切线高度前后 TEC 的作用,引入了因子 2。使用逆阿贝尔变换(例如文献[74])正式求解 TEC 积分:

$$N_e(r) = \frac{1}{\pi} \int_r^{r_0} \frac{\mathrm{dTEC}}{\mathrm{d}r_t} \frac{1}{\sqrt{r_t^2 - r^2}} \mathrm{d}r_t \tag{33.45}$$

实际上,TEC 测量值是在离散时间获得的。在将数据插值到几何网格后进行积分,以便可以计算导数 $\mathrm{dTEC}/\mathrm{d}r_t$。计算细节见文献[57,73,75]。由于电子密度垂直分布取决于 TEC 相对于切线高度的变化率,因此该分布对 TEC 中的频率间偏差不敏感。此外,TEC 对接收机高度也不敏感,接收机高度的变化往往不会改变 TEC 速率。对电子密度剖面反演的评估表明,底部电离层的误差最大,这是球对称假设的结果,并且 F2 层峰值附近的密度较大,海拔较高。从剖面信息中提取的峰值电子密度的精度通常约为峰值的10%~20%,这可以通过对其多次反演求平均值来改进[42,57,73,76]。反演偏差的问题很复杂,因为它与位置有关。

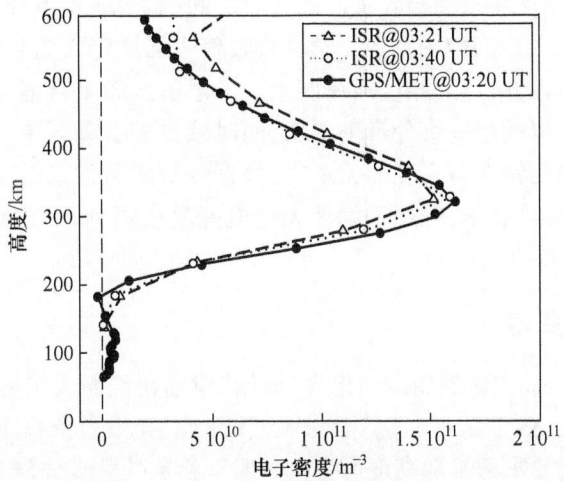

图33.7 1995年5月5日获得的GPS/MET概念验证任务的电离层电子密度剖面(与非相干散射雷达得到的附近两条剖面进行比较)[42]。资料来源:经John Wiley & Sons. 许可转载。

与水平电子密度梯度的位置依赖性相对应——低纬度比中纬度更具挑战性[58]。模拟研究表明掩星平面方向是影响剖面误差的主要因素(东西方向的误差明显小于南北方向)[77]。根据局部梯度,E区域(接近120km高度)的电子密度误差通常可以达到50%~100%[78]。从概念验证GPS/MET卫星反演到的电离层剖面如图33.7所示。该轮廓是使用单频弯曲角法生成的。此外,图中还给出了附近非相干散射雷达的确切测量结果。

全电子密度剖面对科学和空间天气的高价值要求,促使研究人员通过放宽球对称假设来提高无线电掩星反演的准确性。文献中报道的几项工作使用了地面测量信息或使用此类测量的同化模型或气候平均值得出的水平变化信息[78-82]。文献[83]中讨论了改善反演噪声特性的方法。

33.2 用于大气观测的GNSS掩星系统设计

本节我们将讨论如何设计掩星系统,以满足大气观测的特定性能要求。根据电离层观测的性能要求进行设计要简单得多,因为无须校准步骤即可反演电离层TEC。满足合理大气要求的系统的TEC精度也总能适用于电离层应用。

大气无线电掩星测量是通过测量固定频率的多普勒频移并消除卫星运动引起的多普勒效应而得到的,然后恢复由于大气引起的信号的总弯曲度。无线电掩星测量的科学要求通常是根据弯曲角精度来规定的,弯曲角精度是假定定义的垂直分辨率下高度的函数。弯曲角精度、高度范围和垂直分辨率都可以根据特定的科学需求进行调整。一旦生成弯曲角剖面,就可以得到感兴趣的大气参数,例如折射率、温度、压力和湿度。指定反演到的大气属性的精度需要有关于大气成分和大气结构的假设。反演湿度需要关于对流层低层大气温度的额外假设,主要测量仍然是附加的相位或多普勒频移,GNSS 接收机的设计最终将对弯曲角精度作出要求。

本节介绍弯曲角精度要求和接收机设计参数之间的关系,重点介绍低轨卫星接收各种 GNSS 星座信号的情况。我们使用几何光学将接收信号强度定义为轨道几何形状和假设大气的函数,分析接收机设计,计算相位跟踪误差。考虑了双频组合消除电离层误差,以及弯曲角剖面的垂直平滑,以满足垂直分辨率要求,同时减少多普勒误差。最终,对于指定的垂直分辨率,推导出弯曲角精度与高度的关系式,垂直分辨率通常也随高度而变化,目前的发展是基于 JPL 开发的处理技术,并用于设计无线电掩星星座,如 FORMOSAT-3/COSMIC 和 FORMOSAT-7/COSMIC-2。

33.2.1 特定性能要求

数值天气预报中心将 RO 观测值同化为"原始"弯曲角剖面或使用阿贝尔变换从弯曲角导出的折射率剖面(见 33.1.2.4 节)。因为大气弯曲本身强烈依赖于高度,所以为了满足用户需求,弯曲角精度要求通常随高度而变化。对于给定的垂直分辨率,较低的高度需要较小的弯曲角精度,因为那里的弯曲更强。弯曲角剖面所需的垂直分辨率通常是高度的函数,因为大气的垂直可变性在较高的高度降低,从而允许较低的垂直分辨率,并且在较高的高度更平滑。通过指定弯曲角精度及其相关的垂直分辨率来满足用户需求。我们将展示弯曲角精度如何对由 RO 仪器测量的全球导航卫星系统信号相位的精度提出要求。

表 33.1 列出了 Sentinel-6 任务的无线电掩星要求,这是一个于 2020 年发射的卫星任务,第二颗卫星计划于 2026 年发射。对每天掩星次数的要求是基于接收机能力减去处理损失进行设定的,并且还假设了来自 31 颗 GPS 卫星和 24 颗 GLONASS 卫星的无线电掩星测量。弯曲角度要求和垂直分辨率要求是基于 FORMOSAT-3/COSMIC(以下称 COSMIC-1)任务的已实现性能[84]。

表 33.1 基于 Sentinel-6 任务的弯曲角精度要求

产 品	要 求
每颗 LEO 卫星每天的掩星次数	770
测量的不确定度/μrad	
a. 海拔范围 10~20km MSL	30
b. 海拔范围 20~30km MSL	3
c. 海拔范围 30~60km MSL	2
垂直数据分辨率/km	
a. 海拔范围 10~20km MSL	0.15
b. 海拔范围 20~60km MSL	1.5

注:MSL 为平均海平面

表 33.1 指出任务(包括卫星和地面操作)是每天从单个卫星向气象中心提供 770 次掩星,满足所述的弯曲角精度和垂直分辨率要求。弯曲角度要求是 770 次掩星的中值误差,表明在 770 次掩星中,必须有 50% 或以上数量具有小于规定的高度范围定义的值的弯曲角度误差。

最后，在给定垂直分辨率的情况下定义精度，这表明弯曲角度误差是在假设多次测量的平滑的情况下计算的，只要总平滑时间（或使用的平滑方法）提供在海拔范围内规定的垂直分辨率。

我们注意到，低于10km的大气变化对这些高度设定要求来说是一个挑战。我们预计最终将开发和标准化一组测试折射率分布，以限制较低高度下的性能并使性能更容易指定。目前，预计接收机至少能追踪到200km的直线切线高度，但由于该区域的性能难以保证，因此没有设置性能要求。

本节的其余部分描述了空间掩星仪器预期性能的推导，目的是根据规定的要求评估任务。

33.2.2 信噪比

RO精度的主要参数是接收信号的信噪比（SNR）。SNR是基于给定接收机天线尺寸、与发射器的距离以及预期大气损耗的GNSS卫星接收到的信号功率推导出来的。接收信号功率由式(33.46)计算：

$$P_R = \frac{P_{\text{EIRP}} A_E K}{4\pi L^2} \qquad (33.46)$$

该公式表明，以W为单位的接收功率P_R等于发射功率P_{EIRP}、天线有效面积A_E（掩星方向）和大气损耗K的乘积除以$4\pi L^2$，L是GNSS卫星到接收机的距离（以m为单位）。

表33.2中为每个GPS和GLONASS信号定义了发射功率P_{EIRP}。这些功率是使用GPS接口控制文件（ICD）[85]和GLONASS ICD[86]得出的，其中包括GNSS ⅡF卫星的实际在轨发射功率[87]。Galileo和北斗GNSS的功率水平记录在它们各自的ICD中。从历史上看，卫星传输的功率高于表33.2中列出的值，这些值可能会根据GNSS星座的当前状态和健康状况而有所不同。

表33.2 GNSS卫星信号特征

星座	信号	历史EIRP功率/dBW	频率/GHz	带宽/MHz
GPS	L1 CA	27.23	1.57542	2
	L2 C	25.73	1.2276	2
	L1 P	24.24	1.57542	20
	L2 P	24.23	1.2276	20
GLONASS	FDMA L1	24.7	1.602	+8~-4
	FDMA L2	18.7	1.246	+8~-4

使用几何光学[16]，可以确定由于大气离焦造成的信号强度损失量。当信号穿过大气时，在到达接收卫星之前大气会对信号进行弯曲和离焦，从而降低功率密度（W/m²）。本节介绍了一种使用几何光学和Sokolovskiy[88]、Hajj等[13]定义的方法来估计这种散焦损失的方法。因此，通过利用已知的折射率分布，可以估计给定特定轨道几何形状的散焦。

如果假设发射端和接收端在大气外（$n=1$），那么给定轨道半径R_1和R_2，利用方程式(33.12)中的关系式,在折射系数为单位(大气外)的条件下,可以确定出离开和到达的射线路径角(ψ_1 和 ψ_2,见图33.1):

$$a = R_1 \sin\psi_1 = R_2 \sin\psi_2 \tag{33.47}$$

参考图33.1,我们现在可以表达弯曲角度,如下:

$$a = \theta_C + \psi_1 + \psi_2 - \pi \tag{33.48}$$

现在可以使用弯曲角度计算散焦损失。

散焦损耗 K 定义为通过大气传输后的接收功率密度 I_{ATM} 与不存在大气时的接收功率密度 I_0 之比:

$$K = \frac{I_{ATM}}{I_0} \tag{33.49}$$

在没有大气的情况下接收的功率密度是用发射机的等效各向同性辐射功率(EIRP)除以距离的平方来计算的:

$$I_0 = \frac{P_T}{4\pi L^2} \tag{33.50}$$

长度 L 是从发射器到接收机的直线距离,没有弯曲:

$$L = \sqrt{R_1^2 + R_2^2 + 2R_1 R_2 \cos\theta_c} \tag{33.51}$$

根据文献[88],可以通过固定发射器 R_1 的半径以及发射器和接收机之间的分离角 θ_c,然后改变射线 $\Delta\phi_1$ 的偏离角来估计接收机处波束面积的变化,从而得出损耗:

$$K = \left| \frac{L \Delta\psi_1}{\Delta R_2 \sin\psi_2} \right| \tag{33.52}$$

在式(33.52)中,偏离角的变化乘以直线距离 L,可以得到一个与没有大气时的面积变化成正比的量。大气存在时的面积变化与待确定的波束到达半径的变化乘到达角 ψ_2 的正弦成正比(图33.1)。在式(33.48)中考虑扰动,然后对给定的约束条件用布格公式进行同样的处理,得到以下关系式:

$$\Delta\alpha = \Delta\psi_1 + \Delta\psi_2 \tag{33.53}$$

$$R_1 \Delta\psi_1 \cos\psi_1 = \Delta R_2 \sin\psi_2 + R_2 \Delta\psi_2 \cos\psi_2 = \Delta a \tag{33.54}$$

做出以下定义,其中距离 L_1 和 L_2 是到射线路径切点的距离,可以求解方程(33.53)和式(33.54),然后代入方程式(33.52)得到方程中列出的结果式(33.57):

$$L_1 = R_1 \cos\Psi_1 \tag{33.55}$$

$$L_2 = R_2 \cos\Psi_2 \tag{33.56}$$

$$K = \left| \frac{L}{L_1 + L_2 - L_1 L_2 (d\alpha/da)} \right| \tag{33.57}$$

发射器和接收机之间的相对距离和分离角 θ_c(图33.1)可以通过模拟或简单计算在指定的直线切线高度(SLTH)上生成。在这种几何结构中,将 SLTH 定义为从地球表面到连接发射器和接收机的直线的最小垂直距离。这是一种方便的光线高度测量方法,因为它只取决于卫星的几何形状和选择的地球模型,而不取决于大气畸变。中性大气掩星的典型单反距离为 -300~+80km。由于中性大气中的弯曲,负值是可能的。带电的大气层可以覆盖这个范围,一直到低地球轨道高度。在规定的高度范围内,从低地球轨道到 GPS 或 GLONASS

的典型距离在 19000~22000km。

例如,对于在 540km 的 COSMIC-2 轨道高度上的无线电掩星任务的散焦损失,给定方程式(33.13)中的折射率分布可以针对 GPS 卫星进行计算。图 33.8 显示了散焦损失与 SLTA(几何)的函数关系。该图可以等效地生成为收发信机分离角 θ_c 的函数(图 33.1)。从给定的折射率分布图中,可以定义最大弯曲,从而可以定义 SLTH 漂移到地球表面以下的最大距离。这个参数对于预测掩星的开始时间和结束时间很重要。给定轨道速度,定义掩星时间等参数也是有用的。通过计算撞击参数作为分离角的函数,然后推导分离角作为轨道速度的函数,可以从上述分析中推导出时间。计算完成后,产生图 33.9,显示了作为时间函数的

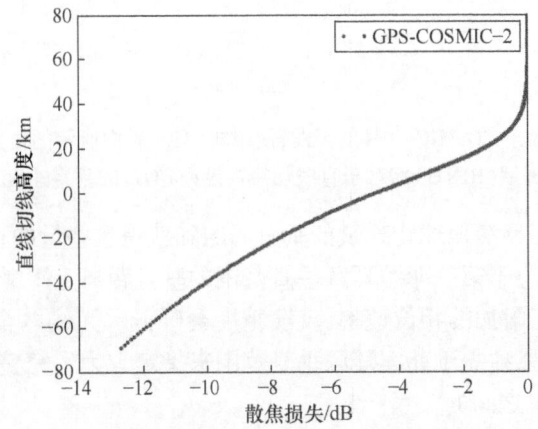

图 33.8　对于使用公式中定义的指数大气的 COSMIC-2 轨道,
由于大气散焦引起的信号损失 K [式(33.13)]

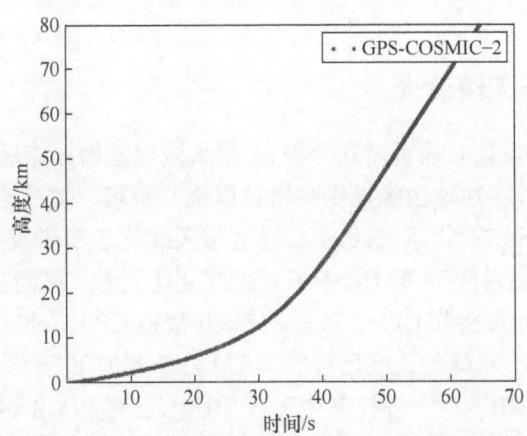

图 33.9　使用方程式中所示指数大气的 COSMIC-2 航天
器的掩星时间与射线路径高度的关系[式(31.13)]并假设掩星上升

SLTH。结果显示,利用散焦损失,RPTHV 在空气中的垂直速度也与自由空间 V_0 中的垂直速度有关[13]:

$$V = KV_0 \tag{33.58}$$

图 33.10 显示了 COSMIC-2 轨道的空气中射线路径的垂直速度。

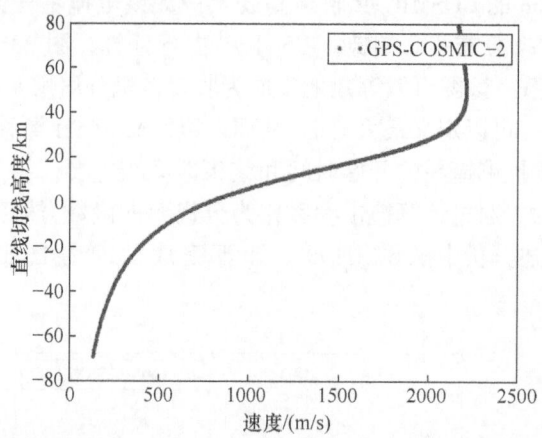

图 33.10 对于 COSMIC-2 号航天器,使用式(31.13)中所示的指数大气,掩星的射线路径切线高度(RPTH)相对于直线切线高度(SLTH)的垂直速度,并假设掩星上升

垂直分辨率决定了反演地球物理量的垂直间距和获得这些量的积分时间。在几何光学近似下,我们希望在对应于第一菲涅耳区垂直范围的垂直距离上平滑反演结果。否则,由于衍射效应对信号施加了附加的相位速率,反演精度会降低。无线电全息方法则没有这种限制,因此垂直分辨率可以独立于菲涅耳区垂直范围来指定。为了完整起见,我们提供了菲涅耳区直径 F 和散焦损失之间的关系[13]:

$$K = \sqrt{K \frac{\lambda L_1 L_2}{L_1 + L_2}} \tag{33.59}$$

菲涅耳直径除以空气中的垂直速度提供了分配给相位测量平滑的总时间,以获得菲涅耳区大小的垂直分辨率。

33.2.3 无线电掩星天线设计

无线电掩星的天线设计必须平衡几个因素:最大限度地增加掩星数量,允许双频跟踪以消除电离层延迟影响,并在地球边缘提供高增益以提高精度。鉴于全球导航卫星系统信号源数量众多(GPS、GLONASS、北斗、Galileo),且宽带天线优于窄带天线,从而能够跟踪来自多个星座的 2 个频率。因此对于 COSMIC-2 的卫星天线,我们选择了多单元螺旋阵列[89-90]。螺旋天线单元可接收 GPS L 波段的频率,覆盖 GPS、Galileo、北斗和 GLONASS 以及同一波段的其他星座。单螺旋天线已经在 GRACE 任务中飞行[91],Haigh-Farr 贴片阵列等其他设计已经在 COSMIC-1[92] 等任务中飞行,RUAG 已经在 GRAS 任务中发射[93]。

对于来自低轨飞行器的中性大气掩星,从卫星上看,所需的高度角视场在地球边缘上方和下方几度。方位角应尽可能宽,以捕获最多数量的掩星。与卫星速度方向一致的掩星相比,在较大方位角获取的掩星显示,随着射线随高度下降或上升,经纬度变化较大。接收机的通常做法是将掩星限制在从航天器看去的以地球边缘方向为中心的方位角 55°内。方位限制之外的掩星不会被接收机接收,因为这些掩星在天线视野中的横向移动往往比纵向移动更多,因此使反演处理和对地球位置的归属更加困难。对此,可设计多元件掩星天线,

从而在具有宽方位场的同时沿特定GNSS发射机方向实现高增益。

多单元掩星天线可沿着特定GNSS发射机方向上设计,从而实现高增益,同时具有较宽的方位角视场。这是通过同相组合多个低增益天线元件来实现的。面向航天器的速度矢量,我们考虑在轨道半径平面中定向的单行 m 个天线元件。沿一条线的 m 个等间距各向同性源阵列的电场由下式给出[94]:

$$E = \frac{\sin(m\Psi/2)}{\sin(\Psi/2)} \quad (33.60)$$

其中 Ψ 由下式给出:

$$\Psi = \frac{2\pi d}{\lambda}\cos\chi + \Lambda \quad (33.61)$$

式中:d 为单元之间的间隔距离;λ 为无线电波长;χ 为从天线阵列法线到GNSS源的夹角;Λ 为输入信号相邻单元之间的(数字调整)相位差。

使用多个相控元的效果是采用 m 个相似的单元,并通过增加单元的数量增加接收功率,这也将天线的波束宽度减小至原来的 $\frac{1}{m}$:随着增益的增加,波束宽度减小。例如,由4个元件组成的阵列,每个元件的波束宽度为80°,组合波束宽度约为20°。这个波束宽度是关于沿元件方向定义的柱状轴对称阵列(当不考虑单个元件模式时)。

当然,实验中需要有比20°更宽的视野。通过对来自每个天线的信号进行采样,以数字方式调整每个元件间的相对相位项 Λ,可以有效地将天线增益模式"引导"到GNSS掩星发射机。这种对每个阵列相位的调整,使得组合阵列的峰值增益沿阵列方向聚焦到一个期望的角度。

通过调整相对相位项 Λ,使波束向GNSS掩星发射机"转向",从而减轻了降低波束宽度的潜在不利影响。用于轨道掩星天线的转向阵列的显著优点是将天线模式与式(33.60)围绕阵列长度的柱状对称相结合,直接将峰值模式放置在地球边缘。

FORMSAT-7/COSMIC-2 和 Sentinel-6 天线设计将4个螺旋元件组合成具有恒定、硬件定义相位偏移的单个子阵。其中3个子阵组合成一个天线,每个子阵有一个输出。COSMIC-2 接收机 TriG[95] 分别将3个子阵的输出数字化,并将其数字化组合,以最大化天线视场内特定卫星沿方位角的增益。天线相位可实时修改,并可同时用于多个掩星轨道,以最大限度地提高每个GNSS卫星的增益。每个子阵列的峰值增益大约在与面板垂直的矢量22°(朝向地球)处。本节的后半部分讨论了这个问题的原因。

我们在室内测量了COSMIC-2天线的增益方向图,其结果在文献[89]中已给出。图33.11给出了采用数字波束形成后天线在方位方向上的联合增益方向图,并与COS-MI-1和GRACE RO天线在L1处的峰值增益进行对比。GRACE使用单元素螺旋。COSMIC-1使用一系列贴片天线元件。

利用实测的波束图,发射机方向上的增益用于计算式(33.46)中接收的信号强度,使用下面适用于有效方位角和高程的天线增益和有效面积之间的关系:

$$G = \frac{4\pi}{\lambda^2}A_E \quad (33.62)$$

前面的讨论主要针对中性大气的天线。如果掩星天线的视场足够大或轨道高度足够高,同样的天线也可以提供电离层测量功能。

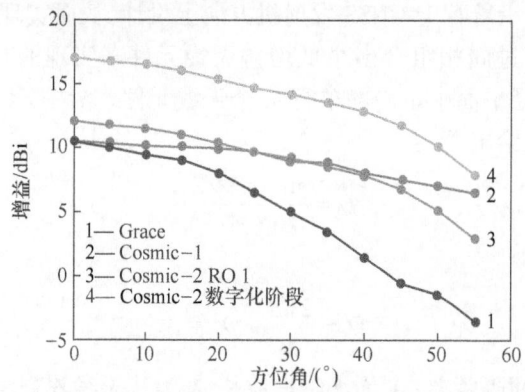

图 33.11　Grace、Cosmic-1、Cosmic-2 单子阵和 Cosmic-2 在 GPS L1 频率处数字组合的峰值增益随方位角的函数

电离层掩星测量比中性大气所需的增益要小,因为除非存在明显的闪烁,否则与中性大气相比,电离层中的散焦损失一般较小。通常,在带电大气层(海拔 80~1000km)中进行测量的天线可以使用低增益、宽视场的单天线元件。COSMIC-1 任务使用两个贴片天线,每个贴片天线的峰值增益约为 7dBi,与天顶成 45°角:一个面向速度矢量,另一个面向反方向速度矢量。COSMIC-2 改进了这一设计,包括扼流圈和宽带元件,以减少多径,并支持从多个星座进行跟踪。

由于假定 GNSS 导航用于校准相位延迟的几何影响(见 33.2.10 节),掩星仪器通常会有精密定轨(POD)天线。这些天线往往增益相对较低(5~7dBi),也可提供电离层的掩星和天顶观测量。COSMIC-1 和 COSMIC-2 都有两用 POD/带电大气天线。CHAMP 和 GRACE 任务使用单个天顶天线指向 POD。

33.2.4　热噪声源

天线接收天线带宽内的发射信号和热噪声。来自天线的热噪声是通过将天线视场内的热噪声源与整个 4π 球面视场内的天线增益模式进行卷积来估计的[94]。天线的噪声源类型包括本地卫星背景辐射、地球表面、大气以及(最糟糕的情况下)太阳和月亮可能产生的影响。来自天线的热噪声是发射源和天线增益方向图的卷积。

$$T_A = \int_0^\pi \int_0^{2\pi} T_S(\theta,\phi) G(\theta,\phi) \sin\theta d\theta d\phi \qquad (33.63)$$

式中:总天线噪声温度 T_A 等于所有噪声源在整个球面上的积分;$T_S(\theta,\phi)$ 为天线方位角和仰角的函数,乘以天线的方向增益 $G(\theta,\phi)$;带宽 B 中总的噪声是根据天线视场内的热温度乘带宽和玻耳兹曼常数 K_B 计算得到的。

$$N_T = K_B T_A B \qquad (33.64)$$

然而,在无线电掩星中,出现了一个有趣的问题:其他 GNSS 星座开始产生大量噪声。

在视场中,其他 GNSS 卫星会产生一个额外的噪声源。这个"自相残杀"分量本质上是 RO 天线视场内 m_{PRN} 卫星上所有接收信号功率 P_{Ri}[见式(33.46)]的和:

$$K_B T_F B = \sum_{i=1}^{m_{\text{PRN}}} 2P_{Pi} \tag{33.65}$$

式(33.65)中的因子2大致解释了来自GNSS的"噪声"功率不是白噪声,而是随着解调过程中的延迟而变化。天线输入端的功率信噪比是式(33.37)中接收信号P_R与式(33.65)和式(33.64)中表示噪声项的比值:

$$\text{SNR} = \frac{P_R}{K_B(T_A + T_F)B} \tag{33.66}$$

另一个噪声是由于伪随机码不完全正交导致的[96]。

33.2.5 弯曲角精度

在本节中,我们根据适用于接收机系统的数量推导出弯曲角精度的表达式,例如接收到的掩星信号的电压信噪比(SNR_V)。弯曲角通常是一个直接被天气中心同化的地球物理变量[97-98]。比如CLARREO[122]这样的科学任务规定了折射率精度和精度方面的需求,这些要求通过阿贝尔积分方程[式(33.37)]与弯曲角度紧密相关。因此,弯曲角精度的要求对系统设计至关重要。这些要求通常来自高度坐标中规定的科学要求。

通常,大气中的弯曲角要求会随着高度的变化而变化,有以下3个原因:①大气的垂直变化随着高度的增加而显著降低;②大气弯曲随着高度的增加而减小,因此在更高的高度需要更高的精度,在反演的地球物理变量中达到给定的精度水平;③信号功率随着信号在大气中下降而降低。接下来我们展示定义反演垂直分辨率的高度坐标中的垂直平滑间隔是如何与时间平滑间隔相关的。

接收机通常以恒定的速率f_S(通常为50Hz或者更高)产生信号相位的估计值。每个单采样相位测量值对应的SNR由下式给出

$$\text{SNR}_V = k_d \sqrt{\frac{P_R}{K_B(T_A + T_F)B}} \tag{33.67}$$

式中:k_d为一个小于1的因子,用于描述信号处理损失(每个接收机独有),比如采样损耗、滤波损耗和数字处理损耗。从电压SNR_V来看,假设它远小于1,则信号相位的精度由下式给出:

$$\sigma_\phi = \frac{1}{2\pi \text{SNR}_V} \tag{33.68}$$

满足弯曲角度要求(在高度坐标中指定)所需的单个相位样本的数量取决于光线路径的垂直速度(见33.2.2.1节中图33.10)。为了实现垂直分辨率在0.1~1km范围内的地球物理反演,需要时间平滑间隔介于0.1~2s范围内。因此,在定义的积分周期内,将具有式(33.68)给出的精度的几个单独的相位测量组合在一起,形成相位和频率偏移(多普勒)的单个测量。平均单个相位测量是反演过程的一部分,可以根据所应用的平滑方法而有所不同(这种平滑必须谨慎进行,否则会引入反演偏差[99-101])。标准方法是通过二次多项式拟合。给定N_{Fit}样本,每个样本的积分时间为$\Delta (= 1/f_S \approx 20\text{ms}$或更短),根据式(33.68)的相位精度,导出的多普勒精度σ_D(单位:周期/s)由下式给出:

$$\sigma_D = \frac{a_q \sigma_\phi}{\Delta N_{\text{Fit}}^{3/2}} \tag{33.69}$$

式中：a_q 由标准最小二乘理论确定；$\sqrt{12}$ 为二次拟合的正确值[13]。

我们在下一节将讨论一些确定 N_{Fit} 的方法，即实现所需垂直分辨率所需的样本数。一旦为指定的垂直平滑间隔选择了 N_{Fit}，弯曲角精度就由可以多普勒误差与空气中的垂直速度的比值得出[13]：

$$\sigma_\alpha = \frac{\lambda \sigma_D}{V} \tag{33.70}$$

33.2.6 时钟误差

接收机和发射机时钟误差通过在观测相位上施加多普勒误差而导致弯曲角误差。估计这个误差源的方法是通过分析频率空间中时钟误差的频谱密度，这样可以将一个项添加到多普勒误差中[如式(33.70)]，但通常时钟误差是根据艾伦偏差来指定的。对此，我们记录了几种将艾伦偏差统计转换为频率空间的方法。

在文献[102]中显示了一种方法，该方法推导了一种用于将艾伦偏差拟合为一阶马尔可夫过程的方法，在此过程中需要注意调整拟合的起点和终点。这种拟合展示了如何计算距离测量的随机时钟误差的时间相关性[102]。随后，根据序列的最小二乘法拟合，在时间序列上计算时钟的总误差。Kosaka 总结并给出了来自 Fell[103]中提供的方法的例子。

在文献[103]中，这个方法被扩展为包括对测距误差的估计，也包括对测距速率的误差估计。这个过程仍然假设一个将艾伦偏差和光谱密度相关联的一阶马尔可夫模型，然后利用相对范围简化误差模型。利用马尔可夫建模的距离速率模型，可以(单独)生成 GPS 卫星钟差和接收机钟差。该模型提供了计算掩星期间每个钟差与其自身相关性的方法。在文献[103]的分析中一个关键发现是距离速率误差随时间线性增长。由于这种误差，一些无线电掩星仪器使用了超稳定振荡器(USO)，因此与热噪声引起的误差相比，误差增长总是很小。

现在常用差分技术来减少接收机和发射机钟差的影响，这些在 33.2.10 节中已经有所讨论。单次差分是在掩星期间跟踪第二颗不受大气影响的 GNSS 卫星的过程。两组测量值都同样受到接收机时钟的干扰。测量值的差分减小了钟差的影响，但代价是增加了由于跟踪误差(2 颗卫星的)引起的噪声。然而，GNSS 卫星对钟差的敏感性仍然存在。双重差分是一个类似的过程，但可以使用具有非常稳定的时钟的地面接收机来跟踪这 2 颗 GNSS 发射卫星，具体内容可见 33.2.10 节。

33.2.7 开环跟踪

在典型的相位跟踪环路中，数字化电压样本与载波相位模型相关联，然后在积分周期内累积，持续时间通常为 1~100ms。在每个积分周期之后，相关器输出(由同相分量和正交分量组成)用于产生载波相位模型的更新，然后该过程继续进行。这个过程被称为"闭环"跟踪，因为模型的更新是基于上一步的模型误差。

然而，闭环跟踪并不能作为大气无线电掩星的唯一跟踪方法，随着信号下降到对流层的更深处，由于散焦引起的信号幅度降低和大气多径引起的相位波动增加，降低了闭环跟踪的有效性。闭环跟踪对于从前向天线获取的上升掩星尤其具有挑战性，因为信号来自对流层低层。对此，另一种跟踪方法是"开环"(OL)跟踪，它基于信号相位速率的先验模型，而不是依赖于接收机实时构建的闭环模型。先验模型不会引入噪声,也不会随着信号减弱而降低质量。可以开发这样一个先验模型,其要求主要是相位速率模型误差位于采样间隔设置的奈奎斯特施加的极限内。假设采样频率为 f_S,防止混叠允许的最大模型误差为 $f_S/2$。该模型是基于 LEO 和掩星 GNSS 卫星的已知位置在接收机上实时计算。

用于无线电掩星的 OL 跟踪首先用于测量行星大气的特性[104]。Sokolovskiy 首次提出了一种适用于 GNSS RO 的实用 OL 跟踪方法[105]。适用于 JPL 设计的无线电掩星接收机,该实现细节可以在文献[106]中找到。OL 跟踪是 RO 技术的重大进步,通过允许可靠的上升掩星使来自单个 GNSS 接收机的可用掩星数量增加 1 倍,带来了大量的科学应用和对流层低层 RO 反演效益。2004 年在 SAC-C 卫星上首次演示了 OL 跟踪。自 2006 年发射以来,COSMIC 已具备了 OL 能力,MetOp 卫星上的 GRAS 接收机(2006 年首次发射)和风云 3C 上的 GNOS 接收机(2013 年发射)也是如此。未来的任务,如 FORMOSAT-7/COSMIC-2,将携带更先进的版本。JPL 使用来自 SAC-C 任务的实验数据改进了 FORMOSAT-3/COSMIC 任务的 OL 模型。下面是对基本方法的描述。

对于 OL 跟踪,接收机使用其星上位置和时钟解决方案,以及根据存储的星历信息确定的 GNSS 卫星位置预测,来计算掩星射线的 SLTH。SLTH 是根据卫星几何形状和地球形状模型(如 WGS-84)确定的,因此可以独立于大气进行预测。SLTH 用于确定何时在接收机上启用 OL 跟踪模式。

在 OL 模型中,利用 LEO 和 GNSS 卫星位置与估计的弯曲角之间的近似经验关系,计算预测的多普勒频移。根据文献[106],经验关系的形式是

$$\alpha + \frac{1}{L}(H - h') = \epsilon \tag{33.71}$$

式中:弯曲角 α 为 SLTH 高度 H 的函数;ϵ 为对分离角 θ_C 的小角度修正(图 33.1);h' 为射线碰撞参数在地球上方的高度,类似于式(33.14),除了折射率 n 设置为 1,因为它的轮廓不是假设就是已知的。如下所述,这种近似中的错误使用 ϵ 来纠正。

根据预测的 LEO 和 GNSS 卫星位置计算距离 L 如下,下标 1 表示发射 GNSS 卫星(图 33.1),下标 2 表示低地球轨道接收机

$$L = \left[\frac{1}{D_2} + \frac{1}{D_1}\right]^{-1} \tag{33.72}$$

式中:$D_2 = R_2 \sin(\theta_{C2})$;$D_1 = R_1 \sin(\theta_{C1})$;$R_2$ 为 LEO 的地心半径;R_1 为 GNSS 卫星的半径;$\theta_{C2} + \theta_{C1} = \theta_C$。图 33.1 中定义的分离角 θ_C 已被划分为两个部分 θ_{C1} 和 θ_{C2},由定义 h 的矢量和碰撞高度 a 分隔。

式(33.71)的形式要求将 ϵ 确定为中心掩星角 θ_C 的函数。对于 COSMIC/FORMOSAT-3 接收机软件,该关系是根据大量 SAC-C 弯曲角剖面的平均值启发式推导出来的。在接收机上使用查找表来提供频率和距离偏移,作为实时计算的 GNSS 和 LEO 位置的函数。该表已针对 COSMIC-1 进行了调整,并且需要针对不同的轨道高度进行重新调整。Sokolovskiy 的公式在这方面有所不同[105],因为 OL 模型是基于大气气候学制定的,尚未在 JPL 接收机上实现。

当使用式(33.71)从估计的 LEO 和 GNSS 位置确定弯曲角时,就可以使用文献[13]中描述的方法直接推导出预期的多普勒频移[见式(33.5)]:

$$\lambda\Delta f = v_1\cos(\gamma_1 - \delta_1) - v_2\cos(\gamma_2 - \delta_2)] - (v_1\cos\gamma_1 - v_2\cos\gamma_2) \quad (33.73)$$

式中：v_1 和 v_2 为两个航天器的速度大小；角度 $\gamma_1 - \delta_1$ 和 $\gamma_2 - \delta_2$ 为从各自的速度矢量到连接航天器 1 和 2（图 33.1）的直线矢量的夹角；$\alpha = \delta_1 + \delta_2$。波长 λ 处的频率偏移 Δf 用于引导 OL 模型。

对于距离编码的 GNSS 信号（如 GPS 和 Galileo），OL 跟踪需要估计时延偏移量来指导信号解调的码生成。预测的总延迟 ρ_{occ} 分为如下两部分 ρ_{geom} 和 ρ_{atm}：

$$\rho_{occ} = \rho_{geom} + \rho_{atm} \quad (33.74)$$

式中：ρ_{geom} 为延迟的几何分量；ρ_{atm} 为大气对延迟的贡献。

我们得出

$$\rho_{geom} = B_1 + B_2 - L \quad (33.75)$$

式中：B_1 和 B_2 的距离定义为每个航天器从实际发射和到达方向的直线矢量相交点的距离（在切点附近见图 33.1）；距离 L 为两航天器间的直线间隔距离。

$$\rho_{atm} = C_0\exp[-(h - h_0)/H_C] \quad (33.76)$$

式中：h 为碰撞高度；$h_0 = 2km$；$C_0 = 160m$；$H_C = 7.8km$。

距离预测偏移表是先验推导出来的，通常用于所有掩星。与多普勒查找表一样，它适用于特定的轨道高度。

实际接收到的掩星信号的范围与查找表中的值不同。为了考虑这种可变性，接收机可以将输入信号与多个代码偏移相关联。COSMIC1/FORMOSAT-3 任务仅使用 3 个相关器，早-晚及时相关器，半个码片间距。COSMIC2/FORMOSAT-7 任务将在原来的 3 个相关器的另一半码片上增加 2 个额外的相关器。通过 5 个偏移，接收机可以跟踪 L1 C/A 码的掩星，其与模型的延迟偏移高达 ±300m。

JPL OL 模型[106]是基于在轨积累的实际飞行数据进行改进的。为了说明问题，我们将 OL 模型与使用光线追踪算法通过模型大气计算的地面实况延迟和频率偏移进行比较。此示例适用于在 COSMIC-2 任务高度（540km）运行的卫星。大气是一个简单的指数，折射率 N 由 $N = 320.0e^{-h/7}$ 给出，h 以 km 为单位。结果如图 33.12 所示，其中模型和地面实况之间的残差相对于频率和延迟被绘制为 SLTH 的函数。可以看出，频率偏移保持在 14Hz 以内，延迟误差从未超过 100m。

33.2.8 运动学误差

运动学误差是指航天器位置、速度、姿态和姿态率估计误差引起的弯曲角度偏差。位置误差通过 θ_C 进入式（33.48），即发射机和接收机之间的分离角。每轴 10cm 或更小的位置不确定性用于将弯曲角度的误差保持在远低于热噪声的水平。这个数字很容易用现在的双频接收机和 POD 处理来实现。速度误差通过式（33.73）进入，实际航天器和 GNSS 速度估计会影响多普勒频移估计。

通常，LEO 和 GNSS 的 POD 技术用于抑制运动学误差[107,112]。当 POD 与高阶重力模型一起使用时，则必须估计航天器相对于 POD 天线相位中心的重心位置。为了计算每个天线的速度，必须知道每个 POD 和 RO 天线与重心的位置偏移，因为 POD 决定重心的位置，而不是天线的位置。否则在掩星多普勒估计中会引入系统误差。

航天器自转和自转速率的不确定性会在多普勒测量中引入系统误差。保持航天器相对

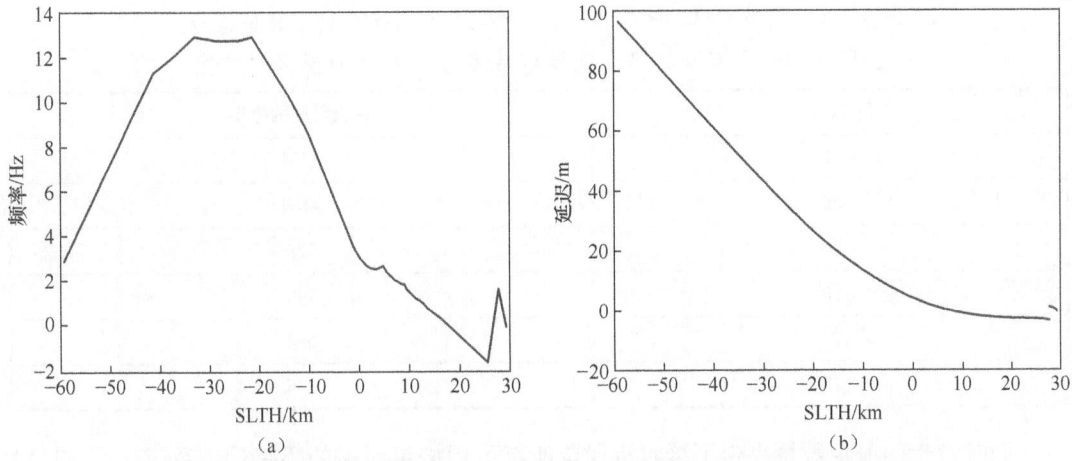

图 33.12 COSMIC-1 开环模型相对于模拟频率和延迟偏移的频率(a)和延迟偏移(b)

地球方向的稳态旋转是可以接受的,前提是该值是先验已知的,旋转的变化会产生相对于所需精度更小的多普勒频移。由发射机和接收机在天线位置旋转引起的多普勒频移偏差由下式给出:

$$\Delta f_{\text{rotation}} = \frac{(\boldsymbol{\Omega}_1 \times \boldsymbol{u}_1) \cdot \boldsymbol{s}_1 - (\boldsymbol{\Omega}_2 \times \boldsymbol{u}_2) \cdot \boldsymbol{s}_2}{c} f_0 \qquad (33.77)$$

式中:f_0 为载波频率;$\boldsymbol{\Omega}_1$、$\boldsymbol{\Omega}_2$ 分别为发射机和接收机的角旋转矢量;$\boldsymbol{u}_1$、$\boldsymbol{u}_2$ 为从旋转中心到天线相位中心的矢量位置;$\boldsymbol{s}_1$、$\boldsymbol{s}_2$ 为沿传输和接收射线路径的单位矢量;运算符号"·"和"×"分别表示矢量点积和交叉积。式(33.77)的偏差的单位为周期/s。

比如 NASA/JPL 的 GNSS 推断定位系统和轨道模拟分析软件(GIPSY-OASIS)[108]或由伯尼尔大学的天文研究院研发的伯尼尔 GNSS 软件[109]都对 GPS 卫星姿态和杠杆臂作为精密定轨的部分进行估计。

相对于热噪声影响而言,转速不确定性通常很小。例如,在 Sentinel-6 航天器上,POD 和 RO 天线相位中心之间的间隔距离为 1~2m。该雷达测高任务保持相对于地球的固定方向,当航天器绕地球运行时,其稳态旋转速率约为 0.05(°)/s。旋转速率的不确定性小于 0.001(°)/s,使得在 Sentinel-6 任务中对杠杆臂进行调整时,高层大气中的弯曲角不确定性影响小于 0.01μrad。不太精确的姿态控制系统可能会导致与高层大气中的热噪声竞争的重大误差。

33.2.9 掩星数量和全球分布

掩星数量和全球分布是接收机和任务设计需要考虑的重要因素。来自掩星分布的关键系统要求包括跟踪掩星所需要的接收机通道数量、每天获取的掩星数量以及特定纬度带内的掩星数量。使用具有合理视场(±55°方位角)的前后天线跟踪 GPS、GLONASS 或 Galileo GNSS 星座的低轨飞行器,假设前后向天线,每颗 GNSS 卫星每天可能获得大约 20 次掩星。

在 2013 年 10 月配置了 31 颗 GPS 和 24 颗 GLONASS 卫星的情况下,对 COSMIC-2/FORMOSAT-7 标称卫星轨道进行了 10 天的仿真。表 33.3 显示了假设前向和后向观察天线的情况下每颗低地球轨道卫星每天获取的掩星平均数。随着方位角视场的减小,掩星数目也随之减少。

表 33.3　假设有 31 颗 GNSS 卫星和 24 个 GLONASS 卫星星座，
2013 年 10 月模拟的单个低地球轨道每天获取的掩星平均数

方位 FOV/(°)	每天可用的掩星
55	1203
50	1109
40	925
30	746
20	554
10	276

同时发生的掩星数量决定了接收机捕获所有可用掩星所需的跟踪信道数量。图 33.13 显示了使用相同的 GPS 和 GLONASS 星座在 10 天内同时发生的掩星数量。从这个图中很明显可以看出，对于 2 个星座同时多达 9 个掩星是可能的，但这种情况很少发生。

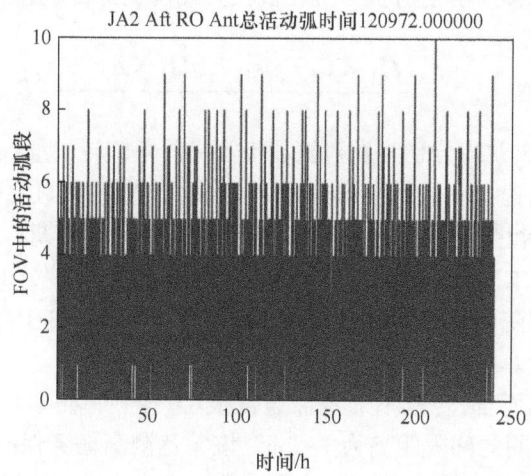

图 33.13　2013 年 10 月在 10 天内使用 31 颗 GPS 卫星和 24 颗 GLONASS 卫星星座同时活动的弧线的数量

通过这种类型的模拟，用户可以根据天线方向图和接收机需要处理的资源确定每天掩星的预期数量。

33.2.10　无线电掩星测量的大地支持

无线电掩星与全球大地测量观测系统密切相关，提供 GNSS 卫星轨道和时钟的估计值、与地心相关的惯性参考系定义以及地球方位参数，如极移和世界时(UT)变化。大地测量系统产品允许在掩星期间精确校准几何效应和时钟误差。

在本节中，我们描述了大地测量观测系统的要求和这些系统的典型性能特征。已经开发了几种用于 RO 的校准技术，以补偿 GNSS 时钟或 LEO 接收机时钟中的残余误差。

如 33.1.2 节所述，基本观测是相位延迟，其相关量是其变化率(相位延迟率)。作为时间测量，必须使用相对论修正(一般和特殊)。

33.2.10.1 单差

包含掩星的事件在图 33.14 所示的时间轴上勾画出来,它用惯性参考系中已知引力势值的精确时钟(相对论术语中的正确时间)表示。由于广义相对论,如果放置在不同的位势中,时钟速率会有所不同。此外,由于不同平台之间的速度差异(狭义相对论),时钟频率也会有所不同。可以在稍后的处理中考虑相对论修正[13,113]。

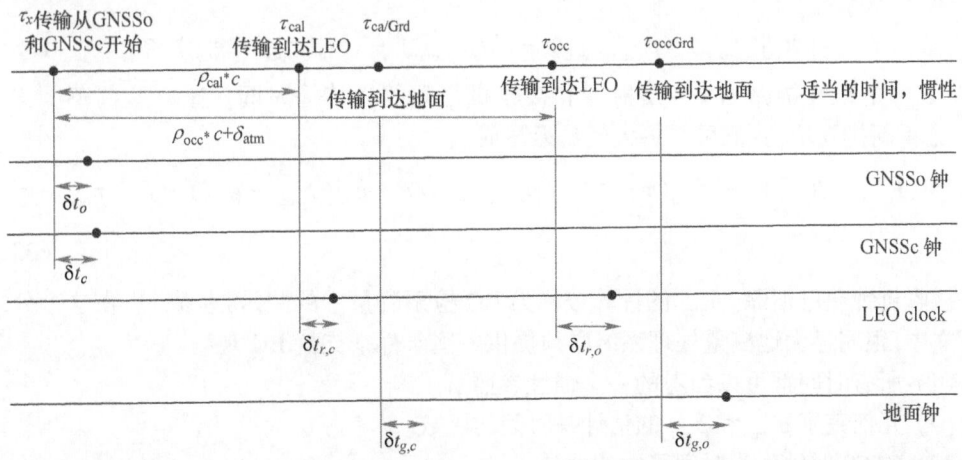

图 33.14 时间轴定义了掩星期间相对于系统中不同时钟的信号传播(GNSSo 和 GNSSc 分别是掩星和校准 GNSS 链路。时钟误差用 δt 表示,而惯性参考系中的实际时间用 τ 表示。其他符号在文中定义。)

我们将使用图 33.14 作为指南,建立更加精确的大气延迟 δ_{atm} 的计算。最简单的假设是忽略所有的钟差。在这种情况下,大气延迟等于

$$\delta_{atm} = \tau_{occ} - \tau_x - \rho_{occ}/c \tag{33.78}$$

式中:ρ_{occ} 为当传输到达低轨时,低轨和掩星 GNSS 发射机之间的距离。其他时间见图 33.14。ρ_{occ} 由低轨接收机和 GNSS 发射机的定轨过程确定,是指每个天线相位中心之间的距离。

我们一般不能知道理想化的时间 τ。我们知道的是测量的相位(例如,转换为距离或距离单位),每个相位都是根据各自的平台时间(GNSS 发射机时间或低轨时钟接收时间)测量的。因此,必须考虑将钟差加入计算过程。我们注意到,通常不需要精确的绝对时间。掩星反演只受时钟速率误差的影响,时钟速率误差会对测量的多普勒频移产生误差。

掩星通常使用"校准链路"以消除接收机钟差的影响。校准链路即低轨和非掩星 GNSS 发射机之间的链路。校准链路不穿越中性大气;因此,如果我们假设 GNSS 发射机时钟是已知的,它不会引入额外的未知参数(GNSS 钟差将在下面讨论)。电离层造成的延迟通过双频消除,如 33.1.2.3 章节所述。

我们希望利用掩星和校准链路之间的距离差来消除低轨/接收机钟差的影响。为此,我们首先在低轨接收时间写下测量范围 R,在发射机和接收机分别引入钟差项 δ_t 和 δt_r:

$$R_{occ}(\tau_{occ}) = \rho_{occ}(\tau_{occ}) + c\delta_{atm} + c\delta t_r(\tau_{occ}) - c\delta t_o(\tau_{occ} - \epsilon_{occ}) \tag{33.79}$$

其中,钟差项 δt 在图 33.14 中描述,括号表示特定数量适用的时间。我们引入了一个新的符号 ϵ_{occ},它代表了光沿着掩星链路从发射机到低轨的传播时间。我们注意到,发射机上

的"快"时钟与接收机上的"快"时钟在测量范围上具有相反的符号。相关发射机的钟差是发射时的误差,而不是接收时的误差。

接下来,我们沿着校准链路写出距离(见图33.14)。掩星链路和校准链路的距离将被减去,从而计算出接收机钟差。在接收信号时的相减操作是有效的。这样,低轨钟差被有效且完全地消除了(假设接收机根据它自己的时钟正确地报告时间标签)。低轨接收时间校准链路的测量范围为

$$R_{cal}(\tau_{occ}) = \rho_{cal}(\tau_{occ}) + c\delta t_r(\tau_{occ}) - c\delta t_c(\tau_{occ} - \epsilon_{cal}) \tag{33.80}$$

式中:ε_{cal} 是校准链路 GNSS 发射器和接收机之间的光传播时间。减去这些范围 $R_{occ} - R_{cal}$,并重新排列项,我们可以将大气延迟写成

$$\delta_{atm} = (R_{occ} - R_{cal})/c - \rho_{occ}(\tau_{occ})/c + \rho_{cal}(\tau_{occ})/c + \delta t_o(\tau_{occ} - \epsilon_{occ}) - \delta t_c(\tau_{occ} - \epsilon_{cal}) \tag{33.81}$$

接收机钟差已消除。δ_{atm} 的计算被称为 RO 检索测量中的"校准步骤"。在这个公式的上下文中,很明显大地测量处理系统必须提供一些条件来支持 RO 观测:

(1) 所有时间都可以参考的一个惯性参照系。
(2) 几何范围 ρ_{occ} 和 ρ_{cal} 的估计是时间的函数。
(3) GNSS 时钟作为时间函数的估计。
(4) 光传播时间估计。
(5) 基于时钟所处的不同引力势的广义相对论时间调整。
(6) 由于不同平台的相对速度引起的狭义相对论时钟校正。

这种单一差分方法仍然容易受到 GNSS 钟差的影响,这是目前无线电掩星剖面的一个有限误差源[110-112]。然而,由于 GNSS 时钟的总体质量较高,取得了良好的结果。

大地测量系统以特定的时间间隔提供 GNSS 时钟估计,通常在 1~30s(见第27章)。由于大多数大地测量应用不需要更高的速率且涉及额外的处理,因此更高速率的时钟解决方案是不常见的。GNSS 时钟估计的参考时间标准可以来自与原子时相联系的单个地面接收机,这为全球系统设定了总体时间标准。该参考接收机保持的时间必须以某种方式可追溯到绝对时间标准。这是一个标准的大地测量问题,这里不再进一步讨论(有关 GNSS 接收机地面时钟如何与原子时同步的更多信息,请参见第27章)。

在接收机处的相位测量(从其推导出测量范围)在共同接收时间历元是可用的,当然,这是相对于接收机时钟而言的。大地测量处理的早期步骤是利用接收机和2个发射器之间的已知距离,将这些接收时间转换为 GNSS 发射器的发射时间(掩蔽和校准)。一般来说,GNSS 的发射时间与大地测量系统中确定的 GNSS 时钟解决方案的时间标记不一致。这需要一种在任意时间估计 GNSS 时钟的方法。鉴于 GNSS 中轨道的典型掩星几何形状,这些时间偏移高达数百毫秒。分段线性或三次样条等插值方法可用于在大地时钟解之间进行插值,由此获得与接收时间相关的 GNSS 时钟估计。插值误差将减少更频繁的大地时钟解决方案。

相对论修正是基于众所周知的公式开展,在文献[13,113]中进行了讨论。

33.2.10.2 双差

单差技术容易受到 GNSS 钟差的影响。幸运的是,对于许多应用来说,GNSS 的时钟足

够稳定,因此在测量中引入的误差可以忽略不计。GPS/MET 概念验证任务[114]的早期研究报告不能依赖高质量的 GNSS 时钟,这些时钟受到"选择可用性"的过程的故意扰动[115]。该过程于 2000 年被禁用,以鼓励 GPS 的民用应用。在 2000 年之前,只有授权的接收机才能克服这种扰动,但是广阔的商业和研究市场无法获得直接避免 SA 的方法。

必须在后处理中设计出消除 GNSS 钟差的其他方法。当来自多个接收机的信息被组合以校准这种误差时,可以克服 GNSS 时钟质量较差的影响。这是通过一种称为"双差"的技术实现的,该技术依赖于地面上的高质量时钟,在掩星期间,掩星和校准 GNSS 发射机都在视线范围之内(相关技术见第 11 章和第 19 章)。这一要求使接收机设计变得复杂,因为接收机必须包含辅助 GPS 接收机所在位置的地图,以便可以选择共视校准 GNSS 卫星进行掩星调度。虽然双差消除了作为误差源的 GNSS 时钟,但双差也放大了热噪声等不相关的噪声源,因此现在很少使用。

再次参考图 33.14,我们有两个提取距离信息的新链接:从地面接收机到 2 颗 GNSS 卫星的链接(校准和掩星)。和以前一样,我们想用地面 GNSS 接收机的接收时间(即掩星传输到达地面接收机的时间)来表示 $R_{g,occ}$ 和 $R_{g,cal}$:

$$R_{g,occ} = \rho_{g,occ} + c\delta_{g,atm,o} + c\delta t_g(\tau_{occGrd}) - c\delta t_o(\tau_{occGrd} - \epsilon_{go}) \tag{33.82}$$

$$R_{g,cal} = \rho_{g,cal} + c\delta_{g,atm,c} + c\delta t_g(\tau_{occGrd}) - c\delta t_c(\tau_{occGrd} - \epsilon_{gc}) \tag{33.83}$$

式中:$\delta t_g(\tau_{occGrd})$ 为掩星链路到达地面接收机时的地面接收机时钟误差;ϵ_{go} 为地面接收机与掩蔽卫星之间的光传播时间;ϵ_{gc} 为地面接收机与校准卫星之间的光传播时间;$\delta_{g,atm,o}$ 为大气(包括电离层)对从掩星发射机传输到地面的信号施加的延迟;$\delta_{g,atm,c}$ 为大气(包括电离层)对从校准发射机传输到地面的信号施加的延迟。

这些延迟可以使用各种标准大地测量估计方法直接测量。例如,标准双频校正可用于消除电离层延迟[116]。对流层延迟可用标准大地测量方法估算某一地点的天顶对流层延迟,然后将该延迟映射到 GNSS 发射机视线高度角[117]。

使用地面接收机获得差分距离测量值,可以直接估计 GNSS 钟差 $\delta t_o - \delta t_c$,然后可将其用于大气延迟方程[式(33.82)]。我们注意到,由于低轨和地面接收机的光传播时间不同,需要对发射器钟差进行一些插值。然而,超过微秒的时钟内插误差小于钟差本身,这在单差法中暴露出来。当 SA 开启时,显著的时钟抖动要求每秒都需要获得地面距离差。随后,当在关闭 SA 的情况下使用双差方法时,在 30s 时间间隔下获得的地面数据就已足够准确。

33.2.10.3 零差

如果接收机时钟足够稳定,并且时钟误差率可以忽略不计,那么掩星链路可获得掩星所需全部信息[见式(33.78)]。这是 MetOp[99]上的 GRAS 接收机所使用的技术,它具有 USO,GRACE 卫星也使用这种技术[118]。

宇宙-2 星座计划了一种"虚拟"零差方法。在这种技术中,解决 GNSS 轨道和时钟的大地测量系统的接收机时钟解决方案几乎实时可用。接收机时钟解决方案将接收机钟差降低到可以忽略的水平,而不需要硬件用户操作系统。这不会引入校准链路带来的额外噪声,当 RO 天线的增益明显高于 POD 天线时,这一点尤其有利,正如 COSMIC-2 的情况一样。大地时钟解决方案必须以足够的速率产生,以将解决方案之间的插值误差降低到可以忽略的水平。这取决于接收机时钟质量。Sentinel-6 任务设计了 1s 时间间隔的时钟解决方案。

33.3 气候应用的设计考虑

GNSS 无线电掩星的一个重要应用是测量大气特性的长期趋势,如折射率和温度。RO 是一种独特的遥感能力,因为它是基于时间反演大气特性,而不是接收功率或信号强度与波长的关系。原则上,这可达到几十年的高度校准和稳定性,而无须考虑测量漂移。GNSS 接收机的设计必须利用这一潜在能力。本节我们将讨论有助于实现高精度和长期稳定性接收机的设计考虑因素。尽管我们引用了 NASA 在 JPL 开发一系列 GNSS 接收机的经验,但是具体的设计没有描述。

GNSS 接收机主要是数字计算机,也是软件定义无线电的一种形式。使用本质上是数字化的仪器测量气候特性的能力是气候观测的一个重要机遇。只要软件得到适当的维护和存档,数字处理是高度可复制的,最大限度地减少对模拟元件的依赖显然有利于对国际标准(如 SI)的可追溯性。模拟元件无法完全避免,但设计可以将它们的影响降至最低。下文将讨论测量偏差的一个潜在来源,即在 GNSS 中被称为多路径的一种"杂散光"。另一个潜在的偏差来源是相对于卫星质心的天线相位中心位置的不精确表征。

数字处理不受漂移的影响,但会导致测量误差。这既可能发生在仪器上,也可能发生在地面处理软件上,地面处理中心软件之间的处理结果存在微妙的差异,尽管数据输入流相同,这是由于处理数据所需的假设引起的"结构不确定性"导致的[119-121]。描述所有可能的数字处理错误并不简单,超出了本章的范围。我们仅强调一组有限的与硬件和软件相关的错误,因为这些错误影响了气候观测中的观测值。

33.3.1 气候要求:CLARREO 任务

CLARREO 任务[122]旨在观察长期的气候趋势。对包括无线电掩星在内的不同仪器的要求是,在每 10 年全球平均温度变化约 0.1K 的范围内,稳定地观察预期的温度趋势。这要求在 5~20km 的高度范围内折射率精度为 0.03%($k = 1$,或一个标准偏差)[122]。

0.03%折射率误差的精度要求在这里被解释为最大偏差或系统误差。这需要在基于科学的要求和多普勒不确定性之间进行近似转换,后者由仪器因素决定。多普勒和折射率不确定性之间的关系已经通过给定一个有偏差的相位率测量的模拟阿贝尔积分(见 33.1.2.4 节)确定。该关系作为海拔的函数如图 33.15 所示,该图以 mm/s 为单位绘制了温度下降率为 7K/km 的简单指数大气的折射率误差与相位率(多普勒)误差的比率[式(33.13)]。由于大气折射率随高度呈指数下降,在较高海拔多普勒要求更高,而精度必须保持(假设固定的垂直分辨率)。在 20km 高度,多普勒频移约为 1.0MHz 时产生 0.03%的折射率误差(相当于 L1 GPS 频率下的 0.2mm/s),因此系统性仪器效应应在约 0.1MHz 才可保证对性能的影响可以忽略不计。

对于系统设计,多普勒要求应使用第 33.2 节中的条件转化为弯曲角度的要求。

33.3.2 信道间漂移

由于大气 RO 通常需要通过不同信道进入的两个频率进行定时,因此会出现波形失真,

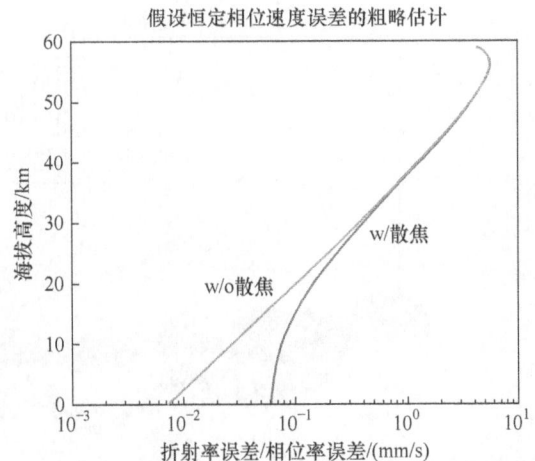

图 33.15　折射率误差和相位率误差之间的关系,由阿贝尔反演积分调节,使用假设简单指数大气的模拟

因为两个通道不可避免地会对输入信号施加各自的相位延迟。两个信道之间的共模相位延迟不是影响因素,因为它们将作为接收机时钟偏移出现,在后处理中解决或求差(33.2.10节)。如果两个信道随温度的相位变化不同,则可能会出现时序信号失真。

信道间漂移要求必须限制掩星过程中的相位变化(大约 100s 的持续时间)。考虑到 0.1mHz 多普勒要求,信道间漂移在 100s 内不应超过 0.01 个周期,在此期间,温度变化可能是差分相位变化的主要来源。我们注意到,这一与气候相关的要求比使用 GNSS 接收机精确测量电离层 TEC 的稳定性要求更为严格。

实验室环境中 TriG GNSS 接收机的相位稳定性测量如图 33.16 所示[95]。110dBm 的单频被分成 8 路,进入接收机的 8 个通道。两个下变频器板各自接收分路器发出的四个"相同"信号。这既测试了射频下变频器(RFDC)模块之间的稳定性,也测试了每个板内的信道漂移(信号数字化后漂移不是问题)。两天内的相位变化只有几个毫周,很容易满足 0.1mHz 的多普勒要求。通过用加热枪加热 RFDC 板几秒钟(显示为第一天当地时间约为 17:00 时的相位峰值)来评估温度变化的影响。即使温度突然变化,通道间相位变化仍保持在可接受的范围内。

减少频率间漂移影响的一个重要因素是同步跟踪时钟校准卫星和 GNSS 卫星(33.2.10.1 节)。由于掩星和校准 GNSS 都是在相同的接收机信道上接收的,因此源自接收机的信道间漂移对 2 颗 GNSS 卫星来说是相同的,并且可能在处理过程中抵消。对于非差分过程,这种抵消不会发生,例如目前在有 USO 的 GRAS 和 GRACE 接收机上发生的情况。就我们在撰写本章时所知,还没有人对这两个平台信道间漂移影响掩星的可能性开展过研究。

33.3.3　相位精度

气候设备应该在每个历元产生精确的相位观测值,从而能够精确提取信号中的多普勒特征。本节将详细分析相位提取过程,以确定接收机中的这种基本处理可能会产生哪些多普勒偏差。

如本书其他部分(第 15 章)所述,提取 GNSS 信号的载波相位需要计算,即将输入相位

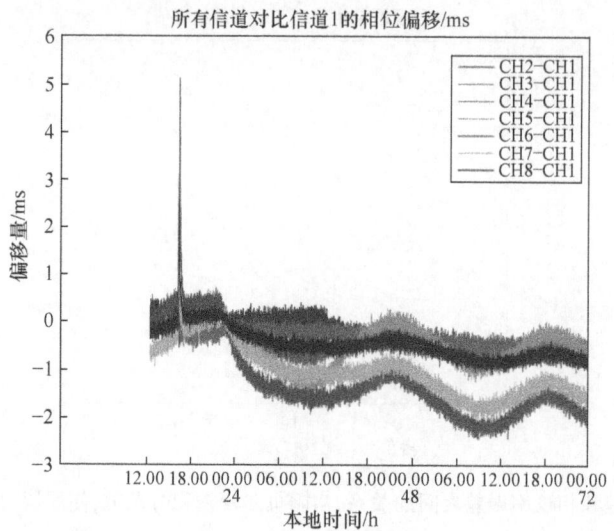

图 33.16 在实验室进行的触发 GNSS 接收机相位稳定性测试结果[95]
（经航海学会许可转载。）

的模型乘以输入信号的数字化形式。乘法产生高频和低频项的和,低频项是模型相位和信号之间的期望残差,假设以 50Hz 或更高的速率生成数字样本,模型相位通常必须精确到数十赫兹,以防止周跳或混叠效应。对于当前的 GNSS 信号,高频项通常在 1 到数十兆赫的范围内,并且很容易通过滤波去除。

去除高频项是通过累加器中的"箱式平均"或"求和并转储"操作以数字方式完成的[123]。"求和并转储"简单来说就是选择一个积分时间,然后对该时间内的信号进行积分（数字求和）,平均出信号中快速振荡的高频分量。平均的积分时间通常为几十毫秒,因此涉及数千个高频周期。接收机在积分后输出这些值,原始的高频信号分量会丢失。

与此讨论相关的是低频残差的时间演化。气候质量输出必须准确再现信号相位的时间变化,在后处理中将模型相位添加到残差后,信号相位得到完全恢复。用于去除高频项的平均过程的细节并不总是能够从商业接收机获得,这增加了恢复信号相位具有难以检测的多普勒偏差的可能性。

标准奈奎斯特采样理论规定,残余信号必须以足够的速率采样,以避免将其最高频率混叠为虚假的较低频率变化。无线电掩星星座通常位于较小的卫星上,因此需要与可用的下行链路数据传输速率一致的较低采样速率。这一趋势的一个显著例外是 MetOp 卫星系列上的 GRAS 接收机,这是一颗具有大容量下行链路的业务气象卫星。GRAS 数据以 1kHz 下行,因此可容纳高达 500Hz 的频率残差。在迄今为止部署的大多数 GNSS RO 接收机中,平均发生在 10~20ms 范围内,对应于 50~100Hz 的数据输出速率。按照采样定理的要求,OL 模型的频率误差通常小于 25Hz。

对于气候观测系统,需要精确的相位恢复来确定潜在偏差源的上限,因为不准确的相位恢复可能导致多普勒值和大气参数（如温度、压力等）的偏差。必须使用奈奎斯特极限内的模型频率,但这一条件不足以确保没有偏差。下一节将开发一个简单的相位恢复过程数学模型,以确定气候质量 GNSS RO 所需的模型残差的附加约束。

33.3.4 相位恢复模型

恢复相位的基本技术在图 33.17 中以理想化的形式表示,这将在下面进一步描述(有关信号和伴随损耗的数字表示的详细信息[123])。输入信号电压乘以模型正弦曲线,以"反向旋转"信号。为了在离散时间产生单相值,执行累加器步骤(也称为"求和和转储"),简单地对 10~20ms 的基本积分周期(典型值,分别对应于 50~100Hz 输出数据速率)内的乘积求和。区间内的平均相位残差是由正交和的反正切除以同相和形成的,乘法过程在结果信号中产生高频和低频分量,积分步骤有效地去除了高频分量,分配相位值的"时间标签"是累积间隔中心的时间。

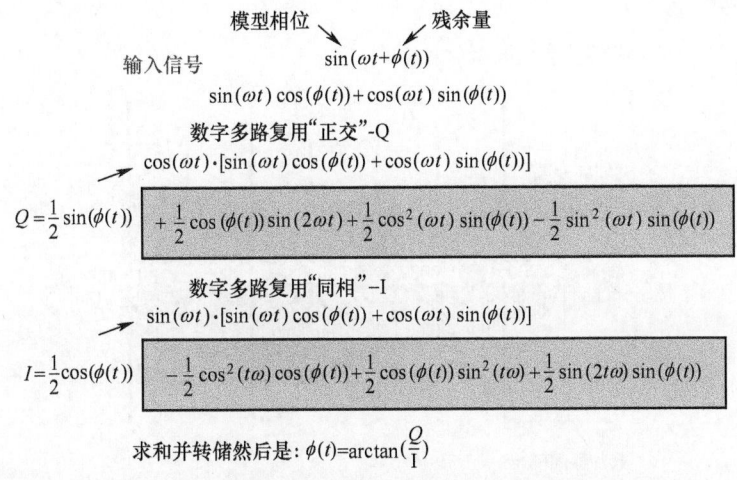

图 33.17 数字相位提取处理 [目标是恢复缓慢变化的残余 $\phi(t)$。]

如果相位残差几乎恒定,或者在积分周期内随时间线性变化,对这种处理的解释很简单:模型相位加上残差相位是对应于累加器间隔中心的时间输入信号相位的实际表示。然而,如果相位残差在积分周期内以非线性方式变化,累加器的最终输出通常不是该区间中心的相位。例如,对流层低层的大气多路径可能导致快速的相位变化,这使恢复的相位残差的解释变得复杂。接下来,我们开发一个简单的模型来了解仪器设置要求。

测得的信号电压 $\Phi(t)$ 可以表示为两项之和的正弦:ωt 项对应于 GNSS 传输的载波频率,加上附加的时变相位变化 $\phi(t)$,其捕获与简单正弦行为的偏差。即 $\Phi(t) = \sin(\omega t + \phi(t))$。我们假设残余相位 $\phi(t)$ 的变化比 ωt 慢得多,后者每秒经历数十亿个周期。给定 50~100Hz 的典型采样率,根据奈奎斯特定理,我们立即知道残余频率不超过 25~50Hz。

来自该仪器的信息包含在残余相位项 $\phi(t)$ 中,其变化部分是由于大气和电离层的折射率。恢复 $\phi(t)$ 是通过将输入信号与模型相位的正弦和余弦相乘来实现的,分别创建"同相"($I(t)$)和"正交"($Q(t)$)时间序列。$Q(t)$ 和 $I(t)$ 时间序列分别包含 $\sin\phi(t)$ 项和 $\cos\phi(t)$ 项。使用反正切函数(图 33.17)恢复相位:$\phi(t) = \arctan\left(\dfrac{Q(t)}{I(t)}\right)$。$I$ 和 Q 时间序列中存在附加项,这些项在下变频信号的中频(IF)的特征频率上发生变化:通常约为数百千赫兹。但是,在应用反正切函数之前的累加器中将删除这些高频项。我们现在解决累积步骤是否会在恢复阶段 $\phi(t)$ 中引入失真的问题。

让 $\overline{I}$ 和 $\overline{Q}$ 代表从累加器中产生的 I 和 Q 的时间积分。我们有

$$\overline{I} = \frac{1}{t_d}\int_0^{t_d} I(t)\,\mathrm{d}t \tag{33.84}$$

$$\overline{Q} = \frac{1}{t_d}\int_0^{t_d} Q(t)\,\mathrm{d}t \tag{33.85}$$

式中：t_d 为累加器的积分周期。累加器在离散时间 τ_i 输出一系列 $\overline{I}_i$ 和 $\overline{Q}_i$ 值，如图 33.18 所示。此后，我们假设累加器中实现的低通滤波完全消除了时间序列的中频分量，因为采样间隔在这些频率上包含许多抵消周期。时间 τ_i 处的残余相位恢复为累加器输出比值的反正切值：$\phi_i = \arctan(\overline{Q}_i/\overline{I}_i)$。

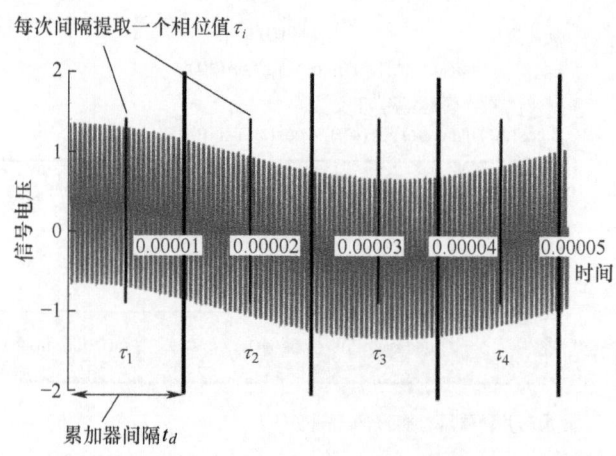

图 33.18　累加器步长和每个时间间隔单相值输出的表示

为了量化累积滤波的效果，可以比较滤波前和滤波后的残余相位。将区间 i_{th} 的相位失真 δ_i 定义为

$$\delta_i = \phi_i - \phi(\tau_i) \tag{33.86}$$

我们称 δ_i 为相位失真，因为测量系统通常假设接收机输出是时间 τ_i 的瞬时相位值[124-125]。下文假设残余相位很小，因此

$$\arctan(Q(t)/I(t)) \approx Q(t) = \sin(\phi(t)) \approx \phi(t)$$

现在假设相位残差 $\phi(t)$ 在发生两次连续累加的时间间隔 $[0, 2t_d]$ 上作为三次多项式变化。那就是

$$\phi(t) = a_0 + a_1 t + a_2 t^2 + a_3 t^3 \tag{33.87}$$

如果假设累加器的输出是第一个累加间隔中心的信号相位，则会引入如下相位误差（因为 $\tau_i = t_d/2$）：

$$\delta_i = \frac{1}{t_d}\int_0^{t_d}\phi(t)\,\mathrm{d}t - \phi(t_d/2) \tag{33.88}$$

对于第二个累加器间隔，相位误差为

$$\delta_{i+1} = \frac{1}{t_d}\int_{t_d}^{2t_d}\phi(t)\,\mathrm{d}t - \phi(3t_d/2) \tag{33.89}$$

显而易见：

（1）相位残差方程的常数和线性项不会产生相位误差。

（2）对于 δ_i 和 δ_{i+1}，二次项产生的相位误差相同，等于 $\frac{1}{12}a_2 t_d^2$。因此，二次项对相位速率误差 $(\delta_{i+1} - \delta_i)/t_d$ 没有影响。

（3）三次项导致相位速率误差为 $\frac{1}{4}a_3 t_d^2$。

我们得出结论，如果模型相位和实际相位之间的差值以三次或更高阶多项式的形式变化，并且如果累加器的输出被假设为累加区间中心的相位，OL 数字处理可以产生有偏的相位速率。满足奈奎斯特条件的 OL 相位模型仍可能产生相位速率误差。然而，正如 Sokolovskiy 所说[105]，OL 跟踪是对流层低层唯一可行的方法。

作为一个具体的例子，我们假设原始采样率为 100Hz（t_d = 0.01s），仅由于三次项，模型误差最多为 10Hz，这在 50Hz 的奈奎斯特标准范围内。因此，我们假设相位残差在 0.01s 的累加器间隔内最多为 0.1 个周期，这意味着三次系数 a_3 等于 $0.1/0.01^3$ 或 100000。由此产生的相位速率误差为 2.5Hz，比千赫兹范围内的 CLARREO 要求大得多。这种幅度的相位率残差在实践中不太可能出现，但这个例子说明，满足奈奎斯特准则的相位模型本身不能保证足够精度的相位率，以满足气候观测的严格要求。

最大的残余相位率出现在对流层低层，存在大气多路径[105]。对流层低层是 RO 的精度和准确度最低的地方[126-127]，也是 RO 反演偏差对 OL 模型误差最敏感的地方[128]。Sokolovskiy 等[129]已经表明，较高的噪声水平会在最低的几千米（<5km）内引入测量偏差。我们的结论是，目前的 RO 技术不足以作为约 5km 高度以下的气候基准折射率测量，这是 CLARREO 框架内公认的事实[122]。上述分析表明，需要一种超出奈奎斯特准则要求的限制 OL 模型相位率误差的方法，以确保无偏差的大气观测。在文献 [129]中提出了相关的问题，即对流层低层的低信噪比值会产生反演偏差。作为一个气候基准观测，远至对流层低层的 RO 是未来研究的一个课题。

33.3.5 周跳

与相位提取误差相关的一个问题是周跳，周跳被定义为测量历元之间大约一个或多个周期的未检测到的相位变化。这导致不正确的相位和相位率观测，如果不加以纠正，可能会在地球物理反演中引入误差。周跳最有可能发生在对流层低层，那里的 GNSS 信号较弱，相位噪声较大，信号动力学最大[130]。电离层不规则结构也可能导致周跳发生在高海拔地区[131]。随着 OL 模型误差的增加，周跳也会增加，正如 Sergei Sokolovskiy、personal communication 等对对流层低层偏差的解释[128]。周跳对气候质量观测的影响是一个正在进行的研究课题。

33.3.6 多路径

多径是反射信号与直接信号一起进入天线的一种自干扰现象。这可以看作由天线、接收机和航天器上天线的电磁环境组成的整个 GNSS RO 测量系统的结果。光学和红外气候仪器的多路径模拟是"杂散光"，为其影响设定上限对于确保观测的完整性非常重要。

我们提出一个简单的多径模型作为代表性示例，假设一个平面反射器来量化它的影响，如图 33.19 所示。多个反射器同样会增加相位扰动，无论是相长还是相消，并且需要针对特定情况进行建模。产生多径误差的反射信号在 GNSS 观测的范围和相位上具有非常不同的幅度，只有相位多径对大气掩星很重要。

如图 33.19 所示，多径通过干扰接收信号的相位来感知，接收信号由直接信号和反射信号的总和组成。在掩星期间，当直接信号和反射信号的角度变化时，多径对恢复的可观测值的影响是通过相位扰动的变化率来实现的。对于大气掩星，从 80km 到 5km 的掩星高度范围内，角度变化约为 1.3°。当入射角速率为 2.3×10^4 rad/s 时，这种角度变化发生在掩星期间（约 100s）。

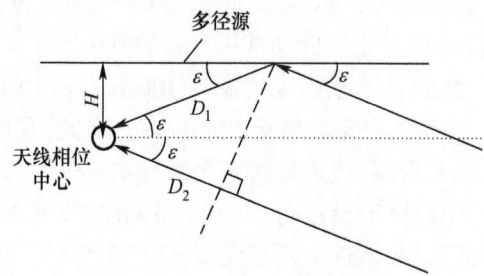

图 33.19　多径计算的几何图形

随着掩星几何形状的变化，如果产生多普勒特征，角速度会使测量产生偏差。我们根据图 33.19 中的几何图形，用一个简单的多径模型对此进行了定量研究。设 θ_s 为多径引入的时变相位扰动。那么得到的多普勒误差 $\delta \nu$ 由下式给出：

$$\delta \nu = \frac{\lambda}{2\pi} \frac{d\theta_s}{dt} \tag{33.90}$$

式中：λ 为信号波长。相位扰动是由异相的直接信号和反射信号的总和产生的，可以按如下方式计算。将反射振幅为 B 的正弦信号加到振幅为 A 的正弦直接信号上（假设反射信号与直接信号相比振幅减小，即 $A > B$）。我们有

直接信号： $\qquad a(t) = A e^{i\omega t} \tag{33.91}$

反射信号： $\qquad b(t) = B e^{i(\omega t + \theta)} \tag{33.92}$

组合信号： $\qquad c(t) = a(t) + b(t) = a\left(1 + \frac{b}{a}\right) \tag{33.93}$

式中：θ 为相对于直接信号通过其附加传播路径在反射信号反射中引入的相移；ω 为辐射的角频率。式(33.93)为组合信号方程的系数形式，其之所以被使用，是因为第二个因素的复相位将相移引入到组合的直接脉冲反射信号中。也就是说，如果我们写成

$$S e^{i\theta_s} = \left(1 + \frac{b}{a}\right) \tag{33.94}$$

组合信号幅度变为 α，组合信号相对于直接信号的相移为 θ_s。然后，计算复信号相位的标准公式得出

$$\theta_s = \arctan \frac{B\sin\theta}{A\left(1 + \frac{B\cos\theta}{A}\right)} \tag{33.95}$$

相位多径与大气掩星有关,而距离多径影响电离层观测的绝对 TEC 反演(33.1.4 节)。为了确定在大气情况下入射辐射角速率的多普勒偏差,我们参考图 33.19,该图显示了由单个反射平面引入的多径的几何形状[132-133]。

在这种情况下,我们发现反射信号经过的额外距离 D 是 $D_1 - D_2$,其中

$$D_1 = H\csc\epsilon \tag{33.96}$$

$$D_2 = D_1\cos(2\epsilon) \tag{33.97}$$

如图 33.19 所示,H 为反射面和天线相位中心之间的偏移距离。这个额外距离引入的相移 θ 是 $2\pi D/\lambda$。使用式(33.90)和链式法则,我们确定速度误差为

$$\delta v = \frac{\lambda}{2\pi}\frac{d\theta_s}{d\theta}\frac{d\theta}{dt} \tag{33.98}$$

其中,$d\theta_s/d\theta$ 由式(33.95)获得,相移率为

$$\frac{d\theta}{dt} = \frac{2\pi}{\lambda}\frac{dD}{d\epsilon}\frac{d\epsilon}{dt} \tag{33.99}$$

其中,$dD/d\epsilon$ 是从式(33.96)和式(33.97)得到的。假设反射率为 10%($B = 0.1A$),图 33.20 中绘制了反射面偏移范围 H 的速度偏差。图中表示了 500km 和 800km 这两个低轨高度的入射角 ϵ 的依赖关系。

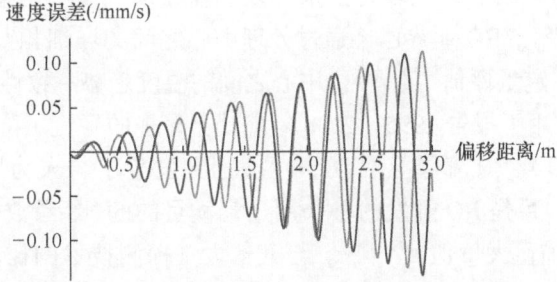

图 33.20　为偏移距离 H 的函数的多径速度(图 33.19)
(橙色线适用于海拔 800km 的低地球轨道飞行器。蓝线对应海拔 500km。)

假设 L1 GPS 频率确定,并且根据典型 LEO 的掩星情况,入射角的几何速率 $d\epsilon/dt$ 是先前给出的恒定值(2.3×10^4rad/s)。

本例中考虑的几何形状表明,对于从 CLARREO 导出的严格气候要求,必须考虑相位多径。大约 0.05mm/s 范围内的速度误差是合理的(对应于大约 0.25MHz),并且不可忽略。航天器的几何形状可能不同,需要逐个进行多径分析,以确保满足气候要求。

33.4　科学应用

GNSS 无线电掩星在天气预报、大气科学和电离层科学中有着广泛的应用。在这一部分,我们概述了一般的研究领域。有两篇综述文章可供参考,这些文章应参考本章未提及的其他科学主题[5-6]。我们强调 RO 测量与探测或感测大气和电离层的其他方法相比的独特之处。EUMTSAT[134]维护着一个与 RO 有关的同行评审科学出版物综合数据库,涵盖了技术和科学理论。

33.4.1 大气科学

GNSS RO 的科学影响部分是其作为一种大气探测技术的独特特性。GNSS RO 科学是"机会主义的",因为该系统不是为解决特定的科学问题而设计的,其科学应用领域也较广泛。截至 2014 年的载有 RO 接收机的卫星列表可在摘要出版物中找到[135],其中回顾了几项大气科学成果。无线电掩星仪器的更新列表可在世界气象组织维护的 OSCAR 数据库中找到[8]。在本节中,我们总结了其中一些科学应用。

数值天气预报:将 RO 应用于数值天气预报具有直接的社会影响,其效益已被广泛报道[6,136-139]。在减少 24h 预测误差和其他指标方面[7,140-141],一些研究一致地指出 RO 相对于其他观测系统的优势,并将其列为前四大系统之一。RO 往往是全球观测系统的"锚定"观测,比其他观测更有效地减少模型偏差[137,141]。然而,RO 剖面的数量相对较少,随着接收机群的扩大,可能会大幅增加,由于技术和商业化的变化,未来这将值得进行投资。研究表明,目前和计划中的观测系统远未达到较大星座的投资回报饱和度[142]。

气候:在第一次 RO 任务,即 GPS/MET[143-144] 发射和测试后不久,RO 作为预测未来气候的测试模型关键技术被提出。RO 对长期气候监测的价值如下[145-146]:精度可达到国际测量标准(时间),具有代表性的全球时空采样以恢复无偏气候平均值,以及最小依赖的测量外部来源("自校准")。RO 业界已经通过处理中心之间的详细相互比较(如温度和折射率)对这种潜力进行了定量评估[119-121]。中心之间的温度趋势一致性在 7 年范围内波动为 0.06K 以内。RO 已被用于报告 1995—2008 年统计上显著的平流层降温[147]。一项气候研究表明,在 1995—2010 年,对流层上层(8km 及以上)发生了与人为因素导致的对流层变暖[148]。最近的一个项目是 RO 开发的一个用于气候目的的"参考数据集",该项目将在未来几年为地球科学增加重大价值[149-150]。与其他大气探测技术的比较正在为气候基准质量更难以证明的仪器带来 RO 长期精度的好处[151-153]。

对流层中低层的水汽可以在气候学背景下使用 RO 进行研究。RO 能够以高垂直分辨率测量气候敏感性——由于水蒸气的辐射影响导致的表面温度变化,这对于过程理解非常有用[154]。非常独特的是,云内热力学条件的气候学已经可以用 RO 进行分析[155-156]。

行星边界层(PBL):行星边界层位于地球表面和上面湍流较少的分层大气之间。逆温和湿度的急剧变化通常与其上限有关。这个湍流层的深度是空气污染、天气和气候模型的一个重要参数。边界层的 RO 测量是随着 OL 跟踪的发展而进行的(OL 跟踪首先在 SAC-C 卫星上测试,然后在 FORMOSAT-3/COSMIC 上广泛使用)。RO 是目前唯一能够描绘 PBL 的卫星方法[41],它为 PBL 高度的估计提供了一个独特的视角,已经使用各种算法开发了 PBL 高度的气候学[157-161]。RO 观测揭示了对 PBL 的理解和建模的不足[162],使用 RO 的面向过程的研究正在取得进展[163-166]。部分原因是临边探测技术的水平平均长度较长而存在局限性[167]。

平流层和对流层顶:大气的对流层顶区域,以垂直温度梯度的符号反转为特征,标志着对流层的结束和平流层的开始(图 33.21)。对流层顶避开了大多数基于卫星的仪器的详细探测,目前主要使用从陆地发射的无线电探空仪进行研究,空间和时间采样有限。RO 温度和折射率剖面的高垂直分辨率(<1km)提供了关于这一大气区域的大量科学信息,包括详

细的对流层顶气候学,证明了与大尺度动力学和对流的密切联系[168-171]。最近,揭示了对辐射有重要影响的对流层-平流层水汽交换的日调制[172]。基于 RO 的对流层顶研究可以揭示由于气候条件变化引起的大规模环流变化[173]。使用来自 GPS/MET(1995—1997)的早期观测值和后来的 CHAMP(2001—2010)[174-179]的观测值成功恢复,对流层顶气候学可以追溯到 1995 年。

重力波:图 33.21 中观察到的 12km 海拔以上的变化是由于平流层中向上传播的重力波。全球定位系统/气象组织已经认识到无线电掩星探测这一重要的大气变化源的能力[180-181]。重力波驱动对流层上部和平流层的环流,但一直难以测量。这些波的动量贡献包含在全球环流模型中,但 RO 观测揭示了这些波如何参数化以影响大气环流的显著缺陷[182]。RO 已被用于研究安第斯山脉附近地形生成的波[183]和构建全球气候学[180,184]。

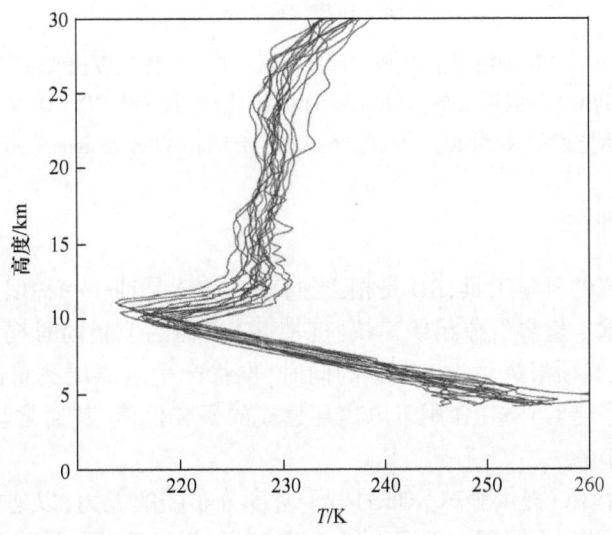

图 33.21　2007 年 7 月 26 日在北纬 80°附近的一系列经度的温度分布,使用 FORMOSAT-3/COSMIC 观测[171]

(经美国气象学会许可转载。)

热带气旋:RO 对云和降水的不敏感性使其成为极端天气环境的适用技术。由于与 FORMOSAT-7/COSMIC-2 相比,低纬度采样增加,预计 FORMOSAT-3/COSMIC-2 等星座的预测会有所改善。据报道,利用 FORMOSAT-3/COSMIC 观测预报气旋强度和路径[185]和气旋生成[186]取得了令人鼓舞的结果。

RO 探测的高垂直分辨率已用于测试 Wong 和 Emmanuel 的"heat engine"气旋模型[187-188]。在该模型中,气旋动能与对流层顶(约 16km 高度)附近气旋流出区的海面温度和大气温度之间的温差有关。图 33.22 来自 Vergados 等[188]显示了如何基于 RO 测量的温差来估计热带气旋的强度。Biondi 等[189]研究了热带气旋产生的温度扰动垂直"越过"背景对流层顶的频率。RO[190-191]揭示了热带气旋对对流层顶附近大气垂直结构的"复合"或平均影响。

航空器上的 GNSS RO 是热带气旋的一个有前景的应用,因为它能够将观测目标对准气旋区域[192]。航空器的检索方法是本章[193-194]的变体。

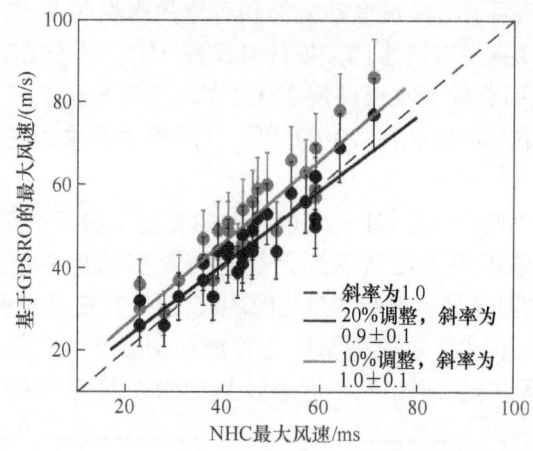

图 33.22 基于 GPSRO 的最大风速值与国家飓风中心最佳路径数据值进行了比较(实心圆表示对 GPSRO 值应用 10%(红色)和 20%(黑色)降低时的 GPSRO-NHC 风速对,实线表示它们的线性回归)[177]。资料来源:经 John Wiley & Sons 许可转载。)

33.4.2 电离层科学

作为电离层研究的科学工具,RO 是相当独特的。RO 是唯一一种以业务为重点的民用卫星电离层遥感技术。世界气象组织建议,携带 RO 仪器的卫星同时提供大气和电离层的测量,确保继续为天气预报提供 RO 数据的同时,也将产生电离层测量的长期连续观测数据。这项规定强化了将 GNSS RO 用于电离层建模的研究价值,其通常与地基 TEC 测量相结合(见 33.1.4.1 节)。

科学研究利用了 RO 提供全球分布的电子密度分布图的能力,以建立电离层电子密度分布的新气候学,并发现电离层和低层大气之间新的因果联系,同时增加了关于电离层在地磁风暴期间如何反应的知识。

从下耦合:RO,特别是在 FORMOSAT-3/COSMIC 时代(自 2006 年以来),提供了大量关于电离层变化的新信息,这些变化具有与低层大气耦合的特征。来自低层大气的潮汐风对赤道 F 区电离层(海拔 300~500km)有明显的影响。这些风在电离层 E 区(海拔约 120km)产生电子场,调节赤道喷泉效应,并在赤道电离异常峰的 TEC 中产生显著的纵向变化。Lin 等[195]利用 COSMIC RO 观测的极好的本地时间覆盖,首次描述了环境影响评价的四峰纵向结构的本地时间变化。图 33.23 显示了 RO 在特定当地时间捕获的四峰 EIA 结构[196]。Liu 等[197]的另一项研究使用 COSMIC RO 数据发现四峰纵向结构表现出 5 天的周期性。RO 的全球统一覆盖(相对于地面赤道 TEC 测量的不规则覆盖)是这些研究中的一个重要工具(见 Pancheva 和穆赫塔罗夫的综述[198])。RO 还首次用于通过将中间层风与 COSMIC 电离层观测(在这种情况下为闪烁)相关联来检测起源于较低大气层的行星尺度波对电离层的影响。Liu 等发现,中间层和电离层高度之间的 3 天波动相干变化,这可能是由赤道超快开尔文波(一种大气模式)引起的[199]。COSMIC RO 电离层数据是第一批用于发现 2009 年平流层突然变暖事件对全球电离层影响的观测数据,该事件扰乱了大气中的极地涡旋[200]。使用来自 COSMIC 和 CASSIOPE 任务的 RO 观测首次报道了陆地和海洋上电子密度剖面的惊人差异[201],很可能是起源于低层大气的波产生过程的结果[75]。

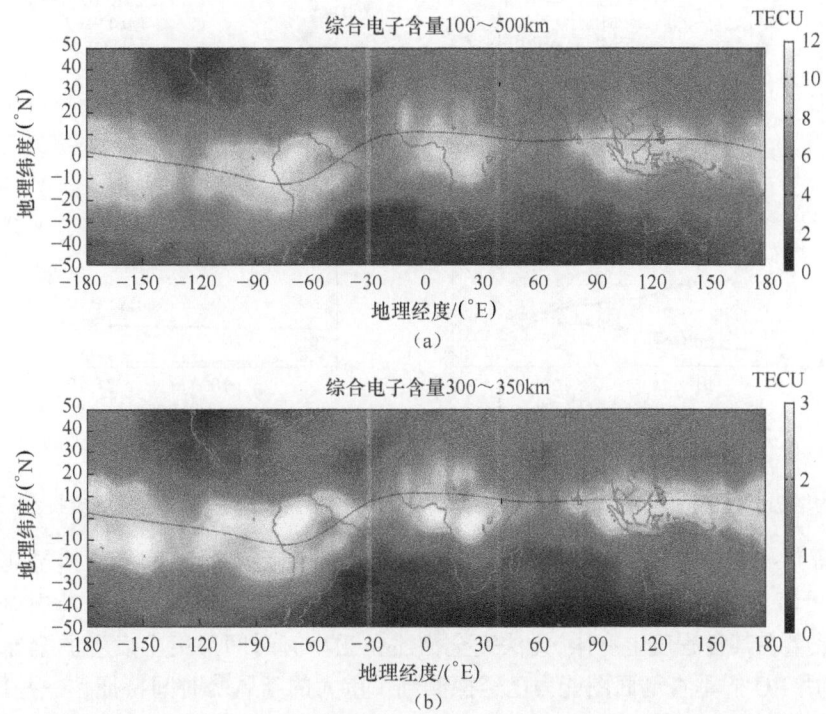

图 33.23　FORMAT-3/COSMIC 测量来自两个高度范围的积分电子含量(IEC)
[(a) 100~500km 高度和(b) 300~350km 高度。以 2006 年 9 月 15 日为中心的 30 天内收集的当地的数据。一个 TEC 单位是 1016el/m²[196]。资料来源:经 John Wiley & Sons 许可转载。]

E 层不规则性:尽管使用 RO 反演 E 层电子密度存在绝对精度限制,但基于相位的电离层测量的极高垂直分辨率和高灵敏度揭示了关于电离层 E 层不规则性的全新信息。这种"sporadic-E"层会严重干扰依赖电离层信号反射的跨电离层信号或高频通信。与来自相对稀疏的电离层探测仪地面网络的测量结果相比,RO 的全球覆盖范围是一个重大进步,由于 sporadic-E,电离层探测仪也可能返回不可靠的结果。RO 首次实现了 E 层不规则性的真正全球气候学[51-52],揭示了 sporadic-E 出现与其强度之间无法解释的关系[202-203]。RO 已经证实了电离层不规则性和从低层大气"冒泡"的重力波活动之间的因果关系[204-205]。提供这种耦合的详细信息的新技术正在开发中[206]。COSMIC RO 已用来表明 sporadic-E 层从高纬度向地磁赤道的传输,由于缺乏必要的倾斜磁场线,这些层不太可能在当地形成[53]。

高纬度科学:RO 通过近极轨道器在高纬度实现了出色的覆盖率,并被用于表征与磁层-电离层耦合相关的现象。在 1~40km 的空间尺度上,已经发现了极地和极光等离子体结构的差异,并使用 RO 进行了表征[207]。RO 的垂直剖面能力已被用于探测与磁层高能粒子沉淀相关的显著电离水平,有助于增加在多个尺度上监测极光区所需的此类测量数量[208-210]。图 33.24 显示了 FORMOSAT-3/COSMIC 的两个 RO 剖面,其中 E 层(约 150km 高度)的电子密度异常大,并且与 F 层峰值附近 200~300km 高度的电子密度相当甚至超过。极光纬度 F 层以下的密度通常表明由磁层起源的粒子产生了电离。

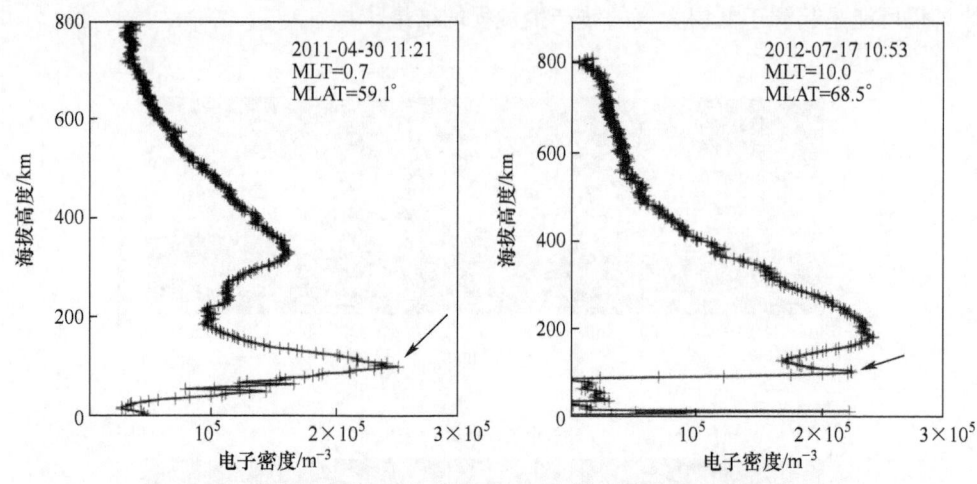

图 33.24 来自高纬度的两个代表性宇宙电子密度剖面图

(电子密度的增强,假设是由于高能粒子沉淀,用箭头表示[210]。资料来源:经《大气测量技术》许可转载。)

磁暴研究:RO 已被用于了解磁暴。在这种情况下,特别有价值的是从掩星几何中获得的 TEC 测量值,这些测量值可以被吸收到电离层模型中,这将在 33.1.4.1 节中讨论。尽管剖面图的数量在某种程度上有限,无法完全描述在亚小时时间尺度上发生的全球风暴时间变化,但利用 RO 的垂直剖面图能力已经探测到了重大的新风暴时间特征。一些例子包括:磁暴期间辐射带粒子在夜间低纬度的意外但重要的电离效应[211],首次观测到非洲区域上空大规模行进的电离层扰动(来自 RO 的确证观测结果)[212],首次探测到电子密度增强与磁层粒子降水引起的红外热层发射增加一致[213],以及与风暴期间 TEC 增加相关的白天电子密度峰值的更高高度[214]。

致谢

本章的写作建立在与许多 RO 算法、处理和硬件相关领域专家的讨论上,其中,感谢 Tom Meehan、Stephen Esterhuizen 和 Larry Young 对接收机硬件设计的建议,也感谢 George Purcell 对多径部分的回顾。感谢 E. Robert Kursinski 和 George Hajj 对测量提出了宝贵的意见,感谢 Byron Iijima、Willy Bertiger 和 Yoaz Bar-Sever 关于大地测量处理的建议。此外,我们还感谢美国大学大气研究协会(UCAR)的宇宙数据分析和档案中心(CDAAC)团队多年来对 FOMSAT-3/COSMIC 掩星星座的细心和持续的指导。特别感谢 Sergei Sokolovskiy 及其多年来提出的建设性见解。感谢 UCAR 的 Bill Kuo 在完成 COSMIC 计划主要任务阶段提供的支持。感谢中国台湾航天组织管理人员的前瞻性思维,这将有助于国际社会推进 RO 科学的发展。感谢项目经理 Jay Fein(美国国家科学基金会)和 John Labrecue(NASA)在早期对项目的大力倡导。感谢 UCAR 前总裁 Rick Anthes 对推动社区发展做出的贡献。感谢来自 NASA 的 Jack Kaye 积极支持有助于推进无线电掩星科学的支持。感谢 Wegener 气候与全球变化中心和格拉茨大学的 Gottfried Kirchengast 及其同事在 OPAC 会议等领域的支持。最后,感谢 NASA 科学任务理事会地球科学部提供的支持。

参考文献

[1] Yunck,T. P. ,C. H. Liu,and R. Ware (2000) ,A History of GPS Sounding,*Terr. Atmos. Ocean. Sci.* ,11(1) ,001,doi:10. 3319/tao. 2000. 11. 1. 1(cosmic).

[2] Gurvich,A. S. ,and T. G. Krasil'nikova (1987) ,Navigation satellites for radio sensing of the Earth's atmosphere. *Soviet J. Remote Sensing*,6,89-93 (in Russian); (1990) 6,1124-1131 (in English).

[3] Bai,W. H. ,Y. Q. Sun,Q. F. Du,G. L. Yang,Z. D. Yang,P. Zhang,Y. M. Bi,X. Y. Wang,C. Cheng,and Y. Han (2014) ,An introduction to the FY3 GNOS instrument and mountain-top tests,*Atmos. Meas. Tech.* ,7(6) ,1817-1823,doi:10. 5194/amt-7-1817-2014.

[4] Mao,T. ,L. Sun,G. Yang,X. Yue,T. Yu,C. Huang,Z. Zeng,Y. Wang,and J. Wang (2016) ,First ionospheric radiooccultation measurements from GNSS occultation sounder on the Chinese Feng-Yun 3C satellite, *IEEE Trans. Geosci. Remote Sensing*,54(9) ,5044-5053,doi:10. 1109/TGRS. 2016. 2546978.

[5] Anthes,R. A. et al. (2008) ,The COSMIC/FORMOSAT-3 mission: Early results,*Bull. Amer. Meteor. Soc.* ,89(3) ,313-333,doi:10. 1175/BAMS-89-3-313.

[6] Anthes,R. A. (2011) ,Exploring Earth's atmosphere with radio occultation: Contributions to weather,climate and space weather,*Atmos. Meas. Tech.* ,4(6) ,1077-1103,doi:10. 5194/amt-4-1077-2011.

[7] Cardinali,C. and S. Healy (2014) ,Impact of GPS radio occultation measurements in the ECMWF system using adjoint-based diagnostics,*Q. J. R. Meteorol. Soc.* ,140(684) ,2315-2320,doi:10. 1002/qj. 2300.

[8] https://www. wmo-sat. info/oscar/

[9] Smith,E. K. and S. Weintraub (1953) ,The constants in the equation for atmospheric refractive index at radio frequencies,*Proc. Inst. Radio Engrs.* ,41,1035-1037.

[10] Aparicio,J. M. ,and S. Laroche (2011) ,An evaluation of the expression of the atmospheric refractivity for GPS signals,*J. Geophys. Res.* ,116(D11) ,D11104-14,doi:10. 1029/2010JD015214.

[11] Zou,X. ,S. Yang,and P. S. Ray (2012) ,Impacts of ice clouds on GPS radio occultation measurements,*J. Atmos. Sci.* ,69 (12) ,3670-3682,doi:10. 1175/JAS-D-11-0199. 1.

[12] Cardellach,E. ,S. Tomás,S. Oliveras,R. Padullés,A. Rius,M. de la Torre-Juárez,F. J. Turk,C. O. Ao, E. R. Kursinski,B. Schreiner,D. Ector,and L. Cucurull (2015) ,Sensitivity of PAZ LEO polarimetric GNSS radio-occultation experiment to precipitation events,*IEEE Trans. Geosci. Remote Sensing*,53,190-206,doi:10. 1109/TGRS. 2014. 2320309.

[13] Hajj,G. A. ,E. R. Kursinski,L. J. Romans,and W. I. Bertiger (2002) ,A technical description of atmospheric sounding by GPS occultation,*J. Atmos. Solar-Terr. Physics*,64(4) ,451-469,doi:10. 1016/s1364-6826(01)00114-6.

[14] Ao,C. O. (2009) ,*GNSS Applications and Methods*,1st Ed. (Ed. S. Gleason and D. Gebre-Egziabher), chap. 15,ISBN: 978-1596933293,Artech House,Boston,Massachusetts.

[15] Fjeldbo,G. ,A. J. Kliore,and V. R. Eshleman (1971) ,The neutral atmosphere of Venus as Studied with the Mariner V radio occultation experiments,*Astron. J.* ,76,123,doi:10. 1086/111096.

[16] Born,M. and E. Wolf (1999) ,*Principles of Optics: Electromagnetic Theory of Propagation,Interference and Diffraction of Light*,7 Ed. ,ISBN: 978-0521642224,Cambridge University Press,Cambridge,United Kingdom.

[17] Gorbunov,M. E. (2002) ,Canonical transform method for processing radio occultation data in the lower troposphere,*Radio Sci.* ,37(5) ,9-1-9-10,doi:10. 1029/2000RS002592.

[18] Jensen,A. S. ,M. S. Lohmann,H. -H. Benzon,and A. S. Nielsen (2003) ,Full Spectrum Inversion of radio

occultation signals, *Radio Sci.*, 38(3), 1040, doi:10.1029/2002RS002763.

[19] Jensen, A. S., M. S. Lohmann, A. S. Nielsen, and H.-H. Benzon (2004), Geometrical optics phase matching of radio occultation signals, *Radio Sci.*, 39(3), RS3009, doi:10.1029/2003RS002899.

[20] Vorob'Ev, V. V. and T. G. KrasIl'NIKova (1994), Estimation of the accuracy of the atmospheric refractive index recovery from Doppler shift measurements at frequencies used in the NAVSTAR system, *Izvestiya Phys. Atmos. Ocean.*, 29, 602–609.

[21] Liu, C. L., G. Kirchengast, K. Zhang, R. Norman, Y. Li, S. C. Zhang, J. Fritzer, M. Schwaerz, S. Q. Wu, and Z. X. Tan (2015), Quantifying residual ionospheric errors in GNSS radio occultation bending angles based on ensembles of profiles from end-to-end simulations, *Atmos. Meas. Tech.*, 8(7), 2999–3019, doi: 10.5194/amt-8-2999-2015.

[22] Syndergaard, S. (2000), On the ionosphere calibration in GPS radio occultation measurements, *Radio Sci.*, 35(3), 865–883, doi:10.1029/1999RS002199.

[23] Healy, S. B. and I. D. Culverwell (2015), A modification to the standard ionospheric correction method used in GPS radio occultation, *Atmos. Meas. Tech.*, 8(8), 3385–3393, doi:10.5194/amt-8-3385-2015.

[24] Danzer, J., S. B. Healy, and I. D. Culverwell (2015), A simulation study with a new residual ionospheric error model for GPS radio occultation climatologies, *Atmos. Meas. Tech.*, 8(8), 3395–3404, doi:10.5194/amt-8-3395-2015.

[25] Mannucci, A. J., C. O. Ao, X. Pi, and B. A. Iijima (2011), The impact of large scale ionospheric structure on radio occultation retrievals, *Atmos. Meas. Tech.*, 4(12), 2837–2850, doi:10.5194/amt-4-2837-2011.

[26] Li, Y., G. Kirchengast, B. Scherllin-Pirscher, R. Norman, Y. B. Yuan, J. Fritzer, M. Schwaerz, and K. Zhang (2015), Dynamic statistical optimization of GNSS radio occultation bending angles: Advanced algorithm and performance analysis, *Atmos. Meas. Tech.*, 8(8), 3447–3465, doi:10.5194/amt-8-3447-2015.

[27] Ao, C. O., A. J. Mannucci, and E. R. Kursinski (2012), Improving GPS Radio occultation stratospheric refractivity retrievals for climate benchmarking, *Geophys. es. Lett.*, 39(12), L12701, doi:10.1029/2012GL051720.

[28] Kursinski, E. R. and T. Gebhardt (2014), A method to econvolve errors in GPS RO-derived water vapor histograms, *J. Atmos. Oceanic Technol.*, 31(12), 2606–2628, doi:10.1175/JTECH-D-13-00233.1.

[29] Vergados, P., A. J. Mannucci, C. O. Ao, J. H. Jiang, and H. Su (2015), On the comparisons of tropical relative humidity in the lower and middle troposphere among OSMIC radio occultations and MERRA and ECMWF ata sets, *Atmos. Meas. Tech.*, 8(4), 1789–1797, doi:10.5194/amt-8-1789-2015.

[30] Vergados, P., A. J. Mannucci, and C. O. Ao (2014), ssessing the performance of GPS radio occultation measurements in retrieving tropospheric humidity in cloudiness: A comparison study with radiosondes, ERAInterim, and AIRS data sets, *J. Geophys. Res. Atmos.*, 119(12), 7718–7731, doi:10.1002/2013jd021398.

[31] Kursinski, E. R. and G. A. Hajj (2001), A comparison of water vapor derived from GPS occultations and global weather analyses, *J. Geophys. Res. Atmos.*, 106(D), 1113–1138, doi:10.1029/2000JD900421.

[32] Healy, S. B. and J. R. Eyre (2000), Retrieving temperature, water vapour and surface pressure information from refractive-index profiles derived by radio occultation: A simulation study, *Q. J. R. Meteorol. Soc.*, 126 (566), 1661–1683, doi:10.1002/qj.49712656606.

[33] Engeln, von, A., G. Nedoluha, G. Kirchengast, and S. Bühler (2003), One-dimensional variational (1-D Var) retrieval of temperature, water vapor, and a reference pressure from radio occultation measurements: A sensitivity analysis, *J. Geophys. Res. Atmos.*, 108(D), 337, doi:10.1029/2002JD002908.

[34] O'Sullivan, D. B., B. M. Herman, D. Feng, D. E. Flittner, and D. M. Ward (2000), Retrieval of water vapor profiles from GPS/MET radio occultations, *Bull. Amer. Meteor. soc.*, 81(5), 1031–1040, doi: 10.1175/1520-0477(2000)081<1031:rowvpf>2.3.co;2.

[35] Ao,C. O. ,T. K. Meehan,G. A. Hajj,A. J. Mannucci,and G. Beyerle (2003) ,Lower troposphere refractivity bias in GPS occultation retrievals,J. Geophys. Res. ,108(D) ,4577,doi:10. 1029/2002JD003216.

[36] Sokolovskiy,S. (2003) ,Effect of superrefraction on inversions of radio occultation signals in the lower troposphere,Radio Sci. ,38(3) ,1058,doi:10. 1029/2002RS002728.

[37] Xie,F. ,S. Syndergaard,and E. R. Kursinski (2006) ,An approach for retrieving marine boundary layer refractivity from GPS occultation data in the presence of superrefraction,*J. Atmos. Oceanic Technol.* ,23(12) , 1629-1644,doi:10. 1175/jtech1996. 1.

[38] Engeln,von,A. and J. Teixeira (2004) ,A ducting climatology derived from the European centre for medium-Range Weather Forecasts global analysis fields, *J. Geophys. Res. Atmos.* , 109 (D) , D18104, doi: 10. 1029/2003JD004380.

[39] Ao,C. O. (2007) ,Effect of ducting on radio occultation measurements: An assessment based on high-resolution radiosonde soundings,Radio Sci. ,42(2) ,RS2008,doi:10. 1029/2006RS003485.

[40] Wang,K. -N. ,M. de la Torre-Juarez,C. O. Ao,and F. Xie(2017) ,Correcting negatively biased refractivity below ducts in GNSS radio occultation: an optimal estimation approach towards improving planetary boundary layer(PBL) characterization,*Atmos. Meas. Tech.* ,10(12) ,4761-4776,doi:10. 5194/amt-10-4761-2017.

[41] Xie, F. , D. L. Wu, C. O. Ao, E. R. Kursinski, A. J. Mannucci, and S. Syndergaard (2010) , Superrefraction effects on GPS radio occultation refractivity in marine boundary layers,*Geophys. Res. Lett.* , 37 (11) ,L11805,doi:10. 1029/2010GL043299.

[42] Hajj,G. A. and L. J. Romans (1998) ,Ionospheric electron density profiles obtained with the Global Positioning system: Results from the GPS/MET experiment, *Radio sci.* , 33 (1) , 175 - 190, doi: 10. 1029/97rs03183.

[43] Davies,K. and G. K. Hartmann (1997) ,Studying the ionosphere with the Global Positioning System,*Radio Sci.* ,32(4) ,1695-1703,doi:10. 1029/97RS00451.

[44] Leitinger,R. ,H. P. Ladreiter,and G. Kirchengast (1997) ,Ionosphere tomography with data from satellite reception of Global Navigation Satellite System signals and ground reception of Navy Navigation Satellite System signals,*Radio Sci.* ,32(4) ,1657-1669,doi:10. 1029/97RS01027.

[45] Rius, A. , G. Ruffini, and A. Romeo (1998) , Analysis of ionospheric electron density distribution from GPS/MET occultations,*IEEE Trans. Geosci. Remote Sensing*,36(2) ,383-394,doi:10. 1109/36. 662724.

[46] Hernandez-Pajares,M. ,J. M. Juan,J. Sanz,and J. G. Solé (1998) ,Global observation of the ionospheric electronic response to solar events using ground and LEO GPS data,*J. Geophys. Res.* , 103 (A) , 20789-20796,doi:10. 1029/98JA01272.

[47] Petrie,E. J. ,M. Hernández-Pajares,P. Spalla,P. Moore,and M. A. King (2010) ,A review of higher order ionospheric refraction effects on dual frequency GPS,*Surv Geophys*,32(3) ,197-253,doi:10. 1007/s10712-010-9105-z.

[48] Davies,K. (1965) ,*Ionospheric Radio Propagation*,Monograph 80,National Bureau of Standards,Gaithersburg,MD.

[49] Bassiri,S. and G. A. Hajj (1993) ,Higher-order ionospheric effects on the global positioning system observables and means of modeling them,*Manuscr. Geod.* ,18,280-289.

[50] Straus,P. R. , P. C. Anderson, and J. E. Danaher (2003) , GPS occultation sensor observations of ionospheric scintillation,*Geophys. Res. Lett.* ,30(8) ,1-4,doi:10. 1029/2002GL016503.

[51] Wu, D. L. , C. O. Ao, G. A. Hajj, M. de la Torre-Juarez, and A. J. Mannucci (2005) , Sporadic E morphology from GPSCHAMP radio occultation,*J. Geophys. Res. Space Physics*,110(A) ,A01306,doi:

10.1029/2004JA010701.

[52] Arras, C., J. Wickert, G. Beyerle, S. Heise, T. Schmidt, and C. Jacobi (2008), A global climatology of ionospheric irregularities derived from GPS radio occultation, *Geophys. Res. Lett.*, 35(14), 1–4, doi: 10.1029/2008GL034158.

[53] Seif, A., J.-Y. Liu, A. J. Mannucci, B. A. Carter, R. Norman, R. G. Caton, and R. T. Tsunoda (2017), A study of daytime L-band scintillation in association with sporadic E along the magnetic dip equator, *Radio Sci.*, 70(4), 360–8, doi: 10.1002/2017RS006393.

[54] Carrano, C. S., K. M. Groves, R. G. Caton, C. L. Rino, and P. R. Straus (2011), Multiple phase screen modeling of ionospheric scintillation along radio occultation raypaths, Radio Sci., 46(6), 360–14, doi: 10.1029/2010RS004591.

[55] Klobuchar, J. A. (1996), Ionospheric effects On GPS, in *Global Positioning System Theory and Applications, Volume I*, vol. I (eds. B. W. Parkinson, J. J. Spilker, P. Axelrad, and P. Enge), pp. 485–516.

[56] Davies, K. (1990), *Ionospheric Radio*, 1st Ed., The Institution of Engineering and Technology, Stevenage, United Kingdom.

[57] Lei, J. W. Wang, A. G. Burns, S. C. Solomon, A. D. Richmond, M. Wiltberger, L. P. Goncharenko, A. Coster, and B. W. Reinisch (2007), Comparison of COSMIC ionospheric measurements with ground-based observations and model predictions: Preliminary results, *J. Geophys. Res.*, 112(A7), A01314, doi: 10.1029/2006JA012240.

[58] Yue, X., W. S. Schreiner, J. Lei, S. V. Sokolovskiy, C. Rocken, D. C. Hunt, and Y. H. Kuo (2010), Error analysis of Abel retrieved electron density profiles from radio occultation measurements, *Ann. Geophys.*, 28(1), 217–222, doi: 10.5194/angeo-28-217-2010.

[59] Komjathy, A., B. Wilson, X. Pi, V. Akopian, M. Dumett, B. Iijima, O. Verkhoglyadova, and A. J. Mannucci (2010), JPL/USC GAIM: On the impact of using COSMIC and ground-based GPS measurements to estimate ionospheric parameters, J. Geophys. Res., 115(A2), A02307–10, doi: 10.1029/2009JA014420.

[60] Pi, X., A. J. Mannucci, B. A. Iijima, B. D. Wilson, A. Komjathy, T. F. Runge, and V. Akopian (2009), Assimilative modeling of ionospheric disturbances with FORMOSAT-3/COSMIC and ground-based GPS measurements, *Terr. Atmos. Ocean. Sci.*, 20(1), 273–13, doi: 10.3319/TAO.2008.01.04.01(F3C).

[61] Schunk, R. W., L. Scherliess, J. J. Sojka, D. C. Thompson, D. N. Anderson, M. Codrescu, C. Minter, T. J. Fuller Rowell, R. A. Heelis, M. Hairston, and B. M. Howe (2004), Global Assimilation of Ionospheric Measurements (GAIM), *Radio Sci.*, 39(1), RS1S02, doi: 10.1029/2002RS002794.

[62] Hajj, G. A., R. Ibañez-Meier, E. R. Kursinski, and L. J. Romans (1994), Imaging the ionosphere with the global positioning system, *Int. J. Imaging Syst. Technol.*, 5(2), 174–187, doi: 10.1002/ima.1850050214.

[63] Rius, A., G. Ruffini, and L. Cucurull (1997), Improving the vertical resolution of ionospheric tomography with GPS Occultations, *Geophys. Res. Lett.*, 24(18), 2291–2294, doi: 10.1029/97GL52283.

[64] Yue, X. et al. (2012), Global 3-D ionospheric electron density reanalysis based on multisource data assimilation, *J. Geophys. Res.*, 117(A), A09325, doi: 10.1029/2012JA017968.

[65] Hernandez-Pajares, M., J. M. Juan, J. Sanz, and J. G. Solé (1998), Global observation of the ionospheric electronic response to solar events using ground and LEO GPS data, *J. Geophys. Res.*, 103(A), 20789–20796, doi: 10.1029/98JA01272.

[66] Lin, C. Y., T. Matsuo, J. Y. Liu, C. H. Lin, H. F. Tsai, and E. A. Araujo-Pradere (2015), Ionospheric assimilation of radio occultation and ground-based GPS data using nonstationary background model error covariance, *Atmos. Meas. Tech.*, 8(1), 171–182, doi: 10.5194/amt-8-171-2015.

[67] Stephens, P., A. Komjathy, B. Wilson, and A. Mannucci (2011), New leveling and bias estimation algo-

rithms for processing COSMIC/FORMOSAT-3 data for slant total electron content measurements, *Radio Sci.*, 46(6), RS0D10, doi: 10. 1029/2010RS004588.

[68] Yue, X., W. S. Schreiner, D. C. Hunt, C. Rocken, and Y. -H. Kuo (2011), Quantitative evaluation of the low Earth orbit satellite based slant total electron content determination, *Space Weather*, 9(9), S09001, doi: 10. 1029/2011SW000687.

[69] Zhong, J., J. Lei, X. Yue, and X. Dou (2016), Determination of differential code bias of GNSS receiver onboard low earth orbit satellite, *IEEE Trans. Geosci. Remote Sensing*, 54, 4896 - 4905, doi: 10. 1109/TGRS. 2016. 2552542.

[70] Hoque, M. M. and N. Jakowski (2010), Higher order ionospheric propagation effects on GPS radio occultation signals, *Adv. Space Res.*, 46(2), 162-173, doi: 10. 1016/j. asr. 2010. 02. 013.

[71] Li, J. and S. Jin (2017), High-order ionospheric effects on electron density estimation from Fengyun-3C GPS radio occultation, *Annales Geophysicae*, 35(3), 403-411, doi: 10. 5194/angeo-35-403-2017.

[72] Lee, I. T., T. Matsuo, A. D. Richmond, J. Y. Liu, W. Wang, C. H. Lin, J. L. Anderson, and M. Q. Chen (2012), Assimilation of FORMOSAT-3/COSMIC electron density profiles into a coupled thermosphere/ionosphere model using ensemble Kalman filtering, *J. Geophys. Res.*, 117(A), A10318, doi: 10. 1029/2012JA017700.

[73] Schreiner, W. S., S. V. Sokolovskiy, C. Rocken, and D. C. Hunt (1999), Analysis and validation of GPS/MET radio occultation data in the ionosphere, *Radio Sci.*, 34(4), 949-966, doi: 10. 1029/1999RS900034.

[74] Minerbo, G. N. and M. E. Levy (1969), Inversion of Abel's Integral equation by means of orthogonal polynomials, SIAM *J. Num. Anal.*, 6(4), 598-616, doi: 10. 1137/0706055.

[75] Shume, E. B., P. Vergados, A. Komjathy, R. B. Langley, and T. Durgonics (2017), Electron number density profiles derived from radio occultation on the CASSIOPE spacecraft, *Radio Sci.*, 52(9), 1190-1199, doi: 10. 1002/2017RS006321.

[76] Mao, T., L. Sun, G. Yang, X. Yue, T. Yu, C. Huang, Z. Zeng, Y. Wang, and J. Wang (2016), First ionospheric radio occultation measurements From GNSS occultation sounder on the Chinese Feng-Yun 3C satellite, *IEEE Trans. Geosci. Remote Sensing*, 54, 5044-5053, doi: 10. 1109/TGRS. 2016. 2546978.

[77] Shaikh, M. M., R. Notarpietro, and B. Nava (2014), The impact of spherical symmetry assumption on radio occultation data inversion in the ionosphere: An assessment study, *Adv. Space Res.*, 53(4), 599-608, doi: 10. 1016/j. asr. 2013. 10. 025.

[78] Wu, K. -H., C. -L. Su, and Y. -H. Chu (2015), Improvement of GPS radio occultation retrieval error of E region electron density: COSMIC measurement and IRI model simulation, *J. Geophys. Res. Space Phys.*, 120(3), 2299-2315, doi: 10. 1002/2014JA020622.

[79] Hernandez-Pajares, M., J. M. Juan, and J. Sanz (2000), Improving the Abel inversion by adding ground GPS data to LEO radio occultations in ionospheric sounding, *Geophys. Res. Lett.*, 27(1), 2473-2476, doi: 10. 1029/2000GL000032.

[80] Nicolls, M. J., F. S. Rodrigues, G. S. Bust, and J. L. Chau (2009), Estimating E region density profiles from radio occultation measurements assisted by IDA4D, *J. Geophys. Res.*, 114(A), A10316, doi: 10. 1029/2009JA014399.

[81] Kulikov, I., A. J. Mannucci, X. Pi, C. Raymond, and G. A. Hajj (2011), Electron density retrieval from occulting GNSS signals using a gradient-aided inversion technique, *Adv. Space Res.*, 47(2), 289-295, doi: 10. 1016/j. asr. 2010. 07. 002.

[82] Pedatella, N. M., X. Yue, and W. S. Schreiner (2015), An improved inversion for FORMOSAT-3/COSMIC ionosphere electron density profiles, *J. Geophys. Res. Space Phys.*, 120(1), 8942 - 8953, doi: 10. 1002/2015JA021704.

[83] Hysell, D. L. (2007), Inverting ionospheric radio occultation measurements using maximum entropy, Radio Sci., 42(4), RS4022, doi:10.1029/2007RS003635.

[84] Williamson, W. R., C. Galley, C. Ao, C. White, A. J. Mannucci, and A. von Engeln (2019), Jason-CS/Sentinel-6 GNSS Radio Occultation Instrument Overview and Performance, Presented at the *International Radio Occultation Working Group Workshop* #7, September 19–25, 2019, Helsingør, Denmark, https://www.romsaf.org/romsaf-irowg-2019/en/open/1570201122.ddc9adda8d8a39bb7cb1037cfeed27ca.pdf/Galley__Williamson_IROWG-2019_final.pdf.

[85] IS-GPS-200H: Global Positioning Systems Director Systems Engineering and Integration Interface Specification for the Navstar GPS Space Segmenet/Navigation User Interfaces, September 24, 2013.

[86] GLONASS Interface Control Document, Navigational radiosignal in bands L1, L2, Edition 5.1, 2008.

[87] S. Fisher and K. Ghassemi (1999), GPS ⅡF-The Next Generation, *Proc. IEEE*, 87(1), January 1999.

[88] Sokolovskiy, S. V. (2000), Inversions of radio occultation amplitude data, *Radio Sci.*, 35(1), 97–105.

[89] G. Purcell, L. Young, L. Zuniga, and N. Chamberlain (2014), Pattern Measurement of POD and RO Antennas for Cosmic-2, Presented at the Eighth FORMOSAT-3/COSMIC Data Users' Workshop, Boulder Colorado, September 2014.

[90] Turbiner, D. (2015), Phase Antenna Array for Global Navigation Satellite System Signals, US Patent US9190724 B2, November 2015.

[91] Haigh Farr Test Report of CHAMP/GraceHelicorral, May 9, 2003.

[92] Haigh Farr Test Report for Cosmic-1, September 11, 2003.

[93] Carlström, A., M. Bonnedal, T. Lindgren, and J. Christensen (2012), Improved GNSSradio occultation with the next generation GRAS instrument, 6th ESA Workshop on Satellite Navigation Technologies (Navitec 2012), Noordwijk, Netherlands, doi:10.1109/NAVITEC.2012.6423063.

[94] J. D. Kraus (1988), *Antennas Theory and Practice*, ISBN:978-0070354227, McGraw Hill College.

[95] Esterhuizen, S., Franklin, G., Hurst, K., Mannucci, A., Meehan, T., Webb, F., Young, L. (2009), TriG-A GNSS precise orbit and radio occultation space receiver, *Proc. 22nd Int. Technical Meeting of The Satellite Division of the Institute of Navigation (ION GNSS 2009)*, Savannah, GA, September 2009, pp.1442–1446.

[96] Morton, Y. T., M. Miller, J. Tsui, D. Lin, and Q. Zhou (2007), GPS Civil Signal Self-Interference Mitigation During Weak Signal Acquisition, *IEEE Transactions on Signal Processing*, 55(12), pp.5859–5863, doi:10.1109/TSP.2007.900761.

[97] Healy, S. B., J. R. Eyre, M. Hamrud, and J. N. Thépaut (2007), Assimilating GPS radio occultation measurements with two-dimensional bending angle observation operators, *Q. J. R. Meteorol. Soc.*, 133(626), 1213–1227, doi:10.1002/qj.63.

[98] Cucurull, L., J. C. Derber, R. Treadon, and R. J. Purser (2008), Preliminary impact studies using Global Positioning System radio occultation profiles at NCEP, *Monthly Weather Rev.*, 136(6), 1865–1877, doi:10.1175/2007MWR2260.1.

[99] Engeln, von, A., S. Healy, C. Marquardt, Y. Andres, and F. Sancho (2009), Validation of operational GRAS radio occultation data, *Geophys. Res. Lett.*, 36(1), L17809, doi:10.1029/2009GL039968.

[100] Feltz, M. L., R. O. Knuteson, H. E. Revercomb, and D. C. Tobin (2014), A methodology for the validation of temperature profiles from hyperspectral infrared sounders using GPS radio occultation: Experience with AIRS and COSMIC, *J. Geophys. Res. Atmos.*, 119(3), 1680–1691, doi:10.1002/2013JD020853.

[101] Noersomadi and T. Tsuda (2017), Comparison of three retrievals of COSMIC GPS radio occultation results in the tropical upper troposphere and lower stratosphere, *Earth, Planets Space*, 1–16, doi:10.1186/s40623-017-0710-7.

[102] M. Kosaka, Evaluation Method of Polynomial Models' prediction performance for random clock error, *J. Guidance*, 10(6), 523-527, November-December, 1987.

[103] Fell, P. J., Geodetic Positioning Using A Global Positioning System of Satellites, Ohio State University Research Foundation, Report of the Department of Geodetic Science, Report No. 299, June 1980.

[104] Lindal, G. F., G. E. Wood, H. B. Hotz, D. N. Sweetnam, V. R. Eshleman, and G. L. Tyler (1983), The atmosphere of Titan-An analysis of the Voyager 1 radio occultation measurements, *Icarus*, 53(2), 348-363, doi:10.1016/0019-1035(83)90155-0.

[105] Sokolovskiy, S. V. (2001), Tracking tropospheric radio occultation signals from low Earth orbit, *Radio Sci.*, 36(3), 483-498, doi:10.1029/1999RS002305.

[106] Ao, C. O., G. A. Hajj, T. K. Meehan, D. Dong, B. A. Iijima, A. J. Mannucci, and E. R. Kursinski (2009), Rising and setting GPS occultations by use of open-loop tracking, *J. Geophys. Res.*, 114(D4), D04101, doi:10.1029/2008JD010483.

[107] Li, M., W. Li, C. Shi, K. Jiang, X. Guo, X. Dai, X. Meng, Z. Yang, G. Yang, and M. Liao (2017), Precise orbit determination of the Fengyun-3C satellite using onboard GPS and BDS observations, *J. Geodesy*, 91(11), 1313-1327, doi:10.1007/s00190-017-1027-9.

[108] https://gipsy-oasis.jpl.nasa.gov/.

[109] Dach, R., S. Lutz, P. Walser, and P. Fridez (eds.) (2015), *Bernese GNSS Software Version 5.2. Documentation*, 5 Ed., Bern, Switzerland.

[110] Griggs, E., E. R. Kursinski, and D. Akos (2015), Short-term GNSS satellite clock stability, *Radio Sci.*, 50(8), 813-826, doi:10.1002/2015RS005667.

[111] Griggs, E., E. R. Kursinski, and D. Akos (2013), An investigation of GNSS atomic clock behavior at short time intervals, *GPS Solut.*, 18(3), 443-452, doi:10.1007/s10291-013-0343-7.

[112] Montenbruck, O., A. Hauschild, Y. Andres, A. von Engeln, and C. Marquardt (2013), (Near-)real-time orbit determination for GNSS radio occultation processing, *GPS Solut.*, 17(2), 199-209, doi:10.1007/s10291-012-0271-y.

[113] Schreiner, W., C. Rocken, S. Sokolovskiy, and D. Hunt (2009), Quality assessment of COSMIC/FORMOSAT-3 GPS radio occultation data derived from single-and double-difference atmospheric excess phase processing, *GPS Solut.*, 14(1), 13-22, doi:10.1007/s10291-009-0132-5.

[114] E. R. Kursinski, G. A. Hajj, J. T Schofield, R. P. Linfield, and K. R. Hardy (1997), Observing Earth's atmosphere with radio occultation measurements using the Global Positioning System, *J. Geophys. Res.*, 102(D19), 23429-23465, October 20, 1997.

[115] Zumberge, J. F. and G. Gendt (2001), The demise of selective availability and implications for the international GPS service, *Phys. Chem. Earth, Part A: Solid Earth and Geodesy*, 26(6-8), 637-644, doi:10.1016/s1464-1895(01)00113-2.

[116] Mannucci, A. J., B. A. Iijima, U. J. Lindqwister, X. Pi, L. Sparks, and B. D. Wilson (1999), GPS and ionosphere, in *Review of Radio Science 1996-1999* (ed. W. R. Stone), URSI Reviews of Radio Science, Wiley-IEEE Press, New York.

[117] Beutler, G., A. W. Moore, and I. I. Mueller (2009), The international global navigation satellite systems service (IGS): Development and achievements, *J. Geodesy*, 83(3-4), 297-307, doi:10.1007/s00190-008-0268-z.

[118] Beyerle, G., T. Schmidt, G. Michalak, S. Heise, J. Wickert, and C. Reigber (2005), GPS radio occultation with GRACE: Atmospheric profiling utilizing the zero difference technique, *Geophys. Res. Lett.*, 32(13), L13806, doi:10.1029/2005GL023109.

[119] Ho, S. -P. et al. (2009), Estimating the uncertainty of using GPS radio occultation data for climate monitoring: Intercomparison of CHAMP refractivity climate records from 2002 to 2006 from different data centers, *J. Geophys. Res. Atmos.*, 114(D), D23107, doi: 10. 1029/2009JD011969.

[120] Ho, S. -P. et al. (2012), Reproducibility of GPS radio occultation data for climate monitoring: Profile-to-profile inter-comparison of CHAMP climate records 2002 to 2008 from six data centers, *J. Geophys. Res. Atmos.*, 117(D18), D18111, doi: 10. 1029/2012JD017665.

[121] Steiner, A. K. et al. (2013), Quantification of structural uncertainty in climate data records from GPS radio occultation, *Atmos. Chem. Phys.*, 13(3), 1469-1484, doi: 10. 5194/acp-13-1469-2013.

[122] Wielicki, B. A. et al. (2013), Achieving climate change absolute accuracy in orbit, *Bull. Amer. Meteor. Soc.*, 94(10), 1519-1539, doi: 10. 1175/BAMS-D-12-00149. 1.

[123] Thomas, J. B. (1989), An Afnalysis of Digital Phase-Locked Loops, JPL Publication 89-2, Jet Propulsion Laboratory, Pasadena, CA USA.

[124] Sokolovskiy, S., C. Rocken, W. Schreiner, D. Hunt, and J. Johnson (2009), Postprocessing of L1 GPS radio occultation signals recorded in open-loop mode, *Radio Sci.*, 44(2), RS2002, doi: 10. 1029/2008RS003907.

[125] Gorbunov, M. E., K. B. Lauritsen, H. H. Benzon, G. B. Larsen, S. Syndergaard, and M. B. Sørensen (2011), Processing of GRAS/METOP radio occultation data recorded in closed-loop and raw-sampling modes, *Atmos. Meas. Tech.*, 4(6), 1021-1026, doi: 10. 5194/amt-4-1021-2011.

[126] Schreiner, W., S. Sokolovskiy, D. Hunt, C. Rocken, and Y. H. Kuo (2011), Analysis of GPS radio occultation data from the FORMOSAT-3/COSMIC and MetOp/GRAS missions at CDAAC, *Atmos. Meas. Tech.*, 4(10), 2255-2272, doi: 10. 5194/amt-4-2255-2011.

[127] Schreiner, W., C. Rocken, S. Sokolovskiy, S. Syndergaard, and D. Hunt (2007), Estimates of the precision of GPS radio occultations from the COSMIC/FORMOSAT-3 mission, *Geophys. Res. Lett.*, 34(4), L04808-5, doi: 10. 1029/2006GL027557.

[128] Zus, F., L. Grunwaldt, S. Heise, G. Michalak, T. Schmidt, and J. Wickert (2014), Atmosphere sounding by GPS radio occultation: First results from TanDEM-X and comparison with TerraSAR-X, *Adv. Space Res.*, 53(2), 272-279, doi: 10. 1016/j. asr. 2013. 11. 013.

[129] Sokolovskiy, S., C. Rocken, W. Schreiner, and D. Hunt (2010), On the uncertainty of radio occultation inversions in the lower troposphere, *J. Geophys. Res.*, 115(D22), D22111, doi: 10. 1029/2010JD014058.

[130] Xian-Sheng, X., G. Peng, X. Tao-Ling, and H. Zhen-Jie (2012), Processing of GPS/LEO radio occultation recorded in open-loop mode, *Acta Phys. Sinica*, 61(19), doi: 10. 7498/aps. 61. 199202.

[131] Yue, X., W. S. Schreiner, N. M. Pedatella, and Y. H. Kuo (2016), Characterizing GPS radio occultation loss of lock due to ionospheric weather, *Space Weather*, 14, 285-299, doi: 10. 1002/(ISSN)1542-7390.

[132] Elosegui, P., J. L. Davis, R. K. Jaldehag, J. M. Johansson, A. E. Niell, and I. I. Shapiro (1995), Geodesy using the Global Positioning System: The effects of signal scattering, *J. Geophys. Res.*, 100(B7), 9921-9934, doi: 10. 1029/95JB00868.

[133] Byun, S. H., G. A. Hajj, and L. E. Young (2002), Development and application of GPS signal multipath simulator, *Radio Sci.*, 37(6), 1098, doi: 10. 1029/2001RS002549.

[134] https://www. zotero. org/groups/327288/radio_occultation_1990-?

[135] Mannucci, A. J., C. O. Ao, and L. E. Young (2014), Studying the atmosphere using Global navigation satellites, *EOS, Trans. Amer. Geophys. Union*, 95(43), 389-391, doi: 10. 5194/amt41077-2011.

[136] Luntama, J. -P., G. Kirchengast, M. Borsche, U. Foelsche, A. Steiner, S. Healy, A. von Engeln, E. O' Clerigh, and C. Marquardt (2008), Prospects of the EPS GRAS mission for operational atmospheric applications, *Bull. Amer. Meteor. Soc.*, 89(12), 1863-1875, doi: 10. 1175/2008BAMS2399. 1.

[137] Healy, S. B. (2008), Forecast impact experiment with a constellation of GPS radio occultation receivers, *Atmos. Sci. Lett.*, 9, 111-118, doi: 10. 1002/asl. 169.

[138] Cucurull, L. (2010), Improvement in the use of an operational constellation of GPS radio occultation receivers in weather forecasting, *Weather Forecast.*, 25, 749-767, doi: 10. 1175/2009WAF2222302. 1.

[139] Poli, P., P. Moll, D. Puech, F. Rabier, and S. B. Healy (2009), Quality control, error analysis, and impact assessment of FORMOSAT-3/COSMIC in numerical weather prediction, *Terr. Atmos. Ocean. Sci.*, 20(1), 101-113, doi: 10. 3319/TAO. 2008. 01. 21. 02(F3C).

[140] Zhang, L., J. Gong, and R. Wang (2018), Diagnostic Analysis of Various Observation Impacts in the 3DVAR Assimilation System of Global GRAPES, *Monthly Weather Review*, 146(10), 3125-3142, doi: 10. 1175/MWR-D-17-0182. 1.

[141] Cucurull, L. and R. A. Anthes (2014), Impact of Infrared, Microwave, and Radio Occultation satellite observations on operational numerical weather prediction, *Monthly Weather Rev.*, 142(11), 4164-4186, doi: 10. 1175/MWR-D-14-00101. 1.

[142] Harnisch, F., S. B. Healy, P. Bauer, and S. J. English (2013), Scaling of GNSS radio occultation impact with observation number using an ensemble of data assimilations, *Monthly Weather Rev.*, 141, 4395-4413, doi: 10. 1175/MWR-D-13-00098. 1.

[143] Kursinski, E. R. et al. (1996), Initial results of radio occultation observations of Earth's atmosphere using the Global Positioning System, *Science*, 271(5252), 1107-1110, doi: 10. 1126/science. 271. 5252. 1107.

[144] Goody, R., J. Anderson, and G. North (1998), Testing climate models: An approach, *Bull. Amer. Meteor. Soc.*, 79(11), 2541-2549, doi: 10. 1175/1520-0477(1998)079<2541: tcmaa>2. 0. co;2.

[145] Leroy, S. S., J. G. Anderson, and J. A. Dykema (2006), Testing climate models using GPS radio occultation: A sensitivity analysis, *J. Geophys. Res.*, 111(D17), D17105, doi: 10. 1029/2005JD006145.

[146] Mannucci, A. J., C. O. Ao, T. P. Yunck, L. E. Young, G. A. Hajj, B. A. Iijima, D. Kuang, T. K. Meehan, and S. S. Leroy (2006), *Generating climate Benchmark Atmospheric Soundings Using GPS Occultation Data*, vol. 6301 (eds. A. H. L. Huang and H. J. Bloom), pp. 630108-14, SPIE.

[147] Steiner, A. K., G. Kirchengast, B. C. Lackner, B. Pirscher, M. Borsche, and U. Foelsche (2009), Atmospheric temperature change detection with GPS radio occultation 1995 to 2008, *Geophys. Res. Lett.*, 36(18), L18702, doi: 10. 1029/2009GL039777.

[148] Lackner, B. C., A. K. Steiner, G. C. Hegerl, and G. Kirchengast (2011), Atmospheric climate change detection by radio occultation data using a fingerprinting method, *J. Climate*, 24(20), 5275-5291, doi: 10. 1175/2011JCLI3966. 1.

[149] Schwarz, J., G. Kirchengast, and M. Schwaerz (2017), Integrating uncertainty propagation in GNSS radio occultation retrieval: From bending angle to dry-air atmospheric profiles, *Earth Space Sci.*, 4(4), 200-228, doi: 10. 1002/2016EA000234.

[150] Angerer, B., F. Ladstädter, B. Scherllin-Pirscher, M. Schwärz, A. K. Steiner, U. Foelsche, and G. Kirchengast (2017), Quality aspects of the Wegener center multisatellite GPS radio occultation record OPSv5. 6, *Atmos. Meas. Tech.*, 10(1), 4845-4863, doi: 10. 5194/amt-10-4845-2017.

[151] He, W., S. -P. Ho, H. Chen, X. Zhou, D. Hunt, and Y. -H. Kuo (2009), Assessment of radiosonde temperature measurements in the upper troposphere and lower stratosphere using COSMIC radio occultation data, *Geophys. Res. Lett.*, 36(1), L17807, doi: 10. 1029/2009GL038712.

[152] Ladstaedter, F., A. K. Steiner, M. Schwaerz, and G. Kirchengast (2015), Climate intercomparison of GPS radio occultation, RS90/92 radiosondes and GRUAN from 2002 to 2013, *Atmos. Meas. Tech.*, 8(4), 1819-1834, doi: 10. 5194/amt-8-1819-2015.

[153] Ho, S. -P. , M. Goldberg, Y. -H. Kuo, C. -Z. Zou, and W. Shiau (2009), Calibration of temperature in the lower stratosphere from microwave measurements using COSMIC radio occultation data: Preliminary results, *Terr. Atmos. Ocean. Sci.* , 20(1) , 87-100, doi:10. 3319/TAO. 2007. 12. 06. 01(F3C).

[154] Vergados, P. , A. J. Mannucci, C. O. Ao, and E. J. Fetzer (2016), Using GPS radio occultations to infer the water vapor feedback, *Geophys. Res. Lett.* , 43(22) , 11,841-11,851, doi:10. 1002/2016GL071017.

[155] Yang, S. and X. Zou (2013), Temperature profiles and lapse rate climatology in altostratus and nimbostratus clouds derived from GPS RO data, *J. Climate* , 26, 6000-6014, doi:10. 1175/JCLI-D-12-00646. 1.

[156] Yang, S. and X. Zou (2017), Lapse rate characteristics in ice clouds inferred from GPS RO and CloudSat observations, *Atmos. Res.* , 197, 105-112, doi:10. 1016/j. atmosres. 2017. 06. 024.

[157] Sokolovskiy, S. V. , C. Rocken, D. H. Lenschow, Y. H. Kuo, R. A. Anthes, W. S. Schreiner, and D. C. Hunt (2007), Observing the moist troposphere with radio occultation signals from COSMIC, *Geophys. Res. Lett.* , 34(18) , L18802, doi:10. 1029/2007GL030458.

[158] Ao, C. O. , D. E. Waliser, S. K. Chan, J. -L. Li, B. Tian, F. Xie, and A. J. Mannucci (2012), Planetary boundary layer heights from GPS radio occultation refractivity and humidity profiles, *J. Geophys. Res.* , 117 (D16) , D16117, doi:10. 1029/2012JD017598.

[159] Ratnam, M. V. and S. G. Basha (2010), A robust method to determine global distribution of atmospheric boundary layer top from COSMIC GPS RO measurements, *Atmos. Sci. Lett.* , 11, 216 - 222, doi: 10. 1002/asl. 277.

[160] Guo, P. , Y. H. Kuo, S. V. Sokolovskiy, and D. H. Lenschow (2011), Estimating atmospheric boundary layer depth using COSMIC radio occultation data, *J. Atmos. Sci.* , 68 (8) , 1703 - 1713, doi: 10. 1175/2011JAS3612. 1.

[161] Ho, S. -P. , L. Peng, R. A. Anthes, Y. -H. Kuo, and H. -C. Lin (2015), Marine boundary layer heights and their longitudinal, diurnal, and interseasonal variability in the Southeastern Pacific using COSMIC, CALIOP, and Radiosonde data, *J. Climate* , 28, 2856-2872, doi:10. 1175/JCLI-D-14-00238. 1.

[162] Xie, F. , D. L. Wu, C. O. Ao, A. J. Mannucci, and E. R. Kursinski (2012), Advances and limitations of atmospheric boundary layer observations with GPS occultation over southeast Pacific Ocean, *Atmos. Chem. Phys.* , 12(2) , 903-918, doi:10. 5194/acp-12-903-2012.

[163] Eastman, R. , R. Wood, and K. Ting O (2017), The subtropical stratocumulus-topped planetary boundary layer: A climatology and the Lagrangian evolution, *J. Atmos. Sci.* , 74, 2633-2656, doi:10. 1175/JAS-D-16-0336. 1.

[164] Chan, K. M. and R. Wood (2013), The seasonal cycle of planetary boundary layer depth determined using COSMIC radio occultation data, *J. Geophys. Res. Atmos.* , 118 (2) , 12, 422 - 12, 434, doi: 10. 1002/2013JD020147.

[165] Ganeshan, M. and D. L. Wu (2015), An investigation of the Arctic inversion using COSMIC RO observations, *J. Geophys. Res. Atmos.* , 120(5) , 9338-9351, doi:10. 1002/2015JD023058.

[166] Winning, T. E. , Y. -L. Chen, and F. Xie (2017), Estimation of the marine boundary layer height over the central North Pacific using GPS radio occultation, *Atmos. Res.* , 183, 362 - 370, doi: 10. 1016/j. atmosres. 2016. 08. 005.

[167] Hande, L. B. , S. T. Siems, M. J. Manton, and D. H. Lenschow (2015), An evaluation of COSMIC radio occultation data in the lower atmosphere over the Southern Ocean, *Atmos. Meas. Tech.* , 8(1) , 97-107, doi:10. 5194/amt-8-97-2015.

[168] Randel, W. J. and F. Wu (2015), Variability of zonal mean tropical temperatures derived from a decade of GPS radio occultation data, J. Atmos. Sci. , 72(3) , 1261-1275, doi:10. 1175/JAS-D-14-0216. 1.

[169] Xian, T. and Y. Fu (2015), Characteristics of tropopausepenetrating convection determined by TRMM and COSMIC GPS radio occultation measurements, *J. Geophys. Res. Atmos.*, 120(1), 7006–7024, doi: 10.1002/2014JD022633.

[170] Kim, J., W. J. Randel, and T. Birner (2018), Convectively driven tropopause-level cooling and its influences on stratospheric moisture, *J. Geophys. Res. Atmos.*, 123(1), 590–606, doi: 10.1002/2017JD027080.

[171] Randel, W. J. and F. Wu (2010), The polar summer tropopause inversion layer, *J. Atmos. Sci.*, 67, 2572–2581, doi: 10.1175/2010JAS3430.1.

[172] Suneeth, K. V., S. S. Das, and S. K. Das (2017), Diurnal variability of the global tropical tropopause: results inferred from COSMIC observations, *Clim. Dyn.*, 49(9), 3277–3292, doi: 10.1007/s00382-016-3512-x.

[173] Ao, C. O. and A. J. Hajj (2013), Monitoring the width of the tropical belt with GPS radio occultation measurements, *Geophys. Res. Lett.*, 40(23), 6236–6241, doi: 10.1002/2013GL058203.

[174] Nishida, M., A. Shimizu, T. Tsuda, C. Rocken, and R. H. Ware (2000), Seasonal and longitudinal variations in the tropical tropopause observed with the GPS occultation technique (GPS/MET), *J. Meteorol. Soc. Jpn. Ser. II*, 78(6), 691–700, doi: 10.2151/jmsj1965.78.6_691.

[175] Schmidt, T., J. Wickert, G. Beyerle, and C. Reigber (2004), Tropical tropopause parameters derived from GPS radio occultation measurements with CHAMP, *J. Geophys. Res.*, 109(D13), D13105, doi: 10.1029/2004JD004566.

[176] Son, S.-W., N. F. Tandon, and L. M. Polvani (2011), The fine-scale structure of the global tropopause derived from COSMIC GPS radio occultation measurements, *J. Geophys. Res. Atmos.*, 116, D20113, doi: 10.1029/2011JD016030.

[177] Rieckh, T., B. Scherllin-Pirscher, F. Ladstädter, and U. Foelsche (2014), Characteristics of tropopause parameters as observed with GPS radio occultation, *Atmos. Meas. Tech.*, 7(1), 3947–3958, doi: 10.5194/amt-7-3947-2014.

[178] Gao, P., Xu X., and X. Zhang (2015), Characteristics of the trends in the global tropopause estimated from COSMIC radio occultation data, *IEEE Trans. Geosci. Remote Sensing*, 53(12), 6813–6822, doi: 10.1109/TGRS.2015.2449338.

[179] Li, W., Y.-B. Yuan, Y.-J. Chai, Y.-A. Liou, J.-K. Ou, and S.-M. Zhong (2017), Characteristics of the global thermal tropopause derived from multiple radio occultation measurements, *Atmos. Res.*, 185, 142–157, doi: 10.1016/j.atmosres.2016.09.013.

[180] Tsuda, T., M. Nishida, C. Rocken, and R. H. Ware (2000), A global morphology of gravity wave activity in the stratosphere revealed by the GPS occultation data (GPS/MET), *J. Geophys. Res. Atmos.*, 105(D6), 7257–7273, doi: 10.1029/1999JD901005.

[181] Steiner, A. K. and G. Kirchengast (2000), Gravity wave spectra from GPS/MET occultation observations, *J. Atmos. Oceanic Technol.*, 17(4), 495–503, doi: 10.1175/1520-0426(2000)017<0495: gwsfgm>2.0.co;2.

[182] Alexander, M. J. (2015), Global and seasonal variations in three-dimensional gravity wave momentum flux from satellite limb-sounding temperatures, *Geophys. Res. Lett.*, 42(1), 6860–6867, doi: 10.1002/2015GL065234.

[183] Alexander, P., D. Luna, P. Llamedo, and A. de la Torre (2010), A gravity waves study close to the Andes mountains in Patagonia and Antarctica with GPS radio occultation observations, *Ann. Geophys.*, 28(2), 587–595, doi: 10.5194/angeo-28-587-2010.

[184] Torre, A., T. Tsuda, G. A. Hajj, and J. Wickert (2004), A global distribution of the stratospheric gravity

wave activity from GPS occultation profiles with SAC-C and CHAMP, *J. Meteorol. Soc. Jpn.*, 82(1B), 407-417, doi: 10. 2151/jmsj. 2004. 407.

[185] Anisetty, S. K. A. V. P. R., C. -Y. Huang, and S. -Y. Chen (2014), Impact of FORMOSAT-3/COSMIC radio occultation data on the prediction of super cyclone Gonu(2007): A case study, *Nat. Hazards*, 70 (2), 1209-1230, doi: 10. 1007/s11069-013-0870-0.

[186] Liu, H., J. Anderson, and Y. H. Kuo (2012), Improved analyses and forecasts of Hurricane Ernesto's genesis using radio occultation data in an ensemble filter assimilation system, *Monthly Weather Rev.*, 140 (1), 151-166, doi: 10. 1175/mwr-d-11-00024. 1.

[187] Wong, V., and K. Emanuel (2007), Use of cloudradars and radiometers for tropical cyclone intensity estimation, *Geophysical Research Letters*, 34(1), L12811, doi: 10. 1029/2007GL029960.

[188] Vergados, P., Z. J. Luo, K. Emanuel, and A. J. Mannucci (2014), Observational tests of hurricane intensity estimations using GPS radio occultations, *J. Geophys. Res. Atmos.*, 119(4), 1936-1948, doi: 10. 1002/2013jd020934.

[189] Biondi, R., A. K. Steiner, G. Kirchengast, and T. Rieckh (2015), Characterization of thermal structure and conditions for overshooting of tropical and extratropical cyclones with GPS radio occultation, *Atmos. Chem. Phys.*, 15(9), 5181-5193, doi: 10. 5194/acp-15-5181-2015.

[190] Biondi, R., S. -P. Ho, W. Randel, S. Syndergaard, and T. Neubert (2013), Tropical cyclone cloud-top height and vertical temperature structure detection using GPS radio occultation measurements, *J. Geophys. Res. Atmos.*, 118(1), 5247-5259, doi: 10. 1002/jgrd. 50448.

[191] Ravindra Babu, S., M. Venkat Ratnam, G. Basha, Krishnamurthy, B. V., and B. Venkateswararao (2015), Effect of tropical cyclones on the tropical tropopause parameters observed using COSMIC GPS RO data, *Atmos. Chem. Phys.*, 15(18), 10239-10249, doi: 10. 5194/acp-15-10239-2015.

[192] Chen, X. M., S. H. Chen, J. S. Haase, B. J. Murphy, K. N. Wang, J. L. Garrison, S. Y. Chen, C. Y. Huang, L. Adhikari, and F. Xie (2018), The Impact of Airborne Radio Occultation Observations on the Simulation of Hurricane Karl (2010), *Monthly Weather Rev.*, 146, 329-350, doi: 10. 1175/MWR-D-17-0001. 1.

[193] Haase, J. S., B. J. Murphy, and P. Muradyan (2014), First results from an airborne GPS radio occultation system for atmospheric profiling, *Geophys. Res. Lett.*, 41(5), 1759-1765, doi: 10. 1002/2013gl058681.

[194] Wang, K. N., J. L. Garrison, J. S. Haase, and B. J. Murphy (2017), Improvements to GPS Airborne Radio Occultation in the Lower Troposphere Through Implementation of the Phase Matching Method, *J. Geophys. Res. Atmos.*, 122(1), 10,266-10,281, doi: 10. 1002/2017JD026568.

[195] Lin, C. H., C. C. Hsiao, J. Y. Liu, and C. H. Liu (2007), Longitudinal structure of the equatorial ionosphere: Time evolution of the four-peaked EIA structure, *J. Geophys. Res.*, 112(A), A12305, doi: 10. 1029/2007JA012455.

[196] Lin, C. H., W. Wang, M. E. Hagan, C. C. Hsiao, T. J. Immel, M. L. Hsu, J. Y. Liu, L. J. Paxton, T. W. Fang, and C. H. Liu(2007), Plausible effect of atmospheric tides on the equatorial ionosphere observed by the FORMOSAT-3/COSMIC: Three-dimensional electron density structures, *Geophys. Res. Lett.*, 34(1), L11112, doi: 10. 1029/2007GL029265.

[197] Liu, G., T. J. Immel, S. L. England, K. K. Kumar, and G. Ramkumar (2010), Temporal modulations of the longitudinal structure in F2peak height in the equatorial ionosphere as observed by COSMIC, *J. Geophys. Res.*, 115(A4), A04303-10, doi: 10. 1029/2009JA014829.

[198] Pancheva, D. and P. Mukhtarov (2012), Global response of the ionosphere to atmospheric tides forced from below: Recent progress based on satellite measurements. Global Tidal Response of the Ionosphere,

Space Sci Rev,168(1),175-209,doi:10.1007/s11214-011-9837-1.

[199] Liu,G.,T. J. Immel,S. L. England,H. U. Frey,S. B. Mende,K. K. Kumar,and G. Ramkumar (2013),Impacts of atmospheric ultrafast Kelvin waves on radio scintillations in the equatorial ionosphere,*J. Geophys. Res. Space Phys.*,118(2),885-891,doi:10.1002/jgra.50139.

[200] Yue,X.,W. S. Schreiner,J. Lei,C. Rocken,D. C. Hunt,Y.-H. Kuo,and W. Wan (2010),Global ionospheric response observed by COSMIC satellites during the January 2009 stratospheric sudden warming event,*J. Geophys. Res.*,115,A00G09,doi:10.1029/2010JA015466.

[201] Kim,D. and R. B. Langley (2010),The GPS attitude,positioning,and profiling experiment for the enhanced polar outflow probe platform on the Canadian CASSIOPE satellite,*Geomatica*,64(2),233-243.

[202] Arras,C. and J. Wickert (2018),Estimation of ionospheric sporadic E intensities from GPS radio occultation measurements,*J. Atmos. Solar-Terr. Phys.*,171,60-63,doi:10.1016/j.jastp.2017.08.006.

[203] Yeh,W.-H.,J.-Y. Liu,C.-Y. Huang,and S.-P. Chen (2014),Explanation of the sporadic-E layer formation by comparing FORMOSAT-3/COSMIC data with meteor and wind shear information,*J. Geophys. Res. Atmos.*,119(8),4568-4579,doi:10.1002/2013JD020798.

[204] Hocke,K.,T. Tsuda,and A. de la Torre (2002),A study of stratospheric GW fluctuations and sporadic E at midlatitudes with focus on possible orographic effect of Andes,*J. Geophys. Res. Atmos.*,107(D20),4428,doi:10.1029/2001JD001330.

[205] Tsuda,T. and K. Hocke (2004),Application of GPS radio occultation data for studies of atmospheric waves in the middle atmosphere and ionosphere,*J. Meteorol. Soc. Jpn*,82(1B),419-426,doi:10.2151/jmsj.2004.419.

[206] Gubenko,V. N.,A. G. Pavelyev,I. A. Kirillovich,and Y. A. Liou (2018),Case study of inclined sporadic E layers in the Earth's ionosphere observed by CHAMP/GPS radio occultations:Coupling between the tilted plasma layers and internal waves,*Adv. Space Res.*,61(7),1702-1716,doi:10.1016/j.asr.2017.10.001.

[207] Shume,E. B.,A. Komjathy,R. B. Langley,O. Verkhoglyadova,M. D. Butala,and A. J. Mannucci (2015),Intermediate-scale plasma irregularities in the polar ionosphere inferred from GPS radio occultation,*Geophys. Res. Lett.*,42(3),688-696,doi:10.1002/2014GL062558.

[208] Mayer,C. and N. Jakowski (2009),Enhanced E-layer ionization in the auroral zones observed by radio occultation measurements onboard CHAMP and Formosat-3/COSMIC,*Ann. Geophys.*,27(3),1207-1212,doi:10.5194/angeo-27-1207-2009.

[209] Wu,Y.-W.,R.-Y. Liu,B.-C. Zhang,Z.-S. Wu,H.-Q. Hu,S.-R. Zhang,Q.-H. Zhang,J.-M. Liu,and F. Honary (2013),Multi-instrument observations of plasma features in the Arctic ionosphere during the main phase of a geomagnetic storm in December 2006,*Jo. Atmos. Solar-Terr. Phys.*,105-106,358-366,doi:10.1016/j.jastp.2013.07.004.

[210] Mannucci,A. J.,B. T. Tsurutani,O. Verkhoglyadova,A. Komjathy,and X. Pi (2015),Use of radio occultation to probe the high-latitude ionosphere,*Atmos. Meas. Tech.*,8(7),2789-2800,doi:10.5194/amt-8-2789-2015.

[211] Suvorova,A. V.,A. V. Dmitriev,L. C. Tsai,V. E. Kunitsyn,E. S. Andreeva,I. A. Nesterov,and L. L. Lazutin (2013),TEC evidence for near-equatorial energy deposition by 30 keV electrons in the topside ionosphere,*J. Geophys. Res. Space Phys.*,118(5),4672-4695,doi:10.1002/jgra.50439.

[212] Habarulema,J. B.,Z. T. Katamzi,and E. Yizengaw (2015),First observations of poleward large-scale traveling ionospheric disturbances over the African sector during geomagnetic storm conditions,*J. Geophys. Res. Space Phys.*,120(8),6914-6929,doi:10.1002/2015JA021066.

[213] Verkhoglyadova, O. P., A. J. Mannucci, B. T. Tsurutani, M. G. Mlynczak, L. A. Hunt, R. J. Redmon, and J. C. Green (2015), Localized thermosphere ionization events during the high-speed stream interval of 29 April to 5 May 2011, *J. Geophys. Res. Space Phys.*, 120(1), 675-696, doi:10.1002/2014JA020535.

[214] Pedatella, N. M., J. Lei, K. M. Larson, and J. M. Forbes (2009), Observations of the ionospheric response to the 15 December 2006 geomagnetic storm: Long-duration positive storm effect, *J. Geophys. Res.*, 114, A12313, doi:10.1029/2009JA014568.

本章相关彩图,请扫码查看

第34章 GNSS反射测量在地球遥感中的应用

James Garrison[1], Valery U. Zavorotny[2,3], Alejandro Egido[4], Kristine M. Larson[2], Felipe Nievinski[5], Antonio Mollfulleda[4], Giulio Ruffini[4], Francisco Martin[4], Christine Gommenginger[6]

[1] 普渡大学,美国
[2] 科罗拉多大学博尔德分校,美国
[3] 美国国家海洋和大气管理局,美国
[4] 星实验室,西班牙
[5] 南里奥格兰德邦大学,巴西
[6] 国家海洋研究中心,美国

34.1 背景介绍

反射测量是 GNSS 众多新应用方向之一。GNSS 计划制订之初,反射测量能够提供的服务被列在 PNT(位置、导航、授时)服务范畴之外,因此未被提及。而 PNT 信号优化设计的关键特性使新型测量能够提供重要的社会效益,如无线电掩星(详细介绍见第 33 章)。反射测量可以通过观测环境影响引起的 GNSS 信号变化,来反演传播环境的特性。

PNT 设计理念始于信号在真空中以恒定的速度从卫星直线传播到接收机的理想情况。而实际环境会引起传播信号速度发生变化,传输路径发生弯曲,并使多个传输路径的信号("多径")到达接收机。这些都是 PNT 的误差源,必须给予修正(详细介绍见第 22 章和第 30 章)。

而这些信号畸变包含了与传播环境相关的有用信息,如在电离层这一色散介质环境下,与频率相关的传播速度可用于绘制全球电子总含量(TEC)、检测地震波(第 32 章)、监测天气(第 30 章)。

GNSS 反射测量(GNSS-R)是一种相对较新的发展方向,是对地球表面反射或散射的 GNSS 信号进行测量,此时将 GNSS 卫星作为非合作发射机,是多基地雷达的一种形式。反射测量也可以理解为对多径信号的应用特例,反射路径长度和由此产生的码相关函数的失真可用于探测散射表面特性。在 PNT 应用中,如果反射信号处理不好,会导致严重的误差。

由于海平面对 L 波段信号反射率高(可达 62%),海洋反射成为航空导航中主要的误差源[1-2]。对海洋反射误差的分析和建模最先在反射测量领域引起了关注,这也是 GNSS-R 应用起于海洋遥感的原因。在星载无线电掩星测量中也曾观测到 GNSS 反射[3-4]。经过 20 年的理论发展、机载实验和星载技术演示,最终在 2016 年 12 月 15 日发起了 Cyclone GNSS (CYGNSS)任务,这是首个应用 GNSS-R 的科学任务[5]。

GNSS-R 已有很长的发展历史,本节内容重点放在工程实现和仪器科学方面,首先介绍其在海洋学的应用,随后介绍在地表和低温层的应用。除此之外,为了提供背景信息,还将介绍一些推动 GNSS-R 方法发展的重要科学问题,以及在天气预报、气候建模和农业等领域的应用前景。

要了解 GNSS-R 的潜在效用,首先回顾应用更广泛的遥感及其在地球观测中的应用。GNSS 信号属于微波波段,波长范围一般在 1mm~1m(300MHz~300GHz)。这个波段非常重要,它与光学波段一起构成两个可视"窗口",使地球大气层变得透明。轨道到地表的遥感以及地面天文学只能使用这两个窗口中的一个频率。

遥感分为主动遥感和被动遥感。主动遥感由雷达发展而来,该方法是利用海面散射截面与海洋风矢量[6]或土壤湿度[7]等特性之间的关系,利用合成孔径(SAR)等先进雷达技术提高分辨率,通过雷达测高仪精确测量陆地或海平面高度[8]。被动遥感也称为辐射测量法,它以传统射电天文学为基础,对地球土壤、植被、大气或海洋上微弱的自然辐射进行精确测量。被动测量通常根据亮度温度 T_b(黑体辐射的等效温度)来定义。发射率 ϵ 表示温度为 T 的物体表面作为黑体辐射的效率($T_b = \epsilon T$)。经验模型将 ϵ 与各种自然介质的物理特性相关联,包括海洋表面盐度(SSC)[9-10]和土壤含水量(SMC)[11-13]。孔径合成[14]也可应用于被动测量。能量守恒和热力学理论将平面的反射率 Γ 与发射率联系起来($\Gamma + \epsilon = 1$)。因此,为辐射测量开发的诸多模型将适用于反射测量。

GNSS 反射测量采用的是大功率的人造信号,从某种意义上讲属于主动测量。但它仅用一个接收机捕获现有的非合作信号,又可以算作是被动系统。由于发射机和接收机不在同一位置,GNSS-R 是双站或多站系统[15]。正如本章中提到的主动和被动微波遥感的思想和方法,以及 PNT 相关技术,都可用于反射测量。我们将在这一点展开,着重介绍 GNSS-R 与 PNT 在信号处理中的不同,以避免与其他章节内容重复。

PNT 需要至少 4 颗卫星才能实现地球上任意地点位置可知,实际上可视卫星更多,尤其当 GNSS 多个星座组合使用时,通过适当配置天线,在近地轨道(LEO)上的接收机可以同时观测到间隔数百公里的多次反射,作为一个遥感系统,GNSS-R 一些重要参数,如分辨率和灵敏度,与雷达或辐射测量的原理完全不一样,在本章后面详细阐述。

与有源雷达相比,GNSS-R 设备所需的功率更低。结合上述双基几何学和天线尺寸与分辨率的独立性,GNSS-R 卫星星座成本比主动雷达或无源雷达更低。与其他微波遥感方法相比,这是反射测量方法最有前景的优势之一。目前,政府机构和新兴"新空间"团体,及很多私营机构(例如 GeoOptics①、PlanetIQ②、Spire③)对小型卫星星座(微卫星、立体卫星等)越来越感兴趣。GNSS-R 是小型卫星星座的理想装备,该技术正趋于成熟,非常适合用于此类项目。

GNSS-R 的发展应该更多地归功于导航和通信系统,而不是雷达或射电天文学。因为这些商业应用价值催生了低成本、高可靠的硬件和信号处理技术,使其可用于地球观测和遥感,同时,这些进步也推动了小型卫星星座的发展。

简要介绍该领域的历史之后,我们将阐述 GNSS-R 的基本原理和基本观测量,随后将

---

① http://www.geooptics.com/

② http://planetiq.com/

③ https://spire.com/

介绍适用的散射模型及其数值评估。本章的其余部分将介绍一些重要用例,此外与每个特定测量相关的检索方法和模型的其他详细信息将在相应的小节中讨论。以下介绍该领域的发展历程。

1988 年,首次提出了将 GNSS-R 用于海风散射测量的概念[16],随后在 1993 年陆续开展了关于独立高程测量的研究[17]。1997 年,开展机载实验首次证实了码相关函数与海洋表面风的相关性[18]。这些早期"概念验证"证明了 GNSS-R 遥感原理的可行性之后,研究人员开始投入大量精力研究散射信号的理论模型,2000 年提出了开创性模型[19],基于基尔霍夫几何光学近似理论的 Zavorotny 和 Voronovich 模型,被认为是反射测量的标准。它通常与海浪光谱模型[20]或经验斜率分布模型[21]结合使用,将海面粗糙度与海面风联系起来。此后,又发展了其他模型,将适用范围扩展到漫射散射之外,并考虑了极化效应[22-25]。

1994 年,在航天飞机 C 波段成像雷达(SIR-C)实验校准阶段,在轨 GNSS 反射信号被意外地记录到,它在进行数据后处理时被识别出来[26]。一个搭载在气球上的位于海拔约 37km 平流层上的接收机接收到了反射信号,证实了使用低增益天线进行高空 GNSS-R 观测以推断地表风的潜在能力[27]。2003 年,UK-DMC 卫星发射,开展了第一个专门研究星载 GNSS-R 的实验。UK-DMC 在多个场景下收集反射信号样本,并让其中多个样本与浮标重合,以便与地表条件进行比较[28]。这些观测结果后来被用于从 GNSS-R 信号中反演海洋粗糙度[29]。UK-DMC 还收集了几组海冰[30]和陆地表面[31]的数据,有助于我们对这些环境下散射模型的理解。随着 UK-DMC 实验的成功,2014 年 7 月,发射的 TechDemoSat-1(TDS-1)[33]搭载有专为星载反射计仪[32]设计的 GNSS 接收机,TDS-1 采集、分析[34]的系列数据也已向公众开放①。

入选 NASA Earth Ventures 项目的 CYGNSS,是 GNSS-R 发展的一个重要里程碑,标志着 GNSS-R 从基础研究和技术研发向驱动科学任务应用方面的转变。GNSS-R 的小尺寸、重量和功率,使单次发射 8 颗卫星成为可能,为热带地区提供了前所未有的长时间信号覆盖。在飓风雨带地区,L 波段信号低衰减和长时间覆盖,为更好地解决热带气旋形成期间的快速变化提供了可能性,从而改善飓风强度预报[5,35],CYGNSS 数据现在可通过物理海洋学分布式活动档案中心公开获取(PO. DAAC)②。

GNSS-R 也称为被动反射干涉测量系统(PARIS)[17],自提出以来,同时采用机载[36-38]和固定高度[39]的方式进行了实验研究。直接信号和反射信号的相位变化也可以用来估计内陆和沿海地区的水位[40-41],一般采用单天线测地型接收机观测这两条路径之间的干涉图样。这种方法可在低成本的精密、自校准潮位计中得到应用[42]。

星基 GNSS-R 测高学具有解析中尺度海洋特征的潜力,其空间尺度为 10~100km,时间尺度为几天。该时空尺度是常规最低点高度测量任务提供的覆盖区间隙。GNSS-R 轨道测高显现出 GNSS 开放信号低功率、窄带宽带来的技术挑战[43];同时,高增益可控天线和干涉测量处理,使星载 GNSS-R 测高具有科学的误差预测。基于几个卫星任务[43,46-48]开展的固定站[44]和机载的实验[38,45],推进和验证了该技术。

1998 年,第一篇利用 GNSS 反射信号评估地表反射率的参考文献[49]刊出。在这篇文

---

① http://www.merrbys.co.uk/

② https://podaac.jpl.nasa.gov/

献中,采用同一天线接收 GNSS 直接和反射信号。根据波叠加的基本原理,两个相干波会发生相长干涉和相消干涉。该组合信号的功率振荡器频率取决于反射面到天线的距离,功率变化范围取决于表面的反射率。该方法可用于估计当地海平面[42]、雪深[50]、土壤湿度[51-54]和作物高度[55],称为 GNSS 多径反射计(GNSS-MR)或 GPS 干涉反射计(GPS-IR)。GNSSMR(GPS-IR)应用在第 28 章(具体见 28.6.4 节)中进行了讲解。本章的 34.4.6 节和 34.5.9 节将着重介绍基本的物理模型和信号处理理论。

2000 年,采用为海洋反射计开发的延迟映射接收机(DMR)首次展示了来自飞机的土壤湿度遥感测量[56]。作为土壤湿度试验(SMEX02)项目的一部分,2002 年,在一个主要种植玉米和大豆作物的平坦农田,开展了进一步的空中试验[57],显示出信噪比(SNR)对表面反射率变化的敏感性[58]。随后为了校准,开展了水面反射率测量,并考虑了植被影响[59]。同年,DMR 在一块沙田进行了测试,那里有土壤湿度相对较高的灌溉农田[60],在另一项实验中,GNSS-R 结合数码相机图像数据,提高了约 13%的地形分类效率[61]。理论研究表明,两个正交极化信号的比值可用于生成独立于表面粗糙度的土壤水分观测值[62]。这些预测值通过装有不同增益和极化的天线塔台实验获得[63]。

进一步建模研究表明,通过极化测量来估计植被对 GNSS-R 信号极化的改变,既可以提高土壤水分反演精度,同时也可以进行植被(生物量)估产[64]。在为期 6 个月的实验活动中,LEiMON 项目使用具有高交叉极化分离特性的极化仪器对各种场景下的可能取值进行了评估[65]。

在 UK-DMC 实验中,最早对 GNSS 陆地反射信号的测量,证明了使用 GNSS-R 卫星进行土壤水分遥感的可行性[31]。通过比较印度北部和巴基斯坦的观测轨迹,TDS-1 观测量显示出土壤水分随时间变化的敏感性。在南美洲一条覆盖农田、森林和草原的观测轨迹上,TDS-1 延迟多普勒图(DDM)峰值与 SMOS[66]土壤水分之间存在相关性($R^2 = 0.64$)[67]。34.8 节描述了使用 GNSS-R 进行土壤水分遥感、生物产量遥感及冻融探测相关的研究领域发展现状。

2003 年,在北极海冰中开展了一次机载实验,以测试 GNSS-R 在绘制海冰状况方面的能力[68],还开展了试验,研究利用 GNSS 散射信号探究了海冰和干雪特性[69-70]以及这些信号穿透 100m 深的干雪的能力[71]。GNSS 跨极地反射计探测系统(G-TERN)是一项旨在探测海冰高度、粗糙度和旋光度的项目[72]。34.9 节对 GNSS-R 在冰冻圈中的应用进行了综述。

34.2 GNSS-R 观测量的一般特征

微波遥感依赖于地球物理变量(例如海风、海面盐度、海面高度)与影响电磁信号变化的散射面特性的相关性。这些相关性称为地球物理模型函数(GMF)。GMF 主要包括通过比较地球物理变量的遥感观测量与现场测量获取的现场试验的值。

实验中,通过这些模型反演获得的地球物理变量在一组独立的观测数据上进行测试,通常对实验获得遥感观测值与相应的实地测量值(校准值)进行比较,以确定测量性能,这一过程称为验证。校准和验证是研制新遥感系统的关键任务。

GMF适用于特定频率,并将频率作为参数。因此,GNSS-R 观测结果受限于 GNSS 系统频率,因其所有频率都在 L 波段(1~2GHz)。因此,电磁散射理论中只有一部分适用于 GNSS-R,这将是本章后续内容的重点。

GNSS-R 测量与地表的电磁波传播、仪器以及仪器响应、天线方向图和平台动力学等综合效应有关。任何一项的不确定性都会对整体系统误差造成影响。同其他遥感系统一样,必须了解这些影响,以反演观测结果,并对所关注的地球物理变量做出有用估计(通常称为"测量")。

以下介绍多普勒延迟映射:

在大多数应用中,GNSS 反射测量的基本观测量是 DDM,相对于直接信号,它反映了接收端反射信号的功率分布,是时间延迟 τ 和频率偏移 f 的函数。

$$X(\tau,f,t) = \frac{1}{T_I}\int_{t-T_I}^{t} u(t)a(t-\tau)\exp(-j2\pi ft)dt \qquad (34.1)$$

这个函数由本地信号模型 $a(t)$ 与接收信号 $u(t)$ 在相干积分时间 T_I 下相关得到。对于卫星采样过程,式(34.1)与第 14 章~第 18 章的公式一样。在反射计中,信号 $u(t)$ 经折射后到达接收机。因此,$X(\tau,f,t)$ 的统计量(密度和相关性)与传统捕获中的假设值存在较大差异。

如果无法生成传输信号的本地副本(如扩频码不公开),可采用 SNR 有所降低的视向信号来代替 $a(t)$,这通常需要高增益天线解决。34.7 节中介绍的海洋测高理念利用干涉 GNSS-R(iGNSS-R)方法从 GNSS 宽带信号获得海面高度精确测量值。最近在通信卫星上使用此种方法也取得了成功[73]。

由于移动接收机信号的相干时间有限,相干积分时间通常被限制在几毫秒内,详见 34.5.6 节。散射面的时间推演可以使信号去相关,这是干涉复场(ICF)方法的物理基础,详见 34.4.7 节和 34.6.6.1 节。另外,低速率信号(L1C/A 上的 50b/s)将 T_I 上限设置为 20ms,原则上可以通过访问数据消息来进行纠正,这个问题在 PNT 中很容易理解。在如此短的相干积分时间下,通常需要大量 DDM 样本进行非相干平均(N_{inc})才能获得足够高的信噪比。

$$Y(\tau,f) = \frac{1}{N_{\text{inc}}}\sum_{k=0}^{N_{\text{inc}}-1}|X(\tau,f,t_k)|^2 \qquad (34.2)$$

假设在离散时间 $t_k = kT_I$ 生成的顺序 DDM 是无偏的,可以推导出 $\langle |X(\tau,f,t_k)|^2\rangle$ 的均值模型,它将代表 $Y(\tau,f,t_k)$ 的平均值。在 N_{inc} 样本总数中,通过对独立样本 N_{inc} 平方根取平均以提高信噪比。这种相干和非相干积分相结合的方式,类似于传统雷达信号处理中的匹配滤波,这与传统 PNT 接收机中卫星搜索和捕获过程具有相同的特性。

然而,由于反射信号与直接信号的特性有很大不同,因此,与前几章内容相比,从 GNSS-R DDM 中提取有用信息需要不同的研究方法和算法,从这些信息中估计的变量不同于位置、速度和时间,包括但不限于以下内容:海洋风速[74]、海面高度(SSH)[75]、有效波高[76]和定向海洋粗糙度[38]、海洋盐度的 L 波段亮温校正[77]、土壤水分[59]、地上生物量[78]、地形分类[61]、积雪深度[50]、海洋潮汐[79]和干雪结构[71]。

在为 DDM 建立全面的电磁模型之前,我们将在 34.5 节中探讨双基站雷达的基本几何结构,介绍 DDM 与地面坐标之间的关系。以此为起点定义 DDM 的基本特征,可用于提取有关表面粗糙度和反射率的信息。

34.3 GNSS-R 测量的几何结构

反射测量的几何结构具有与传统雷达或辐射测量显著不同的特征。在"足迹"方面尤其如此,"足迹"指测量过程中采样的地理区域的位置、范围和分辨率,如图 34.1 所示。在多静态配置(c)中,足迹位置仅由发射机和接收机相对于地表的位置确定。要成功接收到强反射信号需要将发射机和接收机的天线波束分别与入射和散射射线路径对齐,然而旋转天线波束不会改变测量位置。相比之下,在传统的单站雷达中,足迹位置可以通过使用机械或电子方式的波束控制来移动。同样,在辐射测量中,天线波束方向也用于选择源向各向同性辐射的地表的观测区域。在许多 GNSS-R 应用中,可以使用广角天线,空间分辨率由信号带宽决定(类似于"脉冲限制"测高法[80])。

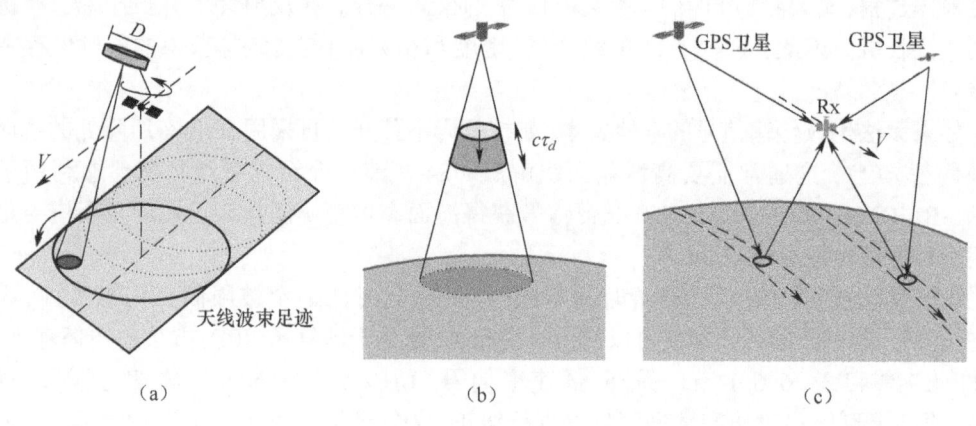

图 34.1 微波遥感方法示意图
(a)被动辐射测量:地表分辨率取决于天线直径 D,测量的地理位置由天线方向决定;(b)主动雷达测高法:分辨率由脉冲持续时间 τ_d 决定,地理位置由天线方向决定;(c)反射率:分辨率由发射机带宽决定,地理位置是由发射机—接收机的几何形状决定。(图由普渡大学博士生 Soon Chye Ho 创作。)

34.3.1 反射点

有助于 GNSS-R 观测的地理区域应覆盖反射点(SP)附近区域。SP 用于计算延迟多普勒坐标以及整合散射模型的便利的参考系原点,将在 34.5 节中介绍。因此,确定对应于 DDM 的 SP 的地理位置非常重要。

在星载接收机中,通常需要 SP 延迟近似值,以减少确保满足相关性方程式(34.1)所需的延迟和多普勒采样数,从而降低遥测要求,同时确保能够捕获到反射信号。直接信号与反射信号之间的路径延迟可以在后处理阶段,利用 GNSS 发射机和接收机的高精度轨道模型以及本节将要介绍的数值方法进行修正。

SP 的地理位置以及相应路径延迟的计算都是基于费马定理,即电磁波将沿着传递时间最短的路径进行传播,斯涅耳定律还指出,入射角和反射角必须相等。

对于大多数机载或塔基接收机,可以假设平均反射面为平面(水平)。在这种情况下,位于平面上方高度 h 处的接收机所接收到的反射信号,可以看作由位于平面下方高度 h 处的虚拟图像 R' 处的接收机接收。如图 34.2(a) 所示。容易看出,到达该点的附加路径延迟为

$$\tau_s = 2\frac{h}{c}\cos\theta_I \tag{34.3}$$

式中:SP 位于与子接收点 R'' 相距 $r_s = h\tan\theta_I$ 的位置,并位于由 T、R 和 R'' 形成的平面内。

然而,星载测量需要更精确地表示地球表面的整体形状,并且发射机发出的射线路径不能近似为平行。通常,地球形状用具备足够精度的椭球体进行表示,将地球的形状简化为球体可能会给轨道接收机带来高达 25km 的误差[81]。后处理阶段需要使用大地水准面或平均海平面模型进行优化[82]。

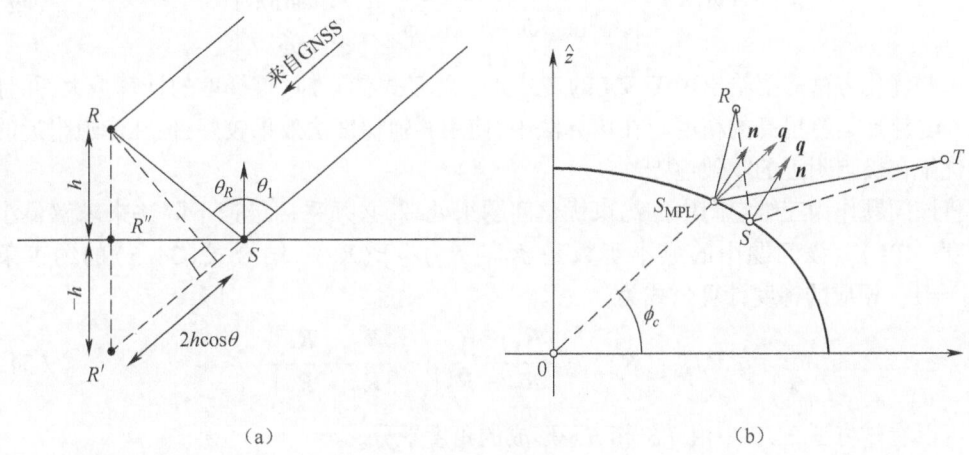

图 34.2 反射点位置计算

(a)发射机无限远,接收机位于地表附近(例如塔台或低空飞机)。反射信号可视为被地表以下 R' 点的"虚拟接收机"所接收。(b)椭球地球表面(例如卫星接收机)。S 是真实反射点,其中双基矢量 q (红色)与法线 n (蓝色)共线。对于 MPL 解 S_{MPL},q 与地心位置矢量共线(如虚线所示),从而在解中引入一个小的误差(该图未按比例绘制)。

当不考虑电离层和大气传播过程中速度的微小变化时,总路径延迟将近似等于总路径长度 $\rho(\boldsymbol{R}_S)$ 除以光速。

$$\rho(\boldsymbol{R}_S) = |\boldsymbol{R}_T - \boldsymbol{R}_S| + |\boldsymbol{R}_R - \boldsymbol{R}_S| \tag{34.4}$$

在 $\boldsymbol{R}_S$ 位于椭球形地球表面的约束下,可以通过费马定理最小化 $\rho(\boldsymbol{R}_S)$ 得到 SP 的位置 $\boldsymbol{R}_S$。这可以作为一个约束估计问题,对满足约束条件的方程式(34.4)进行最小化处理

$$g(\boldsymbol{S}) = \frac{1}{2}\boldsymbol{R}_S^T \boldsymbol{M} \boldsymbol{R}_S = 1 \tag{34.5}$$

其中

$$M = \begin{bmatrix} \dfrac{2}{a^2} & 0 & 0 \\ 0 & \dfrac{2}{a^2} & 0 \\ 0 & 0 & \dfrac{2}{b^2} \end{bmatrix} \tag{34.6}$$

在椭球型地球模型中，a 是半长轴，b 是半短轴[83]。

一种方法是将约束合并到成本函数中，然后转化为关于 SP 的大地纬度和经度 (ϕ, λ) 两个变量的无约束最小化问题[84]。得到的成本函数为

$$J_{\text{unc}}(\phi, \lambda) = |\boldsymbol{R}_T - \boldsymbol{R}_S(\phi, \lambda)| + |\boldsymbol{R}_R - \boldsymbol{R}_S(\phi, \lambda)| \tag{34.7}$$

其中 $\boldsymbol{R}_S$ 在椭球体表面由大地纬度和经度 (ϕ, λ) 定义。

$$\boldsymbol{R}_S(\phi, \lambda) = \frac{1}{\sqrt{a^2\cos^2\phi + b^2\sin^2\phi}} \begin{bmatrix} a^2\cos\phi\cos\lambda \\ a^2\cos\phi\sin\lambda \\ b^2\sin\phi \end{bmatrix} \tag{34.8}$$

一些优化方法需要给出梯度 ∇J 的表达式。对于式(34.7)，该梯度的计算量大，并且需要比 64b 浮点运算更高的精度。在该算法中，使用共轭梯度法效果较好，但在赤道附近的收敛性优于在极点附近的收敛性[81]。

将该问题作为三维空间中的约束优化问题来处理，必须采用最速下降法来求解最小路径长度(MPL)。该问题中的成本函数是 $J_{\text{MPL}}(\boldsymbol{R}_S) = \rho(\boldsymbol{R}_S)$，结合式(34.5)的约束条件 $g(\boldsymbol{R}_S) = 1$。相应的梯度计算公式为

$$\nabla J_{\text{MPL}}(\boldsymbol{R}) = -\frac{\boldsymbol{R}_T - \boldsymbol{R}_S}{|\boldsymbol{R}_T - \boldsymbol{R}_S|} - \frac{\boldsymbol{R}_R - \boldsymbol{R}_S}{|\boldsymbol{R}_R - \boldsymbol{R}_S|} \tag{34.9}$$

可以看作将图 34.2 中由 $\overline{TS}$ 和 $\overline{RS}$ 形成的角度平分。

从初始估计值 $\boldsymbol{R}_S^{(0)}$ 开始，迭代过程如下：

(1) 由式(34.9)计算梯度 $\nabla J_{\text{MPL}}(\boldsymbol{R}_S^{(0)})$。

(2) 在最速下降的方向上，调整估计值：

$$\boldsymbol{R}_S' = \boldsymbol{R}_S^{(n)} - K \nabla J_{\text{MPL}}(\boldsymbol{R}_S^{(n)}) \tag{34.10}$$

通过实验设置 K 的值，以获得良好的收敛性。

(3) 将 $\boldsymbol{R}_S'$ 代入椭球体方程：

$$\boldsymbol{R}_S^{(n+1)} = \frac{\boldsymbol{R}_S'}{|\boldsymbol{R}_S'|} r_e \cdot \sin^{-1}\left(\frac{\boldsymbol{R}_S' \cdot \hat{\boldsymbol{z}}}{\|\boldsymbol{R}_S\|}\right) \tag{34.11}$$

以地心纬度表示 ϕ_c：

$$r_e(\phi_c) = \frac{ab}{\sqrt{a^2\cos^2\phi_c + b^2\sin^2\phi_c}} \tag{34.12}$$

当位置估计的增量变化小于阈值时，进行迭代，直至收敛：

$$|\boldsymbol{R}_S(n+1) - \boldsymbol{R}_S^{(n)}| < \epsilon_{\text{MPL}}$$

该方法收敛于一个偏差。通过步骤(2)添加校正项，将梯度投影到约束曲面上，可以减小该偏差。

$$R'_S = R_S^{(n)} - K[n(R_S^{(n)}) \times \nabla J_{MPL}(R_S^{(n)})] \times n(R_S^{(n)}) \tag{34.13}$$

在垂直于椭球面法线的方向上：

$$n(R_S) = MR_S \tag{34.14}$$

该方法具有将校正量投影到曲面切线上的效果，但收敛速度很慢。

通过对几种 SP 测定方法的回顾以及仿真，对于具有同一局部半径的地心球体来说，除两极和赤道外的任一地点，由于平面法线与椭球体法线存在偏差，导致 MPL 方法在中纬度地区引入误差。图 34.2(b) 显示了这种误差，通过蒙特卡罗仿真发现，入射角最大偏差约 0.18°，路径延迟误差约 18m，SP 位置误差为 20km[83]。

当采用最速下降法时[式(34.10)]，在 SP 双基矢量方向上使用校正量，$q = \nabla J_{MPL}(R)$。考虑归一化时[式(34.11)]，迭代过程将会收敛（当 q 与 SP 的位置矢量共线时，更新量趋于零）。在这种情况下，即使 $\nabla(R_{S_n})$ 非零，更新式(34.10)也不会改变映射到平面上的点的位置。校正过程总是发生在 R_S 方向，并收敛于 q 与径向矢量 R_S 共线的情况。如图 34.2(b)所示，根据 Snell 定律，不会出现 R_S 与平面法线 n 共线的情况。

$$\nabla J_{UD}(R_S) = \hat{q}(R_S) - \hat{n}(R_S) \tag{34.15}$$

然而，单位差(UD)梯度始终与 SP 方向一致，可在迭代更新式(34.10)中替换 $\nabla J_{MPL}(R_S^{(n)})$：

$$R'_S = R_S^{(n)} + K \nabla J_{UD}(R_S^{(n)}) \tag{34.16}$$

回顾反射点算法发现，UD 方法计算量小于 MPL 方法[83]，但收敛于一个无意义的解（入射角为 0.0001°，路径延迟 10^{-5}m）。

基于 Snell 定律的其他方法，如密切球面法[83,86-87]，与椭球面相切，具有相同的局部曲率半径，点积成本函数为 $J_{DP}(R_S) = qn$ [83]，叉积成本函数为 $J_{CP}(R_S) = |qn|$ [88]。优化过程将寻求使接触球面上入射和反射相等的非线性方程的求解方法，使得 $J_{DP}(R_S)$ 最大，或 $J_{CP}(R_S)$ 最小。

所有 SP 求解方法都需要进行初始假设，并进行迭代。已知 SP 位于椭圆表面，初始假设值 S 可以是空间中的任一点，通过式(34.11)投影到椭圆上。可以从接收机位置 R_R 出发，发射机和接收机连线上的点将更加接近真实值[89]。也有人取接收机和发射机位置的平均值，通过对径向距离的倒数进行加权得到的位置已经得到验证[83]。

最后需要强调的是，为了计算简便，所有这些方法都使用了地球表面的椭球面模型。然而，大地水准面或平均海平面(MSL)，可能偏离椭球面多达±100m。由此产生的延迟误差映射到地表，可导致 170m 的位置偏差。有些情况下，椭球面近似的精度是不够的。此时，一个重要的考量是对 DDM 的峰值进行估计，它可能与散射功率有关。

接收机通常会使用有限延迟和多普勒窗在离散时间间隔内生成 DDM，这需要机载算法使此窗与 SP 对齐。由于接收机计算资源有限，SP 位置的计算需要使用简化算法来完成。设计具有 0.25 码片采样延迟的典型接收机（如 CYGNSS），椭球体模型和大地水准面模型之间约 100m 的差值将导致延迟多普勒空间中 2~2.5 像素的位移。在后处理过程中，通过在机载计算的 SP 位置周围以小步长进行迭代，可以对反射点进行数值修正。这是在 CYGNSS 数据处理中应用的方法，得到的校正量用于调整横截面计算中的散射区域[82]。

34.3.2 模糊函数

GNSS 信号的一个基本特征是使用伪随机噪声（PRN）码（或"扩频码"），通过接收信号与本地产生的副码进行互相关来测量距离。在 PNT 应用中，DDM 将扮演 Woodward 模糊函数（WAF）$\chi(\Delta\tau, \Delta f)$ 的角色，可以用基带 PRN 信号的自相关 $\Lambda(\Delta\tau)$ 与频率上 sinc 函数的平方的乘积来近似。

$$|\chi(\Delta\tau, \Delta f)|^2 \approx \Lambda^2\left(\frac{\Delta\tau}{T_c}\right)\text{sinc}^2(\Delta f T_I) \tag{34.17}$$

因此，延迟域 $|\chi(\Delta\tau, \Delta f)|^2$ 的宽度由 $\Lambda(\Delta\tau)$ 的宽度所决定。常见的用于 GPS C/A 码的二进制相移键控（BPSK）调制中，码片速率为 $f_c = 1/T_c$，$|\Delta\tau| \leq T_c$。多普勒域 $|\chi(\Delta\tau, \Delta f)|^2$ 的宽度由 sinc 函数的零点 $|\Delta f| \leq 1/T_I$ 决定。延迟域和多普勒域中的这种"映射"，使得方程(34.1)中的 DDM 能够通过选择特定的延迟 τ 和多普勒频率 f，来覆盖散射面上较小的区域。

34.3.3 菲涅耳区

由于平面波撞击无限延伸平面之后形成镜面反射，所有平面点受相位线性变化入射波照射后发生相干散射。

天线接收到的电磁场的非模糊相位由双基路径延迟决定，它在被照射区域从一个点到另一个点呈二次曲线变化。SP 处的相位是平稳的，并保持在其附近的最小值范围。在 SP 的半波长 $\lambda/2$ 范围内的表面上的点的轨迹定义了第一菲涅耳区（FFZ）[90]；它尤其重要，因为它与物理射线的厚度相关[91]。该区域之外的其他菲涅耳区以交替的方式对最终的散射场做出破坏性或建设性的贡献，并在很大程度上抵消了它们的净贡献[92]。在极大载波频率的限制下，FFZ 收缩到与 SP 重合的无穷小区域。当任一菲涅耳区存在部分照射的情况时（例如障碍物），表面积分最终会被截断，并出现衍射效应[93]。

34.3.4 延迟多普勒坐标

如图 34.3 所示，随着平面变得更粗糙，平面上远离 SP 区域的其他点有一定概率处于恰当的方向，将入射波重指到接收机天线方向，为最终接收功率做贡献。构成反射信号的总有效散射区称为闪光区。为保留普遍性，将 SP 定义为参考系原点，用右手准则正交基定义散射平面的单位矢量 $\hat{y}$ 和 $\hat{z}$。发射机和接收机分别位于散射平面位置矢量 $\boldsymbol{R}_T$ 和 $\boldsymbol{R}_R$ 处。反射面上的点由矢量 $\boldsymbol{\rho}$ 定义。SP 具有最短的路径延迟，而通过表面上其他任一点的附加路径延迟由下式给出：

$$\tau(\boldsymbol{\rho}) = \|\boldsymbol{R}_0(\boldsymbol{\rho})| + |\boldsymbol{R}(\boldsymbol{\rho})| - |\boldsymbol{R}_T - \boldsymbol{R}_R\| \tag{34.18}$$

式中：$\boldsymbol{R}_0(\boldsymbol{\rho})$ 是发射机到平面散射点的矢量；$\boldsymbol{R}(\boldsymbol{\rho})$ 是从散射点到接收机的矢量。

将闪光区近似为以 SP 为中心的切平面，则该平面上的点由该平面上的二维坐标确定 $\boldsymbol{\rho} = (x, y, 0)$。假设无限远的发射机和接收机，给定延迟 $\tau(\boldsymbol{\rho})$（等距线）的点的轨迹将是一个椭圆，其半长轴和半短轴分别由方程式(34.19)和式(34.20)给出[94]：

$$a = \frac{\sqrt{c\tau(c\tau + 2h\cos\theta)}}{\cos^2\theta} \approx \sqrt{2c\tau h}\,\cos^{-\frac{3}{2}}\theta \tag{34.19}$$

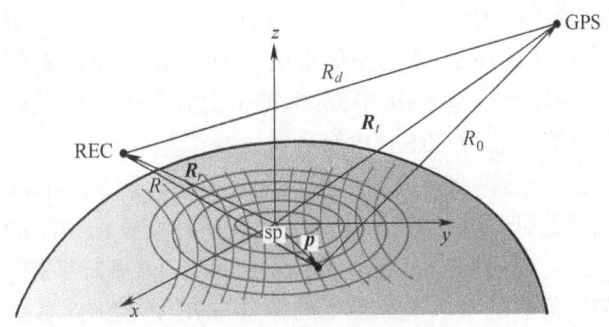

图 34.3　GNSS-R 散射几何图

(镜面反射点(SP)位于笛卡儿坐标系的中心。等延迟线和等多普勒线分别用绿色和蓝色表示[65]。)

$$b = \frac{\sqrt{c\tau(c\tau + 2h\cos\theta)}}{\cos\theta} \approx \sqrt{2c\tau h}\,\cos^{-\frac{1}{2}}\theta \tag{34.20}$$

椭圆的焦点位于

$$y_c = h\tan\theta + \frac{2c\tau\sin\theta}{\cos^2\theta} \tag{34.21}$$

式中:h 为接收机在切线平面上方的高度;θ 为入射角。

方程式(34.19)和式(34.20)中 τ 的二次项在大多数机载和星载场景下通常可以忽略,因为它比接收机的高度小得多,得到这些方程最右边的近似值。

除延迟不同之外,由于发射机-地面-接收机的几何形状的差异,发光区上的点具有不同的多普勒频移。对于发射机和接收机速度 V_T 和 V_R,地面上每个点的多普勒频移可由下式计算

$$f_D(\boldsymbol{\rho}) = \frac{1}{\lambda}[\boldsymbol{V}_T \cdot \hat{m}(\boldsymbol{\rho}) + \boldsymbol{V}_R \cdot \hat{n}(\boldsymbol{\rho})] \tag{34.22}$$

式中:$\hat{m}(\boldsymbol{\rho}) = -\boldsymbol{R}/|\boldsymbol{R}|$ 和 $\hat{n}(\boldsymbol{\rho}) = -\boldsymbol{R}_0/|\boldsymbol{R}_0|$ 为在 $\boldsymbol{\rho}$ 点的入射和散射射线路径的单位矢量。

将散射面近似为平面,式(34.22)在代数运算后简化为双曲线方程,中心为

$$(x_0, y_0) = \left(\frac{hV_x V_Z}{V_x^2 + V_y^2 - V_D^2}, \frac{hV_y V_Z}{V_x^2 + V_y^2 - V_D^2} - h\tan\theta\right) \tag{34.23}$$

替换

$$V_D = \lambda f_D + V_x\sin\theta + V_z\cos\theta \tag{34.24}$$

互相关功率 $\langle |X(\tau,f)|^2 \rangle$ 模型将在下一节中作为双基雷达方程形式进行介绍。目前我们可以将模糊函数作为反射信号的延迟多普勒滤波器理解,仅响应范围内的延迟和多普勒频率。

$$|\tau - \tau(\boldsymbol{\rho})| < T_c \tag{34.25}$$

$$|f - f_d(\boldsymbol{\rho})| < \frac{1}{T_I} \tag{34.26}$$

式中:T_c 为自相关函数宽度(1 码片,BPSK 调制);$1/T_I$ 为多普勒带宽。从上面推导关系可以看出,在空间有"遮挡"的平面,延迟多普勒映射仅对 $\tau \pm T_c$ 的等距离椭圆和 $f \pm 1/T_I$ 的等多普勒双曲线相交形成的"像素"的散射功率敏感。

双基 GNSS 雷达产生的 DDM 与非聚焦合成孔径雷达(SAR)的延迟多普勒图有很多共同之处[95]。两个本质的区别在于：①与单站雷达构型相比，双基配置的等距和等多普勒线的几何构型更复杂；②在经典单基 SAR 中，沿标准平面方向的前向散射比反向散射功率更高。高前向散射功率抵消了散射 GNSS-R 信号弱的缺点。

在图 34.4 中，显示了延迟-多普勒映射的概念示意图。图 34.4(a)上的等距(绿色)线和等多普勒(黑色)曲线是针对轨位高度为 600km 的星载接收机绘制的，该接收机与 GNSS 发射机处于同一平面。点 O 是标准表面上的 SP，图 34.4(b)显示了相应的 DDM，由等距线和等多普勒线(左)相交形成的平面坐标域中的像素与 DDM 延迟多普勒域(右)的像素相互连接形成，具有马蹄形的特征，主要由式(34.17)中 sinc 函数的频率滤波引起。DDM(暗区域)的零电平强度对应于左图不相交的等距线和等多普勒线。之后该区域被定义为"禁区"(FZ)，它代表了延迟和多普勒数据的非物理值(例如，比经过 SP 的信号更早到达的信号)。FZ 可用于校准观测噪声噪底。每个 DDM 像素点的强度与对称于 AB 的成对像素点发出的散射功率成正比。AB 映射为图 34.4(b)的 $A'B'$，而 COD 映射为 $O'C'$(或 $O'D'$)。可以看到，DDM 内布满了像素点，这些像素点是成对分离的平面像素的散射结果。此处存在 DDM 模糊度问题。

沿曲线 $A'O'B'$ 分布的 DDM 的最亮区是由沿曲线 AOB 排列的奇异像素点形成的，不受模糊度(阴影区域)的影响。这就是所谓的无模糊线(AFL)，对应于等多普勒线与等延迟线相切的平面区域[97]。

需要注意的是，当从中心向外移动时，无模糊区域中的像素点在径向方向变窄，在方位角方向变宽。同时，这些像素点所占的面积变小，这就解释了为什么在沿着"马蹄形"的顶部从 O' 到 A'(或 B')移动时，图 34.4(b) DDM 的亮度会降低，即使对于均匀散射系数的空间，也会存在这种现象。

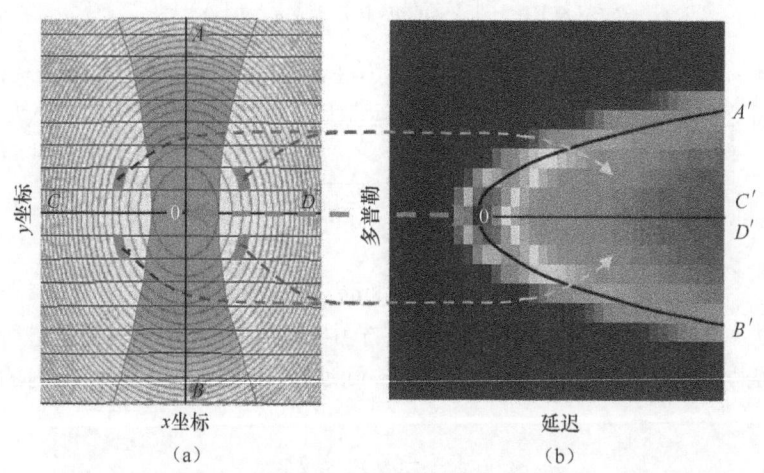

图 34.4　延迟多普勒图(DDM)和无模糊线[96]

DDM 特性对此类双基雷达的空间分辨率问题具有重要意义。如 34.6.3.3 节所述，DDM 峰值附近的像素最适用于星载 GNSS-R 散射测量[5,34,98]。第一个环区与第一个多普勒区的交点产生了可用于定义空间分辨率的像素。对于 600km 高度的接收机、C/A 码和

1ms 的相干积分时间(这决定了多普勒区的大小),地面上中心像素的大小将在 20~30km。对于 P(Y) 或 M 码,沿等多普勒线的中心像素将缩小约 $\sqrt{10}$ 倍[遵循式(34.19)和式(34.20)]。由于信噪比较低,信号需要进行一段时间的非相干累加。在非相干平均时间内,接收机的运动将降低沿运动方向的分辨率。

34.3.5 分辨率

空间分辨率是衡量遥感系统的一项重要指标,它定义了单次观测地表的范围。

理论上讲,从以 SP 为中心的观测值中提取测量值的最小分辨率是由一个码片延迟的等距椭圆设置的。作为 GNSS-R 基本观测的 DDM,每个特定延迟和多普勒的样本,都对地球表面上由等距线和等多普勒曲线交点所界定的散射区域敏感。除沿着 AFL 外,特定延迟和多普勒对应于地球表面的 2 个点,这使得对任意指定 DDM 样本给出普遍意义上的分辨率定义变得复杂。实际上,单个观测量可以从 DDM 的某些片段中生成,可通过不同方法,比如将拟合散射模型或 DDM 样本组合作为观测量。考虑到这一点,也许分辨率的最简单定义就是椭圆的大小,对应着用于产生 DDM 观测量的最长延迟[对于平面,近似于式(34.19)和式(34.20)]。

如图 34.5(a)所示,该定义假设用于生成 DDM 的频率范围足够宽,可以包含分辨率要求设置的全等距椭圆,使分辨率单元呈椭圆形。如果没有该假设,则对应于可观测值的分辨率单元将减少,如图 34.5(b)所示。

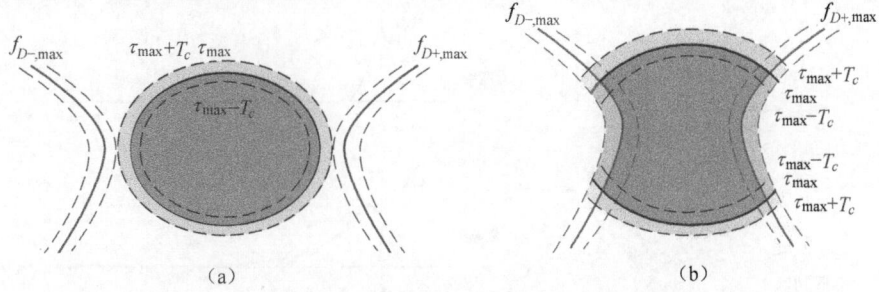

图 34.5 受最大延迟限制的分辨率(a)和多普勒极限(b)

DDM 对表面反射率的响应,也可认为是模糊函数的形式不统一[式(34.17)],从而需要对分辨率重新定义[99]。

考虑的另一个因素是,如果表面相对于波长非常平坦,那么散射将接近镜面反射,全延迟和多普勒范围内的观测量不会有明显的功率。在纯镜面反射的限制下,表面的分辨率可以用 FFZ 近似,$a \approx \sqrt{2\lambda h}(\cos\theta)^{-\frac{3}{2}}$ 由 $b \approx \sqrt{2\lambda h}(\cos\theta)^{-\frac{1}{2}}$ 近似。根据表面的粗糙度不同,散射模型机制将在 34.5 节中介绍。

所有这些分辨率的定义都依赖于卫星入射角,因此不同的卫星会有所不同。任务指定的分辨率要求通常只能达到最大入射角(在 CYGNSS 的 25km 要求为 54.5°)。另外,在卫星的入射角较低处的分辨率较小,从而对多个连续的"外观"进行平均,以减少误差。瞬时视场(IFOV)可以被定义为一个包括天线增益和模糊度函数影响的单独的 DDM 的分辨率。相比之下,有效视场(EFOV)将由移动接收机在计算 DDM 时覆盖的总区域定义,该区域通过对单个可观察对象中所有连续观测进行平均来计算。在一维简单近似下,EFOV 增加了

$\sqrt{\text{IFOV}}\Delta l$，其中 Δl 是测量 SP 之间的位移（在 CYGNSS 的 LEO 的情况下约为 6km）。将 IFOV 简单地近似为与 SP 运动方向（一侧 IFOV 长度）对齐的方形"像素"，对 N_{obs} 单个观测值进行平均，得到观测值的 EFOV

$$\text{EFOV} = \text{IFOV} + \sqrt{\text{IFOV}}\Delta l(N_{\text{obs}} - 1) \tag{34.27}$$

N_{obs} 根据式（34.27）得到，以确定在分辨率（EFOV）满足要求的情况下用于平均的最大样本数。在卫星任务中，在一定入射角范围内收集观测值，N_{obs} 可以根据卫星几何形状进行调整[98]。

34.4 GNSS-R 基本观测

34.4.1 互相关波形

图 34.6 说明了用 DDM 形状测量反射面粗糙度的基本原理。在海洋反射的情况下，这种粗糙度与近地面风和浪密切相关。镜面反射情况下（即完全平坦的表面），射线将通过 SP 到达接收机。因此，除了与表面反射率成比例的功率减小和额外的 τ_S 延迟，接收信号的结构与视线导航信号相同。这种情况下，DDM 的形状（由反射功率归一化）应该与 GNSS 信号模糊函数的延迟偏移 τ_S 相同。根据这一原理，GNSS-R 测量可作为高度计，根据延迟的 DDM 位移估算出某参考的反射面高度[17]（例如椭球或大地水准面）。

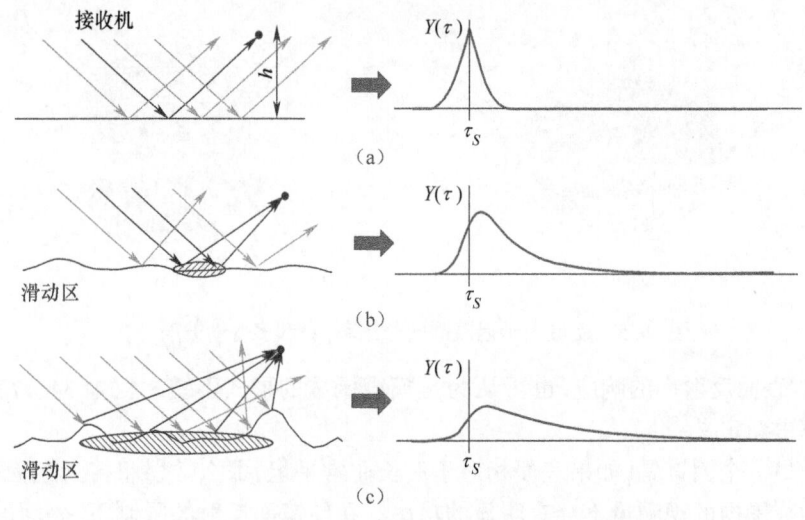

图 34.6 DDM 形状对表面粗糙度的响应

(a) 完美的平面呈现镜面反射，反射信号包含单个射线路径，延迟 τ_S；(b) 粗糙的表面允许多条射线以超过 τ_S 的延迟到达接收机，从而导致波形后缘的扩散；(c) 随着粗糙度的增加，与"发光区"内点对应的延迟路径增加，导致波形的拓展更宽，延迟 τ_S 也可用于测量接收机在地面上高度（测高）。

随着表面变得粗糙，可认为表面斜坡起到了小镜子的作用，从远离 SP 的位置向接收机反射一些能量。散射功率将出现在 DDM 的尾部，对应于镜面延迟功率的减小。表面粗糙度和峰值功率之间的这种关系与后向散射测量结果相反（其中后向散射功率随粗糙度的增加而增加）。DDM 形状的电磁模型将在 34.5 节介绍。

一些 GNSS-R 接收机仅限于沿着时间延迟 τ 采样一维波形,只使用固定频率(通常包括 SP 点或直接信号的多普勒频移,两者相差不大)。

$$Y_{1D}(\tau) = Y(\tau, f_0) \quad (34.28)$$

$$Y_I(\tau) = \int_{f_{\min}}^{f_{\max}} Y(\tau, f) \mathrm{d}f \quad (34.29)$$

34.4.2 互相关峰值

除形状外,DDM 的振幅还取决于散射面的性质。对于完全平坦的表面,反射信号的振幅将由菲涅耳反射系数给出,该系数描述了反射到镜面方向的能量与被散射介质吸收的能量之比。对于非磁性表面($\mu_r = 1$),共极菲涅耳反射系数为

$$\mathcal{R}_{\mathrm{HH}} = \frac{\cos\theta - \sqrt{\varepsilon_r - (\sin\theta)^2}}{\cos\theta + \sqrt{\varepsilon_r - (\sin\theta)^2}} \quad (34.30)$$

$$\mathcal{R}_{\mathrm{VV}} = \frac{\varepsilon_r \cos\theta - \sqrt{\varepsilon_r - (\sin\theta)^2}}{\varepsilon_r \cos\theta + \sqrt{\varepsilon_r - (\sin\theta)^2}} \quad (34.31)$$

式中:θ 为局部入射角;ε_r 为表面复介电常数;子指数 p、q 为入射(p)和散射(q)极化。对于完全平坦的反射表面,交叉极化反射项 $\mathcal{R}_{\mathrm{HV}}$ 和 $\mathcal{R}_{\mathrm{VH}}$ 可以被忽略,因为它们是由平面外散射产生的。由于海水的高导电性,进入海水的穿透深度非常小,但这仍然是土壤遥感的一个重要参数。对于海水[9-10]、土壤[10,100-101]、雪[102]和海冰[103-104],存在着完善的介电常数半经验模型。这些模型是诸如温度、盐度、含水量和介质的化学和物理组成等变量的函数。在某些情况下,尤其是对于积雪情况,穿透深度的内部结构(分层或介电常数深度剖面图)可以在 GNSS 信号反射中发挥重要作用。

GNSS 信号是右旋圆极化(RHCP),反射(GNSS-R)信号也有较大的左旋圆极化(LHCP)分量。圆极化信号(R,L)可以形成为水平(H)和垂直(V)极化分量的线性组合,通过过渡矩阵以矩阵形式表示。

$$\begin{bmatrix} \mathcal{R}_{\mathrm{LL}} & \mathcal{R}_{\mathrm{LR}} \\ \mathcal{R}_{\mathrm{RL}} & \mathcal{R}_{\mathrm{RR}} \end{bmatrix} = \frac{1}{2} \begin{bmatrix} \mathcal{R}_{\mathrm{HH}} + \mathcal{R}_{\mathrm{VV}} & \mathcal{R}_{\mathrm{HH}} - \mathcal{R}_{\mathrm{VV}} \\ \mathcal{R}_{\mathrm{HH}} - \mathcal{R}_{\mathrm{VV}} & \mathcal{R}_{\mathrm{HH}} + \mathcal{R}_{\mathrm{VV}} \end{bmatrix} \quad (34.33)$$

对于具有半无限介质的平面界面,反射率是菲涅耳反射系数的绝对平方值。

$$\Gamma_{pq} = |\mathcal{R}_{pq}|^2 \quad (34.33)$$

34.4.3 GNSS-R 观测结果的辐射校准

产生反射率观测量需要了解 DDM 幅度值和反射功率的关系。如果没有足够信息只有 DDM 形状,基于 DDM 形状的观测量也易于校准。假设是镜面反射,从单个卫星发射机接收到的信号可以表示为

$$u(t) = \sqrt{G_R P_R} a(t - \tau_S) e^{2\pi f_S (t - \tau_S) j} + n(t) \quad (34.34)$$

式中:τ_S 和 f_S 为 SP 处的延迟和多普勒位移载波频率;$n(t)$ 为来自接收机之外的总热噪声,包括天线波束内环境的热辐射和除基带编码为 $a(t)$ 的卫星以外的所有 GNSS 卫星的传输;G_R 为天线的增益,与 τ_S 和 f_S 对齐的本地信号的互相关[式(34.1)]将产生输出

$$X(\tau_S, f_S) = \sqrt{G_R P_R} + \tilde{n} \quad (34.35)$$

非相干平均[式(34.2)]将产生与反射功率成比例的测量值：

$$Y(\tau_S, f_S) = \sqrt{G_R P_R} + \tilde{n}_Y \quad (34.36)$$

具有非零平均噪声，$\tilde{n}_I$，$\langle \tilde{n}_I \rangle = \langle |\tilde{n}^2| \rangle = P_{N,Y}$。

在信号采样和数字化后，接收机报告"计数"数字值，平均值为

$$C = G(Y(\tau_S, f_S) + P_{N,I}) \quad (34.37)$$

式中：G 为接收机增益(计数/watt)；$P_{N,I}$ 为接收机噪声贡献的功率。从这个可观测数据中提取 P_R 需要估计接收机增益 G 和总噪声功率的平均值 $P_{N,I} + P_{N,Y}$，也称为"噪底"。通常假设天线增益 G_R 保持不变，这可以从天线室的地面测量中获得。但接收机增益 G 会随温度变化，因此在收集观测值时需要经常对其进行监测。从跟踪直接信号的通道生成类似的输出，可以得到

$$C_D = G(Y(0,0) + P_{N,I}) \quad (34.38)$$

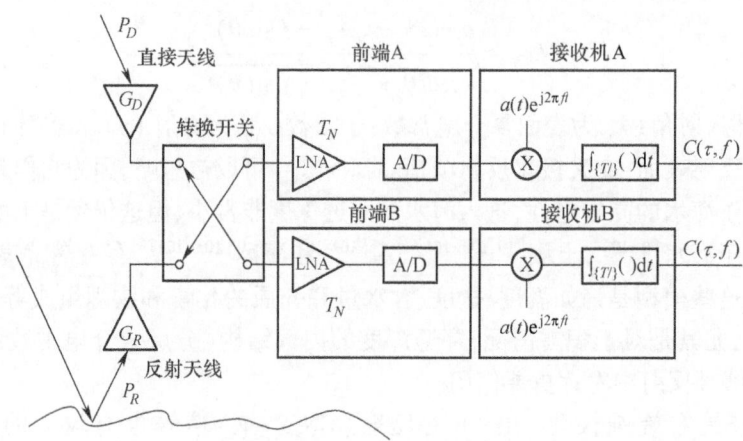

图 34.7 使用天线交换来校准 GNSS-R DDM 观测值
(转换开关在通过和交换状态之间交替，允许校准未知接收机增益的比率。)

我们将介绍两种通用的校准方法，第一种使用直接信号作为校准源，第二种使用参考负载应用辐射测量技术。在许多应用中，反射率(例如直接和反射信号功率的比率)是感兴趣的变量，而不是单独的直接或反射信号绝对功率。关于将这些方法应用于海风和土壤湿度的一些更具体的细节，稍后分别在 34.6 节和 34.8 节中介绍。

最后，应该注意的是，GNSS 信号从未被设计用于校准功率测量。事实上，该系统设计是为了使接收端的功率波动和变化具有一定的鲁棒性。GNSS-R 遥感用户无法控制并且对传输的信号了解有限。另外，直接信号的存在确实提供了一些可用于校准的附加信息。在某些应用中，可能需要对发射信号和相关方面(如 GNSS 卫星姿态和天线模式)进行独立监测，以实现准确的功率校准[105]。

34.4.3.1 天线交换法

一种 DDM 校准方法是采用相同接收机切换直接和反射天线，其占空比足够短，可以假设接收机增益和噪底保持恒定[65,106]，如图 34.7 所示。采用两种工作模式，通过使用转换开关进行控制。在"通过"状态 (T) 下，信号从直接 (D) 天线送入前端 (A)，并从反射 (R) 天

线送入前端(B)。在"交换"状态(S)下,这些状态被交换,(D)输入(B)和(R)输入(A)。

式(34.37)适用于两种配置下的通道$\{A,B\}$,有

$$T: \quad C^T_{\{A,B\}}(\tau,f) = G_{\{A,B\}}(P_{N,Y,\{D,R\}} + P_{N,I,\{A,B\}} + G_{\{D,R\}}P_{\{D,R\}}) \quad (34.39)$$

$$S: \quad C^S_{\{A,B\}}(\tau,f) = G_{\{A,B\}}(P_{N,Y,\{R,D\}} + P_{N,I,\{A,B\}} + G_{\{R,D\}}P_{\{R,D\}}) \quad (34.40)$$

相应的噪底是根据每个 DDM 的延迟和多普勒的相关性估计的:

$$C^T_{N\{A,B\}} = G_{\{A,B\}}(P_{N,Y,\{D,R\}} + P_{N,I,\{A,B\}}) \quad (34.41)$$

$$C^S_{N\{A,B\}} = G_{\{A,B\}}(P_{N,Y,\{D,R\}} + P_{N,I,\{A,B\}}) \quad (34.42)$$

P_R/P_D 的比率,可以通过在 T 和 S 状态下的观测值来确定:

$$\frac{P_R}{P_D} = \left(\frac{G_A}{G_B}\right)\left(\frac{G_D}{G_R}\right)\frac{C^T_B - C^T_{N,B}}{C^T_A - C^T_{N,A}} \quad (34.43)$$

$$\frac{P_R}{P_D} = \left(\frac{G_B}{G_A}\right)\left(\frac{G_D}{G_R}\right)\frac{C^S_A - C^S_{N,A}}{C^S_B - C^S_{N,B}} \quad (34.44)$$

接收机增益比 G_A/G_B,可以通过比较两种状态下来自同一源的测量功率来估计。例如,

$$\frac{G_A}{G_B} = \frac{C^T_A - C^T_{N,A}}{C^S_B - C^S_{N,B}} \quad (34.45)$$

天线交换的一个优点是可以连续进行无缝隙的科学测量校准。

34.4.3.2 参考源

对 CYGNSS,采用了与微波辐射测量相类似的方法,将观测量校准到绝对功率基准[107]。对 CYGNSS 的一些特殊要求,如与导航接收机共享直接信号,会使天线交换成为一个不精确的选择。随着 GNSS-R 专用接收机体系结构的发展和技术的成熟,未来这两种方法的最佳组合还有待研究。这种校准方法的简化示意图如图 34.8 所示。

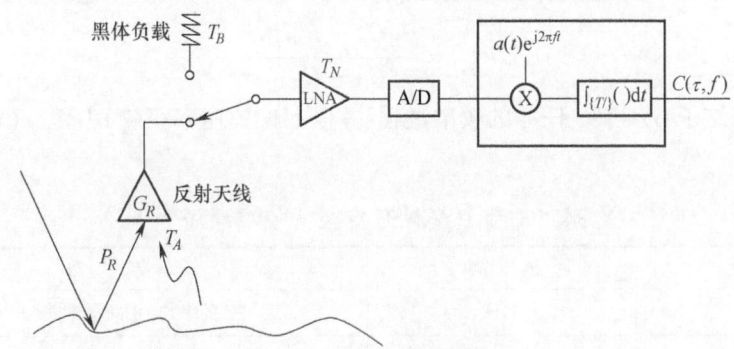

图 34.8 使用参考源校准 GNSS-R DDM 值
(接收机的输入可以在温度 T_B 下从天线切换到校准源。除 FZ 内的 DDM 样本外,此操作还将用于校准"计数"中的反射功率 P_R 和数字相关器输出 $C(\tau,f)$ 之间的关系。)

首先,可以保证 FZ 中的 DDM 值不包括 GNSS-R 信号的贡献。对于 FZ 内的每个样本:

$$C_N = G(P_{N,A} + P_{N,I}) \quad (34.46)$$

G 是以计数/瓦特为单位的接收机增益。接收机的噪声功率可以用噪声系数(NF)来表示,它取决于温度:

$$P_{N,I} = k[NF(T_R) - 1]290]B_I \qquad (34.47)$$

这种温度依赖性可以通过地面测试来确定,并在查找表(LUT)中获得。空间内的测量值可根据需要用于定期更新。$B_I = 1/T_I$ 为后处理带宽,k 为玻尔兹曼常数。

从 FZ 中的 DDM 像素中获得了两个额外的噪声测量值。一个是在开阔的海面上进行的:

$$C_O = G(P_O + P_{N,I}) \qquad (34.48)$$

另一个是接收机内的黑体校准:

$$C_B = G(P_B + P_{N,I}) \qquad (34.49)$$

在每个测量间隔(CYGNSS 为 1Hz),通过从 DDM 中减去 FZ 计数来消除噪底:

$$C(\tau, f) - C_N = GY(\tau, f) \qquad (34.50)$$

然后,可以使用黑体校准[式(34.49)]以及在测量温度下评估的 NFLUT 的 $P_{N,I}$ 来估计 G。从式(34.49)和式(34.50)中消除 G,并给出了在接收机上以瓦特为单位的校准 DDM:

$$Y(\tau, f) = \frac{[C(\tau, f) - C_N][P_B + P_{N,I}(T)]}{C_B} \qquad (34.51)$$

天线噪声功率可根据在天线波束内的亮度温度进行估算。在没有陆地的开阔海面进行观测,观测量为

$$P_O = kT_O B_I \qquad (34.52)$$

T_O 为集中在天线方向图上大气顶部的亮度温度;将环境气候学或数值模型(如 ECMWF[108])作为微波辐射传输模型的输入条件来估算温度 T_O。求解式(34.48)和式(34.49)得到:

$$G = \frac{C_O - C_B}{P_O - P_B} \qquad (34.53)$$

将其代回式(34.48),独立估计设备噪声功率:

$$P_{N,I} = \frac{P_O C_B - P_B C_O}{C_O - C_B} \qquad (34.54)$$

表 34.1 总结了 CYGNSS 任务的校准过程,并以 1Hz 的速率获取 DDM,$Y(\tau, f_D)$ 的校准估计值[107]。

表 34.1 为 CYGNSS 定义的校准顺序[107]

变 量	速 率	方 法
C_N	1Hz	FZ 的平均 DDM 样本式(34.50)
$P_{N,I}(T)$	1Hz	使用低噪放上热敏电阻的 T 通过查找表获取
P_B	1Hz	用热敏电阻在黑体负载上测量 T_B
C_B	每 60s	切换到黑体目标
C_O	每轨道多次	开阔海面 FZ,验证式(34.54)

这种校准方法的误差分析是在 CYGNSS 发射之前进行的[107],包括噪底测量、黑体温度和量化估计的不确定度。"自下向上"的误差预算,包括发射机各向有效辐射功率(EIRP)估计的不确定性,预计总的不确定度为 0.39dB。这与实际测量统计数据"自上而下"的误差

评估吻合。与地球物理变量反演(2级数据产品)相比,不存在与反射信号(1级)观测量进行比较的"真实"数据。在自上而下的误差评估中,使用了两个观测站的观测数据,这两个观测站的 SP 非常接近,可假设它们是海面上具有相同条件的观测区域[109]。

34.4.4 直接发射机 EIRP 校准

DDM 中的反射功率还取决于直接信号功率和发射机增益的乘积,$G_T P_T$,即 EIRP。一旦 DDM 以瓦特为单位进行了校准,需要对 EIRP 进行监控,以确定传输功率的变化。该校准可定义为以散射截面为单位的观测值(CYGNSS 1b 级数据产品),如 34.6.3.4 节所述。除天顶定向天线外,可使用与图 34.8 类似的根据直接信号估计 EIRP。然后用简单链路预算来计算 EIRP:

$$\text{EIRP}(\hat{\Omega}) = \frac{P_D R_D^2 (4\pi)^2}{G_D(\hat{\Omega}) \lambda^2} \tag{34.55}$$

式中:R_D 为直接信号从 GNSS 发射机到天线的距离;$G_D(\hat{\Omega})$ 为直接信号在天线单位矢量方向 $\hat{\Omega}$ 到发射机的增益。如果天顶天线也用于导航,如 CYGNSS,需要特别注意,在噪声校准期间轨道导航会丢失。可以通过跟踪独立的噪声通道获得噪底,而不是使用 DDM 中 FZ 测量值。CYGNSS 设计了一个专用地面站,用于监测所有 GPS 卫星的发射功率和增益模式[105]。功率监测器估算的 EIRP RMSE 值为 0.24dB,其可纳入 L1b 观测值(CYGNSS 卫星提供的数据)的误差预算[109]。

34.4.5 相位观测量

反射信号路径长度引入了直接信号和反射信号电磁场的相位差,该相位差可以从复互相关波形的相位测量结果中获得,从而提供非常精确的测距观测值。使用该技术可以测量季节性冰面变化[70]。

测量时只能在相对平坦的表面上获得反射信号的相位测量值,因为此时才能够保持信号的相干性。这限制了在水库、湖泊和港口等平静水域的适用性。飞机[37]和固定装置[39]的测量结果表明,测高精度为几厘米。最近的实验表明,星载接收机观察到了来自海冰的相干反射[110]。

34.4.6 GNSS 多径反射测量(GNSS-MR)

到目前为止,我们只考虑了反射信号的特性,并假设一个理想的接收机能够分离和捕获该信号。实际上,直接信号和反射信号可能相互干扰,从而导致多径现象,这在 PNT 中是一个潜在的误差源(见第 22 章)。地面反射的 GNSS 多径对于机载和星载接收机来说通常不是问题,因为直接信号和反射信号之间的路径延迟大于模糊函数宽度。然而,在离地面较近的地方,两个信号确实相互干扰。这种效应实际上可以从天线接收的组合信号中提取有用的测量值。基于这一现象的技术被称为 GNSS 多径反射测量(GNSS-MR)或 GNSS 干涉反射测量(GNSS-IR,特别是当仅限于可观测的信噪比时)。GNSS-MR 和 GPS-IR 不应与干涉测量 GNSS-R(iGNSS-R)(见 34.7 节)或 ICF 技术(34.4.7 节)混淆。iGNSS-R 和 ICF 中的"干涉"一词描述了数字信号处理,其中独立接收的直接信号和反射信号相互交叉相关。相比之下，GNSS-MR 在使用单个天线捕获之前，依赖于空间中直接和反射信号之间的干扰。

GNSS-MR 测量需要的设备比 GNSS-R 更简单，并允许 GNSS 测量结果与其他非反射测量应用共享。事实上，以大地测量为目的部署的许多连续运行的参考站（COR）已被用于 GNSS-MR。通过这种方式，基于 CORS 的 GNSS-MR 利用了现有的 GNSS 基础设施和地面网络。得益于参考站跨越数十年的历史数据记录，可以获得很长的反射测量时间序列[111]。事实上，在检查数据档案时，可能会发现许多其他有用的台站。

GNSS-MR 可以在中等空间尺度上监测各种环境变量，包括雪深[50]、土壤湿度[53,112]、植被生物量[113-114]和海平面[111-115]（半径约为 50m，取决于反射面上方的天线高度）。这可以弥补大型星载成像仪和原位接触探头之间的差距。第 28 章（见 28.6.4 节）介绍了 GNSS-MR（GPS-IR）的应用。本章 34.5.9 节将介绍 GNSS-MR 的理论（信号处理和散射模型）。

GNSS-MR 还涉及专用站点、特定设置和定制硬件。例如，指向天顶的偶极子天线，专门安装用于土壤湿度监测[55,116-117]。在该方法中，时间序列反射率具有一个空值，该空值在干涉图案中产生一个缺口。该相位在零点处呈现出急剧翻转（从 0°到 180°），这使雪深和水位反演变得复杂[118-119]。

34.4.7 干涉复变场（ICF）

虽然延迟多普勒映射方法能在足够短的时间尺度上捕获散射功率的空间分布，因此可以假设表面"冻结"，但另一种方法是从固定接收机位置观察散射信号的时间相干性。ICF 定义为散射信号（在 SP 处评估）的复波形与直接信号的复波形之比[76]。

$$F_I(t) = \frac{X(\tau_s, t)}{X_D(0, t)} \quad (34.56)$$

式中：τ_s 为到 SP 的延迟，是 $|X(\tau,t)|$ 的最大值；$F_I(t)$ 为一个随机过程，其相干时间由海洋表面的变化情况设定（与 34.5.6 节中的相关模型相比，该模型描述了发射机和接收机在冻结表面上的相对运动的影响）。卫星的移动足够慢，对信号去相关的影响可以忽略不计。

$F_I(t)$ 的相干时间由自相关计算得出：

$$C_I(\tau) = \langle F_I(t) F_I^*(t+\tau) \rangle \quad (34.57)$$

拟合后，是一个高斯函数。如果直接信号和反射信号天线的结构相同，则可通过使用 ICF 消除直接信号和反射信号通道常见的大多数传播效应（例如电离层效应、对流层效应、接收机钟差和天线辐射方向图）。ICF 模型见 34.5.10 节。如 34.6.6.1 节所示，有效波高（SWH）的估计值由 ICF 相干时间[120-121]得出。$F_I(t)$ 的幅度也可用于估算表面反射率[65]，如 34.8.3.1 节所示。

34.5 反射 GNSS 信号模型

上一节对粗糙表面散射如何改变 GNSS 信号的基本特性进行了定性描述。本节将推导反射信号的一些重要特性，并回顾已建立的模型，该模型将 GNSS-R 信号的特性与代表反射介质的地球物理变量联系起来。在遥感中，这种将可观测值表示为感兴趣变量函数的模型被称为"正向模型"。对于实际遥感系统,通常必须将该模型反转,以根据可观测值的测量结果生成地球物理变量。34.6 节针对海风和 34.8 节针对土壤湿度介绍了这种所谓的"反向问题"的各种方法。34.5.11 节描述了这些模型的一些数值实现方法,既可作为正向模型使用,也可用于模拟反射信号,以研究各种任务设计和处理方法。

34.5.1 漫反射和相干散射

假设有一个完全平坦的镜面,反射信号可视为从特定方向到达的直接信号,其复振幅通过菲涅耳反射系数值的衰减来确定式(34.30)~式(34.32)[122]。由于照射信号在码片持续时间内是短暂相干的,镜面反射信号的相位也保持其相干性。增加少量粗糙度可以衰减信号,但仍包含相干分量。如果粗糙度(表示为表面高度的标准偏差 σ_ζ)与信号波长相当或大于信号波长,则相干分量消失,变为漫散射。对于波长为 λ 的信号以入射角 θ 进入平面的过程,可以用瑞利参数来表示[123-125]。

$$R_a = (2\pi\sigma_\zeta \cos\theta)/\lambda \tag{34.58}$$

$R_a \leq 1$ 是相干散射的阈值。有时,使用更严格的 Fraunhofer 标准 $\sigma_\zeta > \lambda/(32\cos\theta)$[126]。

即使在瑞利参数较大的情况下,从标称镜面方向到达的 GNSS 信号也可能比由镜面反射方向粗糙散射的信号强得多。如果由于粗糙表面的陡坡而发生高阶多次散射,则这种强镜面反射波瓣将消失,并被更均匀的角度分布所取代。虽然相干分量主要由 FFZ 占据的表面积形成,但漫散射由更宽的区域形成,通常称为"反光区",其大小取决于表面粗糙度。

就海面而言,全球导航卫星系统信号的漫射散射是由反光区内的波浪产生的弯曲面多重准镜面反射的综合效应造成的。海面上大于数个无线电波长的分量是准镜面散射的原因,这种现象在传统的低空雷达高度计中也很常见。在反光区之外,准镜面漫散射产生的布拉格共振散射要弱得多,而布拉格共振散射来自具有信号波长量级尺度表面的分量。布拉格散射是单基雷达在相对较大入射角下基于后向散射的典型情况[124]。

对于稍粗糙的表面,一种常见的陆面散射近似满足瑞利准则,镜面散射分量占主导地位。然而,部分入射功率在其他方向再辐射。在非镜面反射方向上散射的能量取决于表面粗糙度相对于波长的比例。图 34.9 显示了这三种不同表面粗糙度条件下的散射。

如果镜面反射占主导地位,则 FFZ 的 $l_{Fr} = \sqrt{\lambda R}$,将为双基 GNSS-R 雷达提供很好的空间分辨率。如果飞机高度在 5~10km,它将是几十米;如果卫星高度在 300~600km,它将是几百米。

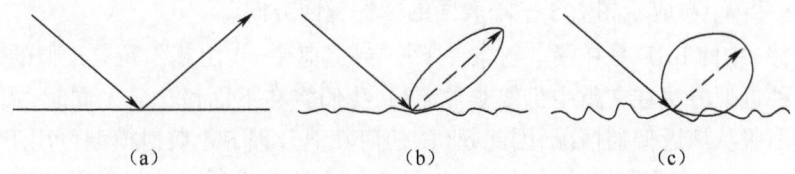

图 34.9 三种不同粗糙度条件下的镜面和漫散射分量
(a)完全光滑表面;(b)轻微粗糙表面;(c)粗糙表面。当表面变得粗糙时,
能量会在不同于镜面反射的其他方向再辐射[65]。

34.5.2 GNSS-R 双基雷达方程

在全漫散射区域，DDM 的平均值采用双基雷达方程（BRE）[19,127]的形式

$$\langle |X(\tau,f)|^2 \rangle = \frac{\lambda^2 P_T G_T}{(4\pi)^3} \iint \frac{G_R}{R^2 R_0^2} |\chi(\Delta\tau,\Delta f)|^2 \sigma_{pq}^0(\boldsymbol{\rho}) \mathrm{d}^2\rho \tag{34.59}$$

这是图 34.3 中曲面坐标 $\boldsymbol{\rho}$ 上的积分。式中：$P_T G_T$ 为发射机的 EIRP；G_T 和 G_R 分别为发射机和接收机天线增益；σ_{pq}^0 为由天线极化决定的归一化双基雷达散射截面（NBRCS），其中 p 和 q 分别为入射极化和散射极化；$|\chi|^2$ 为 34.3.2 节中介绍的 WAF，它定义了距离和多普勒选择性[95]。注意，为了使式（34.59）的左侧具有幂次维数，使用式（34.1）中 T_I 进行归一化。

σ_{pq}^0 描述了从粗糙表面上的特定点发出并沿接收机天线方向传播的散射信号的强度。这被定义为单位面积的散射功率密度与各向同性散射体再辐射的功率密度之比[126]：

$$\sigma_{pq}^0 = 4\pi R^2 \frac{|E_{pq}^s|^2}{A|E_p|^2} \tag{34.60}$$

式中：E_p 和 E_{pq}^s 为入射场和散射场；A 为被照射表面的总面积；R 为观测点到 A 中心的距离。

在式（34.59）中，存在与 BRE 相关的几个限制。首先是它受到完全漫反射表面散射情况的限制，即当相干镜面反射分量不存在或可以安全忽略时的情况。

有时相干分量在散射过程中占主导地位。这适用于平静海洋、湖泊、相对平坦的陆地或具有低表面粗糙度（高度远小于信号波长）的海冰的前向散射。这种情况可以通过使用描述相干反射的表达来完善式（34.59），从而弥补增加的相干分量。它可以由直接信号互相关功率 $|X_0(\tau,f)|^2$ 的镜像分量、菲涅耳反射系数 $\mathcal{R}$ 的绝对值平方，以及依赖于瑞利参数 R_a 并考虑由于表面粗糙度导致的空间相干性损失的去相关因子的乘积构成：

$$\langle |X(\tau,f)|^2 \rangle_{\mathrm{coh}} = |X_0(\tau,f)|^2 |\mathcal{R}|^2 \exp(-2R_a^2) \tag{34.61}$$

该分量将显示 DDM 的尖峰，该尖峰以延迟和与表面上标称 SP 相关的频率偏移为中心。同样的弱表面粗糙度将导致式（34.59）所述的 DDM 的其余部分形成非常小的基底。在大多数情况下，由于热噪声，它可能无法被检测到。镜面反射分量可以以所谓的相干 NBRCS、σ_{coh}^0 的形式并入 BRE（置于积分下），并添加到漫反射 NBRCS、σ^0，包括角度变量 θ 和 ϕ 上的德尔塔函数（参见文献[128]）：

$$\sigma_{\mathrm{coh}}^0 = 4\pi\cos\theta |\mathcal{R}|^2 \exp(-2R_a^2)\delta(\cos\theta - \cos\theta_s)\delta(\phi - \phi_s) \tag{34.62}$$

式中：角度 θ_s 和 ϕ_s 对应于相对于平均表面的标称镜面方向。

式（34.59）中的 BRE 是在漫散射条件下推导的，其中 σ^0 由基尔霍夫近似的几何光学极限描述。这种近似方法在文献中仍然非常流行，我们将在下面讨论它。同时，式（34.59）适用于漫散射不服从该近似的情况，因此 σ^0 的任何其他合理 EM 散射模型可用于文献[24]，其中 σ^0 取决于入射和出射电磁波的方向以及散射介质的性质。如果散射的漫反射部分很弱，镜面反射占优势，则 σ^0 减小为上述值 σ_{coh}^0。在相反的情况下，当相干分量可以忽略时，我们不可避免地要计算扩散双基截面 σ^0。

对于求 σ^0 的问题，由于其复杂性，不能按照一般情况来解。然而，对于 L 波段辐射不能

穿透表面(即海洋或裸露潮湿土壤)的情况,它可以被大大简化。在这种情况下,NBRC 主要由表面粗糙度和介质最顶层的阻抗或介电常数决定。如果辐射穿透散射介质,则可能涉及来自不均匀体的散射,或来自介质内各层(如冰、积雪或植被冠层)的多次反射,这将使建模变得更为复杂。34.8.2.1 节(土壤湿度)、34.9.2 节(雪)和 34.10.1.1 节(生物量)介绍了解决该问题的一些方法。即使在纯表面散射的情况下,计算 NBRC 也是一个挑战。

34.5.3 非相干散射模型

计算非相干量需要双基雷达截面的分析模型,该模型是通过应用描述入射电磁场与随机表面相互作用的方程的不同近似而获得的。文献中最常用的方法是物理光学(PO)和 GO 下的 KA 解、小扰动法(SPM)和积分方程法(IEM)。这些模型可分为 3 类,大致遵循历史演变:低频模型(SPM 和变体)、高频近似(基尔霍夫和变体)和所谓的统一方法,旨在弥合两者之间的差距。

由于为获得散射系数的解析解而采用的近似值不同,所有这些模型的有效限值都有限制,散射系数通常是由与波长相关的表面特性决定的,即粗糙度标准高度 σ_ζ 和相关长度 l_z。虽然在很多文献中常常讨论这些散射模型的适用性限制,但是还没有一个可以采用的准确标准。为了使得这些模型有效,会采用模型仿真和试验测量的方法。

34.5.3.1 基尔霍夫近似(几何光学)

基于 KA 的散射模型被广泛用于表示 GNSS-R 信号在海面上的散射。基尔霍夫方法基于以下假设:入射波长远小于表面的水平变化,且曲率半径足够大,因此表面可以局部视为与表面相切的光滑、反射、无限平面。在其固定相位近似中,接收点处的电磁场(EM)被视为多个 SP 的贡献之和,这些 SP 与大尺度粗糙表面的弯曲部分相关,其偏移量仅远大于 EM 波长[123,130-131]。有时,这种类型的散射被称为"准镜面反射"。在这种情况下, σ^0 的表达式与表面斜率的概率密度函数(PDF)成正比:

$$\sigma^0 = \pi |\Re|^2 \left(\frac{q}{q_z}\right)^4 P_{\mathbf{y}}\left(-\frac{q_\perp}{q_z}\right) \tag{34.63}$$

在散射矢量 q 处,

$$q = \frac{2\pi}{\lambda}(\hat{m} - \hat{n}) \tag{34.64}$$

用于在平面上方固定位置的发射机和接收机。该矢量可表示为平均表面平面中坐标 ρ 的函数,并分为平面内和平面外分量 $q = q_\perp + q_z\hat{z}$。σ^0 还取决于局部复菲涅耳系数,而局部复菲涅耳系数又取决于信号极化状态、反射下介质的复介电常数 ε 和局部入射角。

$P_{\mathbf{y}}(s)$ 是仅粗糙表面的大尺度(与 EM 波长相比)分量斜率的 PDF,该粗糙表面负责反光区内的准镜面散射。通常,表面斜率方向最可能平行于平均平面,$\zeta = 0$。然后,PDF 在 $s = 0$ 处有一个最大值,双基横截面 σ^0 在相对于平均表面的标称镜面方向处 $q_\perp = 0$ 有一个最大值。

KA-GO 对于线极化和 LHCP 反射 GNSS 信号的标称镜面方向周围的前向散射非常有效,但未描述去极化。因此,KA-GO 对散射信号的 RHCP 分量的预测不正确。此外,它没有正确描述用于平面外散射的 NBRC,这是因为 KA-GO 方法忽略了在大散射角下开始占主导地位的衍射效应。同时,纯基尔霍夫近似(未考虑 GO 极限)仅部分解释了衍射效应。例如,对于远离标称镜面的方向,它不能提供到布拉格共振散射区域的正确过渡[132]。总的来说,与辐射波长相比,KA 仅限于大相关尺度和表面平均曲率半径的情况,以及远离掠射的入射情况。使用先进的理论和数值技术进行了更严格的比较[133]。

34.5.3.2 基尔霍夫近似(物理光学)

KA 的 PO 近似[124,133]使用了基尔霍夫积分被积函数的一些简化,并且可以应用于表面斜率较小的情况,但与 GO 近似相比,不会给出明显不同的结果。两者都有相同的缺陷,即产生零交叉极化散射,同时给出了相当准确的共极化散射结果。通过在 PO 近似的矢量解中包含入射面横向的表面斜率,并采取了一些措施来纠正这种情况,该近似可以成功地模拟中等粗糙表面的双站散射[134]。

34.5.3.3 小扰动法(SPM)

当表面高度变化远小于电磁波长且表面坡度相对较小时,SPM 有效。在该模型中,随机表面被分解为傅里叶谱分量,散射波由平面波谱组成。最后的散射场可以从衍射积分计算出来[126]。虽然光滑地形通常属于该模型的适用范围,但 SPM 未能考虑散射场的相干分量。

34.5.3.4 双尺度模型

经典的双尺度或复合模型是统一 KA 和 SPM 的早期尝试,因此同时描述准粒子反射和布拉格散射[123,135]。该模型假设表面粗糙度由大尺度和小尺度分量组成,并将总截面计算为两者的线性组合。小尺度分量是通过对大尺度粗糙度倾斜角 PDF 上的小尺度 SPM 散射系数进行平均而获得的,它解释了布拉格共振散射形式的衍射效应。由 KA-GO 模型计算的大尺度分量解释准镜面反射贡献,一个主要的限制是需要一个任意分割波数来将地表高程谱分割为大尺度和小尺度分量。实际上,该参数是从模型预测和测量值的比较中选择的[136]。

34.5.3.5 积分方程模型

假设平面波射入粗糙表面,则使用场积分方程(Stratton-Chu 公式[137-138])计算表面上方介质中的远区散射场。迭代蒙特卡罗模拟,使用具有给定粗糙度和相关长度的模拟随机表面来计算散射场,然后迭代以找到与表面上切向场匹配的解。该方法计算量大,并且有另一个主要的限制,即只能选择一个粗糙度标度来生成曲面。然而,IEM 确实降低了高频下的几何光学极限,也降低了低频下的 SPM(小尺度粗糙度)。对原始 IEM 中的一些近似值进行了进一步改进,产生了两个新模型,IEM2M[139]和 AIEM[140]。后者结合了评估散射截面的高精度和建模表面各种统计数据(高斯、指数、双尺度等)的高通用性。

34.5.3.6 小斜率近似

小斜率近似(SSA)方法[132]、三阶局部曲率简化近似(RLCA3)及其他版本形式[141]属于所谓的统一方法。与双尺度方法相比,SSA 和类似方法使用整个高程谱,而不将其分为大尺度和小尺度分量。然而,这些方法仍然要求海洋粗糙度具有较小的坡度($<0.2 \sim 0.4$)。SSA 有两个连续的阶,一阶(SSA1)和更精确的二阶(SSA2)。SSA1 使用二维表面积分形式的 NBRC (σ^0) 表达式,类似于基尔霍夫近似,但保留了表面粗糙度谱的高频成分,并加入了更精确的预积分因子[132]。SSA1 足以计算前向散射区 L 波段信号的 LHCP NBRC。对于 RHCP NBRC 的计算和广角散射区域,需要更精确的 SSA2。一些引用的理论模型已用于模拟海洋和陆地表面的 L 波段极化 NBRC(参见文献[22-23,25,142-144])。

对于上述任何一种分析方法不适用的情况,如陡波和制动波或掠入射,直接数值模拟将更合适,虽然有时这样的模拟非常耗时。

34.5.4 DDM 统计

虽然式(34.59)描述了理想的集合平均$\langle|X(\tau,f)|^2\rangle$,但实际我们处理了一段观测时间内$|X(\tau,f)|^2$的非相干平均,$T_{obs}=NT_I$。这可以解释为对有限数量的统计独立样本进行平均,$N_{ind}\approx T_{obs}/\tau_{cor}$,$\tau_{cor}$为相关时间。这种有限样本平均本身包括残余噪声,这可能会影响我们从测量波形准确检索理想平均波形的能力。当窄带 GNSS 信号从粗糙表面散射时,从各个反射点到达的载波相位在最低点天线处以不可预测的方式叠加在一起,导致$|X(\tau,f)|^2$的总接收电平由于各个反射之间的贡献性和破坏性干扰而在时间上波动。这种现象称为衰减或散斑,对于漫射散射表面和相干照明来说是不可避免的。这种噪声是乘性的,也就是说,与来自观察场景和接收机的附加热噪声相比,它与发射信号一起消失。假设衰落信号和热噪声都是不相关的平稳随机过程,可以用循环高斯统计描述,它们可以有不同的相关时间和方差,但都是零均值。

分析表明,通过N_{ind}个统计独立样本进行平均,得到的样本平均$\langle|X(\tau,f)|^2\rangle_{N_{ind}}$的统计可以用$|X(\tau,f)|^2$的总体平均来描述。这类似于传统有源雷达,其中统计数据由平均相关功率和数字N_{ind}确定[126]。由散斑噪声引起的样本平均互相关功率$\langle|X(\tau,f)|^2\rangle_{N_{ind}}$的残余方差约为$1/N_{ind}$。

了解衰减信号的相关时间τ_{cor}很重要,因为它决定了匹配滤波器处理的相干积分时间的选择。选择一个非常小的相干积分时间$T_I<\tau_{cor}$,将不允许相关器输出累积到其全部电势,而积分时间过长将不会改善独立样本的非相干求和。相关时间τ_{cor}可从复自相关函数或其功率谱[145-146]中提取,如 34.5.6 节所示。对于快速移动的平台(如飞机或卫星),τ_{cor}可通过接收机平台的平移速度V_R与信号的特征空间尺度相关,$\tau_{cor}=\rho_{cor}/V_R$。全球导航卫星系统发射机的运动通常也必须被考虑在内。可以使用 Van Cittert-Zernike 定理来近似这种效应。该定理指出,对于尺寸为D的空间非相干源,距离源L处的标度ρ_{cor}遵循经典衍射公式$\rho_{cor}=\lambda L/D$,式中:λ为信号载波的波长;D为与 DDM 相关的表面足迹的比例[146]。

34.5.5 散射场分布

粗糙表面散射的总场可以看作来自表面上多个单独散射体的基本波的组合。这些基本波可以被描述为$A_i e^{j\phi_i}$形式的随机相量,其中单个波的振幅A_i及其相位ϕ_i都是随机变量[92]。为了讨论粗糙表面上散射场的分布,考虑复平面中相量的随机组合:

$$X = re^{j\psi} = \sum_{i=1}^{n} A_i e^{j\phi_i} \tag{34.65}$$

对于粗糙表面或非镜面散射方向,我们可以考虑A_i具有相似的值,并且ϕ_i在区间$[-\pi,\pi]$内均匀分布。在这种情况下,可以证明r的 PDF 遵循瑞利分布[92],ψ是均匀分布的。中心极限定理可以用来证明实部和虚部服从高斯分布。这是一个相当普遍的结果,前提是相位ϕ_i以有限的平均值和方差均匀分布。

在镜面方向上稍微粗糙的表面上散射的情况下,某些相位带被放大,因此相位的均匀分布不再适用。事实上，单个散射体的相位分布可以直接与表面高度分布联系起来；对于高度标准偏差 σ_ζ 的高斯表面，相关相位也是正态分布，标准偏差可计算为

$$\sigma_{\phi_i} = 2k\sigma_\zeta \cos\theta \tag{34.66}$$

式中：$k = 2\pi/\lambda$ 为载波波数；系数 2 表示反射过程中波的双向传播距离。在这种情况下，随机复矢量叠加在一起，有利于复平面中的某个方向，即相位的平均值，从而产生不再以零为中心的总散射场分布。在一般情况下，散射场的最终分布可由常数矢量加上 Hoyt 矢量表示，Hoyt 矢量定义为均值为零且方差不相等的二维高斯分布。文献[92]的作者表示，在关于镜面反射方向的窄圆锥体外，粗糙表面散射的场振幅始终是瑞利分布的。如果表面非常粗糙，且不考虑掠入射，则散射场的振幅在任何地方都是瑞利分布的。

一般来说，单个散射体的相位色散增加的影响是双重的。首先，分布接近坐标原点，同时，场分布在复杂平面中的拱变宽。同样，振幅噪声增加的影响是实分布分量和虚分布分量的色散增加。这会影响最终散射场的振幅趋向于瑞利分布的速度。散射场振幅平均值与标准偏差之比，$r = \langle|X|\rangle/\sigma_{|X|}$，趋向于瑞利分布的理论值（0.523），并趋向更高的 σ_{ϕ_i} 值。散射场在复域中的分布也决定了信号的相干和非相干散射分量。以下将对散射场中的相干分量和非相干分量讨论：

相干散射和非相干散射的区别在于来自单个散射体的波组合生成最终散射场的方式。式(34.65)中总散射场的瞬时功率可计算为

$$Y = |X|^2 = \left|\sum_{i=1}^{n} A_i e^{j\phi_i}\right|^2 \tag{34.67}$$

以 A_i 为常数 1 为例，如果 n 个散射体的所有相位，即 ϕ_i 值相同，则合成散射场的功率为 n^2。另外，如果 ϕ_i 在 2π 间隔上均匀分布，则可以证明场的总功率等于 n。总场的相位也均匀分布在相同的间隔上，根据中心极限定理，其实部和虚部的分布遵循高斯分布。

这允许对相干性进行如下定义：如果整个场的相位均匀分布在 2π 的间隔上，那么它将是非相干性的；相反，如果总散射场的相位恒定，则定义为相干。在这两个极限之间，相干和非相干之间有一个渐进和连续的过渡。在与镜面方向不同的方向上，散射总是非相干的[92]。考虑高斯表面，即单个散射体具有正态分布相位的曲面，场的平均功率可以写成

$$\langle|X|^2\rangle = \alpha^2 + \sigma_R^2 + \sigma_I^2 \tag{34.68}$$

式中：σ_R^2 和 σ_I^2 分别为分布变量实部和虚部的方差；$\alpha = \langle|X|\rangle$ 为散射场的期望值，表示分布相对于原点的位移。相干和非相干散射分量的相对权重由参数 B 给出：

$$B^2 = \frac{\alpha^2}{\sigma_R^2 + \sigma_I^2} \tag{34.69}$$

此参数的范围为 $\infty \sim 0$，其为 ∞ 时表示相干散射，为 0 时表示完全非相干散射[65]。应当注意，随着相位标准差的增加，由于非相干散射分量相对于相干散射分量的相对权重增加，B 参数迅速趋向于较小的值。当 $B = 0$ 时，产生瑞利分布场。

34.5.6 二阶矩

GNSS-R 仪器产生的基本观测结果不是散射场本身，而是通过式(34.1)中的相关性产生的 DDM。相应的正向模型是 BRE 的一种形式[式(34.59)]。DDM 是一种噪声测量，式(34.59)表示均方值。我们将推导包含热噪声和散斑的复互相关结果的二阶矩统计模型。

由于表面的互相关过程和延迟多普勒掩蔽,这两个噪声源对 DDM 的影响以及由此对从 DDM 中检索到的所有后续数据产品的影响变得复杂。这导致 DDM 的后续时间样本之间以及不同延迟和多普勒的 DDM 样本之间存在相关性。在本节中,将根据文献[145-148]中的推导给出这些统计数据的二阶矩,分别称为"慢时间"和"快时间"。我们将假设海洋反射测量中常见的漫散射情况,其中相位是均匀分布的随机变量。

$X(\tau,f,t)$ 中同时存在散斑和热噪声。这些将单独建模:

$$X(\tau,f,t) = X_S(\tau,f,t) + X_N(\tau,f,t) \tag{34.70}$$

式中: $X_S(\tau,f,t)$ 为散射(衰落)信号的相关结果; $X_N(\tau,f,t)$ 为热噪声的相关结果; $X_S(\tau,f,t)$ 为时间 t 上的一个随机过程,因为接收机在反射面 $\zeta(\boldsymbol{\rho})$ 的随机高度上的运动。

$X_S(\tau,f,t)$ 的自相关:

$$C_{X_S}(\tau,f,\tilde{t}) \equiv \langle X_S(\tau,f,t) X_S^*(\tau,f,t+\tilde{t}) \rangle \tag{34.71}$$

是使用如下 KA-GO 模型得出的[146]:

$$C_{X_S}(\tau,f,\tilde{t}) = A^2 \iint \frac{|G(\boldsymbol{\rho})|^2 \sigma^0(\boldsymbol{\rho})}{4\pi R_0^2 R^2} \chi^2(\Delta\tau,\Delta f) e^{-2\pi j \Delta f(\boldsymbol{\rho}) \tilde{t}} d^2\rho \tag{34.72}$$

这描述了在相同延迟下按时间顺序收集的后续测量值与多普勒搜索区间(慢时间)之间的相关性。在原点 $C_{X_S}(\tau,f,0)$ 处估计自相关方程(34.72),将得出 DDM 方程(34.59)[19]的模型。功率谱也可以从式(34.72)[145]的傅里叶变换中推导出来,并可用于模拟 DDM 作为滤波器组[149]。

使用恒等式

$$\Lambda^2(\tau - \tau_S) = \int_{-\infty}^{\infty} \Lambda^2(\tau - \eta) \delta(\eta - \tau_S) d\eta \tag{34.73}$$

式(34.72)中的表面积分可表示为函数 $P_1(f,\tilde{t},\eta)$ 的卷积,表示延迟 η 和多普勒 f 时表面的散射功率。

$$C_{X_S}(\tau,f,\tilde{t}) = \int_{-\infty}^{\infty} \Lambda^2(\tau - \eta) \mathcal{P}_1(f,\tilde{t},\eta) d\eta \tag{34.74}$$

该式既为 GNSS-R 测量的响应提供了有用的解释,也为计算正演模型提供了一种数值有效的方法(通过计算 $C_{X_S}(\tau,f,0)$)[149-150]。

假设热噪声为白噪声,功率谱密度为 N_0。该量对 DDM 的自相关 $X_N(\tau,f,\tilde{t})$,可直接从式(34.1)得出:

$$C_{X_N}(\tau,f,\tilde{t}) = \frac{N_0}{T_I} \left(1 - \frac{|\tilde{t}|}{T_I}\right) \Pi\left(\frac{\tilde{t} + T_I}{2T_I}\right) \tag{34.75}$$

式(34.75)的解释很简单,热噪声的积分用作带宽为 $1/T_I$ 的低通滤波器。通常,后续积分是有限长度且不重叠的,因此根据式(34.75),它们将是不相关的, $C_{X_N}(\tau,f,T_I) = 0$。

"快时间"统计是指不同延迟下的 DDM 样本与多普勒之间的相关性,协方差矩阵为

$$C_\tau(\tau_i,\tau_j,f) \equiv \langle X(\tau_i,f,t) X^*(\tau_j,f,t) \rangle \tag{34.76}$$

定义本例中的二阶统计信息。该协方差矩阵的模型采用以下形式:

$$C_\tau(\tau_i,\tau_j,f) = \int_{-\infty}^{\infty} \Lambda(\tau_i - \eta) \Lambda(\tau_j - \eta) \mathcal{P}_1(f,0,\eta) d\eta \tag{34.77}$$

$X_N(\tau,f,t)$ 将在延迟搜索区间与 τ 之间关联,因为这些时间序列中的每个都是从相同

的输入噪声过程计算出来的,它的自相关为

$$C_{\tau,n}(\tau_i,\tau_j,f) \equiv \langle X_N(\tau_i,f)X_N^*(\tau_j,f)\rangle \tag{34.78}$$

可简化为

$$C_{\tau,n}(\tau_i,\tau_j,f) = \frac{N_0}{T_I}\Lambda(\tau_i - \tau_j) \tag{34.79}$$

在文献[148]中,提出了一个包含"慢时间"和"快时间"的类似模型,该模型是使用立体角积分导出的。

34.5.7 非相干平均

在许多应用中,为了增加测量SNR[式(34.2)],功率或波形幅度的平方经常被平均。使用雷达的定义,这被称为"非相干"平均,因为复杂波形中包含的相位信息丢失。假设各个平方波形是独立的,该平均能够通过增加数据长度的平方根提高SNR,用式(34.2)表示为整数个样本 $\sqrt{N}$ 。相反,通过积分时间 T_I 进行"相干"平均,它可以累积复杂样本,并且在提高信噪比方面更有效,其提高与积分时间 T_I 呈线性关系。相干积分的效率取决于反射信号的相关时间比 T_I 长,这是上一节研究时间相关或"慢时间"统计的动机。类似地,非相干平均的效率将取决于 N 个波形之间的相关性,通常表示为独立样本数 N_{ind}。无论实际平均样本数是多少,样本平均值的标准偏差将减少 $\sqrt{N_{\text{ind}}}$。

在本小节中,我们将按照文献[151]中的方法,将先前推导的复波形 $X(\tau,f,t)$ 统计结果扩展到均方波形,如式(34.2)所示。

首先,我们将推导平方波形 $Z = |X(\tau,f,t)|^2$ 在时间和延迟上的自协方差关系。

$$C_Z(\tau,f,\tilde{\tau},\tilde{t}) = \langle [Z(\tau,f,t) - \langle Z(\tau,f,t)\rangle] \\ [Z(\tau+\tilde{\tau},f,t+\tilde{t}) - \langle Z(\tau+\tilde{\tau},f,t+\tilde{t})\rangle]\rangle \tag{34.80}$$

替换复波形,并使用波浪号(~)表示参数 $\tau+\tilde{\tau}$ 和 $t+\tilde{t}$ 处的估计:

$$C_Z(\tau,f,\tilde{\tau},\tilde{t}) = \langle XX^*\tilde{X}\tilde{X}^*\rangle - \langle XX^*\rangle\langle \tilde{X}\tilde{X}^*\rangle \tag{34.81}$$

应用复高斯矩定理[152]将其简化为

$$C_Z(\tau,f,\tilde{\tau},\tilde{t}) = |\langle X(\tau,f,t)X^*(\tau+\tilde{\tau},f,t+\tilde{t})\rangle|^2 \tag{34.82}$$

这被简单地认为是复协方差矩阵大小的平方:

$$C_Z(\tau,f,\tilde{\tau},\tilde{t}) = |C_X(\tau,f,\tilde{\tau},\tilde{t})|^2 \tag{34.83}$$

其可根据前面章节中提出的方法进行计算。

N_{inc} 个波形非相干统计平均可以表示为

$$Y(\tau,f) = \frac{1}{N_{\text{inc}}}\sum_{k=0}^{N_{\text{inc}}-1} Z(\tau,f_D,t+kT_c) \tag{34.84}$$

平均值 $\langle Y(\tau,f)\rangle = \langle Z(\tau,f)\rangle$,必须考虑各个功率波形之间的相关性[151]。平均功率波形的协方差矩阵元素:

$$C_Y(\tau,f,\tilde{\tau}) = \langle [Y(\tau,f) - \langle Y(\tau,f)\rangle][Y(\tau+\tilde{\tau},f) - \langle Y(\tau+\tilde{\tau},f)\rangle]\rangle \tag{34.85}$$

通过在式(34.84)中替换找到

$$C_Y(\tau,f,\tilde{\tau}) = \frac{1}{N_{\text{inc}}^2} \sum_{k=0}^{N_{\text{inc}}-1} \sum_{l=0}^{N_{\text{inc}}-1} \langle Z(\tau,f_D,t+kT_c)Z(\tau+\tilde{\tau},f_D,t+lT_c)\rangle$$
$$- \langle Z(\tau,f)\rangle\langle Z(\tau+\tilde{\tau},f)\rangle \tag{34.86}$$

$$C_Y(\tau,f,\tilde{\tau}) = \frac{1}{N_{\text{inc}}^2} \sum_{k=0}^{N_{\text{inc}}-1} \sum_{l=0}^{N_{\text{inc}}-1} C_Z(\tau,f,\tilde{\tau},(k-l)T_I) \tag{34.87}$$

将第二个和的索引更改为 $m = k - l$:

$$C_Z(\tau,f,\tilde{\tau}) = \frac{1}{N_{\text{inc}}^2} \sum_{k=0}^{N_{\text{inc}}-1} \sum_{m=k}^{k-N_{\text{inc}}+1} C_Z(\tau,f,\tilde{\tau},mT_I) \tag{34.88}$$

功率信号的相关长度通常比非相干积分时间短得多(ms vs. 1s),因此第二个和将仅覆盖 N_{inc} 中的一小部分非零值 N_{cor},并且对于任何 k 都是相同的。式(34.88)中的第一个和减少为平均值,该表达式可近似为

$$C_Y(\tau,f,\tilde{\tau}) \approx \frac{1}{N_{\text{inc}}} \sum_{m=-N_{\text{cor}}}^{N_{\text{cor}}} C_Z(\tau,f,\tilde{\tau},mT_I) = \frac{1}{N_{\text{inc}}} \sum_{m=-(N_{\text{inc}}-1)}^{N_{\text{inc}}-1} C_Z(\tau,f,\tilde{\tau},mT_I)$$
$$\tag{34.89}$$

因为对 $|m| > N_{\text{cor}}$ 有 $C_Z(\tau,f,\tilde{\tau},mT_I) \approx 0$。根据单个复电压波形的协方差矩阵,使用式(34.83),其可以表示为

$$C_Y(\tau,f,\tilde{\tau}) = \frac{1}{N_{\text{inc}}} \sum_{m=-(N_{\text{inc}}-1)}^{N_{\text{inc}}-1} |C_X(\tau,f,\tilde{\tau},mT_I)|^2 \tag{34.90}$$

式(34.90)给出了一个用于计算 DDM 协方差矩阵的模型,该协方差矩阵是在对 N_{inc} 个复相关的功率 ($|X|^2$) 进行非相干平均后生成的,该功率是从之前提出的复相关器输出模型中得到的[43,146-148]。这可用于模拟 GNSS-R 接收机典型输出的统计数据,精确表示不同延迟和多普勒搜索区间之间的相关性。该模型可用于推导反射面的各种特性的最佳估计器,并用于评估预期性能(CRLB)。对于第一个相关性和平均值的影响,可以从协方差矩阵的对角线中找到 DDM 的方差:

$$\sigma_Y^2 = C_Y(\tau,f,0) = \frac{1}{N_{\text{inc}}} \sum_{m=-(N_{\text{inc}}-1)}^{N_{\text{inc}}-1} C_Y(\tau,f,0,mT_I) \tag{34.91}$$

这可用于计算 τ,f 搜索区间中的独立样本数 N_{ind}:

$$\sigma_Y^2 = \frac{\sigma_Z^2}{N_{\text{ind}}} \tag{34.92}$$

式中: $\sigma_Z^2 = C_Z(\tau,f,0,0)$。因此有

$$N_{\text{ind}} = \frac{N_{\text{inc}} C_Z(\tau,f,0,0)}{\sum_{m=-(N_{\text{inc}}-1)}^{N_{\text{inc}}-1} C_Z(\tau,f,0,mT_I)} \tag{34.93}$$

34.5.8 双卷积实现

如果积分变量改为延迟 τ 和多普勒 f,则式(34.59)中的曲面积分可表示为二维卷积

$$Y(\tau,f) = \chi^2(\tau,f) ** \Sigma(\tau,f) \tag{34.94}$$

其中

$$\Sigma(\tau,f) = \iint \frac{G_R(\tau',f')\sigma^0(\tau',f')}{4\pi R_0^2(\tau',f')R^2(\tau',f')}\delta(\tau-\tau')\delta(f-f')|J(\tau',f')|\mathrm{d}\tau'\mathrm{d}f' \tag{34.95}$$

由于变量的这种特殊变化，由此产生的狄拉克函数将导致二重积分消失，只允许在 $\tau = \tau'$ 和 $f = f'$ 时计算 $\Sigma(\tau,f)$，从而导致

$$\Sigma(\tau,f) = \frac{G_R(\tau,f)\sigma^0(\tau,f)}{4\pi R_0^2(\tau,f)R^2(\tau,f)}|J(\tau,f)| \tag{34.96}$$

式中：$|J(\tau,f)|$ 为雅可比矩阵。在 (τ,f) 中比在表面坐标 ρ 中所需的更小的域上，使用 FFT 方法的双卷积可以有效地计算完整的 DDM。如图 34.4 所示，表面位置和延迟多普勒之间的映射不是 1∶1，因此式(34.96)必须分为两个部分，对应于表面上具有相同 (τ,f_D) 的两个点。同时，还需要两个不同的雅可比矩阵，完整表达式见文献[150]。给定几何体的多普勒频率是有界的，可以在 FZ 中的延迟多普勒坐标处执行这些计算，从而导致 $\Sigma(\tau,f_D)$ 的物理意义上的复值。因此，一个必要的步骤是在延迟多普勒空间中检测这些"禁止"区域并将其屏蔽。

34.5.9 GNSS-MR 物理模型

GNSS-MR 需要建模的基本量(在 34.4.6 节中介绍)是干涉功率 $P_I = P_R/P_D$ 和干涉相位 $\phi_I = \phi_R - \phi_D$，下标 R 和 D 分别表示反射信号和直接信号[153-154]。这些可表示如下[155]：

$$P_D = P_D^R G_D^R \tag{34.97}$$

$$P_R = P_D^R \varXi^2 S^2 \tag{34.98}$$

式中：P_D^R 为可由各向同性天线直接接收的 RHCP 功率分量(可忽略其中的 LHCP 分量或"直接"GNSS 发射机功率 P_D^L)；因子 $G_{D,R}^{R,L}$ 为在直接和反射方向上评估的每个极化(RHCP 和 LHCP)的天线增益；$\Phi_{D,R}^{R,L}$ 为相应的天线相位图分量。$\varXi^2$ 功率因数来源于 $\varXi = \varXi^R + \varXi^L$，复表面/天线耦合系数，其 RHCP 和 LHCP 分量为

$$\varXi^R = R_{RR}\sqrt{G_R^R}\exp(j\Phi_R^R) \tag{34.99}$$

以及

$$\varXi^L = R_{LR}\sqrt{G_R^L}\exp(j\Phi_R^L) \tag{34.100}$$

式中：R_{RR} 和 R_{LR} 分别为共极化和交叉极化表面反射系数。使用经典菲涅耳反射系数[式(34.30)与式(34.31)]将假设半无限半空间或单界面模型。在布鲁斯特角，这将使得 $|R_{RR}| = |R_{LR}|$，从而将趋向掠入射的 RHCP 信号与接近正常入射的 LHCP 信号区分开来。文献[119]中描述了平板或双界面模型(如空气-雪地)，而文献[54]中描述了多层模型。

注意，非相干散射模型不适用于 GNSS-MR，因为只有相干波才能进行叠加或干扰。这转换为低噪声或确定性干涉相位的假设。不同的相干度被合并为相干功率损耗因子 S^2，它是与偏振无关的波数的函数[92]，之前在式(34.61)中与瑞利参数的定义一起引入

$$S^2 = \exp(-k^2\sigma_\zeta^2\cos^2\theta) \tag{34.101}$$

这说明了相对于平均面或趋势面(不一定是平面)[154]的小尺度随机高度变化,这种变化可能由海风等因素引起。我们忽略了相位上随机粗糙度的系统效应,这导致了在波峰优先照射的情况下表面明显上升[156-157]。

最后,干涉相位 ϕ_I 可以表示为

$$\phi_I = \phi_\Xi + k\tau_I - \Phi_D^R \tag{34.102}$$

式中:$\phi_\Xi = \arg(\Xi)$ 为表面/天线耦合系数 Ξ 引起的相位;τ_I 为干涉传播延迟;Φ_D^R 为天线相位对直接信号传播的贡献。干涉延迟 τ_I 可根据式(34.3)为水平表面建模,$\tau_I = 2h\sin\gamma$[158],其中 $\gamma = \pi - \theta$ 是卫星仰角,通常用于导航或 GNSS 大地测量等应用。它只考虑了真空传播延迟,而忽略了大气延迟[159]。

可以看出,干涉相位对反射计高度 h 很敏感,可以用这种技术恢复反射计高度 h。由于反射计高度的显著变化会导致真空传播延迟,该延迟会主导干涉相位的其他分量,例如天线相位图和复菲涅耳反射系数的参数,因此搜索过程被简化。提取用于雪和水感应的多径频率的主要要求是,天线在反射面上方大约有两个波长,即对 L1 和 L2 来说为 40~50cm。如果天线比这个距离近,则很难区分反射信号和信号整体趋势[154]。

对于 GNSS-MR 的应用,28.6.4 节给出了具体的介绍。

34.5.9.1 可观测量

根据上述基本量,我们现在转向 GNSS-MR 中使用的主要多径观测值:信噪比。实际应用中,其由接收机给出载波-噪声密度比值 C/N_0 来获得。虽然信噪比测量通常以对数尺度(dB)SNR_{dB} 给出,但以线性尺度对其建模更为方便。它是动态 tSNR 和晶振 dSNR 的和,SNR = tSNR+dSNR,其幅度包络为 aSNR:

$$\text{tSNR} = P_D(1 + P_I)P_N^{-1} \tag{34.103}$$

$$\text{dSNR} = 2P_D\sqrt{P_I}P_N^{-1}\cos\phi_I = \text{aSNR}\cos\phi_I \tag{34.104}$$

式中:噪声功率 P_N 为一个缓慢变化的时间函数,可以假定在短时间间隔内为常数。

SNR 观测值(dB)相对于动态的偏差如下[155]:

$$\text{uSNR}_{dB} = \text{SNR}_{dB} - \text{tSNR}_{dB} = (1 + \text{dSNR/tSNR})_{dB} \tag{34.105}$$

在以下表达式中,干扰相加和干扰相消分别用±表示:

$$\text{eSNR}_{dB} = \pm(1 \pm \text{vSNR})_{dB} \tag{34.106}$$

其中,vSNR 是所谓的条纹可见度,通常在光学和无线电干涉测量中定义:

$$\text{vSNR} = \frac{\text{aSNR}}{\text{tSNR}} = \frac{2\sqrt{P_I}}{1 + P_I} \tag{34.107}$$

我们现在讨论 GNSS-MR 中使用的两个不太常见的观测值。载波相位多径误差可以用干涉量表示如下:

$$\phi_e = \text{atan2}(\sqrt{P_I}\sin\phi_I, 1 + \sqrt{P_I}\cos\phi_I) \approx \sqrt{P_I}\sin\phi_I \tag{34.108}$$

式中:$\text{atan2}(\cdot,\cdot)$ 为双参数四象限反正切,右侧的近似值假定 $P_I \ll 1$。对于较小的干涉测量延迟(τ_I 比码片小得多),码延迟或伪距多径误差可以近似为

$$\tau_e = \tau_I\sqrt{P_I}\cos\phi_I/(1 + \sqrt{P_I}\cos\phi_I) \approx \tau_I\sqrt{1 - \phi_e^2} \tag{34.109}$$

其中,右侧的第二个近似值假设了小延迟和小功率($P_I \ll 1$)。

对于反射计高度的影响,可以模拟所有 3 个可见光[160],如图 34.10 所示。图 34.11 显

示了 SNR、载波相位和伪距时间序列对反射材料(即介电常数)的依赖性。

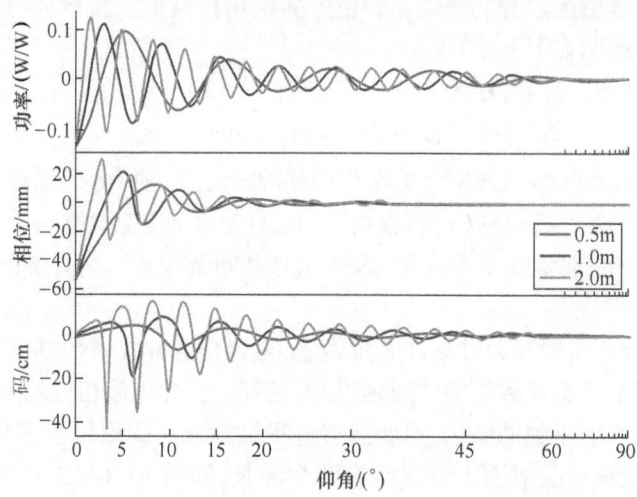

图 34.10　反射计高度对 GPS 多路径误差的影响。等于 1/2m、1m 和 2m 的反射计高度值分别以红色、蓝色和绿色显示[153]
(经 Springer Nature 许可转载。)

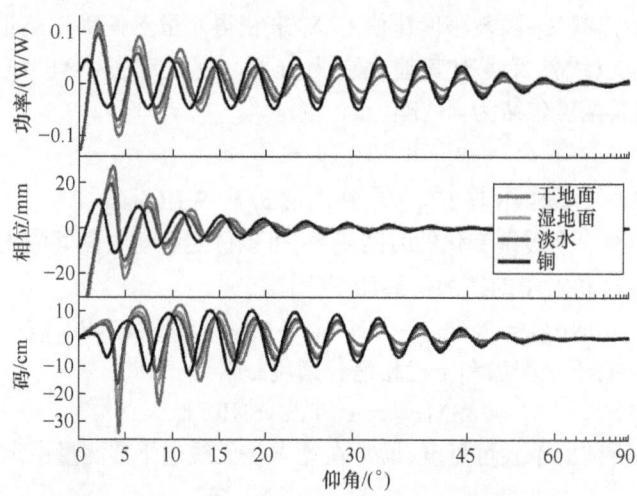

图 34.11　地表物质成分对 GPS 多路径误差的影响[153]
(经 Springer Nature 许可转载。)

34.5.9.2　数据分析

环境条件可以与 GNSS-MR 观测中出现的多径信号的频率、相移和振幅联系起来。对于信噪比观测来说,物理联系特别容易。如果各向同性天线位于由恒定入射功率照亮的理想导电表面上,则 SNR 时间序列将是自变量 $2k\sin\gamma$ 的正弦函数。在更真实的测量条件下,函数变得更复杂,但多项式/光谱模型通常是够用的。低阶多项式可用于估计 tSNR。dSNR 的光谱分析(如 Lomb-Scargle 周期图)表明了一个光谱峰值,其位置指向主要反射计高度。相移可以通过已知频率的正弦曲线的最小二乘拟合来估计。其中,一种更精细的方法是使用单独发现的参数值作为初始猜测,对原始 SNR 观测值进行精细联合反演[154]。

如果对足够数量的振荡周期进行采样以满足奈奎斯特准则,则可以将数据进一步分割成更小的块。尽管对于 2m 的情况,由于轨道的持续时间为 1~2h,30s 的间隔是足够的,但对于非常高的天线,可能需要 1Hz 或更高的采样率。对于在给定站点跟踪的所有卫星,可将独立检索合并为每小时平均值或每日平均值。或者,如果散射条件在不同方位具有可比性,则可以通过多卫星观测同时估计参数。这已在海平面感测中得到证实。对于积雪感测,由于积雪表面不是水平的,因此轨迹将更加不同。事实上,在积雪感测中,必须从积雪高度中减去与方位角相关的裸露地面反射计高度,以获得积雪的深度或厚度。最后,可以进一步平均从不同的编码调制、载波频率和 GNSS 星座进行的检索,以实现更稳健的站点范围检索。

建模过程中忽略的物理效应可能会成为检索中的误差源。例如,如果曲面正在移动,如在潮汐水域中,反射计高度的反演将受到的偏移量[115]

$$H_{\dot{H}} = \dot{H}\tan\gamma/\dot{\gamma} \tag{34.110}$$

式中:$\dot{H} = \partial H/\partial t$ 为垂直速度;$\dot{\gamma} = \partial\gamma/\partial t$ 为仰角速率。因此,上升和下降卫星(分别为 $\dot{\gamma}>0$ 和 $\dot{\gamma}<0$)将给出不同的海平面估计值。同样,干涉测量对流层延迟 τ_T 取决于仰角,它在 10° 卫星仰角以下和 10m 反射计高度以上产生分米级的负对流层高度偏差 H_T(低估反演值)[161]。一般而言,对于干涉相位中的每一项,可以将相应的反射计高度项定义为

$$H = \frac{\partial \phi_I}{\partial k_Z} \tag{34.111}$$

这是干涉相位相对于垂直波数 $k_Z = 2k\sin\gamma$ 的变化率,后者可解释为仪器的垂直灵敏度。

34.5.10 ICF 模型

34.4.7 节介绍的 ICF 可用于测量散射场的时间相关性。假设对代码和数据位进行完美的"擦除",可以从曲面积分中导出此模型。在通常将 ICF 应用于路径延迟远小于码周期 T_c 的固定塔时,该假设是合理的。

$$X(\tau_S,t) = \frac{-je^{j(\Delta\omega+n\pi)}}{4\pi}\iint\sqrt{G(\boldsymbol{\rho})}\,\mathcal{R}\frac{e^{jk(R(\boldsymbol{\rho})+R_0(\boldsymbol{\rho}))}}{R(\boldsymbol{\rho})R_0(\boldsymbol{\rho})}(\boldsymbol{q}\cdot\hat{\boldsymbol{n}})\mathrm{d}^2\boldsymbol{\rho} \tag{34.112}$$

式(34.112)中的被积函数可以展开为幂级数来计算自相关[式(34.57)]:

$$\langle e^{-2jk\cos\theta[\zeta(\boldsymbol{\rho},t)-\zeta(\boldsymbol{\rho}+\Delta\boldsymbol{\rho},t+\Delta t)]}\rangle = e^{-4k^2\theta\sigma_\zeta^2[1-R_\zeta(\Delta\boldsymbol{\rho},\Delta t)]\cos^2} \tag{34.113}$$

这需要一个海平面高度的自相关模型 $\zeta(\boldsymbol{\rho},t)$,在空间和时间上为 $C_\zeta(\Delta\boldsymbol{\rho},\Delta t)$。

假设空间和时间变化是独立的,近似为抛物线,它们将由相关长度 l_ζ 和相关时间 τ_F 来定义。这些将使得 ICF 自相关作为高斯函数的模型:

$$C_I(\tau) = A(\sigma_\zeta, l_\zeta, \theta, G_R)e^{-\frac{\tau}{2\tau_F}} \tag{34.114}$$

给出了从信号测得的 τ_F 与海洋表面的 l_ζ 之间的基本关系:

$$\tau_F = \frac{l_\zeta}{2k\sigma_\zeta\sin\gamma} \tag{34.115}$$

该关系允许从 ICF、τ_F 获得的测量值用于估计粗糙表面 l_ζ 的随机特性,其在 34.6.6.1 节中显示为 SWH 的函数。

34.5.11　GNSS-R 测量仿真

模拟器用于生成用于算法测试和任务设计的合成测量值。在 GNSS-R 的情况下,这通常意味着在给定的表面条件下,在某种加工水平上合成 DDM。当前已经开发了几个详细的模拟代码,其中包含完整任务的规范,包括星载平台、仪器、天线方向图、接收机中的延迟多普勒处理以及轨道和姿态动力学模型[162-166]。这种"端到端模拟器"(E2ES)在卫星任务设计和分析中起着重要作用。

海洋测量模拟器使用某种形式的 BRE[式(34.59)]模拟 DDM 功率的平均值。这在散射表面上包含了1个二重积分,造成了很高的计算负担,特别是对于闪烁区可能需要非常大的星载测量。使用 34.5.6 节和 34.5.8 节中给出的卷积的各种模型公式可用于减少计算负担。

模拟 DDM 的统计数据也必须准确表示实际测量的预期数据。因为检索算法会随时间的变化,对 DDM 的多个部分进行合并和平均,所以 DDM(快时间)和顺序 DDM(慢时间)样本之间的相关性的真实表示尤其重要。

最通用的模拟器将合成由真实光谱模型定义的随机散射表面,然后应用计算电磁学方法在接收机处生成场。到达接收机的大量散射光线与其时间变化之间的干扰将准确表示衰落的影响。除计算量大之外,这种方法还需要生成新的表面,并为模拟噪声观测的每个新实现重新计算散射模型。

在 CYGNSS 端到端模拟器(E2ES)[166]中实现了该方法的近似值。这是基于将 DDM 表示为延迟和多普勒坐标中的模糊函数和 $\Sigma(\tau, f_D)$ 之间的卷积[式(34.94)],以及延迟和多普勒中的散射功率分布。$\Sigma(\tau, f_D)$ 可以通过在接收机位置产生复电压来模拟,该复电压由表面上每个面的累积反射产生。这些分量中的每一个都是一个随机变量,其幅值等于 $\sqrt{\Sigma}$,相位 ψ 服从均匀分布。从表面上 $\boldsymbol{\rho}$ 处的小平面开始,该相位的时间变化建模为

$$\psi(\boldsymbol{\rho}, t) = \psi_0(\boldsymbol{\rho}) - \frac{2\pi}{\lambda}[R(\boldsymbol{\rho}) + R_0(\boldsymbol{\rho})] + 2\pi f_D(\boldsymbol{\rho}, t)t \qquad (34.116)$$

式中: $\psi_0(\boldsymbol{\rho})$ 为在 $\{-\pi, \pi\}$ 范围内均匀分布的随机变量; $f_D(\boldsymbol{\rho}, t)$ 为多普勒。该面对总散射场的贡献由下式给出:

$$H(\boldsymbol{\rho}, t) = H_0(\boldsymbol{\rho}) e^{j\psi(\boldsymbol{\rho}, t)} \qquad (34.117)$$

其中振幅 $H_0(\boldsymbol{\rho})$ 包括雷达方程中的所有增益和损耗。转换为延迟和多普勒坐标时,将其设置为 $\sqrt{\Sigma}$。将该变换应用于式(34.117)中的随机化 $H(\boldsymbol{\rho}, t)$,以给出延迟多普勒空间 $\mathcal{S}$ 中的随机变化电压:

$$\mathcal{S}(\tau, f) = \iint H_0(\boldsymbol{\rho}) \delta(\tau(\boldsymbol{\rho}) - \tau) \delta(f(\boldsymbol{\rho}) - f) \mathrm{d}^2\boldsymbol{\rho} \qquad (34.118)$$

然后将其与模糊函数卷积,以实现复相关:

$$X(\tau, f) = \mathcal{S}(\tau, f) ** \mathcal{S}(\tau, f) \qquad (34.119)$$

此时可能会添加热噪声。随后,可以使用前面描述的方法处理得到的合成 DDM,包括式(34.2)的平均值。

在某些应用中可能需要使用大量 DDM 进行蒙特卡罗仿真。如果必须生成 1 个新的随机曲面,并且每次都计算卷积式(34.119),那么这将增加计算负担。另一种方法是,在公式中建立快慢时间相关的模型。式(34.72)和式(34.77)可用于设计一对滤波器组,如图 34.12[149]所示。合成白噪声被传递到一个滤波器组中,生成一组独立的噪声信号,每个延迟多普勒单元对应 1 个,具有适当表示特定单元中信号的时间相关性的频谱。然后,使用式(34.77)中的延迟相关矩阵将这组独立时间序列转换为具有正确搜索区间的相关集合。用这种方法,将方程的数值积分。式(34.72)和式(34.77)仅执行 1 次(通过卷积实现)。每种新的实现都只需要在计算中以较小的增量成本生成和过滤合成噪声。

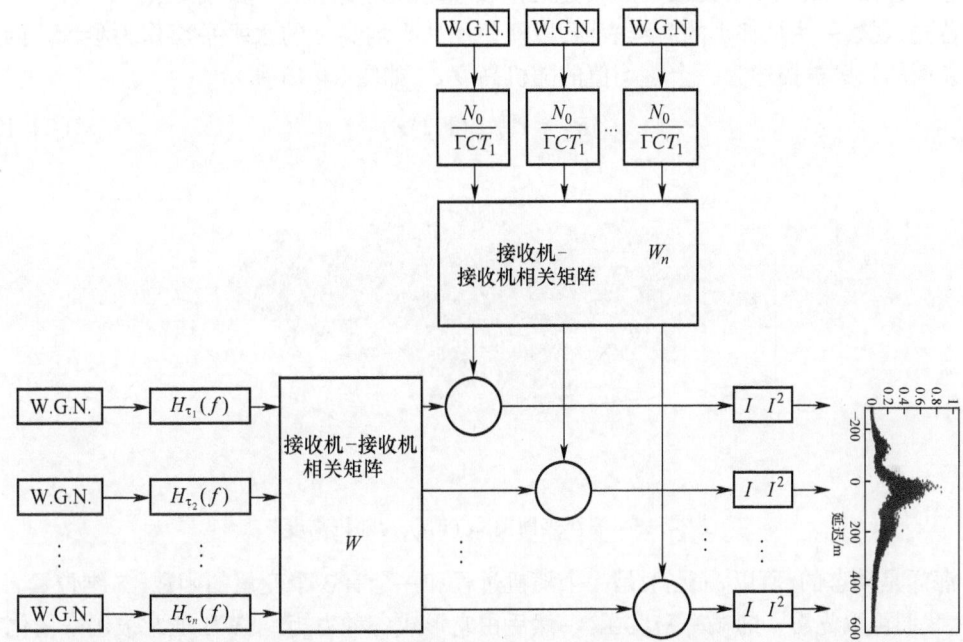

图 34.12 作为滤波器组实现的 GNSS-R DDM 模拟器。从复 DDM $Y(\tau, f)$ 中的每个点开始的时间序列使用滤波器生成,其响应 $H_{\tau_k}(f)$ 由式(34.72)的傅里叶变换计算得出。然后将这些独立的时间序列乘以式(34.77)定义的协方差矩阵,以实现 DDM 的延迟样本之间的正确相关性[149]
(经 IEEE 许可转载。)

34.6 海风和粗糙度

如 34.1 节中所述,由于海水在 L 波段的高反射率(约 62%),海洋表面的反射信号非常强。这一事实使利用改进的导航接收机开发工具包对海洋反射的全球导航卫星系统信号进行早期观测成为可能。因此,GNSS-R 的海洋学应用是最早开发的,并经历了 20 年的理论开发、空中项目验证和卫星任务。

34.6.1 海洋表面的统计描述

34.5 节中开发的粗糙表面散射模型取决于表面的两个特性:反射率(由菲涅耳系数描述,$\mathcal{R}$)和粗糙度的统计表示(斜率概率密度函数,$P_v(\cdot)$,高度概率密度函数 $P_\zeta(\cdot)$,或高度谱)。对于海洋反射,发射率与海面温度(SST)和盐度(SSS)[9]有关。这种依赖性很弱,目前还没有证明从 GNSS-R 观测反演 SSS。另外,海洋表面的粗糙度可以通过 DDM 的变化很容易地感测到。这种敏感性为估算近地表风速和 SWH 提供了物理基础。粗糙度本身也是一种测量方法。海面盐度(SSS)微波辐射测量反演中粗糙度效应的校正就是这样一种应用[77,167]。本节总结描述随机海洋表面的常规定义,然后将这些数据与 34.5 节中的模型相结合,将 DDM 中的可观测变化与有意义的海洋学量联系起来。我们对海浪的介绍性评论通常遵循 Kinsman 的文献[168],这是该领域进阶阅读的推荐参考文献。

首先,观察一块足够小的海洋表面,以便使用其平均高度的水平平面作为参考。因此,海洋表面的轮廓被描述为一个零均值的随机高度 ζ,如图 34.13 所示。

$$R_S = r + \zeta(r,t)\hat{z} \tag{34.120}$$

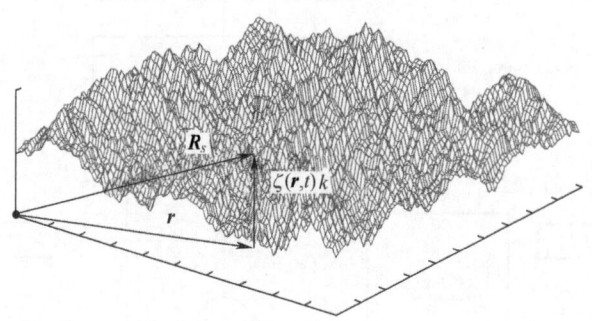

图 34.13 海洋表面图[$\zeta(r,t)$ 为随机高度]

海洋是动态的,所以 $\zeta(r,t)$ 是一个随机过程和一个有 3 个变量的函数(二维位置 r,时间 t),我们可以先看 ζ 的概率密度函数,然后由它形成各种力矩。SWH 通常被用来量化"海况",定义为最高 1/3 观测波的平均值,或者标准差或高度的 4 倍。前者的定义将由 $H_{1/3}$ 表示,后者由 $H_{m0} = 4\sigma_\zeta$ 表示,尽管两者之间的差异只有几个百分点。

KA-GO 模型中的散射截面[式(34.63)]取决于矢量表面斜率的概率密度函数,$P_v(s)$ 定义上风(u)和侧风(c)方向的单位矢量,$r = r_u\hat{u} + r_c\hat{c}$,表面坡度矢量为

$$v = \frac{\partial \zeta}{\partial r_u}\hat{u} + \frac{\partial \zeta}{\partial r_c}\hat{c} \tag{34.121}$$

相应的均方斜率为

$$\sigma_u^2 = \langle \left(\frac{\partial \zeta}{\partial r_u}\right)^2 \rangle, \sigma_c^2 = \langle \left(\frac{\partial \zeta}{\partial r_c}\right)^2 \rangle \tag{34.122}$$

我们已经开发了几种经验模型,将风生波的坡度概率密度函数作为近地表风速的函数。Cox 和 Munk[169]通过在风速为 1~14m/s(高度为 12.5m)的情况下利用太阳闪烁的航空摄影测量了海洋坡度分布,然后拟合了 Gram-Charlier 概率密度函数模型:

$$P_{\phi}(s) = \frac{1}{2\pi\sigma_u\sigma_c} e^{-\frac{1}{2}(\xi^2+\eta^2)} \left[1 - \frac{1}{2}c_{21}(\xi^2-1)\eta - \frac{1}{6}c_{03}(\eta^3-3\eta) + \frac{1}{24}c_{40}(\xi^4-6\xi^2+3) \right.$$
$$\left. + \frac{1}{4}c_{22}(\xi^2-1)(\eta^2-1) + \frac{1}{24}c_{04}(\eta^4-6\eta^2+3) \right] \quad (34.123)$$

连续 4 次提供系数 σ_u、σ_c 和 $c_{k,l}$ 与风速之间的经验关系。$\xi = s_c/\sigma_c$ 和 $\eta = s_u/\sigma_u$ 为标准化斜率。

在对 GNSS-R 数据进行建模或解释时,通常假定正常的概率密度函数($c_{k,l}=0$)。方向效应也常常被忽略,导致使用各向同性 $\text{MSS}\sigma_{iso}^2 = \sigma_u^2 + \sigma_c^2$ 作为单一参数来描述海洋粗糙度。然而,已有实验证据表明,概率密度函数中可以观察到一些非高斯特征[170]。考虑表面坡度概率密度函数中的非高斯特征需要了解坡度、偏度和峰值的第三和第四统计矩。目前,尚未获得适用于 L 波段反射的这些系数的数值。

对坡度概率密度函数的直接实验测量[169,171]使用了光学波长,可以准确地描述随机海洋表面的真实形状。与 GNSS 波长相比,海洋表面的某些特征具有较小的尺度和相关长度。因此,这些模型捕获的统计数据包含 KA-GO 模型被认为有效的范围之外的一些成分。为了从 KA-GO 中生成精确再现 GNSS-R 观测结果的数值结果,必须对光学观测生成的概率密度函数模型进行调整,以得出这些小尺度特征对总表面粗糙度的贡献。在保持 KA-GO 模型的简单性的同时,在实践中显示出产生良好结果的一种方法是简单地将 MSS 降低 1 个因子。这种方法被用于微波辐射测量[172],其中 Cox 和 Munk 模型的 MSS 乘以与频率(1575.42MHz 时为 0.34)呈比例的校正因子。从 GNSS-R 测量值[21]中还推导出了一个经验模型。该模型对 Cox 和 Munk 进行了修正,这是通过拟合在大范围的风条件下收集的大量实验观测数据而得到的经验发现的。表 34.2 给出了适用于 GNSS-R 的坡度概率密度函数模型的总结。

表 34.2 海洋坡度概率密度函数的经验模型,式(34.123)中定义的分布系数

参考文献	函 数	来 源
Cox 和 Munk (1954)[169]	$\sigma_{c,cm}^2 = 0.003 + 0.00192U_{12.5}(1 \leq U \leq 14\text{m/s})$	太阳闪光摄影
Wu(1972)[173]	$\sigma^2 = \begin{cases} 0.01\ln U_{10} + 0.012(U_{10} \leq 7\text{m/s}) \\ 0.085\ln U_{10} - 0.145(15 \geq U_{10} \geq 7\text{m/s}) \end{cases}$	Cox & Munk 模型数据
Wilheit(1979)[172]	$\sigma^2 = 0.34\sigma_{cm}^2$	微波辐射测量
Shaw 和 Churnside(1997)[171]	$\sigma_a = \begin{cases} 1.42 - 2.80R_I & (-0.23 < R_I < 0.27) \\ 0.65 & (R_I \geq 0.27) \end{cases}$	扫描式激光闪烁计
Katzberg 等(2006)[21]	$\sigma_u^2 = 0.45[0.000 + 0.00316g(U)]$ U_H = 海面以上 H m 处的风速 R_I = 理查森数	机载 GNSS-R 和北斗-模型[174]

34.6.2 谱模型

如果光谱模型可用,表面斜率分布的这种"减少"可以作为低通滤波器来实现,只保留

大于某些截止值的波数的贡献。为了提供这种方法的基础,我们将介绍在频率和波数域中随机海洋表面的传统描述。

海洋表面的高度 $\zeta(r,t)$ 在空间和时间上都有所不同。海洋表面高度的一般自相关① 可以定义为

$$C_\zeta(\boldsymbol{\rho},\tau;\boldsymbol{r},t) = \langle \zeta(\boldsymbol{r},t)\zeta(\boldsymbol{r}+\boldsymbol{\rho},t+\tau) \rangle \tag{34.124}$$

和对应的光谱是傅里叶变换:

$$\Phi(\boldsymbol{k},\omega;\boldsymbol{r},t) = \frac{1}{(2\pi)^3} \int_{\boldsymbol{\rho}} \int_\tau C_\zeta(\boldsymbol{\rho},\tau;\boldsymbol{r},t) e^{j(\boldsymbol{k}\cdot\boldsymbol{\rho}-\omega\tau)} d\tau d^2\rho \tag{34.125}$$

式中:k 为波数矢量;ω 为在时间 t 海洋位置 r 上的频率。这提供了海洋表面变化的最一般顺序,即在每一个海洋表面 r 和每个时间 t 海洋表面上每个点的波数和频率。根据文献[168]中的术语,分号后的参数表示频谱的时空依赖性和自相关性。在实践中,这种广义的描述是不容易理解的。空间和时间变化几乎总是分开考虑,并假定为均匀的和平稳的。

首先,只考虑空间变化,通过在 $\tau=0$ 处评估自相关性[式(34.125)的傅里叶逆变换]:

$$C_\zeta(\boldsymbol{\rho},0;\boldsymbol{r},t) = \int_k \int_\omega \Phi(\boldsymbol{k},\omega;\boldsymbol{r},t) e^{-j\boldsymbol{k}\cdot\boldsymbol{\rho}} d\omega d^2 k \tag{34.126}$$

假设表面是同质的,对 r 的依赖性就消失了:

$$C_\zeta(\boldsymbol{\rho},0;t) = \int_k \psi(\boldsymbol{k},t) e^{-j\boldsymbol{k}\cdot\boldsymbol{\rho}} d^2 k \tag{34.127}$$

式中:$\Psi(\boldsymbol{k};t)$ 为二维波数谱,通过对所有频率积分,与式(34.125)中的一般谱相关:

$$\Psi(\boldsymbol{k};t) = \int_\omega \Phi(\boldsymbol{k},\omega;t) d\omega \tag{34.128}$$

对所有波数积分得到总波功率:

$$\langle \zeta^2 \rangle = C_\zeta(0,0;t) = \int_k \Psi(\boldsymbol{k};t) d^2 k \tag{34.129}$$

式中:$\Psi(\boldsymbol{k};t)$ 为所有频率下波数 k 的波对总波功率 $\langle \zeta^2 \rangle$ 的贡献。

仅考虑时间变化,设 $\boldsymbol{\rho}=0$,有

$$C_\zeta(0,\tau;\boldsymbol{r},t) = \int_k \int_\omega \Phi(\boldsymbol{k},\omega;\boldsymbol{r},t) e^{j\omega t} d\omega d^2 k \tag{34.130}$$

假设这个过程是平稳的,则

$$C_\zeta(\tau;\boldsymbol{r}) = \int_\omega F(\omega;\boldsymbol{r}) e^{j\omega\tau} d\omega \tag{34.131}$$

我们得到了频谱 $F(\omega)$,它表示所有具有频率 ω 的波对 $\langle \zeta^2 \rangle$ 的贡献,无论其方向或波数如何。例如,浮标使用加速度计或倾角计测量 $F(\omega)$。

目前为止,把波数和频率看作相互独立,就像它们在一般情况下一样。在适用于深水波的小振幅理论中,波数与频率之间存在一一对应关系,由色散关系给出:

$$\omega^2 = gk \tag{34.132}$$

式中:g 为局部重力加速度。在这个理论中,每个频率为 ω 的波只以一个波数 k 传播,这个波数 k 可以来自任何方向。

由于目前缺乏这些高阶矩的知识,几乎总是假定一个正常概率密度函数。假设它为正

---

① 这也是自协方差,我们假设高度扰动是零均值。

态分布,可以利用基本的傅里叶变换关系直接从频谱模型中计算出斜率概率密度函数:

$$\sigma_u^2 = \int_k k_u^2 \Psi(k) \mathrm{d}^2 k \tag{34.133}$$

$$\sigma_c^2 = \int_k k_c^2 \Psi(k) \mathrm{d}^2 k \tag{34.134}$$

在34.6.1节的讨论之后,在KA-GO模型中正确使用这些MSS值之前,必须将其降低到只包括大尺度的波能。这基本上是通过对频谱进行低通滤波,以去除大于截止波数的能量或除以波数k^*来实现的。

$$\sigma_{\{u,c\}}^2 = \int_{|k|\leq k^*} k_{\{u,c\}}^2 \Psi(k) \mathrm{d}^2 k \tag{34.135}$$

$k^* = 2\pi/(3\lambda)$(等于11rad/m在L1频段)已经在文献[19]中得到了验证。通过将KA-GO结果与更复杂的PO模型[23]匹配,得出了作为风速和入射角函数的k^*的另一个表达式。

目前还没有发现GNSS-R对风向有很强的敏感性。通常使用各向同性MSS,这可以从式(34.135)中找到:

$$\sigma_{\mathrm{iso}}^2 = \int_{|k|\leq k^*} k^2 \Psi(k) \mathrm{d}^2 k \tag{34.136}$$

将式(34.136)在极坐标(k,ϕ)积分得到:

$$\sigma_{\mathrm{iso}}^2 = \int_0^{k^*} k^2 S(k) \mathrm{d}k \tag{34.137}$$

式中:$S(k)$为全向谱,有

$$S(k) = \int_{-\pi}^{\pi} \Psi(k,\phi) \mathrm{d}\phi \tag{34.138}$$

IEM或SSA等模型不依赖斜率的概率密度函数,它们采用完整的表面频谱$\Psi(k)$,而没有在划分波数κ_*处截断它。

理想的海面谱可以通过求解波浪作用平衡方程得到(见文献[175])。然而,半经验模式最常用来描述海洋表面波谱在遥感中的应用。这些模型来自现场和遥感测量,描述了深水中的波谱。有时,他们还考虑了波龄描述的波浪发展。

Elfouhaily等[20]提出了一个这样的光谱模型。它已被公认为GNSS-R观测建模的标准。图34.14显示了该模型生成的全向谱。垂直线表示分界波数为11rad/m。双向斜率谱(极坐标)表示为全向谱$S(k)$和一个扩频函数$\Phi_s(k,\phi)$的乘积:

$$\Psi(k,\phi) = \frac{1}{k} S(k) \Phi_s(k,\phi) \tag{34.139}$$

该模型通过反向波龄参数化Fetch效应,反向波龄定义为10m高度的风速与主导长波相速的比值,$\Omega = U_{10}/c_p$,范围为$0.84 < \Omega < 5$。$\Omega = 0.84$代表海洋的全面开发。

在某些情况下,如在飓风中,海浪和风之间不平衡,因为它们的方向不是对齐的,它们的相互作用也不是局部性的。这意味着飓风特定区域的海浪可能不是由上方吹来的风驱动的,而是飓风另一部分的风(所谓的"新涌")的结果。有人努力设计飓风的解析参数波模型(见文献[176]),但更强大的工具是使用数值耦合海洋-大气模式进行模拟(如WAVEWATCH Ⅲ(WW3)[177])。然而,这些模拟没有足够的空间分辨率,因此通常会覆盖波谱峰值附近的频率,而忽略了大于GNSS波长的表面波的总MSS有重要贡献的较小尺度。

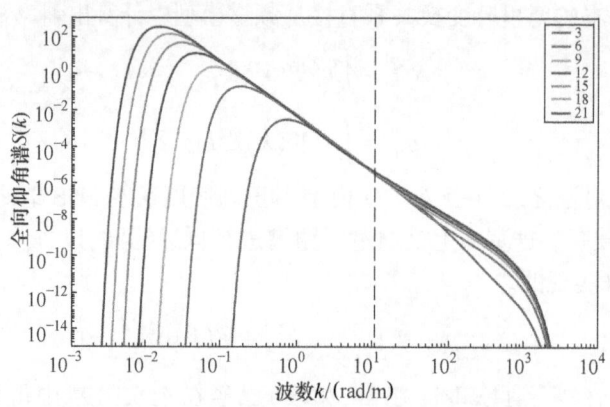

图 34.14　来自 Elfouhaily 等的全向波谱模型[20]

(图中虚线表示截止波数 $k^* = 11$ rad/m，通常用于 GNSS-R。)

大气和海面之间的相互作用是一个复杂的问题，GNSS-R 数据的用户应该意识到其局限性，并在应用这些模式来产生风力产品时要谨慎。最近的研究结果表明，耦合的波浪-风反演在某些条件下可能更合适[178]，这一点在 34.6.5 节中作了进一步阐述。

34.6.3　反演方法

图 34.6 说明了 DDM 形状如何随表面粗糙度的增加而变化，这是使 GNSS-R 能够感知海风的基本原理。本节将介绍几种基于此原理的海风遥感的实际实现。

首先，总结 GNSS-R 理论到目前为止的发展。雷达方程[式(34.59)]给出了平均 DDM 形状和 NBRCS[式(34.60)]之间的关系。在 KA-GO 模型[式(34.63)]下，NBRCS 与地表坡度概率密度函数 $P_\psi(\cdot)$ 成正比，更复杂的模型包括全波谱 $\Psi(k)$。前一节总结了几个将 $P_\psi(\cdot)$ 和 $\Psi(k)$ 与地面风矢量联系起来的半经验模式。希望这一节还能让读者意识到这些关系的局限性，以及在基于这些关系解释风力反演时需要谨慎。

由式(34.19)和式(34.20)可以看到，DDM 将海面上近似为半长半短轴与最大延迟平方根成正比的椭圆区域的散射功率进行积分。这可以解释为粗略地定义从 DDM 生成的任何观测的"分辨率"。对这些测量结果的实际分辨率进行了进一步的分析[99]，但这种简单的几何定义足以说明在反演中使用的表面分辨率和 DDM 范围(以及测量灵敏度)之间的权衡。对于表面足够大的区域，风场在整个闪烁区上是不均匀的。对于机载测量来说，这通常不是问题；但对于卫星接收机来说，这是一个关键的考虑因素，将在 34.6.3.3 节中说明。

使用 DDM 的海风反演通常分为两类：定义以 DDM 计算的可观测值(见 34.6.3.1 节)，或参数估计以拟合 DDM 测量值的模型(见 34.6.3.2 节)。在介绍了这两种方法的一些基本方面后，将解决轨道接收机提出的一些挑战。

34.6.3.1　DDM 观测量

可观测值(或"描述符"[179])是与海洋粗糙度的某些描述有关的单一变量：表面风、SWH 或均方斜率。图 34.15 给出了一些可观测值的例子，并展示了如何用它们来量化随着表面粗糙度增加 DDM 的"扩散"。一般来说，模拟和模型用于定义和证明可观测值，但可观测值和有意义的地球物理量(GMF)之间的关系通常是经验性的。对于单个多普勒

[式(34.28)]的观测可定义一维波形,对于综合多普勒的观测[式(34.29)],可以定义完整的二维 DDM 或其中的一部分。表 34.3 总结了几项已发表的观测数据,其中大部分来自航空实验。与基于模型的反演相比,观测值对膨胀或波龄的影响更不敏感,基于"距离"的观测值通常比基于"区域"的观测值更精确。距离观测也被发现对仰角变化不太敏感[180]。

DDM 是由噪声复杂测量值的大小的平方形成的。噪底是通过热噪声贡献的平方得到的,因此在 DDM 中增加了 1 个偏差,在应用大多数可观测数据之前,必须先去除噪底。这通常是从 DDM 的 FZ 样本中估计的,或者更简单地说,比 SP 的延迟更短。该区域内的多个样本可以被平均,以减少噪声底估计的不确定性。

虽然通过理解 DDM 如何变化可以简单地识别一些可观测值(图 34.15),但本章提出了一种更广义的方法,利用统计优化确定可观测值[183]。如果我们将自己限制在一个线性函数中,一个广义的可观察对象,由权重系数的行矢量 A 定义,其形式为:

$$d(U;A) = AY \tag{34.140}$$

A 可以通过最小化定义在 $d(U;A)$ 统计量上的成本函数得到。例如,最大化信噪比(最小化"噪声–信号"比),

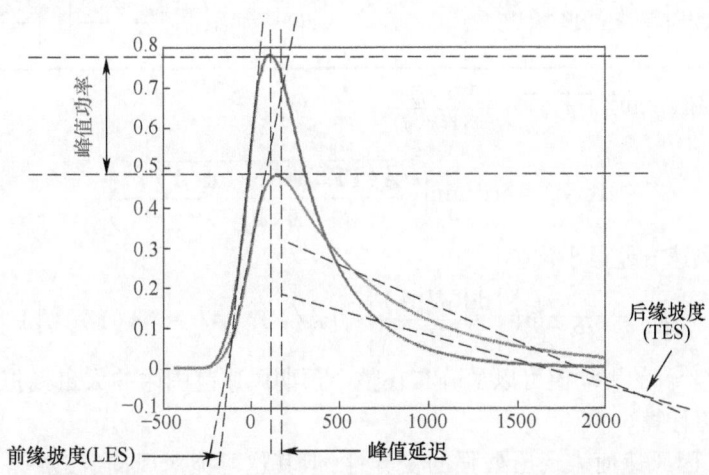

图 34.15 一维波形[单多普勒(式 34.28)]或综合多普勒[式(34.29)]的典型观测值示意图。在每种情况下,可观察到的波形形状随表面粗糙度增加而变化的数值测量

表 34.3 各种观测值的定义

名 称	定 义
DDM 峰值[181]	$d_{max} = \max Y(\tau, f_d)$
DDM 平均值[182]	$d_{avg} = \dfrac{1}{N_d N_\tau} \sum_{m=1}^{N_d} \sum_{n=1}^{N_\tau} Y(\tau_n, f_{d.m}) - Y_n$
DDM 体积[182]	$d_{vol} = \int_{\tau_{min}}^{\tau_{max}} \int_{f_{d,min}}^{f_{d,max}} \overline{Y(\tau, f_d)} \, d\tau \, df_d$
加权区域[179]	$d_{WA} = \iint_{\overline{Y(\tau, f_d)} > \gamma} \overline{Y(\tau, f_d)} \, d\tau \, df_d$ (γ 为阈值)
DDM 方差[182]	$d_{var} = \dfrac{1}{N_t} \sum_{k=1}^{N_t} [d_{avg}(t_k) - (\sum_{k=1}^{N_t} d_{avg}(t_k))]^2$

续表

名　称	定　义
阿伦方差	$d_{AV} = \dfrac{1}{N_t - 1} \sum\limits_{k=2}^{N_t} (d_{avg}(t_k) - d_{avg}(t_{k-1}))^2$
前缘坡度[182]	$d_{LES} = \underset{\alpha}{\arg\min} \dfrac{1}{N_t} \sum\limits_{\tau L1}^{\tau L2} [Y_{ID}(\tau) - (\alpha\tau + c)]^2$
后缘坡度	$d_{TES} = \underset{\alpha}{\arg\min} \dfrac{1}{N_t} \sum\limits_{\tau T1}^{\tau T2} [Y_{ID}(\tau) - (\alpha\tau + c)]^2$
2-范数质心到峰值的距离[180]	$d_2 = \Delta\tau\Delta f_d \sqrt{\left(\dfrac{\tau_{\max} - \tau_{c.m.}}{\Delta\tau}\right)^2 + \left(\dfrac{f_{d,\max} - f_{d,c.m.}}{\Delta f_d}\right)^2}$
2-范数中心到峰值的距离[180]	$d_{2,C} = \Delta\tau\Delta f_d \sqrt{\left(\dfrac{\tau_{\max} - \tau_{g.c.}}{\Delta\tau}\right)^2 + \left(\dfrac{f_{d,\max} - f_{d,g.c.}}{\Delta f_d}\right)^2}$
1-范数质心到峰值的距离[180]	$d_1 = \Delta\tau\Delta f_d \left(\left\| \dfrac{\tau_{\max} - \tau_{c.m.}}{\Delta\tau} \right\| + \left\| \dfrac{f_{d,\max} - f_{d,c.m.}}{\Delta f_d} \right\| \right)$

$\overline{Y(\tau, f)}$ 是归一化的 DDM：$\overline{Y(\tau, f)} = \dfrac{Y(\tau, f)}{\max Y(\tau, f)}$。

$$A_{MSNR} = \arg\min_{A} \left(\dfrac{\sqrt{A\langle YY^T \rangle A^T - (A\langle Y \rangle)^2}}{A\langle Y \rangle} \right) \tag{34.141}$$

或将估计风速方差最小化：

$$A_{MVU} = \arg\min_{A} \left(\left| \dfrac{\mathrm{dd}(U;A)}{\mathrm{d}U} \right|^{-2} [A\langle YY^T \rangle A^T - (A\langle Y \rangle)^2] \right) \tag{34.142}$$

$\langle Y \rangle$ 和 $\langle YY^T \rangle$ 的平均值可以从分布在整个预期风速范围内的大量模拟或测量的 DDM 集合中进行数值计算。

假设 DDM 因风速而表现出最强的变异性，但其也可能对风向、波龄等其他参数敏感，因此提出了主成分分析（PCA）方法，将相关的 DDM 测量值转换为独立的测量值：

$$TC_Y T^T = \mathrm{diag}[\lambda_1, \lambda_2, \cdots, \lambda_m] \tag{34.143}$$

当 $[\lambda_1, \lambda_2, \cdots, \lambda_m]$ 按方差排序时，第一个主成分（最大特征值）表示变换后的观测值在训练集上变化最大[184-185]。这样，第一主成分可以作为可观测量 $d_{PCA} = \lambda_1$，由第一特征矢量得到系数矩阵 $A_{PCA} = T_1$ [183]。

可以从同一个 DDM 计算多个可观察对象。一般来说，这些观测结果是紧密相关的。然而，由于每个观测值与表面粗糙度或风速的关系不同，它们的误差统计将具有一定的独立性。这导致产生了线性组合检索矢量 U 的思想，以最佳方式减少总误差。

$$\hat{U} = mU \tag{34.144}$$

最小方差（MV）方法通过逆协方差（或"信息"）矩阵 $\Lambda = C^{-1}$ [182]对观测值进行加权：

$$m = \left(\sum_{i=1}^{N} \sum_{j=1}^{N} \lambda_{i,j} \right)^{-1} \Lambda \mathbf{1} \tag{34.145}$$

式中：$\lambda_{i,j}$ 为 Λ 的独立元素；$\mathbf{1}$ 为列矢量。第一个基线 CYGNSS 风检索算法使用了一个 MV

组合的 d_{les} 和 NBRCS,将在 34.6.3.4 节[98]中介绍。

由不同的观测值产生的加权检索中使用的协方差矩阵可能依赖信号强度或信噪比。最优方法是根据信号质量的这些指标来改变加权矩阵。距离校正增益(RCG)定义为接收天线在 SP 方向上的增益,在反射射线路径上由于空间损耗而减小:

$$G_{RC} = \frac{G_{SP}}{R_T^2 R_R^2} \tag{34.146}$$

这可以单独从观测几何形状(距离和天线增益模式)计算出来,并在定义权重系数的模型或查找表时用作信噪比的代替。RCG 还可用于在可用信道数量有限时安排用于数据收集的卫星,或作为数据收集的一部分对收集到的数据进行质量控制(QC)测试。当然,计算实际的信噪比需要获取卫星,可以计算 RCG 的不同范围的协方差矩阵,因为预计不同的观测值之间的相关性会随着噪声功率的变化而变化。

34.6.3.2 模型拟合

如果有足够的计算能力,可以应用参数估计方法将一个模型[如式(34.59)]拟合到完整的 DDM 或其中的一部分,而不需要定义一个可观察对象。需要强调的是,由于参数的结果,在最大等距曲线所覆盖的面积上仍然必须假定有一个均匀的表面,不管正演模型有多复杂,估计仍然是对地面统计数据的单一描述(通常是坡度概率密度函数)。这种方法已在机载检索中得到验证,如文献[38,84],但由于满足合理分辨率要求的 DDM 区域较小,因此在星载测量中应用有限(见 34.6.3.3 节)。

通常使用最小二乘成本函数来估计参数矢量 $\boldsymbol{\alpha}$,方法是将 DDM 的正演模型拟合为一组 m 个不同延迟和多普勒步长的相同 DDM 的离散样本,以矢量 $\boldsymbol{Y}$ 表示:

$$J(\boldsymbol{\alpha}) = \sum_{k=1}^{m} (\boldsymbol{Y}(\tau_k, f_k) - h(\tau_k, f_k, \boldsymbol{\alpha}))^2 \tag{34.147}$$

$h(\tau_k, f_{d,k}, \boldsymbol{\alpha})$ 是一个正演模型,包含了式(34.59)中的理想 DDM 和 Y_m,以及仪器误差和其他未建模影响的校正。例如文献[38]:

$$h(\tau, f, \boldsymbol{\alpha}) = S Y_m(\tau - \tau_0, f - f_0, \boldsymbol{C}_S) \tag{34.148}$$

式中:S 为比例因子;τ_0 和 f_0 分别为延迟偏移和多普勒偏移;$\boldsymbol{C}_S$ 为表面斜率的协方差矩阵;$\boldsymbol{\alpha}$ 为状态矢量,$\boldsymbol{\alpha} = [S, \tau_0, f_0, \boldsymbol{C}_S]$。

还可以使用匹配滤波器(MF),其中产生一个离散风速范围的模型波形目录 $h(\tau; U_k)$,然后与接收到的波形 $Y_{1D}(\tau)$ 相关联[186]。

$$J_{MF,k} = \max_{\tau_0} \int Y_{1D}(\tau) h(\tau - \tau_0; U_k) d\tau \tag{34.149}$$

风速反演是产生最大 $J_{MF,k}$ 的 U_k。文献[94]进一步分析了该 MF 方法的统计数据,模拟了选择错误风速的概率。

34.6.3.3 星载接收机的考虑

早期机载试验中发展来的许多方法并不直接适用于卫星观测。图 34.16 说明了这一点,显示了两种情况下产生的模拟波形,一种是飞机在 3km 高度,另一种是卫星在 500km 赤道圆形轨道上。在这两种情况下,GNSS 卫星都位于天顶($\theta = 0°$),并绘制了风速在 5~25m/s 时的波形。

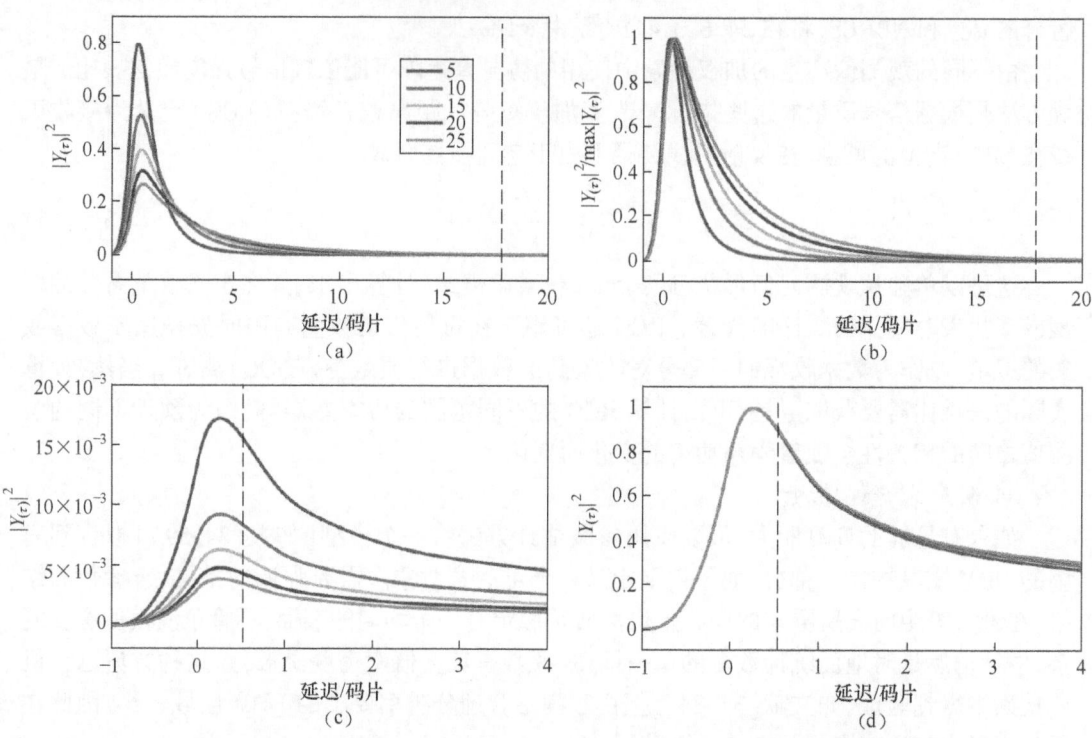

图 34.16 机载接收机和星载接收机 DDM 形状与粗糙度关系示意图
(a)机载接收机;(b)机载接收机归一化;(c)星载接收机;(d)星载接收机归一化。

通过比较图中顶部和底部可以看出,星载波形比相应的机载波形的延迟要长得多。由于对表面分辨率的合理要求为 25km,星载波形的可用范围仅为 1 码片的一小部分,如虚线垂直线所示。随着表面粗糙度的增加,波形变宽,峰值功率相应降低。为了区分这两种影响,图 34.17(b)显示了相对于峰值功率归一化的波形,仅表示对波形形状的灵敏度。在这里,在轨道速度和高度上的灵敏度降低更为明显。基于参数化的波形形状与可观测的或将模型拟合到一些规范化的波形形状(因此降低了对功率校准的灵敏度),不能用于星载数据,除非可能用于分辨率要求非常粗糙的应用(大于 100km)。

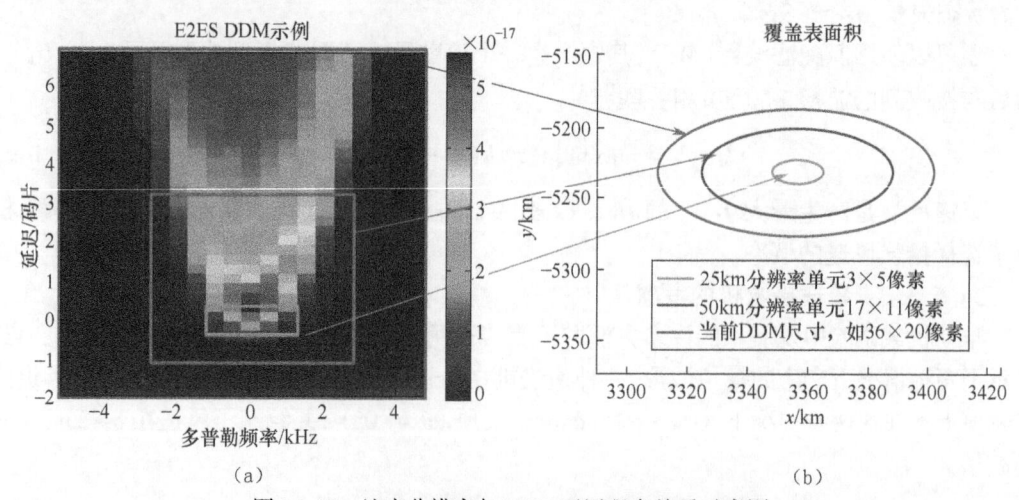

图 34.17 地表分辨率与 DDM 可用程度关系示意图

图 34.17 是空间分辨率和 DDM 样本数量之间权衡的另一个例子。对于 CYGNSS 任务，25km 分辨率的要求限制了可用于风检索测量的 DDM 样本在-0.2 码片到 0.55 码片的延迟范围和±1kHz 的多普勒范围[182]。这可以通过图左侧最内层的框显示出来。相应的表面等距椭圆显示在右边。由于遥测技术的要求，需要将其截断到相对于预测 SP 位置的 17×11 的中间方框，地面分辨率约为 50km。加入更多的 DDM 样品可以提高信噪比，但代价是增加占地面积和测试均匀表面条件的假设。只有上一节（表 34.3）中给出的部分观测值适用于这种分辨率受限的 DDM[182]。考虑到任何归一化 DDM 几乎都失去了对表面粗糙度的灵敏度（图 34.16），在使用它们中的任何一种都需要考虑的一个重要问题是对反射功率的精确和稳定校准（在 34.4.3 节讨论过）。

34.6.3.4 归一化双基雷达交叉部分（NBRCS）

本节将介绍 NBRCS 可观测对象。由于它的计算比前面的可观测值的例子要复杂一些，而且它还与物理量有直接关系，因此我们将单独详细讨论它。NBRCS 是通过对 BRE 进行反演（也称"展开"[107]）来获得 SP 的 6°估计，使其与传统雷达测量中使用的可观测值相比较。

这种方法将只考虑 SP 周围的点，在分辨率要求限制的延迟和多普勒范围内。假设在特定的 τ_j, f_k 上对散射功率有贡献的海洋表面面积足够小，因此式(34.59)中的几何和其他项可以用该小面积上的"有效"值来近似。因此，可以将其移动到积分和式(34.59)之外，并将其写成对应于 τ_j, f_k 处表面 NBRC 的代数方程：

$$Y(\tau_j, f_k) = \frac{\lambda^2 P_T G_T \overline{G_R}(\tau_j, f_k) \overline{\sigma}^0(\tau_j, f_k) \overline{A}(\tau_j, f_k)}{4\pi \overline{L_S}(\tau_j, f_k) L} \quad (34.150)$$

式中：有效值由上画线(-)表示；$L_S = (4\pi)^2 R^2(\tau_j, f_k) R_0^2(\tau_j, f_k)$ 为沿延迟 τ_j 路径从发射机到散射点再到接收机的路径上的空间损耗；L 为另一个损耗项，包括沿任一路径的任何大气损耗以及接收机中的实现损耗；$\overline{A}(\tau_j, f_k)$ 为对应于 (τ_j, f_k) 面元的有效表面散射面积。

$$\overline{A}(\tau_j, f_k) = \iint |\chi(\tau_j - \tau(\boldsymbol{\rho}), f_k - f(\boldsymbol{\rho}))|^2 d^2\rho \quad (34.151)$$

通过对 CYGNSS 任务参数的仿真，发现仅使用 $\overline{G_R}(\tau_j, f_k)$ 和 $L_S(\tau_j, f_k)$ 的 SP 值就足以满足任务要求。这里需要强调的是，这些结论只适用于 (τ_j, f_k) 接近 SP 的情况。

将式(34.150)倒置，可将每个 DDM 观测值转换为对有效散射截面 $\overline{\sigma}(\tau_j, f_k) = \overline{\sigma}^0(\tau_j, f_k) \overline{A}(\tau_j, f_k)$ 的面积(m^2)的估计。

$$\overline{\sigma}(\tau_j, f_k) = \frac{4\pi Y(\tau_j, f_k) L_{S,S} L}{\lambda^2 P_T G_T G_{R,S}} \quad (34.152)$$

将式(34.152)中的总散射截面与式(34.151)中的总有效散射面积进行归一化，从而形成 NBRCS[107]。

$$\overline{\sigma}^0 = \frac{\sum_{j=1}^{N_\tau} \sum_{k=1}^{N_f} \overline{\sigma}(\tau_j, f_k)}{\sum_{j=1}^{N_\tau} \sum_{k=1}^{N_f} \overline{A}(\tau_j, f_k)} \quad (34.153)$$

NBRCS 是为 CYGNSS 开发的基线观测,使用 $N_\tau=3, N_f=5$,分辨率有限的 DDM 覆盖 ±0.25 码片在 ±1000Hz 范围。这与使用 MV 方法的 LES 可观测值(表 34.3 中的 $d_{\rm LES}$)相结合。

本章的目的是回顾 GNSS-R 的基本原则,这种原则可适用于今后的广泛任务。如果读者对 CYGNSS 项目中实现的具体细节感兴趣,应该参考项目文档,包括可通过 PO.DAAC①,获得的算法理论基础文档,在发射前后发表的几篇论文[98,107,109,182,187]。

34.6.3.5 入射角校正

如前一节所述,只有分辨率限制允许我们将式(34.59)中的许多项近似为最大 iso 范围曲线覆盖表面上的常数,并在 SP 处对其进行评估,才有可能展开 BRE 以估计 NBRC。假设斜率概率密度函数为正态分布,则 NBRC[式(34.63)]在 SP[$q_\perp=0$] 减少到

$$\sigma^0 = \frac{|\mathcal{R}(\theta_{\rm SP})|^2}{2\det(\boldsymbol{C}_S)} \tag{34.154}$$

式中:$\boldsymbol{C}_S$ 是曲面斜率的协方差矩阵。首先,唯一依赖入射角的是在 SP 处计算的菲涅耳系数 $\mathcal{R}(\theta_{\rm SP})$[式(34.32)]。这种假设在较大的入射角时就会失效,这是反光区内局部入射角和散射角的变化造成的。仿真表明,这种效应会在检索中引入偏差,这可以通过应用由模拟观测数据产生的校正来逆转。为了将此偏差修正到足以满足误差预算的水平,本文提出了一个与入射角有关的经验幂律修正 $[y(\theta)=a\theta^b+c]$。这根据 1b 级的可观察性定义了 2a 级数据产品。

$$d_{\rm L2a} = \frac{d_{\rm L1b}(\theta)}{y(\theta)} \tag{34.155}$$

仿真结果表明,修正几乎消除了对入射角的所有依赖,而不依赖风速。

34.6.3.6 地球物理模型函数(GMF)

使用任何可观测值的一个必要部分是 GMF,它提供了观测值和地球物理变量之间的关系。在本节中,该地球物理变量通常是近地表风速(通常参考高度为 10m,U_{10}),但也使用了 MSS[188] 和亮度温度[77]。GMF 可以从任务前阶段的模拟或 cal/val 阶段发射后的实际数据中得到。它通常表示为一个标准的代数函数,如幂律 $\hat{U}=b_1 e^{a_1 d}+b_2 e^{a_2 d}$,用经验确定系数或一个 LUT,可以插值到可观测值的测量值。在开发模型以及在操作上将其应用于新数据时,会在数据上使用各种 QC。

CYGNSS 提供了第一次从大规模的轨道 GNSS-R 观测中热带气旋预期的全部风速范围内开发出 GMF 的机会。对于每个可观测到的数据,开发了 NBRCS 和 LES 2 个经验模型,一个被定义为 FDS 用于中等风速,另一个定义为 YSLF 用于在不严格由风驱动的海浪定义的热带气旋附近使用。用于开发 FDS 模式的真实数据是由 ECMWF② 和 GDAS③ 数值天气模式的综合输出获得的。ECMWF 被认为在低风速下比 GDAS 更准确,因此仅在 $U_{10}>25{\rm m/s}$ 时使用 ECMWF,在 $U_{10}<20{\rm m/s}$ 时使用 GDAS。在 $20{\rm m/s}<U_{10}<25{\rm m/s}$ 时,两种模型的输出

---

① https://poclaac.jpl.nasa.gov/CYGNSS
② https://www.ecmwf.int/forecasts
③ https://www.ncdc.noaa.gov/data-access/model-data/model-datasets/global-data-assimilation-system-gdas

均取平均值。模式风与 GNSS-R 观测值进行匹配,进行时间和空间插值,然后与 U_{10} 入射角合并。进行了质量控制测试,去除了低 RCG、DDM 边缘附近的镜面反射、非物理值(负值或"NaN")或来自 GPS Block Ⅱ-F 卫星的可见光(Block Ⅱ-F 发射机增益模式和功率变化目前尚未得到很好的表征)。数据块重叠,允许加权平均平滑每个数据块内的数据,每个数据块内的入射角范围为±2.0°。风速以 0.1m/s 的增量进行分类,范围在 0.05~34.95m/s,使用从 2m/s 以下±0.4m/s 到 17m/s 以上±1.0m/s 的可变仓宽。在整个风速范围内进行了额外的调整,以迫使其呈现单调的关系,减少在非常低和非常高的稀疏样本造成的伪影。对于 FDS 模型,LES 观测的灵敏度在 18m/s 时降为 0。NBRCS 的灵敏度在 30m/s 时降至 0。

参数模型被用来平滑数据和插值不足的数据块。在低风(NBRCS 为 15m/s,LES 为 10m/s)时,该模型的形式为

$$d = a_0 + a_1 U_{10}^{-1} + a_2 U_{10}^{-2} \tag{34.156}$$

在大风时,它的形式[187]为

$$d = b_0 + b_1 U_{10} + b_2 U_{10}^2 \tag{34.157}$$

YSLF 模型对于解释 TCs 内波浪发展的不同状态是必要的。NOAAP-3 飞机上的步进频率微波辐射计(SFMR)[189]在 60min 时差内与 CYGNSS 地面轨道一致的 25 次飞越中收集了数据,观测到风速高达 73m/s。这比 FDS 使用的模型风的数据量要小得多,所以单个匹配覆盖更大的风速范围是不可能的。相反,这些数据是用来显示这 2 个观测值对风速的敏感性。线性回归对所有数据的灵敏度做出了一致的估计,与入射角无关。与 FDS 相似的参数模型[式(34.156)]为 YSLF 在大风状态下的线性模型:

$$d = c_0 + c_1 U_{10} \tag{34.158}$$

线性回归得到斜率 c_1[NBRCS 为-0.1880(m/s)$^{-1}$,LES 为-0.0929(m/s)$^{-1}$]。这两者之间的分歧点是强迫在低风速下与 FDS 达成协议。在中等范围(15~25m/s),两个模型不一致,导致病态多值反演问题。在选择 FDS 或 YSLF GMF 时,目前需要对适当的规则有先验知识[187]。结果的 GMF(对于 NBRCS)绘制在图 34.18 中。

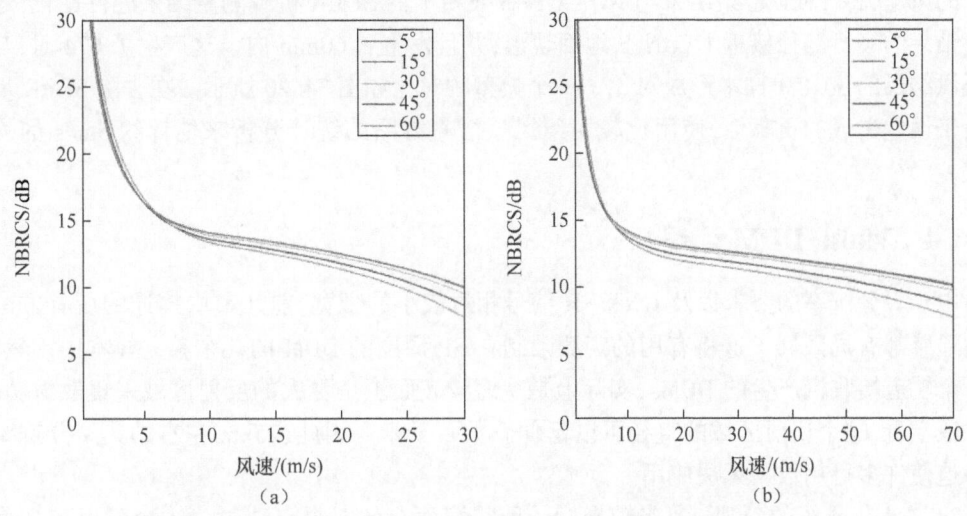

图 34.18 为 CYGNSS 开发的 NBRCS 地球物理模型函数(GMF)[109]
(a)充分开发的海洋(FDS);(b)初生波/有限获取(YSLF)。

在应用 QC 测试后,利用 2017 年 9—10 月收集的约 3080 万个样本,通过与独立地面风速数据(ECMWF 模式风)比较,"自上而下"评估了 CYGNSS 的检索误差。使用 NBRCS 的 MV 融合[式(34.145)]和 LES 估计的风速反演的结果如图 34.19 所示。这张图显示,随着风速的增加,误差会增加,这是由于 GMF 在较高风速下的敏感性降低(图 34.18)。在去除 ECMWF 数据中的误差贡献后,$U_{10} < 20$m/s 时,由匹配种群内风速分布加权的均方根误差估计为 1.4m/s。这是迄今为止星载 GNSS 海洋风遥感的最佳结果,偏差消除和更复杂的处理算法(将在后续章节介绍)是目前正在进行的研究课题[109]。

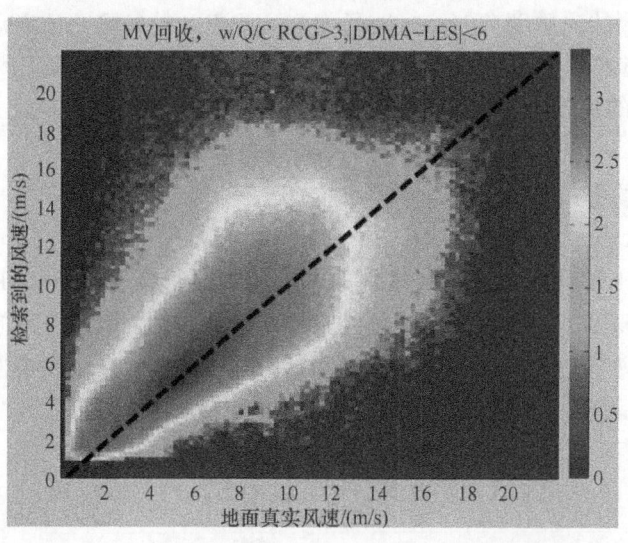

图 34.19　CYGNSS 2 级风场反演与 ECMWF 匹配的对比[109]

(经 IEEE 许可转载。)

由于与地面数据相吻合的测量("匹配")的机会有限,并且极端风速很难出现,在高风速下的误差评估就不那么简单了。风暴内部的条件也是高度多变和不均匀的。对于 20m/s 以上的风速,将 YSLF 检索结果与 NOAA P-3 飞机上的 SFMR 机载测量结果进行比较,这些测量结果的飞行路径接近 CYGNSS 地面轨道,并且发生后 60min 内。这产生了 674 对,与用于低风结果的 30.8M 样本形成对比。一个典型的对比如图 34.20 所示。在去除 SFMR 反演中由于误差造成的贡献后,使用比较两组风反演直方图的统计分析来估计约 5m/s 的均方根误差[109]。

34.6.4　Multi-DDM 处理

由于对分辨率的要求以及 GNSS-R 信号相对较小的带宽,前几节中描述的所有方法对星载遥感都有局限性。这将有用的观测限制在 SP 周围的 DDM 的几个独立样本中。然而,由一个轨道接收机产生的 DDMs,实际上是从海洋表面 1 个更大的反射区域采集散射功率。从轨道上看,这个反射区域的直径可以延伸到数百千米。因此,25km 左右的典型分辨率要求将迫使许多可用数据无法使用。

34.3.4 节介绍的延迟-多普勒坐标一般将海面上的 2 个点映射为 1 个延迟和多普勒值。由于这个原因,似乎不能简单地将 DDM 倒置以生成散射功率的映射(这将与通过

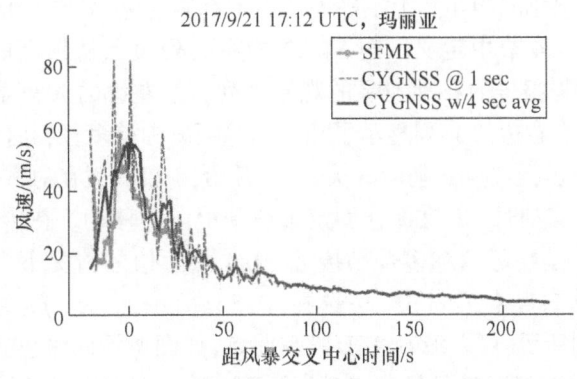

图 34.20　CYGNSS 2 级风数据与 NOAA P-3 SFMR 观测数据对比[109]

（经 IEEE 许可转载。）

NBRCS[式（34.63）]和坡度概率密度函数模型的地面风有关）。见 34.6.6 节仿真研究[190-191]，使用天线方向图只分离一对散射点，有效反演 DDM，形成海洋表面粗糙度图。本节回顾了另一种方法，该方法利用连续 DDM 观测到的海洋表面面积的大量重叠，将更大的部分 DDM 纳入表面粗糙度估计中。以典型的每秒一次观测频率，随后的 DDM 在海洋表面仅偏移约 7km。因此，海面上的点将为多个序列 DDM 提供散射功率。表面上每个点的射线路径几何形状随时间而变化，在同一点上提供多个"外观"。这些多重"外观"可以提供散射截面依赖入射角的映射。一项欧洲专利申请首次提出了处理序列 DDM 的新思路，即积累这些多个外观的观测值[192]。这在一篇博士论文中得到了进一步的研究[81]，最近又应用于 TDS-1 数据[193]。

图 34.21 显示了"凝视处理"的一个理想化的（平面地球和发射机在无穷大）一维表示。SP 由特定的散射角 β_S 定义，β_S 由发射机的入射角设定。黑线表示当接收机从 t_1、t_2 和 t_3 移动时，从发射机到 SP，再到接收机的射线路径。对应的 SP、S_1、S_2、S_3 随接收机移动。每处的散射功率来自海洋表面的不同点，但所有这些都是以相同的散射角 β_S 提取的。然而，考虑"凝视点"P。这对应于海平面上特定地理点在 t_2 处的 SP 位置，即"镜面-凝视重合"时间。在之前的时间 t_1 和之后的时间 t_3，凝视点 P 仍然会有一个散射信号到达接收机，如红色射线所示。分散的功率会比 SP 得到更大的延迟，但是会使 DDM 部分远离 SP，在 t_2 时刻达到最小延迟。然而，如果这些区域有显著的功率散射，测量 DDM 的相关部分将给出在入射角、β_1、β_2 和 β_3 处的散射截面的估计。

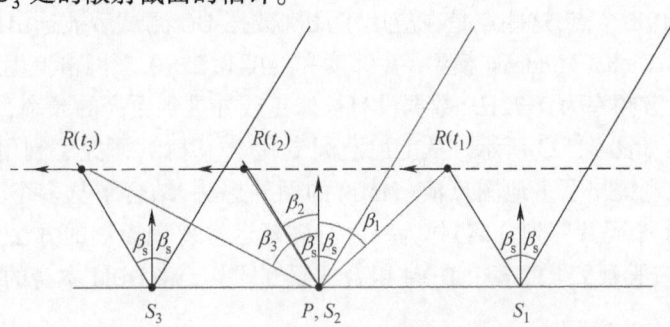

图 34.21　简化一维问题中[81]的凝视处理示意图

（经 P. Jales 许可转载。）

图 34.21 中的理想化问题实际上很好地代表了真实情况,只要 DDM 观测数据沿着 AFL 进行处理,AFL 在 34.3.4 节中定义。图 34.22 的左两列表示从顶部的"镜面-凝视"时间($t=0s$)开始,以 4s 间隔报告的移动卫星的观测序列。最左边的 A 列显示了每次模糊度函数在海面上的投影。它右边的 B 列显示了相应的等距离和等多普勒曲线,"S"表示 SP 的延迟多普勒坐标,"P"表示凝视点的坐标。从 $t=0s$ 开始,S 和 P 就在对方的上方(因此"镜面-凝视重合")。当卫星移动时,SP 在海洋固定参考系中向左移动。在传统的单点风反演中,高光相关[式(34.1)]是在延迟和多普勒接近 DDM 最大值的情况下生成的。而对于凝视点,则对应的延迟和多普勒会远离 SP,可选择式(34.1)中的 (τ, f) 通过延迟多普勒空间"跟踪"该点。如 B 列所示,可以沿着 AFL 跟踪此点,如图所示的绿色虚线。A 列和 B 列表示一种特殊情况,即接收机速度矢量位于散射平面(图 34.3 中的 y 和 z),这确保了凝视点保持在 AFL 上。大多数接收机轨道与此没有太大的不同,如右边两列,为 UK-DMC 轨道生成、显示。这些图还表明,随着镜面点和凝视点之间距离的增加,模糊度函数在海面上的投影变大,降低了测量的有效分辨率。这种影响可以通过限制纳入测量的时间序列的长度来降低。离 SP 越远的点能量也越低,因此不会为组合检索提供那么多信息。

凝视处理算法可以从 $(\tau_{S,k}, f_{S,k})$ 对 t_k 时间点的凝视点进行评估的 BRE[式(34.59)]推导出来。如图 34.22 所示,假设模糊度函数在海洋表面上的投影足够小,使得在该特定样本的 DDM 区域上,距离、天线增益和散射截面可以近似为常数:

$$\langle |X(\tau_{S,k}, f_{S,k})|^2 \rangle = \frac{\lambda^2 P_T G_T}{(4\pi)^3} \left(\frac{G_{R,S,k}}{R_{S,k}^2 R_{0,S,k}^2} \right) \sigma_{0,S}(\beta_k) \overline{A}(\tau_{S,k}, f_{S,k}) \quad (34.159)$$

凝视处理应用于 2015 年 6 月 20 日 TDS-1[193]在印度洋上空收集的数据轨迹。在此期间,AGC 被停用,使数据不受接收机增益变化的影响,信号减去噪声的 DDM 样本同时被采集。

$$\text{SMN}(\tau, f) = Y(\tau, f) - Y_n \quad (34.160)$$

SMN 是式(34.159)中与 DDM 成比例的噪声估计,计算一个时间序列的延迟和凝视点的多普勒:

$$\text{SMN}(\tau, f, t) \propto \sigma^{0,S}(\beta_k) \overline{A}(\tau, f, t) \quad (34.161)$$

将各向同性正态斜率概率密度函数模型拟合到该"凝视剖面"的时间函数中,以估计 MSS。只有沿 AFL 靠近镜面-凝视重合点的样本才会被处理,典型的凝视点会保持可见长达 20s。

处理了大约 19K 个点,这些点是在应用了几次数据 QC 测试后被选出的。然后将 MSS 估计结果与 WW3 Global Hindcast 模型①在纬度和经度 0.5°×0.5°网格上生成的数据进行比较。WW3 的最大波频率为 0.72Hz,数据没有被修正或外推到更高的频率,发现了良好的相关性($R=0.684$),如图 34.23 所示。从上述欧洲专利[192]开始,研究了利用多个 DDM 的更一般的想法,该专利提出了多地图反演(MMI)的额外想法,结合了从多个卫星近距离轨道运行的 DDM(按 1 个码片序列分离)作为一种打破延迟多普勒模糊的方法。最近发表了将序列估计应用于一般意义上的多个 DDM 组合的研究[194]。将 DDM 本身的数据同化到天气

---

① ftp://ftp.ifremer.fr/ifremer/ww3/AINDCAST/GLOBAL/

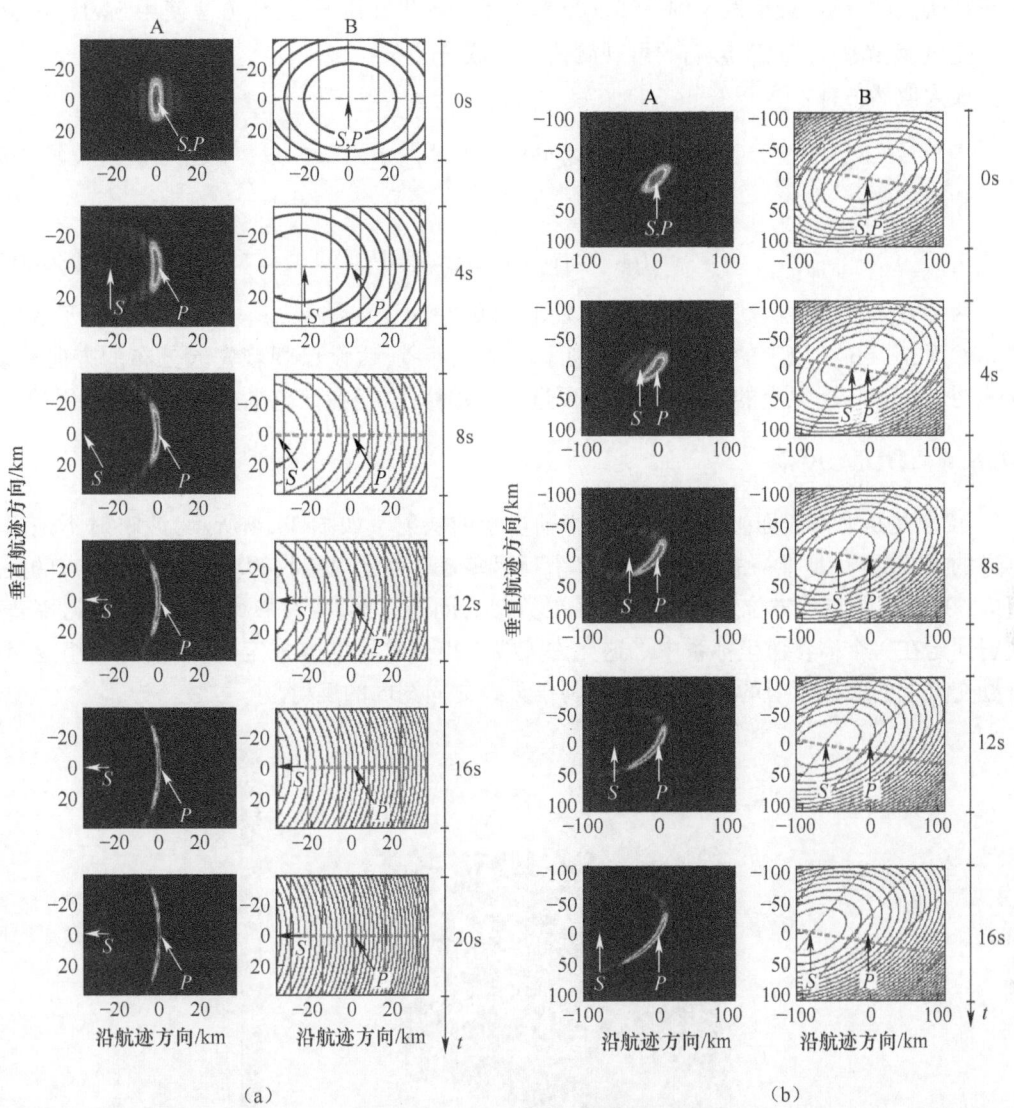

图 34.22 凝视处理示意图[81]

[(a)理想的几何形状与接收机速度矢量在散射平面。A 列是模糊度函数在海洋表面上的投影,表示在注视点 P 处对 DDM 有贡献的海面区域。B 列是相应的等距离和等延迟曲线。S 是镜面点。参照系固定在凝视点的海面上。每行以 4s 的间隔显示几何图形。(b)UK-DMC 轨道的示例几何体生成的相同绘图。经 P. Jales 许可转载。]

预报模型中也是当前研究的一个主题[195],这是在先前为无线电掩星开发的方法[196]基础上进行的。

34.6.5 风浪耦合

在某些特殊情况下,例如热带风暴,不能假定海浪完全是由风引起的。长波长的膨胀可以传播数百到数千千米。由此产生的海面粗糙度不再仅仅与当地条件相关。考虑到这些情况,将与当地海面粗糙度相关的其他变量纳入新的反演可能会有好处。这个问题目前是一

个正在研究的课题,最近发表的一篇文章提出了一种贝叶斯方法,该方法使用 SWH、H_{m0} 和一个受风速 $p(H_{m0},d|U)$ 影响的可观测值 d 的联合分布[178]。

极大似然估计:

$$\hat{U}_{ML} = \underset{U}{\mathrm{argmax}}\{p(U|H_{m0},d)\} \tag{34.162}$$

和期望值:

$$\hat{U}_{EV} = \int U p(U|H_{m0},d)\mathrm{d}U \tag{34.163}$$

两种方法在 5m/s 以下的风速下都能获得更好的反演结果,其中 EV 方法优于 ML 方法。然而,在 6m/s 以上的真实风中发现了一个正偏差,假设风朝着先验分布的方向移动。这表明,对于 5m/s 以上的风,可能不需要进行波浪修正,但在该范围内可能是不适用的。

34.6.6 DDM 反演

DDM 是从海洋表面坐标到延迟多普勒空间的映射。如图 34.4 所示,该映射不是简单可逆的,除非路径是唯一的。通常,在单个延迟多普勒单元内接收的功率由表面两点的反射组成,在 SAR 距离和方位角压缩中也存在类似的问题。然而,在单站 SAR 中,延迟多普勒映射固定在一个体参考坐标系中。这允许天线波束以这样的方式定向,以消除一组延迟多普勒交点上的表面反射的影响,从而有利于天线方向图内的反射。

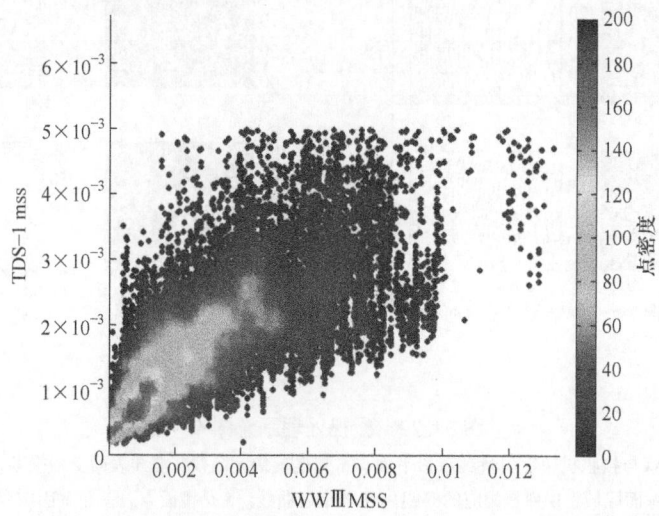

图 34.23 TDS-1 与 WAVEWATCH Ⅲ(WWⅢ)MSS 估算的凝视处理结果对比[193]
(资料来源:经 IEEE 许可转载。)

GNSS-R 时变几何特性,需要对天线波束进行控制,使得这种方法在实践中更难应用。尽管如此,存在这样的反卷积方法,利用双卷积公式的傅里叶变换[式(34.94)]:已进行了仿真研究[190]。

$$\mathcal{F}\{\Sigma(\delta\tau,\delta f_D)\} = \left\{\frac{\mathcal{F}\{Y(\delta\tau,\delta f_D)\}}{\mathcal{F}\{\chi^2(\delta\tau,\delta f_D)\}}\right\} \tag{34.164}$$

通过延迟多普勒 $(\delta\tau,\delta f_D)$ 坐标到平均散射面笛卡儿位置的傅里叶逆变换,将得到的

估计 $\hat{\Sigma}(\delta\tau, \delta f_D)$ 转换为散射系数的维数:

$$\hat{\sigma}^0(r) = \frac{4\pi R_0^2(r) R^2(r)}{T_I^2 |J(r)| G_R^2(r)} \hat{\Sigma}(\delta\tau(r), \delta f_D(r)) \tag{34.165}$$

通过天线波束控制消除了变换 $r(\Delta\tau, \Delta f_D)$ 中的不确定性,使从 $r \leftrightarrow (\Delta\tau, \Delta f_D)$ 只得到一个可逆变换。式(34.164)可用于计算天线覆盖范围内的映射 $\hat{\sigma}^0(r)$。

使用测高天线设计(23dB 增益和 15°波束宽度)进行了模拟,发现了一些反褶积伪影,模糊区的功率贡献约占总反演误差的 50%[190]。

ICF 观测方程如式(34.115)所示,给出了散射信号的相干时间 τ_F 与随机表面的相关长度 τ_ζ 之间的关系。在海洋表面的情况下,这可以用 SWH 和 H_{m0} 表示:

$$\frac{\tau_\zeta}{H_{m0}} = \frac{\pi}{\lambda} \tau_F \cos\theta \tag{34.166}$$

使用 Elfouhaily 波谱[197]对海洋表面进行蒙特卡罗模拟,以建立 SWH 和相关长度之间的经验关系[76]:

$$\tau_\zeta = a_s + b_s H_{m0} \tag{34.167}$$

这种关系后来在更大范围的 SWH 值中得到验证,并且未发现这些系数强烈依赖波龄[198]。

通过这种方法,假设地面上的 SWA 与相关长度之间存在某种关系,可以采用半经验模型将 τ_F 观测值与 SWH 联系起来,建议采用以下形式的模型:

$$\frac{\pi}{\lambda} \tau_F' \approx \frac{a_s}{H_{m0}} + b_s \tag{34.168}$$

其中,$\tau_F' = \tau_F \sin\gamma$。对数据的观测表明,这些数据中存在偏差,并且可以通过附加项 H_0 来消除偏差,从而得出半经验模型:

$$H_{m0} \approx H_0 + c_s \frac{a_s}{\frac{\pi}{\lambda}\tau_F' - b_s} \tag{34.169}$$

2003 年在巴塞罗那港务局运营的气象站 25m 高塔上进行了实验,然后在更长的数据收集期(75 天)内进行重新评估,并在加利福尼亚太平洋海岸 Harvest 平台的 JPL 校准/验证现场进行更广泛的 SWH 实验[198]。已研究将式(34.167)的线性范围扩展至二阶,以更好地拟合 SWHs 的更大范围,80.2%的时间观测到欠开发海洋。SWH 反演以 0.1 的增量与反波龄 Ω_c 结合,并为充分开发的海洋和欠开发的海洋确定一组单独的系数。仅使用充分开发海域的模型,标准差为 0.35m。

34.7 海洋测高

早在 1993 年,就有人提议使用 GNSS 信号进行中尺度海洋测高,作为传统的低空测高卫星的替代/补充[17]。从那时起,不同的机载、星载和地基实验显示了 GNSS-R 测高的可行性。与传统的低空雷达测高相比,星载 GNSS-R 的一个主要优点是通过同时跟踪多个 GNSS 反射而获得更宽的覆盖范围和更好的时间分辨率[199]。GNSS-MR 技术(见 34.4.6

节)在监测水位变化方面也非常成功,特别是在地面垂直运动较大的地区,因为 GNSS 接收机可同时观测海平面变化和地面运动。

在传统的 GNSS-R 测高方法(本节称为 cGNSS-R)中,反射信号与开放式导航信号相互关联,使用与前几节中所述类似的方法。可公开获得的 C/A 全球导航卫星系统信号的功率和带宽明显低于传统有源高度计的功率和带宽,导致单脉冲测高精度和分辨率较差。已经开发了 cGNSS-R 的替代方案,以利用非公共码的更高带宽。其中包括干涉测量(iGNSS-R)[43]、部分干涉测量 GNSS-R(piGNSS-R)[200]和半无码测量 GNSS-R(sGNSS-R)[201]。

干涉测量处理使用从发射机沿直接路径接收的信号作为与反射信号进行复互相关的参考,取代 cGNSSR 中使用的本地生成的干净复制信号。这允许利用发射的 GNSS 信号的全功率谱,提高测距精度。然而,假设所有其他系统参数保持不变,由于 2 个信道中都存在热噪声,因此信噪比会更低。

piGNSS-R 是 iGNSS-R 的一种变体,其中可以使用解调技术从参考信号中提取非公共 P 码和 M 码。然后将这些"干净"代码用作与反射信号交叉相关的参考。piGNSS-R 的信噪比甚至比 iGNSS-R 的信噪比还要差,这是脉冲限制封装尺寸较小的结果。最后,sGNSS-R 利用半无码技术来重构 P 码。

在任何情况下,重要的是考虑几个变量确定 GNSS-R 测高性能,包括自相关函数、接收机带宽、几何结构和噪声(热噪声和散斑噪声)。这些依赖关系将在下一节中讨论。

34.7.1 相关波形

与大多数 GNSS-R 应用一样,最低级别的测量是 DDM,是由电压波形 $X(\tau, f_s, t)$ 产生作为延迟 τ(参考 $SP\tau_s$)和多普勒 f 的函数,通过散射电场和本地生成的公共码(如 GPS L1 的 C/A 码)副本之间的互相关[式(34.1)]产生向上转换为 f_c 并延迟 τ(如 cGNSS-R)或由上视天线(如 iGNSS-R)捕获的 GNSS 卫星传输的直接信号。在这两种情况下,可使用 BRE[式(34.59)]对平均功率波形进行建模。

对于 cGNSS-R,产生本地参考信号的方式与导航接收机相同,WAF 可以根据调制知识建模(如 C/A 码的三角形)。在 iGNSS-R 中,复合 L1 信号(C/A、P 和 M 分量),从指向 GNSS 发射机的天线收集该信号用作参考。这将导致更窄的 ACF(更宽的带宽),从而产生更陡的 GNSS-R 波形(图 34.24)。原则上,这将提供更好的测高精度,由下一步导出的基本模型预测。但是,在系统设计和权衡研究中评估测高性能时,还应考虑其他问题。

通过考虑在复相关[式(34.1)]、平方和非相干平均[式(34.2)]之后测量的噪声功率波形,可以导出测高精度的表达式:

$$Y(\tau) = Y_S(\tau) + Y_N(\tau) \tag{34.170}$$

将基于跟踪该波形上的跟踪点对延迟以及反射面的高度进行估计。Y_N(由于热噪声)和 Y_S(由于散斑噪声)的随机变化都会将误差引入该跟踪点的位置。首先考虑单载波,$N=1$。如果波形近似为跟踪点周围的线性斜率,则高度误差将与 $Y(\tau)$ 中的方差呈比例:

$$\sigma_h = \frac{c}{2P'_S \cos\theta} \sigma_P \tag{34.171}$$

式中:P'_S 为波形功率相比延迟的斜率;σ_P 为 $Y(\tau)$ 的标准差;$P_S = \langle Y(\tau) \rangle$ 为跟踪点处的波形功率。散斑噪声将呈指数分布,其标准差等于平均值:

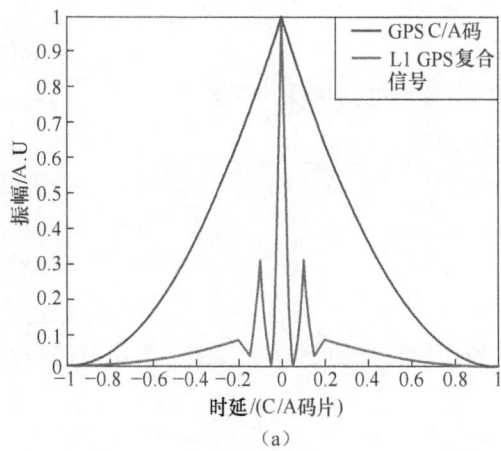
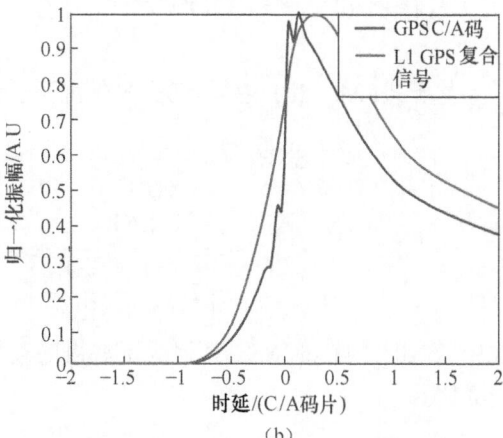

图 34.24 GPS C/A 码(蓝色)和 GPS L1 复合信号(红色)的平方 ACF 比较(a),GPS C/A 码(红色)和 GPS L1 复合信号(蓝色)的波形比较(b)[202]

$$\sigma_S = \langle Y_S(\tau) \rangle + \langle Y_N(\tau) \rangle \tag{34.172}$$

将后相关信噪比 SNR 定义为

$$\text{SNR} = \frac{\langle Y_S(\tau) \rangle}{\langle Y_N(\tau) \rangle} \tag{34.173}$$

给出散斑误差的表达式如下:

$$\sigma_S = P_S \left(1 + \frac{1}{\text{SNR}}\right) \tag{34.174}$$

热噪声对误差的贡献是

$$\sigma_N = P_S \left(\frac{1}{\text{SNR}}\right) \tag{34.175}$$

这些误差是不相关的,因此总误差可以从平方根中找到:

$$\sigma_P = \sqrt{\sigma_S^2 + \sigma_N^2} \tag{34.176}$$

N_{inc} 波形的非相干平均将通过 $\sqrt{N_{\text{inc}}}$ 来减少该误差:

$$\sigma_{P,I} = \frac{P_S}{\sqrt{N_{\text{inc}}}} \sqrt{\left(1 + \frac{1}{\text{SNR}}\right)^2 + \left(\frac{1}{\text{SNR}}\right)^2} \tag{34.177}$$

代入式(34.171)给出了如下测高精度表达式[43]:

$$\sigma_h = \frac{cP_S}{2\cos(\theta) P'_S \sqrt{N_{\text{inc}}}} \sqrt{\left(1 + \frac{1}{\text{SNR}}\right)^2 + \left(\frac{1}{\text{SNR}}\right)^2} \tag{34.178}$$

式中: P_S 为功率波形的峰值; P'_S 为波形的一阶导数; N_{inc} 为非相干平均中使用的波形数。根据式(34.178),有 3 个参数驱动测高精度: SNR、P'_S 和 N_{inc} 。

SNR 在 iGNSS-R 中特别重要,由于上行链路中引入的噪声,SNR 对于 cGNSS-R 的信噪比会降低。因此,在 GNSS-R 情况下,复互相关可以表示为

$$X(\tau) = X_S(\tau) + X_{\text{Nd}}(\tau) + X_{\text{Nr}}(\tau) + X_{\text{Ndr}}(\tau) \tag{34.179}$$

考虑到信号与向上和向下的热噪声分量不相关,平均输出功率波形可以写成

$$\langle |X(\tau)|^2 \rangle = \langle |X_S(\tau)|^2 \rangle + \langle |X_{\mathrm{Nd}}(\tau)|^2 \rangle + \langle |X_{\mathrm{Nr}}(\tau)|^2 \rangle + \langle |X_{\mathrm{Ndr}}(\tau)|^2 \rangle \tag{34.180}$$

基于式(34.180)，在 iGNSS-R 情况下，互相关器输出处的信噪比变为

$$\begin{aligned} \mathrm{SNR}_i &= \frac{\langle |X_S(\tau)|^2 \rangle}{\langle |X_{\mathrm{Nd}}(\tau)|^2 \rangle + \langle |X_{\mathrm{Nr}}(\tau)|^2 \rangle + \langle |X_{\mathrm{Ndr}}(\tau)|^2 \rangle} \\ &= \frac{\mathrm{SNR}_{\mathrm{cr}}}{\left[1 + \dfrac{1 + \mathrm{SNR}_R}{\mathrm{SNR}_D}\right]} \end{aligned} \tag{34.181}$$

式中：$\mathrm{SNR}_{\mathrm{cr}}$ 为在 cGNSS-R 情况下获得的互相关器的输出处的信噪比；SNR_R 为反射信号的信噪比。

$$\mathrm{SNR}_R = \frac{P_R}{kT_{\mathrm{Nr}}B} \tag{34.182}$$

式中：SNR_D 为直接信号的信噪比。

$$\mathrm{SNR}_D = \frac{P_D}{kT_{\mathrm{Nd}}B} \tag{34.183}$$

式中：B 为信号带宽；T_{Nd}、T_{Nr} 分别为前向(上行链路信道)和反向(下行链路信道)信号的噪声温度。

式(34.182)和式(34.183)显示了带宽在 iGNSS-R 性能中的作用，因为它直接影响总体的信噪比。此外，如图 34.25 所示，带宽也会对干涉情况下的 ACF 形状产生影响。随着带宽的减小，ACF 形状趋于变宽，从而降低了精度。对于 20MHz(射频为 40MHz)的中频带宽，这种影响几乎可以忽略不计，因为 GPS L1 复合信号扩展到约 20MHz(射频为 40MHz)。在 10MHz(射频为 20MHz)时，这种效应开始变得明显。在 2.5MHz(射频为 5MHz)时，ACF 形状往往更接近于仅使用 C/A 码获得的形状，从而抵消了干涉测量处理的大部分潜在好处。ACF 随设备带宽的变化转化为功率波形形状的类似变化，如图 34.26 所示。带宽的减少导致上升沿斜率 P'_S 的减小，从而增加了式(34.178)的高度误差。

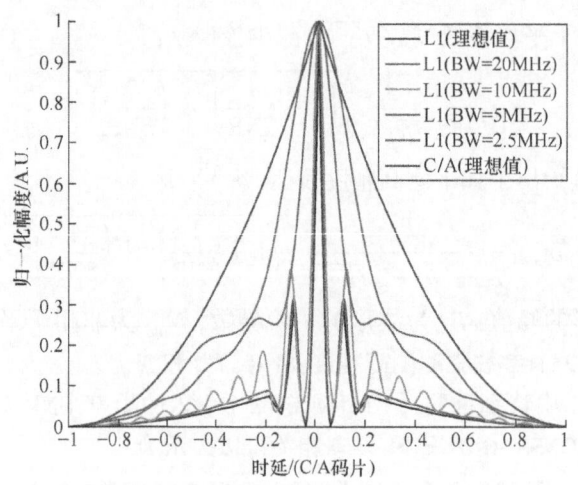

图 34.25　不同带通带宽的平方归一化 ACF[202]

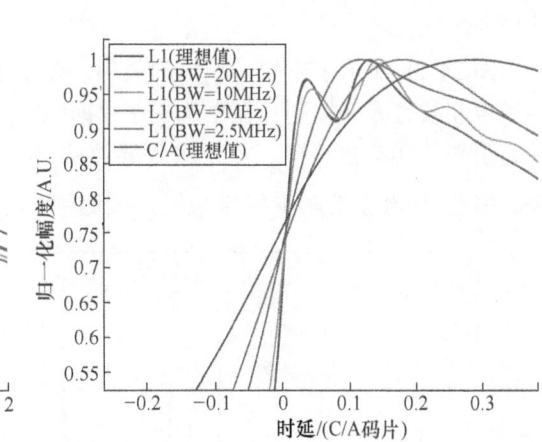

图 34.26 不同带通带宽的归一化功率波形(a),中心部分的缩放(b)[202]

一个可观测到的有偏高度是对应于峰值波形导数的延迟[203]。为了说明带宽对测高误差的影响,我们在图 34.27 中绘制了波形导数,图 34.26 $\tau=0$ 附近的放大倍数。观察到与导数峰值对应的延迟位移,表示 SP 延迟估计中的偏差。这些偏差对于 20MHz 和 10MHz 的带宽(射频为 40MHz 和 20MHz)非常低,在 5MHz(射频为 10MHz)时开始变得相当大,在 2.5MHz(射频为 5MHz)时显著。表 34.4 总结了这些结果。

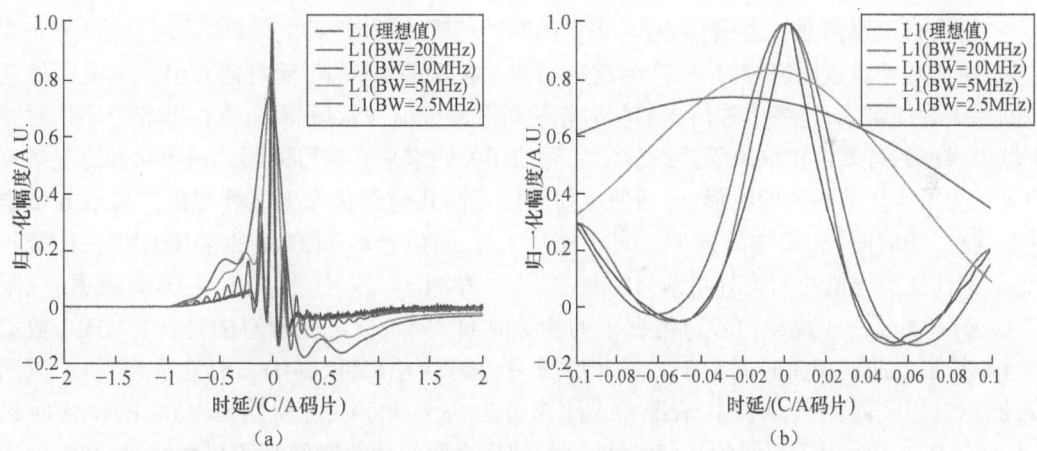

图 34.27 波形导数($\tau=0$ 相对于理想功率波形的峰值导数)(a),中心部分的缩放[202](b)

表 34.4 最大导数点相对于原始情况的偏移(未滤波)

IF 带宽/MHz	最大倒数点偏移/(C/A 码片)	最大倒数点偏移/m
20	约 -4.63×10^{-4}	约 -0.14
10	约 -8.35×10^{-4}	约 -0.25
5	约 -0.0075	约 -2.26
2.5	约 -0.0242	约 -7.27

N_{inc} 是式(34.178)中的另一个相关参数,用于减少由于散斑和热噪声引起的反射功率

波形的标准差。

图 34.28 显示了非相干平均的效果。观察单脉冲波形($T_{coh} = 1ms$ 和 $N_{inc} = 1$)主要由热噪声和散斑噪声控制。在平均 10s 数据($N_{inc} = 10000$)后,该噪声显著降低,并且可以清楚地识别 GNSS-R 波形。重要的是要注意,热噪声添加了高斯过程,不同采样点之间不相关。因此,标准差的减少将与 $\sqrt{N_{inc}}$ 成比例。

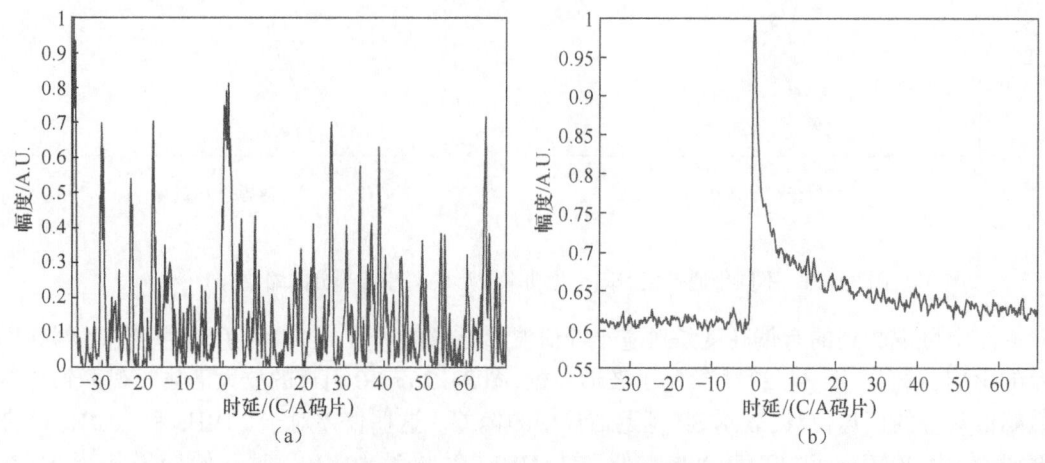

图 34.28 GNSS-R UK-DMC 波形

(a) $T_{coh} = 1ms, N_{inc} = 1$; (b) $T_{coh} = 1ms, N_{inc} = 100000$ [206]

然而,散斑噪声是一种乘性噪声,当雷达脉冲相干地照射由许多基本点散射体(分布式散射)组成的特定表面区域时,会产生这种噪声。在这些条件下,反射信号由基本散射体反射的相干叠加组成,这些单独信号的相对相位对观测几何非常敏感。因此,非相干平均对减少散斑噪声的有效性将取决于连续波形之间的相关性水平。这可能因几何形状和海况条件而异。为了产生不相关的波形,必须使反射面或观测几何形状发生显著变化。34.5.6 节推导了这种"慢时间"相关性的模型。对于使用 C/A 码信号的 LEO 中的常规 GNSS-R 接收机,已估计波形峰值的相关时间约为 1ms[26,204]。在图 34.29 中,使用 UK-DMC 数据(仅限 L1 C/A)计算了一个星载(LEO)情况下的相关时间[28,205]。可以理解的是,UK-DMC 数据的连续波形之间的相关时间小于 1ms(相关水平非常快地降低,在 1ms 时几乎为零)。以同样的方式,相关时间已从机载情况(h)计算得出($h ≈ 3000m$),使用 GOLD-RTR 接收机(cGNSS-R)[45]。由于不同的几何结构,连续波形之间的相关时间高于星载情况,在本例中约为 6ms。

相关时间也是时延的函数[75,147,207]。图 34.30 说明了这一特征,其中复杂波形的自相关函数显示了中心滞后的高相关时间,在波形峰值达到最大值,然后在下降沿减小。

观测几何(接收机的高度、发射机的高度等)和观测场景的状态是可能影响波形形状的参数。入射角在测高问题的几个方面也起着重要作用。根据式(34.3),随着入射角的增大,距离误差增大,从而导致更大的高度误差。如果入射角增加,穿过电离层的倾斜路径以及电离层延迟和折射也会增加,从而导致电离层残余误差增大。此外,随着俯视天线指向最下点,其增益将随着入射角的增加而降低,从而影响噪声范围观测值。另外,线束(覆盖范围和重访时间)随着入射角的增加而变宽,从而增加可见反射的数量。尽管菲涅耳反射系

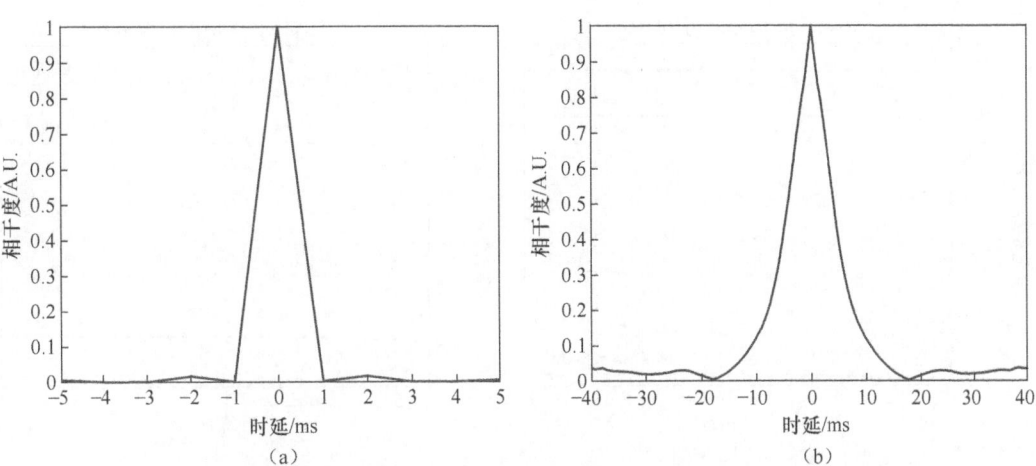

图 34.29 根据 UK-DMC 数据(cGNSS-R 星载场景)(a)，
GOLD-RTR 数据(cGNSS-R 机载场景)(b)计算的散斑相干度[206]

数[式(34.30)和(34.31)]也是入射角的函数,但在 $\theta_i = 0° \sim 35°$ 的范围内,这种依赖性的影响可以忽略不计(约 0.4%)。

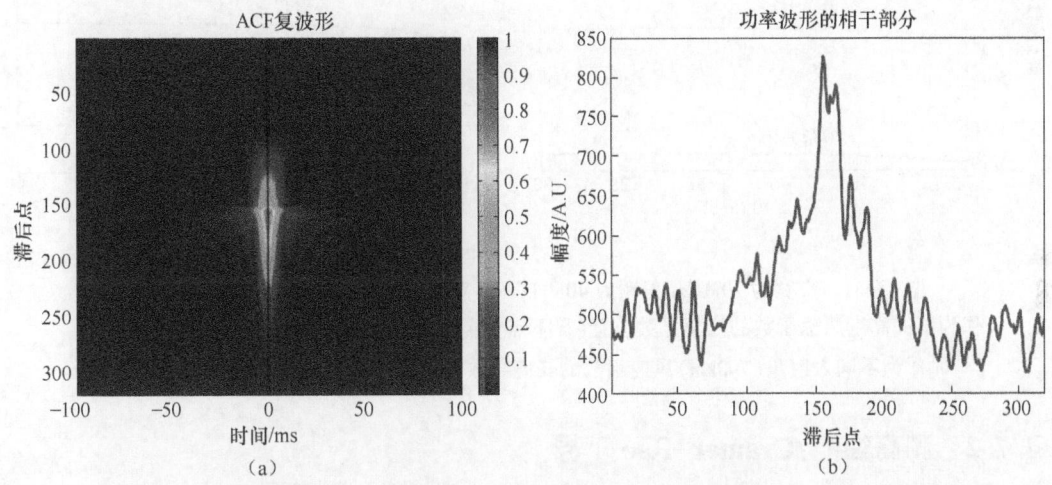

图 34.30 复波形的自相关(iGNSS-R 机载场景)(a),相干功率波形(iGNSS-R)(b)

图 34.31 绘制了峰值导数位置作为风速的函数,针对不同高度、入射角和接收机带宽 (20MHz 和 2.5MHz)计算。峰值导数的位置随接收机高度的变化比随入射角的变化更大。例如,在 20MHz 情况下,峰值位置的位移为 20cm,发生在最低和最高接收机高度之间,而对于 2.5MHz 带宽,该位移约为 5m。在 20MHz 时,入射角变化 20°,位移约为 6cm,在 2.5MHz 时,位移约为 1.2m。

图 34.32 显示了入射角、接收机高度和带宽对风速峰值导数位移的影响。当接收机带宽较大时,入射角和高度的影响几乎可以忽略不计(最坏情况下为 4~5mm)。随着接收机带宽的减小,风速引起的位移随着这两个参数的变化而增大。例如,在海拔 300km,位移可能约为 15cm,但在海拔 1000km,位移可能约为 8cm。对于入射角,位移范围在 8~10cm。

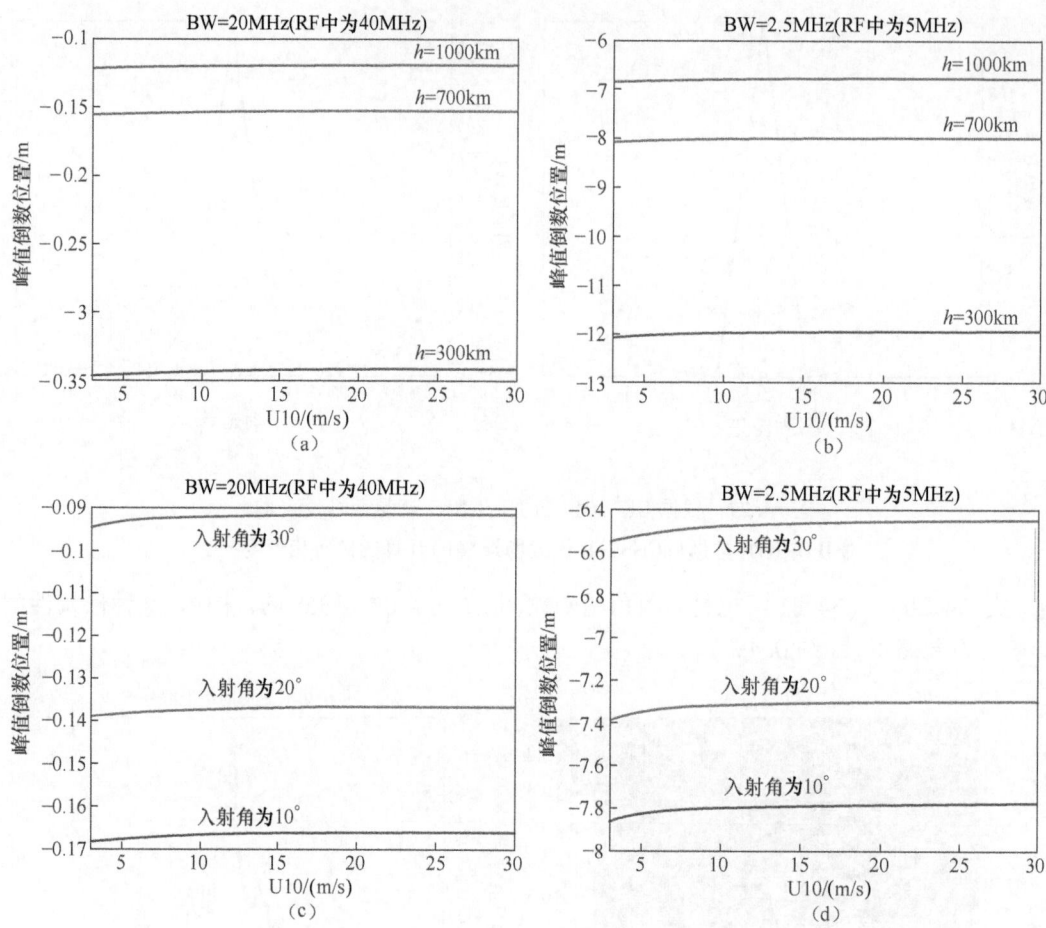

图 34.31 带宽为 20MHz(射频为 40MHz)(a)和 2.5MHz(射频为 5MHz)(b)时，
作为不同高度风速函数的峰值导数位置(最下点情况)，以及带宽为 20MHz(射频为 40MHz)
(c)时作为不同入射角(700km)风速函数的峰值导数位置和 2.5MHz(射频为 5MHz)(d)[206]

34.7.2 测高性能：Cramer-Rao 下界

通过采用简单的分析模型对 GNSS-R 测高精度进行分析，该模型以封闭形式描述了高度精度的灵敏度与系统和设备参数的函数关系，如热噪声信噪比、观测几何结构、散斑噪声、复合 GNSS 发射信号的自相关特性以及地面处理[43]。

然而，这些方法依赖许多假设(如重跟踪 1b 级处理)，并且很可能不代表最佳可实现精度。相反，最佳测高精度的预测依赖独立于检索处理的方法(如使用估计器)，并且固有地利用观测信号的时间统计信息(如协方差矩阵)。

在估计理论中，众所周知，Cramer-Rao 下界(CRLB)提供了无偏估计量的最佳方差(如果存在)[208]。在假设观测是一个循环高斯随机过程的情况下，CRLB 可以在只知道观测信号的协方差矩阵的情况下进行评估[209]。复合 GNSS-R 波形的样本 $X(\tau, f)$ 满足该假设(图 34.33)。CRLB 为识别驱动 GNSS-R 系统性能的关键因素提供了坚实的理论基础，并可用于评估涉及总体观测系统的各种各样的参数，包括设备、机载和地面处理等方面。这些知识可用于优化星载 GNSS-R 系统的性能。

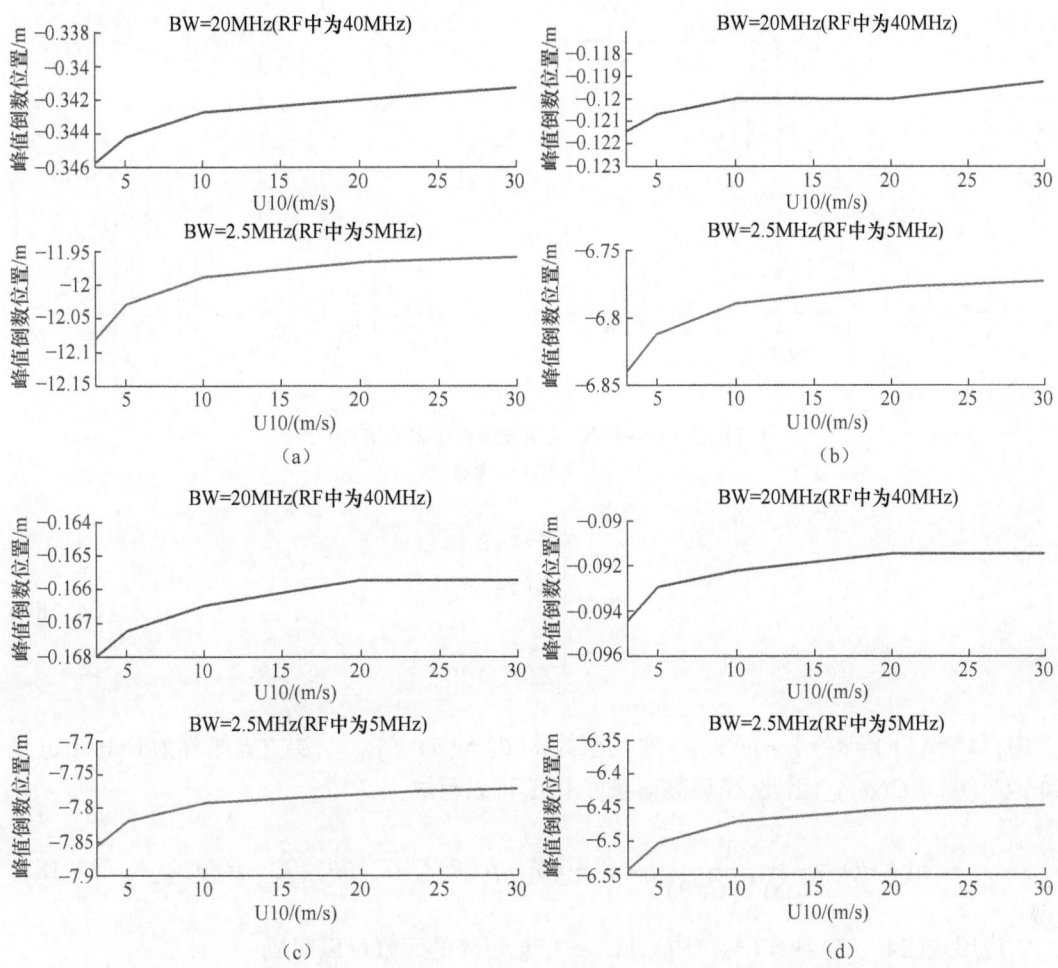

图 34.32 作为 300km(a) 和 1000km(b) 接收机高度(均在最下点)风速函数的峰值导数位置,以及 700km 处 10°(c) 和 30°(d) 入射角的位置[206]

CRLB 由以下公式给出:

$$\mathrm{var}(\tilde{\theta}) \geqslant \frac{1}{I(\theta)} \tag{34.184}$$

式中:θ 为待估计的参数(在这种情况下是反射信号的范围);$I(\theta)$ 为 Fisher 信息矩阵,定义为

$$I(\theta) = -\left\langle \frac{\partial^2 \ln(p(x|\theta))}{\partial \theta^2} \right\rangle \tag{34.185}$$

观测到的 GNSS-R 波形可以表示为 $X \sim CN(\mu(\theta), C(\theta))$,其中 X 为一个复随机矢量:

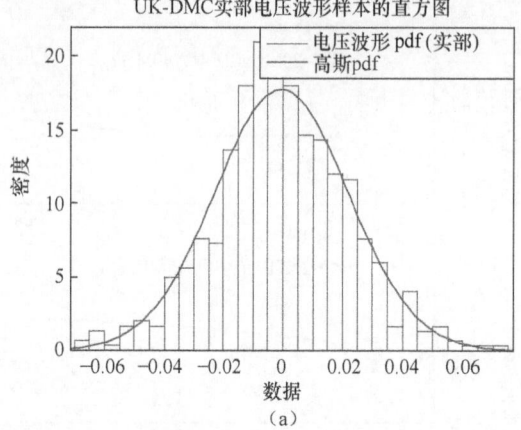
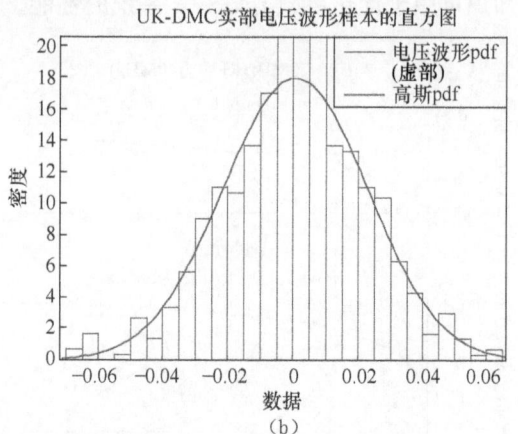

图 34.33　UK-DMC 电压波形样本的直方图[148]
(a)实部；(b)虚部

$$X = \begin{bmatrix} X(\tau_1) \\ X(\tau_2) \\ \vdots \\ X(\tau_m) \end{bmatrix} \quad (34.186)$$

其中,每个 $X(\tau) = u(\tau) + jv(\tau)$。平均值为 $\tilde{\mu}(\theta) = \langle u \rangle + j\langle v \rangle$,协方差矩阵为 Hermitian 矩阵,$C^H(\theta) = C(\theta)$。因此,循环高斯条件 PDF 可以写成:

$$p(\tilde{X}|\theta) = \frac{1}{(\pi)^N |C(\theta)|} \exp[-(\tilde{X} - \tilde{\mu}(\theta))^H C^{-1}(\theta)(\tilde{X} - \tilde{\mu}(\theta))] \quad (34.187)$$

应用式(34.185)到式(34.187),Fisher 信息矩阵的元素可以写成:

$$|I(\theta)|_{i,j} = 2\left[\frac{\partial \tilde{\mu}}{\partial \theta_i}\right]^H C^{-1}(\theta)\left[\frac{\partial \tilde{\mu}(\theta)}{\partial \theta_j}\right] + \mathrm{tr}\left(C^{-1}(\theta)\frac{\partial C(\theta)}{\partial \theta_i} C^{-1}(\theta)\frac{\partial C(\theta)}{\partial \theta_j}\right) \quad (34.188)$$

如果 θ 是一个标量参数(如时延),则式(34.188)简化为

$$I(\theta) = 2\left[\frac{\partial \tilde{\mu}}{\partial \theta}\right]^H C^{-1}(\theta)\left[\frac{\partial \tilde{\mu}(\theta)}{\partial \theta}\right] + \mathrm{tr}\left[\left(C^{-1}(\theta)\frac{\partial C(\theta)}{\partial \theta}\right)^2\right] \quad (34.189)$$

考虑到观测信号的平均值为零,式(34.189)可进一步简化为

$$I(\theta) = \mathrm{tr}\left[\left(C^{-1}(\theta)\frac{\partial C(\theta)}{\partial \theta}\right)^2\right] \quad (34.190)$$

然后可以根据 GNSS-R 波形的统计特性计算协方差矩阵。这些特性可分为慢时间统

计和快时间统计,如 34.5.6 节图 34.34 所示。

针对 cGNSS-R 和 iGNSS-R 技术,开发了一个综合通用模型,该模型描述了 GNSS-R 波形的快时间统计,同时考虑了复合波形和功率波形,并使用测量数据(包括信号和热噪声)进行了验证[206]。对于 cGNSS-R 情况,接收到的直接信号和接收到的反射信号之间的互相关可以分离为噪声(衰减)信号和热噪声[式(34.70)],其中慢时间和快时间协方差矩阵由式(34.72)、式(34.75)、式(34.77)和式(34.79)给出[149]。

然而,对于 iGNSS-R 情况,由于直接信号与反射信道中的噪声的互相关,干涉复波形将包括额外的噪声项,反之亦然:

$$X(t,\tau) = X_S(t,\tau) + X_{Nd}(t,\tau) + X_{Nr}(t,\tau) + X_{Ndr}(t,\tau) \quad (34.191)$$

式中:$X_S(t,\tau)$ 为信号复互相关,应通过雷达方程[式(34.59)]表示;$X_{Nd}(t,\tau)$ 和 $X_{Nr}(t,\tau)$ 分别为一个信道中的信号与另一个信道中的噪声之间的相关性,是上视和下视噪声之间的相关性。

考虑到信号和上下视热噪声分量彼此不相关,快时间统计(如 bin-bin 协方差矩阵)可表示为

$$\langle X(\tau_1)X^*(\tau_2)\rangle = \langle X_S(\tau_1)X_S^*(\tau_2)\rangle + \langle X_{Nd}(\tau_1)X_{Nd}^*(\tau_2)\rangle$$
$$+ \langle X_{Nr}(\tau_1)X_{Nr}^*(\tau_2)\rangle + \langle X_{Ndr}(\tau_1)X_{Ndr}^*(\tau_2)\rangle \quad (34.192)$$

式(34.192)中的术语由以下表达式中的 $\tau_1 = \tau$ 和 $\tau_2 = \tau + \tilde{\tau}$ 给出[206]:

$$\langle X_S(\tau_1)X_S^*(\tau_2)\rangle = 4A_d^2 \langle W_{\theta,\phi,t}W_{\theta,\phi,t}^*\rangle$$
$$\times \chi(\Delta\tau,\Delta f,t)\chi^*(\Delta\tau,\Delta f,t) e^{j2\pi(-f_{Dd,t-\tau}+f_S)\tilde{\tau}} \quad (34.193)$$

其应等同于式(34.77)。

这 3 个噪声协方差可以类似建模为

$$\langle X_{Nd}(\tau_1)X_{Nd}^*(\tau_2)\rangle = 2\langle W_{\theta,\phi,t}W_{\theta,\phi,t}^*\rangle \times 2\frac{kT_{Nd}}{T_I}\Lambda(\Delta\tau)e^{-j2\pi(f_0-f_S)(-\tilde{\tau})} \quad (34.194)$$

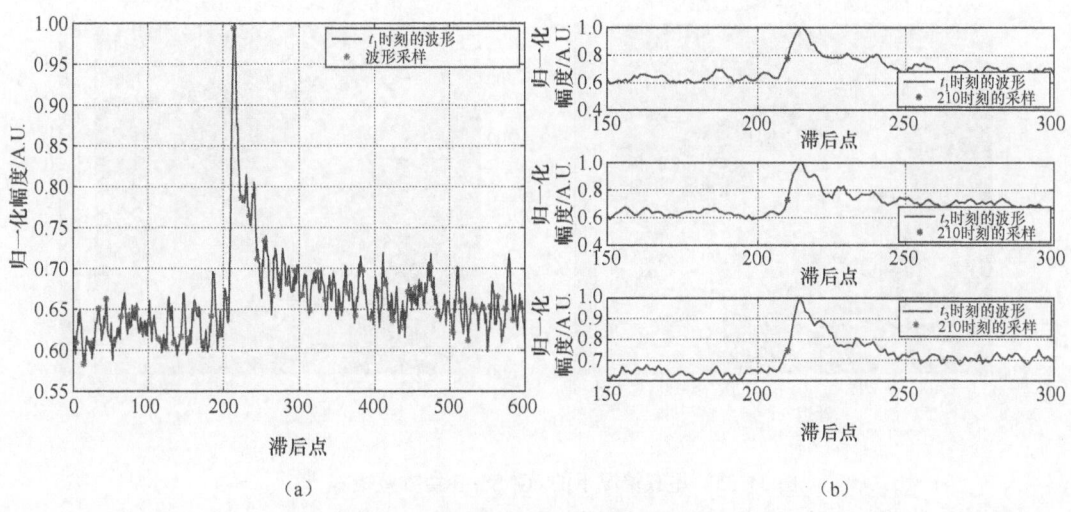

图 34.34 慢时间统计(a),快时间统计(b)[206]

$$\langle X_{\mathrm{Nr}}(\tau_1) X_{\mathrm{Nr}}^*(\tau_2) \rangle = 4A_d^2 \frac{kT_{\mathrm{Nr}}}{T_I} \Lambda(\Delta\tau) e^{j2\pi(f_{\mathrm{Ddt}} - f_S)(\tilde{\tau})} \quad (34.195)$$

$$\langle X_{\mathrm{Ndr}}(\tau_1) X_{\mathrm{Ndr}}^*(\tau_2) \rangle = \frac{4kT_{\mathrm{Nr}}kT_{\mathrm{Nd}}}{T_I^2} \int_{-\frac{T_I}{2}}^{\frac{T_I}{2}} \int_{-\frac{T_I}{2}}^{\frac{T_I}{2}} \frac{\sin[2\pi B(t'-t'')]}{\pi(t'-t'')}$$

$$\times \frac{\sin(2\pi B(t'-t''+\tilde{\tau}))}{\pi(t'-t''+\tilde{\tau})} e^{j2\pi(f_0+f_S)(t''-t')} e^{j2\pi f_S(\tilde{\tau})} \mathrm{d}t'\mathrm{d}t'' \quad (34.196)$$

式中：A_d 为振幅因子（包括 GNSS 信号发射功率、发射天线和接收天线的电压天线方向图以及自由空间损耗）；f_o 为标称中心频率；f_S 为与反射信号 SP 对应的多普勒频率相匹配的频移；$f_{\mathrm{Dd},t}$ 为时间 t 时直接信号的多普勒频率。$\mathrm{d}\Omega = \sin\theta\mathrm{d}\theta\mathrm{d}\phi$ 是基本立体角。

$W_{\theta,\phi,t}$ 是一个复振幅因子，包括了所有雷达方程的参数：

$$\langle W_{\theta,\phi,t} W_{\theta,\phi,t}^* \rangle = \frac{\lambda^2 P_T G_T \overline{G}_R(\theta,\phi,t) \overline{\sigma}_0(\theta,\phi,t) \overline{A}(\theta,\phi,t)}{4\pi \overline{L}_S(\theta,\phi,t) L} \quad (34.197)$$

式中：$L_S(\theta,\phi,t)$ 为沿路径从发射机到散射点再到接收机的路径上的空间损耗；L 为另一个损耗项，包括沿任一路径的任何大气损耗以及接收机中的实现损耗；$\overline{\sigma}_0(\theta,\phi,t)$ 为表面 NBRC；$\overline{A}(\theta,\phi,t)$ 为对应于 (θ,ϕ,t) 面元的有效表面散射面积。

本节提出的模型是通用的，可以很容易地扩展到其他系统的 GNSS-R 波形。对于测高应用，波形统计知识可以评估测高性能对关键系统/设备和检索参数（如采样频率、接收机带宽和 SNR）的依赖性。

采样频率对测高性能的影响非常重要，因为它决定了设备的复杂性和对下行链路数据速率的要求。值得一提的是，术语采样频率是在波形电平定义的，而不是在相关之前的信号电平定义的。例如，图 34.35 和图 34.36 分别显示了针对 5MHz 和 40MHz 采样频率（对于 cGNSS-R）以及 5MHz 和 80MHz 采样频率（对于 iGNSS-R）获得的建模协方差矩阵。

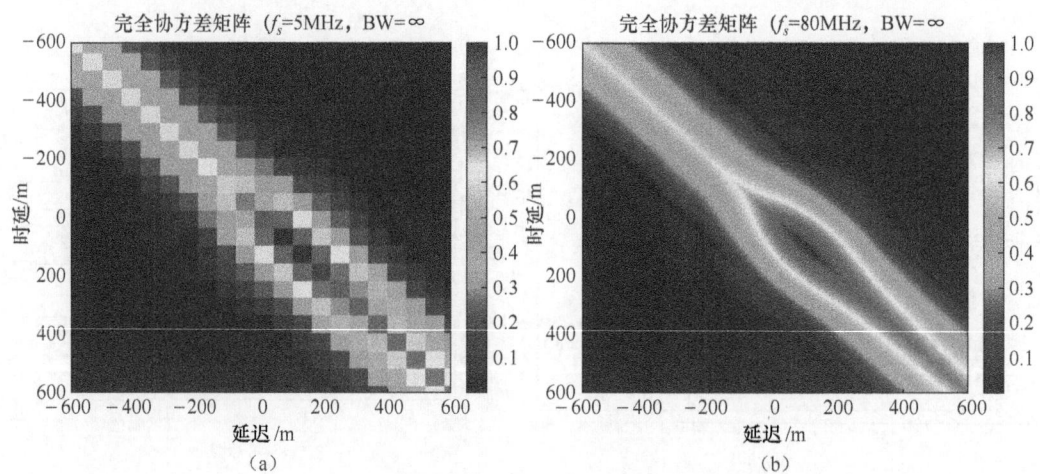

图 34.35　星载情况下的 cGNSS-R 协方差矩阵[206]
(a) f_s = 5MHz；(b) f_s = 40MHz。

可以看出，iGNSS-R 中对采样频率的依赖性比 cGNSS-R 中更为关键，其中增加采样频

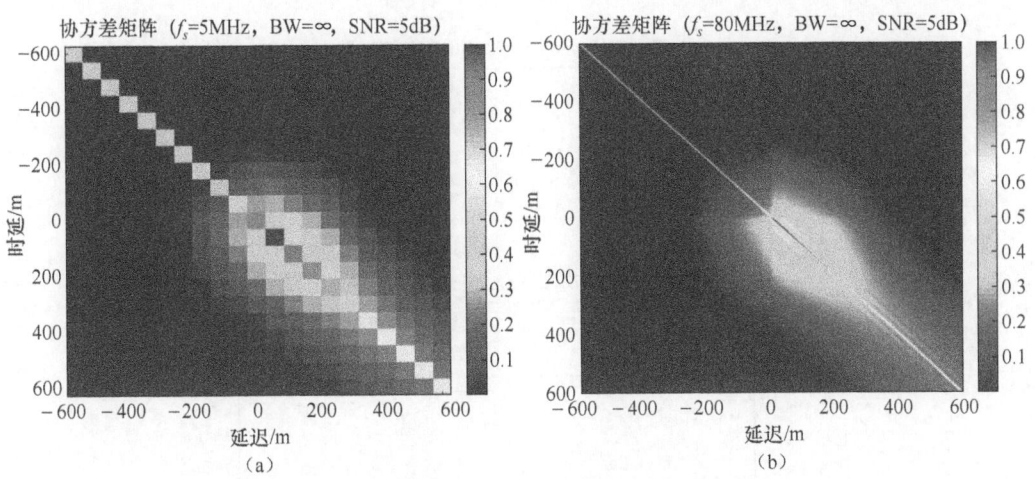

图 34.36 星载情况下的 iGNSS-R 协方差矩阵：
(a)f_s = 5MHz，(b)f_s = 80MHz[206]。

率并不意味着增加信息量。然而，iGNSS-R 的情况并非如此。图 34.37 显示了该问题，其中绘制了完整协方差矩阵的 ACF 和弱对角矩阵。图 34.38 显示了在考虑 4 种不同采样频率（80Hz、40Hz、20Hz、10Hz 和 5MHz）和 SNR = 5dB 的情况下，为 iGNSSR 计算的单次距离（one-shot range）精度。

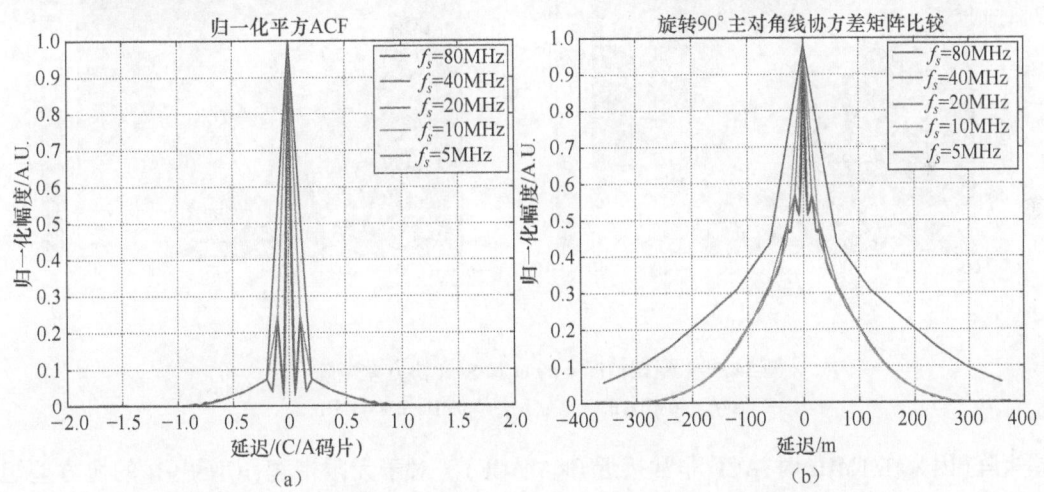

图 34.37 归一化平方 ACF 比较(a)，旋转主对角线完全协方差矩阵(b)[206]

接收机带宽是分析测高性能时必须考虑的另一个重要参数，因为它影响 ACF 的形状，通俗地讲，影响协方差矩阵的形状。由于接收机带宽引起的 ACF 形状的变化直接转化为协方差矩阵的扩展。这种加宽显然对测高性能有影响，因为它增加了连续样本之间的相关性。对于 iGNSS-R 技术尤其如此，其中 ACF 的形状更依赖于接收机带宽。图 34.39 和图 34.40 显示了在假设理想情况（无滤波）和接收机带宽为 1MHz 的情况下，在星载场景中获得的 cGNSS-R 和 iGNSS-R 协方差矩阵。

对于 1MHz 情况，iGNSS-R 技术获得的协方差矩阵非常接近 cGNSS-R 情况获得的协方

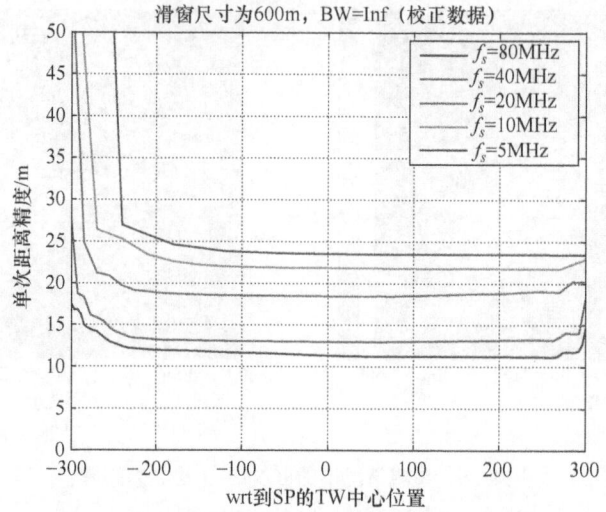

图 34.38　iGNSS-R 的单次距离精度与采样频率[206]

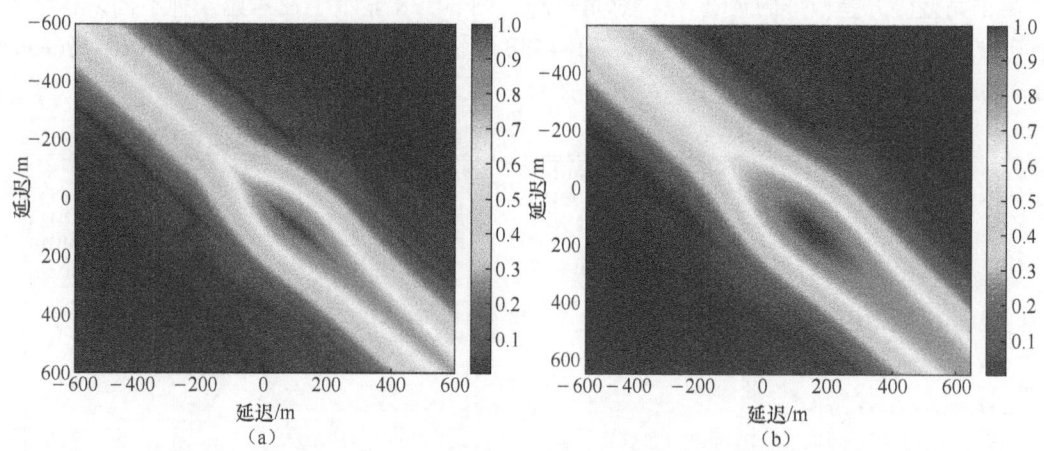

图 34.39　星载情况下的 cGNSS-R 协方差矩阵[206]
(a) $f_s=40\text{MHz}, BW=\infty$；(b) $f_s=40\text{MHz}, BW=1\text{MHz}$。

差矩阵(因为在1MHz时,ACF 非常接近 C/A ACF)。对于无限带宽,iGNSS-R 的协方差矩阵变成强对角矩阵,但仍然受到 cGNSS-R 中 C/A ACF 宽度的限制。

图 34.41 绘制了从 CRLB [式(34.184)] 计算得出的测高性能,分别考虑了 40MHz、10MHz 和 1MHz 的射频接收机带宽。从图 34.41 中可以得出的第一个考虑因素是,测高性能随着射频带宽的减少而降低。带宽的减少增加了样本之间的相关性,这一事实再次解释了这一点。第二个考虑因素是测高性能受到接收机带宽的限制,并且超出接收机带宽的采样频率的任何增加都不会进一步提高性能。这显示了接收机带宽、采样频率和预期性能之间的重要关系。考虑到不同的接收机带宽,术语采样频率是在波形电平定义的,而不是在相关之前的信号电平定义的。因此,与前面的考虑一致,在相关数据的情况下,测高性能不会随采样频率显著变化。这表明射频接收机带宽主导设备性能。

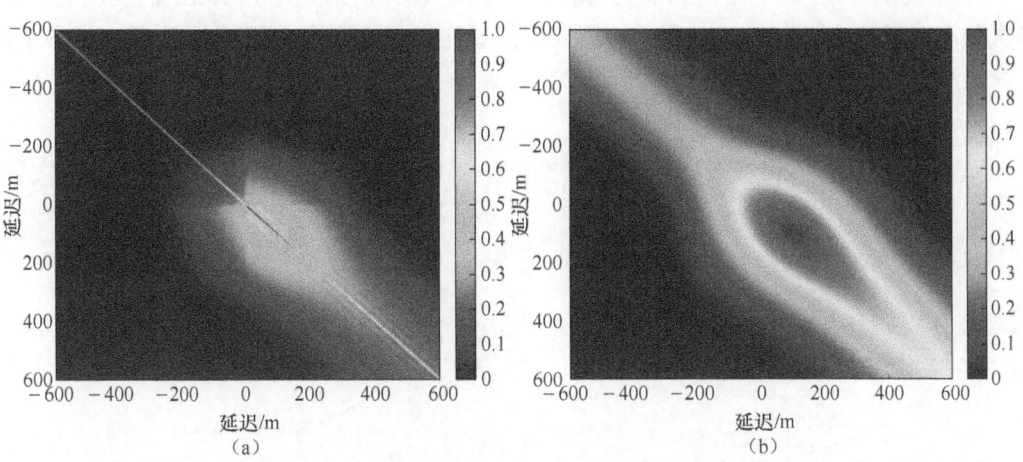

图 34.40 星载情况下的 iGNSS-R 协方差矩阵[206]

(a) $f_s=80\text{MHz}, \text{BW}=\infty, \text{SNR}=5\text{dB}$; (b) $f_s=80\text{MHz}, \text{BW}=1\text{MHz}, \text{SNR}=5\text{dB}$。

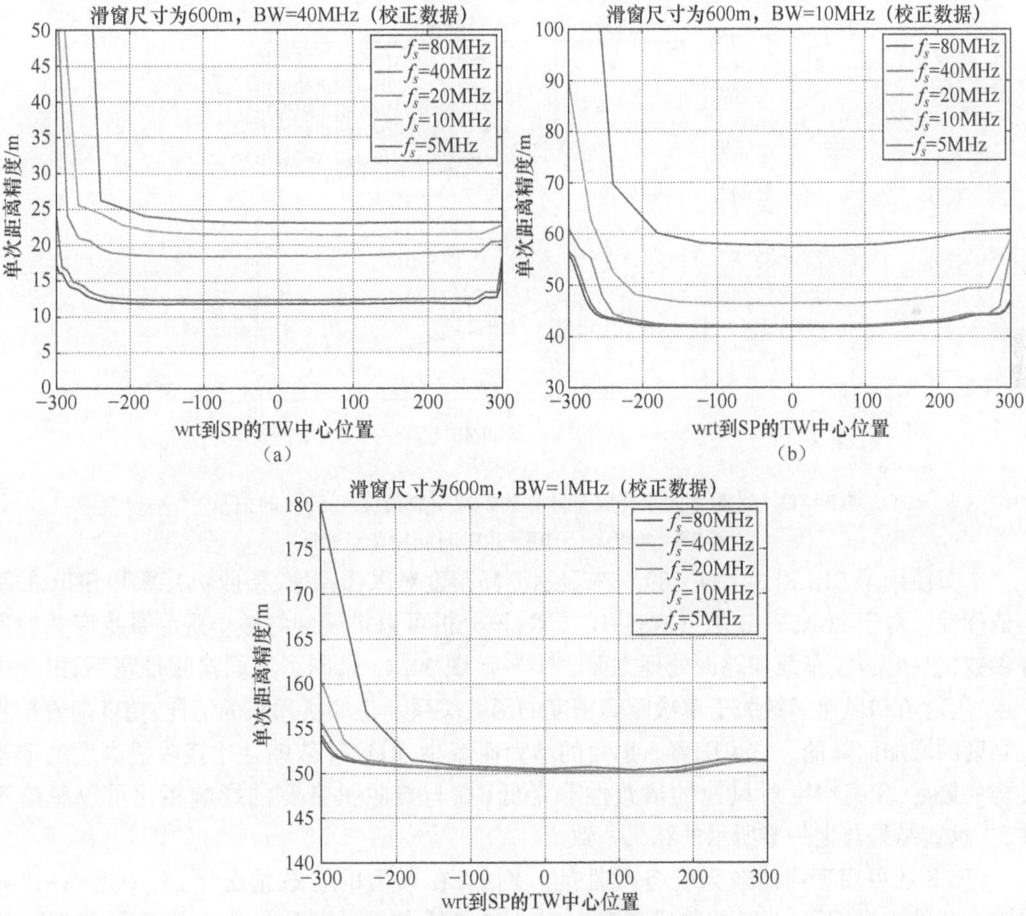

图 34.41 单次距离精度与采样频率的关系[206]

(a) BW=40MHz; (b) BW=10MHz; (c) BW=1MHz。

这些结果在图 34.42 中得到证实,其中,考虑到 40MHz、10MHz 和 1MHz 的接收机带宽,单次距离精度已绘制为 SNR 的函数。重要的是要注意单次距离精度相对于 SNR 的有了指数级提高。

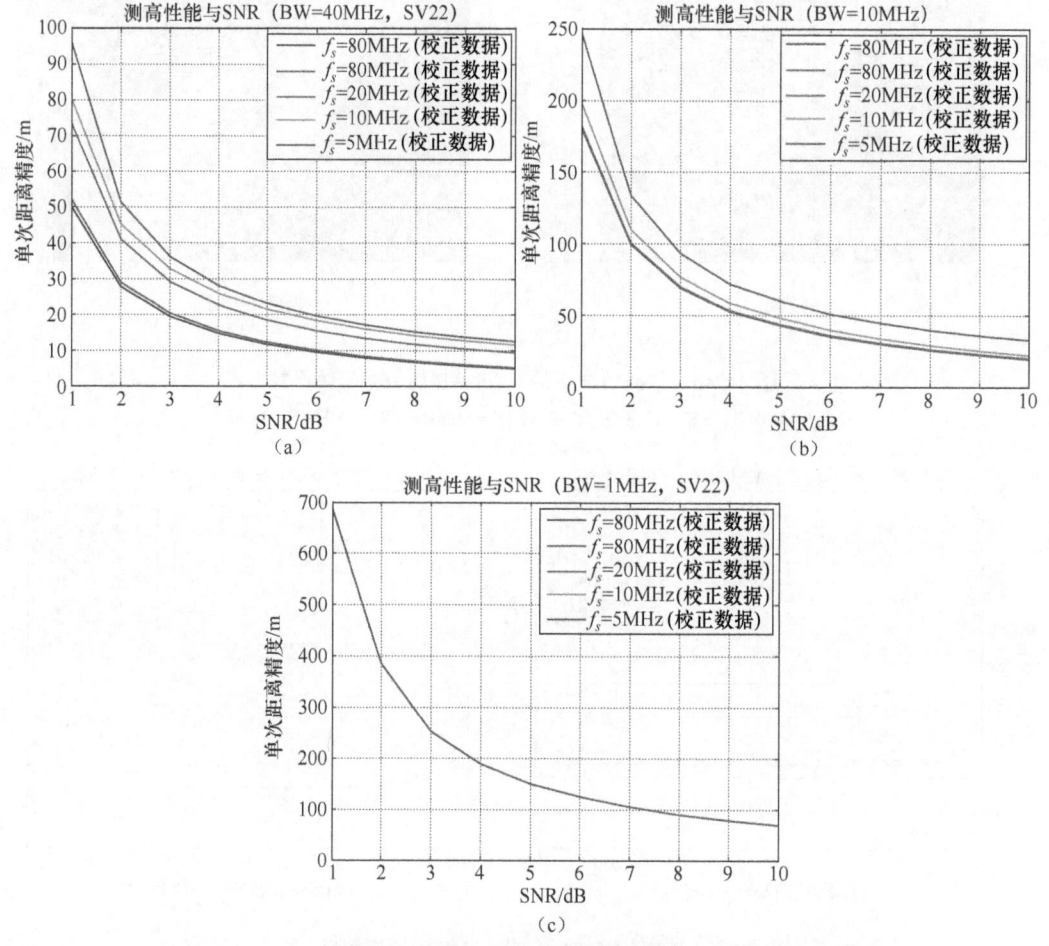

图 34.42 针对不同采样频率计算的单次距离精度与 SNR 的关系[206]
(a)BW=40MHz;(b)BW=10MHz;(c)BW=1MHz。

本节使用了 CRLB[式(34.189)]来显示测高精度对采样频率、接收机带宽和 SNR 的基本依赖性。对于 cGNSS-R 和 iGNSS-R 技术,该分析可以扩展到与整个观测系统有关的各种参数,包括设备、车载和地面处理方面[148,206]。图 34.43 绘制了不同接收带宽下,接收机高度、入射角和风速函数关于单次距离精度的函数关系。正如所预料的那样,精度随着接收机高度的增加而降低。它也随着入射角的增大而减小,但这种依赖性比接收机高度的依赖性弱。最后,测高精度对风速的依赖性非常低(如与接收机带宽的影响相比可以忽略不计)。这些结果与上一节所示的结果一致。

CRLB 还可用于评估航天任务的性能。例如,在典型的星载情况下,对 cGNSS-R 和 iGNSS-R 技术进行了比较,接收机高度为 700km,最低点观测值为 7m/s。关于设备特性,假设天线增益为 22dBi,系统噪声温度为 450K,等效噪声带宽为 24MHz。根据这些系统参数,cGNSS-R 和 iGNSS-R 情况下的初始 SNR 估计值分别为约 9dB 和约 5dB[210]。图 34.44 显示了每种情况下获得的协方差矩阵。

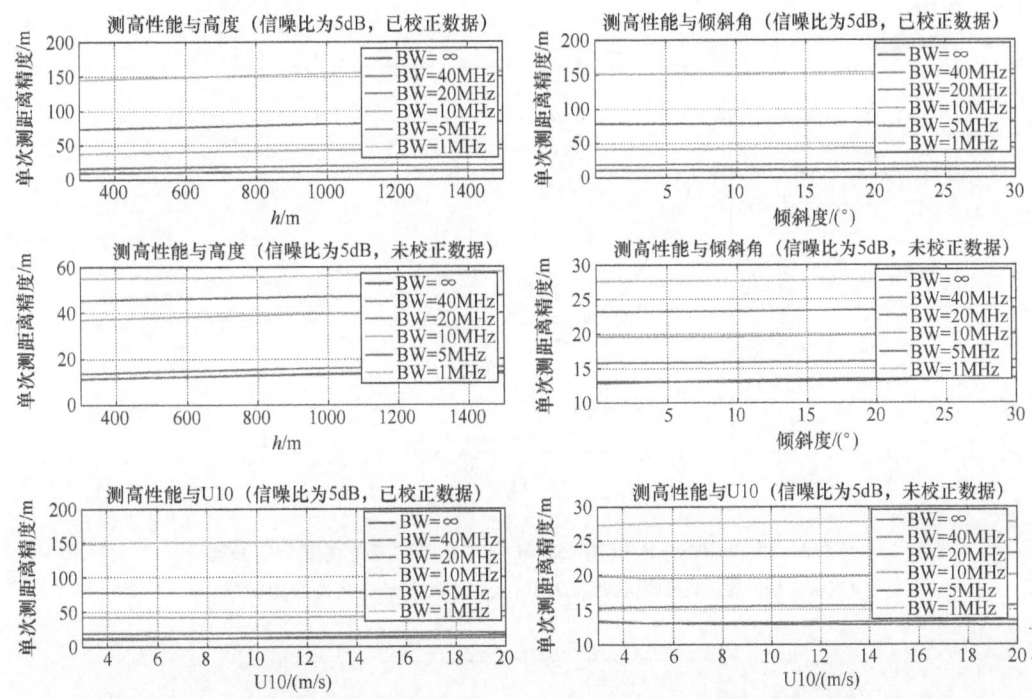

图 34.43　针对不同的接收机 BW 与高度（左上）、入射角（右上）和风速的单次测距精度（底部）[206]

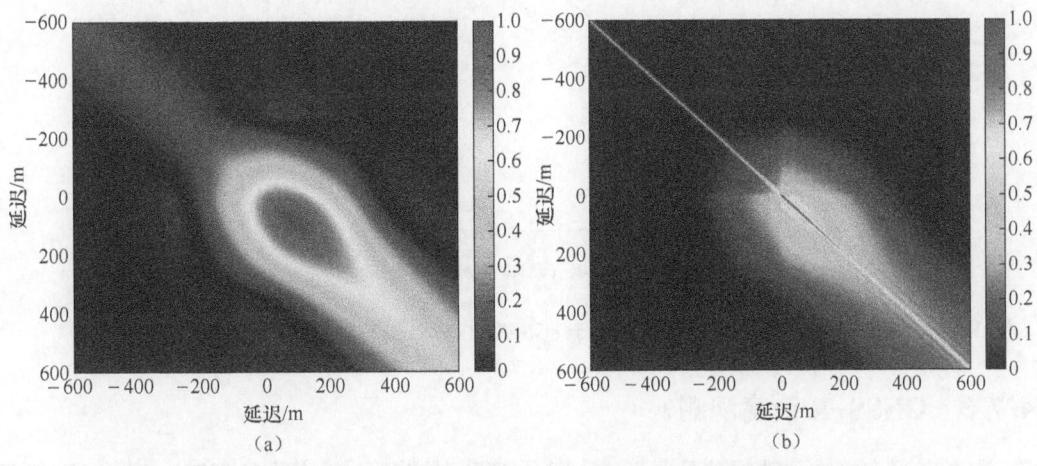

图 34.44　cGNSS-R 技术的协方差矩阵（a）和 iGNSS-R 技术的协方差矩阵（b）
（700km 轨道的星载接收机，带有 22dBi 天线，等效噪声带宽为 24MHz[206]。）

图 34.45 显示了作为每种情况下获得的 SNR 函数的单次距离精度。在信噪比相同的情况下，iGNSS-R 测高性能比 cGNSS-R 测高性能提高约 6~7 倍。然而，如果认为所有系统参数相等，则 iGNSS-R 情况将呈现较低的信噪比。因此，当使用 iGNSS-R 和 cGNSS-R 时，标准的星载任务的信噪比预计会降低 3~5dB。图 34.46 显示了考虑到信噪比降低 4dB，iG-

NSS-R 和 cGNSS-R 之间的比较。对于该特定情况，iGNSS-R 比 cGNSS-R 的性能提高了 1.6~3.6 倍。

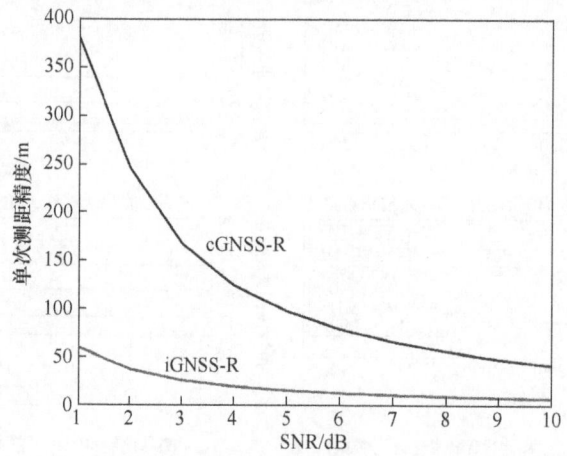

图 34.45　cGNSS-R 和 iGNSS-R 技术的单次测距精度与信噪比
（700km 轨道的星载接收机，带有 22dBi 天线，等效噪声带宽为 24MHz[206]。）

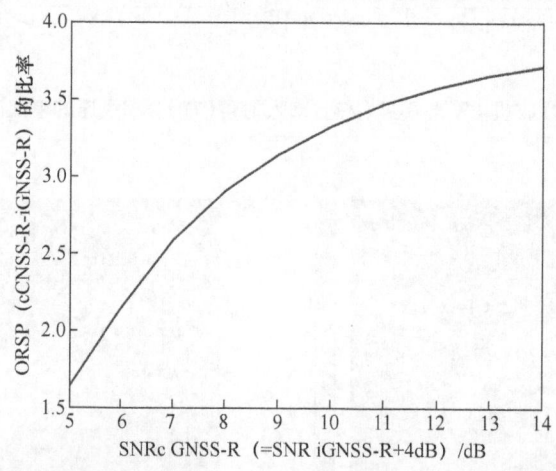

图 34.46　考虑到初始 SNR 降低 4dB，相对于 cGNSS-R 技术，iGNSS-R 的测高性能得到了改善[206]

34.7.3　GNSS-R 测高观测

测高应用中的主要数据产品是距离（即从卫星到被测地面的单向距离）、海拔（即卫星质心高出参考椭球上方的距离）和高度（观测到的实际表面高出参考椭球上方的高程）。所有这些产品测量接收系统的表面位置，必须精确已知。

如前一节所述，需要高信噪比才能获得良好的距离精度。使用高天线增益、更长的相干积分时间和非相干平均可以确保其 SNR。但是，这些值不能任意增加。相干积分受到反射信号相干时间的限制。增加平均时间将降低空间分辨率。最后，天线尺寸和增益存在实际工程限制。

此外，在整合 GNSS-R 观测值时应考虑的一个重要方面是，随着卫星沿其轨道前进，镜面反射路径的长度会发生变化。如果用于相关的机载距离模型未考虑这种变化，则连续波形将延迟漂移。在不校正几何结构的情况下对这些波形进行平均，最终将导致平均波形的人为扩展、峰值振幅的降低以及 SNR 的相应降低。如图 34.47 所示，它显示了延迟校正前后的归一化功率波形（根据 UK-DMC 数据计算）。GNSS-R 测高产生的反射信号路径延迟通过投影到 MSL 模型与 SSH 相关。GNSS-R 提供了两种感知路径延迟的方法，即码的群延迟和载波的相位延迟。

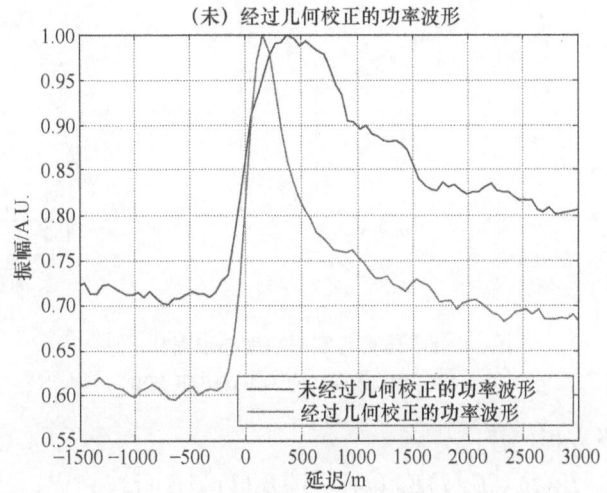

图 34.47 采用和不采用几何校正的 UK-DMC 海面样品波形[148,206]

34.7.3.1 群延迟

GNSS-R 系统可以测量发射机和接收机之间的电磁斜距延迟。SP 的群延迟还将包括大气延迟、设备延迟和随机噪声，其公式基本上与传统 PVT 中可观测的伪距相同。

$$\rho = t_R - t_D = \rho_{geo} + \rho_{atm} + \rho_{inst} + n \tag{34.198}$$

已经开发了不同的方法来估计该群延迟，包括模型拟合和跟踪峰值导数[203]。在模型拟合中，将定义为延迟函数的理论模型以及其他变量拟合到测量波形。图 34.48 显示了 2 种情况（星载和机载），其中使用模型将模拟波形与测量波形相匹配。这通常是一种合适的方法，但在很大程度上取决于模型的保真度和残余海面粗糙度效应。

最大波形导数的延迟被认为是镜面反射延迟的有偏估计器[203]。这一观测量可以表示为[211]：

$$\rho_{geo} = (t_{DER} - t_{RW}) + (t_{RW} - t_{DW}) - (t_D - t_{DW}) = t_{DER} - t_D \tag{34.199}$$

式中：t_{DER} 为波形的导数的最大值，t_{RW} 为计算出接收机反射窗口的原点的值，t_{DW} 为直接窗口原点对应延时；t_D 为直接信号的现在到达时间，对应于直接波形的峰值。当反射主要是镜面反射时，例如，当海面光滑且漫反射分量很小或在地面实验中，振幅波形的最大值可以用作最大值延迟的近似值。

34.7.3.2 相位延迟

正如在 34.4.7 节中介绍的，ICF 提供了直接射线路径和反射射线路径之间的相位差的测量。假设是镜面反射，在 SP 延迟下计算的 ICF 将会"擦除"代码，可以简单地给出一个复

杂可观测值,与反射伪距差相位 $\phi(t)$ 呈比例:

$$\phi(t) = \frac{2\pi}{\lambda}\Delta\rho_\phi \tag{34.200}$$

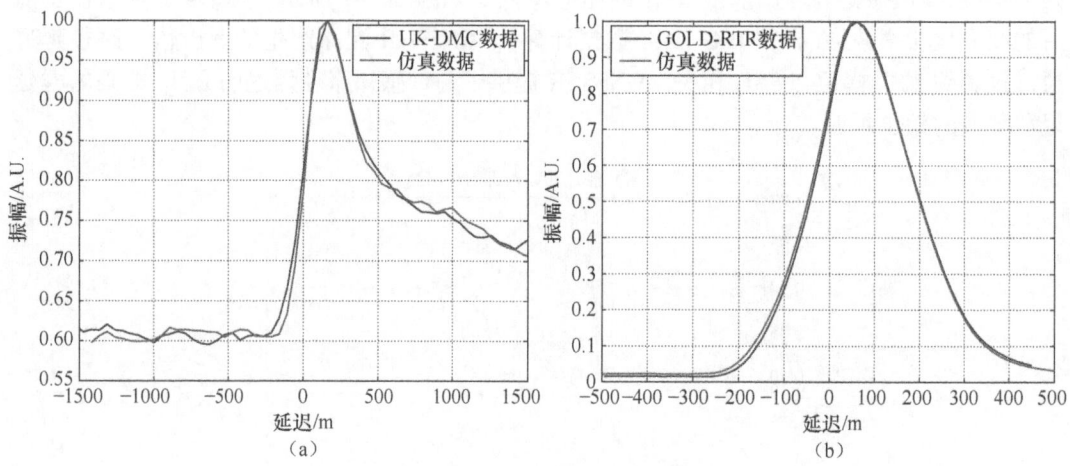

图 34.48　仿真与实测功率波形对比[206]
(a) UK-DMC 数据;(b) GOLD-RTR 数据。

这个可以被以下方程代替:

$$C_I(t) = E_r(t)E_d(t)^* = |E_r(t)||E_d(t)|e^{j\phi(t)} \tag{34.201}$$

相位延迟在载波周期的某些部分($\lambda \approx 19\text{cm}$)内提供了精确的测量,但它引入了一个模糊分辨率的问题,类似于在精确载波相位定位中常见的问题(见第 19 章和第 20 章)。此外,应用于反射信号需要高度相干性,这在星载 GNSS-R 中并不常见,因为通常在星载 GNSS-R 中,散射信号是色散的(由于海面的粗糙)。在一些平静水面的情景下(镜面反射),以低仰角进行观察,伴随着接收机高度逐渐降低(相对于地面),它可以用来探索一些感兴趣的事物。一些带有相位载体的 GNSS-R 测量方法的例子已经在文献[110,212-213]中有所展示。考虑到在低相干条件下,相比 GNSS-R 测高法带来的相位失锁和模糊重置,多普勒频率测量方法会更加具有可靠性。

34.8　土壤湿度

尽管土壤湿度具有公认的科学和社会经济相关性,但在全球范围内监测它仍然是一项重大挑战。直接测量大面积土壤湿度的成本十分昂贵,而且要投入大量的劳动力。因此,人们已经应用了一些主动或者被动的遥感方法,包括辐射计[215-216]、使用雷达进行地球遥感的 GNSS 反射测量法[217-218]、高光谱[219]和主动被动合成的方法[220]等。

正如其他应用一样,GNSS-R 可以为大范围土壤湿度检测提供一个时空上的解决方案。过去的实验已经证明 GNSS-R 对于检测地面反射的细小变化的性能。除此之外,这些系统在关于其他目前用于检测土壤和植被量的检测方面有一些优势。第一点,GNSS 信号位于 L 波段,它能更好地利用其测量方法,尤其是其对于植被覆盖的穿透能力以及高灵敏性,能够更好地感知土壤湿度变更和植被特征的变化。第二点,尽管热量环境影响着全球地理特征可观察量的变化,但相对比微波辐射,它并不会显著破坏 GNSS 的反射信号。第三点,由于 GNSS 信号有高稳定的载体和码调制,GNSS-R 从空间上比微波辐射有一个更高的空间分辨率,能够用于多普勒绘图。此外,基于反射信号的偏振分析研究通过双基站分散模式[221],表明了在 2 天周期内的分散进程中考虑植被反射的可行性,可以通过两种方式实现,第一种是提高土壤湿度估算值的精度,第二种是通过获得植被测量方法比如生物量。

在这一章节中,我们展示了一种通过直接或者反射的复合 GNSS-R 波形获取土壤反射率的方法。

同时这种简化的散射模型也提供了一种介于 GNSS-R 检测和土壤地球物理学的参数。GNSS-MR 的方法也被证实于检测土壤湿度,这些内容在 28.6.4.2 节介绍过。

34.8.1 地形散射模型

电磁波在表面和不同媒介相互影响的函数用一种通用的方法描述自然地形的散射性能。然而,土壤和植被环境广泛的变化使它很难提供一个散射机制互相影响精准、统一的描述。模型在任何情况下,对物理进程控制电磁波散射机制和为生物地球化学参数检索提供物理法阵可靠反置算法都有很高的价值。对于一个收发装置的雷达系统观察土壤表面,最终获取的散射波是土壤电解质特性、地面粗糙程度和植被覆盖的函数。

34.8.1.1 土壤表面特征参数

在土壤表面获取的散射中,土壤介电常数和表面粗糙度构成了两个主要因素。前者是土壤成分的组成,一般包括土壤粒子、气体和液态水的组成。后者是通过小规模的地面几何结构提供的。这两方面在后面的章节中将进行进一步的讨论。

34.8.1.1.1 土壤介电模型

土壤介电常数是土壤物理结构(土壤容重和土壤颗粒形状)、土壤质地和 SMC 的函数。文献[12-13]提出了一种基于介质混合方法并经大量实验数据验证的半经验模型。该模型提供了土壤的复介电常数,作为体积土壤水分的函数,给出了容重和土壤质地的值,以粉土、砂土和黏土的相对百分比表示图 34.49 描述了在 3 种土壤湿度条件下,土壤共极化(RR)和交叉极化(RL)的反射率与入射角的关系。ε_r 值取自 Ulaby 等[126],并用于确定菲涅耳系数[式(34.30)~式(34.32)]。可以看出 Γ_{RL} 对几乎所有入射角度的土壤水分变化都有很好的敏感性。

对于入射角来说,大于 60°以上的 Γ_{RL} 是非常小的。因此,RHCP 信号的反射功率可以忽略不计,而且对土壤分的灵敏度也很低。但是,我们也可以看到近掠入射角显著增加,最终超过 Γ_{RL},尤其在低掠入射角情况下的 SMC 中,由于介电常数较低,去极化较高。由此可见,在反射信号中存在一个不可忽略的 RHCP 信号分量,并随着掠入射角的增大而增大。

尽管菲涅耳反射系数提供了基于 ε_r 的地面反射率特征描述,但还有其他地球物理参数影响散射过程。因此,了解土壤的介电特性并不足以完全描述自然地形的散射机制。例如,反射表面的小尺度结构(粗糙度)对散射过程有重要影响,这可以通过其统计特性来描述。

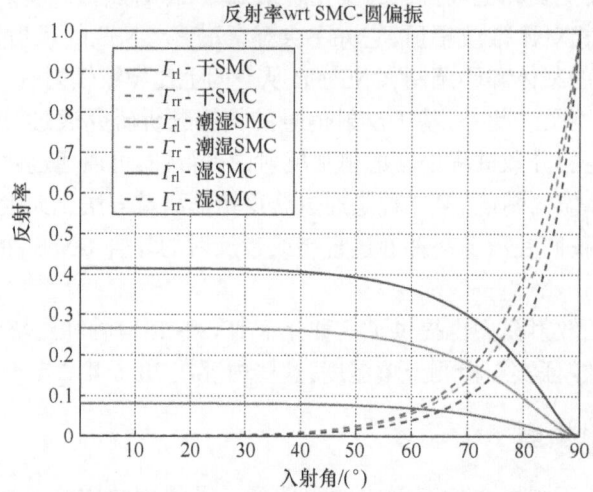

图 34.49　3 种不同土壤水分条件下模拟的土壤反射率
(干、潮湿、湿程度在表 34.5 详细指明，圆偏振 Γ_{RL}（实线）和 Γ_{RR}（虚线）反射率[65]。)

表 34.5　3 种不同土壤含水量（SMC）的介电常数值[126]

土壤水分程度	土壤水分容量	电介质介电常数
干	5%	$\varepsilon_r = 3.23 - 0.33i$
潮湿	20%	$\varepsilon_r = 9.5 - 1.8i$
湿	35%	$\varepsilon_r = 20.8 - 3.75i$

34.8.1.1.2　土壤表面粗糙度模型

根据 34.6.1 节中的描述，随机海洋表面的相同数学方法也可以应用于描述随机粗糙的土壤表面。然而一个明显的区别是，土壤表面在兴趣尺度上通常不会有时间变化。相对于光滑平面，粗糙表面可以用随机的垂直位移 $\zeta(\boldsymbol{\rho})$ 来描述。表面粗糙度的原位测量可以通过接触式设备进行，如针型轮廓仪、激光轮廓仪或地面轮廓的数字图像处理。

土壤表面可以假设为均匀的，并且通常表示为各向同性，这样自相关是标量位移大小 $\tilde{r}$ 的函数：

$$\langle \zeta(r)\zeta(r+\tilde{r}) \rangle = \sigma_\zeta^2 C_\zeta(\tilde{r}) \tag{34.202}$$

常用的地面遥感 ACF 模型包括高斯模型：

$$C_\zeta(\tilde{r}) = \exp\left(-\frac{\tilde{r}^2}{l_\zeta^2}\right) \tag{34.203}$$

和指数模型：

$$C_\zeta(\tilde{r}) = \exp\left(-\frac{|\tilde{r}|}{l_\zeta}\right) \tag{34.204}$$

式中：l_ζ 为表面相关长度。对于 L 波段信号，高度标准差和相关长度足以描述表面粗糙度，因为一般认为它们比波长小得多。

34.8.1.2 裸地散射模型

如 34.3 节和 34.5 节所讨论的,入射波在粗糙表面边界上部分反射到镜面方向(相干分量),部分散射到所有方向(非相干分量)。对于光滑表面,相干分量的大小通常大于非相干散射的。但相对于波长,表面变得非常粗糙时,相干分量的大小减小到可忽略的值。通常,双基雷达接收机测量的总散射功率可表示为[134]

$$P_R^{pq} = P_{\text{coh}}^{pq} + P_{\text{inc}}^{pq} \tag{34.205}$$

式中:上标 p 和 q 表示入射偏振和散射偏振;P_{coh}^{pq} 和 P_{inc}^{pq} 分别是相干分量和非相干分量的功率。相干分量 P_{coh}^{pq} 所携带的功率的大小可以写成[134]

$$P_{\text{coh}}^{pq} = \varGamma_{pq} \frac{P_T \lambda^2 G_T G_R}{(4\pi)^2 (R_S + R_{0,S})^2} \tag{34.206}$$

式中:$\varGamma_{pq}$ 为表面反射率;R_S 和 $R_{0,S}$ 分别为发射机和接收机到 SP 的距离。这里值得注意的是,相干分量取决于发射机和接收机天线的辐射模式和 SP 的范围。式(34.206)假设这些变量在 SP 附近是常数。

总散射功率的非相干分量可由 BRE 计算,如式(34.59)所示,σ_{pq}^0 为双站散射系数,由 34.5.3 节给出的非相干散射模型给出。

34.8.1.3 相干和非相干的模拟散射分量

在 LEiMON 项目[106]中,利用 Tor Vergata 和 LaSapienza 大学集成了 AIEM 双基散射模型在 GNSS 模拟器中进行研究 GNSS-R 接收机在各种场景下观测到的散射分量[64]。利用该软件对低空地面接收机进行了多次模拟,以研究不同表面粗糙度和土壤湿度对观测信号的影响。

图 34.50 显示了模拟 $\varGamma_{\text{RL}}$ 和 $\varGamma_{\text{RR}}$ 反射系数的相干和非相干散射分量,通过 GNSS-R 接收机观测到 3 个不同的 SMC 值(5%、20%和35%)和恒定的表面粗糙度,$\sigma_\zeta = 1.5\text{cm}$。从而可以看出,$\varGamma_{\text{RL}}$ 的相干和非相干分量都随着土壤水分的增加而一致增加。相干成分在 $\varGamma_{\text{RR}}$ 中随较高值而增加 SMC 值,但这种行为在非相干散射分量中不可见。

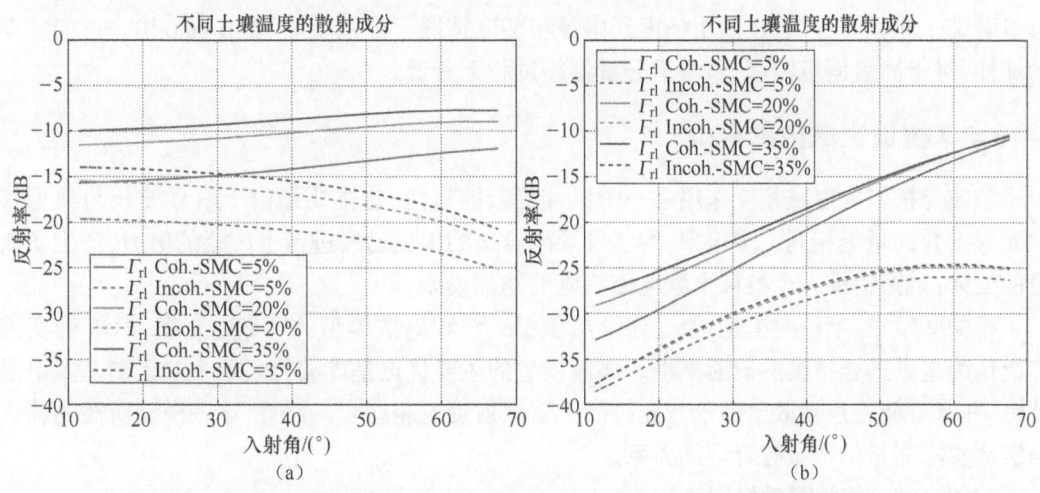

图 34.50 模拟固定表面粗糙度 $\varGamma_{\text{RL}}$(a)和 $\varGamma_{\text{RR}}$(b)的相干和非相干反射系数下[65]

变化的表面粗糙度对反射率的影响可以在图 34.51 中观察到。在固定的土壤湿度 (20%) 和 3 种不同的表面粗糙度条件下,得到了反射系数 Γ_{RL} 和 $\Gamma_{RR}(\sigma_\zeta = 0.7\text{cm}, 1.5\text{cm}, 3.0\text{cm})$。结果表明,随着粗糙度的增加, Γ_{RL} 和 Γ_{RR} 上的相干分量显著减少。

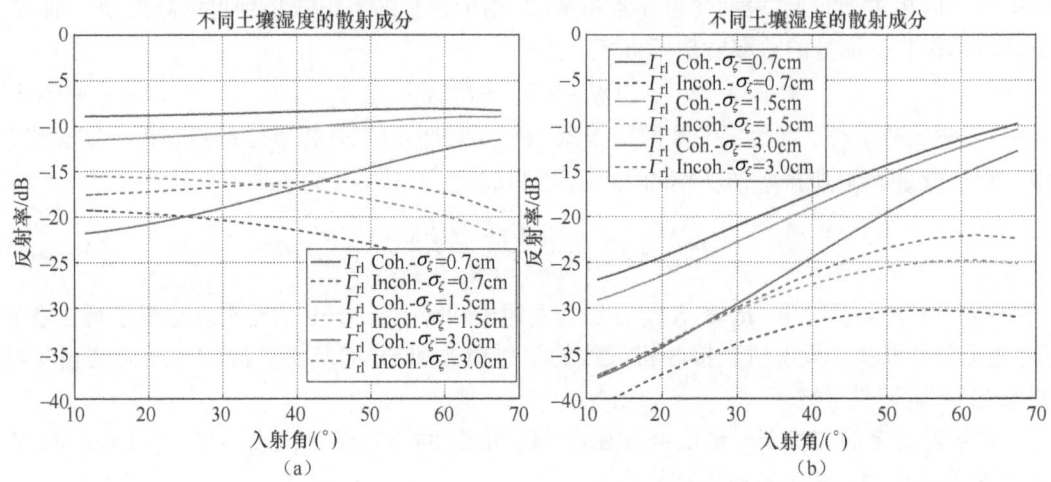

图 34.51 模拟固定土壤水分条件、SMC = 20%、不同表面粗糙度下 Γ_{RL}(a)和 Γ_{RR}(b) 相干和非相干反射系数[65]

非相干分量从 0.7cm 增加到 2.0cm,从 2.0cm 增加到 3.0cm。然而,相对于相干分量的比值逐渐减小;也就是说,信号相干程度下降。在 $\sigma_\zeta = 3.0\text{cm}$ 的情况下,低入射角下的非相干分量大于相干分量。当入射角度增大时,非相干分量减小,因为观测到的有效表面粗糙度也减小。

从这些结果可以推断,表面粗糙度是对反射信号相干性影响最大的参数。另外,土壤水分并没有显著改变相干分量和非相干分量之间的比例。表面粗糙度确实强烈地改变了这种关系,并导致反射信号在高 σ_ζ 的情况下由非相干分量控制。在正常粗糙度情况下,相干分量显著高于非相干分量,在低粗糙度和中等粗糙度情况下分别增加 10dB 和 6dB。正如预期的那样,对于高表面粗糙度,非相干分量将超过相干分量。

34.8.2 植被土壤散射模型

微波与植被的电磁相互作用是一个极其复杂的过程,这主要是由于信号波长与典型植被元素维数的量级相同。多年来,为了推导出合适的模型已经进行了广泛的努力,产生了大量的变体,试图提供一个植被土壤电磁响应的物理模型。

相关文献中,半经验模型[222]、连续层模型[223]和离散模型[224]有过介绍,后者确实被广泛认为是最适合植被的散射模型。离散模型的主要优点是能够代表单个单元的基本电磁特性,并有可能将植被散射理论与先进的土壤散射理论相结合。此外,这些模型所需的输入与实地实际测量的数量有合理的关系。

34.8.2.1 植被离散模型

植被离散模型包括 3 个主要部分:将冠层细分为单个元素,并选择适合的几何形状进行模拟;模拟电磁特性,即元素的介电常数、消光和散射截面;结合单个贡献计算总散射系数。

对于裸土模型,土壤被描述为具有粗糙界面的均质半空间。茎或树干被描述为接近垂直的介质圆柱体。农作物或落叶树的叶子有一个面状的几何结构,使圆盘形状适合它们。对于一些小叶子,如紫花苜蓿和大豆,可以视为简单的圆形圆盘。对于长叶子的植物,比如小麦和玉米,叶片的弯曲和表面的局部不规则是不可忽略的。在这种情况下,一个简单的近似,如将叶子细分为几个小圆盘,被证明是成功的[138]。针叶树的针状叶子由细长的长椭球体代表,有两个轴比第三个轴小得多。通常根据植被类型和/或发展阶段选择真实的尺寸和方向分布。这一步可以包括生长模型[225]或异速生长方程[221,226]。

在低频近似下(在远大于植被单元厚度的波长处),单个植被单元的吸收截面、双基散射截面和消光截面可以如文献[227]所示模拟。植被介电常数是散射模型的必要输入,可以从众所周知的模型(见献[228-229]中得到。

相关文献中已经确定了结合来自多个元素的散射的几种方法。一个相当简单的方法是基于一阶辐射传递理论[129-230]。在这种方法中,假设入射波以3种基本方式受到植被元素的影响:后向散射、镜面散射(相对于入射波,沿镜面方向向地面以下散射)和衰减。植被层的散射和衰减函数是通过不相干地添加嵌入在冠层中的散射目标的散射和衰减函数中,并对其尺寸和方向进行平均得到的。

为了考虑多重散射效应,矩阵倍增算法[231]给出了一种有效的解决方案,该算法最初是用来解决大气介质散射问题的。该方法被扩展到覆盖在土壤上的电介质盘集合来代表叶子[232]。进一步的研究将该方法应用于复合冠层,包括叶、茎、叶柄上覆土壤[225]和森林[233]。

在对前视镜向方向散射建模时,必须考虑土壤在镜面方向的相干散射和植被的衰减。在这种情况下,非相干散射系数由两项组成[234]:σ_{inc}^{pq} 表示来自植被层的体积散射,σ_{coh}^{pq} 表示覆盖植被层减弱的土壤相干散射,采用文献[235]中提出的公式计算。

对于 GNSS-R 的特定参数,可以识别出两种状态:低植被生物量:假设镜面散射系数主要是由于来自土壤的相干散射衰减所致;高植被生物量:这一项可以与植被体积散射的量级相同,但所有其他贡献(来自土壤的非相干散射和土壤与植被之间的相互作用)可以忽略不计。

镜面散射系数 σ_{sp}^0 可简化为[236]

$$\sigma_{\text{sp}}^0 = \sigma_{\text{soil}}^0 \frac{1}{L^2} + \frac{\sigma_{\text{veg}}^0}{2\sigma_{\text{veg}}^e}\left(1 - \frac{1}{L^2}\right) \tag{34.207}$$

式中:$\frac{1}{L^2}$ 为双向损失因子;σ_{soil}^0 为土壤相干散射系数;σ_{veg}^0 为植被在镜面方向的平均散射截面;σ_{veg}^e 为植被的平均消光截面。后两个量考虑到它们的形状和维度与方向的分布[221,236],可以作为所有植被元素的加权平均值计算。

34.8.2.2 植被散射模拟

利用 LEiMON 模拟器分析了植被对 GNSS 反射信号的影响[106]。在固定 SMC(20%)和表面粗糙度($\sigma_\zeta = 1.5\text{cm}$)条件下,模拟了不同植物含水率的土壤表面。除了裸露的土壤,向日葵的 PWC 值分别为 2kg/m^2 和 7kg/m^2,分别对应于初生和完全发育阶段的植株。

模拟结果如图 34.52 所示。首先,从模拟的反射系数中可以看出相干分量 Γ_{RL} 因 PWC 增加的影响而减少。从裸露的土壤到完全发育的向日葵,在低入射角的情况下相干散射分量减少了近 4dB。由于 GNSS 波穿过植被层的距离较长,这种差异在高入射角时增大。另一方面，Γ_{RL} 非相干散射分量在 3 个模拟发展阶段中没有表现出明显的变化。这可能与以下事实有关：由于植被的存在而产生的额外的非相干散射分量被额外的衰减抵消了。

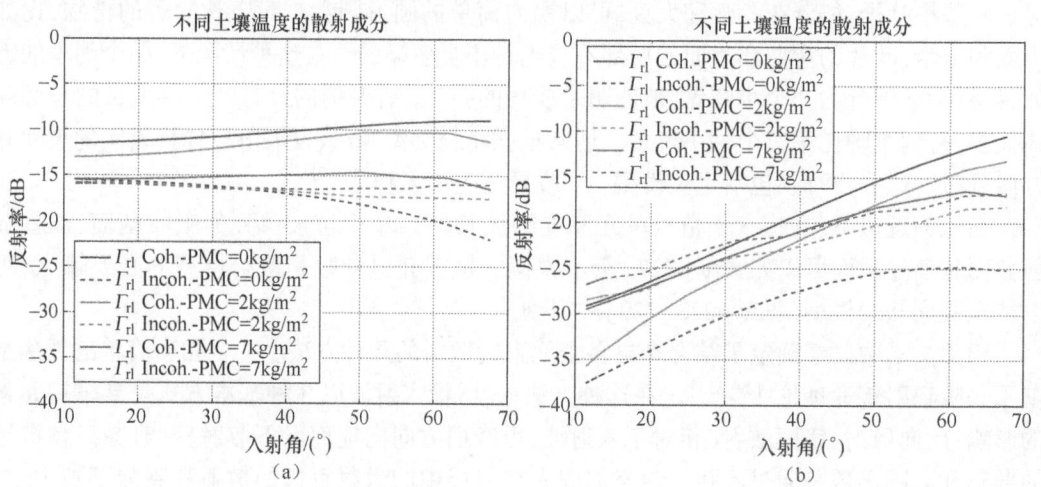

图 34.52 模拟在固定土壤湿度和表面粗糙度条件下 Γ_{RL}（a）和 Γ_{RR}（b）的相干和非相干反射系数
（SMC = 20% 和 σ_ξ = 1.5cm，以及变化的植物含水量（PWC）[65]。从向日葵的 LEiMON 模拟器生成。）

从图 34.52 中可以看出，Γ_{RR} 相干散射系数与植被的关系并不明显。至于非相干响应在 Γ_{RL} 极化时的散射分量，可能是由于植被垂直结构引起的额外去极化和植被层中较大吸收引起的衰减增加的综合作用。还可以观察到，在有植被存在的情况下，非相干散射分量有非常明显的增加，在向日葵完全发育的情况下，低入射角的非相干散射分量超过了相干散射分量。

如我们所观察到的，随着植被生物量的增加，Γ_{RL} 反射系数的衰减也会增加，而 Γ_{RR} 上的非相干散射分量则会显著增加。Γ_{RL} 的非相干分量保持相对稳定，这有助于将完全发育的向日葵的相干分量与非相干分量比降低到 0dB。

34.8.3 陆地 GNSS-R 观测应用

本节描述从陆地观测的基本 GNSS-R 观测数据，即直接和反射的复合波形，从 GNSS-R 信号中获取极化测量的过程。

34.8.3.1 利用 GNSS-R 测量反射率信号

如 34.5.5 节[式(34.65)]所示，总散射场可以表示为 n 个随机分布的相量的组合，由 n 个随机散射体产生。相干分量作为散射场的期望得到，而非相干分量则表示在期望值附近的波动分量。据此，相干和非相干分量分别计算为平均场强的平方。

$$P_{\text{coh}} = \alpha^2 = |\langle u(t) \rangle_T|^2 \tag{34.208}$$

以及场的实分量和虚分量的方差之和：

$$P_{\text{inc}} = \sigma_I^2 + \sigma_Q^2 \tag{34.209}$$

如式(34.68)所示。

考虑到相干分量起源于 SP(FFZs)附近，可以很容易地推导出土壤反射率估计，也可以从反射场和直接场的比值来获得[65]。其目的是分离两个偏振过程中散射场的相干分量和非相干分量,以获得估计的共偏振和交叉偏振菲涅耳反射系数。

为了检测直接场 u_d 和镜面反射场 $u_{r,\text{sp}}$,接收到的信号需要与 PRN 代码副本进行交叉相关,从而产生直接和反射的复合波形。这些是 GNSS-R 偏振测量的基本观测值。然后,表面反射率 Γ_{pq} 可以表示为不同偏振下的直接波形和反射波形的比值,$X|_{D,R}^{p,q}(\tau,f)$。考虑 f 与直接信号的多普勒频移对齐,应用变分 $\tau' = \tau - \tau_S$,τ_S 是式(34.56)中定义的 ICF 的幅值的平方,则得到估计的地面反射率:

$$\hat{\Gamma}_{pq} = \left| \left\langle \frac{X_R^q(\tau_S, f)}{X_D^p(0, f)} \right\rangle \right|^2 \tag{34.210}$$

式中:$\langle \cdot \rangle$ 为沿时间的平均算子;τ_S 为直接路径与反射路径的时延差。对于低空接收机,可以假设直接通道和反射通道的多普勒频移相同 ($f_D \approx f_R = f$)。在复域进行波形平均之前,需要对残留多普勒差导致的反射信号相位漂移进行考虑和校正。实际上,相位相干性需要在整个平均时间内保持,否则最终结果将迅速趋近于零。

$$F_I(t) = \frac{X_R^q(t; \tau_{\text{sp}}, f)}{X_D^p(t; 0, f)} = \frac{r(t)}{d(t)} e^{-j(\phi_R(t) - \phi_D(t))} \tag{34.211}$$

给出振幅 $d(t)$ 和 $r(t)$ 的比值,以及相位 $\phi_D(t)$ 和 $\phi_R(t)$。$F_I(t)$ 的随机行为取决于观测表面的特征。

前面的方程表明了如何从直接和反射 GNSS 波形的测量来估计地表反射率。然而,到目前为止,这是直接信号和反射信号不受热噪声影响的理想情况。为了考虑噪声对反射率估计的影响,推导了互相关波形统计量。

在卫星高度,我们需要结合雷达方程的知识,以反演空间损失的影响及散射区。这里可以应用一些方法,如雷达方程的"展开",以估计为海风应用而开发的 NBRCS(34.6.3.4 节)。

34.8.3.2 平均波形幅值推导

本节分析了平均噪声波形的振幅。热噪声用高斯自相关函数逼近

$$\langle n(t) n^*(t') \rangle = \sigma^2 e^{(t-t')^2/\tau_n^2} \tag{34.212}$$

式中:σ^2 和 τ_n 分别为噪声方差和相干时间。选择信号的幅值为 1,则电压信噪比为

$$\text{SNR}_V = \frac{1}{\sigma} \tag{34.213}$$

定义复电压波形信号 $s(t)$ 与复电压波形 $r(t)$ 的归一化互相关为

$$\overline{X}(\tau) = \frac{\langle s(t) r^*(t+\tau) \rangle}{\sqrt{\langle s(t) s^*(t) \rangle \langle r(t+\tau) r^*(t+\tau) \rangle}} \tag{34.214}$$

如果 $\sigma^2 \gg 1$,如 GNSS 信号,则式(34.214)的峰值可近似为

$$\overline{X}(0) \approx \frac{\frac{1}{T} \int_0^T (e^{-j\phi_f(t)} + a_\tau(t) n^*(t) e^{j2\pi ft}) dt}{\sigma} \tag{34.215}$$

一个 $a_\tau(t)$ 是由复制 PRN 码生成的局部信号模型。

式(34.215)中被积函数的第二项包括一个快速旋转相量,当进行相干积分时,该相量

趋于零。另一方面,相位项在(较长的)平均时间 T_I 内,$\phi_f(t)$ 可视为常数。取(慢)时间的平均值[65]:

$$\langle \overline{X}(0) \rangle = \frac{\langle e^{-j\phi_f(t)} \rangle}{\sigma} \tag{34.216}$$

$\phi_f(t)$ 在积分时间内变化不大,由于 GNSS 接收机将通过锁相环对信号进行跟踪,可以看出平均波形峰值的幅值产生 SNR_V,这个结果也可以外推到反射信号,如在 34.5.5 节提到的。对于稍微粗糙的表面,入射信号 $s(t)$ 将由 Hoyt 矢量定义,这是一个偏移原点的二维高斯分布,对 $\exp(-j\phi_f(t))$ 取平均值便得到一个非零值,同样的推理也适用。

根据前面的结果,式(34.210)可以用直接信号和反射信号的电压信噪比 $SNR_{V,R}$ 和 $SNR_{V,D}$ 来重写。

$$\hat{\Gamma}_{pq} = \left|\frac{SNR_{V,R}}{SNR_{V,D}}\right|^2 \tag{34.217}$$

进一步地评估:

$$\hat{\Gamma}_{pq} = \rho \frac{P_R^q}{P_D^p} \tag{34.218}$$

式中:$\hat{\Gamma}_{pq}$ 为接收到的反射信号 $P_{R,q}$ 和直接信号 $P_{D,p}$ 在 q 和 p 极化下的功率之比;ρ 为加权系数,也就是说,$\hat{\Gamma}_{pq}$ 为直接信号 N_D 和反射信号 N_R 噪声功率的比值。这个参数非常重要,因为它代表了 GNSS-R 观测提供的可测量的反射率值。

34.8.3.3 一种实用的反射率测量方法

假设信号相关性很强,利用上述数据处理方法可以从接收的 GNSS 直接和反射信号中推出相干和非相干散射分量。该方法依赖根据 GPS 卫星运动引起的几何变化的反射域相位谐波。但由于散射,反射信号的相位往往是完全随机的,不能用二次模型来近似。例如,发生强衰时,信号的相位缠绕在原点周围,无法对其进行重构。这阻止了 ICF 的正确反转,进而影响相干散射分量的估计。根据 34.5.5 节理论讨论,采用均值法降低非相干散射分量对最终反射率估计的影响,从而恢复相干分量。用式(34.56)中的 ICF($F_I(t)$) 代替式(34.68)中的变量,可推导出[78,237]:

$$\langle |F_I(t)|^2 \rangle = |\langle F_I(t) \rangle|^2 + \sigma^2_{|F|} \tag{34.219}$$

可以看出,平均 ICF 功率等于其平均绝对平方值加上附加项,该附加项对应于 ICF 的振幅方差。$|F_I(t)|^2$ 就是式(34.217)得到的平均视在反射率。视在反射率估计通过式(34.219)可直接得到,我们可基于 ICF 振幅计算相干散射分量,而无须处理 ICF 相位,只是需要注意衰落的随机性问题。

$$\hat{\Gamma}_{pq} = \langle |F_I^{pq}(t)|^2 \rangle - \sigma^2_{|F|} \tag{34.220}$$

值得注意的是,根据 ICF 平均功率计算观测量时,信号统计量发生了变化。假定可用数据量足够,平均功率 ICF 可表示为

$$\langle |F_I^{pq}(t)|^2 \rangle \approx \frac{\langle |X_R^q(\tau_S)|^2 \rangle}{\langle |X_D^p(0)|^2 \rangle} \tag{34.221}$$

考虑到接收信号与 PRN 副本做互相关,平均功率可重写为[65]

$$\langle |X(\tau)|^2 \rangle = \frac{1}{T_I^2\sigma^2}(T_I^2\Lambda^2(\tau) + \kappa T T_I) = (\text{SNR}_\nu)^2\Lambda^2(\tau) + \frac{1}{T_I B} \quad (34.222)$$

式中：SNR_ν 为相关器输入端的电压信噪比；B 为接收机中频滤波器带宽。第二项在反射率测量中引入了与热噪声相关的偏移量(如噪底)。对于长相干积分时间，这一项的贡献可以忽略不计。然而对于较短的积分时间，这一附加项权重更大，特别是对于低幅值信号，因此应该考虑修正。一旦去掉这个附加项，式(34.222)等效于式(34.218)。

考虑信道间噪声和天线增益差异的 ICF 的通用形式已被推导出来，即修正后的 ICF[237]，可用于交叉(RL)和共极化(RR)，在 34.8.5 节中用于推导极化观测量：

$$F_{\text{crc}}^{pq} = \frac{|X_{R,\max}^q| - |X_{R,0}^q|}{|X_{D,\max}^p| - |X_{D,0}^p|} e^{j(\phi_{R,\max} - \phi_{D,\max})} \frac{G_D}{G_R} \quad (34.223)$$

从机载接收机寻找 ICF 最大值时需考虑一些实际问题，包括低信噪比下的峰值跟踪误差及直接信号的潜在干扰。包括非相干平均、Savitzky-Golay 滤波器的应用和直接信号污染检测的几种方法，都显著改善了结果，使额外 33% 的数据可用[238]。

34.8.4 GNSS-R 土壤反射率测量的简化散射模型

本节给出了 GNSS-R 反射率测量的简化模型。这个简化的模型可以直接将实验结果与理论预期结果进行比较，最终用于获得反演土壤湿度结果。它包括一个简化的用于中等粗糙表面的双基散射模型，分析了对反射率测量影响最大的设备因素，主要是天线特性及直接与反射接收通道信噪比的不匹配。

34.8.4.1 中等粗糙面的散射特性

散射面可以看作多个不同方向局部散射面的集合。最终散射波是所有单个散射体反射波的随机组合。总的来说，散射面呈现的是引起小信号去极化[126]的非零交叉极化反射系数。此外，由于大多数散射面的介电常数有限，信号会产生额外的去极化。这是由菲涅耳反射系数直接得出的。

为简化散射模型，可弱化上述条件。中等粗糙面情况下，如在 L 波段的大多数土壤表面，相干分量强于非相干分量。不同的 SMC 和不同入射角的土壤反射率主要由圆偏振菲涅耳反射系数决定[式(34.32)]。

第二个假设是基于入射波相干散射主要在 SP 附近产生这一事实。因此，面外散射的贡献可以忽略不计。在这种情况下，图 34.53 所示的局部散射面适用于一般情况，去极化仅源自土壤中的电介质。当土壤为理想导电面时，LL 和 RR 分项系数为 0；因此，假设入射波为纯 RHCP 波，则反射信号为纯 LHCP 波。然而，由于土壤具有有限且复杂的介电常数，反射信号同时包含 LHCP 和 RHCP 的成分。

由于表面不是严格光滑的，一些功率分散至非镜面的方向。可用双向高斯高度分布描述稍粗糙的表面，粗糙度可基于随地表高度标准差呈指数递减的因子 σ_ζ 建模：

$$\Gamma_{pq} = |\mathcal{R}_{pq}(\theta)|^2 e^{-4k^2\sigma_\zeta^2\cos^2\theta} \quad (34.224)$$

其中 k 是波数。该简化散射模型结合前一节提到的天线问题，可很容易地计算出上视和下视接收天线采集的功率，从而得到反射率观测模型。

34.8.4.2 植被对相干散射分量的影响

植被对 GNSS 反射信号的影响表现为对接收信号功率的附加衰减因子[126,239]。这个衰

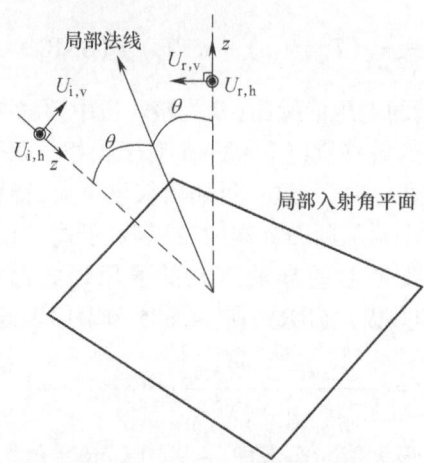

图 34.53 局部入射平面几何[65]

减因子 γ 可表示为最底层植被的光学深度 τ_0：

$$\gamma = \exp(-2\tau_0/\cos\theta) \tag{34.225}$$

式中：系数 2 表示 GNSS 信号入射和反射路径通过植被层的双向衰减。

对于大多数作物和低植被，τ_0 可以写成植株含水量（PWC）的函数，单位为 kg/m^2。文献[240]给出了通用的线性关系：

$$\tau_0 = b(\text{PWC}) \tag{34.226}$$

式中：参数 b 为冠层类型/结构、偏振和波长的函数。先前的研究表明，在 1.4GHz 时，对于大多数农作物和低植被 b 值在 0.12 ± 0.03 范围内[240]。可能由于向日葵植被结构比较特殊，向日葵需要较低的 b 值来匹配所提出散射模型的预测衰减，这将在 34.8.2 节描述。假设 $b = 0.06$，PWC $= 7kg/m^2$，入射角为 $30°$，植被的透过率为 0.38，对应 $-4.21dB$，与图 34.52 中的衰减非常相似。

34.8.4.3 GNSS-R 反射率建模

所有上述效果可以用矩阵形式简洁明了地表达。发射的 GNSS 信号大多是 RHCP，因此，圆形表面的发射功率可表示为

$$P_T = \begin{bmatrix} 1-\beta \\ \beta \end{bmatrix} \tag{34.227}$$

式中：β 为 GNSS 卫星发射天线的交叉极化隔离度。接收到的左右旋极化直接信号的功率可以用矩阵形式表示为[65]

$$\begin{bmatrix} P_D^R \\ P_D^L \end{bmatrix} = K_D \chi_R (\mathcal{T}_{HV \to RL} \prod_R \prod_T \mathcal{T}_{RL \to HV})^2 \chi_T P_T \tag{34.228}$$

式中：χ_R 为接收机交叉极化隔离矩阵；$\prod_R$ 和 $\prod_T$ 分别为接收机和发射机的极化损失因子；$\mathcal{T}_{HV \to RL}$ 和 $\mathcal{T}_{RL \to HV}$ 为线偏振基和圆偏振基之间的转移矩阵。对于反射信号，方程同样适用，包括与偏振相关的菲涅耳反射系数 R_{pq}：

$$\begin{bmatrix} P_R^R \\ P_R^L \end{bmatrix} = K_R \chi_R (\mathcal{T}_{HV \to RL} \prod_R \prod_R R_{pq} \prod_T \mathcal{T}_{RL \to HV})^2 \chi_T P_T \tag{34.229}$$

式中：$K_{\{D,R\}}$ 为考虑了天线增益及直接与反射信道的自由空间传播损耗的变量：

$$K_{\{D,R\}} = \frac{\lambda^2 G_{\{D,R\}}(\theta,\phi)}{4\pi L_{\{D,R\}}} \tag{34.230}$$

参考34.8.3.2节提供的平均波形振幅的推导，两个偏振 $\hat{\Gamma}_{RL}$ 和 $\hat{\Gamma}_{RR}$ 可以写成

$$\hat{\Gamma}_{RL} = \rho \frac{P_R^L}{P_D^R} \tag{34.231}$$

和

$$\hat{\Gamma}_{RR} = \rho \frac{P_R^R}{P_D^R} \tag{34.232}$$

假定该值为常数，通过上述方程，可估计土壤湿度和表面粗糙度对最终反射率的影响。对于低空接收机，假设直接和反射信号相干散射分量的传播损耗是相同的。同样，可认为直接和反射信号的接收方向相同。如果向上和向下的天线有相似的辐射模式，那么在计算 t 时 K_R 与 K_D 可以抵消。

34.8.4.4 视在功率反射系数仿真

为确定土壤湿度和土壤粗糙度对功率反射系数的影响，进行仿真时，将发射机和接收机的极化隔离参数设为标准常数，即GNSS卫星发射交叉极化设置为24dB，该值对应标准1.2dB AR[241]。接收天线交叉极化隔离值初始设置为25dB。

给定标准土壤粗糙度（$\sigma_\zeta = 1$cm），计算了3种不同土壤湿度条件下的反射率，用不同的 ϵ_r 值表示，如表34.5所示。$\hat{\Gamma}_{RL}$ 和 $\hat{\Gamma}_{RR}$ 的仿真结果如图34.54（a）所示。可看出，入射角高达45°时，$\hat{\Gamma}_{RL}$ 在干湿两种土壤湿度情况下灵敏度差异可达6dB。$\hat{\Gamma}_{RR}$ 对土壤水分表现出明显的敏感性，但值很小，尤其在干燥土壤条件下。$\hat{\Gamma}_{RL}$ 在低入射角下比对应共极化高出17.5dB以上。而且发现在掠射区，特别是在低SMC、高去极化的情况下，由于介电常数小，$\hat{\Gamma}_{RR}$ 显著增加并超过 $\hat{\Gamma}_{RL}$。图34.54(b)给出了共偏振和交叉偏振反射系数的比率。该观

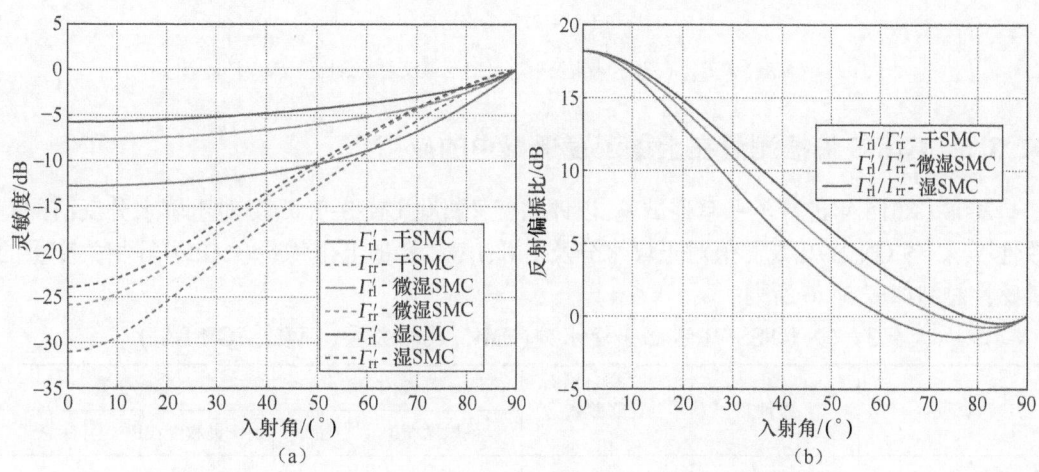

图 34.54 3种不同土壤水分条件下模拟的土壤反射系数

[（表34.5），表面粗糙度不变，$\sigma_\zeta = 1$cm。25dB天线交叉极化隔离。]

(a) $\hat{\Gamma}_{RL}$（实线）和 $\hat{\Gamma}_{RR}$（虚线）表观反射率；(b) 土壤反射系数比，$\hat{\Gamma}_{RL}/\hat{\Gamma}_{RR}$[65]。

测结果显示,当入射角为40°时,对土壤水分的敏感性为3.5dB。而对于大入射角,土壤湿度敏感性不明显。

为分析土壤粗糙度影响,假设土壤湿度($\epsilon_r = 9.5 - 1.8i$)固定,对3种不同粗糙度条件下的GNSS信号波长进行了比较,计算其反射系数。将表面高度标准差(σ_ζ)分别设置为平滑土壤1cm,中等粗糙土壤2cm,粗糙土壤3cm。结果如图34.55(a)所示。可以看出,由于粗糙度增大,$\hat{\Gamma}'_{RL}$和$\hat{\Gamma}'_{RR}$都有明显的下降。例如,改变-5.5dB可以观察到从平滑到粗糙的情况。然而,如果考虑反射系数之间的比值[图34.55(b)],粗糙表面和光滑表面之间没有明显的差异,并将该参数定义为偏振比。偏振比对土壤粗糙度的变化不敏感,可用于评估土壤湿度。

$$PR = \frac{\Gamma_{RL}}{\Gamma_{RR}} \tag{34.233}$$

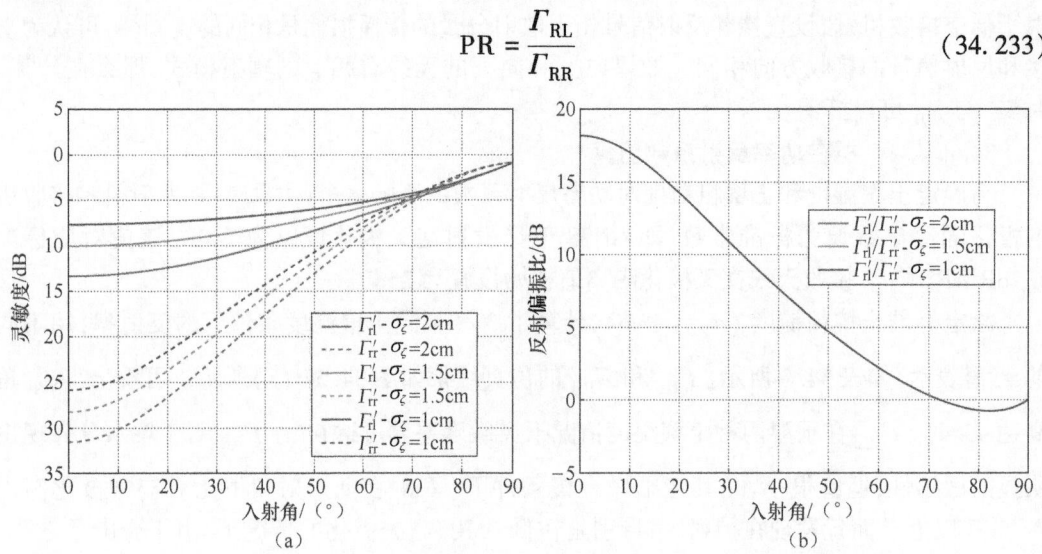

图34.55 3种不同土壤粗糙度和恒定土壤水分条件下的模拟土壤反射系数
($\epsilon_r = 9.5-1.8i$)

(a) $\hat{\Gamma}_{RL}$(实线)和$\hat{\Gamma}_{RR}$(虚线)表观反射率;(b)土壤反射系数比值$\hat{\Gamma}_{RL}/\hat{\Gamma}_{RR}$ [65]。

34.8.5 GNSS偏振测量在土壤湿度遥感中的应用

2008—2015年进行了一系列试验,以评估交叉极化GNSS-R观测对土壤水分反演的有效性[65]。各GNSS-R观测值对土壤水分及LAI、PWC和地上生物量(AGB)等相关变量的敏感性总结如表34.6所列。

表34.6 GNSS-R遥感土壤水分(SMC)及相关量(PWC,AGB LAI)

试验	条件	观察参数	SMC		其他变量	
			灵敏度/dB	R^2	灵敏度/dB	R^2
LEiMON,意大利佩萨河,2009年(塔)[106]	$10° < \theta < 50°$	Γ_{LR}	30	0.76	PWC:0.3dB/(km/m²)	
		PR	20	0.84	PWC:0.3dB/(km/m²)	
		Γ_{RR}	Low			

续表

试验	条件	观察参数	SMC 灵敏度/dB	R^2	其他变量 灵敏度/dB	R^2
GRASS[78]，意大利托斯卡纳，2011(机载)	$\theta < 45°$ $\sigma_\zeta < 3$ cm	PR	20	0.93	AGB：-1.5dB/(100T/ha)	0.91
GLORI SW，法国，2015(机载)[237,242]	$20° < \theta < 40°$	Γ_{RL}	40(LAI<1)	0.62	LAI：-0.91dB	0.38
			22.2(LAI>1)	0.08		
		SNR	38.9(LAI<1)	0.64	LAI：-0.76dB	0.34
			25.4(LAI>1)	0.20		
	Γ_{RL}	PR	30(LAI<1)	0.17	LAI：-1.1dB	0.30
			44(LAI>1)	0.20		
		SNR	45.7(LAI<1)	0.54	LAI：-23dB	0.03
			28.4(LAI>1)	014		
		PR	39(LAI<1)	0.41	LAI：-0.17dB	0.01
			24.1(LAI<1)	0.10		
			14.4(LAI<1)	0.10	LAI：-1.18dB	0.36
			-3.5(LAI<1)	0.01		
TDS-1,2014-15(星载)[243]	NDVI≤0.1	SNR	38	0.63		

LEiMON[106]是超过6个月的长期实验项目。该项目中,从严控工作环境的地基GNSS-R接收机获取数据集。试验农田分为东西两部分,耕作方式各不相同。试验第一步,在东部采用各种方式改变土壤粗糙度,而西部保持粗糙度不变。试验第二步,西面种上了向日葵,而东面仍然是光秃秃的。如理论模型预期,在土地表面主要是水稻分布(霍伊特分布的具体情况,实部和虚部的色散是等效的),组合相干和非相干散射的分量,发现GNSS信号全部反射。利用前一节提出的GNSS-R简化散射模型,通过在原址测量,确定GNSS-R信号对土壤生物及地球物理参数的敏感性。发现不同土壤水分和植被发育阶段的反射系数存在显著差异,土壤粗糙度变化严重影响GNSS信号反射功率,从而降低了$\hat{\Gamma}_{RL}$与土壤湿度观测值的相关性。图34.56(a)数据(变化的粗糙度)显示,东部场比西部场色散高很多。而两种反射系数的比值几乎不受土壤粗糙度变化的影响,如图34.56(c)所示,灵敏度为0.27dB/SMC(%),SMC相关系数为0.91。验证了偏振比(PR)在土壤水分遥感中的应用价值。

2014年,在意大利托斯卡纳上空开展了系列机载实验活动,观测土壤湿度和AGB[78]。这项以GRASS命名的实验是在一个土壤条件不同的活跃农业区进行的。在谷歌地图上定位并绘制SP位置,如图34.57所示。$\hat{\Gamma}_{RL}$和$\hat{\Gamma}_{RR}$对反射系数的响应表明来自FFZ的强相干分量的存在。所测反射系数也与实验中地面真实情况有关。同时,PR显示出实验观测土壤湿度与地面实际测量值的最佳相关特性(图34.58)。结果表明,发现表面粗糙度在2.5~3cm范围,PR与表面粗糙度无关。在某些极端情况下,由于非相干散射分量的存在,该比率比预期低很多。

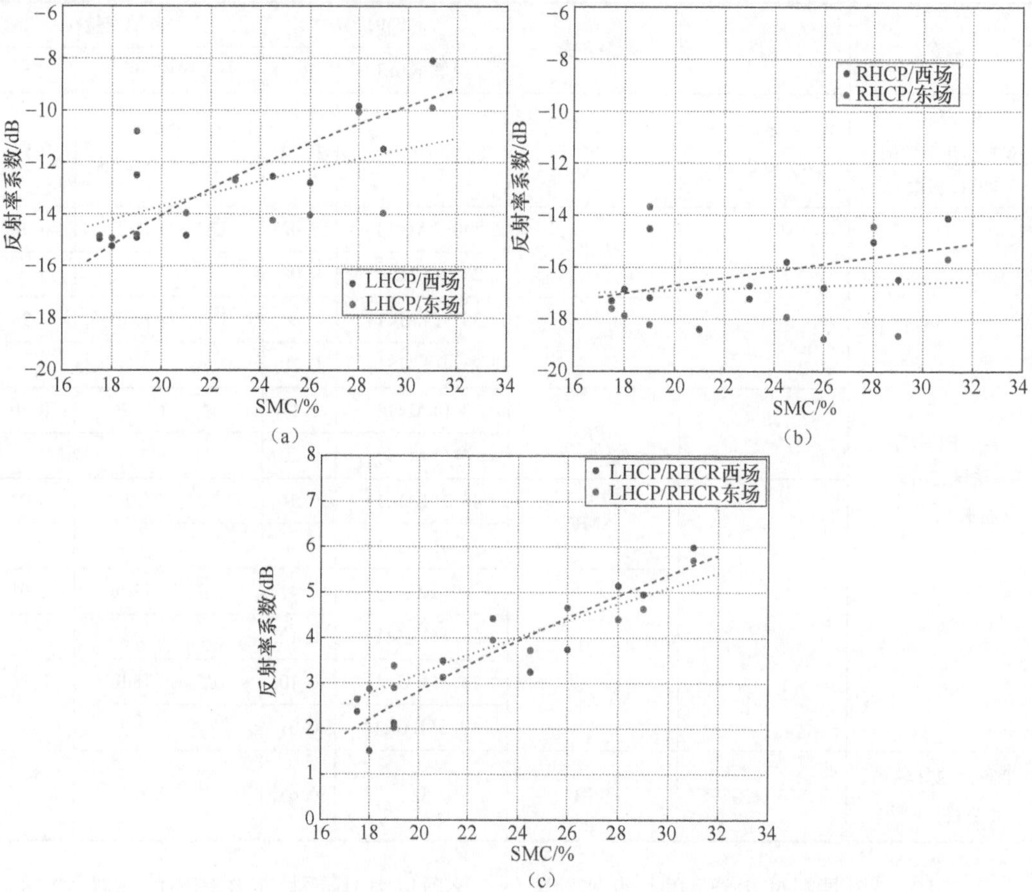

图 34.56 反射率系数随土地表面特征(SMC)变化的散点图[65]

(a)和(b)显示菲涅耳反射信号分量ΓRL、ΓRR 与 SMC 关系；(c)在 ΓRL 的基础上测量的 ΓRR 与 SMC。（绿色和蓝色代表分别测量了东场和西场的反射率系数。）

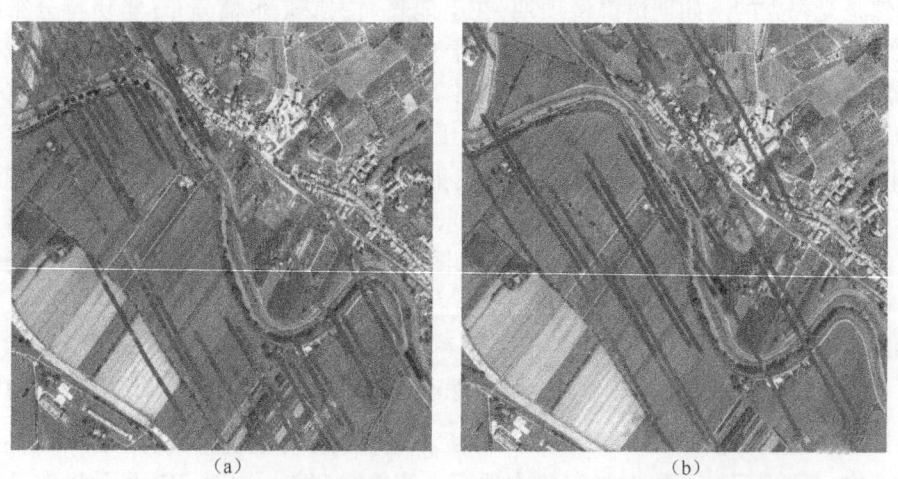

图 34.57 Ponte a Elsa Test 站点在 Google Earth 图像上的地理参考镜像点[65]

[(a)和(b)分别对应于实测的菲涅耳反射信号分量 ΓRL 和 ΓRR 的反射率。色阶对应于0.1(红色)至0.75(蓝色)范围内反射系数的强度。]

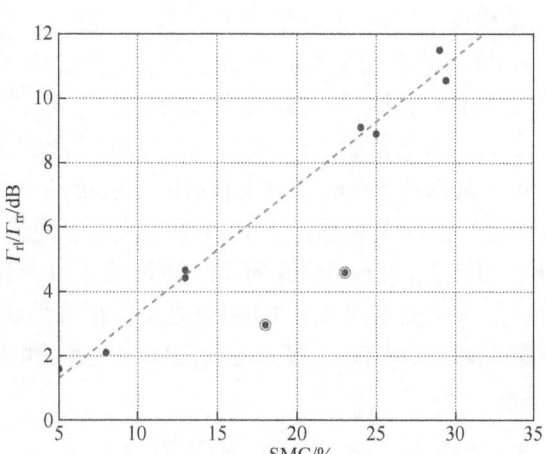

图 34.58 测量的 GNSS-R 观测值相对于地面真值的散点图：菲涅耳反射信号分量 ΓRL 和 ΓRR 与地球表面特征（SMC）

（图中的绿色虚线表示数据的线性回归。左图中用红色圆圈表示的点对应于极端土壤粗糙度条件[78]。）

2015 年，在意大利阿维利亚纳湖附近 450m 高度的飞机实验中，也采用专用接收机[244]收集 GNSS-R 极化测量数据，得到的结果相近。飞行路径覆盖了湖泊、草原和森林，基于直接信号功率对反射信号进行归一化后，可得到 Γ_{RL}、Γ_{RR} 和 PR 观测量。实验发现 Γ_{RL} 比 Γ_{RR} 对 SMC 更敏感，并且随叶、树干和树冠等产生衰减的生物量增加，2 个参量都会下降。发现 PR 与粗糙度无关，是很好的 SMC 观测量。正如预期，湖边的 Γ_{RL} 比草原高 67dB，比森林高 89dB[245]。

意识到极化在地球表面 GNSS-R 观测中的重要性，使用交叉极化隔离度优于 15dB 的无源低空天线开发了一种专用机载仪器，即全球卫星导航系统反射仪（GLORI）。GLORI 安装在法国 ATR42 科研飞行器上，主要用于遥感土壤湿度、植被含水量、森林生物量和内陆水域高度测量[237]。接收机前端采用天线交换进行校准，通道间校准误差约为 0.35dB。反射率灵敏度优于-30dB。可产生 4 个观测量：完整 DDM、0Hz 多普勒波形、校正后的 ICF [式（34.223）] 和视在反射率 [式（34.220）]。文献 [237] 中提到用 GLORI 开展了两项试验，第一项试验是简单的工程试验，没有采集现场数据。第二项试验于 2015 年在法国进行，在农业区和林地采集了土壤湿度（theta probes）、粗糙度（needle profiler）、LAI、SMC 和植被高度的实测数据。研究结果表明，LHCP 反射率具有 20dB 的动态范围，并且在裸地上比在植被覆盖区域具有更高的灵敏度，在林冠郁闭区 LHCP 信号最弱。LHCP 反射率与入射角关系不大，证实了一些早先提出的理论预测[65]。RHCP 反射率动态范围是 12dB，对入射角的依赖性较强。研究还发现，PR 对土壤湿度非常敏感，对表面粗糙度不敏感，证实了前人提出的理论预测。总的来说，GLORI 对低于-30dB 的反射率敏感，可提供高达 200T/hm^2 的 AGB 森林测量值。

文献 [242] 通过对 GLORI 第二次飞行试验数据进一步分析，与大量农田（玉米、向日葵、小麦、大豆和蔬菜）实测数据进行对比，确定了 GNSS-R 观测值对土壤湿度和 LAI 的敏感性。将菲涅耳区的大小与田间尺寸进行对比，确认观测覆盖区域相同。对大约 50 个观测值进行评估，数据分为 20°~40° 和 0°~20° 两个入射角范围。灵敏度和相关性的数值结果如

表34.6所示。结果显示低植被（LAI<1）反射率 $\varGamma_{rl}$[式(34.210)]对土壤湿度有很强的敏感性（40~45.7dB/(m^3/m^3)]，动态范围大于10dB。而PR与土壤湿度的相关性微弱[78]，与之前的结果相反。原因在于 GLORI 有更好的交叉极化隔离度，消除了在 RHCP 天线中接收的 LHCP 大部分残余量。结果显示，所有观测量对 SMC 的灵敏度在 LAI<1 和 LAI>1 之间降低（在 $\varGamma$RL 的情况下降低约 17dB）。对于较低的入射角，LAI<1 时有更高的灵敏度。在低土壤湿度（<0.1m^3/m^3）情况下评估了 LAI 的灵敏度。发现所有观测量都对 LAI 敏感，动态范围为 5~10dB。相比 $\varGamma_{rl}$ 和 SNR，PR 对 LAI 更敏感（-1.1dB）。这可作为植被结构影响极化的一个指标。所有观测量对 LAI 的灵敏度及其相关性随着入射角的降低而降低。采用"tau-omega"模型表达反射率、土壤湿度与 LAI 的关系，作为半经验公式，使用 dB 时 SMC 与 LAI 呈线性关系：

$$\varGamma_p(\theta)_{dB} = a(\text{SMC}) + \frac{\beta(\text{LAI})}{\sin\theta} + \delta \tag{34.234}$$

$\{\alpha, \beta, \delta\}$ 3个参数由拟合的 90 个样本数据确定，将样本数据拆分成 5 组"不相交序列"，1 组用于标校，另 4 组用于验证。数值在文献[242]中以经验确定 $\{\alpha = 40.73, \beta = 0.421, \delta = -19.04\}$，相关系数为 $R^2 = 0.69$，均方根误差 RMSE 为 2.9dB，相当于 SMC 反演 RMSE 为 0.06m^3/m^3。

34.8.6 土壤湿度的星载观测

模型的发展及众多机载实验结果展示出 GNSS-R 用于土壤湿度遥感的潜力。虽然目前发表的星载观测成果有限，但分析结果确实表明，土壤湿度（以及湿地范围等相关测量）有望成为未来 GNSS-R 卫星轨道接收机的应用前景。

对早期 TDS-1 数据进行分析，发现 TDS-1 数据对土壤湿度有很高的敏感性，并且在陆地上具有很好的信号一致性。在没有发射功率的数据或未对反射信号进行校准的情况下，"有效"表面反射率是通过链路简单预算反推定义的。这一结果与沿南美洲轨道上开展的 SMOS 土壤湿度反演相关，显示出水含量和地面植被（农田、森林和草地）的变化。印度北部和巴基斯坦的 Punjab 地区，有效反射功率随时间的变化与同地区 SMOS 土壤湿度的增加相对应[67]。

另一项全球研究是利用 2014 年 9 月至 2015 年 2 月收集的关于澳大利亚、南美洲、北美洲和欧洲多种植被层的 TDS-1 观测资料进行的。土壤湿度参考数据采用 SMOS Level-3 产品（重新格网至 25km）进行获取，中分辨率成像光谱仪（MODIS）NDVI 产品（16 天重访时分辨率为 250m）对数据进行存储以反映 SMC 的变化。并利用 2011 年 MODIS 数据得到的全球土地覆盖图来验证。GNSS-R 信噪比观测值来源于 SP 周围 1 码片 1.5kHz 截面的 DDM 平均功率。

与先前研究结果一致，在无植被（NDVI≤0.01）的情况下，GNSS-R 信噪比对土壤湿度比较敏感[约 38dB/(m^3/m^3)]并有较强的相关性（$R = 0.63$）。随着 NDVI 的增加（从 0.1 增加到 0.4），灵敏度和相关性急剧下降，这应归因于足迹的不均匀，而不是植被散射和衰减的增加。较高的 NDVI 产生了一个有趣的结果，即似乎增加了对土壤湿度的敏感性，但相关性较低（$R ≈ 0.22~0.35$）。据推测，这表明土壤高湿度和高 SMC 之间存在相关性[243]。

SMAP 在 2015 年 7 月 7 日高功率放大器（HPA）发生故障后，确认了雷达接收机有足够带宽捕获 L2 GPS 频段(1227.6MHz)。这使得只要 SP 落在 SMAP 的高增益天线范围内,GNSS-R 就能稳定采集数据。归功于仪器的初始设计,两个线性极化器都能观测到反射信号。使用无线电软件对这些数据进行后处理,并生成覆盖 ±10kHz 多普勒和±3000km 延迟的 DDM。产生了 3 个观测值:PR(HV)、SNR 和后缘宽度。

收集空间像素取 1°的全年时间段(2015 年 9 月 1 日至 2016 年 9 月 1 日)的全球数据,并进行平均。PR 与 SMAP 辐射计(仍然有效)反演的土壤湿度呈现良好的相关性($R \approx 0.6$),即使在北方(100T/hm²)和热带(350T/hm²)森林生物量较高的地区也符合这种规律。正如预期的那样,在裸土和高土壤湿度地区观测到较高的 SNR,而在高 AGB 地区由于信号衰减 SNR 会降低。有趣的是,在土壤湿度极低的撒哈拉沙漠中观测到 SNR 峰值。在这些波形上也观察到了更宽的后缘,表明信号确实深入到了干沙中(模型预测大约 2m 的穿透深度)。比较了地区和季节变化与土壤湿度指数(SWI)(来源于 METOP-ASCAT)和 NDVI(源于 MODIS)的变量[246]。

这些实例说明了星载 GNSS-R 反演地表土壤湿度的可行性,并且这一应用已经引起了极大的研究热情。

34.9 冰雪

GNSS-R 方法也被用于遥感冰层(地球上以冰冻水为特征的区域,如积雪、冰川和海冰)。已验证 GNSS L 波段信号可以穿透干雪,穿透深度估计在 200~300m。该频率下,冰、雪、水的介电常数存在很大差异。这些特性使 GNSS-R 能够用于海冰分类、冰层厚度测量、积雪深度及地层探测。通过分析并应用物理模型、延迟-多普勒映射图、相位测高、反射率估计以及多径方法(GNSS-MR)全部被用于解决冰层遥感中的问题。

1999 年,第一次用机载 GNSS-R 观测海冰的测试在阿拉斯加巴罗以北开展,显示出 GNSS-R 反射功率与同时观测的 RADARSAT C 波段 SAR 反向散射观测量的相关性[247]。2005 年,UK-DMC 对海冰进行了首次星载 GNSS-R 观测[30]。从白令海覆盖区观察到高强度反射信号,那里冰含量超过 90%。沿着南极洲海岸的第二次观测显示,信号强度更低、时间变化更快和范围更大的 DDM。在这种情况下,SP 从高浓度(100%)区向低浓度区移动,DDM 的扩散归因于更陈旧(粗糙)的冰和更多的水域(低冰浓度)。

本节后续给出的观测量主要来源于机载平台和固定塔装置。最新结果使用的数据来自 TDS-1 卫星[248-249],因此我们期待未来开发更多星载 GNSS-R 用于冰冻圈。34.9.2 节将来源为反射计设计的接收机产生的各种 DDM 相关产品用于分析冰雪遥感。

28.6.4.3 节给出了基于商用测地接收机实现的 GNSS-MR 方法。在 PBO H2O 项目中,采用美国西部地区的 200 多个站点对积雪深度进行评估,精度为 4cm 。

34.9.1 相位测量

冰的粗糙度一般比较低,反射信号具有很强的镜面反射分量,从而可以进行相位测高。此外,由于 L 波段信号可穿透干雪并从冰面反射,GNSS-R 相位测高仪可能有助于测量海冰干舷厚度,即海平面以上冰厚。高度测量将产生 H_{WGS84} ,即参考 WGS-84 椭球(固有 GNSS

测量)的冰面高度。这与干舷水位 ΔH_{ice} 相关:

$$H_{WGS84} = H_{sea} + \Delta H_{ice} + \Delta H_{tide} \tag{34.235}$$

式中: H_{sea} 为 MSL。

H_{WGS84} 可以通过复相关峰值 $X_R(\tau_{max},t)$ 和 $X_D(\tau_{max},t)$ [70,252] 的干涉测量方法从直接和反射的 GNSS-R DDM 中提取。复时间序列相位:

$$\widetilde{Z}(t) = X_R(\tau_{max},t) X_D^*(\tau_{max}) \tag{34.236}$$

可以表示为

$$\phi_I = \angle \widetilde{Z} = \phi_0 + 2\pi f_0 \tau_I + \varepsilon_\phi \tag{34.237}$$

式中: ϕ_I 为直接信号和反射信号的相位差,与路径延迟成正比。总路径延迟为

$$\tau_I = \frac{2}{c} H_{WGS84} \cos\theta(t) + \tau_{cur}(t) + \tau_{tro}(t) + \tau_{ant}(t) \tag{34.238}$$

总路径延迟包含因卫星运动引起的入射角变化 $\theta(t)$、对流层 $\tau_{tro}(t)$ 和地球曲率 $\tau_{cur}(t)$ 的影响。$\tau_{ant}(t)$ 是天线之间的距离在视线上的投影。若通过建模消除了这些影响,时间残差可通过对 $\cos\theta(t)$ 微分以产生 H_{WGS84}。在实际应用中,通过最小二乘估计完成[70]。在观测期内 SP 会移动,因此假定海冰条件在整个过程是一致的。

2008 年 10 月至 2009 年 5 月,采用该方法在格陵兰迪斯科湾上方 650m 悬崖边缘进行实验,观察海冰的形成和融化过程。结果表明,与 ICE-Sat 上的地球科学激光高度计系统(GLAS)提供的数据具有一致性。使用滑动窗口计算了相位的 RMSϕ,作为冰面粗糙度的估计值,结果也与海冰图的数据一致。在水上计算的 RMSϕ 与普通区域 QuikScat 风观测结果一致(显示大风天的最大值)。

图 34.59 显示了来自 TDS-1 卫星的最新观测结果,表明 20ms 相干积分可得到 3~4cm 的跟踪误差。相位高度主要取决于平均海面,但残差(相对于平均海面的差值)与海冰厚度的相关幅度和符号表明反射主要来自冰底(冰下表面与海水的界面)。目前正在研究冰底反射产生的条件,是一种基于"草图"(浮线和冰底部之间的距离)测量海冰厚度的新方法,而不是"干舷"[110]。

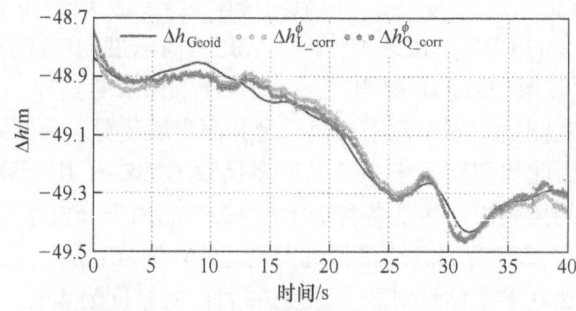

图 34.59 哈德逊湾海冰上相位延迟高度测量,根据 TDS-1 卫星在 50°时星载
GNSS-R 数据计算,并在 ICE、CSIC/IEEC 做地面处理
[点是使用两组校正值在 20ms 采样时的高度数据,实线是 2013 年加拿大大地测量垂直基准面中的局部
大地水准面。与大地水准面的均方根差为 2.6cm 和 3.5cm。本图由空间科学研究所
(ICE,CSIC)按照文献[110]中描述的方法提供。]

34.9.2 相延-多普勒图(DDM)

根据海冰表面介电常数因老化而减小,而粗糙度随老化而增大的物理原理,利用DDM获得的粗糙度(DDM形状)和反射率(DDM振幅)2个基本观测量对海冰进行分类。介电常数减小是由于冰层厚度增加遮挡吸收来自海底的反射和大量海水淡化共同作用的结果。变形和侵蚀会造成老化和粗糙度之间存在弱相关性[253]。

2003年3月AMSRIce03验证飞行期间,在阿拉斯加海岸线附近利用该方法进行了海冰分类试验。在NASA P-3飞机(海拔<1250m)上搭载了GNSS-R接收机、极化扫描辐射计(PSR)和圆锥扫描雷达轮廓仪。还可以获得来自MODIS和RADARSAT C波段SAR的卫星数据。

高仰角条件下,菲涅耳系数随入射角的变化比较缓慢,使式(34.59)中的$|R_{RL}|^2$项可移到表面积分外。因此,DDM形状仅是表面粗糙度的函数,采用峰值功率对DDM归一化,然后采用理想模型拟合,反映($|R_{RL}|^2=1$)表面与DDM形状的关系,并对其进行估计。反射率是表层绝对介电常数即有效穿透层介电常数的函数,可依据DDM幅值估计。将该结果与SAR和MODIS影像对海冰开阔水域(OW)、新层(10cm)、年轻层(30cm)、第一年较薄层(70cm)、第一年层(200cm)和多年层6类非官方分类进行比较。图34.60显示反射率对海冰类型敏感性强,对粗糙度敏感性较弱。通过分离粗糙度和海水淡化的影响,该方法给出了海冰的明确分类,这是单独使用微波后向散射的难点。

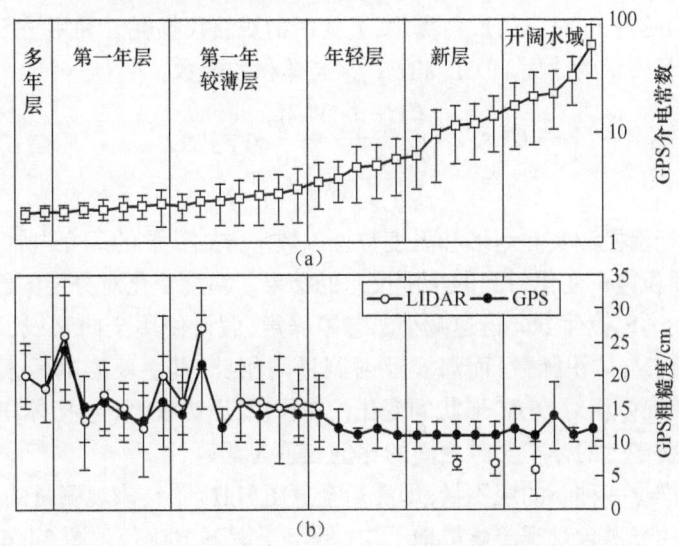

图34.60 海冰分类依赖关系介电常数(a)和粗糙度(b)

[随着老化,表层介电常数下降,该结论源自两个效应:冰层吸收和大量海水淡化遮挡了冰层底部反射。变形和侵蚀导致老化和粗糙度之间的相关性也很弱。]

从星载数据获取的DDM观测量(见34.6.3.1节)已用于探测海冰。d_{avg}、d_{vol}、d_1、d_2及$d_{2,c}$与基于训练数据集获取的经验阈值进行了比较,与测试数据相比,所有观测值的检测精度都在96%以上。最近,将基于人工神经网络(ANN)的星载DDM应用于估计海冰浓度

(SIC)[256]。跨越40个延迟区间和20个多普勒区间(组织为800个元素的矢量)的TDS-1卫星数据作为有3个隐藏层的ANN的输入和SIC输出。收集3天反向传播的8377个样本对ANN进行训练。训练后的数据分为4组。采用Nimbus-7上SMMR仪器、DMSP卫星上SSM/I和SSMIS仪器的SIC数据进行训练和评估反演。SIC回归系数在0.9~0.97,与试验数据一致。

在位于冰缘150km范围内的SP点差值最大,平均SIC超过66%。对应于面积约为125km×125km的DDM覆盖区域。除此之外,报告中总体差异为1%。这种影响可解释为将平静海水作为了冰扩展区域。以0.15的标准阈值对冰进行检测,证明准确率为98%~99%。

基于积雪覆盖冰层反射信号产生DDM进行定量分析需要建立多层模型,该模型考虑了地表以下各层的散射。除了表面散射[34.5.2节中的方程(34.59)]之外,还有一个附加的表示地下层路径的体积散射的"超延迟"项 τ_e [97]。地下信号对DDM的附加建模为

$$Y_V(\tau,f) = \frac{T_I^2}{4\pi} \iint_{\rho \ \tau_e} \frac{G^2 \ |\chi(\tau-\tau_e,\Delta f)|}{R_T^2 R_R^2} \frac{(1-\Gamma_S)^2}{L} \sigma_v^0 \frac{\mathrm{d}p}{\mathrm{d}\tau_e} \mathrm{d}\tau_e \mathrm{d}A(\boldsymbol{\rho}) \quad (34.239)$$

采用常规辐射传输方法对吸收损耗进行建模 $L = e^{\kappa_a \rho_P}$,其中,ρ_P 为路径长度,具有超延迟 τ_e。吸收系数 κ_a 从冰的复介电常数模型中获得。假设地下层在水平方向上是均匀的,体积散射系数 σ_v^0(每单位深度的散射系数)可以近似为仅取决于深度的因子及先前定义的表面散射系数[式(34.60)]

$$\sigma_V^0(\boldsymbol{\rho},\tau_e) = \sigma_s^0(\boldsymbol{\rho}) \sigma_{V/S}^0(p(\tau_e)) \quad (34.240)$$

式中:$p(\tau_e)$ 为超延迟 τ_e 对应的反射深度;L 为沿射线路径损耗。利用该因子,式(34.239)中的积分可以重新表示为曲面DDM、$Y(\tau,f)$ 与体积的函数:

$$Q(\tau_e) = \frac{(1-\Gamma_s)^2}{L} \frac{\mathrm{d}\rho}{\mathrm{d}\tau_e} \sigma_{V/S}^0(\boldsymbol{\rho}) \quad (34.241)$$

$$Y_V(\tau,f) = Q \cdot Y(\tau,f) \quad (34.242)$$

该模型是基于南极洲实际地形和温度数据以数字方式获取的。介电常数的变化引起内部反射,假定是累积速率变化引起的密度反差的结果。温度变化对分层的影响可忽略,散射是有方向性的,在远离镜面方向迅速减小。忽略噪声,假设使用全向天线,某机载仿真表明DDM的后缘主要来自体积函数,而海洋反射测量则相反,其主要影响因素是表面粗糙度。以某卫星为例,发现体积对DDM形状的变化没有作用,因为模型(包括体积散射)产生的体积贡献与表面散射产生的体积贡献之间的比例几乎为常数。

用类似思路推导一种新的观测量,即滞后全息图(LH)[71],该观测量的相干贡献是通过分析延迟滞后波的光谱含量观测离散地下层(低至于雪下100m)。图34.61给出了多射线单反射(MRSR)模型,该模型将接收信号表示为从离散层反射的有限射线路径总和。

每一层只考虑反射信号的交叉极性分量(RL)和传输信号的共极性分量(RR)。层间损失仅源于衰减。在这些假设的前提下,为简化命名,去掉了标注反射层作用的极化下标。用线性叠加反射信号的 N_L 层计算DDM延迟维数:

$$X(\tau,t) = X_D(\tau,t) + \sum_{k=0}^{N_L} A_k(t) \Lambda(\tau_k(t)-\tau) e^{j\phi_k(t)} \quad (34.243)$$

每条射线都与最深的反射层相关,由从第 k 层反射的射线的振幅 A_k 和对应的相位 ϕ_k

两个变量定义。相位与延迟的关系为 $\phi_k = 2\pi f \tau_k$。

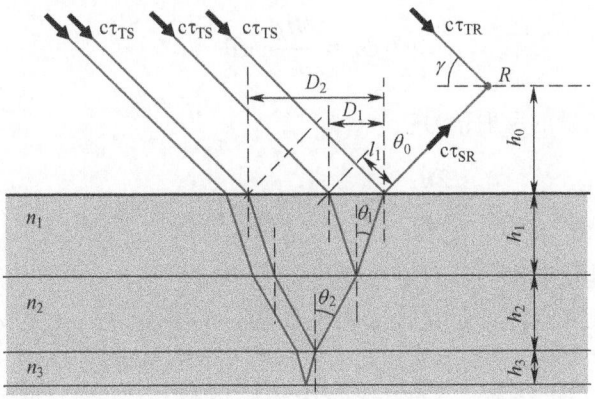

图 34.61　多层模型

[假设各层间每个水平界面存在镜面反射[71]（κ 为层间衰减系数）。]

在雪-空气界面（"第 0 层"）：

$$A_0 = R_{0,1} \tag{34.244}$$

和

$$\tau_0 = 2\frac{h_0}{c}\cos\theta_0 \tag{34.245}$$

对于第一层，由于雪-空气界面的双向传输、从该界面到第 2 层的路径衰减以及第 2 层的反射，降低了信号振幅。

$$A_1 = R_{1,2}T_{0,1}T_{1,0}\mathrm{e}^{-2k_1\rho_1} \tag{34.246}$$

沿此路径的相应延迟为

$$\tau_1 = \tau_0 + 2\frac{n_1}{c}\frac{h_1}{\cos\theta_1} - D_1\sin\theta_0 \tag{34.247}$$

其中第二项表示从发射机到表面层的短路径长度（由图 34.61 中的 l1 表示）。表层上该点的水平位移由 $D_1 = 2h_1\tan\theta_1$ 给出。这种方法可以扩展到第 k 层：

$$A_k = R_{k,k+1}\prod_{q=1}^{q=k}T_{q-1,q}T_{q,q-1}\mathrm{e}^{-2k_q S_q} \tag{34.248}$$

和

$$\tau_k = \tau_0 + 2\sum_{q=1}^{q=k}\frac{n_q}{c}\frac{h_q}{\cos\theta_q} - \sum_{q=1}^{q=k}D_q\sin\theta_q \tag{34.249}$$

LH 是复数 $X(\tau,t)$ 的傅里叶变换，其中每个滞后与直接信号的相位 $\phi_d(t)$ 反转无关：

$$\mathrm{LH}(\tau,f) = \int X(\tau,t)\mathrm{e}^{-\mathrm{j}\phi_d(t)}\mathrm{e}^{-2\pi\mathrm{j}ft}\mathrm{d}t \tag{34.250}$$

以总功率对 LH 归一化，然后将频率变量改为每度仰角的周期数

$$f[\text{周期}/(°)] = \frac{2\pi}{360(\mathrm{d}\gamma/\mathrm{d}t)}f[\mathrm{Hz}] \tag{34.251}$$

为分析 LH,需考虑在深度 H_k 处单水平层的反射。该反射信号的相位为

$$\phi_k = \frac{2H_k}{\lambda}\cos\theta \qquad (34.252)$$

导致某频率高能量的反射信号:

$$f_k = \frac{2H_k}{\lambda}\sin\theta \quad [\text{周期}/(°) - \text{el.}] \qquad (34.253)$$

因此,LH 中高能量频率与反射层深度匹配。

第一组实验的 LH 观测量是从位于南极洲 Dome-Concordia 45m 塔获得的[252]。2016 年进行了为期一年的实验,收集了常规和 GNSS-R 干涉观测数据(个人通信,E. Cardel lach,2018 年 1 月 10 日)。图 34.62(a)显示了该实验的一个 LH 示例。采用 128 个时序波形进行测量,每个波形由 1s 相干积分产生。在-7 周期/(°)附近观测的功率对应于雪表面的反射。来自雪坑和冰芯的原始数据作为前向模型的输入,如图 34.62(b)所示。该伪码可通过 IEEE 遥感代码库获取。

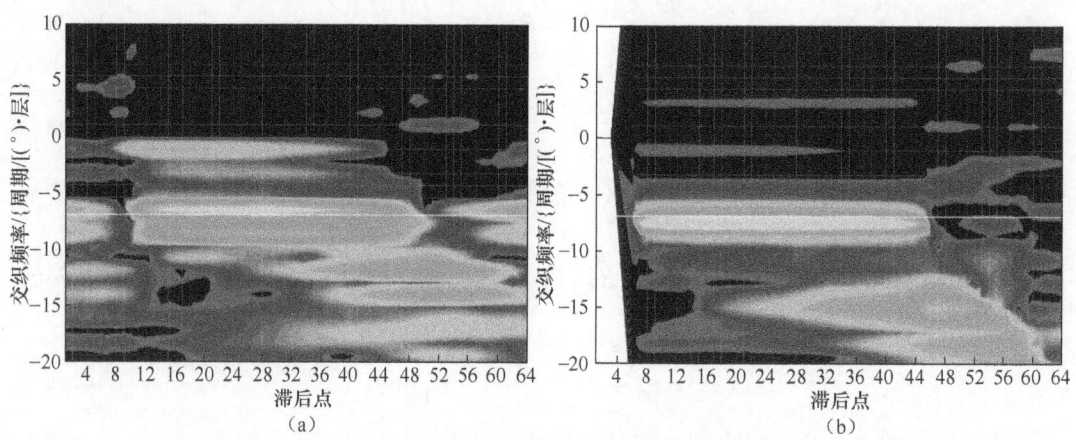

图 34.62 来自雪反射计数据的滞后衍射图(LH)

(a)使用 2016 年 1 月 1 日在南极洲康科迪亚站美国发射塔 PRN10 数据(128s)生成的 LH[ESA 连同 GRAIS(ESA Contract GAIS)];(b)使用数据模拟的 LH,由空间科学研究所(ICE,CSIC)按照文献[71]中描述的方法提供。

34.10 其他地表变量

本节将介绍关于土地利用、土地覆盖和陆地水文等相关附加变量的最新进展。这些研究应用了前几节描述的类似方法,数据源自 GNSS-R 信号测量,在某些场合如获取土壤湿度检索,这些变量常作为有害因素进行研究建模及反推。然而,有些本身具有极大的作用。生物量是最有前景的附加观测量,将被优先讨论。下一步,我们将介绍湿地冻融状态和湿地区域的映射。

如 28.6.4.4 节所述,GNSS-MR 测量也证明与植被高度相关。

34.10.1 生物量

森林 AGB 是碳循环的关键参数之一,对大气 CO_2 的排放和吸收具有积极作用。树木生长时,它们从大气中吸取 CO_2,并将其转化为复杂的碳水化合物。当它们死亡时,这些储存的 CO_2 被释放回大气,再被新生长的树木吸收,周而复始,调节大气中的 CO_2 浓度。

目前,生物量占地球陆地碳储量的 47%[257],基于对温室气体平衡的直接影响,作为气候变化的重要参数。因此,监测 AGB 对我们更好地了解碳循环和全球变暖非常有用,农业应用也可以利用遥感得出生物量估算。

可使用几种不同的技术来监测生物量,大多数是具有破坏性的(如在区域内采伐树木)或间接破坏的(如测量树木的各个部分并使用异速生长方程计算生物量)。在这种情况下,采用光学或微波传感器的有源和无源遥感是全球监测的唯一选择。

利用微波反向散射与生物厚度的关系,对雷达观测的反向散射系数进行反演或建模是一种遥感方法。欧洲航天局根据这一原则启动 BIOMASS 任务[258]。BIOMASS 基于 SAR 435MHz 波段、12m 有源天线的卫星于 2021 年发射。

用于生物量反向散射测量传感器在高生物量时会达到饱和。本节的仿真和有限实验结果表明,前向散射观测没有明显的饱和效应,这可能是 GNSS-R 在生物量遥感方面的一大优势。

然而,不能简单直接地对植被表面下双基雷达交叉分量建模。原因有两个,首先,植物元素维数与 GNSS 波长相当。其次,中间涉及多个散射过程,包括植被本身散射、下层地表散射以及来自冠层和地表的多次折射。

在 34.8 节,生物量被视为土壤湿度遥感中的一个附加变量。最新研究将极化 GNSS-R 观测值对生物量的敏感性作为有效变量,并且这两者很可能会被同时反演。在土壤湿度部分已给出了 AGB 敏感的实验结果,如表 34.6 所示。

2014 年,PYCARO 原型接收机在北方森林上空平流层进行飞行实验,收集了双频极化数据,并验证了从 L2 加密通道中"无码"提取波形的 rGNSS-R 技术。该地区的特点是生物量密度高(≈ 2500 棵树/hm^2),但物种少。除前面定义的极化比之外,该接收机还能够提取极化相位,定义复合 LHCP 和 RHCP 波形的峰值幅度之间的相位差为

$$PP = \frac{\lambda \angle(X_L(\tau_R)X_R^*(\tau_L))}{2\pi} \tag{34.254}$$

有趣的是极化相位始终为负值(从 -1.4m 到 -9.6m),这表明 LHCP 散射相位中心高于 RHCP 相位中心,这是冠层和土壤散射过程的差异。正如预期,由于森林中的去极化度高,森林上的 PR 低于湖泊上的 PR[259]。

反向散射信号(σ^0)有衰减[126,239,260],并在一定生物量会饱和[261-262]。衰减大小取决于波长、入射角和植物物理参数(植物密度、介电常数、植被类型等)。GNSS-R 的一个优点是前向散射信号的饱和点比后向散射信号的高。

仿真采用单散射近似,基于 Tor Vergata 模型[224](一种更广义的双基模型)验证了 GNSS-R 极化测量对森林中生物量的敏感性,补充了早期关于作物生物量(向日葵)的研究[263]。模型中森林树冠分量与树干分量是分开的。模型显示 L 波段反向散射观测值在

60T/hm² 左右饱和,与机载测试结果一致,这为使用 GNSS-R 进行生物量遥感增强了信心。二次反射系数和光学深度通过对树冠和树干的分量求和来计算,可忽略[221]。

对于线性极化(HH)和(VV),仿真表明来自土壤表面的相干散射是反射功率的主要来源,表面非相干散射可以忽略不计。如果植被生物量增加,则不可忽略体积散射。与圆极化(RL)信号结果类似,生物量的敏感性和衰减均随入射角的增大而增加。RR 信号主要来自非相干散射,因此非常微弱。仿真表明生物量在镜面散射方向上交叉极化(RL)会衰减 GNSS-R 反射功率。土壤湿度敏感性在 $27\sim33 dB/(m^3/m^3)$ 范围内,对生物量的敏感性约为 $0.2 dB/(T/hm^2)$,在 200 T/hm² 时不会饱和[221]。

Spec-Mimics 模型是密歇根微波冠层散射(Mimics)模型[264]的一种应用,用于观察线性和圆极化不同组合时散射信号的灵敏度。Spec-Mimics 将地面镜面反射加入其他 7 种散射机制,表征以树干和树冠层为主的森林环境。不同极化反射信号的灵敏度可以表示为树干高度和树冠深度的函数[265]。

34.10.2 冻融状态

通过了解物体的冻结、解冻及两种状态间的转变,有助于理解生态系统过程,在固碳方面是非常重要的。解冻过程将冻土中的碳释放回大气,气候变暖进一步加速这一过程,同时刺激植物的光合作用,加速去除大气中的碳。转变效率主要取决于底层土壤生态系统的相互作用。目前,对它们的认识还不足以确定未来气候变暖是否会导致高纬度地区成为大气碳的净源或净汇[266],因此,冻融循环是气候变化的有效提示指标。

冻结层阻碍了大气与土壤的湿度和热量交换[267],这是气象模型中的重要过程。冻土还会降低导水率,阻碍水分入渗,导致积水和地表侵蚀[268]。

监测大规模冻融需要卫星遥感的支持,这是美国航空航天局 SMAP 任务中提出的一项重要应用[220],然而,冻融过程是空间和时间的异构过程,目前没有任何星载遥感方法能够同时满足空间和时间分辨率要求。有源微波法具有较高的空间分辨率但重访率低,无源微波法(微波辐射测量)在低空间分辨率下能够提供较高的时间采样。如果没有合适的空间与时间分辨率观测,就无法理解碳固存及释放的过程。GNSS-R 卫星发射成本低于单个有源雷达或无源辐射计,能够提供足够的时空分辨率解决这些科学问题[266]。

在实验项目支持下,使用 GNSS-R 进行冻融转换的理论研究。测量基本原理是湿土介电常数在冻结时会发生突变(从 80 左右到 3.2)。并非所有土壤中的水在 0℃时都会转变为冰,而未冻结的部分取决于土壤的组成和质地。实验发现,基于实验获得的特殊土壤常数 A 和 B,经验模型函数 $W_u = A|T|^{-B}$ 可以准确地描述 $T<0℃$ 时未冻水的含量 B[267]。图 34.63(a)给出了 3 种土壤类型的冰和液态水体积含量随温度变化的曲线,测定总体积土壤湿度为 $0.3 m^3/m^3$。采用未冻结水和冰的比例以及冰的介电常数,对介电混合模型[13]进行了修正,增加了含冰项[267-268]。采用同样的 3 种土壤,模型生成了图 34.63(b),说明介电常数实部随土壤温度的变化,在冻结温度附近的转变非常剧烈。

在全极化前向散射模型[153]中,利用该介电常数模型进行仿真,研究了 GNSS-MR 观测值(信噪比、载波相位多径和伪距多径)对冻融状态的敏感性。一旦土壤结冰,3 个观测值振幅的变化减小[269]。2009—2014 年开展进一步研究,土壤湿度及雪深不同时变化,对一组 GNSS-MR 实验进行比较,发现土壤温度与信噪比有很好的相关性[270]。

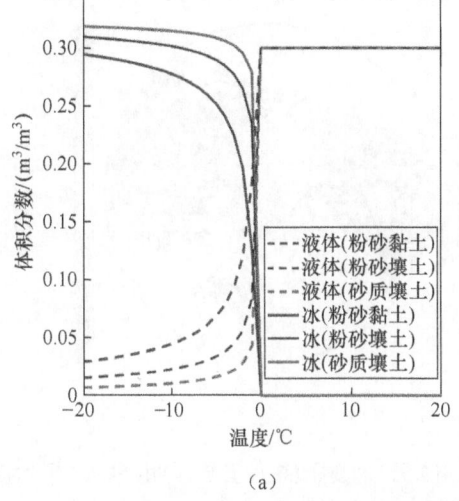
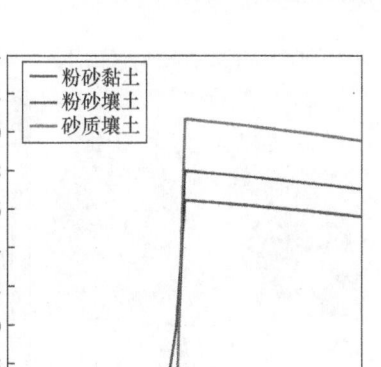

图 34.63 冻土的介电混合模型,有 3 种代表性土壤类型[267]

(a)以冰和液体形式存在的水的比例作为温度的函数。总体积含水量为 $0.3m^3/m^3$,是所有高于冰点的土壤的值($T>0$);(b)介电常数实部的相应变化 ϵ。注意 0 处的急剧转变(GPS L1 频率,1575.42MHz)。

34.8.6 节讨论了 SMAP 雷达接收机 GNSS-R 信号观测量在海洋散射模型验证和土壤湿度敏感性验证中的应用。SMAP 采集的 GNSS-R 信号对冻融状态有明显的敏感性[266],对比了北半球冬季(2015 年 12 月—2016 年 2 月)和夏季(2016 年 6 月—2016 年 8 月)的数据,发现在植被稀疏和地表水较多的地区(如潮湿地区),信噪比的分布普遍降低了几个分贝,季节间的差异达 10dB,如图 34.64(a)所示。夏季 SMAP-4 级土壤温度和土壤粗糙度的前向模型预测与这些发现大体吻合,模型结果如图 34.64(b)所示。对比了土壤气候分析网(SCAN)①和雪地遥测(SNOTEL)②网 25km 范围内的观测子集,信噪比的均值变化分别为 4.8dB(V_{pol})和 4.04dB(H_{pol})。

34.10.3 湿地和洪水

湿地既是陆地蓄水的重要来源,也是大气甲烷(CH_4)的重要来源,甲烷是一种比 CO_2 作用更强的温室气体。气候变化委员会(IPCC)政府工作报告指出,湿地是最大甲烷排放量来源(约占总量的 30%),也是不确定性最高的源,2007 年以来甲烷排放量不断增加,确切原因不明。因此,提高湿地监测能力迫在眉睫。湿地倒塌和损坏减少了陆地蓄水,促使海平面上升,1900 年以来世界一半以上的湿地消失。保护和恢复与水有关的生态系统,包括湿地,是联合国可持续发展目标之一(目标 6.6)。此外,湿地范围和洪水区域的测绘在水路运输物流中也极为重要[272]。

《拉姆萨尔公约》③呼吁对湿地进行全球清查,建议建立全球湿地观测系统(GWOS)。

---

① https://www.wcc.nrcs.usda.gov/scan/
② https://www.wcc.nrcs.usda.gov/snaw/
③ https://www.ramsar.org/

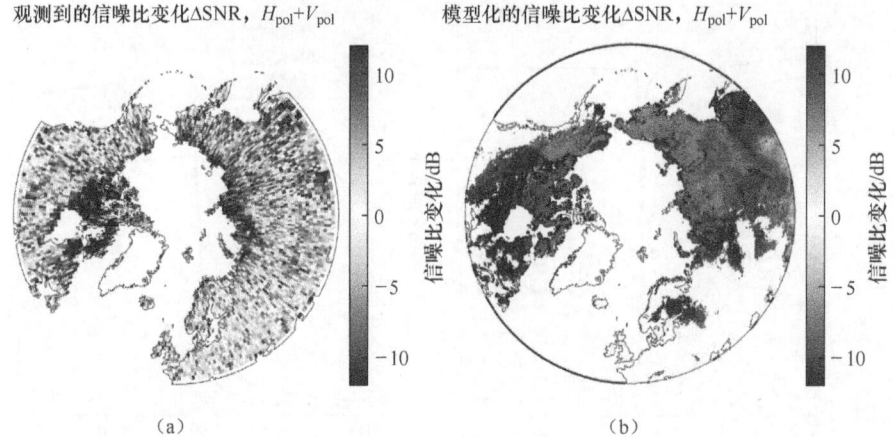

图34.64 (a)为2015—2016年冬季(12月至次年2月)和夏季(6月至8月)由SMAP雷达接收机测量的信噪比变化,(b)为信噪比[266]模型变化(来源:经Elsevier许可转载。)

由于现有的观测系统没有足够的时空分辨率,GWOS目前无法实现全球所需的所有输入。L波段SAR已用于湿地遥感,因为高频雷达无法穿透密集而厚实的植被冠层,限制了对林区沼泽和河滩的监测能力。而且L波段(如ALOS-2)的重访时间也只有约6周。密西西比盆地的一项研究表明,每月必须分时段对湿地动态进行观测。内陆水面镜面反射和GNSS-R的亚千米分辨率,将转化为15%~20%的湿地范围误差[272]。

采自西班牙加泰罗尼亚埃布罗河三角洲稻田上空的机载数据显示,反射信号强度与周围旱地相比,更接近水反射信号强度,这表明密集稻冠下的地表水产生了强烈的相干反射。随后从同一地区TDS-1采集的数据显示,湿地反射比周围旱地反射的强度高达10dB[272]。

用PALSAR-2观测数据(25m分辨率)和TDS-1数据,验证了反射信号信噪比与覆盖区内水含量的简单关系模型。假定GNSS-R可实现亚千米分辨率,在50m宽的河流上信号的信噪比较高。在亚马逊高生物量区域信号的信噪比较低,失去了该条件下的一致性[273]。

假设是相干散射,用水表面阈值为12dB的信噪比与地表反射率的转换反推雷达方程。该阈值是CYGNSS用GNSS-R数据绘制的2017年大西洋飓风季节洪水淹没情况的值。飓风哈维在得克萨斯州生成的SR图(R = -0.8)与从SMAP获得的L波段亮度温度具有很强的相关性。在飓风艾玛期间,古巴也生成了类似的地图,洪水淹没迹象与光学(Landsat)影像一致,但与SMAP的相关性较低(R = -0.57)。与得克萨斯州相比,覆盖区混合了陆地和海洋,古巴上空的SMAP观测量大多在沿海地区重叠。采用类似方法绘制亚马逊内陆河道图,在生物量密度高达400T/hm^{2}时,相关反射对小型支流也很敏感。

34.11 总结

反射测量是地球观测的新兴领域,它将有源和无源方法结合起来,形成了一种微波遥感真正意义上的"第三种方法"。反射测量技术,包括PNT和无线电掩星技术,是在有源和无源微波基础上发展起来的。由具有这些领域背景的研究人员组成的新团体正在联合起来进一步发展 GNSS-R,将其作为观察我们的环境变化的有效工具,解决 21 世纪全球面临的一些重要问题。

致谢

作者对以下参与成员表示衷心的感谢,感谢他们提供内容并对初稿部分章节进行审阅:Estel Cardellach 博士、Scott Gleason 博士、Philip Jales 博士和 Clara Chew 博士。James Garrison 也对他的学生表示感谢,他们协助完成了初稿的校对和图表的绘制,包括 Priyankar Bhattacharjee、Soon Chye Ho、Fei Huang、Seho Kim、Abi Komanduru、Benjamin Nold 和 Han Zhang 等。

参考文献

[1] Parkinson, B. W. and Spilker, J. J. (1996) *Global Positioning System: Theory and Applications, Progress in Astronautics and Aeronautics*, vol. I, AIAA, Washington, D. C.

[2] Auber, J. C. , Bibaut, A. , and Rigal, J. M. (1994) Characterization of multipath on land and sea at GPS frequencies, in *Proceedings of the 7th International Technical Meeting of the Satellite Division of The Institute of Navigation*, pp. 1155–1171.

[3] Beyerle, G. and Hocke, K. (2001) Observation and simulation of direct and reflected GPS signals in radio occultation experiments. *Geophysical Research Letters*, 28 (9), 1895–1898, doi: 10. 1029/2000GL012530.

[4] Beyerle, G. , Hocke, K. , Wickert, J. , Schmidt, T. , Marquardt, C. , and Reigber, C. (2002) GPS radio occultations with CHAMP: A radio holographic analysis of GPS signal propagation in the troposphere and surface reflections. *Journal of Geophysical Research Atmospheres*, 107 (24), 4802, doi: 10. 1029/2001JD001402.

[5] Ruf, C. S. , Atlas, R. , Chang, P. S. , Clarizia, M. P. , Garrison, J. L. , Gleason, S. , Katzberg, S. J. , Jelenak, Z. , Johnson, J. T. , Majumdar, S. J. , O'Brien, A. , Posselt, D. J. , Ridley, A. J. , Rose, R. J. , and Zavorotny, V. U. (2016) New ocean winds satellite mission to probe hurricanes and tropical convection. *Bulletin of the American Meteorological Society*, 97 (3), 385–395, doi: 10. 1175/BAMS-D-14-00218. 1.

[6] Hersbach, H. , Stoffelen, A. , and de Haan, S. (2007) An improved C-band scatterometer ocean geophysical model function: CMOD5. *Journal of Geophysical Research*, 112 (C3), C03006, doi: 10. 1029/2006JC003743.

[7] Bartalis, Z. , Wagner, W. , Naeimi, V. , Hasenauer, S. , Scipal, K. , Bonekamp, H. , Figa, J. , and Anderson, C. (2007) Initial soil moisture retrievals from the METOP-A Advanced Scatterometer (ASCAT). *Geophysical Research Letters*, 34 (20), 5–9, doi: 10. 1029/2007GL031088.

[8] Chelton, D. B. , Ries, J. C. , Haines, B. J. , Fu, L. L. , and Callahan, P. S. (2001) Chapter 1 Satellite Altimetry, in *Satellite Altimetry and Earth Sciences, International Geophysics*, vol. 69 (eds. L. L. Fu and A. Cazenave), Academic Press, doi: 10. 1016/S0074-6142(01)80146-7.

[9] Klein, L. and Swift, C. (1977) An improved model for the dielectric constant of sea water at microwave frequencies. *IEEE Journal of Oceanic Engineering*, 2 (1), 104–111, doi: 10. 1109/JOE. 1977. 1145319.

[10] Meissner, T. and Wentz, F. J. (2004) The complex dielectric constant of pure and sea water from microwave satellite observations. *IEEE Transactions on Geoscience and Remote Sensing*, 42 (9), 1836–1849, doi: 10. 1109/TGRS. 2004. 831888.

[11] Wang, J. R. and Schmugge, T. J. (1980) An empirical model for the complex dielectric permittivity of soils

as a function of water content. *IEEE Transactions on Geoscience and Remote Sensing*, GE-18(4), 288–295, doi: 10.1109/TGRS.1980.350304.

[12] Dobson, M., Ulaby, F., Hallikainen, M., and El-Rayes, M. (1985) Microwave dielectric behavior of wet soil-Part II: dielectric mixing models. *IEEE Transactions on Geoscience and Remote Sensing*, GE-23(1), 35–46, doi: 10.1109/TGRS.1985.289498.

[13] Hallikainen, M., Ulaby, F., Dobson, M., El-Rayes, M., and Wu, L. K. (1985) Microwave dielectric behavior of wet soil-Part 1: Empirical models and experimental observations. *IEEE Transactions on Geoscience and Remote Sensing*, GE-23(1), 25–34, doi: 10.1109/TGRS.1985.289497.

[14] Swift, C., LeVine, D., and Ruf, C. (1991) Aperture synthesis concepts in microwave remote sensing of the Earth. *IEEE Transactions on Microwave Theory and Techniques*, 39(12), 1931–1935, doi: 10.1109/22.106530.

[15] Willis, N. J. and Griffiths, H. D. (2007) *Advances in Bistatic Radar*, vol. 2, SciTech Publishing.

[16] Hall, C. and Cordey, R. (1988) Multistatic scatterometry, in *International Geoscience and Remote Sensing Symposium*, IEEE, pp. 561–562, doi: 10.1109/IGARSS.1988.570200.

[17] Martin-Neira, M. (1993) A passive reflectometry and interferometry system (PARIS): application to ocean altimetry. *ESA Journal*, 17(4), 331–355.

[18] Garrison, J. L., Katzberg, S. J., and Hill, M. I. (1998) Effect of sea roughness on bistatically scattered range coded signals from the Global Positioning System. *Geophysical Research Letters*, 25(13), 2257–2260, doi: 10.1029/98GL51615.

[19] Zavorotny, V. and Voronovich, A. (2000) Scattering of GPS signals from the ocean with wind remote sensing application. *IEEE Transactions on Geoscience and Remote Sensing*, 38(2), 951–964, doi: 10.1109/36.841977.

[20] Elfouhaily, T., Chapron, B., Katsaros, K., and Vandemark, D. (1997) A unified directional spectrum for long and short wind-driven waves. *Journal of Geophysical Research*, 102(C7), 15 781–15 796, doi: 10.1029/97JC00467.

[21] Katzberg, S. J., Torres, O., and Ganoe, G. (2006) Calibration of reflected GPS for tropical storm wind speed retrievals. *Geophysical Research Letters*, 33(18), L18 602, doi: 10.1029/2006GL026825.

[22] Zuffada, C., Fung, A., Parker, J., Okolicanyi, M., and Huang, E. (2004) Polarization properties of the GPS signal scattered off a wind-driven ocean. *IEEE Transactions on Antennas and Propagation*, 52(1), 172–188, doi: 10.1109/TAP.2003.822438.

[23] Thompson, D., Elfouhaily, T., and Garrison, J. (2005) An improved geometrical optics model for bistatic GPS scattering from the ocean surface. *IEEE Transactions on Geoscience and Remote Sensing*, 43(12), 2810–2821, doi: 10.1109/TGRS.2005.857895.

[24] Voronovich, A. G. and Zavorotny, V. U. (2017) Bistaticradar equation for signals of opportunity revisited. *IEEE Transactions on Geoscience and Remote Sensing*, 56(4), 1959–1968, doi: 10.1109/TGRS.2017.2771253.

[25] Voronovich, A. G. and Zavorotny, V. U. (2017) The transition from weak to strong diffuseradar bistatic scattering from rough ocean surface. *IEEE Transactions on Antennas and Propagation*, 65(11), 6029–6034, doi: 10.1109/TAP.2017.2752219.

[26] Lowe, S. T., LaBrecque, J. L., Zuffada, C., Romans, L. J., Young, L. E., and Hajj, G. A. (2002) First spaceborne observation of an Earth-reflected GPS signal. *Radio Science*, 37(1), 1007, doi: 10.1029/2000RS002539.

[27] Cardellach, E., Ruffini, G., Pino, D., Rius, A., Komjathy, A., and Garrison, J. L. (2003) Mediterranean

Balloon Experiment: Ocean wind speed sensing from the stratosphere using GPS reflections. *Remote Sensing of the Environment*, 88 (3), 351-362, doi: 10. 1016/S0034-4257(03)00176-7.

[28] Gleason, S., Hodgart, S., Sun, Y., Gommenginger, C., Mackin, S., Adjrad, M., and Unwin, M. (2005) Detection and processing of bistatically reflected GPS signals from low Earth orbit for the purpose of ocean remote sensing. *IEEE Transactions on Geoscience and Remote Sensing*, 43 (6), 1229-1241, doi: 10. 1109/TGRS. 2005. 845643.

[29] Clarizia, M. P., Gommenginger, C. P., Gleason, S. T., Srokosz, M. A., Galdi, C., and Di Bisceglie, M. (2009) Analysis of GNSS-R delay-Doppler maps from the UK-DMC satellite over the ocean. *Geophysical Research Letters*, 36 (2), L02 608, doi: 10. 1029/2008GL036292.

[30] Gleason, S. (2010) Towards sea ice remote sensing with space detected GPS signals: Demonstration of technical feasibility and initial consistency check using low resolution sea ice information. *Remote Sensing*, 2 (8), 2017-2039, doi: 10. 3390/rs2082017.

[31] Gleason, S., Adjrad, M., and Unwin, M. S. (2005) Sensing ocean, ice and land reflected signals from space: Results from the UK-DMC GPS reflectometry experiment, in *18 th International Technical Meeting of the Satellite Division*, Institute of Navigation, Long Beach, CA, pp. 1679-1685.

[32] Unwin, M., de Vos Van Steenwijk, R., Gommenginger, C., Mitchell, C., and Gao, S. (2010) The SGR-ReSI-a new generation of space GNSS receiver for remote sensing, in *Proceedings of the 23rd International Technical Meeting of The Satellite Division of the Institute of Navigation*, Portland, OR, pp. 1061-1067.

[33] Unwin, M., Jales, P., Tye, J., Gommenginger, C., Foti, G., and Rosello, J. (2016) Spaceborne GNSS-reflectometry on TechDemoSat-1: Early mission operations and exploitation. *IEEE Journal of Selected Topics in Applied Earth Observations and Remote Sensing*, 9 (10), 4525-4539, doi: 10. 1109/JSTARS. 2016. 2603846.

[34] Foti, G., Gommenginger, C., Jales, P., Unwin, M., Shaw, A., Robertson, C., and Roselló, J. (2015) Spaceborne GNSS reflectometry for ocean winds: First results from the UK TechDemoSat-1 mission. *Geophysical Research Letters*, 42 (13), 5435-5441, doi: 10. 1002/2015GL064204.

[35] Ruf, C., Lyons, A., Unwin, M., Dickinson, J., Rose, R., Rose, D., and Vincent, M. (2013) CYGNSS: enabling the future of hurricane prediction [Remote Sensing Satellites]. *IEEE Geoscience and Remote Sensing Magazine*, 1 (2), 52-67, doi: 10. 1109/MGRS. 2013. 2260911.

[36] Katzberg, S. J., Garrison, J. L., and Howell, C. T. (1999) Simple over-water altimeter using GPS reflections, in *Proceedings of the 12th International Technical Meeting of the Satellite Division of The Institute of Navigation*, ION, Nashville, TN, pp. 1819-1827.

[37] Lowe, S. T., Zuffada, C., Chao, Y., Kroger, P., Young, L. E., and LaBrecque, J. L. (2002) 5-cm-Precision aircraft ocean altimetry using GPS reflections. *Geophysical Research Letters*, 29 (10), 1375, doi: 10. 1029/2002GL014759.

[38] Germain, O., Ruffini, G., Soulat, F., Caparrini, M., Chapron, B., and Silvestrin, P. (2004) The Eddy Experiment: GNSS-R speculometry for directional sea-roughness retrieval from low altitude aircraft. *Geophysical References Research Letters*, 31 (21), L21 307, doi: 10. 1029/2004GL020991.

[39] Treuhaft, R. N., Lowe, S. T., Zuffada, C., and Chao, Y. (2001) 2-cm GPS altimetry over Crater Lake. *Geophysical Research Letters*, 28 (23), 4343-4346, doi: 10. 1029/2001GL013815.

[40] Egido, A., Delas, M., Garcia, M., and Caparrini, M. (2009) Non-space applications of GNSS-R: From research to operational services. Examples of water and land monitoring systems, in *International Geoscience and Remote Sensing Symposium*, IEEE, doi: 10. 1109/IGARSS. 2009. 5418033.

[41] Löfgren, J. S., Haas, R., and Johansson, J. M. (2011) Monitoring coastal sea level using reflected GNSS signals. *Advances in Space Research*, 47 (2), 213-220, doi: 10. 1016/j. asr. 2010. 08. 015.

[42] Larson, K. M., Löfgren, J. S., and Haas, R. (2013) Coastal sea level measurements using a single geodetic GPS receiver. *Advances in Space Research*, 51 (8), 1301-1310, doi: 10.1016/j.asr.2012.04.017.

[43] Martín-Neira, M., D'Addio, S., Buck, C., Floury, N., and Prieto-Cerdeira, R. (2011) The PARIS ocean altimeter inOrbit demonstrator. *IEEE Transactions on Geoscience and Remote Sensing*, 49 (6 PART 2), 2209-2237, doi: 10.1109/TGRS.2010.2092431.

[44] Rius, A., Nogués-Correig, O., Ribó, S., Cardellach, E., Oliveras, S., Valencia, E., Park, H., Tarongí, J. M., Camps, A., van der Marel, H., van Bree, R., Altena, B., and Martín Neira, M. (2012) Altimetry with GNSS-R interferometry: First proof of concept experiment. *GPS Solutions*, 16 (2), 231-241, doi: 10.1007/s10291-011-0225-9.

[45] Cardellach, E., Rius, A., Martin-Neira, M., Fabra, F., Nogues-Correig, O., Ribo, S., Kainulainen, J., Camps, A., and D'Addio, S. (2014) Consolidating the precision of interferometric GNSS-R ocean altimetry using airborne experimental data. *IEEE Transactions on Geoscience and Remote Sensing*, 52 (8), 4992-5004, doi: 10.1109/TGRS.2013.2286257.

[46] Buck, C. and D'Addio, S. (2007) Status and perspectives of GNSS-R at ESA, in *International Geoscience and Remote Sensing Symposium*, IEEE, pp. 5076-5079, doi: 10.1109/IGARSS.2007.4424003.

[47] Carreno-Luengo, H., Camps, A., Perez-Ramos, I., Forte, G., Onrubia, R., and Diez, R. (2013) 3Cat-2: A P(Y) and C/A GNSS-R experimental nano-satellite mission, in *International Geoscience and Remote Sensing Symposium*, IEEE, Melbourne, Australia, pp. 843-846, doi: 10.1109/IGARSS.2013.6721290.

[48] Wickert, J., Cardellach, E., Martin-Neira, M., Bandeiras, J., Bertino, L., Andersen, O. B., Camps, A., Catarino, N., Chapron, B., Fabra, F., Floury, N., Foti, G., Gommenginger, C., Hatton, J., Hoeg, P., Jaggi, A., Kern, M., Lee, T., Li, Z., Park, H., Pierdicca, N., Ressler, G., Rius, A., Rosello, J., Saynisch, J., Soulat, F., Shum, C. K., Semmling, M., Sousa, A., Xie, J., and Zuffada, C. (2016) GEROS-ISS: GNSS reflectometry, radio occultation, and scatterometry onboard the International Space Station. *IEEE Journal of Selected Topics in Applied Earth Observations and Remote Sensing*, 9 (10), 4552-4581, doi: 10.1109/JSTARS.2016.2614428.

[49] Kavak, A., Vogel, W., and Xu, G. (1998) Using GPS to measure ground complex permittivity. *Electronics Letters*, 34 (3), 254-255, doi: 10.1049/el: 19980180.

[50] Larson, K. M., Gutmann, E. D., Zavorotny, V. U., Braun, J. J., Williams, M. W., and Nievinski, F. G. (2009) Can we measure snow depth with GPS receivers? *Geophysical Research Letters*, 36 (17), L17 502, doi: 10.1029/2009GL039430.

[51] Larson, K. M., Braun, J. J., Small, E. E., Zavorotny, V. U., Gutmann, E. D., and Bilich, A. L. (2010) GPS multipath and its relation to near-surface soil moisture content. *IEEE Journal of Selected Topics in Applied Earth Observations and Remote Sensing*, 3 (1), 91-99, doi: 10.1109/JSTARS.2009.2033612.

[52] Zavorotny, V. U., Larson, K. M., Braun, J. J., Small, E. E., Gutmann, E. D., and Bilich, A. L. (2010) A physical model for GPS multipath caused by land reflections: Toward bare soil moisture retrievals. *IEEE Journal of Selected Topics in Applied Earth Observations and Remote Sensing*, 3 (1), 100-110, doi: 10.1109/JSTARS.2009.2033608.

[53] Larson, K. M., Small, E. E., Gutmann, E., Bilich, A., Axelrad, P., and Braun, J. (2008) Using GPS multipath to measure soil moisture fluctuations: Initial results. *GPS Solutions*, 12 (3), 173-177, doi: 10.1007/s10291-007-0076-6.

[54] Chew, C. C., Small, E. E., Larson, K. M., and Zavorotny, V. U. (2014) Effects of near-surface soil moisture on GPS SNR data: Development of a retrieval algorithm for soil moisture. *IEEE Transactions on Geoscience and Remote Sensing*, 52 (1), 537-543, doi: 10.1109/TGRS.2013.2242332.

[55] Rodriguez-Alvarez, N., Camps, A., Vall-llossera, M., Bosch-Lluis, X., Monerris, A., Ramos-Perez, I., Valencia, E., Marchan-Hernandez, J. F., Martinez-Fernandez, J., Baroncini-Turricchia, G., Perez-Gutierrez, C., and Sanchez, N. (2011) Land geophysical parameters retrieval using the interference pattern GNSS-R technique. *IEEE Transactions on Geoscience and Remote Sensing*, 49 (1), 71 – 84, doi: 10.1109/TGRS.2010.2049023.

[56] Masters, D., Zavorotny, V., Katzberg, S., and Emery, W. (2000) GPS signal scattering from land for moisture content determination, in *International Geoscience and Remote Sensing Symposium*, IEEE, pp. 3090 – 3092, doi: 10.1109/IGARSS.2000.860346.

[57] Masters, D., Axelrad, P., and Katzberg, S. (2004) Initial results of land-reflected GPS bistaticradar measurements in SMEX02. *Remote Sensing of Environment*, 92 (4), 507 – 520, doi: 10.1016.j.rse.2004.05.016.

[58] Masters, D. (2004) Surface Remote Sensing Applications of GNSS Bistatic Radar: Soil Moisture and Aircraft Altimetry, Ph.D. thesis, University of Colorado.

[59] Katzberg, S. J., Torres, O., Grant, M. S., and Masters, D. (2006) Utilizing calibrated GPS reflected signals to estimate soil reflectivity and dielectric constant: Results from SMEX02. *Remote Sensing of Environment*, 100, 17–28, doi: 10.1016/j.rse.2005.09.015.

[60] Torres, O. (2004) Analysis of Reflected Global Positioning System Signals as a Method for the Determination of Soil Moisture, Master's thesis, University of Texas.

[61] Grant, M. S., Acton, S. T., and Katzberg, S. J. (2007) Terrain moisture classification using GPS surface-reflected signals. *IEEE Geoscience and Remote Sensing Letters*, 4 (1), 41 – 45, doi: 10.1109/LGRS.2006.883526.

[62] Zavorotny, V. and Voronovich, A. (2000) Bistatic GPS signal reflections at various polarizations from rough land surface with moisture content, in *IEEE International Geoscience and Remote Sensing Symposium*, IEEE, pp. 2852–2854, doi: 10.1109/IGARSS.2000.860269.

[63] Zavorotny, V., Masters, D., Gasiewski, A., Bartram, B., Katzberg, S., Axelrad, P., and Zamora, R. (2003) Seasonal polarimetric measurements of soil moisture using towerbased GPS bistaticradar, in *International Geoscience and Remote Sensing Symposium*, IEEE, pp. 781–783, doi: 10.1109/IGARSS.2003.1293916.

[64] Brogioni, M., Egido, A., Floury, N., Giusto, R., Guerriero, L., and Pierdicca, N. (2010) A simulator prototype of delay-Doppler maps for GNSS reflections from bare and vegetated soils, in *International Geoscience and Remote Sensing Symposium*, IEEE, pp. 3809–3812, doi: 10.1109/IGARSS.2010.5651296.

[65] Egido, A. E. (2013) GNSS Reflectometry for Land Remote Sensing Applications, Ph.D. thesis, Universitat Politecnica de Catalunya.

[66] Kerr, Y. H., Waldteufel, P., Wigneron, J. P., Delwart, S., Cabot, F., Boutin, J., Escorihuela, M. J., Font, J., Reul, N., Gruhier, C., Juglea, S. E., Drinkwater, M. R., Hahne, A., Martin-Neira, M., and Mecklenburg, S. (2010) The SMOS mission: New tool for monitoring key elements of the global water cycle. *Proceedings of the IEEE*, 98 (5), 666–687, doi: 10.1109/JPROC.2010.2043032.

[67] Chew, C., Shah, R., Zuffada, C., Hajj, G., Masters, D., and Mannucci, A. J. (2016) Demonstrating soil moisture remote sensing with observations from the UK TechDemoSat-1 satellite mission. *Geophysical Research Letters*, 43 (7), 3317–3324, doi: 10.1002/2016GL068189.

[68] Belmonte-Rivas, M. (2007) Bistatic Scattering of Global Positioning System Signals from Arctic Sea Ice, Ph.D. thesis, University of Colorado.

[69] Fabra, F., Cardellach, E., Nogués-Correig, O., Oliveras, S., Ribo, S., Rius, A., Belmonte-Rivas, M., Semmling, M., Macelloni, G., Pettinato, S., Zasso, R., and D'Addio, S. (2010) Monitoring sea-ice and dry

snow with GNSS reflections, in *International Geoscience and Remote Sensing Symposium*, IEEE, pp. 3837–3840, doi: 10. 1109/IGARSS. 2010. 5649635.

[70] Fabra, F., Cardellach, E., Rius, A., Ribó, S., Oliveras, S., Nogués-Correig, O., Belmonte Rivas, M., Semmling, M., and D'Addio, S. (2012) Phase altimetry with dual polarization GNSS-R over sea ice. *IEEE Transactions on Geoscience and Remote Sensing*, 50 (6), 2112–2121, doi: 10. 1109/TGRS. 2011. 2172797.

[71] Cardellach, E., Fabra, F., Rius, A., Pettinato, S., and D'Addio, S. (2012) Characterization of dry-snow sub structure using GNSS reflected signals. *Remote Sensing of Environment*, 124, 122 – 134, doi: 10. 1016/j. rse. 2012. 05. 012.

[72] Cardellach, E., Wickert, J., Baggen, R., Benito, J., Camps, A., Catarino, N., Chapron, B., Dielacher, A., Fabra, F., Flato, G. et al. (2018) GNSS Transpolar Earth Reflectometry exploriNg System (G-TERN): Mission Concept. *IEEE Access*, 6, 13 980–14 018, doi: 10. 1109/ACCESS. 2018. 2814072.

[73] Shah, R., Garrison, J. L., and Grant, M. S. (2012) Demonstration of bistaticradar for ocean remote sensing using communication satellite signals. *IEEE Geoscience and Remote Sensing Letters*, 9 (4), 619–623, doi: 10. 1109/LGRS. 2011. 2177061.

[74] Katzberg, S. J. and Dunion, J. (2009) Comparison of reflected GPS wind speed retrievals with dropsondes in tropical cyclones. *Geophysical Research Letters*, 36 (17), L17 602, doi: 10. 1029/2009GL039512.

[75] Camps, A., Park, H., Valencia i Domenech, E., Pascual, D., Martin, F., Rius, A., Ribo, S., Benito, J., Andres-Beivide, A., Saameno, P., Staton, G., Martin-Neira, M., D'Addio, S., and Willemsen, P. (2014) Optimization and performance analysis of interferometric GNSS-R altimeters: Application to the PARIS IoD mission. *IEEE Journal of Selected Topics in Applied Earth Observations and Remote Sensing*, 7 (5), 1436–1451, doi: 10. 1109/JSTARS. 2014. 2320873.

[76] Soulat, F., Caparrini, M., Germain, O., Lopez-Dekker, P., Taani, M., and Ruffini, G. (2004) Sea state monitoring using coastal GNSS-R. *Geophysical Research Letters*, 31 (21), L21 303, doi: 10. 1029/2004GL020680.

[77] Garrison, J. L., Voo, J. K., Yueh, S. H., Grant, M. S., Fore, A. G., and Haase, J. S. (2011) Estimation of sea surface roughness effects in microwave radiometric measurements of salinity using reflected Global Navigation Satellite System signals. *IEEE Geoscience and Remote Sensing Letters*, 8 (6), 1170–1174, doi: 10. 1109/LGRS. 2011. 2159323.

[78] Egido, A., Paloscia, S., Motte, E., Guerriero, L., Pierdicca, N., Caparrini, M., Santi, E., Fontanelli, G., and Floury, N. (2014) Airborne GNSS-R polarimetric measurements for soil moisture and above-ground biomass estimation. *IEEE Journal of Selected Topics in Applied Earth Observations and Remote Sensing*, 7 (5), 1522–1532, doi: 10. 1109/JSTARS. 2014. 2322854.

[79] Semmling, A. M., Beyerle, G., Stosius, R., Dick, G., Wickert, J., Fabra, F., Cardellach, E., Ribó, S., Rius, A., Helm, A., Yudanov, S. B., and D'Addio, S. (2011) Detection of Arctic Ocean tides using interferometric GNSS-R signals. *Geophysical Research Letters*, 38 (4), L04 103, doi: 10. 1029/2010GL046005.

[80] Brown, G. (1977) The average impulse response of a rough surface and its applications. *IEEE Transactions on Antennas and Propagation*, 25 (1), 67–74, doi: 10. 1109/TAP. 1977. 1141536.

[81] Jales, P. (2012) Spaceborne Receiver Design for Scatterometric GNSS Reflectometry, Ph. D, University of Surrey.

[82] Gleason, S., Ruf, C. S., O'Brien, A. J., and McKague, D. S. (2019) The CYGNSS Level 1 calibration algorithm and error analysis based on on-orbit measurements. *IEEE Journal of Selected Topics in Applied Earth Observations and Remote Sensing*, 12 (1), 37–49, doi: 10. 1109/JSTARS. 2018. 2832981.

[83] Southwell, B. J. and Dempster, A. G. (2018) A new approach to determine the specular point of forward reflected GNSS signals. *IEEE Journal of Selected Topics in Applied Earth Observations and Remote Sensing*, 11 (2), 639-646, doi: 10.1109/JSTARS. 2017. 2775647.

[84] Garrison, J. L., Komjathy, A., Zavorotny, V. U., and Katzberg, S. J. (2002) Wind speed measurement using forward scattered GPS signals. *IEEE Transactions on Geoscience and Remote Sensing*, 40 (1), 50-65, doi: 10.1109/36. 981349.

[85] Gleason, S., Lowe, S., and Zavorotny, V. (2009) Remote Sensing Using Bistatic GNSS Reflections, in *GNSS Applications and Methods* (eds. S. Gleason and D. Gebre-Egziabher), Artech House, chap. 16, pp. 399-436.

[86] Semmling, A. M., Leister, V., Saynisch, J., Zus, F., Heise, S., and Wickert, J. (2016) A phase-altimetric simulator: Studying the sensitivity of Earth-reflected GNSS signals to ocean topography. *IEEE Transactions on Geoscience and Remote Sensing*, 54 (11), 6791-6802, doi: 10.1109/TGRS. 2016. 2591065.

[87] Roussel, N., Frappart, F., Ramillien, G., Darrozes, J., Desjardins, C., Gegout, P., Pérosanz, F., and Biancale, R. (2014) Simulations of direct and reflected wave trajectories for ground-based GNSS-R experiments. *Geoscientific Model Development*, 7 (5), 2261-2279, doi: 10.5194/gmd-7-2261-2014.

[88] Gordon, W. B. (2014) A method for locating specular points. *IEEE Transactions on Antennas and Propagation*, 62 (4), 2269-2271, doi: 10.1109/TAP. 2014. 2299271.

[89] Wu, S. C., Meehan, T., and Young, L. (1997) The potential use of GPS signals as ocean altimetry observables, in *National Technical Meeting of The Institute of Navigation*, pp. 543-550.

[90] Hristov, H. D. (2000) *Fresnel Zones in Wireless Links, Zone Plate Lenses and Antennas*, Artech House.

[91] Kravtsov, Y. A. (2005) *Geometrical Optics in Engineering Physics*, Alpha Science.

[92] Beckmann, P. and Spizzichino, A. (1963) *The Scattering of Electromagnetic Waves from Rough Surfaces*, Artech House Inc.

[93] Geremia-Nievinski, F., Silva, M. F. E., Boniface, K., and Monico, J. F. G. (2016) GPS diffractive reflectometry: Footprint of a coherent radio reflection inferred from the sensitivity kernel of multipath SNR. *IEEE Journal of Selected Topics in Applied Earth Observations and Remote Sensing*, 9 (10), 4884-4891, doi: 10.1109/JSTARS. 2016. 2579599.

[94] Katzberg, S. J., Dunion, J., and Ganoe, G. G. (2013) The use of reflected GPS signals to retrieve ocean surface wind speeds in tropical cyclones. *Radio Science*, 48, 371-387, doi: 10.1002/rds. 20042.

[95] Curlander, J. C. and McDonough, R. N. (1991) *Synthetic Aperture Radar: Systems and Signal Processing*, John Wiley & Sons New York, NY, USA.

[96] Zavorotny, V. U., Gleason, S., Cardellach, E., and Camps, A. (2014) Tutorial on Remote Sensing Using GNSS Bistatic Radar of Opportunity. *IEEE Geoscience and Remote Sensing Magazine*, 2 (4), 8-45, doi: 10.1109/MGRS. 2014. 2374220.

[97] Wiehl, M., Legrésy, B., and Dietrich, R. (2003) Potential of reflected GNSS signals for ice sheet remote sensing. *Progress In Electromagnetics Research*, 40, 177-205, doi: 10.2528/PIER02102202.

[98] Clarizia, M. P. and Ruf, C. S. (2016) Wind speed retrieval algorithm for the Cyclone Global Navigation Satellite System (CYGNSS) mission. *IEEE Transactions on Geoscience and Remote Sensing*, 54 (8), 4419-4432, doi: 10.1109/TGRS. 2016. 2541343.

[99] Clarizia, M. P. and Ruf, C. S. (2016) On the spatial resolution of GNSS reflectometry. *IEEE Geoscience and Remote Sensing Letters*, 13 (8), 1064-1068, doi: 10.1109/LGRS. 2016. 2565380.

[100] Peplinski, N., Ulaby, F., and Dobson, M. (1995) Dielectric properties of soils in the 0.3-1.3-GHz range. *IEEE Transactions on Geoscience and Remote Sensing*, 33 (3), 803-807, doi: 10.1109/36. 387598.

[101] Peplinski, N., Ulaby, F., and Dobson, M. (1995) Corrections to "Dielectric properties of soils in the 0.3–1.3-GHz range". *IEEE Transactions on Geoscience and Remote Sensing*, 33 (6), 1340, doi: 10.1109/TGRS. 1995. 477193.

[102] Wiesmann, A. and Mätzler, C. (1999) Microwave emission model of layered snowpacks. *Remote Sensing of Environment*, 70 (3), 307–316, doi: 10.1016/S0034-4257(99) 00046-2.

[103] Stogryn, A. and Desargant, G. (1985) The dielectric properties of brine in sea ice at microwave frequencies. *IEEE Transactions on Antennas and Propagation*, 33 (5), 523–532, doi: 10.1109/TAP. 1985. 1143610.

[104] Vant, M. R., Ramseier, R. O., and Makios, V. (1978) The complex-dielectric constant of sea ice at frequencies in the range 0.1–40GHz. *Journal of Applied Physics*, 49 (3), 1264–1280, doi: 10.1063/1.325018.

[105] Wang, T., Ruf, C. S., Block, B., Mckague, D. S., and Gleason, S. (2019) Design and performance of a GPS constellation power monitor system for improved CYGNSS L1B calibration. *IEEE Journal of Selected Topics in Applied Earth Observations and Remote Sensing*, 12 (1), 26–36, doi: 10.1109/JSTARS. 2018. 2867773.

[106] Egido, A., Caparrini, M., Ruffini, G., Paloscia, S., Santi, E., Guerriero, L., Pierdicca, N., and Floury, N. (2012) Global Navigation Satellite Systems Reflectometry as a remote sensing tool for agriculture. *Remote Sensing*, 4 (8), 2356–2372, doi: 10.3390/rs4082356.

[107] Gleason, S., Ruf, C. S., Clarizia, M. P., and O'Brien, A. J. (2016) Calibration and unwrapping of the normalized scattering cross section for the Cyclone Global Navigation Satellite System. *IEEE Transactions on Geoscience and Remote Sensing*, 54(5), 2495–2509, doi: 10.1109/TGRS. 2015. 2502245.

[108] Molteni, F., Buizza, R., Palmer, T. N., and Petroliagis, T. (1996) The ECMWF ensemble prediction system: Methodology and validation. *Quarterly Journal of the Royal Meteorological Society*, 122 (529), 73–119, doi: 10.1002/qj. 49712252905.

[109] Ruf, C. S., Gleason, S., and McKague, D. S. (2019) Assessment of CYGNSS wind speed retrieval uncertainty. *IEEE Journal of Selected Topics in Applied Earth Observations and Remote Sensing*, 12 (1), 87–97, doi: 10.1109/JSTARS. 2018. 2825948.

[110] Li, W., Cardellach, E., Fabra, F., Rius, A., Ribó, S., and Martín-Neira, M. (2017) First spaceborne phase altimetry over sea ice using TechDemoSat-1 GNSS-R signals. *Geophysical Research Letters*, 44 (16), 8369–8376, doi: 10.1002/2017GL074513.

[111] Larson, K. M., Ray, R. D., and Williams, S. D. P. (2017) A 10-year comparison of water levels measured with a geodetic GPS receiver versus a conventional tide gauge. *Journal of Atmospheric and Oceanic Technology*, 34 (2), 295–307, doi: 10.1175/JTECH-D-16-0101.1.

[112] Small, E. E., Larson, K. M., Chew, C. C., Dong, J., and Ochsner, T. E. (2016) Validation of GPS-IR soil moisture retrievals: Comparison of different algorithms to remove vegetation effects. *IEEE Journal of Selected Topics in Applied Earth Observations and Remote Sensing*, 9 (10), 4759–4770, doi: 10.1109/JSTARS. 2015. 2504527.

[113] Small, E. E., Larson, K. M., and Smith, W. K. (2014) Normalized Microwave Reflection Index: Validation of vegetation water content estimates from Montana grasslands. *IEEE Journal of Selected Topics in Applied Earth Observations and Remote Sensing*, 7 (5), 1512–1521, doi: 10.1109/JSTARS. 2014. 2320597.

[114] Wan, W., Larson, K. M., Small, E. E., Chew, C. C., and Braun, J. J. (2015) Using geodetic GPS receivers to measure vegetation water content. *GPS Solutions*, 19 (2), 237–248, doi: 10.1007/s10291-014-0383-7.

[115] Larson, K. M., Ray, R. D., Nievinski, F. G., and Freymueller, J. T. (2013) The accidental tide gauge: A GPS reflection case study from Kachemak Bay, Alaska. *IEEE Geoscience and Remote Sensing Letters*, 10 (5), 1200–1204, doi: 10. 1109/LGRS. 2012. 2236075.

[116] Rodriguez-Alvarez, N., Bosch-Lluis, X., Camps, A., Vall llossera, M., Valencia, E., Marchan-Hernandez, J., and Ramos-Perez, I. (2009) Soil moisture retrieval using GNSS-R techniques: Experimental results over a bare soil field. *IEEE Transactions on Geoscience and Remote Sensing*, 47 (11), 3616–3624, doi: 10. 1109/TGRS. 2009. 2030672.

[117] Alonso Arroyo, A., Camps, A., Aguasca, A., Forte, G. F., Monerris, A., Rudiger, C., Walker, J. P., Park, H., Pascual, D., and Onrubia, R. (2014) Dual-polarization GNSS-R interference pattern technique for soil moisture mapping. *IEEE Journal of Selected Topics in Applied Earth Observations and Remote Sensing*, 7 (5), 1533–1544, doi: 10. 1109/JSTARS. 2014. 2320792.

[118] Chen, Q., Won, D., and Akos, D. M. (2014) Snow depth sensing using the GPS L2C signal with a dipole antenna. *EURASIP Journal on Advances in Signal Processing*, 2014, 106, doi: 10. 1186/1687 – 6180 – 2014–106.

[119] Chen, Q., Won, D., and Akos, D. M. (2017) Snow depth estimation accuracy using a dual-interface GPS-IR model with experimental results. *GPS Solutions*, 21 (1), 211 – 223, doi: 10. 1007/s10291 – 016 – 0517–1.

[120] Caparrini, M., Egido, A., Soulat, F., Germain, O., Farres, E., Dunne, S., and Ruffini, G. (2007) Oceanpal: Monitoring sea state with a GNSS-R coastal instrument, in *International Geoscience and Remote Sensing Symposium*, IEEE, pp. 5080–5083, doi: 10. 1109/IGARSS. 2007. 4424004.

[121] Valencia, E., Camps, A., Marchan-Hernandez, J. F., Rodriguez-Alvarez, N., Ramos-Perez, I., and Bosch-Lluis, X. (2010) Experimental determination of the sea correlation time using GNSS-R coherent data. *IEEE Geoscience and Remote Sensing Letters*, 7 (4), 675–679, doi: 10. 1109/LGRS. 2010. 2046135.

[122] Balanis, C. A. (2012) *Advanced Engineering Electromagnetics*, 2nd Ed., Wiley.

[123] Bass, F. G. and Fuks, I. M. (2013) *Wave Scattering from Statistically Rough Surfaces: International Series in Natural Philosophy*, vol. 93, Elsevier.

[124] Ulaby, F. T., Moore, R. K., and Fung, A. K. (1981) *Microwave Remote Sensing: Active and passive*, vol. 1, Artech House.

[125] Rytov, S. M., Kravtsov, Y. A., and Tatarskii, V. I. (1989) *Principles of Statistical Radiophysics*, vol. 4, Springer-Verlag, Berlin.

[126] Ulaby, F. T., Moore, R. K., and Fung, A. K. (1982) *Microwave Remote Sensing*, vol. 2, Artech House.

[127] Skolnik, M. I. (1970) *Radar HandBook*, McGraw-Hill.

[128] Ulaby, F. T., Long, D. G., Blackwell, W. J., Elachi, C., Fung, A. K., Ruf, C., Sarabandi, K., Zebker, H. A., and Van Zyl, J. (2014) *Microwave Radar and Radiometric Remote Sensing*, vol. 4, University of Michigan Press.

[129] Macelloni, G., Paloscia, S., Pampaloni, P., Marliani, F., and Gai, M. (2001) The relationship between the backscattering coefficient and the biomass of narrow and broad leaf crops. *IEEE Transactions on Geoscience and Remote Sensing*, 39 (4), 873–884, doi: 10. 1109/36. 917914.

[130] Barrick, D. (1968) Rough surface scattering based on the specular point theory. *IEEE Transactions on Antennas and Propagation*, 16 (4), 449–454, doi: 10. 1109/TAP. 1968. 1139220.

[131] Barrick, D. E. (1968) Relationship between slope probability density function and the physical optics integral in rough surface scattering. *Proceedings of the IEEE*, 56 (10), 1728 – 1729, doi: 10. 1109/PROC. 1968. 6718.

[132] Voronovich, A. G. (2013) *Wave Scattering from Rough Surfaces*, vol. 17, Springer Science & Business Media.

[133] Elfouhaily, T. M. and Guérin, C. A. (2004) A critical survey of approximate scattering wave theories from random rough surfaces. *Waves in Random Media*, 14 (4), R1–R40, doi: 10. 1088/0959–7174/14/4/R01.

[134] De Roo, R. D. and Ulaby, F. T. (1994) Bistatic specular scattering from rough dielectric surfaces. *IEEE Transactions on Antennas and Propagation*, 42 (2), 220–231, doi: 10. 1109/8. 277216.

[135] Valenzuela, G. R. (1978) Theories for the interaction of electromagnetic and oceanic waves-A review. *Boundary Layer Meteorology*, 13, 61–85, doi: 10. 1007/BF00913863.

[136] Brown, G. (1978) Backscattering from a Gaussian-distributed perfectly conducting rough surface. *IEEE Transactions on Antennas and Propagation*, 26 (3), 472–482, doi: 10. 1109/TAP. 1978. 1141854.

[137] Fung, A. K., Li, Z., and Chen, K. S. (1992) Backscattering from a randomly rough dielectric surface. *IEEE Transactions on Geoscience and Remote Sensing*, 30 (2), 356–369, doi: 10. 1109/36. 134085.

[138] Fung, A. K. (1994) *Microwave Scattering and Emission Models and their Applications*, Artech House.

[139] Álvarez-Pérez, J. L. (2001) An extension of the IEM/IEMM surface scattering model. *Waves Random Media*, 11 (3), 307–329, doi: 10. 1080/13616670109409787.

[140] Wu, T. D. and Chen, K. S. (2004) A reappraisal of the validity of the IEM model for backscattering from rough surfaces. *IEEE Transactions on Geoscience and Remote Sensing*, 42 (4), 743–753, doi: 10. 1109/TGRS. 2003. 815405.

[141] Elfouhaily, T. M. and Johnson, J. T. (2007) A new model for rough surface scattering. *IEEE Transactions on Geoscience and Remote Sensing*, 45 (7), 2300–2308, doi: 10. 1109/TGRS. 2006. 890419.

[142] Fung, A., Zuffada, C., and Hsieh, C. (2001) Incoherent bistatic scattering from the sea surface at L-band. *IEEE Transactions on Geoscience and Remote Sensing*, 39 (5), 1006–1012, doi: 10. 1109/36. 921418.

[143] Voronovich, A. G. and Zavorotny, V. U. (2014) Full-polarization modeling of monostatic and bistaticradar scattering from a rough sea surface. *IEEE Transactions on Antennas and Propagation*, 62 (3), 1362–1371, doi: 10. 1109/TAP. 2013. 2295235.

[144] Johnson, J. T. and Ouellette, J. D. (2014) Polarization features in bistatic scattering from rough surfaces. *IEEE Transactions on Geoscience and Remote Sensing*, 52 (3), 1616–1626, doi: 10. 1109/TGRS. 2013. 2252909.

[145] Zuffada, C. and Zavorotny, V. (2001) Coherence time and statistical properties of the GPS signal scattered off the ocean surface and their impact on the accuracy of remote sensing of sea surface topography and winds, in *International Geoscience and Remote Sensing Symposium*, IEEE, pp. 3332–3334, doi: 10. 1109/IGARSS. 2001. 978344.

[146] You, H., Garrison, J., Heckler, G., and Zavorotny, V. (2004) Stochastic voltage model and experimental measurement of ocean-scattered GPS signal statistics. *IEEE Transactions on Geoscience and Remote Sensing*, 42 (10), 2160–2169, doi: 10. 1109/TGRS. 2004. 834628.

[147] You, H., Garrison, J., Heckler, G., and Smajlovic, D. (2006) The autocorrelation of waveforms generated from ocean-scattered GPS signals. *IEEE Geoscience and Remote Sensing Letters*, 3 (1), 78–82, doi: 10. 1109/LGRS. 2005. 856704.

[148] Martín, F., D'Addio, S., Camps, A., and Martín-Neira, M. (2014) Modeling and analysis of GNSS-R waveforms sample-to-sample correlation. *IEEE Journal of Selected Topics in Applied Earth Observations and Remote Sensing*, 7 (5), 1545–1559, doi: 10. 1109/JSTARS. 2014. 2308982.

[149] Garrison, J. L. (2016) A statistical model and simulator for ocean-reflected GNSS signals. *IEEE Transactions on Geoscience and Remote Sensing*, 54 (10), 6007–6019, doi: 10. 1109/TGRS. 2016. 2579504.

[150] Marchan-Hernandez, J., Camps, A., Rodriguez-Alvarez, N., Valencia, E., Bosch-Lluis, X., and Ramos-Perez, I. (2009) An efficient algorithm to the simulation of delay-Doppler maps of reflected Global Navigation Satellite System signals. *IEEE Transactions on Geoscience and Remote Sensing*, 47 (8), 2733-2740, doi: 10.1109/TGRS.2009.2014465.

[151] Li, W., Rius, A., Fabra, F., Cardellach, E., Ribo, S., and Martin-Neira, M. (2018) Revisiting the GNSS-R waveform statistics and its impact on altimetric retrievals. *IEEE Transactions on Geoscience and Remote Sensing*, 56 (5), 2854-2871, doi: 10.1109/TGRS.2017.2785343.

[152] Goodman, J. W. (1985) *Statistical Optics*, John Wiley & Sons.

[153] Nievinski, F. G. and Larson, K. M. (2014) Forward modeling of GPS multipath for near-surface reflectometry and positioning applications. *GPS Solutions*, 18 (2), 309-322, doi: 10.1007/s10291-013-0331-y.

[154] Nievinski, F. G. and Larson, K. M. (2014) Inverse modeling of GPS multipath for snow depth estimation-Part I: Formulation and simulations. *IEEE Transactions on Geoscience and Remote Sensing*, 52 (10), 6555-6563, doi: 10.1109/TGRS.2013.2297681.

[155] Tabibi, S., Nievinski, F. G., Van Dam, T., and Monico, J. F. G. (2015) Assessment of modernized GPS L5 SNR for ground-based multipath reflectometry applications. *Advances in Space Research*, 55 (4), 1104-1116, doi: 10.1016/j.asr.2014.11.019.

[156] Bourlier, C., Pinel, N., and Fabbro, V. (2006) Illuminated height PDF of a random rough surface and its impact on the forward propagation above oceans at grazing angles, in *2006 First European Conference on Antennas and Propagation*, doi: 10.1109/EUCAP.2006.4584894.

[157] Bourlier, C. (2006) Unpolarized emissivity with shadow and multiple reflections from random rough surfaces with the geometric optics approximation: application to Gaussian sea surfaces in the infrared band. *Applied optics*, 45 (24), 6241-6254, doi: 10.1364/AO.45.006241.

[158] Georgiadou, Y. and Kleusberg, A. (1988) On carrier signal multipath effects in relative GPS positioning. *Manuscripta geodaetica*, 13 (3), 172-179.

[159] Santamaría-Gómez, A., Watson, C., Gravelle, M., King, M., and Wöppelmann, G. (2015) Levelling co-located GNSS and tide gauge stations using GNSS reflectometry. *Journal of Geodesy*, 89 (3), 241-258, doi: 10.1007/s00190-014-0784-y.

[160] Nievinski, F. G. and Larson, K. M. (2014) An open source GPS multipath simulator in Matlab/Octave. *GPS Solutions*, 18 (3), 473-481, doi: 10.1007/s10291-014-0370-z.

[161] Williams, S. D. and Nievinski, F. G. (2017) Tropospheric delays in ground-based GNSS multipath reflectometry-Experimental evidence from coastal sites. *Journal of Geophysical Research: Solid Earth*, 122 (3), 2310-2327, doi: 10.1002/2016JB013612.

[162] Egido, A., Garcia-Fernández, M., Caparrini, M., and D'Addio, S. (2012) StarGym, a GNSS-R end-to-end simulator, in *International Geoscience and Remote Sensing Symposium*, IEEE, Munich, Germany, doi: 10.1007/s13398-014-0173-7.2.

[163] Park, H., Marchan-Hernandez, J. F., Rodriguez-Alvarez, N., Valencia, E., Ramos-Perez, I., Bosch-Lluis, X., and Camps, A. (2010) End-to-end simulator for Global Navigation Satellite System Reflectometry space mission, in *International Geoscience and Remote Sensing Symposium*, IEEE, pp. 4294-4297, doi: 10.1109/IGARSS.2010.5650564.

[164] Park, H., Camps, A., Pascual, D., Alonso, A., Martin, F., and Carreno-Luengo, H. (2013) Improvement of the PAU/PARIS End-to-End Performance Simulator (P2EPS) in preparation for upcoming GNSS-R missions, in *International Geoscience and Remote Sensing Symposium*, IEEE, pp. 362-365, doi: 10.1109/IGARSS.2013.6721167.

[165] Park, H., Camps, A., Pascual, D., Onrubia, R., Alonso-Arroyo, A., and Martin, F. (2015) Evolution of PAU/PARIS end-to-end performance simulator (P2EPS)-towards GNSS reflectometry, radio occultation and scatterometry simulator (GEROS-SIM), in *International Geoscience and Remote Sensing Symposium*, IEEE, pp. 4757–4760, doi: 10. 1109/IGARSS. 2015. 7326893.

[166] O'Brien, A. (2015) End-to-End Simulator Technical Memo, Tech. Rep. 148–0123, University of Michigan Space Physics Research Laboratory. URL http://clasp-research.engin.umich.edu/missions/cygnss/reference/148-0123_CYGNSS_E2ES_EM. pdf.

[167] Sabia, R., Caparrini, M., and Ruffini, G. (2007) Potential synergetic use of GNSS-R signals to improve the sea-state correction in the sea surface salinity estimation: Application to the SMOS mission. *IEEE Transactions on Geoscience and Remote Sensing*, 45 (7), 2088–2097, doi: 10. 1109/TGRS. 2007. 898257.

[168] Kinsman, B. (1965) *Wind Waves: Their Generation and Propagation on the Ocean Surface*, Courier Corporation.

[169] Cox, C. and Munk, W. (1954) Measurement of the roughness of the sea surface from photographs of the sun's glitter. *Journal of the Optical Society of America*, 44 (11), 838–850.

[170] Cardellach, E. and Rius, A. (2008) A new technique to sense non-Gaussian features of the sea surface from L-band bi-static GNSS reflections. *Remote Sensing of Environment*, 112 (6), 2927–2937, doi: 10. 1016/j. rse. 2008. 02. 003.

[171] Shaw, J. A. and Churnside, J. H. (1997) Scanning-laser glint measurements of sea-surface slope statistics. *Applied Optics*, 36 (18), 4202–4213, doi: 10. 1364/AO. 36. 004202.

[172] Wilheit, T. T. (1979) A model for the microwave emissivity of the ocean's surface as a function of wind speed. *IEEE Transactions on Geoscience Electronics*, GE-17(4), 244–249.

[173] Wu, J. (1972) Sea-surface slope and equilibrium wind-wave spectra. *Physics of Fluids*, 15 (5), 741–747, doi: 10. 1063/1. 1693978.

[174] Hodur, R. M. (1997) The Naval Research Laboratory's Coupled Ocean/Atmosphere Mesoscale Prediction System (COAMPS). *Monthly Weather Review*, 125 (7), 1414–1430, doi: 10. 1175/1520-0493(1997)125〈1414: tnrlsc〉2. 0. co;2.

[175] Phillips, O. M. (1985) Spectral and statistical properties of the equilibrium range in wind-generated gravity waves. *Journal of Fluid Mechanics*, 156 (1), 505–532, doi: 10. 1017/S0022112085002221.

[176] Young, I. R. (1988) Parametric hurricane wave prediction model. *Journal of Waterway, Port, Coastal, and Ocean Engineering*, 114 (5), 637–652, doi: 10. 1061/(ASCE)0733-950X(1988)114:5(637).

[177] Tolman, H. L., Balasubramaniyan, B., Burroughs, L. D., Chalikov, D. V., Chao, Y. Y., Chen, H. S., and Gerald, V. M. (2002) Development and implementation of wind generated ocean surface wave models at NCEP. *Weather and Forecasting*, 17 (2), 311–333, doi: 10. 1175/1520–0434 (2002) 017〈0311: DAIOWG〉2. 0. CO;2.

[178] Clarizia, M. P. and Ruf, C. S. (2017) Bayesian wind speed estimation conditioned on significant wave height for GNSS-R ocean observations. *Journal of Atmospheric and Oceanic Technology*, 34 (6), 1193–1202, doi: 10. 1175/JTECH–D–16–0196. 1.

[179] Marchan-Hernandez, J. F., Rodriguez-Alvarez, N., Camps, A., Bosch-Lluis, X., Ramos-Perez, I., and Valencia, E. (2008) Correction of the sea state impact in the L-band brightness temperature by means of delay-Doppler maps of global navigation satellite signals reflected over the sea surface. *IEEE Transactions on Geoscience and Remote Sensing*, 46 (10), 2914–2923, doi: 10. 1109/TGRS. 2008. 922144.

[180] Rodriguez-Alvarez, N., Akos, D. M., Zavorotny, V. U., Smith, J. A., Camps, A., and Fairall, C. W. (2012) Airborne GNSS-R wind retrievals using delay-Doppler maps. *IEEE Transactions on Geoscience and Remote*

Sensing, 51 (1), 626-641, doi: 10. 1109/TGRS. 2012. 2196437.

[181] Marchan-Hernandez, J. F., Valencia, E., RodriguezAlvarez, N., Ramos-Perez, I., Bosch-Lluis, X., Camps, A., Eugenio, F., and Marcello, J. (2010) Sea-state determination using GNSS-R data. *IEEE Geoscience and Remote Sensing Letters*, 7 (4), 621-625, doi: 10. 1109/LGRS. 2010. 2043213.

[182] Clarizia, M. P., Ruf, C. S., Jales, P., and Gommenginger, C. (2014) Spaceborne GNSS-Rminimum variance wind speed estimator. *IEEE Transactions on Geoscience and Remote Sensing*, 52 (11), 6829-6843, doi: 10. 1109/TGRS. 2014. 2303831.

[183] Rodriguez-Alvarez, N. and Garrison, J. L. (2016) Generalized linear observables for ocean wind retrieval from calibrated GNSS-R delay-Doppler maps. *IEEE Transactions on Geoscience and Remote Sensing*, 54 (2), 1142-1155, doi: 10. 1109/TGRS. 2015. 2475317.

[184] Singh, A. (1989) Review article: Digital change detection techniques using remotely-sensed data. *International Journal of Remote Sensing*, 10 (6), 989-1003, doi: 10. 1080/01431168908903939.

[185] Richards, J. A. and Jia, X. (2006) *Remote Sensing Digital Image Analysis*, Springer-Verlag, doi: 10. 1007/3-540-29711-1.

[186] Katzberg, S. J. and Garrison, J. L. (2000) Wind speed retrieval of GPS surface reflection data using a matched filter approach, in *Sixth International Conference on Remote Sensing for Marine and Coastal Environments*, Veridian, ERIM International, Charleston, SC, USA, Vol. II, pp. 437-446.

[187] Ruf, C. S. and Balasubramaniam, R. Development of the CYGNSS geophysical model function for wind speed. *IEEE Journal of Selected Topics in Applied Earth Observations and Remote Sensing*, 12 (1), 66-77, doi: 10. 1109/JSTARS. 2018. 2833075.

[188] Zavorotny, V. (2016) Cyclone Global Navigation Satellite System (CYGNSS): Algorithm Theoretical Basis Document, Level 2 Mean-Square Slope Retrieval, *Tech. Rep. 148-0139*, University of Michigan Space Physics Research Laboratory. URL http://clasp-research.engin.umich.edu/missions/cygnss/reference/148-0139%20L2%20MSS%20ATBD%20R3.pdf.

[189] Uhlhorn, E. W., Black, P. G., Franklin, J. L., GoodBerlet, M., Carswell, J., and Goldstein, A. S. (2007) Hurricane surface wind measurements from an operational stepped frequency microwave radiometer. *Monthly Weather Review*, 135 (9), 3070-3085, doi: 10. 1175/MWR3454. 1.

[190] Valencia, E., Camps, A., Marchan-Hernandez, J. F., Park, H., Bosch-Lluis, X., Rodriguez-Alvarez, N., and RamosPerez, I. (2011) Ocean surface's scattering coefficient retrieval by delay-Doppler map inversion. *IEEE Geoscience and Remote Sensing Letters*, 8 (4), 750-754, doi: 10. 1109/LGRS. 2011. 2107500.

[191] Valencia, E., Camps, A., Rodriguez-Alvarez, N., Park, H., and Ramos-Perez, I. (2013) Using GNSS-R imaging of the ocean surface for oil slick detection. *IEEE Journal of Selected Topics in Applied Earth Observations and Remote Sensing*, 6 (1), 217-223, doi: 10. 1109/JSTARS. 2012. 2210392.

[192] Caparrini, M., Germain, O., Soulat, F., Ruffini, L., and Ruffini, G. (2003), A system for monitoring a surface with broad swath and high resolution. European Patent Application EP1279970A3.

[193] Tye, J., Jales, P., Unwin, M., and Underwood, C. (2016) The first application of stare processing to retrieve mean square slope using the SGR-ReSI GNSS-R experiment on TDS-1. *IEEE Journal of Selected Topics in Applied Earth Observations and Remote Sensing*, 9 (10), 4669-4677, doi: 10. 1109/JSTARS. 2016. 2542348.

[194] Rodriguez-Alvarez, N. and Garrison, J. L. (2015) KEYNOTE-Recent advances in retrieval of ocean surface wind fields from GNSS-R delay-Doppler maps, in *Proceedings of the ION 2015 Pacific PNT Meeting*, ION, Honolulu, HI, pp. 518-521.

[195] Huang, F., Garrison, J. L., Leidner, M., Annane, B., and Hoffman, R. (2018) A GNSS-R forward model

[196] Kuo, Y. H., Sokolovskiy, S. V., Anthes, R. a., and Vandenberghe, F. (2000) Assimilation of GPS radio occultation data for numerical weather prediction. *Terrestrial Atmospheric and Oceanic Sciences*, 11 (1), 157-186.

for delay-Doppler map assimilation, in *International Geoscience and Remote Sensing Symposium*, IEEE, pp. 3323-3326, doi: 10. 1109/IGARSS. 2018. 8518987.

[197] Ullmann, T., Lumsdon, P., Poncet, F. V., Esch, T., Lang, O., Tinz, M., Kuntz, S., and Dech, S. (2012) Application of quadpolarimetric TerraSAR-X data for landcover characterization in tropical regions-A case study in South Kalimantan, Indonesia, in *International Geoscience and Remote Sensing Symposium*, IEEE, pp. 5133-5136, doi: 10. 1109/IGARSS. 2012. 6352455.

[198] Shah, R., Garrison, J. L., Egido, A., and Ruffini, G. (2016) Bistaticradar measurements of significant wave height using signals of opportunity in L-, S-, and Ku-bands. *IEEE Transactions on Geoscience and Remote Sensing*, 54 (2), 826-841, doi: 10. 1109/TGRS. 2015. 2466682.

[199] Xie, J., Benito, L., Cardellach, E., Semmling, M., and Wickert, J. (2018) An OSSE evaluation of the GNSS-R altimetry data for the GEROS-ISS mission as a complement to the existing observational networks. *Remote Sensing of Environment*, 209, 152-165, doi: 10. 1016/j. rse. 2018. 02. 053.

[200] Li, W., Yang, D., D'Addio, S., and Martin-Neira, M. (2014) Partial interferometric processing of reflected GNSS signals for ocean altimetry. *IEEE Geoscience and Remote Sensing Letters*, 11 (9), 1509-1513, doi: 10. 1109/LGRS. 2013. 2297697.

[201] Lowe, S. T., Meehan, T., and Young, L. (2014) Direct signal enhanced semicodeless processing of GNSS surface reflected signals. *IEEE Journal of Selected Topics in Applied Earth Observations and Remote Sensing*, 7 (5), 1469-1472, doi: 10. 1109/JSTARS. 2014. 2313061.

[202] Martin, F., Camps, A., Park, H., DaAddio, S., Martin-Neira, M., Pascual, D., Martín, F., Addio, S. D., Martín-neira, M., and Member, S. (2014) Cross-correlation waveform analysis for conventional and interferometric GNSS-R approaches. *IEEE Journal of Selected Topics in Applied Earth Observations and Remote Sensing*, 7 (5), 1560-1572, doi: 10. 1109/JSTARS. 2014. 2300232.

[203] Hajj, G. A. and Zuffada, C. (2003) Theoretical description of a bistatic system for ocean altimetry using the GPS signal. *Radio Science*, 38 (5), 1089, doi: 10. 1029/2002RS002787.

[204] Gleason, S. (2006) Remote Sensing of Ocean, Ice and Land Surfaces using Bistatically Reflected GNSS Signals from Low Earth Orbit, Ph. D. thesis, University of Surrey.

[205] Unwin, M., Gleason, S., and Brennan, M. (2003) The space GPS reflectometry experiment on the UK Disaster Monitoring Constellation satellite, in *Proceedings of the 16th International Technical Meeting of the Satellite Division of The Institute of Navigation*, September, pp. 2656-2663.

[206] Martin, F. (2015) Interferometric GNSS-R Processing: Modeling and Analysis of Advanced Processing Concepts for Altimetry, Ph. D. thesis, Universitat Politècnica de Catalunya, Barcelona, Spain.

[207] Martin, F., Camps, A., Fabra, F., Rius, A., Martín-Neira, M., D'Addio, S., and Alonso, A. (2015) Mitigation of direct signal cross-talk and study of the coherent component in GNSS-R. *IEEE Geoscience and Remote Sensing Letters*, 12 (2), 279-283, doi: 10. 1109/LGRS. 2014. 2335772.

[208] Kay, S. M. (1993) *Fundamentals of Statistical Signal Processing: Practical Algorithm Development*, Prentice Hall, Upper Saddle River, NJ 07458.

[209] Germain, O. and Ruffini, G. (2006) A revisit to the GNSS-R code range precision. arXiv preprint physics/0606180.

[210] Martin-Neira, M. and D'Addio, S. (2013) Comparison of processing techniques for remote sensing of Earth-exploiting reflectedradio-navigation signals. *Electronics Letters*, 49 (4), 292-293, doi:

10.1049/el.2012.4445.

[211] Rius, A., Cardellach, E., and Martin-Neira, M. (2010) Altimetric analysis of the sea-surface GPS-reflected signals. *IEEE Transactions on Geoscience and Remote Sensing*, 48 (4), 2119–2127, doi: 10.1109/TGRS.2009.2036721.

[212] Cardellach, E. (2004) Carrier phase delay altimetry with GPS-reflection/occultation interferometry from low Earth orbiters. *Geophysical Research Letters*, 31 (10), L10 402, doi: 10.1029/2004GL019775.

[213] Semmling, A.M., Beckheinrich, J., Wickert, J., Beyerle, G., Schön, S., Fabra, F., Pflug, H., He, K., Schwabe, J., and Scheinert, M. (2014) Sea surface topography retrieved from GNSS reflectometry phase data of the GEOHALO flight mission. *Geophysical Research Letters*, 41 (3), 954–960, doi: 10.1002/2013GL058725.

[214] Semmling, A.M., Wickert, J., Schön, S., Stosius, R., Markgraf, M., Gerber, T., Ge, M., and Beyerle, G. (2013) A zeppelin experiment to study airborne altimetry using specular Global Navigation Satellite System reflections. *Radio Science*, 48 (4), 427–440, doi: 10.1002/rds.20049.

[215] Elachi, C. and van Zyl, J. (2006) *Introduction to the Physics and Techniques of Remote Sensing*, 2nd Ed., Wiley Series in Remote Sensing, John Wiley & Sons, Inc.

[216] Barré, H.M.J.P., Duesmann, B., and Kerr, Y.H. (2008) SMOS: The mission and the system. *IEEE Transactions on Geoscience and Remote Sensing*, 46 (3), 587–593, doi: 10.1109/TGRS.2008.916264.

[217] Pathe, C., Wagner, W., Sabel, D., Doubkova, M., and Basara, J. (2009) Using Envisat ASAR global mode data for surface soil moisture retrieval over Oklahoma, USA. *IEEE Transactions on Geoscience and Remote Sensing*, 47 (2), 468–480, doi: 10.1109/TGRS.2008.2004711.

[218] Barrett, B.W., Dwyer, E., and Whelan, P. (2009) Soil moisture retrieval from active spaceborne microwave observations: An evaluation of current techniques. *Remote Sensing*, 1 (3), 210–242, doi: 10.3390/rs1030210.

[219] Wang, X., Xie, H., Guan, H., and Zhou, X. (2007) Different responses of MODIS-derived NDVI to root-zone soil moisture in semi-arid and humid regions. *Journal of Hydrology*, 340, 12–24, doi: 10.1016/j.jhydrol.2007.03.022.

[220] Entekhabi, D., Njoku, E.G., O'Neill, P.E., Kellogg, K.H., Crow, W.T., Edelstein, W.N., Entin, J.K., Goodman, S.D., Jackson, T.J., Johnson, J., Kimball, J., Piepmeier, J.R., Koster, R.D., Martin, N., McDonald, K.C., Moghaddam, M., Moran, S., Reichle, R., Shi, J.C., Spencer, M.W., Thurman, S.W., Tsang, L., and Van Zyl, J. (2010) The Soil Moisture Active Passive (SMAP) Mission. *Proceedings of the IEEE*, 98 (5), 704–716, doi: 10.1109/JPROC.2010.2043918.

[221] Ferrazzoli, P., Guerriero, L., Pierdicca, N., and Rahmoune, R. (2011) Forest biomass monitoring with GNSS-R: Theoretical simulations. *Advances in Space Research*, 47 (10), 1823–1832, doi: 10.1016/j.asr.2010.04.025.

[222] Attema, E. and Ulaby, F. (1978) Vegetation modeled as a water cloud. *Radio Science*, 13, 357–364.

[223] Fung, A. and Ulaby, F. (1978) A scatter model for leafy vegetation. *IEEE Transactions on Geoscience and Remote Sensing*, 16 (4), 281–286.

[224] Ferrazzoli, P. and Guerriero, L. (1995) Radar sensitivity to tree geometry and woody volume: a model analysis. *IEEE Transactions on Geoscience and Remote Sensing*, 33, 360–371.

[225] Bracaglia, M., Ferrazzoli, P., and Guerriero, L. (1995) A fully polarimetric multiple scattering model for crops. *Remote Sensing of Environment*, 54, 170–179.

[226] Kasischke, E., Christensen, N., and Haney, E. (1994) Modeling of geometric properties of loblolly pine tree and stand characteristics for use in radar backscatter studies. *IEEE Transactions on Geoscience and Re-

mote Sensing, 32, 800-822.

[227] Schiffer, R. and Thielheim, K. O. (1979) Light scattering by dielectric needles and disks. *Journal of Applied Physics*, 50, 2476-2483.

[228] Ulaby, F. and El-Rayes, M. (1987) Microwave dielectric spectrum of vegetation-Part II: Dual dispersion model. *IEEE Transactions on Geoscience and Remote Sensing*, GE-25 (5), 550-556.

[229] Matzler, C. (1994) Microwave (1-100GHz) dielectric model of leaves. *IEEE Transactions on Geoscience and Remote Sensing*, 32, 947-949.

[230] Durden, S. L., van Zyl, J. J., and Zebker, H. A. (1989) Modeling and observation of theradar polarization signature of forested areas. *IEEE Transactions on Geoscience and Remote Sensing*, 27 (3), 290-301, doi: 10.1109/36.17670.

[231] Twomey, S., Jacobowitz, H., and Howell, H. B. (1966) Matrix methods for multiple-scattering problems. *Journal of the Atmospheric Sciences*, 23 (3), 289-298, doi: 10.1175/1520-0469 (1966) 023〈0289: MMFMSP〉2.0.CO;2.

[232] Eom, H. and Fung, A. (1984) A scatter model for vegetation up to Ku-band. *RemoteSensing of Environment*, 15, 185-200.

[233] Ferrazzoli, P. and Guerriero, L. (1995) Radar sensitivity to tree geometry and woody volume: A model analysis. *IEEE Transactions on Geoscience and Remote Sensing*, 33 (2), 360-371.

[234] Ferrazzoli, P., Guerriero, L., and Solimini, D. (2000) Simulating bistatic scatter from surfaces covered with vegetation. *Journal of Electromagnetic Waves and Applications*, 14, 233-248.

[235] Fung, A. and Eom, H. (1983) Coherent scattering of a spherical wave from an irregular surface. *IEEE Transactions on Antennas and Propagation*, 31, 68-72.

[236] Ferrazzoli, P., Guerriero, L., Pierdicca, N., and Rahmoune, R. (2011) Forest biomass monitoring with GNSS-R: Theoretical simulations. *Advances in Space Research*, 47 (10), 1823-1832, doi: 10.1016/j.asr.2010.04.025.

[237] Motte, E., Zribi, M., Fanise, P., Egido, A., Darrozes, J., Al Yaari, A., Baghdadi, N., Baup, F., Dayau, S., Fieuzal, R., Frison, P. L., Guyon, D., and Wigneron, J. P. (2016) GLORI: A GNSS-R dual polarization airborne instrument for land surface monitoring. *Sensors*, 16 (5), 732, doi: 10.3390/s16050732.

[238] Motte, E. and Zribi, M. (2017) Optimizing waveform maximum determination for specular point tracking in airborne GNSS-R. *Sensors*, 17 (8), 1880, doi: 10.3390/s17081880.

[239] Kerr, Y., Waldteufel, P., Richaume, P., Wigneron, J., Ferrazzoli, P., Mahmoodi, A., Al Bitar, A., Cabot, F., Gruhier, C., Juglea, S., Leroux, D., Mialon, A., and Delwart, S. (2012) The SMOS soil moisture retrieval algorithm. *IEEE Transactions on Geoscience and Remote Sensing*, 50 (5), 1384-1403, doi: 10.1109/TGRS.2012.2184548.

[240] Jackson, T. and Schmugge, T. (1991) Vegetation effects on the microwave emission of soils. *Remote Sensing of Environment*, 36 (3), 203-212, doi: 10.1016/0034-4257(91) 90057-D.

[241] (2010) Navstar GPS Space Segment/Navigation User Interfaces, Tech. Rep. IS-GPS-200 Revision E, Global Positioning System Wing Systems Engineering & Integration.

[242] Zribi, M., Motte, E., Baghdadi, N., Baup, F., Dayau, S., Fanise, P., Guyon, D., Huc, M., and Wigneron, J. (2018) Potential applications of GNSS-R observations over agricultural areas: Results from the GLORI airborne campaign. *Remote Sensing*, 10 (8), 1245, doi: 10.3390/rs10081245.

[243] Camps, A., Park, H., Pablos, M., Foti, G., Gommenginger, C. P., Liu, P. W., and Judge, J. (2016) Sensitivity of GNSS-R spaceborne observations to soil moisture and vegetation. *IEEE Journal of Selected Topics in Applied Earth Observations and Remote Sensing*, 9 (10), 4730-4742, doi: 10.1109/

JSTARS. 2016. 2588467.

[244] Ugazio, S. , Gamba, M. T. , Pei, Y. , Marucco, G. , Savi, P. , and Presti, L. L. (2015) GPS-reflectometry prototype for UAVs and in flight data error analysis, in *29th International Technical Meeting of The Satellite Division of the Institute of Navigation*, pp. 3945–3952.

[245] Jia, Y. and Savi, P. (2017) Sensing soil moisture and vegetation using GNSS-R polarimetric measurement. *Advances in Space Research*, 59 (3), 858–869, doi: 10. 1016/j. asr. 2016. 11. 028.

[246] Carreno-Luengo, H. , Lowe, S. T. , Zuffada, C. , Esterhuizen, S. , and Oveisgharan, S. (2017) Spaceborne GNSS-R from the SMAP mission: First assessment of polarimetric scatterometry, in *International Geoscience and Remote Sensing Symposium*, IEEE, pp. 4095–4098, doi: 10. 1109/IGARSS. 2017. 8127900.

[247] Komjathy, A. , Maslanik, J. , Zavorotny, V. U. , Axelrad, P. , and Katzberg, S. J. (2000) Sea ice remote sensing using surface reflected GPS signals, in *International Geoscience and Remote Sensing Symposium*, IEEE, pp. 2855–2857, doi: 10. 1109/IGARSS. 2000. 860270.

[248] Rius, A. , Cardellach, E. , Fabra, F. , Li, W. , Ribó, S. , and Hernández-Pajares, M. (2017) Feasibility of GNSS-R ice sheet altimetry in greenland using TDS-1. *Remote Sensing*, 9 (7), 742, doi: 10. 3390/rs9070742.

[249] Alonso-Arroyo, A. , Zavorotny, V. U. , and Camps, A. (2017) Sea ice detection using U. K. TDS-1 GNSS-R data. *IEEE Transactions on Geoscience and Remote Sensing*, 55 (9), 4989–5001, doi: 10. 1109/TGRS. 2017. 2699122.

[250] Larson, K. M. (2016) GPS interferometric reflectometry: Applications to surface soil moisture, snow depth, and vegetation water content in the Western United States. *Wiley Interdisciplinary Reviews: Water*, 3 (6), 775–787, doi: 10. 1002/wat2. 1167.

[251] Larson, K. M. and Small, E. E. (2016) Estimation of snow depth using L1 GPS signal-to-noise ratio data. *IEEE Journal of Selected Topics in Applied Earth Observations and Remote Sensing*, 9 (10), 4802–4808, doi: 10. 1109/JSTARS. 2015. 2508673.

[252] Fabra, F. (2013) GNSS-R as a Source of Opportunity for Remote Sensing of the Cryosphere, Ph. D. thesis, Universitat Politècnica de Catalunya.

[253] Rivas, M. B. , Maslanik, J. A. , and Axelrad, P. (2010) Bistatic scattering of GPS signals off arctic sea ice. *IEEE Transactions on Geoscience and Remote Sensing*, 48 (3 PART2), 1548–1553, doi: 10. 1109/TGRS. 2009. 2029342.

[254] Cavalieri, D. J. , Markus, T. , Maslanik, J. , Sturm, M. , and Lobl, E. (2006) March 2003 EOS Aqua AMSR-E Arctic sea ice field campaign. *IEEE Transactions on Geoscience and Remote Sensing*, 44 (11), 3003–3008, doi: 10. 1109/TGRS. 2006. 883133.

[255] Yan, Q. and Huang, W. (2016) Spaceborne GNSS-R sea ice detection using delay-Doppler maps: First results from the U. K. TechDemoSat-1 mission. *IEEE Journal of Selected Topics in Applied Earth Observations and Remote Sensing*, 9 (10), 4795–4801, doi: 10. 1109/JSTARS. 2016. 2582690.

[256] Yan, Q. and Huang, W. (2016) Tsunami detection and parameter estimation from GNSS-R delay-Doppler map. *IEEE Journal of Selected Topics in Applied Earth Observations and Remote Sensing*, 9 (10), 4650–4659, doi: 10. 1109/JSTARS. 2016. 2524990.

[257] Malhi, Y. , Meir, P. and Brown, S. (2002) Forests, carbon and global climate. *Philosophical Transactions of the Royal Society of London A: Mathematical, Physical and Engineering Sciences*, 360 (1797), 1567–1591, doi: 10. 1098/rsta. 2002. 1020.

[258] Le Toan, T. , Quegan, S. , Davidson, M. , Balzter, H. , Paillou, P. , Papathanassiou, K. , Plummer, S. , Rocca, F. , Saatchi, S. , Shugart, H. , and Ulander, L. (2011) The BIOMASS mission: Mapping global forest bio-

mass to better understand the terrestrial carbon cycle. *Remote Sensing of Environment*, 115 (11), 2850-2860, doi: 10.1016/j. rse. 2011. 03. 020.

[259] Carreno-Luengo, H., Amèzaga, A., Vidal, D., Olivé, R., Munoz, J., and Camps, A. (2015) First polarimetric GNSS-R measurements from a stratospheric flight over boreal forests. *Remote Sensing*, 7 (10), 13 120-13 138, doi: 10.3390/rs71013120.

[260] Ferrazzoli, P., Guerriero, L., and Solimini, D. (2000) Expected performance of a polarimetric bistaticradar for monitoring vegetation, in *International Geoscience and Remote Sensing Symposium.*, IEEE, pp. 1018-1020, doi: 10.1109/IGARSS. 2000. 858007.

[261] Dobson, M. C., Sharik, T. L., Pierce, L. E., Bergen, K. M., Kellndorfer, J., Kendra, J. R., Li, E., Lin, Y. C., Nashashibi, A., Sarabandi, K., and Siqueira, P. (1995) Estimation of forest biophysical characteristics in Northern Michigan with SIR-C/X-SAR. *IEEE Transactions on Geoscience and Remote Sensing*, 33 (4), 877-895, doi: 10.1109/36. 406674.

[262] Dobson, M. C., Ulaby, F. T., and Pierce, L. E. (1995) Land-cover classification and estimation of terrain attributes using synthetic apertureradar. *Remote Sensing of Environment*, 51 (1), 199-214, doi: 10.1016/0034-4257(94)00075-X.

[263] Ferrazzoli, P., Guerriero, L., and Solimini, D. (2000) Simulating bistatic scatter from surfaces covered with vegetation. *Journal of Electromagnetic Waves and Applications*, 14 (2), 233-248, doi: 10.1163/156939300X00743.

[264] Ulaby, F. T., Sarabandi, K., McDonald, K., Whitt, M., and Dobson, M. C. (1990) Michigan microwave canopy scattering model. *International Journal of Remote Sensing*, 11 (7), 1223-1253, doi: 10.1080/01431169008955090.

[265] Wu, X. and Jin, S. (2014) GNSS-reflectometry: Forest canopies polarization scattering properties and modeling. *Advances in Space Research*, 54 (5), 863-870, doi: 10.1016/j. asr. 2014. 02. 007.

[266] Chew, C., Lowe, S., Parazoo, N., Esterhuizen, S., Oveisgharan, S., Podest, E., Zuffada, C., and Freedman, A. (2017) SMAPradar receiver measures land surface freeze/thaw state through capture of forward-scattered L-band signals. *Remote Sensing of Environment*, 198, 333-344, doi: 10.1016/j. rse. 2017. 06. 020.

[267] Zhang, L., Shi, J., Zhang, Z., and Zhao, K. (2003) The estimation of dielectric constant of frozen soil-water mixture at microwave bands, in *International Geoscience and Remote Sensing Symposium*, IEEE, pp. 2903-2905, doi: 10.1109/IGARSS. 2003. 1294626.

[268] Zhao, T., Zhang, L., Jiang, L., Zhao, S., Chai, L., and Jin, R. (2011) A new soil freeze/thaw discriminant algorithm using AMSR-E passive microwave imagery. *Hydrological Processes*, 25 (11), 1704-1716, doi: 10.1002/hyp. 7930.

[269] Wu, X. and Jin, S. (2014) Can we monitor the bare soil freeze-thaw process using GNSS-R: a simulation study, in *Proceedings SPIE Asia-Pacific Remote Sensing*, vol. 9264 (eds. X. Xiong and H. Shimoda), vol. 9264, p. 92640I, doi: 10.1117/12. 2068776.

[270] Wu, X., Jin, S., and Chang, L. (2018) Monitoring bare soil freeze-thaw process using GPS-interferometric reflectometry: Simulation and validation. *Remote Sensing*, 10 (1), 1-18, doi: 10.3390/rs10010014.

[271] Stocker, T., Qin, D., Plattner, G. K., Tignor, M., Allen, S., Boschung, J., Nauels, A., Xia, Y., Bex, V., and Midgley, P. (2013) Climate Change 2013: The Physical Science Basis. Contribution of Working Group I to the Fifth Assessment Report of the Intergovernmental Panel on Climate Change, *Tech. Rep.* URL https://www. ipcc. ch/report/ar5/wg1/.

[272] Nghiem, S. V., Zuffada, C., Shah, R., Chew, C., Lowe, S. T., Mannucci, A. J., Cardellach, E., Brakenridge, G. R., Geller, G., and Rosenqvist, A. (2017) Wetland monitoring with Global Navigation Satellite System

reflectometry. *Earth and Space Science*, 4 (1), 16–39, doi: 10. 1002/2016EA000194.

[273] Zuffada, C., Chew, C., and Nghiem, S. V. (2017) Global Navigation Satellite System Reflectometry (GNSS-R) algorithms for wetland observations, in *International Geoscience and Remote Sensing Symposium*, IEEE, pp. 1126–1129, doi: 10. 1109/IGARSS. 2017. 8127155.

[274] Chew, C., Reager, J. T., and Small, E. (2018) CYGNSS data map flood inundation during the 2017 Atlantic hurricane season. *Scientific Reports*, 8, 9336, doi: 10. 1038/s41598-018-27673-x.

[275] Ruf, C. S., Chew, C., Lang, T., Morris, M. G., Nave, K., Ridley, A., and Balasubramaniam, R. (2018) A new paradigm in Earth environmental monitoring with the CYGNSS small satellite constellation. *Scientific Reports*, 8, 8782, doi: 10. 1038/s41598-018-27127-4.

本章相关彩图,请扫码查看